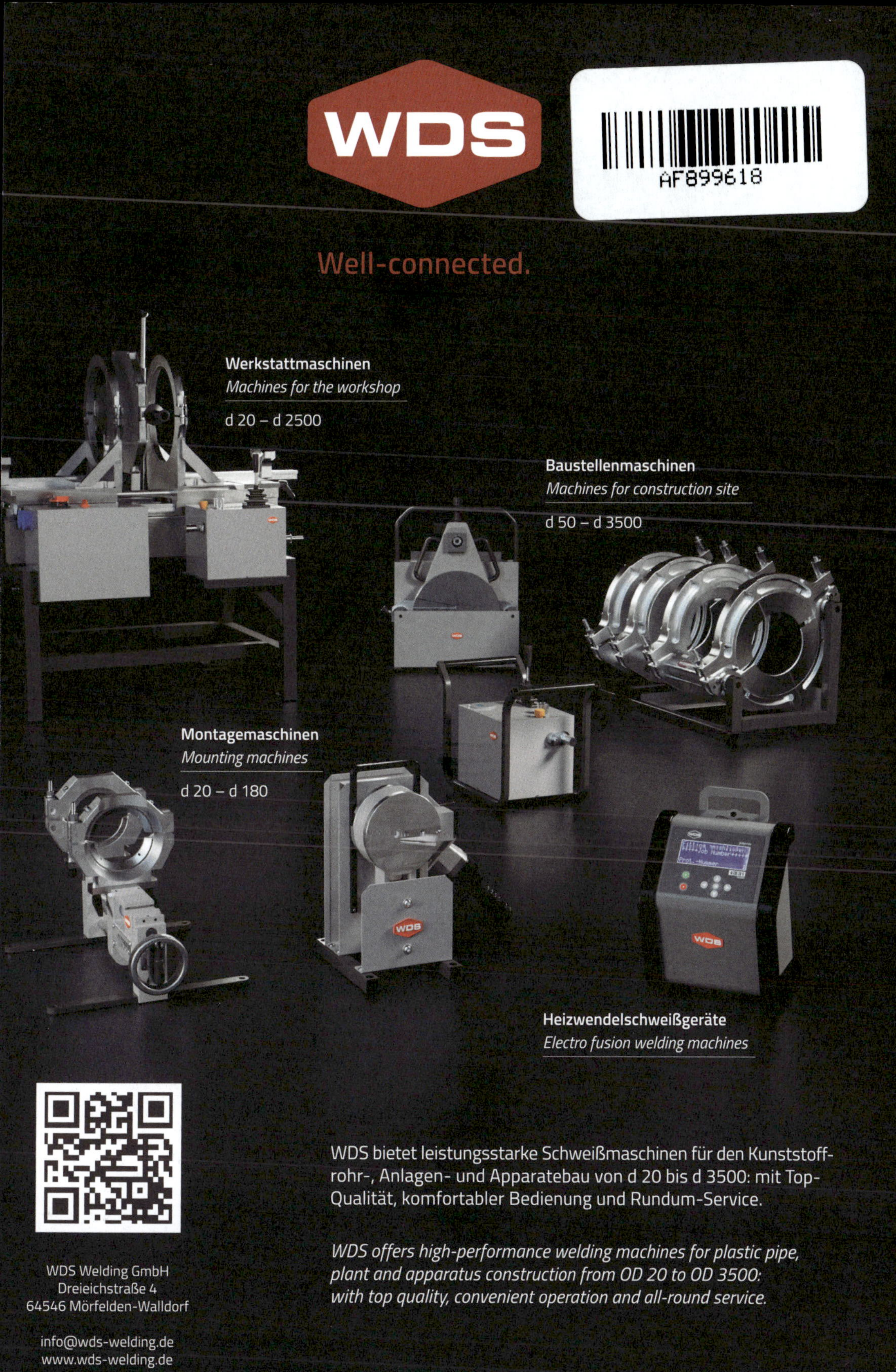
WDS
Well-connected.
Werkstattmaschinen
Machines for the workshop
d 20 – d 2500
Baustellenmaschinen
Machines for construction site
d 50 – d 3500
Montagemaschinen
Mounting machines
d 20 – d 180
Heizwendelschweißgeräte
Electro fusion welding machines
WDS bietet leistungsstarke Schweißmaschinen für den Kunststoffrohr-, Anlagen- und Apparatebau von d 20 bis d 3500: mit Top-Qualität, komfortabler Bedienung und Rundum-Service.
WDS offers high-performance welding machines for plastic pipe, plant and apparatus construction from OD 20 to OD 3500: with top quality, convenient operation and all-round service.
WDS Welding GmbH
Dreieichstraße 4
64546 Mörfelden-Walldorf
info@wds-welding.de
www.wds-welding.de

WEGENER
Kunststoffschweißtechnik in Perfektion
Warmgasschweißgeräte
The all new
Duratherm3 / Autotherm4
Airtherm2 1300/1500
Exotherm
xtrusionsschweißgeräte
EXWELD aero
EXWELD beta4 EC
EXWELD sigma4 SC TWISTY
chweiß- und Biegemaschinen
ST 425
Die Effiziente
SM 348
Der Allrounder
MWD
Die Manuelle
Innovativer
Sondermaschinenbau
BV 306
Die Kompakte
Automatisiertes
Warmgas- oder
Extrusionsschweißen
WEGENER International GmbH
Ernst-Abbe-Str. 30, D-52249 Eschweiler
+49 2403 70484-0
+49 2403 70484-99
info@wegenerwelding.de
MADE IN
GERMANY
www.wegenerwelding.de

DVS-Merkblätter und -Richtlinien

Fügen von Kunststoffen

Erarbeitet von der Arbeitsgruppe W 4
„Fügen von Kunststoffen“
im Ausschuss für Technik des DVS –
Deutscher Verband für Schweißen und
verwandte Verfahren e. V., Düsseldorf

21., überarbeitete und erweiterte Auflage
2026

Bibliografische Information der Deutschen Nationalbibliothek
Die Deutsche Nationalbibliothek verzeichnet diese Publikation in der Deutschen Nationalbibliografie; detaillierte bibliografische Daten sind im Internet über http://dnb.d-nb.de abrufbar.

Fachbuchreihe Schweißtechnik
Band 68/IV

ISBN: 978-3-96144-310-9

Herstellung: D+L PRINTPARTNER GmbH, Bocholt

Einzelne DVS-Richtlinien und -Merkblätter sind zu beziehen bei unserem Partner:
DIN Media GmbH
Am DIN-Platz
Burggrafenstraße 6
10787 Berlin
T: +49 03 588857700-00
www.dinmedia.de
kundenservice@dinmedia.de

nnovation – Made in Germany
INGENIA
CUSTOM-MADE MACHINES FOR THERMOPLASTIC MATERIALS & SEMI-FINISHED PARTS
Sheet butt welder (CNC-controlled)
Stumpf-Schweißmaschinen (mit CNC-Steuerung)
Bending machines (CNC-controlled)
Biegemaschinen (mit CNC-Steuerung)
ank welding machine
ehälterschweißanlage
Box welding machine
Kisten-Schweißmaschine
Tailored machinery/individual solutions
Individuelle Kundenlösungen
NEW GENERATION
Huge surface butt welder
Große Flächen-Schweißmaschinen
IGENIA GmbH · Hauptstr. 72 · DE 56858 Altlay · Phone +49 6543 5049-0 · Fax +49 6543 5049-29
ifo@ingenia-gmbh.de · www.ingenia-gmbh.de
Ingenious engineering.

MUNSCH
welding together.
MUNSCH
Taktischer Vorsprung.
Die MUNSCH MAX Serie – kompromisslos präzise, extrem praktische und unschlagbar leise Schweißextruder für Profis, die Fortschritt nicht suchen, sondern nutzen. Produktinfos unter: www.munschwelding.com
MUNSCH
Standby-Funktion mit erheblicher Geräusch-Reduktion
Individuell einstellbare Parameter für überlegene Ergebnisse
MUNSCH
Stufenlos verstellbarer Handgriff für bessere Ergonomie

Vorwort zur 21. Auflage

Sehr geehrte Leserinnen und Leser,

Ihnen liegt nun die 21. Auflage des weltweit anerkannten Standardwerks „Fügen von Kunststoffen" in gedruckter oder digitaler Form vor.

Es gilt sowohl für den Rohrleitungs-, Behälter- und Anlagenbau als auch in der Serienfertigung als das unverzichtbare Nachschlagewerk. Über 250 Fachleute aus allen Anwendungsbereichen haben an der Entstehung dieser Ausgabe mitgewirkt und ihr umfassendes Wissen eingebracht.

Diese Auflage enthält sämtliche deutschsprachigen Merkblätter, Richtlinien und Richtlinienentwürfe zum Fügen von Kunststoffen. Darüber hinaus verweist sie auf die aktuellen DIN EN-Normen.

Im Vergleich zur 20. Auflage aus dem Jahr 2024 wurden insgesamt 13 Dokumente neu aufgenommen oder überarbeitet. Besonders in den Bereichen Prüfung und Bewertung von Fügeverbindungen, Kleben von Kunststoffen, Berechnung von Behältern und Apparaten sowie im Themenfeld der oberirdischen Rohrleitungen aus thermoplastischen Kunststoffen wurden zahlreiche Richtlinien aktualisiert und weiterentwickelt.

Die Ausbildungs- und Prüfungsrichtlinien bleiben weiterhin ein elementarer Bestandteil des DVS-Regelwerks, konnten aufgrund des inzwischen beträchtlich angewachsenen Umfangs des Fachbuchs jedoch nicht mehr in der Printausgabe integriert werden.

Wie gewohnt finden Sie ein sachbezogenes Inhaltsverzeichnis, das neben dem Ausgabedatum auch die zuständige Arbeitsgruppe nennt. Anregungen und Verbesserungsvorschläge können so direkt an die entsprechenden Arbeitsgruppen gerichtet werden. Das DVS-Regelwerksportal bietet Ihnen dafür die einfachste Möglichkeit.

Allen Mitarbeitenden der Arbeitsgruppen und Arbeitskreise, die sich mit großem Engagement und Fachwissen an der Erstellung beteiligt haben, sei an dieser Stelle herzlich gedankt.

Wölfersheim, im Dezember 2025

Dr.-Ing. Martin Facklam
Obmann der AG W 4
„Fügen von Kunststoffen"

Die Arbeitsgruppe W 4 „Fügen von Kunststoffen"

Die Arbeitsgruppe W 4 „Fügen von Kunststoffen" im Ausschuss für Technik (AfT) befasst sich mit dem Schweißen, Kleben und mechanischen Fügen von Kunststoffen.

Im Detail umfasst dieser Bereich die folgenden Themen:

- Schweiß-, Kleb- und mechanische Fügeverfahren
- Prüfen und Berechnen von Fügenähten und Konstruktionen
- Anwenden der Fügeverfahren in der Praxis
- Ausbildung und Prüfung des Fachpersonals (werden in dieser Ausgabe nicht behandelt)

Untergruppen der Arbeitsgruppe W 4

Um sämtlichen Aspekten des umfangreichen Fachgebietes „Fügen von Kunststoffen" innerhalb der technisch-wissenschaftlichen Gemeinschaftsarbeit gerecht zu werden, ist die Arbeitsgruppe W 4 in verschiedene Untergruppen unterteilt:

AG W 4.1a	Heizelementschweißen von Tafeln und Rohren
AG W 4.1b	Warmgasschweißen
AG W 4.1c	Rotationsreibschweißen
AG W 4.1d	Ultraschallschweißen
AG W 4.1e	Hochfrequenzschweißen
AG W 4.1f	Vibrationsschweißen
AG W 4.2	Kleben von Kunststoffen
AG W 4.3a	Konstruktive Gestaltung – Rohrleitungsbau
AG W 4.3b	Konstruktive Gestaltung – Apparatebau
AG W 4.4	Messen und Prüfen
AG W 4.6	Schulung und Prüfung
AG W 4.7	Kunststoff-Folien und -Bahnen
AG W 4.8	Heizelementschweißen-Serienschweißen
AG W 4.10	AGFW Schweißen von PE-Mantelrohren
AG W 4.11	Mechanisches Fügen von Kunststoffen
AG W 4.12	Laserstrahlschweißen von Kunststoffen
AG W 4.13	Infrarotschweißen
AG W 4.14	Fügen von endlos Faser-Kunststoff-Verbunden
AG W 4.15	Warmgasserienschweißen
AG W 4.16	Kunststoffnieten

Ihr Ansprechpartner für den Bereich „Fügen von Kunststoffen"

Dr. Christoph Heering

T +49 211 1591-174

F +49 211 1591-200

christoph.heering@dvs-home.de

Inhaltsverzeichnis

DVS-Merkblätter und -Richtlinien der AG W 4

DVS-Richtlinien, die in Zusammenarbeit mit der AG W 4 erstellt worden sind

DVS-Richtlinienentwürfe (Gelbdrucke) der AG W 4

Sachbezogenes Inhaltsverzeichnis

Richtlinie	Halbzeuge/Behälter	Kleben	Laminieren	mechanisches Fügen	Schweißen (Halbzeug)	Serienschweißen		Ausbildung	Berechnung/Konstruktion	Prüfung	Verfahren/Parameter	Schweißgeräte	Bemerkung
2201	X					X				X			Halbzeuge
2205	X		X	X					X				Kennwerte, Berechnung
2206	X					X			X				zerstörungsfreie Prüfungen
2210	X					X			X				Industrierohleitungen
2211	X				X								Schweißzusatz
2227	X		X	X				X	X	X	X		Abdichtung
2204	X	X							X	X			Klebeverfahren, -prüfungen
2221	X	X											Kleberprüfung
2225	X			X					X	X	X		Bahnen
2231	X									X			QS-Sicherungskonzept
2226		X							X				Prüfverfahren
2240	X												Gewindeeinsätze
2241	X												Verschraubung
2242	X												Schnappverbindung
2202		X			X								Schweißfehler
2203			X		X								Schweißnahtprüfungen
2207					X				X	X			Schweißverfahren/-parameter
2208										X			Schweißmaschinen
2215		X		X					X	X	X		Heizelementschweißen
2216					X	X		X	X	X	X		Ultraschallschweißen
2217					X			X	X	X	X		Vibrationsschweißen
2218					X			X	X	X	X		Rotationsschweißen
2219					X			X	X	X	X		Hochfrequenzschweißen
2230									X		X		Qualitätssicherung (QS)
2243			X							X			Laserstrahlschweißen

November/*November/Novembre*
2013

DVS – DEUTSCHER VERBAND FÜR SCHWEISSEN UND VERWANDTE VERFAHREN E.V.	**Fügen von Kunststoffen – Kurzzeichen und Abkürzungen – Schweißverfahren** ***Joining of plastics – Code letters and abbreviations – Welding processes*** ***Assemblage des plastiques – abréviations – procédés de soudage***	**Richtlinie** ***Technical Code*** ***Directive*** **DVS 2200-1** **Beiblatt 1** ***Supplement 1*** ***Supplément 1***

In dem Beiblatt sind die derzeit möglichen Verfahren für das Schweißen von Kunststoffen, die Kurzzeichen dieser Verfahren und ein Querverweis auf die Beschreibung des jeweiligen Verfahrens (soweit vorhanden) in den DVS-Richtlinien sowie der Hauptanwendungsbereich aufgeführt.

The currently possible processes for the welding of plastics, the code letters of these processes, cross-references to the descriptions of the respective processes (in so far as these exist) in the DVS technical codes and the main areas of application are listed in the supplement.

Dans ce supplément de directive sont présentés les procédés actuels pour le soudage des plastiques, les abréviations de ces procédés, une référence sur la description de chaque procédé dans les directives DVS ainsi que les domaines principaux d'application.

DVS, Ausschuss für Technik, Arbeitsgruppe „Fügen von Kunststoffen"
DVS, Technical Committee, Working Group "Joining of Plastics"
DVS, comité technique, groupe de travail «Assemblage des plastiques»

Bezug: DVS Media GmbH, Postfach 10 19 65, 40010 Düsseldorf, Telefon (02 11) 15 91-0, Telefax (02 11) 15 91-150
Orders to: DVS Media GmbH, P. O. Box 10 19 65, 40010 Düsseldorf, Germany, Téléphone: +49(0)211/1591-0, Telefax: +49(0)211/1591-150
Référence: DVS Media GmbH, Postfach 10 19 65, 40010 Düsseldorf, Allemagne, Phone: +49(0)211/1591-0, Téléfax: +49(0)211/1591-150

Kurzzeichen ***Code letters*** ***Abbréviation***	**Verfahren** ***Processes*** ***Processus***	**Englisch** ***English*** ***Anglais***	**Französisch** ***French*** ***Francais***	**Beschrieben in**[1)] ***Described in***[1)] ***Décrit dans***[1)]	***Anwendungsbereiche*** ***Areas of application*** ***Domaine d'application***
Schweißen im elektromagnetischen Wechselfeld / *Welding in an alternating electromagnetic field* / *Soudage par ondes électromagnétiques*:					
EWS	Elektromagnetisches Widerstandsschweißen	Electromagnetic resistance welding	Soudage électromagnétique par résistance		Serienschweißen *Series welding* *Soudage en série*
HF	Hochfrequenzschweißen	High frequency welding	Soudage par hautes fréquences	DVS 2219-1	Folienschweißen *Film welding* *Soudage de film plastique*
MW	Mikrowellenschweißen	Microwave welding	Soudage par micro-ondes		Rohrleitungsbau *Pipeline construction* *Construction de la tuyauterie*
Schweißen durch Wärmeleitung / *Welding using heat conduction* / *Soudage par conduction thermique*:					
HB	Schwenkbiegeschweißen	Welding by bending using a heated tool	Soudage par pliage à la règle chauffante	DVS 2207-14	Apparate- und Behälterbau *Apparatus and tank construction* *Construction d'appareils et de réservoirs*
HD	Heizelementmuffenschweißen	Heated tool socket welding	Soudage de manchon par élément chauffant	DVS 2207-1, -11, -15	Rohrleitungsbau *Pipeline construction* *Construction de la tuyauterie*
HH	Heizkeilschweißen	Heated wedge welding	Soudage par coin chauffant	DVS 2225-1, -4, -5	Bahnenschweißen *Sheet welding* *Soudage de films épais*
HI	Wärmeimpulsschweißen	Thermal impulse welding	Soudage par impulsions thermiques		Folien- und Bahnenschweißen *Film and sheet welding* *Soudage de film plastique, Soudage de films épais*
TK	Thermokontaktschweißen	Thermal contact welding	Soudage par contact thermique	DVS 2219-2	Folienschweißen *Film welding* *Soudage de film plastique*
HM	Heizwendelschweißen	Electrofusion welding	Soudage par électrofusion	DVS 2207-1, -11, -16	Rohrleitungsbau *Pipeline construction* *Construction de la tuyauterie*
HN	Heizelementnutschweißen	Heated tool groove welding	Soudage en T avec élément chauffant		Apparate- und Behälterbau *Apparatus and tank construction* *Construction d'appareils et de réservoirs*
HR	Heizelementrollbandschweißen	Heated tool band weld sealing	Soudage continu par élément chauffant agissant directement		Folienschweißen *Film welding* *Soudage de film plastique*

Kurzzeichen ***Code letters*** ***Abbréviation***		**Verfahren** ***Processes*** ***Processus***	**Englisch** ***English*** ***Anglais***	**Französisch** ***French*** ***Francais***	**Beschrieben in**[1)] ***Described in***[1)] ***Décrit dans***[1)]	***Anwendungsbereiche*** ***Areas of application*** ***Domaine d'application***
HS		Heizelementstumpfschweißen	Heated tool butt welding	Soudage bout-à-bout par élément chauffant	DVS 2207-1, -5, -11, -12, -13, -15, -16, -25 DVS 2215-1, -2, -3	Rohrleitungs-, Apparate- und Behälterbau *Pipeline, apparatus and tank construction* *Construction de la tuyauterie, Construction d'appareils et de réservoirs* Serienschweißen *Series welding* *Soudage en série*
HT		Heizelementtrennnahtschweißen	Heated tool welding with cutting edge	Soudage au couperet chauffant		Folienschweißen *Film welding* *Soudage de film plastique*
WNF		Wulst- und nutfreies Schweißen	Bead and crevise free	Soudage sans bourrelet ni cavité		Rohrleitungsbau *Pipeline construction* *Construction de la tuyauterie*
Schweißen durch Strahlung / *Welding using radiation* / *Soudage par rayonnement*:						
IR		Infrarotschweißen	Infrared welding	Soudage par infrarouges	DVS 2207-6	Rohrleitungsbau, Serienschweißen *Pipeline construction and series welding* *Construction de la tuyauterie, Soudage en série*
	IR-H	Berührungsloses Heizelement-stumpfschweißen	Non-contact heated tool butt welding	Soudage par élément chauffant bout à bout sans contact		
	IR-E	Schweißen mit Emittern	Welding with emitters	Soudage avec émetteur		
LE		Lichtstrahlextrusionsschweißen	Light beam extrusion welding	Soudage par extrusion à l'aide d'un faisceau lumineux		Anlagen- und Behälterbau *Installation and tank construction* *Construction d'équipement*
LB		Laserstrahlschweißen	Laser beam welding	Soudage au laser	DVS 2243	Serienschweißen *Series welding* *Soudage en série*
	LB-C	Konturschweißen	Contour welding	Soudage au laser en contournage		
	LB-S	Simultanschweißen	Simultaneous welding	Soudage au laser en simultané		
	LB-QS	Quasi-Simultanschweißen	Quasi-simultaneous welding	Soudage au laser en quasi simultané		
	LB-M	Maskenschweißen	Mask welding	Soudage au laser à l'aide d'un masque		
Schweißen durch Bewegung / *Welding using movement* / *Soudage par friction*:						
FR		Rotationsreibschweißen	Spin welding	Soudage par frictions rotatives	DVS 2218-1, -2, -3	Serienschweißen *Series welding* *Soudage en série*
US		Ultraschallschweißen	Ultrasonic welding	Soudage par ultrasons	DVS 2216-1, -2, -3, -4, -5, -6	Serienschweißen *Series welding* *Soudage en série*

Kurzzeichen *Code letters* *Abbréviation*		**Verfahren** *Processes* *Processus*	**Englisch** *English* *Anglais*	**Französisch** *French* *Francais*	**Beschrieben in**[1)] ***Described in***[1)] ***Décrit dans***[1)]	***Anwendungsbereiche*** ***Areas of application*** ***Domaine d'application***
VIB		Vibrationsschweißen	Vibration welding	Soudage par vibrations	DVS 2217-1, -2	Serienschweißen *Series welding* *Soudage en série*
	VIB-L	Lineares Vibrationsschweißen	Linear vibration welding	Soudage par vibrations linéaires		
	VIB-B	Biaxiales Vibrationsschweißen	Biaxial vibration welding	Soudage par vibrations biaxiales		
Schweißen durch Warmgas / *Welding using hot gas* / *Soudage par gaz chaud*:						
WE		Warmgasextrusionsschweißen	Hot gas extrusion welding	Soudage par extrusion au gaz chaud	DVS 2207-4	Apparate- und Behälterbau, *Apparatus and tank construction* *Construction d'appareils et de réservoirs*
	WE-con	Warmgasextrusionsschweißen, kontinuierlich	Hot gas extrusion welding, continuous	Soudage continu par extrusion au gaz chaud	DVS 2225-1, -4, -5 DVS 2227-1	Bahnenschweißen *Sheet welding* *Soudage de films épais*
	WE-dis	Warmgasextrusionsschweißen, diskontinuierlich	Hot gas extrusion welding, discontinuous	Soudage discontinu par extrusion au gaz chaud	DVS 2207-4	Apparate- und Behälterbau *Apparatus and tank construction* *Construction d'appareils et de réservoirs*
WF		Warmgasfächelschweißen	Hot gas fan welding	Soudage par balayage au gaz chaud	DVS 2207-3	Apparate- und Behälterbau *Apparatus and tank construction* *Construction d'appareils et de réservoirs*
WU		Warmgasüberlappschweißen	Hot gas lap welding	Soudage par recouvrement au gaz chaud	DVS 2225-1, -4, -5	Schweißen von Dichtungsbahnen *Welding of sealing sheets* *Soudage de films épais*
WZ		Warmgasziehschweißen	Hot gas string-bead welding	Soudage avec traction au gaz chaud	DVS 2207-3	Apparate- und Behälterbau *Apparatus and tank construction* *Construction d'appareils et de réservoirs*

[1)] mit Beiblättern / *with supplements* /*avec suppléments*

DVS VERBAND

Richtlinie
DVS 2201-1

Ersetzt Ausgabe
Januar 2020

Richtlinie DVS 2201-1

Prüfen von Halbzeug aus Thermoplasten

Grundlagen – Hinweise

Ausschuss für Technik im DVS

Arbeitsgruppe W 4 „Fügen von Kunststoffen“

Untergruppe W 4.3b „Konstruktive Gestaltung - Apparatebau“

Bezug: DVS Media GmbH, Postfach 10 19 65, 40010 Düsseldorf, Telefon: (0211) 1591-0, Email: media@dvs-media.info

Inhalt:

1. Geltungsbereich

Diese Richtlinie gibt Verarbeitern von Halbzeugen aus thermoplastischen Kunststoffen Hinweise und Anregungen für das Prüfen der Halbzeuge in der Eingangskontrolle und für die Beurteilung von Qualität und Gebrauchstauglichkeit der Halbzeuge im Hinblick auf die schweißtechnische Praxis.

2. Werkstoffe und Eigenschaftsmerkmale

Durch diese Richtlinie werden die hauptsächlich im Apparate- und Rohrleitungsbau eingesetzten, in Beiblatt 1 aufgeführten Werkstoffe erfasst.

Diese Werkstoffe besitzen aufgrund ihres molekularen und strukturellen Aufbaus spezifische verarbeitungs- und anwendungstechnische Eigenschaften. Bei der Anwendung von Halbzeugen aus Thermoplasten, hauptsächlich für tragende Bauteile, sind diese Werkstoffeigenschaften – besonders bei gleichzeitiger mechanischer, thermischer und chemischer Beanspruchung – zu berücksichtigen.

Die Eigenschaftswerte der Halbzeuge sind in den einschlägigen DIN-Normen (siehe Kapitel 4) beschrieben. Bezüglich der Schweißzusätze wird auf das Merkblatt DVS 2211 verwiesen. Kennwerte der gebräuchlichsten Thermoplaste für die Berechnung der Konstruktion sind in Richtlinie DVS 2205-1 angegeben.

2.1. Mechanisches Verhalten

Die in den Normen angegebenen Werte für die mechanischen Eigenschaften der Halbzeuge wurden nach genormten Prüfmethoden an Probekörpern ermittelt. Es sind Mindestanforderungen an die Formstoffe, die einen Vergleich der Kunststoffe untereinander erlauben. Mit den Eigenschaften der Fertigteile sind sie nicht unbedingt identisch, da die Einflüsse der Gestaltung und der Verarbeitung unberücksichtigt bleiben. Von Bedeutung sind vor allem auch der Temperatur- und Zeiteinfluss, sodass die angegebenen Werte nicht die Gebrauchstauglichkeit der Fertigteile charakterisieren oder unmittelbar der Berechnung einer Konstruktion zugrunde gelegt werden können.

2.2. Thermisches Verhalten

Hinsichtlich der thermischen Belastbarkeit ist zu berücksichtigen, dass die Eigenschaftswerte der Thermoplaste temperaturabhängig sind. Neben der Änderung der Festigkeit durch Temperatur ist der Zeiteinfluss zu beachten. Für die konstruktive Gestaltung sind Wärmeausdehnung und Wärmeleitfähigkeit von Bedeutung.

2.3. Alterungsverhalten

Während der praktischen Anwendung werden alle Werkstoffe durch verschiedene Umwelteinflüsse beansprucht und Veränderungen unterworfen.

Als Alterungsursachen bei Kunststoffen sind insbesondere die Licht-, Temperatur- und Medieneinwirkungen zu nennen. Die Verträglichkeit bzw. Widerstandsfähigkeit ist je nach Einsatzart und -beanspruchung verschieden. Dies ist bei der Beurteilung der Gebrauchstauglichkeit zu beachten. Für den Einsatz sind neben diesen äußeren auch noch innere Einflüsse und mechanische Beanspruchungen zu berücksichtigen. Sie können bei gleichbleibender mechanischer Beanspruchung zu einer Verkürzung oder Verlängerung der Lebensdauer führen.

3. Hinweise für die Eingangskontrolle

Für die Kontrolle des Lieferzustandes der Halbzeuge – Rohre, Tafeln, Profile, Formteile – sind die unter Kapitel 5 aufgeführten Normen und Richtlinien heranzuziehen. Weitere Festlegungen können zwischen den Vertragspartnern vereinbart werden. Bestehen Zweifel an der Identität und/oder Schweißeignung des Werkstoffes, sind Prüfungen nach Richtlinie DVS 2201-2 zu empfehlen.

3.1. Sichtkontrolle

Die Halbzeuge sind durch Inaugenscheinnahme auf gleichmäßige Einfärbung, örtliche Farbveränderungen sowie auf Sauberkeit und Oberflächenbeschaffenheit zu untersuchen. Die Kennzeichnung des Halbzeuges ist zu erfassen.

3.2. Maßkontrolle

Die in den Normen und Richtlinien bzw. den technischen Lieferbedingungen festgelegten Maße sind am Halbzeug zu überprüfen.

3.3. Verhalten nach Warmlagerung

Die Warmlagerung wird empfohlen. Hinsichtlich Prüftemperatur und Prüfdauer ist sie entsprechend den jeweiligen Normen und Richtlinien durchzuführen. Die prozentuale Längenänderung und die Oberfläche (Farbe, Gestalt) des Halbzeuges wird mit den vorliegenden Angaben verglichen.

3.4. Weitere Prüfungen

Neben diesen einfachen Werkstoffprüfungen können bei Bedarf weitere auf den Anwendungsfall bezogene Prüfungen erforderlich sein.

3.5. Prüfung und Beurteilung der Gebrauchstauglichkeit

Die aus den Halbzeugen hergestellten Bauteile müssen den während des praktischen Einsatzes auftretenden mechanischen, thermischen und chemischen Belastungen in der vorgesehenen Gebrauchsdauer mit Sicherheit standhalten. Zur Beurteilung der Gebrauchstauglichkeit der Bauteile sind

- die Eignung der Werkstoffe,
- die kunststoffgerechte Konstruktion und
- die fachgerechte Verarbeitung, insbesondere der Schweißverbindungen,

zu berücksichtigen.

Die aus den nachstehend aufgeführten Prüfungen erhaltenen Ergebnisse und deren Bewertung ermöglichen eine Beurteilung der Gebrauchstauglichkeit der Halbzeuge.

3.6. Verhalten unter mechanischer Beanspruchung

Bei der Prüfung der mechanischen Eigenschaften ist zwischen Kurz- und Langzeitverhalten zu unterscheiden. Die wichtigsten Prüfungen zur Ermittlung der mechanischen Eigenschaften sind nachfolgend beschrieben.

Kurzzeitversuche dienen nur zur Ermittlung der Anfangsfestigkeiten und zur Festlegung der Prüfbedingungen für Zeitstandprüfungen. Prüfergebnisse aus diesen Kurzzeitversuchen dürfen nicht direkt zur Bemessung von tragenden Bauteilen herangezogen werden. Für die konstruktive Bemessung sind die Ergebnisse aus Zeitstandversuchen zu verwenden. Hierzu wird auf Richtlinie DVS 2205-1 verwiesen.

3.6.1. Zugversuch

Im Zugversuch nach DIN EN ISO 527 werden die Streckspannung, Zugfestigkeit und Reißfestigkeit sowie die zugehörigen Dehnungen ermittelt.

Der Zugversuch nach Richtlinie DVS 2203-2 dient zur Bestimmung des Kurzzeitschweißfaktors.

3.6.2. Bestimmung des Elastizitätsmoduls

Das Elastizitätsmodul wird nach DIN EN ISO 527 ermittelt. Entsprechend dem Belastungsfall ist er im Zug-, Druck- oder Biegeversuch zu bestimmen.

3.6.3. Bestimmung der Schlagzähigkeit

Die Schlag- bzw. Kerbschlagzähigkeit wird nach DIN EN ISO 179 im Schlagbiegeversuch oder nach DIN EN ISO 8256 im Schlagzugversuch ermittelt.

Die Zähigkeit von Schweißverbindungen wird nach Richtlinie DVS 2203 Teil 3 bestimmt.

Die Zähigkeitseigenschaften geben Hinweise auf die Widerstandsfähigkeit der Werkstoffe gegen stoßartige Belastungen.

3.6.4. Zeitstand-Innendruckversuch

Für Rohrwerkstoffe sind Zeitstand-Kennlinien in Richtlinie DVS 2201-1 Beiblatt 2, Tabelle 1 enthalten.

Werkstoffe, für die keine Zeitstand-Kennlinien vorliegen, werden gemäß DIN EN ISO 1167 geprüft. Die Auswertung erfolgt nach DIN EN ISO 9080.

Aus diesen Zeitstand-Kennlinien können für entsprechende Werkstoffe, Temperaturen und Einsatzzeiten die Kennwerte für die Dimensionierung entnommen werden. Diese Zeitstand-Kennlinien sind im mehrachsigen Spannungszustand ermittelt worden, wie er an Bauteilen meistens auftritt.

3.6.5. Zeitstand-Zugversuch

Der Zeitstand-Zugversuch wird nach DIN EN ISO 899 durchgeführt. Bei der Auswertung von Zeitstand-Zugversuchen ist zu beachten, dass diese unter einachsiger Belastung erfolgen und zu längeren Standzeiten als bei mehrachsiger Belastung führen. Bei der Dimensionierung ist dies zu beachten.

Der Langzeitschweißfaktor wird nach Richtlinie DVS 2203-4 bestimmt. Dieser im einachsigen Zeitstand-Zugversuch ermittelte Faktor gilt nach bisher vorliegenden Erkenntnissen auch für den mehrachsigen Spannungszustand.

3.6.6. Bestimmung des Kriechmoduls

Der Kriechmodul wird im Zeitstand-Zugversuch bzw. im Zeitstand-Biegeversuch nach DIN EN ISO 899 ermittelt. Bei der Dimensionierung ist dieser in Abhängigkeit von Spannung, Temperatur und Zeit zu berücksichtigen.

3.6.7. Bestimmung des Widerstands gegen langsames Risswachstum

Für die Abschätzung des Verhaltens unter mechanischer Belastung können Spannungsrissprüfungen im FNCT (Full-Notch-Creep-Test) bzw. 2NCT (Two-Notch-Creep-Test) nach den Beiblättern 2 und 4 der Richtline DVS 2203-4 durchgeführt werden. Außerdem werden beide Prüfungen im Anhang A der DIN EN 12814-3 beschrieben.

3.7. Verhalten unter thermischer Beanspruchung

Bei der Beurteilung des Verhaltens thermoplastischer Kunststoffe unter thermischer Beanspruchung ist die Veränderung der technischen Eigenschaften zu beachten. Insbesondere nehmen die Formstabilität, die Festigkeit und die Steifigkeit mit steigender Temperatur ab. Außerdem ist bei höherer Temperatur mit einer beschleunigten Wärmealterung zu rechnen. Aus diesem Verhalten ergeben sich für die einzelnen Werkstoffe obere Grenzen der Dauergebrauchstemperatur, die nicht überschritten werden dürfen.

Der Wärmeausdehnungskoeffizient der thermoplastischen Kunststoffe ist temperaturabhängig und liegt wesentlich über dem der Metalle. Dies ist bei der konstruktiven Auslegung von Bauteilen und Anlagen zu berücksichtigen. Die Werte können dem Beiblatt 3 dieser Richtlinie entnommen werden.

3.7.1. Wärmeformbeständigkeit

Die Wärmeformbeständigkeit beschreibt das Verformungsverhalten des Werkstoffes unter konstanter Last bei steigender Temperatur. Damit werden Rückverformungen aufgrund von Eigenspannungen und Warmverformungen nicht erfasst.

3.7.1.1. Bestimmung der Vicat-Erweichungstemperatur

Die Vicat-Erweichungstemperatur (VST = Vicat softening temperature) wird nach DIN EN ISO 306, Verfahren B 50, bestimmt. Dieser Test ist besonders für amorphe thermoplastische Kunststoffe geeignet. Die mit dieser Prüfung ermittelte VST liegt im Allgemeinen etwa 15 °C über der maximalen Dauergebrauchstemperatur.

3.7.1.2. Bestimmung der Formbeständigkeitstemperatur

Die Formbeständigkeit wird unter Biegebelastung nach DIN EN ISO 306, Verfahren B, bestimmt. Mit diesem Versuch wird auch die Kriechneigung der Werkstoffe erfasst. Die damit bestimmte Temperatur liegt im Allgemeinen etwa 10 °C über der maximalen Dauergebrauchstemperatur.

3.7.2. Bestimmung des Verhaltens bei Warmlagerung

Mit den nachfolgend aufgeführten Versuchen werden Rückverformungen von Halbzeugen bestimmt, die sich infolge von verarbeitungsbedingten Eigenspannungszuständen ergeben. Die Durchführung der Prüfungen ist in den in Beiblatt 4 dieser Richtlinie angegebenen Halbzeugnormen beschrieben.

3.7.3. Wärmealterung

Die Wärmealterung ist abhängig von der Temperatur, der Einwirkungszeit, dem Umgebungsmedium und dessen Sauerstoffgehalt. Bei üblicher Stabilisierung der Formstoffe können die in Beiblatt 5 dieser Richtlinie angegebenen Temperatur-Zeit-Grenzen erreicht werden.

3.8. Verhalten unter chemischer Beanspruchung

Das Verhalten unter chemischer Beanspruchung ist entscheidend davon abhängig, ob das Bauteil gleichzeitig mechanisch belastet wird oder nicht. Höhere Temperaturen wirken sich in der Regel auf den Vorgang beschleunigend aus. Dies wiederum führt zu einer Minderung der Zeitstandfestigkeit, siehe Richtlinie DVS 2205.

3.8.1. Immersionsversuch

Eine erste Abschätzung des Verhaltens gegen Chemikalieneinwirkung kann im Immersionsversuch nach ISO 4433 erfolgen. Die dabei ermittelten Ergebnisse erlauben nur eine qualitative Beurteilung für den spannungsfreien Einsatz.

3.8.2. Bestimmung der chemischen Resistenzfaktoren/Abminderungsfaktoren

Die chemischen Resistenzfaktoren (f_{cr}-Faktor) beschreiben zahlenmäßig die Einwirkung chemischer Medien auf das Zeitstandverhalten im Vergleich zur Einwirkung von Wasser bei gleicher Temperatur.

Hinweis: Die Bestimmung der f_{cr}-Faktoren in den DVS-Richtlinien bis zum Jahr 2021 erfolgte nach DIN 16889:1989 (welche durch DIN 16463 ersetzt wurde) im Zeitstand-Innendruckversuch an Rohren.

Die Kehrwerte der f_{cr}-Faktoren können als chemische Abminderungsfaktoren A_2 bei der Berechnung von Behältern und Rohrleitungssystemen verwendet werden. Die Abminderungsfaktoren sind z. B. in den Medienlisten des Deutschen Instituts für Bautechnik (DIBt) veröffentlicht.

4. Schrifftum

Die wichtigsten in diesem Zusammenhang interessierenden Normen und Richtlinien sind nachstehend aufgeführt. Ihre Kenntnis muss vorausgesetzt werden.

4.1. Werkstoff- und Halbzeugnormen

Formmassen

DIN EN ISO 1163	Weichmacherfreie Polyvinylchlorid (PVC-U) – Formmassen
DIN EN ISO 16396-1	Kunststoffe – Polyamid (PA)-Formmassen für das Spritzgießen und die Extrusion – Teil 1: Bezeichnungssystem, Produktkennzeichnung und Basis für Spezifikationen
DIN EN ISO 16396-2	Kunststoffe – Polyamid (PA)-Formmassen für das Spritzgießen und die Extrusion – Teil 2: Herstellung von Probekörpern und Bestimmung von Eigenschaften
DIN EN ISO 17855	Polyethylen (PE) – Formmassen
DIN EN ISO 19069	Polypropylen (PP) – Formmassen

Rohre

DIN EN ISO 16486-2	Kunststoff-Rohrleitungssysteme für die Gasversorgung – Rohrleitungssysteme aus weichmacherfreiem Polyamid (PA-U) mit Schweißverbindungen und mechanischen Verbindungen
DIN 8061	Rohre aus weichmacherfreiem Polyvinylchlorid; Allgemeine Güteanforderungen, Prüfung
DIN 8062	Rohre aus weichmacherfreiem Polyvinylchlorid; Maße
DIN 8074	Rohre aus Polyethylen hoher Dichte (PE-HD); Maße
DIN 8075	Rohre aus Polyethylen hoher Dichte (PE-HD); Allgemeine Güteanforderungen, Prüfung

DIN 8077	Rohre aus Polypropylen (PP); Maße
DIN 8078	Rohre aus Polypropylen (PP) Typ 1 und Typ 2; Allgemeine Güteanforderungen, Prüfung
DIN 8080	Rohre aus chloriertem Polyvinylchlorid (PVC-C); Allgemeine Güteanforderungen, Prüfung
DIN 16961	Wickelrohre
DVGW GW 335-A6	Kunststoff-Rohrleitungssysteme in der Gas- und Wasserverteilung; Anforderungen und Prüfungen; Teil A6: Rohre aus PA-U 160 und PA-U 180 sowie zugehörige Verbinder und Verbindungen

Stäbe/Profile

DIN EN 15860	Kunststoffe – Thermoplastische Halbzeuge für die spanende Verarbeitung – Anforderungen und Prüfverfahren
DIN 16941	Extrudierte Profile aus thermoplastischen Kunststoffen; Allgemeine Toleranzen für Maße, Form und Lage

Tafeln / Platten

DIN EN ISO 11833	Kunststoffe – Weichmacherfreie Polyvinylchloridtafeln – Typen, Maße und Eigenschaften
DIN EN ISO 14632	Extrudierte Tafeln aus Polyethylen (PE-HD) – Anforderungen und Prüfverfahren
DIN EN ISO 15013	Kunststoffe – Extrudierte Tafeln aus Polypropylen (PP) – Anforderungen und Prüfung
DIN ISO 15014	Kunststoffe – Extrudierte Tafeln aus Polyvinylidenfluorid (PVDF) – Anforderungen und Prüfverfahren

4.2. Prüfnormen

DIN 16463	Bestimmung des Einflusses von chemischen Fluiden auf das Zeitstand-Innnendruckverhalten von Druckrohren aus thermoplastischen Kunststoffen
DIN 16889-1	Bestimmung der chemischen Resistenzfaktoren an Rohren aus Thermoplasten; Rohre aus Polyolefinen
DIN EN ISO 899-1	Kunststoffe – Bestimmung des Kriechverhaltens – Teil 1: Zeitstand-Zugversuch
DIN EN ISO 899-2	Kunststoffe – Bestimmung des Kriechverhaltens – Teil 2: Zeitstand-Biegeversuch bei Dreipunkt-Belastung
DIN EN ISO 8256	Kunststoffe – Bestimmung der Schlagzugzähigkeit

DIN EN ISO 22088	Kunststoffe – Bestimmung der Beständigkeit gegen umgebungsbedingte Spannungsrissbildung (ESC)
DIN EN ISO 175	Kunststoffe – Prüfverfahren zur Bestimmung des Verhaltens gegen flüssige Chemikalien
DIN EN ISO 179-1	Kunststoffe – Bestimmung der Charpy-Schlageigenschaften – Teil 1: Nicht instrumentierte Schlagzähigkeitsprüfung
DIN EN ISO 179-2	Kunststoffe – Bestimmung der Charpy-Schlageigenschaften – Teil 2: Instrumentierte Schlagzähigkeitsprüfung
DIN EN ISO 306	Kunststoffe – Thermoplaste – Bestimmung der Vicat-Erweichungstemperatur (VST)
DIN EN ISO 527-1	Kunststoffe— Bestimmung der Zugeigenschaften – Teil 1: Allgemeine Grundsätze
DIN EN ISO 527-2	Kunststoffe – Bestimmung der Zugeigenschaften – Teil 2: Prüfbedingungen für Form- und Extrusionsmassen
DIN EN ISO 527-3	Kunststoffe – Bestimmung der Zugeigenschaften – Teil 3: Prüfbedingungen für Folien und Tafeln
DIN EN ISO 1167-1	Rohre, Formstücke und Bauteilkombinationen aus thermoplastischen Kunststoffen für den Transport von Flüssigkeiten – Bestimmung der Widerstandsfähigkeit gegen inneren Überdruck – Teil 1: Allgemeines Prüfverfahren
DIN EN ISO 1167-2	Rohre, Formstücke und Bauteilkombinationen aus thermoplastischen Kunststoffen für den Transport von Flüssigkeiten – Bestimmung der Widerstandsfähigkeit gegen inneren Überdruck – Teil 2: Vorbereitung der Rohr-Probekörper
DIN EN ISO 1167-3	Rohre, Formstücke und Bauteilkombinationen aus thermoplastischen Kunststoffen für den Transport von Flüssigkeiten – Bestimmung der Widerstandsfähigkeit gegen inneren Überdruck – Teil 3: Vorbereitung der Rohrleitungsteile
DIN EN ISO 9080	Kunststoffrohrleitungs- und Schutzrohrsysteme – Bestimmung des Zeitstand-Innendruckverhaltens von thermoplastischen Rohrwerkstoffen durch Extrapolation
DIN EN 12814-3	Prüfen von Schweißverbindungen aus thermoplastischen Kunststoffen – Teil 3: Zeitstand-Zugversuch
ISO 4433	Thermoplastische Rohre – Widerstand gegen chemische Fluide – Klassifizierung

4.3. DVS-Merkblätter und -Richtlinien

Richtlinie DVS 2201-2	Prüfen von Halbzeug aus Thermoplasten; Schweißeignung; Prüfverfahren – Anforderungen
Richtlinie DVS 2203	Prüfen von Schweißverbindungen aus thermoplastischen Kunststoffen

Teil 2	Zugversuch
Teil 3	Schlagzugversuch
Teil 4	Zeitstand-Zugversuch
Teil 5	Technologischer Biegeversuch
Richtlinie DVS 2205-1	Berechnung von Behältern und Apparaten aus Thermoplasten; Kennwerte
Merkblatt DVS 2211	Schweißzusätze für thermoplastische Kunststoffe; Geltungsbereich, Kennzeichnung, Anforderung, Prüfung

VERBAND

Richtlinie/Technical Code
DVS 2201-1
Beiblatt 1/Supplement 1

Ersetzt Ausgabe Januar 2020
Replaces issue January 2020

Richtlinie DVS 2201-1 Beiblatt 1
Technical Code DVS 2201-1 Supplement 1

Prüfen von Halbzeug aus Thermoplasten; Grundlagen – Hinweise Werkstoffe und Kurzzeichen

Testing of semi-finished products made of thermoplastics; Basics – indications Material and abbreviation

Ausschuss für Technik im DVS
Arbeitsgruppe W 4 „Fügen von Kunststoffen"
Untergruppe W 4.3b „Konstruktive Gestaltung - Apparatebau"

Technical Comittee in DVS
Working Group W 4 „Joining of Plastics"
Subgroup W 4.3b „Constructive design - apparatus construction"

Bezug: DVS Media GmbH, Postfach 10 19 65, 40010 Düsseldorf, Telefon: (0211) 1591-0, Email: media@dvs-media.info

Tabelle 1: Werkstoffbezeichnung und Kurznamen

Kurzzeichen / Abbreviation	Werkstoffbezeichnung / Material
PA-U	Polyamid weichmacherfrei / Polyamide unplasticized
PE 63* PE 80* PE 100*	Alte Bezeichnung: PE –HD Polyethylen hoher Dichte ** / Polyethylene high density
PE100 RC	Polyethylene der Festigkeitsklasse 100 / RC = resistant to crack (PE rigid)**
PE-X	Polyethylen vernetzt / Polyethylene crosslinked
PE-el	Polyethylen elektrisch leitfähig / Polyethylene electrically conductive
PP-B	Polypropylen-Block-Copolymerisat / Polypropylene block copolymer
PP-H	Polypropylen-Homopolymerisat / Polypropylene homopolymer
PP-R	Polypropylen-Random-Copolymerisat / Polypropylene random copolymer
ABS	Acrylnitrit-Butadien-Styrol / Acrylonitrile-butadiene-styrene
PVC-C	Polyvinylchlorid chloriert / Polyvinyl chloride chlorinated
PVC-RI	Polyvinylchlorid erhöht schlagzäh / Polyvinyl chloride raised impact resistant
PVC-NI	Polyvinylchlorid normal schlagzäh / Polyvinyl chloride normal impact resistant
PVC-U	Polyvinylchlorid weichmacherfrei (PVC hart)** / Polyvinyl chloride unplasticised (PVC rigid)**
PCDF	Polyvinylidenfluorid / Polyvinylidene fluoride
PVDF-C	Polyvinylidenfluorid-Copolymer / Polyvinylidene fluoride copolymer
ECTFE	Ethylen-Chlortrifluorethylen / Ethylene-chlorotrifluoroethylene
ETFE	Ethylen-Tetrafluorethylen / Ethylene-tetrafluoroethylene
THV	Ethylen-Tetrafluorethylen-Copolymer / Ethylene-tetrafluoroethylene copolymer
MFA	Tetrafluorethylen/Perfluormethylvinylether / Tetrafluoroethylene-perfluoromethyl-ether
FEP	Tetrafluorethylen/Perfluorvinylether Copolymerisat / Tetrafluoroethylene-hexafluoropropylene
PFA	Perfluoralkoxy-Copolymer / Tetrafluoroethylene-perfluoropropylether
PTFE-M	Polytetrafluorethylen-Copolymer / Polytetrafluoroethylene copolymer
PTFE	Polytetrafluorethylen / Polytetrafluoroethylene

* Die Zahlen kennzeichnen die Festigkeitsklasse. / The numbers mark the strength class.
** alte Bezeichnung / earlier used term

DVS VERBAND

Richtlinie/Technical Code
DVS 2201-1
Beiblatt 2/Supplement 2

Ersetzt Ausgabe Januar 2020
Replaces issue January 2020

Richtlinie DVS 2201-1 Beiblatt 2
Technical Code DVS 2201-1 Supplement 2

Prüfen von Halbzeug aus Thermoplasten; Grundlagen – Hinweise
Richtlinien mit Zeitstandkennlinien für Rohre

Testing of semi-finished products made of thermoplastics; Basics – indications
Directives for creep rupture curvesof pipes

Ausschuss für Technik im DVS
Arbeitsgruppe W 4 „Fügen von Kunststoffen"
Untergruppe W 4.3b „Konstruktive Gestaltung - Apparatebau"

Technical Comittee in DVS
Working Group W 4 „Joining of Plastics"
Subgroup W 4.3b „Constructive design - apparatus construction"

Bezug: DVS Media GmbH, Postfach 10 19 65, 40010 Düsseldorf, Telefon: (0211) 1591-0, Email: media@dvs-media.info

Tabelle 1: Werkstoffe mit den dazugehörigen Normen und Richtlinien

Werkstoff **Material**	**Grundnormen bzw. Richtlinien** **Fundamental standards or directives**
PA-U 12	DVS 2205-1 Beiblatt 8
PVC-U	DIN 8061
PE	DIN 8075
PP	DIN 8078
ABS	DIN EN ISO 15493
PVC-C	DIN 8080
PVDF	DVS 2205-1 Beiblatt 4
PVDF-C	*
ECTFE	DVS 2205-1 Beiblatt 4
ETFE	*
THV	*
MFA	
FEP	*
PFA	DVS 2205-1**
PTFE-M	DVS 2205-1 Beiblatt 4
PTFE	DVS 2205-1 Beiblatt 4

* Keine Daten verfügbar für selbsttragende Konstruktionen. / No data available for self supporting structures.
** in Vorbereitung / in preparation

Anmerkung / Note:

Tabelle 2: Richtwerte für Schmelzpunkt und E-Modul für PVDF-Copolymertypen

Materialtyp **Material type**	**Einheit** **Unit**	**PVDF-C**
Schmelzpunkt Melting point	°C	132 - 160
E-Modul Flexural Modulus[1)]	MPa	350 - 1200

[1)] Auf dem Markt ist eine Vielzahl von PVDF-Copolymertypen anzutreffen, die hinsichtlich des Kristallit-Schmelzpunktes und des E-Moduls stark variieren. Die angegebenen Werte dienen lediglich als Richtwerte. Im Bedarfsfall sind die Kennwerte beim Hersteller anzufragen. /
A large number of PVDF copolymer types with extreme variations with regard to the crystallite melting points and the moduli of elasticity can be encountered on the market. The specified values serve merely as guide values. If they are needed, it is necessary to ask the manufacturer about the characteristic values.

Richtlinie/Technical Code
DVS 2201-1
Beiblatt 3/Supplement 3

Ersetzt Ausgabe Januar 2020
Replaces issue January 2020

Richtlinie DVS 2201-1 Beiblatt 3
Technical Code DVS 2201-1 Supplement 3

Prüfen von Halbzeug aus Thermoplasten; Grundlagen – Hinweise Lineare Wärmeausdehnungskoeffizienten

Testing of semi-finished products made of thermoplastics; Basics – indications Linear thermal expansioncoefficients

Ausschuss für Technik im DVS
Arbeitsgruppe W 4 „Fügen von Kunststoffen“
Untergruppe W 4.3b „Konstruktive Gestaltung - Apparatebau“

Technical Comittee in DVS
Working Group W 4 „Joining of Plastics“
Subgroup W 4.3b „Constructive design - apparatus construction“

Bezug: DVS Media GmbH, Postfach 10 19 65, 40010 Düsseldorf, Telefon: (0211) 1591-0, Email: media@dvs-media.info

Tabelle 1: Werkstoffe mit ihren Temperaturbereichen und Wärmeausdehnungskoeffizienten

Werkstoff Material	**Temperaturbereich Temperature range**	**Wärmeausdehnungskoeffizient Thermal expansion coefficient**	
	[°C]	**[1/K · 10^{-4}]**	**[mm/mK]**
PA-U 12	20...80	1,2...1,4	0,12...0,14
PVC-U	20...60	0,7...0,8	0,07...0,08
PVC-C	20...100	0,6...0,7	0,06...0,07
PE	20...80	1,5...2,0	0,15...0,20
PP	20...100	1,6...1,8	0,16...0,18
ABS	20...60	~1,0	~0,10
PVDF	20...140	1,2...1,8	0,12...0,18
PVDF-C	20...120	1,4...1,8	0,14...0,18
ETCFE	20...150	0,9...1,8	0,09...0,18
ETFE	30...150	1,1...1,8	0,11...0,18
THV	20...150	2,0...2,4	0,20...0,2
MFA	20...200	1,0...2,2	0,10...0,22
FEP	20...200	1,4...2,6	0,14...0,26
PFA	20...200	1,2...2,0	0,12...0,20
PTFE-M	20...200	1,0...1,3	0,10...0,13
PTFE	20...200	1,0...1,5	0,10...0,15

Genauere Angaben zur Berechnung enthält Richtlinie DVS 2205-1 Beiblatt 5.
Detailed data for calculation are given in Technical Code DVS 2205-1 Supplement 5.

Hinweis: Zwischen dem Wärmeausdehnungskoeffizient und der Temperatur für den angegebenen Temperaturbereich besteht im Allgemeinen kein linearer Zusammenhang.

Remark: Within the specific temperature range the thermal expansion coefficient may follow a non linear function.

DVS VERBAND

Richtlinie/Technical Code
DVS 2201-1
Beiblatt 4/Supplement 4

Ersetzt Ausgabe Januar 2020
Replaces January 2020

Richtlinie DVS 2201-1 Beiblatt 4
Technical Code DVS 2201-1 Supplement 4

Prüfen von Halbzeug aus Thermoplasten; Grundlagen – Hinweise Halbzeugverhalten bei Warmlagerung

Testing of semi-finished products made of thermoplastics; Basics – indications Dimension stability of semi-finished material after heating

Ausschuss für Technik im DVS
Arbeitsgruppe W 4 „Fügen von Kunststoffen"
Untergruppe W 4.3b „Konstruktive Gestaltung - Apparatebau"

Technical Comittee in DVS
Working Group W 4 „Joining of Plastics"
Subgroup W 4.3b „Constructive design - apparatus construction"

Bezug: DVS Media GmbH, Postfach 10 19 65, 40010 Düsseldorf, Telefon: (0211) 1591-0, Email: media@dvs-media.info

Tabelle 1: Werkstoffe mit den Normen für Rohr- und Tafelanwendungen

Werkstoff **Material**	**Rohre** **Pipes**	**Tafeln** **Sheets**
PA-U 12	DIN EN ISO 16486-2	-
PVC-U	DIN 8061	DIN 16927 / ISO 11833-1
PVC-C	DIN 8080	(DIN 16927)
PE	DIN 8075	DIN EN ISO 14632 [extrudierte Platten/extruded sheets] DIN EN ISO 15527 [gepresste Platten/compression molded sheets]
PP	DIN 8078	DIN EN ISO 15013
ABS	DIN EN ISO 15493	-
PVDF	ISO 10931	DIN EN ISO 15014
PVDF-C	-	DIN EN ISO 15014
ETCFE	-	-
ETFE	-	-
THV	-	-
MFA	-	-
FEP	-	-
PFA	-	-
PTFE-M	ISO 13000	ISO 13000
PTFE	ISO 13000	ISO 13000

( ) Diese Normen können sinngemäß angewendet werden. Die Versuchsbedingungen sind den Kenndaten dieser Werkstoffe bzw. Richtlinie DVS 2212 anzupassen.

These standards can be applied in a general manner. The test conditions are to be adapted to the characteristics of these materials or to technical code DVS 2212.

Richtlinie/Technical Code
DVS 2201-1
Beiblatt5/Supplement 5

Ersetzt Ausgabe Januar 2020
Replaces issue January 2020

Richtlinie DVS 2201-1 Beiblatt 5
Technical Code DVS 2201-1 Supplement 5

Temperatur-Zeit-Grenzen der Wärmealterung

Service life temperature time limits due to thermal ageing

Ausschuss für Technik im DVS
Arbeitsgruppe W 4 „Fügen von Kunststoffen"
Untergruppe W 4.3b „Konstruktive Gestaltung - Apparatebau"

Technical Comittee in DVS
Working Group W 4 „Joining of Plastics"
Subgroup W 4.3b „Constructive design - apparatus construction"

Bezug: DVS Media GmbH, Postfach 10 19 65, 40010 Düsseldorf, Telefon: (0211) 1591-0, Email: media@dvs-media.info

Tabelle 1: Werkstoffe mit ihren maxinalen Einsatztemperaturen in Abhängigkeit der Einsatzdauer

	Werkstoff Material	**Maximale Einsatztemperatur in °C nach Einsatzdauer in Jahren[1)] Maximum service temperature in °C in accordance of service time in years[1)]**						
		1 Jahr	5 Jahre	10 Jahre	20 Jahre	25 Jahre	50 Jahre	100 Jahre
A	PA-U 12	90	75	70	65	60	55	
B	PVC-U[2)]	60	60	60	60	60	40	
	PVC-C				90	60	40	
C	PE	80	60	55	50	45	40	35
	PP	120	100	90	80	70	60	
D	PVDF[2)]	140	140	140	130	120	100	
	PVDF-C				120	120	100	
	ECTFE[2)]				140	130	120	
	ETFE[2)]				140	130	120	
E	PTFE	260					150	
	PTFE-M	260					150	
	PTFE-M	260					150	
	FEP	200					150	
	PTFE-M	260					150	
	THV[3)]						150	

[1)] Chemische Einflüsse, außer Wasser, sind in der Tabelle nicht berücksichtigt. / Chemical influences, except water, are not covered in the table.
[2)] Erfahrungswerte / Empirical values
[3)] Keine Daten verfügbar. / No data available.

A	Die Temperatur-Zeit-Grenze wird im wesentlichen durch Phänomene der Hydrolyse bestimmt. / The service life time temperature limit is mainly governed by effects related to hydrolysis.
B	Die Temperatur-Zeit-Grenze wird im Wesentlichen durch Phänomene des Glasübergangs bestimmt. / The service life time temperature limit is mainly governed by effects related to the glass transition
C	Die Temperatur-Zeit-Grenze wird im Wesentlichen durch Phänomene der Thermooxydation bestimmt. / The service life time temperature limit is mainly governed by effects related to thermooxydation.
D	Die Temperatur-Zeit-Grenze wird im Wesentlichen durch Phänomene im kristallinen Gefüge bei Annäherung an den Schmelzpunkt bestimmt. / The service life time temperature limit is mainly governed by effects related to crystallinity upon approaching the melting point.
E	Keine thermische Alterung bekannt bei Anwendungstemperaturen, die unterhalb der in der Tabelle angegebenen Werte liegen. / No thermal ageing is known *below values shown in the table.*

DVS VERBAND
DVS – Deutscher Verband
für Schweißen und
verwandte Verfahren e. V.

Richtlinie
DVS 2202

Richtlinie DVS 2202
Bewertung von Fügeverbindungen aus thermoplastischen Kunststoffen an Rohrleitungsteilen und Tafeln – Merkmale, Beschreibung, Bewertung

DVS, Ausschuss für Technik, Arbeitsgruppe "Fügen von Kunststoffen"

Bezug: DVS Media GmbH, Postfach 10 19 65, 40010 Düsseldorf, Telefon (0211) 1591-0, Telefax (0211) 1591-150

Inhalt:

1. Zweck und Geltungsbereich

Diese Richtlinie erfasst und beschreibt Fehler an Schweißverbindungen aus thermoplastischen Kunststoffen für die genannten Verfahren mit dem Zweck, eine allgemein gültige Bewertung unter Berücksichtigung abgestufter Qualitätsanforderungen zu ermöglichen. Diese Richtlinie dient im Wesentlichen der visuellen Bewertung, ergänzt durch weitere Prüfungen. Neue und zukünftige Kunststoffe können abweichende Eigenschaften (z. B. Wulstform) haben. Wenn Werkstoffe mit unterschiedlichen Eigenschaften (z. B. MFR) miteinander verschweißt werden, muss dies ebenso bei der Beurteilung berücksichtigt werden. Die Anwendung der Richtlinie und die zu ihrer Erfüllung notwendigen Maßnahmen können zum Beispiel durch gesetzliche Bestimmungen, durch allgemein anerkannte Regeln der Technik oder durch Liefervereinbarungen festgelegt sein.

Die Bewertung von Fügeverbindungen nach dieser Richtlinie darf nur von einem Sachkundigen mit der dafür notwendigen Erfahrung, z. B. Fachmann für Kunststoffschweißen nach Richtlinie DVS 2213, durchgeführt werden.

1.1. Fügeverfahren

Die Bewertung der Fügeverbindungen nach dieser Richtlinie gilt für die folgenden Verfahren.

Tabelle 1. Bewertung der Fügeverbindungen für verschiedene Verfahren.

Fügeverfahren	Kurzzeichen	Richtlinie DVS 2202 Beiblatt..
Heizelementstumpfschweißen einschl. berührungslos	HS IR	1
Heizwendelschweißen	HM	2
Heizelementmuffenschweißen	HD	3
Warmgasfächel- und Warmgasziehschweißen	WF WZ	4
Warmgasextrusionsschweißen	WE	5
Kleben	K	6

1.2. Werkstoffe

Die Richtlinie gilt für Fügeverbindungen an Bauteilen und Konstruktionen, z. B. Apparate und Rohrleitungen aus den nachfolgend aufgeführten Kunststoffen.

Tabelle 2. Kurzzeichen und Werkstoffverbindungen.

Kurzzeichen	Werkstoffbezeichnug
PE 63	Polyethylen
PE 80	
PE 100	
PE-X	Vernetztes Polyethylen
PP-H	Polypropylen-Homopolymerisat (Typ 1)
PP-B	Polypropylen-Block-Copolymerisat (Typ 2)
PP-R	Polypropylen-Random-Copolymerisat (Typ 3)
PVC-C	Nachchloriertes Polyvinylchlorid
PVC-U	Weichmacherfreies Polyvinylchlorid
PVDF	Polyvinylidenfluorid
PA	Polyamid
ABS	Acrylnitril-Butadien-Styrol-Copolymerisat
PFA	Perfluoralkoxy-Copolymer
E-CTFE	Ethylenchlortrifluorethylen
FEP	Tetrafluorethylen-Hexafluorpropylen
PVDF-C	Polyvinylidenflourid-Copolymer

Die Anwendung der Richtlinie beim Fügen anderer thermoplastischer Kunststoffe muss zwischen Auftraggeber und Auftragnehmer besonders vereinbart werden.

2. Erläuterungen

Folgende wesentliche Änderungen wurden gegenüber vorheriger Ausgabe Richtlinie DVS 2202-1 vorgenommen:

- Die einzelnen Schweißverfahren werden in Beiblättern erfasst.
- Heizelementstumpfschweißen und berührungsloses Heizelementschweißen sind zu einen Beiblatt zusammengeführt worden.
- Die Anzahl der Bewertungsgruppen wurde auf zwei reduziert.
- Aufnahme neuer bzw. Streichung nicht mehr relevanter Kriterien.
- Die Bilder wurden teilweise überarbeitet.
- Die Tabellen in den Beiblättern wurden mit der Spalte „Prüfung nach" ergänzt. Sie enthält Hinweise auf bestehende Prüfnormen und Prüfmethoden.
- Ergebnisse von ergänzenden DVS-Prüfrichtlinien können Bewertung beeinflussen.

3. Bewertungsgruppen

3.1. Einteilung

Das Qualitätsniveau wird vom Auftraggeber vor der Ausführung durch die Wahl einer Bewertungsgruppe festgelegt. Die damit definierten Anforderungen müssen bei der Ausführung der Fügeverbindung erreicht werden.

Tabelle 3: Bewertungsgruppen und Anforderungsstufen.

Bewertungsgruppe	Anforderungsstufe
I	Hohe Anforderungen an Sicherheit und/oder Belastbarkeit
II	Durchschnittliche Anforderungen an Sicherheit und/oder Belastbarkeit

Bei geringen Anforderungen an Sicherheit und/oder Belastbarkeit können nach Absprache zwischen Auftraggeber und Auftragnehmer reduzierte Anforderungen vereinbart werden. Zur Bewertung sind diese Richtlinie und das dem jeweiligen Fügeverfahren zugeordnete Beiblatt anzuwenden.

3.2. Kriterien für die Festlegung

Beim Festlegen der Bewertungsgruppen sind unter anderem zu berücksichtigen:

- Fertigung (z. B. Werkstatt, Baustelle, in Zwangslage, Zugänglichkeit)
- Gefährdungspotential (z. B. Gase, wassergefährdende Flüssigkeiten)
- gesetzliche Anforderungen (z. B. Wasserhaushaltgesetz, Druckgeräterichtlinie)
- Werkstoffverhalten (z. B. zäh, spröde)
- Betriebsbedingungen (z. B. stationär, wechselnd)
- Art der Beanspruchung (z. B. statisch, dynamisch)

4. Anforderungen an die Fügeverbindung

4.1. Qualitätsmerkmale der Ausführung

Die Qualitätsanforderungen an eine Fügeverbindung sind durch die Bewertungsgruppen klassifiziert.

Ggf. kann es vor Beginn von Fügearbeiten erforderlich sein, Probeverbindungen durchzuführen.

Hiermit soll festgestellt werden, ob mit den eingesetzten Fachkräften und mit den verwendeten Geräten die Anforderungen unter den gegebenen Umgebungsbedingungen erreicht werden können.

Die spezifisch einzuhaltenden Merkmale sowie deren Beschreibung zum äußeren und/oder inneren Befund der Verbindungsstelle sind entsprechend der Festlegungen in den Beiblättern zu prüfen.

Die Grafiken in den Beiblättern dienen lediglich der prinzipiellen Darstellung der Fehlermerkmale.

4.2. Zusätzliche Anforderungen an die Fügenahtqualität

Werkstofftechnische Anforderungen werden im Rahmen dieser Richtlinie nicht behandelt, z. B.

- Formänderungswiderstand (z. B. Schweißfaktor) nach Richtlinie DVS 2203-2 bzw. -4
- Formänderungsvermögen (z. B. Biegewinkel bzw. -weg bei Anriss) nach Richtlinie DVS 2203-5
- Widerstandsfähigkeit gegen chemischen Angriff (z. B. Resistenzfaktor) nach Richtlinie DVS 2205-1

4.3. Anforderungen an eine Nachbearbeitung

In bestimmten Fällen kann es notwendig werden, die fertige Fügeverbindung zu bearbeiten.

Es ist zweckmäßig, die Fügeverbindung sowohl vor als auch nach der mechanischen Bearbeitung zu prüfen und zu bewerten.

5. Prüfen und Bewerten

5.1. Allgemeines

Das Einhalten der Anforderungen in den Bewertungsgruppen ist durch visuelle Prüfung, Ausmessen und, soweit erforderlich, durch geeignete zerstörungsfreie oder zerstörende Prüfverfahren nachzuweisen.

Die Prüfung muss an den Fügeverbindungen des Bauteils vorgenommen werden. Der Nachweis bestimmter Eigenschaften kann auch an Prüfstücken erbracht werden, die unter vergleichbaren Bedingungen herzustellen sind.

Art und Umfang der Prüfungen sowie deren Zeitpunkt sind zwischen Auftraggeber und Auftragnehmer festzulegen. Die Prüfergebnisse sind in geeigneter Form zu dokumentieren.

5.2. Vergleich der Anforderungen

5.2.1. Anforderungen

Anhand der Beiblätter 1 bis 6 und der Prüfprotokolle ist festzustellen, wo Anforderungen und Ergebnis nicht übereinstimmen.

Entsprechen das Bauteil oder einzelne Fügeverbindungen nicht der vorgeschriebenen Bewertungsgruppe, siehe Abschnitt 3.1, darf nach Rücksprache mit dem Auftraggeber eine Nachbesserung durchgeführt werden. Siehe auch Abschnitt 6 - Nachbessern von fehlerhaften Fügeverbindungen.

5.2.2. Überlagerung und Häufung von Fehlern

Treten an einem Bauteil oder an einer Fügeverbindung zwei oder mehrere Fehlerarten (auch unterschiedlicher Bewertungsgruppen) gleichzeitig auf, so kann sich dadurch die Auswirkung verstärken. Es ist dann zu prüfen, ob das Bauteil oder die Fügeverbindung den gestellten Anforderungen noch genügen.

5.3. Bewertung

Der Sachkundige ist verpflichtet in seinem Prüfprotokoll die Fehler zu benennen, zu klassifizieren und eine Bewertung vorzunehmen.

5.3.1. Unzulässige Fehler

Handelt es sich bei der Bewertung nach Spalte I oder II um jeweils unzulässige Fehler, ist der Sachkundige verpflichtet, in seinem Prüfprotokoll den Fehler und die Konsequenz bezgl. Reparatur oder Neuanfertigung zu benennen.

Des Weiteren hat der Sachkundige zu prüfen, ob ggf. ein systematischer Fehler vorliegt, welcher die Gebrauchstauglichkeit des gesamten Bauteils (z. B. Behälter, Rohrleitung) beeinträchtigt. Das Ergebnis dieser Untersuchung ist zu dokumentieren und dem Auftraggeber auszuhändigen. Sofern erforderlich, sind Vorschläge zum weiteren Vorgehen anzufügen.

Anhäufungen von Schweißnähten sind zu vermeiden und Nahtkreuzungen in tragenden Wandungsteilen sind unzulässig.

5.3.2. Örtlich begrenzte Fehler

Fehler an einer Fügeverbindung, die örtlich begrenzt sind, können toleriert werden, wenn sie in Abhängigkeit zur Größe und Intensität der Beanspruchung keine oder nur geringe Wirkung auf die Gebrauchstauglichkeit haben. Sofern die in den Spalten I oder II vorgegebenen Toleranzgrenzen eingehalten werden, ist dies nach allgemeiner Erfahrung sichergestellt. In allen anderen Fällen ist nach Abschnitt 5.3.3 zu verfahren.

5.3.3. Änderung der Toleranzgrenzen

Wird durch geeignete Prüfungen nachgewiesen, dass für den zu betrachtenden Anwendungsfall eine in Spalte I oder II vorgegebene Toleranzgrenze keinen signifikanten Einfluss auf das Betriebsverhalten der Fügeverbindung oder die sonstigen Anforderungen hat, darf ein Sachkundiger mit Einverständnis des Betreibers bzw. einer anderen verantwortlichen Stelle eine größere Toleranz zulassen.

Der Grund für die Änderung der vorgegebenen Toleranzgrenze sowie deren Zulässigkeit sind zu dokumentieren.

6. Nachbessern von fehlerhaften Fügeverbindungen

Eine Nachbesserung ist nur bei den Verfahren nach Beiblatt 4 und 5 zulässig.

Sofern es aus der Sicht des Sachkundigen möglich ist, dürfen fehlerhafte Fügeverbindungen unter Einhaltung der technischen Regeln fachmännisch nachgebessert werden. Ziel der Nachbesserung ist es, die Qualität der Fügeverbindungen gemäß den Anforderungen zu erreichen. Das Ergebnis ist gegebenenfalls durch einen erweiterten Prüfaufwand sicher zu stellen.

7. Schrifttum

7.1. Regelwerk

Richtlinie DVS 2201-1	Prüfen von Halbzeug aus Thermoplasten; Grundlagen, Hinweise
Richtlinie DVS 2202 Beiblatt1	Bewertung von Fügeverbindungen aus thermoplastischen Kunststoffen an Rohrleitungsteilen und Tafeln - Heizelementstumpfschweißen (HS, IR)

Richtlinie DVS 2202 Beiblatt2	Bewertung von Fügeverbindungen aus thermoplastischen Kunststoffen an Rohrleitungsteilen und Tafeln; Heizwendelschweißen (HM)
Richtlinie DVS 2202 Beiblatt3	Bewertung von Fügeverbindungen aus thermoplastischen Kunststoffen an Rohrleitungsteilen und Tafeln; Heizelementmuffenschweißen (HD)
Richtlinie DVS 2202 Beiblatt4	Bewertung von Fügeverbindungen aus thermoplastischen Kunststoffen an Rohrleitungsteilen und Tafeln; Warmgasfächel- und Warmgasziehschweißen (WF / WZ)
Richtlinie DVS 2202 Beiblatt5	Bewertung von Fügeverbindungen aus thermoplastischen Kunststoffen an Rohrleitungsteilen und Tafeln; Warmgasextrusionsschweißen (WE)
Richtlinie DVS 2202 Beiblatt6	Bewertung von Fügeverbindungen aus thermoplastischen Kunststoffen an Rohrleitungsteilen und Tafeln; Kleben (K)
Richtlinie DVS 2203-1	Prüfen von Schweißverbindungen an Tafeln und Rohren aus thermoplastischen Kunststoffen; Prüfverfahren - Anforderungen
Richtlinie DVS 2203-1 Beiblatt1	Prüfen von Schweißverbindungen an Tafeln und Rohren aus thermoplastischen Kunststoffen - Anforderungen im Zugversuch - Kurzzeitzug-Schweißfaktor f_z
Richtlinie DVS 2203-1 Beiblatt2	Prüfen von Schweißverbindungen an Tafeln und Rohren aus thermoplastischen Kunststoffen - Anforderungen im Zeitstand-Zugversuch Zeitstandzug-Schweißfaktor f_s
Richtlinie DVS 2203-1 Beiblatt3	Prüfen von Fügeverbindungen an Tafeln und Rohren aus thermoplastischen Kunststoffen - Anforderungen im technologischen Biegeversuch - Biegewinkel/Biegeweg
Richtlinie DVS 2203-1 Beiblatt4	Prüfen von Schweißverbindungen an Tafeln und Rohren aus thermoplastischen Kunststoffen - Anforderungen an Scher- und Schälversuche für das Heizwendel (HM)- und Heizelementmuffen (HD)-schweißen an Rohren und Formteilen
Richtlinie DVS 2203-2	Prüfen von Schweißverbindungen an Tafeln und Rohren aus thermoplastischen Kunststoffen; Zugversuch
Richtlinie DVS 2203-3	Prüfen von Schweißverbindungen an Tafeln und Rohren aus thermoplastischen Kunststoffen; Schlagzugversuch
Richtlinie DVS 2203-4	Prüfen von Schweißverbindungen an Tafeln und Rohren aus thermoplastischen Kunststoffen; Zeitstand - Zugversuch
Richtlinie DVS 2203-4 Beiblatt1	Prüfen von Schweißverbindungen an Tafeln und Rohren aus thermoplastischen Kunststoffen - Zeitstandzugversuch - Prüfen von Muffenschweißverbindungen an Rohren
Richtlinie DVS 2203-4 Beiblatt2	Prüfen von Schweißverbindungen an Tafeln und Rohren aus thermoplastischen Kunststoffen; Zeitstand – Zugversuch , Prüfen des Widerstandes gegen langsames Risswachstum im Full Notch Creep-Test (FNCT)
Richtlinie DVS 2203-5	Prüfen von Schweißverbindungen an Tafeln und Rohren aus thermoplastischen Kunststoffen; Technologischer Biegeversuch
Richtlinie DVS 2203-6	Prüfen von Fügeverbindungen aus polymeren Werkstoffen; Scher- und Schälversuch
Richtlinie DVS 2203-6 Beiblatt1	Prüfen von Fügeverbindungen aus polymeren Werkstoffen; Torsionsscher- und Radialschälversuch für Heizwendel- und Heizelementmuffenschweißverbindungen
Richtlinie DVS 2205-1	Berechnung von Behältern und Apparaten aus Thermoplasten - Kennwerte

Richtlinie DVS 2206 Beiblatt 5	Bewertung von Fehlern an Verbindungen aus thermoplastischen Kunststoffen an Rohrleitungsteilen und Tafeln Warmgasextrusionschweißen (WE)
Richtlinie DVS 2207-1	Schweißen von thermoplastischen Kunststoffen; Heizelementschweißen von Rohren, Rohrleitungsteilen und Tafeln aus PE-HD
Richtlinie DVS 2207-1 Beiblatt1	Schweißen von thermoplastischen Kunststoffen; Heizwendelschweißen von Rohren aus PE-X mit Rohrleitungsteilen aus PE-HD
Richtlinie DVS 2207-1 Beiblatt2	Heizelementstumpfschweißen von Großrohren aus PE 100
Richtlinie DVS 2207-3	Schweißen von thermoplastischen Kunststoffen; Warmgaszieh- und Warmgasfächelschweißen von Rohren, Rohrleitungsteilen und Tafeln; Verfahren, Anforderungen
Richtlinie DVS 2207-4	Schweißen von thermoplastischen Kunststoffen; Extrusionsschweißen von Rohren, Rohrleitungsteilen und Tafeln; Verfahren, Anforderungen
Richtlinie DVS 2207-4 Beiblatt1	Schweißen von thermoplastischen Kunststoffen; Extrusionsschweißen von Rohren, Rohrleitungsteilen und Tafeln; Schweißparameter
Richtlinie DVS 2207-4 Beiblatt2	Schweißen von thermoplastischen Kunststoffen; Extrusionsschweißen von Rohren, Rohrleitungsteilen und Tafeln; Anforderungen an die Schweißmaschinen und Schweißgeräte
Richtlinie DVS 2207-5	Schweißen von thermoplastischen Kunststoffen; Schweißen von PE-Mantelrohren; Rohre und Rohrleitungsteile
Richtlinie DVS 2207- Beiblatt2	Schweißen von thermoplastischen Kunststoffen; Schweißen von PE-Mantelrohren; Formstücke und Absperrarmaturen
Richtlinie DVS 2207-6	Schweißen von thermoplastischen Kunststoffen; Berührungsloses Heizelementstumpfschweißen von Rohren, Rohrleitungsteilen und Tafeln; Verfahren - Maschinen - Parameter
Richtlinie DVS 2207-11	Schweißen von thermoplastischen Kunststoffen; Heizelementschweißen von Rohren, Rohrleitungsteilen und Tafeln aus PP
Richtlinie DVS 2207-12	Schweißen von thermoplastischen Kunststoffen; Heizelementschweißen von Rohren, Rohrleitungsteilen und Tafeln aus PVC-U
Richtlinie DVS 2207-14	Schweißen von thermoplastischen Kunststoffen; Heizelement-Schwenkbiegeschweißen von Tafeln aus PE und PE
Richtlinie DVS 2207-15	Schweißen von thermoplastischen Kunststoffen; Heizelementschweißen von Tafeln aus PVDF
Richtlinie DVS 2207-16	Schweißen von thermoplastischen Kunststoffen; Heizelementschweißen von Rohren und Rohrleitungsteilen aus Polyamid 12
Richtlinie DVS 2208-1	Schweißen von thermoplastischen Kunststoffen; Maschinen und Geräte für das Heizelementstumpfschweißen von Rohren, Rohrleitungsteilen und Tafeln
Richtlinie DVS 2208-1 Beiblatt 1	Schweißen von thermoplastischen Kunststoffen; Werkzeuge und Geräte für das Heizelementschweißen von Rohren und Rohrleitungsteilen
Richtlinie DVS 2213	Fachmann für Kunststoffschweißen

Februar 2023

DVS VERBAND

Richtlinie
DVS 2202
Beiblatt 1

*Ersetzt Ausgabe
November 2014*

Richtlinie DVS 2202 Beiblatt 1

Bewertung von Fügeverbindungen aus thermoplastischen Kunststoffen an Rohrleitungsteilen und Tafeln – Heizelementstumpfschweißen (HS, IR)

Ausschuss für Technik im DVS

Arbeitsgruppe W 4 „Fügen von Kunststoffen“

Untergruppe W 4.4 „Messen und Prüfen“

Bezug: DVS Media GmbH, Postfach 10 19 65, 40010 Düsseldorf, Telefon: (0211) 1591-0, Email: media@dvs-media.info

Inhalt:

1. Geltungsbereich

Dieses Beiblatt beinhaltet die Bewertung von Heizelementstumpf-Schweißverbindungen (HS-, IR-) im Rohrleitungs- und Anlagenbau, die z. B. nach Richtlinie DVS 2207-1 (PE), Richtlinie DVS 2207-11 (PP), Richtlinie DVS 2207-12 (PVC-U), Richtlinie 2207-13 (PVC-C), Richtlinie DVS 2207-15 (PVDF) bzw. Richtlinie DVS 2207-16 (PA-U12) geschweißt wurden. Sinngemäß kann diese Richtlinie auch auf andere Werkstoffe (z. B. ECTFE, PB) angewandt werden.

Die Schweißverfahren werden in verfahrensbezogenen Beiblättern unterteilt.

- Beiblatt 1:
  Heizelementstumpfschweißen, einschließlich berührungslos (HS, IR)
- Beiblatt 2:
  Heizwendelschweißen (HM)
- Beiblatt 3:
  Heizelementmuffenschweißen (HD)
- Beiblatt 4:
  Warmgasfächel- und Warmgasziehschweißen (WF/WZ)
- Beiblatt 5:
  Warmgasextrusionsschweißen (WE)

Es kommen zerstörungsfreie und zerstörende Prüfungen zum Einsatz. Die Prüfungen, die zur Beurteilung der Schweißausführung herangezogen werden, sind in der nachfolgenden Tabelle aufgeführt.

2. Merkmale und Bewertung von Heizelementstumpfschweißverbindungen (HS und IR)

Tabelle 1: Beurteilung der Schweißausführung auf Basis äußerer und innerer Befunde

Lfd. Nr.	**Merkmal** (a) Schnitt / (b) Draufsicht	**Beschreibung**	**Prüfung nach**	**Bewertungsgruppe**	
				I	II
Äußerer Befund der Verbindung					
1	Risse 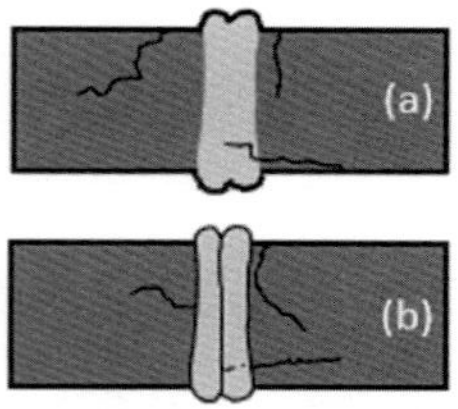	Die Risse verlaufen längs oder quer zur Schweißnaht. Die Risse können liegen: • im Grundwerkstoff • in der Schweißnaht	visuell	unzulässig	unzulässig
2	Wulstkerben 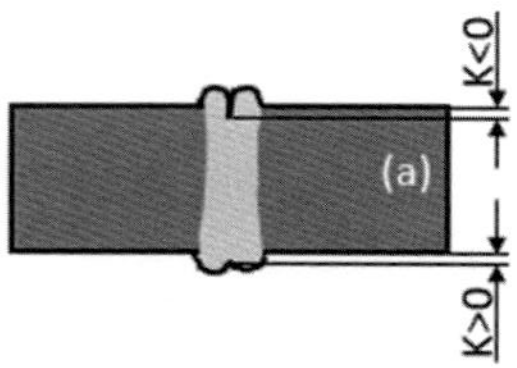	Wulstkerben mit k < 0 durch z. B.: • mangelhaften Fügedruck • zu kurze Abkühlzeit • Lageveränderung des eingespannten Werkstückes während des Schweißvorganges	visuell	unzulässig k < 0	unzulässig k < 0

Lfd. Nr.	Merkmal (a) Schnitt / (b) Draufsicht	Beschreibung	Prüfung nach	Bewertungsgruppe I	Bewertungsgruppe II
3	Kerben oder Riefen 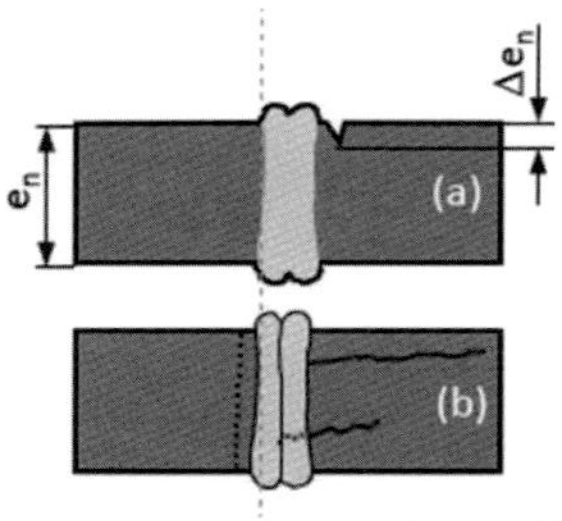	Die Kerben oder Riefen im Nahtbereich liegen längs oder quer zur Schweißnaht. Mögliche Ursachen sind : • Spannwerkzeug • unsachgemäßen Transport • Fehler bei der Schweißnahtvorbereitung	visuell	örtlich zulässig, wenn flach auslaufend und Kerbgrund nicht scharfkantig ist $\Delta e_n \leq 0,1\ e_n$	örtlich zulässig, wenn flach auslaufend und Kerbgrund nicht scharfkantig ist $\Delta e_n \leq 0,1\ e_n$
4	Versatz in der Fügeebene 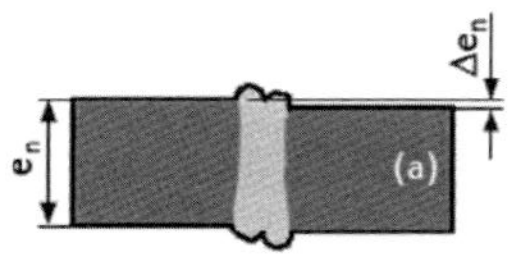	Die Fügeflächen sind zueinander versetzt bzw. Dickenunterschiede sind nicht angeglichen. • Werkstoff- und dickenabhängig können Beeinträchtigungen der Schweißnahtqualität auftreten.	Versatzmessgerät	zulässig, wenn $< d_n$ 1000, $\Delta e_n \leq 0,1\ e_n$, jedoch max. 5 mm $\geq d_n$ 1000, $\Delta e_n \leq 0,1\ e_n$	zulässig, wenn $\Delta e_n \leq 0,2\ e_n$
5	Verstreckung / Einschnürung der Wärmeeinflusszone 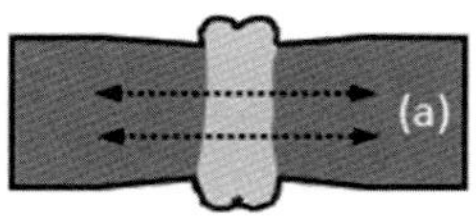	Mögliche Ursache: • unzulässige Krafteinleitung während der Abkühlphase (gilt nicht für Rohrendeneinfall)	visuell	unzulässig	unzulässig

<table>
<tr><th rowspan="2">Lfd. Nr.</th><th rowspan="2">Merkmal
(a) Schnitt / (b) Draufsicht</th><th rowspan="2">Beschreibung</th><th rowspan="2">Prüfung nach</th><th colspan="2">Bewertungsgruppe</th></tr>
<tr><th>I</th><th>II</th></tr>
<tr><td>6</td><td>Form des Schweißwulstes
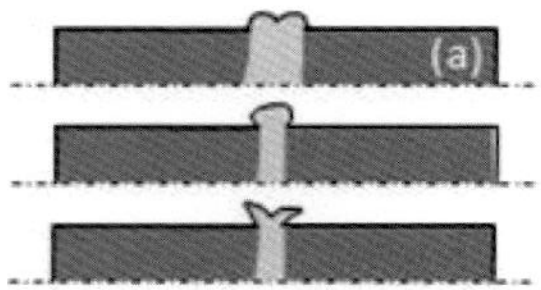</td><td>Bei der Vielzahl der Werkstoffe und Werkstofftypen und den möglichen Schweißwulstausbildungen kann ein einheitliches Bewertungsschema nicht angegeben werden.

Eine Aussage über das Langzeitverhalten der Schweißnaht kann aus der Form des Schweißwulstes nicht abgeleitet werden.

Es wird empfohlen, Referenzschweißungen anzufertigen und zu bewerten.</td><td>visuell</td><td>Ergebnis abhängig von Bewertung der Referenzschweißung</td><td>Ergebnis abhängig von Bewertung der Referenzschweißung</td></tr>
<tr><td>7a</td><td>Volumen des Schweißwulstes ist auffällig klein/groß
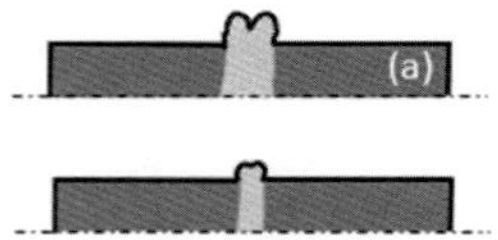</td><td>Die Schweißparameter sind möglicherweise ungünstig gewählt:
• Vergleichsschweißung durchführen (Schweißparameter überprüfen)

Es wird empfohlen, Referenzschweißungen anzufertigen und zu bewerten.</td><td>visuell</td><td>Ergebnis abhängig von Bewertung der Referenzschweißung</td><td>Ergebnis abhängig von Bewertung der Referenzschweißung</td></tr>
<tr><td>7b</td><td>ungleichmäßiger Schweißwulst
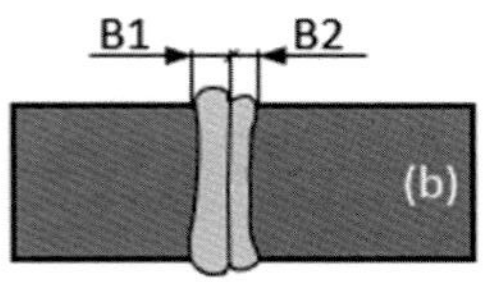</td><td>Unterschiedlich ausgebildete Schweißwulste, teilweise oder über die gesamte Nahtlänge / über den gesamten Nahtumfang:
• Verkanten des Heizelementes
• nicht winkelige Fügeebene
• unterschiedlicher MFR der Fügepartner
• Zugluft</td><td>visuell

B1 ≥ B2</td><td>zulässig, wenn B2 ≥ 0,7 B1
IR Schweißnähte:
B2 ≥ 0,4 – 0,6 B1
Abhängig von der Kombination der Fügepartner</td><td>zulässig, wenn B2 ≥ 0,6 B1
IR Schweißnähte:
B2 ≥ 0,4 – 0,6 B1
Abhängig von der Kombination der Fügepartner</td></tr>
<tr><td>8a</td><td>Wulstoberfläche mit Blasen
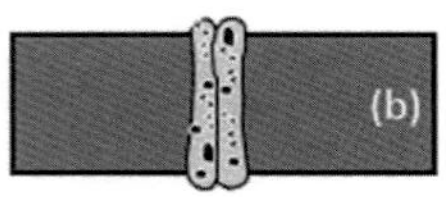</td><td>Thermische Schädigung durch:
• zu hohen Energieeintrag (z. B. durch zu hohe Heizelementtemperatur)</td><td>visuell</td><td>unzulässig</td><td>unzulässig</td></tr>
</table>

Lfd. Nr.	**Merkmal** (a) Schnitt / (b) Draufsicht	**Beschreibung**	**Prüfung nach**	**Bewertungsgruppe** I	 I
8b	Wulstoberfläche mit Blasen 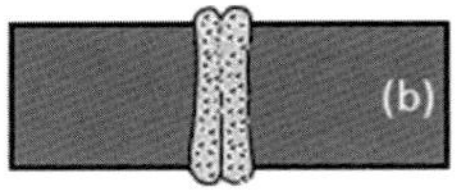 	Mögliche Ursachen sind: • Feuchtigkeit • Werkstoff/ Werkstoffcharakterisitk Bei PVC-U, PVC-C und PA-U12 hat die werkstoffbedingte Bläschenbildung an der Wulstoberfläche keinen Einfluss auf die Qualität der Schweißverbindung.	visuell Zusätzliche Prüfung nach Richtlinie DVS 2203-5 und Bewertung nach Richtlinie DVS 2203-1 Beiblatt 3 notwendig.	Zulässig, sofern die Anforderungen nach lfd. Nr. 10 erfüllt sind. Unzulässig, wenn Bewertung nach Richtlinie DVS 2203-1 Beiblatt 3 nicht erfüllt wird. Es wird empfohlen, Referenzschweißungen anzufertigen und zu prüfen.	Zulässig, sofern die Anforderungen nach lfd. Nr. 10 erfüllt sind. Unzulässig, wenn Bewertung nach Richtlinie DVS 2203-1 Beiblatt 3 nicht erfüllt wird. Es wird empfohlen, Referenzschweißungen anzufertigen und zu prüfen.
Innerer Befund der Verbindung					
9	Bindefehler 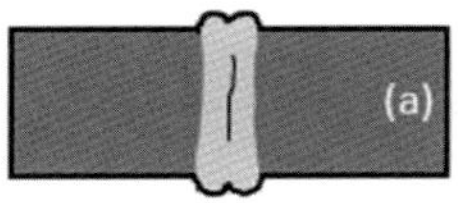 	Keine oder unvollständige Bindung an den Fügeflächen, teilweise oder über den gesamten Nahtquerschnitt, mit/ohne Blasen oder Knötchen durch z. B.: • Feuchtigkeit • verschmutzte Fügefläche • oxidierte Fügefläche • zu lange Umstellzeit • falsche Heizelementtemperatur • zu geringe Fügekraft	visuell	unzulässig	unzulässig

Lfd. Nr.	Merkmal (a) Schnitt / (b) Draufsicht	Beschreibung	Prüfung nach	Bewertungsgruppe	
				I	I
10	Hohlräume z. B. Lunker/Poren 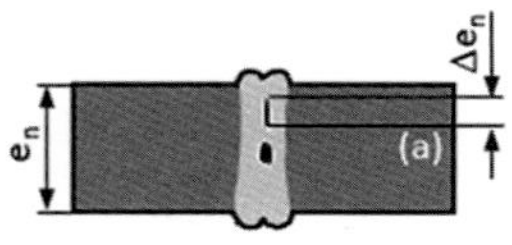	Einzelne, zahlreich verstreute oder örtlich gehäufte Lunker/Poren bzw. Einschlüsse durch z. B.: • Dampfbildung während des Schweißens (Wasser, Lösemittel, Reiniger …) • zu geringen Fügedruck • zu kurze Abkühlzeit	visuell	Kleine einzelne Hohlräume zulässig, wenn $\Delta e_n \leq 0{,}05\ e_n$	Kleine einzelne Hohlräume oder Hohlraum- zeilen zulässig, wenn $\Delta e_n \leq 0{,}15\ e_n$
		Anmerkung: Werkstoff- und dickenabhängig können physikalisch bedingte Schrumpflunker bei Werkstoffen mit hoher Kristallinität, z. B. PP, PVDF, auftreten.	Zusätzliche Prüfung nach Richtlinie DVS 2203-2 und Bewertung nach Richtlinie DVS 2203-1 Beiblatt 1 notwendig	Unzulässig, wenn Bewertung nach Richtlinie DVS 2203-1 Beiblatt 1 nicht erfüllt wird.	Unzulässig, wenn Bewertung nach Richtlinie DVS 2203-1 Beiblatt 1 nicht erfüllt wird.
11	Fremdstoffeinschlüsse 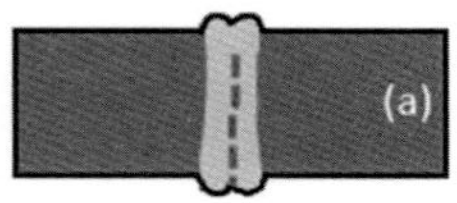	Mögliche Ursachen sind: • verschmutztes Heizelement • verunreinigte Fügeflächen	visuell	unzulässig	unzulässig

August 2025

Richtlinie
DVS 2202
Beiblatt 2

Ersatz für Ausgabe
November 2012

Richtlinie DVS 2202 Beiblatt 2

Bewertung von Fügeverbindungen aus thermoplastischen Kunststoffen an Rohrleitungsteilen – Heizwendelschweißen (HM)

Ausschuss für Technik im DVS

Arbeitsgruppe W 4 „Fügen von Kunststoffen"

Untergruppe W 4.4 „Messen und Prüfen"

Bezug: DVS Media GmbH, Postfach 10 19 65, 40010 Düsseldorf, Telefon: (0211) 1591-0, E-Mail: media@dvs-media.info

Inhalt

1. Geltungsbereich

Dieses Beiblatt beinhaltet die Bewertung von Heizwendel-(HM)-Schweißverbindungen im Rohrleitungsbau (z. B. Gas-, Wasser-, Abwasser-, Industrie-, Hausinstallations- und Geothermierohrleitungssysteme), die beispielsweise nach Richtlinie DVS 2207-1 (PE-HD), Richtlinie DVS 2207-11 (PP), Richtlinie DVS 2207-15 (PVDF) bzw. Richtlinie DVS 2207-16 (PA-U12) geschweißt wurden. Sinngemäß kann diese Richtlinie auch auf andere Werkstoffe (z. B. ECTFE, PB) angewandt werden. Die angegebenen Bewertungskriterien basieren auf Erfahrungen bis zu einem Durchmesser von 630 mm und können auch für größere Dimensionen sinngemäß angewendet werden.

Die Prüfungen, die zur Beurteilung der Schweißausführung herangezogen werden, basieren auf einem äußeren und/oder inneren Befund wie in nachfolgender Tabelle aufgeführt.

2. Merkmale und Bewertung von Heizwendelschweißverbindungen (HM)

Tabelle 1: Merkmale und Bewertung von Heizwendelschweißverbindungen

Lfd. Nr.	Merkmal	Beschreibung	Prüfung nach	Bewertungsgruppe	
				I	II
Äußerer Befund der Verbindung					
1	Einstecktiefe 	Einstecktiefe nicht oder falsch angezeichnet	visuell	unzulässig	unzulässig
2	Schmelzaustritt 	Örtlich oder umlaufend, ein- oder beidseitig des Formstücks austretendes Schweißgut z. B. durch • zu hohe Schweißenergie • überlange Schweißzeit • sofort wiederholten Schweißvorgang • zu großen Spalt • Gerätefehler • Verspannung Hinweis: Systembedingt kann es zum von außen sichtbaren Schmelzfluss zwischen Rohr und Formstück kommen. Die Schmelze sollte jedoch nicht aus dem Formstückkörper austreten.	visuell	Unzulässig, wenn Schmelze über den Formstückkörper hinaus austritt.	Unzulässig, wenn Schmelze über den Formstückkörper hinaus austritt.

Fortsetzung Tabelle 1: Merkmale und Bewertung von Heizwendelschweißverbindungen

Lfd. Nr.	Merkmal	Beschreibung	Prüfung nach	Bewertungsgruppe	
				I	II
3	Rohroberflächen-bearbeitung 	Es ist keine mechanische Bearbeitung sichtbar, die über den Formstückkörper hinaus geht.	visuell	Unzulässig, wenn keine entsprechende mechanische Bearbeitung erkennbar ist.	Unzulässig, wenn keine entsprechende mechanische Bearbeitung erkennbar ist.
		Die sichtbare mechanische Bearbeitung ist • unregelmäßig • ungenügend (Spandicke) • nicht durchgehend • nicht vorhanden • übermäßig (Rohruntermaß), • unzulässig (z. B. Handschabung bei PE-X)	visuell Zusätzliche Prüfung nach Richtlinie DVS 2203-6 Beiblatt 1 und Bewertung nach Richtlinie DVS 2203-1 Beiblatt 4 notwendig.	Unzulässig, wenn die Anforderungen nach Richtlinie DVS 2203-1 Beiblatt 4 nicht erfüllt werden.	Unzulässig, wenn die Anforderungen nach Richtlinie DVS 2203-1 Beiblatt 4 nicht erfüllt werden.
4	Winkelabweichung 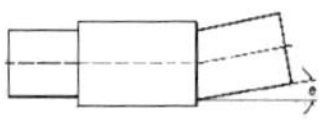	Ein- oder beidseitig schräg in das Formstück eingeschweißtes Rohr z. B. durch • Ausrichtungsfehler • Lageveränderung während des Schweißens Hinweis: Die Winkelabweichung ist ein Fehler, der weitere Fehler nach sich ziehen kann (z. B. Verspannung, Schmelzeaustritt). Die Bewertung der Winkelabweichung ist bei Ringbundware nicht anwendbar.	„Winkelbestimmung" – nach Richtlinie DVS 2206-5	Unzulässig, wenn e ≥ 1°	Unzulässig, wenn e ≥ 2°
Innerer Befund der Verbindung					
5	Verspannung 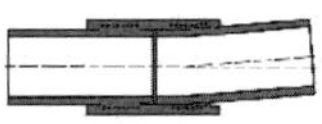	Winkelabweichung mit Verschiebung von Heizwendel und Schmelze mit oder ohne Trennungen in der Fügeebene, erhöhter Materialfluss z. B. durch • nicht fluchtende Rohrenden • zu geringe Krümmungsradien bei Ringbunden • Biegemoment an der Muffe • Bewegung während der Schweißung	Zusätzliche Prüfung nach Richtlinie DVS 2203-6 Beiblatt 1 und Bewertung nach Richtlinie DVS 2203-1 Beiblatt 4 notwendig.	Unzulässig, wenn die Anforderungen nach Richtlinie DVS 2203-1 Beiblatt 4 nicht erfüllt werden.	Unzulässig, wenn die Anforderungen nach Richtlinie DVS 2203-1 Beiblatt 4 nicht erfüllt werden.

Fortsetzung Tabelle 1: Merkmale und Bewertung von Heizwendelschweißverbindungen

Lfd. Nr.	Merkmal	Beschreibung	Prüfung nach	Bewertungsgruppe	
				I	II
6	unvollständiger Rohreinschub a) 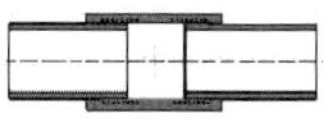 b) 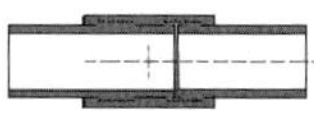 c) 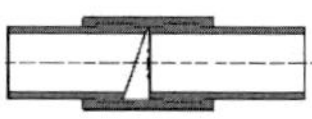	Ein- oder beidseitig in der Muffe versetzte bzw. nicht aneinander oder am Anschlag anliegende Rohrenden, Schmelzaustritt innen oder außen z. B. durch a: beid-/einseitig ungenügenden Rohreinschub (keine ausreichende Überdeckung in der Fügeebene) b: ungleichen Rohreinschub c: nicht rechtwinklig abgetrenntes Rohrende	z. B. mit Messschieber	Unzulässig, wenn die vorhandene Einschublänge > 5 % des Nenndurchmessers des Rohres (ab Ø 400 max. 20 mm) von der vorgegebenen Einschublänge abweicht. Für Sonderkonstruktionen, die von diesen Vorgaben abweichen, sind die Herstellerangaben zu beachten.	Unzulässig, wenn die vorhandene Einschublänge > 5 % des Nenndurchmessers des Rohres (ab Ø 400 max. 20 mm) von der vorgegebenen Einschublänge abweicht. Für Sonderkonstruktionen, die von diesen Vorgaben abweichen, sind die Herstellerangaben zu beachten.
7	Rohreinfall 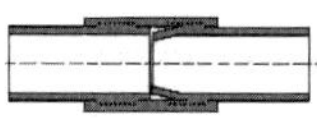	Fehler mit möglichem Schmelzaustritt und Lageveränderung der Wendeln durch • zu stark eingefallene Rohrenden	visuell Zusätzliche Prüfung nach Richtlinie DVS 2203-6 Beiblatt 1 und Bewertung nach Richtlinie DVS 2203-1 Beiblatt 4 notwendig.	Unzulässig, wenn der Rohreinfall in den Schweißbereich hineinragt und wenn die Anforderungen nach Richtlinie DVS 2203-1 Beiblatt 4 nicht erfüllt werden.	Unzulässig, wenn der Rohreinfall in den Schweißbereich hineinragt und wenn die Anforderungen nach Richtlinie DVS 2203-1 Beiblatt 4 nicht erfüllt werden.
8	Bindefehler durch Formungenauigkeit 	Örtlich, flächig axial oder radial umlaufende Kanalbildung z. B. durch • Kerben und/oder Riefen in der Rohroberfläche • abweichende Durchmessertoleranz (z. B. Rohruntermaß) • falsche mechanische Bearbeitung • mechanische Beschädigung • Abplattungen	Zusätzliche Prüfung nach Richtlinie DVS 2203-6 Beiblatt 1 und Bewertung nach Richtlinie DVS 2203-1 Beiblatt 4 notwendig.	Unzulässig, wenn die Anforderungen nach Richtlinie DVS 2203-1 Beiblatt 4 nicht erfüllt werden.	Unzulässig, wenn die Anforderungen nach Richtlinie DVS 2203-1 Beiblatt 4 nicht erfüllt werden.
9	Bindefehler durch ungenügenden Stoffschluss 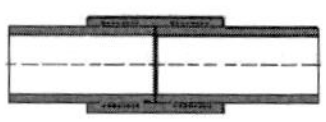	Örtlich oder flächig unvollständige Verbindung mit oder ohne Trennung in der Fügeebene z. B. durch • zu geringe Schweißenergie (z. B. vorzeitiger Schweißabbruch) • Feuchtigkeit • verunreinigte Oberfläche • unzulässige Werkstoffpaarungen.	Prüfung nach Richtlinie DVS 2203-6 Beiblatt 1 und Bewertung nach Richtlinie DVS 2203-1 Beiblatt 4 notwendig.	Unzulässig, wenn die Anforderungen nach Richtlinie DVS 2203-1 Beiblatt 4 nicht erfüllt werden.	Unzulässig, wenn die Anforderungen nach Richtlinie DVS 2203-1 Beiblatt 4 nicht erfüllt werden.

Fortsetzung Tabelle 1: Merkmale und Bewertung von Heizwendelschweißverbindungen

Lfd. Nr.	Merkmal	Beschreibung	Prüfung nach	Bewertungsgruppe	
				I	II
10	verschobene Heizwendel 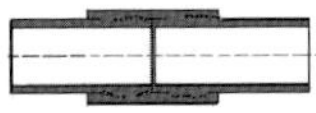	Heizwendel wellenförmig, ungleichmäßig, gehäuft, oder verschoben in der Schweißebene liegend z. B. durch • Schweißnahtüberhitzung, • verschmutzte Schweißflächen • Verspannungen • überschrittene Toleranzen der Fügeteile • schräg abgeschnittenes Rohr • einfallende Rohrenden Hinweis: Systembedingt kann es zu Verschiebungen der Heizwendeln kommen. Die Geometrie der Heizwendel ist zu beachten.	Gegebenenfalls zusätzliche Prüfung nach Richtlinie DVS 2203-6 Beiblatt 1 und Bewertung nach Richtlinie DVS 2203-1 Beiblatt 4 notwendig.	Unzulässig, wenn die Anforderungen nach Richtlinie DVS 2203-1 Beiblatt 4 nicht erfüllt werden. Unzulässig, wenn Schmelze über den Formstückkörper/ das Rohrende hinaus austritt.	Unzulässig, wenn die Anforderungen nach Richtlinie DVS 2203-1 Beiblatt 4 nicht erfüllt werden. Unzulässig, wenn Schmelze über den Formstückkörper/ das Rohrende hinaus austritt.
11	unzulässige SDR-Klasse des Rohres 	Wanddicke des Rohres außerhalb des durch den Formstückhersteller vorgegebenen SDR-Bereichs.	visuell/ Messung	unzulässig	unzulässig
12	Hohlräume (z. B. Poren, Lunker) 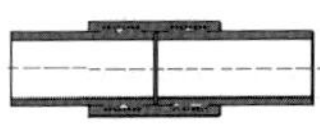	• zu großer Spalt • Schwindung • Feuchtigkeit (Wasser, Reinigungsmittel ...) • Lufteinschluss • Überhitzung Hinweis: Systembedingt, insbesondere bei Durchmessern > 250 mm, kann es zu Hohlraumbildung kommen.	Prüfung nach Richtlinie DVS 2203-6 Beiblatt 1 und Bewertung nach Richtlinie DVS 2203-1 Beiblatt 4 notwendig.	Unzulässig, wenn die Anforderungen nach Richtlinie DVS 2203-1 Beiblatt 4 nicht erfüllt werden.	Unzulässig, wenn die Anforderungen nach Richtlinie DVS 2203-1 Beiblatt 4 nicht erfüllt werden.
13	Fremdstoffeinschlüsse 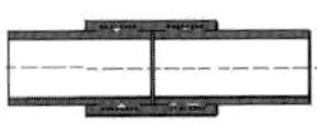	Örtlich oder flächig axiale Trennungen oder Ablösungen z. B. durch • verunreinigte Oberflächen (z. B. Schmutz, Fett, Staub ...).	Prüfung nach Richtlinie DVS 2203-6 Beiblatt 1 und Bewertung nach Richtlinie DVS 2203-1 Beiblatt 4 notwendig.	Unzulässig, wenn die Anforderungen nach Richtlinie DVS 2203-1 Beiblatt 4 nicht erfüllt werden.	Unzulässig, wenn die Anforderungen nach Richtlinie DVS 2203-1 Beiblatt 4 nicht erfüllt werden.

Fortsetzung Tabelle 1: Merkmale und Bewertung von Heizwendelschweißverbindungen

Lfd. Nr.	Merkmal	Beschreibung	Prüfung nach	Bewertungsgruppe	
				I	II
Zusätzliche Prüfungen bei HM-Sattelformstücken					
14	Bindefehler durch ungenügende Formschlüssigkeit in der Schweißebene 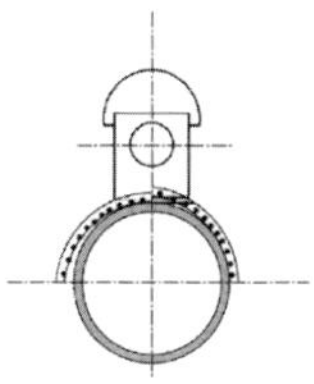	Durch ungenügende axiale bzw. radiale Formschlüssigkeit bei aufgespanntem Sattel z. B. durch • keine oder nicht korrekte Positionierung des Spannwerkzeuges • nicht korrekte Benutzung der Spannvorrichtung • des Sattels • Anbohrung vor dem Schweißen • Anbohrung vor Beendigung der Abkühlzeit	Prüfung nach Richtlinie DVS 2203-6 Beiblatt 1 und Bewertung nach Richtlinie DVS 2203-1 Beiblatt 4 notwendig.	Unzulässig, wenn die Anforderungen nach Richtlinie DVS 2203-1 Beiblatt 4 nicht erfüllt werden.	Unzulässig, wenn die Anforderungen nach Richtlinie DVS 2203-1 Beiblatt 4 nicht erfüllt werden.
15	Bindefehler durch ungenügende Stoffschlüssigkeit in der Schweißebene (Rohr) durch Formfehler 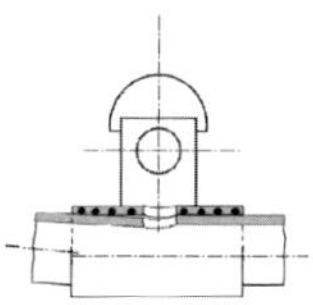	Örtlich oder flächig ungenügende Schweißung z. B. durch • deformiertes Rohr • Ovalität • Rohrkrümmung (Ringbund)	Prüfung nach Richtlinie DVS 2203-6 Beiblatt 1 und Bewertung nach Richtlinie DVS 2203- 1 Beiblatt 4 notwendig.	Unzulässig, wenn die Anforderungen nach Richtlinie DVS 2203-1 Beiblatt 4 nicht erfüllt werden.	Unzulässig, wenn die Anforderungen nach Richtlinie DVS 2203-1 Beiblatt 4 nicht erfüllt werden.

3. Schrifttum

Richtlinie DVS 2203-1 Beiblatt 4	Prüfen von Schweißverbindungen an Tafeln und Rohren aus thermoplastischen Kunststoffen – Anforderungen an Scher- und Schälversuche für das Heizwendel (HM)- und Heizelementmuffen (HD)-Schweißen an Rohren und Formteilen
Richtlinie DVS 2203-6 Beiblatt 1	Prüfen von Fügeverbindungen aus polymeren Werkstoffen – Torsionsscher-, Radialschäl- und Linearscherversuch für Heizwendel- und Heizelementmuffen-Schweißverbindungen
Richtlinie DVS 2206-5	Zerstörungsfreie Prüfungen von Rohrleitungen aus thermoplastischen Kunststoffen – Winkelmessung an Heizwendel (HM)- und Heizelementmuffen(HD)-Schweißverbindungen
Richtlinie DVS 2207-1	Schweißen von thermoplastischen Kunststoffen – Heizelementschweißen von Rohren, Rohrleitungsteilen und Tafeln aus PE
Richtlinie DVS 2207-11	Schweißen von thermoplastischen Kunststoffen – Heizelementschweißen von Rohren, Rohrleitungsteilen und Tafeln aus PP
Richtlinie DVS 2207-15	Schweißen von thermoplastischen Kunststoffen – Heizelementschweißen von Rohren, Rohrleitungsteilen und Tafeln aus PVDF
Richtlinie DVS 2207-16	Schweißen von thermoplastischen Kunststoffen – Heizelementschweißen von Rohren und Rohrleitungsteilen aus Polyamid 1

DVS – DEUTSCHER VERBAND FÜR SCHWEISSEN UND VERWANDTE VERFAHREN E.V.	Bewertung von Fehlern an Verbindungen aus thermoplastischen Kunststoffen an Rohrleitungsteilen und Tafeln – Heizelementmuffenschweißen (HD)	DVS Richtlinie DVS 2202 Beiblatt 3

Inhalt:

1 Geltungsbereich

Dieses Beiblatt beinhaltet die Bewertung von Heizelementmuffen-(HD)-Schweißverbindungen im Rohrleitungsbau (z. B. Wasser-, Abwasser-, Industrie-, Hausinstallations- und Geothermierohrleitungssysteme), die z. B. nach Richtlinie DVS 2207-1 (PE-HD), Richtlinie DVS 2207-11 (PP) bzw. Richtlinie DVS 2207-15 (PVDF) geschweißt wurden. Sinngemäß kann diese Richtlinie auch auf andere Werkstoffe (z. B. PB) angewandt werden. Die angegebenen Bewertungskriterien basieren auf Erfahrungen bis zum Durchmesser 125 mm.

Die Richtlinie DVS 2202-1 (Juli 2006) wird zurzeit überarbeitet. Die Schweißverfahren werden zukünftig in verfahrensbezogenen Beiblättern unterteilt.

- Beiblatt 1:
  Heizelementstumpfschweißen einschl. berührungslos (HS, IR)
- Beiblatt 2:
  Heizwendelschweißen (HM)
- Beiblatt 3:
  Heizelementmuffenschweißen (HD)
- Beiblatt 4:
  Warmgasfächel- und Warmgasziehschweißen (WF/WZ)
- Beiblatt 5:
  Warmgasextrusionsschweißen (WE)

Mit Herausgabe der Richtlinie DVS 2202 Beiblatt 3 wird Abschnitt 7.4 (Tabelle 2) der Richtlinie DVS 2202-1 in vollem Umfang ersetzt.

Es kommen zerstörungsfreie und zerstörende Prüfungen zum Einsatz. Die Prüfungen, die zur Beurteilung der Schweißausführung herangezogen werden, sind in der nachfolgenden Tabelle aufgeführt.

DVS, Ausschuss für Technik, Arbeitsgruppe „Fügen von Kunststoffen“

Bezug: DVS Media GmbH, Postfach 10 19 65, 40010 Düsseldorf, Telefon (02 11) 15 91-0, Telefax (02 11) 1591-150

2 Merkmale und Bewertung von Heizelementmuffenschweißverbindungen (HD)

Lfd. Nr.	Merkmale	Beschreibung	Prüfung nach	Bewertungsgruppe I	Bewertungsgruppe II
Äußerer Befund der Verbindung					
2.1	fehlerhafte Schweißwulstausbildung 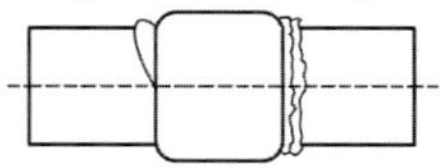	Unterschiedliche Wulstausbildung (b) oder nicht vorhandener Wulst auf einer oder auf beiden Seiten (a) (teilweise oder über den gesamten Nahtumfang) durch – überhöhte Heizelementtemperatur (b), – zu lange Anwärmzeit (b), – Durchmesser von Rohr, Muffe oder Heizelement außerhalb der zulässigen Toleranzen (a und b), – zu niedrige Heizelementtemperatur (a), – zu kurze Anwärmzeit (a), – zu kurze Fixierzeit, – verkanteter/verspannter Einschub (a), – Deformation durch unsachgemäßes Einspannen.	visuell Zusätzliche Prüfung nach Richtlinie DVS 2203-6 Beiblatt 1 und Bewertung nach Richtlinie DVS 2203-1 Beiblatt 4 notwendig.	Unzulässig, wenn die Anforderungen nach Richtlinie DVS 2203-1 Beiblatt 4 nicht erfüllt werden.	Unzulässig, wenn die Anforderungen nach Richtlinie DVS 2203-1 Beiblatt 4 nicht erfüllt werden.
2.2	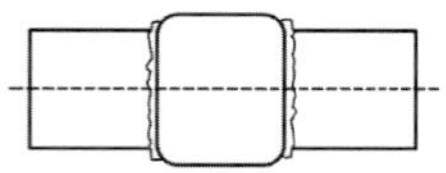	Einfachwulstausbildung durch – zu kurze Anwärmzeit, – zu niedrige Heizelementtemperatur, – unzulässige Toleranzen bei Rohr, Formteil oder Heizelement, – ungleiche Temperatur der Fügepartner.	Zusätzliche Prüfung nach Richtlinie DVS 2203-6 Beiblatt 1 und Bewertung nach Richtlinie DVS 2203-1 Beiblatt 4 notwendig.	Unzulässig, wenn die Anforderungen nach Richtlinie DVS 2203-1 Beiblatt 4 nicht erfüllt werden.	Unzulässig, wenn die Anforderungen nach Richtlinie DVS 2203-1 Beiblatt 4 nicht erfüllt werden.
2.3	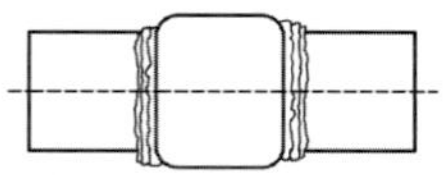	Hoher Schmelzeaustritt z. B. durch – zu hohe Heizelementtemperatur, – zu lange Anwärmzeit, – falsche Fügeteilbewegung z. B. durch mangelnde Fixierung, – unzulässige Toleranzen.	Zusätzliche Prüfung nach Richtlinie DVS 2203-6 Beiblatt 1 und Bewertung nach Richtlinie DVS 2203-1 Beiblatt 4 notwendig.	Unzulässig, wenn die Anforderungen nach Richtlinie DVS 2203-1 Beiblatt 4 nicht erfüllt werden.	Unzulässig, wenn die Anforderungen nach Richtlinie DVS 2203-1 Beiblatt 4 nicht erfüllt werden.
2.4	Winkelabweichung (Formfehler) 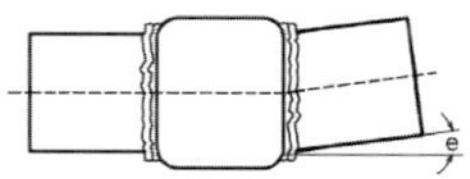	Ein- oder beidseitig schräg in die Muffe eingeschweißtes Rohr ohne oder mit geringfügiger Verspannung z. B. durch – Einrichtungsfehler, – fehlerhafte Handschweißung. <u>Hinweis</u>: Die Winkelabweichung ist ein Fehler, der weitere Fehler nach sich ziehen kann (z. B. Verspannung (...), Schmelzeaustritt (...)). Für die Bewertung der Winkelabweichung ist bei Ringbundware die Rohrkrümmung zu berücksichtigen.	„Winkelbestimmung" nach Richtlinie DVS 2206-5	Unzulässig, wenn $e \geq 1°$.	Unzulässig, wenn $e \geq 2°$.

Lfd. Nr.	Merkmale	Beschreibung	Prüfung nach	Bewertungsgruppe I	Bewertungsgruppe II
Innerer Befund der Verbindung					
2.5	unvollständigen Rohreinschub 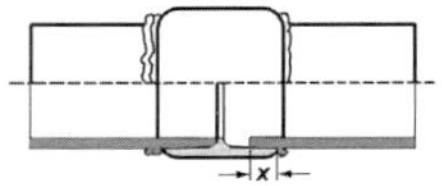	Zum Beispiel durch – zu kurze Anwärmzeiten, – nicht rechtwinklige Rohrenden, – zu geringe Heizelementtemperatur, – axiale Bewegung während der Abkühlzeit, – zu lange Umstellzeit, – unzulässige Toleranzen bei Rohr, Formteil oder Heizelement.	Längenmessgerät	unzulässig	unzulässig
2.6	Bindefehler durch ungenügende Formschlüssigkeit 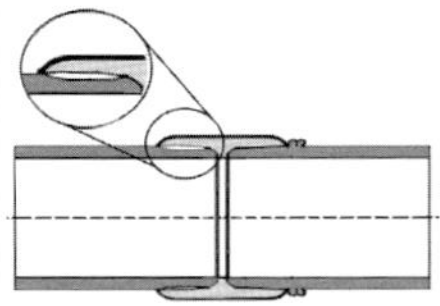	Örtlich, flächige, axial oder umlaufende Kanalbildung z. B. durch – Kerben in der Rohroberfläche, – Durchmesser von Rohr, Muffe oder Heizelement außerhalb der zulässigen Toleranzen, – falsche mechanische Bearbeitung, – Rohr nicht fluchtend in Muffe, – Deformation durch unsachgemäßes Einspannen.	Zusätzliche Prüfung nach Richtlinie DVS 2203-6 Beiblatt 1 und Bewertung nach Richtlinie DVS 2203-1 Beiblatt 4 notwendig.	Unzulässig, wenn die Anforderungen nach Richtlinie DVS 2203-1 Beiblatt 4 nicht erfüllt werden.	Unzulässig, wenn die Anforderungen nach Richtlinie DVS 2203-1 Beiblatt 4 nicht erfüllt werden.
2.7	Bindefehler durch ungenügenden Stoffschluss	Örtliche oder flächig unvollständige Schweißung mit Trennung in der Fügeebene z. B. durch – zu weiten Rohreinschub, – thermische Schädigung, – verunreinigte Fügeflächen, – falsche Werkstoffpaarung, – Rückstände am Heizelement.	Zusätzliche Prüfung nach Richtlinie DVS 2203-6 Beiblatt 1 und Bewertung nach Richtlinie DVS 2203-1 Beiblatt 4 notwendig.	Unzulässig, wenn die Anforderungen nach Richtlinie DVS 2203-1 Beiblatt 4 nicht erfüllt werden.	Unzulässig, wenn die Anforderungen nach Richtlinie DVS 2203-1 Beiblatt 4 nicht erfüllt werden.
2.8	eingeengter Rohrquerschnitt 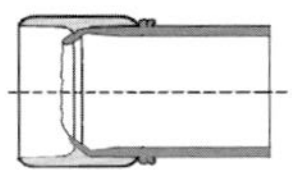	Zum Beispiel durch – zu weiten Rohreinschub bei Erwärmung oder Fügen, – Schweißen zu dünnwandiger Rohre/Muffen, – zu lange Anwärmzeit, – axiale Bewegung während der Abkühlzeit, – zu hohe Heizelementtemperatur, – durch falsches Heizwerkzeug. Hinweis: Erforderlichen Durchflussquerschnitt beachten!	visuell Zusätzliche Prüfung nach Richtlinie DVS 2203-6 Beiblatt 1 und Bewertung nach Richtlinie DVS 2203-1 Beiblatt 4 notwendig.	Unzulässig, wenn die zulässige Einstecktiefe überschritten ist. Unzulässig, wenn die Anforderungen nach Richtlinie DVS 2203-1 Beiblatt 4 nicht erfüllt werden.	Unzulässig, wenn die zulässige Einstecktiefe überschritten ist. Unzulässig, wenn die Anforderungen nach Richtlinie DVS 2203-1 Beiblatt 4 nicht erfüllt werden.

Lfd. Nr.	Merkmale	Beschreibung	Prüfung nach	Bewertungsgruppe	
				I	II
2.9	Fremdstoffeinschlüsse 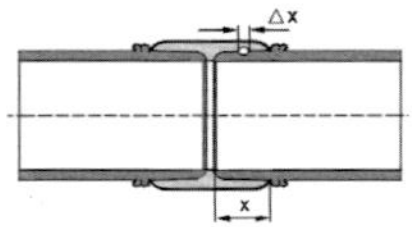	Örtlich oder flächig axiale Trennungen oder Ablösungen zum Beispiel durch – Fremdstoffe, – verunreinigte Oberflächen (z. B. Schmutz, Fett, Staub ...).	Prüfung nach Richtlinie DVS 2203-6 Beiblatt 1 und Bewertung nach Richtlinie DVS 2203-1 Beiblatt 4 notwendig.	Unzulässig, wenn die Anforderungen nach Richtlinie DVS 2203-1 Beiblatt 4 nicht erfüllt werden.	Unzulässig, wenn die Anforderungen nach Richtlinie DVS 2203-1 Beiblatt 4 nicht erfüllt werden.

DVS VERBAND
DVS – Deutscher Verband
für Schweißen und
verwandte Verfahren e. V.

Richtlinie
DVS 2202
Beiblatt 4

Ersatz für DVS 2202-1, Tabelle 4 (07-2006)

Richtlinie DVS 2202 Beiblatt 4
Bewertung von Fügeverbindungen aus thermoplastischen Kunststoffen an Rohrleitungsteilen und Tafeln – Warmgasfächel- und Warmgasziehschweißen (WF / WZ)

DVS, Ausschuss für Technik, Arbeitsgruppe "Fügen von Kunststoffen"

Bezug: DVS Media GmbH, Postfach 10 19 65, 40010 Düsseldorf, Telefon (0211) 1591-0, Telefax (0211) 1591-150

Inhalt:

1. Geltungsbereich

Dieses Beiblatt beinhaltet die Bewertung von Warmgasschweißverbindungen (WF und WZ), die beispielsweise nach Richtlinie DVS 2207-3 bzw. DVS 2207-5 geschweißt wurden. Sinngemäß kann diese Richtlinie auch auf weitere Werkstoffe angewendet werden.

Die Schweißverfahren werden in verfahrensbezogene Beiblätter unterteilt.

Mit Herausgabe der Richtlinie DVS 2202 Beiblatt 4 wird Abschnitt 7.6, Tabelle 4 der Richtlinie DVS 2202-1 in vollem Umfang ersetzt.

2. Beschreibung der Bewertungsgruppen für Warmgaszieh- (WZ) und Warmgasfächelschweißen (WF)

Es kommen zerstörungsfreie und zerstörende Prüfungen zum Einsatz. Die Prüfungen, die zur Beurteilung der Schweißausführung herangezogen werden, sind in der nachfolgenden Tabelle aufgeführt.

Tabelle 1. Beschreibung der Bewertungsgruppen für Warmgaszieh- (WZ) und Warmgasfächelschweißverbindungen (WF).

Lfd. Nr.	Merkmal	Beschreibung	Prüfung nach	Bewertungsgruppe	
				I	II
Äußerer Befund der Oberfläche von V- oder Doppel-V-Nähten					
1	Risse 	Risse längs oder quer zur Schweißnaht verlaufend, z. B.: – in der Schweißnaht – im Grundwerkstoff – in der Wärmeeinflusszone	visuell	unzulässig	unzulässig
2	Wulstkerben 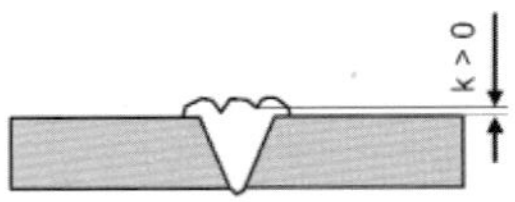	deutlich sicht- und fühlbare Vertiefung entlang bzw. zwischen einzelnen Schweißlagen, durch z. B.: – Fehler an der Ziehdüse – schlechtes Führen des Schweißzusatzes – falschen Lagenaufbau	visuell	zulässig, wenn 0 ≤ k	zulässig, wenn 0 ≤ k
3	Randkerben 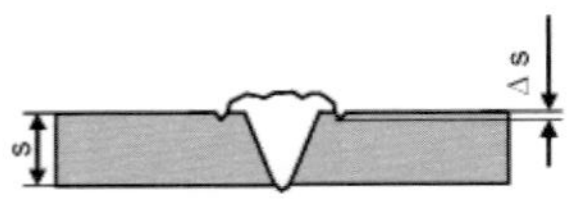	Kerben Im Grundwerkstoff entlang der Schweißnaht, durch z. B.: – Eindringen der Ziehdüsenkante - Bearbeitung der Schweißnaht – ungenügende Randzonenverschweißung – ungeeignete Schweißdüse	visuell	örtlich zulässig, wenn flach auslaufend Δs ≤ 0,1 s jedoch max. 1 mm	örtlich zulässig, wenn flach auslaufend Δs ≤ 0,1 s jedoch max. 1 mm
4	Nicht durchgeschweißte Wurzel 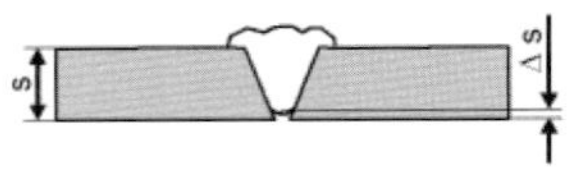	Kerbe durch unvollständige Schweißnahtfüllung an der Wurzel, durch z. B.: – zu kleinen Öffnungswinkel bei der Nahtvorbereitung – zu schmalen Wurzelspalt – zu dicken Wurzeldraht – zu geringe Schweißkraft – zu geringe Vorwärmung	visuell	unzulässig	unzulässig
5	Unvollständig geschweißter Querschnitt 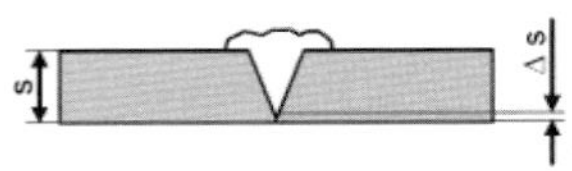	durch z. B.: – falsche Schweißnahtvorbereitung	visuell	unzulässig	unzulässig

Lfd. Nr.	Merkmal	Beschreibung	Prüfung nach	Bewertungsgruppe	
				I	II
6	Unvollständig gefüllter Querschnitt 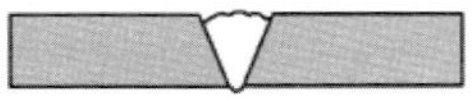	– fehlende Decklage – ungenügende Füllung	visuell	unzulässig	unzulässig
7	Überhöhte Nahtwurzel 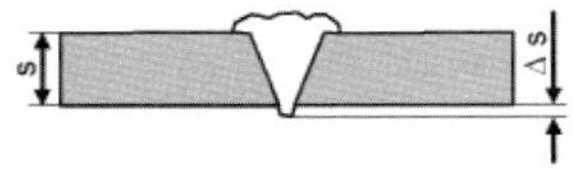	durch z. B.: – zu großen Wurzelspalt – durchgedrückte Wurzellage	visuell	örtlich begrenzt zulässig, wenn $\Delta s \leq 0{,}15$ s jedoch max. 2 mm	zulässig, wenn $\Delta s \leq 0{,}2$ s jedoch max. 3 mm
8	Schweißnahtüberhöhung 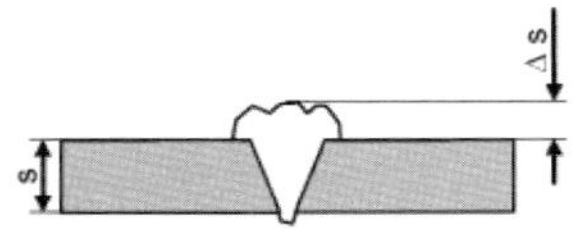	durch z. B.: – überhöhte Anzahl der Lagen – falsche Schweißnahtvorbereitung	visuell	durchlaufend zulässig, wenn $0{,}1\ s \leq \Delta s \leq 0{,}4\ s$	durchlaufend zulässig, wenn $0{,}05\ s \leq \Delta s \leq 0{,}5\ s$
9	Versatz der Fügeflächen 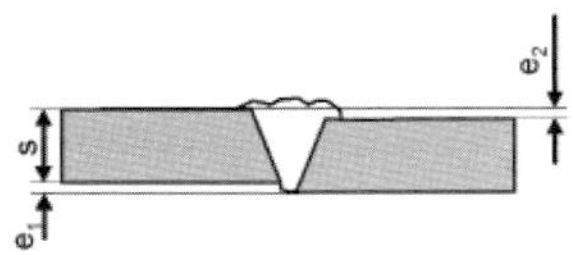	durch z. B.: – unterschiedliche Wanddicken sind nicht angeglichen – gleiche Wanddicken sind versetzt – fehlerhaftes Fixieren der Fügepartner	visuell	zulässig, wenn $e_1 \leq 0{,}1$ $se_2 \leq 0{,}1$ s	zulässig, wenn $e_1 \leq 0{,}15$ $se_2 \leq 0{,}15$ s
10	Winkelabweichungen 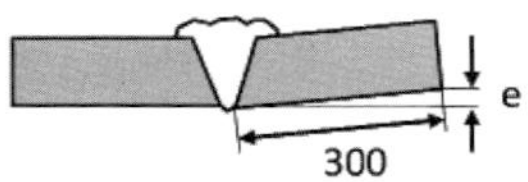	Wenn in Abhängigkeit von Werkstoff, Kristallinität, Werkstoffpaarungen und Wanddicken sich die zulässige Winkelabweichung nicht einhalten lässt, so ist ein experimenteller Nachweis zu erbringen, dass sich die Winkelabweichung ausschließlich aus den vorgenannten Eigenschaften ergibt.	visuell	zulässig, wenn $e \leq 3$ mm	zulässig, wenn $e \leq 5$ mm

Lfd. Nr.	Merkmal	Beschreibung	Prüfung nach	Bewertungsgruppe I	Bewertungsgruppe II
10a	Nahtkreuzungen 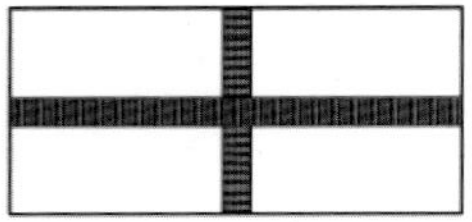		visuell	unzulässig	unzulässig
10b	Versetzter Nahtstoß 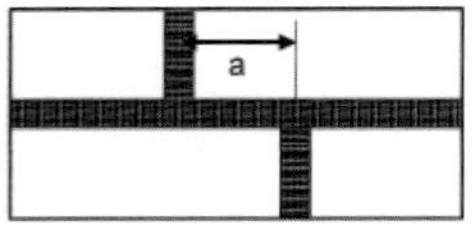		visuell	zulässig: 3 x Decklagenbreite mindestens 50 mm	zulässig: 3 x Decklagenbreite mindestens 50 mm
11	Raue Nahtoberfläche, thermische Schädigung	Verfärbung, offene Bläschen, Schlieren oder Knötchen und dergleichen, durch z. B.: – verschmutzte Warmgasdüse verschmutzte bzw. beschädigte Schweißdüse – zu hohe Warmgastemperatur	visuell	nicht zulässig	einzelne Stellen zulässig
12	Ansatzfehler	unvollständig geschweißter Nahtquerschnitt am Nahtanfang bzw. am Nahtende	visuell	unzulässig	geringe Querschnittsminderung ohne scharfe Übergänge zulässig
Äußerer Befund der Nahtoberfläche von Kehlnähten, HV- und DHV-Nähten					
13	Nahtüberhöhung 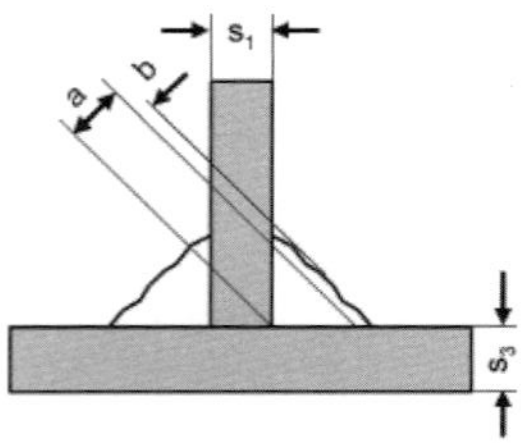	Überschreitung der Norm-Kehlnahtdicke von Sollmaß $a = 0{,}7\ s_1$, $s_3 > s_1$	visuell	zulässig, wenn $b \leq 0{,}4\ a$	zulässig, wenn $b \leq 0{,}5\ a$

Lfd. Nr.	Merkmal	Beschreibung	Prüfung nach	Bewertungsgruppe I	Bewertungsgruppe II
14	Nahtunterschreitung 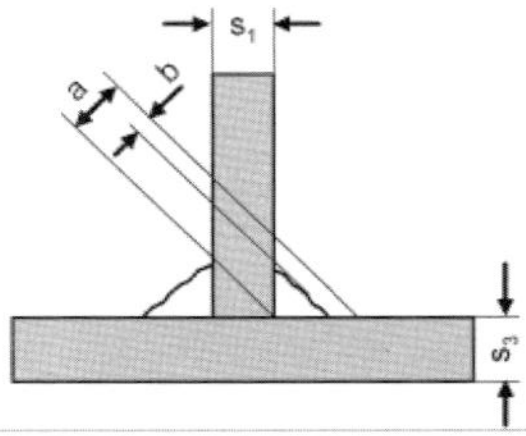	Unterschreitung der Norm-Kehlnahtdicke von Sollmaß $a = 0{,}7s_1$, $s_3 > s_1$ – fehlende Decklage	visuell	unzulässig	zulässig, wenn Sollmaß a örtlich gering unterschritten ist $b \le 0{,}15\ a$
15	Unvollständig ausgefüllter Nahtquerschnitt 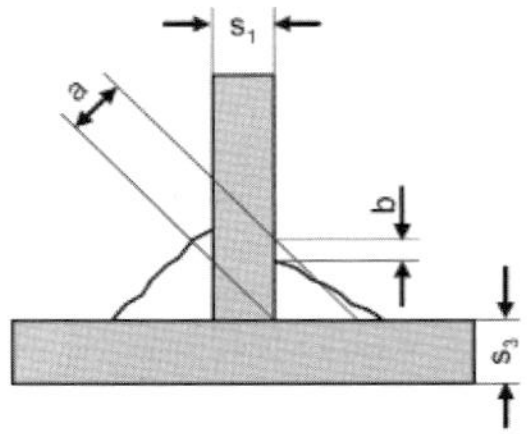	$A = 0{,}7\ s_1$, $s_3 > s_1$	visuell	unzulässig	zulässig, wenn $b \le 0{,}15\ a$
16	Nahtüberhöhung/unterschreitung HV-Naht 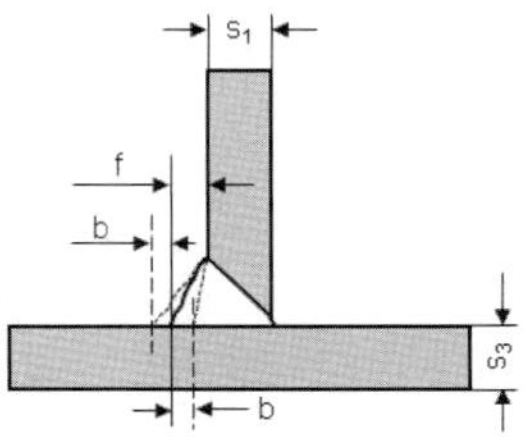	f-Maß gem. Richtlinie DVS 2205 Blatt 3 Zarge-Boden $f = 0{,}5\ s_1$, wenn $s_1 \le 30$ mm	visuell	zulässig, wenn $b \le 0{,}1\ s_1$	zulässig, wenn $b \le 0{,}15\ s_1$

Lfd. Nr.	Merkmal	Beschreibung	Prüfung nach	Bewertungsgruppe	
				I	II
17	Nahtüberhöhung/-unterschreitung DHV-Naht 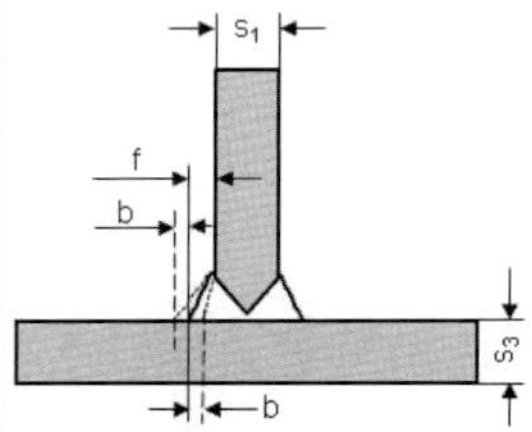	f-Maß gem. DVS 2205 Blatt 3 Zarge-Boden $f = 0,3\ s_1$	visuell	zulässig, wenn $b \leq 0,1\ s_1$	zulässig, wenn $b \leq 0,15\ s_1$
Innerer Befund von V- und Kehlnähten					
18	Bindefehler 	Horizontal oder vertikal verlaufende Bindefehler in der Schweißnaht oder an den Schweißnahtflanken, einzelne oder örtlich gehäufte Einschlüsse, durch z.B.: – zu niedrige Schweißtemperaturen – verschmutzte Fügeflächen – Fremdstoffeinschlüsse – nicht nachgearbeitete Einzellagen – Dampfbildung während des Schweißens	visuell	unzulässig	unzulässig

DVS VERBAND
DVS – Deutscher Verband
für Schweißen und
verwandte Verfahren e. V.

Richtlinie
DVS 2202
Beiblatt 5

Ersatz für DVS 2202-1, Tabelle 5 (07-2006)

Richtlinie DVS 2202 Beiblatt 5
Bewertung von Fügeverbindungen aus thermoplastischen Kunststoffen an Rohrleitungsteilen und Tafeln – Warmgasextrusionsschweißen (WE)

DVS, Ausschuss für Technik, Arbeitsgruppe "Fügen von Kunststoffen"

Bezug: DVS Media GmbH, Postfach 10 19 65, 40010 Düsseldorf, Telefon (0211) 1591-0, Telefax (0211) 1591-150

Inhalt:

1. Geltungsbereich

Dieses Beiblatt beinhaltet die Bewertung von Warmgasextrusionschweißverbindungen (WE), die beispielsweise nach DVS 2207-4, DVS 2207-5 geschweißt wurden. Singemäß kann diese Richtlinie auch auf andere Werkstoffe angewendet werden.

Die Schweißverfahren werden in verfahrensbezogene Beiblätter unterteilt. Mit Herausgabe der Richtlinie DVS 2202 Beiblatt 5 wird Abschnitt 7.6, Tabelle 5 der Richtlinie DVS 2202-1 in vollem Umfang ersetzt.

2. Beschreibung der Bewertungsgruppen für Warmgasextrusionsschweißen (WE)

Es kommen zerstörungsfreie und zerstörende Prüfungen zum Einsatz. Die Prüfungen, die zur Beurteilung der Schweißausführung herangezogen werden, sind in der nachfolgenden Tabelle aufgeführt.

Tabelle 1. Beschreibung der Bewertungsgruppen für Warmgasextrusionsschweißverbindungen.

Lfd. Nr.	Merkmal	Beschreibung	Prüfung nach	Bewertungsgruppe I	Bewertungsgruppe II
Äußerer Befund der Oberfläche von V- oder Doppel-V-Nähten					
1	Risse 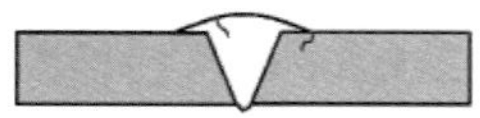	Einzelne Risse oder Gruppen von Rissen mit und ohne Verästelungen, längs oder quer zur Schweißnaht verlaufend, sie können liegen: – in der Schweißnaht – im Grundwerkstoff – in der Wärmeeinflusszone	visuell	unzulässig	unzulässig
2	Decklagenvertiefung 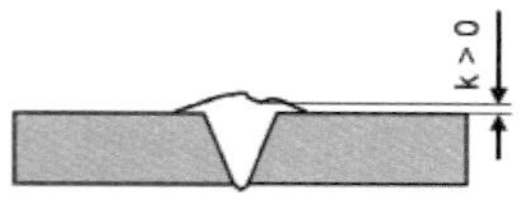	durchgehende oder örtlich flache Deformation in Längsrichtung der Schweißnaht, durch z. B.: – Fehler am Schweißschuh – Fehler bei der Geräteführung – fehlerhafte Nahtansätze	visuell	zulässig, wenn örtlich begrenzt und $0 \leq k$	zulässig, wenn örtlich begrenzt und $0 \leq k$
3	Randkerben 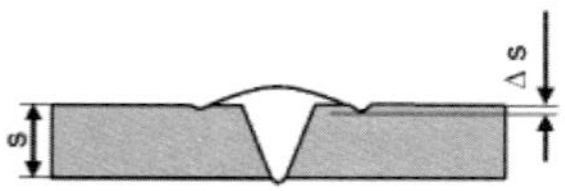	Kerben im Grundwerkstoff entlang der Schweißnaht, durch z. B.: – Fehler bei der Geräteführung – falsche Bearbeitung der Randzone – fehlerhafter bzw. ungeeigneter Schweißschuh	visuell	zulässig, wenn örtlich begrenzt, flach auslaufend und $\Delta s \leq 0{,}1\ s$ jedoch max. 1 mm	zulässig, wenn flach auslaufend und $\Delta s \leq 0{,}1\ s$ jedoch max. 2 mm
4	Ungenügende Randzonenverschweißung 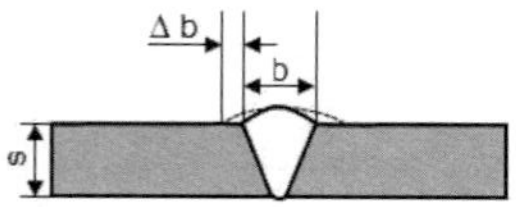	nicht ausreichende Überdeckung des Schweißfugenrandes, ein- oder beidseitig, durch z. B.: – fehlerhaften Schweißschuh – falsche Schweißschuhgröße – zu hohe Schweißgeschwindigkeit	visuell	zulässig bei kerbfreiem Übergang und $\Delta b \geq 0{,}2\ s$ jedoch min. 3 mm	zulässig bei kerbfreiem Übergang und $\Delta b \geq 0{,}1\ s$ jedoch min. 2 mm

Lfd. Nr.	Merkmal	Beschreibung	Prüfung nach	Bewertungsgruppe I	Bewertungsgruppe II
5	Wurzelkerbe 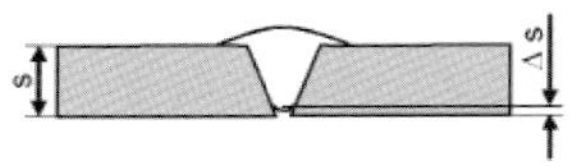 	Kerben durch ungenügende Schweißnahtfüllung an der Wurzel, durch z. B.: – aufgebogene und nicht geschweißte Fügeflächen – zu geringe Fügekraft – Wurzelrückfall durch Schrumpfung – falsche Schweißschuhgeometrie – zu hohe Schweißgeschwindigkeit	visuell	unzulässig	unzulässig
6	Unvollständig geschweißter Querschnitt 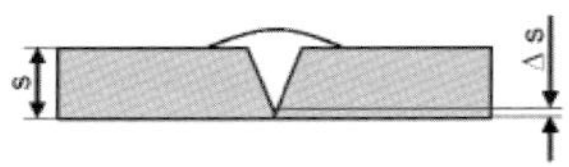 	durch z. B.: – falsche Schweißnahtvorbereitung	visuell	unzulässig	unzulässig
7	Überhöhte Nahtwurzel 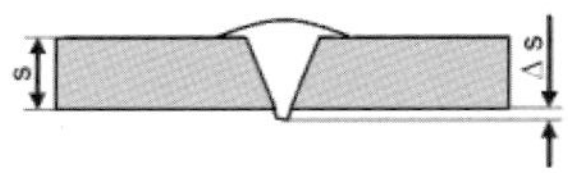 	durch z. B.: – zu breiten Wurzelspalt – falsche Schweißparameter (Geschwindigkeit, Temperatur, Kraft)	visuell	für PE und PP zulässig, wenn 0,1 s ≤ Δs ≤ 0,25 s und wenn Nahtwurzel kerbfrei geschweißt ist	für PE und PP zulässig, wenn 0,05 s ≤ Δs ≤ 0,3 s und wenn Nahtwurzel kerbfrei geschweißt ist
				andere Werkstoffe sind gesondert zu betrachten	
8	Schweißnahtüberhöhung 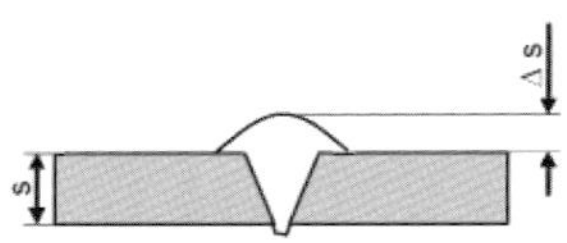 	unzulässige Abweichung von Sollüberhöhung durch z. B.: – fehlerhaften Schweißschuh – zu geringe Fügekraft – zu geringe Schweißgeschwindigkeit	visuell	zulässig, wenn 0,1 s ≤ Δs ≤ 0,4 s jedoch max. 6 mm	zulässig, wenn 0,05 s ≤ Δs ≤ 0,5 s jedoch max. 8 mm
9	Schweißgutüberlauf 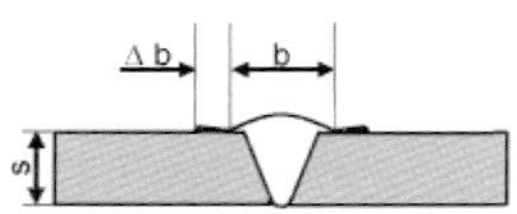 	ein- oder beidseitiger Schweißgutüberlauf meist ohne ausreichende Bindung zum Grundwerkstoff, durch z. B.: – fehlerhaften bzw. ungeeigneter Schweißschuh – Fehler bei der Geräteführung – nicht abgearbeitet nach DVS 2207-4	visuell	unzulässig	zulässig, wenn örtlich begrenzt und Δb ≤ 5 mm

Lfd. Nr.	Merkmal	Beschreibung	Prüfung nach	Bewertungsgruppe	
				I	II
10	Schweißnahtunterwölbung 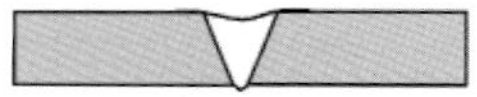	Nahtquerschnitt ist nicht erreicht, durch z. B.: – Schrumpfung des Schweißzusatzes – überhöhte Schweißgeschwindigkeit – fehlerhaften Schweißschuh oder falsche Schweißschuhgröße	visuell	unzulässig	unzulässig
11	Versatz der Fügefläche 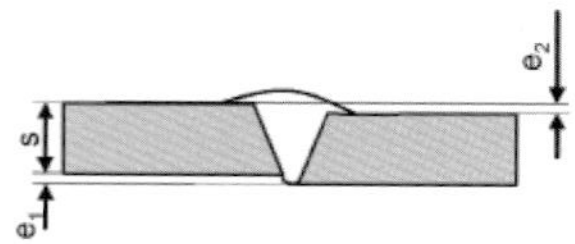	durch z. B.: – unterschiedliche Wanddicken sind nicht angeglichen – Wanddickenversatz – fehlerhaftes Fixieren der Fügepartner	visuell	zulässig, wenn $e_1 \leq 0{,}1$ s $e_2 \leq 0{,}1$ s	zulässig, wenn $e_1 \leq 0{,}2$ s $e_2 \leq 0{,}2$ s
12a	Nahtkreuzungen 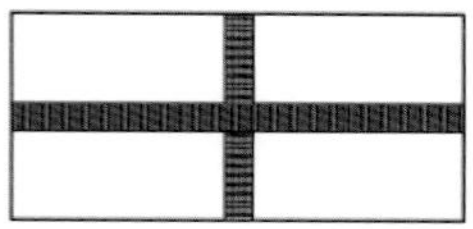		visuell	unzulässig	unzulässig
12b	Versetzter Nahtstoß 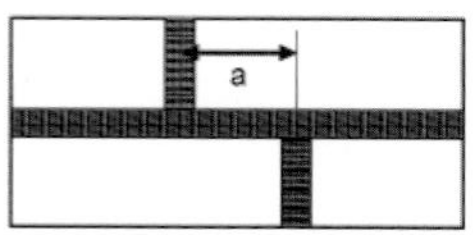		visuell	zulässig: 3 x Decklagen-breite mindestens 50 mm	zulässig: 3 x Decklagen-breite mindestens 50 mm
13	asymmetrische Nahtüberdeckung 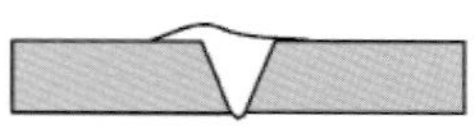	Schweißschuh wurde nicht mittig zur Schweißnaht geführt	visuell	unzulässig	zulässig, wenn örtlich begrenzt und keine sonsti-gen Abweichun-gen vorhanden sind
14	wellige Nahtoberfläche	durch z. B.: – ungleichmäßig aufgebrachte Schweißkraft – ungleichmäßige Schweißgeschwindigkeit	visuell	zulässig, wenn örtlich begrenzt	zulässig

Lfd. Nr.	Merkmal	Beschreibung	Prüfung nach	Bewertungsgruppe I	Bewertungsgruppe II
15	raue Nahtoberfläche	feine offene Bläschen, Schlieren oder Knötchen und dergleichen, durch z. B.: – Feuchtigkeit im Schweißzusatz – falsche Formmassentemperatur – falsche Schweißschuhtemperatur - ungeeignete Formmassen – ungeeignete Aufbereitung	visuell	unzulässig	einzelne Stellen zulässig
16	thermische Schädigung	Verfärbung, Knötchenbildung, glänzende Schweißnahtoberfläche und dergleichen	visuell	unzulässig	unzulässig
Äußerer Befund der Nahtoberfläche von Kehlnähten, HV- und DHV-Nähten					
17	Schweißnahtüberhöhung 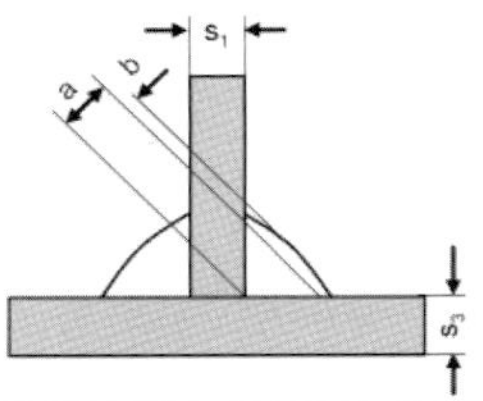 	Unzulässige Abweichung der Nahtgeometrie Sollmaß $\varepsilon = 0{,}7\ s_1$, $s_3 > s_1$ durch z.B.: – fehlerhaften Schweißschuh – zu geringe Fügekraft	visuell	zulässig, wenn b ≤ 0,2 a jedoch max. 4 mm	zulässig, wenn b ≤ 0,4 a jedoch max. 6 mm
18	Schweißquerschnittsabweichung 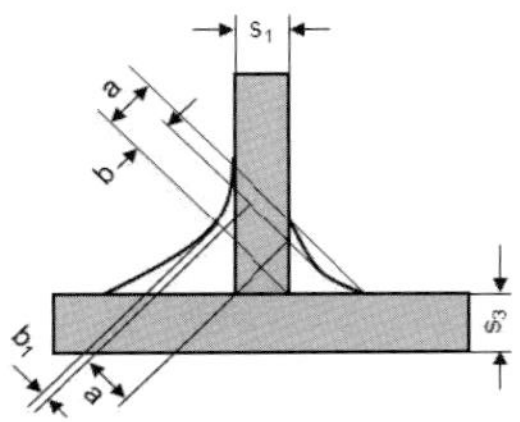 	Abweichung von Sollquerschnitt durch Unter- oder Überschreitung Sollmaß $a = 0{,}7\ s_1$, $s_3 > s_1$ Sollmaß $a = 0{,}7\ s_3$, $s_1 > s_3$ durch z. B.: – falsche Konstruktionsvorgaben – Schrumpf des Schweißzusatzes – ungeeigneten Schweißschuh – mangelhaften Fügedruck	visuell	zulässig, wenn b ≥ a $b_1 \leq 1{,}2$ a	zulässig, wenn b ≥ 0,9 a $b_1 \leq 1{,}4$ a

Lfd. Nr.	Merkmal	Beschreibung	Prüfung nach	Bewertungsgruppe	
				I	II
19	Nahtüberhöhung/unterschreitung HV-Naht 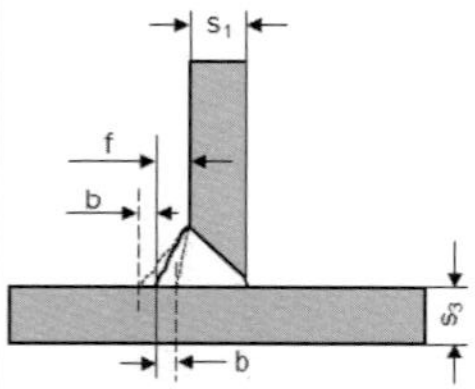 	f-Maß gem. Richtlinie DVS 2205 Blatt 3 Zarge-Boden $f = 0{,}5\ s_1$, wenn $s_1 \leq 30$ mm	visuell	zulässig, wenn $b \leq 0{,}1\ s_1$	zulässig, wenn $b \leq 0{,}15\ s_1$
20	Nahtüberhöhung/unterschreitung DHV-Naht 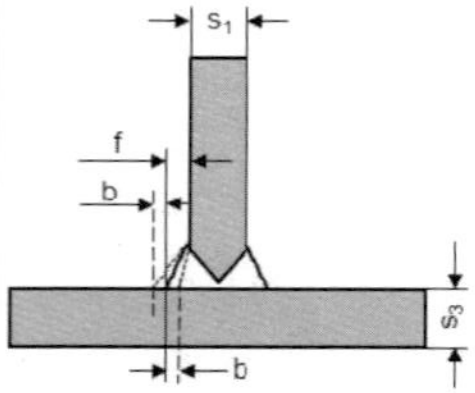 	f-Maß gem. Richtlinie DVS 2205 Blatt 3 Zarge-Boden $f = 0{,}3\ s_1$	visuell	zulässig, wenn $b \leq 0{,}1\ s_1$	zulässig, wenn $b \leq 0{,}15\ s_1$
Innerer Befund von V-, Doppel-V- und Kehlnähten					
21	Poren und Vakuolen 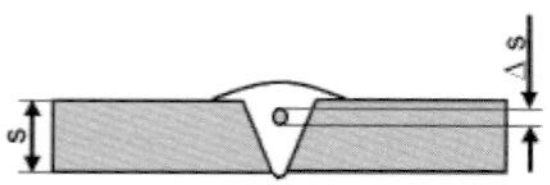 	einzelne, zahlreich verstreute oder örtlich gehäufte Poren bzw. Einschlüsse, durch z.B.: – Dampfbildung während des Schweißens (Wasser, Lösemittel) – durch zu schnelle / ungleichmäßige Abkühlung (Vakuolenbildung)	visuell	kleine Einzelporen zulässig, wenn $\Delta s \leq 0{,}1$ s	Poren und Porenzeilen zulässig, wenn $\Delta s \leq 0{,}15$ s
22	Bindefehler 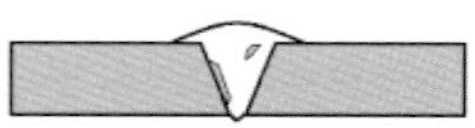	keine oder unvollständige Bindung an Gegenlage, Heftstellen und Nahtflanken, durch z. B.: – verschmutzte Fügefläche – zu geringe Schweißkraft – ungenügende Erwärmung	visuell	unzulässig	unzulässig

April 2017

DVS VERBAND
DVS – Deutscher Verband
für Schweißen und
verwandte Verfahren e. V.

Richtlinie
DVS 2202
Beiblatt 6

Richtlinie DVS 2202 Beiblatt 6

Bewertung von Fügeverbindungen aus thermoplastischen Kunststoffen an Rohrleitungsteilen und Tafeln

Kleben von ABS/PVC-U/PVC-C

DVS, Ausschuss für Technik, Arbeitsgruppe "Fügen von Kunststoffen"

Bezug: DVS Media GmbH, Postfach 10 19 65, 40010 Düsseldorf, Telefon (0211) 1591-0, Telefax (0211) 1591-150

Inhalt:

1. Geltungsbereich

Dieses Beiblatt beinhaltet die Bewertung von Klebverbindungen im Rohrleitungsbau (z. B. Gas-, Wasser-, Abwasser-, Industrie und Hausinstallationsysteme), die z. B. nach Richtlinie DVS 2204-3 (ABS), -4 (PVC-U) bzw. -5 (PVC-C) geklebt wurden. Die angegebenen Bewertungskriterien basieren auf Erfahrungen mit geklebten Rohrleitungen bis zum Durchmesser 315 mm.

Es kommen zerstörungsfreie und zerstörende Prüfungen zum Einsatz. Die Prüfungen, die zur Beurteilung der Klebausführung herangezogen werden, sind in der nachfolgenden Tabelle aufgeführt.

2. Merkmale und Bewertung von Klebverbindungen

Tabelle 1. Merkmale und Bewertung von Klebverbindungen aus ABS/PVC-U/PVC-C.

Lfd. Nr.	Merkmale	Beschreibung	Prüfung	Bewertungsgruppe I	Bewertungsgruppe II
Äußerer Befund der Verbindung					
1	Einstecktiefe 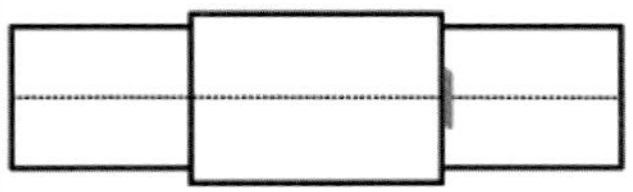	Einstecktiefe nicht oder falsch angezeichnet.	Visuell	Wenn nicht vorhanden, auf vollständigen Rohreinschub nach 9 prüfen.	Wenn nicht vorhanden, auf vollständigen Rohreinschub nach 9 prüfen.
2	Klebstoffwulst außen 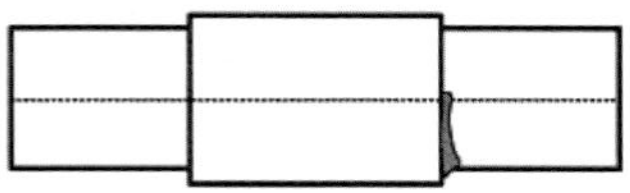	Außen örtlich oder umlaufender Klebstoffwulst: - Überschüssiger Klebstoff nicht abgewischt *(sehr kritisch bei Lösemittel, vor allem bei geringen Wanddicken und Werkstoff ABS)* Verarbeitungshinweise in den entsprechenden technischen Merkblättern (z. B. vom Klebstoffhersteller) beachten!	Visuell	Unzulässig bei Lösungsmittel-Klebstoffsystemen	Unzulässig bei Lösungsmittel-Klebstoffsystemen
3	Nicht geschlossener Klebstoffring außen 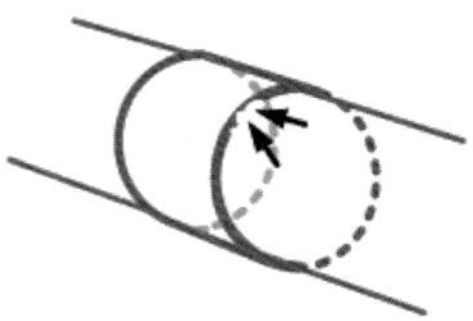	Spalt oder Lunker in der Fügeebene von außen erkennbar. - Einseitiger Klebstoffauftrag - Zu wenig Klebstoff aufgetragen - Klebstoff nicht gleichmäßig aufgetragen	Visuell	Weitere Prüfung nach 8. Unzulässig, wenn Anforderungen nach Richtlinie DVS 2221 nicht erfüllt sind.	Weitere Prüfung nach 8. Unzulässig, wenn Anforderungen nach Richtlinie DVS 2221 nicht erfüllt sind.
4	Fehlende Reinigung der Rohroberflächen 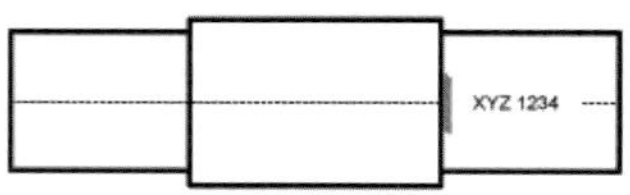	Keine Reinigung bzw. Anlöseffekte sichtbar, die über das Formstück hinausgehen.	Visuell	Unzulässig, wenn Anforderungen nach DVS 2221 nicht erfüllt sind.	Unzulässig, wenn Anforderungen nach DVS 2221 nicht erfüllt sind.

Lfd. Nr.	Merkmale	Beschreibung	Prüfung	Bewertungsgruppe	
				I	II
5	Rohrauswanderung 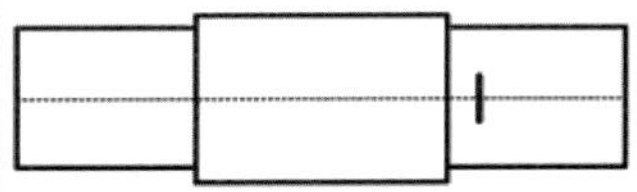	Anweisung zu Trockenzeiten vor der Inbetriebnahme nicht beachtet. Überschreitung von vorgegebenem Druck und/oder Temperatur!	Visuell	Unzulässig	Unzulässig
Innerer Befund der Verbindung					
6	Fehlende Anschrägung 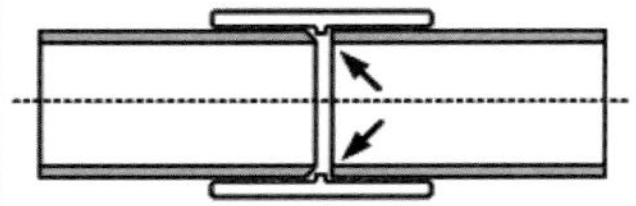	Die Rohrenden wurden nicht oder abweichend der entsprechenden Vorgaben (DVS 2204 Teil 3, 4 bzw. 5) angeschrägt.	Visuell	Unzulässig	Unzulässig
7	Fehlende Entgratung 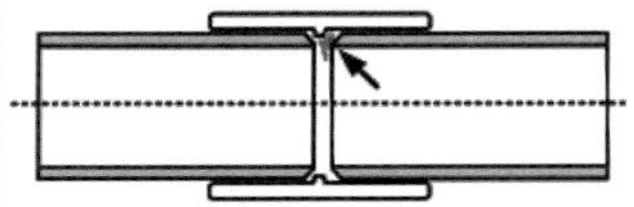	Die Rohrenden wurden nicht entgratet.	Visuell	Unzulässig	Unzulässig
8	Klebstoffring 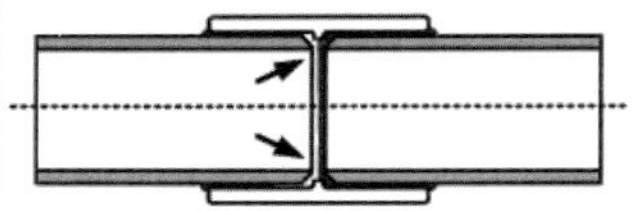	Kein geschlossener Klebstoffring am Anschlag erkennbar. - Zu wenig Klebstoff aufgetragen - Einseitiger Klebstoffauftrag (Klebstoff nur auf Rohr aufgetragen)	Visuell	Unzulässig	Unzulässig

Lfd. Nr.	Merkmale	Beschreibung	Prüfung	Bewertungsgruppe	
				I	II
9	Unvollständiger Rohreinschub 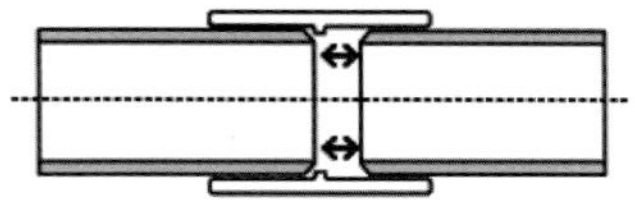	Ein- oder beidseitig in der Muffe nicht am Anschlag anliegende Rohrenden, z. B.: - Beid-/einseitig ungenügender Rohreinschub (keine ausreichende Überdeckung in der Fügeebene) Für Sonderkonstruktionen, die von dieser Vorgabe abweichen, sind die Herstellerangaben zu beachten.	Visuell	Unzulässig	Unzulässig
10	Rohrende nicht rechtwinklig 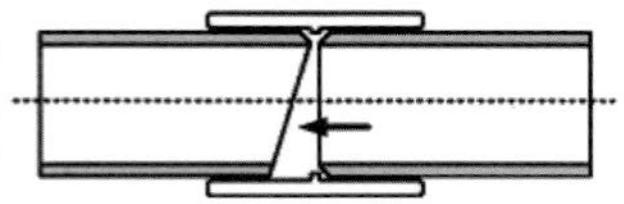	Rohrende nicht rechtwinklig abgelängt (kann weitere Fehler nach sich ziehen, z. B. fehlerhafte Anschrägung)	Visuell	Unzulässig	Unzulässig
11	Bindefehler durch Formungenauigkeit 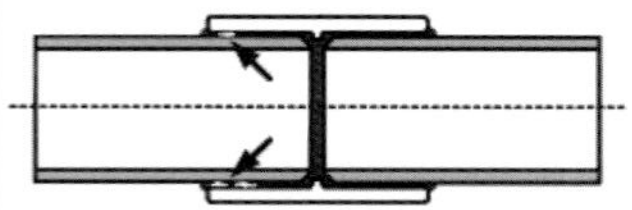	Örtlich, flächig axial oder radial umlaufende Kanalbildung, durch z. B.: - Kerben und/oder Riefen in der Fügefläche - Unzulässige Maßabweichungen - Beschädigung - Ovalität	Zusätzliche Prüfung und Bewertung nach Richtlinie DVS 2221 notwendig.	Unzulässig, wenn die Anforderungen nach Richtlinie DVS 2221 nicht erfüllt werden.	Unzulässig, wenn die Anforderungen nach Richtlinie DVS 2221 nicht erfüllt werden.
12	Hohlräume (z. B. Poren, Lunker) 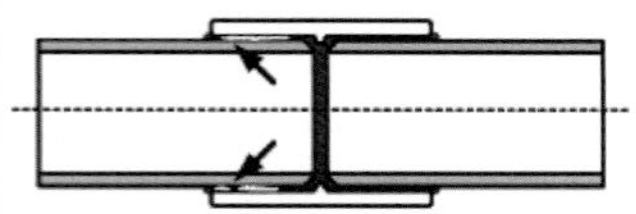	- Zu großer Spalt - Schwindung - Feuchtigkeit (Wasser, Reinigungsmittel) - Lufteinschluss - Geringer oder ungleichmäßiger Klebstoffauftrag - Fehlende oder fehlerhafte Anschrägung (Klebstoffschichten fließen nicht ineinander bei Rohreinschub in Fitting) - Überschreitung der offenen Zeit Hinweis: Systembedingt, insbesondere bei Durchmessern > 250 mm kann es zu Hohlraumbildung kommen.	Zusätzliche Prüfung und Bewertung nach Richtlinie DVS 2221 notwendig.	Unzulässig, wenn die Anforderungen nach Richtlinie DVS 2221 nicht erfüllt werden.	Unzulässig, wenn die Anforderungen nach Richtlinie DVS 2221 nicht erfüllt werden.

Lfd. Nr.	Merkmale	Beschreibung	Prüfung	Bewertungsgruppe	
				I	II
13	Fremdstoffeinschlüsse 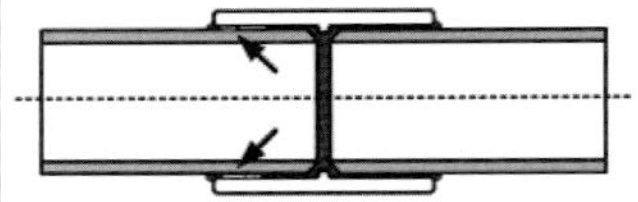	Örtlich oder flächig axiale Trennungen oder Ablösungen durch z. B.: - Verunreinigte Oberflächen (z. B. Schmutz, Fett, Staub, Pinselhaare...) - Keine ausreichende Reinigung erfolgt	Visuell	Unzulässig, wenn die Anforderungen nach Richtlinie DVS 2221 nicht erfüllt werden.	Unzulässig, wenn die Anforderungen nach Richtlinie DVS 2221 nicht erfüllt werden.

DVS VERBAND

Richtlinie
DVS 2203-1

Ersetzt Ausgabe
Januar 2003

Richtlinie DVS 2203-1

Prüfen von Schweißverbindungen an Tafeln und Rohren aus thermoplastischen Kunststoffen

Prüfverfahren – Anforderungen

Ausschuss für Technik im DVS

Arbeitsgruppe W 4 „Fügen von Kunststoffen“

Bezug: DVS Media GmbH, Postfach 10 19 65, 40010 Düsseldorf, Telefon: (0211) 1591-0, E-Mail: media@dvs-media.info

Inhalt

1. Geltungsbereich

Die Richtlinie gibt dem Verarbeiter von Halbzeug aus thermoplastischen Kunststoffen und dem Anwender der Erzeugnisse Hinweise für das Prüfen von Schweißverbindungen. In Teil 1 werden in den entsprechenden Beiblättern die Anforderungen der in den Teilen 2 bis 5 dieser Richtlinie im Einzelnen behandelten Prüfungen genannt.

Die Wahl des/der zweckmäßigen Prüfverfahren ist entsprechend der jeweiligen Ausführung und Anwendung zu treffen. Dabei ist zu beachten, dass die Prüfergebnisse von den Herstellbedingungen für die Probekörper und von den Prüfbedingungen abhängig sind. Sie sind deshalb auf das Verhalten der Erzeugnisse oder für die Berechnung einer Konstruktion nur übertragbar, wenn die auftretenden Praxisbeanspruchungen den Herstell- und Prüfbedingungen entsprechen bzw. der Gestaltungs- und Beanspruchungseinfluss berücksichtigt wird.

2. Werkstoffe und Eigenschaften

Mit dieser Richtlinie werden die hauptsächlich im Apparate- und Rohrleitungsbau eingesetzten, in **Tabelle 1** aufgeführten Kunststoffe erfasst.

Diese Kunststoffe besitzen aufgrund ihres molekularen und strukturellen Aufbaus spezifische verarbeitungs- und anwendungstechnische Eigenschaften. Bei der Anwendung von Halbzeug aus Thermoplasten, hauptsächlich für tragende Bauteile, sind diese Werkstoffeigenschaften, besonders bei gleichzeitiger mechanischer, thermischer und chemischer Beanspruchung, zu berücksichtigen.

Die Eigenschaften der Halbzeuge – Rohre, Tafeln, Profile, Formstücke – mit den zugehörigen Prüfverfahren sind in Richtlinie DVS 2201-1 beschrieben. Die Eigenschaftswerte der Halbzeuge sind den einschlägigen DIN-Normen bzw. den Spezifikationen nach EN zu entnehmen. Bezüglich der Schweißzusätze wird auf Richtlinie DVS 2211 bzw. DIN EN 12943 verwiesen. Kennwerte der gebräuchlichsten Thermoplaste für die Berechnung der Konstruktion sind in Richtlinie DVS 2205-1 bzw. DIN EN 1778 angegeben.

Tabelle 1: Werkstoffe und Kurzzeichen

Kurzzeichen	Werkstoffbezeichnung[1)]
ECTFE	Ethylen-Chlortrifluorethylen
FEP	Tetrafluorethylen-Hexafluorpropylen
PA-U12	Polyamid 12 unplasticized (weichmacherfrei)
PB	Polybutylen
PE (PE 63, PE 80 und PE 100, inkl. PE 100-RC)	Polyethylen
PE-el	Elektrisch leitfähiges Polyethylen
PE-X	Vernetztes Polyethylen
PFA	Perfluoralkoxy-Polymer
PP (PP-H, PP-B und PP-R)	Polypropylen
PVC-U	Polyvinylchlorid unplasticized (weichmacherfrei)
PVC-C	Polyvinylchlorid chloriert
PVDF	Polyvinylidenfluorid

1)

- PA-U12 steht hier für PA-U12 180 (MRS = 18,0 N/mm^2)
- PE wird in Festigkeitsklassen mit den Bezeichnungen PE 63 (MRS ≥ 6,3 N/mm^2), PE 80 (MRS ≥ 8,3 N/mm^2) und PE 100 (MRS ≥ 10,0 N/mm^2) unterteilt
- PP wird in Polypropylen-Homopolymerisat (Typ 1) (PP-H), Polypropylen-Block-Copolymerisat (Typ 2) (PP-B) und Polypropylen-Random-Copolymerisat (Typ 3) (PP-R) unterteilt

3. Prüfungen

Zum Prüfen von Schweißverbindungen sind unter Berücksichtigung der gestellten Anforderungen und der gegebenen Möglichkeiten verschiedene Prüfverfahren einsetzbar.

Für die Prüfung der Schweißeignung einer gegebenen Kombination von Grundwerkstoff und Schweißzusatz ist das Merkblatt DVS 2201-2 zu beachten.

3.1. Zerstörungsfreie Prüfverfahren

Die zerstörungsfreien Prüfverfahren wie Maß- und Sichtkontrolle, Dichtheitsprüfung, Prüfen mittels Hochspannung sowie die Winkelmessung sind in der Richtlinie DVS 2206 beschrieben und können sinngemäß für die Schweißverbindungen angewendet werden. Des Weiteren kann auf geltende Normen (ISO, EN und DIN) verwiesen werden.

3.2. Zerstörende Prüfverfahren

Geltungsbereich, Versuchsaufbau sowie -durchführung und Auswertung der einzelnen Versuche sind in den in **Tabelle 2** genannten Teilen dieser Richtlinie beschrieben.

Tabelle 2: Prüfverfahren und Anforderungen für Schweißverbindungen

Prüfverfahren	Richtlinie	Anforderungen
Zugversuch*	DVS 2203-2	DVS 2203-1 Beiblatt 1
Zeitstand-Zugversuch	DVS 2203-4	DVS 2203-1 Beiblatt 2
Technologischer Biegeversuch	DVS 2203-5	DVS 2203-1 Beiblatt 3
Scher- und Schälversuch	DVS 2203-6	DVS 2203-1 Beiblatt 4
Schlagzugversuch	DVS 2203-3	

* Für FEP und PFA sind Prüfverfahren und Anforderungen in der Richtlinie DVS 2212-1 Beiblatt 3 beschrieben.

4. Anforderungen

Die für die Schweißverbindungen eingesetzten Halbzeuge müssen den Vorgaben der Richtlinie DVS 2201-1 und den im Abschnitt 5 aufgeführten Normen und Richtlinien entsprechen.

4.1. Zerstörungsfreie Prüfverfahren

Die Anforderungen sind der Richtlinie DVS 2202 und der Richtlinie DVS 2206 sowie geltenden Normen (ISO, EN und DIN) zu entnehmen.

4.2. Zerstörende Prüfverfahren

Die Anforderungen an die Schweißverbindungen sind den Beiblättern dieser Richtlinie zu entnehmen.

5. Schrifttum

5.1. Regelwerk

Normen

DIN EN 12943	Schweißzusätze für thermoplastische Kunststoffe – Geltungsbereich, Kennzeichnung, Anforderung, Prüfung
DIN EN 1778	Charakteristische Kennwerte für geschweißte Thermoplast-Konstruktionen – Bestimmung der zulässigen Spannungen und Moduli für die Berechnung von Thermoplast-Bauteilen

DVS-Regelwerke

Richtlinie DVS 2201-1	Prüfen von Halbzeug aus Thermoplasten Grundlagen – Hinweise
Merkblatt DVS 2201-2	Prüfen von Halbzeug aus Thermoplasten Schweißeignung Prüfverfahren Anforderungen
Richtlinie DVS 2202	Bewertung von Fügeverbindungen aus thermoplastischen Kunststoffen an Rohrleitungsteilen und Tafeln – Merkmale, Beschreibung, Bewertung
Richtlinie DVS 2203-1 Beiblatt1	Prüfen von Schweißverbindungen an Tafeln und Rohren aus thermoplastischen Kunststoffen – Anforderungen im Zugversuch – Kurzzeitzug-Schweißfaktor f_z
Richtlinie DVS 2203-1 Beiblatt 2	Prüfen von Schweißverbindungen an Tafeln und Rohren aus thermoplastischen Kunststoffen – Anforderungen im Zeitstand-Zugversuch Zeitstandzug-Schweißfaktor
Richtlinie DVS 2203-1 Beiblatt 3	Prüfen von Schweißverbindungen an Tafeln und Rohren aus thermoplastischen Kunststoffen – Anforderungen im technologischen Biegeversuch Biegewinkel/Biegeweg
Richtlinie DVS 2203-1 Beiblatt 4	Prüfen von Schweißverbindungen an Tafeln und Rohren aus thermoplastischen Kunststoffen Anforderungen an Scher- und Schälversuche für das Heizwendel (HM)- und Heizelementmuffen (HD)-Schweißen an Rohren und Formteilen
Richtlinie DVS 2203-2	Prüfen von Schweißverbindungen an Tafeln und Rohren aus thermoplastischen Kunststoffen – Zugversuch
Richtlinie DVS 2203-3	Prüfen von Schweißverbindungen an Tafeln und Rohren aus thermoplastischen Kunststoffen; Schlagzugversuch
Richtlinie DVS 2203-4	Prüfen von Schweißverbindungen an Tafeln und Rohren aus thermoplastischen Kunststoffen – Zeitstand-Zugversuch
Richtlinie DVS 2203-5	Prüfen von Schweißverbindungen an Tafeln und Rohren aus thermoplastischen Kunststoffen – Technologischer Biegeversuch
Richtlinie DVS 2203-6	Prüfen von Fügeverbindungen aus polymeren Werkstoffen - Scher- und Schälversuche

Richtlinie DVS 2205-1	Berechnung von Behältern und Apparaten aus Thermoplasten – Kennwerte
Richtlinie DVS 2206	Zerstörungsfreie Prüfung von Behältern, Apparaten und Rohrleitungen aus thermoplastischen Kunststoffen
Richtlinie DVS 2211	Schweißen von thermoplastischen Kunststoffen Schweißzusätze Kennzeichnung, Anforderungen, Prüfungen

DVS – DEUTSCHER VERBAND FÜR SCHWEISSEN UND VERWANDTE VERFAHREN E.V.	**Prüfen von Schweißverbindungen an Tafeln und Rohren aus thermoplastischen Kunststoffen – Anforderungen im Zugversuch – Kurzzeitzug-Schweißfaktor f_z**	DVS **Richtlinie DVS 2203-1 Beiblatt 1**

Ersetzt Ausgabe April 2006

Inhalt:

1 Geltungsbereich

Dieses Beiblatt gilt in Zusammenhang mit der Richtlinie DVS 2203-1. In diesem Beiblatt sind die Anforderungen für den Zugversuch nach DVS 2203-2 dargestellt.

2 Anforderungen

Der geforderte Mittelwert für den Kurzzeitzug-Schweißfaktor f_z nach Tabelle 1 ist für die genannten Schweißverfahren einzuhalten.

Tabelle 1. Mindest-Kurzzeitzug-Schweißfaktor f_z.

Verfahren		Kurzzeitzug-Schweißfaktor f_z				
		PE 63 PE 80 PE 100	PP-H PP-R PP-B	PVC-U	PVC-C	PVDF
HS	Heizelementstumpfschweißen	0,9	0,9	0,9	0,8	0,9
IR	berührungsloses Heizelementstumpfschweißen	–	0,9*	–	–	0,9
WF, WZ	Warmgasfächel-, -ziehschweißen	0,8	0,8	0,8	0,7	0,8
WE_{cont}	Warmgasextrusionsschweißen, kontinuierlich	0,8	0,8	0,8	–	–
WE_{dis}	Warmgasextrusionsschweißen, diskontinuierlich	0,8	–	–	–	–

* für PP-H weggesteuert und alle PP druckgesteuert

Die genannten Werte setzten die Beherrschung der entsprechenden Schweißverfahren und die Ausführung durch qualifiziertes und geprüftes Personal voraus. Die Kurzzeitzug-Schweißfaktoren gelten für die Gesamtbelastungszeit bis zu einer Stunde. Das Rechnen mit höheren Schweißfaktoren, als in obiger Tabelle angegeben, setzt einen entsprechenden Nachweis voraus.

DVS, Ausschuss für Technik, Arbeitsgruppe „Fügen von Kunststoffen"

Bezug: DVS Media GmbH, Postfach 10 19 65, 40010 Düsseldorf, Telefon (02 11) 15 91 - 0, Telefax (02 11) 15 91 - 150

Mai 2014

DVS – DEUTSCHER VERBAND FÜR SCHWEISSEN UND VERWANDTE VERFAHREN E.V.	Prüfen von Schweißverbindungen an Tafeln und Rohren aus thermoplastischen Kunststoffen – Anforderungen im Zeitstand-Zugversuch Zeitstandzug-Schweißfaktor f_s	DVS Richtlinie DVS 2203-1 Beiblatt 2

Ersetzt Ausgabe April 2006

Inhalt:

1 Geltungsbereich

Dieses Beiblatt gilt in Zusammenhang mit der Richtlinie DVS 2203-1. In diesem Beiblatt sind die Anforderungen für den Zeitstand-Zugversuch nach Richtlinie DVS 2203-4 dargestellt.

2 Anforderungen

Der ermittelte Zeitstandzug-Schweißfaktor f_s muss die Anforderungen nach Tabelle 1 erfüllen.

Tabelle 1. Mindest-Zeitstandzug-Schweißfaktor f_s.

Verfahren		Zeitstandzug-Schweißfaktor f_s				
		PE 63 PE 80 PE 100	PP-H PP-R PP-B	PVC-U	PVC-C	PVDF
HS	Heizelementstumpfschweißen	0,8	0,8	0,6	0,6	0,6
IR	berührungsloses Heizelementstumpfschweißen	0,7	0,8	–	–	0,8
WF, WZ	Warmgasfächel-, -ziehschweißen	0,4	0,4	0,4	0,4	0,4
WE_{cont}	Warmgasextrusionsschweißen, kontinuierlich	0,6	0,6	0,6	–	–
WE_{dis}	Warmgasextrusionsschweißen, diskontinuierlich	0,4	–	–	–	–

Die genannten Werte setzten die Beherrschung der entsprechenden Schweißverfahren und die Ausführung durch qualifiziertes und geprüftes Personal voraus. Das Rechnen mit höheren Schweißfaktoren, als in obiger Tabelle angegeben, setzt einen entsprechenden Nachweis voraus.

DVS, Ausschuss für Technik, Arbeitsgruppe „Fügen von Kunststoffen"

Bezug: DVS Media GmbH, Postfach 10 19 65, 40010 Düsseldorf, Telefon (02 11) 15 91-0, Telefax (02 11) 1591-150

September 2023

DVS VERBAND

Richtlinie
DVS 2203-1
Beiblatt 3

Ersetzt Ausgabe
Juni 2012

Richtlinie DVS 2203-1 Beiblatt 3

Prüfen von Schweißverbindungen an Tafeln und Rohren aus thermoplastischen Kunststoffen

Anforderungen im technologischen Biegeversuch Biegewinkel/Biegeweg

Ausschuss für Technik im DVS

Arbeitsgruppe W 4 „Fügen von Kunststoffen“

Untergruppe AG W 4.4 „Messen und Prüfen“

Bezug: DVS Media GmbH, Postfach 10 19 65, 40010 Düsseldorf, Telefon: (0211) 1591-0, Email: media@dvs-media.info

Inhalt:

1. Geltungsbereich

Dieses Beiblatt gilt in Zusammenhang mit Richtlinie DVS 2203-1. In diesem Beiblatt sind die Anforderungswerte für den Biegeversuch nach DVS 2203-5 dargestellt. Die Auswertung kann wahlweise mittels des Biegewinkels oder des Biegeweges erfolgen.

2. Anforderungen

In den Bildern 1 bis 7 sind die Mindestbiegewinkel, in den Bildern 8 bis 14 die Mindestbiegewege für Schweißverbindungen aus den PE 63, PE 80, PE 100 (inkl. PE 100 RC), PE-el, PP-H, PP-B, PP-R, PA-U 12, PVC-U, PVC-C und PVDF in Abhängigkeit von der Materialdicke angegeben. [1)]

[1)] Zur Werkstoffbezeichnung siehe Tabelle 1 in Richtlinie DVS 2203-1 Beiblatt 1

HS: Heizelementstumpfschweißen
IR: Infrarotschweißen
WF: Warmgasfächelschweißen
WZ: Warmgasziehschweißen
WE: Warmgasextrusionsschweißen

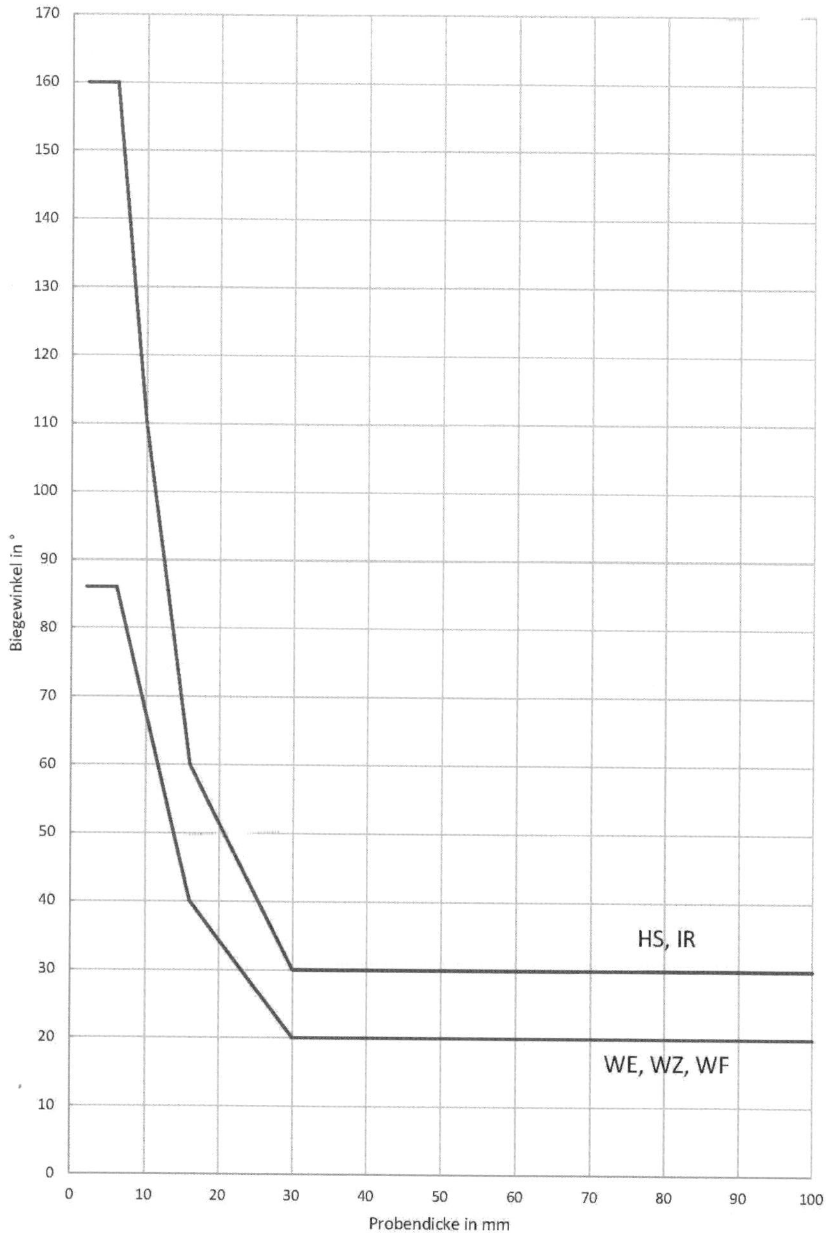

Bild 1: Mindestbiegewinkel für PE 63, PE 80, PE 100 (inkl. PE 100 RC)

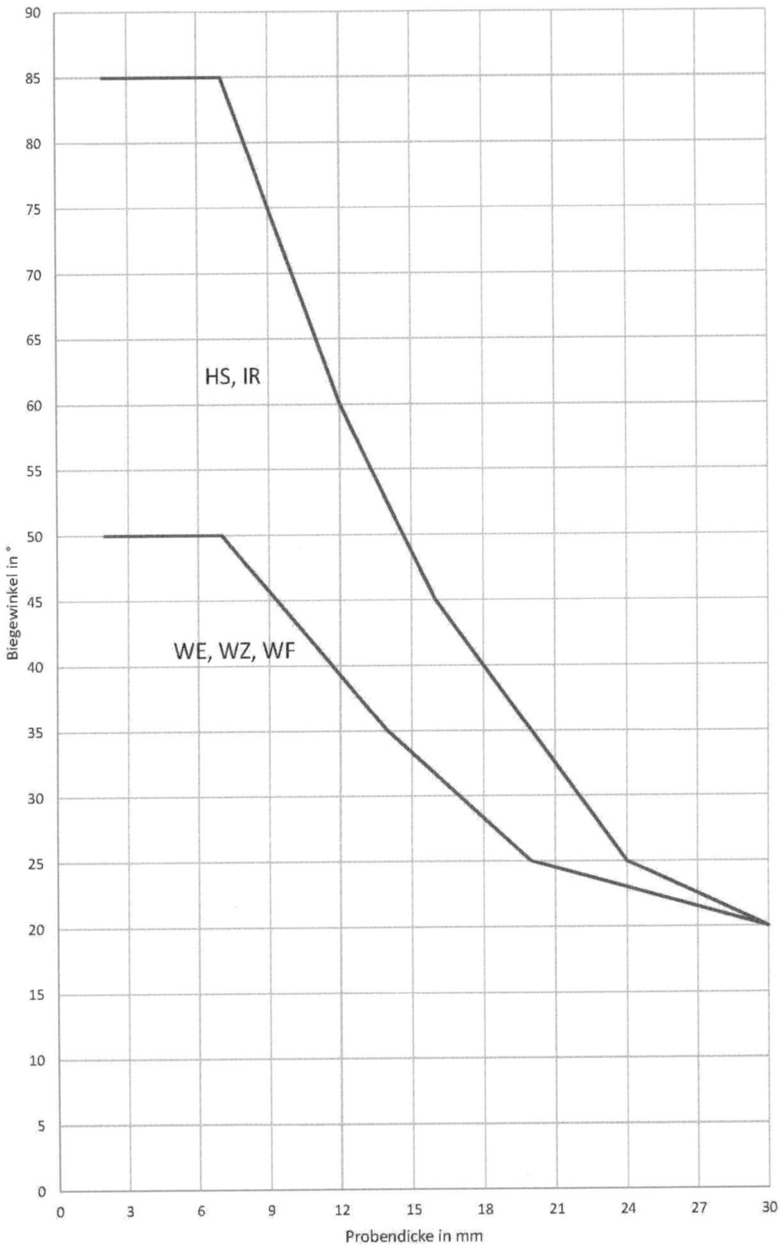

Bild 2: Mindestbiegewinkel für PE-el, PP-H, PP-B

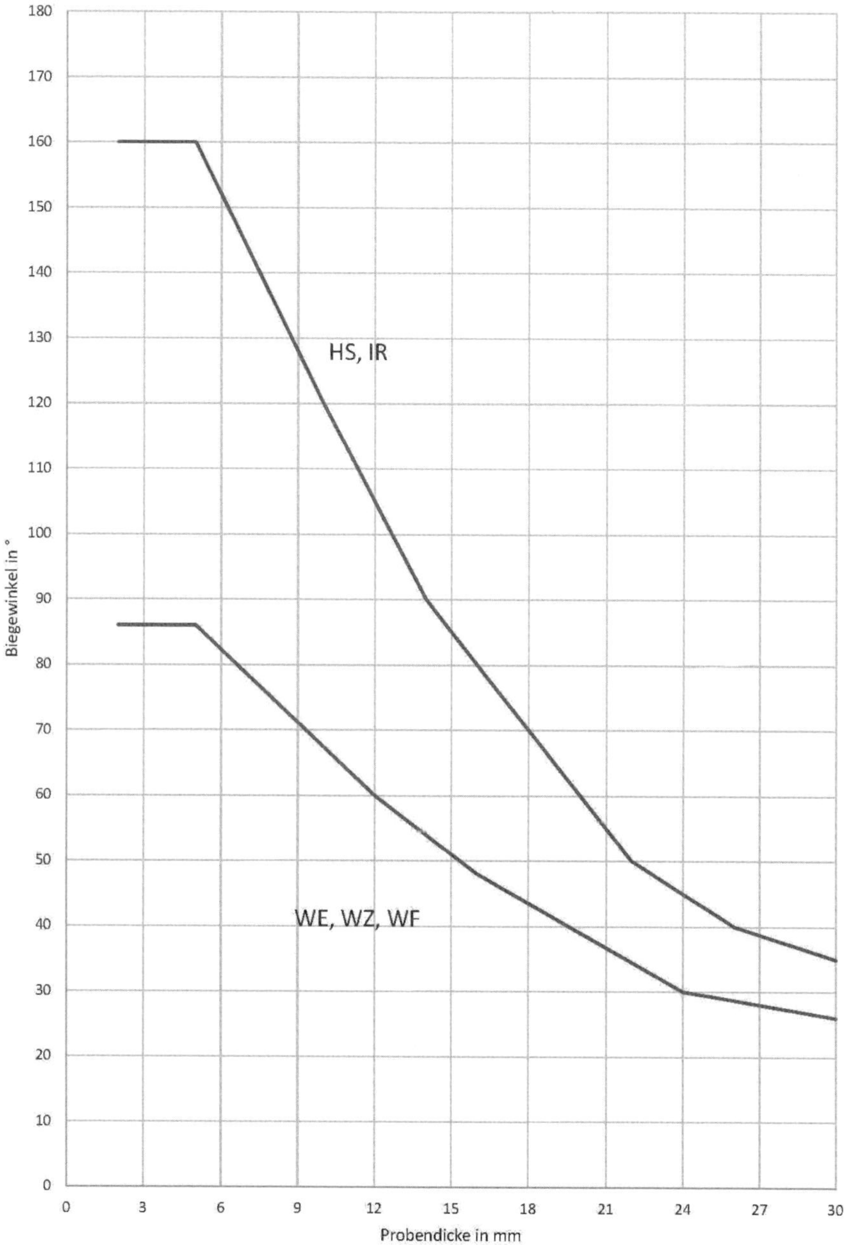

Bild 3: Mindestbiegewinkel für PP-R

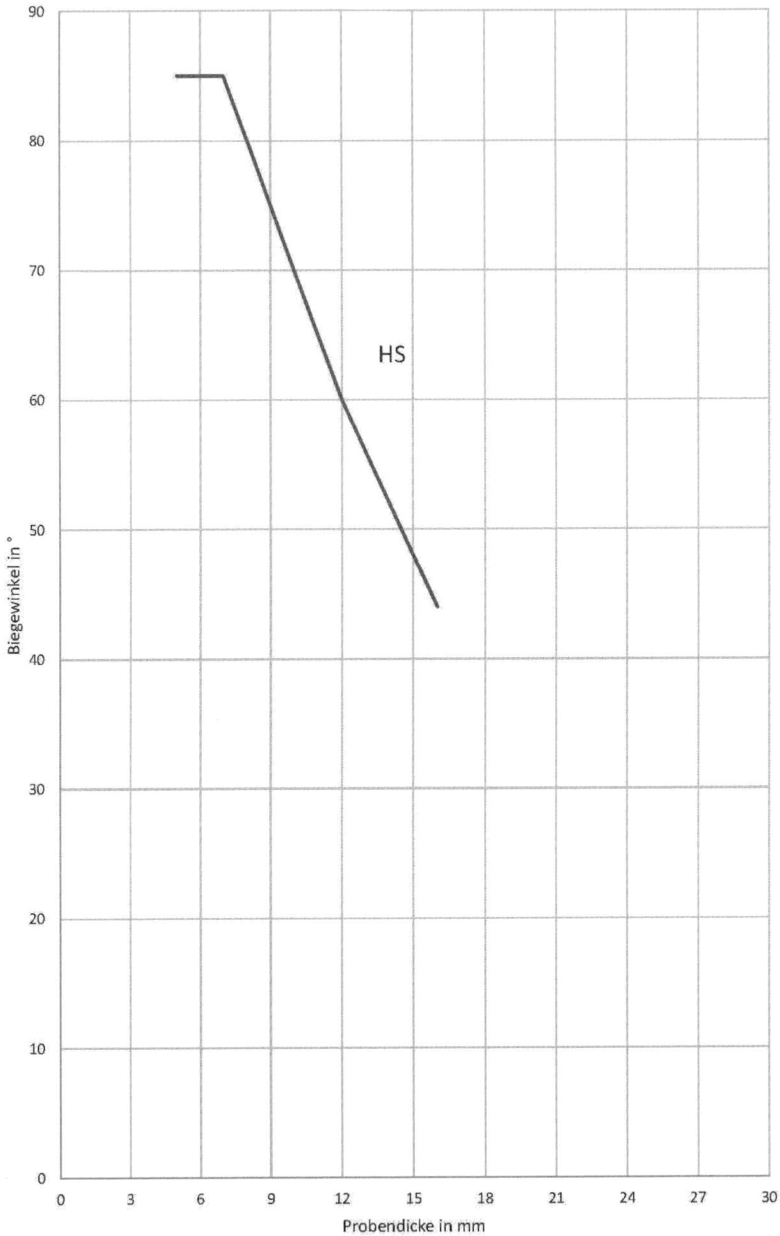

Bild 4: Mindestbiegewinkel für PA-U 12

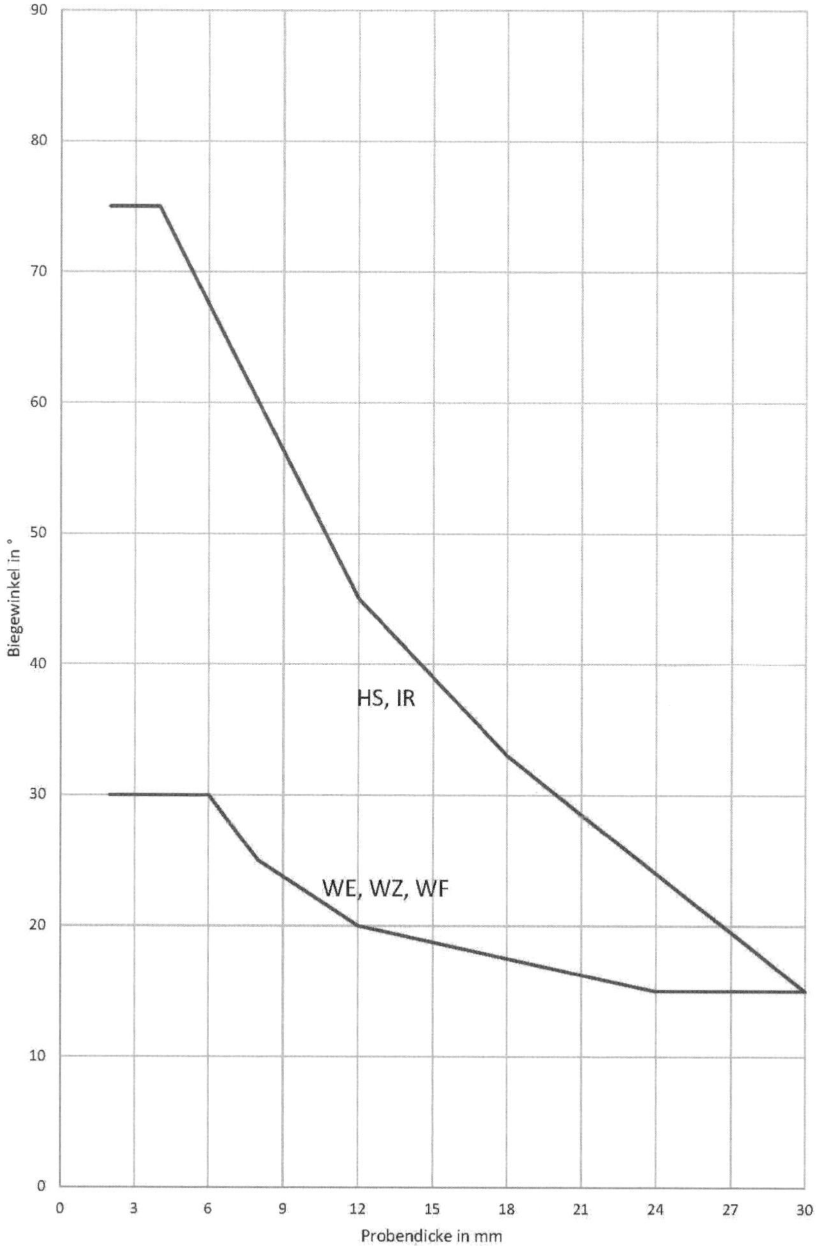

Bild 5: Mindestbiegewinkel für PVC-U

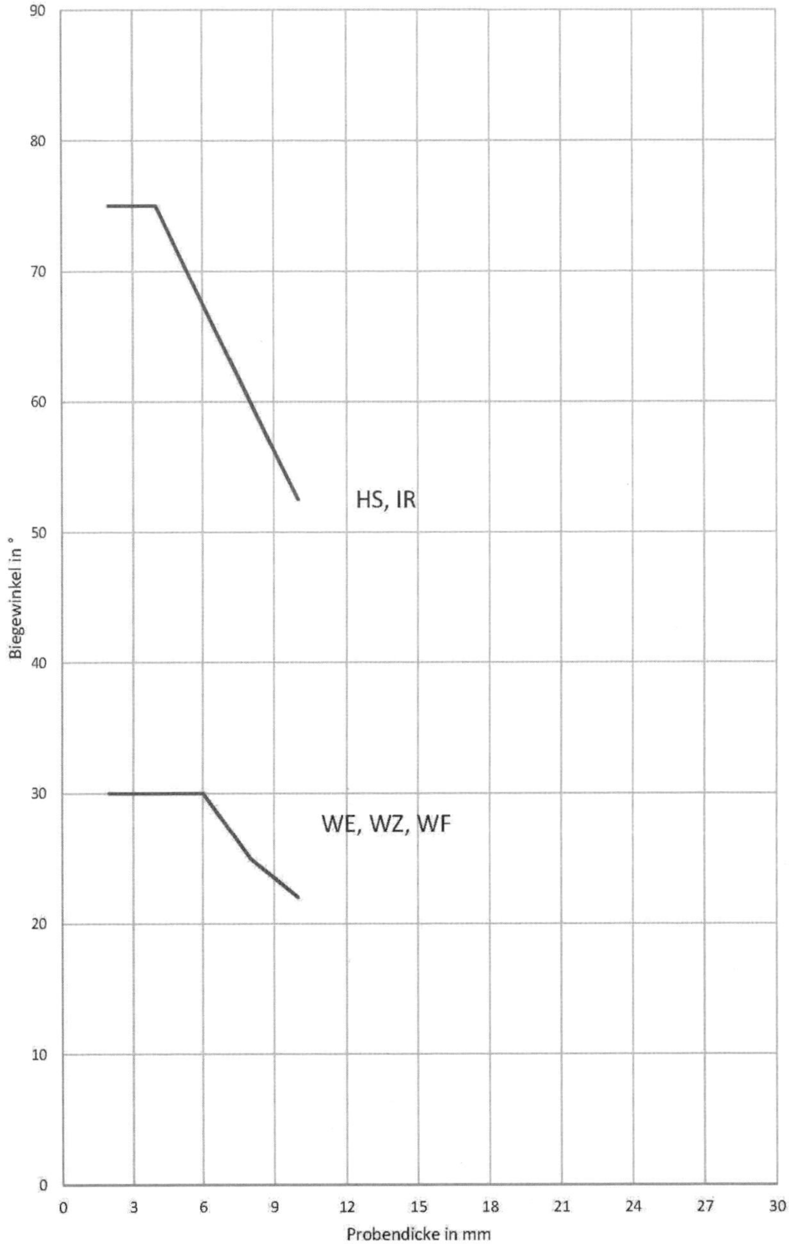

Bild 6: Mindestbiegewinkel für PVC-C

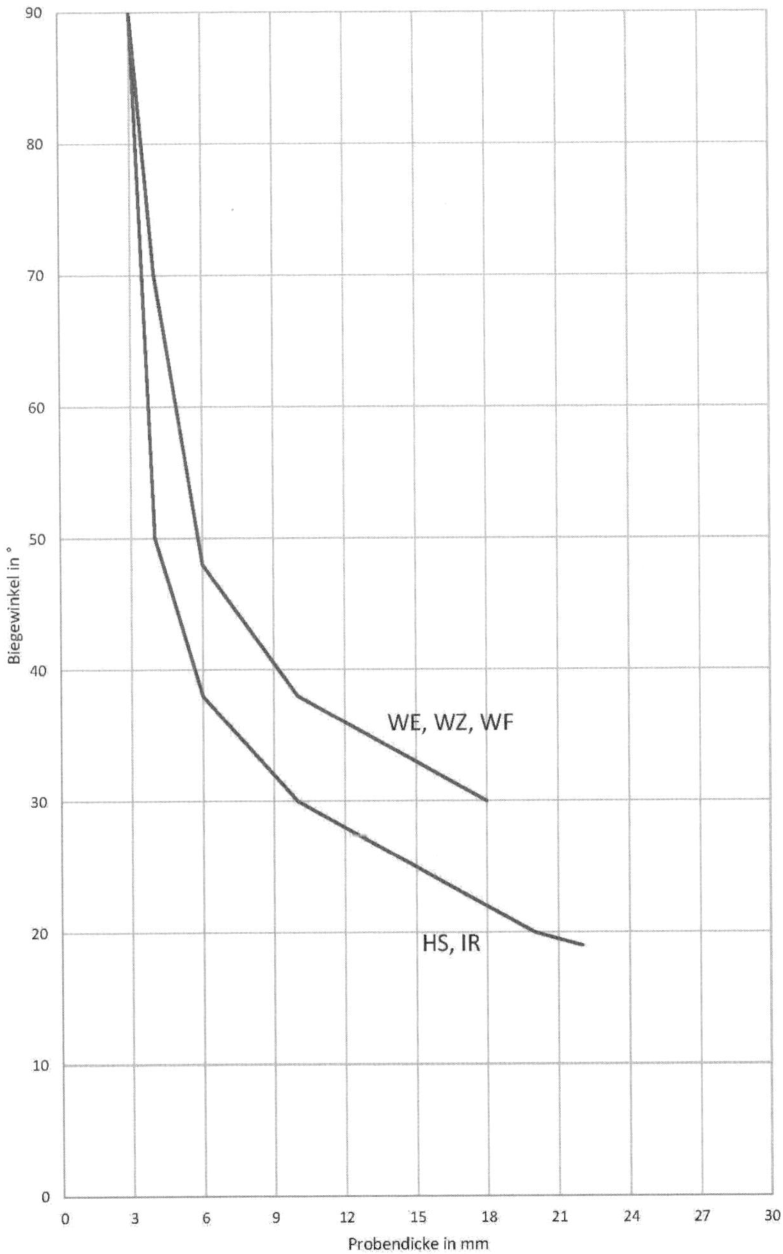

Bild 7: Mindestbiegewinkel für PVDF

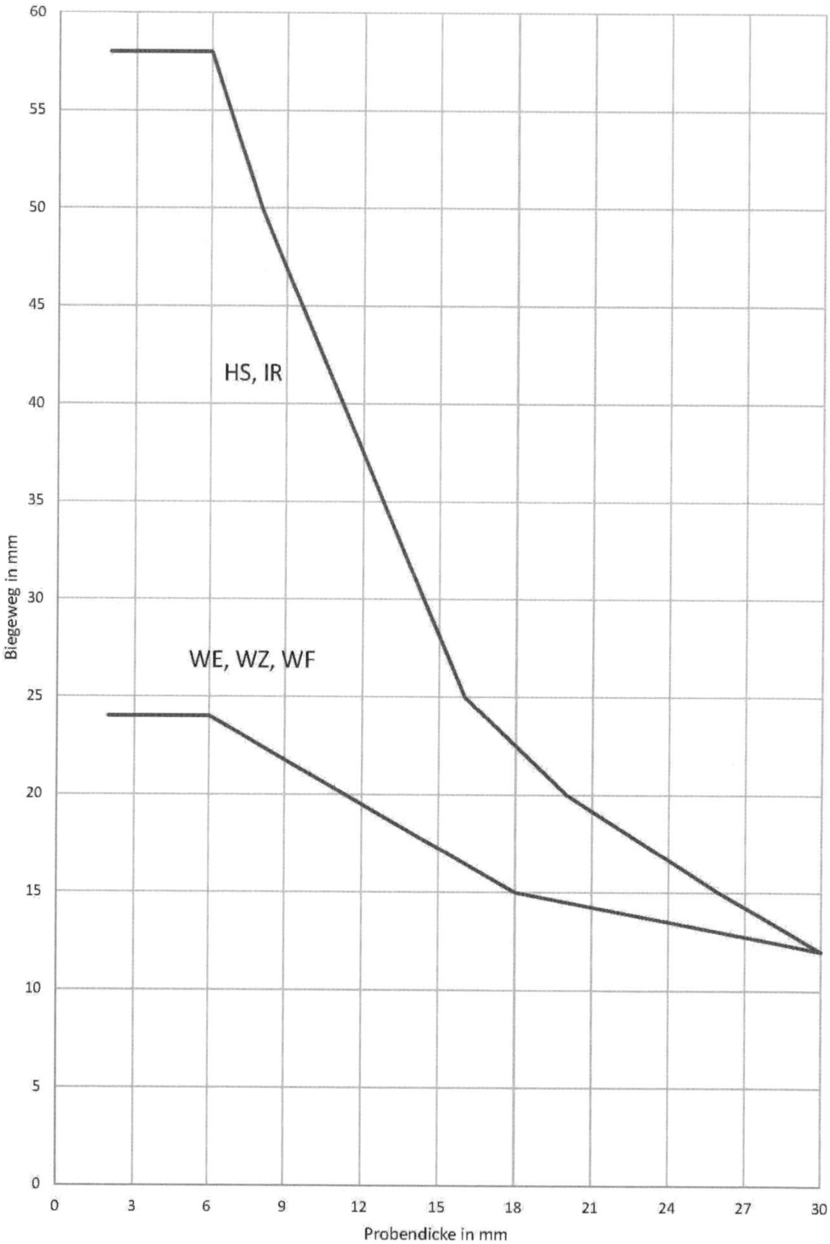

Bild 8: Mindestbiegeweg für PE 63, PE 80, PE 100 (inkl. PE 100 RC)

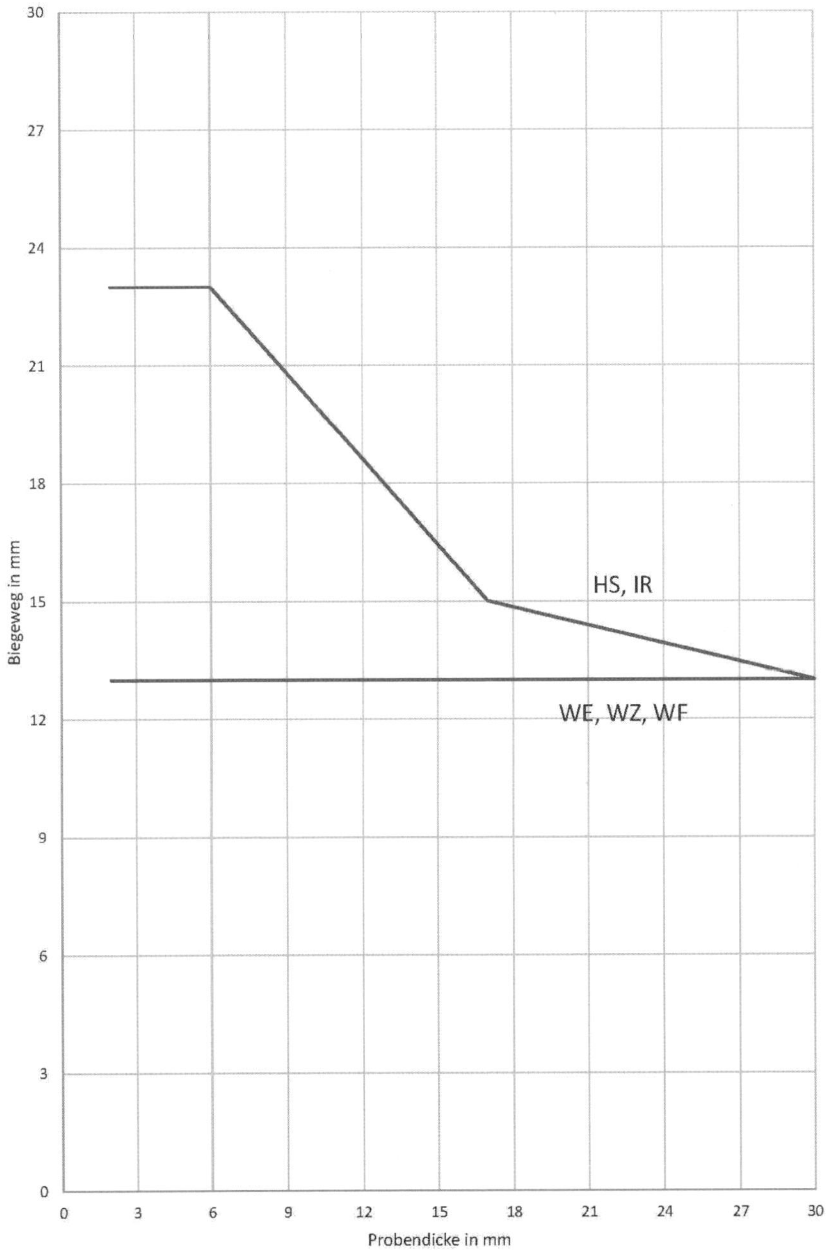

Bild 9: Mindestbiegeweg für PE-el, PP-H, PP-B

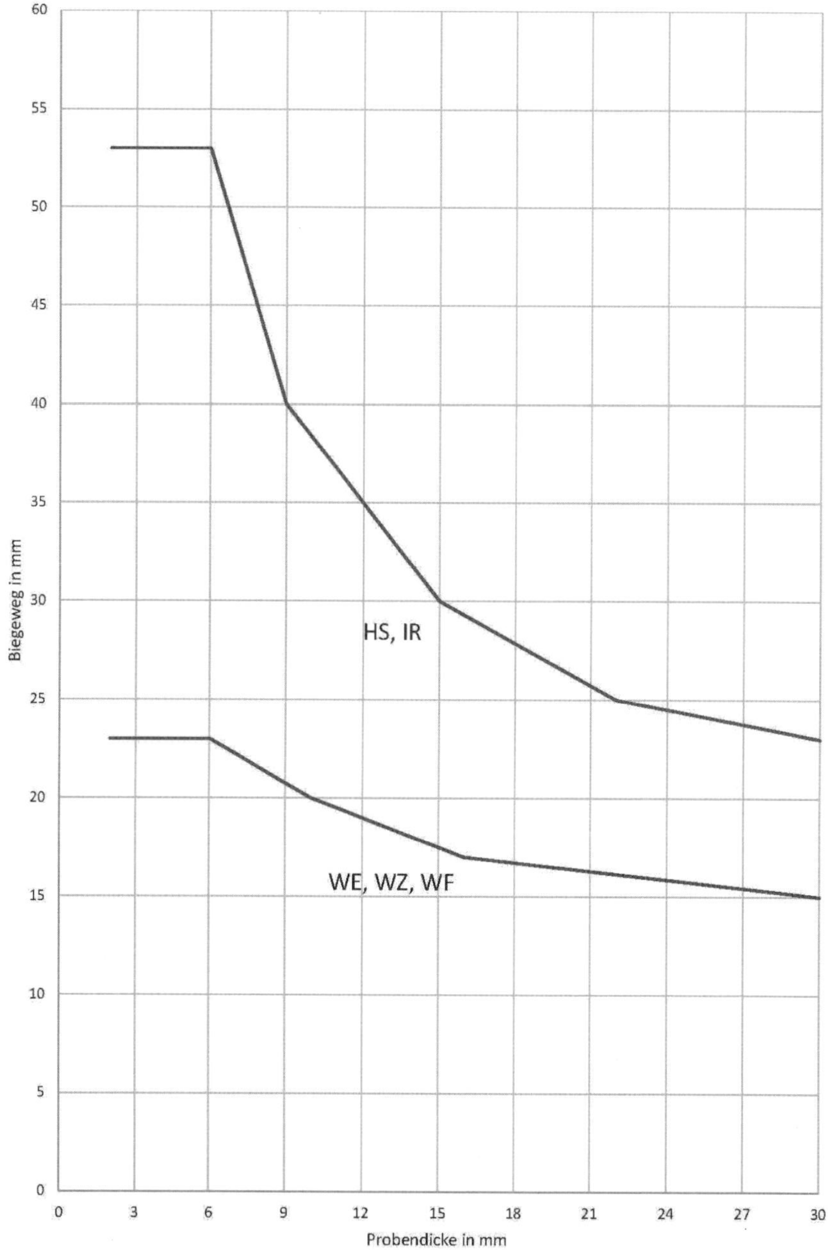

Bild 10: Mindestbiegeweg für PP-R

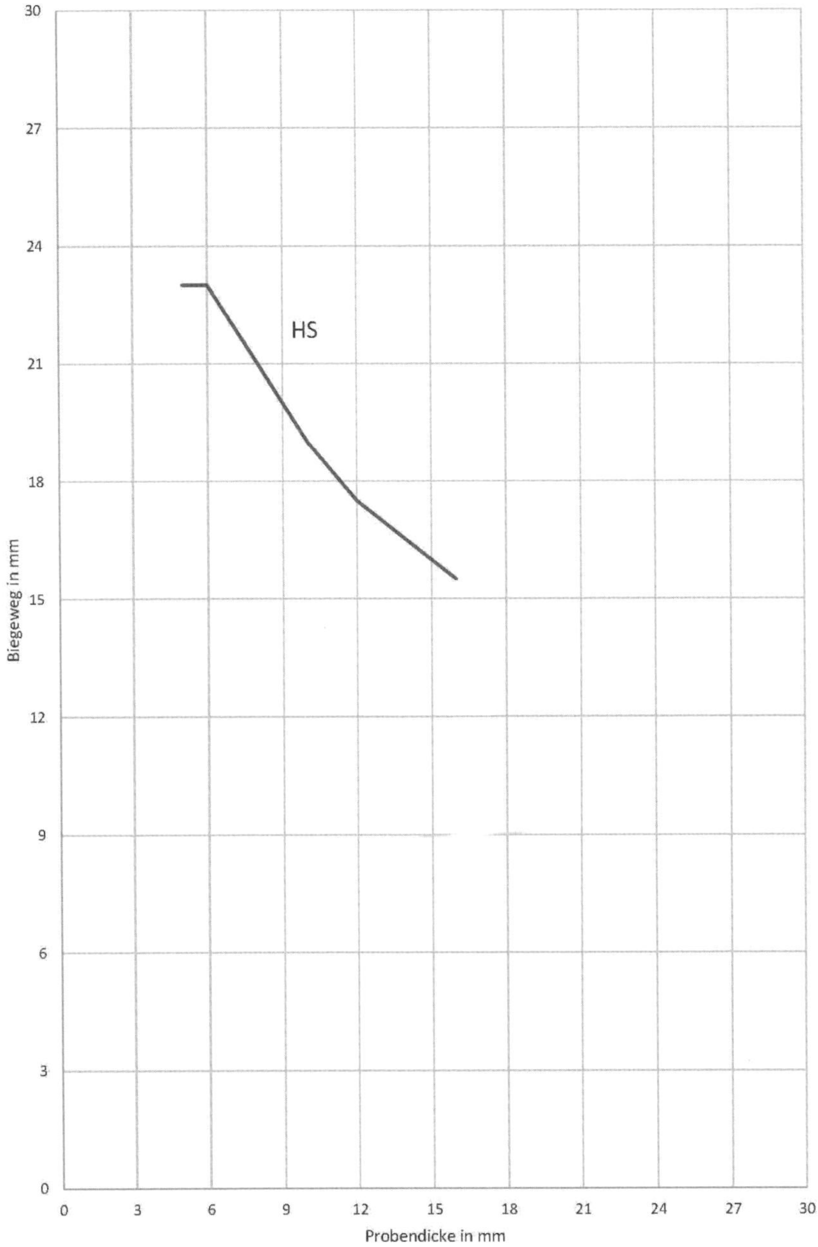

Bild 11: Mindestbiegeweg für PA-U 12

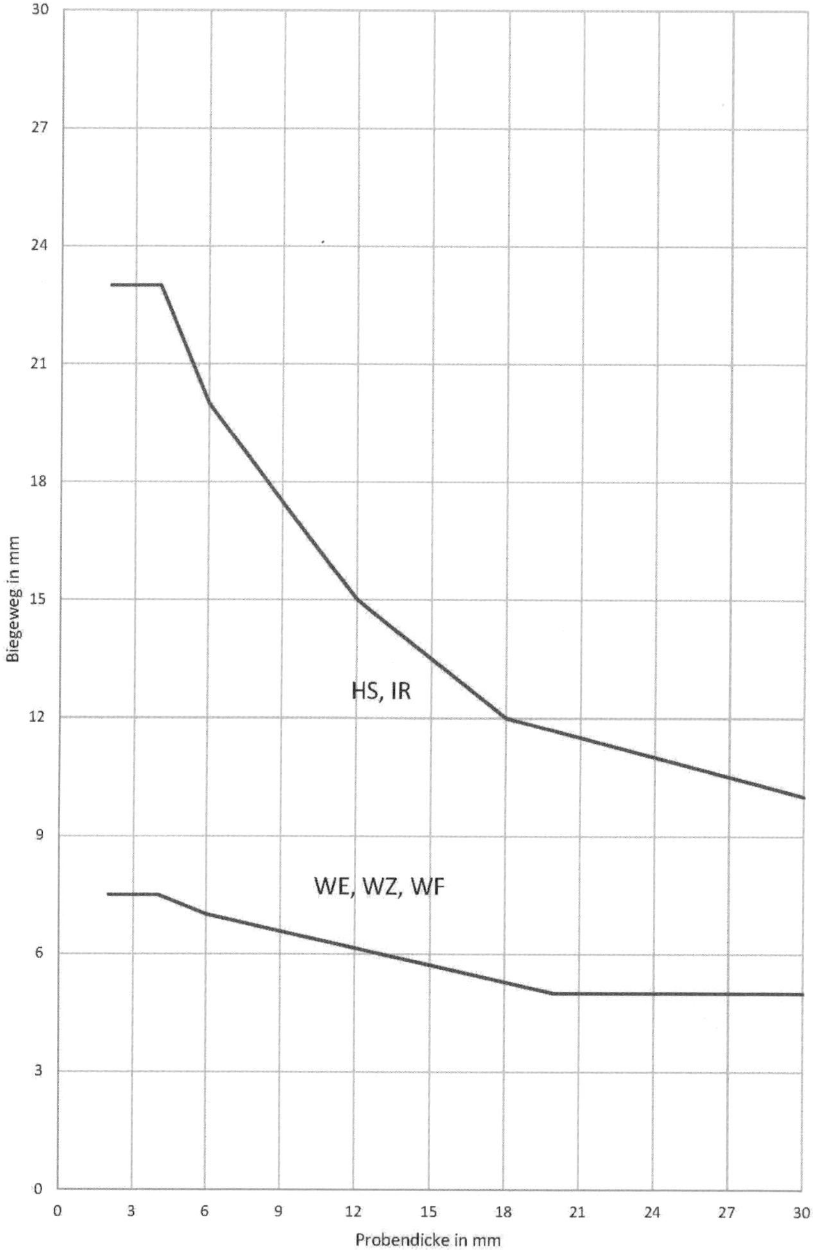

Bild 12: Mindestbiegeweg für PVC-U

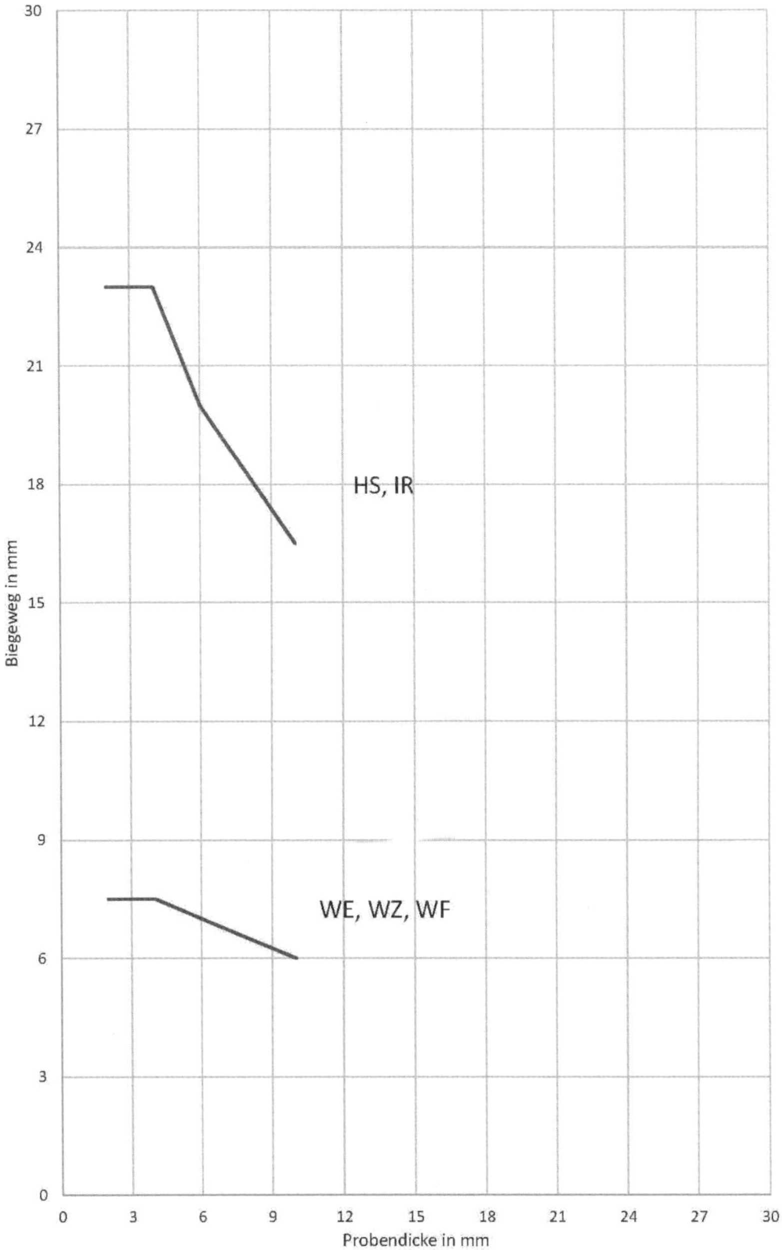

Bild 13: Mindestbiegeweg für PVC-C

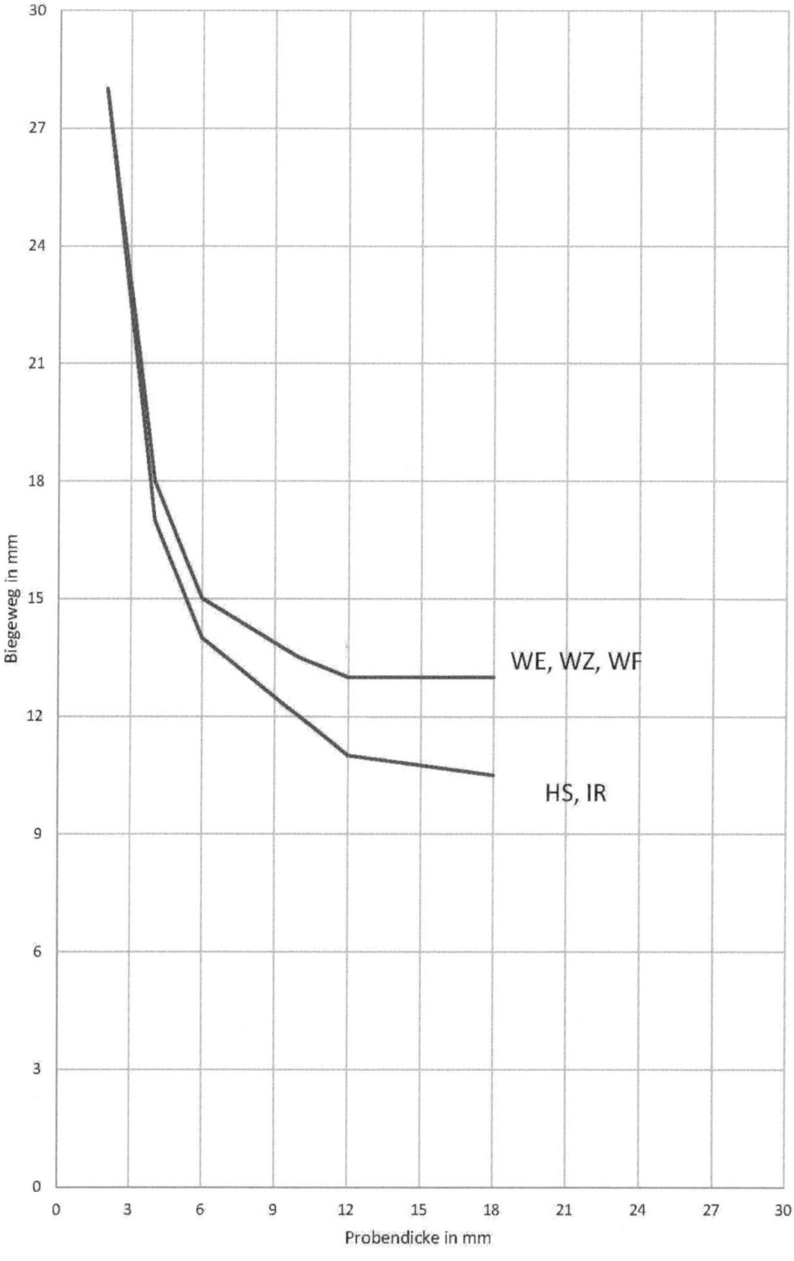

Bild 14: Mindestbiegeweg für PVDF

DVS VERBAND

Richtlinie
DVS 2203-1
Beiblatt 4

*Ersetzt Ausgabe
November 2008*

Richtlinie DVS 2203-1 Beiblatt 4

Prüfen von Schweißverbindungen an Tafeln und Rohren aus thermoplastischen Kunststoffen

Anforderungen an Scher- und Schälversuche für das Heizwendel (HM)- und Heizelementmuffen (HD)-Schweißen an Rohren und Formteilen

Ausschuss für Technik im DVS

Arbeitsgruppe W 4 „Fügen von Kunststoffen“

Untergruppe W 4.4 „Messen und Prüfen“

Bezug: DVS Media GmbH, Postfach 10 19 65, 40010 Düsseldorf, Telefon: (0211) 1591-0, Email: media@dvs-media.info

Inhalt:

1. Geltungsbereich

In diesem Beiblatt sind die Anforderungen an die fehlerfreien Anteile der Fügeflächen bei Scher- und Schälversuchen an heizwendel- und heizelementmuffengeschweißten Rohrverbindungen nach Richtlinie DVS 2203-6 festgelegt. Die Anforderungen können in Verbindung mit weiteren Prüfungen als Beurteilungskriterium für die Schweißverbindung herangezogen werden. Die Bewertung von Schweißverbindungen nach dieser Richtlinie darf nur von einem Sachkundigen mit der dafür notwendigen Erfahrung (z. B. Fachmann für Kunststoffschweißen nach Richtlinie DVS 2213) durchgeführt werden. Diese Richtlinie gilt für die Werkstoffe PE 80, PE 100 (inkl. PE 100-RC), PE-Xa, PE-Xc, PP-H, PP-B, PP-R, PA-U 12, PVDF und PB.

2. Anforderungen

2.1. Heizwendelschweißverbindungen (HM)

Für die Bewertung gelten folgende Vorgaben:

- Die Bewertung erfolgt sowohl für die Bruchfläche am Rohr als auch am Formstück.
- Die für die Bewertung maßgebliche Fügezonenlänge L ist die Strecke von kurz vor der ersten bis kurz nach der letzten Heizwendel.
- Bei Sattelbauteilen dürfen nur Probenkörper bewertet werden, die vollständig aus der Schweißzone entnommen wurden.
- Fehler in der Fügeebene, wie Lunker, Fremdeinschlüsse, verschobene Heizwendel sind nach Richtlinie DVS 2202 Beiblatt 2 zu erfassen und zu bewerten. Bei Schweißverbindungen mit Durchmessern D > 250 mm können physikalisch bedingt vermehrt Fehlstellen (Lunker bzw. Lufteinschlüsse) auftreten.

Anforderung für Heizwendelschweißverbindungen:

Der fehlerfreie Anteil der Fügezonenlänge L (L abzüglich der Summe der Fehlerlängen a_1, a_2...) darf bei keinem Probenkörper 2/3 unterschreiten (siehe **Bild 1**).

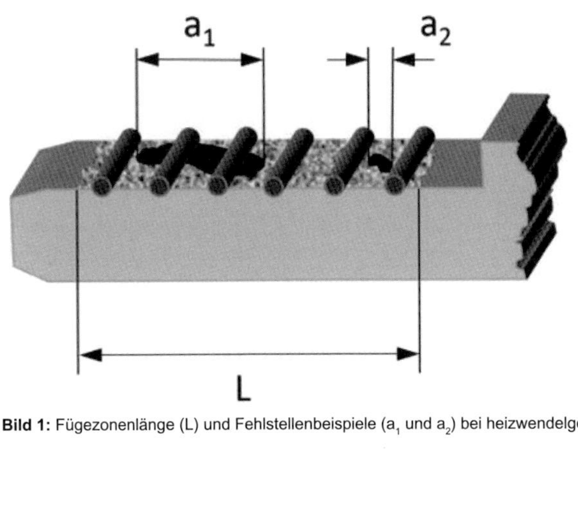

Bild 1: Fügezonenlänge (L) und Fehlstellenbeispiele (a_1 und a_2) bei heizwendelgeschweißten (HM) Probenkörpern

Bruchbilder an heizwendelgeschweißten Verbindungen:

Die **Tabelle 1** zeigt Beispiele von Bruchbildern an heizwendelgeschweißten Verbindungen. Duktile Bruchbilder entstehen durch einen zähen Bruch und weisen grundsätzlich auf eine gute Schweißung hin. Kennzeichnend ist die plastische Verformung in der Fügeebene, d. h. „teigförmig" verstrecktes Material bzw. Fadenbildung. Glatte Bruchbilder entstehen durch einen Sprödbruch und weisen auf eine ungenügende Schweißung hin. Kennzeichnend ist eine glatte, nicht verstreckte Oberfläche in der Fügeebene.

Tabelle 1: Beispiele von Bruchbildern heizwendelgeschweißter (HM) Verbindungen

Werkstoff	Duktiler Bruch (Zähbruch)	Glatter Bruch (Sprödbruch)
PE (PE 80 und PE 100)	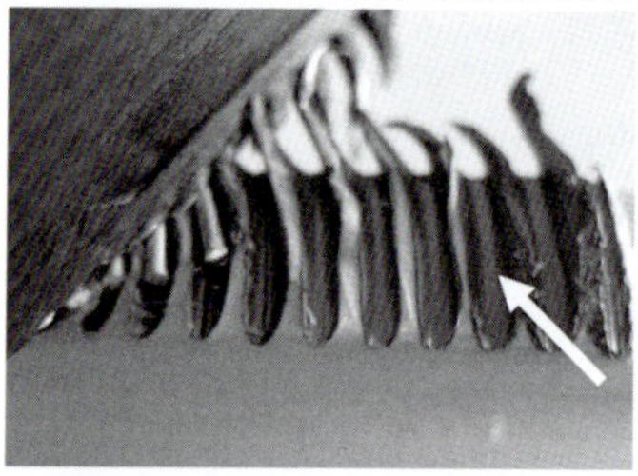	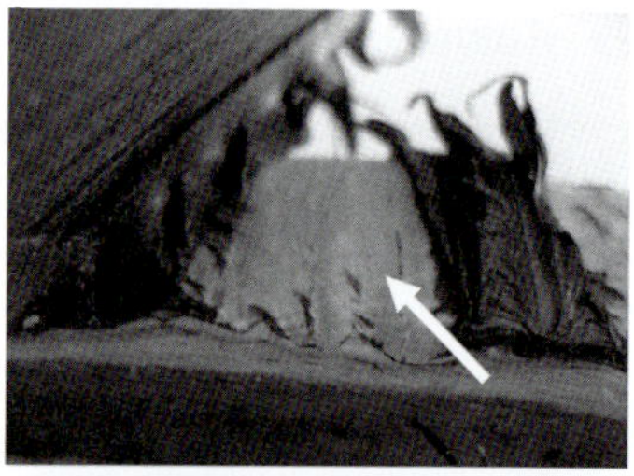
PE-Xa	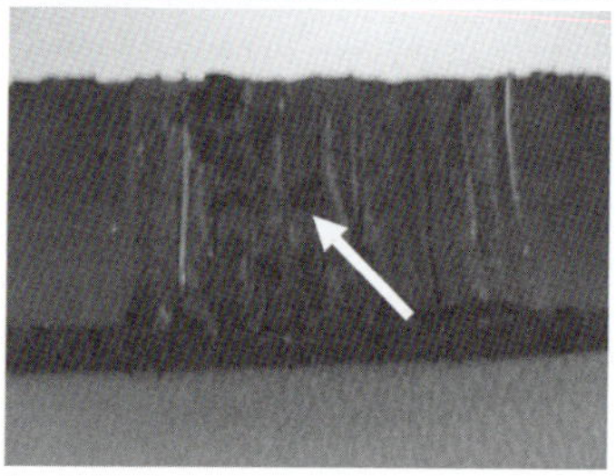	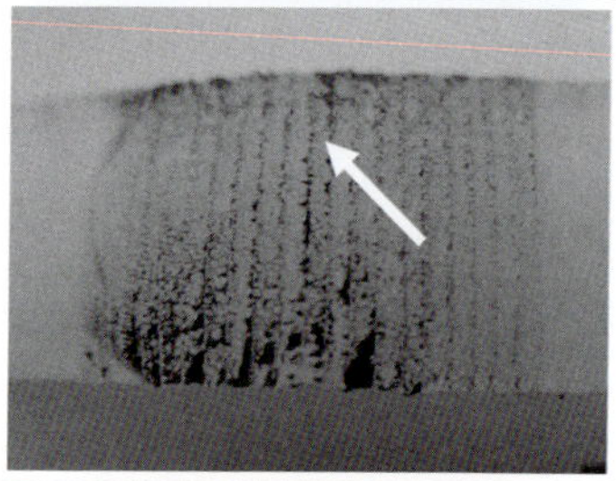
PA-U 12	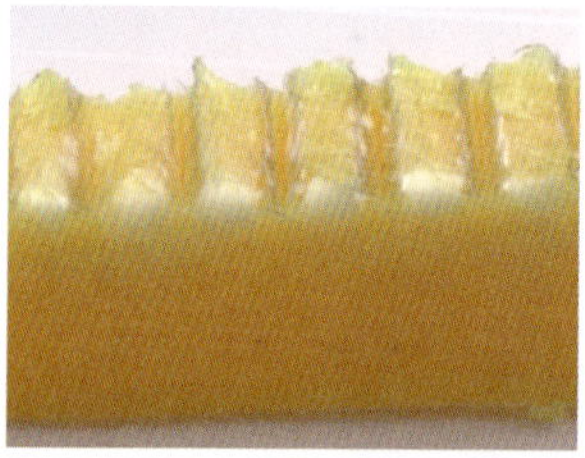	

2.2. Heizelementmuffenschweißverbindungen (HD)

Für die Bewertung gelten folgende Vorgaben:

- Grundsätzlich können nur Heizelementmuffenschweißverbindungen bewertet werden, die mit der erforderlichen Einstecktiefe nach Richtlinie DVS 2207-1 (PE), Richtlinie DVS 2207-11 (PP) und Richtlinie DVS 2207-15 (PVDF) geschweißt wurden.
- Die Bewertung erfolgt sowohl für die Bruchfläche am Rohr als auch am Formstück.
- Als Bewertungslänge (B) gilt die Einstecktiefe.
- Fehler, wie Lunker, Fremdeinschlüsse, sind entsprechend der Richtlinie DVS 2202 Beiblatt 3 zu erfassen und zu bewerten.

Anforderung für Heizelementmuffenschweißverbindungen:

Der fehlerfreie Anteil der Bewertungslänge (B abzüglich der Summe der Fehlerlängen a_1, a_2...) darf bei keinem Probenkörper 90 % unterschreiten (siehe **Bild 2**).

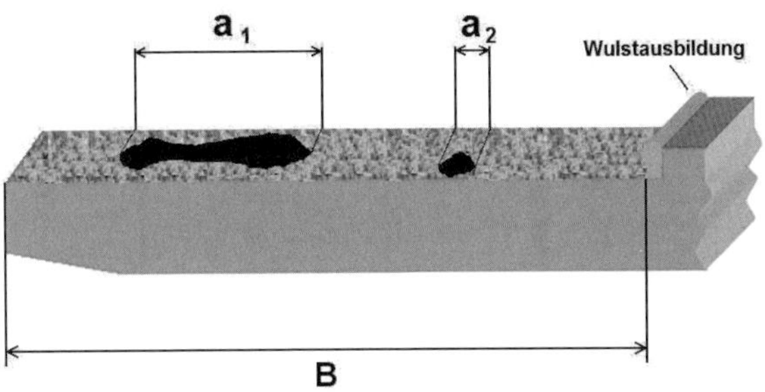

Bild 2: Bewertungslänge (B) und Fehlstellenbeispiele (a_1, a_2) bei heizelementmuffengeschweißten (HD) Probenkörpern

Bruchbilder an heizelementmuffengeschweißter Verbindungen:

Die **Tabelle 2** zeigt Beispiele von Bruchbildern an heizwendelgeschweißten Verbindungen. Duktile Bruchbilder entstehen durch einen zähen Bruch und weisen grundsätzlich auf eine gute Schweißung hin. Kennzeichnend ist die plastische Verformung in der Fügeebene, d. h. „teigförmig" verstrecktes Material bzw. Fadenbildung. Glatte Bruchbilder entstehen durch einen Sprödbruch und weisen auf eine ungenügende Schweißung hin. Kennzeichnend ist eine glatte, nicht verstreckte Oberfläche in der Fügeebene.

Tabelle 2: Beispiele von Bruchbildern heizelementmuffengeschweißter (HD) Verbindungen

Werkstoff	Duktiler Bruch (Zähbruch)	Glatter Bruch (Sprödbruch)
PE (PE 80 und PE 100)		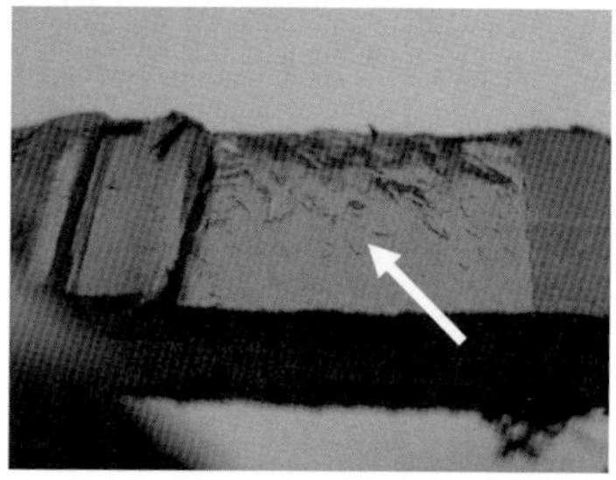
PP (PP-H, PP-B und PP-R)	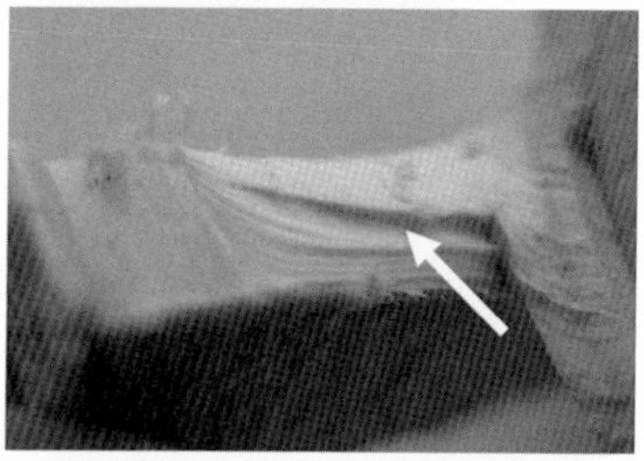	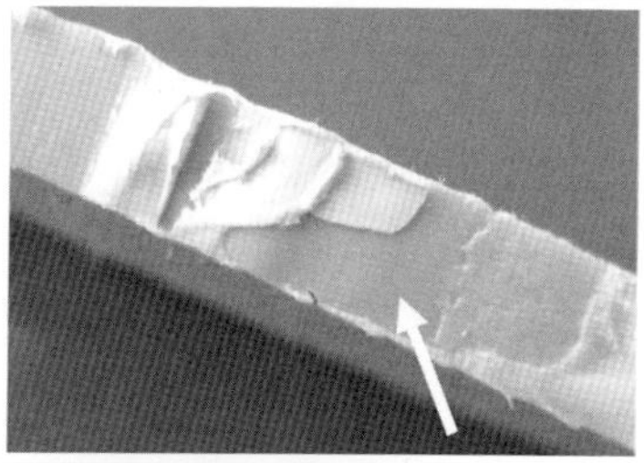
PVDF	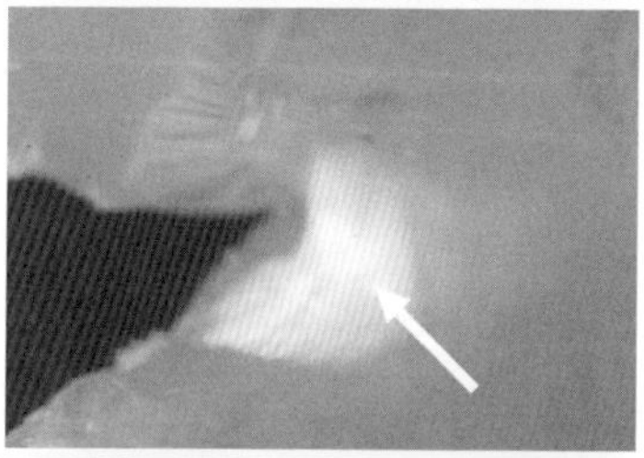	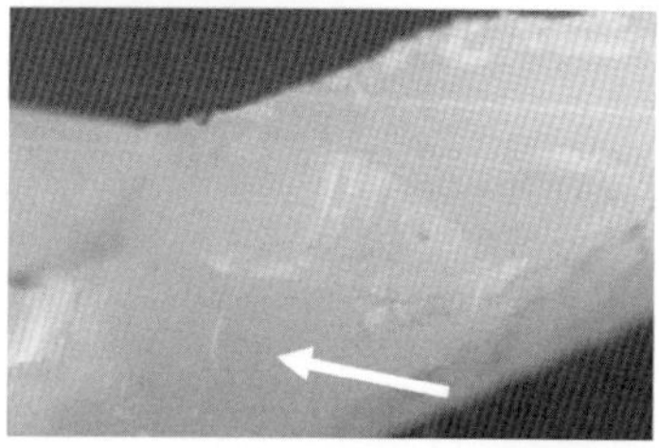
PB	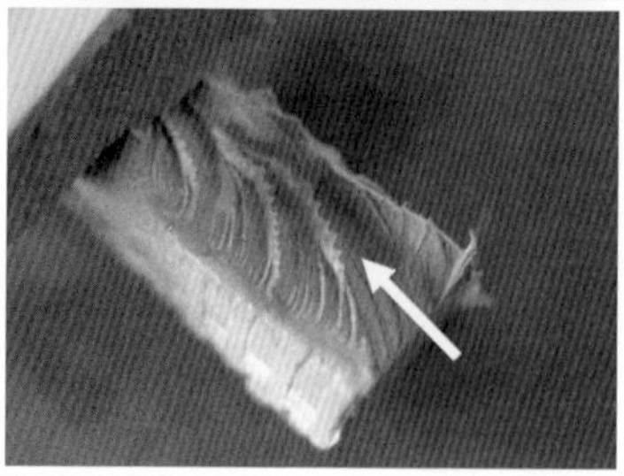	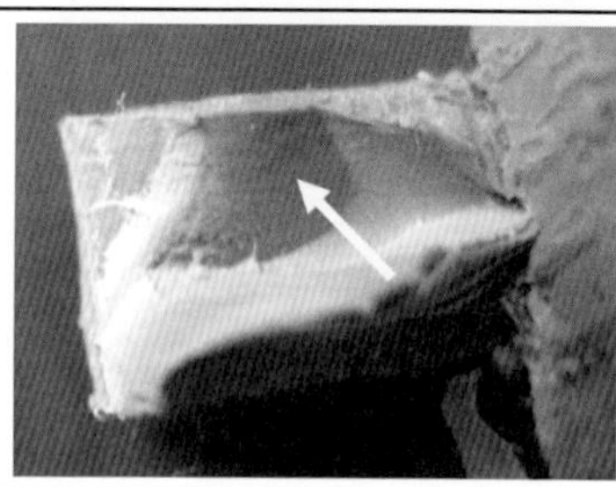

3. Hinweise

Gegebenenfalls sind Produktnormen und Herstellerangaben zu beachten.

4. Schrifttum

DVS-Richtlinien

Richtlinie DVS 2202 Beiblatt 2	Bewertung von Fügeverbindungen aus thermoplastischen Kunststoffen an Rohrleitungsteilen und Tafeln – Heizwendelschweißen (HM)
Richtlinie DVS 2202 Beiblatt 3	Bewertung von Fügeverbindungen aus thermoplastischen Kunststoffen an Rohrleitungsteilen und Tafeln – Heizelementmuffenschweißen (HD)
Richtlinie DVS 2203-6	Prüfen von Fügeverbindungen aus polymeren Werkstoffen – Scher- und Schälversuche
Richtlinie DVS 2207-1	Schweißen von thermoplastischen Kunststoffen – Heizelementschweißen von Rohren, Rohrleitungsteilen und Tafeln aus PE
Richtlinie DVS 2207-11	Schweißen von thermoplastischen Kunststoffen Heizelementschweißen von Rohren, Rohrleitungsteilen und Tafeln aus PP
Richtlinie DVS 2207-15	Schweißen von thermoplastischen Kunststoffen - Heizelementschweißen von Rohren, Rohrleitungsteilen und Tafeln aus PVDF
Richtlinie DVS 2213	Fachmann für Kunststoffschweißen

August 2010

DVS – DEUTSCHER VERBAND FÜR SCHWEISSEN UND VERWANDTE VERFAHREN E.V.	**Prüfen von Schweißverbindungen an Tafeln und Rohren aus thermoplastischen Kunststoffen –** Zugversuch	DVS **Richtlinie DVS 2203-2**

Ersetzt Ausgabe Juli 1985

Inhalt:

1 Geltungsbereich

Zur Beurteilung der Schweißausführung kann der Zugversuch in Verbindung mit anderen Prüfungen herangezogen werden.

Der Kurzzeit-Schweißfaktor und das Bruchbild geben einen Anhalt für die Verformbarkeit der Verbindung und damit für die Qualität der Ausführung. Die Ergebnisse sind nicht auf das Zeitstand-Verhalten der Schweißkonstruktion bei Zugbeanspruchung übertragbar.

2 Entnahme und Anzahl der Probekörper, Art und Aufbau

Der Zugversuch wird in Anlehnung an DIN EN ISO 527 durchgeführt. Schweißverbindungen werden entsprechend der tatsächlichen Ausführung geprüft, das heißt mit oder ohne Schweißwulst.

Die Probekörper dürfen erst acht Stunden nach dem Schweißen entnommen werden. Jeder Probekörper ist so zu kennzeichnen, dass seine ursprüngliche Lage im Prüfstück nachvollziehbar ist.

Die Proben dürfen weder wärmebehandelt noch mechanisch beansprucht werden.

Es werden mindestens sechs geschweißte Probekörper und sechs ungeschweißte Bezugsprobekörper geprüft, die möglichst gleichmäßig über den Umfang bzw. die Länge verteilt entnommen wurden. Bei Rohren mit einem Durchmesser ≤ 63 mm kann die Anzahl der Probekörper auf vier reduziert werden.

Falls die Probekörper nach Bild 1 innerhalb des Einspannbereichs reißen bzw. verstrecken, sind Probekörper der Form 2 nach Bild 2 bzw. Form 3 nach Bild 3 zu verwenden. Die Abmessungen für die Probekörper sind Tabelle 1 bzw. Tabelle 2 zu entnehmen.

3 Form und Herstellung der Probekörper

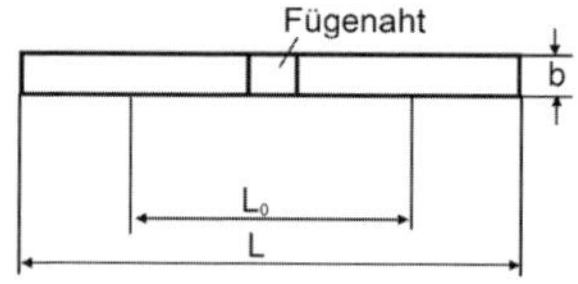

Bild 1. Probekörper, Form 1.

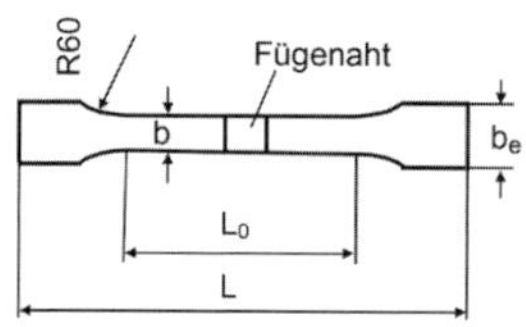

Bild 2. Probekörper, Form 2.

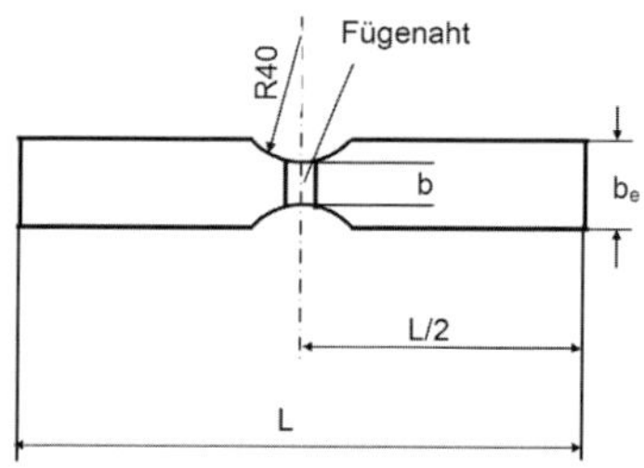

Bild 3. Probekörper, Form 3.

Tabelle 1. Abmessungen der Probekörper Form 1 und Form 2 aus Tafeln.

Dicke s (Nennmaß) mm	Probekörper Form 1 und 2			Probekörper Form 2
	b mm	L_0 mm	L mm	b_e mm
≤ 10	15	120	≥ 170	20
10 < s ≤ 20	30	120	≥ 300	40
> 20	1,5 · s	200	≥ 400	80

DVS, Ausschuss für Technik, Arbeitsgruppe „Fügen von Kunststoffen“

Bezug: DVS Media GmbH, Postfach 10 19 65, 40010 Düsseldorf, Telefon (02 11) 15 91-0, Telefax (02 11) 1591-150

Tabelle 2. Abmessungen der Probekörper Form 1 und Form 2 aus Rohren.

Durchmesser d (Nennmaß) mm	Dicke s (Nennmaß) mm	Probekörper Form 1 und 2			Probekörper Form 2
		b mm	L_0 mm	L mm	b_e mm
20 ≤ d < 50		s + d/10	80	≥ 120	b + 10 (mindestens aber b + 5)
50 ≤ d < 100			120	≥ 170	
≥ 100	≤ 10	15	120	≥ 170	20
	10 < s ≤ 20	30	120	≥ 300	40
	> 20	1,5 · s	200	≥ 400	80

Tabelle 3. Abmessungen der Probekörper Form 3 aus Tafeln.

Dicke s (Nennmaß) mm	L mm	b_e mm	$b = b_e/2$ mm
≤ 10	160	14	7
10 < s ≤ 20	180	18	9
> 20	180	28	14

Tabelle 4. Abmessungen der Probekörper Form 3 aus Rohren.

Durchmesser d (Nennmaß) mm	L mm	b_e mm	$b = b_e/2$ mm
20	160	10	5
25–63	160	12	6
75–110	160	14	7
125–160	180	16	8
200	180	18	9
225–250	180	20	10
280–315	180	22	11
355	180	24	12
400	180	26	13
450	180	28	14

Alle Oberflächen der Probekörper müssen frei von sichtbaren Mängeln, Kratzern oder anderen Fehlern sein. Eine Erwärmung durch die Bearbeitung ist gering zu halten. Vor dem Versuch ist das Aussehen der Probekörper und insbesondere die Schweißausführung visuell zu erfassen und zu dokumentieren.

Hinweis: Um ein Bruchversagen in der Schweißnaht und damit eine bessere Differenzierung zur Beurteilung der Schweißnahtgüte zu erzielen, kann die Probe in der Fügenaht durch eine zentrale Lochkerbe von zum Beispiel 3 mm Durchmesser, aber maximal 1/3 der Probenbreite, geschwächt werden. Dieser Sonderversuch ist besonders dann empfehlenswert, wenn beim Regelversuch kein Bruch im Bereich der Fügenaht erzielt wird. Zur Beurteilung sind die Versuche mit Lochkerbe auch mit entsprechenden Bezugsproben durchzuführen.

4 Durchführung

Die Prüfung wird, falls nichts anderes vereinbart oder in den technischen Lieferbedingungen für das zu prüfende Erzeugnis angegeben ist, im Normalklima nach ISO 554-23/50 (normale Toleranzen) durchgeführt.

Die Prüfgeschwindigkeiten sind für ausgewählte Werkstoffe in Tabelle 5 aufgeführt. Für andere Werkstoffe wird die Geschwindigkeit, ggf. in einem Vorversuch, so ermittelt, dass die Streckgrenze der ungeschweißten Probe in etwa einer Minute erreicht und dann die nächstliegende Normgeschwindigkeit gemäß DIN EN ISO 527-1 ausgewählt wird.

Tabelle 5. Prüfgeschwindigkeiten für einige Kunststoffe.

Werkstoff	Prüfgeschwindigkeit mm/min
PE	50 ± 10%
PP-R	
PA 12	
PP-H	20 ± 10%
PP-B	
PVDF	
PE elektrisch leitfähig	
E-CTFE	
PVC-U	10 ± 20%
PVC-C	

Die Kraft im Augenblick des Reißens ist zu erfassen. Erfolgt eine Verstreckung der Probe, so ist die Kraft bei Streckspannung zu erfassen.

5 Auswertung

Aus den arithmetischen Mittelwerten der Bruchspannung der geschweißten Probekörper (σ_W) und der Bezugsprobekörper (σ_r) wird der Kurzzeitzug-Schweißfaktor $f_z = \sigma_W/\sigma_r$ bestimmt. Werden die Probekörper vor dem Reißen gestreckt, so ist als Bezugsgröße die Streckspannung einzusetzen. Die Anforderungswerte für die Kurzzeitzug-Schweißfaktoren sind in DVS 2203-1, Beiblatt 1, enthalten.

Einspannbrüche bleiben bei der Versuchsauswertung unberücksichtigt, dafür müssen Ersatzprobekörper geprüft werden.

Die Bruchart und das Bruchbild sind visuell zu erfassen und zu dokumentieren.

6 Prüfbericht

Im Prüfbericht sind unter Hinweis auf diese Richtlinie anzugeben:

- Art, Lieferform und Bezeichnung des Erzeugnisses,
- Herstellungsdatum und -verfahren der Probekörper,
- Aussehen der Probekörper vor dem Versuch,
- visuelle Beurteilung der Schweißausführung,
- Lochkerbe, falls vorhanden,
- Lage der Probekörper im Erzeugnis,
- Form der Probekörper,
- Dicke der Probekörper in mm,
- Breite der Probekörper in mm,
- Anzahl der Probekörper,
- Prüfklima, sofern von dieser Richtlinie abweichend,
- Prüfgeschwindigkeit,
- Kurzzeitzug-Schweißfaktor f_z (aus den arithmetischen Mittelwerten),

- visuelle Beurteilung des Bruchbildes und der Bruchart,
- Prüfdatum, Prüfstelle, Name des Prüfers.

7 Schrifttum

ISO 554 Normalklimate für die Konditionierung und/oder Prüfung; Anforderungen

DIN EN ISO 527-1 Kunststoffe – Bestimmung der Zugeigenschaften – Teil 1: Allgemeine Grundsätze

DIN EN ISO 527-2 Kunststoffe – Bestimmung der Zugeigenschaften – Teil 2: Prüfbedingungen für Form- und Extrusionsmassen

DVS 2203-1 Beiblatt 1 Prüfen von Schweißverbindungen an Tafeln und Rohren aus thermoplastischen Kunststoffen – Anforderungen im Zugversuch – Kurzzeitzug-Schweißfaktor f_z

DVS – DEUTSCHER VERBAND FÜR SCHWEISSEN UND VERWANDTE VERFAHREN E.V.	Prüfen von Schweißverbindungen an Tafeln und Rohren aus thermoplastischen Kunststoffen – Tieftemperatur-Zugversuch	DVS Richtlinie DVS 2203-2 Beiblatt 1

Inhalt:

1 Geltungsbereich

Zur Beurteilung der Schweißausführung kann der Tieftemperatur-Zugversuch in Verbindung mit anderen Prüfungen herangezogen werden. Dies gilt insbesondere bei Werkstoffen, bei denen der Zugversuch bei Raumtemperatur keine Differenzierung erlaubt.

Der Tieftemperaturkurzzeitzug-Schweißfaktor f_{zT} und das Bruchbild geben einen Anhalt für die Verformbarkeit der Verbindung und damit für die Qualität der Ausführung. Die Ergebnisse sind nicht auf das Zeitstandverhalten der Schweißkonstruktion bei Zugbeanspruchung übertragbar.

2 Entnahme und Anzahl der Probekörper, Art und Aufbau

Der Zugversuch wird in Anlehnung an DIN EN ISO 527 durchgeführt. Schweißverbindungen werden entsprechend der tatsächlichen Ausführung geprüft, das heißt mit oder ohne Schweißwulst.

Die Probekörper dürfen erst acht Stunden nach dem Schweißen entnommen werden. Jeder Probekörper ist so zu kennzeichnen, dass seine ursprüngliche Lage im Prüfstück nachvollziehbar ist.

Die Proben dürfen weder wärmebehandelt noch mechanisch beansprucht werden.

Es werden mindestens sechs geschweißte Probekörper und sechs ungeschweißte Bezugsprobekörper geprüft, die möglichst gleichmäßig über den Umfang bzw. die Länge verteilt entnommen wurden. Bei Rohren mit einem Durchmesser von ≤ 63 mm kann die Anzahl der Probekörper auf vier reduziert werden.

Die Abmessungen des Probekörpers können Tabelle 1 entnommen werden.

3 Form und Herstellung der Probekörper

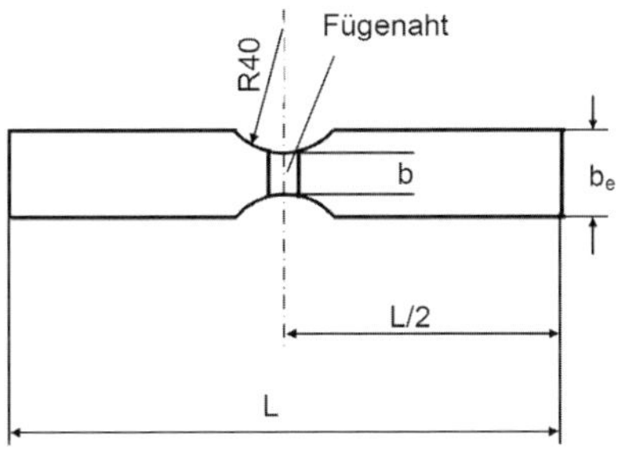

Bild 1. Probekörperform.

Tabelle 1. Abmessungen der Probekörper aus Tafeln.

Dicke s (Nennmaß) mm	L mm	b_e mm	$b = b_e/2$ mm
≤ 10	160	14	7
10 < s ≤ 20	180	18	9
> 20	180	28	14

Tabelle 2. Abmessungen der Probekörper aus Rohren.

Durchmesser d (Nennmaß) mm	L mm	b_e mm	$b = b_e/2$ mm
25–63	160	12	6
75–110	160	14	7
125–160	180	16	8
200	180	18	9
225–250	180	20	10
280–315	180	22	11
355	180	24	12
400	180	26	13
450	180	28	14

Alle Oberflächen der Probekörper müssen frei von sichtbaren Mängeln, Kratzern oder anderen Fehlern sein. Eine Erwärmung durch die Bearbeitung ist gering zu halten. Vor dem Versuch ist das Aussehen der Probekörper und insbesondere die Schweißausführung visuell zu erfassen.

DVS, Ausschuss für Technik, Arbeitsgruppe „Fügen von Kunststoffen“

Bezug: DVS Media GmbH, Postfach 10 19 65, 40010 Düsseldorf, Telefon (02 11) 15 91-0, Telefax (02 11) 1591-150

4 Durchführung

Die Prüfgeschwindigkeiten und Prüftemperaturen sind für ausgewählte Werkstoffe in Tabelle 3 aufgeführt. Für andere Werkstoffe sind die Temperaturen so zu wählen, dass ein Sprödbruch auftritt. Dazu ist es notwendig, dass die jeweilige Prüftemperatur deutlich unter der Glasübergangstemperatur des jeweiligen Werkstoffs liegt.

Es muss sichergestellt sein, dass der gesamte Probekörper vor der Prüfung die Prüftemperatur angenommen hat.

Tabelle 3. Prüfgeschwindigkeiten und Prüftemperaturen für einige Kunststoffe.

Werkstoff	Prüfgeschwindigkeit mm/min	Prüftemperaturbereich* °C
PVDF	50 ± 10%	-40 bis -50
PP-H	50 ± 10%	-40 bis -50
PP-R	100 ± 10%	-40 bis -50
PE 80, PE 100	200 ± 10%	-80 bis -90
PA12	200 ± 10%	-80 bis -90

* jeweils ±2 °C

Die Kraft im Augenblick des Bruchs ist zu erfassen.

5 Auswertung

Aus den arithmetischen Mittelwerten der Bruchspannung der geschweißten Probekörper (σ_{wT}) und der Bezugsprobekörper (σ_{rT}) wird der Tieftemperaturkurzzeitzug-Schweißfaktor bestimmt:

$f_{zT} = \sigma_{wT}/\sigma_{rT}$

Tritt ein Verstrecken des Probekörpers auf, darf das Ergebnis nicht gewertet werden, und die Prüfparameter sind in Hinblick auf einen zu erzielenden Sprödbruch anzupassen.

Die Bruchart und das Bruchbild sind visuell zu erfassen und zu dokumentieren.

6 Prüfbericht

Im Prüfbericht ist unter Hinweis auf diese Richtlinie Folgendes anzugeben:

- Art, Lieferform und Bezeichnung des Erzeugnisses,
- Herstellungsdatum und -verfahren der Probekörper,
- Aussehen der Probekörper vor dem Versuch,
- visuelle Beurteilung der Schweißausführung,
- Lage der Probekörper im Erzeugnis,
- Form der Probekörper,
- Dicke der Probekörper in mm,
- Breite der Probekörper in mm,
- Anzahl der Probekörper,
- Prüftemperatur,
- Prüfgeschwindigkeit,
- Tieftemperaturkurzzeitzug-Schweißfaktor f_{zT} (arithmetische Mittelwerte),
- Visuelle Beurteilung des Bruchbilds und der Bruchart,
- Prüfdatum, Prüfstelle, Name des Prüfers.

7 Schrifttum

DIN EN ISO 527-1 Kunststoffe – Bestimmung der Zugeigenschaften – Teil 1: Allgemeine Grundsätze

DIN EN ISO 527-2 Kunststoffe – Bestimmung der Zugeigenschaften – Teil 2: Prüfbedingungen für Form- und Extrusionsmassen

April 2011

DVS – DEUTSCHER VERBAND FÜR SCHWEISSEN UND VERWANDTE VERFAHREN E.V.

Prüfen von Schweißverbindungen an Tafeln und Rohren aus thermoplastischen Kunststoffen – Schlagzugversuch

DVS
Richtlinie
DVS 2203-3

Ersetzt Ausgabe Juli 1985

Inhalt:

1 Geltungsbereich

Zur Beurteilung der Schweißausführung kann der Schlagzugversuch in Verbindung mit anderen Prüfungen herangezogen werden. Der Kurzzeit-Schweißfaktor und das Bruchbild geben einen Anhalt für die Verformbarkeit der Verbindung und damit für die Qualität der Ausführung. Die Ergebnisse können nicht ohne weiteres auf beliebige Schweißkonstruktionen übertragen werden, da die Werte von der Gestalt der Formteile und deren Herstellbedingungen abhängig sind.

2 Art und Aufbau

Der Schlagzugversuch erfolgt in Anlehnung an DIN EN ISO 8256. Er ist vorwiegend bei Proben < 4 mm Dicke anzuwenden. Schweißverbindungen werden entsprechend der tatsächlichen Ausführung geprüft, das heißt mit oder ohne Schweißwulst. Es werden mindestens je 10 geschweißte Proben und Bezugsproben geprüft. Form und Abmessungen der Probekörper sind in DIN EN ISO 8256 beschrieben.

Vor dem Versuch ist das Aussehen der Probekörper und insbesondere die Schweißausführung visuell zu erfassen und zu dokumentieren.

Um ein Bruchversagen in der Schweißnaht und damit eine bessere Differenzierung zur Beurteilung der Schweißnahtgüte zu erzielen, kann die Probe in der Fügenaht durch eine zentrale Lochkerbe von zum Beispiel 3 mm Durchmesser geschwächt werden. Zur Beurteilung sind die Versuche mit Lochkerbe auch mit den entsprechenden Bezugsproben durchzuführen. Dieser Sonderversuch ist besonders dann empfehlenswert, wenn beim Regelversuch kein Bruch im Bereich der Fügenaht erzielt wird.

3 Kurzbeschreibung

Der Versuch erfolgt durch eine einmalige schlagartige Belastung des Probekörpers im Tiefpunkt der Pendelbewegung der Schlagzugmaschine. Der Probekörper befindet sich zum Zeitpunkt des Bruches in horizontaler Lage.

4 Durchführung

Die Prüfung wird, falls nicht anders vereinbart oder in den Technischen Lieferbedingungen für das zu prüfende Erzeugnis angegeben ist, im Normalklima nach ISO 554-23/50 (normale Toleranzen) durchgeführt.

Die Probekörper werden auf einem Pendelschlagwerk der Klasse 1 nach DIN 51222 geprüft, das zusätzlich mit einer Einrichtung für das Durchführen von Schlagzugversuchen ausgerüstet ist. Die Durchführung des Schlagzugversuchs erfolgt gemäß DIN EN ISO 8256. Welches der Pendelschlagwerke und welcher Pendelhammer anzuwenden sind, richtet sich nach der Art des zu prüfenden Erzeugnisses und nach der Dicke des Probekörpers. Die Versuchsbedingungen sind stets so zu wählen, dass die korrigierte Schlagarbeit mindestens 20%, höchstens 80% der größten Schlagarbeit des Pendelhammers beträgt. Wenn mehr als ein Pendel diese Anforderungen erfüllt, muss das Pendel mit dem höheren Arbeitsvermögen Anwendung finden.

5 Auswertung

Aus den Mittelwerten der verbrauchten Schlagarbeiten der gefügten Proben W_{SV} und der Bezugsproben W_{SB} werden über die Schleuderarbeit-Korrekturkurven nach DIN EN ISO 8256 für den jeweiligen Pendelhammer die korrigierten Schlagarbeiten W_{ZV} und W_{ZB} ermittelt. Der Kurzzeit-Schweißfaktor wird dann wie folgt berechnet:

$$f_{SZ} = W_{ZV}/W_{ZB}$$

Bei in der Dicke und Breite unterschiedlichen Probekörpern ist die Schlagarbeit auf das Produkt b x h (b Probenbreite, h Probendicke) in der Probenmitte beziehungsweise unmittelbar neben der Verbindung zu beziehen. Der Kurzzeit-Schweißfaktor errechnet sich dann nach der Formel:

$$f_{SZ} = \frac{W_{ZV}}{b_V \cdot h_V} \cdot \frac{b_B \cdot h_B}{W_{ZB}} = \frac{W_{ZV}}{W_{ZB}} \cdot \frac{b_B}{b_V} \cdot \frac{h_B}{h_V}$$

Neben der Schlagarbeit empfiehlt es sich, auch die bleibende Bruchdehnung zu ermitteln. Die Größe der bleibenden Bruchdehnung gibt ebenfalls ein gutes Beurteilungskriterium für die Güte der Verbindung. Die bleibende Bruchdehnung ε_{bl} wird aus

$$\varepsilon_{bl} = \frac{l_{bl} - l_0}{l_0} \cdot 100$$

l_0 ursprüngliche Messlänge

l_{bl} Messlänge des nach der Prüfung zusammengeführten Probekörpers

ermittelt und in Prozent angegeben.

Das Aussehen der Probekörper nach dem Versuch ist zu erfassen und insbesondere die Bruchart und das Bruchbild zu beurteilen.

DVS, Ausschuss für Technik, Arbeitsgruppe „Fügen von Kunststoffen“

Bezug: DVS Media GmbH, Postfach 10 19 65, 40010 Düsseldorf, Telefon (02 11) 15 91-0, Telefax (02 11) 1591-150

6 Prüfbericht

Im Prüfbericht sind unter Hinweis auf diese Richtlinie anzugeben:

- Art, Lieferform und Bezeichnung des Erzeugnisses,
- Herstelldatum und -verfahren der Probekörper,
- Aussehen der Probekörper vor dem Versuch,
- visuelle Beurteilung der Schweißausführung,
- Lochkerbendurchmesser, falls vorhanden,
- Lage der Probekörper im Erzeugnis,
- Dicke der Probekörper in mm,
- Breite der Probekörper in mm,
- Anzahl der Probekörper,
- Vorbehandlung der Probekörper,
- verwendeter Pendelhammer sowie Masse des verwendeten Querjoches in g,
- Prüfklima, sofern von dieser Richtlinie abweichend,
- korrigierte Schlagarbeiten der gefügten Proben W_{ZV} und der Bezugsproben W_{ZB} in mJ/mm² oder kJ/m² auf drei wertanzeigende Ziffern gerundet,
- Kurzzeit-Schweißfaktor f_{SZ},
- bleibende Bruchdehnung der gefügten Proben $\varepsilon_{bl\,V}$ und der Bezugsproben $\varepsilon_{bl\,B}$ in % auf ± 5%,
- Aussehen der Probekörper nach dem Versuch,
- visuelle Beurteilung des Bruchbildes,
- Prüfdatum.

7 Schrifttum

DIN EN ISO 8256	Kunststoffe – Bestimmung der Schlagzugzähigkeit
DIN EN ISO 13802	Kunststoffe – Verifizierung von Pendelschlagwerken – Charpy-, Izod- und Schlagzugversuch
ISO 554	Normalklimate für die Konditionierung und/oder Prüfung; Anforderungen
DIN 51222	Prüfung metallischer Werkstoffe – Kerbschlagbiegeversuch – Besondere Anforderungen an Pendelschlagwerke mit einem Nennarbeitsvermögen <= 50 J und deren Prüfung

DVS VERBAND

Richtlinie
DVS 2203-4

Ersetzt Ausgabe
Juli 1997

Richtlinie DVS 2203-4

Prüfen von Schweißverbindungen an Tafeln und Rohren aus thermoplastischen Kunststoffen – Zeitstand-Zugversuch

Ausschuss für Technik im DVS

Arbeitsgruppe W 4 „Fügen von Kunststoffen"

Untergruppe W 4.3b „Konstruktive Gestaltung - Apparatebau"

Bezug: DVS Media GmbH, Postfach 10 19 65, 40010 Düsseldorf, Telefon (0211) 1591-0, Telefax (0211) 1591-150

Inhalt:

1. Geltungsbereich

Zur Beurteilung der Qualität von Schweißverbindungen in Thermoplastkonstruktionen - insbesondere von deren Langzeit-Tragverhalten - hat sich der Zeitstand-Zugversuch in Verbindung mit weiteren Prüfungen bewährt. Umfangreiche Prüferfahrungen liegen für diese Versuchsart bei den Polyolefinwerkstoffen PE und PP (Polyethylen und Polypropylen) vor. Erfahrungen mit dieser Versuchsart liegen auch für PVC/U (Polyvinylchlorid weichmacherfrei) und PVDF (Polyvinylidenfluorid) vor.

Zeitstand-Zugversuche werden bei Tafel-, Rohr- und Profilhalbzeugen angewendet. Für den Anwendungsbereich „Dichtungsbahnen im Erd- und Wasserbau“ gilt Richtlinie DVS 2226-4.

Die Zeitstandzug-Schweißfaktoren sowie das Bruchbild geben eine Aussage über die Qualität der Schweißausführung. Die Ergebnisse können für die Bemessung von Schweißkonstruktionen bei statischer Beanspruchung herangezogen werden.

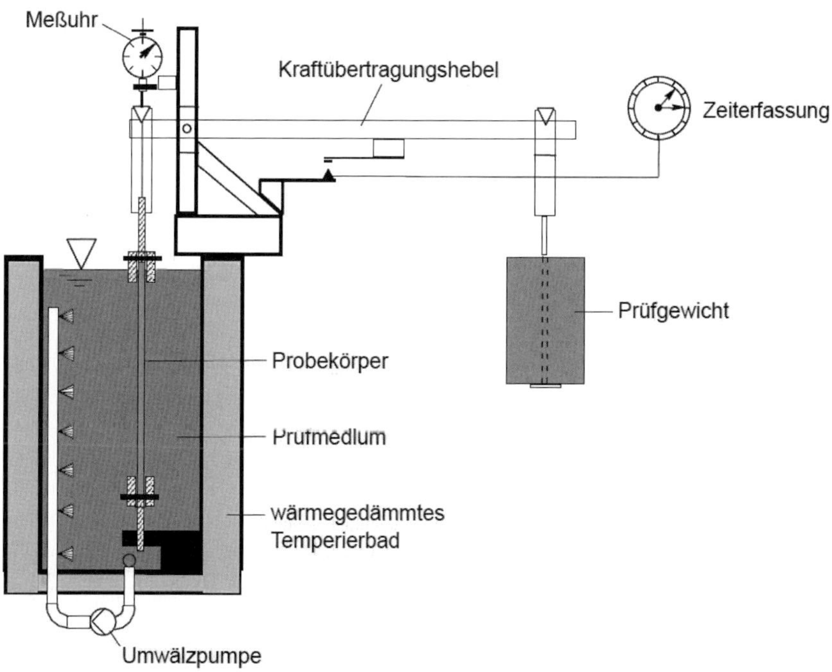

Bild 1: Prüfeinrichtung für den Zeitstand-Zugversuch

2. Versuchsart und -aufbau

Der Zeitstand-Zugversuch wird in Anlehnung an DIN EN ISO 899-1 durchgeführt. Dazu ist eine Prüfeinrichtung erforderlich, die die Proben bei konstanter Temperatur, unter gleichbleibender ruhender Zugkraft sowie konstanten Umgebungsbedingungen (Temperierbad) beansprucht. Eine schematische Darstellung der Prüfeinrichtung zeigt **Bild 1**. Die Prüfeinrichtung muss eine konstante Krafteinleitung und Prüftemperatur gewährleisten. Je nach Prüfmedium ist eine Umwälzung des Prüfbades erforderlich. Zur Erfassung der Standzeit der einzelnen Probekörper und, falls erforderlich, der Probenverlängerung (Dehnung) sind geeignete Vorrichtungen an der Prüfanlage vorzusehen.

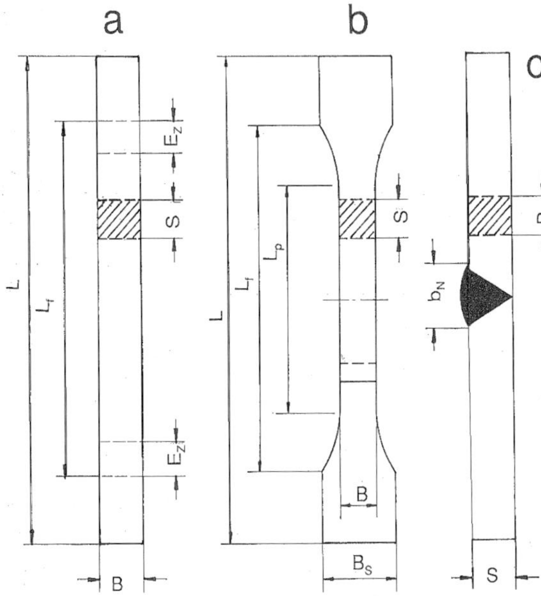

a = Form 1
b = Form 2
c = Form 1 oder Form 2 mit Schweißverbindungim Stumpfstoß (z. B. V-Naht)
L = Probekörperlänge
L_f = Freie Länge = Klemmenabstand
L_p = Parallellänge ≥ 60 mm + b_N, jedoch mindestens 3 x B + b_N
B = Probenbreite in der Messlänge
B_s = Schulterbreite ≥ B + 10 mm
S = Probendicke
b_N = Nahtbreit
E_z = Einflusszone der Einspannung

Bild 2: Probekörperformen nach Richtlinie DVS 2203-2

3. Form und Anzahl der Probekörper

Für die Formen und Abmessungen der Probekörper gelten die Angaben der Richtlinie DVS 2203-2: dort die Form 1 und 2 in Verbindung mit Tabelle 1[1]. Um Brüche im Einspannbereich zu vermeiden, wird die Form 2[1] empfohlen. Bei geschweißten Proben kann die einfachere Form 1 ausreichend sein. Bei Verwendung beider Probenformen in einer Prüfserie muss der Probenquerschnitt im Bereich der Messlänge gleich sein.

Die Schweißverbindungen werden entsprechend der tatsächlichen Ausführung geprüft, das heißt mit oder ohne Schweißwulst. Die Verbindungsstelle liegt in der Mitte des Probekörpers (**Bild 2**). Vor dem Versuch ist das Aussehen der Proben und insbesondere die Schweißausführung visuell zu erfassen. Die Probekörper sind „kerbfrei" herzustellen und gegebenenfalls die Schnittfläche durch Schleifen in Längsrichtung nachzuarbeiten. Geeignete Herstellungsmethoden sind zum Beispiel Sägen (Kreissäge mit Hartmetall-bestücktem Doppelsägeblatt), Fräsen und Wasserstrahlschneiden mit optimierten Parametern.

1 Die Gesamtlänge L kann je nach Prüfeinrichtung verkürzt werden.

Stanzen ist nicht zulässig. Die Schnittbedingungen sind so zu wählen, dass keine thermisch bedingten Veränderungen auftreten; gegebenenfalls Wasserkühlung. Für vergleichende Prüfungen zwischen Grundmaterial und Schweißnaht mit statistischer Auswertung sind mindestens je 6 Probekörper zu prüfen. Dabei ist auf die gleiche Entnahmerichtung der Grundmaterialproben - und der geschweißten Proben - zur Herstellung des Halbzeugs zu achten.

4. Versuchsbedingungen

Allgemein sind die Versuchsbedingungen auf die Praxisanforderungen abzustimmen und von Fall zu Fall festzulegen. Die Zeitstand-Zugversuche werden - wie die Zeitstand-Innendruckversuche unterhalb 100°C - im Wasserbad durchgeführt. Zwecks Verkürzung der Versuchszeiten (Zeitraffung) werden die Versuche bei erhöhten Temperaturen und in geeigneten standzeitverkürzenden Medien durchgeführt. Es dürfen nur solche Medien verwendet werden, die weder quellend wirken noch den Werkstoff chemisch verändern. Als geeignetes Prüfmedium im Zeitstand-Zugversuch hat sich eine 2 %ige wässrige Netzmittellösung mit deionisiertem Wasser und Arkopal N 100®[2] bewährt. Die Prüfspannungen sind werkstoffbezogen so zu wählen, dass ausschließlich Sprödbrüche auftreten. Die Prüfkraft wird aus der vorgegebenen Prüfspannung bezogen auf den kleinsten Probekörperquerschnitt berechnet. Bei der Verwendung des o.g. Prüfmediums treten bei den in **Tabelle** 1 angegebenen maximalen Prüfbedingungen (Spannung/Temperatur) in aller Regel noch Sprödbrüche auf. Unter diesen Bedingungen werden die kürzesten Prüfzeiten erreicht.

Tabelle 1: Empfohlene maximale Prüfspannungen und -temperaturen, bei denen in 2 %iger wäßriger Netzmittellösung (Arkopal N 100®) erfahrungsgemäß verformungslose Zeitstandbrüche (Sprödbrüche) entstehen

Werkstoff	Prüfspannung [N/mm²]	Prüftemperatur [°C]
PE (PE 80, PE 100, PE 100-RC)	4	90
PP-H (Homopolymer)	4	95
PP-B (Block-Copolymer)	3,5	95
PP-R (Random-Copolymer)	3,5	95
PVDF (Homopolymer)	12,5	95
PVC-NI (normal-schlagzäh) *)	12,5	60
*) „Kalandriert gepresst", gemessen an Trovidur NL®, Firma Hüls. Troisdorf AG		

5. Durchführung

Der Zeitstand-Zugversuch wird werkstoffbezogen bei verschiedenen Temperaturen und unterschiedlichen Belastungen durchgeführt. Die für die einzelnen Werkstoffe in Frage kommenden Prüftemperaturen und Prüfspannungen sind entsprechend der vorgesehenen Versuchsauswertung zu wählen, siehe Abschnitt 6.

Die Probekörper werden, bei konstanter Temperatur (±1°C), gleichbleibender ruhender Zugkraft (±1 %) und konstanten Umgebungsbedingungen beansprucht. Die Probeneinspannung muss so gestaltet sein, dass in die belastete Probe keine Biege- und Torsionsmomente eingeleitet werden (symmetrische Einspannung, gelenkige Lagerung). Die Proben werden nach Temperaturangleichung im Prüfbad zügig und stoßfrei mit der Prüfkraft beaufschlagt, die während der Prüfdauer konstant gehalten werden muss. Die Belastungsdauer wird vom Zeitpunkt des Erreichens der Prüfkraft gerechnet und ist gerätetechnisch zu erfassen.

2 Für dieses Medium liegen umfangreiche Prüferfahrungen vor, die Ergebnisvergleiche und die Festlegung von Anforderungen ermöglichen. Bei Verwendung anderer Produkte auf gleicher Basis vergleiche die Anzahl der Ethylenoxid-Moleküle in der Polyglykoletherkette. Hessel, J., und Mauer. E., Zeitstandzugprüfung von Polyethylen in wässriger Netzmittellösung.

Um die Standzeiten zu verkürzen (Zeitrafferwirkung), wird als Prüfmedium z. B. eine 2 %ige wässrige Netzmittellösung aus deionisiertem Wasser und Arkopal N 100® verwendet. Es ist eine örtlich und zeitlich gleichbleibende Konzentration (2 ±0,5 %) sicherzustellen. Die Prüfspannungen sind so zu wählen, dass ausschließlich verformungsarme Zeitstandbrüche (Sprödbrüche) auftreten, siehe **Bild 3**. Ist dies nicht der Fall, sind niedrigere Prüfspannungen zu wählen. Brüche im Einspannbereich der Probe bzw. im Einflussbereich der Einspannung dürfen nicht gewertet werden.

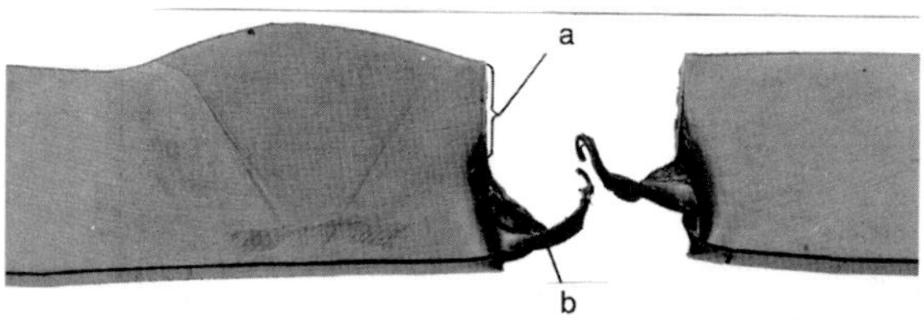

a = Flächenanteil mit verformungsarmen Sprödbruch (min. 30 %)
b = Anteil Verstreckungsbruch

Bild 3: Definition des Sprödbruchanteils am Beispiel einer PE-Extrusionsschweißnaht

Anmerkung: Es wird alternativ zur visuellen Bewertung der Bruchflächen empfohlen, die Verformungsanteile quantitativ in einem objektiven und reproduzierbaren Messverfahren zu ermitteln.

Um die Neigung der Zeitstandkurven (Geraden in doppellogarithmischer Darstellung) bestimmen zu können, werden die Versuche bei mindestens 2 Spannungen durchgeführt. Je Prüfspannung werden mindestens jeweils 6 geschweißte und ungeschweißte Proben geprüft.

6. Auswertung

Zur Ermittlung des Zeitstandzug-Schweißfaktors (f_s) ist jeweils die Zeitstandkurve der gefügten und der ungefügten Proben zu ermitteln, wobei insbesondere die Neigung der Geraden zu bestimmen sind. Aus der ermittelten Kurve der geschweißten Proben wird - bezogen auf eine bestimmte Spannung (Bezugsspannung) der Bezugskurve B - der Zeitstandzug-Schweißfaktor (f_s) berechnet (siehe Beispiel **Bild 4**).

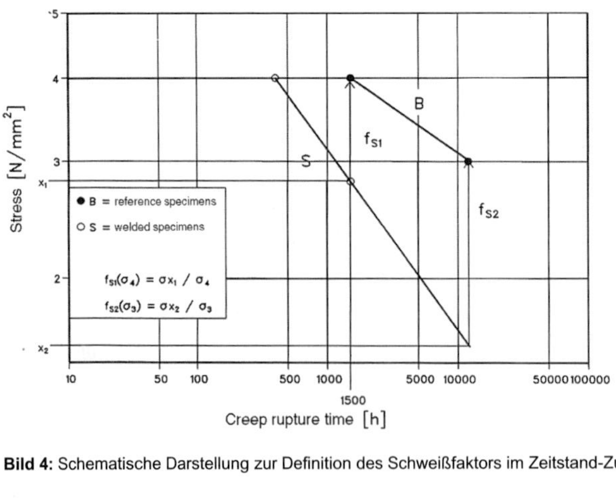

Bild 4: Schematische Darstellung zur Definition des Schweißfaktors im Zeitstand-Zugversuch

Hierbei wird die Regressionsgerade sowohl für das Grundmaterial als auch für die Schweißverbindung ermittelt. Der Zeitstandzug-Schweißfaktor (f_s) kann somit für alle Spannungen bestimmt werden.

Alternativ kann der Zeitstandzug-Schweißfaktor auf eine Prüfspannung der Bezugsproben bezogen werden. Der ermittelte Schweißfaktor ist dann nur mit Angabe dieser Prüfspannung (Bezugsspannung), z. B. σ_B = 4 N/mm² zu benennen, siehe **Bild 5**. Die Standzeit bei der Bezugsspannung wird als geometrischer Mittelwert aus den Einzelwerten der Bezugsproben nach **Formel 1** berechnet.

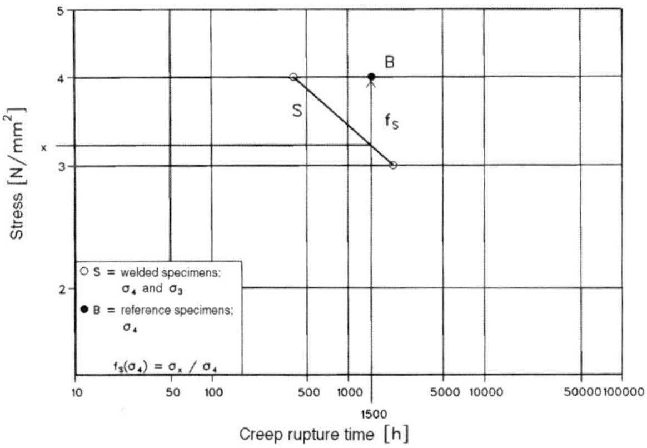

Bild 5: Schematische Darstellung zur Definition des Schweißfaktors im Zeitstand-Zugversuch bei nur einer Prüfspannung der Bezugsprobe

Außerdem kann eine weitere vereinfachte Prüfmethode zum Mindestnachweis eines geforderten Zeitstandzug-Schweißfaktors angewendet werden.

Zur Reduzierung des Prüfaufwandes kann der Nachweis nach folgender Methode auf jeweils ein Spannungsniveau des Grundwerkstoffes (Bezugsproben) beschränkt werden, siehe **Bild 6**.

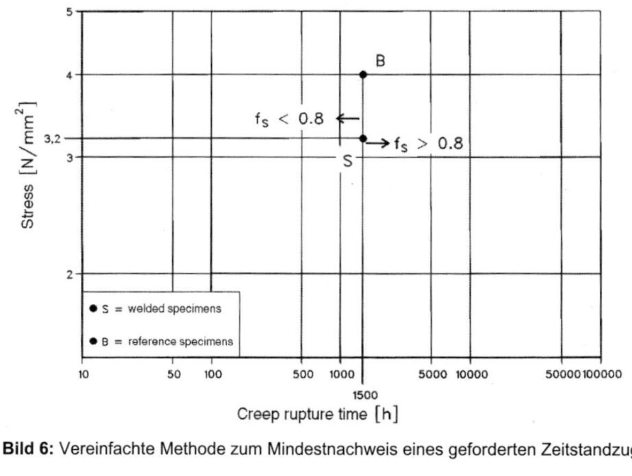

Bild 6: Vereinfachte Methode zum Mindestnachweis eines geforderten Zeitstandzug-Schweißfaktors

Zum Beispiel:

- Prüfspannung für die Proben aus dem Grundwerkstoff (Bezugsproben) σ_B = 4 N/mm²
- Prüfspannung für die geschweißten Proben mit z. B. f_s = 0,8 (geforderter Langzeitschweißfaktor von PE im Heizelementstumpf-Schweißverfahren)
- $\sigma_S = f_s \cdot \sigma_B = 0{,}8 \cdot 4\ \text{N/mm}^2 = 3{,}2\ \text{N/mm}^2$

Wenn dabei die geschweißten Proben die gleiche mittlere Standzeit wie der Grundwerkstoff erreichen, ist der geforderte Zeitstandzug-Schweißfaktor bei der Bezugsspannung nachgewiesen (Ja/Nein- Aussage). Es ist bei dieser Prüfung keine Aussage über das spannungsabhängige Festigkeitsverhalten der Verbindung möglich.

Der geometrische Mittelwert der Stand- und Prüfzeiten berechnet sich nach **Formel 1**. Das Maß der Streuung einer Prüfserie ergibt sich aus der Standardabweichung der Logarithmen nach **Formel 2** bzw. dem Streufaktor nach **Formel 3**. Die prozentuale Streuung der Messwerte (Varianzkoeffizient) berechnet sich nach **Formel 4**.

$$t_g = \sqrt[n]{t_1 \cdot t_2 \cdot_{\dots} \cdot t_n} \qquad (1)$$

$$s_L = \sqrt{\frac{1}{n-1}\left[\sum_{i=1}^{n}(\log t_i)^2 - \frac{1}{n}\left(\sum_{i=1}^{n}\log t_i\right)^2\right]} \qquad (2)$$

$$S_F = 10^{S_L} \qquad (3)$$

$$v = \frac{t_g \cdot S_F - t_g}{t_g} \cdot 100\% = (\ S_F - 1) \cdot 100\% \geq 0 \qquad (4)$$

t_g	=	Geometrischer Mittelwert der Stand- und Prüfzeiten in Stunden
t_i	=	Einzelstandzeiten der Probekörper 1, 2, ... n in Stunden
n	=	Anzahl der Probekörper
s_L	=	Standardabweichung der Logarithmen aus den Standzeiten in Stunden
s_F	=	Streufaktor (dimensionslos)
v	=	Varianzkoeffizient in Prozent

Die Voraussetzung für die Anwendbarkeit der ermittelten Zeitstandzug-Schweißfaktoren ist das Erreichen einer Mindeststandzeit des Grundwerkstoffs (**Tabelle 2**).

Aufgrund bisher vorliegender Untersuchungsergebnisse ist gesichert, dass beim Erreichen der Mindeststandzeiten nach **Tabelle 2** das Prüfverfahren und die ermittelten Langzeitkennwerte anwendbar sind.

Tabelle 2: Mindeststandzeiten der Grundwerkstoffe als Voraussetzung zur Bestimmung der Langzeltschweißfaktoren (Prüfmedium: 2 %ige wäßrige Netzmittellösung, Netzmittel: Arkopal N100®)

Werkstoff	Prüfspannung [N/mm²]	Prüftemperatur [°C]	Mindeststandzeit[3] [h]
PP-H	4	95	800
	3,5		1300
PE	4	90	75
		80	500

Anwendungsbezogene Normen und Richtlinien stellen unabhängig davon spezielle Mindestanforderungen an die Qualität von Halbzeugen (z. B. EN 253, Richtlinie DVS 2207-5).

7. Prüfbericht

Im Prüfbericht sind unter Hinweis auf diese Richtlinie anzugeben:

- Art, Lieferform und Bezeichnung des Erzeugnisses,
- Herstelldatum und -verfahren der Probekörper,
- Aussehen der Probekörper vor dem Versuch; visuelle Beurteilung der Schweißausführung,
- Lage der Probekörper im Erzeugnis,
- Form der Probekörper,
- Dicke der Probekörper in mm (Mittelwert),
- Breite der Probekörper in mm (Mittelwert),
- Anzahl der Probekörper,
- Vorbehandlung der Probekörper (z. B. mit oder ohne Schweißwulst),
- Prüftemperatur,
- Prüfmedium,
- Prüfkraft bzw, Prüfspannung,
- Zeitdauer bis zum Bruch,
- Zeitstandzug-Schweißfaktor f_s mit zugehörigem Spannungswert der Bezugsprobe,
- falls gemessen, Längenänderung bei Bruch,
- Aussehen der Probekörper nach dem Versuch; visuelle Beurteilung des Bruchbildes,
- Prüfzeitraum

[3] Die Voraussetzung zur Bestimmung des Langzeltschweißfaktors ist erfüllt, wenn die Mindeststandzeit des Grundwerkstoffes bei einer der genannten Prüfbedingung nachgewiesen ist.

8. Normen, Richtlinien

DIN 8061	Rohre aus weichmacherfreiem Polyvinylchlorid (PVC-U) - Allgemeine Güteanforderungen, Prüfung
DIN 8062	Rohre aus weichmacherfreiem Polyvinylchlorid (PVC-U) – Maße
DIN 8074	Rohre aus Polyethylen (PE) - PE 80, PE 100 – Maße
DIN 8075	Rohre aus Polyethylen (PE) - PE 80, PE 100 - Allgemeine Güteanforderungen, Prüfungen
DIN 8077	Rohre aus Polypropylen (PP) - PP-H, PP-B, PP-R, PP-RCT – Maße
DIN 8078	Rohre aus Polypropylen (PP) - PP-H, PP-B, PP-R, PP-RCT - Allgemeine Güteanforderungen, Prüfung
DIN EN 253	Fernwärmerohre - Werkmäßig gedämmte Verbundmantelrohrsysteme für direkt erdverlegte Fernwärmenetze - Verbund-Rohrsystem, bestehend aus Stahl-Mediumrohr, Polyurethan-Wärmedämmung und Außenmantel aus Polyethylen
DIN EN ISO 899-1	Kunststoffe - Bestimmung des Kriechverhaltens - Teil 1: Zeitstand-Zugversuch
DIN EN ISO 10931	Kunststoff-Rohrleitungssysteme für industrielle Anwendungen - Polyvinyliden Fluoride (PVDF) - Anforderungen an Rohrleitungsteile und das Rohrleitungssystem
DIN EN ISO 14632	Extrudierte Tafeln aus Polyethylen (PE-HD) - Anforderungen und Prüfverfahren
DIN EN ISO 15013	Kunststoffe - Extrudierte Tafeln aus Polypropylen (PP) - Anforderungen und Prüfung
DIN EN ISO 15494	Kunststoff-Rohrleitungssysteme für industrielle Anwendungen - Polybuten (PB), Polyethylen (PE), Polyethylen erhöhter Temperaturbeständigkeit (PE-RT), vernetztes Polyethylen (PE-X), Polypropylen (PP) - Metrische Reihen für Anforderungen an Rohrleitungsteile und das Rohrleitungssystem
DIN ISO 15014	Kunststoffe - Extrudierte Tafeln aus Poly(vinylidenfluorid) (PVDF) - Anforderungen und Prüfverfahren
ISO 11833-1	Kunststoffe - Weichmacherfreie Polyvinylchloridtafeln - Typen, Maße
ISO 15527	Kunststoffe - Gepresste Tafeln aus Polyethylen (PE-UHMW, PE-HMW, PE-HD) - Anforderungen und Prüfverfahren
DVS 2203-2	Prüfen von Schweißverbindungen an Tafeln und Rohren aus thermoplastischen Kunststoffen – Zugversuch
DVS 2207-5	Schweißen von thermoplastischen Kunststoffen - Schweißen von PE-Mantelrohren - Rohre und Rohrleitungsteile
DVS 2226-4	Prüfen von Fügeverbindungen an Dichtungsbahnen aus polymeren Werkstoffen - Zeitstand-Zugversuch an Polyethylen

DVS – DEUTSCHER VERBAND FÜR SCHWEISSEN UND VERWANDTE VERFAHREN E.V.

Richtlinie DVS 2203-4 Beiblatt 1 (Dezember 2001)

Prüfen von Schweißverbindungen an Tafeln und Rohren aus thermoplastischen Kunststoffen – Zeitstandzugversuch

Prüfen von Muffenschweißverbindungen an Rohren

Inhalt:

1 Geltungsbereich

Das Beiblatt gilt für die Prüfung von Muffenschweißverbindungen. Die Prüfvorschrift gilt für alle Arten von Schweißverbindungen mit Heizwendelmuffen und Heizelementmuffen ab einer Rohrwanddicke von 5 mm. Probenentnahme, Probenform, Probenvorbereitung, empfohlene Prüfspannung und die Auswertung der Ergebnisse weichen von Richtlinie DVS 2203-4 ab, in allen anderen Punkten gilt die Richtlinie unverändert. Die Versuchsergebnisse stellen Vergleichswerte dar. Sie können z. B. zu Verfahrens- und Konstruktionsoptimierungen herangezogen werden. Ein Vergleich zwischen Heizwendel- und Heizelementmuffensystemen ist nicht ohne weiteres möglich.

2 Anzahl und Entnahme der Probekörper

Pro Schweißverbindung sind mindestens je 6 Probekörper gleichmäßig über den Umfang verteilt zu entnehmen und zu prüfen. Dies gilt für jede Seite der Schweißmuffe. Eine Ausnahme stellen monogewickelte Heizwendelmuffen dar, bei denen beide Seiten in einem Vorgang geschweißt werden. Bei diesen Muffen genügen drei Probekörper pro Seite. Bei signifikanten Unterschieden in den Prüfergebnissen zwischen beiden Seiten der Muffe muß die Probekörperanzahl auf 6 je Seite erhöht werden.

Die Rohprobekörper[1)] sind durch Sägen (z. B. Stichsäge) oder mit einer Lochsäge im Übermaß zu entnehmen und später auf das Endmaß abzuarbeiten. Die Rohprobekörper sollen aus dem Mittenbereich der jeweiligen Fügefläche gemäß Bild 1 entnommen werden. Bei Heizwendelmuffen ist darauf zu achten, daß jeweils 2 Wendel auf jeder Muffenseite außerhalb des Probenquerschnittes liegen.

3 Probenform und Probenherstellung

Die Probenformen sind in Bild 2 dargestellt.

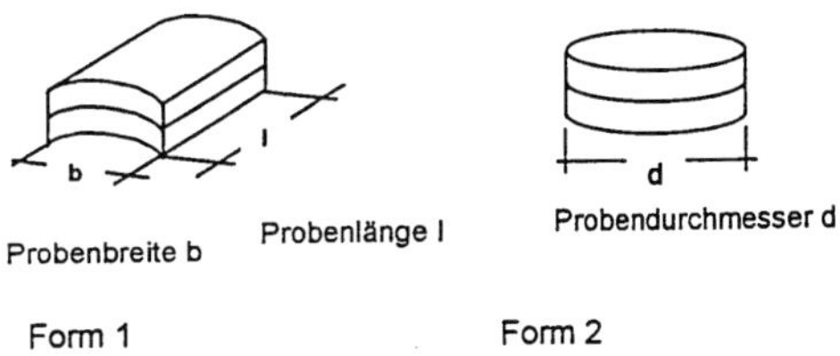

Bild 2. Probenform und Probengeometrie.

1) Aus den Roh-Probekörpern werden erst durch nachträgliches Anschweißen und Spanen (siehe Bild 3) die endgültigen Prüfkörper.

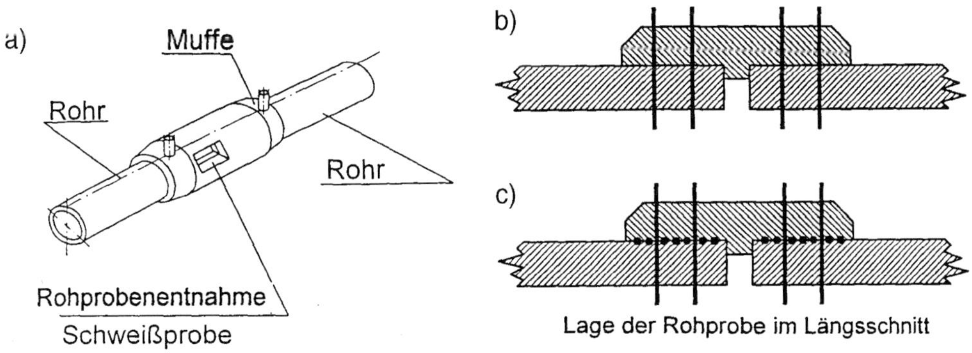

Bild 1. a) Entnahme der Rohproben aus der Muffenschweißung,
b) am Beispiel einer Heizwendelschweißverbindung,
c) am Beispiel einer Heizmuffenschweißverbindung.

DVS, Ausschuß für Technik, Arbeitsgruppe „Fügen von Kunststoffen“

Bezug: Verlag für Schweißen und verwandte Verfahren DVS-Verlag GmbH, Postfach 10 19 65, 40010 Düsseldorf, Telefon (02 11) 15 91-0, Telefax (02 11) 1591-150

Form 1:

Die Probenbreite wird entsprechend der Rohrwanddicke s gewählt, jedoch min. 10 mm, maximal 20 mm.

Die Probenlänge l ist unterschiedlich für Heizelement- und Heizwendelmuffen.

Heizelementmuffen: $l = 1{,}5 \cdot b$
Heizwendelmuffen: $l = 2 \cdot b$

Form 2:

Der Probendurchmesser beträgt 10 bis 25 mm.

Bei Heizwendelmuffen ist darauf zu achten, daß mindestens 3 Heizwendeln im Probenquerschnitt liegen.

An die Rohprobekörper werden Verlängerungen angeschweißt, um einen einspannfähigen Prüfkörper zu erhalten, siehe Bild 3. Bewährt hat sich Heizelementstumpfschweißen.

Beim Anschweißen ist darauf zu achten, daß möglichst geringe Wärmeeinwirkung auf die zu prüfende Fügeebene entsteht. Gegebenenfalls können die Probekörper direkt nach erfolgtem Anschweißen der Verlängerungen gekühlt werden. Für die gesamte Probenbearbeitung siehe 2203-4, Abschnitt 3.

4 Prüfung

4.1 Heizelementmuffen (HD)

Heizelementmuffen werden betrachtet wie Stumpfschweißverbindungen. Als Prüfquerschnitt zur Berechnung der Prüfkraft gilt Probenbreite × Probenlänge bzw. Probenkreisfläche. Versuchsbedingungen und Prüfparameter werden entsprechend angewendet.

4.2 Heizwendelmuffen (HM)

Heizwendelmuffen werden aufgrund von Kerbwirkungen, Querschnittsverlusten etc. mit geringerer Prüfspannung als im Hauptblatt vorgeschlagen geprüft. Als Prüfquerschnitt zur Berechnung der Prüfkraft gilt Probenbreite × Probenlänge bzw. Probenkreisfläche. Der Querschnittsverlust durch die Heizwendeln bleibt unberücksichtigt.

Als empfohlene Prüfparameter für PE-Muffen gelten:

Prüftemperatur (°C)	Prüfspannung (N/mm²)
80	3
95	2

Für weitere Werkstoffe liegen noch nicht genügend Erfahrungen vor.

5 Auswertung

Analog zum Hauptblatt gilt, daß mindestens 30 % der Bruchfläche Sprödbruchcharakter aufweisen müssen, andernfalls sind geringere Prüfspannungen zu wählen.

Zur Auswertung der Prüfergebnisse wird der geometrische Mittelwert aus den Einzelstandzeiten jeder Schweißnaht gebildet und dient als Vergleichswert.

Es werden nur Proben gewertet, die nicht im Bereich der angeschweißten Verlängerungen bzw. derer Schweißnähte versagen. Die Ermittlung eines Zeitstandzug-Schweißfaktors ist nach diesem Beiblatt nicht gefordert.

6 Prüfbericht

Es gilt das Hauptblatt, Abschnitt 7, mit Ausnahme des Zeitstandzug-Schweißfaktors.

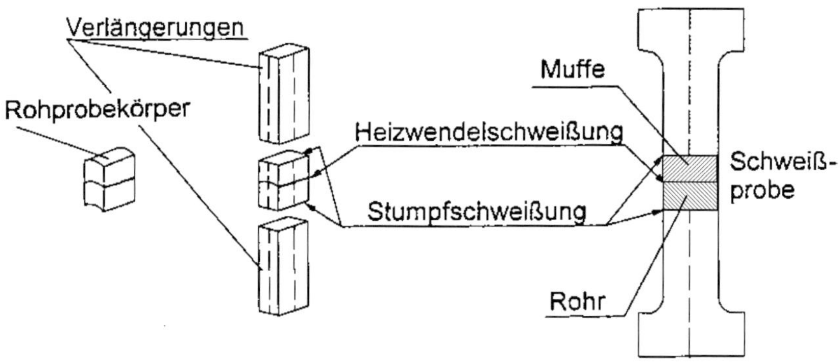

Bild 3. Aufbau der Probekörper.

September 2016

DVS VERBAND
DVS – Deutscher Verband
für Schweißen und
verwandte Verfahren e. V.

Richtlinie
DVS 2203-4
Beiblatt 2

Ersatz für Ausgabe
Dezember 2001

Richtlinie DVS 2203-4 Beiblatt 2

Prüfen von Schweißverbindungen an Tafeln und Rohren aus thermoplastischen Kunststoffen – Zeitstandzugversuch Prüfen des Widerstandes gegen langsames Risswachstum im Full Notch Creep-Test (FNCT)

DVS, Ausschuss für Technik, Arbeitsgruppe "Fügen von Kunststoffen"

Bezug: DVS Media GmbH, Postfach 10 19 65, 40010 Düsseldorf, Telefon (0211) 1591-0, Telefax (0211) 1591-150

Inhalt:

1. Geltungsbereich

Das Beiblatt gilt für die Prüfung des Widerstandes gegen langsames Risswachstum an thermoplastischen Halbzeugen. Probenentnahme, Probenform, Probenvorbereitung, empfohlene Prüfspannung und die Auswertung der Ergebnisse weichen von Richtlinie DVS 2203-4 ab, in allen anderen Punkten gilt die Richtlinie unverändert. Die Versuchsergebnisse stellen Vergleichswerte dar.

2. Anzahl und Entnahme der Probekörper

Bei der Entnahme der Probekörper aus dem Halbzeug ist zu beachten, dass die Eigenschaften richtungsabhängig (z. B. herstellbedingt) unterschiedlich sein können. Zur gesicherten statistischen Auswertung sind mindestens 6 Probekörper erforderlich.Tendenzen lassen sich aufgrund der geringen Ergebnisstreuung auch mit geringerer Probenanzahl erkennen.

3. Probenform und Probenherstellung

Die Proben für den FNCT werden so geschnitten, dass parallele Seiten nach Bild 1 entstehen. Eine repräsentative Gestaltung des Probekörpers in Bild 1 mit quadratischem Querschnitt hat eine nominale Dicke von 10 mm und eine Gesamtlänge von 100 mm. Abweichende Probekörperformen sind möglich. Der Probekörper ist auf allen vier Seiten mittig in der gleichen Ebene zu kerben. Die Kerbtiefe sollte auf allen Seiten gleich sein; sie muss zwischen 10 % und 20 % der nominalen Dicke liegen.

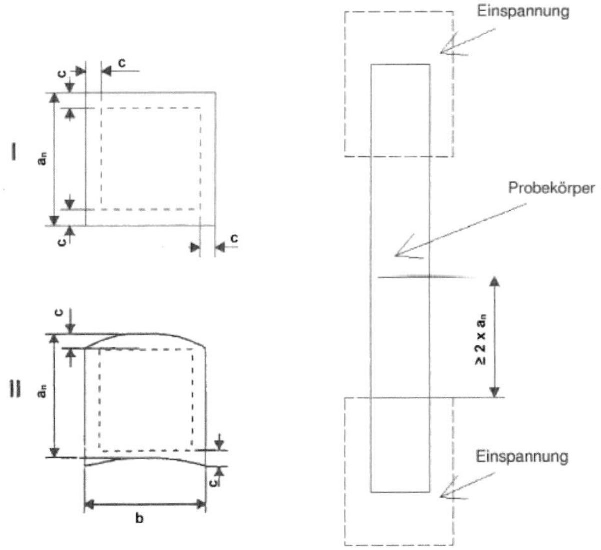

a_n = nominale Probendicke
b = Probenbreite
c = Kerbtiefe = 15 % ± 5 % von a_n
1: Probekörper mit quadratischem Querschnitt
II: Probekörper mit gekrümmter Oberfläche (z. B. Rohrwand)
a_n = b ist zu bevorzugen

Bild 1. Probekörperformen

Eine Kerbe wird durch Einpressen einer Rasierklinge oder einer vergleichbaren Schneide in den Probekörper erzeugt. Die Probekörper müssen bei Raumtemperatur nach einer Konditionierungszeit von min. 24 Std. bei 23 ± 2 °C gekerbt werden. Mittels geeigneter Methoden (z. B. Mikroskop, Lupe) ist der einwandfreie Schneidenzustand jeweils nach der Kerbung von 20 Proben zu kontrollieren, um eine gleichbleibende Kerbschärfe sicherzustellen.

4. Prüfung

Der Probekörper wird mit einer freien Länge von ca. 50 % der Gesamtlänge, mit der Kerbebene in der Mitte, in die Prüfvorrichtung eingebaut. Der gesamte eingespannte Probekörper muss in das Prüfmedium eingetaucht sein. Der 10 mm dicke Probekörper soll bei Prüftemperatur über eine Zeit von 2 Stunden ± 30 min vor Aufbringen der Last konditioniert werden. Probekörper mit größerer Dicke erfordern längere Konditionierungszeiten.

Berechnung der Prüflast (F_t)

$$F_t = A \cdot \sigma \qquad \text{(Formel 1)}$$

F_t = Prüflast in N

A = Restquerschnittsflächen der Proben nach dem Kerben in mm^2

σ = Zugspannung in N/mm^2

Es wird empfohlen, die im Hauptblatt angegebenen Prüfspannungen anzuwenden.

5. Auswertung

Analog zum Hauptblatt gilt, dass mindestens 30 % der Bruchfläche Sprödbruchcharakter aufweisen müssen, andernfalls sind geringere Prüfspannungen zu wählen. Es wird empfohlen, die Verformungsanteile auf der Bruchfläche quantitativ in einem objektiven und reproduzierbaren Messverfahren zu ermitteln.

Zur Auswertung der Prüfergebnisse wird der geometrische Mittelwert nach Formel 2 aus den Einzelstandzeiten einer Prüfserie gebildet und dient als Vergleichswert.

Als Maß für die Streuung einer Prüfserie dient der Streufaktor nach Formel 4. Die prozentuale Streuung der Messwerte (Varianzkoeffizient) ergibt sich nach Formel 5. Die statistischen Kenngrößen stellen Vergleichswerte dar.

$$t_g = \sqrt[n]{t_1 \cdot t_2 \cdot_{\dots} \cdot t_n} \qquad \text{(Formel 2)}$$

$$s_L = \sqrt{\frac{1}{n-1}\left[\sum_{i=1}^{n}(\log t_i)^2 - \frac{1}{n}\left(\sum_{i=1}^{n}\log t_i\right)^2\right]} \qquad \text{(Formel 3)}$$

$$S_F = 10^{S_L} \qquad \text{(Formel 4)}$$

$$v = \frac{t_g \cdot S_F - t_g}{t_g} \cdot 100\% = (\ S_F - 1) \cdot 100\% \geq 0 \qquad \text{(Formel 5)}$$

t_g = Geometrischer Mittelwert der Standzeiten in Stunden

t_i = Einzelstandzeiten der Probekörper 1, 2, ... n in Stunden

n = Anzahl der Probekörper

s_L = Standardabweichung der Logarithmen aus den Standzeiten in Stunden

s_F = Streufaktor (dimensionslos)

v = Varianzkoeffizient in Prozent

6. Prüfbericht

Es gilt das Hauptblatt der Richtlinie DVS 2203-4, Abschnitt 7, mit Ausnahme des Zeitstandzug-Schweißfaktors.

DVS – DEUTSCHER VERBAND FÜR SCHWEISSEN UND VERWANDTE VERFAHREN E.V.	**Prüfen von Schweißverbindungen an Tafeln und Rohren aus thermoplastischen Kunststoffen – Zeitstandzugversuch** **Überprüfung des geforderten Zeitstandzug-Schweißfaktors und der Mindestlebensdauer von Schweißverbindungen aus Polyethylenen (PE 80 und PE 100)**	DVS **Richtlinie DVS 2203-4 Beiblatt 3**

Inhalt:

1 Geltungsbereich

Dieses Beiblatt gilt im Zusammenhang mit den Richtlinien DVS 2203-4, DVS 2203-1 und DVS 2205-1 für die Zeitstandzugprüfung von Schweißverbindungen aus Polyethylenen[1] (PE 80 und PE 100). Es dient zum Nachweis des geforderten Zeitstandzug-Schweißfaktors für das angewendete Schweißverfahren und der Ermittlung der Mindestlebensdauer von Schweißverbindungen z. B. bei Betriebsbedingungen für Medien mit $A_{2B} = 1$ gemäß Richtlinie DVS 2205-1.

2 Begriffe und Definitionen

E_A Aktivierungsenergie
Die Aktivierungsenergie ist die Energie, die erforderlich ist einen Riss mit einer von der Temperatur abhängigen Geschwindigkeit durch einen thermoplastischen Körper zu treiben. Sie ist eine charakteristische Größe zur Beschreibung des temperatur- und spannungsabhängigen Festigkeitsverhalten thermoplastischer Werkstoffe.

f_B Beschleunigungsfaktor
Verhältnis aus den geometrischen Mittelwerten der Standzeiten von z. B. Schweißproben, FNCT- oder 2NCT-Proben in Wasser und wässriger Netzmittellösung

MAC Modified Arrhenius Concept
MAC generiert Prüfbedingungen für die Zeitstandprüfung. Das Konzept beruht auf der gleichzeitigen Änderung der Parameter Prüftemperatur und Prüfspannung. Dabei wird vorausgesetzt, dass die Aktivierungsenergie zu tiefen Spannungen nicht kleiner wird und derselbe Bruchmechanismus beibehalten wird.

n Anzahl der geprüften Probekörper

t_B Mindestnutzungsdauer der Schweißverbindung bei Betriebsbedingungen

T_B (Absolute) Temperatur bei Betriebsbedingungen

t_{BN} Mittlere Nutzungsdauer der Schweißverbindung im Prüfmedium bei Betriebsbedingungen

$t_{BN,min}$ Mindestnutzungsdauer der Schweißverbindung im Prüfmedium bei Betriebsbedingungen

t_H Geometrischer Mittelwert der Standzeiten von geschweißten Probekörpern bei der höchsten Prüftemperatur

T_H (Absolute) Temperatur bei Prüfbedingungen

$t_{H,min}$ Mindeststandzeit von geschweißten Probekörpern bei der höchsten Prüftemperatur

t_K Geometrischer Mittelwert der Standzeiten von geschweißten Probekörpern bei der Kontrollbedingung

T_K (Absolute) Temperatur bei Kontrollbedingungen

---

[1] Die Anwendbarkeit der Richtlinie auf Schweißverbindungen aus Polypropylen ist zu vermuten, da die Zeitstandkurven für PP in DIN 8078 bzw. EN 1778 der gleichen Systematik folgen, wie die Zeitstandkurven für PE 80 und PE 100 in DIN 8075 (Zeitstandkurven verlaufen parallel und Abstand der Kurven ist proportional der reziproken absoluten Temperatur).

DVS, Ausschuss für Technik, Arbeitsgruppe „Fügen von Kunststoffen“

Bezug: Verlag für Schweißen und verwandte Verfahren DVS-Verlag GmbH, Postfach 10 19 65, 40010 Düsseldorf, Telefon (02 11) 15 91-0, Telefax (02 11) 15 91-150

$t_{K,erf}$ Erforderliche mittlere Standzeit (geometrischer Mittelwert), die von geschweißten Probekörpern bei der Kontrollbedingung erreicht werden muss (Anforderungszeit)

t_N Geometrischer Mittelwert der Standzeiten von Probekörpern in wässriger Netzmittellösung

t_W Geometrischer Mittelwert der Standzeiten von Probekörpern in Wasser

σ_H Prüfspannung von geschweißten Probekörpern bei der höchsten Prüftemperatur

σ_K Prüfspannung von geschweißten Probekörpern bei der Kontrolltemperatur

σ_B Spannung der Schweißverbindung aus den Betriebsbedingungen

3 Prüfkonzept

Die Überprüfung des geforderten Zeitstandzug-Schweißfaktors und der Mindestlebensdauer von Schweißverbindungen aus Polyethylenen kann in sechs Teilschritte untergliedert werden.

1) Ermittlung des Beschleunigungsfaktors f_B, der die Zeiten aus der Zeitstand-Zugprüfung von gleichartigen Proben in Wasser und wässriger Netzmittellösung zueinander ins Verhältnis setzt. Der Beschleunigungsfaktor stellt die Verbindung zwischen dem Prüfmedium in der Zeitstandprüfung und dem Betriebsmedium in der Anwendung her.
2) Prüfung von Probekörpern aus der Schweißverbindung im Zeitstand-Zugversuch bei der höchsten gewählten Prüftemperatur (z. B. 80 °C) und empfohlener Prüfspannung, die i. d. R. ein sprödes Bruchversagen erwarten lässt. Auswertung der Ergebnisse und Angabe des geometrischen Mittelwertes, des Mindestwertes und der Streuung der Standzeiten.
3) Formulierung der Betriebsbedingungen bei denen die Schweißverbindung eingesetzt wird. Übertragung der Anforderungen für den Einsatz der Schweißverbindung im Prüfmedium bei Betriebstemperatur (z. B. 20 °C) mittels Beschleunigungsfaktor und Streuung.
4) Berechnung der erforderlichen Aktivierungsenergie der Schweißverbindung bei variabler Spannung aus den Betriebs- und Prüfbedingungen.
5) Formulierung der Anforderung an die Schweißverbindung mit Hilfe der Aktivierungsenergie bei mindestens einer weiteren Prüftemperatur (Kontrolltemperatur), die zwischen der ausgewählten höchsten Prüftemperatur und der Betriebstemperatur liegt.
6) Überprüfung der Anforderung bei der Kontrollbedingung durch Zeitstand-Zugversuche von weiteren Probekörpern aus der Schweißverbindung.

Zur weiteren Vertiefung der Thematik wird die Veröffentlichung [1] empfohlen.

4 Anzahl und Entnahme der Probekörper

Bei der Entnahme der Probekörper aus dem Halbzeug ist zu beachten, dass die Eigenschaften richtungsabhängig (z. B. herstellungsbedingt) unterschiedlich sein können.

Es sind für mindestens zwei Prüftemperaturen und pro Prüftemperatur mindestens je sechs geschweißte Probekörper zu entnehmen[2)].

Zur Bestimmung des Beschleunigungsfaktors f_B und zur Beurteilung des Sprödbruchanteils der Bruchflächen bei unterschiedlichen Prüftemperaturen können folgende Probekörper verwendet werden:

- Geschweißte Probekörper gemäß der Richtlinie DVS 2203-2 oder
- FNCT Probekörper gemäß der Richtlinie DVS 2203-4 Beiblatt 2 oder
- 2NCT Probekörper gemäß DIN EN12814-3 Anhang A.2

Zur gesicherten statistischen Auswertung sind mindestens 6 Probekörper pro Medium erforderlich. Tendenzen lassen sich auch mit geringerer Probenanzahl erkennen.

5 Probenform und Probenherstellung

Für die Form und Abmessungen der geschweißten Probekörper gelten die Angaben der Richtlinie DVS 2203-2. Es ist die Form 1 mit den Angaben aus Tabelle 1 zu empfehlen.

Die Schweißverbindungen werden entsprechend der tatsächlichen Ausführung geprüft, d.h. mit oder ohne Schweißwulst. Die Verbindungsstelle liegt in der Mitte des Probekörpers. Vor dem Versuch ist das Aussehen der Proben, insbesondere die Schweißausführung und der Kerbversatz messtechnisch zu erfassen und im Prüfbericht zu dokumentieren.

Für die Form und Abmessungen der FNCT Probekörper gelten die Angaben der Richtlinie DVS 2203-4, Beiblatt 2.

Für die Form und Abmessungen der 2NCT Probekörper gelten die Angaben der DIN EN 12814-3, Anhang A2.

Die Schnittkanten der Probekörper sind kerbfrei[3)] herzustellen und gegebenenfalls die Schnittfläche durch Schleifen in Längsrichtung nachzuarbeiten. Geeignete Herstellungsmethoden sind zum Beispiel Sägen (Kreissäge mit Hartmetall-bestücktem Doppelsägeblatt), Fräsen und Wasserstrahlschneiden mit optimierten Parametern. Stanzen ist nicht zulässig. Die Schnittbedingungen sind so zu wählen, dass keine thermisch bedingten Veränderungen auftreten (gegebenenfalls Wasserkühlung).

6 Prüfung

Es sind Zeitstand-Zugversuche an geschweißten und ggf. FNCT- bzw. 2NCT-Probekörpern durchzuführen. Empfohlene Ausgangsspannungen und Prüftemperaturen für Probekörper aus PE 80 und PE 100 sind in Tabelle 1 angegeben.

Tabelle 1. Ausgangsspannungen und Prüftemperaturen für PE 80 und PE 100.

Prüftemperatur	PE 80	PE 100	Bemerkung
20 °C	8,00 N/mm²	10,00 N/mm²	Mindestzeitstandfestigkeit*) nach DIN EN ISO 12162
40 °C	6,16 N/mm²	7,71 N/mm²	Spannungen aus Arrhenius-Ansatz
60 °C	4,90 N/mm²	6,13 N/mm²	
80 °C	4,00 N/mm²	5,00 N/mm²	Sprödbrüche**)

*) 50 Jahre bei 20 °C unter Einwirkung von Wasser
**) Spannungen bei denen nach DIN 8075 Sprödbrüche zu erwarten sind

Die Prüfspannungen der geschweißten Probekörper sind durch Multiplikation der Spannungen aus Tabelle 1 mit dem geforderten Mindest-Zeitstandzug-Schweißfaktor f_S gemäß Richtlinie DVS 2203-1, Beiblatt 2 bzw. dem Langzeit-Schweißfaktor f_S gemäß Richtlinie DVS 2205-1, Beiblatt 6 zu ermitteln.

Tabelle 2 enthält die Prüfspannungen für den geforderten Langzeit-Schweißfaktor f_S von geschweißten Probekörpern aus PE 80.

2) Die Entnahme von ungeschweißten Vergleichsproben (Grundmaterialproben) ist nicht erforderlich.
3) Während der Präparation der Probekörper erzeugte Kerben oder Riefen dürfen das Prüfergebnis nicht beeinflussen. D. h. Brüche, die von den Schnittflächen der Probekörper ausgehen, sind nicht zu werten. Hierfür sind zusätzliche Probekörper zu prüfen.

Tabelle 2. Prüftemperaturen und Prüfspannungen für geschweißte Probekörper aus PE 80.

Prüftemperatur	f_S = 0,4	f_S = 0,6	f_S = 0,8
20 °C	3,20 N/mm²	4,80 N/mm²	6,40 N/mm²
40 °C	2,47 N/mm²	3,70 N/mm²	4,93 N/mm²
60 °C	1,96 N/mm²	2,94 N/mm²	3,92 N/mm²
80 °C	1,60 N/mm²	2,40 N/mm²	3,20 N/mm²

Tabelle 3 enthält die Prüfspannungen für den geforderten Langzeit-Schweißfaktor f_S von geschweißten Probekörpern aus PE 100.

Tabelle 3. Prüftemperaturen und Prüfspannungen für geschweißte Probekörper aus PE 100.

Prüftemperatur	f_S = 0,4	f_S = 0,6	f_S = 0,8
20 °C	4,00 N/mm²	6,00 N/mm²	8,00 N/mm²
40 °C	3,08 N/mm²	4,62 N/mm²	6,16 N/mm²
60 °C	2,45 N/mm²	3,68 N/mm²	4,90 N/mm²
80 °C	2,00 N/mm²	3,00 N/mm²	4,00 N/mm²

6.1 Beschleunigungsfaktor

Zur Bestimmung des Beschleunigungsfaktors f_B sind die Standzeiten von gleichen Probekörpern in Wasser und in wässriger Netzmittellösung bei einer der unter Abschnitt 4 und 6 genannten Prüfbedingung zu ermitteln. Für FNCT- und 2NCT-Probekörper gelten die Prüfspannungen aus Tabelle 1. Für geschweißte Probekörper sind die Prüfspannungen aus Tabelle 2 (PE 80) bzw. Tabelle 3 (PE 100) anzuwenden. Für eine konservative Betrachtung ist die Prüfung bei höherer Temperatur zu empfehlen, da der Beschleunigungsfaktor mit abnehmender Prüftemperatur zunimmt [2].

Für die Zeitstand-Zugprüfung in wässriger Netzmittellösung ist z. B. durch die Prüfung von Referenzproben sicherzustellen, dass die Wirksamkeit des Prüfmediums über den Prüfzeitraum im Rahmen der üblichen Streuung (≤ 20 %) konstant ist.

6.2 Prüfungen an geschweißten Proben

Es sind geschweißte Probekörper bei mindestens zwei Temperaturen mit den um den geforderten Schweißfaktor reduzierten Spannungen aus Tabelle 2 (PE 80) bzw. Tabelle 3 (PE 100) zu prüfen. Um einen Wechsel im Bruchmechanismus von sprödem Versagen bei hohen Temperaturen zu duktilem Versagen bei niedrigen Temperaturen auszuschließen ist sicherzustellen, dass der Sprödbruchanteil an den Bruchflächen bei niedrigen Prüftemperaturen nicht kleiner ist, als bei der höchsten gewählten Prüftemperatur.

Zur Bewertung des Sprödbruchanteils der Bruchflächen können auch FNCT- oder 2NCT-Probenkörper herangezogen werden, die mit den Temperaturen der geschweißten Probekörper und den korrespondierenden Spannungen aus Tabelle 1 geprüft worden sind.

7 Auswertung

7.1 Berechnung des Beschleunigungsfaktors

Der Beschleunigungsfaktor wird aus den geometrischen Mittelwerten der Standzeiten von geschweißten-, FNCT- oder 2NCT-Probekörpern ermittelt, die im Zeitstand-Zugversuch bei gleichen Prüfbedingungen (gleichartige Probekörper bei gleicher Temperatur und Prüfspannung) in Wasser und wässriger Netzmittellösung geprüft worden sind.

7.1.1 Berechnung des geometrischen Mittelwertes aus den Standzeiten der Probekörper in Wasser

$$t_W = \sqrt[n]{t_{W1} \cdot t_{W2} \cdot \ldots \cdot t_{Wn}} \qquad (1)$$

t_W = Geometrischer Mittelwert der Standzeiten in Stunden von Probekörpern in Wasser

$t_{W1}, t_{W2}, \ldots t_{Wn}$ = Einzelstandzeiten der Probekörper W1, W2, ... Wn in Stunden in Wasser

n = Anzahl der geprüften Probekörper

7.1.2 Berechnung des geometrischen Mittelwertes aus den Standzeiten der Probekörper in wässriger Netzmittellösung

$$t_N = \sqrt[n]{t_{N1} \cdot t_{N2} \cdot \ldots \cdot t_{Nn}} \qquad (2)$$

t_N = Geometrischer Mittelwert der Standzeiten in Stunden von Probekörpern in wässriger Netzmittellösung

$t_{N1}, t_{N2}, \ldots t_{Nn}$ = Einzelstandzeiten der Probekörper N1, N2, ... Nn in Stunden in wässriger Netzmittellösung

n = Anzahl der geprüften Probekörper

7.1.3 Berechnung des Beschleunigungsfaktors aus den geometrischen Mittelwerten der Standzeiten von Probekörpern in Wasser t_W und wässriger Netzmittellösung t_N

$$f_B \overset{!}{=} \frac{t_W}{t_N} \qquad (3)$$

$$f_B > 1$$

f_B = Beschleunigungsfaktor (dimensionslos)

t_W = Geometrischer Mittelwert der Standzeiten in Stunden von Probekörpern in Wasser

t_N = Geometrischer Mittelwert der Standzeiten in Stunden von Probekörpern in wässriger Netzmittellösung

7.2 Statistische Auswertungen zu den Prüfungen von geschweißten Probekörpern bei der höchsten gewählten Prüftemperatur

7.2.1 Berechnung des geometrischen Mittelwertes

$$t_H = \sqrt[n]{t_{H1} \cdot t_{H2} \cdot \ldots \cdot t_{Hn}} \qquad (4)$$

t_H = Geometrischer Mittelwert der Standzeiten in Stunden von geschweißten Probekörper bei der höchsten Prüftemperatur in wässriger Netzmittellösung

$t_{H1}, t_{H2}, \ldots t_{Hn}$ = Einzelstandzeiten der geschweißten Probekörper H1, H2, ... Hn in Stunden in wässriger Netzmittellösung

n = Anzahl der geschweißten Probekörper

7.2.2 Berechnung der Standardabweichung der Logarithmen

$$s_L = \sqrt{\frac{1}{n-1}\left[\sum_{i=1}^{n}(\log t_{H1})^2 - \frac{1}{n}\left(\sum_{i=1}^{n}\log t_{H1}\right)^2\right]} \qquad (5)$$

s_L = Standardabweichung der Logarithmen aus den Standzeiten in Stunden der geschweißten Probekörper bei der höchsten Prüftemperatur in wässriger Netzmittellösung

t_{Hi} = Einzelstandzeiten der geschweißten Probekörper H1, H2, ... Hn in Stunden bei der höchsten Prüftemperatur in wässriger Netzmittellösung

n = Anzahl der geschweißten Probekörper

7.2.3 Berechnung des Streufaktors

$$S_F = 10^{s_L} \qquad (6)$$

S_F = Streufaktor (dimensionslos)

s_L = Standardabweichung der Logarithmen aus den Standzeiten in Stunden der geschweißten Probekörper bei der höchsten Prüftemperatur in wässriger Netzmittellösung

7.2.4 Berechnung der Mindeststandzeit

Die Mindeststandzeit bei der höchsten Prüftemperatur in wässriger Netzmittellösung berechnet sich aus dem geometrischen Mittelwert der Standzeiten abzüglich der Streuung. Die Streuung wird durch die doppelte Standardabweichung (2 · s) der Logarithmen aus den Einzelstandzeiten oder durch den Streufaktor zum Quadrat dargestellt. Innerhalb des durch den Mittelwert X der Logarithmen und der doppelten Standardabweichung 2·s beschriebenen Intervalls (X ± 2 · s) liegen 95,4 % der zu erwartenden Merkmalswerte [3]. Unterhalb der Schwelle (X - 2s) liegen 2,3 % der Merkmalswerte, d.h. statistisch versagen 2,3 % aller geprüften Probekörper vor Erreichen der Mindeststandzeit. Äquivalent ist die Berechnung der Mindeststandzeit als untere Schwelle durch den geometrischen Mittelwert und den Streufaktor zum Quadrat nach Formel 7b.

$$t_{H,min} = 10^{\log t_H - 2 \cdot s_L} \qquad (7a)$$

$$t_{H,min} = \frac{t_H}{(S_F)^2} \qquad (7b)$$

$t_{H,\,min}$ = Mindeststandzeit der geschweißten Probekörper in Stunden bei der höchsten Prüftemperatur

t_H = Geometrischer Mittelwert der Standzeiten in Stunden von geschweißten Probekörpern bei der höchsten Prüftemperatur

s_L = Standardabweichung der Logarithmen aus den Standzeiten (in Stunden) der geschweißten Probekörper

S_F = Streufaktor (dimensionslos)

7.3 Berechnungen zur Nutzungsdauer der Schweißverbindung bei Betriebsbedingungen

7.3.1 Berechnung der Mindestnutzungsdauer der Schweißverbindung in wässriger Netzmittellösung bei Betriebsbedingungen

$$t_{BN,\,min} = \frac{t_B}{f_B} \qquad (8)$$

$t_{BN,\,min}$ = Mindestnutzungsdauer der Schweißverbindung in wässriger Netzmittellösung bei Betriebsbedingungen

t_B = Mindestnutzungsdauer der Schweißverbindung bei Betriebsbedingungen im Medium mit $A_{2B} = 1$

f_B = Beschleunigungsfaktor (dimensionslos)

7.3.2 Berechnung der mittleren Nutzungsdauer der Schweißverbindung in wässriger Netzmittellösung bei Betriebsbedingungen

$$t_{BN} = 10^{\log t_{BN,\,min} + 2 \cdot s_L} \qquad (9a)$$

$$t_{BN} = t_{BN,\,min} \cdot (S_F)^2 \qquad (9b)$$

t_{BN} = Mittlere Nutzungsdauer der Schweißverbindung in Stunden in wässriger Netzmittellösung bei Betriebsbedingungen

$t_{BN,\,min}$ = Mindestnutzungsdauer der Schweißverbindung in Stunden in wässriger Netzmittellösung bei Betriebsbedingungen

s_L = Standardabweichung der Logarithmen[4] aus den Standzeiten in Stunden der geschweißten Probekörper

S_F = Streufaktor[4] (dimensionslos)

7.4 Berechnung der erforderlichen Aktivierungsenergie

Die Bestimmung der Aktivierungsenergie [4] bei variabler Spannung erfolgt aus den ermittelten Mindestzeiten bei Prüf- und Betriebsbedingungen

$$E_A = a\,\frac{\log t_{BN,\,min} - \log t_{H,\,min}}{\frac{1}{T_B} - \frac{1}{T_H}} \qquad (10)$$

E_A = Aktivierungsenergie in kJ/mol

a = $8.314\ 1/K \cdot \ln(10) \cdot 10^{-3} = 1{,}91437 \cdot 10^{-2}$

$t_{BN,\,min}$ = Mindestnutzungsdauer der Schweißverbindung in Stunden in wässriger Netzmittellösung bei Betriebsbedingungen

$t_{H,\,min}$ = Mindeststandzeit der geschweißten Probekörper in Stunden bei der höchsten Prüftemperatur

T_B = Absolute Temperatur in Kelvin aus den Betriebsbedingungen

T_H = Absolute Temperatur in Kelvin, die als höchste Prüftemperatur ausgewählt wurde

7.5 Berechnung der erforderlichen mittleren Standzeit von geschweißten Probekörpern bei der Kontrollbedingung

Mit bekannter Aktivierungsenergie kann durch Interpolation die Anforderung an die Schweißverbindung bei der Kontrollbedingung formuliert werden.

$$t_{K,\,erf.} = 10^{exp}$$

$$exp = \log t_{BN} - \frac{E_A}{a} \cdot \left(\frac{1}{T_B} - \frac{1}{T_K}\right) \qquad (11)$$

$t_{K,\,erf.}$ = Erforderliche mittlere Standzeit in Stunden (geometrischer Mittelwert), die von geschweißten Probekörpern bei der Kontrollbedingung (Tabelle 2 bzw. 3) erreicht werden muss (Anforderungszeit)

t_{BN} = Mittlere Nutzungsdauer der Schweißverbindung in Stunden bei Betriebsbedingungen in wässriger Netzmittellösung

E_A = Aktivierungsenergie in kJ/mol

a = $8.314\ 1/K \cdot \ln(10) \cdot 10^{-3} = 1{,}91437 \cdot 10^{-2}$

T_B = Absolute Temperatur in Kelvin aus den Betriebsbedingungen

T_K = Absolute Temperatur in Kelvin, die als Kontrolltemperatur ausgewählt wurde

7.6 Berechnung des geometrischen Mittelwertes aus den Stand- und Prüfzeiten der geschweißten Probekörper bei der Kontrollbedingung

$$t_K = \sqrt[n]{t_{K1} \cdot t_{K2} \cdot \ldots \cdot t_{Kn}} \qquad (12)$$

t_K = Geometrischer Mittelwert aus den Stand- und Prüfzeiten in Stunden von geschweißten Probekörper bei der Kontrollbedingung

$t_{K1}, t_{K2}, \ldots t_{Kn}$ = Einzelzeiten der geschweißten Probekörper K1, K2, ... Kn bei der Kontrollbedingung in wässriger Netzmittellösung

n = Anzahl der geschweißten Probekörper bei der Kontrollbedingung

[4] Die Standardabweichung der Logarithmen und der Streufaktor werden als invariant gegenüber der Prüftemperatur angenommen. Es können die Ergebnisse der geschweißten Probekörper bei der höchsten Prüftemperatur aus Abschnitt 6.2.2 und 6.2.3 übernommen werden.

7.7 Bewertung

Der geforderte Zeitstandzug-Schweißfaktor und die Mindestlebensdauer der Schweißverbindung bei Betriebsbedingungen gelten als erfüllt, wenn der geometrische Mittelwert aus den Stand- und Prüfzeiten der geschweißten Probekörper bei der Kontrollbedingung die erforderliche mittlere Standzeit, die von den geschweißten Probekörpern gefordert ist, erreichen.

ANFORDERUNG $t_K \overset{!}{\geq} t_{K,\,erf}$ (13)

t_K = Geometrischer Mittelwert aus den Stand- und Prüfzeiten in Stunden von geschweißten Probekörper bei der Kontrollbedingung

$t_{K,\,erf.}$ = Erforderliche mittlere Standzeit in Stunden (geometrischer Mittelwert), die von geschweißten Probekörpern bei der Kontrollbedingung (Tabelle 2 bzw. 3) erreicht werden muss (Anforderungszeit)

8 Prüfbericht

Im Prüfbericht sind unter Hinweis auf diese Richtlinie anzugeben:

- Art, Lieferform und Bezeichnung der Erzeugnisse,
- Herstelldatum und -verfahren der Probekörper,
- Lage der Probekörper im Erzeugnis,
- Art, Form und Anzahl der Probekörper,
- Abmessungen der Probekörper,
- Vorbehandlung der Probekörper (z. B. mit oder ohne Schweißwulst),
- Versatz der Geschweißte Probekörper (quantitativ),
- geforderter Schweißfaktor,
- Lebensdauernachweis der Schweißverbindung,
- Prüftemperaturen,
- Prüfmedien,
- Prüfkräfte und Prüfspannungen
- Zeitdauer bis zum Bruch
- Aussehen des Probekörpers nach dem Versuch, visuelle Beurteilung des Bruchbildes
- Prüfdatum

9 Erläuterungen

Beispielrechnung für eine Heizelementstumpf-Schweißverbindung (f_S = 0,8) aus PE 80

Im nachfolgenden Beispiel wird für Heizelementstumpfschweißungen von PE 80-Rohren der Langzeit-Schweißfaktor von f_S = 0,8 überprüft und der Nachweis geführt, dass die Schweißverbindungen bei einer Betriebstemperatur von 20 °C und einer Umfangsspannung von 8 N/mm² eine Mindestnutzungsdauer von 50 Jahren im Betriebsmedium Wasser erzielen.

Dazu werden sechs Probekörper der Stumpfschweißverbindung aus dem Rohr bei 80 °C mit der um den Schweißfaktor abgesenkten Prüfspannung von 3,2 N/mm² (Tabelle 2) in einer wässrigen Netzmittellösung geprüft und die Standzeiten statistisch ausgewertet.

Zur Bestimmung des Beschleunigungsfaktors werden je 6 FNCT Probekörper bei 80 °C mit einer Prüfspannung von 4,0 N/mm² (Tabelle 1) in Wasser und in wässriger Netzmittellösung geprüft und die geometrischen Mittelwerte der Standzeiten zueinander ins Verhältnis gesetzt.

Zur Überprüfung des Lebensdaueransatzes und Nachweis der Langzeit-Schweißfaktors werden bei 60 °C und 3,92 N/mm² (Kontrollbedingung aus Tabelle 2) 6 weitere geschweißte Probekörper in wässriger Netzmittellösung geprüft, deren geometrischer Mittelwert aus den Stand- und Prüfzeiten die berechnete Anforderungszeit $t_{k,\,erf}$ bei 60 °C überschreiten muss.

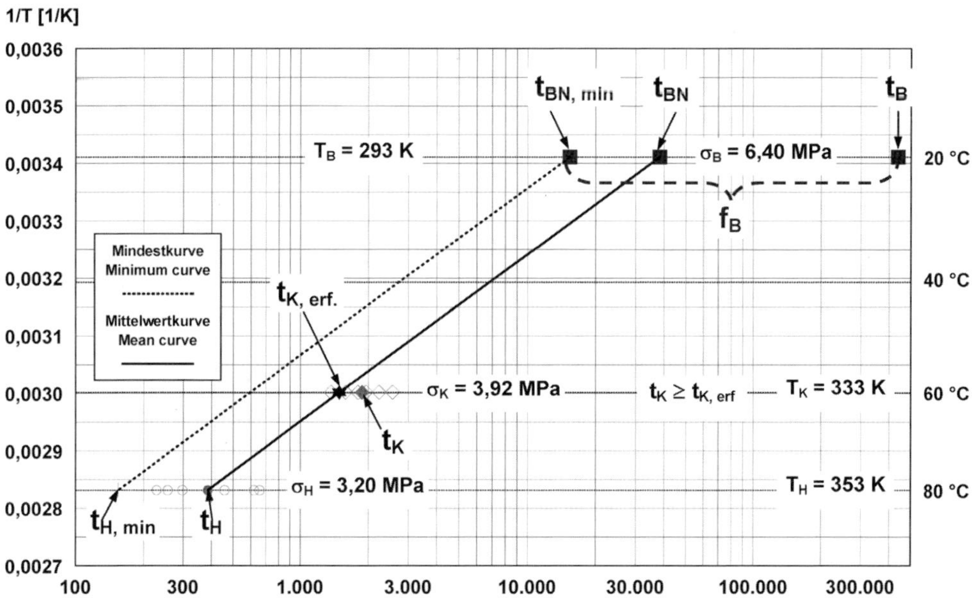

Bild 1. Darstellung des Prüfkonzeptes im Arrheniusdiagramm.

Im Arrheniusdiagramm (Bild 1) sind Ergebnisse der Beispielrechnung dargestellt. Die verwendeten Abkürzungen werden im Abschnitt 2 „Begriffe und Definitionen" erläutert.

RECHENGANG

9.1 Berechnung des Beschleunigungsfaktors

Der Beschleunigungsfaktor wird aus den geometrischen Mittelwerten der Standzeiten von je 6 FNCT-Probekörpern berechnet, die bei gleichen Prüfbedingungen in Wasser und in wässriger Netzmittellösung im Zeitstand-Zugversuch geprüft worden sind.

Als Prüfbedingungen werden aus Tabelle 1 für PE 80 eine Prüftemperatur von 80 °C und eine Prüfspannung von 4 N/mm² ausgewählt.

9.1.1 Berechnung des geometrischen Mittelwertes aus den Standzeiten von 6 FNCT-Probekörpern, geprüft mit 4 N/mm² bei 80 °C in Wasser:

Tabelle 4. Standzeiten von FNCT-Probekörpern in Wasser.

Proben-bezeichnung	Standzeit t_{Wi} [h]
W1	3164,1
W2	3384,5
W3	3506,6
W4	3698,6
W5	3794,0
W6	4137,5

$$t_W = \sqrt[n]{t_{W1} \cdot t_{W2} \cdot \ldots \cdot t_{Wn}} \quad (1)$$

$$t_W = \sqrt[6]{3164{,}1h \cdot 3384.5h \cdot 3506,6h \cdot 3698,6h \cdot 3794{,}0h \cdot 4137{,}5h}$$

$$t_W = 3601{,}0h$$

t_W = Geometrischer Mittelwert der Standzeiten in Stunden von Probekörpern in Wasser

$t_{W1}, t_{W2}, \ldots t_{Wn}$ = Einzelstandzeiten der Probekörper W1, W2, ...Wn in Stunden in Wasser

n = Anzahl der geprüften Probekörper

Der geometrische Mittelwert aus den Standzeiten der FNCT-Probekörper in Wasser beträgt 3601,0 Stunden.

9.1.2 Berechnung des geometrischen Mittelwertes aus den Standzeiten von 6 FNCT-Probekörpern, geprüft mit 4 N/mm² bei 80 °C in wässriger Netzmittellösung:

Tabelle 5. Standzeiten von FNCT-Probekörpern in wässriger Netzmittellösung.

Proben-bezeichnung	Standzeit t_{Ni} [h]
N1	113,8
N2	117,7
N3	124,1
N4	129,7
N5	135,9
N6	137,0

$$t_N = \sqrt[n]{t_{N1} \cdot t_{N2} \cdot \ldots \cdot t_{Nn}} \quad (2)$$

$$t_N = \sqrt[6]{113{,}8h \cdot 117{,}7h \cdot 124{,}1h \cdot 129{,}7h \cdot 135{,}9h \cdot 137{,}0h}$$

$$t_N = 126{,}1h$$

t_N = Geometrischer Mittelwert der Standzeiten in Stunden von Probekörpern in wässriger Netzmittellösung

$t_{N1}, t_{N2}, \ldots t_{Nn}$ = Einzelstandzeiten der Probekörper N1, N2 ... Nn in Stunden in wässriger Netzmittellösung

n = Anzahl der geprüften Probekörper

Der geometrische Mittelwert aus den Standzeiten der Proben in wässriger Netzmittellösung beträgt 126,1 Stunden.

9.1.3 Berechnung des Beschleunigungsfaktors aus den geometrischen Mittelwerten der Standzeiten von Proben in Wasser und wässriger Netzmittellösung:

$$f_B = \frac{t_W}{t_N} > 1 \quad (3)$$

$$f_B = \frac{3601{,}0h}{126{,}1h}$$

$$f_B = 28{,}6$$

f_B = Beschleunigungsfaktor (dimensionslos)

t_W = Geometrischer Mittelwert der Standzeiten in Stunden von Probekörpern in Wasser

t_N = Geometrischer Mittelwert der Standzeiten in Stunden von Probekörpern in wässriger Netzmittellösung

Der Beschleunigungsfaktor beträgt 28,6

9.2 Statistische Auswertungen zu den Prüfungen von geschweißten Probekörpern bei der höchsten Prüftemperatur

Die Prüfbedingungen der geschweißten Probekörper aus PE 80 sind Tabelle 2 entnommen. Als höchste Prüftemperatur wird 80 °C ausgewählt. Unter Berücksichtigung des Langzeit-Schweißfaktors von $f_S = 0{,}8$ beträgt die Prüfspannung 3,2 N/mm². Die Zeitstand-Zugprüfung der sechs geschweißten Probekörper wird in wässriger Netzmittellösung durchgeführt.

Aus den Standzeiten der sechs geschweißten Probekörper werden der geometrische Mittelwert, die Standardabweichung der Logarithmen, der Streufaktor und die Mindeststandzeit berechnet.

Tabelle 6. Ergebnisse von geschweißten Probekörpern bei 80 °C in wässriger Netzmittellösung.

Proben-bezeichnung	Standzeit t_{Hi} [h]	Logarithmus der Standzeit	Logarithmus der Standzeit zum Quadrat
H1	228,5	2,35889	5,56434
H2	256,5	2,40909	5,80370
H3	297,9	2,47407	6,12102
H4	458,3	2,66115	7,08172
H5	619,8	2,79225	7,79667
H6	657,2	2,81770	7,93942
	Summe:	15,51314	40,30688

$$t_H = \sqrt[n]{t_{H1} \cdot t_{H2} \cdot \ldots \cdot t_{Hn}} \quad (4)$$

$$t_H = \sqrt[6]{228{,}5h \cdot 256{,}5h \cdot 297{,}9h \cdot 458{,}3h \cdot 619{,}8h \cdot 657{,}2h}$$

$$t_H = 385{,}1h$$

t_H = Geometrischer Mittelwert der Standzeiten in Stunden von geschweißten Probekörper bei der höchsten Prüftemperatur

$t_{H1}, t_{H2}, \dots t_{Hn}$ = Einzelstandzeiten der geschweißten Probekörper H1, H2, ... Hn in Stunden

n = Anzahl der geschweißten Probekörper

Der geometrische Mittelwert aus den Standzeiten der geschweißten Probekörper bei 80 °C in wässriger Netzmittellösung beträgt 385,1 Stunden.

Zur Berechnung der Standardabweichung der Logarithmen aus den Standzeiten der geschweißten Probekörpern werden die summierten Logarithmen aus Tabelle 6 verwendet.

$$s_L = \sqrt{\frac{1}{n-1}\left[\sum_{i=1}^{n}(\log t_{H1})^2 - \frac{1}{n}\left(\sum_{i=1}^{n}\log t_{H1}\right)^2\right]} \quad (5)$$

$$s_L = \sqrt{\frac{1}{6-1}\left[40{,}307 - \frac{1}{6}\cdot 15{,}513^2\right]}$$

$$s_L = 0{,}199$$

s_L = Standardabweichung der Logarithmen aus den Standzeiten (in Stunden) der geschweißten Probekörper

t_{Hi} = Einzelstandzeiten der geschweißten Probekörper in Stunden bei der höchsten Prüftemperatur

n = Anzahl der geschweißten Probekörper

Die Standardabweichung der Logarithmen aus den Standzeiten der geschweißten Probekörper bei 80 °C in wässriger Netzmittellösung beträgt 0,199.

Der Streufaktor wird aus der Standardabweichung der Logarithmen ermittelt.

$$S_F = 10^{S_L} \quad (6)$$

$$S_F = 10^{0{,}199}$$

$$S_F = 1{,}58 \equiv 58\ \%$$

S_F = Streufaktor (dimensionslos)

s_L = Standardabweichung der Logarithmen aus den Standzeiten (in Stunden) der geschweißten Probekörper

Der Streufaktor aus den Standzeiten der geschweißten Probekörper bei 80 °C beträgt 1,58 (58 %).

Die Mindeststandzeit der geschweißten Probekörper bei 80 °C kann mit Hilfe der Standardabweichung der Logarithmen (7a) oder des Streufaktors (7b) bestimmt werden.

$$t_{H,min} = 10^{\log t_H - 2\cdot S_L} \quad (7a)$$

$$t_{H,\,min} = 10^{\log 385{,}1 - 2\cdot 0{,}199}\,h$$

$$t_{H,\,min} = 10^{2{,}188}\,h$$

$$t_{H,\,min} = 154{,}3h$$

$$t_{H,\,min} = \frac{t_H}{(S_F)^2} \quad (7b)$$

$$t_{H,\,min} = \frac{385{,}1h}{(1{,}58)^2}$$

$$t_{H,\,min} = 154{,}3h$$

$t_{H,\,min}$ = Mindeststandzeit der geschweißten Probekörper in Stunden bei der höchsten Prüftemperatur

t_H = Geometrischer Mittelwert der Standzeiten in Stunden von geschweißten Probekörpern bei der höchsten Prüftemperatur

s_L = Standardabweichung der Logarithmen aus den Standzeiten (in Stunden) der geschweißten Probekörper

S_F = Streufaktor (dimensionslos)

Die Mindeststandzeit, die statistisch von 97,7 % der geschweißten Probekörper in der Zeitstandzugprüfung bei 80 °C in wässriger Netzmittellösung überschritten wird beträgt 154,3 Stunden.

9.3 Berechnungen zur Nutzungsdauer der Schweißverbindung bei Betriebstemperatur

Aus der Forderung der Mindestnutzungsdauer der Schweißverbindung von 50 Jahren (438000 h) bei 20 °C im Betriebsmedium Wasser wird mit Hilfe des Beschleunigungsfaktors die äquivalente Mindestlebensdauer bei gleicher Temperatur in wässriger Netzmittellösung abgeleitet. Unter Berücksichtigung des Langzeit-Schweißfaktors von $f_S = 0{,}8$ wird eine Spannung von 6,4 N/mm² (Tabelle 2) zugrunde gelegt.

$$t_{BN,\,min} = \frac{t_B}{f_B} \quad (8)$$

$$t_{BN,\,min} = \frac{438000h}{28{,}6}$$

$$t_{BN,\,min} = 15314{,}7h$$

$t_{BN,\,min}$ = Mindestnutzungsdauer der Schweißverbindung in wässriger Netzmittellösung bei Betriebsbedingungen

t_B = Mindestnutzungsdauer der Schweißverbindung bei Betriebsbedingungen im Medium mit $A_{2B} = 1$

f_B = Beschleunigungsfaktor (dimensionslos)

Die Mindestnutzungsdauer der Schweißverbindung in wässriger Netzmittellösung bei der Betriebstemperatur von 20 °C beträgt 15314,7 Stunden.

Die mittlere Nutzungsdauer der Schweißverbindung in wässriger Netzmittellösung bei der Betriebstemperatur von 20 °C ergibt sich aus der Mindestnutzungsdauer im Prüfmedium zuzüglich der Streuung.

$$t_{BN} = 10^{\log t_{BN,\,min} + 2\cdot S_L} \quad (9a)$$

$$t_{BN} = 10^{\log 15314{,}7h + 2\cdot 0{,}199}$$

$$t_{BN} = 10^{4{,}5831} = 38292{,}0h$$

$$t_{BN} = t_{BN,\,min}\cdot (S_F)^2 \quad (9b)$$

$$t_{BN} = 15314{,}7\cdot(1{,}58)^2$$

$$t_{BN} = 38231{,}6h$$

(Abweichung infolge Rundung)

t_{BN} = Mittlere Nutzungsdauer der Schweißverbindung in Stunden in wässriger Netzmittellösung bei Betriebsbedingungen

$t_{BN,\,min}$ = Mindestnutzungsdauer der Schweißverbindung in Stunden in wässriger Netzmittellösung bei Betriebsbedingungen

s_L = Standardabweichung der Logarithmen[5] aus den Standzeiten in Stunden der geschweißten Probekörper

S_F = Streufaktor[5] (dimensionslos)

Die mittlere Nutzungsdauer der Schweißverbindung in wässriger Netzmittellösung bei der Betriebstemperatur von 20 °C beträgt 38292,0 Stunden.

9.4 Berechnung der erforderlichen Aktivierungsenergie bei variabler Spannung aus den Prüfbedingungen bei 80 °C und Betriebsbedingungen bei 20 °C

$$E_A = a\,\frac{\log t_{BN,\,min} - \log t_{H,\,min}}{\frac{1}{T_B} - \frac{1}{T_H}} \quad (10)$$

$$E_A = a\,\frac{\log 15314{,}7h - \log 154{,}3h}{\frac{1}{293{,}16} - \frac{1}{353{,}16}}\,\frac{kJ}{mol}$$

$$E_A = 66{,}0\,\frac{kJ}{mol}$$

E_A = Aktivierungsenergie in kJ/mol

a = $8.314\ 1/K \cdot \ln(10)\cdot 10^{-3} = 1{,}91437\cdot 10^{-2}$

5) Die Standardabweichung der Logarithmen und der Streufaktor werden als invariant gegenüber der Prüftemperatur angesehen.

$t_{BN,\,min}$ = Mindestnutzungsdauer der Schweißverbindung in Stunden in wässriger Netzmittellösung bei Betriebsbedingungen (20 °C)

$t_{H,\,min}$ = Mindeststandzeit der geschweißten Probekörper in Stunden bei der höchsten Prüftemperatur (80 °C)

T_B = Absolute Temperatur in Kelvin aus den Betriebsbedingungen

T_H = Absolute Temperatur in Kelvin, die als höchste Prüftemperatur ausgewählt wurde

Die erforderliche Aktivierungsenergie bei variabler Spannung aus den Mindestzeiten bei 20 °C und 80 °C in wässriger Netzmittellösung beträgt 66,0 kJ/mol.

9.5 Berechnung der erforderlichen mittleren Standzeit von geschweißten Probekörpern bei der Kontrolltemperatur von 60 °C

Zur Überprüfung des Lebensdaueransatzes wird aus Tabelle 2 als Prüftemperatur 60 °C ausgewählt.

$$t_{K,\,erf.} = 10^{exp}$$

$$exp = \log t_{BN} - \frac{E_A}{a} \cdot \left(\frac{1}{T_B} - \frac{1}{T_K}\right) \quad (10)$$

$$t_{K,\,erf.} = 10^{3{,}1718} = 1485h$$

$t_{K,\,erf.}$ = Erforderliche mittlere Standzeit in Stunden (geometrischer Mittelwert), die von geschweißten Probekörpern bei der Kontrollbedingung (Tabelle 2 bzw. 3) erreicht werden muss (Anforderungszeit)

t_{BN} = Mittlere Nutzungsdauer der Schweißverbindung in Stunden bei Betriebsbedingungen im Prüfmedium (wässrige Netzmittellösung)

E_A = Aktivierungsenergie in 1 kJ/mol

a = $8.314\ 1/K \cdot \ln(10) \cdot 10^{-3} = 1{,}91437 \cdot 10^{-2}$

T_B = Absolute Temperatur in Kelvin aus den Betriebsbedingungen

T_K = Absolute Temperatur in Kelvin, die als Kontrolltemperatur ausgewählt wurde

Die Anforderung an die geschweißten Probekörper bei der Kontrolltemperatur von 60 °C beträgt im geometrischen Mittel 1485 Stunden.

9.6 Berechnung des geometrischen Mittelwertes aus Stand- und Prüfzeiten von geschweißten Probekörper bei der Kontrollbedingung

Es werden sechs weitere geschweißte Probekörper bei der Kontrollbedingung geprüft. Als Prüftemperatur wird 60 °C ausgewählt. Die zugeordnete Prüfspannung aus Tabelle 2 beträgt 3,92 N/mm². Die Zeitstand-Zugprüfung der geschweißten Probekörper wird in wässriger Netzmittellösung durchgeführt. Die Ergebnisse der Prüfung sind in Tabelle 7 dargestellt.

Tabelle 7. Standzeiten von geschweißten Probekörpern bei 60 °C in wässriger Netzmittellösung.

Proben-bezeichnung	Standzeit t_S [h]	Logarithmus der Standzeit	Logarithmus der Standzeit zum Quadrat
K1	1366,5	3,13561	9,83203
K2	1587,6	3,20074	10,24472
K3	1802,3	3,25582	10,60035
K4	1956,3	3,29142	10,83348
K5	2235,9	3,34945	11,21881
K6	2564,3	3,40896	11,62103
	Summe:	19,64200	64,35043

$$t_K = \sqrt[n]{t_{K1} \cdot t_{K2} \cdot \ldots \cdot t_{Kn}} \quad (12)$$

$$t_K = \sqrt[6]{1366{,}5h \cdot 1587{,}6h \cdot 1802{,}3h \cdot 1956{,}3h \cdot 2235{,}9h \cdot 2564{,}3h}$$

$$t_K = 1877{,}9h$$

t_K = Geometrischer Mittelwert aus den Stand- und Prüfzeiten in Stunden von geschweißten Probekörper bei der Kontrollbedingung

$t_{K1}, t_{K2}, \ldots t_{Kn}$ = Einzelzeiten der geschweißten Probekörper K1, K2, ... Kn bei der Kontrollbedingung

n = Anzahl der geschweißten Probekörper bei der Kontrollbedingung

Der geometrische Mittelwert aus den Standzeiten der geschweißten Probekörper bei 60 °C in wässriger Netzmittellösung beträgt 1877,9 Stunden.

9.7 Bewertung

Der geometrische Mittelwert der Standzeiten von geschweißten Probekörpern, die bei der Kontrollbedingung geprüft worden sind, überschreitet die Anforderungszeit.

ANFORDERUNG: $t_K \geq t_{K,\,erf}$ (13)

1877,9 h ≥ 1485 h Anforderung erfüllt

t_K = Geometrischer Mittelwert aus den Stand- und Prüfzeiten in Stunden von geschweißten Probekörper bei der Kontrollbedingung

$t_{K,\,erf.}$ = Erforderliche mittlere Standzeit in Stunden (geometrischer Mittelwert), die von geschweißten Probekörpern bei der Kontrollbedingung (Tabelle 2 bzw. 3) erreicht werden muss (Anforderungszeit)

Der geforderte Zeitstandzug-Schweißfaktor von $f_S = 0{,}8$ und die Mindestnutzungsdauer der Schweißverbindung von 50 Jahren bei Betriebsbedingungen gelten als erfüllt.

10 Schrifttum

[1] DVS-Arbeitsgruppe AG W 4.04, Leitung: J. Grieser, HESSEL Ingenieurtechnik GmbH:
Überprüfung des geforderten Zeitstandzug-Schweißfaktors und der Mindestlebensdauer von Schweißverbindungen aus Polyethylenen, Joining Plastics – Fügen von Kunststoffen, 1/2007

[2] Ulrich Schulte und Joachim Hessel:
Restlebensdauer von Hostalen GM5010 nach einer Betriebszeit von 41 Jahren, 3R INTERNATIONAL, Jg. 45, Nr. 9, 2006

[3] Lothar Sachs:
Angewandte Statistik, 9. Auflage, Springer Verlag, Berlin, Heidelberg 1999

[4] W. H. Westphal:
Physikalisches Wörterbuch, Springer Verlag, Berlin, Göttingen, Heidelberg, 1952

DVS 2203-1 Prüfen von Schweißverbindungen an Tafeln und Rohren aus thermoplastischen Kunststoffen – Prüfverfahren – Anforderungen

DVS 2203-1 Beiblatt 2 Prüfen von Schweißverbindungen an Tafeln und Rohren aus thermoplastischen Kunststoffen – Anforderungen im Zeitstand-Zugversuch (Zeitstandzug-Schweißfaktor f_s)

DVS 2203-2 Prüfen von Schweißverbindungen aus thermoplastischen Kunststoffen; Zugversuch

DVS 2203-4 Prüfen von Schweißverbindungen an Tafeln und Rohren aus thermoplastischen Kunststoffen – Zeitstand-Zugversuch

DVS 2203-4 Beiblatt 2	Prüfen von Schweißverbindungen an Tafeln und Rohren aus thermoplastischen Kunststoffen – Zeitstand-Zugversuch – Prüfen des Widerstandes gegen langsames Risswachstum im Full Notch Creep-Test (FNCT)
DVS 2205-1	Berechnung von Behältern und Apparaten aus Thermoplasten – Kennwerte
DVS 2205-1 Beiblatt 17	Berechnung von Behältern und Apparaten aus Thermoplasten – Schweißfaktoren
DIN 8075	Rohre aus Polyethylen (PE) – PE 63, PE 80, PE 100, PE-HD – Allgemeine Güteanforderungen, Prüfungen
DIN 8078	Rohre aus Polypropylen (PP) – PP-H, PP-B, PP-R, PP-RCT – Allgemeine Güteanforderungen, Prüfung
DIN EN 12814-3	Prüfen von Schweißverbindungen aus thermoplastischen Kunststoffen – Zeitstand-Zugversuch
DIN EN ISO 12162	Thermoplastische Werkstoffe für Rohre und Formstücke bei Anwendungen unter Druck – Klassifizierung und Werkstoffkennzeichnung – Gesamtbetriebs(berechnungs)koeffizient

DVS VERBAND
DVS – Deutscher Verband
für Schweißen und
verwandte Verfahren e. V.

Richtlinie
DVS 2203-4
Beiblatt 4

Ersatz für Ausgabe
Dezember 2001

Richtlinie DVS 2203-4 Beiblatt 4

Prüfen von Schweißverbindungen an Tafeln und Rohren aus thermoplastischen Kunststoffen – Zeitstandzugversuch Prüfen des Widerstandes gegen langsames Risswachstum im Two Notch Creep-Test (2NCT)

DVS, Ausschuss für Technik, Arbeitsgruppe "Fügen von Kunststoffen"

Bezug: DVS Media GmbH, Postfach 10 19 65, 40010 Düsseldorf, Telefon (0211) 1591-0, Telefax (0211) 1591-150

Inhalt:

1. Geltungsbereich

Das Beiblatt gilt für die Prüfung des Widerstandes gegen langsames Risswachstum an dünnwandigen (a ≥ 3 mm) thermoplastischen Halbzeugen. Für die Prüfung von Halbzeugen mit Wanddicken ab 10 mm wird Beiblatt 2 empfohlen. Probenentnahme, Probenform, Probenvorbereitung, empfohlene Prüfspannung und die Auswertung der Ergebnisse weichen von Richtlinie DVS 2203-4 ab, in allen anderen Punkten gilt die Richtlinie unverändert. Die Versuchsergebnisse stellen Vergleichswerte dar.

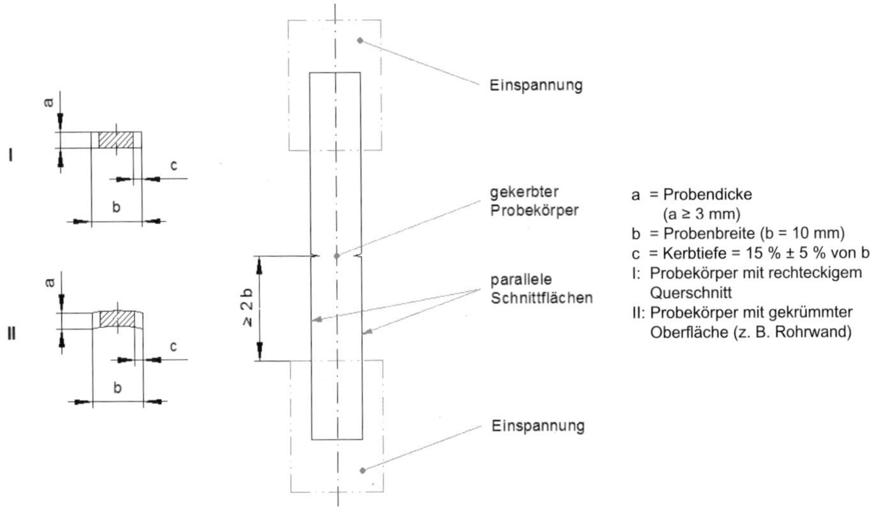

Bild 1. Probekörperformen.

2. Anzahl und Entnahme der Probekörper

Bei der Entnahme der Probekörper aus dem Halbzeug ist zu beachten, dass die Eigenschaften richtungsabhängig (z. B. herstellbedingt) unterschiedlich sein können. Zur gesicherten statistischen Auswertung sind mindestens 6 Probekörper erforderlich. Tendenzen lassen sich aufgrund der geringen Ergebnisstreuung auch mit geringerer Probenanzahl erkennen.

3. Probenform und Probenherstellung

Die Proben für den 2NCT werden so geschnitten, dass die Schnittflächen parallele verlaufen (Bild 1). Eine repräsentative Gestaltung des Probekörpers in Bild 1 mit rechteckigem Querschnitt hat eine Breite von 10 mm und eine Gesamtlänge von 100 mm. Die Dicke des Probekörpers entspricht der tatsächlichen Wanddicke des Halbzeuges an der Entnahmestelle und darf 3 mm nicht unterschreiten. Abweichende Probekörperformen sind möglich.

Der Probekörper ist auf den beiden Schnittflächen mittig in der gleichen Ebene zu kerben. Die Kerbtiefe sollte auf beiden Seiten gleich sein; sie muss zwischen 10 % und 20 % der Probenbreite liegen.

Eine Kerbe wird durch Einpressen einer Rasierklinge oder einer vergleichbaren Schneide in den Probekörper erzeugt. Die Probekörper müssen bei Raumtemperatur nach einer Konditionierungszeit von min. 24 Std. bei 23 ± 2 °C gekerbt werden. Mittels geeigneter Methoden (z. B. Mikroskop, Lupe) ist der einwandfreie Schneidenzustand jeweils nach der Kerbung von 20 Proben zu kontrollieren, um eine gleichbleibende Kerbschärfe sicherzustellen.

4. Prüfung

Der Probekörper wird mit einer freien Länge von ca. 50 % der Gesamtlänge, mit der Kerbebene in der Mitte, in die Prüfvorrichtung eingebaut. Der gesamte eingespannte Probekörper muss in das Prüfmedium eingetaucht sein. Der Probekörper ist vor Aufbringen der Last bei Prüftemperatur zu konditionieren. Für Probekörper bis 10 mm Dicke wird als Konditionierungszeit 15 Minuten pro mm Probendicke empfohlen. Probekörper mit größerer Dicke erfordern längere Konditionierungszeiten.

Berechnung der Prüflast (F_t)

$$F_t = A \cdot \sigma \qquad \text{(Formel 1)}$$

F_t = Prüflast in N

A = Restquerschnittsflächen der Proben nach dem Kerben in mm²

σ = Zugspannung in N/mm²

Es wird empfohlen, die im Hauptblatt angegebenen Prüfspannungen anzuwenden.

5. Auswertung

Analog zum Hauptblatt gilt, dass mindestens 30 % der Bruchfläche Sprödbruchcharakter aufweisen müssen, andernfalls sind geringere Prüfspannungen zu wählen. Es wird empfohlen, die Verformungsanteile auf der Bruchfläche quantitativ in einem objektiven und reproduzierbaren Messverfahren zu ermitteln.

Zur Auswertung der Prüfergebnisse wird der geometrische Mittelwert nach Formel 2 aus den Einzelstandzeiten einer Prüfserie gebildet und dient als Vergleichswert.

Als Maß für die Streuung einer Prüfserie dient der Streufaktor nach Formel 4. Die prozentuale Streuung der Messwerte (Varianzkoeffizient) ergibt sich nach Formel 5. Die statistischen Kenngrößen stellen Vergleichswerte dar.

$$t_g = \sqrt[n]{t_1 \cdot t_2 \cdot \ldots \cdot t_n} \qquad \text{(Formel 2)}$$

$$s_L = \sqrt{\frac{1}{n-1}\left[\sum_{i=1}^{n}(\log t_i)^2 - \frac{1}{n}\left(\sum_{i=1}^{n}\log t_i\right)^2\right]} \qquad \text{(Formel 3)}$$

$$S_F = 10^{S_L} \qquad \text{(Formel 4)}$$

$$v = \frac{t_g \cdot S_F - t_g}{t_g} \cdot 100\% = (S_F - 1) \cdot 100\% \geq 0 \qquad \text{(Formel 5)}$$

t_g = Geometrischer Mittelwert der Standzeiten in Stunden

t_i = Einzelstandzeiten der Probekörper 1, 2, ... n in Stunden

n = Anzahl der Probekörper

s_L = Standardabweichung der Logarithmen aus den Standzeiten in Stunden

s_F = Streufaktor (dimensionslos)

v = Varianzkoeffizient in Prozent

6. Prüfbericht

Es gilt das Hauptblatt der Richtlinie 2203-4, Abschnitt 7, mit Ausnahme des Zeitstandzug-Schweißfaktors.

DVS VERBAND

Richtlinie
DVS 2203-5

Ersetzt Ausgabe
August 1999

Richtlinie DVS 2203-5

Prüfen von Schweißverbindungen an Tafeln und Rohren aus thermoplastischen Kunststoffen

Technologischer Biegeversuch

Ausschuss für Technik im DVS

Arbeitsgruppe W 4 „Fügen von Kunststoffen"

Untergruppe W 4.4 „Messen und Prüfen"

Bezug: DVS Media GmbH, Postfach 10 19 65, 40010 Düsseldorf, Telefon: (0211) 1591-0, Email: media@dvs-media.info

Inhalt:

1. Geltungsbereich

Zur Beurteilung der Schweißausführung kann der technologische Biegeversuch allein oder in Verbindung mit anderen Prüfungen herangezogen werden.

Sinngemäß können nach dieser Richtlinie auch Schweißverbindungen an anderen Bauteilen mit vergleichbaren Nahtgeometrien, z. B. an Profilen, geprüft werden.

Über die erreichten Biegewinkel bzw. Biegewege wird die Verformbarkeit einer Schweißverbindung aufgezeigt. Zusammen mit der Beurteilung des Bruchbildes gibt sie eine Aussage über die Qualität der Schweißausführung. Die Verformungseigenschaften des Werkstoffes, das angewandte Schweißverfahren und die Geometrie der Probekörper beeinflussen den erreichbaren Biegewinkel bzw. Biegeweg sowie das Bruchbild und sind bei der Beurteilung der Nahtqualität zu berücksichtigen. Die im Biegeversuch gewonnenen Ergebnisse sind nicht auf das Zeitstandverhalten einer Schweißkonstruktion übertragbar.

Der Biegeversuch kann auch z. B. zur Optimierung der Schweißparameter angewendet werden. Dabei können zur besseren Differenzierung ggf. die Prüfbedingungen geändert werden, zum Beispiel die Prüftemperatur oder -geschwindigkeit.

2. Art und Aufbau

Der technologische Biegeversuch wird in Anlehnung an DIN EN ISO 178 durchgeführt. Die Prüfung der Schweißnähte darf erst 8 Stunden nach ihrer Herstellung erfolgen. Eine thermische Behandlung der Proben ist nicht erlaubt. In **Bild 1** ist die Versuchsanordnung dargestellt.

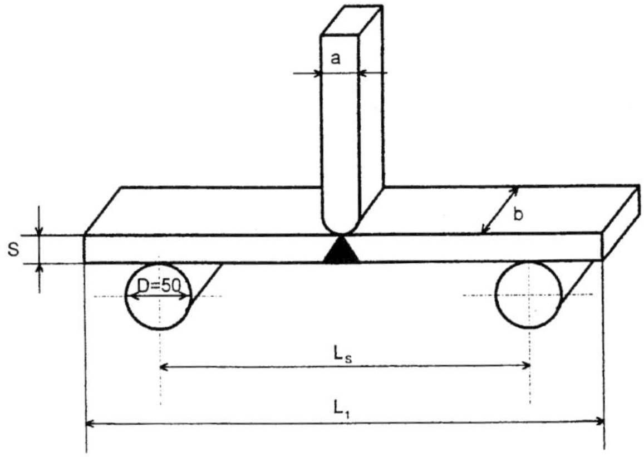

s	Probendicke	a	Biegestempeldicke, Druckfinne halbkreisförmig gerundet
b	Probenbreite		
L_1	Gesamtlänge der Probe	D	Durchmesser der Auflage in mm
L_s	Stützweite		

Bild 1: Schematische Darstellung der Versuchsanordnung

Tabelle 1 enthält die Maße der Versuchsanordnung und der Probekörper. Die angegebenen Probendicken und der Bezugswert für die Probekörperbreiten beziehen sich auf das Nennmaß der Halbzeuge.

Tabelle 1: Abmessungen der Versuchsanordnung und Probekörper

Probekörper				Stützweite L_s [mm]	Biegestempeldicke a [mm]
Probendicke s [mm]	Probenbreite b [mm]		Mindestlänge L_1 [mm]		
Nennmaß	Rohr	Tafel			
3 < s ≤ 5	0,1 x d[1)]	15	150	80	4,0
5 < s ≤ 10	Min.: 6	15	200	90	8,0
10 < s ≤ 15	Max.: 100	20	200	100	12,5
15 < s ≤ 20		20	250	120	16,0
20 < s ≤ 30		30	300	160	25,0
30 < s ≤ 100		100	1,5 x (75 + 3s)	75 + 3s	100

Bei Probendicken > 30 mm kann eine Abarbeitung der Probe von einer Seite (bei Rohren die Außenseite) bis auf eine Restdicke von 30 mm erfolgen. Bei Rohren ist dabei die Maximalprobendicke an den Probekörperkanten vor der Anfasung maßgeblich. Der Biegestempel wird bei dieser Art der Prüfung auf die abgearbeitete Probekörperseite aufgesetzt.

Bei Wanddicken > 30 mm kann als weitere Alternative ein Seitenbiegeversuch (eine dem Querschnitt der Probe entsprechende Seite wird auf Dehnung beansprucht) durchgeführt werden.

Schematische Darstellung des Seitenbiegeversuchs, siehe **Bild 2**.

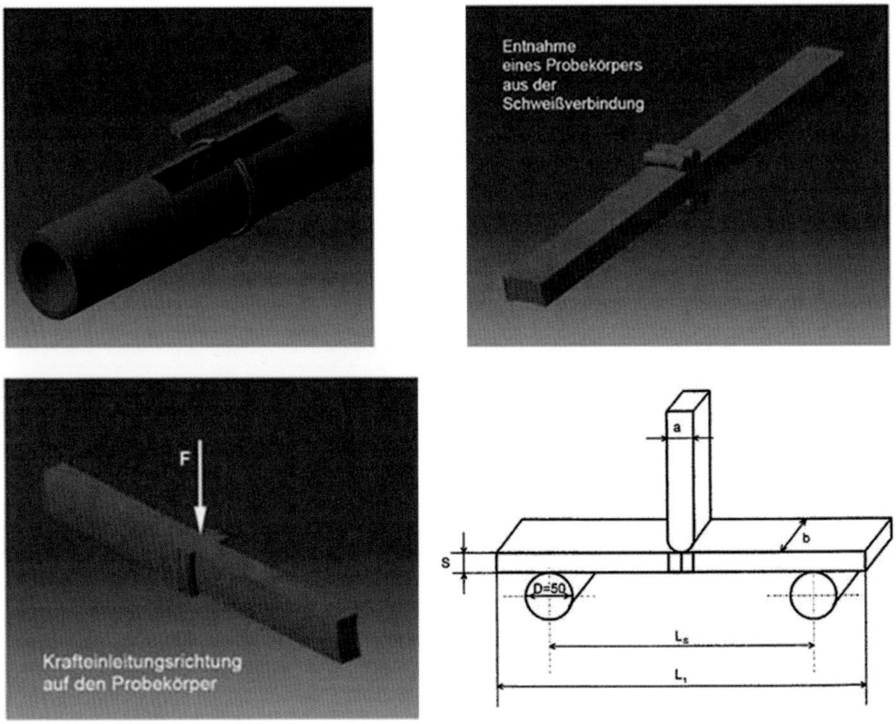

s	Probendicke	a	Biegestempeldicke, Druckfinne halbkreisförmig gerundet
b	Probenbreite		
L_1	Gesamtlänge der Probe	D	Durchmesser der Auflage in mm
L_s	Stützweite		

Bild 2: Schematische Darstellung des Seitenbiegeversuches

Der Biegestempel und die Auflagen müssen bei allen Varianten stets breiter als der Probekörper sein. Der Stempel ist in der Mitte der Schweißnaht aufzusetzen. Die Neigung der Probekörper, während des Versuches zu verrutschen, kann durch einen geriffelten Biegestempel oder durch Schmirgelpapier an der Stempelspitze vermindert werden.

Bei Rohrschweißungen sind die Probekörper gleichmäßig über den Umfang verteilt zu entnehmen (**Bild 3**). Sie dürfen sowohl radiale (nicht für Seitenbiegeversuch) wie parallele Schnittebenen aufweisen. Beim radialen Schnitt ist die Probekörperbreite der Mittelwert aus größter und kleinster Breite.

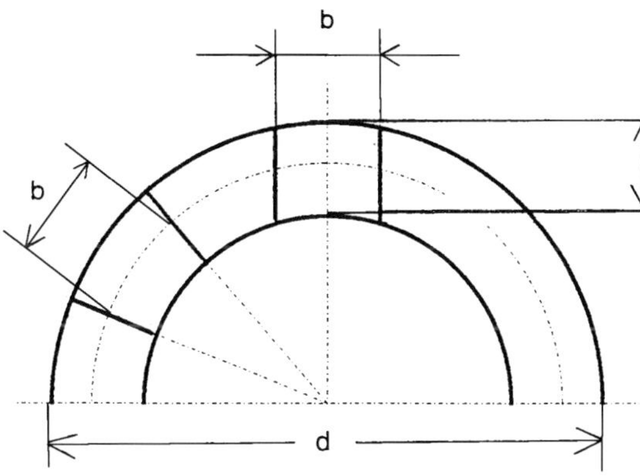

d = Durchmesser
s = Probendicke
b = Probenbreite

Bild 3: Probenquerschnitt bei Probekörper aus Rohren

An der Auflageseite des Biegestempels wird die Nahtüberhöhung abgearbeitet, während sie auf der Zugseite unbearbeitet bleibt. Die Längskanten der zugbeanspruchten Seiten sind zu entgraten.

2.1. Anforderung an die Apparatur

Der Aufsetzpunkt des Stempels muss über ein Weg- oder Kraftsignal reproduzierbar erfasst werden. Bei einem Bruch oder Anriss der Probe muss die Messung automatisch oder manuell gestoppt und das Ergebnis gespeichert werden.

2.1.1. Winkelmessung

Die Mess- und Anzeigegenauigkeit der Apparatur muss mindestens ± 1° betragen. Dazu ist es notwendig, dass das Gerät über eine elektronische oder mechanische Messhilfe mit ausreichender Ablesegenauigkeit verfügt.

Da sich der Auflagepunkt der Probekörper auf den Lagern während des Versuches fortlaufend ändert, muss diesem Umstand durch geeignete Mittel – z. B. mitgeführter Mittelpunkt, verzerrte Messskala oder Korrekturfaktor – Rechnung getragen werden.

2.1.2. Wegmessung

Die Mess- und Anzeigegenauigkeit des Wegaufnehmers muss mindestens 0,1 mm betragen.

3. Durchführung

Die Prüfung wird, falls nichts anderes vereinbart oder in den technischen Lieferbedingungen angegeben ist, im Normklima DIN 50014 – 23/50 durchgeführt.

Es werden mindestens 6 geschweißte Probekörper geprüft. Bei Tafeln wird jede Seite mit drei Probekörpern geprüft, bei Rohren erfolgt die Prüfung mit der Rohrinnenseite im Zug (außer bei Seitenbiegeversuch).

Prüfgeschwindigkeiten sind in **Tabelle 2** zusammengestellt.

Tabelle 2: Prüfgeschwindigkeit für ausgewählte Kunststoffe

Werkstoff	Prüfgeschwindigkeit [mm/min]
PE	50
PP-R	50
PP-B und -H	20
PVDF	20
PVC-U und -C	10
PA-U 12	20

3.1. Auswertung

Der technologische Biegeversuch liefert keine Mess- oder Rechengrößen zur Bauteilauslegung. Jedoch ermöglicht das ermittelte Verformungsverhalten dem Prüfer eine allgemeine qualitative Beurteilung von Schweißverbindungen.

Der technologische Biegeversuch kann auf zwei Arten ausgewertet werden, als Biegewinkel oder als Biegeweg. Winkel und Weg können mathematisch nicht ineinander überführt werden.

3.1.1. Bestimmung des Biegewinkels

Es wird der Winkel bestimmt, den der Probekörper vom Aufsetzen des Biegestempels bis zu einem sichtbaren Anriss oder Bruch zurücklegt. Die Winkelmessung erfolgt an beiden Probekörperschenkeln außerhalb der Auflage. Der Biegewinkel wird durch Addition beider Werte ermittelt, wobei eine eventuell vor Prüfbeginn vorhandene Winkelabweichung zur Horizontalen bestimmt und berücksichtigt werden muss (**Bild 4**).

Durchdrücken der Probekörper in der beschriebenen Vorrichtung wird als „ohne Bruch" bewertet und bei der Mittelwertbildung als ein Winkel von 160° eingesetzt (siehe **Tabelle 3**).

3.1.2. Bestimmung des Biegeweges

Es wird der Weg bestimmt, den der Biegestempel vom Aufsetzen auf den Probekörper bis zu einem sichtbaren Anriss oder Bruch zurücklegt. Durchdrücken des Probekörpers in der beschriebenen Vorrichtung wird als „ohne Bruch" bewertet und bei der Mittelwertbildung ein Weg gemäß **Tabelle 3** eingesetzt.

Tabelle 3: Biegewinkel und -weg zur Mittelwertbildung bei Probekörpern ohne Bruch

Probekörperdicke s [mm]	Biegewinkel [°]	Biegeweg f [mm]
3 < s ≤ 5		60
5 < s ≤ 15		70
15 < s ≤ 20	160	85
20 < s ≤ 25		150
25 < s ≤ 30		170

3.1.3. Beurteilung

Für eine Beurteilung werden die Einzelwerte der geprüften Probekörper herangezogen. Jeder Einzelwert muss größer oder gleich den in der Richtlinie DVS 2203-1 Beiblatt 3 aufgeführten Mindestbiegewinkeln bzw. Mindestbiegewegen sein. Dabei können bei einer Probe für maximal zwei Probekörper, die die Anforderungen nicht erfüllen, je zwei Ersatzprobekörper aus derselben Probe mit selber Prüfrichtung geprüft werden. Alle Ersatzprobekörper müssen den Anforderungen bzw. Mindestbedingungen entsprechen.

3.1.4. Parameterstudien/Verfahrensvergleiche

Für vergleichende Untersuchungen, wie Parameter- oder Verfahrensoptimierungen, wird eine arithmetische Mittelwertbildung ohne Ersatzproben empfohlen.

Probekörperstellung vor Prüfbeginn

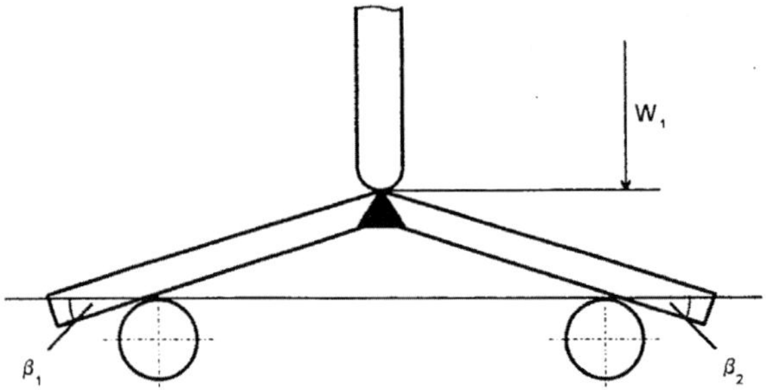

Biegewinkel $\alpha = (\alpha_1 + \beta_1) + (\alpha_2 + \beta_2)$

Biegeweg $f = W_2 - W_1$

B

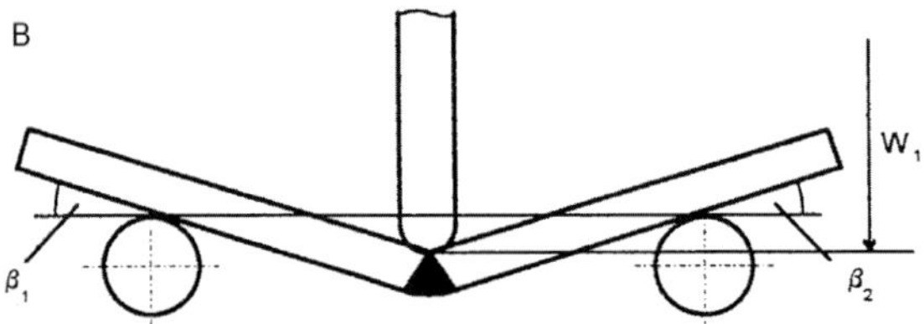

Biegewinkel $\alpha = (\alpha_1 - \beta_1) + (\alpha_2 - \beta_2)$

Biegeweg $f = W_2 - W_1$

Probekörperstellung bei Versuchsende

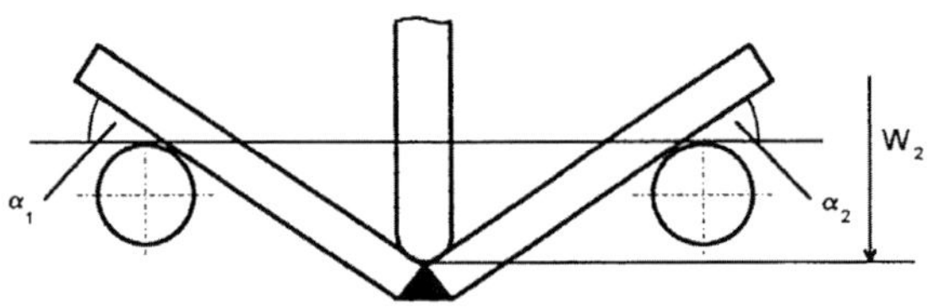

Bild 4: Schematische Darstellung der Bestimmung des Biegewinkels und Biegeweges

3.2. Versagenskriterien

Der Probekörper kann durch einen spontanen Bruch oder durch sichtbaren Anriss mit kontinuierlichem Rissfortschritt versagen. Tritt ein Versagen im Grundmaterial, außerhalb des Nahtbereichs bzw. der Wärmeeinflusszone, auf und das Prüfergebnis erfüllt die Anforderungen aus Richtlinie DVS 2203-1 Beiblatt 3, ist diese Prüfung gültig. Tritt ein Versagen im Grundmaterial, außerhalb des Nahtbereichs bzw. der Wärmeeinflusszone, auf und das Prüfergebnis erfüllt nicht die Anforderungen aus Richtlinie DVS 2203-1 Beiblatt 3, ist diese Prüfung zu wiederholen.

Bestimmt wird der Messwert, bei dem ein Bruch auftritt oder ein mit bloßem Auge erkennbarer Anriss sichtbar wird. Als Anriss gilt ein Riss mit einer Tiefe von mind. etwa 0,5 mm. Voraussetzung für das sichere Erkennen ist, dass die kritischen Bereiche des Probekörpers ausreichend beleuchtet und beobachtet werden, z. B. mittels Spiegel.

4. Prüfbericht

Im Prüfbericht sind unter Hinweis auf diese Richtlinie anzugeben:

- Werkstoff, Lieferform und Bezeichnung des Erzeugnisses;
- Herstelldatum und -verfahren der Schweißverbindung (inkl. Nahtaufbau und -form);
- Lage der Probekörper im Erzeugnis;
- Form der Probekörper (radiale oder parallele Schnittebenen);
- Dicke der Probekörper in mm (Nennmaß);
- Breite der Probekörper in mm;
- Anzahl der Probekörper;
- Art der Prüfung (z. B. Seitenbiegeversuch);
- Prüfklima;
- Prüfgeschwindigkeit in mm/min;
- Werte der Biegewege oder Biegewinkel;
- Versagensart, ggf. Bruchverlauf;
- Prüfdatum.

5. Schrifttum

5.1. Regelwerk

DIN 50014	Normalklimate für Vorbehandlung und/oder Prüfung - Festlegungen
DIN EN ISO 178	Kunststoffe - Bestimmung der Biegeeigenschaften
Richtlinie DVS 2203-1 BB3	Prüfen von Schweißverbindungen an Tafeln und Rohren aus thermoplastischen Kunststoffen - Anforderungen im technologischen Biegeversuch - Biegewinkel/Biegeweg

DVS – DEUTSCHER VERBAND FÜR SCHWEISSEN UND VERWANDTE VERFAHREN E.V.	Prüfen von Fügeverbindungen aus polymeren Werkstoffen Scher- und Schälversuche	DVS Richtlinie DVS 2203-6

Prüfen von Fügeverbindungen aus polymeren Werkstoffen

Scher- und Schälversuche

Inhalt:

1 Geltungsbereich

Diese Richtlinie gibt eine Übersicht über die Scher- und Schälversuche von Fügeverbindungen aus polymeren Werkstoffen.

2 Übersichtsliste der Schäl- und Scherversuche:

Versuch		Fügeverfahren*	Werkstoffe*	Anwendung	Normen und Richtlinien
Schälversuche	Schältrennversuch	HM	PE	Rohre	ISO 13 954
		HD	PE, PP, PB; PVDF	Rohre	DIN EN 12814-4
	Schälversuch	HH, WE, WU Diffusions- und Adhäsionskleben	PE, PP, PVC-P, ECB, E-VA, EPDM, CR, NBR, CSM, IIR PVC-P	Bahnen	DVS 2225-2 DIN EN 12316-2 DVS 2226-3 DIN EN 12316-2
	radialer Schälversuch manuell	HM, HD	PB, PE, PE-X, PP, PVDF	Rohre	DVS 2203-6 BB1 DVS 2212-1
	manueller Schälversuch	HM	PE (Mantelrohre)	Rohre	DVS 2207-5
			PE, PP, PB; PVDF, PE-X	Rohre	DIN EN 12814-4
	Rollenschälversuch	Klebverbindungen	–	Tafeln Bahnen	DIN EN 1464 DVS 2203-6 BB 2
Scherversuche	Torsionsscherversuch manuell	HM, HD	PB, PE, PE-X, PP, PVDF	Rohre	DVS 2203-6 BB1, DVS 2212-1
	Torsionsscherversuch maschinell	HM, HD	PB, PE, PE-X, PP, PVDF	Rohre	DVS 2203-6 BB1
	Ringscherversuch	Klebeverbindungen	PVC-U, PVC-C, ABS, PS, Faserverbund	Rohre	DVS 2204-1, -3, -5 EN ISO 9311-2 DVS 2203-6 BB 2
		Überlaminat-verbindungen	Faserverbund	Rohre	DIN 53769-1
	Segmentscherversuch	Überlaminat-verbindungen Klebeverbindungen	Faserverbund	Rohre	DIN 53769-1
	Zugscherversuch	Klebeverbindungen	PVC-U, PVC-C, ABS, PS, Faserverbund	Rohre Tafeln	DVS 2204-1, -3, -5 DVS 2203-6 BB 2 DIN EN 1465
		Überlaminat-verbindungen	Faserverbund	Rohre Tafeln	DIN EN ISO 527-4
	Druckscherversuch	Klebeverbindungen	PVC-U, PVC-C, ABS, PS	Rohre	DIN 16970 DIN EN ISO 9311-2 DVS 2203-6, BB 2
	Zugscherversuch	HH, WE, WU,	PE, PP, PVC-P, ECB, E-VA, EPDM, CR, NBR, CSM, IIR, PVC-P	Bahnen	DVS 2226-2 DIN EN 12317-2

* Abkürzungen: siehe nachfolgende Tabelle

DVS, Ausschuss für Technik, Arbeitsgruppe „Fügen von Kunststoffen"

Bezug: Verlag für Schweißen und verwandte Verfahren DVS-Verlag GmbH, Postfach 10 19 65, 40010 Düsseldorf, Telefon (02 11) 15 91-0, Telefax (02 11) 1591-150

Fügeverfahren	
HD	Heizelementmuffenschweißen
HH	Heizkeilschweißen
HM	Heizwendelschweißen
WE	Warmgasextrusionsschweißen
WU	Warmgasüberlappschweißen
Werkstoffe	
ABS	Acrylnitril-Butadien-Styrol
CR	Chloropren-Kautschuk
CSM	chlorsulfoniertes Polythylen
ECB	Ethylen-Cop.-Bitumen
EPDM	Ethylen-Propylen-Terpolymer
EVA	Etylen-Vinylacetat
IIR	Butylkautschuk
NBR	Nitrilkautschuk
PB	Polybuten
PE	Polyethylen
PE-X	vernetztes Polyethylen
PP	Polypropylen
PS	Polystyrol
PVC-U	Polyvinylchlorid ohne Weichmacher
PVC-P	Polyvinylchlorid mit Weichmachern
PVC-C	Chloriertes Polyvinylchlorid
PVDF	Polyvinylidenfluorid

3 Mitgeltende Normen und Richtlinien

DIN 16970	Klebstoffe zum Verbinden von Rohren und Rohrleitungsteilen aus PVC hart – Allgemeine Güteanforderungen und Prüfungen
DIN 53769-1	Prüfung von Rohrleitungen aus glasfaserverstärkten Kunststoffen – Bestimmung der Haft-Scherfestigkeit von Rohrleitungsteilen entsprechend Rohrtyp B
DIN EN 1464	Klebstoffe – Bestimmung des Schälwiderstandes von hochfesten Klebungen – Rollenschälversuch
DIN EN 1465	Klebstoffe – Bestimmung der Zugscherfestigkeit hochfester Überlappungsklebungen
DIN EN 12316-2	Abdichtungsbahnen – Bestimmung des Schälwiderstandes der Fügenähte – Teil 2: Kunststoff- und Elastomerbahnen für Dachabdichtungen
DIN EN 12317-2	Abdichtungsbahnen – Bestimmung des Scherwiderstandes der Fügenähte – Teil 2: Kunststoff- und Elastomerbahnen für Dachabdichtungen
DIN EN 12814-4	Prüfen von Schweißverbindungen aus thermoplastischen Kunststoffen – Teil 4: Schälversuch
DIN EN ISO 527-4	Kunststoffe – Bestimmung der Zugeigenschaften – Teil 4: Prüfbedingungen für isotrop und anisotrop faserverstärkte Kunststoffverbundwerkstoffe
DIN EN ISO 9311-2	Klebstoffe für thermoplastische Rohrleitungssysteme – Teil 2: Bestimmung der Scherfestigkeit
ISO 13954	Kunststoffrohre und Formstücke – Schälfestigkeitsprüfung von Polyethylen- (PE) Elektroverbindungen von Nenndurchmesser größer oder gleich 90 mm
DVS 2204-3	Kleben von thermoplastischen Kunststoffen; Polystyrol und artverwandte Kunststoffe
DVS 2204-5	Kleben von Rohren und Formstücken aus thermoplastischen Kunststoffen – Chloriertes Polyvinylchlorid (PVC-C)
DVS 2205-5	Kleben von Rohren und Formstücken aus thermoplastischen Kunststoffen – Chloriertes Polyvinylchlorid (PVC-C)
DVS 2207-5	Schweißen von thermoplastischen Kunststoffen – Schweißen von PE-Mantelrohren – Rohre und Rohrleitungsteile
DVS 2212-1	Prüfung von Kunststoffschweißern – Prüfgruppen I und II
DVS 2225-2	Fügen von Dichtungsbahnen aus polymeren Werkstoffen im Erd- und Wasserbau – Baustellenprüfungen
DVS 2226-2	Prüfen von Fügeverbindungen an Dichtungsbahnen aus polymeren Werkstoffen – Zugscherversuch
DVS 2226-3	Prüfen von Fügeverbindungen an Dichtungsbahnen aus polymeren Werkstoffen – Schälversuch

August 2016

DVS VERBAND
DVS – Deutscher Verband
für Schweißen und
verwandte Verfahren e. V.

Richtlinie
DVS 2203-6 Beiblatt 1

Ersatz für Ausgabe
Januar 2008

Richtlinie DVS 2203-6 Beiblatt 1

Prüfen von Fügeverbindungen aus polymeren Werkstoffen – Torsionsscher-, Radialschäl- und Linearscherversuch für Heizwendel- und Heizelementmuffen-Schweißverbindungen

DVS, Ausschuss für Technik, Arbeitsgruppe "Fügen von Kunststoffen"

Bezug: DVS Media GmbH, Postfach 10 19 65, 40010 Düsseldorf, Telefon (0211) 1591-0, Telefax (0211) 1591-150

Inhalt:

1. Geltungsbereich

Die Scherversuche charakterisieren in Verbindung mit anderen Prüfungen die Qualität einer Schweißverbindung beim Heizwendelschweißen (HM) und Heizelementmuffenschweißen (HD). Die Beurteilung des Bruchverhaltens und des Bruchbildes ergeben eine Aussage über die Ausführung und die Qualität einer Schweißverbindung. Der manuelle Torsionsscherversuch und der Radialscherversuch eignen sich unter bestimmten Voraussetzungen auch für eine Überprüfung der Qualität der Schweißverbindung vor Ort.

Die unterschiedlichen Werkstoffe und ihre spezifischen Werkstoffeigenschaften beeinflussen die Qualität der Schweißverbindung bzw. das Bruchbild und sind bei der Beurteilung zu berücksichtigen. Beim Heizwendelschweißen (HM) und Heizelementmuffenschweißen (HD) werden üblicherweise die Werkstoffe PE (PE 63, PE 80, PE 100), PP, PB und PVDF verwendet. Auch Kombinationen mit anderen Werkstoffen, z. B. beim Heizwendelschweißen von Rohren aus PE-X und Formstücken aus PE 100, sind möglich.

Die in den Scherversuchen gewonnenen Ergebnisse sind nicht auf das Zeitstandverhalten einer Schweißverbindung übertragbar.

2. Probenentnahme

Die Probenvorbereitung hat einen erheblichen Einfluss auf die Prüfergebnisse. Deshalb ist darauf zu achten, dass Riefen, Kerben oder sonstige Beschädigungen an den Schnittflächen der Probenkörper vor der Prüfung entfernt werden. Die Schnittflächen müssen planparallel sein (Bild 1).

Die Herstellung der Probenkörper darf frühestens 12 Stunden nach der Schweißung erfolgen.

Für eine orientierende Baustellenprüfung kann die Herstellung der Probenkörper und die Prüfung auch zu einem früheren Zeitpunkt erfolgen. Dabei muss gewährleistet sein, dass die Probenkörper Umgebungstemperatur erreicht haben.

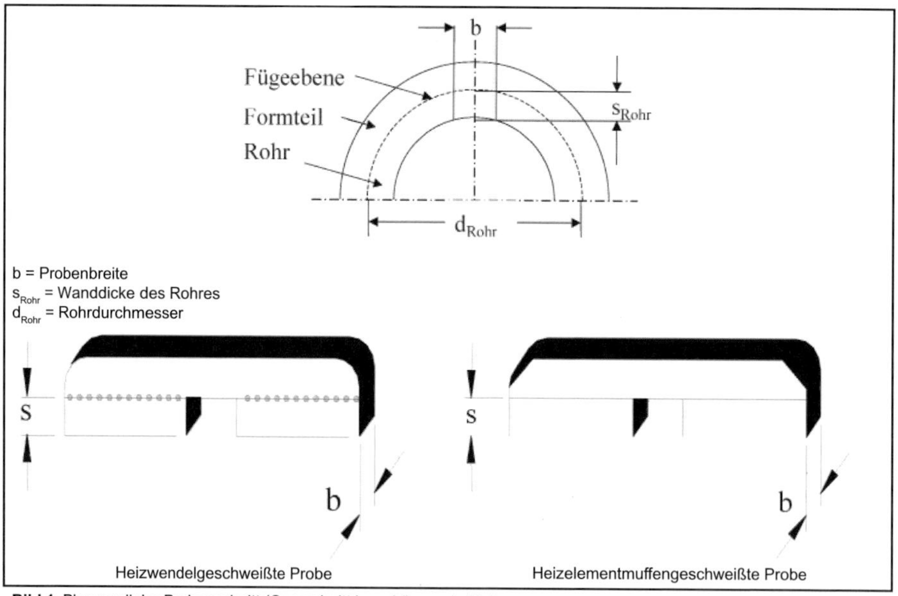

Bild 1. Planparalleler Probenschnitt (Querschnitt bzw. Längsschnitte).

Bild 2 und 3 zeigen die Entnahme der Probenkörper aus der heizwendel- bzw. heizelementmuffengeschweißten Verbindung. Die Probenkörper sind durch Längsteilung gleichmäßig über den Umfang verteilt zu entnehmen. Die Abmessungen und die Anzahl der Probenkörper sind in Tabelle 1 enthalten. Bei Anbohrarmaturen sind die Probenkörper gemäß Bild 3 zu entnehmen.

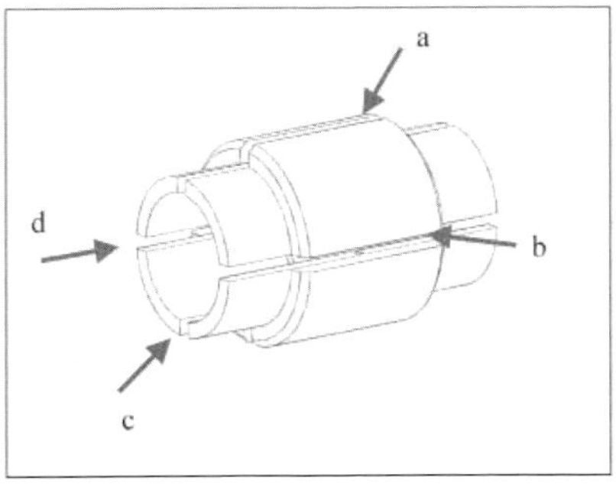

Bild 2. Entnahmepositionen (a bis d) der Probenkörper bei heizwendel- und heizelementmuffengeschweißten Verbindungen (gilt nicht für Anbohrarmaturen).

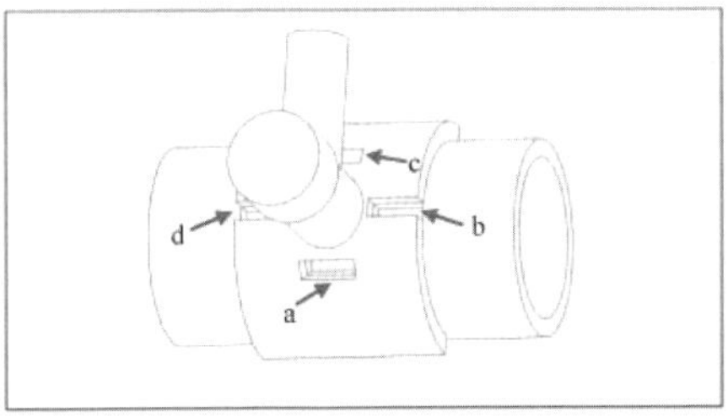

Bild 3. Probenkörperentnahme (a bis d) bei Anbohrarmaturen für den Torsionsscherversuch (TSV), den Linearscherversuch (LSV) und den Radialscherversuch (RSV).

Tabelle 1. Abmessungen und Mindestanzahl der Probenkörper beim Heizwendel- und Heizelementmuffenschweißen.

Rohrdurchmesser in mm	Probenkörperbreite b in mm*	Probenkörperlänge in mm	Mindestanzahl der Probenkörper über den Umfang verteilt**
32 ≤ Ø ≤ 63	3,0 ± 1,0 (≤ 5*)	≥ Fügezonenlänge	2
63 < Ø ≤ 225	4,0 ± 1,0 (≤ 10*)	≥ Fügezonenlänge	4
Ø > 225	4,0 ± 1,0 (≤ 10*)	≥ Fügezonenlänge	6

* im Rahmen von orientierenden Baustellenprüfungen zulässige Maximalwerte für den Torsionsscherversuch
** bei Anbohrarmaturen sind jeweils 4 Probekörper nach Bild 3 zu entnehmen

3. Versuchsdurchführung

Grundsätzlich müssen die Probenkörper für die Prüfung Raumtemperatur erreicht haben. Die Prüfung muss bei Raumtemperatur erfolgen. Orientierende Baustellenprüfungen können bei Umgebungstemperatur erfolgen, diese ist bei der Beurteilung zu berücksichtigen und zu dokumentieren.

3.1. Manueller Torsionsscherversuch (TSV)

Zur Prüfung wird der Probenkörper so in einen Schraubstock gespannt, dass die Fügeebene knapp außerhalb und parallel zum Einspannbereich liegt. Die einzelnen Segmente werden mit einem geeigneten, nicht scharfkantigen Werkzeug über die gesamte Fügelänge gefasst und dann in der Fügeebene um mindestens 90° gedreht. Dabei muss die Drehgeschwindigkeit gleichmäßig und sehr niedrig sein (ca. 5 bis 10 Sekunden für 90°), um ihren Einfluss auf das Bruchverhalten weitgehend auszuschalten. Die Spannflächen sollten leicht hinterschnitten sein (maximal 2°), um das Torsionsmoment gezielt in die Fügeebene einbringen zu können.

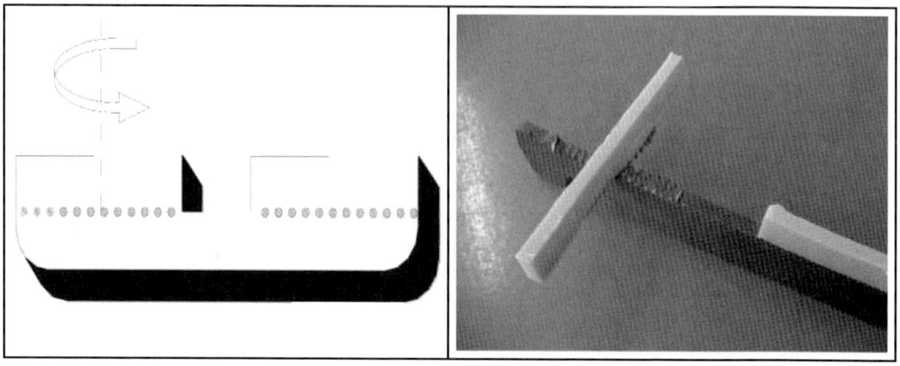

Bild 4. Manueller Torsionsscherversuch (TSV).

3.2. Radialschälversuch (RSV)

Zur Prüfung ist der Probenkörper so in einen Schraubstock einzuspannen, dass die Fügeebene knapp außerhalb des Einspannbereiches liegt (siehe Bild 5). Die einzelnen Segmente sind mit einem geeigneten, nicht scharfkantigen Werkzeug zu fassen und dann mit möglichst gleichmäßiger Geschwindigkeit radial zu schälen (ca. 2 Sekunden für 90°). Es kann erforderlich sein, das Werkzeug mehrfach anzusetzen. Die Spannflächen sollten leicht hinterschnitten sein (maximal 2°), um die Schälkraft gezielt in die Fügeebene einbringen zu können.

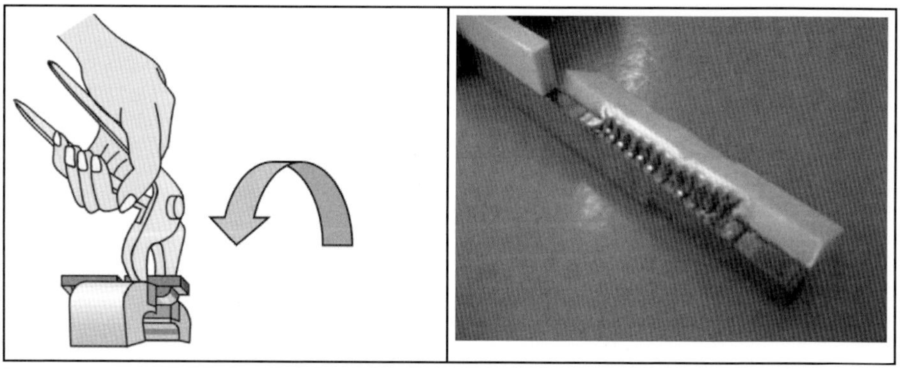

Bild 5. Radialschälversuch (RSV) für heizwendel- und heizelementmuffengeschweißte Verbindungen.

3.3. Maschineller Linearscherversuch (LSV)

Beim maschinellen Linearscherversuch (Bild 6) wird der Probekörper mit einer gleichmäßigen Prüfgeschwindigkeit linear geschert. Die Probenhalterung muss so beschaffen sein und die Einspannkraft so gewählt werden, dass die Probenkörper nicht beschädigt oder gequetscht werden. Während der Prüfung darf der Probekörper nicht aus der Halterung rutschen. Der Prüfspalt muss stufenlos den Probekörperabmaßen angepasst werden können und möglichst klein gewählt werden. Während der gesamten Prüfung müssen sich allerdings alle sichtbaren Heizwendeln und die Fügeebene komplett im Prüfspalt befinden (Bild 7). Ist die Schweißnahtlänge größer als die Einspannlänge der Probenhalterung, kann der Probenkörper auch geteilt geprüft werden. Die Scherung erfolgt solange, bis die gesamte Fügeebene bzw. Heizwendelebene geschert wurde und keine Verbindung des Rohres zur Muffe mehr vorhanden ist (Bild 8). Die Prüfgeschwindigkeit muss dabei dem Material angepasst werden. Die Schergeschwindigkeiten werden gemäß dem Zugversuch nach Richtlinie DVS 2203-2 gewählt (z. B. PE-HD: 50 mm/min bzw. PP: 20 mm/min).

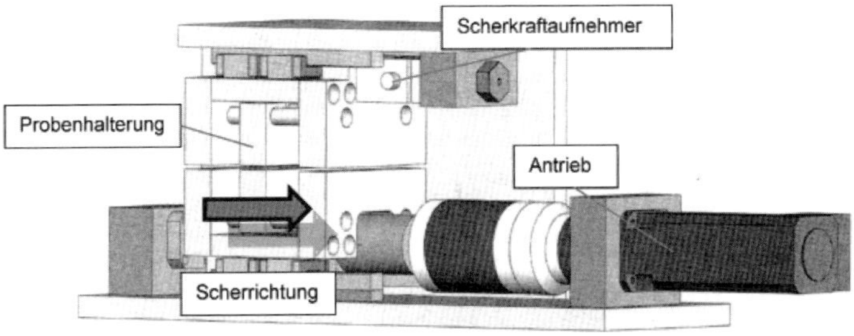

Bild 6. Prinzipieller Versuchsaufbau beim Linearscherversuch (LSV).

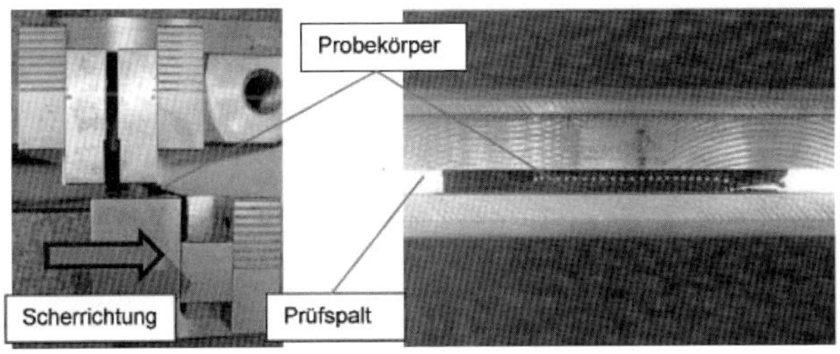

Bild 7. Beispiel einer Probekörperhalterung.

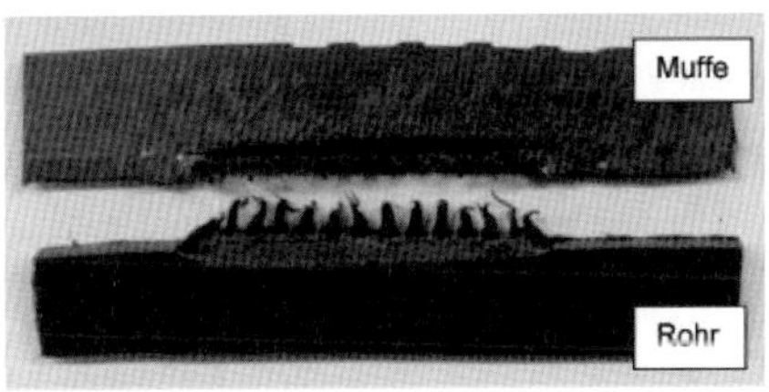

Bild 8. Geprüfter Probekörper.

Bei der Bewertung sind die Bruchflächen entsprechend ihres Aussehens zu beurteilen (siehe Kapitel 4 Bewertung).

Wichtigste Einflussgrößen auf die Prüfung

Die Kurvenverläufe können sich dabei je nach Material, Probekörpermaßen und Prüfbedingung unterscheiden.

Einflussgröße	**Einfluss auf die Prüfung**
Material	Einfluss auf die maximale Scherspannung und den Dehnungsverlauf
Fügefläche	Einfluss auf die Scherkraft und den Dehnungsverlauf
Prüfspalt	Änderung des Dehnungsverlaufs
Anzahl und Durchmesser der Wendeln	Änderung des Kraft- und Dehnungsverlaufs. Einfluss bei der Berechnung der Scherspannung
Einspannkraft	Bruch an der Einspannung durch Querschnittsreduzierung bei zu großer Klemmkraft. Herausrutschen der Probekörper bei zu geringer Klemmkraft

Für eine ideale Bewertung bzw. Gegenüberstellung von Schweißverbindungen sind die Einflussgrößen auf die Prüfung so reproduzierbar wie möglich zu halten.

4. Bewertung

Bei der Bewertung sind die Bruchflächen entsprechend ihres Aussehens zu beurteilen. Es werden prinzipiell spröde (glatte) und duktile (verstreckte) Bruchflächen unterschieden (siehe Bilder 9 und 10). Die prozentualen Anteile dieser Bruchflächenarten (ohne Berücksichtigung der Heizwendelflächen) sind zu bestimmen. Die Anforderungen sind in Richtlinie DVS 2203-1, Beiblatt 4, festgelegt. Die Bewertung von Fehlern, wie Blasen, Lunker, Fremdeinschlüsse, verschobene Heizwendel, erfolgt nach Richtlinie DVS 2202 Beiblatt 2 für Heizwendelschweißungen bzw. Richtlinie DVS 2202 Beiblatt 3 für Heizelementmuffenschweißungen.

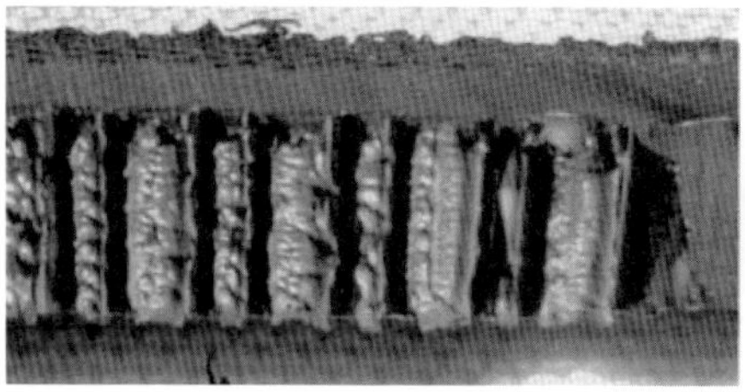

Bild 9. Beispiel einer duktilen Bruchfläche für PE*.

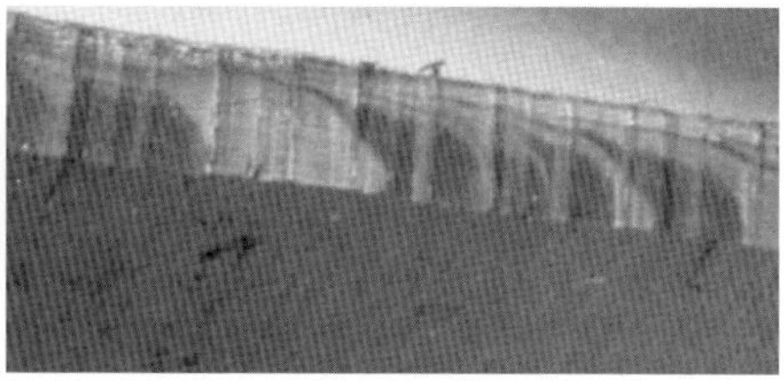

Bild 10. Beispiel einer glatten Bruchfläche für PE*.

* Typische Bruchbilder für die einzelnen Werkstoffe sind in Richtlinie DVS 2203-1, Beiblatt 4, enthalten.

Zusätzliche mögliche Bewertung des maschinellen Linearscherversuches

Es besteht neben der visuellen Beurteilung die Möglichkeit, mittels einer Kraftmessdose und einer Wegerfassung die Scherkraft und Dehnung bis zum Bruch quantitativ zu erfassen. Somit können Schweißnahtverbindungen von geometrisch vergleichbaren Prüfkörpern direkt verglichen werden.

Hierfür kann eine Messkurve einer idealen Schweißverbindung oder des Grundmaterials als Referenz aufgezeichnet werden und einer Schweißverbindung gegenübergestellt werden (Bild 11).

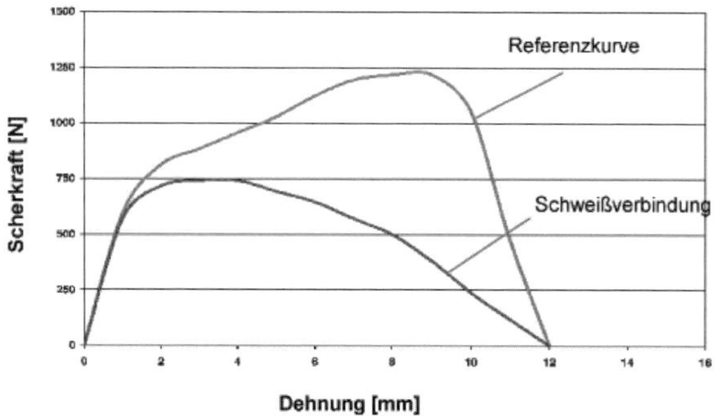

Bild 11. Beispiel eines Vergleichs des Scherkraftverlaufs einer Referenzkurve (z. B. ideale Schweißung) und einer n. i. O. Schweißverbindung.

Ein direkter Vergleich ist ausschließlich für Probenkörper mit vergleichbaren Probekörpermaßen (z. B. Länge, Dicke und Breite) und unter gleichen Prüfbedingungen (z. B. Prüfspalt, Einspannung und Schergeschwindigkeit) möglich. Für eine Gegenüberstellung kann ebenfalls eine Berechnung der Scherspannungen erfolgen.

$$\sigma_s = \frac{F_s}{A_s}$$

σ_s: Scherspannung
F_s: Scherkraft
A_s: Scherfläche
$A_s = l_F \times b_F - n_{HW} \times \varnothing_{HW} \times b_F$
l_F: Fügezonenlänge
b_F: Fügezonenbreite
n_{HW}: Anzahl der Heizwendeln
$\varnothing_{HW}$: Durchmesser der Heizwendeln

Die Schweißfläche wird von den Muffenherstellern angegeben und ist durch geeignete Messmittel zu überprüfen. Die Scherfläche wird abzüglich der Fläche der Heizwendeln angegeben. Unter idealen Schweißbedingungen werden für Schweißverbindungen mit den Durchmessern D32, D63, D110 und D250 aus PE-HD von verschiedenen Rohr- und Heizwendelmuffenherstellern maximale Spannungen von > 15 N/mm² erreicht.

Für die Bewertung der Scherkurven wird der gesamte Verlauf betrachtet und Abweichungen im Dehnungsverlauf und der maximalen Scherkraft bzw. Scherspannung dokumentiert. Der Kurvenverlauf kann Aussagen über das Dehnungsverhalten (spröde/duktil) und die maximale Scherkraft einer Schweißverbindung ermöglichen.

Der LSV kann auch für Muffenschweißungen und weitere Probekörpergeometrien sowie für andere Fügeverfahren (z. B. Kleben, Heizelementstumpf-, Infrarot-, Laserdurchstrahl-, Ultraschall- sowie Vibrationsschweißen) angewendet werden.

5. Prüfbericht

Im Prüfbericht sind unter Hinweis auf diese Richtlinie mindestens anzugeben:

- Art, Lieferform und Kennzeichnung der Bauteile
- Angaben über Schweißdatum, Entnahmeort, ausführende Firma, Schweißer, Schweißverfahren, Schweißparameter (Schweißprotokoll)
- Anzahl und Lage der Probenkörper
- Probenkörperabmaße (Wanddicke, Länge und Breite der Fügeebene)
- Temperatur/Luftfeuchte bei der Prüfung
- Beurteilung des Bruchbildes (Bestimmung der prozentualen Bruchflächenarten ohne den Anteil der Heizwendelflächen) und Bewertung nach Richtlinie DVS 2203-1, Beiblatt 4
- Prüfdatum, Name und Unterschrift des Prüfers

6. Schrifttum

6.1. Regelwerk

Richtlinie DVS 2202	Bewertung von Schweißverbindungen aus thermoplastischen Kunststoffen
Richtlinie DVS 2203-1	Prüfen von Schweißverbindungen an Tafeln und Rohren aus thermoplastischen Kunststoffen; Prüfverfahren – Anforderungen
Richtlinie DVS 2203-2	Prüfen von Schweißverbindungen aus thermoplastischen Kunststoffen; Zugversuch
Richtlinie DVS 2203-4	Prüfen von Schweißverbindungen an Tafeln und Rohren aus thermoplastischen Kunststoffen; Zeitstand-Zugversuch

Richtlinie DVS 2207-1	Schweißen von thermoplastischen Kunststoffen; Heizelementschweißen von Rohren, Rohrleitungsteilen und Tafeln aus PE-HD
Richtlinie DVS 2207-5	Schweißen von thermoplastischen Kunststoffen; Schweißen von PE-Mantelrohren; Rohre und Rohrleitungsteile
Richtlinie DVS 2207-11	Schweißen von thermoplastischen Kunststoffen; Heizelementschweißen von Rohren, Rohrleitungsteilen und Tafeln aus PP
Richtlinie DVS 2207-15	Schweißen von thermoplastischen Kunststoffen; Heizelementschweißen von Rohren, Rohrleitungsteilen und Tafeln aus PVDF
Richtlinie DVS 2212-1	Prüfung von Kunststoffschweißern, Prüfgruppe I und II

7. Anhang

7.1. Erläuterungen

Dieses Beiblatt soll die bisher in anderen Richtlinien (z. B. DVS 2212-1, DVS 2207-1, DVS 2207-15) enthaltenen Schäl- und Scherversuche zusammenfassen.

7.2. Beispiel eines Prüfberichtes

Prüfbericht: Torsionsscher- (TSV), Radialschäl- (RSV) und Linearscherversuch (LSV)						
Firma:						
Name des Schweißers:						
Entnahme:						
Entnahmeort/Baustelle:						
Rohre: Kennzeichnung						
Rohre: Werkstoff						
Formteil: Kennzeichnung						
Formteil: Werkstoff						
Schweißverfahren:						
Probenkörperherstellung:						
Wanddicke der Rohre in mm: (Nennmaß)						
Durchmesser der Rohre in mm: (Nennmaß)						
Lage der Probenkörper („Uhrzeit") einzeichnen:	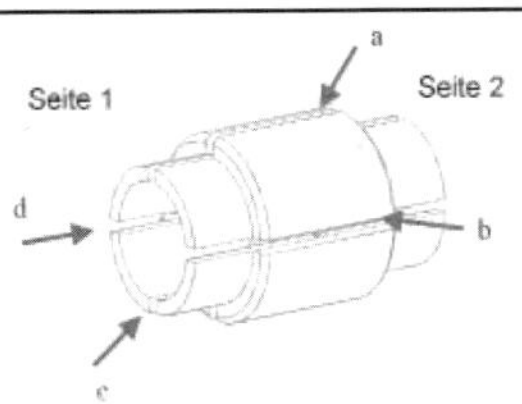			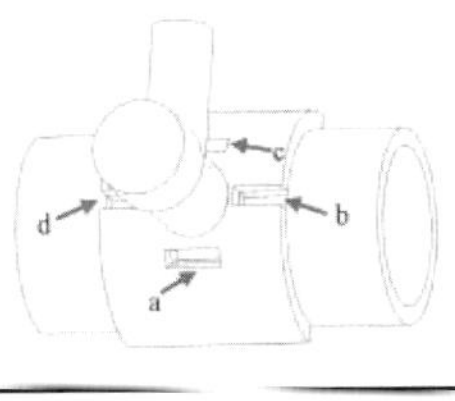		
Anzahl der Probenkörper:						
Probenkörperbreite: Seite 1 in mm (Istmaße) Seite 2	a. a.	b. b.	c. c.	d. d.	e. e.	f. f.
Länge der Fügezonen: Seite 1 in mm (Istmaße) Seite 2	a. a.	b. b.	c. c.	d. d.	e. e.	f. f.
Prüfung:						
Prüftemperatur/ Luftfeuchte:						
Prüfgerät/ Prüfverfahren: Kennzeichnung:	☐ TSV		☐ RSV		☐ LSV	
Prüfergebnisse:						
Anteil der duktilen Flächen Seite 1 in %: Seite 2 (ohne Heizwendelflächen)	a. a.	b. b.	c. c.	d. d.	e. e.	f. f.
Bemerkungen:						
Datum:		Name: Unterschrift:				

Seite 10

DVS – DEUTSCHER VERBAND FÜR SCHWEISSEN UND VERWANDTE VERFAHREN E.V.	Prüfen von Fügeverbindungen aus polymeren Werkstoffen Prüfen von Klebeverbindungen im Scher- und Schäl-Versuch	DVS Richtlinie DVS 2203-6 Beiblatt 2

Inhalt:

1 Geltungsbereich

Dieses Beiblatt behandelt das Prüfen von Klebeverbindungen polymerer Werkstoffe miteinander und mit anderen Werkstoffen mittels Scher- und Schälversuchen.

2 Beanspruchungsarten

Die auf eine Klebung einwirkenden Kräfte treten in der Regel in Form von Zug-, Scher- oder Schälbeanspruchungen auf (Bild 1). Schälbeanspruchungen sind durch konstruktive Maßnahmen auf ein Minimum zu reduzieren.

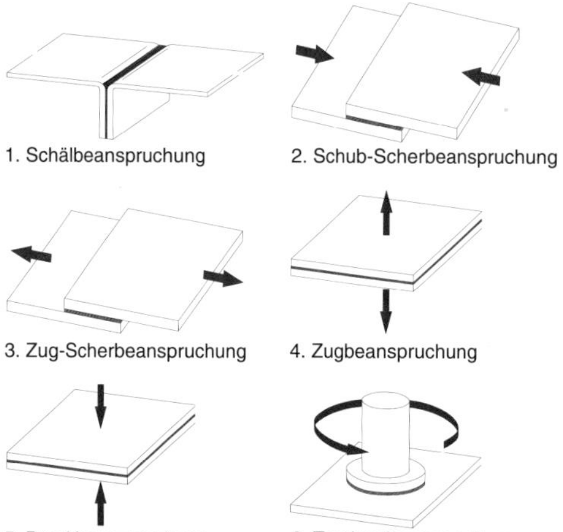

Bild 1. Beanspruchungsarten.

3 Prüfungen

Prüfungen an Klebverbindungen haben meistens verschiedene Zielsetzungen.

Nachfolgend sind einige genannt:

- Ermitteln der für eine bestimmte Klebeaufgabe geeigneten Klebeausführung und Klebstoffs,
- Ermitteln der für eine Klebeaufgabe erforderlichen Festigkeitswerte (Maximal-, Langzeitfestigkeitsverhalten)
- Ermitteln des Verformungsverhaltens einer Klebung gegenüber äußeren Kräften,
- Ermitteln des Verhaltens der Klebung unter praxisnahen Betriebsbedingungen (Festigkeit, Temperatur, Medien usw.)
- Ermitteln des Klebstoff-/materialspezifischen optimalen Vorbehandlungsverfahrens (Reinigen, Aufrauen, Beizen usw.)
- Ermitteln geeigneter Applikationsverfahren für den Klebvorgang
- Weiterentwicklung einer Klebstoffrezeptur für Spezialanwendungen in Absprache des Anwenders mit dem Klebstoffhersteller
- Überprüfung der Klebausführung nach DVS 2221

3.1 Art und Aufbau

Die Probekörper können entweder in der Form von Einzelproben hergestellt oder aus flächigen Probeklebungen herausgeschnitten werden. Beim Kleben von Einzelproben benutzt man Fixiervorrichtungen, um reproduzierbare Klebeverbindungen zu erzielen. Pro Prüfung sind für eine ausreichende statistische Erfassung mindestens fünf Probekörper erforderlich.

Zur Ermittlung der zu erwartenden Eigenschaften und des Verhaltens einer Klebeverbindung dienen nachfolgend beschriebene Prüfmethoden. Die zu prüfende Überlapplänge $l_{ü}$ ist werkstoff-, klebstoff- und dickenabhängig. Sie beträgt üblicherweise 10 mm.

3.2 Zug-Scherversuch

Beim Zug-Scherversuch werden nachfolgend näher beschriebene Proben verwendet:

<u>Einfach überlappt geklebte Zug-Scherprobe</u>
Bei der einfach überlappt geklebten Zug-Scherprobe ist das auftretende Biegemoment zu berücksichtigen, das den Messwert durch Randschälkräfte beeinflusst.

DVS, Ausschuss für Technik, Arbeitsgruppe „Fügen von Kunststoffen"

Bezug: Verlag für Schweißen und verwandte Verfahren DVS-Verlag GmbH, Postfach 10 19 65, 40010 Düsseldorf, Telefon (02 11) 15 91-0, Telefax (02 11) 15 91-150

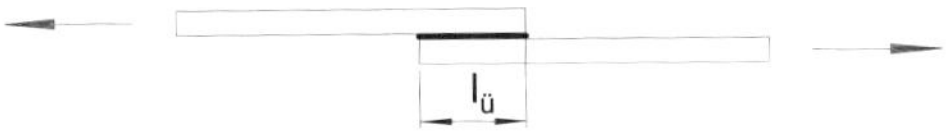

Bild 2. Zug-Scherprobe, überlappt geklebt.

Streifenförmige Zug-Scherprobe aus einer Flächenklebung
Flächige Probeklebungen sind rationeller und sicherer herzustellen, erfordern aber das vorsichtige Herausschneiden der Zug-Scherproben. Bild 3 zeigt die Seitenansicht einer streifenförmigen Zug-Scherprobe, die aus einer Flächenklebung herausgeschnitten wurde. Charakteristisch sind die zwei Sägeschnitte, welche die Prüflänge $l_ü$ eingrenzen.

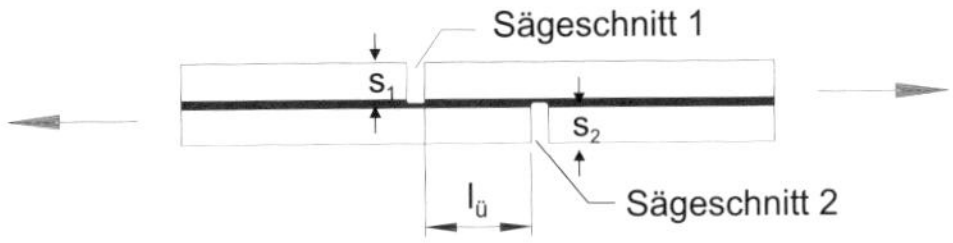

Bild 3. Zug-Scherprobe aus einer Flächenklebung, Überlappungslänge durch Sägeschnitte begrenzt.

Doppelt gelaschte Zug-Scherprobe
Bei der doppelt gelaschten Zug-Scherprobe wirken zwei gleiche Biegemomente gegeneinander, so dass keine zusätzlichen Schälkräfte auftreten.

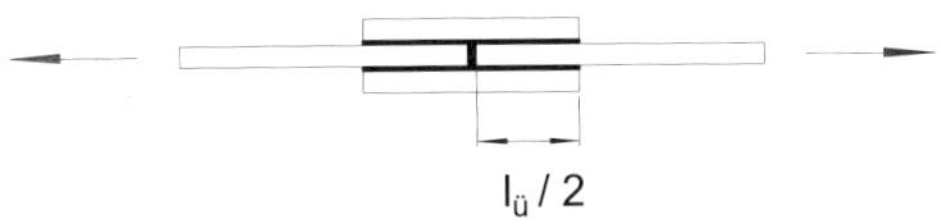

Bild 4. Zug-Scherprobe, doppelt gelascht.

3.3 Druck-Scherversuch

Beim Druck-Scherversuch werden die Scherkräfte in der Klebefläche durch Druck auf einen der geklebten Fügepartner aufgebracht. Nachstehend sind einige gebräuchliche Prüfanordnungen dargestellt.

Druck-Scherversuch (Compression Shear test) nach ASTM D 2564-02
Dieser Versuch nach ASTM D 2564-2 eignet sich für PVC-Klebverbindungen.

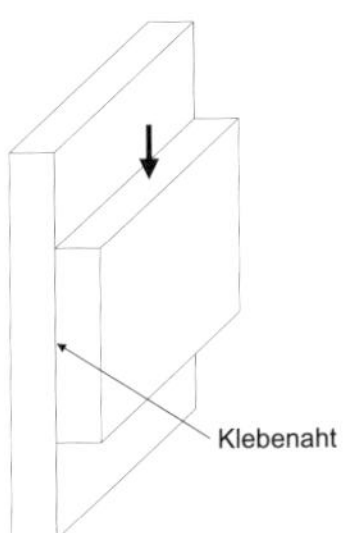

Bild 5. Druck-Scherversuch nach ASTM D 2564-02.

Rohr-Muffe-Klebeprüfung
Für Rohr-Muffe-Klebungen mit zylindrischer Klebfläche eignet sich die Scherprobe nach DIN 16970 (Bild 6), bzw. nach DIN EN ISO 9311-2.

Die Prüfgeschwindigkeit beträgt (5 ± 0,5) mm/min. Die größte Kraft bei der die Klebeverbindung versagt ist aufzuzeichnen.

Die Scherfestigkeit „S" in MPa für jede geklebte Probe wird nach der folgenden Gleichung berechnet:

$$S = \frac{F}{\pi d l}$$

Dabei ist:

„F" die Maximalkraft in Newton
„d" der Innendurchmesser des Formteils in Millimeter
„l" die Länge der miteinander verbundenen Teile in Millimeter

Die Scherfestigkeit ist das arithmetische Mittel der Ergebnisse aus fünf Prüfungen.

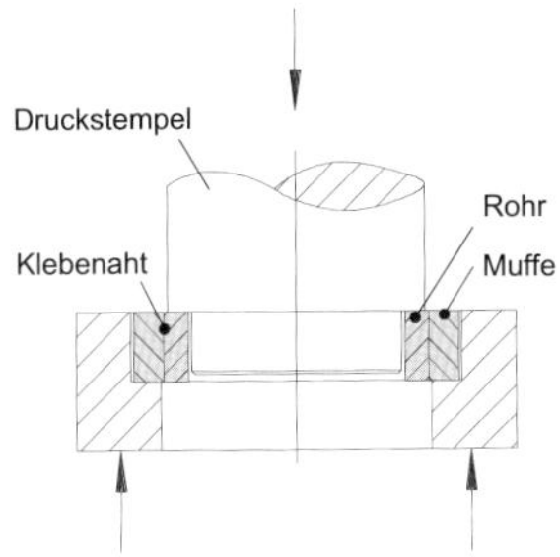

Bild 6. Scherversuch nach DIN 16970. Rohr-Muffe-Klebung oder ähnlich geklebte Bauteile werden mit dem Druckbalken einer Prüfmaschine oder auf einer Presse auf Scherung geprüft.

3.4 Schälversuch

Bei dünnen, flexiblen Werkstoffen erfolgen Prüfung und Beurteilung häufig anhand von Schälproben im „Rollenschälversuch" nach DIN EN 1464 (Bild 7).

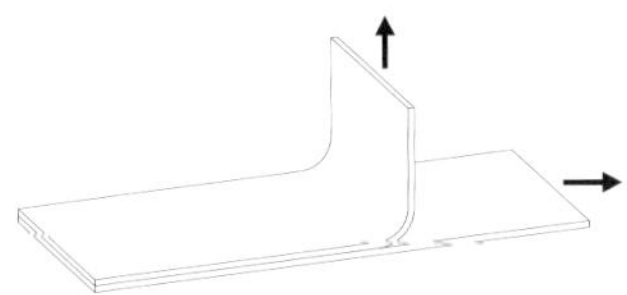

Bild 7. Probekörper für Rollenschälversuch.

4 Beurteilung

Grundsätzlich wird zwischen einer qualitativen und einer quantitativen Auswertung unterschieden.

Qualitative Auswertung:

Die Bruchbilder sind je nach Art des Klebstoffes nach DIN EN ISO 10365 bzw. DVS 2221 auszuwerten.

Quantitative Auswertung:
Aus den gemessenen Scher- bzw. Schälkräften wird über die Probengeometrie ein Scher- bzw. Schälwiderstand oder eine -festigkeit bestimmt. Dazu wird die gemessene Maximalkraft durch die Probenbreite (Widerstand) oder die verklebte Fläche (Festigkeit) geteilt (je nach angewendeter Norm unterschiedlich).

5 Mitgeltende Normen und Richtlinien

ASTM D 2564	Standard Specification for Solvent Cements for Poly(Vinyl Chloride) (PVC) Plastic Piping Systems
DIN 16970	Klebstoffe zum Verbinden von Rohren und Rohrleitungsteilen aus PVC hart; Allgemeine Güteanforderungen und Prüfungen
DIN EN 1464	Klebstoffe – Bestimmung des Schälwiderstandes von hochfesten Klebungen – Rollenschälversuch
DIN EN 1465	Klebstoffe – Bestimmung der Zugscherfestigkeit hochfester Überlappungsklebungen

DIN EN 26922	Klebstoffe; Bestimmung der Zugfestigkeit von Stumpfklebungen
DIN EN 28510-1	Klebstoffe; Schälprüfung für flexibel/starr geklebte Proben; Teil 1: 90°-Schälversuch
DIN EN 28510-2	Klebstoffe; Schälprüfung für flexibel/starr geklebte Proben; Teil 2: 180°-Schälversuch
DIN EN ISO 9311-2	Klebstoffe für thermoplastische Rohrleitungssysteme; Teil 2: Bestimmung der Scherfestigkeit
DIN EN ISO 9653	Klebstoffe – Prüfverfahren für die Scherschlagfestigkeit von Klebungen
DIN EN ISO 10365	Klebstoffe – Bezeichnung der wichtigsten Bruchbilder
ISO 4578	Adhesives – Determination of peel resistance of high-strength adhesive bonds – Floating-roller method (Klebstoffe – Bestimmung des Schälwiderstandes von hochfesten Klebeverbindungen – Rollen-Schälverfahren)
DVS 2221-1	Prüfung von Kunststoffklebern – Prüfgruppe I – Rohr-/Muffenverbindungen aus PVC-U, PVC-C und ABS mit lösenden Klebstoffen
KRV Klebanleitung PVC-Druckleitungen	Kunststoffrohrverband (KRV) e.V., Kennedyallee 1-5, 53175 Bonn

DVS VERBAND

Richtlinie
DVS 2204

Ersetzt Ausgabe
DVS 2204-3 Ausgabe März 2016,
DVS 2204-4 Ausgabe Dezember 2011 und
DVS 2204-5 Ausgabe März 2013

Richtlinie DVS 2204

Kleben von Rohren und Rohrleitungsteilen aus thermoplastischen Kunststoffen – Polyvinylchlorid (PVC-U), Chloriertes Polyvinylchlorid (PVC-C) und Acrylnitril-Butadien-Styrol (ABS)

Ausschuss für Technik im DVS

Arbeitsgruppe W 4 „Fügen von Kunststoffen“

Untergruppe W 4.2 „Kleben von thermoplastischen Kunststoffen im Rohrleitungs- und Anlagenbau“

Bezug: DVS Media GmbH, Postfach 10 19 65, 40010 Düsseldorf, Telefon: (0211) 1591-0, E-Mail: media@dvs-media.info

Inhalt

1. Geltungsbereich

Diese Richtlinie gilt für das Kleben von Rohren und Rohrleitungsteilen aus Polyvinylchlorid (PVC-U), Chloriertem Polyvinylchlorid (PVC-C) und Acrylnitril-Butadien-Styrol (ABS) gemäß den Normen EN 1329 (PVC-U), EN ISO 1452 (PVC-U), EN 1455 (ABS), EN 1566 (PVC-C) und EN ISO 15493 (PVC-U, PVC-C und ABS) und EN ISO 15877 (PVC-C).

Diese Richtlinie führt die bisherigen Richtlinien DVS 2204-3, -4, -5 zusammen. Die Richtlinie DVS 2204-1 wird ersatzlos zurückgezogen. Die Grundlagen zum Kleben thermoplastischer Kunststoffe sind der Fachliteratur zu entnehmen.

Die in dieser Richtlinie beschriebenen Arbeiten sind durch qualifiziertes Personal z. B. gemäß Richtlinie DVS 2221 durchzuführen.

2. Klebstoffe

Es sind nur solche Klebstoffe zu verwenden, die vom Hersteller für das Kleben von Rohren und Formstücken gemäss Punkt 1 vorgesehen und entsprechend deklariert sind.

Die Klebstoffe müssen der EN 14814 (Klebstoffe für Druckrohrleitungssysteme aus thermoplastischen Kunstoffen für Fluide) bzw. der EN 14680 (Klebstoffe für drucklose thermoplastische Rohrleitungssysteme) entsprechen. Zur Klebung können lösemittelhaltige (2.1) sowie reaktive (2.2) Klebstoffe verwendet werden. Das Fügen erfolgt „nass in nass“, d. h. die Bauteile werden nach dem Klebstoffauftrag innerhalb der offenen Zeit (Verarbeitungszeit) gefügt.

Die Auswahl des Klebstoffes richtet sich nach:

- zu klebenden Werkstoffen,
- Abmessung und Toleranz der Fügeteile,
- mechanische und thermische Belastungen,
- erwartete Medieneinwirkung,
- benötigte Zulassung bei Kontakt mit Trinkwasser

2.1. Lösemittelhaltige Klebstoffe

Das Prinzip der Klebung beruht auf der guten Anlösbarkeit von PVC und ABS durch die Lösemittel des Klebstoffes. Die Lösemittel diffundieren in die Fügeflächen ein, lösen Molekularbewegungen aus und führen nach ihrem Entweichen zu festen und dauerhaften Verbindungen zwischen den Fügeteilen. Die ausgehärteten Klebverbindungen (siehe Herstellerangaben!) haben in der Regel eine vergleichbare mechanische, thermische und chemische Beständigkeit wie die Werkstoffe selbst.

Lösemittelhaltige Klebstoffe sind im Markt weit verbreitet und bewährt. Erhöhte Anforderungen an den Verarbeiter-, Verbraucher- sowie den Umweltschutz beschränken die Verwendung einzelner Lösemittel für bestimmte Anwendungsbereiche, insbesondere bei Kontakt der Verbindungsstücke mit Trinkwasser.

Die beschriebenen Klebstoffe für die genannten Werkstoffe sind Lösungen des Grundwerkstoffs in organischen Lösemitteln.

Durch entsprechende Wahl der Lösemittel wird eine optimale Anlösung der Klebflächen, eine definierte offene Zeit und eine verarbeitungsgerechte Abbindegeschwindigkeit erreicht. Zur Erzielung bestimmter Eigenschaften werden Additive wie Stabilisatoren, Verdickungsmittel, Schlagzähigkeitsmodifizierungsmittel und Farbpigmente zugesetzt.

Bei unsachgemäßer Anwendung von Lösemittelklebstoffen, zum Beispiel bei Überdosierungen, kann das Gefüge der Kunststoffe unter Umständen gravierend negativ beeinflusst werden. Vor allem kann es bei Klebungen an Teilen mit hohen mechanischen Beanspruchungen zu wesentlichen Änderungen der Festigkeitseigenschaften und möglicherweise zu Spannungsrissbildung kommen. Hohe Eigenspannungen, zum Beispiel von Spritzguss oder warmgeformten Teilen, fördern diese Vorgänge.

2.2. Reaktionsklebstoffe

Neben lösemittelhaltigen Klebstoffen ist die Klebung mit reaktiven Klebstoffen, z. B. Acrylaten möglich. Reaktive Klebstoffe verzichten in der Regel auf den Einsatz von Lösemittel und härten durch chemische Reaktion aus.

Üblicherweise kommen 2-Komponentenklebstoffe zum Einsatz.

Reaktionsklebstoffe zeigen keinen oder nur geringen Volumenschwund während der Aushärtung.

Wesentliches Merkmal von Reaktionsklebstoffen ist die im Rahmen der Rohstoffauswahl und Additivierung modifizierbare Reaktionsgeschwindigkeit. Somit lässt sich eine moderate offene Zeit/ Verarbeitungszeit mit einer schnellen Aushärtung und einem schnellen Festigkeitsaufbau erreichen.

3. Anforderungen an Klebstoffe

Die Klebstoffe müssen sicherstellen, dass Rohrverbindungen den Anforderungen, die sich aus dem vorgesehenen Verwendungszweck der Rohrleitung ergeben, herzustellen sind. Das sind u. a. die Nutzungsdauer, das Festigkeitsverhalten, die Temperatur- und Druckbeständigkeit, die chemische Widerstandsfähigkeit und die bei Leitungen für den Lebensmittel-/Trinkwassereinsatz geforderten hygienischen Eigenschaften. Diese Anforderungen sind in den verschiedenen Richtlinien definiert. Die chemische Widerstandsfähigkeit von Klebverbindungen, z. B. beim Einsatz von konzentrierten anorganischen Säuren, ist bei den Klebstoff-Herstellern bzw. Halbzeug-Herstellern nachzufragen. Bei der Verarbeitung dürfen Klebstoffe nur unter Einhaltung geltender AGWs (Arbeitsplatzgrenzwerte) eingesetzt werden.

3.1. Mechanische & technische Anforderungen

Klebstoffe für Druckrohrleitungssysteme nach EN 14814 sowie Klebstoffe für drucklose thermoplastische Rohrleitungssysteme nach EN 14680 gehören in der EU zu geregelten Bauprodukten (Bauproduktenverordnung) nach EU-Verordnung 305/2011.

An die Klebstoffe gestellte Leistungsanforderungen werden in beiden Normen beschrieben, von dem Hersteller in einer Leistungserklärung (DOP) deklariert und auf dem Klebstoffgebinde durch die CE-Kennzeichnung angegeben.

Die entscheidenden Merkmale sind:

- Filmeigenschaften (nach ISO 9311-1)
- Ausziehbeständigkeit (bestimmt als Scherfestigkeit nach ISO 9311-2)
- Dichtheit, Dauerhaftigkeit und Beständigkeit bei hohen Temperaturen (geprüft als Innendruckfestigkeit nach ISO 9311-3)

Zusätzlich werden vom Klebstoffhersteller durch die permanente Produkt- und Qualitätskontrolle weitere Eigenschaften geprüft. Dazu gehören:

- Feststoffgehalt (nach EN 827)
- Viskosität (nach EN 12092)
- Dichte (nach EN 542)

3.2. Hygienische Anforderungen

Die hygienische Unbedenklichkeit ist dann nachzuweisen, wenn die zu klebenden Rohrleitungen mit Trinkwasser in Kontakt kommen.

Da auf europäischer Ebene noch keine Einigung für ein einheitliches Bewertungssystem erzielt werden konnte, gelten weiterhin nationale Regelungen. In Deutschland gilt seit dem 21. März 2021 die Bewertungsgrundlage für Kunststoffe und andere organische Materialien im Kontakt mit Trinkwasser (KTW – BWGL). Die KTW – BWGL ersetzt die zuvor geltende KTW-Leitlinie des Umweltbundesamtes – UBA (Leitlinie zur hygienischen Beurteilung von organischen Materialien im Kontakt mit Trinkwasser) nach einer 2-jährigen Übergangsphase.

Voraussetzung für eine Prüfung nach KTW – Bewertungsgrundlage ist, dass verwendete Ausgangsstoffe bewertet und in den gültigen, spezifischen Positivlisten genannt werden. Neben den für Deutschland gültigen Positivlisten des Umweltbundesamtes sind im Rahmen der freiwilligen Zusammenarbeit einiger europäischer Länder (4MS-Intitiative) Ausgangsstoffe in der 4MS-Core Liste zusammengeführt (4MS-Core List/list of confirmed substances).

Zum weiteren Nachweis der Eignung in Kontakt mit Trinkwasser ist eine Migrationsprüfung sowie eine Evaluierung hinsichtlich der Förderung der mikrobiellen Vermehrung gefordert.

Die Migrationsprüfung wird nach den Vorgaben der DIN EN 12873-2 durchgeführt. Insbesondere sind Oberflächen/Volumen-Verhältnisse zu beachten. Zur Sicherstellung, dass kein stofflicher Übergang ins Trinkwasser erfolgt, werden Geruch, Trübung und Färbung, Schaumbildung, TOC (total organic carbon) und Migrationswässer entsprechend den Anforderungen (Kaltwasser-, Warmwasser-Anwendung) analysiert, bewertet und in einem Testbericht zusammengefasst.

Unabhängig von der Migrationsprüfung wird die Förderung des mikrobiellen Wachstums nach EN 16421 geprüft und in einem Testbericht zusammengefasst.

Alle drei von einem akkreditierten Prüfinstitut positiv bescheinigten Prüfberichte hinsichtlich Rezepturbewertung, Migrationsprüfung und Prüfung auf mikrobiellen Bewuchs werden bei der Zertifizierungsstelle eingereicht. Die Zertifizierungsstelle stellt eine Konformitätsbestätigung aus, die die Eignung des Klebstoffs in Kontakt mit Trinkwasser nachweist.

3.3. Chemische Beständigkeit

Die Beständigkeit und Dauerhaftigkeit des Rohr- und Fitting-Materials sowie der Klebverbindung gegen transportierte Medien werden mittels Innendruckprüfungen und Einlagerung in den Medien (Chemikalien) mit anschließender Zeitstandsfestigkeit nachgewiesen. Je nach Einfluss des Mediums auf das Rohrmaterial oder den Klebstoff, wird ein Abminderungsfaktor ausgewiesen.

Entsprechende Aussagen und Empfehlungen sind bei den Herstellern zu erfragen.

4. Kennzeichnung der Klebstoffgebinde

Klebstoffgebinde sind mit den folgenden Angaben zu kennzeichnen:

- Bezeichnung des Klebstoffes,
- Name des Herstellers oder Lieferanten,
- Bezug zur relevanten Klebstoffnorm,
- Anwendungsbereich,
- Liste von Normen über thermoplastische Rohrleitungssysteme, für die der Klebstoff geeignet ist,
- CE-Kennzeichnung mit Angabe der Druckklasse entsprechend den Normen, z. B. EN 14814,
- Anweisungen für Gebrauch und Lagerung,
- Sicherheitsvorkehrungen hinsichtlich Gebrauch und Lagerung,
- Gefahrenhinweise/-symbole,
- Chargen-Nummer,
- Herstell- oder Verfallsdatum mit Angabe der Mindestlagerfähigkeit von mindestens 12 Monaten.

5. Lagerfähigkeit der Klebstoffe

Unter der Lagerfähigkeit eines Klebstoffes versteht man die Zeit, in der der Klebstoff in noch nicht geöffneten Gebinden nach Lagerung unter festgelegten Lagerungsbedingungen (Herstellerangaben) einwandfrei verarbeitbar ist. Die Klebstoffe müssen über eine bei normaler Lagerung ausreichende Lagerfähigkeit verfügen (mindestens 12 Monate). Die Lagerfähigkeit hängt nicht nur von der Zusammensetzung des Klebstoffes, sondern auch von der Art der Verpackung und weiteren äußeren Einflüssen, vor allem der Lagertemperatur ab. Der Klebstoff-Hersteller garantiert in seinen technischen Unterlagen eine Mindestlagerfähigkeit.

Bei Reinigern/Anlösern ist das Mindesthaltbarkeitsdatum des Herstellers zu beachten.

6. Klebanleitung

Alle Klebstoffe und Klebstoffsysteme haben spezifische Verarbeitungsbedingungen. Deshalb können hier nur allgemeingültige Hinweise gegeben werden. Detaillierte Hinweise enthält das Technische Datenblatt des Herstellers.

6.1. Voraussetzung für die Klebung

Die Klebstoffe und die dazu gehörenden Reiniger/Anlöser werden von den Herstellern bzw. Rohrsystemanbietern im gebrauchsfertigen Zustand geliefert. Verbrauchsmengen finden sich in den technischen Merkblättern oder können beim Hersteller erfragt werden. Verdünnen und sonstige Veränderungen sind nicht zulässig. Dies gilt auch für die Reiniger/Anlöser. Grundsätzlich ist die Klebanleitung des Klebstoff- bzw. Rohrsystem-Herstellers zu beachten.

Die Rohre und Formstücke müssen trocken, fett- und schmutzfrei sein. Eventuell vorhandenes Kondenswasser oder Eis ist beispielsweise durch Warmluft (Ex-Schutz beachten) zu entfernen. Die notwendigen Maßnahmen sind den Verlegeanweisungen der Hersteller zu entnehmen.

Der Klebstoff ist auf seine Verarbeitbarkeit zu überprüfen.

Die Klebstoffabbindung ist abhängig von der Umgebungstemperatur und der Filmstärke des Klebstoffes. Bei hohen Temperaturen ist mit einer beschleunigten und bei tiefen Temperaturen mit einer verzögerten Abbindung zu rechnen.

Das Kleben soll nur bei Verarbeitungstemperaturen wie in den Merkblättern der Hersteller erfolgen (typischerweise zwischen 5°C und 40°C). Bei Abweichungen müssen diese Verarbeitungstemperaturen durch zusätzliche geeignete Maßnahmen hergestellt werden z. B. durch besondere Verlegetechniken, Temperieren der Fügeflächen und des Klebstoffes.

Darüber hinaus sind die Sicherheitshinweise aus den Sicherheitsdatenblättern zu beachten (siehe auch Kapitel 8 dieser Richtlinie).

6.2. Vorbereitung der Klebung

Um eine optimale Klebverbindung zu erreichen, wird im Allgemeinen wie folgt verfahren:

- Rohre und Formstücke sind auf ihre Maßhaltigkeit und Mängel zu kontrollieren,
- die zu klebenden Rohre werden auf die erforderliche Länge gekürzt (vorzugsweise mit einem Rohrschneider),
- die Rohre müssen rechtwinklig zur Rohrachse abgetrennt werden,
- die Rohrenden werden außen mit einem Winkel von ca. 15° (siehe **Bild 1** und **Tabelle 1**) mit einem Anfaswerkzeug angefast und bei Bedarf innen entgratet.

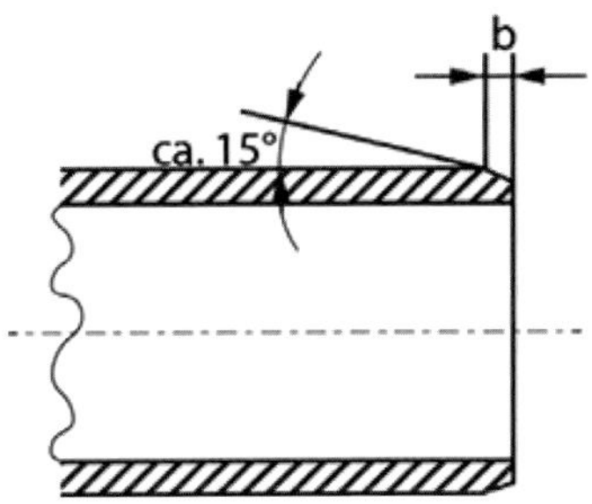

Bild 1: Rohrende mit dem für Klebungen wichtigem Maß b

Tabelle 1: Vorgaben für das Maß b in Abhängigkeit des Rohraußendurchmessers

Rohraußendurchmesser mm	Maße für b ca. mm
bis 16	1-2
20-50	2-3
63-225	3-6
250-400	6-8

Auf dem Rohrende wird die Einstecktiefe der Muffe nach dem Reinigen/Anlösen markiert, damit der erforderliche Klebstoffauftrag und das vollständige Einschieben des Rohres in die Muffe kontrolliert werden können.

Die Klebflächen am Rohrende und in der Muffe der Formstücke werden gründlich gereinigt/angelöst. Für jedes Bauteil muss ein sauberes, saugfähiges, nichtfaserndes und nicht färbendes Papier verwendet werden sowie der vom Klebstoff- bzw. Rohrsystem-Hersteller vorgeschriebene Reiniger/Anlöser.

6.3. Klebstoffauftrag und Fügen der Bauteile

Die gereinigten/angelösten Klebflächen müssen vor dem Klebstoffauftrag trocken/abgelüftet sein und dürfen nicht mehr berührt werden.

Vor Verwendung des Klebstoffes ist dieser auf seine Verarbeitbarkeit zu prüfen. Der Klebstoff wird mit dem empfohlenen Auftragsgerät, z. B. einem Pinsel in geeigneter Größe (siehe Herstellerempfehlung!) vollflächig nach den Herstellerangaben im Verbindungsbereich in der Muffe und auf das Rohr aufgetragen.

Bei 2-Komponetenkleber in einer Doppelkartusche werden mittels Klebstoffpistole über einen Statik-Mischer in dem richtigen Mischungsverhältnis auf die Fügeflächen appliziert und werden mit dem Auftragsgerät gleichmäßig vollflächig aufgetragen.

Sofort nach dem Klebstoffauftrag wird das Rohr innerhalb der offenen Zeit, ohne Verdrehen und Verkanten, bis zur Markierung in die Muffe geschoben ggf. ausgerichtet und dort einige Sekunden fixiert. Unmittelbar nach dem Fügen dürfen die Bauteile nicht mechanisch belastet werden.

Die offene Zeit ist der Zeitraum zwischen dem Klebstoffauftrag und dem Fügen der Teile und ist abhängig vom Klebstoff und der Filmstärke sowie der Umgebungstemperatur.

Gleichmäßiger Klebstoffüberschuss an der Außenseite und ein kleiner, geschlossener Klebstoffring im Rohrinnern zeigen an, dass vollflächig geklebt wurde. Um dies zu erreichen, wird der Klebstoff satt auf dem Rohr und sparsam in der Muffe aufgetragen.

Bei lösemittelhaltigen Klebstoffen muss überschüssiger Klebstoff sofort mit Papier entfernt werden, sodass sich an der Rohraußenseite eine kleine Kehle ausbildet.

Die Klebstelle darf während der Wartezeit bis zur Weiterverarbeitung mechanisch nicht belastet werden. Die Dauer der Wartezeit richtet sich nach dem Klebsystem, dem Rohrdurchmesser und der Verarbeitungstemperatur. Sie ist den Angaben des Klebstoffherstellers zu entnehmen. Gleiches gilt für die Abbindezeit bis zur Druckaufgabe. Bis zur Inbetriebnahme dürfen die Leitungen nicht verschlossen werden. Im Verbindungsbereich sind Klebstoffansammlungen zu vermeiden.

Bei größeren Dimensionen ab ca. d>75 mm empfiehlt sich der Einsatz von mindestens 2 Personen, die den gleichzeitigen Klebstoffauftrag auf Rohr und Fitting und das Fügen der Komponenten vornehmen. Für Abmessungen ab ca. d>225 mm sind die besonderen Hinweise der Klebstoff- und Bauteilanbieter zu beachten!

7. Weitere Hinweise

Bis zur Inbetriebnahme sind die Rohrleitungen offenzuhalten. Vor der Inbetriebnahme sind die Rohrleitungen mit Wasser zu füllen, zu spülen und/oder mit Luft (ölfrei) durchzublasen. Anschließend wird das Rohrsystem einer Druckprüfung unterzogen. Details dazu sind den einschlägigen Anwendungsnormen und -vorschriften z. B. Richtlinie DVS 2210-1 zu entnehmen.

Reiniger/ Anlöser und Klebstoff wirken auf den Werkstoff ein. Rohre und Formstücke sind deshalb von evtl. verschüttetem Reiniger/Anlöser, Klebstoff oder dem zur Säuberung verwendeten Papier fernzuhalten. Nicht im Gebrauch befindliche Reiniger/Anlöser- und Klebstoff-Behälter gut verschließen, um Lösemittelverluste, Eindickung oder Reaktion zu vermeiden.

In seltenen Fällen kommt es durch UV-Einwirkung zu verfärbten Oberflächen von Rohren, die mit Schmirgelleinen K80-K120 oder Kunststoffvlies vorsichtig abzuschmirgeln sind, bis die Originalfarbe des Rohrmaterials wieder vorliegt. Toleranzen sind dabei zu beachten! Ein generelles Aufrauen der Fügeflächen wird nicht empfohlen.

8. Schutz- und Sicherheitsmaßnahmen

Für jeden Klebstoff muss ein Sicherheitsdatenblatt gemäß (EG) Nr. 1907/2006 ISO 11014-1 vorliegen. Die darin genannten Sicherheitsvorschriften und -empfehlungen sind zu beachten. Lösemittelhaltige Klebstoffe und Reiniger/Anlöser sind feuergefährlich. Die Lösemitteldämpfe sind schwerer als Luft und können explosive Gemische bilden. Deshalb ist beim Verarbeiten aber auch nach dem Kleben, für ausreichende Belüftung zu sorgen. Im Arbeitsraum und in den Nebenräumen darf nicht geraucht werden! Schweißen, Feuer- und Funkenbildung sowie die Bildung von explosiven Gas-Luftgemischen sind unbedingt zu vermeiden.

Bis zur Inbetriebnahme sind die Rohrleitungen offenzuhalten. Vor der Inbetriebnahme sind die Rohrleitungen mit Wasser zu füllen, zu spülen und/oder mit Luft (ölfrei) durchzublasen.

Bei Zweikomponentenprodukte kann es während der Aushärtung zur Wärmeentwicklung kommen. Produktrückstände immer nur flächig verteilen.

Die zulässigen Arbeitsplatzgrenzwerte (AGW) sowie die Technischen Regeln für Gefahrstoffe (TRGS) sind zu beachten. Benutztes Reinigungspapier ist in geschlossenen Gefäßen (z. B. Eimer mit Deckel) aufzubewahren, um die Belastung der Verarbeiter mit Lösemittel-/Klebstoffdämpfen möglichst gering zu halten. Ebenso sind die Klebstoffbehälter in den Arbeitspausen zu verschließen.

Persönliche Schutzausrüstung (geeignete Handschuhe und Schutzbrille gemäß Sicherheitsdatenblatt des Klebstoffherstellers) ist zu tragen, um Haut- und Augenkontakt mit dem Klebstoff und dem Reiniger/Anlöser zu vermeiden.

Nach Beendigung der Arbeit Hände gut waschen und mit Hautpflegecreme einreiben.

Bei Augenkontakt mit Klebstoffen oder Reiniger/Anlöser sind diese gründlich mit Wasser zu spülen oder ist eine Augenspülflasche nutzen. Bei Bedarf Facharzt aufsuchen! Mit Klebstoff stark beschmutzte Kleidung wechseln.

Weitere Hinweise enthalten die Unfallverhütungsvorschriften der gewerblichen Berufsgenossenschaften und die Sicherheitsdatenblätter der Klebstoff- und Rohrsystem-Hersteller. In Zweifelsfällen ist mit dem Hersteller Rücksprache zu nehmen.

Die Entsorgung des Klebstoffes sowie von Klebstoffresten und Verpackungen sind den Angaben des Herstellers zu entnehmen.

9. Schrifttum

9.1. Regelwerk

Normen

DIN 8061	Rohre aus weichmacherfreiem Polyvinylchlorid (PVC-U) - Allgemeine Güteanforderungen, Prüfung
DIN 8062	Rohre aus weichmacherfreiem Polyvinylchlorid (PVC-U) - Maße
EN 542	Klebstoffe – Bestimmung der Dichte
EN 827	Klebstoffe – Bestimmung des Feststoffgehaltes nach Vereinbarung und bis zur Massekonstanz

EN 1329	Kunststoff-Rohrleitungssysteme zum Ableiten von Abwasser (niedriger und hoher Temperatur) innerhalb der Gebäudestruktur – Weichmacherfreies Polyvinylchlorid (PVC-U)
EN 1455	Kunststoff-Rohrleitungssysteme zum Ableiten von Abwasser (niedriger und hoher Temperatur) innerhalb der Gebäudestruktur – Acrylnitril-Butadien-Styrol (ABS)
EN 1566	Kunststoff-Rohrleitungssysteme zum Ableiten von Abwasser (niedriger und hoher Temperatur) innerhalb der Gebäudestruktur - Chloriertes Polyvinylchlorid (PVC-C)
EN 10204	Metallische Erzeugnisse - Arten von Prüfbescheinigungen
EN 12092	Klebstoffe - Bestimmung der Viskosität
EN 12873-2	Einfluss von Materialien auf Trinkwasser – Einfluss infolge der Migration – Teil 2: Prüfverfahren für vor Ort aufgebrachte nicht metallische und nicht zementgebundene Materialien
EN 14680	Klebstoffe für drucklose thermoplastische Rohrleitungssysteme – Festlegungen
EN 14814	Klebstoffe für Druckrohrleitungssysteme aus thermoplastischen Kunststoffen für Fluide – Festlegungen
EN 16421	Einfluss von Materialien auf Wasser für den menschlichen Gebrauch – Vermehrung von Mikroorganismen
EN ISO 1452	Kunststoff-Rohrleitungssysteme für die Wasserversorgung und für erdverlegte und nicht erdverlegte Entwässerungs- und Abwasserdruckleitungen – Weichmacherfreies Polyvinylchlorid (PVC-U)
EN ISO 9311-1	Klebstoffe für thermoplastische Rohrleitungssysteme – Teil 1: Bestimmung der Filmeigenschaften
EN ISO 9311-2	Klebstoffe für thermoplastische Rohrleitungssysteme – Teil 2: Bestimmung der Scherfestigkeit
EN ISO 9311-3	Klebstoffe für thermoplastische Rohrleitungssysteme – Teil 3: Prüfverfahren zur Bestimmung der Innendruckfestigkeit
EN ISO 15493	Kunststoff-Rohrleitungssysteme für industrielle Anwendungen – Acrylnitril-Butadien-Styrol (ABS), weichmacherfreies Polyvinylchlorid (PVC-U) und chloriertes Polyvinylchlorid (PVC-C) – Anforderungen an Rohrleitungsteile und das Rohrleitungssystem – Metrische Reihen
EN ISO 15877	Kunststoff-Rohrleitungssysteme für die Warm- und Kaltwasserinstallation – Chloriertes Polyvinylchlorid (PVC-C) – Teil 1: Allgemeines
ISO 11014	Sicherheitsdatenblatt für chemische Produkte - Inhalt und Gliederung

DVS-Regelwerke

Richtlinie DVS 1904-1	Kleben von Kunststoffen in der Hausinstallation – Anforderungen an Betrieb und Personal
Richtlinie DVS 1904-2	Kleben von Kunststoffen in der Hausinstallation – Rohre und Fittings, Klebvorgang – Befund von Klebverbindungen
Richtlinie DVS 2210-1	Industrierohrleitungen aus thermoplastischen Kunststoffen Projektierung und Ausführung Oberirdische Rohrsysteme
Richtlinie DVS 2221	Prüfung von Kunststoffklebern - Rohrverbindungen aus PVC-U, PVC-C und ABS mit lösenden Klebstoffen
Richtlinie DVS-EWF 3305	Klebpraktiker

Mai 2023

DVS VERBAND

Richtlinie
DVS 2205-1

Ersetzt Ausgabe
Dezember 2021

Richtlinie DVS 2205-1

Berechnung von Behältern und Apparaten aus Thermoplasten – Kennwerte

Ausschuss für Technik im DVS

Arbeitsgruppe W 4 „Fügen von Kunststoffen“

Untergruppe W 4.3b „Konstruktive Gestaltung - Apparatebau“

Bezug: DVS Media GmbH, Postfach 10 19 65, 40010 Düsseldorf, Telefon: (0211) 1591-0, Email: media@dvs-media.info

Inhalt:

1. Geltungsbereich

Diese Richtlinie gibt dem Verarbeiter von Halbfabrikaten aus thermoplastischen Kunststoffen Hinweise zur Ermittlung von Kennwerten als Berechnungsgrundlage für den Behälter-, Apparate- und Lüftungsbau sowie für Industrierohrleitungen. Vorausgesetzt wird, dass bei der Wahl der Werkstoffe und ihrer Verarbeitung die Regelwerke gemäß Abschnitt 7 beachtet werden. Die Angaben gelten für überwiegend statische Beanspruchung. Für die Berechnung, Maße, Ausführung und Prüfung der verschiedenen Konstruktionen gelten die jeweiligen DVS-Richtlinien bzw. -Merkblätter sowie die einschlägigen DIN-, EN- und ISO-Normen. Die Zuständigkeiten bestimmter Rechtsgebiete (zum Beispiel Baurecht, Wasserrecht, Gewerberecht usw.) sind zu beachten.

2. Sicherheitskonzept

2.1. Teilsicherheitskonzept

Es werden stets folgende Standsicherheitsnachweise nach dem nachfolgend beschriebenen Konzept der Teilsicherheitsbeiwerte geführt:

- Festigkeitsnachweise,
- Stabilitätsnachweise.

Die Teilsicherheitsbeiwerte stellen bei bestimmungsgemäßer Verwendung des Bauteils jederzeit während der zugrunde gelegten Betriebs-/Gebrauchsdauer eine ausreichend geringe Eintrittswahrscheinlichkeit eines Versagens des Bauteils sicher.

Die Teilsicherheitsbeiwerte decken neben den Streuungen der Einwirkungen (Beanspruchungen) und der Widerstände (Beanspruchbarkeiten) die Vereinfachungen ab, die bei der Modellierung der Wirklichkeit in ein berechenbares Modell gemacht werden.

Es gilt allgemein:

$$\frac{S_d}{R_d} \leq 1 \qquad (1)$$

mit S_d Bemessungswert der Beanspruchung (z. B. Spannung aus Belastung),

R_d Bemessungswert der Beanspruchung (z. B. zulässige Spannung).

Der Bemessungswert der vorhandenen Beanspruchung K_d^{vorh} ergibt sich aus dem charakteristischen Wert der vorhandenen Beanspruchung K_k^{vorh} im Bauteil.

$$S_d = K_d^{vorh} = \gamma_F \cdot K_k^{vorh} \qquad (2)$$

Dabei werden die charakteristischen Einwirkungen bzw. die Beanspruchungen mit den Teilsicherheitsbeiwerten γ_F gemäß **Tabelle 1** multipliziert.

Tabelle 1: Teilsicherheitsbeiwerte der Einwirkungen

Einwirkung	Teilsicherheitsbeiwert
Eigengewicht, Füllung, Montage	$\gamma_{F1} = 1{,}35$
Drücke, Wind, Schnee	$\gamma_{F2} = 1{,}50$
Beanspruchung verringerndes Eigengewicht	$\gamma_{F3} = 0{,}90$
Außergewöhnliche Lastkombination	$\gamma_{F4} = 1{,}00$
Zwangsbeanspruchung	$\gamma_{F5} = 1{,}00$

Die charakteristischen Widerstände bzw. die Beanspruchbarkeiten werden durch den Teilsicherheitsbeiwert $\gamma_M \geq 1{,}3$[1] und die Abminderungsbeiwerte A_1 und A_2 (Abschnitt 4) dividiert und bei Nachweisen in der Schweißnaht mit dem Fügefaktor f (Abschnitt 5) multipliziert.

Der Bemessungswert der Festigkeit K_d^* ergibt sich aus der charakteristischen Festigkeit K_k^*

$$R_d = K_d^* = \frac{K_k^* \cdot f}{\gamma_M \cdot A_1 \cdot A_2} \tag{3}$$

Darin bedeuten

K_k^* charakteristischer Wert der Festigkeit (Ablesewert im Zeitstandfestigkeitsdiagramm für die Berechnungstemperatur und die Einwirkdauer der Beanspruchung),

f Fügefaktor (soweit Fügeverbindungen zu berücksichtigen sind) ($f = f_s$ bei Belastungen >1 Stunde, sonst $f = f_z$),

γ_M Teilsicherheitsbeiwert auf der Widerstandsseite für den Werkstoff.

Die Abminderungsbeiwerte sind werkstoffabhängig, sie berücksichtigen im Einzelnen:

A_1 Einfluss der Zähigkeit,

A_2 Einfluss des Umgebungsmediums (reziproker Resistenzfaktor)

Für Stabilitätsnachweise gelten die gleichen Teilsicherheitsfaktoren. Der Medieneinfluss wird auf der Widerstandsseite mit dem Abminderungsbeiwert A_{2I} (Abschnitt 4) berücksichtigt. Die Vergrößerung der Vorbeulempfindlichkeit bei langzeitigen Einwirkungen ist zu beachten [15].

1 Für in Deutschland durch das DIBt zugelassene Werkstoffe gilt $\gamma_M = 1{,}3$.

2.2. Globalsicherheitskonzept

Um mit früheren Berechnungen vergleichen zu können, wird der Gesamtsicherheitsbeiwert γ_g (früher S) benötigt. Dieser ergibt sich aus dem Produkt der beiden Teilsicherheitsbeiwerte.

$$\gamma_g = \gamma_{F2} \cdot \gamma_M \quad (4)$$

3. Festigkeitskennwerte

3.1. Allgemeines

Die Berechnung von Bauteilen erfolgt grundsätzlich auf der Basis von Langzeitwerten. In Abhängigkeit von der Belastungsart sind stets die drei Versagenskriterien zu beachten:

1. Festigkeit,
2. Verformung (zum Beispiel: Durchbiegung),
3. Stabilität (zum Beispiel: Knicken und Beulen).

Zu 1. Die Berechnung kann durchgeführt werden unter Bezugnahme auf die Zeitstandfestigkeit. In den meisten Fällen liegen mehrachsige Spannungszustände vor. Hierbei sind die größten in den Hauptspannungsrichtungen auftretenden Spannungen mit der zulässigen Zeitstandfestigkeit zu vergleichen.

Die Bemessungswerte werden unter Benutzung von Abminderungsbeiwerten (Abschnitt 4), Schweißfaktor (Abschnitt 5) und Sicherheitsbeiwerten (Abschnitt 2) von den Materialkennwerten abgeleitet.

Zu 2. und 3. Der bestimmende Kennwert ist hier der Kriechmodul. Er kann in Abhängigkeit von Zeit, Temperatur und Spannung den Kriechmoduldiagrammen entnommen werden.

Die Bemessungswerte werden unter Benutzung von Abminderungsbeiwerten (Abschnitt 4) und Sicherheitsbeiwerten (Abschnitt 2) von den Materialkennwerten abgeleitet.

3.2. Zeitstandfestigkeit

3.2.1. Berechnen mit der Zeitstandfestigkeit

Der Bemessungswert der Festigkeit[1] ergibt sich aus der Zeitstandfestigkeit, den Abminderungsbeiwerten, dem Schweißfaktor und dem Sicherheitsbeiwert. Es gilt Formel (3).

Der für die Berechnung zugrunde zu legende Festigkeitskennwert K_k^* ist für eine bestimmte Betriebszeit und -temperatur aus den Diagrammen in den Beiblättern 1 bis 4 dieser Richtlinie zu entnehmen.

---

2 ehemals zulässige Spannung

3.2.2. Zeitstandkurven

Die Zeitstandkurven zeigen die Festigkeit in Abhängigkeit von Zeit und Temperatur. Sie sind durch jahrelange Innendruckversuche an Rohrproben mit Wasserfüllung ermittelt worden und stellen Mindestwerte dar (siehe Beiblätter 1 bis 4 dieser Richtlinie).

Die Zeitstandkurven basieren auf der Beziehung

$$lgt = A + \frac{B}{T} \cdot lg\sigma + \frac{C}{T} + D \cdot lg\sigma \qquad (4a)$$

Darin bedeuten:

A, B, C, D	Koeffizienten, enthalten in den Zeitstand-Diagrammen,
T	Temperatur in Kelvin,
t	Standzeit in Stunden.

Die Zeitstandkennwerte der verwendeten Halbzeuge müssen mindestens denen der vorgenannten Grundlagen entsprechen.

3.2.3. Intermittierende Beanspruchung

Für Anwendungsfälle, bei denen regelmäßig wechselnde (intermittierende) Beanspruchungen auftreten, kann zur Ermittlung von Betriebszeiten näherungsweise die Theorie der linearen Schadensakkumulation (Miner'sche Regel) zugrunde gelegt werden [1]. Hierbei wird die zu erwartende Standzeit (t_M) durch Addition der Schädigungsraten aus den intermittierenden Betriebsbedingungen ermittelt. Da die zulässige Gebrauchsdauer von Bauteilen aus Polyolefinen nicht nur von der mechanischen Beanspruchung abhängig ist, sondern auch von der Wärmealterung, muss durch eine zweite Berechnung der Einfluss der Alterung (t_A) ermittelt werden.

Grundlage für die Berechnungen sind die Zeitstandkurven (Beiblätter 1 bis 4 dieser Richtlinie) sowie die Wärmealterungsgrenzen der betreffenden Werkstoffe (Beiblatt 1, Abschnitt 5 und Beiblatt 2, Abschnitt 5 dieser Richtlinie). Die Miner'sche Regel ist nicht anwendbar bei Stabilitätsbetrachtungen. Die zulässige Betriebszeit t_X ergibt sich durch Vergleich der berechneten Standzeiten t_M und t_A.

Nach dieser Regel gilt für die mechanische Beanspruchung

$$\sum_{i=1}^{n} \frac{a_i \cdot t_M}{100 \cdot t_i} = 1 \qquad (5)$$

Für zwei Beanspruchungen gilt dann

$$\frac{a_1 \cdot t_M}{100 \cdot t_{M1}} + \frac{a_2 \cdot t_M}{100 \cdot t_M 2} = 1 \qquad (6)$$

oder

$$t_M = \frac{100 \cdot t_{M1} \cdot t_{M2}}{a_1 \cdot t_{M2} + a_2 \cdot t_{M1}} \qquad (7)$$

und sinngemäß für den Einfluss der Alterung

$$\sum_{i=1}^{n} \frac{a_i \cdot t_A}{100 \cdot t_i} = 1 \qquad (8)$$

Darin bedeuten

i	Anzahl der Teilbeanspruchungen,
$a_1, a_2 \ldots a_n$	Anteile der Teilbeanspruchungszeiten von der Gesamtbeanspruchungszeit in %,
$t_{M1}, t_{M2} \ldots t_{Mn}$	Standzeit bei den einzelnen Betriebsbedingungen (Druck und Temperatur konstant),
$t_{A1}, t_{A2} \ldots t_{An}$	Alterungszeiten bei den entsprechenden Temperaturen,
t_M	rechnerische Standzeit bei mechanischer Beanspruchung,
t_A	rechnerische Standzeit bei Einfluss der Alterung,
t_X	zulässige Betriebszeit, min (t_M, t_A).

Vergleiche hierzu die Beispiele in Beiblatt 7.

3.2.4. Druckbeanspruchung

Bei zahlreichen Untersuchungen an Thermoplasten konnte ein deutlicher Unterschied von Zug- zu Druckfestigkeit gezeigt werden. Für Polyethylen kann die Druckfestigkeit mit dem Faktor 1,3 erhöht werden, für weitere Werkstoffe muss der Faktor empirisch bestimmt werden.

3.2.5. Wechelbeanspruchung

Die Behandlung dieses Themas würde den Rahmen dieser Richtlinie sprengen. Es wird auf das folgende Schrifttum verwiesen [2...4].

3.3. Isochrone Spannung-Dehnung-Diagramme

Die isochronen Spannung-Dehnung-Diagramme zeigen den Zusammenhang zwischen Spannung und Dehnung über der Beanspruchungszeit. Die Abschnitte 1.2, 2.2 und 3.2 in Beiblatt 1 enthalten z. B. die Isochronen für 20°C für PE 63, PE 80 und PE 100. Für andere Temperaturen können die Isochronen aus den temperaturbezogenen Kriechmodulkurven nach folgender Beziehung abgeleitet werden.

$$\sigma = \varepsilon \cdot E_C \qquad (9)$$

3.4. Elastizitätsmodul (Kriechmodul)

Anstelle des in der Konstruktionslehre verwendeten Elastizitätsmoduls wird bei Thermoplasten, von speziellen Fällen abgesehen, ein Kriechmodul (E_C) eingesetzt. Dabei handelt es sich um den Quotienten aus Spannung und Gesamtdehnung. Der Kriechmodul ist zeit-, spannungs- und temperaturabhängig. Er kann auch mediumabhängig sein (insbesondere bei quellend wirkenden Substanzen; Kennwerte hierzu sind noch zu bestimmen). Der Kriechmodul kann für die verwendeten Werkstoffe in Abhängigkeit von den genannten Parametern aus Kriechmodulkurven (Abschnitt 3.3.1 bis 3.3.3 in Beiblatt 1 für z. B. PE 100) entnommen werden oder als Sekantenmodul aus den „Isochronen Spannung- Dehnung-Diagrammen“ (siehe Beiblatt 1, Abschnitt 3.2 für z. B. PE 100) errechnet werden.

$$E_{cd_{(\vartheta,\sigma,t)}} = \frac{K_k^*}{\varepsilon_{(\vartheta,\sigma,t)}} \qquad (10)$$

Der Kriechmodul wird verwendet:

- zur Ermittlung von Verformungen,
- bei Stabilitätsrechnungen, wobei ein spezieller Sicherheitsbeiwert einzusetzen ist (siehe Abschnitt 3.4.1).

Für Belastungen bis 0,1 Stunde wird der Kurzzeit-E-Modul verwendet, für die wesentlichen Thermoplaste sind die temperaturabhängigen Moduln in **Tabelle 3** enthalten.

3.4.1. Berechnen mit dem Kriechmodul

Bei Stabilitätsberechnungen ergibt sich der Bemessungswert aus dem Kriechmodul, dem Abminderungsbeiwert und dem Teilsicherheitsbeiwert

$$E_d = \frac{E_K^{T°C}}{A_{2I} \cdot \gamma_M} \qquad (11)$$

Bei Verformungen unter Nennlast ist γ_M nicht zu berücksichtigen.

$$E_d = \frac{E_K^{T°C}}{A_{2I}} \qquad (12)$$

Darin bedeuten:

E_d	Bemessungswert des Kriechmoduls in N/mm²,
$E_K^{T°C}$	charakteristischer Wert des Kurzzeit-E-Moduls gemäß **Tabelle 2**,
A_{2I}	Abminderungsbeiwert,
γ_M	Teilsicherheitsbeiwert.

Tabelle 2: Temperaturabhängige Kurzzeit-E-Module $E_K^{T°C}$ in N/mm²

Werkstoff	≤ 10°C	20°C	30°C	40°C	50°C	60°C	70°C	80°C	90°C	100°C
PE[1]	1100	800	550	390	270	190	-	-	-	-
PP-H	1400	1200	960	770	620	500	400	320	-	-
PP-B	1200	1000	790	630	500	400	320	250	-	-
PP-R	1000	800	620	490	380	300	230	180	-	-
PVC-NI	3200	3000	2710	2450	2210	2000	-	-	-	-
PVDF	1900	1700	1513	1340	1188	1050	926	820	727	650
PA-U 12 180[2]	1540	1467	1135	557	383	339	310	283	257	233

Tabelle 3: Zeitabhängige Langzeit-E-Module $E_L^{20°C}$ in N/mm²

Werkstoff	1 Jahr	5 Jahre	10 Jahre	15 Jahre	20 Jahre	25 Jahre
PE[1]	308	269	254	245	239	235
PP-H	464	393	365	350	340	330
PP-B	405	334	307	293	283	275
PP-R	322	298	288	283	279	276
PVC-NI	1800	1695	1652	1627	1609	1600
PVDF	810	763	744	733	725	720
PA-U 12 180[3]	693	530	470	439	418	403

[1] Die E-Module für PE dürfen für PE 80, PE 100 und PE 100-RC verwendet werden.

[2] Die Kurzzeit-E-Module für PA-U 12 180 wurden prüftechnisch bedingt im trockenen Zustand (Wassergehalt ≤ 0,2 %) an spritzgegossenen Probekörpern aus VESTAMID® NRG 2101 ermittelt.

[3] Die Langzeit-E-Module für PA-U 12 180 wurden prüftechnisch bedingt im konditionierten Zustand (Wassergehalt ca. 0,9 % an spritzgegossenen Probekörpern aus VESTAMID® NRG 2101 ermittelt.

4. Abminderungsbeiwerte

Die nachstehend beschriebenen Abminderungsbeiwerte gelten für die spannungsbezogene Berechnung gemäß Abschnitt 3.2.1.

4.1. Abminderungsbeiwert (Zähigkeitsbeiwert) A1

Dieser Beiwert berücksichtigt die Zähigkeit der Werkstoffe in Abhängigkeit von der Temperatur und ist deshalb aus Kerbschlagzähigkeitswerten abgeleitet. Die bekannten A_1-Werte sind in Beiblättern enthalten und zwar für PE (Beiblatt 1, Abschnitt 4), für PP (Beiblatt 2, Abschnitt 4), für PVC-NI und PVC-RI (Beiblatt 3, Abschnitt 3), für PVC-C (Beiblatt 3, Abschnitt 4.3) und für PVDF (Beiblatt 4, Abschnitt 7).

4.2. Abminderungsbeiwert A_2, auch A_{2B} genannt (reziproker Resistenzfaktor $f_{CR}\sigma$)

Der Abminderungsbeiwert A_2 quantifiziert den Einfluss des Betriebsmediums auf die Zeitstandfestigkeit von thermoplastischen Kunststoffen. Bei PE und PP wurden zur Ermittlung des Abminderungsbeiwertes A_2 Zeitstand-Innendruckversuche an Rohrproben mit Mediumfüllung durchgeführt (verwendete Rohre für die vorliegenden A_2-Beiwerte: 32 x 3 mm, 90 x 8,2 mm, 140 x 12,8 mm). Durch Vergleich der dabei erhaltenen Zeitstandkurven (Mediumkurven) mit der Zeitstandkurve für Wasser ergeben sich zeit- bzw. spannungsbezogene Abminderungsbeiwerte [10; 11]. In Beiblatt 5, Abschnitt 1 sind nur die für die Festigkeitsberechnung maßgeblichen spannungsbezogenen Abminderungsbeiwerte ($A_{2\sigma}$) eingetragen. Bei parallelem Verlauf der Mediumkurve zur Wasserkurve ist der A_2-Beiwert für alle praktisch auftretenden Spannungen gleich (siehe Beiblatt 5, Abschnitt 1.1). Für Medien, deren Kurven flacher oder steiler als die Wasserkurve verlaufen, ergeben sich spannungsabhängige A_2-Beiwerte, die für zwei oder mehr Spannungen sind (siehe Beiblatt 5, Abschnitt 1.2).

Der A_2-Beiwert ist den Tabellen in Beiblatt 5, Abschnitt 1.1 bzw. 1.2 entsprechend dem Festigkeitskennwert K zu entnehmen. Gegebenenfalls ist linear zu interpolieren. Im Allgemeinen ist der Abminderungsbeiwert A_2 für verschiedene Temperaturen annähernd gleich. Bei PE hingegen ergaben zum Beispiel Messungen mit einigen Medien größere A_2-Beiwerte (größere Schwächung) bei abnehmender Prüftemperatur. Die größte Änderung der Abminderungsbeiwerte A_2 bei PE-HD zwischen 80 und 20°C wurde bei 20 %iger Chromsäure und 98 %iger Essigsäure festgestellt. Dort betragen die A_2-Beiwerte für 20°C etwa das Dreifache des 80°C-Wertes. Um verbindliche Angaben über den A_2-Beiwert bei der jeweiligen Betriebstemperatur machen zu können, sind Versuche bei zwei oder mehr Temperaturen erforderlich.

Für viele Medien kann vorerst der Abminderungsbeiwert nur bei einer erhöhten Prüftemperatur angegeben werden. Liegen Messwerte von oxidierenden Medien nur bei einer höheren Temperatur vor (zum Beispiel 80°C), dann sollte der gemessene A_2-Beiwert für eine niedrigere Temperatur erhöht werden, im ungünstigsten Fall bis auf das Dreifache des 80°C-Wertes. Bei allen anderen Medien kann nach den vorliegenden Erfahrungen mit temperaturkonstanten Abminderungsbeiwerten A_2 gerechnet werden, da bisher keine Schadensfälle bekannt geworden sind, die auf die Verwendung der bei höheren Temperaturen gemessenen Abminderungsbeiwerten zurückzuführen wären.

Die mit 5) in Beiblatt 5, Abschnitt 1 gekennzeichneten Medien sind den Beiblättern 1 zu DIN 8061, DIN 8075 und DIN 8078 entnommen. Von diesen Medien kann aufgrund von Immersionsversuchen bzw. langjährigen Praxiserfahrungen angenommen werden, dass sie die Zeitstandfestigkeit der aufgeführten Werkstoffe nicht ungünstiger beeinflussen als Wasser. Somit kann der Abminderungsbeiwert $A_2 = 1$ eingesetzt werden.

Beim Einsatz von Medien, für die noch keine Abminderungsbeiwerte A_2 vorliegen, wird empfohlen, Angaben beim Hersteller des Halbzeugs bzw. des Rohstoffs einzuholen.

4.3. Abminderungsbeiwert A_{2I}

Der Abminderungsbeiwert A_{2I} quantifiziert den Einfluss des Betriebsmediums auf den E-Modul (Kriechmodul) von thermoplastischen Kunststoffen (siehe Beiblatt 5, Abschnitt 2). Für alle nicht stärker als Wasser quellenden Medien ist der Wert für $A_{2I} = 1$. Bei quellenden Medien kann der Wert für A_{2I} aus der Massenzunahme ermittelt werden [18].

5. Schweißfaktor

Für einige Werkstoffe und Schweißverfahren sind im Beiblatt 6 die Schweißfaktoren (f_s und f_z) angegeben. Diese Werte sind der Richtlinie DVS 2203-1 entnommen.

6. Erläuterungen

Diese Richtlinie wurde von der DVS-AG W4.3b (Konstruktive Gestaltung/Apparatebau) überarbeitet. Obgleich die Richtlinie in ihrer ursprünglichen Form (Ausgabe März 1974) einen großen Anwendungsbereich gefunden hat, machte der Fortschritt in Kenntnissen, Erfahrungen und Werkstoffeigenschaften eine Überarbeitung erforderlich.

Bei der Überarbeitung wurden auch Merkmale übergreifender technischer Regeln anderer Gremien berücksichtigt. Die in den „Bau- und Prüfgrundsätzen für oberirdische Behälter und Behälterteile aus Thermoplasten“ des Instituts für Bautechnik, Berlin, gestellte Forderung, dass das Produkt aus Sicherheitsbeiwert und den Abminderungsbeiwerten für Zeit, Temperatur und Medium mindestens 4 sein muss, wird bei der Dimensionierung mit den in dieser Richtlinie enthaltenen Zeitstandkurven erfüllt. Dabei ist eine Betriebstemperatur von 30°C zugrunde gelegt.

Im Gegensatz zu der Ausgabe April 2002 dieser Richtlinie wird der bisher eingesetzte Gesamtsicherheitsbeiwert S durch Teilsicherheitsbeiwerte ersetzt, wobei $S = \gamma_g = \gamma_{F2} \cdot \gamma_M$. Zur Berücksichtigung werkstoffspezifischer Eigenschaften sind entsprechende Abminderungsbeiwerte genannt.

Da die meisten Bauteile mehrachsig beansprucht sind, werden für die Bestimmung der Festigkeitskennwerte die Zeitstanddiagramme für Rohre zugrunde gelegt (siehe Beiblätter 1 bis 4). Diese sind durch Ergebnisse aus langjährigen Messungen und Erfahrungen bestätigt [13]. Aus den vorgenannten Gründen ist die Verwendung der Zeitstandkurven von Zugstäben nicht praxisgerecht.

Eine Vielzahl von Abminderungsbeiwerten (A_2) für den Mediumeinfluss unter Berücksichtigung von Werkstoff, Spannung und Temperatur wurde aufgenommen.

Der Abminderungsbeiwert A_2 für den Mediumeinfluss und die Schweißfaktoren f_s sind unabhängig voneinander ermittelt worden. In Untersuchungen wurde die Gültigkeit der multiplikativen Verknüpfung von Schweißfaktor f_s und Abminderungsbeiwert A_2 (reziproker Wert des Chemikalien-Resistenzfaktors $f_{CR}\sigma$) nachgewiesen [14; 15].

7. Schrifttum

Bei den nachstehend aufgeführten Normen und Richtlinien ist die jeweils letzte Ausgabe maßgebend.

7.1. Regelwerk

DIN EN ISO 16486-1	Kunststoff-Rohrleitungssysteme für die Gasversorgung – Rohrleitungssysteme aus weichmacherfreiem Polyamid (PA-U) mit Schweißverbindungen und mechanischen Verbindungen, Teil –1: Allgemeines
DIN EN ISO 16486-2	Kunststoff-Rohrleitungssysteme für die Gasversorgung – Rohrleitungssysteme aus weichmacherfreiem Polyamid (PA-U) mit Schweißverbindungen und mechanischen Verbindungen, Teil -2: Rohre
DIN 1910-3	Schweißen; Schweißen von Kunststoffen, Verfahren
DIN 1910-100	Schweißen und verwandte Prozesse - Begriffe - Teil 100: Metallschweißprozesse mit Ergänzungen zu DIN EN 14610:2005
DIN 8061	Rohre aus weichmacherfreiem Polyvinylchlorid; Allgemeine Güteanforderungen, Prüfung
DIN 8062	Rohre aus weichmacherfreiem Polyvinylchlorid (PVC-U) – Maße
DIN 8074	Rohre aus Polyethylen (PE) - PE 80, PE 100 - Maße
DIN 8075	Rohre aus Polyethylen (PE) - PE 80, PE 100 - Allgemeine Güteanforderungen, Prüfungen
DIN 8077	Rohre aus Polypropylen (PP) – PP-H, PP-B, PP-R, PP-RCT – Maße
DIN 8078	Rohre aus Polypropylen (PP) – PP-H, PP-B, PP-R, PP-RCT – Allgemeine Güteanforderungen, Prüfung
DIN 8079	Rohre aus chloriertem Polyvinylchlorid (PVC-C) – Maße
DIN 8080	Rohre aus chloriertem Polyvinylchlorid (PVC-C) – Allgemeine Güteanforderungen, Prüfung
DIN 16961-1	Rohre und Formstücke aus thermoplastischen Kunststoffen mit profilierter Wandung und glatter Rohrinnenfläche – Teil 1: Maße
DIN 16961-2	Rohre und Formstücke aus thermoplastischen Kunststoffen mit profilierter Wandung und glatter Rohrinnenfläche – Teil 2: Technische Lieferbedingungen
DIN EN 12666-1	Kunststoff-Rohrleitungssysteme für erdverlegte Abwasserkanäle und -leitungen - Polyethylen (PE) - Teil 1: Anforderungen an Rohre, Formstücke und das Rohrleitungssystem
DIN EN ISO 14632	Extrudierte Tafeln aus Polyethylen (PE-HD) – Anforderungen und Prüfverfahren
DIN EN ISO 15013	Kunststoffe – Extrudierte Tafeln aus Polypropylen (PP) – Anforderungen und Prüfung

DAST-Richtlinie 013	Beulsicherheitsnachweise für Schalen
VDI 2003	Spanende Bearbeitung von Kunststoffen
Richtlinie DVS 2201-2	Prüfen von Halbzeug aus Thermoplasten, Schweißeignung; Prüfverfahren – Anforderungen
Richtlinie DVS 2203-1	Prüfen von Schweißverbindungen an Tafeln und Rohren aus thermoplastischen Kunststoffen; Prüfverfahren – Anforderungen
Richtlinie DVS 2203-2	Prüfen von Schweißverbindungen an Tafeln und Rohren aus thermoplastischen Kunststoffen; Prüfverfahren – Zugversuch
Richtlinie DVS 2203-3	Prüfen von Schweißverbindungen aus thermoplastischen Kunststoffen; Schlagzugversuch
Richtlinie DVS 2203-4	Prüfen von Schweißverbindungen an Tafeln und Rohren aus thermoplastischen Kunststoffen; Zeitstand-Zugversuch
Richtlinie DVS 2203-5	Prüfen von Schweißverbindungen an Tafeln und Rohren aus thermoplastischen Kunststoffen; Technologischer Biegeversuch
Richtlinie DVS 2205-2	Berechnung von Behältern und Apparaten aus Thermoplasten – Stehende runde, drucklose Behälter
Richtlinie DVS 2205-4	Berechnung von Behältern und Apparaten aus Thermoplasten – Flanschverbindungen
Richtlinie DVS 2206-1	Zerstörungsfreie Prüfungen von Behältern, Apparaten und Rohrleitungen aus thermoplastischen Kunststoffen – Maß- und Sichtprüfung
Richtlinie DVS 2206-4	Zerstörungsfreie Prüfungen von Behältern, Apparaten und Rohrleitungen aus thermoplastischen Kunststoffen – Prüfung mit elektrischer Hochspannung
Richtlinie 2207-16	Schweißen von thermoplastischen Kunststoffen – Heizelementschweißen von Rohren und Rohrleitungsteilen aus Polyamid 12
Richtlinie DVS 2211	Schweißen von thermoplastischen Kunststoffen – Schweißzusätze – Kennzeichnung, Anforderungen, Prüfungen
Richtlinie DVS 2212-1	Prüfung von Kunststoffschweißern; Prüfgruppen I und II

7.2. Literatur

[1] Miner, M. A.: Zeitschrift Design. Dez. 1945, S. 111.

[2] Alf, E.: Untersuchung zum Verhalten ausgewählter Kunststoffe unter schwingender Beanspruchung. Diss. TH Aachen 1972.

[3] Menges, G., N. Brand, B. Kleinemeier und G. Wienand: Anleitung zur Berücksichtigung der Eigenerwärmung dynamisch belasteter Kunststoffbauteile. Materialprüfung 18 (1976), H. 1, S. 14/19.

[4] Brand, N.: Dimensionierungshilfe für dynamisch beanspruchte Kunststoffbauteile. Diss. TH Aachen 1977.

[5] Menges G., und R. Taprogge: Denken in Verformungen erleichtert das Dimensionieren von Kunststoffteilen. VDI-Z. 112 (1970), H. 6, S. 341/46, und VDI-Z. 112 (1970), H. 10, S. 627/29.

[6] Menges, G.: Das Verhalten von Kunststoffen unter Dehnung. Kunststoffe 63 (1973), H. 2, S. 95/100 und Kunststoffe 63 (1973), H. 3, S. 173/77.

[7] Taprogge, R.: Konstruieren mit Kunststoffen. VDI-Verlag, Düsseldorf 1971.

[8] Hessel, J.: Langzeitprüfung von Schweißverbindungen aus Polyethylen bei komplexer Beanspruchung. Materialwissenschaft und Werkstofftechnik 15 (1984), S. 153/57.

[9] Barth. E., und R. Schommer: Messungen der Langzeitfestigkeit von Schweißverbindungen aus Hart-PVC. Kunststoffe 74 (1984), H. 9.

[10] Diedrich G., B. Kempe und K. Graf: Zeitstandfestigkeit von Rohren aus Polyethylen hart (HDPE) und Polypropylen (PP) unter Chemikalieneinwirkung. Kunststoffe 69 (1979), H. 8, S. 470/76.

[11] Kempe, B.: Prüfmethoden zur Ermittlung des Verhaltens von Polyolefinen bei der Einwirkung von Chemikalien. Materialwissenschaft und Werkstofftechnik 15 (1984), S. 157/72.

[12] Menges, G., und E. Gaube: Knicken und Beulen von thermoplastischen Kunststoffen am Beispiel des Hart-Polyethylens. Kunststoffe 58 (1968), H. 9, S.642/48.

[13] Gaube E., G. Diedrich und W. Müller: Rohre aus thermoplastischen Kunststoffen – Erfahrungen aus 20 Jahren Zeitstandprüfung. Kunststoffe 66 (1976), H. 1, S. 2/8.

[14] Kempe, B., und J. Hessel: Zeitstandverhalten von Schweißverbindungen aus HDPE bei der Einwirkung von Chemikalien. Materialwissenschaft und Werkstofftechnik 14 (1983), S. 37/41.

[15] Hessel J., D. Hausdörfer und B. Kempe: The influence of oxidizing, surface active and swelling fluids on welded PEHD joints. IIW Doc. XVI-453-84.

[16] Tuercke, H.: Zur Stabilität von Behältern aus Thermoplasten. DIBt-Mitteilungen, Heft 5/1995.

[17] Barth, E.: Das Verhalten von PVC hart gegenüber Chemikalieneinwirkung, Materialwissenschaft und Werkstofftechnik 17 (1986), S. 74-76 und 98-108

[18] Barth, E., J. Hessel, und B. Kempe: Die Bestimmung der chemischen Widerstandsfähigkeit von Rohren aus thermoplastischen Kunststoffen. Materials and Corrosion 48, 1997, S. 1/16

DVS VERBAND

Richtlinie
DVS 2205-1 Beiblatt 1

Ersetzt Ausgabe
November 2011

Richtlinie DVS 2205-1 Beiblatt 1

Berechnung von Behältern und Apparaten aus Thermoplasten – Kennwerte der Werkstoffgruppe Polyethylen

Ausschuss für Technik im DVS

Arbeitsgruppe W4 „Fügen von Kunststoffen“

Untergruppe W 4.3b „Konstruktive Gestaltung - Apparatebau“

Bezug: DVS Media GmbH, Postfach 10 19 65, 40010 Düsseldorf, Telefon (0211) 1591-0, Telefax (0211) 1591-150

Inhalt:

Dieses Beiblatt enthält Kennwerte für die Werkstoffe PE 63, PE 80, PE 100, PE 100-RC und PE-el

1. PE 63

1.1. Zeitstandkurven für Rohre

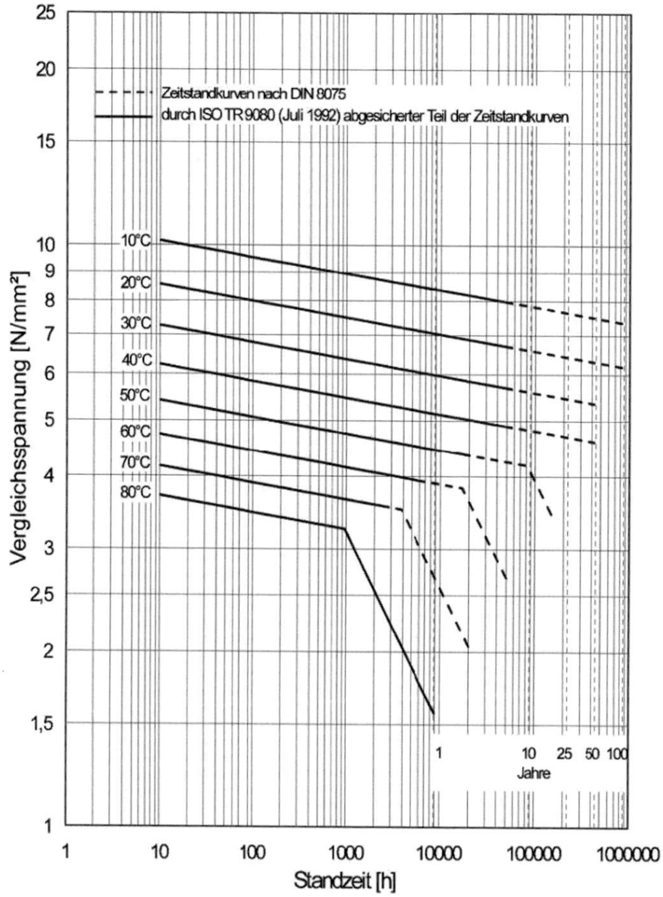

Standzeit [h]
Geradengleichung: $\log(t) = A + C/T + D \cdot \log(\sigma)$
Koeffizienten der Mindestkurven

Flache Äste	Steile Äste
$A_1 = -41{,}4173$	$A_2 = -19{,}8823$
$C_1 = 22008{,}572$	$C_2 = 8619{,}357$
$D_1 = -35{,}0987$	$D_2 = -3{,}039$

1.2. Isochrones Spannungs-Dehnungsdiagramm von PE 63 für 23° C

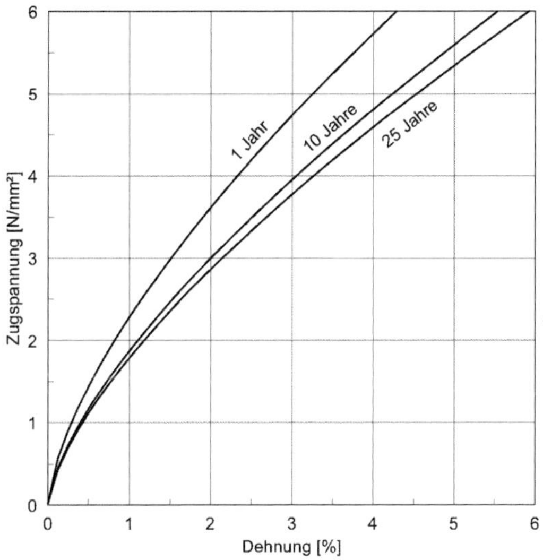

1.3. Kriechmodulkurven

1.3.1. Kriechmodul von PE 63 für 1 Jahr

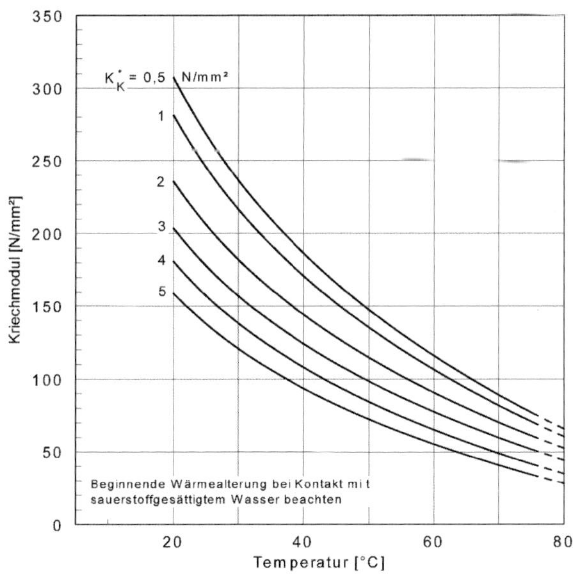

1.3.2. Kriechmodul von PE 63 für 10 Jahre

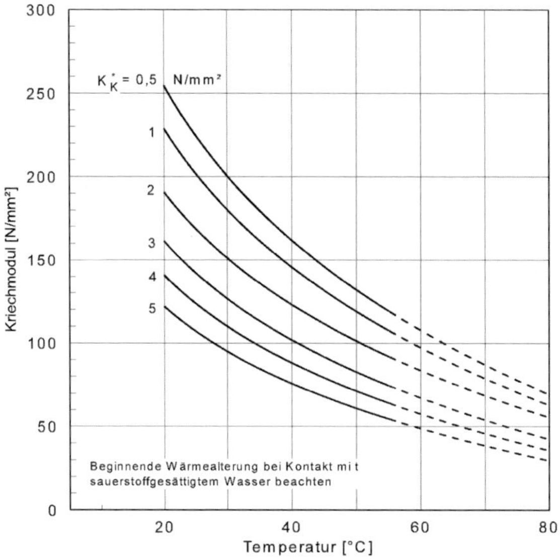

1.3.3. Kriechmodul von PE 63 für 25 Jahre

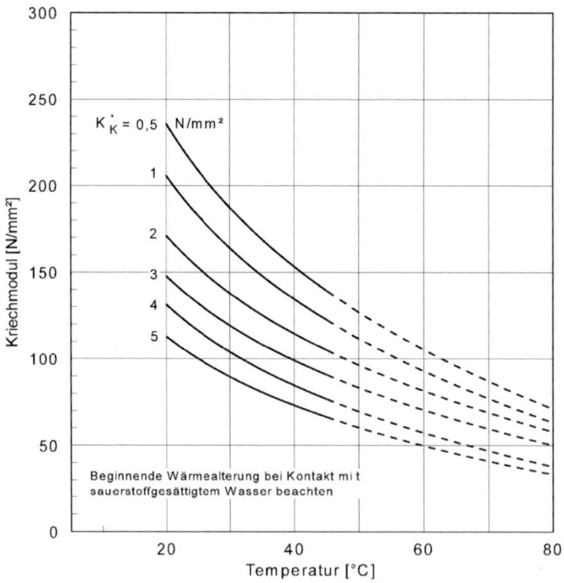

2. PE 80

2.1. Zeitstandkurven für Rohre

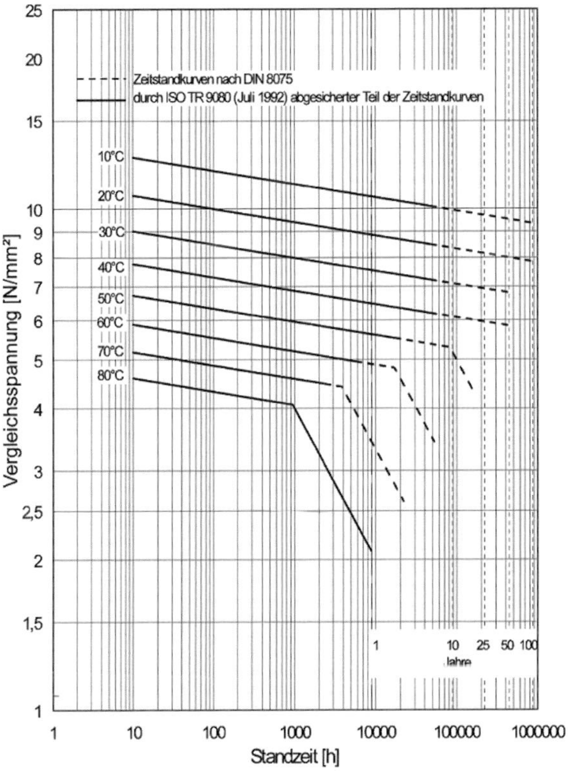

Standzeit [h]
Geradengleichung: $\log(t) = A + C/T + D \cdot \log(\sigma)$
Koeffizienten der Mindestkurven

Flache Äste	Steile Äste
$A_1 = -40{,}9578$	$A_2 = -19{,}9417$
$C_1 = 23596{,}350$	$C_2 = 8804{,}433$
$D_1 = -37{,}5758$	$D_2 = -3{,}3219$

2.2. Isochrones Spannungs-Dehnungsdiagramm von PE 80 für 23°C

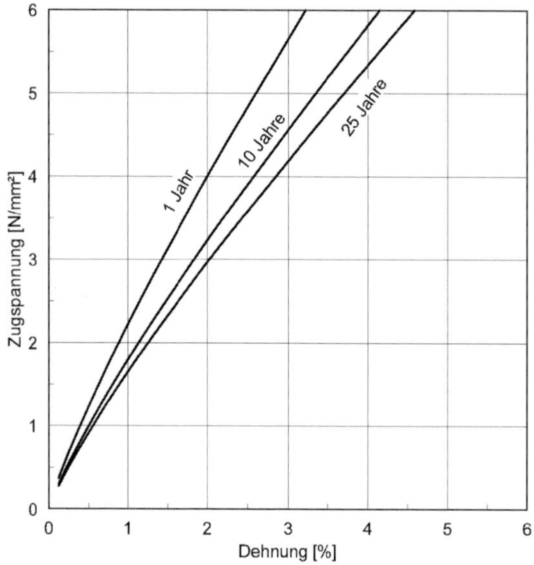

2.3. Kriechmodulkurven

2.3.1. Kriechmodul von PE 80 für 1 Jahr

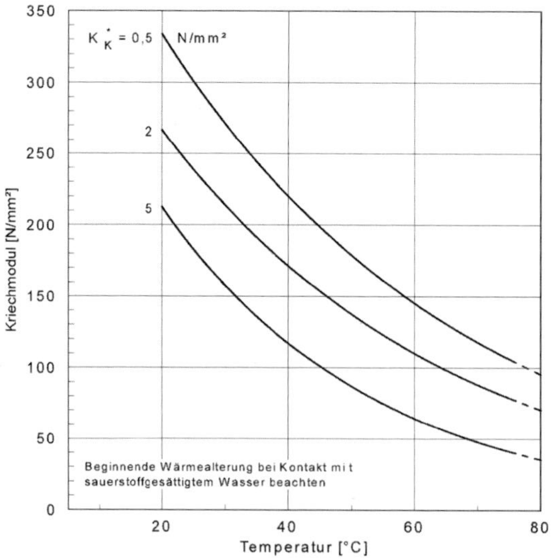

Anmerkung: Der Nachweis wurde mit Hostalen GM 5010 T3 geführt

2.3.2. Kriechmodul von PE 80 für 10 Jahre

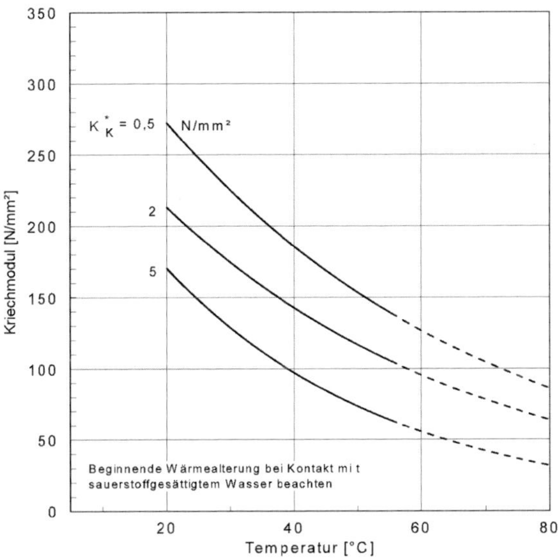

Anmerkung: Der Nachweis wurde mit Hostalen GM 5010 T3 geführt

2.3.3. Kriechmodul von PE 80 für 25 Jahre

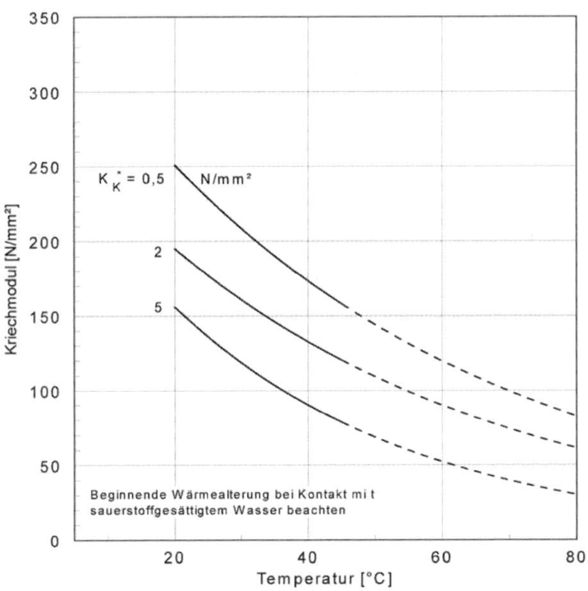

Anmerkung: Der Nachweis wurde mit Hostalen GM 5010 T3 geführt

3. PE 100

3.1. Zeitstandkurven für Rohre

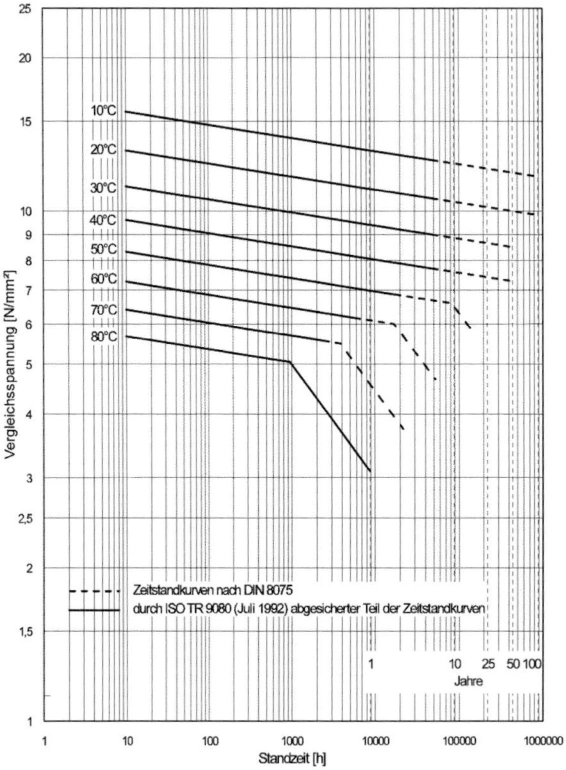

Standzeit [h]
Geradengleichung: $\log(t) = A + C/T + D \cdot \log(\sigma)$
Koeffizienten der Mindestkurven

Flache Äste	Steile Äste
$A_1 = -38{,}9375$	$A_2 = -20{,}3159$
$C_1 = 24482{,}467$	$C_2 = 9342{,}693$
$D_1 = -38{,}9789$	$D_2 = -4{,}5076$

3.2. Isochrones Spannungs-Dehnungsdiagramm von PE 100 für 23 °C

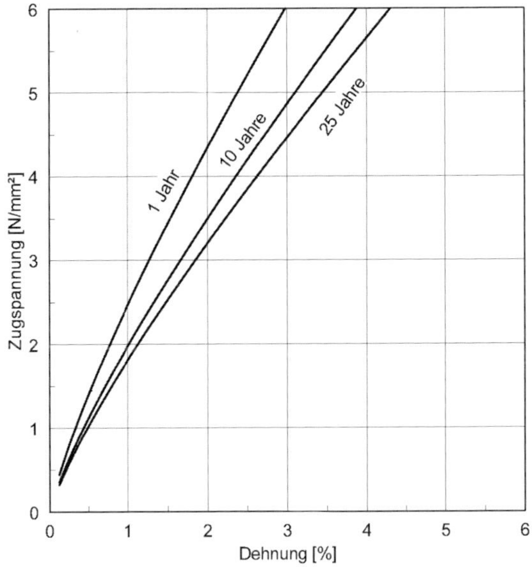

3.3. Kriechmodulkurven

3.3.1. Kriechmodul von PE 100 für 1 Jahr

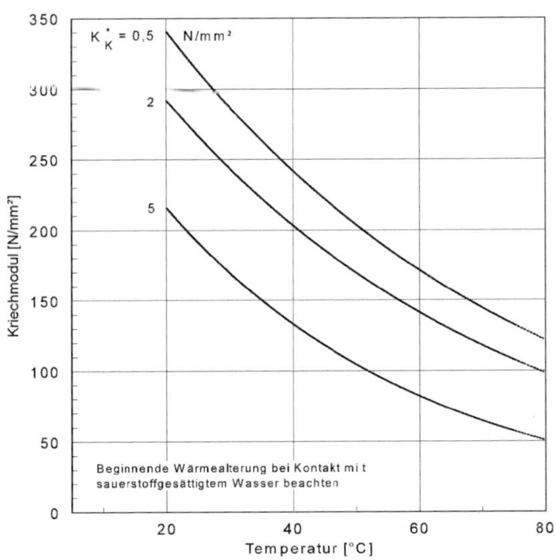

Anmerkung: Der Nachweis wurde mit Hostalen CRP 100 geführt

3.3.2. Kriechmodul von PE 100 für 10 Jahre

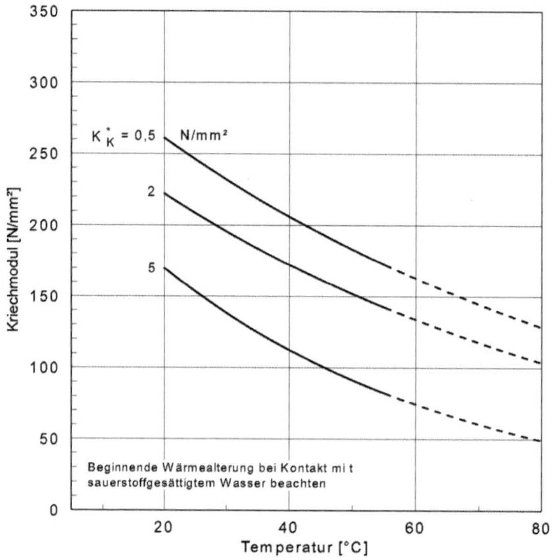

Anmerkung: Der Nachweis wurde mit Hostalen CRP 100 geführt

3.3.3. Kriechmodul von PE 100 für 25 Jahre

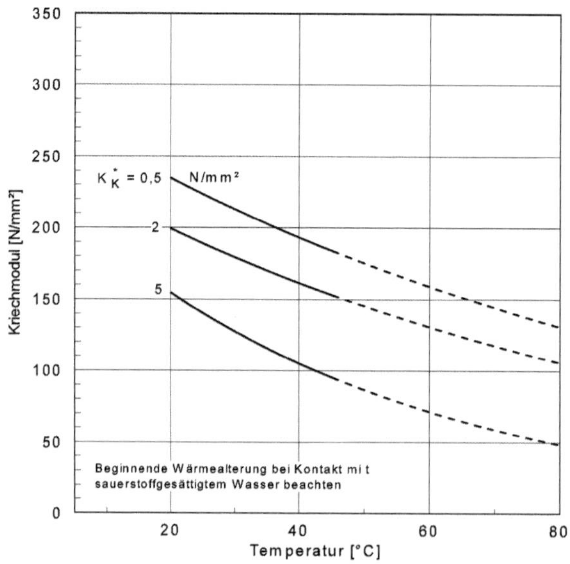

Anmerkung: Der Nachweis wurde mit Hostalen CRP 100 geführt

4. PE 100-RC

PE 100-RC (Resistant to Cracks) ist ein PE 100-Werkstoff mit einem erhöhten Widerstand gegenüber langsamem Risswachstum („Spannungsrissbeständigkeit"). Das Mindest-Niveau der Spannungsrissbeständigkeit ist mit einer Standzeit von 8760 Stunden im FNCT (80°C, 4 N/mm², 2 % Arkopal N-100, Sprödbruch) festgelegt.

Für PE 100-RC ist nach PAS 1075 [1] eine Mindestalterungsgrenze von 100 Jahren bei 20 °C nachgewiesen.

4.1. Zeitstandkurven für Rohre

Für PE 100-RC können die Zeitstandkurven von PE 100 aus Abschnitt 3.1 verwendet werden.

4.2. Kriechmodul von PE 100-RC

Für PE 100-RC können das isochrone Spannungs-Dehnungsdiagramm und die Kriechmodulkurven von PE 100 aus Abschnitt 3.2 und 3.3 verwendet werden.

5. PE-el

PE-el ist ein modifziertes Polyethylen, das durch die Zugabe von Leitfähigkeitsruß eine erhöhte elektrische Leitfähigkeit erreicht. Der Durchgangs- und Oberflächenwiderstand ist deutlich reduziert.

Die Anforderungen an die elektrische Leitfähigkeit sind in der TRGS 727 [2] definiert.

Die Kennwerte für PE-el in dieser Richtlinie wurden an Hostalen GM 9310C ermittelt.

5.1. Zeitstandkurven für Rohre

Für PE-el können die Zeitstandkurven von PE 80 aus Abschnitt 2.1 verwendet werden.

5.2. Kriechmodul

Für PE-el können das isochrone Spannungs-Dehnungsdiagramm und die Kriechmodulkurven von PE 80 aus Abschnitt 2.2 und 2.3 verwendet werden.

6. Abminderungsbeiwert (Zähigkeitsbeiwert) A_1 für PE 63, PE 80, PE 100, PE 100-RC und PE-el

6.1. Werkstoffbeschreibung

Formmasse	Prüfnorm	PE 63	PE 80	PE 100 / PE 100-RC	PE-el *)
Charpy-Kerbschlagzähigkeit bei 23 °C [kJ/m²]	DIN EN ISO 179-1	≥ 12	≥ 13	≥ 13	≥ 5
Zug-Elastizitätsmodul [MPa] bei 23 °C	ISO 527-2	≥ 800	≥ 800	≥ 1000	≥ 1100
Anforderung an die Zeitstand-Innendruckfestigkeit	DIN EN ISO 1167	DVS 2205-1 Beiblatt 1 Abschnitt 1.1	DVS 2205-1 Beiblatt 1 Abschnitt 2.1	DVS 2205-1 Beiblatt 1 Abschnitt 3.1/4.1	DVS 2205-1 Beiblatt 1 Abschnitt 5.1
*) Werte wurden an Hostalen GM 9310 C ermittelt					

6.2. Abminderungsbeiwert A_1

Form-masse	Temperatur [°C]								
	-10	**0**	**10**	**20 / 23** [1)]	**30**	**40**	**50**	**60**	**80**
PE 63	1,2	1,1	1	1	1	1	1	1	1
PE 80	1,1	1	1	1	1	1	1	1	1
PE 100 / PE100-RC	1,1	1	1	1	1	1	1	1	1
PE-el [2)]	1,6	1,5	1,4	1,4	1,4	1,3	1,2	1,2	1,1

[1)] Dieser Wert gilt auch für die Normaltemperatur 23 °C
[2)] Werte wurden an Hostalen GM 9310 C ermittelt.
Erläuterung: Die Kerbschlagzähigkeit wurde durch Prüfungen sowohl an gespritzten als auch an gepressten Probekörpern ermittelt. Für die Festlegung des Abminderungsbeiwertes A1 ist der kleinste Wert der Kerbschlagzähigkeit zugrunde gelegt.

7. Wärmealterungsgrenze bei PE

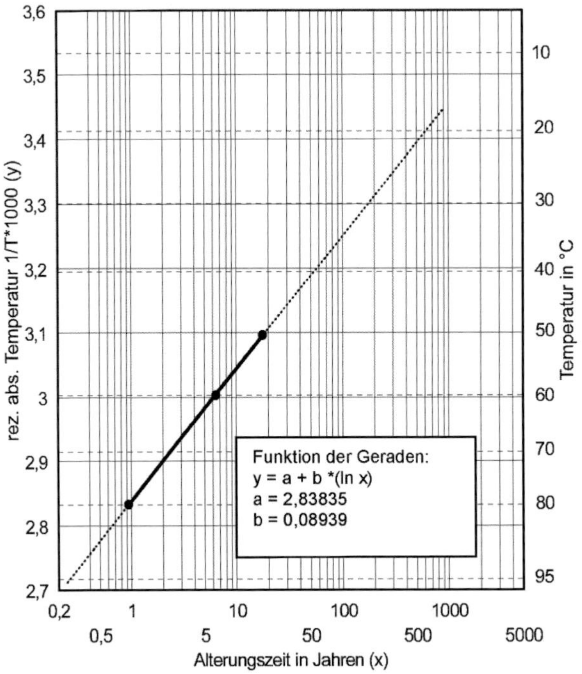

Die Wärmealterungsgrenze gilt auch für PE-el. Der Nachweis wurde mit Hostalen GM 9310 C geführt.

8. Beiwerte zu 2NCT / FNCT für PE

Mindestanforderungen für den Widerstand gegenüber langsamem Risswachstum bei PE:

Werkstoff	PE 63	PE 80	PE 100	PE 100-RC	PE-el 2)
Anforderung [Stunden]	≥ 30	≥ 100	≥ 300	≥ 8760	≥ 100

Prüfung gemäß DIN EN 12814-3 bzw. DVS 2203-4 Beiblatt 2 (FNCT) / DVS 2203-4 Beiblatt 4 (2NCT)
Prüfbedingungen: 80 °C; 2 % Arkopal N-100; 4 N/mm^2
Prüfmuster: Probekörper aus orientierungsfreiem Herstellverfahren
2) Nachweis wurde mit Hostalen GM 9310C geführt.

Anforderungen für korrelierende Prüfverfahren im FNCT:

Bei der Anwendung von abweichenden Prüfbedingungen im FNCT / 2NCT wird folgende Anforderung gestellt: Es ist eine Korrelation zwischen der Prüfbedingung „80 °C; 2 % Arkopal N-100; 4 N/mm^2" und der abweichenden Prüfbedingung nachzuweisen.

Die Korrelation muss über mindestens 60 Prüfserien in 3 Dekaden abgesichert sein, wobei die Zielgröße (z. B. 8760 Stunden) eingeschlossen sein muss. Der Korrelationskoeffizient muss > 0,9 betragen. Die Mindestanforderung ist mit einem „lower confidence limit" von 2,5 % nachzuweisen. Die Korrelation muss nach EN ISO/IEC 17025 akkreditiert sein.

Die Bruchflächen der geprüften Proben (2NCT bzw. FNCT) müssen einen Sprödbruch aufweisen (siehe auch ISO 16770).

9. Schrifttum

9.1. Literatur

[1] PAS 1075:2009-04, Rohre aus Polyethylen für alternative Verlegetechniken - Abmessungen, Technische Anforderungen und Prüfung, Beuth Verlag GmbH, 10772 Berlin.

[2] TRGS 727 - Technische Regel für Gefahrstoffe - Vermeidung von Zündgefahren infolge elektrostatischer Aufladungen.

DVS – DEUTSCHER VERBAND FÜR SCHWEISSEN UND VERWANDTE VERFAHREN E.V.	Berechnung von Behältern und Apparaten aus Thermoplasten – Kennwerte der Werkstoffgruppe Polypropylen	DVS Richtlinie DVS 2205-1 Beiblatt 2

Ersetzt DVS 2205-1 Beiblatt 1 (August 1996), Beiblatt 2 (August 1996), Beiblatt 3 (August 1996) und Beiblatt 10 (Juli 2005)

Dieses Beiblatt enthält Kennwerte für die Werkstoffe PP-H, PP-B und PP-R.

Inhalt:

DVS, Ausschuss für Technik, Arbeitsgruppe „Fügen von Kunststoffen“

Bezug: DVS Media GmbH, Postfach 10 19 65, 40010 Düsseldorf, Telefon (02 11) 15 91- 0, Telefax (02 11) 1591-150

1 PP-H, Polypropylen-Homopolymerisat

1.1 Zeitstandkurven für Rohre

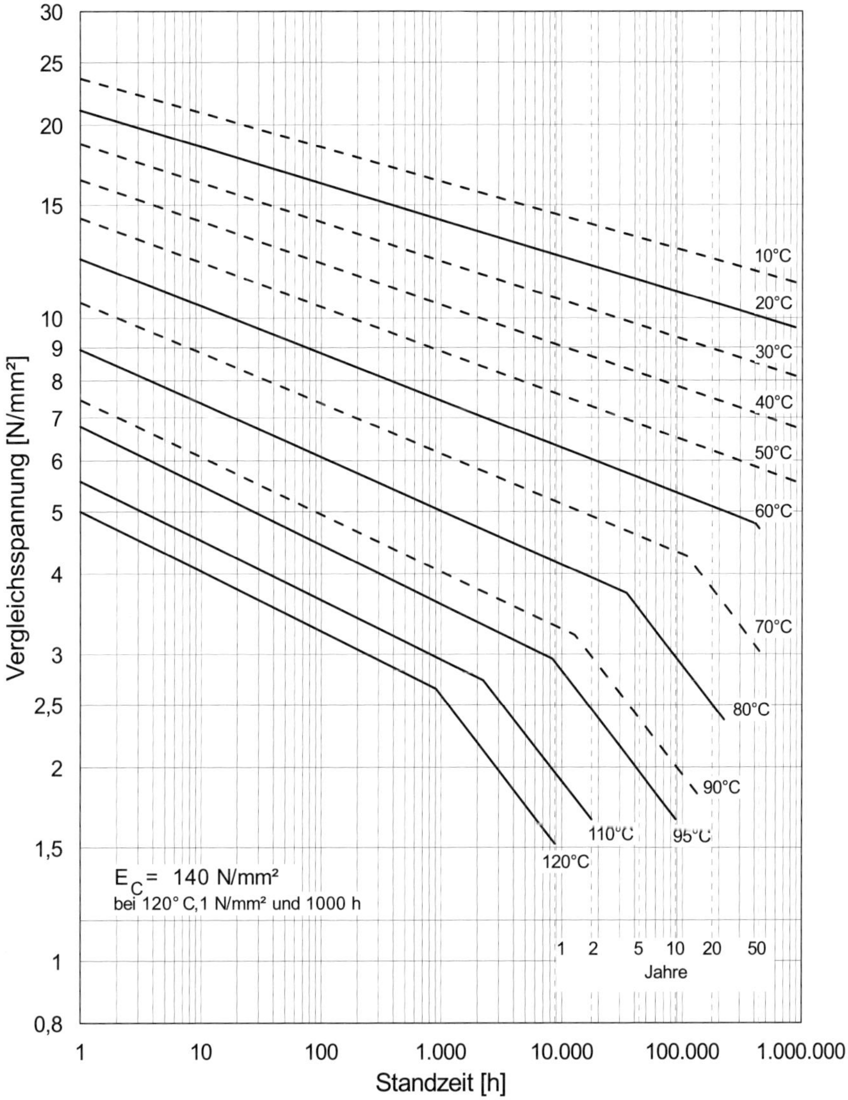

Geradengleichungen:

$\log(t) = A + B/T \cdot \log(\sigma) + C/T + D \cdot \log(\sigma)$	$\log(t) = a + b \cdot \log(\sigma)$

Koeffizienten der Geraden 10 bis 95°C:

flache Äste	steile Äste
A_1 = -46,3645	A_2 = -18,387
B_1 = -9601,1	B_2 = 0
C_1 = 20381,55	C_2 = 8918,5
D_1 = 15,24	D_2 = -4,1

Koeffizienten der Geraden:

flache Äste	steile Äste
110°C	
a_1 = 8,06631	a_2 = 5,15457
b_1 = -10,8149	b_2 = -4,13903
120°C	
a_1 = 7,4989	a_2 = 4,6841
b_1 = -10,7284	b_2 = -4,0779

1.2 Isochrones Spannung-Dehnung-Diagramm für 20°C

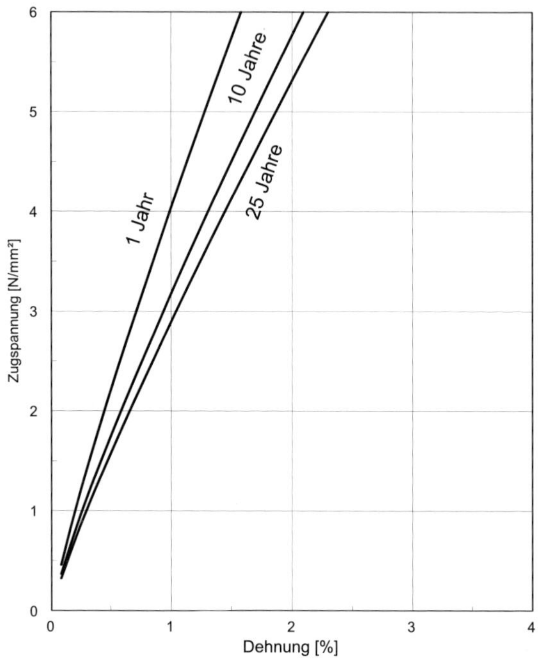

1.3 Kriechmodul

1.3.1 Kriechmodulkurven für 1 Jahr

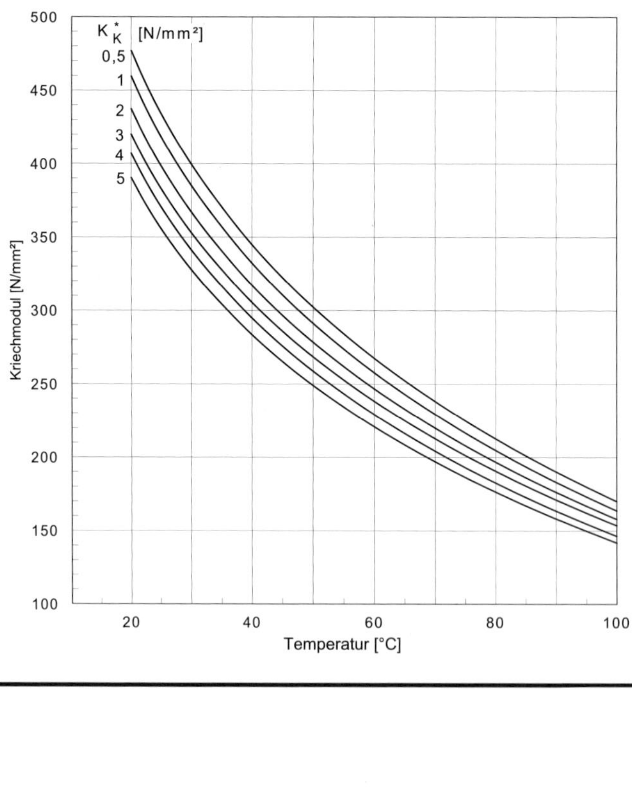

1.3.2 Kriechmodulkurven für 10 Jahre

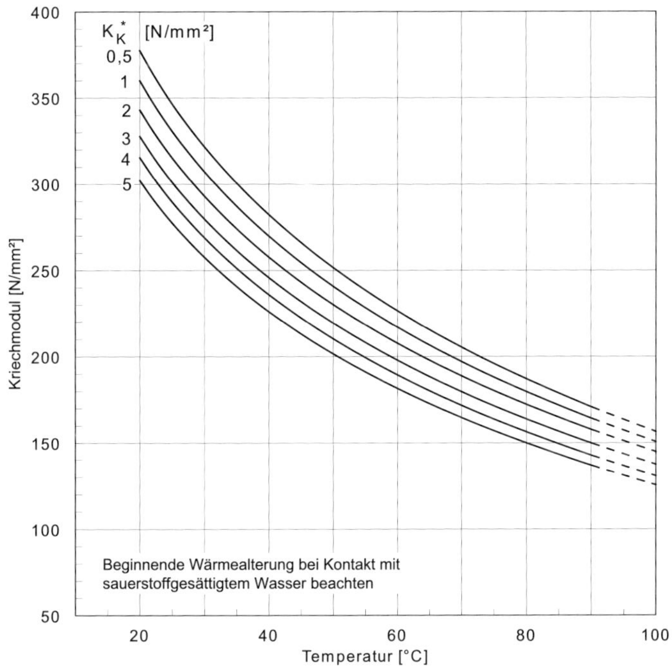

1.3.3 Kriechmodulkurven für 25 Jahre

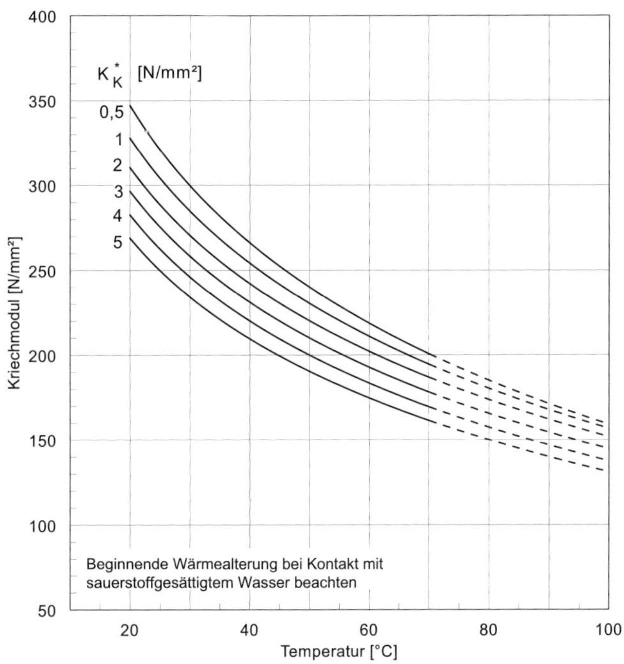

2 PP-B, Polypropylen-Block-Copolymerisat

2.1 Zeitstandkurven für Rohre

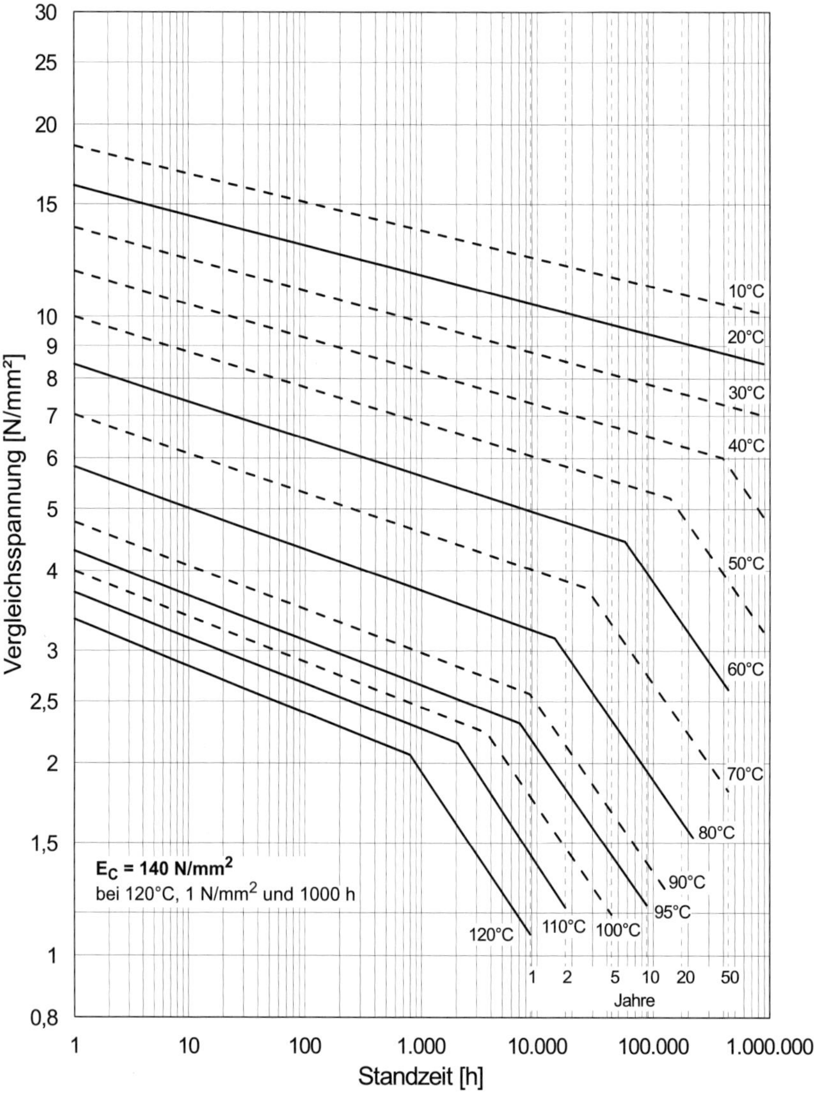

Geradengleichungen:

$\log(t) = A + B/T \cdot \log(\sigma) + C/T + D \cdot \log(\sigma)$

Koeffizienten der Geraden 10 bis 95°C:

flache Äste	steile Äste
A_1 = -56,0862	A_2 = -13,699
B_1 = -10157,8	B_2 = 0
C_1 = 23971,71	C_2 = 6970,3
D_1 = 13,32	D_2 = -3,82

$\log(t) = a + b \cdot \log(\sigma)$

Koeffizienten der Geraden:

flache Äste	steile Äste
100°C	
a_1 = 8,45725	a_2 = 4,88603
b_1 = -14,0472	b_2 = -3,794
110°C	
a_1 = 7,98862	a_2 = 4,51668
b_1 = -14,0595	b_2 = -3,61563
120°C	
a_1 = 7,18348	a_2 = 4,06677
b_1 = -13,64801	b_2 = -3,71798

2.2 Isochrones Spannung-Dehnung-Diagramm für 23°C

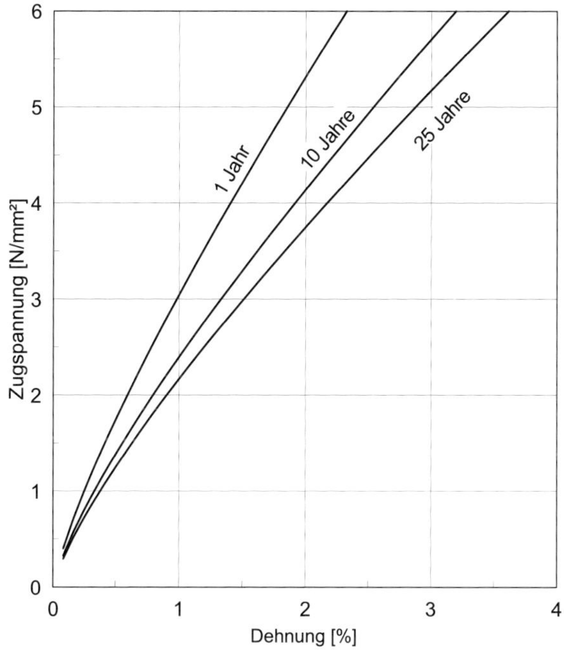

2.3 Kriechmodul

2.3.1 Kriechmodulkurven für 1 Jahr

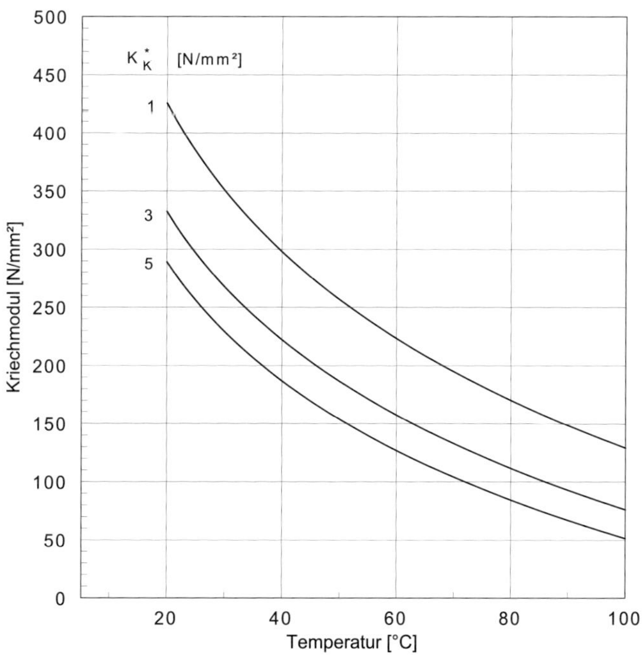

2.3.2 Kriechmodulkurven für 10 Jahre

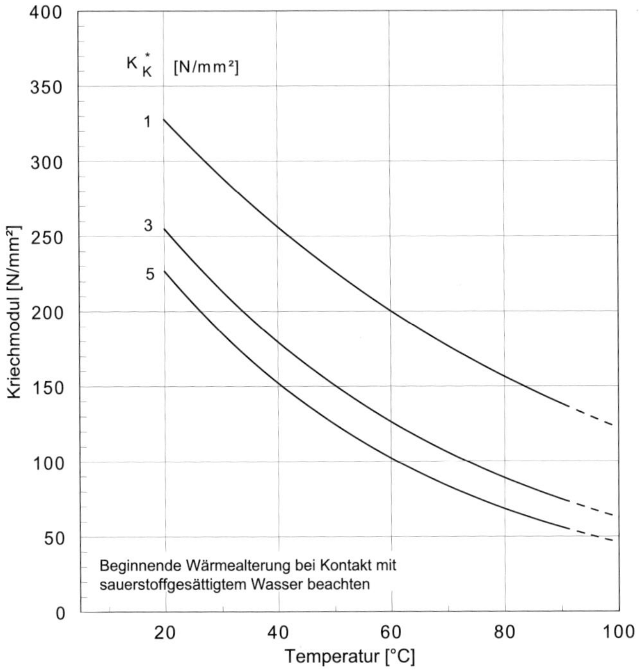

2.3.3 Kriechmodulkurven für 25 Jahre

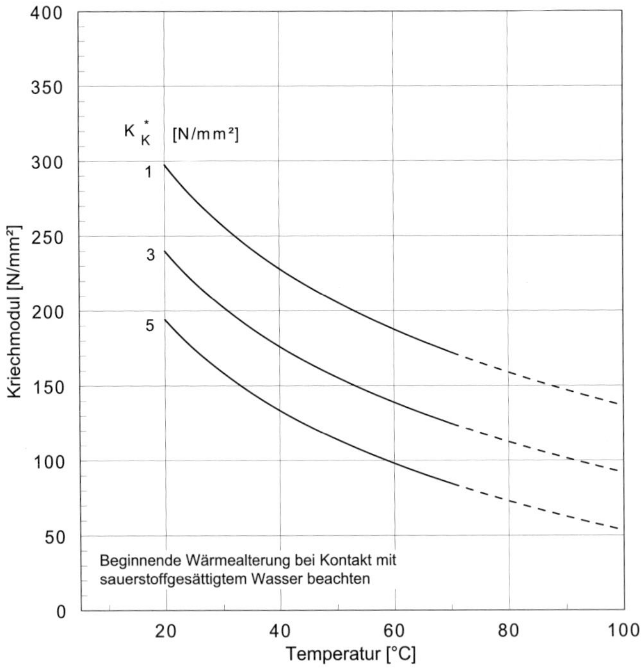

3 PP-R, Polypropylen-Random-Copolymerisat

3.1 Zeitstandkurven für Rohre

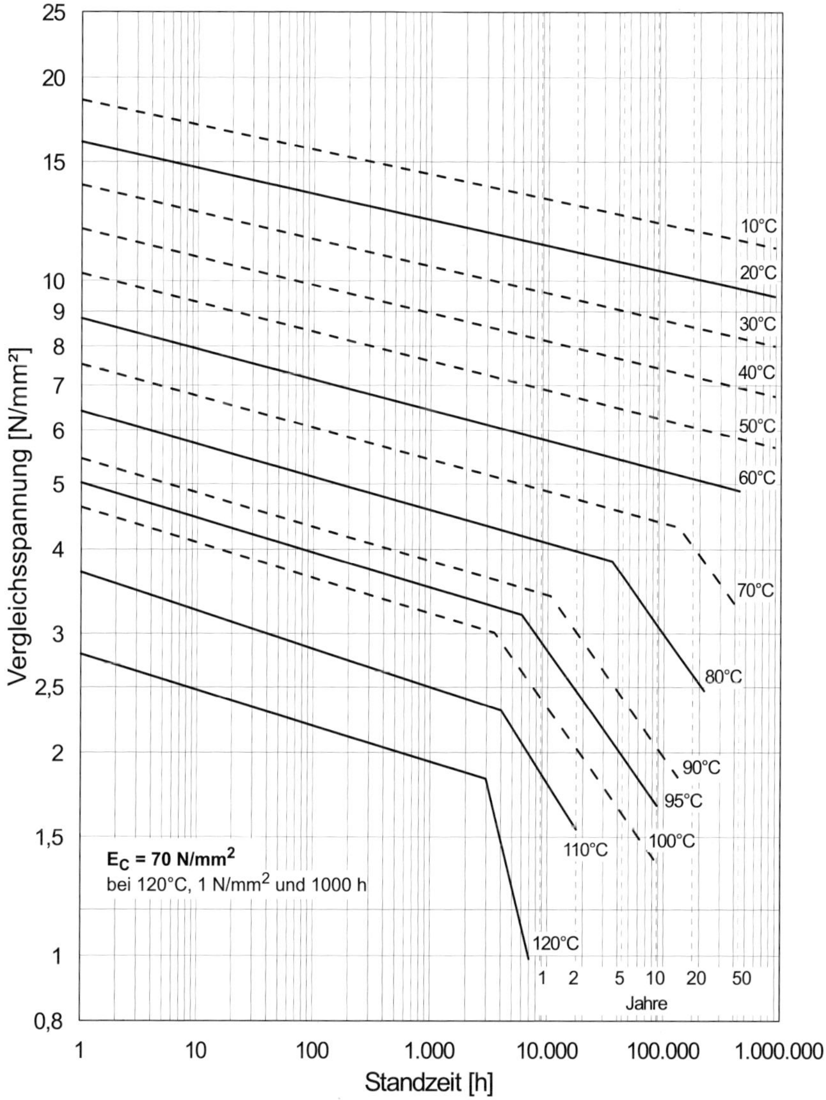

Geradengleichungen:

$\log(t) = A + B/T \cdot \log(\sigma) + C/T + D \cdot \log(\sigma)$		$\log(t) = a + b \cdot \log(\sigma)$	
Koeffizienten der Geraden 10 bis 100°C:		Koeffizienten der Geraden:	
flache Äste	steile Äste	flache Äste	steile Äste
A_1 = -55,7247	A_2 = -19,98	110°C	
B_1 = -9484,1	B_2 = 0	a_1 = 10,0045	a_2 = 4,9264
C_1 = 25502,18	C_2 = 9507,0	b_1 = -17,6073	b_2 = -3,6416
D_1 = 6,39	D_2 = -4,11	120°C	
		a_1 = 8,40722	a_2 = 3,8390
		b_1 = -18,8014	b_2 = -1,3955

3.2 Isochrones Spannung-Dehnung-Diagramm für 20°C

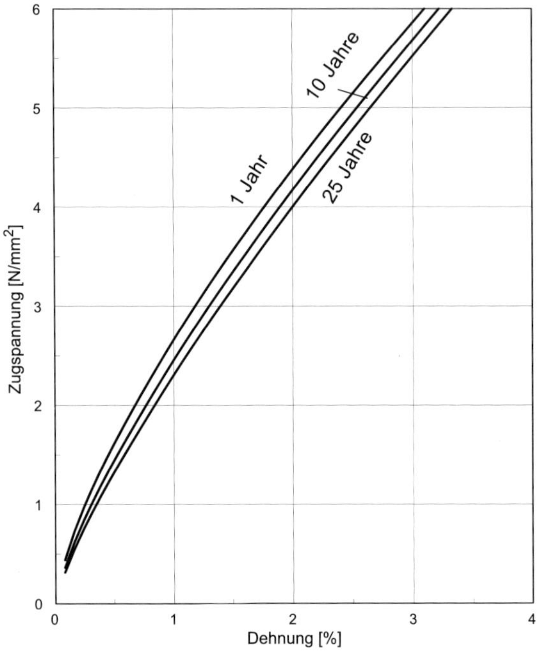

3.3 Kriechmodul

3.3.1 Kriechmodulkurven für 1 Jahr

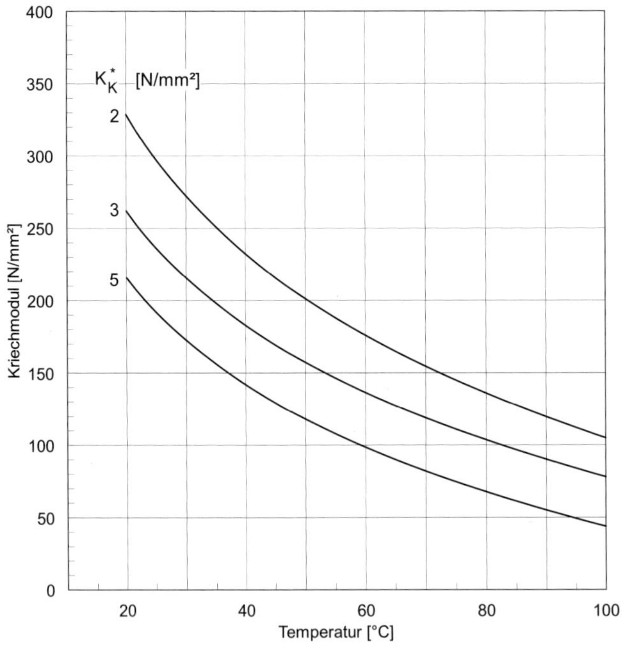

3.3.2 Kriechmodulkurven für 10 Jahre

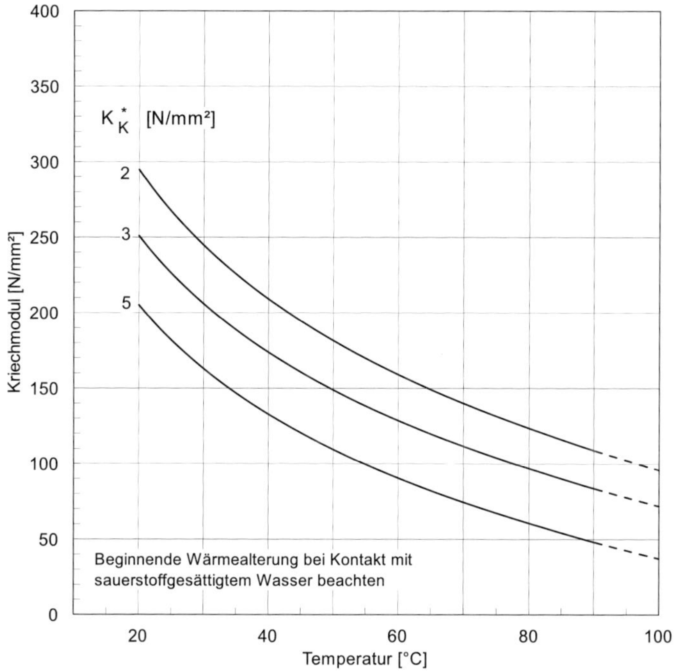

3.3.3 Kriechmodulkurven für 25 Jahre

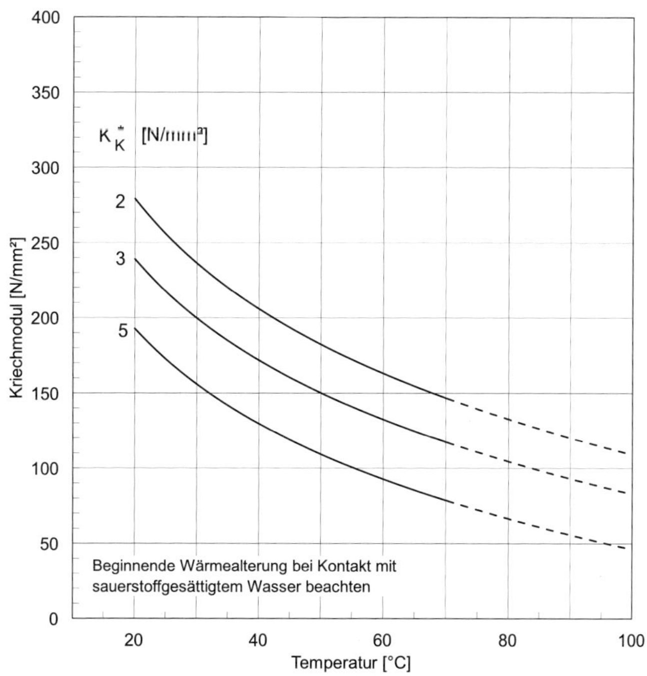

4 Abminderungsbeiwerte A_1 für Formmassen aus PP

1. Werkstoffbeschreibung

Formmasse	PP-H	PP-B	PP-R
Kerbschlagzähigkeit [kJ/m²] bei 23°C	≥6	≥30	≥20
Zug-Elastiizitätsmodul [N/mm²] bei 23°C, entsprechend prEN ISO 15013	≥1200	≥1000	≥700
Anforderung an die Zeitstandfestigkeit gemäß	Abschnitt 1.1	Abschnitt 2.1	Abschnitt 3.1

Prüfnormen:

Zug-Elastizitätsmodul: ISO 527-2
Kerbschlagzähigkeit: DIN EN ISO 179-1/1eA (Charpy)
Prüfkörper DIN EN ISO 1873-2
Zeitstandfestigkeit: ISO 1167

2. Abminderungsbeiwerte A_1

Formmasse	Temperatur [°C]								
	-10	0	10	20[1]	30	40	50	60	80
PP-H	1,8	1,7	1,5	1,3	1,1	1,0	1,0	1,0	1,0
PP-B	1,6	1,5	1,0	1,0	1,0	1,0	1,0	1,0	1,0
PP-R	1,8	1,6	1,3	1,0	1,0	1,0	1,0	1,0	1,0

[1] Dieser Wert gilt auch für die Normaltemperatur 23°C.

Erläuterung:
Die Kerbschlagzähigkeit wurde durch Prüfungen sowohl an gespritzten als auch an gepressten Probekörpern ermittelt. Für die Festlegung des Abminderungsbeiwertes A_1 ist der kleinste Wert der Kerbschlagzähigkeit zugrunde gelegt.

5 Wärmealterungsgrenze bei PP

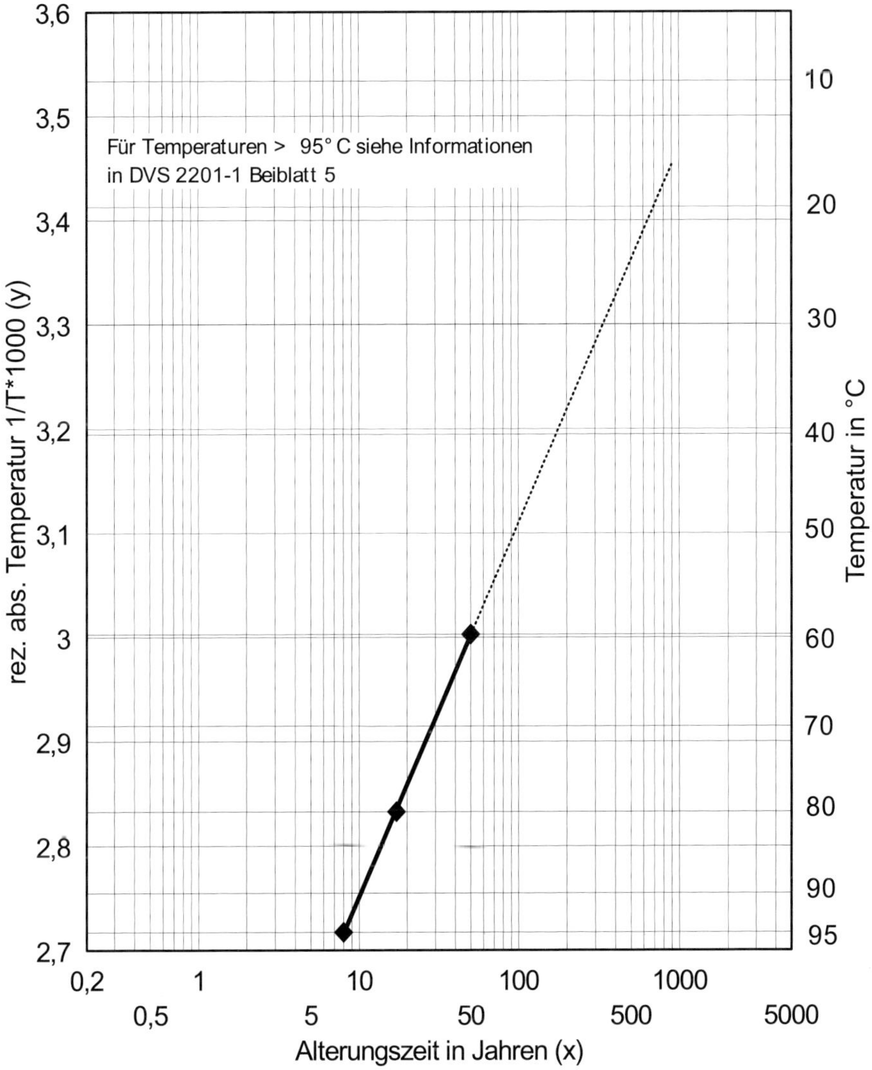

Funktion der Geraden:
$y = a + b \cdot (\ln x)$
$a = 2{,}39171$
$b = 0{,}15604$

6 Beiwerte zu 2NCT/FNCT[1] bei PP

Mindestanforderungen für den Widerstand gegenüber langsamem Risswachstum bei PP

Werkstoff	PP-H[2]	PP-B[3]	PP-R[2]
Anforderung (Stunden)	≥ 250	≥ 250	≥ 500

Prüfmuster:
Gepresste Tafeln oder extrudierte Halbzeuge (Prüfung quer zur Extrusionsrichtung)

Bei Anwendung von abweichenden Prüfbedingungen wird folgende Anforderung gestellt: Absicherung über mindestens 60 Prüfserien in 3 Dekaden, wobei die Zielgröße (z. B. 500 Stunden) eingeschlossen sein muss. Der Korrelationskoeffizient muss > 0,9 sein. Die Mindestanforderung ist mit einem „lower confidence limit" von 2,5% nachzuweisen. Die Korrelation muss nach EN ISO/IEC 17025 akkredidiert sein.

[1] DIN EN 12814-3
[2] Prüfbedingungen: 80°C; 2% Arkopal N-100; 4 N/mm²
[3] Prüfbedingungen: 80°C; 2% Arkopal N-100; 3 N/mm²

7 Schrifttum

Regelwerk

DIN EN 179-1	Kunststoffe – Bestimmung der Charpy-Schlageigenschaften – Teil 1: Nicht instrumentierte Schlagzähigkeitsprüfung
ISO 527-2	Kunststoffe; Bestimmung der Eigenschaften aus dem Zugversuch; Teil 2: Prüfbedingungen für Spritzguss- und Extrusions-Formmassen
ISO 1167-1	Rohre, Formstücke und Bauteilkombinationen aus thermoplastischen Kunststoffen für den Transport von Flüssigkeiten – Bestimmung der Widerstandsfähigkeit gegen inneren Überdruck – Teil 1: Allgemeines Prüfverfahren
DIN EN ISO 15013	Kunststoffe – Extrudierte Tafeln aus Polypropylen (PP) – Anforderungen und Prüfung
DIN EN ISO 1873-2	Kunststoffe – Polypropylen (PP-)Formmassen – Teil 2: Herstellung von Probekörpern und Bestimmung von Eigenschaften
DIN ISO/IEC 17025	Allgemeine Anforderungen an die Kompetenz von Prüf- und Kalibrierlaboratorien
DIN EN 12814-3	Prüfen von Schweißverbindungen aus thermoplastischen Kunststoffen – Teil 3: Zeitstand-Zugversuch

September 2013

DVS – DEUTSCHER VERBAND FÜR SCHWEISSEN UND VERWANDTE VERFAHREN E.V.	**Berechnung von Behältern und Apparaten aus Thermoplasten – Kennwerte der Werkstoffgruppe Polyvinylchlorid**	**Richtlinie DVS 2205-1 Beiblatt 3**

Ersetzt DVS 2205-1 Beiblatt 9 (September 2005), Beiblatt 11 (März 2002), Beiblatt 12 (März 2002), Beiblatt 14 (September 2005)

Dieses Beiblatt enthält Kennwerte für die Werkstoffe PVC-NI, PVC-RI und PVC-C.

Inhalt:

DVS, Ausschuss für Technik, Arbeitsgruppe „Fügen von Kunststoffen“

Bezug: DVS Media GmbH, Postfach 10 19 65, 40010 Düsseldorf, Telefon (02 11) 15 91-0, Telefax (02 11) 1591-150

1 PVC-NI, Polyvinylchlorid, normal schlagzäh

1.1 Zeitstandkurven für Rohre

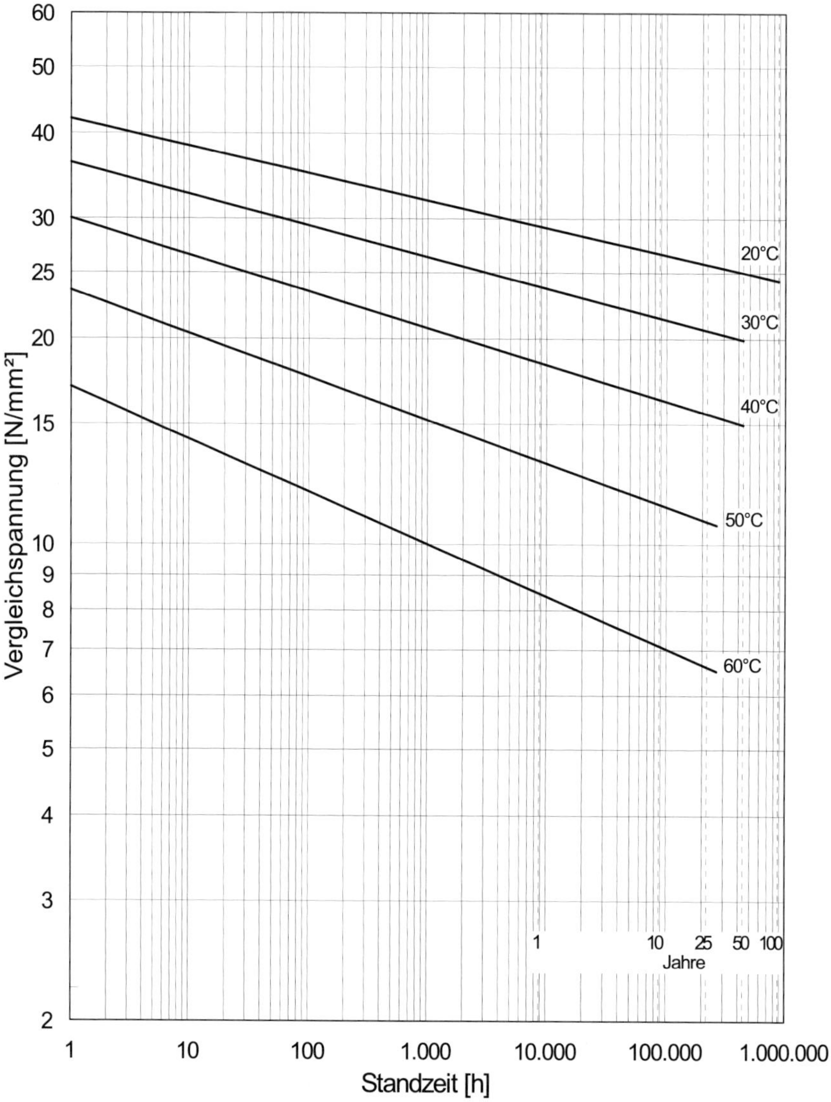

Geradengleichung:
$\log(t) = A + B/T \cdot \log(\sigma) + C/T + D \cdot \log(\sigma)$

Koeffizienten der Mindestkurven:
A = -164,647
B = -29378,37
C = 60161,4
D = 75,2053

1.2 Isochrones Spannung-Dehnung-Diagramm für 20°C

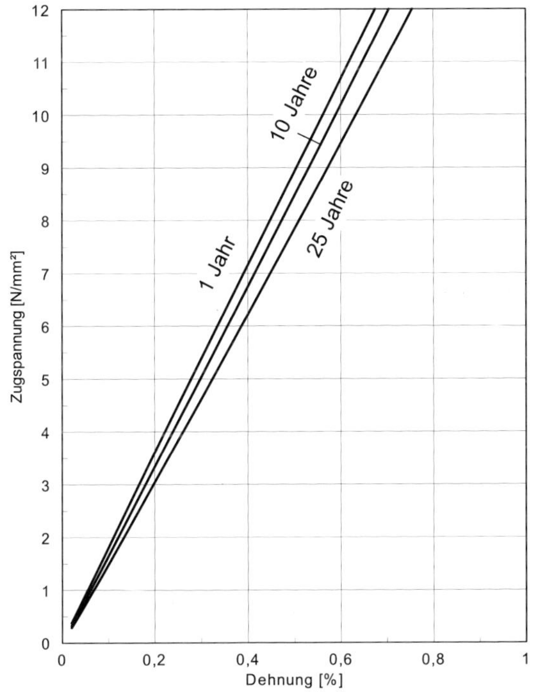

1.3 Kriechmodulkurven für 1, 10 und 25 Jahre für den Spannungsbereich 2,5 bis 10 N/mm²

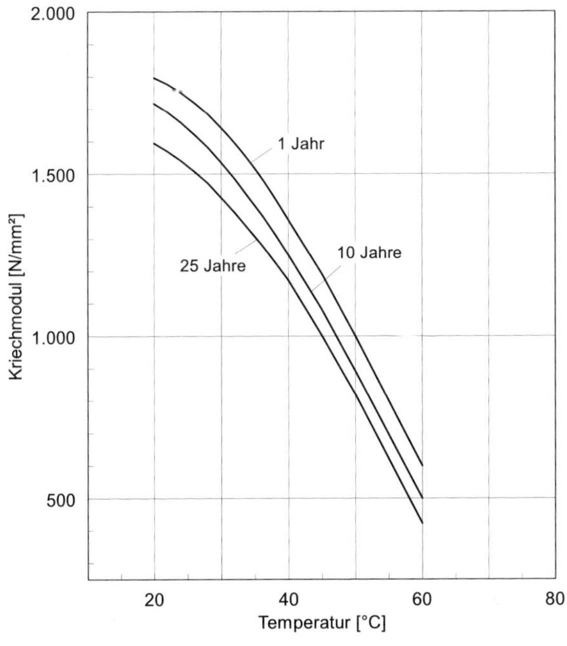

2 PVC-RI, Polyvinylchlorid, erhöht schlagzäh

2.1 Zeitstandkurven für Rohre

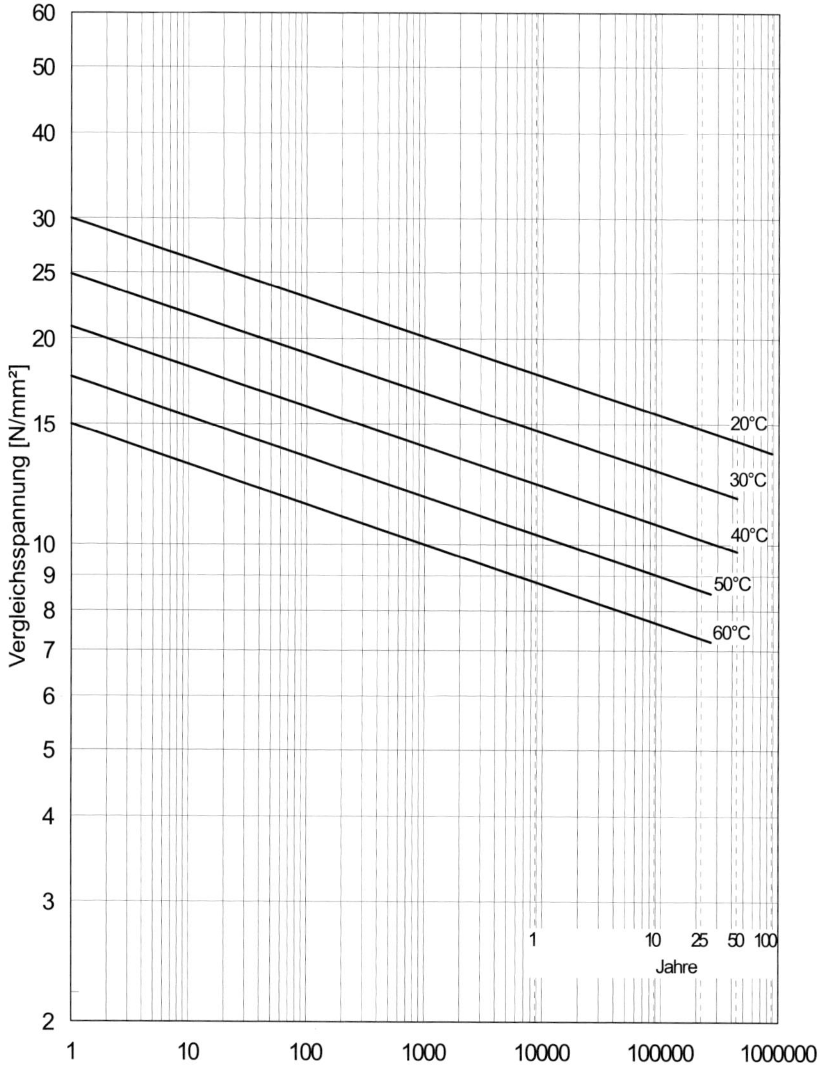

Geradengleichung:
$\log(t) = A + B/T \cdot \log(\sigma) + C/T + D \cdot \log(\sigma)$

Koeffizienten der Mindestkurven:
A = -20,726
B = -720,5232
C = 13573,95
D = -14,8729

3 Abminderungsbeiwerte A_1 für Formmassen aus PVC

1. Werkstoffbeschreibung

Die 4 Gruppen entsprechen den Angaben in ISO 11833-1.

Formstoff, Halbzeug	PVC-NI			PVC-RI		
	Platten		Rohre	Platten		Rohre
	extrudiert	gepresst		extrudiert	gepresst	
Kerbschlagzähigkeit [kJ/m²] bei 23°C	> 2	> 3		> 5	> 10	
Vicat-Erweichungstemperatur [°C]	≥ 75	≥ 78		≥ 72	≥ 75	
Zug-Elastizitätsmodul [N/mm²] bei 23°C	≥ 3000	≥ 3000		≥ 2500	≥ 2500	
Zeitstandfestigkeit, entsprechend	ISO 11833-1[1)]	ISO 11833-1[1)]	Abschnitt 1.1	ISO 11833-1[1)]	ISO 11833-1[1)]	Abschnitt 1.1

1) Zeitstandkurven liegen nicht vor, deshalb Verwendung von ISO 11833-1.

Prüfnormen:

Kerbschlagzähigkeit: ISO 179-1/1eA (Charpy)
Vicat-Erweichungstemperatur: DIN EN ISO 306, Verf. B 50
Zug-Elastizitätsmodul: ISO 527-2
Zeitstandfestigkeit: ISO 1167-1

2. Abminderungsbeiwerte A_1

Halbzeug	Werkstoffbezeichnung	Kerbschlagzähigkeit kJ/m²	Temperatur [°C]						
			-10	0	10	20[2)]	40	50	60
Platten, extrudiert	PVC-NI	< 2	1,8	1,8	1,8	1,8	1,6	1,6	1,5
Platten, gepresst		< 3	1,7	1,7	1,7	1,6	1,4	1,3	1,2
Rohre									
Platten, extrudiert	PVC-RI	< 5	1,7	1,6	1,5	1,4	1,2	1,0	1,0
Platten, gepresst		< 10	1,5	1,3	1,1	1,0	1,0	1,0	1,0
Rohre									

2) Dieser Wert gilt auch für die Normaltemperatur 23°C.

4 PVC-C, Polyvinylchlorid, chloriert

4.1 PVC-C für Rohre

4.1.1 Zeitstandkurven

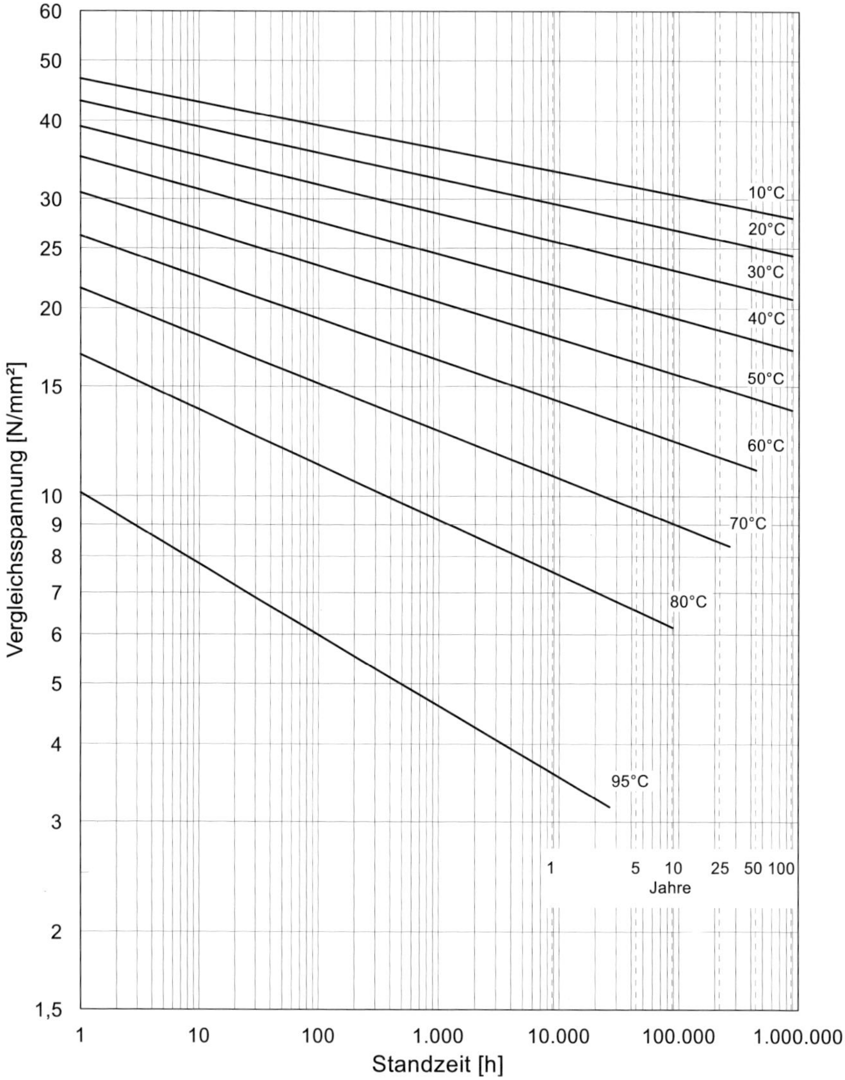

Geradengleichung:
$\log(t) = A + B/T \cdot \log(\sigma) + C/T + D \cdot \log(\sigma)$

Koeffizienten der Mindestkurven:
A = -109,95
B = -21897,4
C = 43702,87
D = 50,742

4.2 PVC-C für Formstücke

4.2.1 Zeitstandkurven

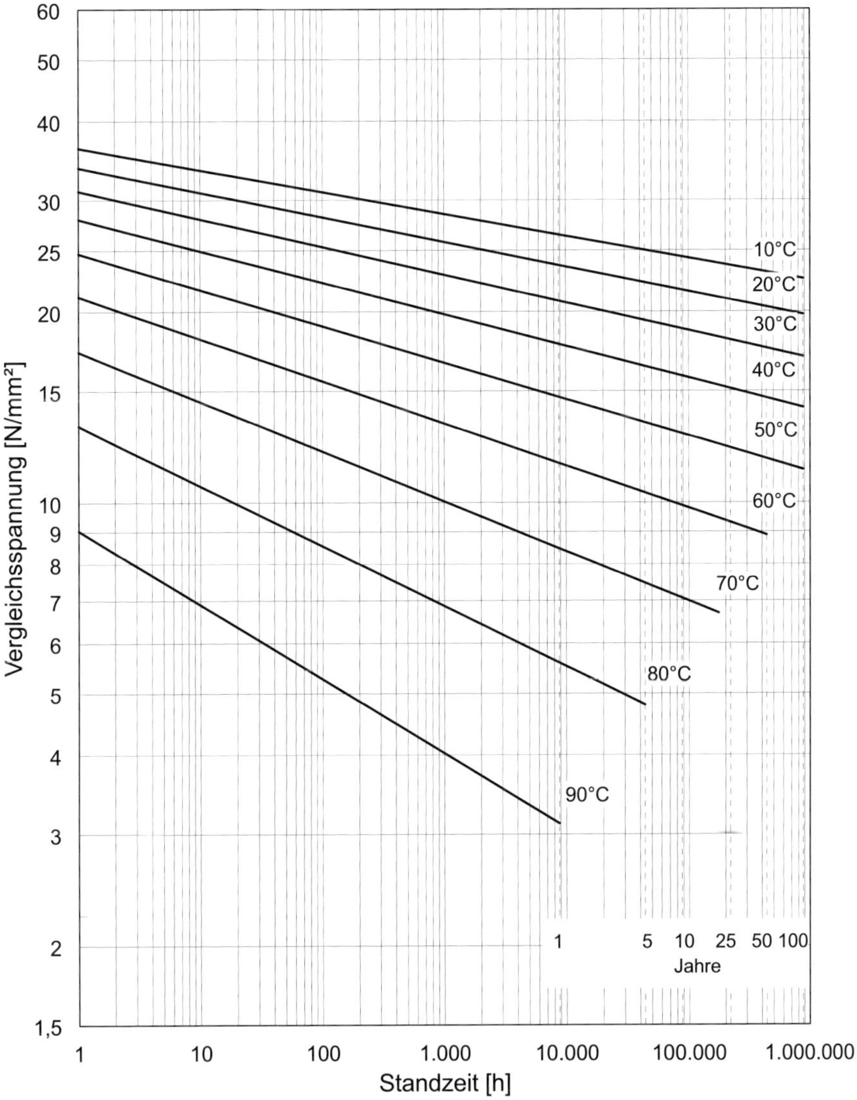

Geradengleichung:
$\log(t) = A + B/T \cdot \log(\sigma) + C/T + D \cdot \log(\sigma)$

Koeffizienten der Mindestkurven:
A = -121,699
B = -25985
C = 47143,18
D = 63,0351

4.3 Abminderungsbeiwerte A_1 für Formmassen aus PVC-C

1. Werkstoffbeschreibung

Halbzeuge	Platten		Rohre	Fittings und Armaturen
Kerbschlgzähigkeit [kJ/m²] bei 23°C	≥2	>3	>3	>5
Vicat-Erweichungstemperatur [°C]	≥105	≥103	≥110	≥103
Zug-Elastizitätsmodul [N/mm²]	≥3200	≥2500	≥2750	≥2500
Zeitstandfestigkeit [N/mm²]	Abschnitt 2.1	Abschnitt 2.1	Abschnitt 1.1	Abschnitt 2.1

Prüfnormen:

Kerbschlagzähigkeit: ISO 179-1/1eA (Charpy)
Vicat-Erweichungstemperatur: DIN EN ISO 306, Verf. B 50
Zug-Elastizitätsmodul: ISO 527-2
Zeitstandfestigkeit: ISO 1167-1

2. Abminderungsfaktoren A_1

Halbzeuge	Herstellverfahren/ Modifizierung	Kerbschlagzähigkeit kJ/m²	Temperatur [°C]							
			-10	0	10	20[1)]	40	50	60	80
Platten	foliengepresst, nicht schlagzäh modifiziert	≥2	1,9	1,9	1,9	1,8	1,7	1,7	1,6	1,5
Platten	foliengepresst oder extrudiert, schlagzäh modifiziert	>3[2)]	1,8	1,7	1,7	1,6	1,3	1,0	1,0	1,0
Rohre	extrudiert, schlagzäh modifiziert	>3	1,8	1,7	1,7	1,6	1,3	1,0	1,0	1,0
Fittings und Armaturen	gespritzt, schlagzäh modifiziert	>5	1,7	1,6	1,5	1,3	1,1	1,0	1,0	1,0

1) Dieser Wert gilt auch für die Normaltemperatur 23°C.

2) Die A_1-Werte dürfen nur verwendet werden, wenn auch die übrigen Kennwerte (z. B. E-Modul, Kriechmodul, Zeitstandfestigkeit, Schweißfaktor) bis zur Herausgabe des Weißdruckes vorliegen.

5 Schrifttum

Regelwerk

DIN EN ISO 306 Kunststoffe – Thermoplaste – Bestimmung der Vicat-Erweichungstemperatur (VST)

DIN EN 179-1 Kunststoffe – Bestimmung der Charpy-Schlageigenschaften – Teil 1: Nicht instrumentierte Schlagzähigkeitsprüfung

ISO 527-2 Kunststoffe; Bestimmung der Eigenschaften aus dem Zugversuch; Teil 2: Prüfbedingungen für Spritzguss- und Extrusions-Formmassen

ISO 1167-1 Rohre, Formstücke und Bauteilkombinationen aus thermoplastischen Kunststoffen für den Transport von Flüssigkeiten – Bestimmung der Widerstandsfähigkeit gegen inneren Überdruck – Teil 1: Allgemeines Prüfverfahren

ISO 11833-1 Kunststoffe – Weichmacherfreie Polyvinylchloridtafeln – Typen, Maße und Eigenschaften – Teil 1: Tafeln mit einer Dicke von mindestens 1 mm

Sepember 2013

DVS – DEUTSCHER VERBAND FÜR SCHWEISSEN UND VERWANDTE VERFAHREN E.V.	**Berechnung von Behältern und Apparaten aus Thermoplasten – Kennwerte der Werkstoffgruppe Fluorpolymere**	**Richtlinie DVS 2205-1 Beiblatt 4**

Ersetzt DVS 2205-1 Beiblatt 4 (August 1996), Beiblatt 15 (September 2005), Beiblatt 18 (Februar 2006), Beiblatt 20 (August 2007), Beiblatt 21 (Januar 2008) und Beiblatt 25 (August 2007)

Dieses Beiblatt enthält Kennwerte für die Werkstoffe PVDF, PVDF(-C), E-CTFE und PTFE.

Inhalt:

DVS, Ausschuss für Technik, Arbeitsgruppe „Fügen von Kunststoffen“

Bezug: DVS Media GmbH, Postfach 10 19 65, 40010 Düsseldorf, Telefon (02 11) 15 91- 0, Telefax (02 11) 1591-150

1 PVDF (Polyvinylidenfluorid Homopolymerisat, PVDF)

1.1 Zeitstandkurven von PVDF für Rohre

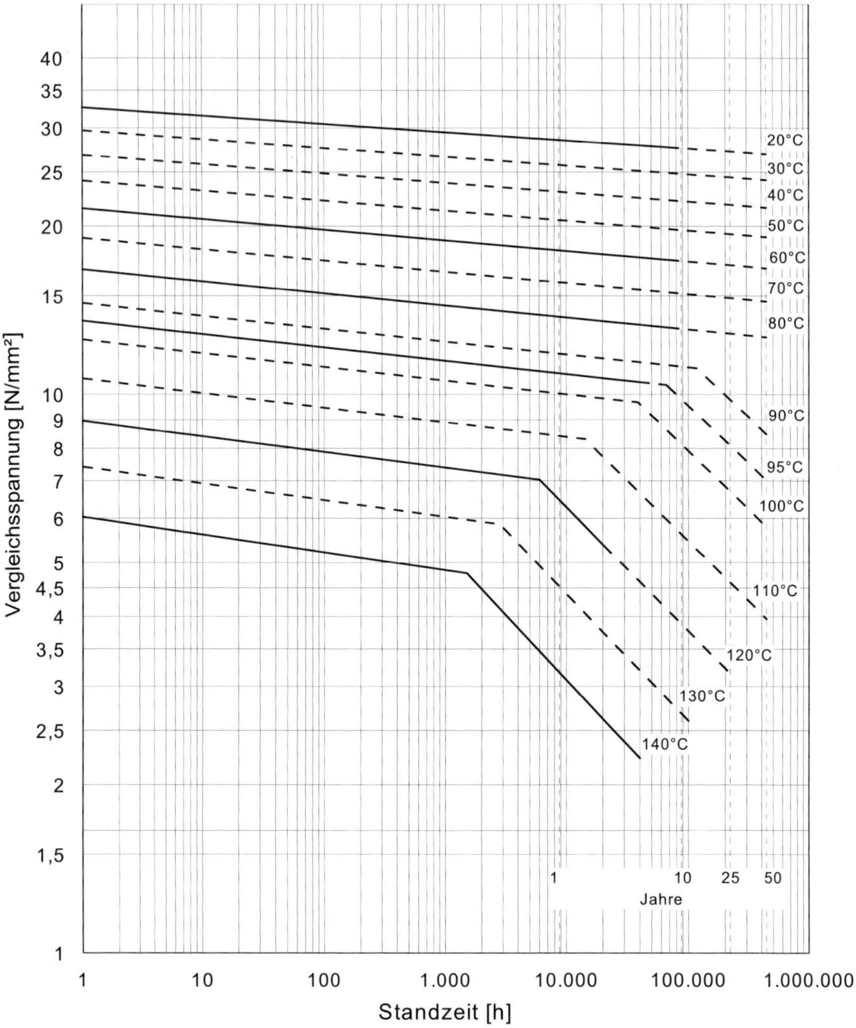

Geradengleichung:
$lg(t) = A + B/T \cdot lg(\sigma) + C/T + D \cdot lg(\sigma)$

Koeffizienten der Mindestkurven:

flacher Teil	steiler Teil
A_1 = –165,4959	A_2 = –23,19426
B_1 = –36518,671	B_2 = –1611,687
C_1 = 78465,650	C_2 = 12100,011
D_1 = 57,04670	D_2 = –0,40473

1.2 Isochrones Spannung-Dehnung-Diagramm von PVDF für 20°C

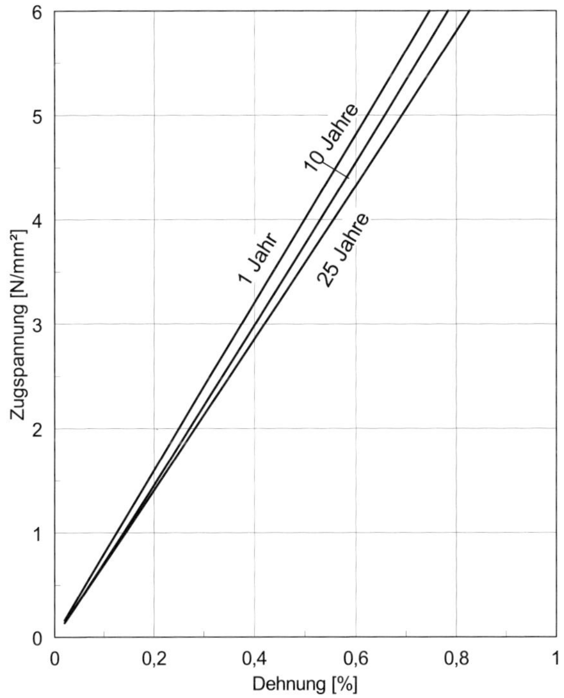

1.3 Kriechmodulkurven von PVDF für 1, 10 und 25 Jahre für den Spannungsbereich 2 bis 5 N/mm²

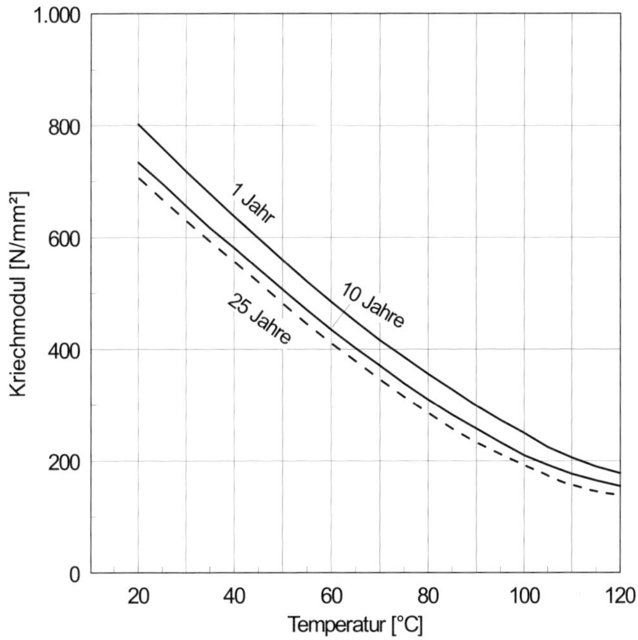

2 PVDF (Polyvinylidenfluorid Copolymerisat, PVDF-C, Typ 1, Typ 2)

2.1 Zeitstandkurven von PVDF-C Typ 2 für Rohre

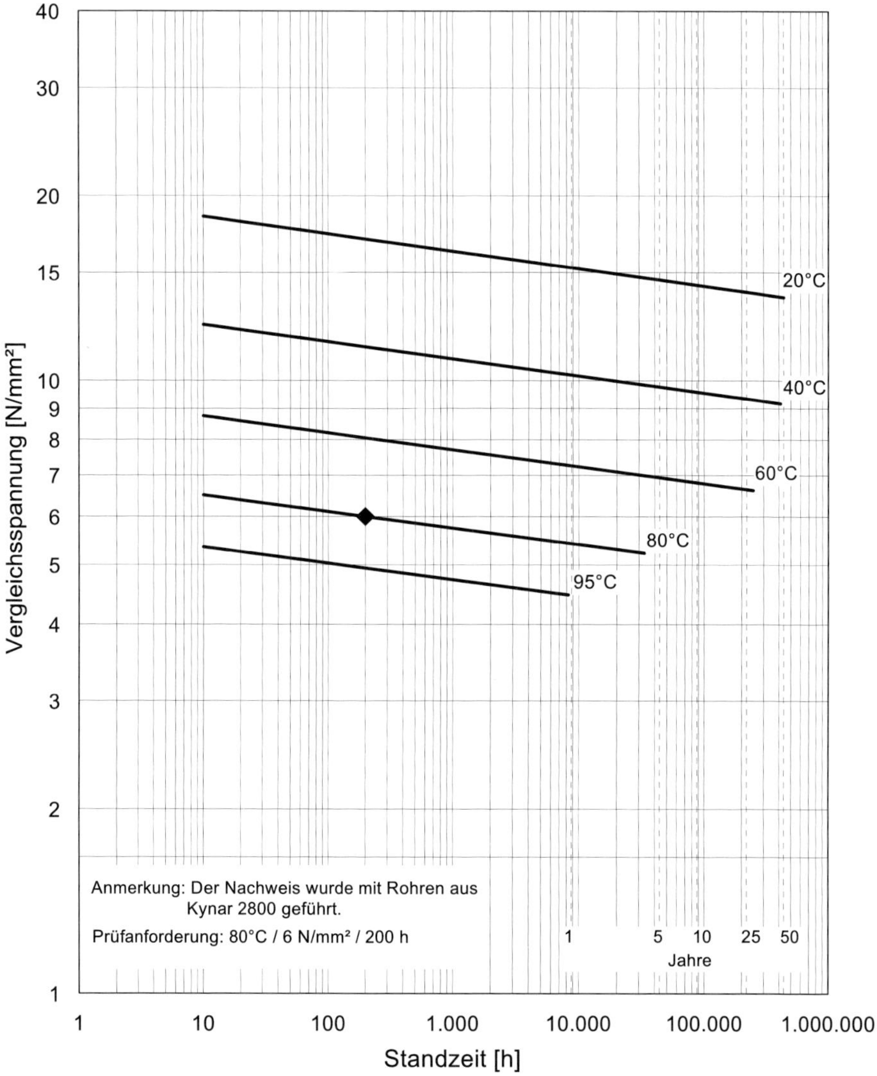

Geradengleichung:
$lg(t) = A + B/T \cdot lg(\sigma) + C/T + D \cdot lg(\sigma)$

Koeffizienten der Mindestkurven:
A = –39,318107
B = 3301,80773
C = 24874,3781
D = –46,436897

Für PVDF-C, Typ 1 sind derzeit Zeitstandkurven in Arbeit. Bis zur Veröffentlichung dieser Kurven kann die Kurve von PVDF-C, Typ 2 zur Berechnung von Bauteilen aus PVDF-C, Typ1 herangezogen werden.

2.2 Isochrones Spannung-Dehnung-Diagramm von PVDF-C Typ 1 für 20°C

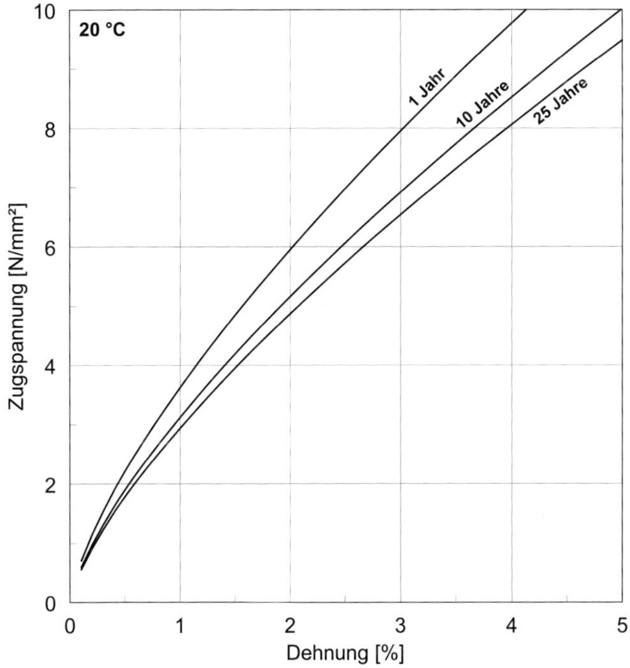

2.3 Kriechmodulkurven von PVDF-C Typ 1 für 1 Jahr für den Spannungsbereich 1 bis 8 N/mm²

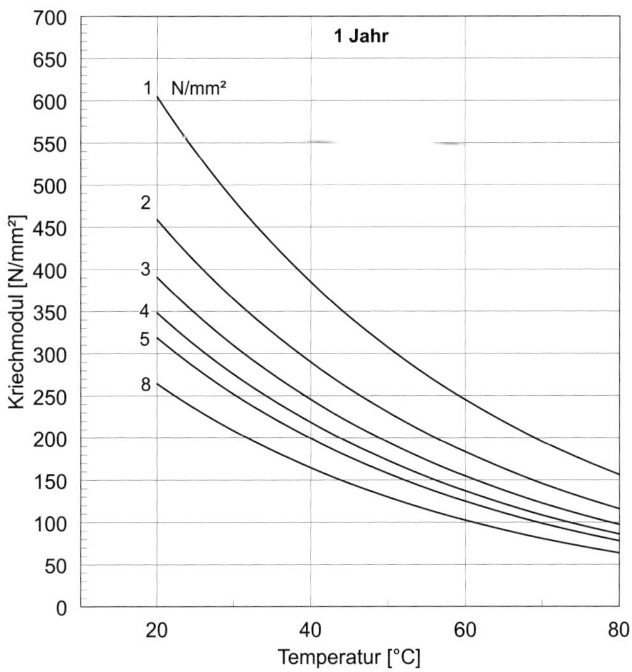

2.4 Kriechmodulkurven von PVDF-C Typ 1 für 10 Jahre für den Spannungsbereich 1 bis 8 N/mm²

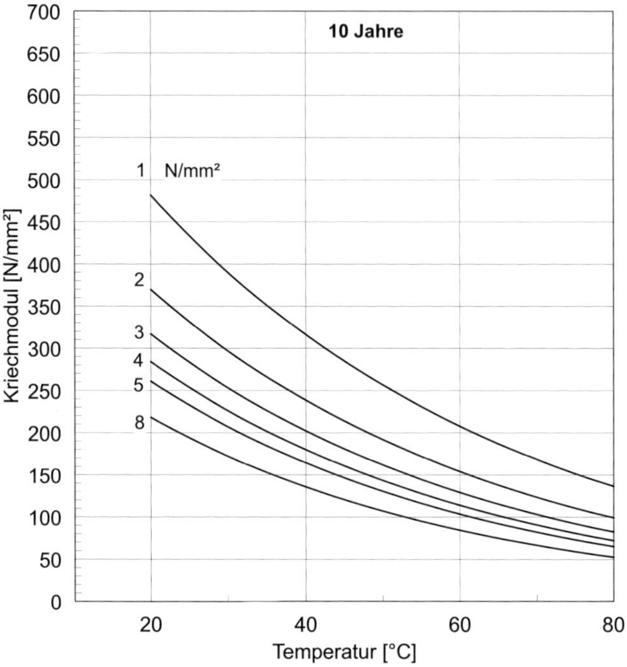

2.5 Kriechmodulkurven von PVDF-C Typ 1 für 25 Jahre für den Spannungsbereich 1 bis 8 N/mm²

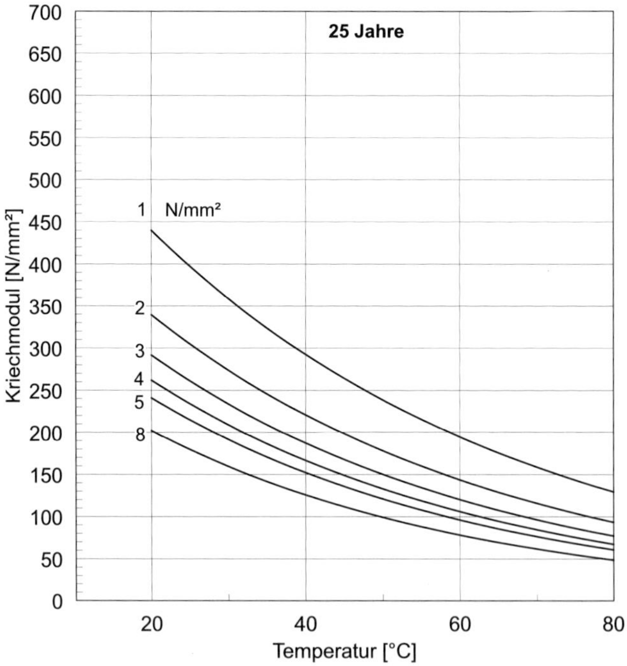

3 Beiwerte zu 2NCT/FNCT[1)] bei PVDF

Mindestanforderungen für den Widerstand gegenüber langsamem Risswachstum

Werkstoff	PVDF[2)]	PVDF-C, Typ 1 und Typ 2[3)]
Anforderung (Stunden)	≥200	≥200

Prüfmuster:
Gepresste Tafeln oder extrudierte Halbzeuge (Prüfung quer zur Extrusionsrichtung)

Bei Anwendung von abweichenden Prüfbedingungen wird folgende Anforderung gestellt:
Absicherung über mindestens 60 Prüfserien in 3 Dekaden, wobei die Zielgröße (z. B. 200 Stunden) eingeschlossen sein muss. Der Korrelationskoeffizient muss > 0,9 sein. Die Mindest-Anforderung ist mit einem „lower confidence limit" von 2,5% nachzuweisen. Die Korrelation muss nach EN ISO/IEC 17025 akkreditiert sein.

1) DIN EN 12814-3
2) Prüfbedingungen: 95°C; 2 % Arkopal N-100; 11 N/mm²
3) Prüfbedingungen: 95°C; 2 % Arkopal N-100; 6 N/mm²

4 PVDF/E-CTFE-Medienliste

Vorbemerkungen

Diese Medienliste gilt für die teilfluorierten-Werkstoffe (PVDF/ E-CTFE) mit nachgewiesenen Mindesteigenschaften nach den Anforderungen des Deutschen Institutes für Bautechnik (DIBt) bzw. nach Richtlinie DVS 2205. Die folgende Medienliste ist abgestimmt mit den Rohstoffherstellen Arkema und Solvay Solexis.

Die in der Medienliste unter der Spalte der Werkstoffeigenschaften angegebenen Zahlenwerte stellen die maximale Einsatztemperatur dar, bei der keine Beeinträchtigung des Werkstoffes durch den Medieneinfluss zu erwarten ist. Das heißt, für die Zeitstandfestigkeit kann das in der Prüfung mit Wasser ermittelte Zeitstanddiagramm hinzugezogen werden (A_{2B} = 1, A_{2I} = 1). Eine Abminderung des E-Moduls, d. h. der Steifigkeit (infolge Quellung), ist ebenfalls nicht zu erwarten.

Diese Liste ist nur für die darin aufgeführten Einzelmedien bis zu den angegebenen Konzentrationen gültig. Beim Vorliegen von Mischungen sind die Halbzeughersteller anzusprechen.

Für PVDF ist bei Betriebstemperaturen >60°C generell für alle wässrigen Medien eine Neigung zur Permeation zu beachten. Bei Verbundkonstruktionen mit PVDF-Linern ist zu beachten, dass die Permeation durch die äußere Tragschicht üblicherweise kleiner ist als durch den PVDF-Liner. Diesem Umstand ist bei der Auswahl des Haftvermittlers Sorge zu tragen. Die Wasserdampfpermeationsneigung ist bei E-CTFE unter gleichen Betriebsbedingungen und besonders bei erhöhten Temperaturen deutlich verringert im Vergleich zu PVDF.

Weitere Medien (bei denen ein chemischer Einfluss zu erwarten ist) sind für PVDF in der Medienliste 40-1.3 des DIBt mit den zugehörigen Abminderungsfaktoren aufgeführt.

Erläuterungen zur folgenden Tabelle:

1) A: anorganische Substanz
O: organische Substanz
M: Mischung von anorganischen und organischen Substanzen

2) GL: gesättigte (bei 20°C), wässrige Lösung
TR: technisch reines Medium
H: handelsübliche Zusammensetzung oder wie in der Natur vorkommend
S: Suspension
VL: verdünnte Lösung

3) 88,25 Teile Wasser, 10 Teile Natriumperchlorat, 1 Teil Natriumhydroxid, 0,25 Teile Anilin, 0,25 Teile Monochlorbenzol, 0,25 Teile Toluoldiamin.

3.1) Nicht übertragbar auf andere Abwässer.

4) Hier ist die gegenüber dem Werkstoff PVDF ausgeprägte Neigung des Mediums zur Permeation bereits bei Betriebstemperaturen ≤60°C zu beachten.

5) Gefahr der Bildung explosionsfähiger Gemische beachten.

Medium	1)	Anteil[2)] %	PVDF	PVDF-C Typ 1	PVDF-C Typ 2	E-CTFE
			max. Betriebstemperatur [°C]			
Abwasser aus einer Cellulose-Fabrik sauer [3)]:	M	100	95	95	95	95
Abwasser aus einer Molkeverwertung [3,1)]	M	100	140	130	110	140
Alaune (Me(I)- Me(III)-Sulfate)	A	≤ GL	140	130	110	140
Aluminiumchlorid $AlCl_3$	A	≤ GL	140	130	110	140
Aluminiumeisen(II)-sulfat $Al_2Fe(SO_4)_4$		≤ GL	100	100	100	140
Aluminiumfluorid AlF_3		S	100	100	100	140
Aluminiumhexafluorosilicat $Al_2(SiF_6)_3$		≤ GL	100	100	100	140
Aluminiummetaphosphat $Al(PO_3)_3$		≤ GL	100	100	100	140
Aluminiumnitrat $Al(NO_3)_3$		≤ GL	100	100	100	140
Aluminiumoxid (Korund) Al_2O_3		S	100	100	100	140
Aluminiumsulfat $Al_2(SO_4)_3$	A	≤ GL	140	130	110	140
Ammoniakwasser $NH_3 + H_2O$	A	≤ 3	40	40	40	140
	A	<30				140
Ammoniumacetat CH_3COONH_4	M	≤ GL	80	65	65	65
Ammoniumaluminiumsulfat $NH_4Al(SO_4)_2$		≤ GL	100	100	100	140
Ammoniumbromid NH_4Br	A	< GL	120	110	110	140
Ammoniumcarbonat $(NH_4)_2CO_3$	A	< GL	135	130	110	140
Ammoniumhydrogencarbonat $(NH_4)HCO_3$	A	≤ GL	135	130	110	140
Ammoniumhydroxid (NH_4OH)						140
Ammoniumchlorid NH_4Cl	A	≤ GL	135	130	110	140
Ammoniumcitrat $(NH_4)_2C_6H_6O_7$		VL	100	100	100	120
Ammoniumfluorid NH_4F	A	> 10	135	130	110	140
Ammoniumformiat NH_4HCOO		≤ GL	100	100	100	100
Ammoniumhexafluorosilicat $(NH_4)_2SiF_6$		≤ GL	100	100	100	140
Ammoniumhydrogen (di) fluorid $NH_4 \cdot HF_2$ [4)]		≤ 50	60	60	60	100
Ammoniumhydrogensulfit NH_4HSO_3		≤ GL	100	100	100	140
Ammoniumnitrat NH_4NO_3	A	≤ GL	135	130	110	140
Ammoniumoxalat $(NH_4OOC)_2$		≤ GL	100	100	100	
Ammoniumperoxodisulfat $(NH_4)_2S_2O_8$		≤ GL	100	100	100	100
Ammoniumphosphat $(NH_4)_3PO_4$	A	≤ GL	135	130	110	140
Ammoniumsulfat $(NH_4)_2SO_4$	A	≤ GL	135	130	110	140
Ammoniumsulfid $(NH_4)_2S$	A	≤ GL	50	50	50	140
Ammoniumtetrafluoroborat NH_4BF_4		≤ GL	80	80	80	80
Ammoniumthiocyanat NH_4SCN		≤ GL	100	100	100	140
Apfelsaft	O	H	140	130	110	140
Apfelwein	O	H	140	130	110	140
Bariumcarbonat $BaCO_3$	A	≤ GL	140	130	110	120
Bariumchlorid $BaCl_2$	A	≤ GL	140	130	110	140
Bariumhydroxid $Ba(OH)_2$		≤ GL				120
Bariumnitrat $Ba(NO_3)_2$	A	≤ GL	140	130	110	140
Bariumsulfat $BaSO_4$	A	≤ GL	140	130	110	140
Bariumsulfid BaS	A	≤ 20	80	80	80	120
Benzin C_5H_{12} bis $C_{12}H_{26}$ [5)]	O	100	140	130	110	140
Benzoesäure C_6H_5COOH		≤ GL	100	100	100	120
Benzolsulfonsäure	O	40	50	50	50	65
Bernsteinsäure	O	TR	140	130	110	140
Bier	O	H	140	130	110	140
Berylliumsulfat $BeSO_4$		≤ GL	100	100	100	140
Bleiacetat $Pb(CH_3COO)_2$	A	≤ 30	90	90	90	140

Medium	1)	Anteil[2) %]	PVDF	PVDF-C Typ 1	PVDF-C Typ 2	E-CTFE
			max. Betriebstemperatur [°C]			
Bleinitrat $Pb(NO_3)_2$	A	≤ GL	140	130	110	140
Bleisulfat $PbSO_4$	A	≤ GL	140	130	110	140
Bleitetrafluoroborat $Pb(BF_4)_2$		≤ 50	100	100	100	
Borax $Na_2B_4O_7$	A	≤ GL	135	130	110	140
Borsäure (Borwasser) H_3BO_3	A	TR	135	130	110	140
Branntweine aller Art	O	H	90	90	80	140
Bromsäure $HBrO_3$		VL	40	40	40	50
Bromwasserstoffsäure HBr		≤ 50	40	40	40	140
Buttermilch	O	H	140	130	110	140
Cadmiumchlorid $CdCl_2$	A	≤ GL	140	130	110	140
Cadmiumcyanid $Cd(CN)_2$	A	≤ GL	60	60	60	65
Cadmiumsulfat $CdSO_4$	A	≤ GL	140	130	110	140
Calciumacetat $(CH_3COO)_2Ca$	M	≤ GL	80	65	65	65
Calciumbromid $CaBr_2$	A	≤ GL	140	130	110	140
Calciumcarbonat $CaCO_3$	A	≤ GL	80	80	80	140
Calciumchlorid $CaCl_2$	A	≤ GL	140	130	110	140
Calciumflorid CaF_2	A	≤ GL	140	130	110	140
Calciumhydrogencarbonat $Ca(HCO_3)_2$		≤ GL	100	100	100	140
Calciumhydrogensulfid $Ca(HS)_2$		≤ GL	100	100	100	140
Calciumhydrogensulfit $Ca(HSO_3)_2$		≤ GL	100	100	100	140
Calciumhydroxyd $Ca(OH)_2$		< GL				130
Calciumlactat $Ca(C_3H_5O_3)_2$		≤ GL	100	100	100	140
Calciumnitrat $Ca(NO_3)_2$	A	≤ GL	140	130	110	140
Calciumphosphat $Ca_3(PO_4)_2$		S	100	100	100	140
Calciumsulfat (Gips) $CaSO_4$	A	≤ GL	140	130	110	140
Calciumsulfit $CaSO_3$	A	≤ GL	140	130	110	140
Casein		TR	140	130	110	140
Chloroform $CHCl_3$	O	100	50	50	50	
Chrom(II)-chlorid $CrCl_2$		≤ GL	100	100	100	140
Chrom(III)-chlorid $CrCl_3$		≤ GL	100	100	100	140
Chrom(III)-nitrat $Cr(NO_3)_3$		≤ GL	100	100	100	140
Chromsäure $CrO_3 + H_2O$	A	10	110	110	110	120
		20	110	110	110	110
Chromschwefelsäure $CrO_3 + H_2SO_4 + H_2O$	A	100	65	70	70	70
Chrom(III)-sulfat $Cr_2(SO_4)_3$		≤ GL	100	100	100	140
Citronensäure $(COOH)_3\ C_3H_4OH$	O	≤ 10	140	130	110	140
Decan $C_{10}H_{22}$[5)]	O	100	140	130	110	140
Dextrose	O	≤ 20	140	130	110	140
Dichlorethylen $CH_2 = CCl_2$	O	100	100	90	80	20
Eisen(II)-chlorid $FeCl_2$	A	≤ GL	140	130	110	140
Eisen(III)-chlorid $FeCl_3$	A	≤ GL	140	130	110	140
Eisen(II)-nitrat $Fe(NO_3)_2$		≤ GL	100	100	100	140
Eisen(III)-nitrat $Fe(NO_3)_3$		≤ GL	100	100	100	140
Eisen(I)-sulfat $FeSO_4$	A	≤ GL	140	130	110	140
Eisen(III)-sulfat $Fe_2(SO_4)_3$	A	≤ GL	100	100	100	140
Erdgas (Hauptbestandteil CH_4) [4)5)]	O	100	140	130	110	140
Erdgaskondensat (Gemisch aus Aromaten und Aliphaten)[5)]	O	100	140	130	110	140
Erdnussöl	O	100	140	130	110	140

Medium	1)	Anteil[2] %	PVDF	PVDF-C Typ 1	PVDF-C Typ 2	E-CTFE
			max. Betriebstemperatur [°C]			
unfraktioniertes Erdöl (Gemisch aus Aromaten und Aliphaten)	O	100	140	130	110	140
Essigsäure CH_3COOH	O	10	60	60	60	100
Ethanolamin		< 99				80
Flusssäure HF [4]	O	≤ 50	100	100	100	120
		≤ 70	50	50	50	50
Formaldehyd CH_2O	O	40	50	50	50	90
Ethylenglykol	M	100	140	130	110	140
Fruchtgetränke und –säfte	O	H	140	130	110	140
Fructose (Fruchtzucker)	O	> 10	140	130	110	140
Glycerin $C_3H_5(OH)_3$		TR	100	100	100	140
Hefe	O	jede	140	130	110	140
Heizöl [5]	O	100	140	130	110	140
Hexanol $C_6H_{13}OH$	O	100	80	70	65	140
Hexafluorokieselsäure H_2SiF_6		≤ 50	40	40	40	140
Hydrauliköl	O	100	140	130	110	140
Hydroxylammoniumsulfat $(NH_2OH)_2\ H_2SO_4$	A	≤ 12	140	110	110	140
Kaliumaluminiumsulfat[4] $KAl(SO_4)_2$	A	> 10	140	130	110	140
Kaliumborat $K_2B_4O_7$	A	≤ GL	140	130	110	140
Kaliumbromat, wässrig $KbrO_3$	A	≤ 10	140	130	110	140
Kaliumbromid KBr		≤ GL	100	100	100	140
Kaliumchlorat $KclO_3$	A	≤ GL	90	95	95	140
Kaliumchlorid KCl		≤ GL	100	100	100	140
Kaliumchrom(III)-sulfat (Chromalaun) $KCr(SO_4)_2$		≤ GL	80	80	80	140
Kaliumcyanid, KCN	A	≤ 0,5	40	40	40	140
Kaliumfluorid KF	A	≤ GL	140	130	110	140
Kaliumhexacyanoferrat-(II) (gelbes Blutlaugensalz) $K_4[Fe(CN)]_6$	A	≤ GL	140	130	110	140
Kaliumhexacyanoferrat-(III) (rotes Blutlaugensalz) $K_3[Fe(CN)]_6$	A	≤ GL	140	130	110	140
Kaliumhydrogencarbonat $KHCO_3$	A	≤ 10	70	70	70	140
Kaliumhydrogensulfat $KHSO_4$		≤ GL	100	100	100	140
Kaliumhydrogensulfit $KHSO_3$		≤ GL	100	100	100	140
Kaliumhydroxyd KOH		< 50				120
Kaliumcarbonat		< GL				130
Kaliumiodid KI	A	≤ GL	140	130	110	140
Kaliumnitrat KNO_3	A	≤ GL	140	130	110	140
Kaliumnitrit KNO_2		≤ GL	100	100	100	140
Kaliumpermanganat $KMnO_4$		≤ GL	80	80	80	120
Kaliumpersulfat	A	≤ GL	50	60	70	120
Kaliumphosphat K_3PO_4	A	≤ GL	140	130	110	140
Kaliumsulfat K_2SO_4	A	≤ GL	140	130	110	140
Kaliumtartrat $K_2(CHOHCOO)_2$		≤ GL	100	100	100	140
Kieselsäure $SiO_2(H_2O)_n$		≤ GL	100	100	100	140
Kochsalzlösung NaCl	A	25	140	130	110	140
Kohlendioxid, gasförmig CO_2 [4]	A	jeder	140	120	110	140
Kohlensäure $CO_2 + H_2O$		≤ GL	100	100	100	140
Kupfer(I)-chlorid CuCl		≤ GL	100	100	100	140
Kupfer(II)-chlorid $CuCl_2$	A	≤ GL	140	130	110	140
Kupfer(I)-cyanid CuCN	A	≤ GL	140	130	110	140
Kupfer(II)-cyanid $CuCN_2$		S	100	100	100	140

Medium	1)	Anteil2) %	PVDF	PVDF-C Typ 1	PVDF-C Typ 2	E-CTFE
			max. Betriebstemperatur [°C]			
Kupfer(II)-fluorid CuF_2		VL	100	100	100	140
Kupfer(II)-nitrat, wässrig $Cu(NO_3)_2$	A	≤ 30	140	130	110	140
Kupfer(II)-sulfat $CuSO_4$	A	≤ GL	140	130	110	140
Kupferelektrolytlösung $CuSO_4 + H_2SO_4$	A	20/5	140	130	110	140
Linolsäure $C_{17}H_{31}COOH$		TR	100	100	100	120
Lithiumbromid LiBr		≤ GL	100	100	100	140
Lithiumhydroxid LiOH		≤ GL				100
Lithiumsulfat Li_2SO_4	A	≤ GL	140	130	110	140
Luft O_2/N_2 4)	A	100	145	135	125	150
Magnesiumcarbonat $MgCO_3$	A	≤ GL	70	70	70	140
Magnesiumchlorid $MgCl_2$	A	≤ GL	140	130	110	140
Magnesiumhydrogencarbonat $MgHCO_3$	A	≤ 10	60	60	60	140
Magnesiumnitrat $Mg(NO_3)_2$		≤ GL	100	100	100	140
Magnesiumsulfat $MgSO_4$	A	≤ GL	140	130	110	140
Meerwasser	A	H	140	130	110	140
Methanol CH_3OH 5)	O	100	75	65	50	130
Milch	O	H	140	130	110	140
Milchsäure	O	H	50	50	50	140
Mineralwasser	A	H	135	130	110	140
Natriumacetat CH_3COONa	M	≤ 10	80	80	80	80
Natriumbromid NaBr	A	≤ GL	140	130	110	140
Natriumbisulfit	A	≤ GL	140	130	110	140
Natriumcarbonat, wässrig Na_2CO_3, auch Soda	A	≤ 10	40	40	40	140
Natriumchlorid NaCl	A	≤ GL	140	130	110	140
Natriumcyanid, NaCN	A	≤ 1	40	40	40	140
Natriumdisulfit $Na_2S_2O_5$	A	≤ 10	140	130	110	140
Natriumfluorid NaF		≤ GL	100	100	100	140
Natriumhydrogencarbonat $NaHCO_3$	A	≤ 10	60	60	60	140
Natriumhydrogensulfat $NaHSO_4$	A	≤ GL	140	130	110	140
Natriumhydrogensulfit $NaHSO_3$	A	> 10	140	130	110	140
Natriumhydroxyd NaOH		< 50				120
Natriumhypochlorit NaOCl		< 5				100
Natriumiodid NaI		≤ GL	100	100	100	140
Natriumcarbonat		< GL				130
Natriumnitrat $NaNO_3$	A	≤ GL	140	130	110	140
Natriumnitrit $NaNO_2$	A	≤ GL	140	130	110	140
Natriumperborat $NaBO_2$	A	≤ GL	140	130	110	140
Natriumphosphat Na_3PO_4	A	≤ GL	140	130	110	140
Natriumsulfat Na_2SO_4	A	≤ GL	140	130	110	140
Natriumsulfit, wässrig Na_2SO_3	A	≤ 40	140	130	110	140
Natriumtetraborat $Na_2B_4O_7$	A	≤ GL	100	100	100	140
Natriumthiosulfat $Na_2S_2O_3$	A	≤ GL	140	130	110	140
Nickelchlorid $NiCl_2$		≤ GL	100	100	100	140
Nickelnitrat $Ni(NO_3)_2$		≤ GL	100	100	100	140
Nickel(II)-sulfat $NiSO_4$	A	≤ GL	140	130	110	140
Nikotinsäure NC_5H_4COOH	O	TR	120	120	110	120
Nitriersäure4) 6,5 Vol.-Teile 96%ige Schwefelsäure + Vol.-Teile 65%ige Salpetersäure + 1,5 Vol.-Teile Wasser			80	80	80	80

Medium	1)	**Anteil 2) %**	**PVDF**	**PVDF-C Typ 1**	**PVDF-C Typ 2**	**E-CTFE**
			max. Betriebstemperatur [°C]			
N-Methylpyrrolidon		TR				50
Octanol $C_6H_{17}OH$ 5)	O	100	110	100	75	120
Oelsäure	O	TR	140	130	110	140
Olivenöl	O	H	140	130	110	140
Oxalsäure $(COOH)_2$	O	≤ GL	45	45	50	65
Palmöl	O	H	140	130	110	140
Phosphorsäure H_3PO_4	A	≤ 60	140	130	110	140
		75	100	110	110	140
Phosphortrichlorid PCl_3 4)		TR	40	40	40	40
Quecksilber(II)-chlorid $HgCl_2$		≤ GL	100	100	100	140
Quecksilber(II)-cyanid $Hg(CN)_2$		≤ GL	100	100	100	140
Quecksilber(II)-nitrat $Hg(NO_3)_2$		S	100	100	100	140
Salpetersäure HNO_3	A	15	80	90	90	115
Salpetersäure + Flusssäure HNO_3+ HF 4)	A	15 + 4	60	65	65	65
Salzsäure HCl 4)	A	≤ 33	100	100	100	140
Sauerstoff O_2 4)5)	A	100	140	130	110	140
Schwefelsäure H_2SO_4	A	40	100	100	90	140
Schwefelwasserstoff H_2S 4)	A	TR	140	130	110	140
Silbernitrat $AgNO_3$	A	≤ GL	140	130	110	140
Soda Na_2CO_3, auch Natriumcarbonat	A	≤ 10	40	40	40	140
Stärke	O	jede	140	130	110	140
Stearinsäure	O	TR	140	130	110	140
Tetrachlorkohlenstoff CCl_4	O	TR	75	75	75	75
Tetramethylammoniumhydroxid (TMAH) $(CH_3)_4NOH$		50				80
Toluol $C_6H_5CH_3$ 5)	O	100	80	80	65	
Trafoöl	O	100	140	130	110	140
Traubenzucker, wässrig	A	≤ 20	140	130	110	140
Trichlorfluormethan (FCKW) CCl_3F 4)	O	TR	100	100	100	65
1, 3, 5 Trimethylbenzol $C_6H_3(CH_3)_3$ 5)	O	100	80	80	65	
Urin		H	140	130	110	140
Wasser H_2O	A	100	140	130	110	150
Wasser mit Netzmittel	M	2	140	130	110	150
Weine	M	H	140	130	110	140
Weinsäure	O	≤ 10	140	130	110	140
Zinkcarbonat $ZnCO_3$		≤ GL	100	100	100	140
Zinkchlorid $ZnCl_2$		≤ GL	100	100	100	140
Zinknitrat $Zn(NO_3)_2$		≤ GL	100	100	100	140
Zinkoxid ZnO		S	100	100	100	140
Zinkphosphat $Zn_3(PO_4)_2$		S	100	100	100	140
Zinkstearat $Zn(C_{17}H_{35}COO)_2$		S	100	100	100	140
Zinksulfat $ZnSO_4$	A	≤ GL	140	130	110	140
Zinn(II)-chlorid $SnCl_2$	A	≤ GL	140	130	110	140
Zinn(IV)-chlorid $SnCl_4$	A	≤ GL	140	130	110	140
Zuckersirup	O	H	140	130	110	140

5 E-CTFE, Ethylen-Chlortrifluorethylen

5.1 Zeitstandkurven für Rohre

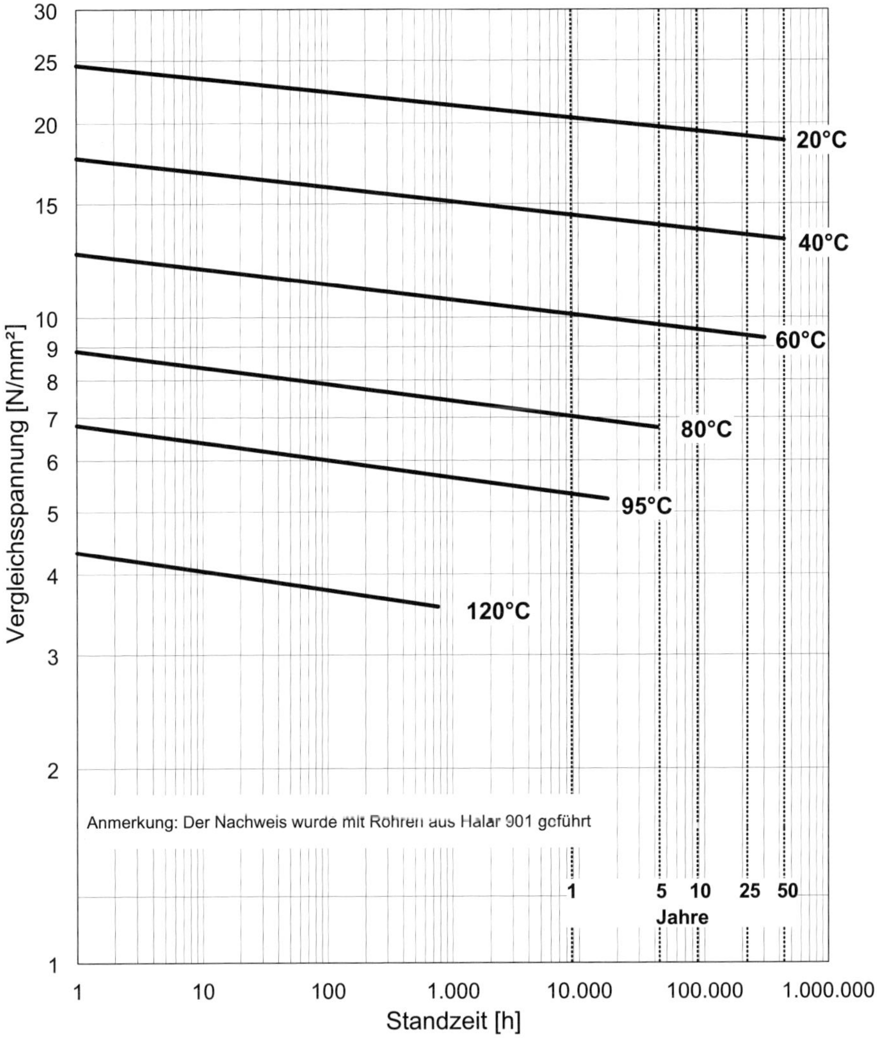

Geradengleichung:
$lg(t) = A + B/T \cdot lg(\sigma) + C/T + D \cdot lg(\sigma)$

Koeffizienten der Mindestkurven:
A = –149,9727
B = –30448,284
C = 63064,546
D = 56,9484

5.2 Isochrones Spannung-Dehnung-Diagramm von E-CTFE für 20°C

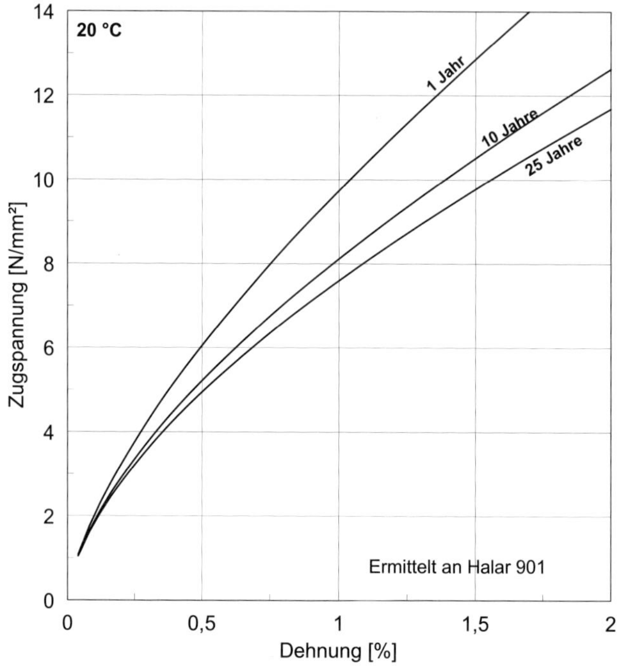

5.3 Kriechmodulkurven von E-CTFE für 1 Jahr

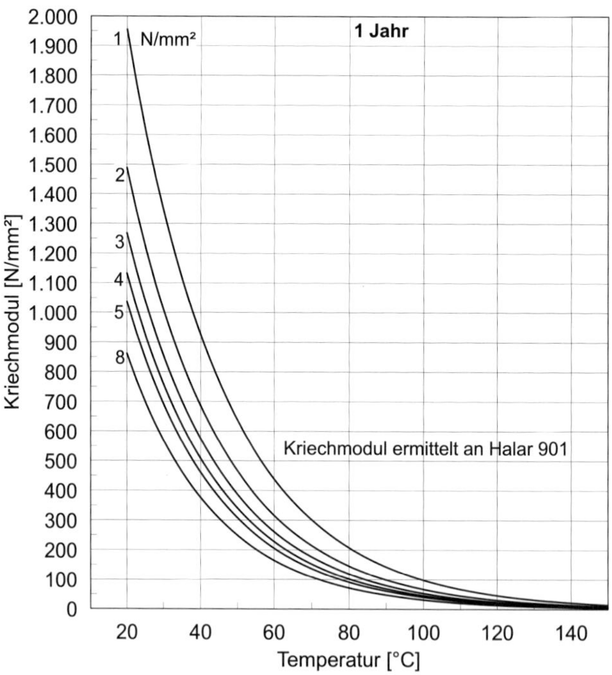

5.4 Kriechmodulkurven von E-CTFE für 1 Jahr; Bereich 50 bis 120°C

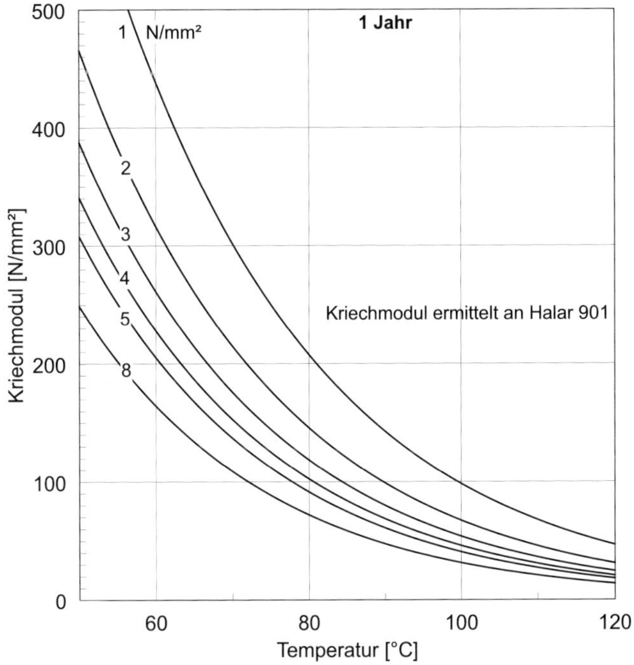

5.5 Kriechmodulkurven von E-CTFE für 10 Jahre

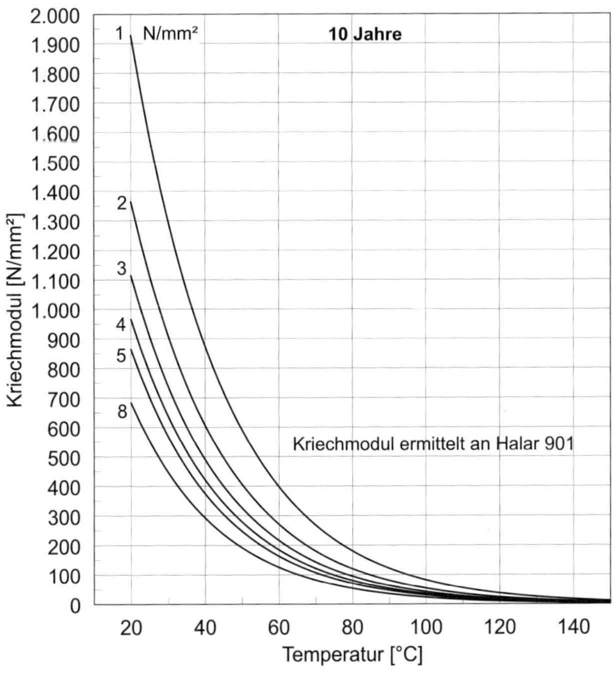

5.6 Kriechmodulkurven von E-CTFE für 10 Jahre; Bereich 50 bis 120°C

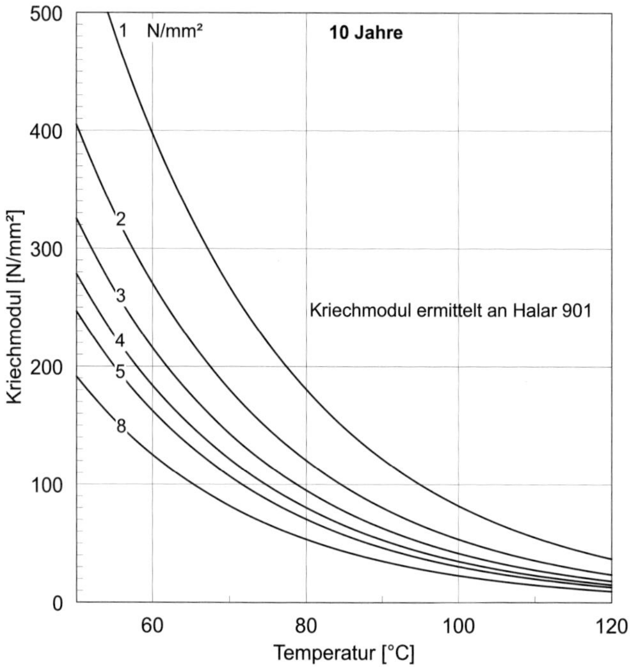

5.7 Kriechmodulkurven von E-CTFE für 25 Jahre

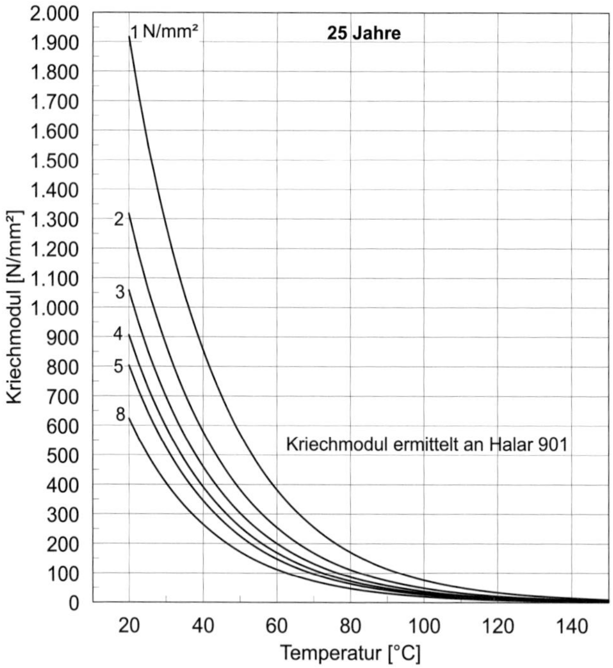

5.8 Kriechmodul von E-CTFE für 25 Jahre; Bereich 50 bis 120°C

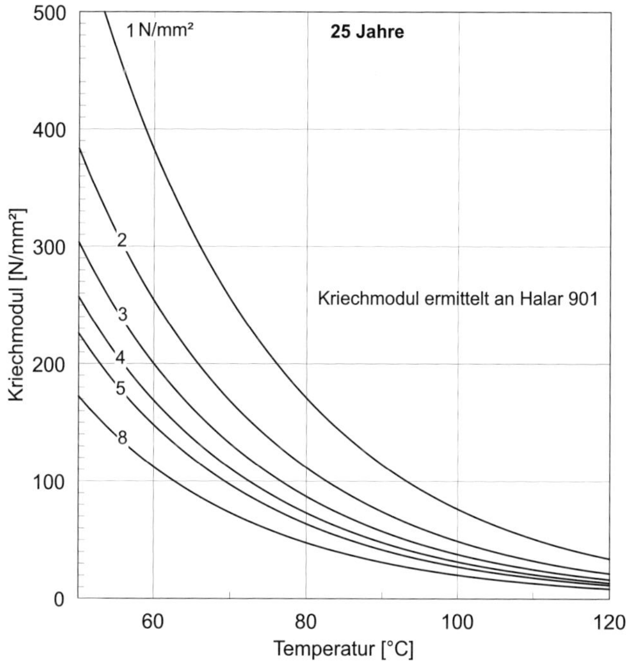

6 PTFE, Polytetrafluorethylen

6.1 Zeitstandkurven für Rohre

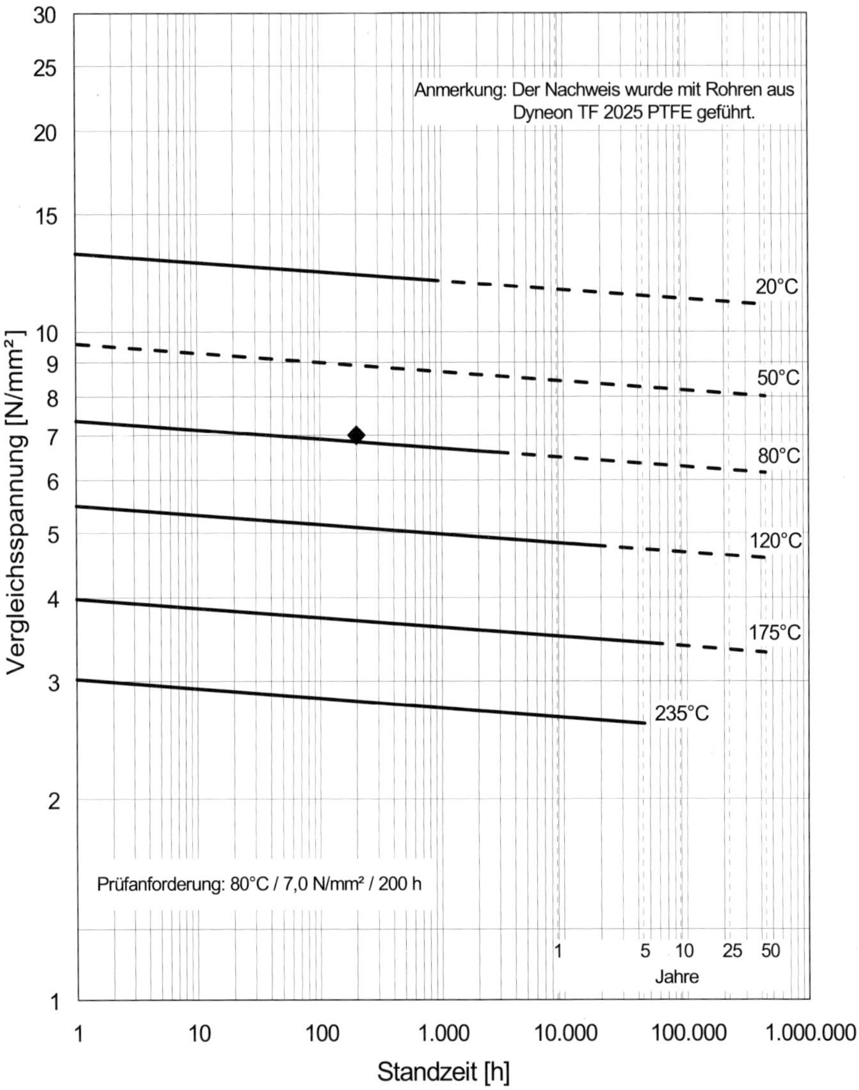

Geradengleichung:
$\lg(t) = A + B/T \cdot \lg(\sigma) + C/T + D \cdot \lg(\sigma)$

Koeffizienten der Mindestkurven:
A = –31,6933
B = –1949,34
C = 33222,6864
D = –66,46132

7 Abminderungsbeiwerte A_1 für Formmassen aus Fluorpolymeren

1. Werkstoffbeschreibung

Formmasse	PVDF	PVDF-C, Typ 1	PVDF-C, Typ 2	E-CTFE	PTFE
Kerbschlagzähigkeit [kJ/m²] bei 23°C nach DIN EN ISO 179-1/1eA (Charpy)	≥6*	≥12*	ohne Bruch	ohne Bruch	ohne Bruch
Zug-Elastizitätsmodul [N/mm²] bei 23°C nach DIN EN ISO 527-2	≥1900	≥950	≥600	≥1600	≥400
Anforderung an die Zeitstandfestigkeit gemäß ISO 1167	DVS 2205-1 Beiblatt 4 Abschnitt 1.1	DVS 2205-1 Beiblatt 4 Abschnitt 2.1	DVS 2205-1 Beiblatt 4 Abschnitt 2.1	DVS 2205-1 Beiblatt 4 Abschnitt 5.1	DVS 2205-1 Beiblatt 4 Abschnitt 6.1

* Extrusionsformmassen können höhere Werte aufweisen.

2. Abminderungsbeiwerte A_1

Formmasse	Temperatur [°C]								
	–10	0	10	20[1)]	30	40	50	60	80
PVDF	1,6	1,5	1,4	1,3	1,1	1,0	1,0	1,0	1,0
PVDF-C, Typ 1	1,5	1,4	1,2	1,1	1,0	1,0	1,0	1,0	1,0
PVDF-C, Typ 2	1,2	1,1	1,0	1,0	1,0	1,0	1,0	1,0	1,0
E-CTFE	1,2	1,1	1,0	1,0	1,0	1,0	1,0	1,0	1,0
PTFE	1,0	1,0	1,0	1,0	1,0	1,0	1,0	1,0	1,0

[1)] Dieser Wert gilt auch für die Normaltemperatur 23°C.

Erläuterung:
Die Kerbschlagzähigkeit wurde durch Prüfungen sowohl an gespritzten als auch an gepressten und extrudierten Probekörpern ermittelt. Für die Festlegung des Abminderungsbeiwertes A_1 ist der kleinste Wert der Kerbschlagzähigkeit zugrunde gelegt.

8 Schrifttum

Regelwerk

DIN EN ISO 179-1 Kunststoffe – Bestimmung der Charpy-Schlageigenschaften – Teil 1: Nicht instrumentierte Schlagzähigkeitsprüfung

DIN EN ISO 527-2 Kunststoffe – Bestimmung der Zugeigenschaften – Teil 2: Prüfbedingungen für Form- und Extrusionsmassen

EN ISO/IEC 17025 Allgemeine Anforderungen an die Kompetenz von Prüf- und Kalibrierlaboratorien

ISO 1167-1 Rohre, Formstücke und Bauteilkombinationen aus thermoplastischen Kunststoffen für den Transport von Flüssigkeiten – Bestimmung der Widerstandsfähigkeit gegen inneren Überdruck – Teil 1: Allgemeines Prüfverfahren

DIN EN 12814-3 Prüfen von Schweißverbindungen aus thermoplastischen Kunststoffen – Teil 3: Zeitstand-Zugversuch

DIBt Medienliste 40

DVS – DEUTSCHER VERBAND FÜR SCHWEISSEN UND VERWANDTE VERFAHREN E.V.	**Berechnung von Behältern und Apparaten aus Thermoplasten – Abminderungsbeiwerte bei Mediumeinfluss**	**Richtlinie DVS 2205-1 Beiblatt 5**

Ersetzt DVS 2205-1 Beiblatt 15 (September 2005)

Dieses Beiblatt enthält Abminderungsbeiwerte bei Mediumeinfluss.

Inhalt:

Fußnoten zu Abschnitt 1.1 und 1.2:

[1] A: anorganische Substanz
O: organische Substanz
M: Mischung von anorganischer und organischer Substanz

[2] S: gesättigt (bei 20°C), wässrige Lösung
TR: technisch rein
C: handelsübliche Zusammensetzung oder wie in der Natur vorkommend

[3] nicht übertragbar auf andere Abwässer

[4] 88,25 Teile Wasser, 10 Teile Natriumperchlorat, 1 Teil Natriumhydroxid, 0,25 Teile Anilin, 0,25 Teile Monochlorbenzol, 0,25 Teile Toluoldiamin

[5] aufgrund von langjährigen Praxiserfahrungen A_2 = 1 (siehe auch Richtlinie DVS 2205-1, Abschnitt 4.2)

[6] extrapolierte Werte nach ISO/TC 138 SC 3 N 382

[7] weitere Informationen siehe:
Kempe, B.: Prüfmethoden zur Ermittlung des Verhaltens von Polyolefinen bei der Einwirkung von Chemikalien. Materialwissenschaft und Werkstofftechnik 15 (1984), S. 157/72

[8] weitere Informationen siehe:
Barth, E.: Das Verhalten von PVC hart gegenüber Chemikalieneinwirkung, Materialwissenschaft und Werkstofftechnik 17 (1986), S. 74-76 und 98-108

1 Abminderungsbeiwerte A_2 bei Mediumeinfluss für PE, PP und PVC

1.1 Medien mit spannungsunabhängigen A_2-Werten

Medium	chemische Formel	1)	Konzentration[2] %	PE-HD				PP					PVC-NI		
				20°C	40°C	60°C	80°C	20°C	40°C	60°C	80°C	95°C	20°C	40°C	60°C
Abwasser aus einer Cellulose-Fabrik	4)	M	100				1,05								
Abwasser aus einer Cellulose-Fabrik[4]	alkalisch	M	100									1			
	sauer	M	100									1			
Abwasser aus einer Chemiefaser-Fabrik[3]		M	100				1,33								

DVS, Ausschuss für Technik, Arbeitsgruppe „Fügen von Kunststoffen“

Bezug: DVS Media GmbH, Postfach 10 19 65, 40010 Düsseldorf, Telefon (02 11) 15 91-0, Telefax (02 11) 1591-150

Medium	chemische Formel	1)	Konzentration[2] %	PE-HD 20°C	PE-HD 40°C	PE-HD 60°C	PE-HD 80°C	PP 20°C	PP 40°C	PP 60°C	PP 80°C	PP 95°C	PVC-NI 20°C	PVC-NI 40°C	PVC-NI 60°C
Abwasser aus einer Molkeverwertung[3]		M	100				1,37								
Acetessigsäuremethylester	$CH_3COCH_2COOCH_3$	O	100				1,18								
Akkusäure *(siehe Schwefelsäure)*	H_2SO_4	A	≤ 51	1	1	1		1	1	1			1	1	1
Alaune (Me(I) / Me(III)-Sulfate)[5]		A	≤ S	1	1	1		1	1	1			1	1	1
alkalische Lösungen[4]		M	100				2								
Aluminiumchlorid[5]	$AlCl_3$	A	≤ S	1	1	1		1	1	1			1	1	1
Aluminiumsulfat[5]	$Al_2(SO_4)$	A	≤ S	1	1	1		1	1	1			1	1	1
Ameisensäure	HCOOH	O	≤ 60	1	1			1,4	1,4				1	1	1[8]
			≤ 85	1,4											
Ammoniak, flüssig[5]	NH_3	A	TR	1	1	1		1							
Ammoniak, gasförmig[5]	NH_3	A	TR	1	1	1		1	1	1			1	1	1
Ammoniakwasser[5]	NH_4OH	A	≤ S	1	1	1		1	1	1			1	1	1
Ammoniumacetat[5]	CH_3COONH_4	M	≤ S	1	1	1		1	1	1					
Ammoniumbromid[5]	NH_4Br	A	≤ S	1	1	1		1	1	1			1	1	1
Ammoniumcarbonat[5]	$(NH_4)_2CO_3$	A	≤ S	1	1	1		1	1	1			1	1	1
Ammoniumchlorid[5]	NH_4Cl	A	≤ S	1	1	1		1	1	1			1	1	1
Ammoniumdihydrogenphosphat[5]	$NH_4H_2PO_4$	A	≤ S	1	1	1		1	1	1	1	1	1	1	1
Ammoniumfluorid[5]	NH_4F	A	> 10	1	1	1		1	1	1			1	1	1
Ammoniumhydrogencarbonat[5]	$(NH_4)HCO_3$	A	≤ S	1	1	1		1	1	1			1	1	1
Ammoniumnitrat[5]	NH_4NO_3	A	≤ S	1	1	1		1	1	1	1	1	1	1	1
Ammoniumsulfat[5]	$(NH_4)_2SO_4$	A	≤ S	1	1	1		1	1	1	1	1	1	1	1
Ammoniumsulfid[5]	$(NH_4)_2S$	A	≤ S	1	1	1		1	1	1			1	1	1
Amylalkohol[8]	C_5H_{11}-OH	O	TR												2,36
Apfelsaft[5]		O	C	1	1	1		1	1	1	1	1	1	1	1
Apfelwein[5]		O	C	1	1	1		1	1	1			1	1	1
Arkopal N 100[8]		O	2												1,28
			5												2,17
Bariumcarbonat[5]	$BaCO_3$	A	≤ S	1	1	1		1	1	1			1	1	1
Bariumchlorid[5]	$BaCl_2$	A	≤ S	1	1	1		1	1	1			1	1	1
Bariumhydroxid[5]	$Ba(OH)_2$	A	≤ S	1	1	1		1	1	1	1	1	1	1	1
Bariumnitrat[5]	$Ba(NO_3)_2$	A	≤ S	1	1	1		1	1	1			1	1	1
Bariumsulfat[5]	$BaSO_4$	A	≤ S	1	1	1		1	1	1			1	1	1

Medium	chemische Formel	1)	Konzentration[2)] %	PE-HD				PP					PVC-NI		
				20°C	40°C	60°C	80°C	20°C	40°C	60°C	80°C	95°C	20°C	40°C	60°C
Bariumsulfid[5)]	BaS	A	≤ S	1	1	1		1	1	1			1	1	1
Bariumsalze[5)]		A/M	≤ S	1	1	1		1	1	1	1	1	1	1	1
Benzolsulfonsäure[5)]		O	40										1	1	1
Benzylalkohol[8)]	$C_6H_5CH_2OH$	O	TR												4,54
Bernsteinsäure[5)]		O	TR										1	1	1
Bier[5)]		O	C	1	1	1		1	1	1	1	1	1	1	1
Bleiacetat[5)]	$Pb(CH_3COO)_2$	A	≤ S					1	1	1			1	1	1
Bleinitrat[5)]	$Pb(NO_3)_2$	A	≤ S										1	1	1
Bleisulfat[5)]	$PbSO_4$	A	≤ S	1	1	1		1	1	1	1		1	1	1
Borsäure[5)]		A	TR										1	1	1
Branntweine aller Art[5)]		O	C	1	1	1		1	1	1			1	1	1
Butanol Butylalkohol[8)]	C_4H_9OH	O	TR												2,5
Buttermilch[5)]		O	C	1	1	1		1	1	1	1	1	1	1	1
Cadmiumchlorid[5)]	$CdCl_2$	A	≤ S	1	1	1		1	1	1			1	1	1
Cadmiumcyanid[5)]	$Cd(CN)_2$	A	≤ S	1	1	1		1	1	1			1	1	1
Cadmiumsulfat[5)]	$CdSO_4$	A	≤ S	1	1	1		1	1	1			1	1	1
Calciumacetat[5)]	$(CH_3COO)_2Ca$	M	≤ S	1	1	1		1	1	1			1	1	1
Calciumbromid[5)]	$CaBr_2$	A	≤ S	1	1	1		1	1	1			1	1	1
Calciumcarbonat[5)]	$CaCO_3$	A	≤ S	1	1	1		1	1	1	1	1	1	1	1
Calciumchlorid[5)]	$CaCl_2$	A	≤ S	1	1	1		1	1	1	1	1	1	1	1
Calciumfluorid[5)]	CaF_2	A	≤ S	1	1	1		1	1	1			1	1	1
Calciumhyroxid[5)]	$Ca(OH)_2$	A	≤ S	1	1	1		1	1	1			1	1	1
Calciumnitrat[5)]	$Ca(NO_3)_2$	A	≤ S	1	1	1		1	1	1			1	1	1
Calciumsulfat[5)]	$CaSO_4$	A	≤ S	1	1	1		1	1	1			1	1	1
Calciumsulfid	CaS	A	≤ S	1	1			1	1				1	1	1
Calciumsulfit[5)]	$CaSO_3$	A	≤ S	1	1	1		1	1	1			1	1	1
Casein[5)]			TR										1	1	1
Chlorwasser	$Cl_2 \cdot H_2O$	A	jede	1,4	1,4			1,4	1,4				1	1	
Chromalaune		A	≤ S										1	1	1
Chromschwefelsäure[8)]	H_2SO_4 + $H_2SO_4 + H_2O$	A	100			> 100									
Chromschwefelsäure[8)]	50% H_2SO_4 + 15% H_2SO_4 + 35% H_2O	A													4,76
Citronensäure[5)]	$(CO_2H)CH_2CO_2H$	≤10	C	1	1	1	1	1	1	1	1	1	1	1	1
Cyankalium[5)]	KCN	A	> 10	1	1	1		1	1	1			1	1	1
Cyannatrium[5)]	NaCN	A	≤ S		1,1				1,1				1	1	1
Desinfekionsmittel		M	100				1,54								
Dextrose[5)]		O	≤ 20	1	1	1		1	1	1			1	1	1
1,1-Dichlorethylen	$CH_2 = CCl_2$	O	100			> 100									
Dichlorethan	$C_2H_4Cl_2$	O	100				1,11								
Diethylentriamin-pentaessigsäure (z. B. Trilon C)		O	100	1,4	1,4			1,4	1,4						
Dimethylsulfat	$(CH_3)_2SO_4$	O	100				1,15								

Medium	chemische Formel	1)	Konzentration[2] %	PE-HD				PP					PVC-NI		
				20°C	40°C	60°C	80°C	20°C	40°C	60°C	80°C	95°C	20°C	40°C	60°C
Düngesalz[5]		A	≤ S	1	1	1		1	1	1			1	1	1
Eisen(II)- und Eisen(III)-chlorid[5]	$FeCl_2$ $FeCl_3$	A	≤ S	1	1	1		1	1	1			1	1	1
Eisen(III)-chloridsulfat[5]	$Fe_3(ClSO_4)_2$	A	≤ S	1	1	1		1	1	1	1		1	1	1
Eisen(II)-sulfat[5]	$FeSO_4$	A	≤ S	1	1	1		1	1	1	1		1	1	1
Erdgas	Hauptbestandteil CH_4	O	100				1						1	1	1
Erdnussöl		O	100				1,37								
Essig[5]			C	1	1	1		1	1	1	1	1	1	1	1
Ethanol (Ethylalkohol)[8]	CH_3-CH_2-OH	O													1,88
Ethylenchlorid	$C_2H_4Cl_2$	O	100				1,11								
Ethylendiamintetra-essigsäure		O	C	1,4	1,4			1,4	1,4						
Ethylenglykol	CH_2OHCH_2OH	O	TR		1,1	1,1	1		1,1				1	1	1
Fettsäure		O	TR										1	1	1
Flüssigdünger			C	1	1			1	1						
Fluorborsäure	HBF_4	A	≤50	1,4	1,4			1,4	1,4						
Flusssäure	HF	A	≤75	1,4	1,4			1,4	1,4						
Formaldehyd	CH_2O	O	40		1,61										
Fotochemikalien		A	C	1,1	1,1			1,1	1,1				1	1	
Fruchtgetränk und -säfte[5]		O	C	1	1	1		1	1	1	1	1	1	1	1
Fructose[5]		O	> 10	1	1	1		1	1	1	1	1	1	1	1
Gerbsäure[8]			30												1
Glykolsäure[5]		O	30		1,1				1,1				1	1	1
Harnstoff[5]	$CO(NH_2)_2$	O	≤ S	1	1	1		1	1	1			1	1	1
Hefe[5]		O	jede	1	1	1		1	1	1			1	1	1
Heizöl, schwer[8]		O	100												5,55
Hydrauliköl		O	100									2,33			
Hydrazinhydrat	$N_2H_4 \cdot H_2O$	O	≤24	1	1			1	1				1	1	
Hydrogel-Emulsion	(pH value = 9,5)		100									1			
Hydroxylamonium-sulfat[5]	$(NH_2OH)_2 \cdot H_2SO_4$	A	≤12	1	1	1			1	1	1		1	1	1
Hydroxyethylen-diamintriessigsäure (z. B. Trilon D)		O	C	1,4	1,4			1,4	1,4						
Kaliumhydroxid[5]	KOH	A	≤50	1	1	1		2	2	2	2			1	1
Kaliumaluminium-sulfat[5]	$KAl(SO_4)_2$	A	> 10 (> 50)										1	1	1
Kaliumborat[5]	K_3BO_3	A	≤ S	1	1	1		1	1	1			1	1	1
Kaliumbromat, wässrig[5]	$KBrO_3$	A	≤ 10	1	1	1		1	1	1			1	1	1
Kaliumbromid[5]	KBr	A	≤ S	1	1			1	1					1	1
Kaliumcarbonat	K_2CO_3	A	≤ S	1	1	1		1	1	1			1	1	1
Kaliumchlorat[5]	$KClO_3$	A	≤ S	1	1	1		1	1	1			1	1	1
Kaliumchlorid[5]	KCl	A	≤ S	1	1	1		1	1	1			1	1	1

Medium	chemische Formel	1)	Konzentration[2] %	PE-HD				PP					PVC-NI		
				20°C	40°C	60°C	80°C	20°C	40°C	60°C	80°C	95°C	20°C	40°C	60°C
Kaliumcyanid[5]	KCN	A	> 10	1	1	1		1	1	1			1	1	1
Kaliumfluorid[5]	KF	A	≤ S	1	1	1		1	1	1			1	1	1
Kaliumhexacyano-ferrat-(II) und -(III)[5]	$K_4[Fe(CN)_6]$ $K_3[Fe(CN)_6]$	A	≤ S	1	1	1		1	1	1			1	1	1
Kaliumhydrogen-carbonat[5]	$KHCO_3$	A	≤ S	1	1	1		1	1	1			1	1	1
Kaliumhypochlorit	KOCl	A	≤ 12,5	1,9	1,9			1,9	1,9						
Kaliumjodid[5]	KJ	A	≤ S	1	1	1		1	1	1			1	1	1
Kaliumnitrat[5]	KNO_3	A	≤ S	1	1,1			1	1,1				1	1	1
Kaliumpersulfat[5]	$K_2S_2O_8$	A	≤ S										1	1	1
Kaliumphosphat[5]	K_3PO_4	A	≤ S	1	1	1		1	1	1			1	1	1
Kaliumsulfat[5]	K_2SO_4	A	≤ S	1	1	1		1	1	1	1		1	1	1
Kochsalzlösung[5]	NaCl	A	≤ S	1	1	1	1	1	1	1	1	1	1	1	1
Kohlendioxid, gasförmig[5]	CO_2	A	jede	1	1	1		1	1	1			1	1	1
Kupfer(II)-chlorid[5]	$CuCl_2$	A	≤ S	1	1	1		1	1	1			1	1	1
Kupfer(I)-cyanid[5]	CuCN	A	≤ S	1	1	1		1	1	1			1	1	1
Kupfer(II)-nitrat	$Cu(NO_3)_2$	A	≤ S	1	1			1	1				1	1	1
Kupfer(II)-sulfat[5]	$CuSO_4$	A	≤ S	1	1	1		1	1	1			1	1	1
Lithiumsulfat[5]	Li_2SO_4	A	≤ S										1	1	1
Luft	O_2N_2	A	100	1	1	1		1	1	1	1	1	1	1	1
Magnesium-carbonat[5]	$MgCO_3$	A	≤ S	1	1	1		1	1	1			1	1	1
Magnesium-chlorid[5]	$MgCl_2$	A	≤ S	1	1	1		1	1	1	1	1	1	1	1
Magnesium-hydrogencarbonat	$MgHCO_3$	A	≤ S	1	1	1		1	1	1			1	1	1
Magnesiumsalz[5]		A/M	≤ S	1	1	1		1	1	1			1	1	1
Magnesiumsulfat[5]	$MgSO_4$	A	≤ S	1	1	1		1	1	1	1	1	1	1	1
Meerwasser[5]		A	C	1	1	1		1	1	1	1	1	1	1	1
Milch		O	C	1	1	1		1	1	1	1	1	1	1	1
Milchsäure[5]		O	C										1	1	1
Mineralwasser[5]	H_2O	A	C	1	1	1	1	1	1	1	1	1	1	1	1
Monoethylamin	$CH_3CH_2NH_2$	O	100									1			
Natriumacetat[5]	CH3COONa	M	≤ S	1	1	1		1	1	1	1	1	1	1	1
Natriumaluminium sulfat[5]	$NaAl(SO_4)_2$	A	≥ 10										1	1	1
Natriumbromid[5]	NaBr	A	≤ S	1	1	1		1	1	1			1	1	1
Natriumsulfit, wässrig[5]	Na_2SO_3	A	≤ 40	1	1	1		1	1	1	1	1	1	1	1
Natriumcarbonat, wässrig[5]	Na_2CO_3	A	≤ 50	1	1	1		1	1	1			1	1	1
Natriumchlorat[5]	$NaClO_3$	A	≤ S	1	1	1		1	1	1			1	1	1
Natriumchlorid[5]	NaCl	A	≤ S	1	1	1	1	1	1	1	1	1	1	1	1
Natriumchlorit	$NaClO_2$	A	≤ S	1,4	1,4			1,4	1,4					1,2	1,2
Natriumcyanid[5]	NaCN	A	≤ S	1	1	1		1	1	1	1		1	1	1
Natriumdichromat[5]	$Na_2Cr_2O_7$	A	≤ S	1	1			1	1				1	1	

Medium	chemische Formel	1)	Konzentration[2)] %	PE-HD 20°C	PE-HD 40°C	PE-HD 60°C	PE-HD 80°C	PP 20°C	PP 40°C	PP 60°C	PP 80°C	PP 95°C	PVC-NI 20°C	PVC-NI 40°C	PVC-NI 60°C
Natriumdisulfit[5)]	$Na_2S_2O_5$	A	≤ S										1	1	1
Natriumhydrogensulfat[5)]	$NaHSO_4$	A	≤ S	1	1	1		1	1	1			1	1	1
Natriumhydrogensulfit[5)]	$NaHSO_3$	A	> 10	1	1	1		1	1	1			1	1	1
Natriumhypochlorit[8)] Bleichlauge	NaOCl		12,5 akt. Cl										1,2	1,56	
Natriumnitrat[5)]	$NaNO_3$	A	≤ S	1	1	1		1	1	1			1	1	1
Natriumnitrit[5)]	$NaNO_2$	A	≤ S	1	1	1		1	1	1			1	1	1
Natriumperborat[5)]		A	≤ S										1	1	1
Natriumphosphat[5)]	Na_3PO_4	A	≤ S	1	1	1		1	1	1	1	1	1	1	1
Natriumsilicat[5)]	Wasserglas	A	> 10	1	1	1		1	1	1			1	1	1
Natriumsulfat[5)]	Na_2SO_4	A	≤ S	1	1	1		1	1	1			1	1	1
Natriumsulfid[5)]	Na_2S	A	≤ S	1	1	1		1	1	1			1	1	1
Natriumsulfit, wässrig[5)]	Na_2SO_3	A	≤ 40	1	1	1		1	1	1	1	1	1	1	1
Natriumtetraborat[5)]	$Na_2B_4O_7$	A	≤ S	1	1	1		1	1	1			1	1	1
Natriumthiosulfat[5)]	$Na_2S_2O_3$	A	≤ S	1	1	1		1	1	1			1	1	1
			30								1,43		1	1	1
Natronlauge	NaOH	A	40										1	1	
			≤ 50	1	1	1	1	2	2	2	2		1	1	1
		A	60												1,2[8)]
Nickelnitrat	$Ni(NO_3)_2$	A	≤ S	1	1	1		1	1	1	1		1	1	1
Nickel(II)-sulfat[5)]	$NiSO_4$	A	≤ S		1,1				1,1				1	1	1
Nicotinsäure[5)]		O	TR										1	1	1
Nitrilotriessigsäure (z. B. Trilon A)		A	C					1,4	1,4						
Ölsäure[5)]		O	TR										1	1	1
Olivenöl[5)]		O	C		1,1				1,1				1	1	1
Oxalsäure[5)]		O	≤ S										1	1	1
Palmöl[5)]		O	C										1	1	1
Pflanzenöl		O	TR		1,1			1	1				1	1	
Phosphate[5)]		A	≤ S	1	1	1		1	1	1			1	1	1
			≤ 30										1	1	1[8)]
Phosphorsäure	H_3PO_4	A	75				1				1,43				
			≤ 95		1,2		1		1,2		1,43			1,1	1,6[8)]
Polysulfide	Me_2S	A	100				1,33	1	1	1			1	1	1
Quecksilberchlorid	$HgCl_2$	A	≤ S	1	1			1	1				1	1	1
Quecksilbernitrat	$Hg(NO_3)_2$	A	≤ S	1	1			1	1				1	1	1
Quecksilbersalze[5)]		A/M	≤ S	1	1	1		1	1	1			1	1	1
Quecksilbersulfate	$HgSO_4$	A	≤ S	1	1			1	1				1	1	
Salmiakgeist[5)]	NH_4OH	A	≤ S	1	1	1		1	1	1			1	1	1
			15								1,67				
			≤ 30										1	1	1

Medium	chemische Formel	1)	Konzentration[2] %	PE-HD				PP					PVC-NI		
				20°C	40°C	60°C	80°C	20°C	40°C	60°C	80°C	95°C	20°C	40°C	60°C
Salpetersäure	HNO_3	A	50								3,13		1,2	1,2	1[8]
			53	2	2		3,3								
			65				3,3								
Salpetesäure und Flusssäure	HNO_3 + HF	A	15 + 4								2				
			20									1,11	1	1	1,4[8]
Salzsäure	HCl	A	30					1,75	1,75	1,75	1,75	2,13	1	1	1
			≤ 37	1,2	1,2		1,33		1,2				1	1	1[8]
Sauerstoff	O_2	A	100				1						1	1	1
			40				1						1	1	1
			78		1,4	1	1		1,4		1,67		1	1	1
			80												1,26[8]
Schwefelsäure	H_2SO_4	A	40	1	1	1		1	1	1			1	1	
			51	1	1	1		1,1	1,1	1,1					
			78			1	1								
Schwefelwasserstoff		A	TR										1	1	1
Silbernitrat[5]	$AgNO_3$	A	≤ S	1	1	1		1	1	1			1	1	1
Silbersalz[5]		M	≤ S	1	1	1		1	1	1			1	1	1
Soda[5]	Na_2CO_3	A	≤ 50	1	1	1		1	1	1			1	1	1
Stärke[5]		O	jede	1	1	1		1	1	1			1	1	1
Stearinsäure[5]		O	TR										1	1	1
Toluol	$C_6H_5CH_3$	O	100	1,05[7]											
Traubenzucker, wässrig[5]		A	≤ 20	1	1	1			1	1	1	1	1	1	1
Triacetin[6]	Triacetylglycerin	O	100	1,1	1,1								1	1	1
Trichlorfluormethan	CCl_3F	O	100	1[6]	1,12[6]	1,43	1,82								
Urin[5]			C										1	1	1
Waschmittel, verschieden		M													
Wasser	H_2O	A	100	1	1	1	1	1	1	1	1	1	1	1	1
Wasser mit Netzmittel		M	2				1,67								
Wasserstoffperoxid	H_2O_2	A	≤ 70										1	1	
Weine[5]		M	C	1	1	1		1	1	1			1	1	1
Weinsäure[5]		O	C	1	1	1		1	1	1			1	1	1
Zinkchlorid	$ZnCl_2$	A	≤ S	1	1			1	1				1	1	1
Zinknitrat	$Zn(NO_2)_2$ / $Zn(NO_3)_2$	A	≤ S	1	1			1	1				1	1	1
Zinksalze[5]		I/M	≤ S	1	1	1		1	1	1			1	1	1
Zinksulfat[5]	$ZnSO_4$	A	≤ S	1	1	1		1	1	1	1		1	1	1
Zinn(II)-chlorid[5]	$SnCl_2$	A	≤ S	1	1	1		1	1	1			1	1	1
Zinn(IV)-chlorid[5]	$SnCl_4$	A	≤ S	1	1	1		1	1	1			1	1	1
Zitronensäure[5]	$(CO_2H)CH_2CO_2H$	O	≤ 10	1	1	1		1	1	1	1	1	1	1	1
Zuckersirup[5]		O	C	1	1	1		1	1	1			1	1	1

1.2 Medien mit spannungsabhängigen A_2-Werten

Medium	1)	Konzentration[2] %	Prüfspannung N/mm²	PE				Prüfspannung N/mm²	PP	PVC		
				80°C	60°C	40°C	20°C		80°C	60°C	40°C	20°C
Acetessigsäureethylester $CH_3COCH_2COOC_2H_5$	O	100	4	1,25								
			3	1								
			2	1								
Benzin C_5H_{12} bis $C_{12}H_{26}$	O	100	4	1,47	1,59	1,85[6]						
			3	1,28	1,33	1,45[6]						
			2	1,06	1,08	1,1[6]						
Benzol C_6H_6	O	100	4	1,33	1,37	1,45[6]						
			3	1,16	1,09	1[6]						
			2	1	1	1[6]						
Chloroform $CHCl_3$	O	100	4		2,22							
			3		2,1							
			2		1,82							
Chromsäure $H_2Cr_2O_4$	A	10	4...2	1,43	1,61	2,04[6]				7,69[8]		
		20	5			4,76						
			4	1,72	2,38	5,56						
			3	2,0	2,78	6,67						
			2	2,63	3,57	9,1						
		30								5,88[8]		
		40								1,69[8]		
Decan $C_{10}H_{22}$	O	100	4	1,39								
			2	1,05								
Erdgaskondensat (Gemisch aus Aromaten und Alphaten)	O	100	5	Standzeit			> 7a					
			4	1,28								
			3	1,11								
			2	1								
unfraktioniertes Erdöl (Gemisch aus Aromaten und Alphaten)	O	100	4,5		1,35	Standzeit	> 25a					
			4		1,25							
			2,8		1	Standzeit	> 25a					
			2		1							
Essigsäure CH_3COOH		40								1,47[8]		
		50								1,03[8]		
		60	5...2			1,72						
			4...2	1,25	1,43	1,64[6]	1,85[6]					
		98	5			3,85	5					
			4	1,67	3,45	4,76	5,56					
			3	1,67	5,0	5,56	6,67					
			2	1,67	7,69	8,33	8,33					
		99,5								1,42[8]		
Frostschutzmittel		100	5...3	1								
		50	5	1,67								
			3	1								

Medium	1)	Konzentration[2] %	Prüfspannung N/mm²	PE				Prüfspannung N/mm²	PP	PVC		
				80°C	60°C	40°C	20°C		80°C	60°C	40°C	20°C
Heizöl EL	O	100	4		1,43							
			3		1,25							
			2		1,06							2,7[8]
Hexanol $C_6H_{13}OH$	O	100	4	1,11								
			3	1								
			2	1								
Methylenchlorid CH_2CH_2	O	100	4	1,49	1,47	1,45[6]	1,43[6]					
			3	1,25	1,28	1,32[6]	1,35[6]					
			2	1,05	1,06	1,08[6]	1,09[6]					
Octanol $C_8H_{17}OH$	O	100	5			1						
			4	1	1	1						
			3	1	1	1						
			2	1	1	1						
Schwefelsäure H_2SO_4	A	85	3	1				3...1,5	1,67		1	1
			2	3,3								
		90	3	2,0								
			2	9,09							1	1
		95	3	10								
			2	>100						1,2	1,1	1
		96								1,02[8]		
		98	5			2,86						
			4		2,44	3,33	5,56					
			3	20	3,85	4,17	7,14					
			2	>100	7,69	5,56	10			9[8]		
Tetrachlorkohlenstoff CCl_4	O	100	4	1,43	1,54	1,67[6]	1,79[6]					
			3	1,25	1,43	1,67[6]	1,85[6]					
			2	1,05	1,25	1,49[6]	1,75[6]					
Toluol $C_6H_5CH_3$	O	100	4	1,54								
			3	1,33								
			2	1,05								
Trafoöl	O	100	4	1,33	1,18	1,04[6]	1[6]					
			3	1,19	1	1[6]	1[6]					
			2	1	1	1[6]	1[6]					
1,3,5-Trimethylbenzol $C_6H_3(CH_3)_3$	O	100	4	1,54								
			3	1,33								
			2	1,11								

2 Abminderungsbeiwerte A_{2I} bei Stabilitätnachweisen mit Mediumeinfluss für PE und PP

Nachfolgend sind Abminderungsfaktoren A_{2I} von quellend wirkenden Medien aufgeführt, die einen Wert von ≥ 1,0 aufweisen. (Quelle: Medienliste 40-1.1 und 1.2 des DIBt, Ausgabe Januar 2004)

Medium	Konzentration %	Abminderungsbeiwerte A_{2I} (Stabilität)			
		PE		PP	
		20°C	40°C	20°C	40°C
Ameisensäure HCOOH	≤ 60	1,1	1,1	1,2	1,2
	> 60 ≤ 85	1,1	1,1		
Dieselkraftstoff DIN EN 590-DK	H	1,1	1,1		
Dieselkraftstoff DIN EN 14214 Fettsäure-Methylester (Bio-Diesel)	H	1,2	1,2		
Diethylentriaminpentaessigsäure (z. B. Trilon C)	H	1,1	1,1	1,2	1,2
Essigsäure CH_3COOH	≤ 60	1,1	1,1	1,2	1,2
	> 60 ≤ 80	1,1	1,1	1,2	1,2
Ethylendiamintetraessigsäure (z. B. als Trilon B) $C_2H_4N_2(CH_2COOH)_4$	H	1,1	1,1	1,4	1,4
Glykolsäure $HOCH_2COOH$	≤ GL	1,1	1,1	1,1	1,1
Heizöl EL DIN 51 603-1	H	1,1	1,1		
Kunstharzdispersion	H	1,4	1,4	1,4	1,4
Pflanzenöl	TR	1,2	1,2	1,2	1,2
Salzsäure	≥ 10 ≤ 30	1,0	1,0	1,2	1,2
Schmieröle (Frischöle oder gebraucht[2]); Hydrauliköle, Wärmeträgeröle Q legiert oder unlegiert, frisch oder gebraucht[2]; aromatenfrei	H	1,2	1,2		
Triacetin (Glycerintriacetat) $(CH_3COO)_3C_3H_5$	TR	1,0	1,1		

Bei allen übrigen wässrigen Medien ist A_{2I} = 1

Fußnoten zu Abschnitt 2:

[1] GL: gesättigte (bei 20°C), wässrige Lösung
TR: technisch reines Medium
H: handelsübliche Zusammensetzung oder wie in der Natur vorkommend

[2] Herkunft und Flammpunkt müssen vom Betreiber nachgewiesen werden können.

DVS – DEUTSCHER VERBAND FÜR SCHWEISSEN UND VERWANDTE VERFAHREN E.V.

Berechnung von Behältern und Apparaten aus Thermoplasten – Schweißfaktoren

Richtlinie DVS 2205-1 Beiblatt 6

Ersetzt DVS 2205-1 Beiblatt 17 von Februar 2006

Kurzzeit-(f_Z-) und Langzeit-(f_S-)Schweißfaktoren

Werkstoffe / Verfahren	Schweißfaktoren Kurzzeit/Langzeit	PE[1]	PP[2]	PVC-U	PVC-C	PVDF
Heizelement-Stumpfschweißen HS	f_Z	0,9	0,9	0,9	0,8	0,9
	f_S	0,8	0,8	0,6	0,6	0,6
Warmgas-Extrusionsschweißen, diskontinuierlich WE	f_Z	0,8	0,8	–	–	–
	f_S	0,4	0,4	–	–	–
Warmgas-Extrusionsschweißen kontinuierlich WE	f_Z	0,8	0,8	–	–	–
	f_S	0,6	0,6	–	–	–
Warmgasschweißen WZ/WF	f_Z	0,8	0,8	0,8	0,7	0,8
	f_S	0,4	0,4	0,4	0,4	0,4
IR-Schweißen für Rohre, druckgesteuert	f_Z	–	0,9	–	–	0,9
	f_S	–	0,8	–	–	0,8
IR-Schweißen für Rohre, weggesteuert	f_Z	0,9	0,9	–	–	0,9
	f_S	0,7	0,8	–	–	0,8

[1] gilt für PE 63, PE 80 und PE 100

[2] gilt für PP-H, PP-B und PP-R

Die genannten Werte setzen die Beherrschung der entsprechenden Schweißverfahren und die Ausführung durch qualifiziertes und geprüftes Personal voraus.

Die Kurzzeitfaktoren gelten für Belastungszeiten bis zu einer Stunde. Bei anderen Werkstoffen und/oder Fügeverfahren sind die Werte im Einzelnen nachzuweisen.

Das Rechnen mit höheren Schweißfaktoren, als in obiger Tabelle angegeben, setzt einen Nachweis an der zu schweißenden Werkstoffkombination voraus, der nicht älter als 2 Jahre sein darf.

DVS, Ausschuss für Technik, Arbeitsgruppe „Fügen von Kunststoffen“

Bezug: DVS Media GmbH, Postfach 10 19 65, 40010 Düsseldorf, Telefon (02 11) 15 91-0, Telefax (02 11) 1591-150

DVS – DEUTSCHER VERBAND FÜR SCHWEISSEN UND VERWANDTE VERFAHREN E.V.

Berechnung von Behältern und Apparaten aus Thermoplasten – Anwendungsbeispiele

Richtlinie DVS 2205-1 Beiblatt 7

In diesem Beiblatt sind Beispiele aufgeführt, die die Ermittlung der Werkstoffkennwerte bzw. zulässigen Betriebszeiten für verschiedene Anwendungsfälle beschreiben.

Inhalt:

1 Festigkeitskennwert bei gleichbleibender Beanspruchung

Gesucht: Festigkeitskennwert K_K^*

Gegeben: Betriebstemperatur $\vartheta = 50°C$
Standzeit $t = 15$ Jahre
Füllgut Wasser

Den Festigkeitskennwert K_K^* erhält man aus dem Zeitstandfestigkeitsdiagramm für Rohre, beispielsweise aus PE 80 (Bild 1). Die Linie für 15 Jahre Standzeit schneidet die 50°C-Zeitstandkurve für Wasser im Punkt P_1. Eine Parallele zur Abszisse durch den Punkt P_1 ergibt an der Ordinate den Punkt P_2, an dem $K_K^* = 4{,}6$ N/mm² abgelesen werden kann.

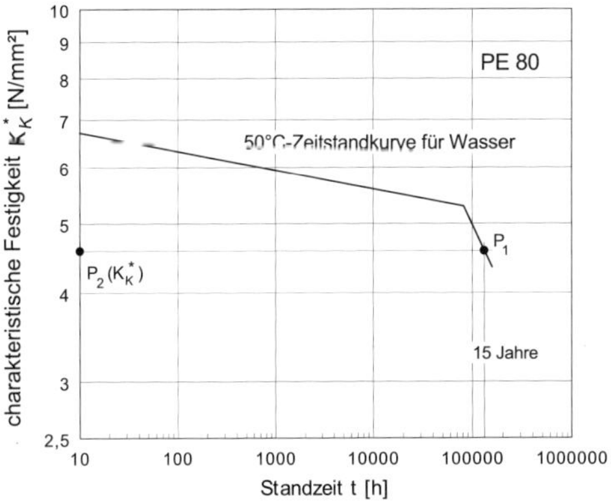

Bild 1. Ermittlung des Festigkeitskennwertes K_K^* bei gleichbleibender Beanspruchung.

2 Ermittlung der Gebrauchsdauer bei intermittierender Beanspruchung

Anmerkung:
Die Zeitstandkurven sind mit der absoluten Temperatur $T = (\vartheta^{°C} + 273)$ in Kelvin ermittelt worden.

Zur Abschätzung der rechnerischen Standzeit t_X bei intermittierenden Beanspruchungen wird zunächst mit der vorhandenen Beanspruchung K_K^{vorh} der einzelnen Teilbeanspruchungen und den vorgegebenen Abminderungsbeiwerten A_1 und A_2 sowie den Sicherheitsbeiwerten und gegebenenfalls dem Schweißfaktor f_S der jeweils zugeordnete Werkstoffkennwert K_S^{vorh} ermittelt.

$$K_S^{vorh} = \frac{K_K^{vorh} \cdot \gamma_F \cdot \gamma_I \cdot \gamma_M \cdot A_1 \cdot A_2}{(f_S)}$$

Mit diesem Kennwert wird aus den Zeitstandkurven des verwendeten Werkstoffs für die jeweilige Temperatur die zugehörige Standzeit bei Teilbeanspruchung abgelesen. Mit Hilfe der Miner'schen Regel (Gleichung (5) DVS 2205-1) kann damit die resultierende Standzeit t_M errechnet werden.

Zur Ermittlung des Einflusses der Alterung wird für die jeweilige Temperatur die beginnende Alterung bei Teilbeanspruchung aus den Wärmealterungsgrenzen (für PE und PP, siehe DVS 2205-1 Beiblatt 1, Abschnitt 5, und Beiblatt 2, Abschnitt 5) abgelesen. Eine zweite Berechnung mit der Miner'schen Regel (Gleichung (8) DVS 2205-1) ergibt die resultierende Alterungszeit t_A. Der kleinere Wert von t_M und t_A ist die zulässige Betriebszeit t_X.

In den Abschnitten 2.1 bis 2.3 wird die Handhabung für die verschiedenen Beanspruchungsfälle an einfachen Beispielen dargestellt.

2.1 Wechselnde Temperaturen bei gleichbleibender Beanspruchung

Gesucht: zulässige Standzeit t_X

Gegeben: Beanspruchung K_S^{vorh}
Betriebstemperaturen ϑ_1, ϑ_2

Die rechnerische Standzeit t_M liegt entsprechend den Zeitanteilen bei den einzelnen Temperaturen zwischen den Standzeiten der Teilbeanspruchungen t_{M1} und t_{M2}. Die Parallele zur Festigkeitsachse durch t_M ergibt mit der gegebenen Beanspruchung K_S^{vorh} den Punkt P. P liegt auf einer Zeitstandkurve, die sich bei einer konstanten Temperatur ϑ_X zwischen ϑ_1 und ϑ_2 ergeben würde.

DVS, Ausschuss für Technik, Arbeitsgruppe „Fügen von Kunststoffen“

Bezug: DVS Media GmbH, Postfach 10 19 65, 40010 Düsseldorf, Telefon (02 11) 15 91-0, Telefax (02 11) 15 91-150

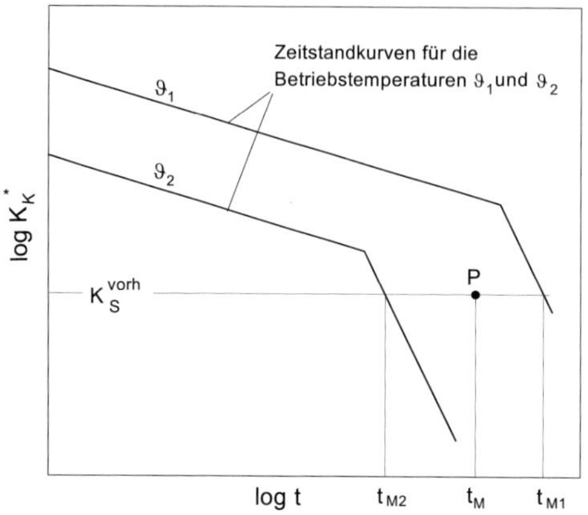

Bild 2. Standzeit bei wechselnden Temperaturen und gleichbleibender Beanspruchung.

Beispiel für PE 63

Betriebsbedingungen und Schädigungsanteile

Teilbeanspruchung	Beanspruchung K_S^{vorh}	Temperatur ϑ	Zeitanteil a	rechn. Standzeit bei Teilbeanspruchung t_M	Schädigungsanteil %
1	5 N/mm²	30°C	90%	314,593 Jahre	2,6
2		42°C	10%	0,946 Jahre	97,4

(Werte aus DVS 2205-1 Beiblatt 1, Abschnitt 1.1)

Die zu erwartende Standzeit aufgrund der mechanischen Beanspruchung beträgt nach DVS 2205-1, Gleichung (5):

$$t_M = \frac{100 \cdot 314{,}593 \cdot 0{,}946}{90 \cdot 0{,}946 + 10 \cdot 314{,}593} = 9{,}21 \text{ Jahre}^{1)}$$

1) Die gleiche Standzeit würde bei K_S^{vorh} = 5 N/mm² und einer konstanten Temperatur von 37,6°C erreicht werden.

Alterung und Schädigungsanteile

Teilbeanspruchung	Temperatur ϑ	Zeitanteil a	Beginnende Wärmealterung t_A	Schädigungsanteil %
1	30°C	90%	175,6 Jahre	68,8
2	42°C	10%	43 Jahre	31,2

(Werte aus DVS 2205-1 Beiblatt 1, Abschnitt 5)

Die zu erwartende Standzeit aufgrund der Alterung beträgt nach DVS 2205-1, Gleichung (8):

$$t_A = \frac{100 \cdot 175{,}6 \cdot 43}{90 \cdot 43 + 10 \cdot 175{,}6} = 134{,}2 \text{ Jahre}$$

$t_M < t_A$, somit beträgt die zulässige Betriebszeit t_X = 9,21 Jahre.

2.2 Wechselnde Beanspruchung bei gleichbleibender Temperatur

Gesucht: zulässige Standzeit t_X

Gegeben: Beanspruchungen K_{S1}^{vorh}, K_{S2}^{vorh}
Betriebstemperatur ϑ

Die rechnerische Standzeit t_X liegt entsprechend den Zeitanteilen bei den einzelnen Beanspruchungen zwischen den Standzeiten der Teilbeanspruchungen t_{M1} und t_{M2}. Die Parallele zur Festigkeitsachse t_M schneidet die Zeitstandkurve im Punkt P. Hieraus ergibt sich die äquivalente Beanspruchung K_{SM}^{vorh}.

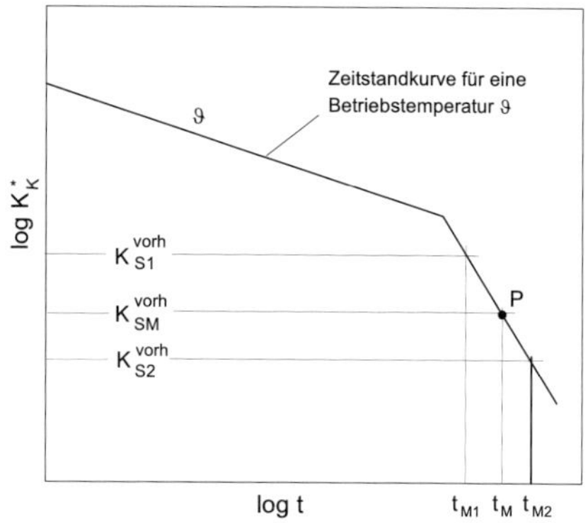

Bild 3. Standzeit bei wechselnden Beanspruchung und gleichbleibender Temperatur.

Beispiel für PP-B

Betriebsbedingungen und Schädigungsanteile

Teilbeanspruchung	Beanspruchung K_S^{vorh}	Temperatur ϑ	Zeitanteil a	rechn. Standzeit bei Teilbeanspruchung t_M	Schädigungsanteil %
1	3,5 N/mm²	60°C	20%	16,3 Jahre	2,6
2	2 N/mm²		80%	138 Jahre	97,4

(Werte aus DVS 2205-1 Beiblatt 2, Abschnitt 2.1)

Die zu erwartende Standzeit beträgt nach DVS 2205-1, Gleichung (5):

$$t_M = \frac{100 \cdot 16{,}3 \cdot 138}{20 \cdot 138 + 80 \cdot 16{,}3} = 55{,}35 \text{ Jahre}^{2)}$$

2) Die gleiche Standzeit würde bei einer Temperatur von 60°C und einer konstanten Spannung K_{SM} = 2,54 N/mm² erreicht werden.

Alterung und Schädigungsanteile

Teilebeanspruchung	Temperatur ϑ	Zeitanteil a	Beginnende Wärmealterung t_A	Schädigungsanteil %
1	60°C	100%	50 Jahre	100

(Werte aus DVS 2205-1 Beiblatt 2, Abschnitt 5)

Die zu erwartende Standzeit aufgrund der Alterung beträgt 50 Jahre.

$t_A < t_M$, somit beträgt die zulässige Betriebszeit t_X = 50 Jahre.

2.3 Wechselnde Beanspruchungen und wechselnde Temperaturen

Gesucht: zulässige Standzeit t_X

Gegeben: Beanspruchungen K_{S1}^{vorh}, K_{S2}^{vorh}
Betriebstemperatur ϑ_1, ϑ_2

Die rechnerische Standzeit t_M liegt entsprechend den Zeitanteilen bei den einzelnen Temperaturen zwischen den Standzeiten der Teilbeanspruchungen t_{M1} und t_{M2}.

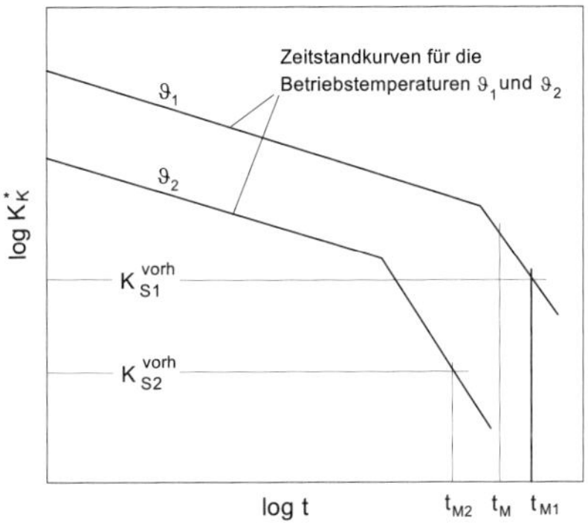

Bild 4. Standzeit bei wechselnden Beanspruchungen und wechselnden Temperaturen.

Beispiel für PP-H

Betriebsbedingungen und Schädigungsanteile

Teilbeanspruchung	Beanspruchung K_S^{vorh}	Temperatur ϑ	Zeitanteil a	rechn. Standzeit bei Teilbeanspruchung t_M	Schädigungsanteil %
1	6 N/mm²	50°C	75%	33,3 Jahre	82
2	2 N/mm²	80°C	25%	50,25 Jahre	18

(Werte aus DVS 2205-1 Beiblatt 2, Abschnitt 1.1)

Die zu erwartende Standzeit aufgrund der mechanischen Beanspruchung beträgt nach DVS 2205-1, Gleichung (5):

$$t_M = \frac{100 \cdot 33{,}3 \cdot 50{,}25}{75 \cdot 50{,}25 + 25 \cdot 33{,}3} = 36{,}4 \text{ Jahre}$$

Alterung und Schädigungsanteile

Teilebeanspruchung	Temperatur ϑ	Zeitanteil a	Beginnende Wärmealterung t_A	Schädigungsanteil %
1	50°C	75%	91,23 Jahre	35,7
2	80°C	25%	16,9 Jahre	64,3

(Werte aus DVS 2205-1 Beiblatt 2, Abschnitt 5)

Die zu erwartende Standzeit aufgrund der Alterung beträgt nach DVS 2005-1, Gleichung (8):

$$t_A = \frac{100 \cdot 91{,}23 \cdot 16{,}9}{75 \cdot 16{,}9 + 25 \cdot 91{,}23} = 43{,}45 \text{ Jahre}$$

$t_M < t_A$, somit beträgt die zulässige Betriebszeit t_X = 36,4 Jahre.

3 Ermittlung von Isochronen bei höherer Temperatur

Um die Isochronenermittlung für andere Temperaturen darstellen zu können, werden aus dem Kriechmoduldiagramm, bei der entsprechenden Temperatur und Zeit, für die jeweiligen Spannungen die Kriechmodulwerte entnommen. Daraus lassen sich mit der nachstehenden Beziehung die zugehörigen Dehnungen berechnen.

$$\varepsilon = \frac{\sigma}{E_C}$$

Beispiel für PE 63, 40°C und 1 Jahr

σ [N/mm²]	5	4	3	2	1
E_C [N/mm²]	95	110	125	145	170
ε [%]	5,26	3,64	2,40	1,38	0,59

(Werte aus DVS 2205-1 Beiblatt 1, Abschnitt 1.3.1)

Mai 2023

DVS VERBAND

Richtlinie
DVS 2205-1
Beiblatt 8

Richtlinie DVS 2205-1 Beiblatt 8

Berechnung von Behältern und Apparaten aus Thermoplasten – Kennwerte der Werkstoffgruppe weichmacherfreies Polyamid

Ausschuss für Technik im DVS

Arbeitsgruppe W 4 „Fügen von Kunststoffen“

Untergruppe W 4.3b „Konstruktive Gestaltung - Apparatebau“

Bezug: DVS Media GmbH, Postfach 10 19 65, 40010 Düsseldorf, Telefon: (0211) 1591-0, Email: media@dvs-media.info

Inhalt:

1. PA-U 12 180

1.1. Zeitstandkurven für PA-U 12 180 Rohre

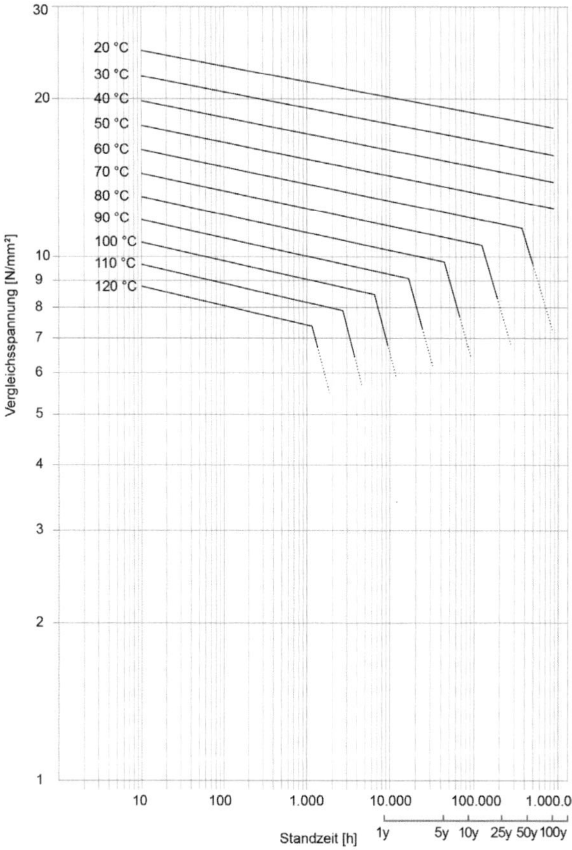

Bild 1: Zeitstandkurve PA-U 12 180

Geradengleichung der Mindestkurve flacher Teil:

$$Log_{10}\, t = A_1 + \frac{B_1}{T}\, Log_{10}\, \sigma + \frac{C_1}{T} + D_1\, Log_{10}\, \sigma \qquad (1)$$

Geradengleichung der Mindestkurve steiler Teil:

$$Log_{10}\, t = A_2 + \frac{B_2}{T}\, Log_{10}\, \sigma + \frac{C_2}{T} \qquad (2)$$

Koeffizienten der Mindestkurve flacher Teil:

A_1 = -34,909

B_1 = -7240,036

C_1 = 24234,068

D_1 = -8,855

Koeffizienten der Mindestkurve steiler Teil:

A_2 = -12,752

B_2 = -618,358

C_2 = 6753,180

Weitergehende Informationen zu den Referenzkurven enthält das Schrifttum [2].

Tabelle 1 zeigt für den Werkstoff PA-U 12 180 die Spannungswerte für verschiedenen Zeiten und Temperaturen.

Tabelle 1: Festigkeitswerte für verschiedene Zeiten und Temperaturen

Temperatur °C	**Zeit** Jahre	**Erwartete Festigkeit** MPa
20	1	20,2
	5	19,3
	10	18,9
	25	18,4
	50	18,0
	100	17,6
30	1	18,0
	5	17,1
	10	16,8
	25	16,3
	50	16,0
	100	15,6
40	1	16,0
	5	15,3
	10	14,9
	25	14,5
	50	14,2
	100	13,9
50	1	14,3
	5	13,6
	10	13,3
	25	12,9
	50	12,6
60	1	12,8
	5	12,2
	10	11,9
	25	11,5
	40	11,4
70	1	11,5
	5	10,9
	10	10,6
	20	8,6
80	1	10,3
	5	9,7
	7	8,0
90	1	9,3
	2	5,1

Bemerkung: Der Werkstoff Polyamid ist ein Polykondensat, bei dem die Gegenwart von Wasser den hydrolytischen Abbau begünstigt und bei dem die Aufnahme von Wasser mit einem weichmachenden Effekt verbunden ist. Die in Wasser an Rohren für PA-U 12 180 unter hydrostatischem Innendruck ermittelten Referenzkurven berücksichtigen somit bereits beide potenziell festigkeitsmindernden Effekte.

1.2. Isochrones Spannung-Dehnung-Diagramm von PA-U 12 180 für 23°C

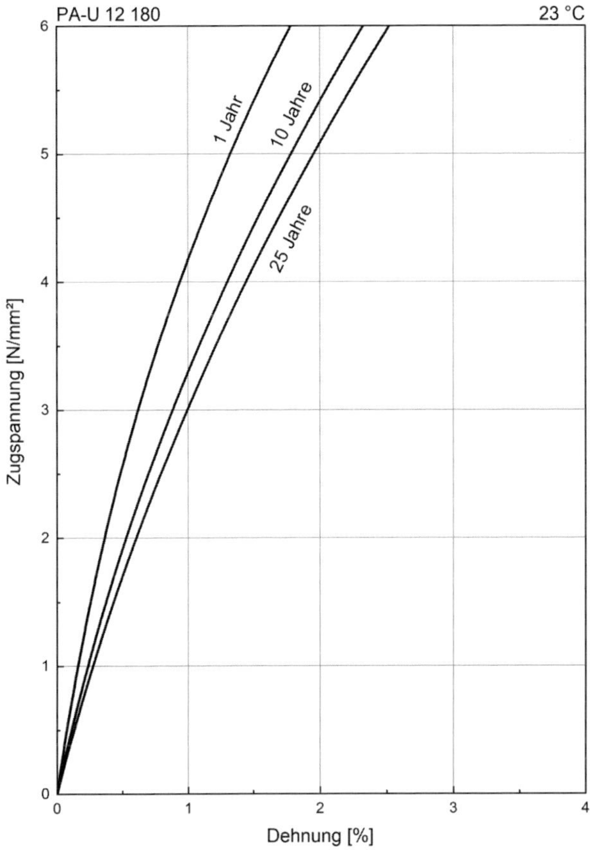

Bild 2: Isochrones Spannungs-Dehnung-Diagramm PA-U 12 180 *)

Bemerkung: Der Werkstoff PA-U 12 180 nimmt bei Raumtemperatur mit zunehmender Zeit immer Feuchtigkeit auf. Prüftechnisch bedingt kann das Langzeitkriechverhalten daher nur für den konditionierten Zustand (Feuchtegehalt ca. 0,8 %, Konditionierung nach DIN EN ISO 291 [13] bei 23 °C / 50 % r. F.) erfasst und angegeben werden (zur Auswirkung der Feuchtenaufnahme, siehe Kapitel 3).

*) Kurvenverläufe gemessen an Herstellerbezeichnung VESTAMID® NRG 2101

1.3. Kriechmodulkurven

1.3.1. Kriechmodul von PA-U 12 180 für 1 Jahr

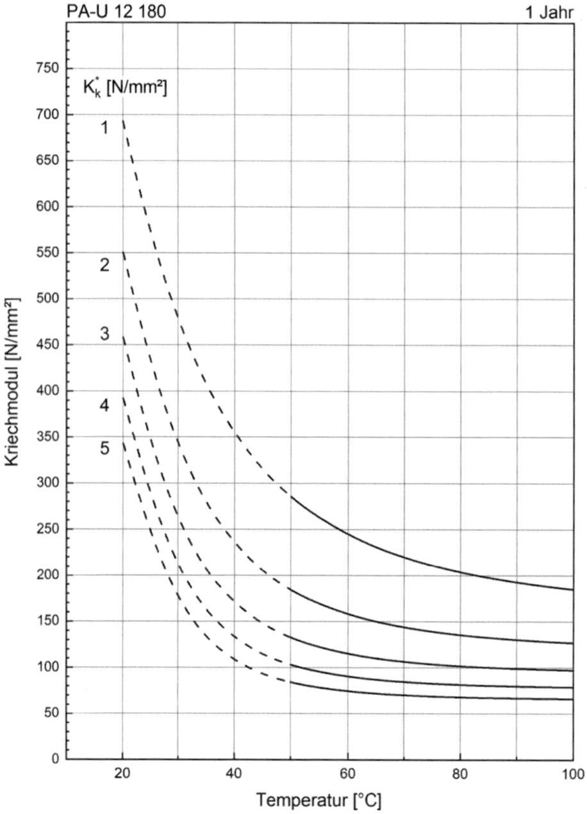

Bild 3: Kriechmodulkurven PA-U 12 180 *)

Bemerkung: Prüftechnisch bedingt treten Trocknungseffekte am Prüfwerkstoff mit zunehmender Prüfdauer auf (ab ca. 50 °C). Daher entsprechen die angegebenen Kriechmodulkurven für PA-U 12 180 oberhalb von 50 °C dem trockenen Zustand (Wassergehalt ≤ 0,2 %). Unterhalb von 50 °C ist der angegebene Kriechmodul wegen der Feuchteaufnahme (siehe Kapitel 3) als konservativ anzusehen.

*) Kurvenverläufe gemessen an Herstellerbezeichnung VESTAMID® NRG 2101

1.3.2. Kriechmodul von PA-U 12 180 für 10 Jahre

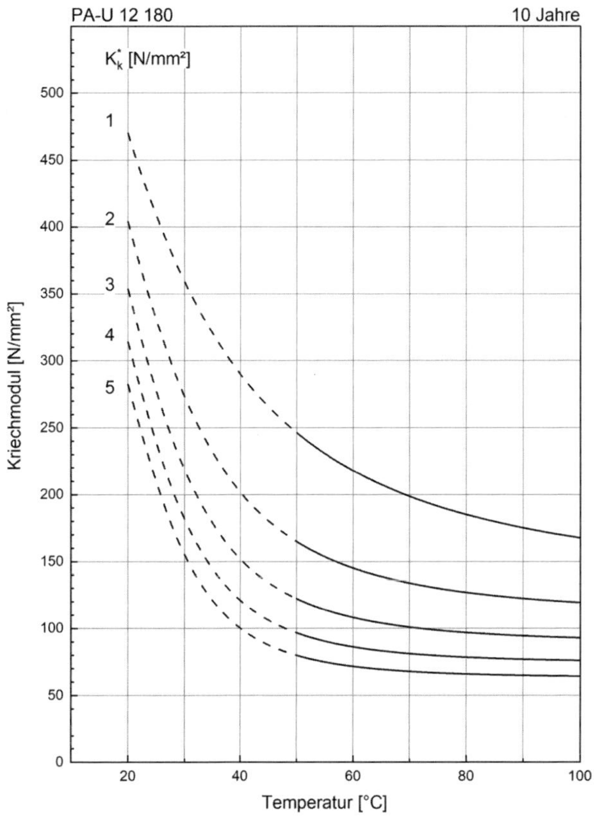

Bild 4: Kriechmodulkurven PA-U 12 180 *)

Bemerkung: Prüftechnisch bedingt treten Trocknungseffekte am Prüfwerkstoff mit zunehmender Prüfdauer auf (ab ca. 50 °C). Daher entsprechen die angegebenen Kriechmodulkurven für PA-U 12 180 oberhalb von 50 °C dem trockenen Zustand (Wassergehalt ≤ 0,2 %). Unterhalb von 50 °C ist der angegebene Kriechmodul wegen der Feuchteaufnahme (siehe Kapitel 3) als konservativ anzusehen.

*) Kurvenverläufe gemessen an Herstellerbezeichnung VESTAMID® NRG 2101

1.3.3. Kriechmodul von PA-U 12 180 für 25 Jahre

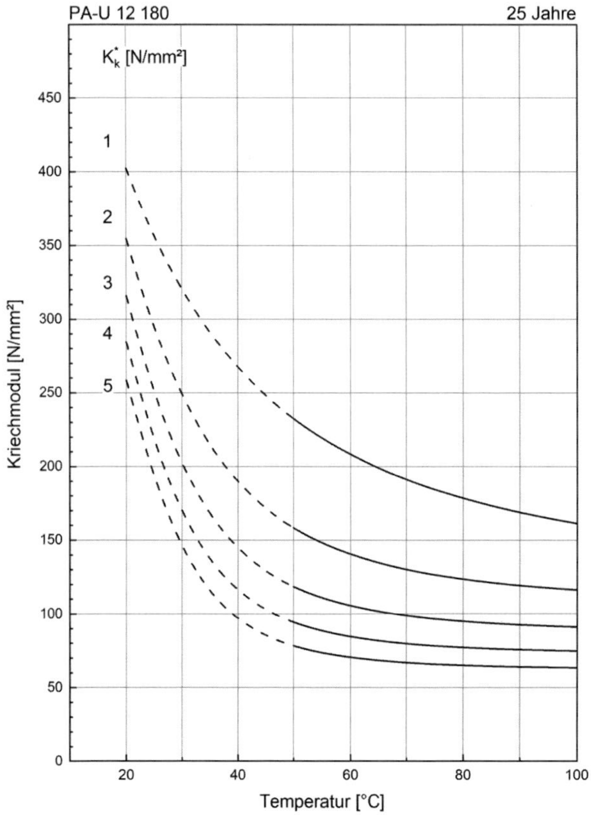

Bild 5: Kriechmodulkurven PA-U 12 180 *)

Bemerkung: Prüftechnisch bedingt treten Trocknungseffekte am Prüfwerkstoff mit zunehmender Prüfdauer auf (ab ca. 50 °C). Daher entsprechen die angegebenen Kriechmodulkurven für PA-U 12 180 oberhalb von 50 °C dem trockenen Zustand (Wassergehalt ≤ 0,2 %). Unterhalb von 50 °C ist der angegebene Kriechmodul wegen der Feuchteaufnahme (siehe Kapitel 3) als konservativ anzusehen.

*) Kurvenverläufe gemessen an Herstellerbezeichnung VESTAMID® NRG 2101

2. Abminderungsbeiwerte (Zähigkeitsbeiwert) A_1 für Formmassen aus PA-U 12 180

Tabelle 2: Werkstoffbeschreibung

Formmasse	PA-U 12 180[5)]	Bemerkung
Kerbschlagzähigkeit a_{cN} [kJ/m²] bei 23 °C	≥ 45 kJ/m²	spritzgegossene Probekörper[6)]
Kerbschlagzähigkeit a_{cN} [kJ/m²] bei 0 °C gem. DIN EN ISO 16486-1	≥ 25 kJ/m²	spritzgegossene Probekörper[6)]
Kerbschlagzähigkeit a_{cN} [kJ/m²] bei - 30 °C	≥ 18 kJ/m²	spritzgegossene Probekörper[6)]
Zug-Elastizitätsmodul [N/mm²] bei 23 °C gem. DIN EN ISO 527-1	≥ 1300 MPa	spritzgegossene Probekörper[6)]
Anforderung an die Zeitstandfestigkeit gemäß	DIN EN ISO 16486-1	

[5)] Werte gelten für VESTAMID® NRG 2101
[6)] trocken (dry as moulded) ≤ 0,2 % Feuchte

Prüfnormen:
Zug-Elastizitätsmodul: DIN EN ISO 527-2
Kerbschlagzähigkeit: DIN EN ISO 179-1/1eA (Charpy) Prüfkörper DIN EN ISO 1873-2
Zeitstandfestigkeit: DIN EN ISO 1167-1

Tabelle 3: Abminderungsbeiwert

Formmasse	Temperatur [°C]						
	-40	-20	0	20[8)]	40	60	80
PA-U 12 180[7)]	1	1	1	1	1	1	1

[7)] Werte ermittelt an VESTAMID® NRG 2101
[8)] Dieser Wert gilt auch für die Normaltemperatur 23 °C

Erläuterung: Die Kerbschlagzähigkeit wurde durch Prüfungen an gespritzten Probekörpern ermittelt. Für die Festlegung des Abminderungsbeiwertes A1 ist der kleinste Wert der Kerbschlagzähigkeit zugrunde gelegt.

3. Einfluss des Feuchteaufnahme

3.1. Feuchteabhängiger Kurzzeit-E-Modul von PA-U 12 180

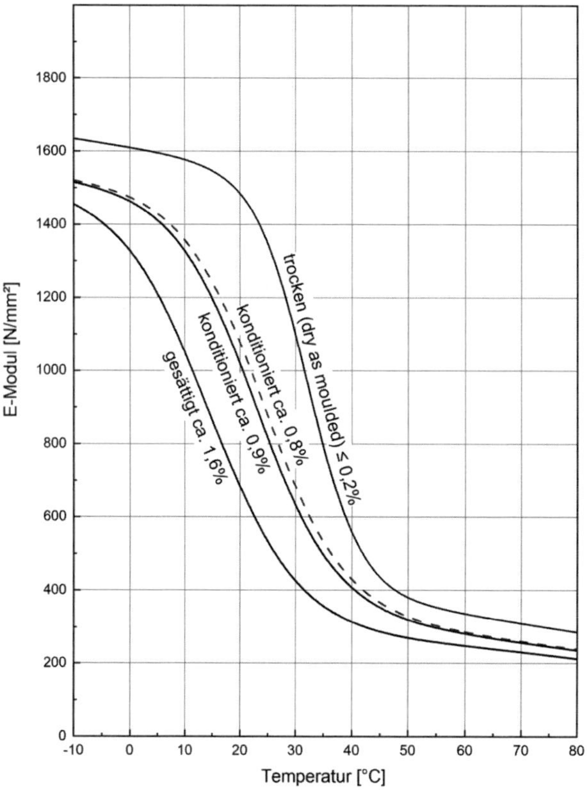

Bild 6: Feuchteabhängiger Kurzzeit-E-Modul PA-U 12 180 *)

Die Feuchteaufnahme führt bei PA-U 12 180 zu einer Verringerung der Steifigkeit (Weichmachungseffekt) und muss daher bei der Auslegung berücksichtigt werden. Bei einer ingenieurmäßigen Betrachtung sind drei Kategorien wichtig: trockener, konditionierter und gesättigter Zustand.

Der Feuchtegehalt für den trockenen Zustand wird nach der Definition von „dry as moulded" bei ≤ 0,2 % gewählt. Nach Konditionierung in Normklima gemäß DIN EN ISO 291 stellt sich bei PA-U 12 180 ein Feuchtegehalt von ca. 0,8 % für nicht tropische Länder (23 °C / 50 % r. F.) ein. Für tropische Länder (27 °C / 65 % r. F.) erhöht sich der Feuchtegehalt auf ca. 0,9 %. Eine Wasserlagerung bei 23 °C nach DIN EN ISO 62 führt im gesättigten Zustand zu einem Feuchtegehalt von ca. 1,6 %.

*) Kurvenverläufe gemessen an Herstellerbezeichnung VESTAMID® NRG 2101

Hinweis: Bei der oberirdischen Verlegung von Rohren können exemplarisch die nachfolgenden Feuchtezustände der Rohre für die Auslegung der Abstände von rohrumschließenden Halterungen angenommen werden. Die genannten Beispiele sind ohne Relevanz für projektbezogene Festlegungen:

- Feuchte ≤ 0,2 %: Transport von Gasen in Rohren, die von außen gegen Feuchte geschützt sind
- Feuchte = ca. 0,8 bzw. 0,9 %: Transport von feuchten Gasen in Rohren ohne äußeren Schutz gegen Feuchte
- Feuchte = ca. 1,6 %: Transport von wässrigen Medien in gegen Feuchte von außen geschützten Rohren nach Erreichen der Sättigung

Die Abminderung der Steifigkeit infolge der Feuchtigkeitsaufnahme ist temperaturabhängig und kann bei einer ingenieurmäßigen Betrachtung auch rechnerisch auf den Langzeit-E-Modul übertragen werden. Anwendungsbeispiele sind in Abschnitt 3.2 gezeigt.

3.2. Feuchteabhängige Kriechmodulkurven von PA-U 12 180 für 1, 10 und 25 Jahre

Bei einer ingenieurmäßigen Betrachtung über einen konstanten Zeithorizont kann der Kriechmodul auch für weitere Feuchtezustände abgeschätzt werden, indem die temperaturabhängige Abminderung des Kurzzeit-E-Moduls rechnerisch übertragen wird. Grundlage dafür bildet die Äquivalenz zwischen der Feuchte und der Temperatur hinsichtlich der Verschiebung der gesamten zeitabhängigen Eigenschaften, gemäß Zeit-Feuchte-Superpositionsprinzip [12]. Somit sind die proportionalen Abstände zwischen den Kurven für verschiedene Zeiten in erster Näherung identisch.

Unter Nutzung dieses Prinzips ergeben sich für den Kriechmodul nach 1, 10 und 25 Jahre die nachfolgenden Verläufe von Kriechmodul über Temperatur.

3.2.1. Feuchteabhängige Kriechmodule von PA-U 12 180 für 1 Jahr

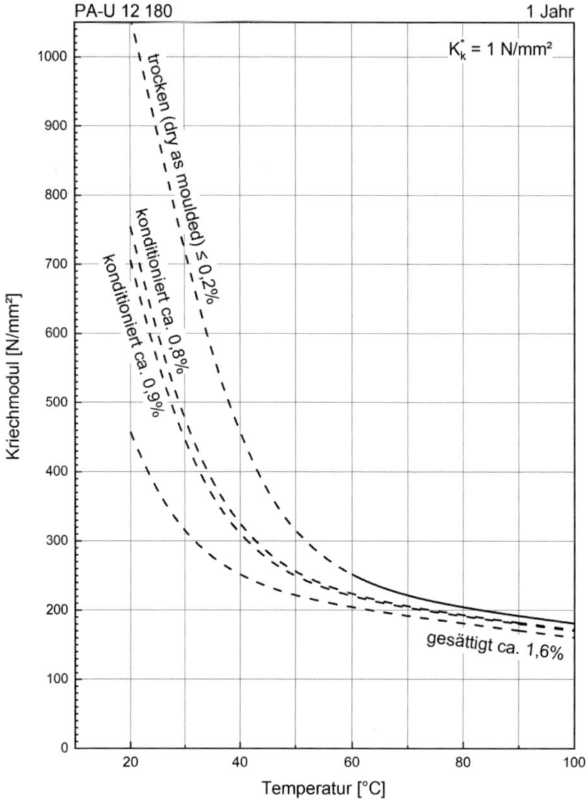

Bild 7: Feuchteabhängiger Kriechmodul PA-U 12 180 *) für 1 Jahr

*) Kurvenverläufe gemessen an Herstellerbezeichnung VESTAMID® NRG 2101

3.2.2. Feuchteabhängige Kriechmodule von PA-U 12 180 für 10 Jahre

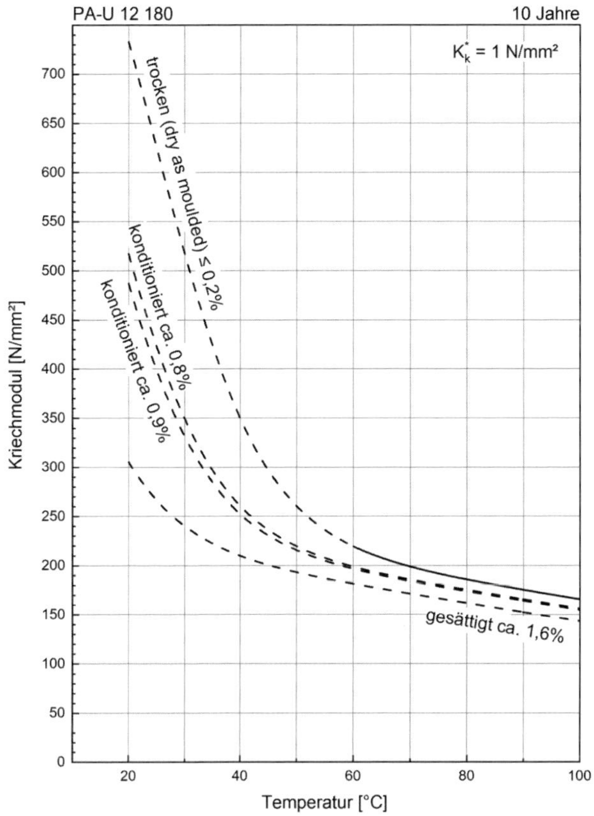

Bild 8: Feuchteabhängiger Kriechmodul PA-U 12 180 *) für 10 Jahre

*) Kurvenverläufe gemessen an Herstellerbezeichnung VESTAMID® NRG 2101

3.2.3. Feuchteabhängige Kriechmodule von PA-U 12 180 für 25 Jahre

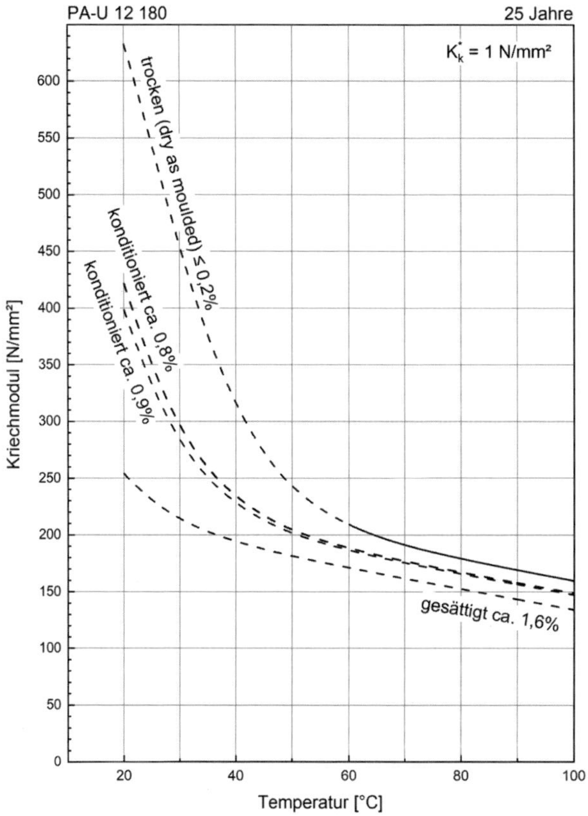

Bild 9: Feuchteabhängiger Kurzzeit-E-Modul PA-U 12 180 *) für 25 Jahre

*) Kurvenverläufe gemessen an Herstellerbezeichnung VESTAMID® NRG 2101

4. Kriechmodul Ec für 100 min für PA-U 12 180

Bemerkung: Der Kriechmodul Ec 100min wird nach Richtlinie DVS 2210-1 zur Berechnung von Industrierohrleitungen aus thermoplastischen Kunststoffen verwendet.

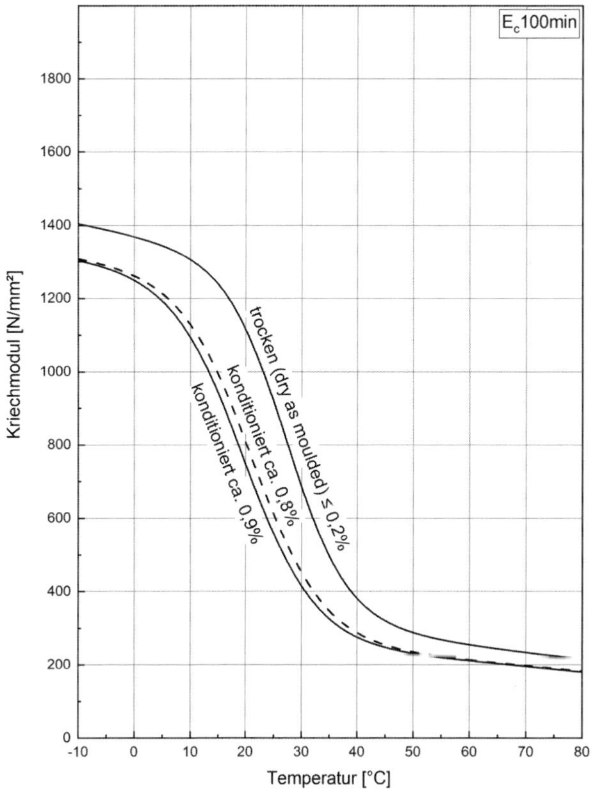

Bild 10: Kriechmodul PA-U 12 180 *) für 100 min

*) Kurvenverläufe gemessen an Herstellerbezeichnung VESTAMID® NRG 2101

5. Widerstand gegenüber langsamem Risswachstum

Wenn es in den jeweiligen Prüfverfahren nicht anders vorgeschrieben ist, müssen die Probekörper vor ihrer Prüfung nach **Tabelle 4** für mindestens 16 h bei 23 °C und einer relativen Feuchte von 50 % nach ISO 291 konditioniert werden.
Die Probekörper dürfen frühestens 48 h nach ihrer Herstellung geprüft werden.

Tabelle 4: Mindestanforderung an den Widerstand gegenüber langsamem Risswachstum für den Werkstoff PA-U 12 180

Eigenschaft	Anforderung[14]	Prüfparameter		Prüfverfahren
		Parameter	Wert	
Widerstand gegenüber langsamen Risswachstum für e > 5 mm (Kerbprüfung)	Kein Versagen während der Prüfung	Prüftemperatur	80 °C	ISO 13479
		d_n	110 mm oder 125 mm	
		SDR	11	
		Prüfdruck	20 bar[15]	
		Prüfdauer	500 h	
		Art der Prüfung	Wasser in Wasser	
		Prüftemperatur	0 °C	
NOTE: bar = 0,1 MPa = 10^5 Pa; 1 MPa = 1 N/mm^2. N/mm^2				

[14] Bei Probekörpern in Rohrform.
[15] für PA-U 12 180 (Werkstoffklassifizierung und -Kennzeichnung gemäß DIN EN ISO 16486-1, Abschnitt 5.4.)

Bemerkung: Ein hoher Widerstand des Werkstoffs gegen langsames Risswachstum ist von besonderer Bedeutung für die grabenlose Verlegetechniken. Da vor einer Verlegung auch Beschädigungen beim Handling zu Schäden im Betrieb führen könnten, wird hier auf [3], [4], [5] und [6] verwiesen, wo ein für Thermoplaste im Bereich von Gas-Druckrohrleitungen sehr hoher Widerstand gegen langsames Risswachstum für den Werkstoff PA-U 12 180 am Beispiel VESTAMID NRG 2101 nachgewiesen wird.

6. Einfluss von Medien auf PA-U 12 180

Erste Hinweise auf die chemische Beständigkeit von weichmacherfreiem Polyamid 12 (PA-U 12) geben [7], [8] und [9], wobei eine Spannungsfreiheit vorausgesetzt wird.

Polyamide können Wasser aufnehmen, wobei die plastifizierende Wirkung von eingelagertem Wasser die Festigkeit des Werkstoffs mindert. Zeitstandinnendruckkurven gemäß ISO 9080 werden für PA-U 12 180 prinzipiell nur auf Basis von gesättigten Rohren ermittelt, weshalb die entsprechend abgeleiteten Innendruckfestigkeiten für viele Einsatzbereiche als konservativ angesehen werden können. Die in **Bild 1** gezeigten Zeitstandkurven für den Werkstoff PA-U 12 180 zeigen bis 50°C einen linearen Zusammenhang von Standzeit und Vergleichsspannung. Oberhalb von 50°C zeigen die Zeitstandkurven zunächst einen linearen Verlauf, der zu längeren Standzeiten in einen zweiten Ast mit einer dann steilen Abnahme der Vergleichsspannung übergeht. Mit steigender Prüftemperatur verschiebt sich der Übergang von moderater Abnahme der Vergleichsspannung zu einer steilen Abnahme der Vergleichsspannung zu kürzeren Standzeiten. Hervorgerufen wird die steile Abnahme der Vergleichsspannung durch eine Aufspaltung der Molekularketten im Werkstoff (Hydrolyse). Da die Zeitstandkurven in **Bild 1** unter Einflussnahme von Wasser ermittlelt wurden, sind die Kurvenverläufe als konservativ anzusehen.

Für Druckrohre von Sammelleitungen im Einsatzbereich Öl- und Gasproduktion macht die ASTM F 3524 [10] Angaben zu Abminderungsfaktoren für PA-U 12 180. Für den Transport von Medien, die auf Kohlenwasserstoffen basieren, beträgt die Abminderung 5 %. Das Schrifttum [11] beschreibt das Kriechverhalten des Werkstoffs PA-U 12 180 unter aggressiven aromatische Verbindungen enthaltende Test-Öl im Vergleich zum Kriechverhalten in Wasser bei einer Temperatur von 60 °C.

Gemäß ASTM F 3524 findet eine Abminderung von 5 % Anwendung beim Transport von feuchtem Gas, flüssigen Kohlenwasserstoffen oder darauf basierenden mehrphasigen Mischungen. Ohne Abminderung können trockenes Gas (wegen Taupunktüberschreitung keine flüssigen Kohlenwasserstoffe) oder sog. Ölfeld-Wasser bei < 2 % Anteil an flüssigen Kohlenwasserstoffen) transportiert werden. Diese Angaben dienen der Orientierung. Für die Dimensionierung entsprechender Rohrleitungen wird auf die Anwendung der ASTM F 3524 verwiesen.

Andere anwendungsspezifische Medienanfragen sind an den Rohstoffhersteller unter Angabe von Medienkonzentrationen und eventuellen Mischungsverhältnissen zu richten zusammen mit Auslegungs- und Betriebsbedingungen sowie der gewünschten Lebensdauer für die Rohrleitung.

7. Schrifttum

7.1. Regelwerk

[1] DIN EN ISO 16486-1 Kunststoff-Rohrleitungssysteme für die Gasversorgung - Rohrleitungssysteme aus weichmacherfreiem Polyamid (PA-U) mit Schweißverbindungen und mechanischen Verbindungen – Teil 1: Allgemeines

[2] ISO WD 8149 Unplasticized polyamide (PA-U) pipes – Effect of time and temperature on the expected strength)

7.2. Literatur

[3] Hermann van Laak, Andreas Frank, et al., Polyamid 12 für den Betrieb von Gasrohrleitungen bis 16/18 bar Eignungsnachweis für alternative Verlegetechniken über PAS 1075 hinausgehend, de: 3R 02-03/2021, Polyamide 12 substitutes Steel for Gas Piping Systems with MOP 16/18 bar - Fitness for Alternative Installation Techniques demonstrated beyond PAS 1075, en: 3R 06-07/ 2021

[4] Hermann van Laak, Andreas Frank, et al., Why PA-U 12 high pressure pipes do not care about “rock ´n´ shard”, Plastic Pipes XX, Amsterdam, 2021

[5] Mario Messiah et al., Investigating the influence of changes in moleculare structure of Polyamide 12 grades on the resistance against slow crack growth, Plastic Pipes XX, Amsterdam, 2021

[6] ISO 18489 Polyethylene (PE) materials for piping systems – Determination of resistance to slow crack growth under cyclic loading – Cracked Round Bar test method

[7] ISO/TR 10358:2020 Kunststoffrohre und Formstücke – Zusammengefaßte Klassifikationstafel für chemische Beständigkeit

[8] PPI TR-19:2020 Chemical resistance of plastic piping materials

[9] Ehrenstein & Pongratz, Resistance and Stability of Polymers, Hanser, 2013

[10] ASTM F 3524: 2021 Standard Specification for Polyamide-12 (PA12) Line Pipe

[11] Jim Masen et al., Experimental determination of the effects of liquid hydrocarbon on the long-term creep rupture properties of pressure pipe grade unplasticized Polyamide-12, A-296, Plastic Pipes XX, Amsterdam, 2021

[12] S.-M. Zhou, K. Tashiro und T. Ii, „Confirmation of universality of time-humidity superposition principle for various water-absorbable polymers through dynamic viscoelastic measurements under controlled conditions of relative humidity and temperature“, *J. Polym. Sci. B Polym. Phys.*, Jg. 39, Nr. 14, S. 1638–1650, 2001

[13]	DIN EN ISO 291:2008-8	Kunststoffe – Normalklimate für Konditionierung und Prüfung
[14]	DIN EN ISO 527-2	Kunststoffe – Bestimmung der Zugeigenschaften – Teil 2: Prüfbedingungen für Form- und Extrusionsmassen
[15]	DIN EN ISO 179-1	Kunststoffe - Bestimmung der Charpy-Schlageigenschaften – Teil 1: Nicht instrumentierte Schlagzähigkeitsprüfung
[16]	DIN EN ISO 1167-1	Rohre, Formstücke und Bauteilkombinationen aus thermoplastischen Kunststoffen für den Transport von Flüssigkeiten - Bestimmung der Widerstandsfähigkeit gegen inneren Überdruck – Teil 1: Allgemeines Prüfverfahren

DVS VERBAND

Richtlinie
DVS 2205-2

Ersetzt Ausgabe
Dezember 2015

Richtlinie DVS 2205-2

Berechnung von Behältern und Apparaten aus Thermoplasten – Stehende runde, drucklose Behälter

Ausschuss für Technik im DVS

Arbeitsgruppe W 4 „Fügen von Kunststoffen“

Untergruppe W 4.3b „Konstruktive Gestaltung - Apparatebau“

Bezug: DVS Media GmbH, Postfach 10 19 65, 40010 Düsseldorf, Telefon (0211) 1591-0, Telefax (0211) 1591-150

Inhalt:

1. Geltungsbereich

Die nachstehenden Konstruktions- und Berechnungsregeln gelten für stehende, zylindrische, werksgefertigte Flachbodenbehälter aus thermoplastischen Kunststoffen, insbesondere

- Polyvinylchlorid (PVC),
- Polypropylen (PP),
- Polyethylen (PE),
- Polyvinylidenfluorid (PVDF).

Der zylindrische Mantel mit durchgehend gleicher oder abgestufter Wanddicke kann aus Tafeln zusammengeschweißt sein, aus einem Wickelrohr oder einem extrudierten Rohr bestehen.

Neben den hydrostatischen Belastungen sind kurzzeitig und langzeitig wirkende Drücke zu berücksichtigen. Als Mindestwerte sind festgelegt:

Überdruck:	0,0005 N/mm^2 (0,005 bar)
Unterdruck:	0,0003 N/mm^2 (0,003 bar)

Die langzeitig wirkenden Drücke sind nur dann anzusetzen, wenn sie auch wirken können.

Einschränkung der Hauptabmessungen:

Behälterdurchmesser:	$d \leq 4$ m
Verhältnis:	$h/d \leq 6$
Mindestwanddicken:	$s = 4$ mm

Die Zuständigkeiten bestimmter Rechtsgebiete (z. B. Baurecht, Wasserrecht, Arbeitsschutzrecht usw.) sind zu beachten.

2. Berechnungsgrößen

a	mm	Schweißnahtdicke
A_1	-	Abminderungsfaktor für den Einfluss der spezifischen Zähigkeit
A_2	-	Abminderungsfaktor für das Medium bei Festigkeitsnachweisen
A_{2I}	-	Abminderungsfaktor für das Medium bei Stabilitäts- und Verformungsnachweisen
A_B	m^2	Fläche des Bodens
$A_{BÜ}$	mm^2	Fläche der Bühne
A_D	m^2	Fläche des Daches
A_i	m^2	Windangriffsfläche (Teilfläche)
A_Z	m^2	Mantelfläche des Zylinders
b_{Dp}	mm	Breite der stählernen Distanzplatte
b_{Pr}	mm	Breite der Pratze

$b_{Ö}$	mm	Breite der Hebeöse
C	-	$C_1 \cdot C_2$
c_f	-	aerodynamischer Kraftbeiwert
C_1	-	Spannungserhöhungsfaktor
C_2	-	werkstoffspezifischer Gestaltfaktor
C*	-	Beiwert für den außendruckbelasteten Kreiszylinder
d	mm	Nenninnendurchmesser
d_A	mm	Stutzenaußendurchmesser
d_L	mm	Lochdurchmesser in der Hebeöse
d_{max}	mm	größter Zylinderdurchmesser
d_{min}	mm	kleinster Zylinderdurchmesser
d_{Sch}	mm	Durchmesser des Schäkels
$E_K^{T°C}$	N/mm^2	E-Modul bei kurzzeitiger Belastung für T°C
$E_K^{20°C}$	N/mm^2	E-Modul bei kurzzeitiger Belastung für 20°C
$E_L^{20°C}$	N/mm^2	E-Modul bei langzeitiger Belastung für 20°C
f_S	-	Langzeit-Schweißfaktor
f_{sD}	-	Langzeit-Schweißfaktor für Dach
f_z	-	Kurzzeit-Schweißfaktor
F_{zD}	-	Kurzzeit-Schweißfaktor für Dach
g	m/s^2	Erdbeschleunigung (9,81 m/s^2)
g_A	N/mm^2	Ersatzflächenlast für Stutzen u. ä. am Dach
g_D	N/mm^2	flächenbezogenes Gewicht des Daches
G_A	N	Eigenlast aus Zusatzgewicht auf dem Dach
G_B	N	Eigenlast des Bodens

G_D	N	Eigenlast des Daches
G_E	N	Gesamteigenlast
G_F	kN	Last des Füllgutes
G_S	N	Schneelast
G_Z	N	Eigenlast des Zylinders
h	mm	Höhe des Behälters
h_F	mm	Füllhöhe
$h_{F,i}$	mm	Füllhöhe des Schusses i
h_{RF}	mm	Restfüllhöhe
$h_{Z,i}$	mm	Höhe des Schusses i
h_Z	mm	zylindrische Höhe
h_{ZF}	mm	Höhe des untersten Schusses
$H_{Düb,d}$	N	Bemessungswert der horizontalen Dübelkraft
$H_{W,k}$	N	charakteristischer Wert der Horizontalkraft bei Wind
k_f	-	Konzentrationsfaktor nach [4]
K_K^{vorh}	N/mm²	Beanspruchung bei kurzzeitiger Einwirkung
$K_{K,d}^{vorh}$	N/mm²	Bemessungswert einer kurzzeitig wirkenden Beanspruchung
$K_{L,d}^{vorh}$	N/mm²	Bemessungswert einer langzeitig wirkenden Beanspruchung
$K_{M,d}^{vorh}$	N/mm²	Bemessungswert einer Beanspruchung bei mittlerer Einwirkdauer
K_K^*	N/mm²	Zeitstandfestigkeit für 10^{-1} Stunden
$K_{K,d}^*$	N/mm²	Bemessungswert der Zeitstandfestigkeit für 10^{-1} Stunden

$K^*_{L,d}$	N/mm²	Bemessungswert der Zeitstandfestigkeit für die rechnerische Gebrauchsdauer bei der mittleren wirksamen Temperatur
$K^*_{M,d}$	N/mm²	Bemessungswert der Zeitstandfestigkeit für die mittlere Einwirkdauer (z. B. bei Schnee für 3 Monate bei 0°C)
l_o	mm	Länge des oberen Schusses des Ersatzzylinders
M_W	Nm	Biegemoment bei Windlast
n_{la}	-	Anzahl der Lasteinleistungsstellen
$n_{Z,d}$	N/mm	Bemessungswert der Membranzugkraft am unteren Rand des Zylinders
$p^{vorh}_{D_{K,d}}$	N/mm²	Kurzzeitiger Bemessungswert der Einwirkungen auf das Dach nach Tabelle 4 bzw. 5
$p^{vorh}_{D_{L,M,d}}$	N/mm²	Bemessungswert der Einwirkungen auf das Dach nach Tabellen 4 und 5
p_{eu}	N/mm²	radialsymmetrische Ersatzbelastung infolge Winddrucks
$p_{kM,d}$	N/mm²	Bemessungswert des kritischen Mantelbeuldrucks
p_{max}	N/mm²	Hilfsgröße
p_S	N/mm²	Schneelast auf dem Dach
p_{stat}	N/mm²	Überdruck am Behälterboden durch das Füllmedium
$p_{stat,i}$	N/mm²	Überdruck je Unterkante Abstufung durch das Füllmedium
p_u	N/mm²	ständig wirkender Außendruck (bzw. innerer Unterdruck)
p_{uK}	N/mm²	kurzzeitig wirkender Außendruck (bzw. innerer Unterdruck)
$p_ü$	N/mm²	ständig wirkender Innendruck
$p_{üK}$	N/mm²	kurzzeitig wirkender Innendruck
p_{us}	N/mm²	Unterdruck durch Windsog
p_V	N/mm²	Verkehrslast (Flächenlast)
$p_{w,d}$	N/mm²	Hilfsgröße
p_1	N/mm²	Hilfsgröße
$p_{\sigma,d}$	N/mm²	Hilfsgröße

P_V	N	Verkehrslast (Einzellast)
q	kN/m²	Geschwindigkeitsdruck
q_i	kN/m²	Geschwindigkeitsdruck auf Teilfläche Aj
$q_{Lö}$	kN/m²	Geschwindigkeitsdruck in Höhe der Lüftungsleitungsöffnung
q_{max}	kN/m²	größter am Behälter einwirkender Geschwindigkeitsdruck
r	mm	Radius des Zylinders
R_d	N/mm²	Bemessungswert der Beanspruchbarkeit
s	mm	Mindestwanddicke
s_a	mm	ausgeführte Wanddicke des Grundbauteils
s_B	mm	Wanddicke des Bodens
s_D	mm	Wanddicke des Daches
S_d	N/mm²	Bemessungswert der Beanspruchung
$s_Ö$	mm	Wanddicke der Hebeöse
s_Z	mm	Wanddicke des Zylinders
s_{ZF}	mm	Wanddicke des untersten Schusses
s_{ZF}^*	mm	statisch erforderliche Wanddicke des untersten Schusses
s_{Zm}	mm	mittlere Wanddicke des Zylinders
$s_{Z,1}$	mm	Wanddicke des obersten Schusses
$s_{Z,i}$	mm	Wanddicke des Schusses i
s_o	mm	Wanddicke des oberen Schusses des Ersatzzylinders
T_A	°C	mittlere Umgebungstemperatur (nach Miner, siehe Richtlinie DVS 2205-1)
T_{AK}	°C	höchste Umgebungstemperatur
T_D	°C	mittlere Dachtemperatur
T_{KD}^{Design}	°C	maximale Berechnungstemperatur für Kegeldächer
T_{DK}	°C	höchste Dachtemperatur bei Innenaufstellung

T_D^*	°C	mittlere Dachtemperatur für Sommerlastfall
T_M	°C	mittlere Medientemperatur (nach Miner, siehe Richtlinie DVS 2205-1)
T_{MK}	°C	höchste Medientemperatur
T_Z	°C	mittlere Temperatur der Zylinderwand
T_{ZK}	°C	höchste Temperatur der Zylinderwand
u	%	zulässige Unrundheit
V	m³	Füllvolumen
v_A	-	Verschwächungsbeiwert
w_{gr}	mm	tolerierbarer Anhebeweg
W_i	kN	Windlast
z	-	Anzahl der Anker
α	-	Hilfsgröße
α_D	Grad	Neigungswinkel des Daches
β	-	Beiwert
δ	-	Beiwert
δ_B	-	Beiwert für Bodenberechnung
δ_w	-	Beiwert
δ_σ	-	Beiwert
ε	%	tolerierbare Randfaserdehnung
γ_F		Teilsicherheitsbeiwert der Einwirkung/ Beanspruchung
γ_M		Teilsicherheitsbeiwert des Widerstands/der Beanspruchbarkeit
$\eta_{A,i}$	-	Ausnutzung der Axialstabilität im Schuss i
η_M	-	Ausnutzung der Manteldruckstabilität
κ	Grad	Winkel des Daches zum Lot
ρ	g/cm³	Dichte Werkstoff ($\gamma = \rho \cdot \gamma$)
ρ_F	g/cm³	Dichte Füllmedium

σ_d^{vorh}	N/mm²	Bemessungswert der maßgeblichen Druckspannung im Kegeldach
$\sigma_{k,d}$	N/mm²	Bemessungswert der kritischen Beulspannung im Kegeldach
$\sigma_{i,d}^{vorh}$	N/mm²	Bemessungswert der maßgeblichen axialen Druckspannung im Schuss i
$\sigma_{k,i,d}$	N/mm²	Bemessungswert der kritischen axialen Beulspannung im Schuss i
σ_V	N/mm²	Ersatzdruckspannung im Zylinder aus Verkehrslast
σ_W	N/mm²	Membrandruckspannung aus der Windlast

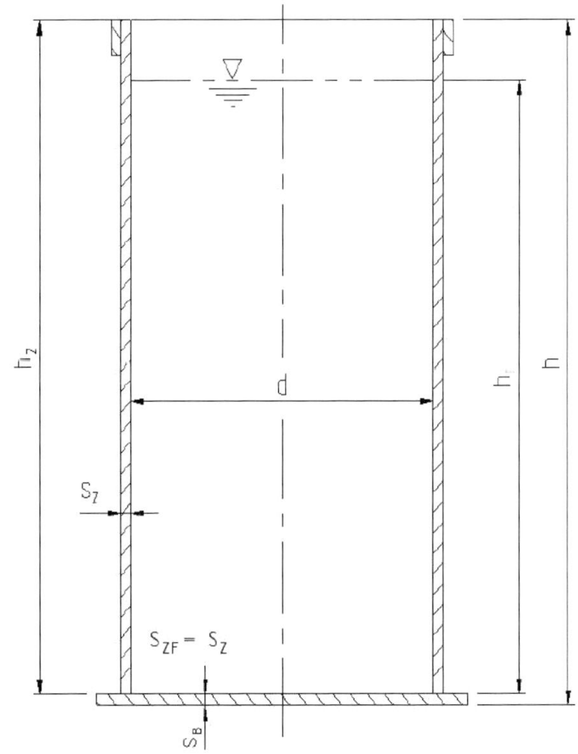

Bild 1: Offener Flachbodenbehälter mit nicht abgestufter Wanddicke

Bild 1 zeigt einen offenen Flachbodenbehälter mit nicht abgestufter Wanddicke.

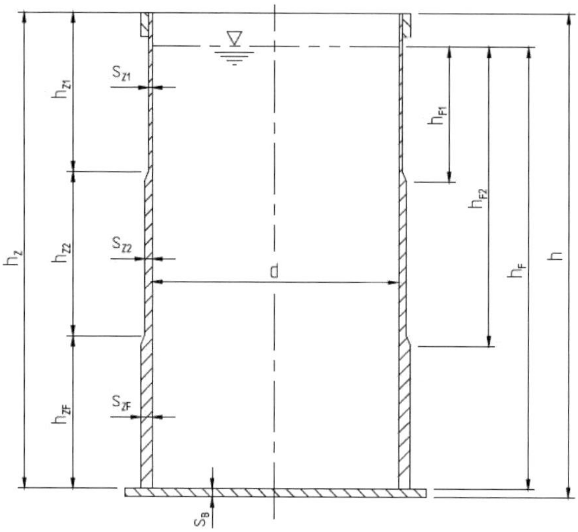

Bild 2: Offener Flachbodenbehälter mit abgestufter Wanddicke

Bild 2 zeigt einen offenen Flachbodenbehälter mit abgestufter Wanddicke.

3. Belastungen

3.1. Ständig wirkende Lasten

Je nach Anwendungsfall werden Behälter für eine rechnerische Betriebszeit bis zu 25 Jahren (2 × 10^5 Stunden) ausgelegt. Die rechnerische Füllhöhe h_F wird durch die vorliegenden Betriebszustände bestimmt.

Die Überfüllsicherung ist so einzustellen, dass der Flüssigkeitsspiegel auch bei Ausdehnung des Mediums infolge Erwärmung stets im zylindrischen Bereich liegt. Der Fassungsraum wird daher als das Zylindervolumen V_Z definiert. Sofern keine Berechnung des Füllungsgrades unter Berücksichtigung der Differenz der maximalen Medientemperatur und der Einfülltemperatur vorliegen, darf der zulässige Füllungsgrad 95 % des Fassungsraums nicht überschreiten.

Die dem zulässigen Füllungsgrad entsprechende Füllhöhe darf die Anschlusshöhe des Regenabwei-sers bzw. Ringdachs nicht überschreiten.

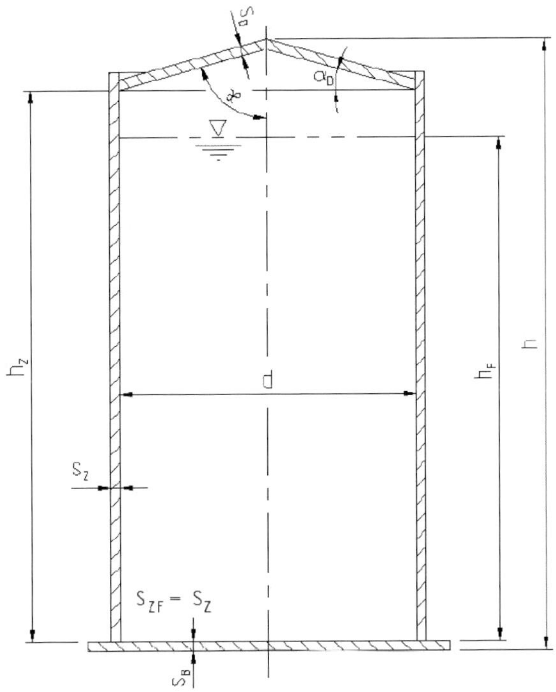

Bild 3: Flachbodenbehälter mit Kegeldach und nicht abgestufter Wanddicke

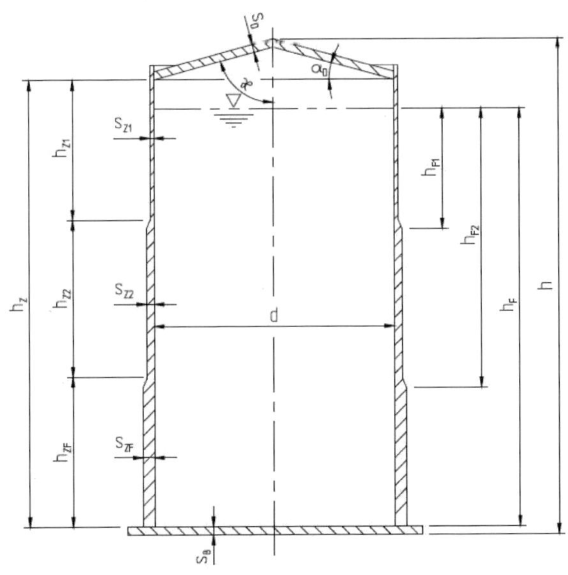

Bild 4: Flachbodenbehälter mit Kegeldach und abgestufter Wanddicke

3.1.1. Gesamteigenlast G_E

$$G_E = G_D + G_Z + G_B + G_A \quad N \qquad (1)$$

Eigenlast des Daches G_D

$$G_D = A_D \cdot s_D \cdot \rho \cdot g \quad N \qquad (2)$$

Eigenlast des Zylinders G_Z

$$G_Z = A_Z \cdot s_Z \cdot \rho \cdot g \quad N \qquad (3)$$

Eigenlast des Bodens G_B

$$G_B = A_B \cdot s_B \cdot \rho \cdot g \quad N \qquad (4)$$

G_A ist ein Zusatzgewicht (z. B. aus einer Bühne), das über n_{la} äquidistant verteilte Lasteinleitungsstellen den Zylinder axial belastet. Die Tragfähigkeit einer Bühne ist gesondert nachzuweisen.

3.1.2. Last des Füllgutes G_F

$$G_F = V \cdot \rho_F \cdot g \quad kN \qquad (5)$$

3.1.3. Innen- und Außendruck $p_ü$, p_u

Höhere Drücke, als im Geltungsbereich angegeben, sind in der vom Betreiber festgesetzten Höhe zu berücksichtigen.

Werden Sicherheitsarmaturen wie Überfüllsicherungen oder Be- und Entlüftungseinrichtungen angeschlossen, die höhere Drücke hervorrufen, so sind diese Drücke zu berücksichtigen. Diese Drücke dürfen nicht bei vollständig entleertem Behälter wirken, da sonst der Boden gefährdet oder der Behälter sich heben würde.

3.2. Mittellang wirkende Lasten

Die Einwirkzeit beträgt 3 Monate.

3.2.1. Schneelast G_S

Die Schneelast entsprechend DIN EN 1991-1-3/NA ist kumulativ über die rechnerische Lebensdauer bei einer Wandtemperatur des Daches von 0°C anzusetzen. Die rechnerische Schneelast errechnet sich aus dem Formbeiwert μ und dem charakteristischen Wert der Schneelast s_k gemäß Schneelastzonenkarte und Höhe über dem Meeresniveau.

Für Kegel- und Flachdächer kann als Formbeiwert μ = 0,8 eingesetzt werden.

Die außergewöhnliche Schneelast in der norddeutschen Tiefebene ist zu beachten.

3.2.2. Sommertemperatur

Im Sommer können sich die Dächer erheblich aufheizen. Für die Aufstellung in Deutschland ist eine

Wandtemperatur von T_{KD}^{Design} = 50°C zu berücksichtigen.

3.3. Kurzzeitig wirkende Lasten

Die Einwirkungsdauer von kurzzeitig wirkenden Lasten wird mit 10^{-1} Stunden festgelegt.

Druckstöße, die bei Befüllvorgängen auftreten können, sind durch geeignete Maßnahmen zu verhindern.

3.3.1. Innen- und Außendruck $p_{üK}$, p_{uK}

Sofern aus der Betriebsweise keine höheren Drücke auftreten können, sind die in Abschnitt 1 angegebenen Mindestdrücke zu berücksichtigen. Aus der Definition von $p_{üK}$ ergibt sich $p_{üK} \geq p_ü$ (siehe **Bild 5**). Analoges gilt für p_{uK}.

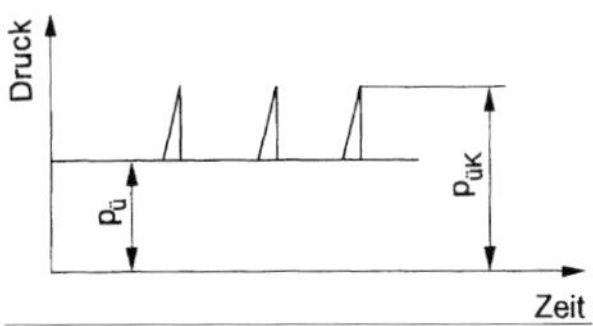

Bild 5: Definition von $p_{üK}$

3.3.2. Verkehrslasten auf dem Dach

Die Dächer dürfen nicht ohne lastverteilende Maßnahmen betreten werden. Bei Montage und Inspektionsarbeiten sind entsprechende Vorkehrungen zu treffen.

3.3.3. Windlasten

Die Windlasten W_j sind wie folgt anzusetzen:

$$W_j = c_F \cdot q \cdot A_j \quad kN \qquad (6)$$

Es bedeuten:

W_j Windlast der Teilfläche A_j

c_f aerodynamischer Kraftbeiwert

q Geschwindigkeitsdruck

A_j zugehörige Angriffsfläche in m² (für den Behälter: Durchmesser mal Gesamthöhe h_G einschließlich Dach)

Auf eine genaue Berechnung des aerodynamischen Kraftbeiwerts kann verzichtet werden, wenn die folgenden Kraftbeiwerte angesetzt werden:

Behälter	$c_f = 0,8$	Kreiszylinder und Dach; hierin sind alle Stutzen und Reihenaufstellungen berücksichtigt
Bühne	$c_f = 1,2$	Bühnen und Podeste mit 40 % Ansichtsfläche
Leiter	$c_f = 1,6$	Leitern mit 20 % der Ansichtsfläche
Anbauten	$c_f = 1,2$	

Der Geschwindigkeitsdruck q ist in Abhängigkeit von der Windzone, der Geländerkategorie, der Geländerhöhe über dem Meeresniveau und der Höhe des Behälters über dem Gelände nach DIN EN 1991-1-4/NA zu entnehmen. Bis zu einer Höhe von 25 m über Grund darf mit den vereinfachten Annahmen des Absatzes NA.3.3.2 gerechnet werden.

Die Spannung aus dem Windmoment M_W darf vereinfacht wie folgt berechnet werden:

$$\sigma_{W,i} = \frac{4 \cdot M_{W,x} \cdot 10^3}{\pi \cdot d^2 \cdot s_{Z,i}} \quad \mathrm{N/mm}^2 \qquad (7)$$

$M_{w,x}$ in der Höhe x über dem Behälterboden kann an einem eingespannten Ersatzstab berechnet werden.

$$M_{W,x} = c_{f1} \cdot q \cdot d \cdot \frac{(h_G - x)2}{2} + \sum (c_{f2,j} \cdot q \cdot A_j \cdot a_j) \quad \mathrm{Nm} \qquad (8)$$

wobei a_j der Hebelarm der Windangriffsfläche A_j der Auf- und Anbauten bezogen auf die Höhe x ist.

3.3.4. Radialsymmetrische Ersatzbelastung infolge Winddrucks

Die durch das Anströmen des Windes auf den zylindrischen Mantel entstehende Druckbelastung wird durch die Ersatzlast p_{eu} erfasst.

$$p_{eu} = \delta \cdot q_{max} \cdot 10^{-3} \quad N/mm^2 \qquad (9)$$

Es bedeuten:

$$\delta = 0,46 \cdot \left(1 + 0,1 \cdot \sqrt{C* \cdot \frac{r}{h_Z} \cdot \sqrt{\frac{r}{s_{Zm}}}} \right) \leq 0,6 \qquad (10)$$

C* = 1,0 für den geschlossenen Behälter
C* = 0,6 für den offenen Behälter

$$s_{Zm} = \frac{\sum (h_{Z,i} \cdot s_{Z,i})}{h_Z} \qquad (11)$$

3.3.5. Unterdruck durch Windsog

Bei belüfteten Behältern entsteht infolge Sogwirkung ein innerer Unterdruck.

$$p_{us} = 0,6 \cdot q_{max} \cdot 10^{-3} \quad N/mm^2 \qquad (12)$$

Bei Lüftung durch eine Rohrleitung, die ins Freie führt, gilt

$$p_{us} = 0,4 \cdot q_{Lö} \cdot 10^{-3} \quad N/mm^2 \qquad (12a)$$

3.3.6. Montagelasten

Der Behälter ist für die bei Transport und Montage auftretenden Belastungszustände auszulegen. Dabei wird mit den 1,5-fachen Montagelasten (Stoßfaktor) gerechnet. Als Teilsicherheitsbeiwert wird γ_{F1} angesetzt. Es ist der Kurzzeitschweißfaktor nach Richtlinie DVS 2205-1 zu berücksichtigen.

3.4. Temperatur

Für die Bemessung der Bauteile ist die wirksame Wandtemperatur entscheidend. Medienbenetzte Teile sind bei langzeitigen Einwirkungen mit der mittleren Medientemperatur T_M und bei kurzzeitigen Einwirkungen mit der höchsten Medientemperatur T_{MK} nachzuweisen. Die mittlere Temperatur ist die Temperatur, die nach Miner die gleiche Schädigung des Materials bewirkt wie die wechselnden Temperaturen des realen Betriebs (z. B. 10 % Zeitanteil bei 30°C und 90 % bei 20°C ergibt nach Miner T_M = 26,3°C; T_{MK} = 30°C). Für nicht benetzte Teile darf vereinfachend als Wandtemperatur das Mittel der beiden benachbarten Lufttemperaturen angesetzt werden. Als Lufttemperatur im Behälter wird die Medientemperatur angenommen. Bei der Umgebungstemperatur wird nach Aufstellort und Einwirkdauer differenziert. Für die Aufstellung in Deutschland gelten die folgenden Mindestwerte:

Mindestwerte	kurzzeitig	langzeitig
Innenaufstellung	T_{AK} = 20°C	T_A = 20°C
Außenaufstellung	T_{AK} = 35°C	T_A = 20°C

Bei Außenaufstellung ist wegen der Sonneneinstrahlung die Wandtemperatur des Daches mit mindestens T_{KD}^{Design} = 50°C anzusetzen. Für Stabilitätsnachweise im Zylinder gilt bei Außenaufstellung eine verminderte Umgebungstemperatur T_{AK} - 5°C (Windwirkung).

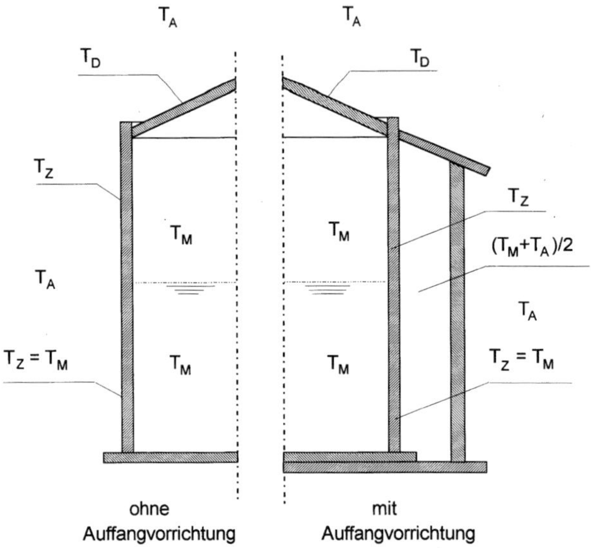

ohne Auffangvorrichtung	mit Auffangvorrichtung
$T_D = (T_M+T_A)/2$	$T_D = (T_M+T_A)/2$
$T_Z = (T_M+T_A)/2$	$T_Z = (3 \cdot T_M+T_A)/4$

Analog folgt T_{DK} und T_{ZK} mit T_{MK} und T_{AK}.

Bild 6: Definition der wirksamen Temperaturen

4. Standsicherheitsnachweise

Die Standsicherheitsnachweise werden nach dem Konzept der Teilsicherheitsbeiwerte geführt. Es gilt allgemein

$$\frac{S_d}{R_d} \leq 1 \qquad (12b)$$

mit S_d Bemessungswert der Beanspruchung
R_d Bemessungswert der Beanspruchbarkeit

Dabei werden die charakteristischen Einwirkungen bzw. die Beanspruchungen mit den Teilsicherheitsbeiwerten γ_F gemäß **Tabelle 1** multipliziert.

Tabelle 1: Teilsicherheitsbeiwerte der Einwirkungen

Einwirkung	Teilsicherheitsbeiwert
Eigengewicht, Füllung, Montage	$\gamma_{F1} = 1{,}35$
Drücke, Wind, Schnee	$\gamma_{F2} = 1{,}5$
Beanspruchung verringerndes Eigengewicht	$\gamma_{F3} = 0{,}9$

Der Bemessungswert der vorhandenen Beanspruchung ergibt sich aus dem γ_F-fachen charakteristischen Wert der im Bauteil vorhandenen Beanspruchung.

$$K_{K,d}^{vorh} = \gamma_F \cdot K_K^{vorh} \qquad (12c)$$

Die charakteristischen Widerstände bzw. die Beanspruchbarkeiten werden durch den Teilsicherheitsbeiwert $\gamma_M \geq 1{,}3$[1] dividiert.

Zum Beispiel ergibt sich der Bemessungswert der Kurzzeitfestigkeit $K_{K,d}^{*}$

aus dem durch γ_M dividierten Wert der charakteristischen Kurzzeitfestigkeit K_K^{*}

gemäß Zeitstandfestigkeitsdiagrammen der Richtlinie DVS 2205-1.

$$K_{K,d}^{*} = \frac{K_K^{*}}{\gamma_M}$$

Die Bemessungsbeiwerte der Beanspruchbarkeit sind durch die Abminderungsbeiwerte A_1 und A_2 zu dividieren und bei Nachweisen in der Schweißnaht mit dem Schweißfaktor zu multiplizieren. Wegen der kürzeren Darstellung werden im Folgenden dagegen die Bemessungswerte der vorhandenen Beanspruchung mit den Abminderungsbeiwerten A_1 und A_2 multipliziert und durch den Schweißfaktor dividiert, was zum gleichen Ergebnis führt.

4.1. Festigkeitsnachweise

4.1.1. Einwirkungen

Lasten aufgrund angeschlossener Stutzen und Rohrleitungen werden mit dieser Berechnung nicht erfasst und sind durch konstruktive Maßnahmen (z. B. Kompensatoren) gesondert zu berücksichtigen.

Es ist stets die ungünstigste Kombination der gesamten Einwirkungen für jedes Bauteil zu suchen. Für die Einwirkungen von Wind und Schnee sind zwei Fälle zu untersuchen:

1. volle Schneelast

2. 0,7-fache Schneelast + volle Windlast

Kurzzeitig wirkende Lastfälle müssen nicht miteinander kombiniert werden.

1 Für in Deutschland durch das DIBt zugelassene Werkstoffe gilt $\gamma_M = 1{,}3$.

4.1.2. Überlagerung der Einwirkungen

Entsprechend der Einwirkdauer sind drei Belastungskategorien zu unterscheiden:

- Kurzzeitig wirkende Belastungen (K) z. B. p_{uK}, $p_{üK}$, p_{us}, p_{eu}, Wind
- Einwirkungen mittlerer Einwirkdauer (M) z. B. Schnee p_s oder Sommertemperaturen
- langzeitig wirkende Belastungen (L) z. B. Eigengewicht, Füllung, p_u, $p_ü$

Ist während der rechnerischen Gebrauchsdauer des Behälters die Füllung bezüglich Füllhöhe und Temperatur nicht konstant, kann für solche intermittierende Belastungen eine repräsentative Ersatzbelastung mit der Minerschen Regel ermittelt werden. Für die Überlagerung der Belastungen der drei Belastungskategorien ist dagegen die Anwendung der Minerschen Regel wenig praktikabel.

Es ist daher stets ein Doppelnachweis zu führen.

1. Es ist nachzuweisen, dass die Beanspruchung aus langzeitig wirkenden Lasten in Überlagerung mit den Einwirkungen mittlerer Einwirkdauer, jedoch ohne kurzzeitige Belastungen, die Zeitstandfestigkeit nicht überschreitet.

$$\frac{K_{L,d}^{vorh}}{K_{L,d}^{*}} + \frac{K_{M,d}^{vorh}}{K_{M,d}^{*}} \leq 1 \qquad (13)$$

mit

$$K_{L,M,d}^{vorh} = \sigma_{L,M,d}^{vorh} \cdot \frac{A_1 \cdot A_2}{f_s} \quad N/mm^2 \qquad (14)$$

und

$\sigma_{L,M,d}^{vorh}$ = Bemessungswert der vorhandenen Spannungen

$K_{L,d}^{*}$ = Bemessungswert der Zeitstandfestigkeit für die rechnerische Gebrauchsdauer bei der mittleren wirksamen Temperatur

$K_{M,d}^{*}$ = Bemessungswert der Zeitstandfestigkeit für die mittlere Einwirkdauer (z. B. bei Schnee für 3 Monate bei 0°C für das Dach)

2. Es ist nachzuweisen, dass am Ende der rechnerischen Gebrauchsdauer die Beanspruchung aus kurzzeitiger Belastung in Überlagerung mit den übrigen Einwirkungen die Restfestigkeit des Materials nicht überschreitet. Als Restfestigkeit wird hierbei die Zeitstandfestigkeit für 10^{-1} Stunden angesetzt.

$$\frac{K_{K,d}^{vorh}}{K_{K,d}^{*}} \leq 1 \qquad (15)$$

mit

$$K_{K,d}^{vorh} = \sigma_{K,d}^{vorh} \cdot \frac{A_1 \cdot A_2}{f_z} \quad N/m^2 \qquad (15a)$$

und

$K^{*}_{K,d}$ = Bemessungswert der Zeitstandfestigkeit für 10^{-1} Stunden bei der zu dieser Belastungskombination gehörenden Temperatur.

Für die Bemessung der Bauteile ist stets der ungünstigere der beiden Nachweise maßgebend.

Anmerkung:

Für den Festigkeitsnachweis des Daches ist zu prüfen, ob die Berücksichtigung der Schneelast zu ungünstigerem Ergebnis führt, da zwar die Belastungssumme erhöht wird, die Zeitstandfestigkeit aber wegen der wirksamen Wandtemperatur von 0°C auch größer wird.

4.1.3. Mantel

Die Höhe des untersten Schusses h_{ZF} muss mindestens $1,4 \cdot \sqrt{d \cdot s_{ZF}}$ betragen. Bei abgestuften Behältern ist ein Wanddickenverhältnis benachbarter Schüsse von maximal 3 ohne weiteren Nachweis zulässig. Bei Dickensprüngen mit einem Wanddickenverhältnis größer als 2 ist die Mantelnahtausbildung nach Richtlinie DVS 2205-3 Bild 2.2 a), 2.2 c) oder 2.2 c1) zu verwenden.

Hinweis: Bei Dickensprüngen über 2 kommt es zu deutlich erkennbaren Ausbuchtungen am unteren Rand des dünneren Schusses, die Betreiber beunruhigen können, aber keine Gefahr darstellen.

4.1.3.1. Nachweis in Umfangsrichtung

Für jeden Schuss i ist der Nachweis zu führen, dass an seinem unteren Rand die Ringzugbeanspruchung aus Füllung und Überdrücken aufgenommen werden kann. Entsprechend Abschnitt 4.1.2 ist der Doppelnachweis zu führen mit

$$K_{L,d}^{vorh} = \frac{(\gamma_{F1} \cdot p_{stat,i} + \gamma_{F2} \cdot p_{ü}) \cdot d}{2 \cdot s_{z,i}} \cdot \frac{A_1 \cdot A_2}{f_s} \quad N/mm^2 \qquad (16)$$

A_1 mit wirksamer Wandtemperatur T_M

und

$$K_{K,d}^{vorh} = \frac{(\gamma_{F1} \cdot p_{stat,i} + \gamma_{F2} \cdot p_{üK}) \cdot d}{2 \cdot s_{z,i}} \cdot \frac{A_1 \cdot A_2}{f_z} \quad N/mm^2 \qquad (17)$$

A_1 mit wirksamer Wandtemperatur T_{MK}

mit

$$p_{stat,i} = \rho_F \cdot g \cdot h_{F,i} \cdot 10^{-6} \quad N/mm^2 \qquad (18)$$

wobei $h_{F,i}$ die Höhe des Flüssigkeitsspiegels über der Unterkante des Schusses i bedeutet.

Beanspruchungen aus Einwirkungen mittlerer Einwirkdauer treten bei diesem Nachweis nicht auf

$\left(K_{M,d}^{vorh} = 0\right)$.

Bei aus Platten hergestellten Zylindern wird der Schweißfaktor der Mantelnaht f_s bzw. f_z berücksichtigt. Nach dem heutigen Stand der Technik ist das Heizelementstumpfschweißen zu bevorzugen. Bei gewickelten Behältern gilt $f_s = 1$ und $f_z = 1$.

Die Restspannungen aus dem Biegen der Tafeln bei Raumtemperatur dürfen vernachlässigt werden, wenn die Randfaserdehnungen $\varepsilon = s/d \cdot 100$ [%] nach **Tabelle 2** nicht überschritten werden.

Tabelle 2: Tolerierbare Randfaserdehnungen

Werkstoff	Randfaserdehnung ε
PE-HD	1,00
PP-H	0,50
PP-B	0,75
PP-R	1,00
PVDF	0,50
PVC-U	0,20
PVC-C	0,10

Anmerkung: Für PE 63, PE 80 und PE 100 darf der Wert für PE-HD verwendet werden.

4.1.3.2. Nachweis in Längsrichtung

Es sind die größten Zugspannungen abzusichern. Hierbei dürfen entlastende, ständig wirkende Druckspannungen nur zu 90 % berücksichtigt werden.

Für den Nachweis der Beanspruchung in Längsrichtung muss nur der unterste Schuss am Übergang zum Boden untersucht werden. Hier treten Beanspruchungen aus dem Biegestörmoment auf, die mit den Beanspruchungen in Längsrichtung aus Eigengewicht, Drücken und Wind zu überlagern sind.

Der Doppelnachweis gemäß Abschnitt 4.1.2 ist zu führen mit

$$K_{L,d}^{vorh} = \left[C \cdot (\gamma_{F1} \cdot p_{stat} + \gamma_{F2} \cdot p_{ü}) \cdot \frac{d}{2} + \gamma_{F2} \cdot p_{ü} \, \frac{d}{4} - \frac{\gamma_{F3} \cdot (G_E - G_B)}{\pi \cdot d}\right] \cdot \frac{A_1 \cdot A_2}{S_{ZF}} \quad N/mm^2 \qquad (19)$$

A_1 mit wirksamer Wandtemperatur T_M

mit

$$p_{stat} = \rho_F \cdot g \cdot h_F \cdot 10^{-6} \quad N/mm^2 \qquad (20)$$

$$K_{K,d}^{vorh} = max\left(K_{K,d}^{vorh,1}, K_{K,d}^{vorh,2}\right) \quad N/mm^2 \qquad (21)$$

mit

$$K_{K,d}^{vorh,1} = \left[C \cdot (\gamma_{F1} \cdot p_{stat} + \gamma_{F2} \cdot p_ü) \cdot \frac{d}{2} + \gamma_{F2} \cdot p_ü \cdot \frac{d}{4} + \frac{\gamma_{F2} \cdot 4 \cdot M_W \cdot 10^3}{\pi \cdot d^2} - \frac{\gamma_{F3} \cdot (G_E - G_B)}{\pi \cdot d}\right] \cdot \frac{A_1 \cdot A_2}{S_{ZF}} \quad N/mm^2 \qquad (21a)$$

und

$$K_{K,d}^{vorh,2} = \left[C \cdot (\gamma_{F1} \cdot p_{stat} + \gamma_{F2} \cdot p_{üK}) \cdot \frac{d}{2} + \gamma_{F2} \cdot p_{üK} \cdot \frac{d}{4} - \frac{\gamma_{F3} \cdot (G_E - G_B)}{\pi \cdot d}\right] \cdot \frac{A_1 \cdot A_2}{S_{ZF}} \quad N/mm^2 \qquad (21b)$$

A_1 mit wirksamer Wandtemperatur T_{MK}.

Der Faktor C für den geschweißten Übergang der Boden-Mantel-Anbindung ist das Produkt aus dem Spannungserhöhungsfaktor C_1 = 1,2 und einem werkstoffspezifischen Gestaltfaktor C_2 gemäß **Tabelle 3**.

Tabelle 3: Werkstoffspezifischer Gestaltfaktor C_2 und Faktor C für thermoplastische Kunststoffe

Werkstoff	C_2	$C = C_1 \cdot C_2$
PE-HD	1,00	1,20
PP-H (Typ 1)	1,17	1,40
PP-B (Typ 2)	1,00	1,20
PP-R (Typ 3)	1,00	1,20
PVC-NI (normal schlagzäh)	1,25	1,50
PVC-RI (erhöht schlagzäh)	1,08	1,30
PVC-HI (hoch schlagzäh)	1,00	1,20
PVC-C	1,33	1,60
PVDF	1,17	1,40

Anmerkung: Für PE 63, PE 80 und PE 100 dürfen die Werte für PE-HD verwendet werden.

Auf einen Nachweis der Spannungen in der Schweißnaht kann verzichtet werden, wenn die Bedingungen nach 4.1.5 erfüllt sind.

Der Spannungserhöhungsfaktor C_1 = 1,2 setzt voraus, dass der Boden nicht dicker als die Wanddicke des untersten Schusses ($s_B \leq s_{ZF}$) ausgeführt wird und kein größerer Bodenplattenabstand ü als im **Bild 11** dargestellt vorhanden ist.

4.1.4. Boden

4.1.4.1. Nachweis für den Lastfall Füllung

Wenn Boden und Zylinder mit Kehlnähten verbunden werden (**Bild 11** in Abschnitt 5.4), darf die erfor-derliche Bodendicke wie folgt bestimmt werden

$$\delta_B \cdot s^*_{ZF} \leq s_B \leq s_{ZF} \qquad (21c)$$

mit s_{ZF} ausgeführte Wanddicke
δ_B gemäß **Bild 7** und

$$s^*_{ZF} = max\left(s^*_{ZF,L}, s^*_{ZF,K}\right) \quad \mathrm{mm} \qquad (22)$$

mit

$$S^*_{ZF,L} = \left[C \cdot (\gamma_{F1} \cdot p_{stat} + \gamma_{F2} \cdot p_{ü}) \cdot \frac{d}{2} + \gamma_{F2} \cdot p_{ü} \cdot \frac{d}{4} - \frac{\gamma_{F3} \cdot (G_E - G_B)}{\pi \cdot d}\right] \cdot \frac{A_1 \cdot A_2}{K^*_{L,d}} \quad \mathrm{mm} \qquad (22a)$$

A_1 und $K^*_{L,d}$ mit wirksamer Wandtemperatur T_M

und

$$S^*_{ZF,K} = \left[C \cdot (\gamma_{F1} \cdot p_{stat} + \gamma_{F2} \cdot p_{üK}) \cdot \frac{d}{2} + \gamma_{F2} \cdot p_{üK} \cdot \frac{d}{4} - \frac{\gamma_{F3} \cdot (G_E - G_B)}{\pi \cdot d}\right] \cdot \frac{A_1 \cdot A_2}{K^*_{K,d}} \quad mm \qquad (22b)$$

A_1 und $K^*_{K,d}$ mit wirksamer Wandtemperatur T_{MK}.

Der Boden des Behälters muss vollständig auf einer ebenen, biegesteifen Auflagerplatte gebettet sein.

Hinweis: Bei anderen Konstruktionsformen z. B. Schräg- oder Kegelboden sind der Boden, seine Unterstützung und das Zylindereinspannmoment nachzuweisen (siehe Beiblatt 7 und 9).

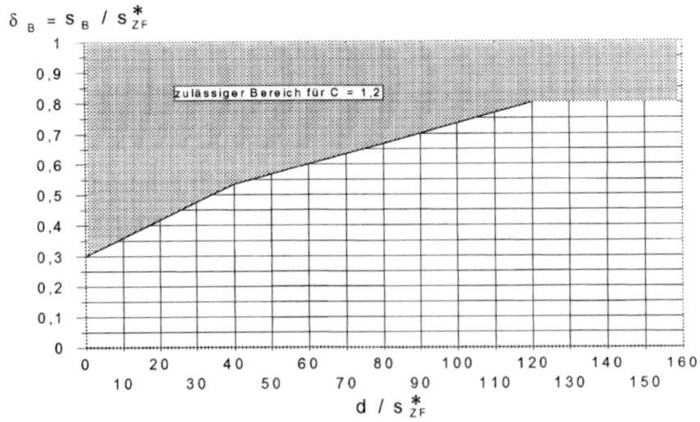

Bild 7: Diagramm zur Bestimmung der Bodendicke, abgeleitet für PEHD (für C >1,2 liegt dieses Diagramm auf der sicheren Seite)

4.1.4.2. Nachweis unverankerter Behälter mit Überdruck

Wird ein unverankterter Behälter (z. B. Behälter in Auffangvorrichtung) mit Überdruck belastet, wölbt sich der Boden des Behälters nach außen, was zum Anheben des gesamten Behälters und zu Biegespannungen im Boden führt. Bei der Berechnung dieser Anhebung wird ein zu garantierender Füllungsrest mit der Füllhöhe h_{RF} berücksichtigt.

Kurz- und langzeitig wirkende Drücke werden gleich behandelt, da postuliert werden kann, dass der Zustand Langzeitdruck und Restfüllhöhe nur eine begrenzte Zeit ansteht. Der wirksame Druck ist daher

$$p_1 = p_{ük}\ N/mm^2 \ \text{(wegen } p_{ük} \geq p_ü\text{)} \qquad (23)$$

Es werden neben dem Festigkeitsnachweis auch ein Nachweis zur Begrenzung des Anhebeweges unter Nennlasten auf w_{gr} = 10 mm geführt.

Festigkeitsnachweis

$$h_{RF,\sigma} = \frac{p_{B,k} - p_1 - \rho \cdot g \cdot s_B \cdot 10^{-6}}{\rho_F \cdot g \cdot 10^{-6}} \ \text{mm} \qquad (24)$$

mit

$$p_{B,k} = \frac{1,5 \cdot \left(\frac{p_1 \cdot d}{4} - \frac{G_E - G_B}{\pi \cdot d}\right)}{I_B} \ N/mm^2 \qquad (24a)$$

mit

$$l_B = \frac{s_B^2}{\delta_\sigma \cdot n_{Z,d}} \cdot \frac{K_K^* + K_M^*}{2} \cdot \frac{1}{A_1 \cdot A_2 \cdot \gamma_M} \ \text{mm} \qquad (24b)$$

A_1 mit wirksamer Wandtemperatur T_{MK}

mit

$$n_{Z,d} = \gamma_{F2} \cdot \frac{p_1 \cdot d}{4} - \gamma_{F3} \cdot \frac{G_E - G_B}{\pi \cdot d} \ \mathrm{N/mm} \qquad (24c)$$

und δ_σ = 1,5 für Innenaufstellung
δ_σ = 2,12 für Außenaufstellung

Begrenzung des Anhebeweges

$$h_{RF,w} = \frac{p_B - p_1 - 0.9 \cdot \rho \cdot s_B \cdot 10^{-6}}{0.9 \cdot \rho_F \cdot g \cdot 10^{-6}} \ \mathrm{mm} \qquad (25)$$

mit

$$p_B = \frac{1,5 \cdot n_Z}{I_B} \quad N/mm^2 \qquad (25a)$$

mit

$$l_B = s_B \cdot \sqrt[3]{\frac{w_{gr} \cdot 0,75 \cdot E_K^{T°C}}{\delta_w \cdot A_{2I} \cdot n_Z}} \ \mathrm{mm} \qquad (25b)$$

mit

$$n_Z = \frac{p_1 \cdot d}{4} - 0,9 \cdot \frac{G_E - G_B}{\pi \cdot d} \quad N/mm^2 \qquad (25c)$$

und δw = 0,56 für Innenaufstellung
δw = 1,12 für Außenaufstellung

Die maßgebliche Restfüllhöhe ergibt sich aus

$$h_{RF} = max(h_{RF,\sigma}, h_{RF,w}) \ \mathrm{mm} \qquad (26)$$

Anmerkung:

Beim Festigkeitsnachweis wird mit $(K_K^* + K_M^*)/2$ gerechnet, womit eine Belastungsdauer von etwa 12 Stunden berücksichtigt wird.

Beim Nachweis der Begrenzung des Anhebeweges wird mit 0,75 · $E_K^{T°C}$ statt $E_K^{T°C}$ (siehe Abschnitt 5.3) gerechnet, da bei dieser Verformungsberechnung ein höheres Spannungsniveau und damit ein niedrigerer Modul als bei Stabilitätsproblemen zu berücksichtigen ist.

4.1.4.3. Nachweis für inneren Unterdruck

Ein Nachweis des Bodens für inneren Unterdruck kann entfallen, wenn eine Restfüllung im Behälter verbleibt, wobei die Restfüllhöhe so festzulegen ist, dass die Summe aus dem γ_{F3}-fachen Füllungsdruck und der γ_{F3}-fachen Eigenlast des Bodens größer als der γ_{F2}-fache Unterdruck ist.

4.1.5. Schweißverbindung Boden/Mantel

Auf einen expliziten Nachweis der Schweißnahtbeanspruchung kann verzichtet werden, wenn die folgenden Bedingungen erfüllt sind

- Schweißnahtdicke $a \geq 0{,}7 \cdot s_B$
- Langzeit-Schweißfaktor $f_s \geq 0{,}6$ (nach Richtlinie DVS 2203-4)

Bei einschaligen Behältern bis 1000 l Inhalt mit Wanddicken bis zu 10 mm gilt dieser Verzicht auch für Langzeit-Schweißfaktoren $f_s \geq 0{,}4$.

Ist eine dieser Bedingungen nicht erfüllt, ist ein detaillierter Nachweis der Spannungen in der Schweißnaht (z. B. FE-Berechnung) zu führen.

4.1.6. Kegeldach

Der Neigungswinkel des Daches darf α_D = 15° (κ = 75°) nicht unterschreiten. Liegt die Neigung des Kegeldachs zwischen 15 und 20 Grad, ist die folgende Mindestwanddicke s_D einzuhalten:

$$s_D \geq \frac{\delta_D}{1000} \cdot d \qquad (26a)$$

mit

Werkstoff	δ_D
PE	5,5
PP-H	4,7
PP-B	5,1
PP-R	5,5
PVC	3,3
PVDF	4,1

Anmerkung: δ_D wurde für 1 kN/m² bei 20°C kurzfristig wirkend ermittelt.

4.1.6.1. Nach innen gerichtete Lasten

Es ist die maßgebliche Kombination aus Eigengewicht g_D, Unterdrücken p_u, p_{uK}, Schneelast p_s und dem Unterdruck aus Wind p_{us} zu untersuchen, wobei p_u, p_{uK} und p_{us} nicht miteinander kombiniert werden müssen und bei Ansatz von Wind die Schneelast auf 70 % reduziert werden darf.

Es wird die Beanspruchung aus Ringzug am Rand des Daches nachgewiesen.

Der Doppelnachweis gemäß Abschnitt 4.1.2 ist zu führen mit

$$K_{L,d}^{vorh} = pD_{L,d}^{vorh} \cdot e^{\left(A(\alpha)\cdot In\left(\frac{s}{r}\right)+B(\alpha)\right)} \cdot \frac{A_1 \cdot A_2}{f_{sD}} \quad N/mm^2 \qquad (27)$$

$$K_{M,d}^{vorh} = pD_{M,d}^{vorh} \cdot e^{\left(A(\alpha)\cdot In\left(\frac{s}{r}\right)+B(\alpha)\right)} \cdot \frac{A_1 \cdot A_2}{f_{sD}} \quad N/mm^2 \qquad (28)$$

und

$$K_{K,d}^{vorh} = pD_{K,d}^{vorh} \cdot e^{\left(A(\alpha)\cdot In\left(\frac{s}{r}\right)+B(\alpha)\right)} \cdot \frac{A_1 \cdot A_2}{f_{zD}} \quad N/mm^2 \qquad (29)$$

mit

$$A(\alpha) = -0,000103 \cdot \alpha_D^2 + 0,007825 \cdot \alpha_D - 1,7771$$

$$B(\alpha) = -0,000433 \cdot \alpha_D^2 + 0,008115 \cdot \alpha_D - 0,1870$$

Es sind die Kombinationen der **Tabelle 4** zu untersuchen. A_1 ist auf Grundlage der Temperaturen der **Tabelle 4** zu ermitteln. Für den Sommerlastfall wird eine nach Miner ermittelte wirksame mittlere Wandtemperatur.

$$T_D^* = \frac{T_D + T_{KD}^{Design}}{2} \quad {}^\circ C \qquad (30)$$

verwendet, die T_{KD}^{Design} über 3 Monate berücksichtigt (T_D nach **Bild 6**).

$$g_D = \frac{\rho \cdot g \cdot s_D \cdot 10^{-6}}{sin(\kappa)} + g_A \quad N/mm^2 \qquad (31)$$

g_A Ersatz-Flächenlast für Stutzen u. ä.

Der Schweißfaktor richtet sich nach der Güte der Längsnaht des Kegeldaches.

4.1.6.2. Nach außen gerichtete Lasten

Der Doppelnachweis gemäß Abschnitt 4.1.2 ist zu führen mit

$$K_{L,d}^{vorh} = pD_{L,d}^{vorh} \cdot e^{\left(C(\alpha) \cdot In\left(\frac{s}{r}\right) + D(\alpha)\right)} \cdot A_1 \cdot A_2 \quad N/mm^2 \qquad (32)$$

und

$$K_{K,d}^{vorh} = pD_{K,d}^{vorh} \cdot e^{\left(C(\alpha) \cdot In\left(\frac{s}{r}\right) + D(\alpha)\right)} \cdot A_1 \cdot A_2 \quad N/mm^2 \qquad (33)$$

mit

$$C(\alpha) = 0,000013 \cdot \alpha_D^2 - 0,00097 \cdot {}_D^{\alpha} - 1,4054$$

$$D(\alpha) = 0,000265 \cdot \alpha_D^2 - 0,04574 \cdot \alpha_D + 1,5622$$

Ein Schweißfaktor muss nicht berücksichtigt werden, da die Schweißnaht im Dach parallel zur Beanspruchung verläuft.

Es sind die Kombinationen der **Tabelle 5** zu untersuchen.

A_1 ist auf Grundlage der Temperaturen der **Tabelle 5** zu ermitteln.

4.1.7. Stutzen

Die Stutzen sind im Allgemeinen im Dach anzubringen. Der Außendurchmesser eines Stutzens darf nicht größer als 0,4 · d sein. Der Abstand der Stutzenmitten von Rändern, Schussgrenzen oder Schweißnähten im Grundbauteil muss mindestens dA/2 + 100 mm betragen. Der Abstand der Stutzenmitten zum Boden und zu einem benachbarten Schuss mit geringerer Wanddicke muss jedoch mindestens dA betragen.

Es ist nachzuweisen, dass die infolge der Spannungskonzentration neben der Öffnung erhöhten Beanspruchungen des Grundbauteils aufgenommen werden können.

Die Beanspruchung im ungestörten Grundbauteil wird durch Division mit dem Verschwächungswert v_A vergrößert.

Flansche sind hinsichtlich Standsicherheit und Dichtigkeit nach Richtlinie DVS 2205-4 zu bemessen.

4.1.7.1. Stutzen im Kegeldach

Der Verschwächungswert wird berechnet mit

$$\nu_A = \frac{0,75}{1 + \frac{d_A}{2 \cdot \sqrt{(d+s_D) \cdot s_D}}} \qquad (34)$$

mit d_A Außendurchmesser des Stutzens
d Zylinderdurchmesser
s_D erforderliche Wanddicke des Daches

Für den Nachweis der Stutzen im Dach ist nur der größte, in der Nähe des Dachrandes gelegene Stutzen nachzuweisen. Hierbei dürfen die Bemessungswerte für die vorhandenen Beanspruchungen $K_{L,M,K,d}^{vorh}$ für nach innen wie auch für nach außen gerichtete Lasten aus folgender Gleichung ermittelt werden.

$$K_{L,M,K,d}^{vorh} = \frac{P_{DL,M,K,d}}{2 \cdot cos_{\kappa}} \cdot \frac{d}{s_D} \cdot \frac{A_1 \cdot A_2}{V_A} \qquad (35)$$

mit $p_{D_{L,M,K,d}}$ Einwirkungen gemäß Abschnitt 4.1.6.1 bzw. 4.1.6.2 Stutzen im Dach sind als

durchgesteckte Stutzen auszuführen.

4.1.7.2. Stutzen im Zylinder

Für Stutzen im Zylinder ist der Nachweis aus Ringzugbeanspruchung unter Beachtung der Höhenlage des Stutzens analog Abschnitt 4.1.3.1 zu führen.

Der Verschwächungswert kann mit einer der beiden Gleichungen berechnet werden:

$$\nu_{A1} = \frac{0{,}75}{1 + \frac{d_A}{2 \cdot \sqrt{(d+s_Z) \cdot s_Z}}} \qquad (35a)$$

Stutzenrohr muss SDR11 entsprechen oder dicker sein

oder

$$\nu_{A2} = \frac{0{,}75 \cdot \frac{s_R}{s_Z}}{\frac{s_R}{s_Z} + \frac{d_A}{2 \cdot \sqrt{(d+s_Z) \cdot s_Z}}} \qquad (35b)$$

die Wanddicke des Stutzenrohrs kann frei gewählt werden, wobei die Bedingung $\frac{s_R}{s_Z} \geq 0,6$

einzuhalten ist

mit d_A Außendurchmesser des Stutzens
d Zylinderdurchmesser
s_Z erforderliche Wanddicke des Zylinders
s_R Wanddicke des Stutzenrohrs

Der Ringzugnachweis für den Zylinder ist am unteren Rand des Stutzens analog Abschnitt 4.1.3.1 zu führen. Hierbei darf in den Gleichungen 16 und 17 auch bei aus Platten gefertigten Behältern der Schweißnahtfaktor entfallen, da bei Plattenbehältern Stutzen nicht im Störbereich der Längsnaht liegen dürfen; der Abstand zwischen der Mitte des Stutzens und der Längsnaht ist mit mindestens d_A einzuhalten.

Tabelle 4: Lastfallkombinationen für die Berechnung des Daches für nach innen gerichtete Lasten

Aufstellort	Kombination	Nachweis nach (13)				Nachweis nach (15)	
		$p_{D_{L,d}}^{vorh}$	Temp.	$p_{D_{M,d}}^{vorh}$	Temp.	$p_{D_{K,d}}^{vorh}$	Temp.
innen		$\gamma_{F1} \cdot g_D + \gamma_{F2} \cdot p_u$	T_D	0	-	max $(\gamma_{F1} \cdot g_D + \gamma_{F2} \cdot p_{uK}, \gamma_{F1} \cdot g_D + \gamma_{F2} \cdot p_{us})$	T_{DK}
außen	Winter	$\gamma_{F1} \cdot g_D + \gamma_{F2} \cdot p_u$	T_D	$\gamma_{F2} \cdot p_S$	0°C	max $(\gamma_{F1} \cdot g_D + \gamma_{F2} \cdot (p_s + p_{uK}), \gamma_{F1} \cdot g_D + \gamma_{F2} \cdot (0{,}7 \cdot p_S + p_{us}))$	0°C
außen	Sommer	$\gamma_{F1} \cdot g_D + \gamma_{F2} \cdot p_u$	T_D^*	0	-	max $(\gamma_{F1} \cdot g_D + \gamma_{F2} \cdot p_{uK}, \gamma_{F1} \cdot g_D + \gamma_{F2} \cdot p_{us})$	T_{KD}^{Design}

Für die erhöhte Schneelast in der Norddeutschen Tiefebene ist zusätzlich die außergewöhnliche Lastkombination $\gamma_{F4} \cdot (g_D + 2{,}3 \cdot p_S + p_{uK})$ für den Nachweis nach (15) und $\gamma_{F4} \cdot 2{,}3 \cdot p_S$ für den Nachweis nach (13) bei einer Wandtemperatur von 0°C für die Belastungsdauer von mindestens einer Woche nachzuweisen.

Tabelle 5: Lastfallkombinationen für die Festigkeitsberechnung des Daches für nach außen gerichtete Lasten

Aufstellort	Kombination	Nachweis nach (13)				Nachweis nach (15)	
		$p_{D_{L,d}}^{vorh}$	Temp.	$p_{D_{M,d}}^{vorh}$	Temp.	$p_{D_{K,d}}^{vorh}$	Temp.
innen		$\gamma_{F2} \cdot p_ü + \gamma_{F3} \cdot \gamma_D$	T_D	0	-	$(\gamma_{F2} \cdot p_{üK} - \gamma_{F3} \cdot g_D)$	T_{DK}
außen	Sommer	$\gamma_{F2} \cdot p_ü + \gamma_{F3} \cdot g_D$	T_D^*	0	-	$(\gamma_{F2} \cdot p_{üK} - \gamma_{F3} \cdot g_D)$	T_{KD}^{Design}

Die konstruktive Gestaltung ist entsprechend **Bild 8**, Abschnitt 5.3 (durchgesteckter Stutzen) auszuführen.

4.1.8. Verankerungen

Wenn Verankerungen erforderlich werden, sind mindestens 4 Anker anzuordnen (z ≥ 4).

Beim Nachweis der Verankerung sind drei Fälle zu unterscheiden:

Fall 1: kurzzeitiger Überdruck bei Medientemperatur T_{MK}

$$\frac{\left[\frac{\gamma_{F2} \cdot p_{\ddot{u}K} \cdot \pi \cdot d^2}{4} - \gamma_{F3} \cdot (G_E - G_B)\right] \cdot \frac{1}{z}}{(b_{pr} + s_B) \cdot s_B \cdot \frac{K^*_{K,d}}{2 \cdot A_1}} \leq 1 \qquad (36)$$

Fall 2: langzeitiger Überdruck bei Medientemperatur T_M

$$\frac{\left[\frac{\gamma_{F2} \cdot p_{\ddot{u}} \cdot \pi \cdot d^2}{4} - \gamma_{F3} \cdot (G_E - G_B)\right] \cdot \frac{1}{z}}{(b_{pr} + s_B) \cdot s_B \cdot \frac{K^*_{L,d}}{2 \cdot A_1}} \leq 1 \qquad (37)$$

Fall 3: Windlast bei

$$\frac{max\,(T_{MK}, T_{AK}) + (T_{AK} - 5)}{2} - 10\ in °C$$

$$\frac{\left[\frac{4 \cdot \gamma_{F2} \cdot M_w}{d} \cdot 10^3 + \frac{\gamma_{F2} \cdot p_{\ddot{u}} \cdot \pi \cdot d^2}{4} - \gamma_{F3} \cdot (G_E - G_B)\right] \cdot \frac{1}{z}}{(b_{pr} + s_B) \cdot s_B \cdot \frac{K^*_{K,d}}{2 \cdot A_1}} \leq 1 \qquad (38)$$

Im Zähler steht die aufzunehmende Pratzenkraft und im Nenner die sich aus der Schubspannung in der Schweißnaht ergebende aufnehmbare Pratzenkraft. Hierbei wird als Schubspannung die halbe Zeitstandfestigkeit angesetzt.

Aus der maximalen Pratzenkraft (Maximum der drei Zähler ist unter Beachtung der Hebelarme die erforderliche Ankerkraft (z. B. für die Dübel) zu berechnen.

Bild 9 im Abschnitt 5.3 zeigt die Ausführung einer Verankerung.

Der charakteristische Wert der Horizontalkraft bei Wind

$$H_{W,k} = c_{f1} \cdot q \cdot d \cdot h_G + \Sigma\,(c_{f2,j} \cdot q \cdot A_j) \quad \mathrm{N} \qquad (38a)$$

kann über stählerne Distanzplatten, die unter den Ankerpratzen liegen, zu den Dübeln geleitet werden. Die Dübel sind mit dem Bemessungswert der horizontalen Dübelkraft von

$$H_{D\ddot{u}b,d} = \frac{\gamma_{F2} \cdot 4 \cdot H_{W,k}}{z} \quad \mathrm{N} \qquad (38b)$$

zu bemessen.

Außerdem ist die Pressung zwischen der Bodenplatte des Behälters bzw. des Auffangbehälters und der höchstbelasteten Distanzplatte nachzuweisen. Hierbei darf die Druckfestigkeit in Höhe der 1,5-fachen Zugfestigkeit angesetzt werden.

Die Ausnutzung folgt mit

$$\eta = \frac{H_{Düb,d}}{b_{Dp} \cdot s_B \cdot \frac{1,5 \cdot K_K^*}{\gamma_M \cdot A_1}} \leq 1 \qquad (38c)$$

Die Festigkeit K_K^* ist mit der Gleichung (38) anzusetzenden Temperatur zu ermitteln.

Werden keine Distanzplatten aus Stahl verwendet, ist ein Nachweis der Lochleibung an der Ankerschraube zu führen.
Die Breite der Distanzplatte darf nicht größer als die 1,5-fache Pratzenbreite gewählt werden.

4.1.9. Hebeösen

Eine der möglichen Hebeösenformen ist in **Bild 10** (Abschnitt 5.3) dargestellt. Voraussetzung für die Verwendung dieser Hebeösen ist, dass je Behälter nur zwei Hebeösen verwendet werden und dass ein Parallelgehänge eingesetzt wird.

Um auf einen Nachweis der Lasteinleitung im obersten Schuss verzichten zu können, muss sichergestellt sein, dass die Hebeöse nicht dicker als die dreifache Wanddicke des obersten Schusses ist. Der Lochdurchmesser (d_L) muss auf den Durchmesser des Schäkels (d_{Sch}) abgestimmt sein.

Es gilt

$$s_{Z,1} \leq erf\ s_{Ö} \leq 3 \cdot s_{Z,1} \qquad (39)$$

$$d_L = d_{sch} + 1\ \text{mm} \quad \text{für } d_{sch} < 20\ \text{mm} \qquad (40)$$
$$d_L = d_{sch} + 2\ \text{mm} \quad \text{für } d_{sch} \geq 20\ \text{mm}$$

Es ist nachzuweisen, dass die 1,5-fache Belastung (Stoßfaktor) kurzzeitig bei 20° C getragen werden kann.

Die erforderliche Wanddicke ($s_Ö$) der Hebeöse ergibt sich aus dem Lochlaibungsnachweis

$$s_{Ö} = \frac{1,5 \cdot \gamma_{F1} \cdot \frac{G_E}{2} \cdot A_1}{d_{Sch} \cdot 2 \cdot K_{K,d}^*}\ \text{mm} \qquad (41)$$

Das Maximum der beiden folgenden Nachweise ist maßgeblich für die Breite der Hebeöse ($b_Ö$).

$b_Ö = \max(b_{Ö,1}, b_{Ö,2})$

Schubspannungsnachweis der Quernaht beim Anheben des liegenden Behälters

$$b_{Ö,1} = \frac{1,5 \cdot \gamma_{F1} \cdot \frac{G_E}{4} \cdot A_1}{0,7 \cdot s_{Z,1} \cdot \frac{K_{K,d}^*}{2}}\ \text{mm} \qquad (42)$$

Augenstab

$$b_{\ddot{O},2} = \frac{1,5 \cdot \gamma_{F1} \cdot \frac{G_E}{2} \cdot A_1}{s_{\ddot{O}} \cdot K^*_{K,d}} + \frac{7}{3} \cdot d_L \quad \text{mm} \qquad (43)$$

4.2. Stabilitätsnachweise

4.2.1. Überlagerung der Einwirkungen

Für die Stabilitätsberechnungen werden die maßgeblichen E-Moduln benötigt. Das Beulen von Schalen ist ein plötzlicher Vorgang, der wesentlich von den Imperfektionen, d. h. von der Größe der Vorbeulen abhängig ist. Die Größe der Vorbeulen wächst mit zunehmender Belastungsdauer aufgrund des Kriechverhaltens des Materials. Der elastische Widerstand während des Ausbeulens wird dagegen vorwiegend vom Kurzzeit-E-Modul unter der augenblicklichen Temperatur bestimmt. Die kritische Beulspannung σ_k wird daher mit dem temperaturabhängigen Modul $\mathrm{E}_K^{T°C}$ berechnet.

In den **Tabellen 2 und 3** von Richtlinie DVS 2205-1 sind für die wesentlichen Thermoplaste die temperatur- bzw. zeitabhängigen E-Moduln enthalten.

Es ist die ungünstigste Kombination von Lasten unter Berücksichtigung des Temperaturverhaltens der Thermoplaste zu untersuchen.

4.2.2. Mantel

Für den Mantel des Behälters ist eine ausreichende Sicherheit gegen Axial- und Manteldruckstabilität sowie gegen die Interaktion von beiden nachzuweisen.

Voraussetzung ist, dass die Unrundheit des Zylinders in der folgenden Form begrenzt bleibt:

$$u = \frac{2 \cdot (d_{max} - d_{min})}{d_{max} + d_{min}} \cdot 100 \leq 0,5 \quad \% \qquad (44)$$

4.2.2.1 Axialstabilität

Für jeden Schuss i wird die am unteren Rand vorhandene axiale Druckspannung aus Eigengewicht, Unterdrücken p_u, p_{uK}, p_{us} Schnee- und Windlast in jeweils ungünstigster Kombination ermittelt und mit der Beulspannung $\sigma_{k,i,d}$ abgesichert.

Wenn die Kraft aus G_A nicht gleichmäßig, sondern diskret über n_{la} Stellen in den Zylinder eingeleitet wird, muss die über den Umfang konstant angenommene Ersatzdruckspannung im Zylinder aus dem Zusatzgewicht G_A

$$\sigma_{G_A} = \frac{G_A}{2 \cdot \pi \cdot r \cdot s_Z} \cdot k_f \quad N/mm^2 \qquad (45)$$

mit dem Konzentrationsfaktor [4]

$$k_f = max\left[\frac{1,82}{n_{la}} \cdot \sqrt{\frac{r}{s_Z}}, 1\right]$$

erhöht werden. Die Breite der Lasteinleitungsstelle b_{la} ist so zu wählen, dass der Nachweis der Festigkeit (Druckfestigkeit = Zugfestigkeit) erfüllt ist.

Eine Bühne ist mit einer Verkehrslast von mindestens p_V = 0,001 N/mm² gleichmäßig verteilter Flächenlast, aber auch mit einer Einzellast von mindestens P_V = 1500 N an ungünstiger Stelle zu belasten. Die über den Umfang konstant angenommene Ersatzdruckspannung im Zylinder aus Verkehrslast folgt aus

$$\sigma_V = \frac{max\left[A_{Bü} \cdot p_V, n_{Ia} \cdot P_V\right]}{2 \cdot \pi \cdot r \cdot s_Z} \cdot k_f \quad N/mm^2 \qquad (46)$$

Für den Nachweis der Axialstabilität sind die Kombinationen der **Tabelle 6** zu untersuchen.

Die Spannung aus dem Windmoment σ_W darf durch 1,2 dividiert werden, weil die Beulspannung bei globaler Biegung um 20 % erhöht werden dürfte.

Die Beulspannung darf vereinfachend nach folgender Formel ermittelt werden

$$\sigma_{k,i,d} = \alpha_i \cdot 0,62 \cdot f_{\alpha,i} \cdot \frac{E_K^{T°C}}{\gamma_M} \cdot \frac{s_{Z,i}}{r} \leq K_{K,d}^* \quad N/mm^2 \qquad (47)$$

mit

$$\alpha_i = \frac{0,70}{\sqrt{\frac{E_K^{20°C}}{E_L^{20°C}} \cdot \left(1 + \frac{r}{100 \cdot s_{Z,i}}\right)}} \qquad (48a)$$

$$f_{\alpha,i} = 1,5 - \frac{e_i}{s_{Z,i}} \leq 1,0 \qquad (48b)$$

wobei e_i die Exzentrizität zum dickeren der beiden Nachbarschüsse bei abgestuftem Zylinder ist, wenn dieser selbst dicker als der betrachtete Schuss i ist.

Es muss die folgende Bedingung für jeden Schuss i eingehalten werden

$$\eta_{A,i} = \frac{A_{2I} \cdot \sigma_{i,d}^{vorh}}{\sigma_{k,i,d}} \leq 1 \qquad (49)$$

4.2.2.2. Manteldruckstabilität

Der maßgebliche Unterdruck p_d^{vorh} aus der ungünstigsten Kombination der Unterdrücke wird mit dem kritischen Manteldruck $p_{kM,d}$ abgesichert.

Es gilt:

$$p_d^{vorh} = \max\left(p_u + p_{eu}, p_{us} + p_{eu}, p_{uK}\right)$$

Die folgende Bedingung muss erfüllt sein.

$$\eta_M = \frac{A_{2I} \cdot p_d^{vorh}}{p_{kM,d}} \leq 1 \qquad (50)$$

Der kritische Manteldruck des nicht abgestuften Zylinders errechnet sich aus

$$p_{kM,d} = 0,67 \cdot C^* \cdot \frac{E_K^{T°C}}{\gamma_M} \cdot \frac{r}{h_Z} \cdot \left(\frac{s_Z}{r}\right)^{2,5} \quad N/mm^2 \qquad (51)$$

mit C* = 1,0 für Behälter mit festem Dach
mit C* = 0,6 für den offenen Behälter.

Der kritische Manteldruck des abgestuften Behälters darf nach DIN EN 1993-1-6 an einem dreischüssigen Ersatzzylinder berechnet werden:

$$p_{kM,d} = 0,67 \cdot \beta \cdot C^* \cdot \frac{E_K^{T°C}}{\gamma_M} \cdot \frac{r}{l_o} \cdot \left(\frac{s_o}{r}\right)^{2,5} \quad N/mm^2 \qquad (52)$$

Die β-Werte sind dem Bild D.6 der DIN EN 1993-1-6 zu entnehmen.

4.2.2.3. Interaktion

Die Interaktion aus Axial- und Manteldruckstabilität muss für jeden Schuss nachgewiesen werden.

$$\eta_{A,i}^{1,25} + \eta_{M}^{1,25} \leq 1 \qquad (53)$$

Bei der Berechnung von $\eta_{A,i}$ für die Interaktion müssen die Längsspannungen infolge Unterdrucks nicht berücksichtigt werden, da deren Wirkung bereits in η_M enthalten ist.

4.2.3. Axialstabilität neben den Zylinderstutzen

Die vorhandene Spannung $\sigma_{j,d}^{vorh}$ neben der Öffnung j wird an einem Ersatzbalken mit den Querschnittwerten eines offenen Kreisrings unter Beachtung des Versatzes der Schwerlinie berechnet. Sofern ein Dachzusatzgewicht G_A auf dem Zylinder abgesetzt wird, kann der Lasteinleitungsfaktor k_f unberücksichtigt bleiben, wenn sichergestellt wird, dass die Lasteinleitungspunkte nicht über Zylinderöffnungen angeordnet werden.

Die kritische Spannung wird in Anlehnung an Gleichung (47) ermittelt

$$\sigma_{k,j,d} = \alpha_j \cdot 0,62 \cdot \frac{E_K^{T°C}}{\gamma_M} \cdot \frac{s_{Z,j}}{r} \leq K_{K,d}^{*} \quad N/mm^2 \qquad (53a)$$

mit

$$\alpha_j = \frac{0,65}{\sqrt{\frac{E_K^{20°C}}{E_L^{20°C}} \cdot \left(1 + \frac{r}{100 \cdot s_{Z,j}}\right)}} \text{ für } \frac{d_A}{\sqrt{r \cdot s_{Z,j}}} \leq 3,5 \qquad (53b)$$

$$\alpha_j = \frac{0,45}{\sqrt{\frac{E_K^{20°C}}{E_L^{20°C}} \cdot \left(1 + \frac{r}{100 \cdot s_{Z,j}}\right)}} \text{ für } \frac{d_A}{\sqrt{r \cdot s_{Z,j}}} > 3,5 \qquad (53c)$$

Die folgende Bedingung muss für jede Öffnung j erfüllt werden

$$\eta_{A,j} = \frac{A_{2I} \cdot \sigma_{j,d}^{vorh}}{\sigma_{k,j,d}} \leq 1 \qquad (53d)$$

Anmerkung: Ein Nachweis der Interaktion ist nicht erforderlich.

Tabelle 6: Lastkombinationen für die Axialstabilitätsberechnung des Zylinders

Aufstellung	Jahreszeit	ohne Auffangbehälter		mit Auffangbehälter	
		$\sigma_{i,d}^{vorh}$	Wandtemperatur	$\sigma_{i,d}^{vorh}$	Wandtemperatur
innen	-	$\gamma_{F1} \cdot \sigma_G + \gamma_{F2} \cdot max\left(\sigma_{pus}, \sigma_{puk} + \sigma_V\right)$	$\frac{T_{MK} + T_{AK}}{2}$	Kombination wie ohne Auffangbehälter	$\frac{3 \cdot T_{MK} + T_{AK}}{4}$
außen	Winter	$\gamma_{F1} \cdot \sigma_G + \gamma_{F2} \cdot max\left[max\left(\sigma_{pu}, \sigma_{pus}\right) + 0,7 \cdot \sigma_s + \frac{\sigma_w}{1,2}, \sigma_{puk} + \sigma_S, \sigma_{puk} + \sigma_V\right]$	$\frac{T_{MK}}{2}$	Kombination wie ohne Auffangbehälter, aber bei s_w Wandabschirmung beachten	$\frac{3 \cdot T_{MK}}{4}$
	Sommer	$\gamma_{F1} \cdot \sigma_G + \gamma_{F2} \cdot max\left[max\left(\sigma_{pu}, \sigma_{pus}\right) + \frac{\sigma_w}{1,2}, \sigma_{puk} + \sigma_V\right]$	$\frac{max\left(T_{MK}, T_{AK}\right) + \left(T_{AK} - 5\right)}{2}$		$\frac{3 \cdot max\left(T_{MK}, T_{AK}\right) + \left(T_{AK} - 5\right)}{4}$

Für die erhöhte Schneelast in der Norddeutschen Tiefebene ist zusätzlich die folgende außergewöhnliche Lastkombination $\gamma_{F4} \cdot (\sigma_G + \sigma_{puK} + 2{,}3 \cdot \sigma_{pS} + \sigma_V)$ bei einer Wandtemperatur von $T_{MK}/2$ nachzuweisen.

Anmerkung: σ_G enthält auch die über den Konzentrationsfaktor k_f erhöhte Druckspannung aus G_A.

4.2.4. Kegeldach

Die ungünstigste Kombination der Druckspannungen in Umfangsrichtung in der Mitte der Kegeldachmantellinie (d/4)

$$\sigma_d^{vorh} = \frac{p_d^{vorh}}{4 \cdot cos\kappa} \cdot \frac{d}{s_D} \quad N/mm^2 \qquad (54)$$

wird mit den kritischen Spannungen

$$\sigma_{k,d} = 2,68 \cdot \frac{E_K^{T°C}}{\gamma_M} \cdot sin\,\kappa \cdot \sqrt{cos\,\kappa} \cdot \left(\frac{s_D}{d}\right)^{1,5} \quad N/mm^2 \qquad (55)$$

mit

$$\eta = \frac{A_{2I} \cdot \sigma_d^{vorh}}{\sigma_{k,d}} \leq 1 \qquad (56)$$

abgesichert.

Es sind die Kombinationen der **Tabelle 7** zu untersuchen.

Tabelle 7: Lastkombinationen für die Stabilitätsberechnung des Daches

Aufstellung	Kombination	p_d^{vorh}	Temperatur
innen	-	$max\left[\gamma_{F1} \cdot g_D + \gamma_{F2} \cdot p_{uK}, \gamma_{F1} \cdot g_D + \gamma_{F2} \cdot p_{us}\right]$	T_{DK}
außen	Winter	$max\left[\gamma_{F1} \cdot g_D + \gamma_{F2} \cdot (p_S + p_{uK}), \gamma_{F1} \cdot g_D + \gamma_{F2} \cdot (0,7 \cdot p_S + p_{us})\right]$	0°C
außen	Sommer	$\gamma_{F1} \cdot g_D + \gamma_{F2} \cdot p_{uK}$	T_{KD}^{Design}
außen	Wind	$max\left[\gamma_{F1} \cdot g_D + \gamma_{F2} \cdot p_{uK}, \gamma_{F1} \cdot g_D + \gamma_{F2} \cdot p_{us}\right]$	$(T_{MK} + T_{AK} - 5)/2$

Für die erhöhte Schneelast in der Norddeutschen Tiefebene ist zusätzlich die folgende außergewöhnliche Lastkombination $\gamma_{F4} \cdot (g_D + 2{,}3 \cdot p_S + p_{uK})$ bei einer Wandtemperatur von 0°C nachzuweisen.

5. Anhang

5.1. Erläuterungen

Diese Richtlinie wurde von der DVS-AG W4.3b (Konstruktive Gestaltung/Apparatebau) zusammen mit dem Sachverständigenausschuss „Kunststoffbehälter und -rohre" (Projektgruppe „Berechnung") erarbeitet.

Bei der Überarbeitung wurde unterschieden, ob die Behälter ausschließlich hinsichtlich der Belastungen aus dem Innendruck durch Füllgut und Füllhöhe zu dimensionieren sind (dies entspricht der Betrachtungsweise der Ausgabe 1974) oder ob zusätzliche Belastungsfälle (z. B. Wind-, Schneelast) bei der Dimensionierung berücksichtigt werden müssen. Letzterer Ansatz wurde bei der neuen Ausgabe dieser Richtlinie gewählt.

Der Anwendungsfall „Aufstellung und Betrieb von Behältern innerhalb von Gebäuden" wird im Beiblatt 1 behandelt.

Beiblatt 2 beinhaltet die Bemessung Auffangvorrichtungen (Auffangbehälter).

Beiblatt 3 beinhaltet die Bemessung für Flachdächer.

5.2. Temperatur- und zeitabhängige E-Moduln für Stabilitäts und Verformungsberechnungen

Siehe Richtlinie DVS 2205-1, **Tabellen 2 und 3**.

5.3. Konstruktive Details

In diesem Abschnitt sind Konstruktionsbeispiele für

- Stutzen im Zylindermantel, **Bild 8**
- Bodenverankerung, **Bild 9**
- Hebeösen, **Bild 10**
- Anschluss Mantel/Boden, **Bild 11**
- Anschluss Mantel/Dach, **Bild 12**
- Rand von offenen Behältern, **Bild 13** dargestellt.

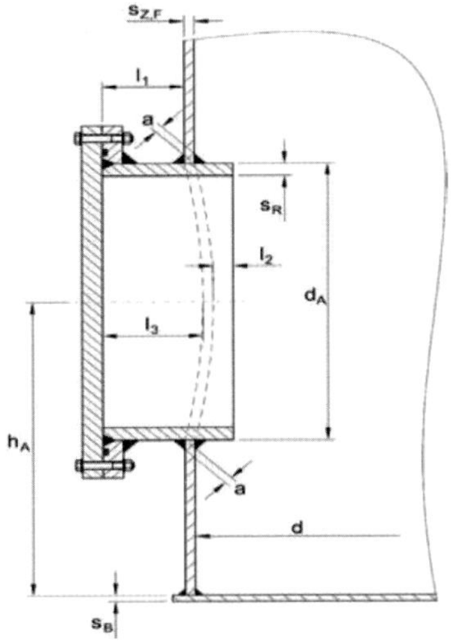

$h_A \geq \max[d_A, d_A/2 + 100]$

$d_A/d \leq 0{,}4$

$a = 0{,}7 \cdot \min[s_Z, s_R]$

l_1 ist die äußere Stutzenlänge, gemessen bei 12 bzw. 6 Uhr
l_2 ist die innere Stutzenlänge, gemessen bei 3 bzw. 9 Uhr
l_3 ist die äußere Stutzenlänge, gemessen bei 3 bzw. 9 Uhr

$\max[1{,}5 \cdot \sqrt{(d_A + s_R) \cdot s_R}, 100] \geq l_1 \geq \sqrt{(d_A + s_R) \cdot s_R}$

$l_2 \geq s_R + a$

$$l_3 = l_1 + \frac{d + 2 \cdot s_Z}{2} - \sqrt{\left(\frac{d + 2 \cdot s_Z}{2}\right)^2 - \left(\frac{d_A}{2}\right)^2}$$

Bild 8: Stutzen im Zylindermantel

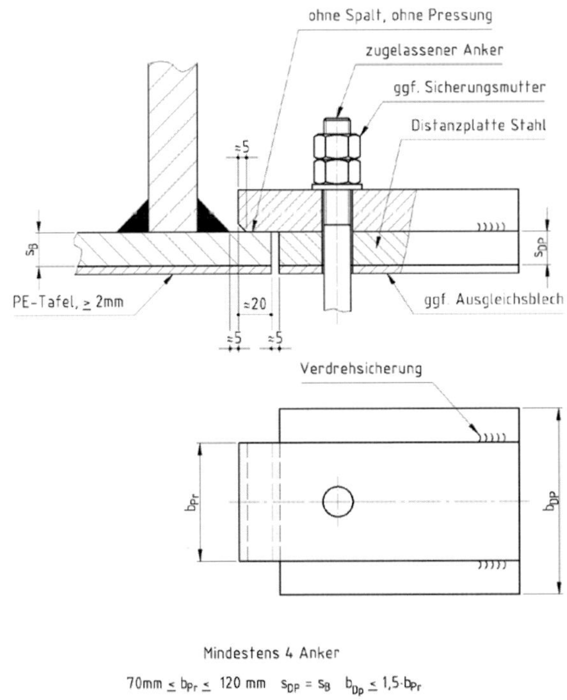

Bild 9: Bodenverankerung

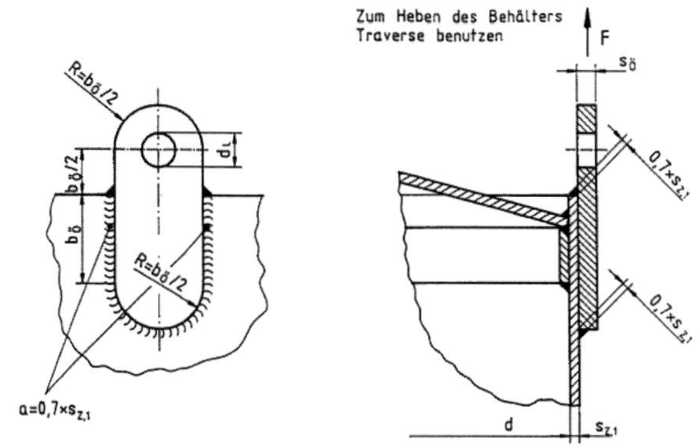

Bild 10: Heböse

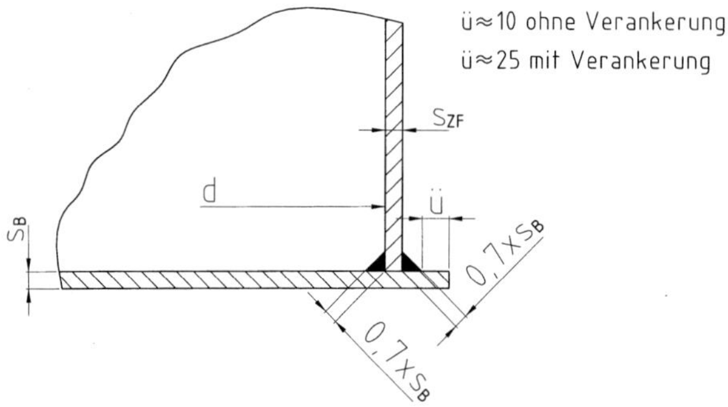

Bild 11: Anschluss Mantel/Boden

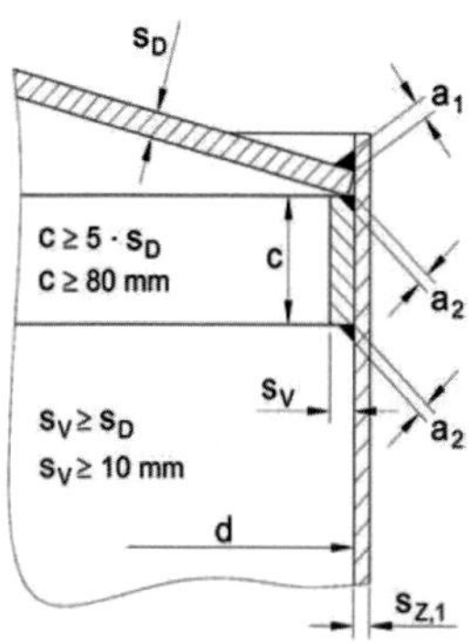

Bild 12: Anschluss Mantel/Dach

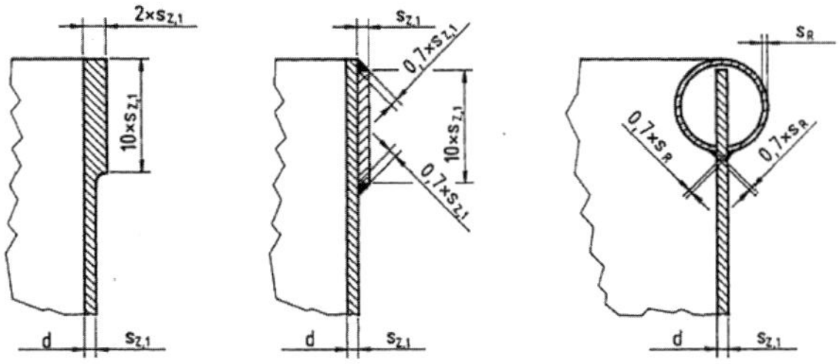

Bild 13: Rand von offenen Behältern

6. Schrifttum

Regelwerk

Berechnungsgrundlagen

DIN EN 1778 Charakteristische Kennwerte für geschweißte Thermoplast-Konstruktionen; Bestimmung der zulässigen Spannungen und Moduli für die Berechnung von Thermoplast-Bauteilen

DIN EN 1991-1-3/NA Nationaler Anhang – National festgelegte Parameter – Eurocode 1: Einwirkungen auf Tragwerke – Teil 1-3: Allgemeine Einwirkungen – Schneelasten

DIN EN 1991-1-4/NA Nationaler Anhang – National festgelegte Parameter – Eurocode 1: Einwirkungen auf Tragwerke – Teil 1-4: Allgemeine Einwirkungen – Windlasten

DIN EN 1991-1-6/NA Nationaler Anhang – National festgelegte Parameter – Eurocode 1: Einwirkungen auf Tragwerke – Teil 1-6: Allgemeine Einwirkungen, Einwirkungen während der Bauausführung

Formmassen

DIN EN ISO 1163-1 Kunststoffe - Weichmacherfreie Polyvinylchlorid (PVC-U)-Formmassen – Teil 1: Bezeichnungssystem und Basis für Spezifikationen

DIN EN ISO 1163-2 Kunststoffe – Weichmacherfreie Polyvinylchlorid (PVC-U)-Formmassen – Teil 1: Bezeichnungssystem und Basis für Spezifikationen

Tafeln und Schweißzusätze

DIN EN 12943 Schweißzusätze für thermoplastische Kunststoffe - Geltungsbereich, Kennzeichnung, Anforderung, Prüfung

DIN EN ISO 1463 Extrudierte Tafeln aus Polyethylen (PE-HD) - Anforderungen und Prüfverfahren

DIN EN ISO 15527 Kunststoffe - Gepresste Tafeln aus Polyethylen (PE-UHMW, PE-HD) - Anforderungen und Prüfverfahren

DIN EN ISO 15013	Kunststoffe - Extrudierte Tafeln aus Polypropylen (PP) - Anforderungen und Prüfung
DIN EN ISO 11833-1	Kunststoffe - Weichmacherfreie Polyvinylchloridtafeln - Typen, Maße und Eigenschaften - Teil 1: Tafeln mit einer Dicke von mindestens 1 mm
ISO 1501	Kunststoffe - Extrudierte Tafeln aus Poly(vinylidenfluorid) (PVDF) - Anforderungen und Prüfverfahren

Rohre und Formstücke

DIN 8061	Rohre aus weichmacherfreiem Polyvinylchlorid (PVC-U) - Allgemeine Güteanforderungen, Prüfung
DIN 8062	Rohre aus weichmacherfreiem Polyvinylchlorid (PVC-U) - Maße
DIN 8074	Rohre aus Polyethylen (PE) - PE 80, PE 100 - Maße
DIN 8075	Rohre aus Polyethylen (PE) - PE 80, PE 100 - Allgemeine Güteanforderungen, Prüfungen
DIN 8077	Rohre aus Polypropylen (PP) - PP-H, PP-B, PP-R, PP-RCT - Maße
DIN 8078	Rohre aus Polypropylen (PP) - PP-H, PP-B, PP-R, PP-RCT - Allgemeine Güteanforderungen, Prüfung
DIN 8079	Rohre aus chloriertem Polyvinylchlorid (PVC-C) - Maße
DIN 8080	Rohre aus chloriertem Polyvinylchlorid (PVC-C) - Allgemeine Güteanforderungen, Prüfung
DIN 4740-1	Raumlufttechnische Anlagen; Rohre aus weichmacherfreiem Polyvinylchlorid (PVC-U); Berechnung der Mindestwanddicken
DIN 16961-1	Rohre und Formstücke aus thermoplastischen Kunststoffen mit profilierter Wandung und glatter Rohrinnenfläche - Teil 1: Klassifizierung und Maße
DIN 16961-2	Rohre und Formstücke aus thermoplastischen Kunststoffen mit profilierter Wandung und glatter Rohrinnenfläche - Teil 2: Technische Lieferbedingungen
DIN EN ISO 15493	Kunststoff-Rohrleitungssysteme für industrielle Anwendungen - Acrylnitril-Butadien-Styrol (ABS), weichmacherfreies Polyvinylchlorid (PVC-U) und chloriertes Polyvinylchlorid (PVC-C) - Anforderungen an Rohrleitungsteile und das Rohrleitungssystem - Metrische Reihen
DIN EN ISO 15494	Kunststoff-Rohrleitungssysteme für industrielle Anwendungen - Polybuten (PB), Polyethylen (PE), Polyethylen erhöhter Temperaturbeständigkeit (PE-RT), vernetztes Polyethylen (PE-X), Polypropylen (PP) - Metrische Reihen für Anforderungen an Rohrleitungsteile und das Rohrleitungssystem

DVS-Merkblätter und -Richtlinien

Richtlinie DVS 2201-2	Prüfen von Halbzeug aus Thermoplasten - Schweißeignung - Prüfverfahren - Anforderungen
Richtlinie DVS 2205-1	Berechnung von Behältern und Apparaten aus Thermoplasten - Kennwerte
Richtlinie DVS 2205-2	Berechnung von Behältern und Apparaten aus Thermoplasten - Stehende runde, drucklose Behälter
Richtlinie DVS 2205-4	Berechnung von Behältern und Apparaten aus Thermoplasten - Flanschverbindungen

Literatur

[1] Timoshenko, S.: Theory of Plates and Shells. McGraw Hill Book Comp, New York/ London 1959.

[2] Kempe, B.: Verformungsmessungen an einem Behälter aus Polyethylen hoher Dichte bei Temperaturwechsel. Schw. Schn. 42 (1990), H. 4, S. 173.

[3] Tuercke, H.: Zur Stabilität von Behältern aus Thermoplasten. DIBt-Mitteilungen, Heft 5/1995.

[4] Tuercke, H.: Zur Einleitung axialer Einzellasten am oberen Rand von Thermoplastbehältern. DIBt-Mitteilungen, Heft 4/ 2002.

DVS VERBAND

Richtlinie
DVS 2205-2
Beiblatt 2

Ersetzt Ausgabe
Dezember 2015

Richtlinie DVS 2205-2 Beiblatt 2

Berechnung von Behältern und Apparaten aus Thermoplasten – Stehende runde, drucklose Behälter – Auffangvorrichtungen

Ausschuss für Technik im DVS

Arbeitsgruppe W 4 „Fügen von Kunststoffen“

Untergruppe W 4.3b „Konstruktive Gestaltung - Apparatebau“

Bezug: DVS Media GmbH, Postfach 10 19 65, 40010 Düsseldorf, Telefon (0211) 1591-0, Telefax (0211) 1591-150

Inhalt:

1. Geltungsbereich

Die nachstehenden Konstruktions- und Berechnungsregeln gelten für Auffangvorrichtungen in Form von stehenden, zylindrischen, werksgefertigten Flachbodenbehältern aus thermoplastischen Kunststoffen, insbesondere

- Polyvinylchlorid (PVC),
- Polypropylen (PP),
- Polyethylen (PE),
- Polyvinylidenfluorid (PVDF).

Der zylindrische Mantel mit durchgehend gleicher oder abgestufter Wanddicke kann aus Tafeln zusammengeschweißt sein, aus einem Wickelrohr oder einem extrudierten Rohr bestehen. Zylinder und Boden der Auffangvorrichtung dürfen keinerlei Öffnungen aufweisen.

Die Hauptabmessungen sind abhängig von denen der Behälter, die sie aufnehmen sollen, siehe hierzu Abschnitt 5.

Die Mindestwanddicke beträgt 4 mm.

Die Zuständigkeiten bestimmter Rechtsgebiete (z. B. Baurecht, Wasserrecht, Arbeitsschutzrecht usw.) sind zu beachten.

2. Berechnungsgrößen

a	mm	Schweißnahtdicke
A_B	m^2	Fläche des Bodens
A_i	m^2	Windangriffsfläche (Teilfläche)
A_Z	m^2	Mantelfläche des Zylinders
A_1	-	Abminderungsfaktor für den Einfluss der spezifischen Zähigkeit
A_2	-	Abminderungsfaktor für das Medium bei Festigkeitsnachweisen
A_{2K}	-	Abminderungsfaktor für den Medieneinfluss bei Festigkeitsnachweisen bei 3-monatiger Einwirkung
A_{2I}	-	Abminderungsfaktor für das Medium bei Stabilitätsnachweis
$b_Ö$	mm	Breite der Hebeöse
b_{Pr}	mm	Breite der Pratze
C	-	$C_1 \cdot C_2$
C_1	-	Spannungserhöhungsfaktor
C_2	-	werkstoffspezifischer Gestaltfaktor
C^*	-	Beiwert für den außendruckbelasteten Kreiszylinder

c_f	-	aerodynamischer Kraftbeiwert
d	mm	Nenninnendurchmesser
d_L	mm	Lochdurchmesser in der Hebeöse
d_{max}	mm	größter Zylinderdurchmesser
d_{min}	mm	kleinster Zylinderdurchmesser
d_{Sch}	mm	Durchmesser des Schäkels
$E_K^{20°C}$	N/mm²	E-Modul bei kurzzeitiger Belastung für 20°C
$E_K^{30°C}$	N/mm²	E-Modul bei kurzzeitiger Belastung für 30°C
$E_L^{20°C}$	N/mm²	E-Modul bei langzeitiger Belastung für 20°C
f_S	-	Langzeit-Schweißfaktor
f_z	-	Kurzzeit-Schweißfaktor
g	m/s^2	Erdbeschleunigung (9,81 m/s^2)
G_B	N	Eigenlast des Bodens
G_E	N	Gesamteigenlast
G_F	kN	Last des Füllgutes
G_Z	N	Eigenlast des Zylinders
h_F	mm	Füllhöhe
$h_{F,i}$	mm	Füllhöhe des Schusses i
h_Z	mm	zylindrische Höhe
$h_{Z,i}$	mm	Höhe des Schusses i
h_{ZF}	mm	Höhe des untersten Schusses
K_K^{vorh}	N/mm²	Beanspruchung bei kurzzeitiger Einwirkung

$K_{K,d}^{vorh}$	N/mm²	Bemessungswert einer kurzzeitig wirkenden Beanspruchung
$K_{M,d}^{vorh}$	N/mm²	Bemessungswert einer Beanspruchung bei mittlerer Einwirkdauer
K_K^*	N/mm²	Zeitstandfestigkeit für 10^{-1} Stunden
$K_{K,d}^*$	N/mm²	Bemessungswert der Zeitstandfestigkeit für die kurze Einwirkdauer
$K_{M,d}^*$	N/mm²	Bemessungswert der Zeitstandfestigkeit für die mittlere Einwirkdauer
l_o	mm	Länge des oberen Schusses des Ersatzzylinders
M_W	Nm	Biegemoment bei Windlast
p_{eu}	N/mm²	radialsymmetrische Ersatzbelastung infolge Winddrucks
$p_{kM,d}$	N/mm²	Bemessungswert des kritischen Mantelbeuldrucks
p_{stat}	N/mm²	Überdruck am Behälterboden durch das Füllmedium
$p_{stat,i}$	N/mm²	Überdruck je Unterkante Abstufung durch das Füllmedium
q	kN/m²	Geschwindigkeitsdruck
q_i	kN/m²	Geschwindigkeitsdruck auf Teilfläche Aj
q_{max}	kN/m²	größter am Behälter einwirkender Geschwindigkeitsdruck
r	mm	Radius des Zylinders
R_d	N/mm²	Bemessungswert der Beanspruchbarkeit
s_B	mm	Wanddicke des Bodens
$s_Ö$	mm	Wanddicke der Hebeöse
s_Z	mm	Wanddicke des Zylinders
s_{ZF}	mm	Wanddicke des untersten Schusses
s_{ZF}^*	mm	statisch erforderliche Wanddicke

s_{Zm}	mm	mittlere Wanddicke des Zylinders
$s_{Z,1}$	mm	Wanddicke des obersten Schusses
$s_{Z,i}$	mm	Wanddicke des Schusses i
s_o	mm	Wanddicke des oberen Schusses des Ersatzzylinders
S_d	N/mm²	Bemessungswert der Beanspruchung
T_A	°C	mittlere Umgebungstemperatur (nach Miner, siehe Richtlinie DVS 2205-1)
T_{AK}	°C	höchste Umgebungstemperatur
T_M	°C	mittlere Medientemperatur des zugehörigen Behälters
u	%	zulässige Unrundheit
V	m³	Füllvolumen
W_i	kN	Windlast
z	-	Anzahl der Anker
α	-	Hilfsgröße
β	-	Beiwert
δ	-	Beiwert
δ_A	-	Beiwert für die Ermittlung von A_{2K}
δ_B	-	Beiwert für Bodenberechnung
ε	%	tolerierbare Randfaserdehnung
$\eta_{A,i}$	-	Ausnutzung der Axialstabilität im Schuss i
η_M	-	Ausnutzung der Manteldruckstabilität
γ_F	-	Teilsicherheitsbeiwert der Einwirkung/ Beanspruchung
γ_M	-	Teilsicherheitsbeiwert des Widerstands/der Beanspruchbarkeit
ρ	g/cm³	Dichte Werkstoff ($\gamma = \rho \cdot \gamma$)
ρ_F	g/cm³	Dichte Füllmedium
σ_G	N/mm²	Membrandruckspannung aus Eigengewicht
$\sigma_{i,d}^{vorh}$	N/mm²	Bemessungswert der maßgeblichen axialen Druckspannung im Schuss i

σ_k	N/mm²	kritische Beulspannung
$\sigma_{k,i,d}$	N/mm²	Bemessungswert der kritischen Beulspannung im Schuss i
σ_W	N/mm²	Membrandruckspannung aus der Windlast

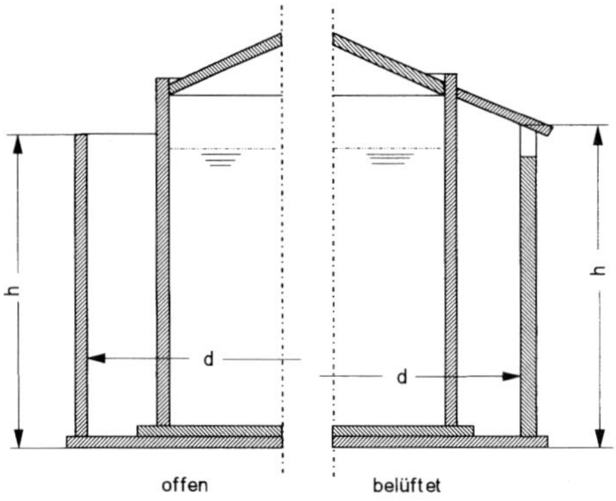

Bild 1: Auffangvorrichtung für Flachbodenbehälter

3. Belastungen

Die Auffangvorrichtungen werden für die gleiche rechnerische Betriebszeit wie für den zugehörigen Behälter ausgelegt, wobei der Lastfall Füllung aus Leckage für drei Monate angesetzt wird.

Im Standsicherheitsnachweis sind die folgenden Lasten zu berücksichtigen.

3.1. Lasten

3.1.1. Gesamteigenlast G_E

$$G_E = G_Z + G_B \quad N \qquad (1)$$

Eigenlast des Zylinders G_Z

$$G_Z = A_Z \cdot s_Z \cdot \rho \cdot g \quad N \qquad (2)$$

Eigenlast des Bodens G_B

$$G_B = A_B \cdot s_B \cdot \rho \cdot g \quad N \qquad (3)$$

Leitern, Bühnen, Podeste und Ähnliches sind unabhängig von der Auffangvorrichtung aufzustellen und zu befestigen, da sonst die freie Dehnung der Auffangvorrichtung, z. B. bei Füllung aus Leckage und bei Temperaturveränderungen behindert wird. Diese Behinderungen verursachen erhebliche Spannungsspitzen, die rechnerisch schwer zu erfassen sind und deren Berücksichtigung zu unwirtschaftlichen Konstruktionen führen. Wird hiervon abgewichen, ist ein entsprechender Nachweis zu erbringen.

3.1.2. Last des Füllgutes G_F

$$G_F = V \cdot \rho_F \cdot g \quad kN \qquad (4)$$

3.2. Wind

3.2.1. Windlasten

Die Windlasten Wj sind wie folgt anzusetzen:

$$W_j = c_f \cdot q \cdot A_j \quad kN \qquad (5)$$

Es bedeuten:

W_j Windlast der Teilfläche A_j

c_f aerodymischer Kraftbeiwert

q Geschwindigkeitsdruck

A_j zugehörige Angriffsfläche in m² (für den Auffangbehälter: Durchmesser mal Höhe h_Z)

Auf eine genaue Berechnung des aerodynamischen Kraftbeiwerts kann verzichtet werden, wenn die folgenden Kraftbeiwerte angesetzt werden:

Behälter	c_f = 0,8	Kreiszylinder und Dach; hierin sind alle Stutzen und Reihenaufstellung berücksichtigt
Leiter	c_f = 1,6	Leitern mit 20 % der Ansichtsfläche
Anbauten	c_f = 1,2	

Der Geschwindigkeitsdruck q ist in Abhängigkeit von der Windzone, der Geländekategorie, der Geländehöhe über dem Meeresniveau und der Höhe des Behälters über dem Gelände nach DIN EN 1991-1-4/NA, Teil 1-4 zu entnehmen. Bis zu einer Höhe von 25 m über Grund darf mit den vereinfachten Annahmen des Absatzes NA.3.3.2 gerechnet werden.

Die Spannung aus dem Windmoment M_W darf vereinfacht wie folgt berechnet werden

$$\sigma_{W,i} = \frac{4 \cdot M_{W,x} \cdot 10^3}{\pi \cdot d^2 \cdot s_{Z,i}} \quad \text{N/mm}^2 \qquad (6)$$

$M_{w,x}$ in der Höhe x über dem Behälterboden kann an einem eingespannten Ersatzstab berechnet werden.

$$M_{W,x} = c_{f1} \cdot q \cdot d \cdot \frac{(h_G - x)^2}{2} + c_{f2} \cdot q \cdot \sum (A_j \cdot a_j) \quad \text{Nm} \qquad (7)$$

wobei a_j der Hebelarm der Windangriffsfläche A_j der Auf- und Anbauten bezogen auf die Höhe x ist.

3.2.2. Radialsymmetrische Ersatzbelastung infolge Winddrucks

Die durch das Anströmen des Windes auf den zylindrischen Mantel einwirkende Druckbelastung wird durch die Ersatzbelastung p_{eu} erfasst.

$$p_{eu} = \delta \cdot q_{max} \cdot 10^{-3} \quad N/mm^2 \qquad (8)$$

Es bedeuten:

$$\delta = 0,46 \cdot \left(1 + 0,1 \cdot \sqrt{C^* \cdot \frac{r}{h_Z} \cdot \sqrt{\frac{r}{s_{Zm}}}}\right) \leq 0,6 \qquad (9)$$

C* = 0,6

$$s_{Zm} = \frac{\sum (h_{Z,i} \cdot s_{Z,i})}{h_Z} \quad \text{mm} \qquad (10)$$

3.3. Montagelasten

Die Auffangvorrichtung ist für die bei Transport und Montage auftretenden Belastungszustände auszulegen. Dabei wird mit den 1,5-fachen Montagelasten (Stoßfaktor) gerechnet. Als Teilsicherheitsbeiwert wird γ_{F1} angesetzt. Es ist der Kurzzeitschweißfaktor nach Richtlinie DVS 2205-1 zu berücksichtigen.

3.4. Temperatur

Für die Bemessung der Bauteile ist die wirksame Wandtemperatur entscheidend. Im Leckagefall sind die medienbenetzten Teile mit der mittleren Medientemperatur T_M nachzuweisen.

Für nicht benetzte Teile darf vereinfachend als Wandtemperatur das Mittel der beiden benachbarten Lufttemperaturen angesetzt werden. Bei der Umgebungstemperatur wird nach Aufstellort und Einwirkdauer differenziert. Für Aufstellung in Deutschland gelten die folgenden Mindestwerte:

Mindestwerte	kurzzeitig	langzeitig
Innenaufstellung	T_{AK} = 20°C	T_A = 20°C
Außenaufstellung	T_{AK} = 35°C	T_A = 20°C

Für Stabilitätsnachweise im Zylinder gilt bei Außenaufstellung eine verminderte Umgebungstemperatur T_{AK} - 5°C (Windwirkung).

4. Standsicherheitsnachweise

Die Standsicherheitsnachweise werden nach dem Konzept der Teilsicherheitsbeiwerte geführt. Es gilt allgemein

$$\frac{S_d}{R_d} \leq 1 \qquad (10a)$$

mit S_d Bemessungswert der Beanspruchung
R_d Bemessungswert der Beanspruchbarkeit

Dabei werden die charakteristischen Einwirkungen bzw. die Beanspruchungen mit den Teilsicherheitsbeiwerten γ_F gemäß **Tabelle 1** multipliziert.

Tabelle 1: Teilsicherheitsbeiwerte der Einwirkungen

Einwirkung	Teilsicherheitsbeiwert
Eigengewicht, Füllung, Montage	γ_{F1} = 1,35
Wind	γ_{F2} = 1,5
Beanspruchung verringerndes Eigengewicht	γ_{F3} = 0,9

Zum Beispiel ergibt sich der Bemessungswert der vorhandenen Beanspruchung aus dem γ_F-fachen charakteristischen Wert der vorhandenen Beanspruchung im Bauteil.

$$K_{K,d}^{vorh} = \gamma_F \cdot K_K^{vorh} \qquad (10b)$$

Die Bemessungswerte der vorhandenen Beanspruchung sind noch mit den Abminderungsbeiwerten A_1 und A_2 zu multiplizieren. Bei Nachweisen in der Schweißnaht ist der Bemessungswert der vorhandenen Beanspruchung durch den Schweißfaktor zu dividieren.

Die charakteristischen Widerstände bzw. die Beanspruchbarkeiten werden durch den Teilsicherheitsbeiwert γ_M = 1,3 dividiert.

Zum Beispiel ergibt sich der Bemessungswert der Kurzzeitfestigkeit aus dem durch γ_M dividierten Wert der charakteristischen Kurzzeitfestigkeit K_K^* gemäß Zeitstandfestigkeitsdiagrammen der Richtlinie DVS 2205-1.

$$K_{K,d}^* = \frac{K_K^*}{\gamma_M} \qquad (10c)$$

4.1. Festigkeitsnachweise

4.1.1. Einwirkungen

Es ist stets die ungünstigste Kombination der gesamten Einwirkungen für jedes Bauteil zu suchen.

Entsprechend der Einwirkdauer sind drei Belastungskategorien zu unterscheiden.

- Kurzzeitig wirkende Belastungen (K) z. B. Wind: q, p_{eu}
- Einwirkungen mittlerer Einwirkdauer (M) z. B. Füllung im Leckagefall
- langzeitig wirkende Belastungen (L) z. B. Eigengewicht

Kurzzeitig wirkende Lastfälle müssen nicht miteinander kombiniert werden.

Die Einwirkdauer von kurzzeitig wirkenden Lasten wird mit 10^{-1} Stunden festgelegt und die von mittlerer Einwirkdauer mit 3 Monaten.

4.1.2. Mantel

Die Höhe des untersten Schusses h_{ZF} muss mindestens $1,4 \cdot \sqrt{d \cdot s_{ZF}}$ betragen. Bei abgestuften Behältern ist ein Wanddickenverhältnis benachbarter Schüsse von maximal 3 ohne weiteren Nachweis zulässig. Bei Dickensprüngen mit einem Wanddickenverhältnis größer als 2 ist die Mantelnahtausbildung nach Richtlinie DVS 2205-3 Bild 2.2 a), 2.2 c) oder 2.2 c1) zu verwenden.

4.1.2.1. Nachweis in Umfangsrichtung

Für jeden Schuss i ist der Nachweis zu führen, dass an seinem unteren Rand die Ringzugbeanspruchung aus der Füllung aufgenommen werden kann:

$$\frac{K_{M,d}^{vorh}}{K_{M,d}^{*}} \leq 1 \qquad (11)$$

mit

$$\mathrm{K}_{M,d}^{vorh} = \frac{(\gamma_{F1} \cdot p_{stat,i} \cdot d)}{2 \cdot s_{z,i}} \cdot \frac{A_1 \cdot A_{2K}}{f_s} \ \mathrm{N/mm^2} \qquad (12)$$

mit

$$\mathrm{p}_{stat,i} = \rho_F \cdot g \cdot h_{F,i} \cdot 10^{-6} \ \mathrm{N/mm^2} \qquad (13)$$

wobei $h_{F,i}$ die Höhe des Flüssigkeitsspiegels über der Unterkante des Schusses i bedeutet.

Der Abminderungsfaktor für den Medieneinfluss bei 3-monatiger Einwirkung errechnet sich für nicht quellend wirkende Medien aus

$$A_{2K} = \max\ (\delta_A \cdot A_2, 1,0) \qquad (14)$$

mit δ_A gemäß **Tabelle 2**.

Für quellend wirkende Medien gilt $A_{2K} = A_2$.

Tabelle 2: Beiwerte δ_A zur Ermittlung von A_{2K}

TM °C 3 Monate	PE-HD	PE 63	PE 80	PE 100	PP-H	PP-B	PP-R
20	0,52	0,07	0,09	0,17	0,10	0,19	0,07
30	0,61	0,12	0,14	0,25	0,16	0,26	0,11
40	0,73	0,20	0,24	0,36	0,22	0,34	0,17
50	0,90	0,34	0,37	0,49	0,31	0,43	0,24
60	1,00	0,54	0,57	0,67	0,41	0,52	0,33
70	-	-	-	-	0,53	0,61	0,45
80	-	-	-	-	0,65	0,69	0,58

Anmerkung: Für PVC und PVDF gilt $\delta_A = 1{,}0$

Bei aus Platten hergestellten Zylindern ist der Schweißfaktor der Mantelnaht f_s bzw. f_z zu berücksichtigen. Nach dem heutigen Stand der Technik ist das Heizelementstumpfschweißen zu bevorzugen. Für gewickelte Behälter gilt $f_s = 1$ und $f_z = 1$.

Die Restspannungen aus dem Biegen der Tafeln bei Raumtemperatur dürfen vernachlässigt werden, wenn die Randfaserdehnungen (**Tabelle 3**) $\varepsilon = s/d \cdot 100$ [%] nicht überschritten werden.

Tabelle 3: Tolerierbare Randfaserdehnungen

Werkstoff	Randfaserdehnung ε
PE-HD	1,00
PP-H	0,50
PP-B	0,75
PP-R	1,00
PVDF	0,50
PVC-U	0,20
PVC-C	0,10

Anmerkung: Für PE 63, PE 80 und PE 100 darf der Wert für PE-HD verwendet werden.

4.1.2.2. Nachweis in Längsrichtung

Für den Nachweis der Beanspruchung in Längsrichtung muss nur der unterste Schuss am Übergang zum Boden untersucht werden. Hier treten Beanspruchungen aus dem Biegestörmoment, aus Eigengewicht und Wind auf.

Die Längsspannungen aus Eigengewicht können vernachlässigt werden. Auf den Nachweis der kurzzeitigen Zugbeanspruchung aus Wind kann ebenfalls verzichtet werden.

Der Nachweis ist zu führen gemäß Gleichung (11)

$$K_{M,d}^{vorh} = \left[C \cdot \gamma_{F1} \cdot p_{stat} \cdot \frac{d}{2}\right] \cdot \frac{A_1 \cdot A_{2K}}{S_{ZF}} \quad N/mm^2 \qquad (15)$$

und

$$p_{stat} = \rho_F \cdot g \cdot h_F \cdot 10^{-6} \quad N/mm^2 \qquad (16)$$

Der Faktor C für den geschweißten bergang der Boden-Mantelanbindung ist das Produkt aus dem Spannungserhöhungsfaktor C_1 = 1,2 und einem werkstoffspezifischen Gestaltfaktor C_2 gemäß **Tabelle 4**.

Tabelle 4: Werkstoffspezifischer Gestaltfaktor C_2 und Faktor C für thermoplastische Kunststoffe

Werkstoff	C_2	$C = C_1 \cdot C_2$
PE-HD	1,00	1,20
PP-H (Typ 1)	1,17	1,40
PP-B (Typ 2)	1,00	1,20
PP-R (Typ 3)	1,00	1,20
PVC-NI (normal schlagzäh)	1,25	1,50
PVC-RI (erhöht schlagzäh)	1,08	1,30
PVC-HI (hoch schlagzäh)	1,00	1,20
PVC-C	1,33	1,60
PVDF	1,17	1,40

Anmerkung: Für PE 63, PE 80 und PE 100 dürfen die Werte für PE-HD verwendet werden.

Auf einen Nachweis der Spannungen in der Schweißnaht kann verzichtet werden, wenn die Bedingungen gemäß Abschnitt 4.1.4 erfüllt sind.

Der Spannungserhöhungsfaktor C_1 = 1,2 setzt voraus, dass der Boden nicht dicker als die Wanddicke des untersten Schusses ($s_B \leq s_{ZF}$) ausgeführt wird und kein größerer Bodenplattenabstand ü als im **Bild 6** dargestellt vorhanden ist.

4.1.3. Boden

Wenn Boden und Zylinder mit Kehlnähten verbunden werden (**Bild 6)**, darf die erforderliche Bodendi-cke wie folgt bestimmt werden

$$\delta_B \cdot s^*_{ZF} \leq s_B \leq s_{ZF} \qquad (17)$$

mit s_{ZF} ausgeführte Wanddicke und δ_B gemäß **Bild 2**.

$$s^*_{ZF} = \frac{C \cdot \gamma_{F1} \cdot p_{stat} \cdot d}{2 \cdot K^*_{M,d}} \cdot A_1 \cdot A_{2K} \text{ mm} \qquad (18)$$

Der Boden des Behälters muss vollständig auf einer ebenen, biegesteifen Auflagerplatte gebettet sein.

4.1.4. Schweißverbindung Boden/Mantel

Auf einen expliziten Nachweis der Schweißnahtbeanspruchung kann verzichtet werden, wenn die folgenden Bedingungen erfüllt sind

- Schweißnahtdicke $a \geq 0{,}7 \cdot s_B$
- Langzeit-Schweißfaktor $f_s \geq 0{,}6$

Bei einschaligen Behältern bis 1000 l Inhalt mit Wanddicken bis zu 10 mm gilt dieser Verzicht auch für Langzeit-Schweißfaktoren $f_s \geq 0{,}4$.

Ist eine dieser Bedingungen nicht erfüllt, ist ein detaillierter Nachweis der Spannungen in der Schweißnaht (z. B. FE-Berechnung) zu führen.

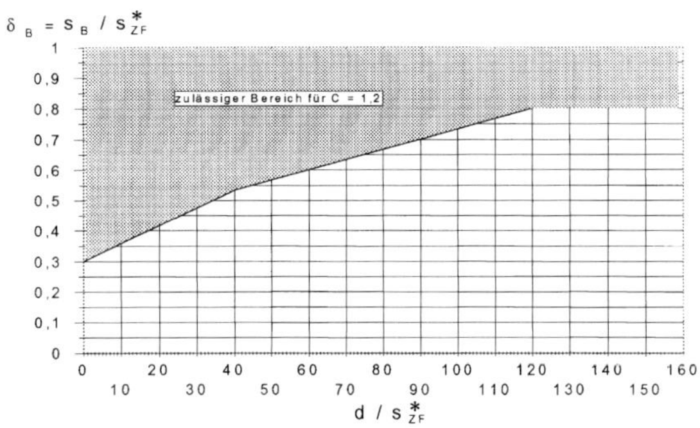

Bild 2: Diagramm zur Bestimmung der Bodendicke, abgeleitet für PE-HD (für C > 1,2 liegt dieses Diagramm auf der sicheren Seite)

4.1.5. Verankerungen

Wenn Verankerungen erforderlich werden, sind mindestens 4 Anker anzuordnen ($z \geq 4$). Aus den Pratzenkräften sind unter Berücksichtigung der Hebelarme die Ankerkräfte (z. B. für die Dübel zu berechnen.

Beim Nachweis der Verankerung ist die kurzzeitige Windlast bei

$$\frac{3 \cdot max\,(T_{MK}, T_{AK}) + (T_{AK} - 5)}{4} - 10$$ in °C zu untersuchen.

$$\frac{\left[4 \cdot 10^3 \cdot \frac{\gamma_{F2} \cdot M_w}{d} - \gamma_{F3} \cdot G_z\right] \cdot \frac{1}{z}}{(b_{Pr} + s_B) \cdot s_B \cdot \frac{K^*_{K,d}}{2 \cdot A_1}} \leq 1 \qquad (19)$$

Im Zähler steht die aufzunehmende Pratzenkraft und im Nenner die sich aus der Schubspannung in der Schweißnaht ergebende aufnehmbare Pratzenkraft. Hierbei wird als Schubspannung die halbe Zeitstandfestigkeit angesetzt.

Bild 4 im Abschnitt 5.3 zeigt die Ausführung einer Verankerung.

Der Nachweis der Horizontalkraftverankerung ist analog Abs. 4.1.8 der Richtlinie DVS 2205-2 Hauptblatt zuführen.

4.1.6. Hebeösen

Eine der möglichen Hebeösenformen ist in **Bild 5** (Abschnitt 5.3) dargestellt. Voraussetzung für die Verwendung dieser Hebeösen ist, dass pro Auffangvorrichtung nur zwei Hebeösen verwendet werden und dass ein Parallelgehänge eingesetzt wird.

Um auf einen Nachweis der Lasteinleitung im obersten Schuss verzichten zu können, muss sichergestellt sein, dass die Hebeöse nicht dicker als die dreifache Wanddicke des obersten Schusses ist. Der Lochdurchmesser (d_L) muss auf den Durchmesser des Schäkels (d_{Sch}) abgestimmt sein.

Es gilt

$$s_{z,1} \leq erf\ s_{Ö} \leq 3 \cdot s_{z,1} \quad mm \qquad (20)$$

$$\mathrm{d}_L = d_{sch}+1mm \quad \text{für } d_{sch} < 20\ \text{mm} \qquad (21)$$
$$d_L = d_{sch} + 2mm \quad \text{für } d_{sch} \geq\ 20\ \text{mm}$$

Es ist nachzuweisen, dass die 1,5-fache Belastung (Stoßfaktor) kurzzeitig bei 20°C getragen werden kann.

Die erforderliche Wanddicke $s_ö$ der Hebeöse ergibt sich aus dem Lochlaibungsnachweis

$$s_{Ö} = \frac{1,5 \cdot \frac{\gamma_{F1} \cdot G_E}{2}}{d_{Sch} \cdot 2 \cdot K^*_{K,d}} \cdot A_1 \ \ \text{mm} \qquad (22)$$

Das Maximum der beiden folgenden Nachweise ist maßgeblich für die Breite der Hebeöse ($b_ö$).

$b_ö = \max(b_{ö,1}, b_{ö,2})$

Schubspannungsnachweis der Quernaht beim Anheben der liegenden Auffangvorrichtung

$$b_{Ö,1} = \frac{1,5 \cdot \frac{\gamma_{F1} \cdot G_E}{4}}{0,7 \cdot s_{Z,1} \cdot \frac{K^*_{K,d}}{2}} \cdot A_1 \ \ \text{mm} \qquad (23)$$

Augenstab

$$b_{Ö,2} = \frac{1,5 \cdot \frac{\gamma_{F1} \cdot G_E}{2}}{s_{Ö} \cdot K^*_{K,d}} \cdot A_1 + \frac{7}{3} \cdot d_L \ \ \text{mm} \qquad (24)$$

4.2. Stabilitätsnachweise

Stabilitätsnachweise sind nur bei Außenaufstellung zu führen. Für den Mantel der Auffangvorrichtung ist eine genügende Sicherheit gegen Axial- und Manteldruckstabilität nachzuweisen.

Voraussetzung ist, dass die Unrundheit des Zylinders in der folgenden Form begrenzt bleibt:

$$u = \frac{2 \cdot (d_{max} - d_{min})}{d_{max} + d_{min}} \cdot 100 \leq 0,5 \quad \% \qquad (25)$$

4.2.1. Überlagerung der Einwirkungen

Für die Stabilitätsberechnungen werden die maßgeblichen E-Moduln benötigt. Das Beulen von Schalen ist ein plötzlicher Vorgang, der wesentlich von den Imperfektionen, d. h. von der Größe der Vorbeulen abhängig ist. Die Größe der Vorbeulen wächst mit zunehmender Belastungsdauer aufgrund des Kriechverhaltens des Materials. Der elastische Widerstand während des Ausbeulens wird dagegen vorwiegend vom Kurzzeit-E-Modul unter der augenblicklichen Temperatur bestimmt. Die kritische Beulspannung σ_k wird daher mit den temperaturabhängigen Moduln $E_K^{T°C}$ berechnet.

In den **Tabellen 2 und 3** von Richtlinie DVS 2205-1 sind für die wesentlichen Thermoplaste die temperatur- bzw. zeitabhängigen E-Moduln enthalten.

Es ist die ungünstigste Kombination von Lasten unter Berücksichtigung des Temperaturverhaltens der Thermoplaste zu untersuchen.

4.2.2. Axialstabilität

Bei Außenaufstellung wird für jeden Schuss i die am unteren Rand vorhandene axiale Druckspannung $\sigma_{i,d}^{vorh}$ aus Eigengewicht und Windlast ermittelt und mit der Beulspannung $\sigma_{k,i,d}$ abgesichert. Bei Innenaufstellung ist der Nachweis der Axialstabilität entbehrlich.

$$\sigma_{i,d}^{vorh} = \gamma_{F1} \cdot \sigma_G + \gamma_{F2} \cdot \sigma_W \quad \mathrm{N/mm}^2 \qquad (26)$$

Die Beulspannung darf vereinfachend nach folgender Formel ermittelt werden

$$\sigma_{k,i,d} = \alpha_i \cdot 0,62 \cdot f_{\alpha,i} \cdot \frac{E_K^{T°C}}{\gamma_M} \cdot \frac{s_{Z,i}}{r} \leq K_{K,d}^* \quad N/mm^2 \qquad (27)$$

mit

$$\alpha_i = \frac{0,70}{\sqrt{\frac{E_K^{20°C}}{E_L^{20°C}} \cdot \left(1 + \frac{r}{100 \cdot s_{Z,i}}\right)}} \qquad (28a)$$

und

$$f_{\alpha,i} = 1,5 - \frac{e_i}{s_{Z,i}} \leq 1 \text{ aber } \geq 0,4 \qquad (28b)$$

wobei e_i die Exzentrizität zum dickeren der beiden benachbarten Schüsse eines abgestuften Zylinders ist, wenn dieser selbst dicker als der betrachtete Schuss i ist.

Es muss die folgende Bedingung für jeden Schuss i eingehalten werden

$$\eta_{A,i} = \frac{A_{2I} \cdot \sigma_{i,d}^{vorh}}{\sigma_{k,i,d}} \leq 1 \qquad (29)$$

Es darf A_{2I} = 1,0 gesetzt werden, weil die Auffangvorrichtung nur im leeren Zustand – und damit ohne Medieneinwirkung – beulgefährdet ist.

4.2.3. Manteldruckstabilität

Der Unterdruck aus p_{eu} wird mit dem kritischen Manteldruck p_{kM} abgesichert.

Die folgende Bedingung muss erfüllt sein

$$\eta_M = \frac{A_{2I} \cdot \gamma_{F2} \cdot p_{eu}}{p_{kM,d}} \leq 1 \qquad (30)$$

Es darf A_{2I} = 1,0 gesetzt werden, weil die Auffangvorrichtung nur im leeren Zustand – und damit ohne Medieneinwirkung – beulgefährdet ist.

Der kritische Manteldruck des nicht abgestuften Zylinders errechnet sich aus

$$p_{kM,d} = 0,67 \cdot C^* \cdot \frac{E_K^{T°C}}{\gamma_M} \cdot \frac{r}{h_Z} \cdot \left(\frac{s_Z}{r}\right)^{2,5} \quad N/mm^2 \qquad (31)$$

mit C^* = 0,6.

Der kritische Manteldruck des abgestuften Zylinders darf nach DIN EN 1993-1-6 an einem dreischüssigen Ersatzzylinder berechnet werden:

$$p_{kM,d} = 0,67 \cdot \beta \cdot C^* \cdot \frac{E_K^{T°C}}{\gamma_M} \cdot \frac{r}{l_o} \cdot \left(\frac{s_o}{r}\right)^{2,5} \quad N/mm^2 \qquad (32)$$

Die β-Werte sind dem Bild D.6 der DIN EN 1993-1-6 zu entnehmen.

Auf den Nachweis der Interaktion aus Axial- und Manteldruckstabilität darf verzichtet werden.

4.3. Nachweis der Auftriebssicherheit

Für den Schadensfall ist nachzuweisen, dass die 0,9-fache Gewichtskraft des Behälters größer ist, als die Auftriebskraft des eingetauchten Behälterteiles. Ist dies nicht gegeben, ist eine konstruktive Auftriebssicherung erforderlich.

Der statische Nachweis der Auftriebssicherung ist bei Medientemperatur, für eine Beanspruchungszeit von 3 Monaten als außergewöhnlicher Lastfall (γ_{F4} = 1,0) zu führen. Bei der konstruktiven Gestaltung der Auftriebssicherung ist die horizontale und die vertikale Verschiebbarkeit infolge Wärmedehnung für alle Betriebsbedingungen zu gewährleisten.

5. Anhang

5.1. Erläuterungen

Dieses Beiblatt 2 zu der Richtlinie DVS 2205-2 wurde von der DVS-AG W4.3b (Konstruktive Gestaltung/Apparatebau) zusammen mit dem Sachverständigenausschuss „Kunststoffbehälter und -rohre" (Projektgruppe „Berechnung") erarbeitet.

5.2. Schrifttum

Regelwerk

siehe Richtlinie DVS 2205-2

Literatur

[1] Timoshenko, S.: Theory of Plates and Shells. McGraw Hill Book Comp, New York/ London 1959.

[2] Kempe, B.: Verformungsmessungen an einem Behälter aus Polyethylen hoher Dichte bei Temperaturwechsel. Schweißen und Schneiden, Heft 4/90)

[3] Tuercke, H.: Vereinfachter Nachweis der Manteldruckstabilität bei Flachbodenbehaltern aus Thermoplasten. DIBt-Mitteilungen, Heft 6/1995.

[4] Tuercke, H.: Zur Stabilität von Behältern aus Thermoplasten. DIBt-Mitteilungen, Heft 5/1995

5.2.1. Temperatur- und zeitabhängige E-Moduln für Stabilitätsberechnungen

Siehe Richtlinie DVS 2205-1, Tabellen 2 und 3.

5.3. Konstruktive Details

In diesem Abschnitt sind Konstruktionsbeispiele für

- Abstand Auffangvorrichtung/Behälter, **Bild 3**
- Bodenverankerung, **Bild 4**
- Hebeöse, **Bild 5**
- Anschluss Mantel/Boden, **Bild 6**
- Rand von Auffangvorrichtungen, **Bild 7**

dargestellt.

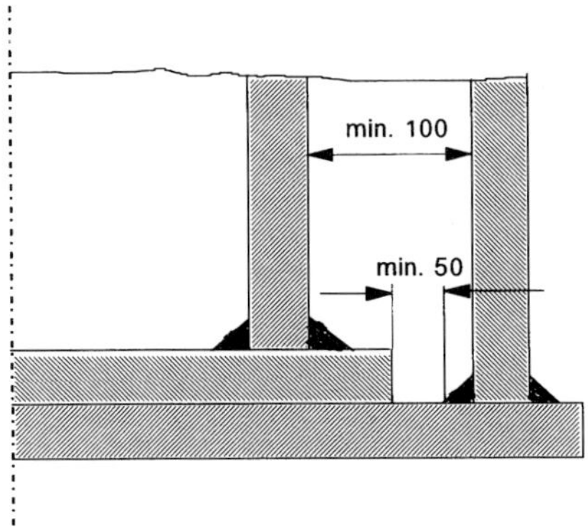

Bild 3: Abstand Auffangvorrichtung/Behälter

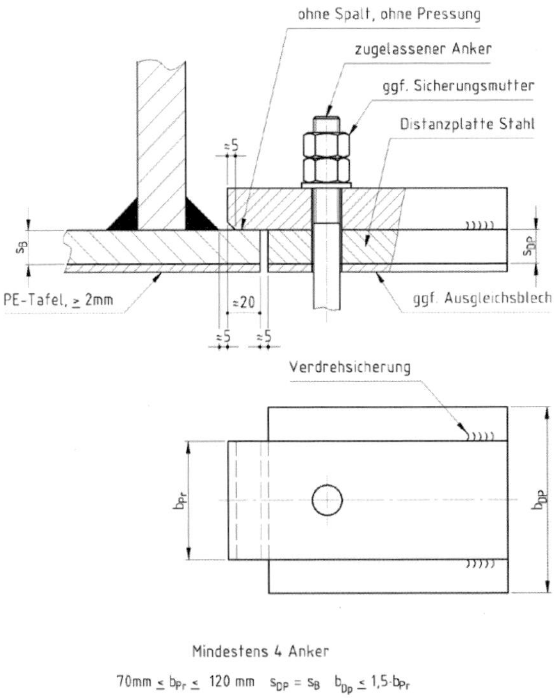

Bild 4: Bodenverankerung

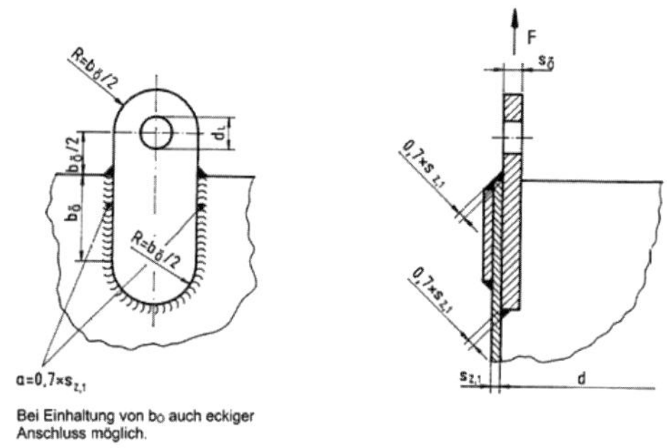

Bild 5: Hebeöse

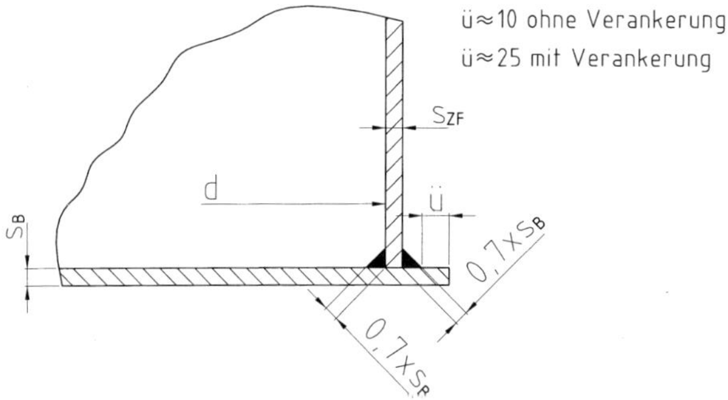

Bild 6: Anschluss Mantel/Boden

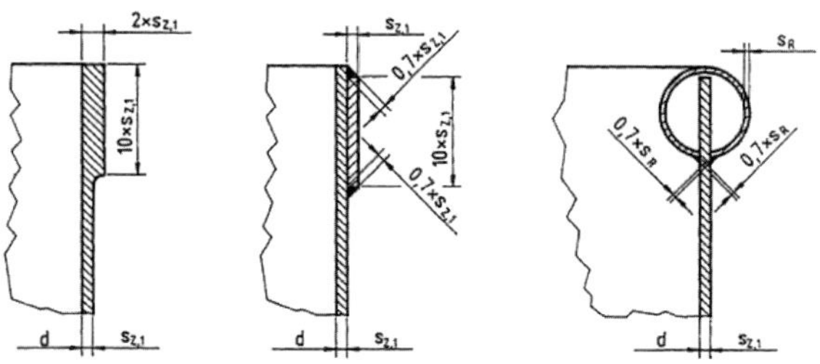

Bild 7: Rand von Auffangvorrichtungen

DVS – DEUTSCHER VERBAND FÜR SCHWEISSEN UND VERWANDTE VERFAHREN E.V.

Berechnung von Behältern und Apparaten aus Thermoplasten – Stehende runde, drucklose Behälter – Flachdächer

Richtlinie DVS 2205-2 Beiblatt 3

Ersetzt Ausgabe Januar 2010

Inhalt:

1 Geltungsbereich

Die nachfolgenden Konstruktions- und Berechnungsregeln gelten für Flachdächer werksgefertigter Flachbodenbehälter aus thermoplastischen Kunststoffen, insbesondere

- Polyvinylchlorid (PVC),
- Polypropylen (PP),
- Polyethylen (PE),
- Polyvinylidenfluorid (PVDF).

Die Nachweise dieser Richtlinie gelten nur für innerhalb von Gebäuden aufgestellte Behälter.

Flachdächer dürfen nicht ohne lastverteilende Maßnahmen betreten werden, es sei denn, sie sind für eine Mannlast von 1,5 kN dimensioniert.

2 Berechnungsgrößen

A_1	–	Abminderungsfaktor für den Einfluss der spezifischen Zähigkeit
A_2	–	Abminderungsfaktor für das Medium bei Festigkeitsnachweisen
A_{2I}	–	Abminderungsfaktor für das Medium bei Stabilitätsnachweisen
b_m	mm	mittragende Breite
d	mm	Nenndurchmesser des Behälters
$E_K^{T°C}$	N/mm^2	E-Modul bei kurzzeitiger Belastung für T°C
f_{sD}	–	Langzeit-Schweißfaktor für die Naht der Dachplatte
f_{zD}	–	Kurzzeit-Schweißfaktor für die Naht der -Dachplatte
g	m/s^2	Erdbeschleunigung
g_D	N/mm^2	Flächenlast aus Eigengewicht der Dachplatte
g_{Steife}	N/mm^2	gleichmäßig verteilte Flächenlast aus Steifen und Schotten
h_S	mm	Höhe der Steifen
I_S	mm^4	Trägheitsmoment
k	–	Beulwert
$K_{K,d}^{vorh}$	N/mm^2	Bemessungswert der kurzzeitig wirkenden Beanspruchung
$K_{L,d}^{vorh}$	N/mm^2	Bemessungswert der langzeitig wirkenden Beanspruchung
$K_{K,d}^{*}$	N/mm^2	Bemessungswert der Zeitstandfestigkeit für 10^{-1} Stunden
$K_{L,d}^{*}$	N/mm^2	Bemessungswert der Zeitstandfestigkeit für die rechnerische Gebrauchsdauer
p	N/mm^2	Einwirkung auf das Dach
$p_{DK,d}$	N/mm^2	Bemessungswert der kurzzeitigen Einwirkungen auf das Dach
$p_{DL,d}$	N/mm^2	Bemessungswert der langzeitigen-Einwirkungen auf das Dach
p_E	N/mm^2	Ersatzlast (kurzzeitig)
p_{uK}	N/mm^2	kurzzeitig wirkender Außendruck (bzw. innerer Unterdruck)
$p_{üK}$	N/mm^2	kurzzeitig wirkender Innendruck
p_u	N/mm^2	langzeitig wirkender Außendruck (bzw. innerer Unterdruck)
$p_ü$	N/mm^2	langzeitig wirkender Innendruck
p_{us}	N/mm^2	Unterdruck aus Windsog
$P_{M,d}$	N	Bemessungswert der Mannlast
m	Nmm/mm	Biegemoment
n	–	Anzahl der Steifen und Schotten
s_D	mm	Wanddicke der Dachplatte
s_S	mm	Wanddicke der Steifen
T_A	°C	mittlere Umgebungstemperatur (nach Miner, siehe DVS 2205-1)
T_{AK}	°C	höchste Umgebungstemperatur
T_M	°C	mittlere Medientemperatur (nach Miner, siehe DVS 2205-1)
T_{MK}	°C	höchste Medientemperatur
z_S	mm	Schwerpunktsabstand
γ_F	–	Teilsicherheitsbeiwert der Einwirkung/ Beanspruchung (siehe DVS 2205-2)
γ_M	–	Teilsicherheitsbeiwert des Widerstands/ der Beanspruchbarkeit (siehe DVS 2205-2)
μ	–	Querdehnungszahl

DVS, Ausschuss für Technik, Arbeitsgruppe „Fügen von Kunststoffen"

Bezug: DVS Media GmbH, Postfach 10 19 65, 40010 Düsseldorf, Telefon (02 11) 15 91-0, Telefax (02 11) 1591-150

ρ	g/cm³	Dichte des Werkstoffs
$\sigma_{k,d}$	N/mm²	Bemessungswert der kritischen Druckspannung
σ_d^{vorh}	N/mm²	Bemessungswert der Druckspannung in der Dachplatte

3 Konstruktive Gestaltung

Flachdächer dürfen unversteift oder mit Steifen hergestellt werden.

Bei unversteiftem Flachdach ist die große Verformung des Daches allein aufgrund des Eigengewichts zu beachten.

Flachdächer werden in der Regel mit zwei parallelen Steifen verstärkt. Für größere Behälter können auch mehr Steifen angeordnet werden. Bei der Wahl der Anzahl der Steifen ist jedoch auf die Anordnung einer Einsteigeöffnung zwischen den Steifen und auf ausreichenden Platz für die beidseitige Verschweißung der Steifen mit der Dachplatte zu achten.

Die n Steifen sind konstruktiv mit jeweils n Schotten in regelmäßigen Abständen gegen Kippen zu sichern.

Sofern die Dachplatte nicht in einem Teil gefertigt werden kann, ist die Naht senkrecht zu den Steifen anzuordnen.

Das Verhältnis aus Höhe zu Dicke der Steifen wird auf 8 begrenzt:

$$\frac{h_S}{s_S} \leq 8$$

4 Belastungen

Neben dem Eigengewicht und den Mindestdrücken ist zusätzlich eine gleichmäßige Ersatzlast p_E zu berücksichtigen:

- Eigengewicht des Daches inkl. Steifen und Schotten ($g_D, g_{Steifen}$)
- Mindestdrücke nach DVS 2205-2 Abschnitt 1 ($p_{uK}, p_{üK}, p_u, p_ü$)
- Unterdruck aus Windsog (p_{us})
- $p_E = 1\ kN/m^2 = 0{,}001\ N/mm^2$ zur Berücksichtigung von unplanmäßigen Einzellasten

Die Weiterleitung der Ersatzlast p_E im Zylinder muss nicht untersucht werden.

5 Temperatur

Die Festigkeitsnachweise der Dachplatte sind mit der wirksamen Wandtemperatur $(T_M + T_A)/2$ bei langzeitigen Einwirkungen bzw. $(T_{MK} + T_{AK})/2$ bei kurzzeitigen Einwirkungen zu führen. Für die Festigkeitsnachweise der Steifen ist die mittlere Medientemperatur T_M anzunehmen. Der Abmindungsfaktor A_1 ist entsprechend der jeweils anzusetzenden Temperatur zu bestimmen.

Der Stabilitätsnachweis der Dachpaltte ist mit dem Kurzzeit-E-Modul für $(T_{MK} + T_{AK})/2$ zu führen. Die Stabilität der Steifen ist mit dem Kurzzeit-E-Modul für T_{MK} nachzuweisen. Bei Außenaufstellung unter einem Sonne und Schnee abschirmenden ortsfesten Dach kann bei Aufstellung in Deutschland als Umgebungstemperatur $T_{AK} = 35°C$ angesetzt werden.

6 Standsicherheitsnachweise

6.1 Unversteiftes Dach

Das Biegemoment in Plattenmitte ergibt sich vereinfachend aus:

$$m = \frac{(3+\mu) \cdot p \cdot d^2}{64} \quad (1)$$

Nachweis nach Gleichung (13) DVS 2205-2, wobei keine Belastung mit mittlerer Einwirkdauer auftreten:

$$\frac{K_{L,d}^{vorh}}{K_{L,d}^*} \leq 1 \quad (2)$$

$$\text{mit } K_{L,d}^{vorh} = \frac{p_{DL,d}^{vorh} \cdot d^2 \cdot 6 \cdot (3+\mu)}{64 \cdot s_D^2} \cdot \frac{A_1 \cdot A_2}{f_{sD}} \quad (3)$$

$$\text{mit } p_{DL,d}^{vorh} = \max(\gamma_{F1} \cdot g_D + \gamma_{F2} \cdot p_u, \gamma_{F2} \cdot p_ü - \gamma_{F3} \cdot g_D) \quad (4)$$

Nachweis nach Gleichung (15) DVS 2205-2:

$$\frac{K_{K,d}^{vorh}}{K_{K,d}^*} \leq 1 \quad (5)$$

$$\text{mit } K_{K,d}^{vorh} = \frac{p_{DK,d}^{vorh} \cdot d^2 \cdot 6 \cdot (3+\mu)}{64 \cdot s_D^2} \cdot \frac{A_1 \cdot A_2}{f_{zD}} \quad (6)$$

$$\text{mit } p_{DK,d}^{vorh} = \max\{\gamma_{F1} \cdot g_D + \gamma_{F2} \cdot [\max(p_{uK}, p_{us}) + p_E], \gamma_{F2} \cdot p_{üK} - \gamma_{F3} \cdot g_D\} \quad (7)$$

Die Schweißfaktoren f_{sD} bzw. f_{zD} sind 1,0, wenn das Dach aus einem Teil gefertigt wird.

Die Querdehnungszahl kann für alle Thermoplaste näherungsweise $\mu = 0{,}38$ gesetzt werden.

6.2 Dach mit Steifen

6.2.1 Festigkeitsnachweis der Dachplatte quer zu den Steifen

Wird die Dachplatte nicht aus zwei Teilplatten gefertigt, ist die Schweißnaht parallel zu den Steifen anzuordnen.

Das Biegemoment in der Dachplatte zwischen den Steifen ergibt sich vereinfachend aus:

$$m = \frac{p \cdot d^2}{8 \cdot (n+1)^2} \quad (8)$$

Nachweis nach Gleichung (13) DVS 2205-2, wobei keine Belastung mit mittlerer Einwirkdauer auftritt:

$$\frac{K_{L,d}^{vorh}}{K_{L,d}^*} \leq 1 \quad (9)$$

$$\text{mit } K_{L,d}^{vorh} = \frac{p_{DL,d} \cdot d^2 \cdot 6}{(n+1)^2 \cdot 8 \cdot s_D^2} \cdot \frac{A_1 \cdot A_2}{f_{sD}} \quad (10)$$

$$\text{mit } p_{DL,d}^{vorh} = \max(\gamma_{F1} \cdot g_D + \gamma_{F2} \cdot p_u, \gamma_{F2} \cdot p_ü - \gamma_{F3} \cdot g_D) \quad (11)$$

Nachweis nach Gleichung (15) DVS 2205-2:

$$\frac{K_{K,d}^{vorh}}{K_{K,d}^*} \leq 1 \quad (12)$$

$$\text{mit } K_{K,d}^{vorh} = \frac{p_{DK,d}^{vorh} \cdot d^2 \cdot 6}{(n+1)^2 \cdot 8 \cdot s_D^2} \cdot \frac{A_1 \cdot A_2}{f_{zD}} \quad (13)$$

$$\text{mit } p_{DK,d}^{vorh} = \max\{\gamma_{F1} \cdot g_D + \gamma_{F2} \cdot [\max(p_{uK}, p_{us}) + p_E], \gamma_{F2} \cdot p_{üK} - \gamma_{F3} \cdot g_D\} \quad (14)$$

Die Querdehnungszahl kann für alle Thermoplaste näherungsweise $\mu = 0{,}38$ gesetzt werden.

6.2.2 Nachweise längs der Steifen

Für die Nachweise längs der Steife wird ein Plattenbalken mit der mittragenden Breite

$$b_m = \frac{0{,}85 \cdot d}{n+1} \quad (15)$$

berechnet. Die Lage des Schwerpunkts z_S (gemessen von der Mittelfläche der Dachplatte) und das Trägheitsmoment I_S ergeben sich aus:

$$z_S = \frac{h_S \cdot s_S \cdot \frac{h_S + s_D}{2}}{h_S \cdot s_S + b_m \cdot s_D} \quad (16)$$

$$I_S = \frac{h_S^3 \cdot s_S}{12} + \frac{b_m \cdot s_D^3}{12} + b_m \cdot S_D \cdot z_S^2 + h_S \cdot s_S \cdot \left(\frac{h_S + s_D}{2} - z_S\right)^2 \quad (17)$$

Die Querdehnungszahl kann für alle Thermoplaste näherungsweise $\mu = 0{,}38$ gesetzt werden.

6.2.2.1 Nach innen gerichtete Belastung

Festigkeitsnachweis am unteren Rand der Steife

Nachweis nach Gleichung (13) DVS 2205-2, wobei keine Belastungen mit mittlerer Einwirkdauer auftreten:

$$\frac{K_{L,d}^{vorh}}{K_{L,d}^{*}} \le 1 \quad (18)$$

$$\text{mit } K_{L,d}^{vorh} = \frac{p_{DL,d}^{vorh} \cdot d^3 \cdot \left(h_S + \frac{s_D}{2} - z_S\right)}{(n+1) \cdot 8 \cdot I_S} \cdot A_1 \cdot A_2 \quad (19a)$$

$$\text{mit } p_{DL,d}^{vorh} = \gamma_{F1} \cdot (g_D + g_{Steife}) + \gamma_{F2} \cdot p_u \quad (19b)$$

Nachweis nach Gleichung (15) DVS 2205-2:

$$\frac{K_{K,d}^{vorh}}{K_{K,d}^{*}} \le 1 \quad (20)$$

$$\text{mit } K_{K,d}^{vorh} = \frac{p_{DK,d}^{vorh} \cdot d^3 \cdot \left(h_S + \frac{s_D}{2} - z_S\right)}{(n+1) \cdot 8 \cdot I_S} \cdot A_1 \cdot A_2 \quad (21)$$

$$\text{mit } p_{DK,d}^{vorh} = \gamma_{F1} \cdot (g_D + g_{Steife}) + \gamma_{F2} \cdot \{\max(p_{uK}, p_{us}) + p_E\} \quad (22)$$

$$\text{und } g_{Steife} = (2 \cdot n - 1) \cdot \frac{h_S \cdot s_S \cdot \rho \cdot g}{d \cdot 10^6} \quad (23)$$

Stabilitätsnachweis der Dachplatte

Die Druckspannungen in der Dachplatte σ_d^{vorh} parallel zu den Steifen werden gegenüber der Beulspannung $\sigma_{k,d}$ abgesichert.

$$\frac{A_{2l} \cdot \sigma_d^{vorh}}{\sigma_{k,d}} \le 1 \quad (24)$$

$$\text{wobei } \sigma_d^{vorh} = \frac{p_{DK,d}^{vorh} \cdot d^3 \cdot z_S}{(n+1) \cdot 8 \cdot I_S} \quad (25)$$

mit

$$p_{DK,d}^{vorh} = \gamma_{F1} \cdot (g_D + g_{Steife}) + \gamma_{F2} \cdot \{\max(p_{uK}, p_{us}) + p_E\} \quad (26)$$

$$\text{und } \sigma_{k,d} = \frac{k \cdot \pi^2 \cdot (n+1)^2 \cdot \frac{E_K^{T°C}}{\gamma_M} \cdot s_D^2}{12 \cdot d^2 \cdot (1 - \mu^2)} \quad (27)$$

mit dem Beulwert $k = 5{,}5$.

6.2.2.2 Nach außen gerichtete Belastung

Festigkeitsnachweis der Dachplatte

Nachweis nach Gleichung (13) DVS 2205-2, wobei keine Belastungen mit mittlerer Einwirkdauer auftreten:

$$\frac{K_{L,d}^{vorh}}{K_{L,d}^{*}} \le 1 \quad (28)$$

$$\text{mit } K_{L,d}^{vorh} = \frac{p_{DL,d}^{vorh} \cdot d^3 \cdot \left(z_S + \frac{s_D}{2}\right)}{(n+1) \cdot 8 \cdot I_S} \cdot \frac{A_1 \cdot A_2}{f_{sD}} \quad (29a)$$

$$\text{mit } p_{DL,d}^{vorh} = \gamma_{F2} \cdot p_{ü} - \gamma_{F3} \cdot (g_D + g_{Steife}) \quad (29b)$$

Nachweis nach Gleichung (15) DVS 2205-2:

$$\frac{K_{K,d}^{vorh}}{K_{K,d}^{*}} \le 1 \quad (30)$$

$$\text{mit } K_{K,d}^{vorh} = \frac{p_{DK,d}^{vorh} \cdot d^3 \cdot \left(z_S + \frac{s_D}{2}\right)}{(n+1) \cdot 8 \cdot I_S} \cdot \frac{A_1 \cdot A_2}{f_{zD}} \quad (31a)$$

$$\text{mit } p_{DK,d}^{vorh} = \gamma_{F2} \cdot p_{üK} - \gamma_{F3} \cdot (g_D + g_{Steife}) \quad (31b)$$

$$\text{mit } g_{Steife} = (2 \cdot n - 1) \cdot \frac{h_S \cdot s_S \cdot \rho \cdot g}{d \cdot 10^6} \quad (32)$$

Stabilitätsnachweis der Steife

Die Druckspannungen in der Steife werden σ_d^{vorh} gegenüber der Beulspannung $\sigma_{k,d}$ abgesichert.

$$\frac{A_{2l} \cdot \sigma_d^{vorh}}{\sigma_{k,d}} \le 1 \quad (33)$$

wobei

$$\sigma_d^{vorh} = \frac{p_{DK,d}^{vorh} \cdot d^3 \cdot \left(h_S + \frac{s_D}{2} - z_S\right)}{(n+1) \cdot 8 \cdot I_S} \quad (34)$$

$$\text{mit } p_{DK,d}^{vorh} = \gamma_{F2} \cdot p_{üK} - \gamma_{F3} \cdot (g_D + g_{Steife}) \quad (35)$$

$$\text{und } \sigma_{k,d} = \frac{k \cdot \pi^2 \cdot \frac{E_K^{T°C}}{\gamma_M} \cdot s_S^2}{12 \cdot h_S^2 \cdot (1 - \mu^2)} \quad (36)$$

mit dem Beulwert $k = 1{,}1$.

7 Betretbarkeit

Flachdächer dürfen zu Wartungszwecken kurzfristig betreten werden, wenn sie für eine Mannlast von 1,5 kN, d. h. $P_{M,d} = \gamma_{F2} \cdot 1500$ N dimensioniert sind.

Bei ausgesteiften Flachdächern sind im Fall der Betretbarkeit die Steifen mit dem Zylinder zu verschweißen.

Der Festigkeitsnachweis der Dachplatte darf für die Kombination aus

$p_{DK,d}^{vorh} - \gamma_{F2} \cdot p_E$ und $P_{M,d}$

in ungünstigster Stellung an einem 200 mm breiten Streifen geführt werden.

Der Festigkeitsnachweis der Steifen sowie der Stabilitätsnachweis der Platte sind analog Abschnitt 6.2.2.1 jedoch mit

$p_{DK,d}^{vorh} - \gamma_{F2} \cdot p_E$ und $P_{M,d}$

in der Mitte der Steife zu führen.

Die Axialstabilität des Zylinders ist mit einer zusätzlichen gleichmäßigen Druckspannung von

$$\sigma_{M,d} = \frac{P_{M,d}}{2 \cdot \pi \cdot r \cdot s_Z} \cdot 1{,}82 \cdot \sqrt{\frac{r}{s_Z}} \quad (37)$$

nachzuweisen.

8 Anhang

8.1 Erläuterungen

Dieses Beiblatt 3 zu der Richtlinie DVS 2205-2 wurde von der DVS-AG W4.3b (Konstruktive Gestaltung/Apparatebau) zusammen mit dem Sachverständigenausschuss des Deutschen Instituts für Bautechnik „Kunststoffbehälter und -rohre“ (Projektgruppe „Berechnung“) erarbeitet.

8.2 Schrifttum

Regelwerk siehe Richtlinie DVS 2205-2 Abschnitt 5.2

8.3 Rechnerische E-Moduln für Stabilitätsberechnungen

Siehe Richtlinie DVS 2205-1, Tabelle 3.

8.4 Konstruktive Details

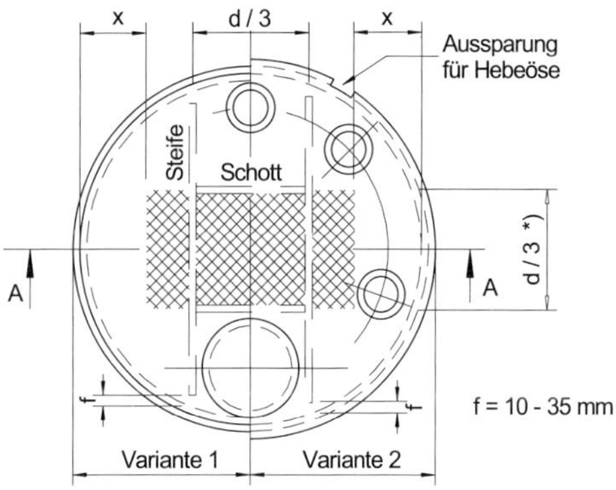

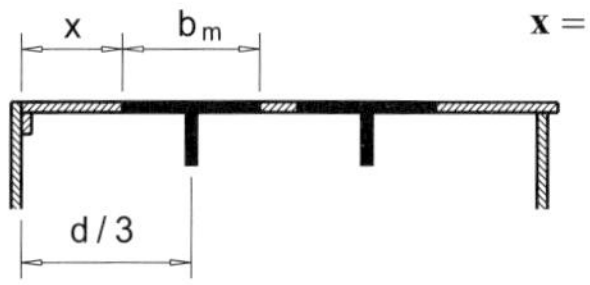

$$\mathbf{x} = 0{,}575 \cdot \frac{\mathbf{d}}{\mathbf{n}+1}$$

*) Im schraffierten Bereich sollen keine Ausschnitte vorgesehen werden.
Eine eventuelle Schweißnaht innerhalb der Dachplatte ist senkrecht zu den Steifen anzuordnen.

Bild 1. Draufsicht auf ein Flachdach mit zwei Steifen.

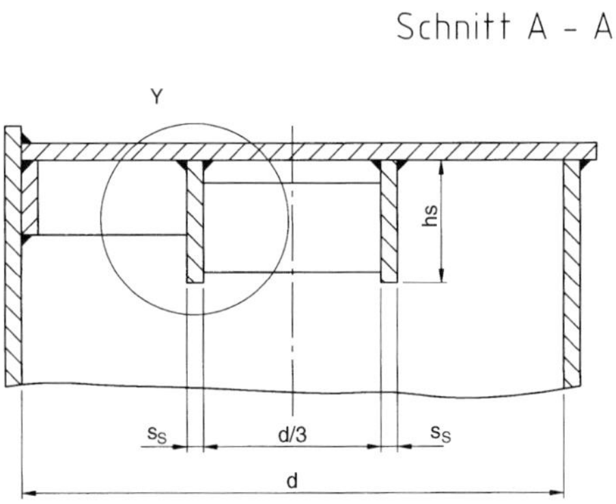

Bild 2. Schnitt durch das Flachdach mit zwei Steifen und Schotten.

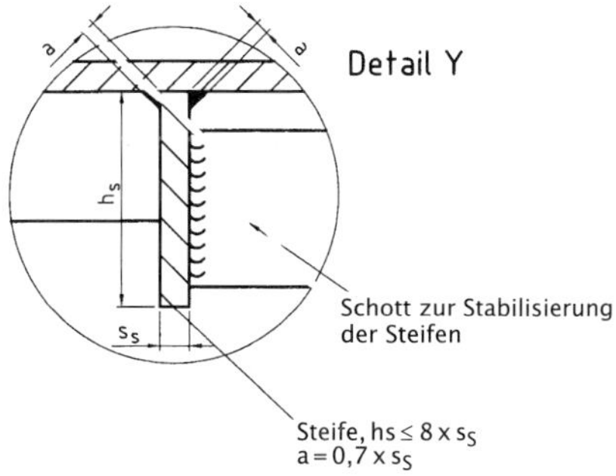

Bild 3. Detail Y.

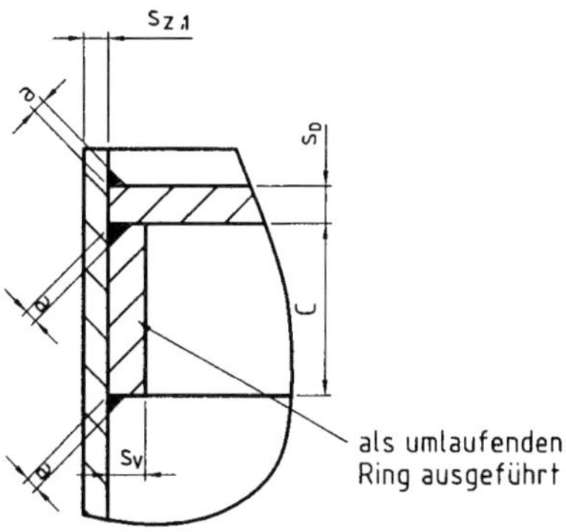

$s_V \begin{cases} \geq s_D \\ \geq 10\ \text{mm} \end{cases}$ $a_1 = 0{,}5 \cdot \min(s_D, s_{Z,1})$

$a_2 = 0{,}5 \cdot s_{Z,1}$

$c \begin{cases} \geq 5 \cdot s_D \\ \geq 80\ \text{mm} \end{cases}$

Bild 4. Variante 1 der Lagerung des Flachdachs auf dem Zylinder.

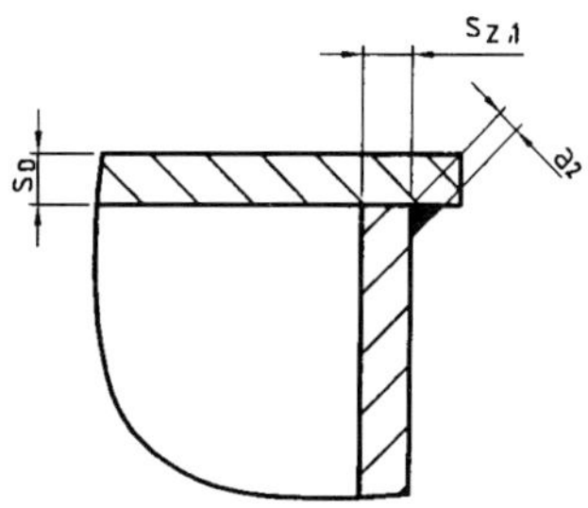

$a_2 \geq 0{,}5 \cdot s_{min}$ $s_{min} = \min(s_{Z,1}, s_D)$

Bild 5. Variante 2 der Lagerung des Flachdachs auf dem Zylinder.

Dezember 2021

DVS VERBAND

Richtlinie
DVS 2205-2
Beiblatt 4

Ersetzt Ausgabe
Dezember 2015

Richtlinie DVS 2205-2 Beiblatt 4

Berechnung von Behältern und Apparaten aus Thermoplasten – Stehende runde, drucklose Behälter – Flachbodenbehälter im Erdbebengebiet

Ausschuss für Technik im DVS

Arbeitsgruppe W 4 „Fügen von Kunststoffen“

Untergruppe W 4.3b „Konstruktive Gestaltung - Apparatebau“

Bezug: DVS Media GmbH, Postfach 10 19 65, 40010 Düsseldorf, Telefon (0211) 1591-0, Telefax (0211) 1591-150

Inhalt:

1. Geltungsbereich

Die nachstehenden Konstruktions- und Berechnungsregeln gelten für stehende, zylindrische, werksgefertigte Thermoplast-Behälter mit Flachboden für die Aufstellung in einem deutschen Erdbebengebiet. Behälter, die in einem Erdbebengebiet außerhalb Deutschlands aufgestellt werden, sind nach dem dort gültigen Regelwerk zu bemessen. In Absprache mit dem Betreiber kann auch in Anlehnung an DIN 4149 gerechnet werden, wenn die Bodenbeschleunigung und Aussagen zum geologischen Untergrund und zum Baugrund bekannt sind.

Für die Anwendung dieses Beiblatts müssen folgende Voraussetzungen eingehalten werden:

- Der Behälter kann innerhalb oder außerhalb von Gebäuden aufgestellt werden. Sein Fundament muss direkten Kontakt zum Erdboden haben. Bei Aufstellung auf Gebäudedecken, Bühnen oder Ähnlichem sind gesonderte Nachweise erforderlich, die das Schwingungsverhalten des gesamten Systems berücksichtigen.
- Der Behälter ist stets direkt bzw. für Behälter im Auffangbehälter indirekt mit dem Fundament verankert. Die Konstruktion der oberen und der unteren Abstützung entspricht den **Bildern 1 und 2.** Bei davon abweichenden Konstruktionen sind entsprechende Nachweise gesondert zu führen.
- Eine Dimensionierung der Behälter und Auffangbehälter erfolgt parallel nach der Richtlinie DVS 2205-2 mit den Beiblättern 2, 3 und 6.
- Die Ausführung der Behälter und Auffangbehälter entspricht der Richtlinie DVS 2205-2 mit den Beiblättern 2, 3 und 6.

2. Konstruktion

Behälter ohne Auffangbehälter werden direkt am Fundament verankert, um sie so gegen Verschieben und Kippen infolge der horizontalen Erdbebenkräfte zu sichern. Behälter im Auffangbehälter können nicht direkt am Fundament verankert werden, der Behälter muss aber gesichert werden. Die Sicherung gegen seitliches Verschieben des Behälters im Auffangbehälter erfolgt mit Blöcken, die – gleichmäßig über den Umfang des Behälterbodens verteilt – mit dem Boden des Auffangbehälters an drei Seiten verschweißt sind.

Die Sicherung gegen Kippen kann auf zwei Arten erfolgen:

1. durch Schotte, die – gleichmäßig über den Umfang verteilt – mit einem Verstärkungsring im oberen Bereich des Behälters verschweißt sind. Diese Schotte tragen über Druckkräfte die globale Stützkraft vom Behälter zum ringversteiften Auffangbehälter,
2. durch eine Ringplatte mit einem Kragen. Die Ringplatte ist im oberen Bereich des Behälters angeschweißt. Der Kragen liegt innerhalb des Auffangbehälters.

3. Berechnungsgrößen

a	mm	Dicke der Schweißnaht der Blöcke
a_g	m/s²	Bodenbeschleunigung
a_h	m/s²	horizontale Beschleunigung des Behälters
a_v	m/s²	vertikale Beschleunigung des Behälters
A_1	-	Abminderungsfaktor für den Einfluss der spezifischen Zähigkeit
A_2	-	Abminderungsfaktor für das Medium bei Festigkeitsnachweisen

A_{2l}	-	Abminderungsfaktor für das Medium bei Stabilitätsnachweis
A_{Erd}	N	Horizontalkraft der unteren Abstützung
A_{oR}	mm^2	Querschnittsfläche des offenen Ringquerschnitts
a_R	mm	Nahtdicke des Rings
A_R	mm^2	Querschnittsfläche des Rings
A_S	mm^2	Schubfläche des Ersatzbalkens
$A_{SW,i}$	mm^2	Schubfläche des Schusses i im Auffangbehälter
b	mm	Breite des Plattenstreifens der Ringplatte (z. B. 1 mm)
b_{Blo}	mm	Breite der Blöcke
$B_{Erd,A}$	N	Horizontalkraft der oberen Abstützung aus Modell A
$B_{Erd,B}$	N	Horizontalkraft der oberen Abstützung aus Modell B
$B_{Erd,max}$	N	maßgebliche Horizontalkraft der oberen Abstützung
b_{Dp}	mm	Breite der Distanzplatte ($b_{Pr} \leq b_{Dp} \leq 1{,}5 \cdot b_{Pr}$)
b_{Pr}	mm	Breite der Ankerpratze
b_R	mm	Breite des Rings
b_{Sch}	mm	Höhe der Schotte
d	mm	Innendurchmesser des Zylinders
$d_{A,i}$	mm	Außendurchmesser des Stutzens j
d_R	mm	Innendurchmesser des Rings
d_W	mm	Innendurchmesser des Auffangbehälters
$E_K^{T°C}$	N/mm^2	Kurzzeit-E-Modul bei T°C
$E_K^{20°C}$	N/mm^2	Kurzzeit-E-Modul bei 20°C
$E_L^{20°C}$	N/mm^2	Langzeit-E-Modul bei 20°C
e_i	-	Exzentrizität des Schusswanddicken

$f_{\alpha,i}$	-	Abminderungsfaktor für Exzentrizität
g	m/s^2	Erdbeschleunigung
G_A	N	Eigenlast des Zusatzgewichts auf dem Dach
G_B	N	Eigenlast des Bodens
G_D	N	Eigenlast des Daches
$G_K^{T°C}$	N/mm^2	Schubmodul bei kurzzeitiger Beanspruchung für T°C
G_Z	N	Eigenlast des Zylinders des Behälters
$G_{Z,W}$	N	Eigenlast des Zylinders des Auffangbehälters
h	mm	Höhe des Ersatzbalkens
$h_{A,i}$	mm	Höhe der Achse des Ausschnitts j
H_{Blo}	N	Horizontalkraft im Block
h_{Blo}	N	Höhe der Blöcke
$H_{Düb}$	N	Bemessungswert der horizontalen Dübelkraft
H_{Erd}	N	gesamte Horizontalkraft aus Erdbeben
H_F	N	horizontale Massenkraft aus Füllung
h_F	mm	Füllhöhe
$h_{F,i}$	mm	Füllhöhe, gemessen von Unterkante des Schusses i
h_g	mm	Gesamthöhe des Behälters
H_{GA}	N	horizontale Massenkraft aus G_A
h_R	mm	Höhe des Rings
H_{Sch}	N	Horizontalkraft im Schott
h_{St}	mm	Höhe der oberen Abstützung über dem Boden des Auffangbehälters
$h_{W,i}$	mm	Höhe des Schusses i im Auffangbehälter
$h_{W,i-1}$	mm	Höhe des Schusses i-1 im Auffangbehälter
I	mm^4	Trägheitsmoment des Ersatzbalkens
$I_{W,i}$	mm^4	Trägheitsmoment des Schusses i im Auffangbehälter

k_f	-	Konzentrationsfaktor nach [4]
$K_{K,d}^{vorh}$	N/mm²	Bemessungswert der Beanspruchung bei kurzzeitiger Einwirkung
K_{K}^{*}	N/mm²	Zeitstandfestigkeit bei 10^{-1} Stunden
$K_{K,d}^{*}$	N/mm²	Bemessungswert der Zeitstandfestigkeit bei 10^{-1} Stunden
l_{Blo}	mm	Länge der Blöcke
l_k	mm	Länge des Ringdachstreifens
l_{Sch}	mm	Länge der Schotte
M_{Erd}	Nmm	Erdbebenmoment in Höhe x für Behälter ohne Auffangbehälter
$M_{Erd,A}$	Nmm	Erdbebenmoment in Höhe x für den Behälter im Auffangbehälter nach Modell A
$M_{Erd,B}$	Nmm	Erdbebenmoment in Höhe x für den Behälter im Auffangbehälter nach Modell B
$M_{Erd,max,i}$	Nmm	maßgebliches Erdbebenmoment des Schusses i des Behälters im Auffangbehälter
$M_{Erd,i}$	Nmm	Erdbebenmoment am unteren Rand des Schusses i des Behälters ohne Auffangbehälter
$M_{Erd,j}$	Nmm	Erdbebenmoment in Höhe des Stutzens j
$M_{Erd,W}$	Nmm	Erdbebenmoment in der Höhe x für Auffangbehälter
$M_{Erd,W,i}$	Nmm	Erdbebenmoment am unteren Rand des Schusses i des Auffangbehälters
m_K	kNs²/m	Masse der Dachlast
n_{Blo}	-	Anzahl der Blöcke
n_{RD}	N/mm	größte Membrankraft im Ringdach
n_{Sch}	-	Anzahl der Schotte
N_j	N	globale Normalkraft in Höhe des Stutzens j
$N_{k,d}$	N	Bemessungswert der kritischen Druckkraft des Ringdachstreifens
$N_{R,d}^{Füllung}$	N	Bemessungswert der globalen Druckkraft aus Füllung im Unterstützungsring

p_u	N/mm²	langzeitig wirkender Unterdruck
$p_ü$	N/mm²	langzeitig wirkender Überdruck
q	-	Verhaltensbeiwert
r	mm	Zylinderradius des Behälters
S	-	Untergrundparameter
$s_{1/3}$	mm	Wanddicke des Zylinders im unteren Drittelpunkt des Behälters
s_B	mm	Wanddicke des Behälterbodens
s_B^*	mm	Ersatzwanddicke für Biegungschwingung
$s_{B,W}$	mm	Wanddicke des Auffangbehälterbodens
s_j	mm	Wanddicke des Zylinders in Höhe des Stutzens j
s_{Kr}	mm	Wanddicke der Ringplatte und des Kragens
s_1	mm	Wanddicke des obersten Schusses
s_{RD}	mm	Dicke des Ringdachs
s_S^*	mm	Ersatzwanddicke für Schubschwingung
s_{Sch}	mm	Dicke der Schotte
$s_{Z,i}$	mm	Wanddicke des Zylinderschusses i
$s_{z,0}$	mm	Wanddicke des oberen Schusses des Ersatzzylinders
T	s	Schwingungsdauer
T_A	°C	mittlere Umgebungstemperatur (nach Miner, siehe Richtlinie DVS 2205-1)
T_{AK}	°C	höchste Umgebungstemperatur
$T_{Bieg,mK}$	s	Schwingungsdauer eines masselosen, einseitig eingespannten Biegebalkens mit Kopfmasse
T_F	s	Schwingungsdauer des gefüllten Behälters
T_M	°C	mittlere Medientemperatur (nach Miner, siehe Richtlinie DVS 2205-1)
T_{MK}	°C	höchste Medientemperatur

T_{Schub}	s	Schwingungsdauer eines masselosen, einseitig eingespannten Schubbalkens mit Kopfmasse
w_{Bieg}	mm/N	Biegeverformung des Auffangbehälters in Höhe der Abstützung für 1 N
w_{Schub}	mm/N	Schubverformung des Auffangbehälters in Höhe der Abstützung für 1 N
W_{oR}	mm³	Widerstandsmoment des offenen Ringquerschnitts
x	mm	Höhe des betrachteten Schnitts über dem Behälterboden
z	-	Anzahl der Anker
z_S	mm	Schwerpunktsabstand des offenen Rings von der Zylinderachse
α_i	-	Hilfsgröße
α_j	-	Hilfsgröße
α_R	-	Faktor für Axialstabilität, Unterstützungsring
α_{RD}	Grad	Neigungswinkel des Ringdachs
β_0	-	Verstärkungsbeiwert der Spektrenbeschleunigung
η	-	Dämpfungs-Korrekturbeiwert
$\eta_{A,i}$	-	Ausnutzung der Axialstabilität im Schuss i
$\eta_{A,j}$	-	Ausnutzung der Axialstabilität neben Stutzen j
η_H	-	Ausnutzung des Nachweises der Pressung zwischen Distanz- und Bodenplatte
γ_{F1}	-	Teilsicherheitsbeiwert der Einwirkung (Eigenlast, Füllung)
γ_{F2}	-	Teilsicherheitsbeiwert der Einwirkung (Drücke, Wind)
γ_{F3}	-	Teilsicherheitsbeiwert der Einwirkung (verringernde Eigenlast)
γ_{F4}	-	Teilsicherheitsbeiwert der Einwirkung (Erdbeben)
γ_{IE}	-	Bedeutungsbeiwert nach Tabelle NA.6 der DIN EN 1998-1/NA (dort γ_I genannt)
γ_M	-	Teilsicherheitsbeiwert des Widerstands/der Beanspruchbarkeit
λ	-	Reduktionsfaktor für Schwappen
μ	-	Querdehnungszahl
ω	1/s	Kreisfrequenz
ρ_F	g/cm³	Dichte des Füllmediums
$\sigma_{G,j}$	N/mm²	Beanspruchung im Zylinder aus Eigengewicht in Höhe des Stutzens j

$\sigma_{i,d}^{vorh}$	N/mm²	Bemessungswert der vorhandenen Beanspruchungam unteren Rand des Schusses i
$\sigma_{j,d}^{vorh}$	N/mm²	Bemessungswert der Gesamtbeanspruchung im Zylinder in Höhe des Stutzens j
$\sigma_{k,i,d}$	N/mm²	Bemessungswert der axialen Beulspannung im Schuss i
$\sigma_{K,i,d}$	N/mm²	Bemessungswert der axialen Beulspannung neben dem Stutzen j

4. Behälterbeschleunigung

4.1. Horizontale Behälterbeschleunigung

Die horizontale Behälterbeschleunigung a_h des Behälters wird auf Grundlage der DIN EN 1998-1/NA unter Vernachlässigung des Schwappens des Mediums im Behälter ermittelt. Wenn die Füllhöhe kleiner als der Behälterdurchmesser ist, kann aufgrund der konservativen Annahmen für das Lastmodell eine Reduzierung der Beanspruchungen infolge der horizontalen Behälterbeschleunigung mit dem Faktor

$$\lambda = 0,5 \cdot \left(1 + \frac{h_f}{d}\right) \qquad (1)$$

erfolgen.

Die Erdbebenzone des Aufstellortes wird dem Bild NA.1 der DIN EN 1998-1/NA bzw. aus Listen [3] entnommen, in denen für einige Bundesländer die Erdbebenzone für die Gemeinden ausgewiesen werden. Damit liegt nach Tabelle NA.3 der DIN EN 1998-1/NA die horizontale Bodenbeschleunigung a_g fest.

Ebenso kann die geologische Untergrundklasse des Aufstellortesaus Bild NA.2 der DIN EN 1998-1/NA bzw. den Listen [3] entnommen werden.

Die Baugrundklasse ist vom Betreiber der Behälter anzugeben. Wenn keine gesicherten Angaben zum Baugrund vorliegen, ist die Baugrundklasse C anzusetzen.

Die horizontale Beschleunigung a_h ergibt sich nach DIN EN 1998-1/NA mit dem Spektrum nach Bild NA.3 in Verbindung mit Tabelle NA.4 unter Annahme von 5 % viskoser Dämpfung, d. h. β_0 = 2,5 und η = 1 und dem Bedeutungsbeiwert γ_{IE}. Für Behälter zur Lagerung wassergefährdender Flüssigkeiten ist mindestens γ_{IE} = 1,6 zu setzen. Der Verhaltensbeiwert ist mit q = 1,5 anzusetzen.

Für die Ermittlung des Spektrenwertes wird die Schwingungsdauer T des Systems benötigt.

4.2. Schwingungsdauer

4.2.1. Behälter ohne Auffangbehälter

Der Behälter wird als unten eingespannter Balken mit der Höhe h_F und der Massenbelegung aus Füllung (die Eigenmasse des Behälters darf vernachlässigt werden) abgebildet.

Nach Rammerstorfer [1], Gleichungen (11) und (12) bzw. DIN EN 1998-4, Gleichung (A.24) kann die Kreisfrequenz ω dieses Systems aus

$$\omega = 2 \cdot \pi \cdot \frac{\sqrt{\frac{(1{,}5 \cdot E_K^{T°C}) s_{1/3}}{\rho_F \cdot h_F} \cdot 10^9}}{2 \cdot r \cdot \left(0,157 \cdot \left(\frac{h_F}{r}\right)^2 + \frac{h_F}{r} + 1,49\right)} \quad 1/s \qquad (2)$$

mit $s_{1/3}$ Zylinderwanddicke im unteren Drittelpunkt ermittelt werden. Wegen der sehr kurzen Einwirkdauer wird der dynamische E-Modul um 50 % gegenüber dem Kurzzeit-Modul angehoben. Daraus ergibt sich die Schwingungsdauer über die Beziehung

$$T = \frac{2 \cdot \pi}{\omega} \quad \text{zu}$$

$$T_F = \sqrt{\frac{\rho_F \cdot h_F}{\left(1,5 \cdot E_K^{T°C}\right) \cdot s_{1/3} \cdot 10^9}} \cdot 2 \cdot r \cdot \left(0,157 \cdot \left(\frac{h_F}{r}\right)^2 + \frac{h_F}{r} + 1,49\right) \quad s \qquad (3)$$

Sofern eine Bühne oder ein Rührwerk auf dem Dach angeordnet wird, ist deren Einfluss auf die Schwingungsdauer nachzuweisen. Die Schwingungsdauer eines masselosen Biegebalkens mit dem Trägheitsmoment

$$I = \pi \cdot r^3 \cdot s_B^* \quad mm^4 \qquad (4)$$

und der Kopfmasse

$$m_K = \frac{G_A}{1000 \cdot g} \quad kNs^2/m \qquad (5)$$

folgt aus

$$T_{Bieg,mK} = 2 \cdot \pi \cdot \sqrt{\frac{m_K \cdot h^3}{3 \cdot \left(1,5 \cdot E_K^{T°C}\right) \cdot I}} \quad s \qquad (6)$$

(vereinfachend gilt $h = h_g$)
s_B^* ist die Ersatzwanddicke, die zur gleichen Kopfverschiebung infolge Biegung wie beim abgestuften Zylinder führt.

Die Schwingungsdauer eines masselosen Schubbalkens mit der Schubfläche

$$A_S = \pi \cdot r \cdot s_s^* \quad mm^2 \qquad (7)$$

und der Kopfmasse m_K folgt aus

$$T_{Schub,m_K} = 2{\cdot}\pi{\cdot}\sqrt{\frac{m_K \cdot h}{\left(1,5 \cdot G_K^{T°C}\right) \cdot A_S}} \qquad s$$

$$\text{mit } G_K^{T°C} = 0,36{\cdot}E_K^{T°C} \quad N/mm^2 \qquad (8)$$

s_S^* ist die Ersatzwanddicke, die zur gleichen Kopfverschiebung infolge Schub wie beim abgestuften Zylinder führt.

Die Schwingungsdauer, die alle Einflüsse berücksichtigt, folgt aus

$$T = \sqrt{T_F^2 + T_{Bieg,m_K}^2 + T_{Schub,m_K}^2} \qquad s \qquad (9)$$

Die Dicke $s_{1/3}$ eines abgestuften Zylinders folgt aus (Nummerierung der n Schüsse oben beginnend)

$$s_{1/3} = \frac{4}{3} \cdot \frac{\sum_1^n (l_i \cdot s_i)}{\sum_1^n l_i} - \frac{s_1}{6} \leq s_n \qquad (10)$$

mit $l_1 = h_1 - h_Z + h_F$ .... und .... $l_1 = h_i$

4.2.2. Behälter mit Auffangbehälter

Die Schwingungsdauer dieses gekoppelten Systems kann nur mit einer EDV-gestützten Berechnung exakt ermittelt werden. Ersatzweise kann aber ohne Ermittlung der Schwingungsdauer die horizontale Behälterbeschleunigung a_h auf der sicheren Seite mit dem Plateauwert des Spektrums berechnet werden.

Für schlanke Behälter oder bei Aufstellung im Erdbebengebiet mit geologischer Untergrundklasse R ist es wirtschaftlicher, mit folgender Gleichung die Schwingungsdauer zu ermitteln und die horizontale Beschleunigung a_h mit dem zugehörigen Spektrenwert zu bestimmen. Die folgende Näherung setzt eine horizontale Kopplung zwischen Behälter und Auffangbehälter in der Höhe h_{st} voraus.

$$T = 2{\cdot}\pi{\cdot}\sqrt{\left(\frac{\pi \cdot r^2 \cdot \rho \cdot h_F^3}{2,5 \cdot h_{St}^2 \cdot 10^9} + m_K \cdot \frac{h^2}{h_{St}^2}\right) \cdot \left[w_{Bieg} + w_{Schub}\right]} \qquad s \qquad (11)$$

mit

$$w_{Bieg} = \sum_{i=1}^{n} \left[\frac{h_{w,i}}{3 \cdot \left(1,5 \cdot E_K^{T°C}\right) \cdot I_{w,i}} \cdot \left(3 \cdot h_{w,i-1}^2 + 3 \cdot h_{w,i-1} \cdot h_{w,i} + h_{w,i}^2\right) \right] \quad mm/N \qquad (12)$$

wobei $h_{w,0} = 0$

und

$$w_{Schub} = \sum_{i=1}^{n} \frac{h_{w,i}}{\left(1,5 \cdot G_K^{T°C}\right) \cdot A_{SW,i}} \quad mm/N \qquad (13)$$

4.3. Vertikale Behälterbeschleunigung

Die vertikale Behälterbeschleunigung a_v wird auf der sicheren Seite mit dem Plateauwert des Spektrums und dem Bemessungswert der vertikalen Beschleunigung $0,5 \cdot a_g$[1] ermittelt. Es ergibt sich

$$a_v = 0,5 \cdot a_g \cdot \gamma_{IE} \cdot S \cdot \frac{\beta_0}{q} = 0,834 \cdot a_g \cdot \gamma_{IE} \cdot S \quad m/s^2 \qquad (14)$$

wobei S der Untergrundparameter nach Tabelle NA.4 der DIN EN 1998-1/NA ist.

5. Beanspruchungen

Die maßgebliche Beanspruchung ergibt sich aus der horizontalen Massenkraft (Masse mal Beschleunigung) H_F der Füllung im voll gefüllten Zustand.

$$H_F = \rho_F \cdot \pi \cdot r^2 \cdot h_F \cdot a_h \cdot 10^{-6} \quad N \qquad (15)$$

Der Angriffspunkt dieser Kraft ist im Schwerpunkt der Füllung anzusetzen.

Bei Dachlast G_A ergibt sich die horizontale Massenkraft aus

$$H_{G_A} = \frac{G_A}{g} \cdot a_h \quad N \qquad (16)$$

Der Angriffspunkt dieser Kraft ist im Schwerpunkt der Dachlast anzusetzen.

5.1. Behälter ohne Auffangbehälter

Der Zylinder wird mit der Linienlast H_F/h_F und der Kopflast H_{GA} belastet.

Das Erdbebenmoment des Zylinders in der Höhe x über dem Behälterboden ergibt sich aus

1 0,7 nach DIN 4149 für Aufstellung in Deutschland

$$M_{Erd} = \frac{H_F}{h_F} \cdot \frac{(h_F - x)^2}{2} + H_{G_A} \cdot (h_g - x) \quad Nmm \qquad (17)$$

Der Ansatz von h_g – der Gesamthöhe des Behälters – als Lage des Schwerpunkts von G_A ist genau genug.

5.2. Behälter im Auffangbehälter

Eine wirklichkeitsnahe Modellabbildung des gekoppelten Systems aus Behälter und Auffangbehälter führt zu einem oben durch den Auffangbehälter elastisch und unten starr gestützten Biege-Schub-Balken mit unten einer nichtlinearen Drehfeder, die die Anhebung des Zylinders sowie Teile des Behälterbodens bei zunehmender Horizontalbeschleunigung erfasst. Diese Berechnungen sind sehr aufwändig.

Vereinfachend dürfen die globalen Momente im Zylinder an zwei Modellen berechnet werden. Ein oben horizontal gestützter Biegebalken wird im Modell A unten eingespannt und im Modell B unten gelenkig gelagert angenommen. Das maßgebliche Moment jedes Schusses $M_{Erd,max,i}$ folgt aus dem Maximum der größten Momente im Schuss i beider Modelle. Mit diesem Moment wird die axiale Beanspruchung und so die Axialstabilität jedes Schusses berechnet.

Der Abstand der Stützungen ist h_{St}.

Die Stützkräfte des Behälters im Auffangbehälter dürfen – sofern sie nicht an einem Biege-Schub-Balken mit der endgültigen Wanddickenstufung berechnet werden – mit folgenden Formeln ermittelt werden

untere Stützkraft

$$A_{Erd} = 1,3 \cdot \left[H_F \cdot \left(1 - \frac{1}{2} \cdot \frac{h_F}{h_{St}}\right) - H_{G_A} \cdot \left(\frac{h_g}{h_{St}} - 1\right)\right] \quad N \qquad (18)$$

Anmerkung: Der Faktor 1,3 wurde an Beispielen mit der wirklichkeitsnäheren Modellabbildung entwickelt.

und obere Stützkraft

aus Modell A folgt

$$B_{Erd,A} = \frac{H_F}{2} \cdot \left(\frac{h_F}{h_{St}}\right)^2 \cdot \left(1 - \frac{1}{4} \cdot \frac{h_F}{h_{St}}\right) + \frac{H_{G_A}}{2} \cdot \left(3 \cdot \frac{h_g}{h_{St}} - 1\right) \qquad (19a)$$

aus Modell B folgt

$$B_{Erd,B} = \frac{H_F}{2} \cdot \frac{h_F}{h_{St}} + H_{G_A} \cdot \frac{h_g}{h_{St}} \quad N \qquad (19b)$$

Aus Modell A ergibt sich das Erdbebenmoment des Zylinders in der Höhe x über dem Behälterboden aus

$$M_{Erd,A} = \frac{H_F}{h_F} \cdot \frac{(h_F - x)^2}{2} + H_{G_A} \cdot (h_g - x) - B_{Erd,A} \cdot (h_{St} - x) \quad Nmm \qquad (20a)$$

Aus Modell B ergibt sich das Erdbebenmoment des Zylinders in der Höhe x über dem Behälterboden aus

$$M_{Erd,B} = \frac{H_F}{h_F} \cdot \frac{(h_F - x)^2}{2} + H_{G_A} \cdot (h_g - x) - B_{Erd,B} \cdot (h_{St} - x) \quad Nmm \qquad (20b)$$

wenn h_f - x < 0, dann ist der 1. Term Null

wenn h_{St} - x < 0, dann ist der 3. Term Null

Das Maximum $M_{Erd,max}$ = max ($M_{Erd,A,}$ $M_{Erd,B}$) ist für die Bemessung maßgeblich.

Das Maximum $B_{Erd,max}$ = $B_{Erd,B}$ ist für die Bemessung der oberen Abstützung maßgeblich.

5.3. Auffangbehälter

Der Auffangbehälter wird durch die obere Stützkraft $B_{Erd,max}$ belastet.

Das Erdbebenmoment des Zylinders in der Höhe x über dem Boden des Auffangbehälters ergibt sich aus

$$M_{Erd,W} = B_{Erd,max} \cdot (h_{St} - x) \quad Nmm \qquad (21)$$

6. Nachweise

Alle Nachweise der Richtlinie DVS 2205-2 mit den Beiblättern 2, 3 und 6 sind zu führen.

Zusätzlich sind die folgenden Nachweise für Erdbeben zu führen (sofern die Bauteile vorhanden):

- Axialstabilität aller Schüsse des Behälters und des Auffangbehälters,
- Axialstabilität neben Stutzen im Zylinder,
- Verankerung des Behälters bzw. des Auffangbehälters,
- Schubspannung in den parallelen Schweißnähten der Blöcke,
- Stabilität der Schotte,
- Stabilität der Ringplatte.

Bei Aufstellung in deutschen Erdbebengebieten kann auf alle Festigkeitsnachweise, für die der Nachweis mit Langzeitfestigkeitmaßgeblich ist, verzichtet werden, da die Nachweise der Kurzzeitfestigkeit mit den durch Erdbeben erhöhten Beanspruchungen nicht bemessungsmaßgeblich werden.

Bei Aufstellung in einem Erdbebengebiet außerhalb Deutschlands mit hohen Grundbeschleunigungen ist die Festigkeit für alle Bauteile unter Berücksichtigung der dynamischen Beanspruchung aus der horizontalen sowie vertikalen Beschleunigung nachzuweisen. Die Festigkeitsnachweise der Zylinderschüsse sind dann für die Kombination aus Ringzug und Axialdruck mit Vergleichsspannungen nach von Mises zu führen.

Sofern von den örtlichen Behörden keine anderen Vorgaben gemacht werden, kann für die Wandtemperatur des Daches bei Innenaufstellung T_M und bei Außenaufstellung max (T_M, T_{AK}) angesetzt werden.

7. Nachweisführung

Die Nachweise werden nach dem Teilsicherheitskonzept geführt. Der Teilsicherheitsbeiwert für die Summe der Beanspruchungen bei Erdbeben ist

$$\gamma_{F4} = 1,0 \qquad (22)$$

Beanspruchungen aus Wind-, Schneelasten und kurzzeitig wirkenden Drücken werden nicht mit Erdbebenbeanspruchungen kombiniert.

Nachweise für Erdbebenbeanspruchungen sind für die Wandtemperaturen zu führen, die sich bei Annahme der Medientemperatur T_M und der Umgebungstemperatur T_A in dem betrachteten Bauteil ergeben.

7.1. Nachweis der Axialstabilität im zweischaligen Bereich

Die vorhandene axiale Membrandruckspannung ist in beiden Schalen gleich

$$\sigma_{0,d}^{vorh} = \gamma_{F4} \cdot \{\frac{G_D + G_Z + k_f \cdot G_A}{2 \cdot \pi \cdot r} \cdot \left(1 + \frac{a_v}{g}\right) + \frac{\rho_u \cdot r}{2} + \frac{M_{Erd,0}}{1,2 \cdot \pi \cdot r^2}\} \cdot \frac{1}{s_{Z,n} + s_{Z,0}} \quad N/mm^2 \qquad (23)$$

Das System versagt erst, wenn die dickere Schale instabil wird, da die dünnere Schale durch die dickere gestützt wird.

Die Beulspannung $\sigma_{k,n,d}$ wird nach Gleichungen (25) bis (27) mit $s_{Z,n}$ berechnet.

Die Ausnutzung ist

$$\eta = \frac{A_{2I} \cdot \sigma_{0,d}^{vorh}}{\sigma_{k,n,d}}$$

8. Nachweise des Behälters ohne Auffangbehälter

8.1. Axialstabilität des Zylinders

Für jeden Schuss i wird die am unteren Rand vorhandene axiale Druckspannung aus Eigengewicht (kann auch generell vernachlässigt werden), langzeitigem Unterdruck p_u und Erdbeben ermittelt und mit der Beulspannung $\sigma_{k,i,d}$ abgesichert.

$$\sigma_{i,d}^{vorh} = \gamma_{F4} \cdot \{\sigma_{G,i} \cdot \left(1 + \frac{a_v}{g}\right) + \frac{\rho_u \cdot r}{2 \cdot s_{Z,i}} + \frac{M_{Erd,i}}{1,2 \cdot \pi \cdot r^2 \cdot s_{Z,i}}\} \quad N/mm^2 \qquad (25)$$

Die Beulspannung darf nach folgender Gleichung ermittelt werden:

$$\sigma_{k,i,d} = \alpha_i \cdot 0,62 \cdot f_{\alpha,i} \cdot \frac{\left(1,5 \cdot E_K^{T°C}\right)}{\gamma_M} \cdot \frac{s_{Z,i}}{r} \leq K_{K,d}^{*} \quad N/mm^2 \qquad (26)$$

mit

$$\alpha_i = \frac{0,70}{\sqrt{\frac{E_K^{20°C}}{E_L^{20°C}} \cdot \left(1 + \frac{r}{100 \cdot s_{Z,i}}\right)}} \qquad (27)$$

und

$$f_{\alpha,i} = 1,5 - \frac{e_i}{s_{Z,i}} \leq 1 \qquad (28)$$

wobei e_i die Exzentrizität zum dickeren der beiden Nachbarschüsse bei abgestuftem Zylinder ist, wenn dieser selbst dicker als der betrachtete Schuss ist.

Die Berechnungstemperatur ist mit T_M anzusetzen.

Es muss die folgende Bedingung für jeden Schuss i eingehalten werden:

$$\eta_{A,i} = \frac{A_{2I} \cdot \sigma_{i,d}^{vorh}}{\sigma_{k,i,d}} \leq 1 \qquad (29)$$

Ein Nachweis der Manteldruckstabilität und die Interaktion entfallen, da der gefüllte Behälter ringzugbeansprucht ist.

8.2. Axialstabilität neben Stutzen

Die Druckbeanspruchung im Zylinder aus Eigengewicht und Unterdruck in Höhe jeden Stutzens j wird in eine globale Normalkraft umgewandelt und zusammen mit dem Erdbebenmoment an dieser Stelle auf den geschwächten Querschnitt (offener Ring) angesetzt. Hierzu ist die Fläche A_{oR}, der Abstand des Schwerpunkts von der Behälterachse z_S und das Widerstandsmoment W_{oR} des Ringquerschnitts zu bestimmen. Es ist unter Beachtung des Versatzes der Schwerlinie die axiale Druckbeanspruchung neben der Öffnung zu berechnen, wobei die Biegespannungen durch 1,2 dividiert werden dürfen.

$$N_j = \pi \cdot d \cdot s_j \cdot \left(\sigma_{G,j} \cdot \left(1 + \frac{a_v}{g}\right) + \frac{\rho_u \cdot r}{2 \cdot s}\right) \quad N \qquad (30)$$

Der Bemessungswert der vorhandenen Beanspruchung folgt mit

$$\sigma_{j,d}^{vorh} = \gamma_{F4} \cdot \{N_j \cdot \left(\frac{1}{A_{0R}} + \frac{z_S}{1,2 \cdot W_{0R}}\right) + \frac{M_{Erd,j}}{1,2 \cdot W_{0R}}\} \quad N/mm^2 \qquad (31)$$

Es ist folgende Bedingung einzuhalten:

$$\eta_{A,j} = \frac{A_{2I} \cdot \sigma_{j,d}^{vorh}}{\sigma_{k,j,d}} \leq 1 \qquad (32)$$

hierbei ist der Bemessungswert der kritischen Beulspannung im Zylinder am Stutzen j

$$\sigma_{k,i,d} = \alpha_j \cdot 0,62 \cdot \frac{1,5 \cdot E_K^{T°C}}{\gamma_M} \cdot \frac{s_j}{r} \leq K_{K,d}^* \quad N/mm^2 \qquad (33)$$

mit

$$\alpha_j = \frac{0,65}{\sqrt{\frac{E_K^{20°C}}{E_L^{20°C}} \cdot \left(1 + \frac{r}{100 \cdot s_j}\right)}} \text{ für } \frac{d_{A,j}}{\sqrt{r \cdot s_j}} \leq 3,5 \qquad (34)$$

bzw.

$$\alpha_j = \frac{0,45}{\sqrt{\frac{E_K^{20°C}}{E_L^{20°C}} \cdot \left(1 + \frac{r}{100 \cdot s_j}\right)}} \text{ für } \frac{d_{A,j}}{\sqrt{r \cdot s_j}} > 3,5 \qquad (35)$$

Als Bemessungstemperatur ist T_M anzusetzen.

8.3. Verankerung

Der Behälter muss verankert werden. Es sind mindestens 4 Anker erforderlich (z ≥ 4).

Als Berechnungstemperatur wird max (T_M, T_A) angesetzt. Folgende Bedingung muss eingehalten sein:

$$\frac{\left[\gamma_{F4}\left(\frac{4 \cdot M_{Erd}}{d} + \frac{\rho_{ü} \cdot \pi \cdot d^2}{4} + \frac{a_v}{g} \cdot (G_D + G_Z + G_A)\right) - \gamma_{F3} \cdot (G_D + G_Z + G_A)\right] \cdot \frac{1}{z}}{(b_{Pr} + s_B) \cdot s_B \cdot \frac{K_{K,d}^*}{2 \cdot A_1}} \leq 1 \qquad (36)$$

Im Zähler steht die aufzunehmende Pratzenkraft und im Nenner die sich aus der Schubspannung in der Schweißnaht ergebende aufnehmbare Pratzenkraft.

Die gesamte Horizontalkraft $H_{Erd} = H_F + H_{GA}$ kann über stählerne Distanzplatten, die unter den Ankerpratzen liegen, zu den Dübeln geleitet werden. Die Dübel sind für eine Horizontalkraft von

$$H_{Düb,d} = \frac{\gamma_{F4} \cdot 4 \cdot H_{Erd}}{z} \quad N \qquad (36a)$$

zu bemessen.

Außerdem ist die Pressung zwischen der Bodenplatte des Behälters bzw. Auffangbehälters und der höchstbelasteten Distanzplatte nachzuweisen. Hierbei darf die Druckfestigkeit in Höhe der 1,5-fachen Zugfestigkeit angesetzt werden.

Die Ausnutzung folgt mit

$$\eta_H = \frac{H_{Düb,d}}{b_{Dp} \cdot s_B \cdot \frac{1{,}5 \cdot K_K^*}{\gamma_M \cdot A_1}} \leq 1 \qquad (36b)$$

Wenn die rechnerische Breite der Distanzplatte größer als 1,5-mal der Pratzenbreite wird, ist die Anzahl der Anker zu erhöhen. Als Berechnungstemperatur wird max (T_M, T_A) angesetzt.

9. Nachweise des Behälters im Auffangbehälter

Die Nachweise werden für die im Anhang dargestellten Konstruktionselemente der unteren und oberen Abstützung geführt. Andere Konstruktionen der Abstützungen sind sinngemäß nachzuweisen.

9.1. Axialstabilität

Es wird der Behälter bei voller Füllung untersucht.

Der Nachweis der Axialstabilität jedes Schusses erfolgt analog der Gleichungen (25) bis (29) mit $M_{Erd,max,i}$ statt $M_{Erd,i}$.

9.2. Untere Abstützung

9.2.1. Blöcke

Die untere Abstützung erfolgt durch n_{Blo} Blöcke, die auf den Boden des Auffangbehälters in radialer Richtung geschweißt werden. Um eine sichere horizontale Abstützung auch bei kippendem Behälter zu gewährleisten, wird die Höhe der Blöcke mit $h_{Blo} \geq 2 \cdot s_D$ festgelegt. Die Dicke der Schweißnaht ist $a_{Blo} = 0{,}7 \cdot s_{B,W}$ mm. Die Kraft A_{Erd} wird über diese Blöcke in die Bodenplatte des Auffangbehälters und über geeignete Horizontalverankerungen in das Fundament geleitet. Der höchst belastete Block muss eine radial gerichtete Horizontalkraft von

$$H_{Blo} = \frac{4 \cdot A_{Erd}}{\eta_{Blo}} \quad N \qquad (37)$$

tragen. Die erforderliche Länge der Blöcke ergibt sich aus dem Schubspannungsnachweis der zwei parallelen Schweißnähte

$$l_{Blo} = \frac{\gamma_{F4} \cdot \frac{H_{Blo}}{2} \cdot A_1}{\frac{K_K^*}{2 \cdot \gamma_M} \cdot a_{Blo}} \quad mm \qquad (38)$$

Die Berechnungstemperatur ist mit (T_M + T_A)/2 anzusetzen.

Aus dem Nachweis der Pressung folgt die erforderliche Breite der Blöcke

$$b_{Blo} = 0{,}7 \cdot l_{Blo} \quad mm \qquad (39)$$

Die vordere Quernaht wird konstruktiv in gleicher Dicke a_{Blo} = 0,7· $s_{B,W}$ mm ausgeführt.

9.2.2. Ring

Die untere Abstützung kann auch durch einen Ring erfolgen. Dieser Ring wird außen mit einer umlaufenden Kehlnaht (a_R = 0,7 ·$s_{B,W}$) und innen mit einer Naht ≥ 3 mm am Boden des Auffangbehälters befestigt. Um eine sichere horizontale Abstützung auch bei kippendem Behälter zu gewährleisten, wird die Höhe des Rings mit

$$\mathrm{h}_R \geq 2 \cdot s_{B,W} \quad mm \qquad (40)$$

festgelegt.

Die Breite des Rings wird konstruktiv festgelegt zu

$$b_R \geq s_{B,W} \quad mm \qquad (41)$$

Die erforderliche Schweißnahtdicke a_R ergibt sich aus

$$a_R = \frac{\gamma_{F4} \cdot 4 \cdot \sqrt{2} \cdot A_{Erd} \cdot A_1}{\pi \cdot d_R \cdot \frac{K_K^*}{\gamma_M}} \quad mm \qquad (42)$$

An mindestens vier gleichmäßig über den Umfang verteilten Stellen muss durch Bohrungen (≥ 5 mm) dicht oberhalb der Schweißnaht dafür gesorgt werden, dass eine Leckage frühzeitig detektiert werden kann.

9.3. Obere Abstützung

Die obere Abstützung kann konstruktiv als

- druckbeanspruchte Schotte zwischen zwei Verstärkungsringen,
- druckbeanspruchte Ringplatte mit Kragen

ausgeführt werden.

9.3.1. Schotte

Der Achsabstand der Schotte muss am Behälter maximal 500 mm betragen, wobei die Anzahl der Schotte nicht kleiner als 12 (n_{Sch} ≥ 12) sein darf.

Das höchst belastete Schott muss die Druckkraft

$$H_{Sch} = \frac{4 \cdot B_{Erd,max}}{n_{Sch}} \quad N \qquad (43)$$

tragen. Die erforderliche Dicke der Schotte ergibt sich aus dem Knicknachweis unter der Annahme einseitiger Einspannung (Knicklänge ist die doppelte Schottlänge l_{Sch}).

$$s_{Sch} = \sqrt[3]{\frac{12 \cdot \gamma_{F4} \cdot H_{Sch} \cdot (2 \cdot I_{Sch})^2}{\pi^2 \cdot \frac{(1{,}5 \cdot E_K^{T°C})}{\gamma_M} \cdot b_{Sch}}} \quad mm \qquad (44)$$

Die Berechnungstemperatur ist mit $\frac{T_M + T_A}{2}$ anzusetzen.

9.3.2. Ringplatte mit Kragen

Es wird der Stabilitätsnachweis des gedrückten Ringdaches an einem Plattenstreifen der Breite b (z. B. 1 mm) geführt.

Die Pressung der Horizontalkraft $B_{Erd,max}$ verteilt sich sinus-förmig auf den halben Umfang. Die größte Druckmembrankraft in dem unter dem Winkel α_{RD} geneigten Ringdach ergibt sich aus

$$n_{RD} = \frac{4 \cdot B_{Erd,max}}{\pi \cdot d_W \cdot cos\alpha_{RD}} \quad N/mm \qquad (45)$$

Der Bemessungswert der kritischen Druckkraft des Plattenstreifens folgt mit

$$N_{k,d} = \frac{\pi^2 \cdot \frac{(1{,}5 \cdot E_K^{T°C})}{\gamma_M \cdot (1-\mu^2)} \cdot \frac{b \cdot s_{RD}^3}{12}}{l_K^2} \quad N \qquad (46)$$

wobei für die Knicklänge auf der sicheren Seite $l_k = \frac{d_w - d}{2}$ angesetzt werden kann.

Die Ausnutzung folgt aus

$$\eta = \frac{\gamma_{F4} \cdot n_{RD} \cdot b}{N_{k,d}} \qquad (47)$$

Als Berechnungstemperatur wird bei Innenaufstellung $\frac{T_M + T_A}{2}$ und bei Außenaufstellung max (T_M, T_{AK}) angesetzt.

10. Nachweise des Auffangbehälters

Der minimale Durchmesser des Auffangbehälters wird bestimmt von der erforderlichen Länge der Blöcke, die wiederum von der Anzahl der Blöcke abhängt.

Die Lage der Schotte und die Höhe des Auffangbehälters ergibt sich aus der Forderung, dass der Abstand zwischen der Unterkante des Daches und der Oberkante der Schotte nicht größer als

$\frac{1}{2} \cdot \sqrt{d \cdot (s_1 + s_R)}$ sein darf.

Bei Außenaufstellung ergibt sich der maximale Durchmesser des Auffangbehälters aus der Forderung, dass die Neigung des Regenabweisers nicht kleiner als 10 Grad sein soll.

10.1. Axialstabilität

Für jeden Schuss i wird die am unteren Rand vorhandene axiale Druckspannung aus Eigengewicht und Erdbeben ermittelt und mit der Beulspannung $\sigma_{k,i,d}$ abgesichert.

$$\sigma_{i,d}^{vorh} = \gamma_{F4} \cdot \{\sigma_{G,i} \cdot \left(1 + \frac{a_v}{g}\right) + \frac{M_{Erd,W,i}}{1{,}2 \cdot \pi \cdot r^2 \cdot s_{Z,i}}\} \qquad (48)$$

Der Nachweis der Axialstabilität jedes Schusses erfolgt analog der Gleichungen (25) bis (26).

Als Berechnungstemperatur wird $\frac{T_M + 3 \cdot T_A}{4}$ angesetzt.

10.2. Nachweis des Schubbeulens

Bei Erdbeben wird der Auffangbehälter durch die obere Abstützung für den Behälter auf Schub beansprucht. Es ist der Nachweis des Schubbeulens zu führen.

Mit dem Maximalwert der oberen Abstützkraft $B_{Erd,B}$ (siehe Gleichung (19b)) folgt der Bemessungswert der vorhandenen Schubspannung

$$\tau_{vorh,d} = \gamma_{F4} \cdot \frac{B_{Erd,B}}{\frac{\pi \cdot d_w \cdot s_w}{2}} \quad \frac{N}{mm^2} \qquad (49)$$

und in Anlehnung an DIN EN 1993-1-6 Anhang D Gleichung (D.32) der Bemessungswert der kritischen Schubspannung für einen nicht abgestuften Zylinder

$$\tau_{ki,d} = 0{,}75 \cdot \frac{1{,}5 \cdot E_K^{T°C}}{\gamma_m} \cdot \left(\frac{s_n}{r_w}\right)^{1{,}25} \cdot \left(\frac{r_w}{h_w}\right)^{0{,}5} \quad \frac{N}{mm^2} \qquad (50)$$

und mit einem Abminderungsfaktor für Imperfektion von 0,65

die Ausnutzung

$$\eta = \frac{\tau_{vorh,d}}{0{,}65 \cdot \tau_{ki,d}} \leq 1 \qquad (51)$$

Für einen abgestuften Zylinder gilt

$$\tau_{ki,d} = 0,75 \cdot \frac{1,5 \cdot E_K^{T°C}}{\gamma_m} \cdot \left(\frac{s_a}{r_w}\right)^{1,25} \cdot \left(\frac{r_w \cdot \kappa_1}{h_a}\right)^{0,5} \quad \frac{N}{mm^2} \qquad (52)$$

mit h_a, s_a und κ_1 für den Ersatzzylinder nach Bild (D.6) der DIN EN 1993-1-6.

Auf der sicheren Seite kann auch vereinfachend ein einschüssiger Zylinder mit der Wanddicke des obersten Schusses s_n und Länge h_W nachgewiesen werden.

10.3. Ringzugnachweis am oberen Rand

10.3.1. Abstützung mit Ringdach

Bei Abstützung mit einem Ringdach erzeugt die maximale Abstützkraft B_{Erd} auf dem halben Umfang eine cosinus-förmig verteilte horizontale Kontaktkraft mit dem Größtwert von

$$\max h_d = \gamma_{F4} \cdot \frac{2 \cdot B_{Erd}}{\pi \cdot r} \qquad (54)$$

10.3.1.1. Randverstärkung mit Bandage

Für die Ermittlung der Ringzugspannung in der Bandage wird diese Kontaktkraft am oberen Rand der Bandage angesetzt; dies liegt auf der sicheren Seite, da die wahre Kontaktkraft unterhalb des Randes angreift. Im Folgenden ist s_{1W} die Wanddicke des obersten Schusses des Auffangbehälters.

gewickelter Zylinder

Der Zylinderrand wird mit entsprechendem Übergang auf $2 \cdot (r \cdot s_{1W})^{0,5}$ mm mit $3 \cdot s_{1W}$ mm Dicke gewickelt (siehe **Bild 2**).

Die Ringzugspannung am oberen Rand der Bandage

$$K_{K,d}^{vorh} = \frac{\max h_d}{3 \cdot s_{1w}} \cdot \left(0,175 \cdot \frac{r}{s_{1w}} + 6,618\right) \qquad (55)$$

folgt aus Berechnungen mit so verstärkten Zylindern unter rotationssymmetrischer Randlast.

Zylinder aus Platten

Der Zylinderrand wird mit einer Doppelbandage von jeweils s_{1W} mm Dicke verstärkt, wobei die 1. Bandage $2 \cdot (r \cdot s_{1W})^{0,5}$ mm und die 2. Bandage $2 \cdot (r \cdot s_{1W})^{0,5} + 2 \cdot s_{1W}$ mm breit ist (siehe **Bild 1**).

Die Ringzugspannung am oberen Rand der Doppelbandage

$$K_{K,d}^{vorh} = \frac{\max h_d}{s_{1w}} \cdot \left(0,0558 \cdot \frac{r}{s_{1w}} + 3,598\right) \qquad (56)$$

folgt aus Berechnungen mit so verstärkten Zylindern unter rotationssymmetrischer Randlast.

10.3.1.2. Randverstärkung mit horizontaler Ringsteife

Die Ringsteife hat als wirksame Fläche mindestens 17,5 · s_{1W}^2 (siehe **Bild 3**).
Die Kontaktkraft wird in Höhe der Ringsteife angesetzt. So folgt die maximale Ringzugspannung in der Ringsteife.

$$K_{K,d}^{vorh} = \frac{\max h_d \cdot r}{17{,}5 \cdot s_{1w}^2} \qquad (57)$$

10.3.1.3. Ermittlung der erforderlichen Wanddicke s_w

Mit dem Bemessungswert der Festigkeit

$$K_{K,d} = \frac{K_K^* \cdot A_1}{\gamma_M \cdot f_z} \quad f_z = 1 \text{ bei gewickeltem Zylinder} \qquad (58)$$

folgt über die Bedingung

$$\eta = \frac{K_{K,d}^{vorh}}{K_{K,d}} \leq 1 \qquad (59)$$

die erforderliche Wanddicke des obersten Schusses des Auffangbehälters und so auch Größe und Dicke der Verstärkung.

10.3.2. Abstützung mit Schotten

Bei Abstützung mit Schotten wird die globale Abstützkraft nicht als kontinuierlich verteilte Kontaktkraft an den Auffangbehälter übertragen, sondern diskret nur über die Schotte. Dennoch darf mit den Gleichungen (54) bis (59) gerechnet werden, da infolge der großen Biegespannungen (Sekundärspannungen) sich Bandage bzw. Ringsteife zu einem Polygon verformen kann und so nur noch die Zugspannungen (Primärspannungen) bemessungsbestimmend sind. Die maximale Zugspannung im Polygon unterscheiden sich bei mindestens 12 Schotten nur marginal von der maximalen Zugspannung bei Abstützung mit Ringdach.

10.4. Randkrempeln

Berechnungen des DIBt haben gezeigt, dass am oberen Rand des Auffangbehälters ein Stabilitätsproblem auftreten kann. Die obere Abstützkraft des Behälters führt dann zu einem Versagen des Auffangbehälters, was Randkrempeln genannt wird. Gemäß Untersuchungen des DIBt ist für Behälter mit $h_F/d_B \leq 3$ und einer Erdbebenbeschleunigung $a_h \leq 3{,}2$ m/s² – entspricht in Deutschland Erdbebenzone 3 – die Gefahr des Randkrempelns nicht gegeben, wenn die Auffangbehälter nach Richtlinie DVS 2205-2 bemessen sind.

Für Behälter mit $h_F/d_B > 3$ und/oder $a_h > 3{,}2$ m/s² gilt:

Der Nachweis der Standsicherheit der gewählten Randverstärkung des Auffangbehälters kann in jedem Einzelfall mit FE-Berechnungen erbracht werden.

Ersatzweise darf auf einen Nachweis des Randkrempelns verzichtet werden, wenn der Auffangbehälter statt der üblichen Doppelbandage mit einer Ringsteife verstärkt wird.

Die Ringsteife muss mindestens die im **Bild 3** dargestellten Abmessungen aufweisen.
Bei Abstützung mit Schotten soll die Ringsteife auf Höhe des oberen Drittelpunkts der Schotte liegen. Bei Abstützung mit Ringdach soll die Ringsteife so weit oben als möglich angebracht werden.

10.5. Verankerung

Der Auffangbehälter muss verankert werden. Es sind mindestens 4 Anker erforderlich ($z \geq 4$).

Als Berechnungstemperatur wird $\frac{T_M + 3 \cdot T_A}{4}$ angesetzt.

Folgende Bedingung muss eingehalten sein:

$$\frac{\left[\gamma_{F4} \cdot \left(\frac{4 \cdot M_{Erd,W}}{d_W} + \frac{a_v}{g} \cdot G_{Z,W}\right) - \gamma_{F3} \cdot G_{Z,W}\right] \cdot \frac{1}{z}}{\left(b_{Pr} + s_{B,W}\right) \cdot s_{B,W} \cdot \frac{K^*_{K,d}}{2\,A_1}} \leq 1 \qquad (60)$$

Im Zähler steht die aufzunehmende Pratzenkraft und im Nenner die sich aus der Schubspannung in der Schweißnaht ergebende aufnehmbare Pratzenkraft.

Der Nachweis der Einleitung der gesamten Horizontalkraft erfolgt gemäß Abschnitt 8 jedoch mit der Berechnungstemperatur $\frac{T_M + 3 \cdot T_A}{4}$

11. Schrifttum

Regelwerk

DIN EN 1998-1/NA	Nationaler Anhang - National festgelegte Parameter - Eurocode 8: Auslegung von Bauwerken gegen Erdbeben - Teil 1: Grundlagen, Erdbebeneinwirkungen und Regeln für Hochbau alternativ für Aufstellung in Deutschland: DIN 4149 Bauten in deutschen Erdbebengebieten - Lastannahmen, Bemessung und Ausführung üblicher Hochbauten
DIN EN 1998-4	Eurocode 8: Auslegung von Bauwerken gegen Erdbeben – Teil 4: Silos, Tankbauwerke und Rohrleitungen

Weitere Normen siehe Richtlinie DVS 2205-2 Abschnitt 5.2.

Literatur

[1] Rammerstorfer, F. G., K. Scharf und F. D. Fischer: Erdbebensichere Bemessung von Zylinderschalen, Flüssigkeitsgefüllten Tankbauwerken. Berichte aus dem Institut für Leichtbau und Flugzeugbau, TU Wien, Heft ILF – 2 / 90

[2] Tuercke, H.: Zur Stabilität von Behältern aus Thermoplasten. DIBt-Mitteilungen, Heft 5/1995.

[3] Zuordnung der Erdbebenzonen und Untergrundklassen www.dibt.de

[4] Tuercke, H.: Zur Einleitung axialgerichteter Einzellasten am oberen Rand von Thermobehältern, DIBt-Mitteilungen, Heft 4/2002

Anhang

Varianten der Verstärkung des oberen Rands des Auffangbehälters

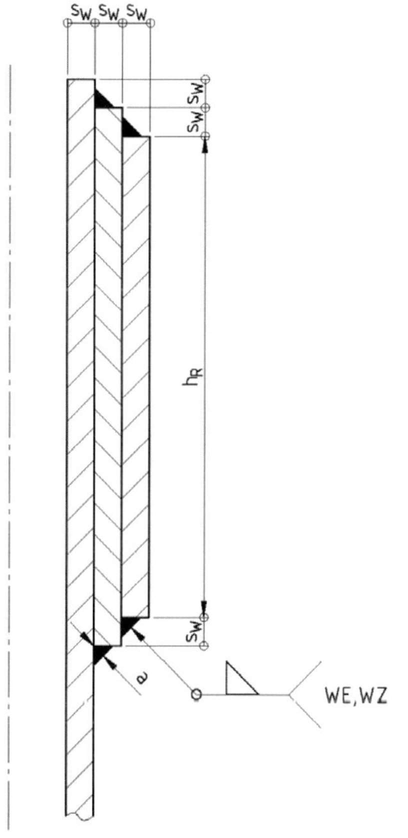

$$h_R \leq 2 \cdot (r \cdot s_W)^{0,5} \quad a \geq 0,5 \cdot s_W$$

$$\text{Bei Erdbeben mit } a_h \leq 3,2 m/s^2 \text{ und } h_F/d \leq 3$$

Bild 1: Doppelbandage

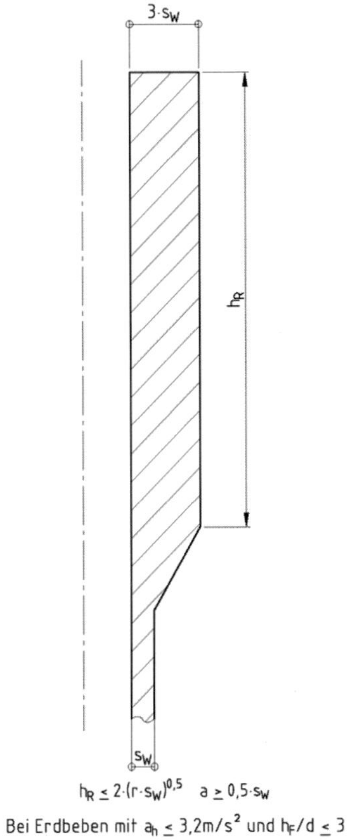

Bild 2: gewickelte Bandage

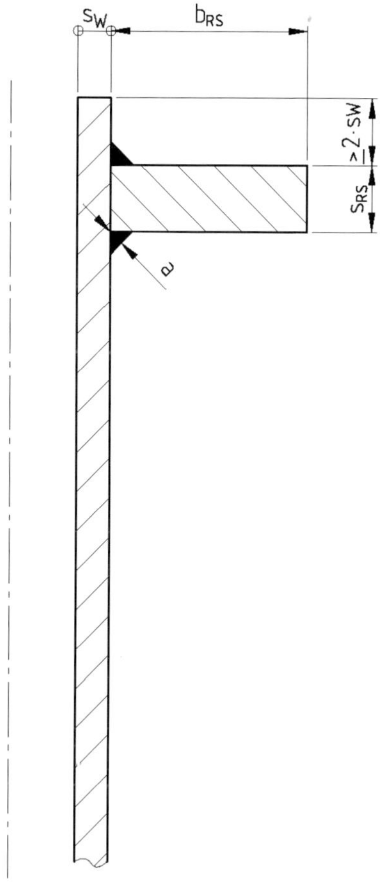

$b_{RS} \cdot s_{RS} \geq 12 \cdot s_W^2 \quad 1.5 \cdot s_W \leq s_{RS} < 2 \cdot s_W \quad a \geq 0{,}5 \cdot s_W$

Bei Erdbeben mit $a_h > 3{,}2 m/s^2$ oder $h_F/d > 3$

Bild 3: Ringsteife

Varianten der oberen Abstützung

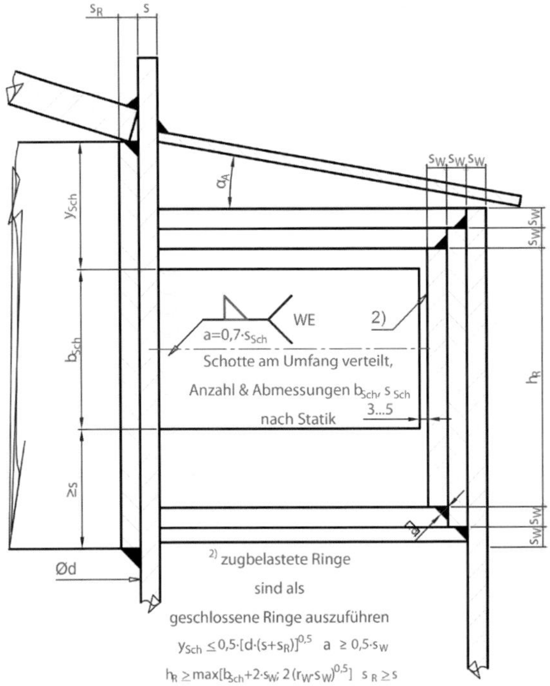

Bild 4: mit Schotten, Bandage innen

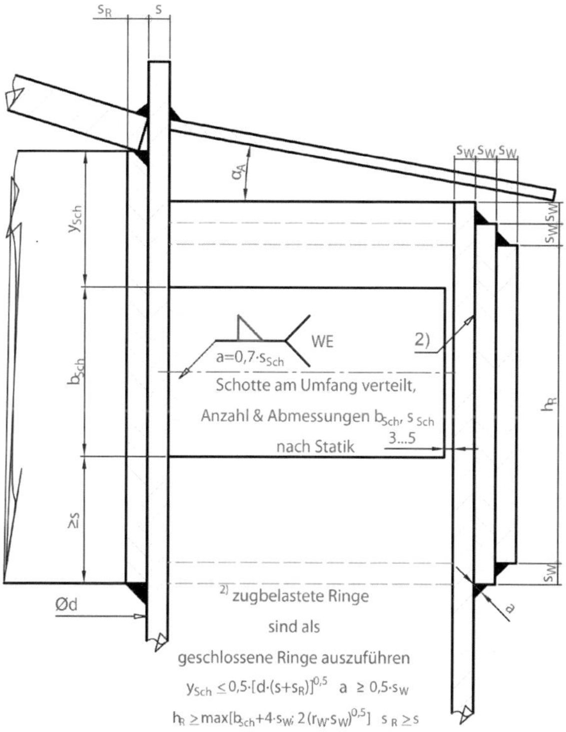

Bild 5: mit Schotten, Bandage außen

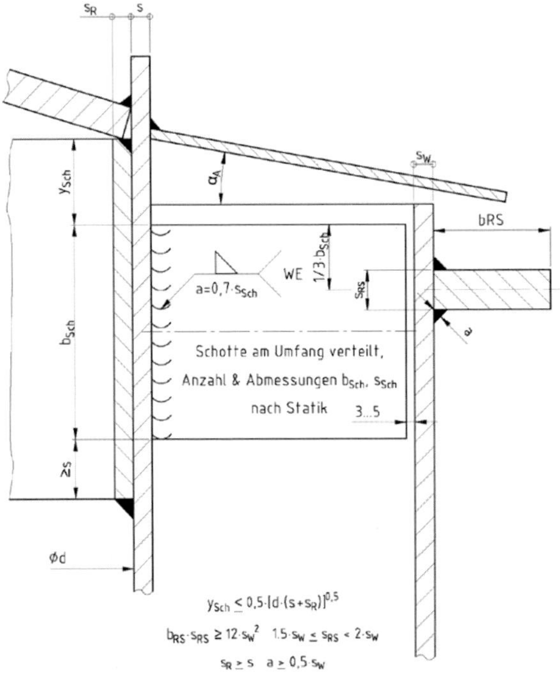

Bild 6: mit Schotten, Ringsteife

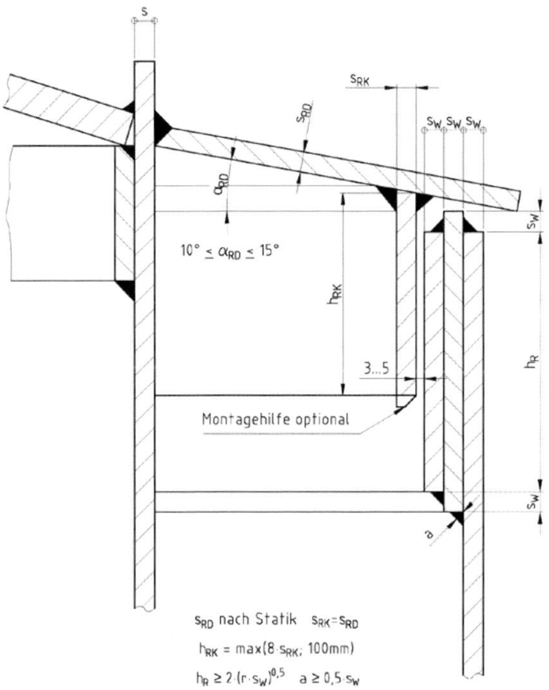

Bild 7: Ringdach, Bandage

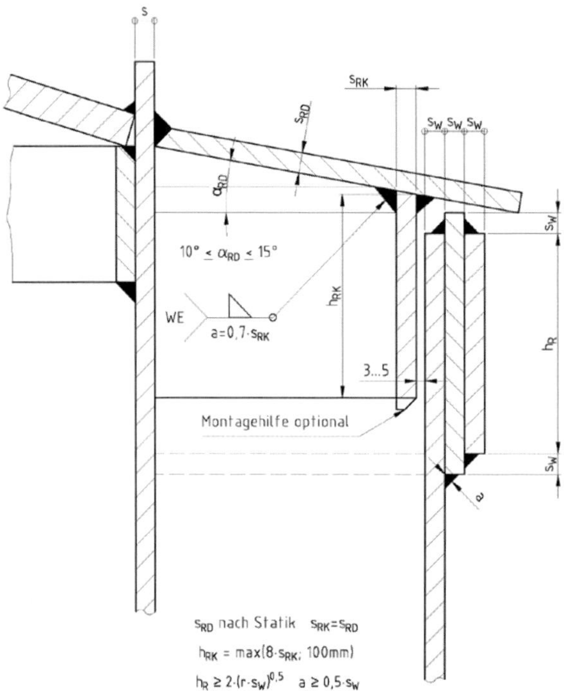

Bild 8: Ringdach, Bandage außen

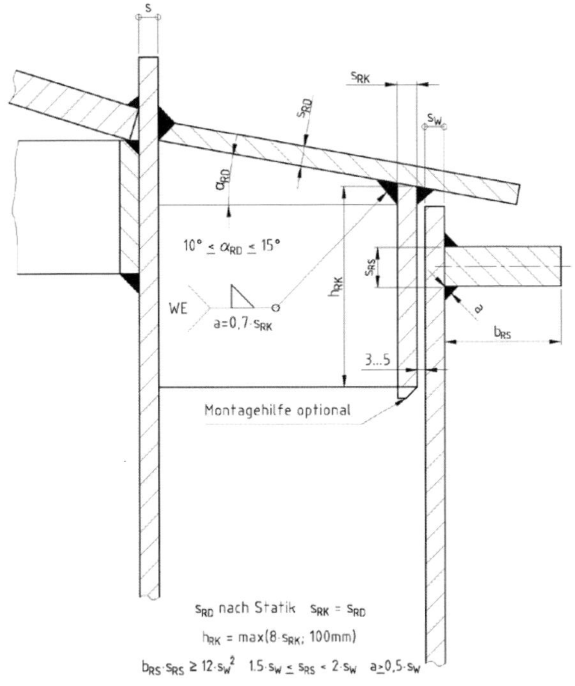

Bild 9: Ringdach, Ringsteife

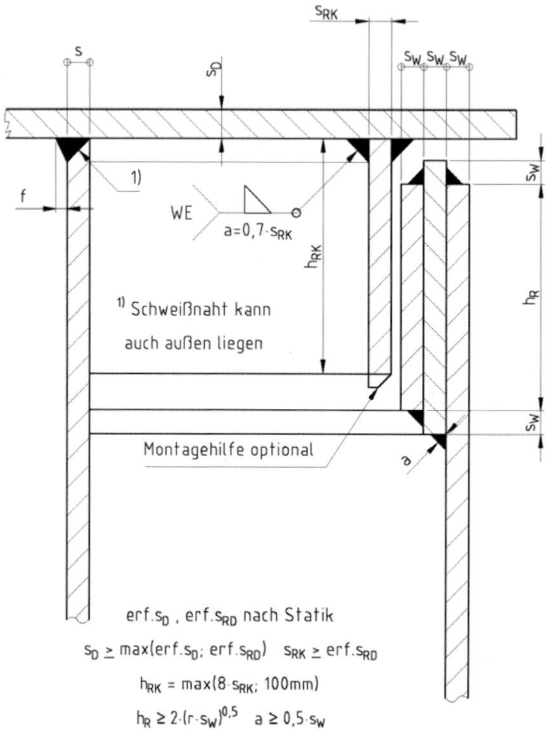

Bild 10: integriertes Flachdach, Bandage innen

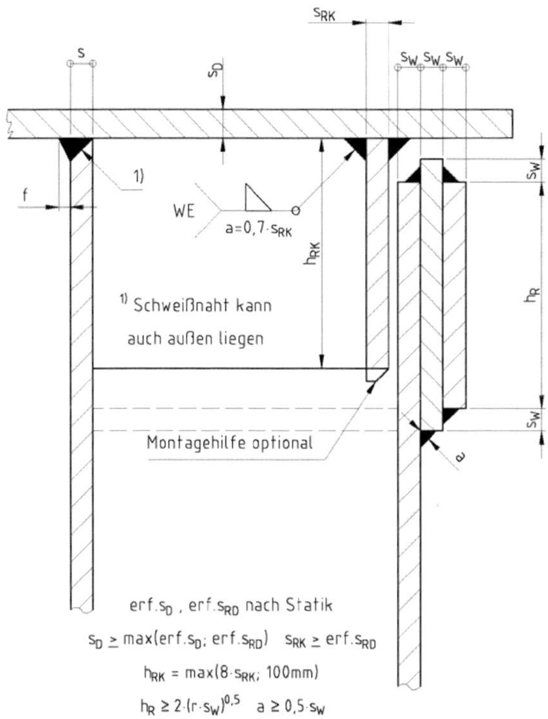

Bild 11: integriertes Flachdach, Bandage außen

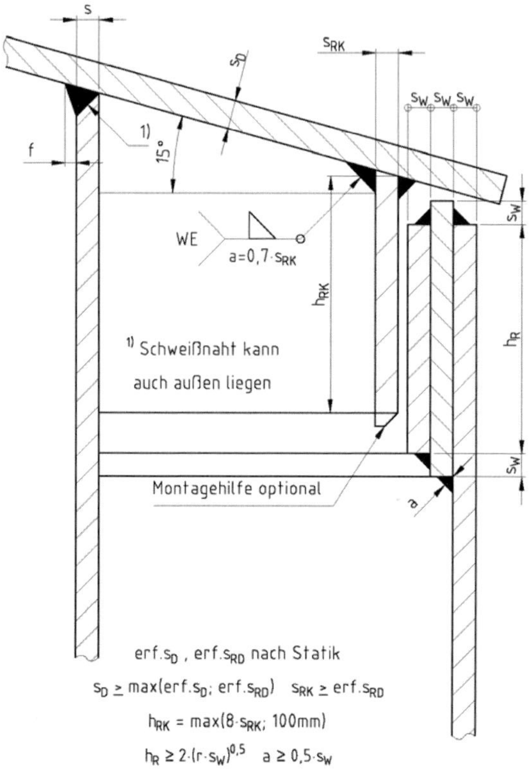

Bild 12: integriertes Kegeldach, Bandage innen

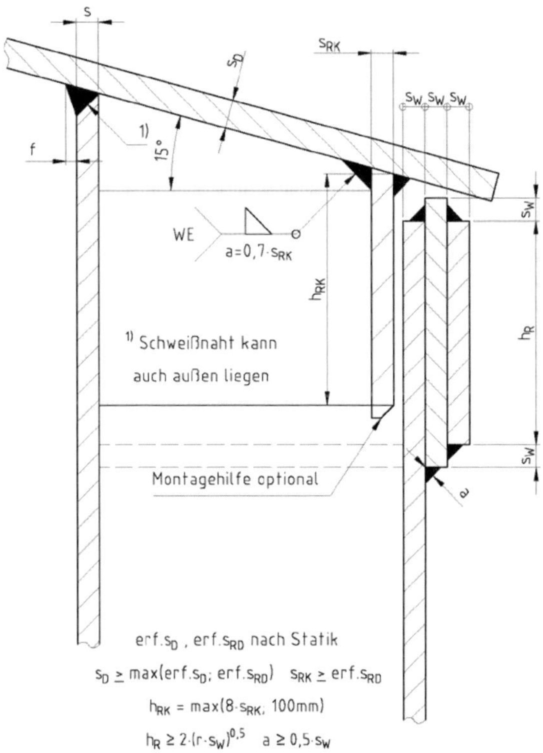

Bild 13: integriertes Kegeldach, Bandage außen

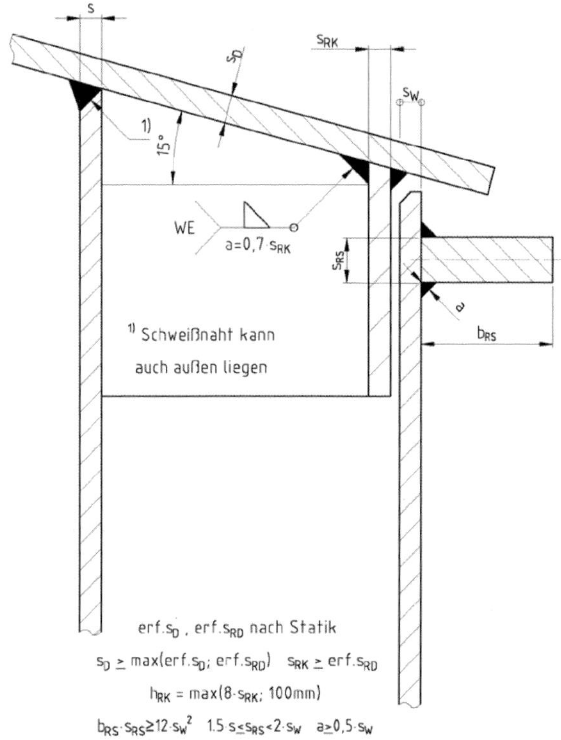

Bild 14: integriertes Kegeldach, Ringsteife

Varianten der oberen Abstützung

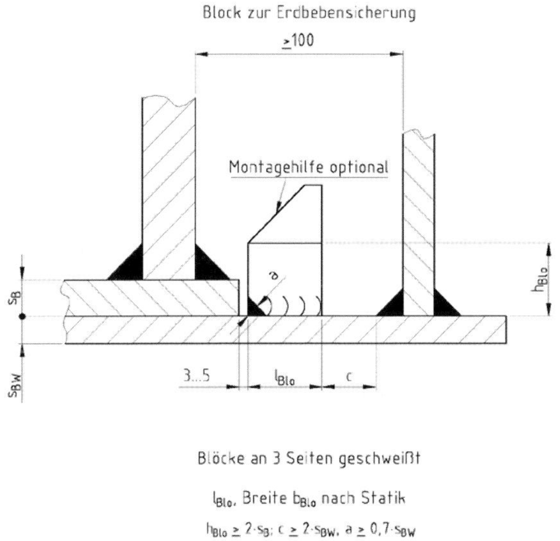

Bild 15: mit Blöcken

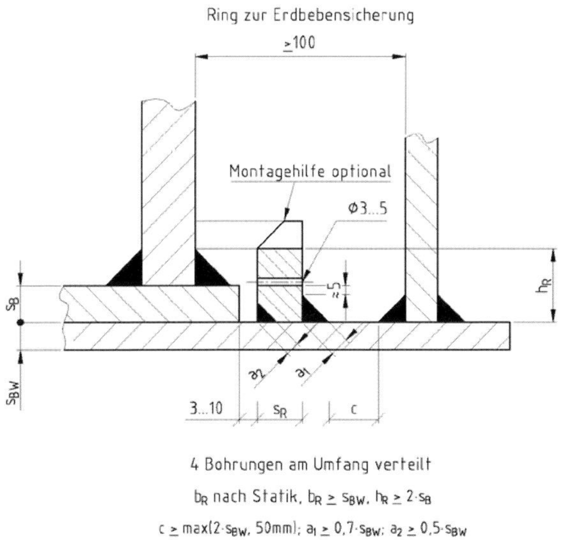

Bild 16: mit Fußring

Definition des Hebelarms

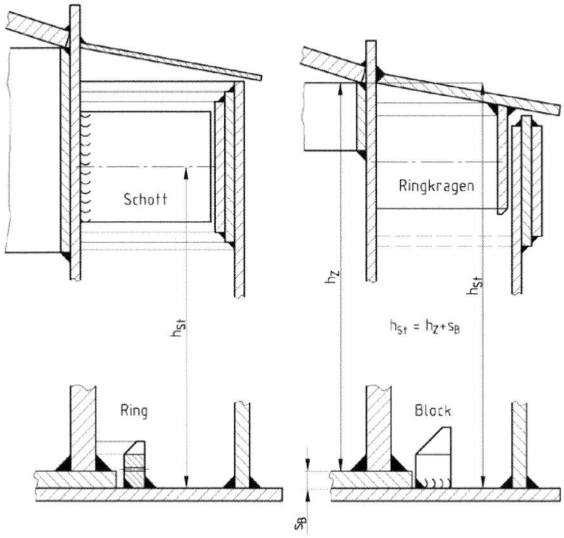

Bild 17: Definition von h_{ast}

DVS VERBAND

Richtlinie
DVS 2205-2
Beiblatt 5

Ersetzt Ausgabe Dezember 2015

Richtlinie DVS 2205-2 Beiblatt 5

Berechnung von Behältern und Apparaten aus Thermoplasten – Stehende runde, drucklose Behälter – Standzargenbehälter im Erdbebengebiet

Ausschuss für Technik im DVS

Arbeitsgruppe W 4 „Fügen von Kunststoffen“

Untergruppe W 4.3b „Konstruktive Gestaltung - Apparatebau“

Bezug: DVS Media GmbH, Postfach 10 19 65, 40010 Düsseldorf, Telefon (0211) 1591-0, Telefax (0211) 1591-150

Inhalt:

1. Geltungsbereich

Die nachstehenden Konstruktions- und Berechnungsregeln gelten für stehende, zylindrische, werksgefertigte Standzargenbehälter aus Thermoplasten mit Kegel- oder Schrägboden für die Aufstellung in einem deutschen Erdbebengebiet.

Für die Anwendung dieses Beiblatts müssen folgende Voraussetzungen eingehalten werden:

- Der Behälter kann innerhalb oder außerhalb von Gebäuden aufgestellt werden. Sein Fundament muss direkten Kontakt zum Erdboden haben. Bei Aufstellung auf Gebäudedecken, Bühnen oder Ähnlichem sind gesonderte Nachweise erforderlich, die das Schwingungsverhalten des gesamten Systems berücksichtigen.
- Eine Dimensionierung des Behälters erfolgt parallel nach der Richtlinie DVS 2205-2 mit den Beiblättern 3 und 7 bzw. 9.
- Die Ausführung des Behälters entspricht der Richtlinie DVS 2205-2 mit den Beiblättern 3 und 7 bzw. 9.

2. Konstruktion

Standzargenbehälter werden stets ohne Auffangbehälter aufgestellt.

Die in diesem Beiblatt behandelten Standzargenbehälter werden direkt am Fundament verankert, um sie so gegen Verschieben und Kippen infolge der horizontalen Erdbebenkräfte zu sichern.

3. Berechnungsgrößen

a	mm	kleinster Freiraum unter dem Schrägboden
a_g	m/s²	Bodenbeschleunigung
a_h	m/s²	horizontale Beschleunigung des Behälters
a_v	m/s²	vertikale Beschleunigung des Behälters
A_1	-	Abminderungsfaktor für den Einfluss der spezifischen Zähigkeit
A_{2I}	-	Abminderungsfaktor für das Medium bei Stabilitätsnachweisen
A_R	mm²	Querschnittsfläche des offenen Ringquerschnitts
A_S	mm²	Schubfläche des Ersatzbalkens
b_{Dp}	mm	Breite der Distanzplatte ($b_{Pr} \leq b_{Dp} \leq 1{,}5 \cdot b_{Pr}$)
b_{Pr}	mm	Breite der Ankerpratze
b_R	mm	Breite des Rings
d	mm	Innendurchmesser des Zylinders
$d_{A,j}$	mm	Außendurchmesser des Stutzens j
$d_{A,ZarS}$	mm	Außendurchmesser des Stutzens in der Zarge

$E_K^{T°C}$	N/mm²	Kurzzeit-E-Modul bei T°C
$E_K^{20°C}$	N/mm²	Kurzzeit-E-Modul bei 20°C
$E_L^{20°C}$	N/mm²	Langzeit-E-Modul bei 20°C
e_i	-	Exzentrizität des Schusswanddicken
$f_{\alpha,i}$	-	Abminderungsfaktor für Exzentrizität
g	m/s²	Erdbeschleunigung
G_A	N	Eigenlast des Zusatzgewichts auf dem Dach
G_B	N	Eigenlast des Bodens
G_{ges}	N	Eigenlast des Standzargenbehälters
$G_K^{T°C}$	N/mm²	Schubmodul bei kurzzeitiger Beanspruchung für T°C
G_Z	N	Eigenlast des Zylinders des Behälters
h	mm	Höhe des Ersatzbalkens für die Berücksichtigung von Dachlasten
$H_{Düb}$	N	Bemessungswert der horizontalen Dübelkraft
H_{Erd}	N	gesamte Horizontalkraft aus Erdbeben
H_F	N	horizontale Massenkraft aus Füllung
h_F	mm	Füllhöhe
h_F^*	mm	Höhe des Ersatzbalkens
h_g	mm	Gesamthöhe des Behälters
H_{GA}	N	horizontale Massenkraft aus G_A
h_R	mm	Höhe des größten Unterstützungsrings
h_S	mm	Höhe des Beulfeldes
h_{Zar}	mm	Höhe der Zarge

I	mm^4	Trägheitsmoment des Ersatzbalkens
$K_{K,d}^{vorh}$	N/mm^2	Bemessungswert der Beanspruchung bei kurzzeitiger Einwirkung
$K_{K,d}^{*}$	N/mm^2	Bemessungswert der Zeitstandfestigkeit bei 10^{-1} Stunden
$K_{R}^{Füllung}$	N/mm^2	Druckspannung im Unterstützungsring aus Füllung
$K_{Zar}^{Füllung}$	N/mm^2	Druckspannung in der Zarge aus Füllung
$K_{Zar}^{pü}$	N/mm^2	Zugbeanspruchung aus $p_ü$ in der Zarge
k_σ	-	Hilfsgröße
$M_{Erd}(X)$	Nmm	Erdbebenmoment in Höhe x für Standzargenbehälter
$M_{Erd,i}$	Nmm	Erdbebenmoment am unteren Rand des Schusses i des Standzargenbehälters
$M_{Erd,i}$	Nmm	Erdbebenmoment in Höhe des Stutzens j
m	-	Anzahl der Steifen
m_K	kNs^2/m	Masse der Dachlast
$N_{Erd,j,d}$	N	Bemessungswert der globalen Normalkraft in Höhe des Stutzens j aus vertikaler Beschleunigung
$N_{i,d}$	N	Bemessungswert der globalen Normalkraft in Höhe des Stutzens j
p_u	N/mm^2	langzeitig wirkender Unterdruck
$p_ü$	N/mm^2	langzeitig wirkender Überdruck
$p_{üK}$	N/mm^2	kurzzeitiger Überdruck
q	-	Verhaltensbeiwert
r	mm	Zylinderradius des Behälters
r_R	mm	Radius des größten Unterstützungsrings
S	-	Untergrundparameter

s	mm	Wanddicke des Bodens, des untersten Zylinderschusses, der Ringe und der Zarge
s_B^*	mm	Ersatzwanddicke für Biegeschwingung
s_S^*	mm	Ersatzwanddicke für Schubschwingung
s_1	mm	Wanddicke des obersten Schusses
$s_{1/3}$	mm	Wanddicke des Zylinders im unteren Drittelpunkt des Ersatzbalkens
s_B	mm	Wanddicke des Behälterbodens
s_i	mm	Wanddicke des Zylinders in Höhe des Stutzens j
s_{uB}	mm	Wanddicke des Unterbodens
$s_{Z,i}$	mm	Wanddicke des Zylinderschusses i
T_A	°C	mittlere Umgebungstemperatur (nach Miner, siehe Richtlinie DVS 2205-1)
T_{AK}	°C	höchste Umgebungstemperatur
$T_{Bieg,mK}$	s	Schwingungsdauer eines masselosen, einseitig eingespannten Biegebalkens mit Kopfmasse
T_F	s	Schwingungsdauer des gefüllten Behälters
T_h	s	Schwingungsdauer der horizontalen Schwingung
T_M	°C	mittlere Medientemperatur (nach Miner, siehe Richtlinie DVS 2205-1)
T_{MK}	°C	höchste Medientemperatur
$T_{Schub,mK}$	s	Schwingungsdauer eines masselosen, einseitig eingespannten Schubbalkens mit Kopfmasse
T_v	s	Schwingungsdauer der vertikalen Schwingung
W	mm^3	Widerstandsmoment der mit Steifen ausgefachten Zarge zur Ermittlung der Druckbeanspruchung des höchsten Beulfeldes der Steifen
W_R	mm^3	Widerstandsmoment des offenen Ringquerschnitts
x	mm	Höhe des betrachteten Schnitts über dem Fundament
z	-	Anzahl der Anker
z_S	mm	Schwerpunktsabstand des offenen Rings von der Zylinderachse

α_B	Grad	Neigungswinkel des Bodens
α_i	-	Faktor für Axialstabilität, Schuss i
α_j	-	Faktor für Axialstabilität, Stutzen j im Zylinder
α_R	-	Faktor für Axialstabilität, Unterstützungsring
α_{Zar}	-	Faktor für Axialstabilität, Zarge
α_{ZarS}	-	Faktor für Axialstabilität, Stutzen in der Zarge
β	-	Seitenverhältnis des Beulfeldes
β_0	-	Verstärkungsbeiwert der Spektrenbeschleunigung
η	-	Dämpfungs-Korrekturbeiwert
$\eta_{A,i}$	-	Ausnutzung der Axialstabilität im Schuss i
$\eta_{A,j}$	-	Ausnutzung der Axialstabilität neben Stutzen j
$\eta_{A,R}$	-	Ausnutzung der Axialstabilität im Ring
$\eta_{A,S}$	-	Ausnutzung der Beulstabiliät in den Steifen
$\eta_{A,Zar}$	-	Ausnutzung der Axialstabilität in der Zarge
η_H	-	Ausnutzung des Nachweises der Pressung zwischen Distanz- und Bodenplatte
γ_{F1}	-	Teilsicherheitsbeiwert der Einwirkung (Eigenlast, Füllung)
γ_{F2}	-	Teilsicherheitsbeiwert der Einwirkung (Drücke, Wind)
γ_{F3}	-	Teilsicherheitsbeiwert der Einwirkung (verringernde Eigenlast)
γ_{F4}	-	Teilsicherheitsbeiwert der Einwirkung (Erdbeben)
γ_{IE}	-	Bedeutungsbeiwert nach DIN EN 1998-1/NA Tabelle NA.6 (dort γ_I genannt)
γ_M	-	Teilsicherheitsbeiwert des Widerstands/der Beanspruchbarkeit
λ	-	Reduktionsfaktor für Schwappen
ω	1/s	Kreisfrequenz
ρ_F	g/cm³	Dichte des Füllmediums
σ_e	N/mm²	Beulspannung in Steife
$\sigma_{G,i}$	N/mm²	Beanspruchung im Zylinder aus Eigengewicht am unteren Rand des Schusses i; enthält auch Dachlasten einschließlich der Spannungskonzentration [4]
$\sigma_{G,j}$	N/mm²	Beanspruchung im Zylinder aus Eigengewicht in Höhe des Stutzens j

$\sigma_{G,Zar}$	N/mm²	Druckspannung aus Eigengewicht in der Zarge
$\sigma_{i,d}^{vorh}$	N/mm²	Bemessungswert der vorhandenen Beanspruchung am unteren Rand des Schusses i
$\sigma_{j,d}^{vorh}$	N/mm²	Bemessungswert der Gesamtbeanspruchung im Zylinder in Höhe des Stutzens j
$\sigma_{k,d}$	N/mm²	Bemessungswert der Beulspannung der Steife
$\sigma_{k,i,d}$	N/mm²	Bemessungswert der axialen Beulspannung im Schuss i
$\sigma_{K,j,d}$	N/mm²	Bemessungswert der axialen Beulspannung neben dem Stutzen j
$\sigma_{K,R,d}$	N/mm²	Bemessungswert der axialen Beulspannung des Unterstützungsrings
$\sigma_{K,Zar,d}$	N/mm²	Bemessungswert der axialen Beulspannung der Zarge
$\sigma_{K,ZarS,d}$	N/mm²	Bemessungswert der axialen Beulspannung der Zarge neben Stutzen
$\sigma_{R,d}^{vorh}$	N/mm²	Bemessungswert der Gesamtbeanspruchung im Unterstützungsring
$\sigma_{S,d}^{F}$	N/mm²	Bemessungswert der Beanspruchung aus Füllung in der Steife
$\sigma_{S,d}^{pü}$	N/mm²	Bemessungswert der Beanspruchung aus langzeitigem Überdruck in der Steife
$\sigma_{Zar,d}^{vorh}$	N/mm²	Bemessungswert der Gesamtbeanspruchung in der Zarge
$\sigma_{ZarS,d}^{vorh}$	N/mm²	Bemessungswert der Gesamtbeanspruchung in der Zarge neben Stutzen

4. Behälterbeschleunigung

4.1. Horizontale Behälterbeschleunigung

Die horizontale Behälterbeschleunigung a_h des Behälters wird auf Grundlage der DIN EN 1998-1/NA unter Vernachlässigung des Schwappens des Mediums im Behälter ermittelt.

Die Erdbebenzone des Aufstellorts wird dem Bild NA.1 der DIN EN 1998-1/NA bzw. aus Listen [3] entnommen, in denen für einige Bundesländer die Erdbebenzone für die Gemeinden ausgewiesen werden. Damit liegt nach Tabelle NA.3 der DIN EN 1998-1/NA die horizontale Bodenbeschleunigung a_g fest.

Ebenso kann die geologische Untergrundklasse des Aufstellorts aus Bild NA.2 der DIN EN 1998-1/NA bzw. den Listen [3] entnommen werden.

Die Baugrundklasse ist vom Betreiber der Behälter anzugeben. Wenn keine gesicherten Angaben zum Baugrund vorliegen, ist die Baugrundklasse C anzusetzen.

Die horizontale Beschleunigung a_h ergibt sich nach DIN EN 1998-1/NA mit dem Spektrum nach Bild NA.3 in Verbindung mit Tabelle NA.4 unter Annahme von 5 % viskoser Dämpfung, d. h. β_0 = 2,5 und η = 1 und dem Bedeutungsbeiwert γ_{IE}. Für Behälter zur Lagerung wassergefährdender Flüssigkeiten ist mindestens γ_{IE} = 1,6 zu setzen. Der Verhaltensbeiwert ist mit q = 1,5 anzusetzen.

Für die Ermittlung des Spektrenwertes wird die Schwingungsdauer T_h des Systems benötigt.

4.2. Schwingungsdauer für die Horizontalschwingung

Der Behälter wird als unten eingespannter Balken mit der Höhe $h_F^* = h_F - r \cdot tan\alpha_B + h_{Zar}$ und der Massenbelegung aus Füllung (die Eigenmasse des Behälters darf vernachlässigt werden) abgebildet. Vereinfachend wird diese Massenbelegung auch im Bereich der Zarge angesetzt.

Nach Rammerstorfer [1] Formeln (11) und (12) bzw. DIN EN 1998-4 Formel (A.24) kann die Kreisfrequenz ω dieses Systems aus

$$\omega = 2 \cdot \pi \cdot \frac{\sqrt{\frac{\left(1{,}5 \cdot E_K^{T°C}\right) \cdot s_{1/3}}{\rho_F \cdot h_F^*} \cdot 10^9}}{2 \cdot r \cdot \left(0,157 \cdot \left(\frac{h_F^*}{r}\right)^2 + \frac{h_F^*}{r} + 1,49\right)} \quad 1/s \qquad (1)$$

mit $s_{1/3}$ Zylinderwanddicke im unteren Drittelpunkt von h_F^* ermittelt werden. Wegen der sehr kurzen Einwirkdauer wird der dynamische E-Modul um 50 % gegenüber dem Kurzzeit-Modul angehoben. Daraus ergibt sich die Schwingungsdauer über die Beziehung $T = \frac{2 \cdot \pi}{\omega}$ zu

$$T_F = \sqrt{\frac{\rho_F \cdot h_F^*}{\left(1,5 \cdot E_K^{T°C}\right) \cdot s_{1/3} \cdot 10^9}} \cdot 2 \cdot r \cdot \left(0,157 \cdot \left(\frac{h_F^*}{r}\right)^2 + \frac{h_F^*}{r} + 1,49\right) \quad s \qquad (2)$$

Sofern eine Bühne oder ein Rührwerk auf dem Dach angeordnet wird, ist deren Einfluss auf die Schwingungsdauer nachzuweisen. Die Schwingungsdauer eines masselosen Biegebalkens mit dem Trägheitsmoment

$$I = \pi \cdot r^3 \cdot s_B^* \quad mm^4 \qquad (3)$$

und der Kopfmasse

$$m_K = \frac{G_A}{1000 \cdot g} \quad kNs^2/m \qquad (4)$$

folgt aus

$$T_{Bieg,m_K} = 2 \cdot \pi \cdot \sqrt{\frac{m_K \cdot h^3}{3 \cdot \left(1,5 \cdot E_K^{T°C}\right) \cdot I}} \quad s \qquad (5)$$

(vereinfachend gilt h = h_g)

s_B^* ist die Ersatzwanddicke, die zur gleichen Kopfverschiebung infolge Biegung wie beim abgestuften Zylinder führt.

Die Schwingungsdauer eines masselosen Schubbalkens mit der Schubfläche

$$A_s = \pi \cdot r \cdot s_S^* \quad mm^2 \qquad (6)$$

und der Kopfmasse m_k folgt aus

$$T_{Schub,m_K} = 2 \cdot \pi \sqrt{\frac{m_K \cdot h}{\left(1,5 \cdot G_K^{T°C}\right) \cdot A_S}} \quad s$$

mit

$$G_K^{T°C} = 0,36 \cdot E_K^{T°C} \quad N/mm^2 \qquad (7)$$

s_S^* ist die Ersatzwanddicke, die zur gleichen Kopfverschiebung infolge Schub wie beim abgestuften Zylinder führt.

Die Schwingungsdauer für die Horizontalschwingung, die alle Einflüsse berücksichtigt, folgt aus

$$T_h = \sqrt{T_F^2 + T_{Bieg,m_K}^2 + T_{Schub,m_K}^2} \quad s \qquad (8)$$

Die Dicke $s_{1/3}$ eines abgestuften Zylinders folgt aus (Nummerierung der n + 1 Schüsse oben beginnend; der n + 1. Schuss ist die Zarge)

$$s_{1/3} = \frac{4}{3} \cdot \frac{\sum_{1}^{n+1} (l_i \cdot s_i)}{\sum_{1}^{n+1} l_i} - \frac{s_1}{6} \leq \max \mathrm{s} \qquad (9)$$

mit $l_1 = h_1 - h_Z - h_{Zar} + h_F + a, \cdots l_i = h_i$, $l_{n+1} = h_{Zar}$ und $s_{n+1} = s_{Zar}$

4.3. Vertikale Behälterbeschleunigung

Die vertikale Behälterbeschleunigung a_v des Behälters wird auch auf Grundlage der DIN EN 1998-1/NA ermittelt, dabei ist der Bemessungswert der Bodenbeschleunigung a_g nach Tabelle NA.3 der DIN EN 1998-1/NA mit dem Faktor 0,5 [1] abzumindern. Spektrum und Beiwerte entsprechen denen, die für die Ermittlung der horizontalen Beschleunigung verwendet werden (Abschnitt 4.1).

Für die Ermittlung des Spektrenwertes wird die Schwingungsdauer T_v der Vertikalschwingung des Systems benötigt.

4.4. Schwingungsdauer für die Vertikalschwingung

Die Schwingungsdauer eines Standzargenbehälters mit Kegel- oder Schrägboden lässt sich nicht mit einfachen Formeln beschreiben. Die vertikale Behälterbeschleunigung a_v wird daher auf der sicheren Seite mit dem Plateauwert des Spektrums und dem Bemessungswert der vertikalen Beschleunigung $0{,}5 \cdot a_g$ ermittelt. Es ergibt sich

$$a_v = 0,5 \cdot a_g \cdot \gamma_{IE} \cdot S \cdot \frac{\beta_0}{q} = 0,834 \cdot a_g \cdot \gamma_{IE} \cdot \mathrm{S} \qquad m/s^2 \qquad (10)$$

wobei S der Untergrundparameter nach Tabelle NA.4 der DIN EN 1998-1/NA ist.

5. Beanspruchungen

5.1. Aus horizontaler Behälterbeschleunigung

Die maßgebliche Beanspruchung ergibt sich aus der horizontalen Massenkraft (Masse mal Beschleunigung) der Füllung im voll gefüllten Zustand.

$$H_F = \rho_F \cdot \pi \cdot r^2 \cdot \left(h_F^* - h_{Zar} + \frac{r \cdot tan\alpha_B}{3} \right) \cdot a_h \cdot 10^{-6} \qquad N \qquad (11)$$

Der Angriffspunkt dieser Kraft ist im Schwerpunkt der Füllung anzusetzen.

Bei Dachlast G_A ergibt sich die horizontale Massenkraft aus

$$H_{G_A} = \frac{G_A}{g} \cdot a_h \qquad N \qquad (12)$$

1 0,7 nach DIN 4149 für Aufstellung in Deutschland

Der Angriffspunkt dieser Kraft ist im Schwerpunkt der Dachlast anzusetzen.

Zur Ermittlung des Erdbebenmoments in der Höhe x über dem Fundament wird der Ersatzbalken vereinfachend in voller Länge mit der Linienlast $\rho_F \cdot \pi \cdot r^2 \cdot a_h \cdot 10^{-6}$ und der Kopflast H_{GA} belastet.

Das Erdbebenmoment des Zylinders in der Höhe x über dem Behälterboden ergibt sich aus

$$M_{Erd}(x) = \rho_F \cdot \pi \cdot r^2 \cdot a_h \cdot 10^{-6} \cdot \frac{(h_F^* - x)^2}{2} + H_{G_A} \cdot (h_g - x) \quad Nmm \qquad (13)$$

Der Ansatz von h_g – der Gesamthöhe des Behälters – als Lage des Schwerpunkts von G_A ist genau genug.

5.2. Aus vertikaler Behälterbeschleunigung

Zylinder, Zarge, Boden und Ringe bzw. Steifen werden im Lastfall Füllung und Dachlast höher beansprucht, da zu der Wirkung aus der Erdbeschleunigung g noch die Wirkung aus der vertikalen Erdbebenbeschleunigung a_v hinzukommt.

6. Nachweise

Alle Nachweise der Richtlinie DVS 2205-2 mit den Beiblättern 3 und 7 bzw. 9 sind zu führen.

Zusätzlich sind die folgenden Nachweise für Erdbeben zu führen:

- Axialstabilität am unteren Rand aller Zylinderschüsse
- Axialstabilität am unteren Rand der Zarge
- Axialstabilität neben Stutzen im Zylinder
- Axialstabilität neben Stutzen in der Zarge
- Axialstabilität der Unterstützungsringe
- Beulstabilität der Steifen
- Verankerung

Bei Aufstellung in deutschen Erdbebengebieten kann auf alle Festigkeitsnachweise, für die der Nachweis mit Langzeitfestigkeit maßgeblich ist, verzichtet werden, da die Nachweise der Kurzzeitfestigkeit mit den durch Erdbeben erhöhten Beanspruchungen nicht bemessungsmaßgeblich werden.

Bei Aufstellung in einem Erdbebengebiet außerhalb Deutschlands mit hohen Grundbeschleunigungen ist die Festigkeit für alle Bauteile unter Berücksichtigung der dynamischen Beanspruchung aus der horizontalen sowie vertikalen Beschleunigung nachzuweisen. Die Festigkeitsnachweise der Zylinderschüsse sind für die Kombination aus Ringzug und Axialdruck mit Vergleichsspannungen nach von Mises zu führen.

Sofern von den örtlichen Behörden keine anderen Vorgaben gemacht werden, kann für die Wandtemperatur des Daches bei Innenaufstellung T_M und bei Außenaufstellung T_{AK} angesetzt werden.

7. Nachweisführung

Die Nachweise werden nach dem Teilsicherheitskonzept geführt. Der Teilsicherheitsbeiwert für die Summe der Beanspruchungen bei Erdbeben ist

$$\gamma_{F4} = 1{,}0 \qquad (14)$$

Beanspruchungen aus Wind-, Schneelasten und kurzzeitig wirkenden Drücken werden nicht mit Erdbebenbeanspruchungen kombiniert.

Nachweise für Erdbebenbeanspruchungen sind für die Wandtemperaturen zu führen, die sich bei Annahme der Medientemperatur T_M und der Umgebungstemperatur T_A in dem betrachteten Bauteil ergeben.

Beanspruchungen aus horizontaler Beschleunigung werden mit den Beanspruchungen aus vertikaler Beschleunigung direkt addiert, dies liegt auf der sicheren Seite.

8. Bemessung des Standzargenbehälters

8.1. Axialstabilität des Zylinders

Für jeden Schuss i wird die am unteren Rand vorhandene axiale Druckspannung aus Eigengewicht des Behälters (kann auch generell vernachlässigt werden), Eigengewicht der Dachlast und aus horizontaler sowie vertikaler Wirkung des Erdbebens ermittelt und mit der Beulspannung $\sigma_{k,i,d}$ abgesichert.

$$\sigma_{i,d}^{vorh} = \gamma_{F4} \cdot \{\sigma_{G,i} \cdot \left(1 + \frac{a_v}{g}\right) + \frac{\rho_u \cdot r}{2 \cdot s_{Z,i}} + \frac{M_{Erd,i}}{1{,}2 \cdot \pi \cdot r^2 \cdot s_{Z,i}}\} \quad N/mm^2 \qquad (15)$$

Die Spannung $\sigma_{G,i}$ enthält auch das Eigengewicht der Dachlasten einschließlich des Konzentrationsfaktors nach [3].

Die Beulspannung darf nach folgender Formel ermittelt werden:

$$\sigma_{k,i,d} = \alpha_i \cdot 0{,}62 \cdot f_{\alpha,i} \cdot \frac{1{,}5 \cdot E_K^{T°C}}{\gamma_M} \cdot \frac{s_{Z,i}}{r} \leq K_{K,d}^* \quad N/mm^2 \qquad (16)$$

mit

$$\alpha_i = \frac{0{,}70}{\sqrt{\frac{E_K^{20°C}}{E_L^{20°C}} \cdot \left(1 + \frac{r}{100 \cdot s_{Z,i}}\right)}} \qquad (17)$$

und

$$f_{\alpha,i} = 1{,}5 - \frac{e_i}{s_{Z,i}} \leq 1 \qquad (18)$$

wobei e_i die Exzentrizität zum dickeren der beiden Nachbarschüssen bei abgestuftem Zylinder ist, wenn dieser selbst dicker als der betrachtete Schuss ist.

Die Berechnungstemperatur ist mit T_M anzusetzen.

Es muss die folgende Bedingung für jeden Schuss i eingehalten werden:

$$\eta_{A,i} = \frac{A_{2I} \cdot \sigma_{i,d}^{vorh}}{\sigma_{k,i,d}} \leq 1 \qquad (19)$$

Ein Nachweis der Manteldruckstabilität und die Interaktion entfallen, da der gefüllte Behälter ringzugbeansprucht ist.

8.2. Axialstabilität der Zarge

Am unteren Rand der Zarge wird die vorhandene axiale Druckspannung aus Füllung, Eigengewicht des Behälters (kann auch generell vernachlässigt werden), Eigengewicht der Dachlast und aus horizontaler sowie vertikaler Wirkung des Erdbebens ermittelt und mit der Beulspannung $\sigma_{k,Zar,d}$ abgesichert.

$$\sigma_{Zar,d}^{vorh} = \gamma_{F4} \cdot \left\{ \left(K_{Zar}^{Füllung} + \sigma_{G,Zar} \right) \cdot \left(1 + \frac{a_v}{g} \right) + \frac{M_{Erd}(0)}{\pi \cdot r^2 \cdot s} \right\} \quad N/mm^2 \qquad (20)$$

Die Spannung $\sigma_{G,Zar}$ enthält auch das Eigengewicht der Dachlasten einschließlich des Konzentrationsfaktors nach [4]; $K_{Zar}^{Füllung}$ gemäß Gleichung (4) Richtlinie DVS 2205-2 Beiblatt 7 bzw. Gleichung (8) Richtlinie DVS 2205-2 Beiblatt 9.

Die Beulspannung darf nach folgenden Formeln ermittelt werden:

für $h_{Zar}/r > 0,5$

$$\sigma_{k,Zar,d} = \alpha_{Zar} \cdot 0,62 \cdot \frac{\left(1,5 \cdot E_K^{T°C}\right)}{\gamma_M} \cdot \frac{s}{r} \leq K_{K,d}^{*} \quad N/mm^2 \qquad (21a)$$

für $h_{Zar}/r \leq 0,5$

$$\sigma_{k,Zar,d} = \alpha_{Zar} \cdot 0,62 \cdot \frac{\left(1,5 \cdot E_K^{T°C}\right)}{\gamma_M} \cdot \frac{s}{r} \cdot \left[1 + 1,5 \cdot \left(\frac{r}{h_{Zar}} \right)^2 \cdot \frac{s}{r} \right] \leq K_{K,d}^{*} \quad N/mm^2 \qquad (21b)$$

mit

$$\alpha_{Zar} = \frac{0,70}{\sqrt{\frac{E_K^{20°C}}{E_L^{20°C}} \cdot \left(1 + \frac{r}{100 \cdot s}\right)}} \qquad (22)$$

Als wirksame Temperatur der Zarge ist bei Innenaufstellung $(T_M + T_A)/2$ und bei Außenaufstellung max (T_M, T_A) anzusetzen.

Es muss die folgende Bedingung eingehalten werden:

$$\eta_{A,Zar} = \frac{\sigma^{vorh}_{Zar,d}}{\sigma_{k,Zar,d}} \leq 1 \qquad (23)$$

8.3. Axialstabilität neben Stutzen im Zylinder

Die Druckbeanspruchung im Zylinder aus Eigengewicht und Unterdruck in Höhe jeden Stutzens j wird in eine globale Normalkraft umgewandelt und zusammen mit dem Erdbebenmoment an dieser Stelle auf den geschwächten Querschnitt (offener Ring) angesetzt. Hierzu ist die Fläche A_R, der Abstand des Schwerpunkts von der Behälterachse z_S und das Widerstandsmoment W_R des Ringquerschnitts zu bestimmen. Es ist unter Beachtung des Versatzes der Schwerlinie die axiale Druckbeanspruchung neben der Öffnung zu berechnen, wobei die Biegespannungen durch 1,2 dividiert werden dürfen.

Die Spannung $\sigma_{G,j}$ enthält auch das Eigengewicht der Dachlasten jedoch ohne Konzentrationsfaktor, da die Stutzen im Zylinder nicht unterhalb der Einleitungsstellen der Dachlasten angeordnet werden.

Der Bemessungswert der vorhandenen Beanspruchung folgt aus

$$\sigma^{vorh}_{j,d} = \gamma_{F4} \left\{ \left[\sigma_{G,j} \cdot \left(1 + \frac{a_v}{g}\right) + \frac{\rho_u \cdot r}{2 \cdot s_{Z,j}} \right] \cdot 2 \cdot \pi \cdot r \cdot s_j \cdot \left(\frac{1}{A_{R,j}} + \frac{z_S}{1,2 \cdot W_{R,j}} \right) + \frac{M_{Erd,j}}{1,2 \cdot W_{R,j}} \right\} \quad N/mm^2 \qquad (24)$$

Als Bemessungstemperatur ist T_M anzusetzen.

Es ist folgende Bedingung einzuhalten:

$$\eta_{A,j} = \frac{A_{2I} \cdot \sigma^{vorh}_{j,d}}{\sigma_{k,j,d}} \leq 1 \qquad (25)$$

hierbei ist der Bemessungswert der kritischen Beulspannung im Zylinder am Stutzen j

$$\sigma_{k,j,d} = \alpha_j \cdot 0,62 \cdot \frac{\left(1,5 \cdot E_K^{T°C}\right)}{\gamma_M} \cdot \frac{s_j}{r} \quad N/mm^2 \qquad (26)$$

mit

$$\alpha_j = \frac{0,65}{\sqrt{\frac{E_K^{20°C}}{E_L^{20°C}} \cdot \left(1 + \frac{r}{100 \cdot s_j}\right)}} \quad \text{für} \quad \frac{d_{A,j}}{\sqrt{r \cdot s_j}} \leq 3,5 \qquad (27)$$

bzw.

$$\alpha_j = \frac{0,45}{\sqrt{\frac{E_K^{20°C}}{E_L^{20°C}} \cdot \left(1 + \frac{r}{100 \cdot s_j}\right)}} \quad \text{für} \quad \frac{d_{A,j}}{\sqrt{r \cdot s_j}} > 3,5 \qquad (28)$$

8.4. Axialstabilität neben Stutzen in der Zarge

Die Druckbeanspruchung in der Zarge aus Füllung, Eigengewicht und vertikaler Wirkung des Erdbebens in Höhe des Stutzens wird in eine globale Normalkraft umgewandelt und zusammen mit dem Erdbebenmoment an dieser Stelle auf den geschwächten Querschnitt (offener Ring) angesetzt. Hierzu ist die Fläche A_R, der Abstand des Schwerpunkts von der Behälterachse z_S und das Widerstandsmoment W_R des Ringquerschnitts zu bestimmen. Es ist unter Beachtung des Versatzes der Schwerlinie die axiale Druckbeanspruchung neben der Öffnung zu berechnen.

Die Spannung $\sigma_{G,Zar}$ enthält auch das Eigengewicht der Dachlasten, jedoch ohne Konzentrationsfaktor, da die Stutzen im Zylinder nicht unterhalb der Einleitungsstellen der Dachlasten angeordnet werden.

Der Bemessungswert der vorhandenen Beanspruchung folgt aus

$$\sigma_{ZarS,d}^{vorh} = \gamma_{F4} \cdot \left\{ \pi \cdot d \cdot s \cdot \left(K_{Zar}^{Füllung} + \sigma_{G,Zar}\right) \cdot \left(1 + \frac{a_v}{g}\right) \cdot \left(\frac{1}{A_R} + \frac{z_S}{W_R}\right) + \frac{M_{Erd,ZarS}}{W_R} \right\} \quad N/mm^2 \qquad (29)$$

$K_{Zar}^{Füllung}$ gemäß Gleichung (4) Richtlinie DVS 2205-2 Beiblatt 7 bzw. Gleichung (8) Richtlinie DVS 2205-2 Beiblatt 9.

Als wirksame Temperatur der Zarge ist bei Innenaufstellung $(T_M + T_A)/2$ und bei Außenaufstellung max (T_M, T_A) anzusetzen.

Es ist folgende Bedingung einzuhalten:

$$\eta_{A,ZarS} = \frac{\sigma_{ZarS,d}^{vorh}}{\sigma_{k,ZarS,d}} \leq 1 \qquad (30)$$

hierbei ist der Bemessungswert der kritischen Beulspannung im Zylinder am Stutzen

für $h_{Zar}/r > 0,5$

$$\sigma_{k,ZarS,d} = \alpha_{ZarS} \cdot 0,62 \cdot \frac{\left(1,5 \cdot E_K^{T°C}\right)}{\gamma_M} \cdot \frac{s}{r} \leq K_{K,d}^* \quad N/mm^2 \qquad (31a)$$

für $h_{Zar}/r \leq 0,5$

$$\sigma_{k,Zar,d} = \alpha_{ZarS} \cdot 0,62 \cdot \frac{\left(1,5 \cdot E_K^{T°C}\right)}{\gamma_M} \cdot \frac{s}{r} \cdot \left[1 + 1,5 \cdot \left(\frac{r}{h_{Zar}}\right)^2 \cdot \frac{s}{r}\right] \leq K_{K,d}^* \quad N/mm^2 \qquad (31b)$$

mit

$$\alpha_{ZarS} = \frac{0,65}{\sqrt{\frac{E_K^{20°C}}{E_L^{20°C}} \cdot \left(1 + \frac{r}{100 \cdot s}\right)}} \quad \text{für} \quad \frac{d_{A,ZarS}}{\sqrt{r \cdot s}} \leq 3,5 \qquad (32)$$

bzw.

$$\alpha_{ZarS} = \frac{0,45}{\sqrt{\frac{E_K^{20°C}}{E_L^{20°C}} \cdot \left(1 + \frac{r}{100 \cdot s}\right)}} \quad \text{für} \quad \frac{d_{A,ZarS}}{\sqrt{r \cdot s}} > 3,5 \qquad (33)$$

8.5. Axialstabilität der Unterstützungsringe

Mit der Druckbeanspruchung nach Abschnitt 6.1.1 $K_R^{Füllung}$ und 6.2.1 $K_{ü}^{p}$ ($p_ü$ statt $p_{üK}$) der Richtlinie DVS 2205-2 Beiblatt 7 wird nur der größte Ring nachgewiesen; auf eine exakte Zuordnung der verschiedenen Druckbeanspruchungen zu den einzelnen Ringen wird auf der sicheren Seite vereinfachend verzichtet.

Der größte Ring hat den Radius

$$r_R = \frac{\left(r + \frac{s}{2}\right) \cdot n}{n+1} \quad mm \qquad (34)$$

Für Innen- und Außenaufstellung gilt

$$\sigma_{R,d}^{vorh} = \gamma_{F4} \cdot \left(K_{R,d}^{Füllung} \cdot \left(1 + \frac{a_v}{g}\right) + K_R^{pü} \right) \cdot 2 \cdot \pi \cdot r_R \cdot s \cdot \left(\frac{1}{A_R} + \frac{z_S}{W_R} \right) \quad N/mm^2 \qquad (35)$$

Als wirksame Temperatur der Unterstützungsringe ist max (T_M, T_A) anzusetzen.

Es ist folgende Bedingung für den Unterstützungsring einzuhalten:

$$\eta_{A,R} = \frac{\sigma_{R,d}^{vorh}}{\sigma_{kR,d}} \leq 1 \qquad (36)$$

Anmerkung: A_{2l} entfällt, da nicht medienbenetzt

wobei für h_R/r_R > 0,5

$$\sigma_{k,R,d} = \alpha_R \cdot 0,62 \cdot \frac{\left(1,5 \cdot E_K^{T°C}\right)}{\gamma_M} \cdot \frac{s}{r_R} \leq K_{K,d}^{*} \quad N/mm^2 \qquad (37a)$$

für $h_R/r_R \leq 0{,}5$

$$\sigma_{k,R,d} = \alpha_R \cdot 0,62 \cdot \frac{\left(1,5 \cdot E_K^{T°C}\right)}{\gamma_M} \cdot \frac{s}{r_R} \cdot \left[1 + 1,5 \cdot \left(\frac{r_R}{h_R}\right)^2 \cdot \frac{s}{r_R}\right] \leq K_{K,d}^{*} \quad N/mm^2 \qquad (37b)$$

mit

$$\alpha_R = \frac{0,65}{\sqrt{\frac{E_K^{20°C}}{E_L^{20°C}} \cdot \left(1 + \frac{r_R}{100 \cdot s}\right)}} \qquad (38)$$

8.6. Beulstabilität der Steifen

Mit der Druckbeanspruchung nach Abschnitt 6.1.1 $\sigma_{S,d}^{F}$ und 6.2.1 $\sigma_{S,d}^{pü}$ ($p_ü$ statt $p_{üK}$) der Richtlinie DVS 2205-2 Beiblatt 9 und den Spannungen aus horizontaler sowie vertikaler Wirkung des Erdbebens wird das höchste Steifenfeld nachgewiesen.

Die Höhe des Beulfeldes im Mittelpunkt ist

$$h_S = a + \frac{m + 0,5}{m + 1} \cdot d \cdot tan\ \alpha_B \quad mm \qquad (39)$$

Das Seitenverhältnis ist

$$\beta = \frac{h_S \cdot (m+1)}{d} \qquad (40)$$

Der Bemessungswert der Beulspannung ist

$$\sigma_{k,d} = \frac{k_\sigma \cdot \sigma_e}{\gamma_M} \leq K_{K,d}^{*} \quad N/mm^2 \qquad (41)$$

mit

$$\sigma_e = \frac{\pi^2 \cdot E_K^{T°C}}{12 \cdot \left(1 - \mu^2\right)} \cdot \left[\frac{s_S \cdot (m+1)}{d}\right]^2 \quad N/mm^2 \qquad (42)$$

und k_σ für die schnelle Verwendung aus den Diagrammen nach [5] aufbereitet:

Für den Fall, dass die Steifen nicht mit dem Schrägboden verschweißt sind, gilt

$$k_\sigma = \beta + 1,1 \leq 2,3 \qquad (43)$$

bzw. für den Fall, dass die Steifen mit dem Schrägboden verschweißt sind, gilt

$$k_\sigma - 3,1 \cdot \beta^2 + 5,1 \cdot \beta + 0,3 \quad \text{für } \beta < 0,8 \qquad (44)$$

$$k_\sigma = -0,37 \cdot \beta + 2,7 \geq 2,3 \quad \text{für } < 0,8 \qquad (45)$$

Als wirksame Temperatur der Unterstützungsringe ist max (T_M, T_A) anzusetzen.

Die Ausnutzung ist

$$\eta_{A,S} = \frac{\gamma_{F4} \cdot \{\sigma^F_{S,d} \cdot \left(1 + \frac{a_v}{g}\right) + \sigma^{pü}_{S,d} + \frac{M_{Erd}(0)}{W}\}}{\sigma_{k,d}} \leq 1 \qquad (46)$$

mit

$$W = \frac{\pi \cdot r^3 \cdot s + \frac{r^3 \cdot s_S}{12} \cdot \{8 + 16 \cdot \sum_{i=1}^{\frac{m-1}{2}} \left[1 - \left(\frac{2 \cdot i}{m+1}\right)^2\right]^{1,5}\}}{\frac{m}{m+1} \cdot r} \qquad (47)$$

Anmerkung: Zarge und Steifen bilden einen Gesamtquerschnitt, da die Steifen mit der Zarge verschweißt sind. Der Zähler der Formel (47) stellt das Trägheitsmoment dieses Gesamtquerschnitts dar; der Nenner ist der Abstand vom Schwerpunkt zur Mitte des höchsten Beulfeldes der Steifen.

8.7. Verankerung

Der Standzargenbehälter muss verankert werden. Es sind mindestens 4 Anker anzuordnen.[2]

Als wirksame Temperatur der Unterstützungsringe ist max (T_M, T_A) anzusetzen.

Folgende Bedingung muss eingehalten sein:

$$\frac{\left[\gamma_{F4} \cdot \left(\frac{4 \cdot M_{Erd}(0)}{d} + K^{pü}_{Zar} \cdot \pi \cdot d \cdot s + \frac{a_v}{g} \cdot \left(K^{Füllung}_{Zar} \cdot \pi \cdot d \cdot s + G_{ges}\right)\right) - \gamma_{F3} \cdot \left(K^{Füllung}_{Zar} \cdot \pi \cdot d \cdot s + G_{ges}\right)\right] \cdot \frac{1}{z}}{(b_{Pr} + s_{uB}) \cdot s_{uB} \cdot \frac{K^*_{K,d}}{2 \cdot A_1}} \leq 1 \qquad (48)$$

Im Zähler steht die aufzunehmende Pratzenkraft und im Nenner die sich aus der Schubspannung in der Schweißnaht ergebende aufnehmbare Pratzenkraft.

Die gesamte Horizontalkraft $H_{Erd} = H_F + H_{GA}$ kann über stählerne Distanzplatten, die unter den Ankerpratzen liegen, zu den Dübeln geleitet werden. Die Dübel sind für eine Horizontalkraft von

$$H_{Düb,d} = \frac{\gamma_{F4} \cdot 4 \cdot H_{Erd}}{z} \quad N \qquad (49)$$

---

2 Unter folgenden Bedingungen kann bei Innenaufstellung auf eine Verankerung zur Sicherung des Kippens verzichtet werden:
- die Steifen und die bis zur Zarge verlängerten Schotte sind mit der Zarge verschweißt
- die Steifen und Schotte sind für die Beanspruchung beim Kippen des Behälters ausreichend bemessen
- die einseitige Anhebung des Zylinders ist nicht größer als 20 mm.

zu bemessen.

Außerdem ist die Pressung zwischen dem Unterboden und der höchstbelasteten Distanzplatte nachzuweisen. Hierbei darf die Druckfestigkeit in Höhe der 1,5-fachen Zugfestigkeit angesetzt werden.

Die Ausnutzung folgt mit

$$\eta_H = \frac{H_{Düb,d}}{b_{Dp} \cdot s_{uB} \cdot \frac{1.5 \cdot K_K^*}{\gamma_M \cdot A_1}} \leq 1 \qquad (50)$$

Wenn die rechnerische Breite der Distanzplatte größer als 1,5-mal der Pratzenbreite wird, ist die Anzahl der Anker zu erhöhen. Als Berechnungstemperatur wird max (T_M, T_A) angesetzt.

9. Schrifttum

Regelwerk

DIN EN1998-1/NA	Nationaler Anhang - National festgelegte Parameter - Eurocode 8: Auslegung von Bauwerken gegen Erdbeben - Teil 1: Grundlagen, Erdbebeneinwirkungen und Regeln für Hochbau alternativ für Aufstellung in Deutschland: DIN 4149 Bauten in deutschen Erdbebengebieten - Lastannahmen, Bemessung und Ausführung üblicher Hochbauten

Weitere Normen: siehe Richtlinie DVS 2205-2, Abschnitt 5.2

Literatur

[1] Rammerstorfer, F. G., K. Scharf und F. D. Fischer: Erdbebensichere Bemessung von Zylinderschalen, Flüssigkeitsgefüllten Tankbauwerken. Berichte aus dem Institut für Leichtbau und Flugzeugbau, TU Wien, Heft ILF – 2 / 90

[2] Tuercke, H.: Zur Stabilität von Behältern aus Thermoplasten. DIBt-Mitteilungen, Heft 5/1995.

[3] Zuordnung der Erdbebenzonen und Untergrundklassen www.dibt.de/Data/TB/Zuordnung_der_Erdbebenzonen.xls

[4] Tuercke, H.: Zur Einleitung axialgerichteter Einzellasten am oberen Rand von Thermobehältern, DIBt-Mitteilungen, Heft 4/2002

[5] Pflüger, A.: Stabilitätsprobleme der Elastostatik. Springer Verlag.

Dezember 2015

DVS – DEUTSCHER VERBAND FÜR SCHWEISSEN UND VERWANDTE VERFAHREN E.V.	**Berechnung von Behältern und Apparaten aus Thermoplasten – Stehende runde, drucklose Behälter – Schalenbauweise**	DVS **Richtlinie DVS 2205-2 Beiblatt 6**

Ersetzt Ausgabe Januar 2011

Inhalt:

1 Vorbemerkung

Aus Platten gefertigte Behälter sind wegen der Dehnungsbegrenzung (siehe DVS 2205-2 Tabelle 3) beim Kaltbiegen der Platten in ihrer Größe begrenzt. Wird der untere Schuss dagegen aus zwei Schalen gefertigt, können größere Behälter gefertigt werden. Die stützende Wirkung der von außen aufgeschrumpften Verstärkungsschale ist beim Festigkeitsnachweis der Beanspruchungen in Umfangsrichtung und bei der Abtragung von Axialkräften voll wirksam, d. h. beide Wanddicken dürfen für die Ermittlung einer Ersatzwanddicke addiert werden. Beim Festigkeitsnachweis in axialer Richtung wirkt die Verstärkungsschale nur zum Teil mit. Elektronische Berechnungen haben gezeigt, dass als Ersatzwanddicke für die Ermittlung der Beanspruchung aus Biegung die Summe der Ursprungsdicke plus halbe Verstärkungswanddicke verwendet werden kann.

2 Geltungsbereich

Die nachstehenden Konstruktions- und Berechnungsregeln gelten für stehende, zylindrische, aus Tafeln werksgefertigte Thermoplast-Flachbodenbehälter mit einem verstärkten untersten Schuss.

Für die Anwendung dieses Beiblatts müssen folgende Voraussetzungen eingehalten werden

- nur eine Verstärkungsschale; Zweischaligkeit
- Verschweißung der Schalen untereinander und mit dem Boden entspricht einer der in Bild 1 dargestellten Varianten
- Bodendicke ist identisch der Dicke des untersten Schusses ohne Verstärkungsschale
- Dicke der Verstärkungsschale liegt zwischen 0,5 und 1,0 mal der Dicke des untersten Schusses
- die Verstärkungsschale mit der Höhe $h_{Z,0}$ ist spaltfrei ohne unzulässige Vorspannung auf den untersten Schuss mit der Höhe $h_{Z,n}$ aufgeschrumpft
- unterster Schuss ist mindestens 100mm höher als die Verstärkungsschale
  $h_{Z,n}$ $h_{Z,0}$ +100mm
- die charakteristischen Werkstoffwerte sind für beide Schalen identisch
- keine Öffnungen im verstärkten Bereich

3 Berechnungsgrößen

A_1	–	Abminderungsfaktor für den Einfluss der spezifischen Zähigkeit
A_2	–	Abminderungsfaktor für das Medium bei Festigkeitsnachweisen
C	–	Faktor für geschweißten Übergang der Boden-Mantel-Anbindung
d	mm	Nenn-innendurchmesser
f_s	–	Langzeit-Schweißfaktor
f_z	–	Kurzzeit-Schweißfaktor
g	m/sec²	Erdbeschleunigung
G_D	N	Eigenlast des Daches
G_Z	N	Eigenlast des Zylinders
h_F	mm	Füllhöhe
$h_{Z,0}$	mm	erforderliche Höhe der Verstärkungsschale
$h_{Z,n}$	mm	Höhe des untersten Schusses
$K^*_{K,d}$	N/mm²	Bemessungswert der Zeitstandfestigkeit für 10^{-1} Stunden
$K^*_{L,d}$	N/mm²	Bemessungswert der Zeitstandfestigkeit für die rechnerische Gebrauchsdauer bei der mittleren wirksamen Temperatur
$K^{vorh}_{K,d}$	N/mm²	Bemessungswert der Beanspruchung bei kurzzeitiger Einwirkung in Umfangsrichtung
$K^{vorh}_{L,d}$	N/mm²	Bemessungswert der Beanspruchung bei langzeitiger Einwirkung in Umfangsrichtung
$K^{N,vorh}_{K,d}$	N/mm²	Bemessungswert der Beanspruchung in Axialrichtung aus Normalkraft bei kurzzeitiger Einwirkung
$K^{M,vorh}_{K,d}$	N/mm²	Bemessungswert der Beanspruchung in Axialrichtung aus Moment bei kurzzeitiger Einwirkung
$K^{N,vorh}_{L,d}$	N/mm²	Bemessungswert der Beanspruchung in Axialrichtung aus Normalkraft bei langzeitiger Einwirkung
$K^{M,vorh}_{L,d}$	N/mm²	Bemessungswert der Beanspruchung in Axialrichtung aus Moment bei langzeitiger Einwirkung
M_W	Nmm	Biegemoment bei Windlast am unteren Zylinderrand
$p_{üK}$	N/mm²	kurzzeitig wirkender Überdrück
$p_ü$	N/mm²	langzeitig wirkender Überdruck
$s_{Z,n}$	mm	Wanddicke des untersten Schusses
$s_{Z,0}$	mm	Wanddicke der Verstärkungsschale
γ_{F1}	–	Teilsicherheitsbeiwert der Einwirkung (Eigenlast, Füllung)

DVS, Ausschuss für Technik, Arbeitsgruppe „Fügen von Kunststoffen“

Bezug: DVS Media GmbH, Postfach 10 19 65, 40010 Düsseldorf, Telefon (02 11) 15 91- 0, Telefax (02 11) 1591-150

γ_{F2}	–	Teilsicherheitsbeiwert der Einwirkung (Drücke, Wind)
γ_{F3}	–	Teilsicherheitsbeiwert der Einwirkung (verringernde Eigenlast)
γ_I	–	Wichtungsbeiwert je nach Belastungsart
F	g/cm³	Dichte des Füllmediums

4 Festigkeitsnachweise

Festigkeitsnachweis in Umfangsrichtung im verstärkten Schuss

Die Ausnutzungen für kurzzeitige und langzeitige Belastungen sind einzuhalten.

$$\frac{K_{K,d}^{vorh}}{K_{K,d}^{*}} \leq 1 \qquad (1)$$

mit

$$K_{K,d}^{vorh} = \frac{(\gamma_{F1} \cdot \rho_F \cdot g \cdot h_F \cdot 10^{-6} + \gamma_{F2} \cdot p_{üK}) \cdot \frac{d}{2} \cdot A_1 \cdot A_2}{(s_{Z,n} + s_{Z,0}) \cdot f_z} \qquad (2)$$

und

$$\frac{K_{L,d}^{vorh}}{K_{L,d}^{*}} \leq 1 \qquad (3)$$

mit

$$K_{L,d}^{vorh} = \frac{(\gamma_{F1} \cdot \rho_F \cdot g \cdot h_F \cdot 10^{-6} + \gamma_{F2} \cdot p_{ü}) \cdot \frac{d}{2} \cdot A_1 \cdot A_2}{(s_{Z,n} + s_{Z,0}) \cdot f_s} \qquad (4)$$

Festigkeitsnachweis in axialer Richtung im verstärkten Schuss

Die Ausnutzungen für kurzzeitige und langzeitige Belastungen sind einzuhalten.

$$\frac{K_{K,d}^{N,vorh} + K_{K,d}^{M,vorh}}{K_{Kd}^{*}} \leq 1 \qquad (5)$$

mit

$$K_{K,d}^{N,vorh} = \frac{\frac{\gamma_{F2} \cdot p_{üK} \cdot d}{4} - \frac{\gamma_{F3} \cdot (G_D + G_Z)}{\pi \cdot d} + \frac{4 \cdot \gamma_{F2} \cdot M_W}{\pi \cdot d^2}}{s_{Z,n} + s_{Z,0}} \cdot A_1 \cdot A_2 \qquad (6)$$

und

$$K_{K,d}^{M,vorh} = C \cdot \frac{\gamma_{F1} \cdot \rho \cdot g \cdot h_F \cdot 10^{-6} + \gamma_{F2} \cdot p_{üK}}{s_{Z,n} + 0{,}5 \cdot s_{Z,0}} \cdot \frac{d}{2} \cdot A_1 \cdot A_2 \qquad (7)$$

und

$$\frac{K_{L,d}^{N,vorh} + K_{L,d}^{M,vorh}}{K_{Ld}^{*}} \leq 1 \qquad (8)$$

mit

$$K_{L,d}^{N,vorh} = \frac{\frac{\gamma_{F2} \cdot p_{ü} \cdot d}{4} - \frac{\gamma_{F3} \cdot (G_D + G_Z)}{\pi \cdot d}}{s_{Z,n} + s_{Z,0}} \cdot A_1 \cdot A_2 \qquad (9)$$

und

$$K_{L,d}^{M,vorh} = C \cdot \frac{\gamma_{F1} \cdot \rho \cdot g \cdot h_F \cdot 10^{-6} + \gamma_{F2} \cdot p_{ü}}{s_{Z,n} + 0{,}5 \cdot s_{Z,0}} \cdot \frac{d}{2} \cdot A_1 \cdot A_2 \qquad (10)$$

Berechnung der erforderlichen Höhe der Verstärkungsschale

Das Maximum folgender beiden Bedingungen bestimmt die erforderliche Höhe der Verstärkungsschale $h_{Z,0}$.

$$h_{Z,0} = \max[h_{Z,0,1}, h_{Z,0,2}] \qquad (11)$$

mit

$$h_{Z,0,1} \geq 1{,}4 \cdot \sqrt{d \cdot (s_{Z,n} + s_{Z,0})} \qquad (12)$$

und

$$h_{Z,0,2} = h_{F-min}\left[\frac{2 \cdot K_{k,d}^{*} \cdot s_{Z,n} \cdot f_z}{d \cdot A_1 \cdot A_2} - \gamma_2 \cdot p_{üK}, \frac{2 \cdot K_{L,d}^{*} \cdot s_{Z,n} \cdot f_s}{d \cdot A_1 \cdot A_2} \cdot \gamma_{F2} - p_{ü}\right] \frac{1}{\gamma_{F1} \cdot \rho_F \cdot g \cdot 10^{-6}} \qquad (13)$$

5 Stabilitätsnachweise

Axial- und Manteldruckstabilität werden vereinfachend ohne Berücksichtigung der Verstärkungsschale berechnet.

6 Verankerungen

Die Verankerungen des zweischaligen Behälters werden nach DVS 2205-2 Abschnitt 4.1.8 berechnet, wobei jedoch beachtet werden muss, dass die für die Festigkeit der Verankerung wesentliche äußere Schweißnaht nur mit $0{,}7 \cdot s_{Z,0}$ statt $0{,}7 \cdot s_B$ ausgeführt wird. Im Nenner der Formeln (36), (37) und (38) ist stets $(b_{Pr} + s_B) \cdot s_{Z,0}$ statt $(b_{Pr} + s_B) \cdot s_B$ zu verwenden.

7 Anhang

a)

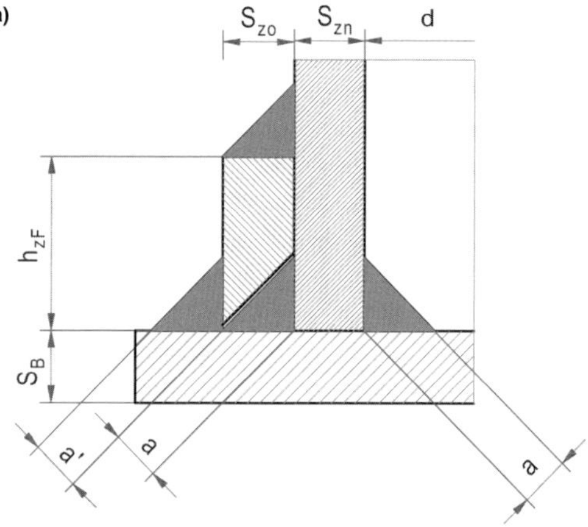

a) $S_B = S_{zn}$; $a = 0{,}7 \cdot S_{zn}$; $a' = 0{,}7 \cdot S_{zo}$

b)

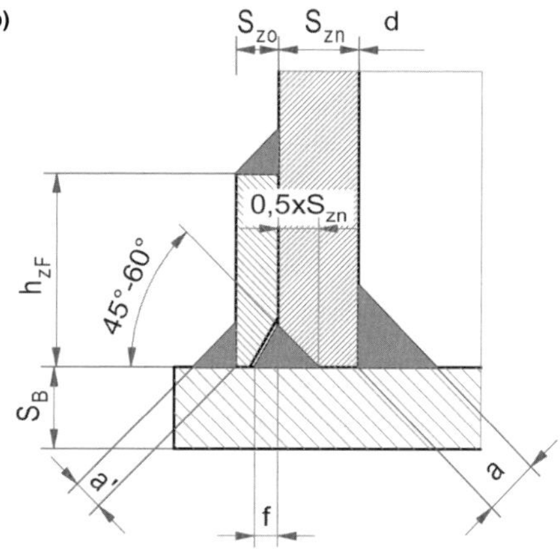

b) $S_B = S_{zn}$; $a = 0{,}7 \cdot S_{zn}$; $a' = 0{,}7 \cdot S_{zo}$; $f = 0{,}3 \cdot S_{zn}$

c)

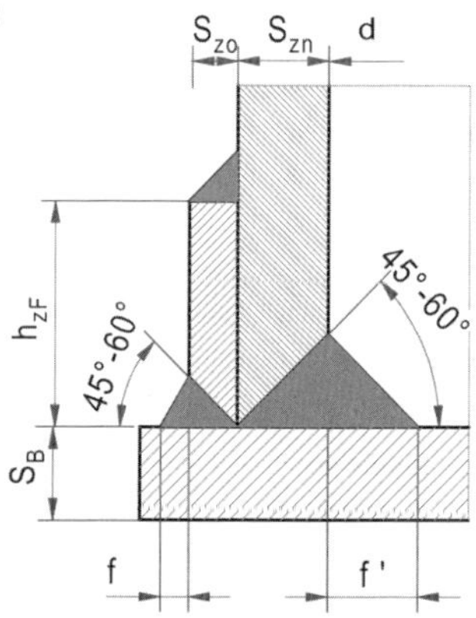

c) $S_B = S_{zn}$; $f' = S_{zn}$; $f = 0{,}5 \cdot S_{zo}$

d)

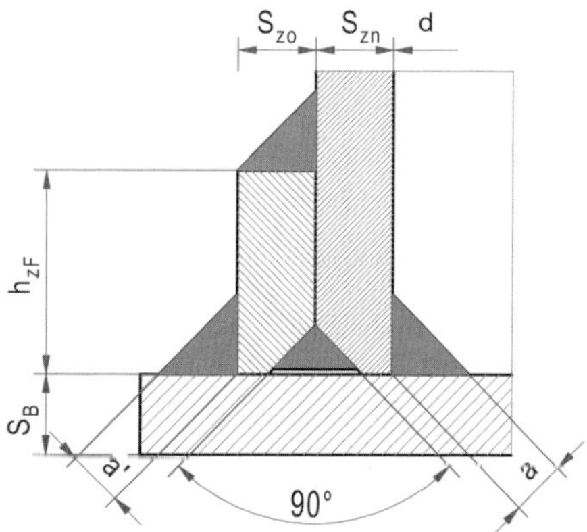

d) $S_B = S_{zn}$; $a = 0{,}7 \cdot S_{zn}$; $a' = 0{,}7 \cdot S_{zo}$

Für die Verwendung dieser Variante ist ein rechnerischer Nachweis erforderlich!

Bild 1. Schweißungen für Tanks mit mehrwandigen Zylindern.

VERBAND

Richtlinie
DVS 2205-2
Beiblatt 7

Ersetzt Ausgabe
Dezember 2015

Richtlinie DVS 2205-2 Beiblatt 7

Berechnung von Behältern und Apparaten aus Thermoplasten – Stehende runde, drucklose Behälter – Ringgestützter Kegelboden

Ausschuss für Technik im DVS

Arbeitsgruppe W 4 „Fügen von Kunststoffen“

Untergruppe W 4.3b „Konstruktive Gestaltung - Apparatebau“

Bezug: DVS Media GmbH, Postfach 10 19 65, 40010 Düsseldorf, Telefon (0211) 1591-0, Telefax (0211) 1591-150

Inhalt:

1. Geltungsbereich

Die nachstehenden Konstruktions- und Berechnungsregeln gelten für stehende, zylindrische, werksgefertigte Thermoplast-Behälter mit Standzarge und durch konzentrische Ringe unterstützte Kegelböden. Zylinder, Zarge und Unterstützungsringe können entweder aus Tafeln gefertigt oder im Wickelverfahren hergestellt sein.

Für die Anwendung dieses Beiblatts müssen folgende Voraussetzungen eingehalten werden:

- Der Kegelboden endet in einem Stutzen mit Krümmer und Flansch.
- Zarge und Unterstützungsringe werden zur Durchführung des Entleerungsrohrs mit jeweils einer so großen Öffnung versehen, wie es zur Montage erforderlich ist. Die Öffnungen in der Zarge und den Ringen werden mit Rohrstutzen der Länge dA/2 verstärkt, die auf beiden Seiten mit gleichem Überstand verschweißt werden.
- Die Öffnungen in Zarge und Unterstützungsringen sind so hoch anzuordnen, dass diese auch als Auflagerung des Entleerungsrohrs dienen.
- Sollten weitere Öffnungen im Kegelboden, in der Zarge, den Unterstützungsringen oder im unteren Zylinderschuss angeordnet werden, sind diese gesondert nachzuweisen.
- Absperrventile bzw. sonstige Armaturen sind außerhalb der Zarge anzuordnen; eine Zugänglichkeit des Raumes unterhalb des Kegelbodens ist nicht vorgesehen.
- Es wird ein Behälter mit Kegelboden ohne Auffangbehälter berechnet.

2. Konstruktion

Der untere Bereich des Behälters mit Kegelboden besteht aus folgenden vier Konstruktionselementen:

- unterer Zylinderschuss
- Kegelboden
- Zarge
- Unterstützungsringe

2.1. Anschluss der Zarge

2.1.1. Gelenkiger Anschluss

Bei aus Platten gefertigten Behältern bietet es sich an, Zylinder und Zarge getrennt zu fertigen und den Boden dazwischen anzuordnen. Der untere Schuss und die Zarge werden dazu dem Winkel des Kegelbodens entsprechend angefast. Der Kegelboden wird mit einem Außendurchmesser von ca. $d + 5 \cdot s$ gefertigt. Unterer Schuss und Kegelboden werden innen und außen mit einer Extrudernaht $a \geq 0{,}7 \cdot s$ verbunden. Die Zarge wird mit dem Kegelboden nur von außen mit einer Extrudernaht $a \geq 0{,}7 \cdot s$ verbunden (gelenkiger Anschluss der Zarge).

2.1.2. Biegesteifer Anschluss

Zylinder und Zarge werden in einem Stück gefertigt. Der Kegelboden wird eingepasst und von oben und unten mit dem Zylinder und der Zarge verschweißt (biegesteifer Anschluss der Zarge).

2.2. Unterstützungsringe

Die Unterstützungsringe werden in äquidistanten Abständen konzentrisch angeordnet. Die Unterstützungsringe sind exakt abzulängen; sie werden mit dem Kegelboden verschweißt.

2.3. Unterboden

Nach Montage des Entleerungsrohrs kann ein abschließender Unterboden von außen mit der Zarge mit einer durchgehenden Extrudernaht $a \geq 0{,}7 \cdot s$ verschweißt werden. Wenn der Behälter nicht verankert werden muss, ist eine für den Transport geeignete Heftnaht ausreichend.

2.4. Lüftung des Raums unter dem Kegelboden

Der Raum unter dem Kegelboden muss belüftet sein, um einen Druckausgleich bei Temperaturänderungen zu ermöglichen. Dies ist gegeben, wenn das Entleerungsrohr nicht mit der Zarge verschweißt wird.

Der obere Teil des Behälters wird analog zum Flachbodenbehälter konstruiert und berechnet.

3. Berechnungsgrößen

A_1	-	Abminderungsfaktor für den Einfluss der spezifischen Zähigkeit
A_2	-	Abminderungsfaktor für das Medium bei Festigkeitsnachweisen
A_{2I}	-	Abminderungsfaktor für das Medium bei Stabilitätsnachweisen
A_R	mm^2	Querschnittsfläche des offenen Rings
d	mm	Nenninnendurchmesser von Zylinder und Zarge
$E_K^{T°C}$	N/mm^2	Kurzzeit-E-Modul bei T°C
$E_K^{20°C}$	N/mm^2	Kurzzeit-E-Modul bei 20°C
$E_L^{20°C}$	N/mm^2	Langzeit-E-Modul bei 20°C
f_{sK}	-	Langzeit-Schweißfaktor für eine mögliche Quernaht im Kegelboden
g	m/s^2	Erdbeschleunigung
G_A	N	Eigenlast des Zusatzgewichts auf dem Dach
G_D	N	Eigenlast des Daches
G_{ges}	N	Eigenlast des Behälters ohne G_A
G_Z	N	Eigenlast des Zylinders
G_K	N	Eigenlast des Kegelbodens
G_{Zar}	N	Eigenlast der Zarge
h_F	mm	Füllhöhe gemessen von der Spitze des Kegels

h_R	mm	Höhe des Unterstützungsrings
h_{Zar}	mm	Höhe der Zarge
k_f	-	Konzentrationsfaktor nach [3]
$K_{K,d}^{vorh}$	N/mm²	Bemessungswert der Beanspruchung bei kurzzeitiger Einwirkung
$K_{L,d}^{vorh}$	N/mm²	Bemessungswert der Beanspruchung bei langzeitiger Einwirkung
$K_R^{Füllung}$	N/mm²	Druckbeanspruchung aus Füllung im Unterstützungsringg
$K_{Zar}^{Füllung}$	N/mm²	Druckbeanspruchung aus Füllung in der Zarge
$K_R^{pü}$	N/mm²	Druckbeanspruchung aus $p_ü$ im Unterstützungsring
$K_R^{püK}$	N/mm²	Druckbeanspruchung aus $p_{üK}$ im Unterstützungsring
$K_{Zar}^{pü}$	N/mm²	Zugbeanspruchung aus $p_ü$ in der Zarge
$K_{Zar}^{püK}$	N/mm²	Zugbeanspruchung aus $p_{üK}$ in der Zarge
M_w	Nmm	Biegemoment aus Windlast am unteren Zargenrand
n	-	Anzahl der Unterstützungsringe
$N_{R,d}^{Füllung}$	N	Bemessungswert der globalen Druckkraft aus Füllung im Unterstützungsring
$N_{R,d}^{pü}$	N	Bemessungswert der globalen Druckkraft aus $p_ü$ im Unterstützungsring
$N_{R,d}^{püK}$	N	Bemessungswert der globalen Druckkraft aus $p_{üK}$ im Unterstützungsring

$N_{Zar,d}^{Füllung}$	N	Bemessungswert der globalen Druckkraft aus Füllung in der Zarge
$N_{Zar,d}^{Schnee}$	N	Bemessungswert der globalen Druckkraft aus Schneelast in der Zarge
p_s	N/mm²	Schneedruck auf das Dach
p_{uK}	N/mm²	kurzzeitig wirkender Unterdruck
$p_ü$	N/mm²	langzeitig wirkender Überdruck
$p_{üK}$	N/mm²	kurzzeitiger wirkender Überdruck
r	mm	Radius von Zylinder/Zarge
r_R	mm	Radius des größten Unterstützungsrings
s	mm	Wanddicke des untersten Schusses, der Zarge, des Kegelbodens und der Unterstützungsringe
s_B	mm	Wanddicke des abschließenden Unterbodens
T_A	°C	mittlere Umgebungstemperatur (nach Miner, siehe Richtlinie DVS 2205-1)
T_{AK}	°C	höchste Umgebungstemperatur
T_M	°C	mittlere Medientemperatur (nach Miner, siehe Richtlinie DVS 2205-1)
T_{MK}	°C	höchste Medientemperatur
T_{Zar}^{Design}	°C	max. Berechnungstemperatur für die Zarge
W_R	mm³	Widerstandsmoment des offenen Rings
z_S	mm	Schwerpunktsabstand des offenen Rings von der Zylinderachse
α	Grad	Neigungswinkel des Kegelbodens, gemessen gegen die Horizontale
α_R	-	Faktor für Axialstabilität, Unterstützungsring
α_{Zar}	-	Faktor für Axialstabilität, Zarge
$\eta_{A,R}$	-	Ausnutzung der Axialstabilität im Unterstützungsring
$\eta_{A,Zar}$	-	Ausnutzung der Axialstabilität in der Zarge
γ_{F1}	-	Teilsicherheitsbeiwert der Einwirkung (Eigenlast, Füllung)
γ_{F2}	-	Teilsicherheitsbeiwert der Einwirkung (Drücke, Wind)

γ_{F3}	-	Teilsicherheitsbeiwert der Einwirkung (verringernde Eigenlast)
γ_M	-	Teilsicherheitsbeiwert des Widerstands/der Beanspruchbarkeit
ρ_F	g/cm³	Dichte des Füllmediums
$\sigma_{k,R,d}$	N/mm²	Bemessungswert der axialen Beulspannung des größten Unterstützungsringes
$\sigma_{k,Zar,d}$	N/mm²	Bemessungswert der axialen Beulspannung der Zarge
$\sigma_{R,d}^{vorh}$	N/mm²	Bemessungswert der axialen Spannung neben der Öffnung im Unterstützungsring
$\sigma_{Zar,d}^{vorh}$	N/mm²	Bemessungswert der axialen Spannung neben der Öffnung in der Zarge

4. Schnittkraftermittlung für den Festigkeitsnachweis

Die Schnittkräfte können mit einem Rotationsschalenprogramm für dünnwandige Elemente mit linearelastischem Ansatz ermittelt werden. Auf diese Weise ist es möglich, die Wanddicken von Zylinder, Zarge, Kegelboden und Unterstützungsringen so zu bestimmen, dass die Ausnutzung der einzelnen Elemente optimal ist, d. h. es ermöglicht eine wirtschaftliche und sichere Bemessung.

In diesem Beiblatt werden für die Handrechnung Formeln zur Verfügung gestellt. Für deren Anwendung sind folgende Einschränkungen des Geltungsbereichs zu beachten:

- Die Wanddicken des unteren Zylinderschusses, der Zarge, des Kegelbodens und der Unterstützungsringe sind identisch.
- Der Neigungswinkel des Kegelbodens wird auf 15°, 30° oder 45° beschränkt.
- Es ist mindestens ein Unterstützungsring anzuordnen; für bis zu drei Unterstützungsringe sind die Faktoren in den Tafeln 1 und 2 vorbereitet.
- Für die Füllhöhe h_F ist die Bedingung $h_F \geq r \cdot (1{,}5 + \tan\alpha)$ einzuhalten.
- Das Wanddicken-Radius-Verhältnis liegt innerhalb folgender Grenzen $0{,}04 \geq s/r \geq 0{,}01$.

4.1. Lastfall Füllung

Die größte Beanspruchung infolge Füllung tritt entweder im Kegelboden am Übergang zu Zylinder/ Zarge, oder im Kegelboden über den Stützringen auf. Es sind daher beide Beanspruchungen zu berechnen; die größere der beiden Beanspruchungen ist maßgeblich. Die Beanspruchungen wirken in Längsrichtung; wird eine Quernaht im Kegelboden angeordnet, ist im zweiten Term der Schweißfaktor f_{sK} zu berücksichtigen.

Die folgende Formel für den Bemessungswert der größten Beanspruchung berücksichtigt die Summe der Biege- und der Normalspannungen.

$$K_{L,d}^{Füllung} = \gamma_{F1} \cdot \rho_F \cdot g \cdot 10^{-6} \cdot max\left[\frac{(h_F - r \cdot tan_\alpha)}{e^{A \cdot ln\left(\frac{s}{d}\right)+B}}, \frac{h_F}{f_{sK} \cdot e^{C \cdot ln\left(\frac{s}{d}\right)+D}}\right] A_1 \cdot A_2 \quad N/mm^2 \qquad (1)$$

Tabellen 1 und 2 zeigen die Konstanten A bis D.

Anmerkung: Fehlende Werte in den Tabellen bedeuten, dass der Nachweis entfallen kann, da die Beanspruchungen geringer sind und daher die Bemessung nicht beeinflussen.

4.2. Lastfall Überdruck

Die größte Beanspruchung im Zylinder tritt entweder am Übergang zum Boden oder im Kegelboden über den Stützringen auf. Es sind daher beide Beanspruchungen zu berechnen; die größere der beiden Beanspruchungen ist maßgeblich. Die Beanspruchungen wirken in Längsrichtung; wird eine Quernaht im Kegelboden angeordnet, ist im zweiten Term der Schweißfaktor f_{sK} zu berücksichtigen.

Die folgende Formel für den Bemessungswert der größten Beanspruchung berücksichtigt die Summe der Biege- und der Normalspannungen.

$$K_{L,d}^{pü} = \gamma_{F2} \cdot p_{ü} \cdot max \left[\frac{1}{e^{E \cdot ln\left(\frac{s}{d}\right)+F}}, \frac{1}{f_{sK} \cdot e^{G \cdot ln\left(\frac{s}{d}\right)+H}} \right] \cdot A_1 \cdot A_2 \quad N/mm^2 \qquad (2)$$

$K_{K,d}^{püK}$ wird anlog berechnet, mit $p_{üK}$ als Wert für den Druck.

Tabellen 1 und 2 zeigen die Konstanten E bis H.

5. Festigkeitsnachweis

Der Festigkeitsnachweis wird mit den in Abschnitt 4 beschriebenen Beanspruchungen in der in Richtlinie DVS 2205-2 aufgezeigten Weise geführt. Als wirksame Wandtemperatur im Zylinder und im Kegelboden ist die mittlere Medientemperatur T_M bzw. bei kurzzeitiger Einwirkung die höchste Medientemperatur T_{MK} anzusetzen.

6. Schnittkraftermittlung für die Stabilitätsnachweise

Für Zarge und Unterstützungsringe, die die gesamte Fülllast tragen, ist die Axialstabilität nachzuweisen

6.1. Lastfall Füllung

6.1.1. Unterstützungsringe

Die größte Druckbeanspruchung in den Unterstützungsringen ergibt sich aus

$$K_R^{Füllung} = \rho_F \cdot g \cdot 10^{-6} \cdot \left(h_F - \frac{2}{3} \cdot r \cdot tan_\alpha \right) \cdot \frac{1}{e^{K \cdot ln\left(\frac{s}{d}\right)+L}} \quad N/mm^2 \qquad (3)$$

Tabellen 1 und 2 zeigen die Konstanten K und L.

6.1.2. Zarge

Die größte Druckbeanspruchung in der Zarge ergibt sich aus

$$K_{Zar}^{Füllung} = \rho_F \cdot g \cdot 10^{-6} \cdot \left(h_F - \frac{2}{3} \cdot r \cdot tan_\alpha\right) \cdot \frac{1}{e^{M \cdot ln\left(\frac{s}{d}\right)+N}} \quad N/mm^2 \qquad (4)$$

Tabellen 1 und 2 zeigen die Konstanten M und N.

6.2. Lastfall Überdruck

6.2.1. Unterstützungsringe

Die größte Druckbeanspruchung in den Unterstützungsringen ergibt sich aus

$$K_R^{püK} = p_{üK} \cdot \frac{1}{e^{P \cdot ln\left(\frac{s}{d}\right)+Q}} \quad N/mm^2 \qquad (5)$$

$K_R^{pü}$ wird analog berechnet, mit $p_ü$ als Wert für den Druck.

Tabellen 1 und 2 zeigen die Konstanten P und Q.

6.2.2. Zarge

Die größte Zugbeanspruchung in der Zarge ergibt sich aus

$$K_{Zar}^{püK} = p_{üK} \cdot \frac{1}{e^{U \cdot ln\left(\frac{s}{d}\right)+V}} \quad N/mm \qquad (6)$$

$K_{Zar}^{pü}$ wird analog berechnet, mit $p_ü$ als Wert für den Druck.

Tabellen 1 und 2 zeigen die Konstanten U und V.

7. Stabilitätsnachweise

Es ist der Bemessungswert der axialen Druckbeanspruchung neben der Öffnung mit dem Bemessungswert der Beulspannung zu vergleichen. Beulen ist ein kurzzeitiger Vorgang, der Nachweis ist mit den Wandtemperaturen zu führen, die sich mit T_{MK} und T_{AK} ergeben. Bei direkter Sonneneinstrahlung ist für die Wandtemperatur der Zarge T_{Zar}^{Design} – bei Aufstellung in Deutschland 50°C – anzusetzen. Für T_{AK} ist bei Innenaufstellung mindestens 20°C und für Außenaufstellung mindestens 35°C anzusetzen.

Druckbeanspruchungen nach Abschnitt 6.1 und 6.2 werden in globale Normalkräfte umgerechnet und bei Außenaufstellung zusammen mit dem Windmoment M_w auf den geschwächten Querschnitt (offener Ring) angesetzt. Hierzu ist die Fläche A_R, der Schwerpunkt z_S und das Widerstandsmoment W_R des Ringquerschnitts zu bestimmen. Es sind unter Beachtung des Versatzes der Schwerlinie die axialen Druckbeanspruchungen neben der Öffnung zu berechnen.

7.1. Unterstützungsringe

Mit der Druckbeanspruchung nach Abschnitt 6.1.1 und 6.2.1 wird nur der größte Ring nachgewiesen; auf eine exakte Zuordnung der verschiedenen Druckbeanspruchungen zu den einzelnen Ringen wird auf der sicheren Seite vereinfachend verzichtet.

Der größte Ring hat den Radius

$$r_R = \frac{\left(r + \frac{s}{2}\right) \cdot n}{n+1} \quad mm \qquad (7)$$

$$N_{R,d}^{Füllung} = \gamma_{F1} \cdot 2 \cdot \pi \cdot r_R \cdot s \cdot K_R^{Füllung} \quad N \qquad (8)$$

$$N_{R,d}^{püK} = \gamma_{F2} \cdot 2 \cdot \pi \cdot r_R \cdot s \cdot K_R^{püK} \quad N \qquad (9)$$

Für Innen- und Außenaufstellung gilt:

$$\sigma_{R,d}^{vorh} = \left(N_{R,d}^{Füllung} + N_{R,d}^{püK}\right) \cdot \left(\frac{1}{A_R} + \frac{z_S}{W_R}\right) \quad N/mm^2 \qquad (10)$$

Es ist folgende Bedingung für den Unterstützungsring einzuhalten:

$$\eta_{A,R} = \frac{\sigma_{R,d}^{vorh}}{\sigma_{k,R,d}} \leq 1 \qquad (11)$$

Anmerkung:
A_{2I} entfällt, da nicht medienbenetzt

wobei für $h_R/r > 0,5$

$$\sigma_{k,R,d} = \alpha_R \cdot 0,62 \cdot \frac{E_K^{T°C}}{\gamma_M} \cdot \frac{s}{r_R} \qquad (12a)$$

für $h_R/r \leq 0,5$

$$\sigma_{k,R,d} = \alpha_R \cdot 0,62 \cdot \frac{E_K^{T°C}}{\gamma_M} \cdot \frac{s}{r_R} \cdot \left[1 + 1,5 \cdot \left(\frac{r_R}{h_R}\right)^2 \cdot \frac{s}{r_R}\right] \qquad (12b)$$

mit

$$\sigma_R = \frac{0,65}{\sqrt{\frac{E_K^{20°C}}{E_L^{20°C}} \cdot \left(1 + \frac{r_R}{100 \cdot s}\right)}} \qquad (13)$$

Als wirksame Wandtemperatur der Unterstützungsringe ist

$$max\left[T_{MK}, \frac{T_{MK}+T_{AK}}{2}\right]$$

anzusetzen.

7.2. Zarge

Der Lastfall Überdruck wird nicht betrachtet, da Überdruck die Zarge auf Zug beansprucht.

$$N_{Zar,d}^{Füllung} = \gamma_{F1} \cdot 2 \cdot \pi \cdot r \cdot s \cdot K_{Zar}^{Füllung} \quad N \qquad (14)$$

$$N_{Zar,d}^{Schnee} = \gamma_{F2} \cdot 2 \cdot \pi \cdot r^2 \cdot p_s \quad N \qquad (15)$$

Bei Innenaufstellung

$$\sigma_{Zar,d}^{vorh} = \left(N_{Zar,d}^{Füllung} + \gamma_{F1} \cdot (G_{ges} + G_A \cdot k_f)\right) \cdot \left(\frac{1}{A_R} + \frac{z_S}{W_R}\right) \quad N/mm^2 \qquad (16)$$

Bei Außenaufstellung

Sommer

$$\sigma_{Zar,d}^{vorh} = \left(N_{Zar,d}^{Füllung} + \gamma_{F1} \cdot (G_{ges} + G_A \cdot k_f)\right) \cdot \left(\frac{1}{A_R} + \frac{z_S}{W_R}\right) + \frac{\gamma_{F2} \cdot M_W}{W_R} \quad N/mm^2 \qquad (17)$$

Anmerkung:
Auf den Nachweis mit Schnee und Wintertemperatur kann verzichtet werden, da dieser nicht bemessungsbestimmend ist.

Es ist folgende Bedingung für die Zarge einzuhalten:

$$\eta_{A,Zar} = \frac{\sigma_{Zar,d}^{vorh}}{\sigma_{k,Zar,d}} \leq 1 \qquad (18)$$

Anmerkung:
A_{2I} entfällt, da nicht medienbenetzt

wobei für $h_{Zar}/r > 0{,}5$

$$\sigma_{k,Zar,d} = \alpha_{Zar} \cdot 0,62 \cdot \frac{E_K^{T°C}}{\gamma_M} \cdot \frac{s}{r} \qquad (19a)$$

für $h_{Zar}/r \leq 0{,}5$

$$\sigma_{k,Zar,d} = \alpha_{Zar} \cdot 0,62 \cdot \frac{E_K^{T°C}}{\gamma_M} \cdot \frac{s}{r} \cdot \left[1 + 1,5 \cdot \left(\frac{r}{h_{Zar}}\right)^2 \cdot \frac{s}{r}\right] \qquad (19b)$$

mit

$$\sigma_{Zar} = \frac{0,65}{\sqrt{\frac{E_K^{20°C}}{E_L^{20°C}} \cdot \left(1 + \frac{r}{100 \cdot s}\right)}} \qquad (20)$$

und $E_K^{T°C}$ für eine Wandtemperatur T_w

bei Innenaufstellung

$$T_W = \frac{T_{MK} + T_{AK}}{2} \qquad (20a)$$

bei Außenaufstellung

$$T_W = max\left[T_{MK}, T_{Zar}^{Design}\right] \qquad (20b)$$

ohne Windeinwirkung – $M_w = 0$ in (17) –

bzw.

$$T_W = \frac{max\left[T_{MK}, T_{AK}\right] + (T_{AK} - 5)}{2} \qquad (20c)$$

mit Windeinwirkung.

8. Bemessung

Die größte der aus den Festigkeitsnachweisen und den Stabilitätsnachweisen resultierende Wanddicke ist für den unteren Zylinderschuss, den Kegelboden, die Zarge und die Unterstützungsringe auszuführen.

9. Verankerungen

Wenn Verankerungen erforderlich werden, sind mindestens 4 Anker anzuordnen (z ≥ 4). Beim Nachweis der Verankerung sind drei Fälle zu unterscheiden:

Fall 1: kurzzeitiger Überdruck bei $\frac{T_{MK} + T_{AK}}{2}\,{}^{\circ}C$, aber mindestens T_{Zar}^{Design} bei direkter Sonneneinstrahlung

$$\frac{\left[\gamma_{F2} \cdot 2 \cdot \pi \cdot r \cdot s \cdot K_{Zar}^{p\ddot{u}K} - \gamma_{F3} \cdot (G_{ges} - G_K + G_A)\right] \cdot \frac{1}{z}}{(b_{pr} + s_B) \cdot s_B \cdot \frac{K_{K,d}^*}{2 \cdot A_1}} \leq 1 \qquad (21)$$

Fall 2: langzeitiger Überdruck bei

$\frac{T_M + T_A}{2}\,{}^{\circ}C$

$$\frac{\left[\gamma_{F2} \cdot 2 \cdot \pi \cdot r \cdot s \cdot K_{Zar}^{p\ddot{u}} - \gamma_{F3} \cdot (G_{ges} - G_K + G_A)\right] \cdot \frac{1}{z}}{(b_{pr} + s_B) \cdot s_B \cdot \frac{K_{L,d}^*}{2 \cdot A_1}} \leq 1 \qquad (22)$$

Fall 3: Windlast bei

$$T_W = \frac{max\,[T_{MK}, T_{AK}] + (T_{AK} - 5)}{2} - 10 \quad in\ {}^{\circ}C \qquad (22a)$$

(nur bei Außenaufstellung)

$$\frac{\left[\frac{4 \cdot \gamma_{F2} \cdot M_W}{d} + \gamma_{F2} \cdot 2 \cdot \pi \cdot r \cdot s \cdot K_{Zar}^{p\ddot{u}} - \gamma_{F3} \cdot (G_{ges} - G_K + G_A)\right] \cdot \frac{1}{z}}{(b_{pr} + s_B) \cdot s_B \cdot \frac{K_{K,d}^*}{2 \cdot A_1}} \leq 1 \qquad (23)$$

Aus der maximalen Pratzenkraft (Maximum der Zähler der Gleichungen 21 bis 23) ist unter Beachtung der Hebelarme die erforderliche Ankerkraft (z. B. für die Dübel) zu berechnen.

Der Nachweis der Horizontalkraftverankerung ist analog Abs. 4.1.8 der Richtlinie DVS 2205-2 Hauptblatt zu führen.

10. Anhang

10.1. Konstruktive Details

rechnerische Maße

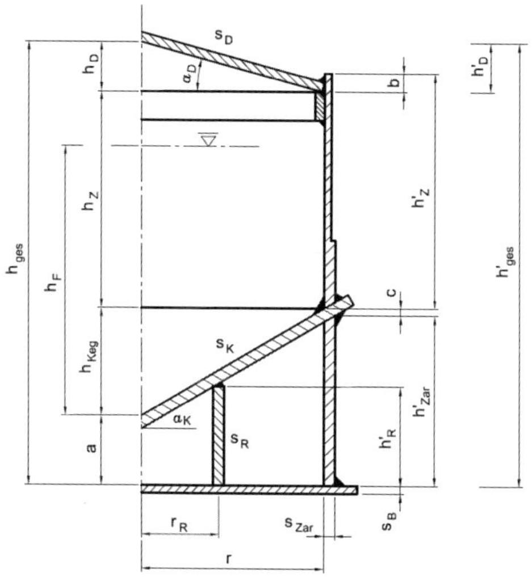

Fertigungs Maße

$$h'_{ges} = h_{ges} + s_B + \frac{s_D}{\cos \alpha}$$

$$h'_{Zar} = a + h_{Keg} - c$$

$$c = \frac{s}{\cos \alpha_K} - s \cdot \tan \alpha_K$$

$$h'_Z = h_Z + b$$

$$h'_D = r \cdot \tan \alpha_D + \frac{2 \cdot s_D}{\cos \alpha_D}$$

$$r_{R,i} = i \cdot \frac{r + \frac{s_{Zar}}{2}}{n + 1}$$

$$h'_{R,i} = a - \frac{s_K}{\cos \alpha_K} + r_{R,i} \cdot \tan \alpha_K$$

Bild 1: Übersicht und Maße

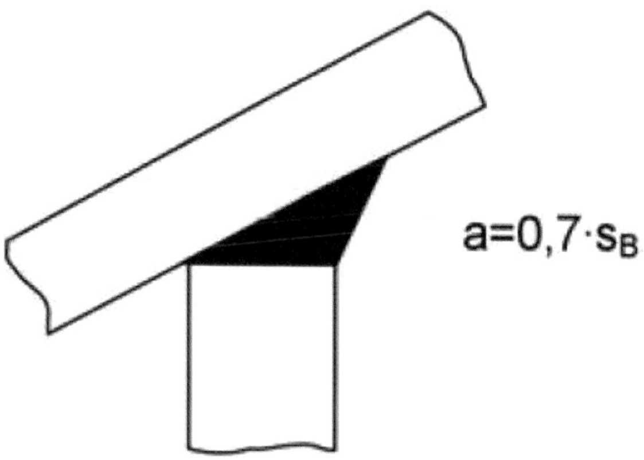

Bild 2: Anbindung der Ringe

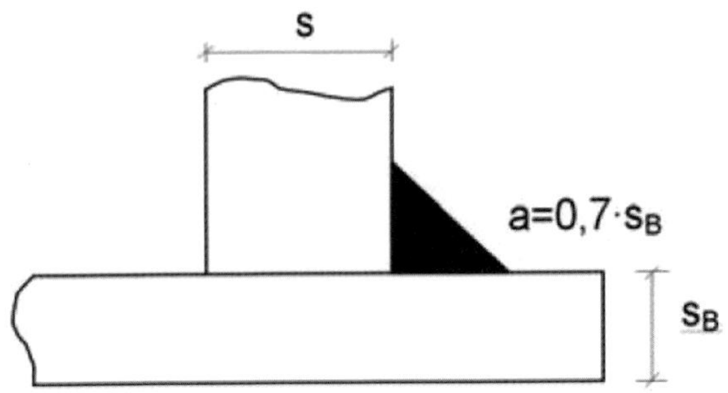

Bild 3: Anbindung des Unterbodens

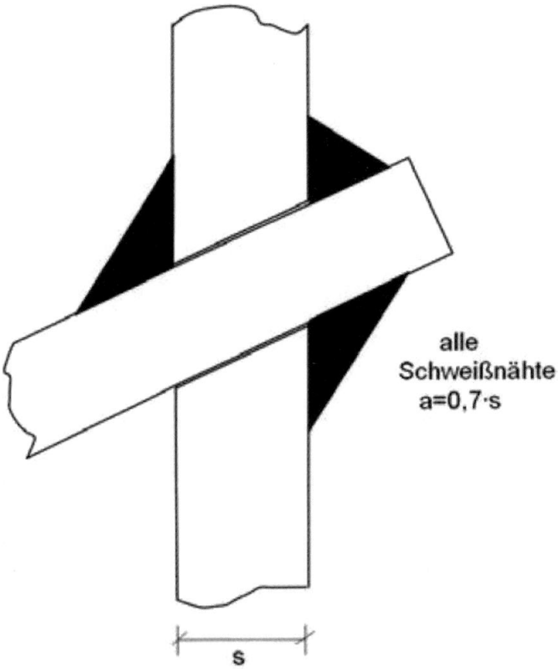

Bild 4a: Anbindung der Zarge (gelenkig)

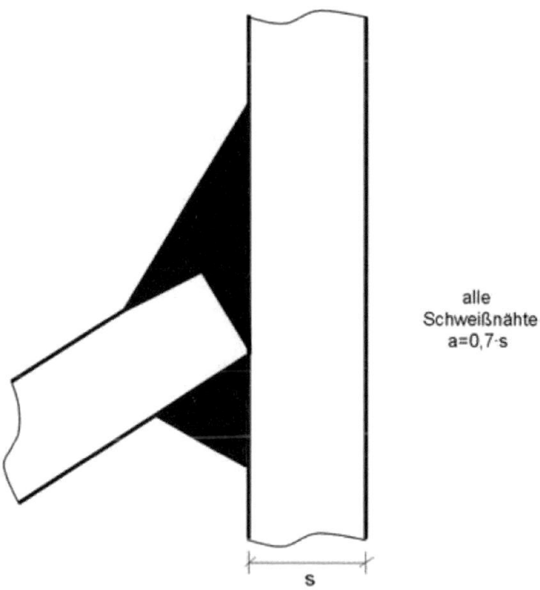

Bild 4b: Anbindung der Zarge (eingespannt)

10.2. Tabellen

(Achtung: Interpolation für andere Winkel ist nicht möglich!)

Tabelle 1: Gelenkiger Anschluss der Zarge (Tafelbehälter)

Anzahl der Ringe		n=1			n =2			n=3		
Winkel		**15°**	**30°**	**45°**	**15°**	**30°**	**45°**	**15°**	**30°**	**45°**
Festigkeit Lastfall Füllung	A	-	-	1,3473	1,6630	1,5041	1,3737	1,5018	1,5010	1,4348
	B	-	-	1,3115	2,8092	2,1653	1,6632	2,3857	2,3830	2,1390
	C	1,7171	1,5384	1,4376	1,9408	1,6851	-	1,9199	1,7545	-
	D	2,2817	2,0036	2,1146	4,0025	3,0872	-	4,4227	3,7350	-
Festigkeit Lastfall Überdruck	E	-	1,3642	1,3072	1,5447	1,3933	1,2956	1,3595	1,3368	1,3009
	F	-	1,0665	0,9797	2,1012	1,4169	1,0225	1,4801	1,3086	1,1203
	G	1,7369	1,5694	-	1,9440	-	-	1,8956	-	-
	H	2,3474	2,1425	-	4,0238	-	-	4,2614	-	-
n_R Lastfall Füllung	K	1,0530	1,1086	1,1177	1,0160	1,0575	1,0898	1,0444	1,0330	0,9831
	L	1,6278	1,9900	2,1377	1,8934	2,1291	2,3701	2,3079	2,2804	2,1133
n_{Zar} Lastfall Füllung	M	0,9461	0,9099	1,5347	2,0845	1,7599	1,6872	2,0236	0,8804	0,9000
	N	1,8353	1,5735	1,3367	1,0429	1,0567	1,1219	1,0294	1,8685	1,8394
n_R Lastfall Überdruck	P	1,0616	1,1670	1,3367	1,0429	1,0567	1,1219	1,0294	1,1563	1,1497
	Q	1,6848	2,3846	3,6243	2,0345	2,2372	2,9119	2,2399	2,9496	3,1831
n_{Zar} Lastfall Überdruck	U	1,0614	1,1670	1,3367	1,0548	1,1428	1,2818	1,0836	1,1482	1,2700
	V	2,3768	3,0778	4,3177	2,1140	2,7203	3,7703	2,1543	2,6399	3,5867

gültig für $h_F \geq d$

Tabelle 2: Biegesteifer Anschluss der Zarge (Wickelbehälter)

Anzahl der Ringe		**n=1**			**n =2**			**n=3**		
Winkel		**15°**	**30°**	**45°**	**15°**	**30°**	**45°**	**15°**	**30°**	**45°**
Festigkeit Lastfall Füllung	A	-	-	1,2598	1,7090	1,495	1,2859	1,5779	1,5323	1,3830
	B	-	-	0,9672	2,9862	2,0715	1,2420	2,7387	2,5046	1,8408
	C	1,7228	1,5257	1,4901	1,9387	1,6896	-	1,8571	1,7533	-
	D	2,3079	1,9492	2,3859	3,9989	3,1098	-	4,1583	3,7311	-
Festigkeit Lastfall Überdruck	E	1,6375	1,4326	1,3571	1,4893	1,4124	1,3451	1,2975	1,3194	1,3308
	F	2,2047	1,3821	1,1768	1,9485	1,5450	1,2436	1,2696	1,2682	1,2626
	G	1,7478	-	-	1,9337	-	-	1,8783	-	-
	H	2,3972	2,1425	-	3,9497	-	-	4,1860	-	-
n_R Lastfall Füllung	K	1,0520	1,0909	1,0993	1,0310	1,0579	1,0750	1,0492	1,0360	0,9811
	L	1,6165	1,9123	2,0635	1,9566	2,1273	2,2975	2,3335	2,2927	2,0980
n_{Zar} Lastfall Füllung	M	0,9470	0,9251	0,9393	0,9214	0,8967	0,9192	0,8706	0,8706	0,9091
	N	1,8454	1,6396	1,5920	2,0391	1,7761	1,7760	2,0049	1,8298	1,8951
n_R Lastfall Überdruck	P	1,0595	1,1447	1,3100	1,0528	1,0580	1,1016	1,0201	1,1593	1,1423
	Q	1,6649	2,2806	3,5202	2,0813	2,2376	2,8204	2,1963	2,9617	3,1486
n_{Zar} Lastfall Überdruck	U	1,0596	1,1444	1,3105	1,0623	1,1380	1,2562	1,0889	1,1514	1,2558
	V	2,3583	2,9725	4,2157	2,1419	2,6890	3,6538	2,1767	2,6479	3,5183

gültig für $h_F \geq d$

10.3. Schrifttum

Regelwerk siehe Richtlinie DVS 2205-2 Abschnitt 5.2

Literatur

[1] Tuercke, H.: Herleitung vereinfachter Formeln zur Schnittkraftermittlung für die Bemessung vonringgestützten Kegelböden. Unveröffentlicht.

[2] Tuercke, H.: Zur Stabilität von Behältern aus Thermoplasten. DIBt-Mitteilungen, Heft 5/1995.

[3] Tuercke, H.: Zur Einleitung axialgerichteter Einzellasten am oberen Rand von Thermoplastbehältern. DIBt-Mitteilungen, Heft 4/2002.

Dezember 2015

DVS – DEUTSCHER VERBAND FÜR SCHWEISSEN UND VERWANDTE VERFAHREN E.V.	**Berechnung von Behältern und Apparaten aus Thermoplasten – Stehende runde, drucklose Behälter – Beispiel für ringgestützten Kegelboden**	DVS **Richtlinie DVS 2205-2 Beiblatt 8**

Ersetzt Ausgabe Januar 2012

Inhalt:

1 Einleitung

Dieses Beispiel soll die Anwendung des Beiblatts 7 zur Richtlinie DVS 2205-2 erleichtern.

2 Daten für den Behälter

Bauart:	Aus Platten gefertigter Zylinder und Zarge
Geometrie:	d = 2000 mm (innen); h_{Ges} = 5000 mm; α = 30°; a = 420 mm; 2 Unterstützungsringe
Aufstellung:	Außenaufstellung ohne windabschirmende Auffangvorrichtung Windzone 2 Binnenland; Schneelastzone 2 bis 285 m $q = 0{,}65$ kN/m^2 $p_S = 0{,}68$ kN/m^2, T_A = 10°C, T_{AK} = 35°C
Material:	PE 100; 25 Jahre
Füllung:	Akkusäure; $T_M = T_{MK}$ = 20°C; h_F = 4000 mm; $A_1 = A_{1K} = A_2 = A_{2I} = 1$; $\rho_F = 1{,}29$ g/cm^3
Lüftung:	geschlossenes System $p_{üK} = p_ü = 0{,}01$ bar; $p_{uK} = 0{,}01$ bar
Öffnungen:	d_A = 200 mm
Schweißung:	Längsnaht als Heizelementnaht, keine Quernaht im Kegelboden
Verankerung:	Pratzenbreite b_{Pr} = 70 mm

3 Festigkeitsnachweis

3.1 Erste Abschätzung

$$K_{L,d}^{Füllung} = \gamma_{F1} \cdot \rho_F \cdot g \cdot 10^{-6} \cdot (h_F - r \cdot \tan\alpha) \cdot \frac{1}{e^{A \cdot \ln\left(\frac{s}{d}\right) + B}} \cdot A_1 \cdot A_2 \quad \text{N/mm}^2$$

und

$$K_{L,d}^{Füllung} = \gamma_{F1} \cdot \rho_F \cdot g \cdot 10^{-6} \cdot h_F \cdot \frac{1}{f_{sK} \cdot e^{C \cdot \ln\left(\frac{s}{d}\right) + D}} \cdot A_1 \cdot A_2 \quad \text{N/mm}^2$$

nach Tabelle 1 des Beiblatts 7 gilt A = 1,5041, B = 2,1653, C = 1,6851, D = 3,0872, f_{sK} = 1 (keine Quernaht)

Die Formeln werden mit der Bedingung $K_{L,d}^{Füllung} = K_{L,d}^{*} = 10{,}2/1{,}3$ nach s aufgelöst

$$s_1 = d \cdot e^{\frac{\ln\left(\frac{\gamma_{F1} \cdot \rho \cdot g \cdot 10^{-6} \cdot (h_F - r \cdot \tan\alpha) \cdot A_1 \cdot A_2}{K_{L,d}^{*}}\right) - B}{A}}$$

und

$$s_2 = d \cdot e^{\frac{\ln\left(\frac{\gamma_{F1} \cdot \rho \cdot g \cdot 10^{-6} \cdot h_F \cdot A_1 \cdot A_2}{K_{L,d}^{*} \cdot f_{sK}}\right) - D}{C}}$$

$$s_1 = 2000 \cdot e^{\frac{\ln\left(\frac{1{,}35 \cdot 1{,}29 \cdot 9{,}81 \cdot 10^{-6} \cdot (4000 - 1000 \cdot \tan 30°) \cdot 1 \cdot 1}{\frac{10{,}2}{1{,}3}}\right) - 2{,}1653}{1{,}5041}} = 18{,}25 \text{ mm}$$

$$s_2 = 2000 \cdot e^{\frac{\ln\left(\frac{1{,}35 \cdot 1{,}29 \cdot 9{,}81 \cdot 10^{-6} \cdot 4000 \cdot 1 \cdot 1}{\frac{10{,}2}{1{,}3} \cdot 1}\right) - 3{,}0872}{1{,}6851}} = 19{,}18 \text{ mm}$$

gewählt s = 20 mm.

3.2 Überprüfung

Es wird überprüft, ob s = 20 mm auch für die Summe aus Lastfall Füllung und Lastfall $p_ü$ ausreicht.

Lastfall Füllung

$$K_{L,d}^{Füllung} = \gamma_{F1} \cdot \rho_F \cdot g \cdot 10^{-6} \cdot \max\left[(h_F - r \cdot \tan\alpha) \cdot \frac{1}{e^{A \cdot \ln\left(\frac{s}{d}\right) + B}}, h_F \cdot \frac{1}{f_{sK} \cdot e^{C \cdot \ln\left(\frac{s}{d}\right) + D}}\right] \cdot A_1 \cdot A_2$$

$$\max\left[(4000 - 1000 \cdot \tan 30°) \cdot \frac{1}{e^{1{,}5041 \cdot \ln\left(\frac{20}{2000}\right) + 2{,}1653}}, 4000 \cdot \frac{1}{1 \cdot e^{1{,}6851 \cdot \ln\left(\frac{20}{2000}\right) + 3{,}0872}}\right] = \max(400115, 428061) = 428061$$

$$K_{L,d}^{Füllung} = 1{,}35 \cdot 1{,}29 \cdot 9{,}81 \cdot 10^{-6} \cdot 428061 \cdot 1 \cdot 1 = 7{,}313 \text{ N/mm}^2$$

DVS, Ausschuss für Technik, Arbeitsgruppe „Fügen von Kunststoffen“

Bezug: DVS Media GmbH, Postfach 10 19 65, 40010 Düsseldorf, Telefon (02 11) 15 91- 0, Telefax (02 11) 1591-150

Lastfall Überdruck

$$K_{L,d}^{pü} = \gamma_{F2} \cdot p_ü \cdot \frac{1}{e^{E \cdot \ln\left(\frac{s}{d}\right) + F}} \cdot A_1 \cdot A_2$$

mit E = 1,3933; F = 1,4169 nach Tabelle 1 des Beiblatts 7 folgt

$$K_{L,d}^{pü} = 1{,}5 \cdot 0{,}001 \cdot \frac{1}{e^{1{,}3933 \cdot \ln\left(\frac{20}{2000}\right) + 1{,}4169}} \cdot 1 \cdot 1 = \frac{0{,}0015}{0{,}006714}$$

$$= 0{,}223 \text{ N/mm}^2$$

Ausnutzung

$$\eta = \frac{K_{L,d}^{Füllung} + K_{L,d}^{pü}}{K_{L,d}^{*}} = \frac{7{,}313 + 0{,}223}{\frac{10{,}2}{1{,}3}} = 0{,}96 < 1$$ **Bedingung erfüllt!**

4 Stabilitätsnachweise

4.1 Unterstützungsringe

4.1.1 Lastfall Füllung

Die größte Druckbeanspruchung in den Unterstützungsringen ergibt sich aus

$$K_R^{Füllung} = \rho_F \cdot g \cdot 10^{-6} \cdot \left(h_F - \frac{2}{3} \cdot r \cdot \tan\alpha\right) \cdot \frac{1}{e^{K \cdot \ln\left(\frac{s}{d}\right) + L}} \quad \text{N/mm}^2$$

mit K = 1,0575; L = 2,1291 nach Tabelle 1 folgt

$$K_R^{Füllung} = 1{,}29 \cdot 9{,}81 \cdot 10^{-6} \cdot \left(4000 - \frac{2}{3} \cdot 1000 \cdot \tan 30°\right) \cdot \frac{1}{e^{1{,}0575 \cdot \ln\left(\frac{20}{2000}\right) + 2{,}1291}}$$

$$K_R^{Füllung} = 0{,}000012655 \cdot 3615{,}1 \cdot 15{,}5 = 0{,}709 \text{ N/mm}^2$$

4.1.2 Lastfall Überdruck

Die größte Druckbeanspruchung in den Unterstützungsringen ergibt sich aus

$$K_R^{püK} = p_{üK} \cdot \frac{1}{e^{P \cdot \ln\left(\frac{s}{d}\right) + Q}}$$

mit P = 1,0567 Q = 2,2372 folgt

$$K_R^{püK} = 0{,}001 \cdot \frac{1}{e^{1{,}0567 \cdot \ln\left(\frac{20}{2000}\right) + 2{,}2372}} = 0{,}001 \cdot \frac{1}{0{,}07214}$$

$$= 0{,}01386 \text{ N/mm}^2$$

Der größte Unterstützungsring hat den Radius

$$r_R = \frac{\left(r + \frac{s}{2}\right) \cdot n}{n + 1} = \frac{1012{,}5 \cdot 2}{2 + 1} = 675 \text{ mm}$$

$$N_{R,d}^{Füllung} = \gamma_{F1} \cdot 2 \cdot \pi \cdot r_R \cdot s \cdot K_R^{Füllung} = 1{,}35 \cdot 2 \cdot \pi \cdot 675 \cdot 20 \cdot 0{,}709$$
$$= 81188 \text{ N}$$

$$N_{R,d}^{püK} = \gamma_{F2} \cdot 2 \cdot \pi \cdot r_R \cdot s \cdot K_R^{püK} = 1{,}5 \cdot 2 \cdot \pi \cdot 675 \cdot 20 \cdot 0{,}01386$$
$$= 1763 \text{ N}$$

Für Innen- und Außenaufstellung gilt

$$\sigma_{R,d}^{vorh} = \left(N_{R,d}^{Füllung} + N_{R,d}^{püK}\right) \cdot \left(\frac{1}{A_R} + \frac{z_S}{W_R}\right) \quad \text{N/mm}^2$$

mit den Querschnittswerten für den offenen Ring r = 675 mm; d_A = 200 mm
A_R = 80808 mm²; z_S = 33,41 mm; W_R = 24848209 mm³ folgt

$$\sigma_{R,d}^{vorh} = (81188 + 1763) \cdot \left(\frac{1}{80808} + \frac{33{,}41}{24848209}\right) = 1{,}13 \text{ N/mm}^2$$

Es muss folgende Bedingung für den Unterstützungsring eingehalten werden

$$\eta_{A,R} = \frac{\sigma_{R,d}^{vorh}}{\sigma_{k,R,d}} \le 1$$

Mit

$$\alpha_R = \frac{0{,}65}{\sqrt{\frac{E_K^{20°C}}{E_L^{20°C}} \cdot \left(1 + \frac{r_R}{100 \cdot s}\right)}} = \frac{0{,}65}{\sqrt{\frac{800}{235} \cdot \left(1 + \frac{675}{100 \cdot 20}\right)}} = 0{,}3046$$

und wegen $h_R/r_R > 0{,}5$

$$\sigma_{k,R,d} = \alpha_R \cdot 0{,}62 \cdot \frac{E_K^{T°C}}{\gamma_M} \cdot \frac{s}{r_R} = 0{,}3046 \cdot 0{,}62 \cdot \frac{613}{1{,}3} \cdot \frac{20}{675}$$
$$= 2{,}64 \text{ N/mm}^2$$

$E_K^{T°C}$ = 613 N/mm² für $(T_{MK} + T_{AK})/2$ = 27,5°C

folgt

$$\eta_{A,R} = \frac{\sigma_{R,d}^{vorh}}{\sigma_{k,R,d}} = \frac{1{,}13}{2{,}64} = 0{,}43 < 1$$ **Bedingung erfüllt!**

4.2 Zarge

4.2.1 Lastfall Füllung

Die größte Druckbeanspruchung in der Zarge ergibt sich aus

$$K_{Zar}^{Füllung} = \rho_F \cdot g \cdot 10^{-6} \cdot \left(h_F - \frac{2}{3} \cdot r \cdot \tan\alpha\right) \cdot \frac{1}{e^{M \cdot \ln\left(\frac{s}{d}\right) + N}} \quad \text{N/mm}^2$$

mit M = 0,8946; N = 1,7599 nach Tabelle 1 folgt

$$K_{Zar}^{Füllung} = 1{,}29 \cdot 9{,}81 \cdot 10^{-6} \cdot \left(4000 - \frac{2}{3} \cdot 1000 \cdot \tan 30°\right) \cdot \frac{1}{e^{0{,}8946 \cdot \ln\left(\frac{20}{2000}\right) + 1{,}7599}}$$

$$K_{Zar}^{Füllung} = 0{,}000012655 \cdot 3615{,}1 \cdot 10{,}59 = 0{,}484 \text{ N/mm}^2$$

$$N_{Zar,d}^{Füllung} = \gamma_{F1} \cdot 2 \cdot \pi \cdot r \cdot s \cdot K_{Zar}^{Füllung} = 1{,}35 \cdot 2 \cdot \pi \cdot 1000 \cdot 20 \cdot 0{,}484$$
$$= 82108{,}7 \text{ N}$$

$$M_W = c_f \cdot q \cdot d \cdot \frac{h_{ges}^2}{2} = 0{,}8 \cdot \frac{0{,}65}{1000} \cdot (2000 + 40) \cdot \frac{5000^2}{2}$$
$$= 13260000 \text{ Nmm}$$

4.2.2 Lastfall Überdruck

Der Lastfall Überdruck wird nicht betrachtet, da er die Zarge auf Zug beansprucht.

4.2.3 Bemessung

Es muss nur der Nachweis für den Sommerlastfall geführt werden

$$\sigma_{Zar,d}^{vorh} = \left[N_{Zar,d}^{Füllung} \cdot \left(\frac{1}{A_R} + \frac{z_S}{W_R}\right) + \frac{\gamma_{F2} \cdot M_W}{W_R}\right] \quad \text{N/mm}^2$$

mit den Querschnittswerten für den offenen Ring r = 1010 mm; d_A = 200 mm
A_R = 122914 mm²; z_S = 32,87 mm; W_R = 58318536 mm³
ohne Wind mit $E_k^{T°C}$ 270 N/mm² bei 50°C

$$\sigma_{Zar,d}^{vorh} = \left[82108{,}7 \cdot \left(\frac{1}{122914} + \frac{32{,}87}{58318536}\right)\right] = 0{,}7143 \quad \text{N/mm}^2$$

$$\alpha_{Zar} = \frac{0{,}65}{\sqrt{\frac{E_K^{20°C}}{E_L^{20°C}} \cdot \left(1 + \frac{r}{100 \cdot s}\right)}} = \frac{0{,}65}{\sqrt{\frac{800}{235} \cdot \left(1 + \frac{1010}{100 \cdot 20}\right)}} = 0{,}2872$$

und wegen $h_{Zar}/r > 0{,}5$

$$\sigma_{k,Zar,d} = \alpha_{Zar} \cdot 0{,}62 \cdot \frac{E_K^{T°C}}{\gamma_M} \cdot \frac{s}{r} = 0{,}2872 \cdot 0{,}62 \cdot \frac{270}{1{,}3} \cdot \frac{20}{1010}$$

$$= 0{,}7323 \text{ N/mm}^2$$

$$\eta_{A,Zar} = \frac{\sigma_{Zar,d}^{vorh}}{\sigma_{k,Zar,d}} = \frac{0{,}7143}{0{,}7323} = 0{,}97 < 1$$ **Bedingung erfüllt!**

mit Wind mit $E_k^{T°C}$ 510 N/mm² bei 32,5°C

$$\sigma_{Zar,d}^{vorh} = \left[82108{,}07 \cdot \left(\frac{1}{122914} + \frac{32{,}87}{58318536}\right) + \frac{1{,}5 \cdot 13260000}{58318536}\right]$$

$$= 0{,}7143 + 0{,}3411 = 1{,}055 \text{ N/mm}^2$$

$$\alpha_{Zar} = \frac{0{,}65}{\sqrt{\frac{E_K^{20°C}}{E_L^{20°C}} \cdot \left(1 + \frac{r}{100 \cdot s}\right)}} = \frac{0{,}65}{\sqrt{\frac{800}{235} \cdot \left(1 + \frac{1010}{100 \cdot 20}\right)}} = 0{,}2872$$

und wegen $h_{Zar}/r > 0{,}5$

$$\sigma_{k,Zar,d} = \alpha_{Zar} \cdot 0{,}62 \cdot \frac{E_K^{T°C}}{\gamma_M} \cdot \frac{s}{r} = 0{,}2872 \cdot 0{,}62 \cdot \frac{510}{1{,}3} \cdot \frac{20}{1010}$$

$$= 1{,}383 \text{ N/mm}^2$$

$$\eta_{A,Zar} = \frac{\sigma_{Zar,d}^{vorh}}{\sigma_{k,Zar,d}} = \frac{1{,}055}{1{,}383} = 0{,}76 < 1$$ **Bedingung erfüllt!**

5 Verankerungen

Die größte Zugbeanspruchung in der Zarge ergibt sich für den maßgeblichen Fall 3 aus

$$K_{Zar}^{pü} = p_{ÜK} \cdot \frac{1}{e^{U \cdot \ln\left(\frac{s}{d}\right) + V}}$$

mit U = 1,1428; V = 2,7203 nach Tabelle 1 folgt

$$K_{Zar}^{pü} = 0{,}001 \cdot \frac{1}{e^{1{,}1428 \cdot \ln\left(\frac{20}{2000}\right) + 2{,}7203}} = 0{,}0127 \text{ N/mm}^2$$

Als Gewicht $G_D + G_Z + G_{Zar}$ wird beispielhaft 3500 N angenommen.

Als Dicke des Unterbodens wird s_B = 20 mm gewählt.

Windlast mit $K_{K,d}^{*}$ = 13,06/1,3 = 10,05 N/mm² für 27,5°C

$$\frac{\left[\frac{4 \cdot \gamma_{F2} \cdot M_W}{d} + \gamma_{F2} \cdot 2 \cdot \pi \cdot r \cdot s \cdot K_{Zar}^{pü} - \gamma_{F3} \cdot (G_D + G_Z + G_{Zar})\right] \cdot \frac{1}{z}}{(b_{Pr} + s_B) \cdot s_B \cdot \frac{K_{K,d}^{*}}{2 \cdot A_1}} \leq 1$$

$$\frac{\left[\frac{4 \cdot 1{,}5 \cdot 13325000}{2000} + 1{,}5 \cdot 2 \cdot \pi \cdot 1000 \cdot 20 \cdot 0{,}0127 - 0{,}9 \cdot (3500)\right]}{(70 + 20) \cdot 20 \cdot \frac{10{,}05}{2 \cdot 1}}$$

$$= z$$

$$z = \frac{39975 + 2394 - 3150}{9045} = 4{,}3$$

Mindestens 5 Anker werden ausgeführt.

Der untere Schuss des Zylinders, die Zarge, der Kegelboden und die zwei Unterstützungsringe sind aus 20 mm dicken Tafeln herzustellen.

DVS VERBAND

Richtlinie
DVS 2205-2
Beiblatt 9

Ersetzt Ausgabe Dezember 2015

Richtlinie DVS 2205-2 Beiblatt 9

Berechnung von Behältern und Apparaten aus Thermoplasten – Stehende runde, drucklose Behälter – Parallelgestützter Schrägboden

Ausschuss für Technik im DVS

Arbeitsgruppe W 4 „Fügen von Kunststoffen“

Untergruppe W 4.3b „Konstruktive Gestaltung - Apparatebau“

Bezug: DVS Media GmbH, Postfach 10 19 65, 40010 Düsseldorf, Telefon (0211) 1591-0, Telefax (0211) 1591-150

Inhalt:

1. Geltungsbereich

Die nachstehenden Konstruktions- und Berechnungsregeln gelten für stehende, zylindrische, werksgefertigte Thermoplast-Behälter mit Standzarge und durch parallele Steifen unterstützte Schrägböden. Zylinder und Zarge können entweder aus Tafeln gefertigt oder im Wickelverfahren hergestellt sein.

Für die Anwendung dieses Beiblatts müssen folgende Voraussetzungen eingehalten werden:

- Die Steifen werden parallel zur Neigungsrichtung des Schrägbodens angeordnet (trapezförmige Steifen).
- Zur Restentleerung ist eine Öffnung im Schrägboden – mit Krümmer durch die Zarge geführt – vorgesehen. Die mittlere Steife ist hierzu mittels einer Quersteife an beiden Seiten der Öffnung vorbeizuführen. Die Öffnung in der Zarge wird mit einem Rohrstutzen mindestens der Länge $d_A/2$ verstärkt, der auf beiden Seiten mit gleichem Überstand verschweißt wird. Sind die beiden Wechselsteifen mit der Zarge verschweißt, kann der Rohrstutzen entfallen.
- Absperrventile bzw. sonstige Armaturen sind außerhalb der Zarge anzuordnen; eine Zugänglichkeit des Raumes unterhalb des Schrägbodens ist nicht gegeben.
- Es wird ein Behälter mit Schrägboden ohne Auffangbehälter berechnet.

2. Konstruktion

Der untere Bereich des Behälters mit Schrägboden besteht aus folgenden vier Konstruktionselementen:

- unterer Zylinderschuss,
- Schrägboden,
- Zarge,
- Steifen, durch Schotte gestützt.

2.1. Anschluss der Zarge

2.1.1. Gelenkiger Anschluss

Bei aus Platten gefertigten Behältern bietet es sich an, Zylinder und Zarge getrennt zu fertigen und den Boden dazwischen anzuordnen. Der untere Schuss und die Zarge werden dazu dem Winkel des Schrägbodens entsprechend angefast. Der Schrägboden wird mit einem Außendurchmesser von ca. $d + 5 \cdot s$ gefertigt. Unterer Schuss und Schrägboden werden innen und außen mit einer Extrudernaht $a >= 0,7 \cdot s$ verbunden. Die Zarge wird mit dem Schrägboden nur von außen mit einer Extrudernaht $a >= 0,7 \cdot s$ verbunden (gelenkiger Anschluss der Zarge).

2.1.2. Biegesteifer Anschluss

Zylinder und Zarge werden in einem Stück gefertigt. Der Schrägboden wird eingepasst und von oben und unten mit dem Zylinder und der Zarge verschweißt (biegesteifer Anschluss der Zarge).

2.2. Steifen

Die Steifen werden in äquidistanten Abständen parallel zueinander angeordnet. Die Steifen sind exakt zuzuschneiden; sie können – müssen aber nicht – mit dem Schrägboden verschweißt werden. Die Steifen werden durch Schotte gestützt, die zueinander den gleichen Abstand wie die Steifen haben. Schotte und Steifen sind miteinander zu verschweißen. Die Enden der Steifen sind gegen seitliches Ausweichen zu sichern; dies kann entweder durch Anschweißen an die Zarge, oder mittels zusätzlicher Schotte geschehen.

2.3. Unterboden

Es kann ein abschließender Unterboden von außen an die Zarge mit einer durchgehenden Extrudernaht a > = 0,7 · s angeschweißt werden. Wenn der Behälter nicht verankert werden muss, ist eine für den Transport geeignete Heftnaht ausreichend.

2.4. Lüftung des Raums unter dem Schrägboden

Der Raum unter dem Schrägboden muss belüftet sein, um einen Druckausgleich bei Temperaturänderungen zu ermöglichen. Dies ist gegeben, wenn das Entleerungsrohr nicht mit der Zarge verschweißt wird.

Der obere Teil des Behälters wird analog zum Flachbodenbehälter konstruiert und berechnet.

3. Berechnungsgrößen

a	mm	Abstand zwischen Schrägboden und Unterboden am tiefsten Punkt
A_1	-	Abminderungsfaktor für den Einfluss der spezifischen Zähigkeit
A_2	-	Abminderungsfaktor für das Medium bei Festigkeitsnachweisen
A_{2I}	-	Abminderungsfaktor für das Medium bei Stabilitätsnachweisen
A_R	mm^2	Querschnittsfläche des offenen Rings
b_{Pr}	mm	Breite der Ankerpratze
d	mm	Nenninnendurchmesser von Zylinder und Zarge
$E_K^{T°C}$	N/mm²	Kurzzeit-E-Modul bei T°C
$E_K^{20°C}$	N/mm²	Kurzzeit E-Modul bei 20°C
$E_L^{20°C}$	N/mm²	Langzeit-E-Modul bei 20°C
g	m/s^2	Erdbeschleunigung
G_A	N	Eigenlast des Zusatzgewichts auf dem Dach
G_B	N	Eigenlast des Schrägbodens
G_D	N	Eigenlast des Daches
G_{ges}	N	Eigenlast des Behälters ohne G_A
G_Z	N	Eigenlast des Zylinders
G_{Zar}	N	Eigenlast der Zarge

h_F	mm	Füllhöhe gemessen in der Achse des Zylinders
h_S	mm	mittlere Höhe des höchsten Beulfeldes der Steifen
h_{Zar}	mm	maximale Höhe der Zarge
k_f	-	Konzentrationsfaktor nach [5]
$K_{LZ,d}^{F,A}$	N/mm²	Bemessungswert der Beanspruchung bei langzeitiger Einwirkung im Zylinder aus Lastfall Füllung an der Stelle A
$K_{LZ,d}^{F,B}$	N/mm²	Bemessungswert der Beanspruchung bei langzeitiger Einwirkung im Zylinder aus Lastfall Füllung an der Stelle B
$K_{LZ,d}^{pü,A}$	N/mm²	Bemessungswert der Beanspruchung bei langzeitiger Einwirkung im Zylinder aus Lastfall Überdruck an der Stelle A
$K_{LZ,d}^{pü,B}$	N/mm²	Bemessungswert der Beanspruchung bei langzeitiger Einwirkung im Zylinder aus Lastfall Überdruck an der Stelle B
$K_{KZ,d}^{pük,A}$	N/mm²	Bemessungswert der Beanspruchung bei kurzzeitiger Einwirkung im Zylinder aus Lastfall Überdruck an der Stelle A
$K_{KZ,d}^{pük,B}$	N/mm²	Bemessungswert der Beanspruchung bei kurzzeitiger Einwirkung im Zylinder aus Lastfall Überdruck an der Stelle B
$K_{LB,d}^{pü}$	N/mm²	Bemessungswert der Beanspruchung bei langzeitiger Einwirkung im Schrägboden aus Lastfall Überdruck
$K_{KB,d}^{pük}$	N/mm²	Bemessungswert der Beanspruchung bei kurzzeitiger Einwirkung im Schrägboden aus Lastfall Überdruck
$K_{K,d}^{*}$	N/mm²	Bemessungswert der Festigkeit bei kurzzeitiger Einwirkung
$K_{Zar}^{pü}$	N/mm²	Zugbeanspruchung aus $p_{ü}$ in der Zarge
$K_{Zar}^{püK}$	N/mm²	Zugbeanspruchung aus $p_{üK}$ in der Zarge

M_W	Nmm	Biegemoment aus Windlast am unteren Zargenrand
m	-	Anzahl der Steifen
n	-	Anzahl der Ringe am Ersatzbehälter
$N_{R,d}^{Füllung}$	N	Bemessungswert der globalen Druckkraft aus Füllung im Unterstützungsring
$N_{Zar,d}^{Füllung}$	N	Bemessungswert der globalen Druckkraft aus Füllung in der Zarge
$N_{Zar,d}^{Schnee}$	N	Bemessungswert der globalen Druckkraft aus Schneelast in der Zarge
p_s	N/mm²	Schneedruck auf das Dach
p_{uk}	N/mm²	kurzzeitig wirkender Unterdruck
$p_{ü}$	N/mm²	langzeitig wirkender Überdruck
$p_{üK}$	N/mm²	kurzzeitiger Überdruck
r	mm	Radius von Zylinder/Zarge
s	mm	Wanddicke des untersten Schusses, der Zarge und des Schrägbodens
s_B	mm	Wanddicke des Unterbodens
s_S	mm	Wanddicke der Steifen und Schotte
T_A	°C	mittlere Umgebungstemperatur (nach Miner, siehe Richtlinie DVS 2205-1)
T_{AK}	°C	höchste Umgebungstemperatur
T_M	°C	mittlere Medientemperatur (nach Miner, siehe Richtlinie DVS 2205-1)
T_{MK}	°C	höchste Medientemperatur
T_{Zar}^{Design}	°C	max. Berechnungstemperatur für die Zarge
w_R	mm³	Widerstandsmoment des offenen Rings
z_S	mm	Schwerpunktsabstand des offenen Rings von der Zylinderachse
α	Grad	Neigungswinkel des Schrägbodens gemessen gegen die Horizontale
α_{Zar}	-	Faktor für Axialstabilität, Zarge

β	-	Seitenverhältnis des Beulfeldes
$\eta_{A,S}$	-	Ausnutzung der Axialstabilität in Steife
$\eta_{A,Zar}$	-	Ausnutzung der Axialstabilität in der Zarge
γ_{F1}	-	Teilsicherheitsbeiwert der Einwirkung (Eigenlast, Füllung)
γ_{F2}	-	Teilsicherheitsbeiwert der Einwirkung (Drücke, Wind)
γ_{F3}	-	Teilsicherheitsbeiwert der Einwirkung (verringernde Eigenlast)
γ_{M}	-	Teilsicherheitsbeiwert des Widerstands/der Beanspruchbarkeit
μ	-	Querdehnungszahl
ρ_{F}	g/cm³	Dichte des Füllmediums
σ_{e}	N/mm²	Beulspannung in Steife
$\sigma_{k,d}$	N/mm²	Bemessungswert der Beulspannung der Steife
$\sigma_{K,Zar,d}$	N/mm²	Bemessungswert der axialen Beulspannung der Zarge
$\sigma_{S,d}^{F}$	N/mm²	Bemessungswert der Druckbeanspruchung der Steife, Lastfall Füllung
$\sigma_{S,d}^{pük}$	N/mm²	Bemessungswert der Druckbeanspruchung der Steife, Lastfall Überdruck
$\sigma_{Zar,d}^{F}$	N/mm²	Bemessungswert der Druckbeanspruchung der Zarge, Lastfall Füllung
$\sigma_{Zar,d}^{vorh}$	N/mm²	Bemessungswert der Druckbeanspruchung der Zarge

4. Schnittkraftermittlung für den Festigkeitsnachweis

Die Schnittkräfte können mit einem Finite-Elemente-Programm, aber auch näherungsweise mit einem Rotationsschalenprogramm für dünnwandige Elemente mit linear-elastischem Ansatz ermittelt werden. Auf diese Weise ist es möglich, die Wanddicken von Zylinder, Zarge und auch für den Schrägboden so zu bestimmen, dass die Ausnutzung der einzelnen Elemente optimal ist, d. h. es ermöglicht eine wirtschaftliche und sichere Bemessung.

In diesem Beiblatt werden Formeln für die Handrechnung zur Verfügung gestellt. Für deren Anwendung sind folgende Einschränkungen des Geltungsbereichs zu beachten:

- Die Wanddicken des unteren Zylinderschusses, der Zarge und des Schrägbodens sind identisch.
- Der Neigungswinkel des Schrägbodens wird auf maximal 10 Grad beschränkt.

- Es sind 3, 5 oder 7 Steifen anzuordnen.
- Das Wanddicken-Radius-Verhältnis liegt innerhalb folgender Grenzen 0,04 > = s/r > = 0,01.
- Nur die Steifen haben Kontakt zum Schrägboden.
- Eventuelle Schweißnähte im Schrägboden werden quer zu den Steifen angeordnet.

4.1. Zylinder

Zwei Stellen müssen betrachtet werden:

Stelle A	Zylinderwand senkrecht zur mittleren Steife, Boden durch Steife unterstützt. Um die größte Beanspruchung im Zylinder zu berechnen, wird angenommen, dass die Steife mit der Zarge verschweißt ist. So kann sich der untere Rand des Zylinders nicht verdrehen; dies bedeutet, der Zylinder ist als voll eingespannt zu berechnen.
Stelle B	Zylinderwand parallel zu den Steifen, Boden bis zur äußeren Steife ungestützt. Die Beanspruchung des Zylinders wird ersatzweise an einem fiktiven Behälter mit ringgestütztem Flachboden berechnet. Für m Steifen werden n = (m –1)/2 Ringe angesetzt.

4.1.1. Lastfall Füllung

4.1.1.1. Stelle A

$$K_{LZ,d}^{F,A} = 1,87 \cdot \gamma_{F1} \cdot \rho_F \cdot g \cdot 10^{-6} \cdot (h_F + r \cdot tan\alpha_B) \cdot \frac{r}{s} \cdot A_1 \cdot A_2 \quad N/mm^2 \qquad (1)$$

4.1.1.2. Stelle B

$$K_{LZ,d}^{F,B} = \gamma_{F1} \cdot \rho_F \cdot g \cdot 10^{-6} \cdot h_F \frac{1}{e^{A \cdot ln\left(\frac{s}{d}\right)+B}} \cdot A_1 \cdot A_2 \quad N/mm^2 \qquad (2)$$

Tabellen 1 und 2 zeigen die Konstanten A und

B. **4.1.2. Lastfall Überdruck**

4.1.2.1. Stelle A

$$K_{LZ,d}^{pü,A} = (1,87 + 0,5) \cdot \gamma_{F2} \cdot p_{ü} \cdot \frac{r}{s} \cdot A_1 \cdot A_2 \quad N/mm^2 \qquad (3)$$

$K_{KZ,d}^{püK,A}$ analog mit $p_{üK}$

4.1.2.2. Stelle B

$$K_{LZ,d}^{pü,B} = \gamma_{F2} \cdot p_{ü} \cdot \frac{1}{e^{C \cdot ln\left(\frac{s}{d}\right)+D}} \cdot A_1 \cdot A_2 \quad N/mm^2 \qquad (4)$$

$K_{KZ,d}^{püK,B}$ anlog mit $p_{üK}$

Tabellen 1 und 2 zeigen die Konstanten C und D.

4.2. Schrägboden

Stelle B	Zylinderwand parallel zu den Steifen, Boden bis zur Steife ungestützt. Die Beanspruchung des Schrägbodens (Feldmoment) wird ersatzweise an einem fiktiven Behälter mit ringgestütztem Flachboden berechnet. Für m Steifen werden n = (m –1)/2 Ringe angesetzt.
Stelle C	Schrägboden über der äußeren Steife (Stützmoment) wird auch an einem fiktiven Behälter mit ringgestütztem Flachboden berechnet. Vergleichsberechnungen an einem fiktiven Durchlaufträger ergaben geringere Beanspruchungen.

4.2.1. Lastfall Füllung

Die größte Beanspruchung infolge Füllung tritt entweder im Schrägboden am Übergang zu Zylinder/Zarge, oder im Schrägboden über den Steifen auf. Es sind daher beide Beanspruchungen zu berechnen; die größere der beiden Beanspruchungen ist maßgeblich. Die Beanspruchungen wirken parallel zur eventuellen Schweißnaht im Boden, ein Schweißfaktor muss nicht angesetzt werden.

Die folgende Formel für den Bemessungswert der größten Beanspruchung berücksichtigt die Summe der Biege- und der Normalspannungen.

$$K_{LB,d}^{F} = \gamma_{F1} \cdot \rho_F \cdot g \cdot 10^{-6} \cdot h_F \cdot max\left[\frac{1}{e^{E \cdot ln\left(\frac{s}{d}\right)+F}}, \frac{1}{e^{G \cdot ln\left(\frac{s}{d}\right)+H}}\right] \cdot A_1 \cdot A_2 \quad N/mm^2 \qquad (5)$$

Tabellen 1 und 2 zeigen die Konstanten E bis H.

4.2.2. Lastfall Überdruck

Die größte Beanspruchung im Zylinder tritt entweder am Übergang zum Boden oder im Schrägboden über den Steifen auf. Es sind daher beide Beanspruchungen zu berechnen; die größere der beiden Beanspruchungen ist maßgeblich. Die Beanspruchungen wirken parallel zur Schweißnaht im Boden, ein Schweißfaktor muss nicht angesetzt werden.

Die folgende Formel für den Bemessungswert der größten Beanspruchung berücksichtigt die Summe der Biege- und der Normalspannungen.

$$K_{LB,d}^{pü} = \gamma_{F2} \cdot p_{ü} \cdot max\left[\frac{1}{e^{K \cdot ln\left(\frac{s}{d}\right)+L}}, \frac{1}{e^{M \cdot ln\left(\frac{s}{d}\right)+N}}\right] \cdot A_1 \cdot A_2 \quad N/mm^2 \qquad (6)$$

$K_{KB,d}^{püK}$ anlog mit $p_{üK}$

Tabellen 1 und 2 zeigen die Konstanten K bis N.

5. Festigkeitsnachweise

Die Festigkeitsnachweise werden mit den in Abschnitt 4 beschriebenen Beanspruchungen in der in Richtlinie DVS 2205-2 aufgezeigten Weise geführt. Als wirksame Wandtemperatur im Zylinder und im Schrägboden ist die mittlere Medientemperatur T_M bzw. bei kurzzeitiger Einwirkung die höchste Medientemperatur T_{MK} anzusetzen.

6. Schnittkraftermittlung für die Stabilitätsnachweise

Für Steifen und Zarge, welche die gesamte Füllast tragen, ist die Axialstabilität nachzuweisen.

6.1. Lastfall Füllung

6.1.1. Steifen

Die größte Beanspruchung der Steifen wird an einem fiktiven Durchlaufträger mit m + 1 Feldern ermittelt. Unabhängig von der Anzahl der Zwischenunterstützungen m kann die größte Stützkraft B mit dem Faktor 1,15 berechnet werden

$B = 1{,}15 \cdot p \cdot l$ mit $l = d/(m + 1)$ $p = \rho \cdot g \cdot 10^{-6} \cdot h_F$

So ergibt sich der Bemessungswert der Beanspruchung in den Steifen zu

$$\sigma^F_{S,d} = 1,15 \cdot \gamma_{F1} \cdot \rho_F \cdot g \cdot 10^{-6} \cdot h_F \cdot \frac{d}{s \cdot (m+1)} \cdot A_1 \cdot A_2 \quad N/mm^2 \qquad (7)$$

6.1.2. Zarge

An der Stelle B ist die größte Druckbeanspruchung der Zarge zu erwarten. Es wird ein fiktiver Durchlaufträger mit m+1 Feldern betrachtet. Die äußere Lagerkraft A kann unabhängig von m vereinfachend mit dem Faktor 0,4 berechnet werden: $A = 0{,}4 \cdot p \cdot l$

Mit $l = d/(m + 1)$ und $p = \rho \cdot g \cdot 10^{-6} \cdot (h_F + r \cdot \tan \alpha_B)$ folgt

$$\sigma^F_{Zar,d} = 0,4 \cdot \gamma_{F1} \cdot \rho_F \cdot g \cdot 10^{-6} \cdot (h_F + r \cdot tan\alpha_B) \cdot \frac{d}{s \cdot (m+1)} \cdot A_1 \cdot A_2 \quad N/mm^2 \qquad (8)$$

6.2. Lastfall Überdruck

6.2.1. Steifen

Die größte Druckbeanspruchung in den Steifen ergibt sich analog Gleichung (7).

$$\sigma_{S,d}^{pük} = 1,15 \cdot \gamma_{F2} \cdot p_{ük} \cdot \frac{d}{s \cdot (m+1)} \cdot A_1 \cdot A_2 \quad N/mm^2 \qquad (9)$$

6.2.2. Zarge

Der charakteristische Wert der größten Zugbeanspruchung in der Zarge wird für den Nachweis der Verankerung benötigt. Die Beanspruchung wird ersatzweise an einem fiktiven Behälter mit ringgestütztem Flachboden berechnet. Für m Steifen werden n = (m –1)/2 Ringe angesetzt.

$$K_{Zar}^{pü} = p_{ü} \cdot \frac{1}{e^{U \cdot In\left(\frac{s}{d}\right)+V}} \quad N/mm^2 \qquad (10)$$

Tabellen 1 und 2 zeigen die Konstanten U und V.

7. Stabilitätsnachweise

Es ist der Bemessungswert der axialen Druckbeanspruchung mit dem Bemessungswert der Beulspannung zu vergleichen. Beulen ist ein kurzzeitiger Vorgang; die Nachweise sind mit den Wandtemperaturen zu führen, die sich mit T_{MK} und T_{AK} ergeben. Bei direkter Sonneneinstrahlung ist für die

Wandtemperatur der Zarge T_{Zar}^{Design} – bei Aufstellung in Deutschland 50°C – anzusetzen. Für T_{AK} ist bei Innenaufstellung mindestens 20°C und für Außenaufstellung mindestens 35°C zu setzen. Druckbean-spruchungen nach Abschnitt 6.1 und 6.2 werden in globale Normalkräfte umgerechnet und bei Außen-aufstellung zusammen mit dem Biegemoment aus Windlast M_W auf den geschwächten Querschnitt (offener Ring) angesetzt. Hierzu sind die Fläche A_R, der Schwerpunkt z_S und das Widerstandsmoment W_R des Ringquerschnitts zu bestimmen. Es sind unter Beachtung des Versatzes der Schwerlinie die axialen Druckbeanspruchungen neben der Öffnung zu berechnen.

7.1. Steifen

Mit der Druckbeanspruchung nach Abschnitt 6.1.1 und 6.2.1 wird nur das höchste Steifenfeld nachgewiesen.

Die Höhe des Beulfelds im Mittelpunkt ist

$$h_s = a + \frac{m+0,5}{m+1} \cdot d \cdot tan\alpha_B \; mm \qquad (11)$$

Das Seitenverhältnis ist

$$\beta = \frac{h_S \cdot (m+1)}{d} \qquad (12)$$

Der Bemessungswert der Beulspannung ist

$\sigma_{k,d} = \frac{k_\sigma \cdot \sigma_e}{\gamma_M} \leq K^*_{K,d} \quad N/mm^2 \qquad (13)$

mit

$\sigma_e = \frac{\pi^2 \cdot E_K^{T°C}}{12 \cdot (1-\mu^2)} \cdot \left[\frac{s_S \cdot (m+1)}{d}\right]^2 \quad N/mm^2 \qquad (14)$

und k_σ für die schnelle Verwendung aus den Diagrammen nach [2] aufbereitet:

Für den Fall, dass die Steifen nicht mit dem Schrägboden verschweißt sind, gilt

$k_\sigma = \beta + 1,1 \leq 2,3 \qquad (15)$

bzw. für den Fall, dass die Steifen mit dem Schrägboden verschweißt sind, gilt

$k_\sigma = -3,1 \cdot \beta^2 + 5,1 \cdot \beta + 0,3 \quad \text{für } \beta < 0,8 \qquad (16)$

$k_\sigma = -0,37 \cdot \beta + 2,7 \geq 2,3 \quad \text{für } \beta < 0,8 \qquad (17)$

Die Ausnutzung ist

$\eta_{A,S} = \frac{\sigma^F_{S,d} + \sigma^{pük}_{S,d}}{\sigma_{k,d}} \leq 1 \qquad (18)$

Als wirksame Wandtemperatur der Steifen ist

$max\left[T_{MK}, \frac{T_{MK} + T_{AK}}{2}\right]$

anzusetzen.

7.2. Zarge

Der Lastfall Überdruck wird nicht betrachtet, da Überdruck die Zarge auf Zug beansprucht.

Es gilt

$N^{Füllung}_{Zar,d} = 2 \cdot \pi \cdot r \cdot s \cdot \sigma^F_{Zar,d} \quad N \qquad (19)$

$N^{Schnee}_{Zar,d} = \gamma_{F2} \cdot \pi \cdot r^2 \cdot p_s \quad N \qquad (20)$

Bei Innenaufstellung

$$\sigma_{Zar,d}^{vorh} = \left(N_{Zar,d}^{Füllung} + \gamma_{F1} \cdot (G_{ges} + G_A \cdot k_f)\right) \cdot \left(\frac{1}{A_R} + \frac{Z_S}{W_R} \cdot\right) \quad N/mm^2 \qquad (21)$$

Bei Außenaufstellung

Sommer

$$\sigma_{Zar,d}^{vorh} = \left[\left(N_{Zar,d}^{Füllung} + \gamma_{F1} \cdot (G_{ges} + G_A \cdot k_f)\right) \cdot \left(\frac{1}{A_R} + \frac{Z_S}{W_R} \cdot\right) + \frac{\gamma_{F2} \cdot M_W}{W_R}\right] \quad N/mm^2 \qquad (22)$$

Winter

Auf den Nachweis mit Schnee und Wintertemperatur kann verzichtet werden, da dieser nicht bemessungsbestimmend ist.

Es ist folgende Bedingung für die Zarge einzuhalten:

$$\eta_{A,Zar} = \frac{\sigma_{Zar,d}^{vorh}}{\sigma_{k,Zar,d}} \leq 1 \qquad (23)$$

Anmerkung: A_{2I} entfällt, da nicht medienbenetzt.

wobei

für $h_{Zar}/r > 0,5$

$$\sigma_{k,Zar,d} = \alpha_{Zar} \cdot 0,62 \cdot \frac{E_K^{T°C}}{\gamma_M} \cdot \frac{s}{r} \qquad (24a)$$

für $h_{Zar}/r \leq 0,5$

$$\sigma_{k,Zar,d} = \alpha_{Zar} \cdot 0,62 \cdot \frac{E_K^{T°C}}{\gamma_M} \cdot \frac{s}{r} \cdot \left[1 + 1,5 \cdot \left(\frac{r}{h_{Zar}}\right)^2 \cdot \frac{s}{r}\right] \qquad (24b)$$

mit

$$\sigma_{Zar} = \frac{0,65}{\sqrt{\frac{E_K^{20°C}}{E_L^{20°C}} \cdot \left(1 + \frac{r}{100 \cdot s}\right)}} \qquad (25)$$

und

$E_K^{T°C}$ für eine Wandtemperatur T_w

bei Innenaufstellung

$$T_W = \frac{T_{MK} + T_{AK}}{2} \qquad (25a)$$

bei Außenaufstellung

$$T_W = max\left[T_{MK}, T_{Zar}^{Design}\right] \qquad (25b)$$

ohne Windeinwirkung – MW = 0 in (22) –

bzw.

$$T_W = \frac{max\left[T_{MK}, T_{AK}\right] + (T_{AK} - 5)}{2} \qquad (25c)$$

mit Windeinwirkung

8. Bemessung

Die größte der aus den Festigkeitsnachweisen und den Stabilitätsnachweisen resultierende Wanddicke s ist für den unteren Zylinderschuss, den Schrägboden und die Zarge auszuführen.

Die Wanddicke der Steifen und Schotte s_s ergibt sich aus dem Stabilitätsnachweis nach Abschnitt 7.1.

9. Verankerungen

Wenn Verankerungen erforderlich werden, sind mindestens 4 Anker anzuordnen (z > 4). Beim Nachweis der Verankerung sind drei Fälle zu unterscheiden:

Fall 1: kurzzeitger Überdruck bei $\frac{T_{MK} + T_{AK}}{2}$ $°C$ aber mindestens T_{Zar}^{Design} bei direkter Sonneneinstrahlung

$$\frac{\left[\gamma_{F2} \cdot 2 \cdot \pi \cdot r \cdot s \cdot K_{Zar}^{p\ddot{u}K} - \gamma_{F3} \cdot (G_{ges} - G_K + G_A)\right] \cdot \frac{1}{z}}{(b_{pr} + s_B) \cdot s_B \cdot \frac{K_{K,d}^*}{2 \cdot A_1}} \leq 1 \qquad (26)$$

Fall 2: langzeitiger Überdruck bei $\frac{T_M + T_A}{2}$ $°C$

$$\frac{\left[\gamma_{F2} \cdot 2 \cdot \pi \cdot r \cdot s \cdot K_{Zar}^{p\ddot{u}} - \gamma_{F3} \cdot (G_{ges} - G_K + G_A)\right] \cdot \frac{1}{z}}{(b_{pr} + s_B) \cdot s_B \cdot \frac{K_{L,d}^*}{2 \cdot A_1}} \leq 1 \qquad (27)$$

Fall 3: Windlast bei

$$T_W = \frac{max\,[T_{MK}, T_{AK}] + (T_{AK} - 5)}{2} - 10 \text{ in } ^\circ C \qquad (27a)$$

(nur bei Außenaufstellung)

$$\frac{\left[\frac{4 \cdot \gamma_{F2} \cdot M_W}{d} + \gamma_{F2} \cdot 2 \cdot \pi \cdot r \cdot s \cdot K_{Zar}^{pü} - \gamma_{F3} \cdot (G_{ges} - G_K + G_A)\right] \cdot \frac{1}{z}}{(b_{pr} + s_B) \cdot s_B \cdot \frac{K_{K,d}^{*}}{2 \cdot A_1}} \leq 1 \qquad (28)$$

Aus der maximalen Pratzenkraft (Maximum der Zähler der Gleichungen 26 bis 28) ist unter Beachtung der Hebelarme die erforderliche Ankerkraft (z. B. für die Dübel) zu berechnen.

Der Nachweis der Horizontalkraftverankerung ist analog Abs. 4.1.8 der Richtlinie DVS 2205-2 Hauptblatt zu führen.

10. Konstruktive Details

$$h'_{ges} = h_{ges} + S_B + \frac{S_D}{\cos\alpha_D}$$

$$h'_{Zar2} = h_{Zar} + r \cdot \tan\alpha_B - c$$

$$c = \frac{s}{\cos\alpha_B} - s \cdot \tan\alpha_B$$

$$h'_{Z1} = h_Z + r \cdot \tan\alpha_B + b$$

$$h'_D = r \cdot \tan\alpha_D + \frac{2 \cdot S_D}{\cos\alpha_D}$$

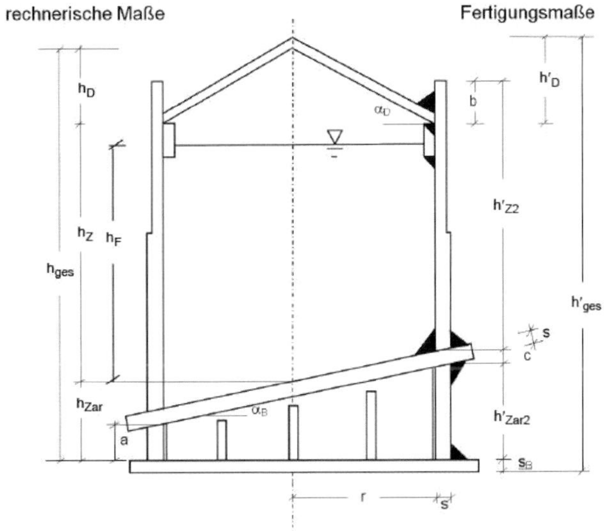

Bild 1: Übersicht und Maße

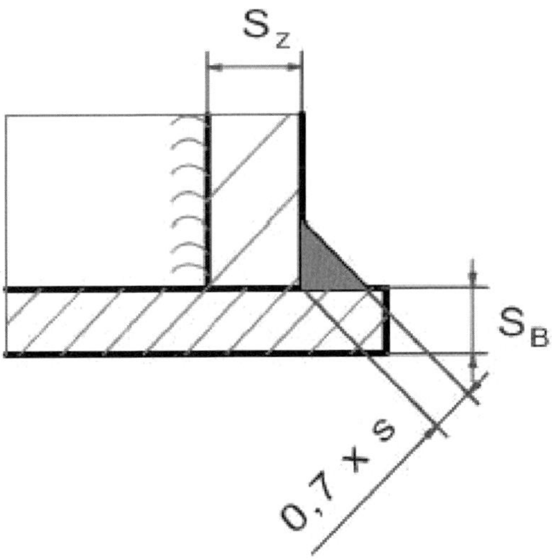

Bild 2: Anbindung des Unterbodens

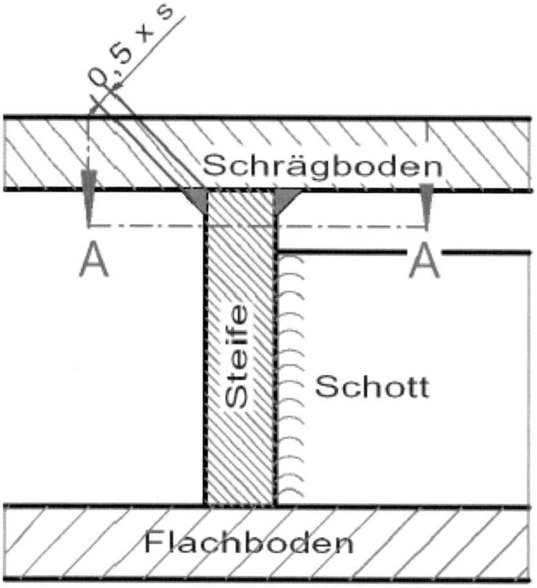
0,5 x s
Schrägboden
A
A
Steife
Schott
Flachboden

Bild 3

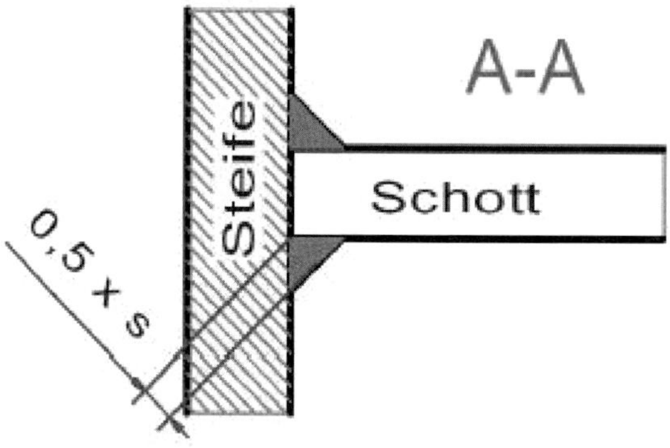
A-A
Steife
Schott
0,5 x s

Bild 4

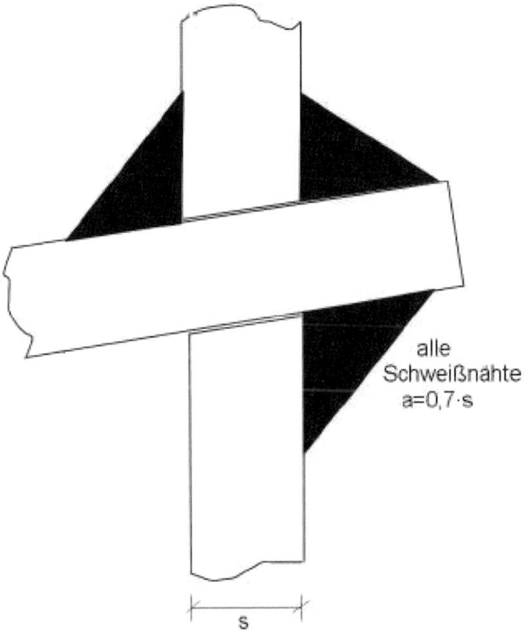

Bild 5a: Anbindung des Schrägbodens; gelenkiger Anschluss der Zarge

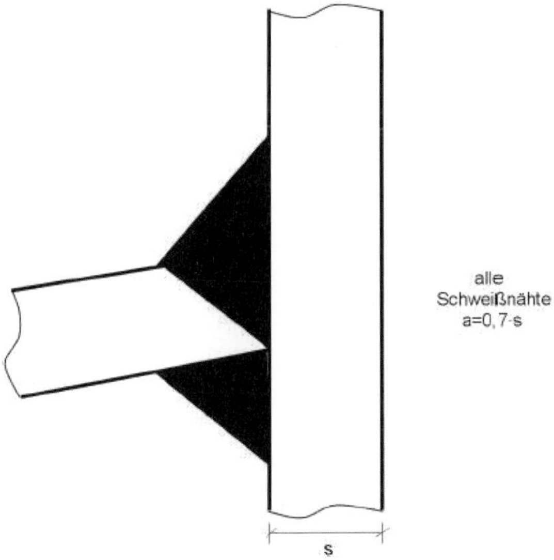

Bild 5b: Anbindung des Schrägbodens; eingespannter Anschluss der Zarge

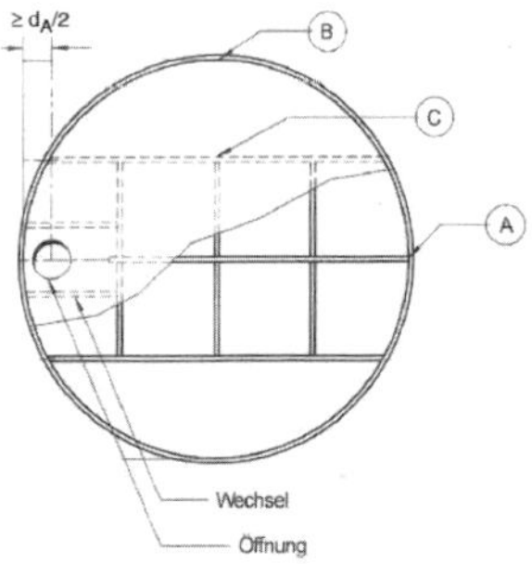

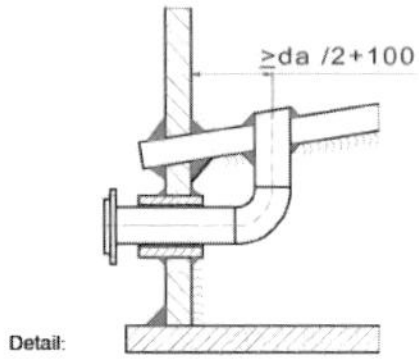

Bild 6: Boden mit Öffnung und Auswechslung der Steifen

Tabelle 1: Gelenkiger Anschluss der Zarge

Anzahl der Steifen		m = 3	m = 5	m = 7
Zylinder Füllung	**A**	1,9678	1,7531	1,5201
	B	3,6451	3,2719	2,5455
Zylinder Überdruck	**C**	1,8731	1,6173	1,3757
	D	3,1001	2,4547	1,6147
Schrägboden Füllung	**E**	1,9363	1,7131	1,4777
	F	3,4562	3,0336	2,2876
	G	1,9913	1,9746	1,9558
	H	3,0130	3,7436	4,2176
Schrägboden Überdruck	**K**	1,9477	1,712	1,4489
	L	3,5231	3,0454	2,1617
	M	1,9965	1,9805	1,9683
	N	3,0402	3,7764	4,2856
n_{Zar} Lastfall Überdruck	**U**	1,0039	1,0292	1,0524
	V	1,9490	1,8881	1,9171

gültig für $h_F \geq d$

Tabelle 2: Biegesteifer Anschluss der Zarge

Anzahl der Steifen		m = 3	m = 5	m = 7
Zylinder Füllung	**A**	1,7516	1,5389	1,3639
	B	2,9305	2,4054	1,8380
Zylinder Überdruck	**C**	1,6861	1,4494	1,2634
	D	2,5524	1,8686	1,2072
Schrägboden Füllung	**E**	1,9545	1,7845	1,5787
	F	3,4694	3,3195	2,7603
	G	1,9907	1,9696	1,9469
	H	3,0206	3,7236	4,1747
Schrägboden Überdruck	**K**	1,9451	1,7388	1,4864
	L	3,4214	3,0767	2,2555
	M	1,9995	1,9857	1,9690
	N	3,0682	3,8122	4,2955
n_{Zar} Lastfall Überdruck	**U**	1,0048	1,0288	1,0528
	V	1,9679	1,8962	1,9265

gültig für $h_F \geq d$

11. Schrifttum

[1] Richtlinie DVS 2205-2: Berechnung von Behältern und Apparaten aus Thermoplasten – Stehende runde, drucklose Behälter.

[2] Pflüger, A.: Stabilitätsprobleme der Elastostatik. Springer Verlag.

[3] Tuercke, H.: Herleitung vereinfachter Formeln zur Schnittkraftermittlung für die Bemessung von parallelgestützten Schrägböden. Unveröffentlicht.

[4] Tuercke, H.: Zur Stabilität von Behältern aus Thermoplasten. DIBt-Mitteilungen, Heft 5/1995.

[5] Tuercke, H.: Zur Einleitung axialgerichteter Einzellasten am oberen Rand von Thermoplastbehältern. DIBt-Mitteilungen, Heft 4/2002.

DVS – DEUTSCHER VERBAND FÜR SCHWEISSEN UND VERWANDTE VERFAHREN E.V.	Berechnung von Behältern und Apparaten aus Thermoplasten – Stehende runde, drucklose Behälter – Beispiel für parallelgestützten Schrägboden	Richtlinie DVS 2205-2 Beiblatt 10

Ersetzt Ausgabe Januar 2012

Inhalt:

1 Einleitung

Dieses Beispiel soll die Anwendung des Beiblatts 9 zur Richtlinie DVS 2205-2 erleichtern.

2 Daten für den Behälter

Bauart:	Aus Platten gefertigter Zylinder und Zarge
Geometrie:	$d = 2000$ mm (innen); $h_{Ges} = 5000$ mm; $\alpha = 5°$; 7 Steifen mit Schrägboden verschweißt
Aufstellung:	Außenaufstellung ohne windabschirmende Auffangvorrichtung Windzone 2 Binnenland; Schneelastzone 2 bis 285 m $q = 0{,}65$ kN/m² $p_S = 0{,}68$ kN/m², $T_A = 10°C$, $T_{AK} = 35°C$
Werkstoff:	PE 100; 25 Jahre
Füllung:	Akkusäure; $T_M = T_{MK} = 20°C$; $h_F = 4000$ mm; $A_1 = A_{1K} = A_2 = A_{2I} = 1$; $\rho_F = 1{,}29$ g/cm³
Lüftung:	geschlossenes System $p_{ÜK} = p_ü = 0{,}01$ bar; $p_{uK} = 0{,}01$ bar
Öffnungen:	$d_A = 200$ mm
Abstand:	$a = 300$ mm
Verankerung:	Pratzenbreite $b_{Pr} = 70$ mm

3 Festigkeitsnachweis

3.1 Erste Abschätzung

$$K_{L,d}^{Füllung} = 1{,}87 \cdot \gamma_{F1} \cdot \rho_F \cdot g \cdot 10^{-6} \cdot (h_F + r \cdot \tan\alpha_B) \cdot \frac{r}{s} \cdot A_1 \cdot A_2 \quad \text{N/mm}^2$$

und

$$K_{L,d}^{Füllung} = \gamma_{F1} \cdot \rho_F \cdot g \cdot 10^{-6} \cdot h_F \cdot \frac{1}{e^{A \ln\left(\frac{s}{d}\right) + B}} \cdot A_1 \cdot A_2 \quad \text{N/mm}^2$$

nach Tabelle 1 des Beiblatts 9 gilt A = 1,5201, B = 2,5455.

Die Formeln werden mit der Bedingung $K_{L,d}^{Füllung} = K_{L,d}^{*} = 10{,}2/1{,}3$ nach s aufgelöst.

$$s_1 = \frac{1{,}87 \cdot \gamma_{F1} \cdot \rho_F \cdot g \cdot 10^{-6} \cdot (h_F + r \cdot \tan\alpha_B) \cdot r \cdot A_1 \cdot A_2}{\frac{K_L^*}{\gamma_M}}$$

$$s_1 = \frac{1{,}87 \cdot 1{,}35 \cdot 1{,}29 \cdot 9{,}81 \cdot 10^{-6} \cdot 4087 \cdot 1000 \cdot 1 \cdot 1}{\frac{10{,}2}{1{,}3}} = 16{,}6 \text{ mm}$$

und

$$s_2 = d \cdot e^{\frac{\ln\left(\frac{\gamma_{F1} \cdot \rho \cdot g \cdot 10^{-6} \cdot h_F \cdot A_1 \cdot A_2}{K_{L,d}^*}\right) - B}{A}}$$

$$s_2 = 2000 \cdot e^{\frac{\ln\left(\frac{1{,}35 \cdot 1{,}29 \cdot 9{,}81 \cdot 10^{-6} \cdot 4000 \cdot 1 \cdot 1}{\frac{10{,}2}{1{,}3}}\right) - 2{,}5455}{1{,}5201}} = 16{,}5 \text{ mm}$$

gewählt s = 20 mm.

3.2 Festigkeitsnachweis im Zylinder

Es wird überprüft, ob s = 20 mm im Zylinder für die Summe aus Lastfall Füllung und Lastfall $p_ü$ ausreicht.

Stelle Ⓐ, Lastfall Füllung

$$K_{LZ,d}^{F,A} = 1{,}87 \cdot \gamma_{F1} \cdot \rho_F \cdot g \cdot 10^{-6} \cdot (h_F + r \cdot \tan\alpha_B) \cdot \frac{r}{s} \cdot A_1 \cdot A_2$$

$$K_{LZ,d}^{F,A} = 1{,}87 \cdot 1{,}35 \cdot 1{,}29 \cdot 9{,}81 \cdot 10^{-6} \cdot 4087 \cdot \frac{1000}{20} \cdot 1 \cdot 1 = 6{,}53 \quad \text{N/mm}^2$$

DVS, Ausschuss für Technik, Arbeitsgruppe „Fügen von Kunststoffen"

Bezug: DVS Media GmbH, Postfach 10 19 65, 40010 Düsseldorf, Telefon (02 11) 15 91- 0, Telefax (02 11) 1591-150

Stelle Ⓐ, Lastfall Überdruck

$$K_{LZ,d}^{pü,A} = (1{,}87 + 0{,}5) \cdot \gamma_{F2} \cdot p_ü \cdot \frac{r}{s} \cdot A_1 \cdot A_2$$

$$K_{LZ,d}^{pü,A} = 2{,}37 \cdot 1{,}5 \cdot 0{,}001 \cdot \frac{1000}{20} \cdot 1 \cdot 1 = 0{,}178 \text{ N/mm}^2$$

Stelle Ⓑ, Lastfall Füllung

$$K_{LZ,d}^{F,B} = \gamma_{F1} \cdot \rho_F \cdot g \cdot 10^{-6} \cdot h_F \cdot \frac{1}{e^{A \cdot \ln\left(\frac{s}{d}\right) + B}} \cdot A_1 \cdot A_2$$

mit A = 1,5201; B = 2,5455 nach Tabelle 1 des Beiblatts 9 folgt

$$K_{LZ,d}^{F,B} = 1{,}35 \cdot 1{,}29 \cdot 9{,}81 \cdot 10^{-6} \cdot 4000 \cdot 86{,}04 \cdot 1 \cdot 1 = 5{,}88 \text{ N/mm}^2$$

Stelle Ⓑ, Lastfall Überdruck

$$K_{LZ,d}^{pü,B} = \gamma_{F2} \cdot p_ü \cdot \frac{1}{e^{C \cdot \ln\left(\frac{s}{d}\right) + D}} \cdot A_1 \cdot A_2$$

mit C = 1,3757; D = 1,6147 nach Tabelle 1 des Beiblatts 9 folgt

$$K_{LZ,d}^{pü,B} = 1{,}5 \cdot 0{,}001 \cdot 112{,}24 \cdot 1 \cdot 1 = 0{,}168 \text{ N/mm}^2$$

Stelle Ⓐ, Ausnutzung

$$\eta = \frac{K_{LZ,d}^{F,A} + K_{LZ,d}^{pü,A}}{K_{L,d}^*} = \frac{6{,}53 + 0{,}178}{\frac{10{,}2}{1{,}3}} = 0{,}85 < 1$$

Bedingung erfüllt!

Stelle Ⓑ, Ausnutzung

$$\eta = \frac{K_{LZ,d}^{F,B} + K_{LZ,d}^{pü,B}}{K_{L,d}^*} = \frac{5{,}88 + 0{,}168}{\frac{10{,}2}{1{,}3}} = 0{,}77 < 1$$

Bedingung erfüllt!

3.3 Festigkeitsnachweis im Schrägboden

Es wird überprüft, ob s = 20 mm im Schrägboden für die Summe aus Lastfall Füllung und Lastfall $p_ü$ ausreicht.

Stelle Ⓑ, Lastfall Füllung

$$K_{LB,d}^{F,B} = \gamma_{F1} \cdot \rho_F \cdot g \cdot 10^{-6} \cdot h_F \cdot \frac{1}{e^{E \cdot \ln\left(\frac{s}{d}\right) + F}} \cdot A_1 \cdot A_2$$

mit E = 1,4777; F = 2,2876 nach Tabelle 1 des Beiblatts 9 folgt

$$K_{LB,d}^{F,B} = 1{,}35 \cdot 1{,}29 \cdot 9{,}81 \cdot 10^{-6} \cdot 4000 \cdot 91{,}6 \cdot 1 \cdot 1 = 6{,}26 \text{ N/mm}^2$$

Stelle Ⓑ, Lastfall Überdruck

$$K_{LB,d}^{pü,B} = \gamma_{F2} \cdot p_ü \cdot \frac{1}{e^{K \cdot \ln\left(\frac{s}{d}\right) + L}} \cdot A_1 \cdot A_2$$

mit K = 1,4489; L = 2,1617 nach Tabelle 1 des Beiblatts 9 folgt

$$K_{LB,d}^{pü,B} = 1{,}5 \cdot 0{,}001 \cdot 90{,}99 \cdot 1 \cdot 1 = 0{,}136 \text{ N/mm}^2$$

Stelle Ⓒ, Lastfall Füllung

$$K_{LB,d}^{F,C} = \gamma_{F1} \cdot \rho_F \cdot g \cdot 10^{-6} \cdot h_F \cdot \frac{1}{e^{G \cdot \ln\left(\frac{s}{d}\right) + H}} \cdot A_1 \cdot A_2$$

mit G = 1,9558; H = 4,2176 nach Tabelle 1 des Beiblatts 9 folgt

$$K_{LB,d}^{F,C} = 1{,}35 \cdot 1{,}29 \cdot 9{,}81 \cdot 10^{-6} \cdot 4000 \cdot 120{,}2 \cdot 1 \cdot 1 = 8{,}21 \text{ N/mm}^2$$

Stelle Ⓒ, Lastfall Überdruck

$$K_{LB,d}^{pü,C} = \gamma_{F2} \cdot p_ü \cdot \frac{1}{e^{M \cdot \ln\left(\frac{s}{d}\right) + N}} \cdot A_1 \cdot A_2$$

mit M = 1,9683; N = 4,2856 nach Tabelle 1 des Beiblatts 9 folgt

$$K_{LB,d}^{pü,C} = 1{,}5 \cdot 0{,}001 \cdot 118{,}96 \cdot 1 \cdot 1 = 0{,}178 \text{ N/mm}^2$$

Stelle Ⓑ, Ausnutzung

$$\eta = \frac{K_{LB,d}^{F,B} + K_{LB,d}^{pü,B}}{K_{L,d}^*} = \frac{6{,}26 + 0{,}136}{\frac{10{,}2}{1{,}3}} = 0{,}82 < 1$$

Bedingung erfüllt!

Stelle Ⓒ, Ausnutzung

$$\eta = \frac{K_{LB,d}^{F,C} + K_{LB,d}^{pü,C}}{K_{L,d}^*} = \frac{8{,}21 + 0{,}178}{\frac{10{,}2}{1{,}3}} = 1{,}07 > 1$$

Bedingung nicht erfüllt!

Neue Wahl: s = 25 mm!

4 Stabilitätsnachweise

4.1 Steifen

4.1.1 Lastfall Füllung

Es wird für die Steifen und Schotte s_S = 15 mm gewählt.

Die größte Druckbeanspruchung in den Steifen ergibt sich aus

$$\sigma_{S,d}^F = 1{,}15 \cdot \gamma_{F1} \cdot \rho_F \cdot g \cdot 10^{-6} \cdot h_F \cdot \frac{d}{s \cdot (m+1)} \cdot A_1 \cdot A_2 \text{ N/mm}^2$$

$$\sigma_{S,d}^F = 1{,}15 \cdot 1{,}35 \cdot 1{,}29 \cdot 9{,}81 \cdot 10^{-6} \cdot 4000 \cdot \frac{2000}{15 \cdot (7+1)} \cdot 1 \cdot 1 = 1{,}31 \text{ N/mm}^2$$

4.1.2 Lastfall Überdruck

Die größte Druckbeanspruchung in den Steifen ergibt sich aus

$$\sigma_{S,d}^{püK} = 1{,}15 \cdot \gamma_{F2} \cdot p_{üK} \cdot \frac{d}{s \cdot (m+1)} \cdot A_1 \cdot A_2$$

$$\sigma_{S,d}^{püK} = 1{,}15 \cdot 1{,}5 \cdot 0{,}001 \cdot \frac{2000}{15 \cdot (7+1)} \cdot 1 \cdot 1 = 0{,}0288 \text{ N/mm}^2$$

Die Höhe des größten Beulfeldes im Mittelpunkt

$$h_S = a + \frac{(m+0{,}5)}{m+1} \cdot d \cdot \tan\alpha_B = 300 + \frac{7+0{,}5}{7+1} \cdot 2000 \cdot \tan 5° = 464 \text{ mm}$$

Das Seitenverhältnis ist

$$\beta = \frac{h_S \cdot (m+1)}{d} = \frac{464 \cdot (7+1)}{2000} = 1{,}856$$

Der Bemessungswert der Beulspannung ist $\sigma_{k,d} = \frac{k_\sigma \cdot \sigma_e}{\gamma_M} \le K_{K,d}^*$

Mit

$$\sigma_e = \frac{\pi^2 \cdot E_K^{T°C}}{12 \cdot (1-\mu^2)} \cdot \left[\frac{s_S \cdot (m+1)}{d}\right]^2 = \frac{\pi^2 \cdot 613}{12 \cdot (1-0{,}38^2)} \left[\frac{15 \cdot (7+1)}{2000}\right]^2 = 2{,}12 \text{ N/mm}^2$$

mit $E_K^{T°C}$ = 613 N/mm² für $(T_{MK} + T_{AK})/2$ = 27,5°C und k_σ = 2,3

folgt $\sigma_{k,d} = \frac{2{,}3 \cdot 2{,}12}{1{,}3} = 3{,}75$ N/mm²

Es muss folgende Bedingung für die Steifen eingehalten werden

$$\eta_{A,R} = \frac{\sigma^{F}_{S,d} + \sigma^{pük}_{S,d}}{\sigma_{k,d}} = \frac{1{,}31 + 0{,}0288}{3{,}75} = 0{,}36 \le 1$$

Bedingung erfüllt!

4.2 Zarge

4.2.1 Lastfall Füllung

Die größte Druckbeanspruchung in der Zarge ergibt sich aus

$$\sigma^{F}_{Zar,d} = 0{,}4 \cdot \gamma_{F1} \cdot \rho_F \cdot g \cdot 10^{-6} \cdot (h_F + r \cdot \tan\alpha_B) \cdot \frac{d}{s \cdot (m+1)} \cdot A_1 \cdot A_2 \quad N/mm^2$$

$$\sigma^{F}_{Zar,d} = 0{,}4 \cdot 1{,}35 \cdot 1{,}29 \cdot 9{,}81 \cdot 10^{-6} \cdot 4087 \cdot \frac{2000}{25 \cdot (7+1)} \cdot 1 \cdot 1 = 0{,}279 \ N/mm^2$$

$$N^{Füllung}_{Zar,d} = 2 \cdot \pi \cdot r \cdot s \cdot \sigma^{Füllung}_{Zar,d} = 2 \cdot \pi \cdot 1000 \cdot 25 \cdot 0{,}279 = 43825 \ N$$

$$M_W = c_f \cdot q \cdot d \cdot \frac{h^2_{ges}}{2} = 0{,}8 \cdot \frac{0{,}65}{1000} \cdot (2000 + 50) \cdot \frac{5000^2}{2} = 13325000 \ Nmm$$

4.2.2 Lastfall Überdruck

Der Lastfall Überdruck wird nicht betrachtet, da er die Zarge auf Zug beansprucht.

4.2.3 Bemessung

Es muss nur der Nachweis für den Sommerlastfall geführt werden

$$\sigma^{vorh}_{Zar,d} = \left[N^{Füllung}_{Zar,d} \cdot \left(\frac{1}{A_R} + \frac{z_S}{W_R}\right) + \frac{\gamma_{F2} \cdot M_w}{W_R}\right] \ N/mm^2$$

mit den Querschnittswerten für den offenen Ring $r = 1012{,}5$ mm $d_A = 200$ mm

$A_R = 154035$ mm²; $z_S = 32{,}87$ mm; $W_R = 73276623$ mm³

ohne Wind mit $E^{T°C}_K = 270$ N/mm² bei 50°C

$$\sigma^{vorh}_{Zar,d} = \left[43825 \cdot \left(\frac{1}{154035} + \frac{32{,}87}{73276623}\right)\right] = 0{,}304 \ N/mm^2$$

$$\alpha_{Zar} = \frac{0{,}65}{\sqrt{\frac{E^{20°C}_K}{E^{20°C}_L} \cdot \left(1 + \frac{r}{100 \cdot s}\right)}} = \frac{0{,}65}{\sqrt{\frac{800}{235} \cdot \left(1 + \frac{1012{,}5}{100 \cdot 25}\right)}} = 0{,}2972$$

und weil $h_{Zar}/r < 0{,}5$

$$\sigma_{k,Zar,d} = \alpha_{Zar} \cdot 0{,}62 \cdot \frac{E^{T°C}_K}{\gamma_M} \cdot \frac{s}{r} \cdot \left[1 + 1{,}5 \cdot \left(\frac{r}{h_{Zar}}\right)^2 \cdot \frac{s}{r}\right] =$$

$$= 0{,}2972 \cdot 0{,}62 \cdot \frac{270}{1{,}3} \cdot \frac{25}{1012{,}5} \cdot \left[1 + 1{,}5 \cdot \left(\frac{1012{,}5}{300 + 2 \cdot 1012{,}5 \cdot \tan 5°}\right)^2 \cdot \frac{25}{1012{,}5}\right] = 1{,}103 \ N/mm^2$$

$$\eta_{A,Zar} = \frac{\sigma^{vorh}_{Zar,d}}{\sigma_{k,Zar,d}} = \frac{0{,}304}{1{,}103} = 0{,}27 < 1$$

Bedingung erfüllt!

mit Wind mit $E^{T°C}_K = 510$ N/mm² bei 32,5°C

$$\sigma^{vorh}_{Zar,d} = \left[43825 \cdot \left(\frac{1}{154035} + \frac{32{,}87}{73276623}\right) + \frac{1{,}5 \cdot 13325000}{73276623}\right] = 0{,}3042 + 0{,}2728 = 0{,}577 \ N/mm^2$$

$$\alpha_{Zar} = \frac{0{,}65}{\sqrt{\frac{E^{20°C}_K}{E^{20°C}_L} \cdot \left(1 + \frac{r}{100 \cdot s}\right)}} = \frac{0{,}65}{\sqrt{\frac{800}{235} \cdot \left(1 + \frac{1012{,}5}{100 \cdot 25}\right)}} = 0{,}2972$$

und weil $h_{Zar}/r < 0{,}5$

$$\sigma_{k,Zar,d} = \alpha_{Zar} \cdot 0{,}62 \cdot \frac{E^{T°C}_K}{\gamma_M} \cdot \frac{s}{r} \cdot \left[1 + 1{,}5 \cdot \left(\frac{r}{h_{Zar}}\right)^2 \cdot \frac{s}{r}\right] =$$

$$= 0{,}2972 \cdot 0{,}62 \cdot \frac{510}{1{,}3} \cdot \frac{25}{1012{,}5} \cdot \left[1 + 1{,}5 \cdot \left(\frac{1012{,}5}{300 + 2 \cdot 1012{,}5 \cdot \tan 5°}\right) \cdot \frac{25}{1012{,}5}\right] = 2{,}082 \ N/mm^2$$

$$\eta_{A,Zar} = \frac{\sigma^{vorh}_{Zar,d}}{\sigma_{k,Zar,d}} = \frac{0{,}577}{2{,}082} = 0{,}28 < 1$$

Bedingung erfüllt!

5 Verankerungen

Die größte Zugbeanspruchung in der Zarge ergibt sich für den Fall 3 aus

$$K^{pü}_{Zar} = p_ü \cdot \frac{1}{e^{U \cdot \ln\left(\frac{s}{d}\right) + V}}$$

mit $U = 1{,}0524$; $V = 1{,}9171$ nach Tabelle 1 folgt

$$K^{pü}_{Zar} = 0{,}001 \cdot \frac{1}{e^{1{,}0524 \cdot \ln\left(\frac{25}{2000}\right) + 1{,}9171}} = 0{,}0148 \ N/mm^2$$

Als Gewicht $G_D + G_Z + G_{Zar}$ wird beispielhaft 4000 N angenommen.

Als Dicke des Unterbodens wird $s_B = 20$ mm gewählt.

Windlast mit $K^{*}_{K,d} = 13{,}1/1{,}3 = 10{,}08$ N/mm² für 27,5°C

$$\frac{\left[\frac{4 \cdot \gamma_{F2} \cdot M_W}{d} + \gamma_{F2} \cdot 2 \cdot \pi \cdot r \cdot s \cdot K^{pü}_{Zar} - \gamma_{F3} \cdot (G_D + G_Z + G_{Zar})\right] \cdot \frac{1}{z}}{(b_{Pr} + s_B) \cdot s_B \cdot \frac{K^{*}_{K,d}}{2 \cdot A_1}} \le 1$$

$$\frac{\left[\frac{4 \cdot 1{,}5 \cdot 13325000}{2000} + 1{,}5 \cdot 2 \cdot \pi \cdot 1000 \cdot 25 \cdot 0{,}0148 - 0{,}9 \cdot (4000)\right]}{(70 + 20) \cdot 20 \cdot \frac{10{,}08}{2 \cdot 1}} = z$$

$$z = \frac{39975 + 3487 - 3600}{9072} = 4{,}4$$

Mindestens 5 Anker werden ausgeführt.

Der untere Schuss des Zylinders, die Zarge und der Schrägboden sind aus 25 mm dicken Tafeln herzustellen. Die 7 Steifen und die zugehörigen Schotte sind 15 mm dick auszuführen.

DVS VERBAND

Richtlinie
DVS 2205-2
Beiblatt 11

Richtlinie DVS 2205-2 Beiblatt 11

Berechnung von Behältern und Apparaten aus Thermoplasten – Stehende runde, drucklose Behälter
Behälter ohne Kippsicherung im Erdbebengebiet

Ausschuss für Technik im DVS

Arbeitsgruppe W 4 „Fügen von Kunststoffen“

Untergruppe W 4.3b „Konstruktive Gestaltung - Apparatebau“

Bezug: DVS Media GmbH, Postfach 10 19 65, 40010 Düsseldorf, Telefon (0211) 1591-0, Telefax (0211) 1591-150

Inhalt:

1. Einleitung

Bisher mussten Behälter bei Erdbeben stets sowohl gegen Verschieben wie auch gegen Kippen gesichert werden. Behälter mit einem kleinen Abmessungsverhältnis h_F/d und geringer horizontalen Beschleunigung a_h aus Erdbeben können auch ohne Sicherung gegen Kippen entworfen und verwendet werden, wenn Boden und Zylinder für die erhöhten Beanspruchungen beim Kippen des Behälters bemessen werden. Eine Sicherung gegen seitliches Verschieben ist aber weiterhin erforderlich.

Der Verzicht auf die Kippsicherung kann für Behälter in ortsfester Auffangvorrichtung und für Behälter im Auffangbehälter von Interesse sein, da im ersten Fall die alleinige horizontale Verankerung durch entsprechende Gestaltung der Auffangvorrichtung ohne Bohrungen erreicht werden kann und im zweiten Fall die aufwändige obere Abstützung zwischen Behälter und Auffangbehälter entfallen kann.

2. Berechnungsgrößen

a_h	m/s²	horizontale Beschleunigung des Behälters
a_v	m/s²	vertikale Beschleunigung des Behälters
A_1	-	Abminderungsfaktor für den Einfluss der spezifischen Zähigkeit
A_2	-	Abminderungsfaktor für das Medium bei Festigkeitsnachweisen
A_{2I}	-	Abminderungsfaktor für das Medium bei Stabilitätsnachweisen
d	mm	Innendurchmesser des Zylinders
$d_{A,i}$	mm	Außendurchmesser des Stutzens j
$E_K^{T°C}$	N/mm²	Kurzzeit-E-Modul bei T°C
$E_K^{20°C}$	N/mm²	Kurzzeit-E-Modul bei 20°C
$E_L^{20°C}$	N/mm²	Langzeit-E-Modul bei 20°C
g	m/s²	Erdbeschleunigung
G_A	N	Eigenlast des Zusatzgewichts auf dem Dach
$h_{A,i}$	mm	Höhe des Mittelpunkts des Stutzens j
H_{Erd}	N	gesamte Horizontalkraft aus Erdbeben
h_F	mm	Füllhöhe
h_g	mm	Gesamthöhe
h_k	mm	Höhe des Schusses k

h_Z	mm	Zylinderhöhe
k_f	-	Konzentrationsfaktor nach [3] (siehe auch Richtlinie DVS 2205-2)
K_K^*	N/mm²	Zeitstandfestigkeit bei 10^{-1} Stunden
$K_{K,d}$	N/mm²	Bemessungswert der Festigkeit bei kurzzeitiger Einwirkung
M_{Erd}	Nmm	Erdbebenmoment des Behälters
M_{Stand}	Nmm	Standmoment des Behälters
M_i	N/mm	globales Moment in Höhe des Stutzens j
m_r	Nmm/ mm	Moment im Boden in radialer Richtung
m_u	Nmm/ mm	Moment im Boden in Umfangsrichtung
m_Z	Nmm/ mm	Moment im Zylinder in axialer Richtung am Übergang zum Boden
N	N	globale Normalkraft aus Erdbebenmoment
N_D	N	globale Drucknormalkraft aus Erdbebenmoment
N_i	N	globale Normalkraft in Höhe des Stutzens j
N_Z	N	globale Zugnormalkraft aus Erdbebenmoment
n_{Ax}	N/mm	Druckmembrankraft am unteren Rand des Zylinders ($p=0$, $G_A=0$)
$n_{Ax,i}$	N/mm	Druckmembrankraft am unteren Rand des Schusses i
$n_{Ax,u}$	N/mm	Druckmembrankraft am unteren Rand des Zylinders bei Unterdruck
$n_{Ax,ü}$	N/mm	Druckmembrankraft am unteren Rand des Zylinders bei Überdruck
$n_{g,i}$	N/mm	Membrankraft aus Eigengewicht – ohne G_A - in Höhe des Stutzens j
$n_{k,d,i}$	N/mm	kritische Druckmembrankraft Schuss i
n_r	N/mm	Zugmembrankraft im Boden in radialer Richtung
n_U	N/mm	Zugmembrankraft im Boden in Umfangsrichtung
n_Z	N/mm	Zugmembrankraft aus Erdbeben, Überdruck und G_A
$n_{Z,Erd}$	N/mm	Zugmembrankraft aus Erdbeben
$p_{ges,ü}$	N/mm²	Druck in Höhe des Bodens aus Füllung und Überdruck

p_u	N/mm²	langzeitig wirkender Unterdruck
$p_ü$	N/mm²	langzeitig wirkender Überdruck
r	mm	Zylinderradius des Behälters
s_B	mm	Wanddicke des Bodens
$s_{Z,i}$	mm	Wanddicke des Zylinderschusses i
$s_{Z,n}$	mm	Wanddicke des untersten Zylinderschusses
α	-	Kennwert für Gefahr des Umkippens
α_i	-	Hilfsgröße für Axialstabilität
β_1	-	Hilfsgröße
β_2	-	Hilfsgröße
ε_2	-	Hilfsgröße
φ_E	Grad	halber Winkel des gedrückten Bereichs des Zylinders
δ	-	Hilfsgröße
γ_{F4}	-	Teilsicherheitsbeiwert der Einwirkung (Erdbeben)
γ_M	-	Teilsicherheitsbeiwert des Widerstands/der Beanspruchbarkeit
$\eta_{Ax,i}$	-	Ausnutzung im Zylinder am unteren Rand des Schusses i
η_B	-	Ausnutzung im Boden am Übergang zum Zylinder
η_Z	-	Ausnutzung im Zylinder am Übergang zum Boden
μ	-	Querdehnungszahl
ρ_F	g/cm³	Dichte des Füllmediums
$\sigma_{V,B}$	N/mm²	Vergleichsspannung im Boden
$\sigma_{V,Z}$	N/mm²	Vergleichsspannung im Zylinder
$\sigma_{j,d}^{vorh}$	N/mm²	Bemessungswert der Gesamtbeanspruchung im Zylinder in Höhe des Stutzens j

3. Entscheidungskriterium

Eine Kippverankerung ist stets zwingend erforderlich, wenn das globale Erdbebenmoment des vollgefüllten Behälters

$$M_{Erd} = \frac{\pi \cdot d^2}{4} \cdot \frac{h_F^2}{2} \cdot \rho_F \cdot a_h \cdot 10^{-6} + G_A \cdot h_g \cdot \frac{a_h}{g} \quad Nmm \qquad (1)$$

größer als das Standmoment

$$M_{Stand} = \left(\frac{\pi \cdot d_2}{4} \cdot h_F \cdot \rho_F \cdot g \cdot 10^{-6} + G_A \right) \cdot \frac{d}{2} \quad Nmm \qquad (2)$$

ist. Im Grenzfall gilt für $M_{Erd} = M_{Stand}$

$$\alpha = \frac{M_{Erd}}{M_{Stand}} = 1 \qquad (3)$$

Für $\alpha \geq 1$ muss der Behälter zwingend gegen Kippen verankert werden[1].

4. Bemessungsstrategie

Wenn der Behälter gegen Kippen unverankert ist und das Erdbebenmoment kleiner als das Standmoment ist, kippt der Behälter, d.h. der Zylinder hebt sich einseitig und nimmt einen Teil des Bodens mit, was ein rücktreibendes Moment infolge des Drucks der Füllung auf den Boden erzeugt. Hierdurch werden Boden und Zylinder beansprucht, was die Gefahr einer Leckage des Behälters birgt. Das Eckmoment ist hierbei von entscheidender Bedeutung, d.h. Boden und unterster Schuss werden in ähnlicher Weise beansprucht. Diese Beanspruchung ist höher als beim vollverankerten Behälter. Der Festigkeitsnachweis ist zu führen.

Auf der gegenüberliegenden Seite wird der Zylinder stark gedrückt, da der Kontakt zwischen Zylinder und Fundament nur über eine geringe Bogenlänge wirkt. Die Druckmembrankraft wird mit zunehmender Höhe über dem Fundament kleiner. In jedem Zylinderschuss ist daher die Axialstabilität nachzuweisen.

5. Axiale Beanspruchungen im Zylinder aus Erdbeben

Um sich diesem Problem zu nähern, wurden FE-Berechnung einiger gegen Kippen nicht verankerter Behälter durchgeführt, die grundlegenden Erkenntnisse zu Größe und Verlauf der axialen Membranspannungen ermöglichten. Die Auswertung [1] lieferte folgende Rechenansätze.

Die globale Druckkraft sowie die Zugkraft folgen aus dem Hebelarm $\delta \cdot d$

$$N = N_D = N_Z = \frac{M_{Erd}}{\delta \cdot d} \quad N \qquad (4)$$

1 Für $\alpha \leq 0{,}65$ kann es sich lohnen, die erforderlichen Wanddicken auf Grundlage dieses Beiblatts zu ermitteln und mit denen des vollverankerten Behälters zu vergleichen.

mit

$$\delta = (0,0664 \cdot ln(\beta_1) + 0,392) \qquad (5)$$

und dem dimensionslosen Parameter

$$\beta_1 = \sqrt{\frac{d}{s_B} \cdot \frac{g}{a_h}} \qquad (6)$$

5.1. Axiale Druckmembrankraft

Die Bogenlänge des Kontaktbereichs zwischen Zylinder und Fundament wird durch den Öffnungswinkel $2 \cdot \varphi_E$ bestimmt.

Für die Ermittlung von φ_E kann folgende Funktion verwendet werden

$$\varphi_E = (7,34 \cdot \beta_2 + 9,46) \cdot (0,575 \cdot \varepsilon_2 + 0,427) \quad Grad \qquad (7)$$

mit den dimensionslosen Parametern

$$\beta_2 = \sqrt{\frac{d}{h_F} \cdot \frac{g}{a_h}} \cdot \text{ und } \varepsilon_2 = \sqrt[4]{\frac{800}{1,5 \cdot E_K^{T°C}}} \qquad (8)$$

Mit der Annahme einer parabelförmigen Verteilung der Pressung im Kontaktbereich kann die maximale axiale Druckmembrankraft im Fall von Unterdruck

$$n_{Ax,u} = \frac{1,5 \cdot (N + G_A)}{\pi \cdot d \cdot \frac{\varphi_E}{180}} + \frac{p_u \cdot d}{4} \quad N/mm \qquad (9a)$$

bzw. im Fall von Überdruck

$$n_{Ax,ü} = \frac{1,5 \cdot (N + G_A)}{\pi \cdot d \cdot \frac{\varphi_E}{180}} - \frac{p_ü \cdot d}{4} \quad N/mm \qquad (9b)$$

bzw. für $p_ü = p_u = 0$ und $G_A = 0$

$$_{Ax} = \frac{1,5 \cdot N}{\pi \cdot d \cdot \frac{\varphi_E}{180}} \quad N/mm \qquad (9c)$$

ermittelt werden.

5.2. Axiale Zugmembrankraft

Die FE-Berechnungen haben gezeigt, dass der Verlauf der Zugmembrankraft im Zylinder weitgehend konstant ist.
Es folgt daher die mittlere Zugmembrankraft für dem stets maßgeblichen Lastfall mit Überdruck

$$n_{Z,Erd} = \frac{N}{\pi \cdot d \cdot \left(\frac{180-\varphi_E}{180}\right)} + \frac{p_{ü} \cdot d}{4} \quad N/mm \qquad (10)$$

6. Festigkeitsnachweise auf der Zugseite

6.1. Boden

Die Vergleichsspannung am Übergang zum Zylinder

$$\sigma_{V,B} = \sqrt{\left(\frac{6 \cdot m_r}{s_B^2} + \frac{n_r}{s_B}\right)^2 + \left(\frac{6 \cdot m_u}{s_B^2} + \frac{n_u}{s_B}\right)^2 - \left(\frac{6 \cdot m_r}{s_B^2} + \frac{n_r}{s_B}\right) \cdot \left(\frac{6 \cdot m_u}{s_B^2} + \frac{n_u}{s_B}\right)} \quad N/mm^2 \qquad (11)$$

mit

$$m_r = 0,4 \cdot \frac{n_{Z,Erd}^2}{p_{ges,ü}} \quad Nmm/mm \qquad (12)$$

$$m_u = \mu \cdot m_r \quad Nmm/mm \qquad (13)$$

und

$$n_r = n_u = 0,7 \cdot \frac{n_{Z,Erd}^2}{p_{ges,ü} \cdot \sqrt{d \cdot s_B}} \quad N/mm \qquad (14)$$

wobei

$$p_{ges,ü} = \rho_F \cdot g \cdot h_F + p_{ü} \quad N/mm^2 \qquad (15)$$

wird mit dem Bemessungswert der Festigkeit

$$K_{K,d} = \frac{K_K^*}{\gamma_M \cdot A_1 \cdot A_2} \quad N/mm^2 \qquad (16)$$

verglichen. Die Ausnutzung im Boden folgt aus

$$\eta_B = \frac{\gamma_{F4} \cdot \sigma_{V,B}}{K_{K,d}}$$

6.2. Zylinder

Die Vergleichsspannung am Übergang zum Boden

$$\sigma_{V,Z} = \sqrt{\left(\frac{6 \cdot m_z}{s_{Z,n}^2} + \frac{n_Z}{s_{Z,n}}\right)^2 + \left(\frac{6 \cdot \mu \cdot m_Z}{s_{Z,n}^2} + \frac{n_u}{s_{Z,n}}\right)^2 - \left(\frac{6 \cdot m_Z}{s_{Z,n}^2} + \frac{n_Z}{s_{Z,n}}\right) \cdot \left(\frac{6 \cdot \mu \cdot m_Z}{s_{Z,n}^2} + \frac{n_u}{s_{Z,n}}\right)} \; N/mm^2 \quad (18)$$

mit

$$m_Z = m_r \quad n_Z = n_{Z,Erd} \quad n_u \text{ gemäß } (14) \qquad (19)$$

wird mit dem Bemessungswert der Festigkeit

$$K_{K,d} = \frac{K_K^*}{\gamma_M \cdot A_1 \cdot A_2} \quad N/mm^2 \qquad (20)$$

verglichen. Die Ausnutzung im Zylinder folgt aus

$$\eta_Z = \frac{\gamma_{F4} \cdot \sigma_{V,Z}}{K_{K,d}} \qquad (21)$$

6.3. Stutzen im Zylinder

Der Festigkeitsnachweis erfolgt analog Abs. 4.1.7.2 Richtlinie DVS 2205-2, jedoch mit $\left(1 + \frac{a_v}{g}\right)$-facher Wichte.

Dieser Nachweis kann entfallen, wenn $a_v < 0{,}35 \cdot g$ ist.

7. Nachweise auf der Druckseite

7.1. Axialstabilität

Auf der sicheren Seite wird angenommen, dass die Druckmembrankraft n_{Ax} bis zum oberen Rand des Zylinders linear auf null abfällt und die Druckmembrankraft aus einer Abstützung von G_A in allen Schüssen über die Zylinderhöhe konstant ist. Somit ergibt sich die mittlere Druckmembrankraft am unteren Rand des Schusses i

$$n_{Ax,i} = \frac{2}{3} \cdot n_{Ax} \cdot \frac{\sum_1^i (h_k)}{h_z} + \frac{p_u \cdot d}{4} + \left(1 + \frac{a_v}{g}\right) \cdot \frac{k_f \cdot G_A}{\pi \cdot d} \quad N/mm \qquad (22)$$

mit der der Nachweis der Axialstabilität im Schuss i geführt wird.

Mit dem Bemessungswert der kritischen Membrankraft

$$n_{k,d,i} = \alpha_i \cdot 0,62 \cdot \frac{\left(1,5 \cdot E_K^{T°C}\right)}{\gamma_M} \cdot \frac{s_{Z,i}^2}{r} \quad N/mm \qquad (23)$$

und

$$\alpha_i = \frac{0,7}{\sqrt{\frac{E_K^{20C}}{E_L^{20C}} \cdot \left(1 + \frac{r}{100 \cdot s_{Z,i}}\right)}} \qquad (24)$$

folgt die Ausnutzung im Schuss i

$$\eta_{Ax,i} = \frac{\gamma_{F4} \cdot A_{2l} \cdot n_{Ax,i}}{1,2 \cdot n_{k,d,i}} \qquad (25)$$

7.2. Axialstabilität neben Zylinderstutzen

Es wird angenommen, dass der zu untersuchende Stutzen im gedrückten Bereich des Zylinders liegt.

Die vorhandene Spannung $\sigma_{j,d}^{vorh}$ neben der Öffnung j wird an einem Ersatzbalken mit den Querschnittswerten eines offenen Kreisrings unter Beachtung des Versatzes der Schwerlinie berechnet. Die globalen Schnittkräfte zur Berechnung von $\sigma_{j,d}^{vorh}$ ergeben sich aus

$$N_j = \left[\left(n_{G,j} + \frac{G_A}{\pi \cdot d}\right) \cdot \left(1 + \frac{a_v}{g}\right) + \frac{p_u \cdot d}{4}\right] \cdot \pi \cdot d \quad N \qquad (26)$$

wobei $n_{G,j}$ die Druckmembrankraft aus dem Eigengewicht von Dach und Zylinder bis zur Unterkante der Öffnung j ist

und

$$M_j = \frac{2}{3} \cdot n_{Ax} \cdot \frac{h_z - h_{A,j} + \frac{d_{A,j}}{2}}{h_z} \cdot \frac{\pi \cdot d^2}{4} + N_j \cdot \frac{d}{2} \quad Nmm \qquad (27)$$

Die Ausnutzung errechnet sich analog Abs. 8.2 des Beiblatts 4 der Richtlinie DVS 2205-2, jedoch mit M_j statt $M_{Erd,j}$.

8. Maßgebliche Wanddicken

Voraussetzung für die Herleitung der verwendeten Formeln ist, dass die Wanddicken von Zylinder und Boden identisch sind. Daher ist für den Lastfall Erdbeben als maßgebliche Wanddicke für den unteren Zylinderschuss und den Boden das Maximum der beiden rechnerischen Wanddicken anzusetzen. Zu fertigen ist für jedes Bauteil das jeweilige Maximum der rechnerischen Wanddicken aus den Lastfällen mit und ohne Erdbeben.

9. Verankerung

9.1. Behälter im Auffangbehälter

Da die obere Abstützung entfällt, muss die untere Abstützung (Blöcke/Ring) gemäß Beiblatt 4 Abschnitt 9.2 jedoch für die gesamte Horizontalkraft H_{Erd} bemessen werden.

9.2. Behälter in ortsfester Auffangvorrichtung

Der Boden der Auffangvorrichtung ist so zu formen, dass ein seitliches Verschieben des Behälters verhindert wird. Die sichere Ableitung von H_{Erd} ist im Einzelfall nachzuweisen.

Bei Außenaufstellung ist die Höhe der erforderlichen Restfüllhöhe zu errechnen, die mit der Lagesicherheit von S = 1,5 ein Umkippen des weitgehend leeren Behälters infolge von Windböen verhindert.

10. Schrifttum

Regelwerk

DIN EN 1998-1/NA Nationaler Anhang - National festgelegte Parameter - Eurocode 8: Auslegung von Bauwerken gegen Erdbeben - Teil 1: Grundlagen, Erdbebeneinwirkungen und Regeln für Hochbau
alternativ für Aufstellung in Deutschland DIN 4149 Bauten in deutschen Erdbebengebieten – Lastannahmen, Bemessung und Ausführung üblicher Hochbauten

Weitere Normen siehe Richtlinie DVS 2205-2 Abs. 5.2

Literatur

[1] Tuercke, H.: Erläuterungen zum Beiblatt 11 der DVS-Richtlinie 2205-2

[2] Tuercke, H.: Zur Stabilität von Behältern aus Thermoplasten, DIBt-Mitteilungen Heft 5/1995

[3] Tuercke, H.: Zur Einleitung axialer Einzellasten am oberen Rand von Thermoplastbehältern, DIBt-Mitteilungen Heft 4/2002

DVS VERBAND

Richtlinie
DVS 2205-4

Ersetzt Ausgabe
November 1988

Richtlinie DVS 2205-4

Berechnung von Behältern und Apparaten aus Thermoplasten – Flanschverbindungen

Ausschuss für Technik im DVS

Arbeitsgruppe W4 „Fügen von Kunststoffen“

Untergruppe W4.3b „Konstruktive Gestaltung - Apparatebau“

Bezug: DVS Media GmbH, Postfach 10 19 65, 40010 Düsseldorf, Telefon (0211) 1591-0, Telefax (0211) 1591-150

Inhalt:

1. Geltungsbereich

Die nachstehenden Konstruktions- und Berechnungsregeln gelten für kreisförmige Flanschverbindungen aus thermoplastischen Kunststoffen, insbesondere

- Polyethylen (PE-HD)
- Polypropylen (PP)
- Polyvinylchlorid (PVC)
- Polyvinylidenfluorid (PVDF)

Die Richtlinie beschreibt die Gestaltung von druckbelasteten Schweißflanschen und Schweißbunden. Unter Flanschen sind im folgenden Vorschweißflansche, Vorschweißbunde, Aufschweißflansche und Aufschweißbunde zu verstehen, Bild 1.

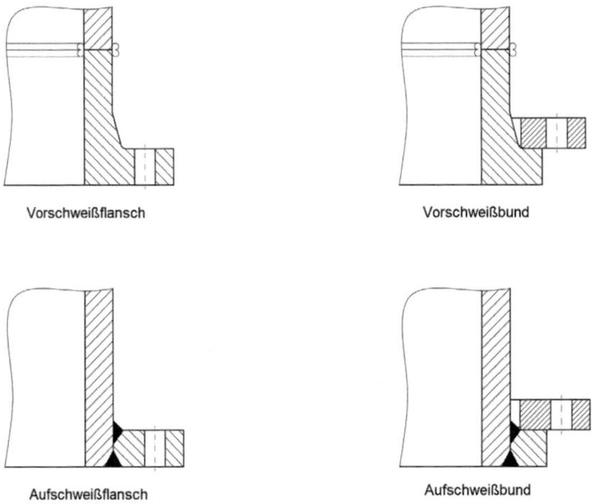

Bild 1. Anwendungsbeispiele Flansche.

Blindflansche sind nicht Gegenstand dieser Richtlinie.

2. Allgemeines

Grundlage dieses Blattes sind die AD-Merkblätter B5, B7 und B8, siehe Erläuterungen 10. Zu beachten sind die Unfallverhütungsvorschriften (UVV, BGV) und die technischen Regeln zur Druckbehälterverordnung (TRB, TRR). Die Zuständigkeiten bestimmter Rechtsgebiete (z. B. Baurecht, Wasserrecht, Arbeitsschutzrecht usw.) sind zu beachten.

Bei brennbaren oder hochgiftigen Gasen ist die Unfallverhütungsvorschrift „BGR 500 Kap.2.33 - Betreiben von Anlagen für den Umgang mit Gasen" (ersetzt die VBG 61-Anlagen für den Umgang mit Gasen, welche seit dem 1.1.2005 außer Kraft getreten ist) zu beachten.

Die Flanschverbindungen werden nur im Zusammenhang mit Flachdichtungen (durchgehende Dichtung) oder O-Ring-Dichtungen berechnet, da andere Dichtungen zu sehr hohen Biegemomenten führen und diese wiederum zu unwirtschaftlichen Flanschabmessungen. Unter Flachdichtungen und O-Ring-Dichtungen sind die folgenden Anwendungsbeispiele zu verstehen, Bild 2.

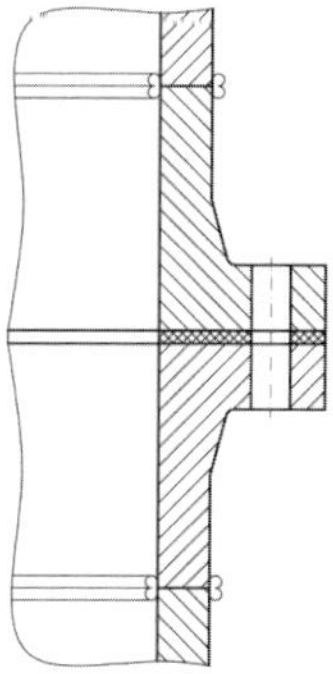

Vorschweißflansch mit
Flachdichtung

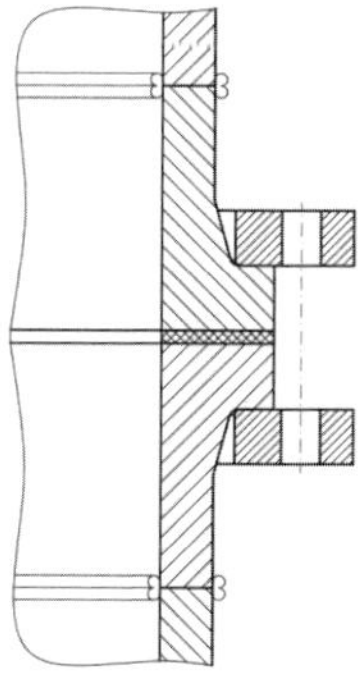

Vorschweißbund mit
Flachdichtung

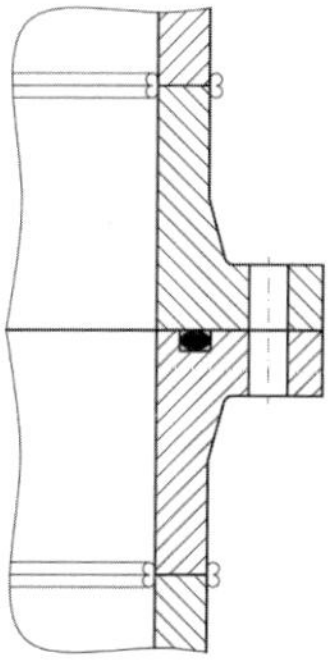

Vorschweißflansch mit
O-Ring Dichtung

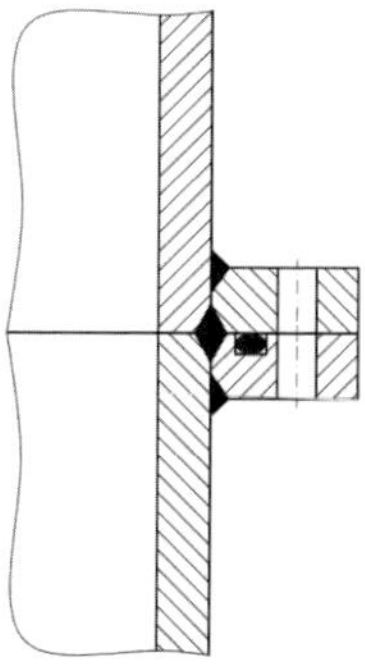

Aufschweißflansch mit
O-Ring Dichtung

Bild 2. Anwendungsbeispiele Dichtungen.

3. Konstruktionsregeln und Auslegungsbedingungen

Der Druck p_F (Druck infolge Füllung) muss mindestens 0,05 N/mm² (0,5 bar) betragen um eine brauchbare Höhe des Schweißflansches bzw. Schweißbundes zu erhalten. Liegt ein geringerer Druck im vorliegenden Anwendungsfall vor, ist dieser Mindestwert anzusetzen.

Die Schraubenzahl soll möglichst groß gewählt werden, damit eine Abdichtung gewährleistet ist. Die Anzahl der Schrauben soll mindestens vier betragen, die Schraubenteilung sollte 5 d_L, jedoch max. 80 mm nicht übersteigen. Verbindungsschrauben speziell bei Aufschweißflanschen und Vorschweißflanschen sind grundsätzlich mit grossen Unterlegscheiben (Außendurchmesser entspricht ca. dreifachem Innendurchmesser) wie nach DIN EN ISO 7093 auszuführen. Dies gilt nicht für Aufsschweißbunde und Vorschweißbunde wo Losflansche aus Stahl bzw. Kunststoff-Losflansche mit Stahleinlage zum Einsatz kommen.

Sowohl die Verbindungschrauben und Muttern als auch die Unterlegscheiben sollten aus Korrosionsgründen aus geeigneten Werkstoffen hergestellt sein und die Gewinde mit einem entsprechenden Trennmittel gegen Festfressen behandelt werden.

Bei der Wahl des Dichtungswerkstoffs sollen speziell bei Aufschweißflanschen und Vorschweißflanschen vorzugsweise Weichstoffdichtungen aus Elastomeren wie aus EPDM oder FKM eingesetzt werden, wobei sich eine Shore-A-Härte zwischen 60° und 70° in der Praxis bewährt hat. Höhere Shore-Härten sind weniger geeignet.

Bei Vorschweißbunden und Aufschweißbunden, wo Losflansche aus Stahl bzw. Kunststoff-Losflansche mit Stahleinlage zum Einsatz kommen, können auch härtere Dichtungswerkstoffe wie PTFE oder Elastomer-Profildichtungen mit Stahleinlage eingesetzt werden. Werden andere Dichtungswerkstoffe vorgesehen, ist ein entsprechender Nachweis zu erbringen.

Die thermische und chemische Beständigkeit ist bei allen Dichtungswerkstoffen zu berücksichtigen. Für die Abdichtung bei O-Ring-Dichtungen ist die Nut entsprechend auszuführen, Gestaltungsrichtlinien finden sich unter Kapitel 8.

Die Schweißnahtausführungen werden nach Richtlinie DVS 2205-3 ausgeführt.

4. Berechnungsgrößen

a	mm	Hebelarm der Schraubenkraft
A_1	-	Abminderungsfaktor für den Einfluss der spezifischen Zähigkeit
A_2	-	Abminderungsfaktor für das Medium bei Festigkeitsnachweisen
b	mm	wirksame doppelte Flanschbreite
b_D	mm	Dichtungsbreite
b_N	mm	Breite der Nut
C	-	Hilfswert
C_1	-	Hilfswert
d_1	mm	Innendurchmesser des Losflansches
d_2	mm	mittlerer Berührungsdurchmesser Flansch/Bund
d_3	mm	$d_1 + 2 \cdot$ Flanschrundungsradius
d_a	mm	Flanschaußendurchmesser
d_i	mm	Innendurchmesser des zylindrischen Bauteils
d_t	mm	Lochkreisdurchmesser
d_D	mm	mittlerer Dichtungsdurchmesser
d_K	mm	Schraubenkerndurchmesser

d_L	mm	Schraubenlochdurchmesser
d'_L	mm	reduzierter Schraubenlochdurchmesser
d_S	mm	Scheibenaußendurchmesser
f_y	N/mm²	charakteristische Festigkeit von Stahl
$F_{t,Ed}$	kN	Bemessungswert der einwirkenden Zugkraft der Schrauben
$F_{t,Rd}$	kN	Bemessungswert der Zugtragfähigkeit der Schrauben
h_D	mm	Dichtungshöhe/Schnurstärke des O-Rings
h_F	mm	Flanschhöhe
$h_{FL\ min}$	mm	$h_F + h_N$ (erforderliche Gesamtflanschdicke bei O-Ring Nuten)
h_N	mm	Nuttiefe bei O-Ring-Dichtung
k_0	mm	Dichtungskennwert für das Vorverformen
k_1	mm	Dichtungskennwert für den Betriebszustand
K_D	N/mm²	Formänderungswiderstand des Dichtungswerkstoffs
K_l	N/mm²	Bemessungswert der Langzeitstandfestigkeit
K_{Schr}	N/mm²	Streckgrenze des Schraubenwerkstoffs
L_A	mm	Ansatzhöhe
n	-	Anzahl der Schrauben
p_F	N/mm²	Druck infolge Füllung
$p_{K,k}$	N/mm²	charakteristischer Wert für den kurzzeitig wirkenden Betriebsdruck
$p_{L,d}$	N/mm²	Bemessungswert für den langzeitig wirkenden Betriebsdruck
$p_ü$	N/mm²	ständig wirkender Betriebsüberdruck
P_{DV}	N	Verformungskraft
p_{Fl}	N/mm²	Flächenpressung
P_{SB}	N	charakteristischer Wert der Schraubenkraft im Betriebszustand
$P_{SB,d}$	N	Bemessungswert der Schraubenkraft im Betriebszustand
$P_{SB,P}$	N	Schraubenkraft beim Prüfdruck
P_{SO}	N	Schraubenkraft im Einbauzustand vor Druckaufgabe

s_1	mm	Wanddicke des zylindrischen Bauteils
v	-	Verschwächungsbeiwert
W	mm³	Flanschwiderstand
W_1	mm³	Flanschwiderstand
W_2	mm³	Flanschwiderstand
W_3	mm³	Flanschwiderstand
y_1	mm	Hebelarm bei O-Ring-Dichtung
y_2	mm	Hebelarm bei O-Ring-Dichtung
η	-	Ausnutzung
γ_{F1}	-	Teilsicherheitsbeiwert (aus DVS 2205-1)
γ_{F2}	-	Teilsicherheitsbeiwert (aus DVS 2205-1)
γ_{M}	-	Teilsicherheitsbeiwert (aus DVS 2205-1)
γ_{M0}	-	Teilsicherheitsbeiwert für Metall

5. Berechnung des Bemessungsdrucks, der Schraubenkräfte und der Schrauben

5.1. Berechnung des Bemessungsdrucks

$$p_{L,d} = \gamma_{F1} \cdot p_F + \gamma_{F2} \cdot p_ü \qquad \mathrm{N/mm^2} \tag{1}$$

Die Werte γ_{F1} und γ_{F2} sind der Richtlinie DVS 2205-1 zu entnehmen.

5.2. Berechnung der Schraubenkräfte bei Flachdichtungen

5.2.1. Betriebszustand

$$P_{SB,d} = p_{L,d} \cdot \left(\frac{\pi \cdot d_D^2}{4} + 3,8 \cdot d_D \cdot k_1 \right) \qquad \mathrm{N} \tag{2}$$

5.2.2. Einbauzustand

$$P_{SO} = P_{DV} = \pi \cdot d_D \cdot k_0 \cdot k_D \qquad \mathrm{N} \tag{3}$$

Wird P_{SO} größer als $P_{SB,d}$ ist P_{SO} zu reduzieren:

$$P_{SO} = 0,2 \cdot P_{DV} + 0,8 \cdot \sqrt{P_{SB} \cdot P_{DV}} \quad \mathrm{N} \tag{4}$$

mit

$$P_{SB} = P_{K,k} \cdot \left(\frac{\pi \cdot d_D^2}{4} + 3,8 \cdot d_D \cdot k_1 \right) \quad \mathrm{N} \tag{4a}$$

Die Dichtungskennwerte k_1 , k_0 und K_D sind Tabelle 1 zu entnehmen.

Tabelle 1. Dichtungskennwerte.

Dichtungsform [2]		Werkstoff	Dichtungskennwerte [1] für Flüssigkeiten		Dichtungskennwerte [1] für Gase u. Dämpfe	
mit Bohrung	ohne Bohrung		$k_0 \cdot K_D$ (N/mm)	k_1 (mm)	$k_0 \cdot K_D$ (N/mm)	k_1 (mm)
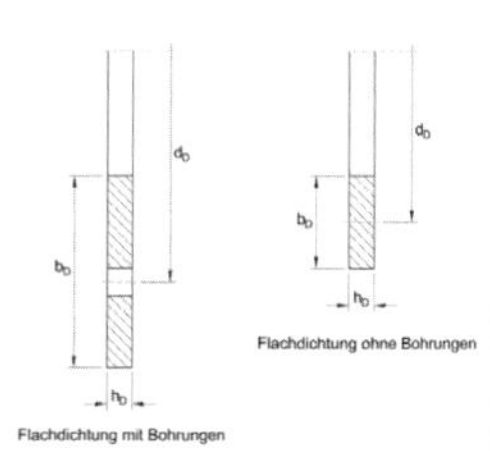		EPDM FKM NBR u.ä.	1 b_D	0,5 b_D	2 b_D	0,5 b_D
		PTFE	20 b_D	1,1 b_D	25 b_D	1,1 b_D

[1] Sie gelten für bearbeitete und unbeschädigte Dichtflächen und unter der Voraussetzung, dass die Härte des Dichtungswerkstoffs niedriger ist als die des Flanschwerkstoffs

[2] Bei Flanschen mit durchgehender Dichtung wird die wirksame Dichtungsbreite: 0,5 b_D

5.3. Berechnung der Schraubenkräfte bei O-Ring Dichtungen

5.3.1. Vorschweißflansche oder Aufschweißflansche mit O-Ring

$$P_{SB,d} = \frac{P_{L,d} \cdot \pi \cdot d_D^2}{4} \cdot \frac{y_1}{y_2} \quad \mathrm{N} \tag{5}$$

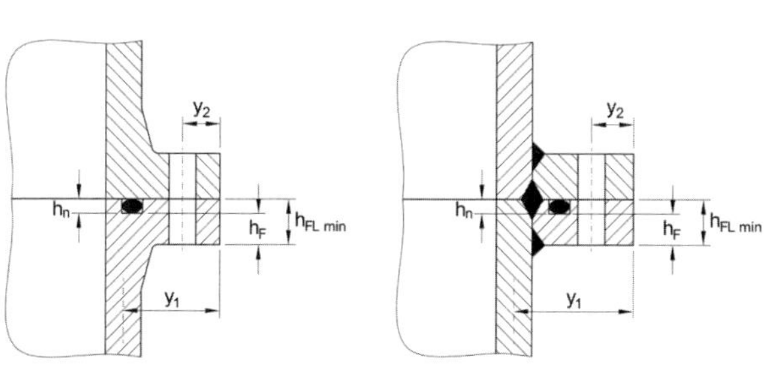

Bild 3. Flansche mit O-Ring.

5.3.2. Vorschweißbunde oder Aufschweißbunde mit O-Ring

$$P_{SB,d} = \frac{P_{L,d} \cdot \pi \cdot d_D^2}{4} \quad \mathrm{N} \tag{6}$$

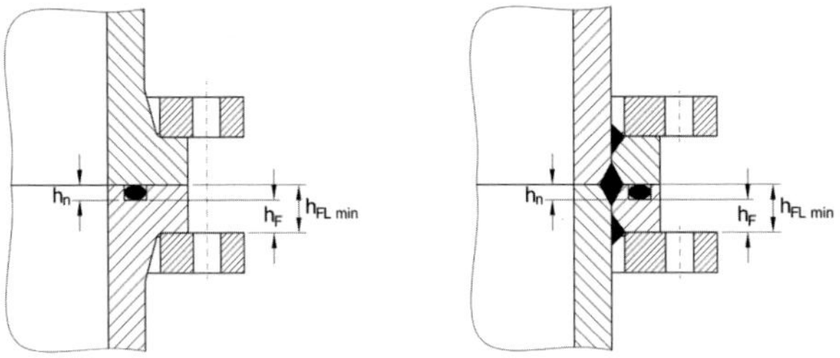

Bild 4. Vorschweißbund mit O-Ring.

5.4. Berechnung der Schrauben

$$\mathrm{F}_{t,Ed} = \frac{P_{SB,d}}{n \cdot 1000} \quad \mathrm{kN} \tag{7}$$

$$\eta = \frac{F_{t,Ed}}{F_{t,Rd}} \leq 1 \tag{8}$$

Die Grenzzugkräfte $F_{t,R,d}$ können der DIN EN 1993-1-8 entnommen werden.

6. Berechnung der Flansche

6.1. Berechnung der Hebelarme der Schraubenkraft bei Vorschweißflanschen und Aufschweißflanschen mit Flachdichtung oder mit O-Ring

$$a = \frac{d_t - d_i - s_1}{2} \qquad \mathrm{mm} \tag{9}$$

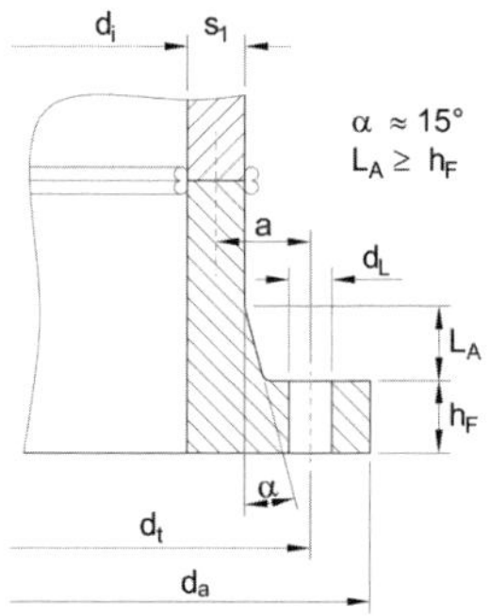

Bild 5. Vorschweißflansch (ohne Dichtung gezeichnet).

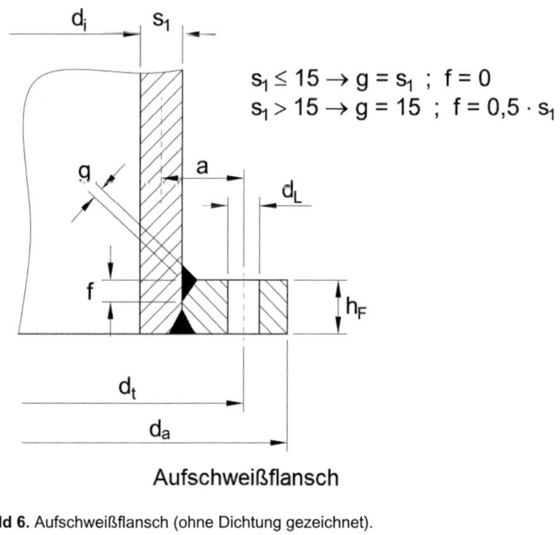

Bild 6. Aufschweißflansch (ohne Dichtung gezeichnet).

6.2. Berechnung der Hebelarme der Schraubenkraft bei Vorschweißbunden und Aufschweißbunden mit Flachdichtung oder mit O-Ring

$$a = \frac{d_2 - d_i - s_1}{2} \quad \text{mm} \tag{10}$$

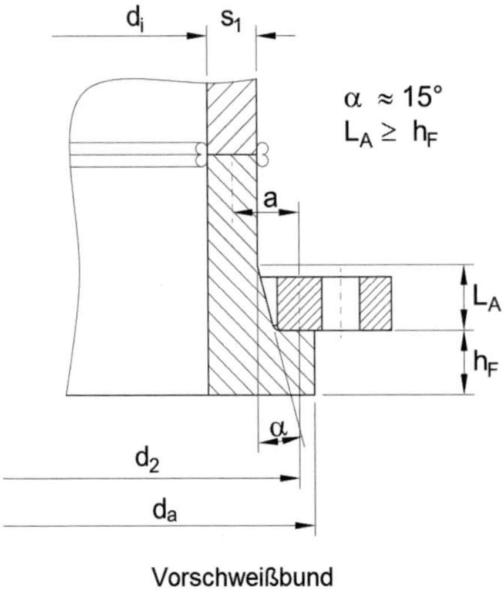

Bild 7. Vorschweißbund (ohne Dichtung gezeichnet).

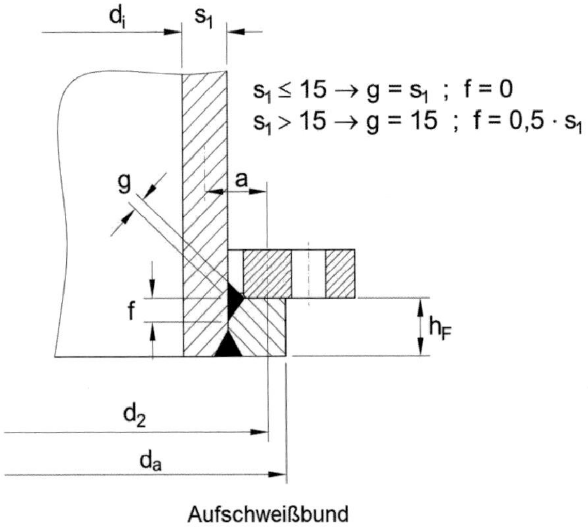

Bild 8. Aufschweißbund (ohne Dichtung gezeichnet).

6.3. Berechnung des Flanschwiderstands

$$W = \frac{P_{SB,d} \cdot a \cdot A_1 \cdot A_2 \cdot \gamma_M}{K_L^*} \qquad \mathrm{mm}^3 \tag{11}$$

Die Werte A_1, A_2, γ_M und K_L^* sind der Richtlinie DVS 2205-1 zu entnehmen.

6.4. Berechnung der Flanschhöhen bei Vorschweißflanschen und Aufschweißflanschen mit Flachdichtung oder mit O-Ring

$$\mathrm{h}_F \geq C\sqrt{\frac{C_1 \cdot W}{d_t \cdot \pi - d_L \cdot n}} \qquad \mathrm{mm} \tag{12}$$

Für Vorschweißflansche: C = 0,9 ; C_1 = 2
Für Aufschweißflansche: C = 1,1 ; C_1 = 3

6.5. Berechnung der Flanschhöhen bei Vorschweißbunden und Aufschweißbunden mit Flachdichtung oder mit O-Ring

$$\mathrm{h}_F \geq C\sqrt{\frac{C_1 \cdot W}{d_2 \cdot \pi}} \qquad \mathrm{mm} \tag{13}$$

Für Vorschweißflansche: C = 0,9 ; C_1 = 2
Für Aufschweißflansche: C = 1,1 ; C_1 = 3

Die Flächenpressung zwischen Losflansch und Bund ist nachzuprüfen:

$$p_{FI} = \frac{1,27 \cdot P_{SB,d}}{(d_a^2 - d_3^2)} \leq \frac{K_L^*}{\gamma_M} \qquad \mathrm{N/mm}^2 \tag{14}$$

$$p_{FI} = \frac{1,27 \cdot P_{SO}}{(d_a^2 - d_3^2)} \leq \frac{K_L^*}{\gamma_M} \qquad \mathrm{N/mm}^2 \tag{15}$$

7. Gestaltungsrichtlinien für O-Ring-Nuten

Für die zuverlässige Abdichtung mit O-Ring-Dichtungen hat die Gestaltung der hierfür benötigten Nuten enorme Bedeutung. Zu enge oder zu weite Nuten verhindern die erforderliche Pressung des O-Rings. Tabelle 2 gilt für Weichstoffdichtungen mit einer Shore-A-Härte zwischen 60° und 70° und einer Ringdicke zwischen 6 und 10 mm.

Tabelle 2. Richtwerte für O-Ring-Nuten.

Schnurstärke h_d (mm)	Nuttiefe h_N (mm)	Nutbreite b_N (mm)
6,0	4,95 ±0,05	7,80 +0,2
6,5	5,40 ±0,05	8,40 +0,2
7,0	5,85 ±0,05	9,10 +0,2
7,5	6,30 ±0,10	9,70 +0,2
8,0	6,75 ±0,10	10,40 +0,2
8,5	7,25 ±0,10	11,00 +0,2
9,0	7,70 ±0,10	11,70 +0,2
9,5	8,20 ±0,10	12,30 +0,2
10,0	8,65 ±0,10	13,00 +0,2

Die Tabelle kann nur zur Orientierung dienen. Ggf. sind diese Werte beim Dichtungshersteller einzuholen. Es ist auf eine ausreichend geschlichtete und spanfreie Dichtfläche zu achten.

8. Berechnung von Metall-Losflanschen

Maßgebend für die Auslegung der Flansche ist der größte erforderliche Flanschwiderstand.

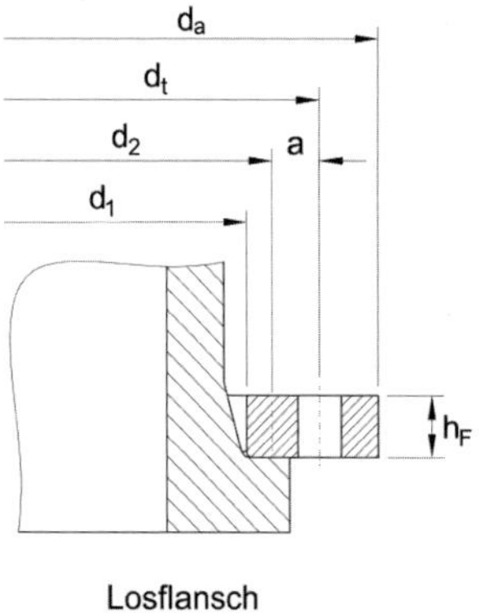

Bild 9. Losflansch.

Für den Betriebszustand:

$$W_1 = \frac{P_{SB,d} \cdot \gamma_{M0}}{f_y} \cdot a \qquad \mathrm{mm}^3 \tag{16}$$

Für den Prüfzustand:

$$W_2 = \frac{P_{SB,P} \cdot \gamma_{M0}}{f_y} \cdot a \qquad \text{mm}^3 \tag{17}$$

Für den Einbauzustand:

$$W_3 = \frac{P_{SO} \cdot \gamma_{M0}}{f_y} \cdot a \qquad \text{mm}^3 \tag{18}$$

Der Hebelarm beträgt für den Betriebs-, Prüf- und Einbauzustand:

$$a = \frac{d_t - d_2}{2} \qquad \text{mm} \tag{19}$$

Die erforderliche Höhe des Flanschtellers beträgt:

$$h_F = \sqrt{1,27\frac{W}{b}} \qquad \text{mm} \tag{20}$$

wobei

$$b = d_a - d_1 - 2d'_L \qquad \text{mm} \tag{21}$$

Mit d'_L nach Bild 10.

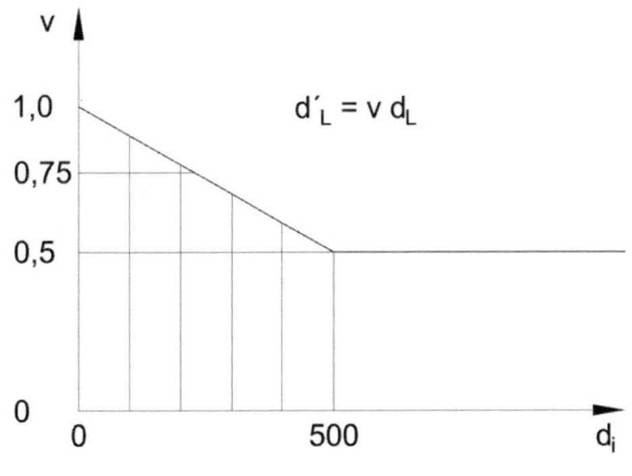

Bild 10. Reduzierter Schraubenlochdurchmesser.

9. Erläuterungen

Die Berechnungsart der Bunde wurde in Anlehnung an das AD-Merkblatt B8 aufgestellt unter gleichzeitiger Berücksichtigung der unterschiedlichen, elastischen Verformung von Stahllosflansch und Kunststoffbund. Dies fand auch in der Berechnung der Stahllosflansche seinen Niederschlag.

DEUTSCHER VERBAND FÜR SCHWEISSTECHNIK E.V.	Berechnung von Behältern und Apparaten aus Thermoplasten Schweißflansche, Schweißbunde – konstruktive Details	Richtlinie DVS 2205-4 Beiblatt (November 1996)	DVS

Inhalt:

1 Geltungsbereich

Die Richtlinie beschreibt die Gestaltung von druckbelasteten Schweißflanschen und Schweißbunden entsprechend den in Abschnitt 2 genannten Auslegungsbedingungen für Behälter und Apparate aus den thermoplastischen Kunststoffen

Polyethylen hoher Dichte (PE-HD)
Polypropylen (PP-H, PP-B, PP-R)
Polyvinylchlorid (PVC-NI, PVC-RI)
Polyvinylidenfluorid (PVDF)

im allgemeinen Anwendungsbereich:

Durchmesser 500 bis 4000 mm für Schweißflansche
Durchmesser 500 bis 1200 mm für Schweißbunde

Unter Schweißflanschen sind im folgenden Aufschweißflansche (Bilder 1 und 2) und Vorschweißflansche (Bild 3) mit Flachdichtungen zu verstehen.

Unter Schweißbunden sind Aufschweißbunde (Bilder 4 und 5) und Vorschweißbunde (Bild 6) mit Flach- und O-Ringdichtungen zu verstehen.

2 Auslegungsbedingungen

Grundlagen für die Auslegung von Schweißflanschen und Schweißbunden sind die Merkblätter DVS 2205-1 und -4.

Die Höhen des Flanschtellers h_F sind mit durchgehender Dichtung aus Elastomeren (Shore-A-Härte 60°) berechnet, weil dieser Dichtungswerkstoff für Behälter und Apparate aus thermoplastischen Kunststoffen vorwiegend eingesetzt wird. Werden andere Dichtungswerkstoffe vorgesehen, so ist h_F neu zu berechnen.

Außerdem wurde die Höhe h_F unter folgenden Bedingungen ermittelt:

1. Druck p = 0,5 bar als fiktiver Druck, um eine brauchbare Höhe des Schweißflansches bzw. des Schweißbundes zu bekommen.
2. Zeitstandfestigkeit $K_{(A1,A3)}$ des Werkstoffs für eine Beanspruchungszeit von 25 Jahren bei einer Gebrauchstemperatur von 30°C entsprechend Merkblatt DVS 2205-1. Für Polyethylen gilt DIN 8075. Für Polypropylen sind Typ 1 und 2 nach DIN 8078, für Polyvinylchlorid sind PVC-U sowie PVC-RI Typ 1 und 2 nach DIN 8061 berücksichtigt.
3. Sicherheitsbeiwert S = 2,0

Weichen die Betriebsbedingungen von den vorgenannten ab, so ist h_F neu zu berechnen.

Verbindungsschrauben sind grundsätzlich mit großen Unterlegscheiben entsprechend DIN 9021 einzusetzen. Sowohl die Verbindungsschrauben als auch die Unterlegscheiben sollten aus Korrosionsgründen aus nichtrostenden Stählen (z. B. A2, A4 entsprechend DIN 267-11) hergestellt sein.

3 Maßtabellen

3.1 Schweißflansche – Tabelle 1

3.2 Schweißbunde – Tabelle 2

3.3 Schraubenanzugsmomente

Die erforderlichen Schraubenanzugsmomente sind für

M 10: 15 Nm
M 12: 25 Nm
M 16: 50 Nm

Die Montage der Verbindungsschrauben sollte mit einem Drehmomentenschlüssel erfolgen. Hierzu sind die Schrauben gleichmäßig anzuziehen. Ein Überschreiten der angegebenen Drehmomente ist zu vermeiden.

Die vorgenannten Schraubenanzugsmomente gelten für Flanschverbindungen aus Thermoplasten bei Verwendung von Flachdichtungen aus Elastomeren mit einer Shore-A-Härte von etwa 60°. Werden Profildichtungen aus Elastomeren eingesetzt, so können die aufgeführten Schraubenzugsmomente um rund 20% reduziert werden.

DVS, Technischer Ausschuß, Arbeitsgruppe „Fügen von Kunststoffen"

Bezug: Deutscher Verlag für Schweißtechnik DVS-Verlag GmbH, Postfach 10 19 65, 40010 Düsseldorf, Telefon (02 11) 15 91-0, Telefax (02 11) 1591-200

Tabelle 1. Schweißflansche für Apparate aus Thermoplasten – Maße.

Aufschweißflansche

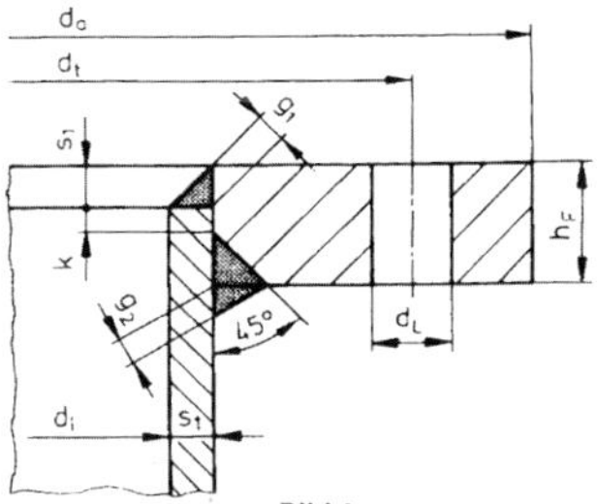

Bild 1

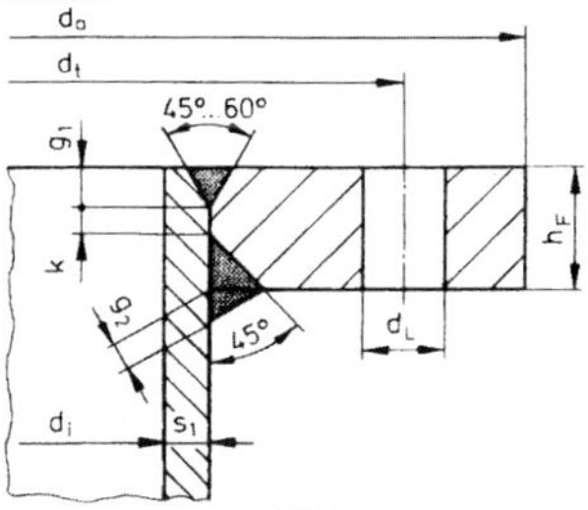

Bild 2

Vorschweißflansch

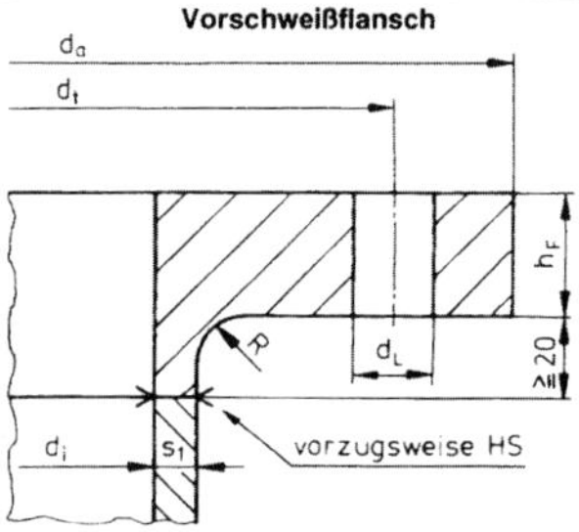

Bild 3

$g_1 = 0{,}7 \cdot s_1$ aus Behälterberechnung
$g_2 \geq 0{,}4 \cdot s_1$
bis $d_i = 1000$ mm: d_a und d_t entsprechend DIN 2501 PN 6
ab $d_i = 1200$ mm: d_a und d_t entsprechend DIN 2501 PN 2,5
Kurzzeichen und Symbole siehe DVS 2205-4

$k \approx 0{,}2 \cdot h_F$

$R = 10 \dots 15$ mm

d_i	d_a	d_t	Bohrungen		h_F			
			Anzahl	d_L	PE	PP	PVC	PVDF
500	645	600	20	12	25	20	20	15
600	755	705	24	12	25	25	20	15
700	860	810	28	12	25	25	20	15
800	975	920	32	12	30	30	25	20
900	1075	1020	36	12	30	30	25	20
1000	1175	1120	40	12	35	30	25	20
1200	1375	1320	44	14	35	35	30	20
1400	1575	1520	52	14	35	35	30	20
1500	1690	1630	56	14	40	40	30	25
1600	1790	1730	60	14	40	40	35	25
1800	1990	1930	64	14	45	40	35	25
2000	2190	2130	72	14	45	45	35	30
2200	2405	2340	80	14	50	50	40	30
2400	2605	2540	84	14	50	50	40	30
2500	2705	2640	88	14	55	50	40	30
2600	2805	2740	88	18	55	50	40	35
2800	3030	2960	96	18	60	60	50	35
3000	3230	3160	104	18	65	60	50	40
3200	3430	3360	112	18	65	60	50	40
3600	3840	3770	120	18	70	70	55	45
3800	4045	3970	124	18	70	70	60	45
4000	4245	4170	132	18	75	70	60	45

Flachdichtung

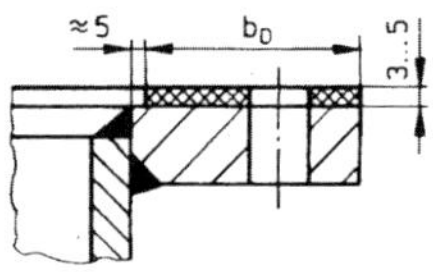

Auslegungsbedingungen:

Betriebsdruck: **0,5 bar**
Betriebstemperatur: **30°C**
Gebrauchsdauer: **25 Jahre**
Sicherheitsbeiwert: **2,0**

Tabelle 2. Schweißbunde für Apparate aus Thermoplasten – Maße.

Aufschweißbunde

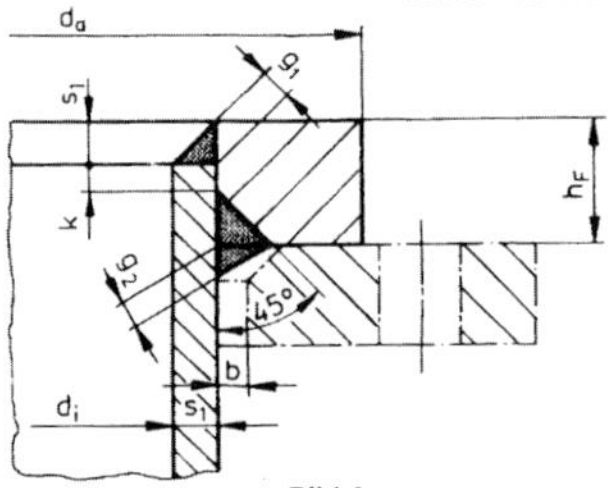

Bild 4

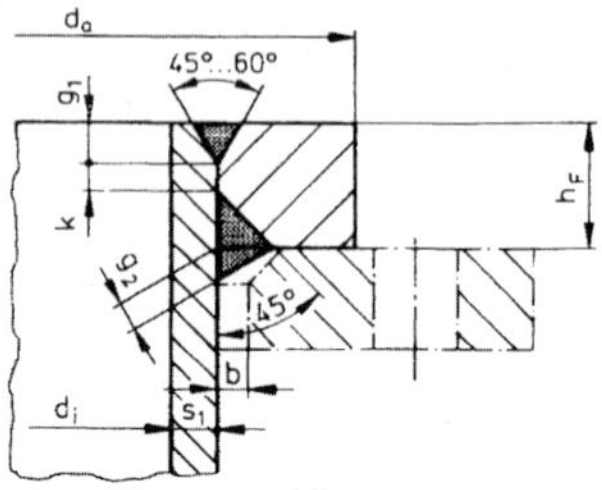

Bild 5

Vorschweißbunde

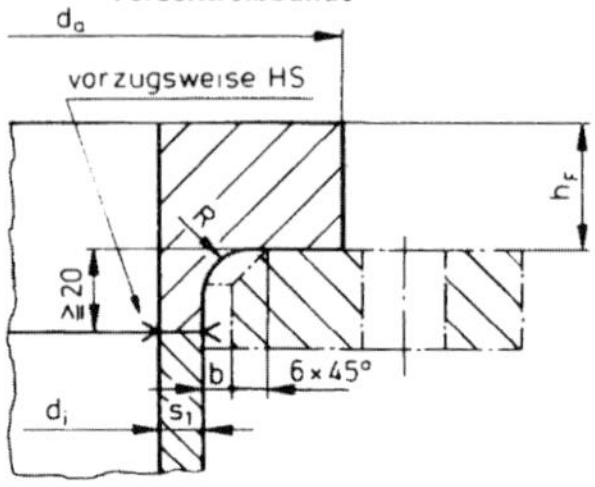

Bild 6

$g_1 = 0{,}7 \cdot s_1$ $g_2 \geq 0{,}4 \cdot s_1$
s_1 aus Behälterberechnung

$k \approx 0{,}2 \cdot h_F$

R = 10 mm b = 5 mm

Losflansch nach Wahl des Herstellers (z. B. Stahl, GFK)

d_i	d_a	d_D für O-Ring-Dichtung	h_F für Flachdichtung			h_F für O-Ring-Dichtung		
			PE PP	PVC	PVDF	PE PP	PVC	PVDF
500	585	550	15	12	10	15	12	9
600	690	660	15	15	10	15	12	10
700	790	760	20	15	12	17	14	11
800	900	860	20	15	12	18	15	12
900	1000	960	20	20	15	20	17	13
1000	1100	1070	25	20	15	22	18	14
1200	1300	1270	25	20	15	25	20	15

Dichtungsformen

A: Flachdichtung

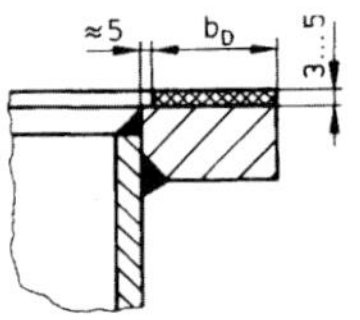

B: O-Ring-Dichtung

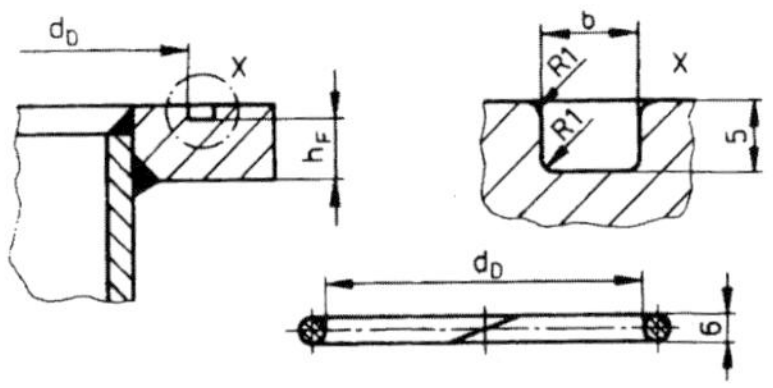

DVS VERBAND

Richtlinie
DVS 2205-5

Ersetzt Ausgabe
Juli 1987

Richtlinie DVS 2205-5

Berechnung von Behältern und Apparaten aus Thermoplasten – Rechteckbehälter

Ausschuss für Technik im DVS

Arbeitsgruppe W 4 „Fügen von Kunststoffen"

Untergruppe W 4.3b „Konstruktive Gestaltung - Apparatebau"

Bezug: DVS Media GmbH, Postfach 10 19 65, 40010 Düsseldorf, Telefon: (0211) 1591-0, Email: media@dvs-media.info

Inhalt:

1. Geltungs- und Anwendungsbereiche

Die nachstehenden Konstruktions- und Berechnungsregeln gelten für rechteckige, quaderförmige Behälter zur ortsfesten Verwendung aus thermoplastischen Kunststoffen, insbesondere

- Polyethylen (PE)
- Polypropylen (PP)
- Polyvinylchlorid (PVC)
- Polyvinylidenfluorid (PVDF)

Die Behälter können von außen mit Rippen oder Rahmen aus denselben oder steiferen Werkstoffen, wie glasfaserverstärkte Kunststoffe (GFK) oder Stahl, verstärkt sein und wahlweise mit vollflächig aufliegendem Flachboden oder mit Fuß- und Bodenkonstruktionen nach dieser Richtlinie versehen sein. Die Behälter können sowohl im Gebäude als auch im Freien aufgestellt werden. Die dabei auftretenden Beanspruchungen durch Wind- und Schneelasten sowie Lasten aus Erdbeben sind gemäß dieser Richtlinie nachzuweisen.

Neben den hydrostatischen Belastungen sind bei Behältern mit verschweißtem Deckel kurzzeitig und langzeitig wirkende Drücke zu berücksichtigen. Als Mindestwerte sind festgelegt:

Überdruck: 5,0 mbar (0,5 kN/m^2)

Unterdruck: 3,0 mbar (0,3 kN/m^2)

Drücke sind nur dann zu berücksichtigen und nachzuweisen, wenn diese auch wirken können. Bei Drücken oberhalb von 500 mbar sind zusätzlich die Vorgaben der Druckgeräterichtlinie zu beachten.

Bei hohem Überdruck ist ggf. eine Verankerung des Behälters erforderlich. Eine Überprüfung der Lagesicherung sowie die Bemessung der Verankerungen ist nicht Bestandteil dieser Richtlinie.

Zusätzliche Lasten, insbesondere Vertikallasten aus Auflagerkräften oder Verkehrslasten sind zusätzlich nachzuweisen und werden in dieser Richtlinie nicht behandelt.

Über die statische Berechnung nach dieser Richtlinie ist ein vollständiger, in Einzelschritten nachvollziehbarer und in sich schlüssiger, Bericht anzufertigen.

Die Bestimmungen geltender Rechtsgebiete (z. B. bau- und wasserrechtliche Vorschriften sowie jene zum Schutze Beschäftigter oder Dritter) sind zu beachten.

Im Geltungsbereich der Landesbauordnungen besteht unter Anwendung des zugehörigen Kriterienkatalogs (§ 66 Abs. 3 Satz 1 Nr. 2b MBO) generelle Prüfpflicht (Bescheinigungspflicht) für den Standsicherheitsnachweis der rechteckigen Behälters. Es wird empfohlen, für die Prüfung Prüfämter für Standsicherheit (Prüfingenieure) mit besonderen Kenntnissen im Kunststoffbau zu beauftragen.

2. Abkürzungen für Begriffe und Berechnungsgrößen

a	mm	Behälterinnenlänge
a_p	mm	Länge bezogen auf Systemlinien
a_J	mm	Einflussbreite für den Jochträger
b	mm	Behälterinnenhöhe
b_1	mm	Höhe des unteren Feldes
b_F	mm	Füllhöhe bezogen auf Systemlinien
b_i	mm	Feldhöhe des Feldes i
b_J	mm	Höhe beim jochverstärkten Behälter bezogen auf Systemlinien
b_m	mm	mittragende Breite
c	mm	Behälterinnenbreite
c_J	mm	Breite beim jochverstärkten Behälter bezogen auf Systemlinien
c_P	mm	Breite bezogen auf Systemlinien
A_1		Abminderungsfaktor für den Einfluss der spezifischen Zähigkeit
A_2		Abminderungsfaktor für das Medium bei Festigkeitsnachweisen
A_{2I}		Abminderungsfaktor für das Medium bei Stabilitäts- und Verformungsnachweisen
A_P	mm²	Querschnittsfläche der Profile
E	N/mm²	Elastizitätsmodul
$E_K^{T°C}$	N/mm²	Kurzzeit-Elastizitätsmodul bei T°C
E_P	N/mm²	Elastizitätsmodul der Profile
E_C	N/mm²	Kriechmodul
f	mm	Verformungen
f_C	mm	Verformungen der Kunststoffwände aus konstantem Druck
f_F	mm	Verformungen der Kunststoffwände aus Füllung
$f_{F,i}$	mm	maximale Verformung der Kunststoffplatte zwischen den Profilen
f_L	mm	Verformungen bei der rechnerischen Gebrauchsdauer
f_{max}	mm	maximale Verformung

f_n	mm	Verformungen der Kunststoffwände
$f_{n,C}$	mm	Verformungen der Kunststoffwände aus konstantem Druck
$f_{n,F}$	mm	Verformungen der Kunststoffwände aus Füllung
f_P	mm	Verformung der Profile
$f_{P,1}$	mm	Verformung des unteren Profils
$f_{P,i}$	mm	Verformung der Profile i
$f_{P,C}$	mm	Verformungen der Profile aus konstantem Druck
$f_{P,F}$	mm	Verformungen der Profile aus Füllung
f_S		Langzeit-Schweißfaktor
f_Z		Kurzzeit-Schweißfaktor
h_P	mm	Höhe der Profile
h_S	mm	Höhe der Deckelsteifen
I	mm^4	Trägheitsmoment
I_P	mm^4	Trägheitsmoment der Profile
I_S	mm^4	Trägheitsmoment der Deckelsteifen
k		Beulwert
K		Federsteifigkeit
K_C	N/mm^2	Spannungen aus konstantem Druck
$K_{d,vorh}$	N/mm^2	Bemessungswert der vorhandenen Spannung
K_E	N/mm^2	Spannungen
K_F	N/mm^2	Spannungen aus Füllung
$K_{n,C}$	N/mm^2	Spannungen aus konstantem Druck
$K_{n,E}$	N/mm^2	Spannungen
$K_{n,F}$	N/mm^2	Spannungen aus Füllung
K_M	N/mm^2	Zeitstandfestigkeit bei kurzzeitiger Einwirkdauer
K_L	N/mm^2	Zeitstandfestigkeit für die rechnerische Gebrauchsdauer
$K_{L,d}$	N/mm^2	Bemessungswert der Zeitstandfestigkeit für die rechnerische Gebrauchsdauer

K_M	N/mm²	Zeitstandfestigkeit bei mittlerer Einwirkdauer
$K_{P,C}$	N/mm²	Spannungen in den Profilen aus konstantem Druck
$K_{P,F}$	N/mm²	Spannungen in den Profilen aus Füllung
$K_{R,K,d}$	N/mm²	Bemessungswert der Zeitstandfestigkeit bei kurzzeitiger Einwirkdauer
$K_{R,L,d}$	N/mm²	Bemessungswert der Zeitstandfestigkeit für die rechnerische Gebrauchsdauer
$K_{R,M,d}$	N/mm²	Bemessungswert der Zeitstandfestigkeit bei mittlerer Einwirkdauer
$K_{E,K,d}$	N/mm²	γ_F-fache Spannungen bei kurzzeitig wirkender Beanspruchung
$K_{E,L,d}$	N/mm²	γ_F-fache Spannungen bei langzeitig wirkender Beanspruchung
$K_{E,M,d}$	N/mm²	γ_F-fache Spannungen bei mittelfristig wirkender Beanspruchung
M_{Eck}	Nmm	Biegemoment in der Rahmenecke
n		Anzahl der Steifen beim Deckel
N		Faktor für Verformungsberechnungen
p	N/mm²	konstante Verkehrslast
p_c	N/mm²	charakteristischer Wert der Beanspruchungen aus Drücken
p_d	N/mm²	Bemessungswert der Beanspruchungen aus Drücken
p_{eu}	N/mm²	Ersatzbelastung infolge Winddrucks
$p_{L,c}$	N/mm²	charakteristischer Wert der Beanspruchungen aus Drücken für die rechnerische Gebrauchsdauer
$p_{L,d}$	N/mm²	Bemessungswert der Beanspruchungen aus Drücken für die rechnerische Gebrauchsdauer
p_s	N/mm²	Schneelast auf das Dach
p_u	N/mm²	ständig wirkender Außendruck (bzw. innerer Unterdruck)
p_{uK}	N/mm²	kurzzeitig wirkender Außendruck (bzw. innerer Unterdruck)
$p_ü$	N/mm²	ständig wirkender Innendruck
$p_{üK}$	N/mm²	kurzzeitig wirkender Innendruck
p_{us}	N/mm²	Unterdruck durch Windsog
P	N	Mannlast
q	N/mm	Linienlast

R_D	N/mm²	Bemessungswert der Beanspruchbarkeit
s	mm	Wanddicken
s_D	mm	Deckeldicke
s_S	mm	Dicke der Deckelsteifen
T_A	°C	mittlere Umgebungstemperatur (nach Miner)
T_{AK}	°C	kurzzeitige höchste Umgebungstemperatur
T_M	°C	mittlere Medientemperatur (nach Miner)
T_{MK}	°C	kurzzeitige höchste Medientemperatur
z_S	mm	Lage des Schwerpunktes der Deckelsteifen
W_P	mm³	Widerstandsmoment der Profile
Z	N	Auflagerkraft in der Höhe des Zugankers
$\alpha_1 \ldots \alpha_7$		Verformungsbeiwerte
β		Verhältnis Länge/Breite basierend auf Systemlinien
$\beta_1 \ldots \beta_7$		Wanddickenbeiwerte
$\gamma_{F1} \ldots \gamma_{F5}$		Teilsicherheitsbeiwerte der Einwirkungen/Beanspruchungen
γ_M		Teilsicherheitsbeiwert des Widerstands/der Beanspruchbarkeit
η		Ausnutzung
$\sigma_{d,vorh}$	N/mm²	Bemessungswert der maßgeblichen Druckspannung der Deckelsteifen
$\sigma_{K,d}$	N/mm²	Bemessungswert der kritischen Beulspannung der Deckelsteifen
$\sigma_{K,m}$	N/mm²	Ersatzspannung (kurzzeitig) zur Bestimmung des Kriechmoduls für Verformungsberechnungen
$\sigma_{L,m}$	N/mm²	Ersatzspannung (langzeitig) zur Bestimmung des Kriechmoduls für Verformungsberechnungen

3. Behälterbauarten

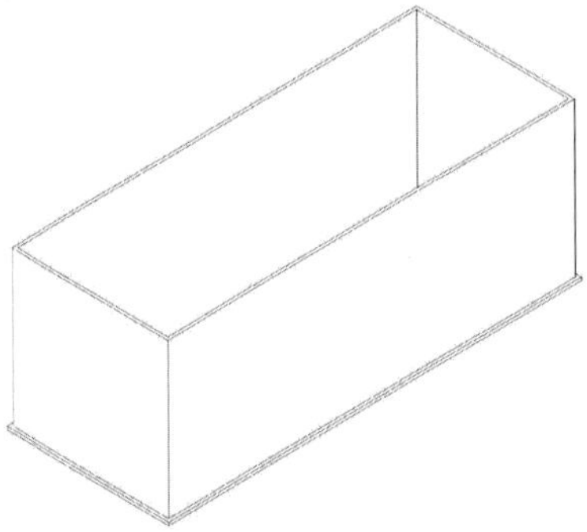

Bild 1: Behälter ohne Verstärkung

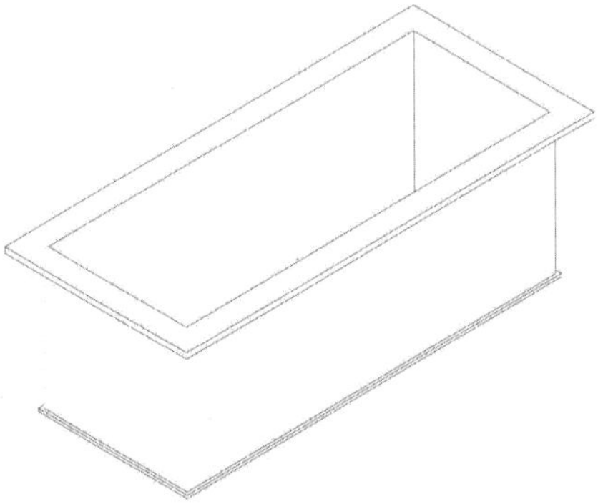

Bild 2: Behälter mit Randverstärkung

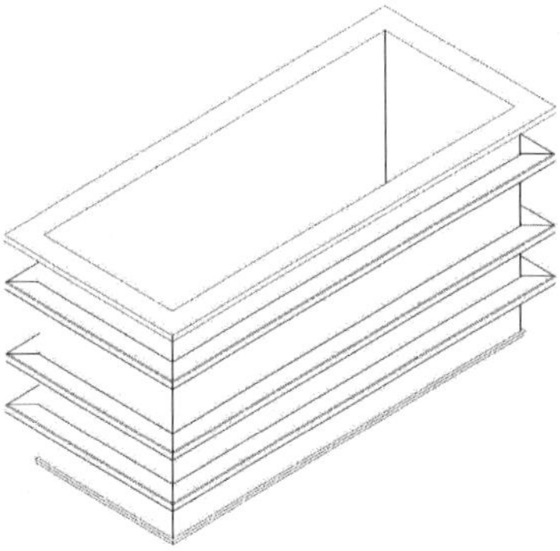

Behälter mit Rundumverstärkung

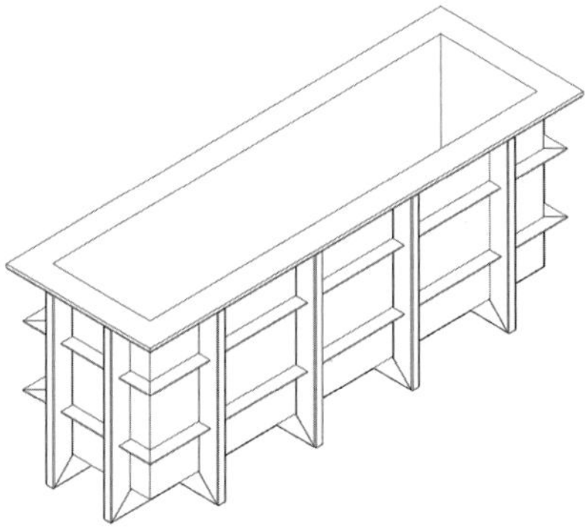

Bild 4: Behälter mit kreuzverrippten Seitenwänden

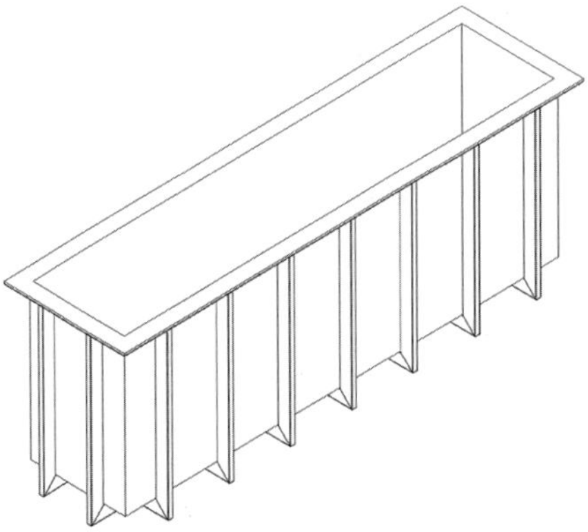

Bild 5: Behälter mit Jochverstärkung

4. Sicherheitskonzept

Die Standsicherheitsnachweise werden nach dem Konzept der Teilsicherheitsbeiwerte in Übereinstimmung mit der Richtlinie DVS 2205-1 geführt, wobei kurzfristig wirkende Lasten nicht zu superponieren sind.

4.1. Kennwerte

Für tragende, thermoplastische Bauteile sind die Kennwerte Richtlinie DVS 2205-1 zu entnehmen und die Bemessungswerte der Widerstandsseite R_d zu ermitteln.

Für alle nicht aus einem thermoplastischen Material gefertigten Bauteile gelten die anhängigen Normen, z. B. DIN EN 1993, DIN EN 13121.

4.2. Spannungsnachweise unter γ_F -facher Last

Sämtliche Spannungsnachweise erfolgen unter γ_F -facher Last mit den Teilsicherheitsbeiwerten, die aus **Tabelle 1** entnommen werden. Alle Gebrauchstauglichkeitsnachweise werden mit charakteristischen Lasten geführt.

Tabelle 1: Teilsicherheitsbeiwerte

Einwirkung	Teilsicherheitsbeiwert
Eigengewicht, Füllung, Montage	γ_{F1} = 1,35
Drücke, Wind, Schnee, Verkehrslast	γ_{F2} = 1,50
Beanspruchung verringerndes Eigengewicht	γ_{F3} = 0,90
Außergewöhnliche Lastkombination	γ_{F4} = 1,00
Zwangsbeanspruchung	γ_{F5} = 1,00

Als Designbeanspruchungen, Index d, werden demnach im nachfolgenden Wert alle um γ_F erhöhten Lasten betrachtet. Für alle charakteristischen Lasten gilt der Index c.

Bei lang- und mittelfristigen Beanspruchungen muss gelten:

$$\eta_1 = \frac{K_{E,L,d}}{K_{R,L,d}} + \frac{K_{E,M,d}}{K_{R,M,d}} \leq 1$$

$K_{E,L,d}$, $K_{E,M,d}$ γ_F-fache Spannungen
$K_{R,L,d}$, $K_{R,M,d}$ Widerstände auf Materialseite

mit

$$K_{R,L,d} = \frac{K_L \cdot f_s}{A_1 \cdot A_2 \cdot \gamma_M}$$

$$K_{R,M,d} = \frac{K_M \cdot f_s}{A_1 \cdot A_2 \cdot \gamma_M}$$

Unter kurzfristigen und außergewöhnlichen Beanspruchungen muss gelten:

$$\eta_2 = \frac{K_{E,K,d}}{K_{R,K,d}} \leq 1$$

$K_{E,K,d}$ γ_F-fache Spannungen
$K_{R,K,d}$ Widerstände auf Materialseite

mit

$$K_{R,K,d} = \frac{K_K \cdot f_z}{A_1 \cdot A_2 \cdot \gamma_M}$$

Außerhalb des Schweißnahtbereichs entfallen die Fügefaktoren auf der Widerstandsseite. Die Werte K_L, K_M und K_K sind den Zeitstandkurven zu entnehmen.

4.3. Verformungsnachweis der Platten unter charakteristischer Last

Im Sinne der Gebrauchstauglichkeit des Behälters werden folgende zulässigen Verformungen der thermoplastischen Bauteile festgelegt:

$$f_{W,i} = 1,5 \cdot s_W$$

$f_{W,i}$ maximale Verformung der Seitenwand zwischen den Profilen
s_W Dicke der Seitenwand

Der für die Verformungsberechnung erforderliche Kriechmodul kann in konservativer Abschätzung aus den Kriechmodulkurven unter Verwendung folgender Ersatzspannungen bestimmt werden.

$$\sigma_{L,m} \leq \frac{K_L}{2 \cdot A_1 \cdot A_2 \cdot \gamma_M \cdot \gamma_{F1}}$$

$$\sigma_{K,m} \leq \frac{K_K}{2 \cdot A_1 \cdot A_2 \cdot \gamma_M \cdot \gamma_{F1}}$$

Dabei bezeichnen die Spannungswerte $\sigma_{L,m}$ und $\sigma_{K,m}$ die für die Kriechmodulermittlung herangezogenen Spannungen unter charakteristischen Spannungen bei Lang- und Kurzzeitbeanspruchungen.

Die hier angegebene Spannung zur Ermittlung des Kriechmodules stellt eine konservative Abschätzung dar und kann alternativ durch den integralen Wert der mittleren Spannung des Bauteils ersetzt werden.

5. Einwirkungen

Es ist die ungünstigste Kombination der gesamten Einwirkungen der zuvor dargelegten Beanspruchungen zu untersuchen.

Die Lastkombinationsbildung hat dabei nach EN 1990 zu erfolgen.

Kurzzeitig wirkende Lastfälle müssen nicht miteinander kombiniert werden.

- langzeitige Belastungen (L) z. B. Eigengewicht, Füllung, p_u, $p_ü$
- Einwirkungen mittlerer Einwirkdauer (M) z. B. Schnee p_s oder Sommertemperaturen
- kurzzeitige Belastungen (K) z. B. p_{uK}, $p_{üK}$, p_{us}, p_{eu}, Wind
- außergewöhnliche Belastungen (K) z. B. Erdbeben

6. Berechnungsbeiwerte

Die nachfolgenden **Tabellen 2a sowie 2b** weisen die in den Abschnitten 7-12 benötigten Beiwerte aus. Zwischenwerte dürfen linear interpoliert werden.

Tabelle 2a: Spannungsbeiwerte

a/b bzw. a/c	β1	β2	β3	β4	β5	β6	β7
0,5	0,09	0,074	0,13	0,19	-	0,13	0,13
0,6	0,10	0,097	0,17	0,21	-	0,21	0,17
0,7	0,12	0,120	0,22	0,22	-	0,29	0,21
0,8	0,15	0,150	0,26	0,23	-	0,37	0,25
0,9	0,18	0,180	0,29	0,23	-	0,45	0,29
1,0	0,21	0,210	0,31	0,21	0,29	0,54	0,33
1,2	0,27	0,260	0,39	0,27	0,38	0,70	0,42
1,4	0,33	0,310	0,44	0,32	0,45	0,86	0,50
1,6	0,43	0,340	0,47	0,34	0,52	1,03	0,58
1,8	0,45	0,350	0,49	0,36	0,57	1,19	0,67
2,0	0,50	0,360	0,50	0,38	0,61	1,36	0,75
2,5	0,64	0,370	0,50	0,40	0,68	1,77	0,75
3,0	0,74	0,370	0,50	0,41	0,71	2,18	0,75
4,0	0,87	0,380	0,50	0,41	0,74	3,00	0,75

Tabelle 2b: Verformungsbeiwerte

a/b bzw. a/c	α1	α2	α3	α4	α5	α6	α7
0,5	0,0009	0,00092	0,0019	0,1700	-	0,0020	0,0020
0,6	0,0020	0,00200	0,0037	0,1900	-	0,0448	0,0060
0,7	0,0035	0,00320	0,0061	0,2300	-	0,0876	0,0100
0,8	0,0055	0,00490	0,0090	0,2600	-	0,1304	0,0141
0,9	0,0075	0,00680	0,0120	0,2900	-	0,1732	0,0181
1,0	0,0110	0,00880	0,0150	0,3200	0,05	0,2160	0,0221
1,2	0,0170	0,01300	0,0210	0,3500	0,06	0,3016	0,0302
1,4	0,0280	0,01700	0,0250	0,3700	0,08	0,3872	0,0383
1,6	0,0460	0,02000	0,0280	0,3900	0,09	0,4728	0,0463
1,8	0,0610	0,02200	0,0290	0,4000	0,10	0,5584	0,0544
2,0	0,0820	0,02400	0,0310	0,4000	0,11	0,6440	0,0625
2,5	0,1380	0,02580	0,0310	0,4100	0,13	0,8580	0,0625
3,0	0,1940	0,02600	0,0310	0,4200	0,14	1,0720	0,0625
4,0	0,2690	0,02640	0,0310	0,4200	0,14	1,5000	0,0625

7. Behälter ohne Verstärkungen

In **Bild 6** wird der berechnete Momentenverlauf an einem Rechteckbehälter ohne Verstärkung dargestellt. In **Tabelle 3** sind die dazugehörigen Berechnungsformeln zur Spannungs- und Verformungsberechnung dargestellt.

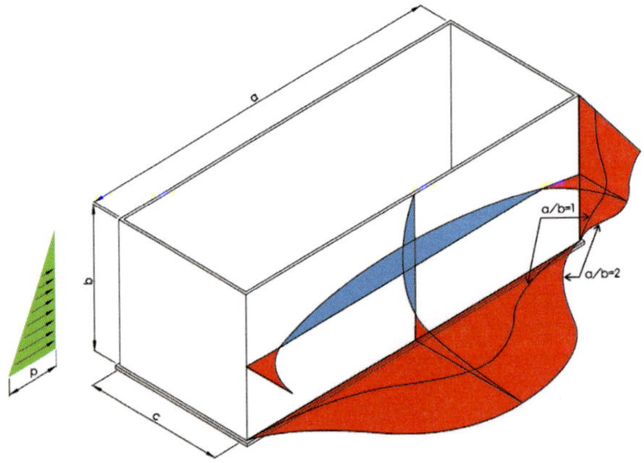

Bild 6: Momentenverlauf Behälter ohne Verstärkung

7.1. Vorbemerkungen

Für den Boden des Behälters wird eine satte, ebene Auflage vorausgesetzt. Seine Wanddicke muss mindestens der Dicke der anschließenden Wand entsprechen.

7.2. Berechnung der Seitenwände

Die Spannungsnachweise der Seitenwände sind unter γ_F-fachen Beanspruchungen, alle Verformungsnachweise unter charakteristischen Beanspruchungen, zu führen.

Die Berechnung der Wände richtet sich nach deren Seitenverhältnis.

Tabelle 3: Spannungen und Verformungen des Behälters ohne Verstärkung

Seitenverhältnis		$\frac{a_j}{b}<0,5$	$0,5 \leq \frac{a}{b} \leq 4$	$\frac{a}{b}>4$
Füllung	$K_F =$	$\frac{p_d \cdot a^2}{3 \cdot s^2}$	$\frac{\beta_1 \cdot p_d \cdot b^2}{s^2}$	$\frac{p_d \cdot b^2}{s^2}$
konstanter Druck	$K_C =$	$\frac{p_d \cdot a^2}{2 \cdot s^2}$	$\frac{\beta_6 \cdot p_d \cdot b^2}{s^2}$	$\frac{3 \cdot p_d \cdot b^2}{s^2}$
Füllung	$f_F =$	$\frac{p_c \cdot a^4}{64 \cdot E_c \cdot s^3}$	$\frac{\alpha_1 \cdot p_c \cdot b^4}{E_c \cdot s^3}$	$\frac{2 \cdot p_c \cdot b^4}{5 \cdot E_c \cdot s^3}$
konstanter Druck	$f_C =$	$\frac{p_c \cdot a^4}{32 \cdot E_c \cdot s^3}$	$\frac{\alpha_6 \cdot p_c \cdot b^4}{E_c \cdot s^3}$	$\frac{3 \cdot p_c \cdot b^4}{2 \cdot E_c \cdot s^3}$

Es gilt $K_E + K_C$ und $f = f_F + f_C$

Die unter kurzzeitigen Beanspruchungen vorhandenen Spannungen und Verformungen können mit den entsprechenden kurzzeitigen Drücken berechnet werden.

7.3. FEM Berechnung

Der Berechnung des Behälters kann alternativ auch mit Hilfe der FEM durchgeführt werden. Werden durch die FEM gleichzeitig Wände und Boden abgebildet, und als Randbedingung für den Boden eine elastische Bettung unter Berücksichtigung des Ausfalls der Zugbettung vorgegeben, entfällt die Vorgabe, Boden und Wände in gleicher Wanddicke auszuführen.

8. Behälter mit Randverstärkung

In **Bild 7** wird der berechnete Momentenverlauf an einem Rechteckbehälter mit Verstärkung dargestellt. In **Tabelle 4** sind die dazugehörigen Berechnungsformeln zur Spannungs- und Verformungsberechnung dargestellt.

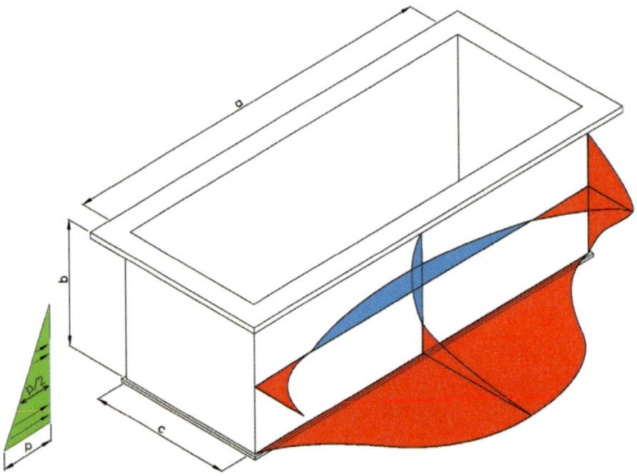

Bild 7: Momentenverlauf Behälter mit Randverstärkung

8.1. Vorbemerkungen

Der Behälter wird am oberen Rand durch ein umlaufend angeordnetes Profil ausgesteift. Für den Boden des Behälters wird eine satte, ebene Auflage vorausgesetzt. Seine Wanddicke muss mindestens der Dicke der anschließenden Wand entsprechen. Das Gewicht des Verstärkungsträgers darf die Behälterwandung nicht über Gebühr zusätzlich belasten. Gegebenenfalls sind die Profile getrennt vom Behälter abzustützen.

8.2. Berechnung der Seitenwände

Die Spannungsnachweise der Seitenwände sind unter γ_F-fachen Beanspruchungen, alle Verformungsnachweise unter charakteristischen Beanspruchungen, zu führen.

Die Berechnung der Wände richtet sich nach deren Seitenverhältnis.

Tabelle 4: Spannungen und Verformungen des Behälters mit Randverstärkung

Seitenverhältnis		$\frac{a_j}{b}<0,5$	$0,5 \leq \frac{a_j}{b}<2$	$\frac{a_j}{b}>2$
Füllung	$K_F =$	$\frac{p_d \cdot a^2}{3 \cdot s^2}$	$\frac{\beta_2 \cdot p_d \cdot b^2}{s^2}$	$\frac{2 \cdot p_d \cdot b^2}{5 \cdot s^2}$
konstanter Druck	$K_C =$	$\frac{p_d \cdot a^2}{2 \cdot s^2}$	$\frac{\beta_7 \cdot p_d \cdot b^2}{s^2}$	$\frac{3 \cdot p_d \cdot b^2}{4 \cdot s^2}$

Fortsetzung Tabelle 4

Seitenverhältnis		$\frac{a_j}{b}<0,5$	$0,5 \leq \frac{a_j}{b}<2$	$\frac{a_j}{b}>2$
Füllung	f_F =	$\frac{p_c \cdot a^4}{64 \cdot E_c \cdot s^3}$	$\frac{\alpha_2 \cdot p_c \cdot b^4}{E_c \cdot s^3}$	$\frac{p_c \cdot b^4}{35 \cdot E_c \cdot s^3}$
konstanter Druck	f_C =	$\frac{p_c \cdot a^4}{32 \cdot E_c \cdot s^3}$	$\frac{\alpha_7 \cdot p_c \cdot b^4}{E_c \cdot s^3}$	$\frac{p_c \cdot b^4}{16 \cdot E_c \cdot s^3}$

Es gilt $K_E = K_F + K_C$ und $f = f_F + f_C$

8.3. Bemessung der Verstärkungsprofile

Die Bemessung der Seitenwände in Abschnitt 8.2 setzt eine starre Lagerung der Randverstärkung voraus. Falls dabei folgende Verformungsbeschränkungen gegeben sind, kann diese Anforderung als erfüllt gelten:

Profilverformung der Randverstärkung:

$$f_{P,i} = 0,02 \cdot b$$

Zusätzlich muss gelten:

$$f_{P,i} = max\left(\frac{a}{200}; \frac{c}{200}\right)$$

Die Wahl des Werkstoffs obliegt dem Aufsteller der statischen Berechnung. Für die Nachweisführung ist die zugehörige Bemessungsnorm des Werkstoffs bindend, z. B.

Stahl	DIN EN 1993
GFK	EN 13121 Bemessungsempfehlung für den Einsatz von pultrudierten Profilen aus glasfaserverstärkten Kunststoffen DIBt
Thermoplaste	Richtlinie DVS 2205

Durchzuführen sind alle erforderlichen Spannungs-, Stabilitäts- und Detailnachweise der entsprechenden Norm oder Berechnungsrichtlinie.

$$\beta = \frac{c_p}{a_p} = \frac{c + 2 \cdot s + h_p}{a + 2 \cdot s + h_p}$$

Die Durchbiegung f des Verstärkungsträgers auf der längeren Seite hängt zusätzlich ab von dem Längenmaß der kürzeren Seite. Der Grad der Einspannung kann durch die Steifigkeit einer Drehfeder (Federsteifigkeit K abhängig von den Außenmaßen) charakterisiert werden (statisches System siehe **Bild 10**).

Generell liegt das Maß der Durchbiegung f zwischen den beiden Extremwerten einer Einspannung und gelenkigen Lagerung. Die Randverstärkung nimmt das Mittel der resultierenden Einwirkung q_d aus der gelenkigen und eingespannten Lagerung der Wand auf.

In konservativer Abschätzung und unter Berücksichtigung der Teileinspannung gelten in guter Näherung die folgenden Formeln für Belastung durch Füllung und konstanten Druck.

$$f_{P,F} = \frac{q_d \cdot a_p^4}{N \cdot E_p \cdot I_p}$$ Füllung

$$q_d = \frac{2}{15} p_d \cdot b_p$$

$$f_{P,C} = \frac{q_d \cdot a_p^4}{N \cdot E_p \cdot I_p}$$ konstanter Druck

$$q_d = \frac{7}{16} p_d \cdot b_p$$

$$f = f_{P,F} + f_{P,C}$$

$$mit\ N = \frac{384}{1 + 4 \cdot \beta - 4 \cdot \beta^2}$$

Maßgeblich ist immer das Moment in der Rahmenecke, welches unter den aufgelisteten Annahmen betragsmäßig stets größer ist als das Feldmoment.

$$M_{Eck} = \frac{q_d \cdot a_p^2}{12} \left(1 - \beta + \beta^2\right)$$

Die Spannungen in den Rahmenecken werden wie folgt berechnet:

$$K_{P,F} = \frac{M_{Eck}}{W_p} + \frac{1 \cdot p_d \cdot a \cdot b}{15 \cdot A_p}$$ Füllung

$$K_{P,F} = \frac{M_{Eck}}{W_p} + \frac{7 \cdot p_d \cdot a \cdot b}{32 \cdot A_p}$$ konstanter Druck

8.4. FEM Berechnung

Der Berechnung des Behälters kann alternativ auch mit Hilfe der FEM durchgeführt werden. Werden durch die FEM gleichzeitig Wände und Boden abgebildet, und als Randbedingung für den Boden eine elastische Bettung unter Berücksichtigung des Ausfalls der Zugbettung vorgegeben, entfällt die Vorgabe, Boden und Wände in gleicher Wanddicke auszuführen.

9. Behälter mit Rundumverstärkungen

In **Bild 9** wird der berechnete Momentenverlauf an einem Rechteckbehälter mit Rundumverstärkungen dargestellt. In **Tabelle 5a und Tabelle 5b** zeigen die dazugehörigen Berechnungsformeln zur Spannungs- und Verformungsberechnung im oberen und unteren Randfeld.

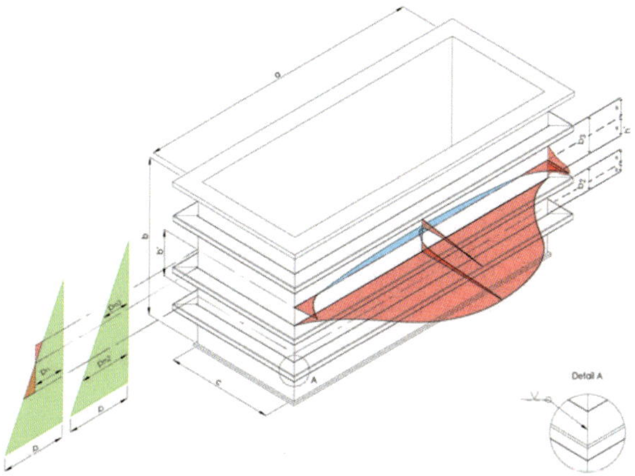

Bild 9: Behälter mit Rundumverstärkung

9.1. Vorbemerkungen

Diese Bauart wird vorzugsweise bei größeren Behältern mit einem Seitenverhältnis von $1 \leq a/b \leq 4$ eingesetzt.

Die Aussteifung der Kunststoff wände erfolgt durch am Behälter umlaufend angeordnete Profile. Sinnvollerweise sollten die Feldhöhen so bestimmt werden, dass sich eine gleichmäßige Wanddicke über die Behälterhöhe ergibt. Innerhalb der Nachweisführung sind die Wanddicken für jedes Feld einzeln nachzuweisen.

Für den Boden des Behälters wird eine vollflächige Auflage auf dem Fundament unterstellt. Seine Wanddicke muss mindestens der Dicke der anschließenden Wand entsprechen.

Das statische System der ausgesteiften Seitenwand stellt ein höhergradig statisch unbestimmtes System dar, in dem die Verteilung der Beanspruchungen stark vom Verhältnis der Steifigkeit der Verstärkungsprofile abhängt. Eine Staffelung der Größen der Verstärkungsprofile ist deshalb nur zulässig, wenn die Verformung der Profile 1 % der Feldhöhe b_i nicht überschreitet oder ein gesonderter Nachweis am Gesamtsystem (z. B. über FEM) erfolgt.

Das Gewicht der Verstärkungsträger darf die Behälterwandung nicht über Gebühr zusätzlich belasten. Gegebenenfalls sind die Profile getrennt vom Behälter abzustützen.

9.2. Berechnung der Seitenwände

Die Spannungsnachweise der Seitenwände sind unter γ_F-fachen Beanspruchungen, alle Verformungsnachweise unter charakteristischen Beanspruchungen zu führen.

Die Berechnungsart der einzelnen Felder hängt von ihrer Lage und ihren Seitenverhältnissen ab. In die Formeln ist für b die Feldhöhe b_n (n = 1, 2, 3 ...) einzusetzen.

Die jeweilige Feldhöhe ist dabei bestimmt durch den Achsabstand der das jeweilige Feld begrenzenden Profile.

Berechnung des oberen Randfeldes
In die nachfolgenden Formeln ist der Designdruck p_d bzw. der charakteristische Druck p_c am letzten unterhalb der Randverstärkung liegenden Profils einzusetzen.

Tabelle 5a: Spannungen und Verformungen des oberen Randfeldes

Seitenverhältnis		$\frac{a_j}{b}<0,5$	$0,5 \leq \frac{a_j}{b}<2$	$\frac{a_j}{b}>2$
Füllung	$K_{n,F}$ =	$\frac{p_d \cdot a^2}{3 \cdot s^2}$	$\frac{\beta_2 \cdot p_d \cdot b^2}{s^2}$	$\frac{2 \cdot p_d \cdot b^2}{5 \cdot s^2}$
konstanter Druck	$K_{n,C}$ =	$\frac{p_d \cdot a^2}{2 \cdot s^2}$	$\frac{\beta_7 \cdot p_d \cdot b^2}{s^2}$	$\frac{3 \cdot p_d \cdot b^2}{4 \cdot s^2}$
Füllung	$f_{n,F}$ =	$\frac{p_c \cdot a^4}{64 \cdot E_c \cdot s^3}$	$\frac{\alpha_2 \cdot p_c \cdot b^4}{E_c \cdot s^3}$	$\frac{p_c \cdot b^4}{35 \cdot E_c \cdot s^3}$
konstanter Druck	$f_{n,C}$ =	$\frac{p_c \cdot a^4}{32 \cdot E_c \cdot s^3}$	$\frac{\alpha_7 \cdot p_c \cdot b^4}{E_c \cdot s^3}$	$\frac{p_c \cdot b^4}{16 \cdot E_c \cdot s^3}$

Es gilt $K_E = K_F + K_C$ und $f = f_F + f_C$

Die unter kurzzeitigen Beanspruchungen vorhandenen Spannungen und Verformungen können mit den entsprechenden kurzzeitigen Drücken berechnet werden.

Berechnung der unteren Felder
In die nachfolgenden Formeln ist der Designdruck p_d bzw. der charakteristische Druck p_c zu verwenden.

Bei der Festlegung der Drücke aus Füllung kann ein mittlerer Druck gemäß **Bild 9** verwendet werden. Wirken neben dem Flüssigkeitsdruck konstante Drücke, sind diese getrennt zu erfassen.

Die anzusetzenden Drücke p_d und p_c ergeben sich aus der Summe des mittleren Fülldrucks und des konstanten Überdrucks.

Tabelle 5b: Spannungen und Verformungen der unteren Felder

Seitenverhältnis	$\frac{a_j}{b}<0,5$	$0,5 \leq \frac{a_j}{b}<2$	$\frac{a_j}{b}>2$
$K_{n,F}$ =	$\frac{p_d \cdot a^2}{2 \cdot s^2}$	$\frac{\beta_3 \cdot p_d \cdot b^2}{s^2}$	$\frac{p_d \cdot b^2}{2 \cdot s^2}$
$f_{n,F}$ =	$\frac{p_c \cdot a^4}{32 \cdot E_c \cdot s^3}$	$\frac{\alpha_3 \cdot p_c \cdot b^4}{E_c \cdot s^3}$	$\frac{p_c \cdot b^4}{32 \cdot E_c \cdot s^3}$

Die unter kurzzeitigen Beanspruchungen vorhandenen Spannungen und Verformungen können mit den entsprechenden kurzzeitigen Drücken berechnet werden.

9.3. Bemessung der Versteifungsprofile

Die Bemessung der Seitenwände in Abschnitt 9.2 setzt eine starre Lagerung durch die aussteifenden Profile der Rundumverstärkung voraus. Falls dabei folgende Verformungsbeschränkungen gegeben sind, kann diese Anforderung als erfüllt gelten:

Profilverformung oberhalb Feld b_1:

$$f_{p.1} \leq 0,01 \cdot b_1$$

b_1 Feldhöhe des ersten Feldes

Profilverformung oberhalb Feld b_2 - b_{n-1}:

$$f_{p.i} \leq 0,02 \cdot b_i$$

b_i Feldhöhe unterhalb des betrachteten Profils

Zusätzlich muss gelten:

$$f_{p.i} \leq max\left(\frac{a}{200}; \frac{c}{200}\right)$$

Die Wahl des Werkstoffs obliegt dem Aufsteller der statischen Berechnung. Für die Nachweisführung ist die zugehörige Bemessungsnorm des Werkstoffs bindend, z. B.

Stahl	DIN EN 1993
GFK	EN 13121 Bemessungsempfehlung für den Einsatz von pultrudierten Profilen aus glasfaserverstärkten Kunststoffen DIBt
Thermoplaste	Richtlinie DVS 2205

Durchzuführen sind alle erforderlichen Spannungs-, Stabilitäts- und Detailnachweise der entsprechenden Norm oder Berechnungsrichtlinie.

9.4. Schnittgrößen und Verformungen der Profile bei biegesteifen Rahmenecken

Statisches Ersatzsystem:

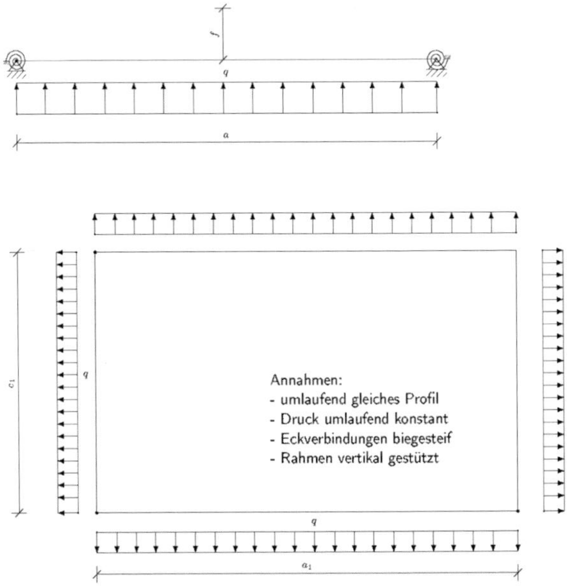

Bild 10: Statische System Rundumverstärkung

Im **Bild 10** ist das statische Ersatzsystem für einen Rechteckbehälter mit Rundumverstärkung dargestellt.

Als Länge/Breite für die Berechnungen der Verstärkungsträger sind die Systemlinien zu verwenden, sodass der Faktor β angegeben werden kann:

$$\beta = \frac{c + 2 \cdot s + h_{Profil}}{a + 2 \cdot s + h_{Profil}}$$

Die Durchbiegung w des Verstärkungsträgers auf der längeren Seite hängt zusätzlich von dem Längenmaß der kürzeren Seite ab. Der Grad der Einspannung kann durch die Steifigkeit einer Drehfeder (Federsteifigkeit K abhängig von den Außenmaßen) charakterisiert werden.

Generell liegt das Maß der Durchbiegung f zwischen den beiden Extremwerten (Einspannung / gelenkige Lagerung). Detaillierte Auswertungen der Federsteifigkeiten ergaben die folgende Berechnungsvorschrift für die Durchbiegungen f in Abhängigkeit der Behälterdimensionen:

$$f_p = \frac{q_d \cdot {a_p}^4}{N \cdot E_p \cdot I_p} \quad \text{mit} \quad N = \frac{384}{1 + 4 \cdot \beta - 4 \cdot \beta^2}$$

Maßgeblich ist immer das Moment in der Rahmenecke, welches unter den aufgelisteten Annahmen betragsmäßig stets größer ist als das Feldmoment.

$$M_{Eck} = \frac{q_d \cdot a_p^2}{12} \left(1 - \beta + \beta^2\right)$$

Bei der Spannungsberechnung ist zusätzlich zum Moment der Anteil aus Normalkraft mit zu berücksichtigen.

9.5. FEM Berechnung

Alternativ zur analytischen Berechnung kann die Dimensionierung auch mit Hilfe der FEM erfolgen. Innerhalb der FEM wird die Kopplung zwischen der Behälterwandung und den Aussteiffungsprofilen direkt erfasst und der tatsächliche Spannungszustand der Bauteile wirklichkeitsnah erfasst.

Aufgrund der gekoppelten Betrachtung können die Einschränkungen nach Abschnitt 9.3 entfallen.

Innerhalb der statischen Berechnung sind die der Berechnung zugrunde liegenden statischen Systeme, alle Querschnittsabmessungen, diezugehörigen Beanspruchungen sowie die Berechnungsergebnisse zu dokumentieren.

Es müssen die nachfolgenden Nachweise erbracht werden:

- Verformungsnachweis der Wände zwischen den Profilen
- Festigkeitsnachweis der Kunststoffbauteile
- falls erforderlich, Stabilitätsnachweis der Kunststoffbauteile

Die zu führenden Nachweise der Aussteifungsprofile sind abhängig von der Wahl ihres Werkstoffs und der zugehörigen Norm.

In jedem Fall sind die Verformungsnachweise der Profile nach Abschnitt 9.2 zu erbringen sowie alle erforderlichen Spannungs- und Stabilitätsnachweise zu führen.

10. Behälter mit Jochverstärkung

In **Bild 12** ist schematisch ein Rechteckbehälter mit Jochverstärkung dargestellt. In **Tabelle 6** sind die dazugehörigen Berechnungsformeln zur Spannungs- und Verformungsberechnung dargestellt.

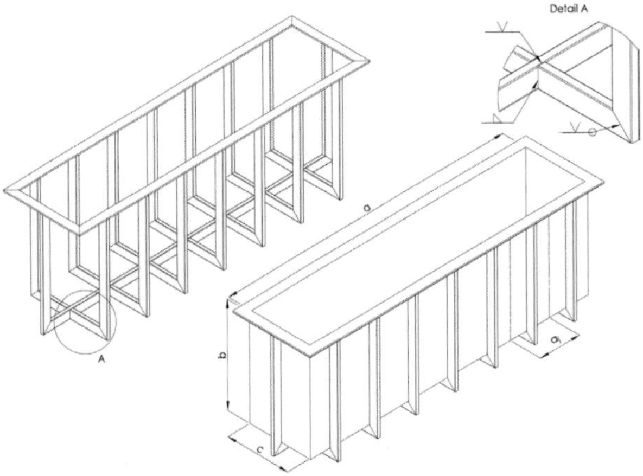

Bild 12: Behälter mit Jochverstärkung

10.1. Vorbemerkungen

Diese Bauart wird vorzugsweise bei langen Behältern mit einem Seitenverhältnis von a/b > 4 eingesetzt, bei denen umlaufende Rahmen nicht mehr sinnvoll sind. Die Aussteifung der Kunststoffwände erfolgt durch am Behälter anliegende vertikale Profile (Joche), die über einen Durchlaufträger miteinander verbunden sind, der horizontal unter dem Behälterboden verläuft. Die Joche werden oben am Behälterrand mit einem Profil (Randverstärkung) verschweißt und so gegen Kippen gesichert.

Innerhalb der Nachweisführung sind die Wanddicken der Seitenwände und die Bodendicke nachzuweisen. Die Bodendicke muss mindestens der Dicke der anschließenden Wand entsprechen.

10.2. Berechnung der Seitenwände

Die Berechnung der Wände richtet sich nach deren Seitenverhältnis.

Konstante Über- und Unterdrücke werden durch den nachfolgenden Formelapparat nicht abgedeckt und erfordern einen separaten Nachweis (FEM).

Tabelle 6: Spannungen und Verformungen des Behälters mit Jochverstärkung

Seitenverhältnis		$\frac{a_j}{b}<0,5$	$0,5 \leq \frac{a_j}{b}<2$	$\frac{a_j}{b}>2$
Füllung	$K_{n,F}$ =	$\frac{p_d \cdot {a_j}^2}{3 \cdot s^2}$	$\frac{\beta_2 \cdot p_d \cdot b^2}{s^2}$	$\frac{2 \cdot p_d \cdot b^2}{5 \cdot s^2}$
konstanter Druck	$K_{n,C}$ =	$\frac{p_d \cdot {a_j}^2}{2 \cdot s^2}$	$\frac{\beta_7 \cdot p_d \cdot b^2}{s^2}$	$\frac{3 \cdot p_d \cdot b^2}{4 \cdot s^2}$
Füllung	$f_{n,F}$ =	$\frac{p_c \cdot {a_j}^4}{64 \cdot E_C \cdot s^3}$	$\frac{\alpha_2 \cdot p_c \cdot b^4}{E_c \cdot s^3}$	$\frac{p_c \cdot b^4}{35 \cdot E_c \cdot s^3}$
konstanter Druck	$f_{n,C}$ =	$\frac{p_c \cdot {a_j}^4}{32 \cdot E_C \cdot s^3}$	$\frac{\alpha_7 \cdot p_c \cdot b^4}{E_c \cdot s^3}$	$\frac{p_c \cdot b^4}{16 \cdot E_c \cdot s^3}$

Es gilt $K_E = K_F + K_C$ und $f = f_F + f_C$

Die unter kurzzeitigen Beanspruchungen vorhandenen Spannungen und Verformungen können mit den entsprechenden kurzzeitigen Drücken berechnet werden.

10.3. Berechnung des Behälterbodens

Die Berechnung des Bodens richtet sich nach seinem Seitenverhältnis (**Tabelle7**).

Tabelle 7: Spannungen und Verformungen des Behälterbodens mit Jochverstärkung

Seitenverhältnis		$\frac{a_j}{c}<0,5$	$0,5 \leq \frac{a_j}{c}<2$	$\frac{a_j}{c}>2$
Füllung	$K_{n,F}$ =	$\frac{p_d \cdot aj^2}{3 \cdot s^2}$	$\frac{\beta_3 \cdot p_d \cdot c^2}{s^2}$	$\frac{p_d \cdot c^2}{2 \cdot s^2}$
konstanter Druck	$f_{n,F}$ =	$\frac{p_c \cdot aj^4}{32 \cdot E_c \cdot s^3}$	$\frac{\alpha_3 \cdot p_c \cdot c^4}{E_c \cdot s^3}$	$\frac{p_c \cdot c^4}{32 \cdot E_c \cdot s^3}$

Es gilt $K_E = K_F + K_C$ und $f = f_F + f_C$

10.4. Bemessung der Jochverstärkung

Die Bemessung der Seitenwände in Abschnitt 9.2 setzt eine starre Lagerung durch die vorhandenen Joche voraus. Falls dabei folgende Verformungsbeschränkungen gegeben sind, kann diese Anforderungen als erfüllt gelten:

Maximale Auslenkung am Jochende	$f_K \leq b/ 200$	b: Behälterhöhe
Durchbiegung des Joch bei Zugverspannung oder Deckel	$f_F \leq b / 200$	
Durchbiegung Jochriegel bei Einzelstützung der Jochstiele	$f_r \leq b / 200$	b_j: Riegellänge

Auch eine maximale Auslenkung am Jochende bis maximal b/100 ist aus statischer Sicht zulässig. Aus Gründen der Gebrauchstauglichkeit sollte diese nur in Absprache mit dem Betreiber zugelassen werden.

Die Wahl des Werkstoffs obliegt dem Aufsteller der statischen Berechnung. Für die Nachweisführung ist die zugehörige Bemessungsnorm des Werkstoffs bindend, z. B.

Stahl	DIN EN 1993
GFK	EN 13121 Bemessungsempfehlung für den Einsatz von pultrudierten Profilen aus glasfaserverstärkten Kunststoffen DIBt
Thermoplaste	Richtlinie DVS 2205

Nachzuweisen sind alle erforderlichen Spannungs-, Stabilitäts- und Detailnachweise der entsprechenden Norm oder Berechnungsrichtlinie.

10.5. Schnittgrößen und Verformungen der Jochverstärkung

Die Joche werden als Durchlaufträger auf zwei Stützen mit beiderseitigen Kragarmen berechnet, wobei die Kragarme Dreieckslast aufweisen und der Träger mit einer Flächenlast in der Höhe des Bodendrucks belastet ist (**Bild 13**).

Statisches Ersatzsystem:

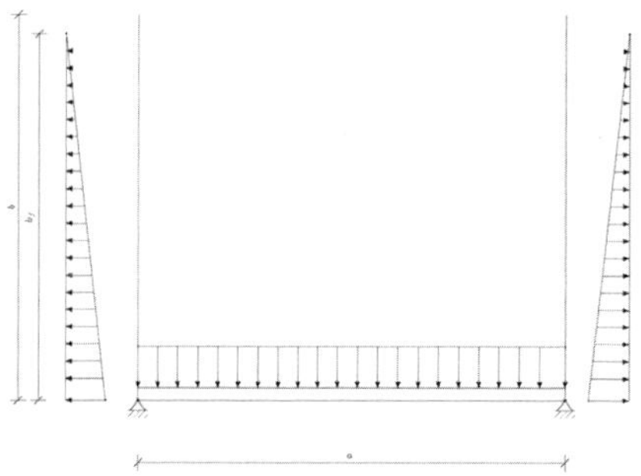

Annahmen:
- gleiches Profil für gesamtes Joch
- Eckverbindungen biegesteif
- Grenzwert Breite

$c \leq \sqrt{1,6} \cdot b_F$

Bild 13: Statisches System Jochträger

Als Länge/Höhe (auch Füllhöhe!!) für die Berechnungen der Verstärkungsträger sind die Systemlinien zu verwenden:

$$c_j = c + 2 \cdot s + h_{Profil}$$

$$b_j = b + 2 \cdot s + \frac{h_{Profil}}{2}$$

$$b_F = Füllhöhe_{innen} + s + \frac{h_{Profil}}{2}$$

Generell gilt, dass sich die Gesamtverformung w an der Oberkante der Joche aus zwei Anteilen zusammensetzt:

1. Anteil durch Biegung des Kragarms
2. Anteil aus der Verdrehung φ der Rahmenecke (Starrkörperverdrehung)

Verdrehung der Rahmenecke:

$$\varphi = \frac{1}{E \cdot I} \cdot \left[\frac{1}{12} \cdot q \cdot {}_F^2 \cdot c - \frac{1}{24} \cdot q \cdot c^3 \right]$$

Die Gesamtverformung w an der Oberkante der Joche.

$$w = \frac{q \cdot b_F^3}{120 \cdot E \cdot I} \cdot (5 \cdot b - b_F) + b \cdot tan\,(\varphi)$$

Für den Fall, dass die Breite $c \leq \sqrt{1,6} \cdot b_F$ ist, erfährt der Riegel des Joches über die gesamte Breite eine Deformation nach oben. Unterhalb der Joche muss auf ganzer Jochbreite ein ebener, tragfähiger Untergrund vorhanden sein. Die Stützung des Riegels außerhalb des Bereiches der Joche ist unerheblich.

Für $c \leq \sqrt{1,6} \cdot b_F$ und kleine Verdrehungswinkel ergibt sich als Verformung an der Oberkante der Joche

$$w = \frac{q_d \cdot b_F^4}{120 \cdot E \cdot I} \cdot \left[5 \cdot \frac{b_J}{b_F} - 1 + 10 \cdot \frac{b_J \cdot c_J}{b_F^2} - 5 \cdot \frac{b \cdot c_J^3}{b_F^4}\right]$$

Die Verformung des Riegels ergibt sich aus

$$W_R = \frac{q_C \cdot c_J^4}{48 \cdot E \cdot l} \cdot \left(\frac{b_J^2}{c_J^2} - \frac{5}{8}\right)$$

Das Moment in der Rahmenecke ist maßgeblich

$$M_{Eck} = \frac{q_d \cdot b_F^2}{6}$$

Für den Fall, dass $c_J > \sqrt{1,6} \cdot b_1$ sind die beiden Lagerfälle getrennt zu betrachten.

Fundament

Der Riegel kann sich nicht nach unten wölben, er schmiegt sich an das Fundment an. Für $c_1 > \sqrt{\frac{8}{3}} \cdot b_J$ ist der Vorgang des Anschmiegens vollständig abgeschlossen; rechts und links ergeben sich Zonen der Länge $\sqrt{\frac{2}{3}} \cdot b_1$, in denen sich der Riegel aufwölbt, der mittlere Bereich mit der Länge $c_1 - \sqrt{\frac{3}{8}} \cdot b_J$ liegt flach und momentfrei auf dem Fundament.

Für den aufgewölbten Bereich, d. h. für alle Fälle mit $c_1 - \sqrt{\frac{3}{8}} \cdot b_J$ gilt die Verschiebung des Jochs an der Oberkante

$$W_J = \frac{q_c \cdot b_J^4}{120 \cdot E \cdot l} \cdot \left(7,74 \cdot \frac{b_J}{b_F} - 1\right)$$

Das Eckmoment

$$M_{Eck} = \frac{q_d \cdot b_F^2}{6}$$

ist stets maßgeblich. Die letzten beiden Formeln liefern für den Bereich $\sqrt{1,6} \cdot b_1 < c_1 < \sqrt{\frac{3}{8}} \cdot b_1$ auf der sicheren Seite liegende Werte, so können die Formeln $c_J > \sqrt{1,6} \cdot b_1$ angewendet werden.

Parallele Betonwände

Für die Lagerung auf zwei parallelen Betonwänden sind die Durchbiegung des Riegels

$$W_R = \frac{q_C \cdot c_J^4}{48 \cdot E \cdot l} \cdot \left(\frac{b_J^2}{c_J^2} - \frac{5}{8}\right)$$

und die Verformung an der Oberkante der Joche

$$w = \frac{q_d \cdot b_F^4}{120 \cdot E \cdot I} \cdot \left[5 \cdot \frac{b_J}{b_F} - 1 + 10 \cdot \frac{b_J \cdot c_J}{b_F^2} - 5 \cdot \frac{b \cdot c_J^3}{b_F^4}\right]$$

zu begrenzen.

Je nach Abmessungsverhältnissen ist das Eckmoment

$$M_{Eck} = \frac{q_d \cdot b_F^2}{6}$$

oder das Riegelmoment

$$M_R = \frac{q_c \cdot h_F^4}{24} \cdot \left[3 \cdot \left(\frac{c_J}{h_F}\right)^2 - 4\right]$$

maßgeblich.

Für den Fall, dass $c \geq \sqrt{1,6} \cdot b_F$ muss zusätzlich zur Unterstützung unterhalb der Joche in der Mitte des Riegels mindestens über die Breite $c - \sqrt{1,6} \cdot b_F$ ein ebener, tragfähiger Untergrund vorhanden sein.

Für $c \geq \sqrt{1,6} \cdot b_F$ und kleine Verdrehungswinkel ergibt sich als Verformung an der Oberkante der Joche für den Fall der zusätzlichen Unterstützung des Riegels zu

$$w = \frac{q \cdot b_F^4}{120 \cdot E \cdot I} \cdot \left[7{,}53 \cdot \frac{b}{b_F} - 1\right]$$

Maßgeblich ist immer das Moment in der Rahmenecke, welches unter den aufgelisteten Annahmen betragsmäßig stets größer ist als das Moment im unteren Riegel.

$$M_{Eck} = \frac{q \cdot b_F^2}{6}$$

Jochverstärkte Behälter mit Zuganker/Deckel:

Statisches Ersatzsystem:

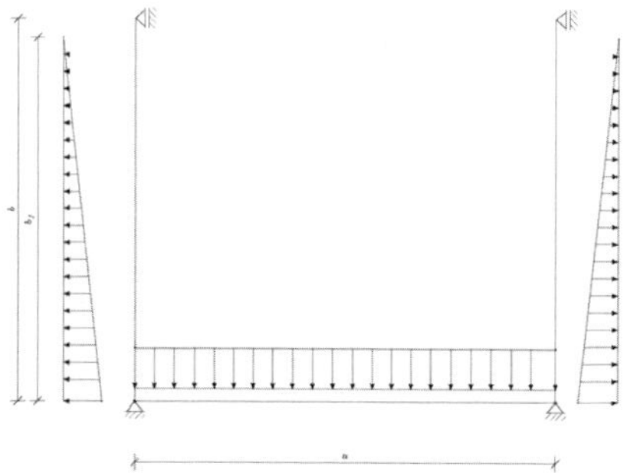

Bild 14: statisches System Jochträger mit Zugband

Im **Bild 14** ist das statische Ersatzsystem für einen jochverstärkten Rechteckbehälter mit mit Zuganker/ Deckel dargestellt.

Die Auflagerkraft in der Höhe des Zugankers bzw. des Deckels ergibt sich für den allgemeinen Fall zu:

$$Z_{allgemein} = \frac{\frac{b_F^3 \cdot q}{120} \cdot (5 \cdot b - b_F) + \frac{b_F^2 \cdot q}{12} \cdot b \cdot c - \frac{q}{24} \cdot b \cdot c^3}{\frac{1}{3} \cdot b^3 + \frac{1}{2} \cdot b^2 \cdot c}$$

Mit der Berechnung der Auflagerkraft Z können die Maximalwerte der Momente und der Deformationen für alle Bereiche des Ersatzsystems in Abhängigkeit der Eingangsparameter allgemein bestimmt werden. Der resultierende allgemein gültige Formelapparat ist recht umfangreich und nicht für die Veröffentlichung in einem normativen Standard geeignet.

Auf der sicheren Seite liegend kann die Füllung bis zur Oberkante des Behälters ($b_F = b$) angenommen werden. Mit dieser Annahme/Einschränkung vereinfachen sich die Berechnungsformeln, diese werden im Folgenden zusammengefasst.

Für den Fall, dass die Breite $c \leq 0,725 \cdot b_F$ ist, erfährt der Riegel des Joches über die gesamte Breite eine Deformation nach oben. Unterhalb der Joche muss auf ganzer Jochbreite ein ebener, tragfähiger Untergrund vorhanden sein. Die Stützung des Riegels außerhalb des Bereiches der Joche ist unerheblich.

Annahme:

$c \leq 0,725 \cdot b_F \qquad b_F = b$

Die Auflagerkraft lässt sich dann wie folgt berechnen:

$$Z = \frac{q_d \cdot b_J}{20} \cdot \frac{4 + 10 \cdot \beta - 5 \cdot \beta^3}{2 + 3 \cdot \beta} \quad \text{mit } \beta = \frac{c_J}{b_J}$$

Der Ort der maximalen Deformation im vertikalen Joch kann für den Fall $b_F = b$ angegeben werden zu (gemessen vom oberen Auflager):

$$X_{max} = \sqrt{\frac{6 \cdot b \cdot Z}{q_d} - \sqrt{\left(\frac{6 \cdot b \cdot Z}{q_d}\right)^2 + \frac{1}{5} \cdot b^4 - \frac{4 \cdot Z}{q} \cdot b^3}}$$

Die maximale Deformation im vertikalen Joch ergibt sich dann für den Fall $H = H_F$ zu:

$$w_{max} = \frac{1}{E \cdot I} \cdot \left[\frac{q_d}{120 \cdot b_J} \cdot X_{max}^5 - \frac{Z}{6} \cdot X_{max}^3 - \frac{q_d \cdot b_J^3}{120} \cdot X_{max} + \frac{Z \cdot b_J}{2} 6 \cdot X_{max}\right]$$

Das Eckmoment

$$M_{Eck} = Z \cdot b_J - \frac{q_d \cdot b_J^2}{6}$$

ist maßgeblich.

$c_1 > 0,725 \cdot b_J$

Nun muss zwischen den Lagerungsarten unterschieden werden.

Fundament

Zwischen $0{,}725 \cdot b_J \leq c_J \leq 0,93 \cdot b_1$ bildet sich das Anschmiegen des Riegels an das Fundament aus. Bei $c_J = 0,725 \cdot b_J$ berührt der Riegel das Fundament in einem Punkt; bei $c_J = 0,93 \cdot b_1$ ist das Moment in der Mitte des Riegels Null; bei $c_1 > 0,93 \cdot b_1$ liegt der mittlere Teil des Riegels auf einer Länge von $c_1 - 0,93 \cdot b_1$ momentfrei flach auf dem Fundament.

Für $c_1 > 0,93 \cdot b_1$ gilt exakt:

Maximale Durchbiegung der Joche

$$w_J = 0,3807 \cdot \frac{q_c \cdot b_J^4}{120 \cdot E \cdot l}$$

Das Eckmoment

$$M_{Eck} = Z \cdot b_1 - \frac{q_d \cdot b_J^2}{6} \quad \text{mit} \quad Z = 0,1127 \cdot q_d \cdot b_J$$

ist maßgeblich.

Diese Formeln sind auch für den Bereich $0,725 \cdot b_J \leq c_J \leq 0,93 \cdot b_J$ anwendbar, da sie auf der sicheren Seite liegen.

Zwei parallele Betonwände

In diesem Fall ist die Durchbiegung des Riegels

$$w_R = \frac{b_1^3 \cdot \beta^2}{48 \cdot E \cdot l} \cdot \left[q_c \cdot b_1 \left(1 - \frac{5}{8} \cdot \beta^2 \right) - 6 \cdot Z \right] \quad \text{mit} \quad \beta = \frac{c_J}{b_J}$$

und

$$Z = \frac{q_d \cdot b_J}{20} \cdot \frac{4 + 10 \cdot \beta - 5 \cdot \beta^3}{2 + 3 \cdot \beta}$$

zu begrenzen.

Außerdem ist das Joch zu bemessen mit

$$M_{Eck} = Z \cdot b_J - \frac{q_d \cdot b_J^2}{6}$$

und dem Moment in Riegelmitte

$$M_R = \frac{q_d \cdot b_J^2}{48} \cdot \left(8 - 6 \cdot \beta^2\right) - Z \cdot b_J$$

Für den Fall, dass $c \geq 0,725 \cdot b_F$ ist, muss zusätzlich zur Unterstützung unterhalb der Joche in der Mitte des Riegels mindestens über die Breite $c - 0,725 \cdot b_F$ ein ebener, tragfähiger Untergrund vorhanden sein.

Annahme:

$c \geq 0,725 \cdot b_F \qquad b = b_F$

Die Auflagerkraft, der Ort der maximalen Deformation sowie die maximale Deformation im Joch an sich ergeben sich unter Berücksichtigung der Annahmen und für den Fall der zusätzlichen Unterstützung des Riegels zu:

$$Z = 0,112 \cdot q \cdot b$$

$$X_{max} = 0,47 \cdot b$$

$$w_{max} = \frac{q \cdot b^4}{120 \cdot E \cdot I} \cdot 0,3725$$

Maßgeblich ist immer das Moment in der Rahmenecke, welches unter den aufgelisteten Annahmen betragsmäßig stets größer ist als das Moment im unteren Riegel. Das Eckmoment in der Rahmenecke ergibt sich für $b = b_F$ zu:

$$M_{Eck} = Z \cdot b - \frac{q}{6} \cdot b^2$$

10.6. FEM Berechnung

Der Berechnung des Behälters kann alternativ auch mit Hilfe der FEM durchgeführt werden. Werden durch die FEM gleichzeitig Wände und Boden abgebildet, entfällt die Vorgabe, Boden und Wände in gleicher Wanddicke auszuführen.

Eine Beschränkung der Behälterbreite in Abhängigkeit der Füllhöhe ist bei Anwendung der FEM nicht erforderlich.

11. Behälter mit Kreuzverrippung

Das **Bild 15** zeigt schematisch einen Rechteckbehälter mit Kreuzverrippung.

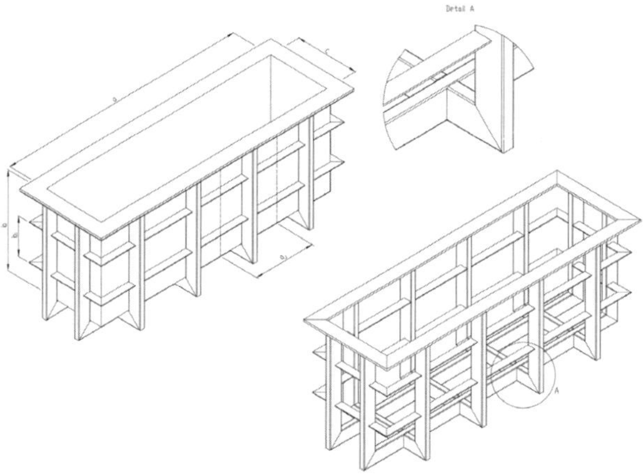

Bild 15: Behälter mit Kreuzverrippung

Bei dieser Bauart wird die in Abschnitt 9 beschriebene Jochverstärkung durch Querrippen ergänzt. Die Querrippen werden zwischen den Jochen angeordnet und mit diesen verschweißt. Diese Bauweise wird eingesetzt, um die Wanddicken der Seitenwände bei jochverstärkten Behältern zu reduzieren. Sinnvollerweise sollten die Feldhöhen so bestimmt werden, dass sich eine gleichmäßige Wanddicke über die Behälterhöhe ergibt. Innerhalb der Nachweisführung sind die Wanddicken für jedes Feld einzeln nachzuweisen. Die Bodendicke muss mindestens der Dicke der anschließenden Wand entsprechen.

Die Lastabtragung des hydrostatischen Drucks erfolgt über die Joche. Die Querrippen dienen zur Verringerung der Feldgrößen. Die Auslegung der Joche erfolgt gemäß Abschnitt 10. Die Querrippen sind als eingespannte Träger mit Streckenlast zu dimensionieren.

Soll der Lastabtrag durch Kombination von umlaufende Versteifungsprofile und senkrechte Joch erfolgen ist ein gesonderter FEM Rechnung erforderlich.

12. Behälterdeckel

Der Deckel ist vorzugsweise unversteift auszuführen. Wird ein Deckel mit Versteifung ausgeführt, so sollten bei einer Medientemperatur > 60 °C, die Steifen auf dem Deckel angeordnet werden.

Die Behälterdeckel sind unter den anstehenden Lasten aus Eigengewicht, lang- und kurzzeitigen Drücken, Schnee und als betretbarer Deckel für eine konstante Verkehrslast p = 1,00 kN/m² bzw. eine Mannlast F = 1,50 kN nachzuweisen. Die Nachweise unter Mannlast werden in konservativer Abschätzung an einem 200 mm breiten Deckenstreifen geführt.

Alle Festigkeitsnachweise sind unter der Summe der γ_F-fachen Last, alle Verformungsnachweise unter der Summe der charakteristischen Lasten zu führen.

Nachzuweisen ist die Einhaltung der zulässigen Spannungen sowie der zulässigen Verformungen.

Dabei sollte gelten:

$$f_{max} \leq c/200$$

$$f_{max} \leq 1,5 \cdot t_{Deckel}$$

mit f_{max} als Maximum der Verformung unter lang-, mittel- und kurzfristiger Beanspruchung.

12.1. Temperaturen

Die Festigkeitsnachweise der Dachplatte sind mit der wirksamen Wandtemperatur $(T_M + T_A)/2$ bei langzeitigen Einwirkungen bzw. $(T_{MK} + T_{AK})/2$ bei kurzzeitigen Einwirkungen zu führen. Für die Festigkeitsnachweise der Steifen ist die mittlere Medientemperatur T_M anzunehmen. Der Abminderungsfaktor A_1 ist entsprechend der jeweils anzusetzenden Temperatur zu bestimmen.

Bei Außenaufstellung unter einem Sonne und Schnee abschirmenden ortsfesten Dach kann bei Aufstellung in Deutschland als Umgebungstemperatur T_{AK} = 35°C angesetzt werden.

12.2. Frei aufliegender Behälterdeckel (ohne Verstärkung/Steifen)

Das **Bild 16** zeigt die Bezugsmaße eines Rechteckbehälters mit frei aufliegendem Behälterdeckel ohne Verstärkungen.

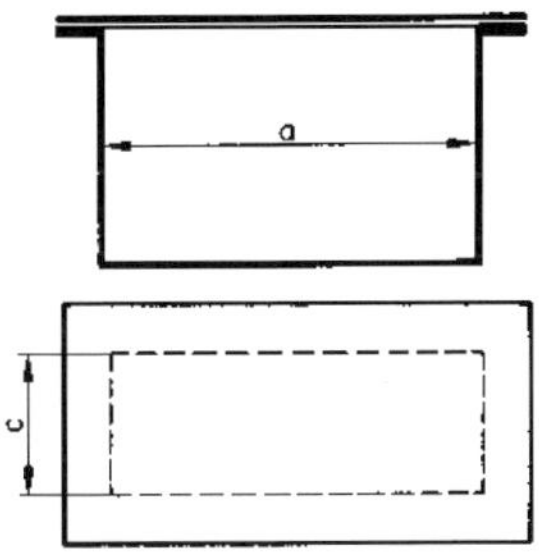

Bild 16: Bezugsmaße

$$K_{L,d} = \frac{\beta_5 \cdot q_{L,d} \cdot c^2}{s^2}$$

$$f_L = \frac{\alpha_5 \cdot q_{L,C} \cdot c^4}{E_c \cdot s^3}$$

Das hier dargestellte Nachweisformat ist sinngemäß, falls vorhanden, auf mittel- und kurzfristige Beanspruchungen zu übertragen.

Der Nachweis ist getrennt für den jeweiligen Beanspruchungszeitraum zu führen.

12.3. Fest eingespannter Behälterdeckel (ohne Verstärkung/Steifen)

Das **Bild 17** zeigt die Bezugsmaße für einen Rechteckbehälter mit fest eingespanntem Behälterdeckel, wenn ein Innendruck wirkt.

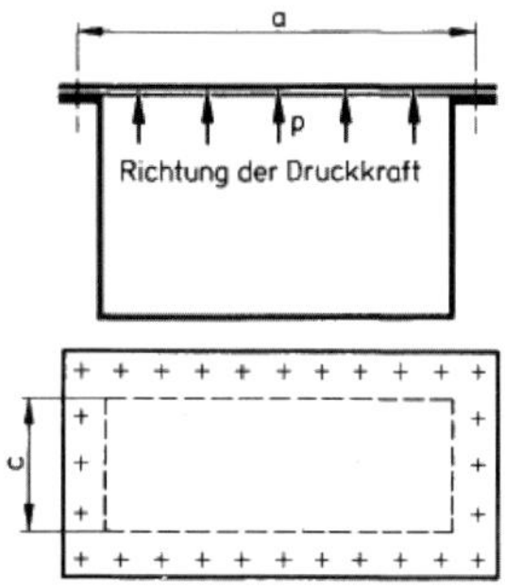

Bild 17: Bezugsmaße für Innendruck

Das **Bild 18** zeigt die Bezugsmaße für einen Rechteckbehälter mit fest eingespanntem Behälterdeckel, wenn ein Außendruck wirkt.

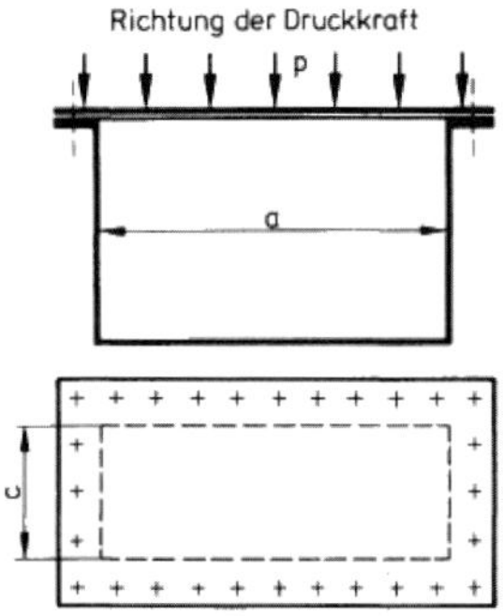

Bild 18: Bezugsmaße für Außendruck

Seitenverhältnis 1 ≤ a/c ≤ 2

$$K_{L,d} = \frac{\beta_3 \cdot q_{L,d} \cdot c^2}{s^2}$$

$$f_l = \frac{\alpha_3 \cdot q_{L,C} \cdot c^4}{E_c \cdot s^3}$$

Seitenverhältnis a/c > 2

$$K_{L,d} = \frac{q_{L,d} \cdot c^2}{2 \cdot s^2}$$

$$f_l = \frac{q_{L,c} \cdot c^4}{32 \cdot E_c \cdot s^3}$$

Das hier dargestellte Nachweisformat ist sinngemäß, falls vorhanden, auf mittel- und kurzfristige Beanspruchungen zu übertragen.

Der Nachweis ist getrennt für den jeweiligen Beanspruchungszeitraum zu führen.

12.4. Versteifter Behälterdeckel

Das **Bild 19 und Bild 20** zeigen schematisch eine Behälterdeckel mit Versteifungen unterhalb und oberhalb der Deckelplatte.

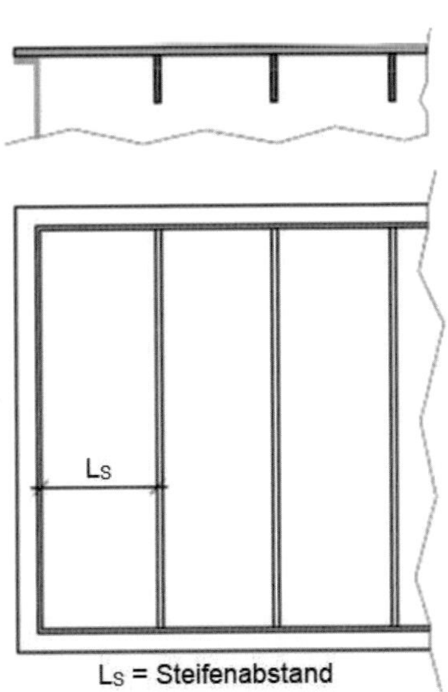

Bild 19: Steifen unterhalb Deckelplatte

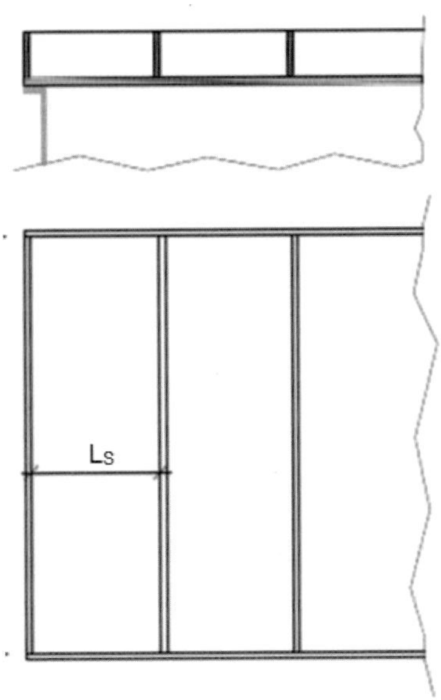

Bild 20: Steifen auf Deckelplatt

Festigkeitsnachweis der Deckelplatte quer zu den Steifen

Die Bemessung der Deckelplatte quer zu den Steifen kann näherungsweise mit den Formeln gemäß 12.2 (frei aufliegender Behälterdeckel) geführt werden. Als Feldlänge ist der Steifenabstand L_s einzusetzen.

Querschnittswerte der mit dem Behälterdeckel verschweißten Kunststoffsteifen

Für die Berechnung der Querschnittswerte der Steife wird bei n Steifen ein Plattenbalken mit der mittragenden Breite berechnet:

$$b_m = \frac{0,85 \cdot a}{n+1}$$

Die Lage des Schwerpunkts z_S (gemessen von der Mittelfläche der Dachplatte) und das Trägheitsmoment I_S ergeben sich aus:

$$z_s = \frac{h_s \cdot S_s \cdot \frac{h_s + S_d}{2}}{h_s \cdot S_s + b_m \cdot S_d}$$

$$I_S = \frac{h_s^3 \cdot s_s}{12} + \frac{b_m \cdot s_D^3}{12} + b_m \cdot S_D \cdot z_s^2 + h_s \cdot S_s \cdot \left(\frac{h_s + s_d}{2} - z_s\right)^2$$

Festigkeitsnachweis der verschweißten Kunststoffsteifen

Die Nachweise werden gegenüber den vorliegenden Zugspannungen geführt.

Spannungen in Dachplatte bei Steife unter Deckel und nach außen gerichteter Last bzw. bei Steife oberhalb des Deckels und nach innen gerichteter Last:

$$K_d^{vorh} = \frac{\gamma_F \cdot q_d^{vorh} \cdot a \cdot c^2 \cdot \left(z_s + \frac{s_D}{2}\right)}{(n+1) \cdot 8 \cdot l_s}$$

$$K_d^{vorh} = \frac{\gamma_F \cdot 1500 \cdot c \cdot z_s}{4 \cdot l_s}$$ Mannlast, Steife auf Deckel

Spannungen an Unter- bzw. Oberkante der Steife bei Steife unter Deckel und nach innen gerichteter Last bzw. bei Steife oberhalb des Deckels und nach außen gerichteter Last:

$$K_d^{vorh} = \frac{\gamma_F \cdot q_d^{vorh} \cdot a \cdot c^2 \cdot \left(z_s + \frac{s_D}{2} - z_s\right)}{(n+1) \cdot 8 \cdot l_s}$$

$$K_d^{vorh} = \frac{\gamma_F \cdot 1500 \cdot c \cdot \left(h_s + \frac{s_D}{2} - z_s\right)}{4 \cdot l_s}$$ Mannlast, Steife unter Deckel

Für die vorhandene Verformungen der Steifen muss gelten:

$$f = \frac{5 \cdot q_c^{vorh} \cdot a \cdot c^4}{384 \cdot E_c \cdot l_s \cdot (n+1)} \leq \frac{c}{200}$$ Gleichlast

$$f = \frac{1500 \cdot c^3}{48 \cdot E_c \cdot l_s} \leq \frac{c}{200}$$ Mannlast F = 1,50 kN

Die Festigkeitsnachweise sind getrennt für γ_F-fache lang, -mittel- und kurzfristige Lasten zu führen und gegenüber dem Produkt aus Schweißnahtfaktor und den zulässigen Spannungswerten abzusichern.

Alle Verformungsnachweise werden mit charakteristischer Last unter Verwendung des Kriechmoduls nach Abschnitt 4.3 geführt.

Stabilitätsnachweis der Deckelplatte

Unter den nachfolgenden Bedingungen ist der Stabilitätsnachweis der Dachplatte zu führen:

Steifenanordnung	Lastrichtung
Steifen auf Deckel	nach außen gerichtete Last
Steifen unter Deckel	nach innen gerichtete Last

Für die kritische Beulspannung der Platte gilt mit dem Beulwert k = 5,5:

$$\sigma_{k,d} = \frac{k \cdot \pi^2 \cdot (n+1)^2 \cdot \frac{E_K^{TC}}{\gamma_M} \cdot S_D^2}{12 \cdot a^2 \cdot (1-\mu^2) \cdot A_1 \cdot A_2}$$

$$\sigma_d^{vorh} = \frac{\gamma_F \cdot q_d^{vorh} \cdot a \cdot c^2 \cdot z_s}{(n+1) \cdot 8 \cdot l_s}$$

$$\sigma_d^{vorh} = \frac{\gamma_F \cdot 1500 \cdot c \cdot z_s}{4 \cdot l_s}$$ Mannlast F =1,5 kN, Steife unter Deckel

Die Nachweise sind getrennt für γ_F-fache lang,-mittel- und kurzfristige Lasten zu führen und gegenüber der kritischen Beullast abzusichern.

Stabilitätsnachweis der Deckelsteifen

Unter den nachfolgenden Bedingungen ist der Stabilitätsnachweis der Deckelsteifen zu führen:

Steifenanordnung	Lastrichtung
Steifen auf Deckel	nach innen gerichtete Last
Steifen unter Deckel	nach außen gerichtete Last

Für die kritische Beulspannung der Steife gilt mit dem Beulwert k = 1,1:

$$\sigma_{k,d} = \frac{k \cdot \pi^2 \cdot \frac{E_K^{TC}}{\gamma_M} \cdot S_S^2}{12 \cdot h_S^2 \cdot (1 - \mu^2) \cdot A_1 \cdot A_2}$$

$$\sigma_d^{vorh} = \frac{\gamma_F \cdot q_d^{vorh} \cdot a \cdot c^2 \cdot \left(h_s + \frac{S_D}{2} - z_s\right)}{(n+1) \cdot 8 \cdot l_s}$$ Gleichlast

$$\sigma_d^{vorh} = \frac{\gamma_F \cdot 1500 \cdot c \cdot \left(h_s + \frac{s_D}{2} - z_s\right)}{4 \cdot l_s}$$ Mannlast F =1,5 kN, Steife auf Deckel

Die Nachweise sind getrennt für γ_F-fache lang,-mittel- und kurzfristige Lasten zu führen und gegenüber der kritischen Beullast abzusichern.

12.5. FEM Berechnung

Alternativ zur zuvor geführten analytischen Lösung kann der Deckel mit Hilfe der FEM geführt werden. Beim Nachweis mit der FEM entfällt die Beschränkung einer Begehbarkeit auf versteifte Deckel.

Bei der Betrachtung der Mannlast ist im Feld eine Flächenlast mit den Abmessungen 200 x 200 mm mit p = 37,5 kN/m², oberhalb der Steifen eine Einzellast von 1,50 kN vorzusehen.

13. Anforderungen an die statische Berechnung und den Bericht

Für die Vollständigkeit und Richtigkeit der Standsicherheitsnachweise von Rechteckbehältern aus Kunststoff sind die nachfolgenden Anforderungen an die statische Berechnung und die zugehörige Dokumentation einzuhalten.

a. Die statische Berechnung muss in sich abgeschlossen, vollständig, lesbar und klar gegliedert sein. Ausnutzungsgrade sind anzugeben.

b. Den Standsicherheitsnachweisen soll eine kurze Erläuterung vorangestellt werden, in der wichtige Vorbemerkungen, wie z. B. Bau- und Konstruktionsbeschreibungen, Standortklassifizierung (atmosphärische Einwirkungen), Temperaturen, Füllmedien, besondere Anforderungen und die statische Konzeption erfasst werden.

c. Die bei der Erstellung der Standsicherheitsnachweise zusätzlich verwendeten Normen, Richtlinien und Unterlagen sind anzugeben. Hierbei sind insbesondere auch Anwendungsgrenzen und Einschränkungen klar darzustellen.

d. Verwendete Materialparameter und Materialgesetzte, die von den in den übrigen DVS Merkblättern aufgelisteten Kennwerten abweichen, sind zu dokumentieren und gegebenenfalls durch den Bezug auf Normen oder Prüfberichte zu verifizieren.

e. Bei der Erstellung EDV-unterstützter Standsicherheitsnachweise sind die Programmkenndaten der verwendeten Software zu beschreiben. Die Eingaben und maßgeblichen Ergebnisse sind so darzustellen, dass die Prüfung und Beurteilung der Standsicherheit und der Gebrauchstauglichkeit des Tragwerks und einzelner Tragwerksteile durch Dritte jederzeit möglich ist.

f. Die maßgeblichen Nachweise müssen klar ersichtlich geführt und dokumentiert werden.

g. Die statische Berechnung schließt mit einem zusammenfassenden Ergebnis. Die Berechnung ist vom Aufsteller rechtsverbindlich zu unterschreiben. Der verantwortliche Bearbeiter hat seine Kontaktdaten anzugeben.

Zusätzlich zu einem den Anforderungen entsprechenden Standsicherheitsnachweis sind Konstruktionspläne, aus denen die Geometrie aller Bauteile und ihre Verbindungen hervorgehen, vorzulegen.

14. Konstruktive Details

In den nachfolgenden **Bildern 21-29** sind die Verbindungen der Kunststoffbauteile untereinander dargestellt. Die Maßbeschreibung der Schweißnähte (a- und z-Maße) erfolgt in Anlehnung an DIN EN ISO 2553. Die Schweißverfahren sind nach Richtlinie DVS 2205-1 Beiblatt 1 bezeichnet.

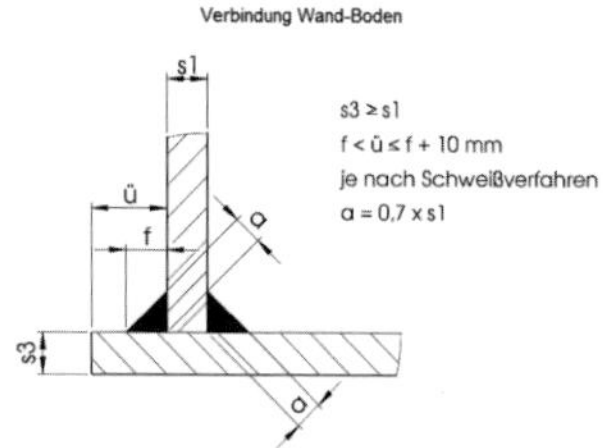

Bild 21: T-Stoß und Doppelkehlnaht

Verbindung Inliner-Rechteckbehälter

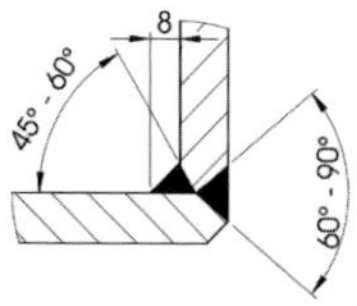

Bild 22: T-Stoß KV Naht

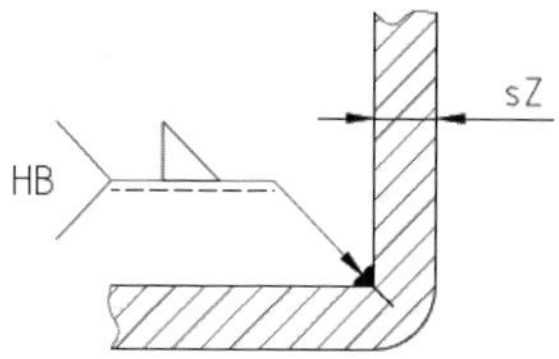

s_z mm Wanddicke

Bild 23: Anschluss Zarge - Boden / Zarge – Zarge

Obere umlaufende Randverstärkung

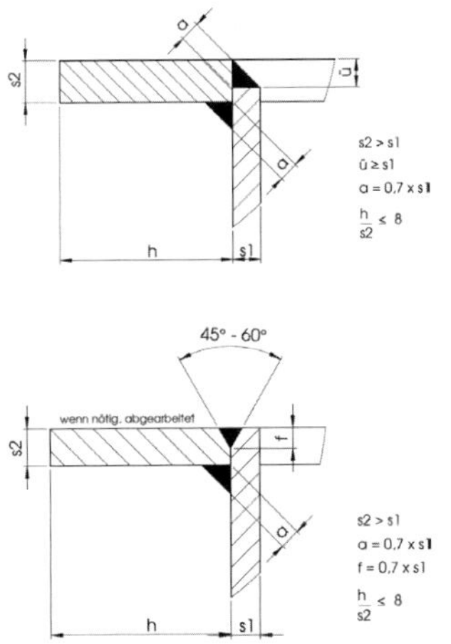

Bild 24: Steg mit Kehl- und V-Naht

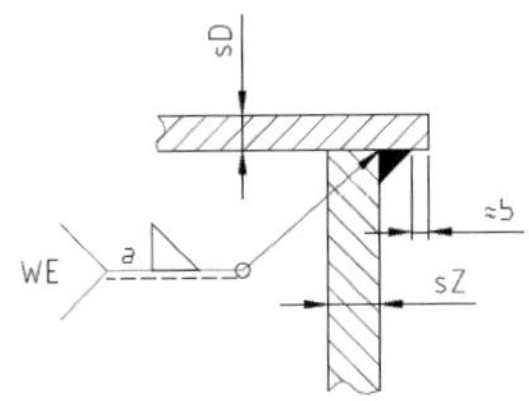

s_Z	mm	Wanddicke
s_D	mm	Dachdicke
a	mm	$a = 0{,}5 \cdot \min(s_Z, s_B)$

Bild 25: Anschluss Wand - Dach

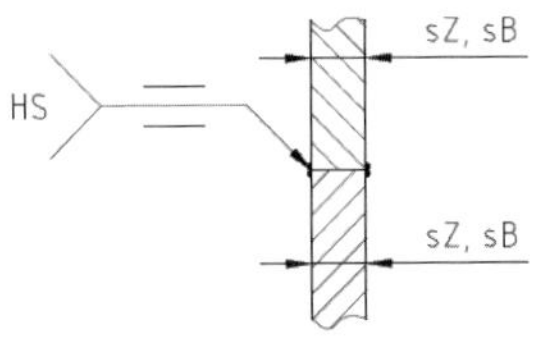

s_Z	mm	Wanddicke

Bild 26: Plattenstoß Zarge oder Boden

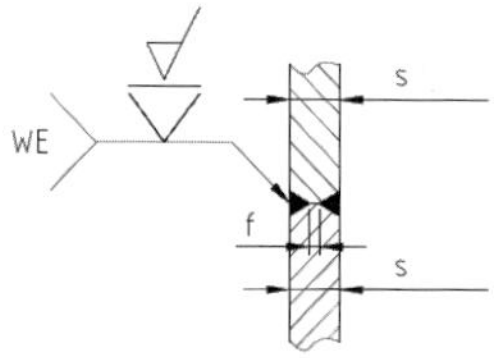

s_z mm Wanddicke

f = 0,2 x s

Bild 27: Plattenstoß Wand oder Boden

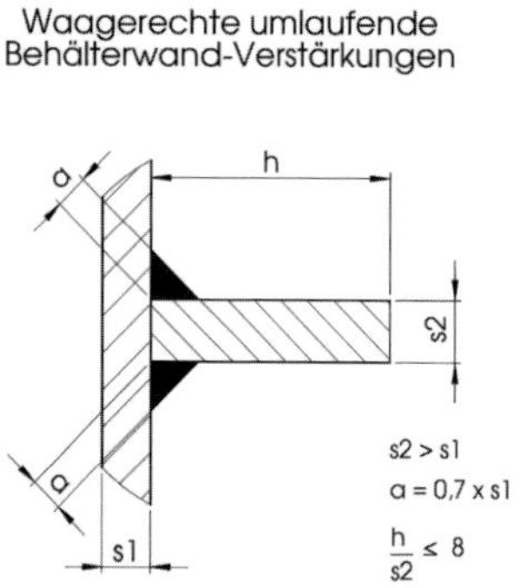

Bild 28: Flachprofil

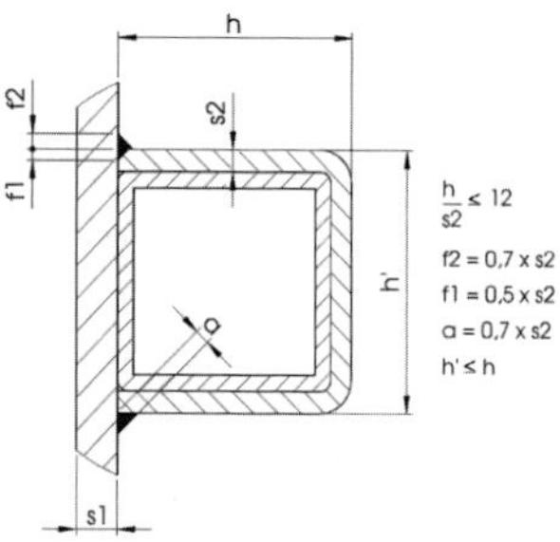

Bild 29: Hohlprofi

15. Normative Verweise, Schrifttum/Normen und Richtlinien

Normen und Richtlinien

DVS 2205-1	Berechnung von Behältern und Apparaten aus Thermoplasten - Kennwerte
DIN EN 1993	Eurocode 3: Bemessung und Konstruktion von Stahlbauten
DIN EN 13121	Oberirdische GFK-Tanks und -Behälter
DIN EN ISO2553	Schweißen und verwandte Prozesse - Symbolische Darstellung in Zeichnungen - Schweißverbindungen

Literatur

[1] Bittner, E.: Platten und Behälter, Springer Verlag, Wien/New York 1965.

[2] Timoshenko, S.: Theory of Plates and Shells. McGraw Hill Book Comp, New York/ London 1959.

[3] Stieglat, K., und H. Wippel: Massive Platten. Verlag W. Ernst & Sohn, Berlin/München 1976.

[4] Karl-Heinrich Grote, Beate Bender, Dietmar Göhlich: Dubbel - Taschenbuch für den Maschinenbau. Springer Verlag, 2018.

[5] Kunz, A.: Formelsammlung. VGB Technische Vereinigung der Großkraftwerksbetreiber e. V. 1976.

DVS - Deutscher Verband
für Schweißen und
verwandte Verfahren e. V.

Richtlinie
DVS 2206

Richtlinie DVS 2206

Zerstörungsfreie Prüfung von Behältern, Apparaten und Rohrleitungen aus thermoplastischen Kunststoffen

DVS, Ausschuss für Technik, Arbeitsgruppe "Fügen von Kunststoffen"

Bezug: DVS Media GmbH, Postfach 10 19 65, 40010 Düsseldorf, Telefon (0211) 1591-0, Telefax (0211) 1591-150

Inhalt:

1. Zweck und Geltungsbereich

Diese Richtlinie gilt für Behälter, Apparate und Rohrleitungen aus thermoplastischen Kunststoffen, die mit und ohne Druck eingesetzt werden.

Diese Richtlinie sowie die entsprechenden Beiblätter beschreiben die zerstörungsfreie Prüfung von Behältern, Apparaten und Rohrleitungen. Sie enthalten die Grundlagen und Arbeitsanweisungen zu verschiedenen zerstörungsfreien Prüfmethoden. Die Prüfungen können, soweit nicht anders angegeben, bei verschieden Fügeverfahren und Werkstoffen angewandt werden.

Gesetze, Vorschriften oder behördliche Auflagen, welche die Anwendung dieser Richtlinie fordern, erweitern oder einschränken, müssen gesondert beachtet werden.

Die Bewertung der Fügeverbindungen in Tabelle 1 (Seite 4) gilt für die Werkstoffe sowie Schweiß- und Prüfverfahren gemäß dem entsprechenden Beiblatt.

Die Anwendung der Richtlinie beim Prüfen nicht geregelter thermoplastischer Kunststoffe bzw. Fügeverfahren muss zwischen Auftraggeber und Auftragnehmer besonders vereinbart werden.

2. Erläuterungen

Folgende wesentliche Änderungen wurden gegenüber der vorherigen Ausgabe der Richtlinie DVS 2206 vorgenommen:

- Die einzelnen zerstörungsfreien Prüfverfahren wurden in eigenen Beiblättern erfasst.
- Die Durchstrahlungsprüfung wurde gestrichen.
- Die Erläuterungen zu den zerstörungsfreien Prüfungen wurden entsprechend dem Stand der Technik aktualisiert.

3. Schrifttum

3.1. Regelwerk

Richtlinie DVS 2206-1	Zerstörungsfreie Prüfung von Behältern, Apparaten und Rohrleitungen aus thermoplastischen Kunststoffen – Maß- und Sichtprüfung
Richtlinie DVS 2206-2	Zerstörungsfreie Prüfung von Behältern, Apparaten und Rohrleitungen aus thermoplastischen Kunststoffen – Dichtheit
Richtlinie DVS 2206-4	Zerstörungsfreie Prüfung von Behältern, Apparaten und Rohrleitungen aus thermoplastischen Kunststoffen – Prüfung mit elektrischer Hochspannung
Richtlinie DVS 2206-5	Zerstörungsfreie Prüfung von Behältern, Apparaten und Rohrleitungen aus thermoplastischen Kunststoffen – Winkelmessung an Heizwendel (HM)- und Heizelementmuffen (HD)-Schweißverbindungen

Tabelle 1. Darstellung der möglichen Prüfverfahren je nach Schweißverfahren und Werkstoff.

Beiblatt	HS/IR					HM					HD					WF/WZ/WE				
	PE	PE-X	PP	PVC	PVDF	PE	PE-X	PP	PVC	PVDF	PE	PE-X	PP	PVC	PVDF	PE	PE-X	PP	PVC	PVDF
1 (Maß- und Sichtprüfung)	×		×	×	×	×	×	×		×	×		×	×	×	×		×	×	×
2 (Dichtheitsprüfung)	×		×	×	×	×	×	×		×	×		×	×	×	×		×	×	×
4 (Elektrische Hochspannung)	×		×	×	×											×		×	×	×
5 (Winkelmessung an HM und HD)						×	×	×		×	×		×	×	×					

September 2011

DVS – DEUTSCHER VERBAND FÜR SCHWEISSEN UND VERWANDTE VERFAHREN E.V.	**Zerstörungsfreie Prüfungen von Behältern, Apparaten und Rohrleitungen aus thermoplastischen Kunststoffen – Maß- und Sichtprüfung**	DVS **Richtlinie DVS 2206-1**

Ersetzt DVS 2206 von November 1975

Inhalt:

1 Geltungsbereich

Diese Richtlinie gilt für Maß- und Sichtkontrollen an thermoplastischen Behältern, Apparaten und Rohrleitungen. Sie müssen die entsprechenden Vorgaben, z. B. der Druckgeräterichtlinie, des Wasserhaushaltsgesetzes oder der speziell vereinbarten technischen Lieferbedingungen/Spezifikationen, erfüllen.

2 Anforderungen

2.1 Anforderungen an thermoplastische Bauteile

Die Anforderungen beziehen sich auf

- Abmessungen (z. B. Längen, Durchmesser, Wanddicken),
- Winkelabweichungen in Abhängigkeit von der Bauteilgröße,
- Unrundheit des Bauteils (Ovalität),
- Oberflächen (z. B. Rauheit, Kratzer, Riefen),
- Grenzabmaße (Toleranzen),
- Art der Fügetechnik (z. B. Schweiß-, Kleb-, Schraubverfahren),
- äußere Erscheinung der erstellten Verbindung (z. B. Gleichmäßigkeit, Form),
- Bewertung der Verbindung, innen und außen (z. B. zerstörungsfreie Fehlerbeurteilung nach Richtlinie DVS 2202-1).

Für Grenzabmaße, die direkt durch die Fertigung des Bauteils, z. B. durch Schweißen, beeinflusst werden, gelten die Tabellen 1 und 2, sofern sie nicht in anderen Regelwerken (z. B. in Richtlinie DVS 2205) vorgegeben sind. Dies gilt z. B. nicht für Dicken- und Durchmesserabweichungen, soweit sie in Normblättern für Halbzeuge geregelt sind.

Tabelle 1. Grenzabmaße ΔL für Längen L.

Genauigkeitsklasse	Anwendungsgebiet		Maße* in mm							
		L	> 315 bis 1.000	> 1.000 bis 2.000	> 2.000 bis 3.000	> 3.000 bis 5.000	> 5.000 bis 8.000	> 8.000 bis 12.000	> 12.000 bis 20.000	> 20.000
A	z. B. Konstruktionen mit wenig Wärmeeinbringung durch Schweißen	ΔL	± 2	± 3	± 4	± 5	± 6	± 7	± 8	± 9
B	z. B. Konstruktionen mit viel Wärmeeinbringung durch Schweißen	ΔL	± 4	± 6	± 8	± 10	± 12	± 14	± 15	± 16
C	z. B. Konstruktionen, bei denen eine größere Abweichung zugelassen werden kann	ΔL	± 8	± 12	± 15	± 18	± 21	± 23	± 25	± 27

* Die Maße gelten für 23 ± 2°C.

Falls in den Zeichnungen keine Angaben über zulässige Grenzabmaße für Längen- und Winkelmaße gemacht werden, ist eine Genauigkeitsklasse zugrunde zu legen, die dem jeweiligen Anwendungsfall gerecht wird.

DVS, Ausschuss für Technik, Arbeitsgruppe „Fügen von Kunststoffen"

Bezug: DVS Media GmbH, Postfach 10 19 65, 40010 Düsseldorf, Telefon (02 11) 15 91-0, Telefax (02 11) 1591-150

Tabelle 2. Grenzabmaße für Winkel.

		Maße in mm			
Genauigkeits-klasse	L*	bis 315	> 315 bis 1.000	> 1.000 bis 2.000	> 2.000 bis 3.000
A	e*	± 1	± 2	± 3	± 7
B		± 3	± 6	± 9	± 12
C		± 7	± 10	± 14	± 20

* Als Bezug für das Grenzabmaß e der Winkel gilt die Länge L des kürzeren Schenkels (siehe Bild 1). Dieser ist stets auf den Scheitelpunkt zu beziehen. Die Längen der Grenzabmaße (e) für Winkelmaße werden am äußeren Punkt des Bezugsschenkels gemessen. Die Grenzabmaße gelten für 23 ± 2°C.

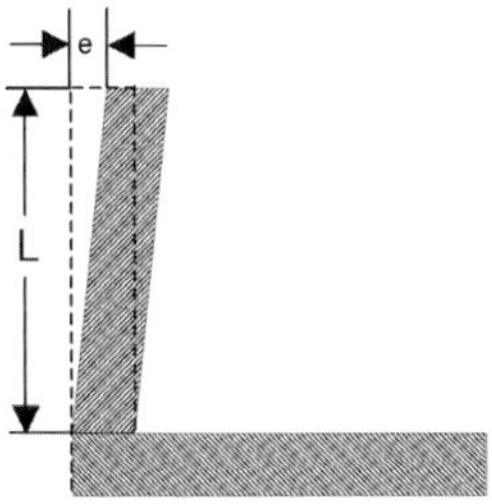

Bild 1. Grenzabmaß (e) des Winkels.

2.2 Anforderungen an Prüfer und Prüfmittel

Die für Maß- und Sichtkontrollen beauftragten Personen müssen die dafür notwendigen kunststofftechnischen Sachkenntnisse und Erfahrungen besitzen.

Die Prüfmittel müssen den Anforderungen der einschlägigen Normen entsprechen.

Beispiele:

- Messschieber nach DIN 862,
- Strichmaßstab nach DIN 866,
- Messband nach DIN 6403,
- Stahlwinkel nach DIN 875-1,
- Neigungsmesseinrichtungen nach DIN 2276.

Alle Prüfmittel müssen als Prüfmittel gekennzeichnet und einer regelmäßigen Kalibrierung unterzogen werden.

3 Prüfungen

3.1 Sichtprüfungen

3.1.1 Überprüfung der Ausführung

Bei den Sichtprüfungen ist die vollständige und richtige Ausführung der Bauteile/Anlage gemäß den Konstruktionsvorgaben zu überprüfen.

3.1.2 Oberflächenprüfungen

Die Bauteiloberflächen werden visuell bei guter Beleuchtung hinsichtlich Riefen, Kerben, Inhomogenitäten (z. B. Schlieren), Einfallstellen und sonstigen Beschädigungen bzw. Herstellungsfehlern geprüft. In Zweifelsfällen ist eine Leuchtlupe mit ausreichender Vergrößerung (z. B. bis ca. 10fach) zu verwenden.

3.1.3 Maßkontrolle

Bei der Maßkontrolle werden zunächst sämtliche Hauptabmessungen, z. B. die Außenmaße, die geometrische Anordnung der Stutzen, Flansche und sonstige Anbauteile überprüft. Des Weiteren werden sämtliche Grenzabmaße überprüft. Dies sind z. B. Unrundheit, Wanddicken, Winkel und die Planparallelität der Flansche.

3.2 Prüfung der Verbindungen

Es ist zu kontrollieren, ob die Ausführung der Verbindungen den Vereinbarungen entspricht bzw. mit der Konstruktionszeichnung übereinstimmt. Grundsätzlich ist die Schweißnahtausführung nach Richtlinie DVS 2202-1 und die Klebenahtausführung nach Richtlinie DVS 2221 zu beurteilen.

Bei Verbindungen, die bei der Endabnahme nicht mehr zugänglich sind, ist eine Zwischenabnahme bei der Fertigung durchzuführen.

4 Prüfbericht und Auswertung

Es ist ein Prüfbericht zu erstellen. Ein Beispiel ist in Anhang 1 aufgeführt.

5 Schrifttum

5.1 Regelwerk

DIN EN ISO 13920 Schweißen – Allgemeintoleranzen für Schweißkonstruktionen – Längen- und Winkelmaße; Form und Lage

DIN 862 Messschieber; Anforderungen, Prüfung

DIN 866 Geometrische Produktspezifikation (GPS) – Strichmaßstäbe, Arbeitsmaßstäbe – Ausführungen, Anforderungen

DIN 875-1 Geometrische Produktspezifikation (GPS) – Winkel 90° – Teil 1: Stahlwinkel 90°

DIN 2276-1 Neigungsmesseinrichtungen; Röhrenlibellen; Maße, Anforderungen

DIN 2276-2 Neigungsmesseinrichtungen; Elektronische Neigungsmesseinrichtungen; Formen, Anforderungen

DIN 6403 Messbänder aus Stahl mit Aufrollrahmen oder Aufrollkapsel

Richtlinie DVS 2202-1 Fehler an Schweißverbindungen aus thermoplastischen Kunststoffen – Merkmale, Beschreibung, Bewertung

Richtlinie DVS 2205-1 Berechnung von Behältern und Apparaten aus Thermoplasten – Kennwerte

Richtlinie DVS 2205-2 Berechnung von Behältern und Apparaten aus Thermoplasten – Stehende runde, drucklose Behälter

Richtlinie DVS 2205-3 Berechnung von Behältern und Apparaten aus Thermoplasten, Schweißverbindungen

Richtlinie DVS 2205-4 Berechnung von Behältern und Apparaten aus Thermoplasten – Flanschverbindungen

Richtlinie DVS 2205-5 Berechnung von Behältern und Apparaten aus Thermoplasten; Rechteckbehälter

Richtlinie DVS 2210-1 Beiblatt 3 Industrierohrleitungen aus thermoplastischen Kunststoffen – Projektierung und Ausführung – Oberirdische Rohrsysteme – Flanschverbindungen: Beschreibung, Anforderungen, Montage

Richtlinie DVS 2221 Prüfung von Kunststoffklebern – Rohrverbindungen aus PVC-U, PVC-C und ABS mit lösenden Klebstoffen

Anhang 1: Musterprüfbericht

Bauteil		Werkstoffe	

Dokumente			Bemerkung
Werksprüfzeugnisse			
Schweißprotokolle			
Prüfungen	Prüfnorm, Vorgabe	e = erfüllt, ne = nicht erfüllt	Bemerkung
Sichtprüfungen			
Maßprüfungen			
Sonstiges			

Abnahmen	Name	Datum			Unterschrift
Eigenüberwachung					
Auftraggeber					
Fremdüberwachung					

DVS – DEUTSCHER VERBAND FÜR SCHWEISSEN UND VERWANDTE VERFAHREN E.V.

Zerstörungsfreie Prüfung von drucklosen Behältern und Apparaten aus thermoplastischen Kunststoffen – Dichtheitsprüfung

Richtlinie DVS 2206-2

Inhalt:

1 Geltungsbereich

Diese Richtlinie gilt für Dichtheitsprüfungen an drucklosen thermoplastischen oberirdischen Behältern und Apparaten. Dichtheitsprüfungen mittels Unterdruck bzw. Überdruck beschränken sich auf spezielle Anwendungsfälle und werden in dieser Richtlinie nicht behandelt. Prüfungen mit partiellem Unterdruck können in Anlehnung an die Richtlinie DVS 2225-2 durchgeführt werden.

Zur Prüfung von oberirdischen Rohrleitungssystemen können die in Tabelle 1 erwähnten Normen bzw. Richtlinien verwendet werden.

2 Allgemeines

Die in dieser Richtlinie behandelten Prüfungen dienen dem Nachweis, dass die Verbindungen am Bauteil hinsichtlich des Prüfmediums dicht sind. Voraussetzung für die Prüfung ist, dass die Herstellung des zu prüfenden Bauteils abgeschlossen ist.

Bauteile aus thermoplastischen Kunststoffen, z. B. stehende Flachbodenbehälter, sind im Regelfall nicht für einen langzeitigen Betrieb unter innerem Über- bzw. Unterdruck geeignet. Insofern wird üblicherweise diese Prüfung mittels Wasserfüllung durchgeführt.

3 Prüfverfahren

3.1 Vorbereitung der Dichtheitsprüfung

Ist ein druckloser Behälter mittels Wasser zu prüfen, sollte sich dieser möglichst an seinem endgültigen Aufstellort befinden. Bis auf die Einfüllöffnung und den Überlauf, sind alle Stutzen im Mantel mittels Blindflansche oder Blindscheiben zu verschließen. Stutzen, welche im Betriebszustand verschlossen bleiben, sind mit dem planmäßigen Blindflansch, der Dichtung und der vollen Schraubenanzahl auszustatten. Erhalten Stutzen einen Armaturenanschluss, soll möglichst die betreffende Armatur in die Dichtheitsprüfung integriert werden.

Beim Befüllen bzw. Entleeren des Behälters ist darauf zu achten, dass sich durch ausreichende Be- bzw. Entlüftung kein unzulässiger Über- bzw. Unterdruck aufbaut.

Der zur Dichtheitsprüfung vorbereitete Behälter ist vor der Befüllung einer Kontrolle zu unterziehen. Es ist dabei darauf zu achten, dass z. B. die Auflage des Flachbodens vollflächig ist und der Behälter senkrecht aufgestellt ist.

Hinweis: Während der Dichtheitsprüfung eines Rechteckbehälters kann die Durchbiegung der Seitenwände nach Richtlinie DVS 2205-5 ermittelt werden.

3.2 Durchführung der Dichtheitsprüfung

Nach Abschluss des Befüllens (bis unterhalb des Überlaufstutzens bzw. bis zur vorgegebenen Füllhöhe) beginnt die eigentliche Prüfdauer. Die Prüfdauer beträgt 24 Stunden, sofern nichts anderes vereinbart ist. Innerhalb von 2 Stunden nach Beginn sowie vor Beendigung der Dichtheitsprüfung ist der Behälter einer Sichtprüfung hinsichtlich eines Austretens des Prüfmediums zu unterziehen. Bevorzugt ist dabei die Boden-Mantelschweißnaht in Augenschein zu nehmen und auf evt. Undichtheiten zu kontrollieren.

Hinweis: Um Undichtheiten im Bodenbereich sicherer erkennen zu können, ist je nach Bodenbeschaffenheit eine Folie unter den Behälter zu unterlegen.

Der Behälter darf erst dann entleert werden, wenn die vorgegebene Prüfdauer erreicht ist. Die aus der Sichtprüfung resultierenden Ergebnisse, einschließlich eventuell registrierter Auffälligkeiten, sind formlos zu dokumentieren. In jedem Fall müssen aus dem Prüfprotokoll folgende Daten hervorgehen:

- Zuordnung der Prüfung und Prüfgegenstand,
- Füllhöhe,
- Prüfbedingungen (z. B. Wassertemperatur beim Befüllen, Umgebungstemperatur),
- Prüfbeginn und -ende
- Auffälligkeiten (z. B. ungewöhnliche Verformung),
- Ergebnis der Dichtheitsprüfung,
- Prüfdatum,
- Name und Unterschrift des Prüfers.

4 Schrifttum

Richtlinie DVS 2205-5	Berechnung von Behältern und Apparaten aus Thermoplasten; Rechteckbehälter
Richtlinie DVS 2225-2	Fügen von Dichtungsbahnen aus polymeren Werkstoffen im Erd- und Wasserbau – Baustellenprüfungen

DVS, Ausschuss für Technik, Arbeitsgruppe „Fügen von Kunststoffen"

Bezug: DVS Media GmbH, Postfach 10 19 65, 40010 Düsseldorf, Telefon (02 11) 15 91- 0, Telefax (02 11) 1591-150

5 Erläuterungen

Tabelle 1. Mögliche Dichtheitsprüfungen (für Rohrleitungen).

Art	Betriebsmedium		Norm bzw. Richtlinie	Bemerkung
	Flüssigkeiten	Gase		
Druckrohre, erdverlegt		X	DVGW G 469	Gasrohrleitungen
	X		DVGW W 400-2	Trinkwasserleitungen
	X	X	Druckgeräterichtlinie	Druckrohrleitungen
Druckrohre, oberirdisch	X		Richtlinie DVS 2210-1 Beiblatt 2	Industrierohrleitungen
	X		Richtlinie DVS 2210-2	Doppelrohrleitungen
	X		DIN 1988-200 DIN EN 806-2 DIN EN 806-4	Hausinstallation
drucklose Rohre, erdverlegt	X	X	DIN EN 1610	Abwasserrohrleitungen
drucklose Rohre, oberirdisch	X	X	Richtlinie DVS 2210-1 Beiblatt 2	Industrierohrleitungen
Unterdruckrohre	X	X	Richtlinie DVS 2210-1 Beiblatt 2	Industrierohrleitungen

September 2011

DVS – DEUTSCHER VERBAND FÜR SCHWEISSEN UND VERWANDTE VERFAHREN E.V.	Zerstörungsfreie Prüfungen von Behältern, Apparaten und Rohrleitungen aus thermoplastischen Kunststoffen – Prüfung mit elektrischer Hochspannung	DVS Richtlinie DVS 2206-4

Ersetzt DVS 2206 von November 1975

Inhalt:

1 Geltungsbereich

Diese Richtlinie gilt für das Prüfen von Schweißverbindungen an Bauteilen, Rohrleitungen, Apparaten und Behältern, sowie Dichtungsbahnen und Verbundkonstruktionen aus thermoplastischen Kunststoffen.

Die Prüfung dient zur Auffindung von durchgehenden Poren bzw. Rissen. Die Prüfung mit elektrischer Hochspannung ersetzt keine Dichtheitsprüfung nach Richtlinie DVS 2206-2 bzw. Richtlinie DVS 2225-2 und auch keine Beurteilung nach Richtlinie DVS 2202-1.

Diese Richtlinie ist nicht für elektrisch ableitfähige Kunststoffe anwendbar.

2 Werkstoffe

Die Richtlinie betrifft die Prüfung der Schweißverbindungen an folgenden Kunststoffen:

- PE,
- PP,
- PVC,
- Fluorkunststoffe.

3 Prüfverfahren

Dieses Prüfverfahren beruht auf dem Prinzip der Gasentladung beim Anlegen einer elektrischen Hochspannung an eine Entladungsstrecke. Ihre Anwendung setzt einen elektrisch isolierenden Werkstoff sowie eine elektrisch leitfähige Gegenelektrode voraus. Bei durchgehenden Fehlstellen tritt ein Funkenüberschlag zwischen den Elektroden auf, der sichtbar und hörbar ist.

3.1 Prüfgeräte

Folgende Hochspannungsprüfgeräte werden angewendet:

- **Prüfgeräte mit Wechselspannung**
  Diese Geräte benötigen keine Erdung der Gegenelektrode, ermöglichen keine exakte Begrenzung der Spannungsspitzen nach Höhe und Dauer.
- **Prüfgeräte mit gepulster Gleichspannung**
  Sie sind für alle Anwendungsbereiche geeignet, bedingen allerdings eine Erdung der Gegenelektrode.
- **Prüfgeräte mit Dauergleichspannung**
  Die Dauergleichspannung kann zu elektrischer Aufladung und bleibender Änderung der elektrischen Eigenschaften der geprüften Kunststoffe führen und dadurch Prüffehler erzeugen. Diese Geräte werden für die in dieser Richtlinie behandelten Anwendungen nicht empfohlen.

3.2 Durchführung der Prüfung

Der Nahtbereich muss trocken und frei von Verunreinigungen sein. Diese können eine Schicht bilden und damit die Prüfung beeinträchtigen. Es ist sicherzustellen, dass sich der gesamte Schweißnahtquerschnitt vor Prüfbeginn auf Umgebungstemperatur abgekühlt hat. Das akustische und optische Wahrnehmen einer Fehlstelle muss beim Prüfen gewährleistet sein. Es muss sichergestellt werden, dass die Prüfelektrode während des gesamten Prüfvorganges Kontakt mit der zu prüfenden Oberfläche hat. Die Prüfung darf nur von erfahrenem Personal durchgeführt werden.

Handelsübliche Prüfgeräte können mit verschiedenen Elektrodenformen (z. B. Bürste, Spitzelektrode, Kugelelektrode, Drahtgaze, etc.) bestückt werden. Die Elektroden sind entsprechend der Nahtgeometrie auszuwählen.

Die Prüfgeschwindigkeit sollte in Abhängigkeit der Nahtgeometrie und Wanddicke angepasst werden. Sie darf an einer ebenen Schweißnaht bis 200 mm pro Sekunde betragen. An schwer zugänglichen Stellen (z. B. Stutzen) oder bei höheren Wanddicken (> 10 mm) sollte sie deutlich darunter liegen. Ein längeres Verweilen (> 5 s) der Prüfelektrode auf einer Stelle ist unzulässig, da dies zu einer Verminderung der Durchschlagfestigkeit bis zur Zerstörung des Werkstoffes führen kann.

Die folgende Tabelle gilt für die Prüfung an Bauteilen im Neuzustand. Die angegebenen Werte sind als Richtwerte anzusehen.

Tabelle 1. Richtwerte für Prüfspannungen.

Wanddicke	Prüfspannung in kV*	
(mm)	PE, PP, Fluorkunststoffe	PVC
bis 3	10 - 15	15 - 20
> 3 - 6	15 - 25	20 - 30
> 6 - 20	25 - 35	30 - 40
> 20 - 50	> 35	> 40

* Die Werte wurden mit Kugelelektroden ermittelt.

DVS, Ausschuss für Technik, Arbeitsgruppe „Fügen von Kunststoffen“

Bezug: DVS Media GmbH, Postfach 10 19 65, 40010 Düsseldorf, Telefon (02 11) 15 91 - 0, Telefax (02 11) 1591-150

Bei der Verwendung von breiten Elektroden (z. B. Bürstenelektroden) ist zu beachten, dass ein Abfall der eingestellten Spannung über die Elektrodenbreite auftreten kann.

Bei Überlappnähten von Dichtungsbahnen werden abweichende Prüfspannungen gewählt, da der mögliche Funkenweg zwischen Elektrode und Gegenelektrode erheblich von der Wanddicke abweicht (Werte für Prüfspannungen siehe Richtlinie DVS 2225-1 und Richtlinie DVS 2225-4).

Die Schlagweite ist der Abstand zwischen der Elektrode und dem Gegenpol, ab dem ein Funke überspringt. Zwischen der Elektrode und dem Gegenpol darf dabei ausschließlich Luft sein. Da die Schlagweite (Funkenstrecke an freier Luft) mit zunehmender Luftfeuchte zunimmt, ist sie vor Prüfbeginn mit der gewählten Elektrode in Luft zu bestimmen. Die Schlagweite muss größer als die maximal mögliche Durchgangsstrecke (Bauteildicke) sein. Zudem darf sie nicht so hoch sein, dass es zu einem Durchschlag durch das Bauteil kommt.

Erfahrungen aus der Praxis zeigen, dass Bauteile nach längerer Betriebszeit in Abhängigkeit vom Betriebsmedium ihre dielektrischen Eigenschaften geändert haben können. Daher sind die in Tabelle 1 genannten Prüfspannungen deutlich zu reduzieren. Der Nahtbereich muss vor der Prüfung von Ablagerungen befreit und trocken sein.

Art und Umfang der Protokollierung sind vor Prüfbeginn zwischen den beteiligten Parteien festzulegen. Die Protokollierung muss mindestens den verwendeten Gerätetyp, die Prüfspannung, die Elektrodenart, den Prüfumfang, die Schlagweite, den Namen des Prüfers, den Ort, das Datum und das Prüfergebnis enthalten.

4 Grenzen des Prüfverfahrens

Es werden nur Risse oder Löcher nachgewiesen, die durchgehend sind und dabei nahezu senkrecht zur Naht verlaufen. Es ist darauf zu achten, dass die Gegenelektrode nicht vollkommen im Schweißzusatz eingebettet ist. Sie muss so fixiert sein, dass eine Beeinträchtigung der Nahtqualität ausgeschlossen wird.

Derzeit auf dem Markt befindliche Prüfgeräte haben eine max. Prüfspannung von ca. 55 kV. Dadurch ist die zu prüfende Wanddicke begrenzt. (Tabelle 1 und Betriebsanleitung der Geräte beachten!)

Fehler an Schweißnähten wie Bindefehler, isolierte Poren und Lunker etc. können mit diesem Prüfverfahren nicht erkannt werden.

5 Sicherheitshinweise

Die geltenden Verordnungen, VDE-Richtlinien, BG-Vorschriften und die Vorgaben der Hersteller sind zu beachten.

Vor der Benutzung sind die Geräte auf ihren ordnungsgemäßen Zustand hin zu überprüfen.

Bei Betrieb des Gerätes ist sicherzustellen, dass weder der Bedienende noch Fremdpersonal direkt mit der Prüfelektrode in Berührung kommen. Beim Prüfen ist auf geeignete Kleidung zu achten. Es ist sicherzustellen, dass nur erfahrenes Personal zur Gerätebedienung zugelassen wird. In jedem Falle ist bei Personen mit Hörgerät, Herzschrittmacher oder nach durchstandenem Infarkt von einer Bedienung abzusehen.

Bei der Prüfung wird Ozon und elektromagnetische Strahlung freigesetzt. Es ist deshalb auf ausreichende Belüftung und ausreichenden Sicherheitsabstand zu elektronischen Geräten zu achten.

Die Geräte dürfen nicht in einer leicht entzündlichen Atmosphäre betrieben werden, da der Funke eine Explosion hervorrufen kann.

6 Schrifttum

6.1 Regelwerk

DIN EN 13121-3	Oberirdische GFK Tanks und -Behälter – Teil 3: Auslegung und Herstellung
DIN EN 14879-4	Beschichtungen und Auskleidungen aus organischen Werkstoffen zum Schutz von industriellen Anlagen gegen Korrosion durch aggressive Medien – Teil 4: Auskleidungen für Bauteile aus metallischen Werkstoffen
Richtlinie DVS 2202-1	Fehler an Schweißverbindungen aus thermoplastischen Kunststoffen – Merkmale, Beschreibung, Bewertung
Richtlinie DVS 2206-2	Zerstörungsfreie Prüfungen von Behältern, Apparaten und Rohrleitungen aus thermoplastischen Kunststoffen – Maß- und Sichtprüfung
Richtlinie DVS 2225-1	Fügen von Dichtungsbahnen aus polymeren Werkstoffen im Erd- und Wasserbau – Schweißen, Kleben, Vulkanisieren
Richtlinie DVS 2225-2	Fügen von Dichtungsbahnen aus polymeren Werkstoffen im Erd- und Wasserbau – Baustellenprüfungen
Richtlinie DVS 2225-4	Schweißen von Dichtungsbahnen aus Polyethylen (PE) für die Abdichtung von Deponien und Altlasten
Richtlinie DVS 2225-5	Schweißen von Dichtungsbahnen aus thermoplastischen Kunststoffen im Tunnelbau
Einschlägige VDE-Richtlinien z. B. VDE 0113	Elektrische Ausrüstung von Maschinen

September 2011

DVS – DEUTSCHER VERBAND FÜR SCHWEISSEN UND VERWANDTE VERFAHREN E.V.	Zerstörungsfreie Prüfungen von Rohrleitungen aus thermoplastischen Kunststoffen – Winkelmessung an Heizwendel (HM)- und Heizelementmuffen (HD)-Schweißverbindungen	DVS Richtlinie DVS 2206-5

Inhalt:

1 Geltungsbereich

Diese Richtlinie gilt für die Ermittlung der Winkelabweichung an Heizwendel (HM)- und Heizelementmuffen (HD)-Schweißverbindungen. Sie gilt für Stangenware.

2 Prüfungen

Die Messung der Winkelabweichung erfolgt mit einem Winkelmessgerät, das als Bezugspunkt die Stirnflächen der Muffen verwendet. Das Winkelmessgerät muss so beschaffen sein, dass es an die unterschiedlichen Muffengeometrien und -durchmesser angepasst werden kann. Bild 1 zeigt den prinzipiellen Aufbau eines Winkelmessgerätes. Der Abstand zwischen den beiden Messpunkten (M1 und M2) muss mindestens 100 mm betragen. Der Messpunkt (M1) ist möglichst nahe an der Muffenstirnseite, aber außerhalb des geschälten Bereiches zu wählen. Die Messgenauigkeit muss mindestens ±0,1 mm betragen.

Bei der Messung ist auf beiden Seiten der Heizwendelschweißmuffe die maximale Winkelabweichung über dem Rohrumfang zu ermitteln und zu dokumentieren. Die Messung darf nur mit kalibrierten Messgeräten erfolgen.

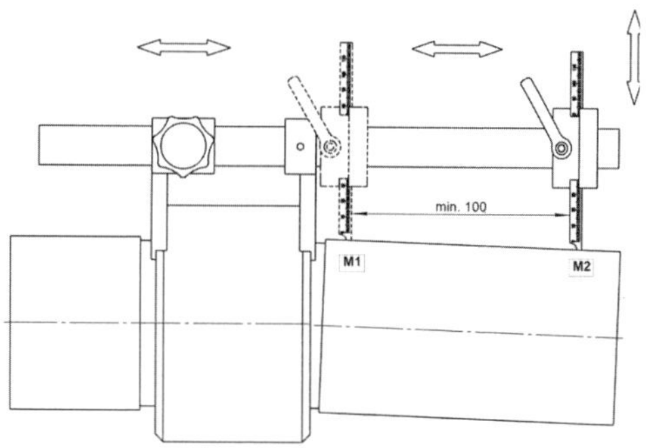

Bild 1. Prinzipieller Aufbau eines Winkelmessgerätes mit den Messpunkten.

3 Prüfbericht und Auswertung

Es ist ein Prüfbericht zu erstellen. Ein Beispiel ist im Anhang aufgeführt.

4 Schrifttum

DVS 2202-1 Fehler an Schweißverbindungen aus thermoplastischen Kunststoffen – Merkmale, Beschreibung, Bewertung

DVS, Ausschuss für Technik, Arbeitsgruppe „Fügen von Kunststoffen"

Bezug: DVS Media GmbH, Postfach 10 19 65, 40010 Düsseldorf, Telefon (02 11) 15 91- 0, Telefax (02 11) 1591-150

Anhang: Musterprüfbericht

Prüfbericht: Winkelmessung nach DVS 2206-5

Firma:						
Name des Schweißers:						
Entnahme						
Entnahmeort/Baustelle:						
Rohre: Kennzeichnung						
Rohre: Werkstoff						
Formteil: Kennzeichnung						
Formteil: Werkstoff						
Schweißverfahren:						
Durchmesser der Rohre in mm: (Nennmaß)						
Wanddicke der Rohre in mm: (Nennmaß)						
Prüfung						
Abstand der Messpunkte in mm:						
Abstand des ersten Messpunktes von der Muffenstirnseite in mm:						
Prüfergebnisse						
Lage der Messung (Uhrzeit):						
Maße in mm Maß 1 Maß 2	1. 1.	2. 2.	3. 3.	4. 4.	5. 5.	6. 6.
Differenz M1 zu M2 in mm:						
Maximale Differenz M1 zu M2 (Δ max) in mm:						
Ergebnis:						
Bemerkungen:						
Datum und Unterschrift des Prüfers:						

August 2015

DVS – DEUTSCHER VERBAND FÜR SCHWEISSEN UND VERWANDTE VERFAHREN E. V.	Schweißen von thermoplastischen Kunststoffen – Heizelementschweißen von Rohren, Rohrleitungsteilen und Tafeln aus PE	Richtlinie DVS 2207-1

Ersatz für Ausgabe September 2005

Inhalt:

1. Geltungsbereich

Diese Richtlinie gilt für das Heizelementstumpfschweißen von Tafeln nach DIN EN ISO 14632 und für das Heizelementstumpf-, Heizelementmuffen- und Heizwendelschweißen von Rohren, Formstücken sowie Sattelformstücken aus PE [1] nach DIN 8074, 8075, DIN EN 12201, DIN EN 1555, DIN EN ISO 15494, die zur Fortleitung von Gasen, Flüssigkeiten und Feststoffen dienen.

Unter Beachtung der folgenden Anweisungen kann von einer Eignung innerhalb der Schmelzmassefließrate MFR[2] 190/5 von 0,20 bis 1,70 g/10 min ausgegangen werden. Für das Heizelementstumpfschweißen von Sattelformstücken sind Einschränkungen gemäß Abschnitt 4.2 zu beachten.

Bei abweichender Schmelzmassefließrate ist der Eignungsnachweis im Zeitstand-Zugversuch nach Richtlinie DVS 2203-4 bzw. Beiblatt 1 zu führen.

2. Allgemeine Anforderungen

Die Qualität der Schweißverbindungen ist abhängig von der Qualifikation der Schweißer, der Eignung der verwendeten Maschinen und Vorrichtungen sowie der Einhaltung der Schweißrichtlinien. Die Schweißnaht kann durch zerstörungsfreie und/oder zerstörende Verfahren geprüft werden.

Die Schweißarbeiten sind zu überwachen. Art und Umfang der Überwachung muss zwischen den Vertragspartnern vereinbart werden. Es wird empfohlen, die Verfahrensdaten in Schweißprotokollen (Muster siehe Anhang) oder auf Datenträgern zu dokumentieren.

Im Rahmen der Qualitätssicherung wird empfohlen, vor Aufnahme und während der Schweißarbeiten unter den gegebenen Arbeitsbedingungen Probenähte herzustellen und zu prüfen.

Jeder Schweißer muss ausgebildet sein und einen gültigen Qualifikationsnachweis besitzen. Das vorgesehene Anwendungsgebiet kann für die Art der Qualifikation bestimmend sein. Für das Heizelementstumpfschweißen von Tafeln sowie im Rohrleitungsbau gilt Richtlinie DVS 2212-1.

Das DVGW-Merkblatt GW 330 gilt sinngemäß als Qualifikationsnachweis für das Heizelementstumpf- und Heizwendelschweißen beim Bau von Gas- und Wasserleitungen. Für das Schweißen von Kunststoffen in der Hausinstallation gelten auch die Anforderungen der DVS-Merkblätter 1905-1 und -2. Die zum Schweißen verwendeten Maschinen und Vorrichtungen müssen den Anforderungen von Richtlinie DVS 2208-1 bzw. Richtlinie DVS 2208-1 Beiblatt 1 entsprechen.

3. Maßnahmen vor dem Schweißen

3.1. Voraussetzungen zum Schweißen

Der unmittelbare Schweißbereich ist vor ungünstigen Witterungseinflüssen (z. B. Wind, Feuchtigkeitseinwirkung) zu schützen. Wenn durch geeignete Maßnahmen (z. B. Vorwärmen, Einzelten, Beheizen) sichergestellt wird, dass zum Schweißen zulässige Bedingungen gegeben sind, darf – soweit der Schweißer nicht in der Handfertigkeit behindert wird – bei beliebiger Außentemperatur gearbeitet werden. Gegebenenfalls ist durch Herstellen von Probeschweißungen unter den genannten Bedingungen ein zusätzlicher Nachweis zu führen (siehe Abschnitt 9).

Eine ungleichmäßige Erwärmung des Fügebereichs durch Sonneneinstrahlung ist nicht zulässig und kann z. B. durch Abdecken vermieden werden. Eine Abkühlung während des Schweißvorganges durch Luftzug ist zu vermeiden. Beim Schweißen von Rohren wird empfohlen, zusätzlich die Rohrenden zu verschließen.

PE-Rohre vom Ringbund sind unmittelbar nach dem Abrollen oval und gekrümmt. Das zu schweißende Rohrende ist vor dem Schweißen zu richten, z. B. durch vorsichtiges Anwärmen mit Hilfe eines Heißluftgebläses und/oder Verwendung einer geeigneten

[1] Die Werkstoffbezeichnung ist als Oberbegriff der Thermoplastgruppe zu verstehen und schließt die Typen PE 63, PE 80 und PE 100 ein. Die Angaben entsprechen dem derzeitigen Stand der Normung

[2] alte Bezeichnung MFI = Melt Flow Index

DVS, Ausschuss für Technik, Arbeitsgruppe „Fügen von Kunststoffen"

Bezug: DVS Media GmbH, Postfach 10 19 65, 40010 Düsseldorf, Telefon (02 11) 15 91- 0, Telefax (02 11) 15 91- 150

Spann- bzw. Runddrückvorrichtung. Die Verbindungsflächen der zu schweißenden Teile dürfen nicht beschädigt und müssen frei von Verunreinigungen (z. B. Schmutz, Fett, Späne) sein.

Bei Rohren mit äußerem Schutzmantel sind die Herstellerangaben zu beachten.

3.2. Reinigung

Für die Herstellung einwandfreier Schweißverbindungen ist die Sauberkeit und Fettfreiheit sowohl der Fügeflächen als auch der Werkzeuge und Heizelemente von entscheidender Bedeutung.

3.2.1. Reinigungsmittel

Die Reinigungsflüssigkeit oder damit bereits werksseitig befeuchtete Tücher in einer verschließbaren Kunststoffbox muss aus einem 100 % verdampfenden Lösungsmittel bestehen, z. B. aus 99 Teilen Ethanol mit einem Reinheitsgrad von 99,8 % und einem Teil MEK (Methylethylketon, Denaturierung). Reinigungsmittel, die nach DVGW VP 603 zertifiziert sind, erfüllen diese Anforderungen.

Das Sicherheitsdatenblatt des Reinigungsmittels ist dabei zu beachten.

Das Papier zur Reinigung muss sauber, unbenutzt, saugfähig, frei von Duftstoffen, nicht fasernd und uneingefärbt sein.

3.2.2. Reinigen der Heizelemente

Die Heizelemente sind vor jeder Schweißung mit Papier zu reinigen. Es dürfen keine Reste von Reinigungsmittel oder Papier auf dem Heizelement verbleiben.

3.2.3. Reinigen der Fügeflächen

Vor der spanenden Bearbeitung der Fügeflächen ist sicherzustellen, dass die benutzten Werkzeuge und die Werkstücke über den Schweißbereich hinaus sauber und fettfrei sind, ggf. ist mit einem Reinigungsmittel zu reinigen.

Die Bearbeitung der Verbindungsflächen muss unmittelbar vor Schweißbeginn erfolgen.

Eventuelle Späne sind ohne Berührungen der Fügeflächen zu entfernen.

Wird nach der spanenden Bearbeitung die Oberfläche verschmutzt, z. B. durch Berührungen mit den Händen, so müssen die Schweißflächen mit einem Reinigungsmittel behandelt werden, wenn eine erneute spanende Bearbeitung verfahrenstechnisch nicht möglich ist.

4. Heizelementstumpfschweißen

4.1. Heizelementstumpfschweißen von Rohren, Rohrleitungsteilen und Tafeln

4.1.1. Verfahrensbeschreibung

Beim Heizelementstumpfschweißen werden die Verbindungsflächen der zu schweißenden Teile am Heizelement unter Druck angeglichen (Angleichen), anschließend mit reduziertem Druck auf Schweißtemperatur erwärmt (Anwärmen) und nach Entfernung des Heizelementes (Umstellen) unter Druck zusammengefügt (Fügen). Bild 1 zeigt das Prinzip des Verfahrens.

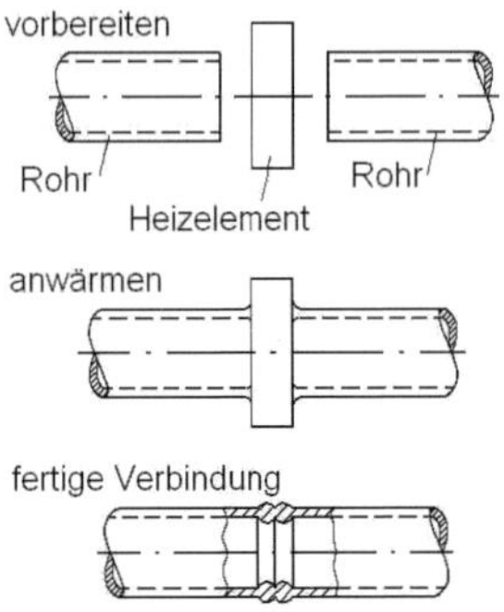

Bild 1. Prinzip des Heizelementstumpfschweißens am Beispiel Rohr.

4.1.2. Vorbereiten zum Schweißen

Vor Beginn der Schweißarbeiten ist die zum Schweißen notwendige Heizelementtemperatur zu kontrollieren. Dies erfolgt zum Beispiel mit einem schnellanzeigenden Temperaturmessgerät geeignet für Oberflächenmessungen mit einer Auflagefläche von ca. 10 mm. Die Kontrollmessung muss innerhalb der dem Halbzeug entsprechenden Fläche des Heizelementes erfolgen. Damit sich ein thermisches Gleichgewicht einstellen kann, darf das Heizelement frühestens 10 Minuten nach Erreichen der Solltemperatur eingesetzt werden.

Für optimale Schweißungen ist das Heizelement vor jeder Schweißung gemäß Abschnitt 3.2.2 zu reinigen. Die antiadhäsive Beschichtung oder Bespannung des Heizelementes muss im Arbeitsbereich unbeschädigt sein.

Für die einzusetzenden Maschinen müssen die jeweiligen Fügekräfte bzw. Fügedrücke vorgegeben sein. Diese können sich z. B. auf Herstellerangaben, errechnete oder gemessene Werte beziehen. Zusätzlich ist beim Rohrschweißen die bei langsamer Bewegung des Werkstückes benötigte Bewegungskraft bzw. der Bewegungsdruck am Anzeigeinstrument der Schweißmaschine abzulesen und zu der vorher ermittelten Fügekraft bzw. zu dem Fügedruck zu addieren. Elektronisch gesteuerte Maschinen – möglichst mit Protokollierung – sind zu bevorzugen.

Die Nennwanddicken der zu schweißenden Teile müssen im Fügebereich übereinstimmen.

Rohre und Formstücke sind vor dem Einspannen in die Schweißmaschine axial auszurichten. Die leichte Längsbeweglichkeit des anzuschweißenden Teiles ist zum Beispiel durch verstellbare Rollenböcke oder pendelnde Aufhängung sicherzustellen.

Die zu verbindenden Flächen sind unmittelbar vor dem Schweißen mit einem sauberen und fettfreien Werkzeug spanend zu bearbeiten, so dass sie im eingespannten Zustand planparallel sind. Zulässige Spaltbreite unter Angleichdruck siehe Tabelle 1.

Tabelle 1. Maximale Spaltbreite zwischen den bearbeiteten Schweißflächen.

Rohraußendurchmesser d [mm]	Spaltbreite [mm]	Tafelbreite [mm]
≤ 355	0,5	
400 ... < 630	1,0	≤ 1500
630 ... < 800	1,3	> 1500 ≤ 2000
800... ≤ 1000	1,5	> 2000 ≤ 2300
> 1000	2,0	> 2300 ≤ 3000

Zugleich mit der Kontrolle der Spaltbreite ist der Versatz zu prüfen. Der Versatz der Fügeflächen zueinander darf an der Rohraußenseite bzw. Tafel das zulässige Maß vom 0,1 x Wanddicke nicht überschreiten. Bei größerem Versatz resultiert hieraus eine Qualitätsminderung, welche die Belastbarkeit der Fügeverbindung einschränkt. In diesem Fall kann eine Bewertung nach Richtlinie DVS 2202 unter Berücksichtigung der Anforderungen an die Fügeverbindung vorgenommen werden.

Die bearbeiteten Schweißflächen dürfen weder beschmutzt noch mit den Händen berührt werden, da sonst eine erneute spanende Bearbeitung notwendig wird.

Eine zusätzliche Reinigung ist nicht erforderlich und bewirkt keine Qualitätsverbesserung.

In das Rohr gefallene Späne sind zu entfernen.

4.1.3. Ausführen des Schweißens

Beim Heizelementstumpfschweißen werden die zu verbindenden Flächen mittels Heizelement auf Schweißtemperatur gebracht und nach Entfernen des Heizelementes unter Druck zusammengefügt. Die Heizelementtemperatur beträgt 220 °C ± 10 °C.

Angleichen

Hierbei werden die zu schweißenden Fügeflächen solange an das Heizelement gedrückt, bis die gesamten Flächen planparallel am Heizelement anliegen. Dieses ist an der Ausbildung der Wülste zu erkennen. Das Angleichen ist abgeschlossen, wenn die Wulsthöhen am gesamten Rohrumfang bzw. der gesamten Plattenoberseite die in Tabelle 2 bzw. Tabelle 3, Spalte 2, angegebenen Werte erreicht haben. Die Wulsthöhen gelten als Indiz dafür, dass die Fügeflächen ganzflächig am Heizelement anliegen. Der Angleichdruck von 0,15 N/mm² wirkt während des gesamten Angleichvorganges.

Anwärmen

Zum Anwärmen müssen die Flächen mit geringem Druck am Heizelement anliegen. Dazu wird der Druck auf nahezu Null (≤ 0,01 N/mm²) abgesenkt. Beim Anwärmen dringt die Wärme in die zu schweißenden Flächen ein und bringt diese auf Schweißtemperatur. Anwärmzeiten sind der Tabelle 2 bzw. Tabelle 3, Spalte 3, zu entnehmen.

Umstellen

Nach dem Anwärmen sind die Fügeflächen vom Heizelement zu lösen. Das Heizelement ist ohne Beschädigung und Verschmutzung der erwärmten Fügeflächen herauszunehmen. Die Fügeflächen sind danach schnell bis unmittelbar vor der Berührung zusammenzufahren. Die Umstellzeit soll so klein wie möglich gehalten werden (siehe Tabelle 2 bzw. Tabelle 3, Spalte 4), da sonst die plastifizierten Flächen erkalten. Die Schweißnahtqualität wird dadurch nachteilig beeinflusst.

Fügen

Die zu schweißenden Flächen sollen bei Berührung mit einer Geschwindigkeit nahe Null zusammentreffen. Der erforderliche Fügedruck wird möglichst linear ansteigend aufgebracht. Die hierfür notwendigen Zeiten sind aus Tabelle 2 bzw. Tabelle 3, Spalte 5, ersichtlich. Diese Fügedruckaufbauzeiten sind als Maximalwert zu verstehen, sie dürfen um bis zu 50% unterschritten werden. Der Fügedruck beträgt 0,15 ± 0,01 N/mm².

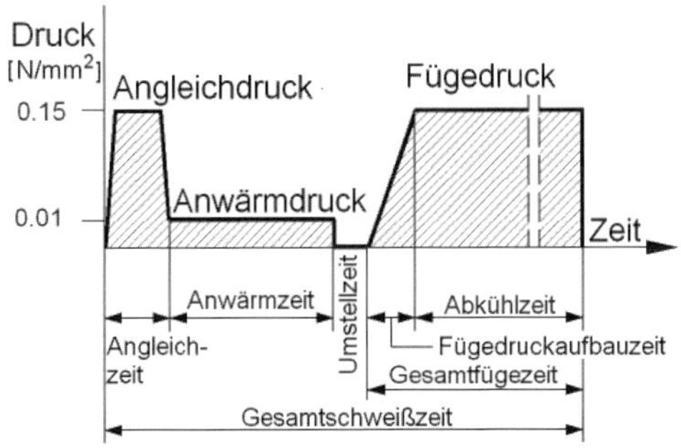

Bild 2. Verfahrensschritte beim Heizelementstumpfschweißen.

Eine mechanische Belastung der Fügeverbindung ist frühestens nach Beendigung des Abkühlprozesses zulässig. Dazu muss der Fügedruck während der Abkühlzeit bei Umgebungstemperatur (siehe Tabelle 2 bzw. Tabelle 3, Spalte 5) in voller Höhe aufrecht erhalten werden.

Eine Weiterverarbeitung mit voller mechanischer Belastung der Fügeverbindung darf erst nach vollständiger Auskühlung gemäß Tabelle 2 bzw. Tabelle 3, Spalte 5, erfolgen.

Nach dem Fügen muss ein gleichmäßiger Doppelwulst vorhanden sein. Die Wulstausbildung gibt eine Orientierung über die Gleichmäßigkeit der Schweißungen untereinander. Unterschiedliche Wulstausbildungen können durch verschiedenartiges Fließverhalten der verbundenen Materialien begründet sein. Aus der Erfahrung mit den handelsüblichen Halbzeugen aus PE 80 und PE 100 im angegebenen MFR-Bereich kann von der Schweißeignung ausgegangen werden, auch wenn dies zu unsymmetrischen Schweißwülsten führen kann. Es muss immer K > 0 sein (siehe Bild 3).

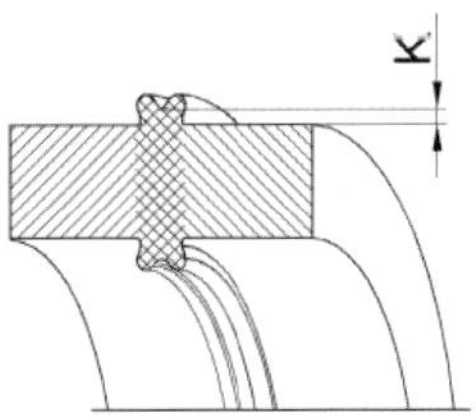

Bild 3. Wulstausbildung beim Heizelementstumpfschweißen (Prinzip am Beispiel Rohr).

4.1.3.1. Richtwerte für das Heizelementstumpfschweißen von Tafeln aus PE

Tabelle 2. Richtwerte für das Heizelementstumpfschweißen von Tafeln aus PE bei Umgebungstemperaturen bis 40 °C und mäßiger Luftbewegung (Zwischenwerte sind zu interpolieren).

1 Nennwanddicke s	2 Angleichen Wulsthöhe am Heizelement am Ende der Angleichzeit (Mindestwerte) (Angleichen p = 0,15 ± 0,01 N/mm²)	3 Anwärmen Anwärmzeit = 10 x NennWanddicke (Anwärmen p ≤ 0,01 N/mm²)	4 Umstellen Umstellzeit (Maximalzeit)	5 Fügen Fügedruckaufbauzeit (Maximalzeit, darf um 50 % unterschritten-werden)	 Abkühlzeit (Mindestwerte) unter Fügedruck p = 0,15 ± 0,01 N/mm²
[mm]	[mm]	[s]	[s]	[s]	[min] *)
bis 4,5	0,5	bis 45	5	5	6,5
4,5 ... 7	1,0	45 ... 70	5 ... 6	5 ... 6	6,5 ... 9,5
7 ... 12	1,5	70 ... 120	6 ... 8	6 ... 8	9,5 ... 15,5
12 ... 19	2,0	120 ... 190	8 ... 10	8 ... 11	15,5 ... 24
19 ... 26	2,5	190 ... 260	10 ... 12	11 ... 14	24 ... 32
26 ... 37	3,0	260 ... 370	12 ... 16	14 ... 19	32 ... 45
37 ... 50	3,5	370 ... 500	16 ... 20	19 ... 25	45 ... 61
50 ... 70	4,0	500 ... 700	20 ... 25	25 ... 35	61 ... 85
70 ... 90	4,5	700 ... 900	25 ... 30	35	85 ... 109
90 ... 110	5,0	900 ... 1100	30 ... 35	35	109 ... 133
110 .. 130	5,5	1100 ... 1300	max. 35	35	133 ... 157

*) Unter folgenden Voraussetzungen ist eine Verringerung der Abkühlzeit bis zu 50 %, d. h. Fügedruckentlastung und Entnahme des geschweißten Teiles aus der Schweißmaschine, erlaubt:

- die Fügeverbindung wird unter Werkstattbedingungen hergestellt und
- die Entnahme aus der Schweißmaschine und das vorübergehende Lagern bis zur vollständigen Abkühlzeit nach Spalte 5 verursachen nur eine geringfügige Belastung der Fügeverbindung

4.1.3.2. Richtwerte für das Heizelementstumpfschweißen von Rohren und Rohrleitungsteilen aus PE

Tabelle 3. Richtwerte für das Heizelementstumpfschweißen von Rohren und Rohrleitungsteilen aus PE bei mäßiger Luftbewegung (Zwischenwerte sind zu interpolieren).

1 Nennwanddicke s	2 Angleichen Wulsthöhe am Heizelement am Ende der Angleichzeit (Mindestwerte) (Angleichen p = 0,15 ± 0,01 N/mm²)	3 Anwärmen Anwärmzeit = 10 x NennWanddicke (Anwärmen p ≤ 0,01 N/mm²)	4 Umstellen Umstellzeit (Maximalzeit)	5 Fügen Fügedruckaufbauzeit (Maximalzeit, darf um bis zu 50 % unterschritten werden)	 Abkühlzeit (Mindestwerte) unter Fügedruck p = 0,15 ± 0,01 N/mm²
[mm]	[mm]	[s]	[s]	[s]	[min]
bis 4,5	0,5	bis 45	5	5	Siehe Tabelle 4
4,5 ... 7	1,0	45 ... 70	5 ... 6	5 ... 6	
7 ... 12	1,5	70 ... 120	6 ... 8	6 ... 8	
12 ... 19	2,0	120 ... 190	8 ... 10	8 ... 11	
19 ... 26	2,5	190 ... 260	10 ... 12	11 ... 14	
26 ... 37	3,0	260 ... 370	12 ... 16	14 ... 19	
37 ... 50	3,5	370 ... 500	16 ... 20	19 ... 25	
50 ... 70	4,0	500 ... 700	20 ... 25	25 ... 35	
70 ... 90	4,5	700 ... 900	25 ... 30	35	
90 ... 110	5,0	900 ... 1100	30 ... 35	35	
110 .. 130	5,5	1100 ... 1300	max. 35	35	

Tabelle 4. Abkühlzeiten von Rohren und Rohrleitungsteilen aus PE abhängig von der Umgebungstemperatur bzw. unter besonderen Bedingungen.

Nennwanddicke s [mm]	Abkühlzeit (Mindestwerte) unterFügedruck p = 0,15 ± 0,01 N/mm² In Abhängigkeit von der Umgebungstemperatur [min]			Abkühlzeit (Mindestwerte) unter Fügedruck p = 0,15 ± 0,01 N/mm² unter besonderen Bedingungen *) [min]
	bis 15 °C	15 °C ... 25 °C	25 °C ... 40 °C	
bis 4,5	4,0	5,0	6,5	3,5
4.5 ... 7	4,0 ... 6,0	5,0 ... 7,5	6,5 ... 9,5	3,5 ... 5
7 ... 12	6,0 ... 9,5	7,5 ... 12	9,5 ... 15,5	5 ... 8
12 ... 19	9,5 ... 14	12 ... 18	15,5 ... 24	8 ... 12
19 ... 26	14 ... 19	18 ... 24	24 ... 32	12 ... 16
26 ... 37	19 ... 27	24 ... 34	32 ... 45	16 ... 23
37 ... 50	27 ... 36	34 ... 46	45 ... 61	23 ... 31
50 ... 70	36 ... 50	46 ... 64	61 ... 85	31 ... 43
70 ... 90	50 ... 64	64 ... 82	85 ... 109	43 ... 55
90 ... 110	64 ... 78	82 ... 100	109 ... 133	55 ... 67
110 ...130	78 ... 92	100 ... 118	133 ... 157	67 ... 79

*) Diese Abkühlzeiten gelten nur unter folgenden Bedingungen:

- die Fügeverbindung wird in einer Werkstatt hergestellt und
- die Entnahme aus der Schweißmaschine und das vorübergehende Lagern bis zur vollständigen Abkühlzeit verursachen nur eine geringfügige Belastung der Fügeverbindung

Kurzfassung der Verarbeitungsanleitung siehe Anhang.

4.2. Heizelementstumpfschweißen von Sattelformstücken

Das Heizelementstumpfschweißen von Sattelformstücken ist anwendbar in Verbindung mit PE-Rohren nach DIN 8075 der Schmelzmassefließrate 0,7 bis 1,3 g/10 min. Bei Rohrleitungsteilen aus PE der Schmelzmassefließrate 0,2 bis 0,7 g/10 min ist das Schweißverfahren nur anwendbar in Verbindung mit einer das Rohr umfassenden Befestigung. Die letztgenannte Bedingung gilt auch, wenn eine Zuordnung, insbesondere bei nachträglich anzubringenden Anschlüssen, innerhalb des Geltungsbereiches dieser Richtlinie nicht möglich ist.

Heizelementstumpfschweißungen von Sattelformstücken müssen mit Schweißvorrichtungen durchgeführt werden.

4.2.1. Verfahrensbeschreibung

Die Verbindungsflächen von Rohr und Sattelformstück werden mittels Formheizelementen unter Anwärmdruck angeglichen und angewärmt. Nach Entfernen des Formheizelementes werden die Verbindungsflächen unter Fügedruck zusammengefügt.

4.2.2. Vorbereiten zum Schweißen

Vor Beginn der Schweißarbeiten ist die zum Schweißen notwendige Heizelementtemperatur entsprechend Abschnitt 4.1.2 zu kontrollieren.

Für optimale Schweißungen ist das Heizelement vor jeder Schweißung gemäß Abschnitt 3.2.2 zu reinigen. Die antiadhäsive Beschichtung des Heizelementes muss im Arbeitsbereich unbeschädigt sein.

Die Fügefläche des Rohres ist unmittelbar vor dem Aufspannen des Schweißgerätes mit einer Ziehklinge oder anderen geeigneten Geräten spanend zu bearbeiten. Die Späne sind ohne Berührungen der Fügefläche zu entfernen. Wird nach der spanenden Bearbeitung die Oberfläche verschmutzt, z. B. durch Berührungen mit den Händen, so ist die Fügefläche gemäß Abschnitt 3.2.3 zu reinigen. Das Sattelformstück ist immer entsprechend Abschnitt 3.2.3 zu reinigen.

Die Rundheit des Rohres ist entweder durch die Spanneinrichtung des Schweißgerätes oder gesonderte Runddrückklemmen sicherzustellen. Die Flächenpassung des Sattelformstückes ist zu überprüfen.

Vor Beginn des Schweißens sind die Einstellkräfte für das Angleichen und Fügen aus der Tabelle des Geräteherstellers zu ermitteln.

4.2.3. Ausführen des Schweißens

Das auf Schweißtemperatur (220 °C ± 10 °C) erwärmte Formheizelement wird zwischen die zu schweißenden Teile gebracht. Der Angleichdruck beträgt 0,15 ± 0,01 N/mm². Nach Wulstbildung gemäß Tabelle 5, Zeile 1, wird während der jetzt beginnenden Anwärmzeit der spezifische Einstelldruck für das Anwärmen auf ≤ 0,01 N/mm² reduziert. Die Anwärmzeit richtet sich nach den Angaben des Formstückherstellers. Nach Ablauf der Anwärmzeit ist das Formheizelement ohne Beschädigung und Verschmutzung der Verbindungsflächen zu entfernen. Die Umstellzeit soll möglichst kurz sein (Maximalwert siehe Tabelle 5, Zeile 3). Die Verbindungsflächen sind danach sofort zu fügen.

Erst nach dem Abkühlen darf das Schweißgerät entfernt werden.

Tabelle 5. Richtwerte für das Heizelementstumpfschweißen von Sattelformstücken aus PE bei einer Außentemperatur von 20 °C und mäßiger Luftbewegung.

1	**Angleichen** unter **p = 0,15 ± 0,01N/mm²** Wulsthöhen am Heizelement am Ende der Angleichzeit	Mindestwert	[mm]	1,0
2	**Anwärmen unter ²p ≤ 0,01 N/mm**	Anwärmzeit	[s]	nach Herstellerangabe
3	**Umstellen**	Maximalzeit	[s]	10
4	**Fügedruckaufbauzeit**		[s]	5
5	**Abkühlzeit** unter Fügedruck **p = 0,15 ± 0,01 N/mm²**	Mindestwert	[min]	15

Kurzfassung der Verarbeitungsanleitung siehe Anhang.

5. Heizwendelschweißen

5.1. Verfahrensbeschreibung

Die Verbindungsflächen (Rohroberfläche und Formstückinnenseite) überlappen sich und werden mit Hilfe von im Formstück positionierten Widerstandsdrähten (Heizwendel) durch elektrische Energie auf Schweißtemperatur erwärmt und dadurch geschweißt (siehe Bild 4).

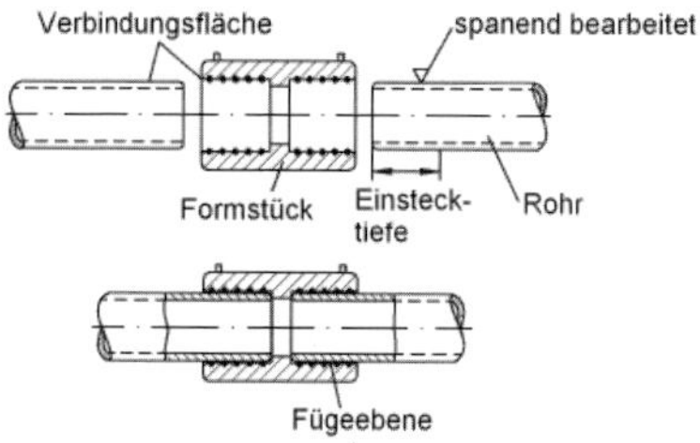

Bild 4. Heizwendelschweißen (Prinzip).

5.2. Schweißgerät

Es dürfen nur Schweißgeräte verwendet werden, die auf die zu schweißenden Teile abgestimmt sind. Automatische Schweißgeräte – möglichst mit Protokollierung – sind zu bevorzugen. Das Schweißgerät muss für das jeweils zu schweißende Formstück die erforderlichen Schweißparameter wie Schweißzeit, Stromstärke und -spannung liefern. Das Gerät muss sich automatisch abschalten, sobald der Schweißzone die notwendige Wärmemenge zugeführt worden ist.

5.3. Vorbereiten zum Schweißen

Für die Herstellung einwandfreier Schweißverbindungen sind saubere Oberflächen und ein spannungsfreier Einbau von entscheidender Bedeutung. Durch die Auswahl von Rohren mit eingeschränkter Durchmessertoleranz nach DIN 8074 wird die Montage von Formstücken erleichtert.

Für axiale Rohrverbindungen sind die Rohre gegebenenfalls mit geeignetem Werkzeug rechtwinklig abzutrennen. Bei konischem Einfall der Rohrschnittkante muss das unbearbeitete Rohr in der vorgesehenen Einstecktiefe mindestens im Bereich der Heizwendel den Nenndurchmesser d aufweisen (Bild 5). Gegebenenfalls ist das Rohrende unmittelbar vor der Schweißung entsprechend zu kürzen.

Die Unrundheit des Rohres darf im Schweißbereich 1,5 % des Außendurchmessers, maximal 3 mm, nicht überschreiten. Erforderlichenfalls sind entsprechende Runddrückklemmen zu verwenden.

Im Bereich der Schweißzone ist die Oberfläche des Rohres bzw. Rohrstutzens am Formstück lückenlos spanend zu bearbeiten. Dabei muss die Bearbeitung der Oberfläche länger als die Einstecktiefe der Muffe erfolgen, damit nach dem Schweißvorgang die Bearbeitung noch erkennbar ist. Rotationsschälgeräte sind einzusetzen. Aus schweißtechnischer Sicht muss ein gleichmäßiger Wanddickenabtrag von ca. 0,2 mm erfolgen.

Die Verwendung von Handschabgeräten ist nur in Ausnahmefällen zulässig und ist zu begründen.

Auf eine geringe Ringspaltbildung ist zu achten!

Das Rohrende ist innen und außen zu entgraten, Späne sind ohne Berührungen der Fügefläche zu entfernen.

Das Formstück darf erst unmittelbar vor der Montage aus der Schutzverpackung entnommen werden.

Wenn nach der spanenden Bearbeitung eine Verunreinigung der bearbeiteten Rohroberfläche eintritt, so muss diese gemäß Abschnitt 3.2.3 gereinigt werden. Hierbei ist darauf zu achten, dass keine Verunreinigung in die Schweißzone gerieben wird. Die Fügefläche des Formstückes bzw. des Sattelformstückes ist entsprechend Abschnitt 3.2.3 zu reinigen.

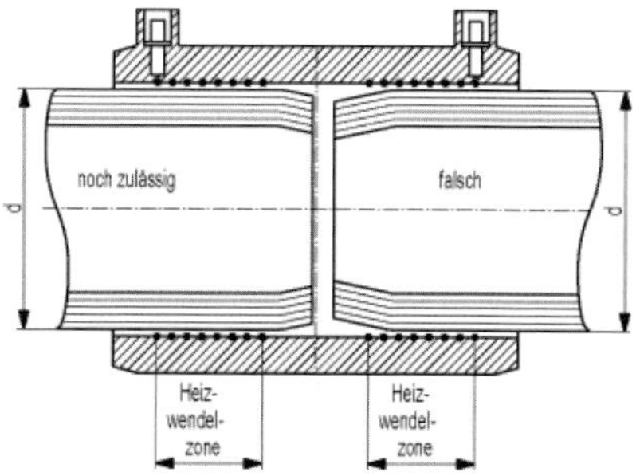

Bild 5. Konischer Einfall des Rohrendes.

Die Einstecktiefe muss vor Montage des Fittings ausgemessen und am Rohr angezeichnet werden. Das Formstück darf weder verkantet noch mit Gewalt auf das Rohrende geschoben werden (spannungsarme Montage). Das Sattelformstück ist mit Hilfe einer geeigneten Vorrichtung entsprechend den Herstellerangaben passgenau auf dem Rohr festzuspannen.

Die Kontaktbuchsen zum Anschluss des Schweißkabels müssen leicht zugänglich sein.

Formstück und Rohr müssen sich vor der Schweißung auf gleichem Temperaturniveau befinden. Bei Schweißgeräten mit automatischer Temperaturkompensation ist darauf zu achten, dass die erfasste Umgebungstemperatur den Bedingungen am Ort der Schweißung entspricht. Gegebenenfalls sind das Schweißgerät sowie Rohr und Formstück z. B. vor direkter Sonneneinstrahlung zu schützen.

5.4. Ausführen des Schweißens

Die korrekte Einstecktiefe ist anhand der Markierung zu kontrollieren. Die zu schweißenden Bauteile sind gegebenenfalls durch geeignete Maßnahmen bzw. Vorrichtungen gegen Lageveränderungen zu sichern.

Das Schweißgerät wird durch Kabel mit dem zu schweißenden Formstück verbunden. Während der Schweißung müssen die Schweißkabel gewichtsentlastet angebracht sein. Die Kontaktflächen müssen sauber sein. Die für die Schweißung erforderlichen Daten des Formstückes oder des Sattelformstückes werden in der Regel durch Einlesen eines bauteilspezifischen Barcodes vom

Schweißgerät erfasst. Die angezeigten Daten (z. B. Abmessungen) müssen mit den Bauteildaten übereinstimmen. Nach dem Starten des Schweißvorganges läuft dieser automatisch ab. Die Schweißdauer wird üblicherweise vom Schweißgerät angezeigt. Sie ist ebenso wie sonstige vom Gerät angezeigte Daten in das Schweißprotokoll zu übernehmen, sofern keine Datenspeicherung erfolgt.

Fehlermeldung beachten! Bei Unterbrechung der Stromzufuhr kann eine vorzeitig abgebrochene Schweißung einmal wiederholt werden, sofern kein Defekt am Formstück oder Schweißgerät vorliegt (Fehlermeldung) und der Formstückhersteller dieses zulässt. Vor der erneuten Schweißung muss die Verbindung vollständig abgekühlt sein.

Nach Abschalten des Gerätes können die Kabel entfernt werden. Sind am Formstück Schweißindikatoren vorhanden, so sind diese zu kontrollieren. Die Verbindung darf erst nach dem Abkühlen bewegt werden. Angaben dazu liefert der Formstückhersteller. Bei Sattelformstücken darf die Anbohrung erst nach Ablauf der Abkühlzeit erfolgen.

Angaben des Herstellers über zusätzliche Abkühlzeiten, z. B. bis zur Druckprüfung, sind zu beachten.

Kurzfassung der Verarbeitungsanleitung siehe Anhang.

6. Heizelementmuffenschweißen

6.1. Verfahrensbeschreibung

Beim Heizelementmuffenschweißen (siehe Bild 6) werden Rohr und Formstück überlappend geschweißt. Rohrende und Formstück werden mit Hilfe eines muffen- bzw. stutzenförmigen Heizelementes auf Schweißtemperatur erwärmt und anschließend geschweißt.

Heizelemente und Formstücke sind maßlich so aufeinander abgestimmt, dass sich beim Fügen ein Fügedruck aufbaut. Heizelement-Muffenschweißverbindungen bis 50 mm Rohrdurchmesser sind manuell ausführbar. Bei Durchmessern ab 63 mm bedingt die Höhe der Fügekraft die Verwendung einer Schweißvorrichtung.

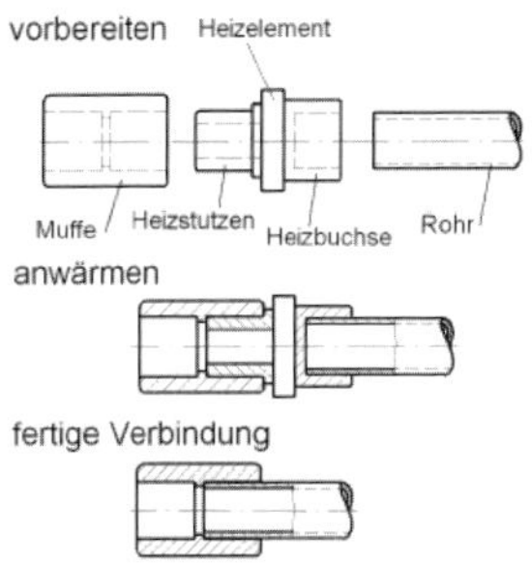

Bild 6. Heizelementmuffenschweißen (Prinzip).

6.2. Schweißvorrichtungen

Die Heizelemente werden elektrisch beheizt und sind antiadhäsiv beschichtet.

6.3. Vorbereiten zum Schweißen

Das Formstück ist innen und das Rohr außen gemäß Abschnitt 3.2.3 zu reinigen. Die Bearbeitung der Verbindungsflächen der zu schweißenden Teile muss unmittelbar vor Schweißbeginn erfolgen. Das Rohrende ist gemäß Bild 7 und Tabelle 6 anzuschrägen.

Beim Verfahren A wird auf eine mechanische Oberflächenbearbeitung im Schweißnahtbereich des Rohres verzichtet.

Verfahren B ist dadurch gekennzeichnet, dass vor dem Schweißprozess die Oberfläche der Rohre im Schweißnahtbereich einer mechanischen Bearbeitung unterworfen wird.

Die Verbindungsfläche des Rohres ist gemäß den Angaben des Formstücklieferanten zu bearbeiten. Bei Handschweißungen ist danach auf dem Rohrende die Einstecktiefe im Abstand l gemäß Tabelle 6 anzubringen.

Vor Schweißbeginn ist die Heizelementtemperatur von 250 bis 270 °C an den Heizelementen gemäß Abschnitt 4.1.2 zu kontrollieren.

Heizbuchse und Heizdorn müssen frei von Verunreinigungen sein und vor jedem Schweißen entsprechend Abschnitt 3.2.2 gereinigt werden. Die antiadhäsive Beschichtung von Heizdorn und Heizbuchse muss im Schweißbereich unbeschädigt sein.

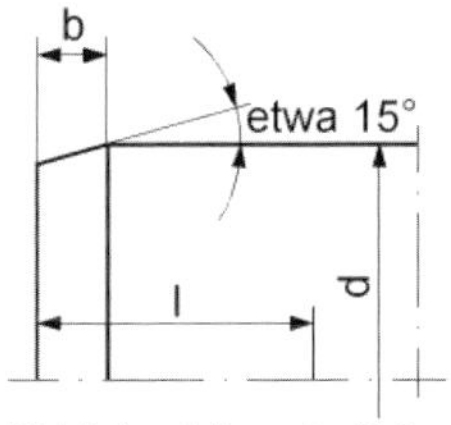

Bild 7. Anschrägen des Rohrendes.

Tabelle 6. Maße für Rohrfase und Einstecktiefe.

Rohraußendurchmesser d [mm]	**Rohrfase b [mm]**	**Einstecktiefe Verfahren A ohne mechanische Bearbeitung l [mm]**	**Einstecktiefe Verfahren B mit mechanischer Bearbeitung l [mm]**
16		13	13
20		14	14
25	2	15	16
32		16.5	18
40		18	20
50		20	23
63		24	27
75		26	31
90	3	29	35
110		32.5	41
125		35	46

6.4. Ausführen des Schweißens

Zum Anwärmen werden Formstück und Rohr zügig und axial bis zum eingestellten Anschlag bei Maschinenschweißung bzw. bei manueller Schweißung bis zur Markierung auf die am Heizelement angebrachten Werkzeuge geschoben und fixiert.

Es ist unbedingt zu vermeiden, das Rohr mit seiner Stirnfläche am Ende der Heizbuchse aufzustoßen.

Danach beginnt die Anwärmzeit gemäß Zeitangabe in Tabelle 7, Spalte 2.

Nach Ablauf der Anwärmzeit sind Formstück und Rohr von den Heizwerkzeugen ruckartig abzuziehen und sofort ohne Verdrehen bis zum Anschlag bzw. zur Markierung zusammenzuschieben (max. Umstellzeit: siehe Tabelle 7, Spalte 3).

Bei Handschweißung müssen die gefügten Teile entsprechend der Zeitangabe in Tabelle 7, Spalte 4, fixiert gehalten werden. Die Verbindung darf erst nach Ablauf der Abkühlzeit (Tabelle 7, Spalte 5) durch die weiteren Verlegearbeiten beansprucht werden.

Kurzfassung der Verarbeitungsanleitung siehe Anhang.

Tabelle 7. **Richtwerte für das Heizelementmuffenschweißen von Rohren und Formstücken aus PE bei einer Außentemperatur von 20 °C und mäßiger Luftbewegung.**

<table>
<tr><th rowspan="4">1
Rohraußendurch-
messer d</th><th colspan="2" rowspan="2">2
Anwärmen °C
Heizelementtemperatur 250 bis 270</th><th rowspan="2">3
Umstellen</th><th>4</th><th>5</th></tr>
<tr><th colspan="2">Abkühlen</th></tr>
<tr><th rowspan="2">Anwärmzeit für SDR 11, SDR 7,4, SDR 6[2)]</th><th rowspan="2">Anwärmzeit für SDR 17, SDR 17,6[2)]</th><th rowspan="2">Umstellzeit (Maximalzeit)</th><th colspan="2">Abkühlzeit</th></tr>
<tr><th>fixiert</th><th>gesamt</th></tr>
<tr><td>[mm]</td><td>[s]</td><td>[s]</td><td>[s]</td><td>[s]</td><td>[min]</td></tr>
<tr><td>16</td><td rowspan="2">5</td><td rowspan="7">1)</td><td rowspan="3">4</td><td rowspan="2">6</td><td rowspan="3">2</td></tr>
<tr><td>20</td></tr>
<tr><td>25</td><td>7</td><td rowspan="2">10</td></tr>
<tr><td>32</td><td>8</td><td rowspan="3">6</td><td rowspan="3">4</td></tr>
<tr><td>40</td><td>12</td><td rowspan="2">20</td></tr>
<tr><td>50</td><td>18</td></tr>
<tr><td>63</td><td>24</td><td rowspan="3">8</td><td rowspan="2">30</td><td rowspan="3">6</td></tr>
<tr><td>75</td><td>30</td><td>18</td></tr>
<tr><td>90</td><td>40</td><td>26</td><td>40</td></tr>
<tr><td>110</td><td>50</td><td>36</td><td rowspan="2">10</td><td>50</td><td rowspan="2">8</td></tr>
<tr><td>125</td><td>60</td><td>46</td><td>60</td></tr>
</table>

1) Infolgezu geringer Wanddicke ist dieses Schweißverfahren nicht empfehlenswert.
2) **S**tandard**D**imension **R**atio ~ d/s. (Verhältnis Außendurchmesser/Wanddicke)

Tabelle 8. Prüfverfahren für Schweißverbindungen.

Prüfverfahren	Heizelementstumpfschweißen		Heizwendelschweißen		Heizelementmuffen-schweißen
	Tafeln, Rohre, Formstücke	**Sattelformstücke**	**Formstücke**	**Sattelformstücke**	**Rohre, Formstücke**
Visuelle Prüfung	Richtlinie DVS 2202 Beiblatt1	Die Schweißnaht gleichmäßig ausgebildet und auf dem ganzen Umfang vorhanden.	Richtlinie DVS 2202 Beiblatt 2	Richtlinie DVS 2202 Beiblatt 2	Richtlinie DVS 2202 Beiblatt 3
		Die mechanische Bearbeitung der Rohroberfläche muss über die Schweißfläche hinaus sichtbar sein.			
Zugversuch	Richtlinie DVS 2203-2 Kurzzeitzug-Schweißfaktor Richtlinie DVS 2203-1, Beiblatt 1	nicht anwendbar			
Zeitstand-Zugversuch	Richtlinie DVS 2203-4 Zeitstandzug-Schweißfaktor Richtlinie DVS 2203-1, Beiblatt 2	Richtlinie DVS 2203-4, Beiblatt 1			Nicht anwendbar Richtlinie DVS 2203-4, Beiblatt 1
Technologischer Biegeversuch	Richtlinie DVS 2203-5. Mindestbiegewinkel nach Richtlinie DVS 2203-1, Beiblatt 3, Bild 1 und 2. Mindestbiegeweg nach Richtlinie DVS 2203-1, Beiblatt 3 Bild 7 und 8.	nicht anwendbar			
Zeitstand-Innendruckversuch	DIN EN ISO 15494, Anhang für PE	DIN 3544-1, Abschnitt 2.3 und 3.2 bei 80 °C	DIN EN ISO 15494, Anhang für PE	DIN 3544-1, Abschnitt 2.3 und 3.2 bei 80 °C	DIN EN ISO 15494, Anhang für PE
Torsionsscherversuch	nicht anwendbar	Richtlinie DVS 2203-6			
radialer Schälversuch	nicht anwendbar	Richtlinie DVS 2203-6			
Quetschversuch	nicht anwendbar		DIN EN 12814-4, Abschnitt 8; auch als Baustellenprüfung geeignet		
Schältrennversuch	nicht anwendbar		DIN EN 12814-4, Abschnitt 7		nicht anwendbar

7. Prüfen der Schweißverbindungen

Für die einzelnen Schweißverfahren werden unterschiedliche Prüfverfahren angewendet. Es wird zwischen zerstörungsfreien und zerstörenden Prüfverfahren unterschieden. Sie sind in Tabelle 8 aufgeführt. Überprüfungen und Probeentnahmen sollen – je nach Vereinbarung – während der Schweißarbeiten stichprobenartig erfolgen.

8. Schrifttum

8.1. Regelwerk

DIN 8074	Rohre aus Polyethylen (PE); PE 63, PE 80, PE 100,; Maße
DIN 8075	Rohre aus Polyethylen (PE); PE 63, PE 80, PE 100,; Allgemeine Güteanforderungen, Prüfung
DIN EN ISO 17855	Kunststoffe - Polyethylen (PE)-Formmassen - Teil 1: Bezeichnungssystem und Basis für Spezifikationen
DIN EN 12814-4	Prüfen von Schweißverbindungen aus thermoplastischenKunststoffen; Teil 4: Schälversuch
DIN EN ISO 14632	Extrudierte Tafeln aus Polyethylen (PE); Anforderungenund Prüfverfahren
DIN EN ISO 15494	Kunststoffrohrleitungssysteme für industrielleAnwendungen; Polybuten (PB), Polyethylen (PE), Polypropylen (PP);Anforderungen an Rohrleitungsteile und das Rohrleitungssys-tem; MetrischeReihen
DIN EN 12666	Kunststoff-Rohrleitungssysteme für erdverlegteAbwasserkanäle und -leitungen - Polyethylen (PE)
DVGW GW 330	Schweißen von Rohren und Rohrleitungsteilen ausPolyethylen (PE 80, PE 100 und PE-Xa) für Gas- und Wasserleitungen;Lehr- und Prüfplan
DVGW GW 331	Schweißaufsicht für Schweißarbeiten anRohrleitungen aus PE für die Gas- und Wasserversorgung; Lehr- und Prüfplan
DVGW VP 603	Vorläufige Prüfgrundlage für Reinigungsmittel undderen Behälter zur Vorbereitung von Schweißverbindungen an Polyethylenrohren
DVS 2202 mit Beiblättern	Bewertung von Fehlern an Verbindungen austhermoplastischen Kunststoffen an Rohrleitungsteilen und Tafeln
DVS 2203	Prüfen von Schweißverbindungen an Tafeln undRohren aus thermoplastischen Kunststoffen
DVS 2208-1 mit Beiblatt 1	Schweißen von thermoplastischen Kunststoffen – Maschinen und Geräte für das Heizelementstumpfschweißen von Rohren,Rohrleitungsteilen und Tafeln
DVS 2212-1	Prüfung von Kunststoffschweißern; Prüfgruppe I und II
Betr.Sich.V	Betriebssicherheitsverordnung

9. Erläuterung

Die Richtlinie wurde dem Stand der Technik angepasst, insbesondere hinsichtlich Heizelementtemperatur und der Abkühlzeiten beim Heizelementstumpfschweißen.

Die Heizelementtemperatur für das Stumpfschweißen wurde für die Typen PE80 und PE100 einheitlich auf 220 °C festgelegt. Damit wird eine Vereinfachung in der Praxis erreicht.

Die Abkühlzeiten für Stumpfschweißverbindungen von Rohren und Rohrleitungsteilen sind abhängig von der Umgebungstemperatur. Dies kann zu kürzeren Gesamtschweißzeiten führen.

Bauartbedingt (z. B. Heizelement unter den Fügepartnern) kann beim Schweißen von Tafeln diese umgebungstemperaturabhängige Verkürzung der Abkühlzeit nicht angewendet werden.

Das Schweißen von thermoplastischen Kunststoffen bei Umgebungstemperaturen unter 5 °C wird generell als problematisch betrachtet. Hierbei geht es weniger um die werkstoffspezifischen Eigenschaften des Kunststoffes als um die eingeschränkte Handfertigkeit des Schweißers. Das Schweißen im Freien bei beliebigen Außentemperaturen setzt daher eine Umgebung voraus, die es dem Schweißpersonal ermöglicht, die einzelnen Arbeitsschritte ohne qualitätsmindernde Einflüsse ausführen zu können. Dabei sind die Angaben der Hersteller und die Taupunktkurve zu beachten. Die zu verbindenden Teile müssen ein gleiches Temperaturniveau aufweisen. Es sind Probeschweißungen anzufertigen und zu prüfen.

Bezüglich des Rohrendenzustandes ist darauf zu achten, dass Reif, Eis und Feuchte im Rahmen der Schweißvorbereitungen im Bereich der Fügezone (≥ 0,5 x Formstücklänge) mittels Wärmezufuhr (z. B. Heißluftgerät) entfernt werden. Formstücke und Sattelformstücke sind in geschlossenen, frostfreien Räumen zu lagern und nur in der jeweils erforderlichen Anzahl der Schweißstelle zuzuführen.

Anhang: Verarbeitungsanleitungen (Kurzfassungen)

Zu 4.1 Heizelementstumpfschweißen von Rohren, Rohrleitungsteilen, Formstücken und Tafeln

Verarbeitungsanleitung (Kurzfassung)

1. Zulässige Arbeitsbedingungen schaffen, z. B. Schweißzelt.
2. Schweißgerät an das Netz oder den Wechselstromgenerator anschließen und auf Funktion kontrollieren.
3. Zu schweißende Teile z. B. mit Rollenböcken ausrichten und einspannen.
4. Rohrenden gegen Luftzug verschließen.
5. Fügeflächen über den Schweißbereich hinaus mit einem Reinigungsmittel und Papier gemäß Abschnitt 3.2.1 und 3.2.3 reinigen. Verbindungsflächen bearbeiten, bei Rohren z. B. mittels Planhobel.
6. Planhobel bei Rohrschweißmaschine herausnehmen.
7. Späne im Schweißbereich ohne Berührungen der Fügeflächen entfernen.
8. Planparallelität durch Zusammenfahren der Fügeflächen überprüfen (maximale Spaltbreite gemäß Tabelle 1).
9. Versatz prüfen (maximal 0,1 x Wanddicke).
10. Heizelementtemperatur 220 °C ± 10 °C prüfen.
11. Heizelement mit einem Reinigungsmittel und Papier gemäß Abschnitt 3.2.1 und 3.2.2 reinigen und ablüften lassen.
12. Bei Rohrschweissmaschinen Bewegungsdruck bzw. Bewegungskraft vor jeder Schweißung ermitteln und im Schweißprotokoll vermerken.
13. Einstellwert für den Angleich-, Anwärm- und Fügedruck ermitteln.
14. Richtwerte gemäß Tabelle 2 bzw. 3 festlegen.
15. Heizelement in Schweißposition bringen.
16. Angleichen der Flächen an das Heizelement bis ein Wulst (entsprechend Tabelle 2 bzw. 3, Spalte 2) entsteht.
17. Anwärmen unter reduziertem Druck ≤ 0,01 N/mm², Anwärmzeit gemäß Tabelle 2 bzw. 3, Spalte 3.
18. Nach Beendigung des Anwärmens zu schweißende Verbindungsflächen vom Heizelement lösen und dieses aus Schweißposition bringen.
19. Die zu schweißenden Flächen innerhalb der Umstellzeit (Tabelle 2 bzw. 3, Spalte 4) schnell bis unmittelbar vor der Berührung zusammenfahren. Sie müssen bei Berührung mit einer Geschwindigkeit nahe Null zusammentreffen. Sofort danach den Fügedruck in Aufbauzeit (Tabelle 2 bzw. 3, Spalte 5) linear ansteigend aufbauen.
20. Nach dem Fügen mit Druck 0,15 N/mm² muss ein Wulst vorhanden sein. Gemäß Bild 4 muss an jeder Stelle K > 0 sein.
21. Abkühlen unter Fügedruck entsprechend Tabelle 2 bzw. 3, Spalte 5.
22. Ausspannen der geschweißten Teile nach Ablauf der Abkühlzeit.
23. Schweißprotokoll vervollständigen.

Zu 4.2 Heizelementstumpfschweißen von Sattelformstücken

Verarbeitungsanleitung (Kurzfassung)

1. Zulässige Arbeitsbedingungen schaffen, z. B. Schweißzelt.
2. Schweißgerät auf Funktion kontrollieren.
3. Rundheit des Rohres durch die Spanneinrichtung oder durch Runddrückklemmen sicherstellen.
4. Fügeflächen über den Schweißbereich hinaus mit einem Reinigungsmittel und Papier gemäß Abschnitt 3.2.1 und 3.2.3 reinigen. Rohroberfläche spanend bearbeiten.
5. Späne im Schweißbereich ohne Berührungen der Fügefläche entfernen.
6. Flächenpassung des Sattelformstückes überprüfen
7. Schweißgerät an der Rohrleitung befestigen.
8. Sattelformstück einspannen und ausrichten.
9. Passendes Formheizelement aussuchen.
10. Verbindungsflächen – sofern nicht sauber – und Heizelement mit einem Reinigungsmittel und Papier gemäß Abschnitt 3.2.1 und 3.2.2 reinigen und ablüften lassen.
11. Einstellkräfte für Angleichen und Fügen ermitteln (Tabelle des Geräteherstellers).
12. Heizelementtemperatur überprüfen (220 °C ± 10 °C).
13. Heizelement in Schweißposition bringen.
14. Angleichen der Flächen an das Heizelement bis ein Wulst von etwa 1 mm entsteht.
15. Anwärmen unter reduziertem Druck ≤ 0,01 N/mm², Anwärmzeit gemäß Herstellerangabe.
16. Nach Beendigung des Anwärmens zu schweißende Fügeflächen vom Heizelement lösen und in Schweißposition bringen.
17. Die zu schweißenden Flächen innerhalb der maximal zulässigen Umstellzeit von 10 Sekunden zusammenfügen.
18. Fügedruck während 5 Sekunden zügig und gleichmäßig aufbringen.
19. Abkühlen von mindestens 15 Minuten unter Fügedruck.
20. 20. Ausspannen der geschweißten Teile nach Ablauf der Abkühlzeit.
21. Schweißprotokoll vervollständigen.

Zu 5.3 Heizwendelschweißen von Formstücken und Sattelformstücken

Verarbeitungsanleitung (Kurzfassung)

1. Zulässige Arbeitsbedingungen schaffen, z. B. Schweißzelt.
2. Schweißgerät an das Netz oder den Wechselstromgenerator anschließen und auf Funktion kontrollieren.
3. Rechtwinklig abgetrenntes Rohrende außen entgraten. Bei zu stark ausgeprägtem Rohrendeneinfall Rohr kürzen, siehe Bild 6.
4. Rundheit der Rohre durch Runddrückklemmen gewährleisten, zulässige Unrundheit ≤ 1,5 %, max. 3 mm.
5. Fügeflächen über den Schweißbereich hinaus mit einem Reinigungsmittel und Papier gemäß Abschnitt 3.2.1 und 3.2.3 reinigen. Rohroberfläche über die Einstecktiefe hinaus mechanisch bearbeiten, mit Rotationsschälgerät und Wanddickenabtrag von ca. 0,2 mm. Späne ohne Berührungen der Rohroberfläche entfernen.
6. Bearbeitete Rohroberfläche – sofern nachträglich verunreinigt – und gegebenenfalls nach Herstellerangabe auch Formstück innen mit einem Reinigungsmittel und Papier gemäß 3.2.1 und 3.2.3 reinigen und ablüften lassen.
7. Rohre in Formstück einschieben und Einstecktiefe durch Markierung oder geeignete Vorrichtung kontrollieren. Sattelformstück auf dem Rohr befestigen. Auf spannungsarme Montage achten. Rohr gegen Lageveränderung sichern.
8. Kabel am Formstück gewichtsentlastet anschließen.
9. Schweißdaten, z. B. mittels Barcode-Lesestift, eingeben, Anzeigen am Gerät überprüfen und Schweißprozess starten.
10. Korrekten Schweißablauf am Schweißgerät prüfen, z. B. durch Kontrolle der Displayanzeige und wenn vorhanden, der Schweißindikatoren. Fehlermeldungen beachten.
11. Kabel vom Formstück lösen.
12. Ausspannen der geschweißten Teile nach Ablauf der Abkühlzeit gemäß Herstellerangabe. Verwendete Haltevorrichtungen entfernen.
13. Schweißprotokoll vervollständigen, sofern nicht automatisch protokolliert wurde.

Zu 6 Heizelementmuffenschweißen

Verarbeitungsanleitung (Kurzfassung)

1. Zulässige Arbeitsbedingungen schaffen, z. B. Schweißzelt.
2. Schweißgerät an das Netz oder den Wechselstromgenerator anschließen und auf Funktion kontrollieren.
3. Heizwerkzeuge mit einem Reinigungsmittel und Papier gemäß 3.2.1 und 3.2.2 reinigen.
4. Schweißtemperatur (250 bis 270 °C) überprüfen.
5. Alle nicht bearbeiteten Fügeflächen mit einem Reinigungsmittel und Papier gemäß Abschnitt 3.2.1 und 3.2.3 reinigen und ablüften lassen.

6. Rechtwinklig abgetrenntes Rohrende nach Bild 7 und Tabelle 6 anschrägen bzw. nach Angaben des Formteilherstellers bearbeiten. Falls erforderlich Einstecktiefe markieren.
7. Formstück und Rohr gleichzeitig auf den Heizstutzen bzw. in die Heizbuchse bis zum Anschlag bzw. zur Markierung schieben. Das Rohrende nicht am Ende der Heizbuchse aufstoßen.
8. Anwärmzeit nach Tabelle 7, Spalte 2, einhalten.
9. Formstück und Rohr ruckartig von den Heizelementen abziehen und sofort bis Markierung bzw. Anschlag zusammenschieben (maximale Umstellzeit siehe Tabelle 7, Spalte 3) und in dieser Lage fixieren (siehe Tabelle 7, Spalte 4).
10. Verbindung abkühlen lassen. Mechanische Belastung der Schweißverbindung erst nach Ablauf der Abkühlzeit gemäß Tabelle 7, Spalte 5.
11. Schweißprotokoll vervollständigen.

Protokoll für das Heizelementstumpfschweißen von Tafeln

Werkstoff	Blatt	von

Bauherr	Ausführende Firma		Schweißmaschine:
Titel des Auftrages	Name des Schweißers	Kenn-Nr.	Fabrikat: Typ:
Nr des Auftrages	Name und Firma der Schweißaufsicht		Maschinen-Nr.: Baujahr:

Naht-Nr.	Datum	Tafeldicke	Gemessene Heizelement-temperatur[1]		Einstellwerte[2]			Anwärmzeit[3]	Umstellzeit[3]	Fügedruck-aufbauzeit[3]	Abkühlzeit unter Fügedruck	Umgebungs-temperatur	Bemerkungen
			minimal	maximal	Angleichen	Anwärmen	Fügen						
		[mm]	[°C]	[°C]	[bar]	[bar]	[bar]	[s]	[s]	[s]	[min]	[°C]	

Unterschrift Schweißer:	Datum und Unterschrift der Schweißaufsicht:

[1] Aus Regelintervall, Häufigkeit gemäß Abschnitt 4.1.2.

[2] Nach Angaben des Herstellers der Schweißmaschine bzw. aus Maschinenprüfung.

[3] Es sind die gemessenen Werte einzutragen.

Protokoll für das Heizelementstumpfschweißen von Rohrleitungsteilen

☐ oberirdisch verlegt
☐ erdverlegt

Werkstoff

Blatt | von

Bauherr

Ausführende Firma

Titel des Auftrages

Name des Schweißers | Kenn-Nr.

Nr des Auftrages

Name und Firma der Schweißaufsicht

Schweißmaschine:
Fabrikat:
Typ:
Maschinen-Nr.:
Baujahr:

Witterung:
1 = sonnig
2 = trocken
3 = Regen oder Schneefall
4 = Wind

Schutzmaßnahmen:
1 = keine
2 = Schirm
3 = Zeit
4 = Beheizung

Bei Mehrfachnennungen Reihenfolge der Zahlen wie oben
(z. B. 34 = Regen und Wind)

Naht-Nr.	Datum	Rohrdaten Ø d x s [mm]	Gemessene Heizelement-temperatur[1] minimal [°C]	maximal [°C]	Bewegungs-druck [bar]	Fügedruck (Maschinen-tabelle) [bar]	Einstellwerte[2] Angleichen [bar]	Anwärmen [bar]	Fügen [bar]	Anwärmzeit[3] [s]	Umstellzeit[3] [s]	Fügedruck-aufbauzeit[3] [s]	Abkühlzeit unter Fügedruck [min]	Umgebungs-temperatur [°C]	Schlüssel-Nr. Witterung	Schutz

Unterschrift Schweißer:

Datum und Unterschrift der Schweißaufsicht:

[1] Aus Regelintervall, Häufigkeit gemäß Abschnitt 4.1.2.
[2] Nach Angaben des Herstellers der Schweißmaschine bzw. aus Maschinenprüfung plus Bewegungsdruck bzw. -kraft.
[3] Es sind die gemessenen Werte einzutragen.

Protokoll für das Heizwendelschweißen von Rohrleitungsteilen

☐ oberirdisch verlegt
☐ erdverlegt

Werkstoff	Blatt	von

Bauherr	Ausführende Firma	Schweißmaschine:	
Titel des Auftrages	Name des Schweißers / Kenn-Nr.	Fabrikat: Typ:	
Nr des Auftrages	Name und Firma der Schweißaufsicht	Maschinen-Nr.: Baujahr:	

Witterung:
1 = sonnig
2 = trocken
3 = Regen oder Schneefall
4 = Wind

Schutzmaßnahmen:
1 = keine
2 = Schirm
3 = Zeit
4 = Beheizung

Bei Mehrfachnennungen Reihenfolge der Zahlen wie oben (z. B. 34 = Regen und Wind)

Naht-Nr.	Datum	Rohrdaten Ø d x s [mm]	Formstückdaten			Geräteeinstellung		Formstück-widerstand [Ohm]	Sekundär-spannung [Volt]	Schweißzeiten		Umgebungs-temperatur [°C]	Schlüssel-Nr.		Betriebsart	
			A	B	Serien-Nr.	manuell	automatisch			Heizen [s]	Abkühlen [min]		Witterung	Schutzmaß-nahmen	Netz	Gene-rator

Unterschrift Schweißer:

Datum und Unterschrift der Schweißaufsicht:

[1] Eintragungen bei Bedarf entsprechend dem verwendeten System.
[2] Es sind die gemessenen Werte einzutragen.

A = Herstellerkurzzeichen
B = Formstück-Kennziffer

1 = Muffe 2 = Winkel 3 = T-Stück 4 = Reduzierung
5 = Sattel 6 = Kappe 7 = Übergangsstück

Protokoll für das Heizelementmuffenschweißen von Rohrleitungsteilen

☐ oberirdisch verlegt
☐ erdverlegt

Werkstoff

Blatt von

Bauherr	Ausführende Firma		Schweißmaschine:	Witterung:	Schutzmaßnahmen:
Titel des Auftrages	Name des Schweißers	Kenn-Nr.	Fabrikat: Typ:	1 = sonnig 2 = trocken	1 = keine 2 = Schirm
Nr des Auftrages	Name und Firma der Schweißaufsicht		Maschinen-Nr.: Baujahr:	3 = Regen oder Schneefall 4 = Wind	3 = Zeit 4 = Beheizung

Bei Mehrfachnennungen Reihenfolge der Zahlen wie oben (z. B. 34 = Regen und Wind)

Naht-Nr.	Datum	Rohrdaten Ø d x s [mm]	Formstückdaten[1] A	B	Serien-Nr.	Gemessene Temperatur Heizstutzen [°C]	Heizbuchse [°C]	Anwärmzeit [s]	Umstellzeit [s]	Abkühlzeit fixiert [s]	gesamt [min]	Umgebungstemperatur [°C]	Schlüssel-Nr. Witterung	Schutz	Bemerkungen

Unterschrift Schweißer:

Datum und Unterschrift der Schweißaufsicht:

[1] Eintragungen bei Bedarf entsprechend dem verwendeten System.

[3] Es sind die gemessenen Werte einzutragen.

A = Herstellerkurzzeichen
B = Formstück-Kennziffer

1 = Muffe 2 = Winkel 3 = T-Stück 4 = Reduzierung
5 = Sattel 6 = Kappe 7 = Übergangsstück

Dezember 2005

DVS – DEUTSCHER VERBAND FÜR SCHWEISSEN UND VERWANDTE VERFAHREN E.V.	**Schweißen von thermoplastischen Kunststoffen Heizwendelschweißen von Rohren aus PE-X mit Rohrleitungsteilen aus PE-HD**	DVS **Richtlinie DVS 2207-1 Beiblatt 1**

Ersatz für Ausgabe April 2000

Inhalt:

1 Geltungsbereich

Dieses Beiblatt gilt für das Heizwendelschweißen von Rohren aus PE-Xa (Vernetzungsgrad 75 bis 90 %) und PE-Xc (Vernetzungsgrad 60 bis 75 %) nach DIN 16892 und 16893, Formstücken aus PE-HD[1)] nach DIN 16963 Teil 7 sowie Sattelformstücken aus PE-HD[1)] nach DIN 3543 Teil 4, DIN 3544 Teil 1und DIN EN 12201-3, die zur Fortleitung von Gasen, Flüssigkeiten und Feststoffen dienen.

Die Anwendung des Heizwendelschweißens bei PE-HD-Formstücken mit PE-Xa oder PE-Xc Rohren setzt einen Eignungsnachweis nach DVS 2203-4 Beiblatt 1 voraus.

Die Belastbarkeit der Verbindung mit Muffen aus PE 80 bzw. PE 100 entspricht den zulässigen Betriebsüberdrücken nach DIN 8074, Tabelle 8 bis 13, bzw. bei Rohren entsprechend der MRS-Klassifizierung.

2 Allgemeine Anforderungen

Die Qualität der Schweißverbindungen ist abhängig von der Qualifikation der Schweißer, der Eignung der verwendeten Maschinen und Vorrichtungen sowie der Einhaltung der Schweißrichtlinien. Die Schweißnaht kann durch zerstörungsfreie und/ oder zerstörende Verfahren geprüft werden.

Die Schweißarbeiten sind zu überwachen. Art und Umfang der Überwachung muss zwischen den Vertragsparteien vereinbart werden. Es wird empfohlen, die Verfahrensdaten in Schweißprotokollen (Muster siehe Anhang) oder auf Datenträgern zu dokumentieren.

Im Rahmen der Qualitätssicherung wird empfohlen, vor Aufnahme und während der Schweißarbeiten unter den gegebenen Arbeitsbedingungen Probenähte herzustellen und zu prüfen.

Jeder Schweißer muss ausgebildet sein und eine gültige Schweißerbescheinigung nach DVS 2212-1 oder einen anderen anerkannten Qualifikationsnachweis besitzen. Das vorgesehene Anwendungsgebiet kann für die Art der Qualifikation bestimmend sein.

Die Ausbildung und Prüfung zu dem in diesem Beiblatt behandelten Schweißverfahren wird durch das ausdrücklich für den Bau von Gas- und Wasserleitungen geltende Merkblatt DVGW GW 330 behandelt. Das Merkblatt kann sinngemäß auch als Qualifikationsnachweis für das Heizwendelschweißen im industriellen Rohrleitungsbau angewandt werden.

Die zum Schweißen verwendeten Maschinen und Vorrichtungen müssen den Anforderungen von DVS 2208-1 entsprechen.

3 Maßnahmen vor dem Schweißen

Der unmittelbare Schweißbereich ist vor ungünstigen Witterungseinflüssen (z. B. Wind, Feuchtigkeitseinwirkung) zu schützen. Wenn durch geeignete Maßnahmen (z. B. Vorwärmen, Einzelten, Beheizen) sichergestellt wird, dass zum Schweißen zulässige Bedingungen gegeben sind, darf – soweit der Schweißer nicht in der Handfertigkeit behindert wird – bei beliebiger Außentemperatur gearbeitet werden (siehe Erläuterung). Gegebenenfalls ist durch Herstellen von Probeschweißungen unter den genannten Bedingungen ein zusätzlicher Nachweis zu führen (siehe Abschnitt 5).

Falls das Halbzeug infolge Sonneneinstrahlung ungleichmäßig erwärmt wird, ist durch rechtzeitiges Abdecken im Bereich der Schweißstelle ein Temperaturausgleich zu schaffen. Eine Abkühlung während des Schweißvorganges durch Luftzug ist zu vermeiden, z. B. durch Verschließen der Rohrenden.

Rohre vom Ringbund sind unmittelbar nach dem Abrollen oval. Das zu schweißende Rohrende ist vor dem Schweißen zu richten, durch vorsichtiges Anwärmen z. B. mit Hilfe eines Warmluftgerätes (muss vor der mechanischen Rohrbearbeitung erfolgen) und/oder Verwendung einer geeigneten Spann- bzw. Runddrückvorrichtung.

Die Verbindungsflächen der zu schweißenden Teile dürfen nicht beschädigt und müssen frei von Verunreinigungen (z. B. Schmutz, Fett, Späne) sein.

1) Die Werkstoffbezeichnung ist als Oberbegriff der Thermoplastgruppe zu verstehen und schließt die Typen PE 63, PE 80 und PE 100 ein. Die Angaben entsprechen dem derzeitigen Stand der Normung.

DVS, Ausschuss für Technik, Arbeitsgruppe „Fügen von Kunststoffen“

Bezug: Verlag für Schweißen und verwandte Verfahren DVS-Verlag GmbH, Postfach 10 19 65, 40010 Düsseldorf, Telefon (02 11) 15 91- 0, Telefax (02 11) 1591-150

4 Heizwendelschweißen

4.1 Verfahrensbeschreibung

Die Verbindungsflächen, das heißt Rohroberfläche und Formstückinnenseite, überlappen sich und werden mit Hilfe von im Formstück positionierter Widerstandsdrähte (Heizwendel) durch elektrische Energie auf Schweißtemperatur erwärmt und dadurch geschweißt (siehe Bild 1 und 2).

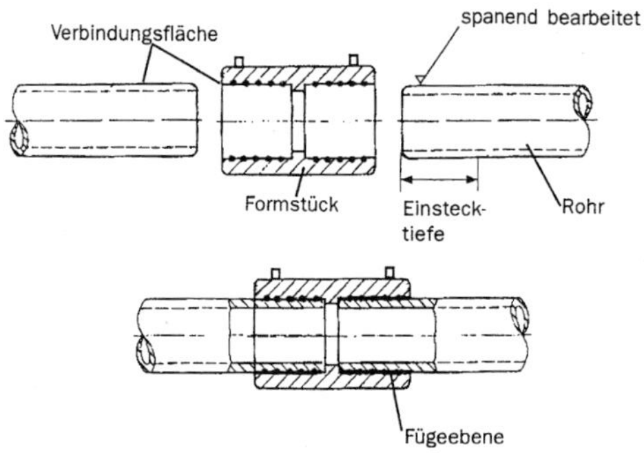

Bild 1. Heizwendelschweißen einer Muffe (Prinzip).

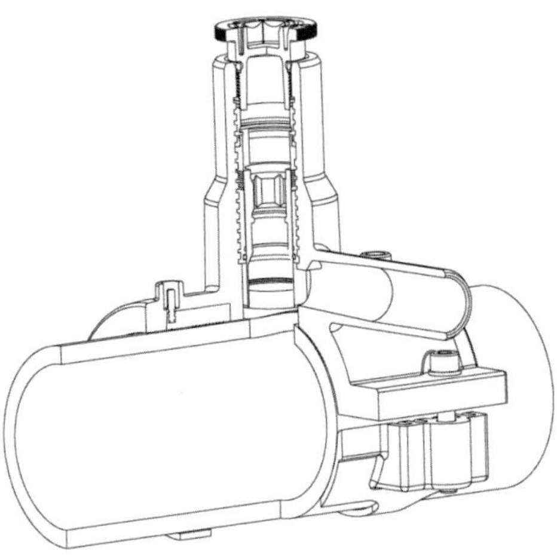

Bild 2. Heizwendelschweißen eines Sattelformstückes (Prinzip).

4.2 Schweißgerät

Es dürfen nur Schweißgeräte verwendet werden, die auf die zu schweißenden Teile abgestimmt sind. Automatische Schweißgeräte – möglichst mit Protokollierung – sind zu bevorzugen. Das Schweißgerät muss für das jeweils zu schweißende Formstück die erforderlichen Schweißparameter, wie Schweißzeit, Stromstärke und -spannung liefern. Das Gerät muss sich automatisch abschalten, sobald der Schweißzone die notwendige Wärmemenge zugeführt worden ist.

4.3 Vorbereiten zum Schweißen

Für die Herstellung einwandfreier Schweißverbindungen sind saubere Oberflächen und ein spannungsfreier Einbau von entscheidender Bedeutung. Durch die Auswahl von Rohren mit eingeschränkter Durchmessertoleranz nach DIN 16893 wird die Montage von Formstücken erleichtert.

Für axiale Rohrverbindungen sind die Rohre ggf. mit geeignetem Werkzeug rechtwinklig abzutrennen. Bei konischem Einfall der Rohrschnittkante muss das unbearbeitete Rohr in der vorgesehenen Einstecktiefe mindestens im Bereich der Heizwendel den Nenndurchmesser d aufweisen (Bild 3). Gegebenenfalls ist das Rohrende unmittelbar vor der Schweißung entsprechend zu kürzen.

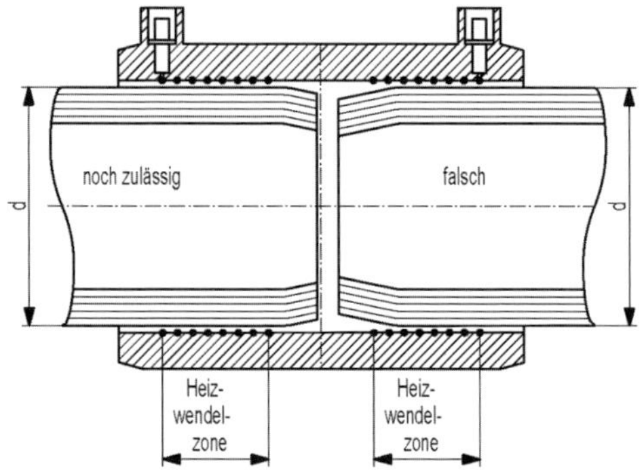

Bild 3. Konischer Einfall des Rohrendes.

Die Unrundheit des Rohres darf im Schweißbereich 1,5 % des Außendurchmessers, maximal 3 mm, nicht überschreiten. Falls erforderlich sind entsprechende Runddrückklemmen zu verwenden.

Die Oberfläche des Rohres bzw. Rohrstutzens am Formstück ist über die vom Formstück überdeckte Fläche hinaus lückenlos spanend zu bearbeiten. Hierzu ist ein Rotationsschälgerät mit einer konstanten Spandickeneinstellung und -begrenzung von ca. 0,2 mm zu verwenden. **Auf eine geringe Ringspaltbildung ist zu achten !**

Das Rohrende ist innen und außen zu entgraten, Späne sind ohne Berührung der Fügefläche zu entfernen.

Das Formstück sollte erst unmittelbar vor der Montage aus der Schutzverpackung entnommen werden.

Die Bearbeitung der Verbindungsflächen muss unmittelbar vor Schweißbeginn erfolgen.

Wenn nach der spanenden Bearbeitung eine Verunreinigung der bearbeiteten Rohroberfläche eintritt, so muss diese mit einem geeigneten Reinigungsmittel entfernt werden. Hierbei ist darauf zu achten, dass keine Verunreinigung in die Schweißzone gerieben wird. Die Reinigungsflüssigkeit oder damit bereits werksseitig befeuchtete Tücher in einer verschließbaren Kunststoffbox muss aus einem 100 % verdampfenden Lösungsmittel bestehen, z. B. aus 99 Teilen Ethanol mit einem Reinheitsgrad von 99,8 % und einem Teil MEK (Methylethylketon, Denaturierung). Nach DVGW VP 603 geprüfte Mittel entsprechen dieser Vorgabe. Die Verwendung von Spiritus kann durch das darin enthaltene Wasser zu einer Qualitätsminderung führen.

Das Papier zur Reinigung muss sauber, unbenutzt, saugfähig, nicht fasernd und uneingefärbt sein.

Die Fügefläche des Formstückes bzw. des Sattelformstückes ist in gleicher Weise wie das Rohr zu reinigen.

Die Einstecktiefe des Rohres muss entweder durch eine anzubringende Markierung oder durch eine geeignete Vorrichtung kontrollierbar sein. Das Formstück darf weder verkantet noch mit Gewalt auf das Rohrende geschoben werden. Das Sattelformstück ist mit Hilfe einer geeigneten Vorrichtung entsprechend den Herstellerangaben auf dem Rohr festzuspannen.

Die Kontaktbuchsen zum Anschluss des Schweißkabels müssen leicht zugänglich sein.

Formstück und Rohr müssen sich vor der Schweißung auf ähnlichem Temperaturniveau befinden. Bei Schweißgeräten mit automatischer Temperaturkompensation ist darauf zu achten, dass die erfasste Umgebungstemperatur den Bedingungen am Ort der

Schweißung entspricht. Gegebenenfalls ist das Schweißgerät z. B. vor direkter Sonneneinstrahlung zu schützen.

4.4 Ausführen des Schweißens

Die korrekte Einstecktiefe ist anhand der Markierung zu kontrollieren. Die zu schweißenden Bauteile sind gegebenenfalls durch geeignete Maßnahmen bzw. Vorrichtungen gegen Lageveränderungen zu sichern.

Das Schweißgerät wird durch Kabel mit dem zu schweißenden Formstück verbunden. Die Schweißkabel sind gewichtsentlastet anzubringen. Die Kontaktflächen müssen sauber sein. Die für die Schweißung erforderlichen Daten des Formstückes oder des Sattelformstückes werden in der Regel durch Einlesen eines bauteilspezifischen Barcodes vom Schweißgerät erfasst. Die angezeigten Daten (z. B. Abmessungen) müssen mit den Bauteildaten übereinstimmen. Nach dem Starten des Schweißvorganges läuft dieser automatisch ab. Die Schweißdauer wird üblicherweise vom Schweißgerät angezeigt. Sie ist ebenso wie sonstige vom Gerät angezeigte Daten in das Schweißprotokoll zu übernehmen, sofern keine Datenspeicherung erfolgt.

Fehlermeldung beachten! Z. B. bei Unterbrechung der Stromzufuhr kann eine vorzeitig abgebrochene Schweißung einmal wiederholt werden, sofern kein Defekt am Formstück oder Schweißgerät vorliegt (Fehlermeldung). Die gesamte Verbindungsstelle (Rohr und Formstück) muss vor der erneuten Schweißung auf Umgebungstemperatur abgekühlt sein. Siehe vom Hersteller angegebene Abkühlzeit.

Nach Abschalten des Gerätes können die Kabel entfernt werden. Die Verbindung darf erst nach dem Abkühlen bewegt werden. Angaben dazu liefert der Formstückhersteller. Bei Sattelformstücken darf die Anbohrung erst nach Ablauf der Abkühlzeit erfolgen.

Angaben des Herstellers über zusätzliche Abkühlzeiten, z. B. bis zur Druckprüfung, sind zu beachten.

Kurzfassung der Verarbeitungsanleitung siehe Anhang.

5 Prüfen der Schweißverbindungen

Es wird zwischen zerstörungsfreien und zerstörenden Prüfverfahren unterschieden. Einzelheiten dazu sind in Tabelle 1 aufgeführt.

Art und Umfang der Probenentnahme und Prüfung sind zwischen Auftraggeber und Auftragnehmer zu vereinbaren.

6 Mitgeltende Normen und Richtlinien

DIN EN 12201-3 Kunststoff-Rohrleitungssysteme für die Wasserversorgung; Polyethylen (PE); Teil 3: Formstücke

DIN EN 12814-4 Prüfen von Schweißverbindungen aus thermoplastischen Kunststoffen; Teil 4: Schälversuch

DIN 3543-4 Anbohrarmaturen aus Polyethylen hoher Dichte (HDPE) für Rohre aus HDPE; Maße

DIN 3544-1 Armaturen aus Polyethylen hoher Dichte (HDPE); Anforderungen und Prüfung von Anbohrarmaturen

DIN 8074 Rohre aus Polyethylen (PE) – PE 63, PE 80, PE 100, PE-HD – Maße

DIN 16892 Rohre aus vernetztem Polyethylen hoher Dichte (PE-X); Allgemeine Güteanforderungen, Prüfung

Tabelle 1. Prüfverfahren für Schweißverbindungen.

Prüfverfahren	Heizwendelschweißen			
	Formstücke			Sattelformstücke
Visuelle Prüfung	DVS 2202-1, Tab. 3			DVS 2202-1, Tab. 3
	Die mechanische Bearbeitung der Rohroberfläche muss über die Schweißfläche hinaus sichtbar sein.			
Zeitstand-Zugversuch	DVS 2203-4, Beiblatt 1			nicht anwendbar
	Formstück Formmasse	Mindeststandzeit [Stunden]1)	Bruchanteil in der Heizwendelebene2)	
	PE 80	40	min. 75 %	
	PE 80	400	Bewertung entfällt	
	PE 100	120	min. 75 %	
	PE 100	1200	Bewertung entfällt	
	Prüftemperatur 80 °C, Prüfspannung σ = 3 N/mm²			
	1) gemittelt aus 6 Proben am Umfang 2) gemittelt über alle 6 Proben			
Zeitstand-Innendruckversuch	In Verbindung mit dem Zeitstand-Zugversuch; in Anlehnung an DIN 16963-5, Abschn. 3.2.3.1 und 4.2			in Anlehnung an DIN 3544-1, Abschn. 2.3 und 3.2
	PE 80: σ = 4,6 N/mm², Standzeit ≥ 165 h. PE 100: σ = 5,5 N/mm², Standzeit ≥ 165 h. Alternativ σ = 5,0 N/mm², Standzeit ≥ 1000 h. Prüftemperatur 80 °C			
Torsionsscherversuch	Siehe Anhang DVS 2207-1 (Entwurf). Auch als Baustellenprüfung geeignet.			
Radialer Schälversuch	Siehe Anhang DVS 2207-1 (Entwurf). Baustellenprüfung für Rohrwanddicken ≥ 4 mm.			
Quetschversuch	DIN EN 12814-4, Abschn. 8.			
Schältrennversuch	DIN EN 12814-4, Abschn. 7			

DIN 16893	Rohre aus vernetztem Polyethylen hoher Dichte (PE-X); Maße
DIN 16963	Rohrverbindungen und Rohrleitungsteile für Druckrohrleitungen aus Polyethylen hoher Dichte (HDPE); Teil 5 – Allgemeine Qualitätsanforderungen, Prüfung Teil 7 – Heizwendel-Schweißfittings, Maße
DVS 2202-1	Fehler an Schweißverbindungen aus thermoplastischen Kunststoffen; Merkmale, Beschreibung, Bewertung
DVS 2203-1	Prüfen von Schweißverbindungen an Tafeln und Rohren aus thermoplastischen Kunststoffen; Prüfverfahren – Anforderungen
DVS 2203-4 Beiblatt 1	Prüfen von Schweißverbindungen an Tafeln und Rohren aus thermoplastischen Kunststoffen; Zeitstand-Zugversuch; Prüfen von Muffenschweißverbindungen an Rohren
DVS 2207-1 (Entwurf)	Schweißen von thermoplastischen Kunststoffen – Heizelementschweißen von Rohren, Rohrleitungsteilen und Tafeln aus PE-HD
DVS 2208-1	Schweißen von thermoplastischen Kunststoffen; Maschinen und Geräte für das Heizelementstumpfschweißen von Rohren, Rohrleitungsteilen und Tafeln
DVS 2212-1	Prüfung von Kunststoffschweißern – Prüfgruppen I und II
DVGW GW 330	Schweißen von Rohren und Rohrleitungsteilen aus Polyethylen (PE 80, PE 100 und PE-Xa) für Gas- und Wasserleitungen; Lehr- und Prüfplan
DVGW GW 331	Schweißaufsicht für Schweißarbeiten an Rohrleitungen aus PE-HD für die Gas- und Wasserversorgung; Lehr- und Prüfplan
DVGW VP 603	Vorläufige Prüfgrundlage für Reinigungsmittel und deren Behälter zur Vorbereitung von Schweißverbindungen an Polyethylenrohren

Betriebssicherheitsverordnung (Betr.Sich.V)

7 Erläuterungen

Hinweis: Im Rahmen eines Forschungsvorhabens des DVGW sowie von Untersuchungen des DVS wurde nachgewiesen, dass Formstücke und Sattelformstücke aus PE-HD mit Rohren aus peroxidvernetzten Rohren (PE-Xa) mittels Heizwendelschweißen miteinander verbunden werden können. Von einem unabhängigen Prüfinstitut wurden Untersuchungen an Heizwendelschweißverbindungen von elektronenstrahlvernetzten Rohren (PE-Xc) mit Formstücken aus PE-HD durchgeführt und vorgelegt. Die Nachweise beruhen auf Prüfungen im Zeitstandzugversuch. Das Bruchbild der Heizwendelschweißung PE-HD/PE-X ist mit dem von PE-HD/PE-HD identisch und wird als Bewertungskriterium herangezogen.

Das Schweißen von thermoplastischen Kunststoffen bei Umgebungstemperaturen < 5 °C wird generell als problematisch betrachtet. Hierbei geht es weniger um die werkstoffspezifischen Eigenschaften des Kunststoffes als um die eingeschränkte Handfertigkeit des Schweißers. Das Schweißen im Freien bei beliebigen Außentemperaturen setzt daher eine Umgebung voraus, welche es dem Schweißpersonal ermöglicht, die einzelnen Arbeitsschritte ohne qualitätsmindernde Einflüsse ausführen zu können. Dabei sind die Angaben der Hersteller und die Taupunktkurve zu beachten. Die zu verbindenden Teile müssen ein gleiches Temperaturniveau aufweisen. Es sind Probeschweißungen anzufertigen und zu prüfen.

Bezüglich des Rohrendenzustandes ist darauf zu achten, dass Reif, Eis und Feuchte im Rahmen der Schweißvorbereitungen im Bereich der Fügezone großflächig (≥ 0,5 x Formstücklänge) mittels Wärmezufuhr (z. B. Warmluftgerät) entfernt werden. Dies hat grundsätzlich vor der mechanischen Rohroberflächenbearbeitung zu erfolgen. Formstücke sind in geschlossenen, frostfreien Räumen zu lagern und nur in der jeweils erforderlichen Anzahl der Schweißstelle zuzuführen.

Anhang: Verarbeitungsanleitung (Kurzfassung)

Zu 4 Heizwendelschweißen von Formstücken und Sattelformstücken

Verarbeitungsanleitung (Kurzfassung)

1. Zulässige Arbeitsbedingungen schaffen, z. B. Schweißzelt.
2. Schweißgerät an das Netz oder den Wechselstromgenerator anschließen und auf Funktion kontrollieren.
3. Rechtwinklig abgetrenntes Rohrende außen entgraten. Bei zu stark ausgeprägtem Rohrendeneinfall Rohr kürzen.
4. Rundheit der Rohre durch Runddrückklemmen gewährleisten, zulässige Unrundheit ≤ 1,5 % vom Außendurchmesser, max. 3 mm.
5. Rohroberfläche im Schweißbereich mechanisch mit Rotationsschälgerät bearbeiten, Spandicke ca. 0,2 mm. Späne ohne Berührung der Rohroberfläche entfernen.
6. Bearbeitete Rohroberfläche – sofern nachträglich verunreinigt – und gegebenenfalls nach Herstellerangabe auch Formstück innen mit einem Reinigungsmittel gemäß Abschnitt 4.3 mit unbenutztem, saugfähigem, nicht faserndem und nicht eingefärbtem Papier reinigen.
7. Rohre in Formstück einschieben und Einstecktiefe durch Markierung oder geeignete Vorrichtung kontrollieren. Sattelformstück auf dem Rohr befestigen. Rohr gegen Lageveränderung sichern.
8. Kabel am Formstück gewichtsentlastet anschließen.
9. Schweißdaten, z. B. mittels Barcode-Lesestift, eingeben, Anzeigen am Gerät überprüfen und Schweißprozess starten.
10. Korrekten Schweißablauf am Schweißgerät prüfen, z. B. durch Kontrolle der Displayanzeige. Fehlermeldungen beachten.
11. Kabel vom Formstück lösen.
12. Ausspannen der geschweißten Teile nach Ablauf der Abkühlzeit gemäß Herstellerangabe. Verwendete Haltevorrichtungen entfernen.
13. Schweißprotokoll vervollständigen, sofern nicht automatisch protokolliert wurde.

Protokoll für das Heizwendelschweißen von Rohrleitungsteilen

☐ oberirdisch verlegt

☐ erdverlegt

Werkstoff

Blatt | von

Bauherr	Ausführende Firma	Schweißmaschine:	Witterung 1 = sonnig	Schutzmaßnahmen 1 = keine
Titel des Auftrages	Name des Schweißers / Kenn-Nr.	Fabrikat: Typ:	2 = trocken 3 = Regen oder Schneefall	2 = Schirm 3 = Zelt
Nr. des Auftrages	Name und Firma der Schweißaufsicht	Maschinen-Nr.: Baujahr:	4 = Wind	4 = Beheizung
			Bei Mehrfachnennungen Reihenfolge der Zahlen wie oben (z. B. 34 = Regen und Wind)	

Naht-Nr.	Datum	Rohrdaten d × s [mm]	Formstückdaten			Geräteeinstellung		Formstückwiderstand[1)] [Ohm]	Sekundärspannung[1)] [Volt]	Schweißzeiten[2)]		Umgebungstemperatur [°C]	Schlüssel-Nr.		Betriebsart	
			A	B	Serien-Nr.	manuell	automatisch			Fügen [s]	Abkühlen [min]		Witterung	Schutzmaßnahmen	Netz	Generator

Unterschrift Schweißer:

Datum und Unterschrift der Schweißaufsicht:

1) Eintragungen bei Bedarf entsprechend dem verwendeten System.
2) Es sind die gemessenen Werte einzutragen.

A = Herstellerkurzzeichen
B = Formstück-Kennziffer

1 = Muffe, 2 = Winkel, 3 = T-Stück, 4 = Reduzierung
5 = Sattel, 6 = Kappe, 7 = Übergangsstück, 8 = Arma ur

DVS – DEUTSCHER VERBAND FÜR SCHWEISSEN UND VERWANDTE VERFAHREN E.V.	Heizelementstumpfschweißen von Rohren und Rohrleitungsteilen großer Wanddicke bzw. Durchmesser aus PE	DVS Richtlinie DVS 2207-1 Beiblatt 2

Inhalt:

1 Geltungsbereich

Dieses Beiblatt gilt für das Heizelementstumpfschweißen von Rohren und Rohrleitungsteilen aus PE nach DIN 8074 / DIN 8075 mit Wanddicken > 30 mm bzw. mit Durchmessern > 630 mm.

Die Verfahrensabläufe entsprechen grundsätzlich der in der Richtlinie DVS 2207-1 beschriebenen Vorgehensweise. Die nachfolgend beschriebenen Empfehlungen stellen zusätzliche Hinweise dar.

2 Allgemeine Anforderungen

Die Qualität der Schweißverbindungen ist abhängig von der Qualifikation der Schweißer, der Eignung der verwendeten Maschinen und Vorrichtungen sowie der Einhaltung der Schweißrichtlinien.

Die Schweißarbeiten sind durch eine gemäß Richtlinie DVS 2213 bzw. DVGW GW 331 qualifizierte Schweißaufsicht zu überwachen. Art und Umfang der Überwachung muss zwischen den Vertragsparteien vereinbart werden. Die Verfahrensdaten sind in Schweißprotokollen oder auf Datenträgern zu dokumentieren. Dabei ist eine elektronische Datenerfassung zu bevorzugen.

Im Rahmen der Qualitätssicherung wird empfohlen, vor Aufnahme und während der Schweißarbeiten unter den gegebenen Arbeitsbedingungen Probenähte herzustellen und zu prüfen.

Jeder Schweißer muss ausgebildet sein und eine gültige Prüfungsbescheinigung nach Richtlinie DVS 2212-1 bzw. GW 330 besitzen. Das vorgesehene Anwendungsgebiet ist für die Art der Qualifikation bestimmend.

Die zum Schweißen verwendeten Maschinen und Vorrichtungen müssen den Anforderungen nach Richtlinie DVS 2208-1 entsprechen.

3 Maßnahmen vor dem Schweißen

Der unmittelbare Schweißbereich ist vor ungünstigen Witterungseinflüssen (z. B. Wind, Feuchtigkeitseinwirkung) zu schützen. Wenn durch geeignete Maßnahmen (z. B. Vorwärmen, Einzelten, Beheizen) sichergestellt wird, dass zum Schweißen zulässige Bedingungen gegeben sind, darf – soweit der Schweißer nicht in der Handfertigkeit behindert wird – bei beliebiger Außentemperatur gearbeitet werden. Gegebenenfalls ist durch Herstellen von Probeschweißungen unter den genannten Bedingungen ein zusätzlicher Nachweis zu führen.

Falls das Halbzeug infolge Sonneneinstrahlung ungleichmäßig erwärmt wird, ist durch rechtzeitiges Abdecken im Bereich der Schweißstelle ein Temperaturausgleich zu schaffen. Eine ungleichmäßige Abkühlung während des Schweißvorganges durch Luftzug ist zu vermeiden, z. B. durch Verschließen der Rohrenden.

4 Hinweise zum Verfahrensablauf

Auf die nachfolgend beschriebenen Punkte ist beim Schweißen dickwandiger Rohre explizit zu achten:

4.1 Temperaturkontrolle

Um sicher eine geeignete Schweißtemperatur zu erreichen, ist für dickwandige Rohrleitungen eine Heizelementtemperatur von 220°C (± 10°C) vorgeschrieben. Die gleichmäßige Temperatur des Heizelementes ist im Schweißbereich an mindestens 8 gleichmäßig über den Umfang verteilten Messpunkten zu kontrollieren. Für die Messung sind kalibrierte Thermokontaktmessgeräte zu verwenden (gemäß Richtlinie DVS 2208-1).

4.2 Versatz der Fügeflächen minimieren

Der maximal zulässige Versatz beträgt 10% (max. 5 mm) der Wanddicke.

- Um Kerbwirkung und Spannungskonzentrationen zu vermeiden, muss der Versatz minimiert werden.
- Zum Ausgleich fertigungsbedingter Wanddicken- bzw. Ovalitätstoleranzen wird empfohlen, sich beim Ausrichten der Rohre an der Signierung zu orientieren, um den Versatz zu minimieren. Dazu empfiehlt es sich, die Rohre gemäß Produktionsreihenfolge (Metrierung) zu verbinden.
- Da ein unterschiedlicher Rohrendeneinfall ursächlich für unzulässigen Versatz sein kann, ist der Rohrendeneinfall zu kontrollieren und ggf. durch Kürzen der Rohrenden zu beseitigen.
- Schweißungen von Rohren mit Formteilen erfordern ein besonderes Augenmerk, weil das Formteil aus einer anderen Rohr-Charge hergestellt, spritzgegossen oder zerspanend hergestellt wurde. Wenn die Ovalität eines Rohrendes zu einem nicht tolerierbaren Versatz führt, muss mit geeigneten Hilfsmitteln ein Ausgleich erfolgen.

4.3 Handling der Rohrstränge

Beim Handling dickwandiger Bauteile ist besondere Sorgfalt geboten.

- Um Spannungsspitzen auf die Schweißnähte zu vermeiden, sind die Randfaserdehnungen zu minimieren. Es empfiehlt sich daher, die folgenden auf den jeweiligen Außendurchmesser OD bezogenen Biegeradien sorgsam einzuhalten:

20°C	30 x OD
10°C	52,5 x OD
0°C	75 x OD

Gilt für Rohrreihen ≤ SDR 26

DVS, Ausschuss für Technik, Arbeitsgruppe „Fügen von Kunststoffen"

Bezug: DVS Media GmbH, Postfach 10 19 65, 40010 Düsseldorf, Telefon (02 11) 15 91-0, Telefax (02 11) 1591-150

- Um nicht unnötig Kraft für die Bewegung der Rohre aufbringen zu müssen, ist die Reibung des zu bewegenden Rohrstrangs durch geeignete Maßnahmen (z. B. Rollenböcke) zu reduzieren. Bevorzugt ist der kürzere Rohrstrang zu bewegen.
- Da die Rohrstränge dickwandiger Rohre naturgemäß ein höheres Gewicht aufweisen, ist darauf zu achten, dass die verwendeten Schweißmaschinen genügend Kraftreserven zum Erreichen der vorgegebenen Umstellzeit aufbringen können.

4.4 Entfernen des Schweißwulstes

Aus hydraulischen Fließwiderstandsgründen ist eine Entfernung des Schweißwulstes in der Regel nicht erforderlich. Auch erschwert die Entfernung des Schweißwulstes die Beurteilung der Schweißnaht und verbessert nicht die Qualität der Schweißnaht.

Spezielle Anwendungen (z. B. Reliningverfahren) verlangen das Entfernen des äußeren- und/oder inneren Schweißwulstes an stumpfgeschweißten Rohrleitungen. Bei den dazu verwendeten Werkzeugen (Wulstentferner) ist darauf zu achten, dass beim Entfernen des Wulstes das Rohr nicht beschädigt wird (Kerben) bzw. die Nennwanddicke des Rohres im Bereich der Schweißnaht nicht unterschritten wird. Dies kann nur mit geeigneten bzw. speziell dafür entwickelten Geräten sichergestellt werden. Die Hinweise des Geräteherstellers sind zu beachten.

DVS VERBAND

Richtlinie
DVS 2207-3

Ersetzt Ausgabe
Juli 2018

Richtlinie 2207-3

Schweißen von thermoplastischen Kunststoffen

Warmgaszieh- und Warmgasfächelschweißen von Rohren, Rohrleitungsteilen und Tafeln

Verfahren, Anforderungen

Ausschuss für Technik im DVS

Arbeitsgruppe W4 „Fügen von Kunststoffen“

Untergruppe W4.1b „Warmgasschweißen“

Bezug: DVS Media GmbH, Postfach 10 19 65, 40010 Düsseldorf, Telefon (0211) 1591-0, Telefax (0211) 1591-150

Inhalt:

1. Geltungsbereich

Diese Richtlinie gilt für das Warmgasfächel- (WF) und Warmgasziehschweißen (WZ) von Halbzeugen aus thermoplastischen Kunststoffen im Behälter-, Apparate- und Rohrleitungsbau. Sie beschreibt die unterschiedlichen Verfahren, zeigt die Verfahrensgrenzen auf und legt Anforderungen zur Qualitätssicherung fest.

Warmgaszieh- oder fächelgeschweißt werden üblicherweise Bauteile mit Materialdicken von 1 bis max.10 mm. Größere Dicken werden im Allgemeinen entsprechend Richtlinie DVS 2207-4 warmgasextrusionsgeschweißt. Abhängig von Werkstoff, Bauteilart und den technischen Möglichkeiten ist das Warmgasextrusionsschweißen jedoch schon bei geringeren Bauteildicken wegen der höheren erreichbaren Schweißnahtqualität empfehlenswert (Richtlinie DVS 2203-1 Beiblatt 2). Heftnähte zur Vorbereitung für das folgende Warmgasextrusionsschweißen werden häufig warmgaszieh- oder fächelgeschweißt, sollten jedoch in diesem Fall auf ein Minimum beschränkt bleiben (z. B. pilgerschrittartig).

Spezielle Anwendungen, wie das Schweißen von Dichtungsbahnen, werden in den Richtlinien DVS 2225-1 und 2225-4, das Schweißen von PE Mantelrohren in der Richtlinie DVS 2207-5 beschrieben.

2. Allgemeine Anforderungen

Das Warmgasschweißen ist ein meist handwerkliches Schweißverfahren, das umfangreiche Kenntnisse bezüglich der zu schweißenden Werkstoffe und der Handhabung der Geräte sowie hohe Fertigkeiten in der Ausführung voraussetzt.

Die Qualität der Schweißverbindungen ist außerdem abhängig von der Eignung der verwendeten Materialien, der Qualität der Schweißgeräte sowie von der Einhaltung der Schweißrichtlinien und der Schweißparameter.

Die Schweißnähte können durch zerstörungsfreie und zerstörende Verfahren geprüft werden.

Die Schweißarbeiten sind zu überwachen. Art und Umfang der Überwachung müssen zwischen den Vertragspartnern vereinbart werden. Die Verfahrensdaten sind in Schweißprotokollen (Muster siehe Anhang 2) zu dokumentieren.

Jeder Schweißer muss einen gültigen Qualifikationsnachweis nach Richtlinie DVS 2212-1 für den jeweils zu schweißenden Werkstoff besitzen.

Für das Schweißen von FEP, PFA, ECTFE und modifiziertem PTFE (PTFE-M) gilt zusätzlich das Beiblatt 3 dieser Richtlinie.

Zur Qualifizierung der Schweißer für die Werkstoffe FEP und PFA gilt die Richtlinie DVS 2212-1 Beiblatt 3.

3. Werkstoffe

Diese Richtlinie gilt für die in den Beiblättern 1 und 3 zur Richtlinie 2207-3 genannten Werkstoffe. Für andere Werkstoffe und Werkstoffmodifikationen (z. B. elektrisch leitfähige Werkstoffe) kann die Richtlinie sinngemäß angewendet werden. Ergänzende Hinweise der Halbzeughersteller sind zu beachten.

4. Allgemeine Verfahrensbeschreibung

Beim Warmgaszieh- und Fächelschweißen wird ein Schweißzusatz nach Richtlinie DVS 2211 verwendet. Die Fügeflächen von Grundwerkstoff und Schweißzusatz werden durch Warmgas, in der Regel Luft (Anforderungen siehe Richtlinie DVS 2207-3 Beiblatt 2), plastifiziert und durch Druck gefügt.

4.1. Warmgasfächelschweißen (WF)

Die Plastifizierung des Grund- und des Schweißzusatzwerkstoffes erfolgt durch einen Warmgasstrom, der mittels einer an dem Schweißgerät angebrachten Runddüse auf die Fügeflächen gerichtet wird (Bild 1).

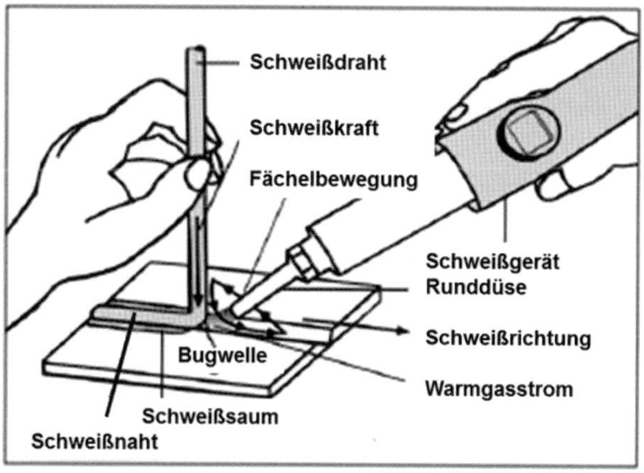

Bild 1. Warmgasfächelschweißen.

Das Schweißgerät wird in einer kontinuierlichen Bewegung entlang der Schweißfuge und des Schweißzusatzdrahtes geführt. Über den von Hand geführten Schweißzusatzdraht wird der erforderliche Fügedruck aufgebracht. Hauptanwendungsgebiete sind schwer zugängliche Stellen sowie die Wurzellage von Schweißnähten, insbesondere bei PVC (siehe auch Abschnitt 10.3).

4.2. Warmgasziehschweißen (WZ)

Bei diesem Verfahren wird der Schweißzusatz durch einen in der Düse befindlichen Kanal der Fügezone zugeführt. Der Düsenkanal muss der Form und Dicke des Schweißzusatzes entsprechen. Dieser kann rund, flach oder dreieckförmig sein (siehe hierzu Richtlinie DVS 2211), (Bild 2).

Durch die Lenkung des Warmgasstromes und die Form der Ziehdüse werden der Schweißzusatz und das Grundmaterial gleichmäßig vorgewärmt und plastifiziert. Über einen schnabelförmigen Ansatz am Ende der Düse (Andrückzunge) wird der erforderliche Fügedruck aufgebracht. Um die Reckung des Schweißzusatzes zu vermeiden, muss der Schweißzusatz gegebenenfalls mit der Hand nachgeführt werden. Bei richtiger Handhabung erfolgt die Schweißung kontinuierlicher, gleichmäßiger und schneller als beim Warmgasfächelschweißen. Das Warmgasziehschweißen ist deshalb dem Warmgasfächelschweißen vorzuziehen. An schwer zugänglichen Stellen ist es jedoch nicht immer anwendbar. Der Anstellwinkel des Schweißgerätes ist abhängig von der verwendeten Ziehdüse bzw. vom zu schweißenden Werkstoff (siehe auch Abschnitt 10.4).

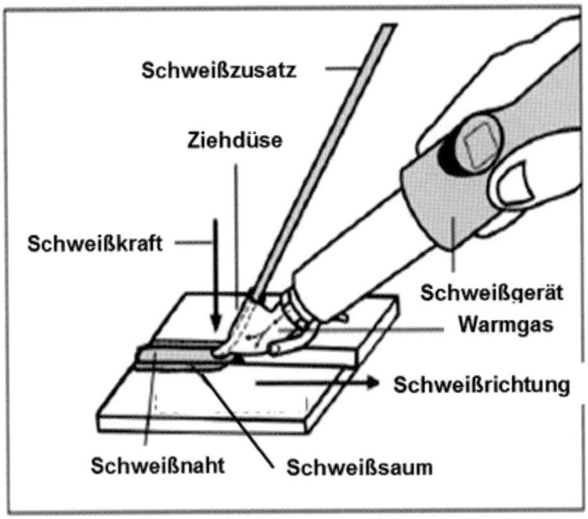

Bild 2. Warmgasziehschweißen.

5. Gerätetypen

Die Schweißgeräte bestehen aus elektrischer Anschlussleitung, Schweißgasversorgung, Griffstück, Heizung einschließlich Regelung bzw. Steuerung sowie auswechselbarer Düse. Die Schweißgaserwärmung erfolgt im Allgemeinen durch eine elektrische Widerstandsheizung. Man unterscheidet zwischen Geräten mit externer Schweißgasversorgung und Geräten mit integriertem Gebläse, sowie zwischen elektronisch geregelten und elektronisch gesteuerten Geräten. Geräte mit externer Schweißgasversorgung können auch mit anderen Wärmeträgern, z. B. Stickstoff verwendet werden. Elektronisch geregelte Geräte sind den gesteuerten Geräten vorzuziehen.

- **Geräte mit externer Schweißgasversorgung** erfordern ein zusätzliches Gebläse, Druckgasflaschen oder einen Druckluftanschluss für die Gaszufuhr. Dies ermöglicht auch die Verwendung anderer Gase als Luft (beispielsweise Stickstoff bei oxidationsempfindlichen Werkstoffen). Sie sind aufgrund ihrer leichten Bauart besser für den Dauereinsatz geeignet, Bild 3 a.
- **Geräte mit integriertem Gebläse** werden wegen ihres höheren Gewichtes überwiegend für kurzzeitige Schweißarbeiten, zum Beispiel bei Baustellenschweißungen, eingesetzt, Bild 3 b.
- **Geregelte Geräte** verfügen über eine im Gerät integrierte direkte Schweißgastemperaturmessung mit Regelelektronik. Unabhängig von Umgebungseinflüssen, Luftmengenschwankungen und Spannungsänderungen erlauben die Geräte eine hohe Konstanz der Schweißgastemperatur. Diese wird in der Regel über ein Display mit Soll- und Istwertanzeige angezeigt.
- **Gesteuerte Geräte** besitzen keinen internen Temperaturabgleich. Die Isttemperatur unterliegt Schwankungen entsprechend der eingebrachten Gasmenge bzw. Schwankungen in der Versorgungsspannung.

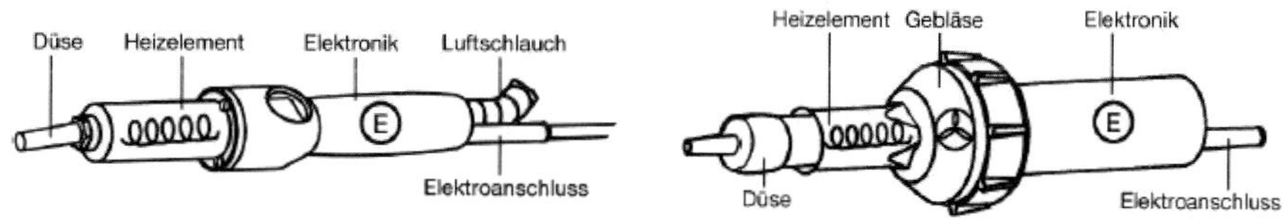

a) Geräte mit externer Schweißgasversorgung b) Geräte mit interner Schweißgasversorgung

Bild 3. Warmgasschweißgeräte.

6. Konstruktive Gestaltung, Schweißnahtformen und Schweißnahtaufbau

Für die Konstruktion der Bauteile gelten die Richtlinien DVS 2205 ff.

Für die konstruktive Gestaltung und Dimensionierung der Schweißnähte gilt die Richtlinie DVS 2205-3. Für die Benennung und die zeichnerische und symbolische Darstellung der Schweißnähte gilt DIN EN ISO 2553.

Insbesondere ist zu beachten:

- Kreuzende Nähte müssen versetzt angeordnet werden. Der lichte Abstand sollte ca. 3-mal Nahtöffnungsbreite, jedoch mindestens 30 mm betragen.
- Der lichte Abstand paralleler Nähte sollte ca. 3-mal Nahtöffnungsbreite, mindestens jedoch 30 mm betragen.
- Unterschiedlich dicke Anschlussenden bei Stumpfstößen sind in der Werkstückdicke anzugleichen (Richtlinie DVS 2205).
- Wenn möglich, sollten Schweißnähte immer gegengeschweißt oder als Doppel-V-(X-), Doppel K-, Doppel-HV-Naht ausgeführt werden. Bbei nur einseitiger Zugänglichkeit sollte eine Schweißnahtform gewählt werden, die gewährleistet, dass der Querschnitt des jeweils dünneren Fügeteils komplett angeschlossen werden kann (zum Beispiel bei einem T-Stoß mit HV-Naht).
- Die freie Zugänglichkeit der Fügeflächen mit dem Schweißgerät ist sicherzustellen.

Die wichtigsten Nahtformen sind hinsichtlich ihrer Schweißnahtform und ihrer Ausführung in den Bildern 4 und 5 dargestellt.

Geschweißt wird mit rundem Schweißzusatz (umgangssprachlich Runddrähten). Übliche Durchmesser sind 2 bis 4 mm.

Flachstäbe werden als sogenannte Cap- oder Backstrip überwiegend für Fluorpolymere verwendet (siehe hierzu Beiblatt 3 zu dieser Richtlinie).

Weitere Profile, wie zum Beispiel dreieck- oder drillingförmige Schweißzusätze, sind im Handel erhältlich, jedoch für die im Geltungsbereich genannten Anwendungen nicht zugelassen und deshalb nicht Gegenstand dieser Richtlinie.

Falls sie für untergeordnete zur Anwendungen kommen sollen, ist die Gestaltung der Nahtgeometrie an das Profil entsprechend den Angaben des Schweißzusatzherstellers durchzuführen.

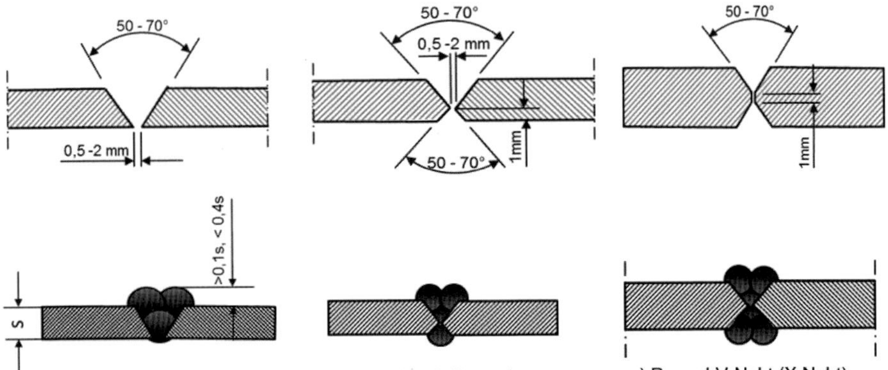

a) V-Naht b) V-Naht mit Gegenlage c) Doppel-V-Naht (X-Naht)

Bild 4. Schweißfugenvorbereitung und Schweißnähte bei Stumpfstößen.

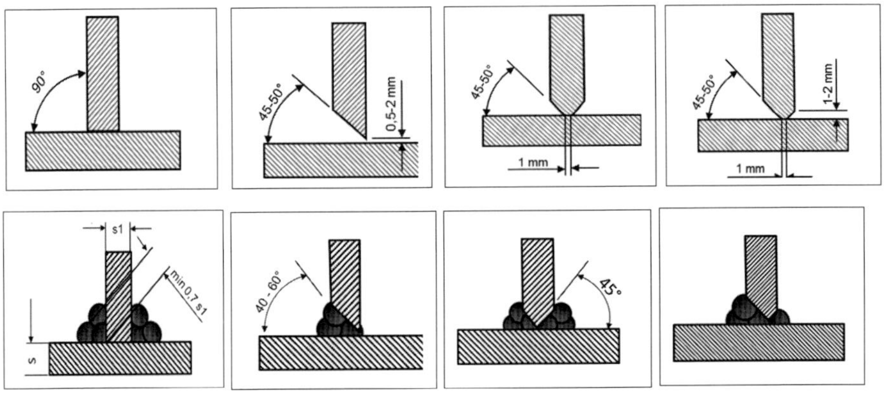

a) Doppel-Kehlnaht b) HV-Naht c) Doppel-HV-Naht d) HV-Naht mit Gegenlage

Bild 5. Schweißfugenvorbereitung und Schweißnähte bei T-Stößen.

Tabelle 1. Beispiele für den Schweißnahtaufbau in Abhängigkeit von den Materialdicken bei einem Öffnungswinkel von 60° an V- und Doppel-V- Nähten.

Nahtform	Grundmaterialdicke [mm]	Schweißstab (rund) Anzahl x Durchmesser [mm]
V-Naht 	2 3 4 5	1 x 4 3 x 3 1 x 3 + 2 x 4 6 x 3 oder 4 x 4 wenn möglich zusätzlich jeweils eine Gegenlage (7)
Doppel-V-Naht 	4 5 6 8 10	je Seite: 1 x 4 je Seite: 3 x 3 je Seite: 3 x 3 je Seite: 1 x 3 + 2 x 4 je Seite: 4 x 4 oder je Seite: 1 x 3 + 3 x 4

In der Regel erfolgt der Lagenaufbau in Abhängigkeit der Materialdicke entsprechend Tabelle 1. Bei veränderten Öffnungswinkeln oder Nahtgeometrien ist der Lagenaufbau entsprechend anzupassen. Bei der Verwendung von Profilstäben oder Schweißbändern müssen die Nahtgeometrie und die Schweißdüse der Geometrie des Schweißzusatzes angepasst sein.

Die Schweißnaht muss vollständig und hohlraumfrei entsprechend Bild 4 gefüllt sein. Die Nummerierung der Einzeldrähte in der Tabelle 1 gibt die empfohlene Schweißfolge wieder, andere Reihenfolgen bei der letzten Lage sind jedoch möglich.

Für die zulässigen Abweichungen der Schweißnahtausführung und Maße hinsichtlich Nahtüberhöhung, Kerben, Wurzelkerben, Versatz und Ähnliches ist die Richtlinie DVS 2202 Beiblatt 4 zu beachten.

7. Anforderungen

7.1. Anforderungen an die Werkstoffe und deren Schweißeignung

Halbzeuge und Schweißzusätze müssen zum Warmgasschweißen geeignet sein. Für Schweißverbindungen, die den Anforderungen nach Riichtlinie DVS 2203 entsprechen sollen, ist die Verwendung eines zum Grundwerkstoff typengleichen, mindestens aber artgleichen Schweißzusatzes Voraussetzung.

Für die teilkristallinen Werkstoffe wie PE, PP und PVDF wird der Schmelzindex als charakteristischer Kennwert für die Schweißbarkeit herangezogen. Liegen die Schmelzindexwerte (MFR-Werte) der Schweißpartner innerhalb der zulässigen Schmelzindexbereiche der Richtlinien DVS 2207-1, -11, -15, kann generell von einer Schweißbarkeit ausgegangen werden. Sind zwei Halbzeuge unterschiedlicher MFR-Gruppen aus diesem Bereich miteinander zu schweißen, ist ein Schweißzusatz zu wählen, dessen MFR-Wert zwischen dem der Halbzeugkombination liegt. Für PE, PP und PVDF sind die Hinweise im Geltungsbereich der Richtlinien DVS 2207-1, 2207-11 und 2207-15 zu beachten. Liegt der Schmelzindex außerhalb der zugelassenen Bereiche in den genannten Richtlinien, ist der Schweißnachweis nach Richtlinie DVS 2203-4 im Zeitstandzugversuch zu führen.

Bei PVC dürfen nur gleiche Formmassentypen (z. B. PVC-U/PVC-U bzw. PVC-C/PVC-C) miteinander geschweißt werden.

Die Halbzeuge und Schweißzusätze müssen entsprechend und unverwechselbar gekennzeichnet sein (bei Schweißzusätzen auf der Verpackung).

Es sollten nur Halbzeuge mit festgelegten Qualitätsanforderungen geschweißt werden (z. B. Werkszeugnis in Anlehnung an DIN EN 10204).

Die Schweißzusätze müssen den Anforderungen nach Richtlinie DVS 2211 bzw. DIN EN 12943 entsprechen.

Bestehen Zweifel an der Artgleichheit von Halbzeug und/oder dem Schweißzusatz, z. B. fehlende Kennzeichnung, oder sind Werkstoffveränderungen zu befürchten, z. B. durch

- unsachgemäße Lagerung,
- niedrige Fügeteiltemperaturen,
- Verschmutzung,
- Alterung,
- Betriebseinflüsse (Medien, Temperaturen)

so ist die Schweißeignung durch Prüfungen an Probeschweißungen festzustellen. Hinweise hierzu geben die Richtlinien DVS 2203-1 und 2201-2.

Die Grund- und Zusatzwerkstoffe müssen in einwandfreiem Verarbeitungszustand vorliegen, trocken und sauber sein.

7.2. Anforderungen an die Qualität der Schweißverbindungen

Bei sachgemäßer Ausführung der Schweißnähte entsprechend dieser Richtlinie werden die in Richtlinie DVS 2203-1 Beiblätter 1, 2, 3 angegebenen Mindestanforderungen an die Qualität der Schweißnähte (Schweißfaktoren, Biegewinkel/ Biegeweg) sicher erreicht.

Im Hinblick auf den jeweiligen Anwendungsfall, gegebenenfalls gesetzliche Vorgaben (WHG, Druckgeräterichtlinie etc.) und die erforderliche Dimensionierung sollten sich Auftraggeber und Hersteller auf die entsprechenden Anforderungen an das Bauteil und die erforderliche Mindestqualität der Schweißverbindungen einigen und diese festlegen. Hinweise und Kriterien hierzu enthält die Richtlinie DVS 2202 Beiblatt 4.

Der Nachweis der geforderten Qualität ist gegebenenfalls an Probeschweißungen zu führen. Dies gilt insbesondere für alle nicht in dieser Richtlinie genannten Werkstoffe (siehe hierzu auch Beiblatt 3).

7.3. Anforderungen an die Schweißgeräte und das Zubehör

Die Schweißgeräte müssen CE-konform, funktionsfähig und für die Schweißaufgabe geeignet sein. Dies gilt auch für das Zubehör wie Düsen, Thermofühler etc.

Spezielle Anforderungen an die Geräte und Schweißdüsen sind im Beiblatt 2 zu dieser Richtlinie beschrieben.

8. Inbetriebnahme der Schweißgeräte und Einstellen der Schweißparameter

Die Inbetriebnahme und Einstellung erfolgen entsprechend der Betriebsanleitung des Geräteherstellers in Verbindung mit den im Beiblatt 1 genannten Schweißparameterempfehlungen und eventuell mit den Angaben des Rohstoff- oder Halbzeugherstellers. Vor der Benutzung, bei Wechsel des Schweißzusatzes und gegebenenfalls bei Schweißunterbrechungen sind die Ziehdüsen an der Andrückzunge sowie der Luftkanal zu reinigen, beispielsweise mit einer Messingbürste. Die Düsenflächen dürfen nicht beschädigt sein.

Vor Schweißbeginn wird die Warmgastemperatur am Schweißgerät überprüft. Die Messung erfolgt mit einem geeigneten schnellanzeigenden Temperaturmessgerät (mit einem Thermoelement von ca. 1 – 1,5 mm Durchmesser) etwa 5 mm in der Düse, bei Runddüsen in der Düsenmitte, bei Ziehdüsen in der Hauptdüsenöffnung. Die Messung der Luftmenge bei Geräten mit externer Schweißgasversorgung erfolgt vor Eintritt in das Schweißgerät mit einem Durchflussmessgerät (siehe Beiblatt 2 dieser Richtlinie).

Das Schweißgerät muss vor Beginn der Schweißung und Überprüfung der Parameter einige Minuten in Betrieb sein, bis der Warmgasstrom eine stabile Temperatur erreicht hat.

Wiederholende Prüfungen der Warmgastemperatur sind bei länger andauernder Schweißaufgabe oder nach Arbeitsunterbrechungen empfehlenswert.

Schweißgeschwindigkeit und Schweißkraft muss sich der Schweißer durch Übung aneignen und regolmäßig überprüfen. Die erforderliche Schweißkraft kann zum Beispiel durch Probeschweißen auf einer Tafelwaage überprüft werden.

Alle Messungen müssen mit kalibrierten und regelmäßig überprüften Messmitteln entsprechend Beiblatt 2 dieser Richtlinie durchgeführt werden und sind zu dokumentieren (Anhang 2). Die verwendeten Temperaturmessgeräte sollten im Arbeitsbereich eine maximale Abweichung von ± 3 K besitzen.

9. Schweißvorbereitungen

Die Schweißfugen der Fügeflächen werden entsprechend Abschnitt 6 vorbereitet. Die ausreichende Zugänglichkeit der Fügeflächen mit dem Schweißgerät muss gewährleistet sein. Zwangslagen des Schweißers sollten wegen der notwendigen, von ihm aufzubringenden Schweißkraft vermieden oder minimiert werden. Es ist sicherzustellen, dass der Schweißer während des Schweißens durch das notwendige Nachführen der Verbindungskabel und -schläuche sowie des Schweißzusatzes nicht behindert wird. Der Schweißbereich muss ausreichend beleuchtet sein. Empfehlenswert sind Zusatzleuchten, welche direkt am Schweißgerät befestigt sind und den Schweißbereich sicher ausleuchten.

Um die Verschmutzungsgefahr von Grund- und Schweißzusatzwerkstoff zu verringern, ist es empfehlenswert, dass der Schweißer bei der Nahtvorbereitung und beim Schweißen geeignete und saubere Schutzhandschuhe trägt.

9.1. Ausrüstung, Arbeitsplatz und Umgebungseinflüsse

Zur fachgerechten Ausführung der Schweißverbindung ist mindestens folgende Ausrüstung erforderlich:

- Warmgasgerät entsprechend dieser Richtlinie und Beiblatt 2
- Warmgasdüse entsprechend der Schweißaufgabe
- Durchflussmengenmessgerät für Schweißgas
- schnellanzeigendes, digitales Temperaturmessgerät
- geeignete Messmittel zur Überprüfung von Versatz/Durchmesser/Dicke
- geeignete Geräteablage
- Ziehschaber, Ziehklinge, Düsenbürste, Seitenschneider, Flachstecheisen, Hohl- und Kantenbeitel und Ähnliches
- persönliche Schutzausrüstung
- gegebenenfalls Absaugung, Frischluftzufuhr
- Staubschutz für Schweißzusatz
- ausreichende Beleuchtung
- gegebenenfalls Witterungsschutz
- gegebenenfalls spezielles Reinigungsmittel (nicht quellend, anlösend oder fetthaltig), nichtfasernde Tücher
- Tabelle der Schweißparameter gem. Beiblatt 1 und/oder Hinweise der Halbzeughersteller
- Schweißprotokoll gemäß Anhang 2

9.2. Schutz vor Umwelteinflüssen

Die Umgebungsbedingungen können den Schweißvorgang und damit die Qualität der Verbindung wesentlich beeinflussen. Es ist deshalb zu beachten:

- Der Schweißbereich ist vor ungünstigen Witterungseinflüssen (z. B. Feuchtigkeit, Wind, Zugluft und Temperaturen unter +5 °C) zu schützen.
- Wenn durch geeignete Maßnahmen (zum Beispiel Vorwärmen, Einzelten, Beheizen) sichergestellt wird, dass eine zum Schweißen ausreichende Halbzeugtemperatur eingehalten werden kann, darf – soweit der Schweißer nicht in der Handfertigkeit behindert wird – bei beliebiger Außentemperatur geschweißt werden. Hierbei ist jedoch Kondensatbildung bei Unterschreiten des Taupunktes zu vermeiden. Gegebenenfalls ist durch Herstellen von Probenähten unter den vorhandenen Bedingungen ein zusätzlicher Qualitätsnachweis zu führen.
- Bei ungleichmäßig temperierten Fügeteilen, beispielsweise durch einseitige Sonnenbestrahlung oder unterschiedliche Lagerungsbedingungen, ist vor dem Schweißen ein Temperaturausgleich zu schaffen.

10. Schweißen

10.1. Vorbereiten der Fügeflächen und des Schweißzusatzes

Die Fügeflächen dürfen nicht beschädigt, oxidiert oder verunreinigt sein. Daher müssen sie und die angrenzenden Randzonen vor dem Schweißen mit geeigneten Werkzeugen spanend bearbeitet werden.

Bei PVC-U, PVC-C, PP und PE ist dies auch für den Schweißzusatz notwendig.

Geeignet sind spanabhebende Werkzeuge wie Schaber, Ziehklingen, Fräser und Sägen. Schleifwerkzeuge sind nur zulässig, wenn die Verunreinigung durch Einbringen von Schleifmittel und die Überhitzung der Oberfläche ausgeschlossen werden können.

Insbesondere bei Fügeteilen, die langer UV- oder Medieneinwirkung ausgesetzt waren, kann die geschädigte Schicht so tief sein, dass nach dem Abarbeiten eine Überprüfung der Restwanddicke unter Einbeziehung der statischen Erfordernisse notwendig ist.

Falls erforderlich, sind zur Reinigung der Fügeflächen spezielle, nicht fetthaltige Reinigungsmittel zu verwenden.[1]

10.2. Heften

Das Heften dient der Fixierung der Fügeteile in ihrer vorgesehenen Lage zueinander, um während des Schweißens eine Lageänderung der Fügeteile auszuschließen. Üblich ist das Heften durch Anschmelzen der Fügeflächen mit einer speziellen Heftdüse oder einem entsprechenden Düsenaufsatz.

Die Heftnähte oder auch nur Heftstellen sind kein Bestandteil der späteren Warmgasschweißnaht, das heißt, sie müssen so ausgeführt werden, dass sie sich beim späteren Schweißen auflösen. Ist dies nicht der Fall, müssen die Heftstellen vor dem Schweißen, evtl. stückweise, entfernt werden. Die Ausbildung einer Wurzellage durch Heftung ist nicht erlaubt.

1 Die Reinigungsflüssigkeit oder damit bereits werkseitig befeuchtete Tücher müssen aus einem 100 % verdampfenden Lösemittel bestehen, z. B. aus 99 Teilen Ethanol mit einem Reinheitsgrad von 99,8 % und einem Teil MEKP (Methylethylketon, Denaturierung). Nach DVGW VP 603 geprüfte Mittel entsprechen dieser Vorgabe. Die Verwendung von Spiritus kann durch das darin enthaltene Wasser zu einer Qualitätsminderung führen.

Das Papier zur Reinigung muss sauber, unbenutzt, saugfähig, nicht fasernd und darf nicht eingefärbt sein.

10.3. Warmgasfächelschweißen (WF)

Beim Warmgasfächelschweißen wird der Fügedruck von Hand über den Schweißzusatz aufgebracht. Der Schweißzusatz sollte hierbei möglichst wenig gereckt, gestaucht oder verdreht werden, um die Entstehung von Schweißeigenspannungen zu minimieren.

Zum Beginn einer Schweißlage empfiehlt es sich, den Schweißzusatz an der Spitze leicht anzuschrägen (Bild 6).

Die Düsenöffnung soll im Winkel von ca. 45° zum Grundmaterial in die Schweißzone gerichtet sein. Mit einer in Schweißrichtung dreieckförmigen Fächelbewegung werden das Grundmaterial und der Schweißzusatz an den Fügeflächen plastifiziert. Danach wird der angeschrägte Schweißzusatz auf die entsprechende Stelle gedrückt und die Fächelbewegung in Schweißrichtung fortgesetzt.

Während des Schweißens müssen eine vor dem Schweißzusatz herlaufende Bugwelle aus plastifiziertem Material sowie beidseitig der Schweißraupe ein Schweißsaum in Form eines gleichmäßigen Doppelwulstes erkennbar sein.

Die Schweißparameter Fügedruck, Temperatur sowie die aus der Schweißgeschwindigkeit resultierende Wärmeeinwirkzeit sind abhängig von der Materialdicke und dem Werkstoff entsprechend aufeinander abzustimmen (Schweißparameter siehe Beiblatt 1 dieser Richtlinie).

Bei Ansätzen an einer bereits gelegten Schweißraupe oder bei Rundnähten ist gemäß Darstellung in Bild 6zu verfahren. Am Ende einer Schweißung soll der Schweißdraht nicht abgedreht oder abgerissen, sondern beispielsweise mit einem Messer oder Seitenschneider abgetrennt werden. Nach jeder Schweißlage sind der Schweißsaum und das angrenzende wärmebeeinflusste Grundmaterial mit einem geeigneten Schaber kerbfrei so abzuarbeiten, dass die anschließende Schweißraupe sicher angeschlossen werden kann.

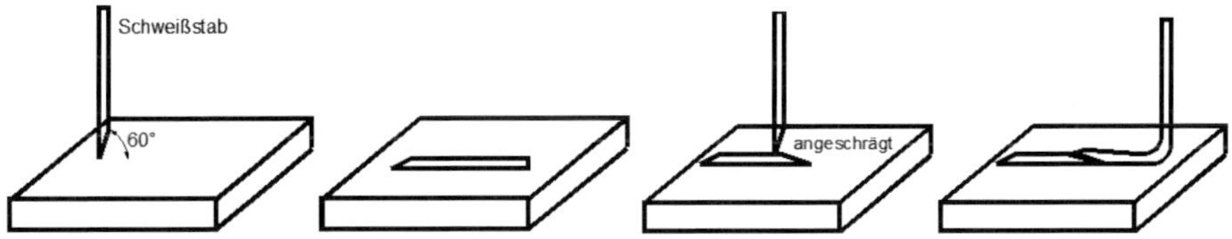

Bild 6. Schweißstabführung.

10.4. Warmgasziehschweißen (WZ)

Beim Warmgasziehschweißen wird der Schweißzusatz durch die an der Düse befindliche Andrückzunge in die Fügezone gedrückt. Bei Nahtansätzen und Enden ist sinngemäß wie beim WF-Schweißen zu verfahren, Bild 2.

Die Vorwärmung des Grundmaterials erfolgt zu Beginn des eigentlichen Schweißvorgangs mit dem aus der Hauptdüsenöffnung austretenden Warmgasstrom durch eine fächelnde Bewegung. Dann wird der Schweißzusatz in die Düse eingeführt und im Warmgasstrom erwärmt. Sobald die Oberflächen der Fügepartner plastifiziert sind, wird der Zusatz mit der Andrückzunge in die vorbereitete Schweißfuge eingedrückt und das Schweißgerät unter gleichmäßigem Aufbringen des Fügedrucks in der Schweißfuge geführt.

Um die Reckung des Schweißzusatzes durch Reibung in der Düse zu vermeiden, wird der Schweißzusatz gegebenenfalls von Hand nachgeführt. Die Ziehbewegung entlang der Schweißfuge erfolgt unter Beobachtung der entstehenden Bugwelle, des Schweißsaums (Doppelwulst) und der Oberfläche des eingebrachten Schweißzusatzes. Kerben im Grundmaterial infolge unsachgemäßen Führens der Ziehdüse (Andrückzunge) sind zu vermeiden.

Vor der nachfolgenden Schweißraupe sind der Schweißsaum und das angrenzende wärmebeeinflusste Grundmaterial wie beim Warmgasfächelschweißen mit einem geeigneten Schaber kerbfrei abzuarbeiten.

10.5. Mechanische Nachbearbeitung der Schweißnaht

In der Regel ist die Nachbearbeitung der Schweißnaht nicht erforderlich. Wird die Schweißnaht mechanisch nachgearbeitet, ist dabei auf Kerbfreiheit zu achten. Die Nachbearbeitung darf erst nach ausreichender Abkühlung der Schweißnaht erfolgen.

10.6. Thermische Nachbehandlung

Schweißeigenspannungen können durch langsames Abkühlen der Schweißnaht (z. B. abdecken unmittelbar nach Schweißung) oder durch anschließendes Tempern des Bauteils herabgesetzt werden. Die Temperbedingungen sind werkstoff- und bauteilabhängig. Die Angaben der Halbzeughersteller sind hierbei zu beachten.

Bei PVC-C müssen Grund- und Zusatzwerkstoff gegebenenfalls bereits vor dem Schweißen und jedenfalls nach dem Schweißen getempert werden.

Die Angaben der Halbzeughersteller sind hierbei zu beachten.

10.7. Schweißprotokoll

Das Schweißprotokoll dokumentiert u. a. die Schweißbedingungen und die Schweißparameter. Es ist Grundlage zur Beurteilung der Schweißnahtqualität durch die Schweißaufsicht (Musterprotokoll in Anhang 2).

11. Prüfen der Schweißverbindungen

Es wird zwischen zerstörungsfreien und zerstörenden Prüfverfahren unterschieden. Sie sind in Tabelle 2 „Mögliche Prüfverfahren" aufgeführt.

Die visuelle Prüfung erfolgt nach Richtlinie DVS 2202 Beiblatt 4 und richtet sich insbesondere auf Nahtform, kerbfreie Oberflächen und Randzonen, optimale Nahtfüllung, wurzelseitiges Durchschweißen und Fügeteilversatz.

Mit Ultraschall- und Röntgenprüfung können zerstörungsfrei Fehlstellen im Innern der Nähte festgestellt werden. Sie geben allein jedoch keinen ausreichenden Hinweis zur Qualität der Schweißverbindung. Die Einsatzmöglichkeiten dieser Prüfverfahren sind im Hinblick auf die Nahtgeometrie und die Nahtdicke begrenzt. Sie werden deshalb in der Praxis kaum angewendet.

Voraussetzung für die Dichtigkeitsprüfung mit Hochspannung ist das Vorhandensein eines leitfähigen Untergrundes als Gegenpol. Die Hochspannungsprüfung wird in der Regel nach der ersten Lage und bei der Endprüfung durchgeführt. Sie gibt keinen Hinweis auf die Qualität der Schweißverbindung (siehe hierzu DVS 2206-4, DIN EN 14879-4 und DIN EN 13100-4). Die Prüfspannung ist in Abhängigkeit des Werkstoffes und der Werkstückdicke festzulegen. Üblich ist eine Prüfspannung von 4-5 kV pro mm Werkstückdicke.

Art und Umfang der im Einzelfall vorzunehmenden Prüfungen sind vom jeweiligen Bauteil und seiner Anwendung abhängig und entsprechend mit dem Auftraggeber abzustimmen.

Allgemeine werkstoffspezifische Prüfungen können den Richtlinien DVS 2201-1 und DVS 2206 entnommen werden.

Tabelle 2. Mögliche Prüfverfahren für Warmgasschweißnähte.

Zerstörungsfreie Prüfungen	
Visuelle Prüfung der unzerstörten Schweißnaht (äußerer Befund)	Sichtprüfung der Schweißnahtoberfläche und Schweißnahtgeometrie. Bewertung nach Richtlinie DVS 2202 Beiblatt 4, auf Grundlage der im Einzelfall festzulegenden Bewertungsgruppe nach Richtlinie DVS 2202 Abschnitt 3.
Dichtheitsprüfung mit Unterdruck	Mittels geeigneter Vakuumglocken und schaumbildender Flüssigkeit. Die Prüfbedingungen sind im Einzelfall festzulegen. Üblicher Prüfdruck: -0,4 bis -0,6 bar, Prüfdauer ca. 10 sek.
Dichtheitsprüfung mit elektrischer Hochspannung	Prüfdurchführung und Geräteanforderungen nach Richtlinie DVS 2206-4. Die Art des Prüfgerätes (mit oder ohne Gegenpol) und die Prüfspannung sind im Einzelfall festzulegen. Weitere Hinweise in DIN EN 14879-4 und DIN EN 13100-4.
Dichtheitsprüfung mit Wasser oder Luft	Anwendung üblich bei Rohrleitungen und Behältern. Prüfbedingungen entsprechend Druckgeräterichtlinie. Prüfung mit hydrostatischem Druck oder mit max. 0,2 bar Überdruck (Luft).
Druckfestigkeitsprüfung	Anwendung üblich bei Rohrleitungen. Prüfbedingungen entsprechend Druckgeräterichtlinie. Prüfdurchführung nach Richtlinie DVS 2210-1 Beiblatt 2. Aussagefähigkeit: Dichtheit, experimenteller Nachweis der Betriebssicherheit.
Zerstörende Prüfungen	
Visuelle Prüfung des Schweißnahtquerschnittes (innerer Befund)	Sichtprüfung des Schweißnahtquerschnittes nach dem Aufschneiden der Schweißnaht. Bewertung nach Richtlinie DVS 2202 Beiblatt 4, auf Grundlage der festgelegten Bewertungsgruppe nach Richtlinie DVS 2202 Abschnitt 3.
Zugversuch	Ausführung nach Richtlinie DVS 2203-2, Mindestanforderungen nach Richtlinie DVS 2203-1 Beiblatt 1.
Zeitstand Zugversuch	Ausführung nach Richtlinie DVS 2203-4, Mindestanforderungen nach Richtlinie DVS 2203-1 Beiblatt 2.
Technologischer Biegeversuch	Ausführung nach Richtlinie DVS 2203-5, Mindestanforderungen nach Richtlinie DVS 2203-1 Beiblatt 3

12. Sicherheitshinweise

Einige Werkstoffe entwickeln bei Überhitzung über den thermoplastischen Zustand hinaus (Zersetzungsbereich) gefährliche Zersetzungsprodukte und gesundheitsgefährdende Dämpfe (zum Beispiel PVC, PVC-C, PVDF). Fluorkunststoffe wie zum Beispiel ECTFE, FEP, PFA, PTFE entwickeln diese bereits beim Schweißen (siehe Beiblatt 3 zu dieser Richtlinie).

Für das Schweißen der genannten Werkstoffe ist, auf der Grundlage der vom Rohstoff-/ Halbzeughersteller vorzulegenden Werkstoffdatenblätter, vom Halbzeugverarbeiter eine Gefährdungsbeurteilung nach § 6 der Gefahrstoffverordnung (Gef.StoffV) durchzuführen und davon abgeleitet eine Betriebsanweisung für die Schweißer zu erstellen, die alle Gefährdungspotenziale und erforderlichen Schutzmaßnahmen aufzeigt.

In EX-geschützten Bereichen sind bezüglich der Schweißarbeiten die einschlägigen Sicherheitsvorschriften zu beachten.

13. Schrifttum

DIN EN 10204	Metallische Erzeugnisse – Arten von Prüfbescheinigungen
DIN EN 14879-4	Beschichtungen und Auskleidungen aus organischen Werkstoffen zum Schutz von industriellen Anlagen gegen Korrosion durch aggressive Medien – Teil 4: Auskleidungen für Bauteile aus metallischen Werkstoffen
DIN EN 13100-4	Zerstörungsfreie Prüfung von Schweißverbindungen thermoplastischer Kunststoffe – Teil 4: Hochspannungsprüfung
DIN EN ISO 2553	Schweißen und verwandte Prozesse – Symbolische Darstellung in Zeichnungen – Schweißverbindungen
DIN 1910-3	Schweißen; Schweißen von Kunststoffen, Verfahren
DVGW VP 603	Vorläufige Prüfgrundlage für Reinigungsmittel und deren Behälter zur Vorbereitung von Schweißverbindungen an Polyethylenrohren
Richtlinie DVS 2200-1 Beiblatt 1	Fügen von Kunststoffen – Kurzzeichen und Abkürzungen – Schweißverfahren
Richtlinie DVS 2201-1	Prüfen von Halbzeug aus Thermoplasten; Grundlagen, Hinweise
Richtlinie DVS 2202	Bewertung von Fügeverbindungen aus thermoplastischen Kunststoffen an Rohrleitungsteilen und Tafeln – Merkmale, Beschreibung, Bewertung
Richtlinie DVS 2202-1	Fehler an Schweißverbindungen aus thermoplastischen Kunststoffen – Merkmale, Beschreibung, Bewertung
Richtlinie DVS 2202 Beiblatt 4	Bewertung von Fügeverbindungen aus thermoplastischen Kunststoffen an Rohrleitungsteilen und Tafeln – Warmgasfächel- und Warmgasziehschweißen (WF/WZ)
Richtlinie DVS 2203-1 Beiblatt 1	Prüfen von Schweißverbindungen an Tafeln und Rohren aus thermoplastischen Kunststoffen – Anforderungen im Zugversuch – Kurzzeitzug-Schweißfaktor f_z
Richtlinie DVS 2203-1 Beiblatt 2	Prüfen von Schweißverbindungen an Tafeln und Rohren aus thermoplastischen Kunststoffen – Anforderungen im Zeitstand-Zugversuch – Zeitstandzug-Schweißfaktor f_s
Richtlinie DVS 2203-1 Beiblatt 3	Prüfen von Schweißverbindungen an Tafeln und Rohren aus thermoplastischen Kunststoffen – Anforderungen im technologischen Biegeversuch – Biegewinkel/Biegeweg
Richtlinie DVS 2203-2	Prüfen von Schweißverbindungen an Tafeln und Rohren aus thermoplastischen Kunststoffen – Zugversuch
Richtlinie DVS 2203-4	Prüfen von Schweißverbindungen an Tafeln und Rohren aus thermoplastischen Kunststoffen – Zeitstand-Zugversuch

Richtlinie DVS 2203-5	Prüfen von Schweißverbindungen an Tafeln und Rohren aus thermoplastischen Kunststoffen – Technologischer Biegeversuch
Richtlinie DVS 2205-3	Berechnung von Behältern und Apparaten aus Thermoplasten, Schweißverbindungen
Richtlinie DVS 2206-1	Zerstörungsfreie Prüfungen von Behältern, Apparaten und Rohrleitungen aus thermoplastischen Kunststoffen – Maß- und Sichtprüfung
Richtlinie DVS 2206-4	Zerstörungsfreie Prüfungen von Behältern, Apparaten und Rohrleitungen aus thermoplastischen Kunststoffen – Prüfung mit elektrischer Hochspannung
Richtlinie DVS 2207-1	Schweißen von thermoplastischen Kunststoffen – Heizelementschweißen von Rohren, Rohrleitungsteilen und Tafeln aus PE
Richtlinie DVS 2207-3 Beiblatt 1	Schweißen von thermoplastischen Kunststoffen – Warmgaszieh- und Warmgasfächelschweißen von Rohren, Rohrleitungsteilen und Tafeln, Schweißparameter
Richtlinie DVS 2207-3 Beiblatt 2	Schweißen von thermoplastischen Kunststoffen – Warmgaszieh- und Warmgasfächelschweißen von Rohren, Rohrleitungsteilen und Tafeln, Anforderungen an die Schweißgeräte und das Zubehör
Richtlinie DVS 2207-5	Schweißen von thermoplastischen Kunststoffen – Schweißen von PE-Mantelrohren- Rohre und Rohrleitungsteile
Richtlinie DVS 2207-11	Schweißen von thermoplastischen Kunststoffen – Heizelementschweißen von Rohren, Rohrleitungsteilen und Tafeln aus PP
Richtlinie DVS 2207-15	Schweißen von thermoplastischen Kunststoffen – Heizelementschweißen von Rohren, Rohrleitungsteilen und Tafeln aus PVDF
Richtlinie DVS 2210-1	Industrierohrleitungen aus thermoplastischen Kunststoffen – Projektierung und Ausführung – Oberirdische Rohrsysteme
Richtlinie DVS 2210-1 Beiblatt 2	Industrierohrleitungen aus thermoplastischen Kunststoffen - Projektierung und Ausführung – Oberirdische Rohrsysteme – Empfehlungen zur Innendruck- und Dichtheitsprüfung
Richtlinie DVS 2211	Schweißen von thermoplastischen Kunststoffen – Schweißzusätze – Kennzeichnung, Anforderungen, Prüfungen
Richtlinie DVS 2212-1	Prüfung von Kunststoffschweißern – Prüfgruppen I und II
Richtlinie DVS 2213	Fachmann für Kunststoffschweißen
Richtlinie DVS 2225-4	Schweißen von Dichtungsbahnen aus Polyethylen (PE) für die Abdichtung von Deponien und Altlasten

DIN-Normen sind zu beziehen beim Beuth Verlag, Berlin, DVS-Merkblätter und -Richtlinien bei der DVS Media GmbH, Düsseldorf.

Anhang 1: Kurzanleitung für das Schweißen

1. Schweißausrüstung zusammenstellen (Abschnitt 9)

- Gültiges Schweißerzeugnis nach Richtlinie DVS 2212-1
- Warmgasschweißgerät mit Bedienungsanleitung
- Schweißdüsen entsprechend der Schweißaufgabe und dem Schweißzusatz
- Durchflussmengenmessgerät für Schweißgas
- Temperaturmessgerät mit Fühlern zum Messen der Warmgas- und der Halbzeugtemperatur
- Geeignete Messmittel zur Überprüfung von Versatz, Durchmesser, Dicke
- Geräteablage
- Schaber, Ziehklinge
- Persönliche Schutzausrüstung
- Staubschutz für Schweißzusatz
- Reinigungsmittel
- Beiblatt 1 Schweißparameter
- Anhang 2 Schweißprotokoll
- Ggf. Spezielle Schweißanweisung

2. Arbeitsbedingungen prüfen und Maßnahmen vorsehen (Abschnitt 9)

- Zugänglichkeit
- Ausreichende Beleuchtung
- Schutzzelt
- Beheizung
- Messung der Halbzeugtemperatur und gegebenenfalls entsprechende Maßnahmen einleiten
- Ausreichende Belüftung/Absaugung
- Spezielle Schutzausrüstung

3. Schweißeignung überprüfen (Abschnitt 7)

- Angaben der Hersteller auf den Halbzeugen und Schweißzusätzen auf Übereinstimmung prüfen
- Identität, Zustand und Sauberkeit der Fügepartner prüfen und gegebenenfalls reinigen
- Gegebenenfalls Schweißbarkeit der Fügepartner durch Auftragsschweißen nach Richtlinie DVS 2201-2 oder Probeschweißungen prüfen

4. Inbetriebnahme des Schweißgerätes und Einstellen der Parameter (Abschnitt 8)

- Zuleitungen (Strom, Luft) auf mögliche Behinderung des Schweißvorganges überprüfen
- Schweißgerät entsprechend Bedienungsanleitung anschließen und einschalten
- Warmgasdüse auswählen und montieren; Warmgasmenge und -temperatur einstellen und überprüfen (Beiblatt 1)

5. Vorbereiten der Schweißnähte und Fügeflächen (Abschnitt 10)

- Nahtgeometrie und Nahtform überprüfen, gegebenenfalls festlegen und herstellen
- Oxidschicht auf den Fügeflächen unmittelbar vor dem Schweißen spanend abarbeiten

6. Heften der Fügeteile (Abschnitt 10)

- Partielles oder durchgehendes Heften mit Heftdüse

7. Schweißen (Abschnitt 10)

- Schweißgeschwindigkeit kontrollieren und Gleichmäßigkeit überwachen
- Führung des Schweißzusatzes bzw. der Ziehdüse kontinuierlich überprüfen und nötige Korrekturen durchführen
- Vor Neuansätzen Nahtenden anschrägen
- Schweißsaum nach jeder Raupe entfernen
- Schweißzusatz vor Verunreinigungen schützen

8. Nachbearbeiten der Schweißnähte (Abschnitt 10)

- Geschweißte Teile vor dem Ausspannen und Belasten ausreichend abkühlen lassen
- Schweißnahtkerben und Schweißsaum an den Nahtflanken mechanisch abarbeiten

9. Schweißprotokoll erstellen (Abschnitt10)

- Schweißprotokoll (Anhang 2) ausfüllen und visuelle Kontrolle nach Richtlinie DVS 2202- 1 durchführen

Anhang 2: Schweißprotokoll für das Warmgasschweißen

Warmgasschweißen von Tafeln und Rohren Schweißprotokoll		Firmenlogo	
Projektbezeichnung:		Projekt Nr.:	Witterung / Schutzmaß-nahmen
Zeichnung Nr.:	Grundmaterial (Hersteller, Typ, Charge, Datum) Form:	1 = sonnig	1 = keine
Schweißer:	Schweißzusatz, (Hersteller,Typ, Charge, Datum) Form:	2 = trocken	2 = Schirm
Schweißzeugnis Nr.: / gültig bis, ausgestellt von:	Schweißgerät Fabrikat, Typ:	3 = Niederschlag	3 = Zelt
Schweißaufsicht (1):	Schweißdüse Fabrikat, Typ, Durchmesser:	4 = Wind	4 = Beheizung

Datum	Konstruktions-detail	Schweiß-naht Nr.	Füge-teildicke mm	Schweiß-nahtform (Symbol)	Verfahren WF, WZ	Luftmenge l/min	Warmgas-temperatur °C	Umgebungs-temperatur °C	Halbzeug-temperatur °C	Witterung (Schlüssel Nr.)	Schutzmaß-nahmen (Schlüssel Nr.)	visuelle Beurteilung

(1) z.B. Fachmann für Kunststoffschweißen nach DVS 2213

Bemerkungen, z.B. erschwerte Bedingungen: ____________________

____

Datum / Unterschrift Schweißer

Datum / Unterschrift Schweißaufsicht

DVS VERBAND

Richtlinie DVS 2207-3 Beiblatt 1

Ersetzt Ausgabe Juli 2018

Richtlinie DVS 2207-3 Beiblatt 1

Schweißen von thermoplastischen Kunststoffen

Warmgaszieh- und Warmgasfächelschweißen von Rohren, Rohrleitungsteilen und Tafeln

Schweißparameter

Ausschuss für Technik im DVS

Arbeitsgruppe W4 „Fügen von Kunststoffen"

Untergruppe W4.1b „Warmgasschweißen"

Bezug: DVS Media GmbH, Postfach 10 19 65, 40010 Düsseldorf, Telefon (0211) 1591-0, Telefax (0211) 1591-150

Dieses Beiblatt zur Richtlinie DVS 2207-3 enthält Schweißparameter-Richtwerte für das Warmgaszieh- und Warmgasfächelschweißen. Sie gelten für das manuelle Schweißen mit den in der Richtlinie DVS 2207-3 Beiblatt 2 beschriebenen Geräten und den in der Tabelle 1 aufgeführten Werkstoffen.

Vor der Anwendung der Parameter sind zusätzlich auch die Angaben der Halbzeughersteller zu beachten.

Durch Abstimmung der Parameter Warmgastemperatur, Gasmenge und Schweißgeschwindigkeit muss gewährleistet sein, dass die Fügeteile an der Fügestelle mind. 0,3 mm tief plastifiziert sind.

Tabelle 1. Schweißparameter-Richtwerte.

Schweiß-verfahren	**Werkstoffe**	**Kurzzeichen**	**Warmgas-temperatur**[1] **[°C]**	**Warmgas-Volumen-strom** [2] **[Nl/min]**	**Schweißge-schwindig-keit** [3] **[mm/min]**	**Schweißkraft [N] bei Draht Ø**	
						3 mm	**4 mm**
Warmgasfächelschweißen (WF)	Polyethylen hoher Dichte	PE [4]	300...320	40 - 60	70...100	8...10	20...25
	Polypropylen, Typ 1, 2, 3	PP-H, PP-B, PP-R	305...315		60...100		
	Polyvinylchlorid weichmacherfrei	PVC-U	330...350		110...170	8...10	
	Polyvinylchlorid chloriert	PVC-C	340...360		60...100	15...20	
	Polyvinylidenfluorid	PVDF	350...370		40...60		25...30
Warmgasziehschweißen (WZ)	Polyethylen hoher Dichte	PE [4]	300...340	45 - 60	250...350	15...20	25...35
	Polypropylen, Typ 1, 2, 3	PP-H, PP-B, PP-R	300...340				
	Polyvinylchlorid weichmacherfrei	PVC-U	350...370				
	Polyvinylchlorid, chloriert	PVC-C	370...390		180...220	20...25	30...35
	Polyvinylidenfluorid	PVDF	365...385		200...250		

[1] gemessen 5 mm in der Düse, in der Mitte der Hauptdüsenöffnung
[2] angesaugtes Kaltluftvolumen bei Umgebungsdruck
[3] abhängig vom Schweißzusatzdurchmesser, der Schweißtemperatur und der Schweißfugengeometrie
[4] PE 63, PE 80, PE 100, PE 100 RC

Dezember 2019

DVS VERBAND

Richtlinie
DVS 2207-3
Beiblatt 2

Unveränderte Neuauflage
von Juli 2018

Richtlinie DVS 2207-3 Beiblatt 2

Schweißen von thermoplastischen Kunststoffen

Warmgaszieh- und Warmgasfächelschweißen von Rohren, Rohrleitungsteilen und Tafeln

Anforderungen an die Schweißgeräte und das Zubehör

Ausschuss für Technik im DVS

Arbeitsgruppe W4 „Fügen von Kunststoffen“

Untergruppe W4.1b „Warmgasschweißen“

Bezug: DVS Media GmbH, Postfach 10 19 65, 40010 Düsseldorf, Telefon (0211) 1591-0, Telefax (0211) 1591-150

Inhalt:

1. Geltungsbereich

Dieses Beiblatt zur Richtlinie DVS 2207–3 beschreibt allgemeine, qualitative und sicherheitsrelevante Anforderungen an Geräte und an das notwendige Zubehör zum Warmgaszieh- und Warmgasfächelschweißen (WZ, WF) von thermoplastischen Kunststoffen.

Es gilt für die in der Richtlinie DVS 2207-3 genannten Gerätetypen mit und ohne eigene Warmgasversorgung sowie gesteuerte oder geregelte Geräte und soll sicherstellen, dass bei sachgemäßer Bedienung und Handhabung der Geräte die geforderte Qualität der Schweißnähte erreicht wird.

Spezialgeräte für Sonderanwendungen werden im Rahmen dieses Beiblatts nicht behandelt.

2. Anforderungen

2.1. Allgemeine Anforderungen

Die Schweißgeräte müssen gewährleisten, dass

- die sichere Funktionsfähigkeit innerhalb des Temperaturbereiches (- 10 bis + 60 °C) und einer max. Luftfeuchtigkeit von 60 % gegeben ist,
- die konstante, eingestellte Schweißtemperatur nach maximal 10 min erreicht wird
- die Lagerung innerhalb eines Temperaturbereiches (- 20 bis + 80 °C) keine Schäden verursacht,
- die bei sachgemäßem Transport und Betrieb auftretenden mechanischen Beanspruchungen nicht zu Störungen oder Schäden führen,
- ausreichender Korrosionsschutz gegenüber von außen einwirkender Feuchtigkeit vorhanden ist,
- die Geräteelemente entsprechend ihrem Einsatzzweck und ihrer Handhabung ergonomisch gestaltet sind, ein möglichst geringes Gewicht besitzen und ihre leichte und sichere Bedienbarkeit gegeben ist,
- der Handgriff in Verbindung mit den Anschlussleitungen keine Vorzugsrichtung besitzt bzw. die Düse in jeder Position fixiert werden kann,
- die leichte Zugänglichkeit aller Funktionselemente zum bestimmungsgemäßen Betrieb sowie zur notwendigen Reinigung und Wartung gegeben ist und Verschleißteile einfach austauschbar sind,
- Zuführungsschläuche und Kabel flexibel und für den Schweißer kraftsparend ausgeführt sind und bei sachgemäßem Betrieb weder knicken noch verdrehen,
- sie bei Beendigung der Schweißarbeiten oder bei Arbeitsunterbrechungen sicher abgelegt werden können,
- die verwendeten Düsen auch im heißen Zustand leicht auszuwechseln und sicher zu befestigen sind,
- die Bedienungselemente gegen unbeabsichtigtes Verstellen geschützt sind.

Die Geräte müssen den geltenden europäischen Richtlinien entsprechen (Siehe auch Abschnitt 3).

Der Hersteller oder sein in der Gemeinschaft niedergelassener Bevollmächtigter ist für die Ausstellung der EG-Konformitätserklärung und für die CE-Kennzeichnung verantwortlich. Der Marktüberwachungsbehörde sind auf Verlangen sämtliche relevanten Mess- und Prüfdokumente vorzulegen, welche die Einhaltung der Konformität mit den Richtlinien bestätigen.

2.2. Sicherheitsanforderungen

Die Geräte müssen dem Benutzer bei sachgemäßem Gebrauch Sicherheit gegen Verletzungen jeder Art bieten. Insbesondere gilt:

- Handnahe Teile dürfen auch bei längerem Gebrauch eine betriebsbedingte Temperatur von + 40°C nicht überschreiten.
- Geräteoberflächen, die eine Verbrennungsgefahr darstellen, sind so klein wie möglich zu halten oder gegebenenfalls zu isolieren und zu kennzeichnen.
- Um eine Überhitzung oder Zerstörung des Geräts oder einzelner Elemente (beispielsweise durch Luftmangel) zu vermeiden, muss ein Übertemperaturschutz eingebaut sein.
- Scharfe Kanten am Gerät und Zubehör sind zu vermeiden.

2.3. Kennzeichnung und Dokumentation

An den Geräten müssen dauerhaft angebracht sein:

- Angaben zum Hersteller und Typ,
- Angaben zur Stromversorgung, Leistungsaufnahme und Frequenz,
- Identifikationsnummer,
- CE-Kennzeichen.

Zu allen Geräten gehören Betriebs- und Wartungsanleitungen, die mindestens enthalten müssen:

- Funktionsbeschreibung mit Betriebsanleitung,
- Angaben zum Anwendungsbereich,
- Wartungsplan mit Angaben der Prüfzyklen,
- Serviceadressen.

Empfehlenswert ist eine Zusammenstellung möglicher Funktionsstörungen einschließlich möglicher Fehlerursachen und Angaben zur Behebung.

2.4. Warmgasversorgung

Die Schweißgasversorgung muss unabhängig von der Gerätebauart sicherstellen, dass

- das Schweißgas staub-, wasser- und ölfrei ist,
- während des Schweißens das Gasvolumen konstant bleibt und eine an die Schweißaufgabe angepasste Luftmenge gemäß Richtlinie DVS 2207-3 Beiblatt 1 auch dann bereitgestellt wird, wenn beispielsweise mehrere Schweißgeräte im Dauerbetrieb arbeiten,
- die Temperaturschwankungen an der Düse, unabhängig von Spannungs- oder Gasmengenschwankungen, Düsengeometrien und unterschiedlichen Umgebungstemperaturen, ± 5 K nicht überschreiten,
- die Einstellung der Schweißgastemperatur einfach und feinfühlig erfolgen und nicht unbeabsichtigt verstellt werden kann,
- das austretende Gasvolumen maximal in einem Bereich von ± 5 % vom Einstellwert schwankt, unabhängig von verfahrensbedingten Gegendruckschwankungen (zum Beispiel ungünstige Düsenposition).

Bei Schweißgeräten mit integrierter Luftversorgung ist sicherzustellen, dass

- die Luftansaugöffnungen so angebracht sind, dass sie jederzeit bei sachgerechtem Gebrauch des Gerätes genügend Lufteinlass gewährleisten (zum Beispiel kein Verdecken durch die Hand),
- das Filterelement einfach zu wechseln ist.

Bei externer Schweißgasversorgung darf die Temperatur des Gases aus der zentralen Versorgung 50 °C nicht überschreiten

2.5. Düsen

Für die Schweißdüsen zum Warmgaszieh- und Fächelschweißen gilt:

- Die Schweißdüsen müssen für den zu schweißenden Werkstoff geeignet sein (Bild 1).
- Die Düsen müssen so konstruiert sein, dass sie der Form und dem Querschnitt des Schweißzusatzes entsprechen und auch bei dessen Volumenausdehnung das leichtgängige Führen von diesem ermöglichen.
- Die Führungsflächen für den Schweißzusatz müssen poliert sein
- Der Düsenwerkstoff muss verzunderungsarm und korrosionsträge sein.
- Die Andrückzunge bei Schnellschweißdüsen muss so ausgebildet sein, dass der erforderliche Anpressdruck auf den Schweißzusatz sicher aufgebracht werden kann (z. B. auch bei der Wurzellage einer V-Naht) und dass die Kanten der Zunge beim Schweißen keine Kerben im Grundwerkstoff hinterlassen.

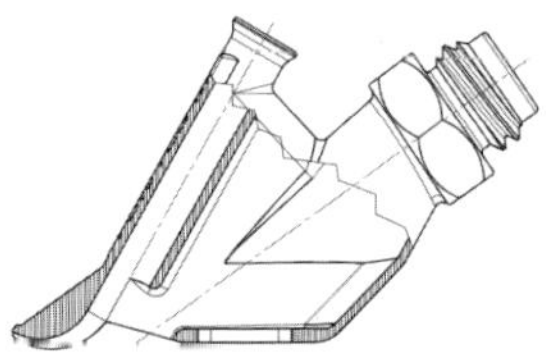

Warmgasziehschweißdüse flach, geeignet z. B. für PE, PP, PVC, PVDF, ECTFE

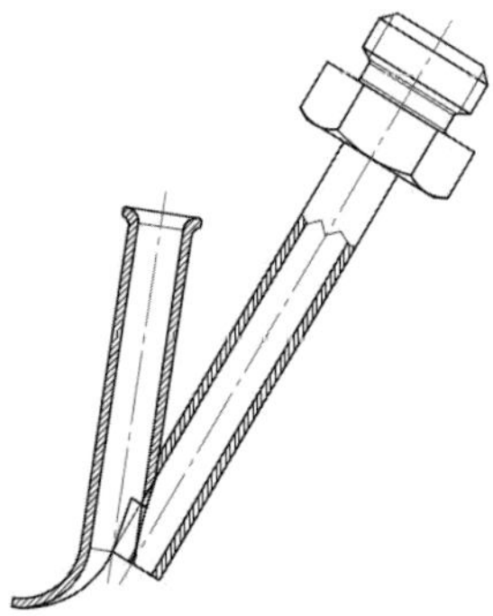

Warmgasziehschweißdüse steil, geeignet z. B. für FEP, PFA

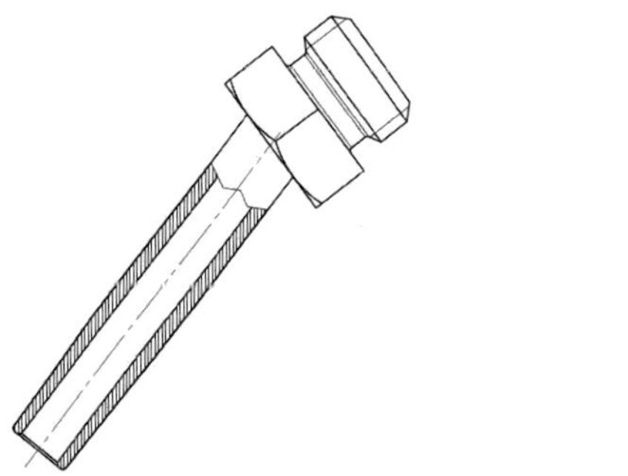

Warmgasfächelschweißdüse

Bild 1. Warmgasschweißdüsen.

2.6. Durchflussmengenmessgeräte

Durchflussmengenmessgeräte zum Messen und Einstellen der Warmgasmenge dürfen eine maximale Abweichung von 3,0 % vom Skalenendwert nicht überschreiten. Die Auslegung soll im Normalfall für 100 l/min im Normzustand bei 20 °C und mittlerem Arbeitsdruck der nachgeschalteten Geräte erfolgen. Schwebekörperdurchflussmengenmessgeräte oder Messblenden mit Vordruckanzeige in Normliter geeicht haben sich bewährt.

3. Schrifttum

ProdSG	Gesetz über die Bereitstellung von Produkten auf dem Markt, Produktsicherheitsgesetz
Merkblatt DVS 0801	Mengenmessung von technischen Gasen für Schweißen und verwandte Verfahren
Richtlinie DVS 2207-3	Schweißen von thermoplastischen Kunststoffen, Warmgaszieh- und Warmgasfächelschweißen von Rohren, Rohrleitungsteilen und Tafeln, Verfahren, Anforderungen
Richtlinie DVS 2207-3 Beiblatt 1	Schweißen von thermoplastischen Kunststoffen, Warmgaszieh- und Warmgasfächelschweißen von Rohren, Rohrleitungsteilen und Tafeln, Schweißparameter
Richtlinie DVS 2207-3 Beiblatt 3	Schweißen von thermoplastischen Kunststoffen, Warmgasziehschweißen von Rohren, Rohrleitungsteilen und Tafeln, Schweißen von Fluorkunststoffen

DVS VERBAND

Richtlinie
DVS 2207-3
Beiblatt 3

Ersetzt Ausgabe Juli 2018

Richtlinie DVS 2207-3 Beiblatt 3

Schweißen von thermoplastischen Kunststoffen

Warmgaszieh- und Warmgasfächelschweißen von Rohren, Rohrleitungsteilen und Tafeln

Schweißen von Fluorkunststoffen

Ausschuss für Technik im DVS

Arbeitsgruppe W4 „Fügen von Kunststoffen"

Untergruppe W4.1b „Warmgasschweißen"

Bezug: DVS Media GmbH, Postfach 10 19 65, 40010 Düsseldorf, Telefon (0211) 1591-0, Telefax (0211) 1591-150

Inhalt:

1. Geltungsbereich

Dieses Beiblatt zur Richtlinie DVS 2207-3 gilt für das Warmgasziehschweißen (WZ) der unter Abschnitt 3 genannten thermoplastischen teil- und vollfluorierten Kunststoffe. Das Schweißen des Fluorkunststoffs PVDF ist bereits in der Richtlinie DVS 2207-3 und Richtlinie DVS 2207-3, Beiblatt 1 beschrieben und wird hier deshalb nicht behandelt. Das Beiblatt beschreibt von der Richtlinie DVS 2207-3 abweichende, spezielle Verfahrensweisen und legt Anforderungen zum sicheren Schweißen dieser Werkstoffe fest. Das Warmgasfächelschweißen (WF) findet bei diesen Werkstoffen keine Anwendung.

Die unter Abschnitt 3 genannten Fluorkunststoffe besitzen im Vergleich zu den Standardkunststoffen eine deutlich niedrigere mechanische Festigkeit, jedoch eine hohe chemische und thermische Widerstandsfähigkeit gegen aggressive Medien und eine hohe Oberflächenreinheit. Sie werden deshalb überwiegend für die Auskleidung von Stahl- und GFK-Bauteilen (Apparate, Behälter, Rohrleitungen) verwendet, um die tragenden Werkstoffe vor aggressiven Medien zu schützen, besondere Oberflächeneigenschaften zu erhalten oder um z. B. in der Halbleiter und Pharmaindustrie den Schutz des Produktes gegen Verunreinigungen durch den Trägerwerkstoff sicherzustellen. Die Richtlinie soll diesen unterschiedlichen und besonderen Anforderungsbedingungen gerecht werden.

Übliche Dicken der für Auskleidungen (Liner) verwendeten Folien, Bahnen und Rohre sind 1 bis 4 mm. Um den Verbund zum Substratmaterial zu gewährleisten, können diese mit einer einseitig auf die Folien aufgebrachten haftvermittelnden Kaschierung aus Glas- oder Synthesefasergestricken versehen sein. Dickere Werkstoffe werden oft für Einbauten und dergleichen verwendet und ebenfalls häufig warmgasziehgeschweißt.

2. Allgemeine Anforderungen

Für das Schweißen der unter Abschnitt 3 genannten Werkstoffe sind spezielle Kenntnisse und Fertigkeiten des Schweißers, zusätzlich zu den in der Richtlinie DVS 2207-3 genannten Kriterien, erforderlich. Diese können in schweißtechnischen Kursstätten, die über speziell geschultes Personal verfügen und unter Beachtung der nachstehenden Voraussetzungen erworben werden.

Der Schweißer muss:

- eine gültige Prüfbescheinigung für das Warmgasschweißen nach Richtlinie DVS 2212-1, z. B. für PVDF, besitzen, (die Erweiterung der Richtlinie DVS 2212-1 hinsichtlich der unter Abschnitt 3 genannten Werkstoffe ist z. Zt. in Vorbereitung[1]),
- an einer theoretischen und praktischen Schulung bezüglich der speziellen Kenntnisse und Fertigkeiten, abgestimmt auf den jeweiligen Werkstoff, teilgenommen haben,
- seine praktischen Fertigkeiten anhand von Schweißproben, hergestellt und geprüft nach Richtlinie DVS 2212-1 Beiblatt 3 (z. Zt. Entwurf), nachweisen (gilt für PFA und FEP).

Schweißnähte, die am Bauteil ausgeführt werden oder bereits ausgeführt wurden, können nur durch parallel dazu gefertigte Schweißproben zerstörend geprüft werden. Hierzu ist von einer fachkundigen Stelle ein für den Werkstoff, die Schweißnahtgeometrie und das Schweißverfahren geeignetes Prüfverfahren vorzugeben und bei erfolgreicher Prüfung eine Verfahrens-Prüfbescheinigung auszustellen.

Art und Umfang von Qualitätsüberwachungsmaßnahmen und Prüfungen an Bauteilen sind zwischen den Vertragspartnern und abhängig von den Anforderungen an das jeweilige Bauteil zu vereinbaren (siehe hierzu Abschnitte 7 und 12).

---

1 DVS Arbeitsgruppe W4.6

3. Werkstoffe

Das Beiblatt gilt für die nachstehend aufgeführten Werkstoffe. Geschweißt werden vorwiegend Bahnen, Tafeln und Rohre mit Materialdicken von 1 bis 4 mm. Es sind jedoch auch darüber hinausgehende Materialdicken nach dieser Richtlinie schweißbar.

ECTFE	Ethylen-Chlortrifluorethylen
FEP	Tetrafluorethylen-Perfluorvinylether Copolymerisat
PFA[1]	Perfluoralkoxy-Copolymer
PTFE-M	modifiziertes Polytetrafluorethylen

Die zurzeit am Markt erhältlichen Fluorpolymertypen und Halbzeuge unterscheiden sich teilweise hinsichtlich ihrer Schmelzmassefließrate (MFR) und ihres Schmelzpunktes voneinander (insbesondere gilt dies bei PFA, siehe ASTM D 3307-06).

Die zu schweißenden Halbzeuge und Schweißzusätze sollten jedoch art- und möglichst typengleich sein oder zumindest ähnliches Schmelzverhalten aufweisen (Ausnahme PTFE-M, das in der Regel mit Schweißzusatz aus PFA geschweißt wird).

Die Werkstofftypen sind den Angaben der Hersteller zu entnehmen.

Geschweißt wird mit rundem Schweißzusatz (umgangssprachlich Runddrähten) mit Durchmesser 3 bis 4 mm und mit einem flachen Band (Capstrip) von ca. 10 bis 15 mm Breite und ca. 1,5 bis 2,5 mm Dicke, das häufig über die abgearbeitete Schweißnaht geschweißt wird (Bilder 4b, 6). Andere Profilschweißdrähte oder das ausschließliche Schweißen eines Capstrips sind nicht zulässig. Die Schweißzusätze müssen den Anforderungen nach Richtlinie DVS 2211 entsprechen.

4. Konstruktive Gestaltung, Schweißnahtformen und Schweißnahtaufbau

Die Konstruktion der Bauteile erfolgt im Hinblick auf die geometrischen und die mechanischen Anforderungen an die Bauteile bzw. an den tragenden Werkstoff (Substrat) bei Auskleidungen. Bereits hierbei müssen die konstruktiven und schweißtechnischen Möglichkeiten der Fluorpolymere (vergleiche DIN EN 14879-4), die Hinweise der Halbzeughersteller sowie mitgeltende Sicherheitsdatenblätter beachtet werden. Grundsätzlich sollten Schweißnähte in spannungsbelasteten Zonen vermieden werden. Dies kann z. B. durch thermoplastisches Formen der Auskleidungsfolien an Ecken und Kanten erreicht werden.

Übliche Schweißnahtformen sind den Bildern 1 bis 6 zu entnehmen.

V- Nähte werden in Abhängigkeit der Fügeteildicke mit einem Nahtöffnungswinkel von 50 - 70° hergestellt (Bild 1a).

Empfehlungen für die Vorbereitung und Ausführung der V-Nähte sind in Tabelle 1 enthalten.

---

1 beinhaltet auch den Werkstoffbegriff MFA, der als eine Untergruppe des PFA anzusehen ist. Siehe hierzu auch ASTM D 3307-06

Folien mit Dicken ≤ 2 mm können einlagig mit einem Schweißfugen-Öffnungswinkel von 20 bis 40° (Bild 1b), geschweißt werden, wenn sichergestellt ist, dass Wurzelspalt und Öffnungswinkel über die gesamte Länge der Schweißnaht einheitlich vorbereitet sind[1] und die Schweißfuge fehlerfrei gefüllt ist.

Doppel-V-Nähte oder V-Nähte mit Gegenlage sind, wenn möglich, den V-Nähten vorzuziehen. Sofern eine ausreichende Schweißnahtfüllung und Nahtüberdeckung erreicht werden kann, sind diese mit jeweils einer Lage auf jeder Seite herstellbar (z. B. bei Materialdicken bis 3 mm). Bei dickeren Fügeteilen sind zumindest einseitig mehrlagige Schweißnähte empfehlenswert (Bilder 2a, 2b).

Einseitig geschweißte Überlappnähte entsprechend Bild 3 sollten vermieden werden.

Bei den üblichen Materialdicken der Fluorkunststoffe sind oftmals aus fertigungstechnischen Gründen die in der Richtlinie DVS 2202 Beiblatt 4 genannten zulässigen Abweichungen für die Schweißnahtüberhöhung und den Versatz der Fügeteile nicht einzuhalten. Ausgehend davon sind deshalb in der Tabelle 1 die zulässigen Abweichungen in Abhängigkeit der Fügeteildicke genannt.

Bei ausgekleideten Stahlteilen unterscheidet man zwischen flächig fest mit dem Stahl verklebten Auskleidungen (verbundfeste Auskleidungen) und solchen, die nur punktuell mit dem Stahl verbunden sind (Fixpunktauskleidungen). Um eine spätere Prüfung der Schweißnähte mittels Hochspannung zu ermöglichen, muss bei der Schweißnahtvorbereitung der verbundfesten Auskleidungen der Klebstoff nach dem Aushärten (in der Regel 2 Komponenten Klebstoff) an der Fügestelle bis zum Stahl abgearbeitet werden. Der dabei entstehende Wurzelspalt X sollte wie in Tabelle 1 genannt ca.1,5 bis 2 mm, jedoch keinesfalls mehr als maximal 3 mm betragen (Bild 4a). Die Schweißfugen werden mit Runddraht – in der Regel 2-lagig – gefüllt (Bild 5a).

In speziellen Fällen (insbesondere bei PTFE Grundmaterial) wird der Schweißnahtüberstand abgearbeitet und über die geglättete Naht ein Schweißband (Capstrip) von ca. 10-15 mm Breite und 1,5 bis 2,5 mm Dicke geschweißt. Hiermit wird die Schweißfläche vergrößert, eine verbesserte Reißfestigkeit und eine relativ glatte und kerbfreie Oberfläche erzeugt, was insbesondere bei Bauteilen mit hohen Reinheitsanforderungen an die Oberflächen von Vorteil sein kann (Bild 5b).

Bei den Fixpunktauskleidungen von Stahlteilen (überwiegend mit PFA, FEP und PTFE-M) empfiehlt es sich, bei V-Nähten die Schweißnähte an den Fügestellen mit einem ca. 0,5 - 1 mm dicken und ca. 20 mm breiten Band zu hinterlegen, um den Wärmeabfluss an der Schweißstelle durch den Stahl zu vermeiden (Bild 6). Das Band kann z.B. aus einem leitfähigen Kunststoffmaterial bestehen, um die Schweißnaht mit einem Hochspannungsprüfgerät auf Dichtheit prüfen zu können. Hier ist ebenfalls das zusätzliche Schweißen eines Capstrips, insbesondere bei PTFE-M, üblich.

Bei GFK-Verbundbauteilen wird die Auskleidung in der Regel zuerst gefertigt und danach mit dem GFK-Material überlaminiert. Bei der Schweißnahtvorbereitung muss die auf den Grundwerkstoff aufgebrachte haftvermittelnde Faserkaschierung so abgearbeitet werden, dass keine Fasern in die Schweißnaht gelangen können. Vor dem Überlaminieren ist ebenfalls über die abgearbeitete erste Schweißlage eine zusätzliche Decklage zu schweißen. Diese ist wie das Auskleidungsmaterial einseitig mit einer Gewebekaschierung versehen (Backstrip, Bild 7). Damit wird die vollflächige Anbindung des GFK- Materials an die Auskleidung sichergestellt und mögliche Zug- und Druckspannungen in der Schweißnaht werden minimiert (Bild 6), (siehe hierzu auch DIN EN 13121-3).

Kehlnähte sollten vorzugsweise als Doppel-Kehlnaht, als Kehlnaht mit Gegenlage oder als HV-Kehlnaht mit Gegenlage (Bilder 8a bis 8c) geschweißt werden. Bei nur einseitiger Zugänglichkeit sollte die Schweißnaht als HV-Naht ausgeführt werden, wobei besonders auf das kerbfreie Schweißen der Nahtwurzel zu achten ist (Bild 8b). Bei Materialdicken ≥ 2 mm sind die Schweißnähte mehrlagig auszuführen.

---

1 entspricht auch den Anforderungen von Richtlinie DVS 2212-1 Beiblatt 3 (z. Zt. Entwurf), zur Qualifizierung des Schweißers

Tabelle 1. Empfehlungen für Schweißnahtvorbereitung, Schweißnahtausführung sowie zulässige Abweichungen bei V- und DV-Nähten in Abhängigkeit der Materialdicke[1].

Materialdicke s (mm)	Öffnungswinkel Grad	Wurzelspalt x (mm)	zul. Nahtüberhöhung Δ s (mm)	zul. Versatz der Fügeteile e_1
1,0...1,5	20...40	1,5...2,0	0,8s...1,2s	e_1≤0,25s
2,0...3,0	30...60	1,5...2,0	0,5s...0,8s	e_1≤0,20s
4,0...6,0	50...70	1,5...2,0	0,4s...0,6s	e_1≤0,15s
8,0...10,0	50...70	1,5...2,0	0,3s...0,4s	e_1≤0,10s

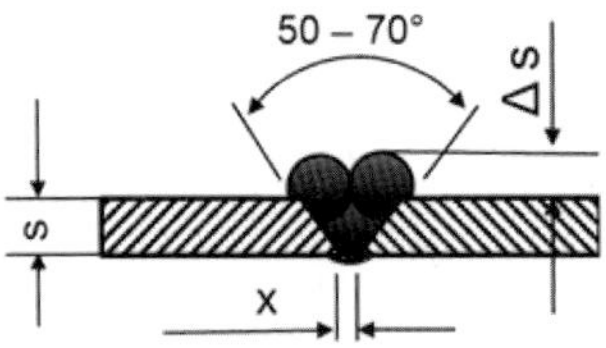

a) Schweißnahtgeometrie und Schweißnahtausführung bei mehrlagigen V-Nähten

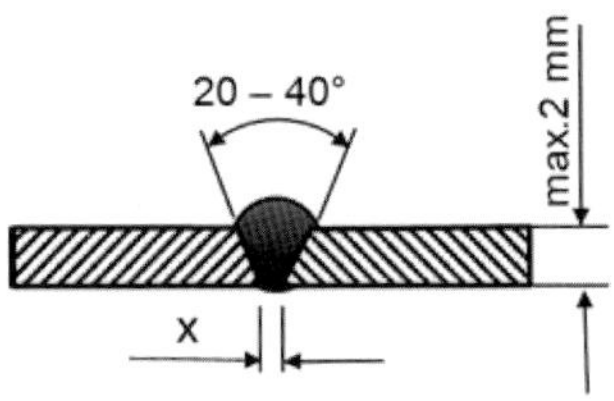

b) Schweißnahtgeometrie und Schweißnahtausführung bei einlagigen V-Nähten

Bild 1. Schweißnahtgeometrien bei V-Nähten.

a) einlagig geschweißt

b) mehrlagig geschweißt

Bild 2. Schweißnahtgeometrie und Schweißnahtausführung bei Doppel-V-Nähten.

Bild 3. Einlagig mit Überlappung und Kehlnaht geschweißt

Bild 4. Versetzte Fügeteile

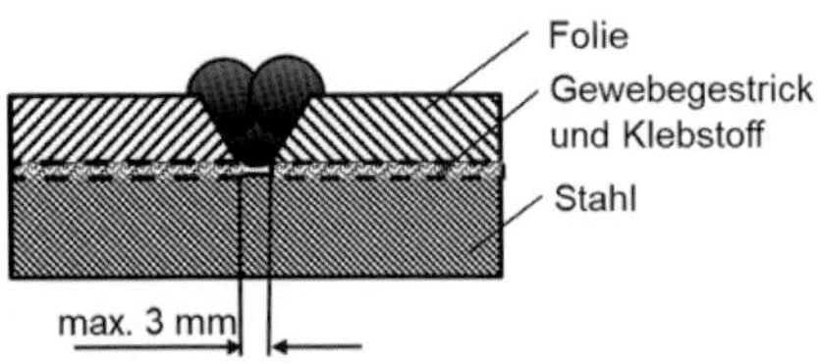

a) mit Runddraht geschweißt

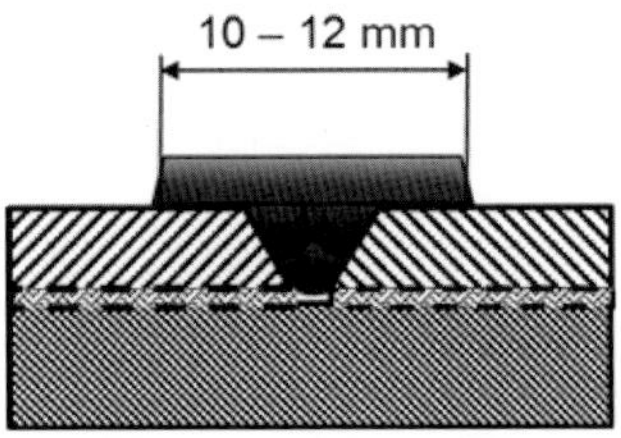

b) ein- oder mehrlagig und mit Capstripabdeckung geschweißt

Bild 5. Schweißnähte bei fest verklebten Stahlauskleidungen

1 die in der Tabelle1 genannten zulässigen Nahtüberhöhungen und der zulässige Versatz der Fügeteile entsprechen der Praxis bei den geringen Materialdicken und gelten abweichend von Richtlinie DVS 2202 Beiblatt 4.

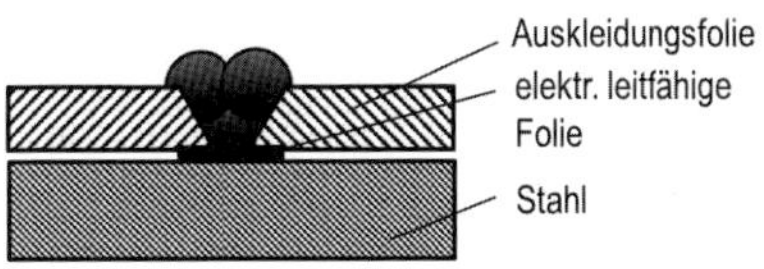

Bild 6. Schweißnähte bei unverklebten Stahlauskleidungen (Fixpunktauskleidungen)

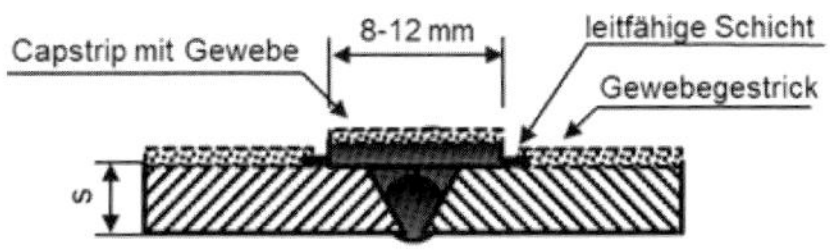

Bild 7. V-Naht mit aufgeschweißtem Backstrip bei GFK Auskleidungen

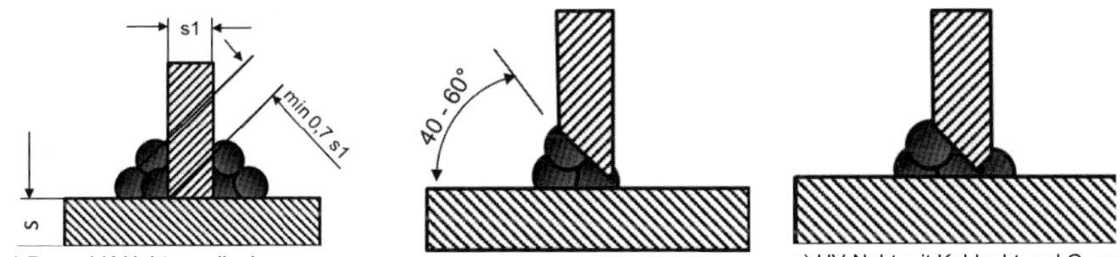

a) Doppel-K-Naht, zweilagig

b) HV-Naht mit Kehlnaht

c) HV-Naht mit Kehlnaht und Gegenlage

Bild 8. Kehlnähte.

5. Anforderungen an die Werkstoffe und deren Schweißeignung

Neben den zu vereinbarenden Werkstoffnachweisen (z. B. Werkszeugnis in Anlehnung an DIN EN 10204) ist die unverwechselbare Werkstoffkennzeichnung der Halbzeuge und Schweißzusätze wegen der Gleichheit im Aussehen unbedingt notwendig. Eine Materialverwechslung während der Verarbeitung ist durch geeignete Maßnahmen auszuschließen.

Bestehen Zweifel an der Art- oder Typengleichheit von Halbzeug und/oder dem Schweißzusatz, zum Beispiel durch fehlende Kennzeichnung, kann ein Schweißversuch in Anlehnung an Richtlinie DVS 2201-2 ein mögliches Indiz für die Schweißeignung sein, ersetzt jedoch im Zweifel keine eingehende Prüfung.

Es ist sicherzustellen, dass Schweißzusätze und Grundmaterial in geeigneter Weise vor Verunreinigungen und Feuchtigkeit geschützt werden und dementsprechend trocken und sauber zum Schweißen vorliegen.

6. Schweißparameter

Durch Abstimmung der Parameter Warmgastemperatur, Warmgasmenge, Schweißkraft und Schweißgeschwindigkeit muss gewährleistet sein, dass die Fügeteile an der Fügestelle hinreichend plastifiziert sind. In Tabelle 2 sind Richtwerte für die Fügeparameter aufgeführt. Abweichende Herstellerangaben sind möglich. Bei deren Verwendung ist der Nachweis der Qualität der Schweißnähte gesondert zu führen.

Tabelle 2. Schweißparameter Richtwerte für das Warmgasziehschweißen von Fluorkunststoffen.

Werkstoffe	**Kurzzeichen**	**Warmgas**		**Schweißgeschwindigkeit [mm/min]** [3]	**Schweißkraft (N) bei Zusatz** [4]	
		Temperatur [°C] [1]	**Volumenstrom** [2] **[Nl/min]**		**Ø 3 mm**	**Ø 4 mm**
Ethylen-Chlortrifluorethylen	ECTFE	380...420	50 - 60 (Luft oder N2) [7]	220...250	10...15	15...25
Tetrafluorethylen-Perfluorvinylether Copolymerisat	FEP	400...460	50 - 60	70...90		
Perfluoralkoxy-Copolymer	PFA	420...480 [5]		60...80		
Polytetrafluorethylen modifiziert [6] (mit PFA-Zusatz)	PTFE-M	490...560		50...70	15...25	20...30

1) gemessen 5 mm in der Düse, in der Mitte der Hauptdüsenöffnung
2) angesaugtes Kaltluftvolumen bei Umgebungsdruck
3) abhängig vom Schweißzusatzdurchmesser, der Schweißtemperatur und der Schweißfugengeometrie
4) beim Schweißen von Deckstreifen (Capstrip) muss die Schweißkraft abhängig von der Capstripbreite bis zum 3fachen gegenüber Runddraht erhöht werden
5) abhängig auch vom PFA Typ und dem Schmelzindex des zu schweißenden Materials[1]
6) geschweißt wird mit Schweißzusatz PFA; beim Anwärmen der Fügepartner muss die Warmluft zu ca. 80 % auf das Grundmaterial (PTFE-M) und zu ca. 20 % auf den Schweißzusatz (PFA) gelenkt werden
7) nach derzeitigem Stand der Technik sind beide Gase als Wärmeträger geeignet.

7. Anforderungen an die Qualität der Schweißverbindungen

Voraussetzung für eine hohe Schweißnahtqualität ist die Einhaltung der Schweißparameter durch den Schweißer. Prüfrichtlinien und Mindestanforderungen an die Schweißnahtqualität sind in Vorbereitung. Qualitätsnachweise für Schweißnähte am Bauteil können anhand von Probeschweißungen und Verfahrensprüfungen nach im Einzelfall von einer fachkundigen Stelle festzulegenden Prüfkriterien erbracht werden (siehe auch Abschnitt 12). Für die visuelle Qualitätsbeurteilung der Schweißnähte gilt Richtlinie DVS 2202 Beiblatt 4 sinngemäß (zulässige Schweißnahtüberhöhungen sind Tabelle 1 zu entnehmen).

1 Siehe ASTM 3307 Standard Specification for Perfluoralkoxi (PFA).

8. Anforderungen an die Schweißgeräte und Schweißdüsen

Wegen der genaueren Temperaturführung sind für das Schweißen von Fluorkunststoffen elektronisch geregelte Geräte zu verwenden (siehe Richtlinie DVS 2207-3 Abschnitt 5).

Für das Schweißen der Fluorkunststoffe müssen die Schweißdüsen hinsichtlich ihrer Vorwärmzonen, auf das Schmelzverhalten der Werkstoffe und die unterschiedliche Plastifizierung von Schweißzusatz und Grundmaterial, z. B. beim Schweißen von PTFE-M / PFA, abgestimmt sein. Für die Werkstoffe FEP und PFA eignen sich besonders spezielle Fluorkunststoff-Schweißdüsen (Steildüsen), (Bild 9b, 9c). Die Schweißdüsen sollten aus Edelstahl hergestellt sein. Detaillierte Anforderungen an die Schweißdüsen und an die Düsenwerkstoffe sind in Richtlinie DVS 2207-3 Beiblatt 2 beschrieben.

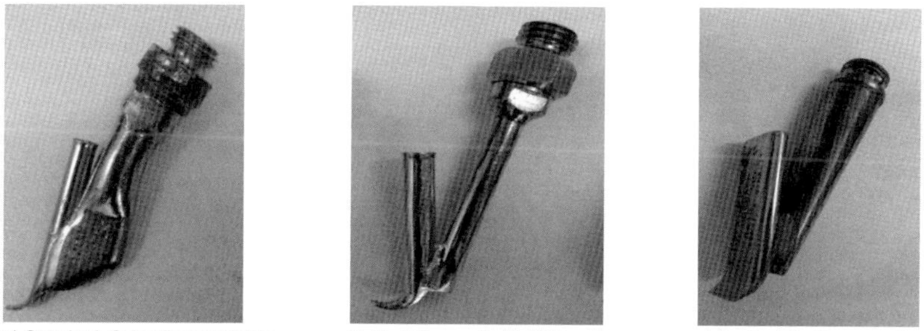

a) Standard- Schnellschweißdüse, z. B. für ECTFE

b) Steildüse, z. B. für FEP und PFA

c) Breitschlitzdüse zum Schweißen von Capstrip

Bild 9. Schweißdüsenausführungen.

9. Anforderungen an die Schweißer

Bei PFA, FEP und PTFE-M unterliegen die Schweißer wegen der geringen Schweißgeschwindigkeit (siehe Tabelle 2) einer hohen körperlichen Dauerbelastung. Außerdem belastet sie die zu tragende Atemschutzausrustung (siehe Abschnitt 12). Um eine gleichmäßig hohe Schweißnahtqualität zu gewährleisten, muss dem in geeigneter Form Rechnung getragen werden. Für längere Schweißarbeiten und zum Schweißen von Cap- oder Backstrips empfehlen sich Vorrichtungen zum mechanisierten Schweißen.

Um die Verschmutzungsgefahr von Grund- und Schweißzusatzwerkstoff zu verringern, sollte der Schweißer bei der Nahtvorbereitung und beim Schweißen geeignete und saubere Schutzhandschuhe tragen.

10. Schweißen

10.1. Schweißvorbereitungen und Ausrüstung

Es gelten die in der Richtlinie DVS 2207-3 unter Abschnitt 9 und 9.2 getroffenen Festlegungen. Neben den unter Abschnitt 9.1 genannten Ausrüstungsteilen sind erforderliche Vorrichtungen zur Absaugung der Schweißgase sowie z. B. Umluft unabhängiger Atemschutz für den Schweißer bereitzustellen (siehe Abschnitt 13). Zur Schweißfugenvorbereitung entsprechend Abschnitt 4 und ggf. zum Abarbeiten des Schweißwulstes eignen sich besonders v-förmige, halbrunde und flachförmige Stechbeitel. An die Schärfe der verwendeten Werkzeuge müssen besonders hohe Anforderungen gestellt werden.

Die Fügeflächen müssen sauber, trocken und fettfrei sein.

Die Reinigung des Schweißzusatzes erfolgt mit einem speziellen fettfreien Reinigungsmittel und einem nichtfaserndern Tuch.[1]

10.2. Fixierung der Fügeteile

Da die Fluorkunststoffe unter Wärmeeinwirkung zu starkem Verzug neigen, müssen die Fügepartner möglichst nah und beidseitig entlang der Schweißnaht in geeigneter Weise zum Schweißen fixiert werden. Heften ohne Schweißzusatz ist nicht möglich. Wenn kein fester Untergrund, wie zum Beispiel bei einer GFK-Auskleidung, vorhanden ist, müssen die Fügeteile an der Schweißnaht gegen Durchdrücken entsprechend unterlegt werden. Hierzu können zum Beispiel Holzunterlagen mit einer hochtemperaturfesten Folienauflage, beispielsweise Polyimidfolie (z. B. Kapton®) oder Aluminiumfolie verwendet werden. Eine kleine Sicke in der Unterlage, direkt unter dem Schweißfugenspalt, erleichtert das Durchschweißen bei einseitig geschweißten V-Nähten.

10.3. Schweißdurchführung

Die Schweißausführung erfolgt entsprechend den Festlegungen in Richtlinie DVS 2207-3, Abschnitt 10.4. und unter Beachtung der in Tabelle 2 genannten Schweißparameter.

Der Schweißbereich muss gut ausgeleuchtet sein. Hilfreich hierzu ist auch eine auf dem Schweißgerät montierte Halogenlampe.

10.4. Mechanische Nachbearbeitung der Schweißnähte

Mit Rundprofil geschweißte Nähte werden in der Regel nicht nachbearbeitet. Soll jedoch ein Capstrip wie beschrieben zusätzlich geschweißt werden, ist die Schweißnaht unter Beachtung der Anforderungen an die Werkzeuge nach Abschnitt 9.1 spanend abzuarbeiten. Keinesfalls darf die Schweißnaht durch Schleifen entfernt werden. Bei mehrlagigem Schweißen ist der seitliche Schweißsaum der vorangegangenen Lage vor dem Schweißen der Folgelage zu entfernen.

11. Schweißprotokoll

Die Schweißarbeiten sind zu überwachen und mittels eines Schweißprotokolls zu dokumentieren (Muster siehe Richtlinie DVS 2207-3 Anhang 2).

12. Prüfen der Schweißverbindungen

Es wird zwischen zerstörungsfreien und zerstörenden Prüfverfahren unterschieden. Diese sind in Tabelle 3 „Mögliche Prüfverfahren" aufgeführt.

Die visuelle Prüfung der Schweißnähte durch einen sachkundigen Prüfer ergibt die sicherste Aussage zur Qualität der Schweißnähte an einem Bauteil. Bei der Prüfung ist insbesondere auf Randkerben, Wurzelfehler, ungenügende Randzonenverschweißungen und Versatz der Fügeflächen zu achten. Die im Beiblatt 4 der Richtlinie DVS 2202 unter Bewertungsgruppe I genannten Anforderungen können sinngemäß angewendet werden. Die Prüfung sollte nach jeder Schweißlage erfolgen.

---

1 Die Reinigungsflüssigkeit oder damit bereits werkseitig befeuchtete Tücher müssen aus einem 100 % verdampfenden Lösemittel bestehen, z. B. aus 99 Teilen Ethanol mit einem Reinheitsgrad von 99,8 % und einem Teil MEKP (Methylethy lketon,Denaturierung). Nach DVGW VP 603 geprüfte Mittel entsprechen dieser Vorgabe. Die Verwendung von Spiritus kann durch das darin enthaltene Wasser zu einer Qualitätsminderung führen. Das Papier zur Reinigung muss sauber, unbenutzt, saugfähig und nicht fasernd sein und darf nicht eingefärbt sein.

Zerstörende Prüfungen an den Schweißnähten zur Feststellung der Schweißnahtqualität im Kurzzeit-Zugversuch nach Richtlinie DVS 2203-2 und im Technologischen Biegeversuch nach Richtlinie DVS 2203-5 lassen wegen der hohen Reißdehnung und des geringen E-Moduls der Werkstoffe keine verlässliche Aussage zur Qualität der Schweißverbindung zu.

Eher geeignet zur Bestimmung der Schweißnahtqualität, zumindest als vergleichende Methode, erscheint zurzeit ein Kurzzeit-Zugversuch in Anlehnung an DIN EN ISO 527, wobei die Dehnfähigkeit der Schweißprobe das bestimmende Ausschlusskriterium sein sollte. Die entsprechenden Prüfungen sind von einem sachkundigen Prüfinstitut durchzuführen.

Die Dichtheit der Schweißnähte kann durch Prüfungen mit elektrischer Hochspannung erfolgen. Voraussetzung hierfür ist das Vorhandensein eines leitfähigen Untergrundes als Gegenpol. Bei GFK-Bauteilen kann dies z. B. durch das Aufbringen eines Leitlackes auf die Schweißnaht oder seitlich des aufgeschweißten Capstrips vor dem Überlaminieren erfolgen. Die Durchführung der Prüfung und die verwendeten Prüfgeräte sind in DIN EN 14879-4 bzw. in Richtlinie DVS 2206-4 beschrieben. Die Prüfung wird in der Regel nach der ersten Lage und bei der Endprüfung durchgeführt. Üblich ist eine Prüfspannung von 4-5 kV pro mm Werkstoffdicke.

Bei Schweißnähten mit aufgeschweißtem Capstrip ist darauf zu achten, dass Leckagen mittels elektrischer Hochspannungsprüfung dann nicht gefunden werden können, wenn der Leckagekanal eine bestimmte Länge überschreitet.

Die Dichtheitsprüfung mittels mit Unterdruck beaufschlagten Saugglocken ist unter Umständen in diesem Falle besser geeignet.

Sowohl die Dichtheitsprüfung mittels elektrischer Hochspannung als auch die Dichtheitsprüfung mittels Vakuum geben keinen Hinweis auf die Qualität der Schweißverbindungen

Tabelle 3. Mögliche Prüfverfahren für Warmgasschweißnähte bei Fluorkunststoffen[1].

Zerstörungsfreie Prüfungen	
Visuelle Prüfung der unzerstörten Schweißnaht (äußerer Befund)	Sichtprüfung der Schweißnahtoberfläche und Schweißnahtgeometrie. Bewertung nach Richtlinie DVS 2202 Beiblatt 4, auf Grundlage der im Einzelfall festzulegenden Bewertungsgruppe nach Richtlinie DVS 2202, Abschnitt 3, sowie der in Bild 1a genannten zulässigen Abweichungen.
Dichtheitsprüfung mit Unterdruck	Mittels geeigneter Vakuumglocken und schaumbildender Flüssigkeit. Die Prüfbedingungen sind im Einzelfall festzulegen. Üblicher Prüfdruck: -0,4 bis -0,6 bar, Prüfdauer ca. 10 sek.
Dichtheitsprüfung mit elektrischer Hochspannung	Prüfdurchführung und Geräteanforderungen nach Richtlinie DVS 2206-4. Die Art des Prüfgerätes (mit oder ohne Gegenpol) und die Prüfspannung sind im Einzelfall festzulegen. Weitere Hinweise in DIN EN 14879-4 und DIN EN 13100-4.
Zerstörende Prüfungen	
Visuelle Prüfung des Schweißnahtquerschnittes (innerer Befund)	Sichtprüfung des Schweißnahtquerschnittes nach dem Aufschneiden der Schweißnaht. Bewertung nach Richtlinie DVS 2202 Beiblatt 4 auf Grundlage der festgelegten Bewertungsgruppe nach Richtlinie DVS 2202 Abschnitt 3.
Zugversuch	Ausführung in Anlehnung an DIN EN ISO 527 (Proben nach Bild 5a), mit 100 mm/min Prüfgeschwindigkeit und Bewertung des Dehn- und Festigkeitsverhaltens der Schweißnaht im Vergleich zur ungeschweißten Probe. Die erforderlichen Mindestanforderungen sind von der prüfenden Stelle festzulegen oder zu vereinbaren.

1 Die Anwendbarkeit und Vergleichbarkeit der Prüfungen ist abhängig von der Materialtype und dem Lagenaufbau der Schweißnähte

13. Sicherheitshinweise

Beim Erwärmen der Werkstoffe auf die jeweilige Schweißtemperatur können signifikante Mengen gesundheitsschädigender Gase entstehen. Das Einatmen verursacht grippeähnliche Symptome mit hohem Fieber (Polymerfieber). Die Symptome treten im Allgemeinen einige Stunden nach der Einwirkung auf. In diesem Fall ist unbedingt ein Arzt aufzusuchen.

Beim Schweißen mit Stickstoff muss die ausreichende Sauerstoffkonzentration am Arbeitsplatz sichergestellt werden.

Der Verarbeiter hat für das Schweißen eine Gefährdungsbeurteilung nach § 6 der Gefahrstoffverordnung (GefStoffV) durchzuführen und davon abgeleitet eine Betriebsanweisung für die Schweißer und das Hilfspersonal zu erstellen. Dabei ist unter anderem zu beachten:

- EN-geprüftes, Umluft unabhängiges Atemschutzgerät mit Atemschutz-Vollmaske entsprechend der Empfehlung des Atemschutzmerkblattes (ZH-1/701 und ZH-6/606 und der DIN-Testregelung benutzen.
- Die Eignung des Schweißers zum Tragen der Schutzmaske (G 26/2, /3 BG-Regeln 190) ist gegebenenfalls nachzuweisen.
- Die Maske muss auch den Schutz der Augen gewährleisten.
- An den Schweiß-Arbeitsplätzen muss für eine ausreichende Be- und Entlüftung gesorgt werden, z. B. durch lokale Abzugshauben.
- Idealerweise sind Schweißarbeiten in einem von übrigen Arbeiten abgeschirmten Arbeitsbereich oder in einem separatem Raum durchzuführen.
- An den Arbeits- und Schweißplätzen darf nicht geraucht werden. Tabakwaren dürfen nicht mitgeführt werden, um eine Kontamination durch Polymerstäube und -späne und die damit verbundenen Gesundheitsgefahren durch Inhalation der thermischen Zersetzungsprodukte zu vermeiden.
- Die Nahrungsaufnahme darf nicht im direkten Arbeitsbereich erfolgen.
- Die Verschleppung von Fluorpolymerstaub und -spänen aus dem Arbeitsbereich ist durch geeignete Arbeitsabläufe sowie persönliche Hygiene, z. B. Wechseln und getrennte Aufbewahrung der Arbeitskleidung, auszuschließen.
- Es ist sicherzustellen, dass Abfälle und Materialrückstände nicht verbrennen können. Ein werkstoffliches oder thermisches Recycling ist in geeigneten Vorrichtungen bzw. in speziellen Anlagen möglich.
- Bei der Entsorgung von Fluorpolymerabfällen sind die geltenden gesetzlichen Bestimmungen und Verordnungen zu beachten.

Weitere Hinweise zum sicheren Umgang mit Fluorpolymeren sind den nachstehenden Schriften zu entnehmen:

- Merkblatt der BG Chemie M005 (ZH1/161), Fluorwasserstoff, Flusssäure und organische Fluoride
- EG-Sicherheitsdatenblätter der Rohstoff- oder Halbzeuglieferanten
- Broschüre des Plastics Europe Verbandes der Kunststofferzeuger: „Anleitung zum sicheren Umgang mit Fluorkunststoffen“

14. Schrifttum

DIN EN 10204	Metallische Erzeugnisse – Arten von Prüfbescheinigungen
DIN EN 13100-4	Zerstörungsfreie Prüfung von Schweißverbindungen thermoplastischer Kunststoffe – Teil 4: Hochspannungsprüfung
DIN EN 13121-3	Oberirdische GFK-Tanks und -Behälter, Teil 3: Auslegung und Herstellung
DIN EN 14879-4	Beschichtungen und Auskleidungen aus organischen Werkstoffen zum Schutz von industriellen Anlagen gegen Korrosion durch aggressive Medien – Teil 4: Auskleidungen für Bauteile aus metallischen Werkstoffen
ASTM 3307	Standard Specification for Perfluoralkoxi (PFA)
DGUV 112-190	Benutzung von Atemschutzgeräten
DVGW VP 603	Vorläufige Prüfgrundlage für Reinigungsmittel und deren Behälter zur Vorbereitung von Schweißverbindungen an Polyethylenrohren
Richtlinie DVS 2202 Beiblatt 4	Bewertung von Fügeverbindungen aus thermoplastischen Kunststoffen an Rohrleitungsteilen und Tafeln – Warmgasfächel- und Warmgasziehschweißen (WF / WZ)
Richtlinie DVS 2203-2	Prüfen von Schweißverbindungen aus thermoplastischen Kunststoffen, Zugversuch
Richtlinie DVS 2206-4	Zerstörungsfreie Prüfungen von Behältern, Apparaten und Rohrleitungen aus thermoplastischen Kunststoffen – Prüfung mit elektrischer Hochspannung
Richtlinie DVS 2207-3	Schweißen von thermoplastischen Kunststoffen – Warmgaszieh- und Warmgasfächelschweißen von Rohren, Rohrleitungsteilen und Tafeln – Verfahren, Anforderungen
Richtlinie DVS 2207-3 Beiblatt 2	Schweißen von thermoplastischen Kunststoffen – Warmgaszieh- und Warmgasfächelschweißen von Rohren, Rohrleitungsteilen und Tafeln – Anforderungen an die Schweißgeräte und das Zubehör
Richtlinie DVS 2211	Schweißen von thermoplastischen Kunststoffen – Schweißzusätze – Kennzeichnung, Anforderungen, Prüfungen
Richtlinie DVS 2212-1 Beiblatt 3	Kunststoffschweißerprüfung für das Warmgasziehschweißen von PFA und FEP
Richtlinie DVS 2212-1	Prüfung von Kunststoffschweißern – Prüfgruppen I und II

Richtlinie
DVS 2207-4

Ersetzt Ausgabe
Juli 2018

Richtlinie DVS 2207-4

Schweißen von thermoplastischen Kunststoffen

Extrusionsschweißen von Rohren, Rohrleitungsteilen und Tafeln

Verfahren, Anforderungen

Ausschuss für Technik im DVS

Arbeitsgruppe W4 „Fügen von Kunststoffen“

Untergruppe W4.1b „Warmgasschweißen“

Bezug: DVS Media GmbH, Postfach 10 19 65, 40010 Düsseldorf, Telefon (0211) 1591-0, Telefax (0211) 1591-150

Inhalt:

1. Geltungsbereich

Diese Richtlinie gilt für das Warmgasextrusionsschweißen (WE) (im Folgenden Extrusionsschweißen) von Rohren und Tafeln im Behälter-, Apparate- und Rohrleitungsbau, bei der Herstellung von selbsttragenden Auffangwannen und von Abdichtungen an Betonbauwerken mit thermoplastischen Kunststoffen. Sie beschreibt die unterschiedlichen Verfahren, zeigt die Verfahrensgrenzen auf und legt Anforderungen zur Qualitätssicherung fest.

Warmgasextrusionsgeschweißt werden üblicherweise Bauteile mit Materialdicken von ca. 6 bis 50 mm, jedoch können sowohl dünnere als auch dickere Bauteile warmgasextrusionsgeschweißt werden (dickere Bauteile gegebenenfalls durch mehrlagiges Schweißen).

Spezielle Hinweise zum Extrusionsschweißen von Dichtungsbahnen im Erd- und Wasserbau sind in den Richtlinien DVS 2225-1 und DVS 2225-4 enthalten. Hinweise zum Extrusionsschweißen von Mantelrohren sind in der Richtlinie DVS 2207- 5 enthalten.

2. Allgemeine Anforderungen

Das Warmgasextrusionsschweißen ist ein Schweißverfahren, das umfangreiche Kenntnisse bezüglich der zu schweißenden Werkstoffe und der Handhabung der Maschinen und Geräte, sowie hohe Fertigkeiten in der Ausführung voraussetzt.

Die Qualität der Schweißverbindungen ist insbesondere abhängig von der Eignung der verwendeten Materialien, der Qualität der Schweißgeräte und -maschinen sowie von der Einhaltung der Schweißrichtlinien.

Die Schweißnähte können durch zerstörungsfreie und zerstörende Verfahren geprüft werden.

Die Schweißarbeiten sind zu überwachen. Art und Umfang der Überwachung müssen zwischen den Vertragspartnern vereinbart werden. Es wird empfohlen, die Verfahrensdaten in Schweißprotokollen (Muster siehe Anhang 2) zu dokumentieren.

Jeder Schweißer muss ausgebildet sein und einen gültigen Qualifikationsnachweis besitzen. Für das Warmgasextrusionsschweißen nach dieser Richtlinie gilt Richtlinie DVS 2212-1, Untergruppen II-1.1 bis II-4.2.

Beim Schweißen von Werkstoffen, die noch nicht in der Richtlinie DVS 2212-1 genannt sind (beispielsweise PVC-U, PVC-C, PVDF, E/CTFE...) gelten die Anforderungen sinngemäß. Der Qualifikationsnachweis ist in Form eines Eignungsnachweises, abgestimmt auf den jeweiligen Anwendungsfall und in Anlehnung an die Festlegungen der Richtlinie DVS 2212-1 zu erbringen.

3. Werkstoffe

Diese Richtlinie gilt für die in der Richtlinie DVS 2207- 4 Beiblatt 1 genannten Werkstoffe.

Bei anderen Werkstoffen und Werkstoffmodifikationen (z. B. elektrisch leitfähig) kann die Richtlinie sinngemäß angewendet werden. Ergänzende Hinweise der Halbzeughersteller sind zu beachten.

4. Allgemeine Verfahrensbeschreibung

Das Extrusionsschweißen ist ein manuelles, teilmechanisiertes Schweißverfahren. Es wird mit Schweißzusatz aus Draht oder aus Granulat gearbeitet, der in einem Plastifiziersystem (Extruder) aufgeschmolzen und plastifiziert wird. Über einen entsprechend der Nahtgeometrie geformten Schweißschuh wird der Schweißzusatz in die in der Regel durch Warmluft plastifizierte Schweißfuge des Grundmaterials gedrückt. Andere Wärmequellen/-träger können z. B. ein Lichtstrahl oder inerte Gase sein. Die Massenausstoßleistung der Maschinen bzw. Geräte bestimmt die maximale Schweißnahtdimension und beeinflußt die Schweißgeschwindigkeit. Der erforderliche Fügedruck wird durch die austretende Masse und die Gegenkraft des Schweißers erzeugt.

Man unterscheidet folgende Verfahren:

- kontinuierliches Schweißverfahren
- diskontinuierliches Schweißverfahren

4.1. Kontinuierliches Schweißverfahren

Der aus dem von Hand oder maschinell geführten Gerät bzw. der Maschine austretende, plastifizierte Schweißzusatz wird über einen Schweißschuh kontinuierlich in die ebenfalls plastifizierte Schweißfuge gedrückt (Bilder 1, 3,4).

Beim Schweißen von Hand ergibt sich die Vorschubgeschwindigkeit aus dem Volumen des austretenden Massenstromes und dem zu füllenden Nahtquerschnitt. Beim Schweißen mit einem Vorschubsystem muss die Schweißgeschwindigkeit auf den Massenausstoß abgestimmt werden.

Die Vorwärmung der Schweißzone erfolgt über ein am Schweißkopf angebrachtes Warmgasgebläse.

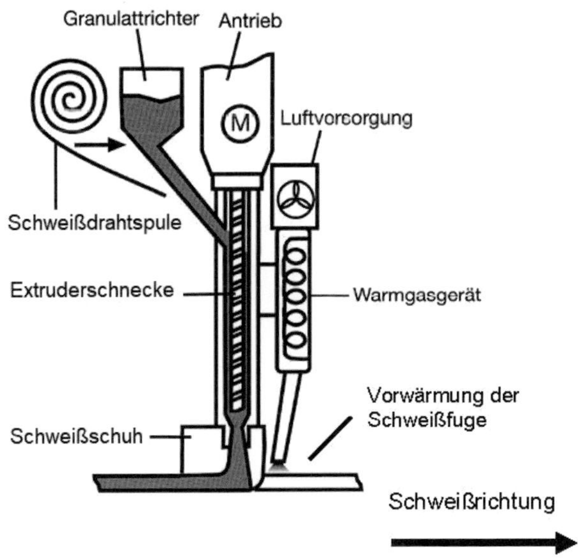

Bild 1. Schema kontinuierliches Schweißen mit Maschinenvariante I.

4.2. Diskontinuierliches Schweißverfahren

Zum Schweißen wird der plastifizierte Schweißzusatz abschnittsweise mit einem entsprechenden Köcher vom Extruder entnommen, in die mit einem Warmgasgerät plastifizierte Schweißfuge eingelegt und mit einem Andrückwerkzeug eingedrückt, geformt und geglättet (Bild 2).

Dieses Verfahren wird überwiegend dort eingesetzt, wo beengte Platzverhältnisse oder bestimmte Konstruktionsdetails ein kontinuierliches Schweißen ausschließen.

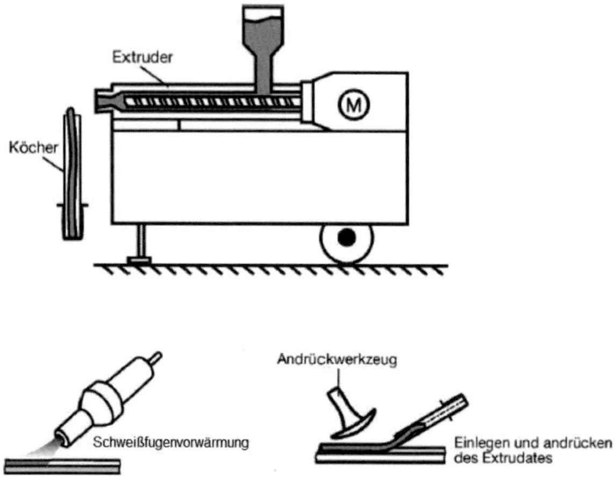

Bild 2. Schema diskontinuierliches Schweißen mit Maschinenvariante II.

5. Maschinenvarianten

Die Maschinen/Geräte bestehen aus dem

- Plastifiziersystem (Extruder) zum Plastifizieren des eingebrachten Schweißzusatzes,
- Vorwärmsystem für die Erwärmung der Fügeflächen (in der Regel Warmluft),
- Schweißkopf zur Aufnahme des Schweißschuhes und des Vorwärmsystems (vergleichbar dem Köcher beim diskontinuierlichen Verfahren),
- Schweißschuh zur Einbringung des Extrudates in die Schweißfuge und zur Formgebung der Oberfläche (vergleichbar dem Andrückwerkzeug beim diskontinuierlichen Schweißen).

5.1. Maschinenvariante I

Maschinen- bzw. Gerätetyp, bei dem alle Gerätekomponenten eine Einheit bilden. Der Schweißzusatz wird in der Regel als Runddraht, bei größeren Geräten auch als Granulat dem Gerät zugeführt, Bild 1, Seite 4.

5.2. Maschinenvariante II

Bei diesem Maschinentyp sind Extruder und Schweißkopf baulich getrennt. Für das kontinuierliche Schweißen sind beide Maschinenteile über einen beheizten Schlauch für den Schweißzusatz miteinander verbunden, Bild 3, nächste Seite. Für das diskontinuierliche Schweißen wird das Extrudat über auswechselbare Massedüsen direkt dem Extruder entnommen, Bild 2.

Die Maschinen dieser Bauart besitzen eine hohe Ausstoßleistung, finden jedoch wegen ihrer Größe vornehmlich im stationären Betrieb Verwendung. Der Schweißzusatz wird üblicherweise in Granulatform dem Gerät zugeführt.

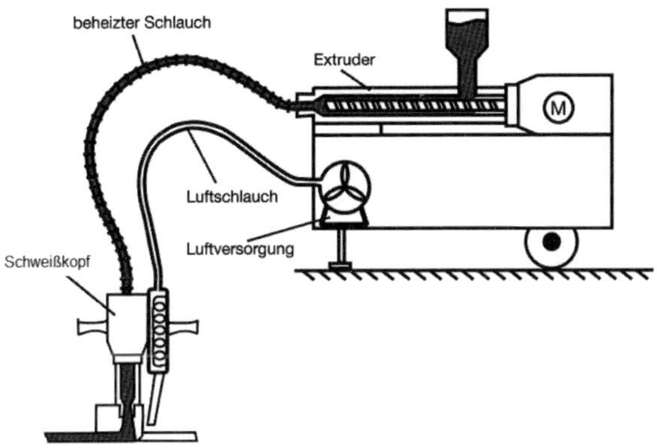

Bild 3. Schema kontinuierliches Schweißen mit Maschinenvariante II.

5.3. Maschinenvariante III

Die Maschinen/Geräte bestehen aus dem Schweißdrahteinzug, der Plastifiziereinheit und dem Vorwärmsystem. Der drahtförmige Schweißzusatz wird über den Drahtvorschub in die Heizkammer gefördert. Der plastifizierte Schweißzusatz wird durch den Drahtvorschub über den Schweißschuh in die Fügezone eingebracht, Bild 4. Die Geräte sind in der Regel kleiner und handlicher als die Maschinenvarianten I und II, besitzen jedoch auch eine geringere Ausstoßleistung.

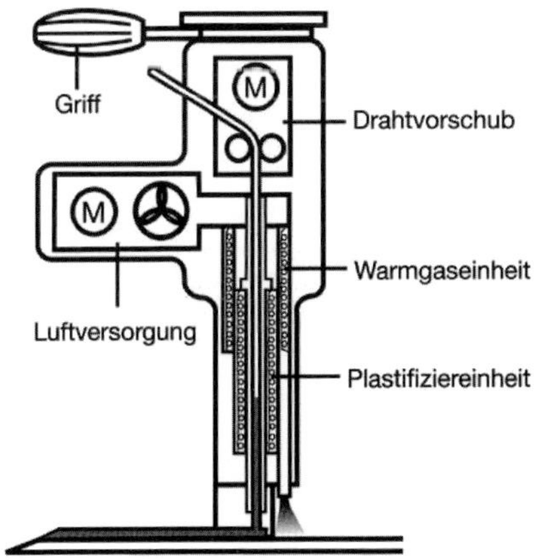

Bild 4. Schema kontinuierliches Schweißen mit Maschinenvariante III.

6. Konstruktive Gestaltung, Schweißnahtformen und Schweißnahtaufbau

Für die Konstruktion der Bauteile gelten die Richtlinien DVS 2205 ff., für die Gestaltung der Schweißnähte die Richtlinie DVS 2205-3 sowie die Ergänzungen der jeweiligen Richtlinien.

Insbesondere ist zu beachten:

- Kreuzende Nähte müssen versetzt angeordnet werden. Der lichte Abstand sollte ca. 3-mal Decklagenbreite, jedoch mindestens 50 mm betragen.
- Der lichte Abstand paralleler Nähte sollte ca. 3-mal Decklagenbreite, mindestens jedoch 50 mm betragen.
- Unterschiedlich dicke Anschlussenden bei Stumpfstößen sind in der Werkstoffdicke anzugleichen (Richtlinie DVS 2205).
- Zur Reduzierung des Schweißnahtvolumens und wegen der gleichmäßigeren Verteilung der Schweißeigenspannungen sollten die Schweißnähte möglichst doppelseitig oder mit Gegenlage geschweißt werden (Doppel V-Naht, Doppel K-Naht, Doppel HV-Naht.
- Bei nur einseitiger Zugänglichkeit sollte eine Schweißnahtform gewählt werden, die gewährleistet, dass der Querschnitt des jeweils dünneren Fügeteils komplett angeschlossen werden kann (z. B. bei einem T-Stoß mit HV-Naht).
- Der Reststeg an der Nahtwurzel bei V- und HV-Nähten sollte maximal 1 mm betragen, um das Durchschweißen sicherzustellen.
- Der Masseeintrag in die Schweißfugen sollte wegen der beim Erkalten der Nähte auftretenden Schrumpfspannungen minimiert werden. Es ist deshalb empfehlenswert, die Nahtöffnungswinkel entsprechend den Fügeteildicken zu verändern. In Bild 7, Seite 9, ist dies sinnbildlich und grafisch dargestellt.
- Die Schweißnähte werden in der Regel einlagig hergestellt. Bei großen Werkstückdicken (> 30 mm bei V-, HV- und Kehlnähten) können durch mehrlagiges Schweißen Schrumpfspannungen und die Bildung von Vakuolen minimiert werden.
- Der Wurzelspalt sollte maximal 2 mm nicht überschreiten. Kann aus baulichen oder konstruktiven Gründen die Wurzelspaltbreite nicht eingehalten werden, müssen entsprechende Maßnahmen (z. B. durch eine Unterlage) getroffen werden.

Die wichtigsten Nahtformen sind hinsichtlich ihrer Schweißnahtform und ihrer Ausführung in den Bildern 5[1] und 6 dargestellt. Für andere als die im Anhang 1 aufgeführten Werkstoffe sind gegebenenfalls andere Nahtformen und Nahtöffnungswinkel zu wählen.

---

1 Bei dünnen Werkstücken, ≥2 ≤ 5 mm kann die Nahtüberdeckung, abweichend von Richtlinie DVS 2202 Beiblatt 5 bis zu 0,6 s betragen

Für die Benennung, zeichnerische und symbolische Darstellung der Schweißnähte gilt DIN EN 22553.

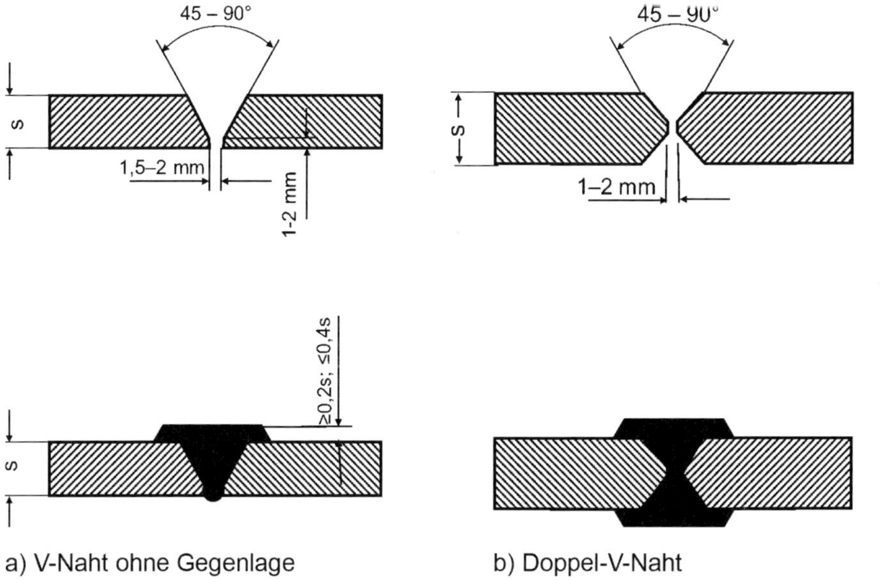

Bild 5. Schweißfugenvorbereitung und Schweißnähte bei Stumpfstößen.

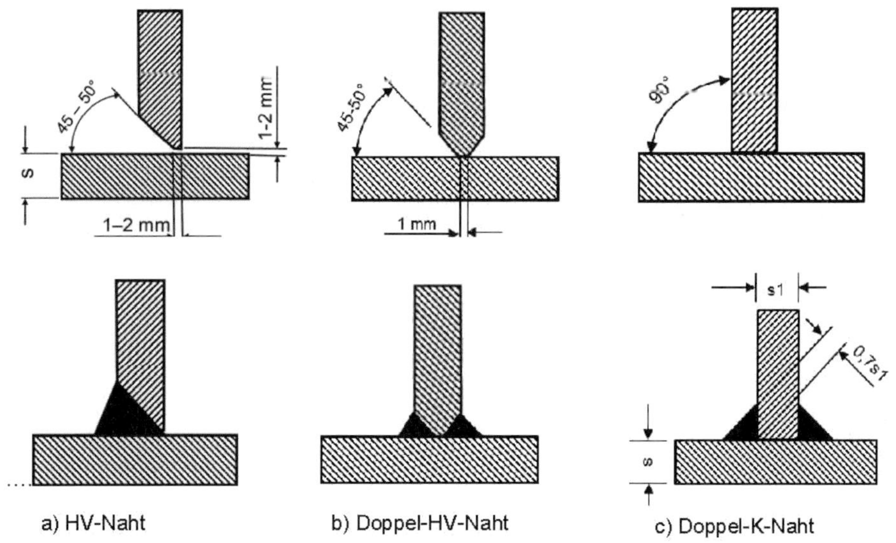

Bild 6. Schweißfugenvorbereitung und Schweißnähte bei T-Stößen.

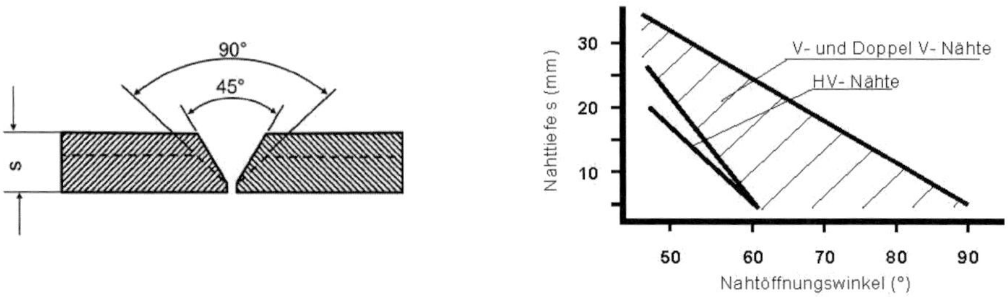

Bild 7. Empfohlene Nahtöffnungswinkel für PE[1] und PP für V- und HV-Schweißnähte in Abhängigkeit von der Nahttiefe (Für andere Werkstoffe müssen gegebenenfalls andere Nahtöffnungswinkel gewählt werden)

7. Anforderungen

7.1. Anforderungen an die Schweißmaschinen und -geräte

Die Schweißgeräte müssen CE-konform, funktionsfähig und für die Schweißaufgabe geeignet sein. Dies gilt auch für das Zubehör wie Düsen, Schweißschuhe, Thermofühler etc.

Sie sind regelmäßig auf ihren Zustand und ihre Funktionstüchtigkeit zu überprüfen (z. B. durch eine Herstellerüberwachung).

Die Ausstoßmenge und die Vorwärmleistung müssen der Schweißaufgabe angepasst sein.

Spezielle Anforderungen an die Schweißmaschinen und Schweißgeräte sind im Beiblatt 2 zu dieser Richtlinie beschrieben.

7.2. Anforderungen an die Schweißschuhe

Der zum Schweißen notwendige Fügedruck wird mit dem Schweißschuh über den Schweißzusatz auf die Fügeflächen aufgebracht. Gleichzeitig formt und glättet der Schweißschuh die Schweißnahtoberfläche.

Die Schweißschuhe müssen deshalb der Schweißaufgabe entsprechen, sind konstruktiv auf die jeweilige Schweißnahtform und -dicke abzustimmen und müssen insbesondere die Anforderungen an die Schweißnahtausführung entsprechend Abschnitt 10.3, (Seite 15) gewährleisten.

In der Regel bestehen die Schweißschuhe aus Polytetrafluorethylen (PTFE). Dieser Werkstoff ist für die im Beiblatt 1 genannten Werkstoffe ausreichend temperaturbeständig, besitzt glatte, antiadhäsive Oberflächen und lässt sich mechanisch leicht bearbeiten. Für das Schweißen hochfluorierter Kunststoffe, z. B. PFA, müssen die Schweißschuhe jedoch aus thermisch höher beanspruchbaren Werkstoffen bestehen (siehe hierzu Beiblatt 3 dieser Richtlinie).

1 PE 60, PE 80, PE 100, PE 100 RC

Die Andrückzonen und die Gleitflächen der Schweißschuhe (Bild 8), sollten die in Bild 9, sowie in der Tabelle 1 angegebenen Mindestlängen nicht unterschreiten. Hierdurch wird sichergestellt, dass der Fügedruck während einer Mindestzeit einwirkt und damit im gesamten Fügebereich (insbesondere Nahtwurzel und Nahtflanken) die erforderliche Bindung erzeugt werden kann. Aus konstruktiven Gründen oder bei Kehlnähten können gegebenenfalls Schweißschuhe mit geringeren Andrücklängen verwendet werden, wenn die vorgeschriebene Nahtgeometrie und die Anforderungen an die Schweißnahtqualität eingehalten werden. Bei Bedarf ist ein entsprechender Nachweis zu führen.

Für kleine Nähte und um in Ecken zu schweißen, werden häufig Schweißschuhe nach Bild 10, (Seite 11) verwendet. Die erreichbare Qualität der Verbindung ist gegebenenfalls nachzuweisen.

Die am vorderen Teil ausgearbeitete „Nase“ verhindert den Massevorlauf, ist Voraussetzung für die Erzeugung des erforderlichen Fügedruckes und unterstützt die Vorwärtsbewegung des Schweißgerätes. Sie muss der Schweißfugenform entsprechen, darf jedoch während des Schweißens die Schweißfugenflächen nicht berühren.

Der Spalt/Freistich Δb zwischen der Nase und den Schweißnahtkanten soll der Nahtüberdeckung wie in Abschnitt 10.3 beschrieben entsprechen und mindestens 3 mm und maximal 6 mm betragen (Bild 9). Der Abstand zwischen der Schweißschuhnase und den Schweißnahtflanken von ca. 1 bis 3 mm verhindert, dass aufgeschmolzenes Grundmaterial weggeschoben wird.

Die im Schweißschuh vorgesehene Nahtüberhöhung Δs muss gewährleisten, dass die Schweißnaht trotz eventuellem Schrumpf die erforderliche Überhöhung besitzt (siehe Abschnitt 10.3, Seite 15).

Bei Verwendung von Andrückwerkzeugen für das diskontinuierliche Schweißen gelten die vorstehenden Festlegungen sinngemäß.

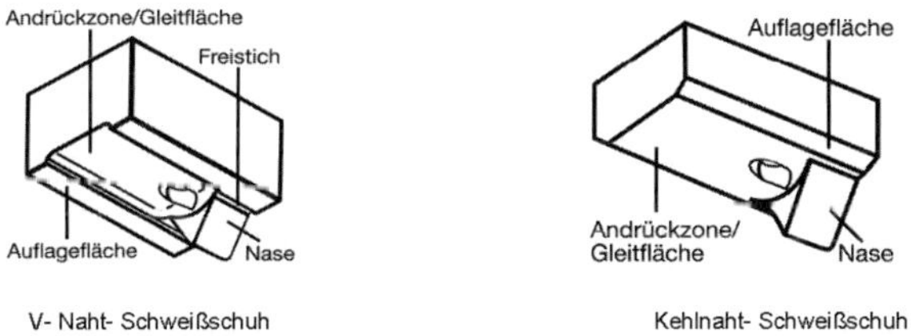

Bild 8. Perspektivische Darstellungen von Schweißschuhausführungen.

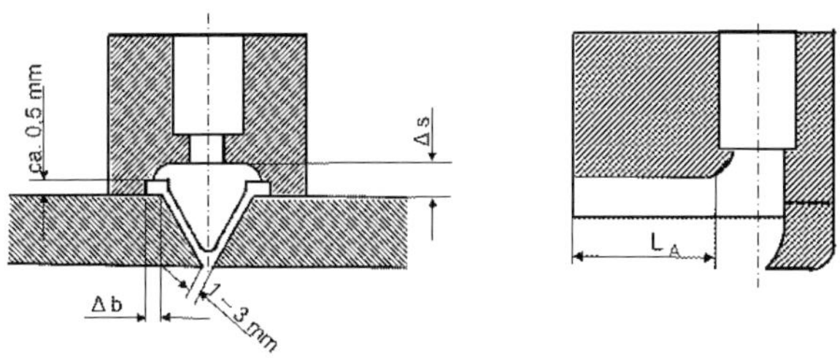

Bild 9. Schweißschuhdarstellung im Schnitt.

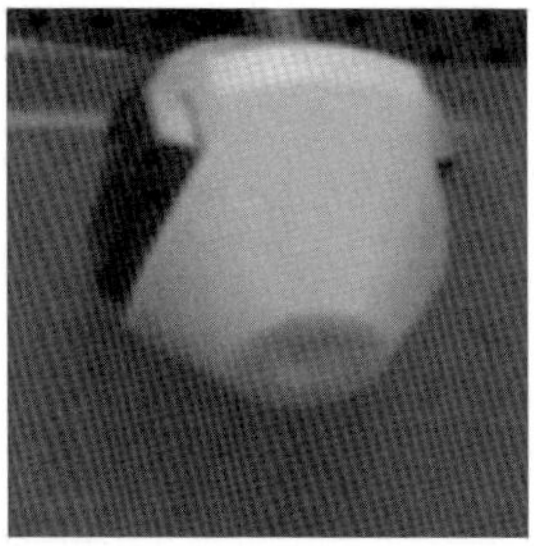

Bild 10. Schweißschuhe für kleine V- und Kehlnähte und Anbindungen.

Tabelle 1. Richtwerte für Schweißschuhabmaße.

Nahttiefe s bei V-Nähten (mm)	Andrücklänge L_A (mm)
bis 15	35
> 15 bis 20	45
> 20 bis 30	55

7.3. Anforderungen an die Vorwärmung

Die Vorwärmung muss gewährleisten, dass die Fügeflächen und die Bereiche der Nahtüberdeckung Δb (Bild 9), auch bei sich verändernder Schweißfugengeometrie ausreichend plastifiziert werden (siehe Abschnitt 10.3, Seite 15). Die Schweißschuhe und die Vorwärmung (Düsengeometrie, Luftvolumen und Warmgastemperatur) sind aufeinander abzustimmen (siehe Beiblatt 2 zu dieser Richtlinie).

7.4. Anforderungen an die Werkstoffe und deren Schweißeignung

Halbzeuge und Schweißzusätze müssen zum Extrusionsschweißen geeignet sein. Überwiegend wird runder Schweißzusatz (umgangssprachlich Runddraht), bei großvolumigen Extrudern auch mit Granulat geschweißt. Für Schweißverbindungen, die den Anforderungen gemäß der Richtlinie DVS 2203-1 Beiblätter 1, 2, 3 entsprechen sollen, ist die Verwendung eines zum Grundwerkstoff typengleichen, mindestens aber artgleichen Schweißzusatzes Voraussetzung.

Für die teilkristallinen Werkstoffe, z. B. PE, PP, PVDF, wird der Schmelzindex als charakteristischer Kennwert für die Schweißbarkeit herangezogen. Liegen die Schmelzindexwerte (MFR-Werte) der Schweißpartner innerhalb der zulässigen Schmelzindexbereiche der Richtlinien DVS 2207-1, -11 und -15, kann generell von einer Schweißbarkeit ausgegangen werden.

Sind zwei Halbzeuge unterschiedlicher MFR-Gruppen aus diesen Bereichen miteinander zu schweißen, ist ein Schweißzusatz zu wählen, dessen MFR-Wert zwischen dem der Halbzeugkombination liegt. Für PE-HD, PP und PVDF sind die Hinweise im Geltungsbereich der Richtlinien DVS 2207-1, 2207-11 und 2207-15 zu beachten. Liegt der Schmelzindex außerhalb der zugelassenen Bereiche in den genannten Richtlinien, ist der Schweißnachweis nach Richtlinie DVS 2203-4 im Zeitstandzugversuch zu führen.

Für PVC gilt: Es sind grundsätzlich nur Halbzeuge gleichen Formmassentyps schweißbar.

Die Halbzeuge und Schweißzusätze müssen entsprechend und unverwechselbar gekennzeichnet sein (bei Schweißzusätzen auf der Verpackung).

Es sollen nur Halbzeuge mit festgelegten Qualitätsanforderungen geschweißt werden (z. B. Werkszeugnis in Anlehnung an DIN EN 10204).

Die Schweißzusätze müssen den Anforderungen nach Richtlinie DVS 2211 und DIN EN 12943 entsprechen.

Die Grund- und Zusatzwerkstoffe müssen in einwandfreiem Verarbeitungszustand vorliegen, trocken und sauber sein.

Bestehen Zweifel an der Artgleichheit von Halbzeug und/oder Schweißzusatz, z. B. durch fehlende Kennzeichnung, oder sind Materialveränderungen zu befürchten durch

- unsachgemäße Lagerung,
- niedrige Fügeteiltemperaturen,
- Verschmutzung,
- Alterung,
- Betriebseinflüsse (Medien, Temperaturen),

ist die Schweißeignung durch Prüfungen an Probeschweißungen festzustellen. Art und Umfang der Prüfungen sind zu vereinbaren. Hinweise hierzu geben die Richtlinien DVS 2203-1 und 2201-2.

7.5. Anforderungen an die Qualität der Schweißverbindungen

Bei sachgemäßer Ausführung der Schweißnähte entsprechend dieser Richtlinie, werden die in der Richtlinie DVS 2203-1 Beiblätter 1, 2, 3 angegebenen Mindestanforderungen an die Qualität der Schweißnähte (Schweißfaktoren, Biegewinkel) sicher erreicht. Im Hinblick auf den jeweiligen Anwendungsfall, gegebenenfalls gesetzliche Vorgaben (WHG, Druckgeräterichtlinie, etc.) und die erforderliche Dimensionierung, sollten sich Auftraggeber und Hersteller auf die entsprechenden Anforderungen an das Bauteil und an die erforderliche Mindestqualität der Schweißverbindungen einigen und diese festlegen. Hinweise und Kriterien hierzu enthält die Richtlinie DVS 2202 Beiblatt 5.

Der Nachweis der geforderten Qualität kann gegebenenfalls im Rahmen einer Eignungsfeststellung an Probeschweißungen, in Anlehnung an Richtlinie DVS 2212-1 erbracht werden. Dies gilt insbesondere bei Werkstoffen, für die in den genannten Richtlinien bisher keine Anforderungen festgelegt sind (beispielsweise PVC- C, PVDF, E/CTFE).

8. Inbetriebnahme der Schweißmaschinen und Einstellen der Schweißparameter

Die Inbetriebnahme erfolgt entsprechend der Betriebsanleitung des Maschinenherstellers.

Vor dem Einschalten des Extrusionsantriebes müssen Extrudatrückstände im Extruder, an der Austrittsöffnung, sowie gegebenenfalls im Transportschlauch aufgeschmolzen sein.

Um zu vermeiden, dass thermisch vorgeschädigter Schweißzusatz verwendet wird, sollte die wiedererwärmte Schmelze vor Schweißbeginn komplett ausextrudiert werden. Dies gilt auch bei längeren Arbeitsunterbrechungen. Die maximalen Verweilzeiten sind abhängig vom jeweiligen Werkstoff (bei PE- und PP ca. 5 min.). Bei thermoempfindlichen Werkstoffen, wie PVC und PVDF sollte der Massenaustrag des Extruders während der Schweißunterbrechung nicht unterbrochen werden.

Bei Materialwechsel muss durch Reinigen oder durch Ausextrudieren dafür gesorgt werden, dass das gesamte Material im Schweißextruder ausgetauscht wird. Gegebenenfalls sind die Düsen zu wechseln. Bei Maschinenvariante II ist immer auch der Schlauch zu wechseln. Es empfiehlt sich in der Praxis, für unterschiedliche Werkstoffe nicht denselben Extruder zu verwenden.

Der Schweißzusatz muss trocken sein. Gegebenenfalls muss er vor der Verwendung getrocknet werden (z. B. mehrere Stunden in einem Abluftofen bei Temperaturen von ca. 60 - 80 °C). Die Angaben des Schweißzusatzherstellers sind zu beachten.

Die erforderliche Massetemperatur wird bei laufender Maschine mit dem Einstechfühler eines schnell anzeigenden Temperaturmessgeräts direkt am Masseaustritt in Strangmitte kontrolliert.

Die Kontrollmessung der Warmlufttemperatur erfolgt in der Warmluftdüse zwischen Düsenaustrittsebene und 5 mm Tiefe mit einer Feinsonde von etwa 1 mm Durchmesser (siehe Hinweise in der Richtlinie DVS 2207- 4 Beiblatt 2).

Bei fremdluftversorgten Geräten ist die vorgegebene Luftmenge zu prüfen, bei eigenluftversorgten ist eine einwandfreie Funktion sicherzustellen.

Masse- und Warmgastemperatur sind unmittelbar vor Schweißbeginn zu überprüfen. Wiederholende Prüfungen bei länger andauernder Schweißaufgabe oder nach Arbeitsunterbrechungen sind empfehlenswert.

Alle Messungen müssen mit regelmäßig überprüften Messmitteln (entsprechend der Richtlinie DVS 2207-4 Beiblatt 2) erfolgen und sind zu dokumentieren (Anhang 2).

9. Schweißvorbereitung

Die Schweißfugen der Fügeteile werden entsprechend Abschnitt 6 vorbereitet.

Die ausreichende Zugänglichkeit der Fügeflächen mit dem Schweißkopf der Maschine bzw. des Gerätes muss gewährleistet sein. Zwangslagen des Schweißers sollten wegen des von ihm aufzubringenden, notwendigen Gegendruckes vermieden oder minimiert werden. Es ist sicherzustellen, dass der Schweißer während des Schweißens durch das notwendige Nachführen der Verbindungskabel und -schläuche sowie des Schweißzusatzes nicht behindert wird. Zum Schweißen in engen Räumen kann gegebenenfalls ein Winkel-Schweißkopf am Schweißgerät angebracht werden.

9.1. Ausrüstung

Zur fachgerechten Ausführung der Schweißverbindungen, ist mindestens folgende Ausrüstung erforderlich:

- Warmgas-Extrusionsschweißgerät entsprechend der Schweißaufgabe und dieser Richtlinie,
- Schweißkopf und Schweißschuhe entsprechend der Schweißaufgabe,
- Durchflussmengenmessgerät für Schweißgas,
- Temperaturmessgerät entsprechend der Richtlinie DVS 2207-4 Beiblatt 2,
- Geeignete Messmittel zur Überprüfung von Versatz, Durchmesser, Dicke,
- Geeignete Geräteablage,
- Schaber, Ziehklinge,
- Persönliche Schutzausrüstung,
- Staubschutz für Schweißdraht,
- ausreichende Beleuchtung,
- Schutzmaßnahmen gegen Witterungseinflüsse (siehe Abschnitt 9.2),
- spezielles Reinigungsmittel (nicht quellend, nicht anlösend und nicht fetthaltig), nichtfasernde Tücher,
- Schweißparameter gemäß der Richtlinie DVS 2207-4 Beiblatt 1 und/oder Hinweise der Halbzeughersteller,
- Schweißprotokoll gemäß Anhang 2.

9.2. Schutzmaßnahmen vor Umwelteinflüssen

Die Umgebungsbedingungen können den Schweißvorgang und damit die Qualität der Verbindung wesentlich beeinflussen. Es ist deshalb Folgendes zu beachten:

- Der Schweißbereich ist vor ungünstigen Witterungseinflüssen wie Feuchtigkeit, Kondenswasserbildung, Wind, Zugluft und Temperaturen unter 5 °C zu schützen.
- Wenn durch geeignete Maßnahmen (z. B. Vorwärmen, Einzelten, Beheizen) sichergestellt wird, dass eine zum Schweißen ausreichende Halbzeugtemperatur eingehalten werden kann, darf – soweit der Schweißer nicht in der Handfertigkeit behindert wird – bei beliebiger Außentemperatur geschweißt werden. Gegebenenfalls ist durch Herstellen und Prüfen von Probenähten unter den vorhandenen Bedingungen ein zusätzlicher Nachweis zu führen.
- Bei ungleichmäßig temperierten Fügeteilen, beispielsweise durch einseitige Sonnenbestrahlung, bei unterschiedlichen Lagerungsbedingungen etc., ist vor dem Schweißen ein Temperaturausgleich zu schaffen.

10. Schweißen

10.1. Vorbereiten der Fügeflächen

Die Fügeflächen dürfen nicht beschädigt, oxidiert oder verunreinigt sein. Daher müssen sie und die angrenzenden Nahtüberdeckungsbereiche unmittelbar vor dem Schweißen spanend bearbeitet werden.

Geeignet sind spanabhebende Werkzeuge z. B. Schaber, Ziehklingen, Fräser und Sägen. Schleifwerkzeuge sind nur zulässig, wenn die Verunreinigung durch Einbringen von Schleifmitteln und die Überhitzung der Oberflächen ausgeschlossen werden kann.

Insbesondere bei Fügeteilen, die langer UV- oder Medieneinwirkung ausgesetzt waren, kann die geschädigte Schicht so tief sein, dass nach dem Abarbeiten eine Überprüfung der Restwanddicke, unter Einbeziehung der statischen Erfordernisse, notwendig ist.

Müssen die Fügeflächen gesäubert werden, sind spezielle, nicht fetthaltige Reinigungsmittel zu verwenden.[1]

10.2. Heften

Das Heften dient der Fixierung der Fügeteile in ihrer vorgesehenen Lage zueinander, um während des Schweißens eine Lageänderung der Fügeteile auszuschließen. Üblich ist das Heften durch partielles oder durchgehendes Warmgasziehschweißen einer Wurzellage mit Schweißzusatzdraht.

1 Die Reinigungsflüssigkeit oder damit bereits werkseitig befeuchtete Tücher müssen aus einem 100 % verdampfenden Lösemittel bestehen, z. B. aus 99 Teilen Ethanol mit einem Reinheitsgrad von 99,8 % und einem Teil MEKP (Methylethylketon, Denaturierung). Nach DVGW VP 603 geprüfte Mittel entsprechen dieser Vorgabe. Die Verwendung von Spiritus kann durch das darin enthaltene Wasser zu einer Qualitätsminderung führen. Das Papier zur Reinigung muss sauber, unbenutzt, saugfähig, nicht fasernd und darf nicht eingefärbt sein.

10.3. Schweißdurchführung

Vor Beginn des Schweißvorgangs muss der Schweißschuh angewärmt werden (z. B. durch ein Umlenkblech), da beim Schweißen mit einem kalten Schweißschuh eine rauhe und unebene Schweißnahtoberfläche entsteht. Dies gilt ebenso für Andrückwerkzeuge beim diskontinuierlichen Schweißen.

Der Nahtanfang wird mit Warmluft vorgewärmt und aufgeschmolzen. Unmittelbar vor dem Aufsetzen des Schweißschuhs auf die Schweißfuge wird der bereits ausgetretene Schweißzusatz von der Schweißschuhöffnung entfernt. Nach der Füllung der Fuge baut sich der Massedruck durch den vom Schweißer erzeugten Gegendruck auf. Durch die Nase des Schweißschuhs wird der Druck umgelenkt und führt zur Vorwärtsbewegung des Schweißschuhs.

Der Masseausstoß des Extruders und die Größe des Nahtquerschnittes bestimmen die Schweißgeschwindigkeit.

Der Warmgasausstoß ist so auf die Schweißgeschwindigkeit abzustimmen, dass das Grundmaterial über die Nahtbreite hinaus bis in eine Tiefe von 0,5 bis 1 mm plastifiziert wird.

Die Fügebreite ergibt sich aus der Materialdicke und dem Nahtöffnungswinkel. Die Plastifizierungszone muss breiter als die Nahtbreite sein (Nahtbreite + mindestens jeweils 2 mm). Die Nahtüberdeckung Δb sollte $\geq$ 0,2 x Fügeteildicke, mindestens aber 3 mm, maximal 6 mm breit sein. Die Nahtüberhöhung Δs sollte $\geq$ 0,2 x Fügeteildicke und $\leq$ 0,4 x Fügeteildicke sein, jedoch nicht mehr als 6 mm betragen.

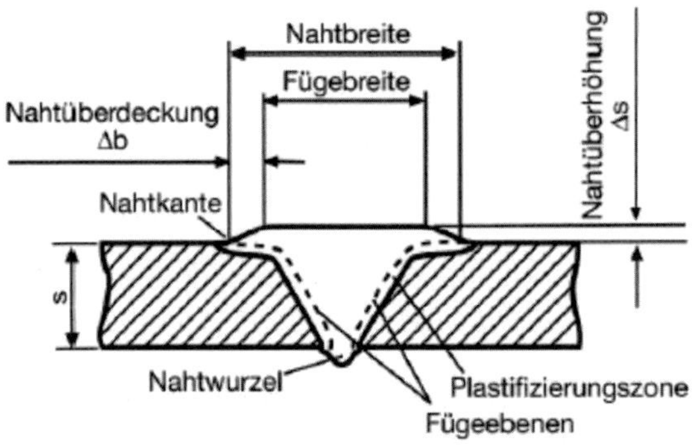

Bild 11. Beispiel einer V- Naht mit Darstellung der Aufschmelzzonen und der Nahtüberdeckung.

Die Aufschmelztiefe wird unmittelbar vor dem Schweißschuh kontrolliert. Dies kann mit einem dünnen, stumpfen Werkzeug erfolgen.

Der Schweißer muss darauf achten, dass das aufgeschmolzene Grundmaterial an den Nahtflanken nicht von der Schweißschuhnase abgeschoben wird.

Vor Neuansätzen und bei Schweißnahtende an Rundnähten sind die bereits geschweißten Nahtenden schräg abzuarbeiten.

Sind mehrlagige Schweißungen erforderlich, müssen die abgekühlten Schweißnahtflanken und Oberflächen der bereits geschweißten Lagen spanend bearbeitet werden.

Zur Vermeidung der zu schnellen Abkühlung der Nahtoberfläche und der daraus resultierenden Lunkerbildung empfiehlt es sich insbesondere bei großvolumigen Schweißnähten, die Extrusionsnaht unmittelbar nach dem Schweißen abzudecken.

Konstruktionsbedingte Veränderungen der Nahtgeometrie im Schweißnahtverlauf (z. B. bei Segmentbögen und Abzweigen) verlangen eine besonders sorgfältige Führung des Schweißschuhes. Gegebenenfalls ist der Schweißschuh zu wechseln.

Bei teil- und vollautomatisierten Systemen und Einrichtungen zum Extrusionsschweißen müssen die Schweißparameter Masseausstoß, Vorwärmung und Schweißgeschwindigkeit aufeinander abgestimmt und entsprechend eingestellt werden. Es empfiehlt sich die Herstellung von Probeschweißungen.

Beim diskontinuierlichen Schweißen wird der Schweißzusatz dem Extruder mit dem Köcher entnommen und abschnittsweise in die plastifizierte Schweißfuge eingelegt. Der Fügedruck wird in mehreren Arbeitsgängen, über alle Nahtquerschnittsbereiche (Mitten- und Kantenbereiche) mit dem Andrückwerkzeug aufgebracht und gleichzeitig die Nahtoberfläche geformt.

10.4. Mechanisches Nachbearbeiten der Schweißnähte

Bei entsprechender Schweißschuhausbildung und Maschinenführung während des Schweißens ist eine Nachbearbeitung der Schweißnähte nicht erforderlich (siehe hierzu auch Richtlinie DVS 2202-1, Tabelle 5).

Der eventuell unter den Schweißschuh-Auflageflächen hindurchgedrückte Seitenaustrieb muss in jedem Fall entfernt werden (Bild 12). Entstehende flache Kerben dürfen nicht tiefer sein als maximal 10 % der Materialdicke. Überhöhte Schweißwülste und überhöhte Nahtwurzeln sind entsprechend kerbfrei abzuarbeiten.

Die Schweißnaht darf erst nach ausreichender Abkühlung abgearbeitet werden. Bis zur Belastung der Schweißnaht sollte diese auf ca. 30 °C (handwarm) abgekühlt sein.

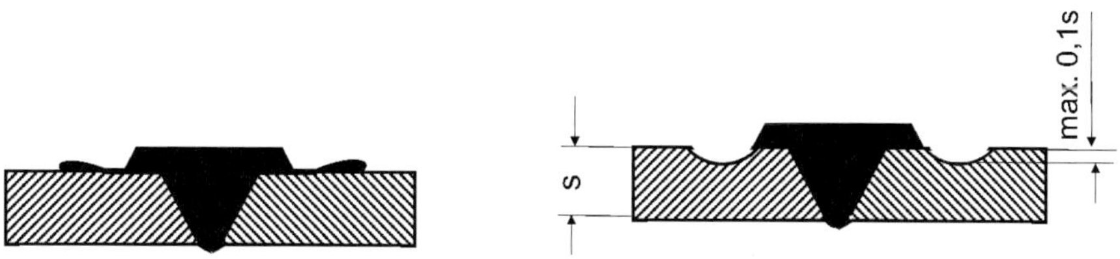

Bild 12. Schweißnaht mit Austriebswülsten und nach der mechanischen Bearbeitung.

10.5. Thermisches Nachbehandeln der Schweißnähte

Schweißeigenspannungen können durch Tempern herabgesetzt werden. Die Temperbedingungen sind werkstoff- und bauteilabhängig. Die Angaben der Halbzeughersteller sind zu beachten.

10.6. Schweißprotokoll

Das vollständig ausgefüllte Schweißprotokoll dokumentiert unter anderem die Schweißbedingungen und Schweißparameter. Es ist Grundlage zur Beurteilung der Schweißnahtqualität durch die Schweißaufsicht (siehe Richtlinie DVS 2213), hierzu das Musterprotokoll in Anhang 2.

11. Prüfen der Schweißverbindungen

Es wird zwischen zerstörungsfreien und zerstörenden Prüfverfahren unterschieden. Sie sind in Tabelle 2 „Mögliche Prüfverfahren“ für die hauptsächlichen Nahtformen aufgeführt.

Die visuelle Prüfung nach Richtlinie DVS 2202 Beiblatt 5 richtet sich insbesondere auf Nahtform, kerbfreie Oberflächen und Randzonen, optimale Nahtfüllung, wurzelseitiges Durchschweißen und Fügeteilversatz. Für allgemeine Maß- und Sichtprüfungen an Bauteilen gilt Richtlinie DVS 2206-1.

Mit Ultraschallprüfung (siehe Richtlinie DVS 2206-3) können zerstörungsfrei Fehlstellen im Innern der Nähte festgestellt werden. Sie geben allein jedoch keinen ausreichenden Hinweis zur Qualität der Schweißverbindung. Außerdem sind die Einsatzmöglichkeiten dieser Prüfverfahren im Hinblick auf die Nahtgeometrie und die Nahtdicke begrenzt.

Art und Umfang der im Einzelfall vorzunehmenden Prüfungen sind festzulegen.

Werkstoffspezifische Prüfungen können Richtlinie DVS 2201-1, entnommen werden.

Tabelle 2. Übliche Prüfverfahren für Extrusionsschweißnähte, Anwendbarkeit und Anforderungen.

Zerstörungsfreie Prüfungen	
Visuelle Prüfung der unzerstörten Schweißnaht (äußerer Befund)	Sichtprüfung der Schweißnahtoberfläche und Schweißnahtgeometrie. Bewertung nach Richtlinie DVS 2202 Beiblatt 5, auf Grundlage der im Einzelfall festzulegenden Bewertungsgruppe nach Richtlinie DVS 2202, Abschnitt 3.
Dichtheitsprüfung mit Unterdruck	Mittels geeigneter Vakuumglocken und schaumbildender Flüssigkeit. Die Prüfbedingungen sind im Einzelfall festzulegen. Üblicher Prüfdruck: -0,4 bis -0,6 bar, Prüfdauer ca. 10 sek.
Dichtheitsprüfung mit elektrischer Hochspannung	Prüfdurchführung und Geräteanforderungen nach Richtlinie DVS 2206-4. Die Art des Prüfgerätes (mit oder ohne Gegenpol) und die Prüfspannung sind im Einzelfall festzulegen. Weitere Hinweise in DIN EN 14879-4 und DIN EN 13100-4.
Ultraschallprüfung	Durchführung und Anwendungsgrenzen nach Richtlinie DVS 2206-3.
Zerstörende Prüfungen	
Visuelle Prüfung des Schweißnahtquerschnittes (innerer Befund)	Sichtprüfung des Schweißnahtquerschnittes nach dem Aufschneiden der Schweißnaht. Bewertung nach Richtlinie DVS 2202 Beiblatt 5, auf Grundlage der festgelegten Bewertungsgruppe nach Richtlinie DVS 2202 Abschnitt 3.
Zugversuch	Ausführung nach Richtlinie DVS 2203-2, Mindestanforderungen nach Richtlinie DVS 2203-1 Beiblatt 1.
Zeitstand-Zugversuch	Ausführung nach Richtlinie DVS 2203-4, Mindestanforderungen nach Richtlinie DVS 2203-1 Beiblatt 2.
Technologischer Biegeversuch	Ausführung nach Richtlinie DVS 2203-5, Mindestanforderungen nach Richtlinie DVS 2203-1 Beiblatt 3.

12. Sicherheitshinweise

Einige Werkstoffe entwickeln bei Überhitzung über den thermoplastischen Zustand hinaus (Zersetzungsbereich) gefährliche Zersetzungsprodukte und gesundheitsgefährdende Dämpfe (z. B. PVC, PVC-C, PVDF), andere, z. B. E/CTFE, FEP, PFA, entwickeln diese bereits beim Schweißen.

Beim Schweißen dieser Werkstoffe sind deshalb strenge Sicherheitsvorschriften zu beachten. Hinweise hierzu geben die Richtlinie DVS 2207-3 Beiblatt 3 und die jeweiligen Halbzeughersteller.

Auf Grundlage der vom Hersteller vorzulegenden Sicherheitsdatenblätter sind vom Unternehmer Betriebsanweisungen nach § 14 GefStoffV zu erstellen, die alle Gefährdungspotentiale und erforderlichen Schutzmaßnahmen aufzeigen. Weitere spezifische Schutzmaßnahmen sind gegebenenfalls im Einzelfall zu treffen.

In EX-geschützten Bereichen sind bezüglich der Schweißarbeiten die geltenden Sicherheitsvorschriften zu beachten und gegebenenfalls erforderliche Maßnahmen mit dem zuständigen Sicherheitsbeauftragten abzustimmen; siehe hierzu Betriebssicherheitsverordnung (BetrSichV).

13. Schrifttum

13.1. Regelwerk

DIN 1910-3	Schweißen von Kunststoffen, Verfahren
DIN EN ISO 2553	Schweißen und verwandte Prozesse - Symbolische Darstellung in Zeichnungen - Schweißverbindungen
DIN EN 10204	Metallische Erzeugnisse – Arten von Prüfbescheinigungen
Richtlinie DVS 2200-1 Beiblatt 1	Fügen von Kunststoffen, Kurzzeichen und Abkürzungen – Schweißverfahren
Richtlinie DVS 2201-2	Prüfen von Halbzeug aus Thermoplasten; Schweißeignung; Prüfverfahren – Anforderungen
Richtlinie DVS 2202-1	Fehler an Schweißverbindungen aus thermoplastischen Kunststoffen; Merkmale, Beschreibung, Bewertung
Richtlinie DVS 2203-1 Beiblatt 1	Prüfen von Schweißverbindungen an Tafeln und Rohren aus thermoplastischen Kunststoffen, Anforderungen im Zugversuch, Kurzzeitzug-Schweißfaktor f_z
Richtlinie DVS 2203-1 Beiblatt 2	Prüfen von Schweißverbindungen an Tafeln und Rohren aus thermoplastischen Kunststoffen, Anforderungen im Zeitstand-Zugversuch, Zeitstandzug-Schweißfaktor f_s
Richtlinie DVS 2203-1 Beiblatt 3	Prüfen von Schweißverbindungen an Tafeln und Rohren aus thermoplastischen Kunststoffen, Anforderungen im technologischen Biegeversuch, Biegewinkel, Biegeweg
Richtlinie DVS 2203-2	Prüfen von Schweißverbindungen an Tafeln und Rohren aus thermoplastischen Kunststoffen, Zugversuch

Richtlinie DVS 2203-4	Prüfen von Schweißverbindungen an Tafeln und Rohren aus thermoplastischen Kunststoffen, Zeitstand-Zugversuch
Richtlinie DVS 2203-5	Prüfen von Schweißverbindungen an Tafeln und Rohren aus thermoplastischen Kunststoffen, Technologischer Biegeversuch
Richtlinie DVS 2205-3	Berechnung von Behältern und Apparaten aus Thermoplasten, Schweißverbindungen
Richtlinie DVS 2206-1	Zerstörungsfreie Prüfungen von Behältern, Apparaten und Rohrleitungen aus thermoplastischen Kunststoffen – Maß- und Sichtprüfung
Richtlinie DVS 2206-4	Zerstörungsfreie Prüfungen von Behältern, Apparaten und Rohrleitungen aus thermoplastischen Kunststoffen – Prüfung mit elektrischer Hochspannung
Richtlinie DVS 2207-1	Schweißen von thermoplastischen Kunststoffen; Heizelementschweißen von Rohren, Rohrleitungsteilen und Tafeln aus PE-HD
Richtlinie DVS 2207-3 Beiblatt 1	Schweißen von thermoplastischen Kunststoffen; Warmgaszieh- und Warmgasfächelschweißen von Rohren, Rohrleitungsteilen und Tafeln, Schweißparameter
Richtlinie DVS 2207-3 Beiblatt 2	Schweißen von thermoplastischen Kunststoffen; Warmgaszieh- und Warmgasfächelschweißen von Rohren, Rohrleitungsteilen und Tafeln, Anforderungen an die Schweißgeräte und das Zubehör
Richtlinie DVS 2207- 4 Beiblatt 1	Schweißen von thermoplastischen Kunststoffen; Extrusionsschweißen von Rohren, Rohrleitungsteilen und Tafeln, Schweißparameter
Richtlinie DVS 2207- 4 Beiblatt 2	Schweißen von thermoplastischen Kunststoffen; Extrusionsschweißen von Rohren, Rohrleitungsteilen und Tafeln, Anforderungen an die Schweißmaschinen und Schweißgeräte
Richtlinie DVS 2207-5	Schweißen von thermoplastischen Kunststoffen, Schweißen von PE-Mantelrohren - Rohre und Rohrleitungsteile
Richtlinie DVS 2207-11	Schweißen von thermoplastischen Kunststoffen; Heizelementschweißen von Rohren, Rohrleitungsteilen und Tafeln aus PP
Richtlinie DVS 2207-15	Schweißen von thermoplastischen Kunststoffen; Heizelementschweißen von Rohren, Rohrleitungsteilen und Tafeln aus PVDF
Richtlinie DVS 2210-1	Industrierohrleitungen aus thermoplastischen Kunststoffen, Projektierung und Ausführung, Oberirdische Rohrsysteme
Richtlinie DVS 2210-1 Beiblatt 2	Industrierohrleitungen aus thermoplastischen Kunststoffen, Projektierung und Ausführung – Oberirdische Rohrsysteme – Empfehlungen zur Innendruck- und Dichtheitsprüfung
Richtlinie DVS 2211	Schweißen von thermoplastischen Kunststoffen - Schweißzusätze - Kennzeichnung, Anforderungen, Prüfungen

Richtlinie DVS 2212-1	Prüfung von Kunststoffschweißern; Prüfgruppen I und II
Richtlinie DVS 2213	Fachmann für Kunststoffschweißen
Richtlinie DVS 2225-4	Schweißen von Dichtungsbahnen aus Polyethylen (PE) für die Abdichtung von Deponien und Altlasten

DIN-Normen sind zu beziehen beim Beuth Verlag, Berlin, DVS-Merkblätter und -Richtlinien bei der DVS Media GmbH, Düsseldorf.

Anhang 1. Kurzanleitung für das Schweißen

1. Schweißausrüstung zusammenstellen (Abschnitt 9)

- Gültiger Qualifikationsnachweis (z.B. Richtlinie DVS 2212-1)
- Der Schweißaufgabe entsprechendes Warmgas-Extrusionsschweißgerät mit Bedienungsanleitung
- evtl. Warmgasschweißgerät zum Heften der Fügeteile
- Schweißschuhe entsprechend der Nahtform
- Durchflussmengenmessgerät für Schweißgas
- Temperaturmessgerät mit Fühlern zum Messen des Warmgases und des Extrudates sowie der Halbzeugtemperatur
- Geeignete Messmittel zur Überprüfung von Versatz / Durchmesser / Dicke
- Geräteablage
- Schaber, Ziehklinge
- Persönliche Schutzausrüstung
- Staubschutz für Schweißdraht
- Geeignetes Reinigungsmittel
- Beiblatt 1: Werkstoffe und Schweißparameter
- Anhang 2: Schweißprotokoll
- Spezielle Schweißanweisung

2. Arbeitsbedingungen prüfen und Maßnahmen vorsehen (Abschnitt 9)

- Zugänglichkeit
- Sauberes Arbeitsumfeld
- ausreichende Beleuchtung
- Schutzzelt
- Beheizung
- Ausreichende Belüftung/Absaugung
- Spezielle Schutzausrüstung

3. Schweißeignung überprüfen (Abschnitt 7)

- Angaben der Hersteller auf den Halbzeugen und Schweißzusätzen auf Übereinstimmung prüfen
- Zustand und Sauberkeit der Fügepartner prüfen, eventuell reinigen
- gegebenenfalls Schweißbarkeit der Fügepartner durch Auftragsschweißen nach Richtlinie DVS 2201- 2 oder Probeschweißungen prüfen

4. Vorbereiten der Schweißnähte und Fügeflächen (Abschnitt 6, 10)

- Nahtgeometrie und Nahtform überprüfen, festlegen und herstellen
- Oxidschicht auf den Fügeflächen spanend abarbeiten

5. Heften der Fügeteile (Abschnitt 10)

- partielle oder durchgehende Wurzellage mit Warmgasschweißgerät

6. Inbetriebnahme und Vorbereiten des Schweißextruders (Abschnitt 8)

- Zuleitungen (Strom, Luft) auf mögliche Behinderung des Schweißvorganges überprüfen
- Extruder entsprechend Bedienungsanleitung anschließen und anfahren
- Schweißschuh und Warmgasdüse gemäss Nahtgeometrie und Nahtform auswählen, abstimmen und montieren
- wiedererwärmten Schweißzusatz aus dem Zylinder ausextrudieren
- Parameter einstellen und überprüfen (Anhang 1)
- Schweißschuh vorwärmen

7. Schweißen (Abschnitt 10)

- Kontrolle ausreichender Plastifizierung des Grundwerkstoffs (beispielsweise durch Einstechen mit einem stumpfen Werkzeug)
- Schweißgeschwindigkeit kontrollieren und Gleichmäßigkeit überwachen
- Führung des Schweißextruders kontinuierlich überprüfen und nötige Korrekturen durchführen
- gegebenenfalls zu schnelles Abkühlen der Nahtoberfläche durch Abdecken verhindern
- Vor Neuansätzen Nahtenden anschrägen
- Schweißzusatz vor Verunreinigung schützen

8. Nachbearbeiten der Schweißnaht (Abschnitt 10)

- Geschweißte Teile vor dem Ausspannen und Belasten ausreichend abkühlen lassen
- Schweißnahtseitenaustrieb und Nahtüberhöhungen mechanisch abarbeiten

9. Schweißprotokoll erstellen (Abschnitt 10)

- Schweißprotokoll (Anhang 2) ausfüllen und visuelle Kontrolle nach Richtlinie DVS 2202 Beiblatt 5 durchführen

Anhang 2. Schweißprotokoll für das Extrusionsschweißen.

Extrusionsschweißen von Tafeln und Rohren
Schweißprotokoll

Firmenlogo

Projekt:		Projekt Nr.:	**Witterung**	**Schutzmaßnahmen**
Zeichnung Nr.:	Grundmaterial (Hersteller, Typ, Charge, Datum):		1 = sonnig	1 = keine
Schweißer:	Schweißzusatz, (Hersteller,Typ, Charge, Datum):		2 = trocken	2 = Schirm
Schweißzeugnis Nr.: / gültig bis	Schweißmaschine Fabrikat, Typ:		3 = Niederschlag	3 = Zelt
Schweißaufsicht (3):	Baujahr / letzte Maschinenüberprüfung:	Verfahrensvariante nach DVS 2207- 4:	4 = Wind	4 = Beheizung

Datum	Schweißnaht Nr.	Fügeteildicke mm	Schweißnahtform (Symbol)	Schweißschuh Nr.	Luftmenge l/min	Massetemperatur °C (1)	Warmgastemperatur °C (2)	Schweißgeschwindigkeit cm/min	Umgebungstemperatur °C	Halbzeugtemperatur °C	Witterung (Schlüssel Nr.)	Schutzmaßnahmen (Schlüssel Nr.)	visuelle Beurteilung

(1) Gemessen mit einem Einstechthermometer am Extrudataustritt der Schweißmaschine / des Schweißgerätes
(2) Gemessen in der Mitte der Düsenaustrittsöffnung, 5 mm in der Düse
(3) z.B.Fachmann für Kunststoffschweißen nach DVS 2213

Bemerkungen: z. B. erschwerte Bedingungen

Datum / Unterschrift Schweißer

Datum / Unterschrift Schweißaufsicht

DVS VERBAND

Richtlinie
DVS 2207-4
Beiblatt 1

Ersetzt Ausgabe
Juli 2018

Richtlinie DVS 2207-4 Beiblatt 1

Schweißen von thermoplastischen Kunststoffen

Extrusionsschweißen von Rohren, Rohrleitungsteilen und Tafeln

Schweißparameter

Ausschuss für Technik im DVS

Arbeitsgruppe W4 „Fügen von Kunststoffen“

Untergruppe W4.1b „Warmgasschweißen“

Bezug: DVS Media GmbH, Postfach 10 19 65, 40010 Düsseldorf, Telefon (0211) 1591-0, Telefax (0211) 1591-150

Dieses Beiblatt zur Richtlinie DVS 2207-4 enthält Parameter-Richtwerte für das Warmgasextrusionsschweißen. Sie gelten für das manuelle Schweißen mit den in der Richtlinie 2207-4 Beiblatt 1 genannten Maschinen und Geräten und den in Tabelle 1 aufgeführten Werkstoffen.

Beim Schweißen mit Schweißautomaten können ggf. auch andere Parameter zur Ausführung kommen (siehe Abschnitt 10.3)

Die Schweißgeschwindigkeit hängt unmittelbar vom Masseausstoß, dem Schweißnahtquerschnitt und der Vorwärmtemperatur ab. Erfahrungsgemäß sollte sie 200 bis 350 mm/min. betragen.

Es muss gewährleistet sein, dass die Fügeteile an der Fügestelle und über die Nahtbreite hinaus 0,5 bis 1 mm tief plastifiziert sind (siehe Abschnitt 10.3).

Werkstoffe	**Kurzzeichen**	**Masse-temperatur [1)] [°C]**	**Warmgas-temperatur [2)] [°C]**	**Warmgas-menge [3)] [Nl/min]**
Polyethylen hoher Dichte	PE [4)]	210...230	250...300	150...400
Polypropylen Typ 1, 2, 3	PP-H, PP-B, PP-R	210...240	250...300	150...400
Polyvinylchlorid weichmacherfrei	PVC-U	190...200	330...360	150...400
Polyvinylchlorid schlagzäh	PVC-HI	170...180	280...340	150...400
Polyvinylchlorid chloriert	PVC-C	195...210	300...360	150...400
Polyvinylidenfluorid	PVDF	240...260	280...350	150...400

[1)] gemessen mit einem Einstechthermometer am Extrudataustritt der Schweißmaschine
[2)] gemessen 5 mm in der Düse, in der Mitte der Düsenöffnung
[3)] angesaugtes Kaltluftvolumen bei Umgebungsdruck in Abhängigkeit der Ausstoßmenge
[4)] PE 63, PE 80, PE 100

DVS VERBAND

Richtlinie
DVS 2207-4
Beiblatt 2

Unveränderte Neuauflage von Juli 2018

Richtlinie DVS 2207-4 Beiblatt 2

Schweißen von thermoplastischen Kunststoffen

Extrusionsschweißen von Rohren, Rohrleitungsteilen und Tafeln

Anforderungen an die Schweißmaschinen und Schweißgeräte

Ausschuss für Technik im DVS

Arbeitsgruppe W4 „Fügen von Kunststoffen“

Untergruppe W4.1b „Warmgasschweißen“

Bezug: DVS Media GmbH, Postfach 10 19 65, 40010 Düsseldorf, Telefon (0211) 1591-0, Telefax (0211) 1591-150

Inhalt:

1. Geltungsbereich

Dieses Beiblatt zur Richtlinie DVS 2207-4 beschreibt allgemeine, qualitative und sicherheitsrelevante Anforderungen an Maschinen und Geräte zum Extrusionsschweißen von thermoplastischen Kunststoffen.

Es gilt für die in der Richtlinie DVS 2207-4 genannten Maschinenvarianten I, II und III und soll sicherstellen, dass bei sachgemäßer Bedienung und Handhabung der Geräte und Maschinen die in der Richtlinie geforderte Qualität der Schweißnähte erreicht wird.

2. Anforderungen

2.1. Allgemeine Anforderungen

Die Maschinen und Geräte müssen gewährleisten, dass

- die Funktionsfähigkeit innerhalb des bestimmungsgemäßen Temperatureinsatzbereiches von -10 bis +60 °C sichergestellt ist,
- die Lagerung innerhalb eines Temperaturbereiches von -20 °C bis +80 °C keine Schäden verursacht,
- die bei sachgemäßem Transport und Betrieb auftretenden mechanischen Beanspruchungen nicht zu Störungen oder Schäden führen,
- ausreichender Korrosionsschutz gegenüber von außen einwirkender Feuchtigkeit sowie gegenüber dem vorgesehenen Schweißzusatz oder seinen Bestandteilen an den inneren Oberflächen und der Schnecke vorhanden ist,
- die Maschinen- und Geräteelemente entsprechend ihrem Einsatzzweck und ihrer Handhabung ergonomisch gestaltet sind und ihre leichte und sichere Bedienbarkeit gegeben ist,
- die leichte Zugänglichkeit aller Bauteile und Funktionselemente zum bestimmungsgemäßen Betrieb sowie zur notwendigen Reinigung und Wartung gegeben ist,
- der erforderliche Fügedruck über entsprechende Haltevorrichtungen und Griffe in den vorgesehenen Schweißpositionen aufgebracht werden kann,
- Zuführungsschläuche und Kabel flexibel und für den Schweißer kraftsparend ausgeführt sind und bei sachgemäßem Betrieb weder knicken noch verdrehen,
- die Vorwärmung erkalteten Extrudates am Ausgang der Massedüse durch geeignete Einrichtungen, z. B. Umlenkdüse für den Warmgastrom, sichergestellt ist,
- sie bei Beendigung der Schweißarbeiten oder bei Arbeitsunterbrechungen standsicher abgestellt werden können.

Die Geräte müssen den geltenden europäischen Richtlinien entsprechen (Siehe auch Abschnitt 3).

Der Hersteller oder sein in der Gemeinschaft niedergelassener Bevollmächtigter ist für die Ausstellung der EG-Konformitätserklärung und die CE-Kennzeichnung verantwortlich. Der Marktüberwachungsbehörde sind auf Verlangen sämtliche relevanten Mess- und Prüfdokumente vorzulegen, welche die Einhaltung der Konformität mit den Richtlinien bestätigen.

2.2. Kennzeichnung und Dokumentation

An den Maschinen und Geräten müssen dauerhaft angebracht sein:

- Angaben zum Hersteller und Typ,
- Angaben zur Stromversorgung, Leistungsaufnahme und Frequenz,
- Identifikationsnummer,
- CE- Zeichen und Schutzklasse.

Zu allen Maschinen und Geräten gehören Betriebs- und Wartungsanleitungen, die mindestens enthalten müssen:

- Funktionsbeschreibung mit Betriebsanleitung,
- Angaben zum Anwendungsbereich (Leistungsbereich),
- Wartungsplan mit Angaben der Prüfzyklen,
- Serviceadressen.

Empfehlenswert ist eine Zusammenstellung möglicher Funktionsstörungen einschließlich möglicher Fehlerursachen und Angaben zur Behebung.

2.3. Sicherheitsanforderungen

Die Maschinen und Geräte dürfen für den Benutzer bei sachgemäßem Gebrauch keinerlei Verletzungsrisiko beinhalten.

Insbesondere gilt:

- heiß werdende Oberflächen müssen so klein wie möglich gehalten und, sofern technisch möglich, isoliert sein,
- Teile in Handnähe dürfen auch bei längerem Gebrauch betriebsbedingte Temperaturen von 40 °C nicht überschreiten,
- scharfe Kanten an den Maschinen, Geräten und Zubehörteilen sind nicht zulässig.

Die Maschinen und Geräte müssen den geltenden Vorschriften und Richtlinien entsprechen.

2.4. Plastifiziersystem

Nachfolgende Anforderungen müssen erfüllt sein:

- Gleichmäßige, der Schneckendrehzahl angepasste Zuführung des Schweißzusatzes bei allen vorgesehenen Schweißpositionen.
- Zur Unterbrechung der Granulatzufuhr muss bei den entsprechenden Maschinen oder Geräten eine geeignete Sperre vorhanden sein.
- Beim Über- oder Unterschreiten vorgegebener Toleranzgrenzen der Massetemperatur und – soweit gerätetechnisch integriert – der Warmgastemperatur, muss eine automatische Antriebssperre sowie ein Übertemperaturschutz wirksam werden.
- Der Massenaustrag oberhalb von 1,5 kg/h sollte an der Maschine bzw. dem Gerät mit Hilfe der Schneckendrehzahl stufenlos einstellbar sein. Bei Maschinen und Geräten, mit denen ausschließlich diskontinuierlich geschweißt wird, sind konstante Drehzahlen zulässig.
- Für die Zeit der Anwärmung des im Extruder und im Zuführungsschlauch erkaltetem Schweißzusatz muss eine Antriebssperre wirksam sein.
- Der Unterbrechungsschalter (Ein bzw. Aus) für das Plastifiziersystem muss so angeordnet sein, dass er vom Schweißer jederzeit bedient werden kann. Dies gilt ebenso für den Massetemperaturregler.
- Das Extrudat muss vollständig homogen plastifiziert sein und temperaturstabil mit konstantem Masseaustrag austreten.
- Die Massetemperatur am Masseaustrag muss angezeigt werden.
- Die Temperaturschwankung der Masse darf bei kontinuierlichem Betrieb und bei unveränderter Reglereinstellung +/- 3 K nicht überschreiten (gemessen im Zentrum der Masse).
- Die Abweichung zwischen der am Regler eingestellten Temperatur und der tatsächlichen Austrittstemperatur darf +/- 10 K nicht überschreiten.

Für Maschinen und Geräte, mit denen ausschließlich diskontinuierlich geschweißt wird, gilt:

- Die Massedüsen müssen leicht auswechselbar sein.
- Der Düsenquerschnitt muss dem jeweils zu schweißenden Nahtvolumen entsprechen.

2.5. Vorwärmsystem

Das Vorwärmsystem muss gewährleisten, dass Nahtflanken, Nahtüberdeckung und Nahtwurzel ausreichend plastifiziert werden. Dies kann mit unterschiedlichen Systemen erreicht werden, beispielsweise durch Warmgas- oder Strahlungswärme. Aufgrund der praktischen Anwendung wird im Folgenden nur auf die Vorwärmung mittels Warmgas eingegangen.

- Die Warmgastemperatur ist – entsprechend dem zu schweißenden Werkstoff – stufenlos einstellbar und wird angezeigt. Die Temperaturschwankung bei unveränderter Reglereinstellung darf +/- 10 K nicht überschreiten. Die Schweißgastemperatur muss nach maximal 10 min. erreicht sein.
- Der Volumenstrom muss während des Schweißvorganges konstant gehalten werden können (Schweißparameter siehe Richtlinie DVS 2207-4 Beiblatt 1).
- Das Vorwärmsystem ist am Schweißkopf oder am Plastifiziersystem fest installiert. Bei Maschinen und Geräten, mit denen ausschließlich diskontinuierlich geschweißt wird, wird das Vorwärmsystem unabhängig vom Plastifiziersystem geführt.
- Die Warmgasdüse muss über die gesamte Nahtbreite die intensive und gleichmäßige Vorwärmung (Plastifizierung) des Grundmaterials – bei möglichst geringer Warmgastemperatur – gewährleisten. Der Abstand der Warmgasdüse zum Grundmaterial muss entsprechend eingestellt werden.

In Tabelle 1 ist beispielhaft eine Düsengeometrie dargestellt. Die in der Tabelle aufgeführten Düsenquerschnitte gewährleisten die sichere Überdeckung der unterschiedlichen Schweißnahtgeometrien und Nahtbreiten [1]. Bei größeren Schweißfugenbreiten ist die vorliegende Grundgeometrie entsprechend maßstäblich zu vergrößern.

Bei Maschinen und Geräten, mit denen diskontinuierlich geschweißt wird, muss die Düse leicht zu wechseln sein.

Tabelle 1. Beispiele für Schweißdüsengeometrie und Luftaustrittsquerschnitte für Schweißnahtbreiten bis 40 mm.

Düsenform (Luftaustrittsöffnung)	Nahtbreite x [1]	Düsenmaße (mm)	
		a	b
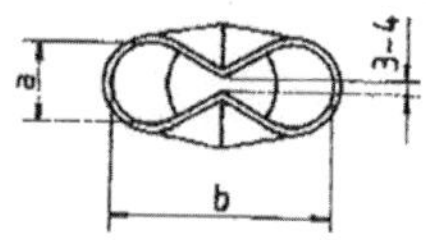	bis 15	8	18
	16...20	10	23
	21...30	12	34
	31...40	15	50

[1] maximale Schweißfugenbreite

2.6. Schweißschuhe

Die Schweißschuhe haben den Vorgaben der Richtlinie DVS 2207-4, Abschnitt 7.2, zu entsprechen.

Das sichere und feste Ankoppeln sowie das leichte Auswechseln des Schweißschuhs muss gewährleistet sein (entfällt bei Geräten, mit denen ausschließlich diskontinuierlich geschweißt wird).

2.7. Zubehör zum diskontinuierlichem Schweißen

Die beim diskontinuierlichen Schweißen benutzten Andrückwerkzeuge müssen ein möglichst gleichmäßiges Einbringen und Andrücken des Extrudates gewährleisten. Der Radius der Andrückfläche mit einer Bogenlänge von 120 - 130 mm beträgt ca. 100 mm. Die Breite der Andrückfläche entspricht der Nahtbreite. Die Kanten der Andrückfläche müssen gerundet sein. Gegebenenfalls sind für besondere Nahtgeometrien spezielle Andrückwerkzeuge erforderlich.

Der Köcher besteht aus einem PTFE- Rohr mit Handgriff, der das Rohr einseitig verschließt. Der Innendurchmesser des Rohres ist auf den aufzunehmenden Schweißzusatz abgestimmt.

3. Schrifttum

3.1. Regelwerk

ProdSG	Gesetz über die Bereitstellung von Produkten auf dem Markt, Produktsicherheitsgesetz
Richtlinie DVS 2207-4	Schweißen von thermoplastischen Kunststoffen, Extrusionsschweißen von Rohren, Rohrleitungsteilen und Tafeln, Verfahren, Anforderungen
Richtlinie DVS 2207-4 Beiblatt 1	Schweißen von thermoplastischen Kunststoffen, Extrusionsschweißen von Rohren, Rohrleitungsteilen und Tafeln, Schweißparameter
DGUV 100-500	Arbeitsmaschinen der Chemischen Industrie, der Gummi- und Kunststoffindustrie

3.2. Literatur

[1] Gehde, M.: Zum Extrusionsschweißen von Polypropylen. Dr.-Ing.-Dissertation, Universität Erlangen-Nürnberg, 1993.

Dezember 2019

DVS VERBAND

Richtlinie
DVS 2207-4
Beiblatt 3

Richtlinie DVS 2207-4 Beiblatt 3

Schweißen von thermoplastischen Kunststoffen

Warmgasextrusionsschweißen von Rohren, Rohrleitungsteilen und Tafeln

Schweißen von Fluorkunststoffen

Ausschuss für Technik im DVS

Arbeitsgruppe W4 „Fügen von Kunststoffen“

Untergruppe W4.1b „Warmgasschweißen“

Bezug: DVS Media GmbH, Postfach 10 19 65, 40010 Düsseldorf, Telefon (0211) 1591-0, Telefax (0211) 1591-150

Inhalt:

1. Geltungsbereich

Dieses Beiblatt zur Richtlinie DVS 2207-4 gilt für das Warmgasextrusionsschweißen (WE) der unter Abschnitt 3 genannten thermoplastischen und hoch fluorierten Kunststoffe, ausgenommen PVDF, welches bereits in der Richtlinie DVS 2207-4 und Richtlinie DVS 2207-4 Beiblatt 1 beschrieben ist. Das Beiblatt beschreibt von der Richtlinie DVS 2207-4 abweichende, spezielle Verfahrensweisen und legt Anforderungen zum sicheren Schweißen dieser Werkstoffe fest.

Die unter Abschnitt 3 genannten Fluorkunststoffe besitzen im Vergleich zu den Standardkunststoffen eine deutlich niedrigere mechanische Festigkeit, jedoch eine hohe chemische und thermische Widerstandsfähigkeit gegen aggressive Medien und eine hohe Oberflächenreinheit. Sie werden deshalb überwiegend für die Auskleidung von Stahl-und GFK- Bauteilen (Apparate, Behälter, Rohrleitungen) verwendet, um die tragenden Werkstoffe vor aggressiven Medien zu schützen, besondere Oberflächeneigenschaften zu erhalten, oder um z. B. in der Halbleiter- und Pharmaindustrie den Schutz des Produktes gegen Verunreinigungen durch den Trägerwerkstoff sicherzustellen. Die Richtlinie soll diesen unterschiedlichen und besonderen Anforderungsbedingungen gerecht werden.

Übliche Dicken der für Auskleidungen (Liner) verwendeten Folien, Bahnen und Rohre betragen 1,5 bis 4 mm. Um den Verbund zum Substratmaterial zu gewährleisten, können diese mit einer einseitig auf die Folien aufgebrachten haftvermittelnden Kaschierung aus Glas- oder Synthesefasergestricken versehen sein. Dickere Werkstoffe werden oft für Einbauten und dergleichen verwendet und ebenfalls häufig warmgasextrusionsgeschweißt.

2. Allgemeine Anforderungen

Für das Schweißen der unter Abschnitt 3 genannten Werkstoffe sind spezielle Kenntnisse und Fertigkeiten des Schweißers, zusätzlich zu den in der Richtlinie DVS 2207-4 genannten Kriterien, erforderlich. Diese können in schweißtechnischen Kursstätten, die über speziell geschultes Personal verfügen und unter Beachtung der nachstehenden Voraussetzungen erworben werden.

Der Schweißer muss:

- eine gültige Prüfbescheinigung für das Warmgasextrusionsschweißen nach Richtlinie DVS 2212-1, z. B. für PVDF besitzen. [1]
- an einer theoretischen und praktischen Schulung bezüglich der speziellen Kenntnisse und Fertigkeiten, abgestimmt auf den jeweiligen Werkstoff, teilgenommen haben
- seine praktischen Fertigkeiten anhand von Schweißproben, hergestellt nach einer dem allgemein anerkannten Stand der Technik entsprechenden Verfahrens- und Prüfanweisung und einer zu benennenden Mindestanforderung an die Schweißnaht, nachweisen

Ein gültiger Qualifikationsnachweis nach dieser Richtlinie ist Voraussetzung für den Einsatz des Schweißers bei der Bauteilherstellung.

Schweißnähte, die am Bauteil ausgeführt werden oder bereits ausgeführt wurden, können nur durch parallel dazu gefertigte Schweißproben zerstörend geprüft werden. Hierzu ist von einer fachkundigen Stelle ein für den Werkstoff, die Schweißnahtgeometrie und das Schweißverfahren geeignetes Prüfverfahren vorzugeben und bei erfolgreicher Prüfung eine Verfahrens-Prüfbescheinigung auszustellen.

---

[1] DVS Arbeitsgruppe W4.6 (Die Erweiterung der Richtlinie DVS 2212-1 hinsichtlich der unter Abschnitt 3 genannten Werkstoffe ist z. Zt. in Vorbereitung)

Art und Umfang von Qualitätsüberwachungsmaßnahmen und Prüfungen an Bauteilen sind zwischen den Vertragspartnern und, abhängig von den Anforderungen an das jeweilige Bauteil, zu vereinbaren (siehe hierzu die Abschnitte 7 und 14).

3. Werkstoffe

Das Beiblatt gilt für die nachstehend aufgeführten Werkstoffe. Geschweißt werden vorwiegend Bahnen, Tafeln und Rohre mit Materialdicken von 1 bis 4 mm. Es sind jedoch auch darüber hinausgehende Materialdicken nach dieser Richtlinie schweißbar.

ECTFE	Ethylen-Chlortrifluorethylen
FEP	Tetrafluorethylen-Perfluorvinylether Copolymerisat
PFA[1]	Perfluoralkoxy-Copolymer
PTFE-M	modifiziertes Polytetrafluorethylen

Die zurzeit am Markt erhältlichen Fluorpolymertypen und Halbzeuge unterscheiden sich teilweise hinsichtlich ihrer Schmelzmassefließrate (MFR) und ihrem Schmelzpunkt voneinander (insbesondere gilt dies bei PFA, siehe ASTM D 3307-06).

Die zu schweißenden Halbzeuge und Schweißzusätze sollten jedoch art- und möglichst typengleich sein, oder zumindest ähnliches Schmelzverhalten aufweisen (Ausnahme PTFE-M, das in der Regel mit Schweißzusatz aus PFA geschweißt wird).

Die Werkstofftypen sind den Angaben der Hersteller zu entnehmen.

Geschweißt wird mit rundem Schweißzusatz (umgangssprachlich Runddrähten), Durchmesser 3 bis 4 mm. Die Schweißzusätze müssen den Anforderungen nach Richtlinie DVS 2211 entsprechen.

4. Konstruktive Gestaltung, Schweißnahtformen und Schweißnahtaufbau

Die Konstruktion der Bauteile erfolgt im Hinblick auf die geometrischen und die mechanischen Anforderungen an die Bauteile, bzw. an den tragenden Werkstoff (Substrat) bei Auskleidungen. Bereits hierbei müssen die konstruktiven und schweißtechnischen Möglichkeiten der Fluorpolymere (vergleiche DIN EN 14879-4 und DIN EN 13121-3), die Hinweise der Halbzeughersteller, sowie mitgeltende Sicherheitsdatenblätter beachtet werden. Grundsätzlich sollten Schweißnähte in spannungsbelasteten Zonen vermieden werden. Dies kann z. B. durch thermoplastisches Formen der Auskleidungsfolien an Ecken und Kanten erreicht werden.

Übliche Schweißnahtformen sind den Bildern 1 bis 5 zu entnehmen.

V- Nähte werden in Abhängigkeit der Fügeteildicke mit einem Nahtöffnungswinkel von 60 bis 90° hergestellt.

Empfehlungen für die Vorbereitung und Ausführung der V-Nähte sind in Tabelle 1 und Bild 1 dargestellt.

Bei ausgekleideten Stahlteilen unterscheidet man zwischen flächig fest mit dem Stahl verklebten Auskleidungen (verbundfeste Auskleidungen) und solchen, die nur punktuell mit dem Stahl verbunden sind (Fixpunktauskleidungen). Um eine spätere Prüfung der Schweißnähte mittels Hochspannung zu ermöglichen, muss bei der Schweißnahtvorbereitung der verbundfesten Auskleidungen auch der Klebstoff nach dem Aushärten (in der Regel 2 Komponenten Klebstoff) an der Fügestelle bis zum Stahl abgearbeitet werden. Der dabei entstehende Wurzelspalt X sollte entsprechend Tabelle 1, 2 bis maximal 3 mm betragen (Bild 1a und Bild 2a).

Bei den Fixpunktauskleidungen empfiehlt es sich, die Schweißnähte an den Fügestellen mit einem ca. 0,5 - 1 mm dicken und ca. 20 mm breiten Band zu hinterlegen, um den Wärmeabfluss an der Schweißstelle durch den Stahl zu vermeiden (Bild 2b). Das Band kann z. B. aus einem leitfähigen Kunststoffmaterial bestehen, um die Schweißnaht mit einem Hochspannungsprüfgerät auf Dichtheit prüfen zu können.

Überlappnähte (Bild 3) werden ebenfalls bei Fixpunktauskleidungen angewendet, bedürfen jedoch bei einseitiger Ausführung besonderer Beachtung hinsichtlich der Qualität der Ausführung.

Bei GFK-Bauteilen mit Auskleidung wird die Auskleidung in der Regel zuerst gefertigt und danach mit dem GFK-Material überlaminiert. Bei der Schweißnahtvorbereitung muss die auf den Grundwerkstoff aufgebrachte haftvermittelnde Gewebeschicht so abgearbeitet werden, dass keine Fasern in die Schweißnaht gelangen können. Vor dem Überlaminieren ist die Nahtüberhöhung abzuarbeiten und stattdessen eine zusätzliche Decklage (Back-Strip), 8 bis 12 mm breit und 1,5 bis 2 mm dick, zu schweißen (Bild 4). Dieser ist wie das Auskleidungsmaterial einseitig mit einer Gewebeschicht versehen. Damit wird die vollflächige Anbindung des GFK-Materials an die Auskleidung sichergestellt. Mögliche Zug- und Druckspannungen in der Schweißnaht werden minimiert (siehe hierzu auch DIN EN 13121-3).

Kehlnähte sollten vorzugsweise als Doppel-Kehlnaht oder, bei nur einseitiger Zugänglichkeit, als HV-Kehlnaht (Bilder 5a und 5b) geschweißt werden.

Tabelle 1. Empfehlungen für Schweißnahtvorbereitung und Schweißnahtausführung in Abhängigkeit der Materialdicke[1].

Materialdicke s [mm]	Öffnungswinkel Grad	Wurzelspalt x [mm]	Nahtbreite b1 [mm]	Nahtüberhöhung Δs [mm]
1,0...1,5	80...90	2,0...3,0	10...12	0,8s...1,0s
2,0...3,0	80...90	2,0...3,0	12...16	0,6s...0,7s
4,0...6,0	70...80	2,0...3,0	14...20	0,4s...0,5s
8,0...10,0	60...70	2,0...3,0	25...30	0,3s...0,4s

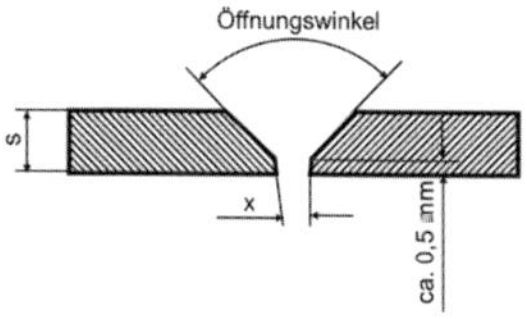

a) Schweißnahtvorbereitung

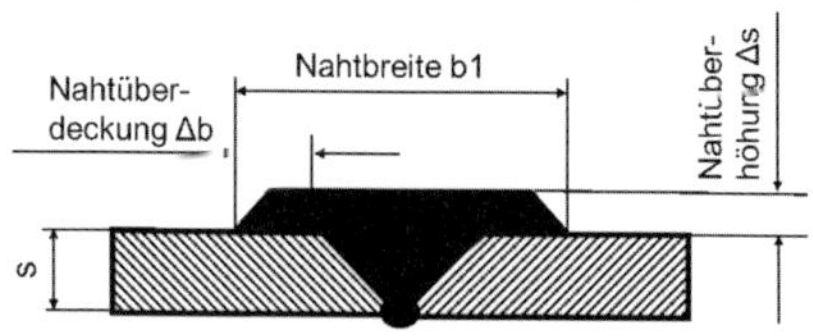

b) geschweißte V- Naht

Bild 1. Vorbereitung und Schweißen einer V-Naht.

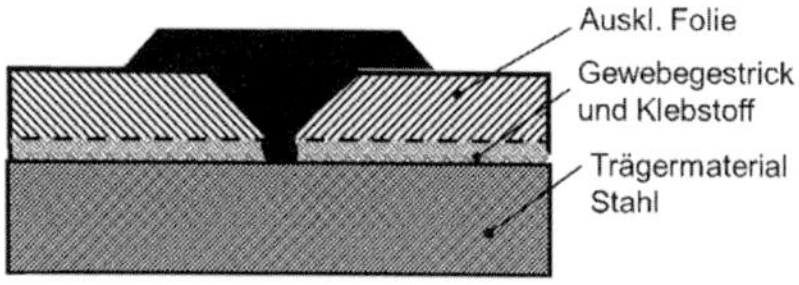

a) fest verklebte Stahlauskleidung

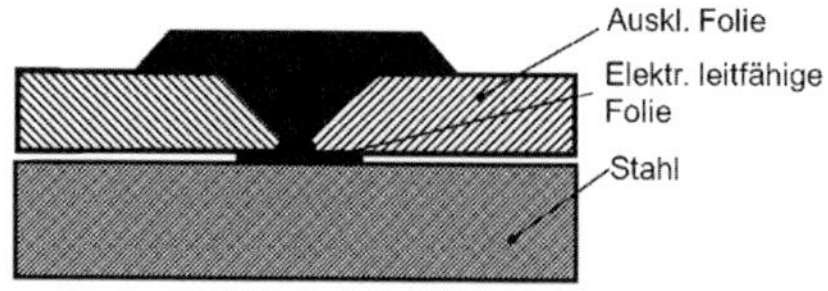

b) Lose Hemd-oder Fixpunktauskleidung

Bild 2. Schweißnähte bei Stahlauskleidungen

Bild 3. einseitige Überlappnaht

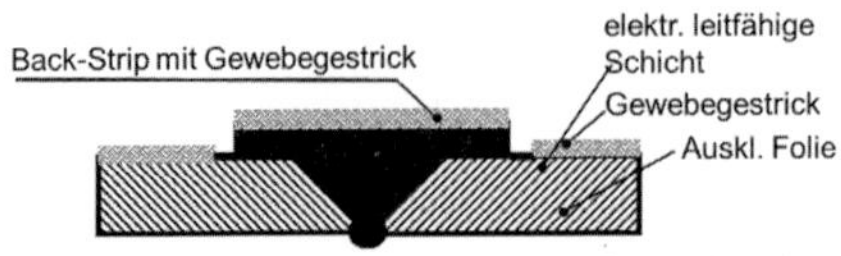

Bild 4. V-Naht mit aufgeschweißtem Back-Strip vorbereitet zum Laminieren.

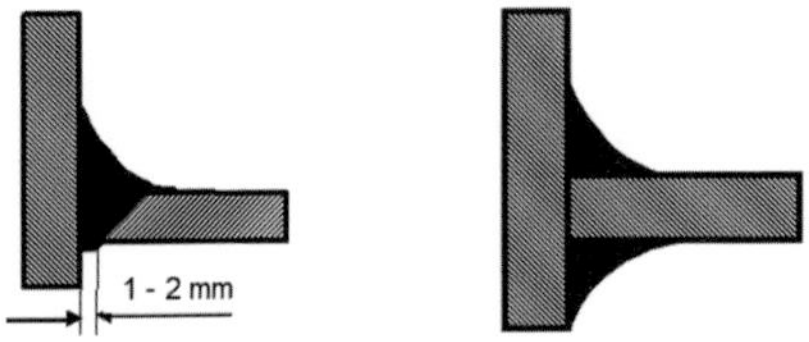

a) HV-Naht b) Doppel-K-Naht

Bild 5. Kehlnähte.

5. Anforderungen an die Werkstoffe und deren Schweißeignung

Neben den zu vereinbarenden Werkstoffnachweisen (z. B. Werkszeugnis in Anlehnung an DIN EN 10204) ist die unverwechselbare Werkstoffkennzeichnung der Halbzeuge und Schweißzusätze wegen der Gleichheit im Aussehen unbedingt notwendig. Eine Materialverwechselung während der Verarbeitung ist durch geeignete Maßnahmen auszuschließen.

Bestehen Zweifel an der Artgleichheit von Halbzeug und/oder dem Schweißzusatz, zum Beispiel durch fehlende Kennzeichnung, kann ein Schweißversuch in Anlehnung an Richtlinie DVS 2203-1 ein mögliches Indiz für die Schweißeignung sein, ersetzt jedoch im Zweifel keine eingehende Prüfung.

Es ist sicherzustellen, dass Schweißzusätze und Grundmaterial in geeigneter Weise vor Verunreinigungen und Feuchtigkeit geschützt werden und dementsprechend trocken und sauber zum Schweißen vorliegen.

6. Schweißparameter

Durch Abstimmung der Parameter Massetemperatur, Warmgastemperatur, Warmgasmenge und Schweißgeschwindigkeit muss gewährleistet sein, dass der Schweißzusatz und die Fügeteile an den Fügeflächen hinreichend plastifiziert sind. In Tabelle 1, Seite 5 sind Richtwerte für die Schweißparameter aufgeführt. Abweichende Herstellerangaben sind möglich. Bei deren Verwendung ist der Nachweis der Qualität der Schweißnähte gesondert zu führen.

7. Anforderungen an die Qualität der Schweißverbindungen

Voraussetzung für eine hohe Schweißnahtqualität ist die Einhaltung der Schweißparameter durch den Schweißer. Prüfrichtlinien und Mindestanforderungen an die Schweißnahtqualität sind in Vorbereitung. Qualitätsnachweise für Schweißnähte am Bauteil können anhand von Probeschweißungen und Verfahrensprüfungen nach im Einzelfall von einer fachkundigen Stelle festzulegenden Prüfkriterien erbracht werden (siehe auch Abschnitt 14). Für die visuelle Qualitätsbeurteilung der Schweißnähte gilt die Richtlinie DVS 2202 Beiblatt 5 sinngemäß. Empfehlungen für Schweißnahtbreiten und Nahtüberhöhungen sind Tabelle 1 zu entnehmen.

8. Anforderungen an die Schweißgeräte

Geschweißt wird ausschließlich mit Geräten der Maschinenvariante I nach Richtlinie DVS 2207-4 im kontinuierlichen Verfahren und mit Schweißzusatz Durchmesser 3 bis 4 mm.

Anforderungen an die Schweißgeräte sind in der Richtlinie DVS 2207-4 Absatz 7.1 und im Beiblatt 2 zu dieser Richtlinie beschrieben. Da für die Fluorkunststoffe höhere Plastifizierungstemperaturen und höhere Korrosionsfestigkeiten erforderlich sind als beim Schweißen von Standardwerkstoffen, müssen die Geräte aus entsprechend geeigneten Werkstoffen hergestellt sein.

9. Anforderungen an die Schweißschuhe

Anforderungen an die Schweißschuhe sind in der Richtlinie DVS 2207-4, Absatz 7.2 beschrieben. Wegen der erforderlichen hohen Fügetemperaturen zum Schweißen von PFA und FEP sind Schweißschuhe aus PTFE nicht geeignet. Die Schuhe sind deshalb zum Beispiel aus geeigneten Keramik- oder Metallwerkstoffen hergestellt. Es ist darauf zu achten, dass die Schweißschuhe und die damit zu produzierenden Schweißnähte der Dimension der zu schweißenden Werkstoffe entsprechen. Bei überdimensionierten Schweißnähten besteht erhöhte Spannungsrissgefahr.

10. Anforderungen an die Vorwärmung

Die Vorwärmung soll gewährleisten, dass die Fügeflächen und die Bereiche der Nahtüberdeckung (Δb Bild 1), ausreichend plastifiziert werden. Da sich jedoch insbesondere die Werkstoffe PFA und FEP bei Wärmebeaufschlagung sehr stark ausdehnen und verziehen, sollte die Plastifizierung des Grundmaterials möglichst unmittelbar vor der Fügestelle erfolgen.

11. Anforderungen an den Schweißer

Wegen der geringen Schweißgeschwindigkeit (siehe Tabelle 2 nächste Seite), unterliegt der Schweißer einer hohen körperlichen Dauerbelastung. Außerdem belastet die zu tragende Schutzausrüstung (siehe Abschnitt 15) den Schweißer. Um eine gleichmäßig hohe Schweißnahtqualität zu gewährleisten, muss dem in geeigneter Form Rechnung getragen werden.

Tabelle 2. Schweißparameter Richtwerte für das Warmgasextrusionsschweißen der Fluorkunststoffen.

Werkstoff	Kurzzeichen	Massetemperatur	Warmgas		Schweißgeschwindigkeit
			Temperatur	Volumenstrom	
		°C [1]	°C [2]	Nl/min [3]	mm/min
Ethylen-Chlortrifluorethylen	ECTFE	280...300	360...400	120...200	150...200
Tetrafluorethylen-Perfluorvinylether Copolymerisat	FEP	360...380	400...460	120...200	60...90
Perfluoralkoxy-Copolymer	PFA	360...380	450...500	120...200	60...90
Polytetrafluorethylen modifiziert [4]	PTFE-M	360...380	500...560	120...200	50...80

[1] gemessen mit einem Einstechthermometer am Extrudataustritt der Schweißmaschine
[2] gemessen 5 mm in der Düse, in der Mitte der Düsenöffnung
[3] angesaugtes Kaltluftvolumen bei Umgebungsdruck in Abhängigkeit der Ausstoßmenge
[4] geschweißt mit Schweißzusatz aus PFA

12. Schweißen

12.1. Schweißvorbereitungen und Ausrüstung

Es gelten die in der Richtlinie DVS 2207-4 unter Abschnitt 9 getroffenen Festlegungen. Neben den unter Abschnitt 9.1 genannten Ausrüstungsteilen sind erforderliche Vorrichtungen zur Absaugung der Schweißgase sowie von Umluft unabhängiger Atemschutz für den Schweißer bereitzustellen (siehe Abschnitt 15). Zur Schweißfugenvorbereitung entsprechend Abschnitt 4 und ggf. zum Abarbeiten des Schweißwulstes eignen sich besonders v-förmige, halbrunde und flachförmige Stechbeitel. An die Schärfe der verwendeten Werkzeuge müssen besonders hohe Anforderungen gestellt werden.

Die Fügeflächen müssen sauber, trocken und fettfrei sein.

12.2. Fixierung der Fügeteile

Da die Fluorkunststoffe unter Wärmeeinwirkung zu starkem Verzug neigen, müssen die Fügepartner möglichst nah und beidseitig entlang der Schweißnaht in geeigneter Weise zum Schweißen fixiert werden. Gegebenenfalls sind warmgasziehgeschweißte Heftnähte möglich. Wenn kein fester Untergrund, zum Beispiel bei einer GFK-Auskleidung, vorhanden ist müssen die Fügeteile an der Schweißnaht gegen Durchdrücken entsprechend unterlegt werden. Hierzu können zum Beispiel Holzunterlagen mit einer hochtemperaturfesten Folienauflage, beispielsweise Polyimidfolie (Kapton) oder Aluminiumfolie, verwendet werden. Eine kleine Sicke in der Unterlage, direkt unter dem Schweißfugenspalt, erleichtert das Durchschweißen bei einseitig geschweißten V-Nähten.

12.3. Schweißdurchführung

Die Schweißausführung erfolgt entsprechend den Festlegungen in Richtlinie DVS 2207-4 Abschnitt 10.3 und unter Beachtung der in Tabelle 1 genannten Schweißparameter. Der Schweißbereich muss gut ausgeleuchtet sein. Hilfreich hierzu ist ein auf dem Schweißextruder montiertes Leuchtmittel.

12.4. Mechanische Nachbearbeitung der Schweißnähte

Die Schweißnähte werden in der Regel nicht nachbearbeitet. Soll jedoch zum Beispiel ein Back-Strip entsprechend Bild 4 zusätzlich geschweißt werden, ist der Schweißwulst spanend abzuarbeiten. Keinesfalls darf die Schweißnaht durch Schleifen entfernt werden.

13. Schweißprotokoll

Die Schweißarbeiten sind zu überwachen und mittels eines Schweißprotokolls zu dokumentieren (Muster siehe Richtlinie DVS 2207-4 Anhang 2).

14. Prüfen der Schweißverbindungen

Es wird zwischen zerstörungsfreien und zerstörenden Prüfverfahren unterschieden. Diese sind in Tabelle 3, (Seite 10) „Mögliche Prüfverfahren“ aufgeführt.

Die visuelle Prüfung der Schweißnähte durch einen sachkundigen Prüfer ergibt die sicherste Aussage zur Qualität der Schweißnähte an einem Bauteil. Bei der Prüfung ist insbesondere auf Randkerben, Wurzelfehler, ungenügende Randzonenverschweißungen und Versatz der Fügeflächen zu achten. Die in der Richtlinie DVS 2202 Beiblatt 5 unter Bewertungsgruppe I genannten Anforderungen können sinngemäß und unter Beachtung der in Tabelle 1 empfohlenen Nahtüberhöhungen angewendet werden.

Zerstörende Prüfungen an den Schweißnähten zur Feststellung der Schweißnahtqualität im Kurzzeit-Zugversuch nach Richtlinie DVS 2203-2 und im Technologischen Biegeversuch nach Richtlinie DVS 2203-5 lassen wegen der hohen Reißdehnung und des geringen E-Moduls der Werkstoffe keine verlässliche Aussage zur Qualität der Schweißverbindungen zu.

Eher geeignet zur Bestimmung der Schweißnahtqualität, zumindest als vergleichende Methode, erscheint zurzeit ein Kurzzeit-Zugversuch in Anlehnung an DIN EN ISO 527, wobei die Dehnfähigkeit der Schweißnaht das bestimmende Ausschlusskriterium sein sollte. Die entsprechenden Prüfungen sind von einem sachkundigen Prüfinstitut durchzuführen.

Die Dichtheit der Schweißnähte kann durch Prüfungen mit elektrischer Hochspannung erfolgen. Voraussetzung hierfür ist das Vorhandensein eines leitfähigen Untergrundes als Gegenpol. Bei GFK-Bauteilen kann dies, z. B. durch das Aufbringen eines Leitlackes auf die Schweißnaht oder seitlich des aufgeschweißten Back-Strips, vor dem Überlaminieren erfolgen. Die Durchführung der Prüfung und die verwendeten Prüfgeräte sind in DIN EN 14879-4 bzw. in der Richtlinie DVS 2206 beschrieben. Die Höhe der Prüfspannung ist werkstoffabhängig und im Einzelfall festzulegen. Üblich ist eine Prüfspannung von 4-5 kV pro mm Werkstoffdicke.

Bei sehr großer Nahtüberdeckung oder bei Schweißnähten mit aufgeschweißtem Back-Strip ist darauf zu achten, dass Leckagen mittels Hochspannungsprüfung nicht gefunden werden können, wenn der Leckagekanal die Länge des Spannungsfeldes der Prüfelektrode überschreitet.

Die Dichtheitsprüfung mittels mit Unterdruck beaufschlagten Saugglocken ist unter Umständen in diesem Falle besser geeignet.

Sowohl die Dichtigkeitsprüfung mittels Hochspannung als auch die Dichtigkeitsprüfung mittels Vakuum geben keinen Hinweis auf die Qualität der Schweißverbindungen.

Tabelle 3. Mögliche Prüfverfahren für Warmgasschweißnähte bei Fluorkunststoffen.

Zerstörungsfreie Prüfungen	
Visuelle Prüfung der unzerstörten Schweißnaht (äußerer Befund)	Sichtprüfung der Schweißnahtoberfläche und Schweißnahtgeometrie. Bewertung in Anlehnung an Richtlinie DVS 2202 Beiblatt 5, Bewertungsgruppe I, sowie der in Tabelle 1 genannten Empfehlungen zur Nahtüberhöhung.
Dichtheitsprüfung mit Unterdruck	Mittels geeigneter Vakuumglocken und schaumbildender Flüssigkeit. Die Prüfbedingungen sind im Einzelfall festzulegen. Üblicher Prüfdruck: -0,4 bis -0,6 bar, Prüfdauer ca. 10 sek.
Dichtheitsprüfung mit elektrischer Hochspannung	Prüfdurchführung und Geräteanforderungen nach Richtlinie DVS 2206-4. Die Art des Prüfgerätes (mit oder ohne Gegenpol) und die Prüfspannung sind im Einzelfall festzulegen. Weitere Hinweise in DIN EN 14879-4 und DIN EN 13100-4.
Zerstörende Prüfungen	
Visuelle Prüfung des Schweißnahtquerschnittes (innerer Befund)	Sichtprüfung des Schweißnahtquerschnittes nach dem Aufschneiden der Schweißnaht. Bewertung in Anlehnung an Richtlinie DVS 2202 Beiblatt 5, Bewertungsgruppe I.
Zugversuch	Ausführung in Anlehnung an DIN EN ISO 527 (Proben nach Bild 5a), mit 100 mm/min Prüfgeschwindigkeit und Bewertung des Dehn- und Festigkeitsverhaltens der Schweißnaht im Vergleich zur ungeschweißten Probe. Die erforderlichen Mindestanforderungen sind von der prüfenden Stelle festzulegen oder zu vereinbaren.

15. Sicherheitshinweise

Beim Erwärmen der Werkstoffe auf die jeweilige Schweißtemperatur können signifikante Mengen gesundheitsschädigender Gase entstehen. Das Einatmen verursacht grippeähnliche Symptome mit hohem Fieber (Polymerfieber). Die Symptome treten im Allgemeinen einige Stunden nach der Einwirkung auf. In diesem Fall ist unbedingt ein Arzt aufzusuchen.

Der Verarbeiter hat für das Schweißen eine Gefährdungsbeurteilung nach § 6 der Gefahrstoffverordnung (Gef.StoffV) durchzuführen und davon abgeleitet eine Betriebsanweisung für die Schweißer und das Hilfspersonal zu erstellen.

Dabei ist unter anderem zu beachten:

- Der Schweißer muss ein EN-geprüftes, von Umluft unabhängiges Atemschutzgerät mit Atemschutz-Vollmaske, entsprechend der Empfehlung des Atemschutzmerkblattes ZH-1/701 und ZH-6/606 und der DIN-Testregelung benutzen.
- Die Eignung des Schweißers zum Tragen der Schutzmaske (G 26/2, /3 BG-Regeln 190) ist gegebenenfalls nachzuweisen.
- Die Maske muss auch den Schutz der Augen gewährleisten.
- An den Schweiß-Arbeitsplätzen muss für eine ausreichende Be- und Entlüftung gesorgt werden, z. B. durch lokale Abzugshauben.
- Idealerweise sind Schweißarbeiten in einem von übrigen Arbeiten abgeschirmten Arbeitsbereich oder in einem separaten Raum durchzuführen.
- An den Arbeits- und Schweißplätzen darf nicht geraucht werden. Tabakwaren dürfen nicht mitgeführt werden, um eine Kontamination durch Polymerstäube und -späne und die damit verbundenen Gesundheitsgefahren durch Inhalation der thermischen Zersetzungsprodukte zu vermeiden.
- Die Nahrungsaufnahme darf nicht im direkten Arbeitsbereich erfolgen.
- Die Verschleppung von Fluorpolymerstaub und -spänen aus dem Arbeitsbereich ist durch geeignete Arbeitsabläufe sowie persönliche Hygiene, z. B. Wechseln und getrennte Aufbewahrung der Arbeitskleidung, auszuschließen.
- Es ist sicherzustellen, dass Abfälle und Materialrückstände nicht verbrennen können. Ein werkstoffliches oder thermisches Recycling ist in geeigneten Vorrichtungen bzw. in speziellen Anlagen möglich.
- Bei der Entsorgung von Fluorpolymerabfällen sind die geltenden gesetzlichen Bestimmungen und Verordnungen zu beachten.

Weitere Hinweise zum sicheren Umgang mit Fluorpolymeren sind den nachstehenden Schriften zu entnehmen:

- Merkblatt der BG Chemie M005 (ZH1/161), Fluorwasserstoff, Flusssäure und organische Fluoride
- EG-Sicherheitsdatenblätter der Rohstoff- oder Halbzeuglieferanten
- Broschüre des Plastics Europe Verbandes der Kunststofferzeuger: „Anleitung zum sicheren Umgang mit Fluorkunststoffen“

16. Schrifttum

DIN EN 10204	Metallische Erzeugnisse – Arten von Prüfbescheinigungen
EN 13100-4	Zerstörungsfreie Prüfung von Schweißverbindungen thermoplastischer Kunststoffe – Teil 4: Hochspannungsprüfung
DIN EN 13121-3	Oberirdische GFK-Tanks und -Behälter, Teil 3: Auslegung und Herstellung
DIN EN 14879-4	Beschichtungen und Auskleidungen aus organischen Werkstoffen zum Schutz von industriellen Anlagen gegen Korrosion durch aggressive Medien – Teil 4: Auskleidungen für Bauteile aus metallischen Werkstoffen
DGUV Regel 112-190	Benutzung von Atemschutzgeräten (vorher BGR/GUV-R 190)
Richtlinie DVS 2202 Beiblatt 5	Bewertung von Fügeverbindungen aus thermoplastischen Kunststoffen an Rohrleitungsteilen und Tafeln – Warmgasextrusionsschweißen (WE)
Richtlinie DVS 2203-2	Prüfen von Schweißverbindungen an Tafeln und Rohren aus thermoplastischen Kunststoffen – Zugversuch
Richtlinie DVS 2206-4	Zerstörungsfreie Prüfungen von Behältern, Apparaten und Rohrleitungen aus thermoplastischen Kunststoffen – Prüfung mit elektrischer Hochspannung
Richtlinie DVS 2207-3	Schweißen von thermoplastischen Kunststoffen – Warmgaszieh- und Warmgasfächelschweißen von Rohren, Rohrleitungsteilen und Tafeln – Verfahren, Anforderungen
Richtlinie DVS 2207-3 Beiblatt 2	Schweißen von thermoplastischen Kunststoffen – Warmgaszieh- und Warmgasfächelschweißen von Rohren, Rohrleitungsteilen und Tafeln – Anforderung an die Schweißgeräte und das Zubehör
Richtlinie DVS 2211	Schweißen von thermoplastischen Kunststoffen – Schweißzusätze – Kennzeichnung, Anforderungen, Prüfungen
Richtlinie DVS 2212-1	Prüfung von Kunststoffschweißern – Prüfgruppen I und II

VERBAND
DVS – Deutscher Verband
für Schweißen und
verwandte Verfahren e. V.

Richtlinie
DVS 2207-5

Ersatz für Ausgabe
Februar 1993 und
Beiblatt 1 vom Juli 1997

Richtlinie DVS 2207-5

Schweißen von thermoplastischen Kunststoffen
Schweißen von PE-Mantelrohren
– Rohre und Rohrleitungsteile –

DVS, Ausschuss für Technik, Arbeitsgruppe "Fügen von Kunststoffen"

Bezug: DVS Media GmbH, Postfach 10 19 65, 40010 Düsseldorf, Telefon (0211) 1591-0, Telefax (0211) 1591-150

Inhalt:

1. Geltungsbereich

Die Richtlinie gilt für das PE-HD-Schweißen an werkmäßig gedämmten Mantelrohrsystemen für direkt erdverlegte Fernwärmenetze nach AGFW FW 401, EN 253, EN 448, EN 488, EN 489, EN 13941, EN 15632 und EN 15698. Die Richtlinie ist für Werks- und Baustellenfertigungen anzuwenden.

Für das Stopfenschweißen zum Verschließen der Schäumöffnungen gilt Beiblatt 1.

Für das Prüfen und Bewerten der Schweißverbindungen gilt Beiblatt 2.

2. Begriffe

Arbeitsanweisung

vereinfachte Vorschrift für das Schweißverfahren, das für die direkte Anwendung durch den Schweißer geeignet ist
[QUELLE: EN ISO 15607:2003, angepasst]

Induktionsschweißen (IDS)

Schweißverfahren für Muffenverbindungen ohne Längsnaht, bei dem die Schweißenergie von einer auf der Außenseite des Muffenrohres angebrachten Primärspule auf die zwischen dem Mantelrohr und dem Muffenrohr (Schweißfläche) befindliche Sekundärspule (Heizleiter) übertragen wird

Mantelrohrverbindung

eine unter Baustellenbedingungen zwischen angrenzenden, werkmäßig gedämmten Kunststoffmantelrohr-Systembauteilen hergestellte Verbindung
[QUELLE: EN 489:2009, angepasst]

vorläufige Schweißanweisung (pWPS)
(en: preliminary welding prcedure specification)

Dokument, das die erforderlichen Einflussgrößen eines Schweißverfahrens enthält und das die Basis für die Verfahrensprüfung darstellt
[QUELLE: EN ISO 15607:2003]

Schäumöffnung

Öffnung im Muffenrohr bzw. im Mantelrohr, um den Hohlraum mit dem PUR-Hartschaumstoffgemisch zu füllen und zu entlüften

Schrumpfmuffe

werkmäßig aufgeweitetes PE-Rohr, das durch Wärmeeinwirkung auf seinen ursprünglichen Durchmesser zurückschrumpft

Schweißverfahrensprüfung

Herstellung und Prüfung eines Prüfstücks entsprechend der Angabe in der pWPS, um ein Schweißverfahren zu qualifizieren
[QUELLE: EN ISO 15607:2003]

Verbundrohr / Verbundformstück

werkmäßig gedämmte Systembauteile für direkt erdverlegte Fernwärmenetze, die aus einem bzw.

zwei Stahl-Mediumrohr(en) mit Wärmedämmung aus Polyurethan-Hartschaumstoff und einer Ummantelung aus Polyethylen bestehen

Bericht über die Qualifizierung des Schweißverfahrens (WPQR)
(en: welding procedure qualification report)

Bericht, der alle erforderlichen Daten enthält, die für die Qualifizierung einer vorläufigen Schweißanweisung benötigt werden
[QUELLE: EN ISO 15607:2003]

Schweißanweisung (WPS)
(en: welding procedure specification)

Dokument, das durch eine Verfahrensprüfung qualifiziert wurde und die erforderlichen Einflussgrößen des Schweißverfahren enthält, um die Wiederholbarkeit beim Schweißen in der Fertigung sicherzustellen
[QUELLE: EN ISO 15607:2003]

3. Generelle Anforderung an PE-Schweißverbindungen

Die in der Werks- und der Baustellenfertigung ausgeführten PE-Schweißverbindungen müssen eine dauerhafte Verbindung bei thermischer Beanspruchung infolge der Mediumtemperatur unter gleichzeitiger äußerer und innerer mechanischer Belastung sicherstellen.

4. Werkstoff

Für die Mantelrohre, die Muffen und ggf. den Schweißzusatz ist nach den EN-Normen 253, 448, 488 und 15698 ein mindestens als PE 80 klassifizierter Werkstoff einzusetzen. Danach

- müssen die Schmelzmassefließraten (MFR) nach EN 253 der zu verschweißenden Materialien bei der Bestimmung nach EN ISO 1133-1 unter der Prüfbedingung 190/5 (190 °C, 5 kg) im Bereich von 0,2 g/10 min ≤ MFR ≤ 1,4 g/10 min liegen und
- die MFR-Werte der zu verschweißenden Werkstoffe dürfen um nicht mehr als 0,5 g/10 min voneinander abweichen.

Entsprechend EN 253 können Schweißverbindungen mit Werkstoffen, deren MFR-Abweichung außerhalb des Bereiches von 0,5 g/10 min liegen, unter der Voraussetzung geschweißt werden, dass die Schweißkompatibilität an einer Stumpfschweißnaht nach den in ISO 11414 festgelegten Parametern nachgewiesen wird. Als Anforderung an die Schweißkompatibilität gilt, dass die Prüfung nach ISO 13953 bei 23 °C einen Verformungsbruch ergibt.

5. Schweißverfahren

Die zur Anwendung kommenden Schweißverfahren, ihre Anwendungsbereiche und die Verbindungsarten sind in Tabelle 1 aufgeführt.

Tabelle 1. Schweißverfahren für PE-Mantelrohre – Übliche Anwendungsbereiche und Verbindungsarten.

Schweißverfahren	Kurzzeichen	Verfahrensbeschreibung	Werksfertigung	Baustellenfertigung	Verbindungsarten
Heizelementstumpfschweißen	HS	Richtlinie DVS 2207-1	Mantelrohrformstücke für Bögen, T-Abzweige etc.	Keine Anwendung	I-Nähte
Warmgasziehschweißen	WZ	Richtlinie DVS 2207-3	Zur Fixierung vor dem WE-Schweißen	Zur Fixierung vor dem WE-Schweißen	Kehlnähte/ V-Nähte
Warmgasextrusionsschweißen	WE	Richtlinie DVS 2207-4	Herstellen von Mantelrohrformstücken etc.	Alle Arten von Mantelrohrverbindungen	Kehlnähte/ V-Nähte
Heizwendelschweißen	HM	Richtlinie DVS 2207-1	Keine Anwendung	Muffenverbindungen	Flächige Überlappnähte
Induktionsschweißen	IDS	-	Keine Anwendung	Muffenverbindungen	Flächige Überlappnähte
Stopfenschweißen	HS/HD	Richtlinie DVS 2207-1	Keine Anwendung	Abdichten der Schäumöffnungen	Kegelförmige Fügefläche

5.1. Allgemeine Anforderungen

Schweißnähte an Mantelrohr-Formteilen sollten möglichst werkmäßig hergestellt werden.

Zur Herstellung von qualitativ hochwertigen Schweißnähten ist grundsätzlich zu beachten:

- Die zu schweißenden Werkstoffe und Zusatzwerkstoffe müssen für die Schweißaufgabe geeignet sein; siehe Abschnitt 4.
- Heizelementstumpf- und Heizwendelschweißnähte sind den Extrusionsschweißnähten und diese den Warmgas-Ziehschweißnähten vorzuziehen.
- Die verwendeten Halbzeuge und Schweißzusätze müssen unverwechselbar gekennzeichnet sein.
- Zu schweißende Materialien und Bauteile sind in geeigneter Weise vor Beschädigungen, Feuchtigkeit und Verunreinigungen zu schützen.
- Schweißstellen müssen gut zugänglich und mit dem gewählten Schweißverfahren einwandfrei ausführbar sein. Auf den Baustellen sind entsprechende Arbeitsräume zu schaffen.
- Alle zu schweißenden Flächen sind unmittelbar vor dem Schweißen verfahrensspezifisch vorzubereiten. Die verwendeten Werkzeuge sind sauber und fettfrei zu halten, vor deren Anwendung zu kontrollieren und gegebenenfalls zu reinigen.
- HM-Schweißmuffen mit werkseitig eingeprägten Heizwendeln sind erst unmittelbar vor dem Schweißen aus der werkmäßigen Verpackung zu nehmen. Zur Reinigung der Fügeflächen sind spezielle Reinigungsmittel zu verwenden. Die Reinigungsflüssigkeit oder damit bereits werkseitig befeuchtete Tücher müssen aus einem 100 % verdampfenden Lösemittel bestehen, z. B. aus 99 Teilen Ethanol mit einem Reinheitsgrad von 99,8 % und einem Teil MEK (Methylethylketon, Denaturierung). Nach DVGW VP 603 geprüfte Mittel entsprechen dieser Vorgabe. Die Verwendung von Spiritus kann durch das darin enthaltene Wasser zu einer Qualitätsminderung führen. Das Papier zur Reinigung muss sauber, unbenutzt, saugfähig, nicht fasernd und nicht eingefärbt sein.
- Die zu verbindenden Rohre und Formteile müssen während des Schweißvorganges entsprechend den jeweiligen Prozessvorgaben ausgerichtet und sicher fixiert sein.
- Während des Schweißens auf der Baustelle sind Wind, Regen, starke Sonneneinstrahlung und Außentemperaturen unter +5 °C durch geeignete Maßnahmen von der Schweißstelle fern zu halten (z. B. durch Einzelten, Beheizen etc.)
- Die geschweißten Verbindungen dürfen erst nach Abkühlen auf Temperaturen unter +40 °C bzw. nach Angaben der Hersteller mechanisch belastet werden.
- Gegebenenfalls ist durch Herstellen von Probeschweißungen unter den vorhandenen Bedingungen der Qualitätsnachweis zu führen.
- Die Schweißmaschinen und -geräte müssen für die Schweißaufgabe geeignet sein und sich in einwandfreiem Zustand befinden.
- Die Anforderungen an die Qualifikation der Schweißer und der Schweißaufsicht müssen Abschnitt 6.3 entsprechen.

5.2. Anwendung der Schweißverfahren in der Werksfertigung

In der werkmäßigen Fertigung sind die Verfahren HS und WE anzuwenden.

Die Mantelrohr-Formteile werden meist in Segmentbauweise hergestellt. Beispiele für werkmäßig hergestellte Formteile siehe Bild 1. Bei der Konstruktion der Formteile ist auf eine schweißgerechte Ausführung zu achten.

Die Ausführung der PE-Schweißverbindungen an Formstücken und Armaturen muss EN 448, EN 488 und EN 15698-2 genügen.

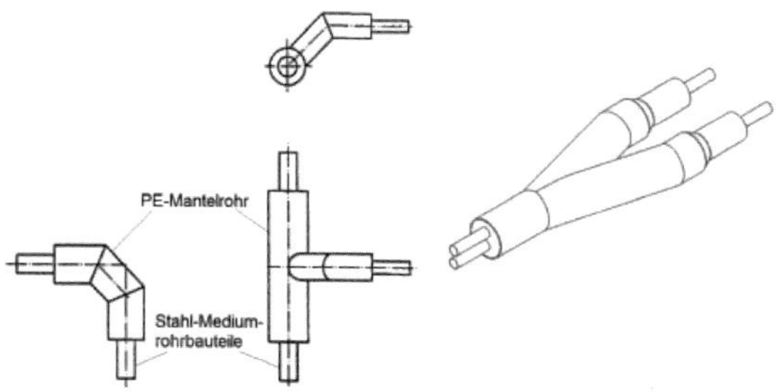

links: 90°-Bogen und T-Abzweig für Einrohrsystem
rechts: Übergangsformteil von Doppelrohr- auf Einrohrsystem

Bild 1. Beispiele für werkmäßig hergestellte Verbundformstücke.

5.3. Anwendung der Schweißverfahren in der Baustellenfertigung

Die Mantelrohre der Verbundformstücke werden – neben anderen Abdichtungsmöglichkeiten – auch durch werkmäßig konfektionierte PE-Schweißmuffen stoffschlüssig verbunden. Heute werden vorwiegend Heizwendelschweißmuffen oder Induktionsschweißmuffen verwendet. Es kommen auch Verbindungsmuffen zur Anwendung, bei denen das Warmgasschweißen mit den Verfahren WE und WZ angewendet wird.

Für die Fälle, in denen keine vorkonfektionierten Systembauteile verfügbar sind, müssen speziell vorbereitete Mantelrohrformteile verwendet werden. Diese sind bis auf begründete Einzelfälle in der Werksfertigung und auf der Baustelle aufzutrennen, um sie um die Stahlrohrleitung legen zu können. Die Schnittflächen werden durch partielles oder durchgehendes Warmgasziehschweißen geheftet und fixiert. Danach erfolgt das Warmgasextrusionsschweißen.

Um die Schweißverbindungen nach Richtlinie DVS 2207-5 Beiblatt 2 prüfen und bewerten zu können, sind nach dem Schweißen keine Bearbeitungen vorzunehmen.

5.3.1. Warmgasschweißen (W)

Die handwerklichen Schweißverfahren WE und WZ setzen umfangreiche Kenntnisse bezüglich des zu schweißenden Werkstoffs, der Handhabung der Geräte und hohe Fertigkeiten in der Ausführung voraus.

5.3.1.1. Warmgasziehschweißen (WZ)

Das Warmgasziehschweißen sollte grundsätzlich nur für die Herstellung der Wurzellage bzw. einer Heftlage für das nachfolgende Warmgasextrusionsschweißen eingesetzt werden.

Bei beengten Verhältnissen kann es in Einzelfällen auch als alleiniges Schweißverfahren angewendet werden. Für die Schweißnahtvorbereitung und Schweißnahtausführung gilt DVS 2207-3 mit den Beiblättern 1 und 2.

5.3.1.2. Warmgasextrusionsschweißen (WE)

Das Warmgasextrusionsschweißen ist für das Schweißen auf der Baustelle zu bevorzugen. Für die Schweißnahtvorbereitung und Schweißnahtausführung gilt DVS 2207-4 mit den Beiblättern 1 und 2. Geschweißt wird ausschließlich mit Geräten, die das kontinuierliche Schweißen gewährleisten. Die Schweißzusatz-Ausstoßleistung des Gerätes muss der Schweißaufgabe angepasst sein.

Für das Schweißen der dünnwandigen PE-Mantelrohre ist es empfehlenswert, V-Nähte und Kehlnähte auszuführen; siehe auch Bild 2. Die Schweißschuhe sind entsprechend auszubilden. Für die Andrücklänge der Schweißschuhe gelten grundsätzlich die Maße in DVS 2207-4. Wenn aus konstruktiven Gründen, z. B. bei engen Rundungen, andere Schweißschuhabmessungen erforderlich sind, ist die zu erreichende Qualität der Schweißnaht in einer Verfahrensprüfung nachzuweisen.

Der Nahtbereich wird mit Warmluft plastifiziert. Die Plastifizierungszone muss breiter als die Nahtbreite sein. Die Vorwärmung ist auf die Schweißgeschwindigkeit abzustimmen.

Die Parameter wie Warmluftmenge und Temperatur sowie die Schweißgeschwindigkeit sind auf die Schweißzusatz-Ausstoßleistung des Gerätes abzustimmen.

Für die Durchführung des Schweißens sind erforderlich:

- Eine sichere Positionierung und Fixierung der Schweißteile (Rohr und Muffe bzw. Mantelrohrformteil) in der vorgesehenen Nahtstoßform; empfehlenswert ist eine Heftschweißung in der Nahtwurzel.
- Die überlappenden Endbereiche bei Rundnähten sowie das Schweißgut am Nahtanfang sind ausreichend anzuschrägen, damit beim Überschweißen keine unmäßigen Nahtüberhöhungen entstehen.
- Nahtanfang und Nahtende bei Längsnähten müssen außerhalb der Muffe bzw. des Mantelrohrformteils liegen.

Anmerkung: Ggf. sind nach dem Prüfen und Bewerten die überstehenden Bereiche zu entfernen.

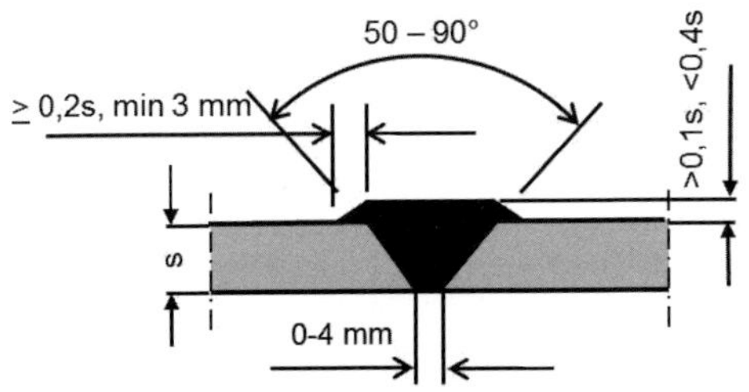

Bild 2. Beispiel für eine durch Extrusionsschweißen hergestellte Schweißverbindung mit V-Naht.

5.3.2. Heizwendelschweißen (HM)

Es werden unvernetzte PE-Schrumpfmuffen oder Muffenplatten mit
a) werkseitig integrierten Heizleitern oder
b) bauseitig im Überlappungsbereich auf dem Mantelrohr zu fixierenden Heizleitern verwendet.

Merkmale des Verfahrens sind:

- das maßgerechte Anzeichnen der Muffenlage bzw. der Schweißflächenbereiche,
- die Vorbereitung der Schweißbereiche,
- ggf. das Anbringen der Heizleiter
- das Einpassen von Stützprofilen für Längsschweißnähte (wenn notwendig),
- die sachgerechte Montage und Fixierung der Schweißmuffen mit Anbringen der Spann- und Andrückeinrichtungen (wenn notwendig),
- das Herstellen der Verbindungen zu den Schweißgeräten,
- die Kontrolle des Schweißvorgangs.

Der Schweißprozess selbst wird bei den heutigen Geräten nach vorausgehender automatisierter Istwerterfassung der bestimmenden Ausgangsgrößen (z. B. Widerstandsgröße als Maß der Muffennennweite, Umgebungs- und Bauteiltemperatur) selbsttätig gesteuert und in seinem Verlauf anhand von Energieverlaufmessungen geregelt. Der Schweißer hat nach der vorausgehenden Grundeinstellung des Gerätes beim Schweißvorgang eine überwachende Funktion.

Geräte mit automatischer Datenspeicherung sind für eine Rückverfolgbarkeit zu empfehlen. Ansonsten sind alle vom Gerät angezeigten Daten im Schweißprotokoll zu dokumentieren.

Weitere Funktionen und Handlungsfolgen sind nach Herstellerangaben zu beachten.

5.3.3. Induktionsschweißen (IDS)

Das Verfahren ist für unvernetzte PE-Schrumpfmuffen ohne Längsnaht geeignet.

Merkmale des Verfahrensablaufs sind:

- Der Heizleiter wird als Sekundärwindung an der vom Hersteller vorgegebenen Position um die Enden der Verbundmantelrohre bzw. -formstücke gelegt. Die Verschlusstechnik muss die Toleranzanpassung an den Mantelrohrdurchmesser ermöglichen.
- Die Schrumpfmuffe wird mittels Wärmeeinbringung durch z. B. Propangasflamme beidseitig im Überlappbereich auf das Mantelrohr und somit auf das Heizband aufgeschrumpft.
- Nachdem das Muffenrohr an der Oberfläche auf etwa 45° C abgekühlt ist, wird im Bereich der Schweißnaht das Muffenrohr mit einem nicht magnetisch leitenden Stützband nach Herstellervorgabe umwickelt, um den Fügedruck zu erzeugen. Darüber wird die Primärspule verspannt.
- Der Mittelfrequenzgenerator speist über Kabel die Primärspule. Mit dieser wird induktiv (berührungslos) im Heizband die erforderliche Schweißtemperatur zur Plastifizierung erzeugt. Mit dem durch die Stützwirkung der Wärmedämmung (PUR-Hartschaumstoff) und der Fixierung der Primärspule (Verspannung) vorhandenen Fügedruck in der Schweißfläche wird an beiden Seiten des Heizbandes ein homogener Schweißwulst erzeugt und die Öffnungen im Heizgitter werden mit dem Schweißgut ausgefüllt.

5.3.4. Stopfenschweißen (HS/HD)

Zum Verschließen der Schäumöffnungen wird das Stopfenschweißen angewendet. Beschreibungen des Verfahrens und Anforderungen werden im Beiblatt 1 zu dieser Richtlinie behandelt.

6. Anforderungen

6.1. Anforderungen an Unternehmen, die Kunststoffschweißarbeiten ausführen

Unternehmen im Anwendungsbereich dieser Richtlinie müssen über die zur Arbeitsdurchführung notwendigen funktionsfähigen Einrichtungen, Geräte und Ausrüstungsteile verfügen.

Schweißarbeiten sind von Schweißern mit gültigem Schweißerzeugnis auszuführen. Die Schweißerprüfungen sind nach Richtlinie DVS 2212 für die jeweiligen Verfahren durchzuführen und zu bescheinigen; siehe Tabelle 2.

Das die Schweißarbeiten ausführende Unternehmen hat eine Kunststoffschweißaufsicht mit Kompetenz nach DIN 35226 zu benennen. Ergänzend muss die Kunststoffschweißaufsicht eine formale Ausbildung nachweisen, z. B. als Fachmann für Kunststoffschweißen nach Richtlinie DVS 2213.

Die Aufgaben und Verantwortungen der Schweißaufsicht sind nach DIN 35226 festzulegen. Wird die Schweißaufsicht von mehreren Personen ausgeübt, sind die Aufgaben und die Verantwortungen für jede Person festzulegen.

In Absprache mit einer anerkannten Prüfstelle für Kunststoffschweißer kann die qualifizierte Schweißaufsicht die planmäßige Überwachung der Kunststoffschweißer nach DVS 2212-1, Beiblatt 1, wahrnehmen und damit die Verlängerung der Prüfbescheinigung des Schweißers erwirken.

Für die Schweißausführung sind Schweißanweisungen zu erstellen. Diese sind mittels Verfahrensprüfungen zu qualifizieren.

Für Schweißarbeiten außerhalb der Richtlinie DVS 2212, wie z. B. zum Heizwendel- und Induktionsschweißen, ist die handwerkliche Fähigkeit der Schweißer jährlich durch Arbeitsproben nachzuweisen. Die Ausführung der Arbeitsprobe ist durch eine Schweißaufsicht oder einen Prüfer für Kunststoffschweißer zu überwachen und zu dokumentieren. Die Prüfung und Bewertung der Schweißverbindungen an der Arbeitsprobe erfolgen nach den Vorgaben in der WPS; siehe Abschnitt 6.5. Die bestandene Prüfung wird mit einem Zeugnis bescheinigt. Unterlagen müssen eindeutig zuzuordnen sein (Schweißer, Ort/Maßnahme, Datum) und sind mindestens drei Jahre aufzubewahren.

Die Dokumentation der Schweißarbeiten muss eine Rückverfolgbarkeit von Material, Schweißvoraussetzungen, -parametern und Schweißpersonal ermöglichen.

6.2. Zusätzliche Anforderungen an Unternehmen, die Kunststoffschweißarbeiten unter Baustellenbedingungen ausführen

Montageunternehmen, die Kunststoffschweißarbeiten in der Baustellenfertigung ausführen, müssen die notwendige Befähigung nach z. B. AGFW FW 605 nachweisen.

6.3. Anforderungen an das Personal

Schweißer haben ihre Qualifikation mit gültigen Zeugnissen nachzuweisen; siehe Tabelle 2. Auf der Baustelle ist vom Schweißer ein gültiger personenbezogener Ausweis mitzuführen.

Tabelle 2. Geforderte Qualifikationsnachweise für das Schweißpersonal.

Anwendungsbereich	Verfahren	Prüfung	Geltungsbereich
Schweißen in der Werksfertigung	HS	Richtlinie DVS 2212-1	Festlegung erfolgt im Bericht zur Qualifizierung der Schweißverfahren
Schweißen von Rohren, Rohrleitungs- und Formteilen in der Werksfertigung und auf Baustellen	WZ WE	Richtlinie DVS 2212-4[1]	
Schweißen auf der Baustelle außerhalb des Geltungsbereiches der Richtlinie DVS 2212	HM / IDS	Durch den Inverkehrbringer[2]	
	HS / HD	AGFW FW 603	

[1] Für Schweißarbeiten die unter Baustellenbedingungen auszuführen sind, ist die Qualifikation unter Baustellenbedingungen entsprechend der Verfahrensanweisung nachzuweisen. Auf der Schweißerprüfungsbescheinigung muss der Zusatz „unter Baustellenbedingungen nach Richtlinie DVS 2207-5:2015, Abschnitt 6.4.1" vermerkt sein.

[2] Die gerätespezifische Qualifikation erfolgt durch den Inverkehrbringer. Voraussetzung ist eine einmalig abgelegte Qualifizierung nach Richtlinie DVS 2212-4.

Der **Schweißer** hat insbesondere folgende Aufgaben zu übernehmen:

- Maschinen, Geräte und Werkzeug zusammenstellen und auf Eignung prüfen,
- Arbeitsbedingungen prüfen und Maßnahmen vorsehen (z. B. Schirm, Zelt, Platzverhältnisse),
- Prüfen der Schweißeignung,
- Ausführen der Schweißnahtvorbereitung,
- Bedienung der Schweißgeräte, Funktionsprüfung, Einstellung und Überwachung der Schweißparameter,
- Heften und Schweißen der Werkstücke,
- visuelle Prüfung,
- Kennzeichnung der Schweißnähte,
- Erstellen von Schweißprotokollen,
- Einhaltung der Arbeitssicherheit.

Die **Schweißaufsicht** verantwortet:

- die fachliche Aufsicht über das Schweißpersonal,
- die Erstellung und Überwachung der Einhaltung der Verarbeitungsanleitungen, der Schweiß- und Verfahrensanweisungen, sowie die Prüfung der Schweißprotokolle,
- die Sicherstellung der Schweißeignung der Werkstoffe und Schweißzusätze,
- die Funktionsfähigkeit von Maschinen, Geräten und Werkzeugen,
- den Einsatz der Schweißer, Eignung und Gültigkeit der Schweißerprüfungen,
- die Qualitätsüberwachung mit zerstörungsfreien und zerstörenden Prüfungen,
- die Dokumentation und Kennzeichnung zur Rückverfolgbarkeit von Materialien und Schweißpersonal,
- die Unterweisung und Überwachung des Schweißpersonals hinsichtlich der Einhaltung der Arbeitssicherheits-, Umwelt- und Gesundheitsschutzvorschriften.

6.4. Anforderungen an Maschinen, Geräte und Werkzeuge

Die Maschinen und Geräte zum Kunststoffschweißen müssen funktionsfähig sein und ermöglichen, dass bei sachgemäßer Bedienung und Handhabung die jeweilige Schweißaufgabe mit der geforderten Qualität erfüllt wird.

Angaben zu den Anforderungen an Maschinen und Geräte für das Heizelementstumpfschweißen sind Richtlinie DVS 2208-1 zu entnehmen.

Für das Warmgasschweißen sind die Anforderungen an die Schweißgeräte und das Zubehör in Richtlinie DVS 2207-3, Beiblatt 2 (Warmgasziehschweißen), und in Richtlinie DVS 2207-4, Beiblatt 2 (Warmgasextrusionsschweißen), festgelegt.

Die Maschinen und Geräte sind entsprechend ihrer Nutzungsintensität und des möglichen Verschleißes regelmäßig und nachweislich zu warten und auf ihre Funktion zu prüfen, wenigstens aber einmal jährlich.

6.5. Schweißverfahrensprüfung

Schweißverbindungen sind mit Verfahren herzustellen, die sicher beherrscht werden und eine gleichmäßige, reproduzierbare und anforderungsgerechte Qualität gewährleisten. Die vorläufige Schweißanweisung (pWPS) ist mit einem Bericht über die Qualifizierung des Schweißverfahrens (WPQR) durch eine unabhängige Stelle[1] zu qualifizieren; siehe Tabelle 3.

[1] Unabhängige Stellen für Verfahrensprüfungen sind u. a. TGM, www.tgm.ac.at / GSI SLV, www.gsi-slv.de / SKZ, www.skz.de

Aus dem Bericht über die Qualifizierung des Schweißverfahrens und der Schweißanweisung muss ersichtlich sein, ob Abweichungen der in dieser Richtlinie aufgeführten grundsätzlichen Vorgaben zulässig sind.

Tabelle 3. Ablauf einer Verfahrensprüfung (in Anlehnung an EN ISO 15607).

Reihenfolge	Tätigkeit	Ergebnis	Beteiligte Partner
1.	Entwicklung des Schweißverfahrens und Erstellung einer vorläufigen Schweißanweisung	pWPS	Ausführendes Unternehmen
2.	Qualifizierung des Schweißverfahrens durch Herstellen und Prüfen einer Schweißverbindung	WPQR	Ausführendes Unternehmen und unabhängige Stelle
3.	Endgültige Festlegung des Verfahrens	WPS aufgrund Ergebnis zu Nr. 2	Ausführendes Unternehmen
4.	Freigabe für die Fertigung	WPS als Schweißanweisung für den Schweißer	Ausführendes Unternehmen

6.5.1. Vorläufige Schweißanweisung (pWPS)

Für die Qualifizierung des Schweißverfahrens ist eine vorläufige Schweißanweisung (pWPS) zu erstellen, welche die besonderen Anforderungen widerspiegeln soll; siehe Tabelle 3, Nummer 1.

Ergänzend zu den Technischen Anforderungen nach DIN 35230 sind für die Herstellung von Baustellenschweißverbindungen verfahrensspezifisch folgende Angaben erforderlich:

- Geltungsbereich in der Anwendung, Durchmesserbereich, Wanddickenbereich etc.,
- Platzverhältnisse unter Baustellenbedingungen, Mindestfreiraum zur Anwendung der Schweißgeräte etc.,
  Informativ: Grundsätzlich gilt für die Verfahrensprüfung ein maximaler Freiraum nach AGFW FW 401-12. Sollte verfahrensbedingt ein größerer Freiraum notwendig werden, ist dies in der Schweißanweisung festzulegen.
- Maßnahmen zum Schutz der Schweißstelle vor Witterungseinflüssen (Schweißzelt, Schirme usw.),
- erforderliche Vorwärmtemperatur, Einrichtungen zum Vorwärmen, (Winterbaumaßnahmen),
- Angaben zu Heftstellen,
- Festlegungen zu zerstörungsfreien und zerstörenden Prüfverfahren mit Bewertungskriterien für die Baustelle,
  Informativ: Für die Schweißverfahren WZ, WE und HS/HD kann ein Verweis auf Richtlinie DVS 2207-5 Beiblatt 2 ausreichend sein. Für die herstellerspezifischen Schweißverfahren HM und das Induktionsschweißen sind geeignete und aussagefähige Prüfverfahren festzulegen.
- Bearbeitung nach dem Schweißen,
  Informativ: Bearbeitungen sollten erst nach der visuellen Prüfung erfolgen, siehe auch Richtlinie DVS 2207-5 Beiblatt 2.
- Festlegungen zu Reparaturverfahren.

Zur Qualifizierung der vorläufigen Schweißanweisung (pWPS) ist ein entsprechendes Prüfstück zu schweißen und zu prüfen.

Bei erfolgreichen Prüfergebnissen – siehe Tabelle 3, Nummer 2 – ist die Schweißanweisung qualifiziert und kann vom Hersteller zur Anwendung freigegeben werden – siehe Tabelle 3, Nummer 3 und 4.

6.5.2. Bericht zur Qualifizierung des Schweißverfahrens (WPQR)

Die Prüfungen zur Qualifizierung des Schweißverfahrens sind Tabelle 4 zu entnehmen. Die Durchführung der Prüfungen erfolgt nach Richtlinie DVS 2207-5 Beiblatt 2 an der nach der vorläufigen Schweißanweisung (pWPS) hergestellten Schweißverbindung. Die Beurteilung erfolgt durch einen

Schweißerprüfer einer unabhängigen Stelle.

Tabelle 4. Prüfungen zur Qualifizierung der vorläufigen Schweißanweisung.

Verfahren	Zerstörungsfreie Prüfung	Zerstörende Prüfung
WZ/WE HS HM IDS	Sichtprüfung nach Richtlinie DVS 2207-5 Beiblatt 2	Technologischer Biegeversuch und Schälversuch nach Richtlinie DVS 2207-5 Beiblatt 2 mit visueller Prüfung nach Richtlinie DVS 2202-1, Bewertungsgruppe II Zugversuch und Zeitstand-Zugversuch nach Richtlinie DVS 2207-5 Beiblatt 2
Stopfenschweißen HS/HD		Schäl-Zugprüfung gemäß Richtlinie DVS 2207-5 Beiblatt 2

6.5.3. Qualifizierte Schweißanweisung (WPS)

Im Prüfbericht wird der Geltungsbereich einer mit einer Verfahrensprüfung nachgewiesenen Schweißanweisung angegeben.

Schweißanweisungen, die für Baustellenfertigungen gelten, müssen den Zusatz: „unter Baustellenbedingungen nach Richtlinie DVS 2207-5:2016, Abschnitt 6.5.1“ enthalten.

6.5.4. Geltungsdauer

Bei Unterbrechung der Schweißarbeiten im Geltungsbereich der Schweißanweisung über einen Zeitraum von drei Jahren hinaus ist die Verfahrensprüfung zu erneuern.

6.6. Dokumentation und Kennzeichnung

Grundsätzlich gelten die Angaben nach AGFW FW 401, EN 489 sowie der den Schweißverfahren entsprechenden Richtlinien DVS 2207-1, DVS 2207-3, DVS 2207-4 und DVS 2202-1.

Für alle zu verschweißenden PE-Materialien muss der Nachweis der Schweißeignung erbracht werden.

Die Dokumentation der ausgeführten Arbeiten muss eine Rückverfolgbarkeit von Material, Schweißvoraussetzungen, -parametern und Schweißpersonal ermöglichen.

6.6.1. Dokumentation in der Werksfertigung

PE-Mantelrohre, Formstücke und Schweißzusätze müssen so gekennzeichnet sein, dass eine einwandfreie Beurteilung der Schweißeignung erfolgen kann.

Als Mindestkennzeichnung sind nach EN 253, EN 448, EN 489 und EN 15698-2 vom Hersteller der Kunststoffe und Halbzeuge folgende Angaben erforderlich:

- Rohmaterial des PE entweder durch Handelsname oder Code,
- MFR-Tabellenwert wie vom Rohstoffhersteller angegeben,
- Nenndurchmesser und Nennwanddicke des Mantelrohres,
- Jahr und Woche der Herstellung (gegebenenfalls Code),
- Herstellerzeichen.

Die Schweißzusätze müssen Richtlinie DVS 2211 entsprechen.

Maschinenbezogene Parametertabellen sind, auf das jeweilige Schweißverfahren abgestimmt, an jedem Schweißplatz vorzuhalten.

Für die Fertigung gemäß maschinenbezogener Parametertabellen kann eine Protokollierung für jede Einzelschweißung entfallen, wenn nachfolgend aufgeführte Voraussetzungen erfüllt sind:

- Das Unternehmen ist nach EN ISO 9001 auch für das PE-Schweißen im Geltungsbereich dieser Richtlinie zertifiziert und beschäftigt als Schweißaufsicht einen fest angestellten Fachmann für Kunststoffschweißen nach Richtlinie DVS 2213.
- Jede Schweißnaht ist durch den Schweißer einer Sichtprüfung zu unterziehen und mit einem personenbezogenen Schweißerstempel, vorzugsweise durch leichtes Eindrücken in die noch warme Schweißnaht, zu kennzeichnen.
- Für jeden Schweißer ist eine Dokumentation (z. B. ein Schweißerbuch) zu führen, in dem alle hergestellten Bauteile auftragsbezogen und mit Ausführungsdatum dokumentiert werden.
- Bei Abweichungen von den vorgegebenen maschinenbezogenen Parametern und bei Auffälligkeiten durch die Sichtprüfung sind diese zu dokumentieren. Die abweichend hergestellten Bauteile sind ausreichend zu kennzeichnen und dürfen nur nach Prüfung und Freigabe durch den Fachmann für Kunststoffschweißen weiterverarbeitet bzw. ausgeliefert werden.
- Eine regelmäßige zerstörende Prüfung von Schweißverbindungen hat zu erfolgen. Jeder Schweißer ist mindestens einmal im Quartal (alle drei Monate) oder bei Bedarf durch den Fachmann für Kunststoffschweißen zu prüfen.
- Warmgasschweißen: Regelmäßige, tägliche Überprüfung und Protokollierung der Warmgastemperatur, der Luftmenge und der Temperatur des Extrudates. Diese Prüfung ist mindestens vor Arbeitsbeginn, bei Schichtwechsel und nach längeren Pausen durch den Schweißer durchzuführen und zu protokollieren
- Heizelementschweißen: Regelmäßige, tägliche Überprüfung und Protokollierung der Heizelementtemperatur und des Einstelldrucks zum Angleichen und Fügen. Diese Prüfung ist mindestens vor Arbeitsbeginn, bei Schichtwechsel und nach längeren Pausen durch den Schweißer durchzuführen und zu protokollieren.

6.6.2. Dokumentation und Kennzeichnung in der Baustellenfertigung

Die MFR-Werte der Grundwerkstoffe und ggf. der Schweißzusatzstoffe sind zu dokumentieren.

Schweißvoraussetzungen und Schweißparameter sind für jede Schweißverbindung in Anlehnung an Richtlinien DVS 2207-4 (Extrusionsschweißen), DVS 2207-3 (Warmgasschweißen) und DVS 2207-1 (Heizwendelschweißen) zu überprüfen und zu protokollieren.

- Warmgasschweißen (WE, WZ): Regelmäßige Überprüfung und Protokollierung der Warmgastemperatur und der Temperatur des Extrudates. Diese Prüfung ist mindestens vor Arbeitsbeginn und nach längeren Pausen durch den Schweißer durchzuführen und zu protokollieren.
- Stopfenschweißen (HS / HD): Regelmäßige Überprüfung der Heizelemente (Dorn und Buchse) auf Sauberkeit und nicht beschädigte Beschichtung sowie Überprüfung und Protokollierung der Heizelementtemperatur. Diese Prüfung ist mindestens vor Arbeitsbeginn und nach längeren Pausen durch den Schweißer durchzuführen und zu protokollieren.

Die ausgeführten Mantelrohrschweißverbindungen sind nach EN 489 mit folgenden Angaben zu kennzeichnen:

- Name des ausführenden Unternehmens und des Schweißers, ggf. Kurzzeichen,
- Produktbezeichnung, sofern vorhanden,
- Jahr und Woche der Herstellung der Verbindung (gegebenenfalls Code).

Ein Muster für ein Schweißprotokoll ist Anhang 1 zu entnehmen.

7. Prüfung der Schweißverbindungen

Zum Prüfen der Schweißverbindungen siehe Richtlinie DVS 2207-5, Beiblatt 2.

7.1. Prüfumfang

Der Prüfumfang in der Baustellenfertigung wird durch den Auftraggeber festgelegt.

Erfolgt keine Vorgabe durch den Auftraggeber, wird der Prüfumfang in Abhängigkeit von der Projektklasse (1. Kriterium) nach EN 13941, der Klassifizierung nach AGFW FW 601 (2. Kriterium) und der Anzahl der Schweißnähte entsprechend Tabelle 5 empfohlen.

Tabelle 5. Prüfumfang für Baustellenschweißnähte.

Projektklasse nach EN 13941	Klassifizierung nach FW 601[a]	Sichtprüfung auf äußere Unregelmäßigkeiten	Zerstörende Prüfung mit Sichtprüfung auf innere Unregelmäßigkeiten[b]
A	FW 3	Schweißaufsicht:10 %[c]	Keine Prüfung
B	FW 2	Schweißaufsicht: Bis 30 Schweißungen: 10 %[c] Ab 30 Schweißungen: 10 % pro Baustelle	Bis 100 Mantelrohrverbindungen: keine Prüfung Ab 101 Schweißungen: 1 x pro Baustelle
C	FW 1	Schweißaufsicht: Bis 30 Schweißungen: 10 %[c] Ab 30 Schweißungen: 10 % pro Baustelle	Bis 10 Schweißungen: keine Prüfung Ab 11 Schweißungen:1 x pro Baustelle

Legende:
[a] FW 3 Nennweite Mediumrohr DN≤100
FW 2 Nennweite Mediumrohr DN≤250
FW 1 Alle Nennweiten Mediumrohr
[b] z. B. als Arbeitsprobe durch die Schweißaufsicht
[c] Repräsentative Proben für sämtliche Schweißnähte eines Schweißers in einem Jahr

Der Schweißer muss jede hergestellte Schweißnaht visuell auf ordnungsgemäße Ausführung prüfen; siehe Richtlinie DVS 2207-5 Beiblatt 2.

Sämtliche auf der Baustelle hergestellten Schweißnähte sind mit Luftüber- oder Luftunterdruck auf Dichtheit zu prüfen.

Bei nicht 100 %iger Sichtprüfung durch die Schweißaufsicht ist bei festgestellten ungenügenden Schweißnähten der Prüfumfang zu erhöhen, um die Häufigkeit des Fehlers festzustellen. Die Ursache für den Fehler ist abzustellen.

Sofern nicht anders vereinbart, sind für jede verworfene Schweißnaht zwei weitere Schweißverbindungen desselben Schweißers zu prüfen. Es sind immer ganze Nähte zu prüfen.

8. Schrifttum

Die folgenden zitierten Dokumente sind für die Anwendung dieser Richtlinie erforderlich.

DIN 35226 Kunststoffschweißaufsicht – Aufgaben, Verantwortungen, Wissen, Fähigkeiten und Kompetenz

DIN 35230 Kunststoffe – Schweißen von thermoplastischen Kunststoffen – Anforderungen an Schweißverfahen

EN 253 Fernwärmerohre – Werkmäßig gedämmte Verbundmantelrohrsysteme für direkt erdverlegte Fernwärmenetze – Verbund-Rohrsystem bestehend aus Stahl-Mediumrohr, Polyurethan-Wärmedämmung und Außenmantel aus Polyethylen

EN 448	Fernwärmerohre – Werkmäßig gedämmte Verbundmantelrohrsysteme für direkt erdverlegte Fernwärmenetze – Verbund-Formstücke bestehend aus Stahl-Mediumrohr, Polyurethan-Wärmedämmung und Außenmantel aus Polyethylen hoher Rohdichte
EN 488	Fernwärmerohre – Werkmäßig gedämmte Verbundmantelrohrsysteme für direkt erdverlegte Fernwärmenetze – Verbund-Formstücke bestehend aus Stahl-Mediumrohr, Polyurethan-Wärmedämmung und Außenmantel aus Polyethylen hoher Rohdichte
EN 489	Fernwärmerohre – Werkmäßig gedämmte Verbundmantelrohrsysteme für direkt erdverlegte Fernwärmenetze – Rohrverbindungen, bestehend aus Stahlmediumrohr, Polyurethan-Wärmedämmung und Außenmantel aus Polyethylen hoher Rohdichte
EN 13941	Auslegung und Installation von werkmäßig gedämmten Verbundmantelrohren für die Fernwärme
EN 15632	Fernwärmerohre – Werkmäßig gedämmte flexible Rohrsysteme
EN 15698	Fernwärmerohre – Werkmäßig gedämmte Verbundmanteldoppelrohre für direkt erdverlegte Fernwärmenetze
EN ISO 1133-1	Kunststoffe – Bestimmung der Schmelze-Massefließrate (MFR) und der Schmelze-Volumenfließrate (MVR) von Thermoplasten – Teil 1: Allgemeines Prüfverfahren
EN ISO 9001	Qualitätsmanagementsysteme – Anforderungen
EN ISO 15607	Anforderung und Qualifizierung von Schweißverfahren für metallische Werkstoffe – Allgemeine Regeln
ISO 11414	Kunststoffrohre und Formstücke – Vorbereitung von Prüfgefügen zwischen Rohr/Rohr oder Rohr/Formstück aus Polyethylen (PE) durch Stumpfschweißen
ISO 13953	Polyethylen(PE)-Rohre und -Formstücke – Bestimmung der Zugfestigkeit von Probekörpern aus Stumpfschweißverbindungen
AGFW FW 401	Verlegung und Statik von Kunststoffmantelrohren (KMR) für Fernwärmenetze
AGFW FW 601	Unternehmen zur Errichtung, Instandsetzung und Einbindung von Rohrleitungen für Fernwärmesysteme – Anforderungen und Prüfungen
AGFW FW 603	Muffenmontage an Kunststoffmantelrohren (KMR) und flexiblen Rohrsystemen; Prüfung von Muffenmonteuren
AGFW FW 605	Muffenmontage an Kunststoffmantelrohren (KMR) und flexiblen Rohrsystemen; Anforderungen an Unternehmen die Muffenmontagearbeiten ausführen
DVGW VP 603	Vorläufige Prüfgrundlage für Reinigungsmittel und deren Behälter zur Vorbereitung von Schweißverbindungen an Polyethylenrohren
Richtlinie DVS 2202-1	Fehler an Schweißverbindungen aus thermoplastischen Kunststoffen – Merkmale, Beschreibung, Bewertung
Richtlinie DVS 2207-1	Schweißen von thermoplastischen Kunststoffen – Heizelementschweißen von Rohren, Rohrleitungsteilen und Tafeln aus PE-HD
Richtlinie DVS 2207-3	Schweißen von thermoplastischen Kunststoffen – Warmgaszieh- und Warmgasfächelschweißen von Rohren, Rohrleitungsteilen und Tafeln – Verfahren, Anforderungen
Richtlinie DVS 2207-3 Beiblatt 1	Schweißen von thermoplastischen Kunststoffen – Warmgaszieh- und Warmgasfächelschweißen von Rohren, Rohrleitungsteilen und Tafeln – Schweißparameter
Richtlinie DVS 2207-3 Beiblatt 2	Warmgaszieh– und Warmgasfächelschweißen von Rohren, Rohrleitungsteilen und Tafeln; Anforderungen an die Schweißgeräte und das Zubehör

Richtlinie DVS 2207-4	Extrusionsschweißen von Rohren, Rohrleitungsteilen und Tafeln – Verfahren, Anforderungen
Richtlinie DVS 2207-4 Beiblatt 1	Extrusionsschweißen von Rohren, Rohrleitungsteilen und Tafeln – Verfahren, Schweißparameter
Richtlinie DVS 2207-4 Beiblatt 2	Extrusionsschweißen von Rohren, Rohrleitungsteilen und Tafeln; Anforderungen an die Schweißmaschinen und Schweißgeräte
Richtlinie DVS 2207-5 Beiblatt 1	Schweißen von PE-Mantelrohren – Stopfenschweißen an PE-Mantelrohren
Richtlinie DVS 2207-5 Beiblatt 2	Schweißen von PE-Mantelrohren – Prüfen von Schweißverbindungen an PE-Mantelrohren
Richtlinie DVS 2208-1	Schweißen von thermoplastischen Kunststoffen – Maschinen und Geräte zum Schweißen für das Heizelementschweißen von Rohren, Rohrleitungsteilen und Tafeln
Richtlinie DVS 2211	Schweißen von thermoplastischen Kunststoffen – Schweißzusätze – Kennzeichnung, Anforderungen, Prüfungen
Richtlinie DVS 2212	Prüfung von Kunststoffschweißern
Richtlinie DVS 2212-1	Prüfung von Kunststoffschweißern – Prüfgruppen I und II
Richtlinie DVS 2212-1 Beiblatt 1	Prüfung von Kunststoffschweißern – Prüfgruppen I und II – Planmäßige Überwachung der geprüften Kunststoffschweißer
Richtlinie DVS 2212-4	Prüfung von Kunststoffschweißern – Schweißen von PE-Mantelrohren – Rohre und Rohrleitungsteile
Richtlinie DVS 2213	Fachmann für Kunststoffschweißen

Anhang 1. Schweißprotokoll (informativ):

Beispiel für ein Protokoll zur Dokumentation der auf der Baustelle ausgeführten Schweißarbeiten.

Schweißprotokoll zum Schweißen von PE-Mantelrohren und PE-Muffen

Projekt-/Kom.-Nr.	______	Projektbezeichnung	______
Bauherr:	______		

Nachdämmunternehmen			
Firma:	______		
Staße und Nr.:	______	Telefon:	______
PLZ und Ort:	______	Email:	______
Name des Schweißers:	______		
Schweißerzeugnis DVS 2212-4:	Ja ☐ Nein ☐	Schweißausweis-Nr.: gültig bis:	______ ______

Angaben zum Bauteil und Material					
Montagemuffe aus PE-HD oder Muffennummer	______	VL ☐ RL ☐	Materialdicke PE-Werkstoff [mm]	______	
Montagebogen Einbauort Trassenpunkt (TP)	______	VL ☐ RL ☐	MFR-Werte geprüft und zueinander passend?	Ja ☐ Nein ☐	
Montageabzweig Einbauort Trassenpunkt (TP)	______	VL ☐ RL ☐			
Ausführung mit Wurzelnaht		Ja ☐ Nein ☐	Schweißverfahren der Decklage*	WE ☐ WZ ☐	

* Grundsätzlich ist das Warmgasextrusionsschweißen anzuwenden.
Warmgasziehschweißen ist nur in Ausnahmefällen und in Abstimmung mit der Bauüberwachung zulässig.

Angaben zur Vorbereitung			
Nummer Schweißgerät	______	Schweißschuh passend zur Naht ☐	Schweißflanken bearbeitet ☐
Vorbereitung V-Naht	______	Schweißzusatz Oxidschicht entfernt ☐	

Angaben zur Schweißung					
Nummer WPS	______	Datum der Schweißung	______	Luftmenge [l/min]	______
Warmlufttemperatur [°C]	______	Massetemperatur [°C]	______	Umgebungs-temperatur [°C]	______

Angaben zu den Umgebungsbedingungen und Schutzmaßnahmen	
Witterung ______	Schutzmaßnahmen ______

Bemerkungen:

Datum ______ Unterschrift Schweißer ______

DVS VERBAND
DVS – Deutscher Verband
für Schweißen und
verwandte Verfahren e. V.

Richtlinie
DVS 2207-5 Beiblatt 1

Ersetzt Ausgabe Juli 1997

Richtlinie DVS 2207-5 Beiblatt 1

Schweißen von thermoplastischen Kunststoffen Schweißen von PE-Mantelrohren – Stopfenschweißen an PE-Mantelrohren –

DVS, Ausschuss für Technik, Arbeitsgruppe "Fügen von Kunststoffen"

Bezug: DVS Media GmbH, Postfach 10 19 65, 40010 Düsseldorf, Telefon (0211) 1591-0, Telefax (0211) 1591-150

Inhalt:

1. Geltungsbereich

Das vorliegende Beiblatt zur Richtlinie DVS 2207-5 behandelt das Schweißen konischer Schweißstopfen zum Verschluss der Schäumöffnungen mit der Verfahrensvariante HS/HD an Mantelrohrverbindungen an werkmäßig gedämmten Mantelrohrsystemen für direkt erdverlegte Fernwärmenetze nach AGFW FW 401 sowie den EN-Normen 253, 448, 488, 489, 13941, 15632 und 15698.

Für das Prüfen und Bewerten dieser HS/HD-Schweißverbindungen gilt Beiblatt 2.

2. Stopfenschweißen

Das Stopfenschweißen wird zum Verschließen der Schäumöffnungen angewendet.

Es ist eine Kombination des Heizelement-Stumpfschweißverfahrens (HS) mit dem Heizelement-Muffenschweißverfahren (HD) und wird im Geltungsbereich dieses Beiblattes als manuelles Verfahren ausgeführt.

2.1. Schnittdarstellung der Schweißverbindung

Der in Bild 1 dargestellte Querschnitt zeigt den Schweißstopfen in einer

- einschaligen Muffe aus PE-HD,
- einschaligen Muffe aus PE-X,
- zweischaligen Muffe mit äußerer Schale aus PE-X und Innenschale aus PE-HD.

Bei dünneren Schalen ragt der Schweißstopfen deutlich in das Muffeninnere, bei zweischaligen Muffen mit größerem Durchmesser ist der innere Überstand geringer.

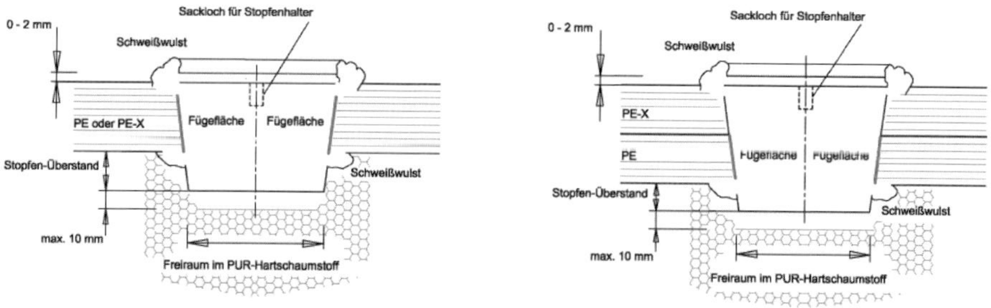

Bild 1. Prinzipdarstellung von Schweißstopfen (links: einschalige Muffe, rechts: zweischalige Muffe).

Besonders zu beachten ist, dass der Schweißstopfen lediglich mit der Muffe aus PE-HD eine langfristig sichere stoffschlüssige Verbindung eingeht.

Die Verbindung des Schweißstopfens mit der einschaligen Muffe aus PE-X wird zwar durch den äußeren sichtbaren Schweißwulst signalisiert, aufgrund der unterschiedlichen Struktur beider Werkstoffe (MFR-Wert) ist jedoch eine langzeitige Stoffschlüssigkeit mit Dichtwirkung nur mit gesondertem Nachweis gewährleistet.

Der Schweißstopfen ist mit einem Überstand von 0-2 mm über der Muffenoberfläche einzuschweißen.

Da am Schweißstopfen nach dem Anwärmen ausreichend plastifizierte Fügefläche zur Verfügung steht, ist lediglich bei zweischaligen Muffen mit größerem Durchmesser darauf zu achten, dass der Schweißstopfen beim Schweißen weit genug in die Innenschale aus PE-HD eingedrückt wird und mit dieser eine innige Verbindung eingeht.

Dabei ist eine Fügekraft von etwa 30 bis 50 N einzuhalten.

Seitens des Schweißers ist ein Abgleich zwischen der Wanddicke der Muffe und der Länge des Schweißstopfens vorzunehmen, um Unstetigkeiten beim Fügen vorzubeugen.

2.2. Allgemeine Anforderungen

Die Schweißverbindungen müssen langfristig dicht sein und dabei den auftretenden thermischen und mechanischen Belastungen widerstehen.

Zu beiden Varianten des kombinierten HS/HD-Schweißverfahrens enthält Richtlinie DVS 2207-1 detaillierte Angaben.

Von den ausführenden Muffenmontageunternehmen ist eine Verfahrensprüfung nach Richtlinie DVS 2207-5 für den spezifischen Schweißstopfen nachzuweisen. Die Ausführung auf der Baustelle erfolgt entsprechend der Schweißanweisung.

Die Schweißanweisung muss auch Prüfverfahren und Anforderungen zur Eigenüberwachung enthalten. Die Anforderungen an die visuellen Prüfungen sind in Anlehnung an Richtlinie DVS 2202-1, Bewertungsgruppe II, festzulegen.

Informativ: Es ist weder empfehlenswert noch notwendig, die Stopfenschweißung mittels zusätzlichem PE-Lochverschluss (Patch) abzudecken.

2.3. Voraussetzungen zum Schweißen

Die Schweißstopfen müssen bezüglich ihrer Abmessungen auf die Größe der Schäumöffnungen und die Maße des Heizdorns sowie der Heizbuchse abgestimmt sein. Voraussetzung für den Aufbau eines Fügedrucks während des Schweißvorgangs ist, dass sowohl die Schäumöffnung als auch der Schweißstopfen in derselben Weise konisch geformt sind.

Nach EN 489 muss die Kennzeichnung der Schweißstopfen so beschaffen sein, dass sie nach dem Einbau noch erkennbar ist. Die Schweißstopfen sind mit dem Namen des Herstellers zu versehen. Es sind nur Schweißstopfen zulässig, die mit dem Namen des Herstellers bzw. dem Herstellerkennzeichen und dem MFR-Wert gekennzeichnet sind.

Für die Sicherstellung einer stoffschlüssigen Verbindung ist es bedeutend, dass die PE-Materialien EN 253 entsprechen. Danach

- müssen die Schmelze-Massefließraten (MFR) der PE-Muffenrohre und des Schweißstopfens bei der Bestimmung nach EN ISO 1133-1 unter der Prüfbedingung 190/5 (190 °C, 5 kg) im Bereich von 0,2 g/10 min ≤ MFR ≤ 1,4 g/10 min liegen und
- die MFR der zu verschweißenden Werkstoffe dürfen höchstens 0,5 g/10 min voneinander abweichen.

Dies bedingt, dass Schweißstopfen zu verwenden sind, auf welchen auch der eindeutige MFR-Wert angegeben ist. Alternativ ist eine eindeutige Kennzeichnung auf der Verpackung notwendig. Bei Verwendung von Schweißstopfen mit unbekanntem oder nicht eindeutigem MFR-Wert bzw. ohne Kennzeichnung ist ein gesonderter Eignungsnachweis zu führen.

2.3.1. Formen, Abmessungen und Eignung von Schweißstopfen

Schweißstopfen sind spritzgegossene Formteile, die sich in der Ausführung unterscheiden. Sie sind vom Anwender hinsichtlich ihrer Eignung auszuwählen.

Form und Abmessung der Schweißstopfen müssen mit den zur Verfügung stehenden Werkzeugen und Geräten kompatibel sein.

Bild 2 zeigt drei unterschiedliche Formen von Schweißstopfen mit folgenden Merkmalen:

1. Vollstopfen mit Loch zum Eindrehen des Stopfenhalters
2. Leichtstopfen mit Loch zum Eindrehen des Stopfenhalters
3. Vollstopfen mit Bolzen zum Halten mit z. B. einer Gripzange

a)	b)	c)
Vollstopfen mit Loch zum Eindrehen des Stopfenhalters	Leichtstopfen mit Loch zum Eindrehen des Stopfenhalters	Vollstopfen mit „Bolzen" zum Halten mit z. B. einer Gripzange

Bild 2. Beispiele für unterschiedliche Formen von Schweißstopfen.

Die Schweißstopfen a) und b) lassen die Verwendung eines Schweißstopfenhalters mit Gewinde-Schneidstift zu, was die sichere Handhabung beim Fügen ermöglicht; siehe Abschnitt 2.4.2. Schweißstopfen; c) erfordert die Verwendung einer Zange o. ä., was den Anforderungen an Werkzeuge und Geräte nur eingeschränkt entspricht.

2.4. Werkzeuge und Geräte

Die Verwendung geeigneter und sicherer Werkzeuge und Geräte zum Schweißen der Schweißstopfen ist Teil der sachgemäßen Schweißdurchführung.

Zur Werkzeug- und Geräteausstattung beim Schweißen von Schweißstopfen gehören:

- Heizelement (Stopfenschweißgerät)
- Bohrmaschine bzw. Akkuschrauber
- Zylindrischer Bohrer bzw. Fräser mit Anschlag für Schäumlochbearbeitung (konischer Schälbohrer)
- Fächerschleifer
- Schweißstopfenhalter
- Schaber

2.4.1. Heizelemente

Die Heizelemente bestehen aus einem Handgriff mit integriertem Temperaturregler und der Energiezuführung sowie dem beheizbaren Grundkörper, an welchem Heizdorn und Heizbuchse angeschraubt werden, siehe Bild 3.

Bild 3. Heizelement mit Temperaturregler und beheizbarem Grundkörper (links); Heizdorn und Heizbuchse zum Anschrauben (rechts).

Der Heizdorn ist außen und die Heizbuchse innen konisch geformt, beide Werkzeuge müssen mit der Form des Schweißstopfens und der Schäumöffnung in Übereinstimmung sein.

Das Heizelement muss in seinem Nutzbereich (Heizdorn und Heizbuchse) mit einer antiadhäsiven Beschichtung versehen sein, um einer Anhaftung von Schmelzerückständen vorzubeugen. Die antiadhäsive Eigenschaft muss auch bei längerem Gebrauch des Heizelements gegeben sein, andernfalls ist ein Austausch bzw. die Neubeschichtung zu veranlassen. Die Verwendung von Antihaftspray o. ä. ist unzulässig.

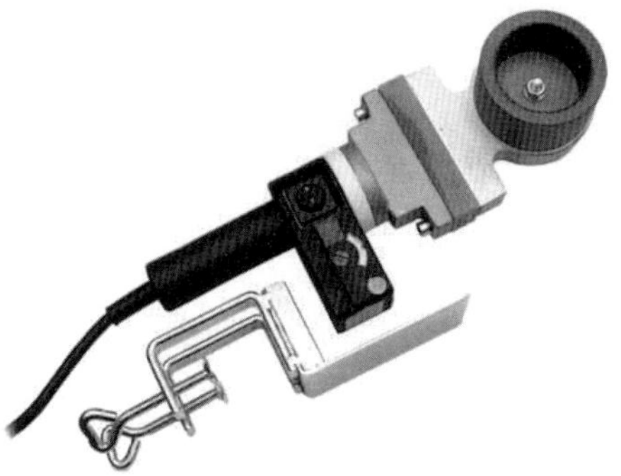

Bild 4. Heizelement mit Haltevorrichtung.

Zur Vermeidung von Verschmutzungen und Beschädigungen des Heizelements ist dieses vor und nach dem Schweißen in einer geeigneten Schutzvorrichtung aufzubewahren (z. B. Tragekasten). Zum sicheren Ablegen während des Gebrauchs des Heizelements ist insbesondere während der Aufheiz- und Abkühlphasen, der Wartezeiten etc. eine Haltevorrichtung zu benutzen, die einen Fremdkontakt der Heizflächen verhindert, siehe Bild 4.

Vor Inbetriebnahme ist das Heizelement entsprechend Richtlinie DVS 2207-1 mit sauberem, unbenutztem, saugfähigem, frei von Duftstoffen, nichtfaserndem und uneingefärbtem Papier zu reinigen. Nach dem Reinigungsvorgang dürfen sich keine Reste von Reinigungsmittel, Papier oder dergleichen auf dem Heizelement befinden.

Das Heizelement muss im Temperaturbereich von 180 bis 260 °C stufenlos einstellbar sein und sollte über eine automatische Abschaltung bei Übertemperatur verfügen. Die übliche Schweißtemperatur liegt für Wanddicken bis 5 mm bei 250 °C bis 270 °C, bei größeren Wanddicken sollten 230 °C bis 250 °C eingehalten werden; davon abweichende Angaben der Schweißstopfenhersteller zu den Verarbeitungstemperaturen sind zu beachten.

Die Temperatur des Heizelements ist vor Schweißbeginn zu kontrollieren. Dies kann zum Beispiel mit einem schnellanzeigenden Temperaturmessgerät erfolgen, das für Oberflächennmessungen mit einer Auflagefläche von ca. 10 mm geeignet ist.

Die Kontrollmessung ist frühestens 10 Minuten nach Erreichen der zum Schweißen erforderlichen Schweißtemperatur (Solltemperatur) durchzuführen und zu protokollieren. Es sind jeweils zwei Messpunkte am Heizdorn und an der Heizbuchse zu wählen, mit welchen ein Durchschnittswert aus vier Einzelmessungen zu ermitteln ist. Nähere Angaben zur Bestimmung der Temperaturgenauigkeit enthält Richtlinie DVS 2208-1. Ggf. vorhandene Abweichungen sind vom Schweißer an der Temperatureinstellung des Schweißgerätes nachzuregeln.

2.4.2. Schweißstopfenhalter

Schweißstopfenhalter gibt es in verschiedenen Ausführungen, sie müssen ausnahmslos eine leichte Bedienbarkeit und sichere Handhabung während der Verfahrensschritte ermöglichen. Hierzu gehört u. a. die feste Verankerung des Schweißstopfens mit dem Halter, welche ein versehentliches Herausfallen oder Verrutschen des Schweißstopfens verhindert, siehe Bild 5.

Bild 5. Ausführungsbeispiele für Schweißstopfenhalter.

Nach dem Schweißvorgang muss sich der Halter leicht vom Schweißstopfen lösen lassen, um eine unnötige Belastung der Schweißverbindung zu vermeiden. Das Hantieren mit einer üblichen Zange, als Ersatz für einen speziellen Schweißstopfenhalter, ist unzulässig.

Von Vorteil ist es, wenn der Schweißstopfenhalter mit einem Anschlag versehen ist, der ein zu tiefes Eindrücken des Schweißstopfens in die Schäumöffnung unterbindet. Der Anschlag muss so gestaltet sein, dass sich der Schweißwulst beim Eindrücken des Schweißstopfens in die Schäumöffnung ungehindert ausformen kann.

2.4.3. Kegelsenker für Schäumlochbearbeitung

Die Schäumlochbearbeitung dient dazu, die für das Schweißen erforderliche Anschrägung der zylindrischen Öffnung zu bewerkstelligen. Hierzu eignet sich ein speziell geformter Kegelsenker mit einem auf den Schweißstopfen abgestimmten Kegelwinkel.

Wichtiges Merkmal des Kegelsenkers ist die Begrenzung durch einen Anschlag, damit der große Kegeldurchmesser an der zu bearbeitenden Schäumöffnung dem Durchmesser des Schweißstopfens entspricht, siehe Bild 6.

Informativ: Ein zu tief eingesenkter Konus würde dazu führen, dass ein Teil der Fügefläche in der Schäumöffnung verloren geht und dadurch die Belastbarkeit des Schweißstopfens verringert wird.

Bild 6. Ausführungsbeispiel eines Kegelsenkers mit Anschlag für die Bearbeitung der Schäumöffnungen.

2.5. Maßnahmen vor dem Schweißen

Generell muss sichergestellt werden, dass der Schweißstopfen beim Schweißvorgang keinen Widerstand durch den PUR-Hartschaumstoff erfährt, d. h. die erforderliche Fügekraft in der Schweißebene muss sichergestellt werden, siehe Bild 7 und Bild 8.

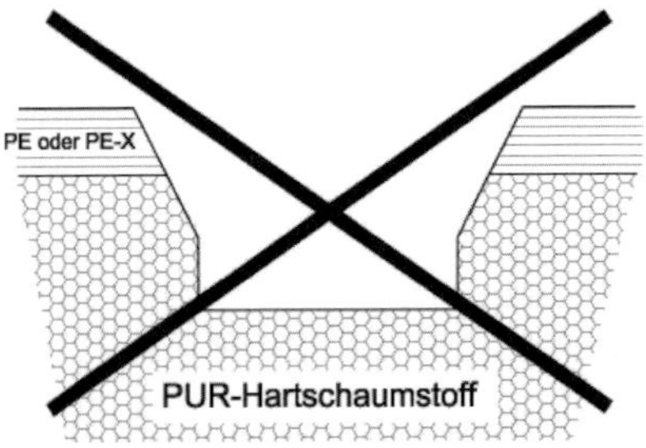

Bild 7. Ungeeignete Vorbereitung der Schweißfläche für Wanddicken > 5 mm durch einen Kegelsenker, da die Aufbringung der erforderlichen Fügekraft durch den Druckwiderstand des PUR-Hartschaumstoffes beim Anpressen des Stopfens erschwert bzw. nicht erreicht werden kann.

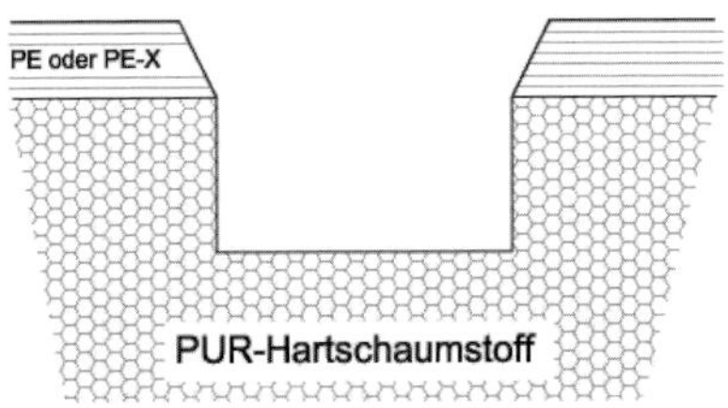

Bild 8. Geeignete Vorbereitung der Schweißfläche für Wanddicken > 5 mm durch einen Kegelsenker.

Im Bereich der Schäumöffnungen sind auf dem Muffenrohr Schaumreste und Verschmutzungen etc. großflächig zu entfernen.

Anschließend sind die vorgereinigten zylindrischen Schäumöffnungen mittels eines sauberen und fettfreien Kegelsenkers zu bearbeiten. Die Bearbeitung hat wesentlichen Einfluss auf den Schweißprozess, da die Formschlüssigkeit der Schäumöffnung mit dem Schweißstopfen und dem Heizelement die unerlässliche Voraussetzung für eine homogene Verbindung darstellt.

Bis 5 mm Wanddicke kann eine zylindrische Anbohrung ausreichend sein. Darüber hinaus ist die Bohrung mit einem Kegelsenker nachzubearbeiten.

Lose Schaumpartikel müssen durch geeignete Maßnahmen aus dem Bohrloch entfernt werden.

2.6. Ausführen des Schweißens

Zu Beginn des Schweißprozesses, d. h. unmittelbar nach der Reinigung und mechanischen Bearbeitung der Schäumöffnungen, ist der Schweißstopfen mit einem geeigneten Schweißstopfenhalter zu versehen, welcher eine verfahrenskonforme Durchführung der einzelnen Arbeitsschritte gewährleistet. Angaben zum Schweißstopfenhalter siehe Abschnitt 2.4.2. Nach der abschließenden Reinigung des Schweißstopfens mit einem zugelassenem Reinigungsmittel darf dieser weder verschmutzt noch mit bloßen Händen angefasst werden.

Informativ: Die Entfernung der Oxidschicht an der Fügefläche des Schweißstopfens kann entfallen, da beim Eindrücken des Schweißstopfens in die Schäumöffnung die obere Schicht der plastifizierten Fläche abgeschoben wird und damit nicht in die Fügeebene gelangt (Muffenschweißverfahren). Hierin besteht ein Unterschied zum Heizelement-Stumpfschweißen, bei welchem die Fügeflächen so aufeinander treffen, dass lediglich an den Rändern der Fügeebene plastifiziertes Schweißgut ausgetrieben wird. Reste von oxidiertem Schweißgut würden einer homogenen Verbindung entgegenwirken.

2.6.1. Angleichen

Der Stopfen wird mittels Schweißstopfenhalter in die Heizbuchse des auf Schweißtemperatur eingestellten Heizelementes eingesteckt und der Heizdorn in die vorbereitete Schäumöffnung gedrückt.

Der Angleichvorgang ist abgeschlossen, wenn die Fügeflächen vollständig an den Heizflächen anliegen und sich sowohl am Rand der Schäumöffnung als auch am Rand des Schweißstopfens ein gleichmäßiger Umfangswulst mit 1 bis 2 mm Höhe gebildet hat. Angaben zum Angleichdruck erübrigen sich, da dieser ausschließlich der Übung und Handfertigkeit des Schweißers unterliegt.

2.6.2. Anwärmen

Das Anwärmen, d. h. die weitere Plastifizierung der Fügeflächen folgt unmittelbar nach dem Angleichen. Hierzu wird der anfängliche Angleichdruck so reduziert, dass sich im Verlauf des Anwärmens der Umfangswulst am Rand der Schäumöffnung bzw. am Rand des Schweißstopfens nicht wesentlich vergrößert.

Für die praxisnahe Handhabung wird als Richtwert eine wanddickenunabhängige Anwärmzeit von 30 Sekunden empfohlen.

Informativ: Als Richtwert für die Anwärmzeit für Wanddicken bis 5 mm können etwa 20 Sekunden, für größere Wanddicken bis zu etwa 40 Sekunden angenommen werden. Konkrete Zeiten in Abhängigkeit der Temperaturen, Stopfenformen etc. müssen in der WPS angegeben sein.

2.6.3. Umstellen

Nach dem Anwärmen ist der Schweißstopfen aus der Heizbuchse und der Heizdorn von der Fügefläche in der Schäumöffnung zu lösen. Dabei dürfen die Fügeflächen weder beschädigt noch verschmutzt werden. Die mit Umstellzeit bezeichnete Dauer bis zur Berührung der Fügeflächen des Schweißstopfens mit der Fügefläche der Schaumöffnung ist so gering wie möglich zu halten, um den Plastifizierungsgrad nicht zu mindern. Eine Umstellzeit von fünf Sekunden darf nicht überschritten werden.

2.6.4. Fügen

Nach Berührung der Fügeflächen ist der Schweißstopfen mittels Schweißstopfenhalter zügig bis etwa 0 mm bis 2 mm über der Muffenoberfläche in die Schäumöffnung mit einer Fügekraft von etwa 30 N bis 50 N einzudrücken und in dieser Position mindestens 15 Sekunden zu halten. Drehen und Verkanten des Schweißstopfens während des Fügevorganges sind auszuschließen.

Der beim Fügen entstehende Schweißwulst darf keinesfalls durch Anpressen mit den Händen oder eines Werkzeugs etc. verformt bzw. modelliert oder mechanisch abgearbeitet werden, da die Gleichmäßigkeit der Wulstbildung über dem Umfang ein Beurteilungskriterium darstellt. Auch aus dieser Sicht ist es weder empfehlenswert noch notwendig, den Schweißstopfen mittels zusätzlichem PE-Lochverschluss (Patch) abzudecken.

2.6.5. Abkühlen

Die Abkühlung der Fügefläche erfolgt ohne Fügedruckeinwirkung. Die Abkühlzeit ist abhängig von der Muffenwanddicke, d. h. je größer die Wanddicke ist, desto länger dauert es, bis die Rekristallisation in der Fügefläche abgeschlossen ist. Bis zum Zeitpunkt der Erstarrung aller plastifizierten Anteile in der Fügeebene darf die Verbindung nicht belastet werden, d. h. das Entfernen des Schweißstopfenhalters mittels Kraftaufbringung ist zu unterlassen.

Da zum Abkühlen von Stopfenschweißungen in Muffen bislang keine Richtwerte vorliegen, wird in Anlehnung an Richtlinie DVS 2207-1 eine Mindestabkühlzeit von zwei Minuten empfohlen. Eine Zwangsabkühlung zwecks Beschleunigung des Vorgangs ist unzulässig.

3. Prüfen

100 % der Schweißausführungen sind vom bauleitenden Muffenmonteur visuell auf äußere Unregelmäßigkeiten zu prüfen.

Anmerkung: Nach AGFW FW 605 ist der bauleitende Muffenmonteur diejenige Person, der die Verantwortungen und Befugnisse zur Überwachung der Muffenmontagearbeiten auf der Baustelle übertragen wurden.

Weitere Prüfungen sind ggf. zwischen den Vertragspartnern zu vereinbaren.

Geeignete Prüfverfahren nach Richtlinie DVS 2207-5 Beiblatt 2 sind:

Zerstörungsfreie Prüfverfahren (ZfP):

- Sichtprüfung
- Dichtheitsprüfung mit Luftunterdruck (Vakuumbrille)

Zerstörende Prüfverfahren (ZP):

- Manuelle Schälprüfung

4. Dokumentation

Hinweise zur Dokumentation siehe Richtlinie DVS 2207-5.

5. Verfahrensanleitung (Kurzfassung)

Die in Tabelle 1 aufgeführte Zusammenfassung der Arbeitsschritte und Verfahrensparameter sollte von den Herstellern herangezogen werden, um für ihre technischen Lösungen Schweißanweisungen zu erarbeiten.

Tabelle 1. Arbeitsschritte und Verfahrensparameter.

Arbeitsschritt	Abschnitt	Richtwert, Hinweis
Einstellen der Schweißtemperatur	2.4.1	Temperaturbereich 230 bis 250 °C oder nach Schweißanweisung
Prüfen der Heizelementtemperatur	2.4.1	Prüftemperatur = Schweißtemperatur (Solltemperatur); ggf. Nachregeln
Reinigung des Heizelements	2.4.1	Verwendung zugelassener Reinigungsmittel,
Vorbereiten der Fügeflächen	2.5	Verwendung geeigneter Werkzeuge und zugelassener Reinigungsmittel,
Angleichen der Fügeflächen	2.6.1	Auf gleichmäßige Plastifizierung achten,
Anwärmen der Fügeflächen	2.6.2	Zunahme des Plastifizierungsgrads beachten,
Umstellen	2.6.3	Innerhalb von fünf Sekunden
Fügen	2.6.4	Haltezeit mindestens 15 Sekunden
Schweißwulst	2.6.4	Formkorrektur durchnachträgliches Modellieren unterlassen
Abkühlen	2.6.5	Mindestens zwei Minuten,
Prüfen	3	100 % Visuell (Sichtprüfung, Dichtheit)

6. Schrifttum

Die folgenden zitierten Dokumente sind für die Anwendung dieses Beiblattes erforderlich.

EN 253 Fernwärmerohre – Werkmäßig gedämmte Verbundmantelrohrsysteme für direkt erdverlegte Fernwärmenetze – Verbund-Rohrsystem, bestehend aus Stahl-Mediumrohr, Polyurethan-Wärmedämmung und Außenmantel aus Polyethylen

EN 489 Fernwärmerohre – Werkmäßig gedämmte Verbundmantelrohrsysteme für direkt erdverlegte Fernwärmenetze – Rohrverbindungen für Stahlmediumrohre mit Polyurethan-Wärmedämmung und Außenmantel aus Polyethylen

EN 13941 Auslegung und Installation von werkmäßig gedämmten Verbundmantelrohren für die Fernwärme

EN 15632 Fernwärmerohre - Werkmäßig gedämmte flexible Rohrsysteme

EN 15698 Fernwärmerohre - Werkmäßig gedämmte Verbundmanteldoppelrohre für direkt erdverlegte Fernwärmenetze

EN ISO 1133-1 Kunststoffe – Bestimmung der Schmelze-Massefließrate (MFR) und der Schmelze-Volumenfließrate (MVR) von Thermoplasten – Teil 1: Allgemeines Prüfverfahren

AGFW FW 401 Verlegung und Statik von Kunststoffmantelrohren (KMR) für Fernwärmenetze

AGFW FW 603 Muffenmontage an Kunststoffmantelrohren (KMR) und flexiblen Rohrsystemen; Prüfung von Muffenmonteuren

AGFW FW 605 Muffenmontage an Kunststoffmantelrohren (KMR) und flexiblen Rohrsystemen; Anforderungen an Unternehmen, die Muffenmontagearbeiten ausführen

Richtlinie DVS 2202-1 Fehler an Schweißverbindungen aus thermoplastischen Kunststoffen – Merkmale, Beschreibung, Bewertung

Richtlinie DVS 2207-1 Schweißen von thermoplastischen Kunststoffen; Heizelementschweißen von Rohren, Rohrleitungsteilen und Tafeln aus PE-HD

Richtlinie DVS 2207-5 Schweißen von thermoplastischen Kunststoffen; Schweißen von PE-Mantelrohren, Rohre und Rohrleitungsteile

Richtlinie DVS 2207-5 Beiblatt 2	Schweißen von thermoplastischen Kunststoffen; Prüfen von Schweißverbindungen an PE-Mantelrohren
Richtlinie DVS 2208-1	Schweißen von thermoplastischen Kunststoffen; Maschinen und Geräte für das Heizelementschweißen von Rohren, Rohrleitungsteilen und Tafeln
Richtlinie DVS 2212-4	Prüfung von Kunststoffschweißern; Schweißen von PE-Mantelrohren, Rohre und Rohrleitungsteile

Anhang

Qualifizierung von Muffenmonteuren (m/w) zum Stopfenschweißen (informativ)

Bei der Muffenmontage kommen heute überwiegend Abdichtsysteme mit Schmelzklebstoffen zur Anwendung. Auch Schweißmuffen sind gebräuchlich. Im Rahmen der Montagearbeiten bzw. für nachträgliche Anschlüsse und Reparaturen sind vielfach Schweißarbeiten an den PE-Mantelrohren auszuführen. Beim Großteil der Muffensysteme sowie bei den auf der Baustelle auszuführenden Abzweigkonstruktionen und Segmentformteilen etc. werden die Schäumöffnungen meist mit Schweißstopfen verschlossen.

Für die Verarbeitung von Muffenabdichtungssystemen mit Schmelzklebstoffen müssen die Muffenmonteure nach AGFW FW 603 qualifiziert sein. Mit dieser Qualifizierung werden auch die Kenntnisse und Handfertigkeiten für das Stopfenschweißen (Verfahrenskombination HS/HD) nachgewiesen.

Werden Schweißarbeiten an den PE-Mantelrohren mit den Verfahren WE und WZ ausgeführt, sind die Muffenmonteure zusätzlich nach Richtlinie DVS 2212-4 zu qualifizieren.

Da Monteure zum Einsatz kommen, die eine Prüfung nach AGFW FW 603 nachweisen können und vielfach auch ergänzend nach Richtlinie DVS 2212-4 geprüft sind, ist in jedem Fall auch der wichtige Arbeitsschritt des Stopfenschweißens abgedeckt.

DVS VERBAND
DVS – Deutscher Verband für Schweißen und verwandte Verfahren e. V.

Richtlinie
DVS 2207-5 Beiblatt 2

Richtlinie DVS 2207-5 Beiblatt 2

Schweißen von thermoplastischen Kunststoffen – Prüfen und Bewerten von Schweißverbindungen an PE-Mantelrohren –

DVS, Ausschuss für Technik, Arbeitsgruppe "Fügen von Kunststoffen"

Bezug: DVS Media GmbH, Postfach 10 19 65, 40010 Düsseldorf, Telefon (0211) 1591-0, Telefax (0211) 1591-150

Inhalt:

1. Geltungsbereich

Das vorliegende Beiblatt zur Richtlinie DVS 2207-5 gilt für das Prüfen und Bewerten von PE-HD-Schweißverbindungen an werkmäßig gedämmten Mantelrohrsystemen für direkt erdverlegte Fernwärmenetze nach AGFW FW 401 sowie den EN-Normen 253, 448, 488, 489, 13941, 15632 und 15698.

Die Schweißverfahren, die Anforderungen an Unternehmen, Fachpersonal, Maschinen, Geräte und Werkzeuge, Schweißverfahrensprüfungen, Dokumentation und Kennzeichnung sowie der Prüfumfang werden in der Richtlinie DVS 2207-5 behandelt.

Für das Stopfenschweißen zum Verschließen der Schäumöffnungen gilt Beiblatt 1.

2. Prüfen der Schweißverbindungen

Um die Schweißverbindungen prüfen und bewerten zu können, sind nach dem Schweißen keine Bearbeitungen vorzunehmen. Begründete Ausnahmen müssen in der Schweißanweisung (WPS) ersichtlich sein.

Die Bewertung von Schweißnähten nach dieser Richtlinie ist von einem Sachkundigen, z. B. einem Fachmann für Kunststoffschweißen nach Richtlinie DVS 2213 oder mit vergleichbaren Kenntnissen, durchzuführen.

Zur Prüfung der Schweißverbindungen sind die in Tabelle 1 beschriebenen Prüfverfahren anwendbar.

Tabelle 1. Prüfverfahren für Schweißverbindungen.

Prüfverfahren		**Schweißverfahren**				**Bemerkungen**
	Anforderung und Durchführung nach	**WE (WZ)**	**HS**	**HM IDS**	**HS/HD**	
Äußeres Erscheinungsbild (Sichtprüfung)	EN 448	X	X			1
	Abschnitt 2.1	X		X	X	2
Dichtheitsprüfung	EN 448	X	X			1
	Abschnitt 2.2	X		X	X	2
Zugversuch	Richtlinie DVS 2203-1 Beiblatt 1 Richtlinie DVS 2203-2 Abschnitt 2.3.1	X	X			
Zeitstand-Zugversuch	Richtlinie DVS 2203-1 Beiblatt 2 Richtlinie DVS 2203-4 Richtlinie DVS 2203-4 Beiblatt 3	X	X			1 - Bei Verfahren HS 3, 4
	Richtlinie DVS 2203-1 Beiblatt 2 Richtlinie DVS 2203-4 Beiblatt 1 Richtlinie DVS 2203-4 Beiblatt 3			X		Abweichend von Richtlinie DVS 2203-4 Beiblatt 1 ist der Querschnittsverlust durch das Heizgitter zu berücksichtigen.
Widerstand gegen langsames Risswachstum (FNCT)	Richtlinie DVS 2203-4 Beiblatt 2 Richtlinie DVS 2203-4 Beiblatt 3					3
Spannungsrissbeständigkeit	EN 253 EN 489	X		X		3, 5, 6
Biegeprüfung	EN 448	X	X			7
Technologischer Biegeversuch	Richtlinie DVS 2203-1 Beiblatt 3 Richtlinie DVS 2203-5	X	X			
Biege-Faltversuch	Abschnitt 2.3.5	X		(X)		

Fortsetzung Tabelle 1

Prüfverfahren		Schweißverfahren				Bemerkungen
	Anforderung und Durchführung nach	WE (WZ)	HS	HM IDS	HS/HD	
Torsions-Scherversuch (TSV)	Richtlinie DVS 2203-1 Beiblatt 4 Richtlinie DVS 2203-1 Beiblatt 4			X		
Radial-Schälversuch (RSV)				X		
Manueller Schälversuch	Abschnitt 2.3.6			X		
Schäl-Zugprüfung	Abschnitt 2.3.7				X	

1. Für werkmäßig hergestellte Mantelrohrkonstruktionen
2. Für auf der Baustelle ausgeführte Mantelrohrschweißverbindungen
3. Zum Nachweis der Werkstoff- und Schweißnahtqualität (Eignungsnachweis)
4. Stumpfstoßverbindungen (HS, WE, WZ)
5. Für Mantelrohrmaterialien Prüfung nach EN 253
6. Für PE-Muffenschweißverbindungen nach EN 489
7. Für werkmäßig hergestellte HS-Schweißverbindungen

2.1. Zerstörungsfreie Prüfungen (Sichtprüfungen)

2.1.1. Warmgasschweißen

Die auf der Baustelle mit den Verfahren WZ und WE hergestellten Schweißnähte müssen der Bewertungsgruppe II nach Richtlinie DVS 2202-1 entsprechen. Abweichungen zur Bewertungsgruppe II betreffen die in Tabelle 2 aufgeführten Merkmale.

Tabelle 2. Zulässige Abweichungen zur Bewertungsgruppe II nach Richtlinie DVS 2202-1 für die Verfahren WZ, WE.

Lfd. Nr.	Beschreibung	Bewertung	Bemerkung
Warmgasziehschweißen (WZ) nach Richtlinie DVS 2202-1, Tabelle 4			
6	Überhöhte Nahtwurzel	Unzulässig, wenn $\Delta s > 0{,}2\ s$	
11a	Nahtkreuzungen	Zulässig	Kann bei Schweißmuffen und der Montage von Mantelrohrformteilen auftreten.
11b	Versetzter Nahtstoß		
15	Nahtunterschreitung	Zulässig, wenn die kleinste Wanddicke der zu verschweißenden Teile örtlich unterschritten ist. $b \leq 0{,}3\ a$	Abweichung kann z. B. an Mantelrohrabzweigen auftreten.
16	Unvollständig ausgefüllter Nahtquerschnitt		
Warmgasextrusionsschweißen (WE) nach Richtlinie DVS 2202-1, Tabelle 5			
12a	Nahtkreuzungen	Zulässig	Dieses Merkmal kann bei Schweißmuffen und der Montage von Mantelrohrformteilen auftreten.
12b	Versetzter Nahtstoß		
-	Wurzelrückfall	Begrenzt zulässig	Aus EN 448 übernommen
5	Wurzelkerbe	Unzulässig	

2.1.2. Stopfenschweißen

Bei den mit dem Verfahren HS/HD hergestellten Stopfenschweißungen sind die in Tabelle 3 aufgeführten Merkmale zu prüfen und zu bewerten.

Tabelle 3. Bewertung von Stopfenschweißverbindungen (Verfahren HS/HD).

Lfd.Nr.	Beschreibung	Anforderung
1	Schweißwulstausbildung	Unzulässig, wenn am gesamten Umfang ungleichmäßig ausgeprägt.
2	Winkelabweichung (Formfehler)	Ist über lfd. Nr. 3 indirekt vorgegeben.
3	Überstand des Stopfens über der Rohroberfläche	• Unzulässig, wenn Stopfenoberfläche unterhalb der Rohroberfläche • > 2 mm über Rohroberfläche
4	Temperaturschädigung	Unzulässig, wenn Überhitzungen bzw. Verbrennungen erkennbar sind.

2.1.3. Heizwendel- und Induktionsschweißen

Für die systemspezifischen und automatisierten Schweißverfahren sind die in den Schweißverfahrensprüfungen angegebenen Prüfungen und Bewertungen heranzuziehen; siehe Richtlinie DVS 2207-5.

2.2. Dichtheitsprüfung

Dichtheitsprüfungen dürfen erst nach ausreichender Abkühlung der Mantelrohrverbindungen bzw. der Stopfenschweißungen auf ≤ 40 °C erfolgen.

Die Mantelrohrverbindungen werden üblicherweise mit innerem Luftüberdruck nach 2.2.2 oder 2.2.4 geprüft. Für die Prüfung der Schweißstopfen ist das Verfahren nach 2.2.3 anzuwenden.

2.2.1. Dichtheitsprüfung als Sichtprüfung

2.2.2. Überdruckprüfung

Im Hohlraum der Mantelrohrverbindung wird ein Luftüberdruck von 0,2 bis 0,5 bar erzeugt.

Nach Erreichen des Prüfdrucks sind die Schweißverbindungen mit einer unschädlichen schaumbildenden wässrigen Lösung (z. B. heutige biologisch abbaubare Haushaltsspülmittel in geringsten Konzentrationen) zu bestreichen. Bei intensiver Beobachtung dürfen keine Undichtheiten durch Bläschenbildungen erkennbar sein.

2.2.3. Unterdruckprüfung

Mit einer Vakuumbrille wird über einem Bereich einer Schweißnaht bzw. über einem Schweißstopfen ein Luftunterdruck von 0,2 bis 0,5 bar erzeugt.

Vor dem Aufsetzen der Vakkumbrille ist der zu prüfende Schweißnahtbereich mit einer unschädlichen schaumbildenden wässrigen Lösung (z. B. heutige biologisch abbaubare Haushaltsspülmittel in geringsten Konzentrationen) zu bestreichen. Bei intensiver Beobachtung durch das transparente Sichtfenster der Vakuumbrille dürfen keine Undichtheiten durch Bläschenbildungen erkennbar sein.

Die Vakuumbrille ist zur Prüfung der gesamten Schweißnaht ggf. mehrfach umzusetzen.

2.2.4. Dichtheitsprüfung als Druckmessprüfung

Die Dichtheitsprüfung als Druckmessprüfung ist mit einem Luftüberdruck von 0,2 bis 0,5 bar durchzuführen. Nach Erreichen des Prüfdrucks darf sich am Druckmanometer innerhalb von einer Minute kein Druckabfall zeigen.

2.3. Zerstörende Prüfungen

2.3.1. Zugversuch

Der Zugversuch wird nach Richtlinie DVS 2203-2 durchgeführt.

Um ein Bruchversagen in der Schweißnaht und damit eine bessere Differenzierung zur Beurteilung der Schweißnahtgüte zu erzielen, ist die Fügenaht durch eine zentrale Lochkerbe von Ø7,5 mm zu schwächen. Zur Beurteilung sind die Versuche mit Lochkerbe auch mit ungeschweißten Bezugsproben durchzuführen.

2.3.2. Zeitstand-Zugversuch

Der Zeitstand-Zugversuch an Stumpfstoßverbindungen wird nach Richtlinie DVS 2203-4 durchgeführt. Die Bewertung der Ergebnisse für die Verfahren HS und WE als V-Naht erfolgt nach Richtlinie DVS 2203-1 Beiblatt 2.

Der Zeitstand-Zugversuch an HM-Schweißverbindungen nach Richtlinie DVS 2203-4, Beiblatt 1, liefert Vergleichswerte, die zu Verfahrens- und Konstruktionsoptimierungen herangezogen werden können.

Auf der Grundlage von Richtlinie DVS 2203-4 Beiblatt 3 können der geforderte Zeitstandzug-Schweißfaktor und die Mindestlebensdauer überprüft werden.

2.3.3. Widerstand gegen langsames Risswachstum im Full Notch Creep-Test (FNCT)

Der Widerstand von Schweißverbindungen gegen langsames Risswachstum im Full Notch Creep-Test (FNCT) wird nach Richtlinie DVS 2203-4 Beiblatt 2 ermittelt.

Auf der Grundlage von Richtlinie DVS 2203-4 Beiblatt 3 können der geforderte Zeitstandzug-Schweißfaktor und die Mindestlebensdauer überprüft werden.

2.3.4. Technologischer Biegeversuch

Der technologische Biegeversuch wird nach Richtlinie DVS 2203-5 durchgeführt. Die Probendicken sollten wenigstens 3 mm betragen.

Die Ergebnisse von Stumpfstoßverbindungen werden nach Richtlinie DVS 2203-1 Beiblatt 3 bewertet.

2.3.5. Biege-Faltversuch

Der Biege-Faltversuch wird nach Richtlinie DVS 2212-4 durchgeführt und bewertet. Die Probendicken sollten 5 mm nicht überschreiten.

Der auf der Nahtoberseite abgearbeitete Prüfkörper (Wurzelseite in Zugbeanspruchung) ist zu prüfen.

2.3.6. Manueller Schälversuch

Der manuelle Schälversuch kann als orientierende Prüfung auf der Baustelle durchgeführt werden.

Diese Prüfung ist für Überlappschweißverbindungen, z. B. Heizwendel- und Induktionsschweißverbindungen geeignet. Dazu werden Streifenproben von 15 - 20 mm Breite über die Nahtlänge verteilt entnommen. Das nicht geschweißte Muffenende wird im Schraubstock eingespannt und das nicht geschweißte Ende des Kunststoffmantelrohres wird mittels Zange gefasst und von der Muffe abgeschält, siehe Bild 1. Es darf keine Trennung der Fügefläche erfolgen.

Vom Kraftaufwand her ist diese Prüfung auf kleine Probendicken begrenzt.

Bei Wanddicken größer 5 mm ist ein maschinell unterstützter Schälversuch anzuwenden.

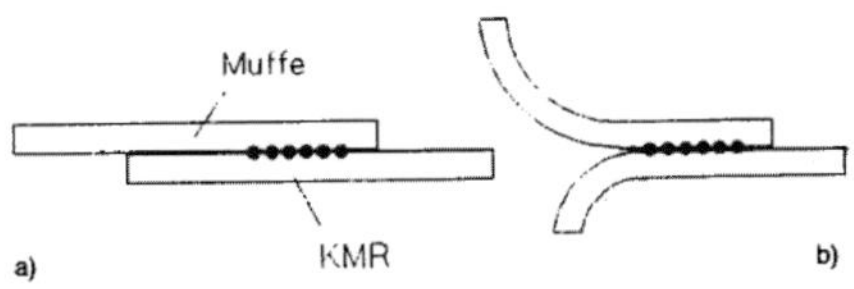

a) Streifenprobe vor der Prüfung
b) Stoßenden aufgebogen für den Schälversuch

Bild 1. Darstellung der Probekörper des manuellen Schälversuches.

Das Ergebnis der Prüfung dient zur Beurteilung des Verformungsverhaltens, z. B. Verstrecken, sowie zur Beurteilung des Bruchbildes (Zäh- oder Sprödbruch).

2.3.7. Schäl-Zugprüfung

Mit einer manuellen Schäl-Zugprüfung sind die Schweißstopfen einer mechanisch-technologischen Prüfung zu unterziehen. Dazu sind an den Prüfstücken Probekörper herzustellen; siehe Bild 2.

<u>Durchführung</u>
Die Probekörper sind an den Schnittlinien aus dem Prüfstück herzustellen.

Die Probekörper 1a und 2a sind an der ungestörten Mantelrohrseite nahe der Stopfenschweißung in einen Schraubstock einzuspannen. Mit einer ebensolchen Zange (z. B. einer Rohrzange) werden die Stopfen gefasst und in Biege-Zug-Beanspruchung versucht herauszuschälen.

Die Probekörper 1b und 2b bleiben an einer Seite fest mit dem Prüfstück verbunden. Um die Stopfen mit einer Zange fassen und die mechanische Beanspruchung aufbringen zu können, sind die Probekörper an den möglichst kurz ausgeführten Schnittlinien aus dem Mantelrohr und von Schaum zu lösen. Mit einer Zange werden die Stopfen gefasst und in Biege-Zug-Beanspruchung versucht herauszuschälen.

<u>Auswertung</u>
Das Trennverhalten und das Bruchbild geben Hinweise auf die Ausführungsqualität. Die Beurteilung erfolgt nach Tabelle 4. Alle vier Probekörper müssen den Anforderungen genügen.

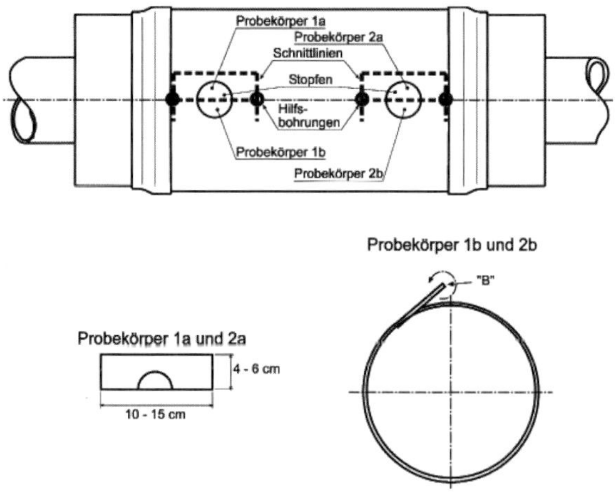

Probekörper „a“ zur Prüfung im Schraubstock
Probekörper „b“ für die Prüfung am feststehenden Prüfstück

Bild 2. Probekörper zur mechanisch-technologischen Prüfung der Stopfenschweißungen.

Tabelle 4. Bewertung der Prüfergebnisse der Schäl-Zugprüfungen.

Trennverhalten	**Aussehen/Merkmale**	**Bewertung**
Hohe Trennkräfte	mit überwiegend Verstreckungen in der Schweißebene	Anforderungen erfüllt
Zäher Bruch in > 80 % der Schweißfläche des Probekörpers	stark strukturiertes Bruchbild mit plastischer Verformung, faden-/filmziehend	Anforderungen erfüllt
Schweißfläche nur teilweise aufgeschmolzen/nur punktuell geschweißt	vereinzelte Ablösungen; Verschmutzungen, ungenügender Oberflächenabtrag	Anforderungen nicht erfüllt
Spröder Bruch	Trennebene grobporig/feinstrukturiert, mit vielen kleinen Lunkern durchsetzt, teilweise Verbrennungen/ Überhitzung der Schweißebene	Anforderungen nicht erfüllt
Spröder Bruch und geringe Trennkraft	Schweißflächen nicht aufgeschmolzen, zu kalt geschweißt, zu großer Schweißspalt	Anforderungen nicht erfüllt

3. Schrifttum

Die folgenden zitierten Dokumente sind für die Anwendung dieses Beiblattes erforderlich.

EN 253	Fernwärmerohre – Werkmäßig gedämmte Verbundmantelrohrsysteme für direkt erdverlegte Fernwärmenetze – Verbund-Rohrsystem, bestehend aus Stahl-Mediumrohr, Polyurethan-Wärmedämmung und Außenmantel aus Polyethylen
EN 448	Fernwärmerohre – Werkmäßig gedämmte Verbundmantelrohrsysteme für direkt erdverlegte Fernwärmenetze – Verbund-Formstücke bestehend aus Stahl-Mediumrohr, Polyurethan-Wärmedämmung und Außenmantel aus Polyethylen hoher Rohdichte
EN 488	Fernwärmerohre – Werkmäßig gedämmte Verbundmantelrohrsysteme für direkt erdverlegte Fernwärmenetze – Vorgedämmte Absperrarmaturen für Stahlmediumrohre mit Polyurethan-Wärmedämmung und Außenmantel aus Polyethylen hoher Rohdichte
EN 489	Fernwärmerohre – Werkmäßig gedämmte Verbundmantelrohrsysteme für direkt erdverlegte Fernwärmenetze – Rohrverbindungen für Stahlmediumrohre mit Polyurethan-Wärmedämmung und Außenmantel aus Polyethylen
EN 13941	Auslegung und Installation von werkmäßig gedämmten Verbundmantelrohren für die Fernwärme
EN 15632	Fernwärmerohre - Werkmäßig gedämmte flexible Rohrsysteme
EN 15698	Fernwärmerohre – Werkmäßig gedämmte Verbundmanteldoppelrohre für direkt erdverlegte Fernwärmenetze
AGFW FW 401	Verlegung und Statik von Kunststoffmantelrohren (KMR) für Fernwärmenetze
AGFW FW 603	Muffenmontage an Kunststoffmantelrohren (KMR) und flexiblen Rohrsystemen; Prüfung von Muffenmonteuren
Richtlinie DVS 2202-1	Fehler an Schweißverbindungen aus thermoplastischen Kunststoffen – Merkmale, Beschreibung, Bewertung
Richtlinie DVS 2203-1 Beiblatt 1	Prüfen von Schweißverbindungen an Tafeln und Rohren aus thermoplastischen Kunststoffen – Anforderungen im Zugversuch – Kurzzeitzug-Schweißfaktor f_z
Richtlinie DVS 2203-1 Beiblatt 2	Prüfen von Schweißverbindungen an Tafeln und Rohren aus thermoplastischen Kunststoffen – Anforderungen im Zeitstand-Zugversuch – Zeitstandzug-Schweißfaktor f_s
Richtlinie DVS 2203-1 Beiblatt 3	Prüfen von Schweißverbindungen an Tafeln und Rohren aus thermoplastischen Kunststoffen - Anforderungen im technologischen Biegeversuch - Biegewinkel/ Biegeweg
Richtlinie DVS 2203-1 Beiblatt 4	Prüfen von Schweißverbindungen an Tafeln und Rohren aus thermoplastischen Kunststoffen – Anforderungen an Scher- und Schälversuche für das Heizwendel (HM)- und Heizelementmuffen (HD)-schweißen an Rohren und Formteilen
Richtlinie DVS 2203-2	Prüfen von Schweißverbindungen an Tafeln und Rohren aus thermoplastischen Kunststoffen – Zugversuch
Richtlinie DVS 2203-4	Prüfen von Schweißverbindungen an Tafeln und Rohren aus thermoplastischen Kunststoffen – Zeitstand-Zugversuch
Richtlinie DVS 2203-4 Beiblatt 1	Prüfen von Schweißverbindungen an Tafeln und Rohren aus thermoplastischen Kunststoffen —Zeitstand-Zugversuch – Prüfen von Muffenschweißverbindungen an Rohren
Richtlinie DVS 2203-4 Beiblatt 2	Prüfen von Schweißverbindungen an Tafeln und Rohren aus thermoplastischen Kunststoffen - Zeitstand-Zugversuch - Prüfen des Widerstandes gegen langsames Risswachstum im FullNotch Creep-Test (FNCT)

Richtlinie DVS 2203-4 Beiblatt 3	Prüfen von Schweißverbindungen an Tafeln und Rohren aus thermoplastischen Kunststoffen - Zeitstand-Zugversuch - Überprüfung des geforderten Zeitstand-zug-Schweißfaktors und der Mindestlebensdauer von Schweißverbindungen aus Polyethylenen (PE 80 und PE 100)
Richtlinie DVS 2203-5	Prüfen von Schweißverbindungen an Tafeln und Rohren aus thermoplastischen Kunststoffen - Technologischer Biegeversuch
Richtlinie DVS 2203-6 Beiblatt 1	Prüfen von Fügeverbindungen aus polymeren Werkstoffen - Torsionsscher- und Radialschälversuch für Heizwendel- und Heizelementmuffenschweißverbindungen
Richtlinie DVS 2207-5	Schweißen von thermoplastischen Kunststoffen; Schweißen von PE-Mantelrohren, Rohre und Rohrleitungsteile
Richtlinie DVS 2207-5 Beiblatt 1	Schweißen von thermoplastischen Kunststoffen; Schweißen von PE-Mantelrohren – Stopfenschweißen an PE-Mantelrohren
Richtlinie DVS 2212-4	Prüfung von Kunststoffschweißern; Schweißen von PE-Mantelrohren – Rohre und Rohrleitungsteile

September 2003

DVS – DEUTSCHER VERBAND FÜR SCHWEISSEN UND VERWANDTE VERFAHREN E.V.	**Schweißen von thermoplastischen Kunststoffen Berührungsloses Heizelementstumpfschweißen von Rohren, Rohrleitungsteilen und Tafeln** Verfahren – Maschinen – Parameter	DVS **Richtlinie DVS 2207-6**

Inhalt:

1 Geltungsbereich

In dieser Richtlinie werden das berührungslose Heizelementstumpfschweißen sowie die Anforderungen beschrieben, die an Geräte und Maschinen zu stellen sind. Anhand der aufgezeigten Merkmale kann der Verarbeiter prüfen, mit welchen Geräten oder Maschinen seine Schweißaufgaben werkstoffgerecht und sicher realisierbar sind.

Die Richtlinie bezieht sich auf die Verfahren und die verschiedenen Ausführungsarten des Heizelementstumpfschweißens, bei denen die Erwärmung der Fügeflächen berührungslos erfolgt. Behandelt werden Maschinen und Geräte und deren Parameter zum Schweißen von Rohrleitungsteilen, Tafeln und anderen Bauteilen aus PP (PP-H/PP-B/PP-R) und PVDF. Gegebenenfalls ist dabei die Systemabhängigkeit gemäß Herstellerangaben bei Werkstoffkombinationen innerhalb PP bzw. PVDF zu beachten. Bezüglich der Schweißeignung der Werkstoffe PP und PVDF siehe Geltungsbereich in DVS 2207-11 und DVS 2207-15.

Beim Schweißen anderer Kunststoffe, z. B. PFA, E-CTFE, müssen die Parameter überprüft und ggf. angepasst werden. Die Schweißnahtqualität muss systemabhängig (Maschine, Parameter, Werkstück) nachgewiesen werden.

2 Allgemeine Verfahrensbeschreibung

Beim berührungslosen Heizelementstumpfschweißen sind die Fügeflächen der zu schweißenden Teile spanend vorzubereiten, um eine planparallele Fügefläche zu erzeugen. Die Fügeflächen sind unter Einhaltung eines definierten Abstandes berührungslos durch das Heizelement zu erwärmen und in den thermoplastischen Zustand zu überführen (Anwärmen). Nach der Erzeugung einer Schmelzeschicht wird das Strahlungsheizelement entfernt (Umstellen), und die Teile werden unter Druck gefügt (Fügen). Die Schweißnaht muss unter Beibehaltung der Fügekraft bzw. der Fügeposition abkühlen.

Bei Heizelementstumpfschweißmaschinen mit Strahlungserwärmung unterscheidet man folgende Fügeverfahren:

- Schweißen mit Fügedruckregelung: der Fügedruck wird eingestellt und von der Maschine konstant gehalten.
- Schweißen mit Fügewegbegrenzung: der Fügeweg wird durch einstellbare Anschläge vorgegeben.
- Schweißen mit kombinierter Fügedruckregelung und Fügewegbegrenzung: der Fügeweg wird durch die Maschinensteuerung begrenzt und nach Unterschreitung einer bestimmten Fügekraft durch thermische Rückbildung auf Fügekraftregelung umgeschaltet.

3 Anforderungen an Schweißmaschinen

3.1 Allgemeines

Die Anforderungen an Schweißmaschinen für das berührungslose Heizelementstumpfschweißen sind in der Richtlinie DVS 2208-1 genannt. Darüber hinaus gehende Anforderungen sind in Abschnitt 3.2 zu finden.

3.2 Spezielle Anforderungen für Wegregelung/Wegsteuerung

Schweißmaschinen mit automatisiertem Fügeprozess erfordern eine Einrichtung zur exakten Wegregelung. Bei manuell zu bedienenden Maschinen muss die Position der Führungselemente durch Anschläge exakt einstellbar sein.

Bei Verwendung von mechanischen Wegbegrenzungen (Anschlägen) sind diese so geschützt anzuordnen, dass eine Verschmutzung oder ein Hineinfallen von Spänen ausgeschlossen ist. Die reproduzierbare Positioniergenauigkeit muss ± 0,05 mm betragen.

4 Strahlungsheizelemente

Heizelement und Maschine bilden eine Einheit. Daher ist die Maschine beim Auswechseln des Heizelements neu zu kalibrieren.

Das Heizelement muss so konstruiert sein, dass unter Betriebsbedingungen ein einwandfreies Anwärmen der Fügeflächen auf Schweißtemperatur gewährleistet ist. Die Handhabung des Heizelementes muss die Einhaltung der Umstellzeit nach Tabelle 2 ermöglichen.

Die Stromzuführung ist im Bereich des Heizelementes gegen thermische Beschädigungen zu schützen, ebenso die Nutzfläche des Heizelementes gegen mechanische Beschädigungen.

Die Aufhängung und Führung des Heizelementes ist so zu gestalten, dass das Heizelement zu den Fügeflächen planparallel steht.

Das verwendete Heizelement muss innerhalb seiner Nutzfläche planparallel, die maximale Abweichung kleiner als 0,2 mm sein. Die Messung erfolgt bei 23 ± 2 °C.

DVS, Ausschuss für Technik, Arbeitsgruppe „Fügen von Kunststoffen“

Bezug: Verlag für Schweißen und verwandte Verfahren DVS-Verlag GmbH, Postfach 10 19 65, 40010 Düsseldorf, Telefon (02 11) 15 91- 0, Telefax (02 11) 1591-150

4.1 Strahler

Die Heizelemente zum berührungslosen Schweißen sind Strahlungsheizelemente, die nach Wellenlängenbereichen klassifiziert werden.

4.1.1 Strahlertypen

Folgende Strahlertypen sind üblich:

- Kurzwellige oder Hellstrahler (Wellenlängenbereich bis 1,6 µm)
- Mittelwellige Strahler (Wellenlängenbereich > 1,6 bis 3,5 µm)
- Langwellige oder Dunkelstrahler (Wellenlängenbereich > 3,5 µm)

Strahler sind im Allgemeinen derart aufgebaut, dass ein Glühdraht in einer metallischen oder keramischen Masse eingebettet ist, der auf eine Temperatur bis zu 1000 °C aufgeheizt werden kann. Dadurch wird eine Infrarot-Strahlung (IR) erzeugt.

4.1.2 Temperaturgenauigkeit

Die an einem Heizelement gegenüber der Temperatureinstellung gemessenen Temperaturabweichungen ergeben sich aus technisch bedingten Ungenauigkeiten (Reglerabweichung und Temperaturverteilung über die Nutzfläche), der Einbaulage des Elementes (z. B. natürliche Konvektion, Abschirmungseffekte) und Umgebungseinflüssen (z. B. Zugluft).

Tabelle 1. Maximal zulässige, technisch bedingte Temperaturabweichungen.

	Heizelemente für Rohre und Formstücke		Heizelemente für Tafeln
Nutzfläche [cm²]	< 250	≥ 250 ... ≤ 2000	unabhängig
Regler-abweichung [°C]	3	3	3
Temperaturverteilung über die Nutzfläche [°C]	5	7	8
Technisch bedingte Gesamt-abweichung [°C]	8	10	11

Da jedes Heizelement eine eigene Strahlungscharakteristik besitzt, müssen Element und Maschine aufeinander abgestimmt (kalibriert) werden. Daraus resultieren unterschiedliche Heizelementoberflächentemperaturen bei gleicher, an der Maschine eingestellter Vorgabetemperatur. Dies ist bei der Messung der Heizelementtemperatur zu berücksichtigen.

Die Messungen werden bei einer Umgebungstemperatur von 23 ± 2 °C und einer Bezugstemperatur, die im Arbeitsbereich der Maschine liegen muss, durchgeführt.

Da die Heizelemente hohe Temperaturen aufweisen, ist die Messung mit einem geeigneten Messgerät durchzuführen. Bei Verwendung von berührungslosen Messgeräten (Dunkelstrahler) ist ein Messfleckdurchmesser von maximal 20 mm einzuhalten.

5 Schweißen, Ausführung und Parameter

Beim Heizelementstumpfschweißen mit Strahlungserwärmung sind die Schweißparameter systemabhängig. Im Folgenden werden die Verfahrensparameter und Verfahrenshinweise für das Schweißen mit Fügedruck- bzw. Fügewegbegrenzung gegeben.

5.1 Allgemeine Anforderungen

Die Qualität der Schweißverbindungen ist abhängig von der Qualifikation der Schweißer, der Eignung der verwendeten Maschinen, Vorrichtungen und Werkstücke sowie der Einhaltung der Schweißrichtlinien. Die Schweißnaht kann durch zerstörende und/oder visuelle Verfahren geprüft bzw. begutachtet werden.

Die Schweißarbeiten sind zu überwachen. Art und Umfang der Überwachung muss vereinbart werden. Es wird empfohlen, die Prozessdaten in Schweißprotokollen (Muster siehe Anhang) oder auf Datenträgern zu dokumentieren.

Im Rahmen der Qualitätssicherung wird empfohlen, vor Aufnahme und während der Schweißarbeiten unter den gegebenen Arbeitsbedingungen Probenähte herzustellen und zu prüfen.

Jeder Schweißer muss ausgebildet sein. Das vorgesehene Anwendungsgebiet ist für die Art der Qualifikation bestimmend. Als Qualifikationsnachweis gilt die Schweißerprüfungsbescheinigung nach DVS 2212-1 in den Gruppen I-4 bzw. I-8 in Verbindung mit einem ergänzenden Ausbildungsnachweis über berührungsloses Heizelementstumpfschweißen durch eine anerkannte Bildungseinrichtung für den jeweiligen Maschinentyp oder durch den jeweiligen Maschinenhersteller.

5.2 Maßnahmen vor dem Schweißen

5.2.1 Schweißvoraussetzungen

Der Schweißbereich ist vor ungünstigen Witterungseinflüssen (z. B. Feuchtigkeitseinwirkung und Temperaturen unter + 5 °C bzw. über + 40 °C) zu schützen. Wenn durch geeignete Maßnahmen (z. B. Vorwärmen, Einzelten, Beheizen) sichergestellt wird, dass eine zum Schweißen ausreichende Werkstücktemperatur eingehalten werden kann, darf – soweit der Schweißer nicht in der Handfertigkeit behindert wird – bei beliebiger Außentemperatur gearbeitet werden. Gegebenenfalls ist durch Herstellen von Probenähten unter den genannten Bedingungen ein zusätzlicher Nachweis zu führen, siehe Abschnitt 6.

Falls das Werkstück infolge Sonneneinstrahlung ungleichmäßig erwärmt wird, ist durch rechtzeitiges Abdecken im Bereich der Schweißstelle ein Temperaturausgleich zu schaffen. Eine Abkühlung während des Schweißvorganges durch unkontrollierten Luftzug ist zu vermeiden. Beim Schweißen von Rohren sind die Rohrenden zu verschließen.

Die Fügeflächen der zu schweißenden Teile dürfen nicht beschädigt und müssen frei von Verunreinigungen (z. B. Schmutz, Fett, Spänen) sein.

Mit dem Schweißvorgang darf erst begonnen werden, wenn die Heizelementtemperatur im Toleranzbereich gemäß Herstellerangabe stabil ist. Dies ist durch geeignete Maßnahmen zu gewährleisten, z. B. zeitliche Sperre, Sperrung der Menüführung usw. Um eine exakte Temperaturverteilung auf der Heizelementoberfläche zu gewährleisten, soll das Heizelement in der Ruheposition in einer geeigneten Schutzvorrichtung aufbewahrt werden.

5.2.2 Reinigung

Für die Herstellung einwandfreier Schweißverbindungen ist die Sauberkeit und Fettfreiheit sowohl der Fügeflächen als auch der Werkzeuge und Heizelemente von entscheidender Bedeutung.

5.2.2.1 Reinigungsmittel

Die Verwendung von Reinigungsflüssigkeit ist den Herstellerangaben zu entnehmen.

Das Papier zur Reinigung muss sauber, unbenutzt, saugfähig, nicht fasernd und uneingefärbt sein.

5.2.2.2 Reinigen des Heizelementes

Aufgrund der hohen Heizelementtemperaturen darf das Heizelement nicht im aufgeheiztem Zustand gereinigt werden. Verschmutzungen sind am kalten Heizelement zu entfernen, wobei die Vorgaben des Maschinenherstellers zu beachten sind.

5.2.2.3 Reinigen der Fügeflächen

Vor der spanenden Bearbeitung der Fügeflächen ist sicherzustellen, dass die benutzen Werkzeuge und die Werkstücke im Schweißbereich sauber und fettfrei sind, gegebenenfalls ist mit einem Reinigungsmittel zu reinigen.

5.3 Vorbereiten der Fügeteile

Die Nennwanddicken der zu schweißenden Teile müssen im Fügebereich übereinstimmen.

Die Fügeteile sind beim Einspannen in die Schweißmaschine horizontal und vertikal auszurichten. Die leichte Längsbeweglichkeit des anzuschweißenden Teiles ist zum Beispiel durch verstellbare Rollenböcke oder eine pendelnde Aufhängung sicherzustellen.

Die zu verbindenden Flächen sind unmittelbar vor dem Schweißen mit einem sauberen und fettfreien Werkzeug spanend zu bearbeiten, so dass sie im eingespannten Zustand planparallel sind. Die maximale Abweichung von der Planparallelität der Fügeflächen muss ≤ 0,3 mm betragen.

Bei der Kontrolle der Spaltbreite ist gleichzeitig der Versatz zu prüfen. Der Versatz der Fügeflächen zueinander hat einen wesentlichen Einfluss auf das Beanspruchungsverhalten der Schweißverbindung. Es ist ein minimaler Versatz anzustreben. Das zulässige Maß von 0,1 x Wanddicke darf nicht überschritten werden. Bei größerem Versatz resultiert hieraus eine Qualitätsminderung.

Die bearbeiteten Schweißflächen dürfen weder verschmutzt noch mit den Händen berührt werden. **Eine zusätzliche Reinigung ist nicht erforderlich und bewirkt keine Qualitätsverbesserung**. In den Schweißbereich gefallene Späne sind ohne Verunreinigung der Fügeflächen zu entfernen. Tritt nach der Bearbeitung eine Verschmutzung auf, zum Beispiel durch Berührung mit den Händen, so können die Schweißflächen mit einem Reinigungsmittel behandelt werden, wenn eine erneute spanende Bearbeitung verfahrenstechnisch nicht möglich ist.

5.4 Schweißausführung

5.4.1 Einfahren

Das Einfahren des Heizelements zwischen die Fügeflächen muss rasch erfolgen (Einfahrzeit), da sonst eine ungleichmäßige und unkontrollierte Zusatzerwärmung stattfindet, siehe Tabelle 2.

5.4.2 Anwärmen

Ein Angleichen findet nicht statt.

Das Heizelement wird in die Anwärmposition gebracht, und die Fügeteile werden zusammengefahren. Der Abstand der Fügeteile zum Heizelement wird üblicherweise mittels Anschlägen eingestellt. Beim Anwärmen wird eine Schmelzeschicht im Bereich der Fügeebene erzeugt. Die entscheidenden Einflussgrößen sind Strahlungsquelle, Strahlertemperatur, Fügeteilwerkstoff, Abstand zum Fügeteil, Einfahrzeit (siehe Tabelle 2), Anwärmzeit.

Die Anwärmparameter sind so zu wählen, dass eine vom Werkstoff abhängige Mindestschmelzeschicht entsteht, ohne eine thermische Zersetzung auf der Oberfläche hervorzurufen.

Bedingt durch die großen Differenzen im Abstrahlverhalten verschiedener Heizelementoberflächen sowie die Vielfalt der Einflussgrößen und deren Kombinierbarkeit miteinander, können keine allgemein gültigen Parameter angegeben werden. Für die derzeit nach diesem Verfahren geschweißten Werkstoffe führen erfahrungsgemäß Schmelzeschichtdicken von etwa 10 bis 20 % der Wanddicke zu guten Schweißnahtfestigkeiten.

Generell sind die Schweißparameter vom Hersteller so zu wählen, dass die Anforderungen gemäß DVS 2203-1 erfüllt werden.

5.4.3 Umstellen

Nach Beendigung der Anwärmzeit wird das Heizelement ausgefahren, und die Fügeteile werden bis unmittelbar vor der Berührung zusammengefahren. Die Umstellzeit soll so kurz wie möglich gehalten werden (siehe Tabelle 2), da sonst die plastifizierten Flächen erkalten, und die Schweißnahtqualität dadurch nachteilig beeinflusst wird.

Tabelle 2. Einfahrzeit und Umstellzeit.

Wanddicke [mm]	Einfahrzeit (Maximalzeit) [s]	Umstellzeit (Maximalzeit) [s]
bis 3,0	< 3	< 3
> 3,0 bis 7,0	3	3
> 7,0 bis 15,0	4	4
> 15,0	5	5

5.4.4 Fügen

Die zu schweißenden Flächen sollen bei Berührung mit einer Geschwindigkeit nahe Null zusammentreffen.

Durch Wärmekonvektion und Schwerkrafteinfluss bilden sich bei Rohren über den Umfang unterschiedliche Wulstformen aus. Zudem beeinflussen Schmelzviskositätsunterschiede, wie sie z. B. zwischen Rohr und Formstück existieren, die Wulstform.

Das K-Maß, das heißt der Abstand zwischen dem tiefsten Punkt der Wulstkerbe (Kerbgrund) und der Fügeteiloberfläche, Bild 1, muss größer als 0 sein.

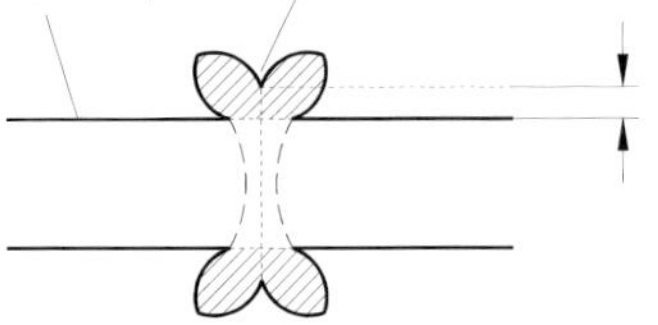

Bild 1. Wulstausbildung beim berührungslosen Heizelementstumpfschweißen (Prinzip am Beispiel Rohr).

5.4.4.1 Kraftgeregeltes Fügen

Bei Fügedruckbegrenzung muss der Fügedruck bis zum Ende der Abkühlzeit aufrecht erhalten bleiben. Die werkstoffspezifischen Fügedrücke sind den Herstellerangaben zu entnehmen.

5.4.4.2 Weggeregeltes Fügen

Der Fügeweg wird ab der Berührung der Fügeteile gerechnet. Die werkstoffspezifischen Fügewege sind den Herstellerangaben zu entnehmen.

5.4.4.3 Weg-/Kraftgeregeltes Fügen

Der Fügeweg wird ab der Berührung der Fügeteile gerechnet. Nach Erreichen des Fügeweges wird die Fügekraft gemessen. Nach Unterschreitung eines Schwellenwertes wird auf Fügekraft umgeschaltet und diese bis zum Ende der Kühlzeit gehalten.

5.4.5 Abkühlen

Der Abkühlprozess muss unter Beibehaltung des vollen Fügeweges/Fügedruckes erfolgen. Die Abkühlzeiten sind abhängig von der Wanddicke den Herstellerangaben zu entnehmen. Erhöhte mechanische Beanspruchungen während oder unmittelbar nach dem Ausspannen sind nur nach entsprechend längerer Abkühlphase zulässig.

5.5 Sicherheitshinweise

Bei der Zersetzung von fluorhaltigen Polymeren (PVDF, PFA, E-CTFE) entstehen giftige Dämpfe. Aus diesem Grund muss ein Kontakt zwischen dem hoch temperierten Heizelement und den Fügeteilen vermieden werden. Dies gilt auch für die beim Planhobeln anfallenden Späne.

6 Prüfen der Schweißverbindung

Zum Prüfen der Schweißverbindungen können zerstörungsfreie und zerstörende Prüfverfahren eingesetzt werden. Sie sind in Tabelle 3 aufgeführt. Überprüfungen und Probeentnahmen sollen – je nach Vereinbarung – während der Schweißarbeiten stichprobenartig erfolgen.

Tabelle 3. Mögliche Prüfverfahren für Schweißverbindungen.

Prüfverfahren	Heizelementstumpfschweißen Tafeln, Rohre, Formstücke
Visuelle Prüfung	DVS 2202-1
Durchstrahlungs-prüfung	Aussage über z. B. Hohlstellen, nicht über Qualität möglich
Zugversuch	DVS 2203-2, Kurzzeitfaktor. Faktoren nach DVS 2203-1, Beiblatt 1, Tabelle 1 DVS 2203-4, Langzeitfaktor. Faktoren nach DVS 2203-1, Beiblatt 2, Tabelle 1
Technologischer Biegeversuch	DVS 2203-5 Mindestbiegewinkel nach DVS 2203-1, Beiblatt 3, Bild 2 bis 4 Mindestbiegeweg nach DVS 2203-1, Beiblatt 3, Bild 8 bis 10
Zeitstand-Innendruckversuch	Länge jedes Rohrstückes gemäß DIN 16963, Tabelle 6 PVDF nach ISO 10931-2, Abschnitt 7.2, Tabelle 5 PP nach DIN 16 963-5, Tabelle 4, Abschnitte 5.4.3.1 und 6.4 Nicht aussagekräftig für Langzeit-schweißfaktor > 0,5

7 Mitgeltende Normen und Richtlinien

7.1 Normen

DIN 8077	Rohre aus Polypropylen (PP); PP-H 100, PP-B 80, PP-R 80; Maße
DIN 8078	Rohre aus Polypropylen (PP); PP-H (Typ 1), PP-B (Typ 2), PP-R (Typ 3); Allgemeine Güteanforderungen, Prüfung
DIN 16962-5	Rohrverbindungen und Rohrleitungsteile für Druckrohrleitungen aus Polypropylen (PP); PP-H (Typ 1), PP-B 80, PP-R 80; Allgemeine Qualitätsanforderungen, Prüfung
ISO 10931-2	Plastics piping system for industrial applications – Polyvinylidene fluoride (PVDF); Pipes
DIN EN ISO 15013	Extrudierte Tafeln aus Polypropylen (PP); Anforderungen und Prüfverfahren; Tafelgruppe 1.1 / 2.1 / 3.1
DIN EN 292-1	Sicherheit von Maschinen
DIN EN 292-2	Grundbegriffe, allgemeine Gestaltungsgrundsätze
DIN EN 60204-1	Elektrische Ausrüstungen von Maschinen
DIN EN 294	Sicherheitsabstände gegen das Erreichen von Gefahrstellen
DIN EN 418	Not-Aus
DIN VDE 0100	Bestimmungen für das Errichten von Starkstromanlagen mit Nennspannungen bis 1000 Volt
DIN VDE 0105 Teil 1	Bestimmungen für den Betrieb von Starkstromanlagen; Allgemeine Bestimmungen
DIN VDE 281 Teil 1	PVC-Starkstromleitungen
DIN VDE 0551	Bestimmung für Sicherheitstransformatoren (Deutsche Fassung von EN 60742)
DIN VDE 0700 Teil 1	Sicherheit elektrischer Geräte für den Hausgebrauch und ähnliche Zwecke; Allgemeine Anforderungen
DIN VDE 0700 Teil 30	Ortsveränderliche Elektrowärmewerkzeuge
DIN VDE 0721	Bestimmungen für industrielle Elektrowärmanlagen

7.2 Richtlinien

DVS 2202-1	Fehler an Schweißverbindungen aus thermoplastischen Kunststoffen; Merkmale, Beschreibung, Bewertung
DVS 2203	Prüfen von Schweißverbindungen aus thermoplastischen Kunststoffen;
-1	– Prüfverfahren – Anforderungen
-2	– Zugversuch
-4	– Zeitstand-Zugversuch
-5	– Technologischer Biegeversuch
DVS 2207	Schweißen von thermoplastischen Kunststoffen;
-11	– Heizelementschweißen von Rohren, Rohrleitungsteilen und Tafeln aus PP
-15	– Heizelementschweißen von Rohren, Rohrleitungsteilen und Tafeln aus PVDF
DVS 2212-1 Entwurf	Prüfung von Kunststoffschweißern; Prüfgruppe I-4 bzw. I-8

EG-Maschinenrichtlinie 89/392
(2. Änderung 91/368/EWG, 3. Änderung 93/44)

BGV A2	Elektrische Anlagen und Betriebsmittel
VBG 5	Kraftbetriebene Arbeitsmaschinen
VBG 22	Arbeitsmaschinen der chemischen Industrie, der Gummi- und Kunststoffindustrie

Betriebssicherheitsverordnung (Betr.Sich.V.)

8 Erläuterung

Der Entwurf wurde gemäß dem heutigen Stand der Technik formuliert. Er lehnt sich an den Inahlt der Richtlinien DVS 2208-1, DVS 2207-11 und 2207-15 an.

Anhang: Hinweise zur Maschinenkontrolle

- visuelle Prüfung auf Beschädigungen
- Funktionstest
- Kontrolle der Spanneinrichtung nach DVS 2208-1, Abschnitte 4.1 und 4.2
- Kontrolle der Führungselemente nach DVS 2208-1, Abschnitte 4.1 und 4.2
- Kontrolle der Einrichtung zur Schweißnahtvorbereitung auf Schnittleistung und Planparallelität nach DVS 2208-1, Abschnitt 4.1
- Kontrolle des Heizelements auf Beschädigung, Planparallelität, leichte Funktion und schwimmende Aufhängung der Ein- und Ausbringeinrichtungen bzw. der Abstellvorrichtungen nach Abschnitt 4 und DVS 2208-1, Abschnitte 4.1 und 4.2
- Kontrolle des Heizelements auf Temperaturgenauigkeit nach Abschnitt 4.1.2
- Kontrolle der Steuer- und Regeleinrichtung für Druck und Zeit bei min. und max. Durchmesser bzw. bei min. und max. Tafeldicke und Nahtlänge nach Abschnitt 3
- bei kraftgeregelten Maschinen Überprüfung der Skalen- bzw. Displayanzeige mit dem aufgebrachten Druck an der Fügefläche mittels Druckmessdosen. Erfolgt bei Rohrmaschinen beim kleinsten, mittleren und größten Durchmesser, jeweils in der höchsten Druckstufe und bei Tafelmaschinen bei der geringsten, mittleren und größten Tafeldicke und max. Nahtlänge
- bei weggeregelten Maschinen Überprüfung des Wegmesssystemes nach Herstellerangabe
- Prüfung der Betriebssicherheit nach DVS 2208-1, Abschnitt 2.7
- Aufzeichnung der Ergebnisse im Prüfprotokoll, siehe Muster.

Anhang

Prüfprotokoll für Heizelement-Stumpfschweißmaschinen (Rohrleitungsteile)

Fabrikat/Hersteller .... Typ ....
Maschinen-/Geräte-Nr. .... Dimensionsbereich* ....
Heizelement-Geräte-Nr. .... * (gilt auch für die dazu erforderlichen Heizelemente)
Datum der letzten Prüfung ....

	Prüfergebnis		Beurteilung
• **Personen- und Betriebssicherheit**			
Stromzuführungskabel einschl. Stecker			☐
Werkzeuge und Bedienungselemente			☐
Zustand und Dichtheit des Hydrauliksystems (falls vorhanden)			☐
optische und akustische Überwachungseinrichtungen			☐
Not-Aus-Funktion (wenn nicht vorhanden, bitte 0 eintragen)			☐
• **Spanneinrichtung und Führungselemente**			
Spaltmessung	Spaltdifferenz ☐	mm	☐
Zustand der Spannelemente und –flächen			☐
Zustand der Führungselemente			☐
Zustand der Gleitflächen			☐
• **Spanabhebende Werkzeuge**			
Zustand der Schneidelemente			☐
Spanbeurteilung	Spandicke ☐	mm	☐
Planparallelität der Fügeflächen nach der Bearbeitung			☐
Beschaffenheit der Fügeflächen nach der Bearbeitung			☐
• **Strahlungsheizelemente**	eingestellte Temperatur ☐	°C	
Planparallelität	Abweichung * ☐	mm	☐
Temperaturverteilung	Abweichung * ☐	°C	☐
Temperaturgenauigkeit	Abweichung * ☐	°C	☐
Oberflächenbeschaffenheit, Zustand			☐
Funktionsprüfung (für den angegebenen Dimensionsbereich)			
Fügekraftsteuerung/Fügeweg	Abweichung * ☐	%/mm	☐
Ablesegenauigkeit Fügekraft (manometrischer Druck) (falls zutreffend)	Abweichung * ☐	%	☐
Fügekraftaufbauzeit/Fügeweg	Abweichung * ☐	%	☐
* (Abweichung von der Bezugsgröße)			
	Bezugsgrößen nach DVS		☐
• **Betriebsanleitung** (wenn diese fehlt, bitte 0 eintragen)			☐

Beurteilung Gesamtzustand (für Bemerkungen zum Gesamtzustand bitte Zusatzblatt verwenden)

Beurteilungsschlüssel Prüfungen und Zustand

1 = ohne Beanstandung
2 = geringe Beanstandung
3 = Beanstandung, welche die Verwendung einschränkt
4 = weitere Verwendung nicht zulässig

Beurteilungsschlüssel Messungen

1 = innerhalb zulässiger Toleranzen
2 = Abweichung mit geringem Einfluß
3 = Abweichung, welche die Verwendung einschränkt
4 = unzulässige Abweichung

Datum der Prüfung: ....

prüfende Stelle mit Stempel und Unterschrift:

Prüfer:

Prüfprotokoll für Heizelement-Stumpfschweißmaschinen (Tafeln)

Fabrikat/Hersteller .... Typ ....

Maschinen-/Geräte-Nr. .... Dimensionsbereich* ....

Heizelement-Geräte-Nr. .... * (gilt auch für die dazu erforderlichen Heizelemente)

Datum der letzten Prüfung ....

	Prüfergebnis		Beurteilung
• **Personen- und Betriebssicherheit**			
Stromzuführungskabel einschl. Stecker			☐
Werkzeuge und Bedienungselemente			☐
Zustand und Dichtheit des Hydraulik-/Pneumatiksystems (falls vorhanden)			☐
optische und akustische Überwachungseinrichtungen			☐
Not-Aus-Funktion (wenn nicht vorhanden, bitte 0 eintragen)			☐
• **Spanneinrichtung und Führungselemente**			
Zustand der Spannelemente und –flächen			☐
Zustand der Führungselemente			☐
Zustand der Gleitflächen			☐
Tischversatz	☐	mm	☐
• **Richtholm**			
Planparallelität			☐
Geradheit und Ausrichtung			☐
Höheneinstellung			☐
• **Strahlungsheizelemente** eingestellte Temperatur	☐	°C	
Planparallelität Abweichung *	☐	mm	☐
Höheneinstellung in Arbeitsposition			
Temperaturverteilung Abweichung *	☐	°C	☐
Temperaturgenauigkeit zum Einstellwert Abweichung *	☐	°C	☐
Oberflächenbeschaffenheit, Zustand			☐
Funktionsprüfung (für den angegebenen Dimensionsbereich)			
Fügekraftsteuerung/Fügeweg Abweichung *	☐	%/mm	☐
Ablesegenauigkeit Fügekraft Abweichung * (manometrischer Druck) (falls zutreffend)	☐	%	☐
Fügekraftaufbauzeit/Fügeweg Abweichung *	☐	%	☐
* (Abweichung von der Bezugsgröße)			
Bezugsgrößen nach	DVS		☐
• **Betriebsanleitung** (wenn diese fehlt, bitte 0 eintragen)			☐

Beurteilung Gesamtzustand (für Bemerkungen zum Gesamtzustand bitte Zusatzblatt verwenden)

Beurteilungsschlüssel Prüfungen und Zustand

1 = ohne Beanstandung

2 = geringe Beanstandung

3 = Beanstandung, welche die Verwendung einschränkt

4 = weitere Verwendung nicht zulässig

Beurteilungsschlüssel Messungen

1 = innerhalb zulässiger Toleranzen

2 = Abweichung mit geringem Einfluß

3 = Abweichung, welche die Verwendung einschränkt

4 = unzulässige Abweichung

Datum der Prüfung: ....

prüfende Stelle mit Stempel und Unterschrift:

Prüfer:

Protokoll für das berührungslose Heizelementstumpfschweißen von Tafeln

Werkstoff

Blatt von

Bauherr	Ausführende Firma		Schweißmaschine:
Titel des Auftrages	Name des Schweißers	Kenn-Nr.	Fabrikat: Typ:
Nr. des Auftrages	Name und Firma der Schweißaufsicht		Maschinen-Nr. Baujahr:

Naht-Nr.	Datum	Tafeldicke mm	Gemessene Heizelement-temperatur [1] °C min/max	Fügedruck (Maschinen-tabelle) [2] N	Einfahrzeit s	Anwärmzeit [4] s	Umstellzeit [4] s	Fügedruckauf-bauzeit [2] [4] s	Fügeweg [3] mm	Abkühlzeit unter Fügedruck [4] min	Umgebungs-temperatur °C	Bemerkungen

Unterschrift Schweißer:

Datum und Unterschrift der Schweißaufsicht:

[1] wird von der Maschine überwacht
[2] Bei kraftgeregelten Maschinen: nach Angaben des Herstellers der Schweißmaschine bzw. aus Maschinenprüfung plus Bewegungsdruck bzw. -kraft
[3] Bei weggeregelten Maschinen: nach Angabe des Herstellers der Schweißmaschine
[4] Es sind die gemessenen Werte einzutragen.

Protokoll für das berührungslose Heizelementstumpfschweißen von Rohren und Rohrleitungsteilen

☐ oberirdisch verlegt
☐ erdverlegt

Werkstoff

Blatt von

Bauherr	Ausführende Firma		Schweißmaschine:	Witterung 1 = sonnig 2 = trocken 3 = Regen oder Schneefall 4 = Wind	Schutzmaßnahmen 1 = keine 2 = Schirm 3 = Zelt 4 = Beheizung
Titel des Auftrages	Name des Schweißers	Kenn-Nr.	Fabrikat: Typ:		
Nr. des Auftrages	Name und Firma der Schweißaufsicht		Maschinen-Nr.: Baujahr:	Bei Mehrfachnennungen Reihenfolge der Zahlen wie oben (z. B. 34 = Regen und Wind)	

Naht-Nr.	Datum	Rohrgröße Ø d x s	Gemessene Heizelement-temperatur [1]	Bewegungs-druck [2]	Fügedruck (Maschinen-tabelle) [2]	Einfahrzeit	Anwärmzeit [4]	Umstellzeit [4]	Fügedruck-aufbauzeit [2) 4)]	Fügeweg [3]	Abkühlzeit unter Füge-druck [4]	Umgebungs-temperatur	Schlüssel-Nr Witterung	Schlüssel-Nr Schutz-maßnahmen	Bemerkungen
		mm	°C min/max	N	N	s	s	s	s	mm	min	°C			

Unterschrift Schweißer:

Datum und Unterschrift der Schweißaufsicht:

1) wird von der Maschine überwacht
2) Bei kraftgeregelten Maschinen: nach Angaben des Herstellers der Schweißmaschine bzw. aus Maschinenprüfung plus Bewegungsdruck bzw. -kraft
3) Bei weggeregelten Maschinen: nach Angabe des Herstellers der Schweißmaschine
4) Es sind die gemessenen Werte einzutragen.

Mai 2020

VERBAND

Richtlinie
DVS 2207-11

*Ersetzt Ausgabe
Februar 2017*

Richtlinie DVS 2207-11

Schweißen von thermoplastischen Kunststoffen

Heizelementschweißen von Rohren, Rohrleitungsteilen und Tafeln aus PP

Ausschuss für Technik im DVS

Arbeitsgruppe W4 „Fügen von Kunststoffen"

Untergruppe W4.1a „Heizelementschweißen von Rohren und Tafeln"

Bezug: DVS Media GmbH, Postfach 10 19 65, 40010 Düsseldorf, Telefon (0211) 1591-0, Telefax (0211) 1591-150

Inhalt:

1. Geltungsbereich

Diese Richtlinie gilt für das Heizelementstumpfschweißen von Tafeln nach DIN EN ISO 15013 und für das Heizelementstumpf-, Heizelementmuffen- und Heizwendelschweißen von Rohren, Formstücken aus Polypropylen PP-H, PP-B und PP-R nach DIN 8077, DIN 8078 , DIN EN ISO 15494 und DIN EN ISO 15874, die zur Fortleitung von Gasen, Flüssigkeiten und Feststoffen dienen.

Unter Beachtung der folgenden Anweisungen kann von einer Eignung innerhalb der Schmelze-Massefließrate MFR 190/5 von 0,4 bis 1,0 g/10 min ausgegangen werden. Dieser Bereich entspricht etwa der Schmelze-Massefließrate MFR 230/2,16 von 0,2 bis 0,6 g/10 min.

Bei abweichenden Schmelzemassefließraten ist der Eignungsnachweis im Zeitstand-Zugversuch nach Richtlinie DVS 2203-4 bzw. Beiblatt 1 zu führen.

2. Allgemeine Anforderungen

Die Qualität der Schweißverbindungen ist abhängig von der Qualifikation der Schweißer, der Eignung der verwendeten Maschinen und Vorrichtungen sowie der Einhaltung der Schweißrichtlinien. Die Schweißnaht kann durch zerstörungsfreie und/oder zerstörende Verfahren geprüft werden.

Die Schweißarbeiten sind zu überwachen. Art und Umfang der Überwachung muss zwischen den Vertragspartnern vereinbart werden. Es wird empfohlen, die Verfahrensdaten in Schweißprotokollen (Muster siehe Anhang) oder auf Datenträgern zu dokumentieren.

Im Rahmen der Qualitätssicherung wird empfohlen, vor Aufnahme und während der Schweißarbeiten unter den gegebenen Arbeitsbedingungen Probenähte herzustellen und zu prüfen.

Jeder Schweißer muss ausgebildet sein und einen gültigen Qualifikationsnachweis besitzen. Das vorgesehene Anwendungsgebiet kann für die Art der Qualifikation bestimmend sein. Für das Heizelementstumpfschweißen von Tafeln sowie im Rohrleitungsbau gilt Richtlinie DVS 2212-1.

Die zum Schweißen verwendeten Maschinen und Vorrichtungen müssen den Anforderungen von Richtlinie DVS 2208-1 bzw. Richtlinie DVS 2208-1 Beiblatt 1 entsprechen.

3. Maßnahmen vor dem Schweißen

3.1. Voraussetzungen zum Schweißen

Der unmittelbare Schweißbereich ist vor ungünstigen Witterungseinflüssen (z. B. Wind, Feuchtigkeitseinwirkung) zu schützen. Wenn durch geeignete Maßnahmen (z. B. Vorwärmen, Einzelten, Beheizen) sichergestellt wird, dass zum Schweißen zulässige Bedingungen gegeben sind, darf – soweit der Schweißer nicht in der Handfertigkeit behindert wird – bei beliebiger Außentemperatur gearbeitet werden. Gegebenenfalls ist durch Herstellen von Probeschweißungen unter den genannten Bedingungen ein zusätzlicher Nachweis zu führen (siehe Abschnitt 7).

Eine ungleichmäßige Erwärmung des Fügebereichs durch Sonneneinstrahlung ist nicht zulässig und kann z. B. durch Abdecken vermieden werden. Eine Abkühlung während des Schweißvorganges durch Luftzug ist zu vermeiden. Beim Schweißen von Rohren wird empfohlen, zusätzlich die Rohrenden zu verschließen.

PP-Rohre vom Ringbund sind unmittelbar nach dem Abrollen oval und gekrümmt. Das zu schweißende Rohrende ist vor dem Schweißen zu richten, zum Beispiel durch vorsichtiges Anwärmen mit Hilfe eines Heißluftgebläses und/oder Verwendung einer geeigneten Spann- bzw. Runddrückvorrichtung.

Die Verbindungsflächen der zu schweißenden Teile dürfen nicht beschädigt und müssen frei von Verunreinigungen (z. B. Schmutz, Fett, Späne) sein.

Bei Rohren mit äußerem Schutzmantel sind die Herstellerangaben zu beachten.

3.2. Reinigung

Für die Herstellung einwandfreier Schweißverbindungen ist die Sauberkeit und Fettfreiheit sowohl der Fügeflächen als auch der Werkzeuge und Heizelemente von entscheidender Bedeutung.

3.2.1. Reinigungsmittel

Die Reinigungsflüssigkeit oder damit bereits werksseitig befeuchtete Tücher in einer verschließbaren Kunststoffbox müssen aus einem 100 % verdampfenden Lösungsmittel bestehen, z. B. aus 99 Teilen Ethanol mit einem Reinheitsgrad von 99,8 % und einem Teil MEK (Methylethylketon, Denaturierung). Reinigungsmittel, die nach DVGW VP 603 zertifiziert sind, erfüllen diese Anforderung. Das Sicherheitsdatenblatt des Reinigungsmittels ist dabei zu beachten.

Das Papier zur Reinigung muss sauber, unbenutzt, saugfähig, frei von Duftstoffen, nicht fasernd und uneingefärbt sein. Danach ablüften lassen.

3.2.2. Reinigen der Heizelemente

Die Heizelemente sind vor jeder Schweißung mit Papier zu reinigen. Es dürfen keine Reste von Reinigungsmittel oder Papier auf dem Heizelement verbleiben.

3.2.3. Reinigen der Fügeflächen

Vor der spanenden Bearbeitung der Fügeflächen ist sicherzustellen, dass die benutzten Werkzeuge und die Werkstücke über den Schweißbereich hinaus sauber und fettfrei sind, ggf. ist mit einem Reinigungsmittel zu reinigen.

Die Bearbeitung der Verbindungsflächen muss unmittelbar vor Schweißbeginn erfolgen.

Eventuelle Späne sind ohne Berührungen der Fügeflächen zu entfernen.

Wird nach der spanenden Bearbeitung die Oberfläche verschmutzt, z. B. durch Berührungen mit den Händen, so müssen die Schweißflächen mit einem Reinigungsmittel behandelt werden, wenn eine erneute spanende Bearbeitung verfahrenstechnisch nicht möglich ist.

4. Heizelementstumpfschweißen

4.1. Heizelementstumpfschweißen von Rohren, Rohrleitungsteilen, Formstücken und Tafeln

4.1.1. Verfahrensbeschreibung

Beim Heizelementstumpfschweißen werden die Verbindungsflächen der zu schweißenden Teile am Heizelement unter Druck angeglichen (Angleichen), anschließend mit reduziertem Druck auf Schweißtemperatur erwärmt (Anwärmen) und nach Entfernung des Heizelementes (Umstellen) unter Druck zusammengefügt (Fügen). **Bild 1** zeigt das Prinzip des Verfahrens.

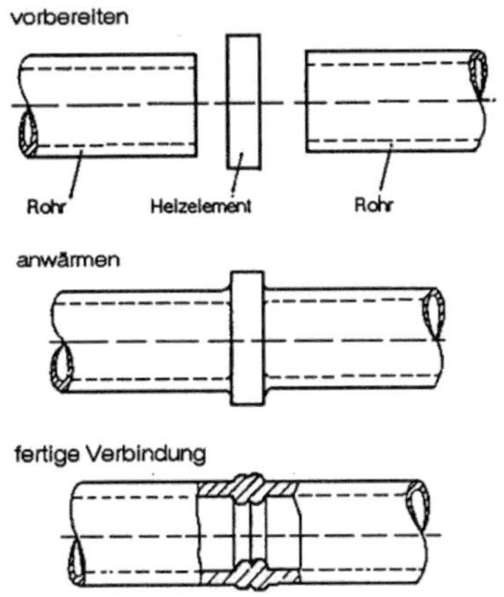

Bild 1: Prinzip des Heizelementstumpfschweißens am Beispiel Rohr.

4.1.2. Vorbereiten zum Schweißen

Vor Beginn der Schweißarbeiten ist die zum Schweißen notwendige Heizelementtemperatur zu kontrollieren. Dies erfolgt zum Beispiel mit einem schnell anzeigenden Temperaturmessgerät, geeignet für Oberflächenmessungen mit einer Auflagefläche von ca. 10 mm. Die Kontrollmessung muss innerhalb der dem Halbzeug entsprechenden Fläche des Heizelementes erfolgen. Damit sich ein thermisches Gleichgewicht einstellen kann, darf das Heizelement frühestens 10 Minuten nach Erreichen der Solltemperatur eingesetzt werden.

Für optimale Schweißungen ist das Heizelement vor jeder Schweißung gemäß Abschnitt 3.2.2 zu reinigen. Die antiadhäsive Beschichtung oder Bespannung des Heizelementes muss im Arbeitsbereich unbeschädigt sein.

Für die einzusetzenden Maschinen müssen die jeweiligen Fügekräfte bzw. Fügedrücke vorgegeben sein. Diese können sich z. B. auf Herstellerangaben, errechnete oder gemessene Werte beziehen. Zusätzlich ist beim Rohrschweißen die bei langsamer Bewegung des Werkstückes auftretende Bewegungskraft bzw. der Bewegungsdruck am Anzeigeinstrument der Schweißmaschine abzulesen und zu der vorher ermittelten Fügekraft bzw. zu dem Fügedruck zu addieren. Elektronisch gesteuerte Maschinen – möglichst mit Protokollierung – sind zu bevorzugen.

Die Nennwanddicken der zu schweißenden Teile müssen im Fügebereich übereinstimmen.

Rohre und Formstücke sind vor dem Einspannen in die Schweißmaschine axial auszurichten. Die leichte Längsbeweglichkeit des anzuschweißenden Teiles ist zum Beispiel durch verstellbare Rollenböcke oder pendelnde Aufhängung sicherzustellen.

Die zu verbindenden Flächen sind unmittelbar vor dem Schweißen mit einem sauberen und fettfreien Werkzeug spanend zu bearbeiten, so dass sie im eingespannten Zustand planparallel sind. Zulässige Spaltbreite unter Angleichdruck siehe **Tabelle 1**.

Tabelle 1. Maximale Spaltbreite zwischen den bearbeiteten Schweißflächen.

Rohraußendurchmesser d [mm]	Spaltbreite [mm]	Tafelbreite [mm]
≤ 355	0,5	
400 ... < 630	1,0	≤ 1500
630 ... < 800	1,3	> 1500 ≤ 2000
800 ... ≤ 1000	1,5	> 2000 ≤ 2300
> 1000	2,0	> 2300

Zugleich mit der Kontrolle der Spaltbreite ist der Versatz zu prüfen. Der Versatz der Fügeflächen zueinander darf an der Rohraußenseite bzw. Tafel das zulässige Maß von 0,1 x Wanddicke nicht überschreiten. Bei größerem Versatz resultiert hieraus eine Qualitätsminderung, welche die Belastbarkeit der Fügeverbindung einschränkt. In diesem Fall kann eine Bewertung nach Richtlinie DVS 2202 unter Berücksichtigung der Anforderungen an die Fügeverbindung vorgenommen werden.

Die bearbeiteten Schweißflächen dürfen weder beschmutzt noch mit den Händen berührt werden, da sonst eine erneute spanende Bearbeitung notwendig wird. Eine zusätzliche Reinigung ist nicht erforderlich und bewirkt keine Qualitätsverbesserung. In das Rohr gefallene Späne sind zu entfernen.

4.1.3. Ausführen des Schweißens

Beim Heizelementstumpfschweißen werden die zu verbindenden Flächen mittels Heizelement auf Schweißtemperatur gebracht und nach Entfernen des Heizelementes unter Druck zusammengefügt. Die Heizelementtemperatur beträgt 210 ± 10 °C. Der schrittweise Ablauf des Schweißvorganges ist in Bild 2 dargestellt.

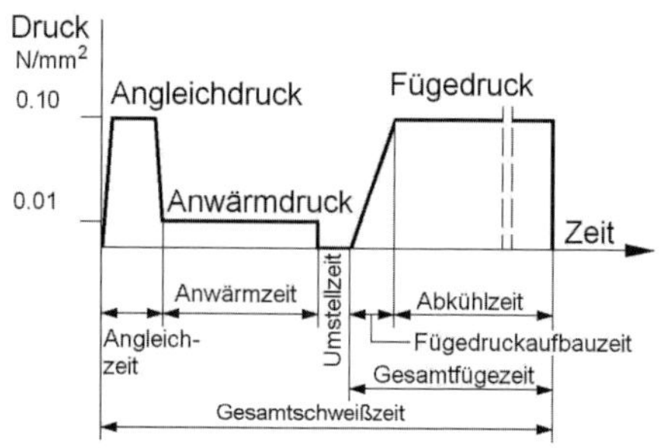

Bild 2: Verfahrensschritte beim Heizelementstumpfschweißen

Angleichen
Hierbei werden die zu schweißenden Fügeflächen solange an das Heizelement gedrückt, bis die gesamten Flächen planparallel am Heizelement anliegen. Dieses ist an der Ausbildung der Wülste zu erkennen. Das Angleichen ist abgeschlossen, wenn die Wulsthöhen am gesamten Rohrumfang bzw. der gesamten Plattenoberseite die in **Tabelle 2** bzw. **Tabelle 3**, Spalte 2, angegebenen Werte erreicht haben. Die Wulsthöhen gelten als Indiz dafür, dass die Fügeflächen ganzflächig am Heizelement anliegen. Der Angleichdruck von 0,10 N/mm² wirkt während des gesamten Angleichvorganges.

Anwärmen
Zum Anwärmen müssen die Flächen mit geringem Druck am Heizelement anliegen. Dazu wird der Druck auf nahe Null (≤ 0,01 N/mm²) abgesenkt. Beim Anwärmen dringt die Wärme in die zu schweißenden Flächen ein und bringt diese auf Schweißtemperatur. Anwärmzeiten sind der Tabelle 2 bzw. Tabelle 3, Spalte 3, zu entnehmen.

Umstellen
Nach dem Anwärmen sind die Fügeflächen vom Heizelement zu lösen. Das Heizelement ist ohne Beschädigung und Verschmutzung der erwärmten Fügeflächen herauszunehmen. Die Fügeflächen sind danach schnell bis unmittelbar vor der Berührung zusammenzufahren. Die Umstellzeit soll so klein wie möglich gehalten werden (siehe Tabelle 2 bzw. Tabelle 3, Spalte 4), da sonst die plastifizierten Flächen erkalten. Die Schweißnahtqualität wird dadurch nachteilig beeinflusst.

Fügen
Die zu schweißenden Flächen sollen bei Berührung mit einer Geschwindigkeit nahe Null zusammentreffen. Der erforderliche Fügedruck wird möglichst linear ansteigend aufgebracht. Die hierfür notwendigen Zeiten sind aus Tabelle 2 bzw. Tabelle 3, Spalte 5, ersichtlich. Diese Fügedruckaufbauzeiten sind als Maximalwert zu verstehen, sie dürfen um bis zu 50 % unterschritten werden. Der Fügedruck beträgt 0,10 ± 0,01 N/mm².

Eine mechanische Belastung der Fügeverbindung ist frühestens nach Beendigung des Abkühlprozesses zulässig. Dazu muss der Fügedruck während der Abkühlzeit bei Umgebungstemperatur (siehe Tabelle 2 bzw. Tabelle 3, Spalte 5) in voller Höhe aufrecht erhalten werden.

Eine Weiterverarbeitung mit voller mechanischer Belastung der Fügeverbindung darf erst nach vollständiger Auskühlung gemäß Tabelle 2 bzw. Tabelle 3, Spalte 5, erfolgen.

Nach dem Fügen muss ein gleichmäßiger Doppelwulst vorhanden sein. Die Wulstausbildung gibt eine Orientierung über die Gleichmäßigkeit der Schweißungen untereinander. Unterschiedliche Wulstausbildungen können durch verschiedenartiges Fließverhalten der verbundenen Materialien begründet sein. Aus der Erfahrung mit den handelsüblichen PP-Halbzeugen im angegebenen MFR-Bereich kann von der Schweißeignung ausgegangen werden, auch wenn dies zu unsymmetrischen Schweißwülsten führen kann. Es muss immer K > 0 sein (siehe Bild 3).

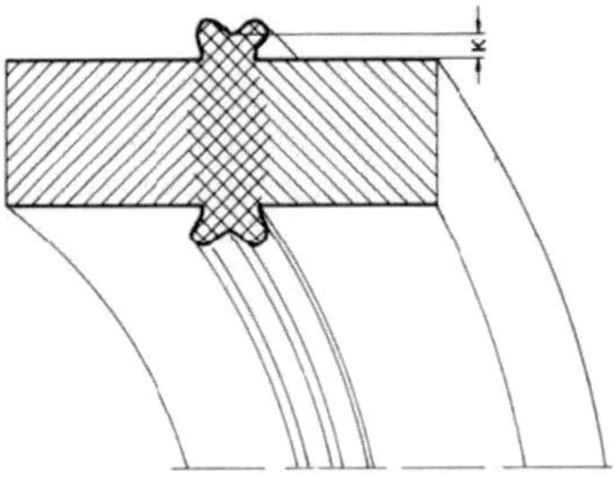

Bild 3: Wulstausbildung beim Heizelementstumpfschweißen (Prinzip am Beispiel Rohr).

4.1.3.1. Richtwerte für das Heizelementstumpfschweißen von Tafeln aus PP

Tabelle 2: Richtwerte für das Heizelementstumpfschweißen von Tafeln aus PP bei Umgebungstemperaturen bis 40 °C und mäßiger Luftbewegung (Zwischenwerte sind zu interpolieren).

1	2	3	4	5	
Nenn-wand-dicke s	**Angleichen**	**Anwärmen**	**Umstellen**	**Fügen**	
	Wulsthöhe am Heizelement am Ende der Angleich-zeit (Mindestwerte) Angleichen p = 0,10 ± 0,01 N/mm²)	**Anwärmzeit (Anwärmen p ≤ 0,01 N/mm²)**	**Umstellzeit (Maximalzeit)**	**Fügedruck-aufbauzeit (Maximalzeit, darf um 50 % unterschritten werden)**	**Abkühlzeit (Mindestwerte) unter Fügedruck p = 0,10 ± 0,01 N/mm²**
[mm]	**[mm]**	**[s]**	**[s]**	**[s]**	**[min] *)**
bis 4,5	0,5	bis 53	5	6	6,5
4,5 ... 7	0,5	53 ... 81	5 ... 6	6 ... 7	6,5 ... 9,5
7 ... 12	1,0	81 ... 35	6 ... 7	7 ... 11	9,5 ... 15,5
12 ... 19	1,0	135 ... 206	7 ... 9	11 ... 17	15,5 ... 24
19 ... 26	1,5	206 ... 271	9 ... 11	17 ... 22	24 ... 32
26 ... 37	2,0	271 ... 362	11 ... 14	22 ... 32	32 ... 45
37 ... 50	2,5	362 ... 450	14 ... 17	32 ... 43	45 ... 61
50 ... 70	3,0	450 ... 546	17 ... 22	43	61 ... 85

*) Unter folgenden Voraussetzungen ist eine Verringerung der Abkühlzeit bis zu 50 %, d. h. Fügedruckentlastung und Entnahme des geschweißten Teiles aus der Schweißmaschine, erlaubt:

- die Fügeverbindung wird unter Werkstattbedingungen hergestellt und
- die Entnahme aus der Schweißmaschine und das vorübergehende Lagern bis zur vollständigen Abkühlzeit nach Spalte 5 verursachen nur eine geringfügige Belastung der Fügeverbindung

4.1.3.2. Richtwerte für das Heizelementstumpfschweißen von Rohren und Rohrleitungsteilen aus PP

Tabelle 3: Richtwerte für das Heizelementstumpfschweißen von Rohren und Rohrleitungsteilen aus PP bei mäßiger Luftbewegung (Zwischenwerte sind zu interpolieren).

1	2	3	4	5	
Nenn-wand-dicke s	**Angleichen**	**Anwärmen**	**Umstellen**	**Fügen**	
	Heizelementtemperatur 210 ± 10 °C				
	Wulsthöhe am Heizelement am Ende der Angleich-zeit (Mindestwerte) Angleichen $p = 0{,}10\ N/mm^2$)	**Anwärmzeit (Anwärmen $p \leq 0{,}01\ N/mm^2$)**	**Umstellzeit (Maximalzeit)**	**Fügedruck-aufbauzeit (Maximalzeit, darf um 50 % unterschritten werden)**	**Abkühlzeit (Mindestwerte) unter Fügedruck $p = 0{,}10\ N/mm^2$ ± 0,01**
[mm]	**[mm]**	**[s]**	**[s]**	**[s]**	**[min]**
bis 4,5	0,5	bis 53	5	6	Siehe Tabelle 4
4,5 ... 7	0,5	53 ... 81	5 ... 6	6 ... 7	
7 ... 12	1,0	81 ... 35	6 ... 7	7 ... 11	
12 ... 19	1,0	135 ... 206	7 ... 9	11 ... 17	
19 ... 26	1,5	206 ... 271	9 ... 11	17 ... 22	
26 ... 37	2,0	271 ... 362	11 ... 14	22 ... 32	
37 ... 50	2,5	362 ... 450	14 ... 17	32 ... 43	
50 ... 70	3,0	450 ... 546	17 ... 22	43	

Tabelle 4: Abkühlzeiten von Rohren und Rohrleitungsteilen aus PP abhängig von der Umgebungstemperatur bzw. unter besonderen Bedingungen.

Nenn-wanddicke s [mm]	**Abkühlzeit (Mindestwerte) unter Fügedruck $p = 0{,}10 \pm 0{,}01\ N/mm^2$ In Abhängigkeit von der Umgebungstemperatur [min]**			**Abkühlzeit (Mindestwerte) unter Fügedruck $p = 0{,}10 \pm 0{,}01\ N/mm^2$ unter besonderen Bedingungen *) [min]**
	bis 15 °C	15 °C ... 25 °C	25 °C ... 40 °C	
bis 4,5	4,0	5,0	6,5	3,5
4,5 ... 7	4,0 ... 6,0	5,0 ... 7,5	6,5 ... 9,5	3,5 ... 5
7 ... 12	6,0 ... 9,5	7,5 ... 12	9,5 ... 15,5	5 ... 8
12 ... 19	9,5 ... 14	12 ... 18	15,5 ... 24	8 ... 12
19 ... 26	14 ... 19	18 ... 24	24 ... 32	12 ... 16
26 ... 37	19 ... 27	24 ... 34	32 ... 45	16 ... 23
37 ... 50	27 ... 36	34 ... 46	45 ... 61	23 ... 31
50 ... 70	36 ... 50	46 ... 64	61 ... 85	31 ... 43

*) Diese Abkühlzeiten gelten nur unter folgenden Bedingungen:

- die Fügeverbindung wird in einer Werkstatt hergestellt und
- die Entnahme aus der Schweißmaschine und das vorübergehende Lagern bis zur vollständigen Abkühlzeit nach Spalte 5 verursachen nur eine geringfügige Belastung der Fügeverbindung

Kurzfassung der Verarbeitungsanleitung siehe Anhang.

5. Heizwendelschweißen

5.1. Verfahrensbeschreibung

Die Verbindungsflächen, d. h. Rohroberfläche und Formstückinnenseite, überlappen sich und werden mit Hilfe von im Formstück positionierten Widerstandsdrähten (Heizwendel) durch elektrische Energie auf Schweißtemperatur erwärmt und dadurch geschweißt (siehe **Bild 4**).

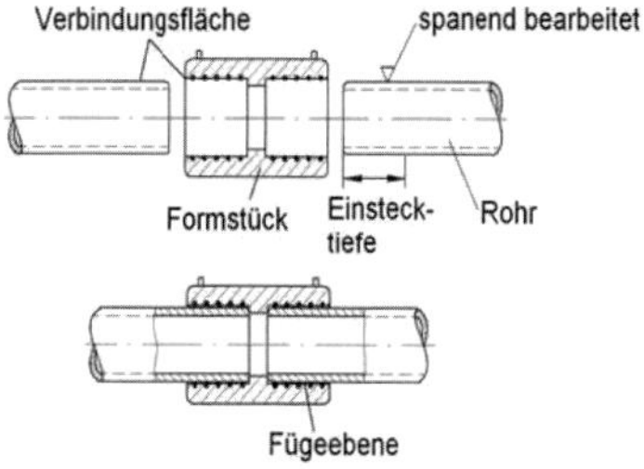

Bild 4: Heizwendelschweißen (Prinzip).

5.2. Schweißgerät

Es dürfen nur Schweißgeräte verwendet werden, die auf die zu schweißenden Teile abgestimmt sind. Automatische Schweißgeräte – möglichst mit Protokollierung – sind zu bevorzugen. Das Schweißgerät muss für das jeweils zu schweißende Formstück die erforderlichen Schweißparameter wie Schweißzeit, Stromstärke und -spannung liefern. Das Gerät muss sich automatisch abschalten, sobald der Schweißzone die notwendige Wärmemenge zugeführt worden ist.

5.3. Vorbereiten zum Schweißen

Für die Herstellung einwandfreier Schweißverbindungen sind saubere Oberflächen und ein spannungsfreier Einbau von entscheidender Bedeutung. Durch die Auswahl von Rohren mit eingeschränkter Durchmessertoleranz nach DIN 8077 wird die Montage von Formstücken erleichtert.

Für axiale Rohrverbindungen sind die Rohre ggf. mit geeignetem Werkzeug rechtwinklig abzutrennen. Bei konischem Einfall der Rohrschnittkante muss das unbearbeitete Rohr in der vorgesehenen Einstecktiefe mindestens im Bereich der Heizwendel den Nenndurchmesser d aufweisen (**Bild 5**). Gegebenenfalls ist das Rohrende unmittelbar vor der Schweißung entsprechend zu kürzen.

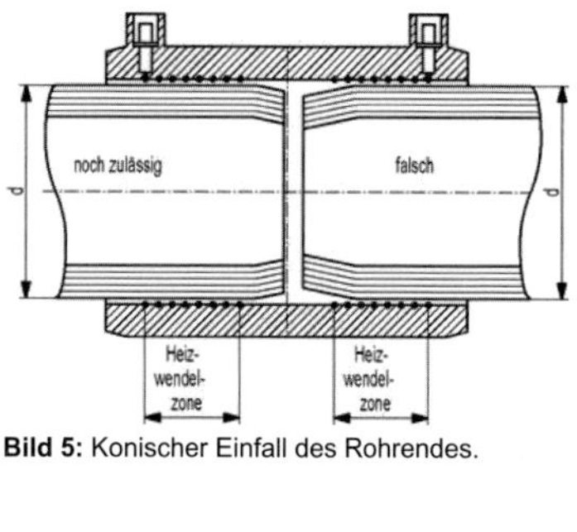

Bild 5: Konischer Einfall des Rohrendes.

Die Unrundheit des Rohres darf im Schweißbereich 1,5 % des Außendurchmessers, maximal 3 mm, nicht überschreiten. Erforderlichenfalls sind entsprechende Runddrückklemmen zu verwenden.

Im Bereich der Schweißzone ist die Oberfläche des Rohres bzw. Rohrstutzens am Formstück lückenlos spanend zu bearbeiten. Dabei muss die Bearbeitung der Oberfläche länger als die Einstecktiefe der Muffe erfolgen, damit nach dem Schweißvorgang die Bearbeitung noch erkennbar ist. Rotationsschälgeräte sind einzusetzen. Aus schweißtechnischer Sicht muss ein gleichmäßiger Wanddickenabtrag von ca. 0,2 mm erfolgen.
Die Verwendung von Handschabgeräten ist nur in Ausnahmefällen zulässig und ist zu begründen.

Das Rohrende ist innen und außen zu entgraten, Späne sind ohne Berührungen der Fügefläche zu entfernen.

Das Formstück darf erst unmittelbar vor der Montage aus der Schutzverpackung entnommen werden.

Wenn nach der spanenden Bearbeitung eine Verunreinigung der bearbeiteten Rohroberfläche eintritt, so muss diese gemäß Abschnitt 3.2.3 gereinigt werden. Hierbei ist darauf zu achten, dass keine Verunreinigung in die Schweißzone gerieben wird. Die Fügefläche des Formstückes ist entsprechend Abschnitt 3.2.3 zu reinigen.

Die Einstecktiefe muss vor Montage des Fittings ausgemessen und am Rohr angezeichnet werden. Das Formstück darf weder verkantet noch mit Gewalt auf das Rohrende geschoben werden (spannungsarme Montage). Das Sattelstück ist mit Hilfe einer geeigneten Vorrichtung entsprechend den Herstellerangaben auf dem Rohr festzuspannen.

Die Kontaktbuchsen zum Anschluss des Schweißkabels müssen leicht zugänglich sein.

Formstück und Rohr müssen sich vor der Schweißung auf gleichem Temperaturniveau befinden. Bei Schweißgeräten mit automatischer Temperaturkompensation ist darauf zu achten, dass die erfasste Umgebungstemperatur den Bedingungen am Ort der Schweißung entspricht. Gegebenenfalls sind das Schweißgerät sowie Rohr und Formstück z. B. vor direkter Sonneneinstrahlung zu schützen.

5.4. Ausführen des Schweißens

Die korrekte Einstecktiefe ist anhand der Markierung zu kontrollieren. Die zu schweißenden Bauteile sind ggf. durch geeignete Maßnahmen bzw. Vorrichtungen gegen Lageveränderungen zu sichern.

Das Schweißgerät wird durch Kabel mit dem zu schweißenden Formstück verbunden. Während der Schweißung müssen die Schweißkabel gewichtsentlastet angebracht sein. Die Kontaktflächen müssen sauber sein. Die für die Schweißung erforderlichen Daten des Formstückes werden in der Regel durch Einlesen eines bauteilspezifischen Barcodes vom Schweißgerät erfasst. Die angezeigten Daten (z. B. Abmessungen) müssen mit den Bauteildaten übereinstimmen. Nach dem Starten des Schweißvorganges läuft dieser automatisch ab. Die Schweißdauer wird üblicherweise vom Schweißgerät angezeigt. Sie ist ebenso wie sonstige vom Gerät angezeigte Daten in das Schweißprotokoll zu übernehmen, sofern keine Datenspeicherung erfolgt.

Fehlermeldung beachten! Bei z. B. Unterbrechung der Stromzufuhr kann eine vorzeitig abgebrochene Schweißung einmalig wiederholt werden, sofern kein Defekt am Formstück oder Schweißgerät vorliegt (Fehlermeldung) und der Formstückhersteller dieses zulässt. Vor der erneuten Schweißung muss die Verbindung vollständig abgekühlt sein.

Nach Abschalten des Gerätes können die Kabel entfernt werden. Sind am Formstück Schweißindikatoren vorhanden, so sind diese zu kontrollieren. Die Verbindung darf erst nach dem Abkühlen bewegt werden. Angaben dazu liefert der Formstückhersteller.

Angaben des Herstellers über zusätzliche Abkühlzeiten, z. B. bis zur Druckprüfung, sind zu beachten.

Kurzfassung der Verarbeitungsanleitung siehe Anhang.

6. Heizelementmuffenschweißen

6.1. Verfahrensbeschreibung

Beim Heizelementmuffenschweißen (siehe **Bild 6**) werden Rohr und Formstück überlappend geschweißt. Rohrende und Formstück werden mit Hilfe eines muffen- bzw. stutzenförmigen Heizelementes auf Schweißtemperatur erwärmt und anschließend geschweißt.

Heizelemente und Formstücke sind maßlich so aufeinander abgestimmt, dass sich beim Fügen ein Fügedruck aufbaut. Heizelement-Muffenschweißverbindungen bis 50 mm Rohrdurchmesser sind manuell ausführbar. Bei Durchmessern ab 63 mm bedingt die Höhe der Fügekraft die Verwendung einer Schweißvorrichtung.

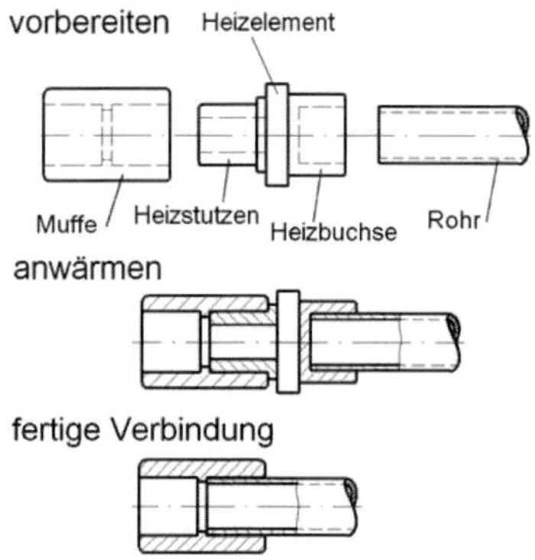

Bild 6: Heizelementmuffenschweißen (Prinzip).

6.2. Schweißvorrichtungen

Die Heizelemente werden elektrisch beheizt und sind antiadhäsiv beschichtet.

6.3. Vorbereiten zum Schweißen

Das Formstück ist innen und das Rohr außen gemäß Abschnitt 3.2 zu reinigen. Die Bearbeitung der Verbindungsflächen der zu schweißenden Teile muss unmittelbar vor Schweißbeginn erfolgen. Das Rohrende ist gemäß **Bild 7** und **Tabelle 5** anzuschrägen. Die Verbindungsfläche des Rohres ist gemäß den Angaben des Formstücklieferanten zu bearbeiten.

Beim Verfahren A wird auf eine mechanische Oberflächenbearbeitung im Schweißnahtbereich des Rohres verzichtet.

Verfahren B ist dadurch gekennzeichnet, dass vor dem Schweißprozess die Oberfläche der Rohre im Schweißnahtbereich einer mechanischen Bearbeitung unterworfen wird.

Bei Handschweißungen ist danach mit einer Markierung auf dem Rohrende die Einstecktiefe im Abstand l gemäß Tabelle 5 anzubringen.

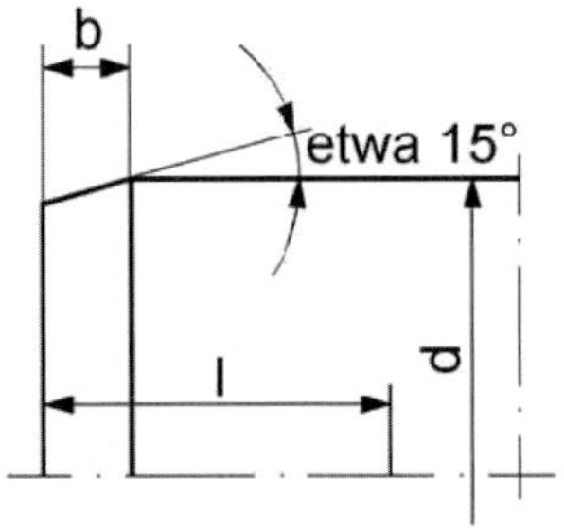

Bild 7: Anschrägen des Rohrendes.

Tabelle 5: Maße für Rohrfase und Einstecktiefe.

Rohraußendurchmesser d [mm]	Rohrfase b [mm]	Einstecktiefe Verfahren A ohne mechanische Bearbeitung l [mm]	Einstecktiefe Verfahren B mit mechanischer Bearbeitung l [mm]
16	2	13	13
20		14	14
25		15	16
32		16,5	18
40		18	20
50		20	23
63	3	24	27
75		26	31
90		29	35
110		32,5	41
125		35	46

Vor Schweißbeginn ist die Heizelementtemperatur von 250 bis 270 °C an den Heizelementen gemäß Abschnitt 4.1.2 zu kontrollieren.

Heizbuchse und Heizdorn müssen frei von Verunreinigungen sein und vor jedem Schweißen entsprechend Abschnitt 3.2.2 gereinigt werden. Die antiadhäsive Beschichtung von Heizdorn und Heizbuchse muss im Schweißbereich unbeschädigt sein.

6.4. Ausführen des Schweißens

Zum Anwärmen werden Formstück und Rohr zügig und axial bis zum eingestellten Anschlag bei Maschinenschweißung bzw. bei manueller Schweißung bis zur Markierung auf die am Heizelement angebrachten Werkzeuge geschoben und fixiert.

Es ist unbedingt zu vermeiden, das Rohr mit seiner Stirnfläche am Ende der Heizbuchse aufzustoßen.

Danach beginnt die Anwärmzeit gemäß Zeitangabe in **Tabelle 6**, Spalte 2.

Nach Ablauf der Anwärmzeit sind Formstück und Rohr von den Heizwerkzeugen ruckartig abzuziehen und sofort ohne Verdrehen bis zum Anschlag bzw. zur Markierung zusammenzuschieben (max. Umstellzeit: siehe Tabelle 6, Spalte 3).

Bei Handschweißung müssen die gefügten Teile entsprechend der Zeitangabe in Tabelle 6, Spalte 4, fixiert gehalten werden. Die Verbindung darf erst nach Ablauf der Abkühlzeit (Tabelle 6, Spalte 5) durch die weiteren Verlegearbeiten beansprucht werden.

Tabelle 6: Richtwerte für das Heizelementmuffenschweißen von Rohren und Formstücken aus PP bei einer Außentemperatur von 20 °C und mäßiger Luftbewegung.

1	2		3	4	5
Rohraußendurchmesser d	**Anwärmen**		**Umstellen**	**Abkühlen**	
	Heizelementtemperatur 250 bis 270 °C		**Umstellzeit (Maximalzeit)**	**Abkühlzeit**	
	Anwärmzeit für SDR 11, SDR 7,4, SDR 6[2]	**Anwärmzeit für SDR 17, SDR 17,6**[2]		**fixiert**	**gesamt**
[mm]	**[s]**	**[s]**	**[s]**	**[s]**	**[min]**
16	5	[1]	4	6	2
20					
25	7			10	
32	8		6		4
40	12			20	
50	18				
63	24	10	8	30	6
75	30	15			
90	40	22		40	
110	50	30	10	50	8
125	60	35		60	

[1] Aufgrund zu geringer Wanddicke ist das Schweißverfahren nicht empfehlenswert.
[2] **S**tandard **D**imension **R**atio ~ d/s (Verhältnis Außendurchmesser/Wanddicke).

Kurzfassung der Verarbeitungsanleitung siehe Anhang.

7. Prüfen der Schweißverbindungen

Für die einzelnen Schweißverfahren werden unterschiedliche Prüfverfahren angewendet. Es wird zwischen zerstörungsfreien und zerstörenden Prüfverfahren unterschieden. Sie sind in **Tabelle 7** aufgeführt. Überprüfungen und Probeentnahmen sollen – je nach Vereinbarung – während der Schweißarbeiten stichprobenartig erfolgen.

Tabelle 7: Prüfverfahren für Schweißverbindungen.

Prüfverfahren	Heizelementstumpf-schweißen Tafeln, Rohre, Formstücke	Heizwendelschweißen Formstücke	Heizelementmuffen-schweißen Rohre, Formstücke
visuelle Prüfung	Richtlinie DVS 2202 Beiblatt 1	Richtlinie DVS 2202 Beiblatt 2	Richtlinie DVS 2202 Beiblatt 3
		Die mechanische Bearbeitung der Rohroberfläche muss über die Schweißfläche hinaus sichtbar sein.	
Zugversuch	Richtlinie DVS 2203-2; Kurzzeitzug-Schweißfaktor Richtlinie DVS 2203-1, Beiblatt 1	nicht anwendbar	
Zeitstand- Zugversuch	Richtlinie DVS 2203-4; Zeitstandzug-Schweißfaktor Richtlinie DVS 2203-1, Beiblatt 2	Richtlinie DVS 2203-4, Beiblatt 1	
Technologischer Biegeversuch	Richtlinie DVS 2203-5. Mindestbiegewinkel nach Richtlinie DVS 2203-1, Beiblatt 3, Bild 2 und 3 Mindestbiegeweg nach Richtlinie DVS 2203-1, Beiblatt 3, Bild 8 und 9	nicht anwendbar	
Zeitstand-Innendruckversuch	DIN EN ISO 15494, Anhang für PP	DIN EN ISO 15494, Anhang für PP	
Torsionsscherversuch	nicht anwendbar	Richtlinie DVS 2203-6	
radialer Schälversuch	nicht anwendbar	Richtlinie DVS 2203-6	
Quetschversuch	nicht anwendbar	DIN EN 12814-4, Abschnitt 8. Auch als Baustellenprüfung geeignet	
Schältrennversuch	nicht anwendbar	DIN EN 12814-4, Abschnitt 7	nicht anwendbar

8. Schrifttum

8.1. Regelwerk

DIN 8077	Rohre aus Polypropylen (PP); PP-H, PP-B, PP-R, PP-RCT; Maße
DIN 8078	Rohre aus Polypropylen (PP); PP-H, PP-B, PP-R, PP-RCT; Allgemeine Güteanforderungen, Prüfung
DIN EN 12814-4	Prüfen von Schweißverbindungen aus thermoplastischen Kunststoffen; Teil 4: Schälversuch
DIN EN ISO 15013	Extrudierte Tafeln aus Polypropylen (PP); Anforderungen und Prüfverfahren
DIN EN ISO 15494	Kunststoffrohrleitungssysteme für industrielle Anwendungen; Polybuten (PB), Polyethylen (PE), Polypropylen (PP); Anforderungen an Rohrleitungsteile und das Rohrleitungssystem; Metrische Reihen
DVGW VP 603	Prüfgrundlage für Reinigungsmittel und deren Behälter zur Vorbereitung von Schweißverbindungen an Polyethylenrohren
Richtlinie DVS 2202 mit Beiblättern	Bewertung von Fehler an Verbindungen aus thermoplastischen Kunststoffen; an Rohrleitungsteilen und Tafeln
Richtlinie DVS 2203	Prüfen von Schweißverbindungen an Tafeln und Rohren aus thermoplastischen Kunststoffen
Richtlinie DVS 2208-1 mit Beiblatt 1	Schweißen von thermoplastischen Kunststoffen; Maschinen und Geräte für das Heizelementschweißen von Rohren, Rohrleitungsteilen und Tafeln
Richtlinie DVS 2212-1	Prüfung von Kunststoffschweißern; Prüfgruppe I und II
Betr.Sich.V	Betriebssicherheitsverordnung

9. Erläuterung

Die Richtlinie wurde dem Stand der Technik angepasst, insbesondere hinsichtlich Anwärm- und Abkühlzeiten beim Heizelementstumpfschweißen. Die Abkühlzeiten für Stumpfschweißverbindungen von Rohren und Rohrleitungsteilen sind abhängig von der Umgebungstemperatur. Dies kann zu kürzeren Schweißzeiten führen.

Bauartbedingt (z.B. Heizelement unter den Fügepartnern) kann beim Schweißen von Tafeln diese umgebungstemperaturabhängige Verkürzung der Abkühlzeit nicht angewendet werden.

Das Schweißen von thermoplastischen Kunststoffen bei Umgebungstemperaturen < 5°C wird generell als problematisch betrachtet. Hierbei geht es weniger um die werkstoffspezifischen Eigenschaften des Kunststoffes als um die eingeschränkte Handfertigkeit des Schweißers. Das Schweißen im Freien bei beliebigen Außentemperaturen setzt daher eine Umgebung voraus, welche es dem Schweißpersonal ermöglicht, die einzelnen Arbeitsschritte ohne qualitätsmindernde Einflüsse ausführen zu können. Dabei sind die Angaben der Hersteller und die Taupunktkurve zu beachten.

Die zu verbindenden Teile müssen ein gleiches Temperaturniveau aufweisen. Es sind Probeschweißungen anzufertigen und zu prüfen.

Bezüglich des Rohrendenzustandes ist darauf zu achten, dass Reif, Eis und Feuchte im Rahmen der Schweißvorbereitungen im Bereich der Fügezone (≥ 0,5 x Formstücklänge) mittels Wärmezufuhr (z. B. Warmgasgerät) entfernt werden. Formstücke sind in geschlossenen, frostfreien Räumen zu lagern und nur in der jeweils erforderlichen Anzahl der Schweißstelle zuzuführen.

Anhang: Verarbeitungsanleitungen (Kurzfassungen)

Zu 4.1 Heizelementstumpfschweißen von Rohren, Rohrleitungsteilen, Formstücken und Tafeln
Verarbeitungsanleitung (Kurzfassung)

1. Zulässige Arbeitsbedingungen schaffen, z. B. Schweißzelt.
2. Schweißgerät an das Netz oder den Wechselstromgenerator anschließen und auf Funktion kontrollieren.
3. Zu schweißende Teile z. B. mit Rollenböcken ausrichten und einspannen.
4. Rohrenden gegen Luftzug verschließen.
5. Fügeflächen über den Schweißbereich hinaus mit einem Reinigungsmittel gemäß Abschnitt 3.2.1 und 3.2.3 mit unbenutztem, saugfähigem, nicht faserndem und nicht eingefärbtem Papier reinigen. Verbindungsflächen bearbeiten, bei Rohren z. B. mittels Planhobel.
6. Planhobel bei Rohrschweißmaschine herausnehmen.
7. Späne im Schweißbereich ohne Berührungen der Fügeflächen entfernen.
8. Planparallelität durch Zusammenfahren der Fügeflächen überprüfen (max. Spaltbreite gemäß Tabelle 1).
9. Versatz prüfen (max. 0,1 x Wanddicke).
10. Heizelementtemperatur (210 ± 10 °C) prüfen.
11. Heizelement mit einem Reinigungsmittel gemäß Abschnitt 3.2.1 und 3.2.2 mit unbenutztem, saugfähigem, nicht faserndem und nicht eingefärbtem Papier reinigen und ablüften lassen.
12. Bewegungsdruck bzw. Bewegungskraft vor jeder Schweißung ermitteln und im Schweißprotokoll vermerken.
13. Einstellwert für den Angleich-, Anwärm- und Fügedruck ermitteln.
14. Richtwerte gemäß Tabelle 2 bzw. 3 festlegen.
15. Heizelement in Schweißposition bringen.
16. Angleichen der Flächen an das Heizelement, bis ein Wulst (entsprechend Tabelle 2 bzw. 3, Spalte 2) entsteht.
17. Anwärmen unter reduziertem Druck ≤ 0,01 N/mm², Anwärmzeit gemäß Tabelle 2 bzw. 3, Spalte 3.
18. Nach Beendigung des Anwärmens zu schweißende Verbindungsflächen vom Heizelement lösen und dieses aus Schweißposition bringen.
19. Die zu schweißenden Flächen innerhalb der Umstellzeit (Tabelle 2 bzw. 3, Spalte 4) schnell bis unmittelbar vor der Berührung zusammenfahren. Sie müssen bei Berührung mit einer Geschwindigkeit nahe Null zusammentreffen. Sofort danach den Fügedruck in Aufbauzeit (Tabelle 2 bzw. 3, Spalte 5) linear ansteigend aufbauen.
20. Nach dem Fügen mit Druck 0,10 N/mm² muss ein Wulst vorhanden sein. Gemäß Bild 4 muss K an jeder Stelle > 0 sein.
21. Abkühlen unter Fügedruck entsprechend Tabelle 2 bzw. 3, Spalte 5.
22. Ausspannen der geschweißten Teile nach Ablauf der Abkühlzeit. Bei Werkstattarbeit siehe Fügen in Abschnitt 4.1.3.
23. Schweißprotokoll vervollständigen.

Zu 5 Heizwendelschweißen
Verarbeitungsanleitung (Kurzfassung)

1. Zulässige Arbeitsbedingungen schaffen, z. B. Schweißzelt.
2. Schweißgerät an das Netz oder den Wechselstromgenerator anschließen und auf Funktion kontrollieren.
3. Rechtwinklig abgetrenntes Rohrende außen entgraten. Bei zu stark ausgeprägtem Rohrendeneinfall Rohr kürzen. Siehe Bild 5.
4. Rundheit der Rohre durch Runddrückklemmen gewährleisten, zulässige Unrundheit ≤ 1,5 %, max. 3 mm.
5. Fügeflächen über den Schweißbereich hinaus mit einem Reinigungsmittel gemäß Abschnitt 3.2.1 und 3.2.3 mit unbenutztem, saugfähigem, nicht faserndem und nicht eingefärbtem Papier reinigen. Rohroberfläche im Schweißbereich mechanisch bearbeiten, möglichst mit Rotationsschälgerät und Wanddickenabtrag von ca. 0,2 mm. Späne ohne Berührungen der Rohroberfläche entfernen.
6. Bearbeitete Rohroberfläche – sofern nachträglich verunreinigt – und gegebenenfalls nach Herstellerangabe auch Formstück innen mit einem Reinigungsmittel, gemäß Abschnitt 3.2.1 und 3.2.3 mit unbenutztem, saugfähigem, nicht faserndem und nicht eingefärbtem Papier reinigen und ablüften lassen.
7. Rohre in Formstück einschieben und Einstecktiefe durch Markierung oder geeignete Vorrichtung kontrollieren. Rohr gegen Lageveränderung sichern.
8. Kabel am Formstück gewichtsentlastet anschließen.
9. Schweißdaten, z. B. mittels Barcode-Lesestift, eingeben, Anzeigen am Gerät überprüfen und Schweißprozess starten.
10. Korrekten Schweißablauf am Schweißgerät prüfen, z. B. durch Kontrolle der Displayanzeige und wenn vorhanden, der Schweißindikatoren. Fehlermeldungen beachten.
11. Kabel vom Formstück lösen.
12. Ausspannen der geschweißten Teile nach Ablauf der Abkühlzeit gemäß Herstellerangabe. Verwendete Haltevorrichtungen entfernen.
13. Schweißprotokoll vervollständigen, sofern nicht automatisch protokolliert wurde.

Zu 6 Heizelementmuffenschweißen
Verarbeitungsanleitung (Kurzfassung)

1. Zulässige Arbeitsbedingungen schaffen, z. B. Schweißzelt.
2. Schweißgerät an das Netz oder den Wechselstromgenerator anschließen und auf Funktion kontrollieren.
3. Heizwerkzeuge mit einem Reinigungsmittel, gemäß Abschnitt 3.2.1 und 3.2.2 mit unbenutztem, saugfähigem, nicht faserndem und nicht eingefärbtem Papier reinigen.
4. Schweißtemperatur (250 bis 270 °C) überprüfen.
5. Alle nicht bearbeiteten Fügeflächen mit einem Reinigungsmittel, gemäß Abschnitt 3.2.1 und 3.2.3 mit unbenutztem, saugfähigem, nicht faserndem und nicht eingefärbtem Papier reinigen und ablüften lassen.
6. Rechtwinklig abgetrenntes Rohrende nach Bild 7 und Tabelle 5 anschrägen bzw. nach Angaben des Formteilherstellers bearbeiten. Falls erforderlich Einstecktiefe markieren.
7. Formstück und Rohr gleichzeitig auf den Heizstutzen bzw. in die Heizbuchse bis zum Anschlag bzw. zur Markierung schieben. Das Rohrende nicht am Ende der Heizbuchse aufstoßen.
8. Anwärmzeit nach Tabelle 6, Spalte 2, einhalten.
9. Formstück und Rohr ruckartig von den Heizelementen abziehen und sofort bis Markierung bzw. Anschlag zusammenschieben (max. Umstellzeit siehe Tabelle 6, Spalte 3) und in dieser Lage fixieren (siehe Tabelle 6, Spalte 4).
10. Verbindung abkühlen lassen. Mechanische Belastung der Schweißverbindung erst nach Ablauf der Abkühlzeit gemäß Tabelle 6, Spalte 5.
11. Schweißprotokoll vervollständigen.

Protokoll für das Heizelementstumpfschweißen von Tafeln

Werkstoff		Blatt	von

Bauherr	Ausführende Firma		Schweißmaschine:
Titel des Auftrages	Name des Schweißers	Kenn-Nr.	Fabrikat: Typ:
Nr des Auftrages	Name und Firma der Schweißaufsicht		Maschinen-Nr.: Baujahr:

Naht-Nr.	Datum	Tafeldicke	Gemessene Heizelement-temperatur[1]		Einstellwerte[2]			Anwärmzeit[3]	Umstellzeit[3]	Fügedruck-aufbauzeit[3]	Abkühlzeit unter Fügedruck	Umgebungs-temperatur	Bemerkungen
			minimal	maximal	Angleichen	Anwärmen	Fügen						
		[mm]	[°C]	[°C]	[bar]	[bar]	[bar]	[s]	[s]	[s]	[min]	[°C]	

Unterschrift Schweißer:	Datum und Unterschrift der Schweißaufsicht:

[1] Aus Regelintervall, Häufigkeit gemäß Abschnitt 4.1.2.

[2] Nach Angaben des Herstellers der Schweißmaschine bzw. aus Maschinenprüfung.

[3] Es sind die gemessenen Werte einzutragen.

Protokoll für das Heizelementstumpfschweißen von Rohrleitungsteilen

☐ oberirdisch verlegt
☐ erdverlegt

Werkstoff | Blatt | von

Bauherr

Ausführende Firma

Titel des Auftrages

Name des Schweißers | Kenn-Nr.

Nr des Auftrages

Name und Firma der Schweißaufsicht

Schweißmaschine:

Fabrikat:

Typ:

Maschinen-Nr.:

Baujahr:

Witterung:
1 = sonnig
2 = trocken
3 = Regen oder Schneefall
4 = Wind

Schutzmaßnahmen:
1 = keine
2 = Schirm
3 = Zeit
4 = Beheizung

Bei Mehrfachnennungen Reihenfolge der Zahlen wie oben
(z. B. 34 = Regen und Wind)

Naht-Nr.	Datum	Rohrdaten Ø d x s [mm]	Gemessene Heizelement-temperatur[1] minimal [°C]	maximal [°C]	Bewegungs-druck [bar]	Fügedruck (Maschinen-tabelle) [bar]	Einstellwerte[2] Angleichen [bar]	Anwärmen [bar]	Fügen [bar]	Anwärmzeit[3] [s]	Umstellzeit[3] [s]	Fügedruck-aufbauzeit[3] [s]	Abkühlzeit unter Fügedruck [min]	Umgebungs-temperatur [°C]	Schlüssel-Nr. Witterung	Schutz

Unterschrift Schweißer:

Datum und Unterschrift der Schweißaufsicht:

[1] Aus Regelintervall, Häufigkeit gemäß Abschnitt 4.1.2.
[2] Nach Angaben des Herstellers der Schweißmaschine bzw. aus Maschinenprüfung plus Bewegungsdruck bzw. -kraft.
[3] Es sind die gemessenen Werte einzutragen.

Protokoll für das Heizwendelschweißen von Rohrleitungsteilen

☐ oberirdisch verlegt
☐ erdverlegt

Werkstoff

Blatt | von

Bauherr

Ausführende Firma

Titel des Auftrages

Name des Schweißers | Kenn-Nr.

Nr des Auftrages

Name und Firma der Schweißaufsicht

Schweißmaschine:

Fabrikat:

Typ:

Maschinen-Nr.:

Baujahr:

Witterung:

1 = sonnig
2 = trocken
3 = Regen oder Schneefall
4 = Wind

Schutzmaßnahmen:

1 = keine
2 = Schirm
3 = Zeit
4 = Beheizung

Bei Mehrfachnennungen Reihenfolge der Zahlen wie oben
(z. B. 34 = Regen und Wind)

Naht-Nr.	Datum	Rohrdaten	Formstückdaten			Geräteeinstellung		Formstück-widerstand	Sekundär-spannung	Schweißzeiten		Umgebungs-temperatur	Schlüssel-Nr.		Betriebsart	
		Ø d x s [mm]	A	B	Serien-Nr.	manuell	automatisch	[Ohm]	[Volt]	Heizen [s]	Abkühlen [min]	[°C]	Witterung	Schutzmaß-nahmen	Netz	Gene-rator

Unterschrift Schweißer:

Datum und Unterschrift der Schweißaufsicht:

[1] Eintragungen bei Bedarf entsprechend dem verwendeten System.
[2] Es sind die gemessenen Werte einzutragen.

A = Herstellerkurzzeichen
B = Formstück-Kennziffer

1 = Muffe 2 = Winkel 3 = T-Stück 4 = Reduzierung
5 = Sattel 6 = Kappe 7 = Übergangsstück

Protokoll für das Heizelementmuffenschweißen von Rohrleitungsteilen

☐ oberirdisch verlegt
☐ erdverlegt

Werkstoff

Blatt von

Bauherr	Ausführende Firma	Schweißmaschine:	Witterung: 1 = sonnig 2 = trocken 3 = Regen oder Schneefall 4 = Wind
Titel des Auftrages	Name des Schweißers / Kenn-Nr.	Fabrikat: Typ:	Schutzmaßnahmen: 1 = keine 2 = Schirm 3 = Zeit 4 = Beheizung
Nr des Auftrages	Name und Firma der Schweißaufsicht	Maschinen-Nr.: Baujahr:	Bei Mehrfachnennungen Reihenfolge der Zahlen wie oben (z. B. 34 = Regen und Wind)

Naht-Nr.	Datum	Rohrdaten Ø d x s [mm]	Formstückdaten[1)]			Gemessene Temperatur		Anwärmzeit	Umstellzeit	Abkühlzeit		Umgebungs-temperatur [°C]	Schlüssel-Nr.		Bemerkungen
			A	B	Serien-Nr.	Heizstutzen [°C]	Heizbuchse [°C]	[s]	[s]	fixiert [s]	gesamt [min]		Witterung	Schutz	

Unterschrift Schweißer:

Datum und Unterschrift der Schweißaufsicht:

[1)] Eintragungen bei Bedarf entsprechend dem verwendeten System.

[3)] Es sind die gemessenen Werte einzutragen.

A = Herstellerkurzzeichen
B = Formstück-Kennziffer

1 = Muffe 2 = Winkel 3 = T-Stück 4 = Reduzierung
5 = Sattel 6 = Kappe 7 = Übergangsstück

Dezember 2006

DVS – DEUTSCHER VERBAND FÜR SCHWEISSEN UND VERWANDTE VERFAHREN E.V.	**Schweißen von thermoplastischen Kunststoffen Heizelementschweißen von Rohren, Rohrleitungsteilen und Tafeln aus PVC-U**	DVS **Richtlinie DVS 2207-12**

Inhalt:

1 Geltungsbereich

Diese Richtlinie gilt für das Heizelementstumpfschweißen von Tafeln zur Fertigung von Behältern und Bauelementen sowie von Rohren und Formstücken aus PVC-U nach DIN EN ISO 1163-1, die zur Fortleitung von Gasen, Flüssigkeiten und Feststoffen dienen.

Unter Beachtung der folgenden Anweisungen und aufgrund der Praxiserfahrung kann von einer Eignung bei Tafeln nach ISO 11833-1, Gruppe 2 und DIN 16927 sowie bei Rohren und Formstücken nach DIN 8061 und 8062 ausgegangen werden. Gegebenenfalls sind die Datenblätter des Halbzeuglieferanten – in Zweifelsfällen die Werksbescheinigung 2.1 gemäß DIN EN 10204 – heranzuziehen.

2 Allgemeine Anforderungen

Die Qualität der Schweißverbindungen ist abhängig von der Qualifikation der Schweißer, der Eignung der verwendeten Maschinen und Vorrichtungen sowie von der Einhaltung der Schweißrichtlinien. Die Schweißnaht kann durch zerstörungsfreie und/oder zerstörende Verfahren geprüft werden.

Die Schweißarbeiten sind zu überwachen. Art und Umfang der Überwachung muss zwischen den Vertragspartnern vereinbart werden. Es wird empfohlen, die Verfahrensdaten in Schweißprotokollen (Muster siehe Anhang) oder auf Datenträgern zu dokumentieren.

Im Rahmen der Qualitätssicherung wird empfohlen, vor Aufnahme und während der Schweißarbeiten unter den gegebenen Arbeitsbedingungen Probenähte herzustellen und zu prüfen.

Jeder Schweißer muss ausgebildet sein und einen gültigen Qualifikationsnachweis besitzen. Das vorgesehene Anwendungsgebiet kann für die Art der Qualifikation bestimmend sein. Für das Heizelementstumpfschweißen von Tafeln sowie im Rohrleitungsbau gilt DVS 2212-1.

Die zum Schweißen verwendeten Maschinen und Vorrichtungen müssen den Anforderungen von DVS 2208-1 entsprechen.

3 Maßnahmen vor dem Schweißen

3.1 Voraussetzungen zum Schweißen

Der unmittelbare Schweißbereich ist vor ungünstigen Witterungseinflüssen (z. B. Wind, Feuchtigkeitseinwirkung) zu schützen. Wenn durch geeignete Maßnahmen (z. B. Vorwärmen, Einzelten, Beheizen) sichergestellt wird, dass zum Schweißen zulässige Bedingungen gegeben sind, darf – soweit der Schweißer nicht in der Handfertigkeit behindert wird – bei beliebiger Außentemperatur gearbeitet werden (siehe Erläuterung). Gegebenenfalls ist durch Herstellen von Probeschweißungen unter den genannten Bedingungen ein zusätzlicher Nachweis zu führen (siehe Abschnitt 5).

Falls das Halbzeug infolge Sonneneinstrahlung ungleichmäßig erwärmt wird, ist durch rechtzeitiges Abdecken im Bereich der Schweißstelle ein Temperaturausgleich zu schaffen. Eine Abkühlung während des Schweißvorganges durch Luftzug ist zu vermeiden. Beim Schweißen von Rohren sind zusätzlich die Rohrenden zu verschließen.

Die Verbindungsflächen der zu schweißenden Teile dürfen nicht beschädigt und müssen frei von Verunreinigungen (z. B. Schmutz, Fett, Späne) sein.

3.2 Reinigung

Für die Herstellung einwandfreier Schweißverbindungen ist die Sauberkeit und Fettfreiheit sowohl der Fügeflächen als auch der Werkzeuge und Heizelemente von entscheidender Bedeutung.

3.2.1 Reinigungsmittel

Die Reinigungsflüssigkeit oder damit bereits werksseitig befeuchtete Tücher in einer verschließbaren Kunststoffbox muss aus einem 100% verdampfenden Lösungsmittel bestehen, z. B. aus 99 Teilen Ethanol mit einem Reinheitsgrad von 99,8% und einem Teil MEK (Methylethylketon, Denaturierung). Nach DVGW VP 603 geprüfte Mittel entsprechen dieser Vorgabe. Die Verwendung von Spiritus kann durch das darin enthaltene Wasser zu einer Qualitätsminderung führen.

Das Papier zur Reinigung muss sauber, unbenutzt, saugfähig, nicht fasernd und uneingefärbt sein.

3.2.2 Reinigen der Heizelemente

Die Heizelemente sind vor jeder Schweißung mit Reinigungstuch oder Papier zu reinigen. Es dürfen keine Reste von Reinigungs-

DVS, Ausschuss für Technik, Arbeitsgruppe „Fügen von Kunststoffen"

Bezug: Verlag für Schweißen und verwandte Verfahren DVS-Verlag GmbH, Postfach 10 19 65, 40010 Düsseldorf, Telefon (02 11) 15 91- 0, Telefax (02 11) 1591-150

mittel oder Papier auf dem Heizelement verbleiben. Danach ablüften lassen.

3.2.3 Reinigen der Fügeflächen

Vor der spanenden Bearbeitung der Fügeflächen ist sicherzustellen, dass die benutzten Werkzeuge und die Werkstücke über den Schweißbereich hinaus sauber und fettfrei sind, ggf. ist mit einem Reinigungsmittel zu reinigen. Danach ablüften lassen.

Die Bearbeitung der Verbindungsflächen muss unmittelbar vor Schweißbeginn erfolgen.

Eventuelle Späne sind ohne Berührungen der Fügeflächen zu entfernen.

Wird nach der spanenden Bearbeitung die Oberfläche verschmutzt, z. B. durch Berührungen mit den Händen, so müssen die Schweißflächen mit einem Reinigungsmittel behandelt werden, wenn eine erneute spanende Bearbeitung verfahrenstechnisch nicht möglich ist.

4 Heizelementstumpfschweißen von Rohren, Rohrleitungsteilen, Formstücken und Tafeln

4.1 Verfahrensbeschreibung

Beim Heizelementstumpfschweißen werden die Flächen der zu schweißenden Teile am Heizelement unter Druck angeglichen (Angleichen), anschließend mit reduziertem Druck auf Schweißtemperatur erwärmt (Anwärmen) und nach Entfernung des Heizelementes (Umstellen) unter Druck zusammengefügt (Fügen). Bild 1 zeigt das Prinzip des Verfahrens.

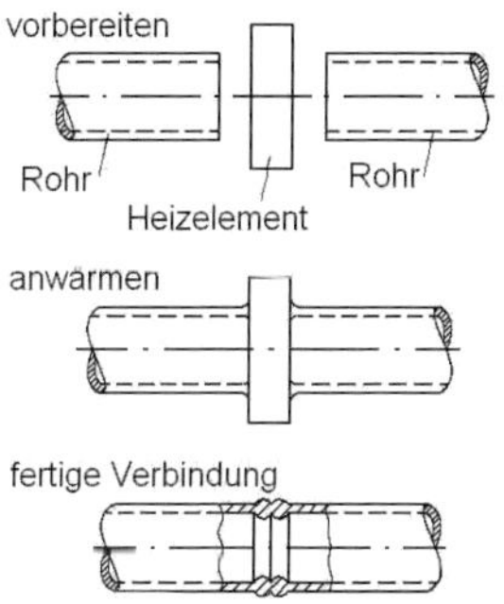

Bild 1. Prinzip des Heizelementstumpfschweißens am Beispiel Rohr.

4.2 Vorbereiten zum Schweißen

Vor Beginn der Schweißarbeiten ist die zum Schweißen notwendige Heizelementtemperatur zu kontrollieren. Dies erfolgt z. B. mit einem schnellanzeigenden Temperaturmessgerät für Oberflächenmessungen mit einer Auflagefläche von ca. 10 mm Kantenlänge. Die Kontrollmessung muss innerhalb der dem Halbzeug entsprechenden Fläche des Heizelementes erfolgen. Damit sich ein thermisches Gleichgewicht einstellen kann, darf das Heizelement frühestens 10 Minuten nach Erreichen der Solltemperatur eingesetzt werden.

Für optimale Schweißungen ist das Heizelement vor jeder Schweißung gemäß Abschnitt 3.2.2 zu reinigen. Die antiadhäsive Beschichtung oder Bespannung des Heizelementes muss im Arbeitsbereich unbeschädigt sein.

Für die einzusetzenden Maschinen müssen die jeweiligen Fügekräfte bzw. Fügedrücke vorgegeben sein. Diese können sich z. B. auf Herstellerangaben, errechnete oder gemessene Werte beziehen. Zusätzlich ist beim Rohrschweißen die bei langsamer Bewegung des Werkstückes auftretende Bewegungskraft bzw. der Bewegungsdruck am Anzeigeinstrument der Schweißmaschine abzulesen und zu der vorher ermittelten Fügekraft bzw. zu dem Fügedruck zu addieren. Elektronisch gesteuerte Maschinen – möglichst mit Protokollierung – sind zu bevorzugen.

Die Nennwanddicken der zu schweißenden Teile müssen im Fügebereich übereinstimmen.

Rohre und Formstücke sind vor dem Einspannen in die Schweißmaschine axial auszurichten. Die leichte Längsbeweglichkeit des anzuschweißenden Teiles ist zum Beispiel durch verstellbare Rollenböcke oder pendelnde Aufhängung sicherzustellen.

Die zu verbindenden Flächen sind unmittelbar vor dem Schweißen mit einem sauberen und fettfreien Werkzeug spanend zu bearbeiten, so dass sie im eingespannten Zustand planparallel sind. Zulässige Spaltbreite unter Angleichdruck siehe Tabelle 1.

Tabelle 1. **Maximale Spaltbreite zwischen den bearbeiteten Schweißflächen.**

Rohraußendurchmesser d mm	Spaltbreite mm	Tafelbreite mm
≤ 63	0,5	–
> 63 ... ≤ 110	1,0	≤ 1500
> 110 ... ≤ 225	1,3	> 1500 ≤ 2000
> 225 ... ≤ 400	1,5	> 2000 ≤ 2300
–	2,0	> 2300 ≤ 3000

Zugleich mit der Kontrolle der Spaltbreite ist der Versatz zu prüfen. Der Versatz der Fügeflächen zueinander darf an der Rohraußenseite bzw. Tafel das zulässige Maß von 0,1 x Wanddicke nicht überschreiten. Es ist ein minimaler Versatz anzustreben. Bei größerem Versatz resultiert hieraus eine Qualitätsminderung, welche die Belastbarkeit der Fügeverbindung einschränkt. In diesem Fall kann eine Bewertung nach DVS 2202-1 unter Berücksichtigung der Anforderungen an die Fügeverbindung vorgenommen werden.

Die bearbeiteten Schweißflächen dürfen weder beschmutzt noch mit den Händen berührt werden, da sonst eine erneute spanende Bearbeitung notwendig wird. **Eine zusätzliche Reinigung ist nicht erforderlich und bewirkt keine Qualitätsverbesserung.** In das Rohr gefallene Späne sind zu entfernen.

4.3 Ausführen des Schweißens

Beim Heizelementstumpfschweißen werden die zu verbindenden Flächen mittels Heizelement auf Schweißtemperatur gebracht und nach Entfernen des Heizelementes unter Druck zusammengefügt. Die Heizelementtemperatur beträgt 230 ± 8°C. Der schrittweise Ablauf des Schweißvorganges ist in Bild 2 dargestellt.

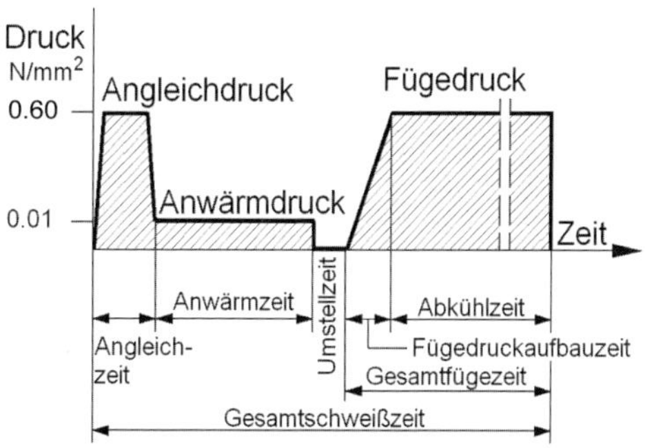

Bild 2. Verfahrensschritte beim Heizelementstumpfschweißen.

Angleichen
Hierbei werden die zu schweißenden Fügeflächen solange an das Heizelement gedrückt, bis die gesamten Flächen planparallel am Heizelement anliegen. Dies ist an der Ausbildung der Wülste

zu erkennen. Das Angleichen ist abgeschlossen, wenn die Wulsthöhen am gesamten Rohrumfang bzw. der gesamten Tafeloberseite die in Tabelle 2, Spalte 2, angegebenen Werte erreicht haben. Die Wulsthöhen gelten als Indiz dafür, dass die Fügeflächen ganzflächig am Heizelement anliegen. Der Angleichdruck von 0,60 N/mm^2 wirkt während des gesamten Angleichvorganges.

Anwärmen
Zum Anwärmen müssen die Flächen mit geringem Druck am Heizelement anliegen. Dazu wird der Druck auf nahe Null ($\leq$ 0,01 N/mm^2) abgesenkt. Beim Anwärmen dringt die Wärme in die zu schweißenden Flächen ein und bringt diese auf Schweißtemperatur. Anwärmzeiten sind der Tabelle 2, Spalte 3, zu entnehmen.

Umstellen
Nach dem Anwärmen sind die Fügeflächen vom Heizelement zu lösen. Das Heizelement ist ohne Beschädigung und Verschmutzung der erwärmten Fügeflächen herauszunehmen. Die Fügeflächen sind danach schnell bis unmittelbar vor der Berührung zusammenzufahren. Die Umstellzeit soll so klein wie möglich gehalten werden (siehe Tabelle 2, Spalte 4), da sonst die plastifizierten Flächen erkalten. Die Schweißnahtqualität würde dadurch nachteilig beeinflusst.

Fügen
Die zu schweißenden Flächen sollen bei Berührung mit einer Geschwindigkeit nahe Null zusammentreffen. Der erforderliche Fügedruck wird möglichst linear ansteigend aufgebracht. Die hierfür notwendigen Zeiten sind aus Tabelle 2, Spalte 5, ersichtlich. Der Fügedruck beträgt 0,60 ± 0,01 N/mm^2. Die niedrige Schmelzviskosität verlangt eine exakte Steuerung des Fügedruckaufbaues, um eine ausreichende Schmelzzonentiefe zu erhalten.

Eine mechanische Belastung der Fügeverbindung ist frühestens nach Beendigung des Abkühlprozesses zulässig. Dazu muss der Fügedruck während der Abkühlzeit bei Umgebungstemperatur (siehe Tabelle 2, Spalte 5) in voller Höhe aufrecht erhalten werden.

Nach dem Fügen muss ein gleichmäßiger Doppelwulst vorhanden sein. Die Wulstausbildung gibt eine Orientierung über die Gleichmäßigkeit der Schweißungen untereinander. Unterschiedliche Wulstausbildungen können durch verschiedenartiges Fließverhalten der verbundenen Materialien begründet sein. Aus der Erfahrung mit den handelsüblichen, normgerechten PVC-U-Halbzeugen kann von der Schweißeignung ausgegangen werden, auch wenn dies zu unsymmetrischen Schweißwülsten führen kann. Es muss immer K > 0 sein (siehe Bild 3).

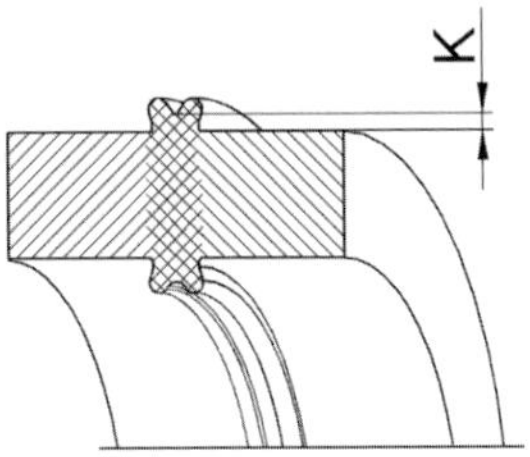

Bild 3. Wulstausbildung beim Heizelementstumpfschweißen (Prinzip am Beispiel Rohr).

Kurzfassung der Verarbeitungsanleitung siehe Anhang.

5 Prüfen der Schweißverbindungen

Für die einzelnen Schweißverfahren werden unterschiedliche Prüfverfahren angewendet. Es wird zwischen zerstörungsfreien und zerstörenden Prüfverfahren unterschieden. Sie sind in Tabelle 3 aufgeführt. Überprüfungen und Probeentnahmen sollen – je nach Vereinbarung – während der Schweißarbeiten stichprobenartig erfolgen.

Tabelle 2. Richtwerte für das Heizelementstumpfschweißen von Rohren, Formstücken und Tafeln aus PVC-U bei einer Außentemperatur von etwa 20°C und mäßiger Luftbewegung. (Zwischenwerte sind zu interpolieren).

1 Nennwanddicke s	2 Angleichen	3 Anwärmen	4 Umstellen	5 Fügen	
	Heizelementtemperatur 230 ± 8°C				
	Wulsthöhe am Heizelement am Ende der Angleichzeit (Mindestwerte) (Angleichen p = 0,60 N/mm^2)	Anwärmzeit = 15 x Wanddicke (Anwärmen p $\leq$ 0,01 N/mm^2)	Umstellzeit (Maximalzeit)	Fügedruck-aufbauzeit = 1+0,5 x Wanddicke	Abkühlzeit = 2 x Wanddicke unter Fügedruck p = 0,60 N/mm^2 ± 0,01 (Mindestwerte)
mm	mm	s	s	s	min
1,9	0,5	28,5	$\leq$ 2	2	4
3		45		3	6
4		60			8
6	1,0	90		4	12
8		120		5	16
10		150		6	20
12	1,5	180		7	24
15		225		9	30
20		300		11	40
25		375		14	50

Tabelle 3. Prüfverfahren für Schweißverbindungen.

Prüfverfahren	Heizelementstumpfschweißen Tafeln, Rohre, Formstücke
Visuelle Prüfung	DVS 2202-1, Tabelle 1
Durchstrahlungs- und Ultraschallprüfung	DVS 2206 anwendbar; Aussage über z. B. Hohlstellen, nicht über Qualität möglich
Zugversuch	DVS 2203-2; Kurzzeitzug-Schweißfaktor DVS 2203-1 Beiblatt 1
Zeitstand-Zugversuch	DVS 2203-4; Zeitstandzug-Schweißfaktor DVS 2203-1 Beiblatt 2
Technologischer Biegeversuch	DVS 2203-5; Mindestbiegewinkel nach DVS 2203-1 Beiblatt 3, Bild 5 und 6 Mindestbiegeweg nach DVS 2203-1, Beiblatt 3, Bild 11 und 12
Zeitstand-Innendruckversuch	in Anlehnung an DIN 16963-5, Abschnitt 5.4.3.1; Länge jedes Rohrstückes gemäß Tabelle 6. Prüftemperatur 60°C, Prüfspannung 11,3 N/mm^2, Standzeit ≥ 200 Stunden Nicht aussagekräftig für Langzeitzug-Schweißfaktor > 0,5

6 Mitgeltende Normen und Richtlinien

ISO 11833-1	Kunststoffe – Tafeln aus weichmacherfreiem Polyvinylchlorid – Tafeln mit einer Dicke größer 1 mm
DIN EN ISO 1163-1	Kunststoffe – Weichmacherfreie Polyvinylchlorid (PVC-U)-Formmassen – Bezeichnungssystem und Basis für Spezifikationen
DIN EN 10204	Metallische Erzeugnisse – Arten von Prüfbescheinigungen
DIN 8061	Rohre aus weichmacherfreiem Polyvinylchlorid – Allgemeine Qualitätsanforderungen
DIN 8062	Rohre aus weichmacherfreiem Polyvinylchlorid – Maße
DIN 16927	Tafeln aus weichmacherfreiem Polyvinylchlorid – Technische Lieferbedingungen
DIN 16963-5	Rohrverbindungen und Formstücke für Druckrohrleitungen aus PE – Allgemeine Qualitätsanforderungen, Prüfung
DVS 2202-1	Fehler an Schweißverbindungen aus thermoplastischen Kunststoffen – Merkmale, Beschreibung, Bewertung
DVS 2203-1	Prüfen von Schweißverbindungen aus thermoplastischen Kunststoffen; Prüfverfahren – Anforderungen
Beiblatt 1	Anforderungen im Zugversuch
Beiblatt 2	Anforderungen im Zeitstand-Zugversuch
Beiblatt 3	Anforderungen im technologischen Biegeversuch, Biegewinkel/Biegeweg
DVS 2203-2	–, Zugversuch
DVS 2203-4	–, Zeitstand-Zugversuch
DVS 2203-5	–, Technologischer Biegeversuch
DVS 2206	Prüfen von Bauteilen und Konstruktionen aus thermoplastischen Kunststoffen
DVS 2208-1	Schweißen von thermoplastischen Kunststoffen – Maschinen und Geräte für das Heizelementstumpfschweißen von Rohren, Rohrleitungsteilen und Tafeln
DVS 2212-1	Prüfung von Kunststoffschweißern – Prüfgruppen I und II
DVGW VP 603	Vorläufige Prüfgrundlage für Reinigungsmittel und deren Behälter zur Vorbereitung von Schweißverbindungen an Polyethylenrohren
Betr.Sich.V	Betriebssicherheitsverordnung

7 Erläuterung

Die Richtlinie wurde entsprechend dem Stand der Technik erstellt.

Das Schweißen von thermoplastischen Kunststoffen bei Umgebungstemperaturen unter 5°C wird generell als problematisch betrachtet. Hierbei geht es weniger um die werkstoffspezifischen Eigenschaften des Kunststoffes als um die eingeschränkte Handfertigkeit des Schweißers. Das Schweißen im Freien bei beliebigen Außentemperaturen setzt daher eine Umgebung voraus, welche es dem Schweißpersonal ermöglicht, die einzelnen Arbeitsschritte ohne qualitätsmindernde Einflüsse ausführen zu können. Dabei sind die Angaben der Hersteller und die Taupunktkurve zu beachten. Die zu verbindenden Teile müssen ein gleiches Temperaturniveau aufweisen. Es sind Probeschweißungen anzufertigen und zu prüfen.

Bezüglich des Zustandes der Rohrenden ist darauf zu achten, dass Reif, Eis und Feuchte im Rahmen der Schweißvorbereitungen im Bereich der Fügezone (≥ 0,5 x Formstücklänge) mittels Wärmezufuhr (z. B. Warmgasgerät) entfernt werden. Formstücke sind in geschlossenen, frostfreien Räumen zu lagern und nur in der jeweils erforderlichen Anzahl der Schweißstelle zuzuführen.

Anhang: Verarbeitungsanleitung (Kurzfassung)

zu 4.1 Heizelementstumpfschweißen von Rohren, Rohrleitungsteilen, Formstücken und Tafeln

Verarbeitungsanleitung (Kurzfassung)

1. Zulässige Arbeitsbedingungen schaffen, z. B. Schweißzelt.
2. Schweißgerät an das Netz oder den Wechselstromgenerator anschließen und auf Funktion kontrollieren.
3. Zu schweißende Teile z. B. mit Rollenböcken ausrichten und einspannen.
4. Rohrenden gegen Luftzug verschließen.
5. Fügeflächen über den Schweißbereich hinaus mit einem Reinigungsmittel gemäß Abschnitt 3.2.1 mit unbenutztem, saugfähigem, nicht faserndem und nicht eingefärbtem Papier reinigen.
6. Verbindungsflächen bearbeiten, bei Rohren z. B. mittels Planhobel.
7. Planhobel bei Rohrschweißmaschine herausnehmen.
8. Späne im Schweißbereich ohne Berührungen der Fügeflächen entfernen.
9. Planparallelität durch Zusammenfahren der Fügeflächen überprüfen (max. Spaltbreite gemäß Tabelle 1).
10. Versatz prüfen (max. 0,1 x Wanddicke).
11. Heizelementtemperatur (230 ± 8°C) prüfen.
12. Heizelement mit einem Reinigungsmittel gemäß Abschnitt 3.2.1 und 3.2.2 mit unbenutztem, saugfähigem, nicht faserndem und nicht eingefärbtem Papier reinigen und ablüften lassen.
13. Bewegungsdruck bzw. Bewegungskraft vor jeder Schweißung ermitteln und im Schweißprotokoll vermerken.
14. Einstellwert für den Angleich-, Anwärm- und Fügedruck ermitteln.
15. Richtwerte gemäß Tabelle 2 festlegen.
16. Heizelement in Schweißposition bringen.
17. Angleichen der Flächen an das Heizelement bis ein Wulst (entsprechend Tabelle 2, Spalte 2) entsteht.
18. Anwärmen unter reduziertem Druck $\leq$ 0,01 N/mm^2, Anwärmzeit gemäß Tabelle 2, Spalte 3.
19. Nach Beendigung des Anwärmens zu schweißende Verbindungsflächen vom Heizelement lösen und dieses aus Schweißposition bringen.
20. Die zu schweißenden Flächen innerhalb der Umstellzeit (Tabelle 2, Spalte 4) schnell bis unmittelbar vor der Berührung zusammenfahren. Sie müssen bei Berührung mit einer Geschwindigkeit nahe Null zusammentreffen. Sofort danach den Fügedruck in Fügedruckaufbauzeit (Tabelle 2, Spalte 5) linear ansteigend aufbauen.
21. Nach dem Fügen mit Druck 0,60 N/mm^2 muss ein Wulst vorhanden sein. Gemäß Bild 3 muss K an jeder Stelle > 0 sein.
22. Abkühlen unter Fügedruck entsprechend Tabelle 2, Spalte 5.
23. Ausspannen der geschweißten Teile nach Ablauf der Abkühlzeit.
24. Schweißprotokoll vervollständigen.

Protokoll für das Heizelementstumpfschweißen von Tafeln

Werkstoff	Blatt	von

Bauherr	Ausführende Firma	Schweißmaschine:
Titel des Auftrages	Name des Schweißers / Kenn-Nr.	Fabrikat: Typ:
Nr des Auftrages	Name und Firma der Schweißaufsicht	Maschinen-Nr.: Baujahr:

Naht-Nr.	Datum	Tafeldicke [mm]	Gemessene Heizelement-temperatur[1] minimal [°C]	maximal [°C]	Einstellwerte[2] Angleichen [bar]	Anwärmen [bar]	Fügen [bar]	Anwärmzeit[3] [s]	Umstellzeit[3] [s]	Fügedruck-aufbauzeit[3] [s]	Abkühlzeit unter Fügedruck [min]	Umgebungs-temperatur [°C]	Bemerkungen

Unterschrift Schweißer:	Datum und Unterschrift der Schweißaufsicht:

[1] Aus Regelintervall, Häufigkeit gemäß Abschnitt 4.2.

[2] Nach Angaben des Herstellers der Schweißmaschine bzw. aus Maschinenprüfung.

[3] Es sind die gemessenen Werte einzutragen.

Protokoll für das Heizelementstumpfschweißen von Rohrleitungsteilen

☐ oberirdisch verlegt
☐ erdverlegt

Werkstoff

Blatt | von

Bauherr

Ausführende Firma

Titel des Auftrages

Name des Schweißers | Kenn-Nr.

Nr des Auftrages

Name und Firma der Schweißaufsicht

Schweißmaschine:

Fabrikat:

Typ:

Maschinen-Nr.:

Baujahr:

Witterung:
1 = sonnig
2 = trocken
3 = Regen oder Schneefall
4 = Wind

Schutzmaßnahmen:
1 = keine
2 = Schirm
3 = Zelt
4 = Beheizung

Bei Mehrfachnennungen Reihenfolge der Zahlen wie oben
(z. B. 34 = Regen und Wind)

Naht-Nr.	Datum	Rohrdaten Ø d x s	Gemessene Heizelement-temperatur[1]		Bewegungs-druck	Fügedruck (Maschinen-tabelle)	Einstellwerte[2]			Anwärmzeit[3]	Umstellzeit[3]	Fügedruck-aufbauzeit[3]	Abkühlzeit[3] unter Fügedruck	Umgebungs-temperatur[3]	Schlüssel-Nr.	
			minimal	maximal			Angleichen	Anwärmen	Fügen						Witterung	Schutz
		[mm]	[°C]	[°C]	[bar]	[bar]	[bar]	[bar]	[bar]	[s]	[s]	[s]	[min]	[°C]		

Unterschrift Schweißer:

Datum und Unterschrift der Schweißaufsicht:

[1] Aus Regelintervall, Häufigkeit gemäß Abschnitt 4.2.

[2] Nach Angaben des Herstellers der Schweißmaschine bzw. aus Maschinenprüfung plus Bewegungsdruck bzw. -kraft.

[3] Es sind die gemessenen Werte einzutragen.

DVS – DEUTSCHER VERBAND FÜR SCHWEISSEN UND VERWANDTE VERFAHREN E.V.	Schweißen von thermoplastischen Kunststoffen – Heizelementschweißen von Rohren, Rohrleitungsteilen und Tafeln aus PVC-C	DVS Richtlinie DVS 2207-13

Inhalt:

1 Geltungsbereich

Diese Richtlinie gilt für das Heizelementstumpfschweißen von Tafeln, Rohren und Rohrleitungsteilen aus PVC-C.

Die PVC-C-Tafeln werden zur Fertigung von Lager- und Prozessbehältern und sonstigen Bauelementen mittels Heizelementstumpfschweißen verwendet. Diese Bauteile finden vorwiegend Anwendung im Bereich des Lagerns von Flüssigkeiten und Feststoffen sowie im Bereich der Prozesschemie.

Die PVC-C-Tafeln und -Rohrleitungsteile müssen der Richtlinie DVS 2205-1, Beiblatt 9 und Beiblatt 11, sowie den Eigenschaftsvorgaben für Compounds der ASTM D 1784-03 Cell 23448 genügen. Die Vicat-Erweichungstemperatur muss 105°C überschreiten.

Die Formteile aus PVC-C müssen die gleichen Eigenschaften aufweisen wie die Rohrleitungen. Sind diese nicht verfügbar, so wird empfohlen, diese aus Rohren zu fertigen. Rohrleitungen und Formteile dienen vorwiegend dem Transport von Flüssigkeiten, Gasen und Feststoffen.

2 Allgemeine Anforderungen

Die Qualität der Schweißverbindungen ist abhängig von der Qualifikation der Schweißer, der Eignung der verwendeten Maschinen und Vorrichtungen sowie der Einhaltung der Schweißrichtlinien. Die Schweißnaht kann durch zerstörungsfreie und/oder zerstörende Verfahren geprüft werden.

Die Schweißarbeiten sind zu überwachen. Art und Umfang der Überwachung muss zwischen den Vertragspartnern vereinbart werden. Es wird empfohlen, die Verfahrensdaten in Schweißprotokollen (Muster siehe Anhang) oder auf Datenträgern zu dokumentieren.

Im Rahmen der Qualitätssicherung wird empfohlen, vor Aufnahme und während der Schweißarbeiten unter den gegebenen Arbeitsbedingungen Probeschweißungen herzustellen und zu prüfen.

Jeder Schweißer muss ausgebildet sein und einen gültigen Qualifikationsnachweis nach Richtlinie DVS 2212-1 für PVC-U in den Verfahren WZ bzw. WF sowie zurzeit ein HS-Verfahren eines anderen Werkstoffes führen (Anforderungen für PVC-C sind in Vorbereitung). Das vorgesehene Anwendungsgebiet kann für die Art der Qualifikation bestimmend sein.

3 Maßnahmen vor dem Schweißen

3.1 Voraussetzungen zum Schweißen

Der Schweißbereich ist vor ungünstigen Witterungseinflüssen (zum Beispiel Feuchtigkeitseinwirkung, große Luftströme und Temperaturen unter +5°C) zu schützen. Wenn durch geeignete Maßnahmen (zum Beispiel: Vorwärmen, beheizte Montagezelte) sichergestellt wird, dass eine zum Schweißen ausreichende Halbzeugtemperatur eingehalten werden kann, darf – soweit der Schweißer nicht in der Handhabung behindert wird – bei beliebiger Außentemperatur gearbeitet werden. Empfehlenswert ist auf jeden Fall durch Herstellen von Probenschweißungen unter den Bedingungen der Baumaßnahme einen zusätzlichen Nachweis zu führen (siehe Abschnitt 5).

Falls das Halbzeug infolge Sonneneinstrahlung ungleichmäßig erwärmt wird, ist durch rechtzeitiges Abdecken im Bereich der Schweißstelle ein Temperaturausgleich zu schaffen. Eine Abkühlung und ungleichmäßige Wärmeverteilung während des Schweißvorganges durch Luftzug ist zu vermeiden. Beim Schweißen von Rohren wird empfohlen, zusätzlich die Rohrenden zu verschließen.

Die Verbindungsflächen der zu schweißenden Teile dürfen nicht beschädigt und müssen frei von Verunreinigungen (zum Beispiel Schmutz, Fett, Ablagerungen, Späne, etc.) sein.

3.2 Reinigung

Für die Herstellung einwandfreier Schweißverbindungen ist die Sauberkeit und Fettfreiheit sowohl der Fügeflächen als auch der Werkzeuge und Heizelemente von entscheidender Bedeutung.

3.2.1 Reinigungsmittel

Die Reinigungsflüssigkeit oder die mit Reinigungsflüssigkeit werksseitig befeuchteten Tücher in einer verschließbaren Kunststoffbox müssen aus einem 100%ig bzw. vollständig verdampfenden Lösungsmittel bestehen. Beispielsweise besteht die Reinigungsflüssigkeit aus 99 Teilen Ethanol mit einem Reinheitsgrad von

DVS, Ausschuss für Technik, Arbeitsgruppe „Fügen von Kunststoffen“

Bezug: DVS Media GmbH, Postfach 10 19 65, 40010 Düsseldorf, Telefon (02 11) 15 91-0, Telefax (02 11) 1591-150

99,8% und einem Teil MEK (Methylethylketon zur Denaturierung). Nach DVGW VP 603 geprüfte Mittel entsprechen dieser Vorgabe. Bei Verwendung von handelsüblichem Spiritus, der eine geringere Reinheit besitzt und womöglich andere Zusätze enthält, kann dies durch das darin enthaltene Wasser und weitere Verunreinigungen zu einer Qualitätsminderung führen.

Das Papier zur Reinigung muss sauber, unbenutzt, saugfähig, nicht fasernd und ungefärbt sein.

3.2.2 Reinigen der Heizelemente

Die Heizelemente sind vor jeder Schweißung mit Reinigungstüchern oder Papier zu reinigen. Es dürfen keine Reste vom Reinigungsmittel oder Papier auf dem Heizelement verbleiben. Danach ablüften lassen.

3.2.3 Reinigen der Fügeflächen

Vor der spanenden Bearbeitung der Fügeflächen ist sicherzustellen, dass die benutzten Werkzeuge und die Werkstücke über den Schweißbereich hinaus sauber und fettfrei sind, ggf. ist mit einem Reinigungsmittel zu reinigen. Danach ablüften lassen.

Die Bearbeitung der Verbindungsflächen muss unmittelbar vor Schweißbeginn erfolgen.

Die zu verbindenden Flächen sind unmittelbar vor dem Schweißen mit einem sauberen und fettfreien Werkzeug spanend zu bearbeiten, sodass sie im eingespannten Zustand planparallel sind. Die mechanische Reinigung der Schweißflächen bei Tafeln kann bei frischen Sägeschnitten entfallen. Von einer Reinigung mit chemischen Mitteln oder Lösemitteln wird dringend abgeraten.

Eventuelle Späne sind ohne Berührungen der Fügeflächen zu entfernen.

4 Heizelementstumpfschweißen

4.1 Verfahrensbeschreibung

Beim Heizelementstumpfschweißen werden die Verbindungsflächen der zu schweißenden Teile am Heizelement unter Druck angeglichen (Angleichen), anschließend mit reduziertem Druck erwärmt (Anwärmen) und nach Entfernung des Heizelementes (Umstellen) unter Druck gefügt (Fügen). Bild 1 zeigt das Prinzip des Verfahrens.

Alle Schweißungen müssen mit Maschinen und Geräten durchgeführt werden, die den Anforderungen nach Richtlinie DVS 2208-1 entsprechen.

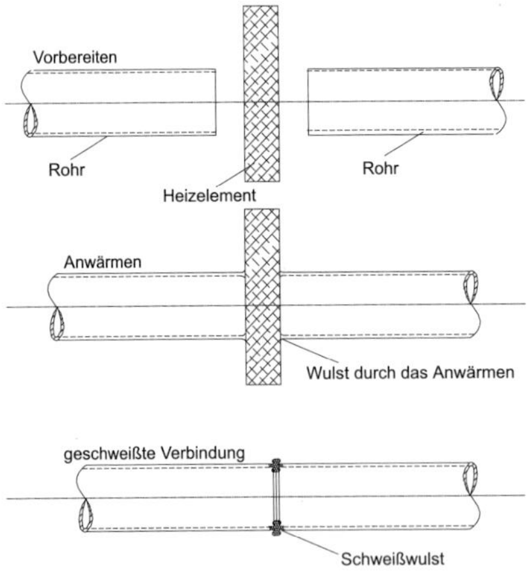

Bild 1. Prinzip des Heizelementstumpfschweißens am Beispiel einer Rohrverschweißung.

4.2 Vorbereiten zum Schweißen

Vor Beginn der Schweißarbeiten ist die zum Schweißen notwendige Heizelementtemperatur zu kontrollieren. Dies erfolgt zum Beispiel mit einem schnellanzeigenden Temperaturmessgerät für Oberflächenmessungen. Die Kontrollmessung muss im Arbeitsbereich des Heizelements für das entsprechende Halbzeug erfolgen. Damit sich ein thermisches Gleichgewicht einstellen kann, darf das Heizelement frühestens 10 Minuten nach Erreichen der Solltemperatur eingesetzt werden. Es wird empfohlen, die Temperaturmessung an mehreren Stellen im für die jeweilige Schweißung genutzten Bereich des Heizelements aufzunehmen, um die Gleichmäßigkeit der Temperaturverteilung zu überprüfen.

Um optimale Schweißungen zu erreichen, ist das Heizelement vor jeder Schweißung mit einem saugfähigen, nicht fasernden und nicht eingefärbten Papier zu reinigen. Die antiadhäsive Beschichtung oder Bespannung des Heizelementes muss im Arbeitsbereich unbeschädigt sein.

Für die einzusetzenden Maschinen müssen die jeweiligen Fügekräfte bzw. Fügedrücke vorgegeben sein. Diese können sich z. B. auf Herstellerangaben sowie errechnete oder gemessene Werte beziehen. Zusätzlich ist beim Rohrschweißen die bei langsamer Bewegung des Werkstückes auftretende Bewegungskraft bzw. der Bewegungsdruck am Anzeigeinstrument der Schweißmaschine abzulesen und zu der vorher ermittelten Fügekraft bzw. zu dem Fügedruck zu addieren.

Die Nennwanddicken der zu schweißenden Teile müssen im Fügebereich innerhalb der Toleranzen der DIN EN ISO 15013 für Platten und der DIN 8079 bzw. der DIN EN ISO 15493 für Rohre sein.

Rohre und Formstücke sind vor dem Einspannen in die Schweißmaschine axial auszurichten. Die leichte Längsbeweglichkeit des anzuschweißenden Teiles ist zum Beispiel durch verstellbare Rollenböcke oder eine pendelnde Aufhängung sicherzustellen.

Die zulässige Spaltbreite a der zu fügenden Teile vor dem Angleichen ist Tabelle 1 zu entnehmen.

Tabelle 1. Maximale Spaltbreite zwischen den bearbeiteten Schweißflächen.

Tafelbreite [mm]	Rohrdurchmesser D_a [mm]	Spaltbreite [mm]
–	≤ 63	0,25
≤ 1500	> 63 bis ≤ 110	0,50
> 1500 bis ≤ 2000	> 110 bis ≤ 225	0,70
> 2000 bis ≤ 2300	> 225 bis ≤ 400	0,80
> 2300 bis ≤ 3000		1,00

Der Versatz ist gleichzeitig mit der Spaltbreite zu kontrollieren. Der Versatz der Fügeflächen zueinander darf an der Rohraußenseite bzw. Tafel das zulässige Maß von 0,1 x Wanddicke s nicht überschreiten. Ist der Versatz > 0,1 x s, resultiert hieraus eine deutliche Qualitätsminderung, die die Belastbarkeit der Schweißverbindung durch die Kerbempfindlichkeit des PVC-C deutlich einschränkt. In diesem Fall sollte eine Bewertung nach Richtlinie DVS 2202-1 unter Berücksichtigung der Anforderungen an die Schweißverbindung und des Bauwerks vorgenommen werden.

Die bearbeiteten Schweißflächen dürfen weder beschmutzt noch mit den Händen berührt werden, da sonst eine erneute Reinigung gemäß Abschnitt 3.2.3. notwendig würde.

Bei der Verschweißung von Rohrleitungsteilen ist zu beachten, dass in das Rohr gefallene Späne nach dem Hobelvorgang zu entfernen sind, ohne die Schweißflächen zu verschmutzen.

4.3 Ausführen des Schweißens

Beim Heizelementstumpfschweißen werden die zu verbindenden Flächen mittels des Heizelementes auf Schweißtemperatur gebracht und nach Entfernen des Heizelementes unter Druck zusammengefügt (Bild 2).

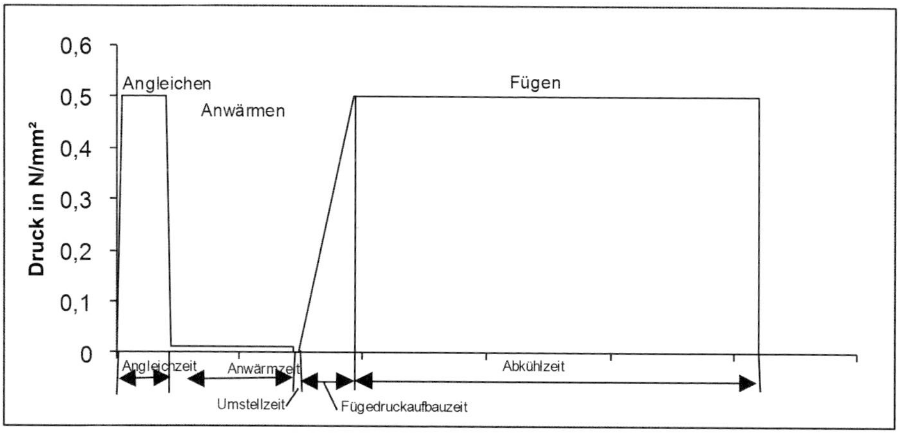

Bild 2. Verfahrensschritte beim Heizelementstumpfschweißen.

4.3.1 Heizelementtemperatur

Für Wanddicken bis 5 mm beträgt die Heizelementtemperatur 230°C. Wanddicken > 5 mm werden mit einer reduzierten Heizelementtemperatur gemäß Bild 3 verschweißt.

Die zulässige Temperaturtoleranz des Heizelements beträgt ± 4 K. Der schrittweise Ablauf des Schweißvorgangs ist in Bild 3 dargestellt.

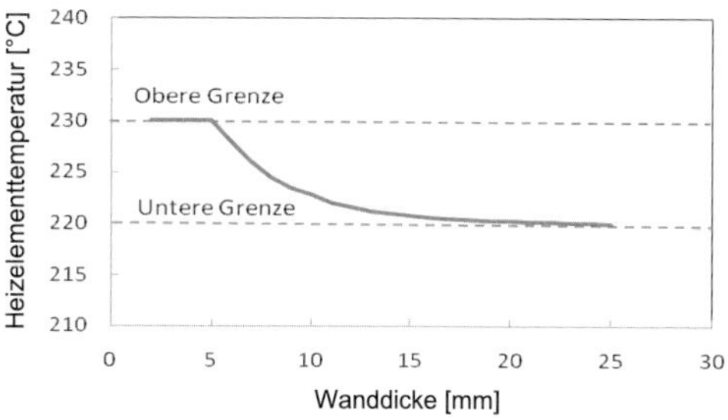

Bild 3. Heizelementtemperaturen als Funktion der Wanddicke

4.3.2 Angleichen

Beim Angleichen werden die zu schweißenden Fügeflächen so lange an das Heizelement gedrückt, bis die gesamten Flächen planparallel am Heizelement anliegen. Dies ist an der Ausbildung der Angleichwülste zu erkennen. Das Angleichen ist abgeschlossen, wenn die Wulsthöhen am gesamten Rohrumfang bzw. der gesamten Plattenoberseite die in Tabelle 2, Spalte 2, angegebenen Werte erreicht haben. Die Wulstentwicklung am Heizelement gilt als Indiz dafür, dass die Fügeflächen ganzflächig am Heizelement anliegen.

Der Angleichdruck von 0,50 ± 0,01 N/mm² wirkt während des gesamten Angleichvorganges.

4.3.3 Anwärmen

Zum Anwärmen müssen die Flächen mit geringem Druck am Heizelement anliegen. Dazu wird der Druck auf nahe Null (0,01 N/mm²) (hier wird die Eingabe eines maximalen Wertes, z. B. 0,05 N/mm² empfohlen) abgesenkt. Beim Anwärmen dringt die Wärme in die zu schweißenden Flächen ein und bringt diese auf Schweißtemperatur. Die Anwärmzeit ist der Tabelle 2, Spalte 3, zu entnehmen.

4.3.4 Umstellen

Nach dem Anwärmen sind die Fügeflächen vom Heizelement zu lösen. Das Heizelement ist ohne Beschädigung und Verschmutzung der erwärmten Fügeflächen herauszunehmen. Die Fügeflächen sind danach schnell bis unmittelbar vor der Berührung zusammenzufahren. Die Umstellzeit muss unter 2 Sekunden gehalten werden (siehe Tabelle 2, Spalte 4), da sonst die plastifizierten Bereiche erkalten und die Schweißqualität dadurch negativ beeinflusst wird.

4.3.5 Fügedruckaufbauzeit

Die Fügedruckaufbauzeit beträgt 4 Sekunden, unabhängig von der Wanddicke der zu schweißenden Teile. Dabei sollte der Druck linear ansteigen.

4.3.6 Fügen

Die zu schweißenden Flächen sollen bei Berührung mit einer Geschwindigkeit nahe Null zusammentreffen. Der erforderliche Fügedruck wird möglichst linear ansteigend ohne Verzögerung aufgebracht. Der Fügedruck beträgt 0,50 ± 0,01 N/mm².

Tabelle 2. Richtwerte für das Heizelementstumpfschweißen von Rohren, Formstücken und Tafeln aus PVC-C bei einer Außentemperatur von 20°C und mäßiger Luftbewegung (keine Zugluft). (Zwischenwerte sind zu interpolieren.)

1	2	3	4	5	
Nennwanddicke s	**Angleichen**	**Anwärmen**	**Umstellen**	**Fügen**	
	Wulsthöhe (am Heizelement am Ende der Angleichzeit) (Mindestdruck Angleichen p = 0,50 N/mm² ± 0,01 N/mm²)	Druck nahe Null, p = 0,01 N/mm²		Fügedruck-aufbauzeit	Abkühlzeit = 2 x Wanddicke unter Fügedruck p = 0,50 N/mm² ± 0,01 N/mm² (Mindestwerte)
[mm]	[mm]	[s]		[s]	[min]
2		28			4
3	0,5	42			6
4		56			8
6		86			12
8	1,0	122	≤ 2 sec.	4	16
10		168			20
12		222			24
15	1,5	294			30
20		392			40
25		490			50

Der Fügedruck muss während der Abkühlzeit (siehe Tabelle 2, Spalte 5) aufrecht erhalten werden. Erhöhte mechanische Beanspruchungen während oder unmittelbar nach dem Ausspannen sind nur nach verlängerter Abkühlung zulässig.

Die Montage oder Weiterverarbeitung darf erst nach vollständigem Auskühlen der Schweißnaht erfolgen.

Nach dem Fügen muss über den gesamten Umfang ein möglichst gleichmäßiger Doppelwulst vorhanden sein. Unterschiedliche Wulstausbildungen können durch verschiedenartiges Fließverhalten der verbundenen Materialien begründet sein. Aus der bisherigen Erfahrung mit den handelsüblichen PVC-C-Teilen gilt: Falls PVC-C-Rohre und -formteile den Normen DIN 8079/80, DIN EN ISO 15493 oder DIN EN ISO 15877 und PVC-C-Halbzeuge den Eigenschaften in Anlehnung an DIN EN ISO 11833 entsprechen, kann von der Schweißeignung ausgegangen werden, auch wenn dies zu unsymmetrischen Schweißwülsten führen kann. K muss immer größer als 0 sein (siehe Bild 4).

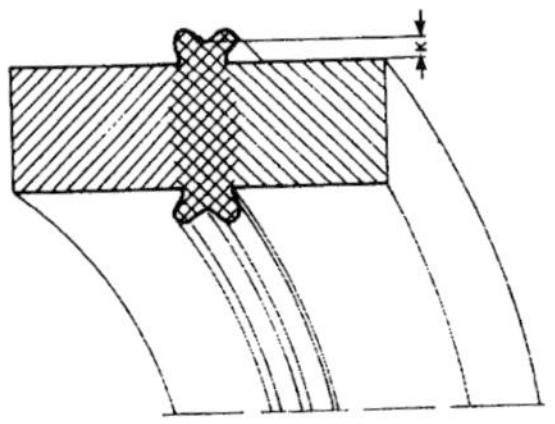

Bild 4. Wulstausbildung beim Heizelementstumpfschweißen, K muss immer größer Null sein (Prinzip am Beispiel einer Rohrschweißnaht).

5 Prüfen der Schweißverbindungen

Für die einzelnen Schweißverfahren werden unterschiedliche Prüfverfahren angewendet. Es wird zwischen zerstörungsfreien und zerstörenden Prüfverfahren unterschieden. Sie sind in Tabelle 3 aufgeführt. Prüfungen und Probennahmen sollen – je nach Vereinbarung – während der Schweißarbeiten stichprobenartig erfolgen.

Tabelle 3. Mögliche Prüfverfahren für Schweißverbindungen.

Prüfverfahren	**Heizelementstumpfschweißen Tafeln, Rohre, Formstücke**
Visuelle Prüfung	Richtlinie DVS 2202-1, Tabelle 1 Richtlinie DVS 2206-1
Zugversuch	Richtlinie DVS 2203-2 Kurzzeitzugschweißfaktor Richtlinie DVS 2203-1 Beiblatt 1
Zeitstand-zugversuch	Richtlinie DVS 2203-4 Zeitstandzugschweißfaktor Richtlinie DVS 2203-1 Beiblatt 2
Technologischer Biegeversuch	Richtlinie DVS 2203-5 Mindestbiegewinkel noch nicht festgelegt (die eingegebene Prüfgeschwindigkeit ist für PVC-U und sie fehlt für PVC-C)
Zeitstand-Innendruckversuch	DIN 8080, gemäß Tabelle 1 95°C, σ = 5,7 N/mm², Standzeit >165 h

6 Schrifttum

DIN EN ISO 11833 — Kunststoffe – Weichmacherfreie Polyvinylchloridtafeln – Typen, Maße und Eigenschaften

DIN EN ISO 15013 — Kunststoffe – Extrudierte Tafeln aus Polypropylen (PP) – Anforderungen und Prüfung

DIN EN ISO 15493 — Kunststoff-Rohrleitungssysteme für industrielle Anwendungen – Acrylnitril-Butadien-Styrol (ABS), weichmacherfreies Polyvinylchlorid (PVC-U) und chloriertes Polyvinylchlorid (PVC-C) – Anforderungen an Rohrleitungsteile und das Rohrleitungssystem; Metrische Reihen

DIN EN ISO 15877 — Kunststoffrohrleitungssysteme für die Warm- und Kaltwasserinstallation – Chloriertes Polyvinylchlorid (PVC-C)

DIN 8079 — Rohre aus chloriertem Polyvinylchlorid (PVC-C) – Maße

DIN 8080	Rohre aus chloriertem Polyvinylchlorid (PVC-C) – Allgemeine Güteanforderungen, Prüfung
ASTM D 1784-03	Standard Specification for Rigid Poly(Vinyl Chloride) (PVC) Compounds and Chlorinated Poly(Vinyl Chloride) (CPVC) Compounds
Richtlinie DVS 2202-1	Fehler an Schweißverbindungen aus thermoplastischen Kunststoffen; Merkmale, Beschreibung, Bewertung
Richtlinie DVS 2203-1	Prüfen von Schweißverbindungen aus thermoplastischen Kunststoffen; Prüfverfahren – Anforderungen
Richtlinie DVS 2203-2	Prüfen von Schweißverbindungen aus thermoplastischen Kunststoffen; Zugversuch
Richtlinie DVS 2203-4	Prüfen von Schweißverbindungen aus thermoplastischen Kunststoffen; Zeitstand-Zugversuch
Richtlinie DVS 2203-5	Prüfen von Schweißverbindungen aus thermoplastischen Kunststoffen; Technologischer Biegeversuch
Richtlinie DVS 2205-1 Beiblatt 9	Berechnung von Behältern und Apparaten aus Thermoplasten – Abminderungsbeiwerte A_1 für Formmassen aus PVC-C
Richtlinie DVS 2205-1 Beiblatt 11	Berechnung von Behältern und Apparaten aus Thermoplasten – Zeitstandkurven für Rohre aus PVC-C
Richtlinie DVS 2206-1	Zerstörungsfreie Prüfung von Behältern, Apparaten und Rohrleitungen aus thermoplastischen Kunststoffen; Maß- und Sichtprüfung
Richtlinie DVS 2208-1	Schweißen von thermoplastischen Kunststoffen – Maschinen und Geräte für das Heizelementschweißen von Rohren, Rohrleitungsteilen und Tafeln
Richtlinie DVS 2212-1	Prüfung von Kunststoffschweißern; Prüfgruppe I und II
BetrSichV	Betriebssicherheitsverordnung
DVGW VP 603	Reinigungsmittel für Schweißverbindungen an PE-Rohren im Gas- und Wasserbereich

7 Erläuterung

Die Richtlinie wurde entsprechend dem Stand der Technik erstellt.

Das Schweißen von thermoplastischen Kunststoffen bei Umgebungstemperaturen unter 5°C wird generell als problematisch angesehen. Hierbei geht es weniger um die werkstoffspezifischen Eigenschaften des Kunststoffs, als um die eingeschränkte Handfertigkeit des Schweißers. Das Schweißen im Freien bei beliebigen Außentemperaturen setzt daher eine Umgebung voraus, welche es dem Schweißpersonal ermöglicht, die einzelnen Arbeitsschrittte ohne qualitätsminderende Einflüsse ausführen zu können. Dabei sind die Angaben der Hersteller und die Taupunktkurve zu beachten. Die zu verbindenden Teile müssen ein gleiches Temperaturniveau besitzen. Es sind Probeschweißungen anzufertigen und zu prüfen.

Bezüglich des Zustands der Rohrenden ist darauf zu achten, dass Reif, Eis und Feuchte im Rahmen der Schweißvorbereitung im Bereich der Fügezonen (> 0,5 x Formstücklänge) mittels Wärmezufuhr (z. B. Warmgasgerät) entfernt werden. Formstücke sind in geschlossenen, frostfreien Räumen zu lagern und nur in der jeweils erforderlichen Anzahl der Schweißteile zuzuführen.

Anhang: Verarbeitungsanleitungen (Kurzfassung)

1. Zulässige Arbeitsbedingungen schaffen, z. B. Einhausung, Zelt.
2. Schweißgerät an das Netz oder den Wechselstromgenerator anschließen und auf Funktion kontrollieren.
3. Zu schweißende Teile z. B. mit Rollenböcken ausrichten und einspannen.
4. Die zu schweißenden Rohre sind an den gegenüberliegenden Rohrenden gegen Luftzug zu verschließen.
5. Verbindungsflächen bearbeiten, bei Rohren z. B. mittels Planhobel. Von chemischen Reinigungsmitteln und Lösemitteln wird dringend abgeraten.
6. Planhobel bei Rohrschweißmaschine herausnehmen.
7. Späne im Schweißbereich ohne Berühren der Schweißflächen entfernen (saubere, fettfreie Besen, Pinsel, Papiertücher oder trockene, ölfreie Druckluft).
8. Planparallelität durch Zusammenfahren der Fügeflächen überprüfen (max. Spaltbreite gemäß Tabelle 1).
9. Versatz prüfen (max. 0,1 x Wanddicke).
10. Heizelementtemperatur z. B. (230 ± 4)°C prüfen.
11. Heizelement mit saugfähigem, nicht faserndem und nicht eingefärbtem Papier reinigen.
12. Bewegungsdruck bzw. Bewegungskraft an der Rohrschweißmaschine ablesen und im Schweißprotokoll vermerken.
13. Einstellwerte für den Angleich-, Anwärm- und Fügedruck festlegen.
14. Richtwerte (Anwärm- und Abkühlzeit) gemäß Tabelle 2 errechnen.
15. Heizelement in Schweißposition bringen.
16. Angleichen bei einem Druck von 0,50 N/mm² der Flächen an das Heizelement, bis ein Wulst (entsprechend Tabelle 2, Spalte 2) entsteht.
17. Anwärmen unter reduziertem Druck < 0,01 N/mm², Anwärmzeit gemäß Tabelle 2, Spalte 3.
18. Nach Beendigung des Anwärmens die zu schweißenden Verbindungsflächen vom Heizelement lösen und dieses aus der Schweißebene entfernen.
19. Die zu schweißenden Flächen innerhalb der Umstellzeit (Tabelle 2, Spalte 4) schnell bis unmittelbar vor der Berührung zusammenfahren. Sie müssen bei Berührung mit einer Geschwindigkeit nahe Null zusammentreffen. Sofort danach den Fügedruck in maximal 4 s linear ansteigend aufbauen.
20. Nach dem Fügen mit Druck von 0,50 N/mm² muss ein Wulst vorhanden sein. Gemäß Bild 4 muss K an jeder Stelle > 0 sein.
21. Abkühlen unter Fügedruck von 0,50 N/mm²
22. Ausspannen der geschweißten Teile nach Ablauf der Abkühlzeit.
23. Schweißprotokoll vervollständigen.

Protokoll für das Heizelementstumpfschweißen von Tafeln		Werkstoff	Blatt	von
Bauherr	Ausführende Firma	Schweißmaschine:		
Titel des Auftrages	Name des Schweißers / Kenn-Nr.	Fabrikat: Typ:		
Nr des Auftrages	Name und Firma der Schweißaufsicht	Maschinen-Nr.: Baujahr:		

Naht-Nr.	Datum	Tafeldicke	Gemessene Heizelement-temperatur[1]		Einstellwerte[2]			Anwärmzeit[3]	Umstellzeit[3]	Fügedruck-aufbauzeit[3]	Abkühlzeit unter Fügedruck	Umgebungs-temperatur	Bemerkungen
			minimal	maximal	Angleichen	Anwärmen	Fügen						
		[mm]	[°C]	[°C]	[bar]	[bar]	[bar]	[s]	[s]	[s]	[min]	[°C]	

Unterschrift Schweißer:	Datum und Unterschrift der Schweißaufsicht:

[1] Aus Regelintervall, Häufigkeit gemäß Abschnitt 4.2.

[2] Nach Angaben des Herstellers der Schweißmaschine bzw. aus Maschinenprüfung.

[3] Es sind die gemessenen Werte einzutragen.

Protokoll für das Heizelementstumpfschweißen von Rohrleitungsteilen

Protokoll für das Heizelementstumpfschweißen von Rohrleitungsteilen			☐ oberirdisch verlegt ☐ erdverlegt	Werkstoff	Blatt	von
Bauherr	Ausführende Firma		Schweißmaschine: Fabrikat: Typ: Maschinen-Nr.: Baujahr:	Witterung: 1 = sonnig 2 = trocken 3 = Regen oder Schneefall 4 = Wind	Schutzmaßnahmen: 1 = keine 2 = Schirm 3 = Zelt 4 = Beheizung	
Titel des Auftrages	Name des Schweißers	Kenn-Nr.				
Nr des Auftrages	Name und Firma der Schweißaufsicht			Bei Mehrfachnennungen Reihenfolge der Zahlen wie oben (z. B. 34 = Regen und Wind)		

Naht-Nr.	Datum	Rohrdaten ∅ d x s [mm]	Gemessene Heizelement-temperatur[1] minimal [°C]	Gemessene Heizelement-temperatur[1] maximal [°C]	Bewegungs-druck [bar]	Fügedruck (Maschinen-tabelle) [bar]	Einstellwerte[2] Angleichen [bar]	Einstellwerte[2] Anwärmen [bar]	Einstellwerte[2] Fügen [bar]	Anwärmzeit[3] [s]	Umstellzeit[3] [s]	Fügedruck-aufbauzeit[3] [s]	Abkühlzeit[3] unter Fügedruck [min]	Umgebungs-temperatur[3] [°C]	Schlüssel-Nr. Witterung	Schlüssel-Nr. Schutz

Unterschrift Schweißer:	Datum und Unterschrift der Schweißaufsicht:

[1] Aus Regelintervall, Häufigkeit gemäß Abschnitt 4.2.

[2] Nach Angaben des Herstellers der Schweißmaschine bzw. aus Maschinenprüfung plus Bewegungsdruck bzw. -kraft.

[3] Es sind die gemessenen Werte einzutragen.

DVS – DEUTSCHER VERBAND FÜR SCHWEISSEN UND VERWANDTE VERFAHREN E.V.	Schweißen von thermoplastischen Kunststoffen Heizelement-Schwenkbiegeschweißen von Tafeln aus PP und PE	DVS Richtlinie DVS 2207-14

Ersetzt Ausgabe November 2008

Inhalt:

1 Geltungsbereich

Diese Richtlinie gilt für das Heizelement -Schwenkbiegeschweißen von Tafeln aus Polypropylen[1] PP-H, PP-B und PP-R nach DIN EN ISO 15013 und Tafeln aus PE[1] nach DIN EN ISO 14632.

Unter Beachtung der Anweisungen in dieser Richtlinie, kann von einer Schweißeignung innerhalb der nachfolgend genannten Schmelze-Massefließraten MFR[2] 190/5 ausgegangen werden.

1 0,4 bis 1,0 g/10 min (PP). Entspricht etwa der Schmelze-Massefließrate MFR[2] 230/2,16 von 0,2 bis 0,6 g/10 min. und

2 0,3 bis 1,7 g/10 min bzw. 0,2 bis 0,7 g/10 min (PE)

Anwendungsgebiet für das Heizelement-Schwenkbiegeschweißen ist hauptsächlich der Behälter- und Apparatebau sowie die Lüftungs- und Klimatechnik. Mitgeltende Richtlinien sind DVS 2207-1 und 2207-11.

2 Verfahrensbeschreibung

Das Heizelement-Schwenkbiegeschweißen, auch Abkantschweißen genannt, ist eine Mischform des Umform- und Heizelementstumpfschweißens und wird auf stationären Maschinen, vorwiegend im Werkstattbereich, ausgeführt. Bei Tafeldicken $s \leq 6$ mm wird die winklig abzukantende Tafel auf eine ebene, wärmedämmende Unterlage gelegt und das keilförmige Heizelement auf die Abkantstelle aufgesetzt (siehe Bild 1).

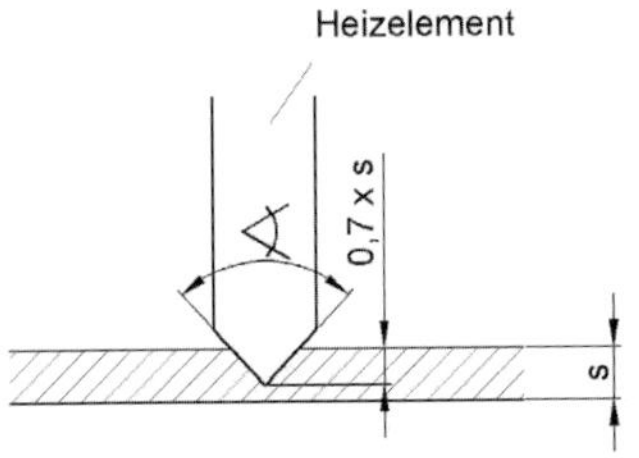

Bild 1. Schwenkbiegeschweißen mit einseitiger Erwärmung (Prinzip).

Bei Tafeln mit $s > 6$ mm ist an der Unterseite der Maschine ein ebenes Heizelement angeordnet, welches die Tafelrückseite anwärmt (siehe Bild 2). Dadurch wird eine ungleichmäßige Verstreckung (Einzug) in der Abkantzone verhindert und eine Spannungsminderung erreicht.

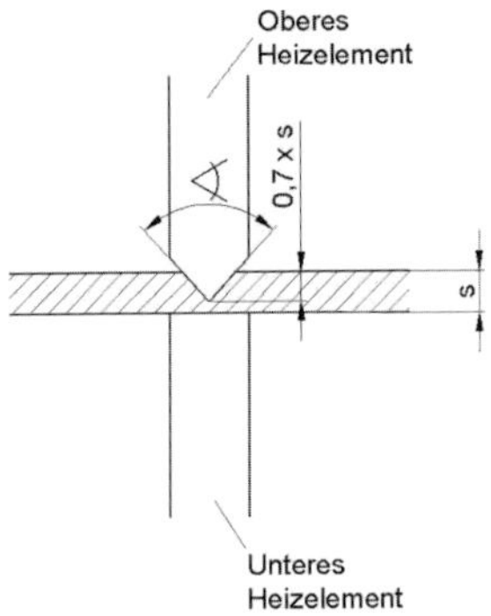

Bild 2. Schwenkbiegeschweißen mit beidseitiger Erwärmung (Prinzip).

Die Keilflächen des oberen Heizelementes haben einen der Abkantung angepassten Flankenwinkel [α]. Das Heizelement wird um etwa 75 % der Tafeldicke unter Wärmeeinwirkung eingedrückt, anschließend ausgefahren und danach die Tafel entsprechend dem Flankenwinkel abgekantet. Hierbei werden die plasti-

[1] Die Werkstoffbezeichnung ist als Oberbegriff der Thermoplastgruppe zu verstehen und schließt die Typen PE 63, PE 80 und PE 100 ein. Die Angaben entsprechen dem derzeitigen Stand der Normung

[2] MFR = Melt Flow Rate (alte Bezeichnung MFI = Melt Flow Index)

DVS, Ausschuss für Technik, Arbeitsgruppe „Fügen von Kunststoffen"

Bezug: DVS Media GmbH, Postfach 10 19 65, 40010 Düsseldorf, Telefon (02 11) 15 91-0, Telefax (02 11) 15 91-150

fizierten Fügeflächen unter Fügedruck miteinander verbunden. Tafeln mit s ≥ 15 mm können zur Verkürzung der Anwärmzeit mit einer keilförmig eingefrästen Nut (Tiefe ca. 0, 5 x Wanddicke) auf der Tafeloberseite versehen werden, in die das Heizelement eingedrückt wird.

Um den Fügedruck aufbringen zu können, muss der Flankenwinkel des Heizelementes kleiner als der Abkantwinkel sein. Empfohlen wird ein Flankenwinkel von α = 87° ± 1° für rechtwinklige Abkantungen, bzw. α = 57° ± 1° für Abkantungen von 60°. Nach dem Abkanten ist die Tafel für die Dauer der Abkühlzeit zu fixieren.

Das Verfahren kann sinngemäß für den Werkstoff PVDF angewandt werden. Tafeln aus PVC-U und PVC-C werden vorwiegend kontaktlos erwärmt und gebogen

3 Allgemeine Anforderungen

Die Qualität der Schweißnähte wird von der Qualifikation des Schweißers, der Eignung der verwendeten Maschinen und Vorrichtungen sowie den Verfahrensparametern beeinflusst. Die Qualität von Schwenkbiegenähten kann mithilfe zerstörender Prüfverfahren untersucht werden.

Die Schweißarbeiten sind zu überwachen. Art und Umfang der Überwachung muss zwischen den Vertragspartnern vereinbart werden. Im Rahmen der Qualitätssicherung ist es angebracht, vor Beginn und während den Schweißarbeiten Probenähte herstellen zu lassen und diese zu prüfen. Die Verfahrensdaten der Schweißarbeiten sind zeitnah in Schweißprotokolle einzutragen (Muster siehe Anhang) oder auf Datenträgern zu dokumentieren.

Die Schweißer müssen ausgebildet sein und einen gültigen Qualifikationsnachweis besitzen. Art und Umfang der Qualifikation werden vom Anwendungsgebiet bestimmt, in welchem der Schweißer tätig ist. Das Heizelement-Schwenkbiegeschweißen ist dem Heizelement-Stumpfschweißen von Tafeln zugeordnet, für welches die Kunststoffschweißerprüfung nach DVS 2212-1 gilt.

Die zum Schweißen verwendeten Maschinen und Vorrichtungen müssen den Anforderungen von DVS 2208-1 entsprechen. Darüber hinaus gehende Anforderungen werden in dieser Richtlinie beschrieben.

4 Maßnahmen vor dem Schweißen

4.1 Voraussetzungen zum Schweißen

Der Abkantbereich muss unbeschädigt sein und ist vor ungünstigen Umgebungseinflüssen wie Kälte, Zugluft, Feuchtigkeitseinwirkung und dgl. zu schützen. Wenn durch geeignete Maßnahmen (z. B. geschützter Arbeitsplatz, Trocknen der Abkantzone) sichergestellt ist, dass zum Schweißen zulässige Bedingungen gegeben sind, darf – soweit der Schweißer nicht in seiner Handfertigkeit behindert wird – bei beliebiger Umgebungstemperatur gearbeitet werden. Gegebenenfalls ist durch Herstellen von Probeschweißungen unter den zu erwartenden Umgebungseinflüssen ein zusätzlicher Nachweis zu führen (siehe Abschnitt 8).

Falls die abzukantende Tafel infolge Sonneneinstrahlung ungleichmäßig erwärmt wurde, ist im Bereich der Abkantzone rechtzeitig vor dem Schweißen für ein Temperaturausgleich zu sorgen. Eine schroffe Abkühlung während des Schweißvorganges, z. B. durch Luftzug, ist zu vermeiden.

4.2 Reinigung

Für die Herstellung einwandfreier Schweißverbindungen ist die Sauberkeit und Fettfreiheit sowohl der Abkantzone als auch der Werkzeuge und Heizelemente von wesentlicher Bedeutung. Sofern erforderlich, sind die von einer Verschmutzung betroffenen Zonen unter Verwendung eines geeigneten Reinigungsmittels zu säubern.

4.2.1 Reinigungsmittel

Das Reinigungsmittel, am geeignetsten ist eine Reinigungsflüssigkeit, muss aus einem 100 % verdampfenden Lösungsmittel bestehen, z. B. aus 99 Teilen Ethanol mit einem Reinheitsgrad von 99,8 % und einem Teil MEK (Methylethylketon, Denaturierung). Nach DVGW 603 geprüfte Reinigungsmittel entsprechen dieser Vorgabe.

Die Verwendung der Reinigungsflüssigkeit kann mittels werkseitig befeuchteter Tücher erfolgen, welche in einem verschließbaren Behältnis (z. B. Kunststoffbox) aufzubewahren sind. Sofern Papier zur Reinigung benutzt wird, muss dieses sauber, unbenutzt, saugfähig, nicht fasernd und uneingefärbt sein. Danach ablüften lassen.

Bei Verwendung von Spiritus kann es durch das darin enthaltene Wasser zu einer Qualitätsminderung in der Schweißverbindung kommen.

4.2.2 Reinigen des Heizelementes

Für optimale Abkantschweißungen ist das Heizelement vor jedem Schweißvorgang, besonders bei Materialwechsel, gemäß Abschnitt 4.2.1 zu reinigen Es dürfen keine Reste von Reinigungsmittel oder Papier auf dem Heizelement verbleiben. Die antiadhäsive Beschichtung oder Bespannung des Heizelementes muss im Arbeitsbereich unbeschädigt sein.

4.2.3 Reinigen der Abkantzone

Die Abkantzone ist unmittelbar vor dem Schweißen zu reinigen. Die Reinigung ist über den Schweißbereich hinaus mit einem Reinigungsmittel gemäß Abschnitt 4.2.1 vorzunehmen. Wird die Abkantzone nochmals verschmutzt, z. B. durch Berührung mit den Händen, so muss der betroffene Bereich erneut gereinigt werden.

4.3 Kontrolle der Heizelementtemperatur

Vor Beginn der Schweißarbeiten ist die zum Schweißen erforderliche Heizelementtemperatur zu kontrollieren. Dies erfolgt zum Beispiel mit einem schnellanzeigenden Temperaturmessgerät für Oberflächenmessungen, dessen Fühler eine Auflagefläche > 10 mm aufweist. Die Kontrollmessung muss beim oberen Heizelement an den Flanken und beim unteren Heizelement auf dessen Stirnfläche erfolgen. Damit sich ein thermisches Gleichgewicht einstellen kann, darf das Heizelement frühestens 10 Minuten nach Erreichen der Solltemperatur eingesetzt werden.

Tabelle 1. Heizelementtemperatur.

	PE-HD	PP
oberes Heizelement[1)]	210 ± 10 °C	
unteres Heizelement[2)]	~ 130 °C	~ 140 °C

1) Bei kleinen Wanddicken und bei PE 100 die obere Temperatur wählen.

2) Von der Bauform der Maschine abhängig. Zu Vorversuchen wird geraten. Die Tafel muss sich ohne großen Widerstand biegen lassen.

5 Ausführen des Schweißens

5.1 Angleichen

Zu Beginn des Schweißvorgangs wird die Abkantzone mittels oberem Heizelement bei einseitiger Erwärmung bzw. mittels zweier Heizelemente bei beidseitiger Erwärmung auf Schweißtemperatur gebracht. Unter Druck bzw. durch das Eigengewicht des oberen Heizelements entsteht eine keilförmige Vertiefung in der Tafel, was als Angleichen bezeichnet wird. Der Angleichvorgang ist abgeschlossen, wenn das Heizelement zu 0,7 x Wanddicke in die Tafel eingedrungen ist (siehe Bild 1 bzw. Bild 2).

5.2 Anwärmen

Nach Erreichen der Eindringtiefe wird die Fügezone beidseitig des Heizelements angewärmt um die Plastifizierung der Fügeflächen zu bewirken. Richtwerte für die Anwärmzeiten, abhängig von der Tafelnennwanddicke, sind für PE aus DVS 2207-1, Tabelle 2, Spalte 3, bzw. für PP aus DVS 2207-11, Tabelle 2, Spalte 3, zu entnehmen. Optimale Ergebnisse werden erzielt, wenn diese Anwärmzeiten um 20% verkürzt werden.

5.3 Umstellen und Fügen

Nach dem Anwärmen ist das Heizelement ohne Beschädigung und Verschmutzung der plastifizierten Fügeflächen herauszunehmen bzw. herauszuschwenken. Der Abkantvorgang ist unmittelbar danach durchzuführen, da sonst die plastifizierten Fügeflächen erkalten können. Die Umstellzeit (Zeit zwischen dem Lösen des Heizelements von den Fügeflächen bis zum Ende des Abkantvorgangs) beeinflusst Qualität und Belastbarkeit der Schweißverbindung. Richtwerte zu den Umstellzeiten sind für PE aus DVS 2207-1, Tabelle 2, Spalte 4, bzw. für PP aus DVS 2207-11, Tabelle 2, Spalte 4, zu entnehmen.

5.4 Abkühlen

Während der Abkühlphase bleibt die abgewinkelte Tafel eingespannt. Die Abkühlzeit ist für PE aus DVS 2207-1, Tabelle 2, Spalte 5 bzw. PP aus DVS 2207-11, Tabelle 2, Spalte 5, zu entnehmen. Eine mechanische Belastung der Fügeverbindung vor Beendigung des Abkühlzeit ist nicht zulässig.

Nach dem Abkanten und Fügen muss die Schwenkbiegeschweißnaht einen gleichmäßigen Doppelwulst aufweisen. Es muss immer K > 0 sein (siehe Bild 3). Ungleichmäßige Wulstausbildungen sind Hinweis für eine nicht optimale Schweißdurchführung.

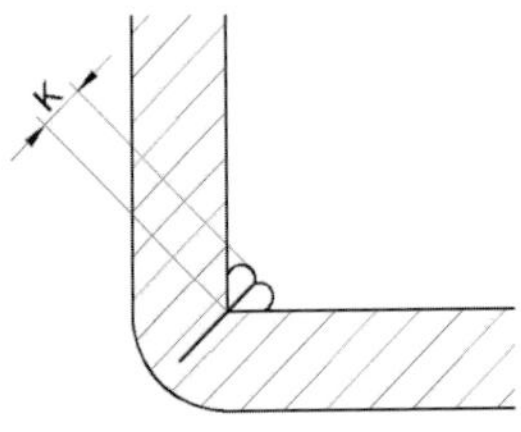

Bild 3. Wulstausbildung beim Heizelement-Schwenkbiegeschweißen (Prinzipdarstellung).

6 Prüfen der Schweißverbindungen

Für das Prüfen von Schwenkbiegeschweißnähten stehen keine speziellen Prüfverfahren zur Verfügung. Es wird deshalb empfohlen, die Prüfung in Anlehnung an DVS 2207-25 durchzuführen. Überprüfungen und probeentnahmen sollen – je nach Vereinbarung – während der Schweißarbeiten stichprobenartig erfolgen.

6.1 Probenvorbereitung

Es sind mindestens 6 Proben gleichmäßig verteilt aus einer Schwenkbiegeschweißnaht zu entnehmen und gemäß Angaben im Bild 4 vorzubereiten. Die Schenkel des winkelförmigen Probekörpers werden mit einem geeigneten Werkzeug auf eine Länge von 7 x Wanddicke konfektioniert und die Kanten mit der Ziehklinge gebrochen (siehe Bild 4). Die Breite der Proben [b] soll DVS 2203-5, Tabelle 1, entsprechen.

6.2 Durchführung der Prüfung

Zur Durchführung der Prüfung ist eine Vorrichtung gemäß Bild 4 zu verwenden. Die Prüfgeschwindigkeit beträgt bei Proben aus PE und PP-R jeweils 50 mm/min und bei Proben aus PP-H und PP-B jeweils 20 mm/min. Geprüft wird das Verformungsverhalten der Verbindung bis zum Anriss bzw. Bruch in der Fügeebene. Ggf. kann die Probe bis zur Auflage des Wulstes auf der Unterlage (polierte Stahlplatte) verformt werden, ohne dass ein Anriss bzw. Bruch eintritt.

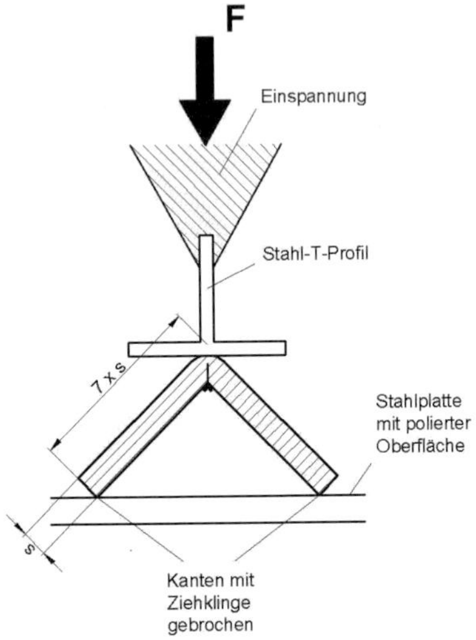

Bild 4. Prüfung von Schwenkbiegeschweißnähten (Prinzip).

6.3 Beurteilung

Als Beurteilungskriterien dienen das Bruchbild, die Lage der Bruchebene, der Verformungsgrad sowie Art und Umfang von Inhomogenitäten. Brüche in der Fügeebene, sofern diese nicht duktiler Art sind, oder Bruchflächen mit ausgeprägten Lunkerstellen (Lufteinschlüsse, Hohlräume) geben erste Hinweise auf Fehler bei der Schweißdurchführung.

Die Beurteilung darf nur von entsprechend ausgebildetem Fachpersonal vorgenommen werden, das Ergebnis ist in einem Prüfbericht zusammen zu fassen. Ist das Prüfergebnis diffus, ist die Prüfung zu wiederholen, ggf. sind weitere Prüfverfahren heran zu ziehen.

7 Schrifttum

DIN EN ISO 1872-1	Polyethylen-Formmassen, Bezeichnungssysteme und Basis für Spezifikationen
DIN EN ISO 14632	Extrudierte Tafeln aus Polyethylen (PE-HD); Anforderungen und Prüfverfahren
DIN EN ISO 15013	Extrudierte Tafeln aus Polypropylen (PP); Anforderungen und Prüfverfahren
DVGW VP 603	Prüfgrundlage für Reinigungsmittel und deren Behälter zur Vorbereitung von Schweißverbindungen an Polyethylenrohren
DVS 2202-1	Fehler an Schweißverbindungen aus thermoplastischen Kunststoffen; Merkmale, Beschreibung, Bewertung
DVS 2203-5	Prüfen von Schweißverbindungen an Tafeln und Rohren aus Thermoplastischen Kunststoffen; Technologischer Biegeversuch
DVS 2207-1	Schweißen von thermoplastischen Kunststoffen; Heizelementschweißen von Rohren, Rohrleitungsteilen und Tafeln aus PE-HD

DVS 2207-11	Schweißen von thermoplastischen Kunststoffen; Heizelementschweißen von Rohren, Rohrleitungsteilen und Tafeln aus PP
DVS 2207-25	Schweißen von thermoplastischen Kunststoffen; Heizelementstumpfscheißen von Fensterprofilen aus PVC-U
DVS 2208-1	Schweißen von thermoplastischen Kunststoffen; Maschinen und Geräte für das Heizelementschweißen von Rohren, Rohrleitungsteilen und Tafeln
DVS 2212-1	Prüfung von Kunststoffschweißern; Prüfgruppe I und II
Betr.Sich.V	Betriebssicherheitsverordnung

8 Erläuterungen

Die Richtlinie entspricht dem derzeitigen Stand der Technik. Die Empfehlungen sind entsprechend der Maschinenbauart zu variieren.

Das Schweißen von thermoplastischen Kunststoffen bei Umgebungstemperaturen < 5°C wird generell als problematisch betrachtet. Hierbei geht es weniger um die werkstoffspezifischen Eigenschaften des Kunststoffes als um die eingeschränkte Handfertigkeit des Schweißers Dabei sind die Angaben der Hersteller und die Taupunktkurve zu beachten. Ggf. sind Probeschweißungen anzufertigen und zu prüfen.

Protokoll für das Heizelement-Schwenkbiegeschweißen von Tafeln

Werkstoff

Blatt von

Bauherr	Ausführende Firma	Schweißmaschine:
Titel des Auftrages	Name des Schweißers / Kenn-Nr.	Fabrikat: Typ:
Nr. des Auftrages	Name und Firma der Schweißaufsicht	Maschinen-Nr.: Baujahr:

Naht-Nr.	Datum	Tafeldicke	Gemessene Heizelementtemperatur[1]				Winkel des oberen Heizelementes[2]	Einschmelztiefe[3)4)]	Anwärmzeit[3]	Abkühlzeit[3]	Umgebungstemperatur[3]	Winkel nach Abkantung[3]	Bemerkungen
			oberes Heizelement		unteres Heizelement								
			minimal	maximal	minimal	maximal							
		[mm]	[°C]	[°C]	[°C]	[°C]	[°]	[mm]	[s]	[min]	[°C]	°	

Unterschrift Schweißer:

Datum und Unterschrift der Schweißaufsicht:

1) Aus Regelintervall.

2) Nach Angaben des Herstellers der Schweißmaschine bzw. aus Maschinenprüfung.

3) Es sind die gemessenen Werte einzutragen.

4) Nicht bei allen Maschinen möglich

Dezember 2005

DVS – DEUTSCHER VERBAND FÜR SCHWEISSEN UND VERWANDTE VERFAHREN E.V.	**Schweißen von thermoplastischen Kunststoffen Heizelementschweißen von Rohren, Rohrleitungsteilen und Tafeln aus PVDF**	DVS Richtlinie DVS 2207-15

Ersatz für Ausgabe August 1996

Inhalt:

1 Geltungsbereich

Diese Richtlinie gilt für das Heizelementstumpfschweißen von Tafeln und für das Heizelementstumpf- und Heizelementmuffenschweißen von Rohren und Formstücken aus PVDF, die zur Fortleitung von Gasen, Flüssigkeiten und Feststoffen dienen.

Unter Beachtung der folgenden Anweisungen und aufgrund der Praxiserfahrung kann bei der Dichte 1,70 bis 1,80 g/cm^3 von einer Eignung innerhalb der Schmelzemassefließrate MFR[1)] 230/5 1,0 bis 25 g/10 min ausgegangen werden. Dazu sind die Datenblätter des Halbzeuglieferanten – in Zweifelsfällen die Werksbescheinigung 2.1 nach DIN EN 10204 – heranzuziehen.

2 Allgemeine Anforderungen

Die Qualität der Schweißverbindungen ist abhängig von der Qualifikation der Schweißer, der Eignung der verwendeten Maschinen und Vorrichtungen sowie der Einhaltung der Schweißrichtlinien. Die Schweißnaht kann durch zerstörungsfreie und/oder zerstörende Verfahren geprüft werden.

Die Schweißarbeiten sind zu überwachen. Art und Umfang der Überwachung muss zwischen den Vertragspartnern vereinbart werden. Es wird empfohlen, die Verfahrensdaten in Schweißprotokollen (Muster siehe Anhang) oder auf Datenträgern zu dokumentieren.

Im Rahmen der Qualitätssicherung wird empfohlen, vor Aufnahme und während der Schweißarbeiten unter den gegebenen Arbeitsbedingungen Probenähte herzustellen und zu prüfen.

Jeder Schweißer muss ausgebildet sein und einen gültigen Qualifikationsnachweis besitzen. Das vorgesehene Anwendungsgebiet kann für die Art der Qualifikation bestimmend sein. Für das Heizelementstumpfschweißen von Tafeln sowie im Rohrleitungsbau gilt DVS 2212-1. Für Rohre > 225 mm Außendurchmesser sowie für die Heizelementmuffenschweißung ist ein ergänzender Befähigungsnachweis zu erbringen.

Die zum Schweißen verwendeten Maschinen und Vorrichtungen müssen den Anforderungen von DVS 2208-1 entsprechen.

3 Maßnahmen vor dem Schweißen

3.1 Voraussetzungen zum Schweißen

Der unmittelbare Schweißbereich ist vor ungünstigen Witterungseinflüssen (z. B. Wind, Feuchtigkeitseinwirkung) zu schützen. Wenn durch geeignete Maßnahmen (z. B. Vorwärmen, Einzelten, Beheizen) sichergestellt wird, dass zum Schweißen zulässige Bedingungen gegeben sind, darf – soweit der Schweißer nicht in der Handfertigkeit behindert wird – bei beliebiger Außentemperatur gearbeitet werden (siehe Erläuterung). Gegebenenfalls ist durch Herstellen von Probeschweißungen unter den genannten Bedingungen ein zusätzlicher Nachweis zu führen (siehe Abschnitt 6).

Falls das Halbzeug infolge Sonneneinstrahlung ungleichmäßig erwärmt wird, ist durch rechtzeitiges Abdecken im Bereich der Schweißstelle ein Temperaturausgleich zu schaffen. Eine Abkühlung während des Schweißvorganges durch Luftzug ist zu vermeiden. Beim Schweißen von Rohren sind zusätzlich die Rohrenden zu verschließen.

Die Verbindungsflächen der zu schweißenden Teile dürfen nicht beschädigt und müssen frei von Verunreinigungen (z. B. Schmutz, Fett, Späne) sein

3.2 Reinigung

Für die Herstellung einwandfreier Schweißverbindungen ist die Sauberkeit und Fettfreiheit sowohl der Fügeflächen als auch der Werkzeuge und Heizelemente von entscheidender Bedeutung.

3.2.1 Reinigungsmittel

Die Reinigungsflüssigkeit oder damit bereits werksseitig befeuchtete Tücher in einer verschließbaren Kunststoffbox muss aus einem 100% verdampfenden Lösungsmittel bestehen, z. B. aus 99 Teilen Ethanol mit einem Reinheitsgrad von 99,8% und einem Teil MEK (Methylethylketon, Denaturierung). Nach DVGW VP 603 geprüfte Mittel entsprechen dieser Vorgabe. Die Verwendung von Spiritus kann durch das darin enthaltene Wasser zu einer Qualitätsminderung führen.

[1)] alte Bezeichnung Schmelzindex MFI = Melt Flow Index

DVS, Ausschuss für Technik, Arbeitsgruppe „Fügen von Kunststoffen“

Bezug: Verlag für Schweißen und verwandte Verfahren DVS-Verlag GmbH, Postfach 10 19 65, 40010 Düsseldorf, Telefon (02 11) 15 91-0, Telefax (02 11) 15 91-150

Das Papier zur Reinigung muss sauber, unbenutzt, saugfähig, nicht fasernd und uneingefärbt sein. Danach ablüften lassen.

3.2.2 Reinigen der Heizelemente

Die Heizelemente sind vor jeder Schweißung mit Papier zu reinigen. Es dürfen keine Reste von Reinigungsmittel oder Papier auf dem Heizelement verbleiben.

3.2.3 Reinigen der Fügeflächen

Vor der spanenden Bearbeitung der Fügeflächen ist sicherzustellen, dass die benutzten Werkzeuge und die Werkstücke über den Schweißbereich hinaus sauber und fettfrei sind, ggf. ist mit einem Reinigungsmittel zu reinigen.

Die Bearbeitung der Verbindungsflächen muss unmittelbar vor Schweißbeginn erfolgen.

Eventuelle Späne sind ohne Berührungen der Fügeflächen zu entfernen.

Wird nach der spanenden Bearbeitung die Oberfläche verschmutzt, z. B. durch Berührungen mit den Händen, so müssen die Schweißflächen mit einem Reinigungsmittel behandelt werden, wenn eine erneute spanende Bearbeitung verfahrenstechnisch nicht möglich ist.

4 Heizelementstumpfschweißen von Rohren, Rohrleitungsteilen, Formstücken und Tafeln

4.1 Verfahrensbeschreibung

Beim Heizelementstumpfschweißen werden die Flächen der zu schweißenden Teile am Heizelement unter Druck angeglichen (Angleichen), anschließend mit reduziertem Druck auf Schweißtemperatur erwärmt (Anwärmen) und nach Entfernung des Heizelementes (Umstellen) unter Druck zusammengefügt (Fügen). Bild 1 zeigt das Prinzip des Verfahrens.

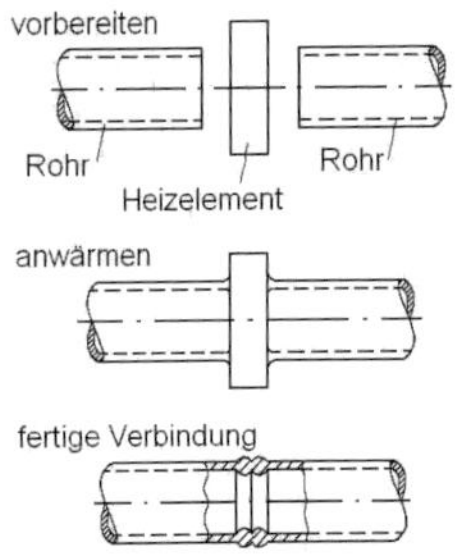

Bild 1. Prinzip des Heizelementstumpfschweißens am Beispiel Rohr.

4.2 Vorbereiten zum Schweißen

Vor Beginn der Schweißarbeiten ist die zum Schweißen notwendige Heizelementtemperatur zu kontrollieren. Dies erfolgt z. B. mit einem schnellanzeigenden Temperaturmessgerät für Oberflächenmessungen mit einer Auflagefläche ca. 10 mm. Die Kontrollmessung muss innerhalb der dem Halbzeug entsprechenden Fläche des Heizelementes erfolgen. Damit sich ein thermisches Gleichgewicht einstellen kann, darf das Heizelement frühestens 10 Minuten nach Erreichen der Solltemperatur eingesetzt werden.

Für optimale Schweißungen ist das Heizelement vor jeder Schweißung gemäß Abschnitt 3.2.2 zu reinigen. Die antiadhäsive Beschichtung oder Bespannung des Heizelementes muss im Arbeitsbereich unbeschädigt sein.

Für die einzusetzenden Maschinen müssen die jeweiligen Fügekräfte bzw. Fügedrücke vorgegeben sein. Diese können sich z. B. auf Herstellerangaben, errechnete oder gemessene Werte beziehen. Zusätzlich ist beim Rohrschweißen die bei langsamer Bewegung des Werkstückes auftretende Bewegungskraft bzw. der Bewegungsdruck am Anzeigeinstrument der Schweißmaschine abzulesen und zu der vorher ermittelten Fügekraft bzw. zu dem Fügedruck zu addieren. Elektronisch gesteuerte Maschinen – möglichst mit Protokollierung – sind zu bevorzugen.

Die Nennwanddicken der zu schweißenden Teile müssen im Fügebereich übereinstimmen.

Rohre und Formstücke sind vor dem Einspannen in die Schweißmaschine axial auszurichten. Die leichte Längsbeweglichkeit des anzuschweißenden Teiles ist zum Beispiel durch verstellbare Rollenböcke oder pendelnde Aufhängung sicherzustellen.

Die zu verbindenden Flächen sind unmittelbar vor dem Schweißen mit einem sauberen und fettfreien Werkzeug spanend zu bearbeiten, so dass sie im eingespannten Zustand planparallel sind. Zulässige Spaltbreite unter Angleichdruck siehe Tabelle 1.

Tabelle 1. **Maximale Spaltbreite zwischen den bearbeiteten Schweißflächen.**

Rohraußen-durchmesser d [mm]	Spaltbreite [mm]	Tafelbreite [mm]
≤ 355	0,5	–
400 ... < 630	1,0	≤ 1500
–	1,3	> 1500 ≤ 2000
–	1,5	> 2000 ≤ 2300
–	2,0	> 2300 ≤ 3000

Zugleich mit der Kontrolle der Spaltbreite ist der Versatz zu prüfen. Der Versatz der Fügeflächen zueinander darf an der Rohraußenseite bzw. Tafel das zulässige Maß von 0,1 x Wanddicke nicht überschreiten. Es ist ein minimaler Versatz anzustreben. Bei größerem Versatz resultiert hieraus eine Qualitätsminderung, welche die Belastbarkeit der Fügeverbindung einschränkt. In diesem Fall kann eine Bewertung nach Richtlinie DVS 2202-1 unter Berücksichtigung der Anforderungen an die Fügeverbindung vorgenommen werden.

Die bearbeiteten Schweißflächen dürfen weder beschmutzt noch mit den Händen berührt werden, da sonst eine erneute spanende Bearbeitung notwendig wird. **Eine zusätzliche Reinigung ist nicht erforderlich und bewirkt keine Qualitätsverbesserung.** In das Rohr gefallene Späne sind zu entfernen.

4.3 Ausführen des Schweißens

Beim Heizelementstumpfschweißen werden die zu verbindenden Flächen mittels Heizelement auf Schweißtemperatur gebracht und nach Entfernen des Heizelementes unter Druck zusammengefügt. Die Heizelementtemperatur beträgt 240 ± 8°C. Der schrittweise Ablauf des Schweißvorganges ist in Bild 2 dargestellt.

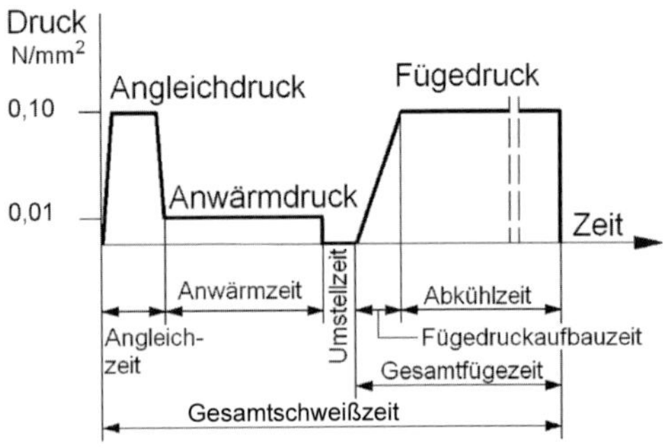

Bild 2. Verfahrensschritte beim Heizelementstumpfschweißen.

Angleichen

Hierbei werden die zu schweißenden Fügeflächen solange an das Heizelement gedrückt, bis die gesamten Flächen planparallel am Heizelement anliegen. Dies ist an der Ausbildung der Wülste zu erkennen. Das Angleichen ist abgeschlossen, wenn die Wulsthöhen am gesamten Rohrumfang bzw. der gesamten Tafeloberseite die in Tabelle 2, Spalte 2, angegebenen Werte erreicht haben. Die Wulsthöhen gelten als Indiz dafür, dass die Fügeflächen ganzflächig am Heizelement anliegen. Der Angleichdruck von 0,10 N/mm^2 wirkt während des gesamten Angleichvorganges.

Anwärmen

Zum Anwärmen müssen die Flächen mit geringem Druck am Heizelement anliegen. Dazu wird der Druck auf nahe Null ($\leq$ 0,01 N/mm^2) abgesenkt. Beim Anwärmen dringt die Wärme in die zu schweißenden Flächen ein und bringt diese auf Schweißtemperatur. Anwärmzeiten sind der Tabelle 2, Spalte 3, zu entnehmen.

Umstellen

Nach dem Anwärmen sind die Fügeflächen vom Heizelement zu lösen. Das Heizelement ist ohne Beschädigung und Verschmutzung der erwärmten Fügeflächen herauszunehmen. Die Fügeflächen sind danach schnell bis unmittelbar vor der Berührung zusammenzufahren. Die Umstellzeit soll so klein wie möglich gehalten werden (siehe Tabelle 2, Spalte 4), da sonst die plastifizierten Flächen erkalten. Die Schweißnahtqualität würde dadurch nachteilig beeinflusst.

Fügen

Die zu schweißenden Flächen sollen bei Berührung mit einer Geschwindigkeit nahe Null zusammentreffen. Der erforderliche Fügedruck wird möglichst linear ansteigend aufgebracht. Die hierfür notwendigen Zeiten sind aus Tabelle 2, Spalte 5, ersichtlich. Der Fügedruck beträgt 0,10 ± 0,01 N/mm^2. Die niedrige Schmelzviskosität verlangt eine exakte Steuerung des Fügedruckaufbaues, um eine ausreichende Schmelzzonentiefe zu erhalten.

Eine mechanische Belastung der Fügeverbindung ist frühestens nach Beendigung des Abkühlprozesses zulässig. Dazu muss der Fügedruck während der Abkühlzeit bei Umgebungstemperatur (siehe Tabelle 2, Spalte 5) in voller Höhe aufrecht erhalten werden.

Nach dem Fügen muss ein gleichmäßiger Doppelwulst vorhanden sein. Die Wulstausbildung gibt eine Orientierung über die Gleichmäßigkeit der Schweißungen untereinander. Unterschiedliche Wulstausbildungen können durch verschiedenartiges Fließverhalten der verbundenen Materialien begründet sein. Aus der Erfahrung mit den handelsüblichen PVDF-Halbzeugen im angegebenen MFR-Bereich kann von der Schweißeignung ausgegangen werden, auch wenn dies zu unsymetrischen Schweißwülsten führen kann. Es muss immer K > 0 sein (siehe Bild 3).

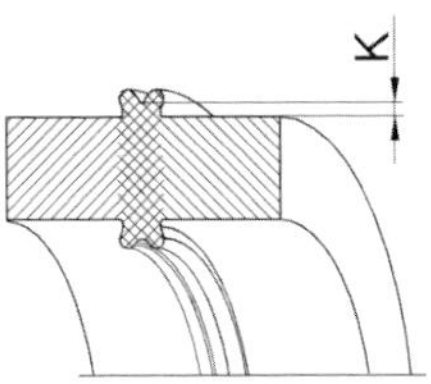

Bild 3. Wulstausbildung beim Heizelementstumpfschweißen (Prinzip am Beispiel Rohr).

Kurzfassung der Verarbeitungsanleitung siehe Anhang.

5 Heizelementmuffenschweißen

5.1 Verfahrensbeschreibung

Beim Heizelementmuffenschweißen (siehe Bild 4) werden Rohr und Formstück überlappend geschweißt. Rohrende und Formstück werden mit Hilfe eines muffen- bzw. stutzenförmigen Heizelementes auf Schweißtemperatur erwärmt und anschließend geschweißt.

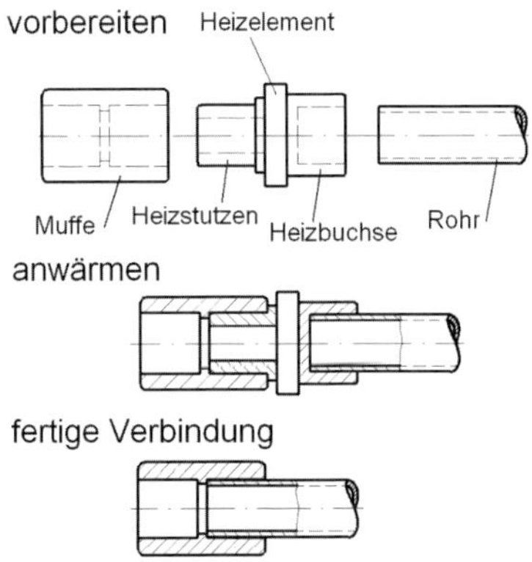

Bild 4. Heizelementmuffenschweißen (Prinzip).

Tabelle 2. **Richtwerte für das Heizelementstumpfschweißen von Rohren, Formstücken und Tafeln aus PVDF bei einer Außentemperatur von etwa 20°C und mäßiger Luftbewegung. (Zwischenwerte sind zu interpolieren).**

1	2	3	4	5	
Nennwanddicke s	**Angleichen**	**Anwärmen**	**Umstellen**	**Fügen**	
	Heizelementtemperatur 240 ± 8°C		**Umstellzeit**	**Fügedruck aufbauzeit**	**Abkühlzeit unter Fügedruck p = 0,10 ± 0,01 N/mm^2**
	Wulsthöhe am Heizelement am Ende der Angleichzeit (Mindestwerte) (Angleichen p = 0,10 N/mm^2)	**Anwärmzeit ≈ 10 x Wanddicke + 40 s (Anwärmen p ≤ 0,01 N/mm^2)**	**(Maximalzeit)**		**t ≈ 1,2 x Wanddicke + 2 min (Mindestwerte)**
[mm]	**[mm]**	**[s]**	**[s]**	**[s]**	**[min]**
1,9 ... 3,5	0,5	59 ... 75	3	3 ... 4	5 ... 6
3,5 ... 5,5	0,5	75 ... 95	3	4 ... 5	6 ... 8,5
5,5 ... 10,0	0,5 ... 1,0	95 ... 140	4	5 ... 7	8,5 ... 14
10,0 ... 15,0	1,0 ... 1,3	140 ...190	4	7 ... 9	14 ... 19
15,0 ... 20,0	1,3 ... 1,7	190 ... 240	5	9 ... 11	19 ... 25
20,0 ... 25,0	1,7 ... 2,0	240 ... 290	5	11 ... 13	25 ... 32

Heizwerkzeuge und Formstücke sind maßlich so aufeinander abgestimmt, dass sich beim Fügen ein Fügedruck aufbaut. Heizelement-Muffenschweißverbindungen bis 40 mm Rohrdurchmesser sind manuell ausführbar. Bei Durchmessern ab 50 mm bedingt die Höhe der Fügekraft die Verwendung einer Schweißvorrichtung.

5.2 Schweißvorrichtungen

Die Heizelemente werden elektrisch beheizt und sind antiadhäsiv beschichtet.

5.3 Vorbereiten zum Schweißen

Das Formstück ist innen und das Rohr außen gemäß Abschnitt 3.2 zu reinigen. Die Bearbeitung der Verbindungsflächen der zu schweißenden Teile muss unmittelbar vor Schweißbeginn erfolgen. Das Rohrende ist gemäß Bild 5 und Tabelle 3 anzuschrägen. Die Verbindungsfläche des Rohres ist gemäß den Angaben des Formstücklieferanten zu bearbeiten. Bei Handschweißungen ist danach auf dem Rohrende die Einstecktiefe im Abstand l gemäß Tabelle 3 anzubringen.

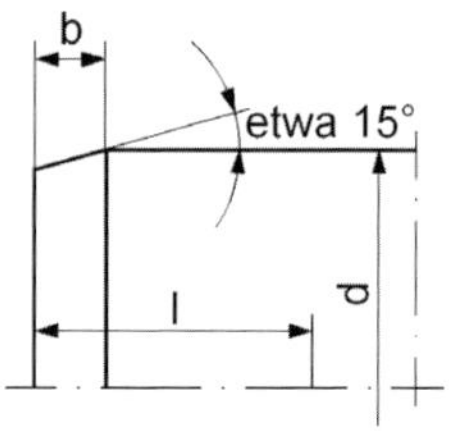

Bild 5. Anschrägen des Rohrendes.

Tabelle 3. Maße für Rohrfase und Einstecktiefe.

Rohraußen-durchmesser d [mm]	Rohrfase b [mm]	Einstecktiefe l [mm]
16	2	13
20		14
25		16
32		18
40		20
50		23
63	3	27
75		31
90		35
110		41

Vor Schweißbeginn ist die Schweißtemperatur von 250 bis 270°C an den Heizwerkzeugen gemäß Abschnitt 4.2 zu kontrollieren.

Heizbuchse und Heizstutzen müssen frei von Verunreinigungen sein und vor jedem Schweißen entsprechend Abschnitt 3.2.2 gereinigt werden. Die antiadhäsive Beschichtung von Heizstutzen und Heizbuchse muss im Schweißbereich unbeschädigt sein.

5.4 Ausführen des Schweißens

Zum Anwärmen werden Formstück und Rohr zügig und axial bis zum eingestellten Anschlag bei Maschinenschweißung bzw. bei manueller Schweißung bis zur Markierung auf die am Heizelement angebrachten Werkzeuge geschoben und fixiert. **Es ist unbedingt zu vermeiden, das Rohr mit seiner Stirnfläche am Ende der Heizbuchse aufzustoßen.** Danach beginnt die Anwärmzeit gemäß Zeitangabe in Tabelle 4, Spalte 3.

Nach Ablauf der Anwärmzeit sind Formstück und Rohr von den Heizwerkzeugen ruckartig abzuziehen und sofort ohne Verdrehen bis zum Anschlag bzw. zur Markierung zusammenzuschieben (max. Umstellzeit: siehe Tabelle 4, Spalte 4).

Bei Handschweißung müssen die gefügten Teile entsprechend der Zeitangabe in Tabelle 4, Spalte 5, fixiert gehalten werden. Die Verbindung darf erst nach Ablauf der Abkühlzeit (Tabelle 4, Spalte 6) durch die weiteren Verlegearbeiten beansprucht werden.

Kurzfassung der Verarbeitungsanleitung siehe Anhang.

6 Prüfen der Schweißverbindungen

Für die einzelnen Schweißverfahren werden unterschiedliche Prüfverfahren angewendet. Es wird zwischen zerstörungsfreien und zerstörenden Prüfverfahren unterschieden. Sie sind in Tabelle 5 aufgeführt. Überprüfungen und Probeentnahmen sollen – je nach Vereinbarung – während der Schweißarbeiten stichprobenartig erfolgen.

7 Mitgeltende Normen und Richtlinien

ISO 10931	Plastics piping systems for industrial applications – Polyvinylidenefluoride (PVDF)
DIN EN ISO 10931 Entwurf	Kunststoff-Rohrleitungssysteme für industrielle Anwendungen – Polyvinyliden Fluoride; Anforderungen an Rohrleitungsteile und das Rohrleitungssystem
DIN EN 10204	Metallische Erzeugnisse – Arten von Prüfbescheinigungen
DIN EN 12814-4	Prüfen von Schweißverbindungen aus thermoplastischen Kunststoffen; Teil 4: Schälversuch
DVS 2202-1	Fehler an Schweißverbindungen aus thermoplastischen Kunststoffen; Merkmale, Beschreibung, Bewertung
DVS 2203-1	Prüfen von Schweißverbindungen an Tafeln und Rohren aus thermoplastischen Kunststoffen; Prüfverfahren – Anforderungen
Beiblatt 1	Anforderungen im Zugversuch
Beiblatt 2	Anforderungen im Zeitstand-Zugversuch
Beiblatt 3	Anforderungen im technologischen Biegeversuch, Biegewinkel/Biegeweg
-2	–, Zugversuch
-4	–, Zeitstand-Zugversuch
-4 Beiblatt 1	–, Zeitstand-Zugversuch; Prüfung von Muffenschweißverbindungen an Rohren
-5	Technologischer Biegeversuch
DVS 2208-1	Schweißen von thermoplastischen Kunststoffen; Maschinen und Geräte für das Heizelementstumpfschweißen von Rohren, Rohrleitungsteilen und Tafeln
DVS 2212-1	Prüfung von Kunststoffschweißern – Prüfgruppen I und II
DVGW VP 603	Vorläufige Prüfgrundlage für Reinigungsmittel und deren Behälter zur Vorbereitung von Schweißverbindungen an Polyethylenrohren
BetrSichV	Betriebssicherheitsverordnung

Tabelle 4. Richtwerte für das Heizelementmuffenschweißen von Rohren und Rohrleitungsteilen aus PVDF bei einer Außentemperatur von 20°C und mäßiger Luftbewegung.

1 **Rohraußen-durchmesser d** **[mm]**	2 **Rohrwanddicke mind.** **[mm]**	3 **Anwärmen** **Heizelementtemperatur 250 bis 270°C** **Anwärmzeit** **[s]**	4 **Umstellen** **Umstellzeit (Maximalzeit)** **[s]**	5 **Abkühlen** **Abkühlzeit** **fixiert [s]**	6 **gesamt [min]**
16	1,5	4	4	6	2
20	1,9	6			
25		8			
32	2,4	10		12	4
40		12			
50	3	18			
63		20	6	18	6
75		22			
90		25			
110		30		24	8

Tabelle 5. Prüfverfahren für Schweißverbindungen.

Prüfverfahren	Heizelementstumpfschweißen Tafeln, Rohre, Formstücke	Heizelementmuffenschweißen Rohre, Formstücke
Visuelle Prüfung	DVS 2202-1, Tabelle 1	DVS 2202-1, Tabelle 2
Durchstrahlungs- und Ultraschallprüfung	anwendbar. Aussage über z. B. Hohlstellen, nicht über Qualität möglich.	
Zugversuch	DVS 2203-2; Kurzzeitzug-Schweißfaktor DVS 2203-1, Beiblatt 1	nicht anwendbar
Zeitstand-Zugversuch	DVS 2203-4; Zeitstandzug-Schweißfaktor DVS 2203-1, Beiblatt 2	DVS 2203-4, Beiblatt 1
Technologischer Biegeversuch	DVS 2203-5 Mindestbiegewinkel nach DVS 2203-1, Beiblatt 3, Bild 4 Mindestbiegeweg nach DVS 2203-1, Beiblatt 3, Bild 10	nicht anwendbar
Zeitstand-Innendruckversuch	ISO 10931-3. Prüftemperatur 95°C, Prüfdruck 11,5 N/mm^2, Standzeit ≥ 200 Stunden Nicht aussagekräftig für Langzeitschweißfaktor > 0,5	
Torsionsscherversuch	nicht anwendbar	Siehe Anhang. Auch als Baustellenprüfung für Rohrwanddikken ≥ 3 mm
radialer Schälversuch	nicht anwendbar	Siehe Anhang. Als Baustellenprüfung für Rohrwanddicken ≥ 3 mm
Quetschversuch	nicht anwendbar	DIN EN 12814-4, Abschnitt 8. Auch als Baustellenprüfung geeignet

8 Erläuterung

Die Richtlinie wurde redaktionell überarbeitet und dem Stand der Technik im Hinblick auf verbesserte Reinigungsmittel angepasst. Möglichkeiten zur Prüfung von Muffenschweißverbindungen wurden eingefügt. Das berührungslose Heizelementschweißen wird in DVS 2207-6 behandelt.

Das Schweißen von thermoplastischen Kunststoffen bei Umgebungstemperaturen unter 5°C wird generell als problematisch betrachtet. Hierbei geht es weniger um die werkstoffspezifischen Eigenschaften des Kunststoffes als um die eingeschränkte Handfertigkeit des Schweißers. Das Schweißen im Freien bei beliebigen Außentemperaturen setzt daher eine Umgebung voraus, welche es dem Schweißpersonal ermöglicht, die einzelnen Arbeitsschritte ohne qualitätsmindernde Einflüsse ausführen zu können. Dabei sind die Angaben der Hersteller und die Taupunktkurve zu beachten. Die zu verbindenden Teile müssen ein gleiches Temperaturniveau aufweisen. Es sind Probeschweißungen anzufertigen und zu prüfen.

Bezüglich des Rohrendenzustandes ist darauf zu achten, dass Reif, Eis und Feuchte im Rahmen der Schweißvorbereitungen im Bereich der Fügezone (≥ 0,5 x Formstücklänge) mittels Wärmezufuhr (z. B. Warmgasgerät) entfernt werden. Dies hat grundsätzlich vor der mechanischen Rohroberflächenbearbeitung zu erfolgen. Formstücke sind in geschlossenen, frostfreien Räumen zu lagern und nur in der jeweils erforderlichen Anzahl der Schweißstelle zuzuführen.

Anhang: Verarbeitungsanleitungen (Kurzfassungen)

zu 4.1 Heizelementstumpfschweißen von Rohren, Rohrleitungsteilen, Formstücken und Tafeln

Verarbeitungsanleitung (Kurzfassung)

1. Zulässige Arbeitsbedingungen schaffen, z. B. Schweißzelt.
2. Schweißgerät an das Netz oder den Wechselstromgenerator anschließen und auf Funktion kontrollieren.
3. Zu schweißende Teile z. B. mit Rollenböcken ausrichten und einspannen.
4. Rohrenden gegen Luftzug verschließen.
5. Fügeflächen über den Schweißbereich hinaus mit einem Reinigungsmittel gemäß den Abschnitten 3.2.1 und 3.2.3 mit unbenutztem, saugfähigem, nicht faserndem und nicht eingefärbtem Papier reinigen.
6. Verbindungsflächen bearbeiten, bei Rohren z. B. mittels Planhobel.
7. Planhobel bei Rohrschweißmaschine herausnehmen.
8. Späne im Schweißbereich ohne Berührungen der Fügeflächen entfernen.
9. Planparallelität durch Zusammenfahren der Fügeflächen überprüfen (max. Spaltbreite gemäß Tabelle 1).
10. Versatz prüfen (max. 0,1 x Wanddicke).
11. Heizelementtemperatur (240 ± 8°C) prüfen.
12. Heizelement mit einem Reinigungsmittel gemäß den Abschnitten 3.2.1 und 3.2.2 mit unbenutztem, saugfähigem, nicht faserndem und nicht eingefärbtem Papier reinigen und ablüften lassen.
13. Bewegungsdruck bzw. Bewegungskraft vor jeder Schweißung ermitteln und im Schweißprotokoll vermerken.
14. Einstellwert für den Angleich-, Anwärm- und Fügedruck ermitteln.
15. Richtwerte gemäß Tabelle 2 festlegen.
16. Heizelement in Schweißposition bringen.
17. Angleichen der Flächen an das Heizelement bis ein Wulst entsprechend Tabelle 2, Spalte 2 entsteht.
18. Anwärmen unter reduziertem Druck $\leq$ 0,01 N/mm^2, Anwärmzeit gemäß Tabelle 2, Spalte 3.
19. Nach Beendigung des Anwärmens zu schweißende Verbindungsflächen vom Heizelement lösen und dieses aus Schweißposition bringen.
20. Die zu schweißenden Flächen innerhalb der Umstellzeit (Tabelle 2, Spalte 4) schnell bis unmittelbar vor der Berührung zusammenfahren. Sie müssen bei Berührung mit einer Geschwindigkeit nahe Null zusammentreffen. Sofort danach den Fügedruck in Aufbauzeit (Tabelle 2, Spalte 5) linear ansteigend aufbauen.
21. Nach dem Fügen mit Druck 0,10 N/mm^2 muss ein Wulst vorhanden sein. Gemäß Bild 3 muss K an jeder Stelle > 0 sein.
22. Abkühlen unter Fügedruck entsprechend Tabelle 2, Spalte 5.
23. Ausspannen der geschweißten Teile nach Ablauf der Abkühlzeit.
24. Schweißprotokoll vervollständigen.

zu 5 Heizelementmuffenschweißen

Verarbeitungsanleitung (Kurzfassung)

1. Zulässige Arbeitsbedingungen schaffen, z. B. Schweißzelt.
2. Schweißgerät an das Netz oder den Wechselstromgenerator anschließen und auf Funktion kontrollieren.
3. Heizwerkzeuge mit einem Reinigungsmittel, gemäß den Abschnitten 3.2.1 und 3.2.2 mit unbenutztem, saugfähigem, nicht faserndem und nicht eingefärbtem Papier reinigen.
4. Schweißtemperatur (250 bis 270°C) überprüfen.
5. Alle nicht bearbeiteten Fügeflächen mit einem Reinigungsmittel, gemäß den Abschnitten 3.2.1 und 3.2.3 mit unbenutztem, saugfähigem, nicht faserndem und nicht eingefärbtem Papier reinigen und ablüften lassen.
6. Rechtwinklig abgetrenntes Rohrende nach Bild 5 und Tabelle 3 anschrägen bzw. nach Angaben des Formteilherstellers bearbeiten. Falls erforderlich Einstecktiefe markieren.
7. Formstück und Rohr gleichzeitig auf den Heizstutzen bzw. in die Heizbuchse bis zum Anschlag bzw. zur Markierung schieben. Das Rohrende nicht am Ende der Heizbuchse aufstoßen.
8. Anwärmzeit nach Tabelle 4, Spalte 3, einhalten.
9. Formstück und Rohr ruckartig von den Heizelementen abziehen und sofort bis Markierung bzw. Anschlag zusammenschieben (max. Umstellzeit siehe Tabelle 4, Spalte 4) und in dieser Lage fixieren (siehe Tabelle 4, Spalte 5).
10. Verbindung abkühlen lassen. Mechanische Belastung der Schweißverbindung erst nach Ablauf der Abkühlzeit gemäß Tabelle 4, Spalte 6.
11. Schweißprotokoll vervollständigen.

Zu 6 Prüfen der Schweißverbindungen

Der Torsionsscherversuch und der radiale Schälversuch eignen sich für eine schnelle Überprüfung der Schweißqualität von PVDF-Rohrverbindungen.

Die Wanddicke des Rohres sollte ≥ 3 mm sein.

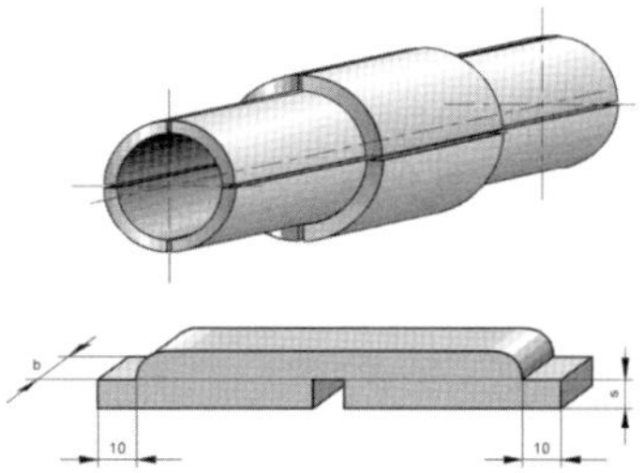

Bild 6. Probekörperentnahme aus Heizelementmuffenschweißverbindung.

Es werden vier Prüfstücke durch Längsteilung, gleichmäßig über den Umfang verteilt, entnommen. Die Maße sind:

Prüfstücklänge = Muffenlänge + 2 x 200 mm Rohrlänge
Probekörperlänge = Muffenlänge + 2 x ca. 10 mm Rohrlänge
Probekörperbreite b = 3 bis 6 mm bei Rohrwanddicke ≤ 10 mm
b = 5 bis 6 mm bei Rohrwanddicke > 10 mm

<u>Torsionsscherversuch</u>: Der Torsionsscherversuch dient zur Beurteilung des Bruchverhaltens und des Bruchbildes der Schweißnaht. Zu diesem Zweck wird der Probekörper (siehe Bild 6) mit einem Teil, z. B. dem Muffenquerschnitt, vollständig in einem Schraubstock eingespannt. Das andere Teil, z. B. der Rohrquerschnitt, wird mit einem geeigneten Werkzeug gefasst und dann in der Schweißebene um 90° verdreht (siehe Bild 7). Die Drehgeschwindigkeit ist sehr niedrig, um ihren Einfluss auf das Bruchverhalten des Probekörpers weitgehend auszuschalten. Die Spannflächen sollten leicht hinterschnitten sein, um das Torsionsmoment gezielt in die Schweißnahtebene einbringen zu können.

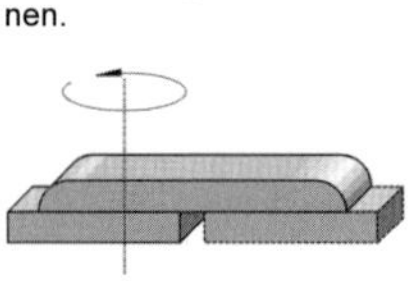

Bild 7. Krafteinbringung beim Torsionsscherversuch.

Die Bewertung erfolgt nach Tabelle 6.

Tabelle 6. Bewertungskriterien beim Torsionsscher- und radialem Schälversuch.

Trennverhalten	Aussehen, Merkmal	Bewertung
hohe Trennkräfte, zäher Bruch, über 80 % der Schweißfläche	stark strukturiertes Bruchbild mit plastischer Verformung und Verstreckung (duktil)	keine bzw. geringfügige Fehler
Schweißfläche teilweise oder ganz aufgeschmolzen, aber nur punktuell verschweißt	vereinzelte Ablösungen, Verschmutzungen, ungenügender Oberflächenabtrag	unzulässige Fehler
spröder Bruch	Trennstelle grobporig, fein strukturiert, von vielen kleinen Lunkern durchsetzt, teilweise verbrannt, Überhitzung der Schweißnaht	
	Rohroberfläche nicht aufgeschmolzen, Schweißnaht zu kalt, zu großer Schweißspalt	

Radialer Schälversuch: Bei diesem Versuch wird der Rohrquerschnitt des Probekörpers (siehe Bild 6), der mit dem Muffenquerschnitt in einem Schraubstock eingespannt ist, mit Hilfe einer geeigneten Zange oder anderer Spannvorrichtung mit möglichst geringer Geschwindigkeit radial geschält (siehe Bild 8).

Die Bewertung erfolgt nach Tabelle 6.

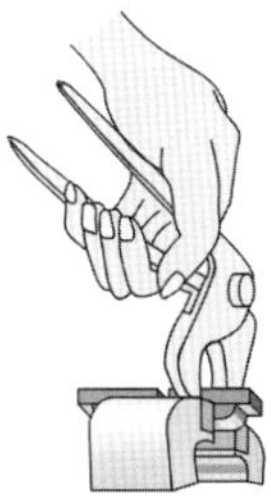

Bild 8. Krafteinbringung beim radialem Schälversuch.

Protokoll für das Heizelementstumpfschweißen von Tafeln

				Werkstoff	Blatt	von
Bauherr	Ausführende Firma		Schweißmaschine:			
Titel des Auftrages	Name des Schweißers	Kenn-Nr.	Fabrikat: Typ:			
Nr. des Auftrages	Name und Firma der Schweißaufsicht		Maschinen-Nr.: Baujahr:			

Naht-Nr.	Datum	Tafeldicke	Gemessene Heizelement-temperatur[1]		Einstellwerte[2]			Anwärmzeit[3]	Umstellzeit[3]	Fügedruck-aufbauzeit[3]	Abkühlzeit unter Fügedruck	Umgebungs-temperatur	Bemerkungen
			minimal	maximal	Angleichen	Anwärmen	Fügen						
		[mm]	[°C]	[°C]	[bar]	[bar]	[bar]	[s]	[s]	[s]	[min]	[°C]	

Unterschrift Schweißer:	Datum und Unterschrift der Schweißaufsicht:

[1] Aus Regelintervall, Häufigkeit gemäß Abschnitt 4.2.

[2] Nach Angaben des Herstellers der Schweißmaschine bzw. aus Maschinenprüfung.

[3] Es sind die gemessenen Werte einzutragen.

Protokoll für das Heizelementstumpfschweißen von Rohrleitungsteilen

Protokoll für das Heizelementstumpfschweißen von Rohrleitungsteilen		☐ oberirdisch verlegt ☐ erdverlegt	Werkstoff	Blatt	von
Bauherr	Ausführende Firma	Schweißmaschine:	Witterung:	Schutzmaßnahmen:	
Titel des Auftrages	Name des Schweißers / Kenn-Nr.	Fabrikat: Typ:	1 = sonnig 2 = trocken	1 = keine 2 = Schirm	
Nr. des Auftrages	Name und Firma der Schweißaufsicht	Maschinen-Nr.: Baujahr:	3 = Regen oder Schneefall 4 = Wind	3 = Zelt 4 = Beheizung	
			Bei Mehrfachnennungen Reihenfolge der Zahlen wie oben (z. B. 34 = Regen und Wind)		

Naht-Nr.	Datum	Rohrdaten ∅ d x s [mm]	Gemessene Heizelement-temperatur[1] minimal [°C]	maximal [°C]	Bewegungs-druck [bar]	Fügedruck (Maschinen-tabelle) [bar]	Einstellwerte[2] Angleichen [bar]	Anwärmen [bar]	Fügen [bar]	Anwärmzeit[3] [s]	Umstellzeit[3] [s]	Fügedruck-aufbauzeit[3] [s]	Abkühlzeit unter Fügedruck [min]	Umgebungs-temperatur [°C]	Schlüssel-Nr. Witterung	Schutz

Unterschrift Schweißer:

Datum und Unterschrift der Schweißaufsicht:

[1] Aus Regelintervall, Häufigkeit gemäß Abschnitt 4.2.

[2] Nach Angaben des Herstellers der Schweißmaschine bzw. aus Maschinenprüfung plus Bewegungsdruck bzw. -kraft.

[3] Es sind die gemessenen Werte einzutragen.

Protokoll für das Heizelementmuffenschweißen von Rohrleitungsteilen

Protokoll für das Heizelementmuffenschweißen von Rohrleitungsteilen		☐ oberirdisch verlegt ☐ erdverlegt	Werkstoff	Blatt	von
Bauherr	Ausführende Firma	Schweißmaschine:	Witterung:	Schutzmaßnahmen:	
Titel des Auftrages	Name des Schweißers / Kenn-Nr.	Fabrikat: Typ:	1 = sonnig 2 = trocken	1 = keine 2 = Schirm	
Nr. des Auftrages	Name und Firma der Schweißaufsicht	Maschinen-Nr.: Baujahr:	3 = Regen oder Schneefall 4 = Wind	3 = Zelt 4 = Beheizung	
			Bei Mehrfachnennungen Reihenfolge der Zahlen wie oben (z. B. 34 = Regen und Wind)		

Naht-Nr.	Datum	Rohrdaten	Formstückdaten[1]			Gemessene Temperatur		Anwärmzeit[2]	Umstellzeit[2]	Abkühlzeit[2]		Umgebungs-temperatur	Schlüssel-Nr.		Bemerkungen
		Ø d x s [mm]	A	B	Serien-Nr.	Heizstutzen [°C]	Heizbuchse [°C]	[s]	[s]	fixiert [s]	gesamt [min]	[°C]	Witterung	Schutz	

Unterschrift Schweißer:

Datum und Unterschrift der Schweißaufsicht:

[1] Eintragungen bei Bedarf entsprechend dem verwendeten System.

[2] Es sind die gemessenen Werte einzutragen.

A = Herstellerkurzzeichen

B = Formstück-Kennziffer

1 = Muffe 2 = Winkel 3 = T-Stück 4 = Reduzierung

5 = Sattel 6 = Kappe 7 = Übergangsstück

Juli 2010

DVS – DEUTSCHER VERBAND FÜR SCHWEISSEN UND VERWANDTE VERFAHREN E.V.	Schweißen von thermoplastischen Kunststoffen Heizelementschweißen von Rohren und Rohrleitungsteilen aus Polyamid 12	DVS Richtlinie DVS 2207-16

Inhalt:

1 Geltungsbereich

Diese Richtlinie gilt für das Heizelementstumpf- und Heizwendelschweißen von Rohren und Formstücken aus Polyamid 12 (PA 12) nach ISO 22621-5 (in Vorbereitung) mit einer Dichte von 1000 bis 1040 kg/m^3, die zur Fortleitung von Gasen, Flüssigkeiten und Feststoffen dienen.

Unter normalen Lagerungsbedingungen nimmt das Halbzeug bis maximal 0,8% Feuchtigkeit auf. Aufgrund von Versuchen ist die Schweißbarkeit bis zu diesem Feuchtigkeitsgehalt nachgewiesen.

2 Allgemeine Anforderungen

Die Qualität der Schweißverbindungen ist abhängig von der Qualifikation der Schweißer, der Eignung der verwendeten Maschinen und Vorrichtungen sowie der Einhaltung der Schweißrichtlinien. Die Schweißnaht kann durch zerstörungsfreie und/oder zerstörende Verfahren geprüft werden.

Die Schweißarbeiten sind zu überwachen. Art und Umfang der Überwachung muss zwischen den Vertragspartnern vereinbart werden. Es wird empfohlen, die Verfahrensdaten in Schweißprotokollen (Muster siehe Anhang) oder auf Datenträgern zu dokumentieren.

Im Rahmen der Qualitätssicherung wird empfohlen, vor Aufnahme und während der Schweißarbeiten unter den gegebenen Arbeitsbedingungen Probenähte herzustellen und zu prüfen.

Jeder Schweißer muss ausgebildet sein und einen gültigen Qualifikationsnachweis besitzen. Das vorgesehene Anwendungsgebiet kann für die Art der Qualifikation bestimmend sein. Für das Heizelementstumpfschweißen und Heizwendelschweißen im Rohrleitungsbau gilt in Anlehnung DVS 2212-1.

Die zum Schweißen verwendeten Maschinen und Vorrichtungen müssen den Anforderungen von DVS 2208-1 entsprechen.

3 Maßnahmen vor dem Schweißen

3.1 Voraussetzungen zum Schweißen

Der unmittelbare Schweißbereich ist vor ungünstigen Witterungseinflüssen (z. B. Wind, Feuchtigkeitseinwirkung) zu schützen. Wenn durch geeignete Maßnahmen (z. B. Vorwärmen, Einzelten, Beheizen) sichergestellt wird, dass zum Schweißen zulässige Bedingungen gegeben sind, darf – soweit der Schweißer nicht in der Handfertigkeit behindert wird – bei beliebiger Außentemperatur gearbeitet werden (siehe Erläuterung). Gegebenenfalls ist durch Herstellen von Probeschweißungen unter den genannten Bedingungen ein zusätzlicher Nachweis zu führen (siehe Tabelle 2).

Falls das Halbzeug infolge Sonneneinstrahlung ungleichmäßig erwärmt wird, ist durch rechtzeitiges Abdecken im Bereich der Schweißstelle ein Temperaturausgleich zu schaffen. Eine Abkühlung während des Schweißvorganges, z. B. durch Luftzug, ist zu vermeiden. Beim Schweißen von Rohren sind zusätzlich die Rohrenden zu verschließen.

PA-12-Rohre vom Ringbund sind unmittelbar nach dem Abrollen oval und gekrümmt. Das zu schweißende Rohrende ist vor dem Schweißen zu richten, z. B. durch vorsichtiges Anwärmen und/ oder Verwendung einer geeigneten Spann- bzw. Runddrückvorrichtung.

Die Verbindungsflächen der zu schweißenden Teile dürfen nicht beschädigt und müssen frei von Verunreinigungen (z. B. Schmutz, Fett, Späne) sein.

3.2 Reinigung

Für die Herstellung einwandfreier Schweißverbindungen sind Sauberkeit und Fettfreiheit sowohl der Fügeflächen als auch der Werkzeuge und Heizelemente von entscheidender Bedeutung.

3.2.1 Reinigungsmittel

Die Reinigungsflüssigkeit oder damit bereits werksseitig befeuchtete Tücher in einer verschließbaren Kunststoffbox müssen aus einem 100% verdampfenden Lösungsmittel bestehen, z. B. aus 99 Teilen Ethanol mit einem Reinheitsgrad von 99,8% und einem Teil MEK (Methylethylketon, Denaturierung). Nach DVGW VP 603 geprüfte Mittel entsprechen dieser Vorgabe. Die Verwendung von Spiritus führt durch das darin enthaltene Wasser zu einer Qualitätsminderung.

Das Papier zur Reinigung muss sauber, unbenutzt, saugfähig, nicht fasernd und uneingefärbt sein. Danach ablüften lassen.

DVS, Ausschuss für Technik, Arbeitsgruppe „Fügen von Kunststoffen“

Bezug: DVS Media GmbH, Postfach 10 19 65, 40010 Düsseldorf, Telefon (02 11) 15 91 - 0, Telefax (02 11) 15 91 - 150

3.2.2 Reinigen der Heizelemente

Die Heizelemente sind vor jeder Schweißung mit Papier zu reinigen. Es dürfen keine Reste von Kunststoff, Reinigungsmittel oder Papier auf dem Heizelement verbleiben.

3.2.3 Reinigen der Fügeflächen

Vor der spanenden Bearbeitung der Fügeflächen ist sicherzustellen, dass die benutzten Werkzeuge und die Werkstücke über den Schweißbereich hinaus sauber und fettfrei sind, ggf. ist mit einem Reinigungsmittel zu reinigen.

Die Bearbeitung der Verbindungsflächen muss unmittelbar vor Schweißbeginn erfolgen.

Eventuelle Späne sind ohne Berührungen der Fügeflächen zu entfernen.

Wird nach der spanenden Bearbeitung die Oberfläche verschmutzt, z. B. durch Berührungen mit den Händen, so müssen die Schweißflächen mit einem Reinigungsmittel behandelt werden, wenn eine erneute spanende Bearbeitung verfahrenstechnisch nicht möglich ist.

4 Heizelementstumpfschweißen

4.1 Heizelementstumpfschweißen von Rohren, Rohrleitungsteilen und Formstücken

4.1.1 Verfahrensbeschreibung

Beim Heizelementstumpfschweißen werden die Verbindungsflächen der zu schweißenden Teile am Heizelement unter Druck angeglichen (Angleichen), anschließend mit reduziertem Druck auf Schweißtemperatur erwärmt (Anwärmen) und nach Entfernung des Heizelementes (Umstellen) unter Druck zusammengefügt (Fügen). Bild 1 zeigt das Prinzip des Verfahrens.

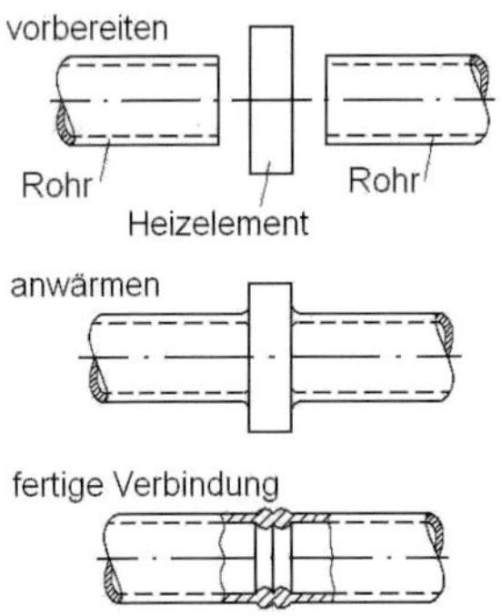

Bild 1. Prinzip des Heizelementstumpfschweißens am Beispiel Rohr.

4.1.2 Vorbereiten zum Schweißen

Vor Beginn der Schweißarbeiten ist die zum Schweißen notwendige Heizelementtemperatur zu kontrollieren. Dies erfolgt zum Beispiel mit einem schnell anzeigenden Temperaturmessgerät für Oberflächenmessungen mit einer Auflage von ca. 10 mm Durchmesser. Die Kontrollmessung muss innerhalb der dem Halbzeug entsprechenden Fläche des Heizelementes erfolgen. Damit sich ein thermisches Gleichgewicht einstellen kann, darf das Heizelement frühestens 10 Minuten nach Erreichen der Solltemperatur eingesetzt werden.

Für optimale Schweißungen ist das Heizelement vor jeder Schweißung gemäß Abschnitt 3.2.2 zu reinigen. Die antiadhäsive Beschichtung des Heizelementes muss im Arbeitsbereich unbeschädigt sein.

Für die einzusetzenden Maschinen müssen die jeweiligen Fügekräfte bzw. Fügedrücke vorgegeben sein. Diese können sich z. B. auf Herstellerangaben, errechnete oder gemessene Werte beziehen. Zusätzlich ist beim Rohrschweißen die bei langsamer Bewegung des Werkstückes auftretende Bewegungskraft bzw. der Bewegungsdruck am Anzeigeinstrument der Schweißmaschine abzulesen und zu der vorher ermittelten Fügekraft bzw. zu dem Fügedruck zu addieren. Elektronisch gesteuerte Maschinen – möglichst mit Protokollierung – sind zu bevorzugen.

Die Nennwanddicken der zu schweißenden Teile müssen im Fügebereich übereinstimmen.

Rohre und Formstücke sind vor dem Einspannen in die Schweißmaschine axial auszurichten. Die leichte Längsbeweglichkeit des anzuschweißenden Teiles ist zum Beispiel durch verstellbare Rollenböcke oder pendelnde Aufhängung sicherzustellen.

Die zu verbindenden Flächen sind unmittelbar vor dem Schweißen mit einem sauberen und fettfreien Werkzeug spanend zu bearbeiten, so dass sie im eingespannten Zustand planparallel sind. Die zulässige Spaltbreite unter Angleichdruck beträgt 0,5 mm.

Zugleich mit der Kontrolle der Spaltbreite ist der Versatz zu prüfen. Der Versatz der Fügeflächen zueinander darf an der Rohraußenseite das zulässige Maß von 0,1 x Wanddicke nicht überschreiten. Bei größerem Versatz resultiert hieraus eine Qualitätsminderung, welche die Belastbarkeit der Fügeverbindung einschränkt. In diesem Fall kann eine Bewertung in Anlehnung nach Richtlinie DVS 2202-1 unter Berücksichtigung der Anforderungen an die Fügeverbindung vorgenommen werden.

Die bearbeiteten Schweißflächen dürfen weder beschmutzt noch mit den Händen berührt werden, da sonst eine erneute spanende Bearbeitung notwendig wird. **Eine zusätzliche Reinigung ist nicht erforderlich und bewirkt keine Qualitätsverbesserung.** In das Rohr gefallene Späne sind zu entfernen.

4.1.3 Ausführen des Schweißens

Beim Heizelementstumpfschweißen werden die zu verbindenden Flächen mittels Heizelement auf Schweißtemperatur gebracht und nach Entfernen des Heizelementes unter Druck zusammengefügt. Die Heizelementtemperatur beträgt 230 ± 10°C. Der schrittweise Ablauf des Schweißvorganges ist in Bild 2 dargestellt.

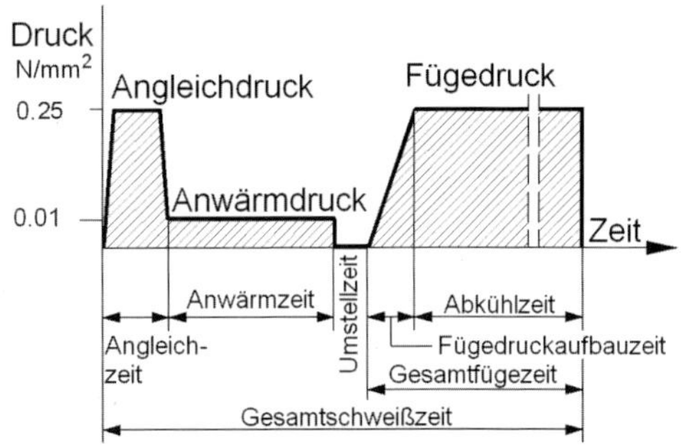

Bild 2. Verfahrensschritte beim Heizelementstumpfschweißen.

Angleichen

Hierbei werden die zu schweißenden Fügeflächen solange an das Heizelement gedrückt, bis die gesamten Fügeflächen planparallel am Heizelement anliegen. Dieses ist an der Ausbildung der Wülste zu erkennen. Das Angleichen ist abgeschlossen, wenn die Wulsthöhen am gesamten Rohrumfang die in Tabelle 1, Spalte 2, angegebenen Werte erreicht haben. Die Wulsthöhen gelten als Indiz dafür, dass die Fügeflächen ganzflächig am Heizelement anliegen. Der Angleichdruck von 0,25 N/mm^2 wirkt während des gesamten Angleichvorganges.

Anwärmen

Zum Anwärmen müssen die Flächen mit geringem Druck am Heizelement anliegen. Dazu wird der Druck auf nahe Null ($\leq$ 0,01 N/mm^2) abgesenkt. Beim Anwärmen dringt die Wärme in die zu schweißenden Flächen ein und bringt diese auf Schweißtemperatur. Anwärmzeiten sind der Tabelle 1, Spalte 3, zu entnehmen.

Umstellen

Nach dem Anwärmen sind die Fügeflächen vom Heizelement zu lösen. Das Heizelement ist ohne Beschädigung und Verschmutzung der erwärmten Fügeflächen herauszunehmen. Die Fügeflächen sind danach schnell bis unmittelbar vor der Berührung zusammenzufahren. Die Umstellzeit soll so klein wie möglich gehalten werden (siehe Tabelle 1, Spalte 4), da sonst die plastifizierten Flächen erkalten. Die Schweißnahtqualität wird dadurch nachteilig beeinflusst.

Fügen

Die zu schweißenden Flächen sollen bei Berührung mit einer Geschwindigkeit nahe Null zusammentreffen. Der erforderliche Fügedruck wird möglichst linear ansteigend aufgebracht. Die hierfür notwendige Fügedruckaufbauzeit ist aus Tabelle 1, Spalte 5, ersichtlich. Der Fügedruck beträgt 0,25 ± 0,05 N/mm^2.

Eine mechanische Belastung der Fügeverbindung ist frühestens nach Beendigung des Abkühlprozesses zulässig. Dazu muss der Fügedruck während der Abkühlzeit bei Umgebungstemperatur (siehe Tabelle 1, Spalte 5) in voller Höhe aufrecht erhalten werden.

Nach dem Fügen muss ein gleichmäßiger Doppelwulst vorhanden sein. Die Wulstausbildung gibt eine Orientierung über die Gleichmäßigkeit der Schweißungen untereinander. Unterschiedliche Wulstausbildungen können durch verschiedenartiges Fließverhalten der verbundenen Materialien begründet sein. Es muss immer K > 0 sein (siehe Bild 3). Raue unebene Oberfläche des Wulstes ist zulässig.

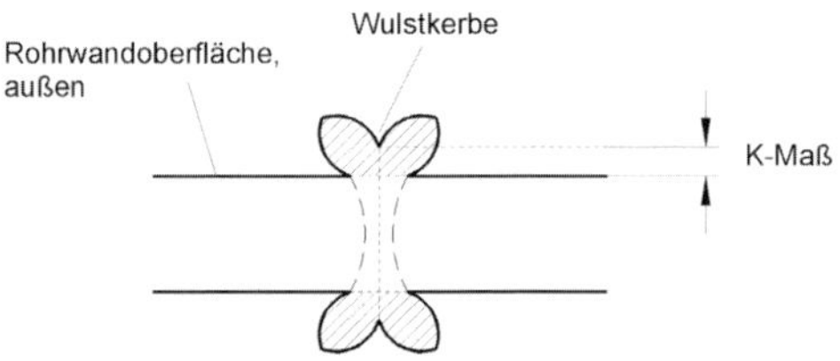

Bild 3. Wulstausbildung beim Heizelementstumpfschweißen (Prinzip am Beispiel Rohr).

Kurzfassung der Verarbeitungsanleitung siehe Anhang.

5 Heizwendelschweißen

5.1 Verfahrensbeschreibung

Die Verbindungsflächen, d. h. Rohroberfläche und Formstückinnenseite, überlappen sich und werden mit Hilfe von im Formstück positionierten Widerstandsdrähten (Heizwendel) durch elektrische Energie auf Schweißtemperatur erwärmt und dadurch geschweißt (siehe Bild 4).

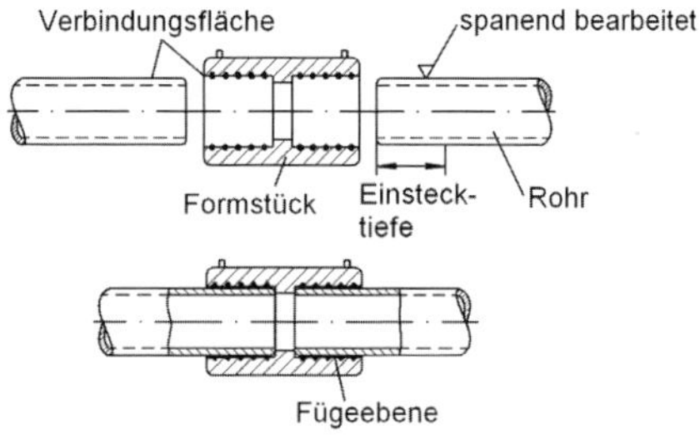

Bild 4. Heizwendelschweißen (Prinzip).

5.2 Schweißgerät

Es dürfen nur Schweißgeräte verwendet werden, die auf die zu schweißenden Teile abgestimmt sind. Automatische Schweißgeräte – möglichst mit Protokollierung – sind zu bevorzugen. Das Schweißgerät muss für das jeweils zu schweißende Formstück die erforderlichen Schweißparameter wie Schweißzeit, Stromstärke und -spannung liefern. Das Gerät muss sich automatisch abschalten, sobald der Schweißzone die notwendige Wärmemenge zugeführt worden ist.

5.3 Vorbereiten zum Schweißen

Für die Herstellung einwandfreier Schweißverbindungen sind saubere Oberflächen und ein spannungsfreier Einbau von entscheidender Bedeutung.

Für axiale Rohrverbindungen sind die Rohrenden ggf. mit geeignetem Werkzeug rechtwinklig abzutrennen. Bei konischem Einfall der Rohrschnittkante muss das unbearbeitete Rohr in der vorgesehenen Einstecktiefe mindestens im Bereich der Heizwendel den Nenndurchmesser d aufweisen (Bild 5). Gegebenenfalls ist das Rohrende unmittelbar vor der Schweißung entsprechend zu kürzen.

Tabelle 1. **Richtwerte für das Heizelementstumpfschweißen von Rohren und Formstücken aus PA 12 bei einer Außentemperatur von etwa 20°C und mäßiger Luftbewegung (Zwischenwerte sind zu interpolieren).**

1	2	3	4	5	
Nennwanddicke s	**Angleichen**	**Anwärmen**	**Umstellen**	**Fügen**	
	Heizelementtemperatur 230 ± 10 °C		**Umstellzeit**	**Fügedruck-Aufbauzeit**	**Abkühlzeit unter Fügedruck**
	Wulsthöhe am Heizelement am Ende der Angleichzeit (Mindestwerte) (Angleichen p = 0,25 N/mm^2)	**(Anwärmen p ≤ 0,01 N/mm^2) 12 x Wanddicke s**	**(Maximalzeit)**		**(Mindestwerte) p = 0,25 N/mm^2 ± 0,05**
[mm]	**[mm]**	**[sek]**	**[sek]**	**[sek]**	**[min]**
bis 4,5	0,5	bis 54	5	5	6
4,5 ... 7	1,0	54 ... 84	5 ... 6	5 ... 6	6 ...10
7 ... 12	1,5	84 ... 144	6 ... 8	6 ... 8	10 ...16
12 ... 19	2,0	144 ... 228	8 ... 10	8 ... 11	16 ... 24

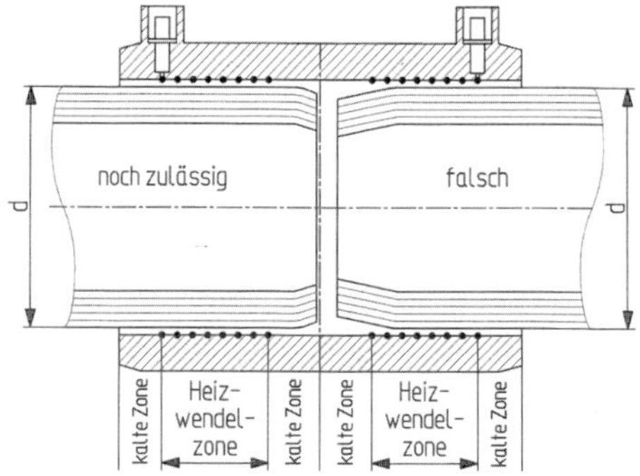

Bild 5. Konischer Einfall des Rohrendes bzw. ungenügender Rohreinschub vor dem Schweißen (Prinzip).

Die Unrundheit des Rohres darf in der Schweißzone 1,5% des Außendurchmessers, maximal 3 mm, nicht überschreiten. Erforderlichenfalls sind entsprechende Runddrückklemmen zu verwenden.

Über den Bereich der Einstecktiefe bzw. Länge des Sattelformstückes hinaus ist die Oberfläche des Rohres bzw. Rohrstutzens am Formstück lückenlos spanend zu bearbeiten. Es muss ein Rotationsschälgerät mit einem konstanten Wanddickenabtrag von ca. 0,2 mm verwendet werden. **Auf eine geringe Ringspaltbildung ist zu achten!**

Das Rohrende ist innen und außen zu entgraten, Späne sind ohne Berührungen der Fügefläche zu entfernen.

Das Formstück darf erst unmittelbar vor der Montage aus der Schutzverpackung entnommen werden.

Wenn nach der spanenden Bearbeitung eine Verunreinigung der bearbeiteten Rohroberfläche eintritt, so muss diese gemäß Abschnitt 3.2.3 gereinigt werden. Hierbei ist darauf zu achten, dass keine Verunreinigung in die Schweißzone eingebracht wird. Die Fügefläche des Formstückes ist entsprechend Abschnitt 3.2.3 zu reinigen.

Die Einstecktiefe des Rohres muss entweder durch eine anzubringende Markierung oder durch eine geeignete Vorrichtung kontrollierbar sein. Das Formstück darf weder verkantet noch mit Gewalt auf das Rohrende geschoben werden (spannungsarme Montage). Das Sattelstück ist mit Hilfe einer geeigneten Vorrichtung entsprechend den Herstellerangaben auf dem Rohr festzuspannen.

Die Kontaktbuchsen zum Anschluss des Schweißkabels müssen leicht zugänglich sein.

Formstück und Rohr müssen sich vor der Schweißung auf gleichem Temperaturniveau befinden. Bei Schweißgeräten mit automatischer Temperaturkompensation ist darauf zu achten, dass die erfasste Umgebungstemperatur den Bedingungen am Ort der Schweißung entspricht. Gegebenenfalls ist das Schweißgerät sowie Rohr und Formstück z. B. vor direkter Sonneneinstrahlung zu schützen.

5.4 Ausführen des Schweißens

Die korrekte Einstecktiefe ist anhand der Markierung zu kontrollieren. Die zu schweißenden Bauteile sind ggf. durch geeignete Maßnahmen bzw. Vorrichtungen gegen Lageveränderungen zu sichern.

Das Schweißgerät wird durch Kabel mit dem zu schweißenden Formstück verbunden. Die Schweißkabel sind gewichtsentlastet anzubringen. Die Kontaktflächen müssen sauber sein. Die für die Schweißung erforderlichen Daten des Formstückes werden in der Regel durch Einlesen eines bauteilspezifischen Barcodes vom Schweißgerät erfasst. Die angezeigten Daten (z. B. Abmessungen) müssen mit den Bauteildaten übereinstimmen. Nach dem Starten des Schweißvorganges läuft dieser automatisch ab. Die Schweißdauer wird üblicherweise vom Schweißgerät angezeigt. Sie ist ebenso wie sonstige vom Gerät angezeigte Daten in das Schweißprotokoll zu übernehmen, sofern keine Datenspeicherung erfolgt.

Fehlermeldung beachten! Bei z. B. Unterbrechung der Stromzufuhr kann eine vorzeitig abgebrochene Schweißung einmalig wiederholt werden, sofern kein Defekt am Formstück oder Schweißgerät vorliegt (Fehlermeldung) und der Formstückhersteller dieses zulässt. Vor der erneuten Schweißung muss die gesamte Abkühlzeit abgewartet werden (Brandgefahr).

Nach Abschalten des Gerätes können die Kabel entfernt werden. Sind am Formstück Schweißindikatoren vorhanden, so sind diese zu kontrollieren. Die Verbindung darf erst nach dem Abkühlen bewegt werden. Angaben dazu liefert der Formstückhersteller.

Angaben des Herstellers über zusätzliche Abkühlzeiten, z. B. bis zur Druckprüfung, sind zu beachten.

Kurzfassung der Verarbeitungsanleitung siehe Anhang.

6 Prüfen der Schweißverbindungen

Für die einzelnen Schweißverfahren werden unterschiedliche Prüfverfahren angewendet. Es wird zwischen zerstörungsfreien und zerstörenden Prüfverfahren unterschieden. Sie sind in Tabelle 2 aufgeführt. Überprüfungen und Probeentnahmen sollen – je nach Vereinbarung – während der Schweißarbeiten stichprobenartig erfolgen.

Tabelle 2. Prüfverfahren für Schweißverbindungen.

Prüfverfahren	**Heizelementstumpfschweißen Rohre, Formstücke**	**Heizwendelschweißen Formstücke, Sattelformstücke**
Visuelle Prüfung	DVS 2202-1, Tabelle 1	DVS 2202-1, Tabelle 3 Die mechanische Bearbeitung der Rohroberfläche muss über die Schweißfläche hinaus sichtbar sein. Einstecktiefe mit Hilfe der Markierung kontrollieren.
Durchstrahlungs- und Ultraschallprüfung	Aussagen über z. B. Hohlstellen und Lage der Heizwendel, nicht über die Qualität möglich.	DVS 2206 bedingt anwendbar.
Zugversuch	DVS 2203-2; Kurzzeitzug-Schweißfaktor ≥ 0,9 DVS 2203-1, Beiblatt 1	nicht anwendbar
Zeitstand- Zugversuch	DVS 2203-4; Zeitstandzug-Schweißfaktor ≥ 0,8 DVS 2203-1, Beiblatt 2	In Anlehnung an DVS 2203-4, Beiblatt 1. Die Prüfparameter sind durch Vorversuche zu bestimmen

Tabelle 2. Fortsetzung.

Prüfverfahren	Heizelementstumpfschweißen Rohre, Formstücke	Heizwendelschweißen Formstücke, Sattelformstücke
Technologischer Biegeversuch	DVS 2203-5; Mindestbiegewinkel nach DVS 2203-1, Beiblatt 3, Bild 2 und 3 Mindestbiegeweg nach DVS 2203-1, Beiblatt 3, Bild 8 und 9	nicht anwendbar
Zeitstand-Innendruckversuch	Prüfparameter gemäß ISO 22621. Nicht aussagekräftig für Langzeitschweißfaktor > 0,5.	
Torsionsscherversuch	nicht anwendbar	DVS 2203-6, Beiblatt 1 Auch als Baustellenprüfung für Rohrwanddicken ≥ 4 mm.
radialer Schälversuch	nicht anwendbar	DVS 2203-6, Beiblatt 1 Baustellenprüfung für Rohrwanddicken ≥ 4 mm.
Quetschversuch	nicht anwendbar	DIN EN 12814-4, Abschnitt 8. Auch als Baustellenprüfung geeignet
Schältrennversuch	nicht anwendbar	DIN EN 12814-4, Abschnitt 7

7 Mitgeltende Normen und Richtlinien

ISO 22621-5 (in Vorbereitung)	Kunststoff-Rohrleitungssysteme für die Gasversorgung für einen maximal zulässigen Betriebsdruck von 2 MPa (20 bar) – Polyamid (PA)
DIN EN ISO 15512	Kunststoffe; Bestimmung des Wassergehaltes, Methode B
DIN EN 12814-4	Prüfen von Schweißverbindungen aus thermoplastischen Kunststoffen; Teil 4: Schälversuch
DVGW VP 603	Prüfgrundlage für Reinigungsmittel und deren Behälter zur Vorbereitung von Schweißverbindungen an Polyethylenrohren
DVS 2202-1	Fehler an Schweißverbindungen aus thermoplastischen Kunststoffen; Merkmale, Beschreibung, Bewertung
DVS 2203-1	Prüfen von Schweißverbindungen aus thermoplastischen Kunststoffen; Prüfverfahren – Anforderungen
Beiblatt 1	Anforderungen im Zugversuch
Beiblatt 2	Anforderungen im Zeitstand-Zugversuch
Beiblatt 3	Anforderungen im technologischen Biegeversuch, Biegewinkel/Biegeweg
Beiblatt 4	Anforderungen an Scher- und Schälversuche für das Heizwendel (HM)- und Heizelementmuffen (HD)-schweißen an Rohren und Formteilen
DVS 2203-2	Prüfen von Schweißverbindungen aus thermoplastischen Kunststoffen; Prüfverfahren – Zugversuch
DVS 2203-4	Prüfen von Schweißverbindungen aus thermoplastischen Kunststoffen; Prüfverfahren – Zeitstand-Zugversuch
Beiblatt 1	Prüfung von Muffenschweißverbindungen an Rohren
Beiblatt 3	Prüfen des Widerstandes gegen langsames Risswachstum im Full-Notch-Creep-Test (FNCT). In Anlehnung
DVS 2203-5	Prüfen von Schweißverbindungen aus thermoplastischen Kunststoffen; Prüfverfahren – Technologischer Biegeversuch
DVS 2203-6,	Prüfen von Schweißverbindungen aus thermoplastischen Kunststoffen; Prüfverfahren – Prüfen von Fügeverbindungen aus polymeren Werkstoffen
Beiblatt 1	Torsionsscher- und Radialschälversuch für Heizwendel- und Heizelementmuffenschweißverbindungen
DVS 2208-1	Schweißen von thermoplastischen Kunststoffen; Maschinen und Geräte für das Heizelementschweißen von Rohren, Rohrleitungsteilen und Tafeln
Beiblatt 1	–, Anforderungen an Werkzeuge und Geräte (in Vorbereitung)
DVS 2212-1	Prüfung von Kunststoffschweißern; Prüfgruppe I und II
Betr.Sich.V	Betriebssicherheitsverordnung

8 Erläuterung

Das Schweißen von thermoplastischen Kunststoffen bei Umgebungstemperaturen < 5°C wird generell als problematisch betrachtet. Hierbei geht es weniger um die werkstoffspezifischen Eigenschaften des Kunststoffes als um die eingeschränkte Handfertigkeit des Schweißers. Das Schweißen im Freien bei beliebigen Außentemperaturen setzt daher eine Umgebung voraus, welche es dem Schweißpersonal ermöglicht, die einzelnen Arbeitsschritte ohne qualitätsmindernde Einflüsse ausführen zu können. Dabei sind die Angaben der Hersteller und die Taupunktkurve (Feuchtigkeitsbildung auf dem Werkstück) zu beachten. Die zu verbindenden Teile müssen ein gleiches Temperaturniveau aufweisen. Es sind Probeschweißungen anzufertigen und zu prüfen.

Es ist darauf zu achten, dass Reif, Eis und Feuchte im Rahmen der Schweißvorbereitungen im Schweißbereich mittels Wärmezufuhr (z. B. Warmgasgerät, keine offene Flamme) entfernt werden. Eine Schädigung ist zu vermeiden.

Formstücke sind in geschlossenen, frostfreien und trockenen Räumen zu lagern und nur in der jeweils erforderlichen Anzahl der Schweißstelle zuzuführen.

Bei Wasserlagerung über längere Zeit kann das Halbzeug bis maximal 1,5% Feuchtigkeit aufnehmen (gemessen nach DIN EN ISO 15512, Methode B).

Dies muss z. B. bei Reparaturen an länger in Gebrauch befindlichen Rohrleitungen beachtet werden. Gegebenenfalls sind Probeschweißungen anzufertigen, um die Schweißeignung sicherzustellen.

Anhang: Verarbeitungsanleitungen (Kurzfassungen)

Zu 4.1
Heizelementstumpfschweißen von Rohren, Rohrleitungsteilen und Formstücken

Verarbeitungsanleitung (Kurzfassung)

1. Zulässige Arbeitsbedingungen schaffen, z. B. Schweißzelt.
2. Schweißgerät an das Netz oder den Wechselstromgenerator anschließen und auf Funktion kontrollieren.
3. Zu schweißende Teile z. B. mit Rollenböcken ausrichten und einspannen.
4. Rohrenden gegen Luftzug verschließen.
5. Fügeflächen über den Schweißbereich hinaus mit einem Reinigungsmittel gemäß Abschnitt 3.2.1 und 3.2.3 mit unbenutztem, saugfähigem, nicht faserndem und nicht eingefärbtem Papier reinigen.
   Verbindungsflächen bearbeiten, bei Rohren z. B. mittels Planhobel.
6. Planhobel bei Rohrschweißmaschine herausnehmen.
7. Späne im Schweißbereich ohne Berührungen der Fügeflächen entfernen.
8. Planparallelität durch Zusammenfahren der Fügeflächen überprüfen (max. Spaltbreite gemäß Tabelle 1).
9. Versatz prüfen (max. 0,1 x Wanddicke).
10. Heizelementtemperatur (230 ± 10 °C) prüfen.
11. Heizelement mit einem Reinigungsmittel gemäß Abschnitt 3.2.1 und 3.2.2 mit unbenutztem, saugfähigem, nicht faserndem und nicht eingefärbtem Papier reinigen und ablüften lassen.
12. Bewegungsdruck bzw. Bewegungskraft vor jeder Schweißung ermitteln und im Schweißprotokoll vermerken.
13. Einstellwert für den Angleich-, Anwärm- und Fügedruck ermitteln.
14. Richtwerte gemäß Tabelle 1 festlegen.
15. Heizelement in Schweißposition bringen.
16. Angleichen der Flächen an das Heizelement bis ein Wulst (entsprechend Tabelle 1, Spalte 2) entsteht.
17. Anwärmen unter reduziertem Druck $\leq$ 0,01 N/mm^2, Anwärmzeit gemäß Tabelle 1, Spalte 3.
18. Nach Beendigung des Anwärmens zu schweißende Verbindungsflächen vom Heizelement lösen und dieses aus Schweißposition bringen.
19. Die zu schweißenden Flächen innerhalb der Umstellzeit (Tabelle 1, Spalte 4) schnell bis unmittelbar vor der Berührung zusammenfahren. Sie müssen bei Berührung mit einer Geschwindigkeit nahe Null zusammentreffen. Sofort danach den Fügedruck in Aufbauzeit (Tabelle 1, Spalte 5) linear ansteigend aufbauen.
20. Nach dem Fügen mit Druck 0,25 ± 0,05 N/mm^2 muss ein Wulst vorhanden sein. Gemäß Bild 4 muss K an jeder Stelle > 0 sein.
21. Abkühlen unter Fügedruck entsprechend Tabelle 1, Spalte 5.
22. Ausspannen der geschweißten Teile nach Ablauf der Abkühlzeit.
23. Schweißprotokoll vervollständigen.

Zu 5
Heizwendelschweißen

Verarbeitungsanleitung (Kurzfassung)

1. Zulässige Arbeitsbedingungen schaffen, z. B. Schweißzelt.
2. Schweißgerät an das Netz oder den Wechselstromgenerator anschließen und auf Funktion kontrollieren.
3. Rechtwinklig abgetrenntes Rohrende außen entgraten. Bei zu stark ausgeprägtem Rohrendeneinfall Rohr kürzen. Siehe Bild 5.
4. Rundheit der Rohre durch Runddrückklemmen gewährleisten, zulässige Unrundheit $\leq$1,5 %, max. 3 mm.
5. Fügeflächen über den Schweißbereich hinaus mit einem Reinigungsmittel gemäß Abschnitt 3.2.1 und 3.2.3 mit unbenutztem, saugfähigem, nicht faserndem und nicht eingefärbtem Papier reinigen. Rohroberfläche im Schweißbereich mechanisch bearbeiten, möglichst mit Rotationsschälgerät und Wanddickenabtrag von ca. 0,2 mm. Späne ohne Berührungen der Rohroberfläche entfernen.
6. Bearbeitete Rohroberfläche – sofern nachträglich verunreinigt – und gegebenenfalls nach Herstellerangabe auch Formstück innen mit einem Reinigungsmittel, gemäß Abschnitt 3.2.1 und 3.2.3 mit unbenutztem, saugfähigem, nicht faserndem und nicht eingefärbtem Papier reinigen und ablüften lassen.
7. Rohre in Formstück einschieben und Einstecktiefe durch vorher angebrachte Markierung kontrollieren. Sattelformstück auf dem Rohr befestigen. Auf spannungsarme Montage achten. Rohr gegen Lageveränderung, gegebenenfalls mit Haltevorrichtung, sichern.
8. Kabel am Formstück gewichtsentlastet anschließen.
9. Schweißdaten, z. B. mittels Barcode-Lesestift, eingeben, Anzeigen am Gerät überprüfen und Schweißprozess starten.
10. Korrekten Schweißablauf am Schweißgerät prüfen, z. B. durch Kontrolle der Displayanzeige und wenn vorhanden, der Schweißindikatoren. Fehlermeldungen beachten!
11. Kabel vom Formstück lösen.
12. Ausspannen der geschweißten Teile nach Ablauf der Abkühlzeit gemäß Herstellerangabe. Verwendete Haltevorrichtungen entfernen.
13. Schweißprotokoll vervollständigen, sofern nicht automatisch protokolliert wurde.

Protokoll für das Heizelementstumpfschweißen von Rohrleitungsteilen

☐ oberirdisch verlegt ☐ erdverlegt	Werkstoff	Blatt	von	
Bauherr	Ausführende Firma	Schweißmaschine:	Witterung:	Schutzmaßnahmen:
Titel des Auftrages	Name des Schweißers / Kenn-Nr.	Fabrikat: Typ:	1 = sonnig 2 = trocken	1 = keine 2 = Schirm
Nr. des Auftrages	Name und Firma der Schweißaufsicht	Maschinen-Nr.: Baujahr:	3 = Regen oder Schneefall 4 = Wind	3 = Zelt 4 = Beheizung
			Bei Mehrfachnennungen Reihenfolge der Zahlen wie oben (z. B. 34 = Regen und Wind)	

Naht-Nr.	Datum	Rohrdaten ∅ d x s [mm]	Gemessene Heizelement-temperatur[1] minimal [°C]	maximal [°C]	Bewegungs-druck [bar]	Fügedruck (Maschinen-tabelle) [bar]	Einstellwerte[2] Angleichen [bar]	Anwärmen [bar]	Fügen [bar]	Anwärmzeit[3] [s]	Umstellzeit[3] [s]	Fügedruck-aufbauzeit[3] [s]	Abkühlzeit unter Fügedruck[3] [min]	Umgebungs-temperatur[3] [°C]	Schlüssel-Nr. Witterung	Schutz

Unterschrift Schweißer:	Datum und Unterschrift der Schweißaufsicht:

[1] Aus Regelintervall, Häufigkeit gemäß Abschnitt 4.1.2.

[2] Nach Angaben des Herstellers der Schweißmaschine bzw. aus Maschinenprüfung plus Bewegungsdruck bzw. -kraft.

[3] Es sind die gemessenen Werte einzutragen.

Protokoll für das Heizwendelschweißen von Rohrleitungsteilen

☐ oberirdisch verlegt

☐ erdverlegt

Werkstoff	Blatt	von

Bauherr	Ausführende Firma		Schweißmaschine:	Witterung:	Schutzmaßnahmen:
Titel des Auftrages	Name des Schweißers	Kenn-Nr.	Fabrikat: Typ:	1 = sonnig 2 = trocken	1 = keine 2 = Schirm
Nr. des Auftrages	Name und Firma der Schweißaufsicht		Maschinen-Nr.: Baujahr:	3 = Regen oder Schneefall 4 = Wind	3 = Zelt 4 = Beheizung
				Bei Mehrfachnennungen Reihenfolge der Zahlen wie oben (z. B. 34 = Regen und Wind)	

Naht-Nr.	Datum	Rohrdaten ∅ d x s [mm]	Formstückdaten			Geräteeinstellung		Formstückwiderstand[1] [Ohm]	Sekundärspannung[1] [Volt]	Schweißzeiten[2]		Umgebungstemperatur[2] [°C]	Schlüssel-Nr.		Betriebsart	
			A	B	Serien-Nr.	manuell	automatisch			Heizen [s]	Abkühlen [min]		Witterung	Schutzmaßnahmen	Netz	Generator

Unterschrift Schweißer:

Datum und Unterschrift der Schweißaufsicht:

[1] Eintragungen bei Bedarf entsprechend dem verwendeten System.

[2] Es sind die gemessenen Werte einzutragen.

A = Herstellerkurzzeichen

B = Formstück-Kennziffer

1 = Muffe 2 = Winkel 3 = T-Stück 4 = Reduzierung

5 = Sattel 6 = Kappe 7 = Übergangsstück

September 2019

DVS VERBAND
DVS – Deutscher Verband
für Schweißen und
verwandte Verfahren e. V.

Richtlinie
DVS 2208-1

Ersetzt Ausgabe
März 2007

Richtlinie DVS 2208-1

Schweißen von thermoplastischen Kunststoffen

Maschinen und Geräte für das Heizelementschweißen von Rohren, Rohrleitungsteilen und Tafeln

Ausschuss für Technik im DVS

Arbeitsgruppe W4 „Fügen von Kunststoffen"

Untergruppe W4.1a „Heizelementschweißen von Rohren und Tafeln"

Bezug: DVS Media GmbH, Postfach 10 19 65, 40010 Düsseldorf, Telefon (0211) 1591-0, Telefax (0211) 1591-150

Inhalt:

1. Geltungsbereich

In dieser Richtlinie wird den Halbzeugverarbeitern und den Maschinenherstellern eine Übersicht über die Anforderungen gegeben, die an Geräte und Maschinen zum Heizelementschweißen und Heizwendelschweißen von thermoplastischen Kunststoffen zu stellen sind. Anhand der aufgezeigten Merkmale kann der Verarbeiter prüfen, mit welchen Geräten oder Maschinen seine Schweißaufgaben werkstoffgerecht und sicher realisierbar sind. Die Richtlinie bezieht sich auf die Verfahren und die verschiedenen Ausführungsarten des Heizelementschweißens, bei denen die Erwärmung der Fügeflächen durch direkten Kontakt mit den Heizelementen erfolgt, wie sie z. B. in DVS 2207-1, -11, -12, -13, -15 und -16 beschrieben sind. Bei Heizwendelformstücken ist das Heizelement in Form eines elektrischen Leiters bereits im Bauteil integriert und verbleibt dort nach dem Fügeprozess. Der Inhalt der Richtlinie bezieht sich insbesondere auf Geräte zum Schweißen von Polyolefinen (PE, PE-X, PP und PB) sowie PA, PVDF, PVC-U und PVC-C. Bei Geräten zum Schweißen von anderen thermoplastischen Kunststoffen ist im Einzelfall zu überprüfen, ob werkstoff- und verfahrensbedingt Anforderungen zu berücksichtigen sind, die von den in dieser Richtlinie festgelegten abweichen. Spezialmaschinen, das gesamte Gebiet des Folien- und Dichtungsbahnenschweißens, die Infrarot-Schweißtechnologie sowie Geräte für Hochfrequenz-, Vibrations-, Reibschweißen usw. werden in dieser Richtlinie nicht behandelt.

2. Allgemeine Anforderungen

Die Geräte und Maschinen müssen den am Einsatzort geltenden Vorschriften genügen. Insbesondere die elektrische, mechanische und hydraulische Sicherheit muss unter allen Umständen gegeben sein.

In der Europäischen Union muss der Hersteller die CE-Konformität erklären und seine Produkte entsprechend kennzeichnen.

Der Hersteller muss dem Nutzer eine Bedienungsanleitung zur Verfügung stellen, welche die Funktionen des Geräts beschreibt, Leistungsdaten und zu beachtende Betriebsparameter nennt sowie Hinweise zur Wartung gibt.

2.1. Elektrische Sicherheit

Die elektrische Sicherheit muss unter allen Umständen gegeben sein. Es gelten die Anforderungen der Niederspannungsrichtlinie RICHTLINIE 2014/35/EU. Der Hersteller von Geräten oder Maschinen muss die CE-Konformität erklären und seine Produkte entsprechend kennzeichnen.

Zur Gewährleistung der elektrischen Sicherheit der Schweißgeräte und deren Zubehör ist die Norm IEC 60335-1/DIN EN 60335-1 einzuhalten.

Das Gerät muss mit einem Hauptschalter versehen sein, welcher eine elektrische Trennung von der Stromversorgung gewährleistet.

Sämtliche Transformatoren müssen den Normen DIN EN 60335-1 und DIN EN/IEC 61558-1 bis 6 entsprechen.

Für ortsveränderliche elektrischen Betriebsmittel gilt DGUV Vorschrift 3 „Elektrische Anlagen und Betriebsmittel“.

3. Anforderungen an Maschinen für die Heizelementstumpf- und Heizelementmuffenschweißung

Die an Maschinen und Geräte zum Heizelementschweißen zu stellenden Anforderungen sind vielschichtig und mit der jeweils durchzuführenden Schweißaufgabe eng verknüpft. Aus diesem Grund werden nachstehend sowohl allgemeingültige Anforderungen als auch Besonderheiten der einzelnen Maschinengruppen beschrieben. Der Hersteller muss in geeigneter Form nachweisen, dass sein Erzeugnis die in dieser Richtlinie beschriebenen Anforderungen erfüllt.

3.1. Spanneinrichtungen

Die Spanneinrichtungen sind so zu konzipieren, dass die zum Schweißen notwendigen Kräfte auf die zu schweißenden Bauteile ohne Lageänderung der Werkstücke übertragen werden. Die Spanneinrichtungen dürfen die Werkstückoberfläche nicht nachteilig beeinflussen.

3.2. Führungselemente

Die Führungselemente müssen die auftretenden Kräfte aufnehmen können und gewährleisten, dass die zum Schweißen erforderlichen Kräfte gleichmäßig auf die Werkstücke übertragen werden.

3.3. Einrichtung zur Schweißnahtvorbereitung

Bei Schweißvorgängen, die eine Bearbeitung der Verbindungsflächen im eingespannten Zustand der Werkstücke erfordern, ist eine Einrichtung zur spanenden Bearbeitung vorzusehen. Diese Einrichtung darf andere Arbeitsgänge der Maschine nicht behindern.

3.4. Anordnung des Heizelementes

Die Aufhängung und Führung des Heizelementes sind so zu gestalten, dass es planparallel zu den Verbindungsflächen steht. Wenn der Schweißprozess das Beobachten der Wulstbildung erfordert, darf die Maschinenkonstruktion dieses nicht verhindern. Das Heizelement muss in eine Position gebracht werden können, in der es problemlos und sicher gereinigt werden kann.

3.5. Steuer- und Regeleinrichtungen

Um reproduzierbare Schweißergebnisse zu gewährleisten, müssen mindestens die Fügekraft und die Heizelementtemperatur gemäß den materialspezifischen Schweißparametern einstellbar sein und gegebenenfalls geregelt werden.

3.5.1. Kraftsteuerung

Die Einstell- und Ablesbarkeit der Drücke müssen einfach und übersichtlich sein. Bei hydraulischen Maschinen muss das Manometer der Güteklasse 1,6 entsprechen. Bei Maschinen mit Federkraft muss die Skalenteilung des Anzeigegeräts dem maximalen Anzeigewert angepasst sein und eine ausreichende Auflösung haben.

Die benötigte Fügekraft der Maschine muss einstellbar sein. Die Differenz von gewünschter zu tatsächlicher Fügekraft darf nicht mehr als ± 10 % betragen.

3.5.2. Protokollierung

Bei Maschinen mit Aufzeichnungseinrichtung müssen die Inhalte den Vorgaben der Richtlinie DVS 2207-ff entsprechen.

3.6. Prüfung

Die Maschine ist nach Herstellerangabe, jedoch mindestens einmal im Jahr zu überprüfen. Die Durchführung sollte durch den jeweiligen Hersteller oder einem von ihm autorisierten Sachkundigen erfolgen.

3.7. Allgemeine Anforderungen an Heizelemente

Das Heizelement muss so gebaut sein, dass unter Betriebsbedingungen ein einwandfreies gleichmäßiges Erwärmen der Fügeflächen auf Schweißtemperatur gewährleistet ist.

3.7.1. Gestaltung

Die gesamte Schweißfläche der Werkstücke muss innerhalb der Nutzfläche des Heizelementes liegen. Hierbei gilt als Nutzfläche der Bereich, in dem die Temperatur bzw. abzugebende Wärme innerhalb des geforderten Toleranzfeldes regelbar ist. Die Größe und Lage der Nutzfläche muss vom Hersteller angegeben werden, wenn konstruktiv die Nutzung von Bereichen ausserhalb der Nutzfläche nicht ausgeschlossen ist.

3.7.2. Oberflächenbeschaffenheit

Die Oberfläche eines Heizelementes muss im Nutzbereich so beschaffen sein, dass weder plastifiziertes Material am Heizelement anhaftet noch Bestandteile der Heizelementoberfläche auf die Fügefläche übertragen werden. Antihaftsprays dürfen nicht verwendet werden. Das Reinigen der Oberfläche muss ohne Beschädigung möglich sein. Die maximal zulässigen Temperaturen sind vom Hersteller anzugeben. Das Einstellen von Temperaturen oberhalb der zulässigen Gebrauchstemperatur des Heizelementes bzw. seiner Beschichtung muss steuerungstechnisch ausgeschlossen werden.

3.7.3. Mindestleistung des Heizelementes

Unabhängig von der Art der Temperaturregelung, dem damit verbundenen Regelverhalten und dem Temperaturprofil auf der nutzbaren Heizelementfläche muss sich der Temperaturabfall im Bereich der Werkstückanlage mit dem Ende der Anwärmzeit ausgeglichen haben. Hierzu ist eine hinreichende Wärmekapazität des Heizelementes und eine ausreichende Heizleistung erforderlich.

3.8. Temperaturgenauigkeit

Das Heizelement muss den für das jeweilige Material erforderlichen Temperaturbereich unter allen zulässigen Einsatzbedingungen einhalten. Je nach zu schweißendem Werkstoff und Verfahren sind die Temperaturbereiche in der jeweiligen DVS-Richtlinie definiert. Die Temperaturverteilung über den Nutzbereich muss möglichst homogen sein, um eine gleichmäßige Erwärmung des Fügebereichs zu gewährleisten.

Zur exakten Ermittlung der Temperaturabweichung sind folgende Prüfbedingungen einzuhalten:

- Es sind schnell anzeigende Temperaturmessgeräte mit einem Messkopf für Oberflächen und einem Auflagering mit min. 10 mm Durchmesser zu verwenden, um eine sichere Auflage zu gewährleisten.
- Während der Messung ist Zugluft auszuschließen.
- Die Messungen werden bei einer Bezugstemperatur von 220 °C bei Heizelementen zum Heizelementstumpfschweißen bzw. bei Heizelementen zum Heizelementmuffenschweißen bei 260 °C durchgeführt.
- Zum Zeitpunkt der Messung muss sich das Heizelement in der Messposition (gleich Arbeitsposition) befinden. Die Messung darf erst nach Erreichen des thermischen Gleichgewichtes, frühestens 10 Minuten nach Erreichen der Solltemperatur erfolgen.
- Die Messung wird bei Rohr-Heizelementen an 4 Punkten auf dem äußeren Nutzflächenbegrenzungskreis im Abstand von 90° durchgeführt.
- Bei Elementen zur Schweißung von Tafeln werden die Messungen auf der Nutzfläche, von der Mitte aus beginnend im Abstand von 50 cm, und an/unter den Befestigungspunkten/ Halterungen vorgenommen.
- Die Messzeit ist so zu wählen, dass die Werte stabil angezeigt werden.
- Zwischen dem Temperatur-Sollwert und dem höchsten und dem niedrigsten Messwert ist jeweils die Differenz zu bilden. Der Betrag der höchsten Differenz sollte die maximal zulässige Gesamtabweichung nicht überschreiten.

4. Maschinen für die Heizelementstumpfschweißung

Aufgrund der in den verschiedenen Anwendungsbereichen des Heizelementstumpfschweißens differenten Problemstellungen werden an die jeweiligen Schweißmaschinen unterschiedliche Anforderungen gestellt.

4.1. Schweißmaschinen für Rohre und Rohrleitungsteile

Rohrschweißmaschinen können vorzugsweise für Baustellen- oder Werkstattbetrieb konzipiert sein. Werkstattmaschinen ermöglichen wegen ihrer stationären Aufstellung in der Regel einen höheren Mechanisierungsgrad.

4.1.1. Führungselemente und Spanneinrichtungen

Die Führungselemente und Spanneinrichtungen müssen gewährleisten, dass im jeweiligen Arbeitsbereich der Maschine bei maximalem Arbeitsdruck und bei größtem Rohrdurchmesser an der ungünstigsten Stelle die maximale Spaltbreite nach Tabelle 2 (gemessen an kalten Fügeflächen bei Raumtemperatur) durch Biegung nicht überschritten wird. Das Ausrichten der Rohre und der Hobelvorgang müssen sorgfältig erfolgen, da sich kein (oder nur ein geringer) Restspalt zwischen den Rohrenden einstellen darf.

Danach wird die Maschine auseinander gefahren und zwei sich gegenüberliegende Referenzklemmstücke auf die Rohrenden gesetzt. Die Klemmstücke sind mit einer Genauigkeit von ± 0,025 mm in der Messdicke herzustellen. Anschließend werden die Rohrenden wieder mit dem für das eingespannte Rohr notwendigen Fügedruck gegeneinander gefahren. Das Differenzmaß im entstehenden Spalt darf das Maß aus Tabelle 1 nicht überschreiten. Zur Ermittlung der Differenzspaltbreite nach Bild 1 müssen ein Messkeil oder eine Fühlerlehre eingesetzt werden.

Tabelle 1. Maximale Differenz der Spaltbreiten bei Fügedruck in Abhängigkeit vom Rohrdurchmesser.

Rohrdurchmesser d [mm]	Maximale Differenz der Spaltbreiteen [mm]
≤ 315	0,25
>315	0,0008 x d

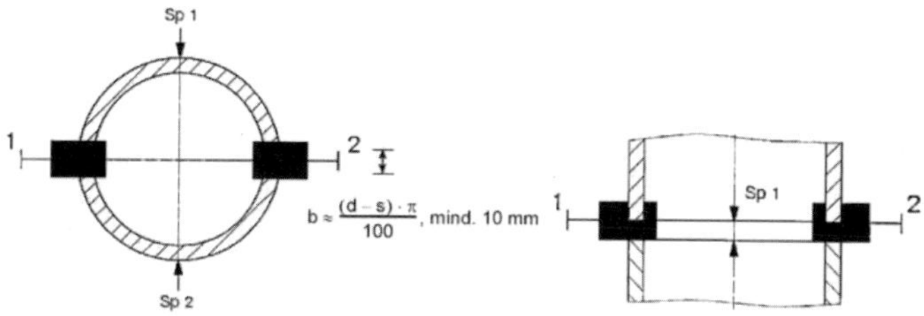

½ 90° versetzt zu den Führungselementen, z. B. waagerecht angeordnete Klemmstücke bei untenliegender Führung
b Breite der Klemmstücke
Sp 1 oberer Messpunkt
Sp 2 unterer Messpunkt
d Rohraußendurchmesser
s Rohrwanddicke

Bild 1. Messung des Spaltmaßes (Differenzmaß).

4.1.2. Heizelemente

Das verwendete Heizelement muss innerhalb seiner Nutzfläche möglichst planparallel sein. Zulässige Abweichungen siehe Tabelle 2.

Tabelle 2. Zulässige Abweichung des Heizelementes von der Planparallelität.

Durchmesser bzw. Kantenlänge d [mm]	zulässige Abweichung vonder Planparallelität[mm]
d ≤ 250	≤ 0,2
250 < d ≤ 500	≤ 0,4
500 < d ≤ 800	≤ 0,8
800 < d ≤ 1200	≤ 1,2
d > 1200	≤ 1,5

Die Messung erfolgt bei Umgebungstemperatur nach einmaligem kurzzeitigen Aufheizen des Heizelementes auf maximale Betriebstemperatur.

Die Aufhängung des Heizelements muss eine gleichmäßige Erwärmung der Fügeflächen gewährleisten. Falls Größe und Beschaffenheit des Heizelementes maschinelles Ablösen von den Verbindungsflächen erfordern, sind auch dazu entsprechende Vorrichtungen vorzusehen. Die Stromzuführung ist im Bereich des Heizelementes gegen thermische Beschädigungen zu schützen, ebenso die Nutzfläche des Heizelementes gegen mechanische Beschädigungen.

4.1.3. Einrichtung zur Schweißnahtvorbereitung

Um die Verbindungsflächen im eingespannten Zustand der Rohre planparallel bearbeiten zu können, ist ein entsprechendes spanabhebendes Werkzeug vorzusehen. Das Bedienpersonal sollte die entstehenden Späne während des Hobelvorganges sehen und den Hobelvorgang nach Erreichen der Planparallelität beenden können. Maximal zulässige Abweichungen von der Planparallelität der Fügeflächen sind in Tabelle 3 enthalten.

Tabelle 3. Zulässige Abweichung der Fügeflächen nach dem Hobeln von der Planparallelität.

Rohrdurchmesser d [mm]	zulässige Abweichung von der Planparallelität [mm]
d ≤ 355	≤ 0,5
400 < d < 630	≤ 1,0
630 ≤ d < 800	≤ 1,3
800 ≤ d < 1000	≤ 1,5
d ≥ 1000	≤ 2,0

4.1.4. Kraftsteuerung

Beim Heizelementstumpfschweißen müssen Angleich-, Anwärm- und Fügekraft im Bereich vom kleinsten bis zum größten Schweißquerschnitt, unter Berücksichtigung der für die schweißgeeigneten Kunststoffe verschiedenen spezifischen Kräfte, stufenlos einstellbar sein. Verluste durch Reibung im Antrieb und den Führungselementen bei kleiner Fahrgeschwindigkeit müssen in geeigneter Weise, z. B. mittels Druck- bzw. Kraftanzeige, erfasst werden. Um diese Bewegungskraft müssen die Arbeitskräfte erhöht werden.

In dem Fall, dass äußere Kräfte, z. B. Gewichtskräfte, auftreten, welche die Schweißkräfte beeinflussen, müssen diese gemäß ihrer Wirkrichtung erfasst werden können.

Die einstellbaren Minimal- und Maximalarbeitskräfte der Maschine müssen vom Hersteller angegeben werden. Der Anwärmdruck muss nach dem Angleichen gegen Null gesteuert werden können, Prüfung z. B. mit Druckmessdose. Die Fügekraft muss während der Abkühlzeit gehalten werden können.

4.1.5. Zeitsteuerung

Die Zeitsteuerung muss das richtige Zusammenwirken von Maschinenfunktionen und Kräften, besonders deutlich beim linear ansteigenden Kraftaufbau zum Angleichen und Fügen, gewährleisten. Durch eine geeignete Maschinenkonstruktion müssen die geforderten Umstellzeiten realisierbar sein.

4.2. Schweißmaschinen für Tafeln

Die Schweißmaschinen sind vorzugsweise für den stationären Betrieb bestimmt. Sie ermöglichen grundsätzlich das stirnseitige (ebene) Schweißen von Tafeln oder aus Tafeln geformten Werkstücken mit gradlinigem Nahtverlauf. Um hochwertige und insbesondere reproduzierbare Schweißnähte herstellen zu können, ist ein hoher Automatisierungsgrad anzustreben.

Manche Maschinen gestatten auch davon abweichende Verbindungsgeometrien, nämlich:

- das sogenannte 90°-Schweißen (Bild 2a), zur Erzeugung einer Eckverbindung zweier Tafeln. Hierbei handelt es sich um einen Heizelementstumpfschweißprozess wie er z. B. in den Richtlinien DVS 2207-1 oder DVS 2207-11 beschrieben ist, mit dem Unterschied, dass hierbei nur eine der beiden zu fügenden Tafeln horizontal ausgerichtet ist, die zweite Tafel aber senkrecht angeordnet ist. Die zu fügenden Tafeln bilden eine außen bündige Eckverbindung. Die Fügeebene wird durch die Stirnfläche der horizontalen Tafel und dem untersten Bereich der dieser Fläche zugewandten Oberfläche der senkrecht angeordneten Tafel gebildet. Die senkrecht angeordnete Platte bedingt eine asymmetrische Ausbildung des Schweißbereiches und damit der wärmebeeinflussten Zone. Somit weisen die beiden Fügepartner ein unterschiedliches Plastifizierungsverhalten auf. Dadurch können sich von Richtlinie DVS 2207-1 bzw. von Richtlinie DVS 2207-11 z. T. abweichende Fügeparameter ergeben.
- Die sogenannte T-Verbindung (Bild 2b) als Sonderform des 90°-Schweißens, wobei die Tafeln nicht bündig zu einer Stirnfläche ausgerichtet sind sondern mit einem diskreten Abstand zur Stirnfläche.
- Das sogenannte Gehrungsschweißen (Bild 2c), zur Erzeugung einer Eckverbindung zweier Tafeln, wobei die Stirnseiten beider Tafeln unter dem gleichen (Gehrungs-) Winkel abgearbeitet wurden. Der Gehrungswinkel entspricht dem halben Verbindungswinkel.

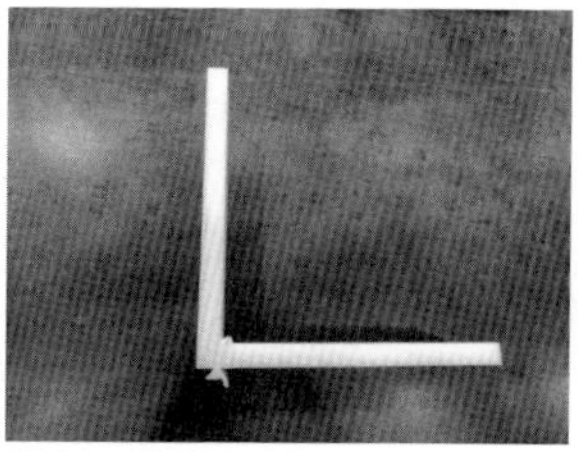

Bild 2a. 90°-Schweißung

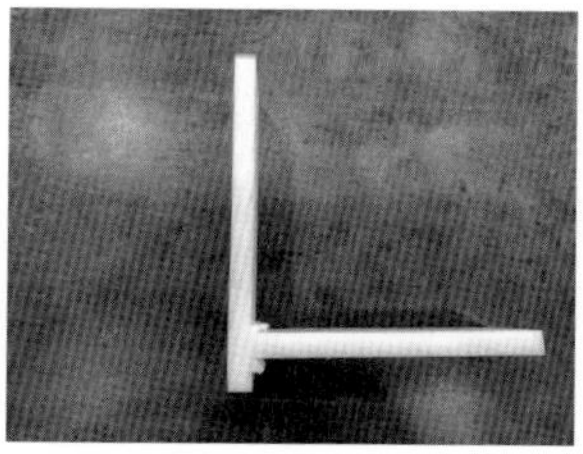

Bild 2b. T-Schweißung

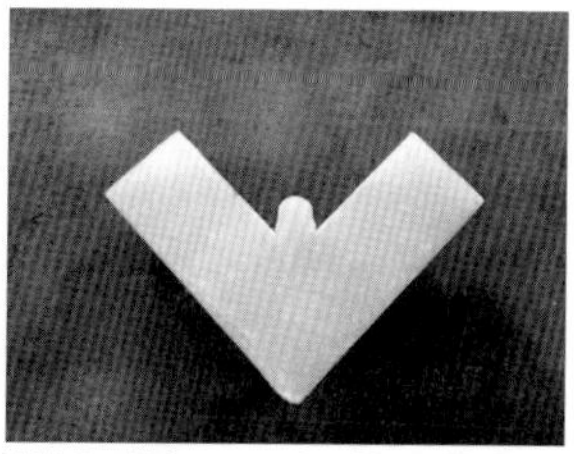

Bild 2c. Gehrungsschweißung (Außenwulst entfernt)

4.2.1. Werkstückauflage und Spanneinrichtungen

Die Werkstückauflagen fixieren die Werkstücke auf den Werkstückaufnahmen, so dass die Werkstücke unter den Angleich- und Fügekräften ihre Ausrichtung zueinander nicht verlieren.

Der Versatz der Werkstückauflagen zueinander darf 0,2 mm an der Plattenauflage nicht überschreiten. Es ist besonders darauf zu achten, dass die Auflagetische exakt geführt werden und durch geeignete Verstärkungen und Lagerungen ein Durchbiegen oder Kippen vermieden wird. Die gewählte Profilform für die Spanneinrichtungen steht im direkten Zusammenhang mit dem kleinsten herstellbaren Hohlprofil in runder oder rechteckiger Ausführung, dessen Abmessungen vom Maschinenhersteller anzugeben sind.

Setzbewegungen sind zulässig, solange sie keine Beschädigungen an den Tafeln verursachen und Fügebewegungen nicht behindert werden (z. B. Werkstückauflagen berühren sich bevor der volle Fügedruck aufgebaut ist bzw. die Kühlzeit abgelaufen ist).

Bei der Fertigung von Rundbehältern müssen die Spannvorrichtungen nicht nur die erforderlichen Reibkräfte zur kraftschlüssigen Fixierung der Werkstücke aufbringen sondern zusätzlich im Spannbereich des Werkstückes vorhandene Ringspannungen überwinden. Hierfür sind entsprechende Spannkraftreserven und eine entsprechend stabile Ausführung der Spanneinrichtung vorzusehen. Ebenfalls ist bei der Not-Halt-Vorrichtung dem besonderen Gefährdungspotential eingespannter rundgezogener Tafeln mit hohen Ringspannungen Rechnung zu tragen.

Zusätzliche Anforderungen zum 90°-Schweißen:

Die Maschine muss über eine Aufnahme zur Fixierung der senkrecht angeordneten Platte verfügen. Diese Aufnahme muss derart gestaltet sein, dass sie den prozessbedingten Kräften wie auch den durch die asymmetrische Temperaturverteilung bedingten thermischen Spannungen ohne Positions- oder Lageveränderungen standhält. Die asymmetrische Fügezone führt zu einem schrumpfbedingten Winkelverzug. Die Aufnahme der senkrechten Platte muss derart gestaltet sein, dass dieser Verzug kompensiert werden kann und vor allem bei der senkrechten Platte Maschinenbewegungen nicht zu unkontrollierten Materialbewegungen führen.

4.2.2. Führungselemente und Fügekraftaufbringung

Die Führungselemente müssen auch unter maximalen Maschinenkräften geometrisch definierte reibungsreduzierte Fügebewegungen gewährleisten. Falls vom Maschinenhersteller nicht anders angegeben, müssen die Werkstücke in der Mitte des Tisches aufgelegt und gespannt werden, um die Führungen gleichmäßig zu belasten. In der Bedienungsanleitung ist darauf hinzuweisen.

Die Fügekräfte müssen gleichmäßig verteilt in die Fügefläche eingebracht werden. Dabei müssen die erforderlichen Kräfte entsprechend den materialspezifischen Vorgaben rampenförmig aufgebaut werden und danach zeitlich und unabhängig von schmelzeflussbedingten Tischbewegungen konstant gehalten werden.

Bei einigen Fügeprozessen z. B. der Fertigung von langen Zylinderabwicklungen oder Rundbehältern mit hohen Gewichten oder hohen Ringspannungen wirken zusätzliche Kräfte auf den Tischantrieb, die dem Fügeprozess nicht zur Verfügung stehen. Diese Kräfte müssen wie die maschineninternen Reibungskräfte bei der Fügekraftbestimmung den werkstückspezifischen Fügekräften hinzugefügt werden. Sollten diese sogenannten Offsetkräfte nicht über die Maschinensteuerung automatisch ermittelt und verrechnet werden, müssen sie manuell erfasst werden können.

4.2.3. Heizelemente

Das verwendete Heizelement muss innerhalb seiner Nutzfläche über Höhe und Länge planparallel sein. Zulässige Abweichungen von der Planparallelität müssen ≤ 0,3 mm sein. Hierbei gibt es keine längenspezifische Unterscheidung.

Die Messung wird nach einmaligem kurzzeitigem Aufheizen auf die maximal zulässige Temperatur nach dem Abkühlen auf Raumtemperatur vorgenommen.

Das Heizelement sollte während des Fügevorganges thermisch isoliert sein, damit weder Strahlungs- noch Konvektionswärme auf die Unterseite der Werkstücke einwirken und somit unterschiedliche Abkühlgeschwindigkeiten bewirken.

Vorteilhaft ist eine thermische Isolierung des Heizelementes immer dann, wenn es sich nicht in der Arbeitsposition befindet.

Zusätzliche Anforderungen zum 90°-Schweißen:

- Die Position des Heizelementes muss an die Materialdicke der zu verarbeitenden Platten angepasst werden können. Die Temperatur des Heizelementes muss über den regulären Arbeitsbereich hinaus bis in die Randzonen des Heizelements innerhalb des für das jeweilige Material erlaubten Temperaturbereiches liegen.
- Die einzusetzende Maschinentechnik muss sicherstellen, dass während des Angleichens das Heizelement parallel zu den Fügeflächen bleibt.

4.2.4. Steuer- und Regeleinrichtungen

Die einstellbaren Minimal- und Maximalarbeitskräfte der Maschine müssen vom Hersteller angegeben werden.

Werden durch die Auswahl von Materialien (abgespeicherte) Parametersätze aktiviert und in Verbindung mit der Eingabe von Geometriedaten Prozesskräfte, Zeiten, etc. durch die Steuerung definiert, so müssen diese vollständig angezeigt werden können.

5. Geräte und Maschinen für die Heizelementmuffenschweißung

5.1. Bauarten

Es ist zwischen Muffenschweißgeräten, bei denen die Kraft für den Fügeprozess mit Hand, und Muffenschweißmaschinen, bei denen die Kraft mechanisch, pneumatisch oder hydraulisch aufgebracht wird, zu unterscheiden.

5.2. Technologische Varianten

Das Heizelementmuffenschweißen ist mit den nachfolgend beschriebenen Verfahren durchführbar. Beim Verfahren A wird auf eine mechanische Oberflächenbearbeitung im Schweißnahtbereich des Rohres verzichtet. Verfahren B ist dadurch charakterisiert, dass vor dem Schweißprozess die Oberfläche der Rohre im Schweißnahtbereich einer mechanischen Bearbeitung unterworfen wird. Sie kann durch Kalibrierwerkzeuge mit Maßen nach Tabelle 4 erfolgen.

Tabelle 4. Kalibrierdurchmesser und -länge für die spanende Bearbeitung der Rohrenden (Verfahren B).

Rohrdurchmesser d [mm]	Kalibrierdurchmesser d_1 [mm]	Kalibrierlänge l (Mindestmaße) [mm]
16	15,90 ± 0,05	13
20	19,90 ± 0,05	14
25	24,90 ± 0,05	16
32	31,90 ± 0,05	18
40	39,85 ± 0,10	20
50	49,85 ± 0,10	23
63	62,80 ± 0,15	27
75	74,80 ± 0,15	31
90	89,80 ± 0,15	35
110	109,75 ± 0,20	41
125	124,75 ± 0,20	44

Die maßlichen Anforderungen an die Rohrleitungsteile für das Heizelementmuffenschweißen sind in den entsprechenden Normen, siehe Abschnitt 6.1, festgelegt.

5.3. Schweißmaschinen und -geräte

5.3.1. Heizelemente

Der Temperaturabfall des Heizelements nach dem Anwärmvorgang darf nicht größer als 5 °C sein. Zur bestmöglichen Wärmeübertragung vom Heizelement auf die Heizwerkzeuge muss eine vollflächige ebene Auflage gegeben sein. Die Heizwerkzeuge zum Heizelementmuffenschweißen (Heizbuchse und Heizstutzen) sind in Bild 3 dargestellt und in Tabelle 5 bzw. Tabelle 6 bemaßt.

Tabelle 5. Abmessungen der Heizwerkzeuge für Verfahren A ohne mechanische Rohrbearbeitung.

Rohr-durch-messer d [mm]	D_1 1) [mm]	D_2 1) [mm]	D_3 1) [mm]	D_4 1) [mm]	L_1 [mm]	L_2 [mm]	L_3 [mm]	R [mm]
16	16,15	15,92	15,43	15,65	13,0	4	13,0	2,5
20	20,15	19,94	19,40	19,65	14,0	4	14,0	2,5
25	25,25	24,92	24,37	24,65	15,0	4	15,0	2,5
32	32,15	31,90	31,34	31,65	16,5	5	16,5	3,0
40	40,15	39,88	39,31	39,65	18,0	5	18,0	3,0
50	50,20	49,84	49,27	49,65	20,0	5	20,0	3,0
63	63,20	62,78	62,22	62,70	24,0	6	24,0	4,0
75	75,25	74,57	73,67	74,70	26,0	6	26,0	4,0
90	90,30	89,54	88,61	89,75	29,0	6	29,0	4,0
110	110,30	109,45	108,48	109,75	32,5	6	32,5	4,0
125	125,30	124,38	123,36	124,75	35,0	6	35,0	4,0
1) Maßangaben gelten bei 260 + 10 °C Durchmessertoleranz: ≤ 40 mm ± 0,04 mm ≤ 50 mm ± 0,06 mm								

Tabelle 6. Abmessung der Heizwerkzeuge für Verfahren B mit mechanischer Rohrbearbeitung.

Rohr-durch-messer d [mm]	D_1 1) [mm]	D_2 1) [mm]	D_3 1) [mm]	D_4 1) [mm]	L_1 [mm]	L_2 [mm]	L_3 [mm]	R [mm]
16	15,90	15,76	15,37	15,50	14,0	4	13	2,5
20	19,85	19,70	19,31	19,45	15,0	4	14	2,5
25	24,85	24,68	24,24	24,40	17,0	4	16	2,5
32	31,85	31,65	31,17	31,35	19,5	5	18	3,0
40	39,80	39,58	39,10	39,30	21,5	5	20	3,0
50	49,80	49,55	49,07	49,30	24,5	5	23	3,0
63	62,75	62,46	61,93	62,20	29,0	6	27	4,0
75	74,75	74,42	73,84	74,15	33,0	6	31	4,0
90	89,75	89,38	88,75	89,10	37,0	6	35	4,0
110	109,70	109,27	108,59	109,00	43,0	6	41	4,0
125	124,70	124,22	123,49	123,95	48,0	6	46	4,0

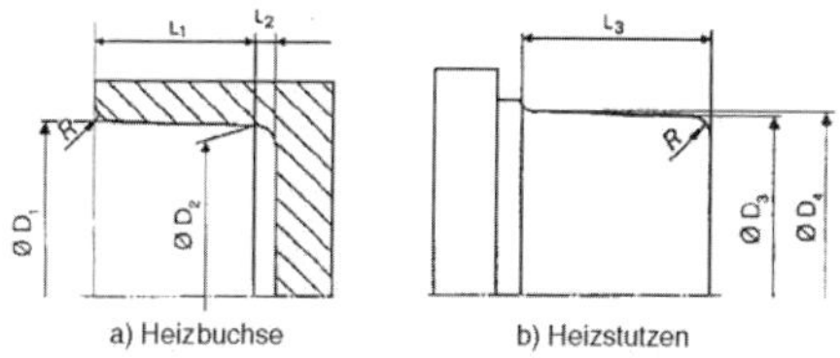

Bild 3. Heizwerkzeuge für das Muffenschweißen.

5.3.2. Spanneinrichtungen

Die Spanneinrichtungen müssen gewährleisten, dass Rohre und Rohrformstücke sicher gehalten, nicht unzulässig verformt und in zentrierter Lage zueinander geführt werden.

5.3.3. Führungselemente

Die Führungselemente müssen gewährleisten, dass die Fügeteile zentrisch zu den Heizelementen während des Anwärm- und Schweißprozesses geführt bzw. bewegt werden können. Erforderlichenfalls sind Einstellmöglichkeiten (Justierungen) zur Zentrierung vorzusehen.

5.3.4. Steuer- und Regeleinrichtungen für Kraft und Weg

Die Maschinen sind so zu dimensionieren, dass das Fügen gleichmäßig und ruckfrei erfolgt. Eine Wegbegrenzung ist entsprechend der zu schweißenden Muffentiefe sowohl für den Anwärmprozess als auch für den Schweißprozess vorzusehen.

Verfahrensbedingt können bei Muffenschweißgeräten keine Werte erfasst werden.

6. Geräte für die Heizwendelschweißung

Die Geräte müssen für die Anforderungen im mobilen Baustellenbetrieb ausgelegt sein und mit geeigneten Stromerzeugern (Generatoren) störungsfrei betrieben werden können.

6.1. Konstruktive Auslegung

6.1.1. Allgemeines

Schweißgeräte inkl. aller Komponenten müssen robust ausgeführt sein und den üblichen Anforderungen für Transport und den Einsatz im Baustellenbetrieb genügen, z. B. hinsichtlich Stöße, Korrosion, Staub.

Alle Komponenten, z. B. Kabel oder Einlesegeräte, müssen für den Transport und zum Schutz sicher am Gerät verstaut werden können. Geräte sollen maximal 25 kg wiegen und mit Tragegriffen versehen sein, die einen ergonomisch günstigen Transport durch eine Person erlauben. Sondergeräte mit einem höheren Gewicht sind für den Transport durch 2 Personen oder mit geeigneten Transportmitteln, z. B. einem Radsatz, auszurüsten.

Der Schweißvorgang darf sich nur starten lassen, wenn

- die Leitungsanforderungen an die Energieversorgung erfüllt werden.
- die erfassten Parameter der Ausgabeleistung innerhalb des spezifizierten Arbeitsbereiches liegen.

Wichtige Informationen zum Schweißvorgang können, abhängig vom Gerätetyp angezeigt werden, z. B. Eingangsspannung, Frequenz, Schweißzeit.

Parameterabweichung gegenüber den zulässigen Toleranzbereichen müssen vor dem Start oder ggf. während des Fügeprozesses angezeigt werden. Der Schweißprozess darf sich dann nicht starten lassen, bzw. muss automatisch abgebrochen werden

Bei einem fest montierten Netzkabel muss die Mindestlänge 3 m betragen. Die Flexibilität aller Kabel ist den Betriebs- und Lagerbedingungen des Schweißgerätes anzupassen.

Gut sichtbar sind folgende Bedienelemente vorzusehen:

- START-Taste in grüner Farbe,
- STOP-Taste in roter Farbe.

6.1.2. Elektrische Sicherheit

Das Schweißgerät muss mindestens der Schutzart IP 54 gemäß IEC 529 und DIN EN 60529 entsprechen. Sämtliche elektrischen Teile müssen gegen Kondensation geschützt sein. In den Schaltern und Tasten auf der Außenseite des Gerätes darf sich kein Wasser ansammeln.

Das Gerät muss einer Isolationsprüfung gemäß DIN EN 60335-1 standhalten. Die Ausgangsschaltungen müssen galvanisch vom Netzeingang gemäß DIN EN 60335-1 abgekoppelt sein.

Ein Kurzschluss-Überlastschutz muss im Eingangsstromkreis gemäß DIN EN 60335-1 vorgesehen werden.

Sämtliche Transformatoren müssen den Normen DIN EN 60335-1 und DIN EN/IEC 61558-1 bis 6 entsprechen.

Der Anschluss des Eingangskabels an die Energieversorgung muss für Geräte im Rohrleitungsbau nach IEC 60529 wetterfest ausgeführt sein.

Der Anschluss des Ausgangskabels an das Formstück muss nach der jeweiligen Systemnorm ausgeführt sein, z. B. DIN EN 1555-3.

Schweißgeräte werden nach der Eingangsspannung in drei Gruppen unterteilt:

- Sicherheitskleinspannung: SVLV [safety, very low voltage (up to 50 V)],
- Kleinspannung: LV [low voltage (50 V to 250 V)] und
- Mittelspannung: HV [higher voltage (250 V to 400 V)].

Die maximal zulässige Ausgangsspannung für Geräte, die im Rohrleitungsbau eingesetzt werden, ist ≤ 50 VAC (Wechselspannung), bzw. für die Großrohrtechnik ≤ 120 VDC (Gleichspannung).

6.2. EMV (Elektromagnetische Verträglichkeit)

Die Heizwendelschweißgeräte müssen die Europäische EMV-Richtlinie 2014/35/EU einhalten und die Anforderungen der entsprechend gültigen EMV-Normen erfüllen, z. B.

- DIN EN 61000-6-4 Fachgrundnorm Störaussendung
- DIN EN 61000-6-2 Fachgrundnorm Störfestigkeit

6.2.1. Bedienerführung

Das Gerät muss sich durch geeignete Tasten oder Schalter einfach bedienen lassen.

Alle optischen und/oder akustischen Signale müssen unter normalen Baustellenbedingungen gut wahrnehmbar sein.

6.3. Eingabesysteme

Die Eingabe der Schweißparameter muss über eine automatische Barcodeerfassung nach ISO 13950 erfolgen können.

Zusätzlich können weitere Eingabemöglichkeiten verfügbar sein.

Es darf nicht möglich sein, die Daten zu ändern, wenn der Schweißvorgang gestartet ist.

6.3.1. Temperaturmessung zur Kompensation der Schweißenergie

Ist das Schweißgerät mit einem Element zur Messung der Umgebungstemperatur ausgestattet, muss die Erfassung innerhalb einer Entfernung von max. 1 m zur Schweißnaht erfolgen.

Die Messung erfolgt mit einer Genauigkeit von ± 2 °C und einer Auflösung von 1 °C. Die Ansprechzeit des Temperaturfühler muss < 3 Minuten betragen. Die Beeinflussung durch die Eigenerwärmung darf nicht größer sein als die Temperaturgenauigkeit.

6.4. Bedienungsabläufe

Die Eingangsspannung ist in ihrer Größe und Frequenz zu überwachen. Liegen die gemessenen Werte außerhalb der erlaubten Grenzen, so ist dies akustisch und/oder optisch anzuzeigen. Der Start des Schweißvorganges muss dann blockiert sein. Die eingegebenen Daten müssen vom Bediener auf Übereinstimmung mit dem angeschlossenen Formstück überprüft werden. Bei automatischer Dateneingabe werden alle relevanten Daten vom Gerät angezeigt. Wird eine Abweichung der überprüfbaren Formstückdaten festgestellt, muss der Start des Schweißvorgangs blockiert und der Grund angezeigt werden. Der Bediener muss die angezeigten Informationen durch Drücken der START-Taste oder einer anderen Taste bestätigen. Siehe auch Betriebsanleitung des Geräteherstellers. Bei einer Unterbrechung im Primär- oder Sekundärkreis des Schweißgerätes muss ein kompletter Neustart des Schweißvorgangs vorgenommen werden (Herstellerangaben beachten). Wird die Schweißung durch ein externes oder internes Ereignis unterbrochen, so muss der Grund der Unterbrechung angezeigt werden. Wichtige Informationen über den Schweißvorgang (Zeit, Spannung, Strom, Widerstand) müssen angezeigt werden.

6.5. Geräteanforderungen

6.5.1. Arbeitsbereich

Das Schweißgerät muss bei einer Umgebungstemperatur zwischen -10 °C und 40 °C ohne Einschränkung zu betreiben sein. Dabei muss eine ausreichende Flexibilität des Eingangs- und Ausgangskabels im gesamten Temperaturbereich gegeben sein.

Für Geräte mit anderen Einsatzbereichen sind vom Hersteller die Temperaturgrenzen anzugeben.

Bei Geräten mit aktiver Kühlung dürfen die Lüftungsschlitze in der vorgesehenen Arbeitsposition nicht verdeckt werden.

6.5.2. Energieversorgung

Die Eignung muss sowohl für den Betrieb am Netz als auch an einem Generator gegeben sein. Das Gerät ist mindestens für eine Frequenz- und Spannungstoleranz von ± 15 % auszulegen. Der Hersteller muss die Grundanforderungen an Generatoren nennen, die für den Betrieb seines Schweißgeräts geeignet sind und den zul. Toleranzbereich für Eingangsspannung und Frequenz angeben.

6.5.3. Messung des Formstückwiderstandes

Geräte mit Widerstandsmessung dürfen eine maximale Messungenauigkeit von ± 5 % aufweisen. Geprüft wird das Formstück auf Durchgang, bevor der Schweißvorgang gestartet wird. Die Prüfspannung darf die Heizwendel des Formstückes nicht erwärmen. Die Anforderung der Leerlaufspannung muss gemäß DIN EN 60335-2-45 eingehalten werden.

6.5.4. Energieabgabe

Die Steuerung der Energieabgabe erfolgt entweder über die Ausgangsgröße Spannung, Strom oder Leistung innerhalb der Schweißzeit.

Die dem Schweißgerät entnehmbare maximale Ausgangsleistung muss für eine Einschaltdauer (ED) von 100 % bei 23 ± 2 °C angegeben sein. Eine Überlast von 10% für mindestens eine Minute muss möglich sein.

6.5.4.1. Spannungsregelung

Die Ausgangsspannung wird in einem Bereich von ± 1,5% , maximal = 0,5 V, der Sollschweißspannung stabilisiert. Die zu regulierende Spannung wird am Formstück oder am Übergangsstecker gemessen. Spannungsgeregelte Schweißgeräte müssen in der Lage sein, bis zu 110 A abzugeben. Die Sollgröße von Spannung oder Strom muss in mindestens drei Stufen (siehe Tabelle 7) erreicht werden.

Tabelle 7. Anstiegszeit in Abhängigkeit von der Nennleistung.

Nennleistung des Formstückes [kW]	max. Anstiegszeit [s]
≤ 1,5	1
> 1,5 ... ≤ 2,5	3
> 2,5	5

6.5.4.2. Stromregelung

Der Ausgangsstrom wird in einem Bereich von ± 1,5 % der Betriebsbedingungen stabilisiert. Der vorgegebene Sollstrom muss innerhalb von maximal drei Sekunden erreicht werden.

6.5.4.3. Energieregelung

Die in das Formstück eingebrachte Energie ist inklusiv der Umgebungstemperaturkorrektur mit einer Genauigkeit von ± 5 % innerhalb der Betriebsbedingungen zu regeln.

6.5.5. Schweißzeit

Die Schweißzeit muss mit einer Genauigkeit von ± 1 % unter Betriebsbedingungen eingehalten werden.

6.5.6. Sicherheitseinrichtungen

Das Schweißgerät muss mit Sicherheitseinrichtungen ausgestattet sein, die den Schweißvorgang unterbrechen. Das Auslösen muss angezeigt und, falls eine Speichereinrichtung vorhanden ist, aufgezeichnet werden.

Zu den obligatorischen Sicherheitseinrichtungen zählen:

- **Spannungs- und Stromüberwachung:** Wenn der Wert der geregelten Spannung oder des Stromes außerhalb von ± 2 % des vorgebenden Wertes für mehr als 5 % der Schweißzeit, maximal 3 s, liegt, muss der Schweißvorgang unterbrochen werden.
- **Unterbrechung:** Das Gerät startet nicht mit dem Schweißvorgang, wenn es am angeschlossenen Formstück einen Widerstand > 200 Ω misst. Die Überwachung auf Unterbrechung erfolgt während des gesamten Schweißvorganges. Tritt eine Unterbrechung auf, so ist innerhalb von maximal 1 s die Schweißung abzubrechen.
- **Eingangsspannung und Frequenz:** Liegt die Eingangsspannung länger als 5 s außerhalb des Arbeitsbereiches, so muss abgebrochen werden. Liegt sie generell außerhalb des Arbeitsbereiches, so darf kein Schweißvorgang gestartet werden.
- **Kurzschluss:** Wenn sich durch einen Kurzschluss der Strom im Formstück erhöht, muss der Schweißvorgang unterbrochen werden.

6.5.7. Belastungsnachweis

Das Schweißgerät wird 24 h lang bei einer Umgebungstemperatur von 23 ± 2 °C gemäß ISO 12176-2 gelagert. Die vom Hersteller angegebene Ausgangsleistung muss über einen Zeitraum von einer Stunde mit Einschaltdauer ED von 60 % der Spieldauer SD erbracht werden.

Die Spieldauer richtet sich nach der Geräte-Ausgangsleistung:

- ≤ 2 kW: SD min 10 min
- ≥ 2 kW: SD min 15 min

<u>Beispiel:</u>

Bei Ausgangsleistung des Geräts ≥ 2 kW beträgt die Spieldauer SD min 15 Min. Die Einschaltdauer ED ist 9 Min. (60 % x SD).

Die Dauer der Leistungsabgabe des Geräts ist 9 Min., 6 Min. ist das Gerät ausgeschaltet. Für die Prüfzeit von einer Stunde läuft der Zyklus 4x (4x 15 min) ab.

6.6. Kennzeichnung

Die Kennzeichnung muss nach EN 60335-1 zu erfolgen. An jedem Gerät müssen deutlich und dauerhaft lesbar mindestens folgende Angaben angebracht sein:

- CE-Zeichen
- Hersteller
- Typ
- Baujahr
- Kenndaten (gemäß DIN)
- WEEE-Reg.-Nr.

Darüber hinaus muss das technische Datenblatt Angaben nach Tabelle 8 und zur Ausgangsspannungsart enthalten.

Tabelle 8. Vom Hersteller auszufüllendes Datenblatt.

Leistungsabgabe [kW]	ED [%]	Einschaltdauer [s]	Ausschaltdauer [s]
x	100	x	x
x	60	x	x
x	30	x	x
x = Herstellerangabe			

6.7. Protokollausdruck

Bei Geräten mit Aufzeichnung bzw. gesteuerten Geräten sind Protokolle auszudrucken, deren Inhalte folgende Mindestanforderung zu erfüllen haben:

- Geräte für Heizwendelschweißung
- Geräte-Nummer
- Datum, Uhrzeit
- Baustellen- oder Auftrags-Nummer
- Schweißer-Identifikation
- fortlaufende Protokoll- und/oder Naht-Nummer
- Formstückhersteller, Bauart, Durchmesser
- Umgebungstemperatur
- Sollschweißzeit/Istzeit
- Spannung, elektrischer Widerstand
- Störungen während des Schweißverlaufes
- Datum der letzten oder nächsten Wartung

6.8. Prüfung und Wartung

Wenn vom Hersteller nicht anders angegeben müssen ortsveränderliche elektrische Betriebsmittel nach DGUV Vorschrift 3 „Elektrische Anlagen und Betriebsmittel" mindestens einmal im Jahr überprüft werden. Der Prüfer muss sach- und fachkundig und für diese Aufgabe vom Hersteller des Schweißgeräts qualifiziert sein. Bei Geräten, die überdurchschnittlich belastet werden, muss der Prüfzyklus verkürzt werden. In der Bedienungsanleitung sind Wartungshinweise zu nennen.

7. Schrifttum

7.1. Regelwerk

7.1.1. Normen

DIN 16831 — Rohrverbindungen und Formstücke für Druckrohrleitungen aus Polybuten (PB) – PB 125

DIN EN 50110-1/ VDE 0105-1 — Betrieb von elektrischen Anlagen – Teil 1: Allgemeine Anforderungen

DIN EN 50525-1 — Kabel und Leitungen – Starkstromleitungen mit Nennspannungen bis 450/750 V (U_0/U) – Teil 1: Allgemeine Anforderungen

DIN EN 60204-1 — Sicherheit von Maschinen – Elektrische Ausrüstung von Maschinen – Teil 1: Allgemeine Anforderungen

DIN EN 60335	Sicherheit elektrischer Geräte für den Hausgebrauch und ähnliche Zwecke
Teil 1	Allgemeine Anforderungen
Teil 2-45	Besondere Anforderungen für ortsveränderliche Elektrowärmewerkzeuge und ähnlicheGeräte
DIN EN 60519/ DIN VDE 0721	Sicherheit in Elektrowärmeanlagen
DIN EN 60529/ VDE 0470-1/ IEC 529	Schutzarten durch Gehäuse (IP-Code)
DIN EN 61558/ VDE 0570	Sicherheit von Transformatoren, Netzgeräten und dergleichen
DIN EN ISO 10931	Kunststoff-Rohrleitungssysteme für industrielle Anwendungen – Polyvinyliden Fluoride (PVDF) – Anforderungen an Rohrleitungsteile und das Rohrleitungs-system
DIN EN ISO 12100	Sicherheit von Maschinen – Allgemeine Gestaltungsleitsätze, Risikobeurteilung und Risikominderung
DIN EN ISO 1302	Geometrische Produktspezifikation (GPS) – Angabe der Oberflächenbeschaf-fenheit in der technischen Produktdokumentation
DIN EN ISO 13850	Sicherheit von Maschinen – Not-Halt-Funktion – Gestaltungsleitsätze
DIN EN ISO 13857	Sicherheit von Maschinen – Sicherheitsabstände gegen das Erreichen von Gefährdungsbereichen mit den oberen und unteren Gliedmaßen
ISO 12176-2	Rohre und Formstücke aus Kunststoffen – Ausrüstungsgegenstände für Polyethylen-Schweißverbindungen – Teil 2: Elektroschweißen
ISO 13950	Rohre und Formstücke aus Kunststoffen – Automatische Erkennungssysteme für Heizwendelschweißverbindungen
Teil 1	Allgemeine Anforderungen und Prüfungen
Teil 2-6	Besondere Anforderungen an Sicherheitstransformatoren für allgemeine An-wendungen
DIN VDE 0100	Bestimmungen für das Errichten von Starkstromanlagen mit Nennspannungen bis 1000 Volt

7.1.2. Richtlinien

Richtlinie DVS 2207	Schweißen von thermoplastischen Kunststoffen
– Teil 1	– Heizelementschweißen von Rohren, Rohrleitungsteilen und Tafeln aus PE-HD
– Teil 1, Beiblatt 1	– Heizwendelschweißen von Rohren aus PE-X mit Rohrleitungsteilen aus PE-HD
– Teil 6	– Berührungsloses Heizelementstumpfschweißen von Rohren, Rohrleitungsteilen und Tafeln– Verfahren, Maschinen, Parameter
– Teil 11	– Heizelementschweißen von Rohren, Rohrleitungsteilen und Tafeln aus PP
– Teil 15	– Heizelementschweißen von Rohren, Rohrleitungsteilen und Tafeln aus PVDF

EG-Maschinenrichtlinie 89/392 (2. Änderung 91/368/EWG, 3. Änderung 93/44)

Betr.Sich.V	Betriebssicherheitsverordnung Geräte und Produktionssicherheitsgesetz
DGUV Vorschrift 3	Unfallverhütungsvorschrift; Elektrische Anlagen und Betriebsmittel
VBG 5	Kraftbetriebene Arbeitsmittel (ab 1.1.04 nur noch für Maschinenaltbestand gültig). In den Berufsgenossenschaftlichen Regeln BGR 500 enthalten.

8. Erläuterung

Richtlinie DVS 2208-1, Ausgabe März 2007 wurde dem heutigen Stand der Technik entsprechend aktualisiert. Insbesondere die Tabelle 5 wurde korrigiert.

Februar 2012

DVS – DEUTSCHER VERBAND FÜR SCHWEISSEN UND VERWANDTE VERFAHREN E.V.

Schweißen von thermoplastischen Kunststoffen – Werkzeuge und Geräte zum Heizelementschweißen von Rohren und Rohrleitungsteilen

DVS Richtlinie DVS 2208-1 Beiblatt 1

Inhalt:

1 Geltungsbereich

Dieses Beiblatt zur Richtlinie DVS 2208-1 soll dem Anwender der Richtlinien zum Heizelementschweißen der Werkstoffe PE, PE-X, PP, PVC, PVDF, PB und PA eine Übersicht über die Anforderungen an Werkzeuge, notwendiges Zubehör und Geräte geben.

Die hier behandelten Werkzeuge und Geräte werden für die Schweißverfahren Heizwendelschweißen (HM), Heizelementmuffenschweißen (HD) und Heizelementstumpfschweißen (HS, IR) verwendet. Die Verfahren hierzu sind in den Richtlinien DVS 2207-1, DVS 2207-1 Beiblatt 1, DVS 2207-6, DVS 2207-11, DVS 2207-12, DVS 2207-13, DVS 2207-15 und DVS 2207-16 beschrieben.

Spezialgeräte für Sonderanwendungen werden im Rahmen dieses Beiblattes nicht behandelt.

2 Allgemeine Anforderungen und Kriterien

Die Qualität der Schweißverbindungen ist abhängig von der Qualifikation der Schweißer, der Eignung der verwendeten Maschinen und Vorrichtungen, der Einhaltung der Schweißrichtlinien und Herstellervorgaben sowie der geeigneten Werkzeuge und Geräte zur Schweißnahtvorbereitung und Schweißdurchführung.

Folgende Punkte müssen von den eingesetzten Werkzeugen und Hilfsmitteln im Allgemeinen erfüllt werden:

- die Geräte müssen werkstatt- bzw. baustellengerecht sein,
- die Funktionsfähigkeit muss von −10°C bis +45°C gewährleistet sein,
- die Geräte müssen service- und reparaturfreundlich sein, insbesondere Verschleißteile sollten einfach austauschbar sein,
- die Bedienungselemente sind so auszubilden und anzuordnen, dass unbeabsichtigtes Verstellen verhindert wird,
- ein geringes Gewicht des Gerätes ist anzustreben,
- die Geräte müssen dem Benutzer beim sachgemäßen Gebrauch Sicherheit gegen Verletzungen aller Art bieten. Scharfe Kanten an Gerät und Zubehör, die zu Verletzungen führen können, sind nicht zulässig,
- die gesetzlichen Vorschriften für die Ausführung der Geräte müssen eingehalten werden, z. B. die Maschinenrichtlinie,
- der Einsatzbereich ist nach Herstellerangaben zu berücksichtigen.

3 Werkzeuge zum Heizwendelschweißen

3.1 Rotationsschälgeräte (mechanische Schälgeräte)

Rotationsschälgeräte dienen ausschließlich dem fachgerechten Entfernen der Oxidschicht auf dem Rohrumfang bei Rohren als vorbereitende Maßnahme zum Schweißen. Man unterscheidet zwischen universellen und dimensionsgebundenen Schälgeräten.

Die Geräte müssen so ausgelegt sein, dass für den vorgegebenen Dimensionsbereich ein einwandfreier Rundlauf und gleichmäßig umlaufender Span von ca. 0,2 mm gewährleistet ist. Die Angaben des Formteilherstellers sind zu beachten.

Ovalitäten innerhalb vorgegebener Toleranzen dürfen die Funktion des Gerätes nicht beeinträchtigen.

Anforderungen:

- schneller Dimensionswechsel bei dimensionsübergreifenden Geräten,
- flexible Messerhalterung zum Ausgleich von Unebenheiten,
- leichtgängige Rollen und Vorschubmechanik,
- öl- und fettfrei im Arbeitsbereich,
- Bedienungsanleitung mit Pflege- und Wartungshinweisen (siehe Abschnitt 7),
- das Gerät muss eine Bearbeitung über den Bereich der Einstecktiefe bzw. die Länge des Sattelformstückes hinaus zulassen.

3.2 Haltevorrichtungen

Haltevorrichtungen dienen dem Anwender, eine spannungsarme Montage zu erzielen. Sie müssen für den entsprechenden Anwendungsfall ausgelegt sein, z. B. ob Stangen- oder Ringbundware verarbeitet wird.

Anforderungen:

- Gewährleistung eines festen Sitzes des Rohres,
- keine unzulässige Beschädigung der Rohroberfläche,
- exakte Ausrichtung der Rohrenden für eine spannungsarme Montage des Formstücks.

3.3 Runddrückvorrichtungen

Rohre (z. B. vom Ringbund), deren Ovalität außerhalb der zulässigen Toleranz gemäß Richtlinie DVS 2207 liegt, sind im Schweißbereich mit Hilfe von Runddrückvorrichtungen zu runden.

DVS, Ausschuss für Technik, Arbeitsgruppe „Fügen von Kunststoffen"

Bezug: DVS Media GmbH, Postfach 10 19 65, 40010 Düsseldorf, Telefon (02 11) 15 91-0, Telefax (02 11) 1591-150

Diese müssen dem jeweiligen Durchmesser entsprechen, die Kraft zum Runddrücken aufbringen können und dürfen das Rohr dabei nicht unzulässig beschädigen.

Anforderungen:

- der Schweißbereich muss öl- und fettfrei sein,
- große Runddrückvorrichtungen sind mit Griffen oder Ösen auszuführen.

4 Werkzeuge zum Heizelementmuffenschweißen

4.1 Schäl- und Anfasgeräte

Schäl- und Anfasgeräte dienen zum fachgerechten Kalibrieren des Rohrendes und Entfernen der Oxidschicht auf dem Rohrumfang als vorbereitende Maßnahme zum Schweißen.

Ovalitäten innerhalb vorgegebener Toleranzen dürfen die Funktion des Gerätes nicht beeinträchtigen.

Anforderungen:

- öl- und fettfrei im Arbeitsbereich,
- Bedienungsanleitung mit Pflege- und Wartungshinweisen (siehe Abschnitt 7),
- das Gerät muss eine Bearbeitung im Bereich der Einstecktiefe zulassen.

5 Werkzeuge zum Heizelementstumpfschweißen

5.1 Rollenböcke

Rollenböcke dienen zum besseren Ausrichten der Rohre und um die Bewegungskräfte beim Heizelementstumpfschweißen gering zu halten.

Rollenböcke sind so zu wählen bzw. auszulegen, dass

- sie die Rohroberfläche nicht beschädigen,
- sie für den jeweiligen Rohrdurchmesser geeignet sind,
- sie eine Angabe zur Tragfähigkeit enthalten,
- sie einen stabilen Stand gewährleisten,
- sie die Rollen – auch unter der maximal angegebenen Tragfähigkeit – leicht beweglich lassen,
- sie ggf. mit Haltegriffen oder Ösen für den schnellen Ortswechsel versehen sind.

6 Weitere Werkzeuge und Geräte

Kleinwerkzeuge und Geräte, die zur Be-/Verarbeitung auf der Baustelle oder in der Werkstatt benötigt werden, sind grundsätzlich so auszuwählen, dass eine kunststoffgerechte Anwendung gegeben ist.

6.1 Rohrtrenngeräte

Bei Rohrschneidern, -scheren oder Sägen (manuell oder angetrieben) ist darauf zu achten, dass

- sie rechtwinklige Schnitte ermöglichen,
- sie das Rohr nicht unzulässig verformen,
- Trenngeräte keine Materialschädigungen verursachen (z. B. Haarrisse).
- ein kunststoffgerechtes Trennen möglich ist (möglichst kein Schmieren oder Reißen des Werkstoffes).
- möglichst kein Öl oder Fett in die Schweißzone gelangt.
- elektrische Geräte den gesetzlichen Regeln und Vorschriften entsprechen.

6.2 Handschaber und Entgrater

Diese Hilfsmittel werden zum Anfasen und Entgraten von Rohrenden sowie zum Ab-/Überarbeiten von Kratzern und Riefen eingesetzt. Die Klingen der Schaber müssen formstabil und im einwandfreien Zustand sein (z. B. keine Einkerbungen).

6.3 Schweißwulstentferner

Aus hydraulischen bzw. Festigkeitsgründen ist eine Entfernung des Schweißwulstes in der Regel nicht erforderlich. Auch erschwert die Entfernung des Schweißwulstes die Beurteilung der Schweißnaht.

Spezielle Anwendungen (z. B. Transport von Reinstmedien, Reliningverfahren) verlangen das Entfernen des äußeren und/oder inneren Schweißwulstes an stumpfgeschweißten Rohrleitungen. Bei diesen Werkzeugen (Wulstentferner) ist darauf zu achten, dass beim Entfernen des Wulstes das Rohr nicht beschädigt wird (Kerben) bzw. die Nennwanddicke des Rohres im Bereich der Schweißnaht nicht unterschritten wird. Das kann nur mit geeigneten, speziell dafür entwickelten Geräten sichergestellt werden. Die Hinweise des Geräteherstellers sind zu beachten.

6.4 Temperaturmessgeräte

Für die Temperaturmessung am Heizelement sind kalibrierte Oberflächenmessgeräte mit federndem Element mit einer Auflage von mindestens 10 mm Durchmesser einzusetzen.

7 Service, Wartung und Pflege

Auch Werkzeuge und Geräte unterliegen einem Wartungs- bzw. Überprüfungsintervall.

Beispielsweise Rotationsschälgeräte, die einem ständigen Gebrauch unterliegen, sind mindestens einmal jährlich von einem Sachkundigen mit der dafür notwendigen Erfahrung zu überprüfen, ggf. Instand zu setzen.

Bei hoher Beanspruchung sind die Prüfzyklen zu verkürzen.

8 Schrifttum

DVS 2207-1 Schweißen von thermoplastischen Kunststoffen; Heizelementschweißen von Rohren, Rohrleitungsteilen u. Tafeln aus PE-HD

DVS 2207-1 Beiblatt 1 Schweißen von thermoplastischen Kunststoffen; Heizelementschweißen von Rohren aus PE-X mit Rohrleitungsteilen aus PE-HD

DVS 2207-6 Schweißen von thermoplastischen Kunststoffen; Berührungsloses Heizelementstumpfschweißen von Rohren, Rohrleitungsteilen und Tafeln – Verfahren, Maschinen, Parameter

DVS 2207-11 Schweißen von thermoplastischen Kunststoffen; Heizelementschweißen von Rohren, Rohrleitungsteilen und Tafeln aus PP

DVS 2207-12 Schweißen von thermoplastischen Kunststoffen; Heizelementschweißen von Rohren, Rohrleitungsteilen u. Tafeln aus PVC-U

DVS 2207-13 Schweißen von thermoplastischen Kunststoffen; Heizelementschweißen von Rohren, Rohrleitungsteilen und Tafeln aus PVC-C

DVS 2207-15 Schweißen von thermoplastischen Kunststoffen; Heizelementschweißen von Rohren, Rohrleitungsteilen u. Tafeln aus PVDF

DVS 2207-16 Schweißen von thermoplastischen Kunststoffen; Heizelementschweißen von Rohren und Rohrleitungsteilen aus Polyamid 12

DVS 2208-1 Schweißen von thermoplastischen Kunststoffen; Maschinen und Geräte für das Heizelementschweißen von Rohren, Rohrleitungsteilen und Tafeln

Betriebssicherheitsverordnung (BetrSichV)

DEUTSCHER VERBAND FÜR SCHWEISSTECHNIK E.V.	Industrierohrleitungen aus thermoplastischen Kunststoffen Projektierung und Ausführung Oberirdische Rohrsysteme	Richtlinie DVS 2210-1 (April 1997)	DVS

Inhalt:

DVS, Technischer Ausschuß, Arbeitsgruppe „Fügen von Kunststoffen“

Bezug: Deutscher Verlag für Schweißtechnik DVS-Verlag GmbH, Postfach 10 19 65, 40010 Düsseldorf, Telefon (02 11) 15 91-0, Telefax (02 11) 15 91-200

1 Geltungsbereich

Diese Richtlinie enthält Grundlagen zur Projektierung, Berechnung, Vorfertigung und Montage von oberirdisch verlegten Industrierohrleitungen aus thermoplastischen Kunststoffen. Die Anwendung der Richtlinie setzt neben den Erfahrungen im allgemeinen Rohrleitungsbau auch intensive Kenntnisse zu den im Abschnitt 1.2 genannten Werkstoffen voraus.

Die in der Richtlinie behandelten Rohrleitungen können dem Transport flüssiger und gasförmiger Stoffe dienen. Die Verlegung kann sowohl innerhalb von Gebäuden, Kanälen und Schächten als auch im Freien erfolgen. Rohrleitungen für heizungs-, sanitär- und lufttechnische Anlagen werden in dieser Richtlinie nicht behandelt.

Die Richtlinie soll im genannten Anwendungsgebiet generelle Berücksichtigung finden, wobei es insbesondere bei Rohrleitungen zum Transport umweltgefährdender oder toxischer Durchflußstoffe keiner zusätzlichen Vereinbarung zwischen Auftraggeber und ausführendem Unternehmen hinsichtlich ihrer Anwendung bedarf.

Gesetze, Vorschriften oder behördliche Auflagen, welche die Anwendung dieser Richtlinie fordern, erweitern oder einschränken, müssen gesondert beachtet werden. Hinweise dazu sind Abschnitt 2 zu entnehmen.

1.1 Anwendungsgebiete

Typische Anwendungsgebiete sind:

- Abwassertechnische Anlagen
- Galvanotechnische Anlagen
- Halbleiterindustrie
- Industrie- und Chemieanlagen
- Kühl- und Brauchwasserversorgung
- Nahrungsmittel- und Getränkeindustrie
- Wasseraufbereitungsanlagen

Ungenannte Anwendungsgebiete schließen die Anwendung dieser Richtlinie nicht aus.

1.2 Werkstoffe*

Die Richtlinie ist für folgende Werkstoffe anzuwenden:

- Polyethylen (PE-HD)
- Polypropylen Typ 1 bis 3 (PP-H), (PP-B), (PP-R)
- Polyvinylchlorid (PVC-C), (PVC-U)
- Polyvinylidenfluorid (PVDF)

Die Werkstoffwahl wird vom jeweiligen Anwendungsfall bzw. von den zu erwartenden Betriebsbedingungen beeinflußt. Die Richtlinie kann sinngemäß auch für hier nicht genannte Thermoplaste angewendet werden.

* Die Werkstoffbezeichnungen sind als Oberbegriff einer jeweiligen Thermoplastgruppe zu verstehen. Die Angaben entsprechen dem derzeitigen Stand der Normung. Thermoplaste mit Kurzbezeichnungen nach DIN-, EN- und ISO-Standards sind entsprechend ihren Eigenschaften der jeweiligen Werkstoffgruppe zuzuordnen (z. B. schließt PE-HD die Typen PE 63, PE 80, PE 100 sowie PVC-U die Typen -HI, -NI, RI ein).

2 Allgemeine Hinweise

Rohrleitungen, welche in Anlagen zur Lagerung wassergefährdender Stoffe Verwendung finden bzw. zu deren Fortleitung benutzt werden, sind nach den Bau- und Prüfgrundsätzen des Deutschen Instituts für Bautechnik (DIBt) zu behandeln.

Rohrleitungen mit einem Außendurchmesser >32mm und mehr als 0,1 bar Betriebsüberdruck, die zur Fortleitung brennbarer, ätzender oder giftiger Gase, Dämpfe und Flüssigkeiten dienen, fallen unter die Druckbehälterverordnung (DruckbehV). Zu den Rohrleitungen gehören auch deren Ausrüstungsteile. Als Ausrüstungsteile sind alle Armaturen, Meß- und Regelgeräte und sonstigen Einrichtungen aufzufassen, welche die Sicherheit der Rohrleitung beeinflussen können.

Im Zusammenhang mit den Bestimmungen der DruckbehV sind die Technischen Regeln (TRR 120) für Rohrleitungen aus thermoplastischen Kunststoffen einzuhalten.

3 Projektierung

3.1 Grundlagen

Bei der Projektierung thermoplastischer Kunststoffrohrleitungen sind die besonderen Werkstoffeigenschaften hinsichtlich ihres Verhaltens bei Einwirkung betriebsbedingter und äußerer Einflüsse zu berücksichtigen. Dazu gehören mechanische, thermische und chemische Beanspruchungsarten. Die rechnerische Auslegung der Rohrleitung hat den im Prüf-, Montage- und Betriebszustand auftretenden Belastungen zu entsprechen. Die wesentlichen Werkstoffeigenschaften sind unter Abschnitt 3.3 beschrieben.

3.2 Einflußgrößen

Die zu erwartende Lebensdauer (Standzeit) der Rohrleitung wird durch die Betriebsbelastungen beeinflußt. Es ist deshalb zu beachten, daß bei der Projektierung die Einflußgrößen aus allen Betriebszuständen sorgfältig erfaßt und der Konzeption für die Ausführung zugrunde gelegt werden.

Nachfolgend sind die wesentlichen Belastungen von thermoplastischen Rohrleitungen und ihre Wirkung auf die Betriebssicherheit beschrieben.

3.2.1 Belastung durch inneren Überdruck

Der Innendruck einer Rohrleitung darf im Regelfall den in den Grundnormen für Rohre angegebenen Betriebsüberdruck nicht überschreiten. Eine andauernde Überbeanspruchung durch Innendruck führt zu einer fortschreitenden Aufweitung des Rohres bis zum Bruch.

Es ist zu beachten, daß die in den Rohrnormen genannten Betriebsüberdrücke nicht generell für alle Rohrformstücke Gültigkeit besitzen. Insbesondere bei Formstücken, die aus Rohr hergestellt werden, kann es infolge geometrischer Einflüsse und fertigungsbedingter Imperfektionen zu einer erforderlichen Minderung der nach Rohrnorm zulässigen Innendruckbelastung kommen.

Eine weitere Einschränkung der Innendruckbelastbarkeit von Rohrleitungen gegenüber den Angaben in den Rohrnormen resultiert aus den Biege- und Wärmespannungen, die sich in ihrer Wirkung mit den Spannungen aus dem Innendruck überlagern können. Es muß deshalb immer der Gesamtspannungszustand innerhalb eines Rohrsystems rechnerisch erfaßt und als Beurteilungsmaßstab für den zulässigen Betriebsüberdruck zugrunde gelegt werden.

Zu berücksichtigen ist, daß die Rohrleitung häufig keinem stationären, sondern einem intermittierenden Betriebsüberdruck ausgesetzt wird. Die jeweilige Belastungshöhe und -dauer ist einer gesonderten Betrachtung zu unterziehen. Zeitlich aneinandergereiht, ergibt sich aus den einzelnen Belastungsabschnitten die definitive Beanspruchung, die eine Aussage über die zu erwartende Standzeit der Rohrleitung zuläßt.

Sofern Druckstoßbelastungen auftreten können, müssen diese rechnerisch untersucht und deren Wirkung auf die Betriebssicherheit der Rohrleitung bewertet werden. Die Reduzierung bzw. Vermeidung von Druckstößen durch konstruktive Maßnahmen hat vorrangig zu erfolgen.

Beispiel: Rohrsysteme, die mittels Pumpen betrieben werden, sollten keine schnellschließenden Absperrarmaturen enthalten.

3.2.2 Belastung durch äußeren Überdruck

Der zulässige äußere Überdruck bzw. innere Unterdruck ist abhängig vom Wanddicken-/Durchmesser-Verhältnis einer Rohrleitung. Insbesondere dünnwandige Rohre sind durch Einbeulen gefährdet. Kann ein innerer Unterdruck im Rohrsystem auftreten, so ist der kritische Einbeuldruck des Rohres zu ermitteln und mit dem wirksam werdenden Unterdruck zu vergleichen (Stabilitätsnachweis). Der kritische Einbeuldruck hat gegenüber dem wirksam werdenden Unterdruck einen angemessenen Sicherheitsabstand aufzuweisen. Der Stabilitätsnachweis ist mit einem Sicherheitsfaktor **S ≥ 2,0** zu führen.

Unterdruckgefährdet sind z. B. auch nicht gefüllte und gegen die Atmosphäre geöffnete Großrohrleitungen im Freien, beim Auftreten von Windsog.

3.2.3 Temperaturbelastung

Bei der Rohrdimensionierung ist die Größe und Dauer der Temperaturbelastung zu berücksichtigen. Mit zunehmender Temperatur sinkt der zulässige innere bzw. äußere Überdruck einer thermoplastischen Kunststoffrohrleitung aufgrund des temperaturabhängigen Festigkeitsverhaltens. Temperaturänderungen in axial beweglichen Rohrleitungen bewirken eine Verlängerung oder Verkürzung der jeweiligen Rohrstrecken. Die Längenänderungen sind ausgeprägter als bei metallischen Rohrleitungen und erfordern daher besondere Beachtung bei der Wahl von Kompensationselementen.

Neben der Kompensation besteht die Möglichkeit, Längenänderungen durch entsprechende Festpunkte in einem Rohrstrang zu unterbinden. In diesem Fall entsteht eine axial eingespannte Rohrstrecke, verbunden mit der Stauchung des Rohres und der Gefahr des Ausknickens.

Die Anwendungsgrenzen der axial eingespannten Rohrleitung werden durch die zulässige Zug- bzw. Druckspannung sowie durch die kritische Dehnung bzw. Stauchung vorgegeben. Zum Spannungsnachweis ist zusätzlich ein Stabilitätsnachweis gegen Knicken zu führen. Die Knicksicherheit muß **Sk ≥ 2,0** betragen.

3.2.4 Belastung aus dem Durchflußstoff

Thermoplastische Kunststoffe sind gegenüber einer Vielzahl von Durchflußstoffen, z. B. Chemikalien, widerstandsfähiger als metallische Werkstoffe. Einige dieser Durchflußstoffe vermögen jedoch bei Thermoplasten Veränderungen in den Werkstoffeigenschaften zu bewirken. Dies zeigt sich z. B. durch Festigkeitsminderung bei Quellung oder Oxidation.

Eine erste Orientierung über die Widerstandsfähigkeit des Werkstoffes gegenüber den Durchflußstoffen ermöglichen die Beiblätter der jeweiligen Rohrnorm. Für die Dimensionierung einer Kunststoffrohrleitung benötigt der Konstrukteur jedoch eine Rechengröße, welche die Wirkung auf das Festigkeitsverhalten des Werkstoffes berücksichtigt (Abminderungsfaktor). Ausführliche Angaben dazu sind der Richtlinie DVS 2205-1 bzw. DIN EN 1778 zu entnehmen.

3.2.4.1 Belastung durch Lösemittel

Thermoplastische Kunststoffrohrleitungen eignen sich unter bestimmten Voraussetzungen auch für den Transport von lösemittelhaltigen Durchflußstoffen (z. B. Chemieabwasser). Um sicherzustellen, daß der Betrieb solcher Rohrleitungen störungsfrei verläuft, bedarf es folgender Vorgehensweise:

- Ermittlung der Lösemittelaufnahme des Kunststoffes und der dadurch verursachten Quellung im Rahmen von Immersionsversuchen. Ansonsten Annahme eines Lastfalles nach Gleichung (31) im Abschnitt 4.3.3.
- Entscheidung, ob die Rohrleitung unter Berücksichtigung ihrer Geometrie und der Baulichkeiten axial eingespannt werden kann. Ist dies der Fall, dann sind die Auflager- und Rohrführungsabstände nach den Abschnitten 4.3.4 und 4.3.5 zu bestimmen. Dabei ist der durch Quellung geminderte Kriechmodul zu beachten.
- Berechnen der Druck- bzw. Knickspannungen und Festpunktbelastungen nach den Abschnitten 4.2.3.1 und 4.3.3 unter Berücksichtigung der durch Quellung geminderten Festigkeitskennwerte.
- Gestaltung der Rohrhalterungen unter Beachtung der Längen- und Durchmesserzunahme an Rohren und Formteilen durch Quellung.
- Montageeinzelheiten nicht ausschließlich dem Verlegepersonal überlassen, sondern eine fachmännische Ausführungsplanung vorschalten.
- Rohrleitungsarbeiten von einem anerkannten Fachbetrieb ausführen und sachverständig überwachen lassen.

3.3 Werkstoffeigenschaften

Nachfolgend werden die wesentlichen Eigenschaften der in Abschnitt 1.2 genannten Kunststoffe beschrieben. Zur Lösung spezieller Probleme sind die Herstellerangaben bzw. die einschlägige Literatur einzubeziehen.

3.3.1 Brandverhalten

Zur Beurteilung des Brandverhaltens von Kunststoffen ist DIN 4102 zu beachten. Sofern Rohrleitungen Brandabschnitte durchqueren, sind die betreffenden Angaben der vorgenannten Norm sowie die länderspezifischen Anforderungen zu berücksichtigen. Planerische Entscheidungen sind aufgrund der geltenden Brandschutzbestimmungen zu treffen.

3.3.2 Hygienisches und toxikologisches Verhalten

Beim Einsatz von Kunststoffrohrleitungen, z. B. in der Nahrungs- und Getränkemittelindustrie, dürfen keine Bestandteile an den Durchflußstoff abgegeben werden, welche die menschliche Gesundheit gefährden oder die Zusammensetzung des Durchflußstoffes nachhaltig beeinflussen können. Außerdem dürfen Algenbildung und Bakterienwachstum nicht begünstigt werden. Beim Bau von Trinkwasserleitungen sind neben den allgemeinen Vorschriften die Kunststoff-Trinkwasser-Empfehlungen (KTW) zu beachten.

3.3.3 Verhalten gegenüber elektrostatischer Aufladung

Beim Betrieb von thermoplastischen Rohrleitungen können statische Aufladungen durch die Strömung von Flüssigkeiten oder Stäuben entstehen. Bei der statischen Aufladung entstehen positive und negative Ladungen. Während die positiven Ladungen am Entstehungsort gebunden bleiben, werden negative Ladungen z. B. mit der Flüssigkeit abgeführt (räumliche Trennung).

Elektrostatische Aufladungen bedeuten vor allem dort eine Gefahr, wo sie unter Umständen Zündungen hervorrufen können. Zur Verhütung bzw. Ableitung von Aufladungen ist folgendes zu beachten:

- Alle leitenden Teile der Rohrleitung müssen geerdet sein. Elektrostatisch geerdet sind Gegenstände aus leitfähigen Stoffen, deren Ableitungswiderstand $\leq 10^6$ Ohm beträgt. Die Erdung kann einzeln oder durch leitfähiges Verbinden aller Teile und einmaliges Ableiten erfolgen.
- Enden die Rohrleitungen in Behältern oder Apparateteilen, sind die berufsgenossenschaftlichen Richtlinien zur Vermeidung von Zündgefahren infolge elektrostatischer Aufladung zu beachten. Als nicht statisch aufladbar gelten feste Stoffe mit einem Oberflächenwiderstand $< 10^9$ Ohm und flüssige Stoffe mit einem spezifischen Widerstand $< 10^8$ Ohm.

Das Standardprogramm für Rohrleitungsteile aus thermoplastischen Kunststoffen weist einen Oberflächenwiderstand von $>10^9$ Ohm auf und genügt somit nicht den Anforderungen der Explosionsschutzrichtlinien. Durch die Verwendung elektrisch leitfähiger Kunststoffrohre besteht die Möglichkeit, die statische Aufladung zu mindern oder ganz zu vermeiden. Zu den Maßnahmen, die zu einer Verbesserung der Leitfähigkeit führen, gehört die Oberflächenbeschichtung mittels leitfähiger Stoffe oder das Einarbeiten leitfähiger Substanzen in die Kunststoffe. In den meisten Fällen wird die Leitfähigkeit durch Beimischung von Partikeln spezieller Ruße erreicht.

3.3.4 Verhalten bei Einwirkung energiereicher Strahlen

Gegenüber energiereichen Strahlen sind Kunststoffrohrleitungen im allgemeinen nicht dauerhaft beständig. Die Strahlenbelastbarkeit ist geringer als die der meisten metallischen und keramischen Werkstoffe.

Bei Einwirkung energiereicher Strahlen auf Thermoplaste kann es zu einer Vernetzung der Molekularstruktur kommen, welches eine vorübergehende Festigkeitserhöhung zur Folge hat. Bei andauernder Strahlenbelastung kommt es zum Bruch der Molekülketten und damit zur Schädigung des Werkstoffes, verbunden mit erheblicher Festigkeitsminderung.

Dem vorgenannten Verhalten ist durch einen Abminderungsfaktor Rechnung zu tragen, dessen Größe experimentell ermittelt werden muß. Bei Dosisleistungen $<10^6$ rad sind thermoplastische Rohrleitungen unter Berücksichtigung einer geringen Festigkeitsminderung einsetzbar. Die Grenze der Strahlenbelastbarkeit des jeweiligen Thermoplastes ist den Werkstoffblättern der Hersteller zu entnehmen.

3.3.5 Verhalten bei Einwirkung von UV-Strahlung

Rohrleitungen aus thermoplastischen Kunststoffen, die mit stabilisierenden Zusätzen versehen sind, können im Freien ohne nachhaltige Beeinflussung durch ultraviolette Strahlung eingesetzt werden. Trotz Ausstattung der thermoplastischen Kunststoffe mit lichtstabilen Farbpigmenten kann eine längere Bestrahlung mit intensivem UV-Licht zu einer Verfärbung (Verblassen der Ursprungsfarbe) führen. Auch ist eine Verringerung der Schlagzähigkeit nicht auszuschließen.

Rohrleitungen aus PP sind überwiegend nicht gegen UV-Strahlung stabilisiert und daher entsprechend geschützt anzuordnen. Ist ein wirksamer Schutz gegen direkte Sonneneinstrahlung nicht möglich (z. B. Schutzanstrich, Isolierung), so kann ein alternativer Kunststoff (z. B. PE, PVC, PVDF) eingesetzt werden.

Sofern die Einsatzdauer der Rohrleitungen aus PP im Freien auf < 10 Jahre begrenzt ist, kann die unter UV-Strahlung einsetzende Bildung einer Oxidschicht durch einen rechnerischen Wanddickenzuschlag aufgefangen werden. Der Wanddickenzuschlag ist in Abhängigkeit zur UV-Strahlungsintensität und UV-Belastungsdauer mit ≥ 2 mm festzulegen.

Eine zwangsläufige Beeinträchtigung des Zeitstandinnendruckverhaltens von PP-Rohrleitungsteilen durch die UV-Strahlung ist nicht gegeben.

Aufgrund des Zähigkeitsverlustes von PP durch UV-Einwirkung ist die ungeschützte Anwendung im Freien nur unter der Bedingung zulässig, daß die Rohrwandtemperatur bei Belastung nicht unter 5°C absinkt.

3.3.6 Verhalten bei abrasiven Durchflußstoffen

Zur Förderung trockener, abrasiv wirkender Durchflußstoffe sind thermoplastische Kunststoffrohrleitungen nur bedingt geeignet. Die Verwendbarkeit ist im Einzelfall durch Untersuchungen festzustellen.

Positive Erfahrungen mit thermoplastischen Kunststoffrohrleitungen liegen beim Transport von Flüssig-Feststoff-Gemischen vor. Bei Feststoffgehalten bis 700 g/l, Korngrößen <10 mm und Strömungsgeschwindigkeiten unter 3 m/s ist die Standzeit vergleichsweise hoch. Generell ist zu beachten, daß der Rohrquerschnitt vom Fördermedium voll ausgefüllt ist, da andernfalls die Rohrsohle relativ schnell abgetragen wird (sog. Rinnenverschleiß).

3.3.7 Anstriche und Kennzeichnung

Zum Schutz gegen UV-Strahlung bei PP-Rohrleitungen oder zum Zweck der Kennzeichnung von Kunststoffrohrleitungen kann ein Anstrich vorgenommen werden. Es sind ausschließlich solche Farbstoffe zu verwenden, die keinen nachteiligen Einfluß auf das Werkstoffverhalten ausüben (z. B. lösemittelfreie Dispersionsfarben).

Empfehlenswert ist die Verwendung von selbstklebenden Kennzeichnungsbändern, welche sicher und dauerhaft auf dem Rohr befestigt werden können. Für die Klebstoffe gelten die gleichen Voraussetzungen wie für die Farbstoffe.

4 Berechnungen

4.1 Hydraulische Berechnungen

Strömungsvorgänge in Flüssigkeitsrohrleitungen werden mit der Kontinuitätsgleichung erfaßt.

Sie lautet:

$$V = A_i \cdot w = \text{konst.} \qquad (1)$$

Die nachfolgenden Beziehungen gelten für Flüssigkeiten. Sie können aber auch für Gase mit ausreichender Genauigkeit verwendet werden.

4.1.1 Bestimmung des lichten Rohrdurchmessers:

$$d_i = 18{,}8 \cdot \sqrt{\frac{V'}{w}} \text{ bzw. } d_i = 35.7 \cdot \sqrt{\frac{V''}{w}} \qquad (2)$$

4.1.2 Ermitteln der Durchflußgeschwindigkeit

$$w = 354 \cdot \frac{V'}{d_i^2} \text{ bzw. } w = 1275 \cdot \frac{V''}{d_i^2} \qquad (3)$$

Richtwerte für übliche Durchflußgeschwindigkeiten sind:

Flüssigkeiten:	w = 0,5 bis 1,0 m/s für Saugleitungen
	w = 1,0 bis 3,0 m/s für Druckleitungen
Gase:	w = 10 bis 30 m/s

In Gleichung (1) bis (3) bedeuten:

A_i	= lichter Rohrquerschnitt	(mm^2)
d_i	= Rohrinnendurchmesser	(mm)
V'	= Durchflußvolumen	(m^3/h)
V"	= Durchflußvolumen	(l/s)
w	= Durchflußgeschwindigkeit	(m/s)

4.1.3 Hydraulische Kennwerte

4.1.3.1 Reynoldszahl

Die Reynoldszahl (Re) gibt das Verhältnis der an den Strömungsteilchen angreifenden Trägheitskräfte zu den Zähigkeitskräften an. Sie kann wie folgt ermittelt werden:

$$Re = \frac{w \cdot d_i}{10^3 \cdot \nu} \qquad (4)$$

Bei kreisrunden Rohrleitungen herrscht laminare Strömung unterhalb der kritischen Reynoldszahl $Re_{krit} = 2320$. Liegt die Reynoldszahl über dem kritischen Wert, so handelt es sich um turbulente Strömungen.

Laminare Strömung tritt in der Praxis insbesondere beim Transport viskoser Durchflußstoffe, wie z. B. Schmieröle, auf. In den meisten Anwendungsfällen, so auch bei wäßrigen Durchflußstoffen, handelt es sich um turbulente Strömungen mit einer wesentlich gleichmäßigeren Geschwindigkeitsverteilung über dem Rohrquerschnitt als bei der laminaren Strömung.

4.1.3.2 Rohrreibungszahl

Zur Ermittlung hydraulischer Verluste in Rohrleitungen wird die dimensionslose Rohrreibungszahl λ benötigt. Für laminare Strömungen in kreisrunden Rohren (Re < 2320) gilt:

$$\lambda = \frac{64}{Re} \qquad (5)$$

Für turbulente Strömungen (Re > 2320) kann λ unter Verwendung von Bild 1 (Anhang) bestimmt werden. Bei Ermittlung der Rohrreibungszahl ist der Rauhigkeitsbeiwert mit k = 0,01 einzusetzen, obwohl in der Literatur k = 0,007 für Kunststoffrohrleitungen angegeben wird. Für praxisbezogene Überschlagsrechnungen genügt es, die hydraulischen Verluste von Rohrleitungsstrecken mit $\lambda = 0{,}02$ zu ermitteln.

In Gleichung (4) und (5) bedeuten:

di	= Rohrinnendurchmesser	(mm)
Re	= Reynoldszahl	(–)
w	= Durchflußgeschwindigkeit	(m/s)
λ	= Rohrreibungszahl	(–)
ν	= kinematische Zähigkeit (für Wasser von 20°C = $1{,}0 \cdot 10^{-6}$)	(m^2/s)

4.1.4 Ermitteln der hydraulischen Verluste

Stoffströme in Rohrleitungen verursachen Reibung und damit Energieverluste, die sich durch einen Druckabfall bemerkbar machen. Maßgebend für die Größe der Verluste sind:

- die Länge der Rohrleitung
- die Rohrquerschnittsform
- die Rohrrauhigkeit
- die Geometrie der Formstücke, Armaturen und Rohrverbindungen
- die Zähigkeit und Dichte des Durchflußstoffes
- die Art der Strömung (laminar oder turbulent)

Der gesamte Druckverlust in einem Rohrsystem ergibt sich aus der Summe folgender Einzelverluste:

$$\Delta p_{ges} = \Delta p_R + \Delta p_{RF} + \Delta p_{RA} + \Delta p_{RV} \qquad (6)$$

In Gleichung (6) bedeuten:

Δp_R	= Druckverlust der geraden Rohrstrecken	(bar)
Δp_{RF}	= Druckverlust der Formstücke	(bar)
Δp_{RA}	= Druckverlust der Armaturen	(bar)
Δp_{RV}	= Druckverlust der Verbindungsstellen	(bar)

4.1.4.1 Druckverlust in der geraden Rohrstrecke

Der Druckverlust in einer geraden Rohrstrecke ist umgekehrt proportional zum Rohrdurchmesser.

Daraus folgt:

$$\Delta p_R = \lambda \cdot \frac{L}{d_i} \cdot \frac{\rho}{2 \cdot 10^2} \cdot w^2 \qquad (7)$$

In Gleichung (7) bedeuten:

Δp_R	= Druckverlust in der geraden Rohrstrecke	(bar)
λ	= Rohrreibungszahl	(–)
L	= Länge der geraden Rohrstrecke	(m)
d_i	= Innendurchmesser der Rohrleitung	(mm)
ρ	= Dichte des Durchflußstoffes	(kg/m^3)
w	= Durchflußgeschwindigkeit	(m/s)

4.1.4.2 Druckverlust in Rohrformstücken

In Formstücken treten erhebliche Reibungs-, Umlenk- und Ablöseverluste auf.

Der Druckverlust wird wie folgt ermittelt:

$$\Delta p_{RF} = \zeta_{RF} \cdot \frac{\rho}{2 \cdot 10^5} \cdot w^2 \qquad (8)$$

Hinweis: Die Tabelle 9 im Anhang enthält eine Auswahl von Widerstandsbeiwerten für verschiedene Rohrformstücke.

4.1.4.3 Druckverlust an Rohrverbindungsstellen

Exakte Angaben zu Druckverlusten an den Rohrverbindungsstellen sind nicht möglich, weil die geometrischen Abmessungen (z. B. Schweißwulste) sehr unterschiedlich ausfallen. Es wird empfohlen, für alle Verbindungsstellen in einem Kunststoffrohrsystem wie Stumpf- und Muffenschweißungen sowie für Flansche einen Widerstandsbeiwert von jeweils

$$\zeta_{RV} = 0{,}1 \ (–)$$

der Druckverlustberechnung zugrunde zu legen.

Hieraus folgt:

$$\Delta p_{RV} = \zeta_{RV} \cdot \frac{\rho}{2 \cdot 10^5} \cdot w^2 \qquad (9)$$

In Gleichung (8) und (9) bedeuten:

Δp_{RF}, Δp_{RV}	= Druckverlust Formteil, Verbindungsstelle	(bar)
ζ_{RF}	= Widerstandsbeiwert des Formteils	(–)
ζ_{RV}	= Widerstandsbeiwert der Verbindungsstelle	(–)
ρ	= Dichte des Durchflußstoffes	(kg/m^3)
w	= Durchflußgeschwindigkeit	(m/s)

Zur überschlägigen Ermittlung des Druckverlustes an den Verbindungsstellen einer Rohrleitung genügt die Berücksichtigung eines Zuschlags von etwa 15% auf den Druckverlust der geraden Rohrstrecke Δp_R und der Formteile Δp_{RF}.

4.1.4.4 Druckverlust in Armaturen

Der Druckverlust in Armaturen kann wie folgt ermittelt werden:

$$\Delta p_{RA} = \zeta_{RA} \cdot \frac{\rho}{2 \cdot 10^5} \cdot w^2; \qquad (10)$$

In Gleichung (10) bedeuten:

Δp_{RA}	= Druckverlust in der Armatur	(bar)
ζ_{RA}	= Widerstandsbeiwert der Armatur	(–)
ρ	= Dichte des Durchflußstoffes	(kg/m^3)
w	= Durchflußgeschwindigkeit	(m/s)

Hinweis: Die Tabelle 10 im Anhang enthält Widerstandsbeiwerte von Armaturen, welche für überschlägige Berechnungen gedacht sind. Im speziellen Anwendungsfall sind die Angaben des jeweiligen Armaturenherstellers zu berücksichtigen.

4.1.4.5 Druckstöße in Rohrleitungen

Die Änderung stationärer Zustände in einem Rohrsystem, z. B. durch Betätigen einer schnellschließenden Armatur oder beim Einschalten von Pumpen, erzeugt eine Druckwelle. Durch Reflexion an Richtungs- und Querschnittsänderungen kommt es zu einer Druckerhöhung, die ein Vielfaches des Betriebsdruckes betragen kann (Druckstoß). Zur groben Abschätzung, ob eine Rohrleitung druckstoßgefährdet ist, kann folgende empirische Beziehung angewendet werden:

$$K = \frac{L_R \cdot w}{\sqrt{H_p}} \qquad (11)$$

In Beziehung (11) bedeuten:

K	= Druckstoßkenngröße	(–)
L_R	= Länge der Rohrleitung	(m)
w	= Durchflußgeschwindigkeit	(m/s)
H_p	= Förderhöhe der Pumpe	(m)

Hinweis: Für K > 70 und unter gleichzeitiger Verwendung schnellschließender Armaturen wird eine gesonderte Druckstoßberechnung empfohlen.

4.2 Festigkeitsberechnungen

Festigkeitsberechnungen zu thermoplastischen Kunststoffrohrleitungen sind grundsätzlich auf der Basis von Langzeit-Kennwerten für eine rechnerische Standzeit von 25 Jahren vorzunehmen. Die Festigkeitskennwerte können, in Abhängigkeit zur Betriebstemperatur, den Zeitstandkurven der Hersteller, den Rohrgrundnormen oder der Richtlinie DVS 2205-1 bzw. DIN EN 1778 entnommen werden.

In besonderen Fällen kann die Festigkeitsberechnung für eine Standzeit < 25 Jahre erfolgen, sofern dies zwischen Auftraggeber und Hersteller der Rohrleitung bzw. mit der projektierenden Stelle ausdrücklich vereinbart wurde. Die Ermittlung der zulässigen Spannung ist nach der Richtlinie DVS 2205-1 bzw. nach DIN EN 1778 vorzunehmen.

4.2.1 Bestimmen der Rohrwanddicke

Die Mindestwanddicke beträgt:

$$s_{min} = \frac{p \cdot d_a}{20 \cdot \sigma_{zul} + p} \qquad (12)$$

In Gleichung (12) bedeuten:

s_{min} = rechnerische Rohrwanddicke (mm)
p = innerer Überdruck (bar)
d_a = Rohraußendurchmesser (mm)
σ_{zul} = zulässige Spannung (N/mm^2)

Nach Ermittlung der rechnerischen Rohrwanddicke muß die Ausführungswanddicke unter Berücksichtigung der Nenndruckstufe bzw. Reihe der jeweiligen Rohrnorm bestimmt werden. Wanddickenzuschläge (z. B. beim Einsatz von PP-Rohrleitungen im Freien ohne UV-Schutz oder beim Transport abrasiver Stoffe) sind zu berücksichtigen.

4.2.2 Bestimmen von Formstückwanddicken

4.2.2.1 Mindestwanddicke an Rohrbogen

Für Rohrbögen, die aus Rohr geformt oder aus Segmenten zusammengesetzt werden, sind die Mindestwanddicken gemäß Gleichungen (13) und (14) zu bestimmen. Bei spritzgegossenen Rohrbögen hat der Hersteller durch geeignete Prüfungen eine ausreichende Wanddicke nachzuweisen.

Für die Wanddicke an der Bogeninnenseite gilt:

$$s_{min} = \frac{p \cdot d_a}{20 \cdot \sigma_{zul} + p} \cdot f_{Bi} \qquad (13)$$

Für die Wanddicke an der Bogenaußenseite gilt:

$$s_{min} = \frac{p \cdot d_a}{20 \cdot \sigma_{zul} + p} \cdot f_{Ba} \qquad (14)$$

In Gleichung (13,14) bedeuten:

s_{min} = rechnerische Bogenwanddicke (mm)
p = innerer Überdruck (bar)
d_a = Bogenaußendurchmesser (mm)
σ_{zul} = zulässige Spannung (N/mm^2)
f_{Bi} = Faktor für die Bogeninnenseite nach Tabelle 1 (–)
f_{Ba} = Faktor für die Bogenaußenseite nach Tabelle 1 (–)

Tabelle 1. Faktoren zur Bestimmung von Bogenwanddicken.

Bogenradius	R	$1{,}0 \cdot d_a$	$1{,}5 \cdot d_a$	$2{,}0 \cdot d_a$	$2{,}5 \cdot d_a$
nahtlose Bogen	f_{Bi}	1,27	1,22	1,15	1,12
	f_{Ba}	0,92	0,93	0,95	0,96
Segmentbogen	f_{Bi}	1,59	1,50	1,44	1,40
	f_{Ba}	1,15	1,16	1,19	1,20

4.2.2.2 Mindestwanddicke an Rohrabzweigen

Der Ausschnitt für den abzweigenden Stutzen in der Rohrleitung führt zu einer Verschwächung des Kreisringes. Die Verschwächung muß durch eine Erhöhung der Wanddicke am Ausschnittsrand des Grundrohres kompensiert werden.

Kann die Wanddicke am Ausschnittsrand fertigungstechnisch nicht erhöht werden, so ist auf dem Formstück bzw. in der zugehörigen Bescheinigung (Werkszeugnis, Abnahmezeugnis) der zulässige innere Überdruck (bar) für 20°C/50 Jahre anzugeben.

Für die Wanddicke an Rohrabzweigen gilt generell:

$$s_{min} = \frac{p \cdot d_a}{(20 \cdot \sigma_{zul} + p) \cdot v_{RF}} \qquad (15)$$

In Gleichung (15) bedeuten:

s_{min} = rechnerische Bogenwanddicke (mm)
p = innerer Überdruck (bar)
d_a = Bogenaußendurchmesser (mm)
σ_{zul} = zulässige Spannung (N/mm^2)
v_{RF} = Verschwächungsfaktor des Formstücks (–)

Einzelheiten zur Bestimmung der Verschwächungsfaktoren sowie Maßnahmen zur Ausschnittsverstärkung können den AD-Merkblättern B 9 bzw. N 1 entnommen werden.

4.2.3 Spannungsnachweis

Zur Ermittlung des Gesamtspannungszustandes müssen alle in einem Rohrsystem wirkenden Beanspruchungen in ihrer Größe und Richtung berechnet werden. Die Größe der Beanspruchung (Spannung) ist nach den Gleichungen (16) bis (20) zu bestimmen. Die Richtung der jeweiligen Spannung wird wie folgt festgelegt:

X-Achse: parallel zur Rohrlängsachse (senkrecht zum Rohrquerschnitt)
Y-Achse: tangential zum Rohrquerschnitt
Z-Achse: radial zum Rohrquerschnitt

Alle in gleicher Richtung wirkenden Spannungen sind unter Berücksichtigung ihres Vorzeichens (+, –) zu addieren. Ein direkter Vergleich mit Festigkeitskennwerten, welche unter einachsiger Belastung ermittelt wurden, ist möglich.

Die nicht in gleicher Richtung wirkenden Spannungen müssen in eine Vergleichsspannung (σ_V) unter Verwendung einer Festigkeitshypothese überführt werden. Beim Vergleich der vorhandenen mit den zulässigen Spannungen ist darauf zu achten, ob diese ein- oder mehrachsig sind. Einzelheiten zu den verschiedenen Festigkeitshypothesen sind der Fachliteratur zu entnehmen.

Für den Geltungsbereich dieser Richtlinie liegen die Vergleichsspannungen aus Innendruckbeanspruchung von Ohren in Form der Zeitstandkurven vor, so daß eine direkte Beziehung zu den ermittelten Spannungen hergestellt werden kann.

4.2.3.1 Ermittlung der Spannungskomponenten

Spannung in Längsrichtung (X-Achse) aus innerem Überdruck:

$$\sigma_l = \frac{p}{10} \cdot \frac{1}{(d_a/d_i)^2 - 1} \mathrel{\hat{=}} \sigma_x \qquad (16)$$

Spannung in Umfangsrichtung (Y-Achse) aus innerem Überdruck:

$$\sigma_u = \frac{p}{10} \cdot \frac{(d_a/d_i)^2 + 1}{(d_a/d_i)^2 - 1} \mathrel{\hat{=}} \sigma_y \qquad (17)$$

Spannung in Radialrichtung (Z-Achse) aus innerem Überdruck:

$$\sigma_r = -\frac{p}{10} \mathrel{\hat{=}} \sigma_z \qquad (18)$$

Spannung in Längsrichtung (X-Achse) aus Rohrbiegung:

$$\sigma_b = \frac{q \cdot L_A^2}{8 \cdot W_R} \mathrel{\hat{=}} \sigma_x \qquad (19)$$

Spannung in Längsrichtung (X-Achse) aus verhinderter Wärmedehnung:

$$\sigma_\vartheta = \pm\alpha \cdot \Delta\vartheta \cdot E_c \mathrel{\hat{=}} \sigma_x \qquad (20)$$

In Gleichung (16) bis (20) bedeuten:

$\sigma_{l,u,r,b}$ = Spannung in Richtung x,y,z (N/mm^2)
p = innerer Überdruck (bar)
d_a = Rohraußendurchmesser (mm)
d_i = Rohrinnendurchmesser (mm)
W_R = Rohr-Widerstandsmoment (mm^3)
q = Streckenlast aus Rohr-, Füll- und Zusatzgewicht (N/mm)
L_A = vorhandener Unterstützungsabstand (mm)
α = thermischer Längenausdehnungskoeffizient (1/K)
$\Delta\vartheta$ = Temperaturdifferenz (auch dT) (K)
E_c = Kriechmodul (N/mm^2)

4.2.4 Dehnungsnachweis

Die Belastungen im Rohrsystem führen neben den Spannungen zu Dehnungen, die sich in werkstoffabhängigen Grenzen bewegen müssen. Wird dies nicht beachtet, so kann langzeitig eine

Schädigung des Rohrsystems an der beanspruchten Stelle eintreten. Für den üblichen Anwendungsfall wird die Dehnung im Rohr folgendermaßen berechnet:

Dehnung in X-Richtung:

$$\varepsilon_{\sigma x} = \frac{100}{E_c} \cdot [\sigma_x - \mu \cdot (\sigma_y + \sigma_z)] \qquad (21)$$

Dehnung in Y-Richtung:

$$\varepsilon_{\sigma y} = \frac{100}{E_c} \cdot [\sigma_y - \mu \cdot (\sigma_x + \sigma_z)] \qquad (22)$$

In Gleichung (21) und (22) bedeuten:

$\varepsilon_{\sigma x}$, $\varepsilon_{\sigma y}$ = Dehnung in der jeweiligen Spannungsrichtung x, y (%)
σ_x, σ_y, σ_z = Spannung in Richtung x, y, z (N/mm^2)
μ = Querkontraktionszahl = 0,38 für Thermoplaste (–)
E_c = Kriechmodul (N/mm^2)

Es muß nach Gleichung (21) und (22) die jeweils größte Dehnung ermittelt und mit dem Grenzwert ε_{grenz} verglichen werden. Die Sicherheit ergibt sich wie folgt:

$$S_\varepsilon = \frac{\varepsilon_{grenz}}{\varepsilon_{max}} \geq 1{,}3 \qquad (23)$$

In Gleichung (23) bedeuten:

S_ε = Sicherheit gegen Grenzdehnung (–)
ε_{grenz} = Dehngrenzwert nach DVS 2205-1 (%)
ε_{max} = nach Gleichung (21) und (22) ermittelte Dehnung (%)

4.3 Berechnungen zur Rohrverlegung

4.3.1 Ermitteln von Längenänderungen

Längenänderungen in einem Kunststoffrohrsystem können durch Prüf- oder Betriebsvorgänge ausgelöst werden. Es sind zu unterscheiden:

- Längenänderungen durch Temperaturwechsel
- Längenänderungen durch inneren Überdruck
- Längenänderungen durch chemische Einwirkung

4.3.1.1 Längenänderungen durch Temperaturwechsel

Wird die Rohrleitung unterschiedlichen Temperaturen (Betriebs- oder Umgebungstemperaturen) ausgesetzt, so verändert sie ihre Lage entsprechend den Bewegungsmöglichkeiten der einzelnen Rohrstrecken. Als Rohrstrecke wird der Abstand zwischen zwei Festpunkten angesehen.

Für die Berechnung von temperaturabhängigen Längenänderungen gilt:

$$\Delta l_\vartheta = \alpha \cdot L \cdot \Delta\vartheta \qquad (24)$$

In Gleichung (24) bedeuten:

Δl_ϑ = temperaturabhängige Längenänderung (mm)
α = linearer Ausdehnungskoeffizient nach Tabelle 2 (mm/m · K bzw. 1/K)
L = Länge der betrachteten Rohrstrecke (m bzw. mm)
$\Delta\vartheta$ = Temperaturdifferenz [dT = max T – min T] (K)

Bei der Festlegung von $\Delta\vartheta$ ist die niedrigste und höchste Rohrwandtemperatur T_R bei Montage, Betrieb oder Stillstand der Anlage anzusetzen.

Tabelle 2. Mittlere thermische Ausdehnungskoeffizienten.

α-Mittelwerte	mm/(m · K)	1/K
PE	0,18	$1{,}8 \cdot 10^{-4}$
PP	0,16	$1{,}6 \cdot 10^{-4}$
PVDF	0,13	$1{,}3 \cdot 10^{-4}$
PVC-C	0,07	$0{,}7 \cdot 10^{-4}$
PVC-U	0,08	$0{,}8 \cdot 10^{-4}$

4.3.1.2 Längenänderungen durch Innendruckbelastung

Die durch den inneren Überdruck hervorgerufene Längsdehnung einer geschlossenen und reibungsfrei gelagerten Rohrstrecke beträgt:

$$\Delta l_p = \frac{0{,}1 \cdot p \cdot (1 - 2\,\mu)}{E_c \cdot \left(d_a^2/d_i^2 - 1\right)} \cdot L \qquad (25)$$

In Gleichung (25) bedeuten:

Δl_p = Längenänderung durch inneren Überdruck (mm)
L = Länge der betrachteten Rohrstrecke (mm)
p = innerer Überdruck (bar)
μ = Querkontraktionszahl = 0,38 für Thermoplaste (–)
E_c = Kriechmodul (N/mm^2)
d_a = Rohraußendurchmesser (mm)
d_i = Rohrinnendurchmesser (mm)

4.3.1.3 Längenänderungen durch chemische Einwirkung

Unter Einwirkung bestimmter Durchflußstoffe (z. B. Lösemittel) kann es bei thermoplastischen Rohrleitungen zu einer Längenzunahme sowie Vergrößerung des Rohrdurchmessers kommen (Quellung). Gleichzeitig wird eine Minderung der Festigkeitskennwerte registriert. Zur Sicherstellung eines störungsfreien Betriebs von lösemittelbeaufschlagten Rohrleitungen aus Thermoplasten wird empfohlen, die Dimensionierung für den Belastungsfall Quellung mit einem Faktor von

$$f_Q = 0{,}025 \ldots 0{,}040 \text{ (mm/mm)}$$

vorzunehmen.

Die erwartete Längenänderung einer Rohrstrecke unter Lösemitteleinwirkung kann demnach wie folgt ermittelt werden:

$$\Delta l_Q = f_Q \cdot L \qquad (26)$$

In Beziehung (26) bedeuten:

Δl_Q = Längenänderung aus Quellung (mm)
L = Länge der betrachteten Rohrstrecke (mm)
f_Q = Faktor für chemische Einwirkung (mm/mm)

Hinweis: Für anwendungsbezogene Berechnungen von lösemittelbeaufschlagten Rohrleitungen aus thermoplastischen Kunststoffen muß der f_Q-Faktor durch gezielte Untersuchungen ermittelt werden. Besondere Maßnahmen hinsichtlich der Betriebssicherheit von quellungsgefährdeten Rohrleitungen werden in Abschnitt 3.2.4.1 beschrieben.

4.3.2 Kompensation von Längenänderungen

Rohrleitungen aus thermoplastischen Kunststoffen sind in der Regel so zu verlegen, daß eine Kompensation von Längenänderungen sichergestellt ist. In den meisten Fällen können Richtungsänderungen im Rohrleitungsverlauf zur Kompensation herangezogen werden. Ist dies nicht möglich, so bedarf es des Einbaus zusätzlicher Kompensationselemente. Die Verwendung von Kompensatoren bzw. Schiebemuffen wird im Abschnitt 5.6 behandelt.

4.3.2.1 Dimensionieren von Dehnungsbogen

Die einfachste Art der Kompensation von Längenänderungen in thermoplastischen Kunststoffrohrleitungen erfolgt mittels Dehnungsbogen in L-Form (90°-Richtungsänderungen). Der L-Dehnungsbogen wird häufig auch als Biegeschenkel bezeichnet. Die Mindestabmessungen von L-Dehnungsbogen ergeben sich nach folgender Gleichung:

$$L_B = \sqrt{\frac{3 \cdot d_a \cdot L_{1,2} \cdot \varepsilon \cdot E_{cm}}{\text{zul}\,\sigma_b}} \qquad (27)$$

In Gleichung (27) bedeuten:

L_B = erforderliche Länge des jeweiligen Biegeschenkels (mm)
$L_{1,2}$ = Systemlängen des Dehnungsbogens (mm)
d_a = Rohraußendurchmesser (mm)
E_{cm} = mittlerer Biegekriechmodul für t = 25a (N/mm^2)
zul $\sigma - \sigma_l$ = zulässiger Biegespannungsanteil für t = 25a (N/mm^2)
ε = Längsdehnung nach Gleichung (29 ... 31) (–)

Hinweise zur Dimensionierung von Dehnungsbogen:

Die konstruktive Ausführung von L-, Z- und U-Dehnungsbogen kann nach den Bildern 8 bis 10 gewählt werden. Die Ermittlung der jeweiligen Biegeschenkellängen L_B erfolgt sinngemäß nach Gleichung (27) mit E_{cm} bei T_m = 0,5 · (min T + max T).

Zur vereinfachten Biegeschenkelbestimmung dienen die Bilder 2 bis 7, wobei für $\sigma_b > 0{,}15\ \sigma_v$ wiederum Gleichung (27) anzuwenden ist.

Achtung: Die Bestimmung von L-, Z- und U-Dehnungsbogen, unter Verwendung der vorgenannten Unterlagen, ersetzt nicht den Spannungsnachweis.

4.3.3 Festpunktbelastungen

4.3.3.1 Festpunktbelastung ohne Kompensation der Längenänderung

Wird die Längenänderung einer geraden Rohrstrecke durch Einbau von Festpunkten verhindert, so entsteht ein axial eingespanntes System. Die axial eingespannte Rohrleitung muß hinsichtlich ihrer Dimensionierung als Sonderfall betrachtet werden. Folgende Systemgrößen sind rechnerisch zu bestimmen:

- die Festpunktbelastung
  siehe Gleichung (28)
- der erforderliche Führungsabstand des Rohres
  siehe Gleichung (34)
- die Zug-/Druckspannungen und -dehnungen
  siehe Gleichung (20) und (21)

Die größte Festpunktbelastung tritt am geraden, axial eingespannten Rohrstrang auf. Sie beträgt in allgemeiner Form:

$$F_{FP} = A_R \cdot E_c \cdot \varepsilon \qquad (28)$$

In Gleichung (28) bedeuten:

F_{FP} = Festpunktbelastung im eingespannten Rohrstrang (N)
A_R = Rohrwandringfläche (mm^2)
E_c = Kriechmodul für t = 100 min (N/mm^2)
ε = verhinderte Längsdehnung (–)

Unter Berücksichtigung der möglichen Lastfälle ist ε wie folgt in Gleichung (28) einzusetzen:

Lastfall Wärmedehnung: $$\varepsilon = \alpha \cdot \Delta\vartheta \qquad (29)$$

Lastfall Innendruck: $$\varepsilon = \frac{0{,}1 \cdot p \cdot (1 - 2\,\mu)}{E_c \cdot \left(d_a^2/d_i^2 - 1\right)} \qquad (30)$$

Lastfall Quellung: $$\varepsilon = 0{,}025 \ldots 0{,}040 \qquad (31)$$

In Gleichung (29 ... 31) bedeuten:

ε = verhinderte Längsdehnung (–)
α = thermischer Längenausdehnungskoeffizient (1/K)
$\Delta\vartheta$ = Temperaturdifferenz (K)
p = innerer Überdruck (bar)
d_a/d_i = Rohraußen-/innendurchmesser (mm)
E_c = Kriechmodul für t = 100 min (N/mm^2)
μ = Querkontraktionszahl (–)

4.3.3.2 Festpunktbelastung mit Kompensation der Längenänderung

Die Festpunktbelastung an L-, Z- und U-Dehnungsbogen ist wesentlich geringer als bei der geraden, axial eingespannten Rohrstrecke. Die Belastung ist abhängig von der jeweiligen Geometrie des Dehnungsbogens.

Allgemein gilt: Je „weicher" der Rohrleitungsverlauf zwischen zwei Festpunkten ist, desto geringer sind die Reaktionskräfte (Festpunktbelastung) aus der Verformungsarbeit in den Biegeschenkeln. Bei langen Rohrstrecken ist zu beachten, daß bei der Festpunktbelastung die Reibung der Rohr-Gleitlager berücksichtigt werden muß.

Für den L-Dehnungsbogen kann die Festpunktbelastung aus Bogenverformung ohne Reibung in den Gleitlagern näherungsweise wie folgt ermittelt werden:

$$F_{LB} = \frac{12 \cdot \Delta l \cdot E_c \cdot J_R}{L_B^3} \qquad (32)$$

In Gleichung (32) bedeuten:

F_{LB} = Festpunktbelastung am L-Dehnungsbogen (N)
L_B = Länge des Biegeschenkels (mm)
Δl = Längenänderung nach Gleichung (23 ... 25) (mm)
E_c = Kriechmodul für t = 100 min (N/mm^2)
J_R = Rohr-Trägheitsmoment (mm^4)

Hinweis: Berechnungen zur exakten Ermittlung der Festpunktbelastung von ebenen Systemen wie L-, Z- und U-Dehnungsbogen sowie die Belastung in räumlichen Systemen sind innerhalb einer Elastizitätsuntersuchung zu behandeln. Auf die entsprechende Literatur sowie PC-Rechenprogramme wird verwiesen.

4.3.4 Ermitteln der Rohrstützweiten

Die Unterstützungsabstände von thermoplastischen Kunststoffrohrleitungen sind unter Beachtung der zulässigen Biegespannung und einer begrenzten Durchbiegung des Rohrstranges zu bestimmen. Als Richtwert für die zulässige Durchbiegung kann $L_A/500$ bis $L_A/750$ angenommen werden. Unter Berücksichtigung der vorgenannten Durchbiegung einer Rohrstrecke zwischen den Auflagepunkten ergibt sich ein zulässiger Unterstützungsabstand der Rohrleitung von:

$$L_A = f_{LA} \cdot \sqrt[3]{\frac{E_c \cdot J_R}{q}} \qquad (33)$$

In Gleichung (33) bedeuten:

L_A = zulässiger Unterstützungsabstand (mm)
f_{LA} = Faktor für die Durchbiegung (0,80 ... 0,92) (–)
E_c = Kriechmodul für t = 25a (N/mm^2)
J_R = Rohr-Trägheitsmoment (mm^4)
q = Streckenlast aus Rohr-, Füll- und Zusatzgewicht (N/mm)

Hinweis: Der Faktor f_{LA} ist in Abhängigkeit zum Rohraußendurchmesser d_a festzulegen. Dabei gilt die folgende Beziehung:

min ← d_a → max
0,92 ← f_{LA} → 0,80

Übliche Stützweiten von thermoplastischen Rohrleitungen können den Tabellen 13 bis 17 entnommen werden.

4.3.5 Ermitteln der Führungsabstände bei axial eingespannten Rohrstrecken

Werden Rohrleitungen so verlegt, daß eine axiale Bewegung nicht möglich ist, muß für die Betriebssicherheit die kritische Knicklänge beachtet werden. Die zu bestimmenden Abstände der Rohrführungen müssen eine Knicksicherheit von min S_K = 2,0 aufweisen. Ist der erforderliche Führungsabstand L_F kleiner als der errechnete Unterstützungsabstand L_A nach Gleichung (33), so ist L_A auf L_F zu reduzieren.

Werden axial eingespannte Rohrleitungen mit erhöhter Temperatur betrieben, so ist der nach Gleichung (34) ermittelte Führungsabstand um 20% zu verringern. Die als erhöht anzusehenden Betriebstemperaturen sind in Tabelle 3 zusammengefaßt.

Tabelle 3. Erhöhte Betriebstemperaturen in Kunststoffrohrleitungen.

Werkstoff	PE	PP	PVDF	PVC-C	PVC-U
Temperatur	>45°C	>60°C	>100°C	>80°C	>40°C

Für eine Mindestsicherheit von S_K = 2,0 beträgt der Rohrführungsabstand:

$$\text{erf } L_F = 3{,}17 \cdot \sqrt{\frac{J_R}{\varepsilon \cdot A_R}} \geq L_A \qquad (34)$$

In Gleichung (34) bedeuten:

L_F = erforderlicher Abstand der Rohrführungslager (mm)
J_R = Rohr-Trägheitsmoment (mm^4)
A_R = Rohrwandringfläche (mm^2)
ε = verhinderte Dehnung gemäß Gleichung (29) bis (31) (–)

Eine vereinfachte Ermittlung der Rohrführungsabstände ist unter Zuhilfenahme der Tabelle 20 möglich.

5 Ausführungsplanung

Die Betriebssicherheit und Lebensdauer der thermoplastischen Kunststoffrohrleitung wird wesentlich durch die Eigenschaften des jeweiligen Werkstoffes sowie die Qualität der Ausführung beeinflußt. Zur Vorbereitung der Lieferung, Fertigung und Montage von Rohrleitungsteilen dient die Ausführungsplanung, die der Rohrleitungshersteller vorzunehmen hat.

Dazu müssen Rohrleitungsteile wie

- Rohre
- Formstücke
- Verbindungsteile
- Armaturen
- Kompensatoren
- Befestigungen

hinsichtlich Werkstoffe, konstruktiver Gestaltung und Verarbeitung aufeinander abgestimmt werden.

5.1 Rohre

Die Abmessungen der Rohre sowie die allgemeinen Qualitätsanforderungen im Rahmen der Herstellung und Lieferung sind in den Grundnormen festgelegt und bedürfen keiner weiteren Erläuterung. Die Einhaltung der Qualitätsanforderungen soll durch eine entsprechende Lieferbescheinigung des Herstellers nach DIN EN 10204 dokumentiert werden.

5.2 Rohrformstücke

Die Abmessungen und Anschlußmaße der Formstücke sind weitestgehend standardisiert. Sie entsprechen bezüglich Außendurchmesser und Wanddicke der jeweiligen Rohrreihe. Darüber hinaus haben die Hersteller für verschiedene Formstücke eigene Maßfestlegungen getroffen, welche nicht in Normen überführt wurden.

Bei der Ausführungsplanung ist zu beachten, daß Sonderkonstruktionen mit einer Häufung von Verbindungen möglichst vermieden werden sollen. Sind solche Konstruktionen nicht vermeidbar, muß die Herstellung durch einen anerkannten Fachbetrieb erfolgen. Die Einhaltung der Qualitätsanforderungen bei der Herstellung von Formstücken und Sonderkonstruktionen muß durch eine entsprechende Lieferbescheinigung des Herstellers nach DIN EN 10204 dokumentiert werden.

5.3 Rohrverbindungen

Neben dem Schweißen und Kleben werden Flansche, Verschraubungen, Muffen und Kupplungen zur Verbindung thermoplastischer Rohrleitungen verwendet. Bei der Wahl der jeweiligen Verbindungsart sind die nachfolgend aufgeführten Gesichtspunkte besonders zu berücksichtigen.

Kriterien zur Auswahl einer Rohrverbindung:

- Betriebssicherheit
- Dichtheitsgrad
- Einfluß des Durchflußstoffes
- Kostenaufwand

Die lösbare Rohrverbindung ermöglicht z. B. eine zerstörungsfreie Demontage und einfache Wiedermontage von Rohrleitungsteilen und ist auch an schwer zugänglichen Stellen einsetzbar. Andererseits kann mittels Schweißen und Kleben eine homogene und wartungsfreie Verbindung erzielt werden, was insbesondere bei Durchflußstoffen mit großem Gefährdungspotential von übergeordneter Bedeutung ist. Die Entscheidung, welche der genannten Kriterien Priorität haben soll, hat der Rohrleitungshersteller unter Abwägung der Risiken für Personen und Umwelt zu treffen.

5.3.1 Schweißen von PE-, PP- und PVDF-Rohrleitungsteilen

Das Verbinden von PE-, PP- und PVDF-Rohrleitungsteilen mittels Schweißen hat unter Beachtung der in Abschnitt 10 genannten Normen, Richtlinien und Vorschriften zu erfolgen. Die einzelnen Schweißverfahren sind ausführlich beschrieben und bedürfen hinsichtlich ihrer Anwendung keiner weiteren Erläuterung.

Die im thermoplastischen Kunststoffrohrleitungsbau üblichen Schweißverfahren sind:

- **Heizelementstumpfschweißen (HS)**
- **Heizelementmuffenschweißen (HD)**
- **Heizwendelschweißen (HM)**

Das Heizelementstumpfschweißen ist uneingeschränkt für alle lieferbaren Rohrabmessungen anwendbar. Der erzielbare Fügefaktor garantiert eine hohe Betriebssicherheit und langzeitige Verfügbarkeit der Rohrleitung.

Das Heizelementmuffen- und Heizwendelschweißen ist in seiner Anwendung durch die zur Verfügung stehenden Formteile begrenzt. Die Gleichwertigkeit zum Heizelementstumpfschweißverfahren ist gegeben. Soll das Heizwendelschweißen zum Verbinden von Rohrleitungsteilen eingesetzt werden, so ist die Widerstandsfähigkeit des Heizwendelwerkstoffes gegenüber dem Durchflußstoff zu prüfen.

Das Warmgasziehschweißen (WZ) sowie das Warmgas-Extrusionsschweißen (WE) darf nur in Ausnahmefällen zum Verbinden von Rohrleitungsteilen herangezogen werden. Die Gleichwertigkeit des Fügefaktors zu den vorgenannten Schweißverfahren ist nicht gegeben.

5.3.2 Kleben von Rohrleitungsteilen aus PVC

Das Verbinden von PVC-Rohrleitungsteilen mittels Kleben hat unter Beachtung der in Abschnitt 10 genannten Normen, Richtlinien und Vorschriften zu erfolgen. Die zur Klebeverbindung erforderlichen Muffen begrenzen den Anwendungsbereich hinsichtlich der Rohrnennweite. Die Gleichwertigkeit der Klebeverbindung zu den im thermoplastischen Kunststoffrohrleitungsbau üblichen Schweißverfahren ist gegeben.

5.3.3 Verbinden von Rohrleitungsteilen mittels Flanschen

Anschlüsse von Rohrleitungen an Behältern, Pumpen, Armaturen u. ä. sind in der Regel mittels Flanschverbindung vorzunehmen. In thermoplastischen Kunststoffrohrleitungen werden dazu überwiegend Vorschweißbunde bzw. Bundbuchsen mit Losflanschen verwendet. Festflanschverbindungen sollten nur in Sonderfällen Verwendung finden.

5.3.3.1 Vorschweißbunde und Bundbuchsen

Die Abmessungen und Qualitätsanforderungen der Vorschweißbunde und Bundbuchsen sind in den in Abschnitt 10 genannten Normen festgelegt. Bei Verwendung nicht genormter Vorschweißbunde und Bundbuchsen in Druckrohrleitungen hat der Rohrleitungshersteller einen geeigneten Nachweis zur Betriebssicherheit zu führen.

5.3.3.2 Los- und Blindflansche

Die Abmessungen der Flansche sind in den in Abschnitt 10 genannten Normen festgelegt. Bei der Wahl des Werkstoffes ist die zu erwartende Belastung des Flansches zu beachten. Grundsätzlich müssen Flansche in ihrer Konstruktion verwindungsfrei sein und dürfen unter Belastung nur unwesentlich zum Kriechen neigen. Die Flanschdicke kann der Belastung durch Festigkeitsberechnungen angepaßt werden. Beim Einbau der Losflansche sind die Vorschriften der Hersteller zu beachten.

5.3.3.3 Dichtungen für Flanschverbindungen

Unter Einbezug der Betriebsbedingungen und Dichtungskräfte ist die Auswahl geeigneter Flanschdichtungen in thermoplastischen Kunststoffrohrleitungen von folgenden Faktoren abhängig:

- Form
- Abmessungen
- Werkstoff

Form der Dichtung

Die Dichtung kann als flacher Ring, als Flachprofilring oder O-Ring ausgebildet sein. In vielen Anwendungsfällen genügt die herkömmliche Flachdichtung, welche in Übereinstimmung zur Nennweite aus 2 bis 5 mm dickem Tafelmaterial hergestellt wird. Die Anfertigung dieses Dichtungstyps auf der Baustelle ist möglich.

Bei erhöhten Betriebs- und Prüfdrücken haben sich profilierte Flachdichtungen sowie die O-Ring-Dichtung bewährt. Gegenüber dem Flachdichtring besteht die profilierte Flachdichtung aus zwei Komponenten. Zum einen aus dem balligen Flachdichtungsteil, welcher zusätzlich mit einer Stahleinlage armiert ist, und zum anderen aus dem Profildichtungsteil (O-Ring, Lippenring) an der Dichtungsinnenseite.

Die stabilisierte Profil-Flachdichtung sowie die O-Ringdichtung bieten folgende Vorteile:

- zuverlässige Dichtheit bei geringen Schraubenanzugsmomenten
- verwendbar bei höheren Innendrücken und innerem Unterdruck
- leichter Einbau auch in senkrechten Rohrsträngen
- geringer Einfluß der Flansch- bzw. Bundfläche
- Sicherheit beim Verbinden von Rohrleitungen aus unterschiedlichen Werkstoffen

Der Einsatz von Dichtungen, in Abhängigkeit zur Form, kann nach Tabelle 4 erfolgen.

Tabelle 4. Auswahlkriterien zur Dichtungsform.

Dichtungsform	empfohlene Einsatzgrenzen	Flansch- bzw. Bundausführung
Flachring	p bis 10 bar T bis 40°C	mit Dichtrillen
Flachring profiliert	p bis 16 bar T = gesamter Anwendungsbereich	mit oder ohne Dichtrillen
O-Ring	generelle Verwendung bis DN 200 p = –1 bis 16 bar T = gesamter Anwendungsbereich	Nutabmessungen: DIN 8063/4 DIN 16962/4 DIN 16963/4

Abmessungen der Dichtung

Die Dichtungsmaße sind in den Grundnormen für Rohrverbindungsteile festgelegt. Maßabweichungen beim Innen- oder Außendurchmesser der Dichtung gegenüber dem Vorschweißbund bzw. der Bundbuchse führen u.U. zu erhöhter mechanischer Belastung der Flanschverbindung, zu einem beschleunigten Abtrag der Dichtungsinnenseite sowie zu Ablagerungen im Rohrinnern.

Dichtungswerkstoff

Der zu wählende Dichtungswerkstoff wird durch den Durchflußstoff bestimmt. Einzelheiten zur Eignung des Dichtungswerkstoffes, d. h. seine chemische Widerstandsfähigkeit, können den Unterlagen der Dichtungshersteller entnommen werden.

Die Verwendung von Dichtungswerkstoffen mit größerer Härte, wie z.B. in Stahlrohrleitungen, ist in thermoplastischen Kunststoffrohrleitungen nur eingeschränkt möglich, weil durch die großen Dichtungskräfte eine Verformung des Flansches bzw. Bundes hervorgerufen wird. Vorzugsweise sind Elastomerwerkstoffe wie EPDM, CSM oder FPM mit einer Shore-A-Härte bis 70° zu verwenden.

5.3.4 Verschraubungen

Beim Einsatz von Verschraubungen in thermoplastischen Kunststoffrohrleitungen ist darauf zu achten, daß vom Hersteller die zulässige Druck- und Temperaturbelastbarkeit angegeben wird. Der Nachweis bezüglich Dichtheit der Verschraubung ist für die zulässigen Betriebsüberdrücke, gepaart mit unterschiedlichen Betriebstemperaturen, in Anlehnung an die werkstoffäquivalente Rohrnorm zu führen. Normen über Verschraubungen mit Angaben zu den Qualitätsanforderungen liegen vor.

5.3.5 Klemmverbindungen

Die Klemmverbindung kann sowohl im Zusammenhang mit einer Verschraubung als auch mit einer Flanschverbindung verwendet werden. Sie dient ausschließlich dem Verbinden metallischer Rohrleitungsteile mit thermoplastischen Kunststoffrohren. Die Qualitätsanforderungen der Klemmverbindung Metall/PE sind in Normen verankert.

Bei Verwendung von Klemmverbindungen ist auf den Nachweis der Typprüfung durch eine anerkannte Prüfstelle zu achten. Der Nachweis bezüglich Dichtheit der Klemmverbindung ist für die zulässigen Betriebsüberdrücke, gepaart mit unterschiedlichen Betriebstemperaturen, in Anlehnung an die werkstoffäquivalente Rohrnorm zu führen.

5.3.6 Kupplungen

Die Verwendung von Kupplungen beschränkt sich im wesentlichen auf die Verbindung mit Schläuchen. Im Bereich der Wasserversorgung und zur vorübergehenden Verbindung von Produktleitungen für den Transport ungefährlicher Durchflußstoffe mit Temperaturen bis etwa 20°C haben sich auch metallische Schalenkupplungen bewährt.

Die Vorteile der Kupplung liegen in der einfachen Handhabung und der Wiederverwendbarkeit. Als Nachteil muß die nachlassende Dichtheit bei längerer Betriebsdauer durch häufiges Ein- und Auskuppeln sowie Verschmutzung angesehen werden.

Wegen fehlender Normen für Kupplungen aus thermoplastischen Kunststoffen ist eine besonders sorgfältige Auswahl im Hinblick auf die Betriebssicherheit zu treffen. Die zulässige Druck- und Temperaturbelastbarkeit der Kupplung ist vom Hersteller anzugeben. Bei Verwendung von Kupplungen sind u.a. die berufsgenossenschaftlichen Vorschriften (z.B. der BG Chemie) zu beachten.

5.3.7 Steckmuffenverbindungen

Bei der Verbindung mittels Steckmuffe wird die Dichtheit im wesentlichen durch den inneren Überdruck bewirkt. Die übliche Steckmuffenverbindung ist nicht längskraftschlüssig und bedarf entsprechender Festpunkte im Rohrleitungsverlauf. Ausführungsvarianten mit Längskraftschlüssigkeit sind erhältlich, die zulässige Axialbelastung ist vom Hersteller anzugeben.

Kann es in Rohrleitungen, die mit Steckmuffen verbunden sind, zu einem inneren Unterdruck kommen, so besteht die Gefahr von Undichtheiten durch partielle Ablösung der Dichtung im Muffenspalt bei einer gleichzeitigen Unterwanderung von Schmutzteilchen. Geringe Rohrabwinkelungen in der Muffe sind meistens ohne Dichtigkeitseinbußen tolerierbar.

Längsbewegungen können entsprechend der zulässigen Distanz zwischen eingeschobenem Rohrende und Dichtung aufgenommen werden. Auf die entsprechenden Angaben der Hersteller ist zu achten. Bei der Montage ist dafür zu sorgen, daß die auftretenden Längenänderungen innerhalb des zulässigen Schiebeweges bleiben.

5.3.8 Gewindeanschlüsse

Zu Meß- und Prüfzwecken an einer Rohrleitung werden Gewindeanschlüsse für die entsprechenden Geräte benötigt. Dazu sind entweder Meßstutzen mit einem Innengewinde zu verwenden, die mittels Heizelementstumpfschweißverfahren mit dem Rohr verbunden oder, in einem Formteil integriert, in die Rohrleitung eingeflanscht werden.

In allen Fällen ist darauf zu achten, daß das metallische Gewindeteil fest und dicht mit dem Thermoplastteil verbunden ist. Die Verbindung darf auch nach mehrmaligem Ein- und Ausdrehen des Meßgerätes nicht undicht werden. Die Abdichtung hat mittels geeignetem Flachdichtring zu erfolgen. Hinsichtlich Austauschbarkeit ist die Verwendung von Formteilmeßstutzen zu empfehlen, die zwischen Flansche eingeklemmt werden können.

Für den Gewindeanschluß in thermoplastischen Rohrleitungen liegen noch keine Normen vor. Es bleibt deshalb dem Anwender vorbehalten, die Spezifikation hinsichtlich Ausführung und Qualitätsanforderungen deutlich abzufassen.

5.4 Armaturen

Armaturen sind Bauteile zur Bedienung von Rohrleitungsanlagen. Hinsichtlich Verwendung handelsüblicher Armaturen in thermoplastischen Rohrleitungen gibt es keine Einschränkungen. Aus Gewichtsgründen und rohräquivalentem Korrosionsschutz bietet sich der Einsatz von Kunststoffarmaturen an.

Das Angebot für Armaturen mit Gehäuse und Innengarnituren aus verschiedenen Kunststoffen ist umfassend. Die Betriebssicherheit ist durch die vom Hersteller anzugebenden Einsatzgrenzen für Innendruck und Temperatur zu gewährleisten.

Armaturen sollen so in die Rohrleitung eingebaut werden, daß eine gute Bedienbarkeit und ein problemloser Ausbau sichergestellt ist. An Stellen, wo das Gewicht der Armatur die Rohrleitung nachteilig belasten kann, ist für eine zusätzliche Unterstützung zu sorgen. Betätigungskräfte beim Öffnen oder Schließen der Armatur dürfen nicht auf die Rohrleitung übertragen werden.

5.4.1 Armaturenauswahl

Bei der Auswahl von Armaturen sind folgende Kriterien von Bedeutung:

- **zulässiger Betriebsdruck und -temperatur**
  Zu beachten ist der temperaturabhängige Anwendungsbereich von Kunststoffarmaturen. Einzelheiten dazu sind den Unterlagen der Hersteller zu entnehmen.
- **Art des Durchflußstoffes**
  z.B. Viskosität, Feststoffgehalt, chemische Belastung
- **Durchflußleistung**
  z. B. Strömungswiderstand, Druckverlust
- **Bauart**
  z. B. Baulänge, Öffnungs- und Schließzeit
- **Betätigungsart**
  z. B. manuell, elektrisch oder pneumatisch

Hinweis: Für übliche Armaturen wurde in Tabelle 11 eine Bewertung anhand verschiedener Auswahlkriterien vorgenommen.

5.4.2 Verwendung von Absperrklappen

Die Anpassung der Armaturennennweite auf den jeweiligen Innendurchmesser der thermoplastischen Kunststoffrohrleitung ist insbesondere bei der Verwendung von Absperrklappen mit kurzer Baulänge schwierig. Beim Einbau solcher Klappen ist darauf zu achten, daß die Klappenscheibe ganz geöffnet werden kann und nicht im Rohrinnern anstößt.

Für den Fall, daß die Klappenscheibe anstößt, wird empfohlen, beidseitig der Absperrklappe Übergangsstücke einzubauen, welche sowohl an den Rohrinnendurchmesser als auch an die Klappennennweite angepaßt werden können. Das trichterförmige Anschrägen der Vorschweißbunde ist nur zulässig, wenn hieraus keine nachteilige Beeinflussung der Flanschverbindung entsteht. Ein besonderer Nachweis für die Betriebssicherheit solcher Flanschverbindungen kann vom Auftraggeber verlangt werden.

5.5 Sicherheitstechnische Einrichtungen

Einrichtungen oder Geräte, welche sicherstellen, daß der zulässige Betriebsüberdruck oder die zulässige Betriebstemperatur nicht überschritten werden, müssen in ihrer Bauart zugelassen sein. Die einschlägigen Einbau- und Ausführungsrichtlinien sind zu beachten.

5.6 Kompensatoren und Schiebemuffen

Ist ein Längenausgleich mittels Dehnungsbogen nicht oder nur teilweise möglich, so können auch Kompensatoren oder Schiebemuffen verwendet werden. Bauart und Konstruktion der Kompensatoren bzw. Schiebemuffen müssen sich an der Größe und Richtung der aufzunehmenden Dehnung orientieren. Folgende Funktionsmerkmale sind zu beachten:

- **Axialkompensatoren** und **Dehnungsmuffen** dienen zur Aufnahme von Längenänderungen in Richtung der Rohrachse. Sie übertragen keine Längs- und Querkräfte. Um einwandfrei arbeiten zu können, benötigen sie eine exakte Führung der Rohrachse. Der Abstand zum nächsten Führungslager darf nach beiden Richtungen max. 3 × Rohrdurchmesser betragen.

  Bei Verwendung von Dehnungsmuffen in Rohrleitungen, die verschmutzte oder quellungsauslösende Durchflußstoffe transportieren, ist auf die Beeinträchtigung der Schiebefunktion zu achten.
- **Lateralkompensatoren** eignen sich zur Aufnahme von Längenänderungen quer zur Rohrachse. In der Ausführung mit Zugstangen-Längenbegrenzer sind sie ein kraftschlüssiges Element in axialer Richtung.
- **Angularkompensatoren** sind mit Gelenken ausgestattet und lassen durch entsprechende Anordnung im Rohrsystem größere Längenänderungen über eine Winkelverstellung zu.

Generell gilt: Zwischen zwei Festpunkten darf jeweils nur ein Kompensationselement angeordnet werden.

Die Reaktionskraft ergibt sich aus der Verformung des Kompensators und der Längskraft aus dem Innendruck, wenn es sich um eine nichtkraftschlüssige Ausführung handelt. Die hieraus resultierende Belastung ist bei der Dimensionierung der Festpunkte zu berücksichtigen.

5.7 Rohrhalterungen

Halterungen haben die Aufgabe, alle Belastungen einer Rohrleitung sicher aufzunehmen und auf ein Bauwerk bzw. eine Unterkonstruktion zu übertragen. Aufgrund der eingeschränkten und von der Temperatur abhängigen Festigkeit und Formstabilität von thermoplastischen Kunststoffrohrleitungen ergeben sich andere Anforderungen als bei metallischen Rohrleitungen.

Bei der Rohrleitungsverlegung ist so vorzugehen, daß zuerst das Halterungssystem installiert wird, welches die Rohrleitungsstränge aufnehmen soll. Mit dieser Vorgehensweise wird vermieden, daß unnötige Hilfskonstruktionen und ungeeignete Provisorien zum Einsatz kommen. Außerdem wird damit eine sichere Verlegemethode betrieben, welche unzulässige Belastungen der Rohrleitung während der Montage weitgehend ausschließt.

Die umgekehrte Vorgehensweise, d. h. das Anpassen von Halterungen an bereits verlegte und provisorisch befestigte Rohrleitungen ist nur in Ausnahmefällen zulässig. Insbesondere weil durch den nachträglichen Einbau der planmäßigen Halterungen Zwängungen entstehen können, die die Betriebssicherheit der Rohrleitung einschränken. Bei größeren Rohrleitungen nimmt, wenn die Provisorien keiner Festigkeitsbetrachtung unterworfen werden, die Gefahr des Versagens samt ihren Folgen zu. Ein derartiges Vorgehen ist daher nicht statthaft.

Grundsätzlich ist die Rohrhalterung nach der Funktion einzuordnen, die sie im Rohrsystem zu erfüllen hat. Beispiele zu den verschiedenen Funktionen sind den Bildern 11 bis 17 zu entnehmen.

5.7.1 Gleitlager (GL)

Das Gleitlager, Bild 11, in einer horizontal verlegten Rohrleitung kann nur vertikal gerichtete Kräfte (Lasten) aufnehmen. Es soll vor allem den betriebsbedingten Längenänderungen der Rohrleitung einen möglichst geringen Widerstand entgegensetzen. Die Bewegungsfreiheit muß sowohl in Rohrlängsrichtung als auch quer zur Rohrachse gegeben sein.

5.7.2 Führungslager (FL)

Das Führungslager muß ein seitliches Ausweichen der Rohrleitung verhindern. Es ist somit in der Lage, Querkräfte aufzunehmen, und wird z. B. in axial eingespannten Rohrstrecken zur Sicherung gegen Knicken benötigt. Das Führungslager kann, je nach Funktion, in Richtung der Rohrachse fest oder beweglich sein. Ein Schieben des Rohres in der Schelle, als Ersatz für ein Führungslager mit Gleitschuh, stellt eine unsichere Lösung dar und ist deswegen auszuschließen.

Typisierung der Führungslager:

Typ A: Führungslager mit Gleitschuh, Bild 12, welches eine Verschiebung in Rohrachse zuläßt. Wird z. B. in Nähe von Kompensatoren oder an den Enden von Dehnungsbogen eingebaut.

Typ B: Führungslager mit Befestigung auf einer Unterkonstruktion. Wird z. B. in Rohrstränge eingebaut, die an beiden Enden mit einem Festpunkt versehen sind. Eine axiale Bewegung ist nicht erforderlich.

Typ C: Führungslager in senkrechtem Rohrstrang, Bild 13. Es soll so konstruiert sein, daß Bewegungen in Richtung der Rohrachse möglich sind und gleichzeitig eine radiale Führung sichergestellt ist.

5.7.3 Festpunkt (FP)

Festpunkte sollen ein Verschieben einzelner Rohrstrecken in jeder Richtung verhindern, Bilder 14 und 15. Sie dienen des weiteren zur Aufnahme von Reaktionskräften bei Verwendung von Kompensatoren bzw. Schiebe- und Steckmuffen. Festpunkte sind so einzubauen, daß die Längenänderungen im Rohrsystem den Kompensationselementen in Größe und Richtung zugeordnet werden können.

Festpunkte sind für alle Belastungen aus Prüf- und Betriebszuständen der Rohrleitung zu dimensionieren. Insbesondere bei axial eingespannten Rohrstrecken können die Festpunktkräfte sehr groß sein und müssen sicher vom Rohr auf die umgebende Konstruktion übertragen werden. In senkrechten Rohrleitungen wird der Festpunkt zusätzlich durch die Eigengewichte und dynamische Lasten (Umlenkungskräfte) beansprucht.

Das Fixieren der Rohrleitung in der Festpunktschelle erfolgt unter Verwendung geeigneter Formteile, die mittels Schweißung bzw. Klebung in die Rohrleitung eingefügt werden. Die Abmessungen des Festpunktringes sollen so gewählt werden, daß handelsübliche Rohrschellen verwendbar sind. Bei der Rohrschellenwahl ist auf eine stabile, verwindungssteife Ausführung zu achten.

Das Einklemmen des Rohres in der Rohrschelle, als Ersatz für eine axiale Begrenzung durch Festpunktringe, ist nicht zulässig. Die Funktion des Festpunktes wird bei dieser Methode nicht oder nur unvollständig erfüllt. Des weiteren kommt es dadurch häufig zu einer Deformierung des Rohrquerschnittes bzw. zu Beschädigungen der Rohroberfläche.

Das Verbinden der Festpunktringe mit dem Rohr mittels einer Kehlnaht, unter Anwendung des Warmgas-Extrusionsschweißverfahrens (WE), ist nur in Ausnahmefällen (z. B. geringe Axialbelastung) anzuwenden. Die Herstellung der Kehlnähte mittels Warmgaszieh- bzw. Warmgasfächelschweißen (WZ bzw. WF) ist nicht zulässig.

- Der auf dem Rohr mittels WE-Schweißen zu befestigende Ring muß geschlossen sein. Die Verwendung geteilter Ringe mit einer Längsnahtverbindung auf dem Rohr ist wegen der hieraus resultierenden Spannungskonzentration in der Schweißnaht nicht zulässig. Der Festpunktring muß so ausgebildet werden, daß die Lastübertragung ausschließlich über die Umfangsnaht erfolgt.
- Das Anschweißen von axialen Versteifungsrippen auf dem Rohr, zur Unterstützung des Festpunktringes, ist nicht zulässig. An diesen Stellen kann es durch Einleiten örtlicher Belastungen zu einem Versagen der Rohrleitung unter extremen Prüf- oder Betriebsbedingungen kommen.

5.7.4 Vertikales Auflager (VL)

Soll das Gewicht einer senkrechten Rohrleitung abgefangen werden, so ist zur Lastaufnahme über die Rohrschelle ein Auflagering ähnlich dem Festpunktring im Rohrstrang vorzusehen, Bild 15. Diese Art der Rohrhalterung wird auch als Vertikalstop bezeichnet. Unter Umständen ist das vertikale Auflager so auszubilden, daß eine horizontale Schiebung des Rohrstranges möglich ist.

5.7.5 Hängelager (HL)

Das Hänge- oder Pendellager, Bild 16, kann, wie das Gleitlager, lediglich vertikale Belastungen aufnehmen und wird meistens zur Befestigung der Rohrleitung an Gebäudedecken verwendet. Es gibt Ausführungsvarianten in Form von Einfach- und Doppelhängelagern. Die so befestigte Rohrleitung ist schwingungsempfindlich und bedarf meistens einiger Zwischenlager mit stabilisierender Wirkung (z. B. Führungslager).

5.7.6 Armaturenhalterung (AH)

Die Armaturenhalterung, Bild 17, dient zur Aufnahme von Lasten aus dem Armaturen- und Füllgewicht der Rohrleitung. Sie soll so konstruiert sein, daß auch die Belastung bei Betätigung der Armatur nicht auf die Rohrleitung übertragen wird.

Die Befestigungskonstruktion ist so zu wählen, daß ein Auswechseln der Armatur ohne gleichzeitige Demontage des Umfeldes möglich ist. Entspricht die Armaturenhalterung einem Festpunkt, so muß die Auswirkung der verhinderten Längenänderung gesondert berücksichtigt werden.

5.7.7 Generelle Gestaltungsrichtlinien für Rohrhalterungen

Bei der Gestaltung von Rohrhalterungen ist zu beachten:

- Rohrleitungen sollen an der Auflagestelle mit einer kunststoffangepaßten Befestigungskonstruktion ausgestattet werden. Um Punkt- bzw. Linienbelastungen zu vermeiden, müssen die Rohrauflagen dem Außendurchmesser nachgebildet sein. Scharfe Kanten im Bereich der Rohrauflagen sind unzulässig.
- Der Umschließungswinkel des Auflagers muß mind. 90° betragen. Die empfohlenen Mindestbreiten sind in Tabelle 5 zusammengefaßt. Werden Sattelauflagen vorgesehen, so ist für eine geeignete Rohrabhebesicherung zu sorgen.
- Rohrhalterungen sollen das Rohr möglichst innig umschließen, ohne es einzuklemmen. Dazu muß der Rohrschelleninnendurchmesser dem Rohr- oder Formstückdurchmesser angepaßt werden. Handelsübliche Rohrschellen für metallische Rohrleitungen haben größtenteils andere Abmessungen

Tabelle 5. Mindestbreiten von Rohrauflagen.

Rohrdurchmesser d_a	12 … 20	25 … 32	40 … 63	75 … 125	140 … 180	200 … 280	315 … 400
Mindestbreite der Auflagefläche (mm)	12	15	20	25	30	35	45

und sind daher ungeeignet. Sofern sie für Festpunktkonstruktionen verwendet werden, bedarf es einer Nachbearbeitung (z. B. Einschweißen eines Distanzringes).

- Um die Distanz zwischen Rohraußen- und Schelleninnendurchmesser auszugleichen, können bei den Standardrohrschellen auch Kunststoff- oder Gummieinlagen vorgesehen werden. Eine Notwendigkeit, Rohrschellen grundsätzlich mit Einlagen zu versehen, um die Kunststoffrohroberfläche zu schützen, besteht nicht.
- Sofern in Ausnahmefällen ein Gleiten des Rohres in der Rohrschelle zugelassen wird, muß dies durch entsprechende Wahl des Schelleninnendurchmessers berücksichtigt werden. Die Anordnung von Rohrschellen in der Nähe von Rohrschweißnähten ist beim Gleiten in der Schelle wegen der Gefahr des Anstoßens auszuschließen.
- Die Gleitflächen an Rohrhalterungen müssen dauerhaft korrosionsfest sein und einen ausreichenden Schiebeweg aufweisen. Unter Umständen ist eine Endbegrenzung vorzusehen.
- Die Ausdehnung des Rohrstranges bei axial beweglichen Rohrleitungen darf nicht durch die Befestigung behindert werden. Besteht aufgrund einer Längenänderung die Gefahr des Abhebens der Rohrleitung an der Auflagerstelle oder sind in geneigten Rohrabschnitten Hängelager anzuordnen, so kann der Einbau zusätzlicher Federelemente erforderlich werden.
- Die Halterungsabstände sollen entsprechend den Tabellen 13 bis 17 ausgeführt werden. Eine Überschreitung der angegebenen Abstände führt zu einer Zunahme bei der Rohrdurchbiegung und der Biegespannung. Weiterhin kann es bei größeren und dünnwandigen Rohren zu einer Ovalisierung des Rohrquerschnittes an der Auflagestelle kommen.
- Bei Rohrleitungen, die ohne Längenausgleich verlegt werden, müssen die zulässigen Halterungsabstände L_A nach Tabellen 13 bis 17 und die erforderlichen Rohrführungsabstände L_F nach Tabelle 20 beachtet werden. Es ist der jeweils geringere Abstand bei der Ausführung zu berücksichtigen.
- Wenn die Befestigungsabstände für die Rohrhalterungen aus baulichen Gegebenheiten größer sind als zugelassen, sollen durchlaufende Tragprofile verwendet werden. Insbesondere bei Kleinrohrleitungen dient das Tragprofil der Rohrachsenführung und verhindert durch individuelle Befestigungsmöglichkeiten unzulässige Durchbiegungen.
- Senkrecht verlaufende Rohrleitungen mit unbehinderter Längsbeweglichkeit können mit einem Halterungsabstand verlegt werden, der bis zu 30% über den zulässigen Werten der Tabellen 13 bis 17 betragen darf.

5.8 Kennzeichnung der Rohrleitungen

Die Kennzeichnung der Rohrleitungen erfolgt nach Angaben des Auftraggebers bzw. des Anlagenbetreibers. Die Kennzeichnung muß die einwandfreie Identifizierung der Rohrleitung nach dem Durchflußstoff ermöglichen (siehe dazu DIN 2403). Bei der Kennzeichnung sind die in Abschnitt 3.3.7 aufgeführten Erläuterungen zu beachten.

6 Fertigung und Montage

6.1 Anforderungen an die Fertigung und Montage von Rohrleitungen

6.1.1 Anforderungen an den Hersteller

Die Herstellung von Rohrleitungsanlagen muß durch qualifizierte Fachbetriebe erfolgen. Als Fachbetriebe im Sinne einer rohrleitungsspezifischen Kunststoffverarbeitung gelten solche Unternehmen, die ihre technische Einrichtung auf dieses Gebiet spezialisiert haben und über eine entsprechende Erfahrung verfügen.

Die Beschäftigung ausgebildeter Fachkräfte sowie Kenntnisse über die im Geltungsbereich nach Abschnitt 1.2 genannten Werkstoffe müssen vorausgesetzt werden. Zur Qualifikation als Fachbetrieb ist ein Nachweis unter Einbezug der nachfolgend genannten Dokumente zu führen. Nachweise zur Qualifikation können sein:

- Zertifizierungsurkunde nach DIN EN ISO 9000
- Zulassungsurkunde nach WHG § 19 I
- Überwachungsvertrag mit einer anerkannten Stelle (z. B. Kunststoffinstitut oder Sachverständiger für Kunststofftechnik)
- Unternehmensorganigramm mit integrierter Personalübersicht
- Maschinen- und Geräteplan (Inventarverzeichnis)
- Referenzliste zu den bereits erstellten Rohrleitungsanlagen aus Kunststoffen

Andere Qualifikationsnachweise sind zwischen Auftraggeber und Auftragnehmer zu vereinbaren.

6.1.2 Personelle Anforderungen

Das Fertigungs- und Montagepersonal des Rohrleitungsherstellers muß in der Lage sein, im Zusammenhang mit den auszuführenden Tätigkeiten selbständige Entscheidungen zu treffen. Hierzu wird eine kunststoffspezifische Ausbildung mit rohrleitungstechnischem Basiswissen oder die langjährige Ausübung einer äquivalenten Tätigkeit mit intensiver Schulung auf dem Sektor des Kunststoffrohrleitungsbaues vorausgesetzt.

Die Ausbildung und Prüfung als Kunststoffschweißer oder Kunststoffkleber sind Voraussetzung für das fachgerechte Verbinden von Rohrleitungsteilen. Diese Ausbildung allein genügt jedoch nicht, um die vielfältigen Anforderungen der Herstellung und Montage von thermoplastischen Kunststoffrohrleitungen zu erfüllen.

Das Verlegepersonal hat in allen Fällen, bei denen keine Planung zur Rohrleitungsherstellung erfolgte, unter Verwendung von Normen, Richtlinien und Montagevorschriften folgende Aufgaben zu übernehmen:

- das Bestimmen der Rohrbefestigungsabstände
- das Bestimmen der Abmessungen von Dehnungsbogen
- das Ermitteln von Kräften an den Rohrhalterungen
- das Festlegen der Halterungsfunktion im Rohrsystem

Das Rohrbauunternehmen muß durch Arbeitsanweisungen sowie geeignete Hilfsmittel wie Tabellen, Diagramme und Formulare dafür sorgen, daß die vorstehend erwähnten Arbeiten sachgerecht vom Verlegepersonal durchgeführt werden können.

6.1.3 Anforderungen an Maschinen und Geräte

Die Maschinen und Geräte zur Kunststoffverarbeitung sowie zur Ausführung der Verlege- und Verbindungsarbeiten müssen sich in einem funktionsfähigen Zustand befinden. Angaben zu den Anforderungen an Maschinen und Geräte für das Schweißen von thermoplastischen Kunststoffrohrleitungen können der Richtlinie DVS 2208-1 sowie den Richtlinien für das jeweilige Schweiß- oder Klebeverfahren entnommen werden.

Die Maschinen- und Geräteeinstellwerte, welche der Verarbeitung zugrunde liegen, sind in regelmäßigen Abständen zu kontrollieren bzw. zu kalibrieren. Die Kalibrierungsdaten sind in übersichtlicher Form zu dokumentieren und im Rahmen von Arbeitsanweisungen oder Schulungen dem Maschinen- und Geräteanwender zugänglich und verständlich zu machen.

6.1.4 Beaufsichtigung der Verarbeitung und der Verlegearbeiten

Der Rohrleitungshersteller hat für eine ständige Beaufsichtigung der kunststoffspezifischen und rohrleitungstechnischen Arbeiten zu sorgen. Das Personal ist einer sachkundigen Aufsicht zu unterstellen, die für die Belange der Verarbeitung, der Fügetechnik, der Montage und Qualitätssicherung sowie für die Verwendung geeigneter Maschinen und Geräte verantwortlich ist. Eine Möglichkeit hierzu bietet der Schweißfachmann/die Schweißfachfrau mit Ausbildung nach Richtlinie DVS 2213.

6.2 Vorfertigen von Rohrleitungsteilen

Das Verarbeiten, Schweißen und Kleben von Rohrleitungsteilen im Zusammenhang mit einer Vorfertigung soll in speziell dafür eingerichteten Fertigungsstätten vorgenommen werden. Für Fertigungsstätten, die sich außerhalb des eigentlichen Fertigungsbetriebes befinden (z. B. auf der Baustelle), gelten ebenfalls die in Abschnitt 6.1 genannten Anforderungen.

Bei der Vorfertigung muß durch entsprechende Fertigungsunterlagen sichergestellt sein, daß ausschließlich die für den Anwendungsfall geeigneten Werkstoffe, Rohrleitungsteile sowie Schweiß- bzw. Klebverfahren eingesetzt werden. In den Fertigungsunterlagen sind die Anforderungen an die Verbindung der Rohrleitungsteile gemäß DVS 2202-1 zu spezifizieren.

Zur Verarbeitung der Rohrleitungsteile sowie zu den Schweiß- und Klebearbeiten einschließlich den während oder nach der Vorfertigung durchgeführten Prüfungen sind Protokolle zu führen.

6.3 Transport und Lagerung von Rohrleitungsteilen

Rohrleitungsteile aus thermoplastischen Kunststoffen sind mit geeigneten Fahrzeugen zu befördern. Die Oberflächen sind gegen mechanische Einflüsse und deren Wirkung, wie Riefen oder Kerben, zu schützen. Zum Schutz vor Beschädigungen dürfen Rohrleitungsteile nicht auf dem Boden oder über Hindernisse geschleift werden.

Beim Auf- und Abladen ist mit entsprechender Sorgfalt vorzugehen. Erfolgen die Ladevorgänge mittels Hebezeug, so sind spezielle Anhängevorrichtungen zu verwenden. Das Herunterwerfen der Rohrleitungsteile von der Ladeebene ist verboten.

Rohre sind beim Transport erforderlichenfalls durch Zwischenlagen zu trennen und gegen Verschieben oder Durchhängen zu sichern. Sie sollen auf ihrer gesamten Länge aufliegen.

Schlagartige Belastungen sind unbedingt zu vermeiden. Dies gilt insbesondere bei Umgebungstemperaturen von < 0°C, da die Schlagzähigkeit einiger Kunststoffe hierbei deutlich gemindert ist (z. B. PVC-U).

Die Lagerung soll so erfolgen, daß die Rohrleitungsteile nicht mehr als unvermeidbar verschmutzt werden. Damit keine Schmutzteile in das Rohrinnere gelangen können, ist das Verschließen der Rohrenden mit Schutzkappen zu empfehlen.

Die Lagerfläche für die Rohre muß unter allen Umständen steinfrei und eben sein. Auflagerung und Stapelhöhe sind so zu wählen, daß Beschädigungen oder bleibende Verformungen nicht auftreten können. Rohre mit größerem Durchmesser und geringer Wanddicke sind mit Aussteifungsringen zu versehen. Punkt- oder Linienauflagen der Rohre sind auszuschließen.

Empfehlungen zur Begrenzung der Stapelhöhe von nicht auf Paletten gelagerten Rohren sind in Tabelle 6 zusammengefaßt. Für den Fall, daß Rohre auf Paletten gestapelt und gegen seitliches Verschieben gesichert sind, ist eine Vergrößerung der in Tabelle 6 genannten Stapelhöhen von 50% zulässig. Bei der Stapelung von thermoplastischen Kunststoffrohren müssen neben der möglichen Querschnittsverformung der unteren Rohre durch die Gewichtsbelastung auch die einschlägigen UVV beachtet werden.

Tabelle 6. Empfohlene Stapelhöhen für Kunststoffrohre.

Werkstoff	PE-HD	PP	PVDF	PVC
zulässige Stapelhöhe (m)	1,00	1,50	1,50	1,50

Der Platz für die Lagerung der Rohrleitungsteile soll größtmöglichen Schutz bieten. Die Lagerstelle ist sorgfältig auszuwählen und fachmännisch einzurichten. Die Einwirkung von Öl, Lösemittel und anderen chemischen Substanzen während der Lagerungsdauer ist unbedingt zu verhindern.

Der Witterungseinfluß auf die gelagerten Rohrleitungsteile ist auf ein Minimum zu reduzieren. Dazu gehört, daß Rohre und Formteile nicht der direkten Sonneneinwirkung ausgesetzt werden. Weiterhin ist zu beachten, daß einseitige Wärmeaufnahme durch Sonneneinstrahlung bei thermoplastischen Kunststoffrohren zu einer Verformung der Rohrlängsachse führen kann.

Bei längerer, ungeschützter Lagerung der Rohrleitungsteile im Freien ist das Verhalten bei Einwirkung von UV-Strahlung (Abschnitt 3.3.5) zu beachten.

Ist die Lagerung von Rohrleitungsteilen aus unstabilisierten Kunststoffen (z. B. PP) im Freien von mehr als 12 Monaten beabsichtigt, muß eine geeignete Abdeckung (Segeltuch, UV-stabilisierte PE-Folie o. ä.) mit freier Belüftung vorgesehen werden.

Rohrleitungsteile sind in der Reihenfolge ihrer Herstellung bzw. ihrer Anlieferung zu verwenden, um einen kunststoffgerechten Lagerumschlag sicherzustellen.

6.4 Schweißen, Kleben und Verlegen

6.4.1 Verbinden von Rohrleitungsteilen mittels Schweißen und Kleben

Die Ausführung der Schweiß- und Klebearbeiten erfolgt nach den im Abschnitt 10 genannten Normen und Richtlinien sowie den Vorschriften der Rohrteilehersteller. Vor Aufnahme der Schweiß- und Klebearbeiten auf der Baustelle hat das jeweilige Fachpersonal unter Berücksichtigung der Arbeitsplatzbedingungen eine Musterverbindung im Beisein der Bauaufsicht herzustellen. Hierüber ist ein Protokoll anzufertigen, aus dem alle Daten der Maschinen- und Geräteeinstellungen sowie die Fügeparameter hervorgehen.

Im Rahmen einer montagebezogenen Qualitätssicherung kann zwischen Auftraggeber und Auftragnehmer vereinbart werden, daß die Musterverbindungen einer zerstörenden Prüfung zu unterziehen sind. Der Geltungsbereich dieser Vereinbarung soll auch die Vorfertigung einschließen.

Wird aus irgendwelchen Gründen das Abarbeiten der Schweißwulste im Innern der Rohrleitung gefordert (Sonderfall), so hat dieses mittels Verwendung geeigneter Maschinen und Geräte und unter fachmännischer Anleitung (Überwachung) zu erfolgen.

Bei der nachträglichen Bearbeitung von Fügeverbindungen muß unter allen Umständen ausgeschlossen werden, daß durch den zusätzlichen Arbeitsgang Riefen oder Kerben in die Rohroberfläche gelangen. Das Abstechen oder Abschälen des noch plastifizierten Schweißwulstes ist nur dann zulässig, wenn die Nichtbeeinflussung der Fügeflächen gewährleistet ist.

Eine ausreichende Anzahl von Probestücken, an denen der Nachweis zur sicheren Beherrschung des jeweiligen Bearbeitungsverfahrens erbracht werden muß, ist vor Beginn der Verlegearbeiten herzustellen. Gegebenenfalls ist durch geeignete Prüfverfahren (z. B. Zeitstand-Zugversuch nach Richtlinie DVS 2203-4) die Qualität der Fügeverbindungen zu sichern.

Alle Verbindungsstellen einer Rohrleitung sind für die Dauer der Montagearbeiten zu kennzeichnen. Aus der Kennzeichnung muß neben einer fortlaufenden Numerierung der Name der Person hervorgehen, welche die Verbindung hergestellt hat. Die Kennzeichnung ist in das Schweiß- bzw. Klebeprotokoll zu übertragen. Die Protokolle sind der Bauaufsicht in regelmäßigen Abständen zur Einsichtnahme und Unterschrift vorzulegen.

Nach Beendigung der Verlegearbeiten ist für den gesamten Rohrleitungsverlauf eine Isometrie anzufertigen, in die die Verbindungsstellen mit der entsprechenden Kennzeichnung einzutragen sind.

6.4.2 Herstellen von Flanschverbindungen

Wenn Rohrleitungsteile aus den im Geltungsbereich Abschnitt 1.2 genannten Werkstoffen mittels Flanschen miteinander verbunden werden, sind folgende Regeln zu beachten:

- Beim Einlegen der Dichtung zwischen die Flanschverbindung ist zu kontrollieren, ob die Dichtungsabmessungen mit dem Außen- und Innendurchmesser des Vorschweißbundes bzw. der Bundbuchse übereinstimmen. Bei Abweichungen von >±10 mm beim Innendurchmesser der Dichtung liegt keine Übereinstimmung mehr vor. Wird die Dichtung trotzdem eingebaut, kann es zu Störungen an der Flanschverbindung kommen.

- Vor dem Aufbringen der Schraubenvorspannung müssen die Dichtflächen planparallel zueinander ausgerichtet sein und eng an der Dichtung anliegen. Das Beiziehen der Flanschverbindung mit den dadurch entstehenden Zugspannungen ist unter allen Umständen zu vermeiden.
- Die Verbindungsschrauben müssen gleichmäßig und unter Zuhilfenahme eines Drehmomentenschlüssels angezogen werden. Richtwerte für Schraubenanzugsmomente sind Tabelle 12 zu entnehmen.
- Die Länge der Schrauben ist so zu wählen, daß das Schraubengewinde bei der Mutter nicht mehr als 2 bis 3 Gewindegänge übersteht. Sowohl am Schraubenkopf als auch bei der Mutter sind Scheiben unterzulegen.
- Zur Unterstützung der Leichtgängigkeit beim Festziehen der Verbindungsschrauben sowie beim Lösen nach längerer Betriebszeit ist das Gewinde z. B. mit Molybdänsulfid zu bestreichen.

6.4.3 Verbinden von Rohrleitungsteilen mittels Verschraubung

Wenn Rohrleitungsteile aus den im Geltungsbereich Abschnitt 1.2 genannten Werkstoffen mittels Verschraubung miteinander verbunden werden, sind folgende Regeln zu beachten:

- Zur Vermeidung unzulässiger Belastungen bei der Montage sollen Verschraubungen möglichst mit Runddichtring verwendet werden.
- Die Überwurfmutter soll von Hand oder mit einer speziellen Rohrgurtzange angezogen werden. Die Verwendung der im Stahlrohrleitungsbau üblichen Rohrzangen ist nicht zulässig.
- An biegebeanspruchten Stellen der Rohrleitung ist die Verwendung von Verschraubungen zu vermeiden.

6.4.4 Einbau von Armaturen und Geräten

Armaturen und Geräte sind so zwischen den Flanschen einzubauen, daß beim Festziehen der Verbindungsschrauben keine bzw. nur geringe Zugspannungen in der Flanschverbindung auftreten können. Es empfiehlt sich, bis zum erfolgten Einbau der Armatur bzw. des Gerätes mindestens einen Rohrleitungsstrang axial beweglich zu halten.

Beim Herstellen der Flanschverbindung an Kunststoffarmaturen und -geräten ist sowohl das zulässige Schraubenanzugsmoment nach Tabelle 12 als auch das des Armaturen- oder Geräteflanschs zu beachten. Für die Angaben zur Belastbarkeit von Armaturen- und Geräteflanschen ist der Hersteller verantwortlich.

7 Prüfungen und Abnahmen

Art und Umfang der Prüfungen sowie der Abnahmen sind zwischen Auftraggeber und Auftragnehmer rechtzeitig zu vereinbaren und in einem Prüfplan festzulegen. Besondere Vorschriften, wie z. B. die Bau- und Prüfgrundsätze des DIBt, die DruckbehV oder die Technischen Regeln für thermoplastische Kunststoffrohrleitungen, sind zu berücksichtigen.

Über die Durchführbarkeit und die Effizienz der jeweiligen Prüfung müssen sich Auftraggeber und Auftragnehmer vor Aufnahme der Arbeiten vergewissern. Das Ergebnis der jeweiligen Prüfung ist in einem Protokoll festzuhalten.

Nach Fertigstellung der Rohrleitung, auf jeden Fall vor der ersten Inbetriebnahme, hat eine Abnahme durch den Betreiber zu erfolgen. Gegebenenfalls sind im Rahmen der Abnahme auch Funktionsprüfungen durchzuführen.

Zur Abnahme muß dem Betreiber, neben dem Betriebshandbuch, auch die Dokumentation ausgehändigt werden. Bei der Abnahme hat ein Ist-/Soll-Vergleich mit den Ausführungsunterlagen zu erfolgen. Alle Abweichungen gegenüber den rechnerischen und konstruktiven Vorgaben sowie das Ergebnis der Abnahme sind in einem Protokoll zu vermerken. Die zeichnerischen Unterlagen sind in revidierter Ausfertigung zu übergeben.

7.1 Prüfen der Geräte und Maschinen

Die Maschinen und Geräte zur Fertigung der Rohrleitungsteile sowie zur Ausführung der Verlege- und Verbindungsarbeiten müssen den Anforderungen des jeweiligen Verarbeitungsverfahrens genügen. Angaben hierzu können z. B. der Richtlinie DVS 2208-1 entnommen werden. Für die Funktionstüchtigkeit ist das Montageunternehmen bzw. der Rohrleitungshersteller verantwortlich.

Mittels Aufzeichnungen des Rohrleitungsherstellers ist nachzuweisen, daß eine Maschinen- und Geräteprüfung innerhalb eines Jahreszeitraumes vorgenommen wurde. Ist dies nicht der Fall, so muß vor Aufnahme der Arbeiten eine Prüfung im Beisein des Auftraggebers bzw. der Bauaufsicht stattfinden. Das Ergebnis der Prüfung ist zu protokollieren.

7.2 Visuelle Prüfungen

Alle zum Einbau bestimmten Rohrleitungsteile sind vor dem Verlegen bzw. ihrem Einbau einer visuellen Prüfung zu unterziehen. Im wesentlichen genügt die Kontrolle auf Unversehrtheit und äußere Beschaffenheit. Fremdstoffe sind zu entfernen, ggf. ist der Schweiß-/Klebebereich zu säubern.

Fertig verlegte Rohrleitungen bzw. Rohrleitungsabschnitte sind von einer unabhängigen Fachaufsicht visuell zu kontrollieren. Die Kontrolle soll folgende Elemente enthalten:

- die Form der Schweißwulste beim HS-Verfahren,
- die äußeren Wulste und der Muffenübergang beim HD-Verfahren,
- die Ausrichtung der Muffen und Formteile auf dem Rohr mit einer zusätzlichen Kontrolle des Schweißindikators beim HM-Verfahren,
- die Sauberkeitsstufe der Klebeverbindungen,
- die Fugenausbildung an den Klebemuffen,
- die Beschaffenheit von Rohr- und Formstückoberflächen,
- die Eignung der Befestigungselemente,
- die Einhaltung der zulässigen Befestigungsabstände,
- die Schwingungsempfindlichkeit,
- die Anschlüsse an Behältern und Pumpen,
- die Abmessungen von Dehnungsbogen.

Beurteilungskriterien zu den Schweißverbindungen sind in der Richtlinie DVS 2202-1 enthalten.

7.3 Zerstörungsfreie Prüfungen

Einzelheiten zu den Prüfverfahren können Merkblatt DVS 2206 entnommen werden. Die Durchführung von zerstörungsfreien Prüfungen an thermoplastischen Kunststoffrohrleitungen erfordert Geräte, die auf die im Geltungsbereich Abschnitt 1.2 genannten Werkstoffe physikalisch/technisch abgestimmt sind. Außerdem muß die mit der Prüfung beauftragte Person Erfahrungen im Umgang mit den Geräten und in der Auswertung der Prüfungen besitzen.

7.4 Zerstörende Prüfungen

Zerstörende Prüfungen sind vor allem zum Nachweis der Festigkeitseigenschaften der Schweiß- und Klebeverbindungen durchzuführen. Einzelheiten zu den Anforderungen und anzuwendenden Prüfverfahren können der Richtlinie DVS 2203 ff. entnommen werden. Über die Prüfung an Halbzeugen gibt die Richtlinie DVS 2201 ff. Auskunft.

7.5 Innendruckprüfung

Die Innendruckprüfung ist am fertig installierten Rohrsystem vorzunehmen. Die Beanspruchung durch den Innendruck muß oberhalb der Betriebsbelastung liegen und soll den experimentellen Nachweis der Betriebssicherheit darstellen. Das Prüfen der Rohrleitung mit einem Innendruck unterhalb des Nenndrucks der Rohrleitungsteile ist nur in Ausnahmefällen anzuwenden.

Die Empfehlungen zur Durchführung der Innendruckprüfung an thermoplastischen Kunststoffrohrleitungen sind in Tabelle 7 zusammengefaßt. Ergänzende Einzelheiten können DIN 4279 ff. entnommen werden.

Tabelle 7. Bedingungen zur Durchführung der Innendruckprüfung bei thermoplastischen Kunststoffrohrleitungen.

Gegenstand		Vorprüfung	Hauptprüfung	Kurzprüfung
Prüfdruck		1,5 · PN max. (PN + 5) bar	1,3 · PN max. (PN + 3) bar	1,5 · PN max. (PN + 5) bar
Prüfdauer	Rohrleitungen ohne Verzweigungen ges L ≤ 100 m	mind. 3 h	mind. 3 h	mind. 1 h
	Rohrleitungen mit Verzweigungen ges L > 100 m	mind. 6 h	mind. 6 h	mind. 3 h
Kontrollen während der Prüfung		jede 1 h **mit** Wiederherstellen des Prüfdruckes	jede 1,5 h **ohne** Wiederherstellen des Prüfdruckes	jede 1 h **ohne** Wiederherstellen des Prüfdruckes
werkstoffspezifischer Druckabfall (Anhaltswerte)		bis 0,8 bar/h	bis 0,3 bar/h	bis 0,8 bar/h
Hinweise zur jeweiligen Prüfung		Normalfall		Sonderfall (Zustimmung des Auftraggebers erforderlich)

Erläuterungen zu Tabelle 7:

Vorprüfung: Die Vorprüfung dient dazu, das Rohrleitungssystem auf die eigentliche Prüfung (Hauptprüfung) vorzubereiten. Im Verlauf der Vorprüfung wird sich im Rohrleitungssystem ein Spannung-Dehnung-Gleichgewicht in Verbindung mit einer Volumenzunahme einstellen. Dabei kommt es zu einem werkstoffabhängigen Druckabfall, der ein wiederholtes Nachpumpen zur Wiederherstellung des Prüfdruckes sowie häufig ein Nachziehen der Flanschverbindungsschrauben erforderlich macht.

Hauptprüfung: Im Rahmen der Hauptprüfung kann bei etwa gleichbleibenden Rohrwandtemperaturen ein wesentlich geringerer Druckabfall erwartet werden, so daß sich ein Nachpumpen zur Wiederherstellung des Prüfdruckes erübrigt. Die Kontrollen können sich im wesentlichen auf die Dichtheit der Flanschverbindungen und auf eventuelle Lageveränderungen der Rohrleitung konzentrieren.

Kurzprüfung: Die Kurzprüfung stellt einen Sonderfall dar, da sich in der zur Verfügung stehenden Zeit nach allgemeiner Erfahrung kein Spannung-Dehnung-Gleichgewicht einstellt. Unzulänglichkeiten an den Verbindungsstellen können u. U. durch kurzzeitige Belastungen nicht erkannt werden, was dem Sinn einer Prüfung nicht entspricht.

Das Ergebnis der Innendruckprüfung ist, einschließlich Angaben zu den Randbedingungen, in einem Protokoll festzuhalten. Eine kontinuierliche Druck- und Temperaturaufzeichnung ist vorzunehmen.

7.6 Wiederkehrende Prüfungen

Rohrleitungen als Bestandteile von Anlagen zum Lagern, Abfüllen und Umschlagen wassergefährdender Flüssigkeiten (LAU-Anlagen) sind wiederkehrenden Prüfungen zu unterziehen, wenn diese durch gewerbe- oder wasserrechtliche Vorschriften festgelegt wurden. Art, Umfang und Häufigkeit von wiederkehrenden Prüfungen gehen aus dem Genehmigungsbescheid für eine Anlage hervor.

8 Qualitätssicherung

Der Rohrleitungshersteller hat für eine angemessene Qualitätssicherung zu sorgen, die vorrangig die Montagearbeiten einschließen soll. Er ist im Rahmen der Qualitätssicherung dafür verantwortlich, daß die vom Zulieferer beschafften Rohrleitungsteile den in der Bestellung und in den Grundnormen festgelegten Anforderungen entsprechen.

Der Zulieferer hat zu gewährleisten, daß die Rückverfolgbarkeit zum Herstellungsursprung für jedes Rohrleitungsteil möglich ist. Dazu ist es zweckmäßig, die Rohrleitungsteile zu kennzeichnen und ihnen übersichtliche Dokumente zuzuordnen. Als Dokumente zählen z. B. die Materialbescheinigungen, Spezifikationen und Zeichnungen. Die Dokumente müssen alle Angaben enthalten, die das jeweilige Rohrleitungsteil eindeutig erkennen lassen.

8.1 Eingangsprüfungen

Der Rohrleitungshersteller muß sicherstellen, daß die vom Zulieferer bezogenen Rohrleitungsteile nicht verwendet oder weiterverarbeitet werden, bevor sie einer Eingangsprüfung unterzogen wurden. Unter Umständen reicht hierzu eine visuelle Prüfung der Rohr- und Formteilbeschaffenheit sowie die Kontrolle, ob die Lieferung mit den Bestellunterlagen übereinstimmt und die Materialbescheinigungen beigefügt sind.

8.2 Zwischenprüfungen

Sofern der Rohrleitungshersteller Zulieferteile im Rahmen einer Vorfertigung zusammenfügt oder weiterverarbeitet, ist vor der Auslieferung zur Baustelle eine Zwischenprüfung zu veranlassen. Elemente der Zwischenprüfung können sein:

- Kontrolle auf Übereinstimmung mit der Fertigungszeichnung
- Prüfen der Verarbeitung (z. B. Fügeverbindungen)
- Konformitätsprüfung der Werkstoffe

8.3 Endprüfungen und Ausgangskontrollen

Im Rahmen von Endprüfungen ist sicherzustellen, daß die nach den Regeln der Technik geforderten Qualitätsprüfungen einschließlich Eingangs- und Zwischenprüfungen ausgeführt wurden und die Ergebnisse den Qualitätsforderungen entsprechen.

Ausgangskontrollen sollen grundsätzlich an allen Maschinen und Geräten vorgenommen werden, die zur Verlegung der Rohrleitungen auf den Baustellen benötigt werden. Das Ergebnis der Ausgangskontrollen ist der jeweiligen Maschinen- und Gerätelieferung beizufügen.

8.4 Aufzeichnungen

Der Rohrleitungshersteller muß Aufzeichnungen führen, aufrechterhalten und aufbewahren. Die Qualitätsaufzeichnungen müssen beweisen, daß die Rohrleitungsteile bzw. die betriebsfertig installierte Rohrleitung die Qualitätsprüfungen bezüglich den festgelegten Abnahmekriterien bestanden haben. Alle Qualitätsaufzeichnungen müssen eine zweifelsfreie Zuordnung ermöglichen.

8.5 Schulung

Der Rohrleitungshersteller hat für die Ausbildung und Schulung aller Mitarbeiter zu sorgen, die mit qualitätsrelevanten Tätigkeiten betraut sind. Zur Ermittlung des Schulungsbedarfs sind entspre-

Tabelle 8. Übersicht zu qualitätssichernden Maßnahmen im thermoplastischen Kunststoffrohrleitungsbau.

Art der Maßnahmen	Normen, Richtlinien und Vorschriften	bevorzugte Anwendung	Hinweise zur Häufigkeit
Materialprüfungen	DIN 18200	Rohrteileherstellung	permanent mit Bescheinigungen nach DIN EN 10204
Eingangsprüfungen – Halbzeuge – Schweißzusätze	DVS 2201-1 und -2 DVS 2211	Fertigung	permanent mit Aufzeichnungspflicht
Zwischenprüfungen – Bauteile – Sonderformteile	DIN 18200 DVS 2206	Fertigung	objektbezogen mit Aufzeichnungspflicht
Endprüfungen Ausgangskontrollen – Rohrleitungsteile – Montagegeräte	DIN 18200	Fertigung, Montage	objektbezogen mit Aufzeichnungspflicht
Maschinen- und Geräteüberprüfung	DVS 2208-1	Fertigung, Montage	mindestens 1× jährlich mit Dokumentation
Überwachen der Verarbeitung und Verlegearbeiten	DVS 2202-1 DVS 2203 ff. DVS 2206	Fertigung, Montage	permanent mit Aufzeichnungspflicht
Innendruckprüfung	Tabelle 7 DVS 2210-1 DIN 4279 ff.	Montage	objektbezogen mit Dokumentation
Ausbildung des Aufsichts-personals	DVS 2213	Fertigung, Montage	jährliche Aktualisierung durch Besuch von Seminaren usw.
Ausbildung des Schweiß- und Klebepersonals	DVS 2212-1 und -2 DVS 2221-1	Fertigung, Montage	jährliche Wiederholungsprüfung
Weiterbildung des Verlege-personals	Kurse, Seminare	Montage	im Halbjahresrhythmus

chende Verfahren einzuführen und aufrechtzuerhalten. Dem Zweck dienende Aufzeichnungen über Art und Umfang der Schulungen müssen geführt werden.

8.6 Qualitätssicherungssystem

Bezüglich Aufbau eines Qualitätssicherungssystems wird auf DIN EN ISO 9000 bis 9004 verwiesen. Grundlagen eines Qualitätssicherungssystems können zum einen die in Normen und Richtlinien festgelegten technischen Anforderungen und Lieferbedingungen sowie zum anderen die Herstellungsüberwachung in Anlehnung an DIN 18200 sein. Eine Übersicht zu qualitätssichernden Maßnahmen im thermoplastischen Kunststoffrohrleitungsbau wird in Tabelle 8 gegeben.

9 Dokumentation

Der Rohrleitungshersteller hat nach Beendigung der Baumaßnahme für eine Dokumentation zu sorgen. Im wesentlichen soll die Dokumentation folgende Bestandteile aufweisen:

- Rohrleitungsisometrien des Istzustandes mit Angabe der Verbindungsstellen und fortlaufender Numerierung gemäß Schweiß-/Klebeprotokoll,
- Datenblätter zu den Rohrleitungen mit Angaben über Betriebsdruck, Betriebstemperatur und Verlegeparameter,
- Berechnungen und statische Nachweise,
- Materialbescheinigungen und Herkunftsnachweise für alle Lieferteile,
- Prüf- und Abnahmeprotokolle,
- Protokolle über die Schweiß- oder Klebearbeiten,
- Zeugnisse über die Qualifikation der eingesetzten Fachkräfte,
- Fachbetriebsnachweis.

Welchen Umfang die Dokumentation für ein Objekt haben soll, kann zwischen Auftraggeber und Auftragnehmer anhand der vorstehenden Aufzählung vereinbart werden.

10 Mitgeltende Normen, Richtlinien und Vorschriften*

10.1 Normen

DIN EN 1778	Charakteristische Kennwerte für geschweißte Thermoplast-Konstruktionen
DIN 1910-1	Schweißen; Begriffe, Einteilung der Schweißverfahren
DIN 2401-1	Innen- und außendruckbeanspruchte Bauteile; Druck- und Temperaturangaben; Begriffe, Nenndruckstufen
DIN 2402	Rohrleitungen; Nennweiten, Begriff, Stufung
DIN 2403	Kennzeichnung von Rohrleitungen nach dem Durchflußstoff
DIN 2501-1	Flansche; Anschlußmaße
DIN 3441 ff.	Armaturen aus weichmacherfreiem Polyvinylchlorid (PVC-U)
DIN 3441-4	Armaturen aus PVC-hart
DIN 3442 ff.	Armaturen aus Polypropylen (PP)
DIN 3535-3	Dichtungen für die Gasversorgung, Dichtungen aus Elastomeren für Gasversorgungs- und Gasfernleitungen. Sicherheitstechnische Anforderungen und Prüfung von Werkstoffen
DIN 3543-3	Anbohrarmaturen aus PVC-hart
DIN 3543-4	Anbohrarmaturen aus Polyethylen hoher Dichte (PE-HD)
DIN 3544-1	Armaturen aus Polyethylen hoher Dichte (PE-HD)
DIN 4102 ff.	Brandverhalten von Baustoffen und Bauteilen
DIN 4279-1	Innendruckprüfung von Druckrohrleitungen für Wasser; Allgemeine Angaben
DIN V 4279-7	Innendruckprüfung von Druckrohrleitungen für Wasser. Druckrohre aus PE-HD, PE 80, PE 100, PE-X und PVC-U

* Titel der Normen, Richtlinien und Vorschriften teilweise in gekürzter Form wiedergegeben.

DIN 4279-8	Innendruckprüfung von Druckrohrleitungen für Wasser; Druckrohre aus PE hart
DIN 4279-9	Innendruckprüfung von Druckrohrleitungen für Wasser; Muster für Prüfberichte
DIN 4279-10	Innendruckprüfung von Druckrohrleitungen für Wasser; Übersicht
DIN 8061 mit Beiblatt	Rohre und Rohrleitungsteile aus weichmacherfreiem Polyvinylchlorid (PVC-U); Allgemeine Güteanforderungen, Prüfung, Chemische Widerstandsfähigkeit
DIN 8062	Rohre aus weichmacherfreiem Polyvinylchlorid (PVC-U, PVC-HI); Maße
DIN 8063 ff.	Rohrverbindungen und Rohrleitungsteile für Druckrohrleitungen aus weichmacherfreiem Polyvinylchlorid (PVC-U); Maße, Qualitätsanforderungen, Prüfung
DIN 8074	Rohre aus Polyethylen hoher Dichte (PE-HD); Maße
DIN 8075 mit Beiblatt	Rohre aus Polyethylen hoher Dichte (PE-HD); Allgemeine Güteanforderungen, Prüfung, Chemische Widerstandsfähigkeit
DIN 8076 ff.	Druckrohrleitungen aus thermoplastischen Kunststoffen; Klemmverbinder aus Metall und Kunststoff
DIN 8077	Rohre aus Polypropylen (PP); Maße
DIN 8078 mit Beiblatt	Rohre aus Polypropylen (PP); Typ 1 und Typ 2; Allgemeine Güteanforderungen, Prüfung, Chemische Widerstandsfähigkeit
DIN 8079	Rohre aus chloriertem Polyvinylchlorid (PVC-C); Maße
DIN 8080	Rohre aus chloriertem Polyvinylchlorid (PVC-C); Allgemeine Qualitätsanforderungen, Prüfung
DIN EN ISO 9000 bis 9004	Grundlagen und Leitfaden für Qualitätsmanagement und Qualitätssicherungssysteme
DIN EN 10204	Bescheinigung von Materialprüfungen
DIN 16450	Formstücke für Druckrohrleitungen aus PVC hart
DIN 16887	Prüfung von Rohren aus thermoplastischen Kunststoffen; Bestimmung des Zeitstand-Innendruckverhaltens
DIN 16888 ff.	Bewertung der chemischen Widerstandsfähigkeit von Rohren aus Thermoplasten
DIN 16928	Rohrleitungen aus thermoplastischen Kunststoffen; Rohrverbindungen, Rohrleitungsteile, Verlegung, Allgemeine Richtlinien *(Die Norm wird in wesentlichen Teilen durch die Richtlinie DVS 2210-1 ersetzt.)*
DIN 16960	Schweißen von thermoplastischen Kunststoffen; Grundsätze
DIN 16962 ff.	Rohrverbindungen und Rohrleitungsteile für Druckrohrleitungen aus Polypropylen (PP)
DIN 16963 ff.	Rohrverbindungen und Rohrleitungsteile für Druckrohrleitungen aus Polyethylen hoher Dichte (PE-HD)
DIN 18200	Überwachung von Baustoffen, Bauteilen und Bauarten; Allgemeine Grundsätze
DIN 32502	Fehler an Schweißverbindungen aus Kunststoffen; Einteilung, Benennung, Erklärung
DIN 53457	Trinkwasserleitungsrohre aus Kunststoff; Gesundheitliche Beurteilung, Prüfung

10.2 Richtlinien, Merk- und Arbeitsblätter

10.2.1 Richtlinien und Merkblätter des Deutschen Verbandes für Schweißtechnik e.V.

DVS 2201-1	Prüfen von Halbzeugen aus Thermoplasten; Grundlagen, Hinweise
DVS 2201-2	Prüfen von Halbzeugen aus Thermoplasten; Schweißeignung, Prüfverfahren, Anforderungen
DVS 2203-1	Prüfung von Schweißverbindungen aus thermoplastischen Kunststoffen; Prüfverfahren, Anforderungen
DVS 2203-2	Prüfung von Schweißverbindungen aus thermoplastischen Kunststoffen; Zugversuch
DVS 2203-3	Prüfung von Schweißverbindungen aus thermoplastischen Kunststoffen; Schlagversuch
DVS 2203-4	Prüfung von Schweißverbindungen aus thermoplastischen Kunststoffen; Zeitstand-Zugversuch
DVS 2203-5	Prüfung von Schweißverbindungen aus thermoplastischen Kunststoffen; Technologischer Biegeversuch
DVS 2204-1	Kleben von thermoplastischen Kunststoffen; PVC-weichmacherfrei
DVS 2204-2	Kleben von thermoplastischen Kunststoffen; Polyolefine
DVS 2205-1	Kennwerte von thermoplastischen Kunststoffen
DVS 2207-1	Schweißen von thermoplastischen Kunststoffen, Heizelementschweißen von Rohren, Rohrleitungsteilen und Tafeln aus PE-HD
DVS 2207-3	Warmgasschweißen von thermoplastischen Kunststoffen; Tafeln und Rohre
DVS 2207-3 Beiblatt	Warmgasschweißen von thermoplastischen Kunststoffen; Tafeln und Rohre; Schweißparameter
DVS 2207-4	Schweißen von thermoplastischen Kunststoffen; Extrusionsschweißen; Tafeln und Rohre
DVS 2207-4 Beiblatt	Schweißen von thermoplastischen Kunststoffen; Extrusionsschweißen; Tafeln und Rohre, Schweißparameter für PE-HD und PP
DVS 2207-11	Schweißen von thermoplastischen Kunststoffen, Heizelementschweißen von Rohren, Rohrleitungsteilen und Tafeln aus PP
DVS 2207-15	Schweißen von thermoplastischen Kunststoffen, Heizelementschweißen von Rohren, Rohrleitungsteilen und Tafeln aus PVDF
DVS 2208-1	Schweißen von thermoplastischen Kunststoffen; Maschinen und Geräte für das Heizelementschweißen
DVS 2208-2	Schweißen von thermoplastischen Kunststoffen; Maschinen und Geräte für das Warmgasschweißen
DVS 2209-1	Schweißen von thermoplastischen Kunststoffen; Extrusionsschweißen, Verfahren, Merkmale
DVS 2212-1	Prüfung von Kunststoffschweißern; Prüfgruppe I
DVS 2212-2	Prüfung von Kunststoffschweißern; Prüfgruppe II
DVS 2213	Schweißfachmann/Schweißfachfrau; Fachrichtung Kunststoffschweißen; Prüfung
DVS 2221-1	Prüfung von Kunststoffklebern; Prüfgruppe I; Rohr- und Muffenverbindungen aus PVC-U, PVC-C und ABS mit lösenden Klebstoffen

10.2.2 Richtlinien des Deutschen Vereins des Gas- und Wasserfaches e.V.

DVGW W 303	Druckabfalltafeln für Kunststoffrohre
DVGW GW 330	Schweißen von Rohren und Rohrleitungsteilen aus PE-HD für Gas- und Wasserleitungen

10.2.3 Verlegeanleitungen des Kunststoffrohrverbands e.V.

KRV A 112	PVC-Druckrohrsteckmuffen
KRV A 113	PVC-Druckrohrklebemuffen
KRV A 115 b	Verlegeanleitung von PVC-Druckrohren. Installation innerhalb von Gebäuden
KRV A 117	Klebeanleitung für PVC-Druckrohre. Verklebung mit THF-Klebstoff
GKR 9.4.1	Industrierohre; Rohre aus PP mit dem Gütezeichen der Gütegemeinschaft Kunststoffrohre e.V.
NN	KRV-Druckverlust-Tabellen; Druckrohrleitungen aus PVC-U, PE-HD, PE-LD

10.3 Vorschriften, Verordnungen und sonstige Richtlinien

DruckbehV	Druckbehälterverordnung nach § 24 der Gewerbeordnung
DIBt	Bau- und Prüfgrundsätze für Rohrleitungsteile für oberirdisch verlegte Rohrleitungen aus Thermoplasten
TRR 120	Technische Regeln Rohrleitungen, Bauvorschriften für Rohrleitungen aus thermoplastischen Kunststoffen
KTW	Kunststoff-Trinkwasser-Empfehlungen
WHG	Wasserhaushaltsgesetz

11 Erläuterung der Symbole und Kurzzeichen

Symbol, Kurzzeichen	Einheit	Benennung
A	mm^2	Fläche, Querschnitt
AH	–	Armaturenhalter
d	mm	Rohr-, Formteildurchmesser
E_c	N/mm^2	Kriechmodul
F	N	Kraft, Belastung
FL	–	Rohrführungslager
FP	–	Festpunkt
f	–	Faktor, allgemein
f_B	–	Bogenfaktor
f_{LA}	–	Faktor für die Durchbiegung
f_Q	mm/mm	Faktor für die Quellung
GL	–	Gleitlager
H	m	Förderhöhe
HL	–	Hängelager
HS	–	Heizelementstumpfschweißen
HD	–	Heizelementmuffenschweißen
HM	–	Heizwendelschweißen
h	Stunde	Zeiteinheit
J	mm^4	Trägheitsmoment
K	–	Faktor zur Druckstoßermittlung
k	–	Rauhigkeitsbeiwert
L	m/mm	Länge, Abstand
$L_{1/2}$	mm	Systemlänge
PN	–	Nenndruck
p	bar	Druck
q	N/mm	Streckenlast
R	mm	Bogenradius
Re	–	Reynoldszahl
S	–	Sicherheitsbeiwert
s	mm	Wanddicke
T	°C	Temperatur
t	h, min	Zeit
V	m^3/h	Durchflußvolumen
W	mm^3	Widerstandsmoment
WHG	–	Wasserhaushaltsgesetz
WE	–	Warmgas-Extrusionsschweißen
WZ	–	Warmgas-Ziehschweißen
v	–	Verschwächungsfaktor
w	m/s	Durchflußgeschwindigkeit
α	1/K	thermischer Längenausdehnungskoeffizient
$\Delta\vartheta$, dT	K	Temperaturdifferenz
Δl	mm	Längenänderung
Δp	bar	Druckverlust
ε	–	Dehnung
λ	–	Rohrreibungszahl
μ	–	Querkontraktionszahl
ν	m^2/s	kinematische Zähigkeit
ρ	kg/m^3	Dichte
σ	N/mm^2	Spannung
ζ	–	hydraulischer Widerstandsbeiwert

Indizes

A	Abstand
a	außen
B (in Verbindung mit L)	Biegelänge, Länge des Biegeschenkels
B (in Verbindung mit T)	Betriebstemperatur
b	Biegung
FP	festpunktzugeordnet
FL	führungslagerzugeordnet
ges	Gesamtwert
grenz	Grenzwert
i	innen
k	Knickung
l	längs, axial
M	Montage
m	Mittelwert
max	Maximalwert
min	Mindestwert
p	druckabhängig
Q	quellungsabhängig
R	Rohr, Rohrleitung
RA	Rohrleitungsarmatur
RF	Rohrformteil
RV	Rohrverbindung
r	radial
u	umfänglich, tangential
v	Vergleichswert
x, y, z	Richtung im Koordinatensystem
zul	zulässiger Wert
ε	dehnungsabhängig
ϑ	temperaturabhängig

12 Anhang

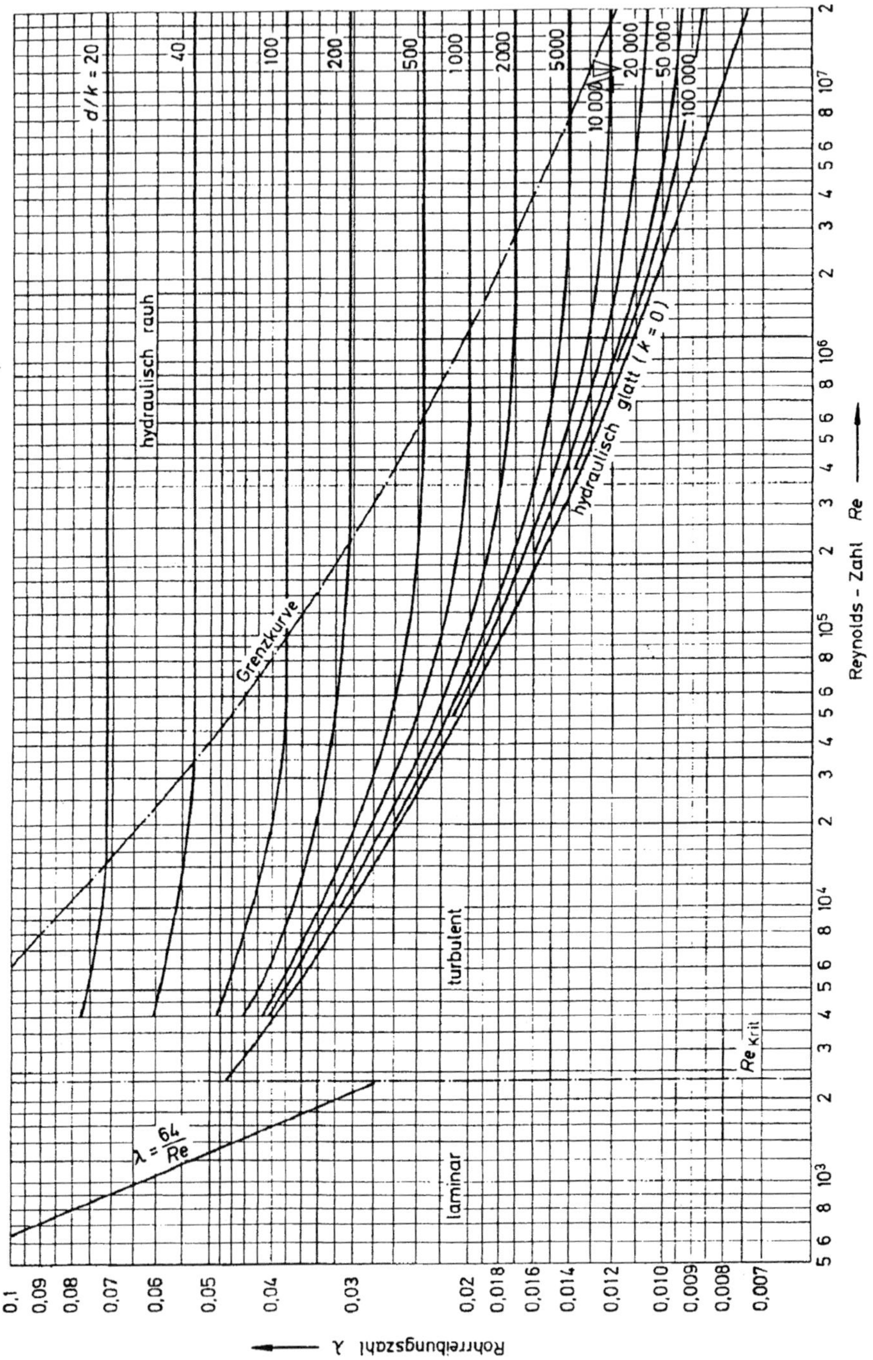

Bild 1. Rohrreibungszahlen zur hydraulischen Dimensionierung (nach Moody).

Tabelle 9. Hydraulische Widerstandsbeiwerte von Rohrformstücken.

Art des Formstückes	Kenngröße	Widerstandsbeiwert ζ			Zeichnung  = Durchflußrichtung
Bogen $\alpha = 90°$	$R = 1{,}0 \times d_a$ $1{,}5 \times d_a$ $2{,}0 \times d_a$ $4{,}0 \times d_a$	0,51 0,41 0,34 0,23			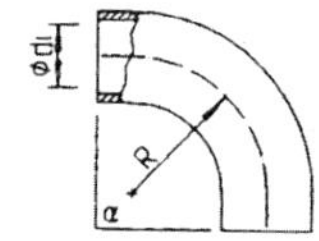
Bogen $\alpha = 45°$	$R = 1{,}0 \times d_a$ $1{,}5 \times d_a$ $2{,}0 \times d_a$ $4{,}0 \times d_a$	0,34 0,27 0,20 0,15			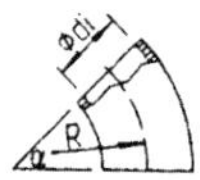
Winkel (Kniestücke)	$\alpha = 45°$ $30°$ $20°$ $15°$ $10°$	0,30 0,14 0,05 0,05 0,04			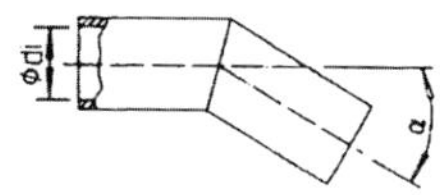
T-Stücke (Rohrabzweige 90°) Stromvereinigung $V_s = V_a + V_z$		ζ_z	ζ_d		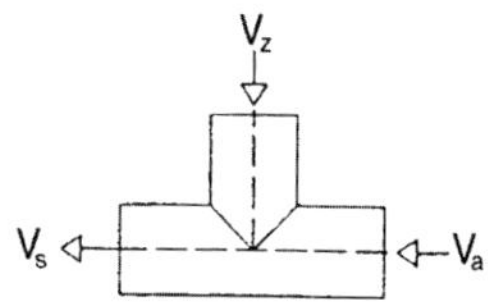
	$V_z/V_s = 0{,}0$ 0,2 0,4 0,6 0,8 1,0	−1,20 −0,40 0,10 0,50 0,70 0,90	0,06 0,20 0,30 0,40 0,50 0,60		
T-Stücke (Rohrabzweige 90°) Stromtrennung $V_s = V_a + V_d$		ζ_a	ζ_s		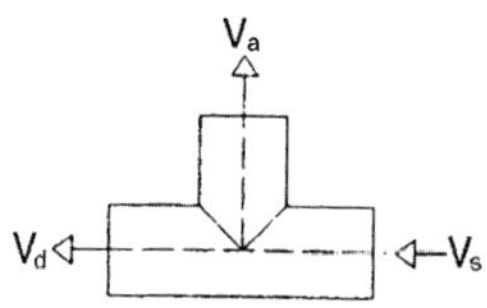
	$V_a/V_s = 0{,}0$ 0,2 0,4 0,6 0,8 1,0	0,97 0,90 0,90 0,97 1,10 1,30	0,10 −0,10 −0,05 0,10 0,20 0,35		
Reduzierstücke konzentrisch (Rohrerweiterung) ζ-Werte für $\lambda_R = 0{,}025$	Winkel α	4 ... 8°	16°	24°	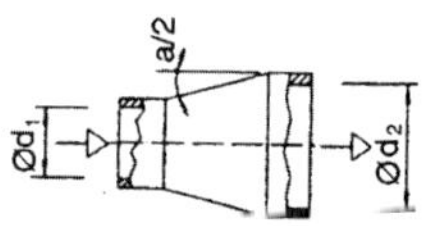
	$d_2/d_1 = 1{,}2$ 1,4 1,6 1,8 2,0	0,10 0,20 0,50 1,20 1,90	0,15 0,30 0,80 1,80 3,10	0,20 0,50 1,50 3,00 5,30	
Reduzierstücke konzentrisch (Rohrverengung) ζ-Werte für $\lambda_R = 0{,}025$	Winkel α	4°	8°	20°	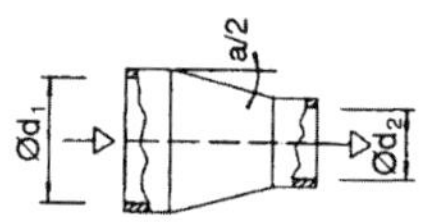
	$d_2/d_1 = 1{,}2$ 1,4 1,6 1,8 2,0	0,046 0,067 0,076 0,031 0,034	0,023 0,033 0,038 0,041 0,042	0,010 0,013 0,015 0,016 0,017	

positive ζ-Werte = Druckabfall
negative ζ-Werte = Druckanstieg
V_a = abgehender Volumenstrom
V_d = durchgehender Volumenstrom
V_s = gesamter Volumenstrom
V_z = hinzukommender Volumenstrom

Tabelle 10. Hydraulische Widerstandsbeiwerte von Armaturen.

Nennweite	MV	GSV	SSV	S	KH	K	RV	RK
DN	Widerstandsbeiwert (ζ)							
25	4,0	2,1	3,0				2,5	1,9
32	4,2	2,2	3,0				2,4	1,6
40	4,4	2,3	3,0				2,3	1,5
50	4,5	2,3	2,9				2,0	1,4
65	4,7	2,4	2,9	0,1 … 0,3	0,1 … 0,15	0,3 … 0,6	2,0	1,4
80	4,8	2,5	2,8				2,0	1,3
100	4,8	2,4	2,7				1,6	1,2
125	4,5	2,3	2,3				1,6	1,0
150	4,1	2,1	2,0				2,0	0,9
200	3,6	2,0	1,4				2,5	0,8

Erläuterungen: Die angegebenen Widerstandszahlen sind Anhaltswerte und dienen überschlägigen Druckverlustberechnungen. Für objektbezogene Berechnungen sind die Angaben des jeweiligen Armaturenherstellers zugrunde zu legen.

Tabelle 11. Kriterien zur Armaturenauswahl.

Auswahlkriterium	MV/GSV/SSV	S	KH	K	RV	RK
	Bewertung					
Strömungswiderstand	groß	gering	gering	mäßig	groß	mäßig
Öffnungs- und Schließzeit	mittel	lang	kurz	kurz	kurz	
Betätigungsmoment	gering	gering	groß	mäßig		
Verschleiß	mäßig	gering	gering	mäßig	mäßig	
Durchflußregelung	geeignet	wenig geeignet				
Baulänge nach Reihe F	mittel	groß	groß	groß	mittel	groß
Baulänge nach Reihe K			gering	gering		gering

Reihe F = Flanschausführung DIN 3202-1

Reihe K = Zwischenflanschausführung DIN 3202-3

(gerastert) kein Kriterium

Zeichenerklärung zu Tabelle 10 und 11:

MV Membranventil
SSV Schrägsitzventil
GSV Geradsitzventil
S Schieber ohne Einschnürung
KH Kugelhahn
K Absperrklappe
RV Freifluß-Rückschlagventil
RK Rückschlagklappe

Tabelle 12. Richtwerte für Schraubenanzugsmomente an Flanschverbindungen.

Nennweite DN	Schraubenanzugsmoment [Nm] Flachring zul p ≤ 10 bar	Schraubenanzugsmoment [Nm] Profil-/O-Ring zul p ≤ 16 bar
15		
20	15	
25		15
32	20	
40	30	
50	35	20
65		25
80	40	25
100		30
125	50	35
150	60	40
200	70	50
250	80	55
300	100	60
350	100	70
400	120	80

p = innerer Überdruck

(gerastert) = zul p ≤ 6 bar

Hinweise zu Tabelle 12:

Geltungsbereich: Dichtungen aus Elastomerwerkstoffen mit einer Shore-A-Härte von 80°.

Anwendungsbereich: Wegen der teilweise großen Schraubenanzugsmomente bei Verwendung von Flachdichtringen wird deren Einbau nur in Kombination mit verwindungssteifen Losflanschen empfohlen. Hierzu eignen sich korrosionsgeschützte Losflansche aus Stahl oder Sphäroguß sowie Losflansche aus glasfaser- bzw. stahlverstärkten Kunststoffen. Die zulässige Belastung der Losflansche ist zu beachten.

Die in der Tabelle angegebenen Richtwerte basieren auf Herstellerangaben. Im Rahmen der Richtlinienüberarbeitung hat sich ein Arbeitskreis konstituiert, welcher sich mit der Untersuchung von Flanschverbindungen in Kunststoffrohrleitungen befaßt. Zum Zeitpunkt der Veröffentlichung dieser Richtlinie lagen noch keine konkreten Ergebnisse vor.

Tabelle 13. Empfohlene Stützweiten für Rohre aus PE-HD.

Rohrgröße da mm	Nennweite DN	Stützweiten (L_A) in mm bei Raumwandtemperatur (T_R) 20°C	30°C	40°C	50°C	60°C
16	10	500	450	450	400	350
20	15	575	550	500	450	400
25	20	650	600	550	550	500
32	25	750	750	650	650	550
40	32	900	850	750	750	650
50	40	1050	1000	900	850	750
63	50	1200	1150	1050	1000	900
75	65	1350	1300	1200	1100	1000
90	80	1500	1450	1350	1250	1150
110	100	1650	1600	1500	1450	1300
125		1750	1700	1600	1550	1400
140	125	1900	1850	1750	1650	1500
160	150	2050	1950	1850	1750	1600
180		2150	2050	1950	1850	1750
200	200	2300	2200	2100	2000	1900
225		2450	2350	2250	2150	2050
250	250	2600	2500	2400	2300	2100
280		2750	2650	2550	2400	2200
315	300	2900	2800	2700	2550	2350
355	350	3100	3000	2900	2750	2550
400	400	3300	3150	3050	2900	2700

Hinweis: Die angegebenen Stützweiten gelten für Rohre mit Biegekriechmodul entsprechend Werkstofftyp PE-HD (DIN 8074/8075).
Es sind die Umrechnungsfaktoren nach Tabelle 18 zu beachten.

Tabelle 14. Empfohlene Stützweiten für Rohre aus PP.

Rohrgröße da mm	Nennweite DN	Stützweiten (L_A) in mm bei Raumwandtemperatur (T_R) 20°C	30°C	40°C	50°C	60°C	70°C	80°C
16	10	650	625	600	775	550	525	500
20	15	700	675	650	625	600	575	550
25	20	800	775	750	725	700	675	650
32	25	950	925	900	875	850	800	750
40	32	1100	1075	1050	1000	950	925	875
50	40	1250	1225	1200	1150	1100	1050	1000
63	50	1450	1425	1400	1350	1300	1250	1200
75	65	1550	1500	1450	1400	1350	1300	1250
90	80	1650	1600	1550	1500	1450	1400	1350
110	100	1850	1800	1750	1700	1600	1500	1400
125		2000	1950	1900	1800	1700	1600	1500
140	125	2100	2050	2000	1900	1800	1700	1600
160	150	2250	2200	2100	2000	1900	1800	1700
180		2350	2300	2200	2100	2000	1900	1800
200	200	2500	2400	2300	2200	2100	2000	1900
225		2650	2550	2450	2350	2250	2150	2000
250	250	2800	2700	2600	2500	2400	2300	2150
280		2950	2850	2750	2650	2550	2450	2300
315	300	3150	3050	2950	2850	2700	2600	2450
355	350	3350	3250	3150	3000	2850	2750	2600
400	400	3550	3450	3350	3200	3050	2900	2750

Hinweis: Es sind die Umrechnungsfaktoren nach Tabellen 18 und 19 zu beachten.

Tabelle 15. Empfohlene Stützweiten für Rohre aus PVC-U.

Rohrgröße da mm	Nennweite DN	Stützweiten (L_A) in mm bei Raumwandtemperatur (T_R) 20°C	30°C	40°C	50°C	60°C
16	10	950	900	850	750	600
20	15	1100	1050	1000	900	700
25	20	1200	1150	1050	950	750
32	25	1350	1300	1250	1100	900
40	32	1450	1400	1350	1250	1000
50	40	1600	1550	1500	1400	1150
63	50	1800	1750	1700	1550	1300
75	65	2000	1900	1850	1700	1450
90	80	2200	2100	2000	1850	1550
110	100	2400	2300	2250	2050	1750
125		2550	2450	2400	2200	1850
140	125	2700	2600	2500	2300	1950
160	150	2900	2800	2700	2500	2100
180		3100	2950	2850	2650	2200
200	200	3250	3150	3000	2800	2350
225		3450	3300	3200	2950	2500
250	250	3650	3500	3350	3100	2600
280		3750	3700	3550	3300	2750
315	300	4100	3900	3750	3500	2950
355	350	4300	4200	4000	3700	3100
400	400	4600	4450	4250	3950	3300

(grau)	Markierter Bereich: Rohre PN 16
andere Bereiche: PN 10	

Hinweis: Es sind die Umrechnungsfaktoren nach Tabelle 18 zu beachten.

Tabelle 16. Empfohlene Stützweiten für Rohre aus PVC-C.

Rohrgröße da mm	Nennweite DN	Stützweiten (L_A) in mm bei Raumwandtemperatur (T_R) 20°C	30°C	40°C	50°C	60°C	70°C	80°C	90°C
16	10	1000	950	900	850	750	675	600	500
20	15	1150	1100	1025	950	875	775	700	600
25	20	1200	1150	1100	1000	900	800	700	600
32	25	1350	1250	1200	1100	1000	900	800	700
40	32	1500	1400	1300	1250	1150	1050	900	800
50	40	1650	1600	1500	1400	1300	1200	1100	900
63	50	1850	1750	1650	1600	1500	1350	1250	1050
75	65	2050	1950	1850	1750	1650	1500	1350	1200
90	80	2250	2100	2000	1900	1800	1650	1500	1300
110	100	2500	2350	2200	2100	1950	1800	1650	1450
125		2650	2500	2350	2250	2100	1950	1750	1550
140	125	2800	2650	2500	2350	2200	2050	1850	1650
160	150	3000	2850	2700	2550	2400	2200	2000	1750
180		3150	3000	2850	2700	2500	2300	2100	1850
200	200	3350	3150	3000	2850	2650	2450	2200	1950
225		3550	3350	3200	3000	2800	2600	2350	2100
250	250	3750	3550	3350	3150	3000	2750	2500	2200
280		3950	3750	3550	3350	3150	2900	2650	2350
315	300	4200	4000	3750	3550	3350	3050	2800	2450
355	350	4450	4250	4000	3800	3550	3250	2950	2650
400	400	4750	4500	4250	4000	3750	3450	3150	2800

(grau)	Markierter Bereich: Rohre PN 16
andere Bereiche: PN 10	

Hinweis: Es sind die Umrechnungsfaktoren nach Tabelle 18 zu beachten.

Tabelle 17. Empfohlene Stützweiten für Rohre aus PVDF.

Rohrgröße da mm	Nennweite DN	Stützweiten (L_A) in mm bei Raumwandtemperatur (T_R) 20°C	30°C	40°C	50°C	60°C	70°C	80°C	100°C	120°C
16	10	725	700	650	600	575	550	500	450	400
20	15	850	800	750	750	700	650	600	500	450
25	20	950	900	850	800	750	700	675	600	500
32	25	1100	1050	1000	950	900	850	800	700	600
40	32	1200	1150	1100	1050	1000	950	900	750	650
50	40	1400	1350	1300	1200	1150	1100	1000	900	750
63	50	1400	1350	1300	1250	1200	1150	1100	950	800
75	65	1500	1450	1400	1350	1300	1250	1200	1050	850
90	80	1600	1550	1500	1450	1400	1350	1300	1100	950
110	100	1800	1750	1700	1650	1550	1500	1450	1250	1100
125		1900	1850	1800	1700	1650	1600	1500	1350	1200
140	125	2000	1950	1900	1800	1750	1700	1600	1450	1250
160	150	2150	2100	2050	1950	1850	1800	1700	1550	1350
180		2300	2200	2150	2050	1950	1900	1800	1600	1400
200	200	2400	2350	2250	2150	2100	2000	1900	1700	1500
225		2550	2500	2400	2300	2200	2100	2000	1800	1600
250	250	2650	2600	2500	2400	2300	2200	2100	1900	1700
280		2850	2750	2650	2550	2450	2350	2250	2000	1800
315	300	3000	2950	2850	2750	2600	2500	2400	2150	1900
355	350	3200	3100	3000	2850	2750	2650	2500	2250	2000
400	400	3400	3300	3200	3050	2950	2800	2650	2400	2100

(grau markiert)	Markierter Bereich: Rohre PN 16
andere Bereiche: PN 10	

Hinweis: Es sind die Umrechnungsfaktoren nach Tabelle 18 zu beachten.

Tabelle 18. Umrechnungsfaktoren f_1 und f_2 zu Tabellen 13 bis 17.

Werkstoff	Nenndruck PN	Durchflußstoff Gase	Wasser	andere ρ (g/cm³)*		Wanddicke
		<0,01	1,00	1,25	1,50	
	Faktor	f_1				f_2
PE-HD	6	1,47	1,0	0,96	0,92	0,91
	10	1,30				1,00
	16	1,21				1,07
PP	6	1,47				0,91
	10	1,30				1,00
	16	1,21				1,07
PVC-U	10	1,42				1,00
	16	1,30				1,08
	20	1,20				1,15
PVC-C	10	1,40				1,00
	16	1,27				1,08
	20	1,23				1,12
PVDF	10	1,48				1,00
	16	1,36				1,08
	20	1,31				1,12

* Zwischenwerte dürfen linear interpoliert werden.

$f_{ges} = f_1 \cdot f_2$ (siehe auch Beispiel Seite 34)

Tabelle 19. Umrechnungsfaktoren f_3 zu Tabelle 14.

Werkstoff	Rohrwandtemperatur T_R						
	20°C	30°C	40°C	50°C	60°C	70°C	80°C
	Faktor f_3						
PP-Typ 1	1,00						
PP-Typ 2	0,90	0,89	0,86	0,84	0,80	0,78	0,75
PP-Typ 3	0,75						

Tabelle 20. Führungsabstände für axial eingespannte Rohrstrecken.

Rohrgröße da	Nennweite	erforderlicher Führungsabstand (L_F) in mm in Abhängigkeit zur verhinderten Längsdehnung [ε]								
mm	DN	0,001	0,002	0,004	0,006	0,008	0,010	0,012	0,015	0,020
16	10	505	355	250	205	175	160	145	130	110
20	15	645	455	320	260	225	200	185	165	140
25	20	805	570	400	330	285	255	230	205	180
32	25	1030	730	515	420	365	325	295	265	230
40	32	1290	910	645	525	455	405	370	330	285
50	40	1615	1140	805	660	570	510	465	415	360
63	50	2035	1440	1015	830	720	640	585	525	455
75	65	2425	1715	1210	990	855	765	700	625	540
90	80	2910	2060	1455	1185	1030	920	840	750	650
110	100	3560	2515	1780	1450	1255	1125	1025	915	795
125		4045	2860	2020	1650	1430	1275	1165	1040	900
140	125	4530	3200	2265	1845	1600	1430	1305	1165	1010
160	150	5175	3660	2585	2110	1830	1635	1495	1335	1155
180		5825	4120	2910	2375	2060	1840	1680	1500	1300
200	200	6475	4575	3235	2640	2285	2045	1865	1670	1445
225		7280	5150	3640	2970	2575	2300	2100	1880	1625
250	250	8090	5720	4045	3300	2860	2555	2335	2085	1805
280		9065	6405	4530	3700	3200	2865	2615	2340	2025
315	300	10195	7210	5095	4160	3605	3220	2940	2630	2280
355	350	11495	8125	5745	4690	4060	3635	3315	2965	2570
400	400	12950	9155	6475	5285	4575	4095	3735	3340	2895

Hinweis: Bei der Festlegung der Führungsabstände unter Berücksichtigung der verhinderten Längsdehnung ist der Dehngrenzwert des jeweiligen Kunststoffes zu beachten.
Ermittlung von ε nach Gleichung (29 bis 31)

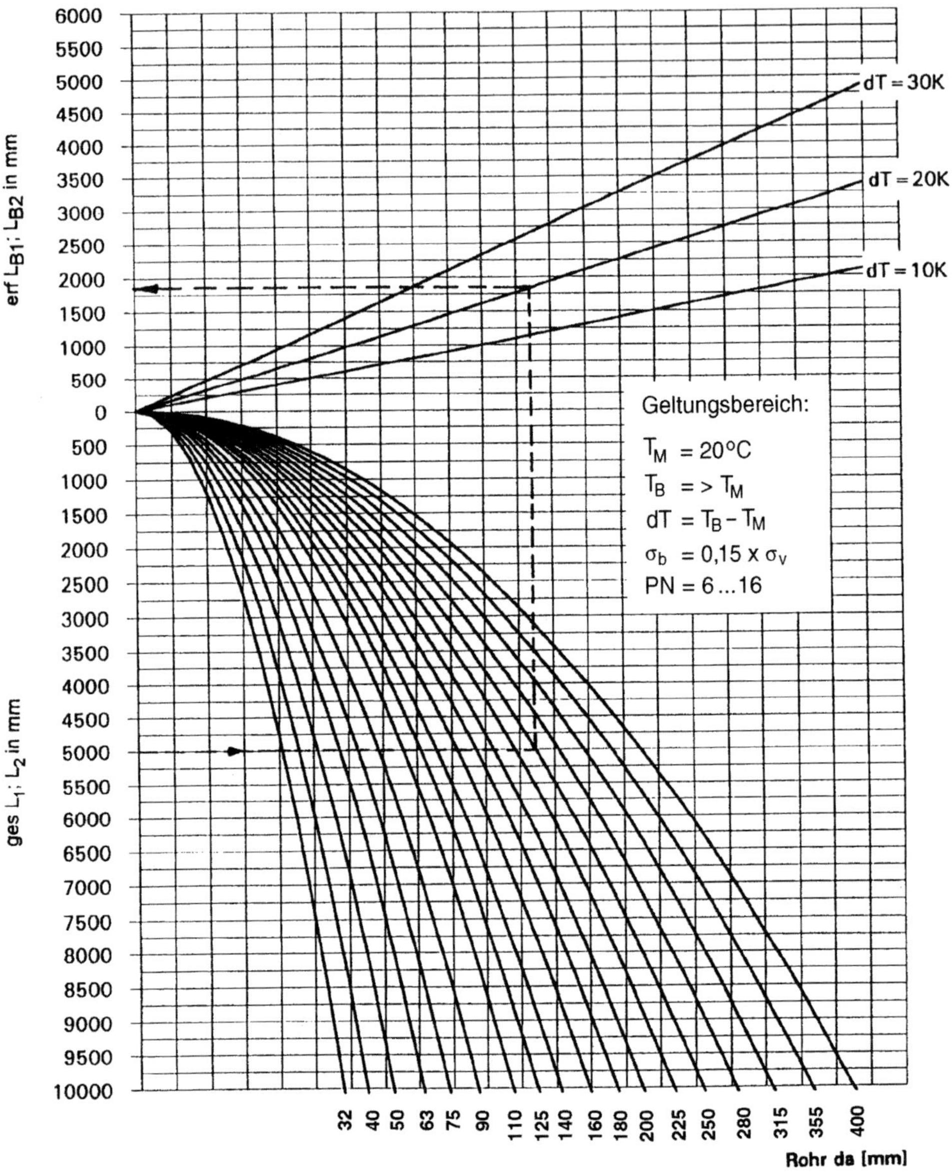

Bild 2. Bestimmung von L-Dehnungsbogen (Werkstoff: PE-HD).
- - - - - - - - Anwendungsbeispiel
Systembezeichnungen siehe Bilder 8 bis 10.

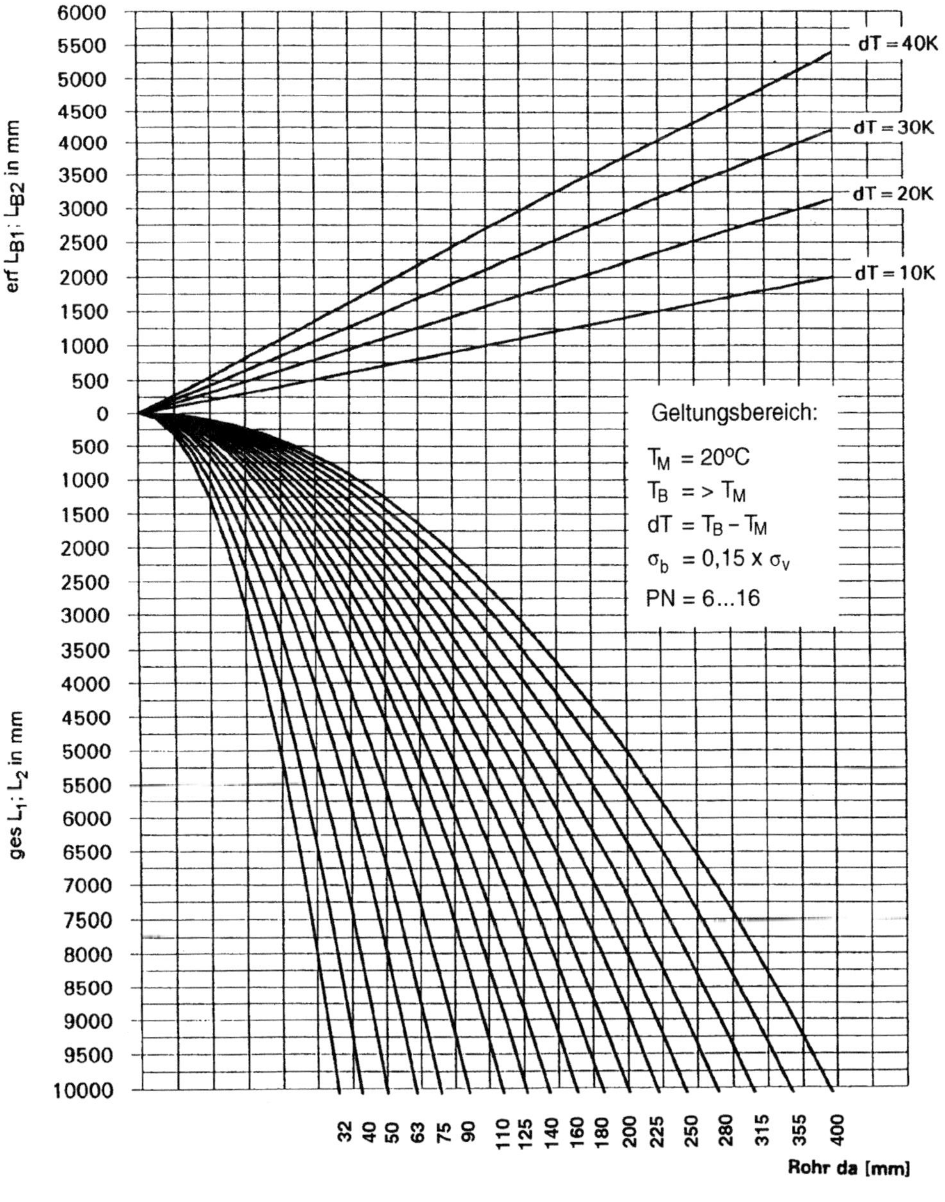

Bild 3. Bestimmung von L-Dehnungsbogen (Werkstoff: PP Typ 1).
Systembezeichnungen siehe Bilder 8 bis 10.

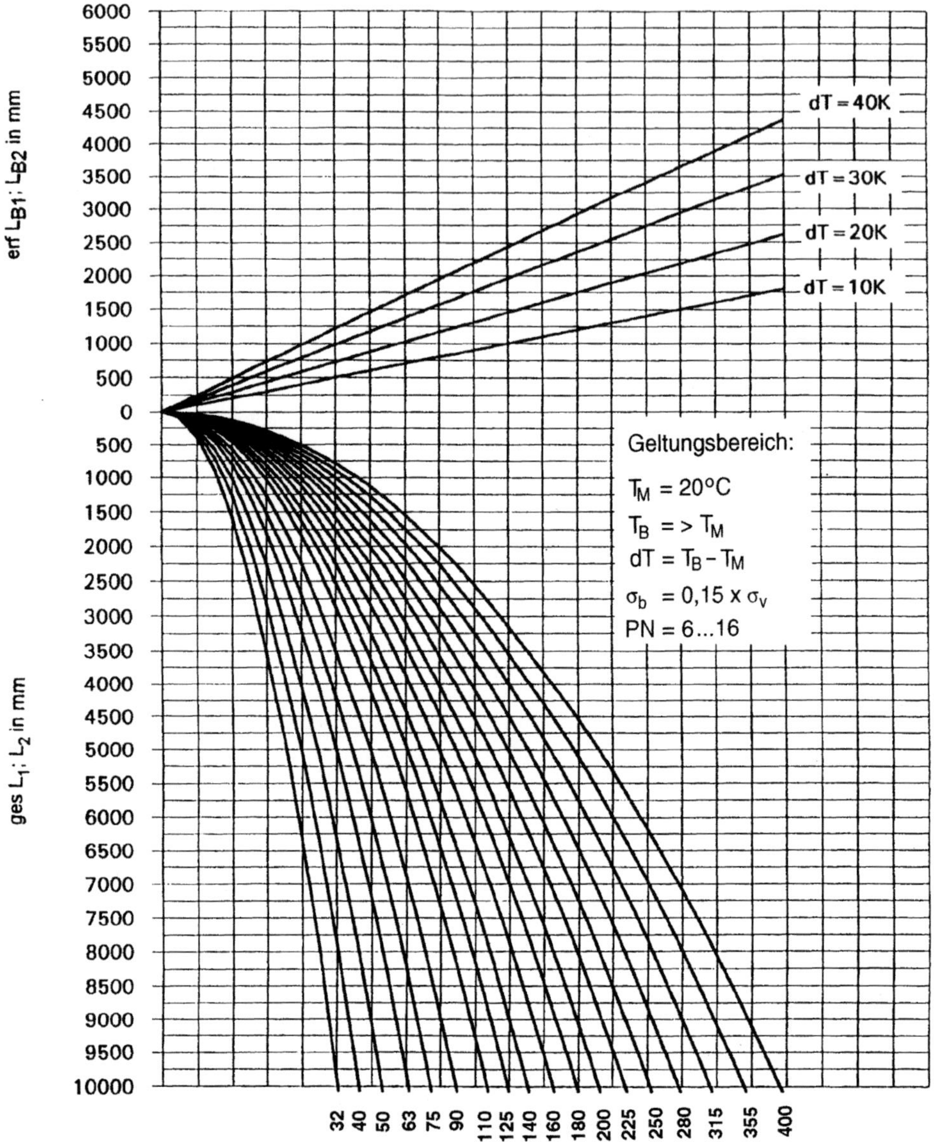

Bild 4. Bestimmung von L-Dehnungsbogen (Werkstoff: PP Typ 2 und Typ 3). Systembezeichnungen siehe Bilder 8 bis 10.

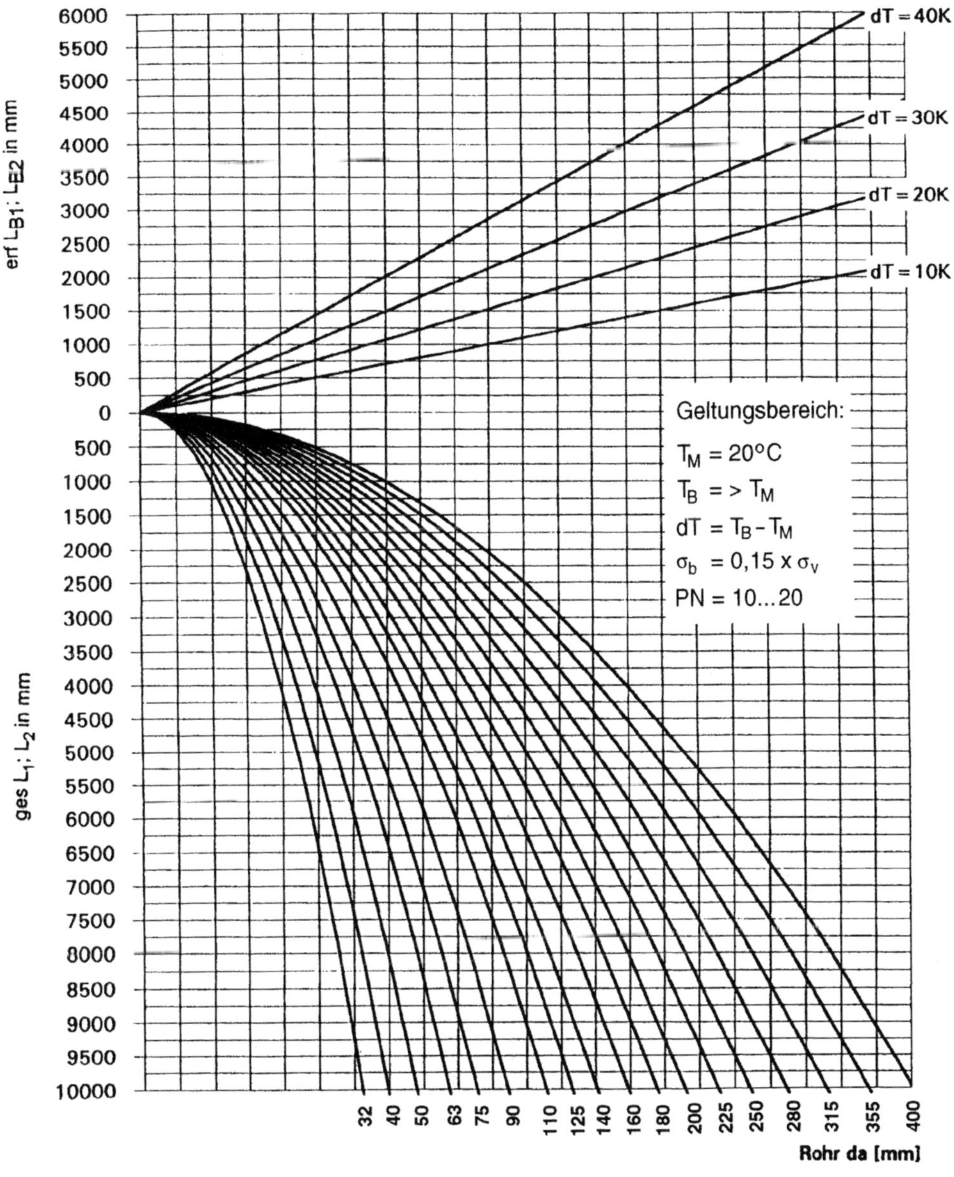

Bild 5. Bestimmung von L-Dehnungsbogen (Werkstoff: PVC-U).
Systembezeichnungen siehe Bilder 8 bis 10.

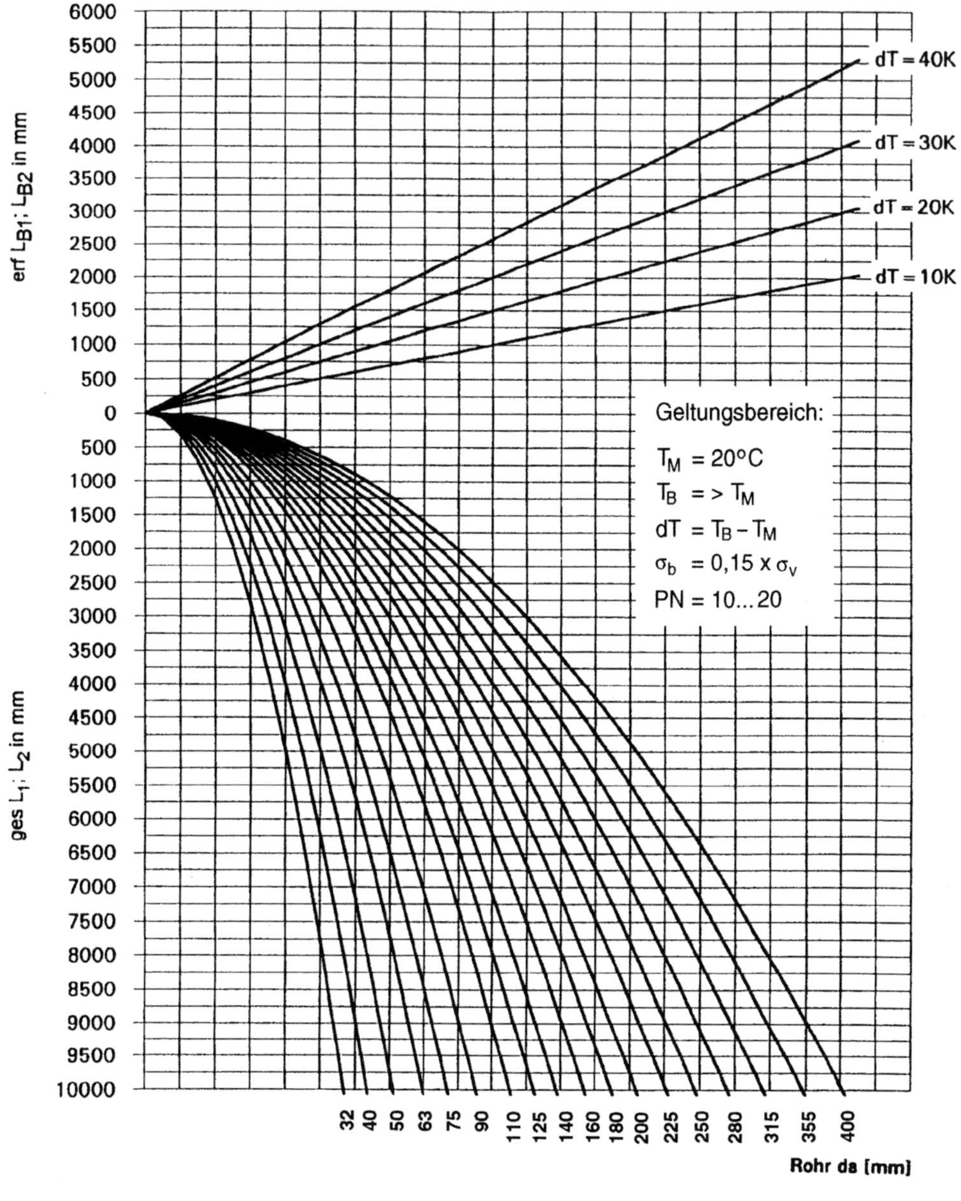

Bild 6. Bestimmung von L-Dehnungsbogen (Werkstoff: PVC-C). Systembezeichnungen siehe Bilder 8 bis 10.

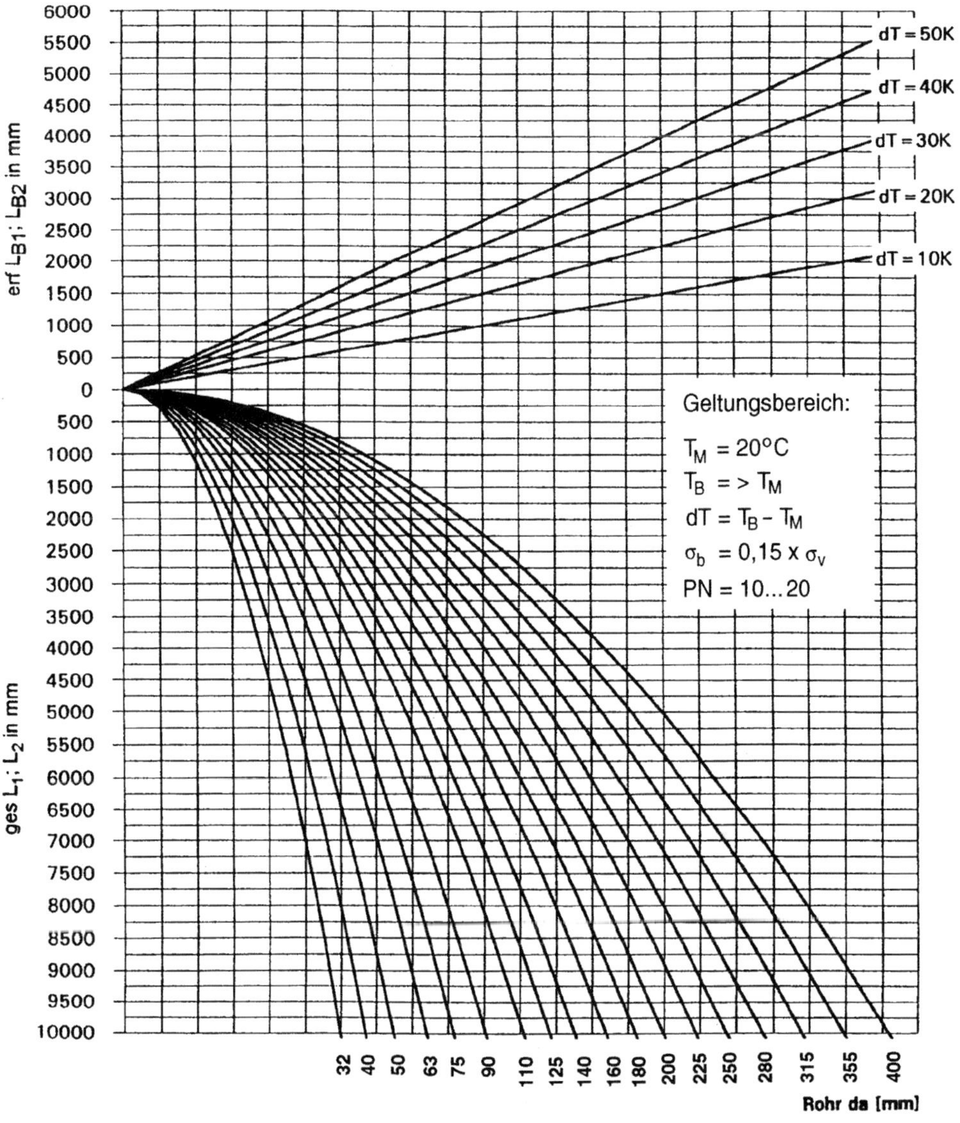

Bild 7. Bestimmung von L-Dehnungsbogen (Werkstoff: PVDF).
Systembezeichnungen siehe Bilder 8 bis 10.

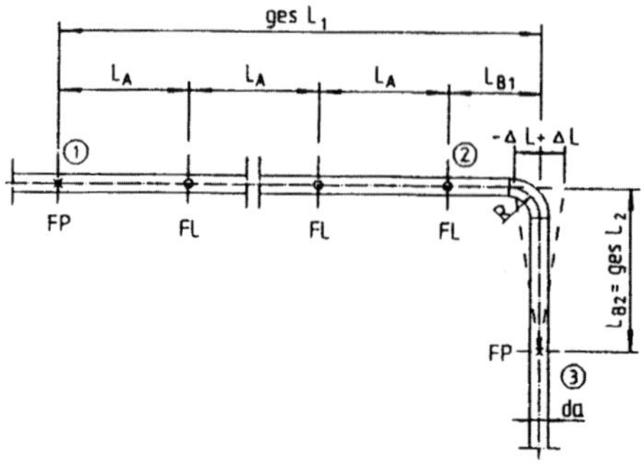

Wirkungsweise :

Δl aus ges L_1 erfordert
Biegeschenkellänge L_{B2}

Δl aus ges L_2 erfordert
Biegeschenkellänge L_{B1}

Systemabmessungen :

$L_{B1,2} \geqq$ erf L_B nach Bildern 1 bis 6
L_A = siehe Tabellen 13 bis 17

Bild 8. Prinzipzeichnung L-Dehnungsbogen.

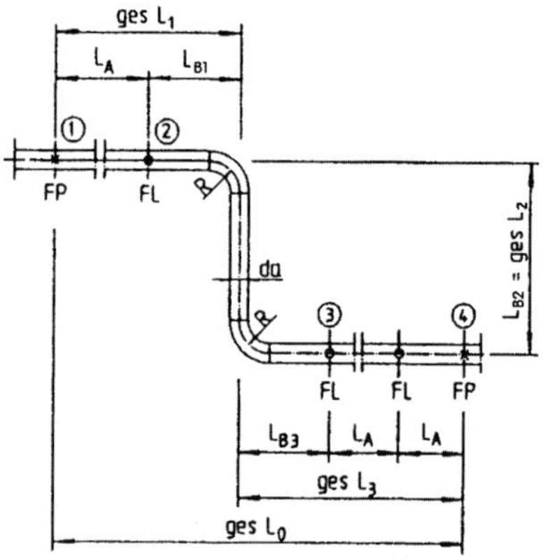

Wirkungsweise :

Δl aus ges L_0 erfordert
Biegeschenkellänge L_{B2}

Δl aus ges L_2 erfordert
Biegeschenkellänge $L_{B1}+L_{B3}$

Systemabmessungen :

$L_{B1,2,3} \geqq$ erf L_B nach Bildern 1 bis 6
L_A = siehe Tabellen 13 bis 17

Bild 9. Prinzipzeichnung Z-Dehnungsbogen.

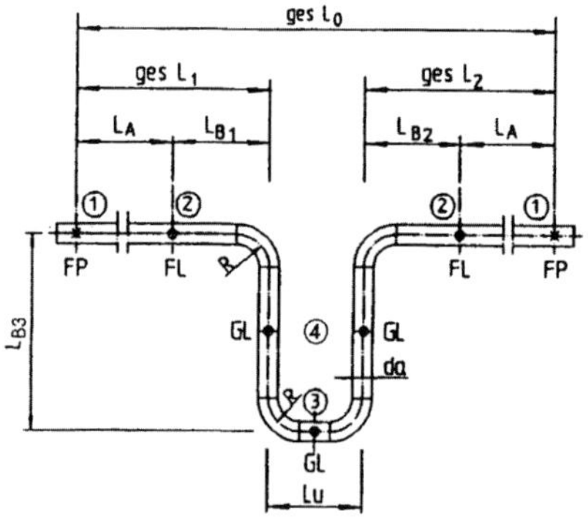

Wirkungsweise :

Δl aus ges L_0 erfordert
Biegeschenkellänge L_{B3}

Δl aus L_{B3} erfordert
ungehinderte Ausdehnung im Pkt. 4

Systemabmessungen :

$L_{B1} = L_{B2} = R + (2 \times da)$
$L_{B3} \geqq$ erf L_B nach Bildern 1 bis 6
$Lu \geqq 2 \times (R + da) \mathrel{\hat{=}}$ ges ΔL
L_A = siehe Tabellen 13 bis 17

Bild 10. Prinzipzeichnung U-Dehnungsbogen.

Hinweis zu Bildern 8 bis 10:

Wenn Rohrlänge zwischen Punkt ② und ③ > L_A, dann müssen im Bereich des Dehnungsbogens zusätzliche Gleitlager (GL) angeordnet werden.

Erläuterung der Kurzbezeichnungen:

FP = Festpunkt
FL = Führungslager
GL = Gleitlager
L_B = Biegeschenkellängen
ges L = Systemlängen
L_A = Unterstützungsabstand
$\pm \Delta L$ = Längenänderung im System
R = Bogenradius
da = Rohrdurchmesser

Beispiele für Rohrhalterungen

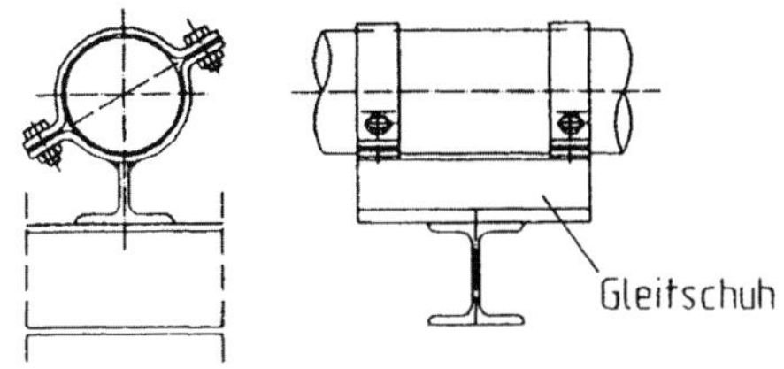

Bild 11. Gleitlager (GL)
(siehe Abschnitt 5.7.1).

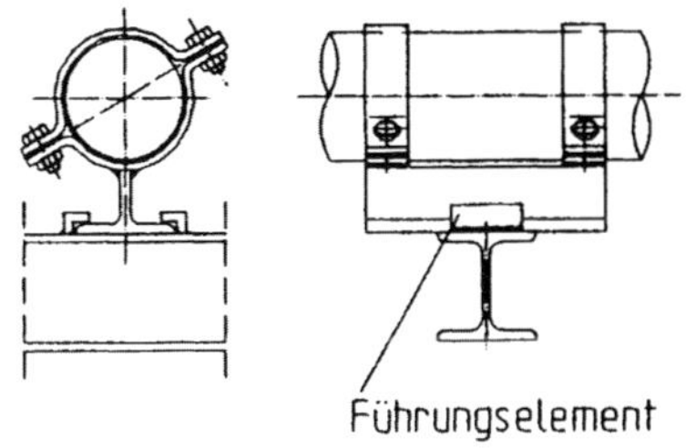

Bild 12. Beispiel für Rohrhalterungen; Führungslager (FL)
(siehe Abschnitt 5.7.2 – Typ A).

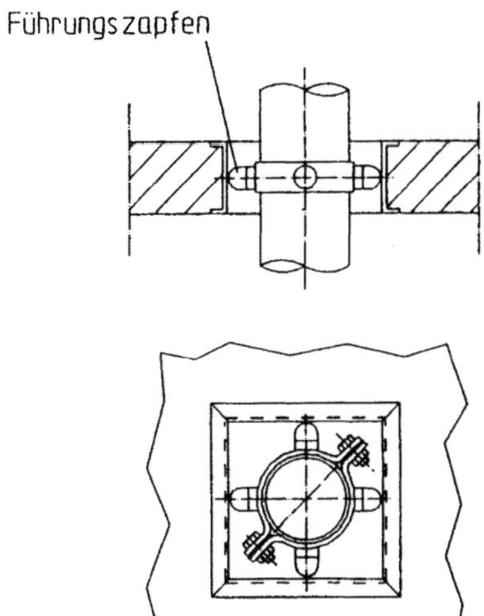

Bild 13. Führungslager (FL) in senkrechtem Rohrstrang
(siehe Abschnitt 5.7.2 – Typ C).

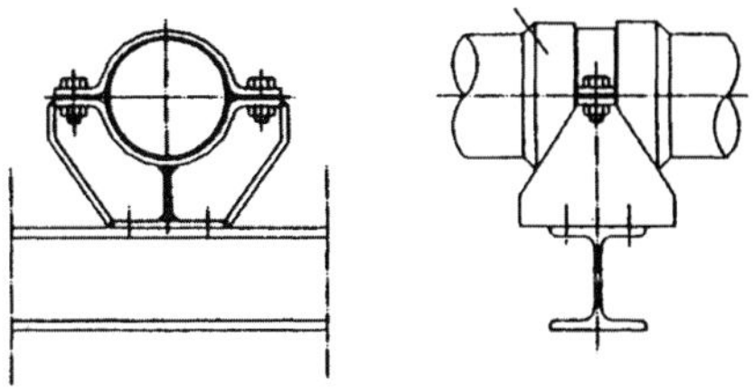

Bild 14. Festpunkt (FP)
(siehe Abschnitt 5.7.3).

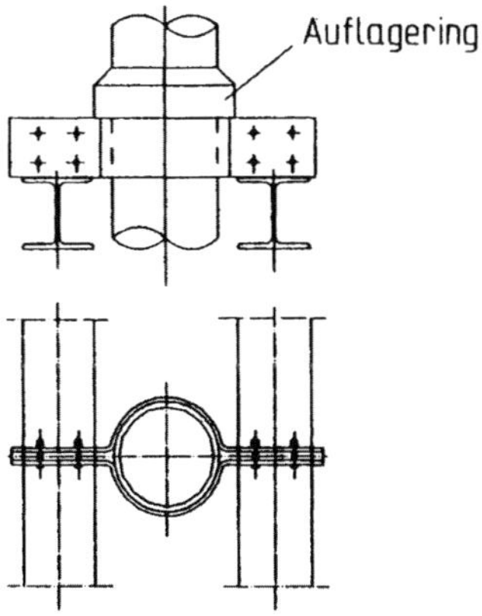

Bild 15. Auflager in senkrechtem Rohrstrang (Vertikalstop)
(siehe Abschnitt 5.7.4).

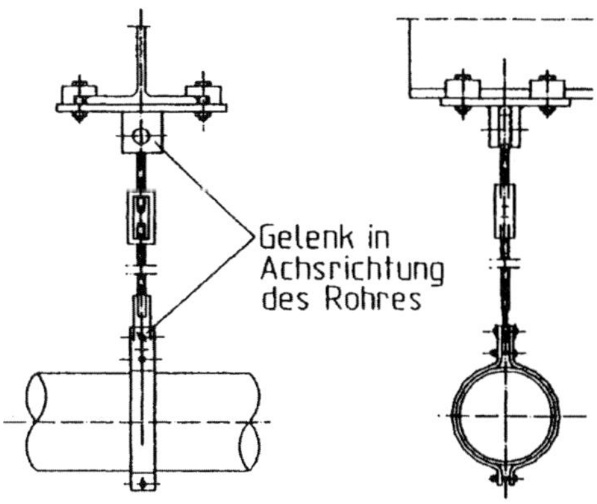

Bild 16. Hängelager (HL)
(siehe Abschnitt 5.7.5).

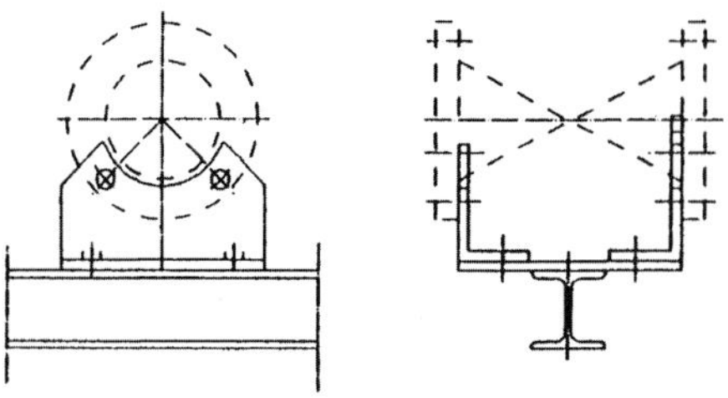

Bild 17. Armaturenhalter (AH) (siehe Abschnitt 5.7.6).

Anwendungsbeispiele

Bestimmung von Stützweiten nach Tabellen 13 bis 19:

Gegeben:

Rohrleitung	da 280 × 15,9 mm
Nenndruckstufe	PN 6
Werkstoff	PP Typ 2
Durchflußstoff	25%ige Salzsäure
Dichte Durchflußstoff	ρ = 1,15 g/cm^3
max. Betriebstemperatur	max. T_B = 50°C
Verlegeart	axial beweglich

Vorgehensweise:

Zur Optimierung der Stützweitenbestimmung ist nicht die Betriebstemperatur T_B, sondern die Rohrwandtemperatur T_R zu berücksichtigen. Aufgrund der Wärmeabfuhr an die Umgebung kann mit einer um 10% geminderten Rohrwandtemperatur gerechnet werden.

mittlere Rohrwandtemperatur	T_R = 0,9 × max. T_B =	0,9 × 50°C = 45°C
Stützweite nach Tabelle 14 Spalte 40°C	L_A (40°C) =	2750 mm
Stützweite nach Tabelle 14 Spalte 50°C	L_A (50°C) =	2650 mm
interpolierter Zwischenwert für 45°C	L_A (45°C) =	2700 mm
Faktor für Durchflußstoff nach Tabelle 18	f_1 (1,15) =	0,98
Faktor für Wanddicke nach Tabelle 18	f_2 (Pn 6) =	0,91
Faktor für Werkstofftyp nach Tabelle 19	f_3 (Typ 2) =	0,85
	zul L_A=	0,98 × 0,91 × 0,85 × 2700
zulässige Stützweite für die Rohrleitung		**zul L_A = 2045 mm**

Bestimmung von Führungsabständen nach Tabelle 20:

Gegeben:

Rohrleitung	da 280 × 15,9 mm
Werkstoff	PP Typ 2
max. Betriebstemperatur	max. T_B = 50°C
Montagetemperatur	T_M = 20°C
Verlegeart	axial eingespannt

Vorgehensweise:

Temperaturdifferenz $\Delta\vartheta$	$\Delta\vartheta$ = max. $T_B - T_M$ = 45 – 20 = 25 K
verhinderte Wärmedehnung nach Gleichung (29)	ε = 0,00015 × 25 = 0,00375
erforderlicher Führungsabstand nach Tabelle 20	ε = 0,002 ergibt: erf L_F = 6405 mm
bzw.	ε = 0,004 ergibt: erf L_F = 4530 mm
Bestimmung für ε = 0,00375:	6405 – [(6405–4530)/(0,004–0,002) × (0,00375–0,002)] = 4764,4 mm
erforderlicher Führungsabstand der Rohrleitung	**erf L_F = 4760 mm**

Bestimmung von L-Dehnungsbogen nach Bild 2:

Gegeben:

Rohrleitung	da 250 mm
Nenndruckstufe	PN 10
Werkstoff	PE-HD
max. Betriebstemperatur	max. T_B = 45°C
Montagetemperatur	T_M = 20°C
mittlere Rohrwandtemperatur	T_R = 0,9 × max. T_B = 0,9 × 45°C = 40°C
Systemlänge gemäß Bild 8	ges L_1 = 5000 mm
Verlegeart	axial beweglich

Vorgehensweise:

Temperaturdifferenz $\Delta\vartheta$ $\Delta\vartheta = T_R - T_M$ = 40 – 20 = 20 K

Für ges L_1 = 5000 mm und $\Delta\vartheta$ = 20 K ergibt sich nach Bild 2:

erforderliche Biegeschenkellänge = erf L_{B2} = 1800 mm

Hinweis: Weitere Anwendungsbeispiele können dem Beiblatt 1 der Richtlinie DVS 2210-1 entnommen werden (in Vorbereitung).

DVS – DEUTSCHER VERBAND FÜR SCHWEISSEN UND VERWANDTE VERFAHREN E.V.	Industrierohrleitungen aus thermoplastischen Kunststoffen Projektierung und Ausführung Oberirdische Rohrsysteme Berechnungsbeispiel	DVS Richtlinie DVS 2210-1 Beiblatt 1

Ersatz für Ausgabe Juli 2000

Inhalt:

Hinweis: Um das Berechnungsbeispiel in Übereinstimmung mit der Richtlinie 2210-1 zu halten, wurden die Bezeichnungen des **Abschnittes 4** und die entsprechenden Vorziffern komplett in das Beiblatt übernommen. Die nachfolgende Übersicht zeigt den Inhalt und den systematischen Aufbau des Berechnungsbeispiels.

1 Geltungsbereich

Die Richtlinie DVS 2210-1 enthält Grundlagen zur Projektierung, Berechnung, Vorfertigung und Montage von oberirdisch verlegten Industrierohrleitungen aus thermoplastischen Kunststoffen. Der **Abschnitt 4** der Richtlinie befasst sich mit Berechnungen und gibt dazu die mathematischen Beziehungen (Gleichungen) vor.

Um den Anwender der Richtlinie bei der praxisbezogenen Nutzung der Gleichungen zu unterstützen, hat sich die Arbeitsgruppe W 4.3 a entschlossen, dazu ein Berechnungsbeispiel anzubieten.

Der Geltungsbereich des Berechnungsbeispieles beschränkt sich auf den der Richtlinie DVS 2210-1. Da für das Beispiel die Werkstoffkomponente PP-H (Typ 1) gewählt wurde, ist die unmittelbare Anwendung der Ergebnisse auf andere thermoplastische Kunststoffe nicht möglich.

Was die Eingabedaten angeht, so können analog der dargestellten Werte die Werte anderer Thermoplaste sinngemäß in die jeweilige Zeile der Berechnung übertragen werden. Für die richtige Eingabe der Werkstoffdaten, Kennwerte und Belastungsparameter sowie für die Interpretation von Vorgaben ist der Anwender verantwortlich.

2 Hinweise zur Benutzung

Die Darstellung der Berechnungsschritte wurde unter Verwendung von Spalten und Zeilen vorgenommen. Die gewählte Chronologie mit den zuerst genannten Eingabedaten und Stoffwerten soll beispielhaft dafür sein, wie eine Berechnung für ein Rohrsystem aussehen soll.

Soweit es möglich war, wurden die Berechnungsgänge strikt nach den in DVS 2210-1 beinhalteten Gleichungen und deren Reihenfolge durchgeführt. In allen Fällen, wo die Angaben zur jeweiligen Anwendung der Gleichungen nicht erschöpfend waren, wurden ergänzende Fußnoten oder Hinweise eingefügt. Zur Verdeutlichung der Hinweise sind diese optisch hervorgehoben.

2.1 Bedeutung der Spalten:

2.1.1 Spalte: „Abschnitt“

Hier wird unmittelbarer Bezug auf den **Abschnitt 4** der Richtlinie 2210-1 genommen. Ist in dieser Spalte für eine Berechnungszeile bzw. einen Berechnungsvorgang keine Ziffernkennung angegeben, so sind die Angaben aus anderen Quellen. Der entsprechende Quellenhinweis ist eingefügt.

2.1.2 Spalte: „Gleichung Nr.“

In Ergänzung zur Spalte „Abschnitt“ wird die in DVS 2210-1 benutzte Nummer der jeweiligen Gleichung aufgeführt, was eine direkte Beziehung zu den Eingabewerten und den Einheiten ermöglicht.

Hinweis: Zur Vermeidung von Eingabefehlern wird die sorgfältige Durcharbeitung des Abschnittes 4, Richtlinie 2210-1, dringend empfohlen.

2.1.3 Spalte: „Index“

Zur Verdeutlichung, um welchen Vorgang es sich bei der jeweiligen Berechnungszeile handelt, wurden symbolische Bezeichnungen eingeführt. Die Symbole sind am Anfang des Berechnungsbeispiels erläutert.

2.1.4 Spalte: „Gegenstand“

Die Hauptspalte enthält den Berechnungstitel sowie Erläuterungen und Hinweise. Damit die Übersichtlichkeit der Berechnung nicht verlorengeht, wurden die Textpassagen kurz gefasst. Für den Fall, dass die Beschreibung unverständlich ist, wird das Nachlesen von Einzelheiten in der Richtlinie 2210-1 unter der jeweiligen Abschnittsziffer empfohlen.

Am rechten Spaltenrand sind an einigen Stellen der Berechnung Linien und Zeiger (Pfeile) eingefügt. Diese geben einen Hinweis, zu welchen Größen innerhalb eines Berechnungsabschnittes Zusammenhänge bestehen.

DVS, Ausschuss für Technik, Arbeitsgruppe „Fügen von Kunststoffen“

Bezug: Verlag für Schweißen und verwandte Verfahren DVS-Verlag GmbH, Postfach 10 19 65, 40010 Düsseldorf, Telefon (02 11) 15 91-0, Telefax (02 11) 15 91-150

2.1.5 Spalte: „Kurzzeichen"

In dieser Spalte befinden sich die Kurzzeichen für Gleichungsparameter, Abmessungen, technische und physikalische Größen und dgl. Die Bedeutung der Kurzzeichen ist im **Abschnitt 11** der Richtlinie 2210-1 erläutert.

Sofern im Rahmen von ergänzenden Berechnungen oder Nebenrechnungen Kurzzeichen Anwendung finden, welche noch nicht in der Richtlinie 2210-1 erläutert wurden, sind diese unter der nachfolgenden Ziffer 2.2 zusammengefasst.

Hinweis: Bezüglich der in DVS 2210-1 und im Berechnungsbeispiel verwendeten Kurzzeichen ist zu bemerken, dass sich im Rahmen der europäischen Normung diverse Änderungen in der Nomenklatur ergeben haben. So wird beispielsweise für den Außendurchmesser eines Rohres statt da – de und für die Wanddicke s – e geschrieben.

Es soll nicht Aufgabe des Berechnungsbeispiels sein, sich an der aktuellen Nomenklatur zu orientieren, sondern dem Anwender Hilfestellung zu geben. Es bleibt dem Nutzer der Richtlinie 2210-1 und des Berechnungsbeispiels im Beiblatt 1 vorbehalten, sich der jeweils genormten bzw. der gebräuchlichen Kurzzeichen zu bedienen.

2.1.6 Spalten „Eingabe, Ergebnis und Einheit"

Diese Spalten sind selbsterklärend, da sie den wesentlichen Inhalt der Berechnung enthalten. Wichtig für den Anwender ist, dass bei den Eingaben in die jeweilige Gleichung oder Nebenrechnung die Einheit der Eingabegrößen beachtet wird. Angaben dazu sind den Hinweisen bei den Gleichungen in der Richtlinie 2210-1 zu entnehmen.

2.2 Kurzzeichen und ihre Erläuterung

Das Berechnungsbeispiel enthält Kurzzeichen, welche bereits im Abschnitt 11 der Richtlinie 2210-1 erläutert wurden. Nachfolgend sind Begriffe aufgeführt, welche neu hinzugekommen sind und sich nicht aus dem Text erklären lassen.

Symbol, Kurzzeichen	Einheit	Benennung
empf	–	empfohlene Größe
erf	–	erforderliche Größe
geo	m	geodätisch
rechn	–	rechnerische Größe
vorh	–	vorhandene Größe
n	Stück	Anzahl
q	N/m (N/mm)	spezifische Gewichtsbelastung
Δ	–	Differenz
Indizes		
F		Führung
LA		Längenabstand
LD		Lebensdauer
Z		Zulauf

3 Berechnungsbeispiel

Basis: Richtlinie DVS 2210-1 (Ausgabe 04/97)

Allgemeindaten:

Rohrsystem: Oberirdisch verlegte Rohrleitung in einem Betriebsgebäude

Werkstoff: PP-H (Typ 1)

Darstellung des Rohrleitungsverlaufs: Siehe Isometrie im Anhang

Betriebliche Belastungen:

Durchflussstoff: Chemieabwasser mit geringen Lösemittelanteilen

maximale Betriebstemperatur:	max T_B	40	°C
minimale Betriebstemperatur:	min T_B	20	°C
rechnerische Betriebstemperatur[1]:	rechn T_B	40	°C
rechnerische Temperaturdifferenz:	$\Delta\vartheta$	20	K
rechnerische Standzeit[2]:	t_{LD}	25	Jahre

Hydraulische Daten der Rohrleitung:

Förderdruck der Pumpen:	p	4,0	bar
Fördervolumen je Pumpe:	V'_z	40	m^3/h
Anzahl der Pumpen:	n_p	3	Stück
Durchflussvolumen der Rohrleitung:	V'	120	m^3/h

Geometrische Daten der Rohrleitung:

Systemlänge der Rohrleitung gemäß Isometrie im Anhang[3]:	ges L_R	1220	m
max Höhenunterschied zwischen Pumpen- und Rohrachse	geod H	6,0	m
Anzahl der Rohrbogen in der Hauptleitung:	n_{RF}	27	Stück
Anzahl Zuläufe (T-Stücke): Zulaufnennweite = DN 100	n_{RF}	3	Stück
Anzahl Reduktionen:	n_{RF}	0	Stück
Anzahl Schweißnähte:	n_{RV}	275	Stück
Anzahl Absperrarmaturen (Membranventile)	n_{RA}	3	Stück
Anzahl Rückschlagklappen:	n_{RA}	3	Stück

Verlegespezifische Daten der Rohrleitung:

Abstände der Rohrstützungen im Gebäude	L_A	2000	mm
Rohrleitungslänge mit freier Ausdehnung in das Klärbecken	L_Δ	49	m
Rohrleitungslänge mit Kompensation durch U-Bogen	L_Δ	380	m
axiale Einspannung der Rohrleitung zwischen Festpunkten		teilweise	
zulässige Festpunktbelastung im Leitungsabschnitt auf Stahlkonstruktion	zul F_{FP}	10	kN
mittlere Verlegetemperatur (Montagetemperatur)	T_M	20	°C
Fügeverfahren		Heizelement-stumpfschweißen	

Stoffwerte:

Dichte des Durchflussstoffes: (Wichte $\gamma = \rho \cdot g$ [N/m^3])	ρ	1000	kg/m^3
kinematische Zähigkeit des Durchflussstoffes	ν	1,00E-06	m^2/s

Erläuterungen:

1) Sofern keine Angaben zu den Belastungszyklen gemacht werden, ist die maximale Betriebstemperatur bei der Dimensionierung zu berücksichtigen.

2) zur Festlegung der Werkstoffkennwerte.

3) einschl. Längenzuschlag für U-Kompensatoren, da deren Abmessungen rechnerisch zu bestimmen sind.

Hinweise und Erläuterung zu den Symbolen:

Spalte „Index“:

P Projektangaben
W gewählte Größe, Tabellen- bzw. Diagrammwert
B Berechnung gemäß genannter Gleichung
NR Nebenrechnung
Σ Summe
! Besonderer Hinweis

Spalten „Abschnitt“ und „Gleichung“

Die Hinweise beziehen sich, wenn nichts anderes vermerkt ist, auf den Inhalt der Richtlinie DVS 2210-1 (Ausgabe 04/97). Für Berechnungen, welche in der DVS-Richtlinie nicht behandelt sind, ist als Gleichung (NN) angegeben.

Abschnitt	**Hinweise**		**Gegenstand**	**Kurzzeichen**	**Eingabe Ergebnis**	**Einheit**
	Gleichung Nr.	**Index**				
4.1			**Hydraulische Dimensionierung Rohrabmessung der Hauptleitung:**			
		P	Durchflussvolumen der Hauptleitung	V'	120	m^3/h
		W	zulässige Durchflussgeschwindigkeit	w	2,0	m/s
4.1.1	2	B	Bestimmung des lichten Rohrdurchmessers	di	145,62	mm
		W	zugehörige Nennweite	DN	150	(–)
		W	gewählter Rohraußendurchmesser	da	**180**	mm
		W	gewählte Wanddicke	s	**10,2**	mm
		W	Durchmesser-Wanddicken-Verhältnis des Rohres	SDR	17,6	(–)
		NR	tatsächlicher Innendurchmesser	di	159,6	mm
4.1.2	3	B	tatsächliche Strömungsgeschwindigkeit	w_0	1,67	m/s
			Rohrabmessung der Zuleitungen:			
		W	gewählter Rohraußendurchmesser	da	**110**	mm
		W	gewählte Wanddicke	s	**6,3**	mm
		W	Durchmesser-Wanddicken-Verhältnis des Rohres	SDR	17,6	(–)
4.1.2	3	B	tatsächliche Strömungsgeschwindigkeit in den Zuläufen	w_1	1,49	m/s
		!	Zur vereinfachten Ermittlung der hydraulischen Verluste wird die Strömungsgeschwindigkeit in den 3 Pumpendruckleitungen DN 100 mit der in der Hauptleitung gleichgesetzt.			
4.1.3			**Bestimmen der hydraulischen Kennwerte:**			
4.1.3.1	4	B	Reynoldszahl	Re	2,66E+05	(–)
4.1.3.2	Bild 1	W	Rohrreibungszahl für die ermittelte Re-Zahl	λ	0,0155	(–)
		!	praxisbezogener Rechenwert	λ	0,020	(–)
		NR	Verhältniszahl	di/k	15960	(–)
		W	Betriebsrauhigkeitsbeiwert für das Kunststoffrohr	k	0,01	mm
4.1.4			**Ermitteln der hydraulischen Verluste:**			
4.1.4.1	7	B	Druckverlust in der geraden Rohrstrecke	Δp_R	1,65	bar
4.1.4.2	8	B	Druckverlust in den Rohrbogen (Summe)	Δp_{RF}	0,19	bar
4.1.4.2	8	B	Druckverlust in den Rohrabzweigen (Summe)	Δp_{RF}	0,01	bar
4.1.4.3	9	B	Druckverlust an den Rohrverbindungsstellen (Summe)	Δp_{RV}	0,38	bar
4.1.4.4	10	B	Druckverlust in den Armaturen (Summe)	Δp_{RA}	0,20	bar
4.1.4.4	10	B	Druckverlust in den Rückschlagklappen (Summe)	Δp_{RA}	0,05	bar
4.1.4	6	Σ	gesamter Druckverlust der Rohrleitung	ges Δp_{RL}	2,48	bar
		P	geodätische Druckdifferenz (Maximalwert) = $[(\text{geod } H) \cdot \gamma \cdot 10^{-5}]$	Δp_{geod}	0,60	bar
	Summe	Σ	**rechnerischer Pumpendruck = Innendruckbelastung der Rohrleitung**	rechn p	**3,08**	**bar**
		!	Die Festigkeitsberechnungen nach Abschnitt 4.2 erfolgen mit der rechnerischen Innendruckbelastung auf die Dauer von **25 Jahren**			
			Nebenrechnungen zum Abschnitt 4.1.4:			
	Tabelle 9	W	Widerstandsbeiwert des Rohrbogens	ζ_{RV}	0,51	(–)
	Tabelle 9	W	Widerstandsbeiwert des Rohrabzweiges (Stromvereinigung)	ζ_d	0,26	(–)
		W	Widerstandsbeiwert der Rohrverbindungen (Schweißnähte)	ζ_{RV}	0,10	(–)
	Tabelle 10	W	Widerstandsbeiwert der Armaturen DN 100	ζ_{RA}	4,80	(–)
	Tabelle 10	W	Widerstandsbeiwert der Rückschlagklappen DN 100	ζ_{RA}	1,20	(–)
	Tabelle 9	P	Bogenradius	R	1,0 × da	mm
	Tabelle 9	NR	Volumenverhältnis für den Zulauf T_3	V_z/V_s	0,33	(–)

Abschnitt	Hinweise Gleichung Nr.	Index	Gegenstand	Kurzzeichen	Eingabe Ergebnis	Einheit
4.1.4.5	11	B	**Prüfen auf Druckstoßgefährdung**	K	321,7	(–)
		!	Aufgrund von K > 70 sollen in der Rohrleitung keine schnellschließenden Armaturen eingebaut werden, da Druckstoßgefährdung besteht. Zum Beispiel wird mit Verwendung von Membranventilen dieser Forderung entsprochen. Druckstoßberechnungen sind unter Anwendung spezieller Rechenprogramme durchzuführen.			
4.2			**Festigkeitsberechnungen**			
4.2.2			**Bestimmen der Wanddicken**			
4.2.1	12	B	Mindestwanddicke der Rohre	min s_R	7,3	mm
4.2.2.1	13	B	Mindestwanddicke der Rohrbogen an der Innenseite (Maximum)	min s_B	9,3	mm
4.2.2.2	15	B	Mindestwanddicke der Rohrabzweige (Grundrohrwanddicke)	min s_A	12,0	mm
DIN 8077		W	Normwanddicke des Rohres	vorh s_R	10,2	mm
			Der Rohrabzweig erfordert eine Vergrößerung der Grundrohrwanddicke im Einflussbereich des Stutzens auf mindestens:	erf s_A	**12,0**	mm
		!	Für Berechnungen zur Wanddicke von Formstücken gilt generell, dass bei Abweichungen zwischen hergestellter und rechnerischer Wanddicke ein Nachweis der Zeitstandfestigkeit durch den Formstückhersteller genügt.			
			Nebenrechnungen zum Abschnitt 4.2.2:			
			Ermittlung der zulässigen **Umfangs**spannung:			
DVS 2205-1	Beiblatt 1	W	Vergleichsspannung aus Zeitstandfestigkeitsdiagramm	σ_V	7,40	N/mm^2
DVS 2205-1	Anhang	W	Einfluss des Durchflussstoffes	A_2	1,10	(–)
DVS 2205-1	Tabelle 2	W	Einfluss der Werkstoffzähigkeit (Mittelwert für max, min T_B)	A_4	1,15	(–)
DVS 2205-1	Tabelle 4	W	Sicherheitsbeiwert (Tabellen-Zwischenwert)	S	1,60	(–)
		NR	Faktor (Sicherheit × Summe Abminderung)	S × (A_1 ... A_n)	2,02	(–)
DVS 2205-1	1	B	zulässige Spannung in Umfangsrichtung[4)]	zul σ_u	**3,66**	N/mm^2
		!	Die Festlegung des Sicherheitsbeiwertes soll sich am Gefährdungspotential des Durchflussstoffes sowie am Verlauf der Rohrleitung orientieren (z. B. Kreuzung mit Personenverkehrsflächen). Bei personen- und/oder umweltgefährdenden Durchflussstoffen muss S = 2,0 eingesetzt werden.			
			Ermittlung der zulässigen **Längs**spannung:			
		NR	zul σ_a = zul $\sigma_u \cdot f_s$	zul σ_a	**2,92**	N/mm^2
DVS 2205-1	Tabelle 3	W	Langzeit-Schweißfaktor (Heizelementstumpfschweißen)	f_s	0,80	(–)
			Ermittlung der **geometrischen** Einflussfaktoren:			
	Tabelle 1	W	Wanddickenfaktor für die Bogeninnenseite (R = 1,0 × da)	f_{Bi}	1,27	(–)
		P	Stutzendurchmesser des Rohrabzweiges	d_S	110	mm
		W	Stutzenwanddicke des Rohrabzweiges gemäß SDR	s_S	6,3	mm
AD-B9	Bild 7e	W	Verschwächungsfaktor für das T-Stück	$v_{RF} = V_A$	0,61	(–)
AD-B9		NR	Wanddickenverhältnis	s_S/s_A	0,62	(–)
AD-B9		NR	Durchmesserverhältnis	d_i/D_i	0,61	(–)
AD-B9		NR	Wanddicken-/Durchmesserverhältnis	s_A/D_i	0,10	(–)
4.2.3			**Spannungsnachweis**			
4.2.3.1			**Ermittlung der Spannungskomponente in X-Achse**			
	16	B	Spannung aus innerem Überdruck in Längsrichtung	$+ \sigma_l$	1,13	N/mm^2
	19	B	Spannung aus Rohrdurchbiegung in Längsrichtung	$+ \sigma_b$	0,57	N/mm^2
	20	B	Druck-/Zugspannung aus verhinderter Wärmedehnung	$-/+ \sigma_\vartheta$	0,90	N/mm^2
	Summe	Σ	Gesamtspannung in Längsrichtung aus Addition	ges σ_a	**2,60**	N/mm^2

Abschnitt	Hinweise		Gegenstand	Kurz-zeichen	Eingabe Ergebnis	Einheit
	Gleichung Nr.	Index				
			Ermittlung der Spannungskomponente in Y-Achse			
	17	B	Spannung aus innerem Überdruck in Umfangsrichtung	$+\sigma_u$	**2,58**	N/mm^2
			Ermittlung der Spannungskomponente in Z-Achse			
	18	B	Spannung aus innerem Überdruck in Radialrichtung	$+\sigma_r$	**–0,31**	N/mm^2
			Vergleichsspannungskontrolle			
z. B. Dubbel		NR	Vergleichsspannung nach der Schubspannungshypothese	σ_{V*}	2,90	N/mm^2
z. B. Dubbel		NR	Vergleichsspannung nach der Gestaltänderungshypothese	σ_{V*}	2,89	N/mm^2
			Nebenrechnungen zum Abschnitt 4.2.3:			
DIN 8077		W	Vertikallast aus Rohrgewicht	q_R	52,5	N/m
		NR	Vertikallast aus Füllgewicht $q_M = di^2 \cdot \pi/4 \cdot \gamma \cdot 10^{-5}$	q_M	200,1	N/m
		NR	Streckenlast pro mm Rohrlänge $q_{ges} = (q_R + q_M) : 1000$	q_{ges}	0,253	N/mm
	Tabelle 2	W	thermischer Längenausdehnungskoeffizient	α	0,00016	1/K
		NR	Temperaturdifferenz $\Delta\vartheta = \max T_B - \min T_B$	$\Delta\vartheta$	20	K
DVS 2205-1	Bild 23	W	Kriechmodul für min T_B Lastdauer = 25a/2 N/mm^2	min E_c	310	N/mm^2
DVS 2205-1	Bild 23	W	Kriechmodul für max T_B Lastdauer = 25a/2 N/mm^2	max E_c	250	N/mm^2
		NR	mittlerer Kriechmodul Lastdauer = 25a/2 N/mm^2	E_{cm}	280	N/mm^2
		NR	Widerstandsmoment des Rohrquerschnittes $W_R = (da^4 - di^4) : (10 \cdot da)$	W_R	222738	mm^3
4.2.4			**Dehnungsnachweis**			
	21	B	Dehnung in X-Richtung (mit E_{cm} und $\mu = 0,38$)	$\varepsilon_{\sigma x}$	0,62	%
	22	B	Dehnung in Y-Richtung (mit E_{cm} und $\mu = 0,38$)	$\varepsilon_{\sigma y}$	0,61	%
DVS 2205-1		W	Querkontraktionszahl für Thermoplaste	μ	0,38	(–)
DVS 2205-1	Tabelle 1	W	zulässiger Dehnungsgrenzwert für PP-H (Typ 1)	zul ε	2,0	%
	23	B	Sicherheit gegen kritische Dehnung	S_ε	**3,2**	(–)
	23	W	erforderliche Mindestsicherheit	erf S_ε	1,3	(–)
4.3			**Berechnungen zur Rohrverlegung**			
4.3.1			**Ermitteln der Längenänderungen**			
		P	frei bewegliche Rohrstrecke vor dem Klärbecken	L_Δ	49	m
4.3.1.1	24	B	kurzzeitige Längenänderung mit $\Delta\vartheta$ aus Temperaturwechsel	Δl_ϑ	156,8	mm
4.3.1.2	25	B	langzeitige Längsdehnung durch Innendruckbelastung	Δl_p	47,6	mm
4.3.1.3	26	B	langzeitige Längenänderung durch chemische Einwirkung	Δl_Q	98,0	mm
4.3.1.3		P	Faktor für die chemische Einwirkung durch Lösemittel[5)]	f_Q	0,002	mm/mm
		!	Zur Dimensionierung der Dehnungsbogen ist die Längenänderung aus Temperaturwechsel plus chemische Einwirkung zu berücksichtigen. Die langzeitigen Längsdehnungen aus Innendruck, berechnet für reibungsfreie Auflagerung, haben in der Praxis keinen Einfluss auf die Längsbiegespannung im Dehnungsbogen.			
4.3.2			**Kompensation der Längenänderungen**			
4.3.3.1	29	B	spezifische Längenänderung $\varepsilon_{axial} = \alpha \cdot \Delta\vartheta + f_Q$	ε_{axial}	0,0052	mm/mm
		NR	zulässiger Biegespannungsanteil für die Dimensionierung (zul σ_b = zul $\sigma_a - \sigma_l$)	zul σ_b	**1,79**	N/mm^2
4.3.2.1			**Dimensionieren der Dehnungsbogen**			
			System I	(siehe Zeichnung im Anhang)		
			Systemlänge 1	ges L_1	49,0	m
Bild 8	27	B	Biegeschenkellänge 1 für **L-Bogen**	min L_{BL1}	**4637**	mm
			Systemlänge 2	ges L_2	4,637	m
Bild 8	27	B	Biegeschenkellänge 2 für **L-Bogen**	min L_{BL2}	**1427**	mm

Abschnitt	Hinweise Gleichung Nr.	Index	Gegenstand	Kurz-zeichen	Eingabe Ergebnis	Einheit
			System II	(siehe Zeichnung im Anhang)		
Bild 9	27	B	Biegeschenkellänge beim Z-Bogen[6)]	min L_{BZ}	**1325**	mm
			System III	(siehe Zeichnung im Anhang)		
		P	zulässige Belastung aus Projektvorhaben (Maximalwert)	zul F_{UB}	10000	N
	NN	B	äquivalente Gleitlänge für zul F_{UB} aus Reibung an den Rohrbefestigungen L_R = zul F_{UB} : $(1000 \cdot q_{ges} \cdot \mu_R)$	L_R	79,2	m
		!	zul F_{UB} = zul F_{FP} = 10 kN			
	NN	B	zulässige Systemlänge ges $L_0 = 2 \cdot L_R$	ges L_0	158,4	m
		P	vorhandene Systemlänge	ges L_0	126,0	m
	24	B	kurzzeitige Längenänderung mit $\Delta\vartheta$ aus Temperaturwechsel	Δl_ϑ	201,6	mm
	26	B	langzeitige Längenänderung durch chemische Einwirkung	Δl_Q	126,0	mm
		B	Summe aus Ergebnis nach Gleichg. 24 + 26	Δl_U = dl	327,6	mm
Bild 10		NR	Scheitellänge beim **U-Bogen**	min L_u	**1015**	mm
Bild 10	NN	B	Biegeschenkellänge beim **U-Bogen**[7)]	min L_B	**2100**	mm
		!	Die Ermittlung von Biegeschenkellängen für U-Bogen und räumliche Bogenstücke lässt sich nicht mit einfachen Gleichungen realisieren. Der Einsatz von Rechenprogrammen ist deshalb unentbehrlich.			
4.3.3			**Festpunktbelastungen**			
4.3.3.1			**ohne** Kompensation der Längenänderung ergibt sich die Belastung wie folgt:			
	28	B	Festpunktbelastung bei axial eingespannter Rohrstrecke	max F_{FP}	**13929**	**N**
			mit Kompensation der Längenänderung durch **L-Dehnungsbogen** (System I) ergibt sich:			
	32	B	Belastung aus Verformung der Biegestrecke	F_{LB}	303	N
	NN	B	Belastung aus Reibung an den Rohrbefestigungen: F_R = ges $L_1 \cdot q_{ges} \cdot \mu_R$	F_R	6188	N
		Σ	Festpunktbelastung beim **L-Dehnungsbogen** (Summe $F_{LB} + F_R$)	max F_{LB}	**6490**	**N**
			Festpunktbelastung beim **Z-Dehnungsbogen** (System II):			
	NN	B	Näherungsrechnung: max $F_{ZB} = 3 \cdot L_0/2 \cdot \alpha \cdot \Delta\vartheta \cdot E_K \cdot I_R/L_{BZ}^3$	F_{ZB}	265	N
			Belastung aus Reihung an den Rohrbefestigungen[8)]	F_R	vernachlässigbar	
		Σ	Festpunktbelastung beim Z-Dehnungsbogen (Summe $F_{ZB} + F_R$)	max F_{ZB}	**265**	**N**
			Festpunktbelastung beim **U-Dehnungsbogen** (System III):			
		!	Die Kraft zur Verformung der Biegeschenkel kann beim U-Bogen gegenüber den Reibkräften vernachlässigt werden.	F_{UB}	vernachlässigbar	
		B	Reibung an den Rohrbefestigungen: $F_R = 0{,}5 \cdot$ ges $L_0 \cdot q_{ges} \cdot \mu_R$	F_R	7956	N
		Σ	Festpunktbelastung beim **U-Dehnungsbogen** (Summe $F_{UB} + F_R$)	max F_{UB}	**7956**	**N**
		!	Mit max F_{UB} = 7956 N wird die Projektvorgabe max F_{FP} = 10000 N erfüllt.			
		!	Die Ermittlung der Festpunktkräfte gemäß Abschnitt 4.3.3 ist nach dem ungünstigsten Lastfall vorzunehmen. Eine rechnerische Überlagerung (Addition) der Belastungen aus verhinderter Wärmedehnung und Innendruck ist nicht durchzuführen, solange ihre Wirkung unterschiedlich gerichtet ist (Druck- und Zugspannung). Chemische Einwirkungen, welche eine Längsdehnung hervorrufen, sind in die Festpunktbelastung unter Berücksichtigung der durch Lösemittel reduzierten E-Moduln und der zeitabhängigen Spannungsrelaxation einzubeziehen. (Sonderfall, welcher im Berechnungsbeispiel nicht behandelt wird.) Reibungskräfte längerer Rohrstrecken sind zu berücksichtigen, wobei die daraus resultierende Festpunktbelastung nicht größer als der Maximalwert nach Gleichung (28) sein kann. Die Entlastung der Festpunkte durch die jeweilige Gegenkraft wird rechnerisch vernachlässigt.			
			Nebenrechnungen zum Abschnitt 4.3.3:			
DVS 2205-2	Tabelle 6	NR	Kriechmodul für 100 min (Mittelwert für $0{,}5 \cdot$ (minT + maxT = 30°C))	$E_{c100min}$	800	N/mm^2
		!	Zur näherungsweisen Bestimmung von $E_{c100min}$ ist $E_{K(30°C)}$ = 960 N/mm^2 (DVS 2205-2, Tabelle 6) sowie E_{c1a} = 375 N/mm^2 (DVS 2205-1, Bild 21, σ = 2 N/mm^2) in ein Diagramm mit logarithmischer Zeitachse (10^{-1} ... $8{,}76 \cdot 10^3$ h) zu übertragen und eine gerade Verbindung der beiden Punkte vorzunehmen. Beim Schnittpunkt der 100 min-Vertikalen mit der Verbindungsgeraden ergibt sich der vorstehende $E_{c100min}$.			

Abschnitt	Hinweise Gleichung Nr.	 Index	Gegenstand	Kurz-zeichen	Eingabe Ergebnis	Einheit
		NR	Kreisringfläche des Rohres ($A_R = da^2 - di^2) \cdot p/4$)	A_R	5441	mm^2
		NR	Trägheitsmoment des Rohrquerschnittes $I_R = (da^4 - di^4)/20$	I_R	20,0E+6	mm^4
		W	Reibungskoeffizient an den Rohrbefestigungen aus Stahl (St)[9]	μ_R	0,5	(–)
4.3.4			**Ermitteln der Rohrstützweiten**			
	33	B	berechneter Unterstützungsabstand	rechn L_A	2315	mm
	Tabelle 14	W	empfohlener Unterstützungsabstand für rechn T_B	empf L_A	2200	mm
		P	vorhandener Unterstützungsabstand	vorh L_A	**2000**	mm
		!	Der berechnete Unterstützungsabstand basiert auf einem Kriechmodul für 25 Jahre. Der Kriechmodul wird durch die chemische Einwirkung beeinflusst, was zu einer Minderung der Werte nach DVS 2205-1 führen kann. In den Nebenrechnungen zu diesem Abschnitt wird der Einfluss berücksichtigt.			
			Nebenrechnungen zum Abschnitt 4.3.4:			
DVS 2205-1	Bild 23	NR	Kriechmodul für 25 Jahre / σ = 2,0 N/mm^2 unter chemischer Einwirkung E_c/A_2	$E_{cm(20...40°C)}$	280 255	N/mm^2 N/mm^2
		W	Beeinflussung durch chemische Einwirkung	A_2	1,10	(–)
		NR	Trägheitsmoment des Rohrquerschnittes	I_R	20,0E+6	mm^4
		NR	Streckenlast der Rohrleitung	q_{ges}	0,253	N/mm
Hinweis bei Glchg. 33		W	gewählter Faktor für die Durchbiegung	gew f_{LA}	0,85	(–)
4.3.5			**Ermitteln der Führungsabstände für die axial eingespannten Rohrstrecken**			
	34	B	berechneter Abstand der Rohrführungen für rechn ε	rechn L_F	2668	mm
	Tabelle 20	W	empfohlener Führungsabstand für rechn ε[10]	empf L_F	2589	mm
		P	vorhandener Unterstützungsabstand*) *) es besteht keine Gefahr des Ausknickens, da rechn L_F > vorh L_F	vorh L_F	**2000**	mm
			Nebenrechnungen zum Abschnitt 4.3.5:			
		NR	Trägheitsmoment des Rohrquerschnittes	I_R	20,0E+6	mm^4
		NR	Kreisringfläche des Rohres	A_R	5441	mm^2
4.3.3.1	29	B	Längsdehnung durch axiale Einspannung	rechn ε	0,0052 = 0,52	mm/mm %

4) ohne Einfluss des Schweißfaktors f_s
5) muss aufgrund von Laboruntersuchungen mit dem Durchflussstoff individuell ermittelt werden.
6) Näherungsberechnung mit halbierter Systemlänge.
7) Ermittlung mittels Rechenprogramm.
8) kann aufgrund der kurzen Rohrstrecken vernachlässigt werden.
9) Gleitführungslager aus St auf St-Unterlage, für Kunststoff auf St kann μ_R = 0,20 eingesetzt werden.
10) ermittelt aus: 2910-[(2910-2375)/(0,006-0,004) · (0,0052-0,004)]

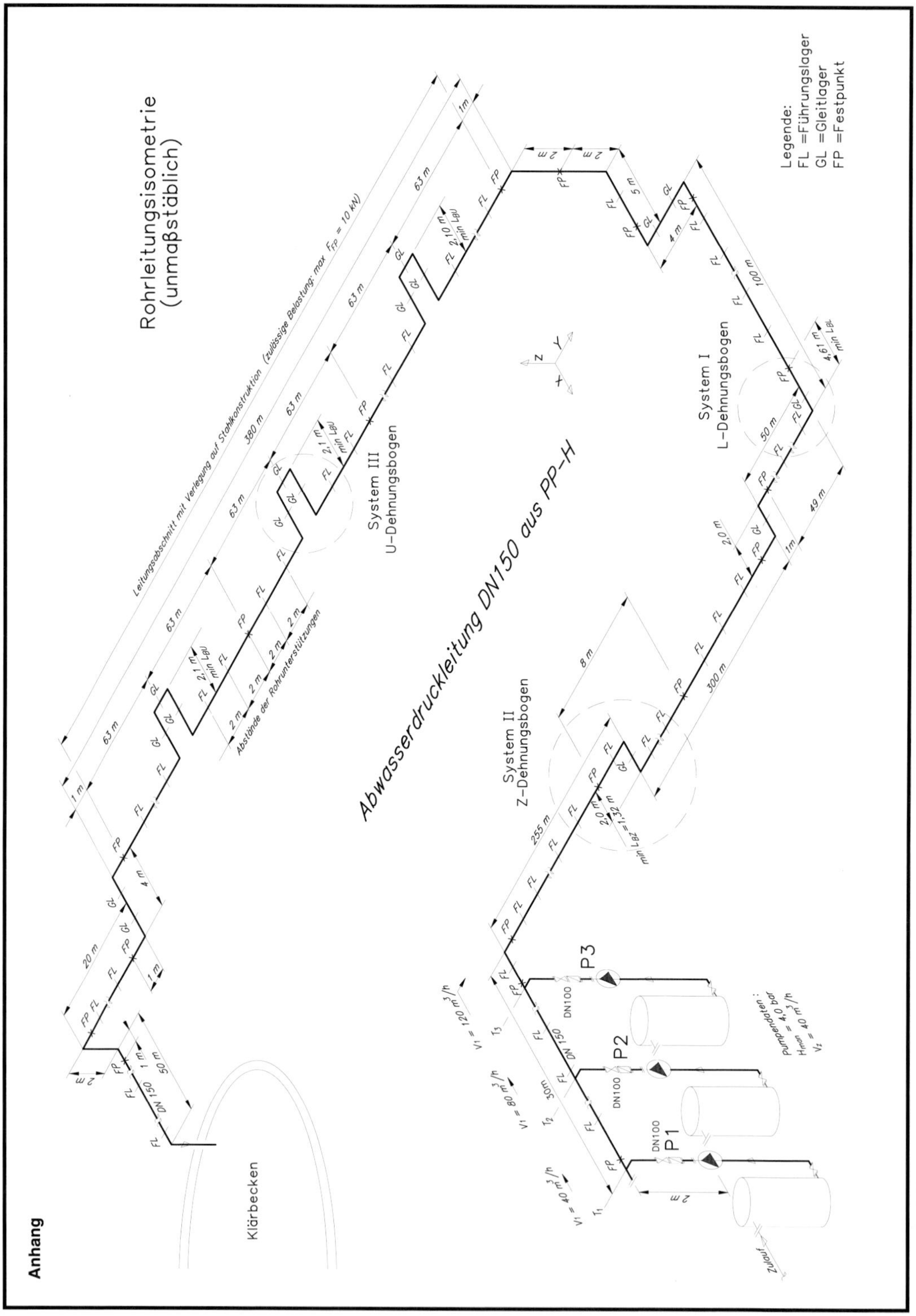
Anhang
Rohrleitungsisometrie
(unmaßstäblich)
Legende:
FL =Führungslager
GL =Gleitlager
FP =Festpunkt
Abwasserdruckleitung DN150 aus PP-H
Leitungsabschnitt mit Verlegung auf Stahlkonstruktion (zulässige Belastung: max F_FP = 10 kN)
Abstände der Rohrunterstützungen
System I
L-Dehnungsbogen
System II
Z-Dehnungsbogen
System III
U-Dehnungsbogen
Klärbecken
Pumpendaten :
Hman = 4,0 bar
Vz = 40 m³/h
P1
P2
P3
DN100
DN 150
Zulauf

System I: L-Dehnungsbogen

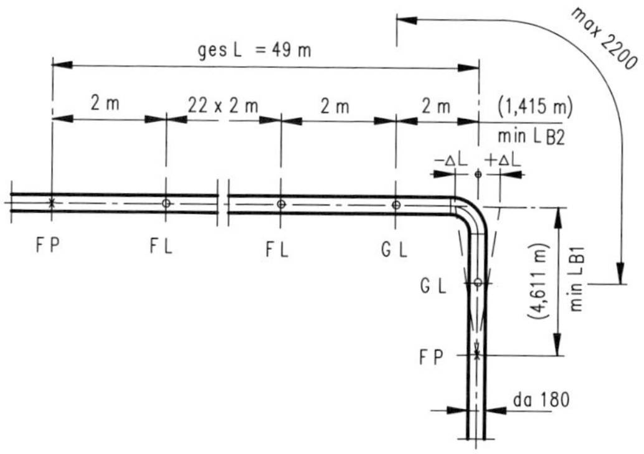

System II: Z-Dehnungsbogen

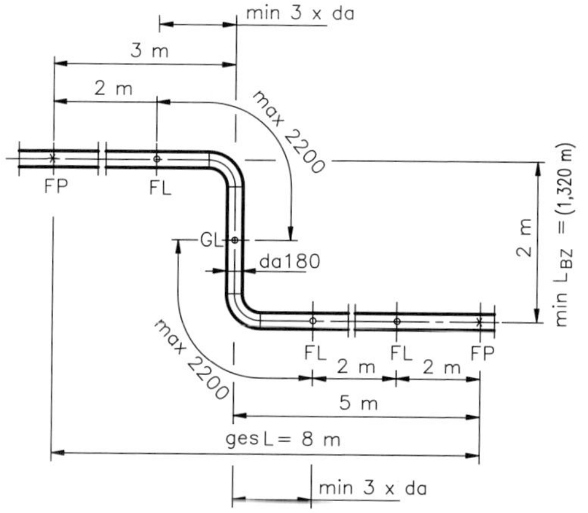

System III: U-Dehnungsbogen

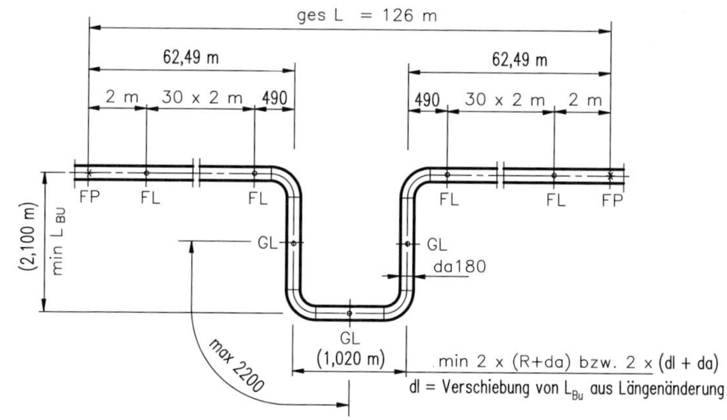

Juli 2004

DVS – DEUTSCHER VERBAND FÜR SCHWEISSEN UND VERWANDTE VERFAHREN E.V.

Industrierohrleitungen aus thermoplastischen Kunststoffen
Projektierung und Ausführung – Oberirdische Rohrsysteme – Empfehlungen zur Innendruck- und Dichtheitsprüfung

DVS
Richtlinie
DVS 2210-1
Beiblatt 2

Inhalt:

1 Geltungsbereich

Die Richtlinie DVS 2210-1 enthält Grundlagen zur Projektierung, Berechnung, Vorfertigung und Montage von oberirdisch verlegten Industrierohrleitungen aus thermoplastischen Kunststoffen.

Der **Abschnitt 7** der Richtlinie befasst sich mit Prüfungen und Abnahmen, unter anderem mit der **Innendruckprüfung** am fertig installierten Rohrsystem. Aufgrund der im nachfolgenden **Abschnitt 2** näher erläuterten Gründe erscheint es geboten, die Innendruckprüfung von thermoplastischen Rohrleitungen in einem gesonderten Beiblatt zu behandeln. Mit Herausgabe der Richtlinie DVS 2210-1 Beiblatt 2 wird Abschnitt 7.5 der Richtlinie DVS 2210-1 in vollem Umfang ersetzt.

Der Geltungsbereich für die im Beiblatt 2 enthaltenen Empfehlungen zur Innendruckprüfung kann auch auf solche Anwendungsgebiete und Werkstoffe übertragen werden, die nicht ausdrücklich unter Abschnitt 1.1 bzw. 1.2 in DVS 2210-1 aufgeführt sind.

Erdgedeckte Rohrleitungen aus thermoplastischen Kunststoffen, deren Verbindungen während der Prüfung visuell kontrollierbar sind, können in den Geltungsbereich einbezogen werden. Sofern die Prüfung erdgedeckter Rohrleitungen anderen Regeln oder Vorschriften unterworfen ist, sind ausschließlich diese anzuwenden (z. B. DIN 1988-2).

Bei Erweiterung des Geltungsbereichs hat der Anwender sicherzustellen, dass die in der Richtlinie DVS 2210-1 und im Beiblatt 2 gegebenen Empfehlungen sinn- und sachgemäß Berücksichtigung finden. Die Empfehlungen zur Durchführung einer Innendruckprüfung nach Beiblatt 2 schließen die Anwendung anderer Richtlinien, Normen und dergleichen sowie geänderte Prüfbedingungen nicht aus.

2 Erläuterungen

Mit Einführung der SDR-Klassifizierung für thermoplastische Kunststoffrohre, welche die Nenndruckstufung [PN] ersetzen soll, ist für die Bestimmung des Prüfdrucks eine andere Bezugsgröße zu wählen, als in DVS 2210-1, Tabelle 7, angegeben ist.

Ein weiterer Grund zur Änderung der bisherigen Vorgehensweise besteht darin, dass es bei Rohrleitungen aus thermoplastischen Kunststoffen mit eingeschränktem Temperaturbelastungspotenzial zu einer kurzzeitigen Überbeanspruchung bis hin zur Verkürzung der Gebrauchsdauer kommen kann, wenn im Verlauf der nenndruckabhängigen Innendruckprüfung die Rohrwandtemperatur T_R = 20 °C um mehr als 5 K überschritten wird.

Die DVS-Arbeitsgruppe AG W 4.3a schlägt vor, einen nach SDR gestuften Prüfdruck in Abhängigkeit von der Rohrwandtemperatur und dem Festigkeitskennwert $\sigma_{V(T)}$ für 100 h festzulegen. Gleichzeitig ist mit zunehmender Rohrwandtemperatur der Prüfdruck so zu reduzieren, dass ein gleich bleibender Sicherheitsabstand zur Zeitstandfestigkeit $\sigma_{V(T,100h)}$ gewährleistet ist.

Da nicht alle thermoplastischen Kunststoffrohre eine SDR-Klassifizierung aufweisen, wird als Bezugsgröße zur Bestimmung und Darstellung des Prüfdrucks das Verhältnis $d_a/s \approx$ SDR gewählt.

Bei der Durchführung einer temperaturbeeinflussten Innendruckprüfung kann sowohl die am Temperaturmaximum orientierte als auch eine gleitende Innendruckbelastung in Betracht gezogen werden.

Gegebenenfalls ist bei oberirdisch verlegten oder nicht erdgedeckten Rohrleitungen außerhalb von Gebäuden die Innendruckprüfung zu früher oder später Tageszeit vorzunehmen, um den Temperatureinfluss zu reduzieren.

Bei der Bestimmung des zulässigen Prüfdrucks ist, neben dem Temperatureinfluss, die Belastbarkeit von Formstücken, Armaturen oder Messeinrichtungen zu beachten.

Rohrleitungen, die Bauteile mit geringerer Belastbarkeit als die des Rohres enthalten, dürfen nur bis zur Höhe des vom Hersteller angegebenen Innendrucks belastet werden. Gegebenenfalls sind die weniger belastbaren Teile der Rohrleitung während der Innendruckprüfung auszubauen.

3 Einzelheiten zur Innendruckprüfung

Die Innendruckprüfung bildet den Abschluss der Verlegearbeiten und setzt eine betriebsfertige Rohrleitung bzw. betriebsfertige Prüfabschnitte voraus. Die Beanspruchung durch den Prüfdruck soll den experimentellen Nachweis der Betriebssicherheit darstellen, wobei im Vordergrund nicht der rechnerische Betriebsüberdruck, sondern die von der Rohrwanddicke ausgehende Innendruckbelastbarkeit stehen soll.

Die Empfehlungen zur Durchführung der Innendruckprüfung orientieren sich an DIN 4279 ff. Tabelle 1 enthält eine Zusammenfassung, die dem Anwender die wesentlichen Eckdaten der Prüfung vermitteln soll. Die genannte Prüfdauer basiert auf Erfahrungswerten, welche sowohl eine praxisnahe Durchführung als auch die Effizienz der Prüfung berücksichtigen.

3.1 Vorprüfung

Die Vorprüfung dient dazu, das Rohrleitungssystem auf die eigentliche Prüfung (Hauptprüfung) vorzubereiten. Im Verlauf der Vorprüfung stellt sich, ausgelöst durch die Innendruckbelastung, ein Spannungs-Dehnungs-Gleichgewicht ein. Dabei kommt es zu einem werkstoffabhängigen Druckabfall, der eine wiederholte Wasserzugabe (Nachpumpen) zur Wiederherstellung des Prüfdrucks sowie häufig ein Nachziehen der Flanschverbindungsschrauben erforderlich macht.

DVS, Ausschuss für Technik, Arbeitsgruppe „Fügen von Kunststoffen“

Bezug: Verlag für Schweißen und verwandte Verfahren DVS-Verlag GmbH, Postfach 10 19 65, 40010 Düsseldorf, Telefon (02 11) 15 91- 0, Telefax (02 11) 1591-150

Tabelle 1. Empfehlungen zur Durchführung einer Innendruckprüfung.

Gegenstand mit Erläuterungen		Vorprüfung	Hauptprüfung	Kurzzeitprüfung
Prüfdruck p_P (siehe Abschnitt 7)	abhängig von der Rohrwandtemperatur bzw. vom zulässigen Prüfdruck der eingebauten Teile	$\leq p_{P(zul)}$	$\leq 0{,}85 \cdot p_{P(zul)}$	$\leq 1{,}1 \cdot p_{P(zul)}$
Prüfdauer (siehe auch Abschnitt 7.5)	Rohrleitungen **ohne** oder **mit** Verzweigungen und einer Gesamtlänge ges $L \leq 100$ m [1]	≥ 3 h	≥ 3 h	≥ 1 h
	Rohrleitungen **ohne** oder **mit** Verzweigungen und einer Gesamtlänge 100 m < ges $L \leq 500$ m	≥ 6 h	≥ 6 h	≥ 3 h
	Rohrleitungen **ohne** oder **mit** Verzweigungen und einer Gesamtlänge ges $L > 500$ m	Das Rohrsystem ist abschnittsweise zu prüfen, wobei die jeweilige Prüflänge $L_{Prüf} \leq 500$ m einzuhalten ist [1]		
		≥ 6 h	≥ 6 h	≥ 3 h
Kontrollen während der Prüfung (siehe auch Abschnitt 7.4)	Die Kontrollergebnisse sowie der Prüfdruck- und Temperaturverlauf sind in einem Prüfbericht zu dokumentieren	≥ 3 Kontrollen auf die Prüfdauer verteilt **mit** Wiederherstellen des Prüfdruckes	≥ 2 Kontrollen auf die Prüfdauer verteilt **ohne** Wiederherstellen des Prüfdruckes	≥ 1 Kontrolle **mit** Konstanthalten des Prüfdruckes
werkstoff-spezifischer Druckabfall	Anhaltswerte, abhängig vom E-Modul des jeweiligen Kunststoffes	PE: ≤ 1,0 bar/h	PE: ≤ 0,5 bar/h	für kurzzeitige Belastungen liegen keine Werte zum Druckabfall vor
		PP [2]	PP [2]	
		PVC [2]	PVC [2]	
		PVDF [2]	PVDF [2]	
Hinweise: [1] *Überschreitet ges L die angegebene Grenzlänge nicht mehr als 10 %, dürfen die genannten Prüfbedingungen beibehalten werden.* *Weitere Hinweise siehe Fußnote auf Seite 8.* [2] *Siehe bei Erläuterung der Fußnoten auf Seite 8*		**Normalfall** (in Bezug auf die genannte Dauer der Vor- und Hauptprüfung)		**Sonderfall** (Zustimmung des Auftraggebers bzw. Betreibers erforderlich)

3.2 Hauptprüfung

Die Hauptprüfung folgt unmittelbar der Vorprüfung. Im Rahmen der Hauptprüfung kann bei etwa gleich bleibender Rohrwandtemperatur ein wesentlich geringerer Druckabfall erwartet werden.

Hierdurch erübrigt sich in den meisten Fällen eine Wasserzugabe zur Wiederherstellung des Prüfdrucks. Die Kontrollen können sich im Wesentlichen auf die Dichtheit der Flanschverbindungen und Auffälligkeiten im Rohrleitungsverlauf konzentrieren (z. B. größere Lageveränderungen).

3.3 Kurzzeitprüfung

Die Kurzzeitprüfung stellt einen Sonderfall dar, da sich in der zur Verfügung stehenden Zeit nach allgemeiner Erfahrung kein Spannungs-Dehnungs-Gleichgewicht einstellen kann. Unzulänglichkeiten an den Verbindungsstellen bleiben durch die kurzzeitige Belastung unter Umständen unerkannt, was dem Sinn einer Prüfung widerspricht. Die Kurzzeitprüfung soll ausschließlich bei Rohrleitungen ohne Gefährdungspotenzial Verwendung finden.

3.4 Vorbereiten der Innendruckprüfung

Die Innendruckprüfung an einer Kunststoffrohrleitung setzt zu Beginn der Vorprüfung die weitgehende Beseitigung von Luftblasen (Restluftvolumen) im Leitungssystem voraus. Dazu sind möglichst an allen Hochpunkten der Rohrleitung Entlüftungen vorzusehen, die beim Spülen bzw. Füllen des Leitungssystems geöffnet sein müssen. Die Spülgeschwindigkeit soll mindestens 1,0 m/s betragen.

3.4.1 Füllen der Leitung

Das Füllen der Rohrleitung erfolgt vom geodätisch tiefsten Punkt aus, wobei die Füllmenge pro Zeiteinheit so einzustellen ist, dass die an den Hochpunkten austretende Luft sicher entweichen kann. Anhaltswerte für die Füllmenge liefert die nachfolgende Tabelle.

Tabelle 2. Anhaltswerte für das Füllen der Leitung.

DN	V [l/s]	DN	V [l/s]
≤ 80	0,15	250	2,0
100	0,3	300	3,0
150	0,7	400	6,0
200	1,5	500	9,0

Weist ein Rohrleitungssystem mehrere Tiefpunkte auf, kann unter Umständen ein abschnittweises Füllen vom jeweiligen Tiefpunkt aus erforderlich werden.

Zwischen dem Füllen und Prüfen der Rohrleitung ist ausreichend Zeit zu lassen, in der die im Rohrsystem befindliche Luft über die Entlüftungen entweichen kann (Richtzeit ≥ 6...12 h, abhängig von der Rohrnennweite).

Bei Rohrleitungen ab DN 150, die keine ausgesprochenen Hochpunkte aufweisen und nur mit geringer Neigung verlegt sind, kann es erforderlich sein, die im Rohrinneren verbliebenen Luftblasen mittels Molch zu beseitigen.

3.4.2 Aufbringen des Prüfdrucks

Beim Aufbringen des Prüfdrucks bis zu seinem Maximalwert ist darauf zu achten, dass die gewählte Drucksteigerungsrate keine Stöße im zu prüfenden Rohrsystem verursacht. Richtwerte dazu sind Bild 1 zu entnehmen.

4 Einrichtungen und Hinweise zur Durchführung der Innendruckprüfung

Zweckmäßigerweise werden zur Durchführung der Innendruckprüfung motorisch angetriebene Pumpen verwendet. Der Einsatz manuell zu betätigender Kleinpumpen (z. B. Kolbenpumpe) ist auf kurze Rohrleitungsabschnitte mit Nennweiten bis DN 50 zu beschränken.

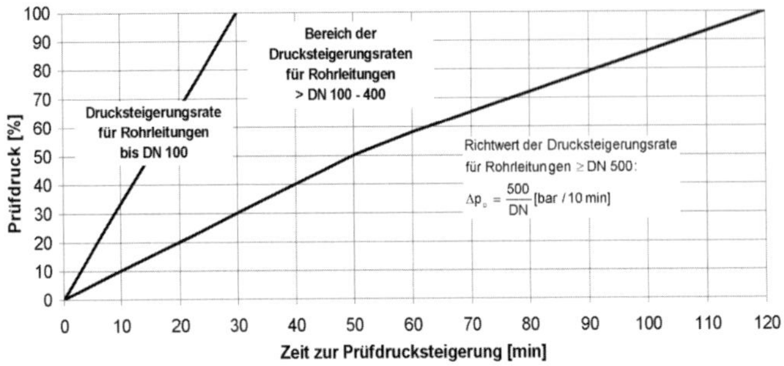

Bild 1.
Zeit zur Prüfdrucksteigerung [min].

Folgende Geräte und Einrichtungen gehören zur Standardausrüstung einer Druckprüfvorrichtung:

- Kreisel- oder Kolbenpumpe
- Vorlagebehälter
- Rückflussverhinderer
- Wasserzähler (gegebenenfalls auch Messbehälter)
- Druckmessgerät (anzeigend und schreibend)
- Temperaturmessgerät (anzeigend oder schreibend)
- Absperr- und Entlüftungsarmaturen
- Entlüftungsmöglichkeit für die Prüfeinrichtung

4.1 Mess- und Anzeigevorrichtungen

4.1.1 Innendruckmessung

Die Innendruckmessung erfolgt am absoluten Leitungstiefpunkt. Das den Innendruck anzeigende Gerät (Manometer) muss im Bereich des Prüfdruckes eine Ablesegenauigkeit von 0,1 bar Druckänderung sicherstellen. Neben der Druckanzeige ist ein schreibendes Druckmessgerät der Genauigkeitsklasse 0,6 (DIN 16070) zu verwenden. Der innere Überdruck ist während der gesamten Prüfdauer lückenlos aufzuzeichnen.

4.1.2 Temperaturmessung

Um die Temperatureinflüsse während der Prüfung beurteilen zu können, ist die gleichzeitige Messung der Umgebungs- und Wassertemperatur in der Rohrleitung zweckmäßig. Für die Temperaturmessung empfiehlt sich die Verwendung schreibender Geräte.

An exponierten Rohrleitungsabschnitten, die während der Prüfung einer direkten Sonneneinstrahlung ausgesetzt sind, ist entweder die Rohroberflächentemperatur T_{Ra} zu kontrollieren oder die Rohrstrecke gegen unkontrollierte Erwärmung zu schützen. Das Ergebnis ist im Prüfbericht zu vermerken.

4.1.3 Messen der zugeführten Wassermenge

Das Messen der zugeführten Wassermenge zwecks Erhöhung bzw. Wiederherstellung des Prüfdrucks ist besonders bei visuell nicht kontrollierbaren Rohrleitungen zwingend vorgeschrieben. Reduziert sich die zugeführte Wassermenge ab einer Prüfdauer von 6 h und geringfügiger Änderung der Umgebungstemperatur (± 5 °C) kontinuierlich, kann von einer Dichtheit der Rohrleitung ausgegangen werden.

Als Messeinrichtung genügt der Einbau eines geeichten Wasserzählers (Flügelrad- oder Ringkolbenzähler), bei dem die kleinste Einheit in Liter abgelesen werden kann. Bei der Verwendung von Messbehältern ist eine Skalenteilung von ≤ 0,1 l zu wählen. Die zulässige Fehlergrenze beim Ablesen der zugeführten Wassermenge beträgt 5 %.

4.1.4 Messen der abgeführten Wassermenge

Sofern zu Beginn der Hauptprüfung der Prüfdruck reduziert werden muss, wird das Messen und Protokollieren der abgeführten Wassermenge sowie der Innendruckreduzierung [Δp_p] empfohlen. Bezüglich der Handhabung gelten die Kriterien wie beim Messen der zugeführten Wassermenge.

4.2 Prüf- und Messergebnisse

4.2.1 Kontrolle der Druckabfallraten

Während der Vor- und Hauptprüfung dürfen die in Tabelle 1 genannten Druckabfallraten nicht oder nur unwesentlich überschritten werden. Die anhand der Aufzeichnungen ermittelten Druckabfallraten sind in das Prüfprotokoll zu übertragen. Die Druckabfallrate darf aus dem Maximalwert, bezogen auf 2 Stunden Prüfdauer, errechnet werden. Damit wird eine Angleichung der anfänglich höheren Druckabfallrate erzielt.

Kommt es zu einem spezifischen Druckabfall, der deutlich über den in Tabelle 1 angegebenen Werten liegt, so ist das zu prüfende Rohrsystem einer eingehenden Kontrolle zu unterziehen. Dabei sind insbesondere die Verbindungsstellen, vorzugsweise die Flanschverbindungen der Rohrleitung, zu inspizieren. Gegebenenfalls sind die Schrauben der Flanschverbindungen aufgrund der Dehnvorgänge aus Innendruckbelastung nachzuziehen. Die Verwendung eines drehmomentkontrollierten Werkzeugs wird empfohlen (siehe dazu DVS 2210-1, Bbl. 3).

Des Weiteren ist festzustellen, ob die Umgebungstemperatur Einfluss auf die Erhöhung der Druckabfallrate hat. Gibt es keine Hinweise auf äußere Einflüsse und kommt es nicht zu einer Stagnation des Druckabfalls, so muss die Prüfung abgebrochen und wiederholt werden.

4.2.2 Reduzierung des Prüfdrucks

Entspricht der Druckabfall den in Tabelle 1 angegebenen Richtwerten und wird am Ende der Vorprüfung der Prüfdruck durch Ablassen von Wasser innerhalb ≤ 2 min reduziert, so ist die darauf folgende Reaktion des Innendrucks zu beobachten. Stabilisiert sich der Innendruck innerhalb von 30 min, gegebenenfalls mit leicht steigender Tendenz, kann die Hauptprüfung fortgesetzt werden.

4.3 Wiederholen der Vorprüfung

Kommt es zu keinem Stillstand des Druckabfalls nach Reduzierung des Prüfdrucks am Ende der Vorprüfung, und ist der Druckabfall nicht auf äußere Temperatureinflüsse zurückzuführen, so ist von einer Undichtheit auszugehen. In diesem Fall ist die Prüfung zu unterbrechen, die Rohrleitung zu kontrollieren und anschließend der Innendruck, bei gleichzeitiger Messung der zugeführten Wassermenge, auf den Ausgangswert der Vorprüfung zu erhöhen.

Nach mindestens 1h ist die Prüfdruckreduzierung mit Messen der abgeführten Wassermenge zu wiederholen. Kommt es erneut zu keiner Stabilisierung des Prüfdrucks, ist die zu prüfende Rohrstrecke zu entspannen (p_p = 0) und die gesamte Vorprüfung zu wiederholen.

4.4 Wiederholen der Hauptprüfung

Fällt der Innendruck während der Hauptprüfung um mehr als die in Tabelle 1 angegebenen Druckabfallraten, so ist eine Undichtheit anzunehmen. Sofern bei einer Kontrolle der Rohrleitung die Ursache für den erhöhten Druckabfall gefunden und behoben wird, ohne dass sich der Prüfdruck auf weniger als 80% seines Ausgangswertes erniedrigt, kann die Hauptprüfung fortgesetzt werden. In allen anderen Fällen ist die Hauptprüfung abzubrechen und zu wiederholen. Liegt zwischen Abbruch und Wiederholung der Hauptprüfung eine Zeitspanne von > 4h, ist auch die Vorprüfung zu wiederholen.

5 Andere Prüfverfahren, Dichtheitsprüfung

Im Anwendungsgebiet der thermoplastischen Kunststoffrohrleitungen gibt es Systeme, die aufgrund ihrer Bauart oder ihrer Bauteile nicht in der Lage sind, einem erhöhten oder länger wirkenden Überdruck standzuhalten. Auch kann z. B. das Trockenhalten von Rohrleitungen eine Innendruckprüfung mittels Wasser verbieten.

Aufgrund der genannten Einschränkungen sowie der elastischen Eigenschaften thermoplastischer Kunststoffe wurden neben der bislang behandelten Innendruckprüfung mit Wasser andere Prüfverfahren entwickelt, die nachfolgend in **informativer** Form beschrieben werden.

5.1 Innendruckprüfung nach DIN EN 805 in Verbindung mit DVGW W 400-2

Hierbei handelt es sich um ein Prüfverfahren, bei dem die Dichtheit durch Erzeugung einer **Kontraktion** der Rohrleitung nachgewiesen werden soll.

Die Prüfung ist wiederum in eine Vor- und Hauptprüfung unterteilt. Im Verlauf der **Vorprüfung** soll der Prüfdruck innerhalb von 10 Minuten aufgebracht und für weitere 30 Minuten durch Nachpumpen gehalten werden. Es sind die nach Gleichung (1) ermittelten Prüfdrücke zu berücksichtigen.

Danach folgt eine 1-stündige Ruhephase, bei der sich die Rohrleitung unter dem inneren Überdruck viskoelastisch verformen (dehnen) kann.

Während der Verformungsdauer (Ruhephase) darf sich der Prüfdruck aufgrund der Volumenzunahme um maximal 30 % verringern, wobei Rohrleitungen aus weniger elastischen Thermoplasten (z. B. PVC, PVDF) am Ende der Vorprüfung einen geringeren Druckabfall aufweisen werden (Richtwert: $\Delta p_P \leq 0{,}20 \cdot p_P$).

Ist der Druckabfall höher als die werkstoffabhängigen Richtwerte, so muss eine Undichtheit vermutet werden. Soweit wie möglich ist die Rohrleitung auf Anzeichen von Leckagen zu inspizieren, und diese sind gegebenenfalls zu beheben. Nach einer Entspannungsphase mit $p_p = 0$ und mindestens 60 Minuten Dauer ist die Vorprüfung zu wiederholen.

Sind die Voraussetzungen hinsichtlich zulässigen Druckabfalls erfüllt, so folgt unmittelbar nach der Vorprüfung die **Hauptprüfung**. Dabei sind folgende Prüfschritte durchzuführen:

- Rasche Druckabsenkung um Δp_{ab} = 10 bis 15 % des am Ende der Vorprüfung vorhandenen Druckes
- Messen des abgelassenen Wasservolumens mit Vergleich zu einem rechnerischen Volumen
- Einhalten einer halbstündigen Kontraktionsdauer nach der Druckabsenkung
- Überwachen bzw. Aufzeichnen des Druckverlaufs während der Kontraktionsdauer

Die Rohrleitung gilt als dicht, wenn sich während der Kontraktionsdauer keine fallende Tendenz einstellt, das heißt der Druckabfall gegen $\Delta p = 0$ geht .

5.2 Dichtheitsprüfung mit $p_P \leq 0{,}5$ bar

Im Gegensatz zur Prüfung mit erhöhtem Innendruck wird die Dichtheitsprüfung mit einem geringen Überdruck durchgeführt. Als Prüfmedium kann sowohl Wasser als auch Luft bzw. ein anderes geeignetes Gas (z. B. Stickstoff) dienen. Aus Sicherheitsgründen ist bei der Dichtheitsprüfung mit einem Gas als Prüfmedium der innere Überdruck auf $p_P \leq 0{,}5$ bar zu begrenzen.

Wird die Dichtheitsprüfung mit Wasser durchgeführt, so wird der zulässige Prüfdruck entweder durch die Belastbarkeit des Rohrsystems oder durch Anwendungsrichtlinien begrenzt (z. B. Abwasserkanäle nach DIN EN 1610).

Während der Dauer der Dichtheitsprüfung mittels eines Gases sind alle Verbindungsstellen der Rohrleitung durch Besprühen oder Bestreichen mit einem schaumbildenden Mittel auf Dichtheit zu kontrollieren.

Da die Effizienz der Dichtheitsprüfung aufgrund der geringfügigen Belastung der Rohrleitung deutlich eingeschränkt ist, soll diese bevorzugt bei Systemen mit Betriebsüberdrücken $p_B \leq 0{,}5$ bar angewendet werden.

5.3 Dichtheitsprüfung mit $p_P > 0{,}5$ bar

Die Anwendung von Prüfverfahren mit Luftüberdrücken $p_P > 0{,}5$ bar, z. B. nach DVGW G 469 bzw. G 472, ist zulässig, wenn hierbei die beschriebene Vorgehensweise streng eingehalten und sachkundiges Personal eingesetzt wird.

5.4 Prüfung mittels Vakuum bzw. äußerem Überdruck

Beim Einsatz von Doppelrohrsystemen, deren Ringraum mittels Über- oder Unterdruck überwacht werden soll, sind die Prüfbedingungen entsprechend anzupassen. Bei der Prüfung mittels Vakuum bzw. äußerem Überdruck ist neben der Dichtheit nachzuweisen, dass eine ausreichende Sicherheit gegen elastisches Beulen des Innen- bzw. Aussenrohres besteht.

Eine Vakuumprüfung kann auch bei Rohrleitungen sinnvoll sein, die unter Verwendung von Überlappschweißverbindungen (z. B. Heizwendelschweißverfahren) hergestellt wurden. Besonders die Bildung von Kanülen in der Fügeebene wird mittels Vakuumprüfung eher erkannt als bei der Prüfung mittels inneren Überdrucks.

6 Prüfbericht und Prüfaufsicht

Der zeitliche Verlauf der Innendruckprüfung und anderer Prüfverfahren sowie deren Ergebnisse sind zu protokollieren. Im Protokoll sind, gemäß Muster für die Innendruckprüfung im Anhang, alle Daten anzugeben, die für die Beurteilung der Prüfung relevant sind.

Die Durchführung der Prüfung soll von einer aufsichtsführenden Person oder einer bauüberwachenden Stelle begleitet werden.

Besonders die Festlegung der Prüfdrücke sowie die Erfassung und Dokumentation der Prüfergebnisse setzen Kenntnisse und Erfahrungen im Umgang mit Rohrleitungen aus Kunststoffen voraus.

7 Prüfdrücke, Prüftemperatur und Prüfdauer

7.1 Ermittlung des Prüfdrucks

Der zulässige Prüfdruck [$p_{P(zul)}$] errechnet sich nach folgender Gleichung:

$$p_{P(zul)} = \frac{1}{\frac{d_a}{s}} \cdot \frac{20 \cdot \sigma_{v(T,100\,h)}}{S_P \cdot A_G} \quad \text{[bar]} \qquad \text{Gleichung (1)}$$

Es bedeuten:

d_a, (d_e)	Rohraußendurchmesser	(mm)
s, (e)	Rohrwanddicke	(mm)
$\sigma_{v\,(T,100h)}$	Zeitstandfestigkeit für die Rohrwandtemperatur T_R bei t = 100 h (z. B. nach Beiblättern DVS 2205-1)	(N/mm^2)
S_P	Mindestsicherheitsabstand zur Zeitstandfestigkeit (Tabelle 3)	(–)
A_G	verarbeitungs- oder geometriespezifischer Faktor, der den zulässigen Prüfdruck mindert ($A_G \geq 1{,}0$) [3)]	(–)
d_a/s	≈ SDR	(–)

[3)] *Weitere Hinweise siehe auf Seite 8*

Tabelle 3. Mindestsicherheitsabstand zur Zeitstandfestigkeit für die Bestimmung des zulässigen Prüfdrucks.

Werkstoff	PE	PP-H	PP-(B,R)	PVC	PVDF
S_P	1,25	1,80	1,40	2,50	1,40

Die Festlegung eines größeren Sicherheitsabstandes, als in Tabelle 3 angegeben, wird dem Anwender freigestellt.

Der zulässige Prüfdruck [$p_{P(zul)}$] in Abhängigkeit von der Rohrwandtemperatur kann den Diagrammen Bild 2 bis 6 direkt entnommen werden.

Wird mit Prüfdrücken gearbeitet, welche geringer sind als der nach Gleichung (1) ermittelte Prüfdruck, so ist als Mindestwert für $p_P = 1{,}3 \times p_B$ anzunehmen.

(p_B = Betriebsüberdruck)

7.2 Prüfdruckdiagramme

Die **Diagramme Bild 2 bis 6** sollen den temperaturabhängigen Verlauf des Prüfdrucks an thermoplastischen Kunststoffrohrleitungen verdeutlichen. Sie dienen außerdem dazu, dem Baustellenpersonal die Prüfdruckbestimmung zu erleichtern.

Die für eine Kunststoffgruppe zusammengefassten Prüfdruckkurven berücksichtigen den jeweils niedrigsten Festigkeitskennwert bzw. den nach Gleichung (1) berechneten Minimalwert von $p_{P(zul)}$.

Eine verarbeitungs- oder geometriespezifische Abminderung des zulässigen Prüfdrucks ist in den dargestellten Kurven nicht enthalten.

7.3 Hinweise zur Rohrwandtemperatur (Prüftemperatur)

Ist anzunehmen, dass sich im Verlauf der Innendruckprüfung die Rohrwandtemperatur (Prüftemperatur) ändert, so ist der Prüfdruck auf die maximal zu erwartende Grenztemperatur zu beziehen.

Wird bei Kontrollmessungen **während der Prüfung** an der Rohroberfläche eine Temperatur festgestellt, die zu einer höheren Rohrwandtemperatur [T_R] führt, als angenommen war, ist der Prüfdruck unmittelbar nach der Messung auf den der Temperatur entsprechenden Diagramm- bzw. Rechenwert zu reduzieren.

Die Rohrwandtemperatur darf in vereinfachter Form als arithmetisches Mittel zwischen T_i und T_{Ra} angenommen werden (mittlere Rohrwandtemperatur).

$$T_R = \frac{T_i + T_{Ra}}{2} \qquad \text{Gleichung (2)}$$

T_i Temperatur des Prüfmediums im Rohrinnern

T_{Ra} Temperatur an der Rohroberfläche

Neben dem Temperatureinfluss auf den Prüfdruck der Kunststoffrohrleitung muss besonders beim Kontraktionsverfahren nach Abschnitt 5.1 auf eine möglichst gleichbleibende Rohrwandtemperatur geachtet werden.

Bei im Freien zu prüfenden Kunststoffrohrleitungen ist das Konstanthalten der Rohrwandtemperatur ein Problem, das die Verwendbarkeit des jeweiligen Prüfverfahrens einschränken kann. Um die Aussagefähigkeit der Prüfung sicherzustellen, müssen die im Muster des Prüfprotokolls aufgeführten Temperaturen unbedingt aufgezeichnet werden.

Ist aufgrund direkter Sonneneinstrahlung die mittlere Rohrwandtemperatur einer Rohrleitung bzw. eines Rohrleitungsabschnittes höher anzunehmen, als sich nach Gleichung (2) ergibt, so ist der Prüfdruck äquivalent abzusenken.

Das Messen bzw. Aufzeichnen der Temperatur im Innern der Rohrleitung (Temperatur des Prüfmediums) erfordert die Anordnung eines Messstutzens an der ungünstigsten Stelle der Rohrleitung. Ist durch geeignete Maßnahmen sichergestellt, dass die Rohrwandtemperatur nicht über einen vorher bestimmten Maximalwert ansteigt, kann auf die Temperaturmessung des Prüfmediums verzichtet werden. Bei Rohrleitungen aus Kunststoffen mit niedriger Kerbschlagzähigkeit (z. B. PP-H, PVC-U), wird von einer Innendruckprüfung bei Rohrwandtemperaturen < 10°C abgeraten.

7.4 Hinweise zu automatisch arbeitenden Prüfeinrichtungen

Werden automatisch arbeitende Einrichtungen zur Durchführung der Innendruckprüfung verwendet, dürfen die visuellen Kontrollen während der Prüfung auf insgesamt 2 Vorgänge reduziert werden. Die Kontrollen sind 1 h nach dem Erreichen des Prüfdruckes sowie zum Ende der Hauptprüfung vorzunehmen. Voraussetzung für die Reduzierung der Kontrollen ist, dass der Prüfdruck- und Temperaturverlauf (T_i, T_{Ra}, T_U) kontinuierlich aufgezeichnet und der Wasserzufluss bei einer Leckage automatisch unterbunden wird.

7.5 Hinweise zur Prüfdauer

Die in Tabelle 1 angegebene Prüfdauer bezieht sich auf einen unterbrechungsfreien Prüfungsverlauf. Muss auf Grund von Undichtheiten bzw. anderen Ereignissen die Prüfung unterbrochen oder der Prüfdruck vorübergehend abgesenkt werden, zählen die entsprechenden Zeitanteile nicht zur Prüfdauer.

Wurde an einer Rohrleitung bereits eine Innendruckprüfung durchgeführt und danach Änderungen vorgenommen, die eine erneute Prüfung erforderlich machen, so kann diese mit den gleichen Bedingungen wie die Erstprüfung erfolgen.

Voraussetzung für zeitlich verlängerte oder wiederholte Innendruckprüfungen ist, dass die gesamte Prüfdauer den in Gleichung (1) zugrunde gelegten Zeitanteil von 100 h nicht überschreitet.

Besonders zu beachten ist, dass sich die rechnerisch angenommene Belastungszeit von t = 100 h, das heißt die maximale Prüfdauer, auf einen zulässigen Prüfdruck bei einer definierten Rohrwandtemperatur bezieht. Ändert sich die Korrelation zwischen Prüfdruck und Prüftemperatur, so kann dies zur Verkürzung der maximalen Prüfdauer auf < 100 h führen. Eine Verlängerung der in Tabelle 1 genannten Prüfdauer ist generell zu vermeiden.

Um einer Schädigung der Rohrleitung während der Prüfung vorzubeugen, sind alle Vorgänge und ihre zeitliche Zuordnung lückenlos aufzuzeichnen und einer begleitenden Belastungsanalyse zu unterziehen.

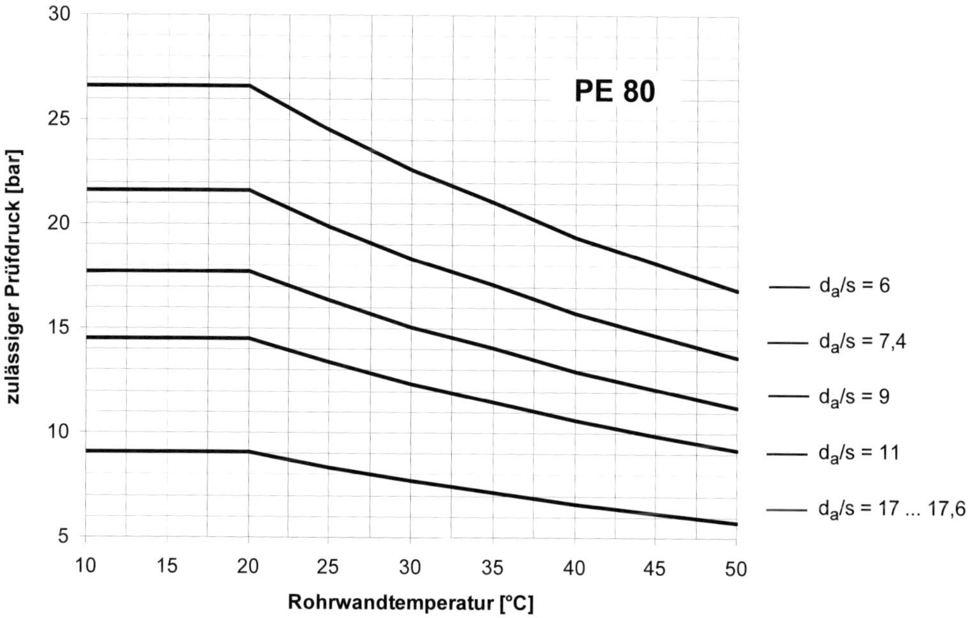

Bild 2. Prüfdruckkurven für Rohrleitungen aus PE 80.

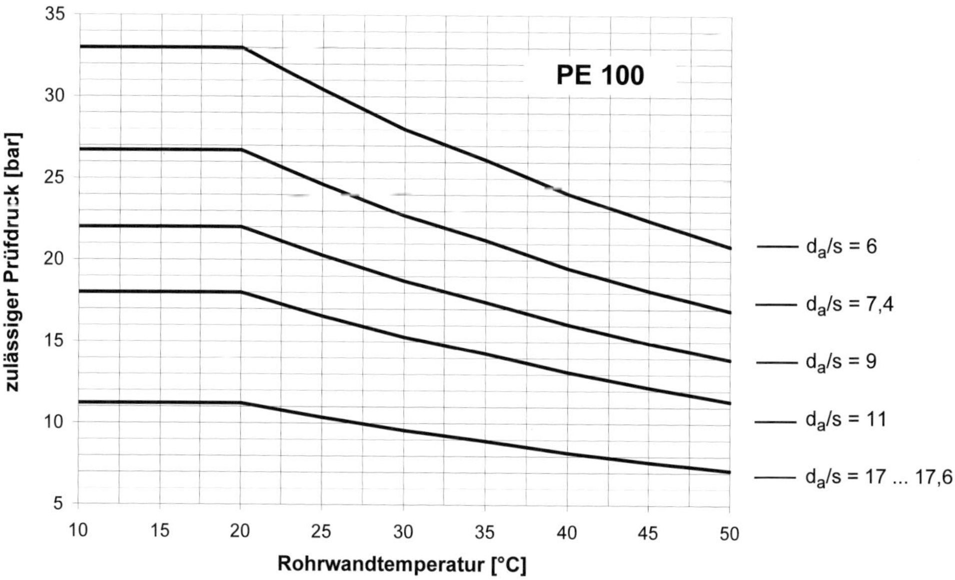

Bild 3. Prüfdruckkurven für Rohrleitungen aus PE100.

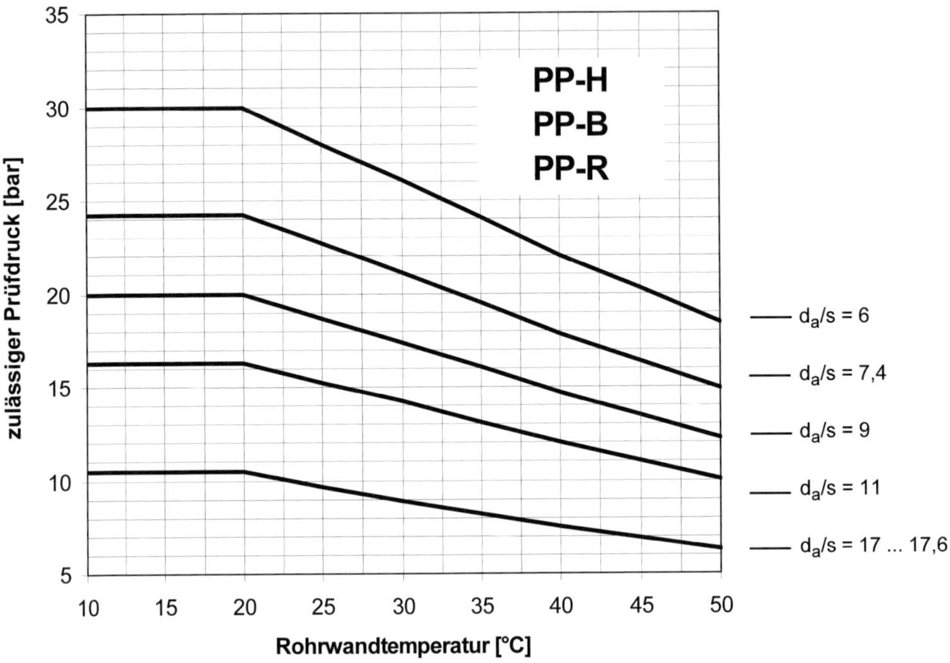

Bild 4. Prüfdruckkurven für Rohrleitungen aus PP.

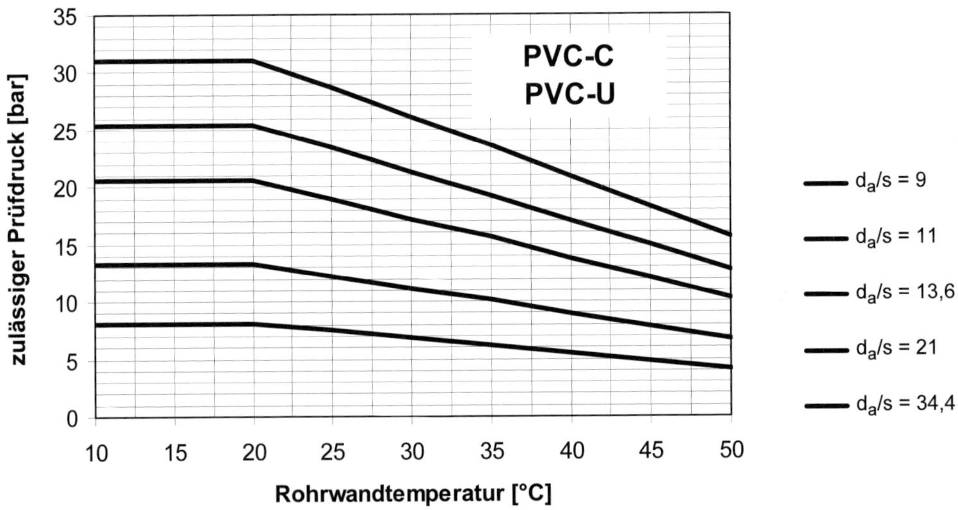

Bild 5. Prüfdruckkurven für Rohrleitungen aus PVC.

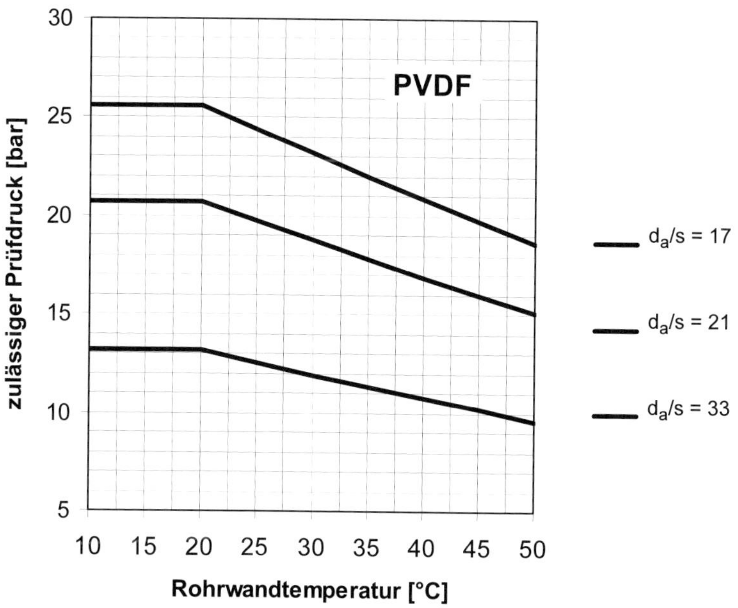

Bild 6. Prüfdruckkurven für Rohrleitungen aus PVDF.

8 Mitgeltende Normen, Regeln und Vorschriften

DIN EN 805	Anforderungen an Wasserversorgungssysteme und deren Bauteile außerhalb von Gebäuden (Abschnitt A. 27)
DIN EN 1610	Verlegung und Prüfung von Abwasserleitungen und -kanälen
DIN 837-1	Druckmessgeräte mit Rohrfedern. Maße, Messtechnik, Anforderungen und Prüfung
DIN 1988-2	Innendruckprüfung von Druckrohrleitungen für Wasser. Planung und Ausführung (Technische Regel des DVGW)
DIN V 4279-7	Innendruckprüfung von Druckrohrleitungen für Wasser. Druckrohre aus PE-HD, PVC-U
DVS 2210-1	Industrierohrleitungen aus thermoplastischen Kunststoffen – Projektierung und Ausführung – Oberirdische Rohrsysteme
DVGW W 400-2	Bau und Prüfung von Wasserverteilungsanlagen

8.1 Literaturhinweise

[Klingenfuß (SKZ, Würzburg)]
Nicht veröffentlichter Bericht über Erfahrungen bei der Dichtheitsprüfung von Druckrohrleitungen aus Kunststoff

[Hoch, Raab, (3R international, Heft 9/2001)]
Druckprüfungen von PE-Rohrleitungen in der Wasserversorgung

Erläuterung der Fußnoten in Abschnitt 1 bis 7

1) *Eine Begrenzung der Prüflänge ergibt sich aufgrund der Notwendigkeit, Reaktionen aus Änderungen bei Prüfdruck und Prüftemperatur innerhalb der Prüfdauer erfassen und beurteilen zu können. Je größer die Prüflänge ist, desto schwieriger wird die Zuordnung von Prüfdruckschwankungen. Bei Prüftemperaturen von 20 °C ± 5 K können auch Prüflängen > 500 m verwertbare Ergebnisse liefern. Die Entscheidung hierüber hat die verantwortliche Prüfaufsicht zu treffen.*

2) *Die DVS-Arbeitsgruppe AG W 4.3a hat beschlossen, Richtwerte für die Druckabfallraten der verschiedenen Thermoplaste aufgrund von Prüfungen festzulegen. Sobald konkrete Ergebnisse vorliegen, werden diese in der Fachpresse veröffentlicht.*

3) *Verarbeitungs- und geometriespezifische Abminderungsfaktoren sind z. B. Schweißverbindungen mit LZ-Fügefaktor $f_s \leq 0,5$ oder unverstärkte Stutzenausschnitte in der Rohrleitung. Angaben hierzu können den Unterlagen der Formstückhersteller entnommen werden. Gegebenenfalls sind die Abminderungsfaktoren unter Verwendung gebräuchlicher Festigkeitsberechnungen zu ermitteln.*

9 Beispiel zur Durchführung einer Innendruckprüfung mit Erstellung eines Prüfberichtes

Das im Anhang gezeigte Muster für einen Prüfbericht enthält die wesentlichen Daten, die seitens der prüfenden Stelle zu dokumentieren sind. Es bleibt dem Anwender vorbehalten, sich dieses Musters oder anderer Vordrucke zu bedienen. Zum besseren Verständnis der Eintragungen ist nachfolgendes Beispiel zu beachten.

9.1 Kenndaten der Rohrleitung und Prüfbedingungen

Rohrabmessungen:	d_a = 110 mm s = 10 mm SDR = d_a/s = 11		
Rohrleitungslänge:	ges L_R = 150 m		
geodätische Höhendifferenz:	H_{geod} = 2,5 m ≈ 0,25 bar		
Werkstoff:	PE 80		
angenommene Rohrwandtemperatur:	max T_R = 25°C		
Art der Prüfung:	Vorprüfung (VP) ☒	Hauptprüfung (HP) ☒	Kurzzeitprüfung (KP) ☐
Anschluss der Prüfeinrichtung:	am tiefsten Punkt der Rohrleitung		
zulässiger Prüfdruck der Rohrleitungsteile (gerundet):	nach Diagramm Bild 2: ≤ 13 bar	nach Tabelle 1: 0,85 · 13 ≤ 11 bar	(–) bar
Nenndruck der Armaturen und Einbauteile:	PN 16		(–) bar
Prüfdruck am höchsten Punkt der Rohrleitung:	13 – 0,25 = 12,75 bar	11 – 0,25 = 10,75 bar	(–) bar
Prüfdauer nach Tabelle 1:	6 h	6 h	(–) h
Gewählte Anzahl der Kontrollen:	3	3	(–)
Beginn und Ende der Prüfung:	7:20 bis 13:20 Uhr	13:20 bis 19:25 Uhr	(–) Uhr

9.2 Angaben zum Prüfverlauf

Zeitabschnitt	1	2	3	4	5	6	7	Einheit
Art der Prüfung (VP, HP, KP)	VP	VP	VP	VP/HP	HP	HP	HP	–
Zeitlicher Verlauf der Prüfung bzw. Kontrollen	7:20	9:20	11:20	13:20/13:25	15:25	17:25	19:25	h:min
Prüfdruck am Manometer (Leitungstiefpunkt)	13,0	13,0	13,0	12,2/11,0	10,5	10,3	10,3	bar
Druckänderung zum vorherigen Zeitabschnitt	–	-2,5	-1,0	-0,8/1,2	-0,5	-0,2	0,0	bar
Spezifischer Druckabfall	–	1,25	0,5	0,4	0,25	0,1	0,0	bar/h
Wasserzugabe bei Prüfdruckwiederherstellung	–	6,5	4,1	–	–	–	–	l
Wasserablass bei Prüfdruckreduzierung VP/HP	optional							l
Wassertemperatur im Rohrinnern [4]	12	15	16	18	20	19	19	°C
Umgebungstemperatur	15	17	19	22	25	22	20	°C
Rohroberflächentemperatur	12	15	20	28	30	25	20	°C
Mittlere Rohrwandtemperatur [T_R]	12	15	18	23	25	22	19,5	°C
Ergebnis der Kontrollen während der Prüfung [5]	–	uF	oB	red p	oB	oB	oB	–

[4] siehe dazu Hinweise unter Abschnitt 7.2

[5] Ergebnis ggf. auf Rückseite erläutern

Erläuterung der gewählten Kurzbezeichnungen:

VP	Vorprüfung	oB	ohne Beanstandung
HP	Hauptprüfung	red p	Prüfdruck reduziert
KP	Kurzzeitprüfung	uF	undichte Flanschverbindung

9.3 Darstellung des Prüfdruckverlaufs (entsprechend Beispiel auf Seite 9)

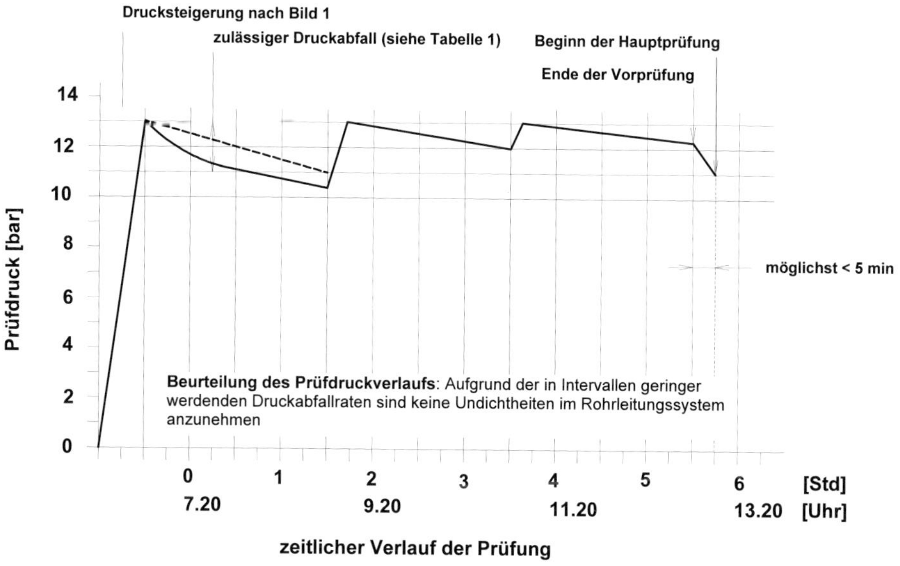

Bild 7. Schematischer Verlauf des Prüfdrucks während der **Vorprüfung**.

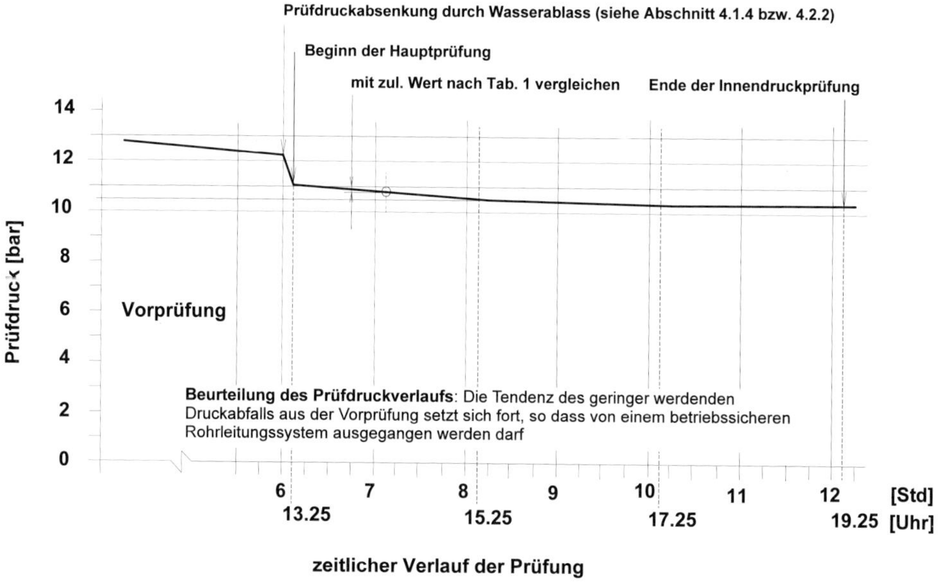

Bild 8. Schematischer Verlauf des Prüfdrucks während der **Hauptprüfung**.

9.4 Allgemeiner Hinweis:

Bei oberirdisch verlegten Kunststoffrohrleitungen sind, unabhängig vom Prüfdruckverlauf, visuelle Kontrollen der gesamten Rohrleitung vorzunehmen. Die Anzahl der Kontrollgänge richtet sich nach den Angaben in Tabelle 1 bzw. Abschnitt 7.3. Üblicherweise sind die Kontrollen während der Vorprüfung nach jeweiliger Prüfdruckwiederherstellung durchzuführen. Während der Hauptprüfung genügt in vielen Fällen eine Zwischenkontrolle.

Anhang: Muster für Prüfbericht (Prüfprotokoll)

Innendruckprüfung an Rohrleitungen aus thermoplastischen Kunststoffen

Art der Prüfung: Vorprüfung (VP) ☐ Hauptprüfung (HP) ☐ Kurzprüfung (KP) ☐

Prüfdruck: ________ bar ________ bar ________ bar

Prüfdauer: ________ h ________ h ________ h

Prüfbeginn: ________ Uhr Prüfende: ________ Uhr Prüfdatum: ________

Bezeichnung der Rohrleitung: ________

Auftraggeber/Bauherr: ________

Errichter der Rohrleitung: ________

Abmessungen/Nenngrößen: d_a = ________ mm s = ________ mm SDR: ________ PN: ________

Länge der Prüfstrecke: ges L_R = ________ m geodätischer Höhenunterschied: H_{goed} = ________ m

Rohrwerkstoff: ________ Druckprüfvorrichtung: ________

Detailangaben

Zeitabschnitt	1	2	3	4	5	6	7	Einheit
Art der Prüfung (VP, HP, KP)								–
Zeitlicher Verlauf der Prüfung bzw. Kontrollen								h:min
Prüfdruck am Manometer (Leitungstiefpunkt)								bar
Druckänderung zum vorherigen Zeitabschnitt								bar
spezifischer Druckabfall								bar/h
Wasserzugabe bei Prüfdruckwiederherstellung								l
Wasserablass bei Prüfdruckreduzierung								l
Wassertemperatur im Rohrinnern								°C
Umgebungstemperatur								°C
Rohroberflächentemperatur								°C
mittlere Rohrwandtemperatur								°C
Ergebnis der Kontrollen während der Prüfung *)								–

*) Ergebnisse sowie Erläuterung siehe Rückseite

Gesamtergebnis der Prüfung:

keine Beanstandungen ☐ Prüfung abgebrochen ☐ Prüfung wiederholt ☐

Bemerkungen und Beanstandungen:

____

____

____

________ Unterschrift des Prüfers

________ Unterschrift der Prüfaufsicht

Mai 2006

DVS – DEUTSCHER VERBAND FÜR SCHWEISSEN UND VERWANDTE VERFAHREN E.V.	**Industrierohrleitungen aus thermoplastischen Kunststoffen – Projektierung und Ausführung – Oberirdische Rohrsysteme – Flanschverbindungen: Beschreibung, Anforderungen, Montage**	DVS **Richtlinie DVS 2210-1 Beiblatt 3**

Inhalt:

1 Geltungsbereich

Die Richtlinie DVS 2210-1 enthält Grundlagen zur Projektierung, Berechnung, Vorfertigung und Montage von oberirdisch verlegten Industrierohrleitungen aus thermoplastischen Kunststoffen.

Das Beiblatt 3 beschreibt Gestaltungsgrundsätze und Anforderungen für Flanschverbindungen in oberirdischen Rohrleitungen aus thermoplastischen Kunststoffen. Es soll dazu dienen, die Grundnormen, z. B. DIN 16962-4/12, DIN 16963-4/11 und DIN 8063-4 sowie DIN EN ISO 15493 ff. und DIN EN ISO 10931, im Hinblick auf die sachgemäße Anwendung im Kunststoffrohrleitungsbau zu ergänzen. Gleichzeitig wird Abschnitt 5.3.3.3 in DVS 2210-1 durch Beiblatt 3 ersetzt.

Die Grundlagen zur Dimensionierung von Flanschverbindungen werden in DVS 2210-1, Beiblatt 4 (in Vorbereitung) behandelt. Die im Beiblatt 4 enthaltenen Empfehlungen umfassen sowohl Flanschverbindungen deren Abmessungen noch nicht standardisiert sind, als auch Flanschverbindungen deren Belastungsgrenzen rechnerisch ermittelt werden sollen.

1.1 Anwendungshinweise

Die Anwendung von Beiblatt 3 ist nicht auf bestimmte Einsatzgebiete von thermoplastischen Kunststoffrohrleitungen beschränkt.

Die Grundsätze sind auf alle Flanschverbindungen anwendbar, die mittels Schrauben und Dichtung kraftschlüssig verbunden werden.

Im Beiblatt 3 werden ausschließlich Flanschverbindungen behandelt, die Kräfte aus Innendruckbelastung und/oder Kräfte bzw. Momente aus Wärmedehnung des Rohrleitungssystems aufzunehmen haben. Dazu zählen auch Behälterflansche, sofern sie mit einer Rohrleitung kraftschlüssig verbunden sind.

Nicht von Rohrleitungen angeschlossene Flanschstutzen an Kunststoffbehältern mit einem inneren Überdruck von $p \leq 0,5$ bar sind hinsichtlich ihrer konstruktiven Gestaltung nach Richtlinie DVS 2205-4, Beiblatt 1 auszuführen.

Sonderflansche, z. B. in Oval- oder Rechteckform, fallen nicht in den Geltungsbereich der Richtlinie DVS 2210-1 und deren Beiblätter.

Eine Erweiterung des Geltungsbereichs auf Flanschverbindungen in erdverlegten Rohrleitungen ist nur möglich, wenn Belastungen von außen (z. B. infolge der Einbausituation) gesondert betrachtet werden.

1.2 Werkstoffe

Der Anwendungsbereich von Beiblatt 3 gilt uneingeschränkt für Rohrleitungssysteme aus:

Polyethylen	PE (PE 80, PE 100)
Polypropylen	PP-H, PP-B, PP-R (Typ 1, 2, 3)
Polyvinylchlorid	PVC-C, PVC-U
Polyvinylidenfluorid	PVDF

Für die vorstehend genannten Thermoplaste liegen umfassende Kennwerte und Erfahrungen zu deren Verhalten unter langzeitiger Belastung vor, so dass für diese von einer Übereinstimmung der Grundsätze ausgegangen werden kann.

Die Vielfalt der thermoplastischen Kunststoffe mit ihren unterschiedlichen Werkstoffeigenschaften lässt es nicht zu, alle im Beiblatt 3 zusammengefassten Grundsätze zu verallgemeinern.

Andere Thermoplaste, wie ABS, PB oder ECTFE, sind in ihrem Verhalten den vorgenannten Kunststoffen ähnlich, jedoch fehlt es bislang an der Vollständigkeit allgemein gültiger Kennwerte.

Bei der Wahl des Dichtungswerkstoffes muss sowohl auf gute Verformbarkeit als auch auf die chemische und thermische Eignung geachtet werden.

Bei der Wahl des Werkstoffes für die Losflansche ist die zu erwartende Belastung der Flanschverbindung ein wesentlicher Faktor. Es muss gewährleistet sein, dass die bei Montage aufgebrachte Schraubenkraft dauerhaft erhalten bleibt, d. h., dass die Flansche unter Dauerbelastung nur unwesentlich zum Kriechen neigen dürfen.

Wenn für einen Anwendungsfall die Kennwerte zur Bestimmung der Werkstoffeigenschaften und des Verhaltens von Flanschverbindungen unter Belastung zur Verfügung stehen, können die im Beiblatt 3 genannten Grundsätze sinngemäß übertragen werden. Dies gilt z. B. für Flanschverbindungen in duroplastischen Kunststoffrohrleitungen.

Sofern nichts anderes erwähnt ist, behandelt das Beiblatt 3 nur solche Flanschverbindungen, deren Teile hinsichtlich Form und Hauptabmessungen standardisiert sind (siehe Abschnitt 5).

Flanschverbindungen außerhalb des vorgenannten Rahmens sind ggf. anderen Normen und Richtlinien unterworfen, die nicht in den Geltungsbereich von DVS 2210-1 fallen. Insofern kann das Beiblatt 3 nicht oder nur in begrenztem Umfang zur Lösung spezieller Problemstellungen herangezogen werden. Für die sachgemäße Nutzung der in Beiblatt 3 verankerten Grundsätze ist in jedem Fall der Anwender verantwortlich.

DVS, Ausschuss für Technik, Arbeitsgruppe „Fügen von Kunststoffen"

Bezug: Verlag für Schweißen und verwandte Verfahren DVS-Verlag GmbH, Postfach 10 19 65, 40010 Düsseldorf, Telefon (02 11) 15 91-0, Telefax (02 11) 15 91-150

2 Komponenten der Flanschverbindung

Nachfolgend sind die wesentlichen Komponenten einer Flanschverbindung aufgeführt und mit Erläuterungen versehen. In Bild 1 ist die im Kunststoffrohrleitungsbau vorwiegend eingesetzte Flanschverbindung unter Verwendung von losen Flanschen dargestellt.

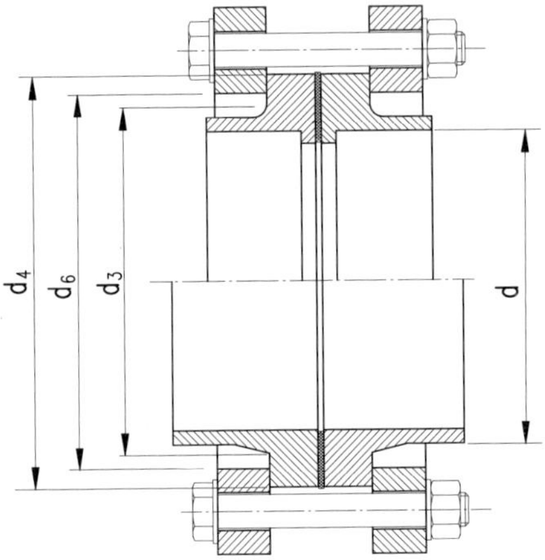

Bild 1. Standardflanschverbindung mit losen Flanschen.

2.1 Vorschweißbunde

Bunde mit Schweißenden, allgemein als Vorschweißbunde bezeichnet, können sowohl mittels dem Heizelementstumpfschweißverfahren (HS) als auch dem Heizwendelschweißverfahren (HM) mit dem Rohr verbunden werden (gilt vor allem für PE und teilweise auch für PP). Dazu gibt es Bunde mit kurzen (HS) und langen (HS, HM) Schweißenden.

Standardisierte Abmessungen für Vorschweißbunde sind in DIN 16962-4, DIN 16963-4 und DIN EN ISO 10931 vorgegeben. Die Standardisierung der Vorschweißbunde erfasst nicht alle Rohrreihen, so dass bei Anwendungen mit höherer Innendruckbelastung maßliche Festlegungen außerhalb standardisierter Vorgaben zu treffen sind (siehe auch Abschnitt 2.6).

Dabei ist zu beachten, dass der Durchmesser des Bundansatzes d_3 innerhalb der in DIN EN 1092-1 angegebenen Grenzmaße bleiben muss (Bild 2).

Das Anschlussmaß d_4 der standardisierten Vorschweißbunde, gestuft nach Nenndrücken, entspricht DIN 2501-1 mit Zuordnung gemäß Tabelle 1.

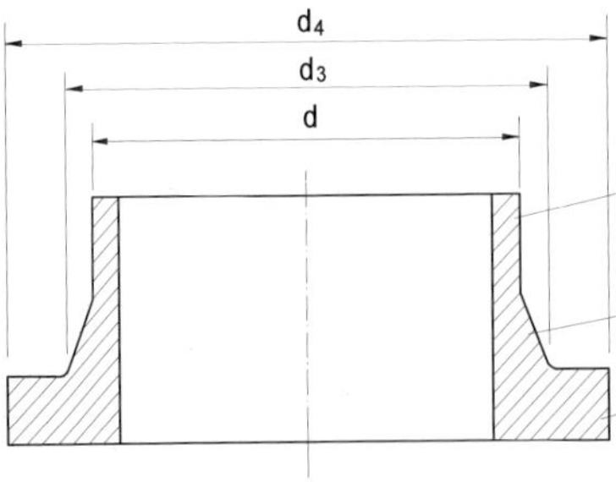

Bild 2. Vorschweißbund.

Tabelle 1. Zuordnung der Anschlussmaße.

DN	**d_3** (DIN EN 1092-1)	**d_4** (DIN 2501-1)
bis DN 150	nach PN 10	nach PN 40
ab DN 200		nach PN 10

Hinweis: Die nenndruckabhängigen Anschlussmaße gemäß Tabelle 1 geben keinen Aufschluss über die Belastbarkeit des Vorschweißbundes bzw. der Flanschverbindung.

Abhängig vom Festigkeitskennwert des Werkstoffes, kann der Vorschweißbund mit nenndruckbezogenen Anschlussmaßen ggf. mit einem inneren Überdruck p > Nenndruck belastet werden. Bei Anwendungen über dem Nenndruck ist ein rechnerischer Nachweis zu führen bzw. eine Herstellerbescheinigung einzuholen

2.2 Bundbuchsen

Bundbuchsen (Bild 3) werden überlappend mit dem Rohr verbunden. Die Verbindung kann, abhängig von den Eigenschaften des jeweiligen Werkstoffes, durch Heizelementmuffenschweißen oder Kleben erfolgen.

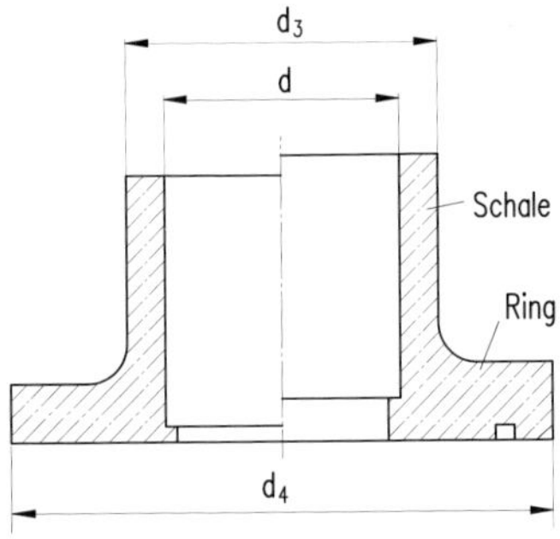

Bild 3. Bundbuchse.

Standardisierte Abmessungen für Bundbuchsen sind in DIN 8063-4, DIN 16962-12, DIN 16963-11, DIN 16832-1 und DIN EN ISO 10931 festgelegt. Hinsichtlich Zuordnung der Anschlussmaße von Bundbuchsen und deren Innendruckbelastbarkeit, sind die Angaben unter Abschnitt 2.1 zu beachten.

2.3 Losflansche

Losflansche stützen sich auf den Ring des Vorschweißbundes bzw. der Bundbuchse und müssen eine ausreichende Biegesteifigkeit beim Aufbringen der Schraubenkräfte aufweisen. Außerdem ist auf eine dem Anwendungsfall angepasste Korrosionsbeständigkeit zu achten.

Die Ausführung von Losflanschen in Vollkunststoff ist sinnvoll, wenn die Festigkeitskennwerte eine wirtschaftliche Dimensionierung ermöglichen (z. B. Losflansche aus GFK oder PVC). Die Kombination von Kunststoffflansch mit Einlegeteil aus Stahl oder Guss, hat sich aufgrund der geringen Verformung bewährt.

Der Standardisierung von Losflanschen für Vorschweißbunde und Bundbuchsen aus Kunststoff liegen die Maße von DIN EN 1092-1 „Stahlflansche PN 10“ zugrunde.

2.4 Blindflansche

Blindflansche werden zur Absperrung eines Rohrleitungsabschnittes verwendet und ermöglichen die spätere Fortführung einer bestehenden Leitung. Im Kunststoffrohrleitungsbau werden überwiegend Blindflansche analog DIN EN 1092-1 Form A (ohne Dichtleiste) verwendet, wobei die belastungsabhängige Dicke des Flansches wesentlich von der Festigkeit des verwendeten Werkstoffes beeinflusst wird. Wie bei den Losflanschen gelangen verschiedene Werkstoffe und Werkstoffkombinationen zum Einsatz.

Blindflansche kommen beim Betrieb der Rohrleitung häufig mit dem Medium in Kontakt. Es ist deshalb von Vorteil, Blindflansche aus dem Werkstoff einzusetzen, der auch für die Rohrleitung Verwendung findet. Handelt es sich um Kunststoffblindflansche, die nicht standardisiert sind, ist die Flanschdicke entsprechend der Beanspruchung aus innerem Überdruck zu bemessen.

Kunststoffblindflansche können mit Anschlussstutzen für Druckproben, zum Entlüften oder zum Anbringen von Probeentnahmeventilen ausgestattet werden.

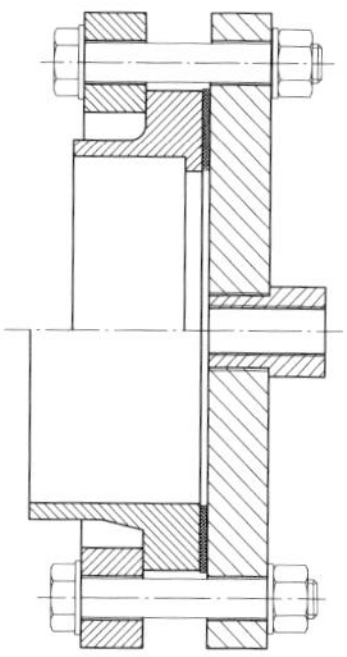

Bild 4. Blindflansch mit optionalem Anschlussstutzen.

Bei hoher Innendruckbeanspruchung bzw. großen Nennweiten hat sich eine Kombination aus Kunststoffblindscheibe (Schutzfunktion) und hinterlegtem Stahlflansch (tragende Funktion) bewährt (Bild 5).

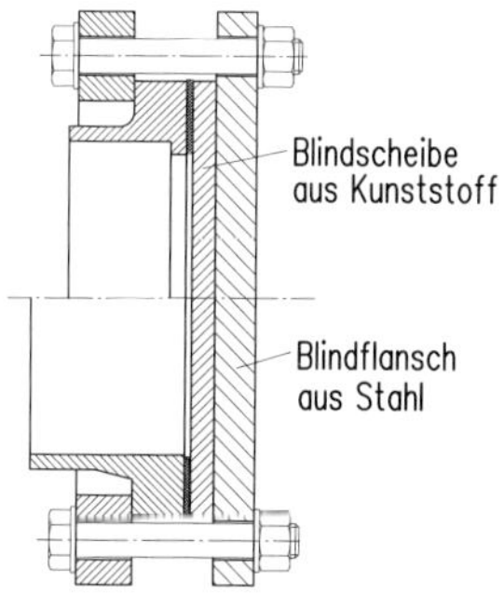

Bild 5. Blindscheibe aus Kunststoff mit Schutzfunktion.

Eine weitere Möglichkeit, Blindscheiben aus Kunststoff zu verwenden, zeigt Bild 6. Hierbei wird die stützende Wirkung des Gegenflansches genutzt, um die Belastung aus Innendruck sicher durch die Blindscheibe aufnehmen zu können.

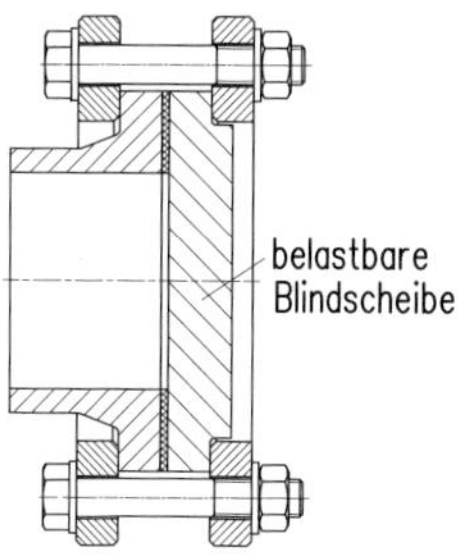

Bild 6. Belastbare Blindscheibe aus Kunststoff.

2.5 Festflansche

Festflansche finden im Gegensatz zur Kombination Bund/Losflansch bevorzugt im Armaturen-, Behälter- und Apparatebau Verwendung. Neben den Angaben zu Vorschweißflanschen in DIN EN 1092-1 finden sich Maße für Festflansche aus Kunststoff im Beiblatt zu DVS 2205-4. Die Abmessungen beginnen bei DN 500 und gelten für einen maximalen Betriebsüberdruck von 0,5 bar.

Bei höheren Betriebsüberdrücken bzw. Festflanschen < DN 500 kann die Flanschdicke nach DVS 2205-4 dimensioniert werden. Festflansche werden üblicherweise auf die Belastbarkeit der Rohrleitung ausgelegt. Bezüglich der Schraubendrehmomente ist Tabelle 5 anzuwenden.

Festflanschverbindungen können sowohl mit Flachdichtung als auch mit O-Ringdichtung ausgestattet werden. Varianten mit hinterlegter bzw. integrierter Stahlscheibe halten die Verformung des Kunststofffestflansches in zulässigen Grenzen (Bild 7).

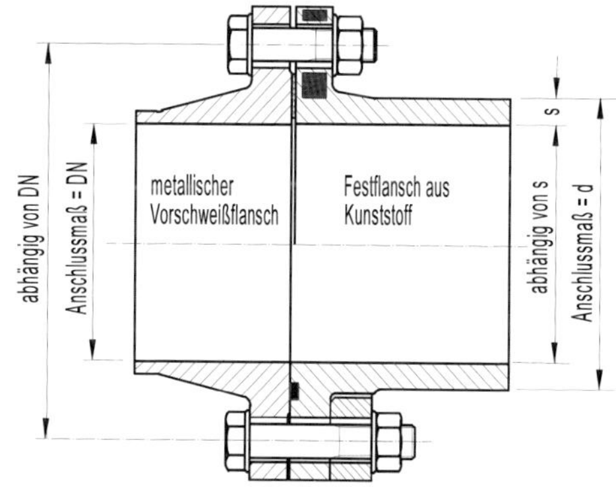

Bild 7. Kunststofffestflansch für innendurchmessergleiche Anschlüsse an metallische Rohrleitungen.

Kunststofffestflansche mit integrierter oder hinterlegter Stahlscheibe eignen sich besonders für den innendurchmessergleichen Anschluss an metallische Rohrleitungen oder Armaturen. Hierbei können Rohrleitungsteile mit unterschiedlicher Nennweitenzuordnung verbunden werden, was durch die Anpassung des Kunststofffestflansches an die Anschlussmaße des Stahlflansches ermöglicht wird.

Bei Flanschverbindungen unter Verwendung von metallischen Vorschweißflanschen, Standardbund aus Kunststoff und Losflansch, kommt es vor allem bei Rohrleitungen der Nennweite ≥ DN 200 zu einem Versatz beim Innendurchmesser, was aus hydraulischer Sicht äußerst ungünstig ist.

Bild 7 zeigt, wie die versatzfreie Anpassung des Innendurchmessers durch Verwendung der Festflanschverbindung vorgenommen werden kann.

2.6 Sonderflanschverbindungen

Bei Innendruckbelastungen oberhalb des Nenndruckes oder bei höherer Betriebstemperatur können konstruktive Maßnahmen zur Versteifung der Flanschverbindung notwendig werden, um ein Fließen des thermoplastischen Kunststoffes zu verhindern. Die Hersteller von Bunden, Bundbuchsen und Losflanschen stellen dazu ein umfangreiches Sortiment an Sonderlösungen zur Verfügung, aus welchem nachfolgend einige Beispiele herausgegriffen werden.

2.6.1 Flanschverbindungen mit optimierten Abmessungen

Bei der standardisierten Flanschverbindung (Bild 1) ist zwischen dem Losflanschinnendurchmesser [d_6] und dem Bundansatzdurchmesser [d_3] ein Freiraum zu erkennen. Unter hoher Innendruckbelastung kann sich der nicht unterstützte Bundbereich verformen, was zu Undichtheiten an der Flanschverbindung führen kann.

Im Bild 8 ist dargestellt, wie durch Formänderung des Bundes und Anpassung an den standardisierten Losflansch, die Biegesteifigkeit der Flanschverbindung verbessert werden kann.

Durch weitere Optimierung der Abmessungen wird nicht nur das Widerstandsmoment des Bundes erhöht, sondern es vergrößert sich auch die Kontaktfläche zwischen Bund und Losflansch, was zu einer Reduzierung der Flächenpressung führt.

Zur Erzielung einer gleichmäßigeren Flächenpressung kann im Einzelfall die Anzahl der Schrauben erhöht und gleichzeitig die Schraubengröße verkleinert werden.

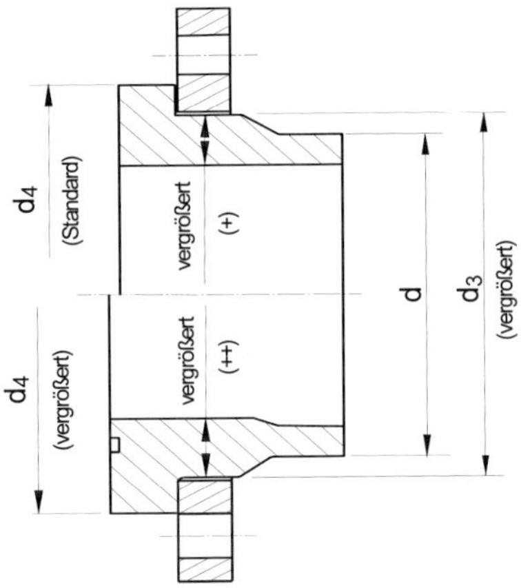

Bild 8. Erhöhung der Biegesteifigkeit durch Formänderung beim Vorschweißbund (analog DIN EN ISO 15494).

Einen weiteren Lösungsansatz zeigt Bild 9. Sowohl der Losflansch als auch der Bund sind hier optimal aufeinander abgestimmt. Dadurch vergrößert sich die Kontaktfläche zwischen Bund und Losflansch, was zu einer Reduzierung der Flächenpressung führt.

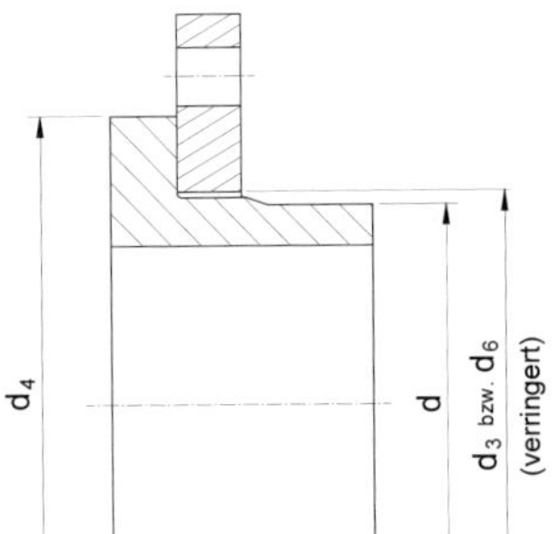

Bild 9. Verbesserung der Belastbarkeit durch maßliche Anpassung bei Losflansch und Vorschweißbund.

2.6.2 Flanschverbindungen mit gekammerten Bunden

Weitere Möglichkeiten zur Anhebung der Belastbarkeit von Flanschverbindungen eröffnen sich z. B. durch eine Kammerung des Vorschweißbundes unter Zuhilfenahme eines formschlüssigen Losflansches. Dadurch kann der beim Anziehen der Verbindungsschrauben einsetzenden Verformung des Bundringes entgegengewirkt und diese in zulässigen Grenzen gehalten werden.

2.6.3 Flanschverbindungen mit speziellen Losflanschen

Durch Modifikation der üblichen Losflanschform nach DIN EN ISO 15493 bzw. 15494 lassen sich ebenfalls Verbesserungen zur Standardflanschverbindung erzielen. So können konstruktive Details zur Erhöhung der Kippstabilität des Losflansches und einer gleichmäßigeren Kraftverteilung am Bund beitragen.

2.6.4 Flanschverbindungen ohne Dichtung

Aufgrund der ausgeprägten Elastizität einiger Thermoplaste, können Flanschverbindungen unter bestimmten Voraussetzungen auch ohne Dichtung zum Einsatz kommen. Solche Flanschverbindungen erfordern sowohl ausgeprägt glatte Dichtflächen als auch eine sorgfältige Montage unter Verwendung von Drehschraubern der Klassifikation I gemäß Tabelle 4. Die Anwendbarkeit der dichtungslosen Flanschverbindung ist auf wenige Einsatzfälle beschränkt und bedarf einer vorherigen Eignungsprüfung.

2.6.5 Flanschverbindungen an Absperrklappen

Beim Einbau von Absperrklappen in thermoplastische Rohrleitungssysteme mit großer Rohrwanddicke ist darauf zu achten, dass die Klappenscheibe ganz geöffnet werden kann und nicht im Rohrinneren anstößt.

Wenn möglich, sollen kunststoffangepasste Absperrklappen zum Einsatz kommen, deren Klappenscheibe auf den verminderten Innendurchmesser der Rohrleitung abgestimmt ist.

Alternativ können Bunde verwendet werden, die trichterförmig angeschrägt sind. Sofern die Anschrägung sachgemäß vorgenommen wird (kerb- und riefenfrei) und der Bund keine Schwächung erfährt (Erhaltung des Widerstandsmomentes), kann einer solchen Lösung zugestimmt werden. Ggf. ist dazu ein rechnerischer Nachweis zu führen.

Der Einbau von Übergangsstücken vor und nach der Absperrklappe ist aufwändig, kann aber als weitere Alternative angesehen werden.

2.7 Dichtungen

Unter Einbeziehung der Betriebsbedingungen und Dichtungskräfte ist die Auswahl geeigneter Flanschdichtungen in thermoplastischen Kunststoffrohrleitungen von folgenden Faktoren abhängig:

- Form
- Abmessungen
- Werkstoff

2.7.1 Form der Dichtung

Die Dichtung kann als flacher Ring, profilierter Ring und O-Ring oder als Kombination der vorgenannten Formen ausgebildet sein. In vielen Anwendungsfällen genügt die herkömmliche Flachdichtung mit Mindestdicken nach Tabelle 3. Bei Verwendung einer breiten Flachdichtung ist zu beachten, dass die zur Vorverformung der Dichtung aufzubringenden Schraubenkräfte keine Überlastung des Vorschweißbundes bzw. der Bundbuchse hervorrufen.

Bei erhöhten Betriebs- und Prüfdrücken haben sich profilierte Flachdichtungen sowie die O-Ring-Dichtung bewährt. Zur Stabilisierung und Sicherheit gegen Ausblasen kann die Dichtung zusätzlich mit einem Stahlflachring verstärkt werden. Die Verstärkung darf die Elastizität an der Dichtungsinnenseite nicht beeinflussen. Der Einsatz von Dichtungen kann nach Tabelle 2 erfolgen.

Tabelle 2. Einsatzgrenzen für Dichtungen.

Dichtungsform	empfohlene Einsatzgrenzen	Flansch- bzw. Bundausführung
Flachring	p bis 10 bar für DN ≤ 150 p bis 6 bar für DN > 150 - 600 T bis 40° C	mit Dichtrillen * Dichtungsbreite: abhängig von der zulässigen Bundbelastung
profilierter Flachring	p bis 16 bar alle Nennweiten T = gesamter Anwendungsbereich	mit oder ohne Dichtrillen * * konzentrische Anordnung
O-Ring	generelle Verwendung p = -1 bis 16 bar T = gesamter Anwendungsbereich	Nutabmessungen: DIN 8063-4 DIN 16962-4 DIN 16963-4

Die profilierte Dichtung sowie die O-Ringdichtung bieten folgende Vorteile:

- zuverlässige Dichtheit bei geringen Schraubendrehmomenten
- verwendbar bei höheren Innendrücken und innerem Unterdruck
- reduzierter Einfluss der Flansch- bzw. Bundoberfläche
- Sicherheit beim Verbinden von Rohrleitungen aus unterschiedlichen Werkstoffen.

2.7.2 Abmessungen der Dichtung

Die Dichtungsmaße sind in den Grundnormen für Rohrverbindungsteile festgelegt (siehe Abschnitt 5). Größere Maßdifferenzen zwischen dem Innendurchmesser des Vorschweißbundes bzw. der Bundbuchse und dem Innendurchmesser der Dichtung können u. U. zu Störungen an der Flanschverbindung führen. Sind die Abweichungen beim Innendurchmesser der Dichtung größer als ± 10 mm, ist von einer unsachgemäßen Anwendung auszugehen.

Bei zu großen Dichtungsinnendurchmessern besteht die Gefahr von Ablagerungen im Ringspalt (Totraum), was zu einer Mediumkonzentration an der Dichtung und zu deren Zerstörung führen kann. Ragt die Dichtung in das Rohrinnere, kann es zu einem beschleunigten Abtrag an der Dichtungsinnenseite kommen, bei der auch die Dichtwirkung nach außen nachlässt.

Die Aussendurchmesser der Dichtungen sind standardisiert (z. B. DIN EN 1514-1). Die Mindestdicke der Flachdichtungen ist Tabelle 3 zu entnehmen. Die Dicke von Profildichtungen wird vom jeweiligen Hersteller vorgegeben.

Tabelle 3. Mindestdicke von Flachdichtungen.

Nennweite	Dicke der Flachdichtung
bis d 90 / DN 80	s ≥ 2 mm
≥ d 110 / DN 100	s ≥ 3 mm

2.7.3 Dichtungswerkstoffe

Bei der Wahl des Dichtungswerkstoffes müssen das Medium, die Betriebsbedingungen, die Eigenschaften des Dichtungswerkstoffes, die Form und Oberflächenbeschaffenheit der Dichtfläche und die Belastung der Flanschverbindung berücksichtigt werden.

In Kunststoffrohrleitungen sind vorzugsweise Dichtungen aus Elastomerwerkstoffen wie EPDM, CSM oder FPM mit einer Shore-A-Härte bis zu 70° zu verwenden. Die Verwendung von Dichtungswerkstoffen mit größerer Härte, wie sie z. B. bei metallischen Rohrleitungen zum Einsatz kommen, ist in thermoplastischen Kunststoffrohrleitungen nur eingeschränkt möglich.

Sollen Dichtungen mit ausgeprägter chemischer Widerstandsfähigkeit eingesetzt werden (z. B. aus PTFE), deren Vorverformung Schraubendrehmomente über den in Tabelle 5 angegebenen Werten erfordern, empfiehlt sich eine Rücksprache mit dem Formteilhersteller. Im Zweifelsfall ist ein Nachweis zur Betriebssicherheit der Flanschverbindung zu führen.

Eine betriebssichere Dichtwirkung bei effizienter chemischer Widerstandsfähigkeit lässt sich unter Verwendung modifizierter PTFE-Dichtungen erzielen. Die Eigenschaften multidirektional orientierter Dichtungen aus expandiertem PTFE (ePTFE), ermöglichen eine gute Anpassung an die Dichtflächen bei geringen Schraubenkräften.

Dichtungen mit Verstärkung können nur eingesetzt werden, wenn der Festigkeitsträger vollständig vom Dichtungswerkstoff umschlossen ist. Gewebeverstärkte Elastomerdichtungen sind wegen ihrer hohen Vorverformungskräfte für Flanschverbindungen in Kunststoffrohrleitungen nur bedingt geeignet.

2.8 Schrauben

Die Schraubenabmessungen und die Schraubenanzahl für Flanschverbindungen sind nach DIN 2501-1 in Abhängigkeit zum Nenndruck festgelegt.

Aufgrund der hohen Festigkeit des Schraubenwerkstoffes und der begrenzten Innendruckbelastbarkeit von thermoplastischen Kunststoffrohrleitungen, kommt es seltener zu einer vollen Ausnutzung der zulässigen Schraubenkraft, weshalb die Schraubenqualität weniger von Bedeutung ist als bei metallischen Rohrleitungen. An den Korrosionswiderstand der Schrauben werden häufig höhere Anforderungen gestellt.

Die Schraubenkräfte an Flanschverbindungen in thermoplastischen Kunststoffrohrleitungen werden deutlicher durch Umgebungs- und Betriebstemperaturen sowie durch das Werkstoffverhalten beeinflusst, als dies bei metallischen Werkstoffen der Fall ist.

Die vorgenannten Einflüsse erfordern ein mehrmaliges Kontrollieren mit partiellem Nachziehen der Schrauben während bzw. nach Beendigung der Druckprüfung, ggf. auch nach Inbetriebnahme der Rohrleitung.

3 Montage von Flanschverbindungen

Bei der Montage von Flanschverbindungen sind die folgenden Hinweise besonders zu beachten.

3.1 Fügen der Teile

Beim Verbinden von Vorschweißbunden mit dem Rohr und unter Verwendung des HS-Verfahrens ist die Baulänge des Bundes zu berücksichtigen. Bei kurzen Vorschweißbunden, welche teilweise keine ausreichend langen zylindrischen Enden zum Spannen aufweisen, sind möglichst Schweißmaschinen mit Bundhalter zu verwenden. Dies gilt insbesondere dann, wenn der Losflansch aus Platzgründen schon vor dem Anschweißen über den Bund geschoben werden muss.

Beim Anschweißen von Festflanschen ist darauf zu achten, dass die Schraubenlöcher so angeordnet sind, dass sie symmetrisch zu den beiden Hauptachsen der Rohrleitung liegen (Bild 10).

3.2 Ausrichten der Teile

Bei sachgemäßer Vorgehensweise müssen Vorschweißbund, Bundbuchse oder Festflansch, die Dichtung sowie der Losflansch zentrisch zur Rohrachse ausgerichtet sein. Beim Ausrichten der Dichtung ist zu kontrollieren, ob die Dichtungsabmessungen auf den Außen- und Innendurchmesser des Vorschweißbundes bzw. der Bundbuchse abgestimmt sind.

Die Dichtflächen von Vorschweißbund, Bundbuchse oder Festflansch müssen vor dem Anziehen der Schrauben planparallel zueinander stehen und eng an der Dichtung anliegen. Das Beiziehen der Dichtflächen durch Schraubenvorspannung mittels Verwendung eines Werkzeuges ist nicht zulässig.

Bei waagerecht verlaufenden Rohrleitungsabschnitten ist die in Bild 10 gezeigte Ausrichtung der Schrauben von Vorteil, da bei Undichtheiten an der Flanschverbindung das Medium nicht unmittelbar über die Schrauben läuft.

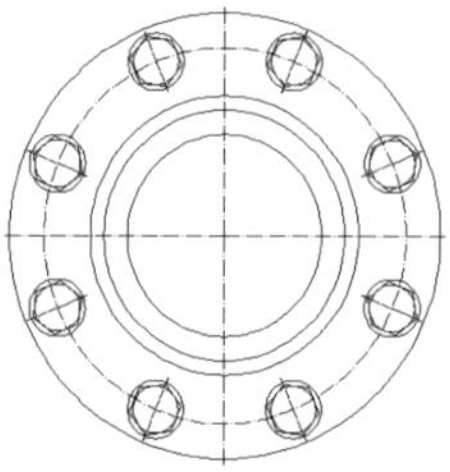

Bild 10. Ausrichtung der Schrauben außerhalb der beiden Hauptachsen.

3.3 Schraubenmontage

Die Länge der Verbindungsschrauben ist so zu wählen, dass das Schraubengewinde bei der Mutter nicht mehr als 2 bis 3 Gewindegänge übersteht. Sowohl am Schraubenkopf als auch bei der Mutter sind Scheiben zu hinterlegen.

Zur Unterstützung der Leichtgängigkeit der Verbindungsschrauben beim Anziehen sowie beim Lösen nach längerer Betriebsdauer, sind das Gewinde bzw. alle Reibflächen mit einem Gleitmittel (z. B. Molybdänsulfid) zu versehen.

Die Verbindungsschrauben müssen diagonal und gleichmäßig, möglichst mittels drehmomentkontrolliertem Dreh- oder Schlagschrauber, angezogen werden.

3.3.1 Schraubenkraft

Die Schraubenkraft bzw. das daraus resultierende Schraubendrehmoment zur Sicherstellung der Dichtfunktion darf nach Montage der Flanschverbindung unter Einwirkung von Setz- und Kriecherscheinungen den Mindestwert nicht unterschreiten. Das Anziehverfahren bestimmt die Streuung der Schraubenkraft [F_M] zwischen $F_{M\,min}$ und $F_{M\,max}$ (Tabelle 4).

$F_{M\,min}$ = unterer Wert der Schraubenkraft
$F_{M\,max}$ = oberer Wert der Schraubenkraft
Streuung = Differenz zwischen unterem und oberem Wert der Schraubenkraft

Aufgrund der großen Streuung bei den Anziehverfahren nach Klassifizierung III und IV kann deren Anwendung für eine sachgemäß herzustellende Flanschverbindung nicht empfohlen werden.

Tabelle 4. Richtwerte für die Streuung der Schraubenkraft.

Klassifizierung	Streuung	Anziehverfahren
I	± 5%	Drehschrauber drehwinkelgesteuert, motorisch oder manuell
II	± 20%	Drehschrauber drehmomentkontrolliert
III	± 40%	Schlagschrauber, von Hand, mit Drehmomentkontrolle
IV	± 60%	Schlagschrauber, von Hand, ohne Drehmomentkontrolle

3.3.2 Schraubendrehmomente

Das erforderliche Schraubendrehmoment ist abhängig von der Form und dem Werkstoff der gewählten Dichtung sowie von der Reibung im Schraubengewinde und an der Mutterauflagefläche [ges μ_R]. Für durchschnittliche (normale) Zustände ist mit einem Reibungskoeffizient ges μ_R = 0,15 zu rechnen.

Das zur Vorverformung der Dichtung aufzubringende Schraubendrehmoment muss eine Druckspannung in der elastomeren Dichtung von Qmin ≥ 0,5 N/mm² bewirken. Unterhalb der Mindestdruckspannung kann die Leckrate außergewöhnlich hoch und ungleichförmig sein.

Werden zu hohe Schraubendrehmomente aufgewendet, um die Dichtung zu verformen, kann sowohl die Dichtung beschädigt als auch der Vorschweißbund, die Bundbuchse, der Los- oder der Festflansch unzulässig beansprucht werden. Der Richtwert für die maximale Druckspannung in der elastomeren Dichtung beträgt etwa Q_{max} = 10 N/mm², abhängig vom Breiten-Dickenverhältnis der Dichtung (DIN EN 1591-2).

Die Folgen einer übermäßigen Druckspannung in der elastomeren Dichtung zeigen sich meist durch langzeitig entstehende Verformungen an Bund oder Bundbuchse, wodurch die Flanschverbindung ihre Betriebssicherheit einbüßt.

Obere Grenzwerte für Schraubendrehmomente bei Verwendung elastomerer Dichtungen und neuwertiger, mit Gleitmittel versehener Schrauben sind in Tabelle 5 ausgewiesen.

Tabelle 5. Schraubendrehmomente für die Montage von Flanschverbindungen unter Verwendung elastomerer Dichtungen und einem Reibungskoeffizient ges μ_R = 0,15.

<table>
<tr><th rowspan="2">Nennweite DN</th><th colspan="3">Schraubendrehmoment [Nm]</th></tr>
<tr><th>Flachring (Richtwerte) zul p ≤ 10 bar</th><th>Profilring (Richtwerte) zul p ≤ 16 bar</th><th>O-Ring (Richtwerte) zul p ≤ 16 bar</th></tr>
<tr><td>15</td><td rowspan="3">15</td><td>10</td><td>10</td></tr>
<tr><td>20</td><td rowspan="4">15</td><td rowspan="4">15</td></tr>
<tr><td>25</td></tr>
<tr><td>32</td><td>20</td></tr>
<tr><td>40</td><td>30</td></tr>
<tr><td>50</td><td>35</td><td rowspan="4">20</td><td rowspan="4">20</td></tr>
<tr><td>65</td><td rowspan="3">40</td></tr>
<tr><td>80</td></tr>
<tr><td>100</td></tr>
<tr><td>125</td><td>50</td><td>30</td><td>25</td></tr>
<tr><td>150</td><td>60</td><td>35</td><td>30</td></tr>
<tr><td>200</td><td>70</td><td>40</td><td>35</td></tr>
<tr><td>250</td><td>80</td><td>50</td><td>40</td></tr>
<tr><td>300</td><td>100</td><td>60</td><td>45</td></tr>
<tr><td>350</td><td>100</td><td>70</td><td>50</td></tr>
<tr><td>400</td><td>120</td><td>80</td><td>60</td></tr>
<tr><td>500</td><td>190</td><td>90</td><td>70</td></tr>
<tr><td>600</td><td>220</td><td>100</td><td>80</td></tr>
</table>

zul p = zulässiger Betriebsüberdruck

= zul p ≤ 6 bar

Hinweise zu Tabelle 5:

Aus den angegebenen Schraubendrehmomenten resultieren Druckspannungen in der Dichtung, welche im Maximum Q_{eff} = 8 N/mm² betragen. Eine Überschreitung (Streuung) der Richtwerte bei der Flachringdichtung um > 20% kann bereits zu einer dauerhaften Schädigung der Flanschverbindung führen.

Werden vom Dichtungshersteller niedrigere Schraubendrehmomente als in Tabelle 5 vorgegeben, sollen diese nicht überschritten werden. Bei sachgemäßer Vorgehensweise und Verwendung drehmomentkontrollierter Werkzeuge kann bereits mit 80% der in Tabelle 5 angegebenen Richtwerte Dichtheit an der Flanschverbindung erzielt werden.

4 Prüfungen

4.1 Herstellerprüfungen

Die Komponenten einer Flanschverbindung müssen die Qualitätsanforderungen nach den jeweiligen Normen erfüllen. Dazu ist sowohl die Einzelteilprüfung als auch die Prüfung der Flanschverbindung als Bauteilkombination durchzuführen. Die Anforderungen an die Prüfung, unterteilt für die einzelnen Kunststoffe, können den in Abschnitt 5 aufgeführten Normen entnommen werden. Die aus den Prüfungen hervorgehenden Belastbarkeitsgrenzen sind zu dokumentieren.

4.2 Visuelle Prüfung der Flanschverbindung

Die visuelle Prüfung befasst sich mit dem Zustand der Flanschverbindungsteile vor und nach dem Einbau. Auf folgende Details ist besonders zu achten:

- unbeschädigte bzw. ebene Dichtflächen
- Planparallelität der angefügten Vorschweißbunde bzw. Bundbuchsen
- Spaltmaß zwischen den Dichtflächen vor Einbringen der Dichtung
- Kontrolle der Dichtung auf Unversehrtheit
- zentrischer Sitz von Losflansch und Dichtung
- maßliche Übereinstimmung der Dichtung mit dem Innendurchmesser der Rohrleitung
- richtige Schraubenlänge
- Verwendung von Unterlegscheiben bei Mutter und Schraubenkopf
- Kontrolle der Gleitmittelverwendung
- punktuelle Kontrolle der Schraubendrehmomente

4.3 Innendruckprüfung der Rohrleitung

Die fertig installierte Rohrleitung ist gemäß Richtlinie DVS 2210-1, Beiblatt 2 zu prüfen. Alle Flanschverbindungen sind einzuschließen, ggf. sind die Schrauben nach Innendruckentlastung nachzuziehen.

5 Mitgeltende Normen, Richtlinien, Vorschriften

5.1 Werkstoffbezogene Normen

DIN 8063-4:	Rohrverbindungen und Rohrleitungsteile für Druckrohrleitungen aus weichmacherfreiem Polyvinylchlorid (PVC-U); Bunde, Flansche, Dichtungen; Maße
DIN 8063-5:	Rohrverbindungen und Formstücke für Druckrohrleitungen aus weichmacherfreiem Polyvinylchlorid (PVC-U) – Teil 5: Allgemeine Qualitätsanforderungen, Prüfung
DIN 16832-1:	Rohrverbindungen und Formstücke für Druckrohrleitungen aus chloriertem Polyvinylchlorid (PVC-C) – PVC-C 200 – Teil 1: Maße
DIN 16962-4:	Rohrverbindungen und Rohrleitungsteile für Druckrohrleitungen aus Polypropylen(PP); Typ 1 und 2; Bunde für Heizelement-Stumpfschweißung, Flansche, Dichtungen; Maße
DIN 16962-12:	Rohrverbindungen und Formstücke für Druckrohrleitungen aus Polypropylen (PP), PP-H 100, PP-B 80 und PP-R 80 – Teil 12: Bunde, Flansche, Dichtringe für Muffenschweißung; Maße
DIN 16963-4:	Rohrverbindungen und Rohrleitungsteile für Druckrohrleitungen aus Polyethylen hoher Dichte (PE-HD); Bunde für Heizelement-Stumpfschweißung, Flansche, Dichtungen; Maße
DIN 16963-11:	Rohrverbindungen und Formstücke für Druckrohrleitungen aus Polyethylen (PE), PE 80 und PE 100 – Teil 11: Bunde, Flansche, Dichtringe für Muffenschweißung; Maße
DIN EN ISO 10931:	Kunststoff-Rohrleitungssysteme für industrielle Anwendungen – Polyvinyliden Fluoride (PVDF) – Anforderungen an Rohrleitungsteile und das Rohrleitungssystem
DIN EN ISO 15493:	Kunststoff-Rohrleitungssysteme für industrielle Anwendungen – Acrylnitril-Butadien-Styrol (ABS), weichmacherfreies Polyvinylchlorid (PVC-U) und chloriertes Polyvinylchlorid (PVC-C) – Anforderungen an Rohrleitungsteile und das Rohrleitungssystem; Metrische Reihen
DIN EN ISO 15494:	Kunststoff-Rohrleitungssysteme für industrielle Anwendungen – Polybuten (PB), Polyethylen (PE) und Polypropylen (PP) – Anforderungen an Rohrleitungsteile und das Rohrleitungssystem; Metrische Reihen

5.2 Flanschnormen

DIN 2501-1:	Flansche, Anschlussmaße
DIN 16872:	Rohrverbindungen und Rohrleitungsteile für Rohrleitungen aus Thermoplasten; Flansche aus glasfaserverstärkten Polyesterharzen (UP-GF); Maße
DIN EN 1092-1:	Flansche und ihre Verbindungen – Runde Flansche für Rohre, Armaturen, Formstücke und Zubehör – Teil 1: Stahlflansche, nach PN bezeichnet
DIN EN 1514-1:	Flansche und ihre Verbindungen – Maße für Dichtungen für Flansche mit PN-Bezeichnung – Teil 1: Flachdichtungen aus nichtmetallischem Werkstoff mit oder ohne Einlagen
DIN EN 1514-8:	Flansche und ihre Verbindungen – Maße für Dichtungen für Flansche mit PN-Bezeichnung -Teil 8: Runddichtringe aus Gummi für Nutflansche
DIN EN 1515-2:	Flansche und ihre Verbindungen – Schrauben und Muttern – Teil 2: Klassifizierung von Schraubenwerkstoffen für Stahlflansche, nach PN bezeichnet
DIN EN 1591-1:	Flansche und ihre Verbindungen – Regeln für die Auslegung von Flanschverbindungen mit runden Flanschen und Dichtung – Teil 1: Berechnungsmethode
DIN EN 1591-1 Beiblatt 1:	Flansche und ihre Verbindungen – Regeln für die Auslegung von Flanschverbindungen mit runden Flanschen und Dichtung – Hintergrundinformationen
DIN V ENV 1591-2 (Vornorm):	Flansche und ihre Verbindungen – Regeln für die Auslegung von Flanschverbindungen mit runden Flanschen und Dichtung – Teil 2: Dichtungskennwerte

5.3 DVS-Richtlinien und Merkblätter

DVS 2205-4:	Berechnung von Behältern und Apparaten aus Thermoplasten – Flanschverbindungen
DVS 2205-4 Beiblatt:	Berechnung von Behältern und Apparaten aus Thermoplasten – Schweißflansche, Schweißbunde – Konstruktive Details

DVS 2210-1:	Industrierohrleitungen aus thermoplastischen Kunststoffen – Projektierung und Ausführung – Oberirdische Rohrsysteme
DVS 2210-1 Beiblatt 1:	Industrierohrleitungen aus thermoplastischen Kunststoffen – Projektierung und Ausführung – Oberirdische Rohrsysteme; Berechnungsbeispiel
DVS 2210-1 Beiblatt 2:	Industrierohrleitungen aus thermoplastischen Kunststoffen – Projektierung und Ausführung – Oberirdische Rohrsysteme; Empfehlungen zur Innendruck- und Dichtheitsprüfung
DVS 2210-1 Beiblatt 4 (in Vorbereitung):	Industrierohrleitungen aus thermoplastischen Kunststoffen – Projektierung und Ausführung – Oberirdische Rohrsysteme; Berechnen nach Dehngrenzen

Hinweis: Es sind lediglich die wesentlichen Standards zwecks Ergänzung der behandelten Thematik aufgeführt. Im Einzelfall sind ggf. weitergehende Normen, Richtlinien und Vorschriften zu beachten.

Oktober 2007

DVS – DEUTSCHER VERBAND FÜR SCHWEISSEN UND VERWANDTE VERFAHREN E.V.	**Industrierohrleitungen aus thermoplastischen Kunststoffen** **Projektierung, Konstruktion, Errichtung** **Doppelrohrsysteme**	DVS **Richtlinie DVS 2210-2**

Inhalt:

DVS, Ausschuss für Technik, Arbeitsgruppe „Fügen von Kunststoffen"

Bezug: Verlag für Schweißen und verwandte Verfahren DVS-Verlag GmbH, Postfach 10 19 65, 40010 Düsseldorf, Telefon (02 11) 15 91-0, Telefax (02 11) 15 91-150

1 Geltungsbereich

Diese Richtlinie enthält Grundlagen zur Projektierung, Dimensionierung und Errichtung von Doppelrohrsystemen sowie zur Konstruktion und Herstellung von Doppelrohrkomponenten aus thermoplastischen Kunststoffen. Die Anwendung der Richtlinie setzt Erfahrungen in der Kunststoffverarbeitung, im allgemeinen Rohrleitungsbau sowie Kenntnisse zu den Werkstoffen voraus, welche zum Einsatz gelangen.

Die in der Richtlinie behandelten Doppelrohrsysteme können dem Transport flüssiger und gasförmiger Stoffe dienen. Ihre Verlegung kann sowohl innerhalb von Gebäuden, Kanälen und Schächten, als auch im Freien erfolgen. Die Dimensionierung erdgedeckter Doppelrohrsysteme wird, was die äußeren Belastungen im Erdreich angeht, in dieser Richtlinie nicht behandelt.

Die Richtlinie soll bei der Errichtung von oberirdisch und unterirdisch verlegten Doppelrohrsystemen generelle Berücksichtigung finden. Dies gilt insbesondere dann, wenn der Einsatz eines Doppelrohrsystems aufgrund besonderer Gefährdung von Personen und Umwelt vorgeschrieben ist. Bei Rohrleitungen zum Transport umweltgefährdender oder toxischer Durchflussstoffe bedarf es daher keiner ausdrücklichen Vereinbarung zwischen Auftraggeber und ausführendem Unternehmen hinsichtlich Anwendung dieser Richtlinie.

Doppelrohrsysteme, welche verfahrenstechnischen Zwecken dienen (z. B. mit Kühlmittel im Ringraum) werden mit dieser Richtlinie nicht erfasst. Diese Anwendung erfordert im Hinblick auf die Belastungen des Innen- und Außenrohres eine andere Betrachtungsweise. Vorschriften, Bau-, Prüf- und Zulassungsgrundsätze oder behördliche Auflagen, welche die Anwendung dieser Richtlinie fordern, erweitern oder einschränken, müssen gesondert beachtet werden. Hinweise dazu sind Abschnitt 2 zu entnehmen.

1.1 Anwendungsgebiete

Beispielhafte Anwendungsgebiete sind:

- Abwassertechnische Anlagen
- Galvanotechnische Anlagen
- Industrie- und Chemieanlagen

Der Geltungsbereich schließt nicht aus, die Richtlinie auf Anwendungsgebiete zu erweitern, welche hier nicht aufgeführt sind. Die erweiterte Anwendung der Richtlinie ist zwischen den Vertragsparteien besonders zu vereinbaren.

1.2 Begriffsbestimmungen

Doppelrohrsysteme im Geltungsbereich dieser Richtlinie sind ineinander geschobene Rohrstrecken mit einer Zentrierung zwischen dem innen- und außenliegenden Rohr. Der zwischen dem Innen- und Außenrohr entstehende Ringraum ist gas- bzw. flüssigkeitsdicht auszubilden und dient ausschließlich der Überwachung. Rohrsysteme, welche mit einem Spritzschutz versehen sind oder in einem Schutzrohr betrieben werden, fallen nicht unter den Begriff der Doppelrohrsysteme.

Der Begriff Doppelrohrsystem umfasst alle Elemente, welche der betriebssicheren Errichtung einer diesbezüglichen Rohrleitungsanlage dienen. Die Errichtung der Doppelrohrleitung kann sowohl unter Verwendung werkseitig vorgefertigter Einheiten (Konfektionierung) als auch durch Zusammenbau von Einzelteilen auf der Baustelle erfolgen.

Doppelrohrsysteme sind dadurch gekennzeichnet, dass die Längsbeweglichkeit der Innenrohrstrecke bei Temperaturänderung verhindert oder eingeschränkt ist. Im Bereich der Bogenstrecken können, je nach Art des Doppelrohrsystems, begrenzte Längenänderungen aufgenommen werden.

1.2.1 Begriffe

Innenrohr (-leitung)	Innere Rohrstrecke zum Transport flüssiger oder gasförmiger Stoffe.
Außenrohr (-leitung)	Äußere Rohrstrecke zum Schutz von Personen und Umwelt bei außerplanmäßigen Undichtheiten an der Innenrohrleitung.
Ringraum bzw. Überwachungsraum	Raum zwischen Innen- und Außenrohrleitung, welcher im Havariefall die aus der Innenrohrleitung austretenden Stoffe auffangen soll.
Kontrolleinrichtung	Teil des Doppelrohrsystems gemäß Abschnitt 10.1, welche die Möglichkeit bietet, die Unversehrtheit des Innenrohres visuell zu kontrollieren.
Lecküberwachung	Messtechnische Einrichtung gemäß Abschnitt 10.2, welche den Ringraum permanent überwacht und Leckagen am Innenrohr automatisch signalisiert.

1.3 Werkstoffe

Bei der Werkstoffwahl ist folgendes zu berücksichtigen:

- Anwendungsgebiet
- Betriebsbedingungen
- Einbaubedingungen und Umgebungseinflüsse
- chemische Widerstandsfähigkeit gegenüber den fortzuleitenden Stoffen
- Verträglichkeit der Werkstoffe untereinander
- Art der Fügeverbindungen

Gegebenenfalls ist die Werkstoffeignung unter Einschluss von Klebstoffen, Dichtungsmaterialien und dergleichen nachzuweisen.

Der Geltungsbereich schließt folgende Rohrwerkstoffe[1)] ein:

- Acrylnitril-Butadien-Styrol (ABS)
- Polybuten (PB)
- Polyethylen (PE)
- Polypropylen (PP-H), (PP-B), (PP-R)
- Polyvinylchlorid (PVC-C), (PVC-U)
- Polyvinylidenfluorid (PVDF)
- Ethylenchlortrifluorethylen (ECTFE)

Unter Berücksichtigung werkstoffcharakteristischer Eigenschaften kann die Richtlinie sinngemäß auch für andere Thermoplaste angewendet werden. Voraussetzung für die Verwendung der vorgenannten Werkstoffe ist, dass die zur Dimensionierung erforderlichen Kennwerte in gesichertem Umfang vorliegen und die zur sachgemäßen Verarbeitung notwendigen Fertigungsparameter als Regeln der Technik anerkannt sind.

1.3.1 Werkstoffwahl

Die Werkstoffwahl für das vom Durchflussstoff (Medium) beaufschlagte Innenrohr wird vom jeweiligen Anwendungsfall bzw. von den zu erwartenden Betriebsbedingungen beeinflusst. Das Außenrohr muss, sofern die Doppelohrleitung im Freien betrieben wird, gegen Witterungseinflüsse hinreichend widerstandsfähig sein. Außerdem muss es im Havariefall in der Lage sein, für eine begrenzte Zeitdauer den Einwirkungen des Durchflussstoffes sicher standzuhalten.

Die Werkstoffwahl hat der Anwender in Übereinkunft mit dem Hersteller der Doppelrohrteile bzw. dem Errichter des Doppelrohrsystems zu treffen. Als Anwender von Doppelrohrsystemen gelten die Stellen, welche die Errichtung veranlassen bzw. ein Doppelrohrsystem betreiben.

1.3.2 Werkstoffeigenschaften

Im Hinblick auf die Werkstoffeigenschaften besteht kein Unterschied, ob es sich um ein Doppelrohrsystem oder um eine Einfachrohrleitung handelt. Deshalb wird in dieser Richtlinie nicht auf die Werkstoffeigenschaften der unter Abschnitt 1.3 aufgeführten Kunststoffe eingegangen, sondern auf Abschnitt 3.3 der DVS 2210-1 verwiesen. In die Lösung spezieller Probleme sind die Herstellerangaben bzw. die einschlägige Literatur einzubeziehen.

2 Vorschriften und Anwendungshinweise

Die Hersteller von Rohren, Formstücken, Ausrüstungsteilen usw. sowie die Errichter von Doppelrohrsystemen haben zu prüfen, welche der nachfolgend genannten Vorschriften für den jeweiligen Anwendungsfall zutreffen oder ob andere Vorschriften bzw. Regelwerke zu beachten sind. Auf das jeweilige Prozedere der verschiedenen Vorschriften kann in dieser Richtlinie nicht näher eingegangen werden.

2.1 EG-Richtlinien

Gemäß der europäischen Richtlinie 97/23/EG über Druckgeräte (DruckgeräteRL) ist der Hersteller eines Druckgerätes für einen zulässigen Innendruck p > 0,5 bar verpflichtet, das Gerät oder Baugruppen einem Konformitätsbewertungsverfahren zu unterziehen (DruckgeräteRL, Art. 10). Die Durchführung des Konformitätsbewertungsverfahrens obliegt einer benannten Stelle (DruckgeräteRL, Art. 12 bis 14).

Mit der DruckgeräteRL werden Behälter, Rohrleitungen und Ausrüstungsteile erfasst. Zu den Rohrleitungen zählen insbesondere Rohre, Formstücke, Ausdehnungsstücke und andere druckhaltende Teile. Ausrüstungsteile sind Armaturen, Mess- und Regelgeräte sowie sonstige Einrichtungen (z. B. Lecküberwachung), welche die Sicherheit der Rohrleitung beeinflussen.

Mit der Verordnung zum Geräte- und Produktsicherheitsgesetz (Druckgeräteverordnung – 14. GPSGV) wird die DruckgeräteRL in das nationale Recht der Bundesrepublik Deutschland umgesetzt.

Doppelrohrsysteme, welche in Anlagen zur Lagerung wassergefährdender Flüssigkeiten Verwendung finden bzw. zu deren Fortleitung benutzt werden, sind ggf. besonderen Zulassungsbedingungen unterworfen oder bedürfen einer Eignungsfeststellung durch eine anerkannte, unabhängige Prüfstelle.

2.2 Zulassungs- und Baugrundsätze

Sofern bei der Herstellung und Errichtung von Doppelrohrsystemen spezielle Zulassungs- und Baugrundsätze einzubeziehen sind, welche die besondere Schutzbedürftigkeit von Anlagen zum Transport brennbarer und/oder wassergefährdender Stoffe beschreiben, sind diese in entsprechendem Umfang zu berücksichtigen (z. B. DIBt-Zulassungsgrundsätze).

Grundlegende Vorschriften sind den Abschnitten 2.2.1 und 2.2.2 zu entnehmen.

2.2.1 Doppelrohrsysteme zum Transport brennbarer Stoffe

Doppelrohrsysteme zur Fortleitung brennbarer Flüssigkeiten nach Betriebssicherheitsverordnung (BetrSichV) sind gemäß den Bauvorschriften der TRbF 50 zu errichten.

Doppelrohrsysteme zur Fortleitung brennbarer Flüssigkeiten müssen den Richtlinien zum Explosionsschutz entsprechen. Generell gelten die Anforderungen der Berufsgenossenschaftlichen Regeln für Sicherheit und Gesundheit bei der Arbeit (BGR 132: „Vermeidung von Zündgefahren infolge elektrostatischer Aufladungen").

In folgenden Fällen müssen Doppelrohrsysteme leitfähig oder ableitfähig ausgeführt werden:

- bei der Fortleitung brennbarer Flüssigkeiten im Innenrohr, um beim Befüllen und Entleeren keine Zündgefahr zu bekommen,
- bei der Fortleitung isolierender Flüssigkeiten im Innenrohr, um eine Schädigung der Rohrleitung infolge von Durchschlägen aufgrund der Aufladung der Flüssigkeit zu vermeiden,
- bei der Errichtung innerhalb explosionsgefährdeter Bereiche der Zone 0 oder Zone 1 bzw. deren Querung, um Zündungen durch Aufladung der Rohrleitung zu vermeiden.

Doppelrohrsysteme sind leitfähig oder ableitfähig, wenn die Rohrleitungsteile aus entsprechenden Werkstoffen hergestellt sind und die leitfähige Verbindung der Rohrleitungsteile untereinander sowie deren sachgemäße Erdung gewährleistet ist (siehe dazu Kapitel 3.6, BGR 132).

Maßgebliche Größen für die Einteilung nach leit- und ableitfähig sind der spezifische Durchgangswiderstand (DIN IEC 60093) sowie der Oberflächenwiderstand (DIN IEC 60093, DIN IEC 60167). Nach BGR 132 ist folgende Zuordnung getroffen:

Als **leitfähig** gilt ein Stoff oder Material, wenn sein spezifischer Durchgangswiderstand $\leq 10^4$ Ohm · m oder sein Oberflächenwiderstand $\leq 10^4$ Ohm bei 50% relativer Luftfeuchte und 23 °C beträgt.

Als **ableitfähig** gilt ein Stoff oder Material, wenn sein spezifischer Durchgangswiderstand $> 10^4$ Ohm · m und $\leq 10^9$ Ohm · m oder sein Oberflächenwiderstand $> 10^4$ Ohm und $\leq 10^9$ Ohm bei 50% relativer Luftfeuchte und 23 °C beträgt.

Falls der Explosionsschutz in Einzelfällen auf andere Art und Weise (z. B. durch geeignete Inertisierung, Abschirmung o. ä.) sichergestellt wird, ist eine leitfähige oder ableitfähige Ausführung des Doppelrohrsystems nicht erforderlich. Die Planung und Realisierung von Explosionsschutzmaßnahmen erfordert eingehende Sachkenntnisse und muss deshalb von Fachkräften hinsichtlich ihrer Wirksamkeit beurteilt und freigegeben werden.

[1)] Die Werkstoffbezeichnungen sind als Oberbegriff einer jeweiligen Thermoplastgruppe zu verstehen. Thermoplaste mit Kurzbezeichnungen nach DIN-, EN- und ISO- Normen sind entsprechend ihrer Eigenschaften der jeweiligen Werkstoffgruppe zuzuordnen. (z. B. schließt PE die Typen PE 63, PE 80, PE 100 sowie PVC-U die Typen -HI, -NI, -RI ein). Die Angaben entsprechen dem Stand der Normung zum Zeitpunkt der Drucklegung.

Für unterirdische Doppelrohrsysteme mit Erdüberdeckung ≥ 40 cm gelten die Brandschutzanforderungen als erfüllt. Lösbare Verbindungen und Armaturen in Doppelrohrsystemen sind unter Beibehaltung der Doppelwandigkeit zugänglich zu halten.

2.2.2 Doppelrohrsysteme zum Transport wassergefährdender Stoffe

Neben den in Abschnitt 2.2.1 genannten Vorschriften verlangt der Gesetzgeber zusätzliche Maßnahmen bei der Herstellung und Errichtung von Rohrleitungsanlagen, welche dem Transport wassergefährdender Stoffe dienen (WHG, § 19). Die nachfolgenden Hinweise sollen dazu einen Überblick geben.

- Der Abstand der Wände des inneren und des äußeren Rohres ist so zu bemessen und auszubilden, dass ein ausreichender Durchgang für das Leckanzeigemedium sowie für die Fortleitung der im Havariefall austretenden Stoffe gewährleistet ist. Der Überwachungsraum muss mit mindestens je einem Anschluss für die Leckanzeige und Funktionsprüfung ausgerüstet sein.
- Im Überwachungsraum dürfen keine Stutzen oder Durchtritte angebracht werden, welche die Doppelwandigkeit beeinträchtigen. Die Dichtheit des äußeren Rohres muss mindestens für die in Tabelle 1, Abschnitt 4.1 genannten Standzeiten sichergestellt sein.
- Es muss sichergestellt sein, dass unter den zugrunde gelegten Betriebsbedingungen eine Undichtheit an jeder beliebigen Stelle des inneren und äußeren Rohres durch ein Leckanzeigegerät erkannt und angezeigt wird. Es sind Leckanzeigegeräte zu verwenden, welche für die betreffenden Anwendungsfälle eine allgemeine bauaufsichtliche Zulassung haben.

3 Belastung von Doppelrohrsystemen

Beim Projektieren thermoplastischer Doppelrohrsysteme sind die Werkstoffeigenschaften unter Einwirkung betriebsbedingter und äußerer Einflüsse zu berücksichtigen. Die Einflüsse können mechanische, thermische und chemische Beanspruchungen zur Folge haben. Bei der rechnerischen Auslegung der Doppelrohrleitung (Dimensionierung) müssen die im Prüf-, Montage-, Betriebs- und Havariezustand auftretenden Belastungen und ihre Wirkung erfasst werden.

Erdgedeckte Doppelrohrsysteme sind zusätzlichen äußeren Belastungen (Erddruck, Verkehrslast, Grundwasser) ausgesetzt, deren Wirkung auf das Außenrohr eine Betrachtung nach ATV-DVWK-Richtlinie A 127 fordert.

3.1 Belastung infolge innerem Über- oder Unterdruck

Die Gebrauchsdauer (rechnerische Standzeit) der Doppelrohrleitung wird im Wesentlichen durch den Betriebsdruck (Über- oder Unterdruck) beeinflusst, welcher zusammen mit der Betriebstemperatur auf das Innenrohr einwirkt. Das Außenrohr kann durch einen im Überwachungsraum herrschenden Über- oder Unterdruck belastet werden. Die Belastungsgröße ist von der Art der Lecküberwachung abhängig. Die einzelnen Lastfälle für das Innen- und Außenrohr werden in den nachfolgenden Abschnitten beschrieben.

3.1.1 Belastung des Innenrohres infolge Betriebsüberdruck

Der planmäßige Überdruck im Innenrohr darf im Regelfall den in den Grundnormen für Rohre angegebenen temperatur- und zeitabhängigen Betriebsüberdruck nicht überschreiten. Zu beachten sind die der Standzeitbestimmung zugrunde gelegten Sicherheitsfaktoren. Bei Nichtbeachtung der zulässigen Grenzwerte, d. h. bei andauernder Innendrucküberlastung, kann es zu einer fortschreitenden Aufweitung des Rohres kommen, was langzeitig zum Bruch führt.

Zu beachten ist weiterhin, dass die in den Rohrgrundnormen genannten Betriebsüberdrücke, gestaffelt nach SDR-Reihen, nur dann die Rohrformteile (Formstücke) einschließen, wenn diese dafür ausgewiesen sind. Bei Formstücken, welche nicht mittels Spritzgießen, sondern aus Halbzeugen mit Wanddicken nach SDR-Reihe hergestellt werden, kann es infolge geometrischer Einflüsse und fertigungsbedingter Imperfektionen zu einer Minderung der sonst nach SDR-Reihe zulässigen Innendruckbelastung kommen.

Eine weitere Einschränkung des zulässigen Betriebsüberdruckes kann aus den Biege- und Wärmespannungen (Zug, Druck) resultieren, welche sich in ihrer Wirkung mit den Längsspannungen aus dem Innendruck überlagern. Deren Einfluss auf die Anlagensicherheit muss rechnerisch erfasst und als Beurteilungsmaßstab für den tatsächlich zulässigen Betriebsüberdruck zugrunde gelegt werden.

Zu berücksichtigen ist auch, dass das Innenrohr häufig keinem stationären sondern einem intermittierenden Betriebsüberdruck ausgesetzt wird. Die jeweilige Belastungshöhe und Belastungsdauer ist einer gesonderten Betrachtung zu unterziehen. Zeitlich aneinandergereiht ergibt sich aus den einzelnen Belastungsabschnitten (Belastungskollektiv) die definitive Langzeitbeanspruchung, welche eine Aussage über die zu erwartende Standzeit der Innenrohrleitung zulässt (siehe Abschnitt 5.6 und Miner'sche Regel in DVS 2205-1).

Sofern häufige Druckstoßbelastungen bei der Innenrohrleitung auftreten können, sind diese rechnerisch zu untersuchen und ihre Wirkung auf die Betriebssicherheit zu bewerten. Die Reduzierung bzw. Vermeidung von Druckstößen durch konstruktive Maßnahmen hat vorrangig zu erfolgen.

Beispiel: Doppelrohrsysteme, deren Innenrohrleitung mittels Pumpe betrieben wird, sollten keine schnellschließenden Absperrarmaturen (z. B. Kugelhähne) enthalten.

3.1.2 Belastung des Innenrohres infolge Überdruck im Ringraum

Herrscht im Ringraum zum Zweck der permanenten Lecküberwachung ein planmäßiger Überdruck, so ist der kritische Beuldruck des Innenrohres zu ermitteln und dem Betriebsüberdruck im Ringraum rechnerisch gegenüber zu stellen (Stabilitätsnachweis).

Der zulässige Überdruck im Ringraum ist abhängig vom Wanddicken-Durchmesser-Verhältnis (SDR) der Innenrohrleitung. Dünnwandige Rohre (großer SDR-Wert) sind durch Beulen besonders gefährdet. Unter Berücksichtigung des kritischen Lastfalles ist ein Sicherheitsabstand zum Beuldruck des Innenrohres mit $S_{beul} \geq 2{,}0$ sowie eine hinreichende Stabilität aus Überlagerung von Axial- und Radialdruck (Interaktion) nachzuweisen.

3.1.3 Belastung des Innenrohres infolge Unterdruck im Ringraum

Herrscht im Ringraum zum Zweck der permanenten Lecküberwachung ein planmäßiger Unterdruck, so wird das Innenrohr durch Überlagerung (Addition) von Betriebsüberdruck und Überwachungsunterdruck belastet. Bei der Wanddickendimensionierung des Innenrohres ist dieser Lastfall zugrunde zu legen, wobei eine zeitlich relevante Absenkung des Betriebsüberdruckes berücksichtigt werden darf.

3.1.4 Belastung des Außenrohres infolge Überdruck bzw. Unterdruck im Ringraum

Herrscht im Ringraum zum Zweck der permanenten Lecküberwachung ein planmäßiger Über- oder Unterdruck, so ist das Außenrohr entsprechend der jeweiligen Belastung zu dimensionieren. Bei Unterdruckbelastung besteht für das Außenrohr die Gefahr des kurzzeitigen Beulens. Der Beulsicherheitsnachweis ist entsprechend den Hinweisen unter Abschnitt 3.1.2 zu führen.

Sofern es sich um ein erdgedecktes Doppelrohrsystem handelt, überlagern sich innerer Unterdruck im Ringraum mit dem äußerer Überdruck aus Erd- und Verkehrslasten sowie ggf. aus Grundwasserdruck derart, dass die Gefahr der Außenrohrinstabilität zunimmt. Dieser Lastfall ist im Rahmen einer gesonderten Betrachtung nach ATV-DVWK-A 127 zu untersuchen.

3.1.5 Belastung des Außenrohres durch Überdruck im Ringraum bei Leckagen am Innenrohr (Havariefall)

Für den Fall, dass der Durchflussstoff bei Leckagen des Innenrohres in den Ringraum gelangt, ist nachzuweisen, dass das Außenrohr den Belastungen aus dem Betrieb für einen begrenzten Zeitraum standhält.

Die Belastungsannahmen und Berechnungsbeiwerte für den Havariefall sind Abschnitt 4.3, Tabelle 3 zu entnehmen. Maßgebend für die Wanddickenbemessung des Außenrohres ist der ungünstigste Lastfall aus Abschnitt 3.1.4 und 3.1.5.

Hinweis: Die Untersuchung der Belastung im Havariefall ist eine Sicherheitsbetrachtung und darf nicht als Nachweis für den Weiterbetrieb des Doppelrohrsystems aufgefasst werden. Entsprechende Hinweise sind der Wanddickenermittlung bzw. der rechnerischen Standzeitermittlung anzufügen.

Die Havarie des Innenrohres erfordert eine schnellstmögliche Außerbetriebnahme der Rohrleitungsanlage, auf jeden Fall eine kurzfristige Reduzierung der Betriebsbelastung und das Einleiten entsprechender Reparatur- und Ersatzmaßnahmen.

3.2 Belastung infolge Temperatureinwirkung

Mit zunehmender Betriebstemperatur sinkt der zulässige innere bzw. äußere Überdruck auf die Doppelrohrteile infolge des temperaturabhängigen Festigkeitsverhaltens thermoplastischer Kunststoffe. Bei der Dimensionierung ist besonders die Dauer der jeweiligen Temperatureinwirkung zu berücksichtigen.

3.2.1 Temperatureinwirkung auf das Innenrohr

Davon ausgehend, dass die Innenrohrleitung im Doppelrohrsystem nicht längsbeweglich ist (axial eingespannter Zustand), bewirken die betriebsbedingten Temperaturänderungen Zug- bzw. Druckspannungen im Rohrwandquerschnitt. Mit dem Auftreten von Druckspannungen verbindet sich eine Stauchung des Innenrohres und die Gefahr des Ausknickens senkrecht zur Rohrlängsachse.

Die Anwendungsgrenzen der axial eingespannten Innenrohrleitung werden durch die zulässige Zug- bzw. Druckspannung sowie durch die kritische Dehnung bzw. Stauchung vorgegeben. Neben dem Spannungsnachweis ist ein Stabilitätsnachweis gegen Knicken mit $S_K \geq 2{,}0$ zu führen (siehe Abschnitt 5.3).

3.2.2 Temperatureinwirkung auf das Außenrohr

Die Temperaturwirkung auf das Außenrohr ist davon abhängig, ob das Doppelrohrsystem innerhalb oder außerhalb von Gebäuden errichtet und betrieben wird. Eine weitgehend stationäre Temperaturbelastung des Außenrohres ist lediglich beim erdgedeckten Doppelrohrsystem zu erwarten.

Wirkungen aus der Temperaturbelastung des Außenrohres auf das Innenrohr sind beim Doppelrohrsystem nicht auszuschließen. Ausgehend vom jeweiligen Anwendungsfall ist zu prüfen, in welchem Umfang die Betriebssicherheit des Doppelrohrsystems aus Temperaturdifferenzen zwischen Innen- und Außenrohr beeinflusst wird. Zu beachten sind dabei auch die Temperaturunterschiede bei Lagerung der Doppelrohrteile und bei Doppelrohrleitungen, welche sich nicht in Betrieb befinden.

Bei der Dimensionierung des Außenrohres können, sofern keine besonderen Nachweise zu führen sind, die Temperaturangaben der Tabelle 2, Abschnitt 4.2 zugrunde gelegt werden.

3.3 Wirkungen aus dem Durchflussstoff

Thermoplastische Kunststoffe sind gegenüber einer Vielzahl von Durchflussstoffen, insbesondere Chemikalien, widerstandsfähiger als metallische Werkstoffe. Einige Durchflussstoffe (z. B. Lösungsmittel) vermögen jedoch bei den Thermoplasten Veränderungen der Werkstoffeigenschaften zu bewirken. Dies zeigt sich z. B. durch Festigkeitsminderung und/oder Stabilitätseinbußen aus Oxidation bzw. Quellung.

Des Weiteren kann es unter gleichzeitigem Einfluss bestimmter Durchflussstoffe und mechanischer Belastung zur Bildung von Spannungsrissen kommen. Hinweise zu spannungsrissbildenden Durchflussstoffen sind den Unterlagen der Rohstoff- bzw. Halbzeughersteller zu entnehmen.

Eine erste Orientierung über die Widerstandsfähigkeit des Werkstoffes gegenüber den Durchflussstoffen ermöglichen die diesbezüglichen Beiblätter zur jeweiligen Rohrgrundnorm.

Die Dimensionierung der Kunststoffrohrleitung erfordert eine Rechengröße, welche die Wirkung auf das Festigkeitsverhalten des Werkstoffes berücksichtigt (Abminderungsfaktor für den Durchflussstoff). Angaben dazu sind der DVS 2205-1, der DIBt-Medienliste oder den Herstellerinformationen zu entnehmen.

3.3.1 Belastung infolge quellungsverursachender Durchflussstoffe

Doppelrohrsysteme aus thermoplastischen Kunststoffen eignen sich unter bestimmten Voraussetzungen für den Transport von quellungsverursachenden Durchflussstoffen. Um sicherzustellen, dass der Betrieb solcher Rohrleitungen störungsfrei verläuft, bedarf es vor der Anwendung einer eingehenden Betrachtung dieses Belastungsfalles, gestützt durch Untersuchungen zur Langzeitwirkung auf das Werkstoffverhalten.

Besonders zu untersuchen ist, welchen Einfluss das Lösungsmittel auf die Rohrführungen, deren Abstände sowie auf die Stabilität der Innenrohrleitung hat. Für den rechnerischen Nachweis sind die infolge Quellung geminderten mechanischen Kennwerte (Festigkeit, Kriechmodul) einzusetzen.

Zur Ermittlung der Festigkeitswerte sind Untersuchungen an Doppelrohrteilen unter Verwendung des jeweiligen Durchflussstoffes anzustellen. Z. B. können Doppelrohrteile in eine bestehende Rohrleitung eingebaut werden, um deren Verhalten unter Betriebsbedingungen zu erfassen. Für den Fall, dass ausreichende Prüfergebnisse bzw. Angaben zur Wirkung des Durchflussstoffes auf die Werkstoffeigenschaften fehlen, ist eine sichere Anwendung nicht möglich. Hier ist es unbedingt ratsam, Einlagerungsversuche zur Ermittlung der Sättigungskurve sowie des Einflusses auf die Festigkeit, die Dehnung und den E-Modul des jeweiligen Kunststoffes durchzuführen.

Rechnerische Auswirkungen der Quellung auf die Betriebssicherheit von Doppelrohrleitungen sind im Abschnitt 5.2 und 5.3 sowie in DVS 2210-1, Abschnitt 4.1.3 behandelt. Konstruktive Details bei Belastung durch Lösungsmittel, sind Abschnitt 6 zu entnehmen.

4 Auslegungskriterien und Systemeinteilung

Doppelrohrleitungen sind für die geforderte Gebrauchsdauer auszulegen. Diese gilt für alle Teile der Doppelrohrleitung, sie schließt sowohl betriebsintensive Zeitabschnitte als auch Zeiten ohne mechanische Belastung ein (z. B. Betriebsunterbrechungen). Die Wirkungen des Durchflussstoffes auf das Werkstoffverhalten ist auf die volle Gebrauchsdauer zu beziehen.

Die Gebrauchsdauer von Doppelrohrleitungen ist nicht identisch mit der rechnerischen Standzeit, welche in DVS 2210-1, Abschnitt 4.2 mit 25 Jahren angegeben wird. Hierbei geht es ausschließlich um die Festlegung der Werkstoffkennwerte und deren Differenzierung zwischen Kurz- und Langzeitverhalten.

Bei der rechnerischen Auslegung von Doppelrohrbauteilen ist entweder von einer gleichförmigen Belastung über die geforderte Gebrauchsdauer auszugehen oder es sind die unterschiedlichen Belastungen in Abhängigkeit zur jeweiligen Wirkdauer zu berücksichtigen (kumulative Betrachtung).

Aus Gründen der Betriebssicherheit ist eine rechnerische Mindestbelastungsdauer (Mindeststandzeit) anzunehmen, entsprechende Empfehlungen dazu enthält Tabelle 1.

4.1 Rechnerisch anzusetzende Belastungsdauer

Tabelle 1. Mindeststandzeit für Doppelrohrleitungen.

Belastung	Betriebsüberdruck	Überwachungsdruck	Temperatur	Havariefall	
Hinweise zur Belastung >>>	anzusetzen ist der Maximalwert[1)]	Über- bzw. Unterdruck	Betriebstemperatur bzw. Umgebungstemperatur	Volle Belastung[3)]	Reduzierte Belastung[4)]
Innenrohr	Belastungsdauer mind. $4{,}4 \cdot 10^4$ h (≥ 5 Jahre)	Belastungsdauer mind. $4{,}4 \cdot 10^4$ h (≥ 5 Jahre)	Belastungsdauer mind. $4{,}4 \cdot 10^4$ h mit rechnerischer Wandtemperatur nach Tabelle 2	–	–
Außenrohr	–	Belastungsdauer mind. $4{,}4 \cdot 10^4$ h (≥ 5 Jahre)	Belastungsdauer mind. $4{,}4 \cdot 10^4$ h mit rechnerischer Wandtemperatur nach Tabelle 2[2)]	≥ 72 h	≥ 3 Monate

Erläuterungen:

1) Schwankungen zwischen Min- und Maxwert dürfen nur bei Standzeiten ≥ 10 Jahre berücksichtigt werden.

2) Sofern die Betriebstemperatur im Innenrohr Einfluss auf die Außenrohrtemperatur hat, ist das in ihrer Wirkung jeweils ungünstigste Temperaturbelastungskollektiv anzunehmen.

3) Die volle Belastung entspricht den Betriebsbedingungen des Innenrohres.

4) Eine reduzierte Belastung liegt vor, wenn z. B. die Betriebstemperatur durch Zugabe von Kaltwasser abgesenkt wird. Die genannte Standzeit gilt auch für Doppelrohrsysteme, deren Leckanzeigegerät so mit der den Betriebsüberdruck erzeugenden Pumpe geschaltet ist, dass dieses unmittelbar nach der Alarmmeldung die Pumpe abschaltet und somit das Außenrohr entlastet wird.

Tabelle 2. Mindestbelastungstemperaturen für Doppelrohrleitungen.

Systemanwendung	rechnerische Wandtemperatur Innenrohr[1)]			rechnerische Wandtemperatur Außenrohr[1)]		
Art der Auslegung >>>	Festigkeit		Stabilität	Festigkeit		Stabilität
Spalte (i = innen, a = außen) >>>	1_i	2_i	3_i	1_a	2_a	3_a
rechnerische Standzeit >>>	≥ 5 bis 10 Jahre	> 10 Jahre	unabhängig	≥ 5 bis 10 Jahre	> 10 Jahre	unabhängig
oberirdische Doppelrohrsysteme im Freien	max T_B mind 30°C	mittl T_B mind 20°C	max T_B mind 30°C	0,5 x max T_B mind 50°C	0,5 x mittl T_B mind 30°C	0,5 x max T_B mind 50°C
oberirdische Doppelrohrsysteme in frostfreien Räumen	max T_B mind 30°C	mittl T_B mind 20°C	max T_B mind 30°C	0,5 x max T_B mind 40°C	0,5 x mittl T_B mind 20°C	0,5 x max T_B mind 40°C
erdverlegte Doppelrohrsysteme	max T_B mind 25°C	mittl T_B mind 20°C	max T_B mind 25°C	0,6 x max T_B mind 20°C	0,6 x mittl T_B mind 20°C	0,8 x max T_B mind 20°C
Im Betonkanal verlegte oder teilweise gedeckte Doppelrohrsysteme	max T_B mind 25°C	mittl T_B mind 20°C	max T_B mind 25°C	0,6 x max T_B mind 30°C	0,6 x mittl T_B mind 25°C	0,8 x max T_B mind 30°C

Erläuterungen:

1) mittl T_B = gemittelte Betriebstemperatur des Durchflussstoffes = $0{,}5 \cdot (\max T_B + \min T_B)$.

4.2 Rechnerisch anzusetzende Temperaturen

Bei der Auslegung von Doppelrohrleitungen sind die wirksamen Wandtemperaturen des Innen- bzw. Außenrohres zu berücksichtigen. Bedingt durch die verzögerte Wärmeleitung bei Kunststoffen, führt eine kurzzeitige Erhöhung der Betriebstemperatur nicht in gleichem Maße zu einer Änderung der Rohrwandtemperatur. Ähnliches gilt für die rechnerische Wandtemperatur des Außenrohres.

Bei stark schwankenden Betriebstemperaturen ($\Delta\vartheta \geq 30$ K) empfiehlt es sich, eine gesonderte Wärmedurchgangsberechnung zur Ermittlung der effektiven Rohrwandtemperaturen anzustellen. Insbesondere bei erdgedeckten Doppelrohrleitungen ist zu untersuchen, wie sich die Betriebstemperatur auf die mittlere Langzeit-Wandtemperatur des vom Erdreich umgebenen Außenrohres auswirkt.

Wenn keine genaueren Angaben zum Temperaturverlauf vorliegen, sind die in Tabelle 2 angegebenen rechnerischen Wandtemperaturen einzusetzen.

4.3 Annahmen für die Belastung im Havariefall

In Hinsicht auf eine Havarie des Innenrohres sind, unter Beachtung der Angaben im Abschnitt 4.1 und 4.2, die Annahmen für den Festigkeitsnachweis des Außenrohres gemäß Tabelle 3 zu treffen.

Tabelle 3. Berechnungsbeiwerte für den Havariefall.

Belastungsdauer $t_{(Leck)}$	$T_{(Leck)}$	$\Delta\vartheta_{(Leck)}$	$p_{(Leck)}$	$S_{B(Leck)}$	$A_{2(Leck)}$	$A_{4(Leck)}$
$t_{(Leck)} \leq 72$ h	max T_B mind 40°C	max $T_B - T_U$ 1)	max p_B	1,0	1,0	1,0
72 h < $t_{(Leck)}$ < 3 Monate	0,5 · max T_B mind 40°C	max $T_B - T_U$ 1)	max p_B	1,25	1,1 2)	3)

Erläuterungen:

1) Für die Umgebungstemperatur ist bei oberirdischen Doppelrohrsystemen im Freien $T_U \leq 5$°C und für Doppelrohrsysteme in frostfreien Gebäuden $T_U \leq 10$°C einzusetzen.

2) Wenn $A_{2(LZ)} < 1{,}20$, darf $A_{2(Leck)} = 1{,}0$ eingesetzt werden.

3) $A_{4(Leck)}$ nach DVS 2205-1, Tabelle 2 bzw. Beiblätter.
Sind aufgrund der Verlegung des Außenrohres Stabilitätsbetrachtungen anzustellen, z. B. bei axialer Einspannung, so ist statt $S_{B(Leck)} = S_{I(Leck)}$ mit 2,0 einzusetzen. Für $A_{2(Leck)}$ gelten die in Tabelle 3 genannten Werte.

Tabelle 4. Einteilung der Doppelrohrsysteme nach Belastungskategorien.

		Spalte A	**Spalte B**	**Spalte C**
Belastungs-Kategorie	Betriebsart	zulässiger Betriebsüberdruck $p_ü$	zulässige Betriebstemperatur T_B	betriebsbedingte Temperaturdifferenz $\Delta\vartheta$ 1)
I	Nach Inbetriebnahme quasistationäre Temperatur- und Innendruckbelastung	nach Angaben des Herstellers; min 0,1 bar und max 0,5 bar	nach Angaben des Herstellers; min 20°C und max 40°C	nach Angaben des Herstellers; min 10K und max 20 K
II	Nach Inbetriebnahme wechselnde Temperatur- und Innendruckbelastung	nach Angaben des Herstellers; min 0,5 bar und max 10 bar	nach Angaben des Herstellers; min 20°C und max 50°C	nach Angaben des Herstellers; min 10 K und max 30 K
III			nach Angaben des Herstellers; min 40°C und max 90°C	nach Angaben des Herstellers; min 30 K und max 60 K

Erläuterungen:

1) Die beim An- und Abfahren des Doppelrohrsystems sowie bei Stillstand entstehenden Belastungen, sind im Rahmen einer Kurzzeitbetrachtung aus der Temperaturdifferenz [$\Delta\vartheta$] zwischen Umgebungstemperatur und maximaler bzw. minimaler Betriebstemperatur zu ermitteln. Für unbeabsichtigte Temperaturunterschiede, z. B. infolge ungeschützter Lagerung der Doppelrohrkomponenten im Freien, ist $\Delta\vartheta$ = 20 K anzusetzen

4.4 Systemeinteilung, Belastungskategorien

Um sicherzustellen, dass Doppelrohrteile dem jeweiligen Anwendungsfall genügen, wird eine Einteilung der Doppelrohrsysteme in Belastungskategorien empfohlen. Die Belastungskategorie soll ermöglichen, die vielfältigen Anforderungen an eine Doppelrohrleitung zweckgebunden anzuwenden. Die jeweilige Kategorie kann u. a. beeinflussen:

- den Umfang des rechnerischen Nachweises
- die Konstruktion und Herstellung der Doppelrohrteile
- die Wahl des Fügeverfahrens
- die Qualitätssicherungsmaßnahmen
- den Prüfumfang
- die Dokumentation

Tabelle 4 soll deutlich machen, dass mit zunehmender Betriebsbelastung auch die Anforderungen adäquat anzupassen sind. So entstehen z. B. bei größeren Temperaturunterschieden Zwangskräfte, die mittels spezieller Konstruktionsteile aufzunehmen sind. Andererseits können einfache Konstruktionen und Verarbeitungsverfahren ausreichen, um einen sicheren Betrieb gering belasteter Doppelrohrleitungen zu gewährleisten.

4.4.1 Anwendung der Belastungskategorien

Der Hersteller kann sein Doppelrohrsystem unter Einschluss der in Tabelle 4 genannten Anwendungsgrenzen einer Belastungskategorie zuordnen. Dadurch ist es möglich, die Dimensionierung auf bestimmte Betriebsbedingungen zu begrenzen. Der Anwender kann aufgrund der Angaben erkennen, welche Belastungen das Doppelrohrsystem ertragen kann.

4.4.1.1 Dimensionierung in Abhängigkeit zur Belastungskategorie

Ist eine Zuordnung getroffen, sind alle Teile des Doppelrohrsystems für die in der jeweiligen Kategoriezeile I bis III genannten Belastungen zu dimensionieren und deren Eignung rechnerisch nachzuweisen. Wenn der Hersteller nichts anderes angibt, gilt als zulässige Belastung jeweils die Kombination aus dem Höchstwert nach Spalte A und dem Mindestwert nach Spalte B bzw. die Kombination aus dem Mindestwert nach Spalte A und dem Höchstwert nach Spalte B. Die zulässige Belastung nach Spalte C korreliert zur Mindest- und Maximaltemperatur gemäß Spalte B.

Zur Vervollständigung der Angaben über die zulässige Belastung aus innerem Über- bzw. Unterdruck, ist das entsprechende Kennzeichnungsfeld um den Betrag $p_{ü(20°C)}$ zu erweitern (siehe nachfolgendes Beispiel).

4.4.1.2 Abhängigkeit der Belastungen vom Lecküberwachungssystem

Im Besonderen ist die Druckdifferenz ± Δp zum Betriebsdruck zu beachten, wenn die Lecküberwachung des Ringraums mit Über- bzw. Unterdruck arbeitet. Ggf. sind die Angaben zur zulässigen Druckdifferenz Δp bei T_B bzw. bei T = 20°C in einer zusätzlichen Spalte D zu integrieren (siehe Kennzeichnungsoption im nachfolgenden Beispiel unter Abschnitt 4.4.2).

4.4.1.3 Abhängigkeit der Belastungen vom Werkstoff

Welche Werkstoffe der Hersteller einzusetzen hat, um die Anwendung für Belastungen nach Tabelle 4 sicherstellen zu können, wird maßgeblich vom Durchflussstoff bestimmt. Ggf. ist die Tabelle 4 um die Spalte E zu erweitern, in die der Hersteller Durchflussstoffe mit A2 = 1,0 aufnimmt.

4.4.1.4 Informationspflichten des Herstellers

Der Hersteller hat den Betreiber der Doppelrohrleitung in geeigneter Form zu informieren, dass eine über die genannten Anwendungsgrenzen hinausgehende Beanspruchung nicht zulässig ist bzw. eine andere Belastungskombination die Gebrauchsdauer einschränken kann. Soweit es möglich ist, sollen Überlastungen durch betriebliche Maßnahmen ausgeschlossen werden (z. B. durch Druck- bzw. Temperaturüberwachung).

4.4.2 Beispiel für eine Kategorieeinteilung mit Kennzeichnung, gemäß Tabelle 4:

Kategorie/Spalte = zulässige Belastung >>> I/A = 0,1..0,5 I/B = 30 I/C = 20 (I/D = ± 0,3..0,5)

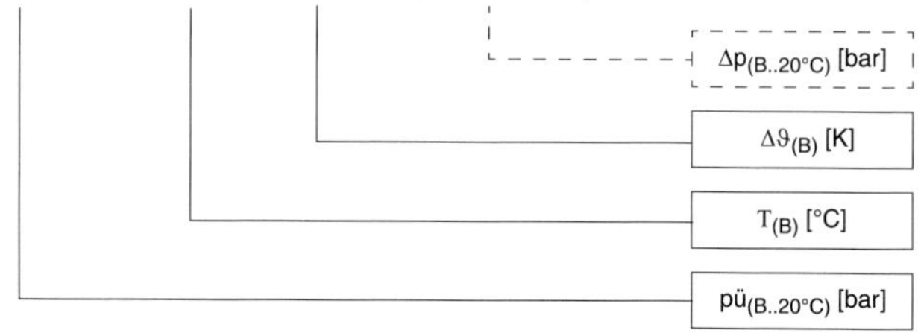

Das Beispiel zeigt die systematischen Angaben zur zulässigen Belastung eines Doppelrohrsystems gemäß den Hinweisen dieses Abschnittes. Die Art der Kennzeichnung zu den Belastungsgrenzen ist dem Hersteller überlassen, wobei mindestens die inhaltlichen Angaben der Tabelle 4 zu übernehmen sind. Einzelheiten zur Kennzeichnung von Doppelrohrleitungen siehe Abschnitt 7.4.

5 Berechnungsgrundlagen

5.1 Festigkeitsberechnungen

Festigkeitsberechnungen dienen vorwiegend der Ermittlung von Wanddicken an Rohren und Formstücken infolge Belastung aus innerem Überdruck Bei der üblichen Festigkeitsberechnung bleiben die Wärmespannungen unberücksichtigt. Doppelrohrleitungen hingegen sind unter Einschluss aller Spannungen für eine rechnerische Mindeststandzeit gemäß Tabelle 1, Abschnitt 4.1 auszulegen. Belastungsmindernde Schwankungen beim Betriebsüberdruck dürfen nur dann berücksichtigt werden, wenn die rechnerische Standzeit ≥10 Jahre beträgt. Zwischen Betreiber und Errichter der Rohrleitung können auch andere Standzeiten vereinbart werden, wenn daraus kein Widerspruch zu gesetzlichen Vorschriften oder behördlichen Auflagen entsteht. Die Festigkeitskennwerte können, jeweils in Abhängigkeit zur Betriebstemperatur, den Zeitstandkurven der Hersteller, den Rohrgrundnormen oder der DVS 2205-1 mit ihren Beiblättern entnommen werden. Die Festigkeitsberechnungen (rechnerische Nachweise) können sowohl vom Systemhersteller als auch vom Errichter der Doppelrohrleitung vorgenommen werden.

5.1.1 Bestimmen der zulässigen Spannung

Die Bestimmung der zulässigen Spannung ist in Anlehnung an DVS 2205-1 vorzunehmen. Die Ermittlung erfordert eine getrennte Betrachtung in Umfangs- und Längsrichtung des Rohres.

5.1.1.1 zulässige Spannung in Umfangsrichtung:

$$\text{zul } \sigma_u = \frac{\sigma_V}{A_2 \cdot A_4 \cdot S} \qquad [1]$$

5.1.1.2 zulässige Spannung in Längsrichtung:

$$\text{zul } \sigma_l = \frac{\sigma_V \cdot f_{LZ}}{A_2 \cdot A_4 \cdot S} \qquad [2]$$

5.1.2 Bemessen der Rohrwanddicke

Die Mindestwanddicke des Rohres bei Innendruckbelastung beträgt:

$$\min e_R = \frac{p \cdot d_e}{20 \cdot \text{zul } \sigma + p} \qquad [3]$$

Nach Ermittlung der rechnerischen Rohrwanddicke e_R ist die Ausführungswanddicke e_{eff} unter Berücksichtigung der Rohrreihe aus der jeweiligen Rohrgrundnorm zu bestimmen. Besondere Wanddickenzuschläge, z. B. für den Einsatz von PP-Außenrohren im Freien, sind zu berücksichtigen.

5.1.3 Bemessen der Formteilwanddicken

Die rechnerische Bemessung der Formteilwanddicken bei Innendruckbelastung wird in DVS 2210-1 ausführlich behandelt, so dass es in dieser Hinsicht für die Innenrohrleitung eines Doppelrohrsystems keiner Wiederholung bedarf. Die Anwendung der Gleichungen für das Außenrohr gilt ausschließlich bei oberirdisch verlegten Doppelrohrsystemen.

Die neben der Innendruckbelastung auftretenden Zwängungen zwischen dem Innen- und dem Außenrohr und ihre Wirkung auf den Spannungszustand des jeweiligen Rohrformteiles sind bei der Wanddickenbemessung gesondert zu bewerten. Es ist stets der ungünstigste Lastfall bzw. die Kombination der verschiedenen Belastungen zu berücksichtigen. Zur Wanddickenbemessung des Außenrohres bei erdgedeckten Doppelrohrsystemen ist die ATV-DVWK-Richtlinie A 127 heranzuziehen.

5.2 Elastizitätsberechnungen

Elastizitätsberechnungen sind durchzuführen, wenn das Doppelrohrsystem Temperaturänderungen ausgesetzt ist. Die aus der Temperaturdifferenz resultierende Längenänderung der geraden Rohrstrecken kann über Kompensationselemente (z. B. Bogenstücke) aufgenommen werden. Die Elastizität des Kompensationselementes beeinflusst im Wesentlichen die Höhe der Spannungen in Rohrlängsrichtung.

Beim Doppelrohrsystem wird die Längenänderung des Innenrohres durch den Raum im Außenrohr begrenzt, so dass eine Kompensation mittels Bogenstücke (Biegeschenkel) nur in geringem Umfang möglich ist. Wenn die Längenänderung unterdrückt wird, entstehen wiederholt Zug- oder Druckspannungen, deren Wirkung auf die Standzeit der Rohrleitung erheblich sein kann.

Zur Ermittlung der Innenrohrspannungen in Längsrichtung ist es sinnvoll, das Doppelrohrsystem in gerade Abschnitte und Bogenstrecken zu unterteilen und danach die im jeweiligen Abschnitt wirkenden Kräfte sowie die daraus resultierenden Spannungen (Zug-, Druck- und Biegespannungen) zu berechnen.

Die bei der Elastizitätsberechnung ermittelten Längsspannungen sind dem axialen Spannungsanteil aus Betriebsüberdruck zuzuschlagen. Die Summe der Einzelspannungen darf die zulässige Spannung in Längsrichtung (Gleichung [2]) nicht überschreiten.

Elastizitätsberechnungen sind nicht nur für das Innenrohr, sondern auch für den Doppelrohrverbund anzustellen. Dies gilt insbesondere bei oberirdisch verlegten Systemen unter Witterungseinfluss. Es ist zu berücksichtigen, dass die Elastizität des Doppelrohres gegenüber dem Einzelrohr durch den Verbund mit dem Außenrohr bzw. durch die konstruktive Gestaltung der Bogenstücke eingeschränkt sein kann.

Einzelheiten zur vereinfachten Durchführung von Elastizitätsberechnungen für L- und Z-Dehnungsbogen können DVS 2210-1 entnommen werden. Die Steifigkeitszunahme des Dehnungsbogens aufgrund der gleichzeitigen Innen- und Außenrohrverformung ist zu beachten (z. B. Erhöhung des Trägheitsmomentes). Eingehende Elastizitätsuntersuchungen an Doppelrohrsystemen erfordern wegen ihres Aufwands die Verwendung eines Berechnungsprogramms.

Neben der Spannungsermittlung sind im Rahmen der Elastizitätsbetrachtung folgende Berechnungen für die Innen- und Außenrohrleitung durchzuführen:

- Bestimmen der Festpunktkräfte bei axial eingespannten Rohrstrecken
- Bestimmen der Festpunktkräfte bei axial verschiebbaren Rohrstrecken (vorwiegend beim Außenrohr, Sonderfall beim Innenrohr)
- Ermittlung der Stütz- und Führungsabstände
- Kontrolle der Durchbiegung zwischen den einzelnen Befestigungspunkten

5.3 Stabilitätsnachweis

Ein Stabilitätsnachweis ist zu führen, wenn das Doppelrohrsystem (Außen- und/oder Innenrohr) einem inneren Unterdruck bzw. äußerem Überdruck ausgesetzt wird. Außerdem ist zu untersuchen, wie sich die Unterdrückung der Wärmedehnung (Axialdruck) auf die Systemsicherheit auswirkt. Der Stabilitätsnachweis muss eine ausreichende Sicherheit gegen Beulen in Umfangs- und Längsrichtung sowie gegen die Interaktion der beiden Belastungen aufweisen.

Die nachfolgenden Gleichungen zur Ermittlung der Beulspannungen bzw. der Sicherheit gegen Instabilität sind unter Einbezug von DIN 18800-4 (Stabilitätsfälle; Schalenbeulen) aufgestellt. Die isolierte Gegenüberstellung von kritischem Beuldruck und wirksamer Außendruck- bzw. Unterdruckbelastung wurde einbezogen, um die bisherige Vorgehensweise zur Ermittlung eines Beulsicherheitsfaktors erläutern zu können. Die Anwendung der Gleichungen wurde, soweit als möglich, auf den SDR-Wert der Rohrleitungsteile bezogen.

5.3.1 Beulspannung in Umfangsrichtung

Die nachfolgende Gleichung [4] basiert auf Element 413, DIN 18800-4, und wurde unter Einbezug der Gleichungsparameter in Tabelle 5 wesentlich vereinfacht (Ursprungsform der Gleichung siehe Anhang). Bei der Vereinfachung wurde berücksichtigt, dass mit $L_R/r_m \geq 10$ der Term 2 der Ursprungsgleichung keinen Einfluss mehr auf das Ergebnis hat, was durchweg für Rohrleitungen zutrifft.

Durch Einsetzen und Auflösen der einzelnen Berechnungsterme ergibt sich die ideale (kritische) Beulspannung der durch Radialdruck in Umfangsrichtung belasteten Rohre aus thermoplastischen Kunststoffen mit der Querkontraktionszahl $\mu = 0{,}38$ wie folgt:

$$\sigma_{u(i)} = E_{KZ} \cdot f_{SDR} \qquad [4]$$

Tabelle 5. SDR-abhängige Faktoren f_{SDR} zur Bestimmung von $\sigma_{u(i)}$.

SDR	7,4	9	11	17,6	26	33	41
e/r_m	0,318	0,252	0,222	0,122	0,091	0,064	0,050
f_{SDR}	0,0295	0,0185	0,0144	0,0044	0,0024	0,0012	0,0007

Die Kurzzeit-Elastizitätsmoduln [E_{KZ}] sind DVS 2205-2, Tabelle 6 zu entnehmen.

5.3.2 Beulspannung in Längsrichtung

Die ideale (kritische) Beulspannung axialbelasteter Kreisrohre mit Durchbiegungsraten $f \leq L_A/500$ kann wie folgt ermittelt werden:

$$\sigma_{l(i)} = \alpha_k \cdot 0{,}62 \cdot E_{KZ} \cdot \frac{e}{r_m} \qquad [5]$$

Tabelle 6. Werkstoffabhängiger Faktor α_k zur Bestimmung von $\sigma_{l(i)}$.

α_k ermittelt nach Gleichung [6] mit E_{LZ} für 25a Gebrauchsdauer	PE	0,35
	PP-H, PP-B	0,34
	PP-R	0,38
	PVC-U	0,47
	PVDF	0,42

Hinweis: Die SDR-Abhängigkeit von α_k kann für praxisbezogene Berechnungen vernachlässigt werden. In anderen Fällen bzw. für Berechnungen mit anderen Standzeiten als 25 Jahre ist der Berechnungsbeiwert α_k wie folgt zu ermitteln:

$$\alpha_k = \frac{0{,}7}{\sqrt{\frac{E_{KZ20°C}}{E_{LZ20°C}}} \cdot \sqrt{\left(1 + \frac{r_m}{100 \cdot e}\right)}} \qquad [6]$$

Die KZ- und LZ-Elastizitätsmoduln für T = 20°C sind den Tabellen 6 und 7, DVS 2205-2 zu entnehmen.

5.3.3 Druckspannungen aus innerem Unterdruck bzw. äußerem Überdruck in Umfangsrichtung

Die im Rohr bei Betriebsbelastung wirkende Druckspannung in Umfangsrichtung beträgt:

$$\text{vorh } \sigma_{u(p)} = \frac{p_u, p_a}{10} \cdot \frac{2 \cdot (d_e/d_i)^2}{(d_e/d_i)^2 - 1} \qquad [7]$$

5.3.4 Druckspannungen aus Belastungen in Längsrichtung

Die im Rohr bei Betriebsbelastung wirkenden Druckspannungen in Längsrichtung lassen sich gemäß den nachfolgenden Gleichungen ermitteln. Treten im Betriebszustand mehrere Belastungen gleichzeitig auf, so sind die daraus resultierenden Spannungen algebraisch zu addieren.

5.3.4.1 Druckspannungen infolge innerem Unterdruck bzw. äußerem Überdruck in Längsrichtung:

$$\text{vorh } \sigma_{l(p)} = \frac{p_u, p_a}{10} \cdot \frac{(d_e/d_i)^2}{(d_e/d_i)^2 - 1} \qquad [8]$$

5.3.4.2 Druckspannungen infolge verhinderter Wärmedehnung in Längsrichtung:

$$\text{vorh } \sigma_{l(dT)} = \alpha \cdot \Delta\vartheta_{(KZ)} \cdot E_{KZ} \qquad [9]$$

5.3.4.3 Druckspannungen infolge eines Biegemomentes in Längsrichtung:

$$\text{vorh } \sigma_{l(b)} = \frac{q \cdot L_A^2}{8 \cdot W_R} \qquad [10]$$

5.3.5 Interaktion für Umfangsdruck- und Längsdruckbelastung

5.3.5.1 Ausnutzung der Festigkeit in Umfangsrichtung:

$$\eta_{u(i)} = \frac{S \cdot A_2 \cdot \Sigma\text{eff } \sigma_{u(d)}}{\sigma_{u(i)}} \leq 1{,}0 \qquad [11]$$

5.3.5.2 Ausnutzung der Festigkeit in Axialrichtung:

$$\eta_{l(i)} = \frac{S \cdot A_2 \cdot \Sigma\text{eff } \sigma_{l(d)}}{\sigma_{l(i)}} \leq 1{,}0 \qquad [12]$$

5.3.5.3 Interaktionsbedingung:

$$\eta_i = \eta_{u(i)}^{1,25} + \eta_{l(i)}^{1,25} \leq 1,0 \qquad [13]$$

5.3.6 Kritischer Beuldruck

Für längsbewegliche Rohrleitungen, welche ausschließlich durch inneren Unterdruck bzw. äußeren Überdruck beansprucht werden oder dickwandige Rohre, bei denen der Einfluss des Axialdruckes vernachlässigbar ist, kann das Stabilitätskriterium auf den Nachweis der Beulsicherheit S_{beul} reduziert werden. Für diese Fälle gilt:

$$S_{beul} = \frac{p_{krit}}{p_{eff}} \geq 2,0^{*)} \qquad [14]$$

*) Wird der Nachweis ohne Berücksichtigung einer Rohrunrundheit geführt, so ist die Beulsicherheit auf $S_{beul} \geq 2,5$ zu erhöhen. Dieser Sicherheitsaspekt ist besonders bei Rohren mit $d_e > 400$ mm bzw. großem SDR (dünnwandige Rohre) zu beachten.

Der kritische Beuldruck langer Rohre (Rohrstrecken) bei Unterdruck- bzw. äußerer Überdruckbelastung lässt sich annähernd genau mit der Gleichung nach [MISES] ermitteln:

$$p_{krit} = \frac{20 \cdot E_{KZ}}{1 - \mu^2} \cdot \left(\frac{e}{d}\right)^3 \qquad [15]$$

5.3.7 Knicken

Bei langen Zylindern unter Axialdruckbelastung geht das Beulen in das Knicken des Rohrstabes nach [EULER] über. Dem zu Folge erfordert die Unterdrückung der axialen Beweglichkeit (Einspannung) des Innen- und/oder Außenrohres neben dem Nachweis der Beulsicherheit, eine rechnerische Betrachtung der kritischen Knicklänge.

Im Rahmen der rechnerischen Betrachtung sind die Führungsabstände der Innen- bzw. der Außenrohrleitung unter Beachtung der kritischen Knicklänge festzulegen. Der Sicherheitsabstand zur kritischen Knicklänge muss $S_K \geq 2,0$ betragen.

Der erforderliche Befestigungsabstand L_F unter Berücksichtigung einer 2-fachen Knicksicherheit und in Rohrschellen geführten Rohrstrecken beträgt:

$$\text{erf } L_F = 3,17 \cdot \sqrt{\frac{J_R}{\varepsilon \cdot A_R}} \qquad [16]$$

5.4 Spannungsnachweis

Der Spannungsnachweis soll dokumentieren, dass die an einem Bauteil auftretenden Spannungen aus langzeitig wirkenden Belastungen, in Überlagerung mit Belastungen mittlerer Wirkdauer, die zulässige Spannung nicht überschreiten. Kurzzeitig dauernde Spannungen sind im Rahmen einer kumulativen Standzeituntersuchung zu berücksichtigen (siehe Abschnitt 5.6).

Zur Ermittlung des Gesamtspannungszustandes in einem Doppelrohrsystem müssen die einzelnen Spannungskomponenten aus der mehrachsigen Belastung sowohl für das Innen- als auch für das Außenrohr berechnet werden. Sofern die Werkstoffkennwerte unter einachsiger Belastung ermittelt wurden, ist ein unmittelbarer Vergleich der Bauteilspannungen zum Festigkeitskennwert des Werkstoffs nur mit Hilfe von Festigkeitshypothesen möglich. Einzelheiten zu den verschiedenen Festigkeitshypothesen sind der Literatur zu entnehmen.

Hinweis: Für den Fall, dass die Vergleichsspannung (σ_V) aus Zeitstandinnendruckprüfungen an Rohren ermittelt bzw. Zeitstandkurven (z. B. DVS 2205-1) entnommen wurde, genügen folgende Nachweise:

– in Umfangrichtung: $\sigma_u \leq \frac{\sigma_V}{A_{ges} \cdot S}$ [17a]

– in Längsrichtung: $\sigma_l \leq \frac{\sigma_V \cdot f_{LZ}}{A_{ges} \cdot S}$ [17b]

5.4.1 Spannungsnachweis für gerade Rohrstrecken

5.4.1.1 Spannung infolge inneren Überdrucks in Umfangsrichtung (Y-Achse):

$$\sigma_{u(p)} = \frac{p_ü}{10} \cdot \frac{(d_e/d_i)^2 + 1}{(d_e/d_i)^2 - 1} \qquad [18]$$

5.4.1.2 Spannung infolge inneren Überdrucks in Längsrichtung (X-Achse):

$$\sigma_{l(p)} = \frac{p_ü}{10} \cdot \frac{1}{(d_e/d_i)^2 - 1} \qquad [19]$$

5.4.1.3 Spannung infolge inneren Überdrucks in Radialrichtung (Z-Achse):

$$\sigma_{r(p)} = \frac{p_ü}{10} \qquad [20]$$

5.4.1.4 Spannung infolge Rohrdurchbiegung in Längsrichtung (X-Achse):

$$\sigma_{l(b)} = \frac{q \cdot L_A^2}{8 \cdot W_R} \qquad [21]$$

5.4.1.5 Spannung infolge unterdrückter Wärmedehnung in Längsrichtung (X-Achse):

$$\sigma_{l(\Delta\vartheta)} = \pm 0,5 \cdot \alpha \cdot \Delta\vartheta_{(t)} \cdot E_{(t,TB)} \qquad [22]$$

Mit Gleichung [22] sollen die langzeitig wirkenden Zug- bzw. Druckspannungen erfasst werden, welche sich aus dem Belastungsmedian zwischen max T_B und min T_B ergeben. Der Faktor 0,5 berücksichtigt die Spannungsrelaxation mit 50%, welche in der Zeit zwischen dem Temperaturintervall von max. T_B nach min T_B und umgekehrt angenommen werden kann.

Die kurzzeitigen Spannungsspitzen sind sowohl im Rahmen des Stabilitätsnachweises (siehe Abschnitt 5.3), als auch bei einer Standzeitbetrachtung zu behandeln (siehe Abschnitt 5.6).

5.4.1.6 Gesamtspannung in Längsrichtung (X-Achse):

Durch Addition der gleichgerichteten Spannungskomponenten ergibt sich die Gesamtspannung in Längsrichtung wie folgt:

$$\sigma_{l(ges)} = \sigma_{l(p)} + \sigma_{l(b)} \pm \sigma_{l(\Delta\vartheta)} \qquad [23]$$

5.4.2 Spannungsnachweis für Formstücke

Die durch Innendruckbelastung hervorgerufenen Spannungen in Formstücken weichen zum Teil deutlich von denen im geraden Rohr ab. Die Dimensionierung gebräuchlicher Formstücke wird in DVS 2210-1 behandelt, so dass hier nicht weiter auf diese Thematik eingegangen werden muss. Es ist jedoch darauf hinzuweisen, dass die aus dem Doppelrohrverbund hervorgehenden Zusatzkräfte (z. B. aus unterdrückter Wärmedehnung) u. U. einen modifizierten Spannungsnachweis erfordern.

Aufgrund der unterschiedlichen Systeme und Geometrien der Formstücke sowie der variablen Anordnung von Abstandshaltern zwischen Innen- und Außenrohrteil, ist eine Verallgemeinerung der Berechnungsvorgänge nicht möglich. Die Hersteller von Doppelrohrteilen können anstatt des rechnerischen Nachweises einen geeigneten Bauteilnachweis führen, bei welchem die Prüfbedingungen den Betriebsbelastungen äquivalent sein müssen.

5.5 Dehnungsnachweis

Spannungen im Rohrsystem lösen Dehnungen aus, welche nicht über eine werkstoffabhängige Grenzdehnung hinausgehen dürfen. Wird dies nicht beachtet, so kann es langzeitig zu einer Schädigung an der beanspruchten Stelle kommen (z. B. Rissbildung).

Für den üblichen Anwendungsfall (2-achsiger Spannungszustand) kann die Dehnung im Rohr und Rohrformstück folgendermaßen berechnet werden:

5.5.1 Dehnung in X-Richtung:

$$\varepsilon_{\sigma(x)} = \frac{100}{E_{(t,T_B)}} \cdot (\sigma_x - \mu \cdot \sigma_y) \qquad [24]$$

5.5.2 Dehnung in Y-Richtung:

$$\varepsilon_{\sigma(y)} = \frac{100}{E_{(t,T_B)}} \cdot (\sigma_y - \mu \cdot \sigma_x) \qquad [25]$$

5.5.3 Sicherheit zur Grenzdehnung:

Um einen ausreichenden Sicherheitsabstand zur Grenzdehnung zu gewährleisten, ist der Dehnungsnachweis wie folgt zu führen:

$$S_\varepsilon = \frac{\varepsilon_{grenz}}{\varepsilon_{eff}} \geq 1{,}3 \qquad [26]$$

5.6 Anwendung der Miner'schen Regel

Die intermittierende Belastung bei Doppelrohrleitungen, vorwiegend aus Temperaturschwankungen, erfordert eine kumulative Erfassung des zeitlich veränderlichen Spannungsniveaus. Dieser Umstand hat bei Rohrleitungen aus thermoplastischen Kunststoffen besondere Bedeutung, da die zulässigen Spannungswerte mit den jeweiligen Betriebstemperaturen unmittelbar korrelieren.

Als übliches Berechnungsmodell kann die quasi stationäre Innendruckbelastung mit Überlagerung aus den Wärmespannungen (Min- und Maxwerte) angesehen werden. Sind die Temperaturunterschiede groß, können die Kurzzeitspannungsspitzen in Längsrichtung, die permanente Umfangsspannung aus Innendruck deutlich übersteigen. Unter kurzzeitiger Belastung sind auch Betriebszustände mit mehreren Stunden Dauer zu verstehen.

Für diesen Fall ist zu untersuchen, wie sich die Aneinanderreihung der Kurzzeitspannungsspitzen auf die rechnerische Gebrauchsdauer bzw. Standzeit der Doppelrohrleitung auswirkt. Diese Untersuchung ist mittels Theorie der linearen Schadensakkumulation nach [MINER] möglich.

Die Richtlinie DVS 2205-1 enthält eine Reihe von Anwendungsbeispielen zu dieser Thematik, welche im Rahmen der Berechnungen von Doppelrohrsystemen eine wertvolle Hilfe darstellen. Die übersichtliche Behandlung in den Beispielen erübrigt eine weitere Erläuterung der Vorgehensweise. Sofern sich der Anwender intensiver mit der Miner'schen Regel befassen will, findet er Hinweise in DIN EN ISO 13760.

5.7 Hydraulische Berechnungen

Die für ein Doppelrohrsystem durchzuführenden hydraulischen Berechnungen unterscheiden sich nicht gegenüber der Einfachrohrleitung. Vorgehensweisen für eine praxisbezogene Ermittlung der Druckverluste werden in DVS 2210-1 sowie als Beispiel in DVS 2210-1, Beiblatt 1 behandelt.

5.8 Erläuterung der im Abschnitt 5 verwendeten Bezeichnungen

$A_{1..n}$	=	Abminderungsfaktoren (siehe DVS 2205-1)	(–)
A_2	=	Abminderungsfaktor für die Wirkung des Durchflussstoffes	(–)
A_4	=	Abminderungsfaktor für den Einfluss der Werkstoffzähigkeit	(–)
A_{ges}	=	Einfluss aller Abminderungsfaktoren	($A_2 \times A_4 \times A_n$)
A_R	=	Rohrwandringfläche	(mm^2)
d_e, D_e	=	Rohraußendurchmesser (auch d_a, D_a)	(mm)
d_i, D_i	=	Rohrinnendurchmesser	(mm)
e, e_R, e_F	=	Rohr- bzw. Formstückwanddicke (auch s, s_R, s_F)	(mm)
eff	=	effektiver Wert	(–)
$E_{KZ,\,LZ}$	=	Elastizitätsmodul	(N/mm^2, MPa)
KZ, LZ	=	Kurz- bzw. Langzeitwert	(–)
f_{LZ}, (f_s)	=	Langzeitfügefaktor	(–)
J_R	=	Rohr-Trägheitsmoment	(mm^4)
L_A	=	Unterstützungsabstand	(mm)
L_F	=	Führungsabstand	(mm)
L_R	=	Rohrlänge	(mm)
M_b	=	Biegemoment in der Rohrstrecke	(Nmm)
p	=	Innendruckbelastung, allgemein	(bar)
$p_ü$	=	innerer Überdruck	(bar)
p_u, p_a	=	innerer Unterdruck bzw. äußerer Überdruck	(bar)
p_{krit}	=	Unterdruck bzw. äußerer Überdruck, bei dem das Rohr zu beulen beginnt	(bar)
p_{eff}	=	Unterdruck bzw. äußerer Überdruck, welcher die Rohrleitung effektiv belastet	(bar)
q	=	Streckenlast aus Rohr-, Füll- und Zusatzgewicht	(N/mm)
r_m	=	mittlerer Radius des Rohrquerschnittes	(mm)
S, (SF)	=	Sicherheitsbeiwert, Sicherheitsfaktor (siehe DVS 2205-1)	(–)
t	=	Zeitfaktor (Minuten [min], Stunden [h], Jahre [a])	
T_B	=	Betriebstemperatur	(°C)
W_R	=	Rohr-Widerstandsmoment	(mm^3)
$\Delta\vartheta$	=	Temperaturdifferenz	(K)
μ	=	Querkontraktionszahl (0,38 für Thermoplaste)	(–)
$\sigma_{(u,\,l)}$	=	Spannungswert, bezogen auf die Ursache bzw. Wirkrichtung	(N/mm^2, MPa)
σ_V	=	Vergleichsspannung aus Zeitstandinnendruckprüfung	(N/mm^2, MPa)
zul $\sigma_{(u,\,l)}$	=	zulässige Spannung in Umfangs- bzw. Längsrichtung	(N/mm^2, MPa)
α	=	thermischer Längenausdehnungskoeffizient (temperaturabhängig)	(1/K)
ε_{grenz}	=	Dehngrenzwert nach DVS 2210-1, Bbl. 5	(%)
ε_{eff}	=	berechnete Dehnung	(%)
$\varepsilon_{\sigma(x)}$, $\varepsilon_{\sigma(y)}$	=	Dehnung, abhängig von Spannungsrichtung (Weitere Bezeichnungen siehe DVS 2210-1)	(%)

6 Konstruktive Gestaltung

Die Betriebssicherheit und Gebrauchsdauer thermoplastischer Doppelrohrsysteme werden im Wesentlichen durch das Eigenschaftsprofil des jeweiligen Kunststoffes, die Konstruktion der Teile sowie die Qualität der Herstellung beeinflusst. Der nachfolgende Abschnitt soll dazu dienen, die Komponenten einer Doppelrohrleitung hinsichtlich der konstruktiven Gestaltung und der an den Teilen wirkenden Belastungen zu spezifizieren.

Komponenten einer Doppelrohrleitung sind:

- gerade Rohrstücke
- Bogenstücke
- Abzweigstücke
- Reduzierstücke
- Übergangs- und Endstücke
- Formstücke zur Begrenzung der Längenänderung (Festpunkte)
- Stutzen im Außenrohr
- Flanschverbindungen
- Armaturen, Mess- und Kontrolleinrichtungen
- Sonderformstücke

6.1 Gerade Rohrstücke

Gerade Doppelrohrstücke (Bild 1), bestehend aus Innen- und Außenrohr, müssen die sachgemäße Errichtung zweier eigenständiger, jeweils in sich geschlossener Rohrsysteme ermöglichen. Das Innenrohr ist durch geeignete Distanzhalter zentrisch im Außenrohr zu führen.

6.1.1 Distanzhalter

Distanzhalter sind im Regelfall nicht am Innenrohr angeschweißt, außer wenn diese nicht in anderer Weise gegen axiales Verschieben gesichert werden können. Der Abstand der Distanzhalter untereinander [L_A bzw. L_F] muss so gewählt werden, dass ein unzulässiges Durchbiegen oder seitliches Ausknicken des Innenrohres ausgeschlossen ist.

Distanzhalter dürfen hinsichtlich ihrer Form keine Beschädigungen der Rohroberflächen oder Verformungen der Rohrquerschnitte bewirken. Distanzhalter sind so zu gestalten, dass im Falle einer Havarie am Innenrohr das Medium im Außenrohr ungehindert bis zur nächsten Leckageortungsstelle fließen kann.

Werden Distanzhalter in Form von Scheiben unter Verwendung von Tafeln gefertigt, so sind die Scheibenausschnitte für den Leckageabfluss mit einem Werkzeug herzustellen, welches kerbenfreie Geometrien und Oberflächen ermöglicht.

Die Breite bzw. Dicke [b] von Distanzhaltern hat sich vordergründig an der Gewichtslast, d. h. an den gewählten Abständen zu orientieren. Je geringer der Distanzhalterabstand ist, desto schmäler darf die Auflagerbreite sein. Richtwerte zur Mindestbreite von Rohrauflagen finden sich in DVS 2210-1, Tabelle 5.

6.1.2 Ringspalt

Das Verhältnis von Außenrohr- zum Innenrohrdurchmesser richtet sich u. a nach dem Fügeverfahren. So ist z. B. beim Heizwendelschweißen des Innenrohres auf das maximale Außenmaß des Heizwendelformstücks zu achten, damit auch an dieser Stelle ein ausreichender Ringspalt sichergestellt ist. Wenn möglich, soll der freie Ringspalt [x] durchgängig $\geq$ 5 mm betragen.

Dem Ringspaltmindestmaß ist an allen Verbindungsstellen der Rohr- und Formstücke Beachtung zu schenken, was sowohl die Wulsthöhe beim HS-Schweißen des Innenrohrs, als auch im Besonderen den freien Durchgang zwischen dem Innen- und Außenrohrwulst beim simultanen HS-Schweißen einschließt.

Ist der Ringspalt systembedingt < 5 mm, was bei Doppelrohrleitungen mit einem Innenrohraußendurchmesser $d_e \leq 160$ mm der Fall sein kann, muss der Anwender diesen Umstand in seine Überlegungen einbeziehen.

Dies gilt insbesondere dann, wenn es sich um Doppelrohrleitungen handelt, deren Durchflussstoffe gröbere Verunreinigungen enthalten, welche im Havariefall den Ringspalt verschließen können.

6.1.3 Arretierungsscheiben

Der Überstand von Innenrohr- zum Außenrohrende [$L_Ü$] sowie herstellungsbedingte Befestigungen zwischen Innen- und Außenrohr (z. B. Arretierung des Innenrohres im Abstand [L_x]) sind in Abhängigkeit zum jeweiligen Fügeverfahren festzulegen.

Sofern eine Arretierungsscheibe benötigt wird, was beim simultanen HS-Schweißen an beiden Rohrenden der Fall ist, muss diese für die wirksame Belastung [F_a] ausgelegt werden. Weitere Hinweise dazu sind Abschnitt 8.3 zu entnehmen.

Arretierungsscheiben sind so zu gestalten, dass im Falle einer Havarie am Innenrohr das Medium im Außenrohr ungehindert bis zur nächsten Leckageortungsstelle fließen kann. Die dazu notwendigen Scheibenausschnitte sind mit einem Werkzeug herzustellen, welches kerbenfreie Geometrien und Oberflächen ermöglicht.

6.1.4 Anpassen gerader Rohrstücke

Sind konfektionierte Doppelrohrstücke bei der Verlegung zwecks Anpassung zu kürzen, hat der Errichter für die sachgemäße Wiederherstellung sowie Einhaltung zulässiger und gleichmäßiger Distanzhalterabstände zu sorgen. Entnommene Distanzhalter oder entfernte Innenrohrarretierungen sind systemkonform zu ersetzen.

6.2 Bogenstücke

Für Bogen- oder Winkelstücke in Doppelrohrleitungen sind möglichst spritzgussgefertigte Innenrohr- und Außenrohrformteile zu verwenden. Bogen- und Winkelstücke müssen in der Lage sein, die im Bogenscheitel auftretenden Längenänderungen ΔL ohne Überlastung aufzunehmen. Es ist sicher zu stellen, dass bei maximaler Temperaturänderung, bzw. in Abhängigkeit zur Belastungskategorie nach Tabelle 4, Abschnitt 4.4, der Innenrohrbogen nicht mit dem Außenrohrbogen in Berührung kommt ($x > \Delta L$).

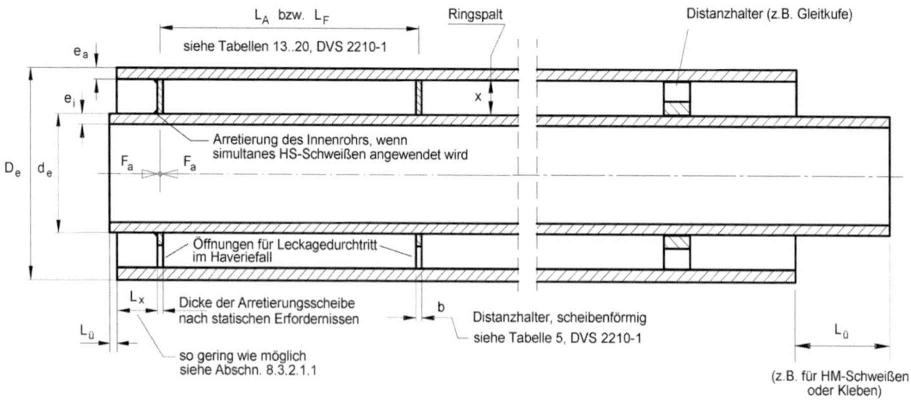

Bild 1. gerades Doppelrohrstück.

Die Standardausführung der Bogen- und Winkelstücke lässt keine Längenänderung aus der angeschlossenen Rohrstrecke zu. Für Bogen- und Winkelstücke gelten hinsichtlich der Fixierung und der Überstände an den Formteilenden die gleichen Anforderungen wie bei den Rohrstücken.

6.2.1 Bogenstücke mit Festpunkten

Die Bogenstrecke zwischen den Festpunktformstücken (Bild 2a) wird durch Längs- und Umfangsbiegespannungen belastet, welche in ihrer Größe von der elastischen Länge des Bogenstückes [R_B] beeinflusst werden.

Bedingung für die Ausbildung der beidseitigen Festpunkte am Innenrohrbogen ist, dass durch die Druck-, Zug und Querkräfte [F_a, F_q] weder eine Verformung des Querschnittes noch ein unzulässiger Spannungsanstieg verursacht wird. Die an das Außenrohr abgegebenen Reaktionskräfte dürfen ihrerseits keine nachteilige Wirkung auf die Betriebssicherheit der Doppelrohrleitung haben.

Weitere Details zur Begrenzung der Längenänderung durch Festpunkte sind unter Abschnitt 6.6 beschrieben.

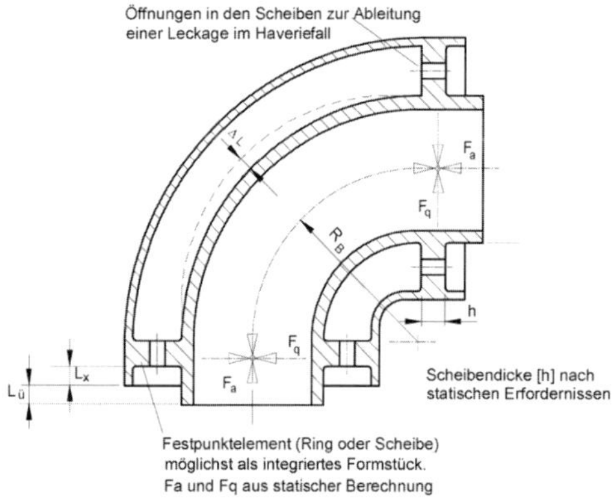

Bild 2a. Rohrbogen mit beidseitigen Festpunkten.

6.2.2 Bogenstücke mit Stützschalen

Bei dem in Bild 2b dargestellten Bogenstück dienen beidseitige Stützschalen als Befestigungspunkte. Es entstehen lediglich Querkräfte [F_q], welche sich über die Länge der Stützschale [L_{Schale}] verteilen, ohne dass sich hierbei der Querschnitt des Innen- und Außenrohrbogens unzulässig verformen darf.

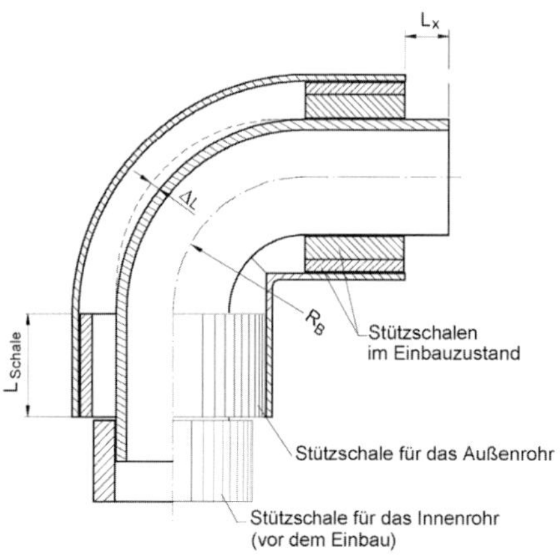

Bild 2b. Bogenstück mit beidseitigen Stützschalen.

Die Stützschalen dürfen weder die Betriebssicherheit nachteilig beeinflussen, noch darf der freie Durchgang im Überwachungsraum behindert werden.

Ein grundlegender Unterschied zwischen Festpunktelement und Stützschale besteht darin, dass die Anschlüsse an Bogen- und Winkelstücken mit beidseitigen Stützschalen unter Anwendung der Kaskadenverbindung hergestellt werden müssen. Einzelheiten dazu sind im Abschnitt 8.3.1.2 behandelt.

6.3 Abzweigstücke

Für Abzweigstücke in Doppelrohrleitungen sind möglichst spritzgussgefertigte Innenrohr- und Außenrohrformteile zu verwenden. Werden unverstärkte Abzweigstücke eingebaut, so ist deren Einfluss auf die Einsatzgrenzen nach Tabelle 4, Abschnitt 4.4 zu berücksichtigen.

Bogen- und Winkelstücke mit beidseitigen Festpunkten eignen sich für das simultane Heizelementstumpfschweißen, da der erforderliche Fügedruck auf den Wandquerschnitt des Innenrohrbogens mithilfe der stabilen Festpunktscheiben aufgebracht werden kann. Die Festpunktscheiben müssen Öffnungen aufweisen, welche den freien Durchgang im Überwachungsraum gewährleisten.

Gleiches gilt für Abzweigstücke, welche durch Segmentierung von Rohren oder mittels eingeschweißtem Stutzen hergestellt werden. Aufgrund der Beanspruchung der Abzeigstücke in Doppelrohrleitungen wird empfohlen, solche Abzweige nur für drucklose Rohrsysteme einzusetzen bzw. deren Einsatz auf die Belastungen der Kategorie I, Tabelle 4, zu begrenzen.

6.3.1 Abzweigstücke mit allseitigen Festpunkten

Abzweigstücke sind üblicherweise Festpunkte in der Doppelrohrleitung. Das gilt sowohl für die Haupt- als auch die Anschlussleitung. In der Standardausführung werden an allen Anschlussquerschnitten des Abzweigstückes Festpunktformstücke vorgesehen. Einzelheiten zur Belastung des Innenrohrabzweigs können sinngemäß Abschnitt 6.3.3 entnommen werden.

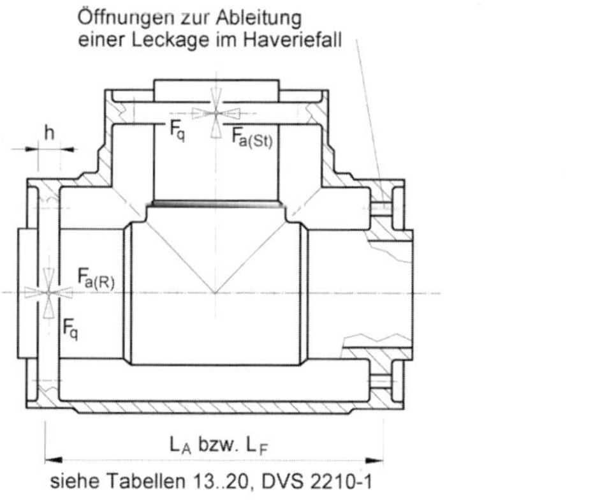

Bild 3a. Rohrabzweig mit Festpunkten an allen Anschlussquerschnitten.

6.3.2 Abzweigstücke ohne Festpunkte in der Hauptleitung

Wird das Abzweigstück in einer Rohrstrecke zwischen zwei Formstücken (z. B. Bogen-, Winkel-, Endstück usw.) eingebaut, die selbst mit Festpunkten ausgestattet sind, ist in der Hauptleitung keine weitere axiale Arretierung erforderlich.

Am Abgang zur Anschlussleitung muss das Festpunktformstück bleiben, um die Größe der quer zur Hauptleitung wirkenden Längenänderung gering zu halten. Damit können zwei Festpunktformstücke am Abzweigstück entfallen und durch Distanzhalter bzw. Stützschalen ersetzt werden.

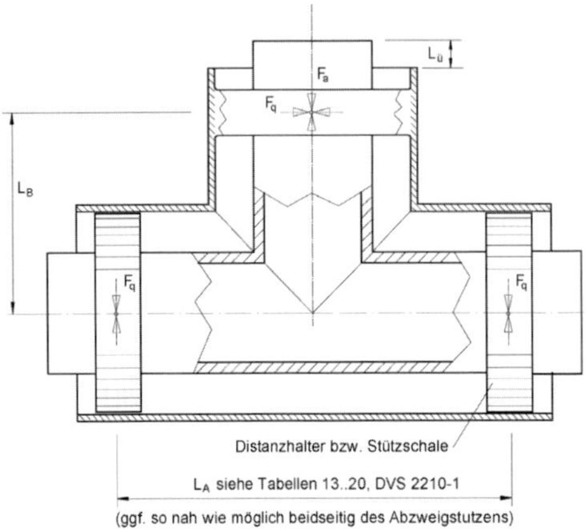

Bild 3b. Rohrabzweig ohne Festpunkte in der Hauptleitung.

6.3.3 Abzweigstücke ohne Festpunkte in der Haupt- und Anschlussleitung

Besitzt weder die Haupt- noch die Anschlussleitung ein Festpunktformstück, wirken die Längenänderungen und die daraus resultierende Belastungen [F_q] unmittelbar auf die Anschlussquerschnitte. Wie Bild 3b entnommen werden kann, entstehen bei den Stützschalen sowohl Auflagerdrücke [F_A] als auch Biegemomente am Innenrohrabgang mit $M_{b(1)} = F_q \times L_B$ sowie am Innenrohrdurchgang mit $M_{b(0)} = 0{,}25 \times F_q \times L_A$.

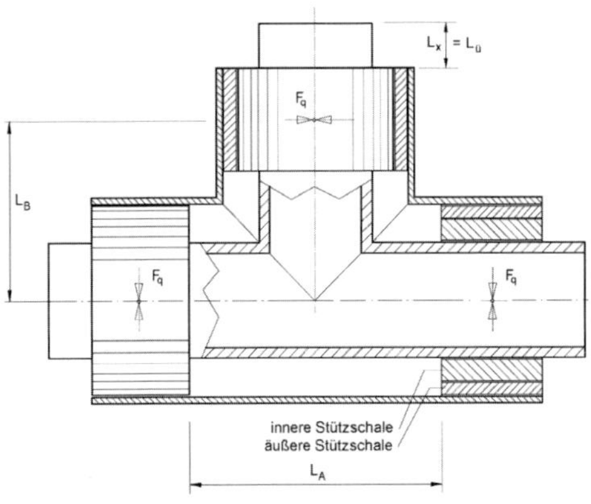

Bild 3c. Rohrabzweig ohne Festpunkte in der Haupt- und Anschlussleitung.

Zur Verringerung der Biegemomente sind die Stützschalen bzw. Distanzhalter am Innenrohr so nah wie möglich am Abzweigstutzen anzuordnen. Die Auflagebreite der Distanzhalter bzw. der Stützschalen soll möglichst groß sein, um die Flächenpressung gering zu halten bzw. die Stützwirkung zu erhöhen. Die Zug- bzw. Druckkräfte aus der Anschlussleitung wirken auf das Innenrohr wie ein innerer bzw. äußerer Überdruck, welcher auf den Außendurchmesser der Anschlussleitung begrenzt ist. Wird die Innenrohrleitung planmäßig durch äußeren Überdruck bzw. durch inneren Unterdruck belastet, vermindert sich am Stutzenausschnitt des Innenrohrs die Sicherheit gegen Beulen. Für alle Abzweigstücke, unabhängig ihrer Ausführungsart, gelten hinsichtlich der Fixierung, der Überstände und der Längsbeweglichkeit die gleichen Anforderungen wie bei den Rohrstücken.

6.3.4 Sonderformstücke

Neben spritzgussgefertigten Abzweigstücken ist es auch möglich, Abzweigstücke unter Verwendung mechanischer Bearbeitungsverfahren herzustellen. Ein Beispiel hierzu zeigt Bild 3d. Vorteile ergeben sich aus dem integrierten Innenrohrfestpunkt sowie aus individueller Gestaltung der Formstückwanddicken. Die Funktion der Doppelwandigkeit muss in jedem Fall erhalten bleiben.

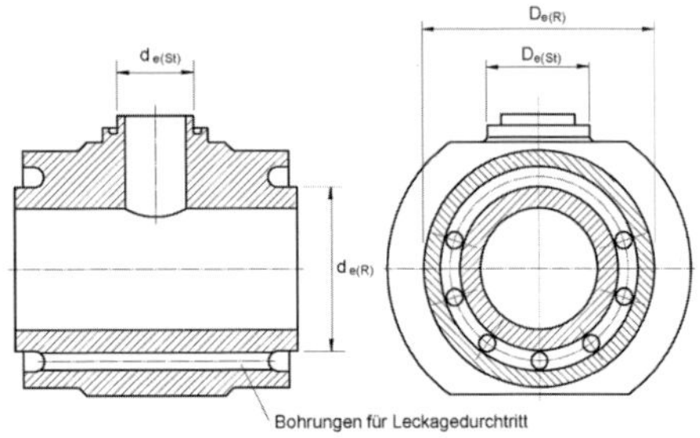

Bild 3d. Rohrabzweig als Sonderformstück.

6.3.5 Spannungen am Innenrohrausschnitt

6.3.5.1 Umfangsspannungen

Der Stutzenausschnitt im Innenrohr bewirkt eine Zunahme der Umfangsspannungen aus innerem Überdruck. Die Spannungserhöhung ist unabhängig der Ausführungsart, maßgeblich für die Spannungshöhe ist der Ausschnittsdurchmesser und die Wanddicke am Ausschnittsrand.

6.3.5.2 Längsspannungen

Entstehen im Zusammenhang mit Temperaturschwankungen ausgeprägte Zugspannungen infolge einer unterdrückten Längeänderung in der Hauptleitung, so sind die Längsspannungen am Innenrohrausschnitt höher als im unbeeinflussten Innenrohrquerschnitt. Dies ist dadurch zu erklären, dass die in Rohrlängsrichtung wirkenden Zugkräfte von einer geminderten Rohrquerschnittsfläche aufzunehmen sind, was gleichzeitig ein Biegemoment verursacht. Bei wechselnder Temperaturbelastung (z. B. Belastungskategorie III, Tabelle 4) ist zu prüfen, ob eine ringförmige Wanddickenverstärkung des Innenrohres im Ausschnittsbereich notwendig wird.

6.4 Reduzierstücke

Reduzierstücke gibt es in verschiedenen Ausfertigungen, wobei im Wesentlichen die Unterscheidung in konzentrische und exzentrische vorzunehmen ist. Es können sowohl formgespritzte als auch mechanisch hergestellte Reduzierstücke verwendet werden. Längsnahtgeschweißte Reduzierstücke sind in einer innendruckbeaufschlagten Doppelrohrleitung unzulässig.

Konzentrische Reduzierstücke verteilen die axiale Belastung (Zug- bzw. Druckkräfte) gleichmäßiger auf den Spannungsquerschnitt als exzentrische. Dies gilt insbesondere bei deutlicher Reduzierung des Rohrdurchmessers, bei der die höhere Axialkraft aus dem größeren Rohr über das Reduzierstück auf das kleinere Rohr zu übertragen ist.

In solchen Fällen wird der Einbau von Innenrohrfestpunkten vor und nach der Reduzierung empfohlen, wie in Bild 4 dargestellt ist.

Die Verwendung von Reduzierstücken mit kurzer Baulänge (Reduktionswinkel > 45°) ist sowohl aus Festigkeitsgründen als auch unter hydraulischer Sicht nicht zu empfehlen. Reduktionsmuffen, wie sie beispielsweise in PVC-Rohrleitungen zum Einsatz kommen, fallen nicht unter diesen Gesichtspunkt.

Exzentrische Reduzierstücke sind vorwiegend zu verwenden, wenn ein durchgängiges Sohlenniveau gefordert wird (z. B. Abflussleitungen, erdverlegte Doppelrohrleitungen) oder wenn aufgrund einheitlicher Befestigungshöhen die Verlegung effizienter zu gestalten ist.

Für Reduzierstücke gelten hinsichtlich der Fixierung, der Überstände und der Längsbeweglichkeit die gleichen Anforderungen wie bei den Rohrstücken.

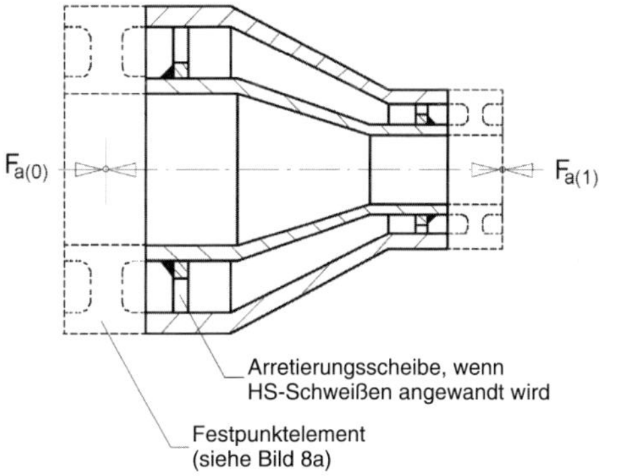

Bild 4. Konzentrisches Reduzierstück mit optionalen Festpunkten.

6.5 Übergangs- und Endstücke

Übergänge vom Doppelrohr auf das Einfachrohr sowie Endstücke müssen so konstruiert sein, dass die Belastungen sicher aufgenommen werden. Aufgrund ihrer Anordnung im Doppelrohrverbund sind Übergangs- und Endstücke meistens auch Innenrohrfestpunkte. Belastungen entstehen aus:

- innerem Über- bzw. Unterdruck im Überwachungsraum
- Wärmespannungen aus Temperaturänderung im Innen- und Außenrohr

Übergangsstücke können mit einem Festpunkt am Außenrohr kombiniert werden, um die Längenänderung der Doppelrohrleitung zu unterdrücken (Bild 5a, Form B mit Ringnut für Rohrschellenarretierung).

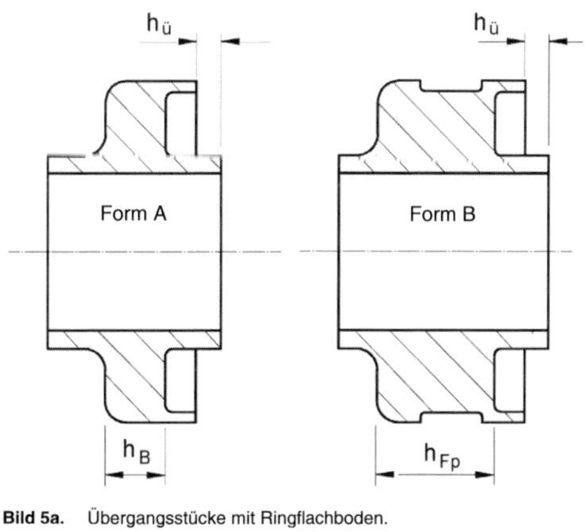

Bild 5a. Übergangsstücke mit Ringflachboden.

Übergänge vom Doppelrohr auf das Einfachrohr können auch mit einer Schiebemöglichkeit ausgestattet sein. Hier gilt das besondere Interesse der langzeitig dichten Innenrohrdurchführung unter Verwendung elastomerer Dichtelemente und einer ausreichend dimensionierten Außenrohrbodendicke [h_B].

Die axiale Belastung [F_a] ergibt sich aus der Reibung des Innenrohrs im Übergangsstück unter Innendruck [F_R]. Übergangsstücke mit Schiebemöglichkeit eignen sich nicht für die Anwendung des simultanen HS-Schweißverfahrens.

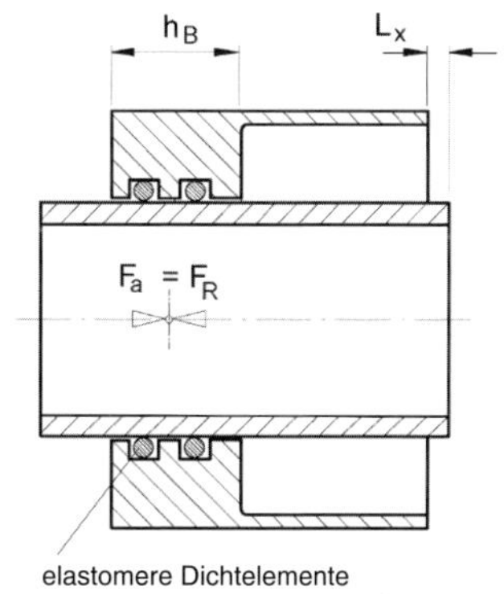

Bild 5b. Übergangsstück mit Schiebemöglichkeit des Innenrohrs.

Endstücke einer Doppelrohrleitung sind so auszubilden, dass der ringförmige Flachoden mit der Dicke [$h_{B(i)}$] dem inneren Überdruck des Innenrohres standhält. Wirkt auch im Überwachungsraum ein innerer Über- oder Unterdruck, ist dies bei der Dickendimensionierung des Bodens [$h_{B(a)}$] zu berücksichtigen.

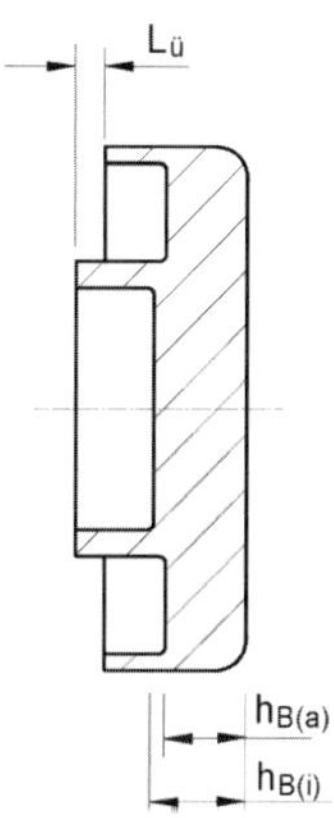

Bild 6. Endstück einer Doppelrohrleitung.

In Übergangs- oder Endstücken können auch Anschlüsse für Leckwarneinrichtungen sowie Entlüftungen oder Entleerungen des Überwachungsraumes integriert werden. Hinsichtlich der Überstände usw. gelten die gleichen Anforderungen wie bei den Rohrstücken.

6.6 Formstücke zur Begrenzung von Längenänderungen

Die Konstruktion der Doppelrohrleitung bedingt, dass die Längenänderung des Innenrohres aufgrund geringer Ausdehnungsmöglichkeiten im Bogenstück des Außenrohrs durch spezielle Formstücke (z. B. Festpunkte) begrenzt bzw. unterdrückt werden muss.

In den überwiegenden Anwendungsfällen werden von den Herstellern vor und nach den Bogenstücken Innenrohrfestpunkte angeordnet (siehe dazu Bild 2a).

Alle Konstruktionsarten müssen in der Lage sein, die vom Innenrohr ausgehenden Kräfte sicher auf das Außenrohr zu übertragen, ohne dabei den Querschnitt des Innenrohres in unzulässigem Maß zu verändern Im Außenrohr darf die durch das Innenrohr verursachte Belastung nur Reaktionen und Spannungen hervorrufen, die den sicheren Betrieb der Lecküberwachung nicht gefährden. Rippenförmige bzw. in Längsachse angeschweißte Arretierungen sind unzulässig, da bei ungenügender Durchschweißung Risse am Innenrohr entstehen können.

Um die Funktion der Lecküberwachung zu gewährleisten, muss an den Verbindungsscheiben der Formstücke ein geeigneter Öffnungsquerschnitt zwischen Innen- und Außenrohr (Ringraum) vorgesehen werden, damit bei einer Havarie der in den Ringraum gelangte Durchflussstoff ungehindert bis zum nächsten Überwachungspunkt vordringen kann. Eine Ausnahme bildet die Unterteilung des Überwachungsraumes in Sicherheitsabschnitte, bei der die Formstücke gleichzeitig als Schott dienen.

Die in Bild 7dargestellten Öffnungen in der Verbindungsscheibe müssen sich jeweils in der Ringraumsohle befinden, eine symmetrische Anordnung auf den Hauptachsen ist zweckmäßig. Die Größe und Anzahl der Öffnungen beeinflussen die Belastbarkeit der Verbindungsscheibe, was bei der konstruktiven Gestaltung zu berücksichtigen ist.

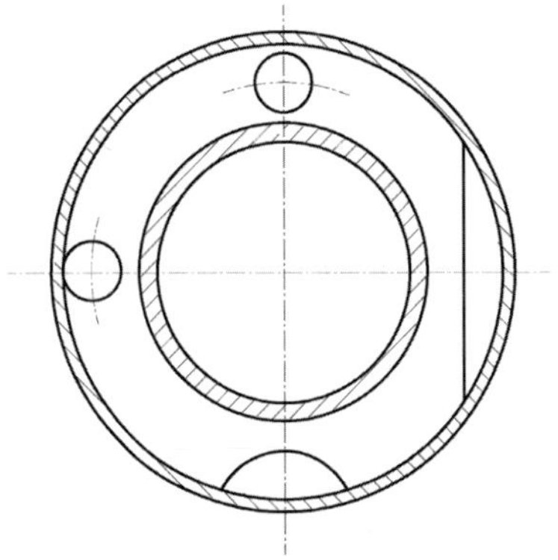

Bild 7. Beispiele zu Öffnungen in der Verbindungsscheibe zwischen Innen- und Außenrohr für den Leckagedurchtritt im Havariefall.

Festpunkte müssen die infolge unterdrückter Längenänderung entstehenden Zug- und Druckkräfte aus der Innenrohrstrecke aufnehmen. Des Weiteren besteht die Notwendigkeit, das Außenrohr mit Festpunkten auszustatten, um die Längenänderung der Doppelrohrleitung zu begrenzen bzw. gezielt in bestimmte Richtungen zu lenken.

Die Anordnung der Festpunkte auf dem Außenrohr muss unter Einhaltung der Elastizitätsbedingungen vorgenommen werden. Wird von der in DVS 2210-1, Abschnitt 4.3.2 beschriebenen Vorgehensweise zur Bestimmung von Dehnungsbogen abgewichen, so sind die im Außenrohr entstehenden Biegespannungen in jedem Fall nachzuweisen.

Hinsichtlich der Anwendung gibt es verschiedene Ausführungsarten zur Unterdrückung der Längenänderung.

Typ A: Festpunkt am Innenrohr mit Verbindung zum Außenrohr

Typ B: Schale am Innenrohr mit Formschluss zum Außenrohr

Typ C: Festpunkt am Außenrohr mit Verbindung zu einer Befestigungskonstruktion

Typ D: Kombination von Variante A und C (Doppelrohrfestpunkt)

6.6.1 Festpunkt am Innenrohr (Längenbegrenzung Typ A)

Zur Aufnahme der am Innenrohr wirkenden Zug- und Druckkräfte und deren Einleitung in das Außenrohr, kann das in Bild 8a dargestellte Festpunktformstück Verwendung finden. Die Verbindungsscheibe zwischen Innen- und Außenrohr muss unverschiebbar und für die maximale Systembelastung [$F_{a(i)}$] ausgelegt sein, was insbesondere die Scheibendicke [$L_{FP(i)}$] betrifft. Die Öffnungen in der Verbindungsscheibe für den Leckagedurchtritt im Havariefall sind obligatorisch.

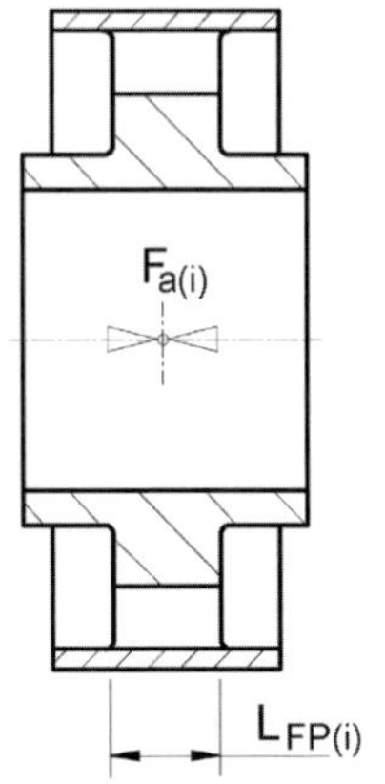

Bild 8a. Festpunkt am Innenrohr.

6.6.2 Stützschale am Innenrohr (Längenbegrenzung Typ B)

Eine andere Möglichkeit die Zug- und Druckkräfte aufzunehmen besteht darin, das Ende des Innenrohrbogens jeweils an der gegenüberliegenden Seite der angeschlossenen Geradrohrstrecke mittels Schalenkonstruktion zu stützen. Einzelheiten dazu können Bild 2b entnommen werden.

Die Stützung verursacht sowohl eine Biegebeanspruchung als auch eine Querpressung am Innenrohrbogen, deren Wirkung wesentlich von der Länge der Stützschale beeinflusst wird.

6.6.3 Festpunkt am Außenrohr (Längenbegrenzung Typ C)

Bei einer oberirdisch verlegten Doppelrohrleitung ist das Befestigungssystem mit dem einer Einfachrohrleitung identisch. Sollen größere Längenänderungen im Bereich von Richtungsänderungen durch eine axiale Einspannung des Außenrohres unterdrückt werden, sind entsprechende Außenrohrfestpunkte anzuordnen. Das Innenrohr ist davon nicht betroffen, d. h. die Festpunktbelastung aus dem Innenrohr beträgt $F_{a(i)} = 0$ (siehe Bild 8b).

Zu jedem Außenrohrfestpunkt gehört eine verwindungssteife Befestigungskonstruktion, welche den örtlichen Gegebenheiten anzupassen ist. Die Dimensionierung und Herstellung der Befestigungskonstruktion ist Aufgabe des Errichters.

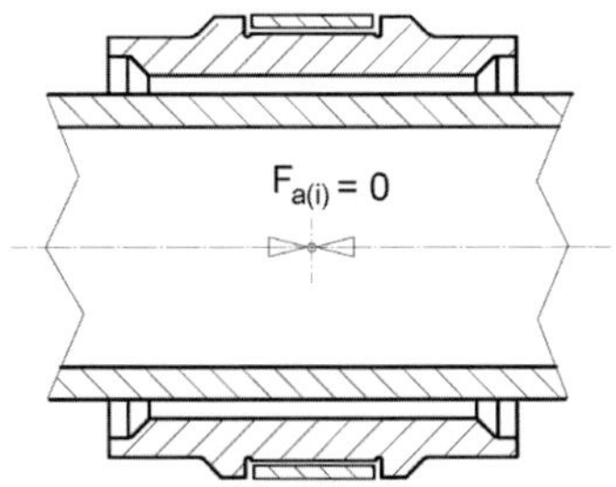

Bild 8b. Festpunkt am Außenrohr.

6.6.4 Festpunkt am Innen- und Außenrohr (Längenbegrenzung Typ D)

Bei Verwendung eines speziellen Doppelrohrfestpunktes, welcher das Innen- und Außenrohr an gleicher Stelle fixiert, besteht keine Möglichkeit mehr für die freie Wahl des Befestigungspunktes am Außenrohr. Sofern es für die Verlegung der Doppelrohrleitung nicht nachteilig ist, kann zur Vereinfachung der Montage der Doppelrohrfestpunkt bereits werkseitig eingebaut werden (siehe dazu Bild 2a).

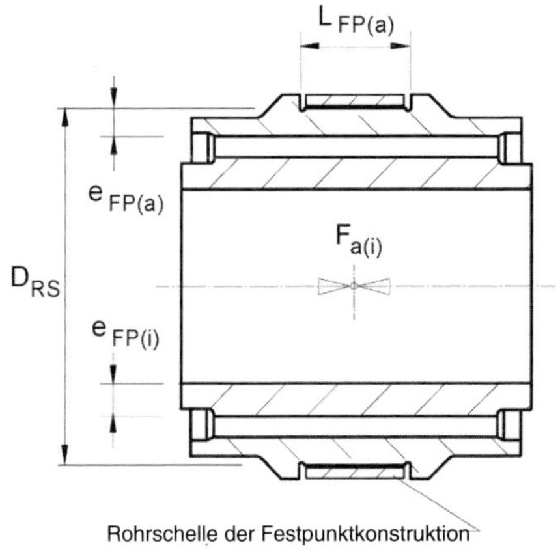

Bild 8c. Doppelrohrfestpunkt.

Bei der Formgebung an Festpunktformstücken ist darauf zu achten, dass für die Länge [$L_{FP(a)}$] sowie für den Durchmesser [D_{RS}] passende Rohrschellen zur Verfügung stehen. Bei größeren Festpunktbelastungen [$F_{a(i)}$ bzw. $F_{a(a)}$] ist es empfehlenswert, die Wanddicken des Formstücks [$e_{FP(i)}$ bzw. $e_{FP(a)}$] zwecks günstigerer Spannungsverteilung zu erhöhen.

Für die Ausführung von Festpunktformstücken gelten die Hinweise in DVS 2210-1, Abschnitt 5.7.3 sowie die Angaben der Hersteller zur Belastbarkeit nach DVS 2210-2, Tabelle 4, Abschnitt 4.4.

6.7 Stutzen im Außenrohr

Der Einbau von Stutzen ist ausschließlich im Außenrohr erlaubt. Stutzen im Außenrohr dienen der Lecküberwachung, der Entleerung sowie der Be- und Entlüftung des Überwachungsraumes. Auch für die Innendruck- bzw. Dichtheitsprüfung des Außenrohres können Stutzen benötigt werden.

Der Überwachungsraum erfordert ggf. eine Unterteilung in mehrere Abschnitte, was den Einbau zusätzlicher Stutzen bedingen kann (siehe Abschnitt 10.3.1). Der Überwachungsraum muss nach einem Havariefall entleert werden, um anschließend eine Reparatur durchführen zu können. Damit die Fügearbeiten bei einer Reparatur nicht durch Restfeuchte beeinflusst sind, ist die Möglichkeit einer vollständigen Entleerung des Überwachungsraumes sicherzustellen.

Stutzen sind nur in der unbedingt erforderlichen Anzahl und an zugänglichen Stellen einzubauen (z. B. Entleerungen oder Entlüftungen in Kontrollschächten bei erdverlegten Doppelrohrleitungen). Besonders zu beachten ist, dass Stutzen nur außerhalb schutzbedürftiger Zonen angeordnet werden dürfen. Im Betriebszustand müssen die Stutzen verschlossen sein, um ein unkontrolliertes Austreten von Stoffen im Havariefall zu verhindern. Dies gilt insbesondere für Verschraubungen und andere lösbare Anschlüsse (z. B. Kupplungen).

6.8 Flanschverbindungen

Flanschverbindungen müssen die gleichen Anforderungen hinsichtlich Doppelwandigkeit erfüllen wie Rohr- und Formstücke. Ausnahmen sind zulässig, wenn die Flanschverbindungen in besonderen Auffangräumen angeordnet sind. Das Flanschverbindungsstück muss einen Durchgang aufweisen, damit im Falle einer Havarie die in den Überwachungsraum gelangten Stoffe zu orten sind bzw. ungehindert bis zum nächsten Überwachungspunkt vordringen können.

Bei der Flanschverbindung in Doppelrohrleitungen ist sowohl die betriebssichere Abdichtung vom Innenrohr zum Überwachungsraum als auch die vom Überwachungsraum zur Umgebung durch geeignete Konstruktionen zu bewerkstelligen. Zur Verringerung der Schraubenanzugsmomente wird die bevorzugte Verwendung von O-Ring-Dichtungen bzw. Profilflachdichtungen aus elastomeren Werkstoffen empfohlen.

Die Flanschverbindung stellt im Hinblick auf ihre Doppeldichtfunktion wesentlich höhere Anforderungen an die Steifigkeit von Bund und Losflansch, als es bereits bei der Einfachrohrleitung der Fall ist.

Auch muss die Dichtwirkung aus dem Montage- bzw. Prüfzustand nach dem Anfahren der Rohrleitung erhalten bleiben, was eine Berücksichtigung der betriebsbedingten Axialkräfte sowohl in rechnerischer und konstruktiver als auch in prüftechnischer Hinsicht erfordert.

6.9 Armaturen, Messeinrichtungen

Armaturen und Messeinrichtungen unterliegen den gleichen Anforderungen, wie sie bereits bei den Doppelrohrformstücken beschrieben sind. Die konstruktiven Details sind vom jeweiligen Systemhersteller festzulegen.

Im Rahmen von anwendungsbezogenen Anforderungen an Armaturen und Messeinrichtungen ist insbesondere ihre uneingeschränkte Verwendbarkeit für die üblichen Fügeverfahren zu nennen. Des Weiteren ist daran zu denken, dass die Auslegung des Armaturengehäuses unter Berücksichtigung der im Überwachungsraum herrschenden Über- bzw. Unterdruckbelastung sowie des Prüfdruckes erfolgt.

Der Aus- und Wiedereinbau von Armaturen oder Messeinrichtungen soll ohne Trennung der Doppelrohrleitung vorgenommen werden können.

6.10 Sonderformstücke

Umfasst das Sortiment eines Herstellers Sonderformstücke (z. B. Schiebekompensatoren), so gelten für diese Teile die gleichen Anforderungen hinsichtlich Doppelwandigkeit wie an das Rohr. Die Verwendung von Sonderformstücken darf nicht dazu führen, dass die Sicherheit des Doppelrohrsystems bzw. seine Belastbarkeit eingeschränkt wird. Die spezielle Konstruktion von Sonderformteilen erfordert eine deutliche Kennzeichnung mit Angaben zur Belastungskategorie nach Tabelle 4, Abschnitt 4.4.

7 Verarbeitung, Konfektionierung, Kennzeichnung

Dieser Abschnitt befasst sich mit dem Verarbeiten von Doppelrohrformstücken, der Konfektionierung und der Kennzeichnung. Das Verarbeiten beinhaltet das Herstellen von Teilen mittels mechanischer Verfahren wie Drehen, Hobeln, Sägen sowie andere Fertigungsverfahren (z. B. Schweißen, Warmformen).

Unter Konfektionierung werden alle Arbeiten verstanden, welche dem unmittelbaren Zusammenbau von einzelnen Doppelrohrteilen dienen. Dazu gehören z. B. das Fixieren der Innenrohrteile im Außenrohr oder das Verschließen von geraden Rohrstücken mittels Festpunktformteil oder Endboden.

7.1 Ausgangsprodukte

Ausgangsprodukte für Doppelrohrsysteme sind Rohre, Formstücke und Zubehör, welche zum Großteil aus der Halbzeugfertigung für Einfachrohrsysteme kommen. Lediglich Sonderformstücke wie Festpunkte, Übergangsstücke, Endboden u. ä. erfordern eine systemspezifische Herstellung. Die Ausgangsprodukte unterliegen der Qualitätssicherung des Produktherstellers.

7.2 Konfektionierung

Um den Aufwand bei der Errichtung von Doppelrohrsystemen gering zu halten, bieten die Hersteller konfektionierte Doppelrohrformstücke an. Die Teile bestehen aus dem Innenrohrelement, welches bereits so mit dem Außenrohrteil verbunden ist, dass bei Montage lediglich die Fügeverbindungen herzustellen sind.

Bei den konfektionierten Doppelrohrformstücken übernehmen die Hersteller, neben der Garantie für die Ausgangsprodukte, auch die Gewährleistung für die sachgemäße Verarbeitung. Die

Hersteller sind gehalten, zur Belastbarkeit der Doppelrohrformstücke eindeutige Angaben zu machen, aus denen die Einsatzgrenzen hervorgehen (Kennzeichnungspflicht).

Sofern zur Errichtung eines Doppelrohrsystems Teile verwendet werden, welche nicht konfektioniert sind (z. B. Einfachrohrbogen für Innen- und Außenrohr), beschränken sich Garantie und Einsatzgrenzen auf die des jeweiligen Ausgangsproduktes. Die Qualitäts- und Belastbarkeitsgarantie für das Doppelrohrprodukt übernimmt in jedem Fall derjenige, der die Konfektionierung durchführt.

7.2.1 Voraussetzungen für die Konfektionierung

Wer Doppelrohrformstücke herstellt bzw. konfektioniert, muss über entsprechende Maschinen und Fertigungseinrichtungen sowie qualifiziertes Personal verfügen. Die Anforderungen an Hersteller, Verarbeiter und Errichter sind bereits in DVS 2210-1, Abschnitte 6.1 und 6.2 beschrieben, so dass nicht näher darauf eingegangen werden muss.

Hinsichtlich der Konfektionierung bedarf es spezieller Einrichtungen und Fertigungsverfahren, welche häufig aufgrund von Erfahrungen entwickelt wurden. Es ist deshalb nicht möglich, die aus der Vorfertigung von Einzelrohrteilen bekannten Grundsätze im gleichen Maßstab auf die Konfektionierung von Doppelrohrformstücken zu übertragen. Bezüglich der Qualitätsanforderungen wird auf Abschnitt 8 verwiesen.

7.3 Transport und Lagerung

Die Verpackung, der Transport und die Lagerung konfektionierter Doppelrohrformstücke erfordern häufig andere Vorgehensweisen als die bei Einfachrohrleitungsteilen. Generelle Gültigkeit besteht für den sorgsamen Umgang mit den Teilen im Hinblick auf die besonderen Eigenschaften der Kunststoffe. Einzelheiten dazu sind DVS 2210-1, Abschnitt 6.3, zu entnehmen. Nachfolgend werden lediglich die Besonderheiten bei den Doppelrohrformstücken beschrieben.

Doppelrohrformstücke sind so zu transportieren und zu lagern, dass in den Überwachungsraum keine Gegenstände gelangen können und die Verschmutzung auf ein Mindestmaß reduziert wird. Welche Maßnahmen zur Sicherstellung dieser Forderung zu ergreifen sind, bleibt dem jeweiligen Hersteller überlassen (z. B. Verschließen der Rohrenden mit Schutzkappen).

Im Zusammenhang mit der Schutzbedürftigkeit des Überwachungsraumes ist zu berücksichtigen, dass generell absolute Trockenheit gefordert ist. Bei Schwitzwasserbildung oder Eindringen von Feuchtigkeit ist mittels geeigneter Maßnahmen für eine Trocknung zu sorgen.

Die Enden der Doppelrohrformstücke erfordern im Hinblick auf ihre Rundheit ebenfalls Beachtung. Dies ergibt sich aus der Wahl des Fügeverfahrens, bei dem insbesondere das simultane Heizelementstumpfschweißen (Abschnitt 8.2.2.1.1) einen Fügeflächenversatz von ≤ 0,1 x Rohrwanddicke erfordert. Die Lagerung und Stapelung ist dementsprechend vorzunehmen, da ein nachträgliches Runddrücken der Rohrenden erhebliche Schwierigkeiten bereitet.

Um zu vermeiden, dass sich Doppelrohrformstücke unzulässig verformen und die Verbindungen zwischen Innen- und Außenrohr durch Wärmespannungen übermäßig belastet werden, soll die Lagerung unter Ausschluss extremer Umgebungstemperaturen erfolgen. Besonders die Lagerung der mit Festpunkten ausgestatteten Doppelrohrformstücke bei Umgebungstemperaturen von ≤ 5°C ist ohne besondere Schutzmaßnahmen nicht zulässig.

7.4 Kennzeichnung

Hersteller von Doppelrohrteilen und Errichter von Anlagen sind verpflichtet, auf den Teilen eine dauerhafte Kennzeichnung anzubringen. Eine Empfehlung zu Art und Umfang der Kennzeichnung an Doppelrohrteilen (DR-Teile) bzw. am Doppelrohrleitungssystem (DR-System) enthält die Tabelle 7.

Tabelle 7. Kennzeichnungsempfehlungen.

Kennzeichnung vorzunehmen vom:	DR-Teile (Hersteller)	DR-System (Errichter)
Herstellername oder Herstellerzeichen	☑	☑
Herstellungsdatum (Monat/Jahr) bzw. Code	☑	☑
Zulassungsnummer, Konformitätsbescheinigung		☑
Werkstoff des Innenrohres [DIN EN Kennzeichnung]	☑[1)]	☑
Nennaußendurchmesser des Innenrohres [d_e]	☑[1)]	☑
Nennwanddicke des Innenrohres [e_i] (auch SDR-Klassifizierung)	☑[1)]	☑
Werkstoff des Außenrohres [DIN EN Kennzeichnung]	☑	☑
Nennaußendurchmesser des Außenrohres [D_e]	☑	☑
Nennwanddicke des Außenrohres [e_a] (auch SDR-Klassifizierung)	☑	☑
zulässige Betriebsbedingungen bzw. Belastungskategorie (z. B. Kennzeichnung gemäß Beispiel, Abschn. 4.4.2)	☑	☑[2)]

1) Kennzeichnung nur am Innenrohr
2) Kennzeichnung durch den Errichter nur bei Eigenfertigung

8 Errichtung (Verlegen, Montieren)

Das Verlegen und Montieren umfasst alle Tätigkeiten, welche unter Verwendung von Rohrleitungsteilen, Armaturen, Überwachungseinrichtungen und dgl. sowie unter Einschluss der Verbindungstechniken, der Errichtung eines Doppelrohrleitungssystems dienen. Im nachfolgenden Abschnitt werden die systemspezifischen Voraussetzungen zur sachgemäßen Errichtung von Doppelrohrsystemen beschrieben, um dem Anwender einen Einblick in die Thematik zu ermöglichen.

Vorgehensweisen und Grundsätze der Kunststoffrohrverlegung sowie der Montage von Befestigungen und dgl. werden nur in dem Umfang behandelt, in dem sich Unterscheidungen zur Einfachrohrleitung ergeben. In allen anderen Fällen ist nach DVS 2210-1 vorzugehen.

8.1 Verlegeart

Doppelrohrleitungen können sowohl oberirdisch als auch unterirdisch verlegt werden. Bei der unterirdischen Verlegung (erdgedeckte Doppelrohrleitung) ist das Außenrohr auf einem durchgängigen Rohrauflager gebettet. Beim Einbau der Doppelrohrleitung in das Erdreich (Verfüllen, Verdichten) ist auf die vorgegebene Mindestverdichtung des Bodens in der Leitungszone zu achten. Als Mindestverdichtung wird D_{Pr} = 95% angesehen.

Die oberirdische Verlegung von Doppelrohrleitungen erfordert die Verwendung von Tragkonstruktionen und Befestigungselementen. Die Befestigungselemente müssen das Außenrohr in entsprechenden Abständen stützen bzw. führen und können, je nach Funktion, das Außenrohr in seiner axialen Beweglichkeit behindern.

8.2 Verlegemethoden

Bei Doppelrohrleitungen ist unter Verlegemethode die Art der Befestigung des Außenrohres zu verstehen. Handelt es sich um ein erdverlegtes Rohrsystem, so wird die Längenausdehnung des Außenrohres generell durch die Erdreibung und Widerstände an Bogen- und Abzweigstücken behindert. Bei der oberirdischen Anordnung von Doppelrohrleitungen kann sowohl die Verlegemethode „axial beweglich" als auch „axial eingespannt" zur Anwendung kommen.

Folgende Kombinationen sind für die Außenrohrleitung möglich:

Rohrstrecke	Bogenstrecke	Abzweigstrecke
axial beweglich	axial beweglich	axial beweglich
axial eingespannt	axial beweglich	axial eingespannt
axial eingespannt	axial eingespannt	axial eingespannt

Die Kombinationen können, unabhängig der tabellarischen Darstellung, beliebig erweitert werden. Allerdings ist zu beachten, welche Folgen (z. B. Festpunktbelastung) die jeweilige Verlegemethode auf das Doppelrohrteil bzw. die Befestigung hat.

Die axial bewegliche Bogenstrecke lässt eine von der Geometrie abhängige Längenänderung zwischen den systembegrenzenden Festpunkten zu. Die axiale Einspannung von Bogenstrecken erfordert einen höheren Befestigungsaufwand und führt erfahrungsgemäß zu größerer Beanspruchung.

Bei der axialen Einspannung von Außenrohrstrecken entstehen größere Belastungen an den Festpunkten als bei axial beweglichen Systemen. Neben der Festpunktbelastung ist zu beachten, dass Zug- bzw. Druckspannungen im Außenrohr aufgrund von Temperaturwechseln auftreten können. Die rechnerische Behandlung der Festpunktkräfte und Spannungen ist im Abschnitt 5 dieser Richtlinie beschrieben.

Doppelrohrleitungen, welche häufig wechselnden Temperaturbelastungen oder extrem unterschiedlichen Umgebungstemperaturen ausgesetzt sind, sollen, soweit dies systembedingt möglich ist, mit axial beweglichen Rohr- und Bogenstrecken ausgestattet werden. Unabhängig von der Verlegemethode ist ein umfassender Festigkeits- und Elastizitätsnachweis zu führen, in dem sowohl die Innendruckbelastung als auch die Belastung aus verhinderter Wärmedehnung zu betrachten sind.

Die Vorgaben zur Verlegemethode sind in einem Verlegeplan (Verlegeanweisung) zusammenzufassen. Die Verlegeparameter sind entweder nach Herstellerangaben (z. B. Tabellen, Diagramme) oder aufgrund von Berechnungen (z. B. Statischer Nachweis) festzulegen. Für die Erstellung der Verlegeanweisung ist der Errichter verantwortlich.

8.3 Fügeverfahren

Beim Verlegen einer Doppelrohrleitung können alle bekannten Fügeverfahren angewendet werden. Voraussetzung zur Herstellung von Schweiß- und Klebverbindungen ist die Verwendung geeigneter Maschinen und Geräte sowie deren Bedienung durch entsprechendes Fachpersonal. Die Qualifikation des Fachpersonals ist nachzuweisen.

8.3.1 Schweißen von Rohrleitungsteilen aus PE, PP, PB, PVDF, PVC-U und ECTFE

Das Verbinden von Rohrleitungsteilen mittels Schweißen hat unter Beachtung der einschlägigen Normen, Richtlinien und Vorschriften zu erfolgen. Die einzelnen Schweißverfahren sind in den anwendungsbezogenen Richtlinien ausführlich beschrieben und bedürfen hinsichtlich ihrer Durchführung keiner weiteren Erläuterung. Maßnahmen, welche die Ausführung begleiten sollen, sind in DVS 2210-1, Abschnitt 6.4.1, beschrieben.

Für das Fügen der vorstehend genannten Kunststoffe sind folgende Schweißverfahren üblich:

- Heizelementstumpfschweißen Kurzzeichen: (HS)
- Heizelementmuffenschweißen Kurzzeichen: (HD)
- Heizwendelschweißen Kurzzeichen: (HM)

Werkstoffspezifische Einschränkungen bei den Schweißverfahren sind den jeweiligen DVS-Richtlinien zu entnehmen.

Das für Doppelrohrleitungen geeignete Fügeverfahren wird von folgenden Faktoren bestimmt:

- Verfahrensvarianten
- Werkstoff des Innen- und Außenrohres
- Rohrabmessungen
- Systemkomponenten
- Verlegemethode

8.3.1.1 Heizelementstumpf- und -muffenschweißen

Das **Heizelementstumpfschweißen** ist uneingeschränkt für alle lieferbaren Rohrabmessungen anwendbar, sofern hierfür geeignete Schweißmaschinen zur Verfügung stehen. Das **Heizelementmuffenschweißen** wird in seiner Anwendung durch die zur Verfügung stehenden Formteilabmessungen begrenzt und beschränkt sich bei Doppelrohrsystemen auf die Verbindung der Innenrohrteile. Der beim Heizelementschweißen erzielbare Fügefaktor garantiert eine hohe Betriebssicherheit und langzeitige Verfügbarkeit der Rohrleitung.

8.3.2 Verfahrensvarianten des Heizelementstumpfschweißens

- Simultanverbindung Kurzzeichen: (-S)
- Kaskadenverbindung Kurzzeichen: (-K)

8.3.2.1 Simultanverbindung

Bei der Simultanverbindung werden jeweils Außenrohr- und Innenrohrteile in einem Arbeitsgang miteinander gefügt. Erfolgt das Fügen mittels Stumpfschweißen, so ist es zwingend erforderlich, dass das Innenrohr gegen das Außenrohr unverschiebbar ist und alle zu schweißenden Teile aus dem gleichen Werkstoff sind. Eine visuelle Kontrolle des Fügevorganges und der Naht am Innenrohr ist nicht mehr möglich.

8.3.2.1.1 Simultanverbindung mittels Heizelementstumpfschweißen (HS-S)

Das simultane Heizelementstumpfschweißen von Doppelrohrteilen kann nur dann sachgemäß ausgeführt werden, wenn alle für die Schweißung maßgeblichen Systemkomponenten aufeinander abgestimmt sind und die erforderlichen Nachweise hinsichtlich der Schweißeignung vorliegen. Im Regelfall ist dies nur dann sichergestellt, wenn nach den Schweiß- und Verlegevorschriften der Doppelrohrhersteller gearbeitet wird. Der Eignungsnachweis sowie eine Schweißvorschrift, ist vom Errichter der Doppelrohrleitung vor Beginn der Schweißarbeiten vorzulegen.

Um beim Hobeln eine Kontrolle des Versatzes der Innenrohrenden vornehmen zu können, sind die Teile so zusammenzubauen, dass die Innenrohrenden, abhängig von der Rohrabmessung, etwa 5 bis 10 mm Bearbeitungsüberstand gegenüber dem jeweiligen Außenrohrende aufweisen. Zur Sicherstellung planparalleler Fügeflächen beim Innen- und Außenrohr, müssen vor Beendigung des Hobelvorgangs mindestens zwei umlaufende Späne erkennbar sein.

Einer Kontrolle bedarf auch die Innenrohrarretierung. Hierzu kann unter Verwendung eines Distanzringes zwischen den beiden Innenrohrenden gemessen werden, ob die mittels Schweißmaschine aufgebrachte Fügekraft in voller Höhe erhalten bleibt, d. h. ob das Innenrohr mit dem Außenrohr unverschiebbar verbunden ist.

Bei der Bestimmung der Fügeparameter ist zu beachten, dass die Fügefläche durch den gemeinsamen Querschnitt (Summe der Innen- und Außenrohrringfläche) vergrößert wird. Hieraus folgt eine höhere Fügekraft [F_{erf}], welche näherungsweise nach folgender Gleichung zu ermitteln ist:

$$F_{erf} = \left((d_e^2 - d_i^2) \cdot \frac{\pi}{4} + (D_e^2 - D_i^2) \cdot \frac{\pi}{4}\right) \cdot p_{spez}$$

In der vorstehenden Gleichung bedeuten:

d_e = Außendurchmesser des Innenrohres (mm)
d_i = Innendurchmesser des Innenrohres (mm)
D_e = Außendurchmesser des Außenrohres (mm)
D_i = Innendurchmesser des Außenrohres (mm)
p_{spez} = spezifischer Fügedruck nach DVS 2207-ff. bzw. nach Herstellerangaben (N/mm^2)

Damit der Fügedruck [p_{spez}] sowohl bei der Außenrohr- als auch bei der Innenrohrwandfläche wirksam wird, ist das Innenrohr in unmittelbarer Nähe zum Außenrohrende beidseitig zu arretieren (siehe Bild 1). Die Erzielung eines gleichmäßigen Fügedruckes auf Außenrohr- und Innenrohrwandfläche ist aufgrund der unterschiedlichen Einspannbedingungen (Außenrohr in der Schweißmaschine, Innenrohr mit der Arretierungsscheibe verbunden) nicht möglich.

Alle anderen Verfahrensparameter sind unter Berücksichtigung der für das Heizelementstumpfschweißen gültigen Normen und Richtlinien, ggf. auch nach Herstellerangaben, festzulegen. Die Anwärm-, Umstell- und Abkühlzeiten sowie die Heizelementtemperatur sind auf die Wanddicke des Innenrohres zu beziehen. Zum Zeitpunkt des Schweißens ist darauf zu achten, dass sich die Wandtemperaturen von Innen- und Außenrohr nicht mehr als 10°C unterscheiden (z. B. durch Sonneneinstrahlung).

Hinweis: Solange keine gesicherten Ergebnisse zum Langzeitschweißfaktor des Simultanschweißverfahrens vorliegen, ist die Verbindung von Doppelrohrteilen mittels Simultanschweißen auf ein Wanddickenverhältnis von Innen- zu Außenrohr mit V_e = 0,85..1,20 zu begrenzen. Für Wanddickenverhältnisse welche außerhalb dieses Bereichs liegen, ist in jedem Fall ein geeigneter Nachweis zum Langzeitschweißfaktor zu führen.

8.3.2.2 Kaskadenverbindung

Unter Kaskadenverbindung ist das zeitlich versetzte Fügen von Innen- und Außenrohrteilen zu verstehen. Die Doppelrohrteile sind axial gegeneinander verschiebbar, so dass gegenüber dem Fügen von Einzelrohrteilen kein wesentlicher Unterschied besteht. Die Teile des Innenrohres und die des Außenrohres können aus unterschiedlichen Werkstoffen bestehen. Zur Verbindung der Innen- und Außenrohrteile können alle Fügeverfahren angewendet werden.

Bei der Kaskadenverbindung werden zuerst die Innenrohrteile gefügt, danach folgt die Verbindung der Außenrohrteile. Um eine visuelle Kontrolle der Verbindungen am Innenrohr zu ermöglichen, sind die Schweißnähte oder Klebestellen am Innen- und Außenrohr gegeneinander zu versetzen.

8.3.2.2.1 Kaskadenverbindung mittels Heizelementstumpfschweißen (HS-K)

Die Kaskadenverbindung mittels Heizelementstumpfschweißen erfordert für das Fügen des Außenrohres ein geteiltes Ringheizelement. Um den thermischen Einfluss auf das Innenrohr gering zu halten, ist der Öffnungsdurchmesser des Ringheizelementes mindestens 10 mm größer als der Außendurchmesser des Innenrohres zu wählen. Die Temperaturverteilung auf dem Ringheizelement muss den Anforderungen der Richtlinien DVS 2207-ff. und DVS 2208 entsprechen. Ein signifikanter Temperaturabfall im Bereich der Außenrohrfügefläche ist nicht zulässig.

Die Stoßstelle des Ringheizelementes muss so gestaltet sein, dass die plastifizierten Fügeflächen des Außenrohres durchgängige Unversehrtheit erkennen lassen und die Schweißnaht keine sichtbaren Veränderungen aufweist (z. B. Einfallstelle am Schweißwulst).

8.3.2.3 Heizwendelschweißen

Das Heizwendelschweißen ist in seiner Anwendung durch die zur Verfügung stehenden Formteilabmessungen begrenzt. Die Gleichwertigkeit des Fügeverfahrens bei Innendruckbelastung gegenüber dem Heizelementstumpf- und -muffenschweißverfahren ist gegeben. Beachtenswert ist, dass das Heizwendelschweißen und Heizelementmuffenschweißen überlappende Fügeebenen ergeben. Die Einleitung der aus unterdrückter Wärmedehnung entstehenden Zugkräfte in die Schweißmuffe darf keine Überlastung in der Fügeebene oder der Heizwendelebene bewirken.

Soll das Heizwendelschweißen zum Verbinden von Teilen des Innenrohres eingesetzt werden, so ist die chemische Widerstandsfähigkeit der nicht aus Kunststoff bestehenden Teile (z. B. Heizwendel gegenüber dem Durchflussstoff zu prüfen.

8.3.3 Kleben von Rohrleitungsteilen aus ABS und PVC

Das Verbinden von ABS- und PVC-Rohrleitungsteilen mittels Kleben hat unter Beachtung der in Abschnitt 13 genannten Normen, Richtlinien und Vorschriften zu erfolgen. Die zur Klebeverbindung erforderlichen Muffen begrenzen den Anwendungsbereich hinsichtlich der Rohrnennweite. Die Gleichwertigkeit der Klebeverbindung zu den im thermoplastischen Kunststoffrohrleitungsbau üblichen Schweißverfahren ist aufgrund des erzielbaren Fügefaktors gegeben.

8.3.4 Warmgasschweißen

Das Warmgasziehschweißen (WZ) sowie das Warmgasextrusionsschweißen (WE) können aufgrund des geringeren Fügefaktors gegenüber den vorgenannten Schweißverfahren nicht zum unmittelbaren Verbinden von Doppelrohrteilen empfohlen werden.

Die Verwendung beider Verfahrensvarianten für Hilfs- und Konstruktionsschweißungen ist zulässig, wenn eine Belastung der Fügeverbindung nur im Fertigungs- oder Montagestadium auftritt und sichergestellt ist, dass dadurch weder eine Überlastung noch eine Beeinflussung der Gebrauchseigenschaften entstehen kann.

Sofern es sich um den Transport nicht wassergefährdender Durchflussstoffe handelt und im Einzelfall nachgewiesen werden kann, dass die Verbindung des Außenrohres mittels Verfahren WE keine Auswirkungen auf die Sicherheit des Doppelrohrsystems im Betriebszustand sowie im Havariefall hat, darf mit Einverständnis des Betreibers das vorgenannte Schweißverfahren angewendet werden.

8.4 Befestigungen

Die Befestigung (Halterung) von Doppelrohrsystemen erfolgt grundsätzlich nach den Angaben der DVS 2210-1, Abschnitt 5.7. Die Kriterien für die Auswahl der Befestigungselemente ergeben sich aus den Verlegemethoden, welche unter Abschnitt 8.1 dieser Richtlinie beschrieben sind. Nachfolgend werden die Unterschiede zwischen der Befestigung von Einfach- und Doppelrohrleitungen aufgezeigt.

8.4.1 Rohrstützweiten

Es sind jeweils die Stützweiten des Innen- als auch des Außenrohres festzulegen. Zur Ermittlung der Stützweiten für das Innenrohr (Abstände der Distanzhalter) können die Tabellen im Anhang der DVS 2210-1 benutzt werden. Bei der Bestimmung der Außenrohrstützweite sind die Gewichte des Innen- und Außenrohres, das Gewicht der Innenrohrfüllung sowie ggf. das der Ringraumfüllung zu berücksichtigen.

Die Anwendung der vorgenannten Stützweitentabellen ist auch für das Außenrohr möglich, wenn die entsprechenden Dichten der Füllungen einbezogen werden. Ist der Ringraum nicht mit einer Flüssigkeit gefüllt, wird zur Optimierung der Stützweite eine rechnerische Betrachtung empfohlen.

8.4.2 Führungsabstände

Die Befestigung des Innenrohres erfordert eine generelle Führung im Außenrohr, was unter Verwendung von Distanzhaltern erfolgt. Die Führungsabstände sind so festzulegen, dass die Innenrohrstrecke durch die behinderte Längenausdehnung nicht ausknickt. Gleiches gilt für das Außenrohr, dessen Befestigung entweder eine axiale Bewegung zulässt oder unterbindet. Die Befestigung des Außenrohres ist mit der Verlegung des Doppelrohrsystems gleichzusetzen. Die Prinzipien der Berechnung bzw. die Festlegung von Führungsabständen sind DVS 2210-1, Abschnitt 4.3.5 bzw. Tabelle 20 (Anhang), zu entnehmen.

Die Verbindung der Distanzhalter mit dem Innenrohr darf nur über Reibkräfte (Klemmwirkung) erfolgen. Die Konstruktion muss so sein, dass die Wärmeausdehnung des Innenrohres nicht beeinträchtigt wird und eine Beschädigung der Rohroberflächen ausgeschlossen ist. Das Anschweißen oder Anheften der Distanzhalter am Außen- oder Innenrohr ist nicht zulässig.

8.4.3 Befestigung des Außenrohres im Bereich von Dehnungsbogen

Bei der Befestigung der oberirdisch verlegten Doppelrohrleitung ist unbedingt auf die sachgemäße Anordnung der Gleit- und Führungsrohrschellen im Bereich der Dehnungsbogen zu achten. Unter Dehnungsbogen versteht sich der Verbund aus innerem und äußerem Rohrbogen unter Einschluss aller An- und Einbauteile.

Die zur Kompensation von Längenänderungen dienenden Dehnungsbogen sind nach den Angaben im Verlegeplan einzubauen. Zu beachten ist, dass die Konstruktion der Doppelrohr-Dehnungsbogen eine Übertragung der Dimensionierungsregeln nach DVS 2210-1, Abschnitt 4.3.2.1 nur eingeschränkt zulässt.

Bewegungshindernd für den Dehnungsbogen ist, wenn im Krümmungsbereich des Innenrohrbogens Distanzhalter angeordnet sind. Die damit verbundene Einschränkung der Elastizität erfordert ggf. eine großzügigere Dimensionierung der Biegeschenkel des Außenrohres. Biegeschenkelabmessungen für Dehnungsbogen sind entweder den Verlegeunterlagen der Systemhersteller zu entnehmen oder müssen im Rahmen von Elastizitätsberechnungen durch den Errichter festgelegt werden. Hinweise zur Behandlung der rechnerischen Thematik beinhaltet diese Richtlinie im Abschnitt 5.2.

8.4.4 Festpunkte

Die Konstruktion und die Lage der Festpunkte in einem Doppelrohrsystem werden, was das Innenrohr angeht, vom Systemhersteller vorgegeben bzw. sind in den konfektionierten Formstücken bereits integriert.

Für die Herstellung der Festpunktkonstruktion einschließlich Anordnung der Rohrschellenaufnehmer auf dem Außenrohr (Festpunktringe) ist der Errichter verantwortlich. Die Gestaltungsregeln sind DVS 2210-1, Abschnitt 5.7.3, zu entnehmen, die Lage der Festpunkte am Außenrohr sind im Verlegeplan anzugeben. Auf die Einhaltung der Biegeschenkellängen an den jeweiligen Dehnungsbogen ist zu achten (siehe DVS 2210-1, Bilder 8 bis 10).

Die Belastung der Festpunkte ist von der Verlegemethode abhängig, wobei die axiale Einspannung einer Rohrstrecke große Belastungen auf die Befestigungskonstruktion ausübt. Nicht zu vernachlässigen sind die Reibungskräfte einer langen, axial beweglichen Rohrstrecke. Die Belastung kann, abhängig zur Länge der Rohrstrecke, bis auf die Größenordnung der axialen Einspannung ansteigen.

In allen Fällen ist eine rechnerische Ermittlung der Festpunktkräfte zwingend durchzuführen. Einzelheiten hierzu sind in DVS 2210-1, Abschnitt 4.3.3 beschrieben.

8.5 Änderungen und Reparaturen am Doppelrohrsystem

Es ist nicht auszuschließen, dass an einem bereits verlegten Doppelrohrsystem Änderungen oder an einer durch Leckage betroffenen Rohrstrecke Reparaturen vorgenommen werden müssen. Dabei darf das Doppelrohrsystem keine mechanische Schwächung erleiden. Der Nachweis für die Betriebssicherheit des Doppelrohrsystems nach einer Änderung bzw. nach einer Reparatur ist mittels Innendruckprüfung gemäß Abschnitt 9.2.5.1 zu führen.

Die Ausführung der Arbeiten durch geschultes Fachpersonal ist eine der wesentlichen Voraussetzungen für eine sachgemäße Reparatur. Des Weiteren sind die Vorgaben der Hersteller hinsichtlich der Arbeitsabläufe zu beachten. Der nachfolgende Abschnitt befasst sich in allgemeiner Form mit dieser Thematik und gibt Beispiele zur Handhabung von Änderungs- und Reparaturmaßnahmen.

8.5.1 Generelle Maßnahmen

Vor dem Öffnen einer bereits in Betrieb genommenen Doppelrohrleitung müssen Sicherheitsmaßnahmen getroffen werden, die dem Schutz der Umwelt und im Besonderen des Personals dienen, welches die Reparatur oder Systemänderung vorzunehmen hat. Dazu gehören u. a.:

- das Tragen von Schutzkleidung
- die totale Entleerung des betroffenen Streckenabschnitts
- das Ausspülen der Innenrohrstrecke und des Ringraumes, sofern in letzteren Durchflussstoff ausgetreten ist
- die Sicherung gegen Nachtropfen
- die Reinigung und Trocknung der Verbindungsstellen

8.5.2 Austausch eines defekten Rohrstückes

Beispiel: Es ist eine gerade Leitungsstrecke zwischen zwei Festpunkten auszutauschen, weil sich in diesem Abschnitt eine schadhafte Verbindung befindet. Aufgrund der nicht verschiebbaren Rohrenden beim Herstellen der letzten Fügeverbindung, ist eine besondere Vorgehensweise anzuwenden, welche nachfolgend beschrieben wird.

8.5.2.1 Lösungsmöglichkeit für schweißbare Kunststoffe (Bild 9)

Zunächst wird das Innenrohr an das vorhandene Rohrende angepasst und anschließend mittels einer vorher aufgesteckten, axial verschiebbaren Heizwendelschweißmuffe verbunden. Hierbei ist zu beachten, dass die Muffe mittig über dem Stoß angeordnet wird. Besteht die Möglichkeit, das Innenrohr noch zu verschieben, kann das Innenrohr auch mittels HS-Naht verbunden werden.

Der Anschluss des Außenrohres erfolgt mittels eines Distanzstückes. Dieses besteht aus einem Rohr, das auf beiden Seiten mit einer angeschweißten Heizwendelschweißmuffe versehenen ist und dessen Innendurchmesser dem Aussendurchmesser des Außenrohres angepasst wurde. Das Distanzstück muss bereits vor dem Schweißen des Innerohres über das Außenrohr geschoben werden. Beim Schweißen ist auf eine genaue Positionierung des Distanzstückes und der Heizwendelschweißmuffen zu achten.

Anstelle des HM-Verfahrens kann zum Schweißen der Muffe auch das WZ- oder WE-Verfahren zur Anwendung kommen, sofern die Voraussetzungen gemäß Abschnitt 8.3 erfüllt sind.

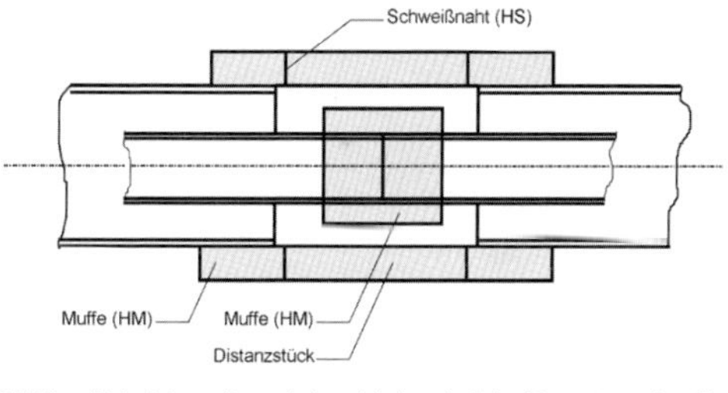

Bild 9. Beispiel zur Doppelrohrverbindung bei der Reparatur schweißbarer Kunststoffe.

9 Qualitätsmanagement und Prüfungen

Der nachfolgenden Abschnitt befasst sich mit den wesentlichen Elementen eines Qualitätsmanagements im Zusammenhang mit der Herstellung und Errichtung von Doppelrohrleitungen aus thermoplastischen Kunststoffen. Sinn und Zweck dieses Abschnittes ist es, bereits standardisierte Qualitätsstrukturen sinngemäß anzuwenden bzw. für den Anwender transparenter zu machen.

9.1 Elemente des Qualitätsmanagements

9.1.1 Qualitätsanforderungen an die Fertigung

Bei der Fertigung von Doppelrohrteilen muss durch entsprechende Fertigungsunterlagen sichergestellt sein, dass ausschließlich die für den Anwendungsfall geeigneten Werkstoffe, Zulieferteile sowie Verarbeitungsverfahren eingesetzt werden. In den Fertigungsunterlagen sind die Anforderungen zu spezifizieren (z. B. Vorgabe einer Bewertungsgruppe nach DVS 2202-1).

Im Hinblick auf die zur Verfügung stehenden Fertigungsverfahren wie Spritzgießen, Extrudieren, Warmformen, Schweißen und Kleben gibt es allgemein gültige Standards, deren Einhaltung seitens der Hersteller zu garantieren sind. Für Doppelrohrteile, welche unter Anwendung kombinierter oder neuer Fertigungsverfahren hergestellt werden, muss der Hersteller für eine entsprechende Qualitätssicherung sorgen.

Der Anwender muss sich darauf verlassen können, dass die Entwicklung und Fertigung von Doppelrohrteilen unter Einbezug der technischen Regeln und dem Stand der Technik erfolgen. Der Hersteller hat zu gewährleisten, dass die tragenden bzw. einer Belastung ausgesetzten Teile einer Doppelrohrleitung umfassend geprüft und deren Eignung für den jeweiligen Anwendungsfall gegeben ist. Art und Umfang der Prüfungen sowie die kennzeichnenden Eigenschaften sind zu dokumentieren.

Der Hersteller muss sicherstellen, dass auch die von den Zulieferanten gefertigten Teile die Qualitätsanforderungen erfüllen. Voraussetzung für eine qualitätskonforme Vorgehensweise ist, dass die Bestellung alle relevanten Anforderungen enthält. Der Zulieferant hat mittels Materialbescheinigungen zu gewährleisten, dass die Rückverfolgbarkeit für jedes Lieferteil garantiert ist.

9.1.1.1 Materialbescheinigungen

Materialbescheinigungen müssen im Wesentlichen folgende Angaben enthalten:

- die Hauptabmessungen
- die genormte Werkstoffbezeichnung
- die Typ- oder Bauartbezeichnung
- die Kennzeichnungserläuterung
- das Fertigungsdatum bzw. dem Fertigungszeitraum
- die Hinweise auf den Prüfumfang
- die physikalischen und mechanischen Eigenschaften

9.1.1.2 Eingangsprüfungen

Bei Fremdlieferungen hat der Hersteller sicherzustellen, dass die Teile nicht verwendet oder weiterverarbeitet werden, bevor sie einer Eingangsprüfung unterzogen wurden. U.U. genügt hierzu eine visuelle Prüfung der Teilebeschaffenheit, Kontrolle der Hauptabmessungen sowie eine Kontrolle, ob die Lieferung mit der Bestellung übereinstimmt und die Materialbescheinigungen beigefügt sind bzw. zugeordnet werden können.

9.1.1.3 Zwischen- und Endprüfungen

Im Rahmen von Zwischen- und Endprüfungen ist sicherzustellen, dass die in den Qualitätsanweisungen verankerten Prüfungen und Kontrollen ausgeführt wurden, die Ergebnisse dokumentiert sind und diese den Qualitätsforderungen entsprechen. Halbzeuge oder Teile, welche in einer Fertigungsstufe konfektioniert werden, sind vor der Auslieferung einer abschließenden Kontrolle (Endprüfung) zu unterziehen.

Elemente der Zwischen- und Endprüfung können sein:

- Kontrolle der Übereinstimmung mit den Fertigungsunterlagen
- Kontrolle der Hauptmaße
- Prüfen der Verarbeitung (z. B. Fügeverbindungen)
- Konformitätsprüfung der Werkstoffe
- Über- oder Unterdruckprüfung (Kurzzeitprüfung)

9.1.2 Qualitätsanforderungen an die Errichtung

Bei der Errichtung von Doppelrohrleitungen ist der werkstoffgerechte Umgang eine wesentliche Voraussetzung der Qualitätssicherung. Daneben gehören Detail- und Montagezeichnungen sowie Verlegepläne zu den wichtigen Elementen des Qualitätsmanagements.

Die Errichtung von Doppelrohrleitungen muss durch Fachbetriebe erfolgen. Als Fachbetriebe gelten solche Unternehmen, welche ihre technische Einrichtung auf die Kunststoffverarbeitung abgestimmt haben und über das entsprechende Personal mit ausreichender Erfahrung verfügen. Der Qualifikationsnachweis als Fachbetrieb kann z. B. unter Einbezug der nachfolgend genannten Dokumente geführt werden.

- Zertifizierungsurkunde nach DIN EN ISO 9001
- Nachweis eines geeigneten Qualitätsmanagements
- Zulassungsurkunde nach WHG § 19 I
- Überwachungsvertrag mit einer benannten Stelle

Das Personal muss im Zusammenhang mit den Tätigkeiten zur Errichtung einer Doppelrohrleitung in der Lage sein, selbständige Entscheidungen zu treffen. Hierzu wird eine kunststoffspezifische Ausbildung mit anlagetechnischem Basiswissen oder die langjährige Ausübung einer äquivalenten Tätigkeit mit intensiver Schulung auf dem Sektor des Kunststoffanlagenbaues vorausgesetzt.

9.1.3 Aufzeichnungen

Sowohl der Hersteller als auch der Errichter müssen Qualitätsaufzeichnungen einführen, aufrechterhalten und aufbewahren. Die Qualitätsaufzeichnungen müssen dokumentieren, dass die Teile hinsichtlich ihrer Beschaffenheit sowie ihrer Ver- und Weiterverarbeitung die Qualitätsprüfungen bezüglich der festgelegten Kriterien bestanden haben.

9.1.4 Ausbildung und Schulung

Hersteller und Errichter müssen für die Ausbildung und Schulung aller Mitarbeiter sorgen, welche mit qualitätsrelevanten Tätigkeiten betraut sind. Zur Ermittlung des Schulungsbedarfs sind entsprechende Verfahren einzuführen und aufrechtzuerhalten. Dem Zweck dienende Aufzeichnungen über Art und Umfang der Schulungen müssen geführt werden.

9.2 Prüfungen

Prüfungen bei der Herstellung von Doppelrohrteilen und Errichtung einer Doppelrohrleitung sind Elemente der Qualitätsüberwachung. Keinesfalls können Prüfungen dazu dienen, Qualität zu erzwingen. Im Hinblick auf die Kosten ist mit Prüfungen sorgfältig und zielbewusst umzugehen.

Der nachfolgende Abschnitt befasst sich schwerpunktmäßig mit den Prüfungen während der Errichtung. Eine sinngemäße Anwendung der Vorgehensweise bei der Konfektionierung von Doppelrohrteilen wird empfohlen.

Art und Umfang der Prüfungen sowie der Abnahmen sind zwischen Auftraggeber und Auftragnehmer rechtzeitig zu vereinbaren und in einem Prüfplan festzulegen. Besondere Vorschriften, wie sie sich z. B. aus der Druckgeräterichtlinie ergeben, sind zu beachten.

Über die Durchführbarkeit und die Effizienz der jeweiligen Prüfung müssen sich Auftraggeber und Auftragnehmer bei der Prüfplanerstellung vergewissern. Das Ergebnis der jeweiligen Prüfung ist in einem Protokoll festzuhalten.

Unabhängig davon, ob Zwischen- und Endprüfungen während der Errichtung vereinbart wurden, hat spätestens nach Fertigstellung der Rohrleitung, auf jeden Fall vor der Inbetriebnahme, eine Abnahme zwischen dem Errichter und dem Betreiber der Rohrleitung zu erfolgen. Zur Abnahme muss dem Betreiber die zur Inbetriebnahme erforderliche Dokumentation ausgehändigt werden. Im Rahmen der Abnahme sind auch Funktionsprüfungen durchzuführen (z. B. Lecküberwachungseinrichtung).

9.2.1 Visuelle Prüfungen

Die auf die Baustelle gelieferten Teile sind vor der Weiterverwendung auf Unversehrtheit und äußere Beschaffenheit zu kontrollieren. Des Weiteren sind nach Beendigung einzelner Arbeitsschritte Beurteilungen hinsichtlich des Ergebnisses abzugeben.

Die visuelle Prüfung soll u. a. folgende Elemente einschließen:

- die Beschaffenheit von Rohr- und Formstückoberflächen
- die Wanddicken an Abzweigen, Segmentbogen und Sonderformstücken

- die Ausbildung der Schweißwulste beim HS-Verfahren
- die äußeren Wulste und der Muffenübergang beim HD-Verfahren
- die Ausrichtung der Muffen und Formteile auf dem Rohr
- die Parallelität von Schnittkanten
- die Sauberkeitsstufe bei Klebeverbindungen
- die Fugenausbildung an den Klebemuffen
- die Kontrolle des Kantenversatzes an den Stoßstellen der Verbindungen
- die Einhaltung der zulässigen Befestigungsabstände
- die Eignung der Befestigungselemente
- die Abmessungen von Dehnungsbogen hinsichtlich ihrer Elastizität
- die Schwingungsempfindlichkeit oberirdisch verlegter Rohrstrecken
- die Anschlüsse an Behältern und Pumpen

Bei der Errichtung einer Doppelrohrleitung ist hinsichtlich des Zeitpunktes für eine visuelle Prüfung darauf zu achten, dass die Teile und die Verarbeitung der Innenrohrleitung nur vorübergehend beurteilt werden können. Ggf. ist eine Prüfung sowohl für die Innen- als auch für die Außenrohrleitung zu vereinbaren. Zur Beurteilung von Schweißverbindungen ist DVS 2202-1 heranzuziehen.

9.2.2 Zerstörungsfreie Prüfverfahren

Einzelheiten zu den Prüfverfahren können DVS 2206, Teil 3 und 4, entnommen werden. Die Durchführung von zerstörungsfreien Prüfungen an Kunststoffrohrleitungen erfordert Geräte und Einrichtungen, welche auf den jeweiligen Werkstoff physikalisch und technisch abgestimmt sind. Außerdem muss die mit der Prüfung beauftragte Person Erfahrungen im Umgang mit den Geräten und der Auswertung der Prüfergebnisse besitzen.

Dies gilt im Besonderen für die Ultraschall- und die Durchstrahlungsprüfung. Beide Prüfverfahren haben nur eine begrenzte Aussagefähigkeit, so dass in den meisten Fällen die Anwendung nicht sinnvoll erscheint.

9.2.3 Zerstörende Prüfverfahren

Zerstörende Prüfungen sind vor allem zum Nachweis der Festigkeitseigenschaften von Schweiß- und Klebeverbindungen durchzuführen. Einzelheiten zu den Anforderungen und den anzuwendenden Prüfverfahren können DVS 2203-ff. entnommen werden. Über die Prüfung an Halbzeugen gibt DVS 2201-ff. Auskunft.

9.2.4 Prüfen der Geräte und Maschinen

Für die Funktionstüchtigkeit von Maschinen und Geräten ist der Errichter verantwortlich. Mittels geeigneter Dokumentation ist nachzuweisen, dass eine Maschinen- und Geräteprüfung innerhalb des üblichen Überwachungszeitraumes vorgenommen wurde. Ist dies nicht der Fall, so muss vor Aufnahme der Montagearbeiten eine Prüfung im Beisein einer Fachaufsicht stattfinden. Das Ergebnis der Prüfung ist zu protokollieren (siehe z. B. Protokoll bei DVS 2208).

9.2.5 Innendruckprüfung

Die Innendruckprüfung des Doppelrohrsystems erfolgt unter Beachtung von DVS 2210-1, Beiblatt 2, sowie der nachfolgend beschriebenen Vorgehensweise. Um die Prüfung sachgemäß vornehmen zu können, sind am Doppelrohrsystem geeignete Prüf-, Füll- und Entlüftungsstutzen vorzusehen. Des Weiteren ist eine absperrbare Verbindung zwischen der Innen- und der Außenrohrleitung herzustellen, welche nach Abschluss der Prüfung zu entfernen ist.

9.2.5.1 Prüfen der Innenrohrleitung

Zunächst wird die Innenrohrleitung, ohne Befüllung des Ringraumes, einer primären Innendruckprüfung unterzogen. Die Primärprüfung ist identisch mit der Vorprüfung, welche entsprechend den Angaben in DVS 2210-1, Beiblatt 2, durchzuführen ist.

Hinweis: Da die Innenrohrleitung durch das Außenrohr geschützt ist, besteht wenig Gefahr für ein Ansteigen der Rohrwandtemperatur über 20°C. Für den Fall, dass dies trotzdem nicht ausgeschlossen werden kann, ist der zulässige Prüfdruck entsprechend Abschnitt 6, DVS 2210-1, Beiblatt 2, zu reduzieren.

Unmittelbar nach Primärprüfung der Innenrohrleitung folgt die Vorbereitung zur Prüfung der Außenrohrleitung, ohne dass zwischenzeitlich die Innenrohrleitung entspannt oder gar entleert wird.

9.2.5.2 Prüfen der Außenrohrleitung bzw. des Ringraumes

Die Prüfung des Ringraumes und damit der Außenrohrleitung ist als Fortsetzung der Primärprüfung der Innenrohrleitung aufzufassen. Dazu ist der Ringraum mit Wasser zu befüllen und sorgfältig zu entlüften. Um eine äußere Belastung des Innenrohres durch den Überdruck im Ringraum zu vermeiden, soll vor dem Aufbringen des Prüfdruckes im Ringraum die Verbindung zwischen Innen- und Außenrohrleitung geöffnet und damit ein Druckausgleich hergestellt wird.

Nach dem Druckausgleich zwischen Innenrohrleitung und Ringraum, ist mit der Sekundärprüfung der Außenrohrleitung, entsprechend den Angaben für die Hauptprüfung nach DVS 2210-1, Beiblatt 2, zu beginnen. Der nach Öffnen der Verbindung zwischen der Innen- und Außenrohrleitung und nach dem Entlüften herrschende Sekundärprüfdruck darf nicht mehr als die gemäß Abschnitt 6, DVS 2210-1, Beiblatt 2, zulässigen Prüfdrücke betragen.

9.2.6 Dichtheitsprüfung

Werden zur Leckageüberwachung elektrisch wirkende Kontrolleinrichtungen verwendet, muss sich der Ringraum bei Inbetriebnahme in einem trockenen Zustand befinden. Für diesen Fall eignet sich eine Druckprüfung des Außenrohres mittels Wasser nicht, so dass lediglich eine Dichtheitsprüfung mittels Luft oder eines inerten Gases durchgeführt werden kann.

Bei der Dichtheitsprüfung mittels Luft sind alle Fügeverbindungen mit einem schaumbildenden Mittel zu bestreichen oder zu besprühen, um undichte Stellen durch Blasenbildung orten zu können.

Bei der Dichtheitsprüfung mittels Luft ist aus Sicherheitsgründen der Prüfdruck auf $p_p \leq 0{,}5$ bar zu begrenzen. Da durch den geringen Prüfdruck die Effizienz der Prüfung wesentlich geringer ist als bei der Innendruckprüfung mit Wasser, soll die Dichtheitsprüfung bevorzugt auf Doppelrohrleitungen beschränkt werden, deren Ringraum mit maximal $p_{ü} = 0{,}5$ bar belastet wird (Systeme nach Belastungskategorie I, Tabelle 4). Weitere Angaben zur Dichtheitsprüfung sind in DVS 2210-1, Beiblatt 2, zu finden.

10 Einrichtungen zur Kontrolle und Anzeige von Leckagen

Für den Betrieb einer Doppelrohrleitung sind Einrichtungen zur Kontrolle, Anzeige oder permanenten Überwachung einer Leckage mit optischer und akustischer Alarmgebung vorzusehen. Im nachfolgenden Kapitel werden die wesentlichen Grundlagen von Lecküberwachungseinrichtungen behandelt. Detaillierte Angaben zu den Geräten, der Wirkungsweise und Installation sind beim Hersteller von Doppelrohrsystemen zu erfragen. Die folgende Übersicht dient der Unterscheidung von Lecküberwachungseinrichtungen, welche entweder drucklos wirken oder eine Beanspruchung im Überwachungsraum auslösen.

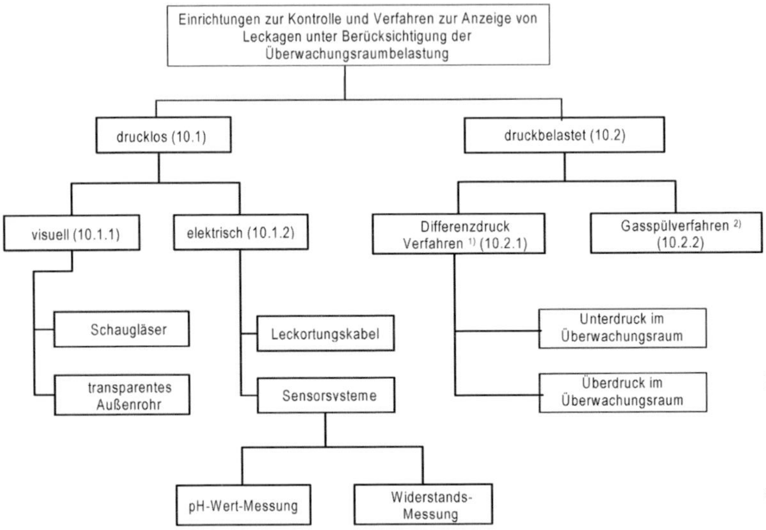

Hinweise:

1) Mit Beaufschlagung des Überwachungsraumes durch Über- oder Unterdruck ist eine zusätzliche Beanspruchung des Innen- und Außenrohres verbunden.

2) Sonderfall mit Diffusionsüberwachung

Bild 10. Übersicht zu Kontroll- und Überwachungseinrichtungen.

10.1 Drucklos wirkende Leckanzeigen

Bei drucklos wirkenden Leckanzeigen ist Voraussetzung, dass der an einer undichten Stelle in den Überwachungsraum eingedrungene Durchflussstoff die Kontrolleinrichtung erreicht. Die Art der Einrichtung lässt entweder nur eine visuelle Kontrolle zu oder enthält Messelemente zur automatischen Registrierung und Weitergabe einer Anzeige bzw. Auslösung eines Alarms.

10.1.1 Visuelle Kontrolleinrichtungen

Durch den Einbau von Schaugläsern an allen Tiefpunkten des Doppelrohrsystems oder Verwendung transparenter Außenrohrteile wird die Möglichkeit geschaffen, das in den Überwachungsraum gelangte Durchflussstoff sichtbar zu machen bzw. zu registrieren.

Zur Kontrolle von teilweise im Erdreich eingebauten Doppelrohrstrecken sind Schaugläser mit einer Entnahmemöglichkeit (z. B. Entleerungshahn) auszustatten, um im Falle einer Leckage die Analyse des in den Überwachungsraum gelangten Durchflussstoff zu ermöglichen. Mit Hilfe der Analyse kann festgestellt werden, ob sich die Undichtheit am Innenrohr (Eintritt von Durchflussstoffen) oder am Außenrohr (Eintritt von Grundwasser) befindet.

Eine permanente Überwachung des Doppelrohrsystems ist mit der visuellen Kontrolleinrichtung nicht möglich. Die Kontrollzyklen sind entsprechend den Anforderungen an das Doppelrohrsystem durch den Betreiber festzulegen.

10.1.2 Elektrische Kontrolleinrichtungen

Elektrisch wirkende Kontrolleinrichtungen sind nur bei elektrisch leitfähigen Medien bzw. unter Verwendung von pH-Wert-Messsensoren auch bei Säuren und Laugen einsetzbar. Bei der elektrisch wirkenden Leckanzeige besteht die Möglichkeit Sensorsysteme einzusetzen oder ein Leckortungskabel im Überwachungsraum zu installieren.

10.1.2.1 Leckanzeige mittels Sensoren

Bei der Leckanzeige mittels Sensoren sind die Messstellen an den Tiefpunkten des Doppelrohrsystems anzubringen. Gelangt der in den Überwachungsraum eingedrungene Durchflussstoff an die Tiefpunkte eines Rohrleitungsabschnittes, wird das Ereignis durch die Sensoren registriert und angezeigt. Die Registrierung erfolgt aufgrund einer Widerstandsmessung in Abhängigkeit zur Leitfähigkeit, einer pH-Wert-Messung oder einer Kombinationen von beiden. Die dazugehörigen Sensorkabel verlaufen außerhalb des Doppelrohrsystems.

10.1.2.2 Leckanzeige mittels Leckortungskabel

Leckortungskabel dienen zur Anzeige und Ortung der Stelle, an der Durchflussstoff in den Überwachungsraum gelangt ist. Dazu muss das Leckortungskabel über die gesamte Länge des Doppelrohrsystems im Überwachungsraum mitgeführt werden. Bei einer Leckage kann die Position der undichten Stelle mit Hilfe eines zuvor angefertigten Systemplanes zugeordnet werden.

10.2 Belastungsauslösende Lecküberwachungssysteme

Bei belastungsauslösend wirkenden Lecküberwachungssystemen entsteht eine zusätzliche Beanspruchung des Innen- und Außenrohres. Die Art und Größe der Beanspruchung ist bei der Dimensionierung des Doppelrohrsystems gemäß Abschnitt 4 zu berücksichtigen.

10.2.1 Differenzdruckmethode

Bei der Differenzdruckmethode wird der Überwachungsraum mit einem Überdruck- oder Unterdruck beaufschlagt. Kommt es zu einer Leckage, so gelangt beim Überdruckverfahren das Überwachungsmedium (Gas oder Flüssigkeit) in das Innenrohr. Der damit verbundene Druckabfall im Überwachungsraum bewirkt einen Alarm über einen Differenzdrucksensor.

Beim Unterdruckverfahren kommt es durch eine Leckage zu einem Druckanstieg im Überwachungsraum, der wie beim Überdruckverfahren registriert wird und zu einem Alarm führt. Die Differenzdruckmethode eignet sich besonders für eine Lecküberwachung erdverlegter Doppelrohrsysteme, bei der auch das Außenrohr einzubeziehen ist.

Der im Überwachungsraum herrschende Über- oder Unterdruck muss gegenüber dem Betriebsdruck im Innenrohr mittels einer Differenzdruckmesseinrichtung permanent kontrolliert werden. Da der Innendruck im Überwachungsraum durch temperaturbedingte Volumenänderung des Rohrleitungssystems u. U. nicht konstant bleibt, muss durch geeignete Einrichtungen für eine gleitende Druckanpassung gesorgt werden. Erst die über einen

Grenzwert hinausgehende Druckänderung darf einen optischen und akustischen Alarm auslösen.

Die Überwachung des Ringraumes mittels Überdruck führt bei Stillstand des Rohrleitungssystems zu erhöhten Belastungen des Innenrohrs. In Abhängigkeit zur Rohrwandtemperatur kann es bei Kunststoffen mit geringer Steifigkeit zum Beulen des Innenrohres kommen. Aufgrund der geringeren Belastung für das Innenrohr ist die Unterdrucküberwachung vorzuziehen. Der zulässige Differenzdruck im Überwachungsraum ist im Rahmen der Doppelrohrberechnung nachzuweisen.

10.2.1.1 Gasspülverfahren

Werden in der Innenrohrleitung flüchtige Durchflussstoffe (z. B. Kraftstoffe, Lösungsmittel) transportiert, sollte zur Leckageüberwachung das Gasspülverfahren eingesetzt werden. Das Gasspülverfahren stellt einen Sonderfall dar, bei dem der Überwachungsraum mit einem Gas kontinuierlich durchspült und dieses über einen Gasanalysator geleitet wird. Mit dem Gasspülverfahren können bereits geringe Mengen des Durchflussstoffes im Überwachungsraum geortet werden (z. B. Diffusion durch die Rohrwand).

10.3 Anforderungen an Kontroll- und Lecküberwachungseinrichtungen

Die Einrichtungen zur Leckanzeige müssen sicherstellen, dass unter den zugrundegelegten Betriebsbedingungen eine Undichtheit am Doppelrohrsystem schnellstmöglich erkannt und angezeigt wird. Für Doppelrohrleitungen, welche dem Transport wassergefährdender Durchflussstoffe dienen, sind Leckanzeigegeräte zu verwenden, die für den betreffenden Anwendungsfall eine allgemeine bauaufsichtliche Zulassung haben.

10.3.1 Überwachungsabschnitte

Die Länge der Überwachungsabschnitte richtet sich nach dem jeweiligen Verfahren. Sind die Überwachungsabschnitte drucklos, d. h. ohne Gas- oder Flüssigkeitsfüllung im Überwachungsraum, so wird eine Überwachungslänge zwischen 20 bis 50 m empfohlen. Die jeweiligen Überwachungsabschnitte sind mit einer Entleerungs- und einer Entlüftungsmöglichkeit zu versehen, wobei die Anschlüsse gleichzeitig der Druck- und Funktionsprüfung dienen können. Wichtig ist, dass die gewählte Unterteilung der Überwachungsabschnitte die gezielte Erkennung einer Schadensstelle ermöglicht.

11 Inbetriebnahme, Inspektionen

Vor der Inbetriebnahme muss sich die Rohrleitung in einem betriebssicheren Zustand befinden. Als betriebssicher gilt ein Doppelrohrsystem, wenn mittels geeigneter Prüfungen nachgewiesen ist, dass die Innen- und Außenrohrleitung den betrieblichen Belastungen in jeder Hinsicht standhält, der Überwachungsraum absolut dicht ist und die Kontroll- sowie Überwachungseinrichtungen funktionstüchtig sind.

11.1 Erstmalige Inbetriebnahme

Bei der erstmaligen Inbetriebnahme wird die Innenrohrleitung auf Betriebsüberdruck gebracht und der Betriebstemperatur ausgesetzt. Die an den Verbindungen zum Außenrohr auftretende Belastung aus verhinderter Wärmedehnung und die im Rohrquerschnitt entstehenden Wärmespannungen waren im Regelfall nicht Teil der Prüfungen.

Aufgrund dieser besonderen Situation, welche einer nachträglichen Bauteilprüfung gleichkommt, soll der Errichter an der Inbetriebnahme teilnehmen bzw. diese begleiten. Um sicherzustellen, dass Undichtheiten am Innenrohr frühzeitig erkannt werden, muss der Überwachungsraum, sofern er nicht automatisch überwacht wird, während der Inbetriebnahme visuell kontrolliert werden. Das Ergebnis ist zu protokollieren.

11.2 Erstmalige Inspektion

Vom Errichter und Betreiber ist frühestens 72 Stunden und spätestens 7 Tage nach Inbetriebnahme eine Erstinspektion durchzuführen. Die Kontrollen während der Inspektion müssen insbesondere einschließen:

- die Leckanzeigeeinrichtungen (Zustand, Funktion)
- die Flanschverbindungen (Dichtheit)
- die Belastungspunkte des Systems (z. B. Auffälligkeiten an Festpunkten, Dehnungsbogen oder Abzweigen)

Über die Erstinspektion ist ein Protokoll zu verfassen, in dem alle Feststellungen sorgfältig einzutragen sind. Die Erstinspektion kann entfallen, wenn der Überwachungsraum mit einer bauaufsichtlich zugelassenen Leckanzeigeeinrichtung ausgerüstet ist.

11.3 Inspektionswiederholungen

Die weiteren Inspektionen der Doppelrohrleitung, verbunden mit den üblichen Kontrollgängen, sind vom Betreiberpersonal aufgrund von Betriebsanweisungen wahrzunehmen. Besteht keine besondere Betriebsanweisung, ist eine jährliche Inspektion als obligatorisch zu betrachten. Empfehlenswert ist, die Inspektionsintervalle am Gefährdungspotenzial des Durchflussstoffes zu orientieren, was ggf. häufigere Inspektionen erfordert.

12 Dokumentation

Der Dokumentationsumfang richtet sich nach der Art des Doppelrohrsystems und seiner Verlegung, ggf. nach Belastungskategorie gemäß Abschnitt 4.4. Für die Dokumentation hat der Errichter zu sorgen. Im Wesentlichen handelt es sich um folgende Dokumente:

- Rohrleitungsisometrien bzw. Verlegepläne für den Istzustand, mit Angabe der Verbindungsstellen und fortlaufender Nummerierung in Übereinstimmung mit den Montageaufzeichnungen.
- Datenblätter zu den Rohrleitungen mit Angaben über den zulässigen Betriebsüber- bzw. -unterdruck im Innenrohr und im Überwachungsraum, der maximalen Betriebstemperatur sowie zur Wirkungsweise der Leckanzeigeeinrichtungen.
- Erläuterung der Kennzeichnung von Doppelrohrteilen (ähnlich dem Beispiel im Abschnitt 4.4.2)
- Berechnungen zur Elastizität des Doppelrohrsystems und zu den Verlegeparametern sowie die Festigkeitsnachweise für die Innen- und Außenrohrteile. Des Weiteren eine rechnerische Standzeitbetrachtung für Systeme mit intermittierender Belastung.
- Materialbescheinigungen und Herkunftsnachweise für die beim Betrieb belasteten Doppelrohrteile
- Prüf-, Abnahme- und Inbetriebnahmeprotokolle
- Protokolle zu den Schweiß- bzw. Klebearbeiten
- Qualifikationsnachweise der eingesetzten Fachkräfte
- Fachbetriebsnachweis (z. B. nach § 19l, WHG)

Welchen Umfang die Dokumentation für ein Objekt haben soll, kann zwischen Auftraggeber und Auftragnehmer anhand der vorstehenden Aufzählung individuell vereinbart werden.

13 Normen, Richtlinien und Vorschriften

Nachfolgend wird lediglich auf Regelwerke hingewiesen, welche die behandelte Thematik unmittelbar betreffen. Eine Sammlung der Merkblätter und Richtlinien zum Fügen, Errichten und Prüfen von Kunststoffrohrleitungen enthält das DVS-Taschenbuch Band 68/IV: Fügen von Kunststoffen. Über die jeweils aktuelle Fassung der Normen, Richtlinien und Vorschriften muss sich der Anwender informieren.

13.1 DVS-Richtlinien und -Merkblätter

DVS 2202-1	Fehler an Schweißverbindungen aus thermoplastischen Kunststoffen: Merkmale, Beschreibung, Bewertung
DVS 2204-1,-3,-5	Kleben von Rohren und Formstücken aus thermoplastischen Kunststoffen
DVS 2205-1	Berechnung von Behältern und Apparaten aus Thermoplasten: Kennwerte
DVS 2205-2	Berechnung von Behältern und Apparaten aus Thermoplasten: Stehende, drucklose Behälter
DVS 2206-3	Zerstörungsfreie Prüfungen von Behältern Apparaten und Rohrleitungen aus thermoplastischen Kunststoffen – Prüfung mit Ultraschall
DVS 2206-4	Zerstörungsfreie Prüfungen von Behältern Apparaten und Rohrleitungen aus thermoplastischen Kunststoffen – Prüfung mit elektrischer Hochspannung
DVS 2207-1, -11, -12, -15	Schweißen von thermoplastischen Kunststoffen: Heizelementschweißen von PE, PP, PVC-U, PVDF
DVS 2207-3, -4	Warmgas- und Extrusionsschweißen von thermoplastischen Kunststoffen: Verfahren, Anforderungen
DVS 2208-1,-2	Maschinen und Geräte für das Heizelementstumpfschweißen und Warmgasschweißen
DVS 2210-1	Industrierohrleitungen aus thermoplastischen Kunststoffen – Projektierung und Ausführung von oberirdischen Systemen
DVS 2210-1 Beiblatt 1	Industrierohrleitungen aus thermoplastischen Kunststoffen – Projektierung und Ausführung von oberirdischen Systemen – Berechnungsbeispiel
DVS 2210-1 Beiblatt 2	Industrierohrleitungen aus thermoplastischen Kunststoffen – Projektierung und Ausführung von oberirdischen Systemen – Empfehlungen zur Innendruckprüfung
DVS 2210-1 Beiblatt 3	Industrierohrleitungen aus thermoplastischen Kunststoffen – Projektierung und Ausführung von oberirdischen Systemen – Flanschverbindungen

13.2 Vorschriften

DruckgeräteRL 97/23/EG	Europäische Richtlinie über Druckgeräte
Druckgeräteverordnung 14. GPSGV	Vierzehnte Verordnung zum Geräte- und Produktsicherheitsgesetz
WHG, § 19	Wasserhaushaltsgesetz
BetrSichV	Betriebssicherheitsverordnung
BGR 132	Berufsgenossenschaftlichen Regeln für Sicherheit und Gesundheit bei der Arbeit

13.3 Literaturhinweise

Diedrich, Dorsch: Verhalten von geschweißten Konstruktionen aus PE und PP (DVS-Berichte Band 48)

14 Anhang

(zu Gleichung 4)

Ideale Beulspannung bei Druckbeanspruchung in Umfangsrichtung (Manteldruck) nach Gleichung (36), Element 413, DIN 18800-4:

$$\sigma_{u(i)} = E_{KZ(T°C)} \cdot \left(\frac{e}{r_m}\right)^2 \cdot \left[\frac{0{,}25}{(1-\mu^2)} + \underbrace{2{,}03 \cdot \left(\frac{1}{\frac{L_R}{r_m}} \cdot \frac{C_\varphi}{\sqrt{\frac{e}{r_m}}}\right)^4}_{\text{Term2}}\right]$$

Erläuterungen:

Die Berechnung der idealen Beulspannung bei Druckbeanspruchung in Umfangsrichtung (z. B. aus innerem Unterdruck) ist anzuwenden auf lange Zylinderschalen mit der Länge [L_R], dem mittleren Radius [r_m] sowie einer konstanten Wanddicke [e], welche versatzfrei miteinander verbunden sind. Der Beiwert C_φ erfasst die Randbedingungen am Ende der Zylinderschale, für Rohre wird die Art der Auflagerung an den Befestigungspunkten mit RB 2-RB 2 (Tabelle 2, Fall 3) und C_φ = 1,0 angenommen. Der Einfluss von Term 2 auf das Rechenergebnis ist bei Rohrleitungen mit $L_R/r_m \geq 10$ vernachlässigbar, was bei der Gleichung [4] in dieser Richtlinie berücksichtigt wurde.

Der Begriff ideale Beulspannung bedeutet, dass:

- es sich um eine perfekte Geometrie handelt,
- die Lasteinbringung und die Lagerung den Annahmen entsprechen,
- keine Eigenspannungen zu berücksichtigen sind,
- ein isotroper Werkstoff vorliegt.

Die kritische Beulspannung kann demnach wesentlich früher erreicht werden, als es das idealisierte Berechnungsergebnis darstellt. Dieser Umstand ist durch einen ausreichenden Sicherheitsabstand zwischen effektiver Umfangsspannung und idealer Beulspannung zu bewerten. Dieser Hinweis trifft auch auf die Betrachtung der kritischen Beulspannung in Rohrlängsrichtung zu.

November 2014

DVS – DEUTSCHER VERBAND FÜR SCHWEISSEN UND VERWANDTE VERFAHREN E.V.	Industrierohrleitungen aus thermoplastischen Kunststoffen – Projektierung und Errichtung – Erdgedeckte Rohrsysteme	Richtlinie DVS 2210-3

Inhalt:

Hinweis: Bezüglich der in dieser Richtlinie verwendeten Symbole, Kurzzeichen und Indizes, wird auf die in Richtlinie DVS 2210-1 bzw. Richtlinie DVS 2210-2 enthaltenen Erläuterungen hingewiesen.

1 Geltungsbereich

Diese Richtlinie enthält Grundlagen zur Projektierung und Errichtung von erdgedeckten Rohrsystemen aus thermoplastischen Kunststoffen. Die Anwendung der Richtlinie setzt Erfahrungen in der Kunststoffverarbeitung, im allgemeinen Rohrleitungsbau sowie Kenntnisse zu den im Abschnitt 1.3 genannten Werkstoffen voraus.

Die in der Richtlinie behandelten Rohrleitungssysteme können dem Transport flüssiger und gasförmiger Stoffe dienen. Die Richtlinie soll generelle Berücksichtigung finden, wenn eine Gefährdung von Personen und/oder der Umwelt nicht auszuschließen ist.

Vorschriften, Bau-, Prüf- und Zulassungsgrundsätze oder behördliche Auflagen, welche die Anwendung dieser Richtlinie fordern, erweitern oder einschränken, müssen gesondert beachtet werden. Hinweise dazu sind Abschnitt 2 zu entnehmen.

DVS, Ausschuss für Technik, Arbeitsgruppe „Fügen von Kunststoffen“

Bezug: DVS Media GmbH, Postfach 10 19 65, 40010 Düsseldorf, Telefon (02 11) 15 91- 0, Telefax (02 11) 1591-150

1.1 Zweck der Richtlinie

Die Richtlinie soll vorwiegend dazu dienen, eine Harmonisierung bestehender Standards beim Planen und Errichten von erdgedeckten Kunststoffrohrleitungen zu fördern. So sollen die systembezogenen Regeln für Gas-, Wasser- und Entwässerungsleitungen unter kunststoffkonformen Gesichtspunkten betrachtet und, soweit möglich, vereinheitlicht werden. Gleichermaßen sollen dort, wo systemspezifische Festlegungen oder qualitätsmindernde Einflüsse dem Bestreben auf sachgemäße Kunststoffanwendung entgegenwirken, Vorschläge zur Verbesserung unterbreitet werden.

Wie wichtig eine sachgemäße Kunststoffanwendung ist, verdeutlicht eine Untersuchung des Instituts für unterirdische Infrastruktur, Gelsenkirchen (IKT), welche im Auftrag des nordrhein-westfälischen Ministeriums für Umwelt und Naturschutz an Abwasserkanälen aus Kunststoffen durchgeführt wurde.

Bei umfassenden Inspektionen an bestehenden Kanälen aus Großrohren mit monolithischem (einheitlichen) und aufgelöstem (profilierten) Rohrwandaufbau konnten die unterschiedlichsten Verformungsfiguren festgestellt werden. Neben der klassischen Verformung des Kunststoffrohres (elliptisch in der Horizontalachse) gab es drei- bis vierwellige Figuren bis hin zur Ovalisierung in der Vertikalachse.

Es wird angenommen, dass ein Großteil der Verformungen sowie vertikal und horizontal gerichtete Lageveränderungen bereits während des Rohreinbaues entstanden sind. Neben den globalen Verformungen wurden auch lokale registriert, welche sich bevorzugt im Bereich der Rohrsohle befanden.

Die vorgefundenen Imperfektionen deuten auf mangelnde Umsetzung der kunststoffspezifischen Vorgehensweisen während der Tiefbauarbeiten hin, welche durch ungenügende Verdichtung des Bodens in der Leitungszone langzeitig verstärkt werden.

1.2 Anwendungsgebiete

Beispielhafte Anwendungsgebiete sind:

- abwassertechnische Anlagen,
- Anlagen zur Brauchwasserversorgung,
- Industrie- und Chemieanlagen.

Der Geltungsbereich kann auch auf andere Anwendungsgebiete erweitert werden. Die erweiterte Anwendung der Richtlinie ist zwischen den Vertragsparteien gesondert zu vereinbaren.

1.3 Werkstoffe

Bei der Werkstoffwahl sind folgende Einflüsse besonders zu berücksichtigen:

- Betriebsbedingungen,
- Einbaubedingungen und Umgebungseinflüsse,
- chemische Widerstandsfähigkeit gegenüber den fortzuleitenden Stoffen,
- Art der Fügeverbindungen.

Gegebenenfalls ist die Werkstoffeignung unter Einschluss von Klebstoffen, Dichtungsmaterialien und dgl. nachzuweisen.

Der Geltungsbereich schließt folgende Rohrwerkstoffe[1] ein:

- Polyethylen PE, PE-X
- Polypropylen PP-H, PP-B, PP-R
- Polyvinylchlorid PVC-C, PVC-U

Unter Berücksichtigung werkstoffcharakteristischer Eigenschaften, kann die Richtlinie sinngemäß auch für Modifikationen der genannten Werkstoffe sowie andere Thermoplaste angewendet werden.

Voraussetzung für die Verwendung der vorgenannten Werkstoffe ist, dass die zur Dimensionierung erforderlichen Kennwerte in gesichertem Umfang vorliegen und die zur sachgemäßen Verarbeitung notwendigen Fertigungsparameter nach den Regeln der Technik anerkannt sind.

1.4 Verlegeverfahren

Trotz der umfangreichen Palette zur Verlegung von Kunststoffrohrleitungen (z. B. grabenlose Bauverfahren, Relining etc.), wird in dieser Richtlinie lediglich auf die offene Bauweise mit Herstellung eines Rohrgrabens Bezug genommen. Grund hierfür ist, dass an diesem Verlegeverfahren besonders gut zu verdeutlichen ist, wie wichtig die sachgemäße Durchführung der Tiefbauarbeiten für die Betriebssicherheit der Kunststoffrohrleitung ist.

2 Regelwerke und Vorschriften

Die Hersteller von Rohren, Rohrformteilen, Ausrüstungsteilen etc. sowie die Errichter von erdgedeckten Rohrleitungsanlagen haben zu prüfen, welche Vorschriften für den jeweiligen Anwendungsfall zutreffen und ob ggf. benachbarte Regelwerke zu beachten sind. Eine Übersicht zu mitgeltenden Normen, Richtlinien und dgl. ist im Abschnitt 11 dieser Richtlinie zu finden.

2.1 Regelwerke

Erdgedeckte Rohrleitungen, welche der Gas- und Wasserversorgung dienen, unterliegen einer Reihe spezieller Regelwerke. Hervorzuheben ist das DVGW-Regelwerk, insbesondere das Arbeitsblatt W 400-1 (Planung, Abschnitt 15) und W 400-2 (Bau- und Prüfung) sowie DIN EN 805. Die Errichtung von Gasleitungen aus PE bis 10 bar Betriebsüberdruck wird im Arbeitsblatt G 472 ausführlich beschrieben.

Die Bauausführung zu erdgedeckten Abwasserleitungen und -kanälen unterschiedlicher Werkstoffe wird in DIN EN 1610 (Verlegung und Prüfung) behandelt.

Bezüglich der kunststoffkonformen Anwendung ist es erforderlich, zu allgemein geltenden Regeln ergänzende Festlegungen zu treffen. Die entsprechenden Empfehlungen sind Teil dieser Richtlinie.

Erdgedeckte Doppelrohrsysteme, welche beim Fortleiten wassergefährdender Flüssigkeiten Verwendung finden, sind ggf. besonderen Bauvorschriften unterworfen oder bedürfen einer zusätzlichen Eignungsfeststellung durch eine anerkannte, unabhängige Prüfstelle. Weitere Hinweise hierzu finden sich in der Richtlinie DVS 2210-2.

2.2 Vorschriften

Zu beachten ist die Verordnung zum Produktsicherheitsgesetz (Druckgeräteverordnung – 14. ProdSV). Diese gilt für das in-Verkehr-bringen von neuen Druckgeräten und Baugruppen mit einem zulässigen Betriebsüberdruck p > 0,5 bar.

Gemäß der 14. ProdSV ist der Hersteller eines diesbezüglichen Druckgerätes verpflichtet, das Gerät oder Baugruppen einem Konformitätsbewertungsverfahren zu unterziehen (DruckgeräteRL 97/23/EG, Art. 10). Die Durchführung des Konformitätsbewertungsverfahrens obliegt fallweise einer benannten Stelle (DruckgeräteRL 97/23/EG, Art. 12 bis 14).

Mit der 14. ProdSV werden Behälter, Rohrleitungen und Ausrüstungsteile mit Sicherheitsfunktion erfasst. Zu den Rohrleitungen zählen insbesondere Rohre, Rohrformteile, Ausrüstungsteile, Ausdehnungsstücke und andere druckhaltende Teile. Ausrüstungsteile sind Armaturen, Mess- und Regelgeräte sowie sonstige Einrichtungen, welche die Sicherheit der Rohrleitung beeinflussen.

Inwiefern andere Vorschriften wie das Wasserhaushaltsgesetz (WHG) oder die Trinkwasserverordnung (TrinkwV) Berücksichtigung finden müssen, ist vom jeweiligen Anwendungsfall abhängig.

3 Grundlagen der Bauausführung

Die Bauausführung erdgedeckter Kunststoffrohrsysteme ist generell auf eine technische Ausarbeitung zu stützen. Art und Umfang der Ausarbeitung sowie die Intensität von Detailbetrachtun-

[1] Die Werkstoffbezeichnungen sind als Oberbegriff einer jeweiligen Thermoplastgruppe zu verstehen. Thermoplaste mit Kurzbezeichnungen nach DIN-, EN- und ISO-Standards sind entsprechend ihrer Eigenschaften der jeweiligen Werkstoffgruppe zuzuordnen. (z. B. schließt PE die Typen PE 63, PE 80, PE 100 ein).

gen orientieren sich z. B. am Rohrdurchmesser, an der Rohrleitungsführung sowie an der Beanspruchung des Rohrsystems. Dies gilt sowohl für den Zustand in der Bauphase mit Belastungen infolge Erd- und Verkehrseinwirkung als auch für die Belastungen während des Betriebs der Rohrleitung.

3.1 Anforderungen an den Tiefbau

Die Verlegung von erdgedeckten Rohrleitungen aus thermoplastischen Kunststoffen, insbesondere solcher, deren Betriebstemperaturen > 40°C betragen, setzt bei den Tiefbauarbeiten eine dem Werkstoff und der Belastung angepasste Vorgehensweise voraus.

Wichtig für die Betriebssicherheit von Kunststoffrohrleitungen ist die weitgehende Übereinstimmung der Bauausführung mit den in rechnerischen Nachweisen getroffenen Annahmen, was im besonderen Maß für die Leitungszone zutrifft. Die Einhaltung des vorgegebenen Verdichtungsgrades in der Leitungszone ist elementare Voraussetzung für die Bildung eines Rohr-Boden-Tragsystems bei Verwendung biegeweicher Rohre, was für Thermoplaste zutrifft.

Die nachfolgend beschriebenen Grundsätze des Rohreinbaus im Erdreich verstehen sich als Ergänzung zum allgemeinen Regelwerk.

3.1.1 Rohrgräben

Die Herstellung des Leitungsgrabens ist entsprechend den Angaben nach DIN EN 1610, Abschnitt 6 sowie unter Beachtung von DIN 4124 „Baugruben und Gräben" vorzunehmen. Die Mindestgrabenbreiten in Abhängigkeit von der Rohrnennweite und der Grabentiefe sind Richtwerte, welche der Verlegetechnik und Herstellung der Rohrverbindungen anzupassen sind. Die Grabenbreite ist so zu wählen, dass die zum sicheren Betrieb der Rohrleitung erforderlichen Arbeiten sachgemäß und gefahrlos ausgeführt werden können.

3.1.2 Rohrbettung

Die untere Bettungsschicht (Rohrauflager im Rohrgraben) muss nach der Schüttung planiert, verdichtet und niveaugerecht, ggf. unter Einhaltung eines vorgegebenen Gefälles hergestellt werden. Die Schichtdicke ist so zu wählen, dass Unebenheiten der Grabensohle auf keinen Fall die Rohrleitungsunterkante im Einbauzustand berühren können. Wird keine Verdichtung des Rohrauflagers vorgenommen, kann der Verdichtungsgrad der darüber befindlichen Schüttungen nachteilig beeinflusst sein.

Die Bettung der Kunststoffrohrleitung unmittelbar auf der Grabensohle ist nur dann zulässig, wenn feinkörniger Sandboden vorgefunden wird und eine gleichmäßige Lagerung über den gesamten Rohrleitungsverlauf sichergestellt ist. Handelt es sich um Kunststoffrohrleitungen mit speziellen Eigenschaften (z. B. mit reduzierter Rissempfindlichkeit oder zusätzlichen Schutzschichten) richtet sich der Einbau nach den Vorschriften des jeweiligen Systemherstellers.

Die Dicke der üblichen Bettungsschicht muss im verdichteten Zustand ≥ 10 cm betragen. Bei felsigen oder festgelagerten Grabensohlen ist die Bettungsschichtdicke auf ≥ 15 cm zu erhöhen. Vor bzw. beim Verlegen der Rohrleitung ist die Bettungsschicht auf Steinfreiheit zu kontrollieren.

3.1.3 Rohreinbau und Verdichtung

Die zwischen der Temperatur im Einbauzustand und maximaler Betriebstemperatur entstehenden Temperaturunterschiede und die dadurch ausgelösten Wärmedehnungen stellen an den Einbau der Kunststoffrohrleitung besondere Anforderungen.

Speziell im Bereich der Leitungszone ist deshalb eine weitgehendst gleichmäßige und homogene Verdichtung des Bodens über den gesamten Einbauquerschnitt mit dem vorgegebenen Verdichtungsgrad zu erzielen. Es sind für den Einbau nichtbindige bis schwachbindige Böden der Gruppe G1, G2 und G3 (Abschnitt 3.1, ATV-DVWK-A 127 bzw. DIN 18196) zu verwenden. Neben den Hinweisen in den nachfolgenden Abschnitten, werden insbesondere die Regeln des Arbeitsblattes DWA-A 139 der Beachtung empfohlen.

3.1.4 Voraussetzungen für den sachgemäßen Rohreinbau

Die Bettung der Rohre, die Wahl der Schütt- bzw. Schichtdicken und die einzelnen Arbeitsgänge dürfen den sachgemäßen Einbau und den zu erzielenden Verdichtungsgrad in der Leitungszone nicht beeinträchtigen. Die Leitungszone schließt das Rohrauflager und die Deckungsschicht über dem Rohrscheitel ein. Folgende Voraussetzungen müssen vorrangig erfüllt werden:

- Bettungsbreite für das Rohrauflager = Grabenbreite B,
- Bettungsschichtdicke ≥ 10 cm,
- Schütthöhe in der Leitungszone ≤ 30 cm,
- Schichtdicke über dem Rohrscheitel ≥ 15 cm,
- Mindestverdichtungsgrad[2] ≥ 90%.

Die Schichtdicke über dem Rohrscheitel ist zu erhöhen, wenn bei der Grabenverfüllung das Vordringen groben Bodens oder größerer, kantiger Steine bis zur Rohroberfläche nicht ausgeschlossen werden kann. Die vorstehend genannten Schichtdicken verstehen sich im verdichteten Zustand.

Die Größe der Verdichtungsgeräte hat sich dem Schutz der Kunststoffrohrleitung unterzuordnen. Empfohlen wird der Einsatz leichter bis mittelschwerer Geräte (z. B. Rüttelplatte mit G ≤ 2 kN).

Es ist nicht gestattet, die gesamte Leitungszone in einem Arbeitsgang zu verfüllen und zu verdichten, wenn die Schütthöhe von 30 cm überschritten wird. Für den Fall, dass ein Verdichtungsnachweis für die Leitungszone gefordert wird, muss dieser vor dem Zuschütten des Rohrgrabens durchgeführt werden.

3.1.5 Einfluss des Verbaus in der Leitungszone

Sofern waagerecht verbaute Rohrgräben zur Ausführung gelangen, ist das sukzessive Entfernen des Verbaus in der Leitungszone unter gleichzeitiger Verfüllung mit nachfolgender Verdichtung der Schüttlage gegen die Grabenwand vorzunehmen.

Bei senkrecht verbauten Rohrgräben und Entfernen der Verbauelemente nach Verfüllung und Verdichtung der Leitungszone, kommt es seitlich der Rohrleitung zu einer Auflockerung des eingebauten Bodens. Hierdurch entsteht eine Lastkonzentration über dem Rohrquerschnitt, was zu einer Erhöhung der Gesamtbeanspruchung der Rohrleitung führen kann.

Die Beanspruchung ist umso höher, je tiefer sich die Verbauelemente unterhalb der Rohrsohle befinden. Lasterhöhend wirkt auch ein geringer seitlicher Abstand der Verbauelemente zum Rohr. Es muss sichergestellt sein, dass im statischen Nachweis der Einfluss der erhöhten Beanspruchung berücksichtigt wurde.

3.1.6 Einbau von Schachtbauwerken

Der Einbau eines Schachtbauwerks aus Kunststoff unterliegt den gleichen Regeln wie sie für Rohrleitungen unter Abschnitt 3.1.4 beschrieben sind. Wesentlich für den sachgemäßen Schachteinbau ist, dass um das Bauwerk herum und in voller Schachthöhe eine Bettungsschicht mit nichtbindigem Boden vorzusehen ist, welcher einen Verdichtungsgrad von ≥ 90% Proctor aufweisen muss.

Die Bettungsschichtdicke entspricht üblicherweise der Arbeitsraumbreite, welche mit ≥ 0,5 m anzunehmen ist. Die Bettungsschicht ist lagenweise einzubauen und zu verdichten. Der Verdichtungsgrad ist auf Anforderung nachzuweisen. Die nichtbindige Bettungsschicht hat folgende Aufgabe:

- Vergleichmäßigung der Belastung,
- stützende Wirkung,
- Ableitung von Oberflächenwasser an der Schachtwand.

---

[2] Der Verdichtungsgrad D_{Pr} beeinflusst die in der Rohrwand entstehenden Spannungen und Verformungen. Demzufolge ist beim Rohreinbau der im statischen Nachweis zugrunde gelegte Verdichtungsgrad sowie die genannte Bodenart (Bodengruppe) einzuhalten.

3.1.7 Qualitätssicherung beim Herstellen der Bettungsschicht

Da sich Prüfungen zum Nachweis des sachgemäßen Einbaus der Bettungsschicht als schwierig und aufwändig erweisen, sind die Randbedingungen festzulegen, unter welchen eine gleichbleibende Qualität erzielt werden kann. Folgende Randbedingungen sind von besonderer Bedeutung:

- die Bodenqualität und deren Verdichtungsfähigkeit,
- die zu verwendenden Geräte für den Einbau,
- die Kontinuität bzw. Reproduzierbarkeit des Einbauvorganges,
- die Einweisung des Personals anhand eines Arbeitsablaufplans.

3.2 Anforderungen an den Rohrbau

Die Qualifikation zur Durchführung von Rohrbauarbeiten ist in einer Vielzahl von Vorschriften geregelt. Beispielhaft dafür ist das DVGW-Arbeitsblatt GW 301, in welchem das Verfahren für die Erteilung einer entsprechenden Qualifikation für Rohrbauunternehmen im Gas- und Wasserfach beschrieben ist. Erdgedeckte Kunststoffrohrleitungen finden jedoch vielfältig Verwendung (Gas- und Wasserversorgung, Abwassertechnik u. a.), sodass die Anforderungen an einen sachgemäßen Rohrbau verallgemeinert werden müssen.

3.2.1 Koordination, Prüfpflicht

Die Errichtung von erdgedeckten Rohrsystemen beinhaltet Tief- bau- und Rohrbauarbeiten mit unterschiedlichen Anforderungen. Häufig resultiert hieraus ein Splitten in eigenständige Gewerke bzw. getrennte Verantwortungsbereiche, was einer sachgemäßen Bauausführung entgegenwirken kann. Empfehlenswert ist es, bevorzugt die Schnittstellen für

- Rohrverlegung nach Grabenherstellung,
- Bodeneinbau in der Leitungszone nach Rohrverlegung

der Koordination bzw. einer Prüfpflicht des Rohrbaues zuzuordnen. Die Empfehlung gilt auch für den Fall, dass dem Tiefbau (TB) alle Arbeiten zur Errichtung einer Kunststoffrohrleitung übertragen werden und sich dieses zur Erfüllung seiner Verpflichtungen eines fremden Rohrbaues (RB) bedient.

Unabhängig von der vertraglich geregelten Aufgabenverteilung zur Errichtung einer betriebssicheren Kunststoffrohrleitung, muss der rohrleitungs- und werkstoffspezifische Sachverstand in dem dafür notwendigen Umfang gewährleistet bleiben.

Wie das Zusammenwirken von Tief- und Rohrbau bei den verschiedenen Aufgaben während der Bauausführung gestaltet werden kann, ist beispielhaft in Tabelle 1 dargestellt.

Bei einigen der in Tabelle 1 aufgeführten Tätigkeiten ist es möglich, die gegenseitige Übertragung der Koordination bzw. die Prüfpflicht durch eine entsprechende Einweisung vorzunehmen.

3.2.2 Erstellen der Planunterlagen

Für die Verlegung von erdgedeckten Rohrleitungen sind von der projektierenden Stelle bzw. vom Errichter Planunterlagen zu erstellen, welche folgende Elemente enthalten sollen:

- Verlauf der Rohrleitung (Trassenführung),
- Längsprofile (Höhenschnitte),
- Grabenquerschnitte,
- Ausführungsdetails.

Die Angaben in den Planunterlagen zum Grabenquerschnitt und zu den Ausführungsdetails müssen mit den Annahmen der statischen Berechnungen übereinstimmen. Sollten sich vor oder während der Bauausführung wesentliche Änderungen zu den Annahmen in den statischen Berechnungen ergeben, ist der Planersteller zur Korrektur und rechtzeitigen Information verpflichtet.

Tabelle 1. Gestaltungsvorschlag für die Aufgabenverteilung.

Tätigkeit	Durchführung	Koordination bzw. Prüfpflicht
Annahme, Abladen und Lagerung der Rohrleitungsteile (RL-Teile)	TB/RB	RB
Kontrolle der RL-Teile auf Unversehrtheit etc. vor dem Einbau	RB	RB
Herstellung des Grabens mit verdichteter Grabensohle	TB	TB
Kontrolle auf Problemstellen im Grabenverlauf und deren Beseitigung vor der Rohrverlegung	TB	TB/RB
sachgemäßes Einbringen der RL-Teile in den Graben	TB/RB	RB
lagegenaues Ausrichten und Schweißen der RL-Teile	RB	RB
Einsanden der Rohrleitung mit niveaugerechter Ausrichtung	TB	RB
Nivellement der Rohrleitung im Einbauzustand	TB	TB
Dichtheits- bzw. Druckprüfung	RB	RB
Dokumentation	RB/TB	RB/TB

3.2.3 Bestimmen der Rohrleitungsabmessungen

Die Wanddickenbestimmung und die Ermittlung des hydraulischen Querschnitts der Rohrleitung hat eine qualifizierte Stelle vorzunehmen. Zu beachten ist dabei die Nennweitenzuordnung in Abhängigkeit zum effektiven Innendurchmesser der Kunststoffrohrleitung.

Es wird empfohlen, neben der Angabe zur Nennweite [DN] auch den Innendurchmesser [di] auszuweisen (z. B. DN/di). Dieses hat den Vorteil, dass deutliche Abweichungen zum hydraulischen Durchmesser erkennbar sind, welche bei größeren Rohrwanddicken bis nahezu 20% betragen können.

4 Belastung erdgedeckter Rohrleitungen

Bei der Dimensionierung von erdgedeckten Kunststoffrohrleitungen ist zwischen den im Betrieb wirkenden **inneren** und den vom Einbau ausgehenden **äußeren** Belastungen zu unterscheiden. In einer Gesamtbetrachtung muss die

- mechanische,
- thermische,
- chemische

Beanspruchung des Rohrsystems berücksichtigt werden. Sofern es von Bedeutung ist, sind bei den rechnerischen Betrachtungen auch die im Bau- und Prüfzustand auftretenden Belastungen zu bewerten.

Je genauer die Lastannahmen sind, desto sicherer und wirtschaftlicher kann eine Rohrleitung dimensioniert werden. Dies gilt auch und im Besonderen für Rohrleitungsteile aus Kunststoffen. Ungefähre oder diffuse Angaben führen dazu, dass ungünstigste Belastungskombinationen in die Berechnung einfließen, was zu einer Überdimensionierung führen kann. Im anderen Fall, wenn eine Belastungsgröße nicht real wiedergegeben wird, kann die Standsicherheit der Kunststoffrohrleitung gefährdet sein.

Die Belastungskomponenten in einer erdgedeckten Kunststoffrohrleitung können sowohl einzeln als auch gemeinsam auftreten, sie können kurzzeitig oder langzeitig wirken. Meistens ist es ein Lastengemisch, bei dem eine Belastung ständig wirkt und diese, zusammen mit wiederkehrenden Zusatzbelastungen, vordergründig zu betrachten ist.

Der vorher beschriebene Belastungsverlauf ist zwar typisch für jede Rohrleitung, hat aber bei einer Kunststoffrohrleitung besonderen Einfluss auf die Betriebssicherheit bzw. die Gebrauchsdauer.

Tabelle 2 zeigt, welche Belastungen im Rahmen der Planung und Dimensionierung von erdgedeckten Kunststoffrohrleitungen zu berücksichtigen sind.

4.1 Belastungen infolge Erd- und Verkehrslasten

Erd- und Verkehrslasten sowie Oberflächenlasten über dem Rohrscheitel erzeugen in der Rohrwand Biegezug- und Biegedruckspannungen. Dabei ist zu unterscheiden, ob es sich um kurzzeitige (z. B. im Bauzustand) oder um andauernde Einwirkungen handelt.

Des Weiteren wird der im Einbauzustand kreisrunde Rohrquerschnitt durch die einwirkenden Lasten langzeitig verformt. Die Größe der Spannungen und Verformungen ist abhängig von der Qualität der Erdarbeiten beim Einbau der Rohrleitung innerhalb der Leitungszone.

Generell gilt: Je geringer die Stützwirkung des umgebenden Bodens ist, desto größer wird die Spannung und Verformung im Rohrquerschnitt. Demzufolge kommt dem sachgemäßen Einbau besondere Bedeutung zu.

Tabelle 2. Belastungsübersicht, Einflussgrößen und Wirkungen.

Art der Belastung	Einflussgrößen und Wirkungen
Erd- und Verkehrslasten	abhängig von der Verlegetiefe über dem Rohrscheitel
Eigen- und Füllgewichte	geringerer Einfluss als bei oberirdisch verlegten Rohrsystemen
Grundwasserbelastung	abhängig vom Grundwasserpegel über der Rohrsohle
mechanische Belastungen durch unsachgemäßen Rohreinbau in der Leitungszone (z. B. durch Steine, Kanthölzer, Fremdkörper und dgl.)	verbunden mit punktueller Verformung des Rohres und Gefahr der Rissbildung, abhängig von der Werkstoffstruktur
Über- oder Unterdruckbelastung	generelle Beanspruchung aus dem Betrieb der Rohrleitungen
Temperaturbelastung	verbunden mit Wärmespannungen, wenn die Betriebstemperatur T_B > 20°C beträgt und größeren Schwankungen unterworfen ist
Belastung aus dem Durchflussstoff	Einige Durchflussstoffe können bei Kunststoffen Veränderungen der Werkstoffeigenschaften bewirken (z. B. Festigkeitsminderung bei Einwirkung von Lösemitteln).

4.2 Belastungen infolge Grundwasser

Neben den im Abschnitt 4.1 genannten Belastungen kommt als weitere Größe der Grundwassereinfluss hinzu. Sofern das Grundwasserniveau über die Rohrsohle ansteigen kann, ist dessen Wirkung in Form einer Stabilitätsbetrachtung zu untersuchen. Die Rohrleitung muss gegen den äußeren Überdruck (Überlagerung von Erd-, Verkehrs- und Flächenlasten sowie Grundwassereinfluss) mit einer ausreichenden Beulsicherheit ausgestattet sein.

4.3 Belastungen aus dem Betrieb der Rohrleitung

Betriebliche Belastungen können sich sowohl aus innerem Über- oder Unterdruck als auch aus der Temperatur und der Art des Durchflussstoffes ergeben. Von außen wirkende Erd- und Verkehrslasten sowie die im Rohrinneren herrschende Betriebsdruckbelastung sind im Rahmen der statischen Berechnung zu superponieren (Wirkung durch Überlagerung).

Die in den Rohrgrundnormen aufgeführten Betriebsüberdrücke in Abhängigkeit von Betriebstemperatur und Betriebsdauer geben Auskunft über die zur Innendruckbelastbarkeit der Kunststoffrohrleitung. Bei der Dimensionierung ist zu beachten, dass die genannten Betriebsüberdrücke für Rohre gelten, jedoch nicht generell für alle Formteile.

Bei Formteilen, welche aus Rohr hergestellt werden (z. B. Segmentkrümmer, Abzweige mit aufgeschweißtem Zulaufstutzen), kommt es infolge verarbeitungsbedingter und/oder geometrischer Einflüsse zu einer Minderung der in den Grundnormen ausgewiesenen Innendruckbelastbarkeit.

Eine weitere wichtige Einschränkung der Innendruckbelastbarkeit von Kunststoffrohrleitungen gegenüber den Angaben in den Rohrgrundnormen resultiert aus den Einflüssen des Durchflussstoffes auf das Zeitstandverhalten des jeweiligen Kunststoffes.

5 Rechnerische Betrachtungen

Das Prinzip der Berechnung von erdgedeckten Kunststoffrohrleitungen ist einer Vielzahl von Regelwerken und Literaturstellen zu entnehmen. Die Besonderheit bei den rechnerischen Betrachtungen zu einer thermoplastischen Kunststoffrohrleitung besteht darin, dass ein Werkstoff mit ausgeprägter Verformbarkeit zum Einsatz gelangt. Dabei ist die Kunststoffrohrleitung „weicher" als der umgebende Boden, sodass der Kraftfluss bevorzugt den Weg neben dem Rohr nimmt.

Die kennzeichnende Größe für die Lastverlagerung in den umgebenden Boden ist das Steifenverhältnis Rohr/Boden, was ein spezielles Tragwerksystem ergibt. Die Lastkonzentration ist über einem biegesteifen Rohr am größten, die Kunststoffrohrleitung hingegen bildet im Zusammenwirken mit dem umgebenden Boden ein biegeweiches System, mit einem deutlich geringeren Konzentrationsfaktor. Bei der rechnerischen Betrachtung ist darauf zu achten, dass eine ausreichende horizontale Bettungssteifigkeit gewährleistet bleibt, um die vertikale Verformung des Rohres in zulässigen Grenzen zu halten.

Die Bedeutung der Bettungszone als stützendes Element für die Kunststoffrohrleitung verlangt einen statischen Nachweis unter Verwendung realitätsnaher Bodenkennwerte. Aus dieser Sicht ist es empfehlenswert, sich im Zweifelsfall mittels Bodengutachten entsprechende Kenntnisse zu verschaffen.

5.1 Belastungsannahmen

Die Belastungsannahmen ergeben sich aus dem jeweiligen Anwendungsfall. Die projektierende Stelle soll dazu ein Datenblatt verfassen, aus welchem die Einflussgrößen, deren Dauer und die Höhe der jeweiligen Belastung hervorgehen. Ohne dieses Datenblatt kann eine rohrstatische Berechnung nicht ordnungsgemäß durchgeführt werden.

5.2 Rohrstatische Berechnungen

Beim Aufstellen von statischen Berechnungen ist darauf zu achten, dass die rechnerischen Ansätze realitätsnah vorgenommen werden. Eine solche Forderung ergibt sich hauptsächlich für den instationären Betrieb bei Abwasserleitungen und die dabei entstehenden Temperaturbelastungen in der Rohrwand.

Bei vorübergehend höherer Temperatur des Durchflussstoffes ist ein geeignetes Verfahren zur Bestimmung der Rohrwandtemperatur zu wählen.

Folgende Angaben sind für realitätsnahe Berechnungen von Bedeutung:

- Art und Abmessungen der Leitung,
- betriebliche Belastungen infolge Über- bzw. Unterdruck,
- Füllungsgrad bei Abflussleitungen,
- überwiegende Temperatur des Durchflussstoffes,
- maximale Temperatur des Durchflussstoffes,
- Zeitanteil der maximalen Temperatur des Durchflussstoffes,
- Grabenbreite und Verbauart,
- Angaben zum Einbauzustand,

- Bodenart in der Leitungszone,
- Mindestverdichtungsgrad,
- maximale Deckung über Rohrsohle,
- rechnerische Verkehrsbelastung,
- Grundwasserniveau über Rohrsohle.

Beim Aufstellen der Berechnungen ist zu kontrollieren, wie sich die Wärmespannungen und die Wärmedehnung auf den betroffenen Rohrleitungsabschnitt (z. B. Haltung zwischen den Schachtbauwerken) auswirken.

Die rechnerische Untersuchung muss sowohl die Größe der Längsdehnung als auch die Kräfte aus verhinderter Wärmedehnung und deren Übertragung auf angeschlossene Bauwerke umfassen. Der Einfluss von Verbindungen im Rohrstrang (Fügefaktor) ist gesondert zu beurteilen.

Zusammen mit der mechanischen Belastung von Kunststoffrohrleitungen kann eine Temperaturbelastung von andauernd ≥ 40°C zu einer deutlichen Minderung der Gebrauchsdauer führen. Auch zyklisch auftretende Wärmespannungen und der Einfluss wiederholt erhöhter Betriebstemperaturen sind bei den Berechnungen zu berücksichtigen.

Bei differenzierter Vorgehensweise kann durch die rechnerische Betrachtung eine konkrete Aussage über den Grad der Betriebssicherheit und die zu erwartende Gebrauchsdauer der Kunststoffrohrleitung getroffen werden. Die seitens der projektierenden Stelle vorgegebene Einbausituation ist hinsichtlich der statischen Belange auf Vollständigkeit und Plausibilität zu prüfen und ggf. zu ergänzen.

5.3 Festigkeitsberechnungen

Festigkeitsberechnungen dienen dem Nachweis, dass die vom Betrieb der Kunststoffrohrleitung ausgehenden Belastungen von allen Bauteilen sicher aufgenommen werden können. Der rechnerische Nachweis beschränkt sich ausschließlich auf die Belastungen infolge des Betriebsüberdrucks, d. h., es ist unerheblich, ob die Bauteile in einer erdgedeckten oder einer oberirdischen Rohrleitung Verwendung finden. Aus dieser Sicht können die Festigkeitsberechnungen grundsätzlich nach den Gleichungen in Richtlinie DVS 2210-1, Abschnitt 4.2 durchgeführt werden.

5.4 Statischer Nachweis

Der statische Nachweis ist für den Betreiber einer erdgedeckten Kunststoffrohrleitung ein verbindliches Dokument. Mit dem Überreichen des statischen Nachweises übernimmt der Ersteller die Gewährleistung, dass die berechnete Rohrleitung unter den angegebenen Belastungen für die zugesagte Gebrauchsdauer standsicher ist.

Statische Nachweise sollen für erdgedeckte Kunststoffrohrleitungen generell geführt werden, unabhängig davon, welches Gefahrenpotential von ihnen ausgeht. Eine Verpflichtung zum Führen eines statischen Nachweises besteht besonders dann, wenn dies aufgrund einer bauaufsichtlichen oder behördlichen Auflage gefordert ist. Der bei einem Versagen entstehende wirtschaftliche Schaden ist allerdings Grund genug, in dieser Hinsicht sorgfältig vorzugehen, d. h., in allen Fällen eine rechnerische Betrachtung anzustellen.

Der statische Nachweis von erdgedeckten Rohrleitungen wird vorwiegend nach Arbeitsblatt ATV-DVWK-A 127 erbracht. Die Anwendung gleichwertiger Berechnungsmethoden ist gestattet, wenn diese den anerkannten Regeln der Technik entsprechen und die Prüffähigkeit der Unterlagen durch eine unabhängige Stelle gewährleistet ist. Für den Nachweis von erdgedeckten Formteilen werden numerische Verfahren wie die Finite-Elemente-Methode (FEM) bevorzugt.

Der statische Nachweis muss folgende Kriterien erfüllen:

- übersichtliche Darstellung der getroffenen Belastungsannahmen und Lastkombinationen,
- Verdeutlichung der rechnerischen Ansätze,
- Prüfbarkeit der einzelnen Berechnungsschritte,
- Erläuterung nicht allgemein gültiger Gleichungen,
- Zusammenfassung der wichtigsten Ergebnisse.

Das Arbeitsblatt ATV-DVWK-A 127 enthält im Anhang Berechnungsbeispiele, an denen sich der Anwender hinsichtlich des chronologischen Aufbaus eines statischen Nachweises orientieren kann.

5.4.1 Rechnerische Ansätze

Beim Aufstellen eines statischen Nachweises für erdgedeckte Kunststoffrohrleitungen nach Arbeitsblatt ATV-DVWK-A 127, sind folgende Randbedingungen zu beachten:

Alterungseinfluss:	oberhalb 50 Jahre Gebrauchsdauer
Mindeststandzeit:	≥50 Jahre
Temperaturbelastung:	20°C langzeitig
	45°C kurzzeitig (für Rohre ≤ DN 400 bzw. de 400)
	35°C kurzzeitig (für Rohre > DN 400 bzw. de 400)
Schwellbelastung:	≤ 2×10^6 Lastwechsel innerhalb 50 Jahren

Nach ATV-DVWK-A 127 soll die über 20°C hinausgehende Temperaturbelastung auf 2 Jahre begrenzt bleiben, was – bezogen auf 50 Jahre Gebrauchsdauer – einem Anteil von etwa 4% entspricht.

5.4.2 Werkstoffkennwerte

Zwischen dem Festigkeitsnachweis für oberirdische Kunststoffrohrsysteme nach Richtlinie DVS 2210-1 und der Nachweisführung für erdgedeckte Rohrleitungen gemäß ATV-DVWK-A 127 bestehen Unterschiede hinsichtlich der zugrunde liegenden Kennwerte. Diese beruhen einerseits darauf, dass erdgedeckte Rohrleitungen mit einer rechnerischen Standzeit von ≥ 50 Jahren und oberirdisch verlegte Rohrleitungen mit ≥ 25 Jahren zu dimensionieren sind.

Die längere Gebrauchsdauer bei erdgedeckten Rohrleitungen, berücksichtigt durch die höhere Standzeit, ist aufgrund der eingeschränkten Zugänglichkeit gegenüber den oberirdischen Rohrleitungen gerechtfertigt.

Andererseits basieren die Kennwerte auf unterschiedlichen Berechnungskonzepten. Die Festigkeitsberechnung nach Richtlinie DVS 2210-1 stützt sich auf die Zeitstandkurven aus Zeitstand-Innendruckversuchen an Rohren, welche in den Beiblättern zu Richtlinie DVS 2205-1 ausgewiesen sind. Den Zeitstandkurven kann die Vergleichsspannung [σ_V] entnommen und unter Berücksichtigung von betriebsabhängigen Abminderungsfaktoren in eine zulässige Spannung transformiert werden.

Die Nachweisführung nach ATV-DVWK-A 127 berücksichtigt sowohl das Langzeitsteifigkeits- als auch das Langzeitfestigkeitsverhalten, was durch den Biegekriechmodul [E_R] und den Rechenwert der Biegezugfestigkeit bzw. Biegedruckfestigkeit [σ_R] ausgedrückt wird. Der Langzeit-Biegekriechmodul [$E_{R,LZ}$] wird entweder im Zeitstandbiegeversuch ermittelt oder aus der Kurzzeit-Ringsteifigkeit und einem werkstoffspezifischen Kriechverhältnis berechnet.

Tabelle 3. Kennwerte für den rechnerischen Nachweis nach ATV-DVWK-A 127 und Richtlinie DVS 2210-1.

	Kennwerte in N/mm² (MPa) für T_B = 20°C			
	ATV-DVWK-A 127		Richtlinie DVS 2210-1	
Werkstoff	$\sigma_{R(50a)}$	$E_{R(50a)}$	$\sigma_{V(25a)}$	$E_{c(25a)}$
PE 80	14	160	8,2	235
PE 100	14	160	10,2	235
PP-H	17	312	10,4	330
PP-B	17	312	9,0	275
PP-R	14	200	10,0	276
PVC-U	50	1500	25,8	1600

Erläuterungen zu den Kennwerten in Tabelle 3:
Die Kennwerte zur Langzeit-Vergleichsspannung [$\sigma_{V(25a)}$] entsprechen den Zeitstandkurven in Richtlinie DVS 2205-1 und deren Beiblätter. Die Angaben zum Langzeit-Kriechmodul [$E_{c(25a)}$] sind der Richtlinie DVS 2205-2, Tabelle 9 entnommen.

5.4.3 Vorgehensweise beim Aufstellen der Nachweise

Aufgrund der nicht unerheblichen Unterschiede beim Ansatz der Werkstoffkennwerte, abhängig vom jeweiligen Berechnungsverfahren, muss eine differenzierte Betrachtung der auf die erdgedeckte Kunststoffrohrleitung einwirkenden Belastungen angestellt werden.

Dabei ist grundsätzlich zwischen Innenbelastung und Außenbelastung zu differenzieren, d. h., die Bemessung der Rohrleitung hat für jeden Lastfall sowohl getrennt als auch in Kombination zu erfolgen. Maßgebend ist die dabei ermittelte Maximalspannung.

Ist eine erdgedeckte Kunststoffrohrleitung auf Innendruck beansprucht, so ist für den Nachweis des Rohres und der Formteile die übliche Festigkeitsberechnung mit Bezug auf die Vergleichsspannung [σ_V] heranzuziehen.

Der Nachweis der Standsicherheit unter Erd- und Verkehrsbelastung bei innendruckbeanspruchten Rohrleitungen erfolgt mit den Kennwerten [$E_{R,LZ}$] und [$\sigma_{R,LZ}$] nach ATV-DVWK-A 127. Die Innendruckbelastung kann zu einer Erhöhung der Schnittkräfte im Ringquerschnitt führen, ihre Wirkung auf das Spannungsniveau ist gesondert zu betrachten.

5.4.4 Einfluss erhöhter Betriebstemperaturen

Bei langzeitig höheren Betriebstemperaturen mit T_B > 20°C ist der Einfluss auf das Steifigkeits- und Festigkeitsverhalten der thermoplastischen Kunststoffe zu berücksichtigen. Für die temperaturabhängige Abminderung der Festigkeitswerte enthält die ATV-DVWK-A 127 keine Angaben. Neben dem Einfluss der Temperatur auf das Steifigkeits- und Festigkeitsverhalten ist auch die Wärmealterungsgrenze zu beachten (Angaben hierzu siehe Richtlinie DVS 2201-1).

Handelt es sich um kurzzeitig wirkende Temperaturen ≤40°C, so hat dies nur geringen Einfluss auf die Wärmealterung. Rohrleitungen mit reduzierter Wärmealterungsgrenze und ständig wiederkehrenden Betriebstemperaturen oberhalb von 40°C sind planmäßig einer Wärmealterungsbetrachtung zu unterziehen.

5.4.4.1 Steifigkeitsverhalten unter Temperatureinfluss

Zum Steifigkeitsverhalten bietet DIN 4266-1 ein Modell mit Abminderungsfaktoren, welche in das Berechnungskonzept von ATV-DVWK-A 127 eingebunden werden können.

Tabelle 4. Abminderungsfaktoren [$A_{3(E)}$] in Anlehnung an DIN 4266-1 für den Einfluss der Temperatur auf das Steifigkeitsverhalten.

Werkstoff	20°C	30°C	40°C	50°C
PE 80	1,0	0,85	0,75	0,60
PE 100		0,85	0,75	0,60
PP-H		0,95	0,85	0,75
PP-B		0,90	0,80	0,70
PP-R		0,90	0,80	0,70
PVC-U		0,90	0,75	0,55

5.4.4.2 Festigkeitsverhalten unter Temperatureinfluss

Unter Einbezug der Zeitstandkurven, welche bereits den Temperatureinfluss berücksichtigen, lassen sich Abminderungsfaktoren für die Biegezugfestigkeit [σ_R] herleiten, welche in Tabelle 5 ausgewiesen sind.

Zur Anwendung der Abminderungsfaktoren nach Tabelle 4 und Tabelle 5 siehe Beispiel im Beiblatt zu dieser Richtlinie.

Tabelle 5. Abminderungsfaktoren [$A_{3(\sigma)}$] für den Einfluss der Temperatur auf das Festigkeitsverhalten.

Werkstoff	20°C	30°C	40°C	50°C
PE 80	1,0	0,85	0,73	0,40
PE 100		0,85	0,73	0,63
PP-H		0,85	0,71	0,58
PP-B		0,83	0,69	0,56
PP-R		0,85	0,71	0,60
PVC-U		0,80	0,60	0,41

5.4.4.3 Rechnerische Untersuchungen zur Temperaturwirkung in erdgedeckten Rohrleitungen

Bei erdgedeckten Kunststoffrohrleitungen mit einer realen Temperaturänderung in der Rohrwand von dT ≥ 20 K sind die Längsdehnung und die daraus resultierenden Wärmespannungen nicht vernachlässigbar. Zur Standardbetrachtung gehört u. a. die Ermittlung der Bewegungsgrenzlängen (Gleitstrecken) [1].

Im Rahmen einer solchen Betrachtung sind ggf. Festlegungen gegen unzulässige Spannungserhöhungen an Rohrbögen oder Rohrabzweigen zu treffen (z. B. Anbringung von Dehnpolstern).

Hinsichtlich Bestimmung der realen Rohrwandtemperatur sind besonders Doppelrohrleitungen im Auge zu behalten. Bei einigen Anwendungen wird das Innenrohr vom Durchflussstoff thermisch belastet (T_B > 40°C), ohne dass die Wirkung auf das Außenrohr Berücksichtigung findet. Auf diesen Umstand wird in Richtlinie DVS 2210-2, Abschnitt 4.2 hingewiesen und entsprechende Wärmedurchgangsberechnungen empfohlen.

Gleiches gilt selbstverständlich auch für Einfachrohrleitungen, wenn diese unterschiedlichen Temperaturbelastungen ausgesetzt sind. Für den Fall, dass der Temperaturverlauf des Durchflussstoffs als Rohrwandtemperatur angesetzt werden kann, erübrigt sich eine gesonderte Wärmedurchgangsberechnung.

5.5 Verlegespezifische Berechnungen

Neben den üblichen Festigkeitsberechnungen und der allgemeinen Nachweisführung besteht gelegentlich Bedarf, die Verlegung von Kunststoffrohrleitungen mittels rechnerischer Betrachtungen zu begleiten. Der nachfolgende Abschnitt befasst sich mit einer diesbezüglichen Thematik.

5.5.1 Ermittlung der zulässigen Rohrbiegung

Ein Großteil der thermoplastischen Kunststoffrohrleitungen lässt sich mittels natürlicher Biegung von Rohrsträngen verlegen. Dadurch kann die Anzahl von Rohrbogen bzw. Rohrkrümmern oder Schächten im Rohrleitungsverlauf minimiert werden.

Die Kriterien für die Bestimmung von Mindestbiegeradien werden von der Rohrklassifizierung SDR beeinflusst. Grundsätzlich gilt, dass bei großem SDR (geringere Wanddicken) die Stabilität, bei kleinem SDR (höhere Wanddicken) die Randfaserdehnung das Berechnungskriterium ist.

Die Auswertung rechnerischer Betrachtungen ist in Tabelle 6 zusammengefasst, die Berechnungsgrundlagen werden im Beiblatt zu dieser Richtlinie behandelt.

Tabelle 6. Zulässige Biegeradien [R_B] von PE- und PP-Rohren bei Wandtemperatur 20°C.

SDR-Klasse >>	41	33	26	17	11
[R_B] PE-Rohre	$50 \cdot d_e$	$40 \cdot d_e$	$30 \cdot d_e$	$20 \cdot d_e$	$20 \cdot d_e$
[R_B] PP-Rohre	$75 \cdot d_e$	$60 \cdot d_e$	$45 \cdot d_e$	$30 \cdot d_e$	$30 \cdot d_e$

Die unterschiedlich großen Biegeradien beruhen auf der zulässigen Randfaserdehnung, zu entnehmen aus der Richtlinie DVS 2205-1, Tabelle 1. Die Eigenschaften von PVC lassen eine Verlegung in Radien nicht zu.

Um sicherzustellen, dass die Dehngrenzwerte nicht durch Überlagerung von Eigenspannungen oder Spannungen aus dem Betrieb der Rohrleitung überschritten werden, ist mit einem Sicherheitsbeiwert $S_{\varepsilon} \geq 1{,}20$ zu rechnen.

Nicht vermeidbar ist die durch Biegen des Rohres entstehende Ovalisierung des Rohrquerschnitts.

6 Konstruktive Gestaltung

6.1 Schachtbauwerke

Konstruktive Anforderungen an Schächte für erdverlegte, drucklose Abwasserkanäle aus PVC-U, PP und PE sind u. a. in DIN EN 13598-1 zu finden. Ergänzend dazu sollen Hinweise gegeben werden, mit welchen Voraussetzungen eine kunststoffgerechte Ausführung von Schachtbauwerken zu realisieren ist. Besonderes Augenmerk gilt den Details der Schachtkonstruktion, wenn diese für höhere Abwassertemperaturen geeignet sein sollen.

6.1.1 Werkstoffkonformität

Der zur Herstellung von Schachtbauwerken verwendete Werkstoff muss in seinem Verhalten dem der Rohrleitung entsprechen. Dies betrifft im Besonderen die Widerstandsfähigkeit gegen die Durchflussstoffe und die Schweißbarkeit im Hinblick auf die Anschlussverbindungen zur Rohrleitung.

6.1.2 Fertigungszeichnung

Schachtbauwerke sind mit allen wesentlichen Details in einer Fertigungszeichnung darzustellen. Art und Umfang der zeichnerischen Ausarbeitung richten sich nach den im Behälterbau üblichen Grundsätzen. Schweißverbindungen sind in Anlehnung an die Richtlinie DVS 2205-2 bzw. gemäß Richtlinie DVS 2205-3 festzulegen und entsprechend Richtlinie DVS 2202-1 zu klassifizieren. Besonders die Schachtwand-Bodenverbindung sowie die Einbindung der Anschlussstutzen in die Schachtwand sind mit den Angaben zur Schweißausführung als Detail aufzunehmen.

6.1.3 Bauteilanschlüsse

Die Schachtanschlussstutzen zur Rohrleitung sind mit Festpunktelementen oder Schiebemuffen auszustatten, welche die Wärmedehnung auf die Schachtwand unterbinden sollen. Die Ausbildung der Festpunktelemente ist im Detail darzustellen (Beispiel hierzu siehe Beiblatt). Die von den Festpunktelementen aufzunehmende Belastung ist im Rahmen der Schachtberechnung zu ermitteln.

6.1.4 Strömungstechnische Gestaltung

Das Gerinne muss so stabil ausgebildet sein, dass ein langzeitiges Verformen bzw. eine Instabilität durch kurzzeitig erhöhte Abwassertemperaturen ausgeschlossen ist. Gegebenenfalls ist es notwendig, den Raum zwischen Gerinne, Berme und Schachtboden zu versteifen (z. B. durch Hohlraumverdämmung).

6.1.5 Schachtunterbau

Das Schachtbauwerk ist auf unnachgiebigem Untergrund bzw. auf einem Betonfundament aufzustellen. In Kombination mit einem Betonfundament ist es möglich, die von den angeschlossenen Rohrleitungen auf das Schachtbauwerk einwirkenden Kräfte in dasselbe einzuleiten.

Steht das Schachtbauwerk im Grundwasser, kann das Betonfundament in die Auftriebssicherung integriert werden. Einzelheiten der Ausführung sind in die Fertigungszeichnung zu übernehmen.

6.1.6 Steighilfen und Schachteinstieg

Begehbare Schachtbauwerke mit einer Einstiegtiefe (Absturzhöhe) von ≥ 1,50 m sind mit Steighilfen auszustatten. Als Steighilfe dienen Leitern nach DIN EN 14396, welche den Regeln für Sicherheit und Gesundheitsschutz (GUV) entsprechen müssen. Zu beachten ist hier die GUV-R 177 „Steiggänge für Behälter und umschlossene Räume“. Die Konstruktion der Steighilfe muss ein sicheres Ein- und Aussteigen gewährleisten. Die begehbaren Flächen des Schachtbauwerks sind rutschhemmend auszustatten (z. B. durch Besandung).

Es wird empfohlen, die Einstiegöffnung in das Schachtbauwerk mit einem Durchmesser von mindestens 800 mm vorzusehen.

6.1.7 Kennzeichnung

Schachtbauwerke sind deutlich sichtbar und dauerhaft zu kennzeichnen. Zur Kennzeichnungspflicht gehören:

- Herstellerzeichen, ggf. Herstellerwerk,
- Schachtbezeichnung,
- Werkstoff(e),
- Herstelldatum.

Der Kennzeichnung soll hinzugefügt werden, ob eine Übereinstimmung mit den anerkannten Regeln der Technik besteht.

Die Kennzeichnung kann sich auf solche Informationen beschränken, welche dem Betreiber des Schachtbauwerkes die zweifelsfreie Zuordnung hinsichtlich der Verwendbarkeit ermöglicht. Entscheidungen zur Belastbarkeit bzw. zu den Anwendungsgrenzen müssen dem statischen Nachweis, ggf. einer besonderen Spezifikation entnommen werden.

6.1.8 Statischer Nachweis

Im Zusammenhang mit der konstruktiven Gestaltung von Schachtbauwerken ist die Standsicherheit gegen Erd-, Verkehrs- und Flächenlasten sowie gegen äußeren Wasserdruck rechnerisch nachzuweisen. Sofern eine Prüfung des Schachtbauwerks mittels Wasserfüllung beabsichtigt ist, soll auch dieser Lastfall untersucht werden.

Falls vorgesehen ist, die Kräfte aus den angeschlossenen Rohrleitungen in ein Betonfundament einzuleiten, sind die Belastungen im Rahmen des statischen Nachweises zu ermitteln. Einzuschließen ist dabei auch der Auftrieb bei Grundwassereinfluss und die Nachweisführung zur Standsicherheit des Schachtbauwerkes. Die dafür angewandten Berechnungsmethoden müssen den anerkannten Regeln der Technik entsprechen.

Der Einfluss von Schweißnähten oder anderer Verbindungen auf die Standsicherheit des Schachtbauwerks kann erheblich sein. Der Statiker hat sich in dieser Hinsicht zu vergewissern, welche Fügeverfahren die größtmögliche Sicherheit gegen Versagen bieten und wie groß die Spannungen und Dehnungen an den Verbindungsstellen sind.

Für die Lastannahmen sowie zur Festlegung der Boden- und Werkstoffkennwerte ist das Arbeitsblatt ATV-DVWK-A 127 zu berücksichtigen. Die Gestaltung des statischen Nachweises ist dem Ersteller zu überlassen, jedoch muss die Prüfbarkeit durch eine unabhängige Stelle gewährleistet sein. Detaillierte Angaben zum Inhalt und Umfang eines statischen Nachweises finden sich in dieser Richtlinie in Abschnitt 5.2, welche sinngemäß auf Schachtbauwerke anzuwenden sind.

6.2 Übergangsbauwerke

Übergangsbauwerke werden benötigt, um eine erdgedeckte Rohrleitung sachgemäß einer oberirdischen Verlegung zuzuführen, was gleichermaßen für den umgekehrten Fall zutrifft. Grund für eine solche Maßnahme ist, dass Kunststoffrohrleitungen bereits bei länger andauernden Temperaturänderungen von ≥ 10 K größere Verschiebungen im Erdreich erfahren.

Die Rohrstrecken in einem Übergangsbauwerk müssen die betriebsbedingten Verschiebungen ohne Überlastung aufnehmen können. Dieses kann durch freie Ausdehnung mit entsprechender Stützung bzw. Führung der Rohrstrecke bewerkstelligt werden.

Ein Beispiel zur sachgemäßen Rohrleitungsführung beim Übergang von einer freiverlegten Rohrleitungsstrecke zu einer erdgedeckten Rohrleitung enthält das Beiblatt zu dieser Richtlinie.

6.3 Bauwerksanschlüsse

Anschlüsse von Kunststoffrohrleitungen an Bauwerke (z. B. Betonschächte, Gebäude) sind so zu gestalten, dass keine unzulässigen Belastungen entstehen können. Hierbei sind auch nachträgliche Setzungen der Bauwerke und deren Folgen auf die langzeitige Verformung der angeschlossenen Rohrleitung zu berücksichtigen. Besondere Beachtung erfordern die Bauwerksdurchführungen, welche dauerhaft dicht sein müssen, die Rohrleitung jedoch nicht zwängen dürfen.

Sofern es möglich ist, sind Lösungen anzustreben, welche auf bewegliche Rohrverbindungen verzichten. Diese Forderung ist bei thermoplastischen Kunststoffrohrleitungen vielfach realisierbar. Einen Lösungsvorschlag hierzu findet der Anwender im Beiblatt zu dieser Richtlinie.

Ein wesentlicher Faktor für den sachgemäßen Bauwerksanschluss ist die sorgfältige Verdichtung der Bettungsschicht in unmittelbarer Umgebung des Bauwerks. Diese Maßnahme ist unbedingt erforderlich, wenn der Bodenaushub für das Bauwerk tiefer als die Rohrgrabensohle ist, was häufig zutrifft.

Gegebenenfalls ist zu überlegen, ob die Rohrgrabensohle unterhalb der Bettungsschicht mittels Verwendung eines Füllbetons (Beton mit geringem Zementanteil) zu versteifen ist.

7 Anforderungen an Rohre, Formteile und Schachtbauwerke

7.1 Anforderungen an extrudierte und spritzgegossene Halbzeuge

Die für erdgedeckte Rohrsysteme zu verwendenden Halb- und Fertigprodukte – wie Rohre, Rohrformteile, Tafeln, Fertigschächte und Zubehör – müssen hinsichtlich ihres Grundwerkstoffes, ihrer Qualitäts- und Güteeigenschaften und – bei Rohren und Rohrformteilen – ihrer SDR-Zuordnung bzw. ihrer Steifigkeitsklasse (SN) zweifelsfrei identifizierbar sein. Sie müssen außerdem den einschlägigen Maß- und Gütenormen für die Rohre und Rohrleitungsteile entsprechen.

Die Qualität der Werkstoffe und Rohrleitungsteile kann vorausgesetzt werden, wenn die Formmassen eine bauaufsichtliche Zulassung des DIBt besitzen, bzw. für die Produkte die Qualität anhand einer anerkannten Güterichtlinie nachgewiesen ist.

Für die Bauteile müssen Prüfbescheinigungen der Hersteller gemäß DIN EN 10204 mindestens der Kategorie 2.2 ausgestellt werden.

Die Rohrleitungsteile müssen so gekennzeichnet sein, dass nach der Lagerung, Handhabung und Verlegung die Lesbarkeit der Kennzeichnung nicht beeinträchtigt ist und über die gesamte Gebrauchsdauer des Rohres erhalten bleibt.

7.2 Anforderungen an werkseitig hergestellte Rohrleitungsteile und Schächte

Für die Herstellung von Rohrleitungsteilen, z. B. segmentgeschweißte Formteile sowie Formteile von geschweißten Kanalschächten sind Halbzeuge entsprechend den Anforderungen nach Abschnitt 7.1 zu verwenden.

Die Herstellung der Bauteile darf nur durch qualifizierte Fachfirmen erfolgen, die über die notwendigen Einrichtungen und Maschinen verfügen. Schweißmaschinen und Schweißgeräte müssen den Richtlinien DVS 2207-4 Beiblatt 2 (für das Warmgasextrusionsschweißen) und DVS 2208-1 (für das Heizelementschweißen) entsprechen.

Die Fachfirmen können ihre Qualifikation mittels einer regelmäßigen Überwachung der Fertigung durch eine anerkannte Prüfstelle oder eine Gütegesellschaft nachweisen (z. B. Fachbetriebszulassung nach WHG).

Das Personal muss für die durchzuführenden Arbeiten (Schweißen, Kleben, etc.) gültige Prüfbescheinigungen nach Richtlinie DVS 2212-1 bzw. Richtlinie DVS 2221 besitzen. Die entsprechenden Bescheinigungen und Zeugnisse sind der Fertigungsdokumentation beizufügen. Hinsichtlich der Anforderungen und technischen Lieferbedingungen für Fertigschächte aus Polyethylen gilt DIN 19537-3.

8 Errichtung erdgedeckter Rohrleitungen

Das Errichten von erdgedeckten Kunststoffrohrleitungen, in der Hauptsache ist hier das Verlegen und Fügen zu betrachten, hat unter Berücksichtigung der einschlägigen Regeln und Vorschriften zu erfolgen.

Vorschriften zur Verlegung finden sich in verschiedenen Anwendungsrichtlinien, wobei bevorzugt – aber nicht ausschließlich – die Richtlinien zur Bauausführung von Trinkwasserleitungen beachtet werden sollen. Die dafür aufgestellten Regeln sollen als Leitfaden für die weitere Behandlung dieser Thematik dienen.

8.1 Voraussetzungen

Zur ordnungsgemäßen und sicheren Verlegung von Rohrleitungen sind neben den technischen Voraussetzungen, z. B. hinsichtlich Grabenprofil und Wasserhaltung, auch Maßnahmen zur Verhütung von Gefahren für Leben und Gesundheit im Rohrgraben zu treffen. Hinweise zur Unfallverhütung sind z. B. in BGR 236, Abschnitt 4, gegeben.

8.2 Qualifikation des Rohrbauunternehmens

Mit Rohrbauarbeiten sind nur solche Unternehmen zu beauftragen, welche über ausreichend qualifiziertes Personal verfügen. Das Personal kann die Qualifikation durch eine spezielle Ausbildung (z. B. nach DVGW), in besonderen Fällen auch durch langjährige Tätigkeiten auf dem Gebiet des Rohrleitungsbaues erlangen. Unabhängig vom Ausbildungsweg ist es dringend erforderlich, grundlegende Kenntnisse zum Verhalten des jeweils zu verarbeitenden Kunststoffes zu besitzen.

Neben der Personalqualifikation hat das Rohrbauunternehmen den Nachweis zu erbringen, über entsprechenden Einrichtungen, Maschinen und Geräte zur Verlegung von Kunststoffrohrleitungen zu verfügen und damit sachgemäß umgehen zu können. Gemäß Richtlinie 2004/17/EG hat sich der Auftraggeber vom Vorhandensein der Qualifikation zu überzeugen.

8.3 Anforderungen an Transport und Lagerung

In der Richtlinie DVS 2210-1, Abschnitt 6.3 ist ausführlich beschrieben, welche Maßnahmen für den kunststoffgerechten Transport und die sachgemäße Lagerung von Rohrleitungsteilen zu treffen sind.

Andere Regelwerke, z. B. Arbeitsblatt DVGW W 400-2, enthalten ebenfalls eine Vielzahl von Anforderungen zum Transport und zur Lagerung.

Auf Besonderheiten bei der Lagerung von Doppelrohrleitungsteilen wird in der Richtlinie DVS 2210-2, Abschnitt 7.3 hingewiesen. Neben den genannten Richtlinien und Regelwerken sind die Hinweise der Hersteller zu beachten.

Art und Dauer der Lagerung können die Qualität der Rohrleitungsteile nachteilig beeinflussen. Es empfiehlt sich, extreme Temperatureinflüsse zu verhindern und generell auf eine verkürzte Lagerungsdauer zu achten.

Für das sachgemäße Fügen (Schweißen, Kleben) ist es wichtig, bestimmte Rohrleitungsteile (z. B. Heizwendelformstücke) in besonderem Maße vor Verschmutzung und Feuchtigkeitseinflüssen zu schützen.

8.4 Anforderungen an die Eignung von Rohrleitungsteilen

Bezüglich der Feststellungen, ob sich Rohre und Formteile für die Verlegung bzw. für die gewählte Verbindungstechnik eignen, sind bestimmte Zeitpunkte einzuhalten und zu dokumentieren. So müssen die beim Hersteller bzw. die bei der jeweiligen Fertigungsstätte vor dem Versand durchgeführten Prüfungen an Rohren und Formteilen einschließlich der Ergebnisse belegt werden.

Unmittelbar nach dem Eintreffen der Rohre und Formteile auf der Baustelle sind Maßkontrollen und eine Zustandsbeurteilung unbedingt zu empfehlen. Hierbei bietet sich die Gelegenheit, für eine sachgemäße Lagerung der Rohrleitungsteile zu sorgen bzw. die Lagerung auf Übereinstimmung mit den dafür geltenden Regeln zu begutachten. Die Feststellungen sind zu protokollieren.

8.4.1 Anforderungen an die Anschlussquerschnitte

Die Sicherstellung bestimmungsgemäßer Anschlussquerschnitte an Rohren und Formteilen ist eine unabdingbare Voraussetzung für alle Verbindungstechniken. Gewährleisten lässt sich dies durch die Verwendung von solchen Rohrleitungsteilen, deren Maße innerhalb der in Normen und Richtlinien festgelegten Toleranzgrenzen liegen.

Ein nicht unerheblicher Beitrag zur Qualitätssicherung beim Heizelementstumpfschweißen (HS) von Rohren und Formteilen ist die Einhaltung des zulässigen Wanddickenversatzes, welcher durch Wanddickenunterschiede und Deformationen des Fügequerschnittes beeinflusst sein kann.

Unsachgemäße Lagerung kann dazu führen, dass sich größere bis unzulässige Querschnittsverformungen einstellen. Die Anfälligkeit für Verformungen an Rohren und Formteilen aus PE und PP nimmt ab der Rohrklasse SDR ≥ 26 deutlich zu, sodass ggf. zusätzliche Maßnahmen zu ergreifen sind. Hierzu zählen z. B. Stützscheiben an den Rohrenden, Abdeckung gegen unmittelbare Sonneneinstrahlung oder die Lagerung unter Dach.

Bei Anwendung des Heizwendelschweißverfahrens (HM) ist es Bedingung, dass sich die Anschlussquerschnitte der zu verbindenden Rohrleitungsteile innerhalb der vom jeweiligen Muffenhersteller vorgegebenen Toleranzgrenzen befinden. Richtwerte für den zulässigen Deformationsgrad enthält die Richtlinie DVS 2207-1, Abschnitt 5.3.

8.4.2 Anforderungen an die Rohrlängsachse

Bei Verlegung von gefällearmen Freispiegelleitungen ist die Gradlinigkeit der Rohrlängsachse von besonderer Bedeutung. Thermoplastische Kunststoffrohre neigen zu einer Krümmung der Rohrlängsachse, was die Verlegung von gefällearmen Freispiegelleitungen erschweren kann.

Unsachgemäße Transporte oder eine ungeeignete Lagerung können die Krümmung der Rohre verstärken, zur Einhaltung tolerierbarer Grenzen sind zudem witterungsbedingte Einflüsse weitgehend auszuschließen.

Die tolerierbare, vertikale Abweichung von der geplanten Verlegeachse gefällearmer Freispiegelleitungen ist in Abhängigkeit von Rohrdurchmesser und Gefälle im Rahmen der Projektierung festzulegen. Rohrkrümmungsbedingte, horizontale Abweichungen von der geplanten Verlegeachse führen zu keiner signifikanten Beeinträchtigung der Gebrauchstauglichkeit.

Hinweis: Die Krümmung der Längsachse thermoplastischer Rohre beruht auf einer werkstoffspezifischen Eigenart, welche wesentlich vom Steifigkeitsverhalten des jeweiligen Kunststoffes abhängt. Größere Temperaturunterschiede in gegenüberliegenden Sektoren der Rohrlängsseiten oder zu große Stützabstände während der Lagerungsdauer verstärken die Krümmung.

8.5 Verlege- und Verbindungstechniken

Rohrleitungsteile sind so miteinander zu verbinden, dass die vom Betrieb der Rohrleitung ausgehende Belastung sicher übertragen werden kann und die Dichtheit während der vorausgesetzten Gebrauchsdauer uneingeschränkt erhalten bleibt. Neben der betrieblichen Belastung wirken Erdlast und ggf. auch Verkehrslasten auf die Verbindungsstellen, was deren Dichtheit beeinflussen kann.

8.5.1 Schweißverbindungen

Für das Schweißen von Rohren und Formteilen gelten vorrangig die unter Abschnitt 11 aufgeführten Richtlinien und Empfehlungen des DVS. Für spezielle Schweißverfahren sind die Vorschriften des jeweiligen Systemanbieters zu beachten. Grundsätzlich ist vorauszusetzen, dass die Durchführung der Schweißarbeiten ausschließlich auf geschultes und erfahrenes Fachpersonal übertragen wird, welches eine Bescheinigung nach Richtlinie DVS 2212-1 oder einen gleichwertigen Ausbildungsnachweis vorlegen kann.

Wesentliches Merkmal einer sachgemäßen und einwandfreien Schweißausführung ist die Verwendung geeigneter und intakter Schweißgeräte. Die Richtlinie DVS 2208-1 gibt hierzu klare Vorgaben, deren Einhaltung vorausgesetzt werden muss.

8.5.2 Klebeverbindungen

Für das Kleben von Rohren und Formteilen gelten vorrangig die unter Abschnitt 11 aufgeführten Richtlinien und Empfehlungen des DVS. Für spezielle Verfahren sind die Vorschriften des jeweiligen Systemanbieters zu beachten.

Grundsätzlich ist vorauszusetzen, dass die Durchführung der Arbeiten ausschließlich auf geschultes und erfahrenes Fachpersonal übertragen wird, welches über eine Bescheinigung nach Richtlinie DVS 2221 oder einen gleichwertigen Ausbildungsnachweis verfügt. Die Gleichwertigkeit der Ausbildung, z. B. Besuch von Kursen bei einem Systemanbieter, hat ein Klebefachmann zu beurteilen.

8.5.3 Lösbare Verbindungen

Das Verbinden von Rohren und Formteilen mittels Flanschen, Stecken, Klemmen und Verschrauben unterliegt den Empfehlungen der jeweiligen Grundnormen. Nach AD 2000-Merkblatt HP 120 R, Abschnitt 7.4 sind lösbare Verbindungen in erdgedeckten Rohrleitungen nicht zulässig.

Ausnahmen sind zulässig, wenn es sich um Rohrleitungen zum Transport nicht wassergefährdender Flüssigkeiten und neutraler Gase (z. B. Druckluft) mit einem inneren Überdruck $p \leq 0{,}5$ bar handelt.

8.5.3.1 Muffenverbindungen

Unter bestimmten Voraussetzungen kann die Verwendung von Muffenverbindungen bei erdgedeckten Industrierohrleitungen von Vorteil sein (z. B. wirtschaftliche Verlegung).

Vor jedem Anwendungsfall ist zu prüfen, ob rechtliche Vorschriften hinsichtlich des Durchflussstoffs berührt werden, was bei Trinkwasserschutzzonen der Fall sein kann.

Ein weiteres Kriterium ist die Eignung des Dichtungswerkstoffs, der über die gesamte Betriebsdauer keine Schädigung aus dem Durchflussstoff erfahren darf. Gleichermaßen ist zu beachten, ob Einschränkungen zur Verwendung bestimmter Dichtungsqualitäten bestehen..

Der Anwender von Muffenverbindungen muss sich aufgrund der Herstellerangaben vergewissern, wo die Grenzen der Betriebssicherheit (Dichtheit) liegen. Hierbei geht es u. a. um die Langzeitwirkung infolge Belastung aus Erddruck, was zu größeren Verformungen der Muffe führen kann. Im Zweifelfall sind Schweiß- oder Klebverbindungen vorzuziehen.

8.6 Überwachen der Verlegearbeiten

Um sicherzustellen, dass die Verlegevorschriften eingehalten werden, hat der Errichter der Rohrleitung eine geeignete Überwachung der Arbeiten zu veranlassen. Für das Schweißen eignet sich eine Schweißaufsicht, z. B. Schweißfachmann nach Richtlinie DVS 2213 oder gleichwertige Ausbildung. Für die Sicherstellung der Qualitätsansprüche beim Kleben oder anderen Verbindungsarten ist äquivalent zu verfahren.

8.7 Dokumentieren der Verlegearbeiten

Alle Arbeiten zur Verlegung der Rohrleitung, welche die Betriebssicherheit unmittelbar beeinflussen können, sind in geeigneter Form zu dokumentieren. Dazu gehört in besonderem Maße das Verbinden der Rohrleitungsteile, unabhängig davon, welche Verbindungsart gewählt wird.

Alle Verbindungsstellen sind mittels Nummerierung zu kennzeichnen. Es ist zweckmäßig, die Nummerierung und Beschriftung der Verbindungsstellen unmittelbar im Zuge der Verlegearbeiten vornehmen zu lassen. Die Nummerierung ist in die Dokumentation der Verlegearbeiten (z. B. Schweißprotokoll) zu übernehmen.

Für die Dokumentation sollen möglichst vorbereitete Formulare verwendet werden, welche in Vielzahl den DVS-Richtlinien entnommen werden können. Beim Heizelementschweißen wird bei entsprechender Ausstattung der Schweißmaschine bzw. des Schweißaggregats der Fügevorgang automatisch aufgezeichnet.

Die Dokumentation ist unmittelbar nach Beendigung der jeweiligen Verlegearbeiten zu erstellen und dem Aufsichtspersonal auszuhändigen. Diese Voraussetzung muss erfüllt werden, damit Zeit bleibt, um Kontrollen vor dem Einbau der verlegten Rohrstrecken ausüben zu können.

9 Kontrollen, Prüfungen und Abnahmen

Kontrollen, Prüfungen und Abnahmen sind Teil der Qualitätssicherung und dienen dem Nachweis der sachgemäßen Lieferung und Leistung. Seitens der verantwortlichen Stelle ist dafür zu sorgen, dass die jeweiligen Kontrollen und Prüfungen von entsprechend sachkundigem Personal durchgeführt und dokumentiert werden.

Art und Umfang der Kontrollen und Prüfungen sind vor Baubeginn zwischen Auftraggeber und Auftragnehmer festzulegen und in einem **Prüfplan** zu verankern. Darin sollen alle Tätigkeiten aufgenommen werden, welche zur Erfüllung einer effizienten Qualitätssicherung beitragen.

Kontrollen und Prüfungen sind möglichst über den gesamten Zeitraum einer Baumaßnahme zu verteilen, wobei insbesondere die Lieferungen und Leistungen einbezogen werden sollen, welche die Betriebssicherheit einer erdgedeckten Rohrleitung aus thermoplastischem Kunststoff in besonderem Maße beeinflussen können.

Weitere Hinweise zu Kontrollen, Prüfungen und Abnahmen enthält das Arbeitsblatt DWA A 139, die DIN EN 1610, sowie das DVGW-Regelwerk, insbesondere Arbeitsblatt W 400-2.

9.1 Prüfplan, Zeitpunkt der Kontrollen und Prüfungen

Der Prüfplan sollte sich an der Art und der Ablaufplanung des Bauprojektes orientieren und die sinnvolle Unterteilung der einzelnen Bauabschnitte widerspiegeln. Dies kann zu einer strang- oder haltungsweisen Gliederung des Prüfplanes führen.

Anhang A dieser Richtlinie enthält einen Prüfplan, in welchem Empfehlungen zur zeitlichen Zuordnung verschiedener Prüfungen gegeben werden.

9.2 Kontrollen an Rohren, Formteilen und Zubehör

Die zur Verlegung bestimmten Rohre, Formteile und Zubehör sind bei Anlieferung sowie nach längerer Lagerung einer visuellen Kontrolle zu unterziehen. In die Kontrolle ist im Besonderen einzuschließen:

- die Identität des Werkstoffes und die Übereinstimmung mit den Prüfbescheinigungen der Hersteller,
- die eindeutige und durchgängige Kennzeichnung der Rohre und Rohrformteile bezüglich Werkstoff und Maße,
- die Unversehrtheit der Verpackung, z. B. von Heizwendelformteilen und -muffen oder anderer empfindlicher Teile,
- die Zulässigkeit von Deformationen an den Rohrleitungsteilen, z. B. Querschnittsverformungen und Längskrümmung an Rohren,
- die Unbedenklichkeit mechanischer Beschädigungen an den Oberflächen der Rohre und Rohrleitungsteile.

9.2.1 Kontrolle vorgefertigter Rohrleitungsteile

Die vor dem Einbau auf der Baustelle angefertigten Rohrleitungsteile, z. B. Segmentkrümmer oder geschweißte Rohrabzweige, sind in gleicher Art und Weise zu kontrollieren, wie unter Abschnitt 9.2 beschrieben.

Zusätzlich sind – soweit zutreffend – die vorstehend genannten Prüfkriterien, um die Kontrolle der Schweißnähte und ggf. auf Übereinstimmung mit Fertigungszeichnungen zu erweitern. Unterstützung zur Beurteilung von Schweißnähten und Fertigungsdetails bietet die Richtlinie DVS 2202-1. Sollten Zweifel an der Qualität einzelner Schweißnähte bestehen, sind weitergehende Prüfungen zu veranlassen.

Bei relevanten Losgrößen oder wiederkehrenden Lieferungen empfiehlt es sich, neben der Kontrolle auf der Baustelle auch fertigungsbegleitende Prüfungen oder Abnahmen im Herstellerwerk durchzuführen.

9.2.2 Kontrollen an Schachtbauwerken

Schachtbauwerke sind beim Hersteller einer eingehenden Endkontrolle bzw. einer Abnahme zu unterziehen, wie unter Abschnitt 6.1.9 beschrieben.

Auf der Baustelle ist zu kontrollieren, ob es durch Transport und Zwischenlagerung zu nennenswerter Beschädigung an Oberflächen oder an Schachtbauteilen gekommen ist. Weiterhin ist vor dem Einbau die Konformität mit den Fertigungsunterlagen zu kontrollieren.

Sollen Schachtbauwerke nach ihrem Einbau einer nochmaligen Prüfung oder Inaugenscheinnahme unterzogen werden, ist dieser Vorgang in Art und Umfang zu beschreiben und in den Prüfplan aufzunehmen.

9.3 Baubegleitende Kontrollen und Prüfungen

Baubegleitende Kontrollen und Prüfungen sollen sicherstellen, dass die fertig verlegte Rohrleitung vor Inbetriebnahme die geforderten Qualitäts- und Betriebseigenschaften besitzt. Im Prüfplan sind Art, Umfang und Zeitpunkte der baubegleitenden Kontrollen und Prüfungen festzulegen. Bezüglich der Aufgabenverteilung bei Kontrollen und Abnahmen enthält die Tabelle 1 im Abschnitt 3.2.1 dieser Richtlinie einige Gestaltungsvorschläge.

9.3.1 Kontrolle und Abnahme des Rohrgrabens

Vor dem Einbringen der Rohrleitungsteile ist der Rohrgraben auf sachgemäße Ausführung entsprechend Abschnitt 3.1.4 zu kontrollieren. Insbesondere ist hierbei auf das Nivellement der Grabensohle zu achten. Aus dem Verbau resultierende Hindernisse sowie Steine oder andere Gegenstände im Rohrgraben sind zu entfernen.

9.3.2 Kontrollen während der Verlegung

Die Fügearbeiten während der Verlegung sowie die Fügeverbindungen an verlegten Rohrleitungsabschnitten sind auf Konformität mit geltenden Regelwerken zu kontrollieren.

Bei Auffälligkeiten im Hinblick auf die Qualität der Fügearbeiten oder an fertigen Fügeverbindungen sind weitergehende Prüfungen zu veranlassen.

Ebenfalls zu prüfen ist, ob die Rohrleitungsabschnitte frei von Zwängungen sind, was z. B. an Verbauelementen oder an kreuzenden bzw. parallel verlaufenden Hindernissen der Fall sein kann.

9.3.3 Kontrollen während der Verfüllung des Rohrgrabens

Empfehlenswert ist, die lagenweise Verfüllung und Verdichtung des Rohrgrabens unmittelbar bzw. in zeitlicher Nähe zur Verlegung der Rohrleitung oder der Rohrleitungsabschnitte vornehmen zu lassen. Gegebenenfalls sind diese Arbeiten punktuell zu überwachen.

Sobald die Rohrleitung bis etwa 2/3 ihres Durchmessers im Erdreich eingebettet ist, soll diese einem Nivellement und einer abschließenden Inaugenscheinnahme unterzogen werden. In Verbindung mit dem Nivellement ist eine Längenprofilskizze anzufertigen, in welche die Verbindungsstellen, Abwinkelungen, Abzweige und sonstige Einbauten aufzunehmen und höhenmäßig zu erfassen sind. Bei Freispiegelleitungen sollen die Messpunkte nicht weiter als 3,0 m voneinander entfernt sein.

9.4 Prüfen der Rohrleitung und der Einbauten

Nach Beendigung der Rohrbauarbeiten bedarf es einer abschließenden Prüfung, ob sich die Rohrleitung in einem ordnungsgemäßen, d. h. betriebsfähigen Zustand befindet.

Als Nachweis der Betriebstüchtigkeit von thermoplastischen Kunststoffrohrleitungen eignet sich vorwiegend die Innendruckprüfung mit Wasser, in seltenen Fällen die Dichtheitsprüfung unter Verwendung von Luft oder inerter Gase.

Anhang B dieser Richtlinie enthält eine Übersicht zu Dichtheits- und Innendruckprüfungen an thermoplastischen Kunststoffrohrleitungen, unterteilt in Druck- und Freispiegelleitungen für flüssige und gasförmige Medien.

9.4.1 Dichtheitsprüfung an Rohrleitungen

Zur Dichtheitsprüfung an Kunststoffrohrleitungen werden in allen diesbezüglichen Regelwerken Empfehlungen gegeben. Das Prinzip der Dichtheitsprüfung mittels Luft beruht auf der Anwendung eines geringen Überdrucks, mit dessen Zuhilfenahme bestätigt werden soll, dass alle Verbindungsstellen der Rohrleitung technisch dicht sind.

Die Dichtheitsprüfung mit geringem Überdruck, z. B. nach DIN EN 1610, übt keine nennenswerte Belastung auf die Rohrleitung aus, was die Effizienz der Fehlererkennung an Schweiß- und Klebverbindungen einschränkt.

9.4.2 Dichtheitsprüfung an Schachtbauwerken

Die Dichtheitsprüfung an thermoplastischen Schachtbauwerken kann in Anlehnung an Richtlinie DVS 2206-2 vorgenommen werden. Vorrangige Aufgabe der Dichtheitsprüfung ist, die Schweißnähte oder andere Verbindungen einer letztmaligen Kontrolle vor Inbetriebnahme zu unterziehen.

Um dies zu ermöglichen, muss das Schachtbauwerk innen und außen in vollem Umfang zugänglich sein.

9.4.2.1 Empfehlungen zur Vorgehensweise

Nach Aufstellung des Schachtbauwerks auf dem vorbereiteten Untergrund (Betonfundament, Schotter- oder Kiestragschicht) ist eine Prüfung durch Füllen mit Wasser vorzunehmen. Dazu sind die Anschlussstutzen zu Rohrleitungen mit geeigneten Elementen zu verschließen. Ist die Rohrleitung mit Muffenverbindungen o. Ä. ausgestattet, sind die Anschlussrohre in die Prüfung einzubeziehen.

Während des Füllvorgangs ist eine ausreichende Entlüftung des Schachtbauwerks sicherzustellen. Die Dauer der Prüfung soll so gewählt werden, dass Dehnvorgänge im Bereich der Zylinder-Boden-Verbindung ihre Wirkung entfalten können. Vor dem Ablassen des Wassers sind die Schweißnähte und Verbindungsstellen visuell zu kontrollieren. Beim Entleeren ist auf die sichere Belüftung des Schachtbauwerks zu achten.

9.4.3 Verfahren und Anforderungen an die Prüfung von Freispiegelleitungen

Die in DIN EN 1610 enthaltenen Prüfungen von Rohrleitungen und Schächten nach Verfüllung, sollen ausschließlich für Freispiegelleitungen gelten.

Unter Sicherheitsaspekten kann es für Industrierohrleitungen sinnvoll sein, auch die Freispiegelleitungen aus thermoplastischen Kunststoffen einer Innendruckprüfung gemäß Abschnitt 9.4.4 zu unterziehen.

9.4.4 Innendruckprüfung an Rohrleitungen

Die Innendruckprüfung dient dem Nachweis der mechanischen Festigkeit, sie ist gleichzeitig eine Dichtheitsprüfung gegenüber dem Prüfmedium. Mit Wasser als Prüfmedium kann die Gasdichtheit einer Rohrleitung nicht sichergestellt werden.

Die Richtlinie DVS 2210-1 Beiblatt 2 beschreibt die Innendruck- und Dichtheitsprüfung an oberirdischen Rohrleitungssystemen aus thermoplastischen Kunststoffen, deren Geltungsbereich schließt auch erdgedeckte Rohrleitungen mit ein.

Für die Innendruckprüfung an Doppelrohrleitungen gelten die gleichen Grundsätze, systembezogene Ergänzungen sind der Richtlinie DVS 2210-2, Abschnitt 9.2 zu entnehmen.

Dem Anwender und Errichter von Kunststoffrohrleitungen wird für den Nachweis der Betriebstüchtigkeit empfohlen, die für das jeweilige System zutreffenden Regelwerke zu berücksichtigen.

10 Dokumentation

Mit Abschluss der Baumaßnahme ist die Dokumentation an den Betreiber der Rohrleitung auszuhändigen. Welchen Umfang die Dokumentation haben soll, richtet sich nach den Vereinbarungen zwischen Auftraggeber und Auftragnehmer.

Die aus der Sicht der Kunststoffanwendung erforderlichen Dokumente sind sowohl in Richtlinie DVS 2210-1 als auch in Richtlinie DVS 2210-2 aufgeführt, sie bedürfen bezüglich der erdgedeckten Rohrleitung keiner Ergänzung.

Was die Tiefbauarbeiten und die damit verbundenen Nachweise angeht, so gelten hierfür die Vorgaben der einschlägigen Regelwerke.

11 Schrifttum

Nachfolgend wird auf einige Regelwerke hingewiesen, welche die behandelte Thematik unmittelbar betreffen. Die Aufzählung aller begleitender Normen, Richtlinien und Vorschriften ist nicht vorgesehen, hierzu muss sich der Anwender im Rahmen einer zusätzlichen Betrachtung über aktuelle Regelwerke in Kenntnis setzen.

Hinweis: Eine Sammlung der DVS-Merkblätter und -Richtlinien zum Fügen, Errichten und Prüfen von thermoplastischen Kunststoffrohrleitungen enthält das DVS-Taschenbuch Band 68/IV: Fügen von Kunststoffen.

Regelwerk

DIN EN 1610	Verlegung und Prüfung von Abwasserleitungen und -kanälen
DIN EN 14396	Ortsfeste Steigleitern für Schächte
DIN 4266-1	Sickerrohre für Deponien – Teil 1: Sickerrohre aus PE und PP
Richtlinie DVS 2202-1	Fehler an Schweißverbindungen aus thermoplastischen Kunststoffen – Merkmale, Beschreibung, Bewertung
Richtlinie DVS 2204-4	Kleben von Rohren und Rohrleitungsteilen aus thermoplastischen Kunststoffen – Polyvinylchlorid (PVC-U)
Richtlinie DVS 2204-5	Kleben von Rohren und Formstücken aus thermoplastischen Kunststoffen – Chloriertes Polyvinylchlorid (PVC-C)
Richtlinie DVS 2205-1	Berechnung von Behältern und Apparaten aus Thermoplasten – Kennwerte
Richtlinie DVS 2206-2	Zerstörungsfreie Prüfungen von drucklosen Behältern und Apparaten aus thermoplastischen Kunststoffen – Dichtheitsprüfung
Richtlinie DVS 2206-4	Zerstörungsfreie Prüfungen von Behältern, Apparaten und Rohrleitungen aus thermoplastischen Kunststoffen – Prüfung mit elektrischer Hochspannung
Richtlinie DVS 2206-5	Zerstörungsfreie Prüfungen von Rohrleitungen aus thermoplastischen Kunststoffen – Winkelmessung an Heizwendel (HM)- und Heizelementmuffen (HD)-Schweißverbindungen
Richtlinie DVS 2207-1	Schweißen von thermoplastischen Kunststoffen – Heizelementschweißen von Rohren, Rohrleitungsteilen und Tafeln aus PE-HD
Richtlinie DVS 2207-1 Beiblatt 1	Schweißen von thermoplastischen Kunststoffen – Heizwendelschweißen von Rohren aus PE-X mit Rohrleitungsteilen aus PE-HD
Richtlinie DVS 2207-3	Schweißen von thermoplastischen Kunststoffen – Warmgaszieh- und Warmgasfächelschweißen von Rohren, Rohrleitungsteilen und Tafeln – Verfahren, Anforderungen

Richtlinie DVS 2207-3 Beiblatt 1	Schweißen von thermoplastischen Kunststoffen – Warmgaszieh- und Warmgasfächelschweißen von Rohren, Rohrleitungsteilen und Tafeln – Schweißparameter
Richtlinie DVS 2207-3 Beiblatt 2	Schweißen von thermoplastischen Kunststoffen – Warmgaszieh- und Warmgasfächelschweißen von Rohren, Rohrleitungsteilen und Tafeln – Anforderungen an die Schweißgeräte und das Zubehör
Richtlinie DVS 2207-4	Schweißen von thermoplastischen Kunststoffen – Extrusionsschweißen von Rohren, Rohrleitungsteilen und Tafeln – Verfahren, Anforderungen
Richtlinie DVS 2207-4 Beiblatt 1	Schweißen von thermoplastischen Kunststoffen – Extrusionsschweißen von Rohren, Rohrleitungsteilen und Tafeln – Schweißparameter
Richtlinie DVS 2207-4 Beiblatt 2	Schweißen von thermoplastischen Kunststoffen – Extrusionsschweißen von Rohren, Rohrleitungsteilen und Tafeln – Anforderungen an die Schweißmaschinen und Schweißgeräte
Richtlinie DVS 2207-5	Schweißen von thermoplastischen Kunststoffen – Schweißen von PE-Mantelrohren – Rohre und Rohrleitungsteile
Richtlinie DVS 2207-5 Beiblatt 1	Schweißen von thermoplastischen Kunststoffen – Schweißen von PE-Mantelrohren – Formstücke und Absperrarmaturen
Richtlinie DVS 2207-6	Schweißen von thermoplastischen Kunststoffen – Berührungsloses Heizelementstumpfschweißen von Rohren, Rohrleitungsteilen und Tafeln – Verfahren, Maschinen, Parameter
Richtlinie DVS 2207-11	Schweißen von thermoplastischen Kunststoffen – Heizelementschweißen von Rohren, Rohrleitungsteilen und Tafeln aus PP
Richtlinie DVS 2207-12	Schweißen von thermoplastischen Kunststoffen – Heizelementschweißen von Rohren, Rohrleitungsteilen und Tafeln aus PVC-U
Richtlinie DVS 2207-15	Schweißen von thermoplastischen Kunststoffen – Heizelementschweißen von Rohren, Rohrleitungsteilen und Tafeln aus PVDF
Richtlinie DVS 2207-16	Schweißen von thermoplastischen Kunststoffen – Heizelementschweißen von Rohren und Rohrleitungsteilen aus Polyamid 12
Richtlinie DVS 2208-1	Schweißen von thermoplastischen Kunststoffen – Maschinen und Geräte für das Heizelementschweißen von Rohren, Rohrleitungsteilen und Tafeln
Richtlinie DVS 2210-1	Industrierohrleitungen aus thermoplastischen Kunststoffen – Projektierung und Ausführung – Oberirdische Systeme
Richtlinie DVS 2210-1, Beiblatt 1	Industrierohrleitungen aus thermoplastischen Kunststoffen – Projektierung und Ausführung – Oberirdische Systeme Berechnungsbeispiel
Richtlinie DVS 2210-1, Beiblatt 2	Industrierohrleitungen aus thermoplastischen Kunststoffen – Projektierung und Ausführung – Oberirdische Systeme – Empfehlungen zur Innendruck- und Dichtheitsprüfung
Richtlinie DVS 2210-2	Industrierohrleitungen aus thermoplastischen Kunststoffen – Projektierung, Konstruktion, Errichtung – Doppelrohrsysteme
AD 2000-Merkblatt HP 120 R	Bauvorschriften für Rohrleitungen aus thermoplastischen Kunststoffen
Richtlinie 2004/17/EG	Richtlinie des Europäischen Parlaments und des Rates vom 31.03.2004 zur Koordinierung der Zuschlagserteilung durch Auftraggeber im Bereich der Wasser-, Energie- und Verkehrsversorgung sowie der Postdienste
BetrSichV	Betriebssicherheitsverordnung
ProdSG*)	Produktsicherheitsgesetz
14.ProdSV	14. Verordnung zum Produktsicherheitsgesetz (Druckgeräteverordnung)
WHG**)	Gesetz zur Ordnung des Wasserhaushalts (Wasserhaushaltsgesetz)

Literatur

[1] Woebcken, W.: Berechnung der axialen Kräfte und Verschiebungen von Kunststoffrohren im Erdreich als Folge von Wärmedehnung bzw. Innendruck. Handbuch Rohrleitungstechnik, 4. Ausgabe 1989.

*) Die europäische Druckgeräterichtlinie 97/23/EG wurde in Deutschland durch das **Geräte- und Produktsicherheitsgesetz (GPSG)** umgesetzt, welches wiederum am 1.12.2011 außer Kraft getreten ist und durch das **Produktsicherheitsgesetz (ProdSG)** in der Fassung vom 8.11.2011 abgelöst wird. Details zum Gesetz im Sinne der Arbeitssicherheit werden in der **Betriebssicherheitsverordnung (BetrSichV)** und Details zu Druckgeräten in der **Vierzehnten Verordnung zum Produktsicherheitsgesetz (Druckgeräteverordnung) (14. ProdSV)** geregelt. Die beiden Verordnungen gelten für das ProdSG unverändert weiter.

**) Unabhängig davon ist das Wasserhaushaltsgesetz (WHG) mit Gültigkeit ab dem 01.03.2010 anwendbar.

Hinweis zu Richtlinie DVS 2210-3 Beiblatt (in Bearbeitung):

Die vorliegende Richtlinie enthält einige Verweise auf Anwendungsbeispiele, welche die sachgemäße Errichtung erdgedeckter Kunststoffrohrleitungen unterstützen sollen. Die Arbeitsgruppe W 4.3a hat beschlossen, Anwendungsbeispiele, Zeichnungen und Abbildungen in einem **Beiblatt** zusammenzufassen. Die Veröffentlichung des in Bearbeitung befindlichen Beiblatts wird in den Medien des DVS (z. B. Joinig Plastics) bekannt gegeben.

Anhang A: Prüfplan

Bau-/ Prüfabschnitt	Prüf-position	Gegenstand der Prüfung	Prüfkriterien (siehe Abschn.)	Prüfzeitpunkt Prüfinterval	Prüfverfahren[1)]	Dokumentation
Vorbereitung der Baumaßnahme	I.1	Werkstoffeignung	1.3	vor Bauausführung bzw. vor Fertigungsbeginn	Kontrolle auf Vollständigkeit und sachgemäße Durchführung	Freigabevermerk durch autorisierte Stellen[2)]
	I.2	Planunterlagen (Tief- und Rohrbau)	3.2.2			
	I.3	Rohrleitungsdimensionierung	3.2.3 / 4			
	I.4	statische Nachweise	5.4			
	I.5	Konstruktionszeichnungen	6			
Fertigung und Bereitstellung von Rohrleitungsteilen, Schachtbauwerke und dgl.	II.1	Rohre und Rohrleitungsteile extrudiert und spritzgegossen	7.1 / 9.1	bei Anlieferung, vor Verwendung	Sicht- und Maßprüfung an Stichproben	Protokoll
	II.2	vorgefertigte Rohrleitungsteile	7.2 / 9.1.1	bei Anlieferung, vor dem Einbau	Sicht- und Maßprüfung	Protokoll
	II.3	Schachtbauwerke	6.1–6.1.8 / 7.2 / 9.1.2	nach Fertigung, vor dem Einbau	Sicht- und Maßprüfung	Protokoll
	II.4	sonstiges Rohrleitungszubehör (z. B. Eignung für den zu betrachtenden Anwendungsfall)		bei Anlieferung	Sicht- und Maßprüfung	Protokoll
	II.5	Herstellerzeugnisse, Lieferscheine, Einbauvorschriften	7.1 / 7.2	bei Wareneingang	Kontrolle auf Konformität mit Spezifikation und Material	Bescheinigung der prüfenden Stelle
Tiefbauarbeiten	III.1	Qualifikation des Tiefbauunternehmens	3.1	vor Vergabe	Qualifizierungsverfahren, ggf. Audit	Nachweis
	III.2	Rohrgrabenausführung, Zustand der Rohrgrabensohle	3.1 / 9.2.1	bei Herstellung	visuell, ggf. Kontrollmessungen	Protokoll
	III.3	Baustellensicherheit (z. B. Verbau)	3.1.5 / 8.1	ständig, abschnittsweise dokumentiert	Kontrolle durch Bauleitung	Protokoll
	III.4	bodenmechanische Eigenschaften (Abgleich mit Rohrstatik)	3.1.3 / 5	nach Grabenaushub	ggf. Bodengutachten	Protokoll
	III.5	Rohrauflager Einbettungsbedingungen	3.1.4 / 9.2.3	vor und während der Einbettung	Kontrolle von Lage- und Höhenabweichungen	Protokoll
	III.6	Bodenverdichtung in der Leitungszone	3.1.3 / 9.2.3	abschnittsweise nach der Verdichtung	bodenmechanische Prüfverfahren (z. B. Plattendruckversuch, Künzelstab)	Protokoll
	III.7	Errichtung von Übergangsbauwerken	6.2	nach Planung, bei Errichtung	Sicht- und Maßprüfung	Protokoll
	III.8	Einbau von Schachtbauwerken	3.1.6	vor und während des Einbaus	Kontrolle des Fundaments, Unversehrtheit des Schachtbauwerkes	Protokoll

Bau-/ Prüfabschnitt	Prüf-posis-tion	Gegenstand der Prüfung	Prüfkriterien (siehe Abschn.)	Prüfzeitpunkt Prüfinterval	Prüfverfahren[1)]	Dokumentation
Rohrbauarbeiten	IV.1	Qualifikation des Rohrbauunternehmens	8.2	vor Vergabe	Qualifizierungsverfahren, ggf. Audit	Nachweis
	IV.2	Qualifikation des Fachpersonals	7.2 / 8.4.1 / 8.4.2	zum jeweiligen Personal-einsatz	Gültigkeit und Konformität der Qualifikationsnachweise	Bescheinigung der prüfenden Stelle
	IV.3	Maschinen, Werkzeuge und Geräte	7.2 / 8.2 / 8.4.1	vor jeweiligem Gebrauch	Kontrolle auf Konformität mit Vorschriften	Bescheinigung der prüfenden Stelle
	IV.4	Transporte und Lagerung der Rohrleitungsteile	8.3.1 / 9.2 / 9.2.1	bei Anlieferung, vor und während des Einbaus	Kontrolle auf werkstoffgerechte Handhabung und Unversehrtheit	Protokoll
	IV.5	Fügeprozess	8.4.1 / 8.5 / 8.6	Stichproben	Prüfung der Fügeparameter und der Aufzeichnungen durch autorisierte Stelle[2)]	Protokoll
	IV.6	Schweißverbindungen	8.5.1 Richtlinie DVS 2202-1	30 bis 100%	visuelle Kontrolle und Durchsicht der Aufzeichnungen	Protokoll
	IV.7	Klebeverbindungen	8.5.2	30 bis 100%	visuelle Kontrolle und Durchsicht der Aufzeichnungen	Protokoll
	IV.8	lösbare Verbindungen Mufferverbindungen	8.5.3	30 bis 100%	visuelle Kontrolle und Durchsicht der Aufzeichnungen	Protokoll
	IV.9	Verlegearbeiten	3.1.2 / 9.3	abschnittsweise	Kontrolle von Lage- und Höhenabweichungen	Protokoll
Kontrollen, Prüfungen und Abnahmen	V.1	Dichtheitsprüfung Rohrleitung	9.4.1	nach Verlegung	z. B. DIN EN 1610	Protokoll
	V.2	Dichtheitsprüfung Schachtbauwerke	9.4.2	nach Fertigung bzw. nach Einbau	z. B. Richtlinie DVS 2206-2	Protokoll
	V.3	Innendruckprüfung Rohrleitung	9.4.4	nach Verlegung	Richtlinie DVS 2210-1 Beiblatt 2	Protokoll
	V.4	Vermessung		nach Teilverfüllung	Lage- und Höhenmessung	Protokoll
	V.5	TV-Prüfung des Rohrinnenraums		nach Einbau	Videoaufzeichnung	Protokoll

1) Neben den Hinweisen zum Prüfverfahren sind die entsprechenden Regelwerke zu beachten

2) Die autorisierte Stelle muss über spezielle Kenntnisse zum jeweiligen Sachgebiet verfügen. Hierzu zählen insbesondere benannte Stellen, d. h. neutrale und unabhängige Organisationen oder akkreditierte Prüfstellen.

Anhang B: Übersicht zu Dichtheits- und Innendruckprüfungen

		Regelwerk		Eignungshinweise	Prüfmethode
Druckleitungen	**gasförmige Durchflussstoffe**	DVGW G 469 (A)	Druckprüfverfahren Gastransport/Gasverteilung	für RL aus PE-HD bedingt anwendbar	Druckprüfung mittels Luft und Wasser
		DVGW G 472	Gasleitungen bis 10 bar Betriebsdruck, aus Polyethylen (PE 80, PE 100 und PE-Xa) – Errichtung	PE 80, PE 100, PE-Xa	Druckprüfung mittels Luft oder inertem Gas
		TRGL 171	Druckprüfungen an Gashochdruckleitungen	Anwendung für K-RL möglich	Druckprüfung mittels Wasser, alternativ Luft oder inertes Gas
	flüssige Durchflussstoffe	DIN EN 805	Wasserversorgung – Anforderungen an Wasserversorgungssysteme und deren Bauteile außerhalb von Gebäuden	vorwiegend für Guss- und Stahl-RL, eingeschränkt für K-RL geeignet	verschiedene Verfahren der Wasserdruckprüfung
		DVGW W 400-2	Technische Regeln Wasserverteilungsanlagen (TRWV) – Teil 2: Bau und Prüfung	PE 80, PE 100, PE-Xa, PVC-U	verschiedene Verfahren der Wasserdruckprüfung
		Richtlinie DVS 2210-1 Beiblatt 2	Industrierohrleitungen aus thermoplastischen Kunststoffen – Projektierung und Ausführung – Oberirdische Rohrsysteme – Empfehlungen zur Innendruck- und Dichtheitsprüfung	PE 80, PE 100, PE-Xa, PP, PVC-U	Festigkeitsprüfung mittels Wasserdruck unter definierter Spannung
		DIN EN 13480-5	Metallische industrielle Rohrleitungen – Teil 5: Prüfung	nicht für K-RL anwendbar	Wasser- und Gasdruckprüfung
		TRR 521	Technische Regeln zur DruckBehV – Rohrleitungen	nicht für K-RL anwendbar	Wasserdruckprüfung
		Anlage zu TRR 521	Technische Regeln zur DruckBehV – Bescheinigung der ordnungsgemäßen Herstellung/Errichtung und Druckprüfung	Anwendung für K-RL möglich	dient ausschließlich der Dokumentation ohne weitere Beschreibung der Prüfanforderungen
		TRR 532	Druckprüfung von erdgedeckten Rohrleitungen	nicht für K-RL anwendbar	gilt für wiederkehrende Prüfungen gemäß BetrSichV
Freispiegelleitungen		DIN EN 1610	Verlegung und Prüfung von Abwasserleitungen und -kanälen	Anwendung bevorzugt für K-RL mit einem Betriebsüberdruck ≤ 0,5 bar empfohlen	Über- und Unterdruckprüfung mittels Luft oder Wasser
		ATV-DWK M 143-6	Dichtheitsprüfungen bestehender erdüberschütteter Abwasserleitungen und -kanäle und Schächte		
		DWA A 139	Einbau und Prüfung von Abwasserleitungen und -kanälen		
		ATV-DWK-A 142	Abwasserkanäle und -leitungen in Wassergewinnungsgebieten		
		Richtlinie DVS 2206-2	Zerstörungsfreie Prüfungen von drucklosen Behältern und Apparaten aus thermoplastischen Kunststoffen – Dichtheitsprüfung	für Schachtbauwerke aus PE-HD, PP anwendbar	Wasserfüllung ohne Überdruck

Erläuterungen zur Tabelle:

Im Sinne einer Übersicht werden die bei der Drucklegung dieser Richtlinie gängigen Verfahren zur Dichtheits- und Innendruckprüfung von Rohrleitungen aufgeführt.
In der Rubrik „Eignungshinweise" ist ausgewiesen, ob die jeweilige Prüfmethode für Kunststoff-Rohrleitungen (K-RL) empfohlen wird.
Prinzipiell ist der Errichter von Rohrleitungen dafür verantwortlich, dass die der Anwendung äquivalente Dichtheits- und Innendruckprüfung berücksichtigt wird.

DVS VERBAND

Richtlinie
DVS 2211

*Ersetzt Ausgabe Juli 2020 **

Richtlinie DVS 2211

Schweißen von thermoplastischen Kunststoffen

Schweißzusätze Kennzeichnung, Anforderungen, Prüfungen

Ausschuss für Technik im DVS

Arbeitsgruppe W4 „Fügen von Kunststoffen"

Untergruppe W4.1b „Warmgasschweißen"

* Folgende Änderung zur Ausgabe Juli 2020 wurde vorgenommen: In den Tabellen 1 und 3 wurde der Werkstoff PVDF-C mit aufgenommen.

Bezug: DVS Media GmbH, Postfach 10 19 65, 40010 Düsseldorf, Telefon (0211) 1591-0, Telefax (0211) 1591-150

Inhalt:

1. Geltungsbereich

Verbindungen von Rohren und Tafeln im Behälter-, Apparate- und Rohrleitungsbau, bei der Herstellung von selbsttragenden Auffangwannen und von Abdichtungen an Betonbauwerken mit thermoplastischen Kunststoffen, werden oft durch Warmgasschweißen[1] mit Hilfe von Schweißzusätzen hergestellt. Die Schweißverfahren sind in den Richtlinien DVS 2207-3 und 2207-4 beschrieben.

Die Eignung und Qualität der Schweißzusätze beeinflusst wesentlich die Qualität der Schweißnähte und damit die Gebrauchstauglichkeit der Fertigteile. Dazu ist es erforderlich, dass die Grund- und Schweißzusatzwerkstoffe hinsichtlich ihrer Form, Werkstoffart und Werkstofftyp aufeinander abgestimmt sind. Demgemäß sind Angaben über bestimmte Werkstoffeigenschaften der Fügepartner erforderlich und durch entsprechende Kennzeichnung und Werkszeugnisse nachzuweisen.

Diese Richtlinie beschreibt die Formen und Arten der zu verwendenden Schweißzusätze für thermoplastische Kunststoffe, Anforderungen an ihre Beschaffenheit und Qualität, sowie Forderungen an ihre Verpackung, Lieferung und Aufbewahrung. Sie gilt für die in **Tabelle 1** beschriebenen Werkstoffe und Typen.

Ergänzende Hinweise und Kriterien für das Prüfen der Halbzeuge und Schweißzusätze enthält die Richtlinie DVS 2201-1.

2. Begriffe

Da sich der Sammelbegriff „Schweißdraht" in der Umgangssprache eingebürgert hat, wird in der Folge dieser Begriff ebenfalls für runde Schweißzusätze verwendet.

Tabelle 1: Schweißzusatzwerkstoffe

Werkstoffe	**Kurzzeichen [ISO 1043-1]**	**Formmasse nach**
Polyethylen hoher Dichte	PE [1)]	DIN EN ISO 17855-1
Polypropylen	PP-H; PP-B	DIN EN ISO 19069-1
Polypropylen	PP-R	DIN EN ISO 19069-1
Polyvinylchlorid weichmacherfrei	PVC- U	DIN EN ISO 21306-1
Polyvinylchlorid Chloriert	PVC- C	DIN EN ISO 21306-1
Polyvinylidenfluorid	PVDF	DIN EN ISO 20568-1
Polyvinylidenfluorid flexibilixiert	PVDF-C	DIN EN ISO 20568-1
Ethylen- Chlortrifluorethylen	E-CTFE	DIN EN ISO 20568-1
Tetrafluorethylen- Perflourvinylether Copolymerisat	FEP	
Perfluoralkoxy- Copolymer	PFA	

1) PE 63, PE 80, PE 100

1 Warmgasfächelschweißen (WF), Warmgasziehschweißen (WZ), Warmgasextrusionsschweißen (WE)

3. Lieferform und Maße

Für den vorstehend genannten Geltungsbereich werden fast ausschließlich Schweißdrähte mit rundem Querschnitt, in besonderen Fällen (z. B. bei Fluorkunststoffen) auch rechteckig geformte Schweißzusätze entsprechend **Tabelle 2** verwendet (siehe DVS Richtlinien 2207-3 und 2207-4).

Die Schweißzusätze sind in Form von Stäben oder aufgewickelten Spulen bzw. Ringbunden erhältlich.

Zum Warmgasextrusionsschweißen kann auch (insbesondere bei Großextrudern) granulatförmiger Schweißzusatz verwendet werden (siehe hierzu Richtlinie DVS 2207-4).

Alle weiteren Schweißzusatz-Profile, zum Beispiel Dreieck- oder Drilling förmige Schweißzusätze sind im Handel erhältlich, jedoch für die im Geltungsbereich genannten Anwendungen nicht zugelassen und deshalb nicht Gegenstand dieser Richtlinie.

4. Kennzeichnung

Die Schweißzusätze sind herstellerseitig unverwechselbar und dauerhaft zu kennzeichnen. Die Kennzeichnung befindet sich im Regelfall auf der Verpackung und besteht mindestens aus:

- Bezeichnung des Typs und der Formmasse nach DIN EN entsprechend **Tabelle 1**,
- dem Kurzzeichen für die Lieferform entsprechend **Tabelle 2**,
- dem Jahr und Monat der Herstellung,
- dem Herstellerkennzeichen und der Chargennummer.

Die Ausführung und Gestaltung der Kennzeichnung werden durch den Hersteller des Schweißzusatzes festgelegt. Bei fehlender Normbezeichnung und bei Sonderanfertigungen kann zwischen Hersteller und Kunde eine analoge Kennzeichnung vereinbart werden.

Beispiele für die Lieferformen von Schweißzusätzen sind in der **Tabelle 2** aufgeführt.

Ein Beispiel für die Kennzeichnung der Schweißzusätze kann z. B. sein: Schweißdraht D 3,5 rund PE 100 DIN EN ISO 17855-1 – 05 2019.

Tabelle 2. Schweißzusatzprofile

Lieferform	Nennmaß (mm)	Zulässige Abweichung (mm)	Lieferform Kurzzeichen
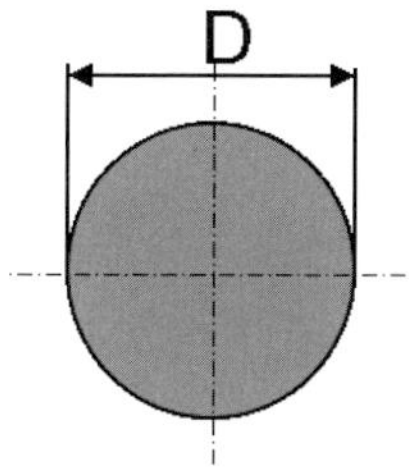	D = 2,0 D = 3,0 D = 3,5 D = 4,0 D = 5,0	± 0,3	Runddraht 2,0 Runddraht 3,0 Runddraht 3,5 Runddraht 4,0 Runddraht 5,0
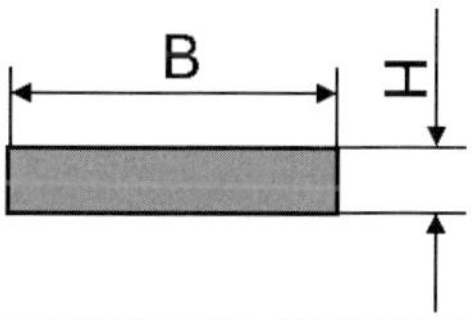	B = 8,0 B = 10,0 B = 12,0 H = 1,5 H = 2,0	± 0,3	z. B. Rechteckband 12 x 1,5 [1]
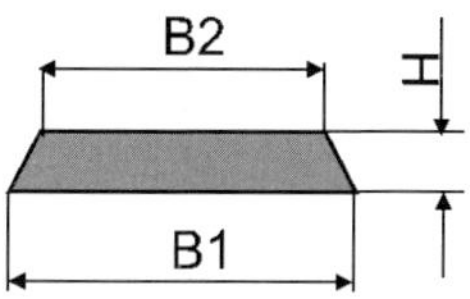	B1 = 8,0 B1 = 10,0 B1 = 12,0 B2 ~ 0,8 * B1 H = 1,5 H = 2,0	± 0,3	z. B. Trapezband 15 x 12 x 2 [1]

[1] Anwendung als Back- oder Capstrip bei Auskleidungen. Siehe hierzu Richtlinie DVS 2207-3 Beiblatt 3.
Andere Maße der Profile sind zwischen Hersteller und Kunden zu vereinbaren.

5. Anforderungen

5.1. Formmassen

Für die Herstellung der Schweißzusätze sind, wenn nicht anders vereinbart, Formmassen gemäß **Tabelle 1** zu verwenden. Werkstoffe unbekannter Zusammensetzung sind nicht zulässig.

Sofern weitere Eigenschaften zur Charakterisierung der Formmassen einbezogen werden, sind die geforderten Kennwerte zwischen Hersteller und Kunden zu vereinbaren (z. B. elektrisch leitfähige Einstellung, UV-Beständigkeit, usw.).

5.2. Lieferzustand

Die Schweißzusätze besitzen in der Regel die gleiche Farbe wie der zu schweißende Grundwerkstoff. Eine gegebenenfalls geforderte Einfärbung muss durchgehend gleichmäßig sein.

Die Oberflächen und Profilquerschnitte der Schweißzusätze müssen frei sein von Hohlräumen, Inhomogenitäten und Verunreinigungen.

Entsprechend dem Herstellverfahren müssen die Profile eine gleichmäßige glatte Oberfläche besitzen. Riefen und Kerben in der Oberfläche sind unzulässig. Abweichungen in den Profilabmessungen sind nur innerhalb der zulässigen Abweichung nach **Tabelle 2** zulässig.

Die Schweißzusätze müssen im Anlieferungszustand feuchtigkeitsgeschützt, schmutz- und staubfrei, sowie beschädigungssicher verpackt sein. Die Kennzeichnung entsprechend Abschnitt 4 muss dauerhaft und gut lesbar auf der Verpackung angebracht sein.

5.3. Verhalten der Schweißzusätze bei Erwärmung

Die Schweißdrähte und -Stäbe dürfen nach einstündiger Erwärmung im Umluftofen und nachfolgender Abkühlung die in **Tabelle 3** genannten zulässigen Längenänderungen nicht überschreiten.

Tabelle 3: Maximal zulässige Längenänderungen der Schweißzusätze nach einstündiger Warmlagerung im Umluftofen

Werkstoffe	Kurzzeichen	Lagertemperatur [°C] + 2°C	zul. Längenänderung ± [%]
Polyethylen hoher Dichte	PE	120	2
Polypropylen	PP-H; PP-B	150	2
Polypropylen	PP-R	140	2
Polyvinylchlorid weichmacherfrei	PVC-U	140	5
Polyvinylchlorid chloriert	PVC-C	150	10
Polyvinylidenfluorid	PVDF	160	2
Polyvinylidenfluorid flexibilixiert	PVDF-C	150	2
Ethylen-Chlortrifluorethylen	E-CTFE	230	2
Tetrafluorethylen-Perfluorvinylether Copolymerisat	FEP	240	2
Perfluoralkoxy-Copolymer	PFA	290	2

5.4. Dokumentation

Der Nachweis der Einhaltung der geforderten Eigenschaften an Formmasse, Maße und Eigenschaften der Schweißzusätze, erfolgt durch ein entsprechendes Werkszeugnis des Herstellers nach DIN EN 10204, mindestens 2.2 (bzw. ISO 10474). Dieses ist Bestandteil der Lieferung.

6. Prüfungen durch den Anwender

Eingangs- und gegebenenfalls auch zwischenzeitliche Prüfungen an den Schweißzusätzen durch den Anwender beschränken sich in der Regel auf:

- Prüfung der Konformitätt und der Verpackung
- Prüfung der Maße, Oberflächen und der Querschnitte
- Prüfung auf Einhaltung der zulässigen Längenänderung der Schweißzusätze nach Warmlagerung (nur Drähte/Stäbe)

6.1. Prüfung der Konformität und Verpackung

Kennzeichnung und Verpackung der Schweißzusätze müssen den Anforderungen gemäß Abschnitten 4 und 5.2, sowie den mitgelieferten Werkszeugnissen nach Abschnitt 5.4 entsprechen.

6.2. Maß- und Formprüfung

Die Schweißzusätze dürfen die zulässigen Maßabweichungen gemäß **Tabelle 2** nicht überschreiten.

Oberfläche und Querschnitt der Schweißzusätze dürfen keine wesentlichen Änderungen gegenüber den Anforderungen nach Abschnitt 5.2 aufweisen. Zur Beurteilung sind Proben in aussagekräftiger Anzahl an mehreren Abschnitten zu entnehmen und durch Inaugenscheinnahme zu prüfen. Mit Hilfe einer Lampe können eventuelle Qualitätsmängel besser erkannt werden.

Granulate sind hinsichtlich Sauberkeit einer Sichtkontrolle auf einem hellen Untergrund zu unterziehen. Zur Beurteilung sind Granulatkörner einem kurz vorher geöffneten Gebinde zu entnehmen.

6.3. Prüfen der Schweißzusätze auf Spannungsfreiheit

Nach Temperaturbeaufschlagung des Schweißzusatzes und anschließender Abkühlung darf die Längenänderung des Schweißdrahtes die in der **Tabelle 3** genannten zulässigen Werte nicht übersteigen.

Dazu sind aus 5 m Schweißdrahtlänge mindestens 10 Probekörper von jeweils 110 mm Länge zu entnehmen, auf einer Länge von 100 mm zu kennzeichnen und im entsprechend **Tabelle 3** vorgewärmten Wärmeofen für eine Stunde zu lagern.

Nach Entnahme der Probestäbe aus dem Wärmeofen sind diese auf einer glatten Unterlage, z. B. PTFE, zu lagern und bis auf Raumtemperatur (23 °C) abkühlen zu lassen. Danach erfolgen die Messungen (Messgenauigkeit 1 mm) und Bestimmung der Längendifferenz. Zur Beurteilung ist der arithmetische Mittelwert der Abweichungen aus allen Proben zu berechnen.

7. Aufbewahrung und Entnahme der Schweißzusätze

Die Schweißzusätze sollten unmittelbar vor Gebrauch in der erforderlichen Menge aus der Verpackung genommen werden. Reste sollten in der Originalverpackung, dicht verschlossen, feuchtigkeitsgeschützt, schmutz- und staubfrei, vor Wärme und UV-Strahlen geschützt und identifizierbar gelagert werden.

Dies gilt gleichermaßen für Schweißgranulate. Gegebenenfalls sind diese vor der Verarbeitung bei niedriger Temperatur (ca. 80 °C) im Wärmeofen zu trocknen.

Während der Verarbeitung (Schweißen) ist Sorge zu tragen, dass die aus der Verpackung entnommenen Drähte und Stäbe nicht mit Schmutz, Staub oder fetthaltigen Substanzen in Berührung kommen. Gegebenenfalls sind die Schweißdrähte und -Stäbe unmittelbar vor dem Schweißen nochmals mit fettfreien, geeigneten Reinigungsmitteln zu reinigen [1]. Für die Schweißer empfiehlt es sich, beim Schweißen geeignete und saubere Handschuhe zu tragen (siehe hierzu auch Richtlinien DVS 2207-3 und 2207-4).

1 Die Reinigungsflüssigkeit oder damit bereits werkseitig befeuchtete Tücher müssen aus einem 100 % verdampfenden Lösemittel bestehen, z. B. aus 99 Teilen Ethanol mit einem Reinheitsgrad von 99,8 % und einem Teil MEKP (Methylethylketon, Denaturierung). Nach DVGW VP 603 geprüfte Mittel entsprechen dieser Vorgabe. Die Verwendung von Spiritus kann durch das darin enthaltene Wasser zu einer Qualitätsminderung führen. Das Papier zur Reinigung muss sauber, unbenutzt, saugfähig, nicht fasernd und darf nicht eingefärbt sein.

8. Schrifttum

8.1. Regelwerk

Normen

DIN EN 10204	Metallische Erzeugnisse - Arten von Prüfbescheinigungen
DIN EN ISO 17855-1	Kunststoffe - Polyethylen (PE)-Formmassen - Teil 1: Bezeichnungssystem und Basis für Spezifikationen
DIN EN ISO 19069-1	Kunststoffe - Polypropylen (PP)- Formmassen - Teil 1: Bezeichnungssystem und Basis für Spezifikationen
DIN EN ISO 20568-1	Kunststoffe - Fluorpolymerdispersionen, Formmassen und Extrusionswerkstoffe - Teil 1: Bezeichnungssystem und Basis für Spezifikationen
DIN EN ISO 21306-1	Kunststoffe - Weichmacherfreie Polyvinylchlorid (PVC-U)-Werkstoffe - Teil 1: Bezeichnungssystem und Basis für Spezifikationen
ISO 1043-1	Kunststoffe - Kennbuchstaben und Kurzzeichen - Teil 1: Basis-Polymere und ihre besonderen Eigenschaften

DVS-Merkblätter- und Richtlinien

Richtlinie DVS 2201-1	Prüfen von Halbzeug aus Thermoplasten; Grundlagen, Hinweise
Richtlinie DVS 2203-1	Prüfen von Schweißverbindungen an Tafeln und Rohren aus thermoplastischen Kunststoffen - Prüfverfahren - Anforderungen
Richtlinie DVS 2207-3	Schweißen von thermoplastischen Kunststoffen - Warmgaszieh- und Warmgasfächelschweißen von Rohren, Rohrleitungsteilen und Tafeln - Verfahren, Anforderungen
Richtlinie DVS 2207-4	Schweißen von thermoplastischen Kunststoffen - Extrusionsschweißen von Rohren, Rohrleitungsteilen und Tafeln - Verfahren, Anforderungen

September 2010

DVS – DEUTSCHER VERBAND FÜR SCHWEISSEN UND VERWANDTE VERFAHREN E.V.	Heizelementschweißen von Formteilen aus thermoplastischen Kunststoffen in der Serienfertigung	DVS Richtlinie DVS 2215-1

Ersetzt Ausgabe Mai 1999

Inhalt:

1 Geltungsbereich

Diese Richtlinie gilt für das Heizelementschweißen von Formteilen untereinander wie auch für Kombinationen von Formteilen und Halbzeugen, siehe hierzu auch Richtlinie DVS 2215-2 (PE, PP) und 2215-3 (Heizelementschweißen von amorphen Thermoplasten).

Für das Heizelementschweißen von Rohren mit Formteilen sind auch die zum Schweißen von Rohren erstellten DVS-Merkblätter und -Richtlinien 2207 in Betracht zu ziehen.

Weitere Normen, Richtlinien und Merkblätter sind in Abschnitt 10 aufgeführt.

2 Funktionsprinzip

Die Verbindungsflächen werden mit einem Heizelement durch Berührung oder berührungslos durch Wärmestrahlung plastifiziert und unter Druck geschweißt. Der Schweißprozess gliedert sich hierbei in mehrere Arbeitsschritte (Bild 1), wobei hauptsächlich zu unterscheiden ist zwischen

Angleichen = Ausgleichen von Unebenheiten

Erwärmen = Plastifizieren der Fügeflächen,

Umstellen = Entfernen des Heizelements,

Fügen = Schweißen der plastifizierten Fügeflächen unter Fügedruck und Abkühlen

DVS, Ausschuss für Technik, Arbeitsgruppe „Fügen von Kunststoffen"

Bezug: DVS Media GmbH, Postfach 10 19 65, 40010 Düsseldorf, Telefon (02 11) 15 91-0, Telefax (02 11) 1591-150

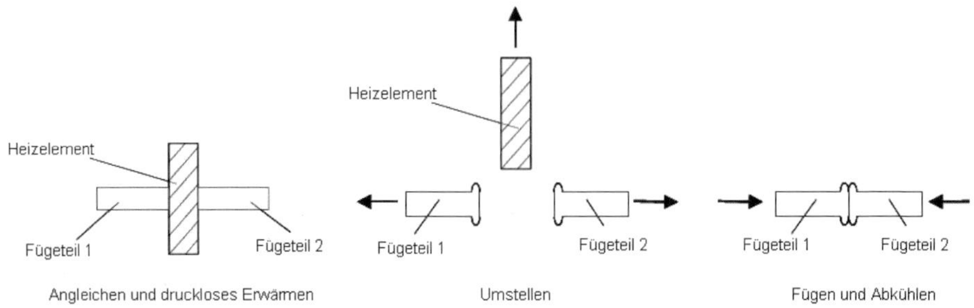

Bild 1. Teilprozesse beim Heizelementschweißen.

2.1 Heizelementschweißen

Für den jeweils zu schweißenden Kunststoff sind solche Erwärmbedingungen zu wählen, unter denen die Fügezonen nicht thermisch geschädigt werden. Zur Wärmeübertragung liegen die Fügeflächen am Heizelement an.

Beim Schweißen von Kunststoffen, deren Schmelzen auf dem Heizelement ankleben oder Erwärmtemperaturen erfordern, die über der zulässigen Gebrauchstemperatur der Antihaftüberzüge von 270°C liegen, sind andere Erwärmbedingungen zu wählen.

2.1.1 Berührungsloses Erwärmen von Formteilen mit hoher Klebeneigung ihrer Schmelzen

Die Fügeflächen können berührungslos durch Wärmestrahlung plastifiziert werden. Strahlungsquelle, Strahlungsdauer und Abstand sind so aufeinander abzustimmen, dass die Fügeflächen genügend plastifiziert, jedoch nicht thermisch geschädigt werden.

2.1.2 Hochtemperaturschweißen

Die Fügeflächen werden bei hohen Heizelementtemperaturen plastifiziert. Es sind je nach Kunststoffart solche Temperaturen einzustellen (siehe Abschnitt 3.2.4), bei denen in den Grenzflächen bereits ein thermischer Abbau erfolgt. Unter dieser Voraussetzung können die Fügeflächen vom Heizelement leichter gelöst werden. Produktrückstände verdampfen auf dem Heizelement während einer bestimmten Zeit. Die auf den Fügeflächen liegenden Abbauschichten werden durch Fließvorgänge beim Fügen teilweise herausgeschwemmt. Die durch Hochtemperaturschweißen hergestellten Nähte sind im Allgemeinen geringer belastbar. Es können für diese Erwärmmethode vorwiegend solche Kunststoffe in Betracht gezogen werden, deren Rückstände auf dem Heizelement verdampfen. Die Dämpfe müssen abgesaugt werden. Das Hochtemperaturschweißen erfordert in der Regel nur kurze Erwärmzeiten.

Beim Hochtemperaturschweißen von verstärkten, gefüllten oder sonstigen Spezialtypen können sich nicht verdampfende Rückstände auf dem Heizelement bilden. Der Einfluss dieser Rückstände auf das Schweißverhalten ist zu prüfen, gegebenenfalls ist eine Reinigung erforderlich.

2.1.3 Schweißen von Kunststoffen mit unterschiedlichen Schmelzeviskositäten

Zur Angleichung der Schmelzeviskositäten sind die Erwärmbedingungen entsprechend anzupassen. Die Anpassung der Schmelzeviskosität erfolgt über unterschiedliche Heizelementtemperaturen und/oder Erwärmzeiten für die beiden Fügepartner.

3 Schweißanlagen

3.1 Bauarten und Ausführungsformen

Man unterscheidet bei Heizelementschweißmaschinen zwischen Standardmaschinen und Sondermaschinen:

- Standardmaschinen sind dadurch gekennzeichnet, dass damit durch leichte Austauschbarkeit von Aufnahmewerkzeugen und Heizelementen geometrisch unterschiedlich gestaltete Formteile geschweißt werden können.
- Sondermaschinen sind dadurch gekennzeichnet, dass sie vorwiegend für eine spezielle Schweißaufgabe entwickelt und eingesetzt werden. Die Maschinen können hydraulisch, pneumatisch oder elektromechanisch betätigt werden. Auch die Kombination mit anderen Schweißverfahren ist möglich.

Man unterscheidet zudem zwischen horizontal und vertikal arbeitenden Anlagen (Bewegung der Formteile zueinander), die je nach Formteilgeometrie und Handhabungsmöglichkeit zur Anwendung kommen.

3.2 Anforderungen an Heizelemente

Dimensionierung und Heizleistung müssen auf die Schweißaufgabe abgestimmt sein.

Die Wärme wird von elektrischen Heizkörpern zur Oberfläche des Heizelements durch möglichst gut wärmeleitenden Werkstoff übertragen. Die Aufhängung muss so wärmeisoliert sein, dass die Wärmeableitung gering ist. Bei der Auslegung des Heizelements ist die Wärmeausdehnung im Bezug auf die Formgebung und Fixierung zu berücksichtigen.

3.2.1 Gestaltung

Heizelementaufsätze oder direkt beheizte Heizelemente müssen in Form und Lage den Fügeflächen der zu schweißenden Teile angepasst sein. Aufsätze und PTFE-Folien müssen leicht austauschbar sein. Wärmeabschirmblenden können integriert werden, um bestimmte Zonen vor Strahlungswärme zu schützen.

3.2.2 Werkstoffe

Heizelemente müssen aus gut wärmeleitenden, möglichst korrosionsbeständigen Werkstoffen bestehen und für die vorgesehenen Arbeitstemperaturen geeignet sein. Vorrangig werden sie aus Al-Legierungen hergestellt. Beim Hochtemperaturschweißen werden auch Spezialwerkstoffe eingesetzt (beispielsweise Aluminium-Bronze und Spezialstähle).

3.2.3 Oberflächenbeschaffenheit

Die Nutzfläche eines Heizelements muss so beschaffen sein, dass das Verbleiben von Rückständen des plastifizierten Werkstoffes vermieden wird und das Reinigen ohne Beschädigung möglich ist. Zwecks leichterer Sauberhaltung der Oberfläche und Minderung der Haftkräfte beim Ablösen der Fügeteile werden bei der Kontakterwärmung Beschichtungen aus PTFE bzw. Bespannungen aus PTFE beschichteten Glasfasergeweben empfohlen. Übliche Beschichtungsdicken sind 30 bis 50 µm oder PTFE-Glasfasergewebefolien in Dicken von 100 bis 300 µm.

PTFE-Beschichtungen oder -Bespannungen der Heizelemente dürfen im Dauereinsatz nur bis maximal 270°C verwendet werden. Bei PTFE-Folien gilt die Temperatur auf der blanken Heizelementoberfläche. Höhere Temperaturen müssen vermieden werden, da sich sonst gesundheitsschädliche Zersetzungsprodukte bilden.

Trennmittel (PTFE- oder Silicon-Spray und andere) haben negative Auswirkungen auf die Schweißnahtfestigkeit.

Anhaftende Werkstoffrückstände müssen vor dem nächsten Erwärmvorgang entfernt werden. Solche Reinigungsvorgänge können auch automatisiert werden.

3.2.4 Temperaturbereich

Die Heizelementtemperatur muss in Abhängigkeit von der Erwärmmethode und den zu verschweißenden Thermoplasten in folgenden Temperaturbereichen stufenlos einstell- und regelbar sein:

bei Kontakterwärmung mit Antihaftbelag: bis 270°C,
Hochtemperaturschweißen ohne Antihaftbelag: bis 500°C.

3.2.5 Temperaturgenauigkeit auf der Arbeitsfläche

Die Temperaturgenauigkeit bei Heizelementen zum Schweißen von Formteilen ist von der Schweißaufgabe (Teilgeometrie, Werkstoff, Qualitätsanforderung) abhängig. Aufgrund der unterschiedlichen Geometrien bei Formteilen sind genaue Temperaturangaben nicht möglich. Die Oberflächentemperatur des Heizelements sollte möglichst gleichmäßig sein.

Bei räumlich komplizierten Heizelementaufsätzen ist dies nur unter erhöhtem Aufwand (etwa durch den Einsatz mehrerer Temperaturregelkreise) erreichbar.

3.3 Aufnahmewerkzeuge

Aufnahmewerkzeuge haben die Aufgabe, die Formteile in ihrer Lage zu arretieren. Für eine gute Passgenauigkeit sind Fixpunkte am Bauteil zu definieren. Die Werkzeuge müssen den Anpressdruck auf der gesamten Fügefläche wirksam werden lassen.

3.3.1 Halterungen und Fixierungshilfen

Formteile, die wegen ihrer Außenkontur oder ihrer Lage beim Schweißprozess keinen ausreichenden Halt im Aufnahmewerkzeug finden, müssen zusätzlich abgestützt werden. Diese Aufgabe können beispielsweise mechanisch wirkende Spannelemente, wie Klammern, Klauen, druckluftbetätigte elastische Ringe oder speziell angepasste Befestigungselemente, übernehmen. Es eignen sich hierfür auch Vakuumsauger, die bei aufgabengerechter Anordnung im Aufnahmewerkzeug einen festen Sitz des Formteils gewährleisten.

Vorwiegend für kleine Formteile und große Stückzahlen kommen häufig Mehrfachaufnahmen zur Anwendung. Um eine Beschädigung der Oberfläche zu vermeiden, können die Aufnahmewerkzeuge mit geeigneten Auskleidungen oder Beschichtungen versehen werden.

3.3.2 Sondereinrichtungen

Die Aufnahmewerkzeuge können zur Ausführung besonderer Schweißaufgaben mit zusätzlichen Funktionseinrichtungen ausgestattet werden. Dazu zählen unter anderem:

- beheizte oder gekühlte Aufnahmewerkzeuge,
- beheizte oder gekühlte Werkzeuge zur Schweißwulstbegrenzung,
- Ausstoßvorrichtungen zur leichteren Entnahme der geschweißten Formteile,
- Positions- und Teileabfrage im Aufnahmewerkzeug und
- Positioniereinrichtungen zum Vorzentrieren.

4 Konstruktive Gestaltung der Fügeteile

4.1 Konstruktionsmerkmale der Fügeteile

Zur Erzielung hochbelastbarer Verbindungen ist Voraussetzung, dass die zu verbindenden Fügeteile geeignete Geometrien aufweisen. Hierzu zählen unter anderem:

- formsteife Ausführung,
- ausreichende Wanddicken, um Ausknicken oder übermäßige Deformationen unter Fügedruck zu vermeiden; die Lage der Fügeflächen darf sich während des gesamten Schweißvorgangs nicht verändern,
- ausreichend groß bemessene Radien an Ecken und Übergängen,
- keine scharfen Kanten,
- Vermeidung von Bindenähten im Bereich der Fügeflächen,
- definierte Auflageflächen zum Schweißwerkzeug zur exakten Fixierung und Kraftübertragung – möglichst nahe der Fügefläche,
- möglichst plane und begrenzte, ausreichend große Fügeflächen mit aufgabengerechter Geometrie,
- insbesondere beim Strahlungsschweißen: erhabene (erhöhte) Fügefläche mit möglichst großem Abstand zu der Gesamtkonstruktion, um ein Erwärmen und Erweichen der Konstruktion gering zu halten.

4.2 Fügezonengeometrien

Die Fügefläche wird beeinflusst von der Formteilgeometrie, der Wanddicke sowie von den Belastungsanforderungen, die an das Teil und damit auch an die Schweißnaht gestellt werden. Im Wesentlichen unterscheidet man zwischen einfachen und modifizierten Stumpfstößen, Nahtformen mit verdeckten Schweißnähten und Sonderformen (zum Beispiel das Anschweißen von Nippeln und Befestigungselementen an Kfz-Kraftstoffbehälter).

4.2.1 Stumpfstoß-Grundformen

1. Einfacher Stumpfstoß

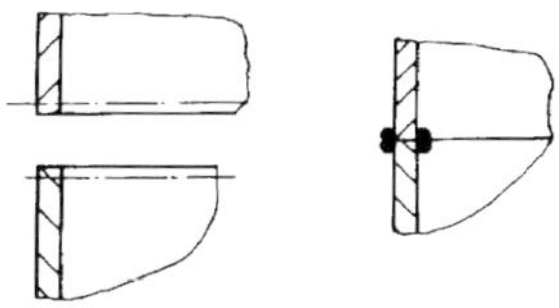

2. Modifizierter Stumpfstoß – Beispiel A

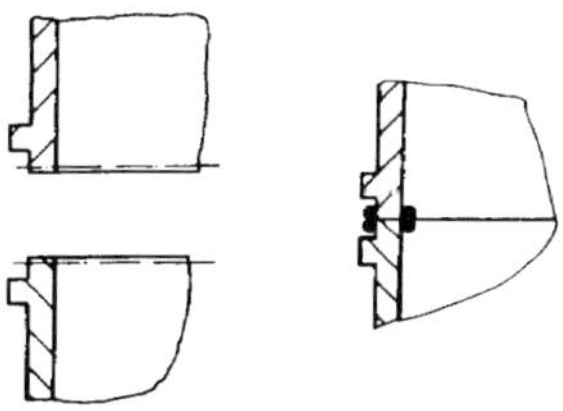

3. Modifizierter Stumpfstoß – Beispiel B

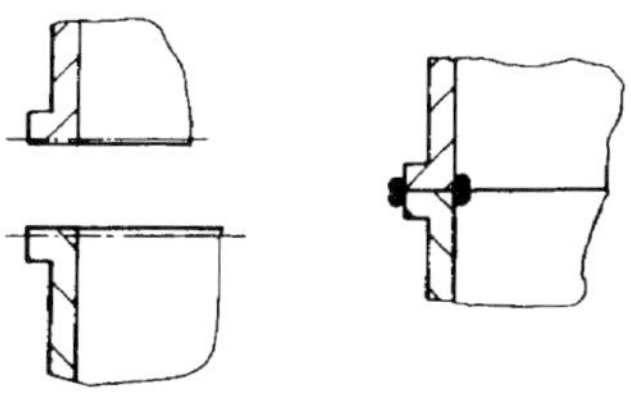

4.2.2 Fügezonen mit verdeckter Schweißnaht

Verdeckte Schweißnähte werden vorzugsweise aus optischen Gründen gewählt – Beispiele A bis C. Weitere Gründe sind die Verminderung von Reibungsverlusten bei strömenden Gasen oder Flüssigkeiten und die Minderung von Geräuschen – Beispiel D.

Beispiel A

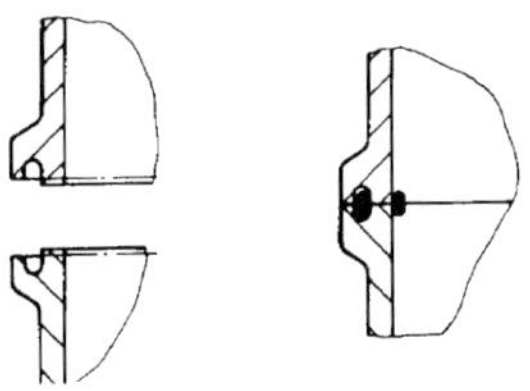

Beispiel B

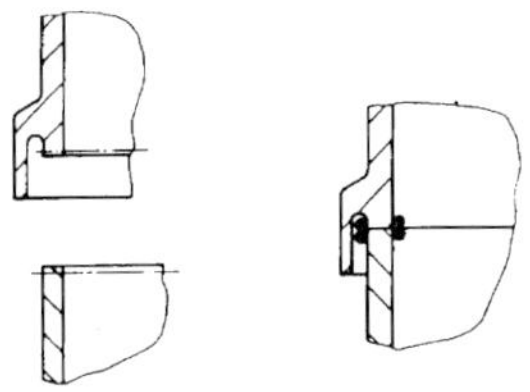

Beispiel C

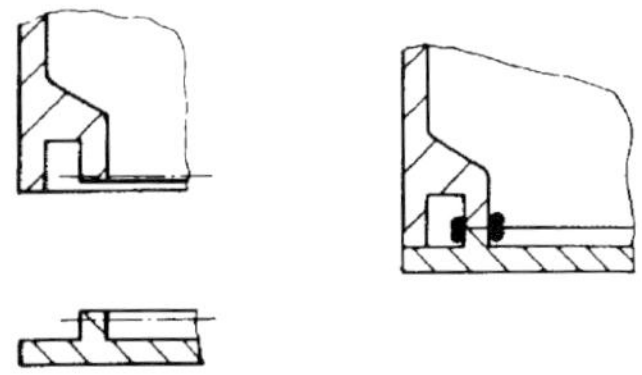

Beispiel D

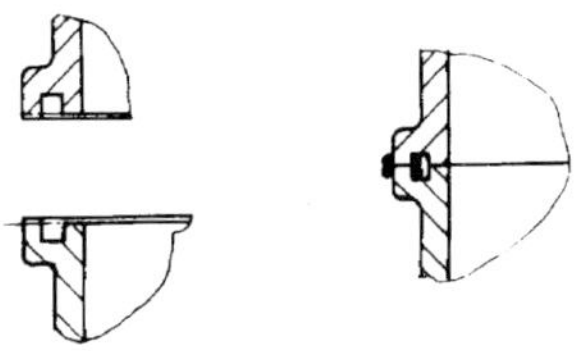

4.2.3 Sonderformen

Beispiel A

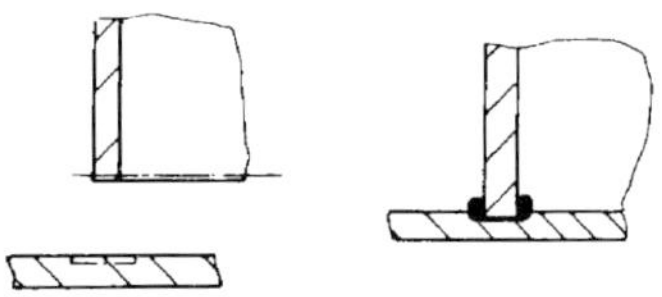

Beispiel B

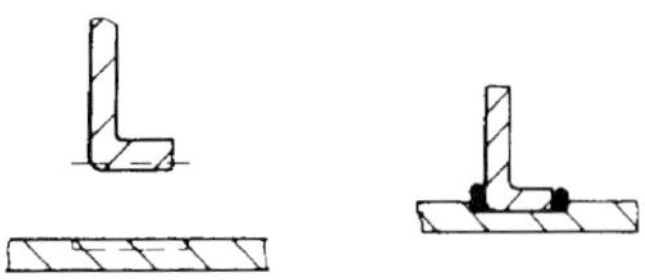

Beispiel C

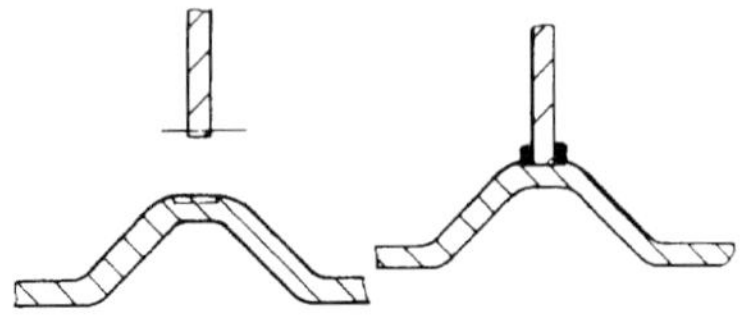

4.2.4 Maßnahmen zur Schweißwulstbearbeitung

Im Normalfall wird der Schmelzeaustrieb (Schweißwulst) nach Fertigstellung der Schweißung nicht entfernt. In Sonderfällen kann dies jedoch aus optischen Gründen oder Platzgründen notwendig sein. Folgende Möglichkeiten bieten sich an:

Beispiel A: Abquetschen

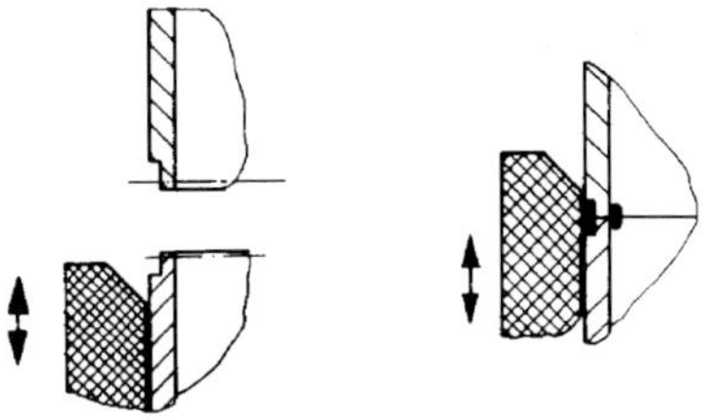

vorzugsweise angewandt beim Schweißen von Profilen

Beispiel B: Abtrennen des völlig erstarrten Schweißwulstes durch ein geeignetes Werkzeug

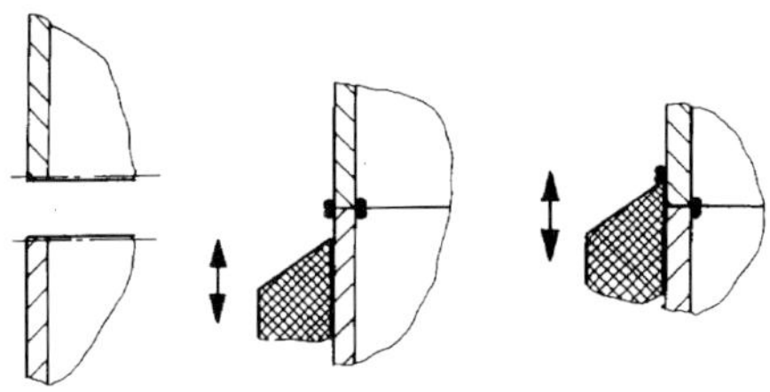

5 Werkstoffeinflüsse

Grundsätzlich sind alle Thermoplaste und thermoplastischen Elastomere im Heizelementverfahren schweißbar, es gibt jedoch erhebliche werkstoffabhängige Unterschiede im Schweißverhalten. So sind insbesondere hochmolekulare Polyolefine, PVC und andere, vor allem amorphe Thermoplaste mit hoher Schmelzeviskosität, gut schweißbar, da die Anhaftneigung der Schmelze am Heizelement gering und die erzeugte Schmelzeschichtdicke relativ hoch ist. Bei sehr leichtfließenden Werkstoffen, wie sie im Spritzguss bevorzugt eingesetzt werden, und bei den meisten teilkristallinen Thermoplasten können Probleme durch Anhaften der Schmelze am Heizelement auftreten, und aufgrund der niedrigeren Schmelzeschichtdicke kann sich die mechanische Festigkeit der Verbindung verschlechtern. Voraussetzung für gute und reproduzierbare Schweißnähte sind eine geeignete Werkstoffauswahl, die werkstoffgerechte Formgebung der Fügeteile und eine Lagerung, die Feuchtigkeitsaufnahme oder Verschmutzung ausschließen sollte.

5.1 Qualitätsanforderungen an die Fügeteile

Vor der Konstruktion eines Formteils sollte die Schweißeignung der ausgewählten Werkstoffe durch Versuche mit geometrisch einfach gestalteten Formkörpern geprüft werden, sofern über diesen Werkstoff keine ausreichenden Praxiserfahrungen vorliegen.

Gute Schweißergebnisse lassen sich nur mit Fügeteilen erzielen, die nach den für den Werkstoff vorgesehenen Verarbeitungsrichtlinien hergestellt wurden. Hier sind die einschlägigen Normen, Richtlinien und Verarbeitungshinweise der Rohstoffhersteller zu beachten. Ferner sollte gewährleistet sein, dass die Fügeteile geringe Eigenspannungen, geringen Verzug und eine gute Gewichtskonstanz aufweisen. Die Fügeteile sollten vor dem Schweißen eine konstante Temperatur aufweisen, die mindestens Raumtemperatur beträgt. Die Fügeflächen müssen frei von Verunreinigungen sein, da sie sich nachteilig auf den Schweißprozess auswirken und die Schweißnahtfestigkeit mindern.

5.2 Zusatzstoffe

Zusatzstoffe wie Stabilisatoren, Gleitmittel, Verarbeitungshilfen, Farbmittel, Flammschutzmittel, Antistatika, Verstärkungsstoffe (Glasfasern, Glaskugeln, Talkum, Kohlenstofffasern), Elastifikatoren, Füllstoffe (Quarz- und Gesteinsmehl, Kreide, Holzmehl) beeinflussen die Schweißeigenschaften und/oder die Schweißnahtfestigkeit in der Regel negativ. Trotzdem können die Zusatzstoffe durch die Verbesserung der Grundwerkstoffeigenschaften auch die mechanischen Eigenschaften des gesamten Bauteils und somit auch die Schweißeignung (etwa Hafteigenschaften, Bauteilsteifigkeit) verbessern. Der Grad der Einflussnahme ist durch Versuche mit einfachen Prüfkörpern und realen Bauteilen zu klären.

5.3 Feuchtigkeit

Fügeteile, die Feuchtigkeit aus der Umgebungsluft aufnehmen, müssen feuchtigkeitsdicht gelagert werden. Durch die Feuchtigkeit kann sich aufgrund der Wasserverdampfung während des Erwärmens eine poröse Schweißnaht bilden, die eine geringere Festigkeit aufweist. Bei einer Reihe von Kunststoffen bewirkt die Feuchtigkeit auch eine Verminderung der thermischen Stabilität. Es empfiehlt sich die Lagerung in luftdichten Beuteln oder schonendes Trocknen vor dem Schweißen. Trotzdem kann die Feuchtigkeit im Bauteil einen positiven Einfluss auf die Haftneigung der Schmelze zum Heizelement haben. Der Grad der Beeinflussung durch Feuchtigkeit ist durch Versuche zu klären.

5.4 Recyclate

Bei der Verarbeitung von Recyclaten ist zu prüfen, ob und in welcher Menge diese dem Rohstoff zugesetzt werden dürfen. Der Grad einer eventuellen Qualitätsminderung ist durch Versuche zu klären.

5.5 Kunststoffe unterschiedlicher Typen

In der Regel lassen sich Kunststoffe gleicher Art, jedoch ungleicher Typen, miteinander verschweißen. Praxisbeispiele sind Paarungen wie:

- unverstärkt/verstärkt,
- unverstärkt/elastomermodifiziert,
- verstärkt/elastomermodifiziert.

Die Erwärmbedingungen sind so zu wählen, dass die Schmelzeviskositäten beider Kunststofftypen möglichst auf gleichem Niveau liegen. Weichen diese voneinander ab, lässt sich das Viskositätsniveau durch unterschiedliche Heizelementtemperaturen (beispielsweise durch zwei Heizelemente) und unterschiedliche Erwärmzeiten annähern.

5.6 Unterschiedliche Kunststoffarten

Das Schweißen unterschiedlicher Kunststoffe miteinander setzt die Kenntnis des Aufschmelzverhaltens der Kunststoffe voraus. Nur bestimmte Kombinationen unterschiedlicher Kunststoffe lassen sich mit einer den Praxisanforderungen genügenden Festigkeit schweißen. Bekannt ist eine Reihe von Werkstoffkombinationen wie:

ABS – PMMA,
ABS – PC,
ABS – SB,
ABS – SAN,
ABS – PC + ABS,
PMMA – PC,
PMMA – PC + ABS,
PMMA – SAN,
PC – PC + ABS,
PC – PC + PBT,
PBT – PC + PBT.

(Abkürzungen siehe DVS-Taschenbuch)

Die Schweißeignung der unterschiedlichen Kunststoffe miteinander ist durch Versuche nachzuweisen. Im Zweifelsfall ist bei dem Rohstoffhersteller nachzufragen. Nach heutigem Kenntnisstand lassen sich amorphe und teilkristalline Kunststoffe nicht miteinander schweißen. Ausnahmen bestehen bei einigen Blends.

6 Schweißbedingungen

6.1 Allgemeine Anforderungen

Grundsätzlich lassen sich alle Thermoplaste und thermoplastische Elastomere schweißen, deren Schmelzbereiche unterhalb der Zersetzungstemperatur liegen.

Zur Herstellung einer hochbelastbaren und praxisgerechten Schweißverbindung müssen folgende Anforderungen erfüllt sein:

- Schweißeignung der zu verbindenden Fügeteile (siehe Abschnitte 5.5 bis 5.6),
- Schweißgerechte Formteilkonstruktion (siehe Abschnitte 4.1 bis 4.2.3),
- Passgenaue Fügeflächen (Unebenheiten und Versatz vermeiden),
- Verwendung einer der Aufgabe angepassten Schweißanlage (siehe Abschnitt 3),
- Auf eine gute Fixierung der Fügefläche ist zu achten.

6.2 Wahl der Schweißbedingungen und Werkstoffkombinationen

Es ist zu unterscheiden:

das Schweißen von

- Kunststoffen gleicher Art und gleichen Typs,
- Kunststoffen gleicher Art und ungleichen Typs,
- Kunststoffen ungleicher Art.

6.2.1 Fügeteile gleicher Kunststoffart und gleichen Typs

Bei diesen nach Möglichkeit anzustrebenden Fügeteilpaarungen sind die Voraussetzungen zur gleichmäßigen Plastifizierung der beiden Fügeflächen am günstigsten. Hier kann mit einem Heizelement gearbeitet werden, da für beide Fügeteile die gleiche Erwärmtemperatur benötigt wird.

6.2.2 Fügeteile gleicher Kunststoffart und ungleichen Typs

(siehe Abschnitt 5.5)

6.2.3 Fügeteile ungleicher Kunststoffart

(siehe Abschnitt 5.6)

6.3 Heizelementtemperatur

Die Heizelementtemperatur muss auf das gewählte Erwärmverfahren und auf die für das Schweißen relevanten Eigenschaften des Kunststoffs wie Schmelzbereich, Schmelzeviskosität und Temperaturzeitgrenzen der Zersetzung abgestimmt werden.

Beim konventionellen Heizelementschweißen wählt man in der Regel Heizelementtemperaturen, die 30 bis 100 K über dem Schmelzbereich des Kunststoffs liegen. Die obere Temperatur wird von der Temperaturzeitgrenze der Zersetzung sowie der Selbstentzündungstemperatur des Kunststoffs bestimmt und wird somit durch die gewählte Angleich- und Erwärmzeit festgelegt. Dies gilt insbesondere für in der Schmelze oxidationsempfindliche Produkte, wie Polypropylen und Polyamid. Sind die Temperaturzeitgrenzen der Zersetzung nicht bekannt, müssen diese in Vorversuchen ermittelt werden.

Beim Hochtemperaturschweißen werden Heizelementtemperaturen gewählt, die deutlich oberhalb der Zersetzungstemperatur des zu schweißenden Kunststoffs liegen. Dadurch wird die Angleich- und Erwärmzeit verkürzt und ein schnelles Verdampfen der Schmelzereste am Heizelement erreicht. Vorzugsweise werden Heizelementtemperaturen von 300 bis 450°C gewählt. Füllstoffe in den Kunststoffen – etwa Glasfasern und Talkum – bilden nicht verdampfbare Rückstände auf dem Heizelement, die in regelmäßigen Abständen entfernt werden müssen.

Beim berührungslosen Heizelementschweißen werden Strahlertemperaturen bis 550°C gewählt. Der Abstand der Fügefläche zum Heizelement sollte so gering wie möglich sein und Werte von 1,5 mm bis 2 mm nicht überschreiten, um die Erwärmzeit in wirtschaftlichen Grenzen zu halten. Die abgegebene Strahlungsenergie ist außer von der Heizelementtemperatur auch von der Oberflächenfarbe des Heizelements abhängig. Je dunkler die Oberfläche, umso höher ist die abgestrahlte Energie. Lokale Farbunterschiede, zum Beispiel infolge von Schmelzerückständen, verändern die Emissionseigenschaften.

6.4 Ausführung des Schweißens

Beim Heizelementschweißen werden die Fügeflächen durch ein Heizelement auf die Schweißtemperatur gebracht und die plastifizierten Fügeflächen der Formteile – nach Entfernen des Heizelements – unter Druck gefügt. Das Verfahren kann weg- oder druckabhängig durchgeführt werden. Den Verfahrensablauf zeigen Bilder 2 und 3.

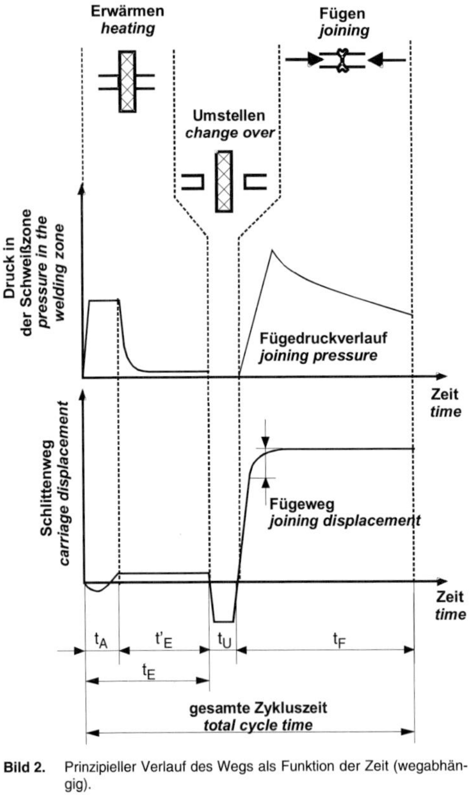

Bild 2. Prinzipieller Verlauf des Wegs als Funktion der Zeit (wegabhängig).

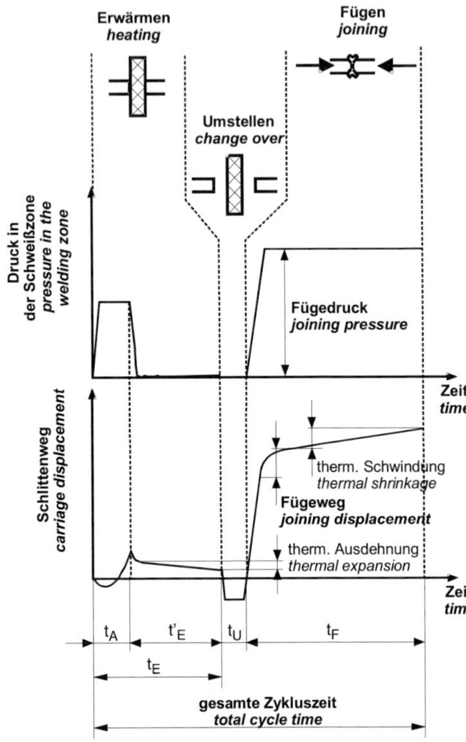

Bild 3. Prinzipieller Verlauf des Drucks als Funktion der Zeit (zeitabhängig).

t_A	=	Angleichzeit	*(matching time),*
t_E	=	Erwärmzeit	*(heating time),*
t'_E	=	drucklose Erwärmzeit	*(pressure-less heating time),*
t_U	=	Umschaltzeit	*(change-over time),*
t_F	=	Fügezeit	*(joining time).*

6.4.1 Angleichen

Hierbei werden die Fügeflächen an das Heizelement gedrückt, bis die Fläche soweit abgeschmolzen ist, dass sie ganzflächig anliegt. Der Angleichvorgang kann zeit- oder wegabhängig durchgeführt werden. Die zum Angleichen erforderlichen Parameter Angleichdruck und -zeit bzw. Angleichdruck und -weg sind voneinander abhängig und müssen durch Versuche ermittelt werden. Der Angleichweg muss so eingestellt werden, dass er größer ist als die Summe der Toleranzen der Fügeflächen und des Heizelements, wobei ein zusätzlicher Sicherheitsfaktor zu berücksichtigen ist. Spröde oder auch spannungsrissanfällige Kunststoffe, etwa PMMA, sollten mit geringeren Drücken (0,2 bis 0,4 N/mm^2) angeglichen werden. Bei unempfindlichen Werkstoffen, beispielsweise bei PP, können höhere Drücke von bis zu 5 N/mm^2 gewählt werden. Während des gesamten Angleichvorgangs werden die zu schweißenden Fügeteile mit einem konstanten Angleichdruck, der sich nach der Fügeflächengeometrie, der Schmelzeviskosität des Kunststoffs und der Formstabilität der Fügeteile richtet, gegen das Heizelement gedrückt. Der Angleichvorgang endet mit dem Erreichen des vorgegebenen Angleichwegs oder der -zeit.

6.4.2 Erwärmen

Bei diesem Vorgang wird den Fügezonen die zum Schweißen notwendige Wärme zugeführt. Nach Beendigung des Angleichvorgangs wird der Erwärmdruck auf nahezu null reduziert. Dabei muss ein vollflächiges Anliegen der Fügeflächen gewährleistet sein. Die Schmelzeschichtdicke vergrößert sich mit der Dauer der Temperatureinwirkung. Die erforderliche Schmelzeschichtdicke bzw. Erwärmzeit kann mathematisch oder durch Auswertung von Versuchen ermittelt werden. Üblicherweise liegen die erforderlichen maximalen Schmelzeschichtdicken in einem Bereich von 0,5 mm bis 2 mm. Ausnahmen bilden Bauteile mit extrem großen Wanddicken, zum Beispiel Kunststoffpaletten, bei denen die Schmelzeschichtdicken deutlich nach oben abweichen.

6.4.3 Umstellen

Der Umstellvorgang setzt sich zusammen aus dem

- Zurückfahren der Fügeteile vom Heizelement,
- Herausfahren des Heizelements aus der Fügeebene,
- Vorfahren der Fügeteile auf Schweißposition.

Der Umstellvorgang sollte verfahrenstechnisch so schnell wie möglich durchgeführt werden, um das Abkühlen der erzeugten Schmelze zu verringern. Zusätzlich erhöhen hohe Abreißgeschwindigkeiten der Fügeteile vom Heizelement die Schmelzestabilität und verringern das Anhaften von Rückständen auf dem Heizelement.

Bei dickwandigen Bauteilen kann es zur Bildung eines Vakuums zwischen der Fügefläche und dem Heizelement kommen, so dass die Abzugsgeschwindigkeit deutlich verringert werden muss, um ein Abreißen der Schmelze am Heizelement zu verhindern.

6.4.4 Fügen

Der Fügeprozess setzt sich aus dem Aufbringen des Fügedrucks und dem Abkühlvorgang zusammen. Der Fügedruck soll einen Schmelzefluss in der Fügezone bewirken. Er ist so einzustellen, dass hierbei eine genügende Vereinigung der Schmelze beider Fügeteile einsetzt. Jedoch darf die Schmelze nicht vollständig aus der Schweißzone verdrängt werden. Diese Anforderungen können durch eine Fügedruck- oder Fügewegbegrenzung erfüllt werden. Im Fall einer Fügedruckbegrenzung sollte der Druck auch während des anschließenden Abkühlvorganges aufrechterhalten werden. Die Fügedrücke liegen im Allgemeinen in einem Bereich von 0,2 bis 0,5 N/mm^2 und sind abhängig von der Schmelzeviskosität. Bei einer Fügewegbegrenzung kommt es zu einem Druckabfall während des Abkühlvorganges. Welche Begrenzung gewählt wird, ist vom Anwendungsfall abhängig.

Der Fügeweg ist in Abhängigkeit von der erzeugten Schmelzeschichtdicke einzustellen, wobei im Regelfall ungefähr 75% der Schmelzeschichtdicke in den Wulst verdrängt werden sollte. Bei sehr gut schweißbaren Werkstoffen, beispielsweise manche PP- und PE-Typen, lassen sich auch bei 20% gute Ergebnisse erzielen, wobei hingegen bei glasfaserverstärkten Werkstoffen bessere Eigenschaften mit Werten über 75% erzielt werden.

Die Abkühlzeit hängt von der Breite der Fügezone, der erreichten Schmelzetemperatur, dem in der Schweißnaht vorliegenden Schmelzevolumen, den kalorischen Eigenschaften und der Einfriertemperatur des Kunststoffs ab. Der Abkühlvorgang ist beendet, wenn die Schmelze in der Fügezone erstarrt ist. Während der Entnahme und der anschließenden Lagerung sollen die geschweißten Formteile bis zum Erreichen der maximal zulässigen Dauergebrauchstemperatur nicht belastet werden.

7 Einflussfaktoren auf die Schweißnahtqualität

Die Herstellung von hochwertigen Schweißverbindungen erfordert die Beachtung von konstruktiven, werkstoffspezifischen und verfahrensbedingten Einflussfaktoren. Die Schweißbedingungen, Schweißwerkzeuge und Schweißmaschinen müssen auf die jeweilige Anwendung abgestimmt werden (siehe Abschnitte 3 und 6).

Dabei beziehen sich die erstgenannten Einflussfaktoren auf die Herstellung bzw. Vorgeschichte der Fügeteile, die werkstoffspezifischen Einflussfaktoren dagegen auf die Auswirkungen der Produkte und deren Zusätze.

Fügeteile (Spritzgussteile, Blasformteile, Extrudate usw.) enthalten immer Restspannungen. Das Berühren oder Bestrahlen anderer Bereiche als die Fügeflächen mit Heizelementen kann daher zu Schäden (Verzug, Anschmelzen, Löchern) führen.

Besonders kritisch bei Spritzgussteilen sind Bindenähte, angussnahe Bereiche, Stellen mit Auswerfermarkierungen und extreme Querschnittsübergänge. Bei Blasformteilen sind dies der Quetschnahtbereich und stark verstreckte Bereiche sehr geringer Wanddicke.

Um die Schweißeignung eines Produkttyps für ein bestimmtes Projekt zu untersuchen, werden Vorversuche an Probekörpern empfohlen. Jedoch kann die Schweißnahtqualität, die am Probekörper erzielt wurde, nicht direkt auf das Bauteil übertragen werden.

7.1 Konstruktion

(siehe Abschnitt 4.2)

7.2 Schmelzeverhalten

Um ein optimales Verhalten der Schmelze beim Schweißen zu erzielen, sollten beide Fügepartner die gleiche Schmelzeviskosität aufweisen. Fügepartner aus gleichen Produkttypen sind mit gleichen Erwärmbedingungen zu erwärmen.

Unterschiedlich stark ausgebildete Schweißwülste weisen auf unterschiedliche Schmelzeviskositäten hin.

Müssen Fügeteile unterschiedlicher Schmelzeviskosität miteinander verschweißt werden, so sollte der Unterschied durch Anpassung der Verfahrensparameter (zum Beispiel durch unterschiedliche Heizelementtemperaturen oder Anwärmzeiten) ausgeglichen werden (siehe Abschnitt 2.1.3).

7.3 Zusatzstoffe

(siehe Abschnitt 5.2)

Es ist zu beachten, dass auch die Verarbeitungsbedingungen bei der Herstellung der Fügeteile die Wirkung der Zusatzstoffe beeinflussen (unter anderem der Glasfaseranteil, die Glasfaserausrichtung, die Glasfaserlängenverteilung und die Kristallinität).

7.4 Recyclate

(siehe Abschnitt 5.4)

Sofern die Zugabe von Recyclat keine Veränderung der Werkstoffeigenschaften hervorruft, ist mit einer Beeinflussung der Schweißnahtqualität nicht zu rechnen. Bewirkt die Zugabe jedoch eine Veränderung der Werkstoffeigenschaften, so sind die Auswirkungen auf die Schweißnahtqualität durch Schweißversuche zu ermitteln.

7.5 Verschmutzungen

Verschmutzungen beeinträchtigen die Schweißnahtqualität durch Kerbwirkung und Störung der Schmelzefilmbildung. Verschmutzungen können durch Werkstoffverunreinigungen in der Fügezone, durch Schmelzerückstände am Heizelement oder durch verunreinigte Fügeflächen entstehen.

7.6 Feuchtigkeit

(siehe Abschnitt 5.3)

Bei Werkstoffen, die zu Fadenbildung neigen, kann das Fadenziehen durch eine geringe Wasseraufnahme reduziert werden.

7.7 Einfluss von Oberflächenbehandlungen und Beschichtungen

Lackschichten im Fügebereich können das Schweißen und das Schweißergebnis je nach Art und Aufbau der Lackschicht(en) nachteilig beeinflussen. Ob mit oder ohne Lack geschweißt werden kann, ist in Vorversuchen zu untersuchen. Generell ist eine Lackierung nach der Schweißung als sinnvoll anzusehen. Metallisierte Oberflächen können generell nicht geschweißt werden.

Die Fügezone ist während der Metallisierung abzudecken. Bei Hochtemperaturschweißen ist es jedoch möglich, mit geeigneter Parameterwahl und Fügezonengeometrien bestimmte Metallisierungen zu schweißen. Dies ist in Vorversuchen zu ermitteln.

7.8 Mehrschichtverbunde

Bei Teilen aus Mehrschichtverbunden ist darauf zu achten, dass die Deckschicht nicht durchgeschweißt wird, vor allem dann nicht, wenn darunter eine artfremde oder Haftvermittlerschicht liegt.

Es ist zu prüfen, ob der Verbund der Schichten durch den Schweißvorgang gestört wird.

Die Schweißwerkzeuge sollten auf den jeweiligen Anwendungsfall abgestimmt werden.

8 Maßnahmen zur Qualitätssicherung

Folgende Maßnahmen zur Qualitätssicherung im Fertigungsprozess sind von Bedeutung, wobei Umfang und Anforderungen grundsätzlich zu vereinbaren sind.

8.1 Überwachung der Schweißanlage

- Temperaturen
  Die zeitliche und örtliche Konstanz der Heizelementtemperatur sollte unbedingt überwachbar sein. Eine Überschreitung der Toleranzwerte nach Abschnitt 3.2.5 sollte angezeigt werden.
- Drücke
  Die aufgebrachten Drücke beim Angleich-, Erwärm- und Fügevorgang müssen einstell-, ables- und überwachbar sein. Die Konstanz der Drücke ist zu gewährleisten.
- Zeiten
  Die eingestellten Zeiten für die verschiedenen Phasen des Schweißprozesses (Angleich-, Erwärm- und Fügezeit) müssen ablesbar und durch elektrische Zeitmessgeräte kontrollierbar sein.
- Wege
  Der Angleich- und Fügeweg muss überprüfbar sein, mindestens jedoch durch Anschläge begrenzt werden. Die Endposition kann druckabhängig oder durch wegbegrenzende Anschläge geregelt sein. Die Endposition der Anschläge ist nach festzulegenden Zeiten zu überprüfen.

Beim berührungslosen Erwärmen muss die Einhaltung des Abstands zwischen Heizelementoberfläche und Fügefläche überwacht werden.

8.2 Konstruktions- und Prozess-FMEA

FMEA (Failure Mode and Effects Analysis) bedeutet „Fehler-Möglichkeits- und Einfluss-Analyse". Diese dient der Risiko- und Kostenminimierung und wird nicht nur bei sicherheitsrelevanten Systemen angewendet, sondern überall dort, wo Ausfälle störende und teure Folgen haben können. Darüber hinaus dient die FMEA der Erfüllung der Sorgfaltspflicht im Rahmen der Produkthaftung (Merkblatt DVS 3006).

8.3 Maschinen- und Prozessfähigkeitsuntersuchung

Ziel der Prozessfähigkeitsuntersuchung ist die Beurteilung der Übereinstimmung mit den vorgegebenen Qualitätsanforderungen, die unter anderem auf Zeichnungen, Spezifikationen, Prozessvorschriften. angegeben sind. Hierbei werden mathematisch-statistische Auswerteverfahren angewendet. Die Prozessfähigkeitsuntersuchung wird, unmittelbar nachdem der Prozess ganz oder teilweise installiert ist, durchgeführt und sollte vor dem Beginn der Serienfertigung abgeschlossen sein. Die Untersuchung der Maschinen (Maschinenfähigkeit) bezieht sich auf Kurzzeiteinflüsse. Dabei geht man von einer zu prüfenden Stückzahl $n > 50$ aus. Die Prüfung der Prozessfähigkeit bezieht sich auf das Langzeitverhalten eines Fertigungsprozesses.

8.4 Eingangsprüfung der Fügeteile

Beim Schweißen von Kunststoffen muss der Anwender die Maßhaltigkeit und Formtreue der Fügeteile kontrollieren. Zur Sicherung einer konstanten Qualität der Bauteile, das heißt zur Gewährleistung eines beherrschbaren Fertigungsprozesses, sind die Werkstoffkennwerte und Verarbeitungsparameter durch zum Beispiel

- MFR- bzw. MVR-Werte,
- Verstärkungs-/Füllstoffanteil (Glührückstand nach DIN EN 60) und/oder
- Viskositätskurven,

zu ermitteln. Die Qualitätsmerkmale sollen in Qualitätsregelkarten geführt werden (siehe folgenden Abschnitt).

8.5 Qualitätsregelkarte in der laufenden Fertigung

Eine Qualitätsregelkarte (QRK) ist ein Formblatt zur graphischen Darstellung von Werten. Diese Werte sind Messwerte bzw. daraus berechnete statistische Kennwerte oder Zählerergebnisse und dienen dazu, mit vorher eingetragenen Spezifikations- (SSG, USG) und Eingriffsgrenzen (OEG, UEG), den Prozess zu regeln. Die Spezifikationsgrenzen werden vorgegeben. Die Eingriffsgrenzen errechnen sich aus den eingetragenen Werten in der QRK.

Voraussetzung für einen stabilen Prozess sind die Sicherstellung und Kontrolle von konstanten Fertigungsbedingungen (siehe auch Abschnitt 7.4). Dabei spielt die möglichst konstante Temperatur der Teile eine große Rolle, da sie neben der Formteilgeometrie auch die Zykluszeit und Schmelzeschichtdicke beeinflusst. Die wichtigsten Maschinenparameter und die Bauteilqualität sind anhand der Prüfvorschrift regelmäßig zu kontrollieren (Schweißnahtgeometrie, Verhältnis $s_F : L_0$, Zykluszeit). Zur Nachweispflicht bei Sicherheitsteilen ist es notwendig, entweder die qualitätsrelevanten Fertigungsparameter oder das Ergebnis einer 100%-Prüfung zu dokumentieren.

8.6 Statistische Prozesskontrolle (SPC)

Die statistische Prozesskontrolle (SPC) ist im Rahmen der Qualitätssicherung eine Methode zum Überwachen und Korrigieren, das heißt zum Regeln von Fertigungsprozessen.

Die Anwendung der SPC auf Fertigungsparameter ist jedoch nicht in jedem Fall zulässig, da sich die Parameter gegenseitig beeinflussen und die klassische SPC somit keine Aussage treffen kann. Durch statistische Methoden (Regressionsanalyse) kann auch die Abhängigkeit der einzelnen Parameter zueinander (Wechselwirkung) ermittelt und überwacht werden (CPC-kontinuierliche Prozesskontrolle).

Darüber hinaus kann ein direkter Bezug zu den Qualitätsmerkmalen (zum Beispiel die Schweißnahtfestigkeit) hergestellt werden.

Die Qualität des Bezugs ist aber extrem von der Qualität der gemessenen Parameter abhängig. Häufig beeinflussen Schwankungen in den Werkstoffkennwerten und in den vorangegangenen Prozessen (wie Spritzgießen) die Qualität einer Schweißung stärker als gering schwankende Schweißparameter.

9 Prüfen von Schweißverbindungen

Für die Prüfung von Schweißverbindungen an Formteilen können Methoden der zerstörungsfreien und der zerstörenden Prüfung gewählt werden. Die Wahl richtet sich nach den Praxisanforderungen. Sie ist zwischen Lieferant und Abnehmer zu vereinbaren.

In der Regel werden geschweißte Formteile einer Belastungs- oder Gebrauchstauglichkeitsprüfung ausgesetzt. Bei diesen Fertigteilprüfungen wird neben der Schweißnaht auch die Belastbarkeit der Gesamtkonstruktion geprüft.

Daneben können – sofern möglich – aus dem Formteil entnommene Schweißproben geprüft werden. Des Weiteren ist es möglich, die Restschmelzeschichtdicke (L_R) über Mikrotomschnitte zu kontrollieren und zu beurteilen. Die bekanntesten Methoden sind den einschlägigen Normen und Richtlinien zu entnehmen (Abschnitt 10).

9.1 Zerstörungsfreie Prüfungen

9.1.1 Visuelle Prüfungen

Die Schweißnaht ist auf folgende Merkmale zu kontrollieren:

- Beide Schweißnähte sollen annähernd gleich groß sein.
- Ein hochglänzender Schweißwulst kann ein Hinweis auf eine zu hohe Heizelementtemperatur und/oder zu lange Erwärmzeit sein.
- Blasige oder schaumige Wulstoberflächen weisen auf Feuchtigkeit oder zu hohe Heizelementtemperatur und/oder zu lange Erwärmzeit hin.
- Verfärbungen sind Anzeichen für eine thermische Schädigung und ergeben dadurch zwangsläufig eine schlechtere Bindenahtfestigkeit.
- Der Fügeflächenversatz muss so gering wie möglich sein und sollte 10% (0,1 × Wanddicke) nicht überschreiten.

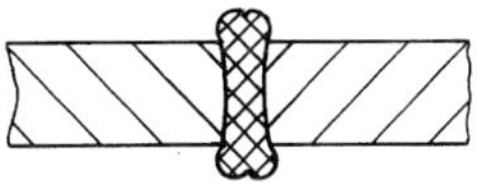

Bild 4. Optimale Form der Schweißwülste.

9.1.2 Ultraschall- und Röntgenprüfung

Mit diesem Verfahren können Bindenahtfehler, etwa Schrumpflunker, Vakuolen, Blasen und Fremdkörper, nachgewiesen werden. Findet man solche Fehler, so muss entschieden werden, ob sie tolerierbar sind. Siehe hierzu auch Merkblatt DVS 2206. Bei unterschiedlichen Formteilgeometrien sind diese Methoden nur bedingt einsetzbar.

9.1.3 Dichtigkeitsprüfung

Je nach Einsatzgebiet und Formgebung wird die Dichtheitsprüfung mit Luft (Lecktestgeräte) als bevorzugte Methode verwendet. Es kommen Überdruck- oder auch Unterdruckprüfungen mit Drücken von bis zu 0,5 bar zum Einsatz.

Die weite Verbreitung dieses Prüfverfahrens in der kunststoffverarbeitenden Industrie ist darin begründet, dass es den wichtigsten Anforderungen an eine Produktionsprüfeinrichtung genügt:

- Genauigkeit und Zuverlässigkeit,
- objektive Qualitätsaussage,
- Wirtschaftlichkeit,
- kurze Prüfzeiten,
- schonende Werkstückbehandlung,
- einfache Integration in verkettete Produktionsabläufe.

9.1.4 Thermographie

Bei dieser Methode wird unmittelbar nach dem Schweißen die Verteilung der Restwärme in der Schweißnaht an der Oberfläche des Teils sichtbar gemacht. Die Fügezone muss gut einzusehen sein und eine bestimmte Größe aufweisen, um messbare und vergleichbare Werte zu erhalten.

9.2 Zerstörende Prüfungen

Mit diesem Verfahren kann an Formteilen oder daraus entnommenen Proben die Nahtqualität festgestellt werden. Nachstehende Prüfverfahren können angewandt werden, wenn ausreichend große Probekörper vorhanden sind:

Richtlinie DVS 2203		Prüfen von Schweißverbindungen aus thermoplastischen Kunststoffen
	Teil 1	Prüfverfahren – Anforderungen,
	Teil 2	Zugversuch,
	Teil 3	Schlagzugversuch,
	Teil 4	Zeitstand-Zugversuch,
	Teil 5	Technologischer Biegeversuch.

Außerdem sind praxisüblich:

- Fall-, Schlag- und Stoßbelastungsprüfungen,
- Innendruck- bzw. Berstdruckprüfungen,
- Belastungsprüfungen unter Medieneinfluss,
- Langzeitprüfungen durch Kugel- oder Stifteindrückverfahren und gegebenenfalls unter Medieneinfluss.

Um den Einfluss der Schweißparameter auf die Schweißqualität erkennen zu können, empfiehlt es sich, bei einigen Werkstoffen (etwa PE und PP) bei tiefen Temperaturen zu prüfen.

10 Schrifttum

Das Gesetz über technische Arbeitsmittel schreibt vor, dass solche nur dann in den Verkehr gebracht werden dürfen, wenn sie den geltenden Arbeitsschutz- und Unfallverhütungsvorschriften entsprechen. Die hierfür gültigen Gesetze, Normen und Vorschriften, die auch für das Heizelementschweißen Gültigkeit haben, sind nachfolgend aufgeführt. Es gelten vor allem die Unfallverhütungsvorschriften (UVV) der Berufsgenossenschaft und die DIN, DIN VDE, DIN EN, DIN EN ISO Normen.

DIN 8593-0	Fertigungsverfahren Fügen – Teil 0: Allgemeines; Einordnung, Unterteilung, Begriffe
DIN 16960-1	Schweißen von thermoplastischen Kunststoffen; Grundsätze
DIN EN 349	Sicherheit von Maschinen – Mindestabstände zur Vermeidung des Quetschens von Körperteilen
DIN EN 574	Sicherheit von Maschinen – Zweihandschaltungen – Funktionelle Aspekte – Gestaltungsleitsätze
DIN EN 983	Sicherheit von Maschinen – Sicherheitstechnische Anforderungen an fluidtechnische Anlagen und deren Bauteile – Pneumatik
DIN EN 12814-1 bis -8	Prüfung von Schweißverbindungen aus thermoplastischen Kunststoffen – Teil 1 bis 8: Biegeversuch, Zugversuch, Zeitstand-Zugversuch, Schälversuch, Makroskopische Untersuchung, Zugversuch bei tiefen Temperaturen, Zugversuch an Probekörpern mit Rundkerbe, Anforderungen
DIN EN 60204-1	Sicherheit von Maschinen – Elektrische Ausrüstung von Maschinen – Teil 1: Allgemeine Anforderungen
DIN EN ISO 1043-1	Kunststoffe – Kennbuchstaben und Kurzzeichen – Teil 1: Basis-Polymere und ihre besonderen Eigenschaften
DIN EN ISO 1043-2	Kunststoffe – Kennbuchstaben und Kurzzeichen – Teil 2: Füllstoffe und Verstärkungsstoffe
DIN EN ISO 1043-4	Kunststoffe – Kennbuchstaben und Kurzzeichen – Teil 4: Flammschutzmittel
DIN EN ISO 1133	Kunststoffe – Bestimmung der Schmelze-Massefließrate (MFR) und der Schmelze-Volumenfließrate (MVR) von Thermoplasten
DIN EN ISO 9000	Qualitätsmanagementsysteme – Grundlagen und Begriffe
DIN EN ISO 9001	Qualitätsmanagementsysteme – Anforderungen
DIN EN ISO 9004	Qualitätsmanagementsysteme – Leitfaden zur Leistungsverbesserung
DIN EN ISO 12100-1	Sicherheit von Maschinen – Grundbegriffe, allgemeine Gestaltungsleitsätze – Teil 1: Grundsätzliche Terminologie, Methodologie

DIN EN ISO 12100-2	Sicherheit von Maschinen – Grundbegriffe, allgemeine Gestaltungsleitsätze – Teil 2: Technische Leitsätze
DIN EN ISO 13850	Sicherheit von Maschinen – Not-Halt – Gestaltungsleitsätze
DIN EN ISO 13857	Sicherheit von Maschinen – Sicherheitsabstände gegen das Erreichen von Gefährdungsbereichen mit den oberen und unteren Gliedmaßen
DIN VDE 0721	Bestimmungen für industrielle Elektrowärmeanlagen
DVS 2200-1 Beiblatt 1	Fügen von Kunststoffen – Kurzzeichen und Abkürzungen – Schweißverfahren
DVS 2203-1	Prüfen von Schweißverbindungen an Tafeln und Rohren aus thermoplastischen Kunststoffen – Prüfverfahren, Anforderungen
DVS 2203-2	Prüfen von Schweißverbindungen aus thermoplastischen Kunststoffen – Zugversuch
DVS 2203-3	Prüfen von Schweißverbindungen aus thermoplastischen Kunststoffen – Schlagzugversuch
DVS 2203-4	Prüfen von Schweißverbindungen an Tafeln und Rohren aus thermoplastischen Kunststoffen – Zeitstandszugversuch
DVS 2203-5	Prüfen von Schweißverbindungen an Tafeln und Rohren aus thermoplastischen Kunststoffen – Technologischer Biegeversuch
DVS 2215-2	Heizelementschweißen von Formteilen aus Polyolefinen (PE, PP) in der Serienfertigung
DVS 2215-3	Heizelementschweißen von Formteilen aus amorphen Thermoplasten in der Serienfertigung
DVS 2215-3 Beiblatt 1	Heizelementschweißen von Formteilen aus amorphen Thermoplasten in der Serienfertigung – Schweißparameter für amorphe Thermoplaste und Blends
DVS 2230-1	Schweißen von Kunststoffserienteilen – Qualitätssicherung, Prüfung
DVS 3006	Produkthaftung in der Schweißtechnik: Anforderungen, Qualifikationen, Qualitätssicherung
DVS-Taschenbuch	Taschenbuch DVS-Merkblätter und -Richtlinien „Fügen von Kunststoffen", Schweißtechnik Band 68/IV, 12. Auflage, 2008
EG-Richtlinie 89/392/EWG	Sicherheitsanforderungen für Maschinen (in Verbindung mit DIN EN 292-1 und -2, sowie DIN EN 414)
EG-Richtlinie 91/368/EWG	Maschinen Richtlinie, (erster Nachtrag), (in Verbindung mit DIN EN 292-1 und -2 sowie DIN EN 414)
EG-Richtlinie 93/44/EWG	Maschinen Richtlinie, (zweiter Nachtrag)
EG-Richtlinie 93/68/EWG	CE-Kennzeichnung (in Verbindung mit EG-Richtlinie 89/392/EWG und 91/368/EWG)
Gerätesicherheitsgesetz	Gesetz über technische Arbeitsmittel. Hierin Hinweise für Kunststoffschweißgeräte
Richtlinie Nr. 1.3.6	Berufsgenossenschaft der Chemischen Industrie Kunststoffverarbeitung. Richtlinie für Maschinen zur Be- und Verarbeitung von Kunststoffen (ausgenommen Kunststoff-Spritzgießmaschinen); Schweißmaschinen und Schweißeinrichtungen
Richtlinie Nr. 1/3.6	Berufsgenossenschaft der Chemischen Industrie Kunststoffverarbeitung. Richtlinie für Maschinen zur Be- und Verarbeitung von Kunststoffen (ausgenommen Kunststoff-Spritzgießmaschinen); Schweißmaschinen und Schweißeinrichtungen
UVV (BGV)	Unfallverhütungsvorschriften in der BG Chemie
UVV (BGV A 3)	Elektrische Anlagen und Betriebsmittel
UVV (VBG 5)	Kraftbetriebene Arbeitsmittel
UVV (VBG 7n5.2)	Hydraulische Pressen
UVV (VBG 22)	Arbeitsmaschinen der chemischen Industrie, der Gummi- und Kunststoffindustrie
UVV (BGV A 2)	Fachkräfte für Arbeitssicherheit
UVV (BGV A 8)	Sicherheitskennzeichnung am Arbeitsplatz, identisch mit EG RL 92/58/EWG
VDI 2854 E	Sicherheitstechnische Anforderungen an automatische Fertigungssysteme Verordnung über Arbeitsstätten v. 20.3.75 i. d. Fassung v. 1.8.1983
VDI 2854	Sicherheitstechnische Anforderungen an automatische Fertigungssysteme, Verordnung über Arbeitsstätten

11 Ausgewählte Anwendungsbeispiele

11.1 Wasserbehälter PE-HD

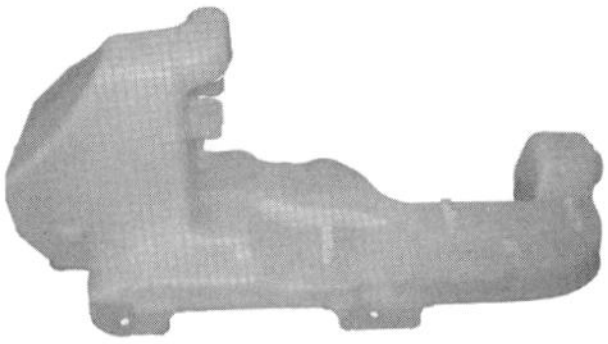

11.2 Ausgleichsbehälter aus PE-HD

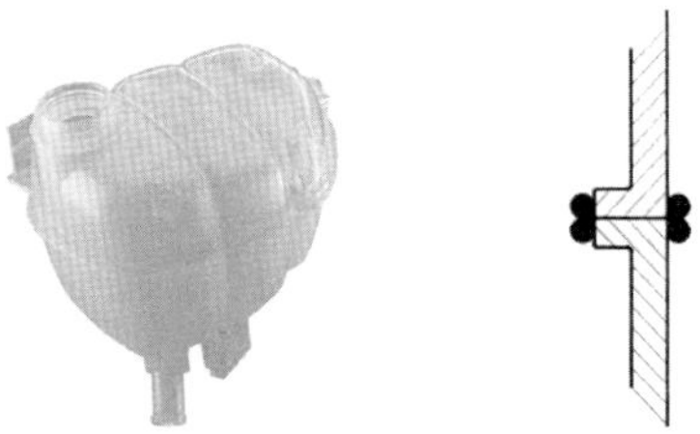

11.3 Bodengruppe eines Wäschetrockners

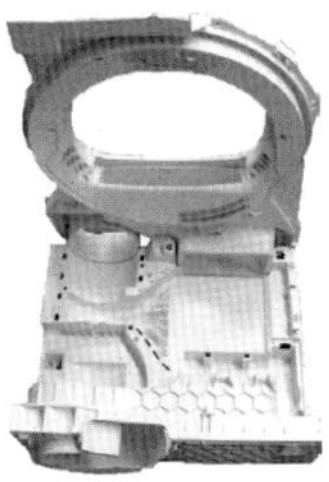

11.4 Mittelkonsole aus ABS

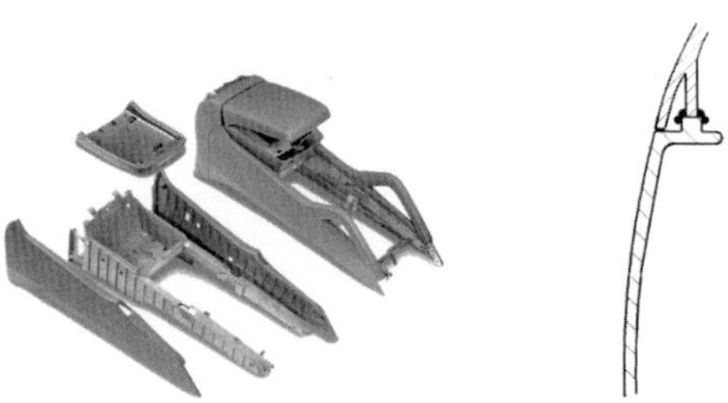

11.5 Kfz-Rückleuchte aus PMMA und ABS

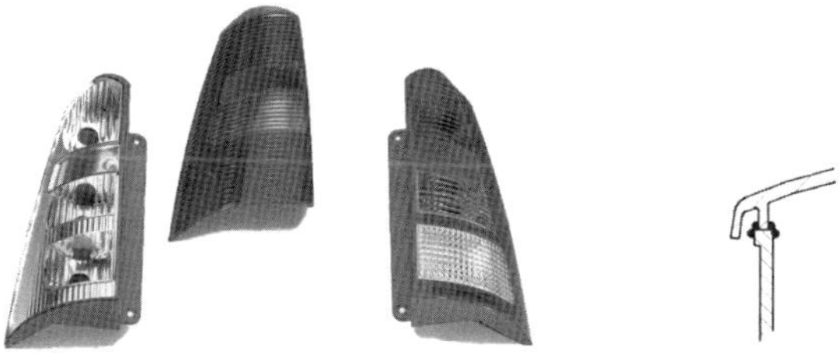

11.6 Kunststoffkraftstoffbehälter (KKB) aus PE-HD

11.7 Instrumententafel aus PP-T

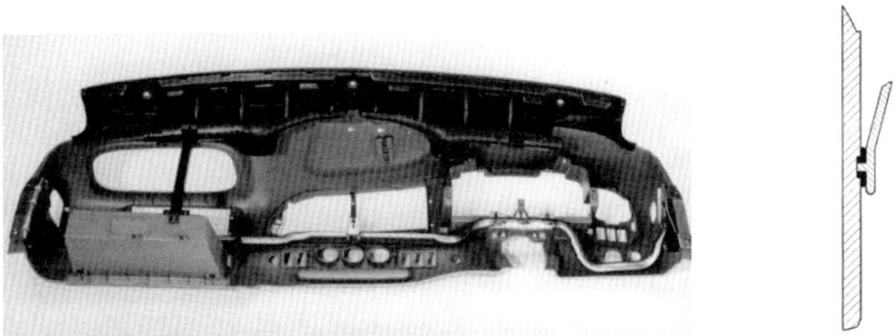

11.8 Luftansaugstutzen aus PE-HD

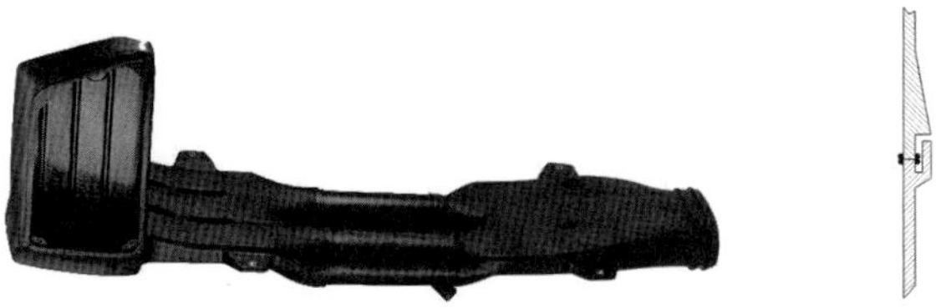

DEUTSCHER VERBAND FÜR SCHWEISSTECHNIK E.V.	Heizelementschweißen von Formteilen aus Polyolefinen (PE, PP) in der Serienfertigung	Richtlinie DVS 2215-2 (November 1996)	DVS

Inhalt:

1 Geltungsbereich

Diese Richtlinie gilt für das Heizelementschweißen von Formteilen untereinander wie auch für Kombinationen von Formteilen und Halbzeugen aus Polyolefinen, Homo- und Copolymeren sowie deren Blends (verstärkte, gefüllte, elastomermodifizierte, brandgeschützte und Sondereinstellungen aus diesen Kunststoffen).

Das Heizelementschweißen von Rohren mit Formteilen ist nicht Gegenstand dieser Richtlinie. Hierfür gelten die Richtlinien DVS 2207-1, -2 und -11.

Diese Richtlinie ist im Zusammenhang mit der Richtlinie DVS 2215-1 zu sehen, in welcher die allgemeinen Grundlagen für das „Heizelementschweißen von Formteilen aus thermoplastischen Kunststoffen in der Serienfertigung" beschrieben sind.

2 Verfahrensbeschreibung

Siehe Richtlinie DVS 2215-1.

3 Kurzbeschreibung der zu schweißenden Werkstoffe PE, PP

Polyolefine sind teilkristalline Kunststoffe, die sich durch ein besonders günstiges Heizelementschweißverhalten auszeichnen. Aufgrund ihres breiten Schmelzbereichs finden diese Kunststoffe eine vielseitige Anwendung im Bereich des Heizelementschweißens, besonders bei der Halbzeugverarbeitung sowie in der Serienfertigung von Formteilen. In nahezu allen Fachsparten werden die Polyolefine durch das Heizelementschweißverfahren weiter verarbeitet. Die Auswahl des Materials oder des Typs soll daher nicht nur nach dem Anforderungsprofil des späteren Einsatzgebietes, sondern auch nach dem typspezifischen Schweißverhalten erfolgen.

Vernetzte Polyolefine sind schlecht bis nicht schweißgeeignet.

Werkstoffkennwerte sowie typspezifische Eigenschaften können den Produktdatenblättern sowie den Datenbanken der Rohstoffhersteller und Institute entnommen werden.

3.1 Polyethylen (PE)

Nach ISO 1872-1 (DIN 16 776-1) sind PE-Formmassen thermoplastische Formmassen auf Basis von Ethylen-Homopolymeren und/oder Ethylen-Copolymeren. Sie enthalten, wenn keine zusätzlichen Angaben gemacht werden, die für die Verarbeitung notwendige Ausrüstung. Falls erforderlich, können auch Füll- und/oder Verstärkungsstoffe enthalten sein.

DVS, Technischer Ausschuß, Arbeitsgruppe „Fügen von Kunststoffen"

Bezug: Deutscher Verlag für Schweißtechnik DVS-Verlag GmbH, Postfach 10 19 65, 40010 Düsseldorf, Telefon (02 11) 15 91-0, Telefax (02 11) 1591-200

3.1.1 Ethylen-Homopolymere

Polyethylene entstehen in Abhängigkeit von den Polymerisationsbedingungen mit unterschiedlichem Verzweigungsgrad. Mit abnehmender Verzweigung der Moleküle nehmen der kristalline Anteil und die Dichte zu.

Mit steigender Dichte und molarer Masse nehmen Schmelztemperatur und Schmelzeviskosität zu. Mit steigender Schmelzeviskosität ist Polyethylen einfacher zu schweißen, da die Klebneigung am Heizelement abnimmt. Dichte und molare Masse beeinflussen auch die mechanischen und thermischen Eigenschaften des Polyethylens.

PE-LD (Dichte 0,915 bis 0,934 g/cm^3) wird im Hochdruckverfahren polymerisiert und besitzt eine langkettenverzweigte Struktur. Dagegen weist das – linear aufgebaute – PE-HD (Dichte 0,935 bis 0,97 g/cm^3) höhere Steifigkeit, Härte und Wärmeformbeständigkeit auf. Es wird im Niederdruckverfahren produziert und enthält wenige Kurzkettenverzweigungen.

Mit zunehmender molarer Masse – gekennzeichnet durch abnehmende MVR/MFR-Werte – steigt bei PE die Schlagzähigkeit und Spannungsrißbeständigkeit; letztere steigt zusätzlich mit abnehmender Dichte, d. h. mit zunehmendem Verzweigungsgrad.

Weiterhin hat die Molmassenverteilung (MMV) einen erheblichen Einfluß auf Eigenschaften und Verarbeitung. Enge MMV fördert Schlagzähigkeit und Verzugsarmut, breite die Spannungsrißbeständigkeit und die Fließfähigkeit.

3.1.2 Ethylen-Copolymere

Die Copolymerisation des Ethylens führt zu verzweigten Kettenstrukturen. Dadurch werden der kristalline Anteil verringert und die Schmelztemperatur, Dichte und Steifigkeit herabgesetzt, die Spannungsrißbeständigkeit erhöht. Beim Niederdruck-Prozeß können hierzu nur apolare Comonomere wie l-Buten, l-Hexen, l-Octen verwendet werden. Hierbei entstehen Polyethylene niederer Dichte wie PE-ULD, PE-VLD und PE-LLD (Dichte 0,88 bis 0,93 g/cm^3) und PE-MD mittlerer Dichte (Dichte 0,93 bis 0,94 g/cm^3), welche eine lineare Struktur mit Kurzkettenverzweigungen aufweisen. Der Verzweigungsgrad und die Flexibilität steigen mit dem Comonomerengehalt.

Beim Hochdruck-Prozeß sind es polare Comonomere wie Vinylacetat (VA), Acrylsäure (A), Acrylester (EA), die neben der flexibilisierenden Wirkung zusätzlich andere Eigenschaften, zum Beispiel höhere Haftung zu Fremdmaterialien, aufweisen.

Die Copolymere (EVA, EAA, EEA) werden außer durch Dichte und MVR/MFR* noch zusätzlich durch Art und Menge der Comonomeren charakterisiert.

3.1.3 Polymergemische

Polymergemische entstehen durch mechanische Einarbeitung von anderen Polymeren (z.B. PA). Da Qualität, Art und Konzentration der zweiten Komponente im Gemisch die Qualität der Schweißverbindung beeinflussen können, müssen Versuche zur Klärung der Schweißeignung durchgeführt werden.

3.1.4 PE mit Zusatzstoffen

Polyethylene enthalten die verschiedensten Zusatzstoffe wie Stabilisatoren, Farbmittel, Antistatika, Verarbeitungshilfsmittel, Brandschutzmittel sowie teilweise Füll- und/oder Verstärkungsstoffe. Da diese Zusatzstoffe die Schweißeigenschaften beeinflussen können, ist die Schweißeignung durch Versuche zu klären.

3.2 Polypropylen (PP)

PP-Formmassen sind nach ISO 1873-1 (DIN 16 774-1) thermoplastische Formmassen auf der Basis von Propylen-Homopolymeren und/oder Propylen-Copolymeren. Es gibt Homopolymere mit hohen und niedrigen kristallinen Anteilen, Blockcopolymere, Randomcopolymere, elastomermodifizierte sowie gefüllte und/oder verstärkte Typen. Polypropylen bietet gute Voraussetzungen für das Heizelementschweißen. Wie beim Fügen von Halbzeug (zum Beispiel Richtlinie DVS 2207-11 Rohre) werden auch bei Formteilen gute Schweißqualitäten erreicht.

* siehe 4.1.

3.2.1 Propylen-Homopolymere

Aus Homopolymeren hergestellte Formteile zeichnen sich durch hohe Steifigkeit, Härte und Wärmeformbeständigkeit aus. Der Schmelztemperaturbereich beginnt bei 160°C. Zu beachten ist die Abnahme der Zähigkeit bei Temperaturen unter 5°C. Die unterschiedlichen Typen sind jeweils durch ihren MVR/MFR-Wert gekennzeichnet.

3.2.2 Propylen-Copolymere

Bei Copolymeren unterscheidet man zwischen Blockcopolymeren (PP-B) und Randomcopolymeren (PP-R). Copolymere besitzen höhere Zähigkeiten als Homopolymere vergleichbarer MVR/MFR-Werte. Bei den Blockcopolymeren gilt dieses besonders für Temperaturen unterhalb etwa 5°C. Randomcopolymere zeigen eine höhere Transparenz und einen herabgesetzten breiteren Schmelzbereich.

Die unterschiedlichen Typen sind jeweils durch ihren MVR/MFR-Wert bzw. ihre Zähigkeit gekennzeichnet.

3.2.3 Elastomermodifiziertes PP

Die elastomermodifizierten PP-Formmassen enthalten meistens als Elastifizierungsmittel Ethylen-Propylen-Kautschuk (EPM, EPDM). Sie zeichnen sich besonders durch die gute Schlagzähigkeit in der Kälte, ausreichende Steifigkeit in der Wärme, Verträglichkeit mit Füll- und Verstärkungsstoffen sowie durch die gute Verarbeitbarkeit aus.

3.2.4 PP mit Füll- und Verstärkungsstoffen

Glasfaser-, kreide- oder talkumgefüllte Polymere zeigen eine höhere Steifigkeit, Härte und Formbeständigkeit in der Wärme, jedoch meistens eine geringere Schlagzähigkeit als das ungefüllte Grundmaterial.

Glasfaserverstärkte Typen mit chemischer Kopplung zeichnen sich durch besonders hohe mechanische Festigkeit, Steifigkeit und Wärmeformbeständigkeit aus. Orientierungen der Glasfasern im Fertigteil beeinflussen die Eigenschaften und den Verzug. Aus diesem Grund müssen diese Typen auch auf ihre Schweißeignung überprüft werden.

3.2.5 PP mit Zusatzstoffen

Zusatzstoffe wie Fremdpolymere, Farbmittel, Stabilisatoren, Antistatika, Verarbeitungshilfsmittel und Brandschutzmittel beeinflussen die Eigenschaften von PP, insbesondere wenn sie in großen Mengen zugegeben werden oder wenn sie den kristallinen Aufbau verändern. Es ist deshalb notwendig, die Schweißeignung durch Vorversuche zu klären.

4 Werkstoffbezogene Einflußfaktoren auf das Schweißverhalten

4.1 Fließverhalten

Das Fließverhalten der Schmelze von Polyolefinen wird durch die Schmelzefließrate (MFR) oder Volumenfließrate (MVR) nach DIN 53 735/ISO 1133 charakterisiert. In der Norm sind die Kombinationen von Masse und Temperatur festgelegt, bei der die Schmelzefließrate zu bestimmen ist. Es können nur Werte miteinander verglichen werden, die bei gleichen Prüfbedingungen (Belastungsgewicht und Temperatur) gemessen wurden.

Das Plastifizierverhalten der Fügezone wird entscheidend von der Molmasse und damit vom Schmelzefließverhalten des zu schweißenden Werkstoffes beeinflußt.

In der Regel gilt:
Leichtfließende PE- und PP-Typen mit hoher MFR plastifizieren schneller als zähfließende mit niedriger MFR und neigen dadurch leichter zum Haften der Schmelze auf dem Heizelement. Das gilt

insbesondere für Ethylen-Copolymere. Eine Herabsetzung der Heizelementtemperatur verringert die Haftung.

Folgende Schweißparameter sind hierauf abzustimmen:

- Angleichdruck p_A
- Angleichweg s_A
- Angleichzeit t_A
- Erwärmdruck p_E
- Erwärmzeit t_E
- Umstellzeit t_U
- Fügedruck p_F
- Fügeweg s_F
- Füge- und Abkühlzeit t_F
- Heizelementtemperatur T_H

Im Hinblick auf die Belastbarkeit geschweißter Verbindungen beeinflußt das Schmelzefließverhalten in der Regel folgende Eigenschaften:

- Polyolefine mit niedrigen MVR/MFR-Werten
  - zeigen günstiges Schweißverhalten
  - sind hoch belastbar
  - zeigen gutes Langzeitverhalten
  - sind weniger bruchanfällig bei Biegung
- Polyolefine mit hohen MVR/MFR-Werten
  - zeigen eingeschränktes Schweißverhalten durch höhere Klebneigung am Heizelement; gegebenenfalls ist zu prüfen, ob durch Hochtemperaturschweißen oder Strahlungserwärmung Abhilfe möglich ist
  - sind geringer belastbar

4.2 Zusatzstoffe

Additive, welche die Schweißeigenschaften beeinflussen, sind:

- Stabilisatoren
- Farbmittel
- Antistatika
- Verarbeitungshilfsmittel (Gleitmittel, Trennmittel)

Beim Hochtemperaturschweißen ist zu beachten, daß die Schweißparameter HE-Temperatur, Erwärmzeit sowie die Verdampfungszeit der Produktrückstände auf dem Heizelement von der Stabilisierung beeinflußt werden können.

Für die Strahlungserwärmung sollten nur Polyolefin-Typen mit hoher Wärmestabilisierung zum Einsatz gelangen (Beeinträchtigung durch Wärmeoxidation).

Sind Farbmittel, Antistatika oder Gleitmittel in hoher Konzentration enthalten, können die Schweißeigenschaften nachteilig beeinflußt werden. Das gleiche gilt auch für:

- Fremdpolymere
- Ruß, Metallpulver unter anderem (in höheren Konzentrationen zum Beispiel zur Erhöhung der elektrischen Leitfähigkeit)
- Brandschutzmittel

Bei Fremdpolymeren sind Art und Menge ausschlaggebend. Sie können das Schweißverhalten beeinflussen, wenn sie im Vergleich zum Basiswerkstoff einen unterschiedlichen Aufbau oder stark abweichende Schmelzbereiche bzw. Schmelzeviskositäten aufweisen. Weiterhin ist es möglich, Fremdpolymere in Form von Masterbatches (zum Beispiel Farbmittel, Hilfsmittel) zuzugeben. Hierbei kann sich besonders auf das Schweißverhalten mindernd auswirken, wenn das Batch-Polymer in seinen Eigenschaften zum Grund-Polymer stark abweicht (zum Beispiel Zugabe hoher Konzentrationen eines Batches auf Basis PE-LD zu PP).

Brandschutzmittel können je nach Art und Menge auf die Schweißeigenschaften Einfluß nehmen. Zu unterscheiden ist zwischen halogenfreien und halogenhaltigen Produkten. Zu beachten ist die korrosionsfördernde Wirkung der halogenhaltigen Brandschutzmittel auf den Heizelement-Werkstoff. Einzusetzen sind in diesem Fall Heizelemente aus korrosionsfesten Werkstoffen bzw. Heizelemente mit PTFE-Überzügen.

Sind Entformungshilfsmittel (zum Beispiel Trennmittel) oder auch das Gleitverhalten verbessernde Zusätze (zum Beispiel PTFE, Siliconöl) in den Grundwerkstoff eingearbeitet, so ist ebenfalls mit einer Minderung der Schweißeigenschaften zu rechnen.

4.3 Füll- und Verstärkungsstoffe

Füll- und Verstärkungsstoffe wie Glasfasern, Glaskugeln, Talkum, Kreide, Glimmer, Holzmehl beeinflussen das Schweißverhalten je nach Art, Menge und Orientierung der eingearbeiteten Stoffe. Einflußfaktoren sind zum Beispiel die höhere Wärmeleitfähigkeit, das veränderte Schmelzefließverhalten und die verminderte Bindefähigkeit der Schmelze im Vergleich zu ungefülltem bzw. unverstärktem Material.

Da nur die Polyolefinanteile im Fügequerschnitt schweißen, ist die Belastbarkeit niedriger als beim Grundwerkstoff. In der Regel reagieren Schweißverbindungen von gefüllten und/oder verstärkten Polyolefinen auch anfälliger auf Stoß- und Biegebeanspruchungen.

Der Schweißwulst ist vor allem bei den glasfaserverstärkten und holzmehlgefüllten Polyolefinen etwas rauher als bei den anderen Zusatzstoffen.

Die geringere Festigkeit gegenüber dem Grundwerkstoff ist stoff-, mengen- und verarbeitungsabhängig.

Die Schweißnahtfestigkeit muß durch Versuche ermittelt werden.

4.4 Recyclate, Regranulate, Regenerate

Diese Werkstoffe sind Produktvarianten, die in ihrer Zusammensetzung vom Originalmaterial abweichen können.

Abhängig von dem Anteil dieser Zusätze werden sich daher die Werkstoff- und damit auch die Schweißeigenschaften verändern. Die Zusammensetzung kann chargenweise schwanken.

Recyclate, Regranulate und Regenerate aus Polyolefinen zeigen im Vergleich zu anderen Kunststoffen günstigere Eigenschaften hinsichtlich ihrer Verarbeitbarkeit. Beim Einsatz von Recyclaten und Regranulaten sollten Vorversuche durchgeführt werden, um den Einfluß der Zugabemenge auf die Schweißparameter und die Qualität der Verbindungen zu ermitteln.

Formteile aus Polyolefinen mit unbekannter und/oder schwankender Recyclat- und/oder Regranulatmenge sollten für hochbeanspruchte Schweißverbindungen nicht eingesetzt werden.

Enthalten die Produktkomponenten außerdem Füll- und/oder Verstärkungsstoffe, Farbmittel sowie andere Zusätze, wird dadurch die Ermittlung von Zusammenhängen weiter erschwert.

Bei Recyclaten aus gebrauchten Teilen wie Behältern muß damit gerechnet werden, daß Fremdstoffe eindiffundiert sind, die bei der Weiterverarbeitung nicht vollständig entfernt werden konnten, zum Beispiel Benzin in Kraftstoffbehältern.

4.5 Einfluß der Feuchtigkeit

Polyolefine nehmen bei sachgemäßer Lagerung keine Feuchtigkeit auf. In Ausnahmefällen ist es jedoch möglich, daß durch Zusatzstoffe in den Grundwerkstoff Feuchtigkeit eindringen kann. Die Folge sind poröse Schweißnähte. Abhilfe kann durch Vortrocknen der Fügeteile erzielt werden.

5 Forderung an die Herstellungsqualität der Fügeteile

Die Herstellbedingungen der Fügeteile haben einen erheblichen Einfluß auf die erzielbare Schweißnahtqualität. Treten bei nicht werkstoffgerechter Herstellung Polymerschädigungen, hohe Eigenspannungen oder andere Verarbeitungsfehler auf, so können selbst bei optimalen Schweißbedingungen nur verminderte Festigkeiten erzielt werden. Neben eingefrorenen inneren Spannungen, hervorgerufen durch den Herstellungsprozeß, können Eigenspannungen auch durch Nachschwindung und/oder durch Formzwang bei gefügten Teilen auftreten. Es müssen möglichst verzugsfreie und maßgetreue Fügeteile beim Schweißprozeß vorliegen. Dadurch wird erreicht, daß die unvermeidbaren Spannungen des Gesamtbauteils gering sind. Herstellungsbedingte Eigenspannungen in den Fügeteilen können zum Beispiel durch Tempern sichtbar gemacht werden. Als Nachschwindung bezeichnet man Maßänderungen an den Bauteilen, die nach dem Erkalten, im Anschluß an den Herstellungsprozeß, stattfinden. Die Nachschwindung wird durch Nachkristallisation hervorgerufen. Sie kann eine zusätzliche Belastung auf die Schweißnaht und damit auch auf das Gesamtbauteil ausüben. Beim Schweißen von Polyolefinen müssen daher definierte und wiederholbare Abkühlbedingungen zwischen Herstellungs- und Schweißprozeß vorliegen.

Die Zeit vom Herstellungsprozeß der Fügeteile bis zum Schweißprozeß soll möglichst konstant sein, deshalb ist ein automatischer Ablauf von z. B. der Spritzgießmaschine bis zum Schweißen mit einer definierten Kühlzeit auch aus Qualitätsgründen zu empfehlen.

Die Aufnahmewerkzeuge müssen speziell den warmen und spritzfrischen Fügeteilen angepaßt werden.

6 Konstruktive Gestaltung der Fügeteile

– siehe Richtlinie DVS 2215-1, Abschnitt 4.

7 Schweißanlagen

7.1 Bauarten

– siehe Richtlinie DVS 2215-1, Abschnitt 3.1.

7.2 Ausführungsformen

– ergänzend zu Richtlinie DVS 2215-1:

Beim Schweißen unterschiedlicher Werkstofftypen ist der Einsatz von 2 parallel angeordneten Heizelementen von Vorteil. Dieses System erlaubt die Einstellung unterschiedlicher Heizelementtemperaturen, abgestimmt auf das jeweilige Schmelzefließverhalten.

7.3 Anforderung an das Heizelement

– siehe Richtlinie DVS 2215-1, Abschnitt 3.2.

7.4 Temperaturbereich

Die Heizelementtemperatur muß in Abhängigkeit von der Anwärmmethode in folgenden Temperaturbereichen **stufenlos** einstell- und regelbar sein:

– bei Kontakterwärmung
  mit Antihaftbelag, zum Beispiel PTFE bis etwa 270°C
  ohne Antihaftbelag
  (Hochtemperaturschweißung) bis etwa 400°C
– bei Strahlungserwärmung bis etwa 550°C

7.5 Temperaturgenauigkeit auf der Arbeitsfläche

Die notwendige Temperaturgenauigkeit bei Heizelementen zum Schweißen von Formteilen ist von der Schweißaufgabe (Teilegeometrie, Werkstoff, Qualitätsanforderung) abhängig. Aufgrund der unterschiedlichen Geometrien bei Formteilen sind genaue Temperaturangaben nicht möglich. Für einfach gestaltete Heizelemente gelten folgende Richtwerte hinsichtlich der zulässigen Temperaturdifferenz in Kelvin (K):

– bis Diagonalmaß 350 mm 14 K
– bis Diagonalmaß 700 mm 17 K
– über Diagonalmaß 700 mm 20 K

Bei dünnwandigen Formteilen können geringere Abweichungen erforderlich sein.

Temperaturregulierung

– siehe Richtlinie DVS 2215-1, Abschnitt 3.2.6.

7.6 Aufnahmewerkzeuge

– siehe Richtlinie DVS 2215-1, Abschnitt 3.3.

7.7 Halterungen und Fixierhilfen

Formteile, die aufgrund ihrer Außenkontur oder ihrer Lage beim Schweißprozeß keinen ausreichenden Halt im Aufnahmewerkzeug finden, müssen zusätzlich abgestützt werden. Diese Aufgabe können beispielsweise mechanisch wirkende Spannelemente, wie Klammern, Klauen, druckluftbetätigte elastische Ringe oder speziell angepaßte Befestigungselemente, übernehmen. Es eignen sich hierfür auch Vakuumsauger, die bei aufgabengerechter Anordnung im Aufnahmewerkzeug einen festen Sitz des Formteils gewährleisten.

Bei automatischer Produktion sind die Aufnahmewerkzeuge so zu gestalten, daß eine Übernahme aus automatischen Zuführsystemen erfolgen kann.

Vorwiegend für kleine Formteile und große Stückzahlen kommen häufig Mehrfachaufnahmen zur Anwendung. Um eine Beschädigung der Oberfläche zu vermeiden, können die Aufnahmewerkzeuge mit geeigneten Auskleidungen (zum Beispiel Leder) oder Beschichtungen (beispielsweise PTFE) versehen werden.

Die Temperatur der Aufnahmewerkzeuge muß weitgehend konstant gehalten werden. Notfalls muß eine Temperierung vorgesehen werden.

– Sondereinrichtungen siehe Richtlinie DVS 2215-1, Abschnitt 3.3.2.

7.8 Besonderheiten beim Hochtemperaturschweißen

Jede serienmäßige Heizelementschweißmaschine eignet sich auch zum Hochtemperaturschweißen, wenn ausreichende Isoliereinrichtungen gegen die höhere Heizelement-Temperatur vorhanden sind. Weitere Voraussetzung ist die Ausrüstung mit Temperaturfühlern und Reglern für die höhere Arbeitstemperatur.

Der Einsatz von Heizelementen aus Alu-Legierungen ist bei diesen höheren Temperaturen nicht mehr möglich. Verwendet werden deshalb vorwiegend Werkstoffe wie Alu-Bronze und Spezialstähle. Wegen der schlechten Wärmeleitfähigkeit sind Heizelemente aus Spezialstahl nur für kleinere Heizelemente zu empfehlen.

Für das Hochtemperaturschweißen von Polyolefinen kommt nach den heutigen Erkenntnissen vorwiegend PP in Frage; hierbei entstehen Dämpfe, die aufgrund ihrer Geruchsbelästigung und Brennbarkeit abgesaugt werden müssen. Es müssen deshalb Absaugvorrichtungen vorgesehen werden. Für Teile aus PE mit geringen Festigkeitsanforderungen kann auch das Hochtemperaturschweißen von 320 bis 340°C eingesetzt werden.

7.9 Besonderheiten beim Schweißen mit Strahlungswärme

Für das Schweißen mit Strahlungswärme gelten im allgemeinen die gleichen maschinentechnischen Vorbedingungen wie für das Hochtemperaturschweißen. Allerdings ist für diese noch höheren Temperaturen der Einsatz von Alu-Bronze nicht mehr möglich. Es werden deshalb ausschließlich Heizelemente aus Stahl verwendet.

8 Schweißbedingungen

Die Wahl der Schweißparameter richtet sich nach den Eigenschaften der Fügeteilwerkstoffe (wie Schmelzbereich, Schmelzefließverhalten, Festigkeit, Formsteifheit) und der Fügeflächengeometrie. Auf diese Gegebenheiten sind nachstehende Schweißparameter abzustimmen:

– Heizelementtemperatur T_H
– Angleichdruck p_A
– Angleichzeit t_A bzw. Angleichweg s_A
– Erwärmdruck p_E
– Erwärmzeit t_E
– Umstellzeit t_U
– Fügedruck p_F bzw. Fügeweg s_F
– Füge- und Abkühlzeit t_F

Die optimalen Maschineneinstelldaten sind durch Versuche an den betreffenden Fügeteilen zu ermitteln. Richtwerte sind der Tabelle 1 zu entnehmen. Den Verfahrensablauf über die gesamte Schweißperiode zeigt Bild 2 in der Richtlinie DVS 2215-1.

8.1 Erwärmverfahren

a. Kontakterwärmung – konventionell

b. Kontakterwärmung – Hochtemperatur

c. Strahlungserwärmung – kontaktlos

Die Distanz zwischen Fügefläche und Heizelement liegt im Bereich von 0,5 bis 1 mm. Wegen der einzuhaltenden gleichmäßigen Distanz über der gesamten Fügefläche (zul. Toleranz < 0,2 mm) ist diese Erwärmmethode bevorzugt nur bei Kleinteilen anwendbar.

8.2 Angleichdruck

Der Angleichdruck ist fügeteilspezifisch zu wählen. Wichtige Kriterien sind das Schmelzefließverhalten (MVR/MFR), die Paßgenauigkeit der Fügeflächen und der Angleichweg. In der Regel wird mit Angleichdrücken zwischen 0,2 und 0,5 N/mm^2 gearbeitet.

8.3 Angleichzeit/Angleichweg

Je nach maschinentechnischen Gegebenheiten kann das Angleichen über Zeit oder Weg gesteuert werden. Der Angleichprozeß endet mit der vollflächigen Anlage der gesamten Verbindungsfläche am Heizelement. Dabei sollte ein geringer Schmelzeaustrieb (Höhe: 0,5 bis 1 mm) über den gesamten Umfang erkennbar sein.

8.4 Erwärmdruck

Beim Übergang von der Angleich- zur Erwärmphase ist der Druck auf nahezu Kontaktdruck (etwa 0,01 N/mm^2) abzusenken oder durch einen mechanischen Anschlag zu begrenzen.

8.5 Erwärmzeit

Die Wahl der Erwärmzeit t_E richtet sich nach material-, bauteil- und verfahrenstechnischen Gegebenheiten. Sie wird von folgenden Einflußfaktoren bestimmt:

– Methode
  In der Erwärmungsphase muß unterschieden werden zwischen Kontakt- und Strahlungserwärmung

– Heizelementtemperatur
  Niedrige Heizelementtemperaturen erfordern lange, hohe Heizelementtemperaturen dagegen kurze Erwärmzeiten (Gefahr der thermischen Schädigung beachten!)

Bei umfangreichen Untersuchungen im Kontaktverfahren hat sich gezeigt, daß bei einer Mindestschmelzeschichtdicke L_0 von 25 bis 35% der Wanddicke d gute Schweißnahtfestigkeiten erzielt wurden.

Beim Hochtemperaturschweißen ist es unter Umständen notwendig, das Verhältnis von L_0/d auf > 35% zu erhöhen. Aufgrund des steilen Temperaturgradienten in der Schmelzeschicht kann es zu einer unzulässigen Verringerung der Oberflächentemperatur an der Fügefläche kommen (Bild 1).

Eine Ausnahme bilden hier jedoch die Materialien, die zum Vernetzen bzw. zur schnellen thermischen Schädigung neigen.

Bei Werkstoffen mit extrem niedrigen MVR-Werten (< 0,1) ist in manchen Fällen ebenfalls eine Erhöhung des L_0/d-Verhältnisses (verlängerte Erwärmzeit) notwendig, falls die Forderung s_F/L_0 = 0,75 zu einer unzulässigen Fügedruckerhöhung führt (zum Beispiel Gefahr von Bauteildeformation) – Bilder 2 und 3.

Die Bilder 4 und 5 geben einen Überblick über den Einfluß der Heizelementtemperatur auf die Erwärmzeit t_E zur Erzielung der geforderten Schmelzeschichtdicke L_0. Diese Werte sind Richtwerte.

8.6 Umstellzeit

Die Umstellzeit muß so kurz wie möglich sein, um den schweißfähigen Zustand der Schmelze zu erhalten.

8.7 Fügedruck

Der Fügedruck ist zügig aufzubringen und soll eine für den Schweißprozeß notwendige Schmelzediffusion auslösen. Er ist so einzustellen und zu begrenzen, daß er einerseits einen genügenden Schmelzefluß bewirkt, andererseits jedoch nicht mehr als notwendig Schmelze aus der Schweißzone verdrängt.

Je nach Materialbeschaffenheit und Schmelzefließverhalten wird mit Fügedrücken zwischen 0,05 und 0,25 N/mm^2 gearbeitet. Bei besonders hochmolekularen Werkstoffen (zum Beispiel PE-UHMW) können auch Fügedrücke bis 5 N/mm^2 erforderlich werden. Das Fügen wird entweder druck- oder wegabhängig durchgeführt (siehe Richtlinie DVS 2215 Teil 1).

Untersuchungen haben gezeigt, daß gute Schweißnahtfestigkeiten erzielt werden, wenn das Verhältnis von Fügeweg zur Schmelzeschichtdicke etwa 0,75 eingehalten wird. Beim druckabhängigen Fügen existiert zu diesem angegebenen Verhältnis

Tabelle 1. Richtwerte für das Heizelementschweißen von Fügeteilen aus PE-HD, PE-LD und PP. Die angegebenen Werte gelten für Wanddicken von 2 bis 4 mm. Sondertypen sowie spezielle Fügezonengeometrien können von den Tabellenwerten abweichende Schweißbedingungen erforderlich machen.

Werkstoff	MVR [ml/10 min.]	Anwärmverfahren	Heizelementtemperatur [°C]	p_A Angleichdruck [N/mm^2]	t_E Erwärmzeit [s]	p_F Fügedruck [N/mm^2]	t_F Füge- und Abkühlzeit [s]
PE-HD PE-LD (MVR 190/5)	0,1 ... 20	Kontakt (konvent.)	160 ... 280*	0,2 ... 0,5	10 ... 60	0,05 ... 0,25	10 ... 20
	20 ... 60		160 ... 280*	0,2 ... 0,5	15 ... 60	0,05 ... 0,15	10 ... 20
	0,1 ... 60	kontaktlos, Strahlungserwärmung	400 ... 550	–	5 ... 15	0,05 ... 0,25	10 ... 20
PP PP/EPDM (MVR 230/2,16)	0,3 ... 3	Kontakt (konvent.)	200 ... 270	0,2 ... 0,5	10 ... 60	0,05 ... 0,25	10 ... 20
	3 ... 40		180 ... 220	0,2 ... 0,5	15 ... 60	0,05 ... 0,15	10 ... 20
	0,3 ... 40	Kontakt-Hochtemperatur	300 ... 400	0,1 ... 0,5	3 ... 10	0,05 ... 0,25	10 ... 20
	0,3 ... 40	kontaktlos, Strahlungserwärmung	400 ... 550	–	5 ... 15	0,05 ... 0,25	10 ... 20

*) Bei Heizelementtemperaturen über 270°C ausschließlich Heizelemente ohne PTFE-Antihaftbelag!

ein bestimmter Fügedruck. Die Bilder 2 und 3 zeigen diesen Zusammenhang für ein PE-HD und PP.

Es muß jedoch darauf hingewiesen werden, daß der in den Bildern 4 und 5 dargestellte Zusammenhang von der eingestellten Heizelementtemperatur T_H und der Geometrie der Fügeteile beeinflußt werden kann. Im Einzelfall ist dieser Zusammenhang neu zu ermitteln.

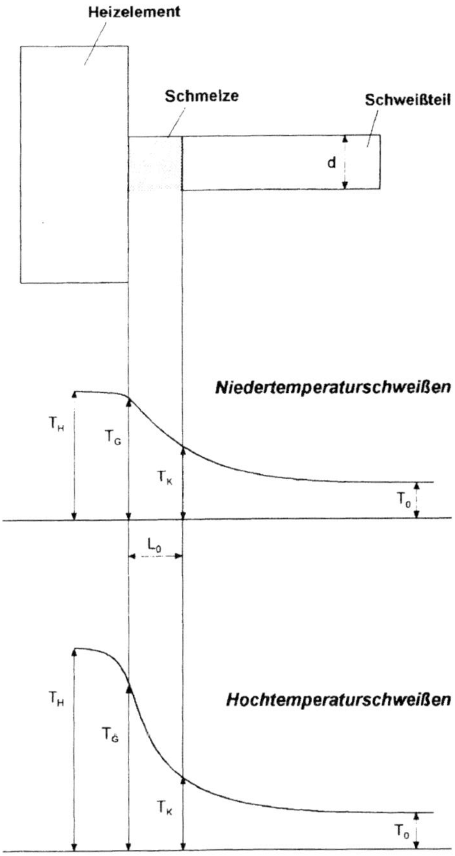

Bild 1. Prinzipskizze zum Temperaturprofil beim Hoch- und Niedertemperaturheizelementschweißen.

8.8 Abkühlzeit

Während der Abkühlzeit ist der Fügedruck so lange aufrecht zu halten, bis die Schmelze erstarrt ist. Je nach Schmelzevolumen genügen in der Regel Abkühlzeiten zwischen 10 und 30 s. Während der Entnahme und der anschließenden Lagerung dürfen die geschweißten Bauteile bis zur vollständigen Abkühlung auf Raumtemperatur nicht belastet werden.

8.9 Kriterien beim Hochtemperaturschweißen

Bei der Hochtemperatur-Kontakterwärmung sind je nach Werkstofftyp solche Temperaturen einzustellen, bei denen in den Grenzflächen bereits ein thermischer Abbau erfolgt. Unter dieser Voraussetzung können die Fügeflächen vom Heizelement leichter gelöst werden. Produktrückstände verdampfen auf dem Heizelement innerhalb einer bestimmten Zeit. Die auf den Fügeflächen noch vorhandenen Abbauschichten werden durch Fließvorgänge beim Fügen weitgehend nach außen in den Schweißwulst verdrängt. Der hierbei einsetzende Reinigungseffekt ist von der Wanddicke und dem Volumen der zu verdrängenden Abbauschicht abhängig. Inwieweit die Schweißnahtfestigkeit durch mögliche eingeschlossene Abbauprodukte gemindert wird, ist durch Versuche zu klären.

Nach dem heutigen Stand der Technik wird das Hochtemperaturschweißen bei Polyolefinen vorwiegend für PP eingesetzt. Für PE können bei Teilen mit geringen Ansprüchen an die Schweißnahtfestigkeit auch Heizelement-Temperaturen von 320 bis 340°C eingesetzt werden.

Beim Hochtemperaturschweißen von verstärkten, gefüllten oder sonstigen Spezialtypen können sich nicht verdampfende Rückstände auf dem Heizelement bilden. Der Einfluß dieser Rückstände auf die Verbindungsfestigkeit ist zu prüfen, gegebenenfalls ist eine Reinigung des Heizelementes erforderlich. Die beim Hochtemperaturschweißen entstehenden Dämpfe müssen abgesaugt werden (siehe Abschnitt 12).

9 Einflußfaktoren auf die Schweißnahtqualität

Die Herstellung von hochwertigen HE-Schweißverbindungen erfordert die Beachtung von konstruktiven und werkstoffspezifischen Einflußfaktoren.

Dabei beziehen sich die erstgenannten Einflußfaktoren auf die Herstellung bzw. Vorgeschichte der Fügeteile, die werkstoffspezifischen Einflußfaktoren dagegen auf die Auswirkungen der Produkte und deren Zusätze.

Die Fügeteile einer Heizelementschweißung (Spritzgußteile, Blasformteile, Extrudate usw.) enthalten immer Restspannungen. Das Berühren oder Bestrahlen anderer Bereiche als der Fügeflächen mit Heizelementen kann daher zu Schäden (Verzug, Anschmelzen, Löchern) führen.

Besonders kritisch sind bei Spritzgußteilen Bindenähte, angußnahe Bereiche, Stellen mit Auswerfermarkierungen und extreme Querschnittsübergänge. Bei Blasformteilen sind dies der Quetschnahtbereich sowie stark verstreckte Bereiche und sehr geringe Wanddicken.

Um die Schweißeignung einer Produkttype für ein bestimmtes Projekt zu untersuchen, sind Vorversuche an Probekörpern zu empfehlen. Mit diesen lassen sich Aussagen über die Schweißeignung von Werkstofftypen machen. Jedoch kann die Schweißnahtqualität, die am Probekörper erzielt wurde, nicht direkt auf das Bauteil übertragen werden.

9.1 Konstruktive Hinweise

Die produkt- und verfahrensgerechte Konzeption von Polyolefinschweißverbindungen erfordert:

1. möglichst plane, ausreichend große Fügeflächen, das heißt Kontaktflächen für das Heizelement,
2. eine Anordnung der Fügeflächen, die eine einfache Anwendung der Heizelementtechnologie ermöglicht (schweißgerechte Konstruktion),
3. Fügepartner, die leicht zu führen und zu fixieren sind, um den Versatz so klein wie möglich zu halten,
4. ausreichende Wanddicken an den Fügeflächen sowie im Bereich der gesamten Formteile, um ein Ausknicken unter Fügedruck zu vermeiden,
5. Fügeflächen, die nicht in unmittelbarer Nähe von Bohrungen, Durchbrüchen oder sonstigen Schwachstellen angeordnet sind,
6. ausreichende Planlage der Fügeflächen.

9.2 Schmelzeverhalten

Um ein optimales Verhalten der Polyolefinschmelze beim Schweißen zu erzielen, sollten beide Fügepartner gleiche Schmelzeviskosität aufweisen und gleiche Temperaturgradienten vorliegen.

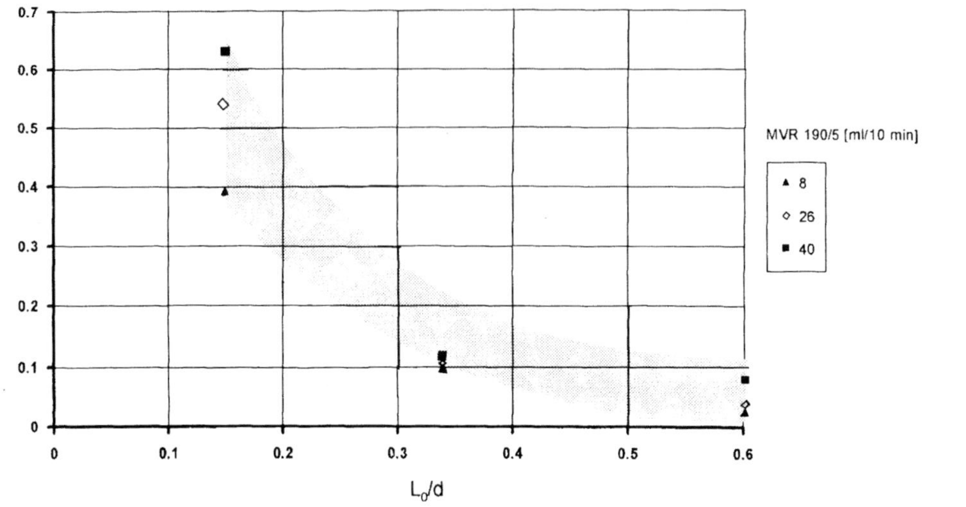

Bild 2. Einfluß der Schmelzeschichtdicke L_0 und des MVR-Wertes auf den Fügedruck, um ein s_F/L_0-Verhältnis von 0.75 zu erreichen; Material: PE-HD (ohne Füll- und Verstärkungsstoffe).

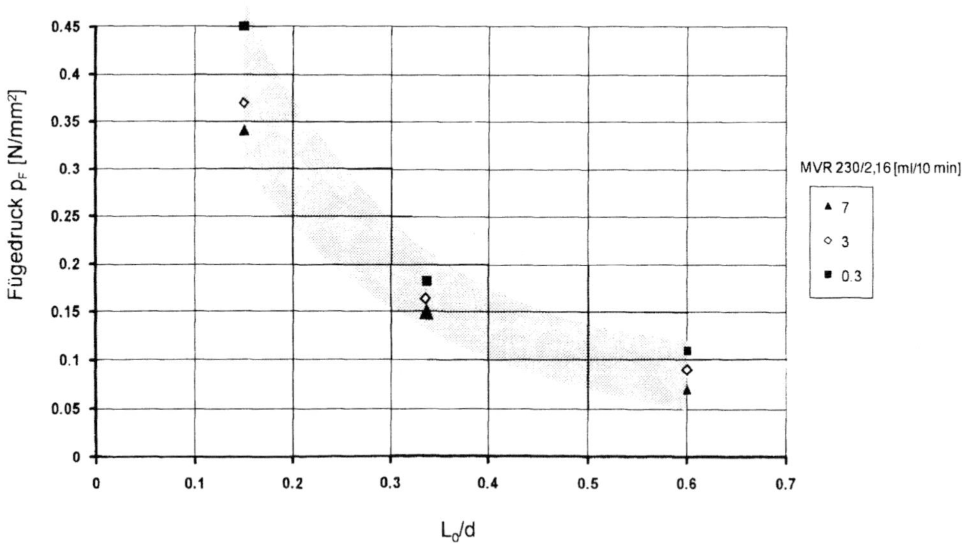

Bild 3. Einfluß der Schmelzeschichtdicke L_0 und des MVR-Wertes auf den Fügedruck, um ein s_F/L_0-Verhältnis von 0.75 zu erreichen; Material: PP (ohne Füll- und Verstärkungsstoffe).

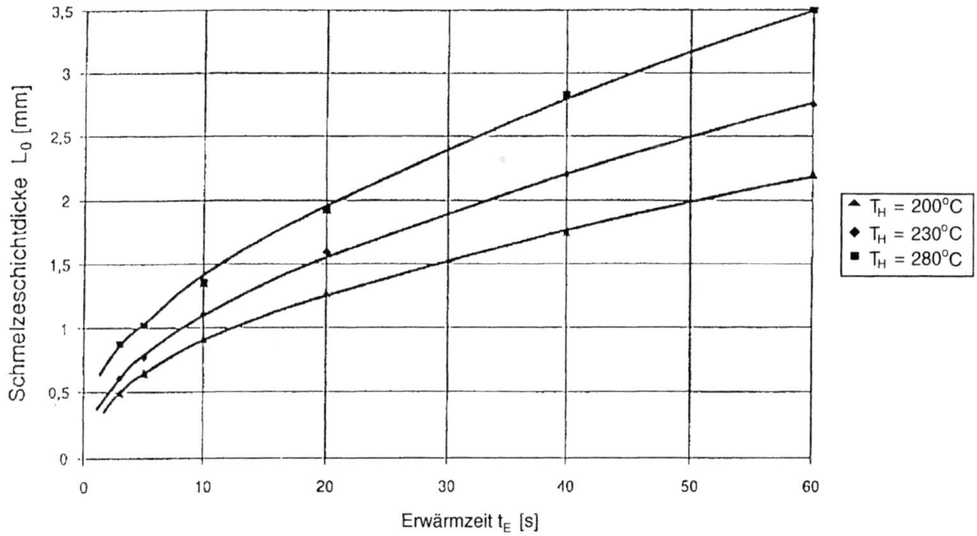

Bild 4. Schmelzeschichtdicke in Abhängigkeit von der Erwärmzeit und der Heiztemperatur; Material: PE-HD (ohne Füll- und Verstärkungsstoffe).

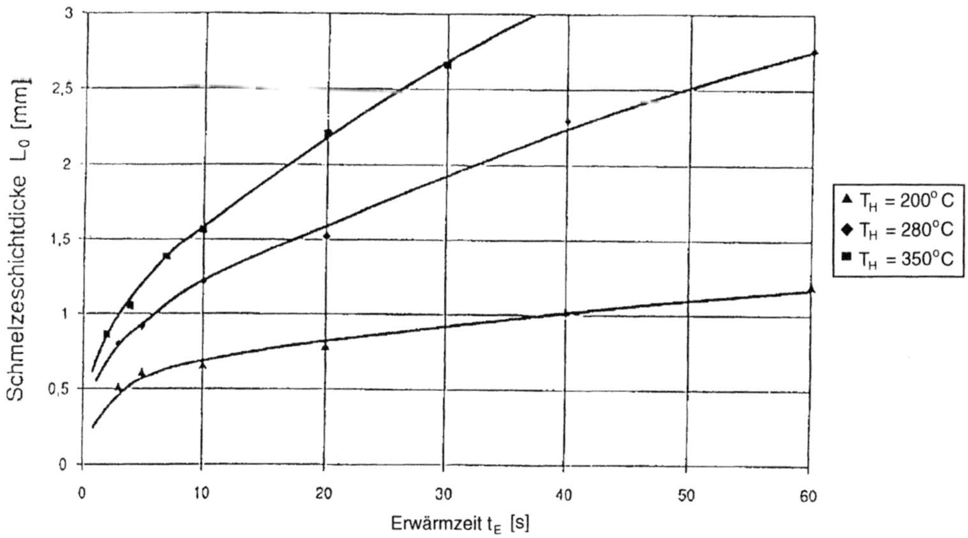

Bild 5. Schmelzeschichtdicke in Abhängigkeit von der Erwärmzeit und der Heizelementtemperatur; Material: Polypropylen (ohne Füll- und Verstärkungsstoffe).

Läßt sich die Produkttype bzw. die Schmelzeviskosität nicht eindeutig feststellen, so sind Vorversuche mit Probeteilen, deren Form die nachfolgende Prüfung der auftretenden Beanspruchung zuläßt, durchzuführen.

Müssen Polyolefinteile unterschiedlicher Schmelzeviskosität miteinander geschweißt werden, so sollte dieses durch Variation der Verfahrensparameter kompensiert werden.

9.3 Verschmutzungen

Verschmutzungen beeinträchtigen die Schweißnahtqualität durch Kerbwirkung und Störung der Schmelzefilmbildung.

9.4 Einfluß von Oberflächenbehandlung und Beschichtung

Um die Diffusionsdichtheit zu verbessern, wird die Oberfläche mit Fremdstoffen (Fluor, Schwefelverbindungen) unter Wärmeeinfluß behandelt.

Durch die Einlagerung von Fremdatomen in die Polyolefinoberfläche wird eine höhere Diffusionsdichtheit erzielt.

Gleichzeitig erschwert dieser Vorgang die Plastifizierung und Anbindung des Schmelzefilms an das Grundmaterial. Dies führt zur Minderung der Schweißnahtfestigkeit.

Strukturierte Heizelementoberflächen, die die oberflächenbehandelte Deckschicht des Polyolefinteils aufreißen, haben sich bewährt. Gegebenenfalls kann die behandelte Oberfläche mechanisch abgetragen werden.

Vorversuche sind in diesen Fällen unerläßlich.

9.5 Mehrschichtverbunde

Teile aus Polyolefinen können für bestimmte Aufgaben aus mehreren Schichten aufgebaut sein (zum Beispiel Blasformteile, Folien). Dabei wird bei einfachen Verbunden eine Schicht aus Regenerat oder Recyclat durch eine oder zwei Schichten aus Originalware abgedeckt. Es können aber auch Schichten aus artfremden Materialien (zum Beispiel Diffusionssperrschichten aus Polyamid oder Copolymeren) gegebenenfalls durch Anbindung über Haftvermittler eingeschlossen sein.

Bei Teilen aus Mehrschichtverbunden ist darauf zu achten, daß die Deckschicht nicht durchgeschweißt wird, vor allem dann, wenn darunter eine artfremde oder Haftvermittlerschicht liegt.

Es ist zu prüfen, ob der Verbund der Schichten durch den Schweißvorgang gestört wird.

10 Prüfen der geschweißten Fügeteile

Für die Prüfung von Schweißverbindungen an Formteilen können Methoden der zerstörungsfreien und/oder der zerstörenden Prüfung gewählt werden. Die Wahl richtet sich nach den Praxisanforderungen. Sie ist zwischen Lieferant und Abnehmer zu vereinbaren.

In der Regel werden geschweißte Formteile einer Belastungs- oder Gebrauchstauglichkeitsprüfung ausgesetzt. Bei diesen Fertigteilprüfungen wird neben der Schweißnaht auch die Belastbarkeit der Gesamtkonstruktion mitgeprüft.

Daneben können – sofern möglich – aus dem Formteil entnommene Schweißproben geprüft werden. Nachstehend sind die bekanntesten Methoden aufgeführt.

10.1 Zerstörungsfreie Prüfungen

10.1.1 Visuelle Prüfungen

Die Schweißnaht ist auf folgende Merkmale zu kontrollieren (Bild 6):

- Ein hochglänzender Schweißwulst gibt einen Hinweis auf eine zu hohe Heizelementtemperatur und/oder zu lange Anwärmzeit.
- Blasige oder schaumige Wulstoberflächen weisen auf Feuchtigkeit oder zu hohe Heizelementtemperatur und/oder zu lange Anwärmzeit hin.
- Verfärbungen sind Anzeichen für eine thermische Schädigung.
- Der Fügeflächenversatz sollte 10% (0,1 × Wanddicke) nicht überschreiten.

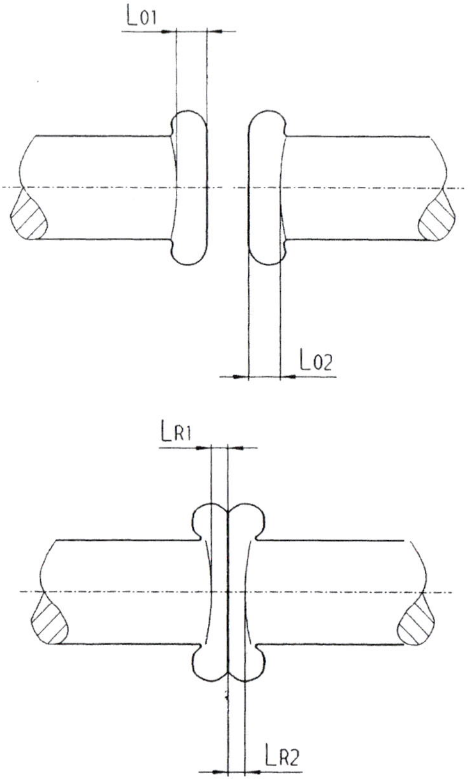

Bild 6. Schmelzeschichtdicke vor und nach dem Fügen.

10.1.2 Ultraschall- und Röntgenprüfung

Mit diesen Verfahren können Bindefehler, Schrumpflunker, Vakuolen, Blasen und Fremdkörper nachgewiesen werden. Findet man solche Fehler, so muß entschieden werden, ob sie tolerierbar sind. Siehe hierzu auch Richtlinie DVS 2206. Bei unterschiedlichen Formteilgeometrien sind diese Methoden nur bedingt einsetzbar.

10.1.3 Dichtheitsprüfung

Je nach Einsatzgebiet und Formgebung werden folgende Methoden bevorzugt

- Innendruck- oder Vakuumprüfung (Gas- oder Flüssigkeitsprüfung) nach festgelegten Werten.

10.1.4 Thermographie

Bei dieser Methode wird unmittelbar nach dem Schweißen die Verteilung der Restwärme in der Schweißnaht an der Oberfläche des Teiles sichtbar gemacht. Die Fügezone muß gut einzusehen sein und eine bestimmte Größe aufweisen, um meßbare und vergleichbare Werte zu erhalten. Temperaturdifferenzen von mehreren Grad Kelvin lassen auf unterschiedliche Schmelzetemperatur in der Fügenaht schließen, was im allgemeinen mit unterschiedlicher Fügenahtfestigkeit verbunden ist.

10.2 Zerstörende Prüfungen

10.2.1 Mechanische Prüfungen

Mit diesen Verfahren kann an Formteilen oder daraus entnommenen Proben die Nahtqualität festgestellt werden. Nachstehende Prüfverfahren können angewandt werden, wenn ausreichend große Probekörper vorhanden sind:

Richtlinie DVS 2203		Prüfen von Schweißverbindungen aus thermoplastischen Kunststoffen
	Teil 1	Prüfverfahren – Anforderungen
	Teil 2	Zugversuch
	Teil 3	Schlagzugversuch
	Teil 4	Zeitstand-Zugversuch
	Teil 5	Technologischer Biegeversuch

Außerdem sind praxisüblich:

- Fall-, Schlag- und Stoßbelastungsprüfungen,
- Innendruck- bzw. Berstdruckprüfungen,
- Belastungsprüfungen unter Medieneinfluß,
- Langzeitprüfungen mittels Kugel- oder Stifteindrückverfahren und gegebenenfalls unter Medieneinfluß.

Um den Einfluß der Schweißparameter auf die Schweißnahtqualität erkennen zu können, empfiehlt es sich, bei tiefen Temperaturen zu prüfen.

10.2.2 Mikroskopische Untersuchung

- Beide Schweißwülste sowie die Restschmelzeschichtdicke (L_R) lassen sich durch Mikrotomschnitte kontrollieren und beurteilen, siehe hierzu auch Abschnitt 8.5.

11 Maßnahmen zur Qualitätssicherung im Fertigungsprozeß

Um den Fertigungsprozeß sicher zu machen, sind folgende Maßnahmen von Bedeutung:

11.1 Konstruktions- und Prozeß-FMEA

FMEA (Failure Mode and Effect Analysis) bedeutet „Fehler-Möglichkeits- und -Einfluß-Analyse"; diese dient der Risiko- und Kostenminimierung und wird nicht nur bei sicherheitsrelevanten Systemen, sondern überall dort angewendet, wo Ausfälle störende und teure Folgen haben können. Darüber hinaus dient die FMEA der Erfüllung der Sorgfaltspflicht im Rahmen der Produkthaftung (Merkblatt DVS 3006).

11.2 Maschinen- und Prozeßfähigkeitsuntersuchung

Ziel der Prozeßfähigkeitsuntersuchung ist die Beurteilung der Übereinstimmung mit den vorgegebenen Qualitätsanforderungen, die auf Zeichnungen, Spezifikationen, Prozeßvorschriften u.a. angegeben sind. Hierbei werden mathematisch statistische Auswerteverfahren angewendet. Die Prozeßfähigkeitsuntersuchung wird, unmittelbar nachdem der Prozeß installiert ist, durchgeführt und sollte vor Beginn der Serienfertigung abgeschlossen sein. Die Untersuchung der Maschinen (Maschinenfähigkeit) bezieht sich auf Kurzzeiteinflüsse. Dabei geht man von einer zu prüfenden Stückzahl $n > 50$ aus. Die Prüfung der Prozeßfähigkeit bezieht sich auf das Langzeitverhalten eines Fertigungsprozesses.

11.3 Eingangsprüfung der Fügeteile

Beim Schweißen von Kunststoffen ist der Anwender immer mit der Vorgeschichte der Fügeteile konfrontiert. Zur Sicherung einer konstanten Qualität der Bauteile, das heißt zur Gewährleistung eines beherrschbaren Fertigungsprozesses, sind die Materialkennwerte der Rohstoffhersteller durch zum Beispiel

- MFR- bzw. MVR-Werte
- Füllstoffanteil (Glührückstand nach DIN EN 60)
- Viskositätskurven

und die Maßhaltigkeit und Formtreue der Fügeteile zu kontrollieren. Die Qualitätsmerkmale sollten in Qualitätsregelkarten (siehe folgenden Abschnitt) geführt werden.

11.4 Qualitätsregelkarte in der laufenden Fertigung

Eine Qualitätsregelkarte (QRK) ist ein Formblatt zur grafischen Darstellung von Werten. Diese Werte sind Meßwerte bzw. daraus berechnete statistische Kennwerte oder Zählergebnisse und dienen dazu, mit Hilfe vorher eingetragener Spezifikations- (OSG, USG) und Eingriffsgrenzen (OEG, UEG) den Prozeß zu regeln.

Die Spezifikationsgrenzen werden vorgegeben. Die Eingriffsgrenzen errechnen sich aus den eingetragenen Werten in der QRK.

Voraussetzung für einen stabilen Prozeß sind die Sicherstellung und Kontrolle von konstanten Fertigungsbedingungen (siehe auch Abschnitt 11.3). Dabei spielt die möglichst konstante Temperatur der Teile eine große Rolle, da sie neben der Formteilgeometrie auch die Zykluszeit und Schmelzeschichtdicke beeinflußt. Die wichtigsten Maschinenparameter und die Bauteilqualität sind anhand der Prüfvorschrift regelmäßig zu kontrollieren (Schweißnahtgeometrie, Verhältnis $s_F : L_0$, Zykluszeit). Zur Nachweispflicht bei Sicherheitsteilen ist es notwendig, entweder die qualitätsrelevanten Fertigungsparameter oder das Ergebnis einer 100%-Prüfung zu dokumentieren.

11.5 Statistische Prozeßkontrolle

Die statistische Prozeßkontrolle (SPC) ist im Rahmen der Qualitätssicherung eine Methode zum Überwachen und Korrigieren, das heißt zum Regeln von Fertigungsprozessen.

Die Anwendung der SPC auf Prozeßparameter ist jedoch nicht in jedem Fall zulässig, da sich diese gegenseitig beeinflussen und die klassische SPC somit keine Aussage treffen kann. Mit Hilfe von statistischen Methoden (Regressionsanalyse) kann auch die Abhängigkeit der einzelnen Parameter zueinander (Wechselwirkung) ermittelt und überwacht werden (CPC-kontinuierliche Prozeßkontrolle).

Darüber hinaus kann ein direkter Bezug zu den Qualitätsmerkmalen (zum Beispiel Schweißnahtfestigkeit) hergestellt werden.

12 Sicherheitsvorschriften

Das Gesetz über technische Arbeitsmittel (Gerätesicherheitsgesetz) schreibt vor, daß technische Arbeitsmittel nur dann in den Verkehr gebracht werden dürfen, wenn sie den Arbeitsschutz- und Unfallverhütungsvorschriften entsprechen. Die hierfür gültigen Gesetze,Vorschriften und Normen sind in Abschnitt 13 bzw. in der Richtlinie DVS 2215-1, Abschnitt 9, angeführt. Es gelten hierfür vor allem die Unfallverhütungsvorschriften (UVV) der Berufsgenossenschaften sowie DIN-, DIN VDE-, DIN ISO- und DIN EN-Normen.

Es ist zu beachten, daß je nach Werkstoff und Anwendungsfall entstehende Dämpfe abgesaugt werden müssen. Dies trifft vor allem für Werkstoffe zu, die Brandschutzmittel enthalten. Besonders beim Hochtemperaturschweißen ist auf die Selbstentzündungstemperatur und die zulässige Arbeitsplatzkonzentration (MAK-Wert) zu achten.

13 Normen, Richtlinien und Vorschriften

Nachstehend sind Normen und Richtlinien aufgeführt, die zusätzlich zur Beurteilung des Heizelementschweißens von Polyolefinen herangezogen werden können bzw. die Gegenstand von Prüfungen sind, die in dieser Richtlinie angeführt sind (siehe auch Richtlinie DVS 2212-1, Abschnitt 10).

DIN ISO/DIS 1043-1 1995	Kunststoffe; Kennbuchstaben und Kurzzeichen für Polymere und ihre besonderen Eigenschaften

DIN ISO 1043-2	Kunststoffe – Kurzzeichen, Füllstoffe und Verstärkungsstoffe
DIN EN ISO 9000-1	Normen zum Qualitätsmanagement und zur Qualitätssicherung / QM-Darlegung – Teil 1: Leitfaden zur Auswahl und Anwendung
DIN EN ISO 9001	Qualitätsmanagementsysteme – Modell zur Qualitätssicherung / QM-Darlegung in Design/ Entwicklung, Produktion, Montage und Wartung
DIN EN ISO 9002	Qualitätsmanagementsysteme – Modell zur Qualitätssicherung / QM-Darlegung in Produktion, Montage und Wartung
DIN EN ISO 9003	Qualitätsmanagementsysteme – Modell zur Qualitätssicherung / QM-Darlegung bei der Endprüfung
DIN EN ISO 9004-1	Qualitätsmanagement und Elemente eines Qualitätsmanagementsystems – Teil 1: Leitfaden
DIN EN 60	Glasfaserverstärkte Kunststoffe; Bestimmung der Glühverluste
DIN EN 292-1	Sicherheit von Maschinen; Grundbegriffe, allgemeine Gestaltungsleitsätze; Teil 1: Grundsätzliche Terminologie, Methodik
DIN EN 292-2	Teil 2: Technische Leitsätze und Spezifikationen
DIN EN 414	Sicherheit von Maschinen; Regeln für die Abfassung und Gestaltung von Sicherheitsnormen
DIN 16 774-1 (ISO/DIS 1873-1)	Kunststoff-Formmassen; Polypropylen-(PP)-Formmassen; Einteilung und Bezeichnung
DIN 16 776-1 (ISO 1872-1-)	Kunststoff-Formmassen; Polyethylen-(PE)-Formmassen; Einteilung und Bezeichnung
DIN 16 778-1 (ISO 4613-1)	Kunststoff-Formmassen; Ethylen-Vinylacetat-Copolymer-(EVA)-Formmassen; Einteilung und Bezeichnung
DIN 16 783-1 (ISO/DIS 11 542-1)	Kunststoff-Formmassen; Ultrahochmolekulare Polyethylen-(PE-UHMW)-Formmassen; Einteilung und Bezeichnung
DIN 31 001-1 bis -3	Sicherheitsgerechtes Gestalten technischer Ereignisse
DIN 32 502	Fehler an Schweißverbindungen aus Kunststoffen; Einteilung, Benennungen, Erklärungen
DIN ISO 1133	Kunststoffe; Bestimmung des Schmelzindex (MFR) und des Volumenfließindex (MVR) von Thermoplasten (2/1993)
DVS-Taschenbuch	Merkblätter und Richtlinien „Kunststoffe – Schweißen und Kleben", Fachbuchreihe Schweißtechnik Band 68/IV (1993)
Richtlinie DVS 2203-1 bis -5	Prüfen von Schweißverbindungen aus thermoplastischen Kunststoffen
Richtlinie DVS 2207-2	Heizelementschweißen von thermoplastischen Kunststoffen – PE-HD-Heizelementstumpfschweißen – Rohre und Rohrleitungsteile für Abwasserkanäle und Leitungen –
Richtlinie DVS 2207-11	Heizelementschweißen von thermoplastischen Kunststoffen – Rohrleitungen aus Polypropylen (PP) –
Richtlinie DVS 2207-25	Schweißen von thermoplastischen Kunststoffen – Heizelementschweißen von Fensterprofilen aus PVC-U –
Richtlinie DVS 2208-1	Maschinen und Geräte zum Schweißen von thermoplastischen Kunststoffen – Heizelementschweißen –
Richtlinie DVS 2215-1	Heizelementschweißen von Formteilen aus thermoplastischen Kunststoffen in der Serienfertigung
Merkblatt DVS 3006	Produkthaftung in der Schweißtechnik. Fachbuchreihe Schweißtechnik Band 123 (1994)
Richtlinie Nr. 1/3.6	Berufsgenossenschaft der Chemischen Industrie Kunststoffverarbeitung – Richtlinie für Maschinen zur Be- und Verarbeitung von Kunststoffen (ausgenommen Kunststoff-Spritzgießmaschinen); Schweißmaschinen und Schweißeinrichtungen
Gerätesicherheitsgesetz	Gesetz über technische Arbeitsmittel
UVV (VBG 4)	Unfallverhütungsvorschrift – Elektrische Anlagen und Betriebsmittel (Fassung April 1989)
UVV (VBG 7n5.2)	Unfallverhütungsvorschrift – Hydraulische Pressen –
UVV (VBG 22)	Unfallverhütungsvorschrift – Arbeitsmaschinen der chemischen Industrie, der Gummi- und Kunststoffindustrie
UVV (VBG 125)	Unfallverhütungsvorschrift – Sicherheitskennzeichnung am Arbeitsplatz
EG 89/392/EWH	Maschinenrichtlinien – Sicherheitsanforderungen für Maschinen in Verbindung mit EN 292-1 und -2 sowie EN 414
EG 91/368/EWG	Maschinenrichtlinien in Verbindung mit EN 292-1 und -2 sowie EN 414

14 Anhang

Ausgewählte Anwendungsbeispiele

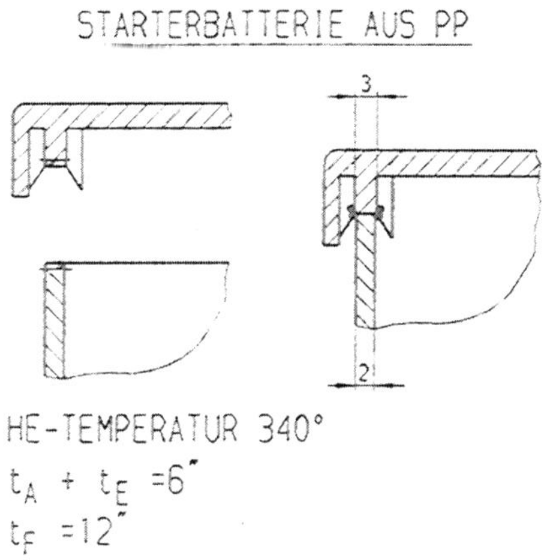

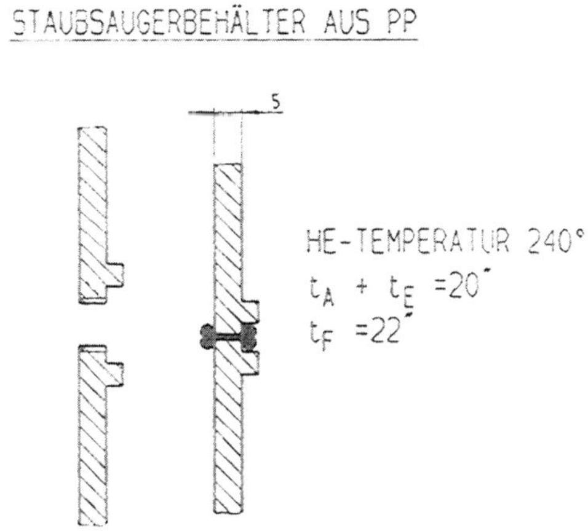

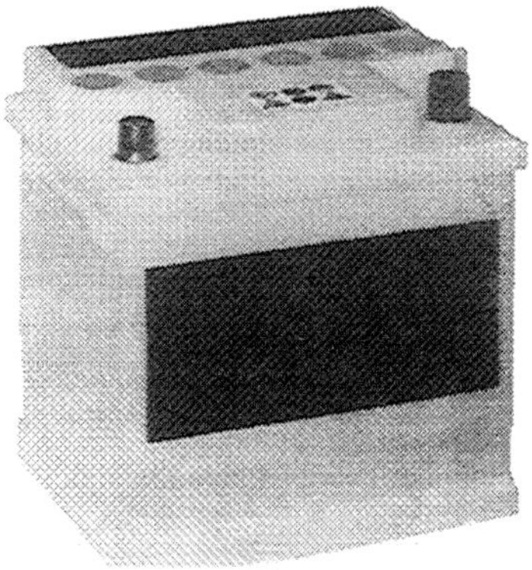

Bild 7. Starter-Batterie.

Bild 8. Staubsaugerbehälter.

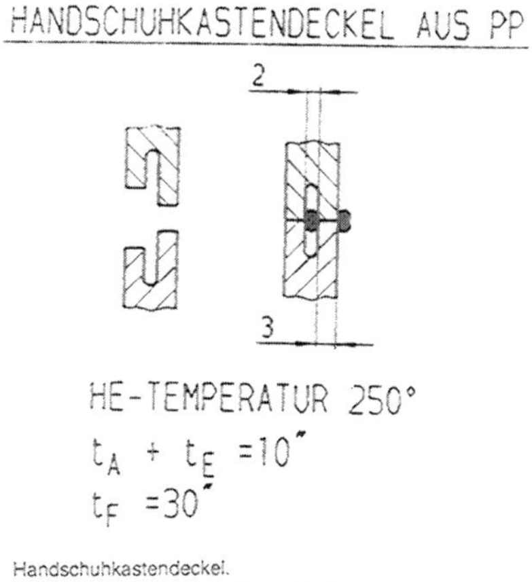

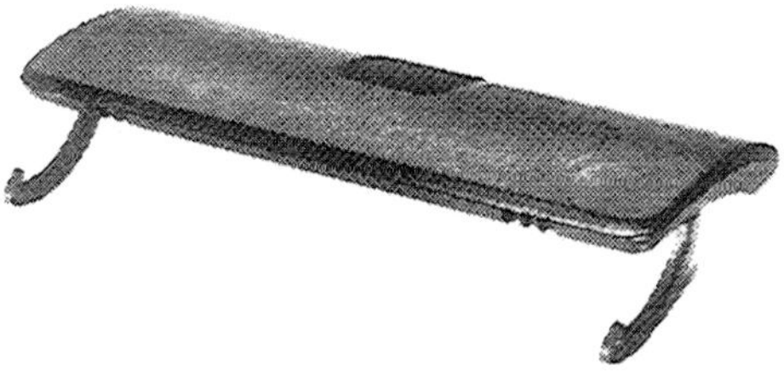

Bild 9. Handschuhkastendeckel.

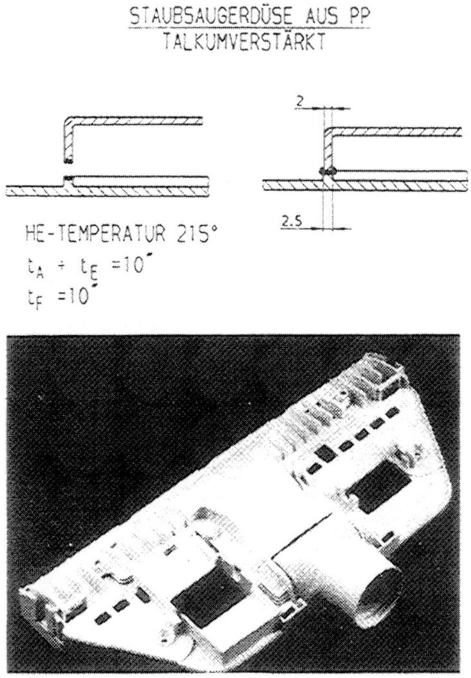

Bild 10. Staubsaugerdüse.

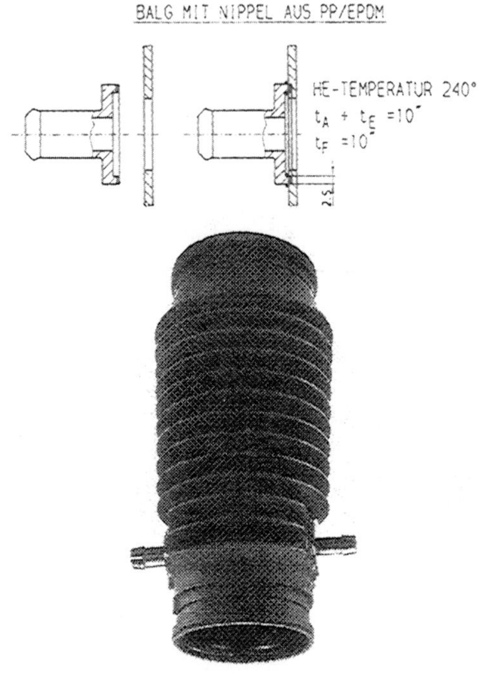

Bild 11. Balg mit Nippel.

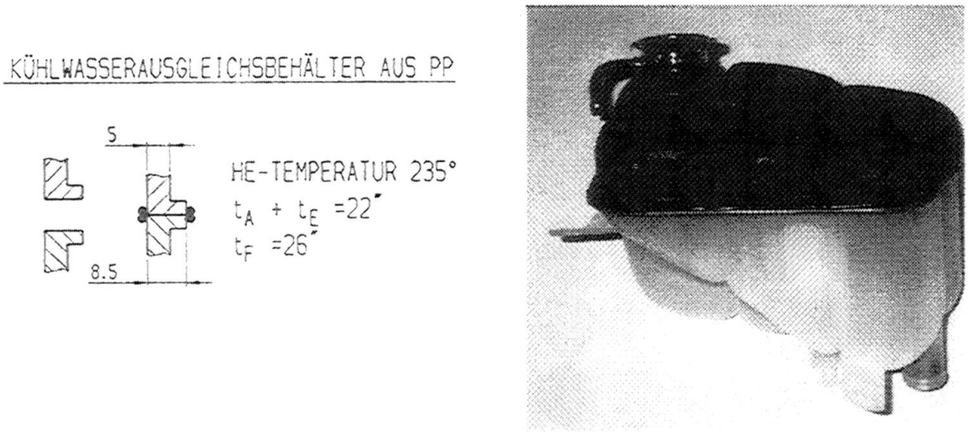

Bild 12. Kühlwasserausgleichsbehälter.

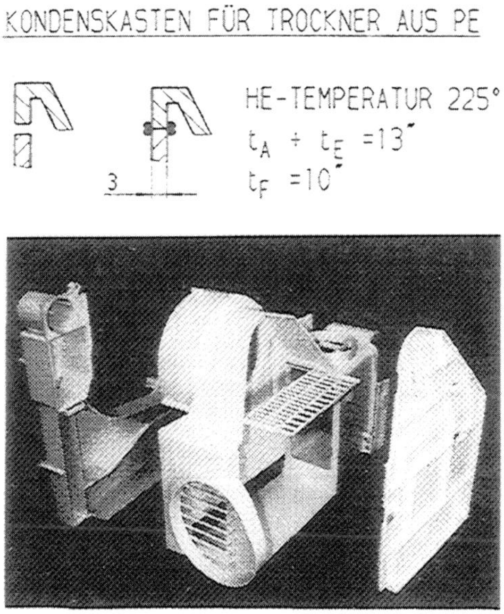

Bild 13. Kondenskasten für Trockner.

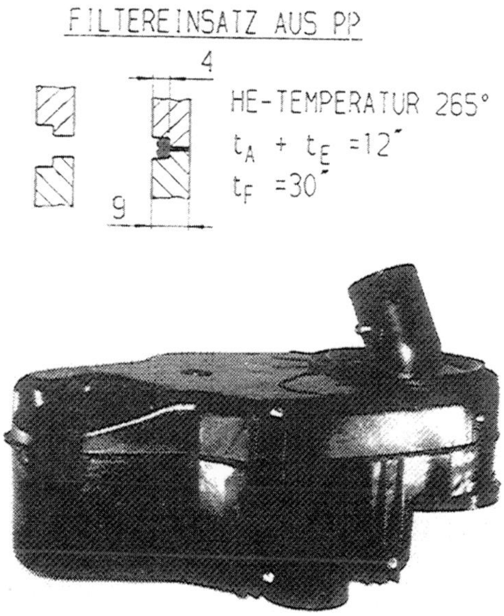

Bild 14. Filtereinsatz.

DVS – DEUTSCHER VERBAND FÜR SCHWEISSEN UND VERWANDTE VERFAHREN E.V.	Heizelementschweißen von Formteilen aus amorphen Thermoplasten in der Serienfertigung	Richtlinie DVS 2215-3 (April 1999)	DVS

Inhalt:

1 Geltungsbereich

Siehe Richtlinie DVS 2215-1, Abschnitt 1.

2 Verfahrensbeschreibung

Siehe Richtlinie DVS 2215-1, Abschnitt 2.

3 Kurzbeschreibung der zu schweißenden Werkstoffe

3.1 Homopolymere

3.1.1 Polystyrol (PS)

Polystyrol wird häufig uneingefärbt eingesetzt, da hierbei das glänzende, glasklare Aussehen zum Tragen kommt. Formteile aus Polystyrol sind spröde, haben eine sehr geringe Wasseraufnahme und ein sehr gutes elektrisches Isolierverhalten. Unter Sonneneinstrahlung findet eine Vergilbung und Versprödung statt, die die Empfindlichkeit gegen Spannungsrisse noch erhöht. Die maximale Gebrauchstemperatur liegt bei 80 °C, die Verarbeitungstemperatur je nach Typ zwischen 190 und 260 °C.

3.1.2 Polymethylmethacrylat (PMMA)

Haupteinsatzgebiet von Polymethylmethacrylat sind Bauteile mit optischen Anforderungen aufgrund der guten Lichtdurchlässigkeit und Kratzfestigkeit. Reines PMMA ist spröde, aber hervorragend witterungsbeständig und hat nur eine geringe Wasseraufnahme. Die Wärmeformbeständigkeit ist niedrig, und die maximale Gebrauchstemperatur liegt bei etwa 100 °C, die Verarbeitungstemperatur bei 210 bis 250 °C. Gegossenes PMMA ist nicht schweißbar.

3.1.3 Polycarbonat (PC)

Polycarbonat wird transparent und eingefärbt eingesetzt. Formteile aus PC besitzen eine hohe Festigkeit und Zähigkeit. Die Witterungsbeständigkeit ist, ebenso wie die elektrischen Isoliereigenschaften, gut. Die Wasseraufnahme ist gering, aber Wasserkontakt bei hohen Temperaturen führt zu einem Abbau der mechanischen Eigenschaften durch Hydrolyse. Die Spannungsrißempfindlichkeit durch Eigenspannungen kann durch Tempern bei 120 °C reduziert werden. Die maximale Gebrauchstemperatur liegt bei 135 °C, die Verarbeitungstemperatur bei 280 bis 320 °C.

3.1.4 Polysulfone (PSU, PES)

Polysulfone sind hochwärmeformbeständig und haben auch bei hohen Temperaturen sehr gute elektrische Eigenschaften. Die Witterungsbeständigkeit und die Hydrolysebeständigkeit sind

DVS, Ausschuß für Technik, Arbeitsgruppe „Fügen von Kunststoffen“

Bezug: Verlag für Schweißen und verwandte Verfahren DVS-Verlag GmbH, Postfach 10 19 65, 40010 Düsseldorf, Telefon (02 11) 15 91-0, Telefax (02 11) 1591-150

gut, jedoch wird Wasser schnell in geringen Mengen aufgenommen. Die Festigkeit ist gut, aber Formteile sind kerbempfindlich. Die maximale Gebrauchstemperatur liegt bei 200 °C, die Verarbeitungstemperaturen über 320 °C.

3.2 Copolymere

3.2.1 Acrylnitril/Butadien/Styrol (ABS)

ABS gehört zur Polystyrol-Gruppe, die durch die Butadien-Komponente eine hohe Schlag- und Kerbschlagzähigkeit, auch bei tiefen Temperaturen, aufweist. Der Acrylnitrilanteil erhöht die Wärmeformbeständigkeit gegenüber PS. Die Spannungsriß- und Chemikalienbeständigkeit ist, ebenso wie die Kratzfestigkeit, gut. Spezielle ABS-Typen sind galvanisierbar. Die max. Gebrauchstemperatur liegt bei 100 °C, die Verarbeitungstemperatur bei 220 bis 260 °C.

3.2.2 Acrylnitril/Styrol/Acrylester (ASA)

ASA ist vom chemischen Aufbau gleich mit ABS, wobei beim ASA die Butadien-Komponente durch Acrylester ersetzt ist. Die Eigenschaften sind mit ABS vergleichbar, allerdings wird es häufig glasklar eingesetzt und hat eine bessere Alterungs- und Witterungsbeständigkeit und ein sehr gutes antistatisches Verhalten. Die max. Gebrauchstemperatur liegt bei 90 °C, die Verarbeitungstemperatur bei 230 bis 280 °C.

3.2.3 Styrol/Acrylnitril (SAN)

SAN zeigt gegenüber PS bessere Eigenschaften bei der Festigkeit, Zähigkeit, Kratzfestigkeit, Spannungsrißbeständigkeit und wird daher bevorzugt im technischen Bereich eingesetzt. Im nicht eingefärbten Zustand ist SAN glasklar, jedoch mit steigendem Acrylnitrilgehalt gelblich. Die maximale Gebrauchstemperatur liegt bei 95 °C, die Verarbeitungstemperatur bei 220 bis 260 °C.

3.2.4 Styrol/Butadien (SB)

SB wird auch als schlagfestes Polystyrol bezeichnet. Die hohe Schlagzähigkeit und Flexibilität wird durch die Butadien-Komponente erreicht. Durch sie erhält nicht eingefärbtes SB ein opakes Aussehen, und die Witterungsbeständigkeit wird stark herabgesetzt. Die Kerb- und Spannungsrißempfindlichkeit ist besser als beim reinen PS. Die max. Gebrauchstemperatur liegt wie beim PS bei 80 °C, die Verarbeitungstemperatur bei 200 bis 280 °C.

3.3 Blends

Blends sind Kombinationen aus zwei oder mehreren verschiedenen Polymeren bzw. Copolymeren, die entweder miteinander verträglich sind und daher molekular disperse, homogene Mischungen bilden („einphasige Blends") oder nur teilverträglich sind („phasenseparierte Blends"). Bei diesen mehrphasigen Blends ist meistens eines der Polymere als disperse Phase in dem zweiten (kohärente Phase) eingelagert. Die kohärente Phase (Matrix) bestimmt in der Regel das Schweißverhalten.

Mit den Blends können Kombinationen von Eigenschaften erreicht werden, die mit Standardpolymeren nicht zu erhalten sind, wie z. B. Steifigkeit und Zähigkeit.

In diese Richtlinie wurden auch die Blends mit aufgenommen, deren kohärente Phase aus einem teilkristallinen Thermoplast wie PA oder PBT besteht, da eine exakte Abgrenzung nur schwer möglich ist. Außer den handelsüblichen Blends werden auch solche eingesetzt, die erst bei der Verarbeitung z.B. aus Recyclaten entstehen (ABS + PMMA). Einige der Blends werden bevorzugt mit Glasfaserverstärkung gefertigt.

3.3.1 PC + ABS, PC + ASA

Beide Blends gehören in der Regel zu den phasenseparierten Blends mit PC als kohärenter Phase; der PC-Anteil kann zwischen 40 und 85% liegen. Diese Blends zeichnen sich durch hohe Wärmeformbeständigkeit, Steifigkeit, Zähigkeit und Witterungsbeständigkeit aus. Gegenüber PC ist die Spannungsrißbeständigkeit erhöht.

3.3.2 PPE + SB

Die Eigenschaften dieser einphasigen Blends können durch den großen Mischungsbereich (20 bis 95% PPE) in weiten Grenzen variiert werden. Mit zunehmendem PPE-Anteil nehmen Wärmeformbeständigkeit und Steifigkeit zu, die Fließfähigkeit und Zähigkeit ab. Durch Kautschukzusätze kann die Schlagzähigkeit erhöht werden.

3.3.3 PPE + PA

Bei diesen phasenseparierten Blends stellt das Polyamid die kohärente Phase. Dabei kann ein PA 6, ein PA 66 oder ein anderes Polyamid eingesetzt werden. Diese Blends besitzen gute Chemikalienbeständigkeit und Dimensionsstabilität bei hoher Wärmeformbeständigkeit und geringer Wasseraufnahme.

3.3.4 PC + PBT

Blends dieser Kombination sind zweiphasig und weisen hohe Festigkeit, gute Dimensionsstabilität und Chemikalienbeständigkeit auf. Mit zunehmendem PBT-Gehalt nimmt die Chemikalienbeständigkeit zu.

3.3.5 PBT + ASA

PBT ist die kohärente Phase dieser phasenseparierten Blends und bestimmt daher weitgehend die Schweißeigenschaften. Auch die mechanischen und thermischen Eigenschaften weichen nur wenig von denen des PBT ab. Vorteile gegenüber PBT bietet es vor allem in der Dimensionsstabilität. Diese Blends werden bevorzugt mit Glasfaserverstärkung eingesetzt.

3.3.6 ABS + PMMA

Mischungen aus ABS und PMMA entstehen bei der Recyclierung von Kfz-Heckleuchten. Sie werden für die Herstellung von Heckleuchtengehäusen eingesetzt. Das Recyclat besitzt eine höhere Kratzfestigkeit, UV-Beständigkeit und Wärmeformbeständigkeit als ABS. Mit zunehmendem PMMA-Anteil nimmt die Schlagzähigkeit ab.

3.4 Amorphe Thermoplaste mit Zusatzstoffen

Zusatzstoffe wie

- Füll- und Verstärkungsstoffe
- Farbmittel
- Brandschutzmittel
- Stabilisatoren
- Antistatika
- Elastifizierungsmittel
- Verarbeitungshilfsmittel (Entformungshilfen)
- Zusatzstoffe zur elektrischen Leitfähigkeit u. a.

können das Schweißverhalten beeinflussen. Zusatzstoffe können bestimmte Anforderungen an die Sicherheit geben (siehe auch Abschnitt 11).

4 Werkstoffbezogene Einflußfaktoren auf das Schweißverhalten

4.1 Fließverhalten

Das Fließverhalten von Thermoplastschmelzen wird durch die Schmelze-Volumenfließrate (MVR) oder die Schmelze-Massenfließrate nach ISO 1133 grob gekennzeichnet (Einpunktmeßwert bei variabler Schergeschwindigkeit). In der Norm sind die Kombinationen von Temperatur und Masse festgelegt, bei der die Fließrate zu bestimmen ist. Es können nur Werte miteinander verglichen werden, die bei gleichen Prüfbedingungen (Massetemperatur und Belastungsgewicht) gemessen wurden (Tabelle 1).

Das Plastifizierverhalten der Fügezone wird entscheidend vom Schmelzefließverhalten des zu schweißenden Werkstoffes beeinflußt. Allgemein gilt: Leichtfließende Typen mit hoher MVR plastifizieren schneller als zähfließende mit niedriger MVR und neigen leichter zum Haften der Schmelze auf dem Heizelement. Das gilt besonders für Heizelementtemperaturen über 270 °C, bei denen keine Antihaftbeschichtung aus PTFE eingesetzt wer-

Tabelle 1. Amorphe Thermoplaste.

Werkstofftyp	Anteil der kohärenten Phase	Spritzguß Verarbeitungstemperatur	Schmelzeviskosität (MVR)		Wasseraufnahme bei Sättigung (23 °C/50%)
	%	°C	ml/10 min	°C/kg	%
PS	–	180 ... 280	1,2 ... 25	200/5	< 0,1
PMMA	–	190 ... 270	0,8 ... 21	230/3,8	0,3 ... 0,4
PC	–	280 ... 320	3,5 ... 18	300/1,2	0,15
PES	–	320 ... 390	6 ... 30	300/21,6	0,2... 0,7
PSU	–	320 ... 390	30 ... 100	300/21,6	0,2... 0,7
ABS	–	210 ... 280	3 ... 40	220/10	0,3 .. 0,4
ASA	–	240 ... 280	4 ... 24	220/10	0,35
SAN	–	200 ... 270	5 ... 22	220/10	0,2 ... 0,3
SB	–	180 ... 280	3 ... 23	200/5	< 0,1
PC + ABS	PC: 40 ... 85	255 ... 280	8 ... 22	260/5	0,2
PC + ASA	PC: 40 ... 85	200 ... 300	3 ... 45	220/10	0,2 ... 0,3
PPE + SB	PPE: 20 ... 95	240 ... 300	25 ... 270	250/21,6	< 0,15
PPE + PA	PA: etwa 50	270 ... 300	10 ... 50	275/10	0,8 ... 1,2
PC + PBT	PC: 40 ... 50	255 ... 280	8 ... 13	250/5	0,35
ABS + PMMA	ABS: 40 ... 70	210 ... 280	5 ... 10	220/10	0,3 ... 0,4

den kann. Beim Hochtemperaturschweißen werden daher Heizelementtemperaturen gewählt, bei denen kein Fadenziehen auftritt. Beim Standard-Wärmekontaktverfahren kann durch Absenken der Heizelementtemperatur die Haftung verringert werden.

Auf das Schmelzefließverhalten sind die folgenden Schweißparameter abzustimmen:

- Heizelementtemperatur T_H
- Angleichweg s_A
- Angleichdruck p_A
- Angleichzeit t_A
- Erwärmdruck p_E
- Erwärmzeit t_E
- Umstellzeit t_U
- Fügedruck p_F
- Fügeweg s_F
- Füge- und Abkühlzeit t_F

Amorphe Thermoplaste zeigen in der Regel mit abnehmender Schmelzeviskosität (zunehmendem MVR-Wert) ein eingeschränktes Schweißverhalten.

4.2 Zusatzstoffe

Zusatzstoffe wie Stabilisatoren, Farbmittel, Antistatika, Fremdpolymere, Brandschutz-, Gleit- und Trennmittel beeinflussen die Schweißeigenschaften.

Bei Strahlungserwärmung und dem Hochtemperaturschweißen ist auf eine ausreichende Wärmestabilisierung zu achten, beim Hochtemperaturverfahren kann diese die Verdampfungszeit der Produktrückstände auf dem Heizelement beeinflussen.

Bei hohen Konzentrationen von Zusatzstoffen, insbesondere von Fremdpolymeren, Brandschutz-, Gleit- und Trennmitteln sind nachteilige Einflüsse zu erwarten.

Fremdpolymere beeinflussen dann das Schweißverhalten, wenn sie im Vergleich zum Basiswerkstoff einen unterschiedlichen Aufbau oder stark abweichende Schmelzbereiche oder -viskositäten aufweisen. Fremdpolymere können z. B. in Form von Masterbatches in den Basiswerkstoff gelangen.

Brandschutzmittel können je nach Art und Menge auf die Schweißeigenschaften Einfluß nehmen. Bei halogenhaltigen Produkten sind Heizelemente aus korrosionsfesten Werkstoffen oder solche mit PTFE-Überzügen einzusetzen.

4.3 Füll- und Verstärkungsstoffe

Bei den amorphen Thermoplasten werden hauptsächlich Glasfasern als Verstärkungsstoffe eingesetzt. Andere Zusätze wie Glaskugeln, Talkum, Kreide, Holzmehl finden nur geringe Anwendung.

Das Schweißverhalten wird durch diese Zusätze je nach Art und Menge sowie deren Orientierung beeinflußt. Besonders die Glasfasern beeinflussen das Schmelzefließverhalten (Erhöhung der Schmelzestabilität).

Die maximal erreichbare Schweißnahtfestigkeit bei amorphen Thermoplasten mit Füll- und Verstärkungsstoffen liegt im Bereich der Bindenahtfestigkeit und somit deutlich unter den reinen Materialkennwerten. Dieser Abfall wird durch die abweichende Orientierung der Verstärkungsstoffe zur Füge- und Zugprüfrichtung verursacht, die somit nicht ihre Verstärkungsfunktion erfüllen können.

Der Schweißwulst ist besonders bei glasfaserverstärkten Materialien rauher als bei den anderen Zusatzstoffen.

4.4 Recyclate

In zunehmendem Maße werden Recyclate (auch aus gebrauchten Bauteilen), Regranulate und Regenerate allein oder in Mischung mit Neuware verarbeitet und die daraus hergestellten Formteile verschweißt. Die Schweißeigenschaften sind abhängig von der Zusammensetzung und sollten durch Versuche ermittelt werden.

4.5 Feuchtigkeit

Amorphe Thermoplaste nehmen Wasser aus der Umgebungsluft auf (Tabelle 1). Dieses kann je nach Wassergehalt zur Blasenbildung in der Schmelze führen. Deshalb sind die Fügeteile möglichst direkt nach der Herstellung zu schweißen oder trocken zu lagern. Bei Thermoplasten, die zur Fadenbildung neigen, kann das Fädenziehen am Heizelement durch einen geringen Feuchtigkeitsgehalt reduziert werden.

4.6 Unterschiedliche Schmelzbereiche der Komponenten bei Blends

Blends werden aus Thermoplasten mit zum Teil stark unterschiedlichen Schmelztemperaturbereichen gemischt. Die Heizelementtemperatur muß oberhalb des Schmelztemperaturbereiches des höher schmelzenden Thermoplastes liegen. Bei einer längeren Verweilzeit im Schmelzezustand sind Entmischungen bei weniger stabilen Blends nicht auszuschließen.

5 Konstruktive Gestaltung der Fügeteile

Siehe Richtlinie DVS 2215-1, Abschnitt 4.

6 Schweißanlagen

6.1 Bauarten

Siehe Richtlinie DVS 2215-1, Abschnitt 3.1.

6.2 Ausführungsformen

Siehe Richtlinien DVS 2215-1, Abschnitt 3.1.2, und DVS 2215-2, Abschnitt 7.2.

6.3 Anforderungen an Heizelemente

Siehe Richtlinie DVS 2215-1, Abschnitt 3.2.

6.4 Aufnahmewerkzeuge

Siehe Richtlinie DVS 2215-1, Abschnitt 3.3.

6.5 Halterung und Fixierhilfen/Sondereinrichtungen

Siehe Richtlinie DVS 2215-2, Abschnitt 7.7.

6.6 Besonderheiten beim Hochtemperaturschweißen

Jede serienmäßige Heizelementschweißmaschine eignet sich auch zum Hochtemperaturschweißen, wenn ausreichende Isoliereinrichtungen gegen die höhere Heizelement-Temperatur vorhanden sind. Weitere Voraussetzung ist die Ausrüstung mit Temperaturfühlern und Reglern für die höhere Arbeitstemperatur.

Der Einsatz von Heizelementen aus Alu-Legierungen ist bei diesen höheren Temperaturen nicht mehr möglich. Verwendet werden deshalb vorwiegend Werkstoffe wie Alu-Bronze und Spezialstähle. Wegen der schlechten Wärmeleitfähigkeit sind Heizelemente aus Spezialstahl nur für kleinere Heizelemente zu empfehlen.

Beim Hochtemperaturschweißen von amorphen Thermoplasten entstehen Dämpfe, die aufgrund von Geruchsbelästigung, Brennbarkeit und Arbeitssicherheitsvorschriften abgesaugt werden müssen.

6.7 Besonderheiten beim Schweißen mittels Strahlungswärme

Siehe Richtlinie DVS 2215-1, Abschnitt 3.2.4 und 6.2.1.1, und DVS 2215-2, Abschnitt 7.9.

7 Schweißbedingungen

Die Wahl der Schweißparameter richtet sich nach den Eigenschaften der Fügeteilwerkstoffe (wie Schmelzbereich, Schmelzefließverhalten, Festigkeit, Formsteifheit) und der Fügeflächengeometrie. Auf diese Gegebenheiten sind nachstehende Schweißparameter abzustimmen:

- Heizelementtemperatur T_H
- Angleichdruck p_A
- Angleichzeit t_A bzw. Angleichweg s_A
- Erwärmdruck p_E
- Erwärmzeit t_E
- Umstellzeit t_U
- Fügedruck p_F bzw. Fügeweg s_F
- Füge- und Abkühlzeit t_F

Die optimalen Maschineneinstelldaten sind durch Versuche an den betreffenden Fügeteilen zu ermitteln. Richtwerte sind der Tabelle 1 zu entnehmen. Den Verfahrensablauf über die gesamte Schweißperiode zeigt Bild 2 in der Richtlinie DVS 2215-1.

7.1 Erwärmverfahren

Siehe Richtlinie DVS 2215-2, Abschnitt 8.1.

7.2 Angleichdruck

Der Angleichdruck ist fügeteilspezifisch zu wählen. Wichtige Kriterien sind das Schmelzefließverhalten (MVR/MFR), die Paßgenauigkeit der Fügeflächen und der Angleichweg. In der Regel wird mit Angleichdrücken zwischen 0,5 und 1,0 N/mm^2 gearbeitet.

7.3 Angleichzeit/Angleichweg

Siehe Richtlinie DVS 2215-2, Abschnitt 8.3.

7.4 Erwärmdruck

Siehe Richtlinie DVS 2215-2, Abschnitt 8.4.

7.5 Erwärmzeit

Die Wahl der Erwärmzeit t_E richtet sich nach material-, bauteil- und verfahrenstechnischen Gegebenheiten. Sie wird von folgenden Einflußfaktoren bestimmt:

- Erwärmverfahren und Heizelementtemperatur

In der Erwärmphase muß unterschieden werden zwischen Kontakt- und Strahlungserwärmung.

Niedrige Heizelementtemperaturen erfordern lange, hohe Heizelementtemperaturen dagegen kurze Erwärmzeiten (Gefahr der thermischen Schädigung beachten!).

Einen Überblick über den Einfluß der Heizelementtemperatur auf die Erwärmzeit t_E zur Erzielung der geforderten Schmelzeschichtdicke L_0 können der Richtline DVS 2215-3 Beiblatt 1 entnommen werden.

7.6 Umstellzeit

Siehe Richtlinie DVS 2215-2, Abschnitt 8.6.

7.7 Fügedruck

Der Fügedruck ist zügig aufzubringen und soll eine für den Schweißprozeß notwendige Schmelzediffusion auslösen. Er ist so einzustellen und zu begrenzen, daß er einerseits einen genügenden Schmelzefluß bewirkt, andererseits jedoch nicht mehr als notwendig Schmelze aus der Schweißzone verdrängt.

Je nach Materialbeschaffenheit und Schmelzefließverhalten wird bei amorphen Thermoplasten mit Fügedrücken zwischen 0,1 und 0,9 N/mm^2 gearbeitet. Das Fügen wird entweder druck- oder wegabhängig durchgeführt (siehe Richtlinie DVS 2215-1). Materialspezifische Angaben bezüglich des zu wählenden Fügedruckes sind im Beiblatt zu dieser Richtlinie aufgeführt.

7.8 Abkühlzeit

Siehe Richtlinie DVS 2215-2, Abschnitt 8.8.

7.9 Kriterien beim Hochtemperaturschweißen

Bei der Hochtemperatur-Kontakterwärmung sind je nach Werkstofftyp solche Temperaturen einzustellen, bei denen in den Grenzflächen bereits ein thermischer Abbau erfolgt. Unter dieser Voraussetzung können die Fügeflächen vom Heizelement leichter gelöst werden. Schmelzerückstände verdampfen auf dem Heizelement innerhalb einer bestimmten Zeit. Die auf den Fügeflächen noch vorhandenen Abbauschichten werden durch Fließvorgänge beim Fügen weitgehend nach außen in den Schweißwulst verdrängt. Der hierbei einsetzende Reinigungseffekt ist von der Wanddicke und dem Volumen der zu verdrängenden Abbauschicht abhängig. Inwieweit die Schweißnahtfestigkeit durch mögliche eingeschlossene Abbauprodukte gemindert wird, ist durch Versuche zu klären.

Nach dem heutigen Stand der Technik wird das Hochtemperaturschweißen bei amorphen Thermoplasten vorwiegend für ABS und PMMA eingesetzt. Der Temperaturbereich liegt in der Regel zwischen 370 und 410 °C.

Beim Hochtemperaturschweißen von verstärkten, gefüllten oder sonstigen Spezialtypen können sich nicht verdampfende Rückstände auf dem Heizelement bilden. Der Einfluß dieser Rückstände auf die Verbindungsfestigkeit ist zu prüfen, gegebenenfalls ist eine Reinigung des Heizelementes erforderlich. Die beim Hochtemperaturschweißen entstehenden Dämpfe müssen abgesaugt werden.

8 Einflußfaktoren auf die Schweißnahtqualität

Siehe Richtlinien DVS 2215-1, Abschnitt 7, und DVS 2215-2, Abschnitt 9.

8.1 Konstruktive Hinweise

Die in der Richtlinie DVS 2215-2, Abschnitt 9.1, gemachten Angaben gelten auch für amorphe Kunststoffe.

8.2 Schmelzeverhalten

Die in der Richtlinie DVS 2215-2, Abschnitt 9.2, gemachten Angaben gelten auch für amorphe Kunststoffe.

8.3 Zusatzstoffe

Der Einfluß der Zusatzstoffe sowie von Füll- und Verstärkungsstoffen muß durch Versuche ermittelt werden.

8.4 Recyclate

Sofern die Zugabe von Recyclat keine Veränderung der Materialeigenschaften hervorruft, ist mit einer Beeinflussung der Schweißnahtqualität nicht zu rechnen. Bewirkt die Zugabe jedoch eine Veränderung der Materialeigenschaften, so sind die Auswirkungen auf die Schweißnahtqualität durch Schweißversuche zu ermitteln.

8.5 Verschmutzungen

Verschmutzungen beeinträchtigen die Schweißnahtqualität durch Kerbwirkung und Störung der Schmelzefilmbildung. Verschmutzungen können entstehen durch Materialverunreinigungen in der Fügezone, durch Schmelzerückstände am Heizelement oder verunreinigte Fügeflächen.

8.6 Feuchtigkeit

Die in Abschnitt 4.5 beschriebene Wasseraufnahme führt zur Blasenbildung in der Schmelze und somit zu einer porösen Schweißnaht, die eine Festigkeitsminderung zur Folge hat. Besonders bei transparenten Teilen kann die Optik in der Naht stark beeinträchtigt werden. Bei ungenügender Schweißnahtqualität muß im Einzelfall geklärt werden, ob die Formteile vor dem Schweißen zu trocknen sind.

8.7 Einfluß von Oberflächenbehandlungen und Beschichtungen

Lackschichten im Fügebereich können das Schweißen und das Schweißergebnis je nach Art und Aufbau der Lackschicht(en) nachteilig beeinflussen. Ob mit oder ohne Lack geschweißt werden kann, ist in Vorversuchen zu untersuchen. Generell ist eine Lackierung nach der Schweißung als sinnvoll anzusehen. Metallisierte Oberflächen können nicht geschweißt werden. Die Fügezone ist während der Metallisierung abzudecken.

9 Prüfen der geschweißten Fügeteile

Siehe Richtlinien DVS 2215-1, Abschnitt 9, und DVS 2215-2, Abschnitt 10.

Ergänzend hierzu werden an amorphen Kunststoffen Spannungsrißprüfungen und spannungsoptische Untersuchungen durchgeführt.

9.1 Spannungsrißprüfung

Zur Beurteilung der Spannungsrißbildung von Kunststoffen gibt es eine Vielzahl von genormten und nichtgenormten Prüfungen, wie das Kugel- oder Stifteindrückverfahren (ISO 4600), das Zeitstandzugversuchverfahren (ISO 6252) oder das Biegestreifenverfahren (ISO 4599), die jedoch vorwiegend an Probekörpern durchgeführt werden.

Eine direkte Übertragung der Ergebnisse von derartigen Versuchen auf die Gebrauchstauglichkeit von Bauteilen unter Praxisbedingungen ist jedoch im allgemeinen nicht möglich, weil zu viele Einflußgrößen zusammenwirken. Aus diesem Grund werden heizelementgeschweißte Bauteile in der Regel nach einer anwendungsbezogenen Vorschrift geprüft.

Diese besagt beispielsweise, daß das Bauteil entsprechend seiner Anbringung im Gebrauch in einer geeigneten Vorrichtung befestigt und anschließend mit einer vorgeschriebenen Testflüssigkeit in Kontakt gebracht werden muß. Dabei darf das Bauteil keine Mängel in Form von Rissen, Brüchen, Blasen oder Oberflächenveränderungen aufweisen. Die Art der Benetzung ist oftmals kundenabhängig und reicht von einer mehrfachen lokalen Benetzung bis zum Eintauchen in eine Testflüssigkeit. Ebenso ist die Art und Konzentration der verwendeten Testflüssigkeit kundenabhängig.

Bislang existiert jedoch keine genormte Prüfvorschrift zur Beurteilung der Spannungsrißempfindlichkeit von geschweißten Bauteilen.

9.2 Spannungsoptische Untersuchung

Der Spannungszustand einer durch mechanische oder thermische Beanspruchung belasteten Probe bzw. eines Bauteiles kann mit Hilfe der Spannungsoptik sichtbar gemacht werden. Die Spannungsoptik nutzt die doppelbrechende Eigenschaft spezieller, transparenter Werkstoffe, die durch Spannungen bzw. Verformungen im Innern hervorgerufen wird. Dieser Effekt kann in polarisiertem Licht sichtbar gemacht werden. Bei geeigneten Werkstoffen ist es mit dieser Methode möglich, durch einen Vergleich vor und nach dem Fügen eingebrachte Spannungen zu beurteilen.

10 Maßnahmen zur Qualitätssicherung im Fertigungsprozeß

Siehe Richtlinien DVS 2215-1, Abschnitt 8, und DVS 2215-2, Abschnitt 11.

11 Sicherheitsvorschriften

Siehe Richtlinien DVS 2215-1, Abschnitt 10, und DVS 2215-2, Abschnitt 17.

Die in der Richtlinie 2215-2 für teilkristalline Kunststoffe gemachten Angaben gelten auch für amorphe Kunststoffe. Besonders ist hier auf die Vorschrift der CE-Kennzeichnung zu achten.

12 Normen und Richtlinien

Siehe Richtlinien DVS 2215-1, Abschnitt 11, und DVS 2215-2, Abschnitt 13.

Es gelten vor allem die Unfallverhütungsvorschriften (UVV) der Berufsgenossenschaften sowie die DIN-, DIN VDE-, DIN EN-, DIN EN ISO-Normen. Weiterhin sind zu beachten:

DIN VDE 0721	Bestimmungen für industrielle Elektrowärmeanlagen
DIN EN ISO 1043-4	Kunststoffe – Kurzzeichen für Flammschutzmittel
DIN 16960-1	Schweißen von thermoplastischen Kunststoffen – Grundsätze
DIN EN ISO 11469	Kunststoffe – Sortenspezifische Identifizierung und Kennzeichnung von Kunststoff-Formteilen (nicht für Packmittel)
EG 93/68/EWG	CE-Kennzeichnung, in Verbindung mit EG 89/392 und EG 91/368

13 Ausgewählte Anwendungsbeispiele

Konsole mit Ziernaht aus ABS

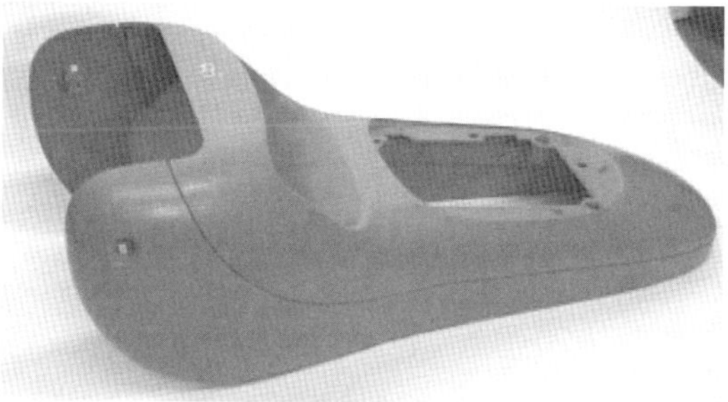

Nahtgeometrie

Schweißbedingungen

T_H = 260 °C
t_A = 5 s
t_E = 10 s
t_F = 18 s

Heckspoiler aus ABS

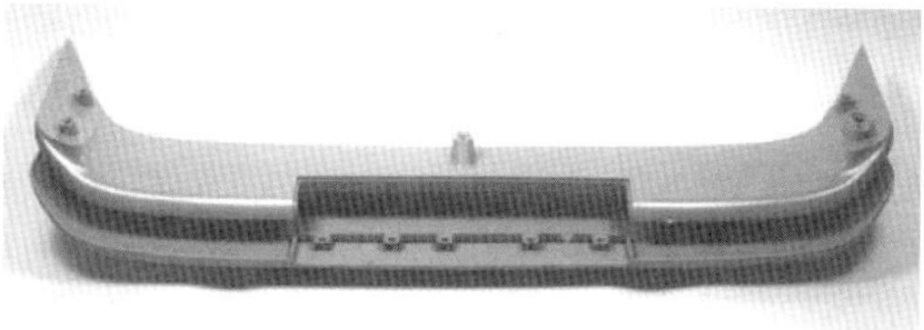

Nahtgeometrie

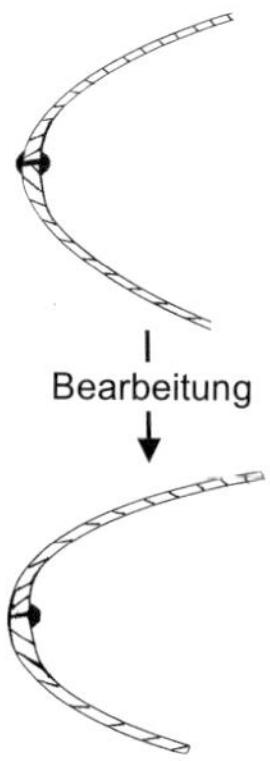

Schweißbedingungen

T_H = 260 °C
t_A = 8 s
t_E = 12 s
t_F = 15 s

Bügeleisengriff aus PC

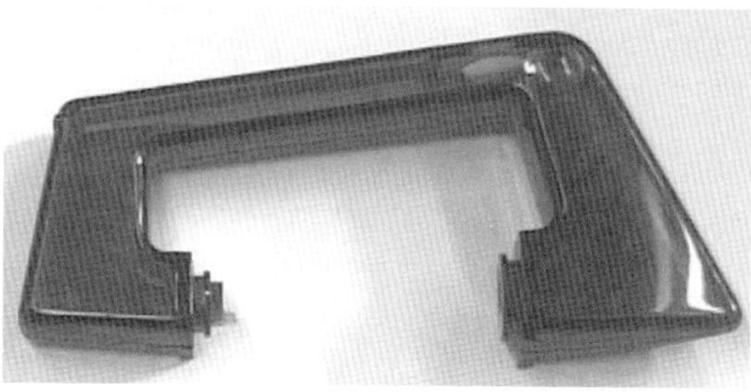

Nahtgeometrie

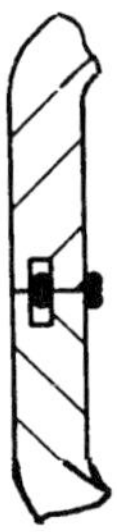

Schweißbedingungen

T_H = 500 °C (kontaktlos erwärmt, Abstand = 1 mm)
t_E = 14 s
t_F = 16 s

Rückleuchte mit Gehäuse aus ABS und Lichtscheibe aus PMMA

Nahtgeometrie

Schweißbedingungen

T_H = 400 °C
t_A = 3 s
t_E = 5 s
t_F = 10 s

Handschuhkastendeckel aus ABS

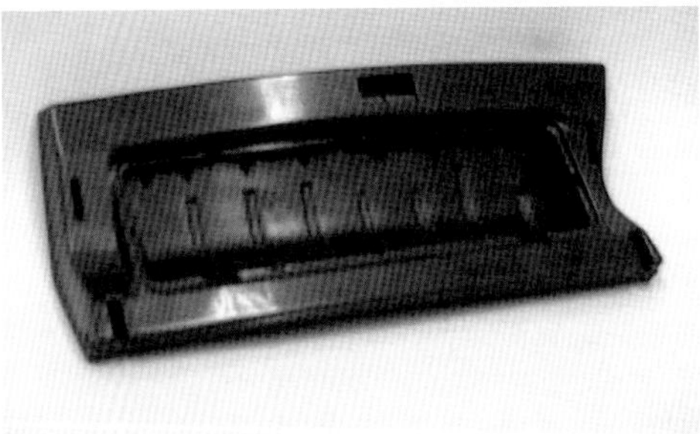

Nahtgeometrie

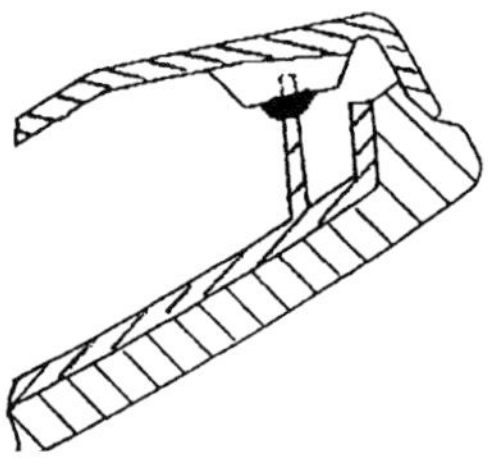

Schweißbedingungen

T_H = 310 °C
$t_A + t_E$ = 12 s
t_F = 15 s

Boje für Fischereibetrieb aus ABS

Nahtgeometrie

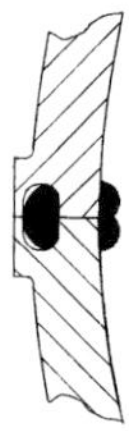

Schweißbedingungen

T_H = 325 °C
t_A = 4 s
t_E = 12 s
t_F = 20 s

DVS – DEUTSCHER VERBAND FÜR SCHWEISSEN UND VERWANDTE VERFAHREN E.V.	**Heizelementschweißen von Formteilen aus amorphen Thermoplasten in der Serienfertigung** **Schweißparameter für amorphe Thermoplaste und Blends**	**Richtlinie DVS 2215-3 Beiblatt 1** (April 1999)	DVS

Dieses Beiblatt gibt Richtwerte an für das Heizelementschweißen von amorphen Thermoplasten und Blends. Die dort stehenden Werte sind ausschließlich im Hinblick auf die Erzielung einer optimalen Schweißnahtfestigkeit angegeben. Aufgrund der unterschiedlichen Materialtypen und Herstellungsbedingungen der Fügeteile wurde jedoch auf die Angabe von erzielbaren Werten für die Schweißnahtfestigkeit verzichtet. Bei Optimierung hinsichtlich Wirtschaftlichkeit, Schmelzeadhäsion, Fädenziehen, Optik und Eigenspannungen können abweichende Richtwerte vorteilhaft sein.

Die nachfolgenden Bilder 1 bis 11 zeigen für die in den Tabellen 1 und 2 aufgeführten Werkstoffe die geforderte Schmelzeschichtdicke L_0 über der Erwärmzeit t_E bei verschiedenen Heizelement-Oberflächentemperaturen T_H. Die Zusammenhänge wurden an Rechteckplatten mit 3 mm Wanddicke ermittelt. Der Angleichweg betrug 0,5 mm und der Angleichdruck 0,8 N/mm^2.

Bei geänderten Angleichbedingungen sind abweichende Werte gegenüber den in den Diagrammen dargestellten Schmelzeschichtdicken zu erwarten. Generell gilt, daß mit zunehmendem Angleichweg und/oder abnehmendem Angleichdruck die Angleichzeit zunimmt und damit bei konstanter Erwärmzeit eine größere Schmelzeschichtdicke erreicht wird.

Ebenso können Abweichungen bei einer anderen Wanddicke des Fügeteils auftreten. Bei konstanten Angleich- und Erwärmbedingungen resultiert aus einer größeren Wanddicke eine geringere Schmelzeschichtdicke.

Bei Heizelementtemperaturen bis 270 °C wurde ein PTFE-Antihaftbelag verwendet.

Tabelle 1. Amorphe Thermoplaste.

Material	Heizelementtemperatur T_H [°C]	Schmelzeschichtdicke L_0 [mm]	Fügedruck p_F [N/mm^2]	Verhältnis von Fügeweg zu Schmelzeschichtdicke s_F/L_0 [–]
PC	250 ... 410	> 1,5	0,1 ... 0,9	> 0,3
ABS	230 ... 410	> 2,0	0,1 ... 0,6	0,4 ... 0,8
PMMA	230 ... 280	> 1,8	0,2 ... 0,6	0,5 ... 0,7
PS	220 ... 410	> 2,2	0,2 ... 0,7	0,6 ... 0,9
PES	350 ... 500	> 1,0	0,4 ... 0,8	0,5 ... 0,9

Tabelle 2. Amorphe Blends.

Material	Zusammensetzung [%]	Heizelementtemperatur T_H [°C]	Schmelzeschichtdicke L_0 [mm]	Fügedruck p_F [N/mm^2]	Verhältnis von Fügeweg zu Schmelzeschichtdicke s_F/L_0 [–]
PC + ABS	45/55	230 ... 410	> 1,8	0,3 ... 0,9	0,8 ... 0,9
PC + ABS	75/25	250 ... 410	> 2,2	0,2 ... 0,9	0,7 ... 0,85
PC + ASA	35/65	230 ... 300	> 2,0	0,4 ... 0,7	0,65 ... 0,85
PC + ASA	70/30	230 ... 310	> 2,0	0,2 ... 0,4	0,5 ... 0,75
PPE + SB	30/70	230 ... 300	> 2,0	0,2 ... 0,4	0,4 ... 0,5
PPE + SB	50/50	230 ... 300	> 1,8	0,4 ... 0,7	0,5 ... 0,7

DVS, Ausschuß für Technik, Arbeitsgruppe „Fügen von Kunststoffen"

Bezug: Verlag für Schweißen und verwandte Verfahren DVS-Verlag GmbH, Postfach 10 19 65, 40010 Düsseldorf, Telefon (02 11) 15 91-0, Telefax (02 11) 15 91-150

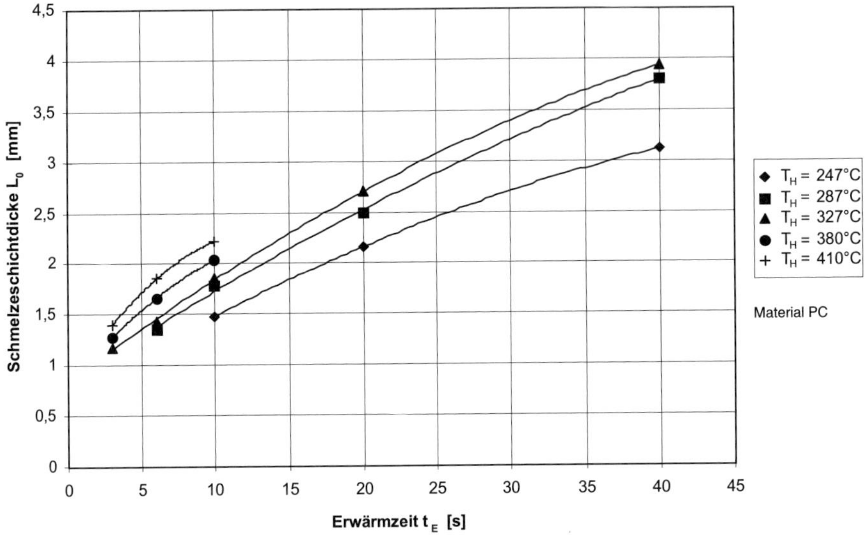

Bild 1. Schmelzeschichtdicke in Abhängigkeit von der drucklosen Erwärmzeit und der Oberflächentemperatur am Heizelement.

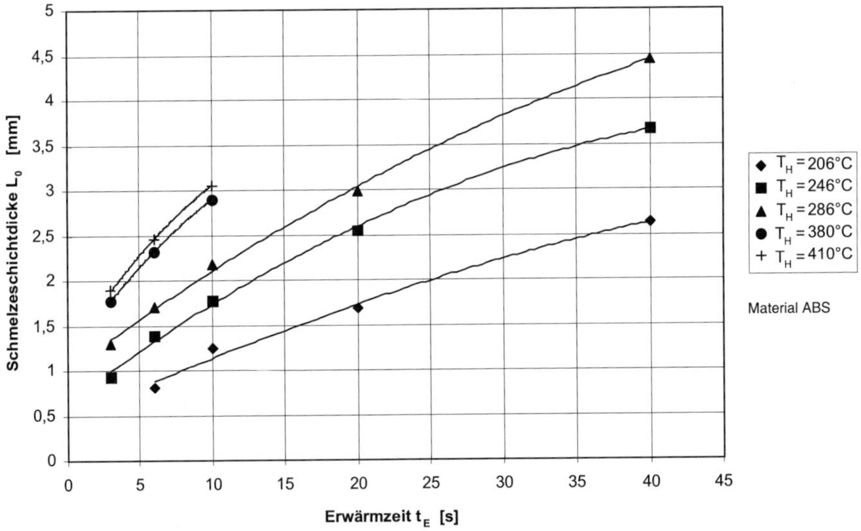

Bild 2. Schmelzeschichtdicke in Abhängigkeit von der drucklosen Erwärmzeit und der Oberflächentemperatur am Heizelement.

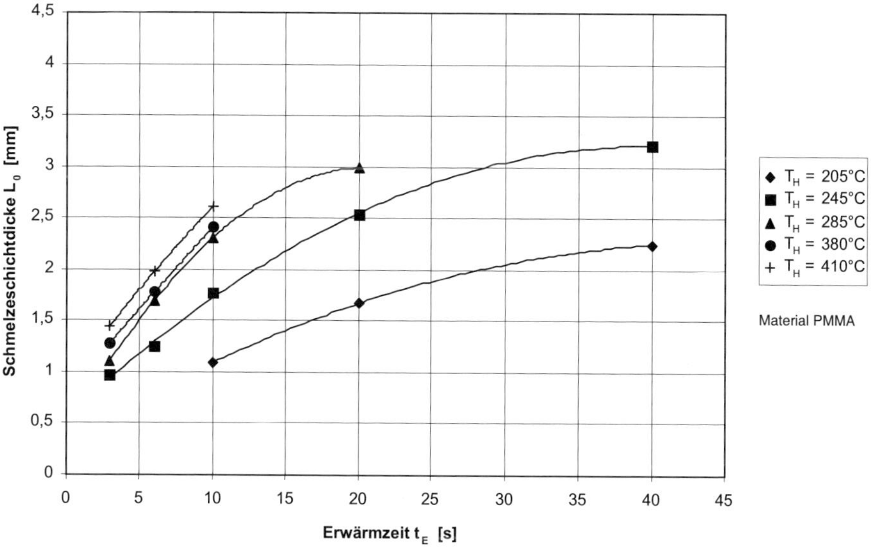

Bild 3. Schmelzeschichtdicke in Abhängigkeit von der drucklosen Erwärmzeit und der Oberflächentemperatur am Heizelement.

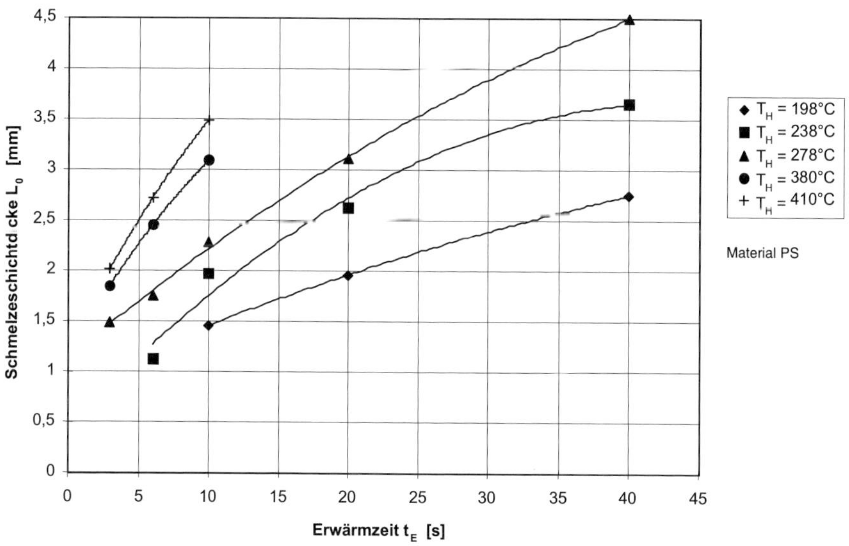

Bild 4. Schmelzeschichtdicke in Abhängigkeit von der drucklosen Erwärmzeit und der Oberflächentemperatur am Heizelement.

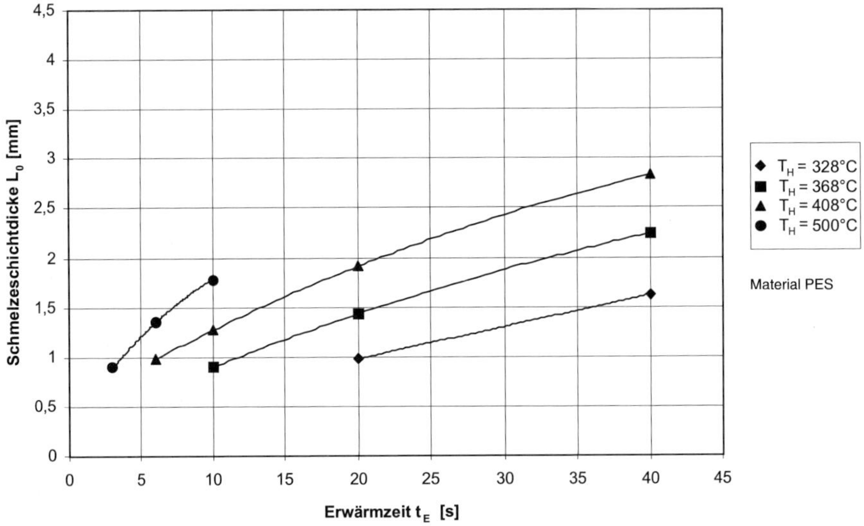

Bild 5. Schmelzeschichtdicke in Abhängigkeit von der drucklosen Erwärmzeit und der Oberflächentemperatur am Heizelement.

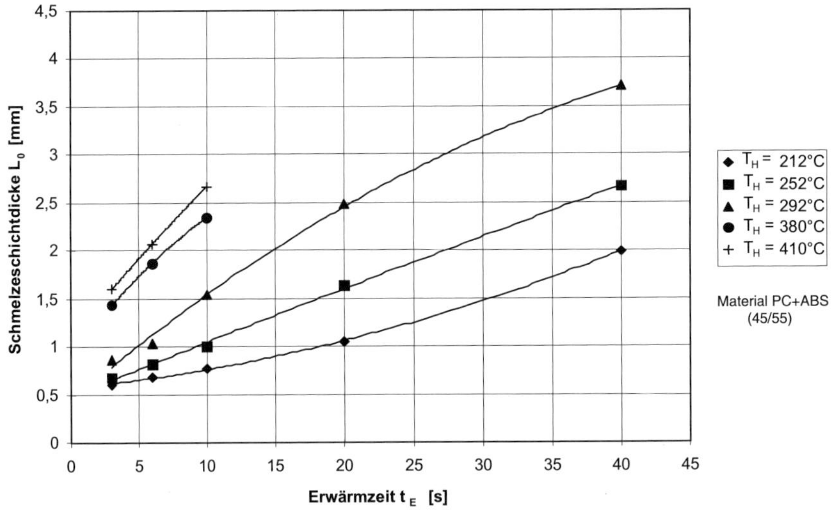

Bild 6. Schmelzeschichtdicke in Abhängigkeit von der drucklosen Erwärmzeit und der Oberflächentemperatur am Heizelement.

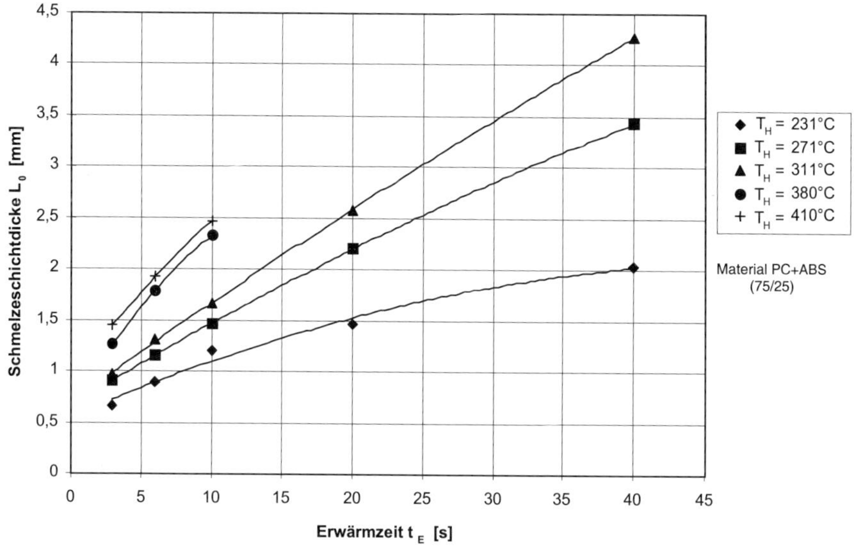

Bild 7. Schmelzeschichtdicke in Abhängigkeit von der drucklosen Erwärmzeit und der Oberflächentemperatur am Heizelement.

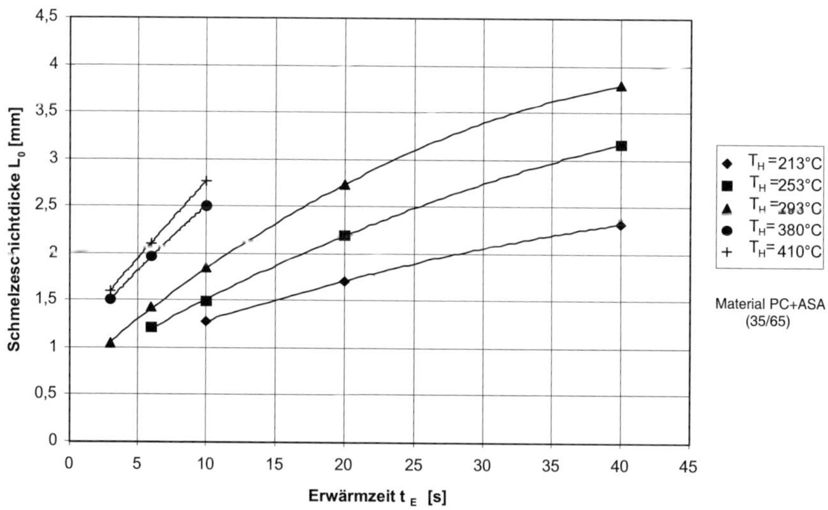

Bild 8. Schmelzeschichtdicke in Abhängigkeit von der drucklosen Erwärmzeit und der Oberflächentemperatur am Heizelement.

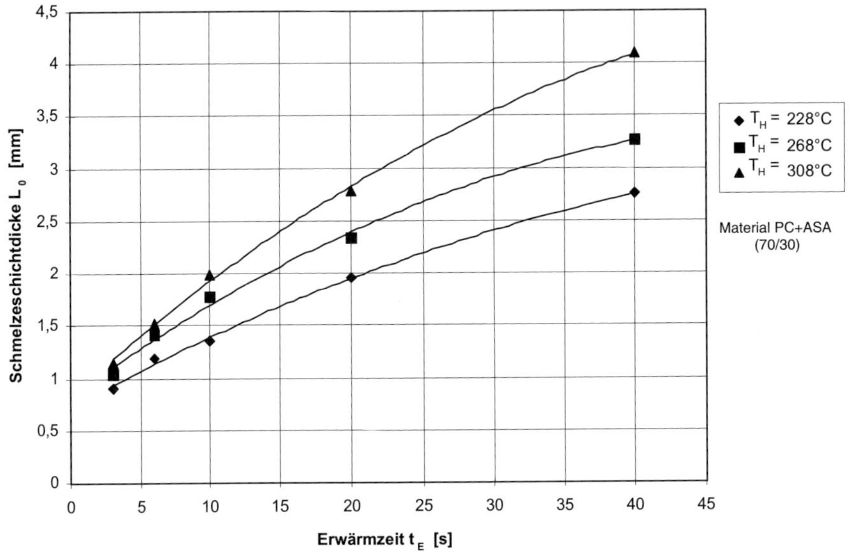

Bild 9. Schmelzeschichtdicke in Abhängigkeit von der drucklosen Erwärmzeit und der Oberflächentemperatur am Heizelement.

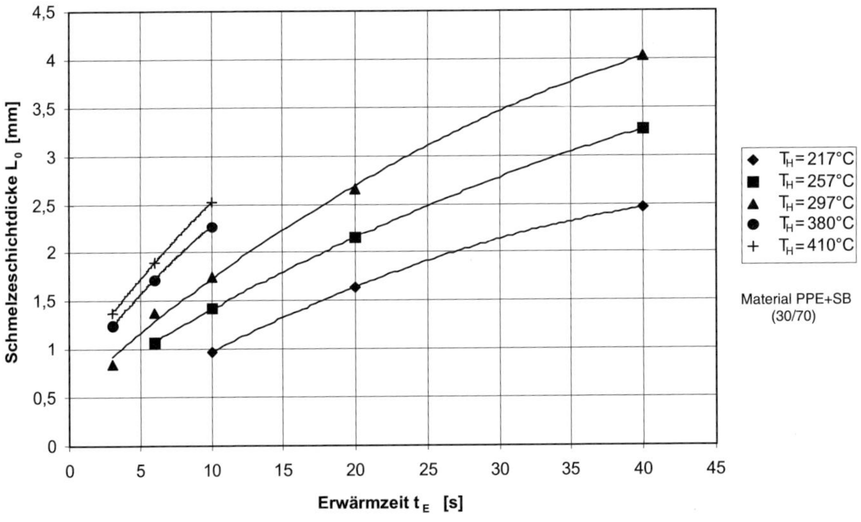

Bild 10. Schmelzeschichtdicke in Abhängigkeit von der drucklosen Erwärmzeit und der Oberflächentemperatur am Heizelement.

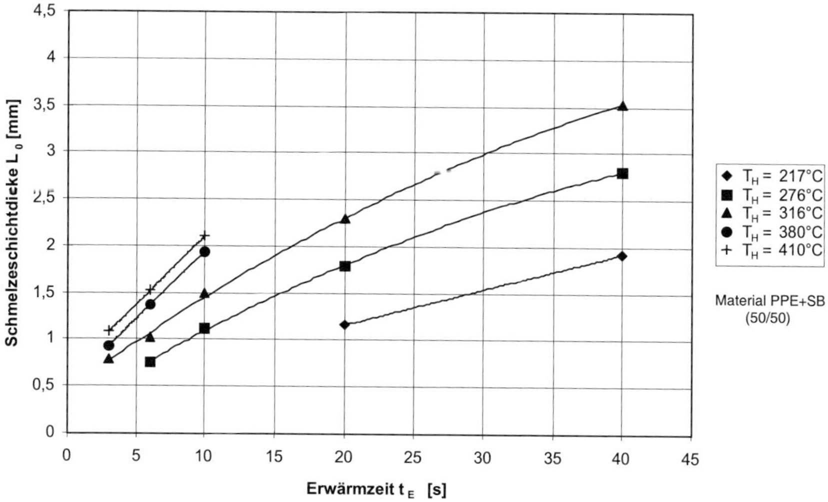

Bild 11. Schmelzeschichtdicke in Abhängigkeit von der drucklosen Erwärmzeit und der Oberflächentemperatur am Heizelement.

Januar 2018

DVS VERBAND
DVS – Deutscher Verband
für Schweißen und
verwandte Verfahren e. V.

Richtlinie
DVS 2216-1

Ersatz für Ausgabe April 2007

Richtlinie DVS 2216-1

Ultraschallfügen von Formteilen und Halbzeugen aus thermoplastischen Kunststoffen in der Serienfertigung –

Prozessbeschreibung, Maschinen und Geräte, Einflussgrößen, Konstruktion, Qualitätssicherung

DVS, Ausschuss für Technik, Arbeitsgruppe "Fügen von Kunststoffen"

Bezug: DVS Media GmbH, Postfach 10 19 65, 40010 Düsseldorf, Telefon (0211) 1591-0, Telefax (0211) 1591-150

Inhalt:

1. Geltungsbereich

Diese Richtlinie gilt für das Fügen und Bearbeiten von Formteilen und Halbzeugen aus thermoplastischen Kunststoffen mit Ultraschall bevorzugt in der Serienfertigung.

Unter dem Begriff „Fügen“ sind alle stoffschlüssigen und mechanischen Verbindungstechniken zu verstehen, z. B. Schweißen, Nieten, Bördeln, Verkrallen, Verdämmen, Umbugen usw. Die Bezeichnung „Schweißen“ wird nur bei stoffschlüssigen Verbindungen angewandt. In der Richtlinie beschriebene technologische Zusammenhänge gelten sinngemäß für das Schweißen, Fügen und Bearbeiten mittels Ultraschall.

Beschrieben werden der Verfahrensablauf (Prozess), Maschinen, Geräte und Werkzeuge, Sicherheitsmaßnahmen, Einfluss von Werkstoffeigenschaften und Herstellbedingungen der Fügeteile auf das Schweißverhalten, konstruktive Gestaltung der Fügeteile, Prozessüberwachung, Qualitätssicherung, Literaturhinweise.

2. Anwendungsgebiet der Fügetechnik durch Ultraschall

Die Ultraschalltechnologie wird für folgende Fügeverfahren eingesetzt:

Ultraschallschweißen, Ultraschallpunktschweißen, Ultraschallbördeln und -verdämmen, Ultraschallnieten, Ultraschallverkrallen, Ultraschalleinsenken, Ultraschallnähen, Schneiden und Schweißen.

Mit Ultraschall geschweißt werden Fügeteile, die vorwiegend durch Spritzgießen, Blasformen, Warmformen oder Extrudieren hergestellt sind.

Mit Ultraschall sind grundsätzlich alle thermoplastischen Kunststoffe schweißbar. Das gilt auch für eine Reihe von thermoplastischen Elastomeren und für Polymerblends (modifizierte ein- oder mehrphasige Polymerverbindungen, die mindestens zwei unterschiedliche Kunststoffarten beinhalten). Es können auch mit Verstärkungs- oder Füllstoffen versehene Kunststoffe untereinander oder mit unverstärkten bzw. ungefüllten Kunststoffen geschweißt werden.

3. Prozess

3.1. Prozessbeschreibung

Beim Ultraschallschweißen werden Fügeteile aus thermoplastischen Kunststoffen durch mechanische Schwingungen im Ultraschallbereich miteinander geschweißt.

Die von einem Generator erzeugten elektrischen Schwingungen werden im Ultraschallwandler (Schallkopf, Konverter) in mechanische Schwingungen gleicher Frequenz umgewandelt und über das Transformationsstück (Booster) und die Sonotrode (Horn) den Fügeflächen zugeleitet.

Durch Absorption der mechanischen Schwingungen, Reflexion in der Fügezone und durch die Grenzflächenreibung der Fügeflächen schmilzt der Kunststoff im Fügebereich. Die Fügeteile sinken durch die aufgebrachte Schweißkraft nach und die Schweißung tritt ein. In der anschließenden Haltephase setzt die Abkühlung des Schmelzefilms ein. Zusatzstoffe sind nicht erforderlich.

Zum Erzielen einer reproduzierbaren guten Schweißqualität sind neben der richtigen Auswahl des Ultraschallschweißgerätes die rohstoffbedingten Einflüsse der thermoplastischen Kunststoffe, die Herstell- und Lagerbedingungen und die konstruktive Gestaltung der Fügeteile sowie die Prozessparameter beim Schweißen von wesentlichem Einfluss.

In Bild 1 sind der prinzipielle Prozessverlauf von Schweißkraft, Fügeweg und Amplitude für das Schweißen mit Energierichtungsgeber (ERG) dargestellt. Die während des Schweißprozesses auftretenden

Phasen und geometrische Gegebenheiten sind ebenfalls eingezeichnet und werden unter Abschnitt 3.4. beschrieben.

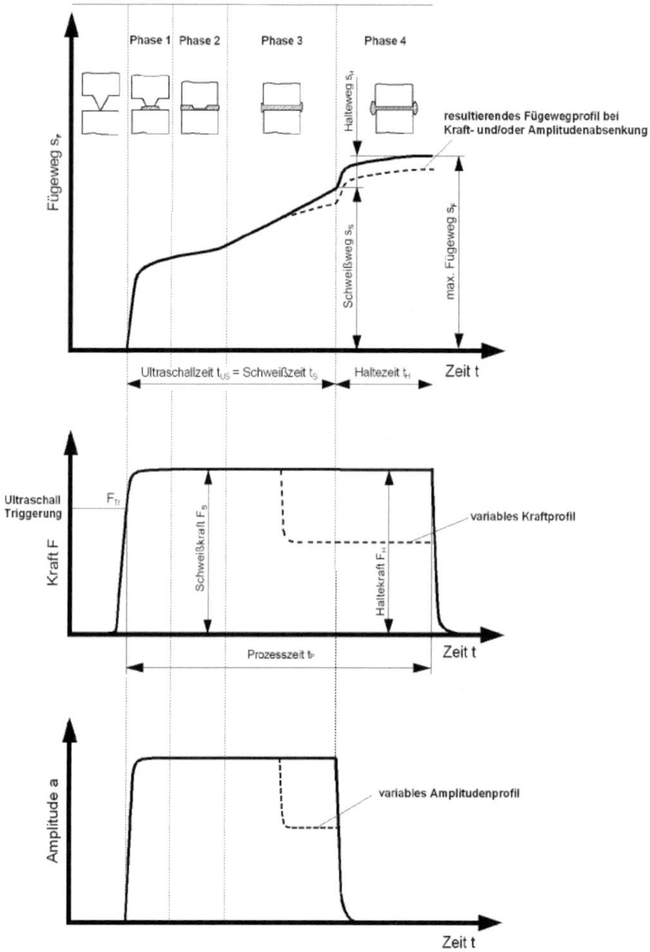

Bild 1. Prinzipieller Prozessverlauf von Kraft, Weg und Amplitude als Funktion der Zeit beim Ultraschallschweißen von Fügeteilen mit Energierichtungsgeber.

- Phase 1. Anschmelzen des Energierichtungsgebers
- Phase 2: Instationäre Schmelzebildung
- Phase 3: Quasistationäre Abschmelzphase
- Phase 4: Haltephase/Abkühlphase

3.2. Kenngrößen

Im Folgenden sind die Kenngrößen beim Ultraschallschweißen und ihre Dimensionen aufgeführt.

Tabelle 1. Kenngrößen beim Ultraschallschweißen.

Kenngröße	Kurzform	Dimension	Bemerkung
Amplitude	a	µm	halbe Schwingweite; Profil; Einstellgröße
Energie	E	Joule	Betriebsart
Fügefläche	A	mm²	
Frequenz	f	Hz, kHz	
Fügeweg	s_F	mm	Max. Fügeweg = $s_S + s_H$
Absenkgeschwindigkeit der Sonotrode beim Fügen	v	mm/s	Einstellgröße bei motorischem Antrieb
Haltedruck	p_H	MPa	wirkt in der Fügefläche
Haltekraft	F_H	N	Einstellgröße
Halteweg	s_H	mm	
Haltezeit	t_H	s	Einstellgröße
Leistung	P	Watt	
Prozesszeit	t_P	s	
Schwingweite		µm	doppelte Amplitude; Wert Spitze zu Spitze
Schweißdruck	p_S	MPa	wirkt in der Fügefläche; $p_S = F_S / A$
Schweißkraft	F_S	N	Einstellgröße; Profil
Schweißweg	s_S	mm	Betriebsart; Einstellgröße
Schweißzeit	t_S	s	Betriebsart; Einstellgröße; Wirkzeit des Ultraschalls
Schallgeschwindigkeit	c	m/s	
Triggerkraft	F_{Tr}	N	Einstellgröße
Ultraschallzeit	t_{US}	s	Betriebsart; Einstellgröße; Wirkzeit des Ultraschalls
Wellenlänge	l	mm, cm	Sonotrodenlänge bevorzugt l/2

3.3. Prozessparameter

Tabelle 2. Prozessparameter, Richtwerte,

	Schweißparameter, Richtwerte		
Material	**20 kHz**	**35 kHz**	**Polymerstruktur**
ABS	25 µm	15 µm	amorph
ASA	20 bis 25 µm	10 bis 15 µm	amorph
PC	35 µm	25 µm	amorph
PMMA	25 µm	18 µm	amorph
PVC	35µm	25 µm	amorph
PA 6	35 bis 40 µm	30 µm	teilkristallin
PA 6 GF30	30 µm	25pm	teilkristallin
PBT	40 bis 45 µm	28 bis 35 µm	teilkristallin
PBT GF30	35 bis 40 µm	25 bis 30 µm	teilkristallin
PEEK	45 bis 50 µm	35 bis 40 µm	teilkristallin
PP	38 µm	25 bis 30 µm	teilkristallin
POM	40 bis 45 µm	30 bis 35 µm	teilkristallin

Schweißdruck

Der wirkende Schweißdruck p_s errechnet sich aus der Schweißkraft F_S (N) und der Fügefläche A (mm²) mit $p_s = F_s / A$. Er ist werkstoffspezifisch einzustellen.

Erfahrungsgemäß liegen die Schweißdrücke üblicherweise zwischen 1,0 und 4,0 N/mm². Im Einzelfall muss durch Versuche der optimale Schweißdruck ermittelt werden. Abweichend von den angegebenen Richtwerten kann bei geringerer Schmelzeviskosität ein niedrigerer Fügedruck erforderlich sein.

3.4. Prozessphasen

3.4.1. Prozessphase 1, Anschmelzen des Energierichtungsgebers (ERG)

In der ersten Phase wird die Schweißkraft bzw. der in der Fügefläche wirkende Schweißdruck aufgebracht und unter Einwirkung der Ultraschallschwingungen der Energierichtungsgeber angeschmolzen. In dieser Phase ist eine gute Zentrierung der beiden Fügeteile gegen seitliches Verschieben notwendig. Das fortschreitende Abschmelzen des Energierichtungsgebers wiederum ergibt trotz konstanter Schweißkraft einen sich stetig verringernden Schweißdruck infolge der größer werdenden Fügefläche. Die Fügegeschwindigkeit nimmt mit Fortschreiten der Schweißzeit in Phase 1 ab.

Phasenspezifische Schweißparameter:

- Amplitude a
- Geschwindigkeit der Sonotrode v
- Kraft-, Weg- oder Zeittriggerung
- Schweißkraft F_S einschl. Geschwindigkeit der Kraftaufbringung

3.4.2. Prozessphase 2, instationäre Schmelzebildung

In der zweiten Phase erfolgt eine vollständige Ankopplung zwischen Ober- und Unterteil über die Schmelzeschicht. Die Schmelzebildung ist noch instationär, da der Energierichtungsgeber noch als Reststumpf vorhanden ist. Der effektive Fügedruck verringert sich nochmals bis die Fügeteile vollständig über den gesamten Nahtquerschnitt angekoppelt sind.

Phasenspezifische Schweißparameter:

- Amplitude a
- Geschwindigkeit der Sonotrode v
- Schweißkraft F_S bzw. Schweißdruck

3.4.3. Prozessphase 3, quasistationäre Abschmelzphase

In der dritten Phase liegen konstante rheologische und thermische Bedingungen vor. Es stellt sich eine konstante Fügegeschwindigkeit verbunden mit einer ebenfalls konstanten Schmelzetemperatur und Schmelzeschichtdicke ein. Die Schweißfläche hat den maximalen und der Schweißdruck seinen minimalen Wert erreicht.

Wird in der zweiten Hälfte dieser Phase die Schweißkraft reduziert, sinkt der Fügedruck und die Schmelzeschichtdicke wird größer. Damit verbunden ist meist eine höhere Schweißnahtfestigkeit. Nach Erreichen des Abschaltkriteriums, z. B. Schweißzeit, Schweißweg usw., wird der Ultraschall abgeschaltet.

Das Absenken der Amplitude in der zweiten Hälfte dieser Phase reduziert die Scherbelastung des Kunststoffs und führt dadurch tendentiell zu einer höheren Schweißnahtfestigkeit verbunden mit geringerem Schmelzeaustrieb.

Phasenspezifische Schweißparameter:

- Amplitude a, Amplitudenprofil
- Geschwindigkeit der Sonotrode v
- Schweißkraft F_S, Schweißdruck p_S bzw. Kraftprofil
- Schweißweg s_S
- Schweißzeit t_S

3.4.4. Prozessphase 4, Haltephase / Abkühlphase

In der Haltephase, Phase 4, findet mit Ausnahme des im Allgemeinen zu vernachlässigenden Ausschwingvorganges der Sonotrode keine Energiezufuhr mehr statt.

Zu Beginn der Haltephase entsteht ein Quetschfließen der Schmelze unter Einwirkung der Haltekraft. Durch diesen Einfluss und durch die Schwindung des thermoplastischen Kunststoffs während des Abkühlvorganges sinkt die Sonotrode geringfügig nach. Die Haltephase ist beendet, wenn die Fließgrenztemperatur bei der vorliegenden Haltekraft unterschritten wird. Das Einsinken (Verkürzen) der Fügeteile in der Haltephase wird als Halteweg bezeichnet.

Phasenspezifische Schweißparameter:

- Haltekraft F_H
- Halteweg s_H
- Haltezeit t_H

4. Maschinen, Geräte und Werkzeuge

4.1. Aufbau und Wirkungsweise

4.1.1. Schematischer Aufbau einer Ultraschallschweißmaschine

Eine Ultraschallschweißmaschine, Bild 2, besteht im Wesentlichen aus:

- Aufnahmewerkzeug (Amboss, Teileaufnahme)
- Schweißpresse
- Sonotrode (Horn)
- Steuerung
- Transformationsstück (Booster)
- Ultraschallgenerator
- Ultraschallwandler
- Vorschubeinheit

Die für den Schweißvorgang erforderliche Kraft wird durch den Antrieb erzeugt.

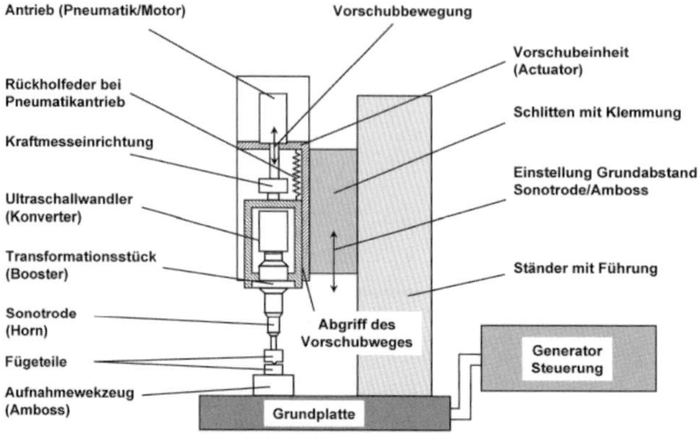

Bild 2. Schematischer Aufbau einer Ultraschallschweißmaschine.

4.1.2. Ultraschallgenerator

Der Ultraschallgenerator formt die niederfrequente elektrische Energie des Wechselstromnetzes in hochfrequente elektrische Energie des Ultraschallbereiches um. Dies kann sowohl mit der analogen als auch der digitalen Generatortechnologie realisiert werden.

Die verwendeten Betriebsfrequenzen liegen üblicherweise zwischen 20 kHz und 70 kHz. Die Leistungen der zum Einsatz kommenden Generatoren betragen zwischen 0,1 kW und 6 kW.

4.1.3. Ultraschallwandler

Der Ultraschallwandler setzt die hochfrequente elektrische Energie in mechanische Schwingungsenergie gleicher Frequenz um.

Die handelsüblichen piezoelektrischen Ultraschallwandler schwingen fast stets longitudinal, das bedeutet, dass die schallabstrahlende Fläche des Schwingers sinusförmig um die Ruhelage der Fläche schwingt. Das Schwingverhalten einer mechanischen Resonanzeinheit zeigt Bild 3. Die Darstellung und Berechnung der Wellenlänge geht aus Bild 4 hervor. Die Größe der mechanischen Amplitude kann durch den Generator bzw. die Steuerung und/oder durch Wechseln des Transformationsstückes verändert werden.

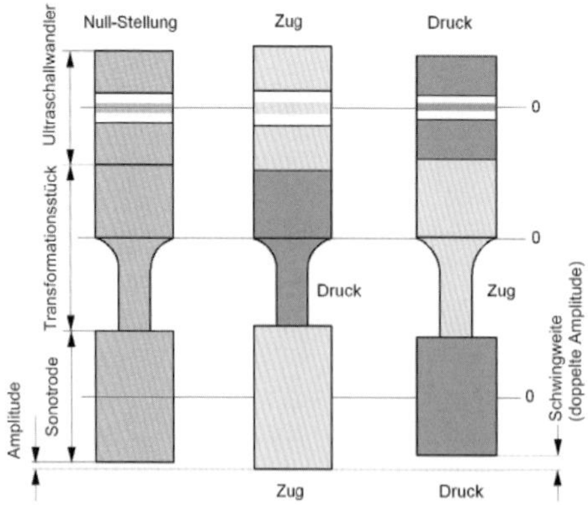

Bild 3. Schwingverhalten der mechanischen Resonanzeinheit des Ultraschallsystems.

4.1.4. Transformationsstück

Das Transformationsstück (Booster) überträgt die vom Ultraschallwandler abgegebenen Schwingungen auf den an der Sonotrode für die jeweilige Aufgabenstellung benötigten Amplitudenwert und leitet die mechanische Schwingungsenergie zur Sonotrode.

4.1.5. Sonotrode

Die Sonotrode muss der Frequenz des Ultraschallgenerators und an der Ankoppelfläche dem Werkstück angepasst sein und hat folgende wesentlichen Aufgaben zu erfüllen:

- Transformation der Schwingungen
- Übertragung der Schwingungsenergie auf das Werkstück
- Übertragung der Anpresskraft
- Formgebung bei Umformaufgaben (Nieten, Bördeln, Umbugen, Verdämmen....)
- Schneidfunktion beim Trennen

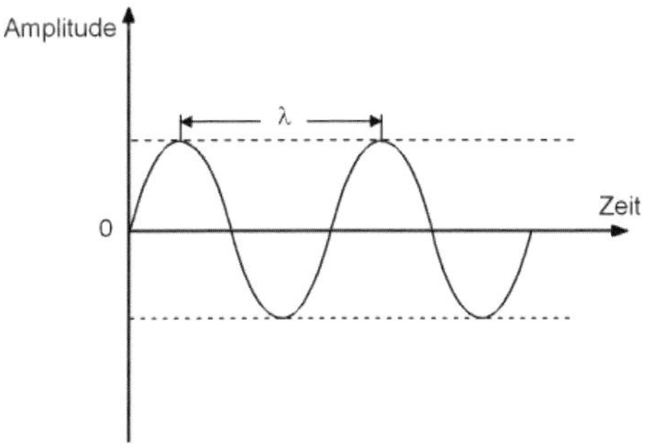

Bild 4. Darstellung und Berechnung der Wellenlänge.

Der Abstand zwischen zwei gleichen Schwingungszuständen wird als λ (Wellenlänge) bezeichnet, Bild 4. Aus Gleichung (1) lässt sich λ errechnen:

$$\lambda = \frac{c}{f} \quad (1)$$

λ = Wellenlänge
c = Schallgeschwindigkeit (material- und formabhängig)
f = Frequenz

4.1.6. Aufnahmewerkzeug

Das Aufnahmewerkzeug (Amboss) ist das Gegenlager zur Sonotrode und übernimmt die Unterstützung und Positionierung der Fügeteile.

4.2. Schweißgeräte- und Maschinenarten

4.2.1. Anforderungen

Die jeweilige Aufgabenstellung bestimmt die Wahl der Geräteart sowie dessen Steuerungs- und Regelmöglichkeit.

Die nachfolgende Auflistung stellt eine Zusammenfassung der wichtigsten Anforderungsmerkmale dar:

- Amplitude/Amplitudenprofil
- Anpresskraft/Kraftprofil
- Dokumentationsmöglichkeit und Auswertung der Prozessdaten
- Energie
- einstellbare Absenk-, Aufsetz- und Schweißgeschwindigkeit
- Qualitätssicherung
- Regelsysteme für Amplitudenkonstanz
- Regelsysteme zum Ausgleich von Netzspannungsschwankungen
- Schweiß- und Haltezeit
- Schweißtiefenbegrenzung
- Ultraschall- Einschaltzeitpunkt (Triggerung)

4.2.2. Geräte mit manuellem Antrieb

Manuell betätigte Geräte werden vorrangig für Kleinserien und Musterschweißungen eingesetzt.

4.2.3. Schweißpressen mit pneumatischem Antrieb

Der pneumatische Antrieb von Schweißmaschinen ist derzeit die häufigste Antriebsart und erlaubt in Verbindung mit Proportionalventilen ein Schweißen mit Kraftprofil.

4.2.4. Schweißpressen mit elektromotorischem Antrieb

Schweißpressen mit elektrischem Antrieb ermöglichen eine hohe Konstanz und extrem schnelle Umschaltvorgänge für die Schweißkraft und/oder die Fügegeschwindigkeit. Gegenüber pneumatisch angetriebenen Schweißmaschinen kann beim Motorantrieb die Fügegeschwindigkeit exakt vorgewählt und eingehalten werden.

4.2.5. Sondermaschinen

Für individuelle Problemlösungen ist oftmals der Einsatz von Sondermaschinen erforderlich. Dies gilt zum Beispiel für Aufgabenstellungen, für die der Einsatz einer Ultraschall-Schweißeinheit nicht genügt oder für Formteile, bei denen in mehreren Fügeebenen und/oder unterschiedlichen Schweißpositionen gearbeitet werden muss.

Eine häufig praktizierte Erweiterung der Standardanlagen ist die Ausführung mit einem Rundschalttisch (Drehtisch) oder einer linearen Zuführungseinheit. Zunehmend werden auch Prüfeinheiten und andere Überwachungskomponenten integriert.

5. Sicherheitsmaßnahmen

Beim Betreiben von Ultraschallschweißmaschinen gelten die Bestimmungen der Unfallverhütungs- und Lärmschutzvorschriften sowie die jeweilige Bedienungsanleitung der Gerätehersteller.

Soweit beim Ultraschallschweißen ein unzulässiger Lärmpegel im Hörbereich und/oder unzulässige Emission im Ultraschallbereich auftritt, sind in Abstimmung mit dem Maschinenhersteller geeignete Schutzmaßnahmen, z. B. Teil- oder Vollkapselung der Schweißmaschine, zu ergreifen.

6. Einfluss der Werkstoffeigenschaften auf das Schweißverhalten

Das Schweißverhalten wird wesentlich von den Eigenschaften des Kunststoffs beeinflusst. Die nachfolgenden Einflussgrößen dienen zur Beurteilung des Schweißverhaltens.

6.1. Schubmodul G´ und mechanischer Verlustfaktor tan δ in Abhängigkeit der Temperatur

Ein hoher Schubmodul (identisch mit hohem E-Modul) und ein niedriger mechanischer Verlustfaktor bis zur Glasübergangstemperatur ergeben eine gute Schallleitfähigkeit und damit gute Schweißeigenschaften, wie sie zum Beispiel amorphe Thermoplaste besitzen, Bild 5. Ein stärkerer Abfall der Schubmodulkurve bis zur Glasübergangstemperatur bzw. bis zum Schmelzpunkt und ein Ansteigen der Dämpfungskurve bedeuten eine erhöhte Dämpfung der Schallwellen, gleichbedeutend mit einem höheren Energiebedarf zum Schweißen bzw. mit längerer Schweißzeit. Dies trifft vor allem auf teilkristalline Kunststoffe zu, Bild 6.

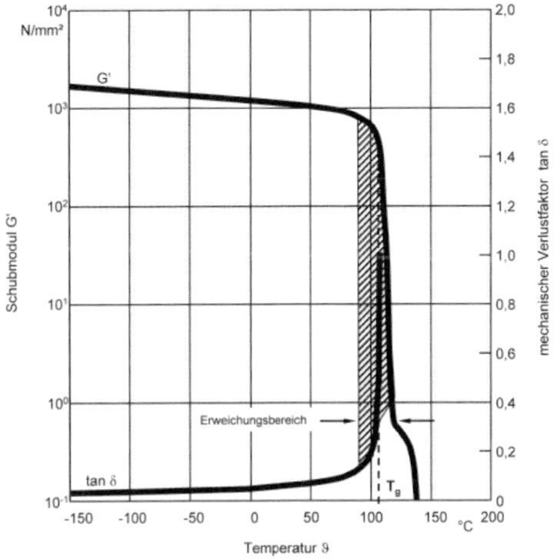

Bild 5. Temperaturverlauf des Schubmodul G´ und des mechanischen Verlustfaktors tan δ eines amorphen Thermoplasten (schlagzähes Polystyrol SB).

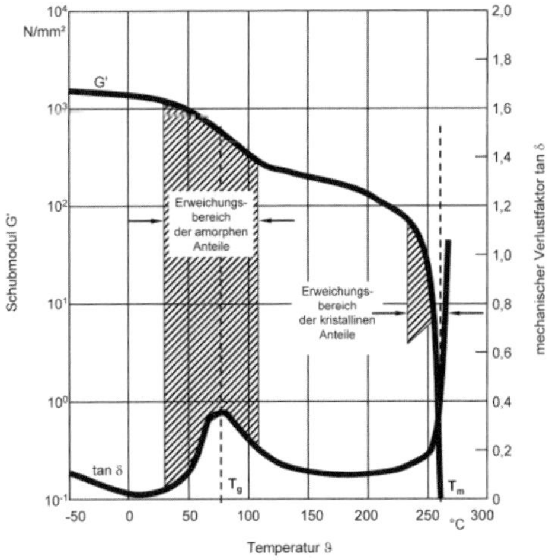

Bild 6. Temperaturverlauf des Schubmodul G´ und des mechanischen Verlustfaktors tan δ eines teilkristallinen Thermoplasten (Polybutylenterephtalat PBT).

6.2. Spezifische Wärmekapazität c_p und der Wärmeinhalt

Je höher die spezifische Wärmekapazität eines Werkstoffs ist, um so mehr Energie muss zum Erreichen der Glasübergangstemperatur bzw. des Schmelzpunktes zur Plastifizierung aufgewendet werden.

6.3. Schmelztemperaturbereich

Die an der Schweißmaschine eingestellte Schweißparameterkombination muss sicherstellen, dass die Fügeteile in der Fügezone auf eine Temperatur oberhalb des Schmelztemperaturbereichs erwärmt werden, ohne jedoch die Zersetzungstemperatur zu erreichen.

6.4. Viskosität der Schmelze (MFR bzw. MVR)

Die Viskosität einer Kunststoffschmelze, z. B. erkenntlich am MFR-Wert, beeinflusst das Schweißverhalten. Hochmolekulare, zähfließende Kunststoffe (niedriger MFR-Wert) benötigen mehr Energie zum Aufschmelzen. Kunststoffe mit einer niedrigen Schmelzeviskosität (hoher MFR-Wert) schmelzen schneller, und die Schmelze kann schlagartig aus der Fügezone austreten. Schweißparameter (Druck, Schweißzeit, Amplitude, Triggerung) und die Fügezonengestaltung müssen besonders aufeinander abgestimmt werden.

6.5. Verstärkungsstoffe, Füllstoffe, andere Zusätze

Verstärkungs- und Füllstoffe sind unter anderem: Glasfasern, Glaskugeln, Holzmehl, Kohlefasern, Kreide, Talkum und andere mineralische Füllstoffe.

Weitere Zusätze sind z. B. antistatische Ausrüstung, Brandschutzmittel, Farbmittel, Gleitmittel, Stabilisatoren, Weichmacher.

Die meisten Verstärkungs- und Füllstoffe erhöhen die Dichte und damit die Schalleitfähigkeit. Die Art und Menge der Zusätze können sich damit auf das Schweißverhalten auswirken und müssen durch die Wahl der Schweißparameter und die Konstruktion der Fügeteile berücksichtigt werden.

7. Einfluss der Herstellungsbedingungen der Fügeteile auf das Schweißverhalten

Mit Ultraschall geschweißt werden vorwiegend spritzgegossene Fügeteile sowie auch Fügeteile die durch Blasformen, Warmformen oder Extrudieren hergestellt sind.

7.1. Anforderungen an die Fügeteile

Die Fügeteile müssen unter materialgerechten Bedingungen hergestellt sein.

Die Praxis zeigt, dass Fehlschweißungen oft begründet sind durch:

- Maßabweichungen (Schwindung, unterschiedliche Formnester, Werkzeugverschleiß)
- Verzug
- Gewichtsschwankungen
- Oberflächenfehler (Einfallstellen, mangelhafte Fügeflächengeometrie)
- Inhomogenität (Lunker, Fließnähte)
- Verarbeitungsfehler (Zersetzung, Entmischung)
- zu hohe innere Spannungen (besonders bei amorphen Kunststoffen)

7.1.1. Einfluss von Feuchtigkeit

Feuchtigkeit kann die Qualität der Schweißverbindung mindern. Feuchte Teile sollten daher vor dem Schweißen vorschriftsmäßig getrocknet oder bis zum Schweißen geschützt, z. B. in PE-Beuteln, eventuell mit Trockengel, gelagert werden.

Bei einer Reihe von Kunststoffen, so bei PA46, PA6, PA66 hat sich ein Wassergehalt zwischen 0,1 % und 0,5 % für das Ultraschallschweißen bewährt. Höhere Wassergehalte können zu schlechten Schweißergebnissen wie porösen Schweißnähten und zu längeren Schweißzeiten führen.

7.1.2. Regenerat, Rezyklat

Anteile von Regenerat und Rezyklat in den Fügeteilen können die Schweißeigenschaften ungünstig beeinflussen.

7.1.3. Formtrennmittel

Ablagerungen von Formtrennmitteln oder Verunreinigungen auf den Fügeflächen sind zu vermeiden. Kann auf Formtrennmittel nicht verzichtet werden, so ist zu bedenken, dass die Fügeteile unterschiedliche Mengen des Formtrennmittels auf der Fügefläche aufweisen und die Schweißeigenschaften nachteilig beeinflussen können. Gegebenenfalls müssen die Fügeflächen gereinigt werden.

7.1.4. Lagerung

Unter Zwischenlagerung wird der Zeitraum zwischen Herstellung der Fügeteile und dem Schweißen bezeichnet. Bei teilkristallinen Kunststoffen sind bei hochbeanspruchten Teilen aufgrund der Nachschwindung in der Regel eine definierte Lagerzeit und Lagerbedingung der Fügeteile einzuhalten.

Bei Formteilen aus amorphen Kunststoffen erübrigt sich eine Zwischenlagerung. Im Hinblick auf die Maßhaltigkeit sollten keine spritzwarmen Teile geschweißt werden.

8. Konstruktive Gestaltung der Fügeteile

Beispiele für die schweißgerechte Konstruktion der Fügeteile sind in den nachfolgend aufgeführten Abschnitten beschrieben.

Zum Erzielen hochwertiger Verbindungen sind bereits in der Planungsphase die nötigen Voraussetzungen zu schaffen. Je nach Anforderung an die Schweißverbindung ist die Konstruktion unter anderem auf folgende Forderungen auszurichten:

- Belastbarkeit der Schweißnaht
- Dichtigkeit gegenüber Flüssigkeiten und Gasen
- Optisch ansprechendes Aussehen
- Vermeiden von Schmelzeaustrieb und Kunststoffpartikeln aus dem Fügebereich

Die erzielbare Qualität der Schweißverbindung wird neben den Schweißparametern noch von den folgenden Faktoren beeinflusst:

- Art des Werkstoffs
- Konstruktion der Fügeteile
- Lage und Ausbildung der Fügeflächen
- Anordnung der Energierichtungsgeber bzw. der Quetschnaht
- Positionierung und Passungsspiel zwischen Ober- und Unterteil
- Ankopplung der Sonotrode
- freier Einsinkweg

- Lage im Aufnahmewerkzeug
- Konstruktion der Fügeteile mit formsteifen Wandungen.

8.1. Allgemeine konstruktive Merkmale

8.1.1. Ausrunden von Ecken und Kanten

Alle Ecken und Kanten sind an den Fügeteilen genügend auszurunden. Vorgeschlagen werden möglichst große Radien, mindestens jedoch 0,2 mm. Zu scharfe Übergänge können beim Ultraschallschweißen zu Rissen und Bauteilzerstörung führen.

8.1.2. Lage der Fügeteile und die Entfernung zur Sonotrode (Nahfeld-, Fernfeldschweißen)

Die Fügefläche soll möglichst senkrecht zur Sonotrodenachse, parallel zur Sonotrodenstirnfläche angeordnet sein und in einer Ebene liegen. Die günstigste Schalleinleitung ergibt sich, wenn die Sonotrode direkt über der Fügefläche ankoppelt. Ist dies aus konstruktiven Gründen nicht möglich, so ist grundsätzlich Kontakt mit den Maschinen- oder Rohstoffherstellern aufzunehmen. Die Entfernung der Sonotrodenstirnfäche zur Fügefläche soll beim Schweißen gering sein. Das Nahfeldschweißen – Entfernung laut Definition ≤ 6 mm – ist konstruktiv immer vorzuziehen.

Das Fernfeldschweißen, Entfernung > 6 mm, lässt sich mit steifen Thermoplasten im Allgemeinen gut durchführen.

Diese Definition ist allgemein gehalten. Die jeweilige Methode wird in erster Linie durch das Dämpfungsverhalten bzw. die Steifigkeit des Thermoplasten bestimmt. Die Abstandsgrenzen zwischen Nah- und Fernfeldschweißen sind somit fließend.

8.1.3. Größe und Ausbildung der Fügeflächen

Die Fügeflächengeometrie ist auf die Anforderungen an die Schweißnaht abzustimmen.

Entscheidende Faktoren sind:

- Art des Werkstoffes
- Konstruktion des Fügeteils

Zum Erzielen hochwertiger Schweißverbindungen, kurzer Schweißzyklen und zum Vermeiden von Beschädigungen sind Energierichtungsgeber bzw. eine Konstruktion als Quetschnaht vorzusehen.

8.1.4. Energierichtungsgeber

Die Energierichtungsgeber haben die Aufgabe, die Plastifizierung der Fügeflächen durch Energiekonzentration schnell einzuleiten. Die Form und Größe der Energierichtungsgeber ist in bestimmten Grenzen frei wählbar. Man unterscheidet folgende Grundformen, Bild 7:

- Kegel- bzw. noppenförmige Energierichtungsgeber
- dachförmige Energierichtungsgeber
- Kantenberührung bei Einfach- und Doppelquetschnähten.

In der Regel ist es für das Schweißergebnis unerheblich, auf welcher Fügeteilhälfte die Energierichtungsgeber vorgesehen werden. In Sonderfällen, z. B. unterschiedlichen Kunststoffkombinationen, ist die günstigste Lage durch Versuche zu klären. Bei Fügeteilen mit unterschiedlicher Steifigkeit sind die Energierichtungsgeber im Fügeteil mit der niedrigeren Steifigkeit anzuordnen.

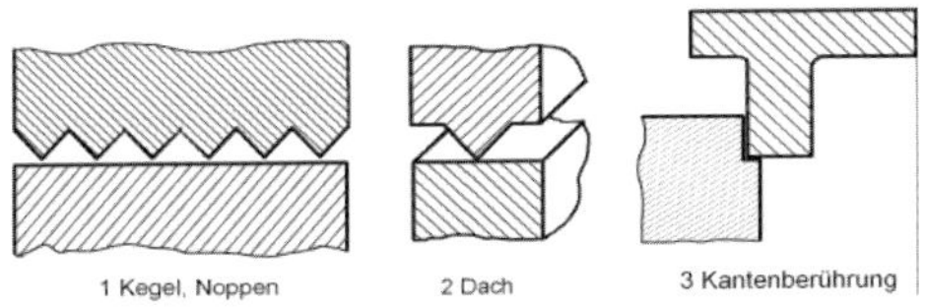

Bild 7. Grundformen der Energierichtungsgeber; 1) Kegel, Noppen, 2) Dach, 3) Kantenberührung.

8.1.5. Zentrierung der Fügeteile

Fügeoberteil und -unterteil sind so zu zentrieren, dass sie beim Schweißen ihre Position beibehalten. Die Zentrierhöhe sollte nicht unter 1 mm liegen. Bevorzugt ist eine Zentrierung durch die Fügeteile anzustreben.

Das Passungsspiel zwischen Ober- und Unterteil sollte gering sein, jedoch mindestens 0,05 mm betragen. Dieses Spiel muss auch bei schrägen und konisch laufenden Wandungen bis zur endgültigen Einsinktiefe vorhanden sein. Bei Kombinationen von Fügeteilen aus unterschiedlichen Kunststofftypen, z. B. verstärkt/unverstärkt, sind deren unterschiedliche Schwindmaße zu beachten.

Bild 8 zeigt häufig eingesetzte Zentriermöglichkeiten durch:

- Geometrie des Fügebereichs
- Zapfen und Bohrung
- das Aufnahmewerkzeug
- Zentrierung mittels Sonotrode und Aufnahmewerkzeug. Nur anwendbar bei besonders hoher Maßhaltigkeit der Fügeteile. Diese Zentriermöglichkeit wird nur in Sonderfällen genutzt.

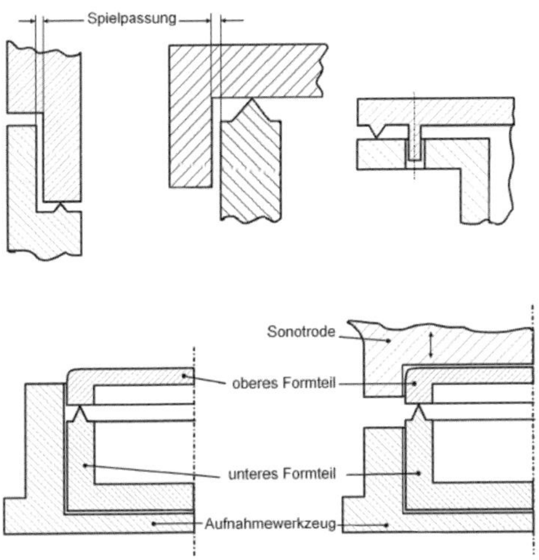

Bild 8. Zentriermöglichkeiten der Fügeteile.

8.1.6. Freier Einsinkweg des Oberteils

Das Oberteil muss beim Ultraschallschweißen frei einsinken können. Kanten, Rippen oder Stege dürfen das Oberteil bei der Einsinkbewegung nicht abfangen.

8.1.7. Mitschwingen von Rippen, Laschen, Bolzen und anderen Funktionselementen

Ultraschallschwingungen können freistehende Rippen, Laschen, Bolzen sowie Einlegeteile beschädigen bzw. Schäden am Fügeteil verursachen. Durch genügend große Radien an den Ecken, Kanten und Übergängen, kurze Schweißzeiten, niedrige Amplitude oder auch mit schwingungsdämpfenden Maßnahmen ist meist Abhilfe möglich.

8.1.8. Lösen von Partikeln beim Schweißen

Beim Schweißen können sich Partikel von der Schweißnaht oder deren Umgebung lösen. Der Austrieb lässt sich teilweise durch Verdecken der Schweißnaht vermeiden, Bilder 13, 14 und 15.

8.1.9. Lage im Aufnahmewerkzeug

Das untere Fügeteil ist im Aufnahmewerkzeug abzustützen und für den Schweißvorgang zu zentrieren. Bei dünnwandigen Fügeteilen und besonders bei Quetschnähten ist ein Abstützen der Seitenwände bis nahe zur Fügezone empfehlenswert, Bild 9.

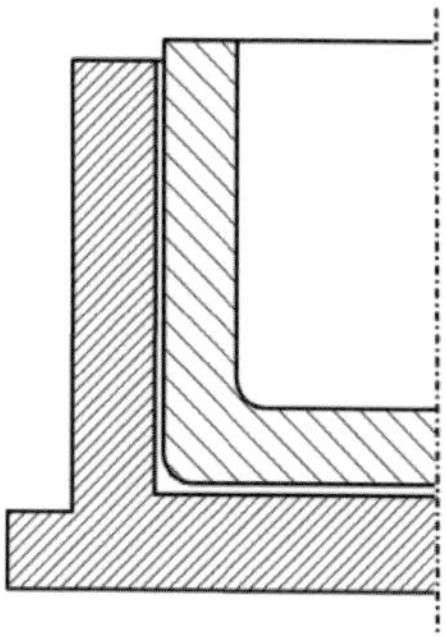

Bild 9. Unterstützung des unteren Fügeteils im Aufnahmewerkzeug.

8.1.10. Ankopplungsfläche der Sonotrode

Für die Ankopplung der Sonotrode ist eine dem Fügeteil angepasste, möglichst ebene und ausreichend groß bemessene Fläche vorzusehen, Bild 10. Bei zu klein bemessenen Flächen wird die Einleitung des Ultraschalls vermindert. Beschädigungen der Fügeteiloberfläche an der Ankoppelfläche der Sonotrode sind die Folge.

Ein gleichmäßiges Berühren der Sonotrode auf der Fügeteiloberfläche lässt sich z. B. durch tuschieren oder mit Kohlepapier, dem ein dünner Papierbogen beigelegt wird, nachweisen.

Die Ankopplung der Sonotrode auf hochglänzenden oder strukturierten Oberflächen kann zu Markierungen führen. Solche Abdrücke lassen sich durch eine Folienzwischenlage, z. B. eine PE-Folie, in den meisten Fällen verhindern.

In einigen Fällen genügt eine Beschichtung der Sonotrodenarbeitsfläche.

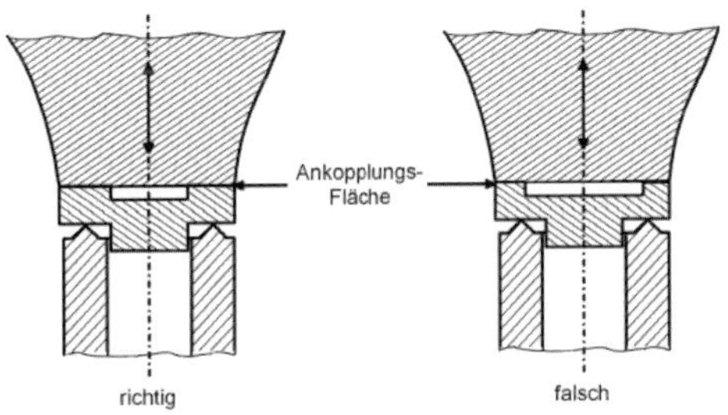

Bild 10. Ankopplung der Sonotrode an das Fügeteil.

8.1.11. Fügeflächengeometrie

Wenn keine Erfahrung bei der Dimensionierung der Energierichtungsgeber vorliegt, ist es aus Gründen der leichteren Nacharbeit von Werkzeugen zweckmäßig, mit geringeren Höhen der Energierichtungsgeber zu beginnen.

8.1.12. Fügeflächenausbildung mit kegel- und noppenförmigem Energierichtungsgeber

Die Auslegung des Fügebereichs mit kegel- und noppenförmigen Energierichtungsgebern hat sich zum Schweißen von flächigen Teilen bewährt. Bild 11 zeigt ein unteres Fügeteil mit kegelförmigen Energierichtungsgebern. Sie eignen sich nicht für Dichtschweißungen. Der Winkel des Energierichtungsgebers beträgt meist 90°. Die Höhe h der Energierichtungsgeber liegt in der Regel bei 1/5 bis 1/10 der Fügeflächenbreite. Bei einer Reihe von Anwendungen sind bei den teilkristallinen Kunststoffen die Energierichtungsgeber höher auszubilden als bei den amorphen.

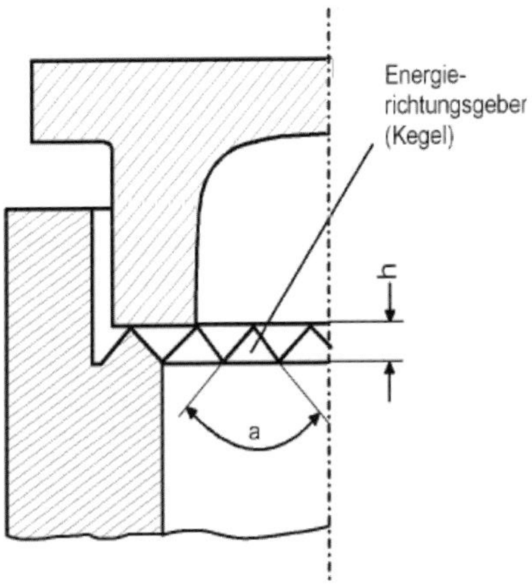

Bild 11. Unteres Fügeteil mit kegelförmigen Energierichtungsgebern.

8.1.13. Fügeflächenausbildung mit dachförmigem Energierichtungsgeber

Schweißnahtgeometrien mit dachförmigem Energierichtungsgeber (ERG) sind bevorzugt beim Schweißen von amorphen Kunststoffen bei nahezu allen Fügeteilabmessungen anwendbar, Bild 12.

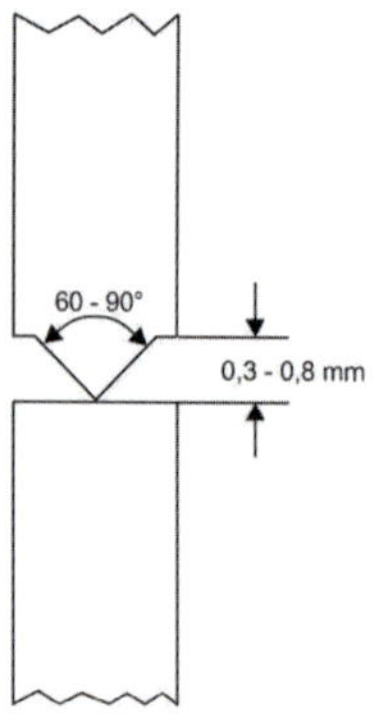

	ERG-Breite [mm]	
ERG-Höhe [mm]	90°	60°
0,30	0,600	0,346
0,50	1,000	0,577
0,60	1,200	0,693
0,80	1,600	0,924

Bild 12. Dachförmiger Energierichtungsgeber.

Ein symmetrisch angeordneter Energierichtungsgeber ist einem unsymmetrischen vorzuziehen. Er sollte die Fügefläche möglichst mittig treffen. In Sonderfällen können anstelle eines großen auch mehrere kleine Energierichtungsgeber gewählt werden. Sie lassen sich versetzt oder auch unterschiedlich hoch anordnen.

Ein Beispiel einer Schweißung mit dachförmigem Energierichtungsgeber zeigt Bild 13. Die dabei verwendeten Schweißparameter:

- Werkstoff: Polycarbonat (PC)
- ERG: 90°/0,6 mm hoch (DVS-Prüfkörper)
- Frequenz: 20 kHz
- Amplitude: 40 µm
- Fügekraft: 300 N
- Haltezeit: 1 s

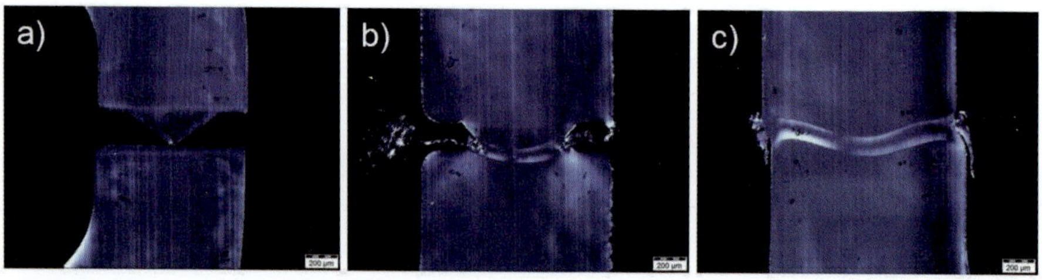

Bild 13. Querschnitt durch eine Schweißung mit dachförmigem Energierichtungsgeber.

a): vor der Schweißung
b): Fügeweg (mit US) 0,35 mm, geringe Schweißnahtfestigkeit
c): Fügeweg 0,60 mm, hohe Schweißnahtfestigkeit, Schmelzeschichtdicke ca. 125 µm

Nachstehend einige bewährte Fügeflächenformen mit dachförmigen Energierichtungsgebern, Bilder 14 bis 17. In bestimmten Grenzen lassen sich deren Proportionen auch ändern. Ebenso sind Sonderformen möglich.

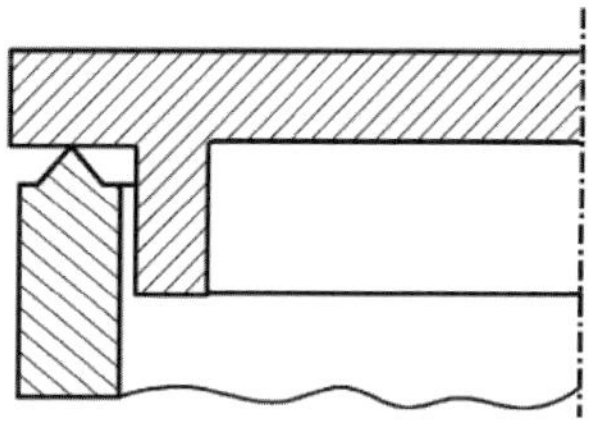

Bild 14. Oberteil mit Innenzentrierung. Naht nach innen verdeckt, nach außen kann Schmelze austreten.

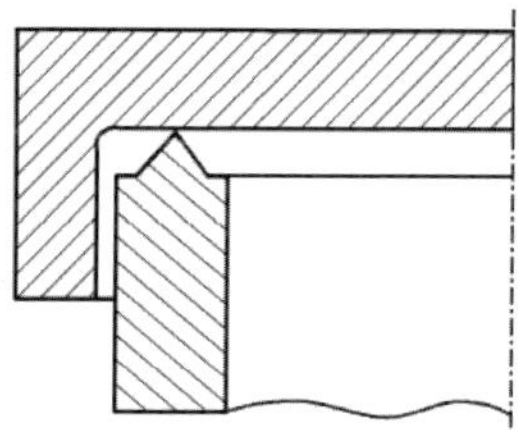

Bild 15. Oberteil mit Außenzentrierung. Naht nach außen verdeckt, nach innen kann Schmelze austreten.

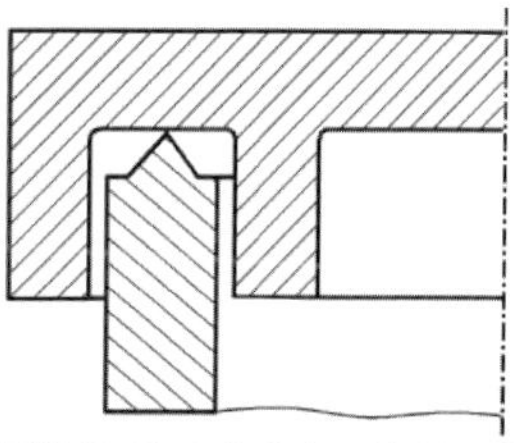

Bild 16. Oberteil mit doppelseitiger Zentrierung. Wegen der Forderung nach hoher Maßhaltigkeit bevorzugt nur bei kleineren Fügeteilen anwendbar.

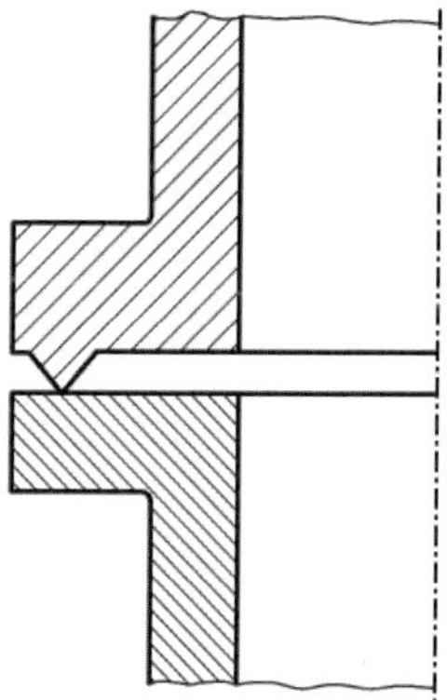

Bild 17. Nahtform für größere Fügeteile.

Mit der in Bild 17 dargestellten Nahtform sind auch größere Fügeteile schweißbar. Die Sonotrode wird am umlaufenden Rand des oberen Teils aufgesetzt. Der Rand des Unterteils wird im Aufnahmewerkzeug abgestützt. Durch Anbringen einer Zentrierung am Ober- oder Unterteil lässt sich die Naht nach innen bzw. außen verdecken. Vorteilhaft ist diese Nahtform beim Schweißen von Polyolefinen.

In Bild 18 ist ein Fügeteil mit doppelseitiger Zentrierung im Unterteil dargestellt (Nut/ Feder-Verbindung). Das seitliche Spiel muss bis zum Erreichen der vollen Einsinktiefe erhalten bleiben.

Wegen der Forderung nach hoher Maßhaltigkeit ist diese Fügeflächengeometrie bevorzugt nur bei kleinen Fügeteilen anwendbar.

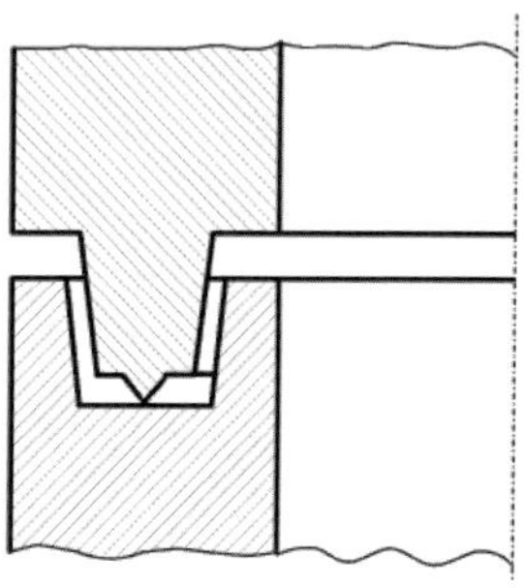

Bild 18. Oberteil mit doppelter Zentrierung im Unterteil.

8.1.14. Fügeflächenausbildung mit Quetschnähten

Quetschnähte (QN), auch als Stufennähte bezeichnet, werden für Dichtschweißungen, bevorzugt bei der Verwendung von teilkristallinen Kunststoffen, gewählt.

Zum Erzielen einer definierten Überlappung von Oberteil und Unterteil müssen die Fügeteile eng toleriert und das Passungsspiel gering sein. Angespritzte Distanzrippen verbessern die Zentrierung der Fügeteile.

Die Spitze des Energierichtungsgebers ist scharfkantig auszuführen. Sofern nicht anders vermerkt müssen alle Ecken und Kanten mit Radien >0,2 mm versehen werden.

Die beste Schweißqualität wird erreicht, wenn die Sonorode möglichst nah und direkt über der Fügezone positioniert wird.

Die Seitenwände der Unterteile sind bis zur Höhe der Schweißnaht abzustützen. Quetschnaht-Anwendungen verlangen generell eine hohe Amplitude und eine große Generatorleistung gegenüber einer Schweißung mit einem klassischen ERG. Das Prinzip einer Quetschnaht zeigt Bild 19.

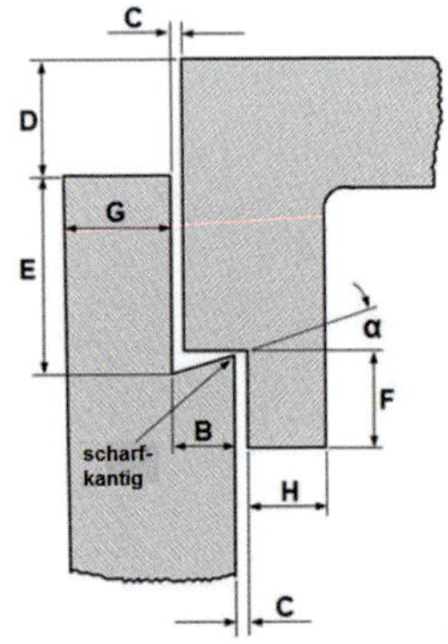

Bemaßung

α	20° bis 35°
B	0,6 mm bis 0,9 mm
C	0,05 mm bis 0,1 mm
D	≥ Schweißweg
E	≥1,0 mm
F	1,5 mm bis 2,0 mm
G	≥1,0 mm
H	≥1,0 mm

Schweißweg

Min	0,5 mm
Max	1,3 mm

Bild 19. Exemplarischer Konstruktionsvorschlag für die Ausbildung einer typischen Quetschnaht.

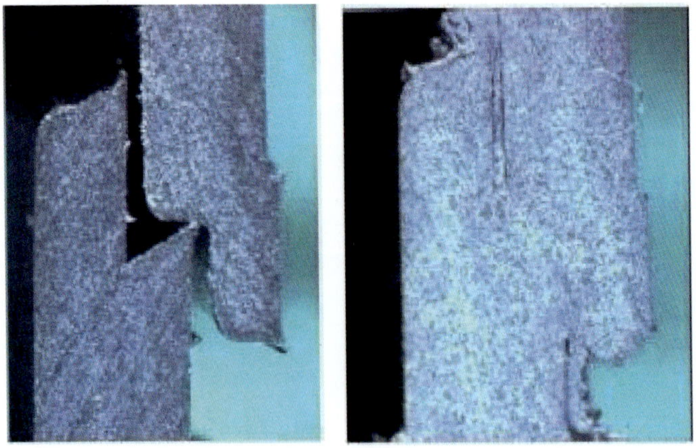

Bild 20. Querschnitt durch eine Schweißung mit Quetschnaht.

Das in Bild 20 aufgeführte Beispiel wurde mit folgenden Daten geschweißt:

Werkstoff: PA6.6 GF30
Überlappung: 0,5 mm – 0,8 mm
Winkel α: 30°
Einsinktiefe: 1,3 mm
Amplitude: 38 µm
Frequenz: 20 kHz
Fügedruck: 2,5 N/mm²

In Bild 21 und Bild 22 sind Doppelquetschnähte mit und ohne Energierichtungsgeber am Unterteil ersichtlich. Die zweite Quetschnaht wirkt erst bei zunehmender Einsinkbewegung des Oberteils. Wegen der Forderung nach hoher Maßhaltigkeit ist diese Fügeflächengeometrie nur bei kleinen Fügeteilen anwendbar.

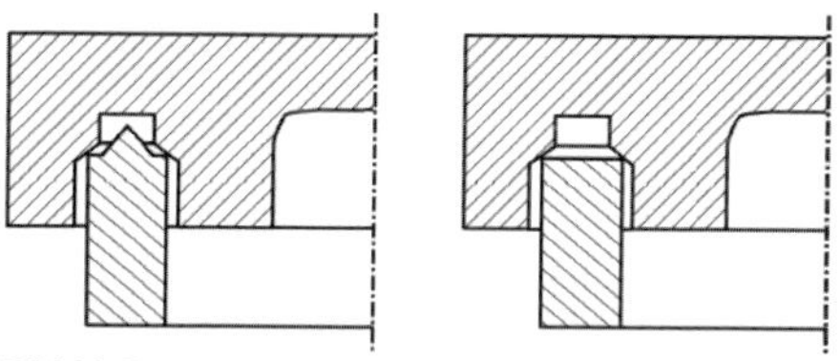

Bild 21. Doppelquetschnaht mit und ohne Energierichtungsgeber am Unterteil.

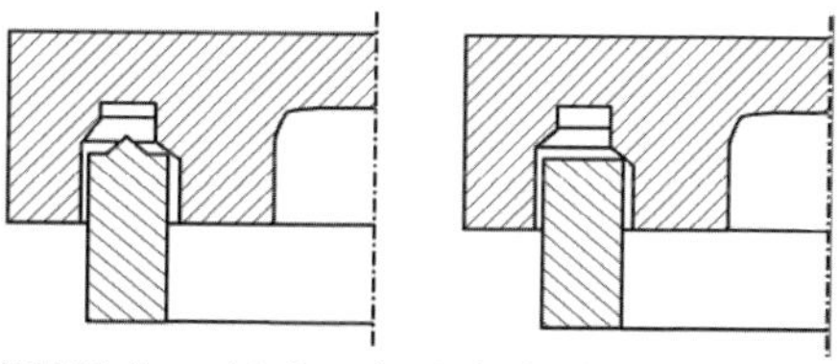

Bild 22. Abgesetzte Doppelquetschnaht mit und ohne Energierichtungsgeber am Unterteil.

Die Zapfenschweißung, Bild 23, wird beim Verbinden von Fügeteilen gewählt, die fest, jedoch nicht dicht miteinander zu schweißen sind. Sie ist bei den meisten teilkristallinen und harten amorphen Kunststoffen anwendbar. Für die Dimensionierung der Fügeflächen gelten annähernd die gleichen Gesichtspunkte wie bei den Quetschnähten. In Sonderfällen sind Dichtschweißungen durch Beilegen elastischer Dichtelemente möglich.

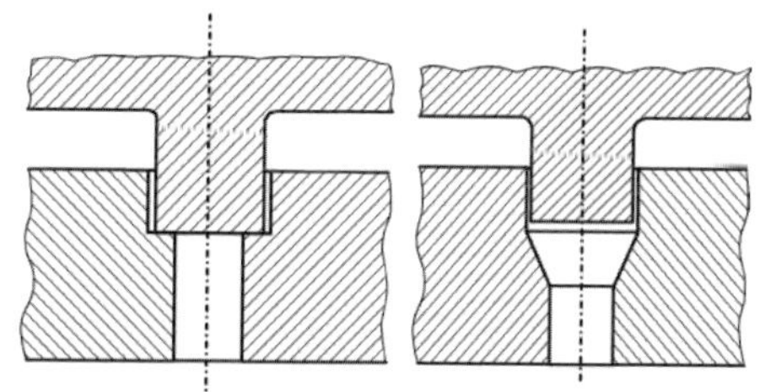

Bild 23. Prinzip des Ultraschall-Zapfenschweißens.

8.1.15. Punktschweißen

Das Ultraschall-Punkschweißen wird vorwiegend dort eingesetzt, wo z. B. flächige Formteile ohne Nahtvorbereitung, das heißt ohne Energierichtungsgeber, verbunden werden sollen, z. B. Halbzeuge, thermogeformte, blasgeformte, extrudierte und großflächige Formteile.

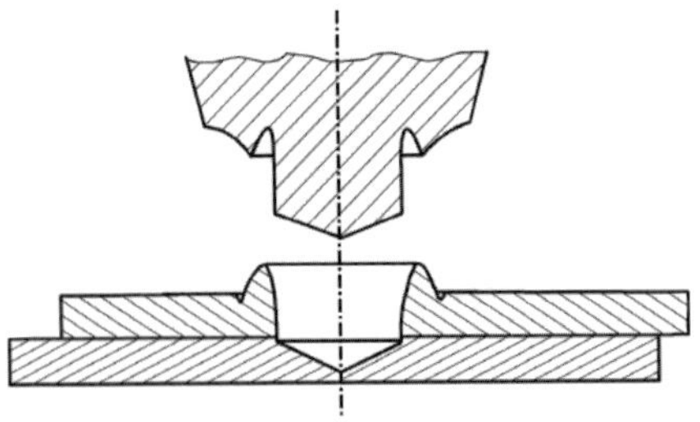

Bild 24. Prinzip des Ultraschall-Punktschweißens.

Bild 23 zeigt das Prinzip des Ultraschall-Punktschweißens. Die Sonotrodenspitze dringt durch das Oberteil hindurch in das Unterteil ein. An den Berührungsflächen der Formteile entsteht Wärme, durch die das Material plastifiziert und miteinander geschweißt wird. Der verdrängte Kunststoff fließt nach oben und bildet eine ringförmige Erhebung. Die Rückseite des Unterteils bleibt weitgehend frei von Markierungen. Die Formteile werden zweckmäßig durch Niederhalter bzw. Spannvorrichtungen fixiert. Die Materialdicke des an der Sonotrode anliegenden Formteils sollte 8 mm nicht überschreiten. Das Punktschweißen kann auch mit einem ortsbeweglichen Ultraschall-Handschweißgerät ausgeführt werden.

9. Prozessüberwachung

Zur optimierten Prozessführung werden für Ultraschallschweißmaschinen in zunehmendem Maße Mikroprozessor-/ PC-Steuerungen mit automatisch arbeitenden Regelsystemen eingesetzt. Sie dienen zum Ausgleich von Netzspannungsschwankungen, zum Konstanthalten der Schwingungsamplitude durch Resonanznachführung bei thermischen Effekten, Bedämpfung während des Schweißprozesses und Sonotrodenverschleiß. Die vom Ultraschallgenerator abgegebene Leistung wird automatisch an den Leistungsbedarf während des Fügeprozesses bis zur maximalen Nennleistung des Generators angepasst.

Durch die Vorgabe des Parameters Fügeweg absolut bzw. relativ können die Abschweißtiefe bzw. das Bauteilendmaß unabhängig von den Fügeteiltoleranzen konstant gehalten werden. Beim Schweißen auf konstantes Bauteilmaß sind eventuell auftretende Festigkeitsschwankungen zu berücksichtigen.

Darüber hinaus gibt es Überwachungseinrichtungen für die Prozessparameter:

- Fügeweg, absolut und Verlauf
- Aufsetzgeschwindigkeit der Sonotrode
- Fügegeschwindigkeit
- Amplitude konstant bzw. Amplitudenprogramm, absolut bzw. Verlauf
- Trigger-, Schweiß- und Haltekraft, Kraftprogramm, absolut bzw. Verlauf
- Generatorausgangsleistung, -energie, absolut und Verlauf
- Schweißzeit bei vorgegebenem Fügeweg relativ bzw. vorgegebener Leistung oder Energie.

Bei speziellen Qualitätsanforderungen hat sich die gleichzeitige Überwachung mehrerer Prozessparameter bewährt. Moderne Ultraschallschweißmaschinen bieten die Möglichkeit der grafischen Darstellung und Abspeicherung von Schweißkurven und Daten zur statistischen Auswertung und Prozessüberwachung.

Zum Erreichen eines hohen Qualitätsniveaus besteht die Grundvoraussetzung, dass entsprechend den Anforderungen an die Qualität der Fügeteile und den wirtschaftlichen Vorgaben eine geeignete Schweiß- bzw. Fertigungseinrichtung ausgewählt wird, die Schweißparameter optimiert wurden, diese reproduzierbar eingestellt werden können und der Schweißprozess reproduzierbar abläuft. Es gibt jedoch auch Fälle, bei denen zwischen den überwachten Parametern und dem Qualitätsmerkmal keine abgesicherte Korrelation besteht.

In der Richtlinie DVS 2230-1 "Schweißen von Kunststoffserienteilen, Qualitätssicherung, Prüfung" wird ausgeführt, dass eine umfassende Qualitätssicherung das Personalmanagement, die Logistik, den Fertigungsablauf und alle an der Produktion beteiligten Bereiche beinhaltet. Es wird in der Richtlinie speziell auf die qualitätssichernden Maßnahmen vor, während und nach dem Schweißprozess eingegangen.

10. Qualitätsüberwachung an Fügeteilen nach dem Schweißen

Trotz der zunehmenden Prozessüberwachungsmöglichkeiten hat zur Sicherung der Produktqualität die Qualitätsüberwachung der Fügeteile nach dem Schweißen eine zentrale Bedeutung. Die bekannten zerstörungsfreien Prüfverfahren und und die zerstörenden Prüfungen sind in der Richtlinie DVS 2230-1 "Schweißen von Kunststoffserienteilen, Qualitätssicherung, Prüfung" beschrieben.

11. Verfahrensschritte zum Einstellen und Optimieren der Prozessparameter

Anhand von Ablaudiagrammen wird in der DVS Richtlinie 2216-2 „Leitfaden zum Projektablauf beim Fügen von thermoplastischen Kunststoffen in der Serienfertigung" ein Lösungsweg von der Aufgabenstellung bis zur Serienfertigung aufgezeigt. Die Prozessparameter und deren Einfluss auf das Ergebnis werden beschrieben.

12. Schrifttum

12.1. Regelwerk

DIN EN ISO 1043-1	Kunststoffe - Kennbuchstaben und Kurzzeichen für Polymere und ihre besonderen Eigenschaften
DIN EN ISO 1043-2	Kunststoffe - Kurzzeichen Füllstoffe und Verstärkungsstoffe
DIN EN ISO 1043-4	Kunststoffe - Kurzzeichen für Flammschutzmittel
DIN EN ISO 11469	Kunststoffe - Sortenspezifische Identifizierung und Kennzeichnung von Kunststoff- Formteilen
DIN EN ISO 18064	Thermoplastische Elastomere - Nomenklatur und Kurzzeichen
DIN ISO 1133-1	Kunststoffe - Bestimmung der Schmelze-Massefließrate (MFR) und der Schmelze-Volumenfließrate (MVR) von Thermoplasten - Teil 1: Allgemeines Prüfverfahren
Richtlinie DVS 2203-1	Prüfen von Schweißverbindungen an Tafeln und Rohren aus thermoplastischen Kunststoffen; Prüfverfahren - Anforderungen
Richtlinie DVS 2203-2	- Zugversuch
Richtlinie DVS 2203-3	- Schlagzugversuch
Richtlinie DVS 2203-4	- Zeitstand-Zugversuch
Richtlinie DVS 2203-5	- Technologischer Biegeversuch

Richtlinie DVS 2216-2	Leitfaden zum Projektablauf beim Fügen von thermoplastischen Kunststoffen in der Serienfertigung
Richtlinie DVS 2216-3	Ultraschallfügen von Formteilen und Halbzeugen aus thermoplastischen Kunststoffen in der Serienfertigung - Nieten und Bördeln durch Umformen mit Ultraschall
Richtlinie DVS 2216-4	Ultraschallfügen von Formteilen und Halbzeugen aus thermoplastischen Kunststoffen in der Serienfertigung; Einbetten von Metallteilen und artfremden Kunststoffen mit Ultraschall
Richtlinie DVS 2216-5	Ultraschallfügen von Formteilen aus thermoplastischen Kunststoffen in der Serienfertigung - Ultraschallwerkzeug - Sonotrode
Richtlinie DVS 2216-6	Ultraschallfügen von Formteilen und Halbzeugen aus amorphen thermoplastischen Kunststoffen in der Serienfertigung
Richtlinie DVS 2230-1	Schweißen von Kunststoffserienteilen - Qualitätssicherung, Prüfung
Richtlinie VDI 2058 Blatt 2	Beurteilung von Lärm hinsichtlich Gehörgefährdung
BIA-Report	Grenzwertliste, Hauptverband der gewerblichen Berufsgenossenschaften

12.2. Literatur

Taschenbuch DVS-Merkblätter und -Richtlinien "Fügen von Kunststoffen"; Fachbuchreihe Schweißtechnik Bd. 68, DVS Media GmbH, www.dvs-media.eu.

Ultraschallanlagen als Lärmquellen, Schweizerische Unfallversicherungsanstalt, Arbeitssicherheit, 6002 Luzern, Bestellnummer 66077.d, Ausg. März 1997

13. Anwendungsbeispiele

Beispiel 1: Ultraschall-Fein-Nieten von Gurtschloss-Schalter für Auto-Sicherheitsgurt

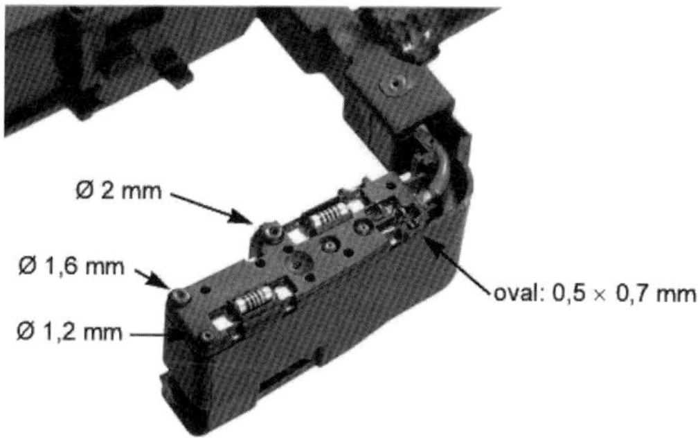

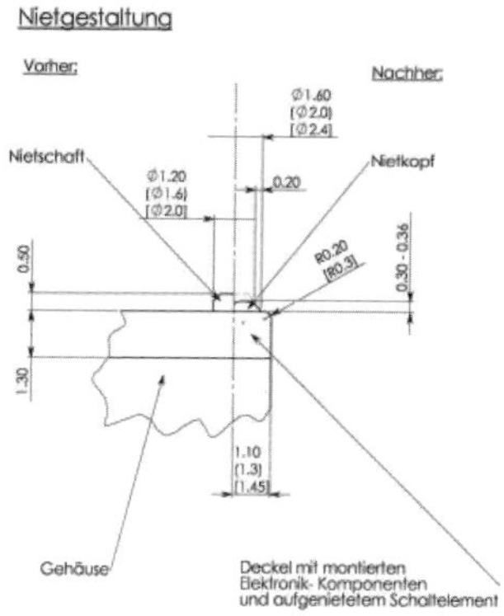

Aufgabenstellung:	Ultraschall-Nieten von Deckel mit Gehäuse
Werkstoff:	PA6-GF
Anforderungen:	Reproduzierbare, prozesssichere Nietverbindung ohne Beschädigung von Elektronikkomponenten und Schaltelement bei äußerst geringen Platzverhältnissen
Prüfung:	Automatische Prozessüberwachung durch Toleranzfenster von Energie, Schallzeit und Leistung, visuelle Kontrolle und Abreißtest gemäß Stichprobenplan
Bemerkung:	Arbeitsfrequenz 36 kHz, Leistung < 500 W, Schalleinwirkzeit ca. 200 ms Amplitude 25 µm, Ultraschall-Stopp durch Nietwegbegrenzer

Beispiel 2: Ultraschallschweißen von Schlossgehäuse für Auto-Sicherheitsgurt

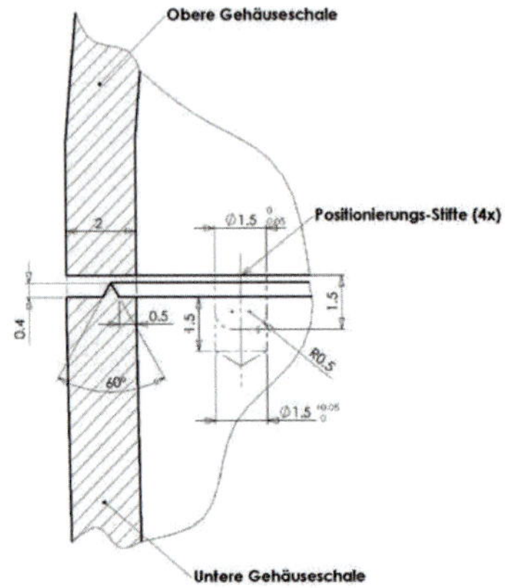

Nahtvorbereitung

Aufgabenstellung:	Ultraschallschweißen von Halbschalen
Werkstoff:	ABS
Anforderungen:	Verwindungssteif, hohe Festigkeit, einwandfreie Optik
Prüfung:	Visuelle Kontrolle, Festigkeitstest gemäß Stichprobenplan
Bemerkung:	Arbeitsfrequenz 20 kHz, Leistung 1200 W, Schweißzeit ca. 600 ms, Amplitude 25 µm, Schweißmodus: Konstante Energie

Beispiel 3: Ultraschallschweißen von Kühlmitteldüsen für Werkzeugmaschinen

Nahtvorbereitung

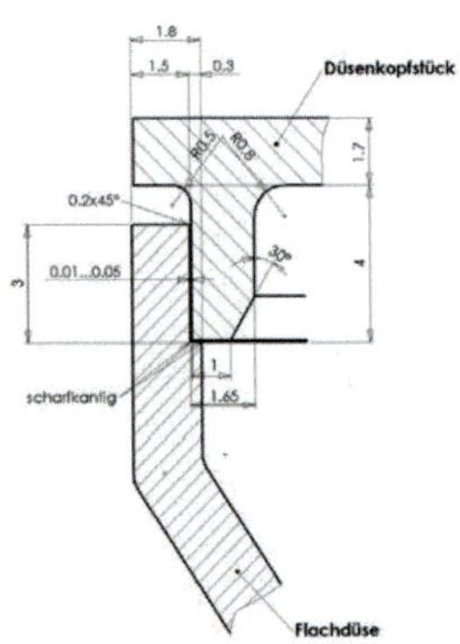

Aufgabenstellung:	Ultraschallschweißen von Flachdüse auf Düsenkopf
Werkstoff:	PA-Legierung BT 40
Anforderungen:	Dichtigkeit, hohe Festigkeit, einwandfreie Optik
Prüfung:	Visuelle Kontrolle, Dichtigkeitstest 1,5 bar gemäß Stichprobenplan

Bemerkung: Arbeitsfrequenz 20 kHz, Leistung 600 W, Schweißzeit ca. 300 ms, Amplitude 30 µm

Beispiel 4: Ultraschallschweißen von Miniatur Chip-Drossel

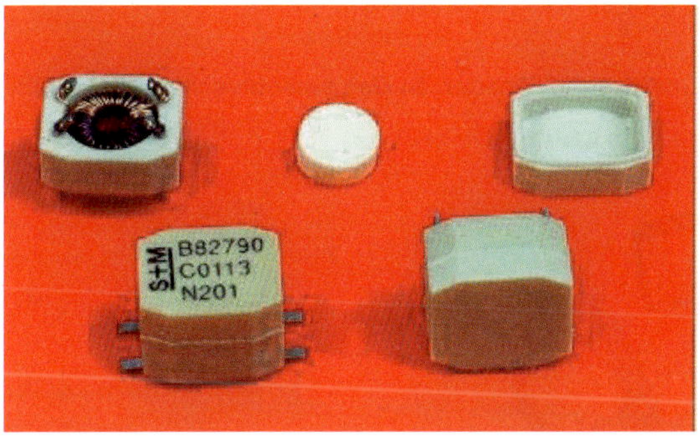

Aufgabenstellung: Ultraschallschweißen von Deckel auf Gehäuse

Werkstoff: PBT

Anforderungen: Dichtigkeit (gasdichte Verbindung), keine Schädigung der Anschlüsse, kurze Schweißzeit, einwandfreie Optik

Prüfung: Visuelle Kontrolle, Dichtigkeitstest gemäß Stichprobenplan, Festigkeit durch Torsionsprüfung

Bemerkung: Arbeitsfrequenz 20 kHz, Schweißmodus: Wegschweißung, Sonotrode schwingend aufsetzend, Nahtvorbereitung

Beispiel 5: Ultraschallschweißen von Oberschalengehäuse Verschlüsselungsmodem

Aufgabenstellung: Rückwärtiges Einschweißen von Schieberführung mit eingelegtem Abdeckschieber aus PC und Fenster

Werkstoff: Gehäuse u. Schieberführung ABS-PC Blend, Fenster PMMA
Schwierigkeit: Oberschale ist innen metallisiert

Anforderungen: Einhalten einer definierten Schiebekraft der Abdeckung, hohe Festigkeit der Verbindung, optisch einwandfreie Gehäuseoberfläche nach dem US-Schweißen

Prüfung:	Visuelle Kontrolle, Messen der Schieberkraft und der Festigkeit gemäß Stichprobenplan
Bemerkung:	Arbeitsfrequenz 20 kHz, Schweißmodus: Differentielle Wegschweißung mit Krafttriggerung
Nahtvorbereitung:	Energierichtungsgeber 0,5 mm hoch, 90°

Beispiel 6: Ultraschallschweißen und Ultraschall-Einbetten an Gehäuseoberschale für Mobiltelefon

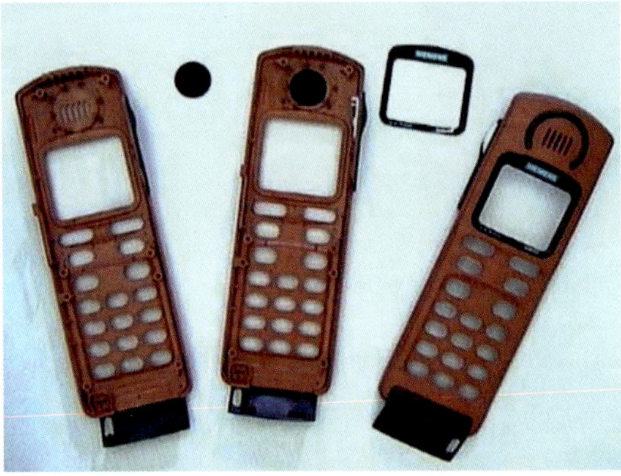

Aufgabenstellung:	Ultraschallschweißen der Displayabdeckung und Ultraschall-Einbetten einer Hörmuschelabdeckung aus Gewebe
Werkstoff:	Gehäuse ABS+PC, Displayabdeckung PMMA
Anforderungen:	Hohe Ausdrückfestigkeit der Displayabdeckung und keine Beschädigung der Folienbedruckung, optisch einwandfreie Oberfläche der Gehäuseoberfläche
Prüfung:	Visuelle Kontrolle, Messen der Ausdrückkraft gemäß Stichprobenplan
Bemerkung:	Arbeitsfrequenz 40 kHz, Schweißmodus Displayabdeckung: Differentielle Wegschweißung mit Krafttriggerung Schweißmodus Gewebeabdeckung: Zeitschweißung mit Krafttriggerung
Nahtvorbereitung:	Energierichtungsgeber 0,4 mm hoch, 90°, Sonotrode zum Einbetten der Gewebeabdeckung mit prismenkordierter Wirkfläche

Beispiel 7: Ultraschallschweißen von Tintenpatronen

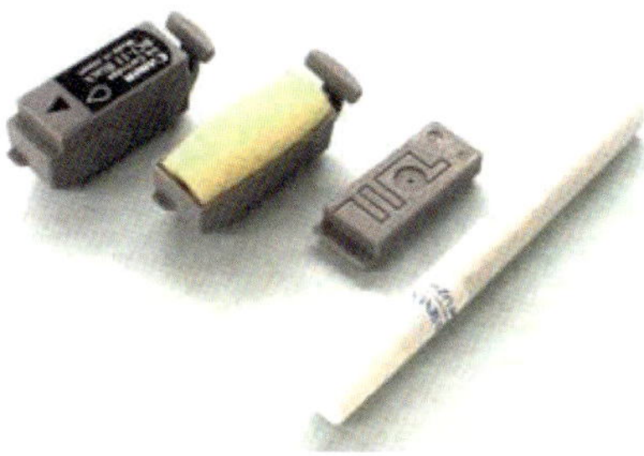

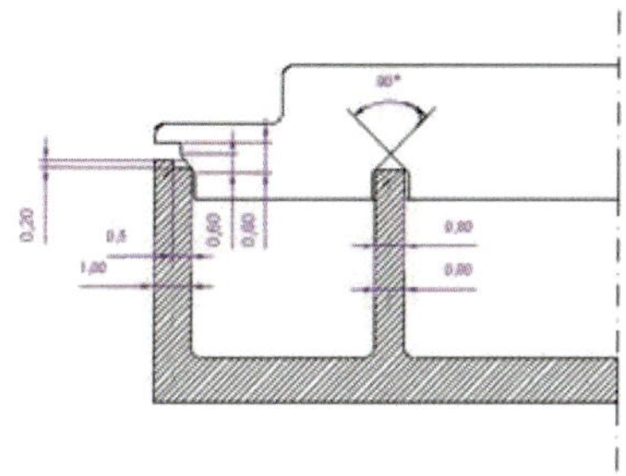

Aufgabenstellung:	Ultraschallschweißen von Deckel und Gehäuse
Werkstoff:	Deckel und Gehäuse PP
Anforderungen:	Dichtigkeit, optisch einwandfreie Gehäuseoberfläche
Prüfung:	Dichtigkeitskontrolle, visuelle Kontrolle
Bemerkung:	Arbeitsfrequenz 20 kHz, Amplitude 40 µm, Schweißzeit 400 ms, Fügekraft: 100 N
Nahtvorbereitung:	Quetschnaht

Beispiel 8: Ultraschallschweißen von Tintenpatronen

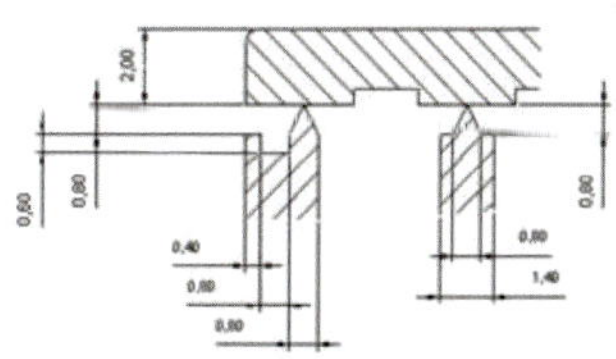

Aufgabenstellung:	Ultraschallschweißen von Deckel und Gehäuse
Werkstoff:	Deckel und Gehäuse ABS
Anforderungen:	Dichtigkeit, Festigkeit, optisch einwandfreie Gehäuseoberfläche
Prüfung:	Dichtigkeitskontrolle, Festigkeitskontrolle durch Falltest aus 1 m Höhe auf Steinboden, visuelle Kontrolle,
Bemerkung:	Arbeitsfrequenz 20 kHz, Amplitude 26 µm, Schweißzeit 300 ms, Fügekraft: 200 N
Nahtvorbereitung:	Energierichtungsgeber Höhe 0,8 mm

Beispiel 9: Ultraschall-Bördeln von Pleuelstangen

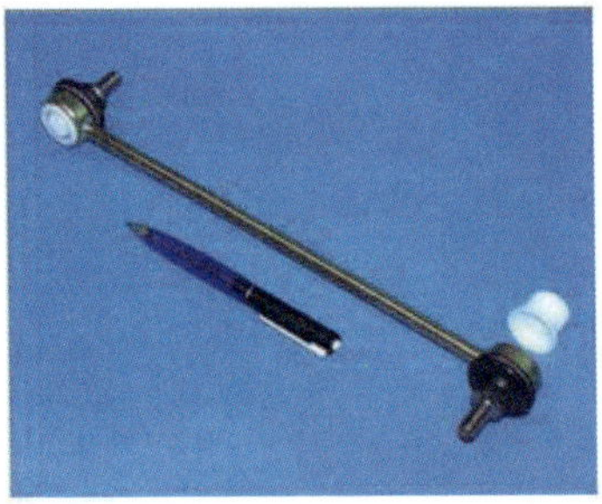

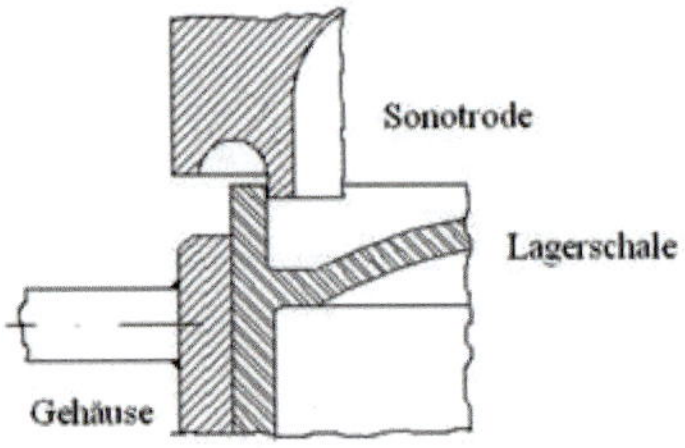

Aufgabenstellung:	Ultraschall-Bördeln der Lagerschalen mit der Pleuelstange
Werkstoff:	Lagerschale POM, Pleuelstange Stahl
Anforderungen:	Rückfederungsfreier Festsitz, Optik
Prüfung:	Festigkeitskontrolle, visuelle Kontrolle
Bemerkung:	Arbeitsfrequenz 20 kHz, Amplitude 36 µm, Schalleinwirkzeit 400 ms, Fügekraft: 500 N

Beispiel 10: Ultraschallschweißen von Eisverpackungen

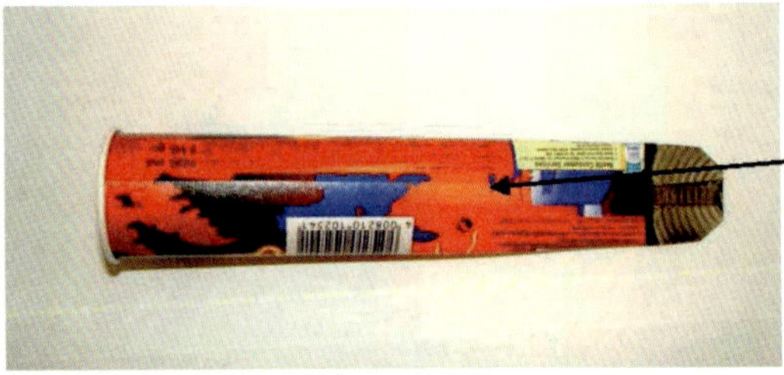

Aufgabenstellung:	Ultraschallschweißen der Längs- und Quernaht von Eisverpackungen
Werkstoff:	Papier beschichtet mit 50 m PE
Anforderungen:	Dichtigkeit, Festigkeit, Optik
Prüfung:	Dichtigkeitskontrolle, visuelle Kontrolle
Bemerkung:	Arbeitsfrequenz 20 kHz, Amplitude 35 µm, Schweißzeit Quernaht 120 ms, Schweißzeit Längsnaht 170 ms, Schweißkraft: 2700 N, Sonotrode plan, Amboss konturiert

Beispiel 11: Ultraschallschweißen von Ausgießern

Aufgabenstellung:	Ultraschallschweißen der Ausgießer in Verpackungen
Werkstoff:	Papier beschichtet mit 50 m PE
Anforderungen:	Dichtigkeit, Festigkeit, Optik
Prüfung:	Dichtigkeitskontrolle, visuelle Kontrolle
Bemerkung:	Arbeitsfrequenz 20 kHz, Amplitude 35 µm, Schweißzeit 150 ms, Schweißkraft: 2000 N, Sonotrode an der Kartonseite, Amboss innen, Taktfolge 100 Teile je Minute

Beispiel 12: Ultraschallnieten von Scherköpfen für Elektrorasierer

Aufgabenstellung:	Ultraschallnieten des Scherblatts mit dem Scherblattgehäuse
Werkstoff:	Scherblattgehäuse POM
Anforderungen:	Festigkeit, Optik
Prüfung:	Festigkeitskontrolle, visuelle Kontrolle
Bemerkung:	Arbeitsfrequenz 40 kHz, Amplitude 20 µm, Schalleinwirkzeit 150 ms, Nietkraft: 120 N,

Beispiel 13: Ultraschallnieten von Uhren

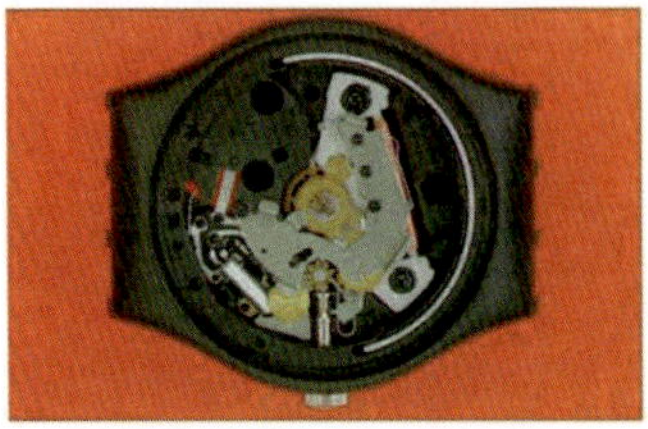

Aufgabenstellung:	Ultraschallnieten von Uhren-Komponenten mit dem Gehäuse
Werkstoff:	Uhrengehäuse ABS
Anforderungen:	Festigkeit, Partikelfreiheit
Prüfung:	Festigkeitskontrolle, visuelle Kontrolle
Bemerkung:	Arbeitsfrequenz 40 kHz, Amplitude 10 µm, Schalleinwirkzeit 800 ms, Nietkraft: 100 N

Beispiel 14: Ultraschallbördeln

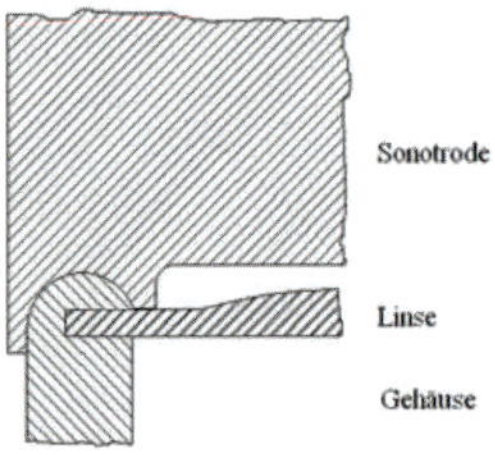

Aufgabenstellung:	Befestigen der Okularlinse im Gehäuse durch Ultraschallbördeln
Werkstoff:	Linse: Glas, Gehäuse: PC
Anforderungen:	mechanischer Festsitz, Optik
Prüfung:	Ausdrückkraft, visuelle Kontrolle
Bemerkung:	Arbeitsfrequenz 20 kHz, Amplitude 20 µm, Schalleinwirkzeit 500 ms, Nietkraft: 250 N

Beispiel 15: Ultraschallschweißen von Trageverpackungen

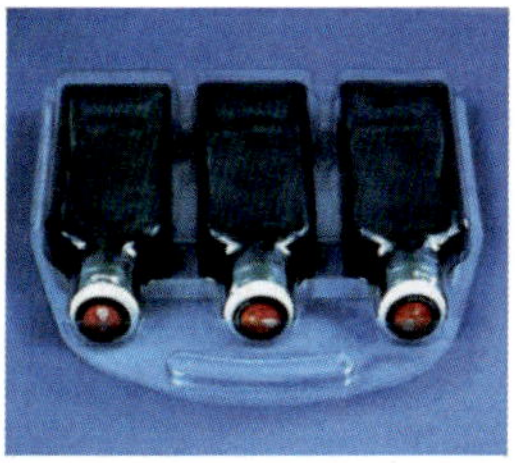

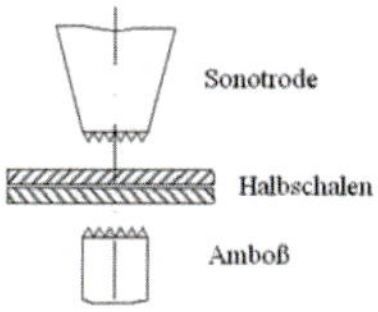

Aufgabenstellung:	Ultraschallschweißen der Halbschalen von Trageverpackungen
Werkstoff:	PET
Anforderungen:	Festigkeit, Optik
Prüfung:	Festigkeitskontrolle, visuelle Kontrolle
Bemerkung:	Arbeitsfrequenz 20 kHz, Amplitude 15 µm, Schweißzeit 700 ms, Schweißkraft: 500 N

Beispiel 16: Ultraschallumbugen und -schweißen an KFZ Innenverkleidungen

Aufgabenstellung:	Ultraschallumbugen und -schweißen von Absorbern für KFZ Innenbereich, A, B, C und D-Säule
Werkstoff:	Grundmaterial: ABS+PC, Gewebe: Polyester, Absorber: PU-Schaum/ Textil
Anforderungen:	Umbug: feste und gleichmäßige Schweißverbindung Absorber: feste Schweißverbindung Bei beiden Anwendungen keine Abdrücke auf der Sichtseite
Prüfung:	Festigkeitskontrolle, visuelle Kontrolle
Bemerkung:	Mehrkopfanlage, Arbeitsfrequenz 30 kHz, Amplitude 25 µm, Schweißmodus Wegschweißung 1 mm alternativ Zeitschweißung 800 ms, Schweißwerkzeug Umbugen: Titan-Sonotrode mit kammförmiger Arbeitsfläche; Schweißwerkzeug Absorber: Titan- Sonotroden Arbeitsfläche Ø 10 mm mit grobem Kreuzrändel; Teileauflage aus Kunstharz mit Metalleinsätzen

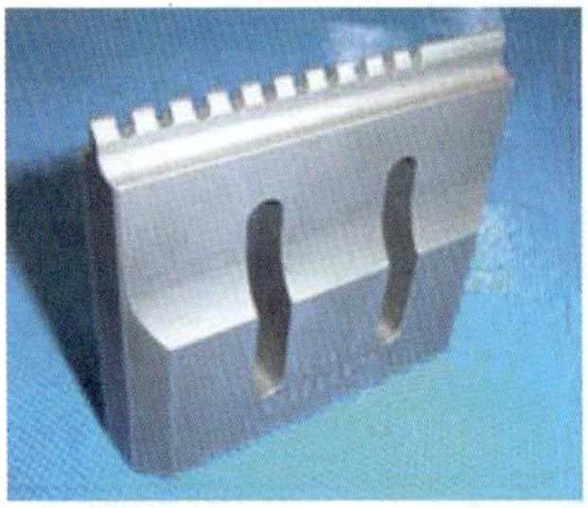

Konturensonotrode zum Umbugen

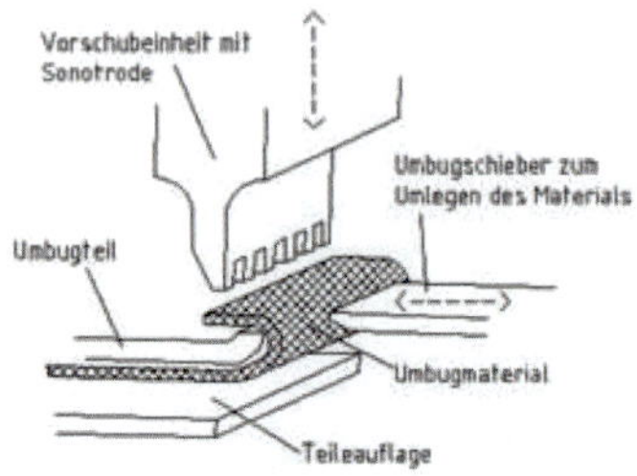

Prinzipskizze Umbugen

Beispiel 17: Ultraschallschweißen von KFZ Unterbodenverkleidungen

Aufgabenstellung:	Ultraschallschweißen von Absorbern für GMT Motorraum- Unterbodenverkleidungen
Werkstoff:	Grundmaterial: PP-GF, Absorber: PP-Schaum
Anforderungen:	Feste Schweißverbindung, keine Abdrücke auf der Sichtseite
Prüfung:	Festigkeitskontrolle, visuelle Kontrolle
Bemerkung:	Mehrkopfanlage mit Niederhalter, Arbeitsfrequenz 30 kHz, Amplitude 25 µm, Schweißmodus Wegschweißung 1 mm, alternativ Zeitschweißung 800 ms, Schweißwerkzeug: Titan-Sonotroden Arbeitsfläche Ø 10 mm mit grobem Kreuzrändel; Teileauflage aus Kunstharz mit Metalleinsätzen

Beispiel 18: Ultraschallschweißen von KFZ Kofferraumabdeckungen

Geschweißter Retainer

Konturensonotrode

Aufgabenstellung:	Ultraschallschweißen von Retainern auf KFZ Kofferraumabdeckungen, Heckklappenverkleidung
Werkstoff:	Grundmaterial: PP-GF, Retainer: PP
Anforderungen:	Feste Schweißverbindung, keine Abdrücke auf der Sichtseite
Prüfung:	Festigkeitskontrolle, visuelle Kontrolle
Bemerkung:	Mehrkopf-Sonderanlage mit Niederhalter und Klappspanner, Arbeitsfrequenz 30 kHz, Amplitude 25 µm, Schweißmodus Wegschweißung 1,2 mm, alternativ Zeitschweißung 1000 ms, Schweißwerkzeug: Titan-Basissonotrode mit mehreren Einschraubsonotroden, Arbeitsflächen mit grobem Kreuzrändel oder Eindringspitzen

Beispiel 19: Kontinuierliches Ultraschallschweißen von Folien und Geweben

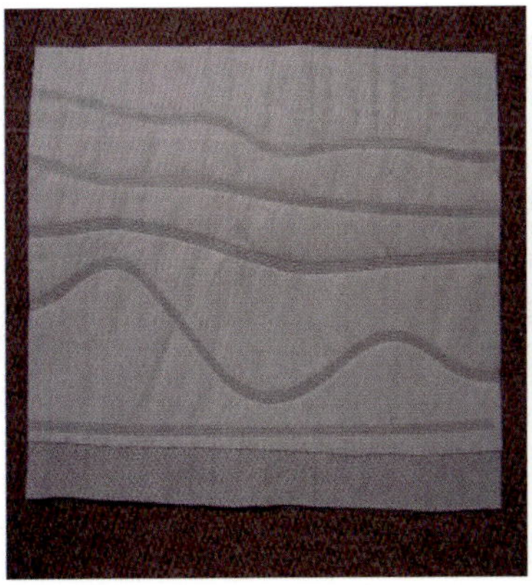

Schweißkontur

Schweißanordnung: Ambossrolle (oben) gerändelt, Rollnahtsonotrode (unten) plan

Aufgabenstellung:	Konturenbezogenes kontinuierliches Ultraschallschweißen von Folien und Geweben

Werkstoff: PE, PP, PA; PVC, Verbundmaterialien, kunststoffbeschichtete Pappen und Aluminiumfolien

Anforderungen: Feste Schweißverbindung, konturenbezogene Schweißnaht auch mit engen Radien, optisch ansprechende Schweißkontur

Prüfung: Festigkeitskontrolle, visuelle Kontrolle

Bemerkung: Kontinuierliche Rollnahtschweißmaschine, Dauerschall (100% ED) Arbeitsfrequenz 30 kHz, Amplitude 27 µm, Schweißgeschwindigkeit bis ca. 40 m/min, Sonotrodenkühlung; Einsatzgebiet: Schutzanzüge, Hauben, Filter aus Vliesstoffen für Industrie-, Haushaltsbereiche, KFZ , Fliegenschutzgitter u. ä.

Beispiel 20: Ultraschallschweißen von Befestigungsclips für Kühl- und Klimaleitungen

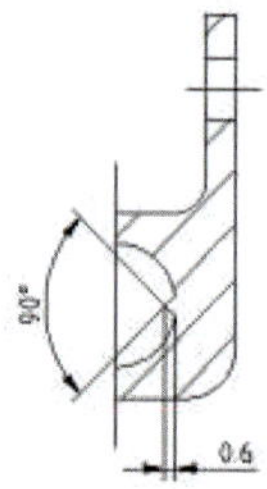

Geschweißte Clips

Aufgabenstellung: Ultraschallschweißen von Befestigungsclips auf kunststoffbeschichtete Rohre für Kühl- und Klimaleitungen

Werkstoff: Clips: PA12-GF30; Rohre: Aluminium PA12 beschichtet, Schichtdicke 120 µm

Anforderungen: Feste und dauerhafte Verbindung zwischen Clip und Rohr, nur geringe Abdrücke der Sonotrode akzeptabel

Prüfung: Festigkeitskontrolle, visuelle Kontrolle

Bemerkung: Frequenz 20 kHz bzw. 30 kHz je nach Clipgröße, Generatorausgangsleistung 3 kW, Schweißmodus: Wegschweißung 0,8 mm – 1,0 mm, Amplitude 30 µm, konstruktive Teilegestaltung: ERG Höhe ca. 0,6 mm 90°

Beispiel 21: Ultraschallschweißen von Aufwickelspulen für Elektronik-Bauteile

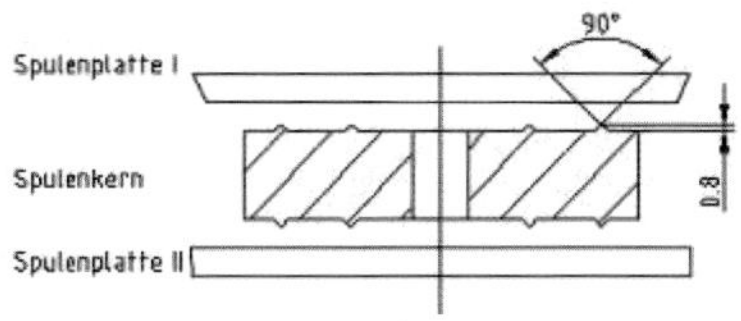

Anordnung zum Ultraschallschweißen

Aufgabenstellung: Ultraschallschweißen von zwei Spulenplatten mit dem Spulenkern zu Aufwickelspulen für folienverpackte SMD-Bauteile

Werkstoff: PS

Anforderungen: Feste gleichmäßige Schweißverbindung zwischen Spulenplatte und Spulenkern, Rundlaufgenauigkeit, umlaufend gleichmäßiger Abstand zwischen beiden Spulenplatten +/- 0,2 mm

Prüfung: Festigkeits- und Maßhaltigkeitskontrolle, visuelle Kontrolle

Bemerkung: Frequenz 20 kHz, Generatorausgangsleistung 3 kW, Schweißmodus: Wegschweißung 0,8 mm beidseitig nacheinander in zwei Arbeitsschritten, Amplitude 35 µm, konstruktive Teilegestaltung: beidseitiger ERG auf dem Spulenkern Höhe ca. 0,8 mm 90°

Beispiel 22: Ultraschallschweißen von Telefonhörern

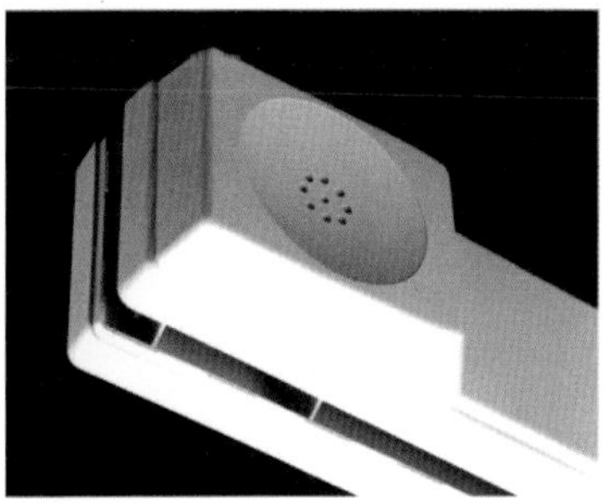

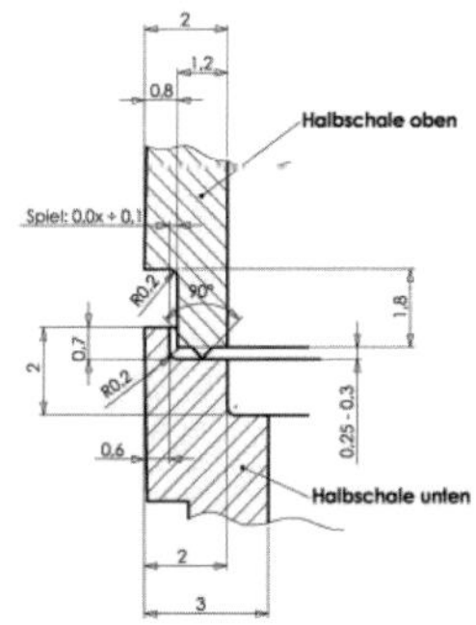

Bemerkung: "ERG" nur ca. 50% des Umfanges

Aufgabenstellung: Ultraschallschweißen von zwei Halbschalen für Telefonhörer mit bereits montiertem Mikrophon, Lautsprecher und Stecker

Werkstoff: ABS

Anforderungen: Hohe Festigkeit, bzw. Verwindungssteifigkeit, einwandfreies Aussehen

Prüfung: Visuelle Kontrolle, Falltests gemäß Spezifikationen und Stichprobenplan

Bemerkung: Schweißen mit Energierichtungsgeber, gleichzeitiges Beschallen mit zwei Sonotroden, Arbeitsfrequenz: 20 kHz, Leistung: 2 x ca. 600 W Schweißzeit: 400 ms, Amplitude: 23 µm

Beispiel 23: Trennen und Schweißen mit Ultraschall

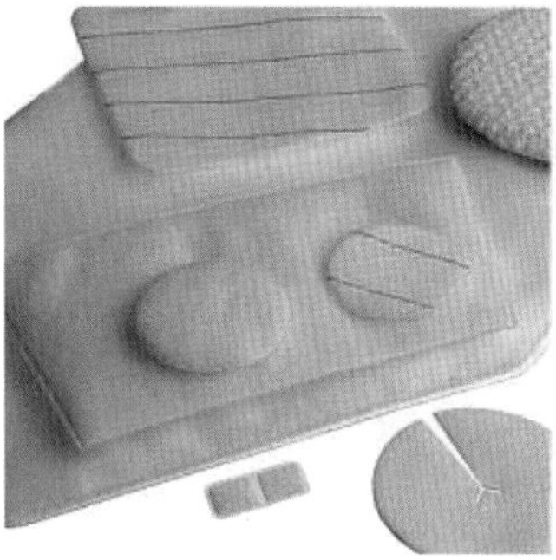

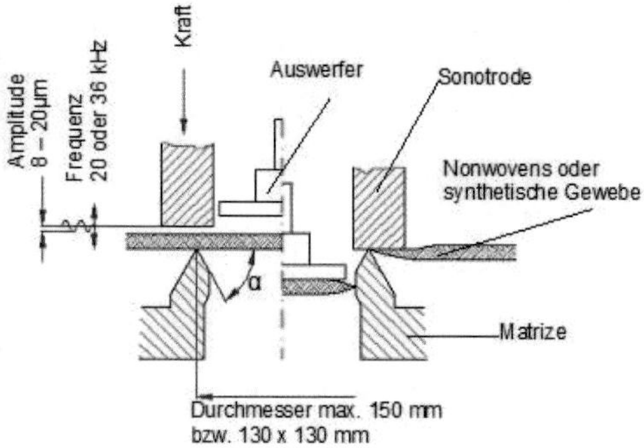

Aufgabenstellung: Gewebe und Vliesmaterialien austrennen und am Rand schweißen z. B. für technische Filter, Wundkompressen, Kosmetik-Rondellen usw.

Werkstoff: Materialmixturen mit mind. 25 % Thermoplastfaser teils mehrlagig

Anforderungen: Faserfreier Schnitt, starre oder flexible Randverschweißung, einwandfreie Optik

Prüfung: Abmessungen, visuelle Kontrolle der Qualität der Randverschweißung

Bemerkung: Arbeitsfrequenz: meist 20 kHz, Leistung: 500 W – 500 W Schweißzeit: ca. 50 ms – 300 ms, Amplitude: 8 µm – 20 µm

Beispiel 24: Ultraschallschweißen eines Messgerät-Gehäuses

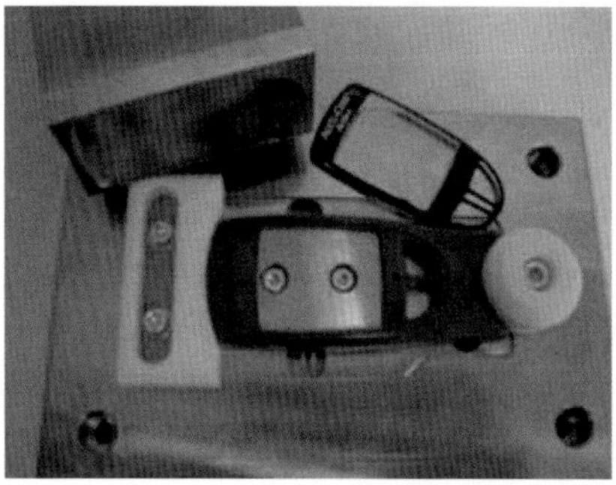

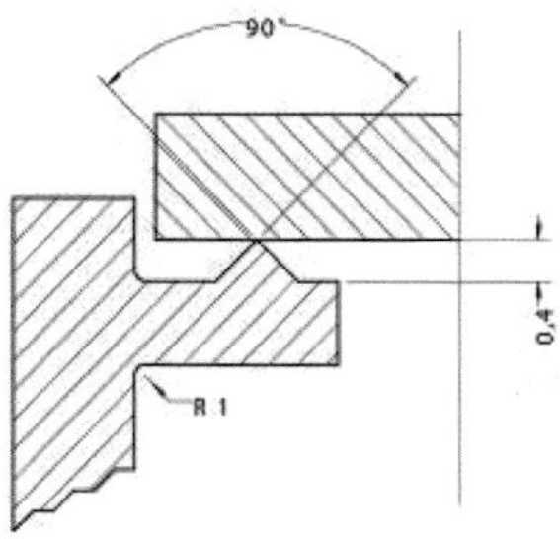

Aufgabenstellung: Ultraschallschweißen von Gehäuse und Sichtscheibe

Werkstoff: Gehäuse ABS/PC, Sichtscheibe mit ABS/PC hinterspritzte Folie

Anforderungen: optisch einwandfreie Oberfläche der Sichtscheibe, Festigkeit

Prüfung: visuelle Kontrolle, Ausdrückkraft mit Universalprüfmaschine

Bemerkung: Arbeitsfrequenz 20 kHz, Amplitude 28 µm, Schweißzeit 220 ms, Triggerkraft 250 N, Fügekraft 300 N, Verwendung einer Polyethylenfolie (50 m) für Abdruckfreiheit

Nahtvorbereitung: segmentierter Energierichtungsgeber, 0,4 mm hoch 90°

Beispiel 25: Ultraschallbördeln eines Behälterdeckels:

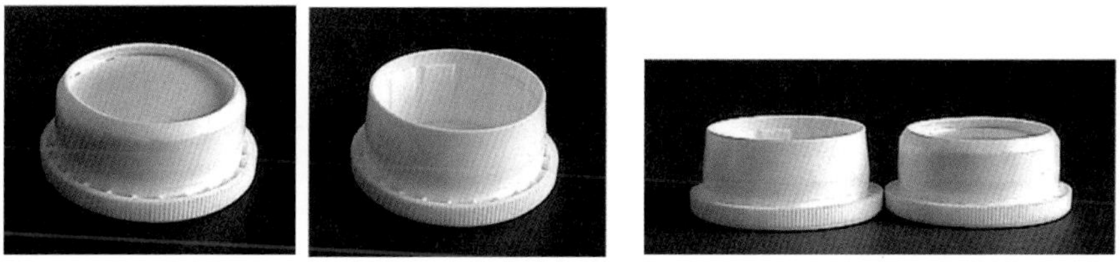

Aufgabenstellung: Ultraschallbördeln eines Behälterdeckels zur Fixierung eines Einsatzes zur Abdeckung von Granulat

Werkstoff: Behälterdeckel PP, Einsatz gestrichener Karton

Anforderungen: gleichmäßiger Bördelrand ohne Grat und Verwerfungen

Prüfung: visuelle Kontrolle

Bemerkung: 35 kHz, Amplitude 26 µm, Schweißzeit 60 ms, Haltezeit 0,5 s, Triggerkraft 50 N, Fügekraft 50 N

Nahtvorbereitung: keine Nahtgestaltung erforderlich von Hand an Kontur angepasste Sonotrode, hochglanzpoliert

Beispiel 26: Ultraschallschweißen einer PKW-Einstiegszierleiste

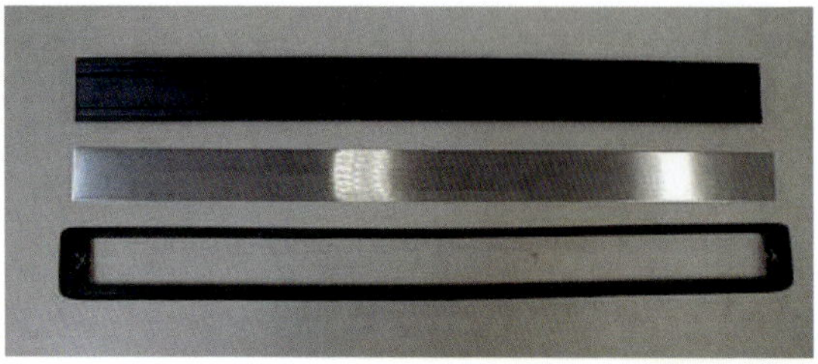

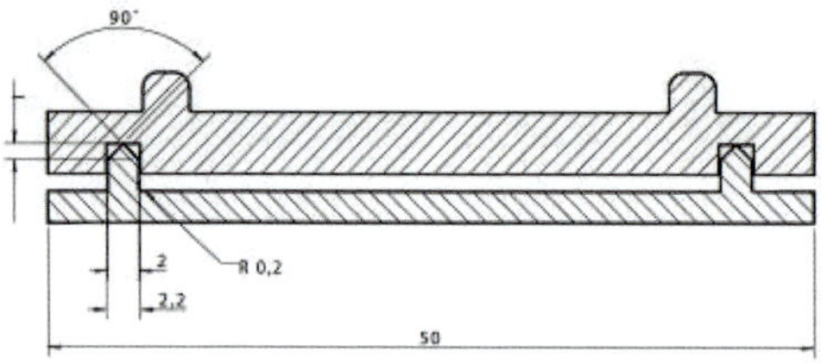

Aufgabenstellung: Ultraschallschweißen einer PKW-Einstiegszierleiste, bestehend aus Grundkörper, Aluminiumleiste und Fixierleiste

Werkstoff: Grundkörper ABS + TPE (2-K-Spritzgussteil) mit genarbter Oberfläche, Fixierleiste ABS

Anforderungen: feste Verschweißung, optisch einwandfreie Oberfläche der genarbten, Sichtfläche, Freistellung der Fixierpunkte (Clip) auf der Rückseite der Fixierleiste

Prüfung: visuelle Kontrolle, manueller Test der Festigkeit durch Aufbrechen

Bemerkung: 2x20 kHz, Amplitude 25 µm, Wegschweißung, Fügeweg 0,4 mm, max. Schweißzeit 500 ms, Triggerkraft 800 N, Fügekraft 1200 N, Haltezeit 1,0 s

Nahtvorbereitung: Nut-Feder-Naht

Beispiel 27: Einsenken einer Sicke (Zentrierung) und einer Membran in einen Lautsprecherkorb

Aufgabenstellung: Einsenken einer Sicke und Einsenken einer Membran in einen Lautsprecherkorb

Werkstoff: Lautsprecherkorb PC/ABS, Membran (Schaum), Sicke (Gewebe)

Anforderungen: gleichmäßige Festigkeit, kein Austrieb, keine Markierungen

Prüfung: visuelle Kontrolle, Ausdrückkraft mit Universal-Zug-Druck-Prüfeinrichtung

Bemerkung:

Sicke: 20 kHz, Amplitude 38 µm, Schweißzeit 1,0 s, Haltezeit 1,5 s, Triggerkraft 500 N, Fügekraft 500 N

Membran: 20 kHz, Amplitude 41 µm, Schweißzeit 2,8 s, Haltezeit 1,5 s, Triggerkraft 2000 N, Fügekraft 2400 N

Nahtvorbereitung: keine Nahtgestaltung erforderlich, Sonotrode mit Waffelstruktur

Beispiel 28: Schweißen in mehreren Ebenen bei Durchführungen für PKW Lenksäule

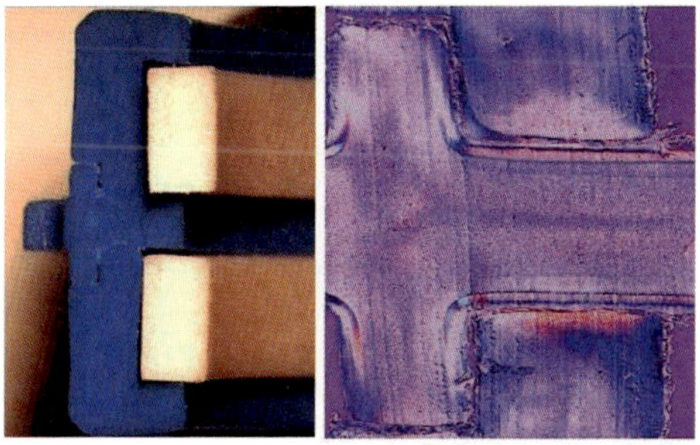

Aufgabenstellung: Ultraschallschweißen von mehreren Einzelteilen in einem Arbeitsgang

Werkstoff: POM+18 % PTFE+2 % Si

Anforderungen: Festigkeit, Bauteilhöhe

Prüfung: visuelle Kontrolle, Höhenprüfung zu 100 %, Bruchkraft

Bemerkung: Arbeitsfrequenz 20 kHz, Amplitude 28 µm, Schweißzeit 120 ms, Fügekraft 500 N, Schweißmodus Weg absolut

kein expliziter ERG, Bauteildicke im Schweißbereich 1,2 mm

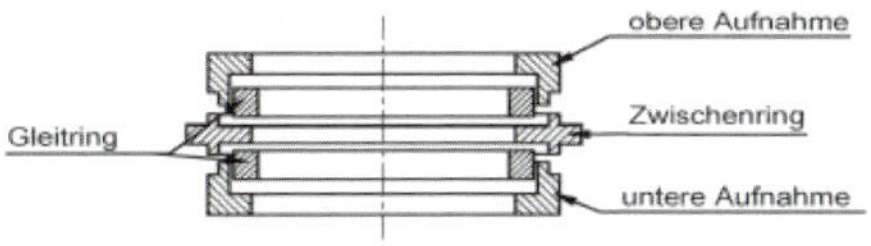

Danksagung

Den folgenden Firmen/Autoren sei für die Bereitstellung des Bildmaterials gedankt:

Branson Ultraschall (S. 30, 31, 32, 33, 34)
Hermann Ultraschalltechnik GmbH & Co. KG (S. 39, 40, 41)
KLN Ultraschall AG (S. 34, 35, 36, 37, 38)
Polycontact AG (S. 26)
Siemens AG (S. 28, 29)
Telsonic AG (S. 26, 27, 38, 39)
Ziegltrum, Michael. Ultraschallschweißen unterschiedlicher Thermoplaste, ISBN 3-89675-890-X (Herbert Utz Verlag GmbH) (S. 41)

Dezember 2019

DVS VERBAND

Richtlinie
DVS 2216-1
Beiblatt 1

Ersetzt Ausgabe September 2005

Richtlinie DVS 2216-1 Beiblatt 1

DVS-Prüfkörper mit ERG für das Ultraschallschweißen thermoplastischer Kunststoffe und Prüfbedingungen

Ausschuss für Technik im DVS

Arbeitsgruppe W4 „Fügen von Kunststoffen“

Untergruppe W4.1d „Ultraschallschweißen“

Bezug: DVS Media GmbH, Postfach 10 19 65, 40010 Düsseldorf, Telefon (0211) 1591-0, Telefax (0211) 1591-150

Inhalt:

1. Geltungsbereich

In diesem Beiblatt werden der DVS-Prüfkörper mit dachförmigem Energierichtungsgeber (ERG) aus thermoplastischen Kunststoffen zum Ultraschallschweißen und dessen Herstellungs-, Schweiß-, und Prüfbedingungen beschrieben.

Das Ultraschallschweißen ist in Anlehnung an die Richtlinie DVS 2216-1 und gegebenenfalls in Abstimmung mit dem Rohstofflieferanten und/oder Maschinenhersteller durchzuführen.

Zum Erzielen aussagekräftiger, vergleichbarer Prüfergebnisse sind die beschriebenen Prüfbedingungen einzuhalten.

Die Ergebnisse können als Ausgangspunkt für die Beurteilung der Schweißeignung thermoplastischer Kunststoffe und für die Verfahrensoptimierung beim Ultraschallschweißen von Serienteilen aus thermoplastischen Kunststoffen herangezogen werden.

2. Prüfkörpergeometrie

Allgemein sollten Ultraschallschweißverbindungen praxisrelevant nach Lastfall geprüft werden. Hierbei sollte die Geometrie des Fügebereichs am Prüfkörper nach Möglichkeit der realen Geometrie des Fügebereichs entsprechen (z. B. Quetschnaht, Nut-Feder-Naht oder Stumpfnaht). Zur Ermittlung der Schweißnahtqualität können hierzu Prüfkörper in verschiedenen Ausführungen verwendet werden. Um die prinzipielle Schweißeignung von thermoplastischen Werkstoffen zu bewerten, hat sich der DVS-Prüfkörper mit dachförmigem Energierichtungsgeber bewährt (Bild 1).

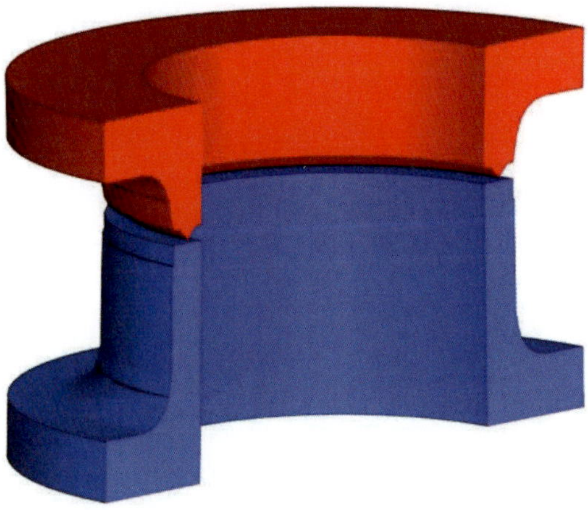

Bild 1. DVS-Prüfkörper mit dachförmigem Energierichtungsgeber

Unter Verwendung eines Energierichtungsgebers (90°/0,6 mm hoch) kann dieser im Nah- und Fernfeld geschweißt werden. Die geometrischen Abmessungen des Prüfkörpers zeigt Bild 2.

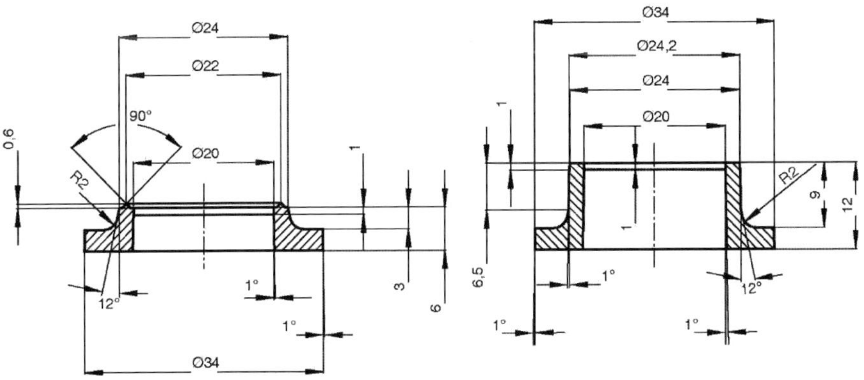

Bild 2. DVS-Prüfkörper mit Energierichtungsgeber, 90°/0,6 mm hoch zum Ultraschallschweißen

Mittels mechanischer Prüfung ist die Ermittlung der Reißkraft unter axialer Zugbeanspruchung möglich. Zudem kann eine Dichtheits- und Berstdruckprüfung durchgeführt werden. Der Prüfkörper ist unter Berücksichtigung des verwendeten Werkstoffs zum Ultraschallschweißen im Nah- und Fernfeld, ebenso bedingt zum Heizelementschweißen, Rotationsschweißen, biaxialen Vibrationsschweißen, Infrarotschweißen und Laserstrahlschweißen einsetzbar.

3. Herstellung der Prüfkörper

Die Prüfkörper sollten homogen, ohne Lunker und ohne Bindenähte hergestellt werden. Die Verarbeitungsbedingungen bei der Herstellung der Prüfkörper sind im Hinblick auf die Teilequalität und Reproduzierbarkeit gegebenenfalls mit dem Rohstoffhersteller auszuwählen.

Folgende Parameter und Informationen sollten dokumentiert und dem Prozessprotokoll beigelegt werden:

- Werkstoffdatenblatt, Chargennummer, Recyclatanteile und Zusatzstoffe
- Spritzgießparameter
- Massetemperatur
- Werkzeugtemperatur
- Zykluszeit
- Spritzdruck
- Umschaltzeitpunkt
- Nachdruck
- Nachdruckzeit

Bei Materialien mit Verstärkungsstoffen ist die Orientierung durch das Anspritzen zu beachten. Diese können den Schweißprozess durch ihre richtungsorientierte Schallleitung beeinflussen. Dies ist ggf. bei einer Übertragung der Ergebnisse auf reale Fügeteile zu berücksichtigen.

4. Lager- und Schweißbedingungen

Voraussetzungen für anforderungsgerechte und reproduzierbare Ergebnisse beim Ultraschallschweißen der Prüfkörper sind:

- definierter Ausgangszustand der Prüfkörper (z. B. Feuchtigkeit, Herstellungsalter und Temperatur)
- definierte Lagerbedingungen (z. B. Temperatur und Feuchtigkeit) vor und nach dem Schweißen
- definierte Positionierung von Fügeteil 1 und Fügeteil 2 im Aufnahmewerkzeug, ohne dass der eventuelle Werkstoffaustrieb im Fügebereich (innen/außen) beeinflusst wird
- Fixierung und Zentrierung des Prüfkörpers über das Werkzeug (Sonotrode und/oder Amboss)
- exakt geregelte Schweißparameter
- reproduzierbarer Verfahrensablauf

Zur Optimierung der Schweißparameter wird auf die Richtlinie DVS 2216-1 hingewiesen. Gegebenenfalls ist eine Abstimmung mit dem Rohstofflieferanten und/oder Maschinenhersteller sinnvoll.

Folgende Parameter sollten dokumentiert und dem Prozessprotokoll beigelegt werden:

- Arbeitsfrequenz des Ultraschall-Schwingsystems
- Amplitude
- Trigger-Bedingungen
- Schweißmodus (Abschaltkriterium)
- Schweißkraft
- Schweißzeit
- Schweißweg
- Haltekraft
- Haltezeit
- Fügeweg (Schweißen + Halten)
- Fügegeschwindigkeit
- Leistung
- Energie

5. Fügeteilaufnahme beim Schweißen des DVS-Prüfkörpers

Zur sicheren Positionierung und Unterstützung der Fügeteile während des Ultraschall-Schweißprozesses werden Fügeteilaufnahmen eingesetzt. Diese werden oft auch als Werkstückaufnahme, Schweißamboss oder Schweißaufnahmewerkzeug bezeichnet. Die Bilder 3 bis 5 zeigen mögliche Gestaltungsformen der Fügeteilaufnahme für den DVS-Prüfkörper. Die Fügeteilaufnahme darf die Einsinkbewegung der Fügeteile nicht behindern.

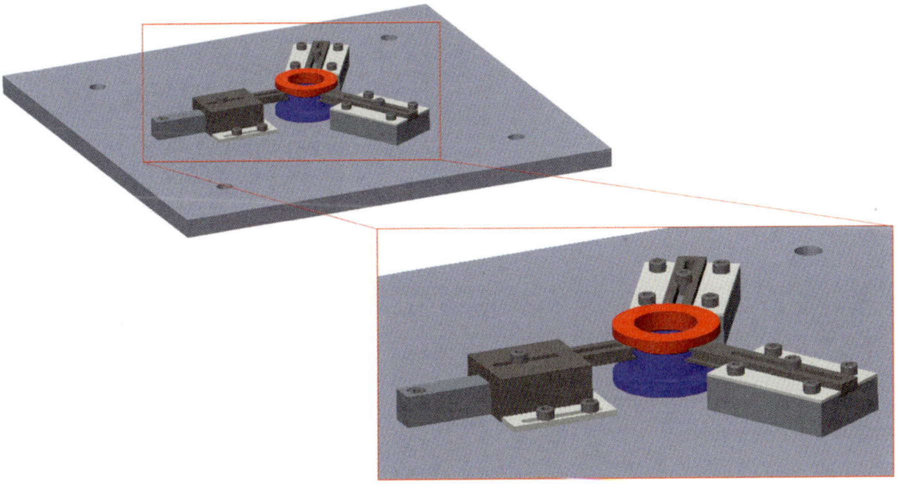

Bild 3. Mögliche Gestaltungsform des Schweißaufnahmewerkzeugs; Dreipunktaufnahme der Fügeteile am Bund

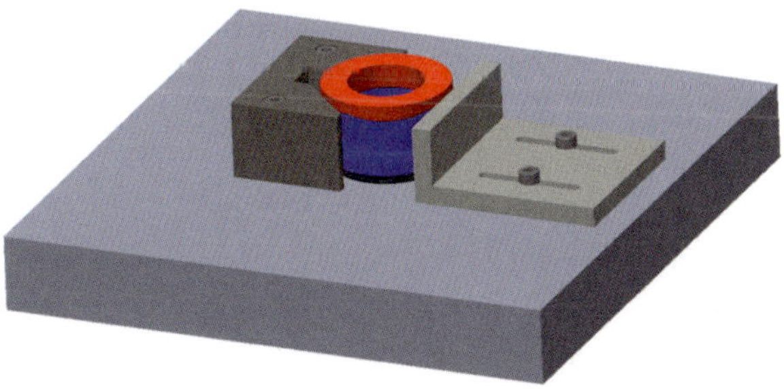

Bild 4. Mögliche Gestaltungsform des Schweißaufnahmewerkzeugs; Dreipunktaufnahme der Fügeteile am Flansch

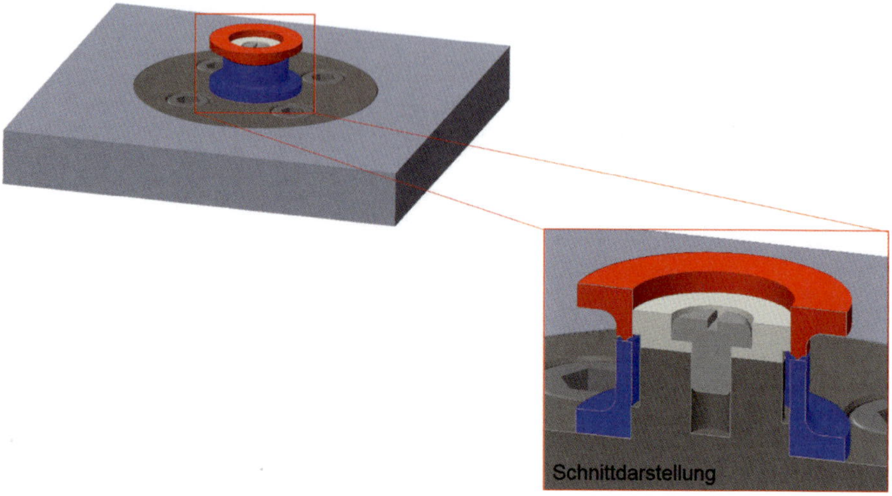

Bild 5. Mögliche Gestaltungsform des Schweißaufnahmewerkzeugs; zentrische Aufnahme der Fügeteile über einen Dorn. Zur Entnahme der geschweißten Fügeteile ist die Schraubverbindung zu lösen.

6. Prüfbedingungen

6.1. Prüfvorrichtung

Die Prüfvorrichtung muss an den Prüfkörper angepasst sein und die mechanische Belastung (z. B. Zug oder Innendruck) gleichmäßig und reproduzierbar auf die gesamte Schweißnaht/Schweißnahtfläche aufbringen.

Zum Ermitteln der quasistatischen Reißkraft unter Zugbeanspruchung ist es notwendig, den geschweißten Prüfkörper möglichst vollflächig an beiden Flanschen einzuspannen. Dies kann z. B. durch manuell festzuschraubende Ringklauen erfolgen (Bild 6).

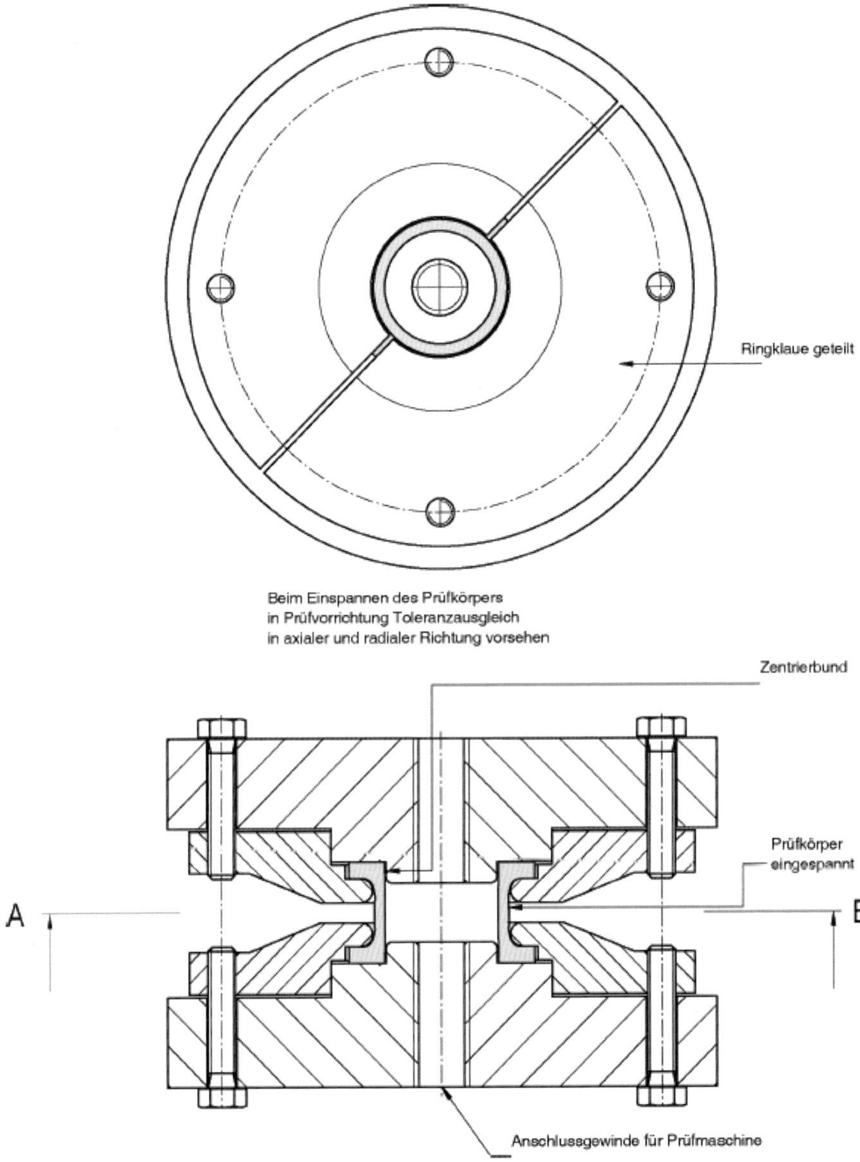

Bild 6. Prüfvorrichtung mit manuell festzuschraubenden Ringklauen

6.2. Prüfparameter

Zur Ermittlung der Kurzzeitreißkraft wurden folgende Parameter definiert:

- Prüftemperatur: Normalklima DIN 50 014-23/50-1
- Abzugsgeschwindigkeit: materialabhängig (nach DIN EN ISO 527)

Die Schweißnaht muss bei Beginn der Prüfung die angegebene Prüftemperatur vollständig erreicht haben. Es wird empfohlen, die Prüfung erst 12 bis 24 Stunden nach dem Schweißvorgang durchzuführen. Prüfbedingungen bei niedrigeren/höheren Temperaturen und/oder Langzeitwerten müssen im Bedarfsfall definiert werden.

Die Bestimmung der Kurzzeit-Festigkeit (Zug) erfolgt für diesen Prüfkörper in einem quasistatischen Versuch mit konstanter axialer Prüfgeschwindigkeit bis zum Versagen des Prüfkörpers. Mit der ermittelten maximalen Reißkraft (N) und der Schweißnahtfläche kann die Schweißnahtfestigkeit (N/mm²) in Abhängigkeit der Schweißprozessparameter bestimmt werden. Eine weiterführende Quantifizierung der Kurzzeiteigenschaften des Prüfkörpers kann über einen Schweißfaktor (f_z) erfolgen.

Formel:

$$f_z = \frac{\sigma_{B,Schweißnaht}}{\sigma_{B,Grundmaterial}} \leq 1,0$$

f_z: Schweißfaktor bei Zugbelastung

$\sigma_{B,Schweißnaht}$: Maximale Bruchfestigkeit der Schweißnaht bei Zugbelastung

$\sigma_{B,Grundmaterial}$: Maximale Bruchfestigkeit des Grundmaterials bei Zugbelastung

Der Schweißfaktor gibt an, wie hoch die Festigkeit der Schweißnaht im Vergleich zu einem ungeschweißten vollen DVS-Prüfkörper (Grundmaterial) ist. Ausschlaggebend hierfür sind die Schweißnahtgeometrie und der Prüfaufbau. Die Schweißnaht und das Grundmaterial müssen mit dem gleichen Lastfall (z. B. Zug) beaufschlagt werden, welches für diesen DVS-Prüfkörper gilt. Nach einem Bruch wird der Bruchmechanismus (spröde oder duktil) und insbesondere die Bruchfläche (z. B. glatt in der Schweißnaht) betrachtet.

7. Bildnachweis

Bild 1, 3, 4, 5: TU Chemnitz, Professur Kunststoffe

8. Schrifttum

Normen

DIN 50014	Normalklimate für Vorbehandlung und/oder Prüfung - Festlegungen
DIN EN ISO 527	Kunststoffe - Bestimmung der Zugeigenschaften

DVS-Richtlinien

Richtlinie DVS 2216-1	Ultraschallfügen von Formteilen und Halbzeugen aus thermoplastischen Kunststoffen in der Serienfertigung − Prozessbeschreibung, Maschinen und Geräte, Einflussgrößen, Konstruktion, Qualitätssicherung

Juli 2012

DVS – DEUTSCHER VERBAND FÜR SCHWEISSEN UND VERWANDTE VERFAHREN E.V.	Leitfaden zum Projektablauf beim Fügen von thermoplastischen Kunststoffen in der Serienfertigung	DVS Richtlinie DVS 2216-2

Inhalt:

1 Vorwort / Geltungsbereich

Die Richtlinie gilt für das Fügen von Formteilen und Halbzeugen aus thermoplastischen Kunststoffen in der Serienfertigung.

Der dargestellte Projektverlauf wird in klar abgegrenzten Schritten von der Produktidee bis zur Serienreife beschrieben. Dieser Leitfaden soll allen Beteiligten im Projekt aus Bauteilkonstruktion, Fertigungsplanung, Maschinenbau und Produktion als Übersicht dienen. Dabei auftretende gegensätzliche Interessen sollen anhand von gemeinsamen und transparenten Schnittstellen gelöst werden.

Ziel ist dabei

- die Entwicklung bis zur Serienreife **vollständig** darzustellen,
- dazu notwendige Schritte in Ihrer logischen **Reihenfolge** darzustellen,
- jeden einzelnen Schritt im Hinblick auf die **Voraussetzungen** und **Ergebnisse** zu umreißen,
- **Verantwortlichkeiten** zur Umsetzung einzelner Schritte im Projektverlauf festzulegen,
- den Beteiligten Einblick in vorhergehende und nachfolgende Schritte zu ermöglichen um den eigenen Verantwortungsbereich **umfassend** zu erfüllen,
- die angemessene Lösung der Aufgabenstellung zu erreichen, indem die Anforderungen klar definiert und bei jedem Schritt bis hin zur Serienreife überprüft werden,
- Bauteile **prozessgerecht** sowie Prozesse **bauteilgerecht** zu entwickeln.

Allgemein geht es darum, den Projektablauf zielsicher mit qualitativ gutem Ergebnis zu organisieren und damit effektiv zu gestalten. Nachbesserungen an Bauteilen, Werkzeugen oder Maschinen sollen soweit wie möglich planbar oder vermeidbar werden.

2 Vorgehensweise zur Anwendung des Ablaufdiagramms

Das Ablaufdiagramm, siehe Bild 1, zeigt für Fügeverbindungen von thermoplastischen Kunststoffen eine strukturierte Vorgehensweise zur Entwicklung bis zur Serienreife. Ausgangspunkt ist die Definition der Anforderungen der Bauteilfunktion und der Fertigung. Dabei beschränkt sich die Betrachtung auf diejenigen Anforderungen, die sich auf die Fügeverbindung beziehen.

Der Projektablauf ist in einzelne Schritte bzw. Meilensteine gegliedert.

Jeder Schritt baut auf die Ergebnisse des vorhergehenden Schritts auf und bildet die Grundlage für den nachfolgenden Schritt. Nach jedem Schritt wird das Ergebnis in Bezug auf die vorher definierten Anforderungen überprüft. Die Beurteilungskriterien für den Erfolg eines Schritts sind mit einem (?) dargestellt und im Text erläutert.

Der nächste Schritt im Ablauf wird erst begonnen, wenn die vorhergehenden Schritte erfolgreich waren bzw. festgestellte Abweichungen nicht serienrelevant sind.

Während auf der rechten Seite des Diagramms immer auf die ursprünglichen Anforderungen Bezug genommen wird, geht es auf der linken Seite im fortgeschrittenen Projekt um die Einhaltung der davon abstrahierten Qualitätskriterien.

Nur im Idealfall wird der Projektablauf iterationsfrei durchlaufen. In der Regel werden Wiederholungen von Schritten nötig sein. Dabei muss entweder nur ein Schritt verändert wiederholt werden oder weitergreifend die Vorraussetzungen oder Anforderungen für den erfolglosen Schritt geändert werden. Das Ausmaß der Wiederholungen ist nicht explizit dargestellt.

Eine kontinuierliche Validierung überprüft die aus der Design-FMEA gewonnene Einschätzung, ob die Konstruktion und die festgelegten Qualitätskriterien geeignet sind, die Bauteilfunktion sicherzustellen. Sie ist im Diagramm nicht explizit dargestellt.

3 Beschreibung der Schritte im Projektablauf

1. Anforderungsprofil der Bauteile

Die **Bauteilfunktion** soll beschrieben werden, im Sinne der Frage:

- »**Wozu** dient das Bauteil?«

Die Kenntnis der Bauteilfunktion ermöglicht

- das Verständnis für die sich daraus ergebenden Anforderungen,
- alternative Lösungen bzw. Kompromisse zwischen den unterschiedlichen Anforderungen (Bauteil, Fertigung, Prozess) zu entwickeln.

Die **Bauteilanforderungen** werden beschrieben im Sinne der Frage:

- »**Was** soll das Bauteil leisten?«

DVS, Ausschuss für Technik, Arbeitsgruppe „Fügen von Kunststoffen“

Bezug: DVS Media GmbH, Postfach 10 19 65, 40010 Düsseldorf, Telefon (02 11) 15 91- 0, Telefax (02 11) 1591-150

Grundlage ist die Bauteilfunktion.

Dabei muss das Anforderungsprofil auf solche Anforderungen reduziert werden, die mit dem Fügeprozess und den darin beteiligten Bauteilen in Zusammenhang stehen. Die Anforderungen sollen immer vollständig und eindeutig beschrieben werden (vgl. auch die Darstellung der Qualitätskriterien).

Typische Bauteilanforderungen sind z. B.:

- lösbare / unlösbare Fügeverbindung,
- mechanische Anforderungen: Zug, Druck, Vibration, Überdruck, Torsion …,
- optische Anforderungen: Glanz, Abdrücke, Anschmelzungen, Verfärbungen …,
- Maßhaltigkeit,
- Dichtigkeit,
- Partikelfreiheit,
- Funktionsanforderungen: Gängigkeit, Durchlässigkeit, Klemmung, Spielfreiheit, …,
- …

Die Bauteilanforderungen werden in einem Pflichtenheft festgehalten. Sie sind in dieser Form die weitreichende Grundlage für alle weiteren Schritte.

Pflichtenheft Bauteil

2. Anforderungsprofil der Fertigung

Grundlage ist die Bauteilanforderung.

Die Fertigungsanforderungen werden beschrieben im Sinne der Fragen:

- »**Wie viel** Bauteile müssen produziert werden?«
- »**Wo** wird das Bauteil produziert?«
- »**Welche** Randbedingungen sind einzuhalten?«

Typische Fertigungsanforderungen ergeben sich aus Festlegungen von

- Produktionsmenge,
- Flexibilität bzgl. unterschiedlicher Stückzahlen,
- Fertigungszeit (Stunden je Tag, Woche, Jahr),
- Produktionsgeschwindigkeit,
- zulässige Ausschussraten,
- Verfügbarkeitsanforderungen,
- manuelle Arbeiten, Anzahl der Werker,
- Automatisierungsgrad,
- Fertigungsstandort,
- Fertigungskompetenz des Bedienpersonals,
- Flexibilität bzgl. unterschiedlicher Bauteilvarianten oder anderer Produktreihe,
- Materialfluss (Vorrat, Erreichbarkeit, Be- und Entladen, Ausschusstrennung, …),
- Investitionskosten,
- …

Die Fertigungsanforderungen werden in einem Pflichtenheft festgehalten. Sie sind in dieser Form die weitreichende Grundlage für alle weiteren Schritte.

Pflichtenheft Fertigung

3. Verantwortlichkeiten

Die Verantwortlichkeiten sind festzulegen im Sinne der Frage

- »**Wer** ist für welchen Schritt zuständig?«

Ansprechpartner / Verantwortliche für das Gesamtprojekt und die einzelnen Schritte sind von Hersteller-/Lieferanten- und Kundenseite zu benennen und zu dokumentieren.

Zuständigkeitsmatrix

4. Bauteilkonzept

Auf Grundlage der Funktions-, Bauteil- und Fertigungsanforderungen wird ein damit konsistentes Bauteilkonzept erstellt. Es beschreibt das Bauteil im Sinne der Fragen

- »**Wie** sollen die Anforderungen erfüllt werden?«
- »**Womit** sollen die Anforderungen erfüllt werden?«

Es wird ggf. mit den bereits feststehenden Fertigungsanforderungen abgeglichen.

Beschriebene Inhalte	Entscheidungshilfen
– Funktionsprinzip und dazugehörige Funktionsgruppen	
– Werkstoffauswahl Typ, Füll- und Zuschlagstoffe	DIN EN ISO 1043-1: Kunststoffe – Kennbuchstaben und Kurzzeichen – Teil 1: Basis-Polymere und ihre besonderen Eigenschaften Entwurf DIN EN ISO 1043-2: Kunststoffe – Kennbuchstaben und Kurzzeichen – Teil 2: Füllstoffe und Verstärkungsstoffe DIN EN ISO 11469: Kunststoffe – Sortenspezifische Identifizierung und Kennzeichnung von Kunststoff-Formteilen
– Herstellungsverfahren der einzelnen Fügepartner und damit einhergehende Fertigungstoleranzen	

Das Bauteilkonzept wird dokumentiert und durch Konzeptzeichnungen ergänzt.

Bauteilkonzept

5. Fertigungskonzept

Auf Grundlage des Bauteilkonzepts und der Fertigungsanforderungen wird ein damit konsistentes Fertigungskonzept erstellt.

Das Fertigungskonzept greift soweit möglich der Prozessauslegung vor, durch

- Layoutskizze: Darstellung der Maschinen, ihrer verhältnismäßigen Größe und Ihrer Anordnung
- Liste der Arbeitschritte: Zusammenstellung der form- und funktionsgebenden Arbeitsschritte
- Darstellung der bereits bekannten Qualitätskontrollen im Arbeitsplan.

Fertigungskonzept

6. Fügeverfahren auswählen

Grundlage für die Auswahl des Fügeverfahrens ist ein mit den bisher bekannten Anforderungen übereinstimmendes Bauteilkonzept.

In diesem Schritt wird ein Fügeverfahren ausgewählt, welches neue verfahrensbedingte Anforderungen an das Bauteil stellt. Diese Anforderungen müssen mit dem bisherigen Konzept vereinbar sein, andernfalls muss ein anderes Fügeverfahren gewählt werden oder es muss ein alternatives Konzept erarbeitet werden.

Beispiele von Fügeverfahren in der Serienfertigung	Entscheidungshilfe
Fügeverfahren allgemein	Uebbing, M.: „Fügen von Kunststoffen – Leitfaden für Fertigung und Konstruktion", Fachbuchreihe Schweißtechnik, Bd. 151, DVS Media GmbH. Taschenbuch DVS-Merkblätter und -Richtlinien, „Fügen von Kunststoffen"
Heizelementschweißen	Richtlinie DVS 2215 ff.
Ultraschallfügeverfahren	Richtlinie DVS 2216 ff.
Vibrationsschweißen	Richtlinie DVS 2217 ff.
Rotationsreibschweißen	Richtlinie DVS 2218 ff.
Hochfrequenzfügen	Richtlinie DVS 2219
Laserschweißen	Richtlinie DVS 2243

Jedes Fügeverfahren stellt eigene Anforderungen an die Bauteilgestaltung – insbesonders an den Fügebereichs. Derartige Anforderungen sind z. B.:

- Vorzentierung,
- ggf. Fügeweg,
- Energieeinleitung,
- Energiebedarf,
- Zugänglichkeit der Fügezone,
- Abstützung der Prozesskräfte,
- ...

Jedes Fügeverfahren hat Einschränkungen auf die Fertigungsplanung. Derartige Auswirkungen sind z. B.:

- Emissionen,
- Platzbedarf,
- Prozesszeit,
- Investitionskosten,
- Entwicklungsrisiko, Technologie,
- Prozessstabilität,
- Standort: Support / Service / Know-how,
- ...

Der Auswahl- und Prüfungsprozess des Fügeverfahrens erfordert im höchsten Maße Fachkenntnisse über die in Frage kommenden Verfahren und nimmt grundlegenden Einfluss auf das Bauteilkonzept. Die Auswahl kann dann besonders geeignet erfolgen, wenn die Bewertung

- interdisziplinär, d. h. unter Einbeziehung aller beteiligten Fachbereiche und
- unter Betrachtung aller möglichen Fügeverfahren

erfolgt.

Hilfestellung bieten:

- kunststofftechnische Institute,
- Ingenieuer-Consultants,
- Werkstoffhersteller,
- Hersteller von fügetechnischen Anlagen.

Bewertungsmatrix

Machbarkeitsuntersuchungen können Unsicherheiten bei der Verfahrensauswahl klären.

Machbarkeitsuntersuchungen

7. Bauteil Detailkonstruktion

Bei der Detailkonstruktion werden die Anforderungen des Fügeverfahrens in das Bauteilkonzept eingearbeitet. Die Detailkonstruktion stellt die Grundlage für anschließende Bauteilbeschaffung und Versuche dar. Sie beantwortet alle bauteilbezogenen Anforderungen.

- **3D-Daten**: 3D-Daten sind anschaulich und für den Formenbau unerlässlich. Sie sind besonders in der Konzeptphase geeignet. Es sollen Körperdaten (keine Flächen) konstruiert werden. Schnitte und Messungen sowie eine Separation der einzelnen Bauteile sollen möglich sein.
- **Zeichnung**: 3D-Daten können die Zeichnung nicht ersetzen. Die Angabe von Toleranzen, Werkstoffen und ggf. Qualitätsanforderungen (s. u.) heben die Verbindlichkeit weit über die der 3D-Daten hinaus. Die Fertigungszeichnungen der beiden Fügepartner müssen bekannt sein. Der Zusammenbau und ein Schnitt durch die Fügezone ist im Detail darzustellen und zu bemaßen.
- **Variantenübersicht**: Die Varianten der Fügepartner oder deren verschiedene Kombinationen sind darzustellen.

Detailkonstruktion

Die Darstellung des Bauteils ist um die Auflistung der betreffenden Qualitätskriterien zu ergänzen im Sinne der Frage: „Wie unterscheidet sich ein i.O.- von einem n.i.O.-Bauteil / -Zusammenbau?" Die Qualitätskriterien werden mit Hilfe der Design-FMEA erarbeitet und durch den Validierungsprozess bestätigt.

Für eine vollständige Liste der für den Fügeprozess relevanten Qualitätskriterien wird folgende Form vorgeschlagen:

Nr.	Kriterium / Skizze	Sollwert / Toleranz	Prüfkonzept	Erlaubte Streuung
1				
2				
...				

Inhalte	Entscheidungshilfe
Beschreibung des Qualitätskriteriums, mit Verweis auf Zeichnung oder ggf. Skizze / Foto	Richtlinie DVS 2230-1 „Schweißen von Kunststoffserienteilen – Qualitätssicherung, Prüfung"
Definition eines SOLL-Werts oder SOLL-Attributs, ggf. mit Hilfe von Mustern	
Definition der erlaubten Abweichungen zum SOLL-Zustand, durch Toleranzangaben oder ggf. durch attributive Grenzmuster	
Prüfkonzept: Musterbereitstellung, Prüfintervall, Prüfmenge, Prüfwerkzeuge und Prüfmethoden	
Beschreibung der erlaubten Streuung	

Qualitätskriterien, Prüfkonzept

8. Prozessauslegung

Grundlage für die Prozessauslegung ist die Detailkonstruktion des Bauteils und die dazugehörigen Qualitätskriterien. Die Prozessauslegung beinhaltet das Prozesslayout, das Maschinenkonzept und den Arbeitsplan.

Das Prozesslayout enthält typisch folgende Informationen:

- Maschinen (räumliche Anordnung, Abmaße, Aufstellung, Gründung, Gewichte, ...),
- Bedienung (Werker, Werkräume, Laufwege, Bedienstellen, Fluchtwege, ...),
- Materialfluss,
- Ver- und Entsorgung von Betriebsmedien (Strom, Wasser, Luft, sonstiges ...),
- Wartung (Türöffnungen, Wartungsstellen, ...),
- ...

Das Maschinenkonzept ist Grundlage der Maschinenkonstruktion und damit wichtigster Bestandteil der Beauftragung des Maschinenbauers.

Aus dem Maschinenkonzept geht hervor:

- die Orientierung der Bauteile im Werkraum,
- die Arbeitsschritte als Ausschnitt aus dem Arbeitsplan,
- klare Definition der Zykluszeit,
- die Konzeption der Aufspannung,
- die Anordnung von Bearbeitungseinheiten,
- der Materialfluss von i.O.- und n.i.O.-Bauteilen innerhalb der Maschine,
- Umweltbeeinflussung, Emissionen,
- ...

Prozesslayout, Maschinenkonzept

Der Arbeitsplan beinhaltet:

- Alle Fertigungsschritte vom Ausgangsmaterial über den Fügeschritt bis zum Produkt werden gelistet. Dabei werden zunächst Schritte zur Form- und Funktionsgebung aufgenommen. Diese werden um Schritte zur Darstellung des Materialflusses und Arbeitsschritte zur Qualitätskontrolle ergänzt.
- Dann werden die Arbeits-, Leer-, und Grundstellungsfahrten der Maschine hinzugefügt. Zuletzt werden die Schritte zur Handhabung von Ausschussbauteilen und Fehlabläufen aufgenommen.
- Der Zeitbedarf jedes Arbeitschritts wird abgeschätzt. Die Arbeitschritte werden als manuell oder automatisch gekennzeichnet. Soweit bekannt, wird der Schritt einer Ressource (Maschine, Werker) zugeordnet. Für jede Ressource wird die Gesamtzeit mit der Zykluszeitvorgabe verglichen.

Arbeitsplan

9. Versuch / Erprobung

Ziel der Versuchsphase ist:

- die Absicherung der Produktqualität,
- die Mustererstellung zur Validierung.

Im Versuch werden bewusst einzelne Aspekte des Fertigungsprozesses untersucht, um eine Ausssage über die Realisierbarkeit der Anforderungen zu ermöglichen. Die Abweichungen des Versuchs zur Serie (Serienabstand) soll identifiziert und bewertet werden, entsprechend müssen die Versuchsergebnisse interpretiert werden. In diesem Sinne sind Machbarkeitsuntersuchungen (siehe Punkt 6) bezüglich isolierter Fragestellungen im Konzeptstadium besonders wertvoll. In der Regel werden Versuche mit abnehmendem Serienabstand mehrfach durchgeführt.

Der Versuch gliedert sich in folgende Teilaufgaben:

Versuchsplanung:

- Isolierte Fragestellungen an den Versuch definieren und dazugehörige Parametervariationen festlegen. Gegebenenfalls mit Hilfe von statistischer Versuchsplanung, z. B. DoE (Design of Experiment). Anzahl der Versuchsreihen bestimmen. Losgrößen von Versuchsreihen gemäß der erforderlichen Aussagewahrscheinlichkeit definieren. Musterteilebedarf festlegen.
- Die von dem Fügeverfahren ausgehenden Einwirkungen auf das Fügeteil sind zu untersuchen.

Versuchsdurchführung:

- Musterteile beschaffen und kennzeichnen (Projekt, Bezeichnung, Stand, Fertigungsdatum, besondere Serienabweichungen), geeignet transportieren und lagern.
- Musterteile gemäß Zeichnung / Qualitätskriterien der einzelnen Fügeteile prüfen. Abweichungen identifizieren und bewerten. Besonders die für das Fügeverfahren relevanten Eigenschaften sollen überprüft werden.
- Versuch(e): Beim Einrichten und der Parameteroptimierung sind die verfahrenseigenen Regeln zu beachten.

Der Versuchsbericht sollte zur Dokumentation, Auswertung und Beurteilung des Versuchs folgende Punkte beinhalten:

- Versuchsbedingungen: Dokumentation von Bauteilen, Werkzeugen und Maschinen. Darstellung des Betriebspunkts, Prozessparameter,
- Fragestellungen und korrespondierende Versuchsreihen,
- Abweichung zu festgelegten Versuchszielen / Qualitätskriterien. Bewertung der Abweichung, Analyse der Ursachen, Definition von Maßnahmen,
- Abweichung zu Funktions- / Bauteilanforderungen. Bewertung der Abweichung, Analyse der Ursachen, Ableitung von Maßnahmen,
- Interpretation der Ergebnisse im Hinblick auf die Unterschiede zwischen Versuch und Serie,
- Stabilität / Wiederholbarkeit / Streuung: Beurteilung der Ergebnisse in Bezug auf die Streuung. Darstellung von Losgröße, Mittelwert und Streuung von Ergebnissen,
- Korrelation / Robustheit / Prozessfenster: Beurteilung der Robustheit des Prozesses gegenüber Parameter- und Umweltveränderungen. Abschätzung der Parameter- und Umweltveränderung in der Serie. Abschätzung der Prozessstabilität in der Serie.

Wichtigster Erfolgsfaktor für den Versuch ist die konsequente Kontrolle von Qualitäts- und Fertigungsvorgaben sowie das Ausrichten auf die Serienreife.

Versuchsbericht

10. Serienreife herstellen

Auf der Grundlage der abgesicherten Produktqualität muss nun die Serienfertigung bestätigt werden. Dazu empfehlen sich folgende aufeinander aufbauende Schritte:

- Serienteile auf Versuchsmaschinen fügen,
- Serienteile auf Serienmaschinen fügen,
- Fertigung mit Seriengeschwindigkeit,
- Rückstellmuster aufheben.

Begleitend muss die Standzeit / Standmenge der Fertigungsmittel (Maschinen, Werkzeuge, Zuführungen, ...) abgeschätzt und der Wartungsplan erstellt werden. Rückstellmuster sind zu entnehmen.

Einstellanweisung, Wartungsplan, Rückstellmuster

11. Qualitätstsicherung

Die Qualitätssicherung erfolgt begleitend zur Herstellung der Serienreife (siehe Punkt 10):

- Erstellung des Prüfplans,
- Kontrolle der Lieferqualität der Fügeteile,
- Robustheit gegenüber Fertigungseinflüssen,
- Maschinenfähigkeitsuntersuchung,
- Prozessschwankung, Prozessfenster, Prozessfähigkeitsuntersuchung,
- Prozessüberwachung,
- Verweis auf Richtlinie DVS 2230-1 „Schweißen von Kunststoffserienteilen – Qualitätssicherung, Prüfung“,
- Einsatz von Prozessregelkarten, SPC,
- Erstellen der Arbeitsanweisung,
- ...

Prüfplan, Arbeitsanweisung

12. Dokumentation

Die vorher erstellten Dokumentationen werden gesammelt, z. B.:

- Pflichtenheft Bauteil,
- Pflichtenheft Fertigung,
- Zuständigkeitsmatrix,
- Bauteilkonzept,
- Fertigungskonzept,
- Bewertungsmatrix Auswahl Fügeverfahren,
- Machbarkeitsuntersuchungen,
- Detailkonstruktion,
- Qualitätskriterien Bauteil Detailkonstruktion,
- Prüfkonzept,
- Prozesslayout, Maschinenkonzept,
- Arbeitsplan,
- Versuchsbericht,
- Einstellanweisung, Wartungsplan, Rückstellmuster,
- Prüfplan, Arbeitsanweisung.

Gesamtdokumentation

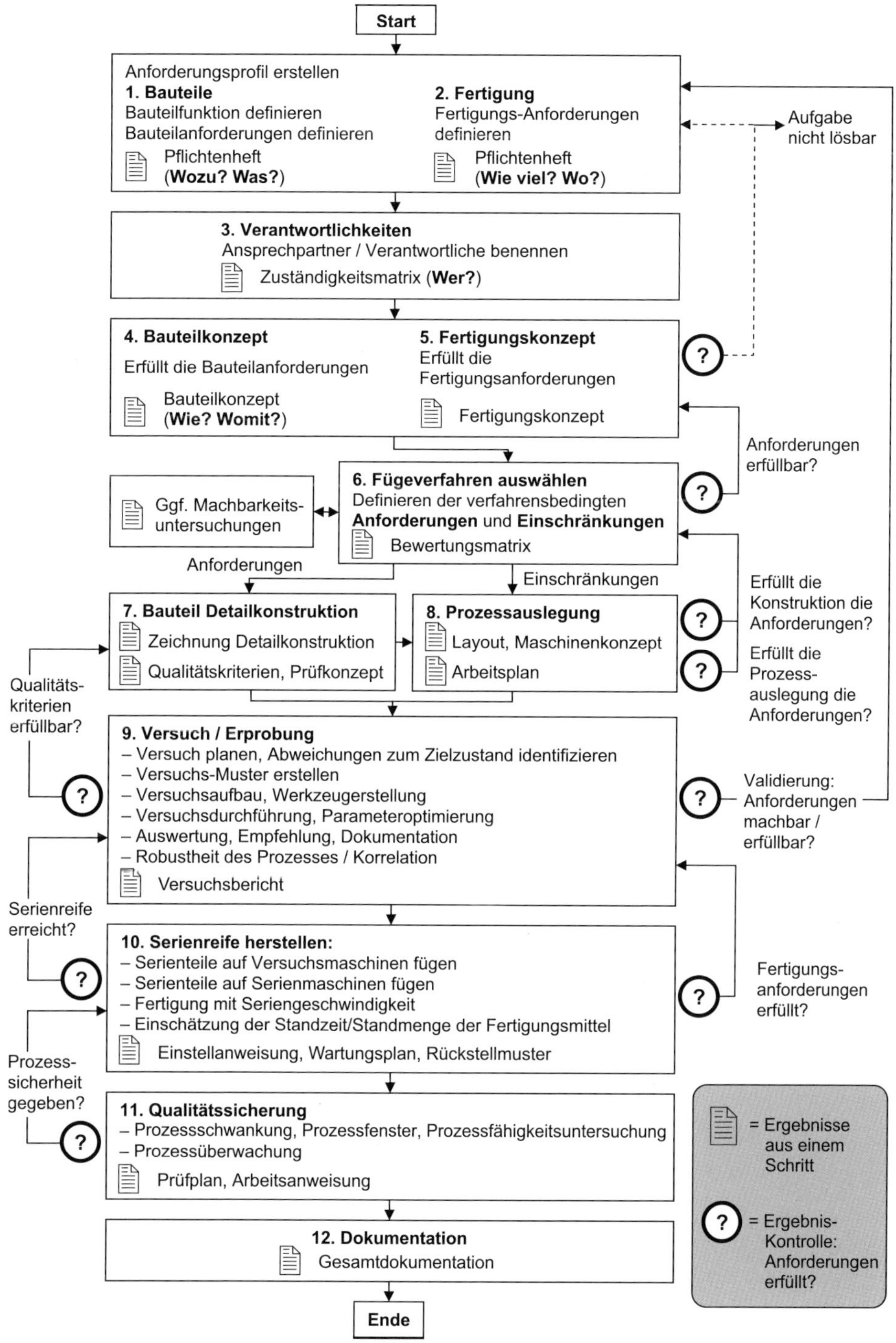

Bild 1. Leitfaden zum Projektablauf beim Fügen von thermoplastischen Kunststoffen in der Serienfertigung.

September 2017

DVS VERBAND

DVS – Deutscher Verband
für Schweißen und
verwandte Verfahren e. V.

Richtlinie
DVS 2216-3

Ersatz für Ausgabe
August 1992

Richtlinie DVS 2216-3

Ultraschallfügen von Formteilen und Halbzeugen aus thermoplastischen Kunststoffen in der Serienfertigung

– Nieten und Bördeln durch Umformen mit Ultraschall

DVS, Ausschuss für Technik, Arbeitsgruppe "Fügen von Kunststoffen"

Bezug: DVS Media GmbH, Postfach 10 19 65, 40010 Düsseldorf, Telefon (0211) 1591-0, Telefax (0211) 1591-150

Inhalt:

1. Geltungsbereich

Diese Richtlinie gilt für das Fügen von Formteilen und Halbzeugen aus thermoplastischen Kunststoffen mit Ultraschall, bevorzugt in der Serienfertigung.

Fügeteile aus thermoplastischen Kunststoffen können durch Ultraschall plastifiziert und partiell umgeformt werden. Diese Möglichkeit nutzt man beim Nieten und Bördeln. Für Umformaufgaben werden die üblichen Ultraschallschweißmaschinen und -geräte eingesetzt, siehe Richtlinie DVS 2216-1, „Ultraschallschweißen von Kunststoffserienteilen – Prozessbeschreibung, Maschinen und Geräte, Einflussgrößen, Konstruktion, Qualitätssicherung". Neben dem Energieeintrag mittels Ultraschall existieren am Markt weitere Arten der Wärmeeinbringung, welche in Bild 1 einzusehen sind.

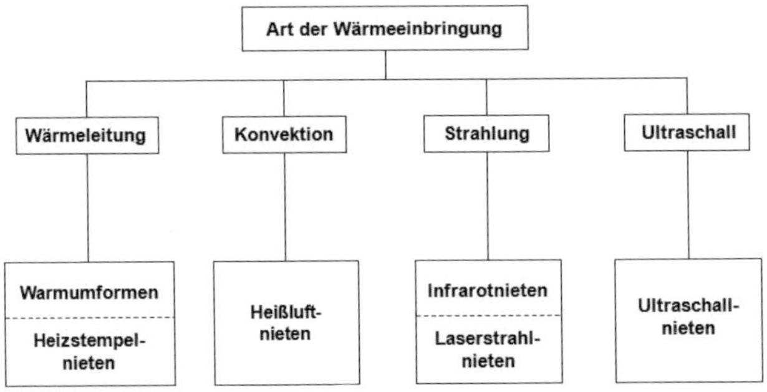

Bild 1. Arten der Wärmeeinbringung beim Kunststoffnieten.

2. Umformen durch Ultraschall

2.1. Prozessbeschreibung

Mit Ultraschall können Fügeteile aus thermoplastischen Kunststoffen untereinander oder mit artfremden Werkstoffen, bei denen keine Schweißung möglich ist, durch Nieten bzw. Bördeln formschlüssig verbunden werden.

Für das Bördeln gelten im Allgemeinen die gleichen Arbeitsbedingungen wie für das Nieten. Formen, Abmessungen und Ausführung von Bördelverbindungen richten sich nach den Vorgaben der Fügeteile. Die Bördelung kann umlaufend oder segmentweise vorgenommen werden.

Das Ultraschall-Nieten zeichnet sich durch folgende Merkmale aus:

- kurze Prozesszeiten
- spannungsfreie, -arme Verbindungen
- Nieten zwischen hohen Seitenwänden mit langen schmalen Sonotroden
- geringe Temperaturbelastung des Bauteils
- unterschiedlichste Materialkombinationen möglich

Nachteilig können sein:

- Partikelbildung oft nicht zu vermeiden
- Bauteilbelastung durch Schwingungen (meist geringer als beim Ultraschallschweißen); jedoch Rissbildung bei scharfen Ecken möglich
- Beschädigungen an Sonotrode, Schallsystem und Fügeteil sind möglich, wenn die schwingende Sonotrode bei Kunstoff/Metallverbindungen die Metalloberfläche des Fügeteils berührt

Beim Nieten mit Ultraschall wirkt die Sonotrode als Werkzeug zur Plastifizierung und Formgebung des Nietzapfens. Diese Nietverbindungen lassen sich präzise und auch spielfrei herstellen, sofern dies gewünscht wird. Die Sonotrode dient nicht als „Heizstempel“ sondern leitet die Ultraschallschwingungen in den Nietzapfen ein und verformt diesen entsprechend der Sonotrodengeometrie. Die Energieumwandlung der Schwingungen in Wärme (Dissipation) erfolgt im Nietzapfen.

Bei langen Prozesszeiten und kurzen Taktfolgen kann es zur Erwärmung der Sonotrode kommen. In diesen Fällen wird die Kühlung der Sonotrode, z. B. durch Luft empfohlen.

Die Gestaltung der Sonotrodenarbeitsfläche und des Nietzapfens bestimmt die Form des Nietkopfes.

Vor allem beim Nieten glasfaserverstärkter Thermoplaste sowie einer Kunststoff/Metallverbindung muss die Sonotrodenarbeitsfläche verschleißfest ausgelegt werden.

In der Fertigung haben sich Sonotroden aus:

Ausführung Standard	Ausführung verschleißfest
- Aluminium	- beschichtetem Titan
- Titan	- gehärtetem Stahl
	- Ferro-Titanit

bewährt.

Mehrfachsonotroden erlauben es, mehrere Nietungen in einem Arbeitstakt herzustellen. Hierbei sind erhöhte Anforderungen an

- Bauteiltoleranz,
- Bauteilgeometrie und
- Material

zu berücksichtigen.

Die Prozesskontrolle wird bei einer Mehrfachnietung erschwert.

Für eine reproduzierbare spielfreie Nietverbindung ist die Verwendung von Niederhaltern zum Fixieren der beiden Fügepartner notwendig.

Im Bereich des Nietzapfens muss der Fügepartner 1 konturgebunden unterstützt werden.

Bild 2 zeigt schematisch den Aufbau einer Nietverbindung.

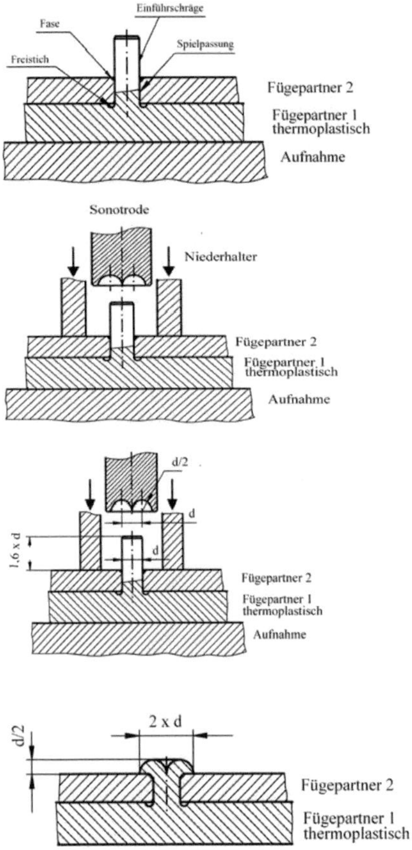

Bild 2. Prinzipieller Aufbau beim Ultraschallnietprozess, Nietkopf Form D.

2.2. Konstruktionshinweise

Der Nietzapfen ist in den meisten Fällen an das Formteil angespritzt. Die Anbindung des Nietzapfens darf nicht scharfkantig sein, sondern soll mit einem möglichst großen Radius versehen werden. Bewährt haben sich Radien > 0,3 mm. Dies verhindert ein Plastifizieren oder Reißen des Nietzapfens in diesem Bereich.

Scharfkantige Übergänge zwischen Nietzapfen und Nietkopf reduzieren die Abreißkräfte der Nietverbindung. Diesem Effekt kann das Anfasen von Fügepartner 2, Bilder 2 und 3, entgegenwirken.

Aus Toleranzgründen erhält Fügepartner 2 einen dem Nietzapfen angepassten Durchbruch mit einem geringen Übermaß (Spielpassung).

Der Zapfenüberstand und die Nietkopfausbildung richten sich nach:

- dem zu nietenden Werkstoff,
- der geforderten Festigkeit,
- dem Nietzapfenquerschnitt und
- der Teilegeometrie.

Es können auch durch separat gespritzte Nietzapfen zwei oder mehrere Fügeteile miteinander verbunden werden.

Eine ausreichende Zapfenstabilität ist zu gewährleisten, um ein Verbiegen/Abknicken des Zapfens während des Nietprozesses zu verhindern.

Der maximale Zapfenaußendurchmesser ist von der Bauteilwandstärke abhängig.

Dieser kann durch Verwendung eines Hohlniets vergrößert werden.

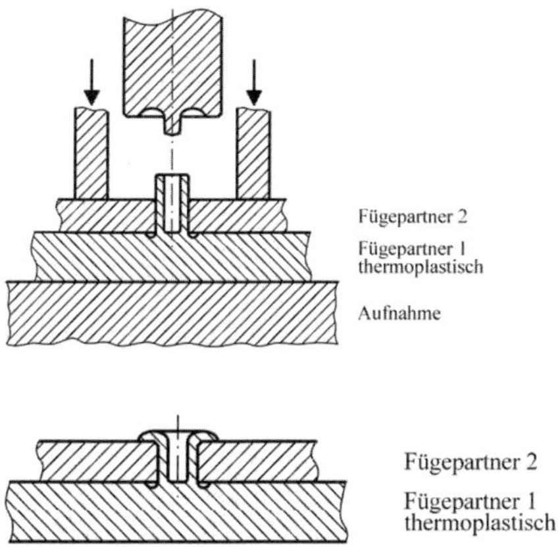

Bild 3. Nietverbindung mit Hohlniet, Nietkopf Form G.

2.3. Nietkopfformen

Nachfolgende Nietkopfbeispiele, Bild 4, zeigen im Hinblick auf die Anforderungen und Materialien bewährte Nietkopfformen.

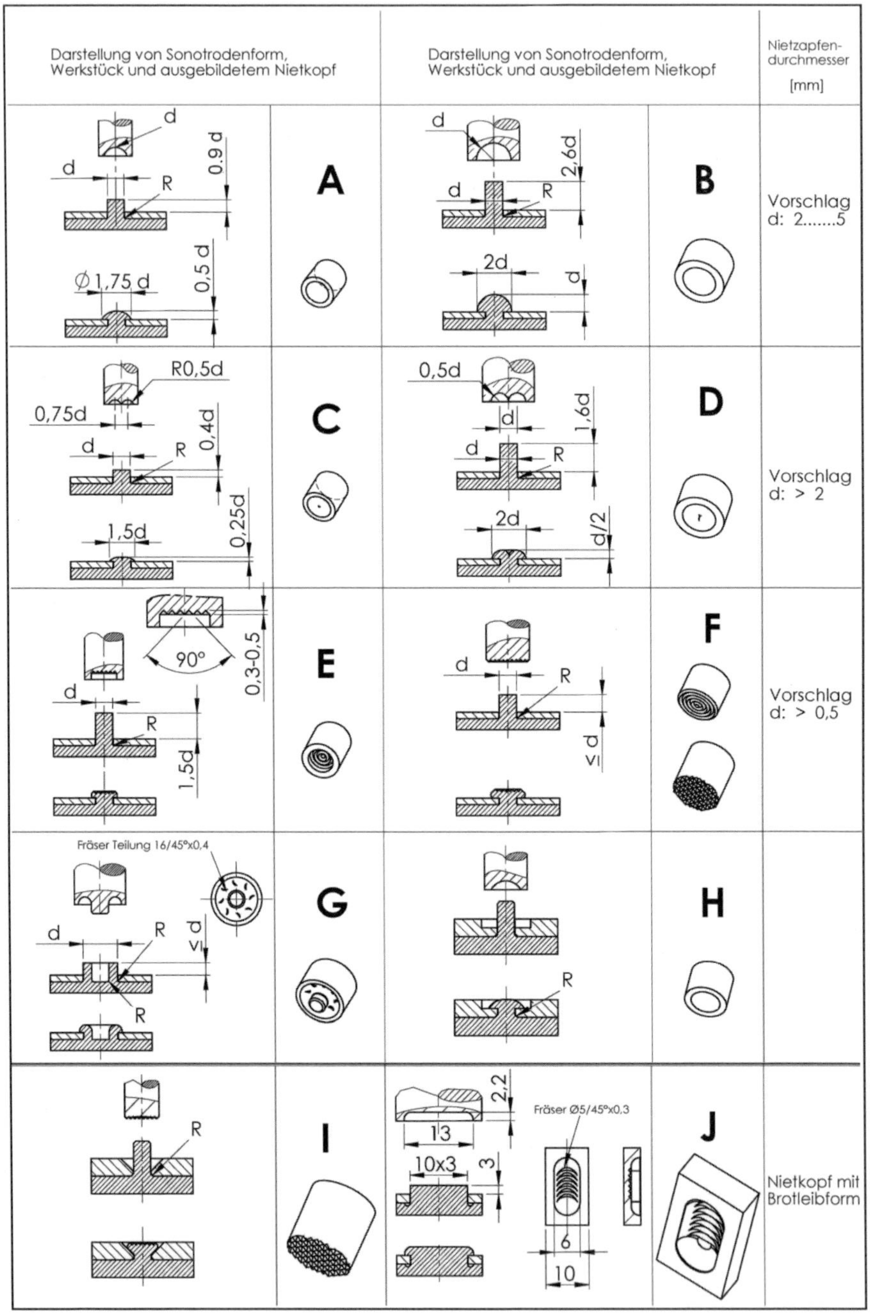

Bild 4. Häufig eingesetzte Nietkopfformen.

Die Nietkopfausbildungen A und B werden vorzugsweise für dünne Zapfen eingesetzt. Die Plastifizierung wird mit einem kegelförmig angespitzten Nietzapfen erleichtert.

Besonders bewährt haben sich die Kopfausbildungen C und D. Bei diesen Formen ist die Kontaktfläche zwischen Sonotrode und Nietzapfen durch die zentrale Spitze, die mittig angreifen muss, zunächst sehr klein. Hierdurch wird die Ultraschallenergie eingeleitet. Die Kopfausbildung D wird aufgrund der guten Festigkeitswerte bevorzugt verwendet.

Bei der Ausführung E wird die Sonotrodenarbeitsfläche mit einer Rautierung (Waffelmuster) versehen. Diese Sonotrodengestaltung hat sich besonders bei Mehrfachnietungen bewährt. Positionsungenauigkeiten zwischen Sonotrode und Nietzapfen sowie Maßtoleranzen im Abstandsmaß mehrerer Nietstellen können damit ausgeglichen werden.

Bei größerem Nietzapfendurchmesser empfiehlt es sich, besonders um Einfallstellen beim Spritzen der Teile zu vermeiden, Hohlzapfen, Ausführung G oder mehrere dünne Zapfen, einzusetzen.

2.4. Sonotrodenvarianten

Bei Sonotroden unterscheidet man die folgenden Varianten:

- Einfachsonotrode, diese hat nur eine Nietkontur
- Mehrfachsonotrode, diese hat mehrere Nietkonturen
- Basissonotrode mit Einschraubsonotroden

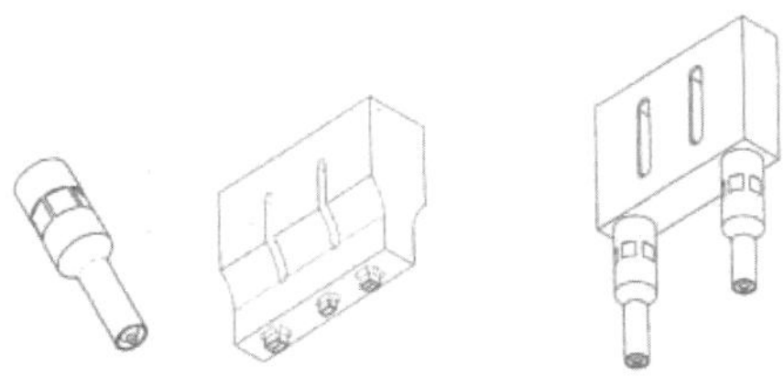

Bild 5. Sonotrodengeometrien für unterschiedliche Nietanwendungen.

2.5. Niederhalter

Der Niederhalter fixiert während des Nietprozesses die beiden Fügepartner spielfrei gegeneinander.

Folgende Varianten werden unterschieden:

- der Sonotrode voreilende gefederte Niederhalter
- manuelle oder pneumatische Niederhalter

2.6. Werkstoff- und herstellbedingte Einflüsse

2.6.1. Feuchtigkeit

Manche Kunststoffe, z. B. Polyamide, neigen zur Feuchtigkeitsaufnahme. Diese Feuchtigkeit kann zu porösen Nietköpfen führen.

2.6.2. „Eingefrorene" Spannungen

Beim Spritzgießprozess besteht die Möglichkeit, interne Spannungen einzufrieren. Diese können zu Spannungsrissen im Kunststoff führen. Für den Nietprozess ist zudem ein zu hoher Anteil an Kaltverformung zu vermeiden, da dieser, v. a. bei amorphen Materialien, zu Relaxationserscheinungen

(Rückstelleffekten) und folglich zum Lösen der Verbindung führen kann.

2.6.3. „Krumme" Nietzapfen

Solche Nietzapfen können unter Druck beim Nietprozess wegknicken. Damit ist die Zentrizität und Wirkrichtung zur Sonotrode nicht mehr gegeben.

2.6.4. Anspritzpunkte/Bindenaht

Anspritzpunkte und Bindenähte sind im Bereich des Nietzapfens zu vermeiden.

2.6.5. Additive im Kunststoff und Entformungshilfsmittel

Alle Füllstoffe und Verarbeitungshilfsmittel können den Fügeprozess beeinflussen (Homogenität, Festigkeit, Prozessstabilität).

2.6.6. Rezyklate

Bei Rezyklaten bzw. Regeneraten kann sich die erreichbare Festigkeit der Nietverbindung je nach Rezyklatanteil verschlechtern. Dies muss im Einzelfall geprüft werden.

2.7. Fertigungshinweise

Während des Nietprozesses kann es zu Partikelbildung durch die Schalleinwirkung kommen. Um ein Verschmutzen des Bauteiles zu minimieren, kann eine Absaugung verwendet werden. Alternativ ist es möglich, das System als Sonderanlage „auf dem Kopf stehend" zu betreiben. Somit fährt die Sonotrode von unten in das Bauteil.

Für das Aussehen und die mechanisch-technologischen Eigenschaften der Nietverbindungen sind die folgenden Einflussgrößen von Bedeutung.

2.7.1. Frequenz

Die benötigte Frequenz hängt von der Bauteilgröße und den Dämpfungseigenschaften des verwendeten Werkstoffes ab. Je kleiner der Nietzapfen und/oder je geringer die Dämpfungseigenschaften sind, desto höher kann die einzusetzende Frequenz gewählt werden.

2.7.2. Amplitude

Zur gezielten Plastifizierung ist die Amplitude bauteil- und werkstoffspezifisch anzupassen. Sie ist abhängig von der Frequenz der Anlage und der Konzeption der Sonotrode.

2.7.3. Nietzeit

Die Nietzeit („Schall-Einwirkzeit") ist abhängig von:

- Werkstoffeigenschaften
- Geometrie des Nietzapfens
- Frequenz
- Amplitude
- Fügekraft

Sie liegt im Bereich von 0,5 bis 3 s.

2.7.4. Triggerung

Eine Nietanwendung wird meistens mit Pre-Trigger, d. h. mit Vorauslösung des Ultraschalls, gefahren. Die Sonotrode setzt so schwingend auf den Nietzapfen auf, um ein sofortiges Anschmelzen zu erreichen.

2.7.5. Aufsetzgeschwindigkeit der Sonotrode

Eine niedrige Aufsetzgeschwindigkeit ermöglicht das gleichmäßige Anplastifizieren des Nietzapfens.

2.7.6. Fügekraft

Die Fügekraft bestimmt maßgeblich den Verformungsprozess und wird in Abhängigkeit von der Querschnittsfläche des Nietzapfens gewählt. Sie sollte nicht zu hoch gewählt werden, um ein Ausknicken des Nietzapfens zu vermeiden.

Des Weiteren wird durch geringe Fügekräfte die Formgebung des Kopfes erleichtert und die möglicherweise „eingefrorenen" Spannungen (Memory-Effekt) in der Nietverbindung reduziert.

2.7.7. Haltezeit

Während der Haltezeit erstarrt der geformte Nietkopf unter Formzwang. Aufgrund des Schmelzepolsters ist zur Wärmeabfuhr eine angemessene Haltezeit von 1 s bis 3 s notwendig. Um die Temperatur der Sonotrode im zulässigen Arbeitsbereich zu halten, kann diese z. B. durch Druckluft gekühlt werden.

2.7.8. Haltekraft

Wenn die Möglichkeit besteht, sollte die Haltekraft höher als die Fügekraft gewählt werden, um die Homogenität des Nietkopfes zu verbessern.

2.8. Qualitätskriterien

Folgende Kriterien können zur Qualitätskontrolle herangezogen werden:

- Festigkeit der Nietverbindung (Bruchkraft) und Bruchbild (Kopf-Zapfen-Anbindung)
- Rückfederung des Nietkopfes nach thermischer Lagerung (oberhalb Tg)
- Spielfreiheit der Verbindung
- Partikelbildung
- Optik des Nietkopfes und der Sichtseite

Unabhängig vorgenannter Qualitätskriterien der Nietverbindung kann eine endgültige Beurteilung nur durch eine zerstörende Prüfung getroffen werden, z. B. Schliffbilder, Bruchbilder, Temperaturwechselbelastung, Spannungsrisstests usw.

Zur Geometrie- und Prozessoptimierung sowie für vergleichende Werkstoffuntersuchungen kann es sinnvoll sein, Versuche an spritzgegossenen Prüfkörpern durchzuführen. Eine beispielhafte Prüfkörpergeometrie wird in der Richtlinie DVS 2216-3 Beiblatt 1 beschrieben.

Januar 2018

DVS VERBAND
DVS – Deutscher Verband
für Schweißen und
verwandte Verfahren e. V.

Richtlinie
DVS 2216-3 Beiblatt 1

Richtlinie DVS 2216-3 Beiblatt 1

Nietprüfkörper mit anpassbarer Zapfengeometrie zum Ultraschallnieten thermoplastischer Kunststoffe und Prüfbedingungen

DVS, Ausschuss für Technik, Arbeitsgruppe "Fügen von Kunststoffen"

Bezug: DVS Media GmbH, Postfach 10 19 65, 40010 Düsseldorf, Telefon (0211) 1591-0, Telefax (0211) 1591-150

Inhalt:

1. Geltungsbereich

In diesem Beiblatt werden ein Vorschlag für Nietprüfkörper aus thermoplastischen Kunststoffen zum Ultraschallnieten und deren Herstellungs-, Niet- und Prüfbedingungen beschrieben. Die Anwendung des Nietprüfkörpers kann ebenfalls für alle weiteren Nietverfahren (Thermische Verfahren, Strahlungsnieten, etc.) erfolgen.

Das Ultraschallnieten ist in Anlehnung an die Richtlinie DVS 2216-3, gegebenenfalls in Abstimmung mit dem Rohstofflieferanten und/oder dem Maschinenhersteller, durchzuführen. Zum Erzielen vergleichbarer Prüfergebnisse sind die beschriebenen Prüfbedingungen einzuhalten.

Die Ergebnisse können als Ausgangspunkt für eine Verfahrensoptimierung beim Ultraschallnieten von Serienteilen aus thermoplastischen Kunststoffen herangezogen werden.

2. Nietprüfkörper

Der in Bild 1 dargestellte Nietprüfkörper wurde in Anlehnung an seriell gefertigte Spritzgießbauteile entworfen und bietet die Möglichkeit, Nietversuche zur Geometrie- und Parameteroptimierung kostengünstig durchzuführen. Durch die Verwendung von Wechseleinsätzen im Spritzgießwerkzeug können so, mit wenig Aufwand, unterschiedliche Zapfengeometrien realisiert werden.

Eine 4 mm starke Grundplatte dient als biegesteife Aufnahme im Prüfwerkzeug für die Kopfabzugprüfung, Bild 1. Die abgesetzte Kreisringfläche am Grund des Nietzapfens bietet eine definierte Auflagefläche für den Fügepartner.

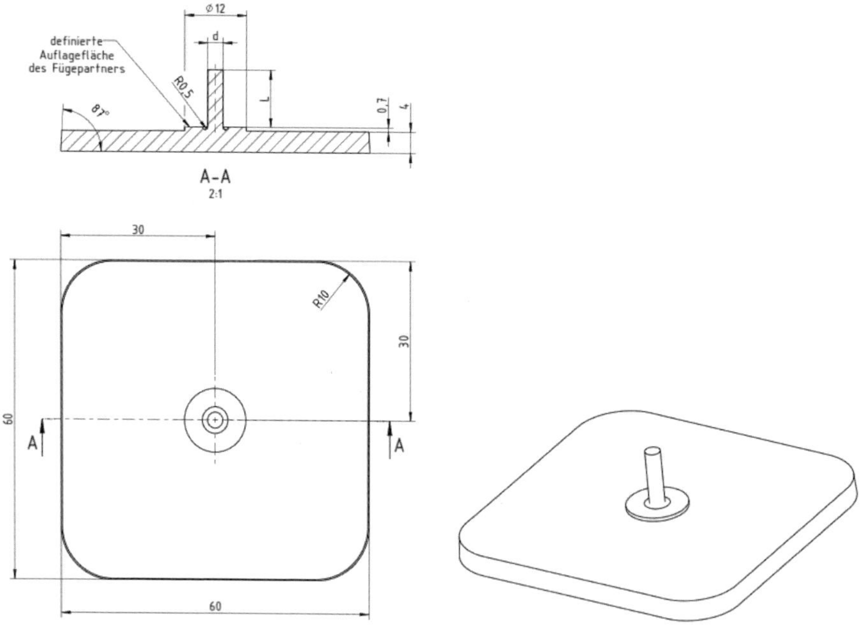

Bild 1. Nietprüfkörper mit Vollniet.

3. Herstellung der Nietprüfkörper

Die Verarbeitungsbedingungen bei der Herstellung der Prüfkörper im Spritzgießprozess sind im Hinblick auf die Teilequalität und Reproduzierbarkeit gegebenenfalls mit dem Rohstoffhersteller auszuwählen. Die eingestellten Spritzgießparameter sind umfänglich zu dokumentieren und dem Prozessprotokoll beizulegen.

Des Weiteren sollten die Art und die Position des Angusses dokumentiert werden, da diese großen Einfluss auf das Formfüllverhalten und somit auf die Werkstoffeigenschaften in der Fügezone haben. Es wird empfohlen, den Anguß und die Anspritzrichtung entsprechend der Lage am realen Bauteil zu wählen. Die Angusspositionierung direkt am Nietzapfen ist zu vermeiden.

4. Fügepartner

Bild 2 zeigt ein U-Profil, welches als Fügepartner für die Nietversuche verwendet werden kann. Die Geometrie ist an die Standards von Metall-Halbzeugen angelehnt. Die Aufnahmebohrung für den Nietzapfen sollte mit einem geringen Übermaß (Spielpassung) gegenüber dem eigentlichen Zapfendurchmesser versehen sein (z. B. 3 mm Zapfendurchmesser + 0,1 mm Übermaß entspricht einem Bohrungsnennmaß von 3,1 mm). Gleichzeitig sollte sich diese Passung an den Gegebenheiten der späteren Anwendung orientieren.

Der Werkstoff aus dem der Fügepartner gefertigt wird, sollte in Hinblick auf den späteren Anwendungsfall gewählt werden. Besonders die Wärmeleitfähigkeit kann einen großen Einfluss auf die Nietqualität besitzen.

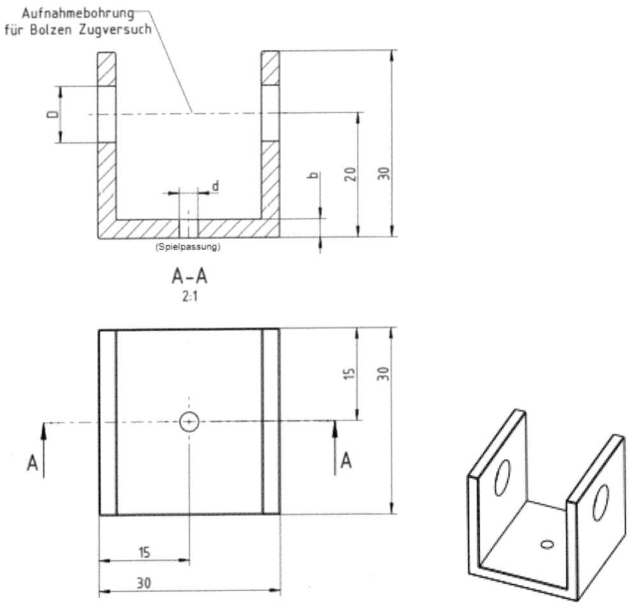

Bild 2. U-Profil als Fügepartner für den Zugversuch (Kopfabzugprüfung).

5. Niet- und Lagerbedingungen

Voraussetzung für anforderungsgerechte und reproduzierbare Ergebnisse beim Ultraschallnieten der Nietprüfkörper sind:

- ein definierter Ausgangszustand der Prüfkörper
- eine definierte Positionierung des Nietzapfens im Aufnahmewerkzeug und unter der Sonotrode
- exakt eingestellte Nietparameter
- ein reproduzierbarer Verfahrensablauf
- definierte Lagerbedingungen der Prüfkörper bis zur Prüfung

Zur Optimierung der Nietparameter wird auf die Richtlinie DVS 2216-3 hingewiesen. Gegebenenfalls ist eine Abstimmung mit dem Rohstofflieferanten und/oder dem Maschinenhersteller sinnvoll.

Folgende Parameter bzw. deren Verläufe sollten dokumentiert werden:

- Amplitude
- Triggerbedingungen
- Fügekraft
- Haltekraft
- Fügezeit (Nieten + Halten)
- Fügeweg (Nieten + Halten)
- Aufsetz- und Fügegeschwindigkeit
- Leistung
- Energie
- Abschaltkriterium

6. Prüfbedingungen

Zur qualitativen Beurteilung einer Nietverbindung sollten die folgenden Kriterien herangezogen werden:

- äußere Optik des Nietkopfes (makroskopisch)
- Kopfanbindung an den Nietzapfen (Querschnitt des Nietkopfes)
- Abreißkraft des Fügepartners (Kopfabzugprüfung)
- Unversehrtheit des Nietzapfens einschließlich der Anbindung zur Grundplatte
- evtl. vorhandener Memory-Effekt aufgrund zu geringer Umformtemperatur
- Spielfreiheit der Verbindung

Die Bewertung der äußeren Optik kann nach festgelegten Qualitätskriterien und basierend auf einem Schulnotensystem durchgeführt werden. Zusätzlich sollte dies fotografisch dokumentiert werden, Bild 3.

Die Kopfanbindung an den Nietzapfen kann am Querschnitt der Nietverbindung bewertet werden. Dazu wird die Nietverbindung entlang der Rotationsachse des Nietzapfens geteilt. Dies kann durch Schneiden oder Schleifen realisiert werden. Es wird die tragende Kopfhöhe, Bild 3, bewertet und dokumentiert.

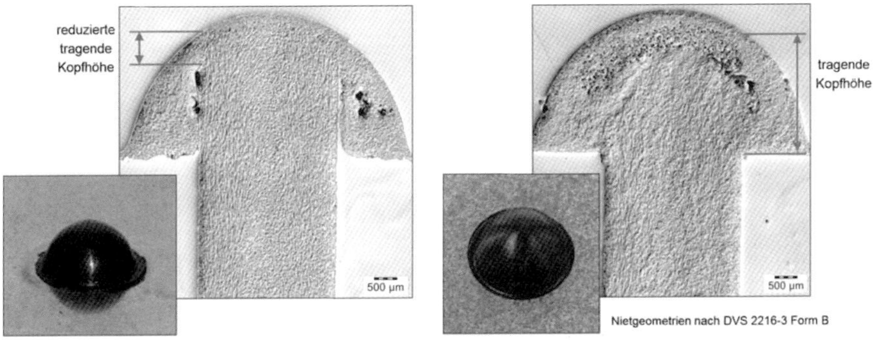

Bild 3. Mögliche Anbindungsszenarien infolge der eingestellten Prozessparameter, beispielhafte Diskrepanz zwischen makroskopischer und mikroskopischer Nietkopfausbildung, Nietkopfanbindung links gering, rechts vollständig. Quelle: TU Chemnitz.

Die Festigkeit der Nietverbindung kann über die Kopfabzugprüfung ermittelt werden. Dazu ist es notwendig, die Grundplatte des Nietprüfkörpers möglichst vollflächig im unteren Aufnahmerwerkzeug einzuspannen. Das U-Profil wird über einen Bolzen im oberen Aufnahmewerkzeug fixiert, Bild 4. Zur Ermittlung der Kopfabzugskraft werden folgende Prüfparameter empfohlen:

- Prüftemperatur: Normklima nach DIN 50 014-23/50-1
- Abzugsgeschwindigkeit: 5 mm/min
- Zeit nach dem Nietprozess: Der Nietkopf muss vollständig die angegebene Prüftemperatur erreicht haben. Es wird empfohlen, die Prüfung erst 12 bis 24 Stunden nach dem Nietvorgang durchzuführen.

Die gewählten Prüfbedingungen müssen bei niedrigeren oder höheren Temperaturen im Bedarfsfall ggf. neu definiert werden.

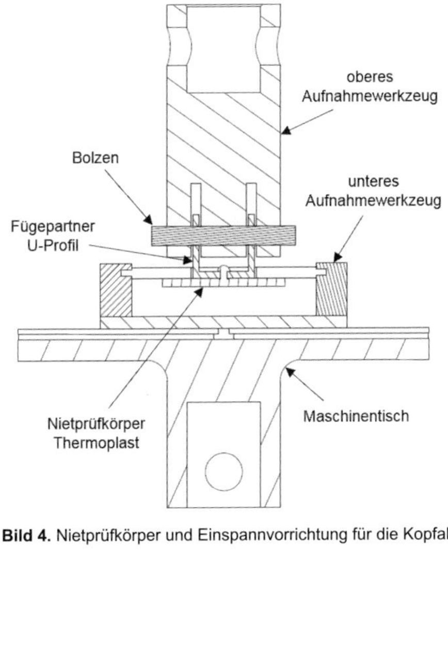

Bild 4. Nietprüfkörper und Einspannvorrichtung für die Kopfabzugprüfung.

Januar 2020

DVS VERBAND

Richtlinie
DVS 2216-4

Ersetzt Ausgabe
August 1992

Richtlinie DVS 2216-4

Ultraschallfügen von Formteilen und Halbzeugen aus thermoplastischen Kunststoffen in der Serienfertigung

Einbetten bzw. Einsenken von Inserts mit Ultraschall

Ausschuss für Technik im DVS

Arbeitsgruppe W4 „Fügen von Kunststoffen"

Bezug: DVS Media GmbH, Postfach 10 19 65, 40010 Düsseldorf, Telefon (0211) 1591-0, Telefax (0211) 1591-150

Inhalt:

1. Geltungsbereich

Diese Richtlinie gilt für das Einbetten - auch als Einsenken bezeichnet - von Metall- und Kunststoffinserts (z.B. Gewindeeinsätze, Gewindestifte), die mittels Ultraschall bevorzugt in thermoplastische Kunststoffe eingebettet werden. Für Einbettaufgaben werden die nach Stand der Technik üblichen Ultraschallschweißmaschinen und -geräte eingesetzt, siehe Richtlinie DVS 2216-1.

2. Verfahrensbeschreibung

Beim Einbetten mit Ultraschall wird das Insert von der Sonotrode berührt, in Schwingungen versetzt und in die Aufnahmebohrung durch eine Vorschubbewegung eingesenkt. Bild 1 zeigt das Prinzip des Einbettvorgangs.

Bild 1. Prinzip US-Einbettvorgang.

Zum Öffnen einer Videoanimation den QR-Code scannen.

Die an der Berührungsfläche zwischen Insert und Bauteil entstehende Reibungswärme plastifiziert den Kunststoff, wobei die Schmelze die Hinterschnitte des Inserts ausfüllt und dieses formschlüssig einbettet.

Die Ultraschalleinbettmethode zeichnet sich durch folgende Merkmale aus:

- kurze Prozesszeiten
- hohe Wirtschaftlichkeit
- spannungsfreie, -arme Verbindungen
- geringe Temperaturbelastung des Bauteils
- kein Vorwärmen der Inserts notwendig
- vergleichbare Auszugskräfte und -momente wie beim Umspritzen von Inserts

Nachteilig können sein:

- Abrieb des Inserts bzw. der Sonotrode
- Bauteilbelastung durch Schwingungen
- Geräuschemission

3. Prozessbeschreibung

Die zum Einbetten eingesetzten Amplituden orientieren sich an den Werten für das Ultraschallschweißen (Richtlinie DVS 2216-1), Tabelle 1. Es wird die Frequenz von 20 kHz bevorzugt, da für diese Frequenz höhere Generatorleistungen zur Verfügung stehen und die Gefahr der Beschädigung des Schwingsystems durch Schallrückkopplungen und Frequenzsprünge verringert wird. Bei Gewindebuchsen größer als M8 ist das Einbetten mit Ultraschall im Hinblick auf die Machbarkeit zu validieren.

Tabelle 1. Amplituden-Richtwerte zum Einbetten von Inserts mit Ultraschall (20kHz)

Material	Amplituden-Richtwerte für 20kHz	Polymerstruktur
ABS	20µm bis 25µm	amorph
ASA	20µm bis 25µm	amorph
PC	~35µm	amorph
PMMA	~25µm	amorph
PVC-hart	~35µm	amorph
PA6	35µm bis 40µm	teilkristallin
PA6-GF30	30µm bis 40µm	teilkristallin
PBT	40µm bis 45µm	teilkristallin
PBT-GF30	35µm bis 40µm	teilkristallin
PEEK	45µm bis 50µm	teilkristallin
PP	35µm bis 40µm	teilkristallin
POM	40µm bis 45µm	teilkristallin

Bei entsprechenden maßlichen Gegebenheiten können gleichzeitig mehrere Inserts in einem Arbeitsgang eingebettet werden. Dabei sind gleiche Massen und Geometrien zu bevorzugen.

Bei Metallinserts sehr großer Masse ist es vorteilhaft, die Sonotrode auf das Kunststoffteil aufzusetzen und das Metallinsert im Aufnahmewerkzeug zu halten. Beim Einbetten von Metallinserts ist generell mit Abrieb (Flitter) an diesen und auch an der Sonotrode zu rechnen. Der Einsatz von Sonotroden aus gehärtetem Stahl oder Hartmetall ist zu empfehlen.

Durch die „harte" Ankopplung der Sonotrode an das Metallteil kann es zu starker Geräuschemission kommen. Es sind entsprechende Maßnahmen zu treffen. Der Einsatz von Inserts aus z.B. glasfaserverstärkten Thermoplasten oder Duroplasten kann in diesen Fällen ebenso eine Lösung sein.

Anzustreben ist hierbei eine möglichst vollständige Schmelzebildung im Grenzflächenbereich. Die Verfahrensparameter Amplitude, Kraft und Einsinkgeschwindigkeit sind so aufeinander abzustimmen, dass der Kunststoff genügend Zeit zum Schmelzen hat.

Ein unvollständiges Aufschmelzen oder eine unzureichende Entlüftung kann in Folge von zu kalt eingesenkten Inserts zu festigkeitsmindernden Lufteinschlüssen führen, darüber hinaus besteht die Gefahr der Rissbildung in den Aufnahmeaugen.

Grundsätzlich unterscheidet man zwischen Inserts mit und ohne Bund, Bild 2.

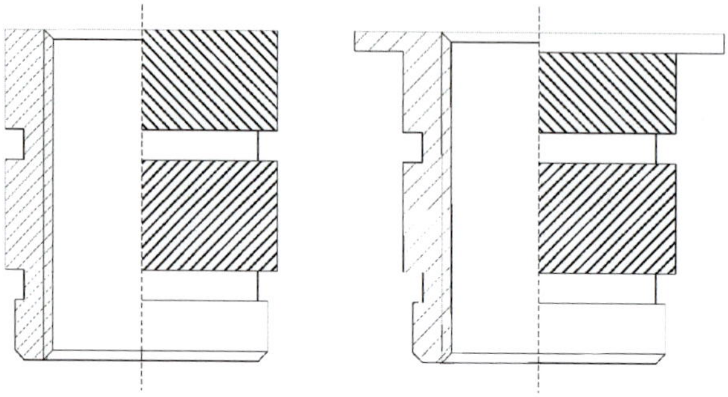

Bild 2. Gewindebuchsen mit (rechts) und ohne Bund (links)

Bild 3 zeigt das Schliffbild eines Gewinde-Inserts aus Messing ohne Bund. Ein Überstand des Inserts gegenüber dem Bauteil von 0,1 mm bis 0,2 mm ist anzustreben. Hervorzuheben ist die vollständige Einbettung ohne Lufteinschlüsse. Wichtig ist der Freiraum unterhalb des Inserts, um den Schmelzeaustrieb aufzunehmen.

Das Schliffbild eines Gewinde-Inserts aus Messing mit Bund ist in Bild 4 dargestellt. Hierbei ist ebenfalls ein Überstand gegenüber dem Bauteil von 0,1 mm bis 0,2 mm empfehlenswert. Die Bundbuchse zeichnet sich durch eine verbesserte Auflagefläche der Schraubverbindung, eine bessere Ankopplung der Sonotrode und einen begrenzten Schmelzeaustrieb nach oben aus. Die Auswirkung einer zu großen Aufnahmebohrung ist in diesem Fall in Form von Lufteinschlüssen sehr gut sichtbar. Auszugskraft und -moment des Inserts sind hierdurch deutlich reduziert. Zusätzlich wurde kein Freiraum an der Unterseite des Inserts vorgesehen.

Bild 3. Eingebettetes Gewinde-Insert ohne Bund

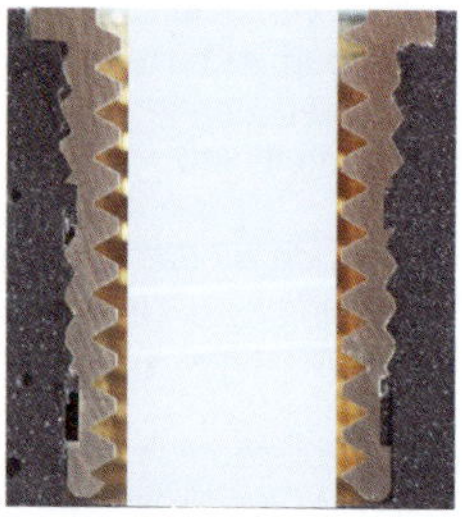

Bild 4. Eingebettetes Gewinde-Insert mit Bund

4. Konstruktive Hinweise und maßgebliche Ein lussgrößen

Sofern die Aufnahmebohrungen im Kunststoffteil in Form von Augen bzw. Domen mit angespritzt werden, ist zu beachten, dass sich auf der Rückseite Einfallstellen bilden können. Diesem Umstand ist bei der Fügeteilkonstruktion Rechnung zu tragen.

Die Wanddicke der Aufnahmeaugen soll genügend Festigkeit ermöglichen und ausreichend Schmelzebildung für die Einbettung bereitstellen. Die Empfehlungen der Insert- und Rohstoffhersteller sind zu beachten und durch Experimente abzusichern, da sowohl die Eigenschaften und die Verarbeitung der Kunststoffe von Einfluss sind.

Bewährte konstruktive Auslegungen der Aufnahmeaugen sind aus Bild 5 zu entnehmen

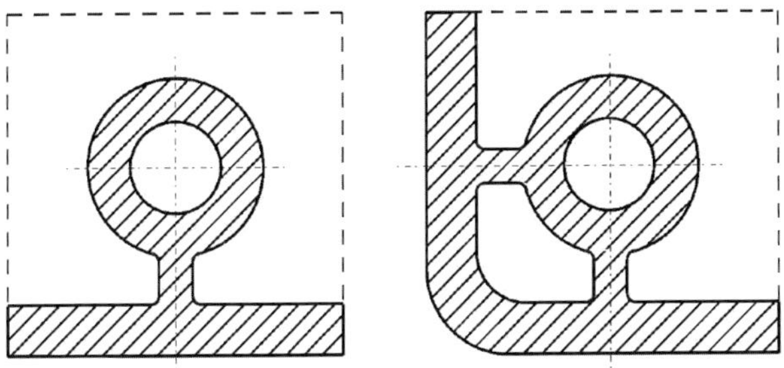

Bild 5. Beispiele für die konstruktive Anordnung von Aufnahmeaugen und deren Anbindung mittels Rippen

Für eine spannungsarme Einbettung ist neben der Ermittlung optimaler Verfahrensparameter folgendes zu beachten:

Die einzubettenden Inserts müssen ausreichend geführt werden. Eine Führung des Inserts durch konstruktive Maßnahmen am Bauteil oder Inserts ist gegenüber einer Führung durch die Sonotrode zu bevorzugen.

Ein verkantungsfreies Einführen des Inserts lässt sich durch die nachfolgenden Methoden erzielen:

- Führungsansatz am Insert, Bild 6 rechts.
- Zylindrische Führungssenkung ausreichender Länge am Bauteil, Bild 6 links. Die Senkung sollte im Durchmesser etwa 0,1 bis 0,2 mm größer sein als der Außendurchmesser des Inserts.

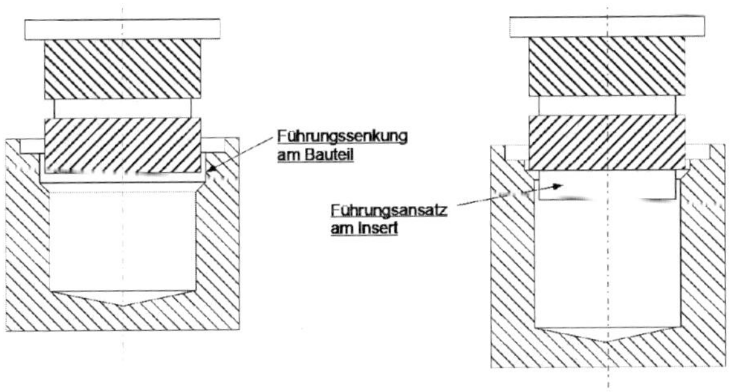

Bild 6. Zylindrische Führungssenkung am Bauteil (links) und Führungsansatz am Insert (rechts)

Die Aufnahmeaugen sollten zur Vermeidung von Kerbspannungen an der Anbindung ausreichend große Radien aufweisen, siehe Bild 7.
Der Durchmesser der Aufnahmebohrung muss kleiner sein als der Außendurchmesser des einzubettenden Inserts, um ausreichend Schmelze zu erzeugen. Die Hersteller von Inserts geben hierzu Empfehlungen. Eine zusätzliche experimentelle Absicherung am Bauteil ist anzustreben.

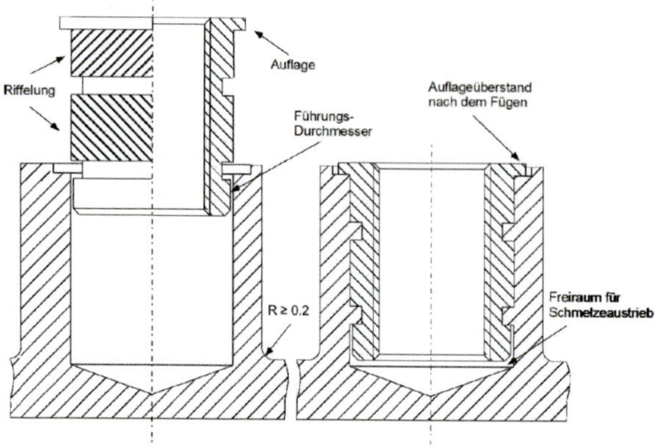

Bild 7. Insert und Bauteil mit angespritztem Aufnahmeauge

Die weitgehend konstante Gegenkraft während des Einsenkprozesses zylindrischer Inserts ermöglicht eine einfache Prozessführung. Bei der Verwendung konischer Inserts nimmt die Gegenkraft während des Einsenkens stetig zu. Dies ist bei der Prozessführung zu berücksichtigen.

Die Auslegung von Amplituden-Transformationsstück (Booster) und Sonotrode ist mit dem Hersteller der Ultraschallanlage unter Angabe des Anforderungsprofils abzustimmen.

Bei Sacklöchern muss die Tiefe der Aufnahmebohrung größer als die Länge des Inserts gewählt werden, um die verdrängte Kunststoffschmelze unterhalb des Inserts aufnehmen zu können.

5. Anwendungsbeispiele

Bild 8. Platte aus PA6 mit 4 Gewinde-Inserts

Bild 9. Runde Abdeckung aus PA6-GF30 mit 3 Gewinde-Inserts

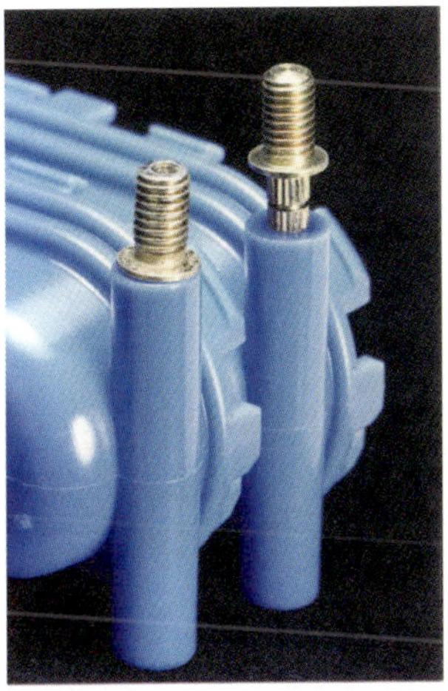

Bild 10. Gehäuse für Automobil-Türverriegelung mit Gewindebolzen

Bild 11. Ultraschalleinbetten von Emblemen in Funkschlüssel Gehäuse PA12-GF30

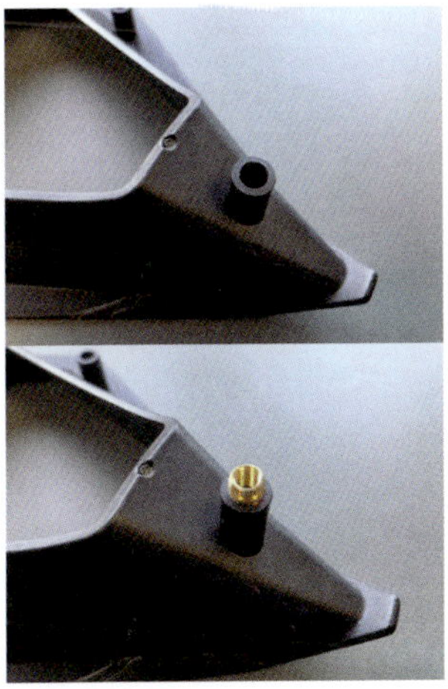

Bild 12. Abdeckung aus PPO-PA mit einem Gewinde-Insert

Bild 13. Einzelsonotrode, Frequenz 20 kHz, Stahl gehärtet ca. 58 HRC
Amplitude an der Arbeitsfläche ca. 40µm

Bild 14. Mehrfachsonotrode, Frequenz 20 kHz
Basissonotrode Aluminium, Einschraubsonotrode Stahl gehärtet ca. 58 HRC
Amplitude an den Arbeitsflächen ca. 40µm

6. Bildnachweis

Bild 1:	TU Chemnitz, Professur Kunststoffe
Bilder 3, 8, 9:	Fa. Herrmann Ultraschall, Karlsbad-Ittersbach
Bild 4:	Prof. Dr. Fischer, Gerlingen
Bild 10:	Fa. Telsonic, Erlangen
Bild 11:	Fa. Hella, Lippstadt
Bilder 12, 13, 14:	Fa. KLN Ultraschall, Heppenheim
Tabelle 1:	Fa. Herrmann Ultraschall, Karlsbad-Ittersbach

DVS VERBAND
DVS – Deutscher Verband
für Schweißen und
verwandte Verfahren e. V.

Richtlinie
DVS 2216-5

Ersatz für Ausgabe
August 1996

Richtlinie DVS 2216-5

Ultraschallfügen von Formteilen aus thermoplastischen Kunststoffen in der Serienfertigung – Ultraschallwerkzeug Sonotrode

DVS, Ausschuss für Technik, Arbeitsgruppe "Fügen von Kunststoffen"

Bezug: DVS Media GmbH, Postfach 10 19 65, 40010 Düsseldorf, Telefon (0211) 1591-0, Telefax (0211) 1591-150

Inhalt:

1. Geltungsbereich

Die Richtlinie beschreibt die Aufgabe, die Wirkungsweise und die Komplexität der Sonotrode.

Außerdem wird auf die Dimensionierung von einfachen Sonotroden mit maximalen Querabmessungen von:

- ca. 60 mm bei 20 kHz und
- ca. 30 mm bei 40 kHz

eingegangen.

Die Kenntnis der Sonotrodentechnologie ist bei der Anwendung der Ultraschallfügetechnik hilfreich. Die Prozessoptimierung und Qualitätssicherung wird dadurch erleichtert.

Hinweis:

Die Konzeption von Sonotroden mit komplexen Geometrien und/oder größeren Abmessungen erfordert umfangreiche Kenntnisse und Erfahrungen und ist nicht Gegenstand dieser Richtlinie.

Eine unterstützende Optimierung durch FEM ist sinnvoll/notwendig.

Nachfolgend die geläufigsten US-Schweißfrequenzen:

- 20 kHz, Standard-Frequenz für große bis mittlere Bauteile und Leistungen
- 30 kHz, für mittlere bis kleine Bauteile; Vorteil: kein Schallschutz erforderlich
- 35 kHz, für mittlere bis kleine Bauteile; Vorteil: kein Schallschutz erforderlich
- 40 kHz, für kleine Bauteile; Vorteil: kein Schallschutz erforderlich
- 70 kHz, für Sonderanwendungen, die aufgrund ihrer Größe sehr kleine Leistungen benötigen

2. Grundlagen

2.1. Aufgabe der Sonotrode

Als Sonotrode (Horn, Resonator) bezeichnet man das Schweißwerkzeug, das die vom Ultraschallwandler (Konverter, Schallkopf, Wandler) und dem Transformationsstück (Booster) abgegebene Schwingungsenergie möglichst verlustfrei den Fügeteilen zuführt.

Sie hat folgende Aufgaben zu erfüllen:

- Übertragung der Schwingungsenergie auf das Werkstück,
- Übertragung der Anpresskraft,
- Transformation der Schwingungen und
- Formgebung beim Umformen (Nieten, Bördeln und Verdämmen).

Hinweis: Bei vom Anwender hergestellten oder veränderten Sonotroden und bei nicht vom Hersteller vorgegebener Nutzung erlischt die Garantie der Maschinenhersteller. Die Verwendung von nicht zur US-Anlage gehörenden Sonotroden (Fremdfabrikate), zum Teil mit unterschiedlichen Gewinden, bedarf der Überprüfung und Zustimmung durch den Maschinenhersteller.

2.2. Ultraschall-System

Die Sonotrode wird mit dem Transformationsstück oder in Sonderfällen direkt mit dem Ultraschallwandler verschraubt, Bild 1. Sie ist in der Eigenfrequenz auf die Resonanzfrequenz des Ultraschall-(US)-Systems abgestimmt und bildet mit dem Transformationsstück und dem Ultraschall-(US-)Wandler eine Resonanzeinheit. Über die Koppelfläche der Sonotrode und die Arbeitsfläche werden die Ultraschallschwingungen in das der Sonotrode zugeordnete Fügeteil eingeleitet. Für eine optimale Schalleinleitung und um Beschädigungen (Abdrücke) an den Fügeteilen zu vermeiden, muss die Arbeitsfläche der Sonotrode angepasst und deutlich größer als die Fügefläche in den Fügeteilen sein.

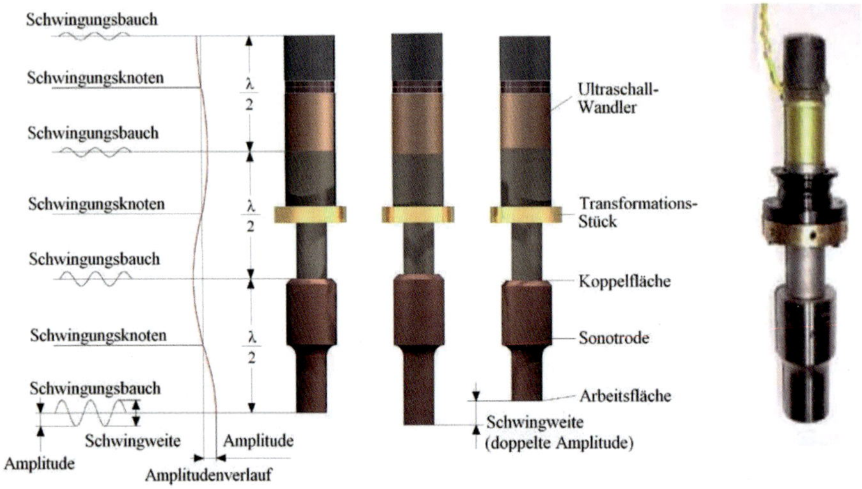

Bild 1. Schwingungsverlauf im Ultraschall-System.

Die an der Arbeitsfläche der Sonotrode zur Verfügung stehende Amplitude ergibt sich aus den Transformationen.

	Amplitude US-Wandler	x Transformationsstück	x Sonotrode	= Arbeitsamplitude
Beispiel:	10 µm	x 1:2	x 1:2	= 40 µm

Amplitude US-Wandler: Datenblatt vom Hersteller
Transformation Transformationsstück: Kennzeichnung durch Beschriftung oder Farbcode
Transformation Sonotrode: Kennzeichnung oder Datenblatt vom Hersteller

Für unterschiedliche Fügeaufgaben und Kunststoffe sind entsprechende Amplituden nötig.

Üblicherweise wird die Amplitude durch die Konzeption der Sonotrode, den Einsatz unterschiedlich transformierender Transformationsstücke und/oder elektronisch über die Maschinensteuerung der Fügeaufgabe angepasst.

Bei der elektronisch reduzierten Amplitude wird die maximal zur Verfügung stehende Generatorausgangsleistung, je nach Hersteller, unterschiedlich stark reduziert.

Richtwerte für Amplituden für das Ultraschallschweißen bei 20 und 30 kHz sind in Tabelle 1 aufgeführt.

Tabelle 1. Richtwerte für die Amplitude beim Ultraschallschweißen mit 20 und 35 kHz. Bei modifizierten Materialien können die benötigten Amplituden abweichen. Quelle: [3].

	Schweißamplitude		
Material	**20kHz**	**35kHz**	**Polymerstruktur**
ABS	25 µm	15 µm	amorph
ASA	20 bis 25 µm	10 bis 15 µm	amorph
PC	35 µm	25 µm	amorph
PMMA	25 µm	18 µm	amorph
PVC	35 µm	25 µm	amorph
PA 6	35 bis 40 µm	30 µm	teilkristallin
PA 6 GF30	30 µm	25 µm	teilkristallin
PBT	40 bis 45 µm	28 bis 35 µm	teilkristallin
PBT GF30	35 bis 40 µm	25 bis 30 µm	teilkristallin
PEEK	45 bis 50 µm	35 bis 40 µm	teilkristallin
PP	38 µm	25 bis 30 µm	teilkristallin
POM	40 bis 45 µm	30 bis 35 µm	teilkristallin

Sonotroden werden üblicherweise mit einer Länge von $l = \lambda / 2$ konzipiert. In Sonderfällen beträgt die Länge ein ganzzahliges Vielfaches von $\lambda / 2$.

Für die Dimensionierung einer Sonotrode gilt:

$\lambda = c / f$
λ = Wellenlänge [m]
c = longitudinale Schallgeschwindigkeit in Stäben [m/s]
f = Frequenz [Hz]

Die Schallgeschwindigkeit errechnet sich aus:

$$c = \sqrt{\frac{E}{\rho}}$$

c: Schallgeschwindigkeit, longitudinal, Festkörper [m/s]
E: Dynamischer Elastizitätsmodul [N/m², Pascal]
ρ: Dichte des Materials [kg/m³]

Die Schallgeschwindigkeit für Sonotroden wird beeinflusst von den Materialkennwerten des Sonotrodenwerkstoffs, z. B.:

- E-Modul
- Dichte
- Herstellungsprozess des Sonotrodenmaterials
- Wärmebehandlung des Sonotrodenmaterials
- Geometrie der Sonotrode.

und ist somit keine fixe Größe.

Hinweis: Bei Temperaturschwankungen ändert sich der E-Modul des Sonotrodenwerkstoffs und somit auch die Schallgeschwindigkeit, folglich auch die Resonanzfrequenz der Sonotrode.

Tabelle 2 zeigt Richtwerte von Schallgeschwindigkeiten bewährter Sonotrodenwerkstoffe.

Tabelle 2. Richtwerte für die Schallgeschwindigkeit von Sonotrodenwerkstoffen. Quelle: [3].

Material	Schallgeschwindigkeit c [m/s]
Titanlegierungen TiAl 6 V 4	~ 4900
TiAl 7 V 4	~ 5000
Aluminiumlegierungen: AlCuMg 2 AlCuMgPb AlMgSi 1	 ~ 5100 ~ 5000 ~ 4800
Stahl K110 ESUX 155CrVMo 12 1 (gehärtet)	~ 5450
Ferrotitanit WFN (gehärtet)	~ 6950

Die Arbeitsfläche und Koppelfläche der Sonotrode liegen stets im Amplitudenmaximum der als stehende Welle ausgebildeten longitudinalen Schwingung. Im Schwingungsknoten (keine Längsschwingungen, dafür Querschwingungen, maximale mechanische Belastung) können Sonotrode, Transformationsstück und US-Wandler gelagert werden. Die Geometrie und der Sonotrodenwerkstoff bestimmen die Länge (z.B. λ / 2), die Schwingungsamplitude an der Arbeitsfläche, die Spannungsverteilung/-größe und die Eigenfrequenz.

3. Sonotrodenformen

Entsprechend der Anwendung werden Sonotroden mit unterschiedlichen Formen konzipiert.

Zu beachten sind:

- Form- und Werkstoffauswahl entsprechend der benötigten Amplitude, der Geometrie und dem Anforderungsprofil der Fügeteile
- Resonanzfrequenz sollte möglichst mittig im Arbeitsbereich des Generators liegen, meist +/- 500 Hz bezogen auf die Nennfrequenz.

3.1. Standardsonotroden ohne Schlitze

Die maximale Querabmessung (Radius, Diagonale) der Sonotrode ist kleiner λ/4.

a) Zylindersonotrode

Zylindersonotroden ohne Stufensprung besitzen keine Amplitudenverstärkung.

b) Stufensonotrode

Stufensonotroden bestehen aus zwei Sektoren von je λ /4 Wellenlänge, jedoch mit konstanten Querschnitten im jeweiligen Sektor. Am Übergang der unterschiedlichen Querschnitte (Stufensprung) befindet sich, zur Reduzierung der mechanischen Belastung in diesem Bereich, ein Radius.

Stufensonotroden werden mit unterschiedlichen Querschnittsformen eingesetzt. Eine Auswahl zeigen die nachfolgenden Bilder.

Merkmale:

- hohe Amplitudenverstärkung
- große Materialbeanspruchung am Stufensprung (Schwingungsknoten)

Zylindrische Stufensonotrode

Rechteckige Stufensonotroden

c) Exponential- /Kegelsonotrode

Diese Sonotrodenform zeichnet sich durch ideale Beanspruchungskurve des Sonotrodenmateials aus.

- geringe Amplitudenverstärkung
- geringe Materialbeanspruchung

d) Katanoidalsonotrode

Die Katanoidalgeometrie vereint die geringe Beanspruchungskurve der Exponentalsonotrode mit der hohen Amplitudenverstärkung der zylindrischen Stufensonotrode.

- Amplitudenverstärkung und Materialbelastung geringer als bei einer zylindrischen Stufensonotrode

e) Zylindersonotrode mit Innenbohrung

Für ringförmige Schweißnähte und bei benötigten großen Amplituden wird die Sonotrode meist mit einer Tiefe von λ /4 symmetrisch ausgearbeitet. Der Übergang zum Vollmaterial erhält, wie die zylindrische Stufensonotrode, einen Radius. Diese Geometrie erlaubt ein Übergreifen an hochstehenden Werkstückformen.

- Amplitudenverstärkung und Materialbelastung vergleichbar mit einer zylindrischen Stufensonotrode

3.2. Sonotroden mit Schlitzen

Die geometrische Konzipierung von Sonotroden mit Querabmessung (Radius, Diagonale) größer λ/4 und die Materialauswahl einschließlich Wärmebehandlungs- und Beschichtungsprozessen zeichnen sich durch große Komplexität aus und sollten deshalb erfahrenen Sonotrodenherstellern vorbehalten sein.

Zu beachten sind hierbei:

- Werkstoffauswahl
- Größe und Verteilung der Amplitude an der Arbeitsfläche
- Resonanzfrequenz, Nebenfrequenzen
- mechanische Belastung der Sonotrode
- Dämpfung, Leerlaufleistung
- Standzeit/Standmenge
- Beschichtung

Die nachfolgenden Bilder zeigen Beispiele von Sonotroden mit Querabmessung (Radius, Diagonale) größer λ/4.

a) Rechteckige Stegsonotrode

b) Blocksonotrode

3.3. Zylindersonotrode, mit Einschnürung nicht größer λ/4

Der Basisdurchmesser der Sonotrode ist größer λ /4. Durch die Einschnürung ergibt sich eine geringe Amplitudentransformation.

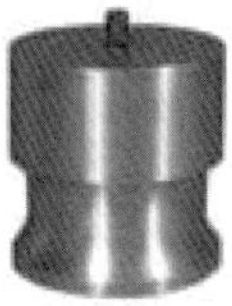

3.4. Basis- mit Einschraubsonotroden

Die Basissonotrode besteht in der Regel aus einer rechteckigen Steg-, Block-, oder Zylindersonotrode, an die einzelne rotationssymmetrische Sonotroden angeschraubt werden.

Die Basissonotrode dient als Schwingungsübertrager für die einzelnen Einschraubsonotroden.

Der Vorteil liegt darin, dass mit einem Schwingsystem mehrere Operationen gleichzeitig durchgeführt werden können, z. B. beim US-Nieten.

Basissonotrode

Einschraubsonotroden

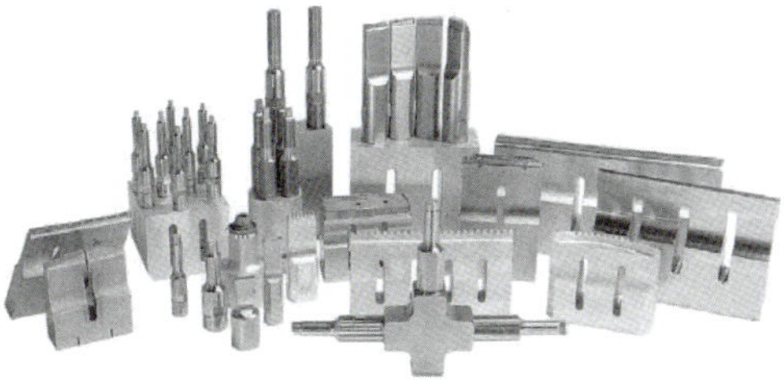

Beispiel unterschiedlicher Sonotrodengeometrien.

Zum Fügen komplexer Teilegeometrien werden mehrere an einer Vorschubeinheit befestigte Sonotrodenkombinationen gleichzeitig auf das Fügeteil abgesenkt.

Beispiel unterschiedlicher Sonotrodenanordnungen aufgrund der Fügeteilegeometrie.

4. Sonotrodenwerkstoffe

An Sonotrodenwerkstoffe werden durch die Schwingungsbelastung hohe Anforderungen gestellt. Daher eignen sich nur Materialen mit guten akustische Eigenschaften (geringe Dämpfung, geringe Leerlaufleistung, geringe Erwärmung) und guten mechanischen Kennwerten.

Bewährt haben sich Titanlegierungen, hochfeste Aluminiumlegierungen und gehärtete hochfeste Stähle, siehe Tabelle 2.

Zur Reduzierung des Verschleißes an der Arbeitsfläche der Sonotrode, z. B. bei GF gefüllten Kunststoffen, besteht die Möglichkeit, die Arbeitsfläche der Sonotrode zu beschichten.

5. Qualitätsmerkmale der Sonotrode

5.1. Einflussgrößen/Messtechnik

Nachfolgend werden die qualitätsbestimmenden Einflussgrößen und die Messtechnik für Sonotroden beschrieben.

5.1.1. Eigenfrequenz

Die Frequenz, mit der ein schwingfähiges System nach einmaliger Anregung als Eigenform schwingen kann, nennt man Eigenfrequenz.

Die Eigenfrequenz der Sonotroden wird mit einem Sonotroden-Messgerät bestimmt. Es besteht aus den Komponenten: Frequenzvariabler Generator, Breitband-Messschwinger, Frequenzmesser und Messwertanzeige.

5.1.2. Resonanzfrequenz

Die benötigte Resonanzfrequenz der Sonotrode wird durch den US-Generator vorgegeben und in erster Linie durch die Sonotrodenlänge „l" bestimmt. Gegebenenfalls muss die Sonotrode bei der Herstellung auf die Resonanzanforderungen abgestimmt werden. Die Toleranzen des zulässigen Frequenzbereichs werden vom Maschinenhersteller angegeben.

5.1.3. Mechanische Impedanz/Leerlaufleistung

Die mechanische Impedanz beschreibt den Widerstand, den das Resonanzsystem (US-Wandler, Transformationsstück, Sonotrode) der Weiterleitung der mechanischen Schwingung entgegensetzt.

Sie ist gleichzusetzen mit der Eigenverlustleistung des Schwingsystems, welche als Leerlaufleistung bezeichnet wird. Um die Eigenerwärmung klein zu halten, ist eine geringe Leerlaufleistung anzustreben.

Hohe Leerlaufleistungen können auf einen Defekt des Schwingsystems hinweisen.

5.1.4. Amplitude

Die Größe der Amplitude wird in µm angegeben und soll auf der Arbeitsfläche möglichst gleichmäßig verteilt sein. Richtwerte zu Amplituden zeigt Tabelle 1.

Die Amplitude bzw. die Schwingweite (doppelte Amplitude) können mit folgenden Methoden gemessen werden:

- mechanisch mit stoßfester Messuhr (1/100-Teilung), orientierende Messung der Amplitude an der Arbeitsfläche der Sonotrode
- optisch mit Messmikroskop, Messen der Schwingweite an der Mantelfläche der Sonotrode, vorhandene Amplitudenverzerrungen sind sichtbar
- Magnetsonden (Lorenz-Effekt), Messung der Schwingweite an der Mantelfläche der Sonotrode, eine Eichung des elektrischen Signals ist nötig
- Laser, Messen der Schwingweite an der Arbeitsfläche der Sonotrode

Störende Querschwingungen können an der Mantelfläche bestimmt werden.

5.1.5. Amplitudentransformation

Die Amplitudentransformation (Übersetzung) ist durch die Eingangsfläche bzw. den Eingangsdurchmesser (Gewindeanschluss) zur Ausgangsfläche bzw. Ausgangsdurchmesser und der Geometrie der Sonotrode festgelegt.

Die Amplitudentransformation „i“ der Sonotrode errechnet sich aus:

$$i = \frac{\text{Eingangsamplitude (Koppelfläche)}}{\text{Ausgangsamplitude (Arbeitsfläche)}}$$

5.1.6. Materialeigenschaften

Die Eigenschaften der Werkstoffe und die Konzeption der Sonotrode sind für die Qualität und die Lebensdauer von großem Einfluss und müssen beachtet werden. Die Materialbeschaffenheit des Sonotrodenmaterials in Bezug auf Festigkeit, Dehnung, innere Spannungen und Materialfehler muss, soweit erforderlich, geprüft werden.

5.1.7. Koppelflächen

Mit diesen wird die Übertragung der Energie vom US-Wandler/Transformationsstück in die Sonotrode hergestellt. Deshalb muss darauf geachtet werden, dass die Koppelflächen eben, sauber und ohne mechanische Beschädigungen sind.

Eine starke Erwärmung im Bereich der Koppelfläche deutet auf eine ungenügende Schwingungsübertragung hin.

5.1.8. Anzugsmomente für die Sonotroden

Die Anzugsmomente von Sonotroden werden vom Gerätehersteller angeben und sind einzuhalten. Geeignet sind Drehmomentschlüssel mit an die Sonotrodengeometrie angepassten Einsätzen.

Der Schwingungswandler darf beim Sonotrodenwechsel mechanisch nicht belastet werden.

6. Nacharbeit von Sonotroden

Durch Verschleiß an der Koppel- und Arbeitsfläche kann die Notwendigkeit bestehen, die Flächen nacharbeiten zu müssen. Zur Erhöhung der Standmenge/Standzeit von Sonotroden wird deren Arbeitsfläche oftmals speziell beschichtet.

Durch dio Nacharbeit der Sonotrode an der Arbeitsfläche wird deren Beschichtung entfernt und durch den Materialabtrag die Resonanzfrequenz verändert. Deshalb darf die nachträgliche mechanische Bearbeitung nur im geringfügigen Rahmen in Abstimmung mit dem Hersteller der Sonotrode erfolgen. Erneute Beschichtungen sind oftmals möglich.

Die Eigenfrequenz der Sonotrode muss nach der Nacharbeit unbedingt innerhalb des zulässigen Arbeitsbereichs des Generators liegen. Im Bedarfsfall kann eine geringe Frequenz-Korrektur mit folgenden Maßnahmen, Bild 2, durchgeführt werden.

Zur Frequenzkorrektur an der Sonotrode auf die Sollfrequenz bieten sich folgende Maßnahmen an:

1. Erhöhen der Eigenfrequenz durch:
   - Kürzen der Länge
   - Vergrößern des Transformationsverhältnisses
2. Reduzieren der Eigenfrequenz durch:
   - Einschnürung in der Knotenebene
   - Zurücksetzen des Stufensprungs
   - Verkleinern des Transformationsverhältnisses

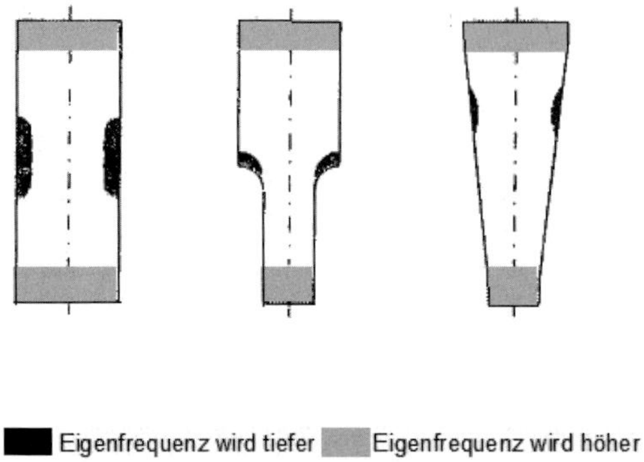

Bild 2. Frequenzkorrektur bei Sonotroden.

7. Konzeption von einfachen Sonotroden

Um das Verständnis der Sonotrode zu vertiefen, wird beispielhaft die Vorgehensweise bei der Dimensionierung von einfachen zylindrischen Standardsonotroden beschrieben.

Der Einsatz von unsachgemäß gefertigten Sonotroden kann die Schweißqualität beeinträchtigen und zur Zerstörung des Schwingungssystems sowie zu erheblichen Schäden am Generator führen.

7.1. Sonotrodenparameter

Folgende Werte sind bei der Dimensionierung einer Sonotrode zu beachten:

c Schallgeschwindigkeit
λ Wellenlänge
l halbe Wellenlänge
d_1 Eingangsdurchmesser der Sonotrode mit Kreisquerschnitt (zum Transformationsstück)
d_2 Ausgangsdurchmesser der Sonotrode mit Kreisquerschnitt (zum Formteil)
A_1 Eingangsfläche der Sonotrode
l_1 Einzellänge der Stufensonotrode mit der Eingangsfläche A_1
A_2 Ausgangsfläche der Sonotrode
l_2 Einzellänge der Stufensonotrode mit der Ausgangsfläche A_2
a_1 Eingangsamplitude (Koppelfläche)
a_2 Ausgangsamplitude (Arbeitsfläche)
i Transformations- bzw. Übersetzungsverhältnis
f Frequenz des Generators
Δf zulässiger Frequenzbereich (Arbeitsbereich) des Generators

7.2. Bestimmen der Länge bei rotationssymmetrischen Sonotroden, Querabmessungen kleiner λ/4

Die Schallgeschwindigkeit von verschiedenen Sonotrodenmaterialien ist in Tabelle 2 wiedergegeben. Zum leichteren Abstimmen von Sonotroden, z. B. durch Kürzen der Länge, sollte die ermittelte Sonotrodenlänge um einen Längenzuschlag vergrößert werden. Mit zunehmender Praxiserfahrung kann der Zuschlag verringert werden bzw. entfallen.

Hinweis: Die Gewindebohrung und der Gewindebolzen verändern die Gesamtfrequenz des Schwingsystems.

7.2.1. Rotationssymmetrische Stufensonotrode

Die Länge der in Bildern 3 und 4 dargestellten Stufensonotroden errechnet sich aus

$l = l_1 + l_2$, wobei $l = \lambda /2$

Der Übergang zu dem kleineren Querschnitt liegt in der Knotenebene. Der Übergang ist mit einem Radius versehen. Aufgrund der maximalen mechanischen Spannung an dieser Stelle besteht die Gefahr einer Rissbildung. Bei hohen Amplituden und hoher Transformation werden große Radien oder andere geometrische Übergänge vorgesehen.

Transformationsverhältnis: $i = A_1/A_2 = (d_1/d_2)^2$

Diese Formel bezieht sich auf einen Stufensprung ohne Radius.

Der Radius verringert das Übersetzungsverhältnis.

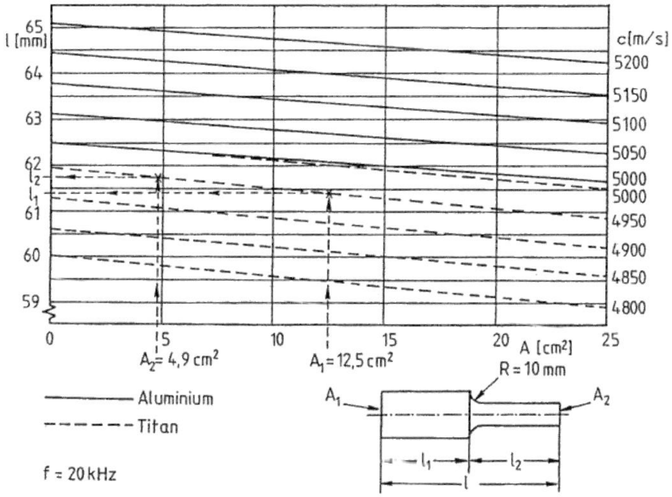

Bild 3. Graphische Bestimmung von l_1 und l_2 bei stufenförmigen Sonotroden (f=20 kHz). Ein Längenzuschlag zum Abstimmen wird empfohlen.

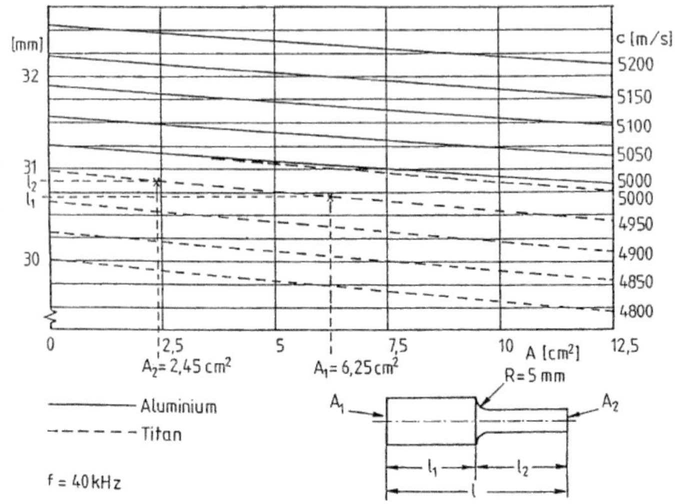

Bild 4. Graphische Bestimmung von l_1 und l_2 bei stufenförmigen Sonotroden (f = 40 kHz). Ein Längenzuschlag zum Abstimmen wird empfohlen.

7.2.2. Kegelsonotrode mit zylindrischen Endstücken

Die Kegelsonotrode zeichnet sich gegenüber der Stufensonotrode durch geringere Materialbelastung im Schwingungsknoten aus, hat aber eine geringere Amplitudentransformation. Diese errechnet sich aus der Beziehung:

$$i = \sqrt{\frac{A_1}{A_2}} \cdot cos \frac{w \cdot l}{c} + \frac{c}{w \cdot l} \left(1 - \sqrt{\frac{A_1}{A_2}}\right) \cdot sin \frac{w \cdot l}{c}$$

Quelle: [3]

A_1, A_2 = Stirnflächen der Sonotrode
l = Sonotrodenlänge
c = Schallgeschwindigkeit
w = 2 x π x f
f = Frequenz

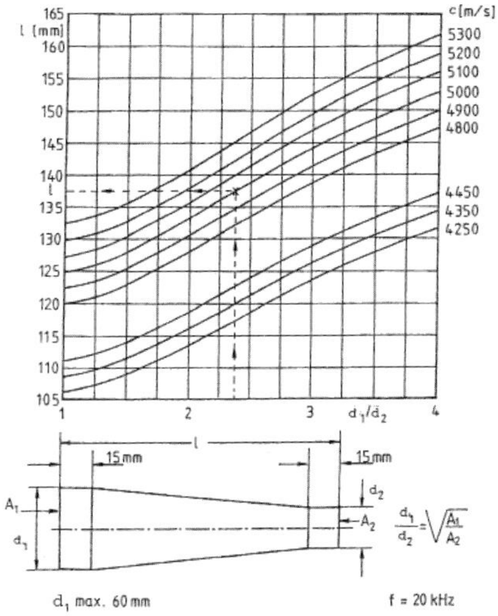

Bild 5. Graphische Darstellung der Sonotrodenlänge l (d_{1max} 60 mm, f = 20 kHz). Ein Längenzuschlag zum Abstimmen wird empfohlen.

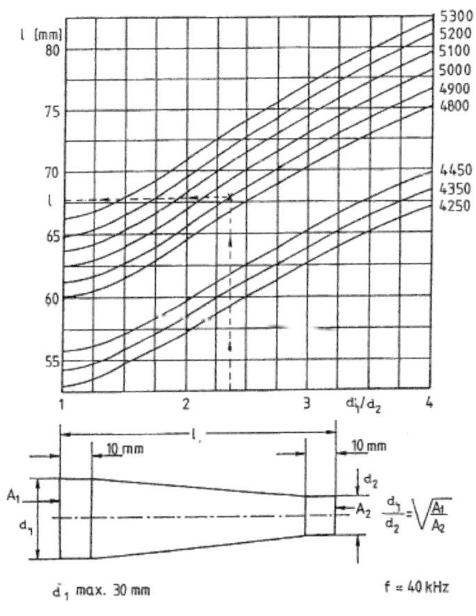

Bild 6. Graphische Darstellung zum Bestimmen der Sonotrodenlänge l bei Kegelsonotrode mit zylindrischen Endstücken (d_{1max} 30 mm, f = 40 kHz). Ein Längenzuschlag zum Abstimmen wird empfohlen.

7.3. Abstimmen der Sonotrode

Änderungen in der Schallgeschwindigkeit des Sonotrodenmaterials sowie Berechnungs- und Fertigungstoleranzen machen es notwendig, die Resonanzfrequenz einer gefertigten Sonotrode, z. B. mit der in Abschnitt 5.1.1. erwähnten Messeinrichtung, zu bestimmen und nötigenfalls die Sonotrodengeometrie zu korrigieren.

Um das Angleichen der Eigenfrequenz an die Sollfrequenz zu erleichtern, wird empfohlen, bei der maßlichen Konzeption der Sonotrode eine Frequenz von 0,5 bis 1 kHz niedriger als die Sollfrequenz anzustreben. Das dadurch entstehende Längenübermaß kann durch Abarbeiten möglichst gleichmäßig von der Stirn- oder Gewindeseite, bis zum Erreichen der Sollfrequenz, reduziert werden.

8. Berechnung von Sonotroden mittels Rechenprogramm

Zum Berechnen und Dimensionieren von Sonotroden können Rechenprogramme auf analytischer Basis und FEM zur Optimierung eingesetzt werden.

9. Weiterführende Literatur

[1] DVS Richtlinien 2216-1 ff "Ultraschallfügen von Formteilen und Halbzeugen aus thermoplastischen Kunststoffen in der Serienfertigung"

[2] ZVEI Broschüre „Fügen von Formteilen und Halbzeugen aus thermoplastischen Kunststoffen mit Ultraschall"

[3] Firmenschrift Fa. Herrmann Ultraschall, Karlsbad

[4] Firmenschrift Fa. Polytec, „Kunststoffe verbinden mit Ultraschall"

[5] Broschüre Fa. Branson Ultraschall, „Ultraschall für das Kunststoff-Fügen, Grundlagen und praktische Anwendung"

[6] Reuter M, Roeder E. „Analytische Berechnung dreiteiliger Sonotroden für das Ultraschallschweißen", Schweißen und Schneiden, 46, 1994 Heft 8, Seite 378-382.

[7] Moll H.: „Beitrag zur Sonotrodenherstellung beim Ultraschall-Bearbeiten von Kunststoffen" Plastverarbeiter 1975/5, Seite 243–250.

[8] Nad M.: „Ultrasonic horn design for ultrasonic machining technologies", University of West Bohemia, Applied and Computional Mechanics 4, 2010, Seite 79-88.

[9 Kuen-Ming Shu et al: "On the Design and Analysis of Acoustic Horns for Ultrasonics Welding", Transactions of the Canadian Society for Mechanical Engeneering, Vol. 37, No.3 2013, Seite 905-916.

10. Schlagworte

Ultraschall, Ultrasonic, Schweißen, welding, joining, Sonotrode, horn, horn-design, Horn analyser, sonoanlyser, Ultrasonic Horn Catalog, Ultrasonic resonator, Transformationsstück, Booster, Ultraschallwandler, Konverter.

Dezember 2013

DVS – DEUTSCHER VERBAND FÜR SCHWEISSEN UND VERWANDTE VERFAHREN E.V.

Ultraschallfügen von Formteilen und Halbzeugen aus amorphen thermoplastischen Kunststoffen in der Serienfertigung

Richtlinie DVS 2216-6

Ersetzt Ausgabe Juni 2002

Inhalt:

1 Geltungsbereich

Diese Richtlinie gilt für das Ultraschallfügen von Formteilen untereinander wie auch für Kombinationen von Formteilen und Halbzeugen aus amorphen Thermoplasten, Homo- und Copolymeren sowie deren Blends einschließlich verstärkte, gefüllte, elastomermodifizierte, brandgeschützte und Sondereinstellungen aus diesen Kunststoffen.

Diese Richtlinie ist im Zusammenhang mit den Richtlinien DVS 2216-1 bis -5 zu sehen, in welchen die allgemeinen Grundlagen für das Ultraschallfügen von Formteilen und Halbzeugen aus thermoplastischen Kunststoffen beschrieben sind.

2 Verfahrensbeschreibung

Beim Ultraschallschweißen und Ultraschallumformen werden die vom Generator erzeugten elektrischen Schwingungen im kHz-Bereich im Ultraschallwandler (Schallkopf, Konverter) in mechanische Schwingungen gleicher Frequenz umgewandelt und über das Transformationsstück (Booster) und die Sonotrode den Fügeteilen zugeleitet. Dabei arbeiten Generator, Ultraschallwandler, Transformationsstück und Sonotrode in Resonanz.

Die Erwärmung des thermoplastischen Kunststoffes im Fügebereich erfolgt durch Energieumwandlung infolge von Druckwechselbeanspruchung, verursacht durch die eingebrachten mechanischen Schwingungen, durch die Grenzflächenreibung der Fügeflächen und Reflexion. Die Orte maximaler Druckwechselbeanspruchung sind von der Fügeteilgeometrie abhängig.

DVS, Ausschuss für Technik, Arbeitsgruppe „Fügen von Kunststoffen“

Bezug: DVS Media GmbH, Postfach 10 19 65, 40010 Düsseldorf, Telefon (02 11) 15 91- 0, Telefax (02 11) 1591-150

3 Beschreibung der zu schweißenden Werkstoffe

3.1 Homopolymere

3.1.1 Polystyrol (PS)

Polystyrol wird häufig uneingefärbt eingesetzt, da hierbei das glänzende, glasklare Aussehen zum Tragen kommt. Formteile aus Polystyrol sind spröde, haben eine sehr geringe Wasseraufnahme und ein sehr gutes elektrisches Isolierverhalten. Unter Sonneneinstrahlung findet eine Vergilbung und Versprödung statt, die die Empfindlichkeit gegen Spannungsrisse noch erhöht. Die maximale Gebrauchstemperatur liegt bei 80°C, die Verarbeitungstemperatur je nach Type zwischen 190 und 260°C.

3.1.2 Polyacrylat (PMMA)

Haupteinsatzgebiet von Polymethylmethacrylat sind Bauteile mit optischen Anforderungen aufgrund der guten Lichtdurchlässigkeit und Kratzfestigkeit. Reines PMMA ist spröde, aber hervorragend witterungsbeständig und hat nur eine geringe Wasseraufnahme. Die Wärmeformbeständigkeit ist niedrig und die maximale Gebrauchstemperatur liegt bei ca. 100°C, die Verarbeitungstemperatur bei 210 bis 250°C. Gegossenes PMMA ist nicht schweißgeeignet.

3.1.3 Polycarbonat (PC)

Polycarbonat wird transparent und eingefärbt eingesetzt. Formteile aus PC besitzen eine hohe Festigkeit und Zähigkeit. Die Witterungsbeständigkeit ist, ebenso wie das elektrische Isolierverhalten, gut. Die Wasseraufnahme ist gering, aber Wasserkontakt bei hohen Temperaturen führt zu einem Abbau der mechanischen Eigenschaften durch Hydrolyse. Die Spannungsrissempfindlichkeit durch Eigenspannungen kann durch Tempern bei 120°C reduziert werden. Die maximale Gebrauchstemperatur liegt bei 135°C, die Verarbeitungstemperatur bei 280 bis 320°C.

3.1.4 Polysulfon (PSU, PES)

Polysulfone sind hochwärmeformbeständig und haben auch bei hohen Temperaturen sehr gute elektrische Eigenschaften. Die Witterungsbeständigkeit und die Hydrolysebeständigkeit sind gut, jedoch wird Wasser schnell in geringen Mengen aufgenommen. Die Festigkeit ist gut, aber Formteile sind kerbempfindlich. Die maximale Gebrauchstemperatur liegt bei 200°C, die Verarbeitungstemperatur über 320°C.

3.2 Copolymere

3.2.1 Acrylnitril / Butadien / Styrol (ABS)

ABS gehört zur Polystyrol-Gruppe, die durch die Butadien-Komponente eine hohe Schlag- und Kerbschlagzähigkeit, auch bei tiefen Temperaturen, aufweist. Der Acrylnitrilanteil erhöht die Wärmeformbeständigkeit gegenüber PS. Die Spannungsriss- und Chemikalienbeständigkeit ist, ebenso wie die Kratzfestigkeit, gut. Spezielle ABS-Typen sind galvanisierbar. Die maximale Gebrauchstemperatur liegt bei 100°C, die Verarbeitungstemperatur bei 220 bis 260 °C.

3.2.2 Acrylnitril / Styrol / Acrylester (ASA)

ASA ist vom chemischen Aufbau gleich mit ABS, wobei beim ASA die Butadien-Komponente durch Acrylester ersetzt ist. Die Eigenschaften sind mit ABS vergleichbar, allerdings wird es häufig glasklar eingesetzt und hat eine bessere Alterungs- und Witterungsbeständigkeit und ein sehr gutes antistatisches Verhalten. Die maximale Gebrauchstemperatur liegt bei 90°C, die Verarbeitungstemperatur bei 230 bis 280°C.

3.2.3 Styrol / Acrylnitril (SAN)

SAN zeigt gegenüber PS besseres Verhalten bei der Festigkeit, Zähigkeit, Kratzfestigkeit, Spannungsrissbeständigkeit und wird daher bevorzugt im technischen Bereich eingesetzt. Im nicht eingefärbten Zustand ist SAN glasklar, jedoch mit steigendem Acrylnitrilgehalt gelblich. Die maximale Gebrauchstemperatur liegt bei 95°C, die Verarbeitungstemperatur bei 220 bis 260°C.

3.2.4 Styrol / Butadien (SB)

SB wird auch als schlagfestes Polystyrol bezeichnet. Die hohe Schlagzähigkeit und Flexibilität wird durch die Butadien-Komponente erreicht. Durch sie erhält uneingefärbtes SB ein opakes Aussehen, und die Witterungsbeständigkeit wird stark herabgesetzt. Die Kerb- und Spannungsrissempfindlichkeit ist besser als beim reinen PS. Die maximale Gebrauchstemperatur liegt wie beim PS bei 80°C, die Verarbeitungstemperatur bei 200 bis 280°C.

3.3 Blends

Blends sind Kombinationen aus zwei oder mehreren verschiedenen Polymeren bzw. Copolymeren, die entweder miteinander verträglich sind und daher molekular disperse, homogene Mischungen bilden, „einphasige Blends“, oder nur teilverträglich sind, „phasenseparierte Blends“. Bei diesen mehrphasigen Blends ist meistens eines der Polymere als disperse Phase in dem zweiten (kohärente Phase) eingelagert. Die kohärente Phase (Matrix) bestimmt in der Regel das Schweißverhalten.

Mit den Blends können Kombinationen von Eigenschaften erreicht werden, die mit Standardpolymeren nicht zu erhalten sind, wie Steifigkeit und Zähigkeit.

In diese Richtlinie wurden auch die Blends mit aufgenommen, deren kohärente Phase aus einem teilkristallinen Thermoplast wie PA oder PBT besteht, da sonst eine exakte Abgrenzung nur schwer möglich ist. Einige der Blends werden nur mit Glasfaserverstärkung gefertigt.

3.3.1 ABS+PC und ASA+PC

Beide Blends gehören zu den phasenseparierten Blends mit PC als kohärenter Phase; der PC-Anteil kann zwischen 45 und 85% liegen. Diese Blends zeichnen sich durch hohe Wärmeformbeständigkeit, Steifigkeit, Zähigkeit und Witterungsbeständigkeit aus. Gegenüber PC ist die Spannungsrissbeständigkeit erhöht.

3.3.2 PPE+SB

Die Eigenschaften dieses einphasigen Blends können durch den großen Mischungsbereich (20 bis 95% PPE) in weiten Grenzen variiert werden. Mit zunehmendem PPE-Anteil nehmen Wärmeformbeständigkeit, Steifigkeit und Brandverhalten zu, Fließfähigkeit und Zähigkeit ab.

3.3.3 PPE+PA

Bei diesem phasenseparierten Blend stellt das Polyamid die kohärente Phase. Dieses Blend besitzt eine gute Chemikalienbeständigkeit und Dimensionsstabilität bei hoher Wärmeformbeständigkeit und geringer Wasseraufnahme.

3.3.4 PC+PBT

Dieses Polymerblend mit einem PC-Anteil von 40 bis 60% bietet eine ausgezeichnete Kombination mechanischer Festigkeit mit Chemikalienbeständigkeit und Dimensionsstabilität. Das Niveau der Chemikalienbeständigkeit hängt unmittelbar vom kristallinen Anteil des jeweiligen Blends ab: je höher die Kristallinität, desto höher die Chemikalienbeständigkeit.

3.3.5 PBT+ASA

PBT ist die kohärente Phase dieses phasenseparierten Blends und bestimmt daher weitgehend die Schweißeigenschaften. Auch die mechanischen und thermischen Eigenschaften weichen nur wenig von denen des PBT ab. Vorteile gegenüber PBT bietet es in der Dimensionsstabilität und Witterungsbeständigkeit.

4 Werkstoffbezogene Einflussfaktoren auf das Schweißverhalten

Grundsätzlich lassen sich alle amorphen Thermoplaste nach diesem Verfahren schweißen. Das Schweißverhalten wird durch die nachstehend aufgeführten Einflussfaktoren bestimmt. Weitere Angaben hierzu sind auch in Abschnitt 8 enthalten.

4.1 E-Modul und mechanische Dämpfung

Mit zunehmender Temperatur fällt der E-Modul leicht ab, und die mechanische Dämpfung steigt geringfügig an. Bis zum Bereich der Glasübergangstemperatur Tg haben die Änderungen aber keinen signifikanten Einfluss auf das Schweißverhalten, da eine gute Schalleitfähigkeit besonders bei den amorphen Thermoplasten gegeben ist. Je höher der E-Modul, desto geringer die Dämpfung und damit eine bessere Schalleitfähigkeit, siehe auch Richtlinie DVS 2216-1, Abschnitt 6.1.

4.2 Fließverhalten

Das Fließverhalten von Thermoplastschmelzen wird durch die Schmelze-Volumenfließrate (MVR) oder die Schmelze-Massenfließrate nach DIN EN ISO 1133-1 und -2 grob gekennzeichnet (Einpunktmesswert bei variabler Schergeschwindigkeit). In den Normen sind die Kombinationen von Temperatur und Masse festgelegt, bei der die Fließrate zu bestimmen ist. Es können nur Werte miteinander verglichen werden, die bei gleichen Prüfbedingungen (Massetemperatur und Belastungsgewicht) gemessen wurden.

Das Plastifizierverhalten in der Fügezone wird entscheidend vom Schmelzefließverhalten des zu schweißenden Werkstoffes beeinflusst, siehe auch Abschnitt 8.1.

Allgemein gilt: Leichtfließende Typen mit hoher MVR plastifizieren schneller als zähfließende mit niedriger MVR. Zähfließende Thermoplaste benötigen eine höhere Temperatur bzw. mehr Energie, um einen fließfähigen (schweißbaren) Zustand zu erreichen. Bei Thermoplasten mit hoher MVR kann die Schmelze schlagartig aus der Fügezone austreten. Die Schweißparameter müssen auf das Schmelzefließverhalten abgestimmt werden und sind nach deren Einfluss gewichtet:

- Amplitude
- Schweißweg / Fügeweg
- Triggerkraft
- Schweißkraft / -zeit
- Haltekraft / -zeit
- Umstellzeit(en) für Kraft- und/oder Amplitudenniveaus.

4.3 Füll- und Verstärkungsstoffe

Das Schweißverhalten wird durch diese Zusätze je nach Art und Menge sowie deren Orientierung beeinflusst. Besonders Fasern beeinflussen die Schalleitfähigkeit und das Schmelzefließverhalten (Erhöhung der Schmelzestabilität).

4.4 Sonstige Zusatzstoffe

Bei hohen Konzentrationen von Zusatzstoffen, insbesondere von Fremdpolymeren, Brandschutz-, Gleit- und Trennmitteln, können nachteilige Einflüsse auftreten.

Fremdpolymere beeinflussen dann das Schweißverhalten, wenn sie im Vergleich zum Grundwerkstoff einen unterschiedlichen Aufbau oder stark abweichende Schmelzbereiche oder -viskositäten aufweisen. Fremdpolymere können z. B. in Form von Masterbatches in den Grundwerkstoff gelangen.

4.5 Recyclate, Regranulate, Regenerate

In zunehmendem Maße werden Recyclate (auch aus gebrauchten Bauteilen), Regranulate und Regenerate allein oder in Mischung mit Neuware verarbeitet und die daraus hergestellten Formteile geschweißt. Der Einfluss auf die Fügenaht wird in Abschnitt 8.4 beschrieben.

4.6 Feuchtigkeit

Viele Kunststoffe nehmen Wasser aus der Umgebung auf. Dieses kann zu Blasenbildung in der Schmelze führen und damit Einfluss auf das Schweißverhalten haben.

4.7 Unterschiedliche Schmelzpunkte der Komponenten bei Blends

Blends werden aus Thermoplasten mit zum Teil unterschiedlichen Schmelztemperaturbereichen hergestellt. Dies führt zu höheren Aufschmelzenergien.

4.8 Schweißeignung von Werkstoffkombinationen

Grundsätzlich lassen sich verschiedene amorphe Thermoplaste miteinander schweißen. Problematisch sind dabei Materialpaarungen, deren Glasübergangsbereiche deutlich voneinander abweichen. Die Schweißeignung und Fügenahtfestigkeit der Verbindung sind durch Versuche nachzuweisen.

Sehr gut schweißgeeignet sind folgende Paarungen:

ABS	mit	PMMA
PC+ABS	mit	PC
ABS	mit	SAN

PC	mit	ABS
PC	mit	PC-GF
SAN	mit	ABS

PC+ABS	mit	ABS
SAN	mit	ASA

4.9 Werkstoffdaten

Tabelle 1. Werkstoffdaten von amorphen Thermoplasten.

Werkstoff	Anteil kohärenter Phase [%]	Verarbeitungstemperatur für das Spritzgießen [°C]	Schmelzeviskosität MVR [ml/10 min]	[°C/kg]	Wasseraufnahme in Klima 23°C/50% r. F. bei Sättigung [%]
ABS		210 ... 280	3 ... 40	220/10	0,3 ... 0,4
ASA		240 ... 280	4 ... 24	220/10	0,35
PC		280 ... 320	3,5 ... 18	300/1,2	0,15
PMMA		190 ... 270	0,8 ... 21	230/3,8	0,3 ... 0,4
PS		180 ... 280	1,2 ... 25	200/5	< 0,1
PSU		320 ... 390	30 ... 100	300/21,6	0,2 ... 0,7
PES		320 ... 390	6 ... 30	300/21,6	0,2 ... 0,7
SAN		200 ... 270	5 ... 22	220/10	0,2 ... 0,3
SB		180 ... 280	3 ... 23	200/5	< 0,1
PC+ABS	PC: 40 ... 85	240 ... 280	8 ... 22	260/5	0,2
PC+ASA	PC: 40 ... 85	240 ... 300	3 ... 45	220/10	0,2 ... 0,3
PPE+SB	PPE: 20 ... 95	240 ... 300	25 ... 270	250/21,6	< 0,15
PPE+PA	PA: ca. 50	270 ... 300	10 ... 50	275/10	0,8 ... 1,2
PBT+ASA	PBT: > 70	250 ... 280	48 ... 73	250/10	0,08 ... 0,24
PC+PBT	PC 40 ... 50	255 ... 280	8 ... 13	250/5	0,35

5 Konstruktive Gestaltung der Fügeteile

Die Bauteil- und speziell die Fügezonengeometrien haben einen wesentlichen Einfluss auf das Schweißverhalten bzw. -ergebnis der zu schweißenden Kunststoffteile. Schon bei der Konstruktion sind daher folgende Kriterien zu beachten:

Grundsätzlich können bei amorphen Kunststoffen unterschiedliche Nahtformen zum Einsatz kommen. Man unterscheidet zwischen dachförmigen Energierichtungsgebern (ERG) sowie Stufen- bzw. Quetschnähten (QN).

Die Konzeption ist abhängig von der Bauteilgröße bzw. Anforderung. Bei kleineren Bauteilen verwendet man vorzugsweise ERG mit einer Höhe von 0,2 bis 0,4 mm; bei größeren Wanddicken geht man von ERG mit einer Höhe von 0,5 mm bis zu teilweise 1,0 mm aus.

Bei größeren Fügeflächen hat sich auch die parallele Anordnung von mehreren ERG bewährt.

Für eine Dichtschweißung werden im Allgemeinen Quetschnähte bzw. Doppelquetschnähte eingesetzt. Diese Doppelquetschnähte begünstigen durch ihre Form einen kontrollierten Schmelzefluss.

Weiterhin wird eine Quetschnaht bei leichtfließenden Thermoplasten bevorzugt eingesetzt, da sie durch die Scherwechselbelastung weniger zum Auspressen der Schmelze neigt als die Energierichtungsgebernaht mit einer Druckwechselbelastung.

Die geringe Überdeckung im Fügebereich von 0,2 bis 0,5 mm erfordert entsprechend geringe Toleranzen der Fügeteile.

Bereits bei der Konstruktion der Fügeteile sollte die Prüfmethodik einbezogen werden.

5.1 Spielausgleich und Distanznoppen

Generell sollte vermieden werden, dass die Fügeteile im Fügebereich der Naht flächig ankoppeln, da dies zu unerwünschten Anschmelzungen an der Teileoberfläche oder zu unzureichender Schweißung im Fügebereich führen kann.

Um dennoch eine hohe Maßgenauigkeit der Verbindung zu erreichen, kann die Außenkontur zum Spielausgleich der Teile zusätzlich mit sogenannten Distanznoppen versehen werden, Bild 1. Beide Teile werden dadurch, auch bei größeren Maßtoleranzen, so zentriert, dass beim Fügen keine willkürliche Lageverschiebung auftreten kann und eine sichere Auflage der Fügeflächen gewährleistet wird.

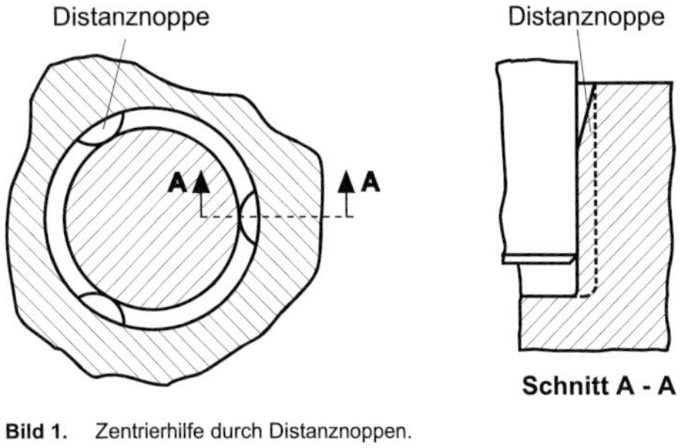

Bild 1. Zentrierhilfe durch Distanznoppen.

5.2 Fügeteilzentrierung

Folgende Zentrierungen sind möglich durch:

- die Werkzeuge Sonotrode und/oder Amboss
- zusätzliche separate externe Klemmung oder Führung
- örtliche Zapfen-Lochzentrierung an den Fügeflächen
- Nahtgestaltungs-Zentrierung.

Generell ist die Bauteilzentrierung in der Nahtgestaltung anzustreben, da hierdurch die Fügeteile selbst zueinander finden können, zusätzliche Werkzeugabdrücke vermieden werden, Toleranzen leichter auszugleichen sind und die Schmelze verdeckt bzw. am freien Austritt gehindert werden kann.

Die Zentrierung mittels der Werkzeuge oder durch externe Maßnahmen erschwert oftmals die Teilehandhabung und ist aufwendig bzw. bei der Automatisation hinderlich.

Bei Niet-, Punktschweiß- oder Bördel- / Verdämmapplikationen ist trotz der oftmals schon bei der Teileauslegung integrierten Teileführung und -zentrierung ein zusätzlicher Niederhaltemechanismus notwendig, um die Teile schon vor der Beschallung sicher zueinander zu fixieren.

6 Herstellqualität der Fügeteile

Einen erheblichen Einfluss auf die erzielbare Schweißnahtqualität haben die Herstellbedingungen der Fügeteile. Hier sollte auf werkstoffgerechte Verarbeitungsbedingungen des jeweiligen Rohstoffherstellers) geachtet werden, sodass Polymerschädigungen, hohe herstellbedingte Eigenspannungen sowie andere Verarbeitungsfehler vermieden werden. Außerdem kann eine nicht verarbeitungsgerechte Konstruktion der Bauteile oder der Werkzeuge zur Halbzeugherstellung zu einem hohen Verzug, Anisotropien und damit zu einer nicht reproduzierbaren Maßhaltigkeit der Fügeteile führen. In solchen Fällen lassen sich selbst bei optimalen Schweißbedingungen nur verminderte Schweißnahtfestigkeiten erzielen. Es müssen möglichst verzugsfreie und maßhaltige Fügeteile beim Schweißprozess vorliegen. Dabei ist zu beachten, dass die Fügeteile durch das Erkalten nach dem Herstellprozess schwinden. Außerdem sollten die Eigenspannungen der Fügeteile gering sein. Herstellbedingte Eigenspannungen in den Fügeteilen können zum Beispiel durch die partielle Erwärmung des Bauteils beim Schweißen aktiviert und zu Spannungsrissen im Schweißnahtbereich führen.

Außerdem ist auf eine geeignete Lagerung der Rohstoffe und Fügeteile zu achten. Feuchtigkeit sowie auftretende Verschmutzungen haben Auswirkungen auf den Schweißprozess und damit auf die Qualität der gefügten Bauteile.

7 Schweiß- und Umformbedingungen

7.1 Schweißen

In der Richtlinie DVS 2216-1 sind die Verfahrensbeschreibung, der Einfluss der Werkstoffeigenschaften auf das Schweißverhalten, Konstruktionshinweise und die konstruktive Gestaltung der Fügeteile beschrieben.

7.1.1 Amplitude

Die Amplitude ist als Schweißparameter eine wichtige Einstellgröße. Sie beeinflusst im Gegensatz zum Schweißdruck die Energiebilanz bei der Schwingungsumwandlung im Schwingungswandler im Quadrat ihrer Größe.

Bezogen auf eine Arbeitsfrequenz von 20 kHz haben sich beim Schweißen von amorphen Kunststoffen in Abhängigkeit des Werkstoffs als Richtwerte für die Amplitude (halbe Schwingweite) 15 bis 40 µm und für Blends 20 bis 50 µm bewährt. Bei höheren Frequenzen liegen die Werte um etwa 1/3 niedriger.

In Abhängigkeit des Anwendungsfalls können auch niedrigere oder höhere Amplituden bzw. Amplitudenprogramme sinnvoll sein.

Tabelle 2. Richtwerte für die Amplitude zum Ultraschallschweißen, Arbeitsfrequenz 20 kHz.

Werkstoff	Amplitude [µm]
Polystyrol (PS)	15 ... 30
Polystyrol-Butadien (SB)	20 ... 35
Acrylnitril-Butadien-Styrol (ABS)	20 ... 30
Styrol-Acrylnitril (SAN)	15 ... 30
Polymethylmetacrylat (PMMA)	20 ... 35
Polycarbonat (PC)	25 ... 40
Polysulfone (PSU, PES)	30 ... 40
ABS+PC und ASA+PC	20 ... 40
PPE+SB	25 ... 45
PPE+PA	35 ... 50
PC+PBT	30 ... 50
PBT+ASA	35 ... 50

Für die Amplitude gilt:

niedrige Amplitude

- längere Schweißzeit
- evtl. ungenügende Plastifizierung im Fügebereich und damit zu geringe Festigkeit

hohe Amplitude

- kurze Schweißzeit
- evtl. Beeinflussung des Fügeteils durch die Schwingungen und/oder die Ankoppelfläche der Sonotrode
- hoher Sonotrodenverschleiß
- Rissgefahr der Sonotrode.

Die in Tabelle 2 aufgeführten Daten beruhen auf Erfahrungswerten. Bei den Optimierungsversuchen sollte, mit dem kleinsten Wert beginnend, die Amplitude so lange gesteigert werden, bis eine gesicherte Qualität erreicht wird.

7.1.2 Schweißdruck / Haltedruck

Der im Mittel in der Fügefläche wirkende Schweißdruck errechnet sich aus der Schweißkraft F_S (N) und der Fügefläche A (mm²) zu $p_S = F_S / A$. Der Schweißdruck ist in Abhängigkeit des zu schweißenden Werkstoffs über die Schweißkraft an der Schweißmaschine/Maschinensteuerung einzustellen. Beim Schweißen von amorphen Kunststoffen liegt der Schweißdruck als Erfahrungswert bei einer Arbeitsfrequenz von 20 kHz zwischen 0,5 bis 2 N/mm². In Abhängigkeit des Anwendungsfalls können auch niedrigere oder höhere Schweißdrücke bzw. Druckprogramme sinnvoll sein.

Für den Schweißdruck gilt:

niedriger Schweißdruck

- längere Schweißzeit, größere Schmelzeschichtdicke und damit meist höhere Festigkeit
- Gefahr von Markierungen durch die Sonotrode
- evtl. Sekundärbeeinflussung des Fügeteils durch die Schwingungen aufgrund längerer Schweißzeit

hoher Schweißdruck

- kurze Schweißzeit
- evtl. geringere Festigkeit mit größerer Streubreite der Schweißnahtfestigkeit.

Beim Optimieren des Schweißdrucks wird, vom kleinsten Wert ausgehend, die Schweißkraft an der Schweißmaschine so lange gesteigert, bis eine gesicherte Qualität erreicht wird.

Für den Haltedruck gilt:

zu niedriger Haltedruck

- reduzierter Ausgleich des Volumenschwundes
- Gefahr von höheren inneren Spannungen

zu hoher Haltedruck

- hohe innere eingefrorene Spannungen.

Der Haltedruck sollte dem Schweißdruck entsprechen. Er muss so lange wirken, bis die Fügezone auf einen Wert unterhalb der Erstarrungstemperatur abgekühlt ist.

7.1.3 Frequenz

In Abhängigkeit von der Bauteilgröße und dem daraus resultierenden Leistungsbedarf und den Qualitätsanforderungen stehen herstellerseitig Maschinen und Ultraschallsysteme mit fest vorgegebenen Frequenzen zwischen 15 und 70 kHz zur Verfügung.

Für die Frequenz gilt:

niedrige Frequenz (ca. 15 bis 25 kHz)

- hohe Amplitude
- hohe Leistung
- große Sonotroden möglich
- größere Reichweite des Ultraschalls bei Fernfeldschweißen

hohe Frequenz (ca. 25 bis 70 kHz)

- kleine Amplituden
- geringe Leistung
- bevorzugter Einsatz für kleine empfindliche Bauteile.

7.1.4 Konstruktive Gestaltung der Fügeteile

Bezüglich der konstruktiven Gestaltung der Fügeteile, insbesondere der Fügezone, wird auf die Richtlinie DVS 2216-1 verwiesen.

Der Energierichtungsgeber wird beim Schweißen von amorphen Kunststoffen bevorzugt mit einer Höhe von 0,3 bis 0,6 mm und einem Winkel von 60 bis 90° ausgelegt. Winkel von 90° werden bevorzugt bei Werkstoffen mit geringem E-Modul eingesetzt.

7.2 Nieten, Bördeln, Verdämmen, Punktschweißen und Einbetten

In der Richtlinie DVS 2216-1 sind die Verfahrensprinzipien, die maßgeblichen Einflussgrößen und Konstruktionshinweise für das Nieten, Bördeln, Verdämmen, Punktschweißen und Einbetten beschrieben.

Für die in dieser Richtlinie beschriebenen amorphen Thermoplaste können bei einem Nietzapfen von Ø 4 mm und einer Arbeitsfrequenz von 20 kHz folgende Erfahrungswerte empfohlen werden:

Tabelle 3. Richtwerte zum Ultraschallnieten, Nietzapfen ∅ 4 mm, Nietkopfform D, Frequenz 20 kHz.

Werkstoff	Amplitude [µm]	Nietkraft [N]	Leistung etwa [W]	Nietzeit [s]
PS	15 ... 30	300 ... 400	80	1,5
PS schlagzäh	20 ... 35	300 ... 400	80	2
ABS	20 ... 30	200 ... 300	70	1
SAN	15 ... 30	200 ... 300	70	1
PMMA	20 ... 35	300 ... 400	100	1,5
PC	25 ... 40	300 ... 400	120	1
PVC-U	20 ... 40	300 ... 400	100	1
PES; PSU	20 ... 40	300 ... 400	120	1,5
Blends				
PC+ABS	20 ... 35	300 ... 400	100	1,5
PC+ASA	20 ... 35	300 ... 400	100	1,5

Bild 2 zeigt häufig eingesetzte Nietkopfformen. Weitere Ausführungsbeispiele sind in der Richtlinie DVS 2216-3 aufgeführt.

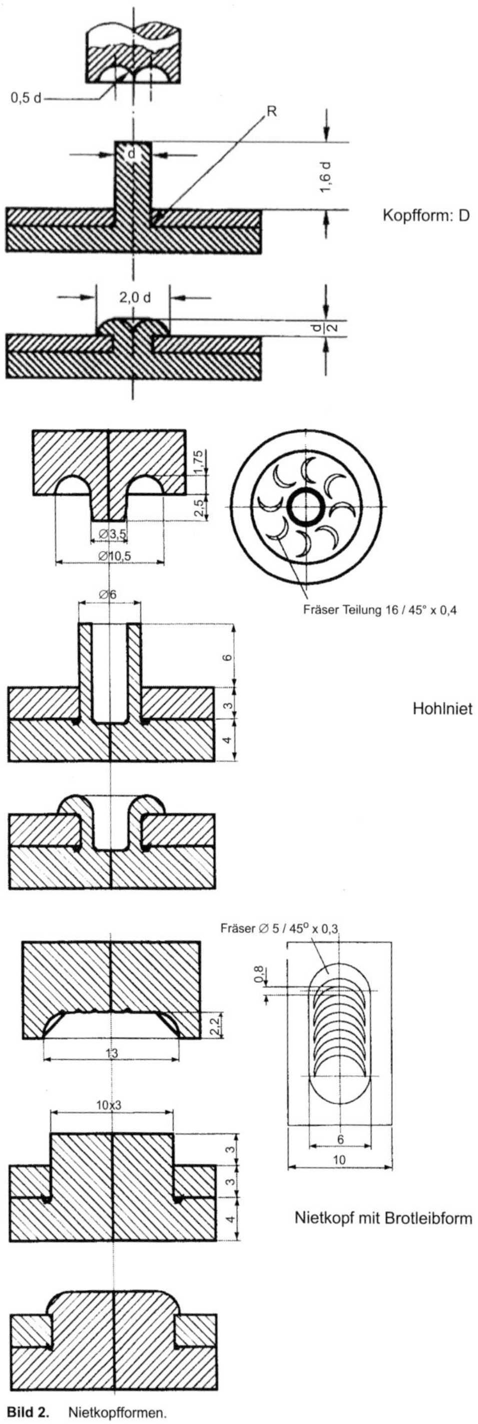

Bild 2. Nietkopfformen.

8 Einflussfaktoren auf die Schweißnahtqualität

8.1 Fließverhalten

Das Schweißverhalten von amorphen Thermoplasten wird durch deren Schmelzeviskosität beeinflusst. So benötigen hochviskose Materialien mehr Energie zum Plastifizieren als niedrigviskose. Die Plastifizierung sollte so hoch sein, dass es einerseits zu einer ausreichenden Verbindung der Schmelze in der Fügezone kommt, andererseits der Schweißaustrieb (Schweißwulst) nicht zu groß wird.

Die Plastifizierung geschieht in sehr kurzer Zeit. Amorphe Thermoplaste benötigen im Allgemeinen weniger Energie zum Plastifizieren als teilkristalline. Die folgenden Schweißparameter, nach dem Einfluss gewichtet, müssen auf das Schmelzefließverhalten abgestimmt werden:

- Amplitude
- Schweißweg / Fügeweg
- Triggerkraft
- Schweißkraft / -zeit
- Haltekraft / -zeit
- Umstellzeit(en) für Kraft- und / oder Amplitudenniveaus.

Weitere Hinweise zum Fließverhalten siehe auch Abschnitt 4.2.

8.2 Füll- und Verstärkungsstoffe

Die maximal erreichbare Schweißnahtfestigkeit bei amorphen Thermoplasten mit Füll- und Verstärkungsstoffen liegt im Bereich der Bindenahtfestigkeit und somit deutlich unter den reinen Materialkennwerten. Dieser Abfall wird durch die abweichende Orientierung der Verstärkungsstoffe zur Füge- und Zugprüfrichtung verursacht, die somit nicht ihre Verstärkungsfunktion erfüllen können. Der Schweißwulst ist besonders bei glasfaserverstärkten Materialien rauher als bei anderen Zusatzstoffen.

8.3 Sonstige Zusatzstoffe

Sonstige Zusatzstoffe haben je nach Art und Anteil einen Einfluss auf die Schweißnahtqualität, der jedoch in Absprache mit dem Rohstoffhersteller oder in separaten Versuchen bestimmt werden muss.

8.4 Recyclate, Regranulate, Regenerate

Um die Auswirkungen der Zugabe von Recyclaten, Regranulaten oder Regeneraten auf die Schweißnahtqualität der Fügeteile abschätzen zu können, muss bekannt sein, wie hoch der prozentuale Anteil solcher Beimengungen im Verhältnis zur Neuware ist und wie stark sich die Eigenschaften von Recyclat und Neumaterial unterscheiden. Entsprechend muss ein vertretbares Verhältnis zwischen Neuware und Recyclat eingehalten werden. Im Einzelfall müssen entsprechende Versuche durchgeführt werden.

8.5 Verschmutzungen

Trennmittel, Fette, Öle und andere fest anhaftende Substanzen können das Schweißverhalten nachteilig beeinflussen. Benetzende Substanzen wie Wasser- und Öltropfen oder Getriebefett werden durch die einwirkenden Ultraschallwellen fein zerstäubt. Abhängig von der Fügenahtgestaltung kann ein Selbstreinigungseffekt erzielt werden. Dabei ist im Hinblick auf die Wirkung zwischen Verschmutzungen rein physikalischer Art und Verschmutzungen, die auf Basis einer chemischen Reaktion im Verlauf des Fügeprozesses die Schweißnahtfestigkeit beeinflussen, zu unterscheiden. Im ersten Fall kann eine Schwächung der Fügenaht durch den Einschluss der Verschmutzungen (Kerbwirkung) in der Fügenaht eintreten. Genaue Aussagen sind jedoch abhängig von der Ausbildung des Quetschflusses in der Fügeebene und damit prozessspezifisch. Im zweiten Fall findet vor, während oder nach dem Fügeprozess eine chemische Reaktion im Fügebereich statt, die zur Materialzersetzung oder zur Ausbildung von Spannungsrissen führen kann. Letzteres trifft besonders auf PS, PMMA und in geringerem Maße auf PC zu.

8.6 Feuchtigkeit

Auch amorphe Thermoplaste nehmen Wasser aus der Umgebung auf (siehe Tabelle 1). Dieses kann je nach Wassergehalt zur Blasenbildung in der Schmelze und somit zu einer porösen Schweißnaht führen, die eine Festigkeitsminderung zur Folge hat. Durch die Blasenbildung wird die Energieumsetzung in der Fügezone sowie die Schalleitfähigkeit im Fügeteil beeinflusst. Besonders bei transparenten Teilen kann die Optik in der Naht stark beeinträchtigt werden. Kritische Werkstoffe sollten daher direkt nach der Herstellung geschweißt oder trocken gelagert werden. Haben sie Wasser aufgenommen, so muss im Einzelfall geklärt werden, ob vor dem Schweißen getrocknet werden muss.

8.7 Versatz

Beim Fügen muss von vornherein darauf geachtet werden, dass die verwendeten Aufnahmevorrichtungen bzw. die Teilegestaltung einen Versatz der Fügeteile untereinander möglichst ausschließen. Wird diese Vorgabe missachtet, kommt es, je nach Geometrie der Teile, zu einer mehr oder weniger starken Schwächung der konstruktiv vorgegebenen Fügenahtgeometrie. Im Extremfall wird die Fügenaht nur teilweise oder gar nicht ausgebildet.

8.8 Spannungsrissempfindlichkeit

Innere Spannungen, hervorgerufen durch den Spritzguss- oder Schweißprozess, können bei amorphen Thermoplasten Risse hervorrufen. Durch den Kontakt mit Medien kann die Spannungsrissempfindlichkeit erhöht werden. Durch einen Temperprozess können die inneren Spannungen soweit reduziert werden, dass es während des Gebrauchs unter Umständen zu keiner Rissbildung kommt. Das Spannungsniveau nach dem Schweißprozess muss, besonders bei möglichem Kontakt mit spannungsrissfördernden Medien, durch Spannungsrisstests ermittelt werden. Je nach Ergebnis kann eine Temperung vor dem Gebrauch des Fertigteils notwendig werden.

8.9 Lackierte, metallisierte und bedruckte Fügeteile

Lackschichten im Fügebereich können das Schweißen und das Schweißergebnis nachteilig beeinflussen, je nach Art und Aufbau der Lackschicht(en). Ob mit oder ohne Lack geschweißt werden kann, ist in Vorversuchen zu untersuchen. Lackierte oder bedruckte Bauteile können beim Schweißen durch Folienzwischenlage zur Sonotrode gegen Oberflächenmarkierungen geschützt werden. Generell ist eine Lackierung nach der Schweißung als sinnvoll anzusehen.

Metallisierte Oberflächen können ab einer bestimmten Schichtdicke nicht mehr geschweißt werden. Dagegen lassen sich z. B. Reflektor-Chromschichten mit Schichtdicken von einigen µm noch durchschweißen. Dickere Schichten können nicht geschweißt werden. Vorzugsweise sollte die Fügezone während der Metallisierung abgedeckt werden.

9 Prüfen der geschweißten Fügeteile

Zum Prüfen der Schweißverbindungen an Bauteilen können Methoden der zerstörungsfreien und/oder der zerstörenden Prüfung gewählt werden. Die Wahl richtet sich nach den Praxisanforderungen. Sie ist zwischen Lieferant und Abnehmer zu vereinbaren. In der Regel werden geschweißte Bauteile einer Belastungs- oder Gebrauchstauglichkeitsprüfung unterzogen. Bei diesen Bauteilprüfungen wird neben der Schweißnaht oft auch die Belastbarkeit der Gesamtkonstruktion geprüft. Daneben können auch – sofern möglich – aus dem Formteil entnommene Schweißproben geprüft werden. Nachstehend sind die bekanntesten Methoden aufgeführt, sofern sie nicht in der Richtlinie DVS 2216-1 enthalten sind:

9.1 Zerstörungsfreie Prüfungen

9.1.1 Visuelle Prüfungen

Die Schweißnaht ist auf folgende Merkmale zu kontrollieren:

Sehr blasiger oder schaumiger Schweißaustrieb weist auf zu hohe Feuchtigkeit der Teile hin. Das kann z. B. an einer unsachgemäßen Lagerung vor dem Schweißen liegen.

9.1.2 Dichtheitsprüfung

Siehe hierzu Merkblatt DVS 2206-2 „Zerstörungsfreie Prüfungen von drucklosen Behältern und Apparaten aus thermoplastischen Kunststoffen – Dichtheitsprüfung" und Richtlinie DVS 2230-1 „Schweißen von Kunststoffserienteilen – Qualitätssicherung, Prüfung".

9.2 Zerstörende Prüfungen

Mit diesem Verfahren kann an Fügeteilen oder daraus entnommenen Proben die Schweißnahtqualität festgestellt werden. Um aussagefähige, vergleichende Schweißnahtfestigkeiten zu erhalten, muss darauf geachtet werden, dass die Prüfkörper den gleichen Feuchtigkeitsgehalt aufweisen (siehe Tabelle 1).

9.2.1 Mechanische Prüfungen

- Zug-, Fall, Schlagzug- und Stoßbelastungsprüfungen
- Innendruck- bzw. Berstdruckprüfungen
- Belastungsprüfungen unter Temperatur- und/oder Medieneinfluss
- Langzeitprüfungen mittels Kugel- oder Stifteindrückverfahren, gegebenenfalls unter Medieneinfluss.

9.2.2 Mikroskopische Untersuchungen

Mit der Mikroskopie können einzelne Stellen der Schweißnaht beurteilt werden. Sie lässt eine aussagefähige Beurteilung über die Verbindung der Schmelze, Spannungen im Schweißnahtbereich über eventuelle Verstärkungs- / Füllstoffkonzentrationen oder Entmischungen im Fügenahtbereich, über Lunker oder andere Fehlstellen zu. Folgende Methoden zur Probenvorbereitung werden angewendet:

9.2.3 Mikrotomschnitte

Diese Methode der Probenpräparation ist nur für unverstärkte Kunststoffe geeignet, da besonders bei glasfaserverstärkten Produkten zum einen die Messer beschädigt und zum anderen die Probenqualität durch herausgerissene Glasfasern beeinträchtigt wird.

9.2.4 Anschliff- und Dünnschlifftechnik

Diese Probenpräparation wird hauptsächlich für verstärkte Kunststoffe eingesetzt. Beim Einsatz der Schlifftechnik wird die Probe in kaltaushärtendem Kunstharz eingegossen und anschließend geschliffen und poliert. Das Einbetten ist nur zur guten Probenführung für das Schleifen und Polieren notwendig.

Beim Dünnschliff wird die polierte Probe auf einen Objektträger aufgeklebt und auf ca. 1 mm Dicke abgesägt. Anschließend wird wieder geschliffen, und zwar bis zu einer Dicke, welche die Probe transparent erscheinen lässt. Dann wird poliert.

9.3 Spannungsrisstest

Zur Beurteilung der Spannungsrissbildung von Kunststoffen gibt es eine Vielzahl von genormten und nicht genormten Prüfungen, wie das Kugel- oder Stifteindrückverfahren (ISO 22088-4), das Zeitstandzugversuchsverfahren (ISO 22088-2) oder das Biegestreifenverfahren (ISO 22088-3), die jedoch vorwiegend an Probekörpern durchgeführt werden.

Eine direkte Übertragung der Ergebnisse von derartigen Versuchen auf die Gebrauchstauglichkeit von Bauteilen unter Praxisbedingungen ist jedoch im Allgemeinen nicht möglich, weil zu viele Einflussgrößen zusammenwirken. Aus diesem Grund werden geschweißte Bauteile in der Regel nach einer anwendungsbezogenen Vorschrift geprüft.

Diese besagt beispielsweise, dass das Bauteil entsprechend seiner Anbringung im Gebrauch in einer geeigneten Vorrichtung befestigt und anschließend mit einer vorgeschriebenen Testflüssigkeit in Kontakt gebracht werden muss. Dabei darf das Bauteil keine Mängel in Form von Rissen, Brüchen, Blasen oder Qualifikationsveränderungen aufweisen. Die Art der Benetzung ist oftmals kundenabhängig und reicht von einer mehrfachen lokalen Benetzung bis zum Eintauchen in eine Testflüssigkeit. Ebenso ist die Art und

Konzentration der verwendeten Testflüssigkeit kundenabhängig.

Bislang existiert jedoch keine genormte Prüfvorschrift zur Beurteilung der Spannungsrissempfindlichkeit von geschweißten Bauteilen.

10 Maßnahmen zur Qualitätssicherung im Fertigungsprozess

Beim Schweißen von Kunststoffen wird die Qualität des Ergebnisses, neben der Forderung nach einem stabilen und robusten Prozess, maßgeblich durch die folgenden Faktoren bestimmt:

- Schweiß- und prüfgerechte Gestaltung der Fügeteile
- Fehler bei der Herstellung, Vorbehandlung und Lagerung der Fügeteile
- Schweißeinrichtung und Steuerung
- Optimierung des Schweißprozesses
- Prozessüberwachung
- Anwendung geeigneter Prüfverfahren.

Fehler in der Vorgeschichte der Fügeteile lassen sich beim nachfolgenden Fügeprozess in den seltensten Fällen ausgleichen. Die Vorgaben des Rohstofflieferanten sind bei der Bauteilherstellung deshalb unbedingt einzuhalten.

Zu den meist geforderten Qualitätsmerkmalen eines ultraschallgeschweißten Bauteils gehören:

- Schweißnahtfestigkeit
- Schweißnahtdichtigkeit
- Schmelzeaustriebminimierung
- Partikelvermeidung
- einwandfreie Optik
- keine Bauteilbeschädigung
- Maßhaltigkeit.

In der Praxis wird in vielen Fällen das gleichzeitige Einhalten mehrerer der obigen Qualitätsmerkmale gefordert.

Zur Absicherung des Fertigungsprozesses und Einhaltung der zwischen Lieferant und Kunden zu vereinbarenden Qualitätsmerkmale und deren Grenzen einschließlich dazugehöriger Prüfmethodik sind, auch im Hinblick auf die Produkthaftung, folgende Maßnahmen von Bedeutung:

10.1 Konstruktions- und Prozess-FMEA

FMEA (Failure Mode and Effect Analysis) bedeutet „Fehler-Möglichkeits- und Einfluss-Analyse". Sie dient der Risiko- und Kostenminimierung und wird nicht nur bei sicherheitsrelevanten Systemen angewandt, sondern auch dort, wo Ausfälle störende und teure Folgen haben können. Darüber hinaus dient die FMEA der Erfüllung der Sorgfaltspflicht im Rahmen der Produkthaftung.

10.2 Maschinen- und Prozessfähigkeitsuntersuchung

Ziel der Prozessfähigkeitsuntersuchung ist die Beurteilung der Übereinstimmung mit den vorgegebenen Qualitätsanforderungen, die auf Zeichnungen, Spezifikationen, Prozessvorschriften u. a. angegeben sind. Hierbei werden mathematisch statistische Auswerteverfahren angewendet. Die Prozessfähigkeitsuntersuchung wird, unmittelbar nachdem der Prozess installiert ist, durchgeführt und sollte vor Beginn der Serienfertigung abgeschlossen sein. Die Untersuchung der Maschinen (Maschinenfähigkeit) bezieht sich auf Kurzzeiteinflüsse. Dabei geht man von einer zu prüfenden Stückzahl $n > 50$ aus. Die Prüfung der Prozessfähigkeit bezieht sich auf das Langzeitverhalten eines Fertigungsprozesses.

10.3 Eingangsprüfung der Fügeteile

Beim Schweißen von Kunststoffen wird die Qualität der Fügeteile maßgeblich durch den Herstellungsprozess (Spritzgießen, Extrusion, Blasformen, ...) sowie durch Lagerung, Transport und Handling beeinflusst. Zur Sicherung der geforderten Bauteilqualität ist Voraussetzung, dass die in den Rohstoff- bzw. Produktionsprotokollen vorgegebenen Grenzwerte eingehalten wurden. Des Weiteren sind die angegebenen Materialkennwerte der Rohstoffhersteller durch zum Beispiel

- MFR- bzw. MVR-Werte
- Füll-/Verstärkungsstoffanteile
- Viskositätskurven
- Maßhaltigkeit und Formtreue

der Fügeteile zu überprüfen. Die Qualitätsmerkmale sollten in Qualitätsregelkarten geführt werden.

10.4 Prozess- oder Fertigungsüberwachung

Unter Prozess- oder Fertigungsüberwachung versteht man alle Vorgänge, die durch Informationen über den Prozesszustand eine Steuerung und/oder Regelung des Prozesses zulassen. Sie hat das Ziel, die Qualitätsmerkmale der hergestellten Produkte innerhalb vorgeschriebener Grenzen zu halten.

In diesem Zusammenhang sind unterschiedliche Verfahren anwendbar.

Die **Statistische Prozess-Regelung (SPC)** ist eine Methode, die die Beurteilung des Prozessverhaltens anhand von **Stichprobenprüfungen** erlaubt. Dazu werden die Ergebnisse der Stichprobenprüfungen von Qualitätsmerkmalen in Qualitätsregelkarten (QRK) eingetragen. Eine Qualitätsregelkarte ist ein Formblatt zur grafischen Darstellung und Auswertung von Mess- und Zählwerten und daraus berechneten statistischen Kennwerten (Mittelwert, Standardabweichung, ...). Mithilfe festgelegter Spezifikationsgrenzen (OSG, USG) lassen sich sogenannte Eingriffsgrenzen (OEG, UEG) berechnen. Die Lage der Messpunkte zu den Spezifikations- und Eingriffsgrenzen lässt eine Aussage über die Stabilität des betrachteten Prozesses und die Prozessfähigkeit zu.

Zur optimierten Prozessführung werden für US-Schweißmaschinen bevorzugt Mikroprozessorsteuerungen mit automatisch arbeitenden Regelsystemen eingesetzt. Sie dienen zum Ausgleich von Netzspannungsschwankungen, zum Konstanthalten der Schwingungsamplitude bei thermischen Effekten, bei Bedämpfung und im begrenzten Maße bei Sonotrodenverschleiß durch automatische Resonanznachführung. Die vom US-Generator abgegebene Leistung wird automatisch an den Bedarf während des Fügeprozesses bis zur maximalen Nennleistung des Generators angepasst.

Durch die Vorgabe des Parameters Fügeweg absolut bzw. relativ können die Abschweißtiefe bzw. das Bauteilendmaß unabhängig von den Fügeteiltoleranzen konstant gehalten werden. Beim Schweißen auf konstante Bauteilmaße sind eventuell auftretende Festigkeitsschwankungen zu berücksichtigen.

Darüber hinaus werden Schweißmaschinen mit Sensorik zur Prozessdatenerfassung und Auswertung hergestellt.

Es ist jedoch für den jeweiligen Einzelfall wichtig, die signifikanten Prozessgrößen bezüglich der geforderten Qualitätsmerkmale herauszufinden.

Moderne Schweißmaschinen erlauben die Überwachung folgender Parameter:

- Fügeweg, absolut und Verlauf
- Aufsetzgeschwindigkeit der Sonotrode
- Verfahrgeschwindigkeit der Sonotrode während des Schweißens
- Amplitude konstant bzw. Amplitudenprofil, absolut bzw. Verlauf
- Trigger-, Schweiß-, Haltekraft, Kraftprofil, absolut bzw. Verlauf
- Generatorabgabeleistung, -energie, absolut und Verlauf
- Schweißzeit bei vorgegebenem Fügeweg relativ bzw. vorgegebener Leistung oder Energie.

Bei speziellen Qualitätsanforderungen haben sich das gleichzeitige Überwachen mehrerer Prozessparameter und die Auswertung mittels SPC bewährt.

Bei diesem Verfahren wird ein Zusammenhang zwischen einem oder mehreren Prozessparametern und dem betrachteten Qualitätsmerkmal unterstellt. Durch die Vorgabe eines Toleranzbandes für die entsprechenden Parameter soll sichergestellt werden, dass bei Schwankungen innerhalb dieses Bereiches das Qualitätsmerkmal die geforderten Grenzen nicht über- oder unterschreitet. Die Anwendung der SPC auf Prozessparameter ist jedoch nicht in jedem Fall zulässig, da die Prozessgrößen sich zum Teil untereinander beeinflussen (Wechselwirkungen) und damit kein direkter Bezug einzelner Parameter zum Qualitätsmerkmal hergestellt werden kann.

Die Grundvoraussetzung zum Erreichen eines hohen Qualitätsniveaus besteht darin, dass die gewünschte Parametereinstellung an der Schweißmaschine wiederholgenau erfolgt und der Schweißprozess reproduzierbar abläuft. Starke Schwankungen bei den Verfahrensparametern führen oft zu schlechter Qualität der geschweißten Teile. Umgekehrt kann nicht davon ausgegangen werden, dass konstante Parameter immer zu optimaler Qualität der Fügeteile führen.

Es gibt Fälle, bei denen trotz optimaler Bedingungen keine abgesicherte Korrelation zwischen den überwachten Parametern und dem Qualitätsmerkmal besteht.

Neuere Untersuchungen zeigen, dass eine Qualitätssicherung über eine **statistische Prozessmodellbildung** auf der Basis von **Prozesskenngrößenbildung** durch Analyse der Prozessgrößenverläufe zum Erfolg führen kann, wenn das Qualitätsmerkmal eindeutig und reproduzierbar bestimmbar ist.

Dazu werden Prozessparameter oder Prozesskenngrößen während des laufenden Prozesses an einen Rechner übertragen und aufgezeichnet. Diese Daten lassen sich mittels unterschiedlicher Verfahren (Regressionsrechnung, Neuronale Netze) in ihrer Wirkung auf das Qualitätsmerkmal auswerten. Ergebnis dieser Auswertung ist der Erhalt eines Zusammenhanges zwischen Prozessgrößen und der resultierenden Produktqualität. Dieser Zusammenhang lässt sich im Weiteren zur Prognose der Teilequalität verwenden, schließt jedoch die Prüfung und Überwachung werkstoffbezogener und herstellungsbedingter Parameter der Fügeteile nicht aus.

11 Sicherheitsvorschriften

Das Gesetz über technische Arbeitsmittel schreibt vor, dass solche nur dann in den Verkehr gebracht werden dürfen, wenn sie den geltenden Arbeitsschutz- und Unfallverhütungsvorschriften entsprechen. Die hierfür gültigen Gesetze, Vorschriften und Normen sind nachfolgend aufgeführt. Es gelten hier vor allem die Unfallverhütungsvorschriften (UVV) der Berufsgenossenschaften sowie die DIN-, DIN VDE-, DIN ISO-, DIN EN- und DIN EN ISO-Normen. Mit aufgenommen sind außerdem Richtlinien, die beim US-Schweißen von Thermoplasten beachtet werden sollten.

12 Schrifttum

DIN EN ISO 1043-1 Kunststoffe – Kennbuchstaben und Kurzzeichen – Teil 1: Basis-Polymere und ihre besonderen Eigenschaften

DIN EN ISO 1043-2 Kunststoffe – Kennbuchstaben und Kurzzeichen – Teil 2: Füllstoffe und Verstärkungsstoffe

DIN EN ISO 1043-4 Kunststoffe – Kennbuchstaben und Kurzzeichen – Teil 4: Flammschutzmittel

DIN EN ISO 1133-1 Kunststoffe – Bestimmung der Schmelze-Massefließrate (MFR) und der Schmelze-Volumenfließrate (MVR) von Thermoplasten – Teil 1: Allgemeines Prüfverfahren

DIN EN ISO 1133-2 Kunststoffe – Bestimmung der Schmelze-Massefließrate (MFR) und der Schmelze-Volumenfließrate (MVR) von Thermoplasten – Teil 2: Verfahren für Materialien, die empfindlich gegen eine zeit- bzw. temperaturabhängige Vorgeschichte und/ oder Feuchte sind

DIN EN ISO 11469 Kunststoffe – Sortenspezifische Identifizierung und Kennzeichnung von Kunststoff-Formteilen

ISO 22088-2 Kunststoffe – Bestimmung der Beständigkeit gegen umgebungsbedingte Spannungsrissbildung (ESC) – Teil 2: Zeitstandzugversuch

ISO 22088-3 Kunststoffe – Bestimmung der Beständigkeit gegen umgebungsbedingte Spannungsrissbildung (ESC) – Teil 3: Biegestreifenverfahren

ISO 22088-4 Kunststoffe – Bestimmung der Beständigkeit gegen umgebungsbedingte Spannungsrissbildung (ESC) – Teil 4: Kugel- oder Stifteindrückverfahren

Richtlinie DVS 2203-1 Prüfen von Schweißverbindungen aus thermoplastischen Kunststoffen – Prüfverfahren – Anforderungen

Richtlinie DVS 2203-2 Prüfen von Schweißverbindungen an Tafeln und Rohren aus thermoplastischen Kunststoffen – Zugversuch

Richtlinie DVS 2203-3 Prüfen von Schweißverbindungen an Tafeln und Rohren aus thermoplastischen Kunststoffen – Schlagzugversuch

Richtlinie DVS 2203-4 Prüfen von Schweißverbindungen an Tafeln und Rohren aus thermoplastischen Kunststoffen – Zeitstand-Zugversuch

Richtlinie DVS 2203-5 Prüfen von Schweißverbindungen an Tafeln und Rohren aus thermoplastischen Kunststoffen – Technologischer Biegeversuch

Richtlinie DVS 2216-1 Ultraschallschweißen von Kunststoffserienteilen – Prozessbeschreibung, Maschinen und Geräte, Einflussgrößen, Konstruktion, Qualitätssicherung

Richtlinie DVS 2216-2 Leitfaden zum Projektablauf beim Fügen von thermoplastischen Kunststoffen in der Serienfertigung

Richtlinie DVS 2216-3 Ultraschallfügen von Formteilen und Halbzeugen aus thermoplastischen Kunststoffen in der Serienfertigung, Umformen mit Ultraschall; Nieten, Bördeln und Verdämmen

Richtlinie DVS 2216-4 Ultraschallfügen von Formteilen und Halbzeugen aus thermoplastischen Kunststoffen in der Serienfertigung, Einbetten von Metallteilen und artfremden Werkstoffen mit Ultraschall

Richtlinie DVS 2216-5 Ultraschallfügen von Formteilen und Halbzeugen aus thermoplastischen Kunststoffen in der Serienfertigung – Sonotrodenherstellung

Taschenbuch DVS-Merkblätter und -Richtlinien „Fügen von Kunststoffen". Fachbuchreihe Schweißtechnik Bd. 68/IV, aktuelle Ausgabe, DVS-Verlag, Düsseldorf

DIN-Normen und DVS-Merkblätter und -Richtlinien sind zu beziehen bei der DVS Media GmbH, Düsseldorf, oder beim Beuth Verlag, Berlin/Köln.

13 Anwendungsbeispiele

Beispiel 1:
Gehäuse für Funktelefon

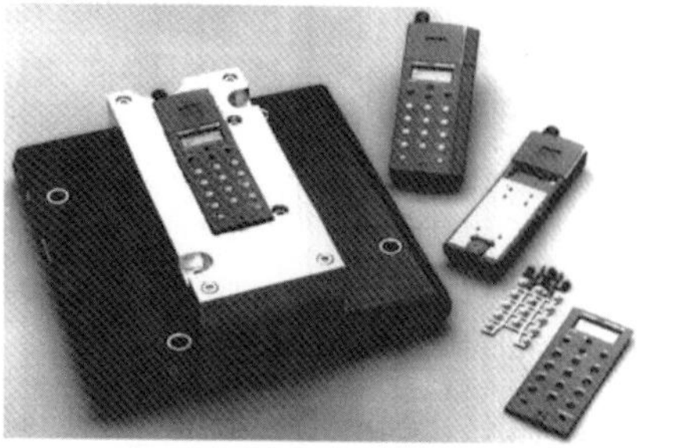

Nahtvorbereitung

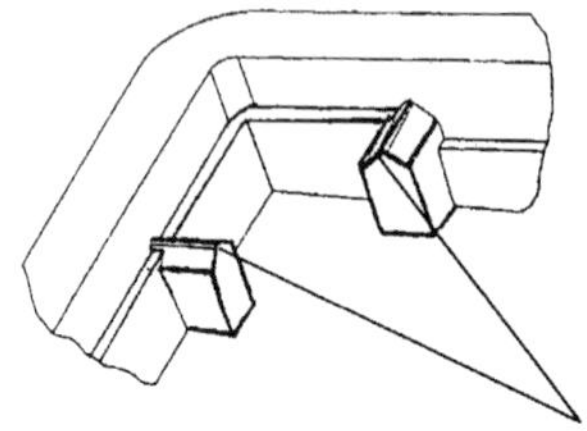

Dachförmiger ERG, 90°, ca. 0,5 mm hoch
Quelle: KLN

Aufgabenstellung:	Ultraschallschweißen des Tastenfeldes mit dem Grundkörper, Werkstoff ABS
Anforderungen:	Optisch einwandfreie und mechanisch feste Schweißung
Prüfung:	Falltest 1,5 m Fallhöhe auf alle Kanten
Bemerkung:	Arbeitsfrequenz 30 kHz, Leistung 1000 Watt, Amplitude 22 µm, Schweißzeit ca. 0,9 s

Beispiel 2:
Gehäuse für Datenträger zur elektronischen Warenverkehrsüberwachung

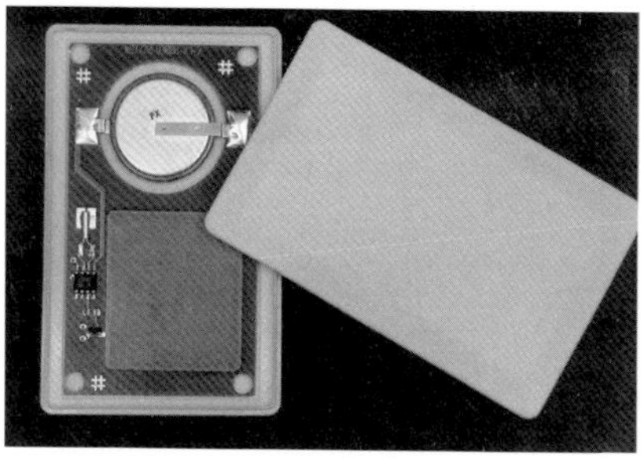

Nahtvorbereitung

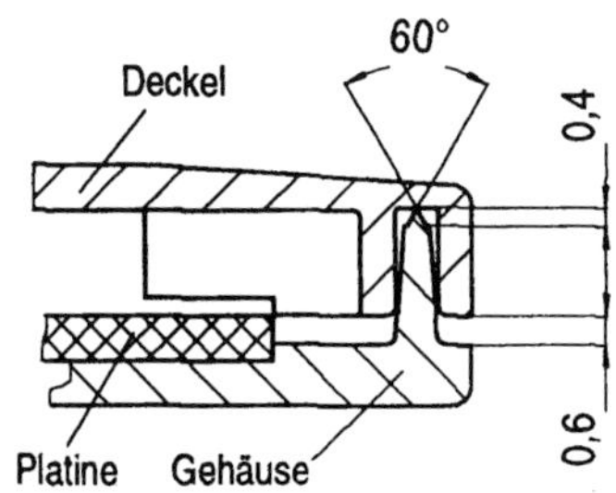

Dachförmiger ERG, 60°, ca. 0,4 mm hoch
Quelle: Siemens AG

Aufgabenstellung:	Ultraschallschweißen des Deckels mit dem Gehäuse, Werkstoff ABS
Anforderungen:	Keine Beschädigung der Elektronik, Verbindung gasdicht, einwandfreie Optik
Prüfung:	Bubble-Test, Wasser, 80°C, 1 min
Bemerkung:	Arbeitsfrequenz 20 kHz, Leistung 1000 Watt, Schweißzeit ca. 0,8 s, Amplitude 27 µm

Beispiel 3:
Heizelement für Durchlauferhitzer

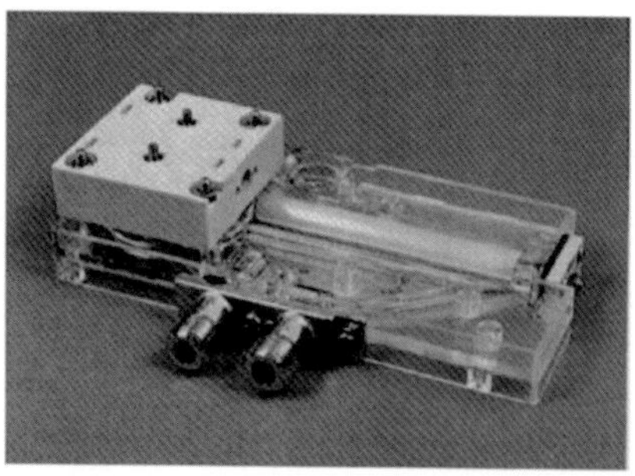

Nahtvorbereitung

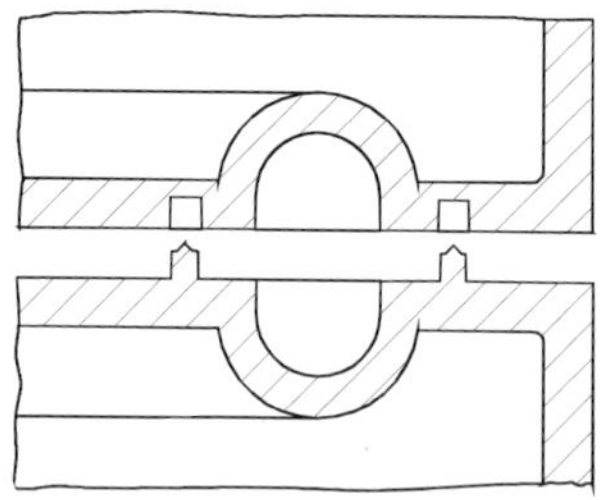

Dachförmiger ERG, 90°, 0,6 mm hoch
Quelle: Branson Ultraschall

Aufgabenstellung:	Ultraschallschweißen von Halbschalen für Durchlaufkanäle, Werkstoff PC
Anforderungen:	Mindestberstdruck > 5 bar bei 80°C, Dichtigkeit, einwandfreie Optik, keine Partikel im Durchlaufkanal
Prüfung:	Kurzzeitdruckbeaufschlagung Prüfmedium Wasser 23°C und 80°C, Wechseldruckprüfung
Bemerkung:	Arbeitsfrequenz 20 kHz, Leistung 3000 Watt, Schweißzeit ca. 1,2 s, Amplitude 25 µm, Bauteillänge ca. 120 mm

Beispiel 4:
Gehäuse für Rasierer

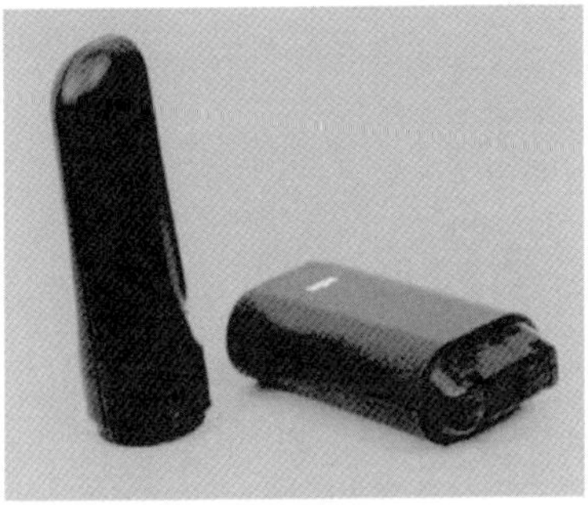

Nahtvorbereitung

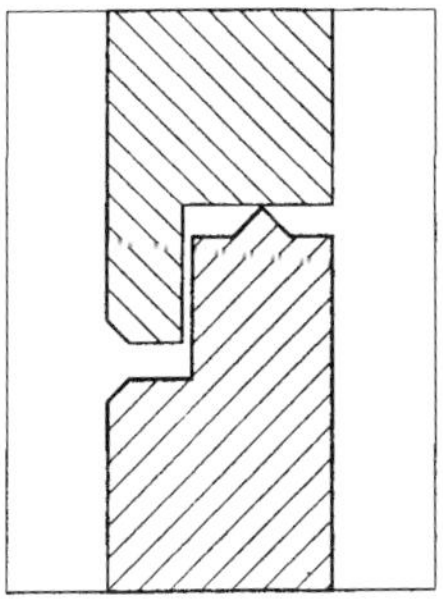

Dachförmiger ERG, 90°, 0,4 mm hoch
Quelle: Branson Ultraschall

Aufgabenstellung:	Ultraschallschweißen der Gehäusehalbschalen nach Montage, Werkstoff PC
Anforderungen:	Dichtigkeit, Festigkeit, verwindungssteif, einwandfreie Optik
Prüfung:	Falltest mit 1,5 m Fallhöhe in Vorrichtung definiert auf Kanten
Bemerkung:	Arbeitsfrequenz 20 kHz, Leistung 1000 Watt, Schweißzeit ca. 0,5 s, Amplitude 28 µm, Bauteillänge ca. 80 mm

Beispiel 5:
Schubladenblende

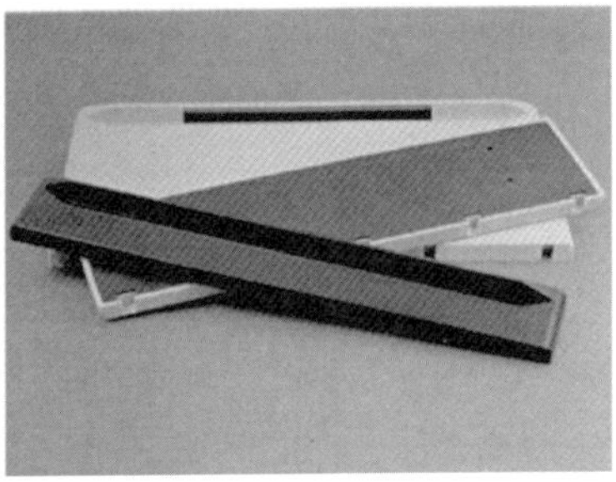

Nahtvorbereitung

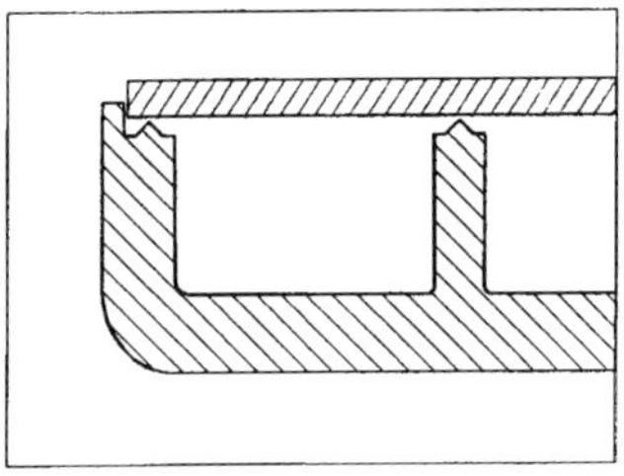

Dachförmiger ERG, 90°, 0,5 mm hoch
Quelle: Branson Ultraschall

Aufgabenstellung:	Ultraschallschweißen von Deckel mit Gehäuse, Werkstoff PS schlagzäh modifiziert
Anforderungen:	Verwindungssteif, Festigkeit, einwandfreie Optik
Prüfung:	Torsionstest, Falltest mit 1,5 m Fallhöhe auf alle Ecken
Bemerkung:	Arbeitsfrequenz 20 kHz, Leistung 2000 Watt, Schweißzeit ca. 0,8 s, Amplitude 20 µm, Bauteillänge ca. 350 mm

Beispiel 6:
Steckspielzeug

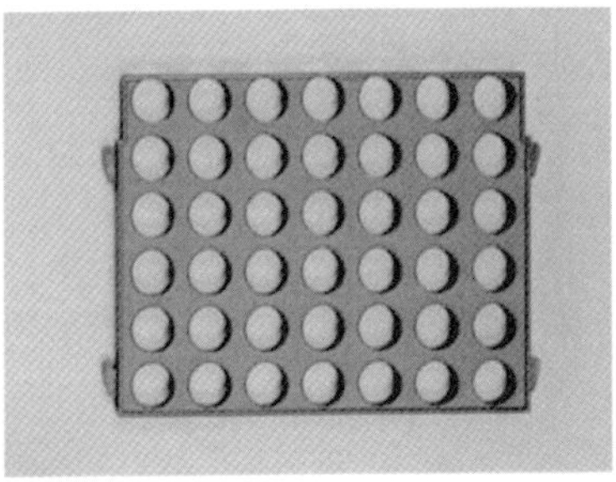

Nahtvorbereitung

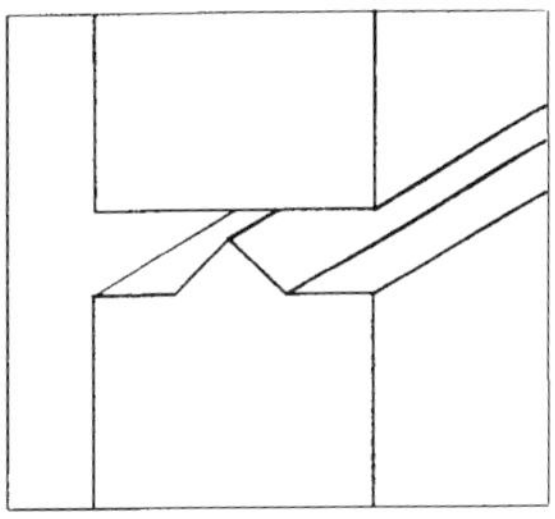

Dachförmiger ERG, 90°, 0,5 mm hoch
Quelle: Branson Ultraschall

Aufgabenstellung:	Ultraschallschweißen der Abdeckung mit dem Unterteil, Werkstoff ABS schlagzäh modifiziert
Anforderungen:	Verwindungssteif, Festigkeit, einwandfreie Optik
Prüfung:	Torsionstest, Falltest mit 1,5 m Fallhöhe auf alle Ecken
Bemerkung:	Arbeitsfrequenz 20 kHz, Leistung 2000 Watt, Schweißzeit ca. 1 s, Amplitude 25 µm, Zentrierung Ober-/Unterteil durch Ambossgestaltung

Beispiel 7:
Abdeckglas für Fahrzeugblinker

Nahtvorbereitung

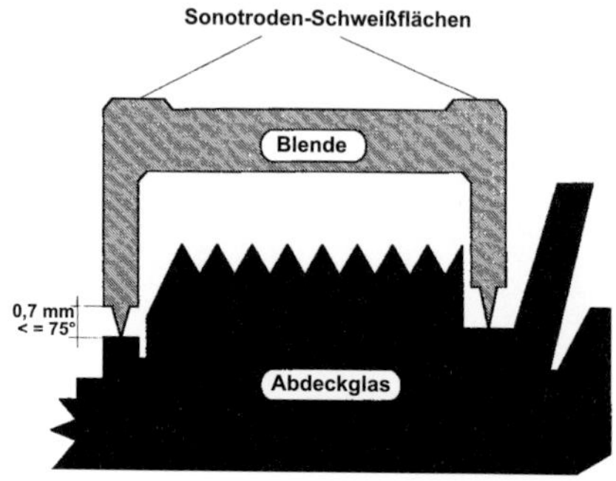

Dachförmiger ERG, 75°, 0,7 mm hoch
Quelle: Herrmann Ultraschalltechnik

Aufgabenstellung:	Ultraschallschweißen von Blende mit Abdeckglas, Werkstoff Blende: PMMA gedeckt weiß eingefärbt, Werkstoff Abdeckglas: PMMA transparent orange
Anforderungen:	Dichtigkeit gegen Wassereintritt, keine Beschädigung des Abdeckglases beim Schweißen, einwandfreie Optik, Flusenfreiheit
Prüfung:	Sichtprüfung
Bemerkung:	Arbeitsfrequenz 20 kHz, Leistung 1000 Watt, Schweißzeit ca. 0,5 s, Amplitude 26 µm, Schweißfläche ca. 16,8 cm^2, Trigger-/Schweißkraft 300/600 N (entspr. ca. 0,18/0,36 N/mm^2), Fügeweg 0,65 mm, Teilezentrierung durch Überstand zwischen Optikboden und ERG-Steg

Beispiel 8:
Fahrzeugsicherheitsleuchte

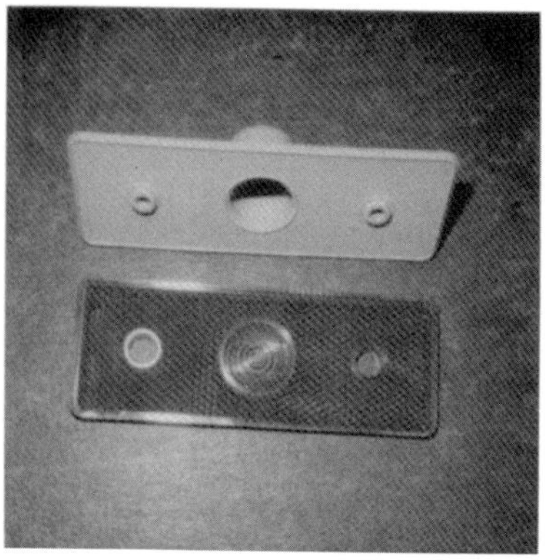

Nahtvorbereitung

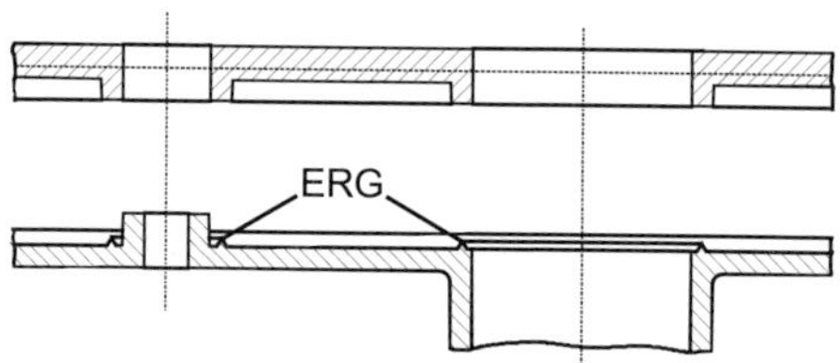

Dachförmiger ERG, 60°, 0,7 mm hoch
Quelle: Herrmann Ultraschalltechnik

Aufgabenstellung:	Ultraschallschweißen von Lichtscheibe einschließlich Optikboden mit Gehäuse einschließlich Lampenträgerflansch, Werkstoff Optikboden: PMMA, Werkstoff Gehäuse: ABS
Anforderungen:	Dichtigkeit aller Schweißzonen gegen Wassereintritt, keine Beschädigung der Lichtscheibe und des Gehäuses, einwandfreie Optik
Prüfung:	Bubble-Test, 0,5 bar, Wasser 23°C, 1 min
Bemerkung:	Arbeitsfrequenz 20 kHz, Leistung 700 Watt, Schweißzeit ca. 0,8 s, Amplitude 21 µm, Schweißfläche 468 mm^2, Trigger-/Schweißkraft 500/600 N, Fügeweg 0,45 mm

Oktober 2022

DVS VERBAND

Richtlinie
DVS 2216-7

Richtlinie DVS 2216-7

Ultraschallfügen von Formteilen und Halbzeugen aus thermoplastischen Kunststoffen in der Serienfertigung - Ultraschallwerkzeug / Teileaufnahme / Amboss

Ausschuss für Technik im DVS

Arbeitsgruppe W 4 „Fügen von Kunststoffen"

Untergruppe W 4.1d „Ultraschallschweißen"

Bezug: DVS Media GmbH, Postfach 10 19 65, 40010 Düsseldorf, Telefon: (0211) 1591-0, Email: media@dvs-media.info

Inhalt:

1. Geltungsbereich

Diese Richtlinie gilt für das Gestalten von Teileaufnahmen zum Ultraschallfügen von Formteilen und Halbzeugen aus thermoplastischen Kunststoffen. Für Ultraschallschweißanwendungen werden die nach dem Stand der Technik üblichen Ultraschallschweißmaschinen und -geräte eingesetzt, siehe Richtlinie DVS 2216-1.

2. Funktion der Teileaufnahme

Teileaufnahmen / Ambosse sind ein wichtiger Bestandteil eines Ultraschallschweißsystems und beeinflussen die Qualität und die Reproduzierbarkeit der Ultraschall-Fügeaufgabe. Sie stellen das passive Gegenlager zur aktiv schwingenden Sonotrode dar und beeinflussen in starkem Maß die Schwingungsumwandlung im Fügeteil in Wärme (Dissipation). Beim Ultraschallschweißen flächiger Materialien wird die Teileaufnahme als Amboss bezeichnet. Der Amboss übernimmt dabei vor allem die energiefokussierende Funktion. Bei kontinuierlicher Ultraschallschweißung flächiger Materialien spricht man von einer Ambosswalze bzw. Strukturwalze.

In **Bild 1** sind wesentliche bei der Konzeption der Teileaufnahme zu beachtenden Einflüsse und Rahmenbedingungen aufgelistet. Darüber hinaus muss die Teileaufnahme die folgenden Aufgaben erfüllen:

- Positionierung der Fügeteile zur Sonotrode
- Aufnehmen der Kräfte beim Fügeprozess
- Bei flächigen Teilen: Vorsehen energiefokussierender Noppen bzw. Stege

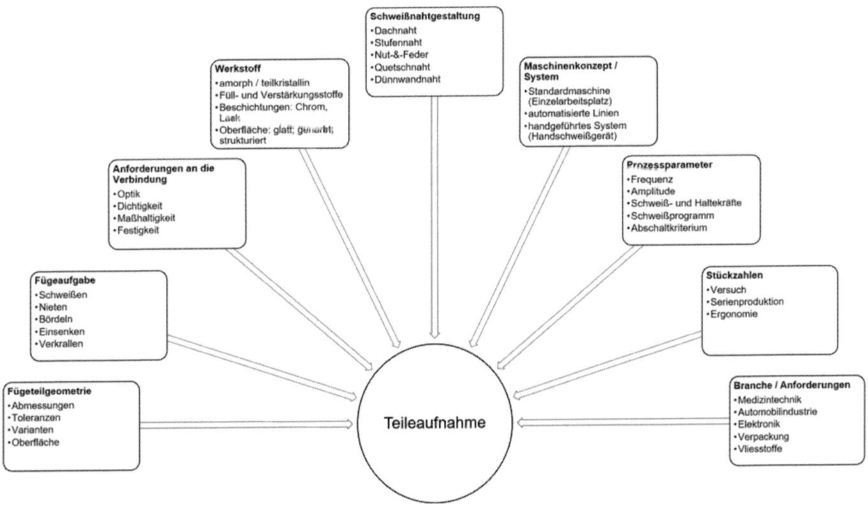

Bild 1: Ausgewählte Einflussfaktoren auf die Gestaltung und Ausführung von Teileaufnahmen

3. Gestaltungsgrundlagen

3.1. Werkstoffauswahl

Typische Werkstoffe für Teileaufnahmen sind, wie in **Bild 2** dargestellt, Aluminium, Messing, Stahl oder Titan. Für Bauteile mit empfindlichen Oberflächen (u. a. genarbt, verchromt, lackiert, Hochglanz) werden Aufnahmen, z. B. Gießharz, Druckertuch, Moosgummi, Flexmatte, eingesetzt, **Bild 3**. Besonders bei faserverstärkten Kunststoffen ist, vor allem bei geringen Auflageflächen, auf eine verschleißfeste Ausführung der Teileaufnahme zu achten.

Bild 2: Typische Ausführungsbeispiele für Teileaufnahmen (von links nach rechts: Aluminium; Stahl; Edelstahl)

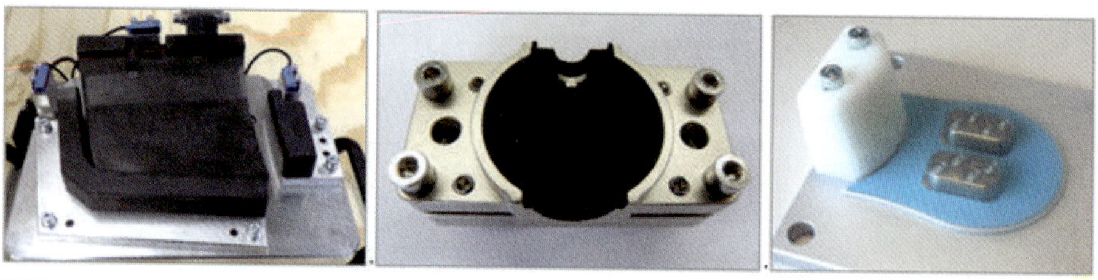

Bild 3: Ausführungsbeispiele für Teilaufnahmen für Bauteile mit sensiblen Oberflächen (von links nach rechts: Gießharz; 3D-gedruckter Aufnahmeeinsatz; Druckertuch)

Zum Vermeiden von Verfärbungen aufgrund von Abrieb bei Teileaufnahmen aus Aluminium oder zur Vermeidung von Korrosion bei Teileaufnahmen aus Stahl werden diese in der Regel durch Oberflächenbehandlung veredelt. Hochglanzpolierte Oberflächen der Teileaufnahmen reduzieren das Risiko für Markierungen auf der Bauteiloberfläche, **Bild 4**.

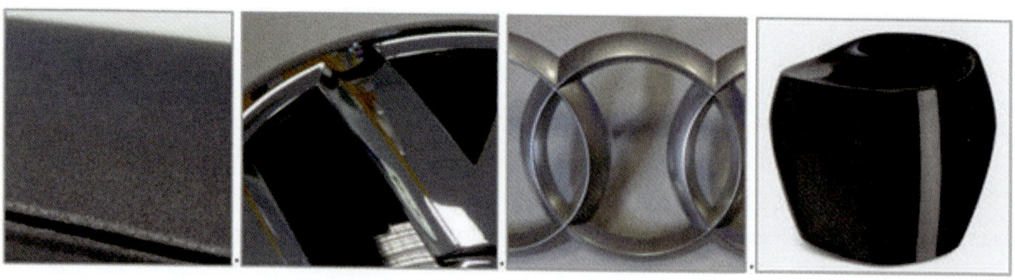

Bild 4: Anwendungsbeispiele für sensible Oberflächen an Fügeteilen (von links nach rechts: genarbt; verchromt; lackiert; hochglänzend)

Bei einem geringen Abstand zwischen der Schweißnaht und der Auflage in der Teileaufnahme sind für die Teileaufnahmen bevorzugt Werkstoffe einzusetzen, die eine hohe Wärmeableitung besitzen (z. B. Stahl, Messing, Aluminium). Bei sehr geringen Auflageflächen der Fügeteile und hohen Schweißkräften sollte die Teileaufnahme aufgrund erhöhter Flächenpressung aus einem harten Werkstoff ausgeführt werden, **Bild 5**.

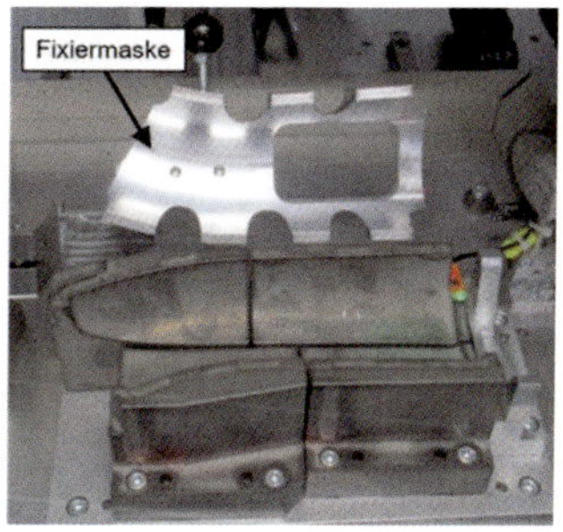

Bild 5: links: Gestaltungsempfehlung für Teileaufnahmen bei hoher Flächenpressung, rechts: zugehöriges Ausführungsbeispiel mit Alu-Fixiermaske zum Schweißen von Konturvlies

Teileaufnahmen aus Gießharz können unterhalb der Schweißnaht an der Auflagefläche thermisch überlastet werden. Gründe hierfür sind Schalleinleitung oder Wärmeabfluss aus der Schweißnaht. Zur Vermeidung eines zu hohen lokalen Energieeintrags können in die Teileaufnahmen unterhalb des Schweißbereichs Messingeinsätze zur besseren Wärmeableitung eingebracht, **Bild 6 links**, oder z. B. Messing-Gießharzverbunde verwendet werden, **Bild 6 rechts**.

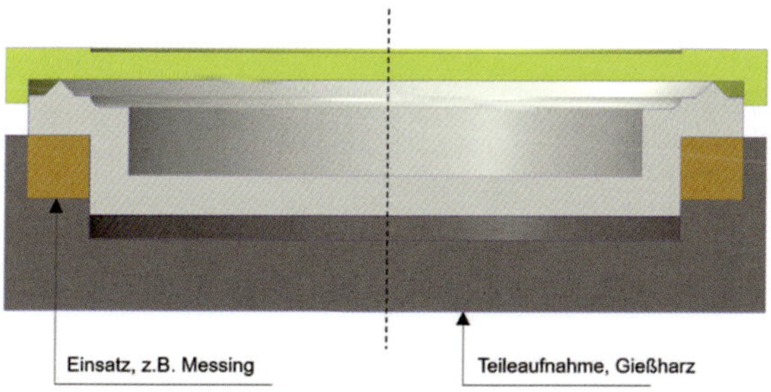

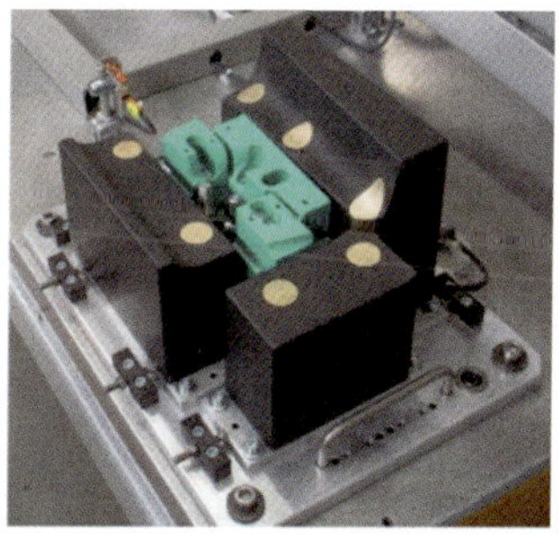

Bild 6: links: Gestaltungsempfehlung für Teileaufnahmen mit Messingeinsatz, rechts: zugehöriges Ausführungsbeispiel mit 7 Einzel-Messingeinsätzen

3.2. Aufnahme von Schweißkräften

Die auftretenden Schweißkräfte müssen von der Teileaufnahme aufgenommen werden. Eine überschlägige Abschätzung der auftretenden Schweißkräfte FS liefert Formel 1, basierend auf Erfahrungswerten:

Formel 1: F_S [N] = 4 [N/mm] x Schweißnahtlänge [mm]

Um für die Teileaufnahme einen ausreichenden Sicherheitsfaktor zur Aufnahme der Schweißkräfte zu berücksichtigen, sollte für deren Auslegung mindestens die 2- bis 3-fache überschlägig ermittelte Schweißkraft zugrunde gelegt werden. Über die Auflagefläche des Fügeteils in der Teileaufnahme ergibt sich die bei der konstruktiven Gestaltung und Werkstoffauswahl zu berücksichtigende Flächenpressung.

3.3. Vermeidung akustischer Einflüsse

Es ist darauf zu achten, dass die Teileaufnahme nicht zum Mitschwingen angeregt wird. Konstruktive Ansätze zur Vermeidung akustischer Einflüsse sind nachfolgend aufgeführt:

- Massiver und stabiler Unterbau mit ausreichend hoher Masse.
- Bei Standardschweißmaschinen sind die Teileaufnahmen immer auf der Aufspannplatte der Schweißmaschine zu fixieren.

3.4. Nahtunterstützung und Mindestauflagefläche

Die Bauteilabstützung sollte mindestens zweimal größer sein als die Breite der Fügestelle und idealerweise direkt und vollständig unterhalb der Fügestelle ausgeführt werden. „Weiche“ Aufnahmen benötigen eine größere Auflage als „harte“ Ausführungen. Großflächige Auflagen außerhalb des Fügebereichs sind aufgrund von Teiletoleranzen zu vermeiden, **Bild 7**.

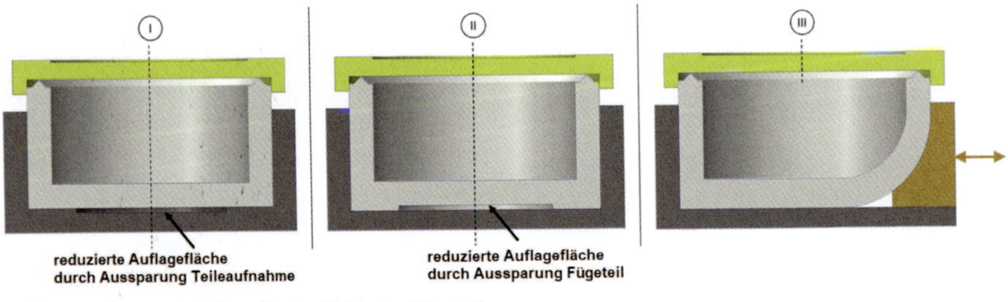

Bild 7: Gestaltungsempfehlung für eine Nahtunterstützung I

Ein Unterstützen der Fügestelle auf mehreren Ebenen ist zu vermeiden, da sonst eine statische Überbestimmung vorliegt. Demgegenüber ist eine Unterstützung nah an der Fügestelle zu bevorzugen, **Bild 8**.

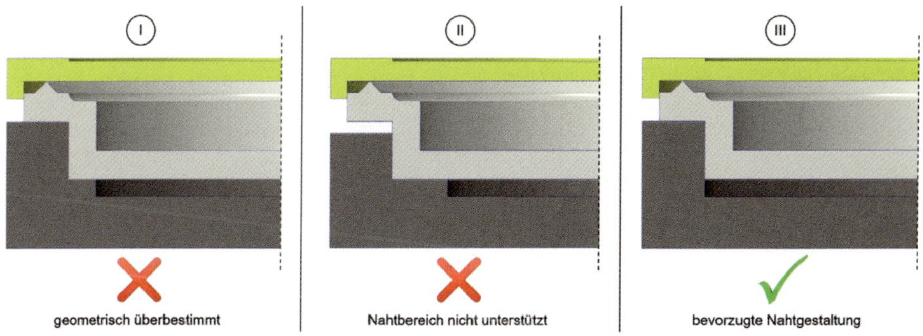

Bild 8: Gestaltungsempfehlung für eine Nahtunterstützung II

Die seitlichen Wände müssen bei Quetschnähten zusätzlich gestützt werden, da diese zum Aufbiegen neigen. Dies ist insbesondere bei dünnwandigen Bauteilen (Wandstärke < 2 mm) zu berücksichtigen, **Bild 9**. Eine vielfach bewährte Lösung ist eine zweigeteilte Teileaufnahme mit Spanneinheit.

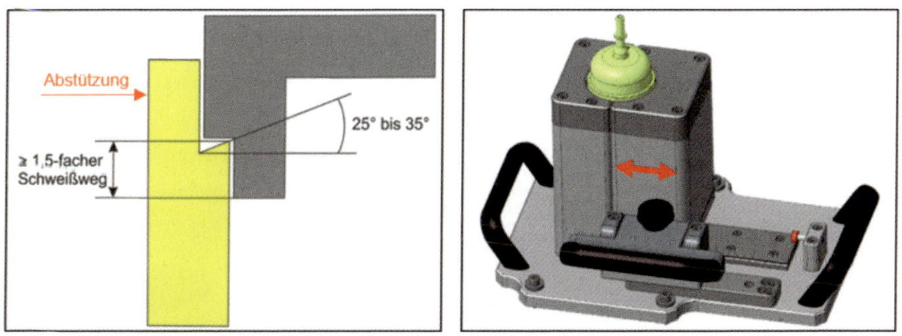

Bild 9: Gestaltungsempfehlung der Teileaufnahme für seitliche Abstützung bei dünnwandigen Bauteilen

Falls eine direkte Abstützung hoher Fügeteile in der Teileaufnahme mittels Formschluss nicht möglich ist, ist eine Abstützung in unmittelbarer Nähe zum Fügebereich, zusätzlich zur unteren Teileaufnahme, vorzusehen, **Bild 10**. **Bild 11 und Bild 12** zeigen diesbezüglich Ausführungsbeispiele aus der Praxis.

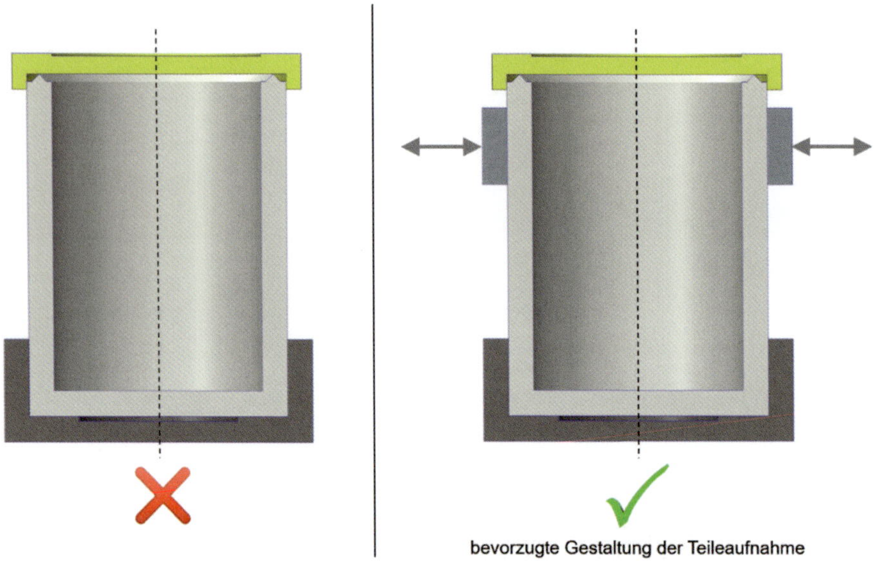

Bild 10: Teileaufnahme für hohe Fügeteile; links - fehlende seitliche Abstützung im Nahtbereich; rechts - seitliche Abstützung im Nahtbereich

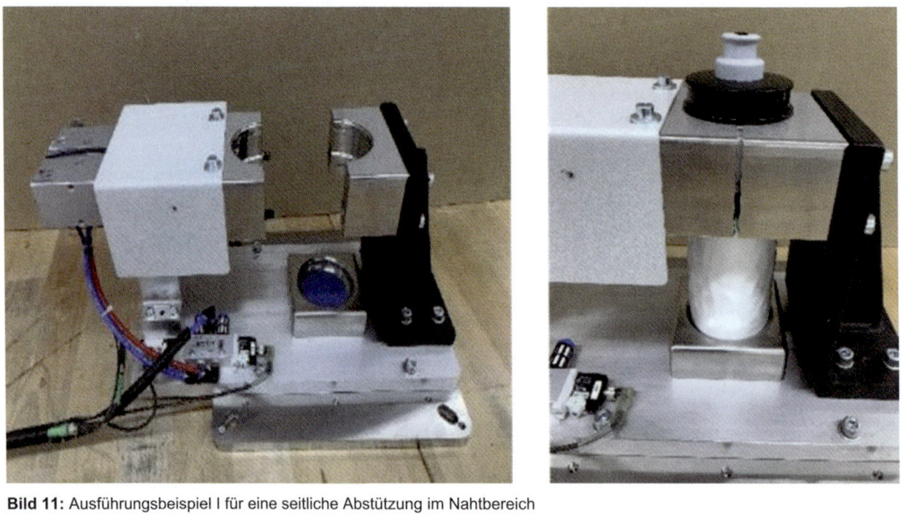

Bild 11: Ausführungsbeispiel I für eine seitliche Abstützung im Nahtbereich

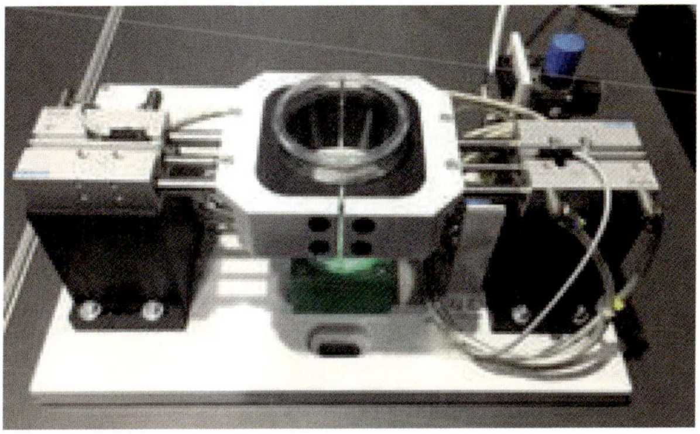

Bild 12: Ausführungsbeispiel II für eine seitliche Abstützung im Nahtbereich

3.5. Fügeteilzentrierung

Eine wesentliche Aufgabe der Teileaufnahme ist die wiederholgenaue Positionierung der Fügeteile zur Sonotrode in der Schweißmaschine. Anzustreben ist, das obere, der Sonotrode zugewandte Fügeteil zum unteren Fügeteil über die Bauteil- oder die Nahtgestaltung zu zentrieren, **Bild 13**.

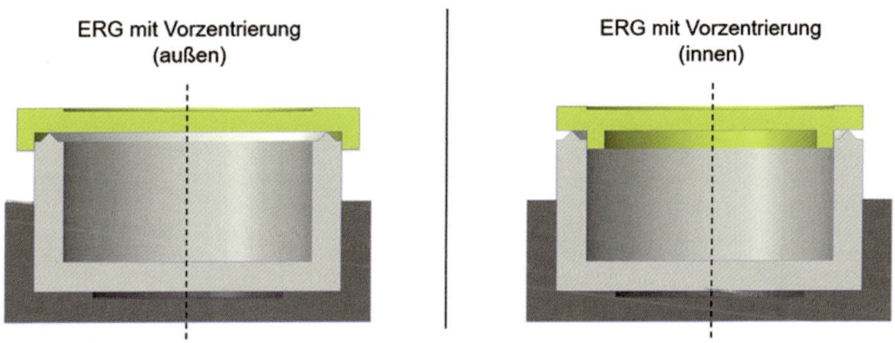

Bild 13: Gestaltungsempfehlungen zur Fügeteil-Vorzentrierung

In Ausnahmefällen, in denen die Selbstzentrierung der Fügeteile nicht durch die Schweißnahtgestaltung und/oder die Fügeteilgeometrie gegeben ist, kann auch das obere Fügeteil über die Teileaufnahme zum unteren Fügeteil zentriert werden, **Bild 14**. Hierbei ist zu beachten:

- Das Fügeteil muss sich in Fügerichtung bewegen können.
- Die Sonotrode darf am Ende des Fügeprozesses die Teileaufnahme nicht berühren.

Bild 14: Gestaltungsempfehlung zur Zentrierung beider Fügeteile durch die Teileaufnahme (links
Bild 15: Teileaufnahme mit einzelnen und zueinander einstellbaren Segmenten (rechts)

Die konstruktiven Maße der Teileaufnahme sollten an die Bauteilgröße und die zugehörigen Toleranzen der realen Fügeteile angepasst werden. Für große Fügeteile oder Fügeteile, die aus Spritzgießwerkzeugen mit mehreren Kavitäten gefertigt werden und die herstellungsbedingt ein größeres Toleranzfeld aufweisen können, ist der Einsatz segmentierter Teileaufnahmen hilfreich, **Bild 15**. Augenmerk ist dabei auf die konstruktive Gestaltung der Teilung zu legen, um Markierungen zu vermeiden.

Für einen wiederholgenauen Prozess und eine definierte Einlegeposition (Poka Yoke) ist zu empfehlen, ein Orientierungsmerkmal vorzusehen, **Bild 16**. Dies gilt insbesondere für rotationssymmetrische und spiegelbildliche Bauteile.

Bild 16: Teileaufnahme mit Orientierungsmerkmal (Poka Yoke) (links)
Bild 17: Aufnahme für ein Pumpenflügelrad (rechts)

Bild 17 und Bild 18 zeigen Zentrierhilfen zum vereinfachten Ausrichten der Teileaufnahme zur Sonotrode. Die Zentrierhilfe ist durch Aussparungen an Sonotrode und Teileaufnahme konstruktiv berücksichtigt, **Bild 18**. Die Zentrierhilfe ist nach dem Einrichten stets zu entnehmen.

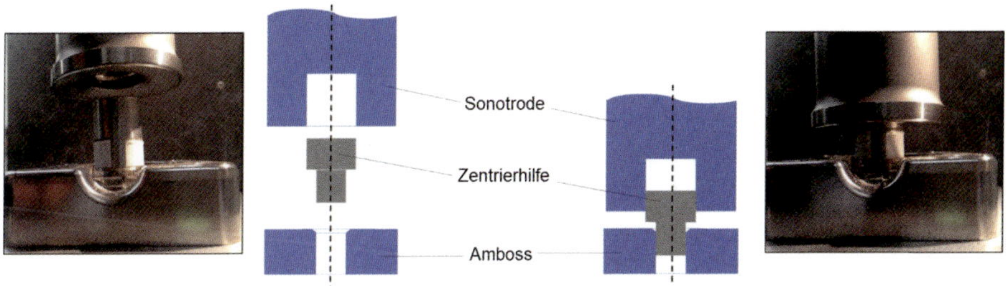

Bild 18: Zentrierhilfe (Bolzen) zum Einrichten der in Bild 17 gezeigten Teileaufnahme

3.6. Ergonomie

Für ein ergonomisches Einlegen und Entnehmen der Fügeteile sind Griffmulden eine angenehme Erleichterung, **Bild 19**. Griffmulden sollten großzügig abrundet sein. Alternativ zu Griffmulden können auch manuelle oder pneumatische Auswerfer vorgesehen werden, **Bild 20**.

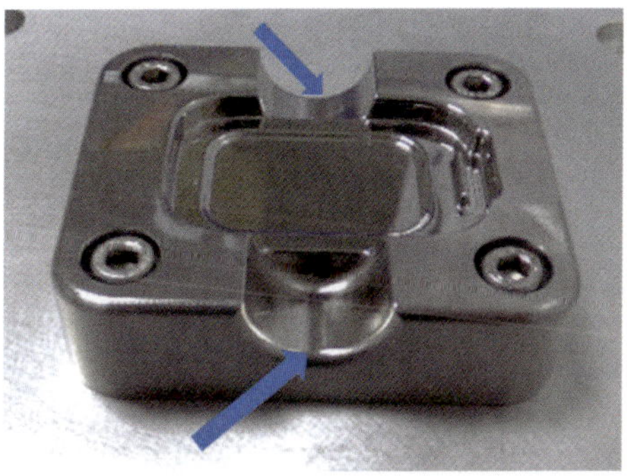

Bild 19: Teileaufnahme mit Griffmulden (links)
Bild 20: Teileaufnahme mit manuell betätigtem Auswerfer (rechts)

Teileaufnahmen, die regelmäßig manuell gewechselt werden, sollten die ergonomischen Gewichtsvorgaben nicht überschreiten und mit Griffen versehen sein. Indexierte Systeme für den Wechsel der Teileaufnahme eignen sich für die reproduzierbare Positionierung und reduzieren den Aufwand zum erneuten Einrichten.

3.7. Konische Fügeteile

Beim Schweißen konisch geformter Fügeteile können hohe seitliche Kräfte auftreten, die bei der Gestaltung der Teileaufnahme zu berücksichtigen sind. Eine Empfehlung zur Gestaltung der Teileaufnahme ist **Bild 21** zu entnehmen. Das Oberteil ist dabei extern, z. B. durch einen Seitenschieber oder die Sonotrode, zu zentrieren. **Bild 22** zeigt zwei zugehörige Praxisbeispiele, insbesondere im Hinblick auf Auswerfer und eine stabile seitliche Klemmung der Fügeteile.

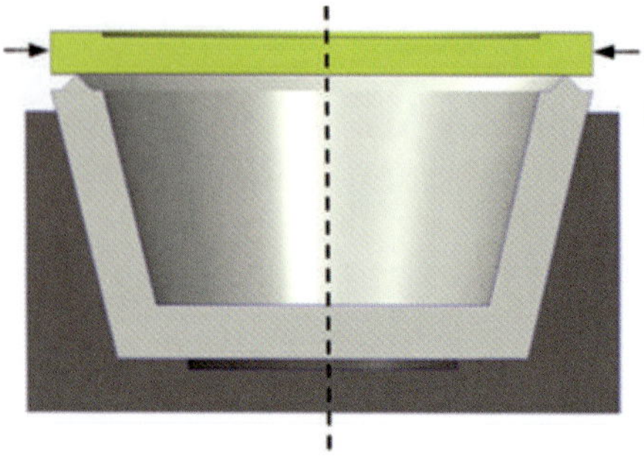

Bild 21: Gestaltungsempfehlung für Teileaufnahmen für konische Fügeteile

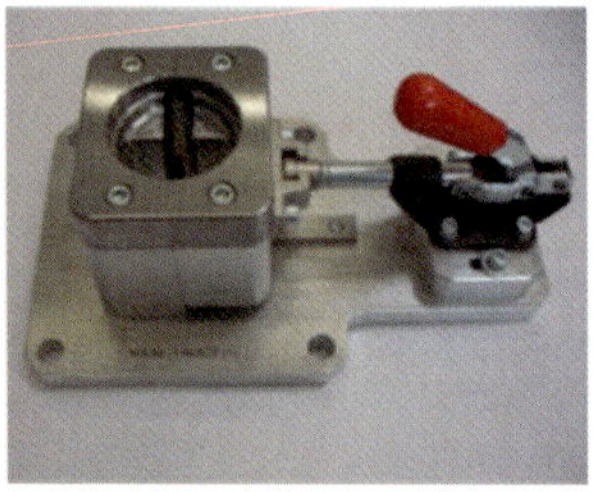

Bild 22: Teileaufnahmen für konische Fügeteile; links: Ausführung mit Auswerfer, rechts: Ausführung mit stabiler seitlicher Klemmung

3.8. Niederhalter

Niederhalter werden bei Schweißprozessen in der Regel nicht benötigt. Bei Nietanwendungen wird hingegen das zu nietende Bauteil niedergehalten, um einen Spalt zwischen Bauteil und fertigem Nietkopf zu vermeiden. Dies gilt auch für das Umformen (Bördeln). Der Niederhalter kann unterschiedlich ausgeführt werden:

- An der Teileaufnahme als manuelle oder pneumatische Spanneinheit;
- Als voreilender, meist federnd gelagerter, Niederhalter, befestigt an der Vorschubeinheit;
- Bei magnetischen Fügeteilen mit einem Magnet als Einsatz in der Teileaufnahme;
- Insbesondere bei kleinen Schweißkräften sollte der Niederhalter an der Teileaufnahme angebracht werden, um Einflüsse auf den Fügeprozess zu vermeiden.

4. Klassifizierung der Teileaufnahmen

Im Folgenden wird die grundsätzliche Klassifizierung der Teileaufnahmen jeweils anhand einer beispielhaften Ausführung vorgestellt, **Bild 23 bis Bild 27**.

Bild 23: Einteilige Einlege-Teileaufnahme, links: gefräste Teilaufnahme, rechts: Teileaufnahme mit Abguss (z. B. Polyurethan) der Teilegeometrie für Serienteile mit empfindlicher Oberfläche sowie für Versuchsschweißungen

Bild 24: Segmentierte Einlege-Teileaufnahme (links)
Bild 25: Zweigeteilte Teileaufnahme mit Spanneinheit (rechts)

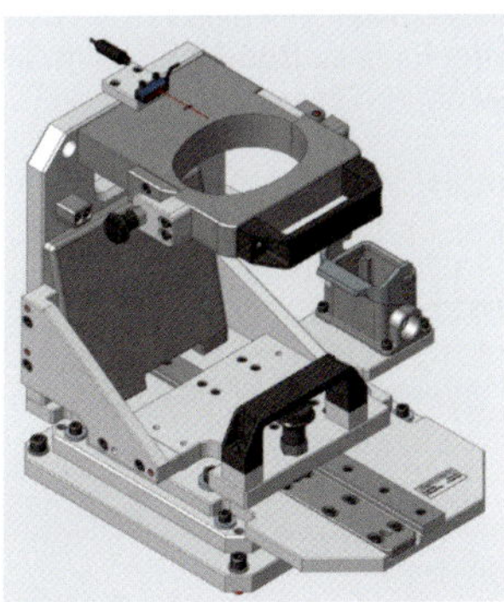

Bild 26: Mehrteilige Teileaufnahme mit separat unterstütztem Schweißnahtbereich

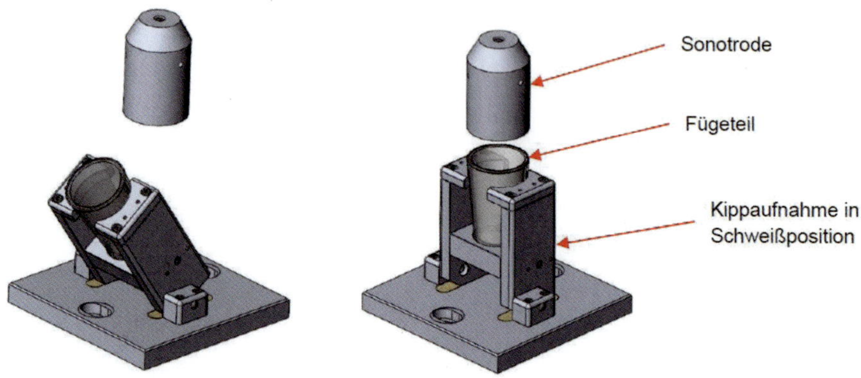

Bild 27: Kippaufnahme in Einlege- und Schweißposition

5. Versuchs-Teileaufnahmen

Für orientierende Versuche ist es oftmals nötig, schnell und kostengünstig eine den Aufgaben entsprechende Teilaufnahme zu erstellen. Dazu bieten sich Spachtelmassen, Abdruckmassen, 3D-gedruckte Aufnahmen und Stift-Feder-Module an.

5.1. Spachtelmassen, Abdruckmassen

Um eine Versuchs-Teileaufnahme aus Abform-Gießmasse herstellen zu können, werden handelsübliche 2K-Gießharzprodukte aus dem Profibedarf empfohlen. Es ist auf eine entsprechende Viskosität und Shore-Härte sowie Bearbeitbarkeit nach dem Aushärten zu achten. Auf die Grundplatte wird ein Rahmen aus Kunststoffplatten gestellt, welche zur Größe des Bauteils passend zugeschnitten sind. Die Stöße werden mit Wachs oder Heißkleber abgedichtet. Das Bauteil wird mit Wachs an den Hinterschnitten aufgebaut und mit Trennmittel bestrichen, sodass es später aus dem ausgehärteten 2K Modell entnommen werden kann. Die Fügeteile werden zusammengeklebt und mit Wachs an die Unterseite der Sonotrode geheftet. Die Kunststoffbox wird unter der Sonotrode positioniert und mit Trennmittel bestrichen. Nun wird das 2K-Gießharz angerührt und in die Box eingefüllt. Anschließend wird die Sonotrode heruntergefahren und das Bauteil in das 2K-Gießharz eingetaucht bis es ausgehärtet ist. Beim Hochfahren löst sich das Schweißteil von der Sonotrode. Das Bauteil wird vorsichtig aus der ausgehärteten Gießharzform ausgehoben. Mit entsprechendem Werkzeug können nun Grate und Störkonturen nachgearbeitet werden. Die Aufnahme ist somit fertig zum Einsatz. **Bild 28 bis Bild 30** zeigt beispielhaft die Vorgehensweise bei der Herstellung einer 2K-Gießharz-Teilaufnahme.

Analog hierzu kann auch mit 2K-Metall-Epoxid-Knetmasse gearbeitet werden. Hier ist es nicht zwingend notwendig, eine Kunststoffbox zu verwenden.

- Typische Produkte: 2K-Epoxidharz-Abform-Gießmasse, Epoxy-Repair-Stick, Kaltmetall-Knetmetall.
- Verwendungsdauer: Zwischen 10 bis wenige 100 Schweißungen, abhängig von der Belastung während der Schweißung.

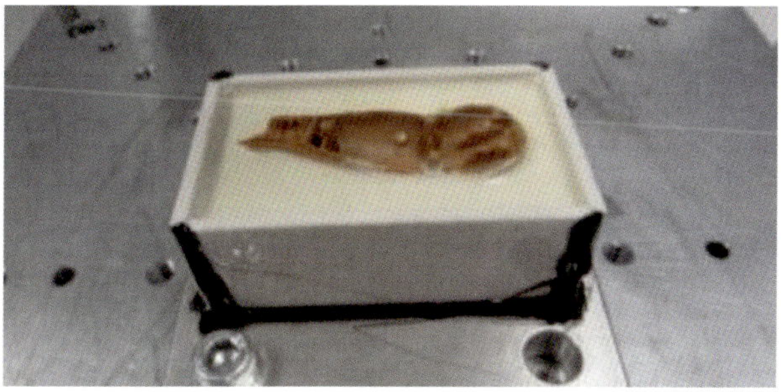

Bild 28: Box mit flüssiger 2K-Gießharzmasse

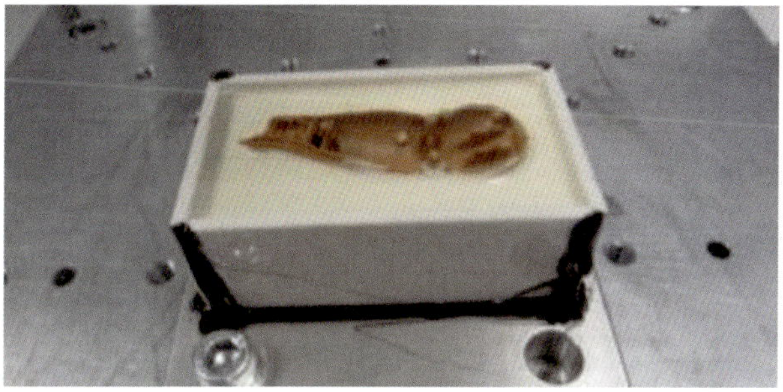

Bild 29: Ausgehärtete 2K-Gießharzmasse mit eingelegtem Bauteil

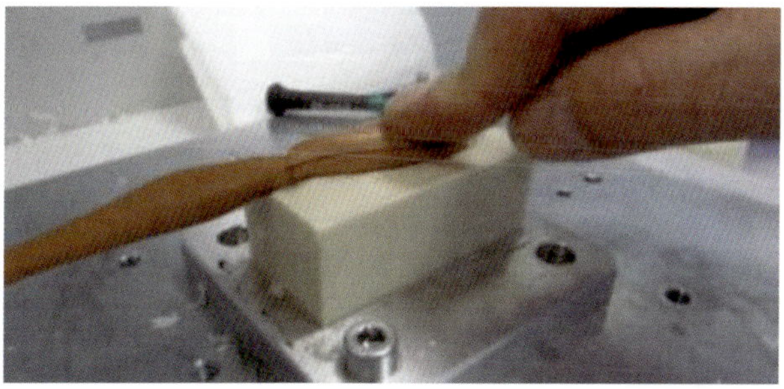

Bild 30: Fertige Aufnahme

5.2. 3D-gedruckte Aufnahmen

Die Möglichkeit einer individuell an das Bauteil angepassten Teileaufnahme bietet die Anwendung von 3D-gedruckten Aufnahmen. Die Verwendung erfolgt überwiegend im Prototypenbau bzw. für Versuchsaufnahmen. **Bild 31** zeigt beispielhaft eine solche 3D-gedruckte Aufnahme. Auf diese Weise können konstruktive Details, wie Kühlkanäle, auf vergleichsweise einfache Art und Weise realisiert werden.

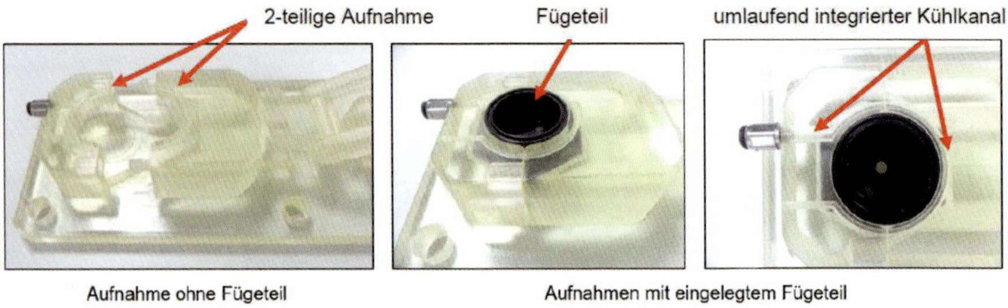

Bild 31: 3D-gedruckte, zweiteilige Prototypenaufnahme

5.3. Stift-Feder-Modul

Für Ultraschallschweißungen im Prototypenbereich bzw. für Versuchsaufnahmen können universelle Teileaufnahmen verwendet werden. Hier bieten sich sogenannte Formspannsysteme an, wie sie aus dem Bereich der mechanischen Zerspannung bekannt sind. Diese Systeme sind baukastenmäßig aufgebaut und können mehrfach schnell und einfach verwendet werden. Durch Kombination mehrerer Werkstückauflagesysteme werden die zu fügenden Teile unterstützt, **Bild 32 und Bild 33**. Die Stiftdurchmesser sind variabel und passen sich der Kontur der Fügeteile an. Nachteilig sind eventuelle leichte Abdrücke auf dem Fügeteil und die einmaligen Investitionskosten des Systems.

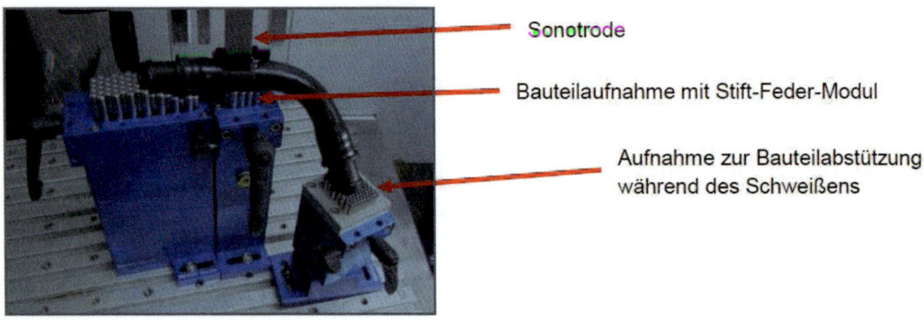

Bild 32: Teileaufnahme mit mehreren Formspannsystemen

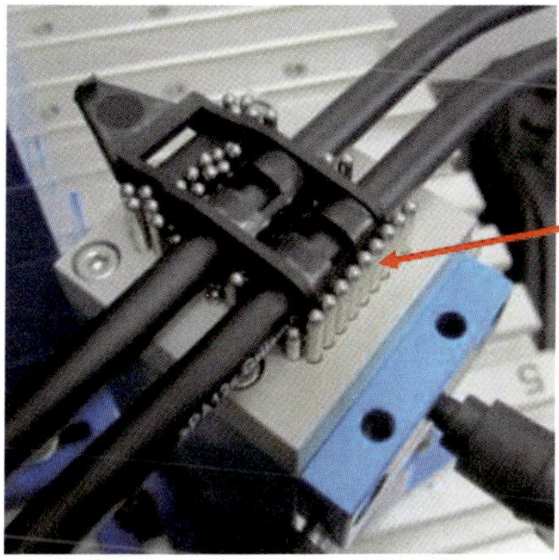

Bild 33: Mehrfachteileaufnahme mit einem Formspannsystem

6. Sonotroden als Teileaufnahme

In Abhängigkeit der Fügeaufgabe kann es sich anbieten, die Sonotrode direkt als Teileaufnahme zu verwenden. In **Bild 34** ist die Sonotrode in diesem Zusammenhang beispielhaft von unten feststehend angeordnet. Hierbei dient die Sonotrode als festes Gegenlager, wobei die Fügebewegung von oben durch eine Konturaufnahme erfolgt. Ein seitliches Verkanten bzw. Kippen wird durch eine umlaufende Bauteilzentrierung verhindert. Zur Vermeidung von Markierungen auf dem Fügeteil durch die Sonotrode wird in der Regel eine Schutzfolie eingesetzt, **Bild 34**.

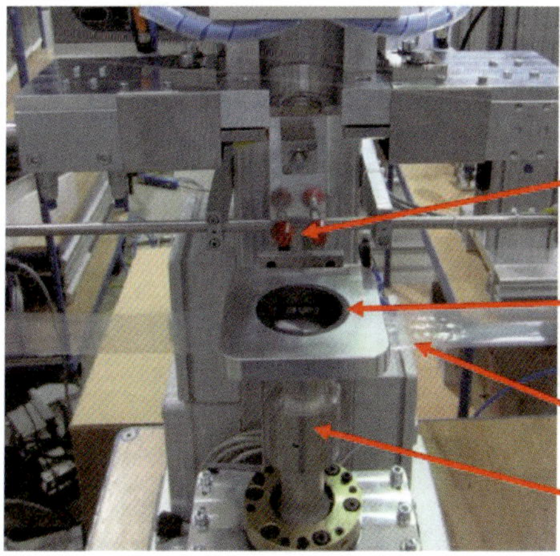

Bild 34: Sonotrode als Teileaufnahme in unterer Position zum Schweißen von Kartuschen mit beidseitigem Deckel

Die nachfolgenden Punkte beschreiben den Produktionsablauf im Rahmen der in **Bild 34** dargestellten Fügeaufgabe:

- Manuelles Aufstecken des Deckels (unteres Fügeteil) auf die feststehende Sonotrode.
- Manuelles Aufstecken der Hülse (oberes Fügeteil) auf den Deckel mit umlaufender Zentrierung durch die Vorrichtung.
- Auslösen des Schweißzyklus durch eine Zweihand-Sicherheitsbedienung.
- Absenken des Gegenlagers, Kraftaufbau und Start des Ultraschalls.
- Ende des Schweißzyklus und manuelle Entnahme des geschweißten Bauteils.

Aufgrund einer speziellen Bauteilgeometrie oder spezifischer Anforderungen an die Fügeaufgabe kann es erforderlich sein, die Schweißenergie über gegenüberliegende Sonotroden einzuleiten. Hierbei können beispielsweise zwei getrennt regelbare Schwingsysteme zum Einsatz kommen, **Bild 35**. Dabei wird das Fügeteil, das aus zwei oder mehreren Einzelbauteilen bestehen kann, in die untere Sonotroden-Kontur eingelegt und dann entweder gleichzeitig oder zeitlich versetzt mit Ultraschall beaufschlagt. Hierbei dienen die beiden Sonotroden wechselweise als Gegenlager/Auflage. Um eine axiale Positionierung der Fügeteile zu gewährleisten, kann ein zusätzlicher Fixierrahmen aus Metall/Kunststoff zwischen den beiden Sonotroden nötig sein.

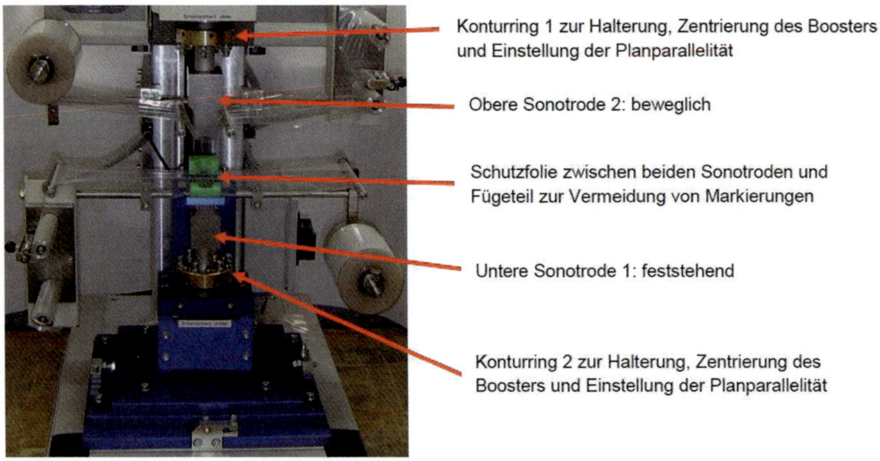

Bild 35: Sonotrode als Teileaufnahme von unten und oben zum Schweißen von zwei Gehäusehalbschalen für den medizinischen Bereich

Die nachfolgenden Punkte beschreiben den Produktionsablauf im Rahmen der in **Bild 35** dargestellten Fügeaufgabe:

- Manuelles Aufstecken der Gehäusehälfte auf die untere Sonotrode 1.
- Manuelles Aufstecken der oberen Gehäusehälfte auf die untere Gehäusehälfte mit umlaufender Zentrierung durch die Vorrichtung.
- Auslösen des Schweißzyklus durch eine Zweihand-Sicherheitsbedienung.
- Transport der Schutzfolie oben und unten vom Abroller.
- Absenken der oberen Sonotrode 2, Kraftaufbau und Start des Ultraschalls der Sonotroden 1 und 2 nacheinander oder gleichzeitig.
- Ende des Schweißzyklus, Grundstellungsfahrt und manuelle Entnahme des geschweißten Bauteils.

Hohe Stückzahlen bei kurzen Taktzeiten sind mit automatisierten Fertigungsanlagen realisierbar. Diese können über ein Werkstückträger-Durchlaufsystem verfügen oder als Rundtischanlage aufgebaut sein. Bei beiden Varianten können parallel mehrere Schweißvorgänge bzw. zusätzliche Montage- und/ oder Prüfschritte erfolgen. In **Bild 36** laufen Werkstückträger in die Schweißstation ein, werden hierbei positionsgenau fixiert und über den von oben kommenden Amboss gegen die unten feststehende Sonotrode gedrückt. Um die Grundeinstellung der Schweißposition für den Einrichter zu erleichtern, wurde ein x/y Schiebetisch mit Arretierung auf die Hubeinheit montiert.

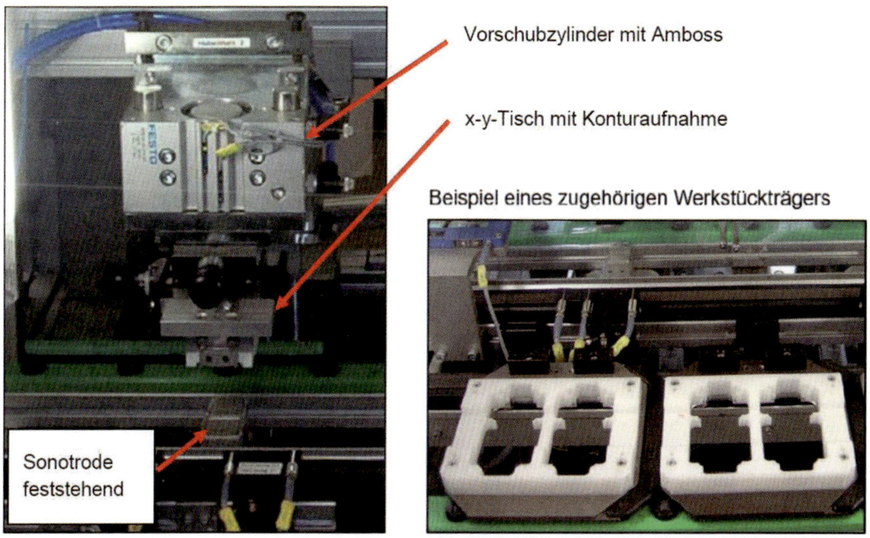

Bild 36: links: Maschinenaufbau mit feststehender Sonotrode zum Schweißen eines Sichtfensters in Gehäuse, x-y-Tisch zur Feinjustierung des Gegenlagers, rechts: zugehörige Werkstückträger zum Bauteiltransport

7. Teileaufnahmen auf Transportsystemen und Rundschalttischen

Im vorliegenden Kapitel werden bespielhafte Ausführungen für Teileaufnahmen auf Transportsystemen und Rundschalttischen präsentiert. Lineare Transportsysteme werden in den unterschiedlichsten Bereichen eingesetzt, von der Automobilindustrie über Elektronik und Elektrotechnik bis hin zur optischen Industrie und Medizintechnik. Hierbei steht der Teiletransport für weitere Montageschritte, sowie die Zuführung in die entsprechenden Schweißstationen im Vordergrund.

Teileaufnahmen auf Transportsystemen

Bild 37 zeigt die Anwendung einer Teileaufnahme auf Transportsystemen. Aufgrund der hohen Anforderungen an Maßhaltigkeit, Krafteinleitung und parallele Unterstützung, werden die Werkstückträger bei dieser Fügeaufgabe in der Schweißstation über ein pneumatisches System vom Transportband abgehoben und mechanisch arretiert. Nach dem Schweißvorgang und Abheben/Zurückfahren der Sonotrode wird der Träger wieder freigegeben und auf dem Transferband für den Weitertransport abgelegt.

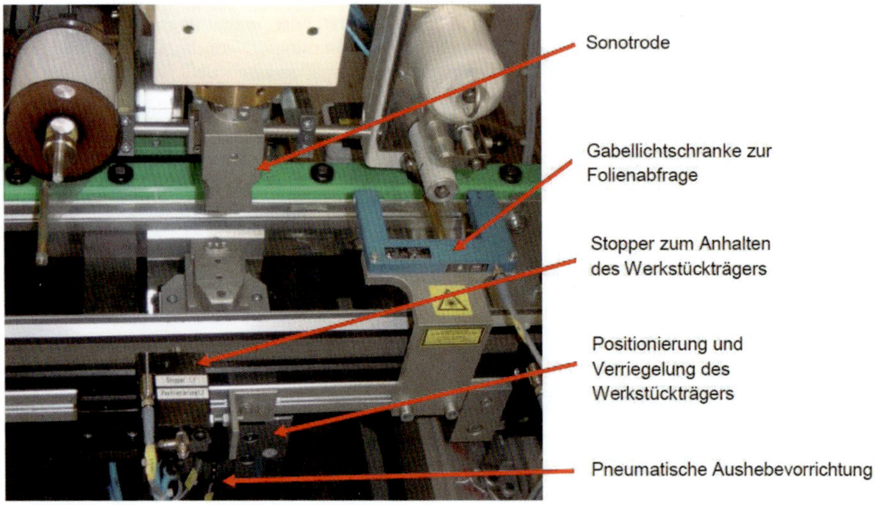

Bild 37: Teileaufnahmen auf Transportsystemen, Werkstückträger vergleichbar zu Bild 36

Bild 38 bis Bild 40 zeigen weitere Beispiele für die Anwendung von Teilaufnahmen auf Transportsystemen. Diese können lineare Transportsysteme oder Rundschalttische sein.

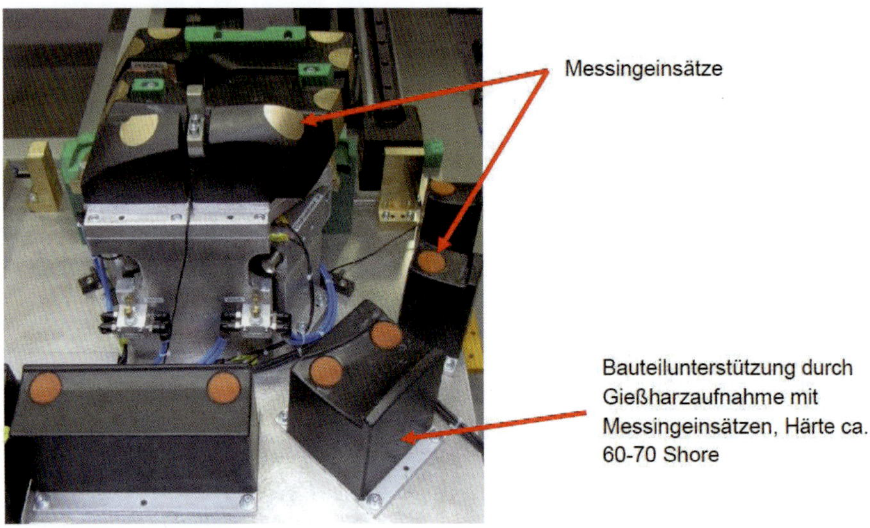

Bild 38: Konturaufnahme aus Alu-Gießharz mit Messingeinsätzen

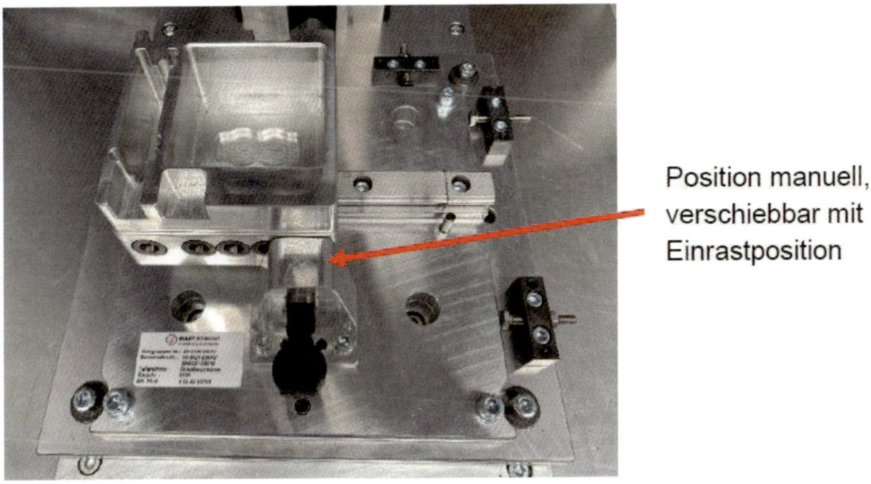

Bild 39: Aufnahme mit Schiebeschlitten und Grundplatte für vier Schweißpositionen

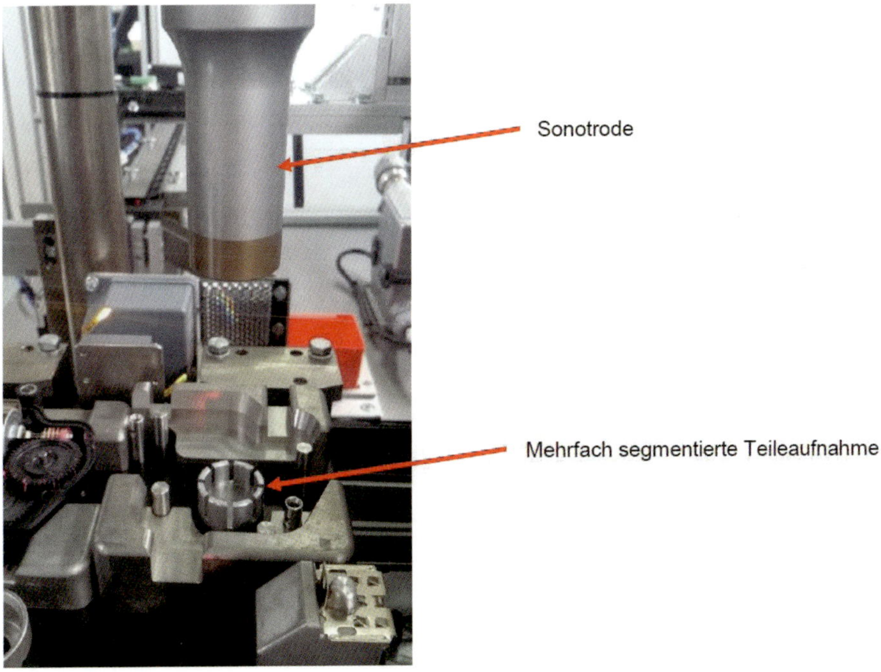

Bild 40: Segmentierte Aufnahme, Positionierung der Aufnahme über das Transportsystem

Bild 41 zeigt den Schweißprozess einer mehrschichtigen Verpackungsfolie, eingebunden in eine spezielle Fertigungsstraße. Der Amboss ist hierbei unterhalb der Transportebene positioniert. Während des Schweißens wird die Sonotrode abgesenkt und gleichzeitig der Amboss angehoben. Zudem werden sowohl die Sonotrode als auch der Amboss beim Schweißen synchron in Transportrichtung bewegt. Detaillierte Informationen liefert das über den beigefügten QR-Code zu erreichende Video 1.

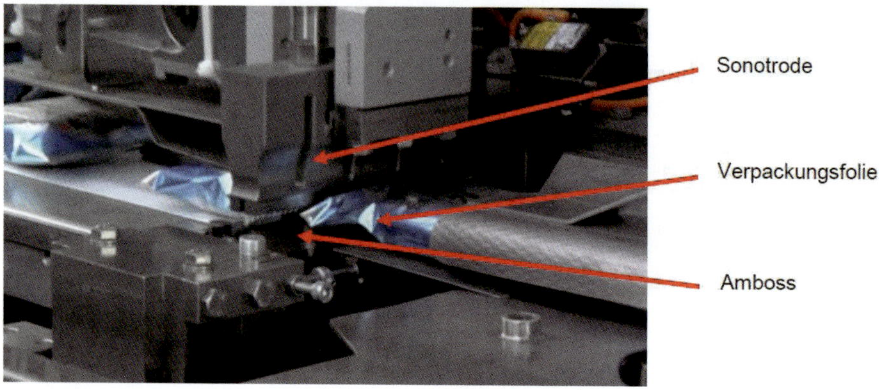

Bild 41: Ultraschallschweißen von mehrschichtigen Verpackungsfolien

Video 1: Ultraschallschweißen von mehrschichtigen Verpackungsfolien

Zum Öffnen einer Videoanimation den QR-Code scannen.

Teileaufnahmen auf Rundschalttischen

Pneumatische bzw. elektromotorische Rundtische bieten den Vorteil einer parallelen Bearbeitung, d. h. es können während des Schweißvorgangs bereits geschweißte Teile entnommen und neue Teile manuell oder automatisch eingelegt werden. Weitere Bearbeitungsschritte wie z. B. Prüfung, Markierung und Ausschleusung können ebenfalls integriert werden. Aufgrund der für das Ultraschall-Schweißen benötigten Anpresskraft wird die unter der Sonotrode stehende Teilaufnahme für eine optimale Krafteinleitung in die Fügeteile zusätzlich über ein statisches Gegenlager abgestützt. Dieses Gegenlager kann permanent die Rundtischplatte unterstützen oder auch mechanisch mit jedem Zyklus angefahren werden. **Bild 42 und Bild 43** zeigen in diesem Zusammenhang exemplarisch je eine Teileaufnahme auf einem Rundschalttisch.

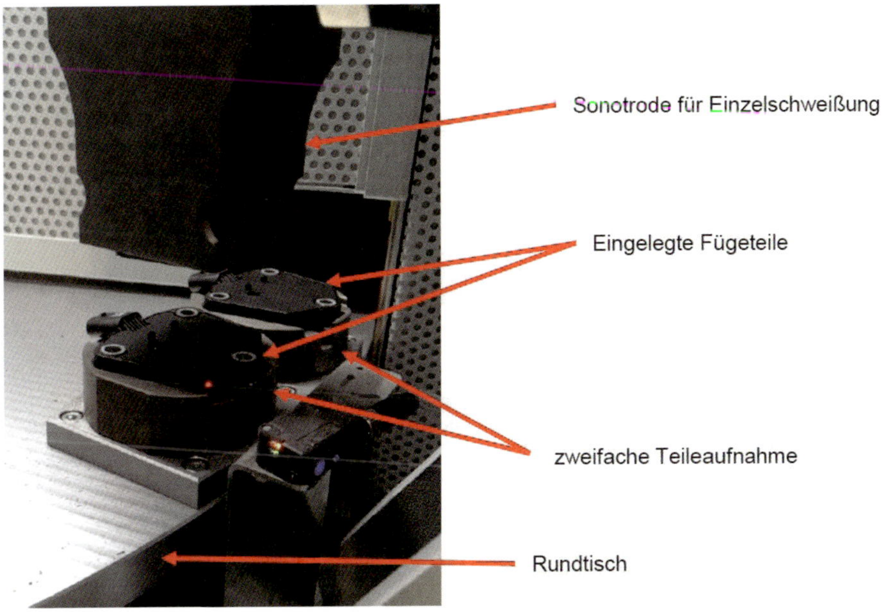

Bild 42: Aufnahme auf Rundschalttisch, Positionierungsabfrage mittels Laser, Selbstzentrierung der Bauteile durch Ober- und Unterteil

Bild 43: Rundtischanlage zum Schweißen von Sichtfenstern in Gehäusehälften für die Medizintechnik

8. Schweißen und Trennen flächiger und flexibler Werkstoffe

Für das Schweißen von flächigen, flexiblen Werkstoffen können einerseits Ambosse und Ambosswalzen und andererseits Rollnaht- und Walzensonotroden verwendet werden.

8.1. Ambosse und Ambosswalzen

Ambosse übernehmen beim intermittierenden Ultraschallschweißen flexibler Materialien (u. a. Vliesstoffe, Folien, technische Textilien) neben den Aufgaben einer Teileaufnahme auch die Energiefokussierung, die in spritzgusstechnisch hergestellten Teilen durch den Energierichtungsgeber sichergestellt wird. Bedingt durch die geringen Dicken der typischen flexiblen Materialien steigen die Anforderungen an die akustische Entkopplung und die Ebenheit der Ambosskonturen. In Abhängigkeit an die Schweißnahtanforderungen unterscheidet man in Ambosse mit Dichtnaht und Kosmetiknaht. In seltenen Fällen sind auch Kombinationen aus Dicht- und Kosmetiknaht in einem Amboss realisiert. Ambosse für Dichtnähte weisen bevorzugt Konturen mit Radien (1,0 mm bis 3,0 mm) oder Plateaus mit abgerundeten Ecken (ebene Fläche 0,5 mm bis 2,0 mm; Ecken mit Radius 0,1 mm abgerundet) auf, **Bild 44**. Um ein unkontrolliertes seitliches Wegspritzen der Kunststoffschmelze zu vermeiden, werden oft seitlich neben den energiefokussierenden Konturen ebene oder schräge Flächen eingesetzt, die in Abhängigkeit von der Materialdicke oder der Dicke der aufzuschmelzenden Schicht eine Höhenabstufung gegenüber der Dichtnahtkontur aufweisen. Für Kosmetiknähte werden meist Ambosse mit punktuellen Strukturen, v. a. Pyramidenstumpfstrukturen oder Zahnstrukturen eingesetzt. Darüber hinaus kommen mehrfache Linien oder wellenförmige bzw. stabförmige Konturen zum Einsatz. Großflächige Ambosskonturen sind zu vermeiden, um einen gleichmäßigen Energieeintrag zu erzielen. Für eine optimale akustische Entkopplung ist auf eine sehr gute Verschraubung mit dem Untergrund zu achten.

Bild 44: Mögliche Ambossgeometrien, links: Radius, mittig: Plateau mit abgerundeten Ecken, rechts: Dichtnaht und Kosmetiknaht auf einem Amboss

Bei kontinuierlicher Ultraschallschweißung flächiger Materialien (Warenbahnen) spricht man beim passiven, d. h. nicht schwingenden Werkzeug, von der Ambosswalze/Strukturwalze bzw. vom Ambossrad. Rotierende Ambosse, deren Breite deutlich kleiner als ihr Durchmesser ist, bezeichnet man als Ambossrad. Als Ambosswalze bezeichnet man die Ultraschallwerkzeuge, wenn deren Breite deutlich größer als der Durchmesser ist.

Typische Strukturen für Ambosswalzen bzw. Ambossräder sind in **Bild 45 und Bild 46** dargestellt und umfassen im Wesentlichen die nachfolgenden Strukturen:

- Punkte;
- Stäbchen;
- Muster mit partiellen bzw. geschlossen Linien – Geschlossene Linien sollten nicht parallel zur Berührungslinie zur Sonotrode und Ambosswalze sondern in einer Winkellage dazu angeordnet sein, um lokale Belastungsspitzen zu minimieren.

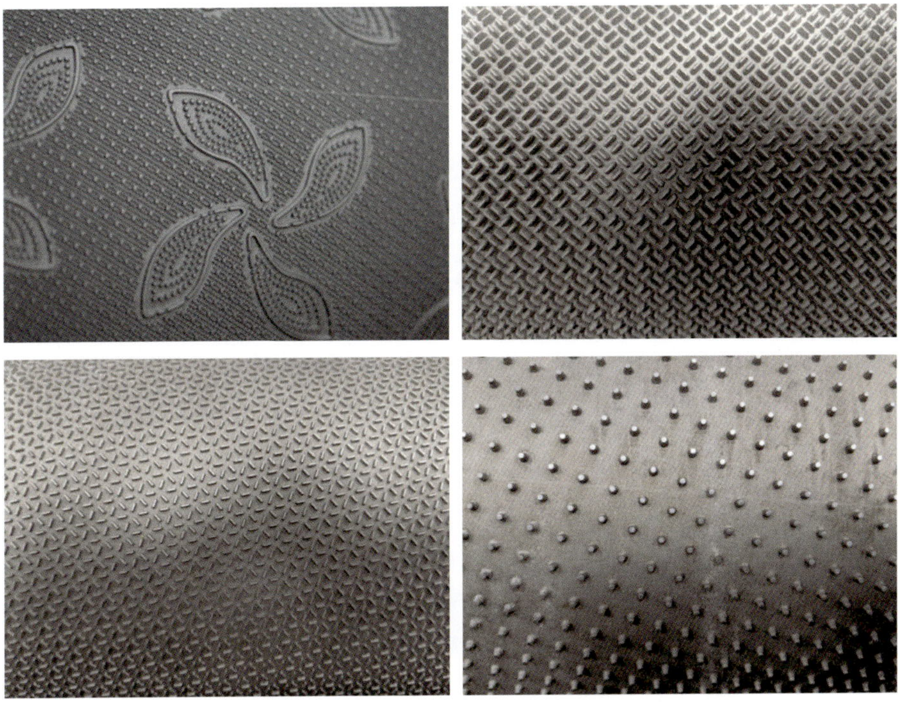

Bild 45: Ambosswalzen mit verschiedenen Strukturierungen bzw. partiell geschlossenen Linien

Bild 46: Beispiele für Ambossräder mit unterschiedlichen Strukturierungen, die Breite ist auf die Arbeitsfläche der Rollnahtsonotrode abgestimmt, Praxisbeispiel siehe Bild 51

Vergleichbar zu stationären Ambossen übernehmen Ambosswalzen bzw. Ambossräder bei kontinuierlichen Ultraschallschweißanwendungen flexibler Materialien die Energiefokussierung. Bedingt durch die geringen Dicken bzw. niedrigen Flächengewichte der typischen flexiblen Materialien sowie die oft sehr hohen Bahngeschwindigkeiten ergeben sich hohe Anforderung an die Lagerung und deren Rundlaufgenauigkeit. Die Rundlaufgenauigkeit sollte innerhalb 5 µm liegen, da bereits geringe Schwankungen zu einem ungleichmäßigen Schweißergebnis führen. Die Ambosswalzen bzw. Ambossräder sind wahlweise aus Messing oder hochfestem Stahl gefertigt und besitzen unterschiedliche Konturen, die je nach Wunsch und Anforderung an die Schweißnaht speziell angefertigt und im Falle aufgeschrumpfter Ringe auch einfach getauscht werden können. Die rotierende Sonotrode und das Ambossrad werden in der Regel über stufenlos regelbare Antriebe synchron angetrieben, um einen Schlupf der beiden zu verbindenden Fügepartner zu vermeiden. Die Amplitude und die Fügekraft werden an die Warenbahngeschwindigkeit angepasst, um ein gleichmäßiges Schweißergebnis zu erreichen.

Bild 47 bis Bild 49 zeigen weitere Fertigungsbeispiele zum Schweißen flächiger, flexibler Werkstoffe.

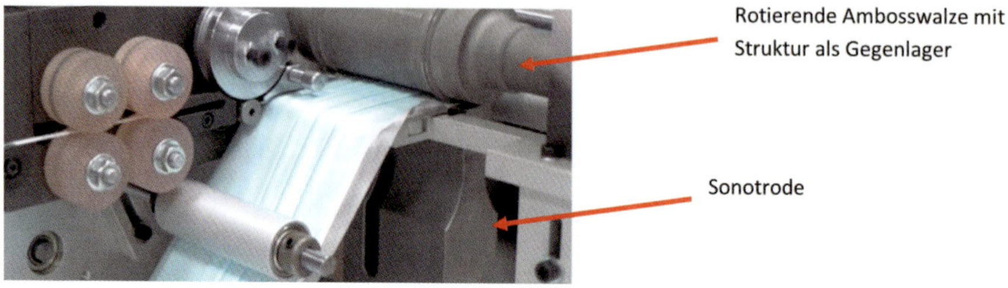

Bild 47: Fertigungsbeispiel Maskenproduktion – kontinuierliches Verbinden mehrerer Vlieslagen

Bild 48: Ultraschallwalzenmodul mit zwei rotierenden und radial schwingenden Walzensonotroden und Ambosswalze zur kontinuierlichen Verbindung flächiger Materialien

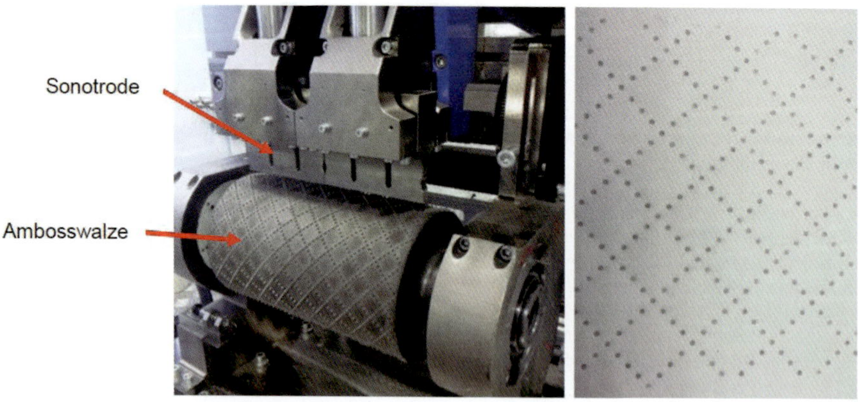

Bild 49: links: Anwendung einer Ambosswalze mit punktueller Kontur zum Schweißen von Vlieswerkstoffen, rechts: ausgeprägtes Muster auf dem Vliesstoff

8.2. Rollnaht- und Walzensonotroden

Eine weitere Möglichkeit zum Schweißen von flächigen, flexiblen Materialien ist die Anwendung von Rollnahtsonotroden oder Walzensonotroden. Durch eine geeignete konstruktive Auslegung wird bei diesen die Dickenschwingung (Querkontraktion) eines eigentlich longitudinal schwingenden Körpers für den Energieeintrag genutzt. Somit kann die radial schwingende Scheibe oder Walze eine orthogonal zur Warenbahn wirkende Amplitude auf die zu verbindenden flächigen Materialien wirken lassen. Die erzielbaren radialen Amplituden sind dabei abhängig von der Frequenz und der Breite der Schweißfläche. Als aktiv schwingendes Werkzeug kommen je nach Anwendung, der erforderlichen Amplitude und der Breite der zu fügenden Materialien stehende longitudinal schwingende Sonotroden oder rotierende, radial schwingende Sonotroden zum Einsatz. Die rotierenden, radial schwingenden Sonotroden bezeichnet man als Walzensonotrode, wenn deren Länge (Ballenbreite) größer ½ Lambda ist. **Bild 50** zeigt zur Verdeutlichung eine FEM-Simulation zur Darstellung der radial wirkenden Schwingungen. **Bild 51** zeigt zudem ein Fertigungsbeispiel unter Anwendung einer Ultraschall-Rollnahtsonotrode in Kombination mit einem, wie in **Bild 46** dargestellten, strukturierten, auswechselbaren Ambossrades.

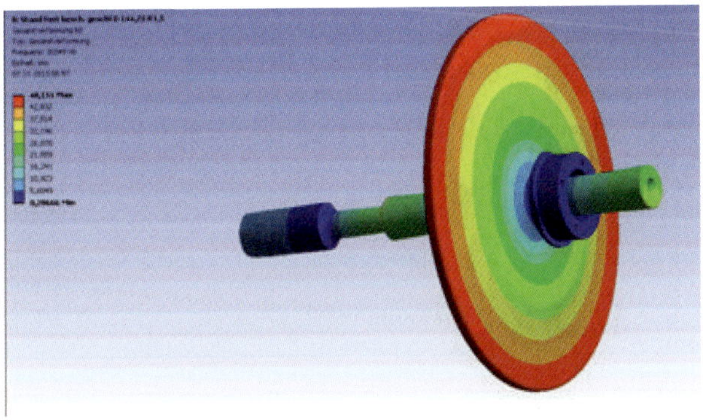

Bild 50: FEM-Bild zur Darstellung der radial wirkenden Schwingung (hier Verformung) an einer Rollnahtsonotrode

Bild 51: Ultraschall-Rollnahteinheit mit Sonotrode, Lagerung und wechselbares Ambossrad mit Strukturierung, siehe Bild 46

8.3. Schweißen und Trennen von Vliesstoffen

Am Beispiel eines Handarbeitsplatzes wird in **Bild 52** das in einem Arbeitsschritt durchgeführte Trennen von Filtermaterial und Schweißen/Versiegeln der Schnittkanten gezeigt. Der Amboss ist mit einer dachförmigen Kontur versehen. Das Video 2 zeigt die Verfahrensschritte zum Herstellen einer Atemschutzmaske.

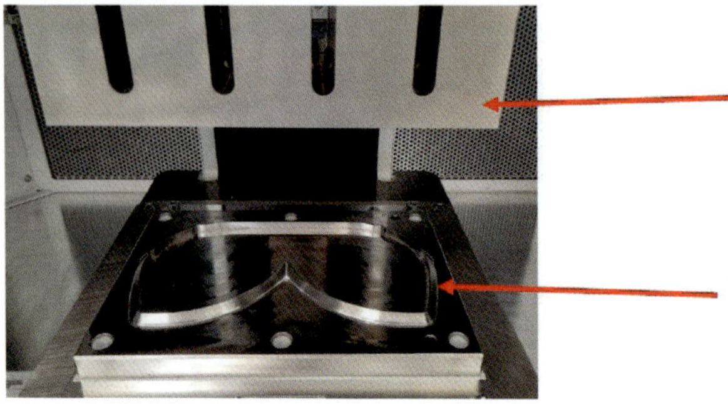

Bild 52: Amboss zum Schneiden und Versiegeln für Filtermaterialien am Beispiel einer Atemschutzmaske

Video 2: Ultraschallschweißen von Atemschutzmaske mit Handarbeitsplatz

Zum Öffnen einer Videoanimation den QR-Code scannen.

9. Teileaufnahmen in Roboteranlagen

Die Teilaufnahmen in Roboteranlagen müssen zu herkömmlichen Aufnahmen weitere zusätzliche Funktionen erfüllen. Diese betreffen funktionsbedingt ein pneumatisches Spannen/Entspannen der Bauteile und der damit verbundenen sehr genauen Positionierung. Aufgrund der sehr schnellen Bewegungen müssen die Roboter mit einer Schutzumhausung gegen unbeabsichtigtes Berühren durch das Personal abgetrennt werden. Die Bauteile werden dabei über Werkstückaufnahmen, die auf einen Rundtisch- oder auf ein Transportsystem montiert sind, zugeführt. **Bild 53 und Bild 54** zeigen ein zugehöriges Fertigungsbeispiel unter Anwendung einer Ultraschall-Roboteranlage.

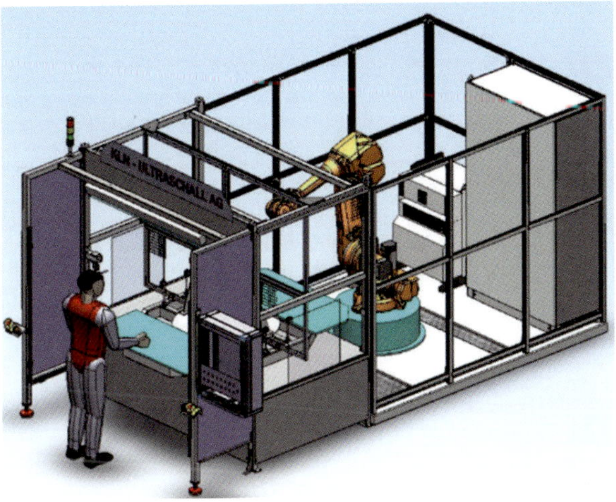

Bild 53: Ultraschall-Roboteranlage zum Schweißen von Klipsen auf Rohre

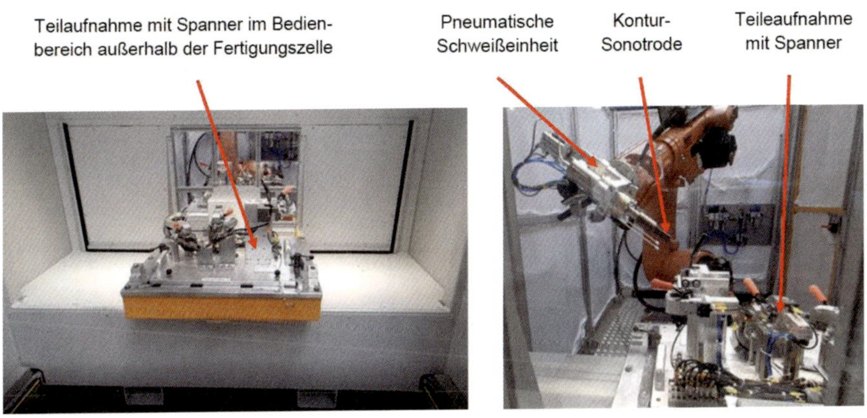

Bild 54: links: Position zum Einlegen / Entnehmen, rechts: Position zum Schweißen innerhalb der Kabine

Ultraschallschweißen von Kinderspielzeug

Bild 55 und das über den zugehörigen QR-Code zugängliche Video 3 zeigt den Fertigungsprozess beim Ultraschallschweißen der Kappe mit dem Kopf einer Spielzeugfigur. Die einzelnen Teileaufnahmen sind jeweils in den Grundträger aus Stahl in Form eines Abgusses der benötigten Fügeteilkontur integriert. Der Fertigungsprozess umfasst die nachfolgenden Stationen/Schritte.

1. Einlege- und Ultraschall-Schweißstation.
   Die Aufnahmekontur der Teileaufnahme wurde durch Formguss hergestellt. Manuelles Einlegen der vormontierten und zueinander fixierten Einzelteile (Kappe und Kopf)
2. Prüfstation
   100 % Prüfung und Markierstation für Schlechtteile
3. Auswerfstation für fehlerhafte Teile

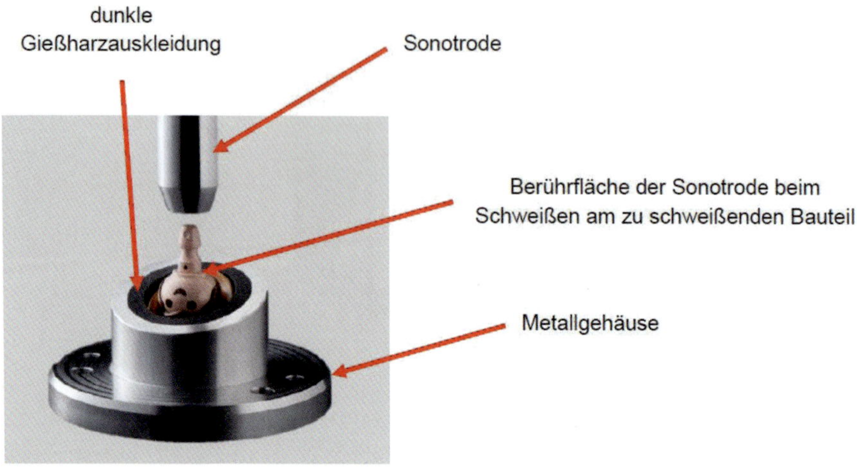

Bild 55: Ultraschallschweißen der Kappe mit dem Kopf einer Spielzeugfigur

Video 3: Ultraschallschweißen von Kappe mit Kopf für Kinderspielzeug

Zum Öffnen einer Videoanimation den QR-Code scannen.

<u>Ultraschallschweißen von Filtermaterial auf Kunststoffformteile</u>

Bild 56 und Bild 57 zeigen ein Fertigungsbeispiel zum Schweißen von Filtermaterial auf Kunststoffformteile. Die Schweißposition liegt in einem Winkel von ca. 30° zur Achse des Fügeteils. Eine entsprechende Gestaltung der Teileaufnahme ist erforderlich. Die Kunststoffteile sind in der Teileaufnahme so angeordnet und fixiert, dass die Stanz- und Schweißfläche waagerecht zur Arbeitsfläche der Sonotrode liegt. Die Kunststoffformteile sind während des Stanz- und Schweißvorgangs durch einen Schieber unterstützt und seitlich gespannt.

Bild 56: Einlegeposition

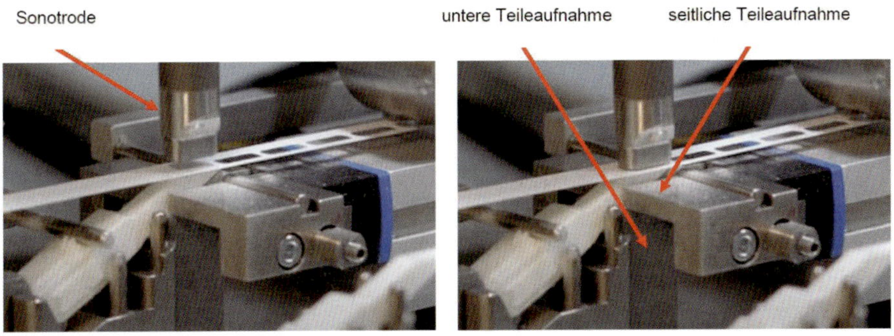

Bild 57: Schweißposition

Danksagung

Den folgenden Firmen/Autoren sei für die Bereitstellung des Bildmaterials gedankt:

Firmen	Bilder, Prinzipskizzen, Bildnummer	QR-Code, Video Seite
Branson Ultraschall Niederlassung der Emerson Technologies GmbH & Co, Dietzenbach	12, 27	
ContiTech MGW GmbH, Hamburg	32, 33	
HELLA GmbH & Co. KGaA, Lippstadt	17,18, 40, 42	
Herrmann Ultraschalltechnik GmbH & Co. KG, Karlsbad	2, 3, 4, 9, 15, 16, 19, 20, 22, 23, 24, 25, 26, 28, 29, 30, 31, 44, 45, 47, 48, 49, 50	
KLN Ultraschall AG, Heppenheim	5, 6, 34, 35, 36, 37, 38, 39, 43, 46, 51, 53, 54	
KVT Bielefeld GmbH, Dukane, Bielefeld	56, 57	
MS Ultraschall Technologie GmbH, Spaichingen	11, 52	Seite 29 (Video 2)
Robert Bosch GmbH, Gerlingen-Schillerhöhe	41	Seite 23 (Video 1)
Technische Universität Chemnitz, Professur Kunststoffe, Chemnitz	5, 6, 7, 8, 10, 13, 14, 21	
Weber Ultrasonics AG, Karlsbad	55	Seite 31 (Video 3)

Mai 2018

DVS VERBAND

DVS – Deutscher Verband
für Schweißen und
verwandte Verfahren e. V.

Richtlinie
DVS 2217

*Ersatz für DVS 2217-1 (März 1999) und
DVS 2217-2 (Dezember 2002)*

Richtlinie DVS 2217

Vibrationsschweißen von Formteilen und Halbzeugen aus thermoplastischen Kunststoffen in der Serienfertigung

DVS, Ausschuss für Technik, Arbeitsgruppe "Fügen von Kunststoffen"

Bezug: DVS Media GmbH, Postfach 10 19 65, 40010 Düsseldorf, Telefon (0211) 1591-0, Telefax (0211) 1591-150

Inhalt:

12. Ausgewählte Anwendungsbeispiele

1. Geltungsbereich

Diese Richtlinie gilt für das Fügen von Formteilen und Halbzeugen aus thermoplastischen Kunststoffen durch Vibrationsschweißen. Dies bedeutet, dass die Bauteile mittels einer oszillierenden Bewegung gegeneinander bewegt werden, um die Prozessenergie einzubringen. Darüber hinaus werden in dieser Richtlinie weitere, spezielle Fügeverfahren behandelt, bei denen die Vibrationsverbindungstechnik Eingang gefunden hat. Ein weiteres reibungsbasiertes Kunststoffschweißverfahren ist das Rotationsreibschweißen. Dieses wird in der Richtlinie DVS 2218 behandelt.

2. Verfahrensbeschreibung

Beim Vibrationsschweißen werden Teile aus thermoplastischen Kunststoffen durch eine oszillierende Reibbewegung miteinander verschweißt. Unter definierten Parametern (Druck, Frequenz, Amplitude, Weg und Zeit) erwärmen sich die Teile bis zur Plastifizierung der Fügeflächen. Zusatzstoffe sind nicht erforderlich. Dabei werden während der Vibration vier zeitliche Stadien, die Feststoffreibung, die instationäre Schmelzebildung und der stationäre Schmelzefluss durchlaufen. Nach Beendigung der Vibrationsbewegung setzt die Abkühlung des Schmelzefilms ein.

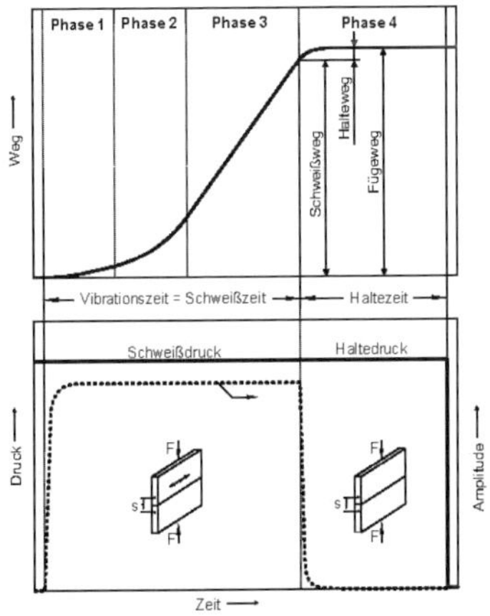

Phase 1 (Feststoffreibung)
Phase 2 (instationäre Schmelzebildung)
Phase 3 (stationärer Schmelzefluss)
Phase 4 (Abkühlung)

Bild 1. Schematischer Prozessverlauf.

Die Qualität der Schweißverbindung hängt von materialspezifischen, konstruktions- und verfahrensbedingten sowie maschinenbezogenen Einflüssen ab. Der Einsatz des Vibrationsschweißverfahrens erfordert eine spezielle, geeignete Gestaltung der Fügeflächen (siehe Abschnitt 7).

Man unterscheidet das Linearschweißen mit linearer Schwingbewegung sowie verschiedene Schweißverfahren mit biaxialer Schwingbewegung (Orbital-, Multidirektional-, Zirkularschweißen).

Bei hohen Frequenzen, Werkzeuggewichten und Amplituden treten hohe Kräfte am Bauteil und am Spannwerkzeug auf. Diesen Belastungen muss durch eine entsprechende Bauteilgestaltung und Werkzeugkonstruktion (vgl. Abschnitt 7 und 8) Rechnung getragen werden.

Schweißverfahren mit linearer Schwingbewegung

Durch das Antriebsaggregat und entsprechende Werkzeugführungen wird eine lineare, oszillierende Schwingbewegung erzeugt. Diese kann mit unterschiedlicher Frequenz ablaufen. Zurzeit werden Maschinen zwischen ca. 80 Hz und 280 Hz Arbeitsfrequenz eingesetzt. Hierbei wird mit einer nahezu stufenlos einstellbaren Amplitude gearbeitet. Für die Bauteile müssen entsprechende Gestaltungsrichtlinien (vgl. Abschnitt 7) eingehalten werden, um der linearen Schwingbewegung entsprechende

Freiheitsgrade zu gewähren. Die Bauteilgeometrie muss so gewählt werden, dass eine Schwingbewegung in eine Richtung der Schweißebene um die doppelte Amplitude möglich ist.

Schweißverfahren mit biaxialer Schwingbewegung

Durch das Antriebsaggregat und entsprechende Werkzeugführungen wird eine zweidimensionale, oszillierende Schwingbewegung erzeugt. Diese kann mit unterschiedlicher Frequenz ablaufen. Im Einsatz sind Maschinen zwischen ca. 80 Hz und 300 Hz Arbeitsfrequenz. Es wird in der Regel mit einer stufenlos einstellbaren Amplitude gearbeitet. Im Gegensatz zum linearen Schweißen sind bei diesen Verfahren Reibgeschwindigkeit und eingebrachte Reibleistung annähernd zeitlich konstant. Dadurch kann die Amplitude kleiner als beim linearen Schweißen gehalten werden. Die Bauteilgeometrie muss so gewählt werden, dass eine Schwingbewegung in zwei Richtungen der Schweißebene um die doppelte Amplitude möglich ist.

Winkelschweißen

Durch das Antriebsaggregat und entsprechende Werkzeugführungen wird eine oszillierende Drehbewegung um einen fixen Drehpunkt erzeugt. Diese kann mit unterschiedlicher Frequenz ablaufen. Das Verfahren wird industriell kaum eingesetzt. Daher wird auf eine nähere Beschreibung in den weiteren Abschnitten der vorliegenden Richtlinie verzichtet.

3. Aufbau und Wirkungsweise von Vibrationsschweißmaschinen

Vibrationsschweißmaschinen übertragen eine von einem Antriebssystem erzeugte Schwingbewegung konstanter oder veränderlicher Frequenz und Amplitude auf eines der zu schweißenden Fügeteile. Es gibt resonanzfreie und resonanzbasierte Schwingsysteme. Gleichzeitig wird über eine definierte Kraft der erforderliche Fügedruck erzeugt.

3.1. Maschinenarten

Für das Linearschweißen werden elektromagnetische, motorische sowie hydraulische (nicht mehr marktüblich) Antriebssysteme eingesetzt. Für Schweißverfahren mit biaxialer Schwingbewegung werden elektromagnetische und motorische Antriebssysteme eingesetzt.

Zunehmend werden individuelle Problemlösungen benötigt, die den Einsatz von Sondermaschinen und -anlagen mit unterschiedlichem Automatisierungsgrad erforderlich machen.

3.2. Anforderungen an Vibrationsschweißmaschinen

Die Aufgabenstellung bestimmt die Wahl der Maschinenart sowie den Steuerungs-/Regelungsaufwand. Folgende Anforderungen sind je nach Bedarf von der Maschinensteuerung und -regelung zu erfüllen (siehe auch Abschnitte 3.3 bzw. 7):

- Frequenz
- Amplitude (während des Schweißprozesses variabel und regelbar)
- Schweißkraft (während des Schweißprozesses variabel und regelbar)
- Haltekraft (während des Schweißprozesses variabel und regelbar)
- Kraftaufbau vor Beginn des Fügeprozesses (einstell- und regelbar)
- Schweißweg (einstellbar und gesteuert)
- Schweiß- und Haltezeit (einstellbar und gesteuert)
- Fügewegbegrenzung (einstellbar)

Weiterhin sollte die Möglichkeit der Prozessdatendokumentation mit statistischer Auswertung zur Qualitätssicherung gegeben sein.

Bei Anlagen, die im Resonanzsystem arbeiten ist auf die schwingende Masse (Werkzeuggewicht) bei der Auswahl der Anlage zu achten. Bei Werkzeugmassen zwischen 100 kg und 200 kg werden im Allgemeinen Anlagen um 100 Hz Nennfrequenz und Amplituden zwischen 1,5 mm und 2 mm eingesetzt. Bei geringeren Werkzeugmassen werden Anlagen um 200 Hz Nennfrequenz und Amplituden zwischen 0,5 mm und 1,2 mm verwendet.

Bei resonanzfreien Schwingsystemen wird die Frequenz vorgegeben und ist unabhängig von der Werkzeugmasse. Marktübliche Anlagen können Werkzeugmassen bis 50 kg aufnehmen.

Der Vibrationsschweißprozess erzeugt erhebliche akustische Emissionen, die mit einer Schallschutzeinrichtung an geltende Maschinen- und Arbeitssicherheitsrichtlinien angepasst werden müssen.

Das Schwingsystem muss ausreichend Antriebsleistung aufweisen, um die Haftreibung zwischen den Fügepartnern überwinden zu können. Die Haftreibung wird maßgeblich durch den Fügedruck und den materialabhängigen Reibungskoeffizienten bestimmt.

3.3. Einzelkomponenten

3.3.1. Antriebssysteme

3.3.1.1. Elektromagnetisches Antriebssystem für lineare Schwingbewegungen

Die Schwingungserzeugung erfolgt im Schwingkopf. Bei Standardmaschinen befindet sich der Schwingkopf an der Oberseite. Die linearen Schwingungen werden durch eine seitliche Auslenkung des Schwingers gegen die Kraft von Federn zwischen Antriebsmagnetspulen erzeugt. Die Anregung des Feder-Massesystems erfolgt im Resonanzbereich, die Frequenz ist dadurch festgelegt. Ein freies Schwingen muss gewährleistet sein. Die Resonanzfrequenz nimmt mit zunehmender schwingender Masse ab. Die Federsteifigkeit ist eine Anlagenkonstante.

$$\omega \sim \sqrt{\frac{c}{m}}$$

ω – Resonanzfrequen
C – Federsteifigkeit
m – schwingende Masse

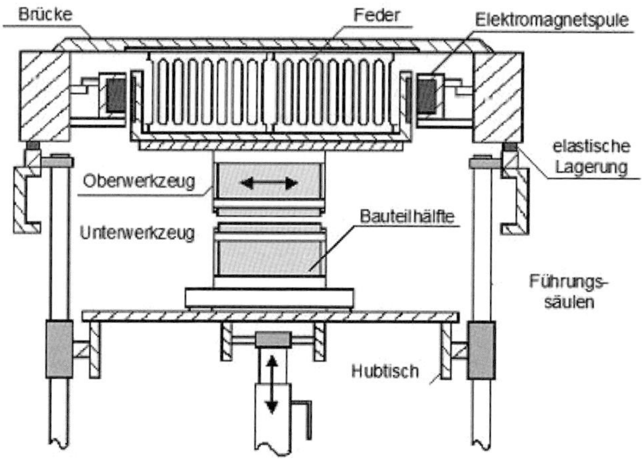

Bild 2. Schematische Darstellung einer Vibrationsschweißmaschine mit elektromagnetischem Antrieb (Linearschweißen).

3.3.1.2. Motorisches Antriebsystem für lineare Schwingbewegungen

Mittels einer exzentrischen und motorisch angetriebenen Spindel wird eine Kreisbewegung durch ein Koppelglied in eine lineare Sinusschwingung gewandelt. Damit arbeitet dieses Schwingsystem mit frei wählbaren Frequenzen unabhängig von der Werkzeugmasse.

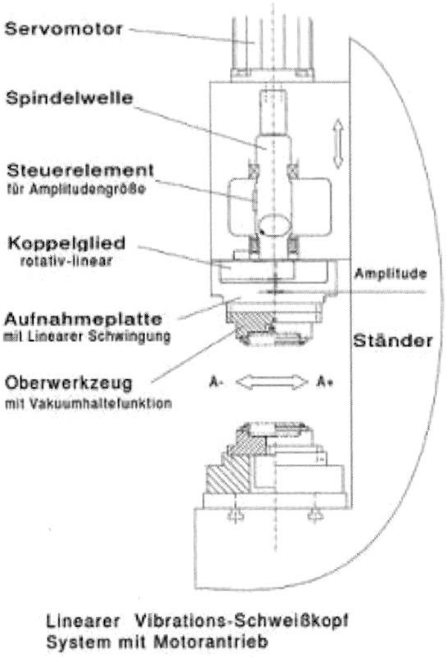

Bild 3. Schematische Darstellung einer Vibrationsschweißmaschine mit motorischem Antrieb (Linearschweißen).

3.3.1.3. Hydraulisches Antriebssystem für das Linearschweißen

Das Schwingsystem ist mit der elektromagnetischen Methode vergleichbar. Der Antrieb des Feder-Massesystems erfolgt jedoch hydraulisch. Diese Antriebstechnik wird am Markt nicht mehr angeboten.

3.3.1.4. Elektromagnetisches Antriebssystem für biaxiale Schwingbewegungen

Das Antriebssystem ist mit dem von Linearschweißmaschinen vergleichbar. Drei Elektromagnetsysteme sind im Winkel von 120° zueinander angeordnet. Die nachlassende Kraft eines Elektromagneten wird durch die Anziehungskraft des benachbarten Magneten richtungsändernd kompensiert. Dies bewirkt eine zweidimensionale, oszillierende Bewegung der Schwingeinheit.

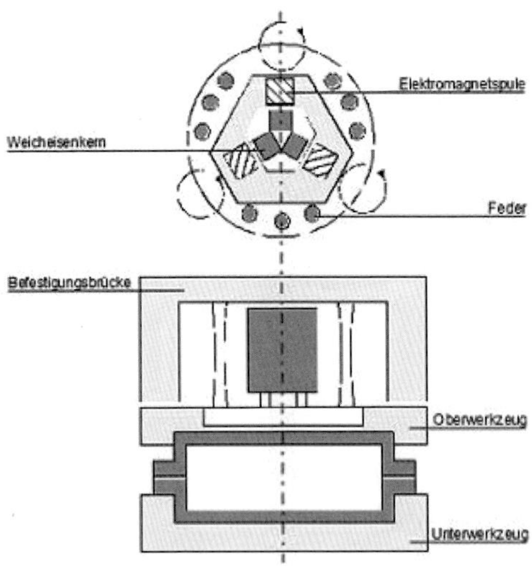

Bild 4. Schematische Darstellung einer Vibrationsschweißmaschine mit elektromagnetischem Antrieb (Orbitalschweißen).

Eine weitere Variante zur Erzeugung einer biaxialen Schwingung ist ein auf einer elektromotorisch angetriebenen Welle einseitig montierter Permanentmagnet. Die Schwingbewegung wird durch vier oder mehr im Grundgestell montierte Elektromagnete erzeugt. Amplitude und Frequenz der Schwingbewegung sind über die Stromzufuhr der Magnete und die Drehzahl des Motors veränderbar. Diese Antriebstechnik wird am Markt nicht mehr angeboten.

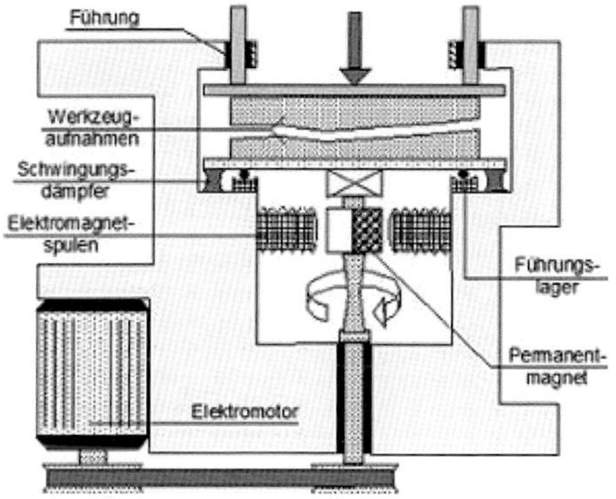

Bild 5. Schematische Darstellung einer Vibrationsschweißmaschine mit elektromagnetischem Antrieb (Multidirektionalschweißen).

3.3.1.5. Motorisches Antriebssystem für biaxiale Schwingbewegungen

Die Schwingbewegung wird durch eine elektromotorisch angetriebene Spindel mit mechanischem Wandler erzeugt. Die Schwingweite der Kreisschwingung (2 mal Radius) ist einstellbar. Das System arbeitet im Gegensatz zum elektromagnetischen Antrieb ohne Federsystem und ist daher resonanzfrei. Die Frequenz ist unabhängig vom Werkzeuggewicht frei einstellbar.

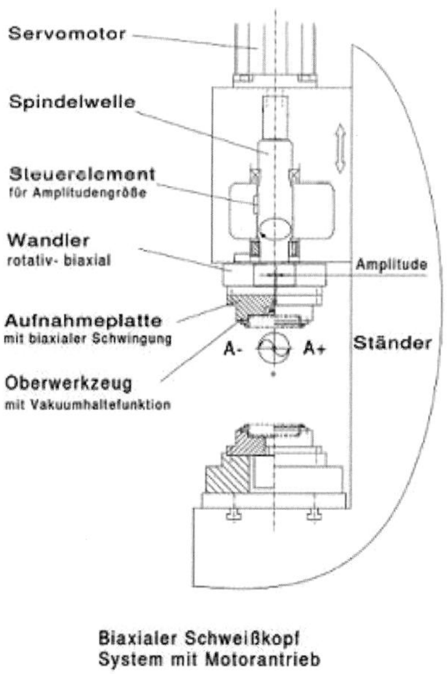

Bild 6. Schematische Darstellung einer Vibrationsschweißmaschine mit motorischem Antrieb (Zirkularschweißen).

4. Maschinenparameter und Prozessgrößen

Marktübliche Vibrationsanlagen bieten heute die Möglichkeit, die Vibrationsphase zeit- oder wegabhängig zu beenden. Neben den vorgegebenen Soll-Parametern werden die resultierenden Prozessparameter überwacht.

4.1. Frequenz f (Hz), Amplitude a (mm)

Die Frequenz muss auf die Resonanzfrequenz des Schwingsystems abgestimmt werden (Ausnahmen: motorisches Antriebssystem, siehe auch Abschnitt 3.3.1.2). Bei der Einstellung der Amplitude müssen die konstruktiven Gegebenheiten der Fügeteile beachtet werden.

Frequenz und Amplitude beeinflussen die Reibgeschwindigkeit und damit die in die Fügezone eingebrachte Energie. Eine Erhöhung von Frequenz und/oder Amplitude steigert die Energieeinbringung und verkürzt dadurch die Zeit bis zur Ausbildung des Schmelzefilms.

Reibrelativgeschwindigkeit biaxial [mm/s]:

$$\nu_S = 2 \cdot a \cdot \pi \cdot f$$

Mittlere Reibgeschwindigkeit linear [mm/s]:

$$\nu_R = \frac{2 \cdot \pi}{\sqrt{2}} \cdot a \cdot f$$

Bewährt haben sich Reibgeschwindigkeiten zwischen 500 und 1200 mm/s.

Gebräuchliche Amplituden für das lineare Vibrationsschweißen sind:

- bei Frequenzen um 100 Hz: von 1,5 mm bis 2 mm,
- bei Frequenzen um 200 Hz: von 0,5 mm bis 1,2 mm.

Gebräuchliche Amplituden für das biaxiale Vibrationsschweißen sind:

- bei Frequenzen um 150 Hz: von 0,5 mm bis 0,8 mm,
- bei Frequenzen um 200 Hz: von 0,35 mm bis 0,6 mm.

4.2. Schweißdruck p_s (N/mm²)

Der spezifische Schweißdruck errechnet sich aus der Schweißkraft F_s (N) und der Fügefläche A (mm²)

zu

$$p_s = \frac{F_s}{A}.$$

Er ist werkstoff- und bauteilspezifisch einzustellen.

Tabelle 1. Richtwerte für den Schweißdruck für unterschiedliche Werkstoffe.

Werkstoff	spezifischer Schweißdruck [N/mm²]
ABS	1...2
PA6	0,5...6
PA66	0,5...6
PC	1...2
PE-HD	0,5...5
PMMA	1...2
POM	1...4
PP-H	0,5...4
PS	1...4
SAN	1...2

Die in der Tabelle aufgeführten Daten beruhen auf Erfahrungswerten. Der optimale Schweißdruck muss durch Versuche ermittelt werden. Die an der Anlage einzustellende Fügekraft ist über die zu schweißende Fügefläche zu ermitteln. Abweichend von den angegebenen Richtwerten kann bei geringen Schmelzeviskositäten ein geringerer Fügedruck erforderlich sein. Dagegen beschleunigt ein höherer Schweißdruck die Plastifizierung und reduziert die Schweißzeit. Gleichzeitig kann Bauteilverzug ausgeglichen werden. Eine Schweißdruckerhöhung kann jedoch zu einer geringeren Fügenahtfestigkeit führen. Gründe hierfür sind starke molekulare Orientierungen in der verringerten Schmelzeschicht sowie eine zu geringe Engergieeinbringung bei gleichzeitig hoher Amplitude und vorgegebenem Fügeweg.

Bietet die Maschine die Möglichkeit der Druckvariation während der Vibrationsphase, kann mit Druckprofilen geschweißt werden. Hohe Fügedrücke zu Prozessbeginn reduzieren die Fusselbildung und die Prozesszeit. Durch eine Verringerung des Druckes nach dem Anreiben kann das Quetschfließen der Schmelze in den Wulst verringert werden. Die Umschaltung soll jedoch erst nach Bildung eines vollflächigen Schmelzefilms und möglichst in Phase 3 erfolgen. Die Druckabsenkung bewirkt eine größere Schmelzeschichtdicke und – nach erneutem Erreichen des stationären Schmelzeflusses – eine erhöhte Nahtfestigkeit. Ein starker Verzug der zu schweißenden Formteile kann jedoch eine erhöhte Schweißkraft bedingen und eine Variation während der Vibrationszeit unmöglich machen. Hier hat sich das Fügen warmer Formteilhälften (z. B. T > 60 °C für PA6 und PA66) als vorteilhaft erwiesen.

4.3. Schweißzeit t_s (s)

Durch Vorgabe der Schweißzeit wird die Dauer der Vibrationsbewegung festgelegt. Sie ist so zu wählen, dass über die gesamte Fügefläche eine ausreichende Schmelzeschicht erzeugt und der stationäre Schmelzefluss erreicht wird. Dies ist der Fall, wenn der Fügeweg einen zeitlich nahezu linearen Anstieg zeigt (siehe auch Abschnitt 2, Bild 1).

Die Dauer bis zum Erreichen der Prozessphase 3 ist von den Maschinenparametern (Amplitude, Frequenz, Schweißdruck), der Fügeflächengeometrie und dem Bauteilverzug sowie dem Werkstoff abhängig. Während des stationären Schmelzeflusses kann die Vibrationsbewegung abgeschaltet werden. Eine darüber hinausgehende Schweißzeit führt zu keiner Erhöhung der Schmelzeschichtdicke, da die durch weitere Vibration erzeugte Schmelze aufgrund des vorliegenden Schweißdruckes in den Wulst verdrängt wird.

Typische Schweißzeiten liegen zwischen 2 s und 10 s. Die optimale Schweißzeit muss durch Vorversuche ermittelt werden.

4.4. Schweißweg s_S (mm) und Halteweg s_H (mm)

Der Schweißweg ist direkt einstellbar bzw. resultiert aus der vorgegebenen Schweißzeit. Der Halteweg ergibt sich durch das Verdrängen noch nicht erstarrter Schmelze während der Haltephase und ist von der wirkenden Haltekraft sowie den thermischen und rheologischen Eigenschaften der Schmelzeschicht abhängig. Schweiß- und Halteweg addieren sich zum Fügeweg.

Bei Wegsteuerung kann als Faustregel ein Schweißweg zwischen 0,6 mm und 1,2 mm über die gesamte Nahtlänge angesetzt werden. Bei komplexen, verzugsbehafteten Bauteilen kann dies einen Gesamtschweißweg von bis zu 2 mm bedeuten.

In Abhängigkeit des verwendeten Werkstoffes und der Schweißparameter ergibt sich ein Halteweg von 0,1 bis 0,2 mm.

4.5. Haltedruck p_H (N/mm²) und Haltezeit t_H (s)

Der Haltedruck sollte gleich dem Schweißdruck gewählt werden. Beim Schweißen mit Druckvariation soll der Haltedruck dem Schweißdruck zum Ende der Vibrationszeit entsprechen.

Die Haltezeit ist so zu wählen, dass die Naht unter die Glasübergangstemperatur bei amorphen bzw. Kristallisationstemperatur bei teilkristallinen Kunststoffen abkühlen kann. Erfahrungsgemäß sind aufgrund der geringen Schmelzeschichtdicke 1 s bis 5 s ausreichend.

4.6. Temperatur in der Fügezone

Die Temperatur in der Fügezone liegt in der Regel nur geringfügig oberhalb der Schmelztemperatur des Werkstoffes. Die Temperatur ist die resultierende Größe aus allen Prozessparametern und den Werkstoffeigenschaften.

5. Schweißverhalten von Kunststoffen

5.1. Allgemeines

Die meisten Thermoplaste und thermoplastischen Elastomere lassen sich schweißen. Nach dem derzeitigen Kenntnisstand sind amorphe und teilkristalline Kunststoffe nicht miteinander schweißbar.

Das Schweißverhalten wird weitgehend vom Eigenschaftsprofil der zu verbindenden Kunststoffe beeinflusst. Wichtig sind dabei zum Beispiel:

- morphologischer Aufbau: Homo- und Copolymere, Blends, Polymermischungen u. a.
- Art und Menge von Füll-, Verstärkungs- und elastifizierenden Stoffen
- Farbstoffe, Verarbeitungs- und Entformungsmittel
- Brandschutzmittel und Antistatika sowie sonstige Zusatzstoffe

Für hohe Schweißnahtqualitäten sind ähnliche Schmelztemperaturbereiche und ähnliches Schmelzefließverhalten wesentliche Voraussetzungen. Es empfiehlt sich daher, in Zweifelsfällen bei den Rohstoffherstellern nachzufragen oder die Schweißeignung durch Versuche nachzuweisen.

Folgende Verbindungskombinationen sind möglich:

- Schweißen von Kunststoffen gleicher Art und gleichen Typs
- Schweißen von Kunststoffen gleicher Art, jedoch unterschiedlichen Typs
- Schweißen von unterschiedlichen Kunststoffarten
- Verbinden von Kunststoffen mit artfremden Werkstoffen

5.2. Schweißen von Kunststoffen gleicher Art und gleichen Typs

Bei diesen, nach Möglichkeit anzustrebenden Fügeteilpaarungen sind die Voraussetzungen zur gleichmäßigen Plastifizierung beider Fügeflächen am günstigsten und ermöglichen in der Regel die besten Schweißergebnisse.

5.3. Schweißen von Kunststoffen gleicher Art, jedoch unterschiedlichen Typs

Es lassen sich Kunststoffe gleicher Art, jedoch unterschiedlichen Typs miteinander schweißen. Unterschiedliche Typen können sein:

- verstärkt-unverstärkt
- elastomer-modifiziert
- Blends
- Polymerkettenanordnung (Block-, Co- oder Homopolymer)
- Modifizierte Polymerketten (z. B. bei Polyamiden)
- Sonderpaarungen

Beim Schweißen unterschiedlicher Kunststofftypen ist eine Eignung durch Versuche nachzuweisen, da mögliche Füll- und Verstärkungszusätze sowie Modifizierungen die Schweißnahtqualität wesentlich beeinflussen können.

5.4. Schweißen von ungleichen Kunststoffarten

Beim Schweißen ungleicher Kunststoffarten sind genaue Kenntnisse über Aufbau und Zusammensetzung der Kunststoffe hilfreich. Vor allem bei amorphen Kunststoffen sind diverse Paarungen von unterschiedlichen Kunststoffarten möglich. Die Schweißeignung und die erreichbare Fügenahtfestigkeit der Verbindungen sind durch Versuche nachzuweisen.

5.5. Fügen von Kunststoffen mit artfremden Werkstoffen

Thermoplastische Kunststoffe lassen sich mit artfremden Werkstoffen, wie harzgebundenen Faserwerkstoffen, Textilien, Elastomeren u. a., verbinden. Als Haftungskriterium kann entweder eine Benetzung der Oberfläche des Substrates unter dem Einfluss der Vibration und des Druckes stattfinden oder die Schmelze verkrallt sich in im Substrat vorhandenen Fasern bzw. Vertiefungen und Hinterschnitten. Im industriellen Einsatz sind z. B. bereits Schraubdome mit einer entsprechenden Grundplatte, die auf einem Naturfasersubstrat verkrallt wurde. Des Weiteren wurden im Rahmen von Forschungsarbeiten strukturelle Schmelzklebeverbindungen mit endlosfaserverstärkten Duroplastsubstraten hergestellt. Die Realisierbarkeit ist im Einzelfall durch Versuche zu erproben.

5.6. Zusatzstoffe: Füll- und Verstärkungsstoffe

Kunststoffen werden Füll- und Verstärkungsstoffe, z. B. Glas- oder Kohlenstofffasern, Glasvliese oder Matten, Glaskugeln, Kreide, Glimmer, Talkum, Quarzmehl, Metallpulver zugesetzt, um Werkstoffeigenschaften (Festigkeit, Steifigkeit, Wärmeformbeständigkeit, Schwindung) zu verändern. Je nach Art und Menge beeinflussen sie das Schweißverhalten und die Fügenahtfestigkeit.

Aufgrund der hohen Verzugsneigung von faserverstärkten Kunststoffen durch stark unterschiedliche Schwindungen längs und quer zur Faserorientierung ist ein vollflächiges Aufliegen der Formteile oft nur durch erhöhte Fügedrücke zu gewährleisten.

Grundsätzlich ist davon auszugehen, dass eine Verstärkungswirkung über die Naht hinweg nicht erzielt werden kann, sondern maximal die Festigkeit des Matrixmaterials. Die verringerte Nahtfestigkeit ergibt sich durch die schmelzeflussbedingte Ausrichtung der Fasern quer zur Fügerichtung. Bei Praxisbauteilen liegen die lokalen Nahtfestigkeiten aufgrund von nicht idealen geometrischen, verfahrens-

und werkstofftechnischen Eigenschaften in der Regel erheblich niedriger, als die vom Rohstoffhersteller angegebene Materialfestigkeit.

5.7. Additive

Kunststoffe enthalten die für den Gebrauch und die Verarbeitung notwendigen Additive:

- Farbmittel (organische Farbstoffe und anorganische Pigmente)
- Stabilisatoren
- Schmiermittel
- Entformungshilfen
- Flammschutzmittel
- Antistatika
- Nukleierungsmittel und andere

Sie können die Verarbeitungs-, Schweiß- und Gebrauchseigenschaften u. a. durch Veränderung der Kristallisation beeinflussen – geändertes Aufschmelz-, Schwindungs- und Verzugsverhalten können die Folge sein.

5.8. Wasseraufnahme

Kunststoffe können Wasser aus der Umgebungsluft aufnehmen. Vor allem Polyamide sind durch eine relativ hohe Wasseraufnahme gekennzeichnet. Mit zunehmender Wasseraufnahme können sich die Materialeigenschaften wie z. B. Reibungszahl, Steifigkeit und Härte ändern, die einen direkten Einfluss auf den Schweißprozess haben können. Ebenso bewirkt eingelagertes Wasser in Abhängigkeit des Füll- und Verstärkungsstoffgehalts eine Volumenzunahme (Probleme bei der formschlüssigen Aufnahme im Werkzeug).

Je nach Wassergehalt kann beim Schweißvorgang Wasser verdampfen und dies zu einer Blasenbildung in der Schmelze und somit zu einer porösen Schweißnaht führen, die festigkeitsmindernd wirken kann. In der Praxis haben sich für die meisten Polyamidanwendungen Wassergehalte von unter 0,5 Gew.-% als vertretbar erwiesen. Je nach Applikation und Werkstofftyp kann diese Grenze noch niedriger liegen. Bei ungenügender Schweißnahtqualität muss im Einzelfall geprüft werden, ob die Formteile vor dem Schweißen zu trocknen sind.

5.9. Einfluss von Rezyklaten

Bei der Verarbeitung von Rezyklaten ist zu prüfen, ob und in welcher Menge diese dem produktfrischen Rohstoff zugesetzt werden dürfen. Erfolgt bei der Zugabe von Rezyklat eine Veränderung der Materialeigenschaften, sind die Auswirkungen auf die Schweißnahtqualität in Schweißversuchen zu überprüfen.

6. Qualitätsanforderungen an die Fügeteile

Gute Schweißergebnisse lassen sich nur mit Fügeteilen erzielen, die nach den für den Werkstoff gültigen Verarbeitungsrichtlinien hergestellt wurden. Die Fügeteile sollten geringe Eigenspannungen sowie eine gute Gewichtskonstanz und Maßhaltigkeit aufweisen. Dabei müssen die aus den vorhergehenden Fertigungsschritten resultierenden Streuungen berücksichtigt werden.

Bei einer direkten Prozessverkettung von Formteilherstellung und Fügevorgang, also beim Schweißen von noch warmen Teilen, kann man folgende Vorteile nutzen:

- kürzere Schweißzeit
- geringerer Verzug
- niedrigere Steifigkeit und daher besserer Toleranzausgleich in der Fügeebene bei geringen Kräf-

ten

Dabei ist jedoch darauf zu achten, dass bei einer Veränderung der vorgelagerten Prozesse ebenfalls eine Anpassung des Schweißprozesses erforderlich wird.

Fügeteile, die Feuchtigkeit aus der Luft aufnehmen (wie beispielsweise beim Werkstoff Polyamid), müssen feuchtigkeitsdicht gelagert oder vor dem Schweißprozess getrocknet werden. Bei feuchten Teilen können poröse Schweißnähte mit verminderter Festigkeit entstehen.

Auf der Fügefläche haftende Verunreinigungen (Formtrennmittel u. ä.) können den Prozess stören und die Schweißnahtfestigkeit mindern. Das gleiche gilt für lackierte und metallbedampfte Oberflächen.

7. Konstruktive Gestaltung der Formteile

7.1. Allgemeine Anforderungen an das Formteil

Die schweißgerechte Auslegung von Formteilen orientiert sich an folgenden Kriterien:

- Anforderungen an das Bauteil
- Schwingsystem
- Werkstoffauswahl
- Konstruktion

Um die notwendige Relativbewegung der Fügeflächen sicherzustellen, sind die Fügeteile in den Schweißzonen formsteif auszulegen und die Formteiltoleranzen einzubeziehen. Unter Berücksichtigung der Amplitude muss stets eine ausreichende Überdeckung der Fügeflächen gewährleistet sein. Bei räumlich gekrümmten Nahtkonturen ist zu beachten, dass der effektive Abschmelzweg mit zunehmendem Winkel kleiner wird, siehe Bild 7 im Abschnitt 7.2. Es ist zu beachten, dass beim linearen Vibrationsschweißen Fügeflächen möglich sind, solange die Teile in einer Achse (in Schwingrichtung) um die doppelte Amplitude gegeneinander bewegt werden können. Beim biaxialen Schweißen können nur ebene Fügeflächen geschweißt werden aufgrund der zweidimensionalen Relativbewegung des Schwingsystems. Erfahrungsgemäß können beim linearen Vibrationsschweißen Schrägen bis zu 10° in z-Richtung in Abhängigkeit der Amplitude geschweißt werden. Aufgrund der kleineren Amplitude können beim biaxialen Vibrationsschweißen Schrägen bis zu 15° in z-Richtung geschweißt werden. Die Machbarkeit muss jedoch durch Vorversuche abgesichert werden, da diese von der Gesamtbauteilgeometrie und dem Werkstoff beeinflusst werden.

Der Verzug sollte durch geeignete konstruktive (z. B. Verrippung, Anschnittlage) und/oder verfahrenstechnische Maßnahmen bei der Teileherstellung (z. B. Einspritzgeschwindigkeit, Werkzeugtemperatur, Nachdruck) minimiert werden. Ist geometrie- oder verstärkungsbedingt mit erhöhtem Verzug zu rechnen, kann eine „biegeweiche“ Auslegung zur Reduktion der lokalen Fügedruckunterschiede und der daraus resultierenden Eigenspannungen in der Schweißnaht vorteilhaft sein. Werkstoffanhäufungen im Nahtbereich sind aufgrund der Gefahr von Einfallstellen und Lunkern ebenso zu vermeiden wie Bindenähte, Grate oder Markierungen auf der Fügefläche (durch Trennkanten, Auswerfer o. ä.).

Bei der Festlegung des Nahtverlaufs ist anzustreben, dass die erforderliche Fügekraft möglichst direkt, senkrecht und lückenlos entlang der gesamten Schweißnaht aufgebracht wird. Eine indirekte Krafteinleitung erfordert bei dünnwandigen Fügeteilen Maßnahmen zur sicheren Kraftweiterleitung. Eine ausreichende Abstützung des Nahtbereichs ist insbesondere bei Schweißflächen, die nicht parallel zur Schwingrichtung liegen, sicherzustellen.

Einbauteile sind im schwingenden Bauteil möglichst zu vermeiden. Gegebenenfalls sind sie so zu platzieren, dass eine Relativbewegung zum schwingenden Bauteil ausgeschlossen ist oder durch entsprechende konstruktive Maßnahmen eine Schädigung vermieden wird. Aufgrund der hohen Beschleunigungskräfte muss durch Vorversuche geklärt werden, ob eine Beschädigung der Bauteile ausgeschlossen werden kann.

7.2. Nahtgestaltung

Bei der Dimensionierung der Nahtgeometrie sind u. a. zu berücksichtigen:

- Festigkeitsanforderungen an das Bauteil
- Toleranzen der Fügeteile (Maße, Form)
- Fügeweg s_F
- Amplitude a (Richtung, Betrag)
- Schwingform (linear, biaxial)
- Überdeckung der Fügeflächen: $x > y + 2 \cdot a$
- Freiraum für den Schmelzeaustrieb

Bei Werkstoffen mit geringer Reißdehnung ist im Nahtfußbereich ein Radius r von mindestens 0,5 mm vorzusehen, um die Kerbwirkung zu reduzieren.

Bei Schweißflächen, die nicht senkrecht zur Fügerichtung liegen, ist zu beachten, dass der effektive Fügeweg mit zunehmendem Fügewinkel a kleiner wird, Bild 7. In Bereichen mit großen Fügewinkeln kann eine lokale Nahterhöhung vorgesehen werden, um ausreichende Abschweißtiefen zu gewährleisten.

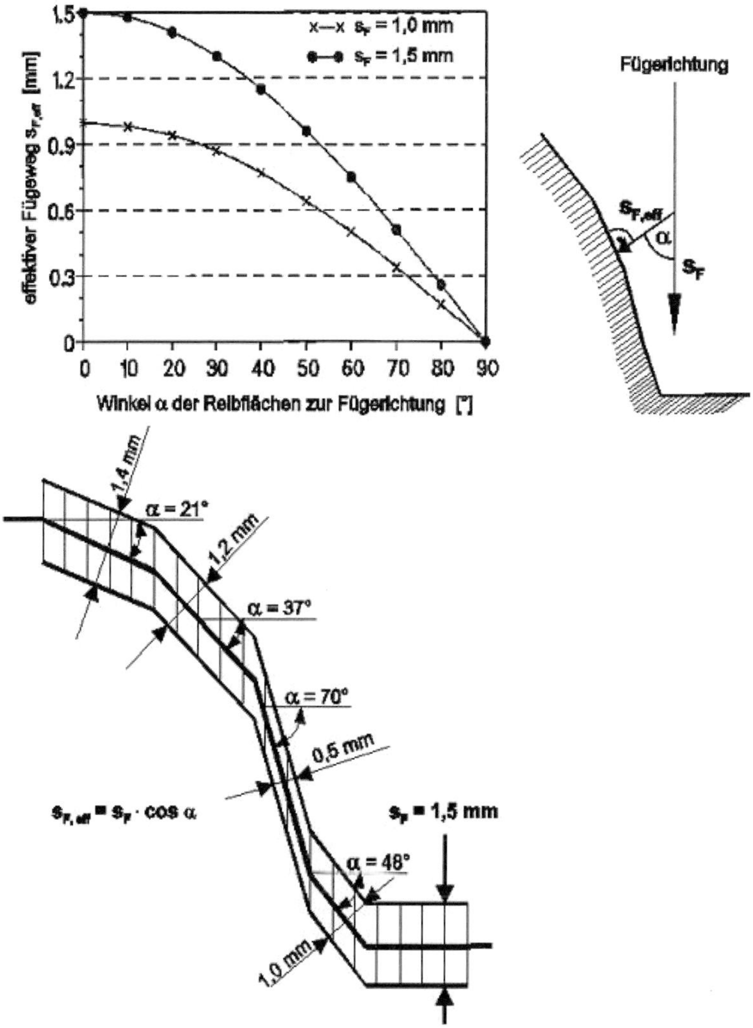

Bild 7. Abnahme des effektiven Fügewegs $s_{F,eff}$ mit zunehmendem Fügewinkel α: Darstellung des funktionalen Zusammenhangs (oben) und Auswirkungen an einer exemplarischen Nahtkontur (unten).

7.3. Beispiele für Fügezonengeometrien

Je nach Anforderungen an das Bauteil können verschiedene Fügezonengeometrien gewählt werden.

7.3.1. Einfache Stumpfnaht

Da die einfache Stumpfnaht einen beidseitig sichtbaren Materialaustrieb bewirkt, ist sie vorzugsweise bei Fügeteilen zu verwenden, deren optisches Erscheinungsbild vernachlässigbar ist. Wesentlichen Einfluss auf die Qualität der Schweißverbindung hat die Fügenahtbreite d. Übliche Fügenahtbreiten liegen zwischen 1 mm und 4 mm. Bei deutlich größeren Fügenahtbreiten ist aufgrund der langen Fließwege damit zu rechnen, dass die Schmelze nicht mehr aus dem Nahtbereich verdrängt werden kann.

Dadurch können nur geringe Abschmelztiefen erreicht werden. Die benötigte Schweißzeit steigt deutlich an, um einen vorgegebenen Schweißweg zu erreichen. Es ist darauf zu achten, dass bei großen Fügeflächen der spezifische Fügedruck maschinenbedingt noch erzielt werden kann.

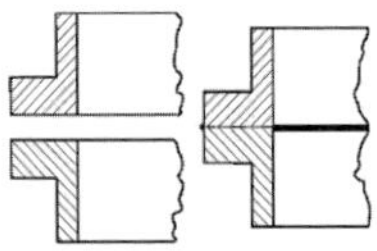

Bild 8. Einfache Stumpfnaht.

7.3.2. Einseitig verdeckte Stumpfnaht

Ziel dieser Schweißnahtgestaltung ist es, austretende Materialpartikel sowie den sich bildenden Schweißwulst durch entsprechende Fangräume zu verdecken, Bild 9. Es ist darauf zu achten, dass das Volumen der Fangräume ausreichend groß dimensioniert ist, um die austretende Schmelze aufzunehmen. Quer zur Schwingrichtung muss zusätzlich darauf geachtet werden, dass das Volumen der Fangräume um die Amplitude verringert wird. Die Abdeckrippen sind in der Regel in ihrer Höhe h so zu gestalten, dass sie beim Erreichen des Fügeweges nicht auf den zweiten Fügepartner aufsetzen.

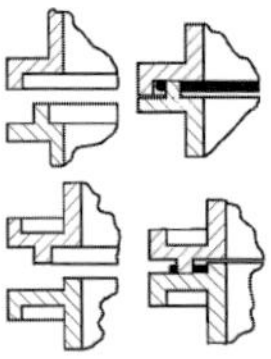

Bild 9. Einseitig verdeckte Stumpfnaht.

7.3.3. Beidseitig verdeckte Stumpfnaht

Bei erhöhten optischen und funktionellen Anforderungen an den Schweißnahtbereich kann ein beidseitiges Abdecken der Schweißnaht erforderlich sein, Bild 10.

Eine beidseitige Abdeckung ist oft erforderlich, da durch die Feststoffreibphase und instationäre Schmelzebildung eine besondere Neigung zur Fusselbildung besteht. Größe, Form und Menge der Fussel sind jedoch werkstoffspezifisch, siehe Abschnitt 9.

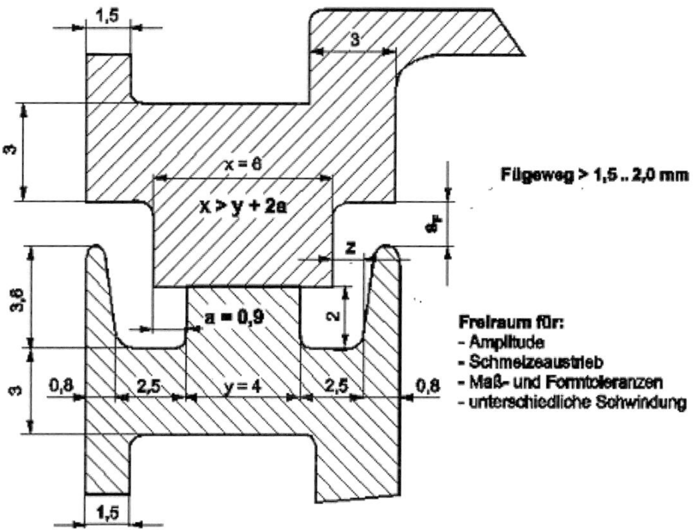

Bild 10. Beispiel einer Doppelsteggeometrie als typische Nahtgestaltung (Schnitt parallel zur Schwingrichtung).

7.4. Maßnahmen zur sicheren Übertragung der Amplitude

Aufgrund der beim Vibrationsschweißen vorhandenen dynamischen Beanspruchung der Fügeteile ist bei der Auslegung auf eine entsprechende Fügeteilsteifigkeit zu achten und eine feste Fixierung durch das Werkzeug vorzusehen. Bild 11a und Bild 11b zeigen Beispiele für eine Erhöhung der Steifigkeit des Fügeteils durch die Verwendung einer Verrippung des Fügeteils, welche das Mitschwingen der Bauteilwand, insbesondere beim Querschwingen, verhindern soll. Während der Vibrationsphase treten Beschleunigungen, in Abhängigkeit von Frequenz und Amplitude, von über 200 g auf. Es muss durch geeignete Maßnahmen sichergestellt werden, dass keine Relativbewegung zwischen Bauteil und schwingendem Werkzeug auftritt. Relativbewegungen der Bauteile in den Ober- und Unterwerkzeugen führen zu Amplitudenverlust, Markierungen und Beschädigungen an den Bauteilen. In den Bildern 11c und 11d sind Beispiele für einen Reib- und Formschluss zwischen Werkzeug und Fügeteil dargestellt. Bild 11c zeigt eine rauterte Oberfläche im Bereich der Bauteilaufnahme. Dadurch können Markierungen auf der Bauteiloberfläche entstehen. Bild 11d zeigt ein Bauteil mit Halterand, welcher eine formschlüssige Bauteilaufnahme ermöglicht.

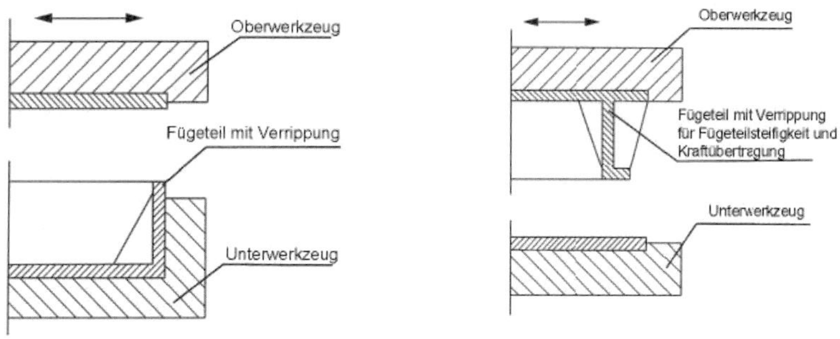

Bild 11a, b. Prinzipskizze zur Erhöhung der Bauteilsteifigkeit.

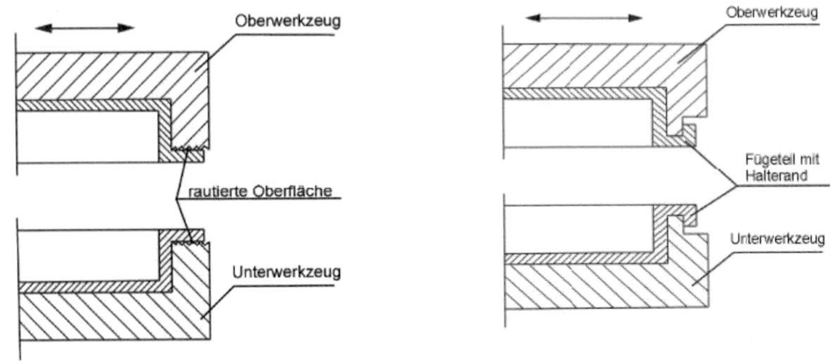

Bild 11c, d. Prinzipskizze zur Bauteilfixierung durch Form- oder Reibschluss.

7.5. Zentrierhilfen

Zentrierhilfen, Bilder 12 und 13, können sowohl an den Fügeteilen als auch am Werkzeug angebracht sein. Sie dienen der Vormontage der zu verbindenden Teile außerhalb der Maschine und dem sicheren Übergeben in das Oberwerkzeug. Dies gilt insbesondere für Fügeteile, die großen Toleranzen unterliegen. Durch Einlegen des vormontierten Formteils in das untere Vibrationswerkzeug ergeben sich Zeitersparnisse im Handhabungsvorgang.

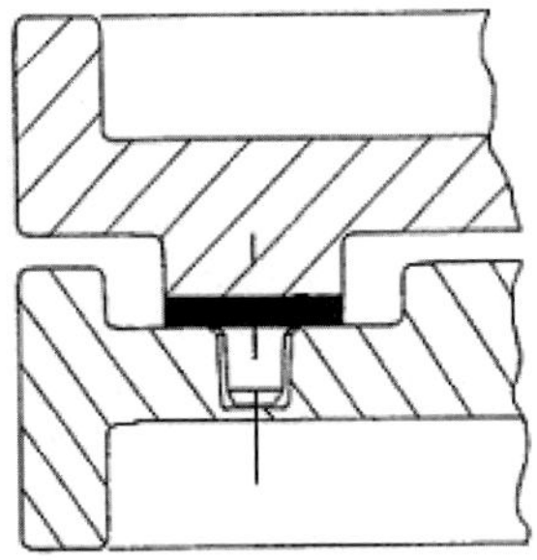

Bild 12. Zentrierhilfen am Fügeteil (Zentrierung durch Nut-Feder-Gestaltung, Zentrierung mittels abscherbarer Zapfen, wobei sich die Anzahl der Zapfen nach der Schweißnahtlänge richtet).

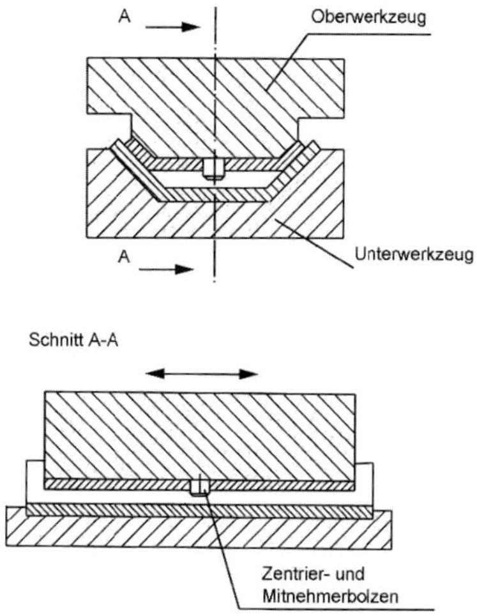

Bild 13a. schematische Darstellung eines Zentrier- und Mitnehmerbolzens im Werkzeug zur Bauteilpositionierung.

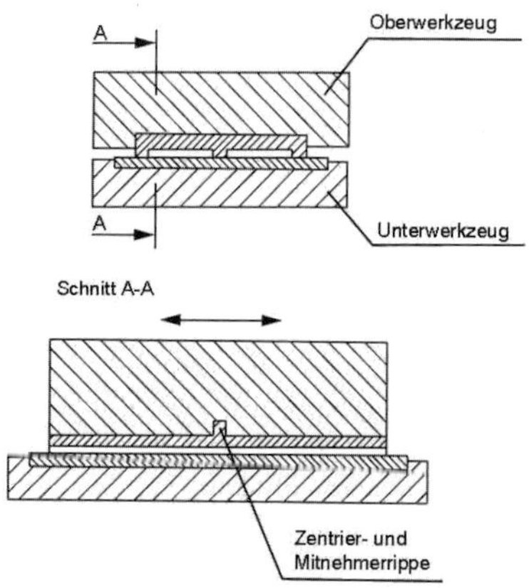

Bild 13 b. schematische Darstellung eines Zentrier- und Mitnehmerrippe im Bauteil zur Positionierung im Werkzeug.

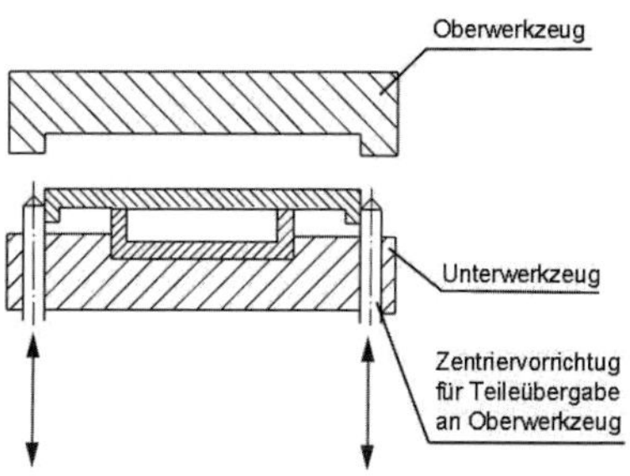

Bild 13 c. schematische Darstellung einer beweglichen Zentrierhilfe im Werkzeug.

8. Aufnahmewerkzeuge

Die Aufnahmewerkzeuge sorgen für die Fixierung der Fügeteile sowie die Übertragung der Fügekräfte und der Schwingbewegung. In Abhängigkeit vom Werkzeug ist ein Gewichts- oder Frequenzabgleich des schwingenden Systems vorzunehmen bei Anlagen, die im Resonanzbereich arbeiten. Dabei ist das maximal zulässige Werkzeuggewicht zu beachten. Je nach individueller Aufgabe können Werkzeuge mit Schiebern zur Unterstützung der Teilewandung oder zur Kompensation von Werkstücktoleranzen ausgerüstet werden. Diese Maßnahmen sollten nach Möglichkeit nur im Unterwerkzeug realisiert werden. Üblicherweise werden Aufnahmewerkzeuge segmentiert ausgeführt, um Bauteiltoleranzen ausgleichen zu können (Bild 14a). Um den Verschleiß in den Werkzeugen zu minimieren, sollten bei abrasiven Kunststoffen (z. B. mit hohem Glasfasergehalt) verschleißfeste Einsätze aus gehärtetem Stahl eingesetzt werden (Bild 14b).

Bei elektromagnetischen und hydraulischen Antriebssystemen nach dem Feder-Masse-Prinzip erfolgt eine Endpositionierung der Teile über die Rückstellkraft der Federn. Bei motorischen Antriebssystemen wird die Positionierung über den Servomotor realisiert.

Weiterhin können die Werkzeuge Auswerfervorrichtungen für eine leichte Entnahme der Teile enthalten. Für schnelle Werkzeugwechsel können Positionierhilfen zwischen Ober- und Unterwerkzeug eingesetzt werden. Die Aufnahmewerkzeuge lassen sich auch so gestalten, dass mehrere Fügeteile in einem Arbeitsgang geschweißt werden können.

Die Aufnahme mit Haltefunktion des Bauteils im Oberwerkzeug wird in der Regel durch ein Flächenvakuum oder Vakuumsauger gelöst.

Um Oberflächenmarkierungen am Bauteil zu vermeiden sollten die Aufnahmeflächen der Werkzeuge beschichtet werden.

Der Masseschwerpunkt des schwingenden Werkzeuges sollte im Mittelpunkt des Schwingkopfes liegen, um die Belastung auf das Schwingsystem so gering wie möglich zu halten. Ist dies geometrisch nicht möglich, sind die Werkzeuge auszuwuchten.

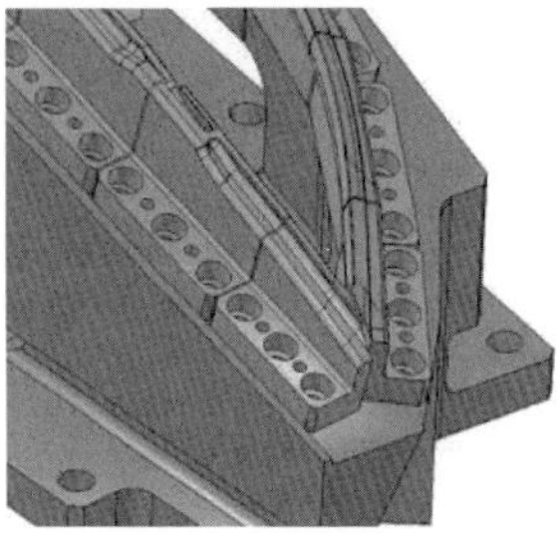

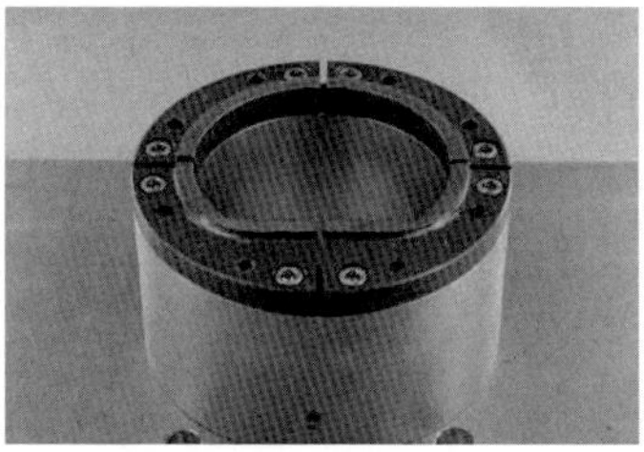

Bild 14a. Beispiele segmentierter Werkzeuge zum Ausgleich von Bauteiltoleranzen.

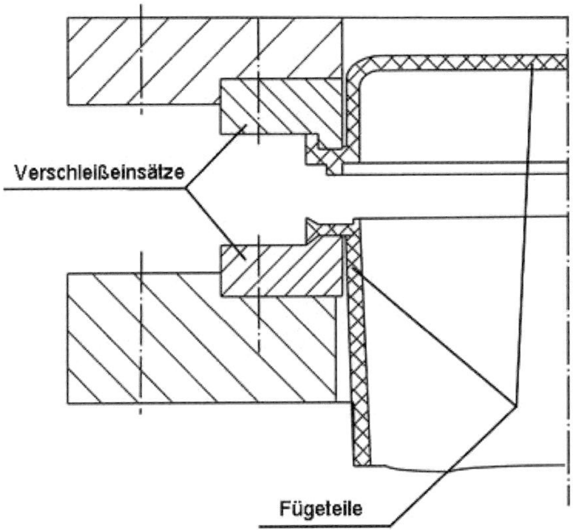

Bild 14b. schmatische Darstellung eines Werkzeuges mit verschleißfesten Einsätzen.

9. Schweißwulstausbildung

9.1. Abrieb und Fusselbildung

Der Vibrationsschweißprozess ist während der Feststoffreibphase von Partikelabrieb, -ballung und Teilchenaustrieb begleitet. Zudem kommt es durch die anfänglich lokale Plastifizierung zu einem Walzen, Auspressen und teilweisen Abreißen von Schmelzefäden (lineare Schwingung) bzw. zur Bildung von Schmelzekugeln (biaxiale Schwingung). Gegen Ende der Prozessphase 2 (instationäre Schmelzebildung) bindet der austretende Schmelzefilm Teilchen und Fussel am späteren Außenrand des Schweißwulstes, diese können sich unter Umständen später ablösen.

Insbesondere bei durchströmten Bauteilen und hohen Anforderungen an die optische Nahtqualität ist dies zu berücksichtigen. Durch richtige Wahl der Maschinenparameter, angepasste Fügenahtgestaltung und geeignete Werkstoffe können diese Effekte minimiert werden. Die Parameteroptimierung hat unter anderem das Ziel, die Phase der Feststoffreibung möglichst schnell zu durchlaufen. Diese kann durch einen hohen Fügedruck und eine große Amplitude erreicht werden. Dies beeinflusst jedoch auch die erreichbare Festigkeit der Schweißnaht.

Eine weitere Möglichkeit zur Minimierung der Fusselbildung besteht in der geometrischen Gestaltung der Schweißnaht. Dabei wird versucht, die Fügefläche zu Beginn der Feststoffreibphase zu minimieren (z. B. Unterbrechung/Segmentierung der Schweißnaht in Schwingrichtung).

9.2. Kombiniertes Vibrationsschweißen mit Vorwärmung zur Minimierung von Abrieb und Fusselbildung

Heutige Vibrationsschweißanlagen bieten häufig die Möglichkeit einer Vorwärmung der Fügeflächen. Ziel ist es, die Fügefläche vor dem Vibrationsprozess anzuschmelzen, um den Reibprozess in der Phase der instationären Schmelzebildung zu beginnen (vgl. Bild 15). Hierdurch kann eine Minimierung der Fusselbildung werkstoffspezifisch um bis zu 90 % erreicht werden. Dies geht jedoch mit einer Zykluszeitverlängerung bei gleichzeitiger Erhöhung des Maschineninvest einher. Die Vorwärmung wird in der Regel durch Infrarot-Strahler realisiert. Bei der Maschinenauswahl ist diese Möglichkeit frühzeitig zu berücksichtigen, da zusätzliche Maschinenfunktionen notwendig sind.

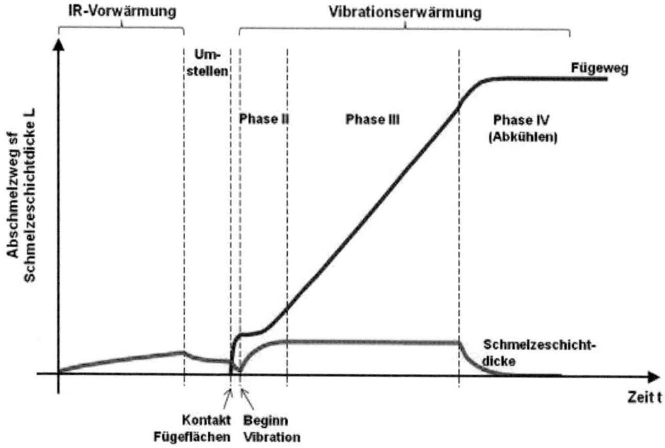

Bild 15. Schematischer Prozessverlauf beim kombinierten Vibrationsschweißen.

10. Maßnahmen zur Qualitätssicherung

Die Maßnahmen und der Umfang für die Qualitätssicherung sind im Vorfeld zu vereinbaren. Das gilt sowohl für die Herstellung der Fügeteile als auch für die Fügeparameter. In zunehmendem Maß werden die Dokumentation der Maschinenparameter und Prozessgrößen sowie deren statistische Auswertung gefordert.

Zu den meist geforderten Qualitätsmerkmalen eines vibrationsgeschweißten Bauteils gehören:

- Schweißnahtfestigkeit
- Schweißnahtdichtigkeit
- einwandfreie Optik
- Schmelzeaustriebminimierung
- Maßhaltigkeit

Für die Prüfung der Schweißverbindungen an Formteilen können Methoden der zerstörungsfreien und der zerstörenden Prüfung gewählt werden. Die zu prüfenden Merkmale und die jeweilige Prüfmethodik sind anhand des Lastenheftes zwischen Lieferant und Abnehmer zu vereinbaren (siehe auch Richtlinien DVS 2206 und DVS 2230).

Beim Vibrationsschweißen von Kunststoffen wird die Qualität neben der Forderung nach einem stabilen und robusten Prozess maßgeblich von folgenden Faktoren bestimmt:

- Werkstoff (z. B. mechanische und thermische Eigenschaften)
- Orientierung von Faserverstärkung
- Menge und Art von Füll- und Zusatzstoffen
- Belastungs- und schweißgerechte Konstruktion von Formteil und Fügenaht
- Formteilherstellung (z. B. Fertigungsverfahren, Verarbeitungsparameter, Toleranzen, Chargenschwankungen)
- Handling, Transport und Lagerung (z. B. Klimaeinflüsse, mechanische Belastung)
- Schweißmaschine und -werkzeug (z. B. Teilefixierung)

- Schweißprozess (z. B. Wahl und Konstanz der Maschinenparameter, Überwachung resultierender Prozessgrößen)

Auf die Qualitätssicherung und Prüfung bei vibrationsgeschweißten Kunststoffserienteilen wird in der Richtlinie DVS 2230 „Schweißen von Kunststoffserienteilen – Qualitätssicherung, Prüfung“ näher eingegangen.

11. Schrifttum

11.1. Regelwerk

Sicherheitsvorschriften, Normen und Richtlinien

Das Gesetz über technische Arbeitsmittel schreibt vor, dass solche nur dann in den Verkehr gebracht werden dürfen, wenn sie den geltenden Arbeitsschutz- und Unfallverhütungsvorschriften entsprechen. Neben den maschinenspezifischen Sicherheitsvorschriften gelten hierfür die nachfolgend aufgeführten Vorschriften, Richtlinien und Normen. Es gelten vor allem die Unfallverhütungsvorschriften (UVV) der Berufsgenossenschaften sowie die DIN-, DIN VDE-, DIN ISO-, DIN EN- und DIN EN ISO-Normen. Mit aufgenommen sind außerdem Richtlinien, die beim Vibrationsschweißen von Thermoplasten beachtet werden sollten.

CEN Guide 414	Sicherheit von Maschinen – Regeln für die Abfassung und Gestaltung von Sicherheitsnormen
DIN 16960-1	Schweißen von thermoplastischen Kunststoffen; Grundsätze
DIN EN 60519-1	Sicherheit in Elektrowärmeanlagen – Teil 1: Allgemeine Anforderungen
DIN EN ISO 1043-1	Kunststoffe – Kennbuchstaben und Kurzzeichen – Teil 1: Basis-Polymere und ihre besonderen Eigenschaften
DIN EN ISO 1043-2	Kunststoffe – Kennbuchstaben und Kurzzeichen – Teil 2: Füllstoffe und Verstärkungsstoffe
DIN EN ISO 1043-4	Kunststoffe – Kennbuchstaben und Kurzzeichen – Teil 4: Flammschutzmittel
DIN EN ISO 1133-1	Kunststoffe – Bestimmung der Schmelze-Massefließrate (MFR) und der Schmelze-Volumenfließrate (MVR) von Thermoplasten – Teil 1: Allgemeines Prüfverfahren
DIN EN ISO 1133-2	Kunststoffe – Bestimmung der Schmelze-Massefließrate (MFR) und der Schmelze-Volumenfließrate (MVR) von Thermoplasten – Teil 2: Verfahren für Materialien, die empfindlich gegen eine zeit- bzw. temperaturabhängige Vorgeschichte und/oder Feuchte sind
DIN EN ISO 9001	Qualitätsmanagementsysteme – Anforderungen
DIN EN ISO 9004	Leiten und Lenken für den nachhaltigen Erfolg einer Organisation – Ein Qualitätsmanagementansatz

DIN EN ISO 11469	Kunststoffe – Sortenspezifische Identifizierung und Kennzeichnung von Kunststoff-Formteilen
DIN EN ISO 12100	Sicherheit von Maschinen – Allgemeine Gestaltungsleitsätze – Risikobeurteilung und Risikominderung
DIN EN ISO 13857	Sicherheit von Maschinen – Sicherheitsabstände gegen das Erreichen von Gefährdungsbereichen mit den oberen und unteren Gliedmaßen
Richtlinie DVS 2206	Zerstörungsfreie Prüfungen von drucklosen Behältern und Apparaten aus thermoplastischen Kunststoffen – Dichtheitsprüfung
Richtlinie DVS 2218-1	Schweißen von thermoplastischen Kunststoffen in der Serienfertigung – Rotationsreibschweißen – Anlagen, Verfahren, Merkmale
Richtlinie DVS 2230	Schweißen von Kunststoffserienteilen – Qualitätssicherung, Prüfung
2006/42/EG	Richtlinie 2006/42/EG des Europäischen Parlaments und des Rates vom 17. Mai 2006 über Maschinen und zur Änderung der Richtlinie 95/16/EG
VDI-Richtlinie 2243	Recyclingorientierte Produktentwicklung
VDI-Richtlinie 2854	Sicherheitstechnische Anforderungen an automatisierte Fertigungssysteme

11.2. Literatur

Potente, H.: Fügen von Kunststoffen – Grundlagen, Verfahren, Anwendungen. Carl Hanser Verlag, München (2004), ISBN 978-3-446-22755-2.

Ehrenstein, G.W.: Handbuch Kunststoff-Verbindungstechnik. Carl Hanser Verlag, München (2004), ISBN 978-3-446-22668-5.

Fachzeitschrift „Joining Plastics – Fügen von Kunststoffen", DVS Media GmbH, ISSN 1864-3450.

N.N.: Produktinformationen und Veröffentlichungen der Vibrationsschweißmaschinenhersteller:
bielomatik Leuze GmbH & Co., D-72639 Neuffen.
Branson Ultraschall, D-63128 Dietzenbach.
KLN Ultraschall GmbH, D-64646 Heppenheim.

Giese, M.: Fertigungs- und werkstofftechnische Betrachtungen zum Vibrationsschweißen von Polymerwerkstoffen, Dissertation an der Universität Erlangen-Nürnberg, 1995, ISBN 3-9802740-7-1.

Uebbing, M.: Berechnungsmöglichkeiten und Qualitätssicherung beim Vibrationsschweißen, Dissertation an der Universität-Gesamthochschule Paderborn, 1995, ISBN 3-87155-482-0.

Kaiser, H.: Prozessanalyse und Prozessführung beim linearen Vibrationsschweißen von Kunststoffen, Dissertation an der Universität-Gesamthochschule Paderborn, 1992, ISBN 3-87155-936-9.

Schlarb, A. K. H..: Zum Vibrationsschweißen von Polymerwerkstoffen, Dissertation an der Universität-Gesamthochschule Kassel, 1989, ISBN 3-88122-512-9.

12. Ausgewählte Anwendungsbeispiele

 **Bild 16.** Saugrohr PKW.		Material: PA-GF35 Schweißverfahren: Linear Amplitude: 0,9 mm Fügeweg: 1,0 mm Frequenz: 240 HZ Prozesszeit: 6 s
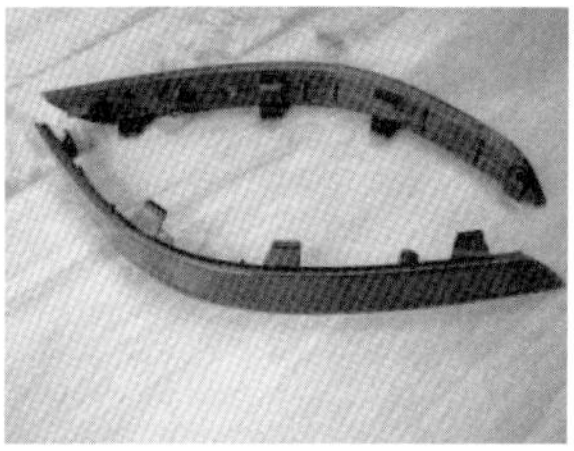 **Bild 17.** Eck-Reflektor, biaxial geschweißt.	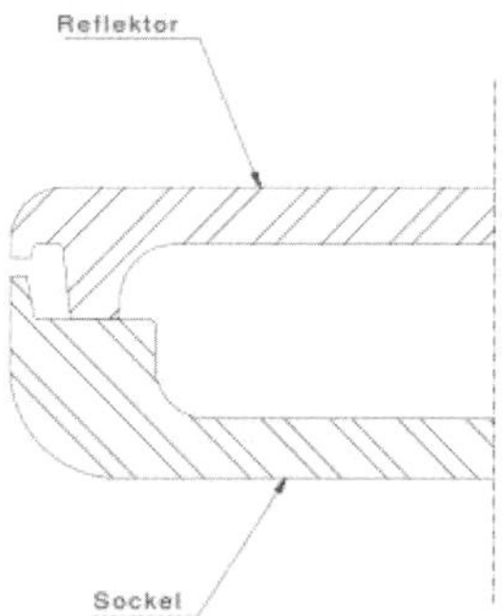	Material: ABS-PC Schweißverfahren: Zirkular Amplitude: 0,3 mm Fügeweg: 0,5 mm Frequenz: 160 Hz Prozesszeit: 4 s
 **Bild 18.** Funkschlüssel.	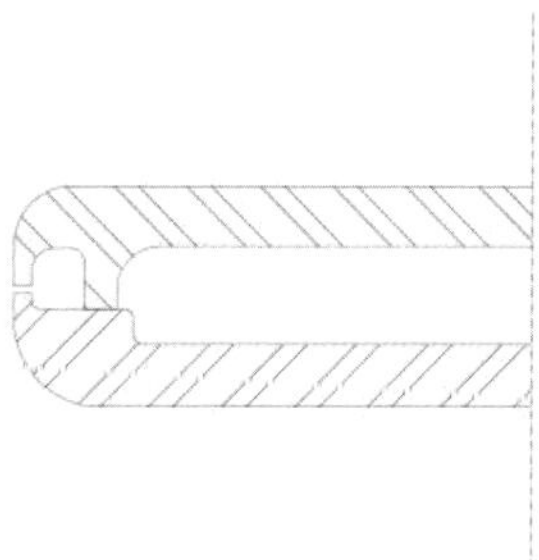	Material: PA-GF Schweißverfahren: Zirkular Amplitude: 0,5 mm Fügeweg: 0,5 mm Frequenz: 140 Hz Prozesszeit: -
 **Bild 19.** Handschuhfachklappe.	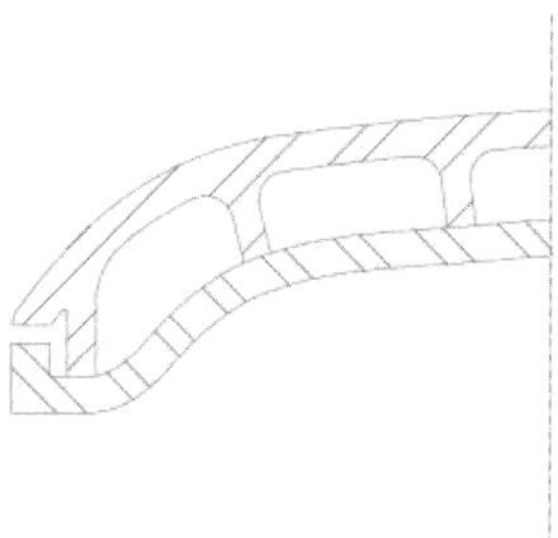	Material: PP Schweißverfahren: Zirkular Amplitude: 0,6 mm Fügeweg: 1,2 mm Frequenz: 150 Hz Prozesszeit: 6 s

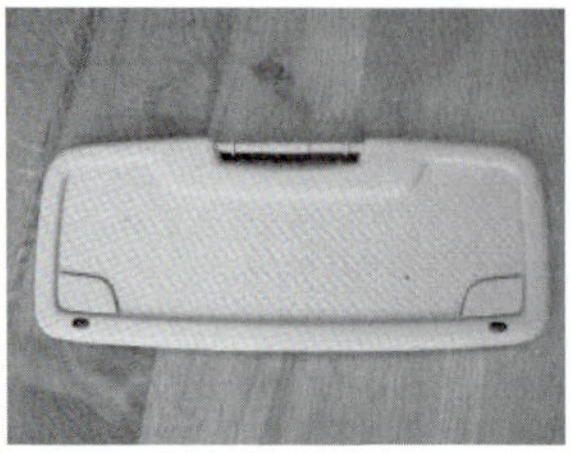 **Bild 20.** Sonnenblende.	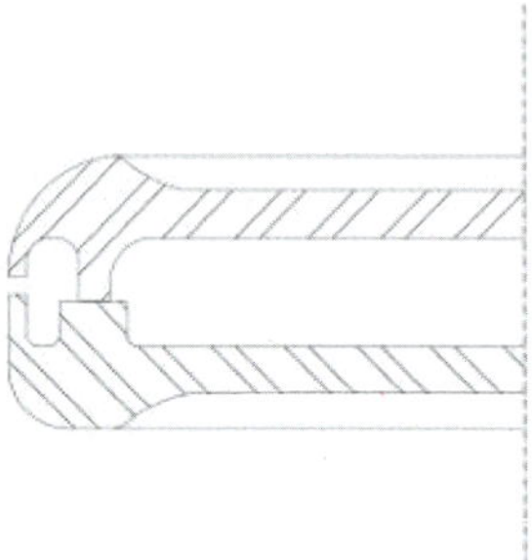	Material: PP Schweißverfahren: Zirkular Amplitude: 0,5 mm Fügeweg: 0,6 mm Frequenz: 140 Hz Prozesszeit: 5 s
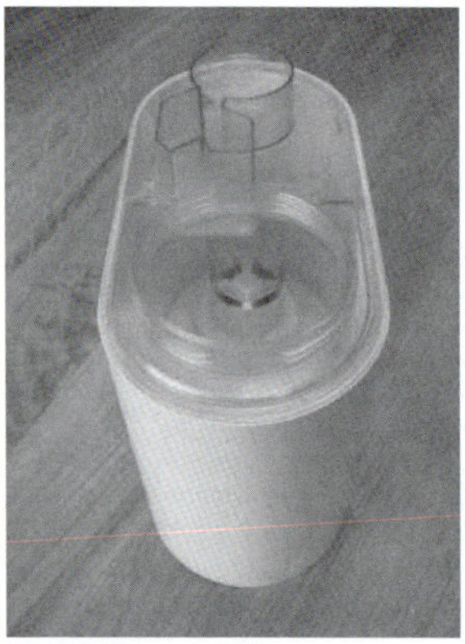 **Bild 21.** Wasserbehälter.	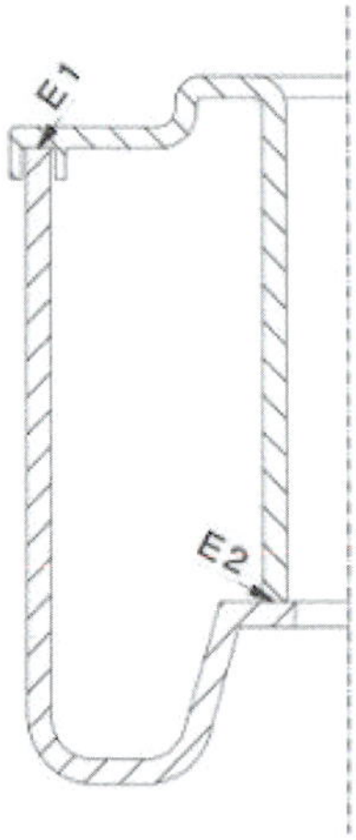	Material: AB Schweißverfahren: Zirkular Amplitude: 0,5 mm Fügeweg: 0,6 mm Frequenz: 140 Hz Prozesszeit: 5 s
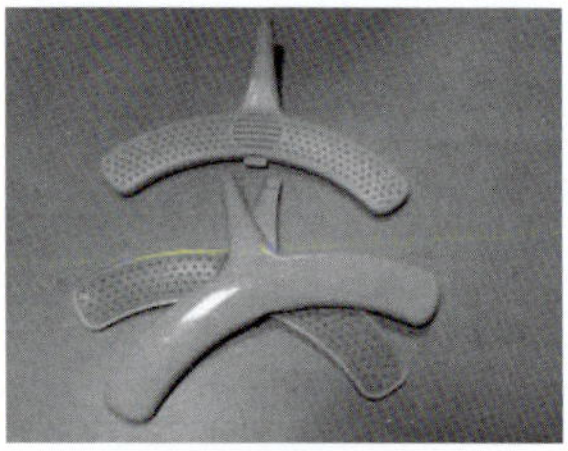 **Bild 22.** Duschbrause.		Material: SAN Schweißverfahren: Linear Amplitude: 0,7 mm Fügeweg: 0,85 mm Frequenz: 210 Hz Prozesszeit: 7 s
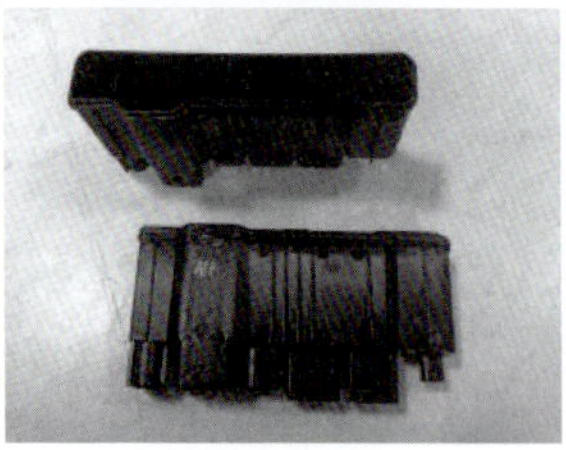 **Bild 23.** E-Gehäuse.		Material: PA-GF35 Schweißverfahren: Linear Amplitude: 0,8 mm Fügeweg: 0,75 mm Frequenz: 250 Hz Prozesszeit: 8 s

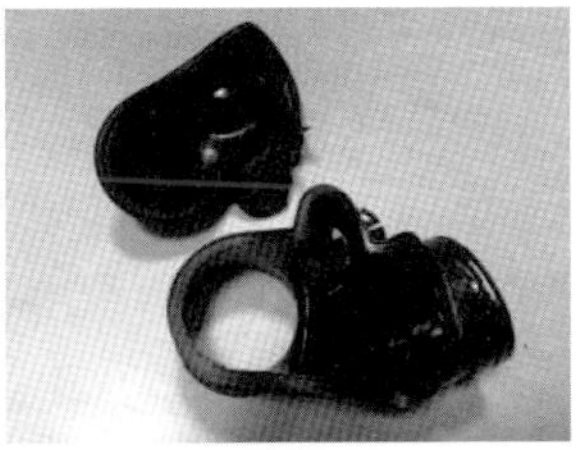 **Bild 24.** Ansaugrohr.		Material: PA-GF30 Schweißverfahren: Linear Amplitude: 1,0 mm Fügeweg: 1,2 mm Frequenz: 215 Hz Prozesszeit: 10 s
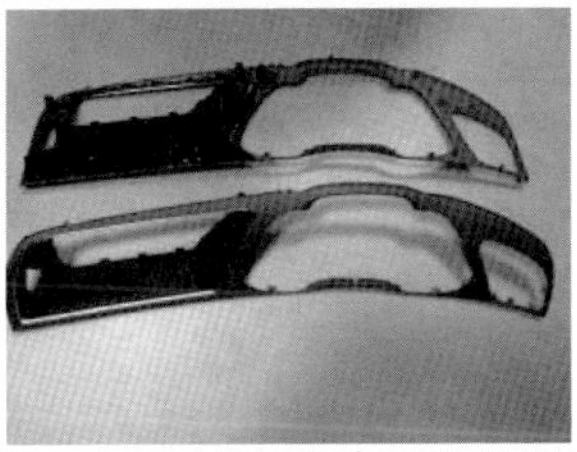 **Bild 25.** Kombiblende.		Material: PC/ABS Schweißverfahren: Linear Amplitude: 0,9 mm Fügeweg: 0,5 mm Frequenz: 210 Hz Prozesszeit: 8 s
 **Bild 26.** Heckleuchte BMW 5er Limousine.	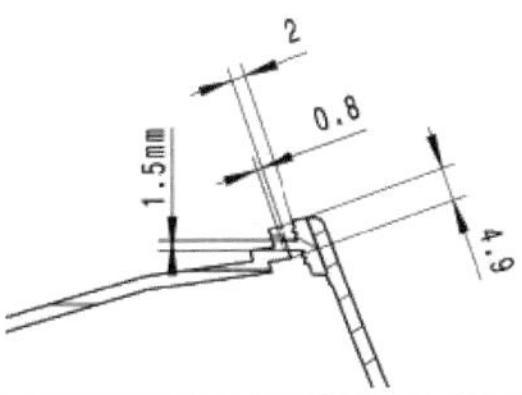	Material: PC/ABS Schweißverfahren: IR-VIB IR-Vorwärmung: 1,75 s Amplitude: 0, mm6 Fügeweg: 0,9 Frequenz: 223 Hz Prozesszeit Vib: 3,2

Danksagung
Den folgenden Firmen sei für die Bereitstellung des Bildmaterials gedankt:
BMW AG (Bild 26)
Dr. Schneider Holding GmbH (Bild 25)
ETM - Engineering Technologie Marketing GmbH (Bild 24)
Jokey Plastik Sohland GmbH (Bild 22)
LEONI Bordnetz-Systeme GmbH (Bild 23)

Juni 2010

DVS – DEUTSCHER VERBAND FÜR SCHWEISSEN UND VERWANDTE VERFAHREN E.V.	Schweißen von thermoplastischen Kunststoffen in der Serienfertigung Rotationsreibschweißen – Anlagen, Verfahren, Merkmale	DVS Richtlinie DVS 2218-1

Ersetzt Ausgabe Februar 1994

Inhalt:

1 Geltungsbereich

Diese Richtlinie gilt für das Fügen von Formteilen und Halbzeugen aus thermoplastischen Kunststoffen durch das Rotationsreibschweißen

2 Verfahrensbeschreibung

Die zum Plastifizieren der zu verbindenden Teile erforderliche Wärme wird durch Reibung erzeugt. Hierbei wird ein Fügeteil durch einen Mitnehmer in eine rotierende Bewegung gebracht, das zweite ist fixiert. Während des Schweißens muss auf die Fügeteile ein Axial- und/oder Radialdruck wirken, so dass sie durch Grenzflächenreibung und Schererwärmung aufplastifiziert werden. Voraussetzung für das Rotationsschweißen ist das Vorhandensein einer rotationssymmetrischen Fügefläche. Diese kann kreisförmig, kreisringförmig, kegelig oder von anderer geeigneter Form sein. Die Qualität der Schweißverbindung hängt von materialspezifischen, konstruktions- und verfahrensbedingten sowie maschinenbezogenen Einflüssen ab. Der Einsatz des Rotationsreibschweißverfahrens erfordert eine spezielle, geeignete Ausbildung der Fügeflächen. Die Rotationsbewegung wird in der Regel über servomotorische, in jedem Fall aber drehzahlgeregelte Antriebssysteme erzeugt.

3 Aufbau und Wirkungsweise von Rotationsreibschweißmaschinen

Rotationsreibschweißmaschinen übertragen eine von einem Antriebssystem erzeugte Rotationsbewegung konstanter oder veränderlicher Umdrehungsbewegungen auf eines der beiden zu schweißenden Fügeteile. Gleichzeitig wird über eine definierte Kraft der erforderliche Fügedruck erzeugt. Gilt nur beim Rotation-Stumpfschweißen, beim Rotation-Muffenschweißen wird die Schweißkraft über entsprechende Passungen und/oder Quetsch-Spreizvorrichtungen erzeugt.

3.1 Anforderungen an Rotationsreibschweißmaschinen

Die Aufgabenstellung bestimmt die Wahl der Maschinenart sowie den Steuerungs-/Regelungsaufwand. Folgende Anforderungen sind je nach Bedarf von der Maschinensteuerung und -regelung zu erfüllen (siehe auch Abschnitte 3.3 bzw. 7):

- Drehzahl (einstell- und regelbar)
- Reibzeit
- Schweißkraft (während des Schweißprozesses variabel und regelbar)
- Haltekraft (während des Schweißprozesses variabel und regelbar)
- Kraftaufbau vor Beginn des Fügeprozesses (einstell- und regelbar)
- Schweißweg bzw. Einschubtiefe (einstellbar und gesteuert)
- Einschubgeschwindigkeit (einstellbar und gesteuert)
- Schweiß- und Abkühlzeit (einstellbar und gesteuert)
- Fügewegbegrenzung (einstellbar)

Weiterhin sollte die Möglichkeit der Prozessdatendokumentation mit statistischer Auswertung zur Qualitätssicherung gegeben sein.

3.2 Maschinenaufbau

Bei Standardmaschinen befindet sich der Antriebsmotor bevorzugt auf der Oberseite der Rotationseinheit bzw. liegend in horizontaler Ausrichtung. Die Werkstückauflage muss das feststehende Schweißteil zentrieren und lagerichtig mit ausreichender Haltekraft positionieren, der Mitnehmer muss das sich drehende Schweißteil kraftschlüssig und formschlüssig aufnehmen. Die Aufnahmewerkzeuge sorgen für die Fixierung der Fügeteile sowie die Übertragung der Fügekräfte und der Rotationsbewegung. Das maximal zulässige Werkzeuggewicht für das bewegte Werkzeug ist zu beachten (Bild 2).

DVS, Ausschuss für Technik, Arbeitsgruppe „Fügen von Kunststoffen"

Bezug: DVS Media GmbH, Postfach 10 19 65, 40010 Düsseldorf, Telefon (02 11) 15 91-0, Telefax (02 11) 1591-150

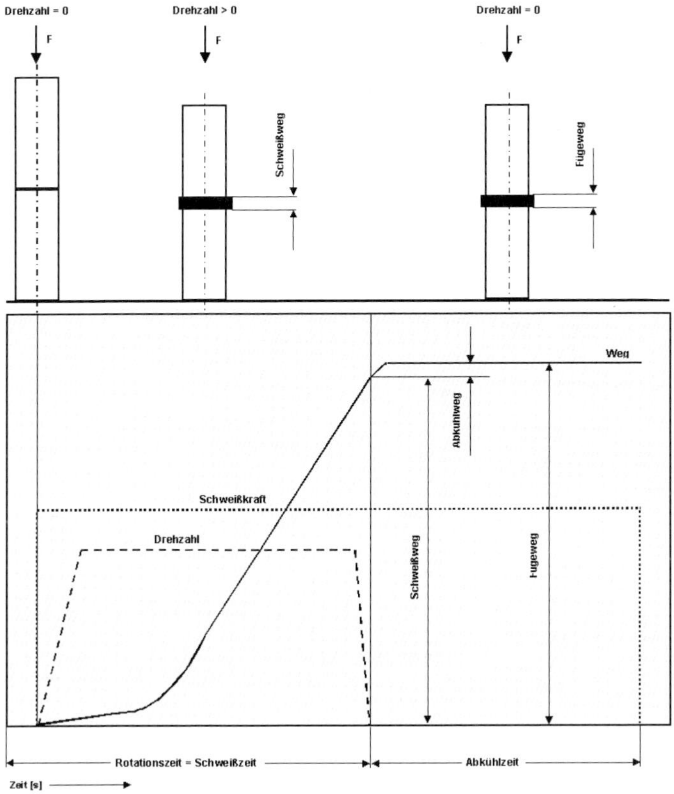

Bild 1.
Prinzip des Rotationsschweißens als Stumpfstoß. Das Verfahrensschema im Falle Muffengeometrie zeigt keine Schweißkraft sondern lediglich eine geregelte Einschubgeschwindigkeit auf Endposition.

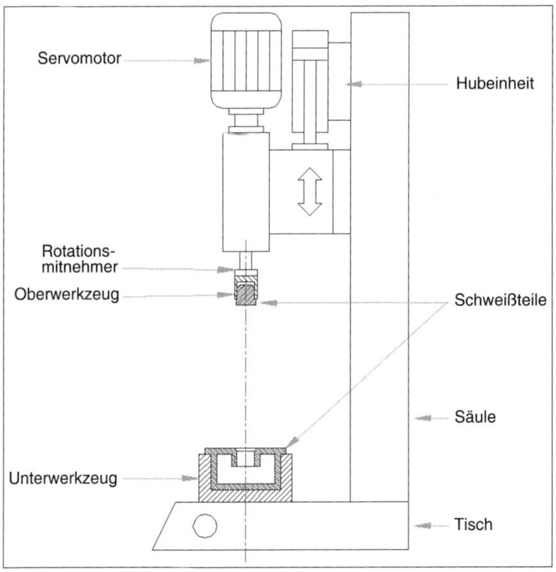

Bild 2.
Schematische Darstellung einer **vertikalen** Rotationsreibschweißanlage.

3.3 Einstellmöglichkeiten der Maschinenparameter

Die Steuerung der Maschine erlaubt die Einstellung und Regelung aller erforderlichen Maschinenparameter.

Infolge der unterschiedlichen Dimensionen und Herstellungsbedingungen der Fügeteile lassen sich keine allgemeinen Angaben zu den Verfahrensparametern machen.

3.3.1 Drehzahl (min^{-1})

Die Drehzahl richtet sich nach der erforderlichen Reibgeschwindigkeit sowie der Ausbildung der Fügeflächen und kann bis zu 10000 U/min betragen.

3.3.2 Schweißkraft F_S (N) und Haltekraft F_H (N)

Schweiß- und Haltekraft sowie Einschubgeschwindigkeit richten sich nach der Aufgabenstellung und muss so gewählt werden dass eine gleichmäßige Plastifizierung erfolgt sowie eine ausreichende Schmelzeschicht in der Fügeebene erhalten bleibt.

3.3.3 Schweißzeit t_s (s), Schweißweg s_s (mm) und Abkühlzeit t_H (s)

Die Rotationsreibschweißbewegung kann über den Parameter Schweißzeit- und Schweißweg gesteuerte werden. Während der Abkühlzeit ist die Haltekraft und/oder Kühlposition solange aufrecht zu halten bis die Schmelze erstarrt ist.

4 Qualitätsanforderungen an die Fügeteile

Gute Schweißergebnisse lassen sich nur mit Fügeteilen erzielen, die nach den für den Werkstoff gültigen Verarbeitungsrichtlinien hergestellt wurden. Die Fügeteile sollten geringe Eigenspannungen sowie eine gute Gewichtskonstanz und Maßhaltigkeit aufweisen.

Auf der Fügefläche haftende Verunreinigungen (Formtrennmittel u ä.) können den Prozess stören und die Schweißnahtfestigkeit mindern.

5 Konstruktive Gestaltung der Fügeteile

5.1 Allgemeine Anforderungen an das Fügeteil

Die schweißgerechte Auslegung von Formteilen orientiert sich an folgenden Kriterien:

- Anforderungen an das Bauteil
- Werkstoffauswahl

Um die notwendige Relativbewegung der Fügeflächen sicherzustellen, sind die Fügeteile in den Schweißzonen formstabil auszulegen und die Formteiltoleranzen einzubeziehen.

5.2 Beispiele für Fügezonengeometrien

Je nach Anforderungen an das Bauteil können verschiedene Fügezonengeometrien gewählt werden.

6 Prüfungen der Schweißverbindungen

Hinweise für die Prüfungen von Schweißverbindungen sind in den jeweiligen Normen bzw. DVS-Richtlinien aufgeführt, die in der Tabelle unter Punkt 8 angegeben sind.

7 Sicherheits- und Arbeitsschutz

Das Gerätesicherheitsgesetz schreibt vor, dass technische Arbeitsmittel nur dann in den Verkehr gebracht werden dürfen, wenn sie den Arbeitsschutz- und Unfallverhütungsvorschriften entsprechen. Demgemäß sind beim Bau von Rotationsschweißmaschinen die allgemein anerkannten Regeln der Technik, beispielsweise die einschlägigen EN-, DIN-Normen und VDE-Vorschriften sowie die Arbeitsschutz- und Unfallverhütungsvorschriften, zu beachten. Im Wesentlichen gelten für die Verarbeitung von Kunststoffen die Richtlinien der Berufsgenossenschaft der Chemischen Industrie. Je nach Werkstoff und Anwendungsfall müssen entstehende Dämpfe abgesaugt werden.

8 Schrifttum

DIN EN ISO 1043-1, -2, und -4	Kunststoffe – Kennbuchstaben und Kurzzeichen – Teil 1 Basispolymere – Teil 2 Füllstoffe und Verstärkungsstoffe – Teil 4 Flammschutzmittel
DIN EN ISO 9000, 9001, 9004	Qualitätsmanagementsysteme – Grundlagen und Begriffe, Anforderungen, Leitfaden zur Leistungsverbesserung
DIN EN ISO 18064	Thermoplastische Elastomere – Nomenklatur und Kurzzeichen
DIN EN 292-1 und -2	Sicherheit von Maschinen – Teil 1 Grundsätzliche Terminologie – Teil 2 Technische Leitsätze
DIN 16960-1	Schweißen von thermoplastischen Kunststoffen – Grundsätze
DIN 32502	Fehler an Schweißverbindungen aus Kunststoffen – Einteilung, Benennungen, Erklärungen
DVS Fachbuch 68/IV	Merkblätter und Richtlinien, Fügen von Kunststoffen. Fachbuchreihe Schweißtechnik Band 68/IV, 13. Ausgabe. DVS-Verlag, Düsseldorf 2008
DVS 2201-2	Prüfen von Halbzeug aus Thermoplasten – Schweißeignung – Prüfverfahren – Anforderungen
DVS 2203 Teile 1 bis 5	Prüfen von Schweißverbindungen aus thermoplastischen Kunststoffen – Prüfverfahren, Anforderungen; Zugversuch; Schlagzugversuch; Zeitstandszugversuch, Technologischer Biegeversuch
DVS 2206	Prüfung von Bauteilen und Konstruktionen aus thermoplastischen Kunststoffen
DVS 2218-2	Schweißen von thermoplastischen Kunststoffen in der Serienfertigung – Rotationsreibschweißen von Formteilen aus Polyolefinen (PE, PP)
DVS 2218-3	Schweißen von thermoplastischen Kunststoffen in der Serienfertigung – Rotationsreibschweißen von Formteilen und Halbzeugen aus Polyamiden (PA)
DVS 2230-1	Fügen von Kunststoff-Serienteilen – Qualitätssicherung, Prüfung
DVS 3006	Produkthaftung in der Schweißtechnik: Anforderungen, Qualifikationen, Qualitätssicherung
VDI 2854	Sicherheitstechnische Anforderungen an automatische Fertigungssysteme, Verordnung über Arbeitsstätten
Richtlinie Nr. 1 3.6	Berufsgenossenschaft der Chemischen Industrie: Kunststoffverarbeitung – Richtlinie für Maschinen zur Be- und Verarbeitung von Kunststoffen (ausgenommen Kunststoff-Spritzgießmaschinen); Schweißmaschinen und Schweißeinrichtungen
EG Richtlinie 89/392/ EWG	Sicherheitsanforderungen für Maschinen (in Verbindung mit DIN EN 292-1 und -2, sowie DIN EN 414)
Gerätesicherheitsgesetz	Gesetz über technische Arbeitsmittel – Enthält Hinweise für Kunststoffschweißgeräte

9 Anwendungsbeispiele

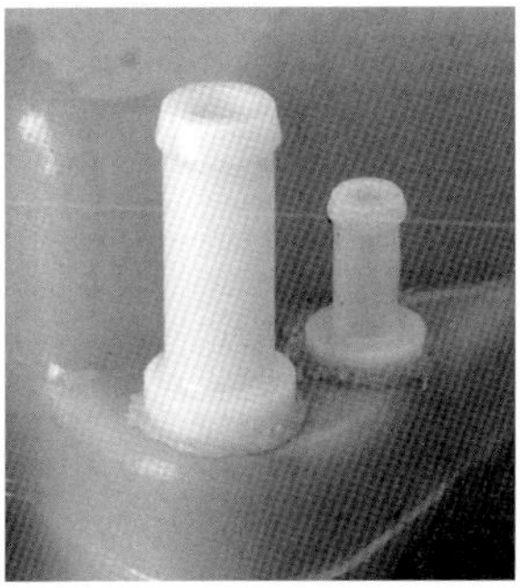

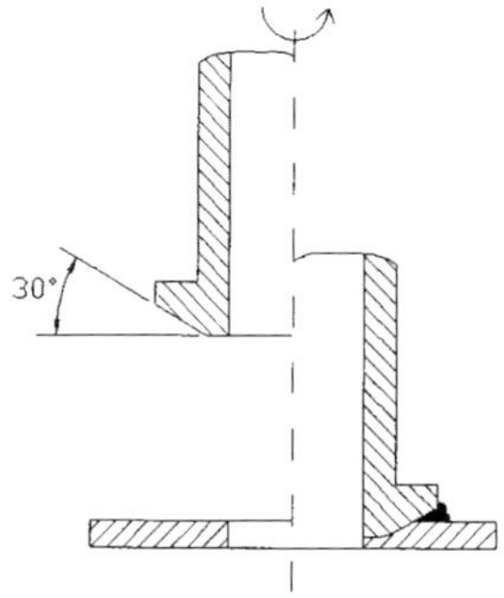

Bild 3. Schlauchnippel auf Hohlkörper (PA).

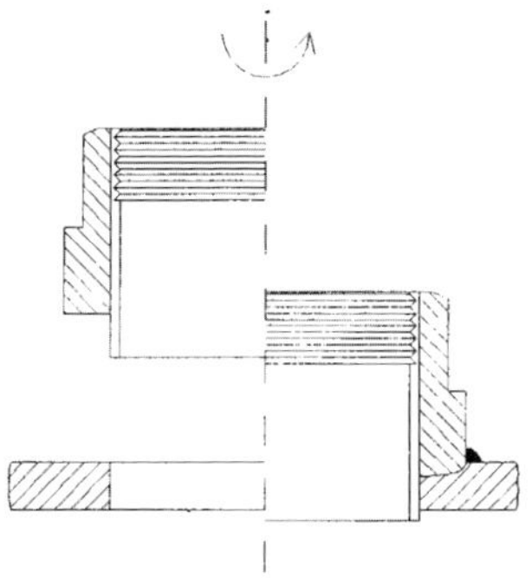

Bild 4. Gewindeanschluss an Kunststoff-Kraftstoff-Behälter (KKB) (PE-HD).

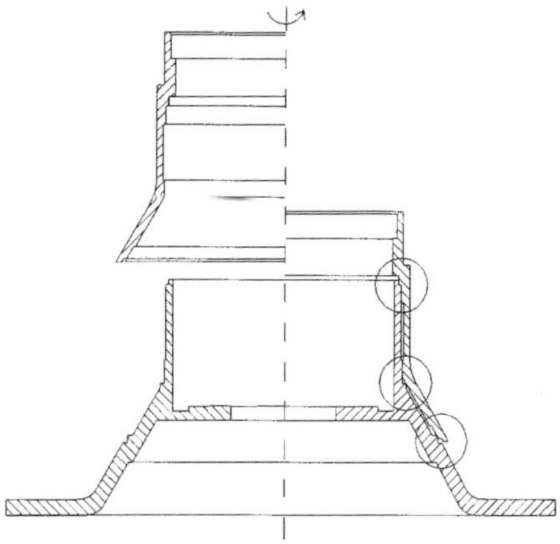

Bild 5. Hülse mit Flansch (SAN), gleichzeitiges Schweißen von drei Schweißnähten.

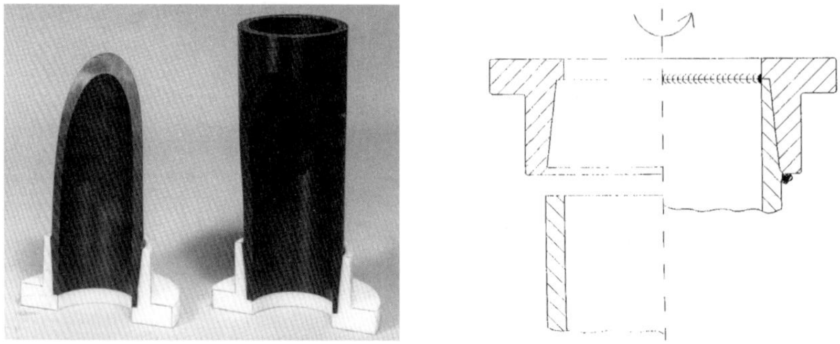

Bild 6. Reibschweißbund an Rohr (PE-HD).

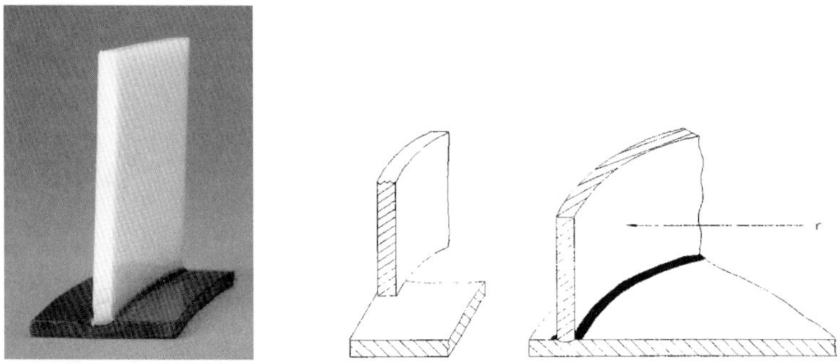

Bild 7. Boden für Rohrbehälter (PE-HD).

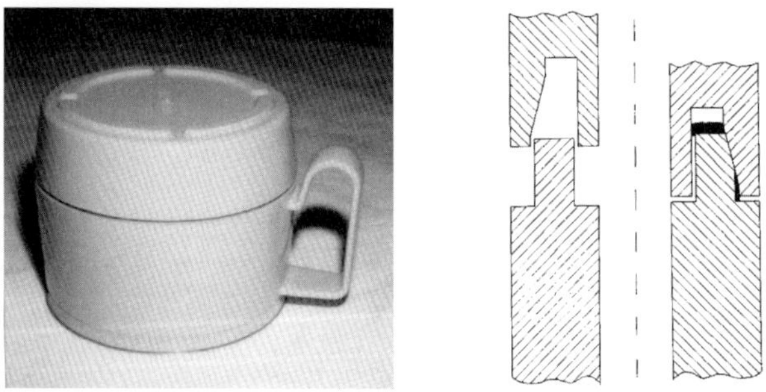

Bild 8. Warmhaltetasse (PP).

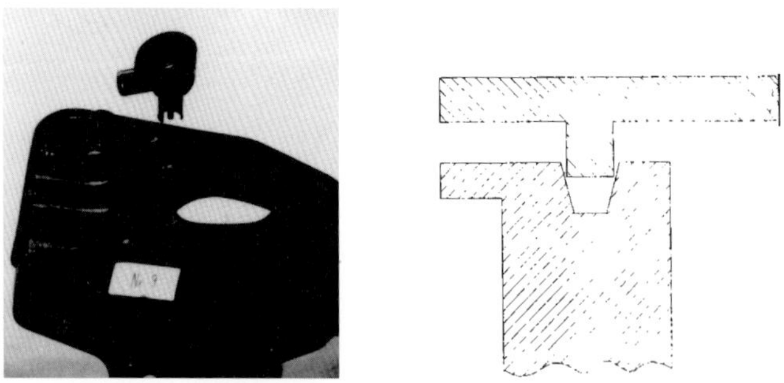

Bild 9. Filterdeckel mit Winkelstutzen (PA-GF25).

DVS – DEUTSCHER VERBAND FÜR SCHWEISSEN UND VERWANDTE VERFAHREN E.V.

Schweißen von thermoplastischen Kunststoffen in der Serienfertigung
Rotationsreibschweißen von Formteilen aus Polyolefinen (PE, PP)

DVS
Richtlinie
DVS 2218-2

Inhalt:

1 Geltungsbereich

Die Richtlinie gilt für das Rotationsreibschweißen (FR) von Bauteilen aus Polyolefinen, im weiteren Verlauf als PE oder PP bezeichnet.

2 Verfahrensbeschreibung

Die Grundlagen werden in der Richtlinie DVS 2218-1 beschrieben.

Um hohe Schweißqualitäten zu erzielen, werden neuerdings Schweißmaschinen eingesetzt, die Mehrstufendrücke (unterschiedliche Drücke während der Schweiß- und Kühlphase) sowie eine Triggerung ermöglichen.

Die Maschinen der neuen Generation bieten weitere technische Möglichkeiten. So kann der Anwender zwischen folgenden Betriebsarten wählen:

konstante Drehzahl, konstanter Schweiß- und Fügekraft
konstante Drehzahl, variabler Schweiß- und Fügekraft
variable Drehzahl, konstanter Schweiß- und Fügekraft
variable Drehzahl, variabler Schweiß- und Fügekraft

Hierdurch können Material und Schweißnaht unter spezifischen Aspekten besser berücksichtigt und Schweißqualitäten weiter optimiert werden.

Außerdem verfügen moderne Reibschweißmaschinen über ein Diagnosesystem (Information über Fehlerquellen in der Maschine) zur

Erfassung der Betriebsdaten
Erfassung der Prozessdaten
Bearbeitung der Prozessdaten bis zur statistischen Qualitätskontrolle
Erstellung einer Datendokumentation

3 Kurzbeschreibung der Werkstoffe PE, PP

Polyolefine sind teilkristalline Kunststoffe, die sich sehr gut rotationsreibschweißen lassen. Die Auswahl des Materials oder des Typs soll daher nicht nur nach dem Anforderungsprofil des späteren Einsatzgebietes, sondern auch nach dem typspezifischen Schweißverhalten erfolgen. Vernetzte Polyolefine sind schlecht bis nicht schweißbar. Werkstoffkennwerte sowie typspezifische Eigenschaften können den Produktdatenblättern und den Datenbanken der Rohstoffhersteller, z. B. CAMPUS-Datenbank, entnommen werden.

3.1 Polyethylen PE

Nach ISO 1872-1 (DIN 16776-1) sind PE-Formmassen auf Basis von Polyethylen-Homopolymeren und/oder Polyethylen-Copolymeren. Falls erforderlich, können auch Füll- und/oder Verstärkungsstoffe enthalten sein.

3.1.1 Polyethylen-Homopolymere

Polyethylene entstehen in Abhängigkeit von den Polymerisationsbedingungen mit unterschiedlichem Verzweigungsgrad. Mit abnehmender Verzweigung der Moleküle nehmen der kristalline Anteil und die Dichte zu.

Mit steigender Dichte und molarer Masse nehmen Schmelztemperatur und Schmelzeviskosität zu. Mit steigender Schmelzeviskosität ist Polyethylen einfacher zu schweißen. Dichte und molare Masse beeinflussen auch die mechanischen und thermischen Eigenschaften des Polyethylens.

PE-LD (Dichte 0,915 - 0,934 g/cm^3) besitzt eine langkettenverzweigte Struktur. Das linear aufgebaute PE-HD (Dichte 0,935 - 0,97 g/cm^3) weist dagegen eine höhere Steifigkeit, Härte und Wärmeformbeständigkeit auf.

Mit zunehmender molarer Masse – gekennzeichnet durch abnehmende MVR/MFR-Werte – steigt bei PE die Spannungsrissbeständigkeit und Schlagzähigkeit, letztere steigt zusätzlich mit abnehmender Dichte, d. h. mit zunehmendem Verzweigungsgrad.

Die Molmassenverteilung (MMV) hat einen erheblichen Einfluss auf die Eigenschaften und Verarbeitung.

DVS, Ausschuss für Technik, Arbeitsgruppe „Fügen von Kunststoffen"

Bezug: Verlag für Schweißen und verwandte Verfahren DVS-Verlag GmbH, Postfach 10 19 65, 40010 Düsseldorf, Telefon (02 11) 15 91-0, Telefax (02 11) 1591-150

3.1.2 Polyethylen-Copolymere

Die Copolymerisation des Ethylens führt zu verzweigten Kettenstrukturen. Dadurch wird der kristalline Anteil verringert und die Schmelztemperatur, Dichte und Steifigkeit herabgesetzt, die Spannungsrissbeständigkeit erhöht. Beim Niederdruckprozess entstehen Polyethylene niederer Dichte wie PE-ULD, PE-VLD und PE-LLD (Dichte 0,88 - 0,93 g/cm^3) und PE-MD mittlerer Dichte (Dichte 0,93 - 0,94 g/cm^3), welche eine lineare Struktur mit Kurzkettenverzweigungen aufweisen.

Beim Hochdruck-Prozess sind es polare Comonomere, wie Vinylacetat (VA), Acrylsäure (A), Acrylester, die z. B. eine flexibilisierende Wirkung und eine höhere Haftung zu Fremdmaterialien aufweisen.

Copolymere, wie EVAC, EAA, EEA, werden außer durch die Dichte und MVR/MFR noch zusätzlich durch Art und Menge der Comonomeren charakterisiert.

3.1.3 Polymergemische (Blends)

Polymergemische entstehen durch mechanische Einarbeitung von anderen Polymeren, z. B. PA. In den meisten Fällen werden hierzu noch sogenannte Verträglichkeitsmacher hinzugegeben. Die Qualität, Art und Konzentration der Komponente/n im Gemisch beeinflussen die Qualität der Schweißverbindung. Es sollten Versuche zur Klärung der Schweißeignung durchgeführt werden.

3.1.4 PE mit Zusatzstoffen

Polyethylene enthalten verschiedene Zusatzstoffe wie Stabilisatoren, Farbmittel, Antistatika, Verarbeitungshilfsmittel, Flammschutzmittel sowie eventuell auch Füll- und/oder Verstärkungsstoffe. Da diese Zusatzstoffe die Schweißeigenschaften beeinflussen können, muss auch hier die Schweißeignung durch Versuche ermittelt werden.

3.2 Polypropylen PP

PP-Formmassen sind nach ISO 1843-1 (DIN 16774-1) thermoplastische Formmassen auf der Basis von Propylen-Homopolymeren und/oder Propylen-Copolymeren. Es gibt Homopolymere mit hohen oder niedrigen kristallinen Anteilen, Blockcopolymere, Randomcopolymere, elastomermodifizierte sowie gefüllte und/ oder verstärkte Typen. Mit allen lassen sich gute Schweißqualitäten erreichen.

3.2.1 Polypropylen-Homopolymere

Formteile aus Homopolymeren zeichnen sich durch höhere Steifigkeit, Härte und Wärmeformbeständigkeit aus. Der Schmelztemperaturbereich beginnt bei 160 °C. Die unterschiedlichen Typen sind durch ihren MVR/MFR-Wert gekennzeichnet.

3.2.2 Polypropylen-Copolymere

Bei Copolymeren unterscheidet man zwischen Blockcopolymeren (PP-B), Randomcopolymeren (PP-R) und (PP-Q) Polypropylen mit hoher Schmelzefestigkeit. Copolymere weisen höhere Zähigkeiten als Homopolymere und vergleichbare MFR/MVR-Werte auf. Randomcopolymere zeigen eine höhere Transparenz und einen herabgesetzten breiteren Schmelzbereich.

Die unterschiedlichen Typen sind durch ihren MFR/MVR-Wert bzw. ihre Zähigkeit gekennzeichnet. Die Polyolefine sind teilkristalline Kunststoffe, die sich sehr gut rotationsreibschweißen lassen.

3.2.3 Elastomermodifiziertes PP

Die elastomermodifizierten PP-Formmassen enthalten in den meisten Fällen als Elastifizierungsmittel Ethylen-Propylen-Kautschuk (EPM, EPDM). Sie zeichnen sich besonders durch hohe Schlagzähigkeit in der Kälte, ausreichende Steifigkeit in der Wärme, Verträglichkeit mit Füll- und Verstärkungsstoffen sowie durch eine gute Verarbeitbarkeit aus.

3.2.4 PP mit Füll- und/oder Verstärkungsstoffen

Glasfaser-, naturfaser-, kreide- oder talkumverstärkte/-gefüllte Polymere zeigen eine höhere Steifigkeit, Härte und Formbeständigkeit in der Wärme, jedoch meistens eine geringere Schlagzähigkeit als das ungefüllte Grundmaterial. Glasfaserverstärkte Typen mit chemischer Kopplung zeichnen sich durch hohe mechanische Festigkeit, Steifigkeit und Wärmeformbeständigkeit aus. Orientierungen der Glasfasern im Formteil beeinflussen diese Eigenschaften und den Verzug. Daher ist eine Überprüfung der Schweißeignung meist notwendig.

3.3 PP mit Zusatzstoffen

Zusatzstoffe wie Fremdpolymere, Farbmittel, Stabilisatoren, Antistatika, Verarbeitungshilfsmittel und Flammschutzmittel beeinflussen die Eigenschaften von PP, abhängig von der zugegebenen Menge. Auch hier sind Vorversuche für die Schweißeignung anzuraten.

3.4 Schweißrelevante Eigenschaften von Polyolefinen, Tabelle 1.

Tabelle 1. Eigenschaften von Polyolefinen – PE, PP – für das FR-Schweißen.

PE-, PP-Typ	Aufbau	Dichte g/cm^3	E-Modul N/mm^2	Schmelztemperatur °C	Schmelzeviskosität MVR /MFR
PE-LD	Homopolymerisat	0,915 -0,926	140 - 260 160 - 255	105 - 113 104 - 113	0,1 -8[3)] 15 - 250[3)]
PE-LLD	Homopolymerisat lin.	0,88-0,927	140 - 350	121 - 124	0,6 - 11[3)]
PE-MD	PE mittl. Dichte	0,93 - 0,944	380 - 800	125 - 128	0,7 - 1,0[2)]
PE-HD	PE hoher Dichte	0,935-0,97	550 - 1900 600 -1700	121 - 137	0,1 - 8[1)] 11 - 42[1)]
PP-H	Homopolymerisat	0,898-0,912	500 - 1600 1100 - 1600	150 - 175	0,5 – 12[4)] 15 - 60[4)]
PP-B	Blockpolymerisat, mittl. Fließfähigkeit	0,89 - 0,912	550 - 1650 1050 - 1700	160 - 175	0,8 - 9[4)] 12 - 45[4)]
PP-Q	hohe Schmelzefestigkeit	0,89 - 0,90	400	160 - 170	0,8 - 20[4)]
PP-R	Randompolymerisat	0,895 - 0,905	700 - 1200	140 - 170	1,2 - 14[4)]
PPEPDM-Copolymerisat	PP-Copolymerisat	0,896 - 0,915	350 - 1010		5 - 8[4)]

[1)] cm^3/b. 190 °C/2,16 kg /10 min [2)] cm^3/b. 190 °C/5 kg /10 min [3)] cm^3/b. 190 °C/2,16 kg/10 min (MFR) [4)] cm^3/b. 230 °C/2,16 kg/10 min

4 Werkstoffbezogene Einflussfaktoren auf das Schweißverhalten

4.1 Schmelz- und Volumenfließrate (MVR/MFR)

Das Fließverhalten der Schmelzen von Polyolefinen wird durch die Schmelze-Volumenfließrate (MVR) und/oder durch die Schmelzefließrate (MFR) nach ISO 1133 angegeben. Es können nur solche Werte miteinander verglichen werden, die bei gleichen Prüfbedingungen (Belastungsgewicht/Temperatur) gemessen werden.

Das Plastifizierverhalten der Fügezone wird entscheidend von der Molmasse und der Molmassenverteilung beeinflusst.

Zähfließende PE- und PP-Typen mit niedriger MVR/MFR sind für das FR-Schweißen besser geeignet als leichtfließende Typen mit hoher MVR/MFR. Auf dieses Verhalten sind besonders der Reibdruck und die Drehzahl (Tangentialgeschwindigkeit) anzupassen.

Eigenschaften geschweißter Verbindungen, die von der MVR/MFR abhängen, sind:

Polyolefine mit niedrigen MVR/MFR-Werten
- sind hoch belastbar
- zeigen gutes Langzeitverhalten
- sind weniger bruchanfällig bei Biegung
- haben geringeren Schmelzeaustrieb

Polyolefine mit hohen MVR/MFR-Werten
- erfordern wegen der leichtfließenden Schmelze besondere Maßnahmen
- sind im allgemeinen geringer belastbar

4.2 Zusatzstoffe, Additive

Zusatzstoffe, welche die Schweißeigenschaften beeinflussen, können sein:

Farbmittel
Flammschutzmittel
Verarbeitungshilfsmittel (Gleit- und Trennmittel)
Fremdpolymere (Farbbatch)
UV-Stabilisatoren
Antistatika

Da diese Stoffe in unterschiedlichen Konzentrationen zugegeben werden, ist ihr Einfluss auf die Schweißeigenschaften durch Versuche zu ermitteln.

4.3 Füll- und Verstärkungsstoffe

Füll- und Verstärkungsstoffe, die das Schweißverhalten beeinflussen können, sind u. a:

Glasfasern	Glaskugeln	Naturfasern
Holzmehl	Talkum	Kreide
Glimmer		

Das Schweißverhalten wird je nach Art, Menge und Orientierung dieser Mittel beeinflusst. In erster Linie ist die Menge entscheidend, weil dadurch der Anteil an schweißbarer Matrix festgelegt wird. Da verfahrensbedingt die Verstärkungsstoffe im Schweißspalt geschert werden, tragen sie nicht zur Erhöhung der Fügenahtfestigkeit bei. Die Beschaffenheit des Schweißwulstes wird durch den Anteil des Füll-/Verstärkungsstoffes beeinflusst.

Die Fügenahtfestigkeit muss durch Versuche ermittelt werden.

4.4 Zusatz von Recyclaten

In zunehmendem Maße werden Recyclate (aus bereits einmal verarbeiteten und gebrauchten Bauteilen), Regranulate (sortenreines Mahlgut ohne weitere Zusätze) oder Regenerate (Mahlgut unter Zugabe von Zusätzen) alleine oder in Mischung mit Neuware verarbeitet und die daraus hergestellten Formteile geschweißt. In welchem Maße die Schweißeigenschaften dadurch beeinflusst werden, hängt von den Mischungsverhältnissen ab und muss durch Versuche ermittelt werden. Dabei sollte vor allem auf sortenreine Recyclate, Regranulate bzw. Regenerate geachtet werden.

4.5 Einfluss der Feuchtigkeit

Polyolefine sind aufgrund ihrer unpolaren Struktur wasserabweisend. Die Wasseraufnahme ist sehr gering und bei sachgemäßer Lagerung ohne Einfluss. Es ist jedoch möglich, dass durch Zusätze Feuchtigkeit aufgenommen wird. Im Bedarfsfalle müssen die Fügeteile vorgetrocknet werden, um poröse Schweißnähte zu vermeiden.

5 Konstruktionsmerkmale der Fügeteile

Zur Erzielung hochwertiger Schweißverbindungen sind bereits in der Planungsphase die nötigen Voraussetzungen zu schaffen. Je nach Anforderung an die Schweißverbindungen ist die Konstruktion auf folgende Forderungen auszurichten:

- rotationssymmetrische Fügenahtkontur
- zumindest ein Bauteil muss eine rotationssymmetrische Fügefläche aufweisen
- beide Teile müssen das Drehmoment aufnehmen und übertragen können
- es müssen Scherkräfte in axialer Richtung aufgenommen und übertragen werden können
- die Teile dürfen sich beim Schweißvorgang nicht deformieren
- bei Beginn der Reibphase soll eine kleinflächige (linienförmige) Berührung vorliegen

5.1 Anforderung (Nahtkontur)

Zweckmäßig sind Kombinationen verschiedener Grundformen, z. B. Stumpfkegel gegen Kreisfläche. Das soll nicht nur eine gute Zentrierung der Teile bewirken, sondern auch das Auftreten reibungsbehindernder Ratterschwingungen ausschließen. Der Schweißvorgang wird dabei zunächst auf schmale Ringzonen eingeleitet und es entsteht sehr schnell eine benetzende schmierfähige Schmelze, die eine eventuell auftretende Phase von Axial- oder Torsionsschwingungen meist sehr rasch beendet.
Es ist jedoch unbedingt zu beachten, dass die Reibschweißbarkeit von Geometriekombinationen ihre Grenzen hat. Wird z. B. eine Steilkegelfläche mit einer Kreis- oder Kreisringfläche von etwa gleicher Flächengröße kombiniert, so kann es zu einer Fehlschweißung kommen, weil die Steilkegelfläche eine sehr viel größere Vorschubgeschwindigkeit erfordert als die Kreis- oder Kreisringfläche.

5.2 Toleranzen und Formgestaltung

Die Teile müssen zentriert passen.

Zulässige Toleranzen bei einem Durchmesser:

$<$ 50 mm	Überdeckung 0,3 - 0,5 mm	Toleranz max. 0,05 mm
$<$ 100 mm	Überdeckung 0,4 - 0,7 mm	Toleranz max. 0,1 mm
$<$ 200 mm	Überdeckung 0,6 - 1,0 mm	Toleranz max. 0,2 mm

Die unteren Grenzwerte gelten für Steilkegel, die oberen Grenzwerte für Flachkegel. Der Verzug der Teile sollte möglichst klein sein.

Bei Höhenschlag muss dieser zum Abschmelzweg addiert werden. Bei Seitenschlag muss mit zusätzlicher Belastung der Teile gerechnet werden, und es sollte dieser daher möglichst ganz vermieden werden.

5.3 Fügezonengeometrien

Um einwandfreie Resultate in bezug auf Dichtheit und mechanische Festigkeit zu gewährleisten, müssen die Nahtprofile gewisse konstruktive Voraussetzungen erfüllen. Da die Materialfestigkeit der Naht der allgemeinen Festigkeit der zu schweißenden Teile entsprechen soll, muss die Fügenahtfläche mindestens dem Wandquerschnitt entsprechen.

Am besten bewährt haben sich V-Nähte, von denen 2 typische Beispiele in Bild 1 gezeigt werden.

Bild 1a kommt für Teile mit gleichen Innendurchmessern zur Anwendung, die zum Antreiben bzw. Festhalten mit einer Außenschulter versehen werden können (Zylindergehäuse, Druckbehälter).

Bild 1b ist für aufgeschweißte Böden und Abschlusskappen (Gaspatronen für Feuerzeuge, Aerosolflaschen) vorgesehen.

An den in Bild 1 gezeigten Nähten kann man das Auftreten von Schmelzeaustrieb nicht vermeiden, was störend wirken kann oder eine Nacharbeit erfordert. Bei geschweißten Gehäusen, welche bewegte mechanische Teile enthalten, kann das „Abbröckeln" von Schmelzeaustrieb im Innern die Funktion behindern und muss deshalb unbedingt verhindert werden.

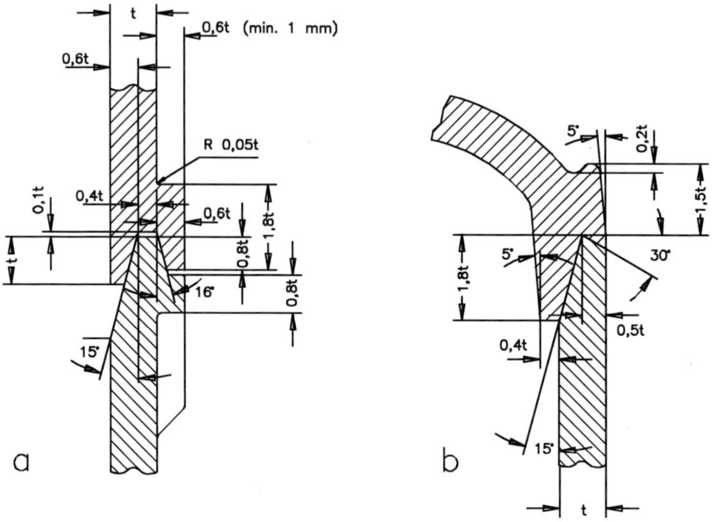

Bild 1. Gestaltungsbeispiele für V-Schweißnähte.

In Bild 2 werden 4 Vorschläge zu Nahtformen gezeigt, die mit Rillen zur Aufnahme des Schweißaustriebs ausgerüstet sind.

Bild 2a: Die einfache Rille verdeckt zwar den Schmelzeaustrieb nicht, verhindert aber ein Vorstehen des Schmelzeaustriebs über den Außendurchmesser.

Bild 2b: Die überlappende Lippe mit einem kleinen Spalt kann die Nachteile (Bild 2a) vermeiden (Aufnahme des Schmelzeaustriebs).

Bild 2c: Hier sind die Rillen so angeordnet, dass sie am Ende der Verschweißung abschließen.

Bild 2d: Die innere leicht überlappende Lippe schließt die Rillen völlig ab, und jedes Austreten von Material wird verhindert. Die äußere Lippe liegt nach dem Verschweißen auf dem Gegenrand auf.

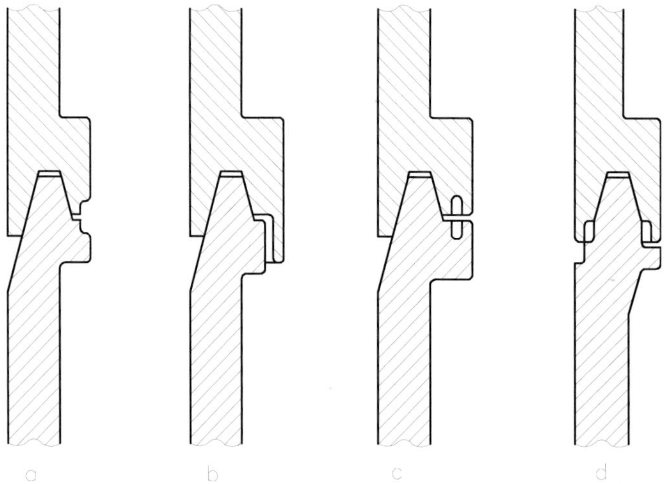

Bild 2. Vorschläge für Nahtformen mit Rillen zur Aufnahme des Schweißaustriebs.

6 Herstellung der Fügeteile

Die Herstellungsbedingungen der Fügeteile haben einen erheblichen Einfluss auf die Schweißnahtqualität. Treten bei nicht werkstoffgerechter Herstellung Polymerschädigungen auf, so können selbst bei optimalen Schweißbedingungen nur verminderte Festigkeiten erzielt werden. Neben eingefrorenen inneren Spannungen, hervorgerufen durch den Herstellungsprozess, können Eigenspannungen auch durch Nachschwindung und/oder durch Formzwang bei geschweißten Teilen auftreten. Es müssen möglichst verzugsfreie und maßgetreue Fügeteile beim Schweißprozess vorliegen. Dadurch wird erreicht, dass die unvermeidbaren Spannungen des Gesamtbauteiles gering sind. Herstellungsbedingte Eigenspannungen in den Fügeteilen können z. B. durch Tempern sichtbar gemacht werden. Als Nachschwindung bezeichnet man Maßänderungen an den Bauteilen, die nach dem Erkalten, im Anschluss an den Herstellungsprozess, auftreten. Die Nachschwindung wird durch Nachkristallisation hervorgerufen. Sie kann eine zusätzliche Belastung auf die Schweißnaht und damit auch auf das Gesamtbauteil ausüben. Beim Schweißen von Polyolefinen müssen daher definierte und wiederholbare Abkühlbedingungen zwischen Herstellung und Schweißprozess vorliegen.

Die Zeit vom Herstellungsprozess der Fügeteile bis zum Schweißprozess soll möglichst konstant sein, deshalb ist ein automatischer Ablauf, z. B. von der Spritzgießmaschine bis zum Schweißen, mit einer definierten Kühlzeit auch aus Qualitätsgründen zu empfehlen.

7 Schweißbedingungen

7.1 Wahl und Überwachung der Verfahrensparameter (Schweißparameter)

Die Verfahrensparameter des Rotationsreibschweißens sind:

- Die relative Tangentialgeschwindigkeit bzw. die relative Drehzahl des Werkstücks.
- Der axiale spezifische Fügedruck bzw. Druckverlauf der Fügeteile.
- Die Reibzeit. Die Nahtgüte nimmt mit länger werdender Reibzeit bis zum Erreichen eines stationären Zustands zu. Dieses kann auf die bessere Plastifizierung der Fügefläche zurückzuführen sein. Die Stoppzeit der Fügeteile sollte nach Möglichkeit Millisekunden betragen, da sonst die erstarrende Schmelze unter Scherbeanspruchung verstreckt und zerstört werden kann.

Die Schweißparameter sind abhängig von Schweißnahtgeometrie und Werkstoff.

7.2 Einstellparameter

sind an der Schweißmaschine einzustellende Größen:

- Reib- und Haltekraft
- Weg oder Gesamtschweißzeit (Reib- und Haltezeit)
- Drehzahl

7.3 Folgeparameter

Neben den Einstellparametern haben noch folgende Parameter einen Einfluss auf die Schweißnahtgüte:

- Schmelzeschichtdicke
- Schergeschwindigkeit und Temperatur in der Fügezone
- Fügeweg beim Reibvorgang
- Schweißweg bzw. Schweißgeschwindigkeit
- Reibmoment
- Reibleistung
- Reibarbeit

7.4 Verfahrensoptimierung

Die Verfahrensparameter müssen in Versuchen aufeinander abgestimmt werden. Maximale Schweißnahtfestigkeiten können nur bei korrekter Auslegung der Fügefläche und richtiger Abstimmung der Schweißparameter erzielt werden.

8 Qualitätssicherung

Siehe hierzu Richtlinie DVS 2218-1 Abschnitte 8.1 bis 8.3. Außerdem wird auf die Richtlinie DVS 2230-1 hingewiesen, die dieses Thema ausführlich beschreibt.

9 Sicherheitsvorschriften

Das Gesetz über technische Arbeitsmittel (Gerätesicherheitsgesetz) schreibt vor, dass technische Arbeitsmittel nur dann in den Verkehr gebracht werden dürfen, wenn sie den Arbeitsschutz- und Unfallverhütungsvorschriften entsprechen. Die hierfür gültigen Gesetze, Vorschriften und Normen sind im Abschnitt 10 bzw. in der Richtlinie DVS 2218-1 angeführt. Es gelten hierfür vor allem die Unfallverhütungsvorschriften (neu: BGV; alt: UVV) der Berufsgenossenschaften sowie DIN-, DIN VDE-, DIN ISO- und DIN EN-Normen. Weitere Angaben siehe Richtlinie DVS 2218-1 Abschnitt 9.

10 Normen und Richtlinien

Nachstehend sind Normen und Richtlinien angeführt, die zusätzlich zur Beurteilung des FR-Schweißens von Polyolefinen herangezogen werden können, soweit sie nicht bereits in der Richtlinie 2218-1 angeführt sind.

Nummer	Normen (soweit sie eventuell für das Serienschweißen in Frage kommen)
DIN EN 292-1	Sicherheit von Maschinen, Grundbegriffe, allgemeine Gestaltungsleitsätze. Teil 1: Grundsätzliche Terminologie, Methodik
DIN EN 292-2	Teil 2: Technische Leitsätze und Spezifikationen
DIN EN 414	Sicherheit von Maschinen, Regeln für die Abfassung und Gestaltung von Sicherheitsnormen
DIN EN 418	Sicherheit für Maschinen, Not-Aus-Einrichtung
DIN VDE 0721	Bestimmungen für industrielle Elektrowärmeanlagen
DIN EN ISO 1043-1	Kunststoffe, Kennbuchstaben und Kurzzeichen für Polymere und ihre besonderen Eigenschaften
DIN EN ISO 1043-2	Kunststoffe – Kurzzeichen Füllstoffe und Verstärkungsstoffe
DIN EN ISO 1043-4	Kunststoffe – Kurzzeichen für Flammschutzmittel
DIN ISO 1133	Kunststoffe: Bestimmung der Schmelzfließrate (MFR) und der Volumenfließrate (MVR) von Thermoplasten
DIN 2403	Sicherheit und gesundheitliche Schutzkennzeichnung am Arbeitsplatz
DIN ISO 8402	Begriffsnormen zur Terminologie der Qualitätssicherung
DIN EN ISO 9000	Normen zum Qualitätsmanagement und zur Qualitätssicherung / QM-Darlegung – Teil 1: Leitfaden zur Auswahl und Anwendung
DIN EN ISO 9001	Qualitätsmanagementsysteme – Modell zur Qualitätssicherung – QM-Darlegung in Design, Entwicklung, Produktion, Montage und Wartung
DIN EN ISO 9004-1	Qualitätsmanagement und Elemente eines Qualitätsmanagementsystems – Teil 1: Leitfaden
DIN EN ISO 11469	Kunststoffe – Sortenspezifische Identifizierung und Kennzeichnung von Kunststoff-Formteilen (nicht für Packmittel)

DIN 31001	Teil 1 - 3: Sicherheitsgerechtes Gestalten technischer Erzeugnisse
DIN EN 60204-1	Elektrische Ausrüstung von Maschinen
VDI Richtlinie 2243 E	Konstruieren recyclinggerechter Produkte
VDI Richtlinie 2853	Sicherheitstechnische Anforderungen an Handhabungsgeräte und Industrieroboter
VDI Richtlinie 2854	Sicherheitstechnische Anforderungen an automatische Fertigungssysteme – Arbeitsstätten-Verordnung über Arbeitsstätten
Richtlinie Nr.1/ 3.6	Berufsgenossenschaft der Chemischen Industrie Kunststoffverarbeitung (ausgenommen Kunststoff-Spritzgießmaschinen); Schweißmaschinen und Schweißeinrichtungen
Gerätesicherheitsgesetz	Gesetz über technische Arbeitsmittel (18.12.1986) – Hierin Hinweise für Kunststoffschweißgeräte
BGV A2	Unfallverhütungsvorschrift – Elektrische Anlagen und Betriebsmittel (Fassung April 1989)
VBG7n5.2	Unfallverhütungsvorschrift – Hydraulische Pressen
VBG 22	Unfallverhütungsvorschrift – Arbeitsmaschinen der chemischen Industrie, der Gummi- und Kunststoffindustrie
EG 89/392/ EWG	Maschinenrichtlinien – Sicherheitsanforderungen für Maschinen (1.1993) in Verbindung mit EN 292 Teile 1 und 2 sowie EN 414
EG 91/368/ EWG	Maschinenrichtlinien, 2. Änderung (1.1993), in Verbindung mit EN 292 Teile 1 und 2 sowie EN 414
EG 93/44	Maschinenrichtlinie 3. Änderung (1993), in Verbindung mit EN 292 Teile 1 und 2 sowie EN 414
CE-Konformitätszeichen	Ab 1.1.1996 muss an allen Maschinen das CE-Konformitätszeichen vorhanden sein
DVS-Taschenbuch	DVS-Merkblätter und -Richtlinien – „Fügen von Kunststoffen“, Fachbuchreihe Schweißtechnik Band 68/IV, 10. Auflage (2003)
Richtlinie DVS 2203-1 bis -5	Prüfen von Schweißverbindungen aus thermoplastischen Kunststoffen, Prüfverfahren, Anforderungen – Zugversuch, Schlagzugversuch, Technologischer Biegeversuch
Richtlinie DVS 2218-1	Schweißen von thermoplastischen Kunststoffen in der Serienfertigung – Rotationsreibschweißen – Anlagen, Verfahren, Merkmale
Richtline DVS 2230-1	Fügen von Kunststoffserienteilen – Qualitätssicherung und Prüfung
Merkblatt DVS 3006	Produkthaftung in der Schweißtechnik, Fachbuchreihe Schweißtechnik Band 123

11 Anwendungsbeispiele

11.1 Beruhigungstopf:

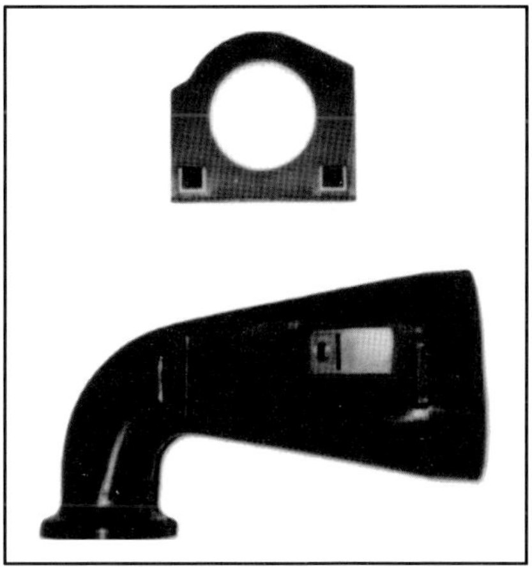

Nahtgestaltung (Stumpfnaht)

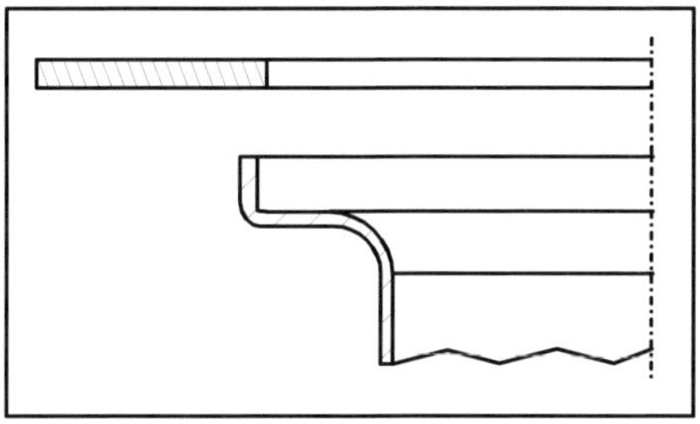

Abmessungen:

Durchmesser Schweißzone:	D_S = 59 mm
Gesamtlänge Schweißteil:	L = 220 mm

Parameter Rotationsschweißen:

Antriebskonzept:	Servomotor
Werkstoff:	PP
Rotationsart:	nicht rotierend aufsetzend
Rotationsende:	nicht positionieren
Drehzahl:	600 1/min
Anzahl der Umdrehungen:	8
Umfangsgeschwindigkeit:	1,85 m/s
Fügefläche:	140 mm²
Zustellkraft:	1250 N
Schweißkraft:	950 N
Schweißzeit:	0,8 s
Haltekraft:	950 N
Haltezeit:	1,0 s

11.2 Membranengehäuse (Automobilindustrie):

Nahtgestaltung (Quetschnaht)

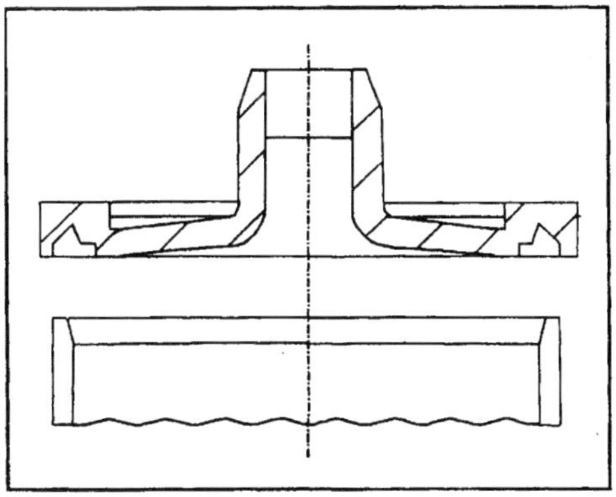

Abmessungen:

Durchmesser Schweißzone:	D_S = 32 mm
Gesamtlänge Schweißteil:	L = 80 mm

Parameter Rotationsreibschweißen:

Antriebskonzept:	Luftmotor
Werkstoff:	PP
Rotationsart:	nicht rotierend aufsetzend
Rotationsende:	nicht positionieren
Drehzahl:	1500 1/min
Anzahl der Umdrehungen:	–
Umfangsgeschwindigkeit:	–
Fügefläche:	110 mm²
Zustellkraft:	1250 N
Schweißkraft:	1250 N
Anlaufzeit:	0,5 s
Schweißzeit:	0,9 s
Haltekraft:	1250 N
Haltezeit:	2,0 s

DVS – DEUTSCHER VERBAND FÜR SCHWEISSEN UND VERWANDTE VERFAHREN E.V.	Schweißen von thermoplastischen Kunststoffen in der Serienfertigung Rotationsreibschweißen von Formteilen und Halbzeugen aus Polyamiden (PA)	DVS Richtlinie DVS 2218-3

Inhalt:

1 Geltungsbereich

Diese Richtlinie gilt für das Rotationsreibschweißen (Kurzbezeichnung FR) von Formteilen und Halbzeugen aus Polyamiden, im Weiteren als PA bezeichnet.

2 Verfahrensbeschreibung

Die Grundlagen des Rotationsreibschweißens werden in DVS 2218-1 und 2218-2 beschrieben. Um hohe Schweißnahtqualitäten zu erzielen, werden Schweißmaschinen eingesetzt, die Mehrstufendrücke (unterschiedliche Drücke während der Schweiß- und Kühlphase) sowie eine Triggerung ermöglichen.

Die Maschinen der neuen Generation bieten weitere technische Möglichkeiten mit folgenden Betriebsarten:

- konstante Drehzahl, konstante Schweißkraft
- konstante Drehzahl, variable Schweißkraft
- variable Drehzahl, konstante Schweißkraft
- variable Drehzahl, variable Schweißkraft.

Hierdurch können Material und Schweißnaht unter spezifischen Aspekten besser berücksichtigt und Schweißnahtqualitäten weiter optimiert werden.

Außerdem verfügen moderne Reibschweißmaschinen über ein Diagnosesystem (Information über Fehlerquellen in der Maschine) zur

- Erfassung der Betriebsdaten
- Erfassung der Prozessdaten
- Bearbeitung der Prozessdaten bis hin zur statistischen Qualitätskontrolle
- Erstellung einer Datendokumentation.

3 Beschreibung der zu schweißenden Werkstoffe

3.1 Polyamid-Typen

Polyamide (PA) sind hochwertige Thermoplaste, die vorwiegend bei technischen Bauteilen eingesetzt werden. Es sind harte bis zähelastische Kunststoffe, die zur Verbesserung der mechanischen und thermischen Eigenschaften mit Verstärkungs- und/oder Füllstoffen oder anderen Zusätzen modifiziert werden können.

Es muss unterschieden werden zwischen teilkristallinen Polyamiden und amorphen (teilaromatischen) Polyamiden. Teilkristalline PA liegen als Homo- oder Copolyamide und als Gusspolyamide vor, wobei letztere hauptsächlich für dickwandige Formteile und Halbzeuge Verwendung finden. Amorphe PA sind transparent und zeichnen sich durch eine geringere Verarbeitungsschwindung, gute Dimensionsstabilität, teilweise höhere Glasübergangstemperatur und etwas geringere Feuchtigkeitsaufnahme aus. Zu ihnen werden auch Polymermischungen (Blends) und Modifizierungen aus Polyamiden gezählt.

Zur Verbesserung z. B. der Schlagzähigkeit, der Wärmeformbeständigkeit oder Steifigkeit, können die Polyamide mit einer Reihe anderer Kunststoffe oder Elastifikatoren gemischt werden. Je nach Anteil der fremden Komponenten spricht man von modifizierten Polyamiden oder bei höherem Fremdanteil von Polyamidmischungen (Blends). Mit der Veränderung der oben genannten Eigenschaften wird auch das Schweißverhalten beeinflusst.

3.2 Zusatzstoffe

Zusatzstoffe beeinflussen, je nach Art und Menge, das Schweißverhalten und die Fügenahtfestigkeit. Zu den Zusatzstoffen zählen Füll- und Verstärkungsstoffe, z. B.:

- Glas- oder Kohlenstofffasern
- Glasvliese oder -matten
- Glaskugeln
- Kreide
- Glimmer
- Quarzmehl
- Metallpulver

DVS, Ausschuss für Technik, Arbeitsgruppe „Fügen von Kunststoffen"

Bezug: Verlag für Schweißen und verwandte Verfahren DVS-Verlag GmbH, Postfach 10 19 65, 40010 Düsseldorf, Telefon (02 11) 15 91-0, Telefax (02 11) 1591-150

Weitere Zusatzstoffe sind z. B.:

- Additive
- Farbmittel, (Pigmente, Farbstoffe, Ruß)
- Nukleierungsmittel
- Schmiermittel
- Stabilisatoren
- Elastifikatoren
- Entformungshilfen (Trennmittel)

3.3 Schweißrelevante Eigenschaften von Polyamiden

Tabelle 1 zeigt Eigenschaften von unverstärkten Polyamiden, die für das Schweißen herangezogen werden können. Lediglich bei PAMXD6 wurden die Werte von einem mit 30% Glasfaser verstärktem Material aufgenommen, da dieser Werkstoff nur als verstärktes Material im Handel ist.

4 Werkstoffbezogene Einflussfaktoren auf das Schweißverhalten

4.1 Erweichungs- und Plastifizierverhalten (Fließverhalten)

Polyamide weisen hohe Schmelztemperaturen und relativ geringe Reibungskoeffizienten auf. Die beim Reibschweißen entstehende Wärme ist dem Produkt aus Reibzeit, -druck und Umfangsgeschwindigkeit proportional. Dieses Produkt muss einen Mindestwert erreichen, um die Materialoberfläche zu plastifizieren. Nach Abschluss der Anreibphase ändert sich die Schmelzetemperatur nur noch wenig.

Die möglichen Reibschweißgeschwindigkeiten liegen in einem weiten Bereich, jedoch gehört zu einer bestimmten Drehzahl nur ein enger Fügedruckbereich. Druck und Drehzahl sollten so gewählt werden, dass sich sehr schnell plastifizierte Schmelze bildet und nur eine geringe Abriebmenge entsteht. Ein zu hoher Fügdruck bewirkt ein Verdrängen der Schmelze aus der Fügenaht und eine steigende Abschmelzgeschwindigkeit. Polyamid bildet aufgrund der niedrigen Viskosität nur eine sehr dünne Schmelzeschicht.

Tabelle 2. Einfluss der Viskosität auf das Fließverhalten.

PA niedrigviskos	**Steilkegelnaht**	**Doppelkegelnaht**
Umfangsgeschwindigkeit [m/s]	1,0 – 1,6	1,6 – 2,6
Fügedruck in der Schweißnaht [MPa]	1,5 – 1,8	0,6 – 1,2
Fügeweg [mm]	3,0 – 4,0	1,0 – 2,0
PA mittelviskos		
Umfangsgeschwindigkeit [m/s]	1,0 – 1,6	2,0 – 2,6
Fügedruck in der Schweißnaht [MPa]	1,2 – 2,2	0,6 – 1,2
Fügeweg [mm]	1,0 – 2,0	2,0 – 3,0

4.2 Zusatzstoffe

Für Zusatzstoffe gelten die in DVS 2218-1 und 2218-2 gemachten Angaben, sowie die unter Abschnitt 3.2 aufgeführten Zusatzstoffe.

4.3 Recyclate, Regranulate, Regenerate

Tabelle 1. Eigenschaften von Polyamidtypen für das FR-Schweißen.

PA-Typ	**Chemischer Aufbau**	**Gruppe[1]**	**Dichte g/cm³**	**E-Modul[2] MPa**	**Wasseraufnahme[3] %**	**Schmelztemperatur °C**	**Schmelzeviskosität MVR (275°C/5 kg)**
6	Polycaprolactam	t	1,10 – 1,14	1100 – 3500/ 1000 – 2500	2,5	220	6 – 350
66	Polyhexamethylen-adpinamid	t	1,12 – 1,14	2600 – 3600/ 1000 – 2800	2,5	255	10 – 150
610	Polyhexamethylen-sebacinamid	t	1,06 – 1,08	2400/ 1500	1,4	215	30 – 120
612	Polyhexamethylen-dodecanamid	t	1,01 – 1,02	2300/ 1500	1,3	210	60 – 200
11	Poly-11-aminoundecanamid	t	1,01 – 1,04	1600/ 1000	1,0	175 – 187	172 – 186
12	Polylaurinlactam	t	1,01 – 1,02	1300 - 1600/ 1200	0,9 – 1,8	172 – 180	36 – 160
46	Polytetrametylendipamid	t	1,18	3300/ 1000	3,7	295	
6/66	Copolymer aus PA6 und 66	t	1,13	2200/ 1000	3,2	296	60
66/6	Copolymer aus PA66 und 6	t - a	1,13	3000/ 1100	1,8	243	110
6/6T	Copolymer aus PA6 und Polyhexamethylen-terephthalamid	t	1,18	3500/ 3500		295	20 – 30 [4]
PAMXD 6-GF30	Poly-m-Xylylendipamid	t	1,22	4800/	0,2	235 - 245	

[1] t = teilkristallin, a = amorph
[2] 1. Wert trocken, 2. Wert konditioniert
[3] Normklima (23°C / 55% rel. Feuchtigkeit)
[4] 10 min / 365°C / 5 kg

In zunehmendem Maße werden Recyclate (aus bereits einmal verarbeiteten und gebrauchten Bauteilen), Regranulate (sortenreines Mahlgut ohne weitere Zusätze) oder Regenerate (Mahlgut unter Zugabe von Zusätzen) alleine oder in Mischung mit Neuware verarbeitet und die daraus hergestellten Formteile geschweißt. Ob und in welchem Maße die Schweißeigenschaften dadurch beeinflusst werden, hängt von den Mischungsverhältnissen ab und muss eventuell durch Versuche ermittelt werden. Dabei sollte vor allem auf sortenreine Recyclate, Regranulate bzw. Regenerate geachtet werden.

4.4 Einfluss der Feuchtigkeit

Die Wasseraufnahme von Polyamiden führt zur Blasenbildung in der Schmelze und somit zu einer porösen Schweißnaht, die eine Festigkeitsminderung zur Folge hat, sowie zu einer Verringerung der Schmelzeviskosität. Besonders bei transparenten Teilen kann das Aussehen der Naht stark beeinträchtigt werden. Bei ungenügender Schweißnahtqualität muss im Einzelfall geklärt werden, ob die Formteile vor dem Schweißen zu trocknen sind. Siehe hierzu auch Abschnitt 6.

5 Konstruktionsmerkmale der Fügeteile

5.1 Schweißnahtgestaltung

Zur Erzielung hochwertiger Schweißverbindungen sind bereits in der Planungsphase die nötigen Voraussetzungen zu schaffen. Je nach Anforderung an die Schweißverbindungen ist die Konstruktion auf folgende Forderungen auszurichten:

- rotationssymmetrische Fügenahtgeometrie
- zumindest ein Bauteil muss rotationsgerecht gestaltet sein
- beide Teile müssen das Drehmoment aufnehmen und übertragen können
- es müssen Scherkräfte in axialer Richtung aufgenommen und übertragen werden können
- die Teile dürfen sich beim Schweißvorgang nicht verformen
- bei Beginn der Reibphase soll eine kleinflächige (linienförmige) Berührung erfolgen.

Zweckmäßig sind Kombinationen verschiedener Grundformen z. B. Stumpfkegel gegen Kreisfläche. Die Kombination verschiedener Fügeflächen soll nicht nur eine gute Zentrierung der Teile bewirken, sondern auch das Auftreten reibungsbehindernder Ratterschwingungen ausschließen. Der Schweißvorgang wird dabei zunächst auf schmalen Ringzonen eingeleitet (siehe Bild 1a). Dadurch bildet sich sehr schnell plastifiziertes Material, das eine eventuell auftretende Phase von Axial- oder Torsionsschwingungen meist sehr rasch beendet. Es ist jedoch unbedingt zu beachten, dass die Reibschweißbarkeit von Geometriekombinationen ihre Grenzen hat. Wird z. B. eine Steilkegelfläche mit einer Kreis- oder Kreisringfläche von etwa gleicher Flächengröße kombiniert, so kann es zu einer Fehlschweißung kommen, weil die Steilkegelfläche eine sehr viel größere Vorschubgeschwindigkeit erfordert, als die Kreis- oder Kreisringfläche.

5.2 Toleranzen und Formgestaltung

Die zu fügenden Teile müssen zentriert passen.

Zulässige Toleranzen bei einem Durchmesser von:

< 50 mm	Überdeckung 0,3 – 0,5 mm	Toleranz max. 0,05 mm
< 100 mm	Überdeckung 0,4 – 0,7 mm	Toleranz max. 0,1 mm
< 200 mm	Überdeckung 0,6 – 1,0 mm	Toleranz max. 0,2 mm

Die unteren Grenzwerte gelten für Steilkegel, die oberen Grenzwerte für Flachkegel. Der Verzug der Teile sollte möglichst klein sein.

Bei Höhenschlag muss dieser zum Abschmelzweg addiert werden. Bei Seitenschlag muss mit zusätzlicher Belastung der Teile gerechnet werden, dieser sollte daher möglichst ganz vermieden werden.

5.3 Fügezonengeometrien

Um einwandfreie Resultate in Bezug auf Dichtheit und mechanische Festigkeit zu gewährleisten, müssen die Nahtprofile gewisse konstruktive Voraussetzungen erfüllen.

Am besten bewährt haben sich V-Nähte, von denen zwei typische Beispiele in Bild 1 gezeigt werden.

Bild 1a zeigt ein Nahtprofil für Teile mit gleichen Innendurchmessern, die zum Antreiben bzw. Festhalten mit einer Außenschulter versehen werden können (Zylindergehäuse, Druckbehälter).

Bild 1b zeigt ein Nahtprofil für aufgeschweißte Böden und Abschlusskappen (Gaspatronen für Feuerzeuge, Aerosolflaschen).

An den in Bild 1 gezeigten Nähten kann man das Austreten von Schmelze nicht vermeiden, was störend wirken kann oder eine Nacharbeit erfordert. Bei verschweißten Gehäusen, welche bewegte mechanische Teile enthalten, kann das „Abbröckeln“ von Schmelzeaustrieb im Inneren die Funktion behindern und muss deshalb unbedingt verhindert werden.

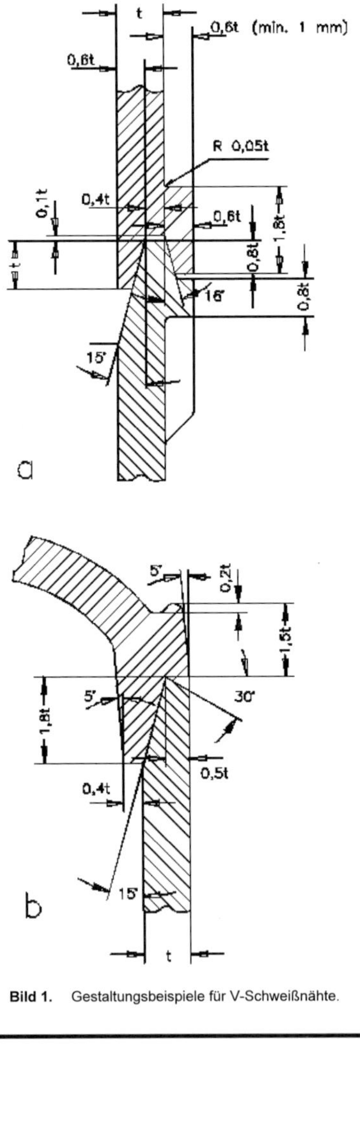

Bild 1. Gestaltungsbeispiele für V-Schweißnähte.

Bild 2 zeigt vier Vorschläge für Schweißnahtformen, die mit Rillen zur Aufnahme des Schweißaustriebs ausgerüstet sind.

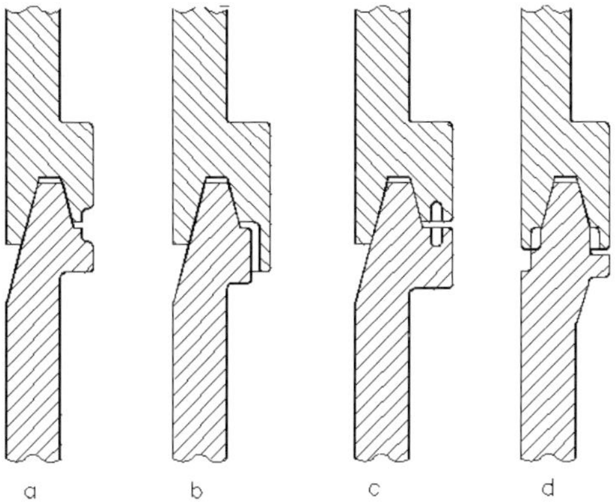

Bild 2. Vorschläge für Schweißnahtformen mit Rillen zur Aufnahme des Schweißaustriebs (Doppelkegelnaht).

Bild 2a. Die einfache Rille verdeckt zwar den Schmelzeaustrieb nicht, verhindert aber ein Vorstehen desselben über den Außendurchmesser.

Bild 2b. Die überlappende Lippe mit einem kleinen Spalt kann die Nachteile, wie in Bild 2a zu sehen ist, oft vermeiden (Aufnahme des Schmelzeaustriebs).

Bild 2c. Hier sind Rillen so angeordnet, dass sie am Ende der Verschweißung abschließen.

Bild 2d. Die innere leicht überlappende Lippe schließt die Rillen völlig ab und jedes Austreten von Material wird verhindert. Die äußere Lippe liegt nach dem Verschweißen auf dem Gegenrand auf.

5.4 Aufnahmewerkzeuge

5.4.1 Rotationsmitnehmer

Das Rotationsmitnehmerwerkzeug muss gewährleisten, dass die Rotationsbewegung auf das zu rotierende Bauteil formschlüssig übertragen wird. Das Gewicht des Rotationsmitnehmers soll möglichst klein gehalten werden, um die Beschleunigungskräfte und Bremskräfte gering zu halten (servomotorischer Antrieb).

5.4.2 Aufnahmewerkzeug

Das Aufnahmewerkzeug muss gewährleisten, dass das Bauteil positionsgenau fixiert wird.

6 Qualitätsanforderungen an die zu schweißenden Fügeteile

Gute Schweißergebnisse lassen sich nur mit Fügeteilen erzielen, die nach den für den Werkstoff gültigen Verarbeitungsrichtlinien hergestellt wurden.

Fügeteile aus Polyamiden nehmen Feuchtigkeit aus der Luft auf und sollten daher möglichst kurz nach der Fertigung geschweißt werden. Bei längerer Lagerzeit sind die Teile feuchtigkeitsdicht zu lagern. Feucht gewordene Teile sind vor dem Schweißen auf einen Feuchtigkeitsgehalt < 0,5% zu trocknen. Zum Erreichen der Gebrauchseigenschaften muss das Teil nach dem Schweißen konditioniert werden.

An der Fügefläche haftende Formtrennmittel und Verunreinigungen können den Prozess stören und die Schweißnahtfestigkeit mindern. Das Gleiche gilt auch für lackierte und metallbedampfte Oberflächen. Lassen sich solche behandelten Oberflächen an den Fügeteilen nicht vermeiden, so ist darauf zu achten, dass die Oberflächenschicht in der gesamten Fügenaht aufgebrochen und mit austretendem Schweißgut aus der Fügenaht verdrängt wird. Bindenähte im Fügezonenbereich sind Schwachstellen, besonders bei faserverstärktem Material. Die Maßtoleranzen der Fügeteile müssen auf den Schweißprozess abgestimmt und eingehalten werden. Die Eigenspannungen sollten gering sein.

7 Wahl und Überwachung der Schweißparameter

Zur Überwachung des Schweißvorgangs können der Fügeweg, die Schweißzeit, die Drehzahl, die Schweißkraft und die Haltekraft herangezogen werden.

7.1 Schweißparameter

Schweißparameter sind Vorgaben, die an der Maschine einzustellen sind. Es sind der Druck, die Zeit oder der Abschmelzweg, die Geschwindigkeit und die Anzahl der Umdrehungen. Die Werte richten sich nach dem Kunststoff, der Menge der Zusatz-, Verstärkungs- oder Füllstoffe sowie der Nahtgestaltung. Letztere beeinflusst die Forderung an Dichtheit und Festigkeit.

7.2 Einstellparameter

Einstellparameter sind die änderbaren Größen:

- Drehzahl
- Anzahl der Umdrehungen
- Fügeweg oder -zeit
- Schweißkraft und Haltekraft

7.3 Folgeparameter

Neben den Schweißparametern haben auch noch Folgeparameter einen Einfluss auf die Schweißnahtgüte:

- Schmelzeschichtdicke
- Schergeschwindigkeit und Temperatur in der Fügezone
- Fügeweg beim Reibvorgang
- Schweißweg bzw. Schweißgeschwindigkeit
- Reibmoment
- Reibleistung
- Reibarbeit

7.4 Verfahrensoptimierung

Die Verfahrensparameter müssen in Versuchen aufeinander abgestimmt werden. Maximale Schweißnahtfestigkeiten können nur bei korrekter Auslegung der Fügefläche und richtiger Abstimmung der Schweißparameter erzielt werden.

8 Maßnahmen zur Qualitätssicherung

Die Maßnahmen für die Qualitätssicherung sind jeweils zu vereinbaren. Das gilt sowohl für die Herstellung der Fügeteile als auch für die Fügeparameter. Die hierfür gültigen Gesetze, Vorschriften und Normen sind nachfolgend aufgeführt bzw. in DVS 2218-1 und 2218-2 sowie 2230-1 enthalten. Es gelten hier vor allem die Unfallverhütungsvorschriften (UVV) der Berufsgenossenschaften sowie die DIN-, DIN VDE-, DIN ISO-, DIN EN und DIN EN ISO Normen. Je nach Werkstoff und Anwendung müssen entstehende Dämpfe abgesaugt werden.

9 Sicherheitsvorschriften

Das Gesetz über technische Arbeitsmittel (Gerätesicherheitsgesetz) schreibt vor, dass technische Arbeitsmittel nur dann in den Verkehr gebracht werden dürfen, wenn sie den Arbeitsschutz- und Unfallverhütungsvorschiften entsprechen. Die hierfür gültigen Gesetze, Vorschriften und Normen sind im Abschnitt 10 bzw. in DVS 2218-1 angeführt. Es gelten hierfür vor allem die Unfallverhütungsvorschriften (UVV) der Berufsgenossenschaften sowie DIN, DIN VDE, DIN ISO und DIN EN Normen. Weitere Angaben siehe DVS 2218-1, Abschnitt 9.

10 Normen und Richtlinien

Nachstehend sind Normen und Richtlinien angeführt, die zusätzlich zur Beurteilung des FR-Schweißens von Polyamiden herangezogen werden können, soweit sie nicht bereits in DVS 2218-1 und 2218-2 angeführt sind.

DIN EN 60519-1	Sicherheit in Elektrowärmeanlagen – Allgemeine Anforderungen (VDE 0721-1)
DIN EN ISO 9000	Qualitätsmanagementsysteme – Grundlagen und Begriffe
DVS 2218-1	Schweißen von thermoplastischen Kunststoffen in der Serienfertigung – Rotationsreibschweißen; Anlagen, Verfahren, Merkmale
DVS 2218-2	Schweißen von thermoplastischen Kunststoffen in der Serienfertigung – Rotationsreibschweißen von Formteilen aus Polyolefinen (PE, PP)
DVS 2230-1	Schweißen von Kunststoffserienteilen – Qualitätssicherung, Prüfung
BGV A3	Unfallverhütungsvorschrift – Elektrische Anlagen und Betriebsmittel
BetrSichV	Betriebssicherheitsverordnung

DVS-Merkblätter und Richtlinien – „Fügen von Kunststoffen“ DVS-Verlag GmbH, Fachbuchreihe Schweißtechnik Band 68/ IV 10. Ausgabe 2003

CD-ROM: Fügen von Kunststoffen – DVS-Merkblätter und Richtlinien (Deutsch / Englisch); DVS-Verlag GmbH 2002

11 Ausgewählte Anwendungsbeispiele

Bild 3. Benzinverteiler (PA6-GF30).

Bild 4. Servoöl-Behälter (PA-GF).

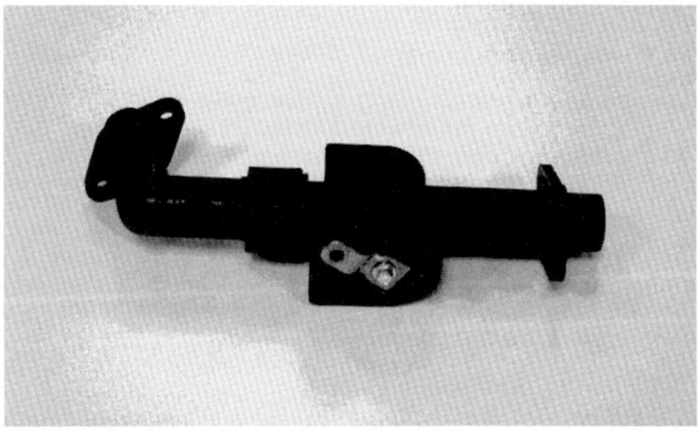

Bild 5. Ventil (PA-GF).

DVS – DEUTSCHER VERBAND FÜR SCHWEISSEN UND VERWANDTE VERFAHREN E.V.	**Hochfrequenzfügen von thermoplastischen Kunststoffen in der Serienfertigung**	DVS **Richtlinie DVS 2219-1**

Ersatz für Ausgabe Juli 1994

Inhalt:

1 Geltungsbereich

Die Richtlinie beschreibt Maschinen, Geräte und Werkzeuge für das Fügen von Folien und Formteilen aus Kunststoffen durch Hochfrequenz (HF), einschließlich der Verfahrenstechnik.

2 Funktionsprinzip

2.1 Begriffsbestimmung

Nach DIN 8593 gehört das Hochfrequenzschweißverfahren zur Hauptgruppe 4 der „Fertigungsverfahren Fügen". Trotz der klaren begrifflichen Abgrenzung wird fast immer von Schweißen gesprochen. In der Praxis hat sich ebenfalls die Bezeichnung Schweißmaschine eingebürgert, obwohl mit den Maschinen oft Fügevorgänge durchgeführt werden, die der Definition „Schweißen" nicht entsprechen.

In dieser Richtlinie werden beide Begriffe, Fügen und Schweißen, verwendet.

2.2 Erwärmungsvorgang

Das zwischen den Elektroden wirkende hochfrequente elektrische Wechselfeld verursacht eine beschleunigte Bewegung der Moleküle im darin liegenden Kunststoff. Die Moleküle des Werkstoffes müssen elektrisch polar, das heißt elektrisch nicht neutral sein. Ein solches Molekül stellt dann einen Dipol dar, der bei Vorhandensein eines elektrischen Wechselfeldes das Bestreben hat, sich in Feldrichtung zu drehen.

Bei der im Rahmen der HF-Fügetechnik am häufigsten angewandten Frequenz von 27,12 MHz richten sich die Moleküle 27,12 Millionen Mal in der Sekunde aus. Hierbei entsteht eine innere Reibung, die Wärme erzeugt.

Bei homogenem Werkstoff und gleichmäßiger Feldverteilung findet durch die Hochfrequenz eine gleichmäßige Erwärmung im gesamten Werkstoffquerschnitt statt. In den oberflächennahen Schichten tritt durch die Wärmeableitung an die im niedrigeren Temperaturbereich liegende Umgebung und an die kalten Elektroden ein Temperaturabfall ein. Bild 1 zeigt das Prinzip des HF-Schweißens.

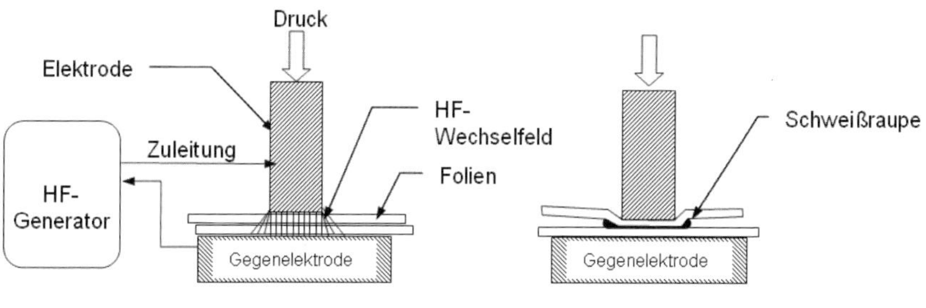

a) Schweißvorgang b) Schweißvorgang beendet

Bild 1. Prinzip des Hochfrequenzschweißens.

DVS, Ausschuss für Technik, Arbeitsgruppe „Fügen von Kunststoffen"

Bezug: Verlag für Schweißen und verwandte Verfahren DVS-Verlag GmbH, Postfach 10 19 65, 40010 Düsseldorf, Telefon (02 11) 15 91-0, Telefax (02 11) 1591-150

3 Maschinen, Geräte und Werkzeuge

3.1 Aufbau und Wirkungsweise einer Hochfrequenz-Schweißmaschine

Eine HF-Schweißmaschine, Bild 2, besteht aus dem Generator, den HF-Leitungen mit Filtern, dem Anpassgerät, der Arbeitsvorrichtung, der Steuerung und den Elektroden.

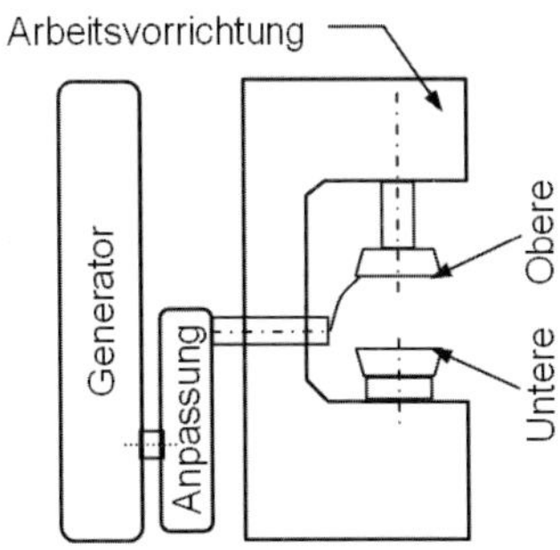

Bild 2. Hochfrequenz-Schweißmaschine.

3.1.1 Hochfrequenz-Generator

Der HF-Generator wandelt die niederfrequente elektrische Energie des Wechselstromnetzes in hochfrequente elektrische Energie um. Der internationale Fernmeldevertrag aus dem Jahr 1959 und die dazugehörige Vollzugsverordnung vom 1. Mai 1961 legen die zulässigen Frequenzbereiche fest. Als Arbeitsfrequenzen für Industrie, Medizin und Wissenschaft gelten ab diesem Zeitpunkt folgende Frequenzbereiche:

13,56	MHz	±	0,05	%
27,12	MHz	±	0,6	%
40,68	MHz	±	0,05	%
433,92	MHz	±	0,2	%
2.450	MHz	±	50	MHz
5.800	MHz	±	75	MHz
22.125	MHz	±	125	MHz

Aufgrund von Praxisanforderungen – zulässige Frequenzbandbreite, Höhe der an den Elektroden liegenden HF-Spannung, Spannungsverteilung über die Schweißfläche – kommt für das Fügen und Schweißen mit Hochfrequenz hauptsächlich die Frequenz von 27,12 MHz ± 0,6 % zum Einsatz. Die Ausgangsleistungen der HF-Generatoren liegen im Allgemeinen zwischen 0,6 und 120 kW. Der Wirkungsgrad frequenzstabiler Generatoren – Verhältnis der vom Netz aufgenommenen Leistung zu der an die Elektroden abgegebenen HF-Leistung – liegt bei etwa 50 %. Zur HF-Leistungsbestimmung beim Schweißen von PVC-P-Folien in einer Dicke von 2 x 0,5 mm gilt als Anhaltspunkt:

Für eine Schweißnahtlänge von 1 m und einer Nahtbreite von 2 mm benötigt man etwa 1 kW HF-**Leistung** (erster Schweißparameter). Bei anderen Werkstoffen und Gesamtmaterialdicken weicht die benötigte HF-Leistung davon ab.

Die Schweißzeiten sind abhängig vom Werkstoff und von der Werkstoffdicke. Bei PVC-P-Folie mit einer Gesamtdicke von 0,6 mm und einer Schweißzeit von 1,5 bis 2 s benötigt man eine HF-Leistung von etwa 35 W/cm^2. Bei geringeren Foliendicken wird durch die Wärmeableitung in die kalten Elektroden ein höherer Leistungsbedarf erforderlich.

Bei größeren Foliendicken ist, aufgrund des zu erwärmenden größeren Volumens, auch eine höhere HF-Leistung notwendig. Bei längeren Schweißzeiten von beispielsweise 6 bis 8 s benötigt man eine geringere HF-Leistung.

Der überwiegende Teil der üblichen **Schweißzeit** (zweiter Schweißparameter) liegt zwischen 1 und 6 s. Die Foliendicken liegen bei den meisten Einsatzfällen zwischen 0,2 und 1 mm. Nach der Schweißzeit folgt die Nachwirk- oder Kühlzeit.

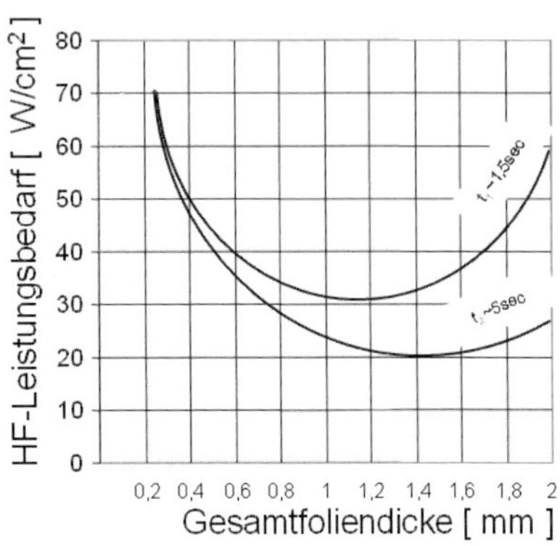

Bild 3. HF-Leistungsbedarf in Watt je cm^2 Schweißfläche; Schweißzeit t_1 etwa 1,5 bis 2 s, Schweißzeit t_2 etwa 5 bis 6 s.

3.1.2 HF-Leitungen

Die HF-Leitungen transportieren die hochfrequente elektrische Energie über das Anpassgerät zu den Elektroden, die sich in der Arbeitsvorrichtung befinden. Zu den HF-Leitungen gehören auch Filter, um bei frequenzstabilen und störstrahlungsfreien HF-Generatoren die Abstrahlung von Oberwellen (Harmonischen) zu beschränken.

3.1.3 Anpassgerät

Es dient zur Anpassung der Arbeitsvorrichtung an den HF-Generator und zur Einregelung der gewünschten Schweißleistung.

3.1.4 Arbeitsvorrichtung

Diese überträgt den für den Arbeitsvorgang erforderlichen Fügedruck. Sie hat weiterhin die Aufgabe, die Elektroden planparallel zu führen und den Fügedruck während der vorgewählten Zeit exakt zu halten. Die Arbeitsvorrichtung muss während des Fügevorgangs um die erforderliche und vorgewählte Eindringtiefe präzise nachfahren können. Die Arbeitsvorrichtungen werden in C-, oder Portalbauweise gefertigt. Der Antrieb erfolgt hydraulisch oder pneumatisch, in einigen Fällen auch über einen Motor. Für einfache Aufgabenstellungen und für Kleinserien werden auch Fußhebelmaschinen eingesetzt. Der erforderliche spezifische **Druck** an der Elektrodensohle (dritter Schweißparameter) liegt für PVC-P bei 1 MPa.

3.1.5 Elektroden

Diese sind für die Füge- und Schweißvorgänge erforderlich. Die wichtigsten Funktionen sind:

- die Übertragung der Hochfrequenzenergie auf den zwischen Ober- und Unterelektrode befindlichen zu schweißenden Werkstoff
- die Fixierung der Fügeteile und Formgebung während des Füge-, Präge-, Kerbbildungs- oder Schweißvorganges
- das Abführen der im Fügewerkstoff entstandenen Wärme nach dem Abschalten der Hochfrequenz

3.1.6 Elektrodenschutzvorrichtungen

Da an den HF-Elektroden bei eingeschalteter Hochfrequenz hohe Spannungen anliegen, müssen Schutzvorrichtungen vorgesehen werden. Diese schalten die HF-Leistungszufuhr bei Auftreten von Überschlägen sofort ab. Damit werden Beschädigungen der Elektroden und der Fügeteile vermieden.

3.1.7 Aufgabenbezogene Zusatzeinrichtungen

Die HF-Schweißmaschinen werden entsprechend der jeweiligen Aufgabenstellung mit Einfach- Doppel- oder Etagenschiebetisch, Drehtisch oder Vorschubanlagen als Beschickungseinrichtungen ausgerüstet.

3.1.8 EG-Konformitätserklärung

Als EG-Konformitätserklärung wird das Verfahren bezeichnet, bei dem der Hersteller oder sein in der Gemeinschaft niedergelassener Bevollmächtigter erklärt, dass die in den Verkehr gebrachte Maschine allen einschlägigen grundlegenden Sicherheits- und Gesundheitsanforderungen entspricht.

3.1.9 CE-Konformitätskennzeichnung

Die Konformitätskennzeichnung zeigt an, dass das Produkt die Anforderungen der einschlägigen Richtlinien erfüllt. Für Erzeugnisse, die mehreren Richtlinien unterliegen, sagt die CE-Kennzeichnung aus, dass die Anforderungen aller betroffenen Richtlinien und Normen erfüllt sind. In jeder einzelnen Richtlinie und Norm ist aufgeführt, welche Voraussetzungen bei der CE-Konformitätskennzeichnung einzuhalten sind.

Seit 1995 muss an jeder Maschine welche die Anforderungen der einschlägigen Richtlinien erfüllt, die CE-Kennzeichnung angebracht sein.

3.1.10 Steuerung, Überwachung und Produktionsdatenerfassung

Für die Steuerung, Prozessüberwachung und Erfassung der Produktionsdaten werden speicherprogrammierbare Systeme (SPS) eingesetzt. Diese ermöglichen (je nach Ausführung), die HF-Schweißmaschine zu steuern und zu regeln, den vorgewählten Programmablauf und die Fügeparameter zu überwachen sowie die Produktionsdaten zu erfassen, zu speichern und auszuwerten. Das Prozessüberwachungssystem ermöglicht bei Störungen auch eine Ferndiagnose der Anlagen-SPS. Ebenso ist eine Fernwartung des Rechners über Teleservice möglich.

4 Gestaltung der Schweißwerkzeuge und Elektroden

Das Schweißwerkzeug besteht vorwiegend aus einzelnen Elektrodenstäben, die in der gewünschten Form zueinander angeordnet sind. Die Elektrodensteghöhen werden der Aufgabenstellung angepasst. Elektroden für beispielsweise dreidimensionale Fügeaufgaben sind kopiergefräst.

4.1 Anforderungen an die Elektrodenstäbe

- hohe elektrische Leitfähigkeit
- verlustfreie und kontaktsichere Stromübergabe
- hohe mechanische Stabilität
- geringe Verlustkapazität
- geringe Verlustinduktivitäten

In der Praxis hat sich diesbezüglich Messing als optimal erwiesen. Als Grundplatte für den Werkzeugaufbau wird Aluminium verwendet.

Ein Dekor des Elektrodensteges kann oft zu einer besseren Qualität der Fügeverbindung beitragen. Für eine gute Schweißnahtfestigkeit ist eine dem Schweißgut angepasste Eindringtiefe wichtig. Außer in der Arbeitsvorrichtung werden oft auch Elektroden mit einer eigenen Eindringtiefenbegrenzung ausgerüstet.

4.2 Verschiedene Elektrodensteganordnungen.

Bei einer HF-Nahtbildung für Scher- und/oder Schälbelastung, unterscheidet man einsatzbedingt unter:

- Einfache Flachnähte, unter der Verwendung von Elektroden mit planer Sohle in unterschiedlichen Breiten.
- Dekor- oder Ziernähte bei Einsatz von entsprechenden Elektroden.
- Kombinationsnähte mit speziellen Elektroden, die neben der eigentlichen Nahtbildung eine Kerbbildung (Linie) ermöglichen. Entlang dieser ist ein nachträgliches, manuelles oder automatisches, Abtrennen eines eventuellen (Rand)Abfalls möglich. Diese finden einen breiten Einsatz bei der Herstellung von Behältnissen und Verpackungen bei überwiegendem Einsatz von PVC-P.

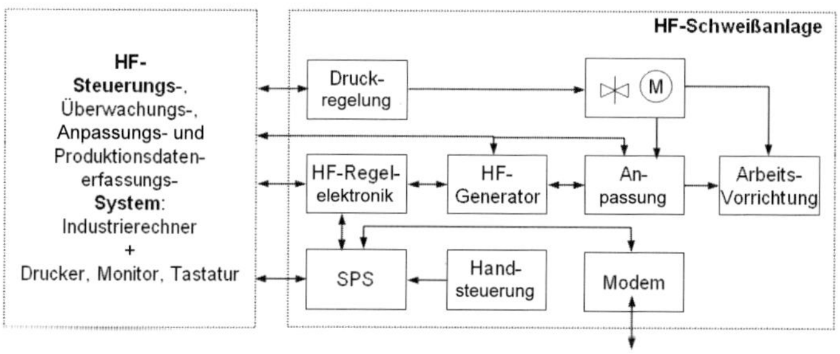

Bild 4.
Gesamtaufbau des Steuerungssystems für das HF-Schweißen.

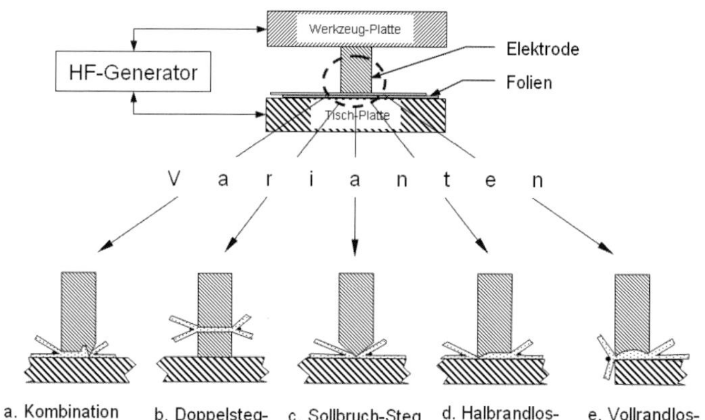

Bild 5.
Verschiedene Elektrodensteganordnungen.

5 Werkstoffeinflüsse

5.1 Einfluss der Rohstoffeigenschaften auf das Füge- und Schweißverhalten

Das Schweißverhalten wird neben den geometrischen Verhältnissen – Fügefläche, Wanddicke des Schweißmaterials – von den Eigenschaften des zu verschweißenden Kunststoffes beeinflusst. Der zu verschweißende Werkstoff kann dabei als Folie, Platte, textiles Gewebe vorliegen. Bei dem Hochfrequenzschweißen oder -fügen spielen neben anderen Rohstoffeigenschaften vor allem der dielektrische Verlustfaktor tan δ und die relative Dielektrizitätszahl ε_r eine wesentliche Rolle.

Es ist zu unterscheiden, ob zwei Thermoplaste oder thermoplastische Elastomere (TPE) miteinander verschweißt werden sollen oder ob ein Thermoplast oder TPE mit einem anderen, nicht plastifizierbaren Werkstoff, beispielsweise Textilien, Pappe, Pressspanplatten, verbunden werden soll. Hier spricht man von Fügen. In diesem Fall gelten die Rohstoffeigenschaften nur für Thermoplaste bzw. TPE.

Es ist günstig, wenn zwei artgleiche Kunststoffe miteinander verschweißt werden. Dabei ist zu beachten, ob es sich um einen amorphen oder teilkristallinen Kunststoff handelt. Nach dem bisherigen Kenntnisstand lassen sich amorphe nicht mit teilkristallinen Kunststoffen verschweißen.

Es können aber unterschiedliche Kunststoffe miteinander gefügt werden, wenn man beachtet, dass die Schmelzbereiche nicht zu weit auseinander liegen Beim HF-Schweißen haben aber auch die Zusätze in den Werkstoffen (Farbmittel, Stabilisatoren, Weichmacher und andere) unter Umständen einen Einfluss auf den tan δ, und damit auch auf die Schweißeigenschaften. Gleiche Werkstoffe mit unterschiedlichen Mengen dieser Zusatzstoffe erfordern in der Regel andere Fügeparameter und weisen eventuell auch andere Fügenahtfestigkeiten auf.

Nachstehend einige Werkstoffkombinationen, die bedingt HF-geschweißt werden können:

PVC-P mit ABS, PVC-U mit ABS, PVC-P mit Textilien, Teppichen, Pressstoffen. Auch einige unterschiedliche Celluloseester lassen sich miteinander verschweißen.

Die Schweißeignung muss durch Versuche ermittelt werden. Bei Folien aus PVC-P oder PVC-U ist zu beachten, ob es sich um PVC-[E] (Emulsion), PVC-[M] (Masse) oder um PVC-[S] (Suspension) handelt.

Diese Werkstoffe weisen ein etwas anderes Schweißverhalten auf. Auch eine Reihe von Blends bzw. Copolymere lassen sich durch HF-Schweißen fügen, z. B. PE + PVAC, PE + PA, wobei der Anteil der den höheren tan δ aufweist ausschlaggebend ist.

Zunehmend werden beim Fügen eines Kunststoffes mit einem anderen Werkstoff Schweißhilfsmittel eingesetzt, um eine gute Verbindung zu erzielen. Bei den Schweißhilfsmitteln handelt es sich überwiegend um Spezialklebstoffe, unter anderem, Klebstoffe die durch Wärme reaktivierbar sind. Dabei kann es sich z. B. um Klebstoffe auf der Basis von Polyurethan (PUR), Epoxidharz (EP), Methyl- Methacrylat (MMA) oder Silicon (SI) handeln. Außerdem werden auch ausgeliertes und in Lösungsmittel gelöstes PVC-U (Plastisole) oder Polyvinylacetat (PVAC) als Schweißhilfsmittel verwendet.

Es ist darauf zu achten, dass der zu fügende Kunststoff keine Schädigung durch unter Umständen im Klebstoff enthaltene Lösungsmittel erhält. Bei den Plastisolen und einer Reihe von Klebstoffen müssen die „Richtlinien für Lösungsmittel" der Berufsgenossenschaft beachtet werden.

Beim Fügen von Thermoplasten mit anderen Werkstoffen werden auch Folien, z. B. PVC-P, PVAC, PVAL, PA, TPU als Schweißhilfsmittel verwendet, wobei diese Folien in einem für das HF-Fügen geeigneten Bereich von tan δ liegen müssen.

Zu den hinzugekommenen so genannten PVC-U-Substitutionswerkstoffen zählen das PET (Polyethylenteraphtalat), das durch Beigaben – Copolymerisation – von Glykolen, mit der Bezeichnung PET-G, teilkristalline, harte, hochtransparente Folien ergibt und bedingt HF-Schweißeigenschaften aufweist. Es sind dafür hoch erwärmte Elektroden und höhere spezifische HF-Leistungen nötig. Die Additive beeinflussen günstig das Fügeverhalten für flache Nahtbildungen, Bild 5a, b und c. Trennnähte wie in Bild 5d, e, f und g – Sollbruchstellenbildung mit Abfallabrissmöglichkeit in der Schweißnaht – können wegen der verbliebenen Teilkristallinität nicht optimal ausgeführt werden.

Ein wesentlich besseres Schweißverhalten haben Substitutionsfolien aus EVA-Copolymere und PUR (Plyurethane). Letztere finden weit verbreitet Verwendung bei der Konfektionierung von Druckbehältnissen.

5.2 Dielektrischer Verlustfaktor tan δ

Für die Beurteilung des HF-Schweiß- bzw. Fügeverhaltens des zum Einsatz kommenden Werkstoffes ist der dielektrische Verlustfaktor tan δ eine der wichtigsten Kenngrößen. Er muss mindestens $\geq 0{,}01$ sein. Als Richtwerte gelten:

Dielektrischer Verlustfaktor 0,1 = gute HF-Erwärmung
Dielektrischer Verlustfaktor 0,01 = HF-Erwärmung möglich
Dielektrischer Verlustfaktor 0,001 = keine ausreichende HF-Erwärmung möglich

Ab einem Wert von 0,01 liegt die Polarisierung der Moleküle in einer Größenordnung, die eine Erwärmung im hochfrequenten elektrischen Wechselfeld möglich macht. Der Verlustfaktor tan δ wird mit steigender Temperatur im Werkstoff größer. Dadurch wird die Schweißeignung günstig beeinflusst. Nicht nur der jeweilige Kunststoff spielt dabei eine Rolle, sondern auch Rezepturkomponenten und/oder Zusätze, zum Beispiel Weichmacher, Farbmittel, Füllstoffe und Stabilisatoren. Auch Feuchtigkeit (H_2O-Gehalt) ist von Einfluss.

Tabelle 1 nennt die dielektrischen Verlustfaktoren einiger Thermoplaste.

Tabelle 1. Dielektrischer Verlustfaktor tan δ einiger Thermoplaste

Werkstoff	Dielektrischer Verlustfaktor tan δ
ABS	0,01 ... 0,01
CA	0,07 ... 0,06
PA 6	0,006 ... 0,06
PA 66	0,0026 ... 0,02
PC	0,001
PE	0,0005 ... 0,0001
PMMA	0,05
PP	0,0005 ... 0,0001
PS	0,0001
PVC-P	0,1 ... 0,05
PVC-U	0,03 ... 0,02

5.3 Dielektrizitätszahl ε_r

Die relative Dielektrizitätszahl ε_r liegt bei den schweißgeeigneten Kunststoffen bei > 2.

5.4 Schmelztemperaturbereich

Die Prozessparameter der Anlage müssen anwendungsabhängig so gewählt werden, dass immer die Plastifizierungstemperatur erreicht, aber die Zerstörung des Kunststoffes durch Überhitzung vermieden wird. Fallweise sind Druckabstufungen, Tiefenbegrenzungen, HF-Einschaltverzögerungen t_V bei harten PVC-U-Sorten unerlässlich

5.5 Weichmacher

Überwiegend werden PVC-P und Celluloseester (CA, CAB, CP), die Weichmacher enthalten, sowie PET mit Glykol als Additiv (Copolymerisation) und PA, HF geschweißt. Die Menge des oder der Weichmacher, die Art (Monomer- oder Polymer-Weichmacher) sowie die chemische Struktur, haben einen maßgeblichen Einfluss auf den Verlustfaktor tan δ und damit auf das Verhalten der Werkstoffe im HF-Feld. Sofern keine eigenen Erfahrungen vorliegen, empfiehlt es sich, beim Rohstofflieferanten nachzufragen und unbedingt eigene Versuche durchzuführen.

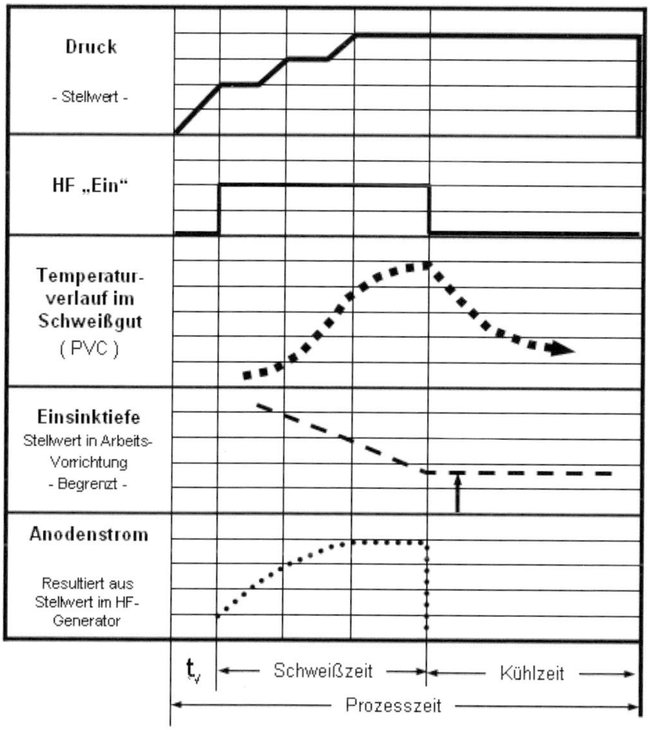

Bild 6.
Schematischer Prozessverlauf beim HF-Schweißen.

5.6 Zusatzstoffe

Weitere Zusatzstoffe und/oder Füllstoffe, Farbmittel, antistatische Ausrüstungen, Brandschutzmittel, Stabilisatoren, Form-Trennmittel und andere Faktoren haben Einfluss auf die Schweißparameter.

5.7 Einfluss von Feuchtigkeit

Feuchtigkeit im Werkstoff hat eine deutliche Auswirkung auf das HF-Schweißverhalten, da Feuchtigkeit den Faktor tan δ erhöht. Andererseits kann eine höhere Feuchtigkeit aber auch zu Blasenbildung im Fügeteil führen und damit zu einer Minderung der Nahtfestigkeit. Bei PA ist es günstig, wenn ein geringer Feuchtigkeitsanteil enthalten ist. Da PA, PET und Celluloseester, in geringem Maße auch PMMA, aus der Luft Feuchtigkeit aufnehmen, ist darauf zu achten, dass möglichst beide zu schweißenden Fügeteile den gleichen Feuchtigkeitsgehalt aufweisen. Auf entsprechende Lagerbedingungen sollte geachtet werden.

5.8 Recycling- und Regenerat-Material

Da in zunehmendem Maße Recycling- oder Regenerat-Material verwendet oder zugemischt wird, kommt diesen „Beimengungen“ auch beim HF-Schweißen eine große Bedeutung zu. Dieses ist besonders dann der Fall, wenn die Beimengungen (z. B. bei textilen Geweben) leitfähige Stoffe wie Metallfäden, leitfähige Farbmittel und anderes enthalten. Hierdurch wird die Gefahr von Durchschlägen beim Schweißen erhöht. Das kann auch der Fall sein, wenn bei textilen Geweben leitfähige Substanzen (z. B. Färbesalze) an einzelnen Stellen in unterschiedlichen Mengen enthalten sind. Die für die Fügeteile verwendeten Recycling- oder Regenerat-Materialien müssen den Anforderungen für den jeweiligen Einsatzbereich genügen

6 Einfluss der Herstellungsbedingungen der Fügeteile

Überwiegend finden flächige Gebilde, Folien, Platten, Gewebe Verwendung, die gegossen, extrudiert oder kalandriert werden. Bauteile werden durch Spritzgieß-, Extrusions-, Blas- oder Warmformen gefertigt. Es ist sicherzustellen, dass über die gesamte Fügefläche eine gleichmäßige Wanddicke vorhanden ist.

7 Prüfen von Füge- und Schweißverbindungen

Die im HF-Schweißverfahren hergestellten Nähte bei Folien werden in der Praxis einer optischen Prüfung unterzogen. Im Wesentlichen wird dabei die Ausbildung einer guten Schweißraupe entlang der Schweißnaht geprüft. Als Referenzartikel kann dabei ein solcher herangezogen werden, der durch eine mechanische Prüfung nach DIN EN ISO 527-1 und 2 geprüft wurde. Hier wird durch einen Zugversuch die Scher- bzw. Schälfestigkeit der Nahtverbindung gemessen. Bild 7.

Die Schweißnahtfestigkeit, prozentual angegeben und auf die Festigkeit des unverschweißten Werkstoffs bezogen (vgl. DIN 16960) entspricht dem Wertigkeitsverhältnis:

$$= \frac{\text{Reißlast des verschweißten Werkstoffs}}{\text{Reißlast des unverschweißten Werkstoffs}} \cdot 100$$

Die Versuche werden in der Praxis an einer einfachen Zugprüfeinrichtung durchgeführt. Zu beachten ist, dass die Festigkeitswerte stark von der Umgebungstemperatur, der genauen Einspannung des Probestreifens und der Zuggeschwindigkeit abhängen.

Die mit der Zugprüfeinrichtung ermittelte Festigkeit des Originalwerkstoffs wird mit 100 % angenommen. Danach werden geschweißte Streifen mit den gleichen Dimensionen in der Zugprüfeinrichtung unter gleichen Bedingungen geprüft. Wenn diese Werte erreicht werden, kann man von einer guten Nahtfestigkeit ausgehen. Scherbeanspruchungen ergeben höhere Festigkeitswerte als Schälbeanspruchungen. Man erwartet dabei eine Festigkeit von 60 bis 70 % der ursprünglichen Folienfestigkeit.

Bei Serienkonfektionen von Massenprodukten für die Büroartikelbranche und insbesondere bei der vollautomatischen Herstellung von medizinischen Behältnissen, werden – mit Präzisionselektroden, hochfesten Folien, und durch ausschließlichen Einsatz von Schälnähten – Nahtfestigkeiten von nahezu 100 % erzielt, Bild 5 f.

In einigen Fällen werden vom Endabnehmer der Produkte auch Wärme- Kälte- und Falltests gefordert. Die gewünschten Werte sind in den jeweiligen Betriebsmittelvorschriften des Endabnehmers festgelegt.

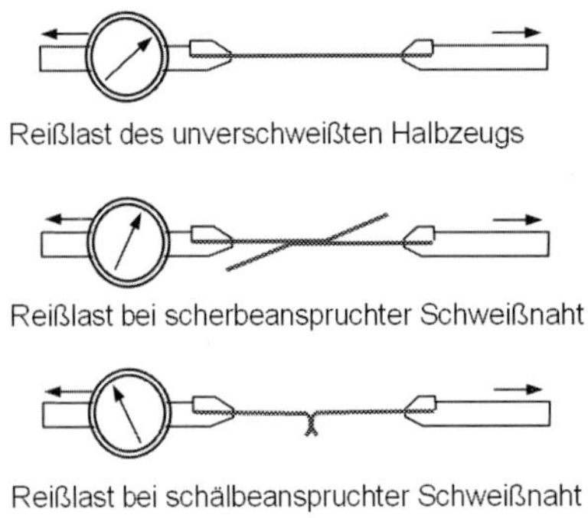

Bild 7. Zugversuch gemäß DIN EN ISO 527

8 Sicherheitsvorschriften und Arbeitsschutz

Hochfrequenz-Schweißmaschinen, die in Betrieb genommen werden, unterliegen dem Gesetz über technische Arbeitsmittel. Diese müssen den einschlägigen Arbeitsschutz- und Unfallverhütungs-Vorschriften (UVV) entsprechen. Für die Verarbeitung von Kunststoffen gelten im Wesentlichen die Richtlinien der Berufsgenossenschaft der chemischen Industrie. Für Hochfrequenz-Anlagen gelten darüber hinaus die DIN VDE 0848 sowie das Gesetz über den Betrieb von Hochfrequenzgeräten nach DIN EN 55011 VDE 0875 Teil11: 1999-09 in den von der internationalen Fernmeldeunion (ITU) festgelegten Bändern.

Die Anlagen müssen regelmäßig auf Funktionssicherheit geprüft werden. Die Wartung muss sicherstellen, dass nicht, zum Beispiel durch Verschleiß, gesetzlich gültige Normen außer Kraft gesetzt werden. Ein an der Maschine angebrachter Unfallschutz darf nicht entfernt werden. Die auf die zugelassene Arbeitsfrequenz abgestimmte Anlage „Generator-HF-Zuleitung-Anpass-Tiefpass-Presse“ darf weder in Größe noch Länge verändert werden. Bezüglich eventueller durch den Schweißvorgang erzeugter Schadstoffemission ist auf die Einhaltung der für bestimmte Stoffe geltenden Luftgrenzwerte am Arbeitsplatz zu achten.

9 Schrifttum (Normen, Richtlinien, Vorschriften)

DIN 1910-3 (09/1977)	Schweißen; Schweißen von Kunststoffen, Verfahren
DIN 16960-1 (02/1974)	Schweißen von thermoplastischen Kunststoffen; Grundsätze
Maschinenrichtlinie EG 98/37/EG; Anhang II A (Konformitätserklärung); Anhang II B (Herstellererklärung)	Richtlinie zur Angleichung der Rechts- und Verwaltungsvorschriften der Mitgliedstaaten für Maschinen
EG-Niederspannungsrichtlinie 73/23/EWG i.d.F. 93/68/EWG	Richtlinie zur Angleichung der Rechtsvorschriften der Mitgliedstaaten betr. Elektrische Betriebsmittel zur Verwendung innerhalb bestimmter Spannungsgrenzen
EG-EMV-Richtlinie 89/336/EWG i.d.F. 93/68/EWG	Richtlinie zur Angleichung der Rechtsvorschriften der Mitgliedstaaten über die elektromagnetische Verträglichkeit
DIN EN 55013 (10/2003) bzw. VDE 0872 Teil 13	Ton- und Fernseh-Rundfunkempfänger und verwandte Geräte der Unterhaltungselektronik – Funkstöreigenschaften – Grenzwerte und Messverfahren (IEC/CISPR 13:2001, modifiziert); Deutsche Fassung EN 55013:2001
BGV A4	Berufgenossenschaftliche Vorschrift für Sicherheit und Gesundheit bei der Arbeit – BG-Vorschrift Unfallverhütungsvorschrift – Arbeitsmedizinische Vorsorge; Ausgabe 1997
BGR B11	Berufgenossenschaftliche Regeln für Sicherheit und Gesundheit bei der Arbeit – BG-Regeln Elektromagnetische Felder vom Juni 2001
DIN VDE 0848	Sicherheit in elektrischen, magnetischen und elektromagnetischen Feldern
DIN EN 55011 Beiblatt 1: bzw. Beiblatt zu VDE 0875 Teil 11	Industrielle, wissenschaftliche und medizinische Hochfrequenzgeräte (ISM-Geräte) – Leitfaden für Stromaussendungspegel in den von der Internationalen Fernmeldeunion (ITU) festgelegten Bändern
DIN EN ISO 527 -1 -2	Kunststoffe – Bestimmung der Zugeigenschaften Teil 1: Allgemeine Grundsätze Teil 2: Prüfbedingungen für Form- und Extrusionsmassen
Betriebssicherheitsverordnung (BetrSichV)	

DVS – DEUTSCHER VERBAND FÜR SCHWEISSEN UND VERWANDTE VERFAHREN E.V.

Thermokontaktschweißen von thermoplastischen Folien (Polyolefine)

DVS

Richtlinie DVS 2219-2

Inhalt:

1 Geltungsbereich

Die Richtlinie beschreibt die Maschinen und Werkzeuge zur Herstellung von Schweißnähten an Folien aus thermoplastischen Kunststoffen durch Thermokontaktschweißen. Dieses ist ein eigenständiges Verfahren zum Fügen von Folien.

2 Funktionsprinzip

Das Fügeverfahren – auch Schweißen genannt – ist anwendbar bei allen thermoplastischen Folien und wird vorwiegend zur Verarbeitung von Polyolefinen eingesetzt. Der eigentliche Fügeprozess beruht auf dem Erwärmen der Folien bis in den Schmelzbereich bei gleichzeitigem konturgenauem Verpressen der Fügezone bei entsprechender Einhaltung der den Folien angepassten Schweißparameter.

Es werden im Thermokontaktverfahren überwiegend gleichartige Folien miteinander verschweißt. In seltenen Fällen werden Folien mit ähnlich gearteten schmelzbaren Fasern (Vliese) verbunden.

Die Bezeichnung des Verfahrens „Thermokontakt" – TK – leitet sich aus der Art der zum Fügen nötigen Energieeinbringung bis zur Fügenaht bei direkter oder indirekter Berührung des thermoplastisch fixierbaren Schweißgutes unter der Verwendung dauerhaft beheizter Schweißwerkzeuge (Stege) ab.

Das Verfahren kann für alle thermoplastischen Folien eingesetzt werden. Durch die ein-, jedoch besonders durch die zweiseitige Energieeinbringung kann das Verfahren auch an einlagigen Monofolien eingesetzt werden, wodurch es sich von einfachen Siegelmethoden unterscheidet.

TK-Fügetechniken kommen wegen der fast beliebigen Nahtgestaltung, ob für zwei- oder dreidimensionale Artikel – besonders bei der automatischen Herstellung hochdichter Behältnisse mit gas- oder flüssigkeitsdichten Nähten – zum Einsatz.

Ein weiteres herausragendes Merkmal von TK-Verbindungen sind die Gestaltungsmöglichkeiten der Schweißnaht. Es werden daher im TK-Verfahren unter der Einhaltung der wichtigsten Parameter wie Einwirkzeit (Schweißzeit), Stegtemperatur und Druck und dem Einsatz von angepassten Dekorstegen immer so genannte ***Pressnähte*** hergestellt.

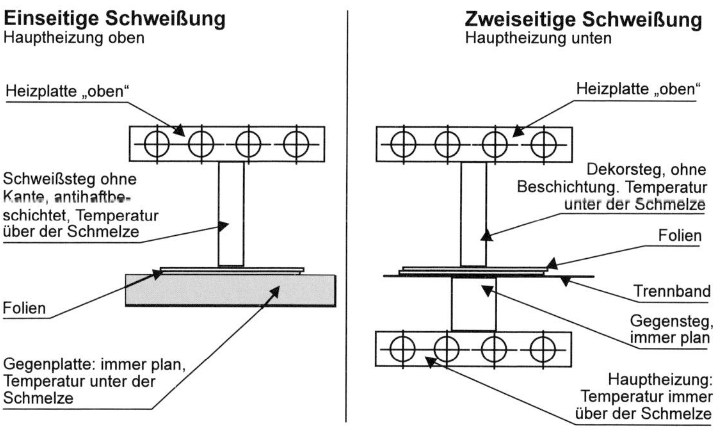

Bild 1. Prinzip: Einseitige und zweiseitige Schweißung.

DVS, Ausschuss für Technik, Arbeitsgruppe „Fügen von Kunststoffen"

Bezug: Verlag für Schweißen und verwandte Verfahren DVS-Verlag GmbH, Postfach 10 19 65, 40010 Düsseldorf, Telefon (02 11) 15 91-0, Telefax (02 11) 15 91-150

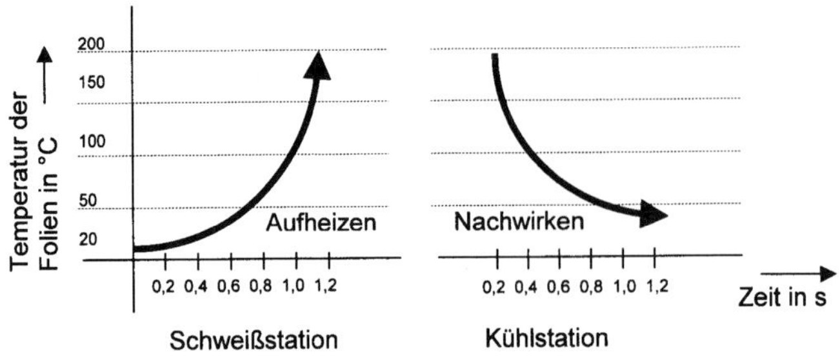

Bild 2. Beispiel: Prozesszeiten (Aufheizen, Nachwirken) bei Ringbuchfertigungen.

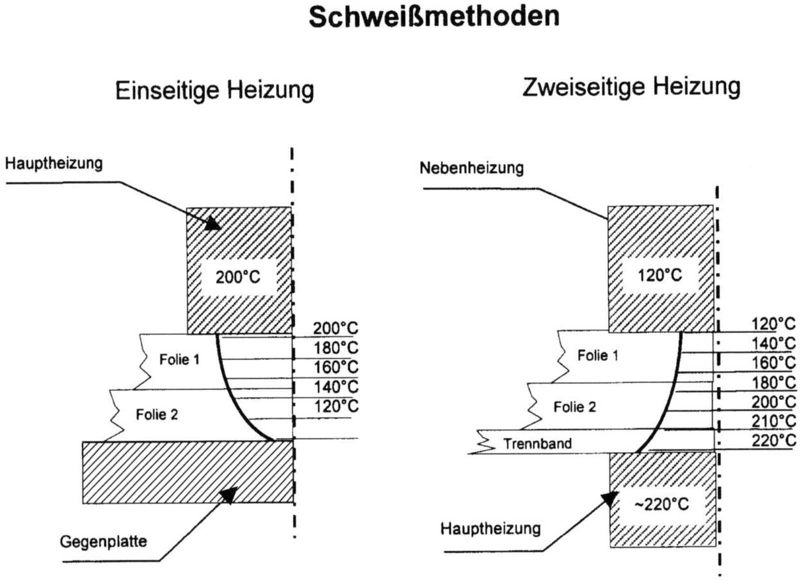

Bild 3. Wärmedurchgang am Beispiel eines Polypropylens.

Anwendungs- bzw. artikelabhängig sind so genannte Kombinationsstege einsetzbar, mit denen sowohl eine Schweißung als auch eine danebenliegende Sollbruchstelle zum nachträglichen Abtrennen des Abfalles erzeugt wird > *Trennschweißung.*

3 Verfahrensbeschreibung

Bedingt durch die dauerbeheizten Werkzeuge ist der eigentliche Fügeprozess in den meisten Anwendungsfällen in zwei Schritten durchführbar:

a) Aufheizphase der **Folienlagen** im Fügebereich bis in den Verarbeitungsbereich, als *Schweißzeit* bezeichnet, gefolgt unmittelbar von einer

b) Abkühlphase, der sogenannten *Nachwirkzeit*. Siehe Bild 2.

Da das TK-Verfahren vorrangig in der Fertigung von Massenprodukten in Hochleistungs-Automaten Anwendung findet, werden beide Schritte im Folgeverfahren gekoppelt, so dass diese im gleichen Rhythmus bei meist angeglichenen „Prozesszeiten“ (Schweißen + Nachwirken) durchgeführt werden.

Siehe dazu Bild 7: Mittelbereich einer Folien-Schweißanlage.

4 Schweißvorgang

Zur Sicherstellung der wiederholgenauen Schweißergebnisse sowohl bei Einzelanwendungen als auch bei Hochleistungsanlagen in der Serienfertigung mit bis zu 300 Zyklen/Minute müssen die Schweißstationen in präziser Bauart gefertigt werden. Die dabei eingesetzten Schweißstege sind artikelbezogen in Schweißwerkzeugen zusammengefasst und werden zur Gewährleistung eines gleichbleibenden Energieflusses wärmeschlüssig an elektrisch beheizte Platten montiert.

Die zu verschweißenden Folien werden entweder im Zuschnitt oder als Folienbahn in die Schweißstation eingebracht. Dabei wird über die Schweißwerkzeuge unter definiertem Druck und in definierter Zeit bei konstant angepasster Temperatur die Schmelzwärme zugeleitet (Konduktion). Bei zweiseitiger Heizung muss mit einem Temperaturverlust beim Wärmedurchgang durch das Transportband, das auch die Aufgabe der Trennung zwischen dem heißen Schweißsteg und den Folien übernimmt, gerechnet werden. Als Material dafür werden Bespannungen bei stationären Einzelanwendungen und endlos gemachte Bahnen aus Polyimid oder PTFE-Glasgewebe verwendet. In Sonderfällen kann auch ein korrosionsbeständiger Stahl eingesetzt werden.

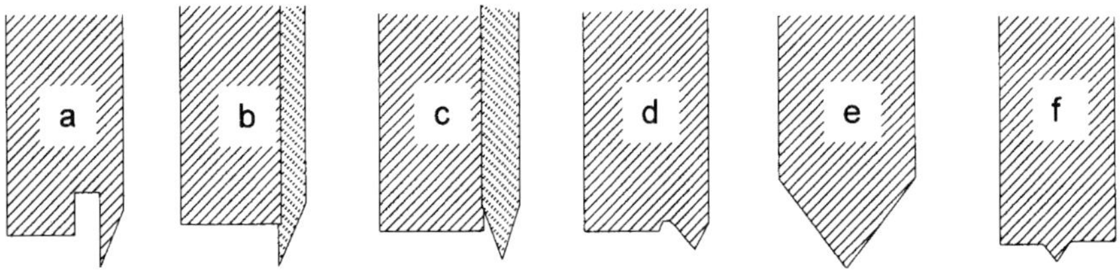

Einsatzgebiete der Kombinationsstege bei Konfektionen mit Abriss des Zwischengitters, auch Trennnahtschweißung genannt:
a – Meist eingesetzter Steg für die Massenkonfektion für Artikel der Büroindustrie.
b – Anwendungen in der Verpackungsindustrie. Wird aus zwei Stegen zusammengesetzt.
c – Seltene Anwendungen bei sehr dicken Folienkombinationen. Zusammengesetzter Steg.
d – TK-Steg (siehe Bild 6).
e – Einfacher Trennsteg für Verpackungen mit geringer Nahtfestigkeit.
f – Einsatz für Artikel mit sehr dünnen Folienkombinationen in der Medizinbranche.

Bild 4. Kombinationsstege.

Nach Beendigung des Schweißprozesses öffnet die *Schweißstation* und die verschweißten Folien werden gemeinsam mit dem Transportband – in möglichst kurzer Zeit – in die unmittelbar folgende *Kühlstation* befördert (Presskühlung). Dabei wird die eingebrachte Energie unter Druck mittels Kühlplatten (fallweise mit angepasster Kontur) abgeleitet (Bilder 3 und 5).

5 Schweißparameter

Im TK-Verfahren richten sich sämtliche Parameter nach den Eigenschaften der zu verarbeitenden Folien und nach der Art des Artikels. Diese werden im Betrieb einzeln für Druck, Werkzeugtemperatur und Schweißzeit empirisch ermittelt.

Da sich die Parameter gegenseitig beeinflussen, lassen sich diese nur innerhalb gewisser Grenzen sinnvoll variieren.

5.1 Spezifischer Druck

Der nötige spezifische Anpressdruck ist abhängig von der:

- Folienbeschaffenheit und -oberfläche, der dazu angepassten
- Schweißtemperatur sowie der
- Form und Fläche der erforderlichen bzw. gewählten Stegsohle.

Die spezifischen Werte liegen zwischen 0,5 und 3 MPa.

Hinweis 1: Dekorstege begünstigen durch Vergrößerung der Schweißoberfläche die Schweißqualität bei guter Optik und Nahtfestigkeit.

Hinweis 2: Bis auf wenige Ausnahmen empfiehlt es sich, Abstandsbegrenzungen in die Schweißwerkzeuge einzubauen, so dass am Ende der Aufheizzeit die Einsinktiefe begrenzt wird, wodurch die Restdicke der Naht wiederholgenau eingehalten werden kann.

5.2 Schweißzeit

Aus wirtschaftlichen und technischen Gründen sollte die Schweißzeit so kurz wie möglich gehalten werden.

Sie ist direkt proportional abhängig vom Druck, von der Temperatur, der Foliendicke, vom Stegdekor und von der Nahtbreite.

Die Durchschnittswerte liegen folienabhängig zwischen 0,05 und 3 Sekunden.

5.3 Temperatur

Die Schweißtemperatur (gemessen am Steg und nicht allein an der Heizplatte), die den größten Einfluss auf den eigentlichen Fügeprozess hat, sollte immer so hoch wie möglich gehalten werden, um die „Verschmelzung" in kürzester Zeit zu beenden. Damit werden unerwünschte Schrumpferscheinungen vermieden. Bei den meist eingesetzten teilkristallinen Polyolefinen – PP und PE – liegt diese knapp über dem Kristallitschmelzpunkt.

Bei *einseitigen Schweißmethoden* sind die Werkzeuge **immer über der Schmelztemperatur der Folie** zu beheizen. Es müssen daher immer antihaft- (PTFE, Nickel) beschichtete Stege verwendet werden. Um die Temperaturverluste so gering wie möglich zu halten, empfiehlt es sich, die Gegenplatte mit einer thermischen Isolierung zu versehen.

Bei *zweiseitigen Methoden* sind überwiegend:

- die oberen Stege unbeschichtet, bei ca. 110 bis 150 °C,
- die unteren Stege unbeschichtet, bei ca. 150 bis 250 °C, sowie
- ein bis etwa 300 °C sich nicht veränderndes Transportband mit abweisenden Eigenschaften einzusetzen.

Hinweis: Der Erwärmungs-/Schweißprozess wird von der Konduktion bei hoher Temperaturbeständigkeit dieser Bänder beeinflusst. Grundsätzlich gilt: Je dünner und leitfähiger, desto besser.

6 Schweißwerkzeuge

Aufgabe des Werkzeuges ist es, den gezielten Wärmefluss an die gewünschte Stelle der zu verschweißenden Folie mit gestaltungsgerechtem Dekor, bei Einhaltung der im Voraus ermittelten und konstant gehaltenen Schweißparameter, unter Druck wiederholgenau einzubringen.

Die eigentliche *Schweißstation* als kompakte Einheit besteht aus:

- Heizplatte, generell mit Heizpatronen bestückt, der
- Werkzeugaufbauplatte aus Aluminium und den
- Schweißstegen.

Die Einheit wird mittels eines einseitigen oder beidseitig wirkenden Drucksystems zeitgesteuert betätigt. Die Temperatursteuerung sollte eine geringst mögliche Abweichung der Betriebstemperatur am Steg gleichbleibend über die ganze Schweißfläche sichern. Angestrebt wird eine Temperaturführung von ± 1 Kelvin. Als Material wird für beide Platten Aluminium gewählt: leichte Bearbeitung, gute Wärmeleitfähigkeit, korrosionsbeständig bei Einsatztemperaturen bis 250 °C und geringer Verzug.

Die für die TK-Schweißung am häufigsten eingesetzten Stege werden wegen (oft) punktueller Druckbelastungen von bis zu 3 MPa und hohen Abriebs bevorzugt in harten Buntmetall-Legierungen gefertigt. Darauf ist beim Bau und Einsatz von *Kombinationsstegen* mit *Dekorsohle* und *Schneidkante* zwingend zu achten. Nur in Ausnahmefällen können für großflächige Schweißnähte auch Aluminiumstege eingesetzt werden.

Bei Trennnahtschweißungen ist die einzusetzende Schneidkantenhöhe der jeweiligen Stege in Abhängigkeit von den zu schweißenden Folien festzulegen. Man setzt für Standardanwendungen den Überstand von ~70 % der *Gesamtfoliendicke* ein. Abweichungen treten besonders auf bei der Verarbeitung von dünnen Folien für Flüssigkeitsbehältnisse der Medizinbranche, bei der die Überstände bis auf 95 % steigen können.

Zu hoch gewählte Schneidkanten erleichtern zwar den nachträglichen Trennvorgang, verkürzen aber gleichzeitig die Einsatzdauer des Transport-Trennbandes.

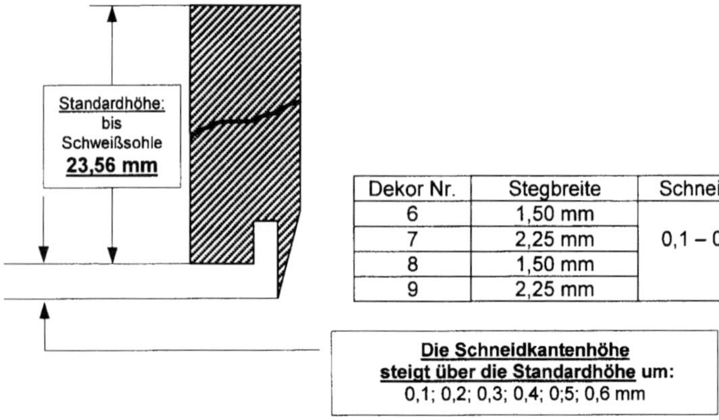

Dekor Nr.	Stegbreite	Schneidkante
6	1,50 mm	0,1 – 0,6 mm
7	2,25 mm	
8	1,50 mm	
9	2,25 mm	

Bild 5. Schweißsteg mit Schneidkante, vorwiegend für Büroartikel eingesetzt.

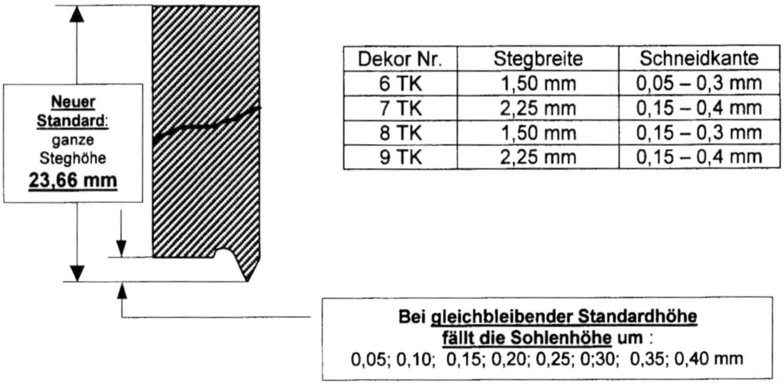

Dekor Nr.	Stegbreite	Schneidkante
6 TK	1,50 mm	0,05 – 0,3 mm
7 TK	2,25 mm	0,15 – 0,4 mm
8 TK	1,50 mm	0,15 – 0,3 mm
9 TK	2,25 mm	0,15 – 0,4 mm

Bild 6. TK-Steg mit Schneidkante.

Vorteile der TK-Stege:
- Fräsarbeiten für Abstufungen entfallen bei unterschiedlichem Folienaufbau.
- Stumpfere Schneidkante, > geringere Verletzung des Transportbandes.
- Konischer Kanaleinschnitt, > leichtere Abhebung (Entformung) nach dem Schweißen.
- Längere Lebensdauer bei stumpferen Schneidkanten.

7 Schweißanlage

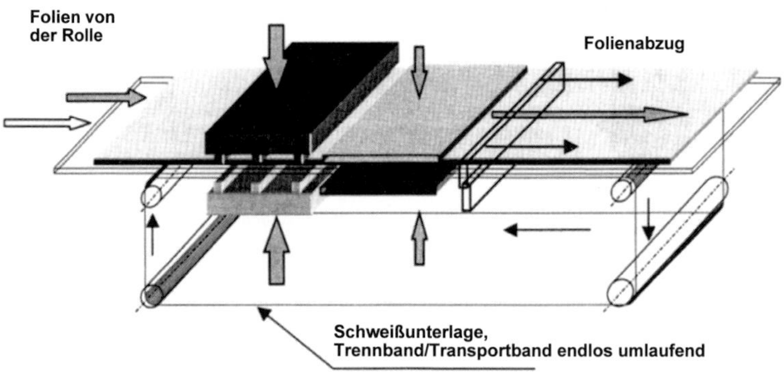

Bild 7. Mittelbereich einer Folien-Schweißanlage.

8 Folien

Prinzipiell werden Folien einerseits hinsichtlich des Herstellverfahrens und andererseits hinsichtlich der Wahl der Grund-Rohstoffe unterschieden.

Um dem Anwender die Folienauswahl zu erleichtern, werden im Folgenden die wichtigsten Grundmerkmale und Eigenschaften genannt.

Grundmerkmale:

Bei Kleinserien auf Halbautomaten werden die Folien vom Zuschnitt, in der Massenproduktion wird in der Regel von der Rolle gearbeitet.

Zu den bekanntesten Herstellverfahren von Folien zählen das Extrudieren von Flachfolien (Chillroll), das Blasen (Schlauchfolie) sowie das Kalandrieren. Wenn im Kalander-Prozess immer nur eine einlagige Folie erzeugt wird, so kann man im Extrusionsverfahren sowohl Flachfolien als auch Schlauchfolien in mehrlagigem Schichtaufbau, sog. Coextrudierte Folien, herstellen. Man spricht dabei von Mono- und/oder von Verbund-Folien.

Bei der Qualitätsbeurteilung einer Folie, die in den meisten Anwendungen mit automatischen Anlagen verarbeitet wird, ist auf die wichtigsten Grundmerkmale der Folienbahn zu achten.

Automatengerecht ist eine Folienrolle dann, wenn sie:

a) bahnbreitengenau beschnitten (engstmögliche anwendungsabhängige Toleranzen),

b) gewickelt auf genormte Kerne ist sowie einen

c) maximalen Bogenlauf von 25 mm auf 10 m ausgerollter Bahn (Sehne-Tangente-Methode) aufweist.

Folieneigenschaften:

- Zu den mechanischen Eigenschaften der Folie gehören die Zugfestigkeit, Reißdehnung, Weiterreißwiderstand, Elastizitätsmodul, Dehnfähigkeit, Kerbschlagzähigkeit, Biegefestigkeit und Reibungszahl.
- Zu den thermischen Eigenschaften gehören die Wärme- und Kältebeständigkeit.
- Zu den optischen Eigenschaften gehören z. B. Glanz, Transparenz.
- Bei den elektrischen Eigenschaften spricht man von spezifischem Durchgangswiderstand, Oberflächenwiderstand.
- Höchste Anforderungen werden beim Einsatz von Folien für die medizinische Industrie auf ihre Barriereeigenschaften wie Wasserdampf-, Gas- und Aroma-Sperre gelegt.

Typische Foliendicken:

Anwendung	Foliendicke [mm]
Klarsichthüllen	~ 0,05
Einsteckhüllen (allgemein)	~ 0,3 (Gesamtdicke)
Aktenhüllen	~ 0,15 bis 0,2
Ringbücher	~ 0,25 bis max. 0,6
Urinbeutel	~ 0,08 bis 0,15
Infusionsbeutel	~ 0,13 bis 0,3
Blisterverpackungen	~ 0,6
Faltschachtelabwicklungen	~ 0,2 bis 0,5

9 Schweißnahtprüfungen

Die im TK-Schweißverfahren hergestellten Nähte werden immer zuerst einer optischen Prüfung unterzogen. Alle Nähte werden anschließend einer mechanischen Zugprüfung nach DIN 53 455 unterzogen. Dabei ist die Scher- und Schälfestigkeit zu prüfen. Außerdem sind bei der Herstellung von Flüssigkeitsbehältnissen oft auch Gas- und Berstprüfungen (z. B. branchenspezifische Falltests, die meist vom Endabnehmer als internes Qualitätsmerkmal festgelegt werden) durchzuführen.

Die Schweißnahtfestigkeit in % der unverschweißten Folienfestigkeit (vgl. DIN 16960) entspricht dem Verhältnis:

$$= \frac{\text{Reißlast der verschweißten Folie}}{\text{Reißlast der unverschweißten Folie}} \times 100$$

Die Versuche werden in der Praxis durch eine einfache Zugprüfeinrichtung durchgeführt.

Zu beachten ist, dass die Festigkeitswerte stark von der Umgebungstemperatur, der genauen Einspannung des Probestreifens und der Zuggeschwindigkeit abhängen.

Die mit der Zugprüfeinrichtung ermittelte Festigkeit der Originalfolie wird mit 100% angenommen. Danach werden geschweißte (üblich sind es 50 mm breite) Streifen mit den gleichen Dimensionen in der Zugprüfeinrichtung geprüft. Scherbeanspruchungen ergeben höhere Festigkeitswerte als Schälbeanspruchungen.

Zum Thema Qualitätssicherung und Prüfen siehe auch die Richtlinie DVS 2230-1.

10 Sicherheitsvorschriften und Arbeitsschutz

TK-Schweißmaschinen unterliegen den jeweils gültigen Gesetzen und Bestimmungen über technische Arbeitsmittel. Die wichtigsten sind:

DIN 1910-1	Schweißen – Begriffe – Einleitung der Verfahren
DIN 1910-3	Schweißen von Kunststoffen – Verfahren
DIN 16 960-1	Schweißen von Thermoplastischen Kunststoffen
EG 98/37/EG, Anhang I; II A	Maschinenrichtlinie: Bestimmungen zum Bau von Maschinen. – Konformitätserklärung und Kennzeichnung –
EG-Niederspannungsrichtlinie 73/23/EWG (i.d.F.93/68/EWG)	Maschinenrichtlinie: Bestimmungen zum Bau von Maschinen. – Konformitätserklärung und Kennzeichnung –
EG 89/336/EWG (i.d.F.93/68/EWG)	Maschinenrichtlinie
BGR B11 vom 30.04.2001	Berufsgenossenschaftliche Regelung / Unfallverhütungsvorschrift – *Elektromagnetische Felder* – zur Regelung der Sicherheit und Gesundheit bei der Arbeit
BGV A4:1997	Elektrische Anlagen und Betriebsmittel
DIN EN 55013 VDE 0872 Teil 13:2000-01	Grenzwerte für die Funkentstöreigenschaften von Rundfunkempfänger

An der Maschine angebrachte Vorrichtungen, die dem Unfallschutz dienen, dürfen nicht entfernt oder verändert werden. Die Anlage sollte regelmäßig gewartet werden, damit ihre Funktionssicherheit erhalten bleibt und nicht z. B. durch Verschleiß sicherheits- und qualitätsrelevante Prozessstörungen auftreten.

11 Anwendungsbeispiele

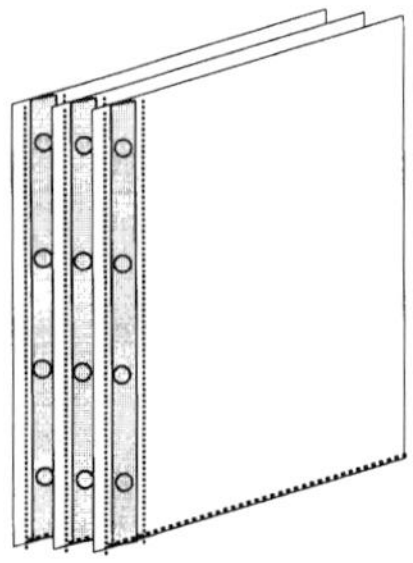

Klarsichthüllen

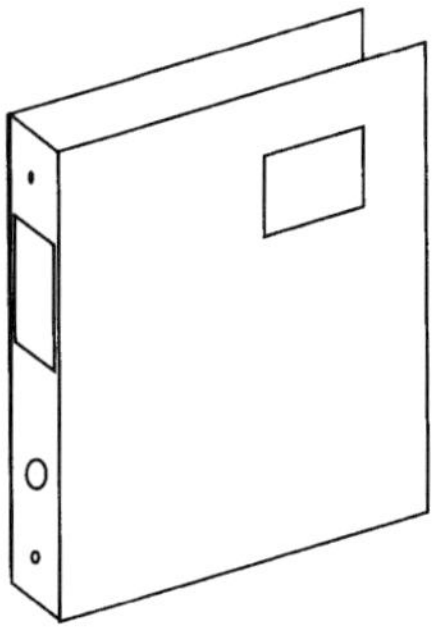

Ringbücher/Ordner

Urinbeutel

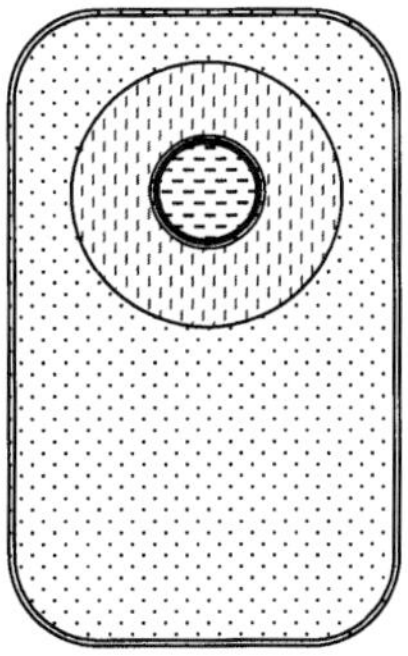

Colostomiebeutel
(Medizin. Auffangbeutel)

DVS VERBAND

Richtlinie
DVS 2225-1

Ersetzt Ausgabe
September 2016

Richtlinie DVS 2225-1

Schweißen von Dichtungsbahnen aus polymeren Werkstoffen im Erd- und Wasserbau

Ausschuss für Technik im DVS

Arbeitsgruppe W4 „Fügen von Kunststoffen"

Untergruppe W4.7 „Kunststoff-Folien und -Bahnen"

Bezug: DVS Media GmbH, Postfach 10 19 65, 40010 Düsseldorf, Telefon (0211) 1591-0, Telefax (0211) 1591-150

Inhalt:

1. Geltungsbereich

Diese Richtlinie gilt für das Schweißen von Dichtungsbahnen aus polymeren Werkstoffen bei großflächigen Dichtungssystemen im Erd- und Wasserbau. Für das Schweißen von Dichtungsbahnen im Bereich der Anlagen nach WHG und Erd- und Wasserbau gilt die Richtlinie DVS 2225 Teil 3, für das Schweißen von Dichtungsbahnen aus Polyethylen (PE) bei Grundwasserschutzmaßnahmen für Deponien und Altlasten gilt die Richtlinie DVS 2225 Teil 4, für das Schweißen von Dichtungsbahnen im Tunnelbau gilt die Richtlinie DVS 2225 Teil 5.

Mit dieser Richtlinie soll den zuständigen Behörden, den Auftraggebern, den Ausführenden und dem Qualitätsmanagement eine Anleitung für die Durchführung der Schweißarbeiten und Schweißnahtprüfungen auf der Baustelle gegeben werden.

Die Richtlinie berücksichtigt besonders die hohen Anforderungen, die bei diesen Anwendungen an die Güte der Schweißverbindung und damit an die werkstoff- und fachgerechte Ausführung zu stellen sind.

Die Arbeiten dürfen nur von Fachbetrieben ausgeführt werden, deren Schweißer nachweislich in die fachgerechte Weiterverarbeitung der Halbzeuge eingewiesen und geschult wurden.

Sie gibt weiter Hinweise für die Verlegung der Dichtungsbahnen sowie für die konstruktive Gestaltung von Schweißverbindungen zwischen den Dichtungsbahnen und Bauteilen.

2. Dichtungsbahnen

Dichtungsbahnen für die genannten Anwendungen werden auf Basis von Thermoplasten und Elastomeren, z. B. auf Grundlage der DIN EN 13361 und DIN EN 13362 hergestellt:

Die Dichtungsbahnen werden in Längen bis zu 200 m und in Breiten bis zu 10 m industriell gefertigt. In den jeweiligen anwendungsbezogenen Regelwerken sind Mindestdicken festgelegt. Die Dichtungsbahnen können homogen aus einem Werkstoff oder mehrlagig aufgebaut sein. Sie können verstärkende Einlagen (z. B. Gewebe), Kaschierungen (z. B. Vliese) oder Metallfolieneinlagen aufweisen. Ihre Oberflächen können glatt oder strukturiert sein. An den Rändern der Dichtungsbahnen können abziehbare Folienstreifen werksseitig aufgebracht sein. Diese Folienstreifen sollen die Fügebereiche vor Verunreinigungen schützen und sind unmittelbar vor dem Schweißen abzuziehen. Bei mehrlagig aufgebauten Dichtungsbahnen aus verschiedenen Werkstoffen oder mit Einlagen und Kaschierungen sind bei dünnen Deckschichten < 0,4 mm Verarbeitungshinweise des Dichtungsbahnenherstellers zum Schweißen und Prüfen erforderlich. Die Teile 2 und 6 dieser Richtlinie können bei dünnen schweißbaren Deckschichten nur bedingt angewendet werden.

3. Konstruktive Einzelheiten

3.1. Nahtformen

Die Dichtungsbahnen werden grundsätzlich überlappt verlegt (Überlappstoß). Bei den Schweißnähten wird entsprechend Bild 1 unterschieden in Überlappnähte mit Prüfkanal und in Auftragnähte.

Die Überlappnähte mit Prüfkanal werden mit Heizkeilschweißmaschinen hergestellt. Die Breite der Teilnähte muss jeweils mindestens 15 mm, die Breite des Prüfkanals mindestens 10 mm betragen. Die Prüfkanalbreite bezieht sicht auf die Maschinengeometrie und nicht auf die Schweissung (bei übermässigem Schweissaustrieb reduziert sich die offene Breite).

Auftragnähte werden durch Warmgasextrusionsschweißen hergestellt. Die Mindestnenndicke der Dichtungsbahnen für dieses Schweißverfahren liegt bei 1,5 mm. Die Breite der Auftragnaht muss mindestens 25 mm betragen. Die Abweichung der Lage der Nahtmitte muss, bezogen auf die Kante der oberen Dichtungsbahn, kleiner als 5 mm sein.

Bei den Nahtformen sind nach Bild 1 zu unterscheiden:

Überlappnaht mit Prüfkanal - Doppelnaht

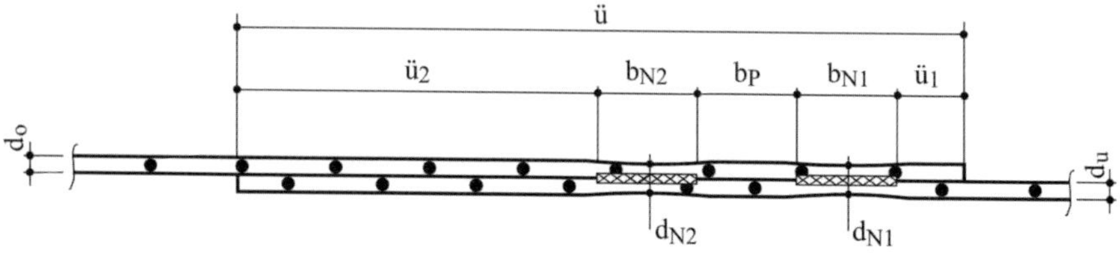

Bahnendicke (d_o, d_u)
Überlappung vorn ($ü_1$)
Überlappung hinten ($ü_2$)
Breite der Teilnähte (b_{N1}, b_{N2})
Breite des Prüfkanals (b_P)
Dicke der Naht (d_{N1}, d_{N2})
Gesamtüberlappung (ü)

Auftragnaht (Extrusionsschweißen)

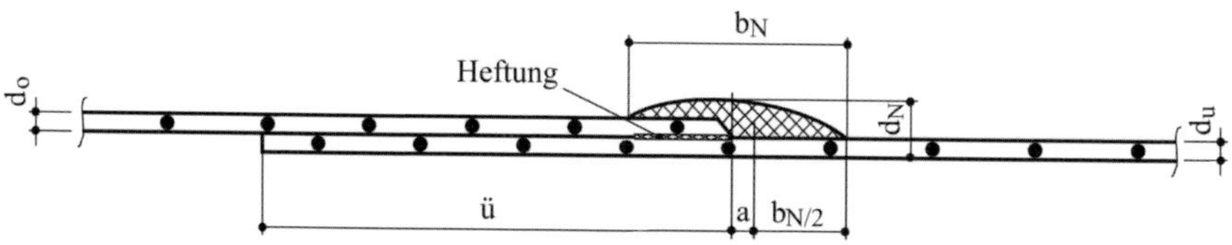

Bahnendicke (d_o, d_u)
Überlappung (ü)
Breite der Naht (b_N)
Außermittigkeit, Versatz (a)
Dicke der Naht (d_N)

Bild 1. Nahtformen und Abmessungen.

3.2. Verlegung der Dichtungsbahnen

Vor dem Beginn der Arbeiten ist ein Verlegekonzept zu erarbeiten, um den Anteil an Schweißnähten zu minimieren.

Die Dichtungsbahnen sind so zu verlegen, dass keine Kreuzstöße entstehen. T-Stöße sollen untereinander einen Abstand von mindestens 0,15 m aufweisen.

Bei Böschungen, deren Flächen nahezu parallel zu den Sohlflächen verlaufen, empfiehlt es sich, die Dichtungsbahnen durchgehend zu verlegen.

Auf den Böschungen sind die Dichtungsbahnen vornehmlich in Falllinie zu verlegen und die Schweißnähte in dieser Richtung anzuordnen. Quernähte sind nicht generell ausgeschlossen, sie sollten jedoch auf ein Mindestmaß reduziert werden. In jedem Fall ist besonderes Augenmerk auf die fachgerechte Ausführung (Nahtvorbereitung, Schweißen, Prüfen) zu legen.

Das Planum muss eben und frei von abrupten Höhenänderungen sein. Die Oberfläche muss standfest, homogen, feinkornig und geschlossen sein.

Geometrische Verläufe, wie Kehlradien und Böschungskopfradien sollten mit einem dem Schweißverfahren und den Dichtungsbahnen angepassten Radius ausgebildet werden.

Anschluss an Bauteilen aus artfremden Werkstoffen

Der Anschluss an Bauteilen aus artfremden Werkstoffen sollte auf einem geeigneten Anbindebereich als „druckwasserdichter“, "flüssigkeitsdichter" bzw. "nicht flüssigkeitsdichter" Anschluss entsprechend der Lage des Bauteils erfolgen.

Eine Anbindung der Dichtungsbahnen an Rohre mittels einer Rohrhülse aus Dichtungsbahn und einer zusätzlichen Rohrschelle ist nur bei weichelastischen Bahnen zulässig. Dieser Anschluss darf nur oberhalb des Wasserspiegels ausgeführt werden.

4. Schweißverfahren

4.1. Allgemeine Hinweise

Als baustellengerechte Fügeverfahren für Dichtungsbahnen aus polymeren Werkstoffen werden in der Regel das

- Heizkeilschweißen
- Warmgasextrusionsschweißen

eingesetzt. (siehe Tabelle 1)

Diese Verfahren unterscheiden sich sowohl im Prinzip, wie der Fügebereich erwärmt (plastifiziert) wird, als auch in der Geometrie der erzeugten Schweißverbindung.

Wenn andere Schweißverfahren und Nahtgeometrien, als in dieser Richtlinie beschrieben, eingesetzt werden, muss vorher die Eignung besonders nachgewiesen werden.

4.2. Schweißparameter

Der Vorgang lässt sich mit den folgenden drei Schweißparametern beschreiben:

- Temperatur (Warmgas, Heizkeil, Extrudat)
- Geschwindigkeit
- Kraft (Fügekraft)

Diese drei Parameter beeinflussen sich gegenseitig und sind daher aufeinander abzustimmen.

Die Schweißparameter müssen auf die Dichtungsbahn (Werkstoff, Dicke, Oberflächenstruktur, Temperatur) und auf die während des Schweißens herrschenden Umgebungsbedingungen abgestimmt werden.

Für die Qualität der Schweißverbindung ist es entscheidend, die Schweißparameter richtig zu wählen. Vor dem Beginn der Schweißarbeiten sind daher die Parameter anhand von Probeschweißungen auf die aktuellen Baustellenbedingungen abzustimmen.

4.3. Ausführung der Schweißarbeiten

Für das Schweißen sind ausschließlich nach Richtlinie DVS 2212- 3 UG III-1 bis III-3 ausgebildete und geprüfte Fachkräfte einzusetzen.

Die Fügeflächen müssen trocken und frei von Verunreinigungen sein. Polyolefine Werkstoffe müssen mechanisch abgearbeitet werden, wenn nicht beim Schweißen, z. B. durch den Heizkeil, die durch Witterung und/oder Oxidation beeinflusste Schicht aus dem Bereich der Fügeflächen herausgedrückt wird.

Bei Auftragnähten müssen die Stirnflächen der oberen Bahnen angeschrägt werden. Die Ausführungen von T-Stößen mit Schweißmaschinen verlangt eine besondere Vorbereitung des Schweißnahtbereiches. An der bereits gefertigten Naht sind beide Überlappungen sowie die hintere Teilnaht sorgfältig abzuarbeiten. Der Übergang von der oberen auf die untere Bahn erfolgt in der vorderen Teilnaht. Dieser Übergangsbereich soll durchgehend die Dicke der Dichtungsbahn aufweisen.

Die Umgebungsbedingungen können den Schweißvorgang und damit die Qualität der Verbindung wesentlich beeinflussen. Es ist folgendes zu beachten:

- Bei Nässe, bei Temperaturen unterhalb von +5 °C sowie bei einer relativen Luftfeuchtigkeit von mehr als 80 % sind besondere Schutzvorkehrungen zu treffen. Die Wirksamkeit der jeweiligen Maßnahme ist gesondert nachzuweisen.
- Beim Warmgasextrusionsschweißen muss der Untergrund so beschaffen sein, dass er die erforderliche Gegenkraft für den Fügedruck gleichmäßig aufnehmen kann.
- Bei allen Schweißverfahren müssen die Fügeflächen auf die für den jeweiligen Werkstoff erforderliche Schweißtemperatur gebracht werden. In Tabelle 1 sind die Schweißverfahren mit ihren kennzeichnenden Merkmalen zusammengestellt.
- Die äußeren Schweißparameter und die gewählten Einstellungen der Geräte und Maschinen sind in Schweißprotokollen (Anhang) festzuhalten.

Tabelle 1. Übersicht der Schweißverfahren.

Schweiß-verfahren	Geräte und Maschinen	Plastifizierung der Fügeflächen	Schweißzusatz	Nahtform	Einsatzbereiche
Heizkeilschweißen HH	Schweiß-maschinen	Kontaktwärme (elektrisch oder luftbeheizter Heizkeil)	kein	Überlappnaht mit Prüfkanal	Regelnaht, große Nahtlängen
Warmgas-extrusions-schweißen WE	Handschweiß-geräte	Konvektion (Warmgas)	Extrudat	Auftragnaht	Nachbesserungen, Anschlussarbeiten, kurze Nahtlängen

Heizkeilschweißen (HH)

Überlappnähte mit Prüfkanal werden ausschließlich mit Heizkeilschweißmaschinen hergestellt. Es ist durch folgende Merkmale gekennzeichnet:

- Es wird ohne Schweißzusatz geschweißt.
- Der Heizkeil wird entweder elektrisch oder mit Warmgas beheizt.
- Die Fügeflächen werden durch direkten Kontakt mit dem elektrisch oder luftbeheizten Heizkeil erwärmt und aufgeschmolzen (plastifiziert).
- Die Fügekraft wird unmittelbar nach dem Aufschmelzen der Fügeflächen aufgebracht.
- Die Schweißmaschinen sind mit einem beidseitig gleichwirkenden Andrucksystem zum Aufbringen der Fügekraft ausgerüstet.
- Schweißgeschwindigkeit, Heizkeiltemperatur bzw. Warmgastemperatur und Fügekraft müssen getrennt einstellbar sowie steuer- oder regelbar sein.

- Heizkeiltemperatur bzw. Warmgastemperatur, Fügekraft und Schweißgeschwindigkeit werden entsprechend dem Bahnenwerkstoff, der Bahnendicke und den äußeren Bedingungen eingestellt.

Warmgasextrusionsschweißen (WE)

Mit dem Warmgasextrusionsschweißen von Hand werden ausschließlich Auftragnähte hergestellt. Es ist durch folgende Merkmale gekennzeichnet:

- Der Schweißzusatz wird in einer Plastifiziereinheit (Extruder) plastifiziert und als Strang über die Düse und den Schweißschuh aufgebracht.
- Die Fügeflächen werden durch Warmgas (Luft) erwärmt und aufgeschmolzen.
- Der Fügedruck wird bei Aufbringen des Schweißzusatzes über den Schweißschuh aufgebracht.
- Es wird mit einem Schweißzusatz aus artgleichem Grundmaterial geschweißt.
- Extrudattemperatur und Warmgastemperatur müssen getrennt regelbar sein.

Das Warmgasextrusionsschweißen von Hand ist auf kleine Nahtlängen, schwer zugängliche Nahtbereiche, spezielle Anschlüsse und Nachbesserungsarbeiten zu beschränken.

Der vom Extruder im Schweißschuh entwickelte Masseschub schiebt das Gerät vorwärts und bestimmt die Schweißgeschwindigkeit. Der Fügedruck ist so aufzubringen, dass möglichst kein Extrudat zur Seite austritt.

Als Schweißzusatz ist eine artgleiche Formmasse wie beim Bahnenmaterial zu verwenden. Bei Abweichungen ist die Schweißeignung nachzuweisen. Die Auftragnaht soll zu den Rändern hin nahezu ohne Wulst auslaufen.

Die Stirnfläche der oberen Dichtungsbahn ist im Winkel von etwa 45° anzuschrägen. Um ein Auseinanderlaufen der überlappten Bahnen zu vermeiden, werden sie vor dem Schweißen mit Warmgas geheftet. Der plastifizierte Schweißzusatz wird, unmittelbar nachdem die Fügeflächen die Schweißtemperatur erreicht haben, kontinuierlich aufgebracht.

Unmittelbar mit Zuführung des Schweißzusatzes wird der Fügedruck über den Schweißschuh von Hand aufgebracht. Die Schweißgeschwindigkeit ergibt sich aus dem Extrudatausstoß und den Schweißnahtabmessungen. Eine Nachbehandlung der Schweißnaht ist nicht erforderlich.

5. Schweißmaschinen und Schweißgeräte

Zu dem Abschnitt Schweißmaschinen und Schweißgeräte wird auf die Richtlinie DVS 2225-6 hingewiesen.

6. Baustellenprüfungen

Zu dem Abschnitt Baustellenprüfungen wird auf die Richtlinie DVS 2225-2 hingewiesen.

7. Hinweise zu Nachbesserungen

Im Rahmen dieser Richtlinie werden allgemeine Hinweise gegeben. Jeweils vor Beginn einer Baumaßnahme sind Art und Umfang endgültig zwischen Auftragnehmer und Bauleitung projektbezogen festzulegen. Sie sind auf den Bahnenwerkstoff und auf die Anforderungen an das Dichtungssystem abzustimmen. Die Schweißarbeiten im Rahmen der Nachbesserungen sind generell entsprechend Abschnitt 4.3 dieser Richtlinie auszuführen.

Bei den Nachbesserungsarbeiten ist größte Sorgfalt aufzuwenden, da eine Prüfung dieser Arbeiten nach allen Qualitätskriterien und eine weitere Nachbesserung nur in begrenztem Umfang möglich ist.

Die Art der Nachbesserungen hängt von der Größe und Häufigkeit der Unregelmäßigkeiten und Fehler ab.

8. Schrifttum

8.1. Regelwerk

DIN EN 472	Druckmessgeräte – Begriffe
DIN EN 13361	Geosynthetische Dichtungsbahnen - Eigenschaften, die für die Anwendung beim Bau von Rückhaltebecken und Staudämmen erforderlich sind
DIN EN 13362	Geosynthetische Dichtungsbahnen - Eigenschaften, die für die Anwendung beim Bau von Kanälen erforderlich sind;
Richtlinie DVS 2212-3	Prüfung von Kunststoffschweißern; Prüfgruppe III; Bahnen im Erd- und Wasserbau
Richtlinie DVS 2225-2	Schweißen von Dichtungsbahnen aus polymeren Werkstoffen – Baustellenprüfungen
Richtlinie DVS 2225-3	Schweißen von Dichtungsbahnen aus Polyethylen (PE) bei Grundwasserschutzmaßnahmen
Richtlinie DVS 2225-4	Schweißen von Dichtungsbahnen aus Polyethylen (PE) für die Abdichtung von Deponien und Altlasten
Richtlinie DVS 2225-5	Schweißen von Dichtungsbahnen aus thermoplastischen Kunststoffen im Tunnelbau
Richtlinie DVS 2225-6	Schweißen von Dichtungsbahnen aus polymeren Werkstoffen – Anforderungen an Schweißmaschinen und Schweißgeräte
Richtlinie DVS 2226-3	Prüfen von Fügeverbindungen an Dichtungsbahnen aus polymeren Werkstoffen – Schälversuch

9. Anhänge

Anhang Blatt 1: Schweißprotokoll für Überlappnähte mit Prüfkanal

Schweißprotokoll für Überlappnähte mit Prüfkanal			Nr.
Bauvorhaben		Dichtungsbahn	
Schweißverfahren	HH		
Verlegefirma		Hersteller	
Schweißer		Nenndicke in mm	
Schweißmaschine		Rohstoff	

Naht-Nr.									
		Anfang	Ende	Anfang	Ende	Anfang	Ende	Anfang	Ende
Uhrzeit									
Witterungsbedingungen									
allgemein (Bewölkung/Wind)									
Lufttemperatur in °C									
rel. Luftfeuchte in %									
Zustand der Dichtungsbahnen									
Oberfläche									
Fügebereiche									
Oberflächentemperatur in °C									
Schweißparameter									
Heizkeiltemperatur in °C / Warmgas-temperatur	Einstellung								
	Messung								
Geschwindigkeit in m/min	Einstellung								
	Messung								
Fügekraft in N	Einstellung								
	Messung								
Schweißnahtprobe									
Probeschweißung	Nr.								
Probenahme aus der Naht	Nr.								
Bemerkung:									

Schweißer	Bauleiter/Vorarbeiter (Fachverlegefirma)	Bauüberwachung/Fremdprüfer
Datum Unterschrift	Datum Unterschrift	Datum Unterschrift

Anhang Blatt 2: Schweißprotokoll für Auftragnähte

Schweißprotokoll für Auftragnähte								Nr.	
Bauvorhaben				Dichtungsbahn					
Schweißverfahren	WE								
Verlegefirma				Hersteller					
Schweißer				Nenndicke in mm					
Schweißgerät				Rohstoff					
Naht-Nr.									
		Anfang	Ende	Anfang	Ende	Anfang	Ende	Anfang	Ende
Uhrzeit									
Witterungsbedingungen									
allgemein (Bewölkung/Wind)									
Lufttemperatur in °C									
rel. Luftfeuchte in %									
Zustand der Dichtungsbahnen									
Oberfläche									
Fügebereiche									
Oberflächentemperatur in °C									
Schweißzusatz									
Schweißparameter									
Extrudat-temperatur in °C	Einstellung								
	Messung								
Heißlufttemperatur in °C	Einstellung								
	Messung								
Schweißnahtprobe									
Probeschweißung–Anfang	Nr.								
Probeschweißung–Ende	Nr.								
Bemerkung:									

Schweißer		Bauleiter/Vorarbeiter (Fachverlegefirma)		Bauüberwachung/Fremdprüfer	
Datum	Unterschrift	Datum	Unterschrift	Datum	Unterschrift

Anhang Blatt 3: Prüfprotokoll für Überlappnähte mit Prüfkanal

Prüfprotokoll für Überlappnähte mit Prüfkanal			Nr.
Bauvorhaben		Verlegefirma	
Dichtungsbahn		Nenndicke	mm
Schweißverfahren	HH	Naht Nr.	

I. Äußere Beschaffenheit

Station	Nahtverlauf	Wulstausbildung	Kerben und Riefen	Bemerkung

II. Abmessungen (mm)

$\Delta d_{N1} = (d_o + d_u) - d_{N1}$
$\Delta d_{N2} = (d_o + d_u) - d_{N2}$

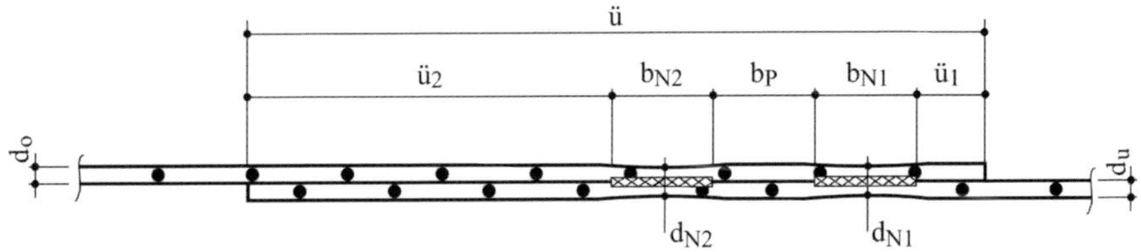

Station	$Ü_1$	$Ü_2$	b_{N1}	b_{N2}	b_P	d_o	d_u	$d_o + d_u$	d_{N1}	d_{N2}	Δd_{N1}	Δd_{N2}	Bemerkung

III. Versagensverhalten im Schälversuch □ mit Kraftanzeige □ ohne Kraftanzeige

Station	Probenbreite (mm)	Höchstzugkraft (N)	Verformungs- und Versagensverhalten	Beurteilung	Bemerkung

IV. Dichtigkeit – Druckluftprüfung

Station	Prüfparameter: Druck: ___ bar		Dauer: ___ min		Temperatur der Bahn: ___ °C Druckabfall: <10 %		
	Breite b_P	Prüfbeginn		Prüfende		Differenz	Bemerkung
		Uhrzeit	bar	Uhrzeit	bar	bar	Zeit

Prüfer	Bauleiter/Vorarbeiter (Fachverlegefirma)	Bauüberwachung/Fremdprüfer
Datum Unterschrift	Datum Unterschrift	Datum Unterschrift

Anhang Blatt 4: Prüfprotokoll für Auftragnähte

Prüfprotokoll für Auftragnähte					Nr.
Bauvorhaben		Verlegefirma			
Dichtungsbahn		Nenndicke	mm		
Schweißverfahren	WE	Naht Nr.			

I. Äußere Beschaffenheit

Station	Nahtverlauf	Wulstausbildung	Kerben und Riefen	Bemerkung

II. Abmessungen (mm)

$f_{NA} = d_N / (do + d_u)$

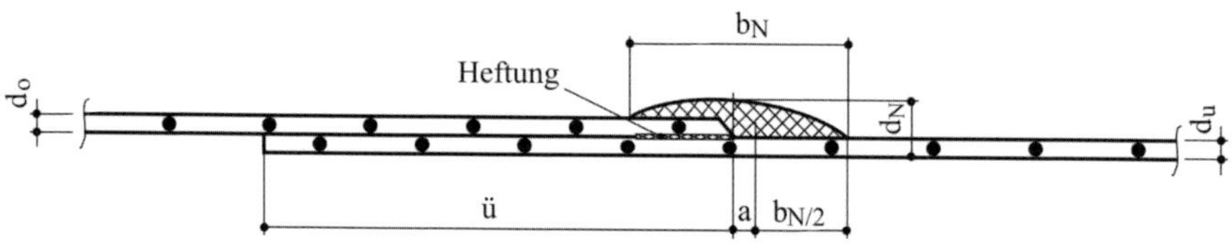

Station	Ü	b_N	$b_{N/2}$	d_o	d_u	$d_o + d_u$	d_N	f_{NA}	Bemerkung

III. Versagensverhalten im Schälversuch □ mit Kraftanzeige □ ohne Kraftanzeige

Station	Probenbreite (mm)	Höchstzugkraft (N)	Verformungs- und Versagensverhalten	Beurteilung	Bemerkung

IV. Dichtigkeit

Station	Vakuum		Hochspannung		Bemerkung
	Unterdruck: bar	Zeitdauer: s	Gerätetyp:	Spannung: kV	

Prüfer		Bauleiter/Vorarbeiter (Fachverlegefirma)		Bauüberwachung/Fremdprüfer	
Datum	Unterschrift	Datum	Unterschrift	Datum	Unterschrift

DVS VERBAND
DVS – Deutscher Verband
für Schweißen und
verwandte Verfahren e. V.

Richtlinie
DVS 2225-2

Ersetzt Ausgabe August 1992

Richtlinie DVS 2225-2

Schweißen von Dichtungsbahnen aus polymeren Werkstoffen – Baustellenprüfungen

Ausschuss für Technik im DVS

Arbeitsgruppe W 4 "Fügen von Kunststoffen"

Untergruppe W 4.7 "Kunststoff-Folien und -Bahnen"

Bezug: DVS Media GmbH, Postfach 10 19 65, 40010 Düsseldorf, Telefon (0211) 1591-0, Telefax (0211) 1591-150

Inhalt:

1. Geltungsbereich

Diese Richtlinie gilt für die Baustellenprüfungen der durch Schweißen hergestellten Nähte bei Abdichtungen mit Dichtungsbahnen aus polymeren Werkstoffen im Erd- und Wasserbau, bei Abdichtungen von Deponien und Altlasten, Grundwasserschutzmaßnahmen und im Tunnelbau nach den Richtlinien DVS-2225, Teile 1, 3, 4 und 5.

Diese Richtlinie soll den zuständigen Behörden, den Auftraggebern, den Planern, den Ausführenden und den Eigen- und Fremdprüfern als Anleitung für die durchzuführenden Baustellenprüfungen dienen. Mit dieser Richtlinie soll die fachgerechte Prüfung der Schweißnähte auf der Baustelle sichergestellt werden.

2. Dichtungsbahnen

Dichtungsbahnen für die genannten Anwendungen werden auf der Basis von Thermoplasten und Elastomeren hergestellt.

Thermoplaste

Polyvinylchlorid weich	PVC-P
Polyethylen hoher Dichte	PE-HD
Lineares Polyethylen niederer Dichte	PE-LLD
Flexible Polyolfin Dichtungsbahnen auf Basis von:	
Ethylen-Vinylacetat	EVA
Flexibles Polypropylen	fPP
Polyethylen sehr niedriger Dichte	VLDPE

Dichtungsbahnen aus Thermoplasten bestehen aus unvernetzten Makromolekülen. Sie können durch Wärme plastifiziert und somit durch Schweißen verbunden werden.

Dichtungsbahnen werden in der Regel in Dicken bis 3 mm hergestellt. In den jeweiligen anwendungsbezogenen Regelwerken sind Mindestdicken festgelegt.

Die Oberflächen können glatt oder strukturiert sein. Die Bahnen können homogen (aus einem Werkstoff) oder mehrlagig aufgebaut sein. Sie können verstärkende Einlagen (zum Beispiel Gewebe) und Kaschierungen (zum Beispiel Vliese) aufweisen.

3. Nahtformen und Nahtabmessungen

Die Dichtungsbahnen werden grundsätzlich überlappt verlegt (Überlappstoß). Bei den Schweißnähten sind nach Bild 1 zu unterscheiden:

- Überlappnähte mit Prüfkanal (Doppelnaht)
- Auftragnähte

Je nach Nahtform sind die in Bild 1 gezeigten Abmessungen relevant.

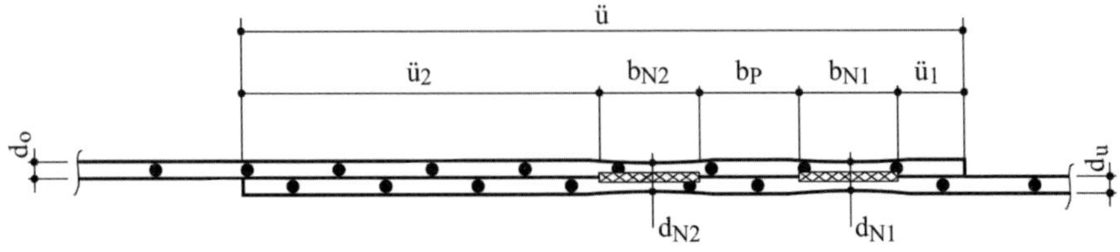

Überlappnaht mit Prüfkanal – ÜN

ü = gesamte Überlappung
$ü_1$ = Überlappung vorn
$ü_2$ = Überlappung hinten
b_N = gesamte Breite der Naht
b_{N1} = Breite der vorderen Teilnaht
b_{N2} = Breite der hinteren Teilnaht

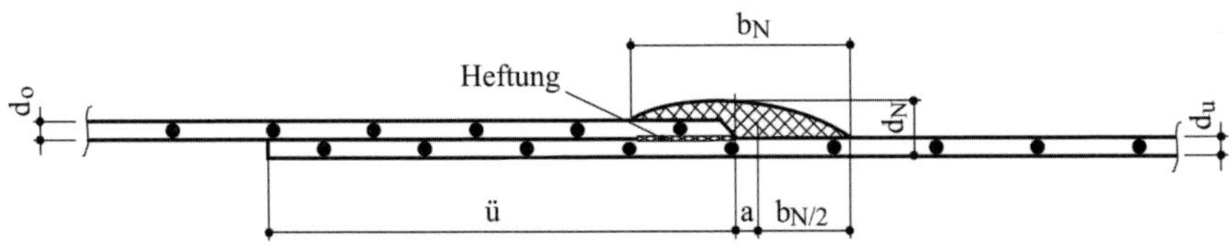

Auftragnaht – AN

b_p = Breite des Prüfkanals
d_0 = Dicke der oberen Bahn
d_u = Dicke der unteren Bahn
d_N = Dicke der Naht
d_{N1} = Dicke der vorderen Teilnaht
d_{N2} = Dicke der hinteren Teilnaht
a = Außermittigkeit , Versatz

Bild 1. Nahtformen und -abmessungen.

Damit lassen sich die maßgebenden Beurteilungskriterien für die Nahtdicken bestimmen:

f_{NA} = Nahtdickenfaktor für die Auftragnaht = $d_N/ (d_0 + d_u)$

$\Delta d_{N1}/\Delta d_{N2}$ = Fügeweg für die Teilnähte N1 und N2 der Überlappnaht = $(d_o + d_u) - d_{N1}, d_{N2}$

4. Baustellenprüfungen

Im Rahmen dieser Richtlinie werden ausschließlich die Prüfungen behandelt, die bei der Bauausführung vor Ort durchzuführen sind. Sie dienen sowohl im Rahmen der Probeschweißungen zur Einstellung der Verfahrensparameter als auch zur Prüfung der fertiggestellten Nähte.

Die Baustellenprüfungen werden durch Laborprüfungen ergänzt. Die Anforderungen an die Schweißnähte im Rahmen dieser Laborprüfungen sind in den Teilen 1, 3, 4 und 5 dieser Richtlinie festgelegt, sowie in Richtlinie DVS 2226-1 bis 4.

4.1. Art und Umfang der Prüfungen

Die Baustellenprüfungen sind im Rahmen der Eigenprüfung durch den Verleger durchzuführen. Die Ergebnisse sind vollständig und prüfbar zu dokumentieren. Im Rahmen der Fremdprüfung ist die Eigenprüfung durch akkreditierte Inspektionsstellen zu überprüfen sowie durch Kontrollprüfungen auf der Baustelle und zusätzliche Prüfungen im Labor zu ergänzen.

Die Baustellenprüfungen beziehen sich auf folgende Eigenschaften:

- äußere Beschaffenheit der Naht
- Abmessungen der Naht
- Versagensverhalten
- Dichtigkeit der Naht

Die Nähte sind durchgehend auf äußere Beschaffenheit und Dichtigkeit sowie stichprobenartig auf Abmessungen und Versagensverhalten zu prüfen. Proben werden vorzugsweise aus den Probeschweißungen und den Nahtenden entnommen. Die in dieser Richtlinie beschriebenen Prüfungen ergänzen sich nach Art und Umfang gegenseitig: Eine Aussage über alle Eigenschaften der Naht mit einem Prüfverfahren allein ist nicht möglich.

Tabelle 1 zeigt Art und Umfang der verschiedenen möglichen Prüfverfahren für die unterschiedlichen Nahtformen.

Tabelle. 1. Art und Umfang der Baustellenprüfungen.

			Nahtformen	
			Überlappnaht mit Prüfkanal	**Auftragnaht**
Qualitätskriterien	Beschaffenheit	durchgehend	visuell Prüfwerkzeug	visuell Prüfwerkzeug
	Abmessungen	Stichproben	mechanisch Ultraschall	mechanisch
	Versagensverhalten	Stichproben	Schälversuch	Schälversuch
	Dichtigkeit	durchgehend	Druckluft	Vakuum Hochspannung

4.2. Prüfung der äußeren Beschaffenheit

Die äußere Beschaffenheit der Nähte wird visuell geprüft. Unter Zuhilfenahme eines Prüfwerkzeuges können zusätzlich ungefügte Bereiche, das heißt Fehlstellen im Bereich der Nahtkanten, nachgewiesen werden.

4.2.1. Anwendungsbereich

Alle Nahtbereiche einschließlich der T-Stöße sowie Anschlüsse an Rohrdurchdringungen und Festbauwerke werden unabhängig vom Schweißverfahren und der Nahtform beurteilt.

4.2.2. Durchführung der Prüfung

Die visuelle Prüfung erfolgt durchgehend auf voller Länge. Das Prüfwerkzeug wird punktuell bzw. bei weichelastischen Bahnen auf voller Länge unter Druck an den Nahtkanten entlang geführt. An Fehlstellen im äußeren Nahtbereich dringt das Prüfwerkzeug in ungenügend gefügte Bereiche ein.

4.2.3. Wertung der Prüfergebnisse

Bei der Prüfung auf äußere Beschaffenheit wird die Naht auf Unregelmäßigkeiten und sichtbare Fehlstellen kontrolliert. Im Einzelnen werden folgende Merkmale überprüft:

- Form und Gleichmäßigkeit des Nahtverlaufs
- Wulstbildung im Randbereich bei Auftragnähten
- gleichmäßige Randbereiche bei Auftragnähten
- glatte und schlierenfreie Oberfläche bei Auftragnähten
- Kerben und Riefen im Nahtbereich
- Fehlstellen, zum Beispiel unverschweißte Bereiche und Quetschfalten

Die äußere Beschaffenheit der Naht ist einwandfrei, wenn sie keine Unregelmäßigkeiten und Fehlstellen aufweist. Weiter gilt:

- Örtlich begrenzte Unregelmäßigkeiten in geringem Umfang mindern die Gebrauchsfähigkeit der Naht nicht.
- Wülste in den Randbereichen von Auftragnähten sind nur zulässig, wenn sie örtlich vereinzelt auftreten. Ggf. sind die Wülste in Abstimmung mit der Fremdprüfung mit der Ziehklinge zu entfernen.
- Kerben und Riefen mit flachen Übergängen sind bis zu einer Tiefe von 10 % der Bahndicke in begrenztem Umfang zulässig.
- Bei größeren und häufig auftretenden Unregelmäßigkeiten sind die entsprechenden Nahtbereiche nachzubessern.
- Fehlstellen sind generell nachzubessern.

Um im Einzelfall Unklarheiten während der Bauausführung zu vermeiden, empfiehlt es sich, die Kriterien für die äußere Beschaffenheit jeweils vor Baubeginn an einer ausreichend langen Musternaht/ Schweißmuster festzulegen.

In Zweifelsfällen sind aus den gefügten Nähten Probestücke zu entnehmen, an denen dann weitere Eigenschaften untersucht werden.

4.3. Prüfung der Abmessungen

Es werden die kennzeichnenden Abmessungen der Naht an streifenförmigen Probekörpern aus der Naht oder an der Naht selbst ermittelt.

4.3.1. Anwendungsbereich

Es können alle Nahtformen geprüft werden. Die Nahtabmessungen geben Hinweise zur Einstellung der Verfahrensparameter im Rahmen der Probeschweißungen. Sie erlauben Rückschlüsse auf das gleichmäßige Einhalten der Verfahrensparameter beim Schweißen.

4.3.2. Durchführung

Die Nahtabmessungen werden vorzugsweise an Probenahmen aus den Probeschweißungen oder an den Nahtenden ermittelt.

Diese Dickenmessungen werden nach DIN EN ISO 9863-1, Verfahren C mit Messgeräten nach DIN 878 (Skalenteilung 0,01 mm) mit Kugelkalotte vorgenommen. Die Nahtbreiten werden mit einem Meßschieber mit einer Messgenauigkeit von 0,05 mm nach DIN 862 ermittelt. Zusätzlich kann an den Überlappnähten die Gleichmäßigkeit der Fügewege über der gesamten Nahtlänge in regelmäßigen

Abständen durch Dickenmessungen mit Ultraschall bestimmt werden.

Die Prüfung mit Ultraschall arbeitet nach dem Impuls-Echo-Verfahren. Das Prüfgerät besteht aus Prüfkopf und Basisgerät.

Die Prüfung kann erst erfolgen, wenn sich die Naht nach dem Schweißen wieder den Umgebungsbedingungen angepasst hat. Diese Konditionierungszeit liegt bei etwa 1 Stunde.

Die Naht muss breiter als der Prüfkopfdurchmesser, der Prüfbereich eben und sauber sein. Prüfkopfdurchmesser von 6-8 mm haben sich in der Praxis bewährt.

Vor Beginn der Prüfung wird das Gerät an planparallelen Platten aus dem gleichen Werkstoff und gleicher Temperatur wie die zu messenden Schweißnähte justiert und überprüft.

Als Prüfergebnisse werden die Dicken der Schweißnähte und der oberen und unteren Dichtungsbahn im Nahtbereich gemessen und daraus die Fügewege berechnet. Diese Ergebnisse sind zu dokumentieren.

Die Ultraschallprüfung wird von ausgebildeten Prüfern im Rahmen der Fremdprüfung durchgeführt.

4.3.3. Wertung der Prüfergebnisse

Es ist nachzuweisen, dass die Nahtabmessungen (alle Maße in mm) den Anforderungen in den Tabelle 2 und 3 entsprechen.

Tabelle 2. Nahtabmessungen Überlappnähte (ÜN) mit Prüfkanal.

ÜN	**DVS 2225-1**	**DVS 2225-3**	**DVS 2225-4**	**DVS 2225-5**
Nenndicke d_o, d_u	≥ 1,5	≥ 1,5	≥ 2,5	≥ 2,0
Breite der Teilnähte b_N	≥ 15	≥ 15	≥ 15	≥ 15
Breite des Prüfkanals*	≥ 10	≥ 10	≥ 10	≥ 10
$\Delta d_{N1,2}$ = Fügeweg der Teilnähte	PVC-P 0,0-0,3 FPO 0,1-0,6	PVC-P 0,0-0,6 PE 0,2-0,6 für 1.5 mm dicke Bahnen 0,4- 0,8 für ≥ 2,0 mm dicke Bahnen	0,4-0,8	PVC-P 0,0-0,6 FPO 0,1-0,6
Überlappung vorn / hinten	vorn > 5 hinten > 40	vorn > 5 hinten > 40	vorn > 5 hinten > 40	vorn > 5 hinten > 40
Δd_{N1}-Δd_{N2}	keine Anforderung	≤ 0,15	≤ 0,15	≤ 0,15

Tabelle 3. Nahtabmessungen Auftragnähte (AN).

AN	DVS 2225-1	DVS 2225-3	DVS 2225-4	DVS 2225-5
Nenndicke d_o/d_u	≥ 1,5	≥ 1,5	≥ 2,5	≥ 2,0
Breite der Naht	≥ 25	≥ 30	≥ 30	≥ 25
Außermittigkeit/ Versatz	≤ 5	≤ 5	≤ 5	≤ 5
Nahtdickenfaktor	keine Anforderung festzulegen	PE 1,25-1,5 für Nenndicke 1,5-2,0 1,25-1,75 für Nenndicke ≥ 2,5 mm PVC**	PE 1,25 – 1,75	FPO 1,25 – 1,5 PVC**
Überlappung	≥ 40	≥ 40	≥ 40	≥ 40

* Die Prüfkanalbreite ist der konstruktionsabhängige Abstand zwischen den beiden Kontaktflächen des Heizkeiles. Schmelzeaustrieb in den Prüfkanal ist bei der Ermittlung der Nahtabmessungen nicht zu berücksichtigen.
** Der Nahtdickenfaktor für Auftragnähte wird festgelegt, sobald ausreichend Erfahrungen und Untersuchungsergebnisse für diese Schweißnähte vorliegen. Als Empfehlung gilt derzeit der Wertebereich anlog FPO.

4.4. Prüfung des Versagensverhaltens

Das Versagensverhalten wird an Stichproben unter zerstörender Zugschälbeanspruchung (Schälversuch) geprüft. Bei diesen Schälversuchen handelt es sich um Kurzzeitprüfungen zur qualitativen Beurteilung des Verformungs- und Versagensverhaltens der Naht.

4.4.1. Anwendungsbereich

Mit den Schälversuchen können alle Nahtformen geprüft werden. Die Versuche dienen zur Einstellung der Verfahrensparameter im Rahmen der Probeschweißungen durch die Überprüfung des Verformungs- und Versagensverhalten.

4.4.2. Durchführung der Prüfung

Die Schälversuche sind in Anlehnung an Richtlinie DVS 2226-3 an etwa 20 mm breiten Streifenproben durchzuführen. Bei gewebeverstärkten Bahnen werden größere Breiten empfohlen. Bei Überlappnähten mit Prüfkanal sind beide Teilnähte zu prüfen.

Als Probekörper werden Streifenproben senkrecht zur Naht entnommen. Die Streifenproben sind so zu entnehmen, dass jeweils ausreichende Einspannlängen entsprechend Bild 2 vorhanden sind. In besonderen Fällen kann es erforderlich sein, ergänzende Prüfungen, bei denen die Schälkraft von der Innenseite des Prüfkanals aufgebracht wird, durchzuführen.

Die Prüfungen erfolgen an ausreichend abgekühlten Probekörpern mit baustellengerechten Prüfgeräten nach dem Stand der Technik, die eine zügige Lastaufbringung und eine gleichmäßige Verformungsgeschwindigkeit von 50 mm/min (PE und FPO) bzw. 100 mm/min (PVC) ermöglichen. Verformungen und Kräfte müssen im Rahmen dieser Prüfungen nicht gemessen werden. Bei Ermittlung des Schälwiderstandes an weichelastischen Bahnen, muss die Kraft und die Probenkörperbreite gemessen werden.

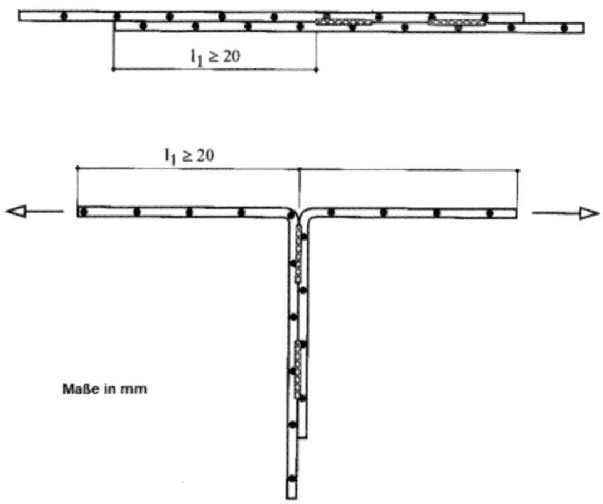

Bild 2. Probenahme und Beanspruchung beim Schälversuch.

4.4.3. Wertung der Prüfergebnisse

Es wird das Verformungs- und Versagensverhalten qualitativ ermittelt. Es wird ermittelt, ob die bei der Schälbeanspruchung wirkenden Kräfte zum Aufschälen der Naht oder zu einem Verstrecken des Grundmaterials (GM) führen. Bei Einsatz eines Prüfgerätes mit Kraftanzeige kann der Schälwiderstand zusätzlich auch quantitativ bestimmt werden. Bei Verwendung weichelastischer Bahnen ist ein Prüfgerät mit Kraftanzeige erforderlich, wenn diese nicht im Grundmaterial verstrecken.

Tabelle 5. Verformungs- und Versagensverhalten der Nähte.

ÜN und AN	DVS 2225-1	DVS 2225-3	DVS 2225-4	DVS 2225-5
	FPO Verstrecken im GM, Verstrecken im GM nach begrenztem Schälen Restnahtbreite der Teilnaht >15 mm PVC Verstrecken im GM oder Aufschälen mit Schälwiderstand Rs >= 6 N/mm PVC-P FPO	Verstrecken im GM, Verstrecken im GM nach begrenztem Schälen Restnahtbreite der Teilnaht >15 mm	Verstrecken im GM, Verstrecken im GM nach begrenztem Schälen Restnahtbreite der Teilnaht >15 mm	3 x 15 mm breite Probestreifen, entsprechend der tatsächlichen Ausführung. Verstrecken im GM oder Aufschälen mit Schälwiderstand Rs >= 6 N/mm, Rs >= 6 N/mm PVC-P FPO

4.5. Prüfung auf Dichtigkeit

Bei der durchgehenden Prüfung der Nähte auf Dichtigkeit ist das Prüfverfahren auf die jeweilige Nahtform abzustimmen. Es sind nach Tabelle 1 folgende Prüfverfahren anzuwenden:

Überlappnähte mit Prüfkanal
- Prüfung mit Druckluft

Auftragnähte
- Prüfung mit Vakuum
- Prüfung mit Hochspannung

4.5.1. Prüfung mit Druckluft

Die Druckluftprüfung dient zur Dichtigkeitsprüfung von Überlappnähten mit Prüfkanal (Doppelnähten) unter mechanischer Beanspruchung. Die Prüfbedingungen, wie Prüfdruck und Prüfdauer, sind auf den Bahnenwerkstoff, die Bahnendicke, die Prüfkanalabmessungen und die Temperatur abzustimmen. Die Prüfgeräte (Manometer) nach DIN EN 837-1 müssen der Prüfgeräteklasse 1.0 entsprechen. Der Messbereich soll nicht größer als 10 bar und die Anzeigegenauigkeit bzw. Skalierung nicht größer als 0,2 bar sein. Für weichelastische Bahnen muss die Anzeigegenauigkeit 0,1 bar sein.

4.5.1.1. Anwendungsbereich

Mit der Druckluftprüfung können Überlappnähte mit Prüfkanal auf voller Länge in einem Prüfvorgang zerstörungsfrei auf Dichtigkeit geprüft werden.

4.5.1.2. Durchführung

Die Prüfung sollte erst etwa 1 Stunde nach dem Schweißen erfolgen. An einem Ende der Naht wird die Vorrichtung zur Druckluftaufbringung mit Manometer und ggf. Druckschreiber montiert, die den Prüfkanal luftdicht verschließt. Hier wird die Druckluft eingegeben und zunächst die Durchgängigkeit der Naht geprüft. Das andere Ende der Naht wird luftdicht. z. B. durch Warmgasschweißen oder Klemmeinrichtungen, verschlossen. Der eigentliche Prüfdruck wird erst nach etwa einer Minute Vorbeanspruchung eingestellt, um Anfangsverformungen zu konditionieren. Dabei kann diese Vorbeanspruchung höher als der endgültige Prüfdruck sein.

Die Prüfzeit für die Druckluftprüfung beträgt 10 Minuten. Nach Ablauf der Prüfzeit wird der Prüfkanal am gegenüberliegenden Ende der Prüfrichtung geöffnet. Die Luft muss schlagartig entweichen und der Druckabfall an beiden Nahtenden kontrolliert werden. Bei nicht durchgängig prüfbaren Nähten sind die Nähte abschnittsweise zu prüfen. Bei nicht unmittelbar feststellbaren Fehlern sind entsprechend kürzere Prüflängen zu wählen, um die fehlerhaften Bereiche einzugrenzen. Der Druckverlauf über die Prüfzeit ist mittels Druckschreiber bei der Richtlinie DVS 2225-3 und DVS 2225-4 aufzuzeichnen Bei der Richtlinie DVS 2225-1 und DVS 2225-5 ist am Anfang und am Ende der Prüfzeit mindestens von Hand zu protokollieren.

Der Prüfdruck ist jeweils auf die Temperaturen, die Prüfkanalbreite sowie die Dicke und den Werkstoff der Dichtungsbahn abzustimmen. In Bild 3 sind Prüfdrücke beispielhaft für zwei verschiedene Dichtungsbahnen als Funktion der Temperatur angegeben. Im Einzelfall sind entsprechende Berechnungen zur Bestimmung des Prüfdruckes in Abhängigkeit des Werkstoffs, der Bahnendicke und der Prüfkanalbreite vorzunehmen.

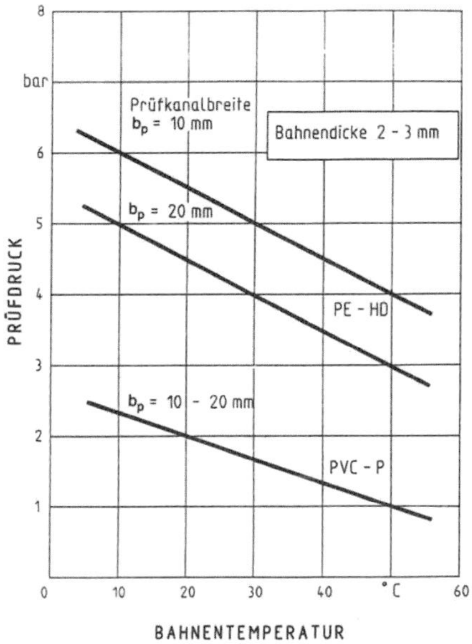

Bild 3. Prüfdruck als Funktion der Bahnentemperatur bei der Druckluftprüfung.

4.5.1.3. Wertung der Prüfergebnisse

Die Naht gilt als dicht, wenn der Druck im Prüfkanal innerhalb der vorgegebenen Prüfdauer um nicht mehr als 10 % des Ausgangswertes abfällt.

4.5.2. Prüfung mit Vakuum

Die Prüfung erfolgt mit einer durchsichtigen Prüfglocke (zum Beispiel aus PMMA), die mit einer Vakuumpumpe verbunden ist. Die Glocke weist am Rand einen Anpressdichtring auf, damit der Prüfbereich luftdicht abgeschlossen werden kann. Bei der Prüfung wird ein Unterdruck in der Glocke erzeugt. Der Unterdruck ist auf den Bahnenwerkstoff, die Bahnendicke und die Abmessungen der Prüfglocke abzustimmen.

Die Manometer müssen nach DIN EN 472 der Prüfgeräteklasse 1.0 entsprechen. Der Messbereich soll nicht größer als der 2-fache Prüfdruck und die Skalierung nicht größer als 0,1 bar sein.

4.5.2.1. Anwendungsbereich

Mit der Vakuumprüfung können zerstörungsfrei Dichtigkeitsprüfungen von Auftragnähten schrittweise ausgeführt werden. An Kehlen, Kanten und Ecken sind entsprechend geformte Vakuumglocken zu verwenden.

4.5.2.2. Durchführung der Prüfung

Zwischen Schweißen und Prüfen sollte ein Konditionierungszeitraum von etwa 1 Stunde liegen. Der zu prüfende Nahtbereich ist mit einer blasenbildenden Flüssigkeit, zum Beispiel Seifenlauge, einzustreichen bzw. einzusprühen. Die Prüfglocke ist so aufzusetzen und anzudrücken, dass die zu prüfende Naht etwa mittig zur Achse der Prüfglocke liegt. Bei längeren Nahtabschnitten ist die Glocke entsprechend oft umzusetzen. Beim Versetzen der Glocke in längeren Prüfabschnitten ist eine Überschneidung der Prüfbereiche von etwa 10 cm einzuhalten. Weichelastische Bahnen, zum Beispiel aus PVC-P oder aus FPO, werden mit einem Unterdruck von 0,2 bar, steifere Bahnen mit einem Unterdruck von 0,5 bar geprüft. Diese Prüfdrücke (Unterdruck) müssen über einen Zeitraum von mindestens 10 s konstant gehalten werden.

Der Unterdruck wird auf dem Manometer angezeigt. Im Falle einer Undichtigkeit der Naht bilden sich Blasen. Diese Stellen sind zu markieren.

4.5.2.3. Wertung der Prüfergebnisse

Die Naht gilt als dicht, wenn sich der Unterdruck aufbaut und über die Prüfzeit konstant bleibt und im Bereich der Naht keine Blasenbildung auftritt.

4.5.3. Prüfung mit elektrischer Hochspannung

Dieses Prüfverfahren beruht auf dem Prinzip der Gasentladung beim Anlegen einer elektrischen Hochspannung an eine Entladungsstrecke. Die Prüfeinrichtung besteht aus einer Spannungsquelle und einer Bürsten- oder Stabelektrode. Das Verfahren setzt eine Gegenelektrode aus leitendem Material an der Vorderkante der Überlappung unterhalb des Extrudates voraus.

4.5.3.1. Anwendungsbereich

Grundsätzlich lassen sich mit diesem Verfahren alle Nahtformen durchgehend auf Dichtigkeit prüfen. Vorzugsweise wird die Prüfung bei Auftragnähten nur in Bereichen eingesetzt in denen aufgrund unebener Prüfflächen nicht mit Vakuum geprüft werden kann.

4.5.3.2. Durchführung

Der Nahtbereich muss trocken und frei von Verunreinigungen sein. Schmutzpartikel können eine Isolierschicht bilden und damit die Prüfung beeinträchtigen. Der Prüfbereich sollte abgeschattet werden, um Funkenentladungen besser sehen zu können. Die Prüfspannung ist auf den Werkstoff und die Dicke der Bahn sowie auf die Schweißnahtbreite abzustimmen. Hinweise zu den Durchschlagspannungen in Luft und für Bahnen aus PE-HD und PVC-P sind Bild 4 zu entnehmen. Für PE-HD-Bahnen ab einer Dicke von 2,0 mm liegt beispielsweise die zulässige Prüfspannung bei etwa 60 kV. Bei einer Prüfspannung von 60 kV ergibt sich in trockener Luft eine Schlagweite von etwa 15 mm. Damit können zum Beispiel etwa 30 mm breite Auftragnähte geprüft werden, wenn die Gegenelektrode in der Nahtmitte liegt, die Undichtigkeit durchgehend ist und nahezu senkrecht zur Naht verläuft. Bei höherer Luftfeuchte vergrößern sich die Schlagweiten.

Die Bürsten- oder Stabelektrode wird mit einer Geschwindigkeit von etwa 10 m/min über die Naht geführt. Es muss sichergestellt sein, dass sich die für den Funkenüberschlag notwendige Feldstärke aufbauen kann. Dazu ist vor der Nahtprüfung die Schlagweite zu bestimmen. Sie muss größer als die maximal mögliche Durchgangsstrecke (halbe Nahtbreite zzgl. Aussermittigkeit) sein. Zudem darf sie nicht so hoch sein, dass es zu einem Durchschlag durch die Dichtungsbahn kommt. Ein längeres Verweilen der Prüfelektrode an einer Stelle (>5 sec) ist unzulässig, da dies zu einer Perforation der Dichtungsbahn oder der Schweißnaht führen kann.

4.5.3.3. Wertung der Prüfergebnisse

Bei Undichtigkeiten tritt ein deutlicher Funkenüberschlag zwischen den Elektroden auf, der sichtbar und hörbar ist. Die Naht gilt als dicht, wenn keine deutliche Funkenentladung auftritt.

5. Grenzen der Prüfverfahren

Die in dieser Richtlinie beschriebenen Prüfungen haben jeweils Grenzen das Prüfergebnis betreffend. Die Prüfungen ergänzen sich nach Art und Umfang daher gegenseitig. Eine Aussage über alle Eigenschaften der Naht mit einem Prüfverfahren allein ist nicht möglich.

5.1. Grenzen bei der Beurteilung der äußeren Beschaffenheit

Bei der durchgehenden Prüfung der äußeren Beschaffenheit durch Inaugenscheinnahme kann der Nahtverlauf einfach beurteilt werden. Die äußere Beschaffenheit einer Überlappnaht (ausreichende Überlappung, Schmelzeaustrieb, Kerben und Riefen neben der Naht) lässt sich zerstörungsfrei nur von oben und an der vorderen, oberen Überlappung kontrollieren. Auch die durchgehende Dichtigkeit einer Schweißnaht kann dadurch nicht abgeleitet werden.

Bei Auftragnähten können Überhöhungen der Naht durch zu viel aufgetragenen Schweißzusatz mit Durchzeichnungen der Naht (thermischer Überbeanspruchung der Dichtungsbahn) verwechselt werden. In Zweifelsfällen wird eine Probeentnahme aus der Naht empfohlen. Eine gleichmäßige äußere Beschaffenheit ohne Poren, Blasen, Schlieren, Riefen und Kerben lässt allein keine Rückschlüsse zur Festigkeit und Dichtigkeit zu.

5.2. Grenzen bei der Beurteilung der Nahtabmessungen

Mit der stichprobenartigen Prüfung der Nahtabmessungen an den Probenahmen aus den Nahtenden bzw. den Probeschweißungen ist keine Aussage über die gesamte Nahtlänge möglich. Insbesondere Auftragnähte können im Nahtverlauf große Unterschiede der Abmessungen aufweisen. In Zweifelsfällen (insbesondere Schweißnahthöhe und Außermittigkeit) wird eine Probeentnahme aus der Schweißnaht empfohlen.

Bei Überlappnähten kann mit der ergänzenden Ultraschallprüfung der Fügeweg über die „gesamte" Nahtlänge (Nahtverlauf, nicht nur an den Nahtenden) geprüft und eine Gleichmäßigkeit beurteilt werden. Bei der an einer Naht in kurzer Zeit durchführbaren Prüfung sollten gleichmässige Witterungsbedingungen herrschen. Geringe Abweichungen zwischen von Hand gemessenen Werten und den mit Ultraschall ermittelten Werten durch konkav oder konvex geformte Nahtoberflächen sind für die Beurteilung der Gleichmässigkeit vernachlässigbar.

Allein durch gleichmässige Nahtabmessungen sind keine Aussagen zur Nahtdichtigkeit und Nahtfestigkeit über die gesamte Nahtlänge möglich.

5.3. Grenzen bei der Beurteilung des Versagenverhaltens

Aussagen zur Nahtfestigkeit über die gesamte Länge der Schweißnähte sind durch die Prüfung der Probeschweißungen allein nicht möglich. Diese dienen in erster Linie zur Kontrolle der Schweißparameter.

Mit den Probeentnahmen aus jedem Nahtende lässt sich die Qualität einer Naht genauer beurteilen. Es wird empfohlen, aus exponierten Bereichen mit besonderen Witterungseinflüssen zusätzliche Proben zur Absicherung der Nahtqualität zu entnehmen. Insbesondere bei Auftragnähten, bei denen i. d. R. keine Probeentnahmen aus Nahtenden erfolgen, werden aufgrund des starken Einflusses der Witterung in Zweifelsfällen Probeentnahmen aus der Naht empfohlen.

Allein durch das Prüfen der Proben aus den Probeschweißungen und den Nahtenden sind keine Aussagen zur Nahtdichtigkeit und zur Nahtfestigkeit über die gesamte Nahtlänge möglich.

5.4. Grenzen bei der Beurteilung der Nahtdichtigkeit

Die Prüfung der Überlappnähte mit Druckluft kann durch sehr starke Bahnentemperaturschwankungen beeinflusst werden, und ist ggf. zu wiederholen.

Die Prüfung der Nahtdichtigkeit bei Auftragnähten mit der Vakuumprüfglocke ist nur bei einem entsprechenden ebenen Untergund möglich.

In den Bereichen bei denen eine Prüfung mit Vakuum nicht möglich ist, ist rechtzeitig auf die Vorbereitung der Nähte mit einem elektrisch leitfähigen Schweißdraht oder dünnem Metalldraht in der Nahtwurzel für die Prüfung mit elektrischer Hochspannung zu achten. Aufgrund einer möglichen Schwächung der Nahtfestigkeit durch den eingelegten Draht, sollten die Prüfungen mit elektrischer Hochspannung nur auf die anders nicht prüfbaren Bereiche beschränkt bleiben, weil auch die Aussagekraft der Prüfung bei falsch liegendem Schweiß- oder Metalldraht eingeschränkt ist.

Bei einem abgelösten Draht, der sich in das plastische Extrudat drückt und darin vollständig eingeschlosssen wird, ist eine Undichtigkeit der Naht nicht mehr feststellbar. Dagegen sind vermeintliche

Fehlstellen oft nur abgelöste, an die Nahtoberfläche gedrückte Drähte.

Mit der durchgehenden Prüfung der Nahtdichtigkeit ist keine Aussage zur Nahtfestigkeit der Schweißnähte über die gesamte Nahtlänge möglich. Die Druckluftprüfung ist eine Dichtigkeitsprüfung unter mechanischer Beanspruchung. Die mechanische Beanspruchung bei der Prüfung lässt nur bedingt Rückschlüsse auf die Nahtfestigkeit zu.

6. Prüfprotokolle

Die Ergebnisse der Baustellenprüfungen sind in Prüfprotokollen festzuhalten. Im Anhang sind für die verschiedenen Nahtformen Prüfprotokolle gezeigt:
Blatt 1 Prüfprotokoll für die Überlappnaht mit Prüfkanal
Blatt 2 Prüfprotokoll für die Auftragnaht

Diese Protokolle sind im Rahmen der Eigenprüfung durch den Verleger arbeitstäglich zu führen und zu unterzeichnen, durch die Fremdprüfung und/oder die Fachbauleitung auf Vollständigkeit und Plausibilität zu prüfen, gegenzuzeichnen und einer Schlussdokumentation beizufügen.

7. Schrifttum

DIN EN ISO 9863-1	Geokunststoffe - Bestimmung der Dicke unter festgelegten Drücken - Teil 1: Einzellagen
DIN 878	Geometrische Produktspezifikation (GPS) - Mechanische Messuhren - Grenzwerte für Messabweichungen
DIN EN 837-1	Druckmessgeräte - Teil 1: Druckmessgeräte mit Rohrfedern; Maße, Messtechnik, Anforderungen und Prüfung
DIN EN 472	Druckmessgeräte - Begriffe
DVS 2225-1	Schweißen von Dichtungsbahnen aus polymeren Werkstoffen im Erd- und Wasserbau
DVS 2225-3	Schweißen von Dichtungsbahnen aus Polyethylen (PE) bei Grundwasserschutzmaßnahmen
DVS 2225-4	Schweißen von Dichtungsbahnen aus Polyethylen (PE) für die Abdichtung von Deponien und Altlasten
DVS 2225-5	Schweißen von Dichtungsbahnen aus thermoplastischen Kunststoffen im Tunnelbau
DVS 2226-1	Prüfen von Fügeverbindungen an Dichtungsbahnen aus polymeren Werkstoffen - Prüfverfahren, Anforderungen
DVS 2226-2	Prüfen von Fügeverbindungen an Dichtungsbahnen aus polymeren Werkstoffen - Zugscherversuch
DVS 2226-3	Prüfen von Fügeverbindungen an Dichtungsbahnen aus polymeren Werkstoffen - Schälversuch
DVS 2226-4	Prüfen von Fügeverbindungen an Dichtungsbahnen aus polymeren Werkstoffen - Zeitstand-Zugversuch an Polyethylen

8. Anhänge

Anhang Blatt 1: Schweißprotokoll für Überlappnähte mit Prüfkanal

Schweißprotokoll für Überlappnähte mit Prüfkanal								Nr.	
Bauvorhaben				Dichtungsbahn					
Schweißverfahren	HH								
Verlegefirma				Hersteller					
Schweißer				Nenndicke in mm					
Schweißmaschine				Rohstoff					
Naht-Nr.									
		Anfang	Ende	Anfang	Ende	Anfang	Ende	Anfang	Ende
Uhrzeit									
Witterungsbedingungen									
allgemein (Bewölkung/Wind)									
Lufttemperatur in °C									
rel. Luftfeuchte in %									
Zustand der Dichtungsbahnen									
Oberfläche									
Fügebereiche									
Oberflächentemperatur in °C									
Schweißparameter									
Heizkeiltemperatur in °C / Warmgas-temperatur	Einstellung								
	Messung								
Geschwindigkeit in m/min	Einstellung								
	Messung								
Fügekraft in N	Einstellung								
	Messung								
Schweißnahtprobe									
Probeschweißung	Nr.								
Probenahme aus der Naht	Nr.								
Bemerkung:									

Schweißer	Bauleiter/Vorarbeiter (Fachverlegefirma)	Bauüberwachung/Fremdprüfer
Datum Unterschrift	Datum Unterschrift	Datum Unterschrift

Anhang Blatt 2: Schweißprotokoll für Auftragnähte

Schweißprotokoll für Auftragnähte								Nr.	
Bauvorhaben				Dichtungsbahn					
Verlegefirma				Hersteller					
Schweißer				Nenndicke in mm					
Schweißgerät				Rohstoff					
Naht-Nr.									
		Anfang	Ende	Anfang	Ende	Anfang	Ende	Anfang	Ende
Uhrzeit									
Witterungsbedingungen									
allgemein (Bewölkung/Wind)									
Lufttemperatur in °C									
rel. Luftfeuchte in %									
Zustand der Dichtungsbahnen									
Oberfläche									
Fügebereiche									
Oberflächentemperatur in °C									
Schweißzusatz									
Schweißparameter									
Extrudat-temperatur in °C	Einstellung								
	Messung								
Heißlufttemperatur in °C	Einstellung								
	Messung								
Schweißnahtprobe									
Probeschweißung–Anfang	Nr.								
Probeschweißung–Ende	Nr.								
Bemerkung:									
Schweißer			Bauleiter/Vorarbeiter (Fachverlegefirma)			Bauüberwachung/Fremdprüfer			
Datum	Unterschrift		Datum	Unterschrift		Datum	Unterschrift		

Anhang Blatt 3: Prüfprotokoll für Überlappnähte mit Prüfkanal

Prüfprotokoll für Überlappnähte mit Prüfkanal			Nr.
Bauvorhaben		Verlegefirma	
Dichtungsbahn		Nenndicke	mm
Fügeverfahren		Naht Nr.	

I. Äußere Beschaffenheit

Station	Nahtverlauf	Wulstausbildung	Kerben und Riefen	Bemerkung

II. Abmessungen (mm)

$\Delta d_{N1} = (d_o + d_u) - d_{N1}$
$\Delta d_{N2} = (d_o + d_u) - d_{N2}$

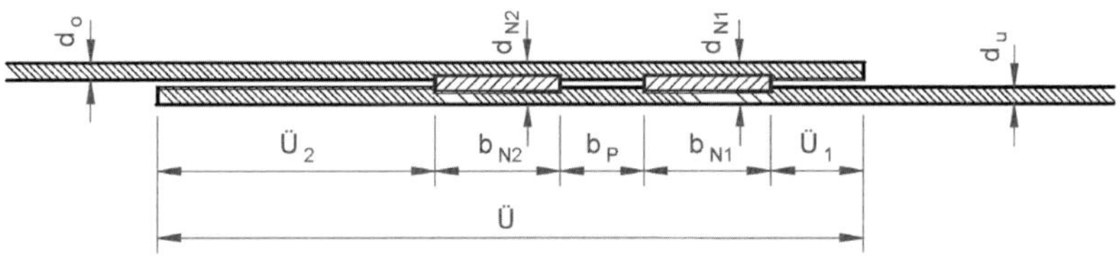

Station	$Ü_1$	$Ü_2$	b_{N1}	b_{N2}	b_P	d_o	d_u	$d_o + d_u$	d_{N1}	d_{N2}	Δd_{N1}	Δd_{N2}	Bemerkung

III. Versagensverhalten im Schälversuch ☐ mit Kraftanzeige ☐ ohne Kraftanzeige

Station	Probenbreite (mm)	Höchstzugkraft (N)	Verformungs- und Versagensverhalten	Beurteilung	Bemerkung

IV. Dichtigkeit – Druckluftprüfung

Station	Prüfparameter: Druck: ___ bar		Dauer: ___ min		Temperatur der Bahn: ___ °C Druckabfall: <10 %			
	Breite bP	Prüfbeginn		Prüfende		Differenz		Bemerkung
		Uhrzeit	bar	Uhrzeit	bar	bar	Zeit	

Prüfer		Bauleiter/Vorarbeiter (Fachverlegefirma)		Bauüberwachung/Fremdprüfer	
Datum	Unterschrift	Datum	Unterschrift	Datum	Unterschrift

Anhang Blatt 4: Prüfprotokoll für Auftragnähte

Prüfprotokoll für Auftragnähte			Nr.
Bauvorhaben		Verlegefirma	
Dichtungsbahn		Nenndicke	mm
Fügeverfahren		Naht Nr.	

I. Äußere Beschaffenheit

Station	Nahtverlauf	Wulstausbildung	Kerben und Riefen	Bemerkung

II. Abmessungen (mm)

$f_{NA} = d_N / (do + d_u)$

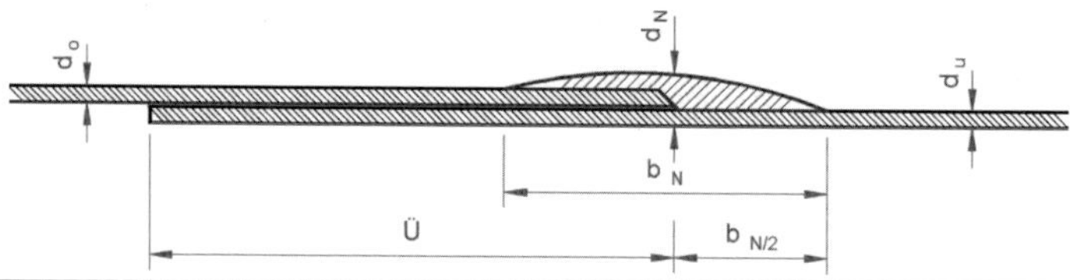

Station	Ü	b_N	$b_{N/2}$	d_o	d_u	$d_{o+}d_u$	d_N	f_{NA}	Bemerkung

III. Versagensverhalten im Schälversuch ☐ mit Kraftanzeige ☐ ohne Kraftanzeige

Station	Probenbreite (mm)	Höchstzugkraft (N)	Verformungs- und Versagensverhalten	Beurteilung	Bemerkung

IV. Dichtigkeit

Station	Vakuum		Hochspannung		Bemerkung
	Unterdruck: bar	Zeitdauer: s	Gerätetyp:	Spannung: kV	

Prüfer		Bauleiter/Vorarbeiter (Fachverlegefirma)		Bauüberwachung/Fremdprüfer	
Datum	Unterschrift	Datum	Unterschrift	Datum	Unterschrift

VERBAND

Richtlinie
DVS 2225-3

Ersetzt Ausgabe
September 2016

Richtlinie DVS 2225-3

Schweißen von Dichtungsbahnen aus Polyethylen (PE) bei Grundwasserschutzmaßnahmen

Ausschuss für Technik im DVS

Arbeitsgruppe W4 „Fügen von Kunststoffen"

Untergruppe W4.7 „Kunststoff-Folien und -Bahnen"

Bezug: DVS Media GmbH, Postfach 10 19 65, 40010 Düsseldorf, Telefon (0211) 1591-0, Telefax (0211) 1591-150

Inhalt:

1. Geltungsbereich

Mit dieser Richtlinie soll den zuständigen Behörden, den Auftraggebern, den Ausführenden und dem Qualitätsmanagement eine Anleitung für die Durchführung der Fügearbeiten und Schweißnahtprüfungen auf der Baustelle gegeben werden.

Grundwasserschutzmaßnahmen im Sinne des Wasserhaushaltgesetzes (WHG) sind Auskleidungen von Erdbecken, Bauwerksabdichtungen und Behälterauskleidungen als Auffangräume und Dichtflächen für Anlagen zum Lagern, Abfüllen und Umschlagen sowie Herstellen, Behandeln und Verwenden von wassergefährdenden Stoffen und Flüssigkeiten. Diese Richtlinie gilt weiter auch für sonstige Maßnahmen im Erd- und Wasserbau.

Die Richtlinie berücksichtigt die hohen Anforderungen, die bei diesen Anwendungen an die Güte der Schweißverbindung und damit an die werkstoff- und fachgerechte Ausführung zu stellen sind.

Sie gibt weiter Hinweise für die Verlegung der Dichtungsbahnen sowie für die konstruktive Gestaltung von Schweißverbindungen zwischen den Dichtungsbahnen und Bauteilen aus Polyethylen.

Gemäß Wasserhaushaltsgesetz (WHG) dürfen Arbeiten nur von durch Sachverständigenorganisationen oder Güteschutzgemeinschaften nach WHG zertifizierten Fachbetrieben ausgeführt werden.

2. Dichtungsbahnen

Dichtungsbahnen im Sinne dieser Richtlinie sind industriell gefertigte Kunststoffdichtungsbahnen aus PE für Anwendungen nach DIN EN 13361, DIN EN 13362, DIN EN 13491, DIN EN 13492, DIN EN 13493 und DIN EN 15382.

Für die Anwendung bei Grundwasserschutzmaßnahmen im Geltungsbereich des Wasserhaushaltsgesetzes müssen die Dichtungsbahnen über allgemein bauaufsichtliche Zulassungen des DIBt, Berlin, als Halbzeugzulassung oder für besondere Bauarten über eine Systemzulassung verfügen. Die Dichtungsbahnen müssen mit der Zulassungsnummer gekennzeichnet sein.

Die Lieferqualität der Dichtungsbahnen ist durch Abnahmeprüfzeugnisse DIN EN 10204-3.1 vom Hersteller/Lieferanten zu dokumentieren. Gleiches gilt für benötigte Schweißzusätze und in das Dichtungssystem integrierte Halbzeuge bzw. Bauteile aus Polyethylen.

Es dürfen nur Dichtungsbahnen verwendet werden, die für die jeweilige Verwendung zugelassen sind.

Zugelassene Dichtungsbahnen müssen entsprechend Zulassungsbescheid gekennzeichnet sein.

Dichtungsbahnen aus PE bestehen aus unvernetzten Makromolekülen und weisen eine teilkristalline Molekülstruktur auf. Sie können durch Wärme plastifiziert werden und werden ausschließlich durch Schweißen gefügt.

Für die in dieser Richtlinie beschriebenen Dichtungsbahnen ist eine Nenndicke von mindestes 1,5 mm vorgeschrieben. Die Dichtungsbahnen sind im Regelfall homogen aus einem Werkstoff aufgebaut. Für besondere Anwendungen können durch Coextrusion Signalschichten oder elektrisch leitfähige Schichten an Ober- und/oder Unterseite der Dichtungsbahnen produziert sein.

3. Konstruktive Einzelheiten

3.1. Nahtformen

Die Dichtungsbahnen werden grundsätzlich überlappt verlegt (Überlappstoß). Bei den Fügenähten wird entsprechend Bild 1 unterschieden in Überlappnähte mit Prüfkanal und in Auftragnähte.

Die Überlappnähte mit Prüfkanal werden durch Heizkeilschweißen hergestellt. Die Breite der Teilnähte muss jeweils mindestens 15 mm, die Breite des Prüfkanals mindestens 10 mm betragen. Die Prüfkanalbreite bezieht sicht auf die Maschinengeometrie und nicht auf die Schweissung (bei übermässigem Schweissaustrieb reduziert sich die offene Breite).

Die Auftragnähte werden durch Warmgasextrusionsschweißen hergestellt. Die Breite der Auftragnaht muss mindestens 30 mm betragen. Die Lage der Nahtmitte darf, bezogen auf die Kante der oberen Dichtungsbahn, nicht mehr als 5 mm abweichen.

3.2. Verlegung der Dichtungsbahnen

Für das Verlegen der Dichtungsbahnen sind folgende Verlegegrundsätze zu berücksichtigen:

Der Anteil an Schweißnähten ist durch Vorplanung und ein Einbaukonzept in Abstimmung mit den vorlaufenden und nachfolgenden Gewerken zu minimieren. Dazu ist das Einbaukonzept mit Darstellung aller geplanten Schweißnähte und Schweißnahtformen zeichnerisch darzustellen.

Die Dichtungsbahnen sind möglichst so zu verlegen, dass keine Kreuzstöße entstehen. Unvermeidliche Kreuzstöße sind mit Zuschnitten abzudecken.

T-Stöße müssen untereinander einen Abstand von mindestens 0,15 m aufweisen.

Auf Böschungen sind die Dichtungsbahnen vornehmlich in Falllinie zu verlegen und die Schweißnähte in dieser Richtung anzuordnen Quernähte sind nicht generell ausgeschlossen, sie sollten jedoch auf ein Mindestmaß reduziert werden. In jedem Fall ist besonders Augenmerk auf die fachgerechte Ausführung (Nahtvorbereitung, Schweißen, Prüfen) zu legen.

Schweißnähte sind vor Wänden oder anderen im Dichtungssystem stehenden Bauteilen mit ausreichend Abstand zur Kehle bzw. dem Bauteil, im Regelfall mindestens 0,3 m anzuordnen. Bei Schweißnähten, die bis in Ecken oder an aufgehende Wänder zu führen sind, ist darauf zu achten, dass die für diesen Bereich vorgefertigten, in der Regel aus Dichtungsbahnen warmgekanteten Winkel bis in die Ecken untereinander ausreichend überlappt werden, um fachgerechte Auftragnähte (Bild 1) herstellen zu können.

Das Auflageplanum muss eben und frei von abrupten Höhenänderungen/Absätzen sowie standfest, homogen, feinkörnig und geschlossen sein. Bei Betonuntergründen sind Anforderungen nach DIN EN 14879-1 und -5 einzuhalten. Es dürfen keine losen Körner > 8 mm auf dem verdichteten oder abgebundenen Untergrund aufliegen. Können die Anforderungen nicht eingehalten werden sind zusätzliche Schutzlagen aus Geotextilien oder steinfreiem Sand herzustellen.

(Hinweis: Eine Verdichtung einer 5-10 cm dicken Sandschutzschicht erfolgt nicht.)

3.3. Anschluss an Bauteile aus Polyethylen

Der Anschluss der Dichtungsbahnen an vergleichsweise dickwandige Bauteile aus PE, wie Rohrdurchführungen, Wandbefestigungen oder Pumpensümpfe, erfolgt über Auftragnähte mittels Warmgasextrusionsschweißen über PE-Anschlussplatten. Da die PE-Anschlussplatten in einer Dicke von mind. 5 mm, an die Dichtungsbahnen geschweißt werden, in der Regel aus einer Formmasse mit geringerer Schmelze-Massefließrate (MFR) als die Dichtungsbahnen bestehen, ist die

Schweißeignung durch Kurzzeitschälversuche unter einem Winkel von 90° nachzuweisen. Es empfiehlt sich, als Schweißzusatz die Formmasse mit dem höheren MFR-Wert zu wählen. Um für beide Fügeteile gleiche Oberflächenzustände für den Schweißvorgang zu schaffen, kann es erforderlich sein, die PE-Platten mittels Warmgas gesondert thermisch vorzubehandeln.

Es ist darauf zu achten, dass die Anschlüsse in der Ebene der Dichtungsbahnen liegen.

Überlappnaht mit Prüfkanal - ÜN

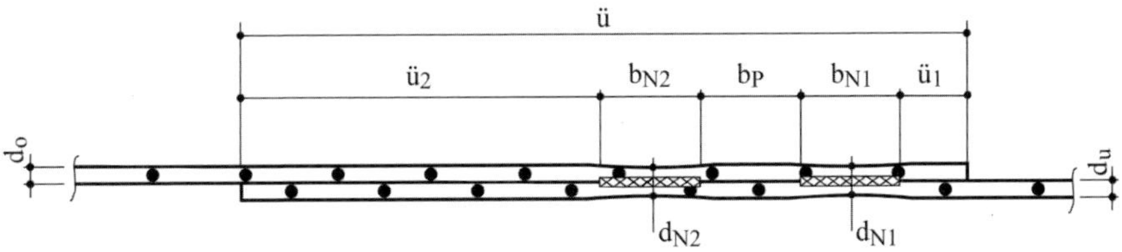

Bahnendicke (d_o, d_u)	≥ 1,5 mm
Überlappung vorn ($ü_1$)	≥ 5 mm
	< 15 mm
Überlappung hinten ($ü_2$)	≥ 40 mm
Breite der Teilnähte (b_{N1}, b_{N2})	≥15 mm
Breite des Prüfkanals (b_P)	≥10 mm
Dicke der Naht (d_{N1}, d_{N2})	≥ (d_o + d_u) - 0,8 mm (PVC-P oder Bahnendicke PE 1,5 mm: -0,6 mm)
	≤ (d_o + d_u) - 0,2 mm (PVC-P: 0,0 mm; Bahnendicke PE ≥ 2,0 mm: 0,4 mm)
Gesamtüberlappung (ü)	

Auftragnaht - AN

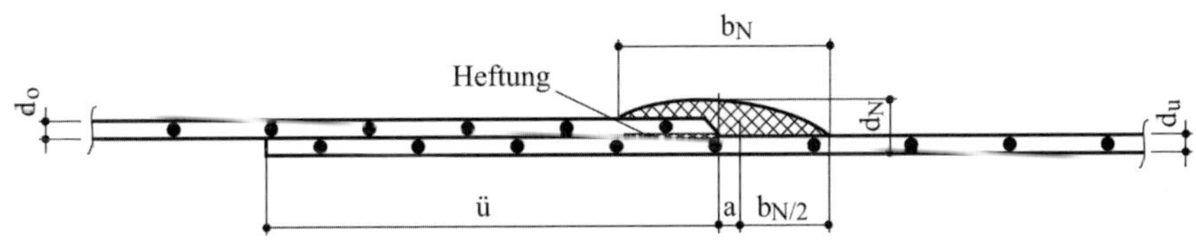

Bahnendicke (d_o, d_u)	≥ 1,5 mm
Überlappung (ü)	≥ 40 mm
Breite der Naht (b_N)	≥ 30 mm
Außermittigkeit, Versatz (a)	≤ 5 mm
Dicke der Naht (d_N)	≥ 1,25 x (d_o + d_u);
	≤ 1,75 x (d_o + d_u)

Bild 1. Nahtformen.

4. Schweißverfahren

4.1. Allgemeine Hinweise

Als baustellengerechte Fügeverfahren für Dichtungsbahnen aus PE werden das Heizkeilschweißen und das Warmgasextrusionsschweißen eingesetzt.

Diese Verfahren unterscheiden sich prinzipiell in der Erwärmung des Fügebereiches (Plastifizierung), in der Aufbringung der Fügekraft und in der Schweißnahtgeometrie.

Für das Heizkeilschweißen (HH) werden ausschließlich Schweißmaschinen, für das Warmgasextrusionsschweißen (WE) ausschließlich Handschweißgeräte verwendet.

Das Heizkeilschweißen kann mit elektrisch beheizten oder mit durch Warmgas beheizten Heizkeilen erfolgen.

Diese Richtlinie geht grundsätzlich davon aus, dass Dichtungsbahnen der gleichen Formmasse miteinander geschweißt werden. Ist das nicht der Fall, so ist die Schweißeignung besonders nachzuweisen.

Diese Richtlinie geht weiter grundsätzlich davon aus, dass beim Heizkeilschweißen die Dichtungsbahnen im Fügebereich glatt sind und bei strukturierten Dichtungsbahnen die Oberflächenstrukturen im Fügebereich mechanisch entfernt werden.

Auf das Entfernen der Strukturen kann beim Heizkeilschweißen nur dann verzichtet werden, wenn unter baustellengerechten Bedingungen die Schweißeignung nachgewiesen wird.

Schweißparameter

Der Schweißvorgang lässt sich mit den folgenden drei Schweißparametern beschreiben:

- Temperatur (Heizkeil, Warmgas, Extrudat)
- Geschwindigkeit
- Kraft

Diese drei Parameter beeinflussen sich gegenseitig und sind daher aufeinander abzustimmen. Sie beschreiben nur mittelbar den tatsächlichen thermodynamischen und rheologischen Zustand der Fügeflächen während des Schweißvorgangs.

Die Schweißparameter müssen auf die Dichtungsbahn (Werkstoff, Dicke, Oberflächenstruktur, Temperatur) und auf die während des Schweißens herrschenden Umgebungsbedingungen abgestimmt werden.

Für die Qualität der Schweißverbindung ist es entscheidend, die Schweißparameter richtig zu wählen. Vor dem Beginn der Schweißarbeiten sind daher die Parameter anhand von Probeschweißungen auf die aktuellen Baustellenbedingungen abzustimmen.

4.2. Ausführung der Schweißarbeiten

4.2.1. Allgemeine Hinweise

Für das Schweißen sind ausschließlich nach DVS 2212-3 UG III-1 bis III-3 ausgebildete und geprüfte Fachkräfte einzusetzen.

Die Fügeflächen müssen trocken und frei von Verunreinigungen sein. Die durch Witterung und Oxidation beeinflusste Schicht muss mechanisch abgearbeitet werden, wenn sie nicht beim Schweißvorgang aus dem Bereich der Fügeflächen herausgedrückt wird. Bei Auftragnähten muss außerdem die Stirnfläche der oberen Dichtungsbahn angeschrägt werden.

Die Ausführung von T-Stößen mit Schweißmaschinen verlangt eine besondere Vorbereitung des Schweißnahtbereiches. An der bereits gefertigten Naht sind beide Überlappungen sowie die hintere Teilnaht sorgfältig abzuarbeiten. Der Übergang von der oberen auf die untere Bahn erfolgt in der vorderen Teilnaht. Dieser Übergangsbereich soll durchgehend etwa die Dicke der Dichtungsbahn aufweisen.

Die Umgebungsbedingungen können den Schweißvorgang und damit die Qualität der Verbindung wesentlich beeinflussen. Es ist Folgendes zu beachten:

- Bei Niederschlägen und zu hoher Luftfeuchtigkeit darf nicht geschweißt werden.
- Bei Temperaturen unterhalb von + 5 °C darf ohne besondere Vorkehrungen und Nachweise nicht geschweißt werden.
- Ab einer relativen Luftfeuchtigkeit von 80 % muss die Oberflächentemperatur mindestens 3 K über dem Taupunkt liegen.
- Beim Warmgasextrusionsschweißen muss der Untergrund so beschaffen sein, dass der erforderliche Fügedruck aufgebracht werden kann.

Beim Schweißen müssen generell die Fügeflächen und gegebenenfalls die Schweißzusätze auf die für den jeweiligen Werkstoff erforderliche Schweißtemperatur gebracht werden. Dabei sollen nur die oberflächennahen zu schweißenden Bereiche erwärmt werden, um die Wärmeausdehnung im Fügebereich möglichst gering zu halten.

4.2.2. Schweißprotokolle

Die Schweißparameter und die Umgebungsbedingungen sind in Schweißprotokollen festzuhalten. Mit diesen Protokollen muss eine Zuordnung zum Schweißer, zu den Schweißmaschinen und -geräten (Typ und Kennzeichnung) und zur Naht sichergestellt sein. Sie sind durch die Fremdprüfung fachtechnisch und auf Vollständigkeit zu prüfen und gegenzuzeichnen. Die Blätter 1 und 2 im Anhang zeigen Muster für Schweißprotokolle.

4.2.3. Heizkeilschweißen

Mit dem maschinellen Heizkeilschweißen werden Überlappnähte mit Prüfkanal hergestellt. Es ist durch folgende Merkmale gekennzeichnet:

- Es wird ohne Schweißzusatz geschweißt.
- Der Heizkeil wird elektrisch oder mit Warmgas beheizt.
- Das Andrucksystem besteht aus oberen und unteren Andruckrollen und bringt die Fügekraft unabhängig vom Untergrund auf.
- Die Dichtungsbahnen werden im Bereich der Fügeflächen durch direkten Kontakt mit dem Heizkeil auf Schweißtemperatur gebracht und bis zu einer definierten Dicke aufgeschmolzen (thermischer Vorgang).
- Die Dichtungsbahnen werden unmittelbar nach dem Aufschmelzen durch ein Andrucksystem gefügt (rheologischer Vorgang).

In der Praxis wird mit folgenden Maschineneinstellungen (Schweißparametern) geschweißt:

- Heizkeiltemperatur 300 bis 420 °C
- spezifische Fügekraft 30 bis 40 N/mm effektive Rollenbreite
- Schweißgeschwindigkeit 0,8 bis 2,5 m/min

4.3. Warmgasextrusionsschweißen

Mit dem Warmgasextrusionsschweißen von Hand werden Auftragnähte hergestellt. Es ist durch folgende Merkmale gekennzeichnet:

- Der Schweißzusatz wird in einer Plastifiziereinheit (Extruder) plastifiziert und als Strang über die Düse und den Schweißschuh auf die Fügefläche aufgebracht.
- Die Fügeflächen werden durch Warmgas (Luft) erwärmt und aufgeschmolzen.
- Der Fügedruck wird bei Aufbringen des Schweißzusatzes über den Schweißschuh aufgebracht.

Das Warmgasextrusionsschweißen ist auf schwer zugängliche Nahtbereiche, spezielle Anschlüsse und Nachbesserungsarbeiten zu beschränken. Bei Nähten am Böschungsfuß, bei der Häufung von T-Stößen und bei kurzen Nahtlängen kann es sinnvoll sein, dieses Verfahren einzusetzen.

Der vom Extruder im Schweißschuh entwickelte Masseschub schiebt das Gerät vorwärts und bestimmt die Schweißgeschwindigkeit. Das Gerät ist so zu führen und der Fügedruck so aufzubringen, dass möglichst kein Extrudat zur Seite austritt. Die Auftragnaht soll zu den Rändern hin nahezu ohne Wulst auslaufen.

Als Schweißzusatz ist die gleiche Formmasse wie die der Dichtungsbahn zu verwenden und sie sollte in der gleichen oder benachbarten MFR Gruppe (DIN EN ISO 17855-1) liegen. Bei Abweichungen ist die Schweißeignung nachzuweisen.

Die Stirnfläche der oberen Dichtungsbahn ist im Winkel von etwa 45° anzuschrägen. Bei diesen Arbeiten ist darauf zu achten, dass die Dichtungsbahn durch Kerben und Riefen nicht geschädigt wird.

Vor dem Fügen sind die Dichtungsbahnen mit Warmgas zu heften, um die Fixierung während des Schweißvorgangs zu gewährleisten.

Der plastifizierte Schweißzusatz wird, unmittelbar nachdem die Fügeflächen die Schweißtemperatur erreicht haben, kontinuierlich aufgebracht. Die Warmgastemperatur für die Vorwärmung der Fügeflächen wird in der Mitte des Luftaustrittsquerschnitts, die Massetemperatur in der Mitte des Austrittsquerschnitts der Düse gemessen.

Unmittelbar mit Zuführung des Schweißzusatzes wird der Fügedruck über den Schweißschuh von Hand aufgebracht. Die Schweißgeschwindigkeit ergibt sich aus dem Extrudatausstoß und den Schweißnahtabmessungen. Eine Nachbehandlung der Schweißnaht ist nicht erforderlich.

In der Praxis wird mit folgenden Schweißparametern geschweißt:

- Warmgastemperatur 230 bis 300 °C
- Extrudattemperatur 190 bis 240 °C
- Schweißgeschwindigkeit 0,2 bis 1,2 m/min

Hinweis: Beim Schweißen von Zuschnitten/Nachbesserungen und Winkelelementen an 1,5 mm dicke Dichtungsbahnen sollen die Zuschnitte und Elemente aus mindestens 2,0 mm dicken Dichtungsbahnen als untere Dichtungsbahn eingebaut werden, um anforderungsgerechte Nahtqualitäten zu erzielen.

5. Schweißmaschinen und Schweißgeräte

Zu dem Abschnitt Schweißmaschinen und Schweißgeräte wird auf die Richtlinie DVS 2225-6 hingewiesen.

6. Baustellenprüfungen

Zu dem Abschnitt Baustellenprüfungen wird auf die Richtlinie DVS 2225-2 hingewiesen.

7. Hinweise zu Nachbesserungen

Im Rahmen dieser Richtlinie werden allgemeine Hinweise gegeben. Die Schweißarbeiten im Rahmen der Nachbesserungen sind generell entsprechend Abschnitt 4 dieser Richtlinie auszuführen.

Bei den Nachbesserungsarbeiten ist größte Sorgfalt aufzuwenden, da eine Prüfung dieser Arbeiten nach allen Qualitätskriterien und eine weitere Nachbesserung nur in begrenztem Umfang möglich sind.

Die Art der Nachbesserungen hängt von der Größe und Häufigkeit der Unregelmäßigkeiten und Fehler ab.

Warmgasextrusionsschweißungen

Warmgasextrusionsschweißungen (zusätzliche Auftragnähte) sind bei örtlich begrenzten Unregelmäßigkeiten und Fehlstellen anzuwenden:

- bei Kerben und Riefen mit einer Tiefe von mehr als 10 % der Dichtungsbahnendicke
- bei mechanischen Beschädigungen der Dichtungsbahnen (keine Löcher)
- bei Undichtigkeiten in der vorderen Teilnaht von Überlappnähten mit Prüfkanal

Die entsprechenden Naht- und Dichtungsbahnenbereiche sind sorgfältig abzuarbeiten. Der Schweißzusatz ist in möglichst geringer Dicke und mit flach auslaufenden Rändern nahezu ohne Wulst aufzubringen.

Nachbessern mit Dichtungsbahnenzuschnitten

Bei größeren Fehlerbereichen im Nahtbereich und durchgehenden Fehlstellen (Löchern) in den Dichtungsbahnen sind Dichtungsbahnenstücke oder -streifen aufzubringen. Diese Dichtungsbahnenzuschnitte müssen mindestens 10 cm über die jeweiligen Fehlerbereiche hinausgehen und sind mit Warmgasextrusionsschweißen (Auftragnaht) über dem Fehlstellenbereich aufzubringen.

Nachbessern von Nähten auf voller Länge

Durchgehend fehlerhafte Nähte und solche mit durchgehenden Unregelmäßigkeiten sind entweder zu entfernen oder auf voller Länge mit einem mindestens 0,6 m breiten Dichtungsbahnenstreifen abzudecken und fachgerecht zu schweißen.

8. Schrifttum

8.1. Regelwerk

DIN EN 10204	Metallische Erzeugnisse – Arten von Prüfbescheinigungen
DIN EN 13361	Geosynthetische Dichtungsbahnen - Eigenschaften, die für die Anwendung beim Bau von Rückhaltebecken und Staudämmen erforderlich sind
DIN EN 13362	Geosynthetische Dichtungsbahnen - Eigenschaften, die für die Anwendung beim Bau von Kanälen erforderlich sind
DIN EN 13491	Geosynthetische Dichtungsbahnen - Eigenschaften, die für die Anwendung beim Bau von Tunneln und damit verbundenen Tiefbauwerken erforderlich sind
DIN EN 13492	Geosynthetische Dichtungsbahnen – Eigenschaften, die für die Anwendung beim Bau von Deponien, Zwischenlagern und Auffangbecken für flüssige Abfallstoffe erforderlich sind
DIN EN 13493	Geosynthetische Dichtungsbahnen – Eigenschaften, die für die Anwendung beim Bau von Deponien und Zwischenlagern für feste Abfallstoffe erforderlich sind
DIN EN 14879-1	Beschichtungen und Auskleidungen aus organischen Werkstoffen zum Schutz von industriellen Anlagen gegen Korrosion durch aggressive Medien - Teil 1: Terminologie, Konstruktion und Vorbereitung des Untergrundes
DIN EN 14879-5	Beschichtungen und Auskleidungen aus organischen Werkstoffen zum Schutz von industriellen Anlagen gegen Korrosion durch aggressive Medien - Teil 5: Auskleidungen für Bauteile aus Beton
DIN EN 15382	Geosynthetische Dichtungsbahnen - Eigenschaften, die für die Anwendung in Verkehrsbauten erforderlich sind
DIN EN ISO 17855-1	Kunststoffe - Polyethylen (PE)-Formmassen - Teil 1: Bezeichnungssystem und Basis für Spezifikationen (ISO 17855-1:2014)
Richtlinie DVS 2212-3	Prüfung von Kunststoffschweißern; Prüfgruppe III; Bahnen im Erd- und Wasserbau
Richtlinie DVS 2225-2	Schweißen von Dichtungsbahnen aus polymerenWerkstoffen – Baustellenprüfungen
Richtlinie DVS 2225-6	Schweißen von Dichtungsbahnen aus polymeren Werkstoffen – Anforderungen an Schweißmaschinen und Schweißgeräte
Richtlinie DVS 2226-3	Prüfen von Fügeverbindungen an Dichtungsbahnen aus polymeren Werkstoffen – Schälversuch
DIBt	Zulassungsgrundsätze Dichtungsbahnen in LAU-Anlagen

9. Anhänge

Anhang Blatt 1: Schweißprotokoll für Überlappnähte mit Prüfkanal

Schweißprotokoll für Überlappnähte mit Prüfkanal			Nr.
Bauvorhaben		Dichtungsbahn	
Schweißverfahren	HH		
Verlegefirma		Hersteller	
Schweißer		Nenndicke in mm	
Schweißmaschine		Rohstoff	

Naht-Nr.									
		Anfang	Ende	Anfang	Ende	Anfang	Ende	Anfang	Ende
Uhrzeit									
Witterungsbedingungen									
allgemein (Bewölkung/Wind)									
Lufttemperatur in °C									
rel. Luftfeuchte in %									
Zustand der Dichtungsbahnen									
Oberfläche									
Fügebereiche									
Oberflächentemperatur in °C									
Schweißparameter									
Heizkeiltemperatur in °C / Warmgas-temperatur	Einstellung								
	Messung								
Geschwindigkeit in m/min	Einstellung								
	Messung								
Fügekraft in N	Einstellung								
	Messung								
Schweißnahtprobe									
Probeschweißung	Nr.								
Probenahme aus der Naht	Nr.								
Bemerkung:									

Schweißer	Bauleiter/Vorarbeiter (Fachverlegefirma)	Bauüberwachung/Fremdprüfer
Datum Unterschrift	Datum Unterschrift	Datum Unterschrift

Anhang Blatt 2: Schweißprotokoll für Auftragnähte

Schweißprotokoll für Auftragnähte							Nr.	
Bauvorhaben			Dichtungsbahn					
Schweißverfahren	WE							
Verlegefirma			Hersteller					
Schweißer			Nenndicke in mm					
Schweißgerät			Rohstoff					
Naht-Nr.								
	Anfang	Ende	Anfang	Ende	Anfang	Ende	Anfang	Ende
Uhrzeit								
Witterungsbedingungen								
allgemein (Bewölkung/Wind)								
Lufttemperatur in °C								
rel. Luftfeuchte in %								
Zustand der Dichtungsbahnen								
Oberfläche								
Fügebereiche								
Oberflächentemperatur in °C								
Schweißzusatz								
Schweißparameter								
Extrudat-temperatur in °C – Einstellung								
Extrudat-temperatur in °C – Messung								
Heißlufttemperatur in °C – Einstellung								
Heißlufttemperatur in °C – Messung								
Schweißnahtprobe								
Probeschweißung–Anfang Nr.								
Probeschweißung–Ende Nr.								
Bemerkung:								
Schweißer			Bauleiter/Vorarbeiter (Fachverlegefirma)			Bauüberwachung/Fremdprüfer		
Datum	Unterschrift		Datum	Unterschrift		Datum	Unterschrift	

Anhang Blatt 3: Prüfprotokoll für Überlappnähte mit Prüfkanal

Prüfprotokoll für Überlappnähte mit Prüfkanal			Nr.
Bauvorhaben		Verlegefirma	
Dichtungsbahn		Nenndicke	mm
Schweißverfahren	HH	Naht Nr.	

I. Äußere Beschaffenheit

Station	Nahtverlauf	Wulstausbildung	Kerben und Riefen	Bemerkung

II. Abmessungen (mm)

$\Delta d_{N1} = (d_o + d_u) - d_{N1}$
$\Delta d_{N2} = (d_o + d_u) - d_{N2}$

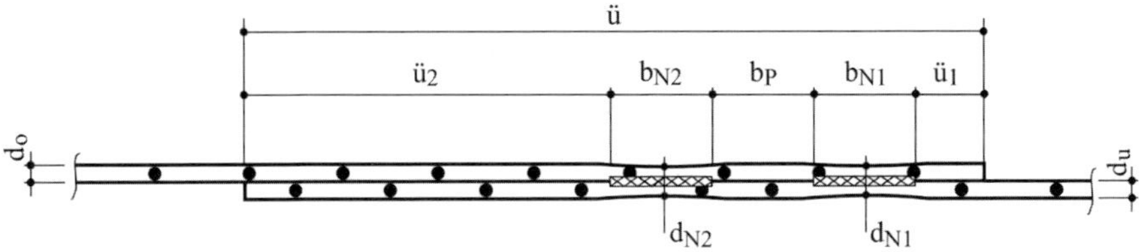

Station	$Ü_1$	$Ü_2$	b_{N1}	b_{N2}	b_P	d_o	d_u	$d_o + d_u$	d_{N1}	d_{N2}	Δd_{N1}	Δd_{N2}	Bemerkung

III. Versagensverhalten im Schälversuch □ mit Kraftanzeige □ ohne Kraftanzeige

Station	Probenbreite (mm)	Höchstzugkraft (N)	Verformungs- und Versagensverhalten	Beurteilung	Bemerkung

IV. Dichtigkeit – Druckluftprüfung

Station	Prüfparameter: Druck: ___ bar		Dauer: ___ min		Temperatur der Bahn: ___ °C Druckabfall: <10 %		
	Breite b_P	Prüfbeginn		Prüfende		Differenz	Bemerkung
		Uhrzeit	bar	Uhrzeit	bar	bar	Zeit

Prüfer	Bauleiter/Vorarbeiter (Fachverlegefirma)	Bauüberwachung/Fremdprüfer
Datum Unterschrift	Datum Unterschrift	Datum Unterschrift

Anhang Blatt 4: Prüfprotokoll für Auftragnähte

Prüfprotokoll für Auftragnähte			Nr.
Bauvorhaben		Verlegefirma	
Dichtungsbahn		Nenndicke	mm
Schweißverfahren	WE	Naht Nr.	

I. Äußere Beschaffenheit

Station	Nahtverlauf	Wulstausbildung	Kerben und Riefen	Bemerkung

II. Abmessungen (mm)

$f_{NA} = d_N / (do + d_u)$

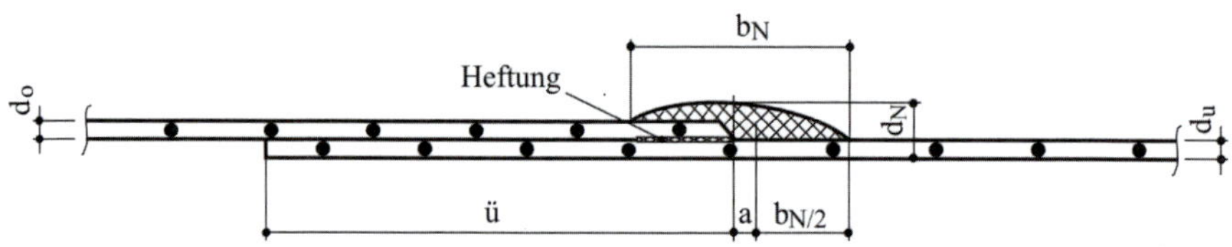

Station	Ü	b_N	$b_{N/2}$	d_o	d_u	$d_o + d_u$	d_N	f_{NA}	Bemerkung

III. Versagensverhalten im Schälversuch ☐ mit Kraftanzeige ☐ ohne Kraftanzeige

Station	Probenbreite (mm)	Höchstzugkraft (N)	Verformungs- und Versagensverhalten	Beurteilung	Bemerkung

IV. Dichtigkeit

Station	Vakuum	Hochspannung	Bemerkung
	Unterdruck: bar Zeitdauer: s	Gerätetyp: Spannung: kV	

Prüfer	Bauleiter/Vorarbeiter (Fachverlegefirma)	Bauüberwachung/Fremdprüfer
Datum Unterschrift	Datum Unterschrift	Datum Unterschrift

DVS VERBAND

Richtlinie
DVS 2225-4

Ersetzt Ausgabe
September 2016

Richtlinie DVS 2225-4

Schweißen von Dichtungsbahnen aus Polyethylen (PE) für die Abdichtung von Deponien und Altlasten

Ausschuss für Technik im DVS

Arbeitsgruppe W4 „Fügen von Kunststoffen"

Untergruppe W4.7 „Kunststoff-Folien und -Bahnen"

Bezug: DVS Media GmbH, Postfach 10 19 65, 40010 Düsseldorf, Telefon (0211) 1591-0, Telefax (0211) 1591-150

Inhalt:

1. Geltungsbereich

Diese Richtlinie gilt für das Schweißen von Dichtungsbahnen aus Polyethylen (PE) bei großflächigen Dichtungssystemen.

Im Einzelnen werden Dichtungsbahnen aus PE bei folgenden Maßnahmen eingesetzt:

- Basisabdichtungen von Deponien,
- Oberflächenabdichtungen von Deponien,
- Oberflächenabdichtungen von Altlasten,
- Umschließungen von Altlasten.

Mit dieser Richtlinie soll den zuständigen Behörden, den Auftraggebern, den Ausführenden und dem Qualitätsmanagement eine Anleitung für die Durchführung der Fügearbeiten und Schweißnahtprüfungen auf der Baustelle gegeben werden.

Die Richtlinie berücksichtigt besonders die hohen Anforderungen, die bei diesen Anwendungen an die Güte der Schweißverbindung und damit an die werkstoff- und fachgerechte Ausführung zu stellen sind.

Sie gibt weiter Hinweise für die Verlegung der Dichtungsbahnen sowie für die konstruktive Gestaltung von Schweißverbindungen zwischen den Dichtungsbahnen und Bauteilen aus Polyethylen.

Die Arbeiten dürfen nur von Fachbetrieben ausgeführt werden. Der Fachbetriebsnachweis muss durch eine Güteüberwachung erfolgen.

2. Dichtungsbahnen

Dichtungsbahnen im Sinne dieser Richtlinie sind industriell gefertigte Kunststoffdichtungsbahnen aus PE nach DIN EN 13492 und DIN EN 13493.

Die Lieferqualität der Dichtungsbahnen ist durch Abnahmeprüfzeugnisse DIN EN 10204-3.1 vom Hersteller/Lieferanten zu dokumentieren. Gleiches gilt für benötigte Schweißzusätze.

Es dürfen nur Dichtungsbahnen verwendet werden, die für die jeweilige Verwendung zugelassen sind. Zugelassene Dichtungsbahnen müssen entsprechend dem Zulassungsbescheid gekennzeichnet sein.

Dichtungsbahnen aus PE bestehen aus unvernetzten Makromolekülen und weisen eine teilkristalline Molekülstruktur auf. Sie können durch Wärme plastifiziert werden und werden ausschließlich durch Schweißen gefügt.

Für die in dieser Richtlinie beschriebenen Anwendungen ist eine Mindestdicke von 2,5 mm vorgeschrieben. Die Dichtungsbahnen sind homogen aus einem Werkstoff aufgebaut.

An den Rändern der Dichtungsbahnen sind abziehbare Folienschutzstreifen werksseitig aufgebracht. Diese Folienstreifen sollen farblich abgegrenzt sein und die Fügebereiche vor Verunreinigungen schützen.

3. Konstruktive Einzelheiten

3.1. Nahtformen

Die Dichtungsbahnen werden grundsätzlich überlappt verlegt (Überlappstoß). Bei den Fügenähten wird entsprechend Bild 1 unterschieden in Überlappnähte mit Prüfkanal und in Auftragnähte.

Die Überlappnähte mit Prüfkanal werden durch Heizkeilschweißen hergestellt. Die Breite der Teilnähte muss jeweils mindestens 15 mm, die Breite des Prüfkanals mindestens 10 mm betragen. Die Prüfkanalbreite bezieht sicht auf die Maschinengeometrie und nicht auf die Schweissung (bei übermässigem Schweissaustrieb reduziert sich die offene Breite).

Die Auftragnähte werden durch Warmgasextrusionsschweißen hergestellt. Die Breite der Auftragnaht muss mindestens 30 mm betragen. Die Lage der Nahtmitte darf, bezogen auf die Kante der oberen Dichtungsbahn, nicht mehr als 5 mm abweichen.

3.2. Verlegung der Dichtungsbahnen

Die Dichtungsbahnen sind nach Verlegeplan einzubauen. Dieser Plan wird vor Aufnahme der Arbeiten vom Verlegefachbetrieb als Verlegekonzept erstellt.

In den Bildern 2 bis 9 sind die für das Schweißen von Dichtungsbahnen wichtigen Grundsätze der Verlegung beispielhaft gezeigt.

Die Dichtungsbahnen sind generell so zu verlegen, dass keine Kreuzstöße entstehen. T-Stöße sollen untereinander einen Abstand von mindestens 0,5 m aufweisen.

Bei kurzen Böschungen (< 20 m), deren Flächen nahezu parallel zu den Sohlflächen verlaufen, empfiehlt es sich, die Dichtungsbahnen durchgehend zu verlegen (Bild 3).

Auf den Böschungen sind die Dichtungsbahnen vornehmlich in Falllinie zu verlegen und die Schweißnähte in dieser Richtung anzuordnen.

Quernähte sind nicht generell ausgeschlossen, sie sollten jedoch auf ein Mindestmaß reduziert werden. In jedem Fall ist besonderes Augenmerk auf die fachgerechte Ausführung (Nahtvorbereitung, Schweißen, Prüfen) zu legen.

Nähte zwischen den Dichtungsbahnen in der Böschung und der Sohle sind im Regelfall mindestens 1,5 m vor dem Böschungsfuß anzuordnen (Bilder 3 bis 6).

Die Einbindung der Dichtungsbahnen sollte so ausgeführt werden, dass die Dichtungsbahnen bis zu ihrem Bahnenende auch mit Schweißmaschinen geschweißt werden können (Bild 9).

Das Auflageplanum muss eben und frei von abrupten Höhenänderungen/Absätzen sowie standfest, homogen, feinkörnig und geschlossen sein.

3.3. Anschluss an Bauteile aus Polyethylen (PE80, PE100, im Weiteren PE)

Der Anschluss der Dichtungsbahnen an vergleichsweise dickwandige Bauteile aus PE, wie Rohrdurchführungsbauteile oder Schächte, erfolgt über Auftragnähte mittels Warmgasextrusionsschweißen über PE-Anschlussplatten. Da die Dichtungsbahn an PE-Anschlussplatten in einer Dicke von mind. 10 mm, geschweißt werden, die in der Regel aus einer Formmasse mit geringerer Schmelze-Massefließrate (MFR) als die Dichtungsbahnen bestehen, ist die Schweißeignung durch Kurzzeitschälversuche unter einem Winkel von 90° nachzuweisen. Es empfiehlt sich, als Schweißzusatz die Formmasse mit dem höheren MFR-Wert zu wählen. Um für beide Fügeteile gleiche Oberflächenzustände für den Schweißvorgang zu schaffen, kann es erforderlich sein, die PE-Platten mittels Warmgas gesondert thermisch vorzubehandeln.

Es ist darauf zu achten, dass die Anschlüsse in der Ebene der Dichtungsbahnen liegen (Bilder 10 bis 13).

Überlappnaht mit Prüfkanal - ÜN

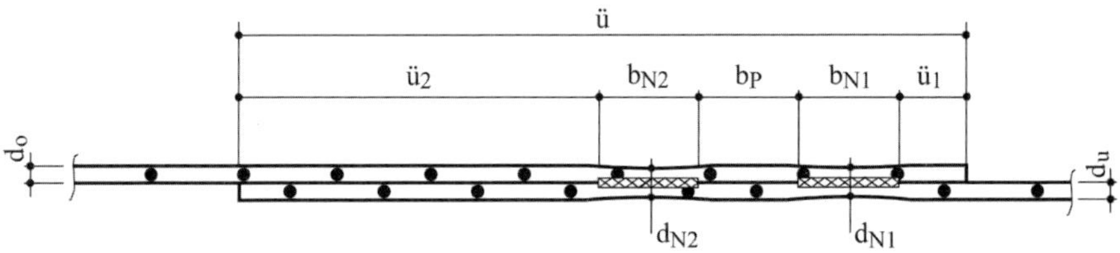

Bahnendicke (d_o, d_u)	≥ 2,5 mm
Überlappung vorn ($ü_1$)	≥ 5 mm
	< 15 mm
Überlappung hinten ($ü_2$)	≥ 40 mm
Breite der Teilnähte (b_{N1}, b_{N2})	≥ 15 mm
Breite des Prüfkanals (b_P)	≥ 10 mm
Dicke der Naht (d_{N1}, d_{N2})	≥ (d_o + d_u) - 0,8 mm
	≤ (d_o + d_u) - 0,4 mm
Gesamtüberlappung (ü)	

Auftragnaht - AN

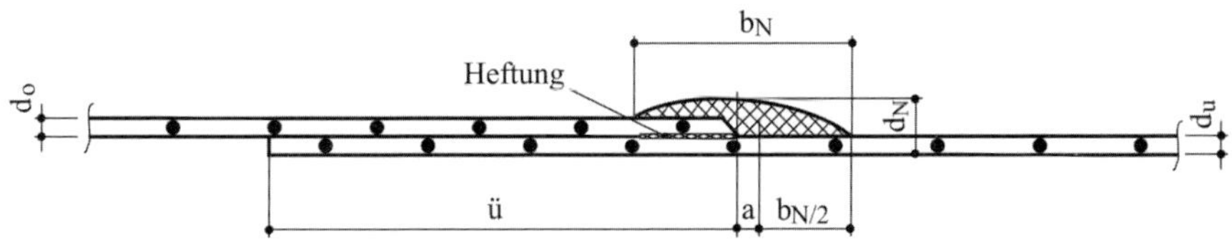

Bahnendicke (d_o, d_u)	≥ 2,5 mm
Überlappung vorn (ü)	≥ 40 mm
Breite der Naht (b_N)	≥ 30 mm
Außermittigkeit, Versatz (a)	≤ 5 mm
Dicke der Naht (d_N)	1,25 x (d_o + d_u)
	1,75 x (d_o + d_u)

Bild 1. Nahtformen.

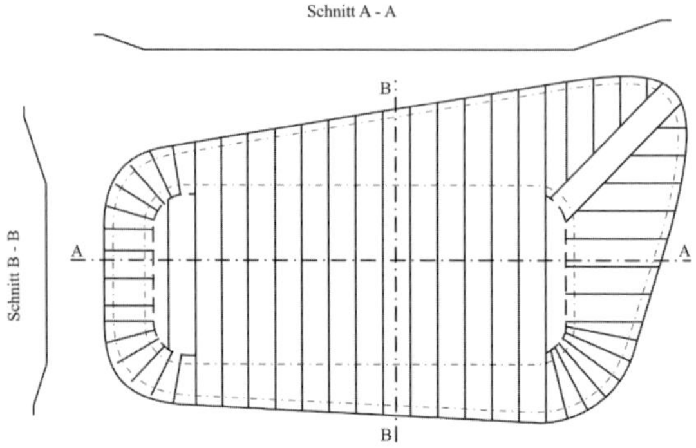

Bild 2. Grundriss einer Deponie mit verschiedenen Böschungen – schematisch.

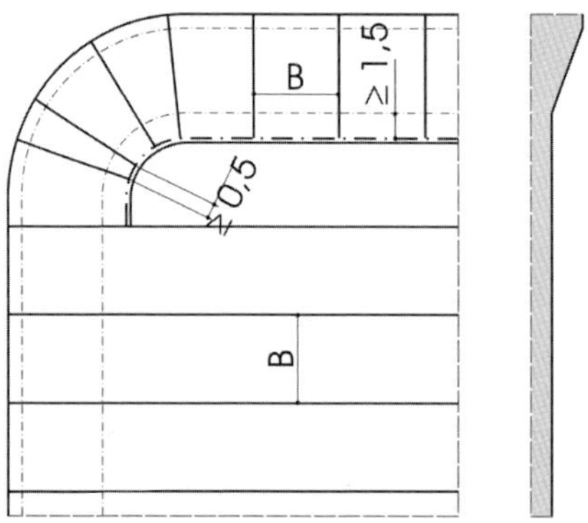

Überlappnaht mit Prüfkanal (ÜN)
Auftragnaht (AN)
Böschungsfuß, Böschungskopf

B = Bahnbreite
Maße in m

1. **Hinweis:** Die Naht am Böschungsfuß kann als ÜN oder AN ausgeführt werden.
2. Bei diesem Beispiel werden im unteren Teil die Dichtungsbahnen durchgehend von der Böschung in die Sohle hinein verlegt.

Bild 3. Verlegen der Dichtungsbahnen auf einer kurzen Böschung – Variante 1.

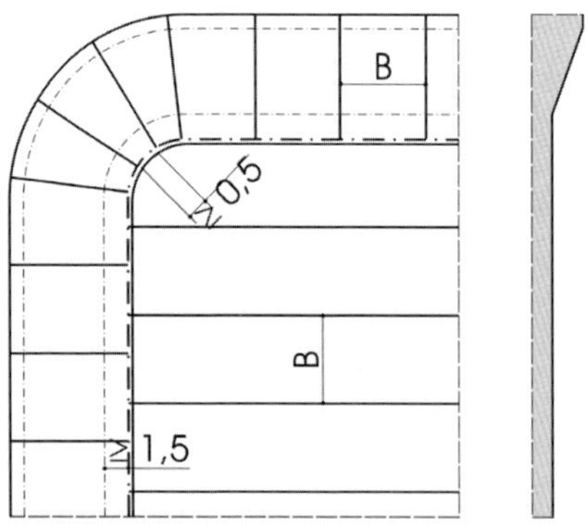

Überlappnaht mit Prüfkanal (ÜN)
Auftragnaht (AN)
Böschungsfuß, Böschungskopf

B = Bahnbreite
Maße in m

1. **Hinweis:**Die Naht am Böschungsfuß kann als ÜN oder AN ausgeführt werden.
2. Bei diesem Beispiel werden Böschungs- und Sohlbahnen getrennt verlegt.

Bild 4. Verlegen der Dichtungsbahnen auf einer kurzen Böschung – Variante 2.

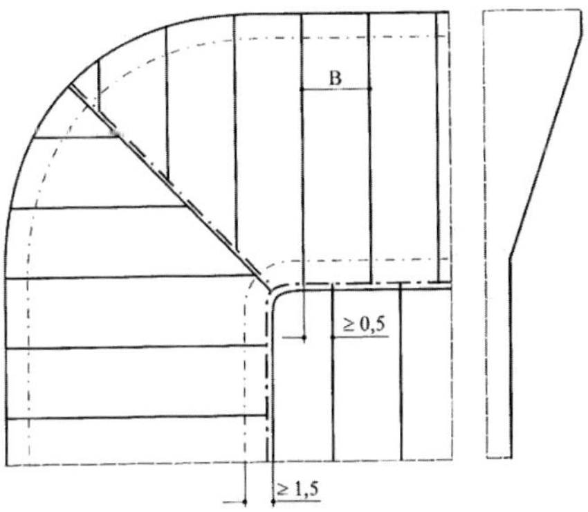

Überlappnaht mit Prüfkanal (ÜN)
Auftragnaht (AN)
Böschungsfuß, Böschungskopf

B = Bahnbreite
Maße in m

1. **Hinweis:** Die Naht am Böschungsfuß kann als ÜN oder AN ausgeführt werden.
2. Die Naht in der Böschungskehle kann als ÜN oder AN ausgeführt werden.
3. Die Verlegerichtung in der Böschungsecke kann von der Böschungsfalllinie abweichen.

Bild 5. Verlegen der Dichtungsbahnen auf einer langen Böschung – Variante 1.

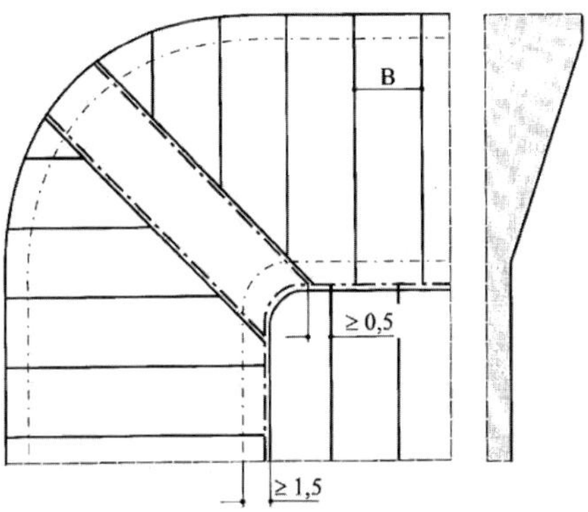

Überlappnaht mit Prüfkanal (ÜN)
Auftragnaht (AN)
Böschungsfuß, Böschungskopf

B = Bahnbreite
Maße in m

1. **Hinweis:** Die Naht am Böschungsfuß kann als ÜN oder AN ausgeführt werden.
2. Die Naht in der Böschungskehle kann als ÜN oder AN ausgeführt werden.
3. Die Verlegerichtung in der Böschungsecke kann von der Böschungsfalllinie abweichen.
4. In der Böschungskehle wird eine sogenannte Kopfbahn verlegt.

Bild 6. Verlegen der Dichtungsbahnen auf einer langen Böschung – Variante 2.

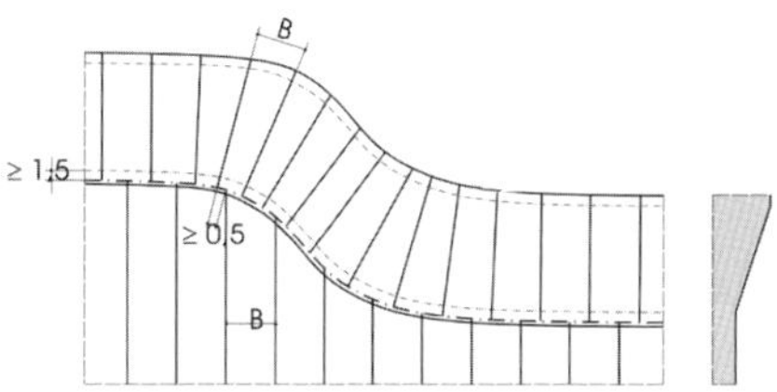

Überlappnaht mit Prüfkanal (ÜN)
Auftragnaht (AN)
Böschungsfuß, Böschungskopf

B = Bahnbreite
Maße in m

1. **Hinweis:** Die Naht am Böschungsfuß kann als ÜN oder AN ausgeführt werden.
2. In den Übergangsbereichen kann die Verlegerichtung von der Böschungsfalllinie abweichen.

Bild 7. Verlegen der Dichtungsbahnen auf einer verzogenen Böschung.

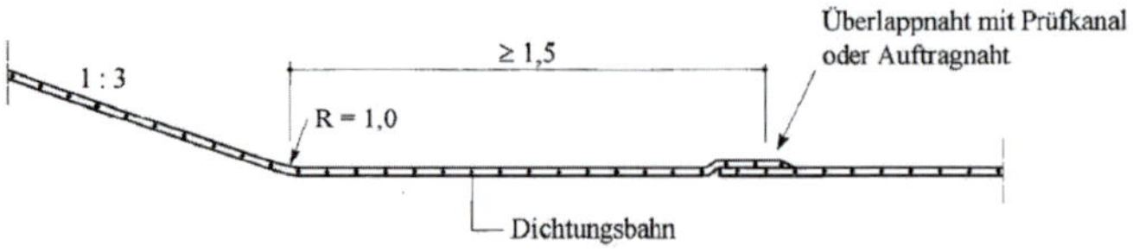

Maße in m

Hinweis:
Die Richtung der Überlappung zwischen Böschungs- und Sohlbahnen hängt im Allgemeinen vom Bauablauf ab

Bild 8. Anschluss von Böschungsbahnen an Sohlbahnen.

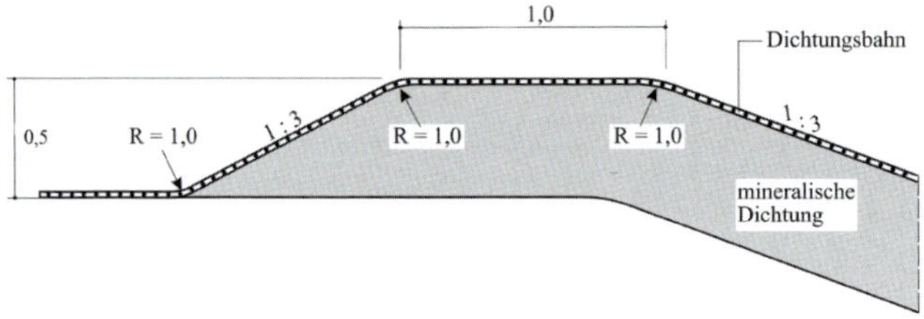

Maße in m

Hinweis:
Alle Ausrundungsradien und Neigungswechsel sind so zu wählen, dass die Naht durchgehend mit der Schweißmaschine als ÜN hergestellt werden kann.

Bild 9. Einbinden der Dichtungsbahnen auf der Böschung – Bauzustand.

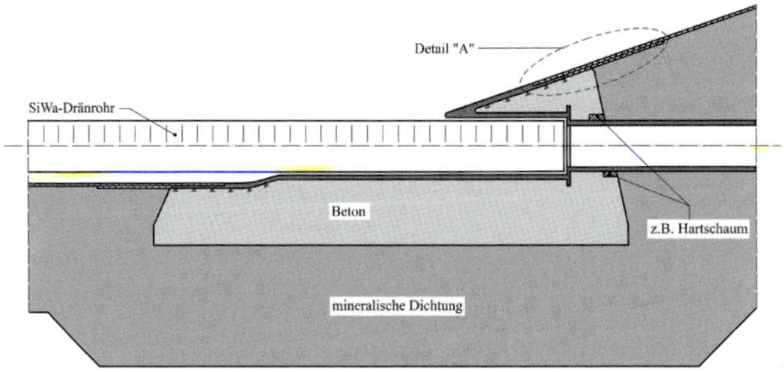

Bild 10. Anschluss der Dichtungsbahnen an eine Rohrdurchführung im Böschungsbereich.

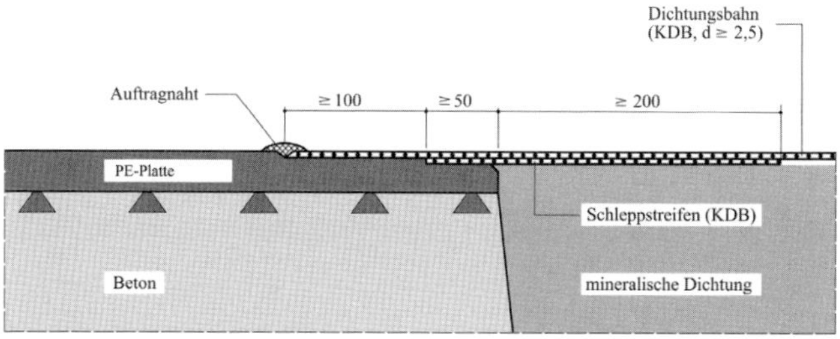

Maße in mm

Hinweis:
Die PE-Platte (Kragen) muss Eckausrundungen im Absetzbereich für die KDB aufweisen, um eine durchgehende Auftragnaht zu gewährleisten.

Bild 11. Anschluss der Dichtungsbahnen an eine Rohrdurchführung im Böschungsbereich – Detail A aus Bild 10.

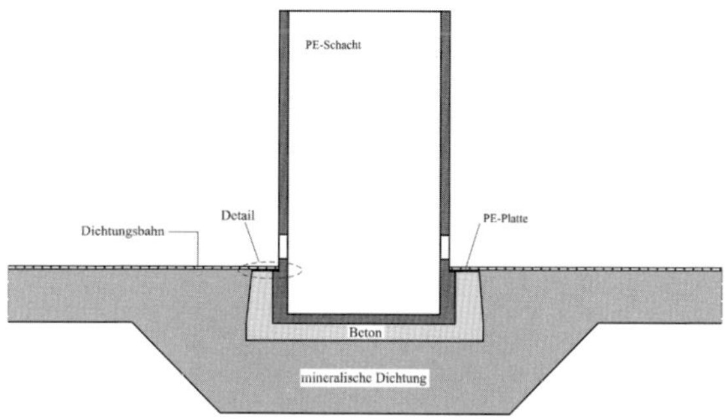

Bild 12. Anbindung der Dichtungsbahnen an einen PE-Schacht im Sohlbereich – System.

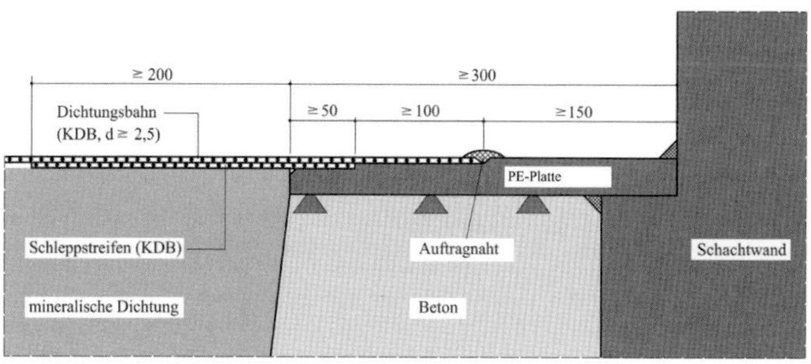

Maße in mm

Hinweis:
Die PE-Platte ist eine kreisrunde Kragenplatte.

Bild 13. Anbindung der Dichtungsbahnen an einen PE-Schacht im Sohlbereich – Detail aus Bild 12.

4. Schweißverfahren

4.1. Allgemeine Hinweise

Als baustellengerechte Fügeverfahren für Dichtungsbahnen aus PE werden das Heizkeil- und das Warmgasextrusionsschweißen eingesetzt.

Diese Verfahren unterscheiden sich prinzipiell in der Erwärmung des Fügebereiches (Plastifizierung), in der Aufbringung der Fügekraft und in der Schweißnahtgeometrie.

Für das Heizkeilschweißen werden ausschließlich Schweißmaschinen, für das Warmgasextrusionsschweißen ausschließlich Handschweißgeräte verwendet.

Diese DVS-Richtlinie geht grundsätzlich davon aus, dass Dichtungsbahnen der gleichen Formmasse miteinander geschweißt werden. Ist das nicht der Fall, so ist die Schweißeignung besonders nachzuweisen.

Diese Richtlinie geht weiter grundsätzlich davon aus, dass beim Heizkeilschweißen die Dichtungsbahnen im Fügebereich glatt sind und bei strukturierten Dichtungsbahnen die Oberflächenstrukturen im Fügebereich mechanisch entfernt werden.

Auf das Entfernen der Strukturen kann beim Heizkeilschweißen nur dann verzichtet werden, wenn nachgewiesen wird, dass unter den gegebenen Baustellenbedingungen eine anforderungsgerechte Nahtqualität erreicht wird.

4.2. Schweißparameter

Der Schweißvorgang lässt sich mit den folgenden drei Schweißparametern beschreiben:

- Temperatur (Heizkeil, Warmgas, Extrudat)
- Geschwindigkeit
- Kraft

Diese drei Parameter beeinflussen sich gegenseitig und sind daher aufeinander abzustimmen. Sie beschreiben nur mittelbar den tatsächlichen thermodynamischen und rheologischen Zustand der Fügeflächen während des Schweißvorgangs.

Die Schweißparameter müssen auf die Dichtungsbahn (Werkstoff, Dicke, Oberflächenstruktur, Temperatur) und auf die während des Schweißens herrschenden Umgebungsbedingungen abgestimmt werden.

Für die Qualität der Schweißverbindung ist es entscheidend, die Schweißparameter richtig zu wählen. Vor dem Beginn der Schweißarbeiten sind daher die Parameter anhand von Probeschweißungen auf die aktuellen Baustellenbedingungen abzustimmen.

4.3. Ausführung der Schweißarbeiten

4.3.1. Allgemeine Hinweise

Für das Schweißen sind ausschließlich nach Richtlinie DVS 2212-3 UG III-1 bis III-3 ausgebildete und geprüfte Fachkräfte einzusetzen.

Die Fügeflächen müssen trocken und frei von Verunreinigungen sein. Die durch Witterung und Oxidation beeinflusste Schicht muss mechanisch abgearbeitet werden, wenn sie nicht beim Schweißvorgang aus dem Bereich der Fügeflächen herausgedrückt wird. Die werksseitig aufgebrachten Folienstreifen sind zu entfernen. Bei Auftragnähten muss außerdem die Stirnfläche der oberen Dichtungsbahn angeschrägt werden.

Die Ausführung von T-Stößen mit Schweißmaschinen verlangt eine besondere Vorbereitung des Schweißnahtbereiches. An der bereits gefertigten Naht sind beide Überlappungen sowie die hintere Teilnaht sorgfältig abzuarbeiten. Der Übergang von der oberen auf die untere Bahn erfolgt in der vorderen Teilnaht. Dieser Übergangsbereich soll durchgehend etwa die Dicke der Dichtungsbahn aufweisen.

Die Umgebungsbedingungen können den Schweißvorgang und damit die Qualität der Verbindung wesentlich beeinflussen. Es ist Folgendes zu beachten:

- Bei Niederschlägen und zu hoher Luftfeuchtigkeit darf nicht geschweißt werden.
- Bei Temperaturen unterhalb von + 5 °C darf ohne besondere Vorkehrungen und Nachweise nicht geschweißt werden.
- Ab einer relativen Luftfeuchtigkeit von 80 % muss die Oberflächentemperatur mindestens 3 K über dem Taupunkt liegen.
- Beim Warmgasextrusionsschweißen muss der Untergrund so beschaffen sein, dass der erforderliche Fügedruck aufgebracht werden kann.

Beim Schweißen müssen generell die Fügeflächen und gegebenenfalls die Schweißzusätze auf die für den jeweiligen Werkstoff erforderliche Schweißtemperatur gebracht werden. Dabei sollen nur die oberflächennahen zu schweißenden Bereiche erwärmt werden, um die Wärmeausdehnung im Fügebereich möglichst gering zu halten.

Die Schweißparameter und die Umgebungsbedingungen sind in Schweißprotokollen festzuhalten. Mit diesen Protokollen muss eine Zuordnung zum Schweißer, zu den Schweißmaschinen und -geräten (Typ und Kennzeichnung) und zur Naht sichergestellt sein. Sie sind durch die Fremdprüfung fachtechnisch und auf Vollständigkeit zu prüfen und gegenzuzeichnen. Die Blätter 1 und 2 im Anhang zeigen Muster für Schweißprotokolle.

4.3.2. Heizkeilschweißen

Mit dem maschinellen Heizkeilschweißen werden Überlappnähte mit Prüfkanal hergestellt. Es ist durch folgende Merkmale gekennzeichnet:

- Es wird ohne Schweißzusatz geschweißt.
- Der Heizkeil wird elektrisch oder mit Warmgas beheizt.
- Das Andrucksystem besteht aus oberen und unteren Andruckrollen und bringt die Fügekraft unabhängig vom Untergrund auf.
- Die Dichtungsbahnen werden im Bereich der Fügeflächen durch direkten Kontakt mit dem Heizkeil auf Schweißtemperatur gebracht und bis zu einer definierten Dicke aufgeschmolzen (thermischer Vorgang).
- Die Dichtungsbahnen werden unmittelbar nach dem Aufschmelzen durch ein Andrucksystem gefügt (rheologischer Vorgang).

In der Praxis wird mit folgenden Maschineneinstellungen (Schweißparametern) geschweißt:

- Heizkeiltemperatur 300 bis 420 °C
- spezifische Fügekraft 30 bis 40 N/mm effektive Rollenbreite
- Schweißgeschwindigkeit 0,8 bis 2,5 m/min

4.3.3. Warmgasextrusionsschweißen

Mit dem Warmgasextrusionsschweißen von Hand werden Auftragnähte hergestellt. Es ist durch folgende Merkmale gekennzeichnet:

- Es wird mit einem Schweißzusatz aus artgleichen Formmassen geschweißt.
- Der Schweißzusatz wird in einer Plastifiziereinheit (Extruder) plastifiziert und als Strang über die Düse und den Schweißschuh auf die Fügefläche aufgebracht.
- Die Fügeflächen werden durch Warmgas (Luft) erwärmt und aufgeschmolzen.
- Der Fügedruck wird bei Aufbringen des Schweißzusatzes über den Schweißschuh aufgebracht.

Das Warmgasextrusionsschweißen von Hand ist auf schwer zugängliche Nahtbereiche, spezielle Anschlüsse und Nachbesserungsarbeiten zu beschränken. Bei Nähten am Böschungsfuß, bei der Häufung von T-Stößen und bei kurzen Nahtlängen kann es sinnvoll sein, dieses Verfahren einzusetzen.

Der vom Extruder im Schweißschuh entwickelte Masseschub schiebt das Gerät vorwärts und bestimmt die Schweißgeschwindigkeit. Das Gerät ist so zu führen und der Fügedruck so aufzubringen, dass möglichst kein Extrudat zur Seite austritt. Die Auftragnaht soll zu den Rändern hin nahezu ohne Wulst auslaufen.

Als Schweißzusatz muss die gleiche Formmasse wie die der Dichtungsbahn verwendet werden. Bei Abweichungen ist die Schweißeignung nachzuweisen.

Die Stirnfläche der oberen Dichtungsbahn ist im Winkel von etwa 45° anzuschrägen. Bei diesen Arbeiten ist darauf zu achten, dass die Dichtungsbahn durch Kerben und Riefen nicht geschädigt wird.

Vor dem Fügen sind die Dichtungsbahnen mit Warmgas zu heften, um die Fixierung während des Schweißvorgangs zu gewährleisten.

Der plastifizierte Schweißzusatz wird, unmittelbar nachdem die Fügeflächen die Schweißtemperatur erreicht haben, kontinuierlich aufgebracht. Die Warmgastemperatur für die Vorwärmung der Fügeflächen wird in der Mitte des Luftaustrittsquerschnitts, die Massetemperatur in der Mitte des Austrittsquerschnitts der Düse gemessen.

Unmittelbar mit Zuführung des Schweißzusatzes wird der Fügedruck über den Schweißschuh von Hand aufgebracht. Die Schweißgeschwindigkeit ergibt sich aus dem Extrudatausstoß und den Schweißnahtabmessungen. Eine Nachbehandlung der Schweißnaht ist nicht erforderlich.

In der Praxis wird mit folgenden Schweißparametern geschweißt:

- Warmgastemperatur 230 bis 300 °C
- Extrudattemperatur 190 bis 240 °C
- Schweißgeschwindigkeit 0,2 bis 1,2 m/min

5. Schweißmaschinen und Schweißgeräte

Zu dem Abschnitt Schweißmaschinen und Schweißgeräte wird auf die Richtlinie DVS 2225-6 hingewiesen.

6. Baustellenprüfungen

Zu dem Abschnitt Baustellenprüfungen wird auf die Richtlinie DVS 2225-2 hingewiesen.

7. Hinweise zu Nachbesserungen

Im Rahmen dieser Richtlinie werden allgemeine Hinweise gegeben. Die Schweißarbeiten im Rahmen der Nachbesserungen sind generell entsprechend Abschnitt 4 dieser Richtlinie auszuführen.

Bei den Nachbesserungsarbeiten ist größte Sorgfalt aufzuwenden, da eine Prüfung dieser Arbeiten nach allen Qualitätskriterien und eine weitere Nachbesserung nur in begrenztem Umfang möglich sind.

Die Art der Nachbesserungen hängt von der Größe und Häufigkeit der Unregelmäßigkeiten und Fehler ab.

Warmgasextrusionsschweißungen

Warmgasextrusionsschweißungen (zusätzliche Auftragnähte) sind bei örtlich begrenzten Unregelmäßigkeiten und Fehlstellen anzuwenden:

- bei Kerben und Riefen mit einer Tiefe von mehr als 10 % der Dichtungsbahnendicke auf einer Länge von maximal 1 m und maximal einer Fehlstelle auf 100 m^2 Dichtungsfläche,
- bei mechanischen Beschädigungen der Dichtungsbahnen (keine Löcher) und maximal einer Fehlstelle auf 100 m^2 Dichtungsfläche,
- bei Undichtigkeiten in der vorderen Teilnaht von Überlappnähten mit Prüfkanal auf einer Länge von maximal 0,5 m und maximal einer Fehlstelle auf 20 m Nahtlänge.

Die entsprechenden Naht- und Dichtungsbahnenbereiche sind sorgfältig abzuarbeiten. Der Schweißzusatz ist in möglichst geringer Dicke und mit flach auslaufenden Rändern nahezu ohne Wulst aufzubringen.

Nachbessern mit Dichtungsbahnenzuschnitten

Bei größeren Fehlerbereichen im Nahtbereich und durchgehenden Fehlstellen (Löchern) in den Dichtungsbahnen sind Dichtungsbahnenstücke oder -streifen aufzubringen. Diese Dichtungsbahnenzuschnitte müssen mindestens 10 cm über die jeweiligen Fehlerbereiche hinausgehen und sind mit Warmgasextrusionsschweißen (Auftragnaht) über dem Fehlstellenbereich aufzubringen.

Nachbessern von Nähten auf voller Länge

Durchgehend fehlerhafte Nähte und solche mit durchgehenden Unregelmäßigkeiten sind entweder zu entfernen oder auf voller Länge mit einem mindestens 0,6 m breiten Dichtungsbahnenstreifen abzudecken und fachgerecht zu schweißen.

8. Schrifttum

8.1. Regelwerk

DIN EN 10204	Metallische Erzeugnisse – Arten von Prüfbescheinigungen
DIN EN 13492	Geosynthetische Dichtungsbahnen – Eigenschaften, die für die Anwendung beim Bau von Deponien, Zwischenlagern und Auffangbecken für flüssige Abfallstoffe erforderlich sind
DIN EN 13493	Geosynthetische Dichtungsbahnen – Eigenschaften, die für die Anwendung beim Bau von Deponien und Zwischenlagern für feste Abfallstoffe erforderlich sind

Richtlinie DVS 2212-3	Prüfung von Kunststoffschweißern; Prüfgruppe III; Bahnen im Erd- und Wasserbau
Richtlinie DVS 2225-2	Schweißen von Dichtungsbahnen aus polymeren Werkstoffen – Baustellenprüfungen
Richtlinie DVS 2225-6	Schweißen von Dichtungsbahnen aus polymeren Werkstoffen – Anforderungen an Schweißmaschinen und Schweißgeräte
BAM	Richtlinie für die Zulassung von Kunststoffdichtungsbahnen für Deponie-abdichtungen

9. Anhänge

Anhang Blatt 1: Schweißprotokoll für Überlappnähte mit Prüfkanal

Schweißprotokoll für Überlappnähte mit Prüfkanal								Nr.	
Bauvorhaben				Dichtungsbahn					
Schweißverfahren	HH								
Verlegefirma				Hersteller					
Schweißer				Nenndicke in mm					
Schweißmaschine				Rohstoff					
Naht-Nr.									
		Anfang	Ende	Anfang	Ende	Anfang	Ende	Anfang	Ende
Uhrzeit									
Witterungsbedingungen									
allgemein (Bewölkung/Wind)									
Lufttemperatur in °C									
rel. Luftfeuchte in %									
Zustand der Dichtungsbahnen									
Oberfläche									
Fügebereiche									
Oberflächentemperatur in °C									
Schweißparameter									
Heizkeiltemperatur in °C / Warmgas-temperatur	Einstellung								
	Messung								
Geschwindigkeit in m/min	Einstellung								
	Messung								
Fügekraft in N	Einstellung								
	Messung								
Schweißnahtprobe									
Probeschweißung	Nr.								
Probenahme aus der Naht	Nr.								
Bemerkung:									

Schweißer		Bauleiter/Vorarbeiter (Fachverlegefirma)		Bauüberwachung/Fremdprüfer	
Datum	Unterschrift	Datum	Unterschrift	Datum	Unterschrift

Anhang Blatt 2: Schweißprotokoll für Auftragnähte

Schweißprotokoll für Auftragnähte								Nr.	
Bauvorhaben				Dichtungsbahn					
Schweißverfahren	WE								
Verlegefirma				Hersteller					
Schweißer				Nenndicke in mm					
Schweißgerät				Rohstoff					
Naht-Nr.									
		Anfang	Ende	Anfang	Ende	Anfang	Ende	Anfang	Ende
Uhrzeit									
Witterungsbedingungen									
allgemein (Bewölkung/Wind)									
Lufttemperatur in °C									
rel. Luftfeuchte in %									
Zustand der Dichtungsbahnen									
Oberfläche									
Fügebereiche									
Oberflächentemperatur in °C									
Schweißzusatz									
Schweißparameter									
Extrudat-temperatur in °C	Einstellung								
	Messung								
Heißlufttemperatur in °C	Einstellung								
	Messung								
Schweißnahtprobe									
Probeschweißung–Anfang	Nr.								
Probeschweißung–Ende	Nr.								
Bemerkung:									

Schweißer		Bauleiter/Vorarbeiter (Fachverlegefirma)		Bauüberwachung/Fremdprüfer	
Datum	Unterschrift	Datum	Unterschrift	Datum	Unterschrift

Anhang Blatt 3: Prüfprotokoll für Überlappnähte mit Prüfkanal

Prüfprotokoll für Überlappnähte mit Prüfkanal			Nr.
Bauvorhaben		Verlegefirma	
Dichtungsbahn		Nenndicke	mm
Schweißverfahren	HH	Naht Nr.	

I. Äußere Beschaffenheit				
Station	Nahtverlauf	Wulstausbildung	Kerben und Riefen	Bemerkung

II. Abmessungen (mm)

$\Delta d_{N1} = (d_o + d_u) - d_{N1}$
$\Delta d_{N2} = (d_o + d_u) - d_{N2}$

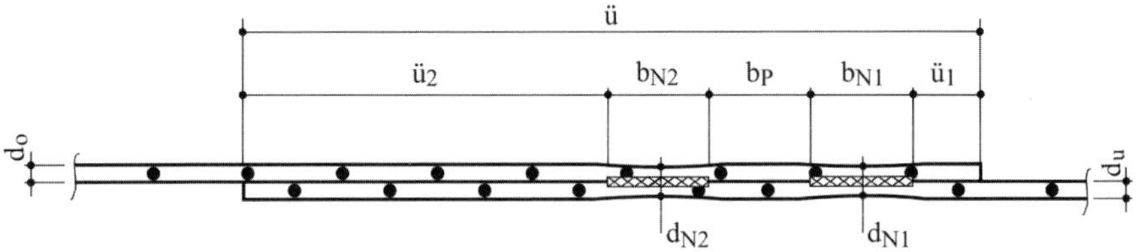

Station	$Ü_1$	$Ü_2$	b_{N1}	b_{N2}	b_P	d_o	d_u	$d_o + d_u$	d_{N1}	d_{N2}	Δd_{N1}	Δd_{N2}	Bemerkung

III. Versagensverhalten im Schälversuch			□ mit Kraftanzeige	□ ohne Kraftanzeige	
Station	Probenbreite (mm)	Höchstzugkraft (N)	Verformungs- und Versagensverhalten	Beurteilung	Bemerkung

IV. Dichtigkeit – Druckluftprüfung								
Station	Prüfparameter: Druck: ___ bar		Dauer: ___ min		Temperatur der Bahn: ___ °C Druckabfall: <10 %			
	Breite b_P	Prüfbeginn		Prüfende		Differenz		Bemerkung
		Uhrzeit	bar	Uhrzeit	bar	bar	Zeit	

Prüfer	Bauleiter/Vorarbeiter (Fachverlegefirma)	Bauüberwachung/Fremdprüfer
Datum Unterschrift	Datum Unterschrift	Datum Unterschrift

Anhang Blatt 4: Prüfprotokoll für Auftragnähte

Prüfprotokoll für Auftragnähte			Nr.
Bauvorhaben		Verlegefirma	
Dichtungsbahn		Nenndicke	mm
Schweißverfahren	WE	Naht Nr.	

I. Äußere Beschaffenheit

Station	Nahtverlauf	Wulstausbildung	Kerben und Riefen	Bemerkung

II. Abmessungen (mm)

$f_{NA} = d_N / (do + d_u)$

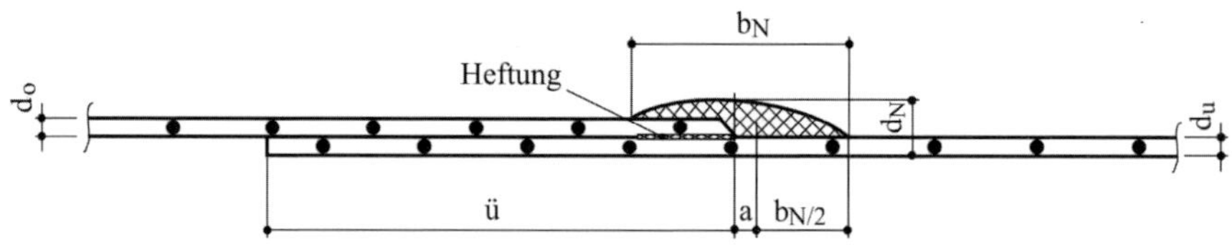

Station	Ü	b_N	$b_{N/2}$	d_o	d_u	$d_o + d_u$	d_N	f_{NA}	Bemerkung

III. Versagensverhalten im Schälversuch ☐ mit Kraftanzeige ☐ ohne Kraftanzeige

Station	Probenbreite (mm)	Höchstzugkraft (N)	Verformungs- und Versagensverhalten	Beurteilung	Bemerkung

IV. Dichtigkeit

Station	Vakuum		Hochspannung		Bemerkung
	Unterdruck: bar	Zeitdauer: s	Gerätetyp:	Spannung: kV	

Prüfer		Bauleiter/Vorarbeiter (Fachverlegefirma)		Bauüberwachung/Fremdprüfer	
Datum	Unterschrift	Datum	Unterschrift	Datum	Unterschrift

Oktober 2019

DVS VERBAND

Richtlinie
DVS 2225-5

Ersetzt Ausgabe September 2016

Richtlinie DVS 2225-5

Schweißen von Dichtungsbahnen aus thermoplastischen Kunststoffen im Tunnelbau

Ausschuss für Technik im DVS

Arbeitsgruppe W4 „Fügen von Kunststoffen“

Untergruppe W4.7 „Kunststoff-Folien und -Bahnen“

Bezug: DVS Media GmbH, Postfach 10 19 65, 40010 Düsseldorf, Telefon (0211) 1591-0, Telefax (0211) 1591-150

Inhalt:

1. Geltungsbereich

Diese Richtlinie gilt für das Schweißen von flexiblen, polymeren Dichtungsbahnen, die zur Herstellung von Abdichtungssystemen in

- Tunneln mit geschlossener und offener Bauweise,
- Schachtbauwerken,
- Kavernen,
- sonstigen erdumschlossenen Bauwerken in loser Verlegung

angewendet werden.

Mit dieser Richtlinie soll den zuständigen Behörden, den Bauherren, den Planern, den Ausführenden und den Verantwortlichen im Bereich der Qualitätssicherung eine Anleitung für die Durchführung der Schweißarbeiten und der Schweißnahtprüfungen auf der Baustelle gegeben werden. Sie ergänzt die Regel- und Vertragswerke des BMVBS/der BASt (ZTV-ING, TL/TP-ING) und der Deutschen Bahn AG (Ril 853) sowie die Empfehlungen der Deutschen Gesellschaft für Geotechnik e. V. zu Abdichtungssystemen im Tunnelbau (EAG-EDT).

Die Richtlinie berücksichtigt besonders die hohen Anforderungen, die bei den Anwendungen in unterirdischen und erdüberdeckten Bauwerken an die Güte der Schweißverbindungen und damit an die werkstoff- und fachgerechte Ausführung zu stellen sind. Die Richtlinie gibt Hinweise für die Verlegung und den Einbau, soweit diese einen Einfluss auf die Schweißtechnik haben können. Ferner werden die Verbindungen zwischen den polymeren Dichtungsbahnen und anderen polymeren Bauteilen behandelt.

2. Abdichtungselemente

2.1. Dichtungsbahnen

Dichtungsbahnen im Sinne dieser Richtlinie sind industriell (durch Extrusion oder Kalandrierung) gefertigte Kunststoffdichtungsbahnen mit hoher Flexibilität aus thermoplastischen Werkstoffen. Zur Herabsetzung von Schmelzpunkt, Dichte und Steifigkeit sowie zur Erhöhung der Spannungsrissbeständigkeit werden bevorzugt Werkstoffe verwendet, die aus:

- thermoplastischen Polyolefinen (TPO/FPO),
- thermoplastischen Polyolefinen mit teil- oder unvernetzten Elastomerzusätzen (TPE-O),
- weichmacherhaltigem Polyvinylchlorid (PVC-P)

hergestellt werden.

Die relevanten Eigenschaften von Kunststoffdichtungsbahnen, das Verfahren der Konformitätsbewertung, der werkseigenen Produktionskontrolle und der CE-Kennzeichnung werden in der DIN EN 13491 festgelegt. Darüber hinaus gehende Festlegungen an die Qualität der Dichtungsbahnen ergeben sich aus den TL/TP-KDB (Technische Lieferbedingungen und Technische Prüfvorschriften für Kunststoffdichtungsbahnen und zugehörige Fugenbänder), der DB Ril 853 sowie den EAG-EDT. Die Eignung für den jeweiligen Anwendungszweck ist durch Grundlagenprüfungen nach den entsprechenden Richtlinien sowie durch Vorlage eines gültigen Zertifikats nachzuweisen. Auf der Grundlage des Zertifikats sind die Dichtungsbahnen mindestens mit folgenden Angaben zu kennzeichnen:

- Hersteller,
- Produktbezeichnung,
- Technische Spezifikation, auf deren Grundlage das Zertifikat erteilt wurde (z. B. DIN EN 13491, TL/TP-ING, Ril 853),

- Werkstoffart,
- Herstellungszeitraum.

Unabhängig von der Werkstoffart sowie der Zusammensetzung werden die Dichtungsbahnen ausschließlich durch Schweißen gefügt.

Die Dichtungsbahnen werden in der Regel in den für die Abwicklung am Bauwerk benötigten Längen geliefert. Die Bahnennenndicken betragen üblicherweise

- bei Abdichtungen gegen Sickerwasser ohne Wasserdruck 2 mm,
- bei Abdichtungen gegen Druckwasser 3 mm.

Die Oberfläche zur Tunnelinnenseite ist bei Abdichtungen in geschlossener Bauweise mit einer zusätzlichen Signalschicht aus artgleichem Werkstoff versehen. Die Oberfläche weist als Fügehilfe eine durchlaufende Schweißmarkierung entlang einer Längskante auf. Die Oberflächen der Kunststoffdichtungsbahnen sind glatt. Für besondere Anwendungen (z. B. doppellagige Abdichtungen) kann eine Seite strukturiert sein.

2.2. Profilbänder

Profilbänder werden bei der Herstellung von Abdichtungen von Tunnelbauwerken in offener und bergmännischer Bauweise eingesetzt.

Die Profilbänder sollen die gleiche Formmassenzusammensetzung wie die Kunststoffdichtungsbahnen aufweisen.

2.3. Befestigungselemente

Die Dichtungsbahnen werden mittels geeigneter Befestigungselemente so befestigt, dass sie beim Betonieren der Innenschale möglichst wenig auf Zug beansprucht werden. Die Fügetechnik der punktuellen Verbindung der Dichtungsbahnen mit den Befestigungselementen (Rondellen) wird im Rahmen dieser Richtlinie nicht behandelt.

3. Konstruktive Einzelheiten

3.1. Nahtformen Dichtungsbahnen

Die Dichtungsbahnen werden grundsätzlich überlappt verlegt (Überlappstoß). Bei den Fügenähten wird entsprechend Bild 1a und 1b unterschieden in Überlappnähte mit Prüfkanal und in Auftragnähte.

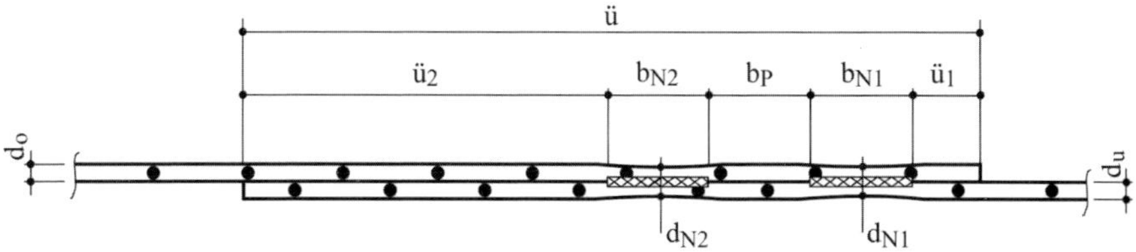

Bahnendicke (d_o, d_u)	≥ 2 mm
Überlappung vorn ($ü_1$)	≥ 5 mm < 15 mm
Überlappung hinten ($ü_2$)	≥ 40 mm
Breite der Teilnähte (b_{N1}, b_{N2})	≥15 mm
Breite des Prüfkanals (b_P)	≥10 mm
Dicke der Naht (d_{N1}, d_{N2})	≥ (d_o + d_u) - 0,6 mm ≤ (d_o + d_u) - 0,1 mm (PVC-P: 0,0 mm)
Gesamtüberlappung (ü)	

Bild 1a. Überlappnaht mit Prüfkanal.

Die Überlappnähte mit Prüfkanal werden durch Heizkeilschweißen mit Schweißmaschinen hergestellt. Die Breite der Teilnähte muss jeweils mindestens 15 mm, die Breite des Prüfkanals mindestens 10 mm betragen. Die Prüfkanalbreite bezieht sicht auf die Maschinengeometrie und nicht auf die Schweissung (bei übermässigem Schweissaustrieb reduziert sich die offene Breite).

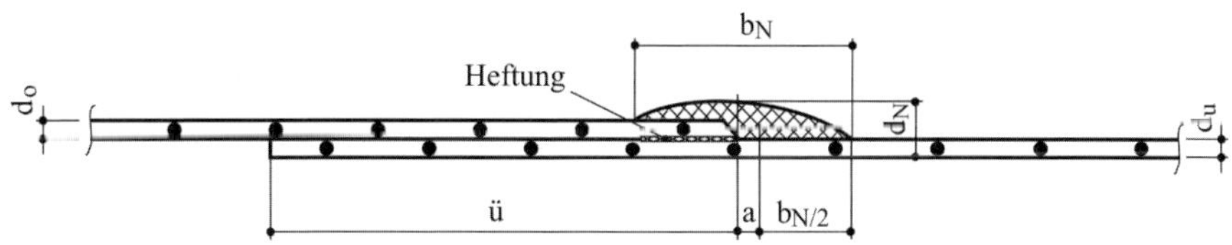

Bahnendicke (d_o, d_u)	≥ 2 mm
Überlappung (ü)	≥ 40 mm
Breite der Naht (b_N)	≥ 25 mm
Außermittigkeit, Versatz (a)	≤ 5 mm
Dicke der Naht (d_N)	≥ 1,25 x (d_o + d_u); ≤ 1,50 x (d_o + d_u)

Bild 1b. Auftragnaht.

Auftragnähte werden durch Warmgasextrusionsschweißen hergestellt. Die Breite der Auftragnaht muss mindestens 25 mm betragen. Die Abweichung der Lage der Nahtmitte muss, bezogen auf die Kante der oberen Dichtungsbahn, kleiner als 5 mm sein.

3.2. Verlegung/Einbau

3.2.1. Dichtungsbahnen

Die üblicherweise abgelängten Dichtungsbahnen sind ausschließlich nach den Transport- und Lagerrichtlinien der Hersteller zu transportieren und zu lagern sowie nach deren Einbaurichtlinien einzubauen.

Die Arbeiten dürfen nur von Fachbetrieben ausgeführt werden. Der Fachbetriebsnachweis muss durch eine Güteüberwachung erfolgen.

Vor Beginn der Bauausführung ist von dem ausführenden Fachbetrieb ein projektbezogenes Einbaukonzept vorzulegen.

Für das Schweißen sind ausschließlich nach Richtlinie DVS 2212-3 in den entsprechenden Untergruppen III-1 und III-3 ausgebildete und geprüfte Fachkräfte einzusetzen.

Die Dichtungsbahnen werden mit einer Mindestüberlappung von 60 mm überlappt verlegt. Die Dichtungsbahnen sind generell so zu verlegen, dass Kreuzstöße vermieden und T-Stöße untereinander einen Abstand von mindestens 0,2 m aufweisen.

3.2.2. Profilbänder

Profilbänder sind ausschließlich nach den Transport- und Lagerrichtlinien der Hersteller zu transportieren und zu lagern. Insbesondere sind sie vor Beschädigung, Verschmutzung, Wärme und direkter Sonneneinstrahlung zu schützen. Eine kurzzeitige Lagerung bis zum Einbau kann auf der Transportverpackung erfolgen, bei längerfristiger Lagerung empfiehlt sich das flach liegende Auslegen der Anschlussbänder.

Profilbänder dürfen beim Einbau keine Deformationen oder Beschädigungen aufweisen, welche die spätere Funktionstüchtigkeit beeinträchtigen.

Der Einbau der Profilbänder ist im projektbezogenen Einbauplan darzustellen.

Die Profilbänder müssen mit der Dichtungsbahn schweißbar sein. Die Schweißeignung (Kompatibilität) zwischen Kunststoffdichtungsbahn und Anschlussband ist durch Schweißversuche nachzuweisen.

Die Schweißnähte sind visuell hinsichtlich äußerer Beschaffenheit sowie im Kurzzeitschälversuch zu prüfen.

Im Schälversuch ist Aufschälen zulässig, falls der Schälwiderstand R_S größer als 6 N/mm erreicht wird.

3.2.3. Anschluss der Dichtungsbahnen an sonstige Bauteile

Die Dichtungsbahnen können durch Schweißen nur an Bauteile aus artgleichem Werkstoff angeschlossen werden. Der Anschluss an Bauteile aus nicht artgleichem Werkstoff erfolgt über eine Los-/ Festflanschkonstruktion (Brunnentöpfe, nachgewiesene Klebeanschlusssysteme) oder bei nicht druckwasserhaltenden Abdichtungen durch Adapter mit Klemmschellen.

4. Schweißverfahren

4.1. Allgemeine Hinweise

Als baustellengerechte Fügeverfahren für Dichtungsbahnen aus thermoplastischen Werkstoffen werden in der Regel das

- Heizkeilschweißen,
- Warmgasextrusionsschweißen

eingesetzt.

- Das Heizkeilschweißen wird mit Schweißmaschinen ausgeführt.
- Das Warmgasextrusionsschweißen wird mit Schweißgeräten ausgeführt.

Diese Verfahren unterscheiden sich im Prinzip wie der Fügebereich erwärmt (plastifiziert) wird und auch in der Geometrie der erzeugten Schweißverbindung.

Wenn andere Schweißverfahren und Nahtgeometrien, als in dieser Richtlinie beschrieben, eingesetzt werden, muss vorher die Eignung besonders nachgewiesen werden.

4.2. Schweißparameter

Der Vorgang lässt sich mit den folgenden drei Schweißparametern beschreiben:

- Temperatur (Warmgas, Heizkeil, Extrudat),
- Schweißgeschwindigkeit,
- Kraft (Fügekraft).

Diese drei Parameter beeinflussen sich gegenseitig und sind daher aufeinander abzustimmen.

Die Schweißparameter müssen auf die Dichtungsbahn (Werkstoff, Dicke, Oberflächenstruktur, Temperatur) und auf die während des Schweißens herrschenden Umgebungsbedingungen abgestimmt werden.

Für die Qualität der Schweißverbindung ist es entscheidend, die Schweißparameter richtig zu wählen. Vor dem Beginn der Schweißarbeiten sind daher die Parameter anhand von Probeschweißungen auf die aktuellen Baustellenbedingungen abzustimmen.

4.3. Ausführung der Schweißarbeiten

Die Fügeflächen müssen trocken und frei von Verunreinigungen sein. Polyolefine Werkstoffe müssen mechanisch abgearbeitet werden, wenn nicht beim Schweißen z. B. durch den Heizkeil die durch Witterung und/oder Oxidation beeinflusste Schicht aus dem Bereich der Fügeflächen herausgedrückt wird.

Die Ausführungen von T-Stößen mit Schweißmaschinen verlangt eine besondere Vorbereitung des Schweißnahtbereichs. An der bereits gefertigten Naht sind beide Überlappungen sowie die hintere Teilnaht sorgfältig abzuarbeiten. Der Übergang von der oberen auf die untere Bahn erfolgt in der vorderen Teilnaht. Dieser Übergangsbereich soll durchgehend die Dicke der Dichtungsbahn aufweisen.

Die Umgebungsbedingungen können den Schweißvorgang und damit die Qualität der Verbindung wesentlich beeinflussen.

Es ist folgendes zu beachten:

- Bei Nässe, bei Temperaturen unterhalb von + 5 °C sowie bei einer relativen Luftfeuchtigkeit von mehr als 80 % sind besondere Schutzvorkehrungen zu treffen. Die Wirksamkeit der jeweiligen Maßnahme ist gesondert nachzuweisen.
- Beim Warmgasextrusionsschweißen muss der Untergrund so beschaffen sein, dass er die erforderliche Gegenkraft für den Fügedruck aufnehmen kann.
- Bei allen Schweißverfahren müssen die Fügeflächen auf die für den jeweiligen Werkstoff erforderliche Schweißtemperatur gebracht werden.

Dabei sollen nur die oberflächennahen zu schweißenden Bereiche erwärmt werden, um die Wärmeausdehnung der Dichtungsbahnen im Fügebereich möglichst gering zu halten. In Tabelle 1 sind die Schweißverfahren mit ihren kennzeichnenden Merkmalen zusammengestellt.

Die Schweißparameter und die Umgebungsbedingungen sind in Schweißprotokollen festzuhalten. Mit diesen Protokollen muss eine Zuordnung zum Schweißer, zu den Schweißmaschinen und -geräten (Typ und Kennzeichnung) und zur Naht sichergestellt sein. Die Anhänge 1 und 2 zeigen Muster für Schweißprotokolle.

Heizkeilschweißen

Mit dem maschinellen Heizkeilschweißen von Dichtungsbahnen werden ausschließlich Überlappnähte mit Prüfkanal auf größeren Längen hergestellt. Es ist durch folgende Merkmale gekennzeichnet:

- Es wird ohne Schweißzusatz geschweißt.
- Der Heizkeil wird entweder elektrisch oder mit Warmgas beheizt.
- Die Fügeflächen werden durch direkten Kontakt mit dem elektrisch oder luftbeheizten Heizkeil erwärmt und aufgeschmolzen (plastifiziert).
- Die Fügekraft wird unmittelbar nach dem Aufschmelzen der Fügeflächen aufgebracht.
- Die Schweißmaschinen sind mit einem beidseitig gleichwirkenden Andrucksystem zum Aufbringen der Fügekraft ausgerüstet.
- Schweißgeschwindigkeit, Heizkeiltemperatur bzw. Warmgastemperatur und Fügekraft müssen getrennt einstellbar sowie steuer- oder regelbar sein.
- Heizkeiltemperatur bzw. Warmgastemperatur, Fügekraft und Schweißgeschwindigkeit werden entsprechend dem Bahnenwerkstoff, der Bahnendicke und den äußeren Bedingungen eingestellt.

Tabelle 1. Übersicht der Schweißverfahren.

Schweißverfahren	Geräte und Maschinen	Plastifizierung der Fügeflächen	Schweißzusatz	Nahtform	Einsatzbereiche
Heizkeilschweißen (HH)	Schweiß-maschinen	Kontaktwärme (elektrisch oder luftbeheizter Heizkeil)	kein	Überlappnaht mit Prüfkanal	Regelnaht, große Nahtlängen
Warmgas-extrusions-schweißen (WE)	Handschweiß-geräte	Konvektion (Warmgas)	Extrudat	Auftragnaht	Nachbesserungen, Anschlussarbeiten, kurze Nahtlängen

Warmgasextrusionsschweißen (WE)

Mit dem Warmgasextrusionsschweißen werden ausschließlich Auftragnähte hergestellt. Es ist durch folgende Merkmale gekennzeichnet:

- Der Schweißzusatz wird in einer Plastifiziereinheit (Extruder) plastifiziert und als Strang über die Düse und den Schweißschuh aufgebracht.
- Die Fügeflächen werden durch Warmgas (Luft) erwärmt und aufgeschmolzen.
- Der Fügedruck wird beim Aufbringen des Schweißzusatzes über den Schweißschuh aufgebracht.
- Es wird mit einem Schweißzusatz aus artgleichem Grundmaterial geschweißt.
- Extrudattemperatur und Warmgastemperatur müssen getrennt regelbar sein.

Das Warmgasextrusionsschweißen von Hand ist auf kleine Nahtlängen, schwer zugängliche Nahtbereiche, spezielle Anschlüsse und Nachbesserungsarbeiten zu beschränken.

Der vom Extruder im Schweißschuh entwickelte Masseschub schiebt das Gerät vorwärts und bestimmt die Schweißgeschwindigkeit. Der Fügedruck ist so aufzubringen, dass möglichst kein Extrudat zur Seite austritt.

Als Schweißzusatz ist die gleiche Formmasse wie beim Bahnenmaterial zu verwenden. Bei Abweichungen ist die Schweißeignung nachzuweisen. Die Auftragnaht soll zu den Rändern hin flach und nahezu ohne Wulst auslaufen.

Die Stirnfläche der oberen Dichtungsbahn ist im Winkel von etwa 45° anzuschrägen. Um ein Auseinanderlaufen der überlappten Bahnen zu vermeiden, werden sie vor dem Schweißen mit Warmgas geheftet. Der plastifizierte Schweißzusatz wird, unmittelbar nachdem die Fügeflächen die Schweißtemperatur erreicht haben, kontinuierlich aufgebracht.

Unmittelbar mit Zuführung des Schweißzusatzes wird der Fügedruck über den Schweißschuh von Hand aufgebracht. Die Schweißgeschwindigkeit ergibt sich aus dem Extrudatausstoß und den Schweißnahtabmessungen. Eine Nachbehandlung der Schweißnaht ist nicht erforderlich.

5. Schweißmaschinen und Schweißgeräte

Zu dem Abschnitt Schweißmaschinen und Schweißgeräte wird auf die Richtlinie DVS 2225-6 hingewiesen.

6. Baustellenprüfungen

Zu dem Abschnitt Baustellenprüfungen wird auf die Richtlinie DVS 2225-2 hingewiesen.

7. Hinweise zu Nachbesserungen

Die Nachbesserungen sind nach den Einbaurichtlinien der Hersteller vorzunehmen. Im Rahmen dieser Richtlinie werden ergänzend dazu nur allgemeine Hinweise gegeben.

Bei den Nachbesserungsarbeiten ist größte Sorgfalt aufzuwenden, da eine Prüfung dieser Arbeiten nach allen Qualitätskriterien und eine weitere Nachbesserung nur in begrenztem Umfang möglich sind.

Die Fügearbeiten im Rahmen der Nachbesserungen sind jeweils entsprechend Abschnitt 4 dieser Richtlinie auszuführen.

Die Art der Nachbesserungen hängt von der Größe und Häufigkeit der Unregelmäßigkeiten und Fehler ab:

Nachbessern mit Bahnenzuschnitten

Bei größeren fehlerhaften Nahtbereichen und durchgehenden Fehlstellen (Löchern) sind Bahnenstücke oder -streifen aufzubringen. Diese Bahnenzuschnitte müssen mindestens 10 cm über die jeweiligen Fehlerbereiche hinausgehen und sind mit Warmgasextrusionsschweißen über dem Fehlstellenbereich aufzubringen.

Nachbessern von Nähten auf voller Länge

Durchgehend fehlerhafte Nähte und solche mit durchgehenden Unregelmäßigkeiten sind entweder neu zu fügen oder, auf voller Länge mit einem mindestens 0,5 m breiten Bahnenstreifen, der beidseitig fachgerecht mittels Warmgasextrusionsschweißen gefügt wird, abzudecken.

Alternativ kann die Naht komplett herausgeschnitten, ein umlaufender Streifen neu eingesetzt und beidseitig mittels Schweißmaschinen gefügt werden.

Die durchgeführten Nachbesserungen sind zu protokollieren.

8. Schrifttum

8.1. Regelwerk

DIN EN 13491	Geosynthetische Dichtungsbahnen - Eigenschaften, die für die Anwendung beim Bau von Tunneln und damit verbundenen Tiefbauwerken erforderlich sind
Richtlinie DVS 2207-4	Schweißen von thermoplastischen Kunststoffen – Extrusionsschweißen von Rohren, Rohrleitungsteilen und Tafeln – Verfahren, Anforderungen
Merkblatt DVS 2211	Schweißen von thermoplastischen Kunststoffen – Schweißzusätze – Kennzeichnung, Anforderungen, Prüfungen
Richtlinie DVS 2212-3	Prüfung von Kunststoffschweißern – Prüfgruppe III – Bahnen im Erd- und Wasserbau
Richtlinie DVS 2225-2	Schweißen von Dichtungsbahnen aus polymeren Werkstoffen – Baustellenprüfungen
Richtlinie DVS 2225-6	Schweißen von Dichtungsbahnen aus polymeren Werkstoffen – Anforderungen an Schweißmaschinen und Schweißgeräte
Richtlinie DVS 2226-3	Prüfung von Fügeverbindungen an Dichtungsbahnen aus polymeren Werkstoffen – Schälversuch
DB Ril 853	Eisenbahntunnel planen, bauen und instandhalten; Modul 10: Abdichtung und Entwässerung
TL/TP-KDB	Technische Lieferbedingungen und Technische Prüfvorschriften für Kunststoffdichtungsbahnen und zugehörige Fugenbänder; TL/TP KDB
ZTV-ING	Zusätzliche Technische Vertragsbedingungen und Richtlinien für Ingenieurbauten; ZTV-ING; Teil 5 Tunnelbau; Abschnitt 5: Abdichtung

8.2. Literatur

EAG-EDT Empfehlungen zu Dichtungssystemen im Tunnelbau, Deutsche Gesellschaft für Geotechnik e. V. (DGGT).

Glück, L.; Dengel, U.; von Wyl, B.: Beitrag zum Extrusionsschweißen von Dichtungsbahnen aus flexiblen Polyolefinen (FPO/TPO) im Tunnelbau. JOINING PLASTICS 3/09, S. 180-187 2009.

DIN-Normen und DVS-Richtlinien sind zu beziehen beim Beuth Verlag, Berlin (www.beuth.de), die Regelwerke ZTV-ING und TL/TP-ING stehen auf www.bast.de kostenfrei zum Download bereit.

9. Anhänge

Anhang Blatt 1: Schweißprotokoll für Überlappnähte mit Prüfkanal

Schweißprotokoll für Überlappnähte mit Prüfkanal								Nr.	
Bauvorhaben				Dichtungsbahn					
Schweißverfahren	HH								
Verlegefirma				Hersteller					
Schweißer				Nenndicke in mm					
Schweißmaschine				Rohstoff					
Naht-Nr.									
		Anfang	Ende	Anfang	Ende	Anfang	Ende	Anfang	Ende
Uhrzeit									
Witterungsbedingungen									
allgemein (Bewölkung/Wind)									
Lufttemperatur in °C									
rel. Luftfeuchte in %									
Zustand der Dichtungsbahnen									
Oberfläche									
Fügebereiche									
Oberflächentemperatur in °C									
Schweißparameter									
Heizkeiltemperatur in °C / Warmgas-temperatur	Einstellung								
	Messung								
Geschwindigkeit in m/min	Einstellung								
	Messung								
Fügekraft in N	Einstellung								
	Messung								
Schweißnahtprobe									
Probeschweißung	Nr.								
Probenahme aus der Naht	Nr.								
Bemerkung:									

Schweißer	Bauleiter/Vorarbeiter (Fachverlegefirma)	Bauüberwachung/Fremdprüfer
Datum Unterschrift	Datum Unterschrift	Datum Unterschrift

Anhang Blatt 2: Schweißprotokoll für Auftragnähte

Schweißprotokoll für Auftragnähte								Nr.	
Bauvorhaben				Dichtungsbahn					
Schweißverfahren	WE								
Verlegefirma				Hersteller					
Schweißer				Nenndicke in mm					
Schweißgerät				Rohstoff					
Naht-Nr.									
		Anfang	Ende	Anfang	Ende	Anfang	Ende	Anfang	Ende
Uhrzeit									
Witterungsbedingungen									
allgemein (Bewölkung/Wind)									
Lufttemperatur in °C									
rel. Luftfeuchte in %									
Zustand der Dichtungsbahnen									
Oberfläche									
Fügebereiche									
Oberflächentemperatur in °C									
Schweißzusatz									
Schweißparameter									
Extrudat-temperatur in °C	Einstellung								
	Messung								
Heißlufttemperatur in °C	Einstellung								
	Messung								
Schweißnahtprobe									
Probeschweißung–Anfang	Nr.								
Probeschweißung–Ende	Nr.								
Bemerkung:									

Schweißer	Bauleiter/Vorarbeiter (Fachverlegefirma)	Bauüberwachung/Fremdprüfer
Datum Unterschrift	Datum Unterschrift	Datum Unterschrift

Anhang Blatt 3: Prüfprotokoll für Überlappnähte mit Prüfkanal

Prüfprotokoll für Überlappnähte mit Prüfkanal			Nr.
Bauvorhaben		Verlegefirma	
Dichtungsbahn		Nenndicke	mm
Schweißverfahren	HH	Naht Nr.	

I. Äußere Beschaffenheit

Station	Nahtverlauf	Wulstausbildung	Kerben und Riefen	Bemerkung

II. Abmessungen (mm)

$\Delta d_{N1} = (d_o + d_u) - d_{N1}$
$\Delta d_{N2} = (d_o + d_u) - d_{N2}$

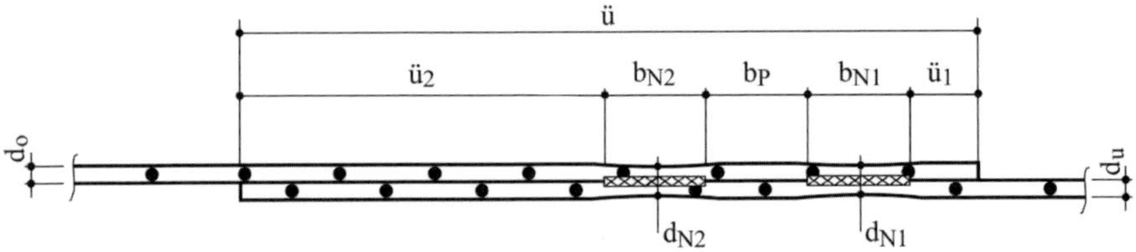

Station	$Ü_1$	$Ü_2$	b_{N1}	b_{N2}	b_P	d_o	d_u	$d_o + d_u$	d_{N1}	d_{N2}	Δd_{N1}	Δd_{N2}	Bemerkung

III. Versagensverhalten im Schälversuch □ mit Kraftanzeige □ ohne Kraftanzeige

Station	Probenbreite (mm)	Höchstzugkraft (N)	Verformungs- und Versagensverhalten	Beurteilung	Bemerkung

IV. Dichtigkeit – Druckluftprüfung

Station	Prüfparameter: Druck: ___ bar		Dauer: ___ min		Temperatur der Bahn: ___ °C Druckabfall: <10 %		
	Breite b_P	Prüfbeginn		Prüfende		Differenz	Bemerkung
		Uhrzeit	bar	Uhrzeit	bar	bar	Zeit

Prüfer	Bauleiter/Vorarbeiter (Fachverlegefirma)	Bauüberwachung/Fremdprüfer
Datum Unterschrift	Datum Unterschrift	Datum Unterschrift

Anhang Blatt 4: Prüfprotokoll für Auftragnähte

Prüfprotokoll für Auftragnähte			Nr.
Bauvorhaben		Verlegefirma	
Dichtungsbahn		Nenndicke	mm
Schweißverfahren	WE	Naht Nr.	

I. Äußere Beschaffenheit

Station	Nahtverlauf	Wulstausbildung	Kerben und Riefen	Bemerkung

II. Abmessungen (mm)

$f_{NA} = d_N / (do + d_u)$

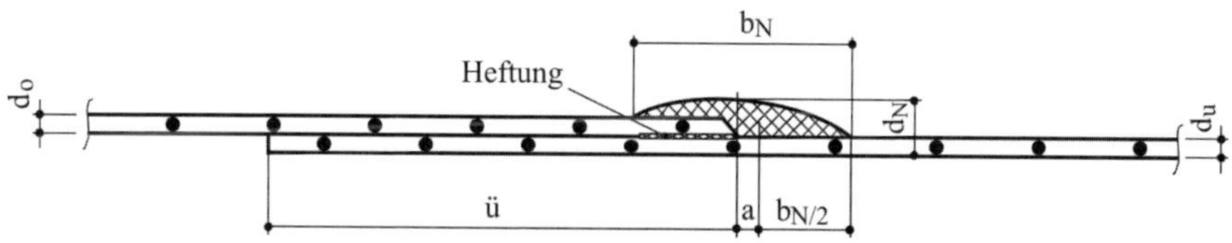

Station	Ü	b_N	$b_{N/2}$	d_o	d_u	$d_o + d_u$	d_N	f_{NA}	Bemerkung

III. Versagensverhalten im Schälversuch □ mit Kraftanzeige □ ohne Kraftanzeige

Station	Probenbreite (mm)	Höchstzugkraft (N)	Verformungs- und Versagensverhalten	Beurteilung	Bemerkung

IV. Dichtigkeit

Station	Vakuum		Hochspannung		Bemerkung
	Unterdruck: bar	Zeitdauer: s	Gerätetyp:	Spannung: kV	

Prüfer		Bauleiter/Vorarbeiter (Fachverlegefirma)		Bauüberwachung/Fremdprüfer	
Datum	Unterschrift	Datum	Unterschrift	Datum	Unterschrift

Februar 2019

DVS VERBAND
DVS – Deutscher Verband
für Schweißen und
verwandte Verfahren e. V.

Richtlinie
DVS 2225-6

Richtlinie DVS 2225-6

Schweißen von Dichtungsbahnen aus polymeren Werkstoffen – Anforderungen an Schweißmaschinen und Schweißgeräte

Ausschuss für Technik im DVS

Arbeitsgruppe W 4 "Fügen von Kunststoffen"

Untergruppe W 4.7 "Kunststoff-Folien und -Bahnen"

Bezug: DVS Media GmbH, Postfach 10 19 65, 40010 Düsseldorf, Telefon (0211) 1591-0, Telefax (0211) 1591-150

Inhalt:

1. Geltungsbereich

Diese Richtlinie behandelt Anforderungen an Maschinen und Geräte zum Schweißen von polymeren Werkstoffen im Erd-, Wasser- und Tunnelbau.

Diese Richtlinie soll den Herstellern der Maschinen und Geräte Hinweise für die Auslegung und Bestückung geben.

Anhand der in dieser Richtlinie aufgezeigten Merkmale soll der Anwender prüfen, ob und mit welchen Maschinen und Geräten die jeweiligen Dichtungsbahnen anforderungs-, werkstoff- und baustellengerecht geschweißt werden können.

Die Richtlinie bezieht sich ausschließlich auf das Schweißen von Dichtungsbahnen. Die Werkstoffe und Dicken sind in den entsprechenden Teilen spezifiziert.

- Richtlinie DVS 2225-1: Abdichtung von Erd- und Wasserbauten
- Richtlinie DVS 2225-3: Grundwasserschutz im Sinne des Wasserhaushaltsgesetzes (WHG)
- Richtlinie DVS 2225-4: Abdichtung von Deponien und Altlasten
- Richtlinie DVS 2225-5: Tunnelbau

2. Dichtungsbahnen

Dichtungsbahnen für die genannten Anwendungen werden aus Thermoplasten hergestellt. Diese können durch Wärme plastifiziert und somit durch Schweißen gefügt werden. Die Werkstoffe sowie die Mindestdicken werden in den jeweiligen anwendungsbezogenen Regelwerken spezifiziert.

Die Oberflächen können glatt oder strukturiert sein. Die Bahnen können homogen (aus einem Werkstoff) oder mehrlagig (aus einem oder mehreren Werkstoffen) aufgebaut sein. Sie können verstärkende Einlagen (z. B. Gewebe), Kaschierungen (z. B. Vliese) oder aufweisen.

Diese Richtlinie geht grundsätzlich davon aus, dass Dichtungsbahnen der gleichen Formmasse miteinander geschweißt werden. Ist das nicht der Fall, so ist die Schweißeignung besonders nachzuweisen.

Diese Richtlinie geht weiter grundsätzlich davon aus, dass die Dichtungsbahnen im Fügebereich glatt sind und bei strukturierten Dichtungsbahnen die Oberflächenstrukturen im Fügebereich mechanisch entfernt werden. Auf das Entfernen der Strukturen kann nur dann verzichtet werden, wenn unter Baustellenbedingungen die Schweißeignung nachgewiesen wird und ein Vermerk in der Zulassung des Materials vorhanden ist.

3. Nahtformen

Die Dichtungsbahnen werden grundsätzlich überlappt verlegt (Überlappstoß). Bei den Schweißnähten ist zu unterscheiden:

- Überlappnähte mit Prüfkanal
- Auftragnähte

4. Schweißverfahren

Als baustellengerechte Fügeverfahren für Dichtungsbahnen werden das Heizkeilschweißen (HH) und das Warmgasextrusionsschweißen (WE) eingesetzt. Diese Verfahren unterscheiden sich prinzipiell in der Erwärmung des Fügebereiches (Plastifizierung), in der Aufbringung der Fügekraft und in der Schweißnahtgeometrie. Alle Verfahren lassen sich durch die Schweißparameter wie folgt beschreiben.

- Temperatur (Heizkeil, Warmgas, Extrudat),
- Geschwindigkeit,
- Fügedruck.

Für das Heizkeilschweißen (HH) werden ausschließlich Schweißmaschinen verwendet. Die Beheizung vom Keil kann durch einen elektrischen Widerstand (Heizpatrone, ...) oder durch Warmgas erfolgen. Geschweißt wird ohne Schweißzusatz und es werden ausschließlich Überlappnähte mit Prüfkanal hergestellt.

Im Gegensatz dazu werden für das Warmgasextrusionsschweißen (WE) ausschließlich Handschweißgeräte verwendet, mit Schweißzusatz gearbeitet und Auftragnähte hergestellt.

5. Allgemeine Anforderungen

Bei allen Schweißverfahren müssen mit den Schweißmaschinen und -geräten unter Baustellenbedingungen durchgehend werkstoff- und anforderungsgerechte Nahtqualitäten erzielt werden können.

Als Schweißmaschinen bezeichnet man Vorrichtungen zum kontinuierlichen Schweißen, die selbstfahrend sind und die Fügekraft maschinell aufbringen. Sie werden bei großen Nahtlängen eingesetzt.

Schweißgeräte werden von Hand geführt. Die Fügekraft wird manuell aufgebracht.

Im Hinblick auf die Nahtqualität ist im Einzelnen sicherzustellen, dass:

- die zu schweißenden Halbzeuge und Schweißzusätze thermisch und mechanisch nicht unzulässig beansprucht werden,
- Kerben und Riefen vermieden werden,
- eine ausreichende Nahtfestigkeit bei guter Verformungsfähigkeit des Nahtbereichs erreicht wird,
- die Schweißnahtabmessungen in den vorgegebenen Grenzen liegen,
- die geforderte hintere Überlappung erreicht werden kann.

Bei Schweißmaschinen wird vorausgesetzt, dass die Schweißtemperatur, die Schweißgeschwindigkeit und die Fügekraft unabhängig voneinander auf Werkstoff und Dicke der Dichtungsbahn sowie auf die Witterungsbedingungen eingestellt und während des Schweißvorganges kontrolliert und innerhalb der zulässigen Toleranzen konstant gehalten werden.

Im Hinblick auf die Gebrauchstauglichkeit unter Baustellenbedingungen sind folgende Anforderungen zu erfüllen:

- Robustheit gegenüber den mechanischen Beanspruchungen, die sich aus dem Transport und dem Betrieb ergeben,
- einfache Handhabung bei Inbetriebnahme und beim Betrieb,
- leichte Zugänglichkeit aller Bauteile zur notwendigen Reinigung und Kontrolle,
- sichere Funktionsfähigkeit im vorgesehenen Temperatureinsatzbereich/Umgebungsbedingungen,
- Schutz gegenüber Feuchtigkeit, Schmutz und den möglicherweise beim Schweißen aus den Dichtungsbahnen oder dem Schweißzusatzwerkstoff austretenden flüchtigen Bestandteilen,
- Schutz der elektrischen und elektronischen Bauteile gegenüber Feuchtigkeit, Schmutz und elektrostatischer Aufladung sowie Netzspannungsschwankungen.

Die Funktion der Geräte und Maschinen muss unter folgenden Bedingungen gewährleistet sein.

Tabelle 1. Eigenschaften und Wert

Eigenschaft	**Wert**
Nennspannung	+/- 10 %
Lagertemperatur	-20 °C bis + 80 °C
Umgebungstemperatur im Einsatz	-10 °C bis + 60 °C
Relative Luftfeuchtigkeit	< 80 %

Zusätzlich müssen die Maschinen/Geräte und Zubehörteile folgende für den Benutzer sicherheitsrelevante Anforderungen erfüllen:

- heiß werdende Oberflächen müssen so klein wie möglich gehalten und sofern technisch möglich, gedämmt sein,
- Teile in Handnähte dürfen auch bei längerem Gebrauch betriebsbedingte Temperaturen von 40 °C nicht überschreiten,
- scharfe Kanten sind nicht zulässig,
- die elektrische Sicherheit muss gewährleistet werden.

Geräte und Maschinen müssen den Europäischen Richtlinien entsprechen.

Der Hersteller oder sein in der Gemeinschaft niedergelassener Bevollmächtigter ist für die Ausstellung der EG-Konformitätserklärung und die CE-Kennzeichnung verantwortlich. Der Marktüberwachungsbehörde sind auf Verlangen sämtliche relevanten Mess- und Prüfdokumente vorzulegen, welche die Einhaltung der Konformität mit den Richtlinien bestätigen.

6. Anforderungen an Schweißmaschinen

Die Schweißmaschinen bestehen aus der Grundmaschine und den Funktionselementen für die Schweißparameter Temperatur, Druck und Geschwindigkeit:

- **Grundmaschine:** zur Aufnahme der Funktionselemente und anderer Bauteile wie Display und Führungshilfen
- **Temperiersystem:** zum Einbringen der Wärmeenergie in den Schweißnahtbereich
- **Andrucksystem:** zum Aufbringen des Fügedrucks
- **Antriebssystem:** zum Vortrieb der Schweißmaschine
- **Anzeige-, Kontroll- und Überwachungselemente:** zur Anzeige der Soll-/Istwerte, zur Maschinenüberwachung sowie zur Einstellung der Schweißparameter und gegebenenfalls zur Datenaufzeichnung

Für die Maschine muss eine Leistungscharakteristik des Herstellers vorliegen. In dieser Leistungscharakteristik ist anzugeben, in welchen Schweißparameterbereichen die Schweißmaschine betrieben werden muss, um die anforderungsgerechte Nahtqualität zu erreichen.

6.1. Grundmaschine

Die Grundmaschine muss die einzelnen Bauteile und Funktionselemente aufnehmen und in Position halten. Alle beim Transport und beim Betrieb auftretenden Beanspruchungen müssen aufgenommen werden können, ohne dass bei fachgerechter Handhabung Funktionsstörungen auftreten.

Insbesondere müssen die Grundmaschinen so konstruiert sein, dass die in den jeweiligen Richtlinien geforderte hintere Überlappung erreicht werden kann. Für die Praxistauglichkeit ist eine Toleranz für das Überlappungsmass von + 10 mm anzusetzen.

Tabelle 2. Hintere Überlappung

hintere Überlappung	
	Richtlinien DVS 2225-1, -3, -4, -5
gefordert	40 mm
Auslegung Grundmaschine	>/= 50 mm

Bei der Konstruktion und der Dimensionierung der Grundmaschinen sind im Einzelnen die Beanspruchungen aus folgenden Lastfällen zu berücksichtigen:

- Schweißtemperaturen
- Wärmestrahlung
- Führen der Dichtungsbahnen
- Antrieb der Maschine
- Aufbringen der Fügekraft
- Transport
- Untergrund

Die Grundmaschine muss so konstruiert sein, dass alle Funktionselemente und Bauteile leicht bedient, gereinigt, gewartet und ausgetauscht werden können.

Die Dichtungsbahnen müssen sich leicht einfädeln, führen und sich in ihrer Lage kontrollieren lassen.

6.2. Temperiersystem

Das Temperiersystem muss so ausgelegt sein, dass es abgestimmt auf die Schweißgeschwindigkeit eine ausreichende Schweißtemperatur im Fügebereich gewährleistet und die Dichtungsbahn im Fügebereich ausreichend tief plastifiziert, ohne das der Werkstoff lokal überhitzt.

Das Temperiersystem besteht im Wesentlichen aus folgenden Komponenten:

- Heizquelle: elektrischer Widerstand oder Warmgas
- Heizkeil: Wärmeüberträger zur lokalen Erwärmung der Dichtungsbahn
- Kontaktsystem: Sicherstellung des Wärmeflusses vom Heizkeil zur Dichtungsbahn
- Temperatursensor: Regelgröße
- Reglersystem: Sicherstellung konstanter und reproduzierbarer Werkstofferwärmung mit unabhängiger Sollwerteinstellung

Der Heizkeil kann auch zur Aufnahme einer Schleppzunge dienen. Diese stellt bei Anwendungen mit ausgeprägtem Schweißaustrieb sicher, dass der Prüfkanal in der ausreichenden Breite durchgehend offen bleibt.

Das Temperiersystem muss folgende Anforderungen erfüllen:

- Ausreichende Heizleistung (Nennleistung), abgestimmt auf die vorgegebenen Schweißbedingungen (Dicke und Werkstoff der Dichtungsbahnen, Schweißgeschwindigkeit),
- gleichmässige und konstante Temperaturverteilung über die Breite der Kontaktflächen,
- kufenartige, auf Dicke und Steifigkeit der Bahnen abgestimmte Gestaltung des Heizkeils mit ausreichend langer Kontaktfläche und allseits abgerundeten Kanten zur Vermeidung von Riefen in der Dichtungsbahn,
- sicherer Kontakt zwischen Dichtungsbahn und Heizkeil, zum Beispiel durch bewegliche Lagerung des Heizkeils sowie durch Führungshilfen und Andruckrollen,
- hoher Abriebwiderstand, gute Korrosionsbeständigkeit und Verträglichkeit der Heizkeiloberflächen mit den zu schweissenden Dichtungsbahnen,

- mechanisch genügend stabil gegenüber den auftretenden Kräften bei T-Stössen und Beanspruchungen bei Transport und Betrieb,
- leichte Zugänglichkeit zum Heizkeil, damit dieser einfach und schnell überprüft, gereinigt und ausgewechselt werden kann,
- Erfassung der abgegebenen Heizleistung (prozentual oder absolut), damit ein Teilausfall der Heizung frühzeitig erkannt werden kann.

6.2.1. Heizkeildimension

Die Heizkeildimensionen quer zur Schweißrichtung (in der Breite) sind hauptsächlich durch die geforderte Nahtgeometrie gegeben. Bei Überlappnähten mit Prüfkanal sind zwei Kontaktflächen notwendig. Die Breite der jeweiligen Kontaktfläche muss größer als die geforderten Naht- bzw. Teilnahtbreite sein. Der Abstand der Kontaktflächen der Heizkeile für Nähte mit Prüfkanal muss im Hinblick auf einen ausgeprägten Schweißaustrieb genügend groß gewählt werden.

Für Anwendungen im Sinne der Richtlinienteile DVS 2225-1, -3, -4, -5 hat sich eine Heizkeilbreite von ungefähr 50 mm bewährt.

Die Länge des Heizkeils ergibt sich aus:

- dem Werkstoff der Dichtungsbahn
- der Dicke der Dichtungsbahn
- der Oberfläche der Dichtungsbahn
- der Aufschmelztiefe
- der baustellengerechten Schweissgeschwindigkeit

Der Maschinenhersteller muss die Heizkeillänge entsprechend der anwendungsspezifischen Anforderungen (geforderte Nahtqualität, Art der Dichtungsbahn, geforderte Schweißgeschwindigkeit) dimensionieren und entsprechend den Haupteinsatzbereich der Schweißmaschine deklarieren.

6.2.2. Keilbeheizung durch Warmgas

Das warmgasbeheizte System besteht aus folgenden Komponenten:

- Gebläse
- Heizaggregat
- Düse mit Kontaktflächen (Heizkeil)
- Sensorik und Regeleinrichtung

Der Luftstrom muss so geführt werden, dass die Kontaktflächen in der Breite homogen erwärmt werden und das austretende Warmgas sowohl ein gleichmäßiges Geschwindigkeits- als auch Temperaturprofil aufweist.

Zusätzlich ist eine Vorrichtung zum sicheren Kontakt der Dichtungsbahn mit dem Heizkeil notwendig.

Die Warmgastemperatur muss einstellbar sein und mit einer maximalen Abweichung von ± 10 K geregelt werden. Die Warmgasmenge muss unabhängig von den übrigen Verfahrensparametern konstant gehalten werden können.

Die an der Maschine maximal einstellbare Warmgastemperatur, welche deutlich höher als die Temperatur der Heizkeiloberfläche ist, beträgt üblicherweise 500 - 600 °C.

6.2.3. Keilbeheizung durch elektrischen Widerstand

Bei der Keilbeheizung durch elektrischen Widerstand erfolgt die Wärmeerzeugung im Heizkeil. Dabei sind verschiedene Ausführungen möglich, zum Beispiel Heizpatronen oder Heizplatten.

Die Heizkeiltemperatur muss im vorgegebenen Temperaturbereich stufenlos und unabhängig der anderen Verfahrensparameter eingestellt und beim Schweißen auf ± 10 K geregelt werden können. Der Temperaturfühler muss möglichst nahe an der Keiloberfläche platziert werden.

Die an der Maschine maximal einstellbare Heizkeiltemperatur liegt üblicherweise bei 450 °C.

Zum Zweck eines definierten Eintrags von Wärmeenergie in den Schweißnahtbereich muss der Heizkeil eine auf die Anwendung abgestimmte Kontaktfläche (Länge und Breite) aufweisen. Der durchgehende Kontakt zwischen der Dichtungsbahn und den Heizkeilflächen ist durch eine Vorrichtung zu gewährleisten. Die Abweichung beim Schweißen darf maximal ± 10 % der nominellen Kontaktlänge betragen.

6.3. Andrucksystem

Über das Andrucksystem wird der notwendige Fügedruck mittels Rollen aufgebracht. Zur Vermeidung von Kerben müssen alle Kanten abgerundet sein. Für Schweißungen mit Prüfkanal können die Rollen eine entsprechende Aussparung aufweisen.

Die Einstellung vom Fügedruck erfolgt durch kontrollierte Aufbringung einer Kraft, im Folgenden als Fügekraft bezeichnet. Die Fügekraft muss stufenlos oder in ausreichend feiner Abstufung eingestellt und innerhalb der zulässigen Toleranz konstant gehalten werden.

Tabelle 3. Toleranzen für Fügekraft

Toleranzen für Fügekraft	
	Richtlinien DVS 2225-1, -3, -4, -5
	± 50 N

Für Anwendungen kann eine Anzeige und Aufzeichnung der eingestellten Kraft gefordert sein. In diesem Fall muss die Schweißmaschine mit einem entsprechenden Sensor, wie zum Beispiel einer Kraftmessdose, ausgerüstet werden.

Das Andrucksystem ist so auszulegen, dass die erforderliche Fügekraft mit ausreichender Reserve erreicht werden kann.

Das Andrucksystem muss gegenüber Dickenschwankungen der Dichtungsbahnen (z. B. im Bereich eines fachgerecht vorbereiteten T-Stoßes) so nachgiebig sein, dass die Fügekraft während des Schweißens um nicht mehr als 1/3 des eingestellten Wertes überschritten wird.

Das Andrucksystem muss bei Schweißungen eine gleichmäßige Verteilung der Fügekraft auf beide Teilnähte während des Schweißens soweit sichern, dass die Differenz der Fügewege der beiden Teilnähte beschränkt bleibt.

Tabelle 4. Toleranzen für Fügewege

Toleranzen für Fügewege	
	Richtlinien DVS 2225-1, -3, -4, -5
	0,15 mm

Die Parallelität der Andruckrollen muss unter Baustellenbedingungen einfach und sicher kontrolliert sowie eingestellt werden können.

6.4. Antriebssystem

Über das Antriebssystem wird die Schweißgeschwindigkeit eingestellt. Es besteht aus Motor, Regeleinheit, Kraftübertragungs- und Vortriebseinheit. Der Motor muss so ausgelegt sein, dass die jeweils eingestellte Schweißgeschwindigkeit lastunabhängig und unabhängig von den übrigen Schweißparametern innerhalb der zulässigen Toleranzen konstant bleibt.

Tabelle 5. Toleranzen der Geschwindigkeit

Toleranzen der Geschwindigkeit	
	Richtlinien DVS 2225-1, -3, -4, -5
Konstanz in Bezug zur Sollgeschwindigkeit	± 2 %

Die Kraftübertragungseinheit, d. h. deren Elemente wie Getriebe, Ketten, Räder, Wellen und Lager müssen einen in den zulässigen Toleranzen konstanten und weitgehend schlupffreien Vortrieb sicherstellen.
Die Vortriebseinheit überträgt die Antriebskraft über Rollensysteme (Vortriebsrollen) auf die Dichtungsbahnen. Die Vortriebsrollen können ein- oder beidseitig angetrieben werden. Generell muss sichergestellt werden, dass keine unzulässigen Schubkräfte in den Fügebereich eingeleitet und die Dichtungsbahnen nicht gegeneinander verschoben werden.

Die Oberflächen der Rollen sind so zu gestalten, dass unter der auftretenden Belastung kein unzulässiger Schlupf zwischen Dichtungsbahn und Rollen eintritt. Für Anwendungen im Bereich der Richtlinien DVS 2225-1, -3, -4, -5 haben sich profilierte Rollen bewährt. Die Kanten der Rollen sind so zu gestalten, dass unzulässige Oberflächenverformungen der Dichtungsbahn (Kerben im Übergangsbereich) vermieden werden.

Falls die Antriebsrollen gleichzeitig auch Andruckrollen sind, ist sicherzustellen, dass der für den Vortrieb der Maschine notwendige Andruck nicht höher ist als der für das fachgerechte Schweißen notwendige Fügedruck. Bei der Gestaltung der Andruckrollen sind die jeweils vorgeschriebenen Schweiß- und Prüfkanalbreiten zu berücksichtigen.

Zum Schweißen von T-Stößen muss die Schweißgeschwindigkeit auf einfache und reproduzierbare Weise reduziert und wieder erhöht werden können.

6.5. Anzeige-, Kontroll- und Überwachungselemente

Die Schweißparameter Temperatur, Geschwindigkeit und Schweißkraft müssen einfach und reproduzierbar einstellbar sein. Die Soll- und die Effektivwerte der Temperatur und Geschwindigkeit sollen angezeigt werden. Bei Anwendungen im Sinne der Richtlinien DVS 2225-3 und -4 ist zusätzlich die effektive Schweißkraft anzuzeigen. Die Maschinen sollen mittels Funktionsüberwachung dem Bediener die Einsatzbereitschaft anzeigen. Durch die Anzeige von Leistungsabgabe, Heizleistung und Maschinenantrieb, kann in Bezug von festgelegten Grundwerten anhand der Probenaht die Maschinenbelastung überwacht werden. Falls Unregelmässigkeiten bei der Netzversorgung oder Beschädigungen an Maschinenelementen wie Heizelementen, Heizkeilen, Lager, Ketten, Fahrgestellen etc. auftreten, kann dies aufgrund einer Veränderung der Leistungsaufnahme sofort erkannt werden.

Für bestimmte Anwendungen ist zusätzlich ein Datenerfassungssystem notwendig. Dieses hat dem Nachweis zu dienen, dass die gewählten Schweißparameter während des Schweißens in den vorgegebenen Toleranzfeldern konstant gehalten wurden, keine Unregelmäßigkeiten in der Netzversorgung auftraten und die Maschine keine kritische Beschädigung aufwies. Dazu müssen alle relevanten Daten, d. h. die Soll-, Istwerte sowie die Leistungsabgaben, in Abständen ≤ 50 cm erfasst und aufgezeichnet werden. Beim Verlassen vorgegebener Toleranzfelder hat ein akustisches Signal und eine Aufzeichnung der Abweichung zu erfolgen. Die zu der Schweißnaht zugeordneten Messdaten sind nicht veränderbar zu speichern, beim Übertragen auf externe Geräte müssen die Daten unveränderbar sein.

7. Anforderungen an Schweißgeräte

Als Schweißgeräte werden Vorrichtungen zum Schweißen und Heften von Dichtungsbahnen bezeichnet, die von Hand geführt werden und bei denen der Fügedruck entweder über das Gerät selbst (zum Beispiel die Düse), den Schweißzusatz oder über Zusatzgeräte (Handandruckrolle) manuell aufgebracht wird. Es wird unterschieden nach Warmgasextrusionsschweißgeräten und Warmgasschweißgeräten. Warmgasschweißgeräte werden zum Heften eingesetzt.

7.1. Extrusionsschweißgeräte

Mit Extrusionsschweißgeräten werden ausschließlich Auftragsnähte hergestellt. Im Allgemeinen sind die Extrusionsschweißgeräte auf einen bestimmten Werkstoff oder Werkstofffamilie abgestimmt. Die Eignung des Schweißgerätes für die gegebene Anwendung muss vorgängig verifiziert werden.

Im Anwendungsbereich im Sinne von Richtlinie DVS 2225-1, -3, -4, -5 werden ausschließlich kontinuierlich arbeitende Extrusionsschweißgeräte eingesetzt.

Extrusionsschweißgeräte bestehen aus folgenden Funktionselementen:

- **Vorwärmsystem mit Regeleinheit**: zum Vorwärmen der Fügeflächen
- **Plastifiziersystem mit Regeleinheit:** zum Plastifizieren vom Schweißzusatz
- **Schweißschuh:** zum Aufbringen des Schweißzusatzes auf die Fügeflächen und zur Formgebung der Naht

Zusätzlich zu den allgemeinen Anforderungen müssen die Geräte gewährleisten, dass:

- der erforderliche Fügedruck über entsprechende Haltevorrichtungen und Griffe in den vorgesehenen Schweißpositionen aufgebracht werden kann,
- Zuführungsschläuche und Kabel flexibel und für den Schweißer kraftsparend ausgeführt sind und bei sachgemäßem Betrieb weder knicken noch verdrehen,
- die Vorwärmung erkalteten Extrudates am Ausgang der Massedüse durch geeignete Einrichtungen, z. B. Umlenkdüse für den Warmgasstrom, sichergestellt ist,
- sie bei Beendigung der Schweißarbeiten oder bei Arbeitsunterbrechungen standsicher abgestellt werden können.

7.1.1. Vorwärmsystem

Das Vorwärmsystem muss gewährleisten, dass Nahtflanken, Nahtüberdeckung und bei Anschlussteilen die Nahtwurzel ausreichend plastifiziert werden. Dies kann mit unterschiedlichen Systemen erreicht werden, beispielsweise durch Warmgas- oder Strahlungswärme. Aufgrund der praktischen Anwendung wird im Folgenden nur auf die Vorwärmung mittels Warmgas eingegangen.

Das Warmgas-Vorwärmsystem entspricht im Prinzip dem Temperiersystem der Schweißmaschinen mit warmgasbeheizten Heizkeilen. Es besteht aus Gebläse, Heizaggregat, Regeleinrichtung und Düse. Bei der Dimensionierung und Konstruktion der Geräte muss folgendes beachtet werden.

- Die Warmgastemperatur muss – entsprechend dem zu schweißenden Werkstoff – stufenlos einstellbar sein und angezeigt werden. Die Temperaturschwankung bei unveränderter Reglereinstellung darf ± 10 K nicht überschreiten. Die Schweißgastemperatur muss nach maximal 10 min erreicht sein.
- Der Volumenstrom muss während des Schweißvorganges konstant gehalten werden können.
- Das Vorwärmsystem ist am Schweißkopf oder am Plastifiziersystem fest installiert.

- Die Warmgasdüse muss über die gesamte Nahtbreite die intensive und gleichmäßige Vorwärmung (Plastifizierung) des Grundmaterials – bei möglichst geringer Warmgastemperatur – gewährleisten. Der Abstand der Warmgasdüse zum Grundmaterial muss entsprechend eingestellt werden können.

Der Gerätehersteller muss das Vorwärmsystem so dimensionieren, dass

- die Vorwärmung bei einer werkstoffgerechten Temperatur erfolgt. Bei PE basierenden Werkstoffen wird in der Praxis mit 230 °C bis 300 °C gearbeitet. Bei anderen Werkstoffen kann die Vorwärmtemperatur auch höher sein (siehe auch Richtlinie DVS 2207-4 Beiblatt 1).
- die Fügeteile an der Fügestelle und über die Nahtbreite hinaus 0,5 bis 1 mm tief plastifiziert sind. Aus dieser Anforderung ergibt sich, bei gegebener Temperatur, Nahtgeometrie und der Schweißgeschwindigkeit die erforderliche Luftmenge.

7.1.2. Plastifiziersystem

Mit dem Plastifiziersystem wird der Schweißzusatz (Draht oder Granulat) plastifiziert. Als Plastifiziereinheit können Extruder oder beheizte Zylinder eingesetzt werden. Für eine werkstoffgerechte Plastifizierung und einen gleichmässigen Ausstoß des plastifizierten Schweißzusatzes werden folgende Anforderungen gestellt:

- gleichmäßige Zuführung des Schweißzusatzes bei allen vorgesehenen Schweißpositionen,
- der Massenaustrag muss am Gerät stufenlos einstellbar sein,
- für die Zeit der Anwärmung des im Extruder und im Zuführungsschlauch erkalteten Schweißzusatzes muss eine Antriebssperre wirksam sein,
- der Unterbrechungsschalter (Ein bzw. Aus) für das Plastifiziersystem muss so angeordnet sein, dass er vom Schweißer jederzeit bedient werden kann. Dies gilt ebenso für die Einstellung vom Masseaustrag,
- das Extrudat muss vollständig homogen plastifiziert sein und temperaturstabil mit konstantem Masseaustrag austreten,
- die Massetemperatur am Masseaustrag muss angezeigt werden,
- die Temperaturschwankung der Masse darf bei kontinuierlichem Betrieb und bei unveränderter Reglereinstellung ± 3 K nicht überschreiten (gemessen im Zentrum der Masse).

Die erforderliche Ausstoßmenge ergibt sich aus der geforderten Nahtgeometrie sowie der Schweißgeschwindigkeit.

7.1.3. Schweißschuh

Über den Schweißschuh wird der plastifizierte Schweißzusatz auf die Fügefläche aufgebracht und der notwendige Fügedruck erzeugt.

Der Schweißschuh muss aus temperaturbeständigem und antiadhäsivem Material mit geringer Wärmeleitfähigkeit bestehen. Zurzeit werden vornehmlich gleitfähige Materialien, wie zum Beispiel PTFE, Keramik und beschichtete Metalle eingesetzt.

Im Folgenden werden exklusiv Schweißschuhe zur Herstellung von Überlappnähten betrachtet. Für andere Nahtformen, z. B. Kehlnähte bei Anschlussarbeiten, werden die Standardschweißschuhe aus der Richtlinie DVS 2207-4 verwendet.

Der Schweißschuh ist, in Schweißrichtung gesehen, vorne geschlossen. Er stützt sich beim Schweißen über die Längskanten beidseitig auf die Dichtungsbahnen ab. Ausbildung und Geometrie der Andruckzone des Schuhs bestimmen Form und Abmessungen der Auftragsnaht.

Tabelle 6. Nahtbreite

	Richtlinie DVS 2225-3	Richtlinie DVS 2225-4	Richtlinie DVS 2225-5
Nahtbreite	>= 30 mm	>=30 mm	>=25 mm
	1,25 <= f_{na}^{*} <= 1,75	1,25 <= f_{na}^{*} <= 1,75	1,25 <= f_{na}^{*} <= 1,75

* f_{na} = Nahtdickenfaktor für die Auftragnaht

Für eine fachgerechte und gleichmäßige Qualität der Auftragsnaht muss der Schweißschuh in Anlehnung an die Richtlinie DVS 2207-4 wie folgt ausgebildet sein:

- Andrucklänge des Schweißschuhs von mindestens 35 mm, damit der erforderliche Fügedruck aufgebracht werden kann,
- etwa 5 mm breite, seitliche Aufstandsflächen,
- gerundete Kanten, sodass der Schweißschuh beim Schweißen keine Kerben und Riefen erzeugt.

7.2. Warmgasschweißgeräte

Mit Warmgasschweißgeräten werden Heftungen geschweißt. Die Fügekraft wird getrennt mit besonderen Andruckrollen aufgebracht. Das Warmgasschweißgerät entspricht im Prinzip dem Temperiersystem der Schweißmaschinen mit warmgasbeheizten Heizkeilen. Es besteht aus Gebläse, Heizaggregat, Regeleinrichtung und Düse.

Durch Zusatzvorrichtungen können Warmgasschweißgeräte auch zum Warmgasziehschweißen mit Draht oder Band als Schweißzusatz umgerüstet werden.

Für eine werkstoffgerechte und gleichmässige Erwärmung und Plastifizierung der Fügebereiche muss die Heiz- und Gebläseleistung ausreichend und auf die Dichtungsbahn, Düse und Arbeitsgeschwindigkeit abgestimmt sein.

Die Warmgastemperatur muss stufenlos einstellbar sein und mit einer maximalen Abweichung von ± 10 °C geregelt und angezeigt werden. Zusätzlich muss die Warmgasmenge ausreichend konstant gehalten werden können. Die maximal einstellbare Temperatur liegt im Bereich 650 °C.

Bei Reparaturen und Inspektionen ist dem Auftraggeber für jedes Gerät eines der im Anhang aufgeführten Dokumente ausgefüllt zu übergeben.

8. Schrifftum

VDE 0701-0702 — Prüfung nach Instandsetzung, Änderung elektrischer Geräte - Wiederholungsprüfung elektrischer Geräte - Allgemeine Anforderungen für die elektrische Sicherheit

DIN EN 61557 Teil 2 — Elektrische Sicherheit in Niederspannungsnetzen bis AC 1000 V und DC 1500 V - Geräte zum Prüfen, Messen oder Überwachen von Schutzmaßnahmen - Teil 2: Isolationswiderstand

DIN EN 61557 Teil 4 — Elektrische Sicherheit in Niederspannungsnetzen bis AC 1000 V und DC 1500 V - Geräte zum Prüfen, Messen oder Überwachen von Schutzmaßnahmen - Teil 4: Widerstand von Erdungsleitern, Schutzleitern und Potentialausgleichsleitern

DIN EN 61010 Teil 1 — Sicherheitsbestimmungen für elektrische Mess-, Steuer-, Regel- und Laborgeräte - Teil 1: Allgemeine Anforderungen

DVS Richtlinie 2225-1	Schweißen von Dichtungsbahnen aus polymeren Werkstoffen im Erd- und Wasserbau
DVS Richtlinie 2225-3	Schweißen von Dichtungsbahnen aus Polyethylen (PE) bei Grundwasserschutzmaßnahmen
DVS Richtlinie 2225-4	Schweißen von Dichtungsbahnen aus Polyethylen (PE) für die Abdichtung von Deponien und Altlasten
DVS Richtlinie 2225-5	Schweißen von Dichtungsbahnen aus thermoplastischen Kunststoffen im Tunnelbau
DVS Richtlinie 2207-4	Schweißen von thermoplastischen Kunststoffen - Extrusionsschweißen von Rohren, Rohrleitungsteilen und Tafeln - Verfahren, Anforderungen
DVS Richtlinie 2207-4 Beiblatt 1	Schweißen von thermoplastischen Kunststoffen - Extrusionsschweißen von Rohren, Rohrleitungsteilen und Tafeln - Schweißparameter

9. Anhang 1: Prüfprotokoll Schweißextruder

Logo Firma

Prüfprotokoll für elektrische, ortsveränderliche Geräte nach Instandsetzung, Änderung und Wiederholungsprüfung nach VDE 0701-0702

Auftraggeber/Betreiber: ____________________

Auftragnehmer/Prüfer: ____________________

Prüfer: ____________________

Blatt-Nr.: 1 / 1

Prüfung nach: ☐ UVV BGV A3 ☐ BetrSichV, TRBS 1201 ☐ DIN VDE 0701-0702 ☐ OVE/ÖNORM E8701

Grund der Prüfung: ☐ Wiederholungsprüfung ☐ Änderung ☐ Instandsetzung ☐ Eingangsprüfung

Elektrisches Gerät/Arbeitsmittel:

Prüfobjekt: ______ Inventar-Nr.: ______

Hersteller: ______ Standort: ______

Fabrik/Serien-Nr.: ______ Besonderheit: ______

Schutzklasse:

☐ SK I mit Schutzleiter

☐ SK II

☐ SK II

Kontrolle und Justierung der Temperaturen, Sichtprüfung, Messung, Erprobung und Dokumentation

Verwendetes Messgerät nach DIN VDE 0404 bzw. DIN EN 61557 Teil 2, Teil 4 bzw. DIN EN 61010 Teil 1

Hersteller/Typ: ______ Hersteller/Typ: ______

Datum	**Temperatur Masse** Soll 220°C (±3°C)	**Temperatur Luft** Soll 270°C (±3°C)	**Schutzleiter-widerstand** R_{PE} [Ω]	**Isolations-widerstand** R_{ISO} [MΩ]	**Ableitstrom** im direkten, Differenz- oder Ersatzableitstrom-Verfahren I_{PE} [mA]	$I_{Berüh.}$ [mA]	**Funktions-probe bestanden** ja/nein	**Prüfung bestanden** ja/nein	**nächster Prüfungstermin**	**Prüfer**

Prüfgrundlage ist die DIN VDE 0701-0702: 2008-06

10. Anhang 2: Prüfprotokoll Heizkeilschweißmaschinen

Logo Firma

Prüfprotokoll für elektrische, ortsveränderliche Geräte nach Instandsetzung, Änderung und Wiederholungsprüfung nach **VDE 0701-0702**

Auftraggeber/Betreiber: ____________________

Auftragnehmer/Prüfer: ____________________

Prüfer: ____________________

Blatt-Nr.: **1 / 1**

Prüfung nach: ☐ UVV BGV A3 ☐ BetrSichV, TRBS 1201 ☐ DIN VDE 0701-0702 ☐ OVE/ÖNORM E8701

Grund der Prüfung: ☐ Wiederholungsprüfung ☐ Änderung ☐ Instandsetzung ☐ Eingangsprüfung

Elektrisches Gerät/Arbeitsmittel:

Prüfobjekt: ☐ Inventar-Nr.: ☐

Hersteller: ☐ Standort: ☐

Fabrik/Serien-Nr.: ☐ Besonderheit: ☐

Schutzklasse:

☐ SK I mit Schutzleiter

☐ SK II ⧈

☐ SK II

Kontrolle und Justierung der Temperaturen, Sichtprüfung, Messung, Erprobung und Dokumentation

Verwendetes Messgerät nach DIN VDE 0404 bzw. DIN EN 61557 Teil 2, Teil 4 bzw. DIN EN 61010 Teil 1

Hersteller/Typ: ☐ Hersteller/Typ: ☐

Datum	Temperatur Heizkeil		Geschwindigkeit		Druckdose		Schutz-leiter-widerstand R_{PE} [Ω]	Isolations-wider-stand R_{ISO} [MΩ]	Ableitstrom im direkten, Differenz- oder Ersatzableitstrom-Verfahren		Funktions-probe bestanden	Prüfung bestanden	nächster Prüfungs-termin	Prüfer
	Soll	Ist	Soll	Ist	Soll	Ist			I_{PE} [mA]	$I_{Berüh}$	ja/nein	ja/nein		

Prüfgrundlage ist die DIN VDE 0701-0702: 2008-06

DVS – DEUTSCHER VERBAND FÜR SCHWEISSEN UND VERWANDTE VERFAHREN E.V.	Prüfen von Fügeverbindungen an Dichtungsbahnen aus polymeren Werkstoffen - Prüfverfahren, Anforderungen -	Richtlinie DVS 2226-1 (September 2000)	D V S

Inhalt:

1 Geltungsbereich

Diese Richtlinie gilt für das Prüfen der nach DVS 2225-1 und -4 durch Schweißen, Kleben und Vulkanisieren hergestellten Fügeverbindungen bei Dichtungssystemen mit Dichtungsbahnen aus polymeren Werkstoffen im Erd- und Wasserbau, bei Deponieabdichtungen und sonstigen Grundwasserschutzmaßnahmen.

Für Schweißverbindungen im Apparate- und Rohrleitungsbau gilt DVS 2203.

Diese Richtlinie ermöglicht in Erweiterung zu DVS 2225-2 „Baustellenprüfungen" eine qualitative und quantitative Bewertung der Fügeverbindungen in Kurzzeit- und Langzeitversuchen.

Die Richtlinie soll den Verarbeitern, Anwendern und Prüfern von polymeren Dichtungsbahnen als Anleitung für die durchzuführenden Prüfungen und für die Beurteilung der Güte von Fügeverbindungen dienen. In diesem Teil 1 sind die Anforderungen der in den Teilen 2 bis 4 dieser Richtlinie im einzelnen behandelten Prüfungen genannt.

Die Wahl der zweckmäßigen Prüfverfahren ist entsprechend der jeweiligen Ausführung und Anwendung zu treffen. Vorgaben in Zulassungen oder anwendungsbezogenen Regelwerken sind zu beachten.

Es ist ferner zu beachten, daß die Prüfergebnisse von den Herstellbedingungen für die Probekörper und von den Prüfbedingungen abhängig sind.

2 Werkstoffe, Eigenschaften und Nahtformen

Dichtungsbahnen werden aus Thermoplasten oder Elastomeren hergestellt und durch Schweißen, Vulkanisieren oder Kleben zu Dichtungssystemen im Erd- und Wasserbau miteinander verbunden.

Die Eigenschaften der Dichtungsbahnen sind in den einschlägigen DIN-Normen beschrieben. Die Dicken der Bahnen betragen 2 bis 5 mm. Sie können homogen oder mehrlagig aufgebaut sowie in der Oberfläche glatt oder strukturiert sein.

Als Nahtformen kommen Überlappstöße mit Überlappnähten sowie mit Auftragnähten zum Einsatz (siehe DVS 2225-1).

Bezüglich der Schweißzusätze bei Auftragnähten von Polyethylendichtungsbahnen wird auf DVS 2211 sowie auf zusätzliche Hinweise in DVS 2207-4 verwiesen.

3 Prüfungen

Zur Beurteilung der Qualität von Fügeverbindungen sind unter Berücksichtigung der gestellten Anforderungen bzw. der geforderten Aussagen verschiedene Prüfverfahren erforderlich.

3.1 Zerstörungsfreie Prüfungen

Durchführung, Auswertung und Grenzen der zerstörungsfreien Prüfungen sind in den folgenden Abschnitten der Richtlinie DVS 2225-2 beschrieben:

Äußere Beschaffenheit	Abschnitt 4.2
Abmessungen	Abschnitt 4.3
Dichtigkeitsprüfung	Abschnitt 4.5

3.2 Zerstörende Prüfungen

Aufbau, Durchführung und Auswertung der einzelnen Versuche sind in den folgenden Teilen der Richtlinie 2226 beschrieben:

Zugscherversuch	Teil 2
Schälversuch	Teil 3[1)]
Zeitstandzugversuch	Teil 4

4 Anforderungen

Die für die Fügeverbindungen eingesetzten Dichtungsbahnen müssen den für den jeweiligen Anwendungsfall geltenden Vorschriften und Richtlinien (siehe auch Abschnitt 5) entsprechen.

Die Fügeverbindungen müssen den nachstehend genannten Anforderungen genügen.

4.1 Zerstörungsfreie Prüfungen

Die Anforderungen für die zerstörungsfreien Prüfungen sind der Richtlinie DVS 2225-2 Abschnitt 4.2, 4.3 und 4.5 zu entnehmen.

4.2 Zerstörende Prüfungen

4.2.1 Zugscherversuch

Für den Zugscherversuch gelten die in Tabelle 1 genannten Anforderungen.

1) Eine vereinfachte Baustellenprüfung kann nach Abschnitt 4.4 der Richtlinie DVS 2225-2 durchgeführt werden.

DVS, Ausschuß für Technik, Arbeitsgruppe „Fügen von Kunststoffen"

Bezug: Verlag für Schweißen und verwandte Verfahren DVS-Verlag GmbH, Postfach 10 19 65, 40010 Düsseldorf, Telefon (02 11) 15 91-0, Telefax (02 11) 1591-150

Tabelle 1. Werkstoffbezogene Anforderungen für den Zugscherversuch.

Eigenschaft	PE	ECB, PIB PVC-P, PE-C	Elastomere
Versagensart		Verstreckung und Bruch im Übergangsbereich oder im Grundwerkstoff außerhalb des Nahtbereiches zusätzlich bei Auftragnaht: Verstreckung und Bruch im Schweißzusatz	
Kurzzeit-Fügefaktor fz	≥ 0,9	≥ 0,6	≥ 0,7

Wenn bei Mehrschichtbahnen eine Schichtentrennung unterhalb des Anforderungswertes auftritt, kann die Qualität der Naht nur bedingt beurteilt werden, da der Trennwiderstand der Bahn ergebnisbestimmend ist. Die Eignung der Bahn ist gegebenenfalls zu prüfen.

4.2.2 Schälversuch

Für den Schälversuch gelten die in Tabelle 2 genannten Anforderungen.

Tabelle 2. Werkstoffbezogene Anforderungen für den Schälversuch.

Eigenschaft	PE	ECB, PIB PVC-P, PE-C	Elastomere
Versagensart	Verstreckung und Bruch im Übergangsbereich oder im Grundwerkstoff außerhalb des Nahtbereiches zusätzlich bei Auftragnaht: Verstreckung und Bruch im Schweißzusatz	Aufschälen ist zulässig, falls der Schälwiderstand R_S erreicht wird	
Schälwiderstand R_S (N/mm)	siehe Tabelle 2a[2)]	≥ 0,5[3)]	≥ 0,5[3)]

Tabelle 2a. Abminderungsfaktoren zum Schälwiderstand bei PE.
$R_s \geq \sigma_s \times d \times Z$ mit σ_s = Streckspannung aus dem Kurzzeitzugversuch in N/mm² und
Z = dicken- und nahtabhängiger Abminderungsfaktor

Nahtart	Abminderungsfaktor Z		
	Bahnendicke 2,0 mm	Bahnendicke 2,5 mm	Bahnendicke 3,0 mm
Überlappnaht mit Prüfkanal ÜP	0,8	0,7	0,6
Auftragnaht AN	0,60	0,55	0,50

4.2.3 Zeitstandzugversuch

Für den Zeitstandzugversuch gelten die in Tabelle 3 genannten Anforderungen:

Tabelle 3. Werkstoffbezogene Anforderungen für den Zeitstandzugversuch.

Eigenschaft	PE	ECB, PIB PVC-P, PE-C	Elastomere
Langzeit-Fügefaktor fs	Auftragnaht: ≥ 0,4[4)] Überlappnaht: ≥ 0,5[4)]	Anforderungen werden noch erarbeitet	

Die Voraussetzung für die Anwendbarkeit der auf diese Weise ermittelten Zeitstandzug-Schweißfaktoren ist das Erreichen einer Mindeststandzeit des Grundwerkstoffes (Tabelle 4).

Tabelle 4. Mindeststandzeiten des Grundwerkstoffes für die Gültigkeit der Langzeitschweißfaktoren (Prüfmedium: 2%ige Netzmittellösung, Netzmittel: Arkopal N 100®)[5)].

Werkstoff	Prüfspannung N/mm²	Prüftemperatur °C	Mindeststandzeit h
PE	4	95	30
	3	95	250
	4	80	500

Für strukturierte Bahnen können derzeit keine Anforderungen angegeben werden.

5 Normen, Richtlinien und Vorschriften

DIN 7864-1 Elastomer-Bahnen für Abdichtungen – Anforderungen, Prüfung –

DIN 16726 Kunststoff-Dachbahnen und Kunststoff-Dichtungsbahnen – Prüfungen

DIN 16729 Kunststoff-Dachbahnen und Kunststoff-Dichtungsbahnen aus Ethylencopolymerisat-Bitumen (ECB) – Anforderungen –

DIN 16736 Kunststoff-Dachbahnen und Kunststoff-Dichtungsbahnen aus chloriertem Polyethylen (PE-C), einseitig kaschiert – Anforderungen, Prüfung –

DIN 16937 Kunststoff-Dichtungsbahnen aus weichmacherhaltigem (PVC-P), bitumenverträglich – Anforderungen –

DIN 16938 Kunststoff-Dichtungsbahnen aus weichmacherhaltigem Polyvinylchlorid (PVC-P), nicht bitumenverträglich – Prüfverfahren – Anforderungen –

DVS 2203-2 Prüfen von Schweißverbindungen aus thermoplastischen Kunststoffen – Zugversuch –

DVS 2203-3 Prüfen von Schweißverbindungen aus thermoplastischen Kunststoffen – Schlagzugversuch –

DVS 2203-4 Prüfen von Schweißverbindungen aus thermoplastischen Kunststoffen – Zeitstand-Zugversuch –

DVS 2203-5 Prüfen von Schweißverbindungen aus thermoplastischen Kunststoffen – Technologischer Biegeversuch –

DVS 2211 Schweißzusätze für thermoplastische Kunststoffe – Geltungsbereich, Kennzeichnung, Anforderung – Prüfung

DVS 2225-1 Fügen von Dichtungsbahnen aus polymeren Werkstoffen im Erd- und Wasserbau – Schweißen, Vulkanisieren, Kleben –

DVS 2225-2 Fügen von Dichtungsbahnen aus polymeren Werkstoffen im Erd- und Wasserbau – Baustellenprüfungen –

DVS 2225-3 Fügen von Dichtungsbahnen aus polymeren Werkstoffen im Erd- und Wasserbau – Anforderungen an Schweißmaschinen und Schweißgeräte –

DVS 2225-4 Schweißen von Dichtungsbahnen aus Polyethylen (PE) bei der Abdichtung von Deponien und bei der Sicherung von Altlasten

2) Bei PE ist Rs als Verstreckungs-/Bruchwert zu verstehen.

3) Diese Werte basieren auf bisher vorliegenden Erfahrungen.

4) Bei idealen Herstellbedingungen und Nahtgeometrien können höhere Werte erreicht werden.

5) (Firma Hoechst AG) Für dieses Medium liegen umfangreiche Prüferfahrungen vor, die Ergebnisvergleiche und die Festlegung von Anforderungen ermöglichen. Bei Verwendung anderer Produkte auf gleicher Basis vergleiche die Anzahl der Ethylenoxid-Moleküle in der Polyglykoletherkette. (Hessel, J., und Mauer, E.; Zeitstandzugprüfung in wässriger Netzmittellösung. Materialprüfung 36 (1994) 6, S. 240/43).

DEUTSCHER VERBAND FÜR SCHWEISSTECHNIK E.V.	Prüfen von Fügeverbindungen an Dichtungsbahnen aus polymeren Werkstoffen - Zugscherversuch -	Richtlinie DVS 2226-2 (Juli 1997)	DVS

Inhalt:

1 Geltungsbereich

Der Zugscherversuch dient zur Beurteilung von Fügeverbindungen an Dichtungsbahnen aus polymeren Werkstoffen unter kurzzeitiger Zugbeanspruchung. Die Güte einer Naht kann allerdings nur in Verbindung mit anderen Prüfungen ausreichend beurteilt werden. Dichtungsbahnen werden aus Thermoplasten oder Elastomeren hergestellt und durch Schweißen, Vulkanisieren oder Kleben zu Dichtungssystemen im Erd- und Wasserbau miteinander verbunden.

Als Nahtformen kommen Überlappstöße mit Überlappnähten sowie mit Auftragnähten zum Einsatz. Die Bahnen können homogen oder mehrlagig aufgebaut sein.

Die Fügeverfahren werden in DVS 2225-1, die Baustellenprüfungen in DVS 2225-2 behandelt.

Die Anforderungen sind in Teil 1 dieser Richtlinie festgelegt.

2 Form und Anzahl der Probenkörper

Für den Zugscherversuch werden streifenförmige Probenkörper nach Bild 1 verwendet. Sie werden aus dem Nahtbereich der Dichtungsbahn senkrecht zur Fügenaht so entnommen, daß die Fügenaht mittig liegt. Die Probenkörper können durch Sägen, Fräsen, Stanzen, Schneiden oder dergleichen hergestellt werden. Kerben an den Schnittkanten sind zu vermeiden.

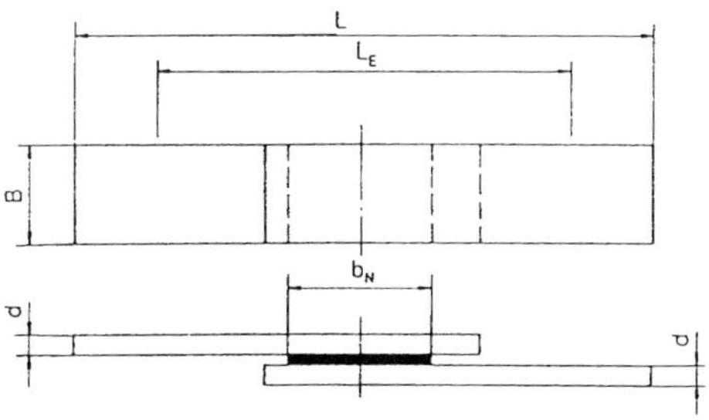

Bild 1. Probenkörper für den Zugscherversuch.

b_N Nahtbreite, bei Überlappnähten mit Prüfkanal die Gesamtbreite

d Bahnendicke

B Breite
15 mm, mindestens 5 × Bahnendicke bei homogenen Bahnen
50 mm bei verstärkten Bahnen

L_E Einspannlänge = 100 mm + Nahtbreite b_N
(entspricht hier dem Klemmenabstand)

L Probenkörperlänge ≥ 50 mm + L_E

Je Versuch werden mindestens 5 Probenkörper geprüft.

3 Durchführung

Der Zugscherversuch wird, falls nicht anders vereinbart, im Normalklima 23/50-2 nach DIN 50 014 in Anlehnung an DIN 53 455 durchgeführt.

Vor dem Versuch ist die äußere Beschaffenheit der Naht (Wulstausbildung, Form und Gleichmäßigkeit ...) visuell zu ermitteln. Darüber hinaus sind die wesentlichen Abmessungen (Bahnendicke, Nahtdicke und Nahtbreite) und die Lage der Naht zur Herstellrichtung der Bahnen zu bestimmen (siehe Abschnitt 4.3 der Richtlinie DVS 2225-2).

Der Probenkörper wird so eingespannt, daß die Naht senkrecht zur Zugrichtung und mittig zwischen den Einspannklemmen angeordnet ist. Die Einspannlänge (Klemmenabstand) ist nach Bild 1 einzuhalten.

Die Prüfgeschwindigkeit beträgt:
- bei Polyolefinen 50 mm/min;
- bei weichelastischen Bahnen, z. B. aus PVC-P, 100 mm/min.

Während des Versuches wird das Kraft-Weg-Diagramm (Verformungsmessung über Traversenweg) registriert. Es muß bis zum Bruch bzw. deutlich über die Streckgrenze hinaus gefahren werden, um das Verformungsverhalten mit zu erfassen.

4 Auswertung

Das Ergebnis dient vorwiegend zur Beurteilung des Verformungs- und Versagensverhaltens der Fügeverbindung. Weiterhin können die Festigkeit der Verbindung ermittelt und der Kurzzeit-Fügefaktor „f_k" berechnet werden.

4.1 Versagensarten

Es können im wesentlichen folgende Versagensarten auftreten:

- Aufschälen der Naht (z. B. glatte Bruchfläche in der Fügeebene, Bruchfläche mit Zähbruchmerkmalen wie Weißbruch, zerklüftete Oberfläche ...).
- Verstreckung und/oder Bruch im Grundmaterial außerhalb des Nahtbereiches.
- Verstreckung und/oder Bruch im Übergangsbereich.
- Verstreckung und/oder Bruch im Schweißzusatz bei Auftragnähten.

DVS, Technischer Ausschuß, Arbeitsgruppe „Fügen von Kunststoffen"

Bezug: Deutscher Verlag für Schweißtechnik DVS-Verlag GmbH, Postfach 10 19 65, 40010 Düsseldorf, Telefon (02 11) 15 91-0, Telefax (02 11) 1591-150

4.2 Festigkeit der Fügeverbindung

Auf den Kraft-Weg-Diagrammen wird die Zugscherfestigkeit bzw. die Zugfestigkeit ermittelt. Diese ergibt sich aus der Höchstkraft (bei Bruch bzw. bei Streckgrenze) bezogen auf den kleinsten Ausgangsquerschnitt des Probenkörpers.

Weiterhin kann der Kurzzeit-Fügefaktor „f_K“ als Quotient aus der Festigkeit σ_S der Fügenaht und der Festigkeit σ_B der ungefügten Bahn berechnet werden. Bei der Prüfung des Grundmaterials sind gleiche Prüfbedingungen einzuhalten und auf gleiche Entnahmerichtungen der Probenkörper zu achten.

Im Zugscherversuch wird aufgrund der großen Nahtbreite die Fügeebene vergleichsweise gering beansprucht. Daher hat der über die Festigkeit ermittelte Fügefaktor keine ausreichende Aussagekraft für die Festigkeit in der Fügeebene.

5 Prüfbericht

Im Prüfbericht sind unter Hinweis auf diese Richtlinie anzugeben:

- zur Dichtungsbahn:
  Art, Werkstoff, Hersteller und Bezeichnung (ggf. analog beim Schweißzusatz);
- zur Fügeverbindung:
  Fügeverfahren, Nahtform und Bezeichnung;
- zum Probekörper:
  Form und Anzahl, Abmessungen
- zu den Prüfbedingungen:
  Prüfklima, Prüfgeschwindigkeit, Einspannlänge;
- zum Ergebnis:
  visuelle Beurteilung, Nahtabmessungen, Verformungsverhalten und Versagensart, Festigkeit, Kurzzeit-Fügefaktor;
- von dieser Richtlinie abweichende Bedingungen;
- Prüfdatum und Unterschrift.

6 Normen, Richtlinien und Vorschriften

DIN 16 726	Kunststoff-Dachbahnen, Kunststoff-Dichtungsbahnen – Prüfungen –
DIN 50 014	Klimate und ihre technische Anwendung; Normalklimate
DIN 53 455	Prüfung von Kunststoffen – Zugversuch –
DVS 2225-1	Fügen von Dichtungsbahnen aus polymeren Werkstoffen im Erd- und Wasserbau – Schweißen, Vulkanisieren, Kleben –
DVS 2225-2	Fügen von Dichtungsbahnen aus polymeren Werkstoffen im Erd- und Wasserbau – Baustellenprüfungen
DVS 2226-1	Prüfungen und Fügeverbindungen an Dichtungsbahnen aus polymeren Werkstoffen – Anforderungen –
DVS 2226-3	Prüfen von Fügeverbindungen an Dichtungsbahnen aus polymeren Werkstoffen – Schälversuch –
DVS 2226-4	Prüfen von Fügeverbindungen an Dichtungsbahnen aus polymeren Werkstoffen – Zeitstandzugversuch –

DEUTSCHER VERBAND FÜR SCHWEISSTECHNIK E.V.	Prüfen von Fügeverbindungen an Dichtungsbahnen aus polymeren Werkstoffen - Schälversuch -	Richtlinie DVS 2226-3 (Juli 1997)	DVS

Inhalt:

1 Geltungsbereich

Der Schälversuch dient zur Beurteilung von Fügeverbindungen an Dichtungsbahnen aus polymeren Werkstoffen unter kurzzeitiger Schälbeanspruchung. Die Güte einer Naht kann nur in Verbindung mit anderen Prüfungen (z. B. Zeitstandzugversuch) ausreichend beurteilt werden.

Dichtungsbahnen werden aus Thermoplasten oder Elastomeren hergestellt und durch Schweißen, Vulkanisieren oder Kleben miteinander verbunden. Als Nahtformen kommen Überlappstöße mit Überlappnähten sowie mit Auftragnähten zum Einsatz.

Die Bahnen können homogen oder mehrlagig aufgebaut sein.

Die Fügeverfahren werden in DVS 2225-1, die Baustellenprüfungen in DVS 2225-2 behandelt.

Die Anforderungen sind in Teil 1 dieser Richtlinie festgelegt.

2 Form und Anzahl der Probenkörper

Für den Schälversuch werden streifenförmige Probenkörper nach Bild 1 verwendet. Sie werden aus dem Nahtbereich der Dichtungsbahnen senkrecht zur Fügenaht so entnommen, daß die Fügenaht am Rand liegt.

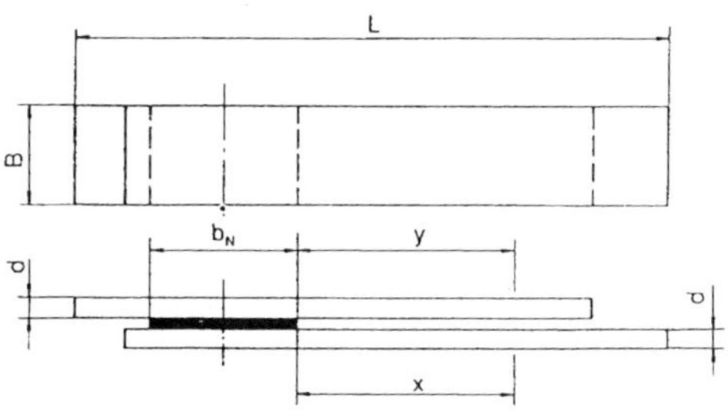

Bild 1. Probenkörper für Schälversuch.

b_N Nahtbreite, bei Überlappnähten mit Prüfkanal die Gesamtbreite

d Bahnendicke

B Breite
15 mm, mindestens 5 × Bahnendicke bei homogenen Bahnen
50 mm bei verstärkten Bahnen

L_E Summe beider Abstände zwischen Fügenahtende und Einspannung. $x + y \geq 40 \times$ Bahnendicke d und $x, y \geq 10 \times d$

L Probenkörperlänge $\geq$ 50 mm + L_E

Die Probenkörper können durch Sägen, Fräsen, Stanzen, Schneiden oder dergleichen hergestellt werden. Kerben an den Schnittkanten sind zu vermeiden. Je Versuch werden mindestens 5 Probenkörper geprüft.

Bei beidseitig ausreichender Überlappungslänge sind je Seite mindestens 3 Probenkörper zu prüfen (Bild 2).

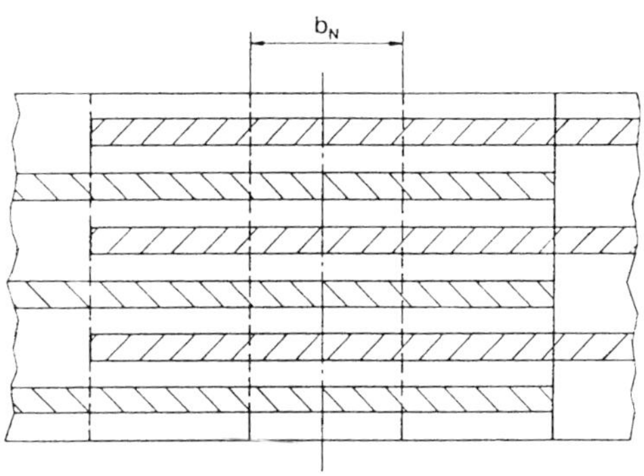

Bild 2. Probenentnahme bei beidseitig ausreichender Überlappungslänge.

3 Durchführung

Der Schälversuch wird, falls nicht anders vereinbart, im Normalklima 23/50-2 nach DIN 50 014 durchgeführt.

Vor dem Versuch ist die äußere Beschaffenheit der Naht (Wulstausbildung, Form und Gleichmäßigkeit über die Nahtlänge) visuell zu ermitteln. Darüber hinaus sind die wesentlichen Abmessungen (Bahnendicke, Nahtdicke und Nahtbreite) und die Lage der Naht zur Herstellrichtung der Bahnen zu bestimmen (siehe Abschnitt 4.3 von DVS 2225-2).

Der Probenkörper wird nach Aufklappen der ungefügten übereinanderliegenden Probenenden so eingespannt, daß die Fügestelle möglichst in der Mitte angeordnet ist und auf Schälen beansprucht wird (siehe Bild 3). Die Einspannlänge und der Klemmenabstand sind nach Bild 1 und Bild 3 einzuhalten.

Die Prüfgeschwindigkeit beträgt 50 mm/min.

DVS, Technischer Ausschuß, Arbeitsgruppe „Fügen von Kunststoffen“

Bezug: Deutscher Verlag für Schweißtechnik DVS-Verlag GmbH, Postfach 10 19 65, 40010 Düsseldorf, Telefon (02 11) 15 91-0, Telefax (02 11) 1591-150

Während des Versuches wird das Kraft-Weg-Diagramm (Verformungsmessung über Traversenweg) registriert. Es muß bis zum Bruch bzw. deutlich über die Streckgrenze hinaus gefahren werden, um das Verformungsverhalten mit zu erfassen.

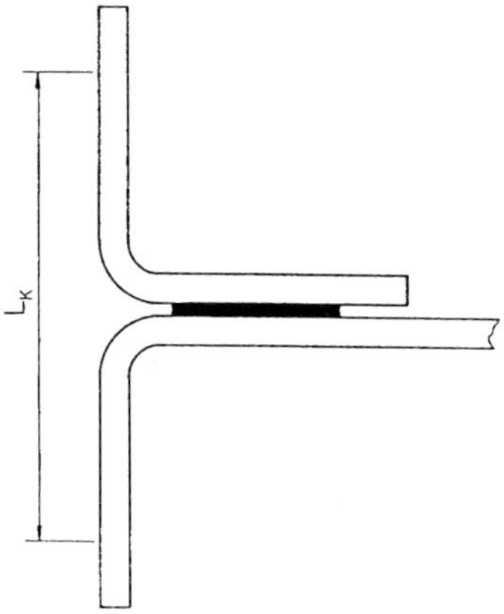

Bild 3. Einspannen der Probenkörper.

4 Auswertung

Das Ergebnis dient zur Beurteilung des Verformungs- und Versagensverhaltens der Fügeverbindung. Weiterhin kann der Schälwiderstand der Verbindung „Rs“ ermittelt werden.

4.1 Versagensarten

Es können im wesentlichen folgende Versagensarten auftreten:

- Aufschälen der Naht (z. B. glatte Bruchfläche in der Fügeebene, Bruchfläche mit Zähbruchmerkmalen wie Weißbruch, zerklüftete Oberfläche).
- Verstreckung und/oder Bruch im Grundmaterial außerhalb des Nahtbereiches.
- Verstreckung und/oder Bruch im Übergangsbereich.
- Verstreckung und/oder Bruch im Schweißzusatz bei Auftragnähten.

Die Versagensart, insbesondere Bruchart und Bruchbild (Zäh-, Weiß- oder Sprödbruch) sowie das Verformungsverhalten (z. B. Verstrecken, Schälen) sind für jeden Probenkörper zu dokumentieren.

4.2 Festigkeit der Fügeverbindung

Auf den Kraft-Weg-Diagrammen wird der Schälwiderstand ermittelt. Tritt ein Auftrennen ein, so ist nach DIN 53 359 die mittlere Schälkraft zu ermitteln und der mittlere (Trenn-)Schälwiderstand „Rs“ zu berechnen. Dieser ergibt sich als Quotient aus der mittleren Schälkraft und der Probenkörperbreite und ist in N/mm anzugeben.

Tritt ein Verstrecken oder Bruch des Probenkörpers ein, wird die erzielte Höchstkraft auf die Probenkörperbreite bezogen und in N/mm angegeben. Der Schälwiderstand „Rs“ wird in diesem Fall mit dem Vorzeichen > versehen.

5 Prüfbericht

Im Prüfbericht sind unter Hinweis auf diese Richtlinie anzugeben:

- zur Dichtungsbahn:
  Art, Werkstoff, Hersteller und Bezeichnung (ggf. analog beim Schweißzusatz);
- zur Fügeverbindung:
  Fügeverfahren, Nahtform und Bezeichnung;
- zum Probekörper:
  Form und Anzahl, Abmessungen
- zu den Prüfbedingungen:
  Prüfklima, Prüfgeschwindigkeit, Einspannlänge;
- zum Ergebnis:
  visuelle Beurteilung, Nahtabmessungen, Verformungsverhalten und Versagensart, Festigkeit, Kurzzeit-Fügefaktor;
- von dieser Richtlinie abweichende Bedingungen;
- Prüfdatum und Unterschrift.

6 Normen, Richtlinien und Vorschriften

DIN 16 726	Kunststoff-Dachbahnen, Kunststoff-Dichtungsbahnen – Prüfungen –
DIN 50 014	Klimate und ihre technische Anwendung; Normalklimate
DIN 53 455	Prüfung von Kunststoffen – Zugversuch –
DIN 53 539	Auswertung von Weiterreiß-, Trenn- und Schälversuchen.
DVS 2225-1	Fügen von Dichtungsbahnen aus polymeren Werkstoffen im Erd- und Wasserbau – Schweißen, Vulkanisieren, Kleben –
DVS 2225-2	Fügen von Dichtungsbahnen aus polymeren Werkstoffen im Erd- und Wasserbau – Baustellenprüfung –
DVS 2226-1	Prüfungen und Fügeverbindungen an Dichtungsbahnen aus polymeren Werkstoffen – Anforderungen –
DVS 2226-2	Prüfen von Fügeverbindungen an Dichtungsbahnen aus polymeren Werkstoffen – Zugscherversuch –
DVS 2226-4	Prüfen von Fügeverbindungen an Dichtungsbahnen aus polymeren Werkstoffen – Zeitstandzugversuch –

DVS – DEUTSCHER VERBAND FÜR SCHWEISSEN UND VERWANDTE VERFAHREN E.V.	Prüfen von Fügeverbindungen an Dichtungsbahnen aus polymeren Werkstoffen – Zeitstand-Zugversuch an Polyethylen –	Richtlinie DVS 2226-4 (November 2000)	DVS

Prüfen von Fügeverbindungen an Dichtungsbahnen aus polymeren Werkstoffen – Zeitstand-Zugversuch an Polyethylen –

Inhalt:

1 Geltungsbereich

Der Zeitstand-Zugversuch dient zur Beurteilung von Fügeverbindungen an Dichtungsbahnen aus polymeren Werkstoffen unter langzeitiger Zugbeanspruchung. Die Qualität einer Naht kann in Verbindung mit anderen Prüfungen beurteilt werden. Der ermittelte Langzeitfügefaktor[1)] (f_s) gibt eine Aussage über die Qualität der Fügeverbindungen. Umfangreiche Prüferfahrungen für diese Versuchsart liegen bisher für PE (Polyethylen) vor.

Dichtungsbahnen werden aus Thermoplasten oder Elastomeren hergestellt und durch Schweißen, Vulkanisieren oder Kleben zu Dichtungssystemen im Erd- und Wasserbau verbunden. Als Nahtformen kommen Überlappstöße mit Überlappnähten sowie mit Auftragnähten zum Einsatz. Die Bahnen können homogen oder mehrlagig aufgebaut sein.

Die Fügeverfahren werden in DVS 2225-1, die Baustellenprüfungen in DVS 2225-2 behandelt.

Die Langzeit-Fügefaktoren sowie das Bruchbild geben eine Aussage über die Qualität der Ausführung. Die Anforderungen sind in Teil 1 dieser Richtlinie festgelegt.

2 Versuchsart und -aufbau

Der Zeitstand-Zugversuch wird in Anlehnung an DIN 53444 durchgeführt. Dazu ist eine Prüfeinrichtung erforderlich, die Proben bei konstanter Temperatur, unter gleichbleibender ruhender Zugkraft sowie konstanten Umgebungsbedingungen (Temperaturbad) beansprucht. Eine schematische Darstellung der Prüfeinrichtungen zeigt Bild 1. Die Prüfeinrichtung muß eine konstante Krafteinleitung und Prüftemperatur gewährleisten. Je nach Prüfmedium ist eine Umwälzung des Prüfbades erforderlich. Zur Erfassung der Standzeit der einzelnen Probekörper und – falls erforderlich – der Probenverlängerung (Dehnung) sind geeignete Vorrichtungen an der Prüfanlage vorzusehen.

1) Aufgrund der Form und der Art der Fügeverbindungen wird in Abweichung von DVS 2203-4 hier der Langzeit-Fügefaktor (f_s) definiert.

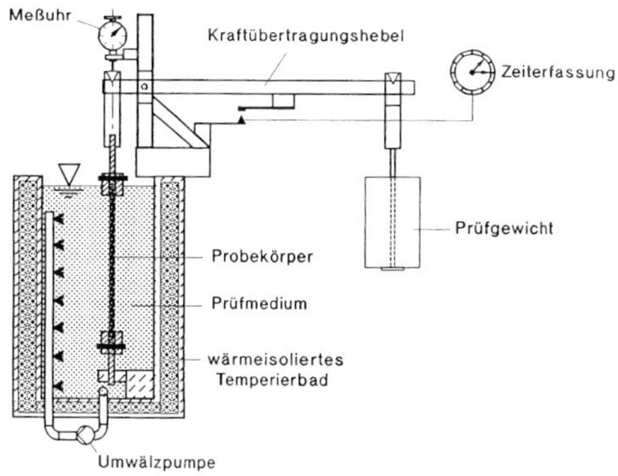

Bild 1. Versuchseinrichtung für den Zeitstand-Zugversuch.

3 Form und Anzahl der Probekörper

Für den Zeitstand-Zugversuch werden streifenförmige Probekörper nach Bild 2a oder schulterförmige Probekörper nach Bild 2b verwendet. Sie werden aus dem Nahtbereich der Dichtungsbahnen senkrecht zur Fügenaht so entnommen, daß die Fügenaht mittig liegt. Die Bezugskörper aus Grundmaterial sind aus benachbarten Bereichen und in gleicher Richtung wie die gefügten aus der Bahn zu entnehmen.

Die Probekörper können durch Sägen, Fräsen oder Schneiden (z. B. mit Wasserstrahl) hergestellt werden. Um eine kerbfreie Schnittfläche zu erlangen, sind diese ggf. durch Schleifen in Längsrichtung nachzuarbeiten. Gestanzte Probekörper sind nur bei Elastomeren bzw. PVC-P zulässig. Für Bezugsproben und gefügte Proben sind Probekörper gleicher Herstellart und vorzugsweise gleicher Form zu verwenden.

Um Brüche im Einspannbereich zu vermeiden, wird die Form 2 empfohlen. Bei gefügten Proben kann die einfachere Form 1 ausreichend sein. Bei Verwendung beider Probeformen in einer Prüfserie muß der Probenquerschnitt im Bereich der Meßlänge gleich sein.

Die Fügeverbindungen werden entsprechend der tatsächlichen Ausführung geprüft, d. h. mit oder ohne Wulst. Die Verbindungsstelle liegt in der Mitte des Probekörpers (Bild 2).

Vor dem Versuch ist die äußere Beschaffenheit der Naht (Wulstausbildung, Form und Gleichmäßigkeit ...) durch Inaugenscheinnahme zu ermitteln. Darüber hinaus sind die wesentlichen Abmessungen (Bahnendicke, Nahtdicke und Nahtbreite) und die Lage der Naht zur Herstellrichtung der Bahnen zu bestimmen (siehe Abschnitt 4.3 der Richtlinie DVS 2225-2).

Für vergleichende Prüfungen zwischen Grundmaterial und Fügenaht mit statistischer Auswertung sind mindestens je 6 Probekörper zu prüfen. Dabei ist auf die gleiche Entnahmerichtung der

DVS, Ausschuß für Technik, Arbeitsgruppe „Fügen von Kunststoffen"

Bezug: Verlag für Schweißen und verwandte Verfahren DVS-Verlag GmbH, Postfach 10 19 65, 40010 Düsseldorf, Telefon (02 11) 15 91-0, Telefax (02 11) 1591-150

Grundmaterialproben und der gefügten Proben zur Herstellung des Halbzeugs zu achten.

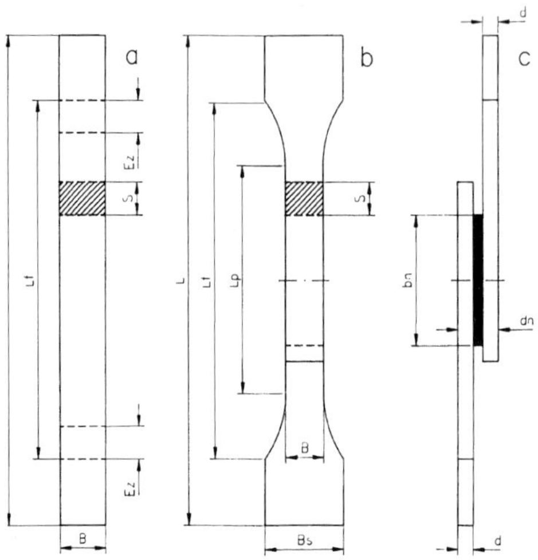

Bild 2. Probekörperformen.

a = Form 1
b = Form 2
c = Form 1 oder Form 2 mit Fügeverbindung im Überlappstoß (z. B. V-Naht)
L = Probekörperlänge
L_f = Freie Länge = Klemmenabstand
L_p = Parallellänge ≥ 60 mm + b_v (mindestens 3 × B + b_n)
B = Probenbreite in der Meßlänge
B_s = Schulterbreite ≥ B + 10 mm
S = Probendicke
b_n = Nahtbreite
E_z = Einflußzone der Einspannung
d_n = Nahtdicke
d = Bahnendicke

4 Versuchsbedingungen

Allgemein sind die Versuchsbedingungen auf die Praxisanforderungen abzustimmen und von Fall zu Fall festzulegen. Die Zeitstand-Zugversuche werden – wie die Zeitstand-Innendruckversuche unterhalb 100 °C – im Wasserbad durchgeführt. Zwecks Verkürzung der Versuchszeiten (Zeitraffung) werden die Versuche bei erhöhten Temperaturen und in geeigneten standzeitverkürzenden Medien durchgeführt. Es dürfen nur solche Medien verwendet werden, die weder quellend wirken noch den Werkstoff chemisch verändern. Als geeignetes Prüfmedium im Zeitstand-Zugversuch hat sich eine 2% wäßrige Netzmittellösung mit deionisiertem Wasser und Arkopal N 100®[2] bewährt. Die Prüfspannungen sind werkstoffbezogen so zu wählen, daß ausschließlich Sprödbrüche auftreten. Die Prüfkraft wird aus der vorgegebenen Prüfspannung bezogen und auf den kleinsten Probekörperquerschnitt berechnet. Bei der Verwendung des o. g. Prüfmediums treten bei den in Abschnitt 4.1 angegebenen Prüfbedingungen (Spannung/Temperatur) in aller Regel noch Sprödbrüche auf.

[2] (Firma Hoechst AG). Für dieses Medium liegen umfangreiche Prüferfahrungen – insbesondere für PE – vor, die Ergebnisvergleiche und die Festlegung von Anforderungen ermöglichen. Bei Verwendung anderer Produkte der gleichen Basis vergleiche die Anzahl der Ethylenoxid-Moleküle in der Polyglykoletherkette. Hessel, J., und Mauer, E., Zeitstandzugprüfung von Polyethylen in wäßriger Netzmittellösung.

4.1 Prüfen von Dichtungsbahnen aus Polyethylen (PE)

Für den Zeitstand-Zugversuch an Dichtungsbahnen aus PE-HD haben sich folgende Prüfbedingungen bewährt:

- Prüfmedium: wäßrige Netzmittellösung auf Basis „Nonylphenolpolyglykolether“, z.B. „Arkopal N 100®, in 2%iger Lösung. Das Bad ist wirksam umzuwälzen. Es ist Deionat zu verwenden (deionisiertes Wasser).
- Prüftemperatur: vorzugsweise 80 °C, ggf. 95 °C und 60 °C.
- Prüfspannungen: vorzugsweise 4,0/3,0/2,0 N/mm² bzw. werkstoffbezogen auch Zwischenwerte

4.2 Prüfen der Dichtungsbahnen aus anderen Thermoplasten und Elastomeren

Allgemeingültige Prüfbedingungen zu weiteren Bahnenwerkstoffen sind noch nicht festgelegt.

Im Einzelfall sind Prüfbedingungen werkstoffbezogen und nach entsprechenden Praxiserfahrungen festzulegen.

5 Durchführung

Die Probekörper werden bei konstanter Temperatur (± 1 °C), gleichbleibender ruhender Zugkraft ± 1% und konstanten Umgebungsbedingungen beansprucht. Die Probeneinspannung muß so gestaltet sein, daß in die belastete Probe keine Biege- und Torsionsmomente eingeleitet werden (symmetrische Einspannung, gelenkige Lagerung). Die Proben werden nach Temperaturangleichung im Prüfbad zügig und stoßfrei mit der Prüfkraft beaufschlagt, die während der Prüfdauer konstant gehalten werden muß. Die Belastungsdauer wird vom Zeitpunkt des Erreichens der Prüfkraft gerechnet und ist gerätetechnisch zu erfassen.

Es muß sichergestellt sein, daß eine örtlich und zeitlich gleichbleibende Konzentration des Netzmittels (2 ± 0,5%) im Prüfbad vorliegt. Bewährt ist das Umwälzen mittels Pumpe. Die Prüfspannungen sind so zu wählen, daß ausschließlich verformungsarme Zeitstandbrüche (Sprödbrüche) auftreten. Ist dies nicht der Fall, sind niedrigere Prüfspannungen zu wählen. Brüche im Einspannbereich der Probe bzw. im Einflußbereich der Einspannung dürfen nicht gewertet werden.

Um die Neigung der Zeitstandkurven (Geraden in doppellogarithmischer Darstellung) bestimmen zu können, werden die Versuche bei mindestens 2 Spannungen durchgeführt. Je Prüfspannung werden mindestens jeweils 6 gefügte und ungefügte Proben geprüft. Der Mittelwert wird als geometrischer Mittelwert aus den Einzelwerten errechnet.

6 Auswertung

Das Ergebnis des Zeitstand-Zugversuchs ist die erreichte Standzeit in Verbindung mit dem Versagensverhalten, wenn erforderlich zusammen mit dem zeitlichen Verlauf der Dehnung. Es dient der Beurteilung des Langzeitverhaltens der Fügeverbindung. Im Vergleich der Standzeit des Grundwerkstoffs kann der Langzeit-Fügefaktor „f_s“ berechnet werden (Bilder 3, 4 und 5).

6.1 Versagensverhalten

Die Probekörper können im wesentlichen folgende Versagensmerkmale aufweisen:

- Auftrennen in der Fügeebene,
- Versagen des Schweißzustandes bei Auftragnähten,
- Versagen im Übergangsbereich an der Nahtkante,
- Versagen im Grundwerkstoff außerhalb des Nahtbereiches.

Die Versagensart, insbesondere Bruchausdehnung und -verlauf sowie das Bruchbild (Zäh-/Weiß- oder Sprödbruch) sind für jeden Probekörper zu dokumentieren. Es dürfen jedenfalls nur Ergebnisse gleicher Versagensart (Verformungs- und verformungslose Brüche) verglichen werden.

6.2 Ermittlung des Langzeit-Fügefaktors

Zur Ermittlung des Langzeit-Fügefaktors (f_S) ist jeweils die Zeitstandkurve der gefügten und der ungefügten Proben zu ermitteln, wobei insbesondere die Neigung der Geraden wichtig ist. Aus der ermittelten Kurve der gefügten Proben wird bezogen auf eine bestimmte Spannung (Bezugsspannung) der Bezugskurve B der Langzeit-Fügefaktor (f_S) berechnet (siehe Beispiel Bild 3).

Hierbei wird die Regressionsgerade sowohl für den Werkstoff als auch für die Fügeverbindung ermittelt. Der Langzeit-Fügefaktor (f_S) kann somit für alle Spannungen ermittelt werden.

Alternativ kann der Langzeit-Fügefaktor auf eine Prüfspannung der Bezugsproben bezogen werden. Der ermittelte Fügefaktor ist dann nur mit Angabe dieser Prüfspannung (Bezugsspannung), z. B. $\sigma 4_{(B)}$, zu benennen, siehe Bild 4).

Außerdem kann eine weitere vereinfachte Prüfmethode zum Mindestnachweis eines geforderten Langzeit-Fügefaktors angewendet werden.

Zur Reduzierung des Prüfaufwandes kann der Nachweis nach folgender Methode auf jeweils ein Spannungsniveau beschränkt werden, siehe Bild 5.

Zum Beispiel:

- Prüfspannung für den Grundwerkstoff (Bezusproben) $\sigma_B = 4$ N/mm²
- Prüfspannung für die gefügten Proben mit z. B. $f_S = 0{,}5$
- $\sigma_S = f_S \times \sigma_B = 0{,}5 \times 4$ N/mm² $= 2$ N/mm².

Wenn dabei die gefügten Proben mindestens die gleiche mittlere Standzeit erreichen wie der Grundwerkstoff, ist mindestens der geforderte Langzeit-Fügefaktor nachgewiesen (Ja/Nein-Aussage). Es ist bei dieser Prüfung keine Aussage über das spannungsabhängige Festigkeitsverhalten der Verbindung möglich.

Die Voraussetzung für die Anwendbarkeit der auf diese Weise ermittelten Langzeit-Fügefaktoren ist das Erreichen einer Mindeststandzeit des Grundwerkstoffs.

7 Prüfbericht

Im Prüfbericht sind unter Hinweis auf diese Richtlinie anzugeben:

- Art, Lieferform und Bezeichnung des Erzeugnisses,
- Herstelldatum und -verfahren der Probekörper,
- Aussehen der Probekörper vor dem Versuch, visuelle Beurteilung der Schweißausführung nach DVS 2225-2,
- Lage der Probekörper in der Bahn,
- Form der Probekörper,
- Dicke der Probekörper in mm (Mittelwert),
- Breite der Probekörper in mm (Mittelwert),
- Anzahl der Probekörper,
- Vorbehandlung der Probekörper (z. B. mit oder ohne Wulst),
- Prüftemperatur,
- Prüfmedium,
- Prüfkraft bzw. Prüfspannung,
- Zeitdauer bis zum Bruch,
- Langzeit-Fügefaktor f_S mit zugehörigem Spannungswert der Bezugsprobe,
- falls gemessen, Längenänderung bei Bruch,
- Aussehen der Probekörper nach dem Versuch; visuelle Beurteilung des Bruchbildes.

8 Normen und Richtlinien

DIN 53444	Prüfung von Kunststoffen; Zeitstand-Zugversuch
DIN 53445	Prüfung von Kunststoffen; Zugversuch
DIN 16938	Kunststoff-Dichtungsbahnen aus weichmacherhaltigem Polyvinylchlorid (PVC-P) nicht bitumenverträglich – Anforderungen –
DVS 2203-4	Prüfen von Schweißverbindungen aus thermoplastischen Kunststoffen; Zeitstand-Zugversuch
DVS 2212-3	Prüfung von Kunststoffschweißern, Prüfgruppe III, Bahnen im Erd- und Wasserbau
DVS 2225-1	Fügen von Dichtungsbahnen aus polymeren Werkstoffen im Erd- und Wasserbau – Schweißen, Vulkanisieren, Kleben –
DVS 2225-2	Fügen von Dichtungsbahnen aus polymeren Werkstoffen im Erd- und Wasserbau – Baustellenprüfungen –
DVS 2226-1	Prüfen von Fügeverbindungen an Dichtungsbahnen aus polymeren Werkstoffen – Anforderungen –
DVS 2226-2	Prüfen von Fügeverbindungen an Dichtungsbahnen aus polymeren Werkstoffen – Zugscherversuch –
DVS 2226-3	Prüfen von Fügeverbindungen an Dichtungsbahnen aus polymeren Werkstoffen – Schälversuch –

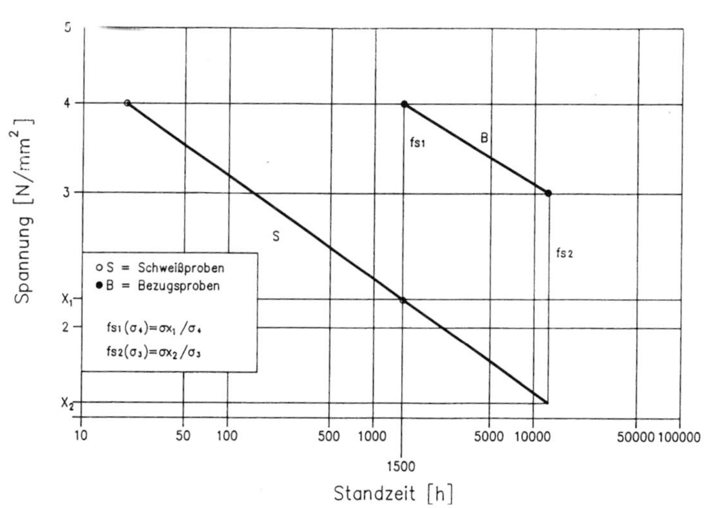

Bild 3.
Schematische Darstellung zur Definition des Fügefaktors im Zeitstand-Zugversuch.

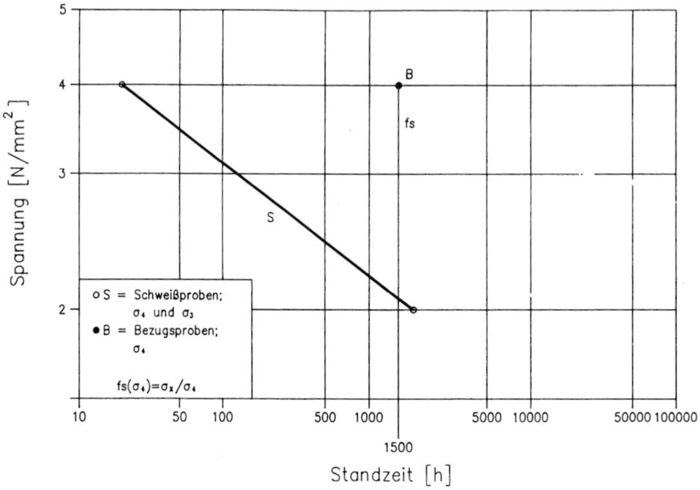

Bild 4. Schematische Darstellung zur Definition des Fügefaktors im Zeitstand-Zugversuch bei nur einer Prüfspannung der Bezugsprobe.

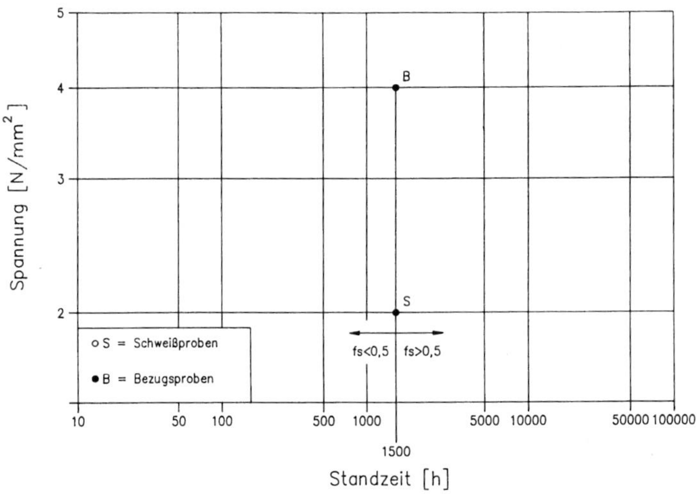

Bild 5. Vereinfachte Methode zum Mindestnachweis eines geforderten Langzeit-Fügefaktors.

August 2004

DVS – DEUTSCHER VERBAND FÜR SCHWEISSEN UND VERWANDTE VERFAHREN E.V.

Schweißen von Halbzeugen aus Polyethylen hoher Dichte (PE-HD) für die Abdichtung von Betonbauwerken im Bereich des Grundwasserschutzes und zum Korrosionsschutz

DVS
Richtlinie
DVS 2227-1

Inhalt:

1 Geltungsbereich

Diese Richtlinie gilt für das Schweißen von Tafeln aus Polyethylen hoher Dichte (PE-HD) zur Abdichtung von Betonbauwerken im Bereich des Grundwasserschutzes und zum Korrosionsschutz.

Im Einzelnen behandelt diese Richtlinie Abdichtungsmaßnahmen für folgende Anwendungsbereiche:

- Anlagen zum Lagern, Abfüllen, Herstellen und Behandeln wassergefährdender Stoffe sowie Anlagen zum Verwenden wassergefährdender Stoffe im Bereich der gewerblichen Wirtschaft und im Bereich öffentlicher Einrichtungen (Absatz 1 § 19g WHG)
- Anlagen zum Umschlagen wassergefährdender Stoffe (Absatz 2 § 19g WHG)
- Anlagen zum Transport, Lagern und Behandeln von Abwasser und belastetem Sickerwasser
- Anlagen zum Lagern stark oxidierender Medien

Mit dieser Richtlinie soll den zuständigen Behörden, den Auftraggebern, den Ausführenden und den Verantwortlichen im Bereich der Qualitätssicherung eine Anleitung für die Durchführung der Schweißarbeiten und Schweißnahtprüfungen auf der Baustelle gegeben werden.

Die Richtlinie berücksichtigt besonders die hohen Anforderungen, die bei diesen Anwendungen an die Güte der Schweißverbindung und damit an die werkstoff- und fachgerechte Ausführung der Schweißarbeiten gestellt sind. Sie gibt insbesondere Hinweise für die konstruktive Gestaltung von Schweißverbindungen der verschiedenen Halbzeuge aus PE-HD.

2 Halbzeuge – Tafeln aus PE-HD

Die Tafeln aus PE-HD müssen die Anforderungen der DIN EN ISO 14632 sowie die in sonstigen für die jeweilige Anwendung gültigen Regelwerken genannten Anforderungen erfüllen.

Zur Verbesserung bestimmter Eigenschaften können die Tafeln auch mehrschichtig aufgebaut sein. Der Eignungsnachweis von nicht normgerechten Halbzeugen ist dann in Anlehnung an die o. g. Normen zu führen.

Die Schweißeignung der Halbzeuge ist, wenn sie nicht den Anforderungen der Normen bzw. von DVS 2207-1, -3 und -4 entsprechen, gesondert, z. B. gemäß DVS 2203, nachzuweisen.

Für Abdichtungsmittel von Auffangwannen, Auffangräumen, Auffangvorrichtungen und Flächen für die Lagerung, das Abfüllen und das Umschlagen wassergefährdender Stoffe (Gewässerschutz) ist die Eignung der Halbzeuge und ihrer Schweißtechnik durch eine allgemeine bauaufsichtliche Zulassung des Deutschen Instituts für Bautechnik (DIBt), Berlin, auf Grundlage der Zulassungsgrundsätze für Kunststoffbahnen nachzuweisen. Die Halbzeuge sind entsprechend ihrer Zulassung dauerhaft auf einer Seite zu kennzeichnen.

Bei Anwendungen, für die keine bauaufsichtlichen Zulassungen gelten, sind die Halbzeuge mindestens mit folgenden Angaben zu kennzeichnen:

- Hersteller
- Produktbezeichnung
- Stoffnorm (DIN EN ISO 14632)
- Formmassen
- Herstellungsdatum

Die Tafeln müssen eine Nenndicke von mindestens 5 mm besitzen.

3 Dichtungssysteme

Bei den Dichtungssystemen werden unterschieden:

- ein- und zweilagige Systeme

Einlagige Systeme bestehen aus einer einzelnen Dichtungslage.

Zweilagige Systeme bestehen aus zwei Dichtungslagen mit einem dazwischen liegenden Hohlraum zum Nachweis der Dichtigkeit (Leckageerkennung). Üblicherweise werden zweilagige Dichtungssysteme in einzelne, definierte Prüfsektoren aufgeteilt.

- Systeme mit und ohne Verankerung im Beton

Mechanisch verankerte Auskleidungen werden aus Tafeln aus PE-HD hergestellt und mittels den auf ihrer Rückseite systematisch angeordneten Verankerungselementen fest mit dem Beton verankert und an den Stößen geschweißt. Die Abdichtung kann sowohl unmittelbar in der Betonkonstruktion verankert sein als auch nachträglich, z. B. in Vorsatzbeton, Mörtel oder Estrich, verankert werden.

DVS, Ausschuss für Technik, Arbeitsgruppe „Fügen von Kunststoffen“

Bezug: Verlag für Schweißen und verwandte Verfahren DVS-Verlag GmbH, Postfach 10 19 65, 40010 Düsseldorf, Telefon (02 11) 15 91- 0, Telefax (02 11) 1591-150

Bei losen Abdichtungen werden die Tafeln auf die abzudichtenden Flächen aufgelegt, geschweißt und an den Wänden z. B. mit Metallschienen befestigt oder an einbetonierten Profilen oder Tafelstreifen mit Verankerungselementen angeschweißt.

Lose Abdichtungen sind auf Anwendungen mit geringen Betriebsbeanspruchungen zu begrenzen.

4 Hinweise zum Einbau

Die Tafeln sind ausschließlich nach den Transport- und Lagerrichtlinien der Hersteller zu transportieren und zu lagern sowie nach deren Einbaurichtlinien einzubauen.

Die Arbeiten dürfen nur von Fachbetrieben ausgeführt werden, die nachweislich in die fachgerechte Weiterverarbeitung der Halbzeuge eingewiesen und geschult wurden.

Vor Beginn der Bauausführung ist von dem ausführenden Fachbetrieb ein projektbezogener Einbauplan mit allen konstruktiven Einzelheiten einschließlich Nahtformen und Nahtabmessungen zu erarbeiten.

Beim Einbau von mechanisch verankerten Systemen, die vor dem Betonieren in die Schalung eingebracht werden, sind Schalungssysteme zu wählen, die keine oder nur eine geringe Anzahl von Spannankerlöchern erfordern. Für das mechanische Befestigen der Tafeln auf der Betonschalung sind vornehmlich die Stoßbereiche zu wählen, die nachträglich geschweißt werden. Beim Einbringen des Betons müssen die Tafeln vollflächig auf der Schalung aufliegen.

Für das Schweißen sind ausschließlich nach DVS 2212-1 UG II-1 bzw. DVS 2212-3 UG III-1 ausgebildete und geprüfte Fachkräfte einzusetzen.

Beim Schweißen von Tafeln, die im Beton verankert sind, darf die Restfeuchte des Betons oder aber auch Tauwasser auf der Tafeloberfläche die Nahtqualität nicht beeinträchtigen.

Beim nachträglichen Hinterfüllen der Tafeln in Sohlbereichen, z .B. mit Fließmörtel, ist die Anzahl der Einfüll- und Entlüftungslöcher zu minimieren.

5 Konstruktive Einzelheiten

5.1 Nahtformen

Die Tafeln sind stumpf gestoßen einzubauen. Aus bautechnischen Gründen können jedoch im Einzelfall auch Überlappstöße erforderlich werden. Weiterhin werden innen und außen liegende Eckstöße ausgeführt.

Als konstruktive Hilfen bei der Ausbildung der Stöße werden teilweise Streifen und Profile (z. B. H-, Abreiß-, Jalousie-, Abreiß-Eck- und Randabschlussprofile) eingesetzt (Bild 1).

Im Einzelnen werden folgende Schweißverbindungen unterschieden:

- Stumpfstoß mit Auftragnaht (Bild 2)
- Stumpfstoß mit Auflagestreifen und Auftragnaht (Bild 3)
- Stumpfstoß mit Abdeckstreifen und Auftragnähten (Bild 4)
- Stumpfstoß mit H-Profil und Auftragnähten (Bild 5)
- Stumpfstoß mit Jalousie-Profil und Auftragnaht (Bild 6)
- Stumpfstoß mit Abreißprofil und Auftragnaht (Bild 7)
- Eckstoß mit innenliegender Kehlnaht (Bild 8)
- Eckstoß mit außen liegender Kehlnaht (Bild 9)
- Eckstoß mit Streifen und innen liegender Kehlnaht (Bild 10)
- Eckstoß mit Winkel (Bild 11)
- Überlappstoß mit Auftragnaht (Bild 12)

Bei Überlappstößen sind nur einlagige Überlappungen zulässig.

5.2 Anschlüsse an Bau- und Formteile

Der Anschluss der Tafeln an Bau- und Formteile aus PE-HD sollte grundsätzlich in der Dichtungsebene erfolgen. Folgende konstruktive Ausbildungen kommen – beispielhaft – zur Anwendung:

- Rohrdurchführungen (Bild 13)
- Pumpensumpf aus PE-HD (Bild 14)
- Wandabschlüsse (Bild 15)
- Befestigungsplatten (Bild 16)
- Verschließen von Löchern (Bild 17)

Um genügend Arbeitsraum für das Schweißen zu haben, sollten die Einbauteile in einem Mindestabstand von 0,5 m von Ecken und Kehlen angeordnet sein.

Da Tafeln und Bauteile aus unterschiedlichen PE-HD-Formmassen mit unterschiedlichen Schmelzpunkten und Schmelzindexwerten hergestellt sein können, ist die Schweißeignung durch Überprüfung der Festigkeit und des Verformungs- und Versagensverhaltens nachzuweisen. Es empfiehlt sich, als Schweißzusatz die Formmasse mit dem höheren Schmelzindex zu wählen. Um für beide Fügeteile gleiche Oberflächenzustände für den Schweißvorgang zu schaffen, kann es erforderlich sein, die Bauteile unterschiedlich mittels Warmgas vorzuwärmen.

Aus Qualitätsgründen sind die Bau- und Formteile möglichst unter definierten Umgebungsbedingungen werkseitig vorzufertigen. Dabei sind die entsprechenden DVS-Richtlinien zu berücksichtigen.

6 Schweißverfahren

Für die Anwendungsbereiche dieser Richtlinie wird ausschließlich das Warmgasextrusionsschweißen angewendet. Je nach Tafeldicke kommen Auftrag-, V- oder Kehlnähte zur Anwendung. Das Warmgasziehschweißen kann zur Fixierung der Tafeln und Profile als Montagehilfe eingesetzt werden. Das Warmgasextrusionsschweißen ist durch folgende Merkmale gekennzeichnet:

- Es wird mit einem Schweißzusatz (Granulat oder Draht) aus artgleichem Grundmaterial geschweißt.
- Der Schweißzusatz wird in einer Plastifiziereinheit (Extruder) plastifiziert und als Strang über eine Düse (Schweißschuh) in die Schweißfuge oder auf die Fügefläche aufgebracht.
- Die Fügeflächen werden durch Warmgas (Luft) erwärmt und in den plastischen Zustand überführt.
- Der Fügedruck wird beim Einbringen des Schweißzusatzes in die Schweißzone über den Schweißschuh aufgebracht.

Der plastifizierte Schweißzusatz wird über den Schweißschuh in die Schweißzone eingebracht. Mit dem Schweißschuh wird der notwendige Fügedruck über den Schweißzusatz aufgebracht. Dabei entwickelt sich ein Masseschub, der das Gerät vorwärts bewegt. Die Schweißgeschwindigkeit ergibt sich aus dem Extrudatausstoß des Schweißextruders und dem Nahtvolumen.

Um einen seitlichen Masseaustrieb zu verhindern, darf der Vortrieb des Gerätes nicht behindert werden. Ein eventueller Nahtaustrieb ist nach dem Erkalten kerbfrei zu entfernen. Eine Nachbehandlung der Schweißnaht ist nicht erforderlich.

Bei Auftragnähten ist die Stirnfläche des oberen Halbzeuges im Winkel von etwa 45° anzuschrägen. Um ein Auseinanderlaufen der überlappenden Halbzeuge zu vermeiden, werden sie vor dem Fügen mit Warmgas mittels einer Breitschlitzdüse geheftet.

Der plastifizierte Schweißzusatz wird unmittelbar, nachdem die Fügeflächen die Schweißtemperatur erreicht haben, aufgebracht.

In der Praxis wird heute beim Einsatz von Handgeräten in folgenden Parameterbereichen geschweißt:

- Warmgastemperatur 250 bis 300 °C
- Extrudattemperatur 200 bis 230 °C
- Schweißgeschwindigkeit 0,2 bis 0,4 m/min

Im Geltungsbereich dieser Richtlinie kommt nur das kontinuierliche Verfahren nach DVS 2209-1 zum Einsatz.

7 Schweißgeräte

7.1 Allgemeines

Die Warmgasextrusionsschweißgeräte werden von Hand bzw. mit Zusatzvorrichtungen geführt. Sie bestehen aus folgenden Funktionselementen:

- **Vorwärmsystem mit Regeleinheit**
  zum Vorwärmen der Fügeflächen mittels Warmgas
- **Plastifiziersystem**
  zum Plastifizieren des Schweißzusatzes
- **Schweißschuh**
  zum Aufbringen des Schweißzusatzes auf die Fügeflächen bzw. in den Fügebereich, zum Aufbau des Fügedrucks und zur Formgebung der Naht

Der Fügedruck wird entweder über das Gerät selbst manuell oder über Zusatzeinrichtungen mechanisch aufgebracht.

Mit diesen Zusatzvorrichtungen können die Führung und der Antrieb der Schweißgeräte verbessert werden.

7.2 Anforderungen

Bei sachgemäßer Bedienung müssen mit den Schweißgeräten unter Baustellenbedingungen durchgehend werkstoff- und anforderungsgerechte Nahtqualitäten erzielt werden können. Im Hinblick auf die Nahtqualität werden folgende Anforderungen gestellt:

- geringe thermische und mechanische Beanspruchung der Halbzeuge
- ausreichende Festigkeit bei guter Verformungsfähigkeit
- gleichmäßige Schweißnahtabmessungen in den vorgegebenen Grenzen

Im Hinblick auf die Gebrauchstauglichkeit unter Baustellenbedingungen werden folgende Anforderungen gestellt:

- Robustheit gegenüber den mechanischen Beanspruchungen, die sich aus dem Transport und dem Betrieb ergeben
- Schutz gegenüber Feuchtigkeit und Schmutz
- Schutz der elektronischen Bauteile gegenüber elektromagnetischen Einflüssen
- sichere Funktionsfähigkeit im vorgesehenen Temperatureinsatzbereich
- leichte Zugänglichkeit aller Bauteile und Funktionselemente zur notwendigen Reinigung und Wartung
- einfache Handhabung bei Inbetriebnahme und beim Betrieb

Die Geräte müssen den Europäischen Richtlinien entsprechen:

- Richtlinie Elektromagnetische Verträglichkeit 89/336/EWG
- Niederspannungsrichtlinie 73/23/EWG
- Maschinenrichtlinie 98/37/EU

Der Hersteller oder sein in der Europäischen Gemeinschaft niedergelassener Bevollmächtigter ist für die Ausstellung der Konformitätserklärung und die CE-Kennzeichnung verantwortlich. Der Marktüberwachungsbehörde sind auf Verlangen sämtliche relevanten Mess- und Prüfdokumente vorzulegen, welche die Einhaltung der Konformität mit den Richtlinie bestätigen.

Mit den Warmgasextrusionsschweißgeräten müssen alle Nahtformen (Auftrag-, V- und Kehlnähte) erstellt werden können.

7.2.1 Vorwärmsystem

Die Vorwärmung der Fügeflächen erfolgt mit Warmgas, in der Regel mit Luft. Warmgassysteme bestehen aus Gebläse, Heizaggregat, Regeleinheit und Düse.

Im Hinblick auf eine werkstoffgerechte und gleichmäßige Vorwärmung der Fügebereiche sind an das Vorwärmsystem folgende Anforderungen zu stellen:

- auf die Formmasse und Oberflächentemperatur der Halbzeuge sowie auf die Schweißgeschwindigkeit abstimmbare Heiz- und Gebläseleistung
- konstante und möglichst gleichmäßige Warmgastemperatur und Austrittgeschwindigkeit über die Breite der Düse
- gleichmäßiger, einstellbarer Abstand der Düse von der Fügefläche

Die Warmgastemperatur muss unabhängig von den übrigen Verfahrensparametern bis zu einer Temperatur von mindestens 400 °C stufenlos eingestellt, mit einer maximalen Abweichung von ± 10 K geregelt sowie abgelesen werden können.

Die Warmgastemperatur ist über einen fest eingebauten Temperaturfühler im Rohr der Warmgaszuführung kurz vor der Düse zu messen. Für Kontrollmessungen ist an dieser Stelle eine Vorrichtung vorzusehen, die reproduzierbare Messungen mit einem Temperaturfühler erlaubt.

Die erforderliche Warmgasmenge muss mindestens 300 l/min betragen sowie konstant gehalten und kontrolliert werden können.

Die Einstellung der Warmgastemperatur muss getrennt vom Temperiersystem der Plastifiziereinheit möglich sein.

7.2.2 Plastifiziersystem

Mit dem Plastifiziersystem wird der Schweißzusatz (Granulat oder Draht) aufbereitet (plastifiziert). Als Plastifiziereinheit sind ausschließlich Extruder einzusetzen.

Für eine werkstoffgerechte Plastifizierung und gleichmäßigen Ausstoß des plastifizierten Schweißzusatzes werden folgende Anforderungen gestellt:

- auf den Nahtquerschnitt abgestimmte Plastifizierleistung mit konstantem Masseaustrag (üblich sind Geräte mit einem Masseaustrag von 1,0 bis 3,0 kg/h)
- unabhängig vom Warmgassystem regelbare Massetemperatur
- gleichmäßige Massetemperatur bei kontinuierlichem Betrieb mit einer Schwankung von nicht mehr als ± 3 K

Die Massetemperatur ist über einen fest eingebauten Temperaturfühler im Masserohr kurz über dem Schweißschuh zu regeln.

7.2.3 Schweißschuh

Der Schweißschuh muss aus temperaturbeständigem und gleitfähigem Material mit geringer Wärmeleitfähigkeit bestehen. Zur Zeit wird vornehmlich PTFE eingesetzt.

Der Schweißschuh ist in Schweißrichtung gesehen vorne geschlossen. Er stützt sich beim Schweißen über die Längskante beidseitig auf den Tafeln ab. Ausbildung und Geometrie der Andruckzone des Schuhs bestimmen die Abmessungen der Nähte.

Für eine fachgerechte und gleichmäßige Nahtqualität muss der Schweißschuh in Anlehnung an DVS 2207-4 wie folgt ausgebildet sein:

- Andrucklänge mindestens 35 mm
- Breite der seitlichen Aufstandsflächen mit allseits gerundeten Kanten etwa 5 mm

Um das Schweißgerät mittig führen zu können, sollte an der Vorderkante des Schweißschuhes eine Führungshilfe angebracht sein.

7.2.4 Zusatzvorrichtungen (optional)

Zusatzvorrichtungen können sinnvoll nur unter besonderen Voraussetzungen zum Einsatz kommen, z. B. bei größeren Nahtlängen. Sie bestehen aus Führungseinrichtung, Andrucksystem und Antriebssystem.

8 Ausführung der Schweißarbeiten

Hochwertige Schweißverbindungen sind nur zu erhalten, wenn neben der fachgerechten Nahtgestaltung auch verfahrensgerechte Schweißbedingungen geschaffen werden.

Die Fügeflächen müssen angepasst auf die Nahtformen nach Abschnitt 5.1 gestaltet werden. Die Fügeflächen müssen trocken, frei von Verunreinigungen und Oxidschichten sein. Aus diesem Grund sind unmittelbar vor dem Schweißen:

- feuchte Oberflächen zu trocknen
- die Schweißbereiche zu säubern
- die Oberflächen spanabhebend zu bearbeiten

Schweißzusätze sind nach den Herstellervorgaben fachgerecht zu lagern und vor Schmutz und Feuchtigkeit zu schützen.

Bei Umgebungstemperaturen unter + 5°C, bei Feuchtigkeit (relative Luftfeuchtigkeit > 80%), bei starkem Wind und intensiver Sonneneinstrahlung kann nur unter besonderen Vorkehrungen geschweißt werden. Die Oberflächentemperatur der Halbzeuge muss mindestens 3 K über dem Taupunkt liegen (Beispiel für die Ermittlung der Taupunkttemperatur siehe Anlage 1).

Durch geeignete Schutzmaßnahmen (Einhausung, besondere Vorwärmung der Fügeflächen) kann in Ausnahmefällen Abhilfe geschaffen werden.

Zur Einstellung und Überprüfung der Schweißparameter sind täglich mindestens 1x sowie jeweils bei maßgeblicher Veränderung der Umgebungsbedingungen mit jedem Gerät Probeschweißungen durchzuführen.

Alle Einzelheiten zum Schweißen sind in einem Schweißprotokoll entsprechend Anlage 2 festzuhalten. Mit diesen Protokollen muss eine Zuordnung zum Schweißer, zum Schweißgerät und zur Naht sichergestellt sein.

9 Baustellenprüfungen

9.1 Art und Umfang der Prüfungen

In diesem Abschnitt werden die Prüfungen behandelt, die bei der Bauausführung vor Ort an den Schweißnähten durchzuführen sind. Sie dienen zusätzlich bei den Probeschweißungen zur Einstellung der Schweißparameter.

Alle Baustellenprüfungen sind im Rahmen der Eigenüberwachung durch den ausführenden Fachbetrieb durchzuführen. Die Ergebnisse sind vollständig und überprüfbar in Prüfprotokollen entsprechend Anlage 3 zu dokumentieren.

Im Rahmen einer vom Bauherrn zu beauftragenden Fremdüberwachung wird die Eigenüberwachung durch qualifizierte Prüfinstitute oder Sachverständige überprüft sowie durch Kontrollprüfungen auf der Baustelle und zusätzliche Prüfungen im Labor ergänzt.

Art und Umfang der Baustellenprüfungen richten sich nach Tabelle 1.

Tabelle 1. Art und Umfang der Baustellenprüfungen.

Qualitätskriterium	Prüfverfahren	Prüfumfang	
		Eigenüberwachung	Fremdüberwachung
äußere Beschaffenheit	visuell	durchgehend	durchgehend
Abmessungen Nahtbreite	mechanisch	alle Probeschweißungen und Stichproben	Stichproben
Nahtdicke	mechanisch	alle Probeschweißungen	Stichproben
mechanische Eigenschaften	Kurzzeitzugversuche (Zugversuch, Zugscherversuch, Schälversuch)	alle Probeschweißungen	alle Probeschweißungen und Stichproben (Sonderfälle)
Dichtigkeit der Nähte	Vakuum und/oder elektrische Hochspannung	durchgehend	Stichproben

Die vorgenannten Prüfungen ergänzen sich nach Art und Umfang gegenseitig. Eine Aussage über die Qualität einer Naht mit einem Prüfverfahren allein ist nicht möglich.

9.2 Prüfung der äußeren Beschaffenheit

Die äußere Beschaffenheit wird durch Inaugenscheinnahme geprüft. Es wird in erster Linie die handwerkliche Ausführung der Naht beurteilt. Unter Zuhilfenahme eines Prüfwerkzeuges (abgewinkelter Schraubendreher) können ungefügte Bereiche nachgewiesen werden.

Es werden alle Nahtbereiche beurteilt. Mit dem Prüfwerkzeug wird die Naht punktförmig von den Nahtkanten aus auf Bindefehler hin untersucht. An Fehlstellen dringt das Prüfwerkzeug ein.

Die visuelle Prüfung bezieht sich im Einzelnen auf folgende Merkmale:

- Form und Gleichmäßigkeit des Nahtverlaufs
- Wulstbildung im Randbereich
- mittige Lage und gleichmäßige Randbereiche
- glatte und schlierenfreie Oberfläche
- Kerben und Riefen im Nahtbereich

Die äußere Beschaffenheit der Naht ist einwandfrei, wenn sie keine Unregelmäßigkeiten und Fehlstellen aufweist. Örtlich begrenzte Unregelmäßigkeiten in geringem Umfang, Wülste in den Randbereichen bis 3 mm, Kerben und Riefen mit flachen Übergängen und bis zu einer Tiefe von 0,5 mm mindern die Gebrauchsfähigkeit einer Naht nicht. Bei größeren und häufig auftretenden Unregelmäßigkeiten sowie bei Fehlstellen sind die entsprechenden Nahtbereiche nachzubessern.

Um Unklarheiten während der Bauausführung zu vermeiden, empfiehlt es sich, die Kriterien für die äußere Beschaffenheit jeweils vor Baubeginn an Hand von Schweißmustern festzulegen.

Eine fachgerechte Beurteilung der äußeren Beschaffenheit erfordert besondere Fachkenntnis und Erfahrung. Aussagen zur Dichtigkeit und Festigkeit der Naht können nur bedingt abgeleitet werden.

9.3 Prüfung der Abmessungen

Es werden folgende kennzeichnenden Abmessungen der Nähte ermittelt:

s = Tafeldicke
Δs = Schweißwulstüberhöhung
b = Nahtbreite
f = Schweißfugenbreite
v = Tafelversatz
a = Nahtdicke bei Eckstößen mit Kehlnaht

Die Messungen sind mit geeigneten Messwerkzeugen vorzunehmen, Dickenmessungen werden mit Messwerkzeugen in Anlehnung an DIN 53370 vorgenommen.

Es wird überprüft, ob die Vorgaben in den Bildern 2 bis 12 eingehalten werden.

9.4 Prüfung der mechanischen Eigenschaften

Die mechanischen Eigenschaften (Festigkeit, Verformungs- und Versagensverhalten) werden durch Kurzzeitzugversuche (Zugversuch, Zugscherversuch, Schälversuch) qualitativ nachgewiesen. Diese Baustellenprüfungen werden im Rahmen der Eigenüberwachung vornehmlich an Probekörpern aus den Probeschweißungen durchgeführt. Sie müssen im Rahmen der Fremdüberwachung durch normgerechte Prüfungen im Labor ergänzt werden.

Der Zugversuch in Anlehnung an DVS 2203-2 kann an allen Nahtformen durchgeführt werden. Die Schweißverbindungen werden entsprechend der tatsächlichen Ausführung geprüft. Es werden mindestens drei streifenförmige Probekörper in einer Breite von 15 mm verwendet. Der Probekörper wird so eingespannt, dass die Naht mittig und senkrecht zur Zugrichtung angeordnet ist. Die Einspannlänge (Klemmenabstand) sollte 100 mm zuzüglich Nahtbreite betragen. Bei der Prüfung von Eckstößen mit Kehlnähten ist auf eine möglichst spannungsfreie Einspannung zu achten. Bei der Wertung der Prüfergebnisse ist zu berücksichtigen, dass neben der Zugbeanspruchung auch eine Biegebeanspruchung auftritt.

Die Prüfgeschwindigkeit beträgt 50 mm/min.

Der Versuch muss bis zum Bruch bzw. deutlich über die Streckgrenze hinaus gefahren werden.

Das Ergebnis dient zur qualitativen Beurteilung des Verformungs- und Versagensverhaltens der Schweißverbindung. Weiterhin kann bei entsprechender Geräteausrüstung die Festigkeit der Verbindung ermittelt werden.

Es können im Wesentlichen folgende Versagensarten auftreten:

- deutliche Verstreckung im Grundmaterial neben der Naht
  Die Naht erfüllt die Anforderungen.
- Bruch im Übergangsbereich oder im Schweißzusatz
  Die Naht erfüllt die Anforderungen bedingt, wenn dieses Versagen vereinzelt auftritt und die Festigkeit noch in der Größenordnung der Festigkeit der ungefügten Bereiche liegt.
- sprödes Versagen des Grundmaterials außerhalb des Nahtbereichs
  Die Naht erfüllt die Anforderungen nicht.
- sprödes Versagen im Schweißzusatz
  Die Naht erfüllt die Anforderungen nicht.
- Auftrennen der Naht (z. B. glatte Bruchfläche in der Fügeebene)
  Die Naht erfüllt die Anforderungen nicht.

9.5 Prüfung auf Dichtigkeit

9.5.1 Prüfung mit Vakuum

Die Prüfung erfolgt mit durchsichtigen, unterschiedlich geformten Prüfglocken, die mit einer Vakuumpumpe verbunden sind. Die Glocken weisen am Rand einen umlaufenden Anpressdichtring auf, damit der Prüfbereich luftdicht abgeschlossen werden kann.

Mit der Vakuumprüfung können zerstörungsfreie Dichtigkeitsprüfungen von Schweißnähten schrittweise ausgeführt werden. An Kehlen, Kanten und Ecken werden entsprechend geformte Glocken verwendet.

Der zu prüfende Nahtbereich ist mit einer Blasen bildenden Flüssigkeit, z. B. Seifenlauge, einzustreichen bzw. einzusprühen. Anschließend wird die Glocke aufgesetzt und so angedrückt, dass die zu prüfende Naht etwa mittig zur Achse der Vakuumglocke liegt, und der Unterdruck von etwa 0,5 bar aufgebracht. Der Prüfdruck muss mindestens 10 s konstant gehalten werden.

Beim Versetzen der Glocke ist eine Überschneidung der Prüfbereiche von etwa 10 cm einzuhalten. Der Prüfdruck wird am Manometer angezeigt. Das Manometer muss der Prüfgüteklasse 1,6 nach DIN EN 837-1 entsprechen. Der Messbereich soll nicht größer als der zweifache Prüfdruck und die Skalierung nicht größer als 0,1 bar sein.

Die Naht gilt als dicht, wenn sich der Unterdruck zügig aufbaut, über die Prüfzeit konstant bleibt und in der Naht keine Blasenbildung auftritt. Auftretende Blasen sind ein Hinweis auf Undichtigkeiten.

Die Vakuumprüfung ist eine Dichtigkeitsprüfung unter definierter mechanischer Beanspruchung. Diese mechanische Beanspruchung lässt keine Rückschlüsse auf die Nahtfestigkeit zu.

9.5.2 Prüfung mit elektrischer Hochspannung

Das Prüfverfahren beruht auf dem Prinzip der Gasentladung beim Anlegen einer elektrischen Hochspannung an eine Entladungsstrecke. Das Prüfgerät besteht aus einer Hochspannungsquelle (Wechselspannung von bis zu 60 kV) und einer Elektrode. In der Praxis haben sich Kugelelektroden als aussagefähiger als Bürstenelektroden erwiesen. Das Verfahren setzt eine Gegenelektrode aus leitendem Material an der Rückseite der Naht voraus.

Grundsätzlich lassen sich mit diesem Verfahren alle Nahtformen prüfen.

Der Nahtbereich muss trocken und frei von Verunreinigungen sein. Bei einem geschlossenen Feuchtigkeitsfilm ist die Prüfung nicht möglich. Schmutzpartikel können eine Isolierschicht bilden und die Prüfung beeinträchtigen.

Vor Beginn der Prüfung ist die Schlagweite von der Geräteelektrode zur Gegenelektrode (z. B. Kupferdraht, Metallfolie, leitfähiges PE) in Luft und auf trockener Tafeloberfläche bei der Prüfspannung zu ermitteln. Die Schlagweite ergibt die Strecke, die eine Undichtigkeit maximal lang sein darf, damit sie erkannt werden kann. Höhere Luftfeuchtigkeiten und feuchtere Oberflächen vergrößern die Schlagweite.

Die Kugelelektrode wird mit einer Geschwindigkeit von 2 bis 3 m/min über die Naht geführt. Bei Undichtigkeiten tritt ein Funkenüberschlag auf, der sichtbar und hörbar ist.

Wenn kein Funkenüberschlag auftritt, gilt die Naht als dicht. Die Grenzen des Verfahrens liegen darin, dass nur Undichtigkeiten nachgewiesen werden können, deren Länge innerhalb der Schlagweite liegt.

9.6 Prüfprotokolle

Die Ergebnisse der Baustellenprüfungen sind in Prüfprotokollen (Anlage 3) festzuhalten.

Die Protokolle sind im Rahmen der Eigenüberwachung durch den ausführenden Fachbetrieb zu führen, durch die Fremdüberwachung auf Vollständigkeit und fachtechnisch zu prüfen und gegenzuzeichnen.

10 Hinweise zu Nachbesserungen

Die Nachbesserungen sind nach den Einbaurichtlinien der Hersteller vorzunehmen. Im Rahmen dieser Richtlinie werden ergänzend dazu nur allgemeine Hinweise gegeben.

Bei den Nachbesserungsarbeiten ist größte Sorgfalt aufzuwenden, da eine Prüfung dieser Arbeiten nach allen Qualitätskriterien und eine weitere Nachbesserung nur in begrenztem Umfang möglich sind.

Die Art der Nachbesserungen hängt von der Größe und Häufigkeit der Unregelmäßigkeiten und Fehler ab:

– **Auftragnähte**

Zusätzliche Auftragnähte sind bei örtlich begrenzten Unregelmäßigkeiten und Fehlstellen anzuwenden. Die entsprechenden Nahtbereiche sind sorgfältig mechanisch abzuarbeiten. Der Schweißzusatz ist in möglichst geringer Dicke und mit flach auslaufenden Rändern aufzubringen.

– **Zuschnitte**

Bei größeren fehlerhaften Bereichen und durchgehenden Fehlstellen (Löchern) sind Zuschnitte aus den entsprechenden Tafeln ein- oder aufzubringen.

– **Nachbessern von Nähten auf voller Länge**

Durchgehend fehlerhafte Nähte und solche mit durchgehenden Unregelmäßigkeiten sind entweder neu zu schweißen oder auf voller Länge mit einem mindestens 0,1 m breiten Tafelstreifen, der beidseitig fachgerecht geschweißt wird, abzudecken.

Die Nachbesserungen sind in den Bestandsplan aufzunehmen.

11 Hinweise zu Systemprüfungen

Die Dichtigkeit der Dichtungssysteme lässt sich auch durch Systemprüfungen nachweisen:

- einlagige Systeme werden üblicherweise mittels Wasserfüllung geprüft
- zweilagige Dichtungssysteme werden üblicherweise mittels Luft (Unter- oder Überdruck), teilweise in Verbindung mit einer Wasserfüllung geprüft

Bei den Systemprüfungen mittels Wasserfüllung sind sowohl die Verformungen des Bauwerks und des Dichtungssystems als auch die Verdunstung zu berücksichtigen. Zur Ortung von Fehlstellen (Undichtigkeiten) sind erfahrungsgemäß ergänzende Prüfungen an den Schweißnähten oder an den Platten selbst erforderlich.

Bei den Systemprüfungen mittels Luft (Unter- oder Überdruck) sind die Prüfzeiten auf das Volumen des Prüfraumes abzustimmen. Weiter sind sowohl das zeit- und temperaturabhängige Verhalten des Dichtungssystems selbst als auch dessen Gesamtverformung zu berücksichtigen.

Systemprüfungen ersetzen die im Abschnitt 9 beschriebenen Einzelprüfungen nicht, sondern ergänzen diese nur.

12 Normen und Richtlinien

DIN EN ISO 14632 : 1999-05	Extrudierte Tafeln aus Polyethylen (PE-HD); Anforderungen und Prüfverfahren
DIN 28052-4 : 1995-12	Chemischer Apparatebau – Oberflächenschutz mit nichtmetallischen Werkstoffen für Bauteile aus Beton in verfahrenstechnischen Anlagen – Teil 4: Auskleidungen
DIN 53370 : 1976-02	Prüfung von Kunststoff-Folien; Bestimmung der Dicke durch mechanische Abtastung
DIN EN 837-1 : 1997-02	Druckmessgeräte – Teil 1: Druckmessgeräte mit Rohrfedern; Maße, Messtechnik, Anforderungen und Prüfung
DVS 2201-2	Prüfung von Halbzeug aus Thermoplasten; Schweißeignung; Prüfverfahren – Anforderungen
DVS 2203-2	Prüfung von Schweißverbindungen aus thermoplastischen Werkstoffen; Zugversuch
DVS 2203-3	Berechnung von Behältern und Apparaten aus Thermoplasten, Schweißverbindungen
DVS 2207-4	Schweißen von thermoplastischen Kunststoffen; Extrusionsschweißen; Tafeln und Rohre
DVS 2209-1	Schweißen von thermoplastischen Kunststoffen; Extrusionsschweißen; Verfahren – Merkmale
DVS 2209-2	Schweißen von thermoplastischen Kunststoffen; Warmgasextrusionsschweißen; Anforderungen an Schweißmaschinen und Schweißgeräte
DVS 2211	Schweißzusätze für thermoplastische Kunststoffe; Geltungsbereich, Kennzeichnung, Anforderung, Prüfung
DVS 2212-1	Prüfung von Kunststoffschweißern; Prüfgruppen I und II; Warmgas-Fächelschweißen (WF), Warmgas-Ziehschweißen (WZ), Heizelementstumpfschweißen (HS), Heizwendelschweißen (HM), Heizelementmuffenschweißen (HD), Warmgas-Extrusionsschweißen (WE)

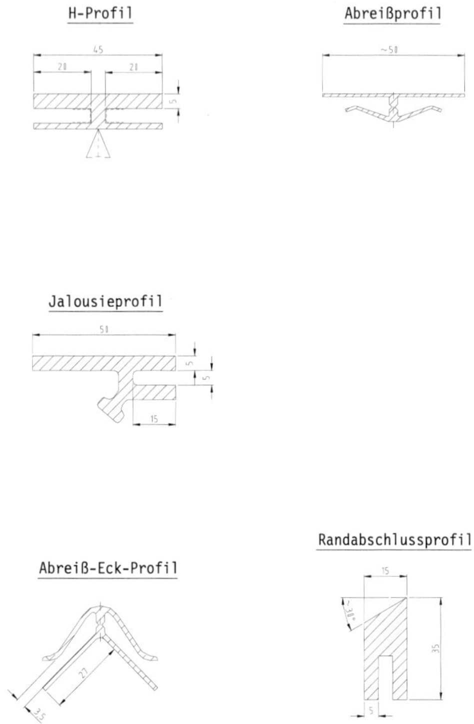

Bild 1. Konstruktive Hilfen aus PE-HD bei der Ausbildung von Stößen.

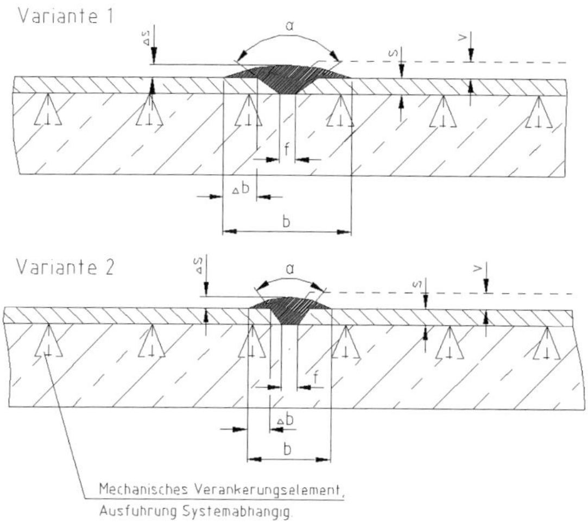

Zeichen	Bezeichnung	Variante 1	Variante 2
s	Tafeldicke	≥ 5 mm	≥ 5 mm
Δs	Schweißwulstüberhöhung	2 mm ≤ Δs ≤ 5 mm	0,1 s ≤ Δs ≤ 0,4 s
α	Nahtflankenwinkel	90° < α < 120°	45° ≤ α < 90°
b	Nahtbreite	≥ 40 mm	≥ 25 mm
Δb	Randzonenverschweißung	≥ s	≥ 3 mm
f	Schweißfugenbreite	≤ 10 mm	≤ 10 mm
v	Tafelversatz	≤ s	≤ s

Bild 2. Stumpfstoß mit Auftragnaht, Variante 1 und 2.

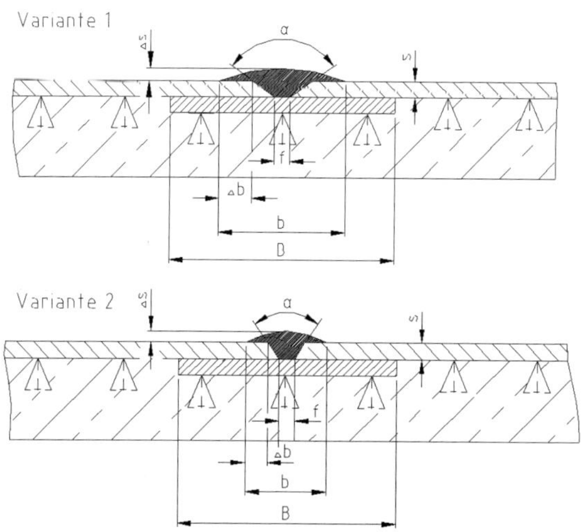

Zeichen	Bezeichnung	Variante 1	Variante 2
s	Tafeldicke	≥ 5 mm	≥ 5 mm
Δs	Schweißwulstüberhöhung	2 mm ≤ Δs ≤ 5 mm	0,1 s ≤ Δs ≤ 0,4 s
α	Nahtflankenwinkel	90° < α < 120°	45° ≤ α < 90°
b	Nahtbreite	≤ 60 mm	≥ 25 mm
Δb	Randzonenverschweißung	≥ s	≥ 3 mm
f	Schweißfugenbreite	≤ b - 6s	≤ 10 mm
B	Breite der Auflagestreifen	≥ f + 60	≥ f + 60

Bild 3. Stumpfstoß mit Auflagestreifen und Auftragnaht.

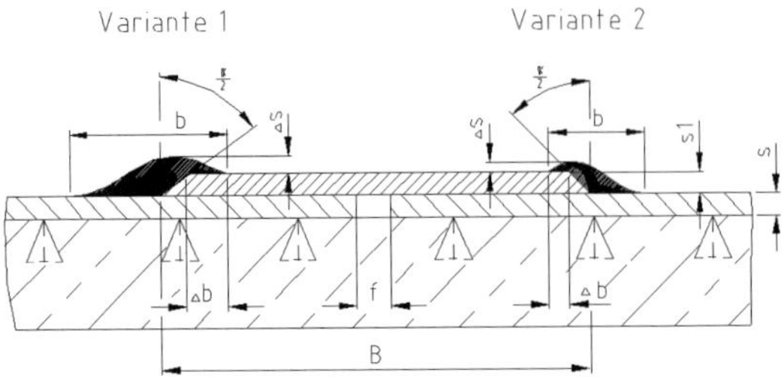

Zeichen	Bezeichnung	Variante 1	Variante 2
s	Tafeldicke	≥ 5 mm	≥ 5 mm
s1	Dicke der Abdeckstreifen	≥ s	≥ s
B	Breite der Abdeckstreifen	60mm, ≤ b ≤ 200mm	60mm, ≤ b ≤ 200mm
Δs	Schweißwulstüberhöhung	2 mm ≤ Δs ≤ 5 mm	0,1 s ≤ Δs ≤ 0,4 s
$\frac{\alpha}{2}$	Nahtflankenwinkel	45° < α < 60°	30° < α < 45°
b	Nahtbreite	≥ 40 mm	≥ 25 mm
Δb	Randzonenverschweißung	≥ s	≥ 3 mm
f	Schweißfugenbreite	≥ 10 mm	≥ 10 mm
v	Tafelversatz	≤ s	≤ s

Bild 4. Stumpfstoß mit Abdeckstreifen und Auftragnähten.

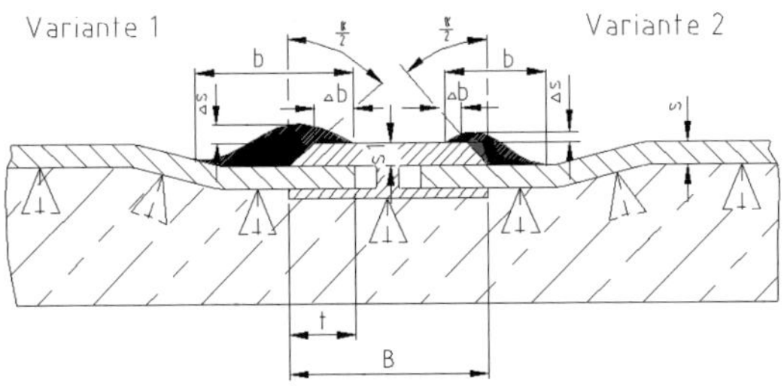

Zeichen	Bezeichnung	Variante 1	Variante 2
s	Tafeldicke	≥ 5 mm	≥ 5 mm
s1	Dicke des H-Profiles	≥ s	≥ s
B	Breite des H-Profiles	≥ 40 mm	≥ 40 mm
Δs	Schweißwulstüberhöhung	2 mm ≤ Δs ≤ 5 mm	0,1 s ≤ Δs ≤ 0,4 s
$\frac{\alpha}{2}$	Nahtflankenwinkel	45° < α < 60°	30° < α < 45°
b	Nahtbreite	≥ 40 mm	≥ 25 mm
Δb	Randzonenverschweißung	≥ s	≥ 3 mm
t	Einstecktiefe	≥ 2s	≥ 2s

Bild 5. Stumpfstoß mit H-Profil und Auftragnähten.

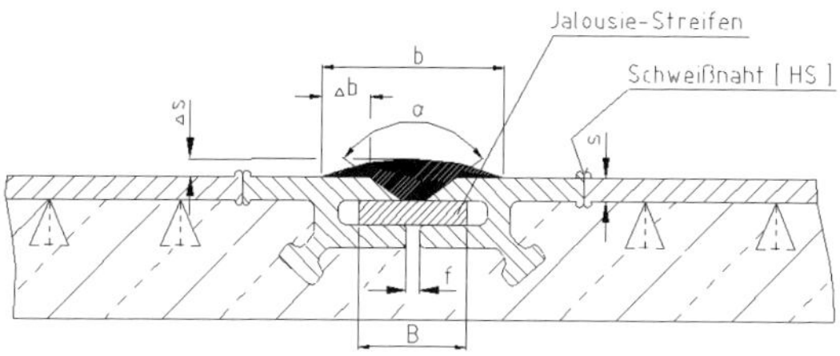

Zeichen	Bezeichnung	
s	Tafeldicke	≥ 5 mm
Δs	Schweißwulstüberhöhung	2 mm ≤ Δs ≤ 5 mm
α	Nahtflankenwinkel	90° < α < 120°
b	Nahtbreite	≤ 60 mm
Δb	Randzonenverschweißung	≥ s
f	Schweißfugenbreite	≤ b-6s
B	Breite des Jalousie-Streifens	≥ f + 30

Bild 6. Stumpfstoß mit Jalousie-Profil und Auftragnaht.

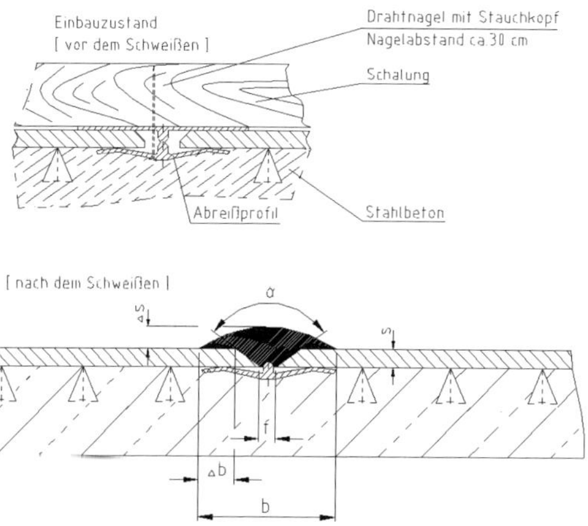

Zeichen	Bezeichnung	
s	Tafeldicke	≥ 5 mm
Δs	Schweißwulstüberhöhung	2 mm ≤ Δs ≤ 5 mm
α	Nahtflankenwinkel	90° < α < 120°
b	Nahtbreite	≥ 40 mm
Δb	Randzonenverschweißung	≥ s
f	Schweißfugenbreite	≤ 10mm

Bild 7. Stumpfstoß mit Abreißprofil und Auftragnaht.

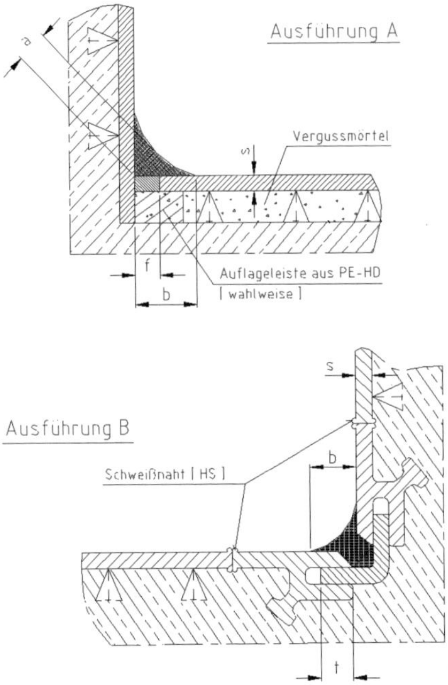

Zeichen	Bezeichnung	Ausführung A Boden-Wand	Ausführung B Eckausbildung Wand
s	Tafeldicke	≥ 5 mm	≥ 5 mm
a	Nahtdicke	≥ b/2	–
b	Nahtbreite	≥ 20 mm	≥ 20 mm
f	Fugenbreite *	≤ 10 mm	≤ 10 mm
t	Einstecktiefe		≥ 2 s

* Fuge vor dem Schweißen mit PE-HD egalisieren

Bild 8. Eckstoß mit innen liegender Kehlnaht.

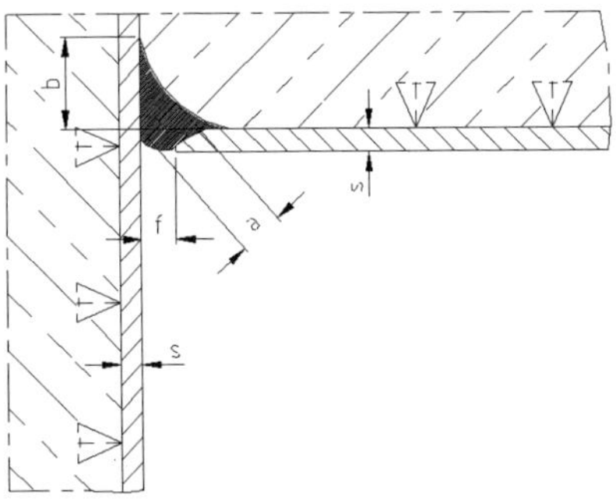

Zeichen	Bezeichnung	
s	Tafeldicke	≥ 5 mm
a	Nahtdicke	≥ b/2
b	Nahtbreite	≥ 20 mm
f	Fugenbreite	≤ 10 mm

Bild 9. Eckstoß mit außen liegender Kehlnaht.

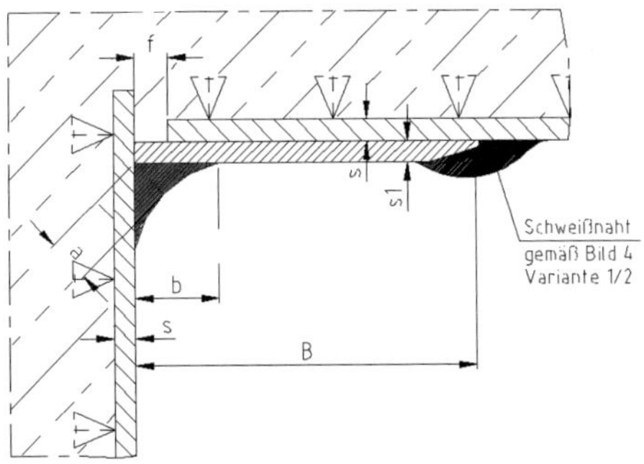

Zeichen	Bezeichnung	
s	Tafeldicke	≥ 5 mm
a	Nahtdicke	≥ b/2
b	Nahtbreite	≥ 20 mm
f	Fugenbreite	≥ 10 mm
s1	Dicke des Streifens	s
B	Breite des Streifens	≥ 200 mm

Bild 10. Eckstoß mit Streifen und innen liegender Kehlnaht .

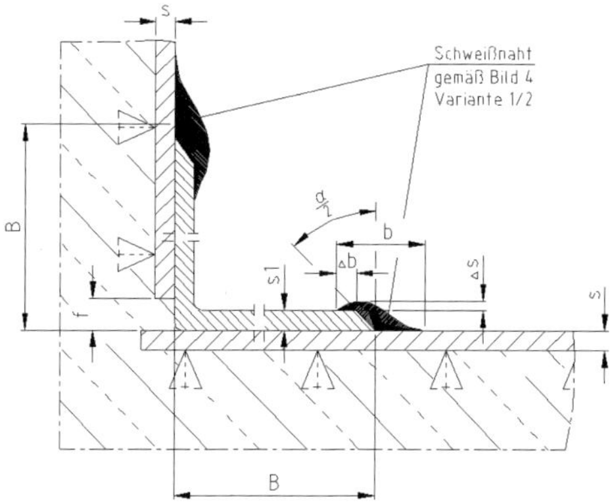

Zeichen	Bezeichnung	Variante 1	Variante 2
s	Tafeldicke	≥ 5 mm	≥ 5 mm
s1	Dicke des Winkels	≥ s	≥ s
B	Schenkellänge des Winkels	≥ 200mm	≥ 200mm
Δs	Schweißwulstüberhöhung	2 mm ≤ Δs ≤ 5 mm	0,1 s ≤ Δs ≤ 0,4 s
$\frac{\alpha}{2}$	Nahtflankenwinkel	45°< α < 60°	30°< α <45°
b	Nahtbreite	≥ 40 mm	≥ 25 mm
Δb	Randzonenverschweißung	≥ s	≥ 3 mm
f	Fugenbreite	≥ 10 mm	≥ 10 mm

Bild 11a. Eckstoß mit Winkel (innen).

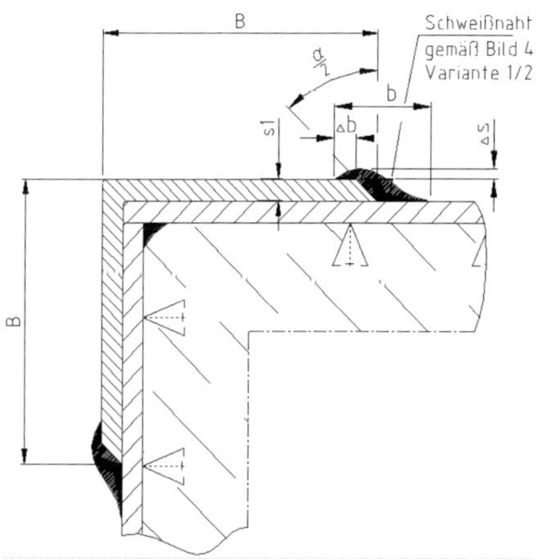

Zeichen	Bezeichnung	Variante 1	Variante 2
s	Tafeldicke	≥ 5 mm	≥ 5 mm
s1	Dicke des Winkels	≥ s	≥ s
B	Schenkellänge des Winkels	≥ 200mm	≥ 200mm
Δs	Schweißwulstüberhöhung	2 mm ≤ Δs ≤ 5 mm	0,1 s ≤ Δs ≤ 0,4 s
$\frac{\alpha}{2}$	Nahtflankenwinkel	45°< α < 60°	30°< α < 45°
b	Nahtbreite	≥ 40 mm	≥ 25 mm
Δb	Randzonenverschweißung	≥ s	≥ 3 mm
f	Fugenbreite	≥ 10 mm	≥ 10 mm

Bild 11b. Eckstoß mit Winkel (außen).

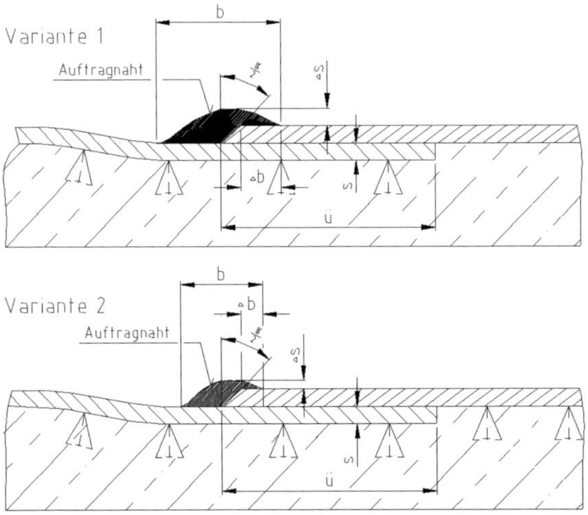

Zeichen	Bezeichnung	Variante 1	Variante 2
s	Tafeldicke	≥ 5 mm	≥ 5 mm
Δs	Schweißwulstüberhöhung	2 mm ≤ Δs ≤ 5 mm	0,1 s ≤ Δs ≤ 0,4 s
$\frac{\alpha}{2}$	Nahtflankenwinkel	45° < α < 60°	30° < α < 45°
b	Nahtbreite	≥ 40 mm	≥ 25 mm
Δb	Randzonenverschweißung	≥ s	≥ 3 mm
ü	Überlappung	50mm ≤ u ≤ 100mm	50mm ≤ u ≤ 100mm

Bild 12a. Überlappstoß mit Auftragnaht (Wandeinbau) Variante 1 und 2.

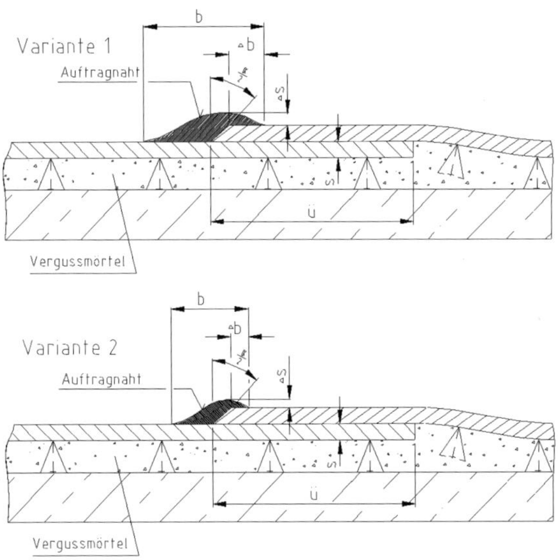

Zeichen	Bezeichnung	Variante 1	Variante 2
s	Tafeldicke	≥ 5 mm	≥ 5 mm
Δs	Schweißwulstüberhöhung	2 mm ≤ Δs ≤ 5 mm	0,1mm ≤ Δs ≤ 0,4mm
$\frac{\alpha}{2}$	Nahtflankenwinkel	45° < α < 60°	30° < α < 45°
b	Nahtbreite	≥ 40 mm	≥ 25 mm
Δb	Randzonenverschweißung	≥ s	≥ 3 mm
u	Überlappung	50mm ≤ ü ≤ 100mm	50mm ≤ ü ≤ 100mm

Bild 12b. Überlappstoß mit Auftragnaht (Bodeneinbau) Variante 1 und 2.

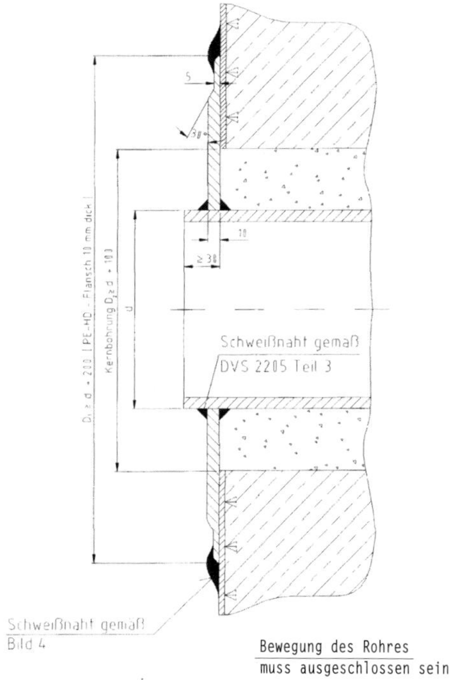

Bild 13a. Rohrdurchführung d ≥ 160 (nachträglicher Einbau).

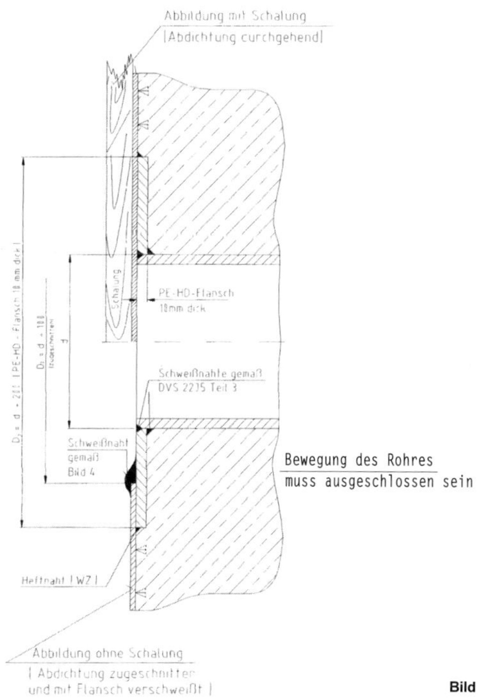

Bild 13b. Rohrdurchführung d ≥ 160 (einbetoniert).

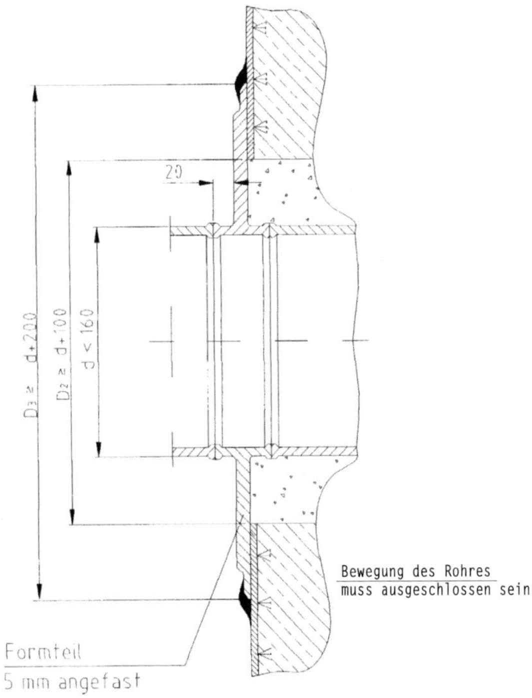

Bild 13c. Rohrdurchführung d ≤ 160 (nachträglicher Einbau).

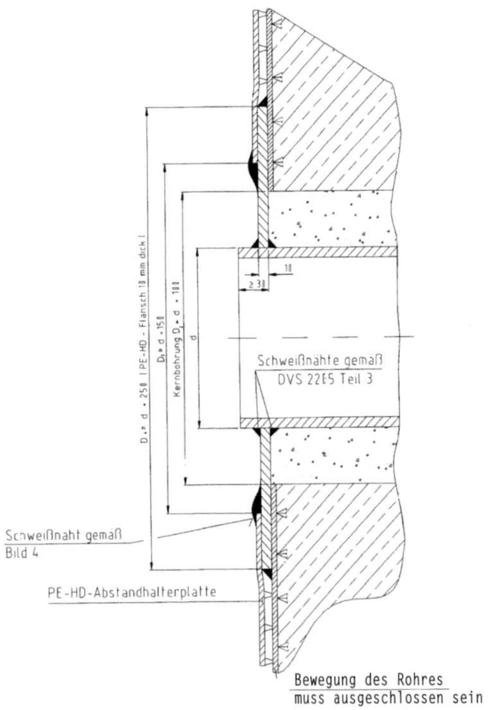

Bild 13d. Rohrdurchführung d ≥ 160 (Doppelabdichtung / nachträglicher Einbau).

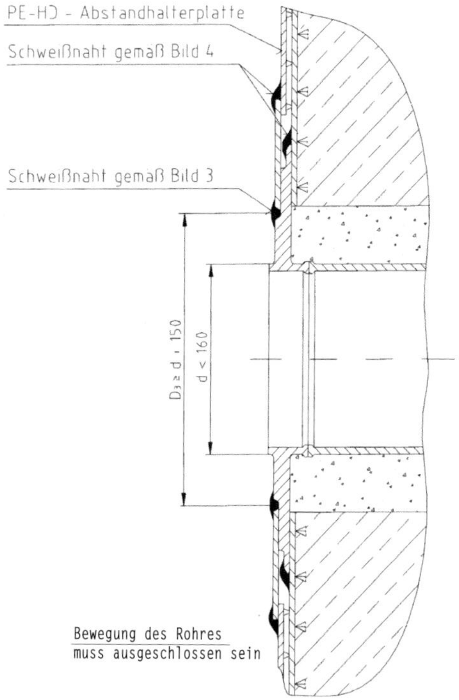

Bild 13e. Rohrdurchführung d < 160 (Doppelabdichtung / nachträglicher Einbau).

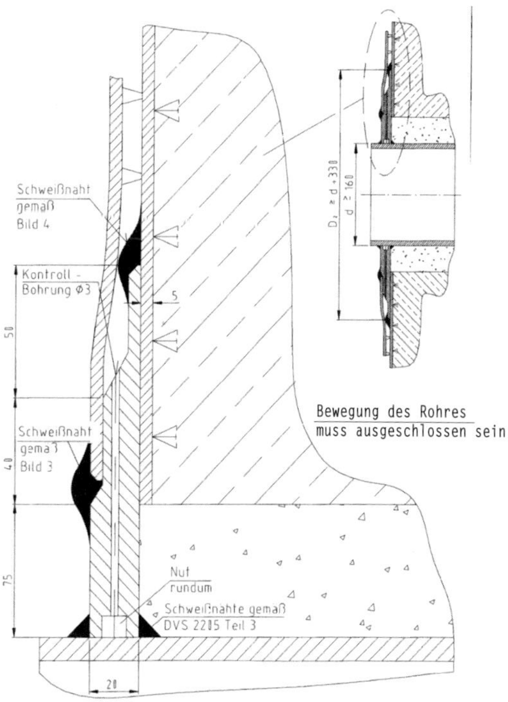

Bild 13f. Rohrdurchführung d ≥ 160 (Doppelabdichtung mit Kontrollbohrung / nachträglicher Einbau).

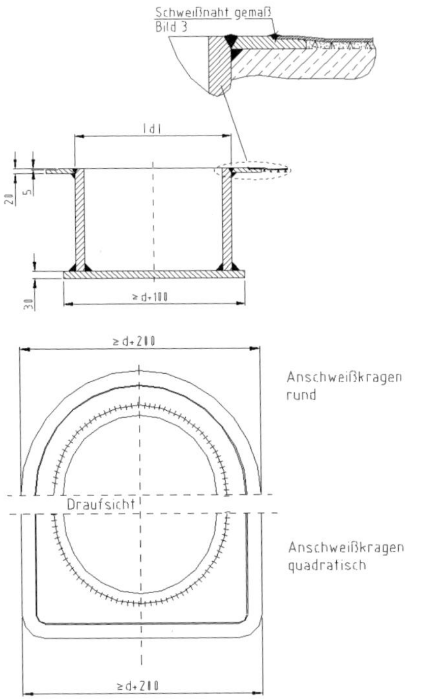

Bild 14. Pumpensumpf aus PE-HD.

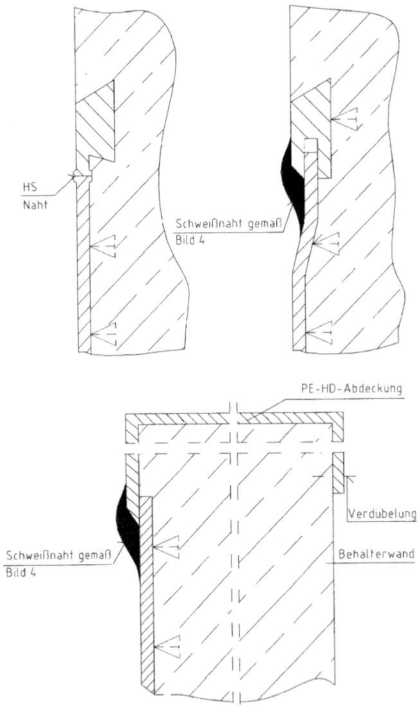

Bild 15. Wandabschlüsse.

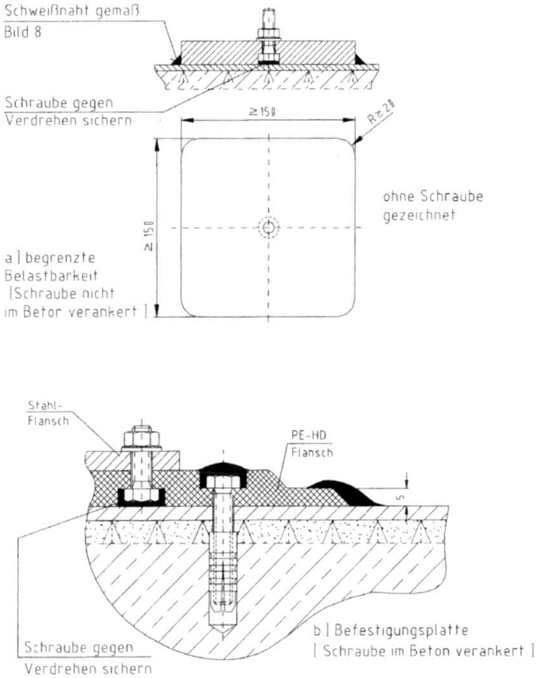

Bild 16. Befestigungsplatten.

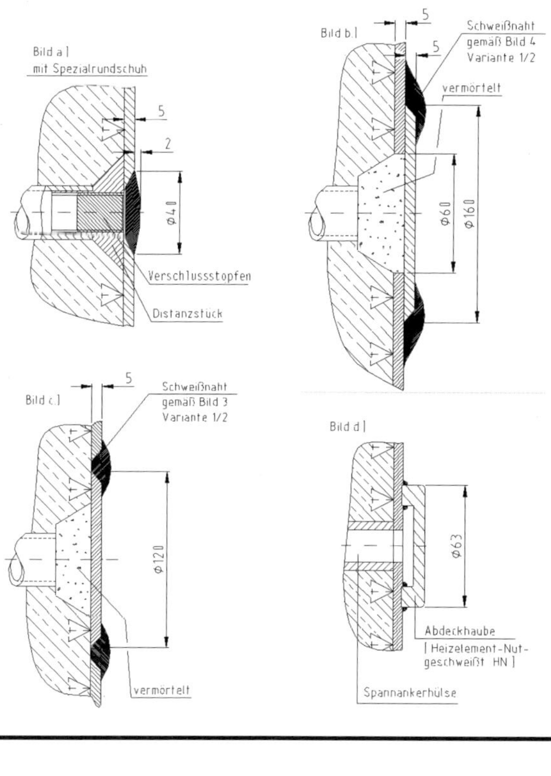

Bild 17. Verschließen von Löchern.

Anlage 1

Ermittlung der Taupunkttemperatur

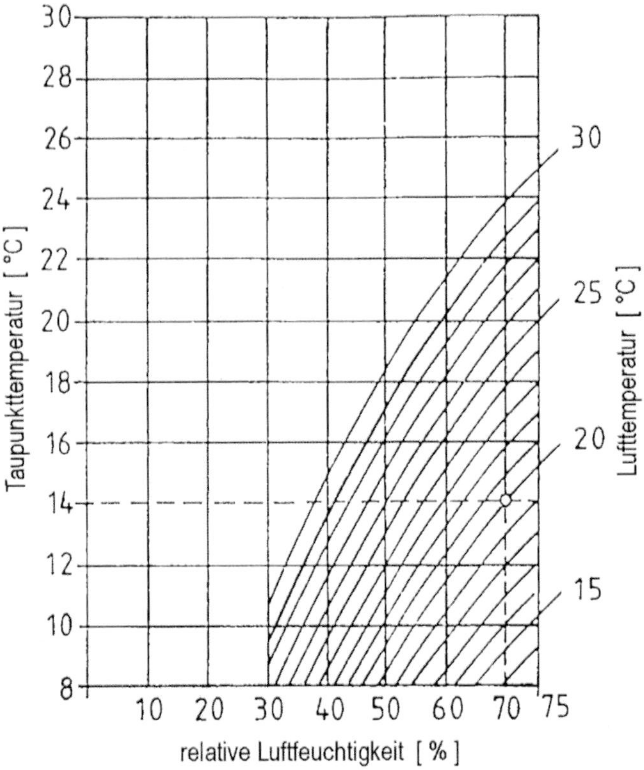

Beispiel:

rel. Luftfeuchtigkeit = 70%, Lufttemperatur = 20°C,
⇒ Taupunkt = 14°C: die Oberflächentemperatur muss mindestens 14°C + 3°C = 17°C betragen.

Anlage 2

Schweißprotokoll

Schweißprotokoll		Nr.
Bauvorhaben:	Fachbetrieb:	
Tafel:	Nenndicke:	mm
Schweißgerät:	Schweißer:	

A. Werkstoffangaben							
Tafelhersteller:		Rolle-, Charge-Nr.:					
Rohstofftyp:							
Schweißzusatztyp:							
		Messung	**1**	**2**	**3**	**4**	**Bemerkung**
		Naht Nr.					
Uhrzeit		**Beginn** **Ende**					
B. Umgebungsbedingungen							
allgemein							
Lufttemperatur		°C					
rel. Luftfeuchte		%					
Wind							
C. Tafel							
Zustand Oberfläche allgemein							
Zustand Schweißbereich							
Oberflächentemperatur		°C					
D. Schweißparameter							
Extrudattemperatur Messwert	Einstellwert Anfang Ende	°C °C °C					
Heißlufttemperatur Messwert	Einstellwert Anfang Ende	°C °C °C					
Geschwindigkeit	Einstellwert Messwert	m/min. m/min.					
E. Probeschweißung							
Probeschweißung		Nr.					
Probeentnahme		Nr.					
Bemerkung:							

	Schweißer	Bauleitung (Auftraggeber)	Fremdüberwacher
Datum Unterschrift			

Anlage 3

Prüfprotokoll für Auftragnähte und Kehlnähte		Nr.
Bauvorhaben:	Fachbetrieb:	
Tafel:	Nenndicke: mm	
Nahtform:	Naht Nr.:	

I. Äußere Beschaffenheit

Station	Nahtverlauf	Wulstausbildung	Kerben und Riefen	Bemerkung

II. Abmessungen (mm)

Variante 1
$2 \leq \Delta s \leq 5$
$b \geq 40$
$\Delta b \geq s$
$f \leq 10$
$v \leq 5$

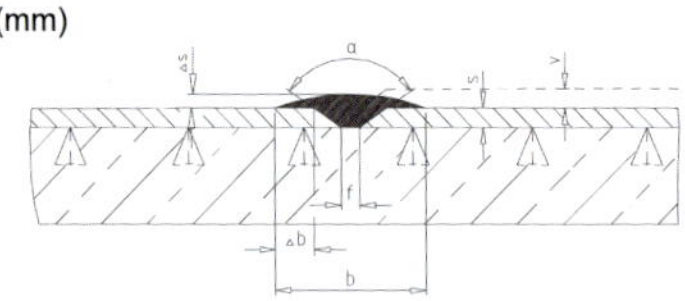

Variante 2
$0{,}1s \leq \Delta s \leq 0{,}4s$
$b \geq 25$
$\Delta b \geq 3$ mm
$f \leq 10$
$v \leq 5$

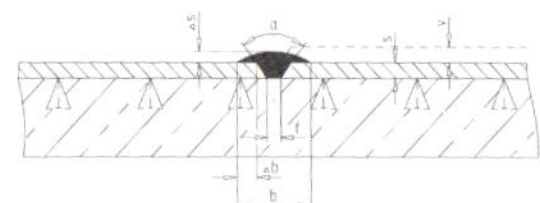

Station	s	Δs	b	f	v	a (Kehlnaht)	b (Kehlnaht)	Bemerkung

III. Prüfung der mechanischen Eigenschaften O mit Kraftanzeige O ohne Kraftanzeige

Station	Probenbreite (mm)	Höchstzugkraft (N)	Verformungs- und Versagensverhalten	Beurteilung	Bemerkung

IV. Dichtigkeit

Station	Vakuum	Hochspannung	Bemerkung
	Unterdruck: bar Zeitdauer:	Gerätetyp: Spannung: kV	

Bemerkung:

Datum Unterschrift	Schweißer	Bauleitung (Auftraggeber)	Fremdüberwacher

November 2021

DVS VERBAND

Richtlinie
DVS 2228

Richtlinie DVS 2228

Infrarotschweißen von thermoplastischen Kunststoffen in der Serienfertigung

Ausschuss für Technik im DVS

Arbeitsgruppe W 4 „Fügen von Kunststoffen“

Untergruppe W 4.13 „Infrarotschweißen“

Bezug: DVS Media GmbH, Postfach 10 19 65, 40010 Düsseldorf, Telefon (0211) 1591-0, Telefax (0211) 1591-150

Inhalt:

1. Geltungsbereich

Diese Richtlinie gilt für das Infrarotschweißen von Formteilen untereinander wie auch für Kombinationen von Formteilen und Halbzeugen. Das berührungslose Heizelementschweißen ist nicht Gegenstand dieser Richtlinie. Diesbezüglich gilt für den Halbzeugbereich die Richtlinie DVS 2207-6 „Schweißen von thermoplastischen Kunststoffen – Berührungsloses Heizelementstumpfschweißen von Rohren, Rohrleitungsteilen und Tafeln“. Für den Bereich der Serienschweißverfahren gilt die Richtlinie DVS 2215-1 „Heizelementschweißen von Formteilen aus thermoplastischen Kunststoffen in der Serienfertigung“. Für das Schweißen mittels Laserstrahlung (monochromatische Lichtquellen) gelten die Richtlinie DVS 2243 „Laserstrahlschweißen thermoplastischer Kunststoffe“ und die entsprechenden Beiblätter. Weiterführende Schriften sind in Kapitel 11 aufgelistet. Das Vorwärmen mittels Infrarotstrahlung beim Vibrationsschweißen wird in Richtlinie DVS 2217 „Vibrationsschweißen von Formteilen und Halbzeugen aus thermoplastischen Kunststoffen in der Serienfertigung“ beschrieben.

2. Verfahrensbeschreibung

Das Infrarotschweißen (auch IR-Schweißen genannt) zählt zu den mehrstufigen Verfahren. Der Schritt der Schmelzeerzeugung ist hierbei vom Fügeschritt zur Erzeugung des Stoffschlusses getrennt. Die Schmelze wird mittels Infrarotstrahlung berührungslos erzeugt. Dazu sind die im Folgenden beschriebenen Prozessschritte erforderlich (**Bild 1**).

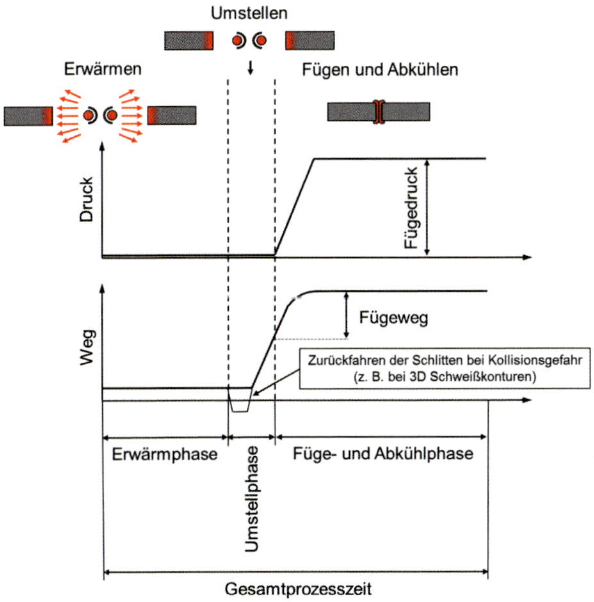

Bild 1: Weg- und Druckverlauf beim fügedruckgeregelten Infrarotschweißen in Anlehnung an [2]

Erwärmphase

Zur Erzeugung der Schmelze muss ein definierter Abstand zwischen Strahler und Bauteil eingestellt werden. Fertigungsbedingte Maßabweichungen (z. B. Verzug, Schwindung) der Fügeteiloberfläche führen zu lokalen Schwankungen beim Strahlerabstand und können Unterschiede in der Schmelzeschichtdicke hervorrufen. Sind die zu fügenden Bauteile in definiertem Abstand zum Strahler positioniert, beginnt die Erwärmphase mit gewählter Erwärmzeit t_E und Strahlerleistung P (siehe Kapitel 3). Diese bestimmen die resultierende Schmelzeschichtdicke L_0 in Verbindung mit den anderen Einflussgrößen (z. B. Absorption des Kunststoffes, Emissionsspektrum und Abstrahlverhalten des Strahlers).

Umstellphase

Nach Ablauf der Erwärmzeit schließt sich die Umstellphase an, in welcher der Infrarotstrahler aus der Fügezone herausgefahren und die erwärmten Fügeteile aufeinander zu bewegt werden. Die Umstellzeit t_U ist so kurz wie möglich zu halten, um das Abkühlen der Fügeflächen während der Umstellphase zu minimieren. Je nach Material und Bauteilgeometrie variiert das mögliche Zeitfenster für den Umstellvorgang.

Füge- und Abkühlphase

Die Füge- und Abkühlphase beginnt zeitlich mit dem Kontakt der plastifizierten Fügeteilbereiche. Beim Kontakt der beiden Schmelzefronten beginnt der Druckaufbau bis zum Erreichen des Fügedrucks p_F. Grundsätzlich kann beim Fügen zwischen der weggesteuerten und der kraftgeregelten Prozessführung differenziert werden. Bei der weggesteuerten Prozessführung wird ein vorgegebener Fügeweg als Sollwert definiert. Der Fügedruck ist somit die resultierende Größe aus den in der Erwärmphase erzeugten Schmelzeeigenschaften (Schmelzeschichtdicke und Schmelzeviskosität) und dem eingestellten Fügeweg. Im Gegensatz dazu ist bei der kraftgeregelten Variante die Fügekraft und damit bei konstanter Fügefläche der Fügedruck die Regelgröße und der Fügeweg ergibt sich am Ende der Abkühlzeit.

Der Vorteil der weggesteuerten Prozessführung ist eine konstante Bauteildimension nach dem Schweißen. Es kann jedoch zu abfallender Festigkeit bei Schwindung und Kristallisation des Kunststoffes in der Abkühlphase kommen, da der Abkühldruck in Abhängigkeit der Schwindung verringert wird. Demgegenüber wird durch die Regelung eines konstanten Fügedrucks über die gesamte Abkühlphase gewährleistet, dass die Schwindung des Kunststoffs durch thermische Kontraktion und Kristallisation beim Abkühlen kompensiert wird. Die Kühlzeit in der Schweißmaschine ist so zu wählen, dass die Schweißzone bei Bauteilentnahme eine ausreichende Steifigkeit aufweist.

Die optimale Einstellung der Schweißparameter muss durch Versuche ermittelt werden.

3. Erwärmen von Kunststoffen mittels Infrarotstrahlung

3.1. Grundlagen der Infrarotstrahlung

Elektromagnetische Wellen im Spektralbereich zwischen sichtbarem Licht und Mikrowellenstrahlung mit Wellenlängen < 1 mm werden als Infrarotstrahlung bezeichnet (**Bild 2**).

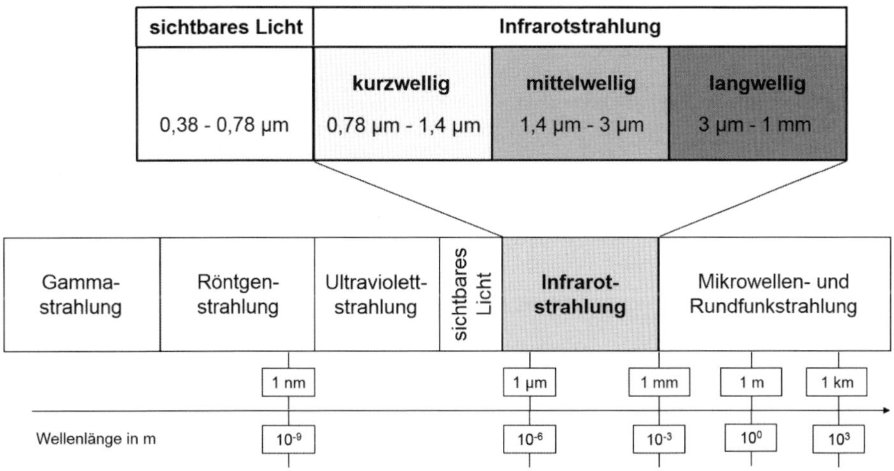

Bild 2: Elektromagnetisches Wellenspektrum

Jedes Objekt mit einer Temperatur oberhalb des absoluten Nullpunkts (0 K) gibt infrarote Strahlung ab. Im Falle der Infrarotstrahlungserwärmung von Kunststoffen wird von einem wärmeren Körper (Strahler) durch elektromagnetische Wellen Energie an einen kälteren Körper (Kunststoff) übertragen. Die auftreffende Strahlung wird durch den Kunststoff reflektiert, transmittiert und absorbiert. Nach dem Energieerhaltungssatz (Gleichung 1) gilt, dass die Summe aus Reflexions-, Absorptions- und Transmissionsgrad dem Wert Eins entspricht.

$$\alpha + \rho + T = 1 \qquad \textbf{(Gl. 1)}$$

α: Absorptionsgrad
ρ: Reflexionsgrad
τ: Transmissionsgrad

Auf die Absorption von Strahlung durch Kunststoffe wird in Kapitel 4 näher eingegangen.

3.2. Strahlungsquellen: Temperaturstrahler

Beim Infrarotschweißen erfolgt das Plastifizieren des Kunststoffes an den Fügeflächen durch elektromagnetische Strahlung, welche mittels Absorption im Material in Wärme umgewandelt wird. Die überwiegend thermisch wirksame Strahlung ist infrarote Strahlung und wird von dazu optimierten Strahlungsquellen ausgesendet. In der DIN EN 62798 sind wesentliche Eigenschaften und Tests für alle gebräuchlichen Infrarotstrahler zusammengefasst.

3.3. Wellenlängenbereiche

Das Emissionsmaximum für unterschiedliche Strahlertemperaturen lässt sich mit Hilfe des Wien`schen Verschiebungsgesetzes (Gleichung 2) berechnen.

$$\lambda_{max} = \frac{2897,7\ \mu mK}{T} \qquad \textbf{(Gl. 2)}$$

λ_{max}: Intensitätsmaximum der emittierten Wellenlänge [µm]
T: absolute Temperatur [K]

In **Bild 3** sind die Emissionsspektren unterschiedlicher Infrarotstrahler dargestellt. Es wird deutlich, dass sich das Intensitätsmaximum mit steigender Temperatur des Strahlers zu geringeren Wellenlängen verschiebt. Die Einteilung der Strahlungswellenlängen variiert je nach Quelle, (**Bild 2**, **Bild 3** und **Tabelle 1**).

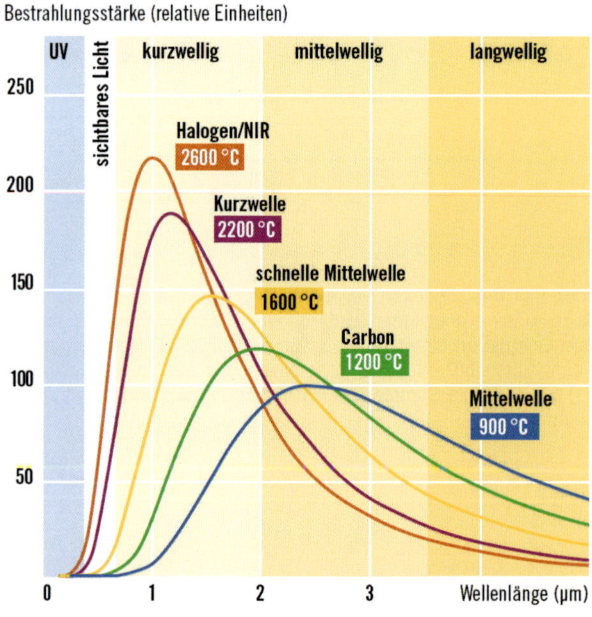

Bild 3: Emissionsspektren unterschiedlicher Infrarotstrahler (Quelle: Heraeus)

Gemäß DIN EN IEC 60519-12 und DIN EN 62798 wird der infrarote Spektralbereich wie folgt unterteilt (**Tabelle 1**):

Tabelle 1: Einteilung der Infrarotstrahlungsbereiche nach DIN EN IEC 60519-12 und DIN EN 62798

IR-Strahlung	**Wellenlängenbereich**	**Oberflächen-temperatur für einen grauen Strahler**	**historische Bezeichnungen anderer Normen**	
			IEC 60050	DIN 5031
IR-A	0,78 µm bis unter 1,4 µm	3450-1800 °C	Kurzwellig < 2µm	Nahes Infrarot
IR-B	1,4 µm bis unter 3 µm	1800-690 °C	Mittelwellig 2-4 µm	
IR-C	3 µm bis 1000 µm	< 690 °C	Langwellig > 4 µm	Mittleres bis fernes Infrarot

Technische IR-Strahlertypen werden je nach Lage der Wellenlänge mit der höchsten Strahlungsintensität in Bereiche eingruppiert. Die DIN EN 62798 gibt neben der oben dargestellten Einteilung Beispiele für in der Industrie gebräuchliche IR-Strahler an:

- Kurzwellige IR-Strahler (IR-A), z. B. Quarzglasstrahler
- Mittelwellige IR-Strahler (IR-B), z. B. Metallfolienstrahler, Carbonstrahler
- Langwellige IR-Strahler (IR-C), z. B. Hochtemperaturheizelemente (vgl. Richtlinie DVS 2215-1 „Heizelementschweißen von Formteilen aus thermoplastischen Kunststoffen in der Serienfertigung"), Keramikstrahler

Dabei muss beachtet werden, dass das Emissionsspektrum eines technischen Infrarotstrahlers einen breiten Wellenlängenbereich umfasst und sich lediglich die Verteilung der Strahlungsintensität auf die jeweiligen Wellenlängenbereiche mit der Emittertemperatur ändert. Die ausgesendete Strahlung von bspw. kurz- oder mittelwelligen Infrarotstrahlern reicht somit vom Bereich des sichtbaren Lichts über die Bereiche der kurz- und mittelwelligen bis hin zur langwelligen IR-Strahlung. Die Lage des Maximums der Strahlungsintensität (Wellenlänge) definiert die Art des Strahlers gemäß der Einteilung in **Tabelle 1**.

4. Werkstoffeinflüsse

Das Verhalten eines Kunststoffs bzgl. Erwärmung, Aufschmelzen und Schweißung ist naturgemäß abhängig von seinen Eigenschaften. Dies sind für das IR-Schweißen seine optischen, thermischen und rheologischen Eigenschaften.

4.1. Optische Werkstoffeigenschaften

Zur Charakterisierung der optischen Eigenschaften haben sich in der Praxis die Begriffe der Oberflächenabsorption und der Volumenabsorption etabliert. Bei der Volumenabsorption kann die Strahlung tiefer in das Material eindringen und erwärmt so ein größeres Materialvolumen. Bei der Oberflächenabsorption kann die Strahlung nur zu einem geringen Maß in den zu schweißenden Werkstoff eindringen. Die erforderliche Aufschmelztiefe ergibt sich in diesem Fall im Wesentlichen über Wärmeleitung. Die Unterscheidung dieser Begriffe wird in **Bild 4** verdeutlicht. Verglichen mit der Oberflächenabsorption fällt die resultierende Oberflächentemperatur wie auch der Abfall der Strahlungsintensität (I) sowie der Temperatur (T) über der Bauteiltiefe bei der Volumenabsorption deutlich geringer aus.

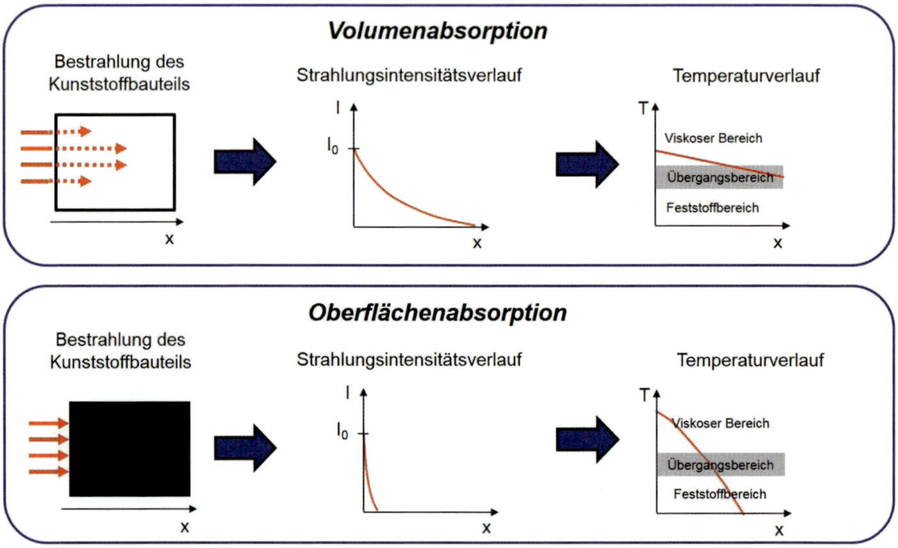

Bild 4: Gegenüberstellung von Strahlungsintensitäts- und Temperaturverlauf für Volumenabsorption (oben) und Oberflächenabsorption (unten) nach [1]

Die Ausprägung der Volumenabsorption eines Kunststoffes ist in erster Linie von den verwendeten Farbmitteln abhängig. Während bei ungefärbten Kunststoffen vorwiegend Volumenabsorption vorliegt, zeigen beispielsweise mittels Ruß schwarz eingefärbte Materialien eine ausgeprägte Oberflächenabsorption. Andere Zusatzstoffe zeigen i. d. R. einen deutlich geringeren Einfluss.

Darüber hinaus beeinflusst die Wellenlänge des verwendeten Strahlers die Ausprägung der Volumenabsorption. Die natürlichen Absorptionsbanden aller Kunststoffe ähneln sich aufgrund ihres organischen Grundaufbaus. Da sich das Strahlungsmaximum kurzwelliger Emitter hiervon unterscheidet, kann diese Strahlung tiefer in ein Material eindringen. Sie ermöglicht somit eine ausgeprägtere Volumenabsorption. Mittel- und langwellige Strahlung dagegen weist einen großen Strahlungsanteil im Bereich der o. g. natürlichen Absorptionsbanden auf und wird daher vorwiegend in der Oberfläche absorbiert.

Der Einfluss des makromolekularen Aufbaus eines Kunststoffes, z. B. seine Kristallinität, ist gegenüber den zuvor beschriebenen Größen in der Regel klein [1].

4.2. Thermische Werkstoffeigenschaften

Das Aufschmelzen eines Werkstoffes wird neben dem Erwärmverhalten durch seine thermischen Eigenschaften definiert. Diese sind:

- Wärmeleitfähigkeit (die Fähigkeit Wärmeenergie zu transportieren)
- Wärmekapazität (das Verhältnis der zugeführten Wärme zu der damit bewirkten Temperaturerhöhung)
- Schmelzenthalpie (die zur Realisierung des Phasenüberganges erforderliche Wärmemenge)

Diese Größen sind materialspezifisch und hängen von der Temperatur des Bauteils vor dem Aufwärmen (Eingangstemperatur), dem Wassergehalt, der Kristallinität u. a. ab. Unterschiedliche Lagerungsbedingungen können diese Werte und somit das Schweißergebnis beeinflussen.

4.3. Rheologische Werkstoffeigenschaften

Auch die rheologischen Eigenschaften eines Materials beeinflussen die Ausbildung der Schweißnaht, des Schweißwulstes und letztendlich der Schweißnahtfestigkeit. Diese Eigenschaften, allen voran die Viskosität der Schmelze, wird definiert durch die in der Erwärmphase erzeugte Temperaturverteilung im Schweißbereich. Die Mechanismen während des Fügevorganges sind vergleichbar mit denen bei anderen zweistufigen Schweißverfahren.

5. Maschinentechnik

5.1. Bauarten und Ausführungsformen

Die Maschinen für das Infrarotschweißen besitzen unabhängig angesteuerte Achsen für die Bewegung des Infrarotstrahlers und der Fügeteile. Üblich sind horizontal und vertikal arbeitende Anlagen (Bewegungsrichtung der Formteile zueinander), die je nach Formteilgeometrie und Handhabungsmöglichkeit zur Anwendung kommen. **Bild 5** stellt eine horizontal arbeitende Anlage dar, wohingegen **Bild 6** eine vertikal arbeitende Anlage zeigt.

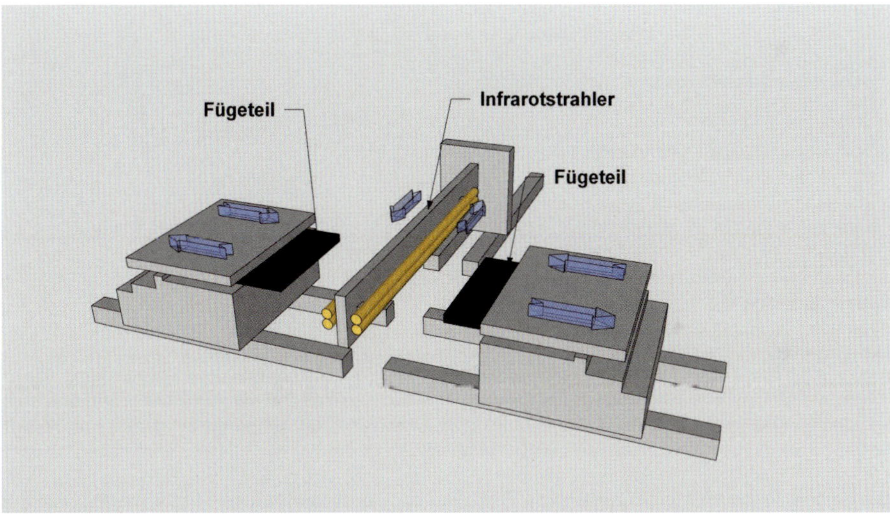

Bild 5: Schematische Darstellung einer horizontal arbeitenden Infrarotschweißanlage (Quelle: TU Chemnitz)

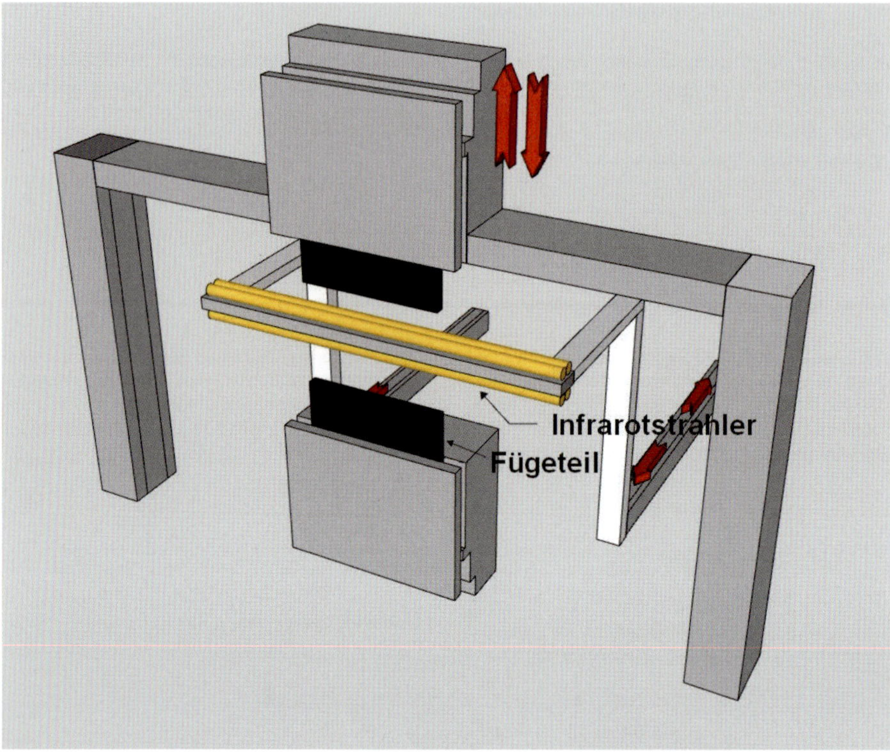

Bild 6: Schematische Darstellung einer vertikal arbeitenden Infrarotschweißanlage (Quelle: TU Chemnitz)

5.2. Antriebe

Für hochwertige Schweißverbindungen sind möglichst kurze Umstellzeiten zwischen Erwärm- und Fügephase zu realisieren. Daher kommen als Antriebe für Infrarotschweißanlagen überwiegend Servomotoren oder Linear-Direktantriebe zum Einsatz. Die Maschinen sind in der Regel mit drei unabhängig voneinander betriebenen Achsen ausgestattet (z. B. Oberwerkzeug, Unterwerkzeug und Infrarotstrahler).

Die Servoantriebe erleichtern zudem das Einrichten der Achspositionen im Schweißbetrieb. Abrupte Beschleunigungs- und Bremsbewegungen der die Strahler tragenden Achse sind zu vermeiden, um eine Beschädigung der Strahler zu verhindern.

Um einen reproduzierbaren Infrarotschweißprozess in der Serienfertigung zu gewährleisten, ist es empfehlenswert sowohl Fügekräfte als auch Fügewege einstellen und/oder überwachen zu können.

5.3. Absaugungen

Beim Erwärmen des Kunststoffes kann es zur Bildung von Rauch und Dämpfen aus dem Polymer kommen. Zur Entfernung der Dämpfe aus dem Arbeitsbereich und zur Einhaltung von Arbeitsschutzvorschriften wird das Anbringen einer Absaugung an der Maschine empfohlen.

6. Werkzeugtechnik

Das Schweißwerkzeug besteht aus je einem Aufnahmewerkzeug für das Fügeteil 1 und Fügeteil 2 sowie einer Strahlerbaugruppe, welche die Fügeflächen der beiden Bauteile für das Schweißen erwärmt und plastifiziert.

6.1. Aufnahmewerkzeuge

Aufnahmewerkzeuge haben die Aufgabe, die Fügeteile in ihrer Lage zu halten und passgenau zueinander auszurichten. Damit die Formteile ausreichenden Halt finden, werden Spannelemente (Klammern, Klauen, Spanner mit Kontursegmenten) oder Vakuumsauger eingesetzt.

Für eine gute Positionierung und Unterstützung sind Fixpunkte und Auflageflächen am Fügeteil zu definieren. Die Werkzeuge müssen die Fügeteile im Bereich der Schweißfläche direkt unterstützen und den Fügedruck übertragen. In Bereichen, in denen das nicht möglich ist, bspw. bei Vorliegen eines Hinterschnitts sollten Schieber eingesetzt werden. Derartige Systeme werden auch bei Fügeteilen, die nach dem Fügen aufgrund ihrer Kontur nicht geradlinig entformt werden können, verwendet.

Bei vertikal arbeitenden Maschinen kann es empfehlenswert sein, die oberen Fügeteile auch mechanisch gegen ein Herausfallen abzusichern. Damit wird eine Beschädigung des Strahlers durch herabfallende Fügeteile (z. B. bei Not-Aus, Stromausfall) vermieden.

6.2. Strahlerbaugruppe

Die Infrarotstrahler werden auf einer Strahlerplatte o. ä. montiert, welche auf der eigens angetriebenen Achse angebracht ist. Die Strahlerbaugruppe muss gewährleisten, dass ausreichend Schmelze auf der jeweiligen Schweißkontur der Fügeteile erzeugt werden kann. Dies wird beispielsweise beeinflusst durch:

- die Positionierung des Strahlers zum Schweißsteg (z. B. Abstand und Versatz),
- die Strahlerleistung und
- die Segmentierung der Strahler, Einteilung in Zonen.

Der grundsätzliche Aufbau eines mittelwelligen Metallfolienstrahlers und kurzwelligen Quarzglasstrahlers sowie beide Strahler im eingeschalteten Zustand sind in **Bild 7** und **Bild 8** dargestellt.

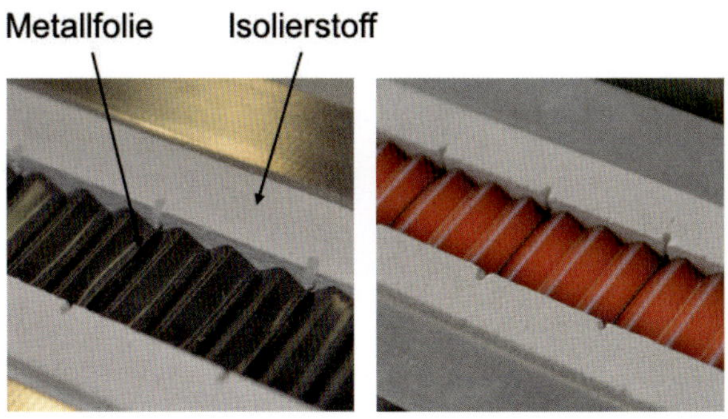

Bild 7: Aufbau eines mittelwelligen Metallfolienstrahlers (Quelle: TU Chemnitz)
links: kalt, rechts: in Betrieb

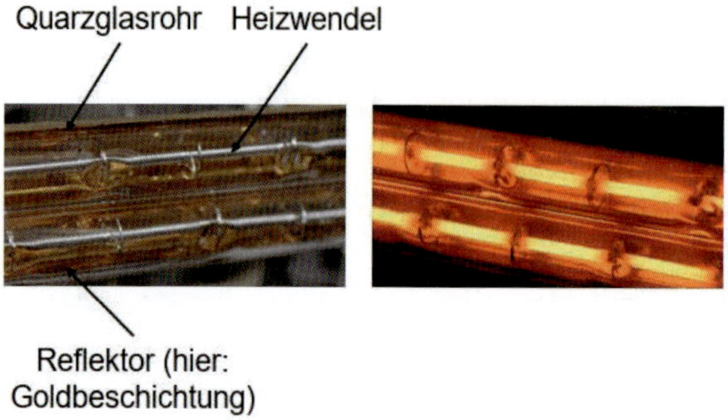

Bild 8: Aufbau eines kurzwelligen Quarzglasstrahlers (Quelle: TU Chemnitz)
links: kalt, rechts: in Betrieb

Gegebenenfalls muss durch geeignete Abschirmeinrichtungen (z. B. Masken) das ungewollte Erwärmen bzw. Schmelzen neben der Fügezone gelegener Bauteilbereiche vermieden werden. Hiermit wird das Schweißen von empfindlichen Einbauteilen (Elektronik, wärmesensitive Bauteile) ermöglicht. Zusätzlich ist eine Segmentierung der Strahler in separat angesteuerte Einzelelemente (Heizzonen) möglich.

Die Infrarotstrahler können konturfolgend sowohl in ebener als auch in dreidimensionaler Form hergestellt werden, um eine gezielte Erwärmung zu realisieren. Der Konturstrahler erwärmt gezielt nur die zu schweißende Kontur, primär in 3D-Bauformen mit ausgeprägten Höhenunterschieden (**Bild 9**).

Alternativ können Strahlerbaugruppen als Flächenstrahler ausgelegt sein. Dabei wird die Strahlung in einer zusammenhängenden Emitterfläche erzeugt. Die gezielte Erwärmung der Schweißflächen am Bauteil wird durch geeignete Masken realisiert.

Bild 9: Beispiel für verschiedene Strahlerausführungen
links: Flächenstrahler mit Maske (kurzwelliger Glasrohrstrahler) (Quelle: bielomatik),
rechts: Konturfolgende Strahlerbaugruppe (Metallfolienstrahler) (Quelle: Branson Ultraschall)

7. Konstruktive Gestaltung der Fügeteile

7.1. Fügezonengeometrien

Die schweißgerechte Auslegung von Formteilen orientiert sich an deren Geometrie, den Wanddicken sowie den Belastungsanforderungen, die an das Bauteil und damit auch an die Schweißnaht gestellt werden. Im Wesentlichen unterscheidet man zwischen einfachen und modifizierten Stumpfnähten, Nahtformen mit verdeckten Schweißnähten und Sonderformen.

Um eine definierte Erwärmung zu ermöglichen, ist es anzustreben, die Fügeflächen stegförmig auszuführen. Insbesondere beim Schweißen flächiger Bauteile ist dies vorteilhaft (**Bild 10**).

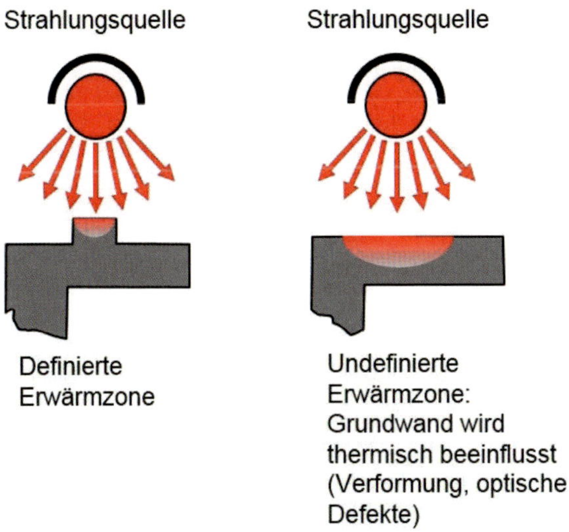

Bild 10: Schematische Darstellung der Infraroterwärmung einer definierten Erwärmzone (links) und einer undefinierten Erwärmzone (rechts)

7.2. Stumpfstoß Grundformen

Die einfachste Variante ist der einfache Stumpfstoß gemäß Ausführung A. Die modifizierten Ausführungen B und C ermöglichen eine Unterstützung durch das Werkzeug in der Nähe des Schweißbereiches. Dies sorgt für eine optimierte Kraftübertragung beim Fügen und Abkühlen. Die Ausführung C geht zusätzlich mit einer Vergrößerung der Schweißfläche einher, um die übertragbare Kraft in der Schweißfläche zu erhöhen. Dies wird häufig bei faserverstärkten Werkstoffen angewandt. Zur Ausrichtung der Bauteilhälften zueinander kann optional bei den Ausführungen B, E, F, und H ein Halterand angebracht werden. Beim modifizierten Stumpfstoß (Ausführung B + D) wird ein Fangraum für den Schweißaustrieb an der Außenseite gebildet. Beim Beispiel B wird die Wanddicke beibehalten. Durch die Verringerung der Wanddicke im Schweißnahtbereich in Ausführung D ist das Bauteil im Schweißbereich geschwächt (**Tabelle 2**).

Tabelle 2: Stumpfstoß Grundformen

A. Einfacher Stumpfstoß	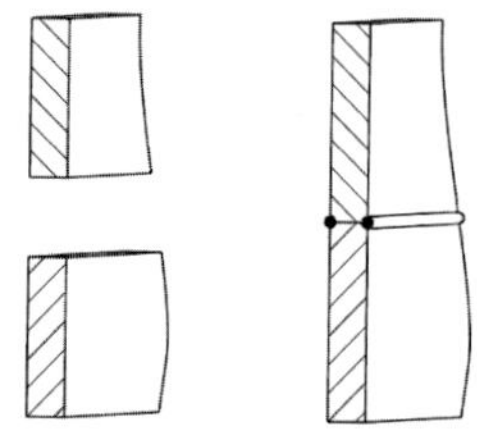
B. Modifizierter Stumpfstoß I	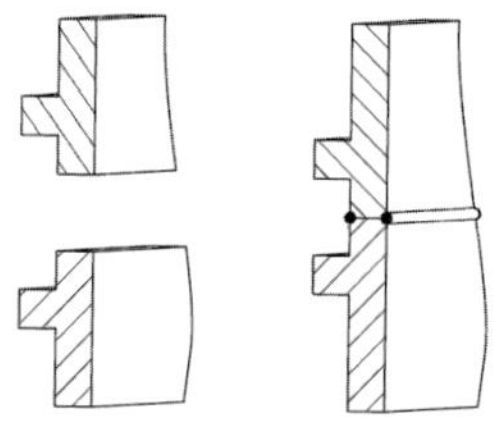
C. Modifizierter Stumpfstoß II	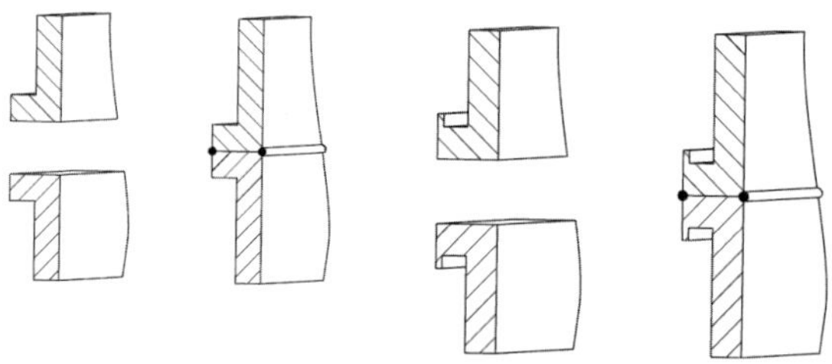
D. Modifizierter Stumpfstoß III	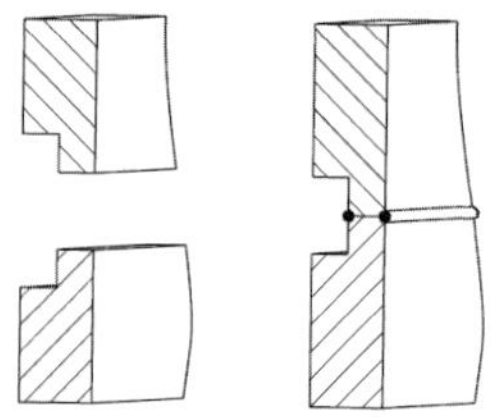

7.3. Fügezonen mit verdeckter Schweißnaht

Verdeckte Schweißzonen an Sichtflächen werden vorwiegend aus optischen Gründen gewählt. Im Innenbereich werden die Schweißzonen zur Vermeidung von Reibungsverlusten und zur Minderung von Geräuschen bei strömenden Gasen oder Flüssigkeiten verdeckt. Es ist darauf zu achten, dass sich die Abdeckrippen beim Fügen nicht berühren. Andernfalls kann der Fügedruck nicht aufrechterhalten werden (**Tabelle 3**).

Tabelle 3: Fügezonen mit verdeckter Schweißnaht

E. Außen verdeckte Schweißnaht	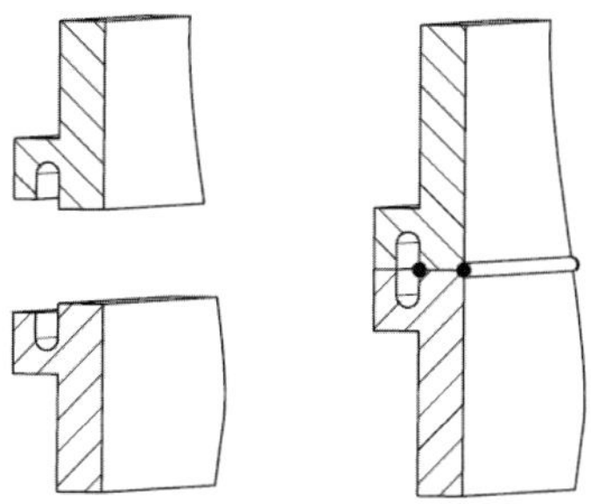
F. Beidseitig verdeckte Schweißnaht	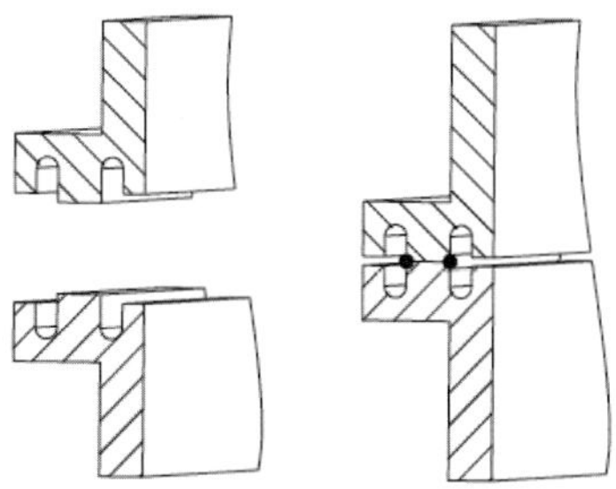

7.4. Sonderformen (Beispiele)

Beispiele von Sonderformen siehe **Tabelle 4**.

Tabelle 4: Sonderformen (Beispiele)

G. Sonderform (T-Stoß)	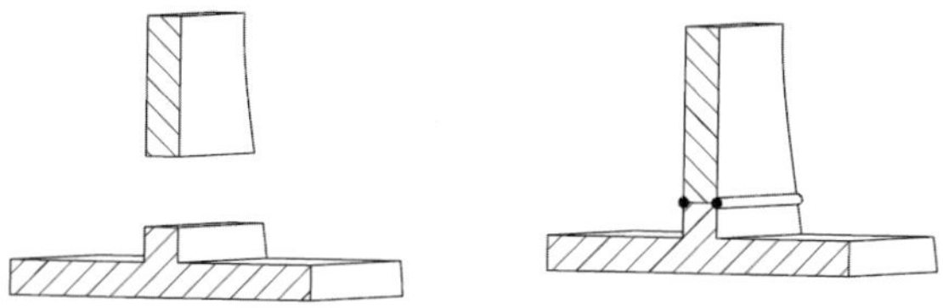
H. Sonderform	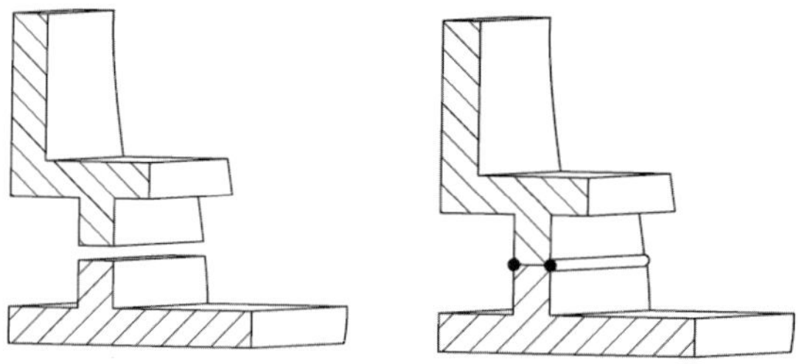
I. Sonderform (flächige Halbzeuge) Modifikation mit kleinen Rippen	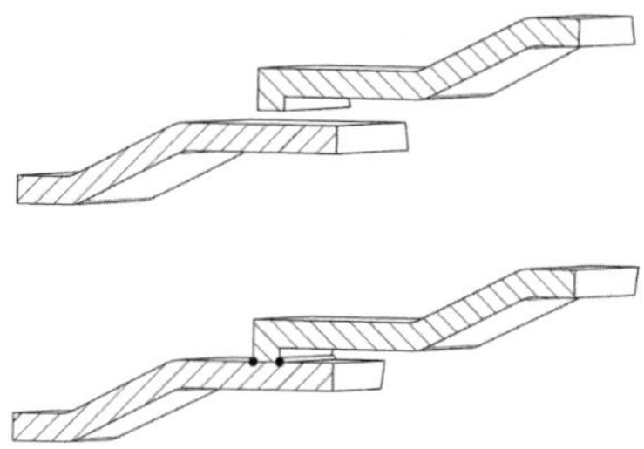

8. Schweißbedingungen

Die Herstellung von hochwertigen Schweißverbindungen erfordert die Beachtung konstruktiver, werkstoffspezifischer und verfahrensbedingter Einflussfaktoren. Die Schweißbedingungen, Werkzeuge, IR-Strahler und Maschinen müssen auf die jeweilige Anwendung abgestimmt werden (siehe Kapitel 4 bis 7).

Für eine gute und gleichmäßige Schweißnahtqualität ist beim Infrarotschweißen die Erzeugung einer ausreichend homogenen Schmelzeschichtdicke über die komplette Schweißnahtlänge entscheidend. Dabei sollte eine thermische Schädigung des Kunststoffes (bspw. sichtbar durch Rauchentwicklung) vermieden werden. Die Erwärmphase ist so einzustellen, dass es möglichst nicht zu einer solchen Rauchentwicklung kommt. Dazu kann die Strahlerleistung und/oder der Strahlerabstand (nur bei ebenen Bauteilen homogen wirksam) während des Erwärmens angepasst werden.

Weiterhin ist zu beachten, dass nicht nur die zu fügenden Kunststoffbauteile, sondern auch die umgebende Luft erwärmt wird. Dadurch kann es zu Konvektionsströmungen in der Schweißanlage (Kamineffekt) kommen, die sich insbesondere in der Schweißzone und deren näheren Umgebung negativ auswirken können. Dabei steigt die erwärmte Luft nach oben und zieht kalte aus der Umgebung nach. Besonders bei horizontal arbeitenden Schweißanlagen kann dies zu einer ungleichmäßigen Erwärmung der Fügeflächen führen. Dies äußert sich in einer geringeren Schmelzeschichtdicke an der Unterseite und mehr Schmelze an der Oberseite der Bauteile. Einen ähnlichen Effekt kann eine Absaugung bewirken. Solche für den Erwärmprozess ungünstigen Luftströmungen können durch konstruktive Maßnahmen in der Schweißanlage oder die Steuerung der Absaugung vermieden bzw. minimiert werden.

Um eine reproduzierbare Schweißnahtqualität gewährleisten zu können, müssen alle den Schweißprozess beeinflussenden Parameter konstant bzw. mit möglichst geringen Streuungen behaftet sein. Beispielsweise können Zugluft (z. B. durch ein offenes Hallentor) oder stark schwankende Umgebungstemperaturen (Jahreszeiteneinflüsse) den Erwärmprozess empfindlich beeinflussen.

Die folgenden Eingangsparameter haben einen großen Einfluss auf das Schweißergebnis:

1. **Temperatur der Strahlerbaugruppe:** Damit die Strahler den Kunststoff reproduzierbar erwärmen können, ist ein thermisch stabiler Zustand erforderlich. Je nach thermischer Masse der Strahlerbaugruppe (z. B. durch die Keramik bei Metallfolienstrahlern oder durch die Quarzglasröhre bei Quarzglasstrahlern) ist dazu vor Produktionsbeginn eine Aufheizphase notwendig. Sollte es zu Abweichungen im Produktionszyklus kommen, z. B. durch eine Prozessunterbrechung, kann die Strahlerbaugruppe aus dem thermischen Gleichgewicht geraten. Es wird eine erneute Aufheizphase notwendig. Des Weiteren unterliegt die Strahlerbaugruppe in der Produktion zyklischen Temperaturschwankungen. Diese können dadurch minimiert werden, dass die IR-Strahler auch außerhalb der Erwärmphase mit einer Grundlast betrieben werden, um deren Auskühlen zu verringern. Zusätzlich ist das Anbringen von Temperaturfühlern in Verbindung mit einer temperaturgeführten Regelung möglich.
2. **Bauteilverzug:** Bauteilverzug kann zu Schwankungen des Abstandes zwischen Strahler und Bauteiloberfläche führen. Dies kann eine ungleichmäßige Erwärmung mit unterschiedlichen Schmelzeschichtdicken über die Schweißnahtlänge zur Folge haben. Einem konstanten Bauteilverzug kann mit einer Anpassung der Strahlergeometrie entgegengewirkt werden.
3. **Eingangstemperatur der Bauteile:** Die Schmelzeschichtdicke, welche in einer gegebenen Erwärmzeit in einem Schweißbereich erreicht wird, hängt von der Eingangstemperatur der zu schweißenden Bauteile ab. Besonders bei Inline-Prozessen (Schweißen direkt nach dem Spritzgießprozess) muss eine ausreichend konstante Eingangstemperatur der Bauteile durch geeignete Maßnahmen sichergestellt werden.
4. **Restfeuchte bei hygroskopischen Kunststoffen:** Hygroskopische Kunststoffe wie beispielsweise Polyamide sowie die meisten amorphen Kunststoffe nehmen Wasser aus der Umgebung auf. Diese Feuchtigkeit verändert in erster Linie den Energiebedarf zum Aufschmelzen des Kunststoffes. Darüber hinaus kommt es während der Erwärmphase durch das verdampfende Wasser zur Bläschenbildung in der Kunststoffschmelze. Diese Bläschen behindern die notwendigen Wärmeleitungsprozesse: Dadurch wird sowohl die erreichbare Schmelzeschichtdicke reduziert als auch die Oberfläche verstärkt thermisch belastet. Deshalb ist es empfehlenswert, das Restfeuchteniveau der zu schweißenden Bauteile möglichst gering zu halten (idealerweise auf dem Niveau der Verarbeitungsvorgaben für den Spritzgießprozess).

9. Qualität

Trotz der zunehmenden Prozessüberwachungsmöglichkeiten hat die Qualitätsüberwachung der Fügeteile nach dem Schweißen zur Sicherung der Produktqualität eine zentrale Bedeutung. Die Maßnahmen und der Umfang für die Qualitätssicherung sind im Vorfeld zu vereinbaren. Das gilt sowohl für die Herstellung der Fügeteile als auch für den Fügeprozess. In zunehmendem Maß werden die Dokumentation der Maschinenparameter und Prozessgrößen sowie deren statistische Auswertung gefordert.

Zu den meist geforderten Qualitätsmerkmalen eines infrarotgeschweißten Bauteils gehören:

- Schweißnahtfestigkeit (Kurzzeit, Langzeit, dynamisch)
- Schweißnahtdichtigkeit
- einwandfreie Optik
- Schmelzeaustriebminimierung
- Maßhaltigkeit
- Partikelfreiheit

Für die Prüfung der Schweißverbindungen an Formteilen können Methoden der zerstörungsfreien und der zerstörenden Prüfung gewählt werden. Die zu prüfenden Merkmale und die jeweilige Prüfmethodik sind anhand des Lastenheftes zwischen Lieferant und Abnehmer zu vereinbaren (siehe auch Richtlinie DVS 2206 „Zerstörungsfreie Prüfung von Behältern, Apparaten und Rohrleitungen aus thermoplastischen Kunststoffen“ und Richtlinie DVS 2230-1 „Schweißen von Kunststoffserienteilen – Qualitätssicherung, Prüfung“). Beim Infrarotschweißen von Kunststoffen wird die Qualität neben der Forderung nach einem stabilen und robusten Prozess, maßgeblich von folgenden Faktoren bestimmt:

- Werkstoff (z. B. mechanische, optische und thermische Eigenschaften)
- Menge und Art von Füll- und Zusatzstoffen
- Orientierung der Faserverstärkung
- Belastungs- und schweißgerechte Konstruktion von Formteil und Fügenaht
- Formteilherstellung (z. B. Fertigungsverfahren, Verarbeitungsparameter, Toleranzen, Chargenschwankungen)
- Handling, Transport und Lagerung (z. B. Klimaeinflüsse, mechanische Belastung)
- Schweißmaschine und -werkzeug (z. B. Teilefixierung)
- Schweißprozess (z. B. Wahl und Konstanz der Maschinenparameter, Überwachung resultierender Prozessgrößen)

10. Sicherheitsvorschriften, Hinweise zu Normen und Richtlinien

Das Gerätesicherheitsgesetz schreibt vor, dass technische Arbeitsmittel nur dann in den Verkehr gebracht werden dürfen, wenn sie den Arbeitsschutz- und Unfallverhütungsvorschriften entsprechen. Demgemäß sind beim Bau von Infrarotschweißmaschinen die allgemein anerkannten Regeln der Technik, beispielsweise die einschlägigen EN-, DIN-Normen und VDE-Vorschriften sowie die Arbeitsschutz- und Unfallverhütungsvorschriften, zu beachten. Im Wesentlichen gelten für die Verarbeitung von Kunststoffen die Richtlinien der Berufsgenossenschaft der Chemischen Industrie. Je nach Werkstoff und Anwendungsfall müssen entstehende Dämpfe abgesaugt werden.

Neben den maschinenspezifischen Sicherheitsvorschriften sind beim Bau von Infrarotschweißmaschinen unter anderem die unter Kapitel 11 aufgeführten Vorschriften, Richtlinien und Normen zu beachten.

11. Schrifttum

11.1. Regelwerk

DIN EN 60519-1	Sicherheit in Elektrowärmeanlagen und Anlagen für elektromagnetische Bearbeitungsprozesse – Teil 1: Allgemeine Anforderungen
DIN EN 62693	Industrielle Elektrowärmeanlagen - Prüfverfahren für Infrarot-Elektrowärmeanlagen
DIN EN 62798	Industrielle Elektrowärmeeinrichtungen – Prüfverfahren für Infrarotstrahler
DIN EN ISO 12100	Sicherheit von Maschinen – Allgemeine Gestaltungsleitsätze – Risikobeurteilung und Risikominderung
DIN EN ISO 13857	Sicherheit von Maschinen – Sicherheitsabstände gegen das Erreichen von Gefährdungsbereichen mit den oberen und unteren Gliedmaßen
DIN EN IEC 60519-12	Sicherheit in Elektrowärmeanlagen und Anlage für elektromagnetische Bearbeitungsprozesse – Teil 12: Besondere Anforderungen an Infrarot-Elektrowärmeanlagen
Richtlinie DVS 2206	Zerstörungsfreie Prüfung von Behältern, Apparaten und Rohrleitungen aus thermoplastischen Kunststoffen
Richtlinie DVS 2207-6	Schweißen von thermoplastischen Kunststoffen – Berührungsloses Heizelementstumpfschweißen von Rohren, Rohrleitungsteilen und Tafeln - Verfahren, Maschinen, Parameter
Richtlinie DVS 2215-1	Heizelementschweißen von Formteilen aus thermoplastischen Kunststoffen in der Serienfertigung
Richtlinie DVS 2217	Vibrationsschweißen von Formteilen und Halbzeugen aus thermoplastischen Kunststoffen in der Serienfertigung
Richtlinie DVS 2230-1	Schweißen von Kunststoffserienteilen – Qualitätssicherung, Prüfung
Richtlinie DVS 2243	Laserstrahlschweißen thermoplastischer Kunststoffe
CEN Guide 414	Sicherheit von Maschinen – Regeln für die Abfassung und Gestaltung von Sicherheitsnormen
VDI 2854	Sicherheitstechnische Anforderungen an automatisierte Fertigungssysteme

11.2. Literatur

[1] Fuhrich, R.: Infrarotschweißen von Kunststoffen mit thermischen Strahlungsemittern. Dissertation, Technische Universität Chemnitz, 2013

[2] Heil, M.: Heizstrahlerschweißen thermoplastischer Kunststoffe. Dissertation, Universität-Gesamthochschule Paderborn, 1994

[3] Ehrenstein, G. W. (Hrsg.): Handbuch Kunststoffverbindungstechnik. Carl Hanser Verlag, München, 2004

[4] Potente, H.: Fügen von Kunststoffen. Carl Hanser Verlag, München Wien, 2004

[5] Modest, M. F.: Radiative Heat Transfer. 3. Auflage, Academic Press, Amsterdam, 2013

[6] Hofmann, A.: Hybrides Laserstrahlschweißen von Kunststoffen. Dissertation, Universität Erlangen-Nürnberg, 2006

[7] VDI-Wärmeatlas, 11. Auflage. Springer-Verlag, Berlin Heidelberg, 2013

12. Anwendungsbeispiele

 Bild: IR-Strahler für Ölbehälter	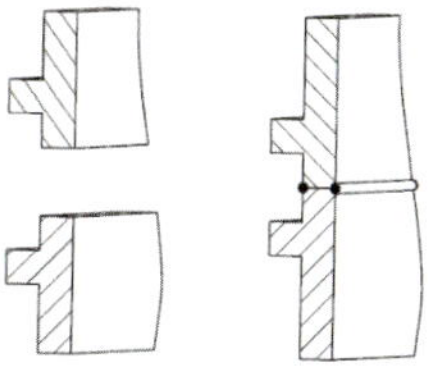	Material: PA6 IR-Strahler: Glas-Flächenstrahler mit Maske Anwärmzeit: 20 Sek. Fügedruck: 2 MPa Fügeweg: 1 mm
 Bild: Instrumententafel (Quelle: bielomatik)	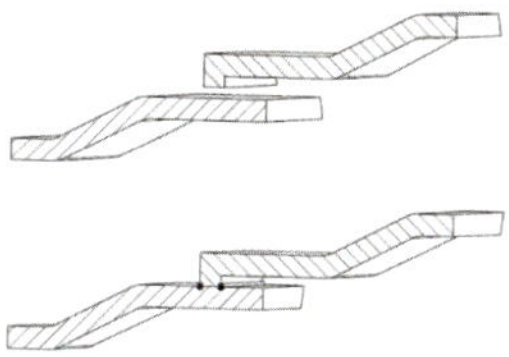	Material: PP-LGF IR-Strahler: Glas-Konturstrahler (3D) Anwärmzeit: 12 Sek. Fügedruck: 2 MPa Fügeweg: 1 mm
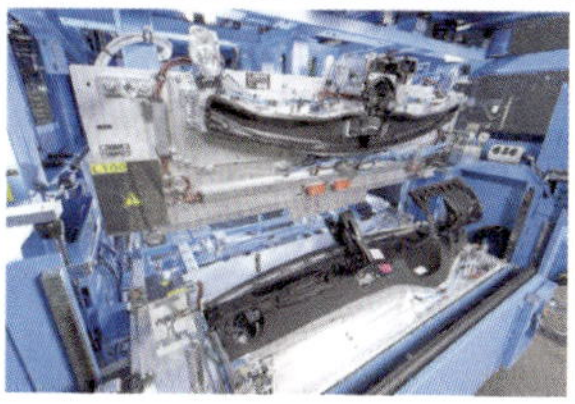 Bild: Instrumententafel (Quelle: bielomatik)	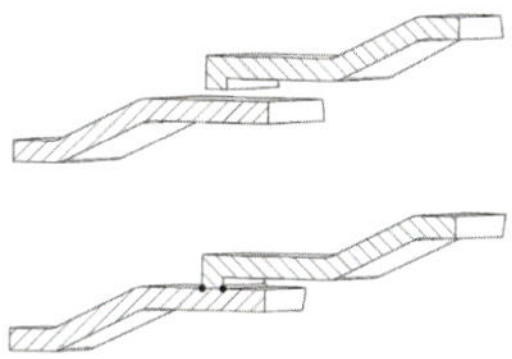	Material: PP-LGF IR-Strahler: Metallfolie Anwärmzeit: 12 Sek. Sek.Fügedruck: 2 MPa MPaFügeweg: 1 mm
 Bild: Reinigungsgerät (Quelle: bielomatik)	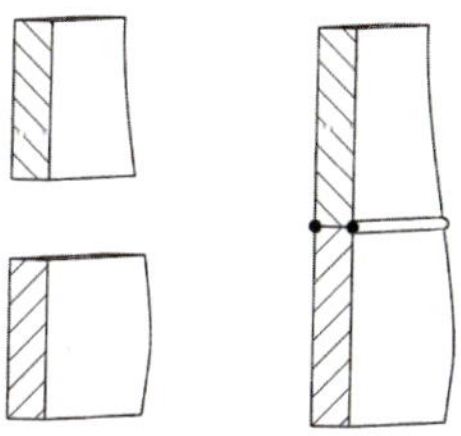	Material: PE IR-Strahler: Glas-Stiftsockelstrahler Anwärmzeit: 10 Sek. Fügedruck: 0,8 MPa Fügeweg: 1 mm

DVS – DEUTSCHER VERBAND FÜR SCHWEISSEN UND VERWANDTE VERFAHREN E.V.

Schweißen von Kunststoffserienteilen Qualitätssicherung, Prüfung

DVS
Richtlinie
DVS 2230-1

Inhalt:

1 Geltungsbereich

Diese Richtlinie gilt für das Schweißen von Teilen aus thermoplastischen Kunststoffen in der Serienfertigung mit den Fügeverfahren Heizelement-, Vibrations-, Ultraschall-, Rotationsreib- und Hochfrequenzschweißen.

Hierbei wird speziell auf die qualitätssichernden Maßnahmen vor, während und nach dem Schweißprozess eingegangen. Technologische Einzelheiten wie Konstruktion, Verfahrens- und Verbindungstechnik können den auf die verschiedenen Verfahren bezogenen DVS-Richtlinien entnommen werden, die in Abschnitt 10 angeführt sind.

2 Grundlagen und Begriffsdefinitionen

„Qualität“ ist nach DIN 55350 die „Beschaffenheit einer Einheit bezüglich ihrer Eignung, festgelegte und vorausgesetzte Erfordernisse zu erfüllen“. Eine umfassende Qualitätssicherung beinhaltet das Personalmanagement, die Logistik, den Fertigungsablauf und alle übrigen an der Produktion beteiligten Bereiche.

Entsprechend den Qualitätsanforderungen ist die Konstruktion der Fügeteile auf folgende Forderungen, z. B.:

- Belastbarkeit der Schweißnaht
- Dichtheit
- Optik
- Maßhaltigkeit (Schwund, Verzug, Formteilnester)
- Schmelzeaustrieb und Entstehung von Partikeln
- Bauteilbeschädigungen

auszurichten.

Darüber hinaus sind die einzelnen verfahrensspezifischen Voraussetzungen der einzelnen Serienschweißverfahren unbedingt zu beachten.

Vielfach wird auch von Fügen gesprochen, was dann der Fall ist, wenn ein Thermoplast mit einem anderen Werkstoff, z. B. Pressspanplatten, Pappe, Textilgewebe u. a., verbunden wird. Es entsteht dabei eine mechanische Verkrallung.

2.1 System FMEA

FMEA (Failure Mode and Effect Analysis) bedeutet „Fehler-Möglichkeits- und -Einfluss-Analyse“. Diese dient der Risiko- und Kostenminimierung und wird nicht nur bei sicherheitsrelevanten Systemen, sondern überall dort angewendet, wo Ausfälle störend sind und teure Folgen haben können. Mit der aktuellen Weiterentwicklung hat sich die Bezeichnung System-FMEA durchgesetzt. Diese setzt sich zusammen aus einer Produkt- und Prozess-FMEA.

Die System-FMEA, Produkt- bzw. Konstruktions-FMEA betrachten die möglichen Versagensarten ganzer Produkte, wenn erforderlich, erfolgt die Betrachtung bis in einzelne Bauteile.

Bei dem System-FMEA-Prozess wird der Herstellungsprozess anhand der beteiligten Systemelemente (5M – Mensch, Maschine, Material, Mitwelt, Methode (Verfahren)) beschrieben und strukturiert. Prozessschritte werden als Aufgaben dieser Systemelemente betrachtet. Bei Bedarf erfolgt die Analyse bis in die Auslegungsdaten der Fertigungseinrichtungen.

DVS, Ausschuss für Technik, Arbeitsgruppe „Fügen von Kunststoffen“

Bezug: Verlag für Schweißen und verwandte Verfahren DVS-Verlag GmbH, Postfach 10 19 65, 40010 Düsseldorf, Telefon (02 11) 15 91-0, Telefax (02 11) 1591-150

2.2 Prüfmittelfähigkeitsuntersuchung

Zur Beurteilung und Überwachung der Produktqualität sind geeignete Prüfmethoden auszuwählen, deren Fähigkeit nachzuweisen ist. Die Prüfmittelfähigkeit gewährleistet die Möglichkeit, die im Laufe eines Prozesses auftretenden Schwankungen korrekt anzuzeigen. Da das Prüfmittel selbst Schwankungen unterworfen ist, muss festgelegt werden, ob diese geringer als die vom Prozess zu erwartenden Schwankungen sind. Dazu wird im Rahmen der Prüfmittelfähigkeitsuntersuchung das gerätebedingte Streuverhalten der Prüfeinrichtung unter Einsatzbedingungen am Einsatzort mit einem Normal oder einem Meisterstück untersucht (Wiederholungsmessungen). Ergebnis der Untersuchungen sind Fähigkeitskennwerte, die ein Maß für die Genauigkeit und die Wiederholpräzision sind.

2.3 Maschinenfähigkeitsuntersuchung

Bei der Maschinenfähigkeitsuntersuchung (häufig auch als Kurzzeitfähigkeitsuntersuchung bezeichnet) sollen vor allem Einflüsse der Fertigungseinrichtung auf die Produktqualität überprüft werden. Somit sind die Beeinflussungen durch den Menschen, das Material, die Methode und die Mitwelt nach Möglichkeit auszuschließen. Als Ergebnis liefert die Maschinenfähigkeitsuntersuchung eine vorläufige Aussage über die Eignung der Maschine-Werkzeug-Formteil-Kombination. Während der Stichprobenentnahme dürfen keine Veränderungen am Prozess vorgenommen werden.

Der Kurzzeit-(Maschinen-)fähigkeitskennwert c_m gibt Auskunft darüber, in welchem Maße die Streuung der Messwerte die gegebene Merkmalstoleranz ausnutzt. Er errechnet sich zu:

$$c_m = \frac{T}{6\ s}$$

s = Standardabweichung einer Stichprobe von Merkmalswerten
T = Merkmalstoleranz

Für die Kennwertermittlung sollten > 50 hintereinander dem Prozess entnommene und fortlaufend nummerierte Teile herangezogen werden. Nach Ermittlung der ausgewählten Merkmalswerte lässt sich deren Standardabweichung *s* wie folgt berechnen:

$$s = \sqrt{\frac{1}{n-1} \sum_{i=1}^{n} \left(x_i - \bar{x}\right)^2}$$

Der Maschinenfähigkeitskennwert Cmk berücksichtigt zusätzlich die Lage des Mittelwertes im Toleranzbereich:

$$Cmk = \frac{OGW - \bar{x}}{3\ s} \quad \text{bzw.} \quad Cmk = \frac{\bar{x} - UGW}{3\ s}$$

wobei: OGW – UGW = T

OGW = Obere Toleranzgrenze des Merkmals
UGW = Untere Toleranzgrenze des Merkmals
$\bar{x}$ = arithmetischer Mittelwert der Merkmalswerte

Eine Bearbeitungseinrichtung ist fähig, wenn für den kleineren Betrag der beiden Beziehungen gilt:

Cmk 1,67

Dies ist ein heute üblicher Wert in der Automobilindustrie.

2.4 Prozessfähigkeitsuntersuchung

Die Prozessfähigkeitsuntersuchung ist eine langfristige Untersuchung, die auch Einflüsse berücksichtigt, die auf den Fertigungsprozess während einer längeren Betriebszeit von außen einwirken. Ziel der Prozessfähigkeitsuntersuchung ist es nachzuweisen, dass der zu untersuchende Fertigungsprozess in der Lage ist, die an ihn gestellten Qualitätsanforderungen dauerhaft zu erfüllen.

Die Untersuchung erfolgt anhand mehrerer Einzelstichproben, die in prozessabhängigen Intervallen entnommen werden. Für eine gesicherte Ausgangsbasis sind mindestens 20 Stichproben zu je fünf Teilen notwendig.

Es gelten folgende Beziehungen:

$$C_p = \frac{T}{6} \quad \text{wobei:} \quad = \frac{\bar{s}}{a_n}$$

$$\bar{s} = \frac{\sum_{j=1}^{m} s_j}{m} =$$ Mittelwert der Standardabweichungen der Stichproben

m = Anzahl der Stichproben
n = Anzahl der Teile pro Stichprobe

Der Faktor a_n dient zur Abschätzung der Standardabweichung der Grundgesamtheit aus der Standardabweichung einer Einzelstichprobe und ist abhängig vom Stichprobenumfang n.

Die Zuordnung kann z. B. einer Tabelle entnommen werden:

n	2	3	4	5	6	7	8	9	10
a_n	0,798	0,886	0,921	0,940	0,952	0,959	0,965	0,969	0,973

Entsprechend zur Kurzzeitfähigkeitsuntersuchung gilt für den Kennwert der Prozessfähigkeit:

$$Cpk = \frac{OGW - \bar{\bar{x}}}{3} \quad \text{bzw.} \quad Cpk = \frac{\bar{\bar{x}} - UGW}{3}$$

wobei: $\bar{\bar{x}} = \frac{1}{m} \sum_{i=1}^{m} \bar{x}_i$ = Gesamtmittelwert der Einzelstichproben von Merkmalswerten.

Für fähige Prozesse gilt:

Cpk 1,33

Dies ist ein heute üblicher Wert in der Automobilindustrie.

Bei Schweißprozessen tritt häufig der Fall auf, dass nur ein Mindestwert für ein Merkmal (UGW) definiert ist, der nicht unterschritten werden darf, z. B. Schweißnahtfestigkeit, Berstdruckhöhe. In diesen Fällen ist die Kennwertermittlung nur in Bezug auf den unteren Grenzwert (UGW) durchzuführen:

$$Cmk = \frac{\bar{x} - UGW}{3\ s} \quad 1{,}67$$

$$Cpk = \frac{\bar{\bar{x}} - UGW}{3\ s} \quad 1{,}33$$

Bei diesen Berechnungsformeln wird von einer Normalverteilung der Merkmale ausgegangen. Weicht die tatsächliche Verteilung hiervon ab, sind Korrekturfunktionen einzusetzen.

2.5 Prozessregelung und Prozessüberwachung

Unter Prozess und Fertigungsüberwachung versteht man alle Vorgänge, die durch Informationen über den Prozesszustand eine Steuerung/Regelung des Prozesses zulassen, so dass sich die Qualitätsmerkmale der hergestellten Produkte innerhalb vorgeschriebener Grenzen halten. In diesem Zusammenhang sind unterschiedliche Verfahren anwendbar, z. B. statistische Prozesskontrolle (Statistical Process Control, SPC) und kontinuierliche Prozesskontrolle (Continuous Process Control, CPC).

2.6 Voraussetzungen für eine serientaugliche Produktion

Unabhängig vom verwendeten Schweißverfahren sind für eine qualitätsgesicherte Produktion grundlegende Voraussetzungen notwendig, um systematische Fehler auszuschließen. Bevor eine Serienfertigung beginnt, muss daher kontrolliert werden, ob der Prozess systematischen Einflüssen unterliegt. Ist dies nicht der Fall, ist der Prozess unter statistischer Kontrolle. Statistische Kontrolle bedeutet, dass die Streuung der Qualitätsmerkmale nur noch Zufallseinflüssen unterliegt. Ein Prozess unter statistischer Kontrolle ist beherrschbar und voraussagbar. Bild 1 zeigt einen Prozess, der zu Beginn nicht kontrolliert verläuft, gekennzeichnet durch seine stark schwankende Mittelwertlage und Verteilungsbreite. Mit zunehmender Zeit sind Maßnahmen ergriffen worden, die die Zufallseinflüsse reduzieren. Die Lage und Breite der Verteilung verbessert sich dadurch, d. h., die Verteilungen sind schmaler und in letzter Stufe identisch.

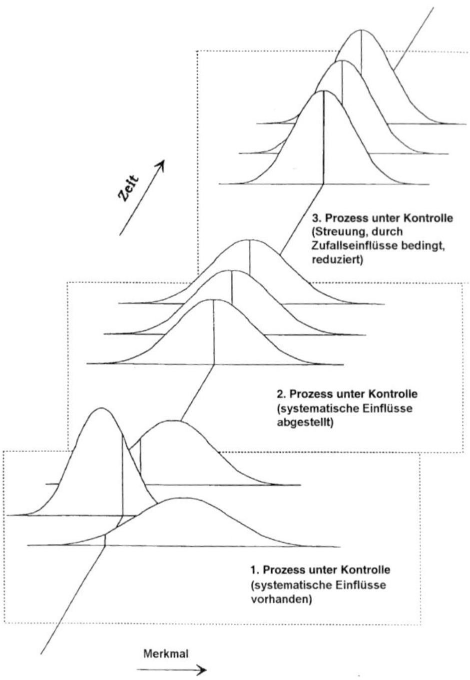

Bild 1. Grundlagen für einen Prozess unter statistischer Kontrolle.

Im Folgenden sind einige Punkte genannt, die zu systematischen Fehlern führen können:

Die Werkstoffkennwerte haben Einfluss auf die Aufschmelz- und Fließbedingungen in der Fügezone, die die resultierende Schweißnahtqualität beeinflussen. Aufschmelz- und Fließbedingungen werden durch die Verfahrensparameter in Abhängigkeit vom Schweißverfahren beeinflusst. Um die maximalen Schweißnahtqualitäten zu erreichen, sind die Schweißparameter in Abhängigkeit vom Schweißverfahren auf die jeweiligen Werkstoffe anzupassen.

Unterschiedliche Zusatzstoffe führen für alle Schweißverfahren zu variierenden Schweißnahtqualitäten. Der derzeitige Kenntnisstand erfordert in Abhängigkeit des Zusatzstoffs Vorversuche.

Fügeteilkonstruktion und Fügezonengeometrie müssen, einschließlich der Toleranzen, nach Festlegung auf das Schweißverfahren in die Konstruktionsphase mit einbezogen werden. Grundsätzlich vermieden werden sollten Bindenähte im Bereich der Fügezone.

Die Wahl der Maschinenparameter sollte in Anlehnung an die in den verfahrensspezifischen Richtlinien gegebenen Hinweise applikationsspezifisch und unter Berücksichtigung der jeweils technisch-wirtschaftlichen Randbedingungen erfolgen. Hier können Methoden der statistischen Versuchsplanung (teil-/vollfaktuiert, Taguchi, Shainin) bei der Ermittlung eines robusten Betriebspunktes Hilfestellung leisten.

2.7 Qualitätsanforderungen an die Fügeteile und Zwischenlagerung vor dem Schweißen

Grundsätzlich gilt für alle Serienschweißverfahren, dass die Toleranz im Fügezonenbereich hinsichtlich Dimension und Planheit nach den formgebenden Prozessen eingehalten werden muss. Toleranzüberschreitungen führen zu einer lokalen Verminderung der Nahtqualität bis zu Fehlstellen im Fügezonenbereich. Der Grund hierfür ist häufig eine nicht ausreichende Unterstützung der Fügezonen im Aufnahmewerkzeug.

Im Vorfeld der Produktplanung zu beachten sind:

- Maßhaltigkeit der Fügeteile
- keine Verschmutzung der Fügeflächen
- keine mechanische Beschädigung oder Deformation
- definierter Feuchtigkeitsgehalt der Fügeteile
- werkstoffgerechte Lagerung und Transport
- Toleranzen, z. B. bedingt durch Schwindung, Schrumpf, Feuchtigkeit, Orientierung, Eigenspannungen
- die Fügeteiltemperatur ist zu Beginn des Schweißens konstant zu halten

Gute Schweißergebnisse lassen sich nur mit Fügeteilen erzielen, die nach den für den Werkstoff gültigen Verarbeitungsrichtlinien hergestellt wurden. Die Fügeteile sollten geringe Eigenspannungen sowie eine Gewichtskonstanz und Maßhaltigkeit aufweisen. Das bedeutet, dass der Zeitabstand von einem Fertigungsschritt zum nächsten annähernd konstant ist. Dabei müssen die aus den vorhergehenden Fertigungsschritten resultierenden Streuungen berücksichtigt werden.

Die Schweißbarkeit hängt ab von den Werkstoffeigenschaften, Verstärkungsstoffen, Füllstoffen und Regeneratbeimischungen.

Bei Verwendung von teilkristallinen und hydrophilen Kunststoffen ist auf eine genaue Einhaltung der Zeit zwischen Fügeteilherstellung und Schweißprozess zu achten. Variierende Zeiten können bei teilkristallinen Kunststoffen infolge der Nachkristallisation zu Veränderungen der Maßtoleranzen in Bezug auf die Bauteile sowie der Fügezone führen. Die Einhaltung gleicher Zeiten zwischen urformenden Verfahren und dem Schweißprozess erhöht die Prozesssicherheit. Beide Fügeteile sollten zu Schweißbeginn die gleiche Temperatur aufweisen.

Beim Schweißen von Formteilen, die Wasser aus der Luft aufnehmen, können poröse Schweißnähte mit verminderter Festigkeit entstehen. Gegebenenfalls sollten die Fügeteile getrocknet werden.

Für das Schweißen von Serienteilen sollten die Fügeflächen, unabhängig vom verwendeten Schweißverfahren, frei von Verunreinigungen, z. B. Formtrennmitteln, Verbrennungen, Staubpartikeln, Lackpartikeln und Beschichtungsrückständen, sein. Grundsätzlich sollte das Schweißen durch oberflächenbeschichtete Fügezonen (lackierte oder metallisierte Oberflächen) vermieden werden, da nur mit einem erhöhten Aufwand eine ausreichende Reproduzierbarkeit gewährleistet werden kann.

In zunehmendem Maße werden Recyclate allein oder in Mischung mit Neuware verarbeitet und die daraus hergestellten Formteile geschweißt. Die Schweißeigenschaften sind abhängig von der Zusammensetzung und sollten durch Versuche ermittelt werden.

3 Heizelementschweißen

Beim Heizelementschweißen werden mit einem Heizelement durch Kontakt über Wärmeleitung oder berührungslos, d. h. durch Wärmestrahlung, die Fügeflächen aufgeschmolzen.

Unter Druck wird in den Fügeflächen ein Quetschfluss induziert und damit die Fügeteile geschweißt.

Der Schweißprozess gliedert sich in mehrere Arbeitsschritte, die in Bild 2 eingezeichnet sind. Alle wesentlichen Prozess- und Maschinenparameter sowie Druck/Kraft und Weg über einem Schweißzyklus sind in diesem Diagramm eingetragen.

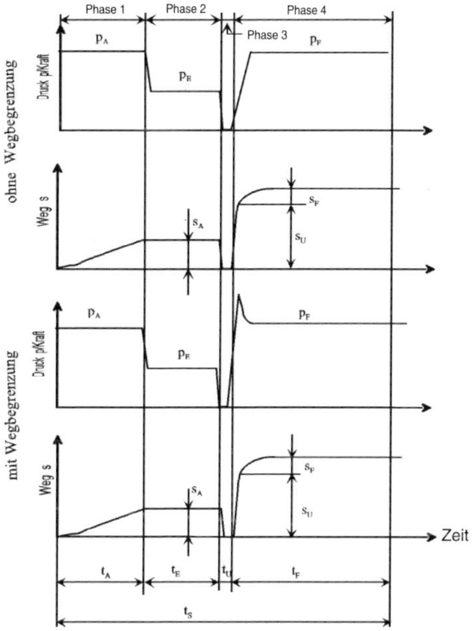

Phase 1: Angleichen, Ausgleichen von Unebenheiten
Phase 2: Anwärmen, Schmelzeschicht bilden
Phase 3: Umstellen, Entfernen des Heizelements
Phase 4: Fügen und Abkühlen, Schweißen der plastifizierten Fügefläche und Abkühlen unter Druck

Bild 2. Schematischer Prozessverlauf von Druck und Weg als Funktion der Zeit beim Heizelementschweißen, Kenngrößen siehe Tabelle 1.

3.1 Maschineneinstell- und Prozessparameter

Tabelle 1. Kenngrößen beim Heizelementschweißen.

Kenngröße	Kurzform	Dimension	Bemerkung
Angleichdruck	p_A	MPa	Einstellgröße beim kraftabhängigen Schweißen, Prozessparameter beim wegabhängigen Schweißen
Angleichweg	s_A	mm	Einstellgröße beim wegabhängigen Schweißen, Prozessparameter bei Vorgabe von Angleichdruck und/oder Angleichzeit
Angleichzeit	t_A	s	Einstellgröße beim kraftabhängigen Schweißen, Prozessparameter bei Vorgabe von Druck und Weg
Erwärmdruck	p_E	MPa	
Erwärmzeit	t_E	s	Einstellgröße
Füge- und Abkühlzeit	t_F	s	Einstellgröße
Fügedruck	p_F	MPa	Einstellgröße beim kraftabhängigen Schweißen oder Prozessparameter beim wegabhängigen Schweißen
Füge-geschwindigkeit	v_F	mm/s	Einstellgröße bei servomotorischem Antrieb ansonsten Prozessparameter
Fügeweg	s_F	mm	Einstellgröße beim wegabhängigen Schweißen oder Prozessparameter bei Vorgabe des Fügedrucks
Heizelement-temperatur	T_H	°C	Einstellgröße
Prozesszeit	t_P	s	= Schweißzeit, Beginn bei Energieeinbringung, Ende nach Ablauf der Abkühl- bzw. Haltezeit
Schmelze-schichtdicke	L_0	mm	Folgegröße
Schweißzeit	t_S	s	= Prozesszeit, Einstellgröße
Umstellweg	s_U	mm	
Umstellzeit	t_U	s	Prozessparameter

Um eine optimale Schweißnahtqualität zu erreichen, sind alle Parameter auf den jeweiligen Anwendungsfall abzustimmen. Wesentlichen Einfluss auf die Parameteroptimierung haben die Teilegeometrie, der Rohstoff, die Maschinenzykluszeit und die geforderte Qualität, wobei sich die Qualität in den häufigsten Anwendungen aus mehreren Merkmalen zusammensetzt, z. B. Schweißnahtfestigkeit, Dichtigkeit, Aussehen.

Aus diesen unterschiedlichen Forderungen ergibt sich ein Kompromiss in der Teilegestaltung und der Prozessoptimierung.

3.2 Konstruktive Auslegung der Fügeteile

Die Schweißnahtgestaltung ist auf den Prozess und die Teilegeometrie anzupassen. Die unterschiedlichen Möglichkeiten sind in der Richtlinie DVS 2215-1 und ff. dargestellt. Wesentlich ist, dass die Wanddicke oder Schweißstege ein ausreichendes Aufmaß haben, um einen optimalen Angleich- und Fügeweg realisieren zu können.

Bei Spritzgussteilen sollte der Anguss aufgrund von starken Orientierungen möglichst fern zur Schweißnaht gelegt werden. Markierungen auf der Fügefläche, z. B. durch Auswerferstifte, führen häufig auf der Heizelementoberfläche zu Beschädigungen. Sie sollten daher vermieden werden.

Die Fügezone muss so in das Fügeteil integriert werden, dass diese durch die Schweißaufnahme unterstützt und eindeutig fixiert werden kann.

3.3 Prozessüberwachung beim Heizelementschweißen

Wie in Abschnitt 3 beschrieben, setzt sich der Heizelementschweißprozess aus mehreren Phasen zusammen. In jeder Phase sind bestimmte Parameter wesentlich.

3.3.1 Prozessphase 1, Angleichphase

Die Angleichphase hat die Aufgabe, einen ganzflächigen Kontakt zum Heizelement herzustellen, d. h. Unebenheiten werden abgeschmolzen. Die beeinflussenden Parameter sind:

Angleichdruck p_A
Angleichweg s_A
Angleichzeit t_A

Der Angleichweg muss so gewählt werden, dass ein guter Kontakt zum Heizelement sichergestellt ist. Wird der Angleichweg vorgegeben, ist die Angleichzeit bei konstantem Druck p_A eine wichtige Größe in der Dokumentation. Die Angleichzeit ist in diesem Fall ein Parameter, der nicht durch die Maschine, sondern durch den Prozess beeinflusst wird. Die Schwankungen werden hierbei durch die Fügeteile verursacht.

Der Angleichdruck beeinflusst im Wesentlichen den Wärmeübergang, d. h. eine Druckerhöhung wirkt sich positiv auf den Wärmeübergang aus. Es kann dadurch die Angleichzeit erniedrigt werden. Ein zu hoher Angleichdruck kann aber zu erhöhten Eigenspannungen im Fügeteil führen.

3.3.2 Prozessphase 2, nahezu drucklose Erwärmphase

Nach Beendigung des Angleichprozesses beginnt die nahezu drucklose Erwärmphase, um den Kunststoff in die Tiefe zu plastifizieren.

Die wesentlichen Parameter sind hier

Erwärmzeit t_E
Heizelementtemperatur T_H

Die Erwärmzeit muss, bezogen auf die Heizelementtemperatur, so eingestellt werden, dass genügend Material plastifiziert wird. In den Richtlinien 2215-1, -2, -3 ist der Zusammenhang für einige Kunststoffe in Diagrammen dargestellt. Die erzeugte Schmelzeschichtdicke L_0 ist einer der wichtigsten Parameter beim Heizelementschweißen. Dieser Parameter kann aber nur indirekt durch eine Dokumentation der Angleichparameter sowie der Erwärmzeit t_E und der Heizelementtemperatur T_H überwacht werden.

Für einige Materialien (teilkristalline Werkstoffe) lässt sich die Schmelzeschichtdicke exakt mit Hilfe von Dünnschnitten und mikroskopischen Untersuchungen bestimmen.

Grundsätzlich hat eine große Schmelzeschichtdicke keinen negativen Einfluss auf die Qualität der Schweißung. Voraussetzung dafür ist, dass das Bauteil während des Schweißprozesses seine Formstabilität nicht verliert. Ungleichmäßige Schmelzeschichtdicken über der Fügefläche können durch eine unterschiedliche Oberflächentemperatur des Heizelements verursacht werden. In solchen Fällen soll die Oberflächentemperatur des Heizelements überwacht werden.

3.3.3 Prozessphase 3, Umstellphase

Die Umstellphase sollte immer so kurz wie möglich sein, um ein unzulässiges Abkühlen der Schmelze zu vermeiden. Je dünner die Schmelzeschicht nach der Erwärmphase ist, desto kritischer ist eine längere Umstellphase.

Als Überwachungsparameter kann die Umstellzeit t_U herangezogen werden.

3.3.4 Prozessphase 4, Fügephase / Abkühlphase

In der Fügephase werden unter Druck die zu schweißenden Teile geschweißt. Die zu beachtenden Parameter sind hier:

Fügedruck p_F
Fügeweg s_F
Füge- und Abkühlzeit t_F

Der wichtigste Parameter ist der Fügeweg. Der Fügeweg muss so eingestellt werden, dass ein ausreichender Quetschfluss erzeugt wird, aber andererseits nicht die gesamte Schmelze verdrängt wird. In der Regel sollten zwischen 60 und 80 % der erzeugten Schmelze verdrängt werden.

Beim kraftabhängigen Schweißen ist es sinnvoll, den Fügeweg zu überwachen. Beim wegabhängigen Schweißen kann die sich einstellende Fügekraft überwacht werden. Dies führt zu erhöhtem Investment.

4 Ultraschallschweißen

Beim Ultraschallschweißen werden Fügeteile aus thermoplastischen Kunststoffen durch mechanische Schwingungen im Ultraschallbereich miteinander geschweißt.

Die von einem Generator erzeugten elektrischen Schwingungen werden im Ultraschallwandler (Schallkopf, Konverter) in mechanische Schwingungen gleicher Frequenz umgewandelt und über das Transformationsstück (Booster) und die Sonotrode (Horn) den Fügeflächen zugeleitet.

Durch Absorption der mechanischen Schwingungen, Reflexion in der Fügezone und durch die Grenzflächenreibung der Fügeflächen schmilzt der Kunststoff im Fügebereich. Die Fügeteile sinken durch die aufgebrachte Schweißkraft nach und die Schweißung tritt ein. In der anschließenden Haltephase setzt die Abkühlung des Schmelzefilms ein. Zusatzstoffe sind nicht erforderlich.

Zum Erzielen einer reproduzierbaren guten Schweißqualität sind neben der richtigen Auswahl des Ultraschallschweißgerätes die rohstoffbedingten Einflüsse der thermoplastischen Kunststoffe, die Herstell- und Lagerbedingungen und die konstruktive Gestaltung der Fügeteile sowie die Verfahrensparameter beim Schweißen von wesentlichem Einfluss.

In Bild 3 ist der prinzipielle Prozessverlauf von Schweißkraft, Fügeweg und Amplitude für das Schweißen mit Energierichtungsgeber (ERG) dargestellt. Die während des Schweißprozesses auftretenden Phasen und geometrische Gegebenheiten sind ebenfalls eingezeichnet und werden unter Abschnitt 4.4 beschrieben.

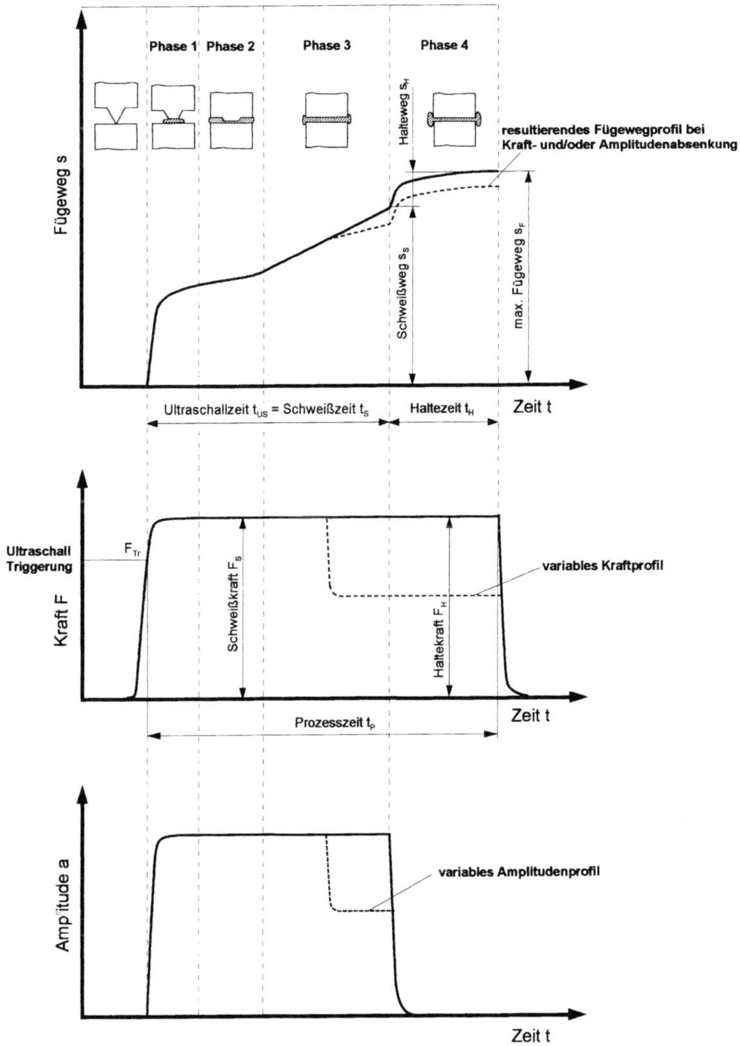

Bild 3. Schematischer Prozessverlauf von Kraft, Weg und Amplitude als Funktion der Zeit beim Ultraschallschweißen, Fügeteile mit Energierichtungsgeber.

Phase 1: Anschmelzen des Energierichtungsgebers
Phase 2: Instationäre Schmelzebildung
Phase 3: Quasistationäre Abschmelzphase
Phase 4: Haltephase / Abkühlphase

4.1 Maschineneinstell- und Prozessparameter, physikalische Größen

Tabelle 2. Kenngrößen beim Ultraschallschweißen.

Kenngröße	Kurzform	Dimension	Bemerkung
Amplitude	a	µm	halbe Schwingweite; Profil; Einstellgröße
Energie	E	Joule	Einstellgröße oder Prozessparameter je nach Betriebsart
Fügefläche	A	mm²	
Frequenz	f	Hz, kHz	maschinenabhängige Größe
Fügeweg	s_F	mm	Einstellgröße oder Prozessparameter beim zeit- oder energieabhängigen Schweißen, max. Fügeweg $s_F = s_S + s_H$
Geschwindigkeit der Sonotrode beim Fügen	v_F	mm/s	Einstellgröße bei servomotorischem Antrieb
Haltedruck	p_H	MPa	wirkt in der Fügefläche
Haltekraft	F_H	N	Einstellgröße
Halteweg	s_H	mm	Prozessparameter
Haltezeit	t_H	s	Einstellgröße
Leistung	P	Watt	Prozessparameter
Prozesszeit	t_P	s	Beginn bei Einbringung der Ultraschallenergie, Ende nach Ablauf der Haltezeit
Schweißdruck	p_S	MPa	wirkt in der Fügefläche; $p_S = F_S / A$
Schweißkraft	F_S	N	Einstellgröße; Profil
Schweißweg	s_S	mm	Einstellgröße oder Prozessparameter je nach Betriebsart
Schweißzeit = Ultraschallzeit	t_S t_{US}	s s	Einstellgröße oder Prozessparameter je nach Betriebsart; Wirkzeit des Ultraschalls
Schallgeschwindigkeit	c	m/s	werkstoffabhängige Größe
Triggerkraft	F_{Tr}	N	Einstellgröße
Wellenlänge		mm, cm	Sonotrodenlänge bevorzugt /2

Für die Auswahl und Zusammenhänge der Schweißparameter werden nachfolgend allgemeine Hinweise gegeben:

Amplitude

Die Amplitude ist als Schweißparameter eine wichtige Einstellgröße. Sie beeinflusst im Gegensatz zum Schweißdruck die Energiebilanz bei der Schwingungsumwandlung im Schwingungswandler im Quadrat ihrer Größe.

Für die Amplitude gilt:

Entsprechend dem zu schweißenden Werkstoff, der Bauteilgeometrie und den Anforderungen müssen die Amplitude optimiert und die zulässige Toleranz empirisch ermittelt werden. Bei den Optimierungsversuchen sollte, mit dem kleinsten Wert beginnend, die Amplitude so lange gesteigert werden, bis eine gesicherte Qualität erreicht wird.

Schweißdruck

Der im Mittel in der Fügefläche wirkende Schweißdruck errechnet sich aus der Schweißkraft F_s [N] und der Fügefläche A [mm²] zu $p_s = F_s / A$ [N/mm²]. Der Schweißdruck ist in Abhängigkeit des zu schweißenden Werkstoffs über die Schweißkraft an der Schweißmaschine/Maschinensteuerung einzustellen. In Abhängigkeit des Anwendungsfalls können neben konstanten Schweißkräften auch Kraftprogramme sinnvoll sein.

Für den Schweißdruck gilt:

niedriger Schweißdruck –
längere Schweißzeit, größere Schmelzeschichtdicke und damit meist höhere Festigkeit, Gefahr von Markierungen durch die Sonotrode, evtl. Sekundärbeeinflussung des Fügeteils durch die Schwingungen wegen längerer Schweißzeit

hoher Schweißdruck –
kurze Schweißzeit, evtl. geringere Festigkeit mit größerer Streubreite der Schweißnahtfestigkeit

Um Beschädigungen an den Werkzeugen zu vermeiden, sollte beim Optimieren des Schweißdrucks, vom kleinsten Wert ausgehend, die Schweißkraft an der Schweißmaschine so lange gesteigert werden, bis eine konstante Qualität erreicht wird.

Haltedruck

Der Haltedruck sollte dem Schweißdruck entsprechen. Er muss so lange wirken, bis die Fügezone auf einen Wert unterhalb der Erstarrungstemperatur abgekühlt ist. Aus wirtschaftlichen Gründen sollte die Haltezeit (Abkühlzeit) möglichst kurz gewählt werden.

Für den Haltedruck gilt:

zu niedriger Haltedruck –
reduzierter Ausgleich des Volumenschwundes, Gefahr von höheren inneren Spannungen

zu hoher Haltedruck –
geringere Festigkeit wegen kleinerer Schmelzeschichtdicke durch mehr Schmelzeaustrieb, hohe innere eingefrorene Spannungen

Frequenz

In Abhängigkeit von der Bauteilgröße, Verbindungsart und dem daraus resultierenden Leistungsbedarf und den Qualitätsanforderungen stehen herstellerseitig Maschinen und Ultraschallsysteme mit fest vorgegebenen Frequenzen zwischen 15 kHz und 70 kHz zur Verfügung.

Für die Frequenz gilt:

niedrige Frequenz (ca. 15 kHz bis 25 kHz) –

hohe Amplitude, hohe Leistung, große Sonotroden möglich, größere Reichweite des Ultraschalls bei Fernfeldschweißen

hohe Frequenz (ca. 25 kHz bis 70 kHz) –
kleine Amplituden, geringe Leistung, bevorzugter Einsatz für kleine empfindliche Bauteile

Damit der Schweißprozess reproduzierbar ablaufen kann, sind als Qualitätsanforderungen an die Fügeteile die Abschnitte 2.7 und 4.1 eine wichtige Voraussetzung.

4.2 Konstruktive Auslegung der Fügeteile

Entsprechend den Qualitätsanforderungen, siehe Abschnitt 2, ist die Konstruktion der Fügeteile auf die verfahrensspezifischen Voraussetzungen der Ultraschallschweißtechnik auszurichten.

Die erzielbare Qualität der Schweißverbindung wird auch von den folgenden Faktoren beeinflusst:

- Lage des Fügebereichs möglichst nahe und parallel zur Sonotrodenarbeitsfläche
- gute mechanische Unterstützung des Fügebereiches
- freier Einsinkweg der Fügeteile
- Zentrierung und Passungsspiel von Ober- und Unterteil
- große Ankoppelfläche der Sonotrode
- konstruktive Berücksichtigung der Prüfmethodik

4.3 Prozessüberwachung beim Ultraschallschweißen

Zur optimierten Prozessführung werden für Ultraschallschweißmaschinen in zunehmendem Maße Mikroprozessor-/PC-Steuerungen mit automatisch arbeitenden Regelsystemen eingesetzt. Sie dienen zum Ausgleich von Netzspannungsschwankungen, zum Konstanthalten der Schwingungsamplitude durch Resonanznachführung bei thermischen Effekten, Bedämpfung während des Schweißprozesses und Sonotrodenverschleiß. Die vom Ultraschallgenerator abgegebene Leistung wird automatisch an den Bedarf während des Fügeprozesses bis zur maximalen Nennleistung des Generators angepasst.

Durch die Vorgabe des Parameters „Fügeweg absolut“ bzw. „relativ“ kann die Abschweißtiefe bzw. das Bauteilendmaß unabhängig von den Fügeteiltoleranzen konstant gehalten werden. Beim Schweißen auf konstante Bauteilmaße sind eventuell auftretende Festigkeitsschwankungen zu berücksichtigen.

Darüber hinaus gibt es Überwachungseinrichtungen für die Prozessparameter:

- Amplitude konstant bzw. Amplitudenprogramm, absolut bzw. Verlauf
- Aufsetzgeschwindigkeit der Sonotrode
- Fügegeschwindigkeit
- Fügeweg, absolut und Verlauf
- Generatorausgangsleistung, -energie, absolut und Verlauf
- Schweißzeit bei vorgegebenem Fügeweg relativ bzw. vorgegebener Leistung oder Energie
- Trigger-, Schweiß-, Haltekraft, Kraftprogramm, absolut bzw. Verlauf

Bei speziellen Qualitätsanforderungen hat sich die gleichzeitige Überwachung mehrerer Prozessparameter bewährt.

Zum Erreichen eines hohen Qualitätsniveaus besteht die Grundvoraussetzung, dass entsprechend den Anforderungen an die Qualität der Fügeteile und den wirtschaftlichen Vorgaben eine geeignete Schweiß- bzw. Fertigungseinrichtung ausgewählt wird, die Schweißparameter optimiert wurden, diese reproduzierbar eingestellt werden können und der Schweißprozess reproduzierbar abläuft. Es gibt jedoch auch Fälle, bei denen zwischen den überwachten Parametern und dem Qualitätsmerkmal keine abgesicherte Korrelation besteht.

Wie in Abschnitt 4 beschrieben, setzt sich der Ultraschall-Schweißprozess aus mehreren Phasen zusammen, die nachfolgend beschrieben werden.

4.3.1 Prozessphase 1, Anschmelzen des Energierichtungsgebers (ERG)

In der ersten Phase wird die Schweißkraft bzw. der in der Fügefläche wirkende Schweißdruck aufgebracht und unter Einwirkung der Ultraschallschwingungen der ERG angeschmolzen. In dieser Phase ist eine gute Zentrierung, bevorzugt Eigenzentrierung der beiden Fügeteile gegen seitliches Verschieben notwendig. Das fortschreitende Abschmelzen des ERG wiederum ergibt, trotz konstanter Schweißkraft, einen sich stetig verringernden Schweißdruck infolge der größer werdenden Fügefläche. Die Fügegeschwindigkeit nimmt mit Fortschreiten der Schweißzeit in Phase 1 ab.

Phasenspezifische Schweißparameter:

Amplitude	a
Geschwindigkeit der Sonotrode	v_F
Geschwindigkeit der Kraftaufbringung	
Schweißkraft	F_S
Kraft-, Weg- oder Zeittriggerung	

4.3.2 Prozessphase 2, instationäre Schmelzebildung

In der zweiten Phase erfolgt eine vollständige Ankopplung zwischen Ober- und Unterteil über die Schmelzeschicht. Die Schmelzebildung ist noch instationär, da der ERG noch als Rest-Stumpf vorhanden ist. Der effektive Fügedruck verringert sich nochmals, bis die Fügeteile vollständig über den gesamten Nahtquerschnitt angekoppelt sind.

Phasenspezifische Schweißparameter:

Amplitude	a
Geschwindigkeit der Sonotrode	v_F
Schweißdruck	p_S
Schweißkraft	F_S

4.3.3 Prozessphase 3, quasistationäre Abschmelzphase

In der dritten Phase liegen konstante, rheologische und thermische Bedingungen vor. Es stellt sich eine konstante Fügegeschwindigkeit, verbunden mit einer ebenfalls konstanten Schmelzetemperatur und Schmelzeschichtdicke, ein. Die Schweißfläche hat den maximalen und der Schweißdruck seinen minimalen Wert erreicht.

Wird in der zweiten Hälfte dieser Phase die Schweißkraft reduziert, sinkt der Fügedruck und die Schmelzeschichtdicke wird größer. Damit verbunden ist meist eine höhere Schweißnahtfestigkeit. Nach Erreichen des Abschaltkriteriums, z. B. Schweißzeit, Schweißweg, wird der Ultraschall abgeschaltet.

Das Absenken der Amplitude in der zweiten Hälfte dieser Phase reduziert die Scherbelastung des Kunststoffs und führt dadurch tendentiell zu einer höheren Schweißnahtfestigkeit, verbunden mit geringerem Schmelzeaustrieb.

Phasenspezifische Schweißparameter:

Amplitude	a; Amplitudenprofil
Geschwindigkeit der Sonotrode	v_F
Schweißdruck	p_S
Schweißkraft	F_S; Kraftprofil
Schweißweg	s_S
Schweißzeit	s

4.3.4 Prozessphase 4, Haltephase / Abkühlphase

In der Haltephase, Phase 4, findet mit Ausnahme des im Allgemeinen zu vernachlässigenden Ausschwingvorganges der Sonotrode keine Energiezufuhr mehr statt.

Zu Beginn der Haltephase entsteht ein Quetschfließen der Schmelze unter Einwirkung der Haltekraft. Durch diesen Einfluss und durch die Schwindung des thermoplastischen Kunststoffs während des Abkühlvorganges sinkt die Sonotrode geringfügig nach. Die Haltephase ist beendet, wenn die Fließgrenztemperatur bei der vorliegenden Haltekraft unterschritten wird. Das Einsinken (Verkürzen) der Fügeteile in der Haltephase wird als Halteweg bezeichnet.

Phasenspezifische Schweißparameter:

Haltekraft	F_H
Halteweg	s_H
Haltezeit	t_H

5 Vibrationsschweißen

Beim Vibrationsschweißen werden Teile durch eine oszillierende Reibrelativbewegung stoffschlüssig miteinander geschweißt. Unter Fügedruck, Frequenz und Amplitude erwärmen sie sich bis zur Plastifizierung der Fügeflächen. Dabei werden während der Vibrationszeit drei zeitliche Stadien, die Feststoffreibung, die instationäre Schmelzebildung und der quasistationäre Schmelzefluss durchlaufen. Danach setzt die Abkühlung des Schmelzefilms ein, Bild 4. Zusatzstoffe sind dazu nicht erforderlich.

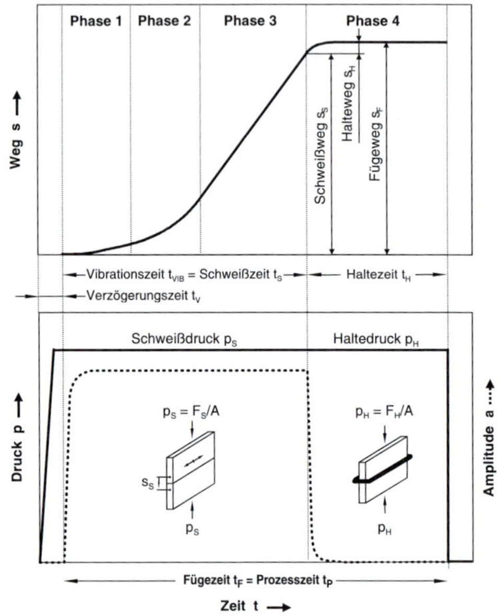

Bild 4. Schematischer Prozessverlauf beim Vibrationsschweißen.

Phase 1: Feststoffreibung
Phase 2: instationäre Schmelzebildung
Phase 3: quasistationärer Schmelzefluss
Phase 4: Abkühlung

5.1 Maschineneinstell- und Prozessparameter

Tabelle 3. Kenngrößen beim Vibrationsschweißen.

Kenngröße	Kurzform	Dimension	Bemerkung
Amplitude	a	mm	halbe Schwingweite, Einstellgröße
Frequenz	f	Hz	
Fügefläche	A	mm²	
Fügeweg	s_F	mm	Einstellgröße oder Prozessparameter je nach Betriebsart
Haltedruck	p_H	MPa	wirkt in der Fügefläche
Haltekraft	F_H	N	Einstellgröße
Halteweg	s_H	mm	Prozessparameter
Haltezeit	t_H	s	Einstellgröße
Prozesszeit = Fügezeit	t_P t_F	s s	
Schweißdruck	p_S	MPa	$p_S = F_S$ / A, wirkt in der Fügefläche
Schweißkraft	F_S	N	Einstellgröße, Profil
Schweißweg	s_S	mm	Einstellgröße oder Prozessparameter je nach Betriebsart
Schweißzeit = Vibrationszeit	t_S t_{VIB}	s s	Einstellgröße oder Prozessparameter je nach Betriebsart, Wirkzeit der Vibration
Verzögerungszeit	t_V	s	Einstellgröße

Frequenz und Amplitude

Die Frequenz muss auf die Resonanzfrequenz des Schwingsystems abgestimmt werden. In der Praxis wird mit Frequenzen von 80 Hz bis 300 Hz gearbeitet. Bei der Einstellung der Amplitude müssen konstruktive Gegebenheiten der Fügeteile beachtet werden. Gebräuchlich sind Amplituden (halbe Schwingweiten) von 0,25 mm bis 2,5 mm.

Frequenz und Amplitude beeinflussen die Reibgeschwindigkeit

und damit die in die Fügezone eingebrachte Energie. Eine Erhöhung von Frequenz und / oder Amplitude steigert die Energieeinbringung und verkürzt dadurch die Zeit bis zur Ausbildung des Schmelzefilms.

Schweißdruck

Der während der Schweißzeit im Mittel in der Fügefläche wirkende Schweißdruck errechnet sich aus der Schweißkraft F_S [N] und der Fügefläche A [mm²] zu $p_S = F / A$ [N/mm² = MPa]. Er ist werkstoffspezifisch einzustellen, wobei die in der Richtlinie 2217-1 aufgeführten Erfahrungswerte als Anhaltspunkt dienen können. Im Einzelfall muss durch Versuche der optimale Schweißdruck ermittelt werden.

Bei geringen Schmelzeviskositäten kann ein niedriger Fügedruck erforderlich sein. Dagegen beschleunigt ein hoher Schweißdruck die Plastifizierung, minimiert die Partikel- und Fusselbildung, reduziert die Schweißzeit und dient zum Ausgleich von Fügeteilverzug.

Eine Schweißdruckerhöhung kann jedoch zu einer geringeren Fügenahtfestigkeit und bei Zeitsteuerung zu einer Zunahme des Fügewegs und damit zu einer vermehrten Wulstbildung führen.

Bietet die Maschine die Möglichkeit der Druckvariation während der Vibrationsphase, kann durch eine Verringerung des Drucks nach dem Anreiben das Quetschfließen der Schmelze in den Wulst verringert werden. Das Umschalten soll jedoch erst nach Bildung eines vollständigen Schmelzefilms und möglichst in Phase 3 erfolgen, Bild 5.

Die Druckabsenkung bewirkt eine größere Schmelzeschichtdicke und – nach erneutem Erreichen des quasistationären Schmelzeflusses – eine erhöhte Nahtfestigkeit.

Schweißzeit

Durch Vorgabe der Schweißzeit wird die Dauer der Vibrationsbewegung festgelegt. Sie ist so zu wählen, dass der quasistationäre Schmelzefluss erreicht wird. Die Dauer bis zum Erreichen der Prozessphase 3 ist von den Maschinenparametern (Amplitude, Frequenz, Schweißdruck), der Fügeflächengeometrie, dem Fügeteilverzug und dem Werkstoff abhängig. Mit dem Erreichen des quasistationären Schmelzeflusses kann die Vibrationsbewegung abgeschaltet werden. Eine darüber hinausgehende Schweißzeit führt zu keiner Erhöhung der Schmelzeschichtdicke, da die durch weitere Vibration erzeugte Schmelze aufgrund des anliegenden Schweißdruckes in den Wulst verdrängt wird.

Schweißweg und Halteweg

Der Schweißweg ist direkt einstellbar bzw. resultiert aus der vorgegebenen Schweißzeit. Der Halteweg ergibt sich durch das Verdrängen noch nicht erstarrter Schmelze während der Haltephase und ist vom wirkenden Haltedruck sowie den thermischen und rheologischen Eigenschaften der Schmelzeschicht abhängig. Schweiß- und Halteweg addieren sich zum Fügeweg.

Haltedruck und Haltezeit

Der Haltedruck sollte gleich dem Schweißdruck gewählt werden. Beim Schweißen mit Druckvariation soll der Haltedruck dem Schweißdruck zum Ende der Vibrationszeit entsprechen. Die Haltezeit ist so zu wählen, dass die Naht unter die Einfrier- bzw. Kristallisationstemperatur abkühlen kann.

5.2 Konstruktive Auslegung der Fügeteile

Die schweißgerechte Auslegung der Fügeteile orientiert sich an folgenden Kriterien:

- Anforderungen an das Bauteil
- Fügeteilgeometrie
- Schwingsystem
- Werkstoff

Aufgrund der beim Vibrationsschweißen vorhandenen dynamischen Beanspruchung der Fügeteile und der notwendigen Reibrelativbewegung der Fügeflächen ist bei der Auslegung auf eine entsprechende Fügeteilsteifigkeit zu achten und eine feste Fixierung durch das Werkzeug vorzusehen. Dabei müssen die Fügeteiltoleranzen einbezogen werden. Unter Berücksichtigung der Amplitude muss stets eine ausreichende Überdeckung der Fügeflächen gewährleistet sein. Bei räumlich gekrümmten Nahtkonturen ist zu beachten, dass der effektive Schweißweg mit zunehmendem Winkel, bezogen auf die Fügefläche, kleiner wird.

Einbauteile sind so zu platzieren, dass eine direkte Beanspruchung durch den Schwingvorgang ausgeschlossen ist oder durch entsprechende konstruktive Maßnahmen eine Schädigung vermieden wird. Zentrierhilfen können sowohl an den Fügeteilen als auch am Werkzeug angebracht sein. Sie dienen der Vormontage der zu verbindenden Teile außerhalb der Maschine und der sicheren Übergabe in das Oberwerkzeug. Dies gilt insbesondere für Fügeteile, die großen Toleranzen unterliegen.

Je nach Anforderungen an das Bauteil können verschiedene Fügezonengeometrien gewählt werden. Da die einfache Stumpfnaht einen beidseitig sichtbaren Materialaustrieb bewirkt, ist sie vorzugsweise bei Applikationen zu verwenden, deren optisches Erscheinungsbild vernachlässigbar ist. Ziel einer abgedeckten Schweißnahtgestaltung ist es, austretende Materialpartikel sowie den sich bildenden Schweißwulst durch entsprechende Fangräume zu verblenden.

Der Vibrationsschweißprozess ist während der ersten beiden Prozessphasen von Partikelabrieb, -agglomeration und Teilchenaustrieb sowie Fusselbildung begleitet. Insbesondere bei durch-

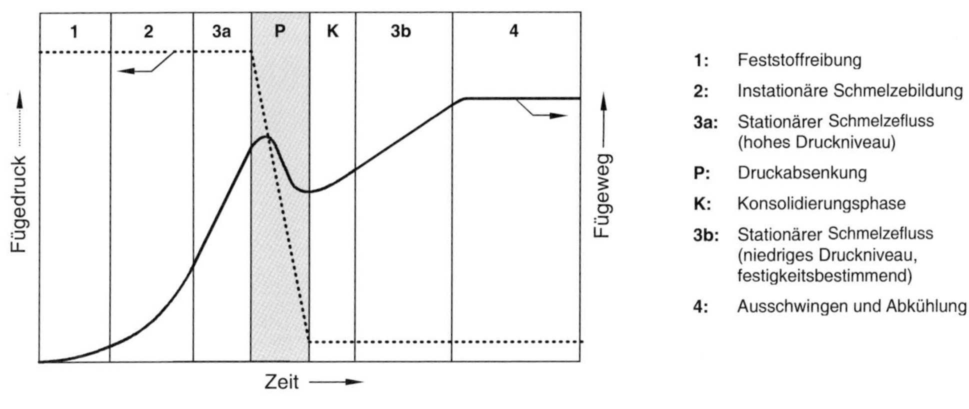

Bild 5. Prinzip der druckvariablen Prozessführung (Hochdruckanfahren).

strömten Bauteilen und hohen Anforderungen an die optische Nahtqualität ist dies zu berücksichtigen. Durch richtige Wahl der Maschinenparameter, angepasste Fügenahtgestaltung und geeignete Werkstoffe können diese Effekte minimiert werden.

Das Vibrationsschweißen erlaubt das Schweißen von Fügeteilen, deren Oberflächen, einschließlich Fügezonen im Rahmen von Veredlungsschritten, lackiert oder metallbedampft wurden. Hierbei kann eine Verlängerung der Schweißzeit bzw. eine Erhöhung der Schweißwegvorgabe erforderlich werden, was durch Vorversuche in der Konstruktions- und Prototypenphase zu untersuchen ist.

5.3 Prozessüberwachung beim Vibrationsschweißen

Während des laufenden Prozesses sind insbesondere die nicht geregelten Größen auf etwaige Abweichungen vom Sollwert und eine mögliche Über- oder Unterschreitung vorgegebener Grenzen zu überwachen, wobei sich der Einsatz von Verfahren der statistischen Prozessregelung (SPC) bewährt hat. Allerdings sind die dadurch erhaltenen Aussagen stets mit den Ergebnissen der Bauteil- bzw. Nahtprüfung zu korrelieren, da für das Vibrationsschweißen noch kein geschlossenes Prozessmodell existiert, aus dem sich die Schweißnahteigenschaften mit für die Praxis hinreichender Genauigkeit ableiten lassen.

Entscheidend für die Festigkeit einer Vibrationsschweißverbindung ist das Erreichen des quasistationären Schmelzeflusses (Phase 3) über den gesamten Nahtverlauf. Dies ist durch einen linear ansteigenden Fügeweg (konstante Fügegeschwindigkeit) und eine gleichbleibende Dicke der Schmelzeschicht gekennzeichnet. Bei der Ermittlung der notwendigen Schweißzeiten oder Schweißwegvorgaben können Systeme zur automatischen Phasenerkennung oder systematische, instrumentierte Vorversuche mit nachfolgender mechanischer Nahtprüfung bzw. einer Charakterisierung der rekristallisierten Zone im Nahtquerschnitt dienen.

Grundsätzlich sollte der gesamte Wegverlauf graphisch dargestellt und einzeln sowie über mehrere Zyklen ausgewertet werden können.

Bei der Prozessführung haben dann Wegsteuerungen mit Hilfe maschineninterner Sensorik für die Hubtischbewegung den entscheidenden Vorteil, dass sich durch variable Vibrationszeiten Unterschiede im Aufschmelzverhalten (Toleranzen, Formteilverzug, Verunreinigungen der Fügefläche) teilweise ausgleichen lassen und so die konstruktiv vorgegebenen Endmaße bzw. die erforderlichen Nahtfestigkeiten reproduzierbarer erreicht werden können.

5.3.1 Prozessphase 1, Feststoffreibung

In der ersten Phase, der Feststoffreibung, wirkt der in der Verzögerungszeit aufgebaute Schweißdruck. Durch Einwirkung der linearen oder biaxialen Schwingbewegung wird die Fügezone auf Schmelztemperatur erwärmt. Die in dieser Phase entstehenden Feststoffpartikel können durch hohen Druck und hohe Amplitude minimiert werden.

Prozessrelevante Parameter sind:

Amplitude	a
Frequenz	f
Schweißkraft bzw. Schweißdruck	F_s bzw. p_S

5.3.2 Prozessphase 2, instationäre Schmelzebildung

In der zweiten Phase entsteht aus zunächst lokalen Schmelzezonen eine geschlossene Schmelzeschicht über die gesamte Fügezone mit zunehmender Dicke.

Prozessrelevante Parameter sind:

Amplitude	a
Frequenz	f
Schweißkraft bzw. Schweißdruck	F_s bzw. p_S
Schweißweg	s_S

5.3.3 Prozessphase 3, quasistationärer Schmelzefluß

Ab dem Beginn der quasistationären Prozessphase existiert eine Schmelzeschicht mit konstanter Dicke über die gesamte Nahtkontur.

Bei wegabhängigem Schweißen wird nach dem Erreichen des vorgegebenen Schweißweges die Vibration abgeschaltet. Bei dieser Verfahrensvariante ist die Vibrationszeit eine wesentliche Prozessgröße. Wird alternativ mit Zeitvorgabe gearbeitet, sollte als resultierende Größe der Schweißweg überwacht werden.

Wesentliche Schweißparameter sind:

Amplitude	a
Frequenz	f
Schweißkraft bzw. Schweißdruck	F_s bzw. p_S
Schweißweg	s_S
Schweißzeit	t_s

5.3.4 Prozessphase 4, Halte- und Abkühlphase

Mit Vibrationsende beginnt die Halte- bzw. Abühlphase. Es entsteht ein Quetschfließen der Schmelze unter Einwirkung der Haltekraft, wodurch der Halteweg bestimmt wird. Der Abkühlvorgang unter Druck ist dabei solange aufrecht zu halten, bis die Schmelze erkaltet ist, so dass keine Bewegung in der Fügezone mehr auftreten kann.

Die wesentlichen Parameter sind:

Haltekraft bzw. Haltedruck	F_H bzw. p_H
Halteweg	s_H
Haltezeit	t_H

6 Rotationsreibschweißen

Die erforderliche Wärme zum Plastifizieren in der Fügenaht wird durch Reibung erzeugt.

Eine Fügefläche muss dabei in rotierende Bewegung versetzt werden und mindestens ein Teil muss rotationssymmetrisch sein. Die Schweißkraft F_S muss so lange aufrechterhalten werden, bis eine genügende Schmelzeschichtdicke in der Fügenaht erreicht ist. Die Haltezeit t_H und die Haltekraft F_H müssen so lange wirken, bis die Temperatur in der Fügezone deutlich unter der Einfrier- bzw. Kristallisationstemperatur liegt.

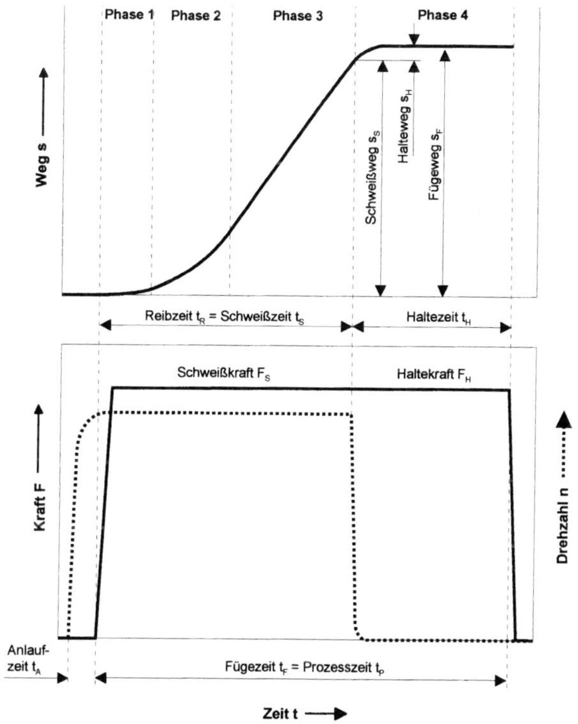

Bild 6. Schematischer Prozessverlauf beim Rotationsreibschweißen.

Die für das Rotationsreibschweißen wichtigen Phasen sind analog zum Vibrationsreibschweißen:

Phase 1: Feststoffreibung
Phase 2: instationäre Schmelzebildung
Phase 3: quasistationärer Schmelzefluss
Phase 4: Abkühlung

6.1 Maschineneinstell- und Prozessparameter

Tabelle 4. Kenngrößen beim Rotationsreibschweißen.

Kenngröße	Kurzform	Dimension	Bemerkung
Anlaufzeit	t_A	s	
Drehzahl	n	1/min	Einstellgröße
Fügefläche	A	mm^2	
Fügezeit	t_F	s	= Prozesszeit
Fügeweg	s_F	mm	Prozessparameter
Haltedruck	p_H	MPa	wirkt in der Fügefläche
Haltekraft	F_H	N	Einstellgröße
Halteweg	s_H	mm	Prozessparameter
Haltezeit	t_H	s	Einstellgröße
Prozesszeit	t_P	s	= Fügezeit
Reibarbeit	W_R	Nm	Prozessparameter
Reibleistung	P_R	Nm/s	Prozessparameter

Tabelle 4. Fortsetzung.

Kenngröße	Kurzform	Dimension	Bemerkung
Reibzeit = Schweißzeit	t_R t_S	s s	Einstellgröße oder Prozessparameter je nach Betriebsart, Wirkzeit der Rotation
Schweißdruck	p_S	MPa	$p_S = F_S / A$, wirkt in der Fügefläche
Schweißkraft	F_S	N	Einstellgröße
Schweißweg	s_S	mm	Einstellgröße oder Prozessparameter je nach Betriebsart

Diese Parameter sind auf den jeweiligen Anwendungsfall abzustimmen. Die geforderte Qualität kann sich aus verschiedenen Merkmalen zusammen setzen, z. B. Schweißnahtfestigkeit, Dichtigkeit, Toleranz, Aussehen.

6.2 Konstruktive Auslegung der Fügeteile

Je nach Anforderung an die Schweißverbindungen ist die Konstruktion auf folgende Forderungen auszurichten:

- ein Teil muss eine rotationssymmetrische Fügeform aufweisen
- beide Teile müssen das Drehmoment aufnehmen und übertragen können
- es müssen Kräfte in axialer Richtung aufgenommen und übertragen werden können
- die Teile dürfen sich beim Schweißvorgang nicht deformieren

Die Herstellbedingungen der Fügeteile haben Einfluss auf die Schweißnahtqualität. Die Fügeteile müssen daher unter materialgerechten Bedingungen hergestellt werden, siehe hierzu Abschnitt 2.7.

Zweckmäßig sind Kombinationen verschiedener Fügenahtgeometrien, die nicht nur eine gute Zentrierung der Teile bewirken, sondern auch das Auftreten reibungsbehindernder Ratterschwingungen ausschließen. Positiv wirkt sich zu Beginn der Reibphase eine linienförmige Berührung der Fügeteile aus. Es entsteht sehr schnell eine benetzende schmierfähige Schmelze, die eine eventuell auftretende Phase von Axial- oder Torsionsschwingungen meist sehr rasch beendet.

6.2.1 Fügezonengeometrien und Toleranzen

Um einwandfreie Resultate in Bezug auf Dichtheit und mechanische Festigkeit zu gewährleisten, müssen die Nahtprofile gewisse konstruktive Voraussetzungen erfüllen.

Am besten bewährt haben sich V-Nähte.

Oftmals kann man das Austreten von Schmelzeaustrieb nicht vermeiden, was störend wirken kann oder eine Nacharbeit erfordert. Bei geschweißten Teilen kann das Ablösen von Schmelzeaustrieb die Funktionstauglichkeit behindern und sollte deshalb unbedingt verhindert werden. Die Teile müssen zentriert passen.

Der Verzug der Teile sollte möglichst klein sein. Bei Höhenschlag muss dieser zum Abschmelzweg addiert werden. Bei Seitenschlag muss mit zusätzlicher Belastung der Teile gerechnet werden, und es sollte dieser daher möglichst ganz vermieden werden.

6.3 Prozessüberwachung beim Rotationsreibschweißen

Wie oben beschrieben, setzt sich das Rotationsreibschweißen aus vier Phasen zusammen:

6.3.1 Prozessphase 1, Anreibphase (Feststoffreibung)

In der ersten Phase, der Anreibphase, wird die auf die Fügefläche wirkende Schweißkraft aufgebracht und durch Einwirkung der Tangentialgeschwindigkeit bzw. der Drehzahl das Material in der Fügezone angeschmolzen und die Angleichung der Fügeflächen erreicht. Der Schweißvorgang wird bevorzugt zunächst an schmalen Ringzonen eingeleitet.

Parameter sind:

Drehzahl n
Reibzeit t_R
Schweißkraft F_S

6.3.2 Prozessphase 2, Schmelzebildung

In der zweiten Phase erfolgt dann die vollständige Ankopplung der beiden Fügeteile durch das Plastifizieren und die Bildung der Schmelzeschicht. Ein weiteres Aufschmelzen und Homogenisieren der Schmelze erfolgt durch Scherenwärmung. Die Phase 2 ist dann beendet, wenn der Reibspalt vollständig mit Schmelze ausgefüllt ist und stationäres Abschmelzen beginnt.

Prozessrelevante Schweißparameter sind:

Drehzahl n
Reibzeit t_R
Schweißkraft F_S

6.3.3 Prozessphase 3, Abschmelzphase (quasistationärer Schmelzefluss)

In dieser Phase wird das aufgeschmolzene Material in den Wulst verdrängt. Dabei bleibt die Schmelzeschichtdicke konstant. Der wesentliche Parameter, der die Schmelzeschichtdicke beeinflusst, ist die Reibkraft. In Abhängigkeit des Materials hat auch die Schergeschwindigkeit Einfluss auf die sich ausbildende Schmelzeschicht.

Für eine Prozesskontrolle ist beim zeitabhängigen Schweißen der Schweißweg bzw. beim wegabhängigen Schweißen die Reibzeit relevant. Wichtigster Überwachungsparameter ist der Schweißweg.

Wichtige Parameter in dieser Phase sind:

Drehzahl n
Reibzeit t_R
Schweißkraft F_S
Schweißweg s_A

6.3.4 Prozessphase 4, Halte- und Abkühlphase

Nach Beendigung der Drehbewegung, der Schweißzeit und dem Stillstand der Fügeteile beginnt die Haltezeit.

Die Haltekraft kann, je nach Maschineneinstellung, von der Reibkraft abweichen. Die ist abhängig von den Prozess- und Materialparametern und bestimmt wesentlich den Halteweg. Am Ende des Schweißprozesses eignet sich der Fügeweg zur Prozessüberwachung.

In vielen Fällen müssen die Fügeteile in einer bestimmten Winkelposition, meist in der Ausgangsposition, nach Beendigung des Schweißprozesses stehen. Dieses wird durch besondere Einrichtungen an der Maschine erreicht.

Der Abkühlvorgang unter Druck ist dabei solange aufrecht zu halten, bis die Schmelze erkaltet ist, so dass keine Bewegung in der Fügezone mehr auftreten kann.

Prozessrelevante Schweißparameter sind:

Haltekraft F_H
Halteweg s_H
Fügeweg s_F
Haltezeit t_H

7 Hochfrequenzschweißen

Beim Hochfrequenzschweißen werden die zu verbindenden Thermoplastteile, meist Folien, im Kondensatorfeld einer hochfrequenten Spannungsquelle auf die erforderliche Schweißtemperatur gebracht und ohne Zusatzwerkstoff miteinander geschweißt.

Die Moleküle des Werkstoffes müssen elektrisch polar, das heißt elektrisch nicht neutral, sein. Ein solches Molekül stellt dann einen Dipol dar, der bei Vorhandensein eines elektrischen Wechselfeldes das Bestreben hat, sich in Feldrichtung zu drehen.

Bei der im Rahmen der HF-Fügetechnik am häufigsten angewandten Frequenz von 27,12 MHz wechseln die Moleküle 27,12 Millionen mal in der Sekunde ihre Richtung. Durch diese Molekularbewegung wird Wärme erzeugt.

Als Kenngröße für die Umwandlung von elektrischer Feldenergie in Wärme wird der dielektrische Verlustfaktor tan verwendet. Ab einem Wert von 0,01 liegt die Polarisierung der Moleküle in einer Größenordnung, die eine Erwärmung im hochfrequenten elektrischen Wechselfeld möglich macht. Der prinzipielle Prozessverlauf ist in Bild 7 dargestellt.

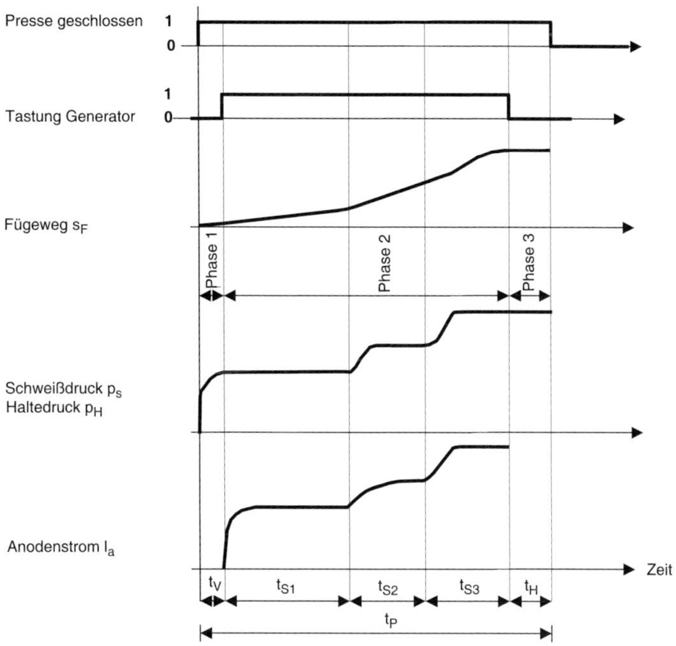

Bild 7. Schematischer Prozessverlauf von Druck und HF-Leistung als Funktion der Zeit beim HF-Schweißen.

7.1 Maschineneinstell- und Prozessparameter, physikalische Größen

Tabelle 5. Kenngrößen beim Hochfrequenzschweißen.

Kenngröße	Kurzform	Dimension	Bemerkung
Verzögerungszeit	t_V	s	Verzögertes Einschalten der HF bei geschlossener Presse, Einstellgröße
Werkzeugtemperatur	T_W	°C	= Elektrodentemperatur, Einstellgröße
Schweißkraft	F_S	N	Einstellgröße
Schweißdruck	p_S	MPa	$p_S = F_S / A_{geo}$, wirkt in der Fügefläche
Fügefläche, geometrisch	A_{geo}	mm²	= Kontaktfläche der Elektrode, Fügefläche zur Schweißkraftbestimmung
Fügefläche, effektiv	A_s	mm²	Fügefläche zur HF-Leistungsbestimmung (Bild 8)
HF-Leistung	P	Watt	Einstellgröße
Anodenstrom	I_a	Ampere	Stellgröße für HF-Leistung
Vorwahlwert Anpasskapazität (AP)			Einstellgröße, die Kapazitätsänderung erfolgt über Abstandsänderung des Plattenkondensators
Schweißzeit	t_S	s	Einstellgröße oder Prozessparameter je nach Betriebsart, Wirkzeit der HF
Haltezeit	t_H	s	Einstellgröße
Prozesszeit	t_P	s	Beginn mit t_V

Tabelle 5. Fortsetzung.

Kenngröße	Kurzform	Dimension	Bemerkung
Restfoliendicke	d_r	mm	
HF-Spannung	U_{HF}	V	
Verlustfaktor	tan		
Frequenz	f	MHz	
Fahrweg Anpasskapazität	s_{AP}	mm	= Abstandsänderung des Plattenkondensators
Fügeweg	s_F	mm	Einstellgröße oder Prozessparameter je nach Betriebsart

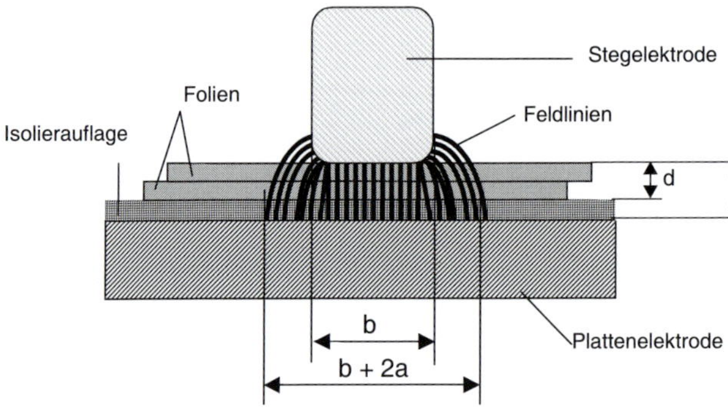

Bild 8. Effektive Fügefläche beim HF-Schweißen.

Die HF-Feldlinien verlaufen nicht nur senkrecht zwischen Elekrode und Gegenelektrode, sondern erwärmen das Schweißgut auch in den Streufeldern links und rechts des Elektrodenstegs. Die Breite jeder dieser erwärmten Streufeldzonen entspricht etwa dem Elektrodenabstand a. Somit ergibt sich die effektive Fügefläche $A_s = l\ (b + 2a)$; l...Elektrodenlänge.

7.2 Konstruktive Auslegung der Fügeteile

In der HF-Schweißtechnik bilden Formteile in der Regel die Ausnahme, da meist Folien miteinander geschweißt oder Spritzgussteile zwischen Folien eingeschweißt werden. Die Formgebung der Fertigprodukte ergibt sich in diesem Fall aus der Gestaltung der Elektroden und Schweißwerkzeuge, welche der Aufgabenstellung angepasst werden. Die unterschiedlichen Möglichkeiten sind in der DVS-Richtlinie 2219 -1 dargestellt.

Bei Fügeteilen können exemplarisch tiefgezogene Blisterverpackungen oder spritzgegossene Teile genannt werden.

Derartige Teile erfordern in der Regel einen Schweißflansch, der bei Spritzgussteilen für eine Beschränkung der Erwärmung auf die Nahtzone sorgt.

Ferner ist zu beachten, dass bei komplexen 3-dimensionalen Formgebungen separate Antriebe im Schweißwerkzeug erforderlich sind, um im gesamten Schweißnahtbereich eine ausreichende Presskraft zu erzeugen.

Dies kann zur Folge haben, dass die Trennstelle (Übergänge zwischen den Teilelektroden) auf der Schweißnaht sichtbar werden. In diesem Fall sollte bereits bei der Teilegestaltung darauf geachtet werden, dass Elektrodenübergänge in nicht sichtbare Bereiche gelegt werden.

7.3 Prozessüberwachung beim Hochfrequenzschweißen

Speicherprogrammierbare Steuerungen

Die verschiedenen Ausbaustufen von Regelung, Überwachung und Prozessdatensteuerung verlangen den Einsatz einer Mikroprozessor-Steuerung (z. B. SPS), Bild 9.

Prozessparameter oder Prozesskenngrößen werden während des laufenden Prozesses erfasst und können im Hinblick auf Qualitätsmerkmale ausgewertet werden.

HF-Regelung

Kritische Schweißaufgaben erfordern die Regelung der HF-Leistung insbesondere dann, wenn Dichteschwankungen, Dickentoleranzen, Netzspannungsschwankungen usw. auftreten. Die Regelgröße ist in den meisten Fällen der Anodenstrom des Generators, der, abzüglich des Leerlaufstroms, fast proportional zur abgegebenen HF-Leistung ist. In Sonderfällen kann auch nach der HF-Spannung geregelt werden.

Der Ist-Wert des Generators (Regelgröße) wird mit dem Soll-Wert (Führungsgröße) verglichen und wirkt so auf das Anpassglied AP (Stellglied) ein, dass die Differenz zwischen beiden Größen möglichst gering wird. Je nach Anlagenausführung wird das Stellglied motorisch oder hydraulisch betätigt.

Bild 10 zeigt einen üblichen Anodenstromverlauf einer HF-Schweißung.

Diese Systeme finden ihren Einsatz bei der Herstellung von Automobiltürverkleidungen, von medizinischen Beuteln, dem Schweißen von Blistern oder anderen schwierigen Schweißaufgaben.

Da sich in der Regel für eine bestimmte Schweißaufgabe eine optimale Regelkurve ermitteln lässt, ist eine Darstellung und Speicherung der Regelkurven (Anodenstrom und HF-Spannung) sinnvoll. Man kann diese Kurven auf einem Display darstellen und durch Überlagerung mit den aktuellen Kurven eine entsprechende Korrekturhilfe erhalten. Zusätzlich müssen noch Schweißzeit und Druck dokumentiert und verglichen werden.

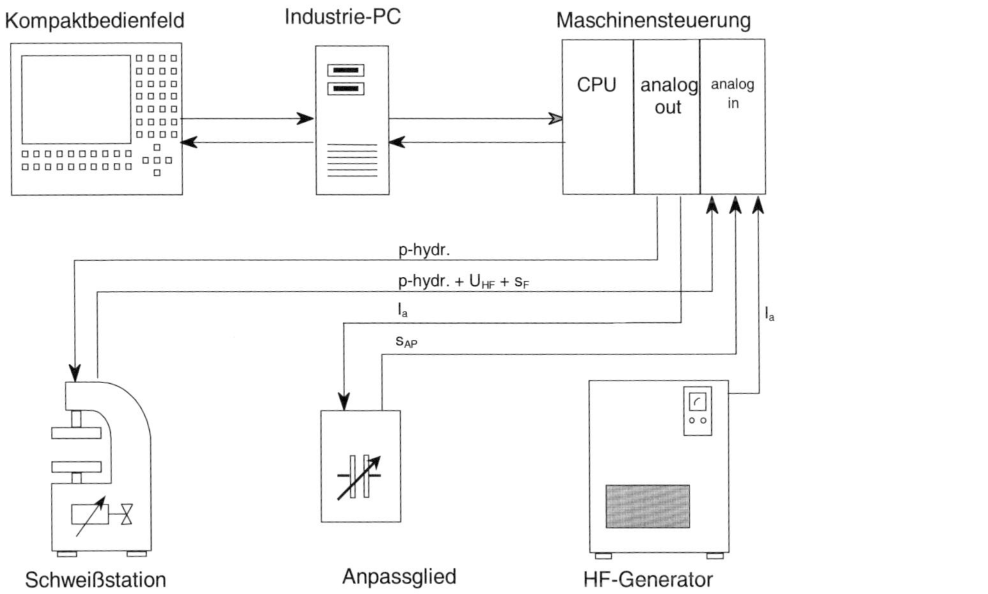

Bild 9. Prozessparameter-Kontroll-System (Ia...Anodenstrom, s_{AP}...Fahrweg Kondensatorplatten, p-hydr...Druck, U_{HF}...HF-Spannung, s_F... Fügeweg).

Bild 10. Anodenstromverlauf; Anodenstrom Ia; Schweißzeit t.

Prozessparameter-Controlling

Die konsequente Weiterführung der Regelung und Überwachung der Schweißparameter erfordert es, dass sämtliche Einflussgrößen einer Schweißaufgabe auf Einhaltung des vorgegebenen Toleranzbandes kontrolliert und kontinuierlich überwacht werden.

Die maschinenbezogenen Einflussgrößen beim HF-Schweißen sind:

- Schweißzeit t_S
- Nachwirkzeit (Haltezeit) t_H
- Schweißdruck bzw. Druckverlauf während des Schweißens p_S
- Anodenstrom (des HF-Generators) bzw. Anodenstromverlauf während des Schweißens I_A
- HF-Spannung bzw. HF-Spannungsverlauf während des Schweißens U_{HF}
- Einsinkweg des Werkzeugs in das Schweißgut = Fügeweg s_F

Bei dieser Auflistung sind die materialspezifischen Eigenschaften nicht berücksichtigt, da diese nicht von der HF-Schweißmaschine beinflusst werden können.

Man ist heute in der Lage, nach sämtlichen oben angeführten Einflussgrößen einen Schweißprozess durchzuführen und zu regeln. Eine Ausnahme ist die Temperatur im Schweißgut, die nur mit erhöhtem messtechnischem Aufwand überwacht werden kann.

7.3.1 Prozessphase 1, Angleichphase (HF-Einschaltverzögerung)

In der Phase 1 (HF-Einschaltverzögerung t_V) wird der erforderliche Schweißdruck aufgebaut. Es erfolgt eine Vorwärmung des Schweißgutes, wenn mit temperierten Elektroden gearbeitet wird. Durch die vorgewärmten Elektroden werden, insbesondere bei dünnem Schweißgut, die dielektrischen Anfangswerte und somit der Anlauf-Spannungsbedarf reduziert. Dies verringert die Gefahr von Durchschlägen bzw. Oberflächenbränden. Ferner können geringfügige Dickentoleranzen ausgeglichen werden.

In dieser Phase wird der HF-Generator noch nicht getastet, d. h. es erfolgt keine HF-Leistungsübertragung. Die Kondensatorplatten des AP's (Anpaßglied) befinden sich in der Stellung unmittelbar vor der HF-Einkoppelung.

Die wesentlichen Parameter sind hier:

- Schweißkraft F_S
- Werkzeugtemperatur T_W
- Verzögerungszeit t_V (0,2 bis 0,5 s)

7.3.2 Prozessphase 2, Erwärmphase / Fügephase

In der Phase 2 wird das Schweißgut mit HF-Energie beaufschlagt und, anders als bei anderen Verfahren, von innen her nahezu gleichmäßig auf Schweißtemperatur erwärmt. Je nach Schweißaufgabe wird die Schweißzeit in unterschiedliche Teilzeiten (t_{V1}, t_{V2}, t_{V3} usw.) aufgeteilt. Zu jeder Teilzeit kann, abhängig von der Schweißaufgabe, ein unterschiedlicher Schweißdruck (p_{S1}, p_{S2}, p_{S3} usw.) und eine unterschiedliche HF-Leistung (P_1, P_2, P_3 usw.) eingestellt werden.

Zwischen Schweißzeit und HF-Leistung herrscht eine Wechselbeziehung, unter der bedingt ein Ausgleich möglich ist. Beispielsweise kann dickes Halbzeug mit relativ geringer Leistung und längeren Schweißzeiten erwärmt und gefügt werden. Anders bei Dünnfolien, deren Schweißung mehr Energie durch die Wärmeableitung in die Elektroden erfordert. Hier kann mangelnde Leistung nicht durch eine Schweißzeitverlängerung ausgeglichen werden. Bessere Ergebnisse erzielt man mit vorgewärmten Elektroden, die in diesem Fall das Temperaturgefälle zwischen Elektroden- und Schweißtemperatur verringern.

Eine weitere Einstellgröße ist der Schweißdruck, der einerseits vom Aufbau und den Fließeigenschaften des zu fügenden Halbzeugs und andererseits auch von der Elektrodengestaltung abhängig ist. Der Schweißdruck bewirkt während der HF-Einwirkung eine Verdrängung des plastischen Anteils aus dem Schmelzbereich und verursacht die gewünschte Raupenbildung neben dem Elektrodensteg.

Von der Ausbildung dieser Schweißraupe hängt u.a. die Schälfestigkeit der Schweißverbindung ab. Zu geringer Druck führt zu einer mangelhaften Raupenbildung und Molekülverflechtung, zu hoher Druck bewirkt starken Raupenaustritt und eine Schwächung der Folie in der Schweißnaht.

Wichtige Parameter sind:

- Schweißzeit (0,8 bis 2,0 s bei schnellen und 2,0 bis 6,0 s bei langsamen Schweißungen)
- Schweißdruck p_S
- HF-Leistung P
- Fügeweg s_F

7.3.3 Prozessphase 3, Haltephase / Abkühlphase

Nach dem Abschalten der HF-Energie wird die Schweißstation nicht unmittelbar geöffnet, da das erwärmte Schweißgut noch nicht formbeständig ist. Die „kalten" Elektroden führen die Wärme aus dem Schweißnahtbereich ab und die Nahtverbindung erkaltet unter Druck. Eine zu kurz bemessene Nachwirkzeit ergibt ein unscharfes Nahtbild bzw. eine deformierte Schweißnaht.

Die Nachwirkzeit liegt bei schnellen Schweißungen zwischen 0,2 bis 0,5 s und zwischen 1,0 bis 2,5 s bei langsamen Schweißungen.

7.4 Fügeteilherstellung, Halbzeug, Transport und Lagerung

Für die Qualität der Schweißnaht ist die Einhaltung der prozessbedingten Toleranz und Planheit im Fügezonen-/Schweißnahtbereich unerlässlich.

Bezüglich Halbzeug, Transport und Lagerung sind folgende Punkte zu beachten:

- keine Verunreinigung
- keine metallischen Einschlüsse (HF-Überschlagsgefahr)
- keine Beschädigung
- keine Feuchtigkeitsaufnahme (verändert dielektrische Eigenschaften)
- Halbzeug an Umgebungstemperatur im Produktionsraum anpassen
- automatengerechte Folie (z. B. Planlage, Welligkeit vermeiden)
- Einfärbung (z. B. Gefahr von Überschlägen bei schwarzen Folien)
- homogene Materialeigenschaften

8 Prozessüberwachung an der Maschine

Um die Stabilität des Schweißprozesses fortlaufend zu dokumentieren und zu überwachen und damit Rückschlüsse auf die Ausprägung der Qualitätsmerkmale treffen zu können, greift man auf die Verfahren der Statistischen Prozesskontrolle (Statistical Process Control, SPC) oder Kontinuierlichen Prozesskontrolle (Continuous Process Control, CPC) zurück und wendet diese auf die Prozessparameter des Schweißprozesses an.

8.1 Parameterüberwachung in Toleranzgrenzen

Die Parameterüberwachung in Toleranzgrenzen geschieht in der Form, dass für die Prozessparameter des Schweißprozesses Wertebereiche festgelegt werden, innerhalb derer sich die Parameterausprägungen eines jeden Schweißzyklus befinden müssen. Die Festlegung der Wertebereiche ist dabei erfahrungsgemäß mit einer großen Unsicherheit behaftet, so dass dieses Verfahren im Hinblick auf seine Wirksamkeit nur bedingt als Prozesssicherungsverfahren geeignet ist. Es sollte daher eher zur Prozessüberwachung betrachtet werden.

8.2 Statistische Prozesskontrolle (SPC)

Die Statistische Prozesskontrolle ermöglicht die Kurz- und Langzeitbeurteilung des Prozesses sowie die Feststellung der Prozessfähigkeit des Schweißverfahrens durch stichprobenartige Überprüfung der Qualitätsmerkmale (siehe Abschnitt 2.3 ff.).

8.3 Kontinuierliche Prozessüberwachung (CPC)

Häufig wird diese Form der Prozessüberwachung auch auf Prozessparameter übertragen. Die kontinuierliche Prozessparameterüberwachung beruht auf dem Prinzip, dass Parameter während des laufenden Prozesses an einen Rechner übertragen und aufgezeichnet werden. Hierbei wird ein Zusammenhang zwischen einem oder mehreren Prozessparametern und den betrachteten Qualitätsmerkmalen unterstellt. Durch die Vorgabe eines Toleranzbandes für die entsprechenden Prozessparameter soll sichergestellt werden, dass bei Schwankungen innerhalb dieses Bereiches die Qualitätsmerkmale die geforderten Grenzen nicht über- oder unterschreiten. Die Anwendung der SPC für Prozessparameter ist jedoch nur dann sinnvoll, wenn z. B. im Rahmen einer Prozessvalidierung der Zusammenhang zwischen Parameter und Qualitätsmerkmal eindeutig bestimmt werden kann. Dies ist jedoch häufig nicht der Fall, da die Prozessgrößen sich zum Teil untereinander beeinflussen und damit kein direkter Bezug einzelner Parameter zum Qualitätsmerkmal hergestellt werden kann.

8.4 Kontinuierliche Qualitätsüberwachung (CQC)

Die kontinuierliche Qualitätsüberwachung beruht auf dem Prinzip, dass Prozessparameter oder Prozesskenngrößen während des laufenden Prozesses an einen Rechner übertragen und aufgezeichnet werden. Diese Daten lassen sich mittels unterschiedlicher Verfahren (z. B. Regressionsrechnung, Neuronale Netze) in ihrer Wirkung auf die Qualitätsmerkmale auswerten. Ergebnis dieser Auswertung ist der Erhalt eines Zusammenhanges zwischen Prozessgrößen und der resultierenden Produktqualität. Dieser Zusammenhang lässt sich im Weiteren zur Berechnung der Qualitätsmerkmale anhand der gemessenen Prozessparameter verwenden. Die Prozessüberwachung geschieht dann anhand des automatischen Vergleiches der prognostizierten Werte der Qualitätsmerkmale mit den vorgegebenen Toleranzgrenzen im Sinne einer „100 %-Kontrolle".

Liegen neben den Prozessparametern des Schweißprozesses auch die Prozessparameter der vorangegangenen Fügeteilproduktion (z. B. Spritzgießprozess, Blasformprozess) formteilbezogen vor, so kann mit Hilfe der CQC eine prozessstufenübergreifende Prozessüberwachung realisiert werden.

9 Qualitätsüberwachung an Fügeteilen nach dem Schweißen

9.1 Allgemeines

Die Qualitätsüberwachung nach dem Schweißen besitzt trotz der zunehmenden Prozessüberwachungsmöglichkeiten weiterhin eine zentrale Bedeutung für die Sicherung der Produktqualität. Man unterscheidet grundsätzlich zwischen zerstörungsfreien und zerstörenden Prüfungen.

Um die Qualitätsüberwachung sicherzustellen, müssen Prüfmittel und Testeinrichtungen bereitgestellt werden, deren Fähigkeit im Vorfeld der Serienfertigung nachzuweisen ist, siehe Abschnitt 2.2. Hierbei sind die im Rahmen der Unternehmenszertifizierung festgelegten Richtlinien zu berücksichtigen. Neben der Sicherstellung der Messmittelfähigkeit sind auch ein geeigneter Stichprobenumfang und eine Stichprobenhäufigkeit festzulegen.

Im Folgenden werden die bekannten Prüfverfahren aufgeführt und kurz beschrieben.

9.2 Zerstörungsfreie Prüfverfahren

Die zerstörungsfreien Prüfverfahren liefern naturgemäß keine quantitative Aussage über die tatsächliche Festigkeit der Schweißnaht. Durch die Detektion eines Fehlers oder mehrerer der im Folgenden genannten Fehler ist allenfalls eine qualitative Abschätzung möglich.

9.2.1 Visuelle / geometrische Prüfung

Die geometrische Prüfung ist z. B. durch Vermessen der Bauteile nach dem Schweißen möglich. Die visuelle Prüfung kann z. B. durch einfache Inaugenscheinnahme und/oder Kamerasysteme erfolgen. Um dadurch die Nahtqualität beurteilen zu können, ist ein umfangreicher Erfahrungsschatz unerlässlich. Nur bei gravierenden Fehlern sind Rückschlüsse auf die Fügenahtfestigkeit möglich.

Erkennbare Fehler: Versatz, Maßhaltigkeit, Spezifikation-/Zeichnungsgerechtigkeit, partielles Nichtverschweißen, Art und Größe der Schweißwulstausbildung.

9.2.2 Dichtheitsprüfung

Die Prüfung der Dichtheit eines geschweißten Behälters, Rohres o. ä. kann am einfachsten durch Anlegen von Überdruck oder Unterdruck und Aufzeichnung des Druckabfalls bzw. Druckanstiegs realisiert werden.

Eine weitere Prüfmöglichkeit ist die Messung von Konzentrationsunterschieden.

9.2.3 Thermographie

Bei der Thermographie wird direkt nach dem Schweißen ein Restwärmebild der Schweißnaht aufgenommen. Das Ergebnis kann lediglich Aufschluß über die homogene Schweißnahtausbildung geben.

Die thermographischen Bilder lassen nur einen bedingten Rückschluß auf die erreichte Fügenahtfestigkeit zu.

9.2.4 Sonstige Prüfverfahren

Die hier aufgeführten Prüfverfahren sind nur geeignet, um z. B. Lunker, Spalte, Einschlüsse, Faserverteilung zu erkennen. Qualitätsmerkmale wie Fügenahtfestigkeit und Dichtigkeit sind mit diesen Prüfmethoden nicht zu bewerten.

9.2.4.1 Ultraschallprüfung

Die Ultraschallprüfung beruht auf der Reflexion von in das Fügeteil eingeleiteten Ultraschallwellen an Grenzflächen (d. h. Fehlstellen) in der Schweißnaht. Die reflektierten Schallwellen werden mit dem Prüfkopf erfasst und die Tiefe des Fehlers anhand der Schalllaufzeit ermittelt.

Erkennbare Fehler: Lunker, Spalte, Einschlüsse u. ä.

Das Erkennen von sog. „kalten" Schweißungen (d. h. Stellen, an denen lediglich ein guter Kontakt der Oberflächen, aber keine wirkliche Schweißung vorliegt) ist nicht möglich, da diese die Schallwellen oftmals nicht beeinflussen.

9.2.4.2 Röntgenprüfung

Bei der Röntgenprüfung wird ein Röntgenbild der Schweißnaht angefertigt. Eine Beurteilung der Festigkeit und Dichtigkeit der Schweißnaht ist mit der Röntgenprüfung nicht möglich.

Erkennbare Fehler: Lunker, Spalte, Einschlüsse, Faserverteilung.

9.2.4.3 NMR-Prüfung (nuklear magnetic resonance)

Die aus der Medizin bekannte NMR-Untersuchung ermöglicht eine sehr hochauflösende Darstellung der Schweißnaht. Es sind Aussagen über die Kristallinität im Prüfkörper möglich. Das Verfahren erfordert sehr teure Anlagen und ist daher in der Praxis praktisch nicht anzutreffen.

Erkennbare Fehler: Lunker, Spalte, Einschlüsse, Faserverteilung, Kristallinität.

9.2.4.4 Ultraschallthermographie

Bei der Ultraschallthermographie erfolgt durch die in die Teile eingekoppelte Schallenergie eine lokale Erwärmung an Fehlstellen. Diese kann durch ein Wärmebild sichtbar gemacht werden. Das Verfahren eignet sich nur für die Prüfung dünner Fügeteile, da tiefliegende Fehler nicht detektiert werden können.

Erkennbare Fehler: Lunker, Spalte, Einschlüsse.

9.3 Zerstörende Prüfungen

Im Gegensatz zu den zerstörungsfreien Prüfverfahren liegt nach Durchführung einer zerstörenden Prüfung kein brauchbares Produkt mehr vor. Die Prüfung kann dabei entweder am gesamten Fügeteil bzw. Bauteil erfolgen oder an einem zuvor entnommenen Prüfteil. Neben den im Folgenden genannten Kennwerten der einzelnen Prüfverfahren kann in der Regel auch das Aussehen der Bruchflächen zur Beurteilung der Schweißung genutzt werden.

9.3.1 Prüfung am Fügeteil oder Bauteil

Mit dem Berstdruckversuch können Behälter, Rohre u.ä. mittels Innendruck geprüft werden. Prüfergebnis ist der Behälterinnendruck bei Versagen des Teils.

Beim Prüfen von Teilen mit von der ebenen Kreisform abweichenden Schweißnahtgeometrien kommt es an bestimmten exponierten Stellen zu Spannungsspitzen und mehrdimensionalen Spannungszuständen. Diese führen zu einem lokalen Anfangsversagen, dem das Versagen des gesamten Bauteils folgt (es ist nicht ungewöhnlich, dass der Bruch im Fügeteil und nicht in der Schweißnaht auftritt). Die gemessene Berstdruckfestigkeit lässt sich daher nicht mit im Zugversuch gemessenen Werten vergleichen und die Ergebnisse eines solchen Tests gelten nur für die geprüfte Fügeteilgeometrie, sie sind nicht allgemeingültig.

Prinzipiell basiert der Berstdruckversuch auf der Erhöhung des Innendrucks bis zum Versagen des Prüfkörpers. Die Innendruckerhöhung kann dabei kontinuierlich oder in bestimmten Zeitintervallen stufenförmig erfolgen. Die Dynamik der Druckveränderung wirkt sich dabei deutlich auf die Prüfergebnisse aus.

Als Prüfmedium sind Wasser, Öle und Luft üblich. Die Verwendung von (inkompressiblen) Flüssigkeiten hat den Vorteil, dass ein Explodieren der Teile durch das Entspannen des Prüfmediums vermieden wird. Trotzdem sollen derartige Versuche unter Beachtung geeigneter Schutzmaßnahmen durchgeführt werden.

9.3.1.1 Zeitstand-Innendruckversuch

Der Zeitstand-Innendruckversuch ähnelt vom Aufbau dem Berstdruckversuch. Allerdings wird der Prüfkörper hier mit einem konstanten Innendruck beaufschlagt. Ergebnis des Versuches ist die Zeit, die bis zum Versagen des Prüfkörpers vergeht.

9.3.2 Prüfung an Fügeteil- oder Bauteilabschnitten

9.3.2.1 Dünnschnittuntersuchungen, Ätzungen

Die Erstellung von Dünnschnitten (auch Mikrotomschnitte genannt) stellt eine visuelle Prüfung der Schweißnaht im mikroskopischen Bereich dar. In der Regel werden quer zur Schweißnaht Proben mit einer Dicke von einigen µm (5 - 50 µm) abgehobelt und unter dem Mikroskop betrachtet. Man kann somit z. B. die Faserverteilung und -ausrichtung erkennen. Das Erkennen von Lunkern, Gaseinschlüssen u. ä. ist eher zufällig, da die Schweißnaht nur an einer Stelle betrachtet wird. Bei Verwendung von polarisiertem Licht werden bei teilkristallinen Werkstoffen auch die durch den Schweißvorgang entstandenen, unterschiedlichen Kristallitstrukturen sichtbar. Dadurch kann der aufgeschmolzene Bereich bestimmt werden.

Zur Erstellung von Ätzungen wird eine polierte Schnittfläche der Schweißnaht mit einem geeigneten Medium angeätzt. Dadurch können bei teilkristallinen Werkstoffen ebenfalls unterschiedliche Kristallitstrukturen unter dem Mikroskop sichtbar gemacht werden. Bei mehrphasigen Kunststoffen und Blends können durch Anätzen einer der Komponenten Orientierungen und Entmischungsvorgänge in der Schweißnaht erkannt werden.

9.3.2.2 Kurzzeitzugversuch

Der Kurzzeitzugversuch nach ISO 527-1/-2 und DVS 2203-2 wird an stabförmigen Probekörpern durchgeführt. Die Schweißnaht wird mit konstanter Abzugsgeschwindigkeit oder konstanter Dehngeschwindigkeit belastet. Versuchsergebnis ist in der Regel die Bruchspannung, aber auch andere Werte wie Bruchdehnung, Streckspannung und -dehnung können ermittelt und verwendet werden. Wie beim Berstdruckversuch hat auch hier die Versuchsdynamik einen deutlichen Einfluss auf die Ergebnisse. Je größer die Belastungsgeschwindigkeit, desto höhere Festigkeitswerte und geringere Dehnungen werden gemessen.

Da der Probenquerschnitt im Bereich der Schweißnaht größer als derjenige der Grundprobe sein kann, kommt es bei hochwertigen Schweißungen oftmals zu einem Versagen in dem an die Schweißnaht angrenzenden Material. Um dies zu vermeiden, kann entweder der Schweißwulst abgetragen oder die Schweißnaht gezielt geschwächt werden. Dieser Sachverhalt gilt auch für alle anderen Zugprüfverfahren wie den Schlagzugversuch, den Langzeitzugversuch und den Dauerschwingversuch.

Für die nachfolgend aufgeführten mechanischen Prüfverfahren sollten genormte Prüfkörper verwendet werden. In der Praxis sind für vergleichende Prüfungen auch bauteilbezogene Prüfkörper üblich.

9.3.2.3 Technologischer Biegeversuch

Im Biegeversuch (nach DIN ISO 178, DIN 50121 und DVS 2203-5) werden balkenförmige Probekörper an den Enden auf zwei Auflager gelegt und in der Mitte mit einem Biegestempel belastet. Als Ergebnis können entweder der erreichte Biegewinkel beim Bruch/Anriss oder die aus den beim Bruch/Anriss ermittelten Kräften und Durchbiegungen berechneten Kennwerte Biegespannung und Randfaserdehnung genutzt werden.

9.3.2.4 Schlagzugversuch

Beim Schlagzugversuch (nach DIN EN ISO 8256 und DVS 2203-3) wird ein Probestab durch ein Schlagwerk (i. d. R. ein Schlagpendel) mit hoher Geschwindigkeit auf Zug belastet. Kenngröße des Versuches ist die auf den Querschnitt bezogene verbrauchte Schlagarbeit (Schlagzugzähigkeit).

9.3.2.5 Schlagbiegeversuch, Kerbschlagbiegeversuch

Es sind zwei Varianten des Schlagbiegeversuches üblich. Der Schlagbiegeversuch nach Charpy (DIN EN ISO 179) erfolgt wie beim technologischen Biegeversuch (Abschnitt 9.3.2.3) durch eine Biegebelastung zwischen zwei feststehenden Auflagern, die hier jedoch mit hoher Geschwindigkeit durch ein Schlagwerk aufgebracht wird. Beim Schlagbiegeversuch nach Izod (DIN EN ISO 180, DIN 53753) erfolgt die Belastung an einer einseitig fest eingespannten Probe. Prüfergebnis ist in beiden Fällen die auf den Querschnitt bezogene, von der Probe aufgenommene Schlagarbeit (Schlagzähigkeit).

Bei Proben, die beim Schlagbiegeversuch nicht brechen, wird die Spannungssituation durch Einbringen einer Kerbe verschärft. Dieser Kerbschlagbiegeversuch entspricht in der Durchführung und Auswertung dem Schlagbiegeversuch (die verbrauchte Schlagarbeit wird hier auf den Restquerschnitt bezogen).

9.3.2.6 Zeitstand-Zugversuch

Beim Zeitstand- oder Langzeit-Zugversuch (DIN 53444, DVS 2203-4) wird der Probekörper mit einer konstanten Zugkraft belastet. Um die Versuchsdauer zu reduzieren, wird der Versuch i. d. R. unter Einfluss eines Mediums und/oder erhöhter Temperaturbelastung durchgeführt. Ergebnis des Versuches ist die Zeit bis zum Bruch der Probe.

9.3.2.7 Zeitstand-Biegeversuch

Analog zum Zeitstand-Zugversuch und zum technologischen Biegeversuch wird der Zeitstand- oder Langzeit-Biegeversuch durchgeführt. Er erfolgt nach DIN 54852 mit Dreipunkt- oder Vierpunktbiegebelastung. Kennwert ist hier wiederum die bis zum Versagen der Probe verstrichene Zeit.

9.3.2.8 Dauerschwingversuch

Bei der Durchführung von Dauerschwingversuchen (DIN 50100) wird der Probekörper schwingend auf Zug, Druck oder wechselnd auf Zug/Druck belastet. Wichtige Parameter sind hierbei die Mittelspannung/-Dehnung, der Spannungs-/Dehnungsausschlag sowie die Schwingungsfrequenz. Kennwert des Versuches ist die Standzeit bzw. die Lastspielzahl bis zum Bruch.

9.4 Verfahren zur Ermittlung von Eigenspannungen

9.4.1 Spannungsoptische Untersuchungen im polarisierten Licht

Bei diesem Verfahren (DIN 5349) werden Spannungen im Teil durch die Durchleuchtung mit polarisiertem Licht sichtbar gemacht. Voraussetzung hierfür ist transparentes Material. Problematisch sind Orientierungen des Werkstoffes, da diese mit der Methode nicht von Spannungen unterschieden werden können. Für reale Form und Fügeteile ist das Verfahren i. d. R. nicht anwendbar.

9.4.2 Bohrlochmethode

Sind die Richtung und Höhe einer Eigenspannung gefragt, müssen andere Messverfahren herangezogen werden, zum Beispiel das Bohrlochverfahren. An der Stelle, an der die Eigenspannungen ermittelt werden sollen, löst man diese durch Bohren eines Loches aus. Die dabei auftretenden Verformungen erfasst man zum Beispiel mit um die Bohrung herum applizierten DMS-Streifen in Form einer sogenannten Bohrlochrosette. Über allgemeine und geometrieabhängige Beziehungen und Materialkennwerte wie E-Modul und Querkontraktionszahl lassen sich aus den so erfassten Dehnungen die Größe und Richtung der Hauptnormalspannungen ($_{min}$ und $_{max}$) und daraus wiederum die Spannungen in x- und y-Richtung berechnen.

Nachteilig ist bei diesem Verfahren, wie auch bei der spannungsoptischen Analyse, der hohe Zeitaufwand und der große Erfahrungsbedarf für die Anwendung. Hinzu kommt für das Bohrlochverfahren, dass es sich hier um eine zerstörende Prüfmethode handelt.

9.4.3 Warmlagerung

Durch die Warmlagerung (nach DIN 53497) einer Probe aus dem Formteil bei Temperaturen oberhalb der Glasübergangstemperatur bzw. der Kristallitschmelztemperatur erfolgt eine Verformung und Schrumpfung. Die gemessene Schrumpfung stellt ein Maß für die vor der Erwärmung vorhandenen Eigenspannungen dar.

9.4.4 Spannungsrissbeständigkeit

Die Prüfung auf Spannungsrissbeständigkeit erfolgt i. d. R. mittels spezifischer Lösungs-/Quellmittel. Es existieren verschiedene nationale und internationale Normen und Richtlinien zur ihrer Bestimmung (DIN 53449 Teile 1-3, ASTM-D 1693-70, ISO 6252, ASTM-D 5397-93). Eine Aussage über die Eigenspannungssituation im Fügeteil ist mit diesem Verfahren nur sehr begrenzt möglich. Es kann lediglich das Vorhandensein von Spannungen einer bestimmten Größe nachgewiesen werden. Die Ergebnisse sind dabei z. T. deutlich chargenabhängig, da sich Schwankungen im Molekulargewicht auf die Spannungsrissbeständigkeit auswirken. Prinzipiell weisen Kunststoffe mit längeren Molekülketten (höheres Molekulargewicht) stets eine höhere Spannungsrissbeständigkeit auf als kurzkettige.

Voraussetzung und damit Ursache der Spannungsrissbildung ist das Vorhandensein von Bauteilspannungen, die rissauslösende Werkstoffdehnungen hervorrufen. Bauteilspannungen sind auf Eigenspannungen als Folge der Verarbeitungsbedingungen zurückzuführen oder auf äußere Spannungen als Folge äußerer mechanischer Beanspruchung bzw. auf eine Überlagerung von beiden Spannungsarten.

10 Normen und Richtlinien

Nachstehend sind Normen und Richtlinien angeführt, die zusätzlich herangezogen werden können.

DIN EN ISO 9000: Qualitätsmanagementsysteme, Grundlagen und Begriffe

DIN EN ISO 9001: Qualitätsmanagementsysteme, Forderungen

DIN EN SO 9004: Qualitätsmanagementsysteme, Leitfaden zur Leistungsverbesserung

DIN 55350-11 bis -17: Begriffe der Qualitätssicherung und Statistik

DIN EN 291: Sicherheit von Maschinen

Merkblatt DVS 3006: Produkthaftung in der Schweißtechnik, Fachbuchreihe Schweißtechnik, Band 123

Richtlinie DVS 2203-1: Prüfen von Schweißverbindungen aus Tafeln und Rohren aus thermoplastischen Kunststoffen – Prüfverfahren, Anforderungen

Richtlinie DVS 2203-2: Prüfen von Schweißverbindungen aus thermoplastischen Kunststoffen, Zugversuch

Richtlinie DVS 2203-3: Prüfen von Schweißverbindungen aus thermoplastischen Kunststoffen, Schlagversuch

Richtlinie DVS 2203-4: Prüfen von Schweißverbindungen aus thermoplastischen Kunststoffen, Zeitstand-Zugversuch

Richtlinie DVS 2203-5: Prüfen von Schweißverbindungen aus thermoplastischen Kunststoffen, Technologischer Biegeversuch

Richtlinie DVS 2215-1: Heizelementschweißen von Formteilen aus thermoplastischen Kunststoffen in der Serienfertigung

Richtlinie DVS 2215-2: Heizelementschweißen von Formteilen aus Polyolefinen (PE, PP) in der Serienfertigung

Richtlinie DVS 2215-3: Heizelementschweißen von Formteilen aus amorphen Thermoplasten in der Serienfertigung

Richtlinie DVS 2216-1: Ultraschallfügen von Formteilen und Halbzeugen aus thermoplastischen Kunststoffen in der Serienfertigung – Maschinen und Geräte, Funktionsbeschreibung und Anforderung

Richtlinie DVS 2216-2: Ultraschallfügen von Formteilen und Halbzeugen aus thermoplastischen Kunststoffen in der Serienfertigung – Ultraschallschweißen, Verfahren und Merkmal

Richtlinie DVS 2216-3: Ultraschallfügen von Formteilen und Halbzeugen aus thermoplastischen Kunststoffen in der Serienfertigung – Umformen mit Ultraschall, Nieten, Bördeln und Verdämmen

Richtlinie DVS 2216-4: Ultraschallfügen von Formteilen und Halbzeugen aus thermoplastischen Kunststoffen in der Serienfertigung – Einbetten von Metallteilen und artfremden Werkstoffen mit Ultraschall

Richtlinie DVS 2216-5: Ultraschallfügen von Formteilen und Halbzeugen aus thermoplastischen Kunststoffen in der Serienfertigung – Sonotrodenherstellung

Richtlinie DVS 2216-6: Ultraschallfügen von Formteilen und Halbzeugen aus amorphen thermoplastischen Kunststoffen in der Serienfertigung

Richtlinie DVS 2217-1: Vibrationsschweißen von Formteilen und Halbzeugen aus thermoplastischen Kunststoffen in der Serienfertigung

Richtlinie DVS 2217-2: Vibrationsschweißen von Formteilen und Halbzeugen aus thermoplastischen Kunststoffen in der Serienfertigung – Formteile aus Polyamid

Richtlinie DVS 2218-1: Schweißen von thermoplastischen Kunststoffen in der Serienfertigung – Rotationsreibschweißen, Anlagen, Verfahren, Merkmale

Richtlinie DVS 2218-2: Schweißen von thermoplastischen Kunststoffen in der Serienfertigung – Rotationsreibschweißen von Formteilen aus Polyolefinen (PE, PP)

Richtlinie DVS 2219-1: Hochfrequenzfügen von thermoplastischen Kunststoffen in der Serienfertigung – Maschinen, Werkzeuge, Verfahrenstechnik

Taschenbuch DVS-Merkblätter und -Richtlinien: Fügen von Kunststoffen, Fachbuchreihe Schweißtechnik, Band 68/IV

Dezember 2008

DVS – DEUTSCHER VERBAND FÜR SCHWEISSEN UND VERWANDTE VERFAHREN E.V.	Oberirdische Behälter, Apparate und Rohrleitungen aus thermoplastischen Kunststoffen Leitfaden zur Qualitätssicherung	DVS Richtlinie DVS 2231

Oberirdische Behälter, Apparate und Rohrleitungen aus thermoplastischen Kunststoffen

Leitfaden zur Qualitätssicherung

Inhalt:

1 Geltungsbereich

Dieses Qualitätssicherungskonzept gilt für oberirdische Behälter, Apparate und Rohrleitungen aus thermoplastischen Kunststoffen mit und ohne Innendruckbelastung und/oder Gefährdung von Mensch und Umwelt. Es kann sinngemäß auch auf vergleichbare thermoplastische Bauteile und Konstruktionen angewandt werden. Grundsätzlich ist im Voraus zu klären, ob und gegebenenfalls welchen Rechtsvorschriften (z. B. Druckgeräterichtlinie, Wasserhaushaltsgesetz, Betriebssicherheitsverordnung etc.), Normen oder Liefervereinbarungen das Bauteil unterliegt. In diesen können zusätzliche Qualitätssicherungsmaßnahmen gefordert sein. Des weiteren können zwischen den Vertragspartnern Abweichungen von diesem Qualitätssicherungskonzept vereinbart werden. Die Wahl des/der zweckmäßigen Prüfverfahren ist entsprechend der jeweiligen Ausführung, Betriebsbeanspruchung und Anwendung zu treffen.

Grundsätzlich sind Art und Umfang der qualitätssichernden Maßnahmen sowie deren Zeitpunkt zwischen den Vertragspartnern festzulegen.

Das Qualitätssicherungskonzept kann sowohl von der werkseigenen Produktionskontrolle/ Qualitätssicherung des Auftragnehmers als auch von Fremdprüfern (z. B. des Auftraggebers oder von ihm beauftragte Dritte) angewendet werden.

2 Dokumentation

Die Prüfungen sind in geeigneter Form zu dokumentieren (siehe Anlage 1 bzw. 2). Zusätzlich kann eine gesonderte Bescheinigung nach DIN EN 10204 erstellt werden.

3 Bewertung

Anhand der Anlage 1 bzw. 2 ist festzustellen, ob Anforderungen erfüllt sind. Werden Anforderungen nicht erfüllt, sind Nachbesserungen zulässig, wenn sie fachgerecht ausgeführt werden und die Qualität des Bauteils nicht negativ beeinträchtigen. Der Auftraggeber ist über Nachbesserungen, die die Gebrauchseigenschaften beeinflussen können, zu informieren. Gegebenenfalls ist der Prüfumfang zu erweitern.

Werden Anforderungen nicht erfüllt und ist eine Nachbesserung unmöglich, so kann der Auftragnehmer nach Rücksprache mit dem Auftraggeber einen gesonderten Nachweis zur Verwendbarkeit des Bauteils führen. Über Art, Umfang und Wertung dieses Nachweises ist zwischen den Vertragspartner eine schriftliche Vereinbarung zu treffen.

4 Erläuterungen

In den Anlagen 1 bzw. 2 sind die einzelnen Prüfverfahren in Form einer strukturierten Checkliste wiedergegeben. Die Anlagen sind als Leitfaden zu verstehen, Abweichungen davon können zwischen den Vertragspartnern vereinbart werden.

5 Mitgeltende Normen, Richtlinien und Merkblätter

DVS 2201	Prüfen von Halbzeugen aus Thermoplasten; Grundlagen und Hinweise
DVS 2202-1	Fehler an Schweißverbindungen aus thermoplastischen Kunststoffen; Merkmale, Beschreibung, Bewertung
DVS 2203	Prüfung von Schweißverbindungen an Tafeln und Rohren aus thermoplastischen Kunststoffen
DVS 2205	Berechnung von Behältern und Apparaten aus Thermoplasten
DVS 2206	Prüfung von Bauteilen und Konstruktionen aus thermoplastischen Kunststoffen
DVS 2207	Schweißen von thermoplastischen Kunststoffen
DVS 2208-1	Schweißen von thermoplastischen Kunststoffen; Maschinen und Geräte für das Heizelementstumpfschweißen von Rohren, Rohrleitungsteilen und Tafeln
DVS 2210	Industrierohrleitungen aus thermoplastischen Kunststoffen
DVS 2212	Prüfung von Kunststoffschweißern
DVS 2213	Fachmann für Kunststoffschweißen; Prüfung
DVS 2221	Prüfung von Kunststoffklebern
DIN EN 10204	Metallische Erzeugnisse; Arten von Prüfbescheinigungen
DIN 16961	Rohre und Formstücke aus thermoplastischen Kunststoffen mit profilierter Wandung und glatter Rohrinnenfläche
DIN EN 12573-1	Geschweißte ortsfeste drucklose Behälter (Tanks) aus Thermoplasten – Allgemeine Grundsätze

DVS, Ausschuss für Technik, Arbeitsgruppe „Fügen von Kunststoffen"

Bezug: DVS Media GmbH, Postfach 10 19 65, 40010 Düsseldorf, Telefon (02 11) 15 91- 0, Telefax (02 11) 1591-150

Anlage 1:

Checkliste für die Prüfung von Behältern/Apparaten aus thermoplastischen Kunststoffen

Hersteller:		**Herstellnr.:**				
lfd. Nr.	Prüfung	Normen, Richtlinien, Merkblätter u. ä.	Prüfumfang [1]	Anforderung erfüllt		Signum Prüfer
				ja	Nein [2]	
Prüfungen vor der Herstellung:						
1	**Herstellerqualifikation** z. B. Verfahrensprüfung, Fachbetrieb § 19 I WHG, QM-System, Fremdüberwachung, Fertigungseinrichtungen, Prüfeinrichtungen	z. B. WHG DIN EN ISO 9001 DGR DVS 2208-1 Sonstiges [2]				
2	**Qualifikationsnachweis des Schweiß- bzw. Klebepersonals** z. B. Geltungsbereich / Gültigkeitsdauer	DVS 2212 DVS 2213 DVS 2221				
3	**Eignung der Werkstoffe** z. B. Aufstellungsart / thermische, mechanische Belastbarkeit / chemische Widerstandfähigkeit / Fügetechnik	DVS 2201 Medienlisten DIN EN 10204				
4	**Dimensionierung** z. B. Druck / Temperatur / Aufstellung / Medium / Gebrauchsdauer / Sicherheiten Beanspruchungsart/ Sonderanforderungen	DVS 2205				
Prüfungen während und/oder nach der Herstellung:						
5	**Verarbeitung**	DVS 2207				
6	**Form / Abmessungen / Grenzabmaße**	DVS 2206 [3] DIN 16961				
7	**Wanddicken**	DVS 2206 [3]				
8	**Unrundheit** (Grenzabmaße)	DVS 2206 [3]				
9	**Oberflächen** (innen und außen)	DVS 2206 [3]				
10	**Schweiß- / Klebeverbindungen** (visuell / maßlich)	DVS 2202-1 DVS 2205 DVS 2206 [3]				
11	**Arbeitsproben** (visuell / maßlich / zerstörend)	DVS 2202-1 DVS 2203 DVS 2205 DVS 2206 [3]				
12	**Dichtheitsprüfung / Druckprüfung**	DVS 2206 [3]				
13	**Lagerung**	Herstellerangaben				
14	**Transport**	Herstellerangaben				
15	**Aufstellung**	EN 12573-1				
16	**Herstellerdokumentation**	DIN EN 10204				

[1] z. B. stichprobenweise 10 %, 100 %, etc.

[2] Bemerkungen, Erläuterungen erforderlich

[3] in Vorbereitung

Anlage 2:

Checkliste für die Prüfung von Rohrleitungen aus thermoplastischen Kunststoffen

Hersteller:		**Plan/Isometrie-Nr.:**				
lfd. Nr.	Prüfung	Normen, Richtlinien, Merkblätter u. ä.	Prüfumfang [1]	Anforderung erfüllt		Signum Prüfer
				ja	Nein [2]	
Prüfungen vor Erstellung der Rohrleitung:						
1	**Herstellerqualifikation** z. B. Verfahrensprüfung, Fachbetrieb § 19 I WHG, QM-System, Fremdüberwachung, Fertigungs-einrichtungen, Prüfeinrichtungen	z. B. WHG DIN EN ISO 9001 DGR DVS 2208-1 Sonstiges [2]				
2	**Qualifikationsnachweis des Schweiß- bzw. Klebepersonals** z. B. Geltungsbereich / Gültigkeitsdauer	DVS 2212 DVS 2213 DVS 2221				
3	**Eignung der Werkstoffe** z. B. Verlegeart / thermische, mechanische Belastbarkeit / chemische Widerstandfähigkeit / Fügetechnik /	DVS 2201-1 DVS 2201-2 Medienlisten DIN EN 10204				
4	**Dimensionierung** z. B. Druck / Temperatur / Aufstellung / Medium / Gebrauchsdauer / Sicherheiten Beanspruchungsart/ Sonderanforderungen	DVS 2205 DVS 2210				
Prüfungen während und/oder nach der Erstellung der Rohrleitung:						
5	**Verarbeitung**	DVS 2207 DVS 2204 Sonstiges [2]				
6	**Form / Abmessungen / Grenzabmaße**	DVS 2206 [3]				
7	**Wanddicken**	DVS 2206 [3]				
8	**Unrundheit** (Grenzabmaße)	DVS 2206 [3]				
9	**Oberflächen**	DVS 2206 [3]				
10	**Schweiß- / Klebeverbindungen/ mechanische Verbindungen** (visuell / maßlich)	DVS 2202-1 DVS 2205-3 DVS 2206 [3] DVS 2221-1				
11	**Arbeitsproben** (visuell / maßlich / zerstörend)	DVS 2202-1 DVS 2203 DVS 2205-3 DVS 2206 [3]				
12	**Dichtheitsprüfung / Druckprüfung**	DVS 2206 3 DVS 2206 [3] DVS 2210-1 BB2				
13	**Lagerung**	Herstellerangaben DVS 2210				
14	**Transport**	Herstellerangaben DVS 2210				
15	**Verlegung**	DVS 2210				
16	**Herstellerdokumentation**	—				

[1] z. B. stichprobenweise 10 %, 100 %, etc.

[2] Bemerkungen, Erläuterungen erforderlich

[3] in Vorbereitung

Mai 2005

DVS – DEUTSCHER VERBAND FÜR SCHWEISSEN UND VERWANDTE VERFAHREN E.V.

Gewindeeinsätze zum Fügen von Formteilen aus Kunststoffen

DVS
Richtlinie
DVS 2240-1

Inhalt:

1 Geltungsbereich

Diese Richtlinie gilt für das Fügen von Formteilen aus Kunststoff mit Inserts. Der Begriff Insert ist den in der Literatur verwendeten Begriffen (Gewinde-)Einsatz und Buchse gleichwertig. Inserts können ein Innengewinde oder einen Gewindebolzen aufweisen. Die Richtlinie stellt die verschiedenen Einbringverfahren vor und liefert dem Konstrukteur Kriterien zur Auslegung derartiger Verbindungen. Eine rein rechnerische Auslegung ist aufgrund der vielfältigen Einflussgrößen derzeit nicht möglich. Es sind daher immer Experimente und Rückfragen bei Rohstoff-, Insert- und Maschinenherstellern notwendig.

Weitere Informationen zu Einbringverfahren von Inserts werden in der Richtlinie DVS 2216-4 „Ultraschallfügen und -bearbeiten von Formteilen und Halbzeugen aus thermoplastischen Kunststoffen in der Serienfertigung – Einbetten von Metallteilen und artfremden Werkstoffen mit Ultraschall" gegeben.

2 Verfahrensbeschreibung

Das Verschrauben von Bauteilen mit Inserts ist ein lösbares Verbindungsverfahren, das bevorzugt dann eingesetzt wird, wenn besondere Anforderungen aufgrund funktioneller Gründe, Montage- oder Serviceaspekte vorliegen. In einen Fügepartner wird ein Insert mit Innengewinde eingebracht, der andere Fügepartner kann durch Verwendung von Normschrauben mit diesem verspannt werden. Inserts werden sowohl in angeformte Einschraubtuben als auch direkt in die Wandung des Kunststoffbauteils eingesetzt.

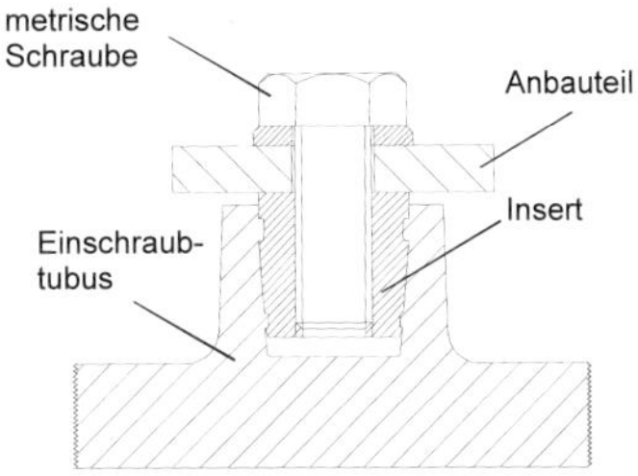

Bild 1. Verschraubung in einen Insert.

Je nach Einbringverfahren unterscheiden sich die geometrischen Ausführungen und die Verankerungsmechanismen der Einsätze. Die Einbringverfahren lassen sich in zwei Methoden unterteilen:

- **Mould-In-Technik**, bei dem die Inserts vor der Bauteilherstellung (z. B. Spritzguss, Pressen) in die Form eingelegt und vom Polymerwerkstoff umflossen werden und
- **After-Moulding-Technik**, bei dem die Inserts nachträglich in das fertig geformte Bauteil eingebracht werden.

Bild 2 zeigt eine Übersicht über die unterschiedlichen Einbringverfahren für Inserts.

Inserts werden sowohl aus Metall (z. B. Messing, Stahl, Aluminium) als auch aus glasfaserverstärkten Thermoplasten hergestellt.

2.1 Mould-In-Verfahren

Beim Mould-In-Verfahren werden die Inserts vor der Bauteilherstellung (z. B. Spritzguss, Pressen) in die Form eingelegt und vom Polymerwerkstoff umflossen. Das Umspritzen beziehungsweise Umfließen von Gewindeeinsätzen im Spritzguss- oder Fließpresswerkzeug erfordert ein genaues Positionieren der Einsätze vor dem Schließen des Werkzeugs. Dies geschieht entweder manuell oder durch automatische Positionierungseinrichtungen. Hierdurch ergeben sich verlängerte Zykluszeiten, zusätzlich besteht die Gefahr des Verkantens im Werkzeug und des Herausfallens. Unter Umständen müssen die Inserts zur Vermeidung von Eigenspannungen in amorphen Thermoplasten vor dem Umspritzen erwärmt werden. Umspritzbare Inserts sind zum Teil nach DIN 16903 genormt. Sie besitzen Grundbauformen, die in Bild 3 dargestellt sind.

DVS, Ausschuss für Technik, Arbeitsgruppe „Fügen von Kunststoffen"

Bezug: Verlag für Schweißen und verwandte Verfahren DVS-Verlag GmbH, Postfach 10 19 65, 40010 Düsseldorf, Telefon (02 11) 15 91- 0, Telefax (02 11) 15 91-150

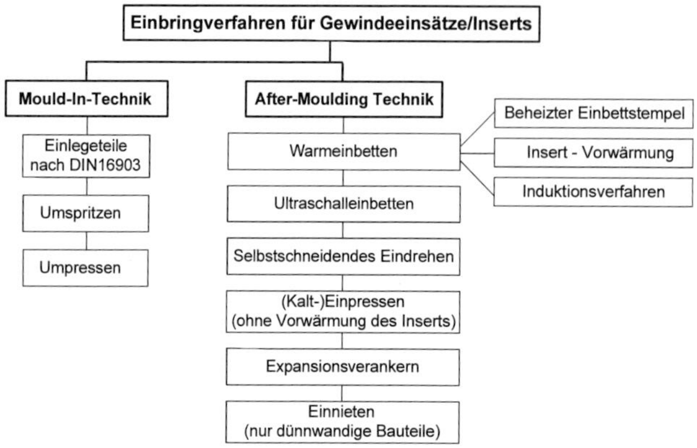

Bild 2. Übersicht der Einbringverfahren für Inserts.

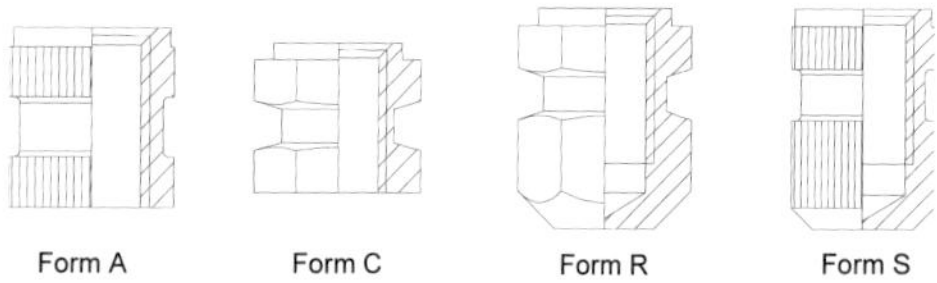

Bild 3. Grundbauformen von umspritzten Inserts nach DIN 16903.

2.2 After-Moulding-Verfahren

Bei der After-Moulding-Technik werden in der Regel nicht genormte Inserts nach der Herstellung des Bauteils in einem zusätzlichen Arbeitsgang verankert. Die Verankerung erfolgt durch:

- nachträgliches Einbetten mit Hilfe von Wärme und Druck,
- Einbetten mit Ultraschall,
- mechanisches Eindrehen mit selbstschneidendem oder -formendem Außengewinde,
- Kalteinpressen,
- Expansionsverankern: Einpressen mit anschließendem Aufweiten der Einsätze beim Eindrehen der Schraube, bzw. Montagedorn oder Spreizplatte

Entsprechend der Einbringverfahren unterscheiden sich die Verankerungsmechanismen und die konstruktive Gestaltung der Einsätze. In Bild 4 sind verschiedene After-Moulding-Inserts schematisch dargestellt.

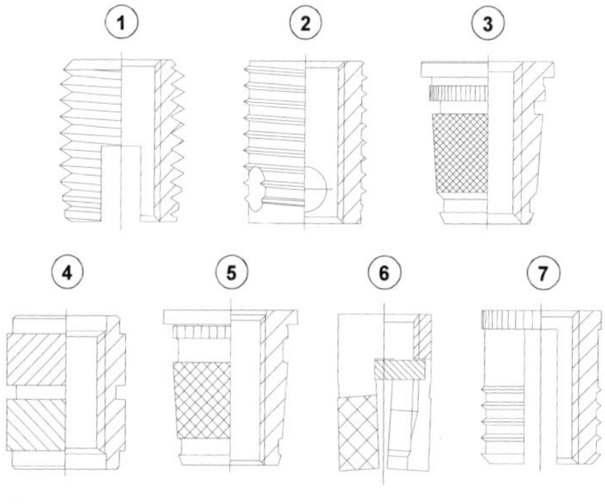

Bild 4. Beispiele für After-Moulding-Inserts (①, ② – eindrehbare Einsätze aus Metall; ③ – Ultraschalleinsatz aus glasfaserverstärktem Thermoplast; ④, ⑤ – Ultraschall- und Warmeinbettungseinsätze; ⑥, ⑦ – Expansionseinsätze mit und ohne Spreizplatte).

2.2.1 Warmeinbetten

Für das Warmeinbetten von Inserts werden die einzubettenden Teile erwärmt. Diese Wärme wird an den Berührungsflächen in der Aufnahmebohrung des thermoplastischen Bauteils übertragen, so dass dort eine Plastifizierung erfolgt und der Insert durch Krafteinwirkung in dem plastifizierten Kunststoff eingebettet werden kann. Durch das Umfließen der Oberflächenprofilierungen und Hinterschnitte verankert der Insert nach dem Abkühlen formschlüssig im thermoplastischen Bauteil.

2.2.1.1 Beheizter Einbettstempel

Die Wärmeübertragung erfolgt durch direkte Kontaktierung mit dem Insert beim Einbetten. Durch den permanent beheizten Einbettstempel kann die Positionierungsgenauigkeit des Inserts durch ein Aufschwimmen des Inserts nach dem Zurückfahren des Einbettstempels erschwert werden.

2.2.1.2 Insert-Vorwärmung

Die Inserts werden vorgewärmt, der Einbettvorgang erfolgt ohne weitere Wärmezufuhr. Durch einen gekühlten Stift kann die Abkühlzeit noch optimiert werden. Aufgrund des vorgewärmten Inserts wird ein Ausfließen des Werkstoffes oder Aufschwimmen des Inserts vermieden, deshalb ist dieses Verfahren neben dem Induktionsverfahren besonders für Bauteile mit hohen Toleranzanforderungen geeignet.

2.2.1.3 Induktionsverfahren

Die Inserts werden beim Einbetten durch ein hochfrequentes elektromagnetisches Wechselfeld induktiv erwärmt. Durch den relativ kalten Einbettstempel kühlen die Inserts schneller ab, so dass neben einer genauen Positionierung der Inserts kurze Zykluszeiten realisiert werden können. Dieses Verfahren ist aufgrund der hohen Investitionskosten nur bei Großserien wirtschaftlich.

2.2.2 Ultraschalleinbetten

Beim Ultraschalleinbetten werden hochfrequente mechanische Schwingungen erzeugt. Über eine Sonotrode wird das einzubettende Insert zu Schwingungen angeregt. Die hieraus resultierende Relativbewegung führt zu einer Erwärmung in der Kontaktfläche Insert/Kunststoffbauteil. Über einen definierten Anpressdruck wird der Insert gezielt in das lokal plastifizierte Kunststoffbauteil eingebracht und positioniert. Dabei werden die Oberflächenprofilierungen und Hinterschnitte umflossen, nach der Abkühlung kommt es zu einer formschlüssigen Verankerung des Inserts im Bauteil. Das Einbetten von Inserts mit Ultraschall wird in der Richtlinie DVS 2216-4 behandelt.

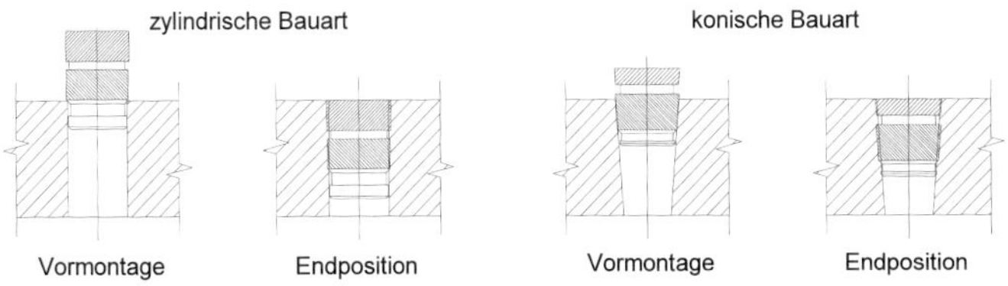

Bild 5. Warmeinbetten bzw. Ultraschalleinbetten von Inserts mit zylindrischer und konischer Bauart.

2.2.3 Selbstschneidendes Eindrehen

Eindrehbare Inserts schneiden und formen – ähnlich wie gewindeformende Schrauben – während des Eindrehvorganges ihr Muttergewinde im vorgebohrten bzw. vorgeformten Aufnahmeloch selbsttätig in die Lochwandung ein. Geeignet ist dieses Verfahren prinzipiell für alle Polymerwerkstoffe.

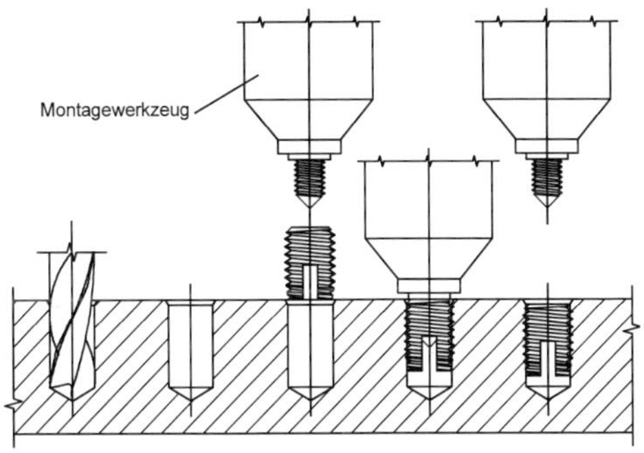

Bild 6. Montage eines selbstschneidenden Inserts.

2.2.4 Einpressen

Kalteingepresste Inserts werden ohne Erwärmung in eine meist mit Untermaß versehene Aufnahmebohrung des Bauteils mit Einpress- oder Einschlagwerkzeugen durch eine axiale Kraft eingebracht. Der Verankerungsmechanismus ist überwiegend eine Kombination aus form- und kraftschlüssiger Verankerung. Neben geschlossenen Bauformen werden zwei oder mehrfach axial geschlitzte mit Rändelungen und Verzahnungen versehene Expansionsinserts verwendet. Die Spreizung des Expansionsinserts erfolgt in der Endlage entweder durch einen Montagedorn oder direkt durch die einzudrehende Schraube, die die Spreizlamellen durch Verdrängung oder über eine Spreizplatte gegen die Lochwandung drückt und dort verankert, Bild 7. Die dabei auftretenden Radialbelastungen müssen deswegen bei der Auslegung der Tubuswanddicke berücksichtigt werden. Bei spröden oder spannungsrissanfälligen Thermoplasten sind diese Inserts weniger geeignet. Für die Verwendung bei elastomermodifizierten und teilkristallinen Thermoplasten sind sie wesentlich besser geeignet.

2.2.5 Einbringen von Niet- und Blindnietelementen (Funktionselemente nach Merkblatt DVS 3440 – in Vorbereitung)

Für dünnwandige Kunststoffbauteile haben sich zwei Fügeverfahren in Anlehnung an die metallische Niettechnik etabliert:

Nietelemente sind gekennzeichnet durch einen Abschnitt, der nach dem Einbringen in das Werkstück umgeformt und mit diesem formschlüssig verbunden ist. Die Formschlüssigkeit ist entweder durch Umformung des Nietabschnittes allein und/oder der Umformung der Lochwandumgebung mit dem Nietabschnitt in Kombination erreicht. Das Bauteil ist zur Aufnahme des Funktionselementes vorgelocht. Einnietbare Funktionselemente erfordern eine beidseitige Zugänglichkeit zum Bauteil.

Blindnietelemente erfüllen bei mehrlagigen Verbindungen zusätzlich die Funktion eines Blindnietes. Sie werden von einer Seite in ein Nietloch eingeführt und mit einem Verarbeitungswerkzeug gesetzt. Dabei wird ein definierter Abschnitt des Elementes zum Schließkopf umgeformt. Der Bauteilwerkstoff wird nicht umgeformt. Blindnietmuttern weisen ein Innengewinde auf, bei Blindnietgewindebolzen ist das Gewinde als überstehender Gewindebolzen ausgeführt.

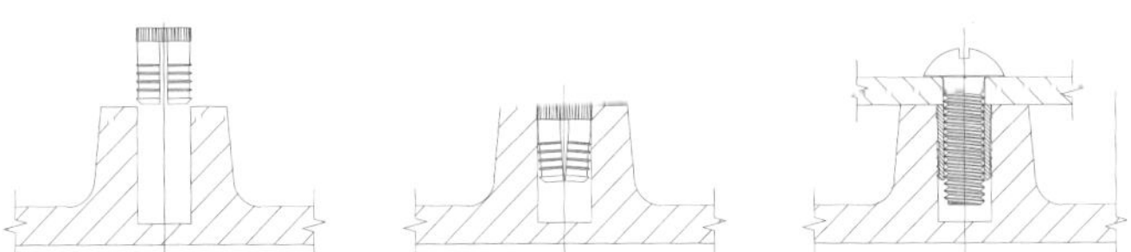

Bild 7. Expansionsverankern von Inserts.

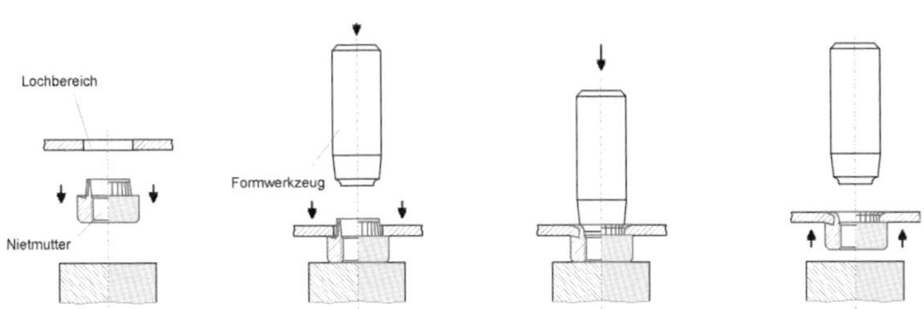

Bild 8. Einbringen einer Nietmutter.

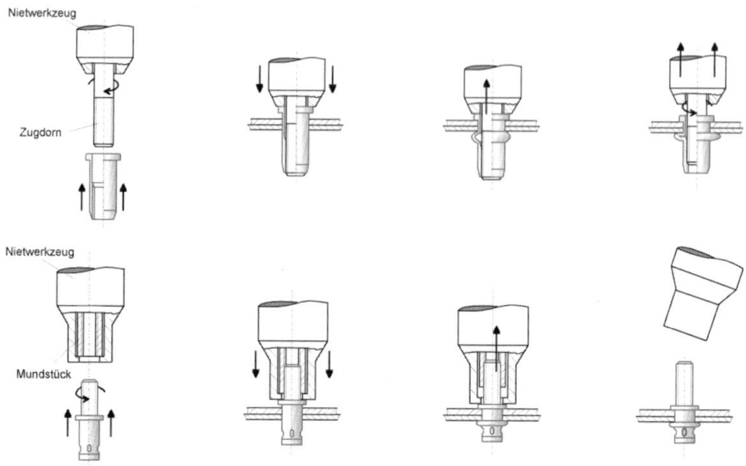

Bild 9. Einbringen einer Blindnietmutter (oben) bzw. eines Blindnietgewindebolzens (unten).

3 Werkstoffeinfluss auf das Funktionsverhalten und die Herstellbedingungen

Das Verankerungsverhalten von Inserts kann vom Eigenschaftsprofil des zu verbindenden Kunststoffs beeinflusst werden. Wichtig sind dabei zum Beispiel:

- morphologischer Aufbau: Homo- und Copolymere, Polymermischungen (Blends), u. a.
- Art und Menge von Füll-, Verstärkungs- und elastifizierenden Stoffen
- Farbmittel, Verarbeitungs- und Entformungsmittel
- Flammschutzmittel, Antistatika sowie sonstige Zusatzstoffe

Einfluss von Zusatzstoffen

Zusatzstoffe wie Farbmittel, Füll- und/oder Verstärkungsstoffe, Flammschutzmittel, Antistatika, Elastifizierungsmittel, Verarbeitungshilfen, Trennmittel und andere, können das Verankerungsverhalten beeinflussen. Der Grad der Beeinflussung ist von der Art und Menge der zugesetzten Stoffe abhängig und muss durch Versuche geklärt werden.

Einfluss von Recyclaten

Bei der Verwendung/Verarbeitung von Recyclaten ist zu prüfen, ob und in welcher Menge diese der Neuware zugesetzt werden dürfen. Die Beeinflussung ist durch Versuche zu klären.

Weitere Aspekte

Die Bauteilvorgeschichte kann erheblichen Einfluss auf das Verankerungsverhalten der Inserts im Fügebauteil haben. Die Herstellbedingungen bestimmen z. B. Faserverteilung oder Eigenspannungen im Bauteil. Bei Lagerungsvorgängen kann z. B. Feuchtigkeit aufgenommen oder abgegeben werden. Daneben können thermisch-oxidative und/oder lichtinduzierte Alterungen unter Betriebsbedingungen auftreten. Die Herstell-, Lager- und Betriebsbedingungen sind daher zu berücksichtigen.

Besonders bei Bauteilen aus amorphen Thermoplasten ist darauf zu achten, dass diese möglichst spannungsarm hergestellt werden. Bei teilkristallinen Thermoplasten ist unter Umständen die Nachkristallisation zu beachten, die eine materialabhängige Schwindung verursachen kann.

Bei der Verbindungsauslegung sollten daher Insert- und Rohstoffhersteller zu Rate gezogen werden. Insbesondere sollten die Hersteller bei Verbindungen von Bauteilen aus polymeren Schaumstoffen, thermoplastischen Elastomeren (z. B. TPE) und diskontinuierlich langfaserverstärkten Kunststoffen (z. B. GMT, LFT, SMC) kontaktiert werden.

4 Konstruktive Hinweise

4.1 Auswahl von Inserts

4.1.1 Vorgehensweise bei der Auswahl von Inserts

Bild 10 zeigt ein Flussdiagramm für die prinzipielle Auslegung von Insertverbindungen. Während Werkstoff/Fügepartner sowie die Belastung und Umgebungsbedingungen im Einsatz in der Regel im Lastenheft vorgegeben sind, sollte das Montageverfahren nach Verfügbarkeit bzw. bei Neuinvestitionen nach Stückzahlen, Anlagenkosten Anforderungen an Einfach-/Mehrfacheinbau, Automatisierungspotenzial und Zykluszeiten ausgewählt werden. Einige Auswahlkriterien sind in Tabelle 1 zusammengefasst.

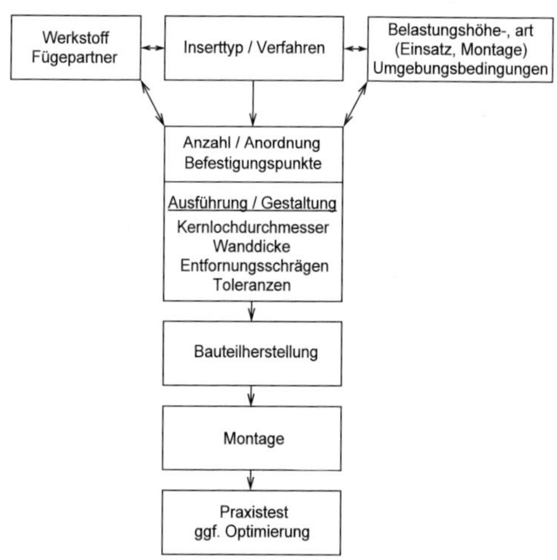

Bild 10. Prinzipielle Vorgehensweise bei der technischen Auslegung von Insertverbindungen.

4.1.2 Konstruktive Auslegungskriterien

Als wesentliche Faktoren für die konstruktive Auslegung sind zu nennen:

- Gestaltung des Kernlochs nach Herstellerangaben (Toleranzen, Entformung/Konizität: zylindrische Bauformen <1°, konische Standardbauformen 4°).
- Überstand des Inserts so realisieren, dass das Anbauteil mit dem Insert verspannt werden kann, Bild 11. Andernfalls ist mit Relaxationseffekten zu rechnen.
- Bei radialen Spannungskomponenten (Selbstschneidendes/formendes Eindrehen, Expansionsverankern) größere Wanddicken realisieren.
- Belastungsart, -höhe, und -dauer und die Lastrichtung berücksichtigen.
- Umgebungsbedingungen (Temperatur, Medien wegen Korrosion der Inserts usw.) berücksichtigen.

Die wesentlichen konstruktiven Auslegungsempfehlungen für die einzelnen Verfahren sind in der Literatur zusammengefasst, siehe Abschnitt 7.

5 Prüfverfahren zur Kennwertermittlung

Im Wesentlichen sind die in Bild 12 dargestellten Belastungen bei der Kennwertermittlung zu unterscheiden. Die Belastbarkeit insbesondere unter Querkraft und Biegung ist bevorzugt am Bauteil zu prüfen. Temperatur-, zeit- und belastungsabhängige Einflüsse sind zu berücksichtigen.

Methoden zur Kennwertermittlung:

- Axiale Zugbelastung (A)
- Weiterdreh-/Versagensdrehmoment (B)
- Kombinierte Axial- und Torsionsbeanspruchung (C), muss an den Praxisfall angepasst werden.

Tabelle 1. **Kriterien für die Verfahrensauswahl von großserientauglichen Einbringverfahren**

I – sehr gut geeignet; II – gut geeignet; III – bedingt geeignet; IV – nicht geeignet;
1) Achtung Spannungsrissempfindlichkeit bei amorphen Thermoplasten
2) 1 – kleine Wanddicke, 4 – große Wanddicke, abhängig von der Bauteilgestaltung, Auslegungsempfehlungen siehe Literaturangaben
3) Abhängig vom Kunststoff
4) Abhängig vom Handlingsystem

Auswahlkriterien

Anforderungen, Vorgaben	Warmeinbetten		Ultraschall	Selbstschneidende Inserts	Expansionsinsert/ Kalteinpressen
	Einbettstempel	Induktion			
Eignung für Thermoplaste Duroplaste	 I IV	 I IV	I 1) (Spannungsriss) IV	II 1) (Spannungsriss) I	 II II
Erforderliche (minimale) Maschinentechnik für Vor- und Kleinserien	Warmeinbaumaschine (Kleinstmengen mittels Lötkolben)	Induktion/ EWS-Gerät	Ultraschallschweißmaschine	Handeindrehwerkzeug Pneumatische/ elektrische Schrauber	Handeinbaudorn Pneumatische Zuführeinheiten/ Pressen
Bevorzugte Insertgrössen amorph teilkristallin	bis M10 3) bis M8	ab M1,4 ab M1,4	M1,4 bis M8 3) < M6	> M2,5 1) > M2,5	> M4 1) > M4
Simultanes Einbetten	ja	ja	bedingt	nein	ja
Wanddicke des Tubus	1 2)	1 2)	2 2)	3 2)	4 2)
Zyklus-/Einsenk-/Kühlzeit 3);4) Insertgröße < M 6 Insertgröße > M 6	 3 … 10 s 5 … 20 s	 1 … 3 s 3 … 5 s	 1,5 … 2 s 2 … 4 s 3)	 6 … 8 s 6 … 10 s	 2 … 4 s 3) "
Axiale Auszugskraft in gleichen Thermoplasten bezogen auf Auszugskraft nach Warmoinbettung	100 % (Referenz)	110%	90 %	150 %	50 %

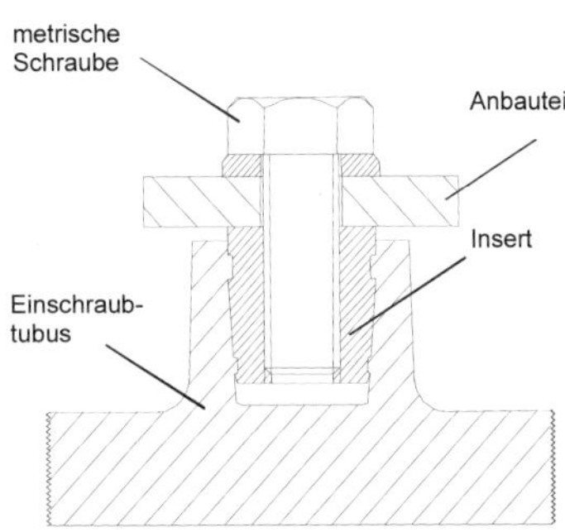

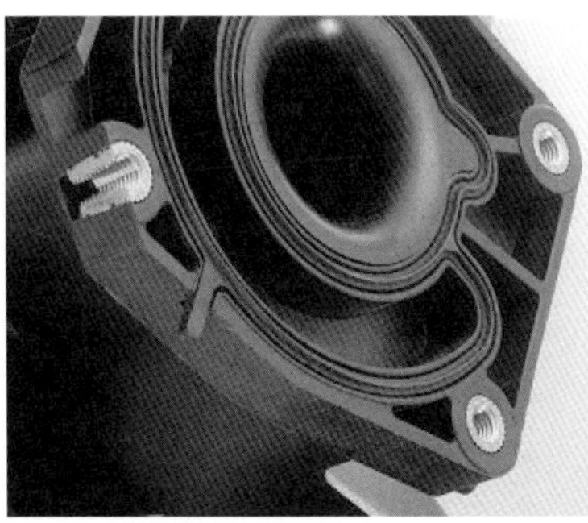

Bild 11. Ideale Einbaulage eines Inserts.

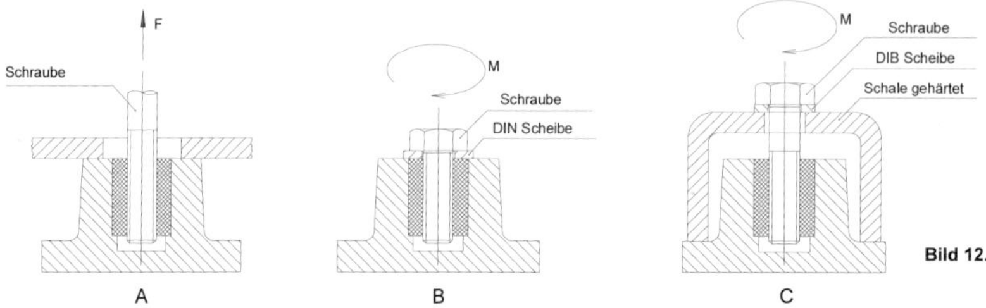

Bild 12. Methoden zur Bestimmung der Belastungsgrenzen von Insertverbindungen.

6 Schrifttum (Normen, Richtlinien, Merkblätter, Literatur)

Normen

DIN 16903 Teil 1 – 4 : Gewindebuchsen für Kunststoff-Formteile. 1974/1991

Richtlinien, Merkblätter

DVS 2216-4 Ultraschallfügen von Formteilen und Halbzeugen aus thermoplastischen Kunststoffen in der Serienfertigung. Einbetten von Metallteilen und artfremden Kunststoffen mit Ultraschall. Teil 4, DVS-Verlag GmbH, Düsseldorf 1992

DVS 3440-1 Funktionselemente – Übersicht

Literatur

Ehrenstein, G. W.: Mit Kunststoffen konstruieren. Carl Hanser Verlag, München 2001

Ehrenstein, G. W.: Handbuch Kunststoff – Verbindungstechnik. Carl Hanser Verlag, München 2004

Frick, W: Gewindeeinsätze. Verlag moderne Industrie, Landsberg, 2001

Dratschmidt, F.: Zur Verbindungstechnik von glasfaserverstärktem Polyamid – Schrauben und Inserts. Dissertation, Lehrstuhl für Kunststofftechnik, Universität Erlangen-Nürnberg, 1999

Arnegger, K.: Lösbare und nichtlösbare Verbindungstechniken für Kunststoffsauganlagen und angeflanschte Komponenten. 3. Internationales Kunststoff-Sauganlagen-Forum, Rosenheim 1996

Ehrenstein, G. W., Dratschmidt, F., Tome, A.: Gewindeeinsätze aus Kunststoff. Kunststoffe 89 (1999) 5, S. 72-79

N. N.: AMTEC – Gewindeeinsätze für Kunststoffteile, Firmenschrift der Böllhoff GmbH Verbindungs- und Montagetechnik, Bielefeld 2003

N. N.: Gewindeeinsätze für Kunststoffe, Firmenschrift KerbKonus, Amberg 2003

Das Einbetten von Verbindungselementen mit Ultraschall. Anwendungstechnische Information. Firmenschrift, Bayer AG (1985).4.153

Einbetten von Gewindebuchsen mittels Ultraschall und Heizstempel. Anwendungstechnische Information. Firmenschrift, Bayer AG (1985).2.249

7 Ausgewählte Anwendungsbeispiele

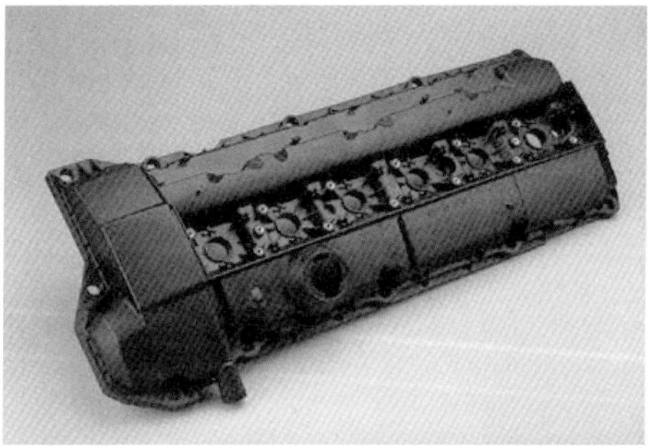

Bauteil:
- Zylinderkopfhaube aus PA66/GF

Verbindungsaufgabe:
- Befestigung elektromechanischer Komponenten der Zündanlage

Insert:
- Messing, M6 x 10 (größerer Körper)

Einbringverfahren:
- Warmeinbetten (Induktionsverfahren)

Zusatzinformationen:
- hohe Festsitzwerte durch größeren Körper
- präziser Einbau durch Induktion
- ca. 2 Mio. Stck./ Jahr

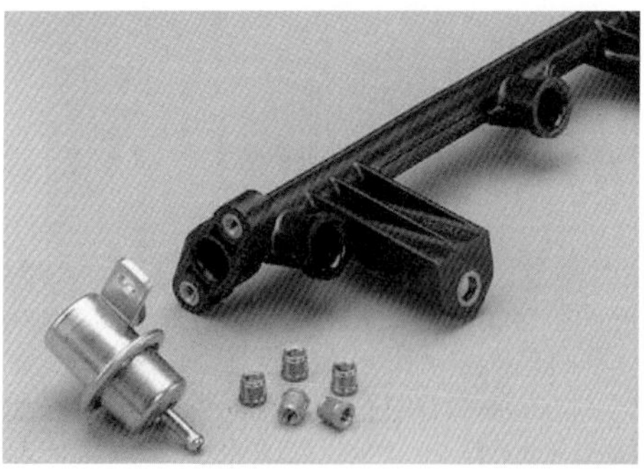

Bauteil:
- Benzinverteilerleiste PPS/GF

Verbindungsaufgabe:
- Befestigung der Benzinpumpe

Insert:
- Messing
- M6 x 10 (kleiner Einstich)

Einbringverfahren:
- Warmeinbetten (Induktionsverfahren)

Zusatzinformationen:
- hochhitzebeständiger Thermoplast, Verarbeitungstemperatur ca. 370 °C
- ca. 500.000 Stck. / Jahr

Bauteil:
- Pumpengehäuse PA66/GF

Verbindungsaufgabe:
- Befestigung weiterer Bauteile

Insert:
- Messing
- M4 x 8

Einbringverfahren:
- Expansionsverankern

Zusatzinformationen:
- Kalteinbau
- hochbelastbar gegen den Bund
- Schraubenklemmung
- zusätzlich ein M6 Insert
- ca. 200.000 Stck. / Jahr

Bauteil:
- Getriebegehäuse aus PA66/GF

Verbindungsaufgabe:
- Befestigung elektrischer Fensterheber

Insert:
- Automatenstahl verzinkt,
- 2 Bolzen M6 x 12

Einbringverfahren:
- Warmeinbetten

Zusatzinformationen:
- Hohe Festsitzwerte
- Findehilfe durch kegeligen Insert
- gute dynamische Belastbarkeit (Türzuschlagtest problemlos bestanden)
- ca. 500.000 Stck. / Jahr

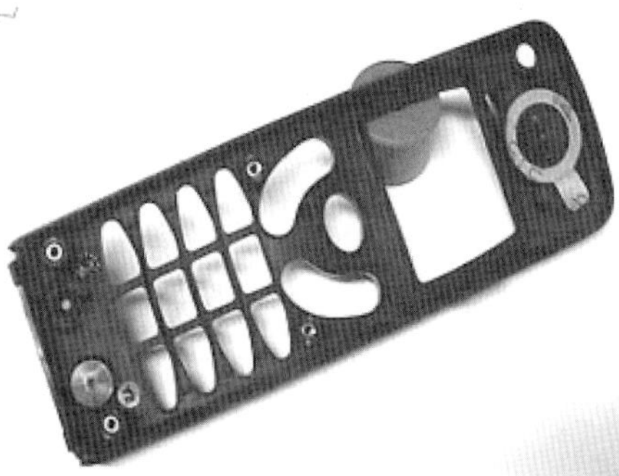

Bauteil:
- Handy Oberschale PC/ABS

Verbindungsaufgabe:
- Schraubverbindung Oberschale, Platine, Unterschale

Insert:
- Messing
- Gewindegröße M2

Einbringverfahren:
- Induktive Erwärmung EWS

Zusatzinformationen:
- hoher Festsitz
- schneller, exakter Einbau

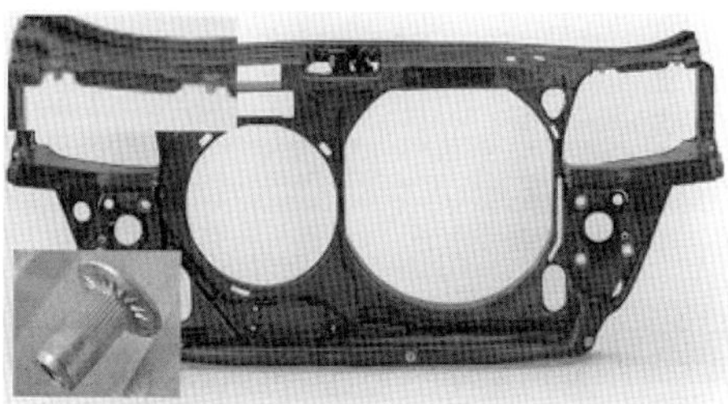

Bauteil:
- KFZ-Frontend / Frontmodul aus SMC

Verbindungsaufgabe:
- Befestigung von Lüftermotoren, Scheinwerfern, Kotflügeln, etc.

Insert:
- 10 Blindnietmuttern aus Stahl, Korrosionsschutzbeschichtung
- Gewindegröße M6

Einbringverfahren:
- Nieten

Zusatzinformationen:
- Rändelung unter dem Kopf, dadurch hohe Verdrehsicherheit und schnelle Montage
- ca. 3 Mio. Stck. / Jahr

Juni 2018

DVS VERBAND
DVS – Deutscher Verband
für Schweißen und
verwandte Verfahren e. V.

Richtlinie
DVS 2241-1

Ersatz für Ausgabe Juli 2003

Richtlinie DVS 2241-1

Direktverschraubung von Bauteilen aus thermoplastischen Kunststoffen

DVS, Ausschuss für Technik, Arbeitsgruppe " Fügen von Kunststoffen"

Bezug: DVS Media GmbH, Postfach 10 19 65, 40010 Düsseldorf, Telefon (0211) 1591-0, Telefax (0211) 1591-150

Inhalt:

1. Geltungsbereich

Für das lösbare Verbinden von Bauteilen und Bauelementen werden Kunststoff-Direktverschraubungen mit gewindeformenden/-furchenden Metallschrauben seit Ende der 70er Jahre eingesetzt. Diese Richtlinie gilt für das Fügen von Formteilen mit gewindeformenden Metallschrauben, die bei der Montage ihr Gegengewinde im Kunststoff selbst formen. Die Richtlinie stellt die wesentlichen Einflussgrößen dieser Verbindungstechnik vor und gibt dem Konstrukteur Kriterien zur Auslegung derartiger Verbindungen zur Hand. Eine rein rechnerische Auslegung ist aufgrund der vielfältigen Einflussgrößen derzeit nicht möglich. Es sind daher immer Experimente und Rückfragen bei Rohstoff- und Schraubenherstellern notwendig.

2. Verfahrensbeschreibung

Das Verbinden von Formteilen und Bauelementen mit metallischen gewindeformenden Schrauben mit besonderen Gewindegeometrien, die in vorgeformte, runde Aufnahmelöcher (Dome, Tuben, Einschraubaugen) eingedreht werden, ist eine wirtschaftliche, recyclinggerechte und lösbare Montageart. Zudem erfolgt die Montage nach dem Formgebungsprozess, so dass ein Einlegen von metallischen Einsätzen oder Hülsen ins Werkzeug mit der Gefahr der Verkantung beim Schließen nicht gegeben ist. Der Vorgang des Gewindeformens ist mit einer Materialverdrängung und radialen Dehnung des Doms verbunden. Es sind daher spannungsrissunempfindliche Kunststoffe zu bevorzugen. Im Gegensatz zum Schweißen können unterschiedliche Werkstoffe lösbar mit der Direktverschraubung gefügt werden.

Die Qualität und Bauteilfunktion einer derartigen Verbindung wird im Wesentlichen bestimmt durch die in Bild 1 dargestellten Einflussgrößen.

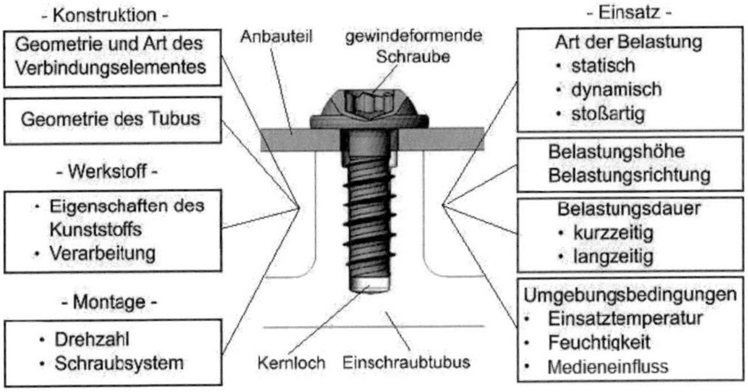

Bild 1. Qualitätsbestimmende Größen bei der Direktverschraubung von Kunststoff.

2.1. Montage/Einschraubvorgang

Bei der Montage der Schraube ist zu unterscheiden zwischen dem **Gewindeformmoment M_{Form}**, das wegen des jeweils neuzuformenden Gewindeabschnittes immer konstant bleibt, und dem **Gewindereibmoment M_R**, das mit zunehmender Einschraubtiefe zunimmt. Beide zusammen ergeben beim Aufliegen des Schraubenkopfs auf dem Anbauteil das **Eindrehmoment M_E**. Nach der Kopfauflage kommt je nach Art und Geometrie des Schraubenkopfs das Kopfreibmoment hinzu. Zur Aufbringung einer notwendigen **Vorspannkraft F_V** wird die Schraube bis zum Erreichen des **Montageanzugsmoments M_A** weitergedreht. Wird die Schraube darüber hinaus unzulässigerweise bis zum Versagen des Systems, vgl. Abschnitt 2.4, weitergedreht, ergibt sich das **Überdrehmoment $M_ü$**, Bild 2.

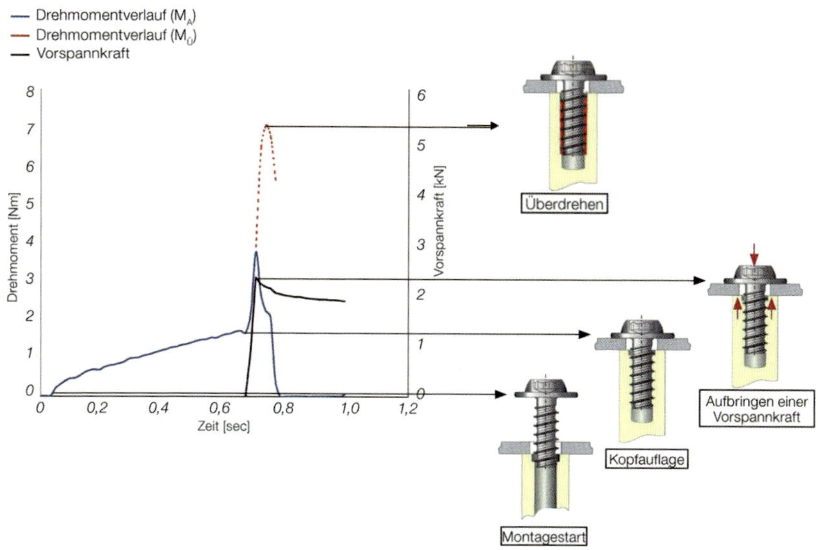

Bild 2. Momentenverlauf und Vorspannkraft beim Einschrauben.

Für die Montagesicherheit ist ein möglichst großer Abstand zwischen Eindreh- und Überdrehmoment sinnvoll. Um eine ausreichende Sicherheit bei den möglichen Schwankungen der Einschraubgeräte zu haben, wird empfohlen, das experimentell ermittelte, maximale **Montageanzugsmoment M_A** auf 1/3 bis max. 1/2 der Differenz zwischen Überdreh- und Eindrehmoment zu beschränken.

$$M_{Azul} = M_E + \frac{1}{3} \cdots \frac{1}{2} \cdot (M_{Ü} - M_E)$$

Das Anzugsmoment M_A setzt sich zusammen aus demGewindeformmoment M_{Form}, dem Moment zur Überwindung der Gewindereibung M_R sowie der Unterkopfreibung M_{KR}. Da die Vorspannkraft der Verbindung i. d. R. indirekt über das Anzugsmoment eingestellt wird, ist der erhebliche Einfluss der Reibung und insbesondere eine Veränderung der Gesamtreibung durch z. B. eine zusätzliche Unterkopfverzahnung ersichtlich, Bild 3. Über Vorversuche unter Mitverschraubung eines Kraftsensors wird die resultierende Vorspannkraft der Verbindung beim Erreichen des Abschaltmoments ermittelt. Durch eine Veränderung der Schraubenkopfgeometrie ohne experimentellen Bestätigungsversuch kann im Extremfall das Abschaltmoment bereits bei einer stark reduzierten Vorspannkraft erreicht werden.

Es liegen umfangreiche Vorschläge für die Berechnung des Eindreh- und Überdrehmomentes sowie der Vorspannkraft vor. Diese gehen von konstanten Fertigungsbedingungen aus, vgl. Abschnitt 3. Es ist jedoch zu berücksichtigen, dass übliche Schrauber mit unterschiedlich stark abfallender Drehzahl arbeiten bzw. Abschalttoleranzen besitzen und je nach verwendetem Kunststoff, Montagebedingungen und geometrischer Auslegung unterschiedliche Temperaturen während des Montagevorganges auftreten, die bei Thermoplasten bis zum Aufschmelzen führen können, vgl. Abschnitte 2.2 und 2.4.

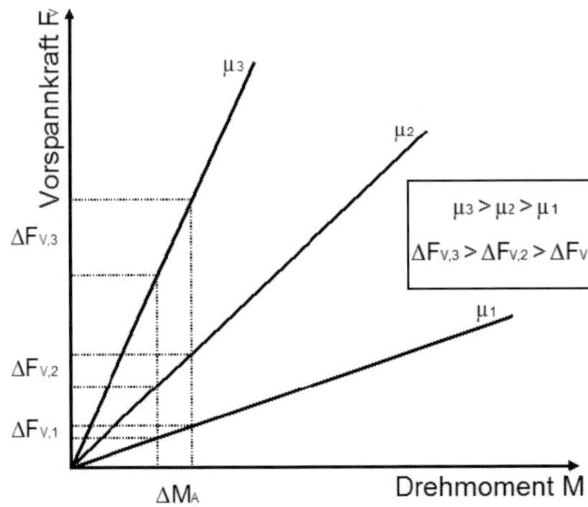

Bild 3. Resultierende Streuung der Vorspannkraft in Abhängigkeit der Systemreibung bei konstanter Streuung des Anzugsmoments.

2.2. Wesentliche Einflussgrößen auf die Verbindungseigenschaften

In diesem Abschnitt werden allgemeine Zusammenhänge dargelegt. Für die detaillierte Verbindungsauslegung sind die Abschnitte 3ff zu beachten. Eine schematische Übersicht wesentlicher Verbindungsparameter und der resultierenden Verbindungseigenschaften ist in Bild 4 zusammengefasst.

2.2.1. Kernlochdurchmesser d_K

Die Wahl des Kernlochdurchmessers bestimmt die Überdeckung der Gewindeflanke im umgebenden Kunststoff und ist damit maßgebend für die axiale Belastbarkeit, aber auch für die Montierbarkeit der Verbindung. Der Kernlochdurchmesser muss explizit für jede Kombination aus Schraubengeometrie und Kunststoff experimentell in Verschraubungsversuchen ermittelt werden. Für die überschlägige Auslegung kann auf Dimensionierungsempfehlungen in Abschnitt 3 zurückgegriffen werden. Bild 4 zeigt die prinzipielle Abhängigkeit des Eindreh- und Überdrehmomentes vom Kernlochdurchmesser. Der optimale Kernlochdurchmesser $d_{Kopt.}$ wird i. d. R. bei maximalem Abstand zwischen Eindreh- und Überdrehmoment definiert.

2.2.2. Einschraubtiefe/-länge l_E

Abweichend vom Tragverhalten metallischer Schraube-Mutter-Verbindungen mit gleichem E-Modul findet über die Schraubenlänge eine gleichmäßige Kraftübertragung zwischen der metallischen Schraube und dem sie umgebenden Kunststoff statt. Die Auszugsfestigkeit ist daher zu der Einschraublänge direkt proportional. Bild 4 zeigt die Abhängigkeit der Kennwerte aus dem Verschraubungsversuch von der Einschraublänge l_E.

2.2.3. Montagedrehzahl

Die Montagedrehzahlen variieren je nach verwendetem Montagegerät zwischen 100 und 1000 Umdrehungen/min. Zudem fällt in Abhängigkeit des gewählten Montagegerätes die Drehzahl mit zunehmender Einschraubtiefe ab, vgl. Abschnitt 2.4. Je höher die Einschraubdrehzahl ist, desto größer ist in Abhängigkeit der Reibeffekte die Erwärmung des Kunststoffbauteils im Bereich des Flankeneingriffs. Neben der u. U. geringeren Abschaltgenauigkeit bei hohen Drehzahlen muss demnach die Temperaturabhängigkeit des mechanischen Verhaltens des Kunststoffs berücksichtigt werden.

2.2.4. Vorspannkraftrelaxation

Kunststoffe haben ein viskoelastisches Materialverhalten, d. h. die mechanischen Eigenschaften sind zeit-, temperatur- und belastungsabhängig. Für Direktverschraubungen mit gewindeformenden Metallschrauben bedeutet dies, dass eine während der Montage aufgebrachte Vorspann-/Klemmkraft durch Relaxationsvorgänge mit der Zeit abnimmt. Die Forderung nach einer sicheren Bauteilfunktion über die gesamte Nutzungsphase bedingt jedoch, dass die Abnahme der Vorspann-/Klemmkraft besonders bei erschwerten Betriebsbeanspruchungen wie z. B. bei Temperatureinfluss oder dynamischer Beanspruchung bei der Auslegung berücksichtigt werden muss.

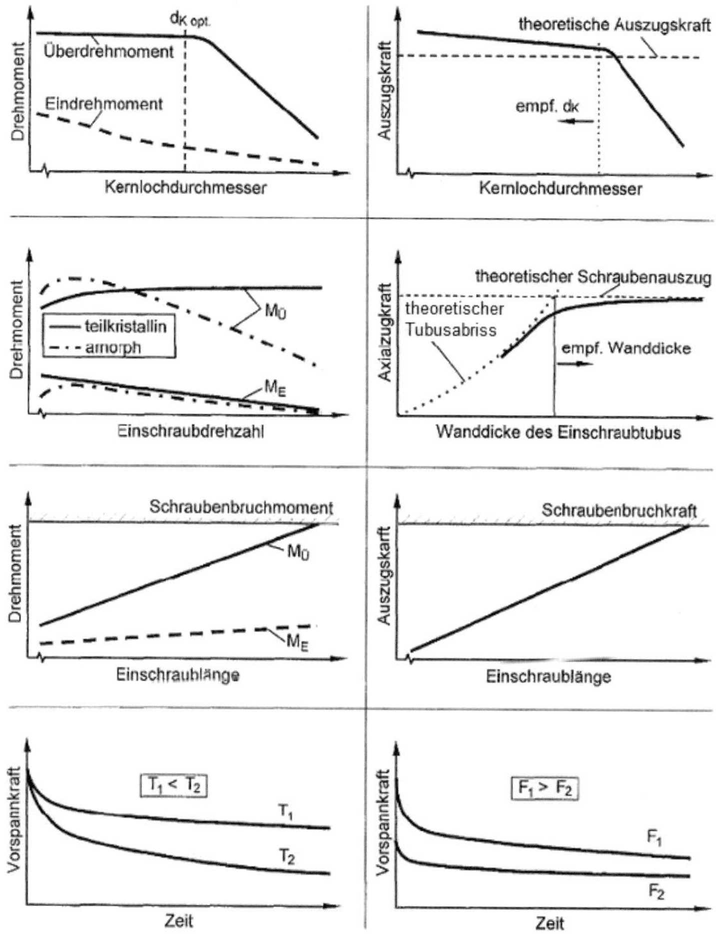

Bild 4. Schematische Darstellung wichtiger Verbindungseigenschaften bei Kunststoff-Direktverschraubungen /3/.

Neben der rein statischen Kurzzeitbelastbarkeit werden auch die langzeitigen Eigenschaften von Direktverschraubungen in Kunststoff, insbesondere die für die Bauteilfunktion entscheidende (Rest-) Vorspannkraft, maßgeblich von der Umgebungstemperatur beeinflusst. Je nach **temperaturabhängiger Steifigkeit** der unterschiedlichen Thermoplaste prägen sich Relaxationseffekte bei erhöhten Temperaturen deutlich verstärkt aus. Entscheidend hierbei ist die Spitzentemperatur im Einsatz. Je nach

Art der Abstützung des Anbauteils auf der Tubusstirnfläche (Flächenpressung an der Stirnfläche) oder auf der Tubusfußebene (Zugspannungen im Tubusquerschnitt) beeinflussen Wärmeausdehnungsunterschiede von Kunststoff und Metallschraube (reversibel) sowie volumenverändernde Effekte wie Austrocknung/Schrumpf (teilweise reversibel) den zeitlichen Vorspannkraftverlauf. Zur Reduzierung der Vorspannkraftrelaxation sollten die Flächenpressungen, z. B. durch Verwendung von Schrauben mit angepresster Scheibe und großem Gewindeeingriff, klein gehalten werden. Bild 5 verdeutlicht für Direktverschraubungen in PA6-GF30 wesentliche Einflussgrößen. Je nach verschraubtem Kunststoff können die Abhängigkeiten deutlich variieren.

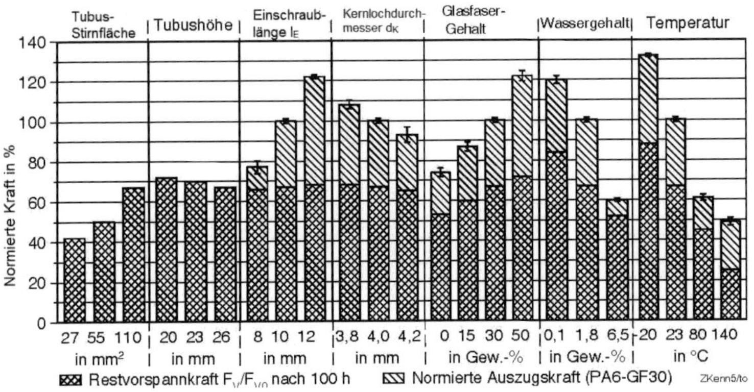

Bild 5. Axiale Auszugskraft und Restvorspannkraftniveau von Direktverschraubungen in PA6-GF30 (Schraube ∅ 5 mm, Gewindeflanke 30°) /4/.

2.3. Mehrfachmontage

Eine Mehrfachmontage ist möglich, z. B. nach VDE 0720. Die Forderung nach einer 10-maligen Wiederholmontage wird von handelsüblichen Schrauben für die Kunststoffdirektverschraubung deutlich erfüllt.

2.4. Versagensarten

Im Wesentlichen werden 4 Versagensarten bei Direktverschraubungen in Kunststoff unterschieden, die je nach Auftreten der Belastung während des Montagevorgangs oder im Einsatz auftreten können.

1. Schraubenauszug/Schubversagen an der Schraubenumhüllenden (Wesentliche Verbindungsparameter: Einschraublänge / Kernlochdurchmesser / Nenndurchmesser Schraube) (vgl. Bild 6)
2. Aufplatzen des Tubus (Radiale Spannungskomponente: Wanddicke / Kernloch / Schraubenflanke: Spannungsriss oder Spritzgießfehler, z. B. Bindenaht) (vgl. Bild 6)
3. Ab-/Ausreißen des Tubus (Querschnittsfläche oder Tubusanbindung im Bauteil nicht ausreichend für die Kraftübertragung) (vgl. Bild 6)
4. Schraubenbruch (Wesentlich Schraubenfestigkeit: Torsionsfestigkeit bei Montage, Dauerfestigkeit im Einsatz)

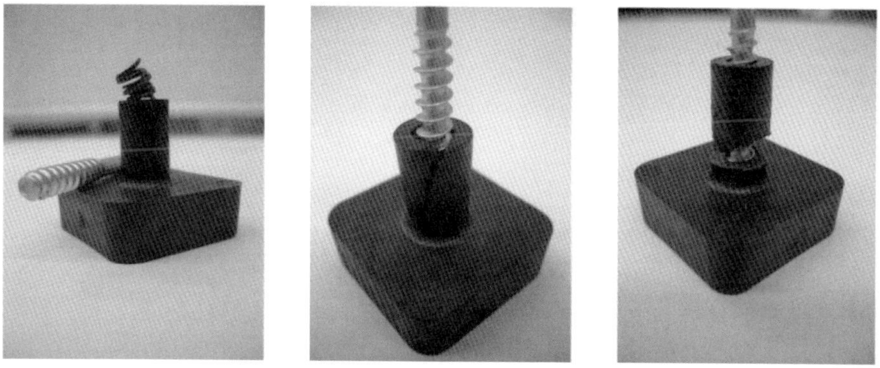

Bild 6. Beispiele für Tubusversagen bei nicht sachgerechter Handhabung des Verschraubungsprozesses, links: Schraubenauszug, Mitte: Aufplatzen des Tubus, rechts: Abreißen des Tubus.

Gegen die festigkeitsbezogenen Versagensarten kann dimensioniert werden, vgl. Abschnitt 3. Ein Versagen einer Verbindung durch Schraubenauszug beim Überlasten stellt für die spätere Reparatur den günstigsten Fall dar, da der Schaden durch den Einsatz einer Schraube mit größerem Nenndurchmesser bzw. eines Inserts behoben werden kann. Dies sollte bei der konstruktiven Auslegung der Verbindung berücksichtigt werden. Die Hersteller entsprechender Verbindungselemente können gegebenenfalls bei der Erstellung einer geeigneten Konstruktion helfen.

2.5. Montagegeräte

Direktverschraubungen können prinzipiell mit elektrisch oder pneumatisch angetriebenen Schraubsystemen gefügt werden. Entscheidend für die erreichbare Genauigkeit des Anziehmomentes sind die Kennlinie des Schraubers und die verwendete Art der Abschaltung.

Pneumatische Schrauber können folgende Konstellationen aufweisen:

1. Direktantrieb (ohne Kupplung) Abschaltgenauigkeit: ± 30 %
2. Rutschkupplung Abschaltgenauigkeit: ± 20 %
3. Abschaltkupplung (mit Turbinenabschaltung) Abschaltgenauigkeit: ± 15 %

Pneumatische Schrauber sind nicht steuerbar und bewegen sich auf einer bauartbedingten Kennlinie, Drehmoment und Drehzahl sind unmittelbar voneinander abhängig.

Elektrische Schraubantriebe arbeiten ohne Kupplung. Das Abschalten wird erreicht durch hochpräzises Messen des Drehmoments und elektrisches Abbremsen der Schraubspindel. Dies sollte vorzugsweise bei niedrigen Drehzahlen geschehen. Eine Abschaltgenauigkeit von ± 3 % ist erreichbar. Einfache Schraubprozesse werden mit vorgegebenen Abläufen durchfahren. Schraubersteuerungen ermöglichen bei Bedarf individuell angepasste Schraubabläufe mit der Möglichkeit einer Dokumentation. Neben dem Drehmoment können auch Drehwinkel, Gradient und Zeit als Steuer- oder Überwachungsgröße eingesetzt werden. Drehmoment und Drehzahl sind dabei unabhängig voneinander parametrierbar.

So kann auch für spezielle Anwendungen über die modernen Steuerungen ein Fügegradientenverfahren eingesetzt werden, bei dem ein Gradient des Drehmoments (zum Beispiel ein starker Anstieg) verwendet werden kann, eine Winkelsteuerung bei der Verschraubung auszulösen.

3. Konstruktive Hinweise/Maßgebliche Einflussgrößen

3.1. Definition des Anforderungsprofils

Für die Definition des Anforderungsprofils sollten folgende Punkte berücksichtigt werden:

- Belastung im Einsatz statisch/dynamisch
- Temperaturbeanspruchung
- Medieneinfluss
- Verliersicherung/Lösemoment/Notwendige Rest-Vorspannkraft
- Wiederholmontagemöglichkeit
- Dichtungsfunktion

Hierbei stellen sich folgende grundlegende Fragen

- Material der Fügepartner (schwächster Fügepartner entscheidend)
- Klemmkraft/Vorspannkraft übertragbar
- Auflagefläche ausreichend, Abhilfemaßnahmen (angepresste Scheibe etc.)
- Überdimensionierung vermeiden
- Einflüsse durch das Herstellverfahren (Orientierungen, Bindenähte, Glasfaserverteilung)
- Wärmeausdehnung Fügepartner
- Feuchtigkeitsaufnahme (z. B. Polyamid)
- Spannungsrissempfindlichkeit z. B. durch Umgebungsmedien oder Schraubenbeschichtung (Fette, Öle, Trennmittel)

3.2. Faktoren zur Auswahl von Schrauben

Das wichtigste Kennzeichen der Schrauben ist die Flankengeometrie. Je kleiner der Flankenwinkel ist, umso geringer ist das beim Gewindeformen zu verdrängende Werkstoffvolumen, d. h. die Spannungen in Radialrichtung nehmen ab. Flankenwinkel von 30° haben sich bei Kunststoffen als sehr günstig erwiesen. Der Gewindesteigungswinkel sollte nicht mehr als 8° betragen, damit eine Selbsthemmung erreicht wird./8/

Heute sind Schrauben mit einer Steigung von 6°, einem Flankenwinkel von 30° und Kernauskehlung Standard (vgl. Bild 7).

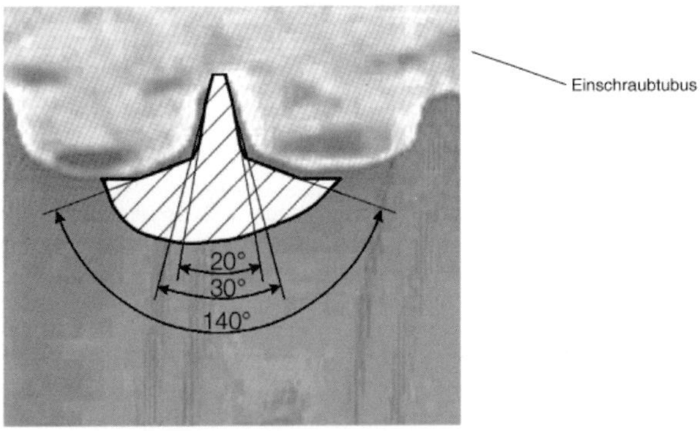

Bild 7. Gewindegeometrie einer hochbelastbaren Schraube in Einschraubtubus/15/.

Die Flächenpressung im Gewinde wird durch derartige Gewindegeometrien deutlich reduziert, so dass entsprechend höhere Vorspannkräfte erreicht werden können. Durch eine Anpassung des Kernquerschnitts wird sowohl die dynamische Belastbarkeit verbessert (vgl. Bild 8) als auch das Bruchdrehmoment vergrößert, was bei hochfesten Thermoplasten eine wichtige Rolle spielt.

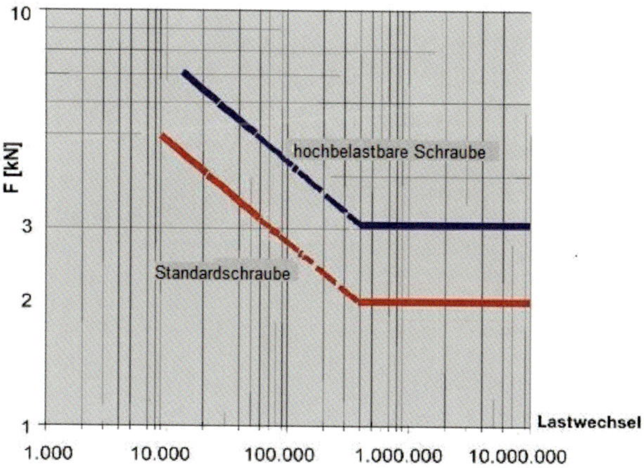

Bild 8. Wöhlerdiagramm einer Standardschraube und einer hochbelastbaren Schraube, Zugbelastung schwingend /15/.

Größere Flankenwinkel um 60° führen zu einer stärkeren radialen Presswirkung, wodurch zwar die Selbsthemmung der Schraube besonders in weichen Kunststoffen erhöht wird, jedoch der Tubus aufgrund der höheren Radialspannungen aufplatzen kann. Schrauben mit Schneidkanten bringen i. a. nicht den erwarteten Vorteil eines sauberen Gewindeschnittes, da sich die Schneidkanten beim Eindrehen leicht zusetzen. Zudem sind die Auszugskräfte etwas geringer und die Einhaltung der Wiederholmontagefähigkeit nach VDE 0720 wird dadurch erschwert. Bei spröden bzw. spannungsrissempfindlichen Kunststoffen kann das Gewindeschneiden ein Vorteil sein. Für Duroplaste bzw. hochgefüllte Kunststoffe ist eine Schneidkante prinzipiell erforderlich. Asymmetrische Gewindeformen sind vorteilhaft, wenn besondere Festigkeitsbedingungen im Tubus vorliegen. Bei einem flachen Gewindeeingriffswinkel in Auszugsrichtung ist bei permanenter Zugbeanspruchung die radiale Kraftkomponente, die z. B. zu Rissbildungen führen kann, geringer. Umgekehrt können bei Tuben mit hoher Umfangsfestigkeit, z. B. durch eine Faserverstärkung, durch einen größeren oberen Flankenwinkel Spannungen in die Umfangsrichtung des Tubus abgetragen werden und somit zu einer höheren Gesamtauszugsfestigkeit führen.

Einflussgrößen Schraube

- Verhältnis Außen-/Kerndurchmesser
- Kopfausbildung mit angepresster Scheibe besonders kunststoffgerecht
- Oberfläche/Beschichtung
- Toleranzen der Schrauben
- Flankenwinkel (üblich 30°)
- Gewindesteigung (üblich ca. 6 - 8°)

3.3. Gestaltung des Einschraubtubus

Die wichtigsten Abmessungen des Einschraubtubus lassen sich zuverlässig berechnen, vgl. Abschnitt 3.4. In Bild 9 ist der Grundkörper eines Einschraubtubus dargestellt. Kennzeichnend ist der Außen- d_A und der Kernlochdurchmesser d_K sowie die Einschraublänge l_E. Da die obere Auflagefläche durch das Anpressen des Montageteils zusätzlich zur Radialexpansion durch die Schraube beansprucht wird, sollte am oberen Ende ein zylindrisches Loch mit ca. 1,1 x Nenndurchmesser der Schraube als Entlastung angebracht werden. Dieses Entlastungsloch bietet zudem Vorteile durch eine bessere Zentrierung der Schraube und durch Aufnahme des Aufwurfs von verdrängtem Kunststoff.

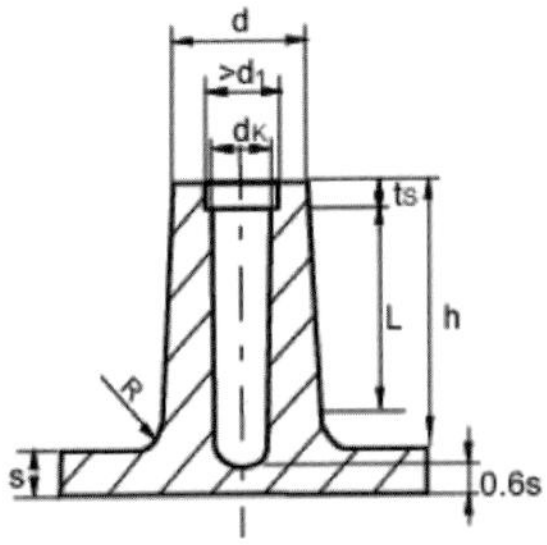

d_A = Aussendurchmesser
s = Wanddicke
d_K = Kernlochdurchmesser
l_E = Einschraublänge
h = Tubushöhe
t_s = Tiefe der Entlastung
d_1 = Schraubendurchmesser
d_2 = Gewindekerndurchmesser
d_{KA} = Schraubenkopfdurchmesser
α = Gewindeflankenwinkel
P = Gewindesteigung
L = Schraubenlänge

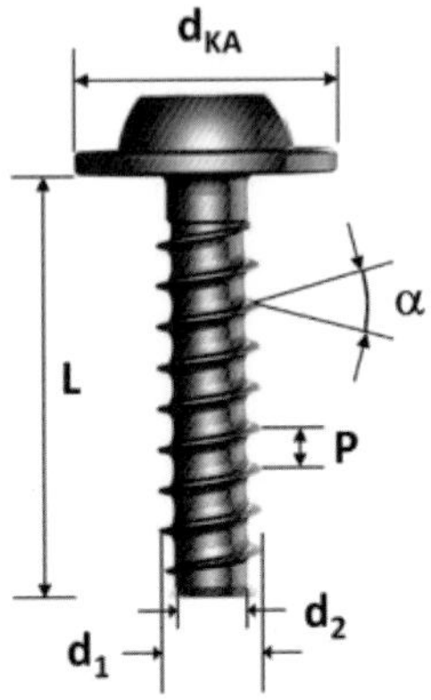

Bild 9. Grundkörper eines Einschraubtubus.

Die Außenform der Einschraubtuben ist im Allgemeinen zylindrisch, ggf. mit Anschlussrippen.

3.4. Überschlägige Auslegung des Einschraubtubus

Aufgrund umfangreicher Untersuchungen ergeben sich folgende Dimensionierungsvorschläge, die jedoch in jedem Fall experimentell bestätigt werden sollten:

Einschraublänge l_E: $l_E \geq 2 \cdot d_1$ mit: d_1 = Außen(Nenn-)durchmesser der Schraube.

Kernlochdurchmesser d_k: $d_K = (0{,}8 \div 0{,}9) \cdot d_1$

Der kleinere Wert gilt für kleine Schrauben ($d_1 < 4$ mm) sowie für duktile Kunststoffe, der größere für spröde Kunststoffe.

Entlastungsbohrungstiefe t_s: $t_s \approx 0{,}4 \cdot d_1$

Tubus-Außendurchmesser d_A: $d_A \geq 2 \cdot d_1$

Neben der Finite-Element-Methode (FEM), die eine frühzeitige Analyse und Optimierung ganzer Baugruppen hinsichtlich ihrer mechanischen Eigenschaften und ihrer Verarbeitung ermöglicht, bieten sich für die überschlägige Berechnung einzelner Konstruktionselemente spezielle Berechnungsprogramme von Rohstoff- und Schraubenherstellern an /11-13/. Die Dimensionierung basiert i. d. R. auf den o. g. theoretischen Ansätzen, die mit experimentellen Ergebnissen kalibriert wurden. Durch den Einsatz derartiger Programme kann der Konstrukteur in sehr kurzer Zeit Aussagen über die richtige Dimensionierung gewinnen.

Wichtig bei der Anwendung dieser Programme ist, dass der Konstrukteur die Ergebnisse kritisch betrachtet. Dabei gilt der Grundsatz, dass die Auslegungsempfehlungen nur so gut sein können wie die Eingangsdaten, so dass der Anwender ein grundlegendes Verständnis für diese Fügetechnik mitbringen muss. Rücksprachen mit den Rohstoffherstellern bzw. den Schraubenherstellern sowie experimentelle Bestätigungsversuche können derartige Programme nicht ersetzen. Sie erleichtern dem Anwender durch Online-Hilfen und eingespielte Datenbanken die Anwendung der analytischen Zusammenhänge, d. h. das Berechnen der Kennwerte mit den in der Literatur genannten Formeln.

3.5. Verhalten des Kunststofftubus bei einer Direktverschraubung

Das Verformungsverhalten eines Kunststofftubus im Falle der Direktverschraubung ist in /16/ beschrieben. Dort wird die Tubusdehnung in der Längsrichtung mit Hilfe von ortsaufgelösten Messungen mittels Objektrasterverfahren (DIC, digital image correlation) bestimmt. Somit lässt sich sowohl der Anfangszustand eines Tubus direkt nach der Verschraubung als auch der durch Relaxationsphänomene bedingte Zustand des Tubus nach entsprechender thermischer Belastung ermitteln.

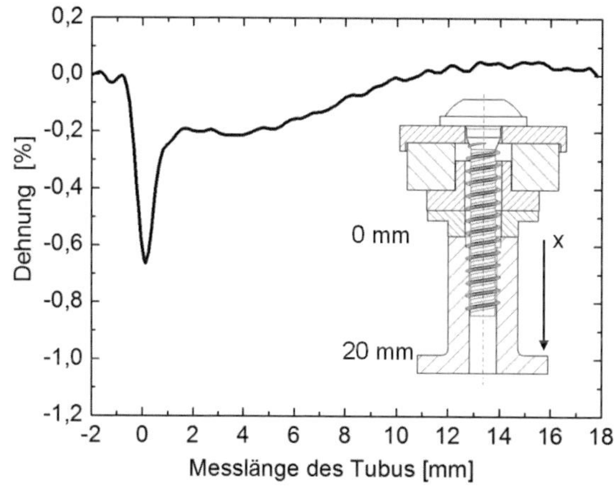

Bild 10. Dehnungsverlauf eines PA6-GF30-Tubus (Feuchtigkeitsgehalt 1,2 %) bei einer Direktverschraubung.

Bild 10 zeigt den gemittelten Dehnungsverlauf in y-Richtung eines Tubus im Falle einer Direktverschraubung des teilkristallinen Werkstoffs PA6-GF30. Der betrachtete Tubus hat eine Messlänge von 20 mm, die Unterlegscheibe sitzt an der Stelle 0 mm auf. Man erkennt eine deutliche Stauchung des Tubus (als negative Dehnung definiert) direkt unter dem Kopf, welche sich im weiteren Verlauf in y-Richtung verringert. Die scheinbare positive Dehnung ab einer Messlänge von ca. 11 mm ergibt sich als Messartefakt aus einer Erwärmung des Kunststoffs im gewählten Messaufbau.

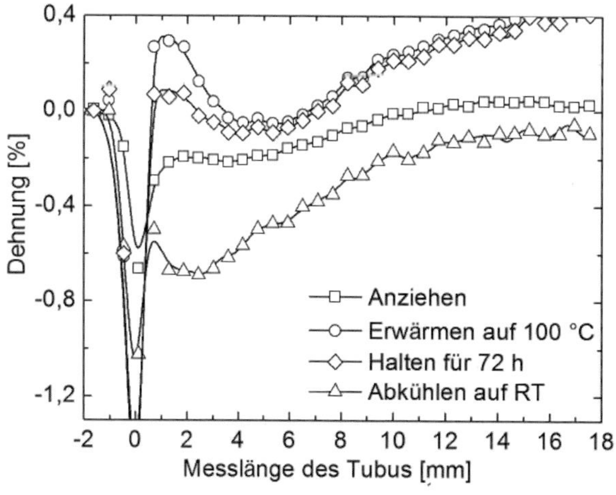

Bild 11. Einfluss eines Temperaturzyklus auf die Tubendehnung.

Deutlich ist eine Vergrößerung der Stauchung auf Grund des Kriechens und der Austrocknung des Tubus nach einem Temperaturzyklus (Erwärmen, Halten, Abkühlen) zu erkennen (vgl. Bild 11).

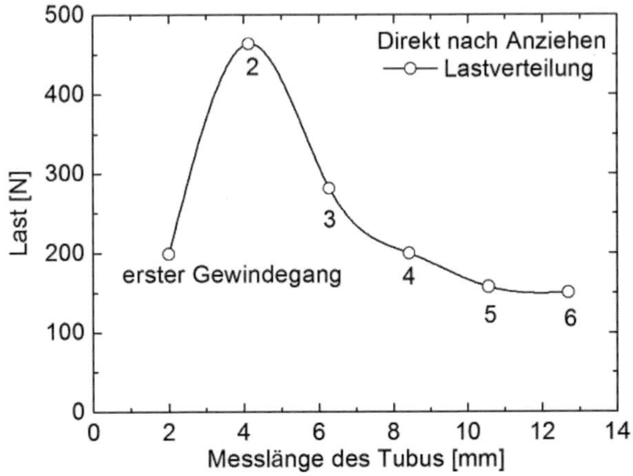

Bild 12. Berechnete Lastverteilung am Gewinde im Falle einer Kunststoffdirektverschraubung.

Die aus einer geeigneten FEM-Simulation /16/ ermittelte Lastverteilung in y-Richtung am Gewinde direkt nach dem Anziehen in PA6-GF30 ist in Bild 12 zu erkennen. Deutlich zeigt sich die höchste Belastung am zweiten Gewindegang.

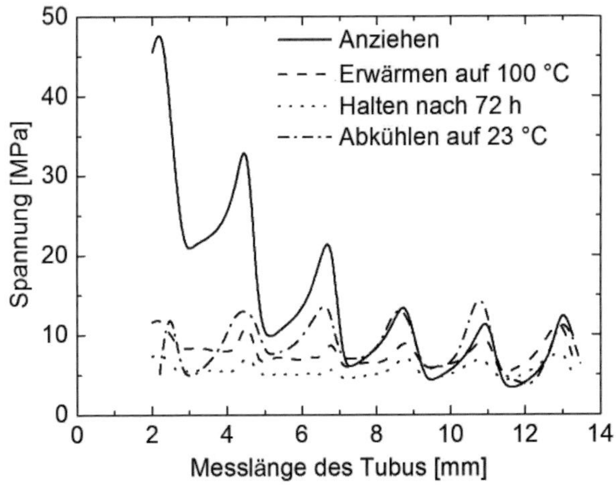

Bild 13. Berechnetes Relaxationsverhalten eines direktverschraubten Kunststofftubus unter thermischer Beanspruchung.

Eine thermische Belastung der Verbindung führt zu einer beschleunigten Relaxation und somit auch zu einer Abnahme der lokalen Belastung der Gewindegänge. Bild 13 beschreibt diese Zustände während und nach einer thermischen Belastung der Verbindung bei 100 °C für 72 Stunden. Es zeigt sich, dass durch die Relaxation die Spannungen erheblich abnehmen und diese letztendlich auf die jeweiligen Gewindeflanken in etwa gleich verteilt sind.

3.6. Leichtbau durch geeignete Schraubengeometrie

Durch eine intelligente Auslegung ist es durchaus möglich, weiteres Leichtbaupotenzial in der Kunststoffdirektverschraubung auszunutzen. So kann häufig der Durchmesser der einzusetzenden Schrauben weiter reduziert werden, ohne eine messbare Einbuße bei der Vorspannkraft hinnehmen zu müssen. Dabei tritt auch der Vorteil neuerer Schraubengeometrien mit einem vergrößerten Kerndurchmesser in den Vordergrund, welche genau diese Möglichkeiten ausnutzen. Dieses zeigt sich in Tabelle 1. Dort ist zu erkennen, dass bei einer Auslegung auf eine identische Anfangsvorspannkraft durchaus eine Schraube mit einem Nenndurchmesser von 5 mm durch eine ebenso leistungsfähige Schraube mit einem Nenndurchmesser von 4 mm ersetzt werden kann (Berechnung mit marktüblicher Software /13/). Häufig wird dabei ein Verhältnis von Überdrehmoment zu Eindrehmoment von 3:1 gefordert. Durch eine derartige Anpassung können beim Schraubengewicht ca. 25 %, beim Gewicht vom jeweiligen Einschraubtubus fast 50% eingespart werden.

Tabelle 1. Auslegungsdaten und Vorspannkräfte einer Kunststoffdirektverschraubung in PA6-GF30 (luftfeucht) für Schrauben älterer Generation (Stahlschraube, verzinkt) und neuerer Generation (Stahlschraube, verzinkt).

Schraube		ältere Generation 50x12	neue Generation 50x10	neue Generation 40x10
Vorspannkraft	kN	1,4	1,4	1,4
Eindrehmoment	Nm	1	1	0,8
Überdrehmoment	Nm	5,1	5,0	3,1
Anziehdrehmoment	Nm	2,7	2,6	2,1
Lochdurchmesser	mm	4,0	4,0	3,2
Einschraubtiefe	mm	10,0	8,0	8,0
Steigung	mm	2,24	1,80	1,46

4. Direktverschraubung dünnwandiger Bauteile mit Zusatzelementen

4.1. Grundlagen

In manchen Anwendungsbereichen stößt die Direktverschraubung von Kunststoffen an Grenzen, z. B. bei dünnwandigen Bauteilen, bei Bauteilen, in denen keine Einschraubdome angespritzt werden können, bei Sandwichbauteilen oder bei extrem dünnen Blechen. Also bei derartigen Bauteilen, die aufgrund der aktuellen Diskussion zur Gewichtseinsparung zunehmend in den Fokus rücken. Bei diesen Anwendungsfällen können spezielle Zusatzelemente aus Kunststoff eingesetzt werden, die nachträglich mechanisch mit dem dünnwandigen Bauteil verrastet werden /14/. Mit diesen Verbindungselementen können Bauteile aus verschiedenen Werkstoffen mit unterschiedlichen Wanddicken verbunden werden,vgl. Bild 14. Die dynamische Sicherheit dieser Direktverschraubung stellt einen wesentlichen Vorteil dar. Ein wichtiger Faktor ist auch das Recycling von Kunststoffbauteilen, wobei die Zusatzelemente direkt recycelt werden können. Durch die Konstruktion der Zusatzelemente kann auf unterschiedliche Anforderungen eingegangen werden. Diese beinhalten die unterschiedliche Dicke, die Montagerichtung, die Tropfwasserdichtheit oder auch hohe Auszugsfestigkeiten der Zusatzelemente.

Durch den federnd gelagerten Schraubdorn ist die Vormontage an unterschiedlichen Aufsteck-Wanddicken der Unterkonstruktion möglich. Gleichzeitig wird die Haltekraft für die unverlierbare Vormontage aufgebracht.

Die Montage erfolgt durch Aufstecken quer zur Einschraubrichtung vom Rand des Bauteiles oder durch Ausschnitte in der Fläche. Toleranzen im Lochbild können durch das Element ausgeglichen werden. Für unterschiedliche Materialwanddicken und Lochabstände stehen verschiedene Elemente zur Verfügung.

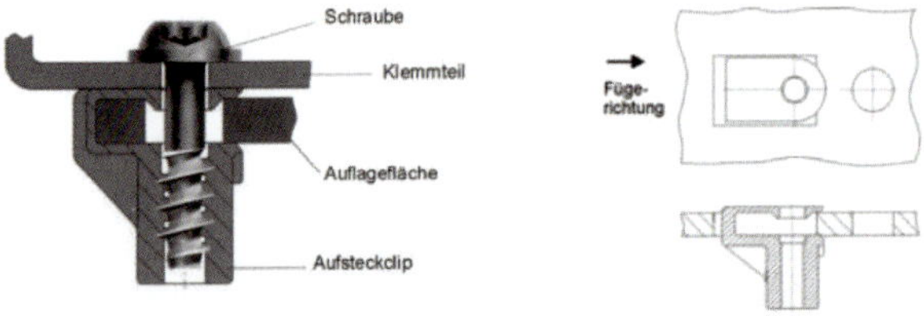

Bild 14. Möglichkeiten zur Direktverschraubung dünnwandiger Bauteile /14/.

Ein weiteres Beispiel eines multifunktionalen Befestigungselements aus Kunststoff in variablen Ausführungen und wahlweise integrierter Dichtfunktion zeigt Bild 15. Es lassen sich Dickenbereiche der Unterkonstruktion von bis zu 2,5 mm verarbeiten, größere Dickenbereiche sind möglich. Ein besonderer Vorteil ist die variable Montagemöglichkeit. Die Montage kann beispielsweise durch Einschnappen oder Fügen und Verdrehen erfolgen und ist automatisierbar.

Bild 15. Beispiel für Direktverschraub-Montagetuben /14/.

Das Federsystem (Bild 16) ist ein Beispiel, das auch im Beiblatt 1 der DVS-Richtlinie 2241-1 dargestellt ist, woraus die Vielfalt der Möglichkeiten erkennbar wird. Weitere Bauteilbeispiele für dünnwandige Bauteile befinden sich ebenfalls im oben genannten Beiblatt.

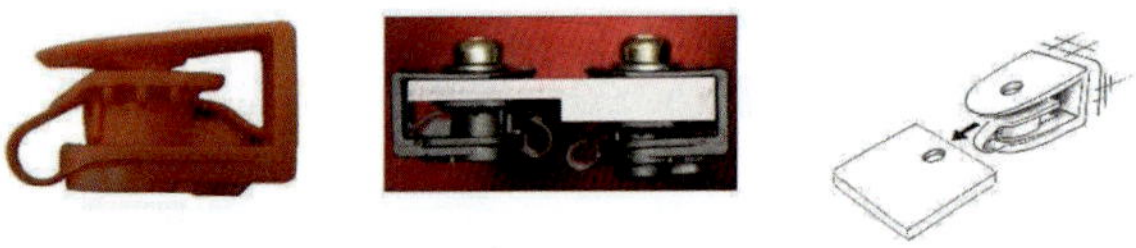

Bild 16. Federsystem für variable Bauteildicken /15/.

4.2. Montage von Zusatzelementen für dünnwandige Bauteile

Es gibt auch Entwicklungen für automatisierte und teilautomatisierte Montagen und für Standardstecksysteme. In den folgenden Bildern wird eine automatisierte Robotermontage an einer Armaturentafel gezeigt.

Bild 17. Einsatzmöglichkeit für ein Federsystem am Beispiel Armaturentafel aus dem Pkw-Bereich /15/.

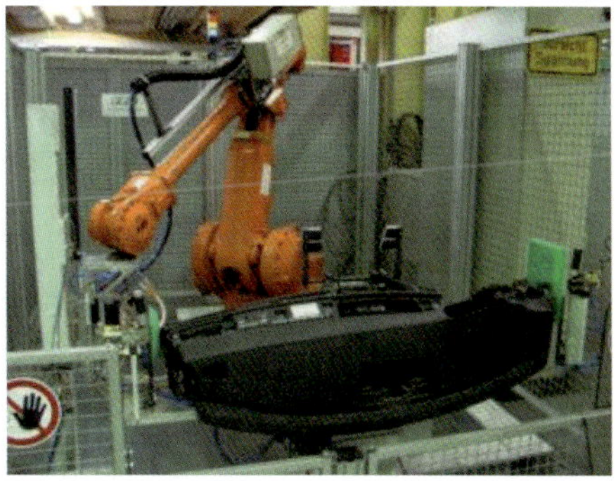

Bild 18. Montageroboter für den Einbau des Federsystems /15/.

Bild 19. Magazinierung des Federsystems vor der Montage /15/.

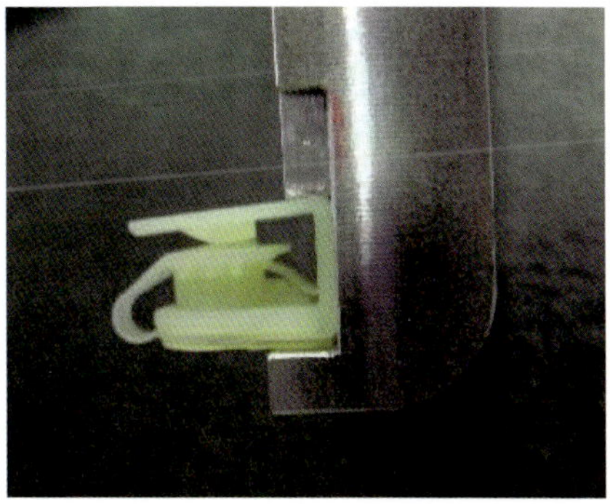

Bild 20. Das Federsystem wird klemmend gehalten und vom Roboter in die Montageposition gebracht/15/.

5. Prüfverfahren zur Kennwertermittlung

Zur Ermittlung der Verbindungseigenschaften von Kunststoff-Direktverschraubungen werden im Wesentlichen der axiale Zugversuch, der Verschraubungsversuch mit Ermittlung der Drehmomente und der resultierenden Vorspannkraft sowie das Weiterdrehmoment herangezogen, vgl. Bild 21. Temperaturabhängigkeiten und Relaxationseffekte sind zu berücksichtigen. Die Belastbarkeit insbesondere unter Querkraft und Biegung ist bevorzugt am Bauteil zu prüfen.

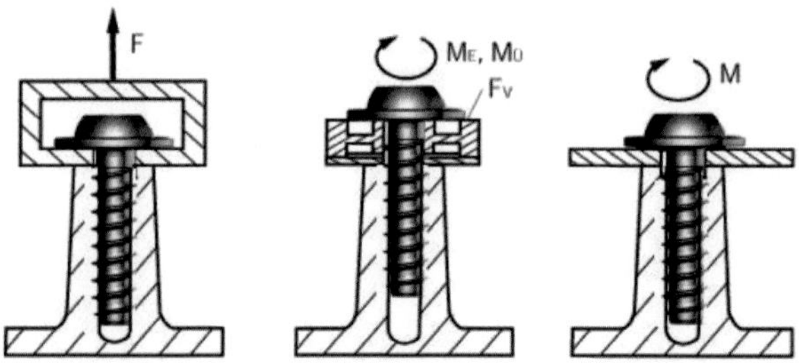

Bild 21. Methoden zur Bestimmung der Verbindungseigenschaften von Direktverschraubungen.

6. Schrifttum

/1/ Ehrenstein, G.W. — Mit Kunststoffen konstruieren. Carl Hanser Verlag, München, 1994.

/2/ Ehrhard, G. — Konstruieren mit Kunststoffen. Springer Verlag, Berlin, 2000.

/3/ Dratschmidt, F. — Zur Verbindungstechnik von glasfaserverstärktem Polyamid - Schrauben und Inserts. Diss. Lehrstuhl für Kunststofftechnik, Universität Erlangen, 1999.

/4/ Tome, A. — Vorspannkraftrelaxation von Kunststoff-Direktverschraubungen. Diss. Lehrstuhl für Kunststofftechnik, Universität Erlangen, 2000.

/5/ Ehrenstein, G.W.; Mohr, H. — Gewindeformende Schrauben für Kunststoffbauteile. Verbindungstechnik 10 (1978), 11, S. 13-19.

/6/ Reiss, M. — Berechnung der Belastbarkeit von gewindeprägenden Schrauben in Kunststoff-Formteilen. Plastverarbeiter 30 (1979), 5, S. 251-254 .

/7/ Onasch, J. — Zum Verschrauben von Bauteilen aus Polymerwerkstoffen mit gewindeformenden Metallschrauben. Diss. Universität GH Kassel, 1982.

/8/ Grossberndt, H. — Direktverschraubungen an thermoplastischen Kunststoffen. Kunststoffe 73 (1983), 11, S. 701-707.

/9/ Pfaff, H. — Hinweise zum Einsatz gewindefurchender Schrauben. VDI-Berichte Nr. 478, VDI-Verlag Düsseldorf, 1983.

/10/ Völker, M. — Gewindeformende Schraubverbindungen. Technische Information B 600 d 08.95; Ludwigshafen BASF AG, 1995.

/11/ N. N. — SCREWS - Berechnung gewindeformender Schraubverbindungen. Version 2.1, WIS, BASF AG.

/12/ N.N. — Verbindungen mit Metallschrauben. Auf CD-Rom: Engineering Polymers for Technical Solutions, Version 1.0, TICONA Frankfurt a.M., August 1998.

/13/ N.N. Berechnungsprogramm DELTA CALC für EJOT Delta PT®-Schrauben, EJOT Verbindungstechnik, Bad Berleburg.

/14/ N.N. EJOT VARIOboss® und EASYboss®, Bad Laasphe 2001.

/15/ N.N. Untersuchungsergebnisse und Beispiele aus der Entwicklung der EJOT GmbH & Co KG Verbindungstechnik.

/16/ Yao, Y. Polymerwerkstoff-Direktverschraubung: Einsatz von Experiment und Simulation zur Analyse des Vorspannkraftverlaufs, Dissertation TU Kaiserslautern, 2012.

7. Ausgewählte Anwendungsbeispiele

Das Leistungspotenzial von Kunststoff-Direktverschraubungen wird exemplarisch im Bereich von Kfz-Ansaugsystemen aufgezeigt. Gerade diese Bauteile unterliegen im Einsatz einem weiten Spektrum an thermisch-dynamischen Beanspruchungen. Direktverschraubungen sind selbstverständlich auch in anderen Bereichen der Elektronik-, Weißgeräte-, Sport- oder auch Spielzeugindustrie etc. weit verbreitet.

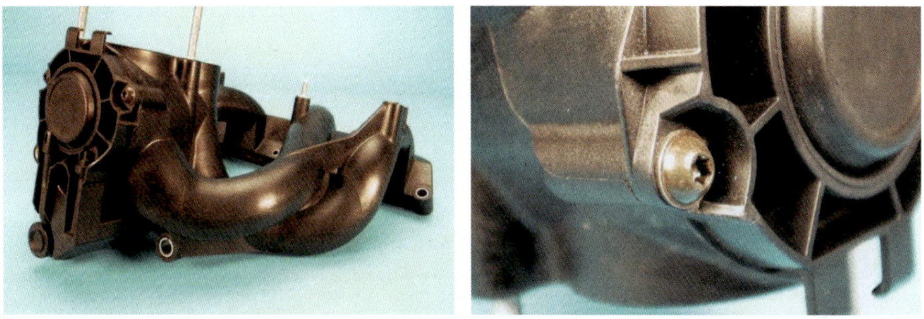

Kunststoff-Kunststoff-Direktverschraubung an einem Ansaugsystem

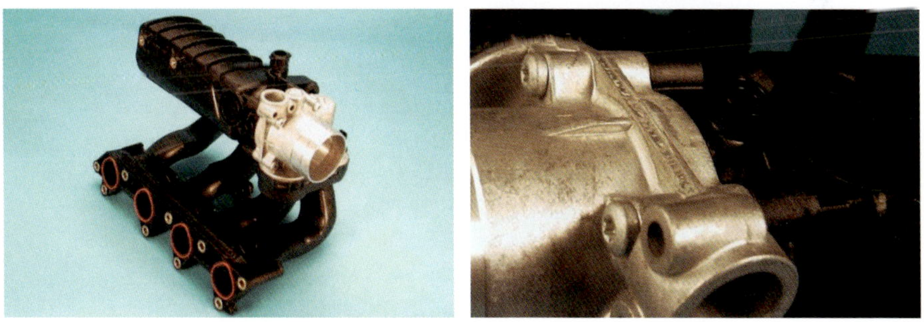

Kunststoff-Metall-Direktverschraubung an einem Ansaugsystem

Direktverschraubter Gewindestift

Direktverschraubung eines Deckels mit Dichtung

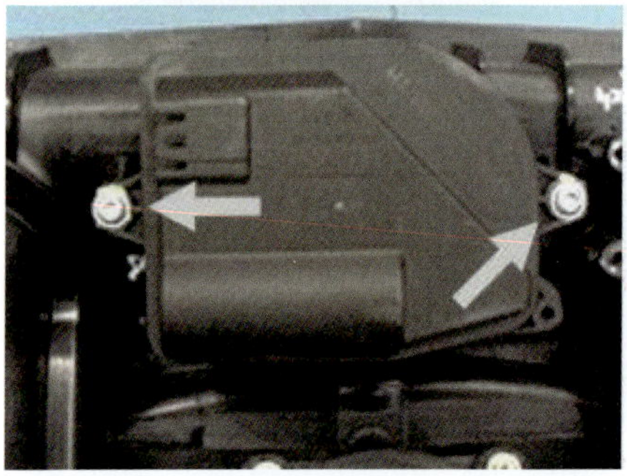

Detailansicht der Befestigung einer Resonanzklappe an einem 6-Zylinder-Ansaugrohr, Schraube: Direktverschraubung

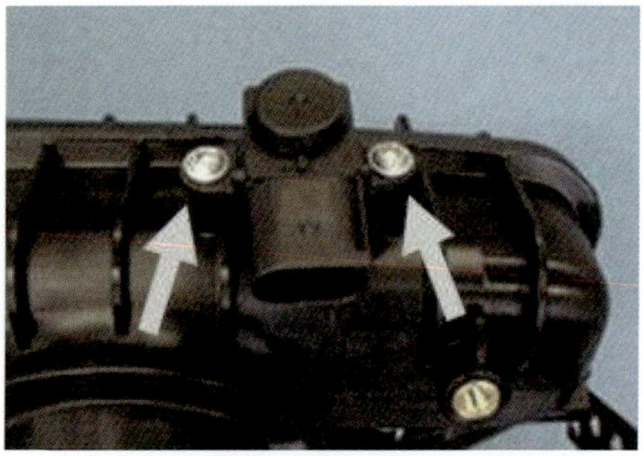

Detailansicht der Befestigung eines Differenzdrucksensors an einem 6-Zylinder-Ansaugrohr, Schraube: Direktverschraubung

DVS – DEUTSCHER VERBAND FÜR SCHWEISSEN UND VERWANDTE VERFAHREN E.V.	Beispiele – Direktverschraubung von Formteilen aus Kunststoffen und Zusatzelemente für dünnwandige Bauteile	DVS Richtlinie DVS 2241-1 Beiblatt 1

In der Richtlinie DVS 2241-1 „Direktverschraubung von Formteilen aus Kunststoffen" sind die Grundlagen festgelegt worden. Ebenso sind Aussagen über die Verfahrensbeschreibung, Montage, Einschraubvorgang, Mehrfachmontage, Versagensart und Montagegeräte als auch konstruktive Hinweise und maßgebliche Einflussgrößen getroffen worden. In Abschnitt 4 ist die Direktverschraubung von dünnwandigen Bauteilen mit Zusatzelementen definiert. Es sind auch die Prüfverfahren zur Kennwertermittlung dokumentiert worden.

Es war notwendig in einem Beiblatt sowohl Beispiele zur Direktverschraubung als auch Zusatzelemente für Direktverschraubung an dünnwandigen Bauteilen auf zu zeigen.

Für das Beiblatt wurden ausgewählte Beispiele ausgesucht, die Anwendern Hinweise geben sollen, die zur Lösung bei Neukonstruktionen als auch bei Problemen bei laufenden Anwendungen helfen sollen.

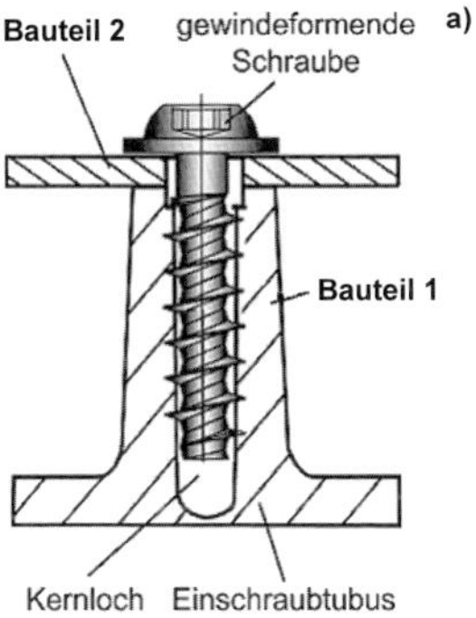

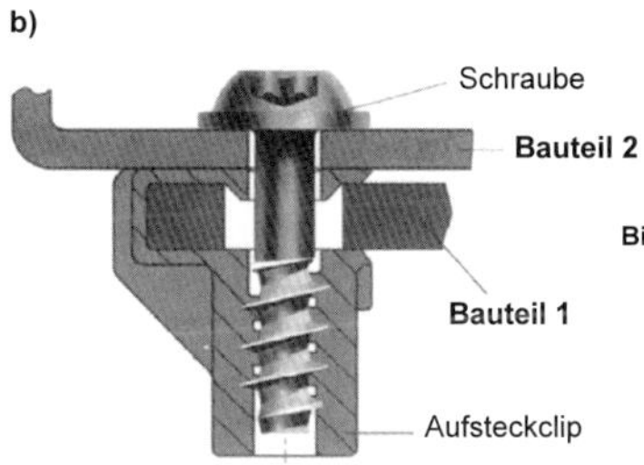

Bild 1. a) Direktverschraubung an Formteilen Beispiele einschließlich Werkstoffangabe, Schraubengrößen und Drehmomente in den Abschnitten 1 bis 3;
b) Zusatzelemente für dünnwandige Bauteile Verschiedene Zusatzelemente mit Schraubengröße, Werkstoffen und Montagemöglichkeiten in Abschnitt 4.

1 Verschraubung Lüftergehäuse

1.1 Variante mit Sackloch

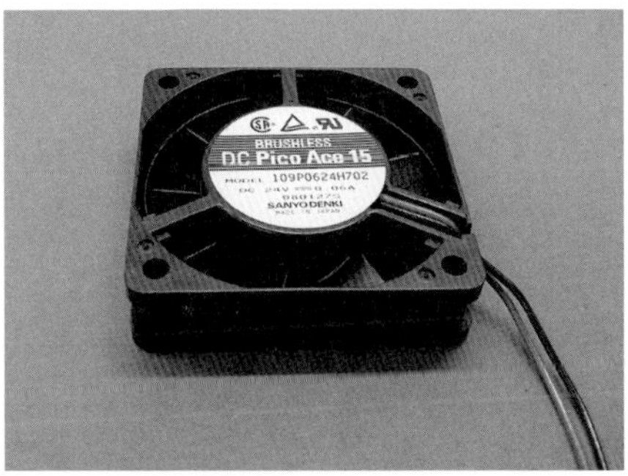

Bei der Befestigung eines Abdeckbleches an einem Lüftergehäuse wird die Schraube bei maximaler Einschraubtiefe in einen Tubus verschraubt.

Bauteil 1: Lüfter

Material:	PBTP - GF30
Schraublochdurchmesser:	d_b = 4,4 mm
Einschraubtiefe:	t_e = 9,0 mm

Sackloch

Bauteil 2: Abdeckblech

Material:	Stahlblech
Durchgangsloch:	d_h = 6,1 mm
Klemmdicke:	l_k = 3,0 mm
Oberfläche:	verzinkt

Schraube:

Benennung:	DELTA PT 50 x 12 (10)
Material:	Stahl, vergütet
Oberfläche:	verzinkt blau passiviert
Eindrehmoment:	M_E = 1,0 Nm
Überdrehmoment:	$M_Ü$ = 3,2 Nm
Empfehlung Anziehdrehmoment:	M_A = 2,0 Nm

Schrauber:

Art:	Handdruckluftschrauber
Leerlaufdrehzahl:	n_0 = 480 min^{-1}

DVS, Ausschuss für Technik, Arbeitsgruppe „Fügen von Kunststoffen"

Bezug: Verlag für Schweißen und verwandte Verfahren DVS-Verlag GmbH, Postfach 10 19 65, 40010 Düsseldorf, Telefon (02 11) 15 91- 0, Telefax (02 11) 1591-150

1.2 Variante mit Durchgangsbohrung

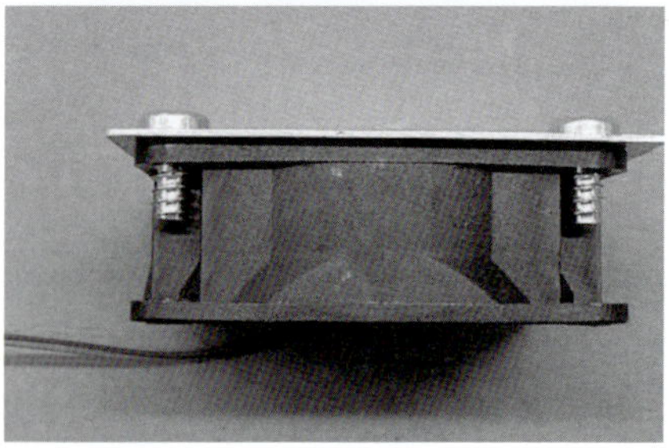

Bei der Befestigung eines Abdeckbleches an einem Lüftergehäuse wird die Schraube bei minimaler Einschraubtiefe in ein Plattenmaterial verschraubt.

Bauteil 1: Lüfter

Material:	PBTP - GF30
Schraublochdurchmesser:	d_b = 4,5 mm
Einschraubtiefe:	t_e = 3,5 mm

Durchgangsbohrung

Bauteil 2: Abdeckblech

Material: Stahlblech	
Durchgangsloch:	d_h = 6,1 mm
Klemmdicke:	l_k = 3,0 mm
Oberfläche:	verzinkt

Schraube:

Benennung:	DELTA PT 50 x 12 (10)
Material:	Stahl, vergütet
Oberfläche:	verzinkt blau passiviert
Eindrehmoment:	M_E = 0,5 Nm
Überdrehmoment:	$M_Ü$ = 1,5 Nm
Empfehlung Anziehdrehmoment:	M_A = 1,0 Nm

Schrauber:

Art:	Handdruckluftschrauber
Leerlaufdrehzahl:	n_0 = 480 min^{-1}

Kommentar:

Trotz stark unterschiedlicher Einschraubtiefe bei den beiden Varianten, können stets die gleichen Schraubenabmessungen verwendet werden. Jedoch muss aufgrund der ungleichen Einschraubtiefen das Anziehdrehmoment unterschiedlich ausgelegt werden. Gelingt es bereits in der Konstruktionsphase die möglichen Einschraubtiefen beider Bauteile identisch auszulegen, kann neben der Verwendung der gleichen Schraube auch ein einheitliches Anziehdrehmoment realisiert werden.

2 Verschraubung 6 Zylinder – Ansaugrohr

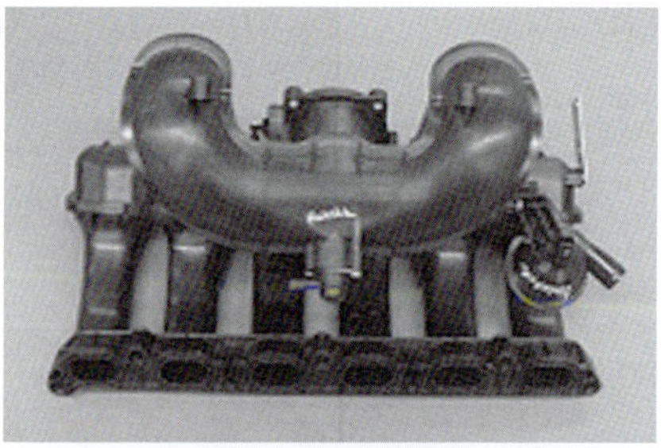

Gesamtansicht: Befestigung eines Ölabscheiders sowie eines Heizstutzens an einem 6 Zylinder-Ansaugrohr

Bauteil 1: Ansaugrohr

Material:	PA6 - GF30
Schraublochdurchmesser:	d_b = 3,9 mm
Einschraubtiefe:	t_e = 12,3 mm

Sackloch

Bauteil 2: Ölabscheider / Heizstutzen

Material: :	PA6 - GF30
Durchgangsloch:	d_h = 5,7 bis 5,9 mm
Klemmdicke:	l_k = 52,5 mm

Schraube:

Benennung:	DELTA PT 50 x 66/20
Material:	Stahl, vergütet
Oberfläche:	DELTA PROTEKT
Eindrehmoment:	M_E = 1,8 Nm
Überdrehmoment:	$M_Ü$ = 7,8 Nm
Empfehlung: Anziehdrehmoment:	M_A = 4,2 Nm

Schrauber:

Art:	Handdruckluftschrauber
Leerlaufdrehzahl:	n_0 = 480 min^{-1}

2.1 Resonanzklappe

Detailansicht: Befestigung einer Resonanzklappe an einem 6 Zylinder-Ansaugrohr

Bauteil 1: Ansaugrohr

Material:	PA6 - GF30
Schraublochdurchmesser:	d_b = 4,0 mm
Einschraubtiefe:	t_e = 12,6 mm
Sackloch	

Bauteil 2: Resonanzklappe

Material:	PA6 - GF30
Durchgangsloch:	d_h = 6,0 mm
Klemmdicke:	l_k = 5,4 mm

Schraube:

Benennung:	DELTA PT 50 x 20
Material:	Stahl, vergütet
Oberfläche:	DELTA PROTEKT
Eindrehmoment:	M_E = 2,4 Nm
Überdrehmoment:	$M_Ü$ = 6,0 Nm
Empfehlung Anziehdrehmoment:	M_A = 4,2 Nm

Schrauber:

Art:	Handdruckluftschrauber
Leerlaufdrehzahl:	n_0 = 480 min^{-1}

Kommentar:

Im Motorraum muss mit hohen Temperaturen, Medienangriff und dynamischen Belastungen gerechnet werden. Trotz dieser Beanspruchungen kann eine ausreichende Vorspannkraft realisiert werden, um Dichtigkeit zu gewährleisten.

2.2 Heizstutzen

Detailansicht: Befestigung eines Heizstutzens an einem 6 Zylinder-Ansaugrohr

Bauteil 1: Ansaugrohr

Material:	PA6 - GF30
Schraublochdurchmesser:	d_b = 4,0 mm
Einschraubtiefe:	t_e = 12,5 mm
Sackloch	

Bauteil 2:	**Heizstutzen**
Material:	PA6 - GF30
Durchgangsloch:	d_h = 5,9 mm
Klemmdicke:	l_k = 3,0 mm

Schraube:

Benennung:	DELTA PT 50 x 20
Material:	Stahl, vergütet
Oberfläche:	DELTA PROTEKT
Eindrehmoment.	M_E = 1,2 Nm
Überdrehmoment.	$M_Ü$ = 6,0 Nm
Empfehlung Anziehdrehmoment.	M_A = 3,5 Nm

Schrauber:

Art:	Handdruckluftschrauber
Leerlaufdrehzahl.	n_0 = 480 min^{-1}

2.3 Differenzdrucksensor

Detailansicht: Befestigung eines Differenzdrucksensors an einem 6 Zylinder-Ansaugrohr

Bauteil 1: Ansaugrohr

Material:	PA6 - GF30
Schraublochdurchmesser.	d_b = 4,0 mm
Einschraubtiefe.	t_e = 14,0 mm

Sackloch

Bauteil 2: Differenzdrucksensors

Material:	PBT - GF30 + Messinghülse
Durchgangsloch:	d_h = 6,3 mm
Klemmdicke:	l_k = 4,0 mm

Schraube:

Benennung:	DELTA PT 50 x 20
Material:	Stahl, vergütet
Oberfläche:	DELTA PROTEKT
Eindrehmoment:	M_E = 2,0 Nm
Überdrehmoment:	$M_Ü$ = 7,0 Nm
Empfehlung Anziehdrehmoment:	M_A = 4,2 Nm

Schrauber:

Art:	Handdruckluftschrauber
Leerlaufdrehzahl:	n_0 = 480 min^{-1}

Kommentar:

Das angeführte Beispiel zeigt ein Ansaugrohr mit mehreren zu befestigenden Baugruppen. Durch entsprechende Berücksichtigung in der Konstruktionsphase wäre es denkbar, für alle Verschraubungen - bei identischen Einschraubtiefen und Klemmteildicken – sowohl die Abmessung der Schrauben, als auch die Anziehdrehmomente zu vereinheitlichen (Reduzierung der Teilevielfalt und einheitliche Schraubereinstellungen).

3 Verschraubung Laugenbehälterschale

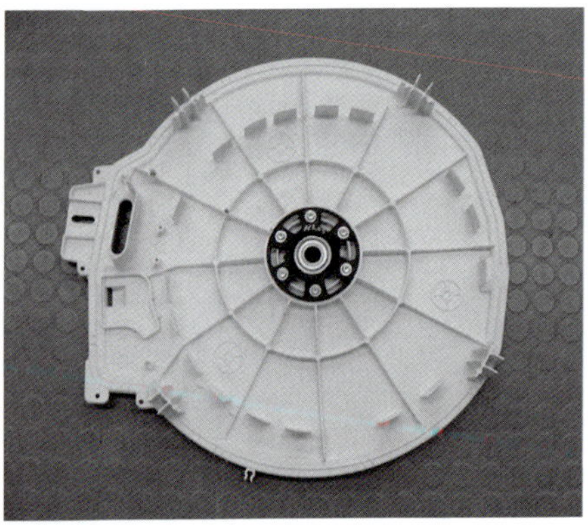

Gesamtansicht: Befestigung eines Kunststofflagers an eine Laugenbehälterschale

Bauteil 1: Laugenbehälterschale

Material:	PP - GF30
Schraublochdurchmesser:	d_b = 5,1 mm
Einschraubtiefe:	t_e = 21,1 mm

Sackloch

Bauteil 2: Kunststofflager

Material:	PA6 - GF60 mit Glaskeramik
Durchgangsloch:	d_h = 7,3 mm
Klemmdicke:	l_k = 4,3 mm

Schraube:

Benennung:	DELTA PT 60 x 30
Material:	Stahl, vergütet
Oberfläche:	verzinkt blau passiviert
Eindrehmoment:	M_E = 1,5 Nm
Überdrehmoment:	$M_Ü$ = 9,1 Nm
Empfehlung Anziehdrehmoment:	M_A = 4,8 Nm

Schrauber:

Art:	Stationärer Druckluftschrauber
Andrückkraft:	F_A = 70 N
Leerlaufdrehzahl:	n_0 = 480 min^{-1}

Detailansicht: Befestigung eines Kunststofflagers an eine Laugenbehälterschale

Kommentar:

Die dargestellte Verbindung ist einer Vielzahl von Einflüssen wie Temperaturwechseln, Medienangriff und vor allem starken dynamischen Lasten im Schleudergang ausgesetzt. Für die Verschraubung des oben abgebildete Kunststofflagers mit der Laugenbehälterschale können Schraubereinstellungen, Schraublochdurchmesser, Klemmdicken, Anziehdrehmomente sowie die verwendeten Schrauben stets identisch gewählt werden. Dadurch lässt sich eine Reduzierung des Montageaufwandes erreichen, welche eine Senkung der Systemkosten der Verbindungselemente zur Folge hat.

4 Zusatzelemente

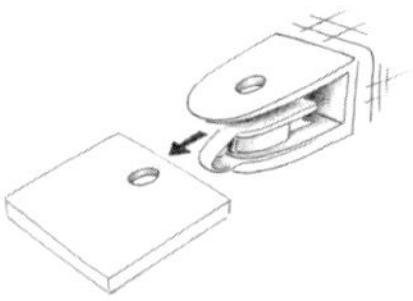

Dieses Federsystem ist ein Befestigungselement zur Montage an unterschiedlichen (variablen) Bauteildicken. Durch den federnd gelagerten Schraubdom ist die Vormontage an unterschiedlichen Aufsteck-Wanddicken der Unterkonstruktion möglich. Gleichzeitig wird die Haltekraft für die unverlierbare Vormontage aufgebracht.

Funktionen:
– Ausgleich unterschiedlicher Aufsteckdicken

Werkstoff/ Schraube:
– PA
– DELTA PT® 40

Montage/ Temperatur:
– Anziehdrehmoment M_A = 1,2 Nm
– Temperaturbeständigkeit je nach Material

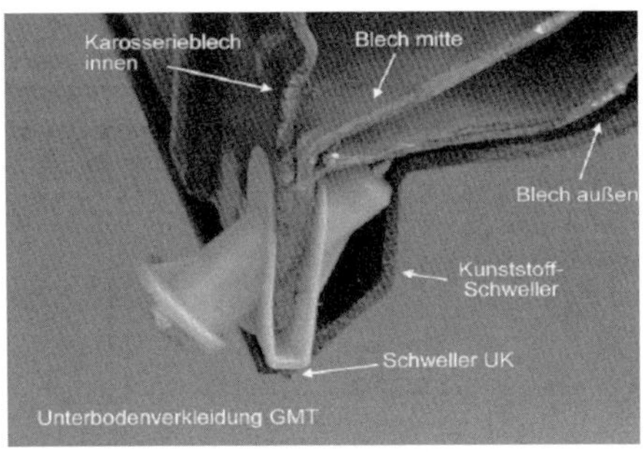

45° Zusatzelement

Diese Lösung ermöglicht Befestigungen, bei denen Aufsteck- und Fügeebene nicht parallel zueinander stehen. Durch die spezielle Geometrie wird eine optimale Auflagefläche erreicht.

Funktionen:
– Schraubrichtung liegt 45° zur Aufsteckrichtung

Werkstoff/ Schraube:
– POM
– PT® K 45

Temperatur:
– Temperaturbereich T < = 80 °C

Anwendungsbeispiel: Unterbodenverkleidung

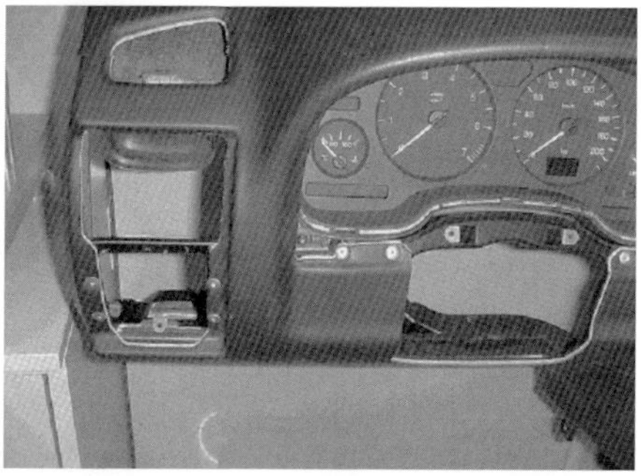

Das federnde Zusatzelement wurde als Alternative zu Blechclipsen entwickelt. Es findet seine Anwendung in Kunststoffbauteilen, in denen keine Möglichkeit zur Direktverschraubung gegeben ist, sei es durch fehlende Einschraubtiefe oder durch werkzeugtechnische Gegebenheiten. Weitere Anwendungsmöglichkeiten finden sich in dünnwandigen Bauteilen aus verschiedenen anderen Materialien, wie z. B. dünne Bleche.

Funktionen:
- Aufsteckdicke von 1,5 bis 2,5 mm

Werkstoff/ Schraube:
- POM
- DELTA PT® 40

Montage/ Temperatur:
- Anziehdrehmoment M_A = 1,6 Nm
- Temperaturbereich T = 30 bis 80 °C

Anwendungsbepiel: I-Tafel Verschraubung

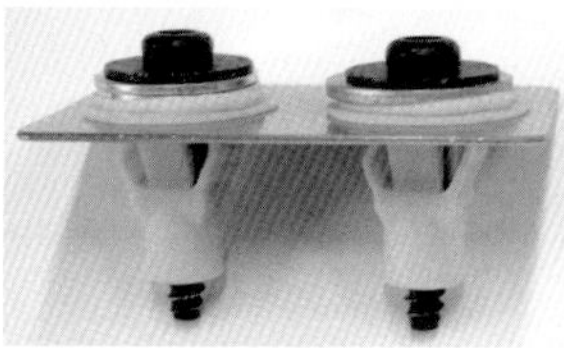

2K-Vierkantsystem

Dieses Vierkantsystem ist ein 2-Komponenten Befestigungssystem, speziell für den Karosseriebereich in der Automobilindustrie entwickelt, bei der eine Dichtfunktion gefordert wird. Differenzen im Dickenbereich der Unterkonstruktion lassen sich ausgleichen.

Funktionen:
- Dichtfunktion

Werkstoff/ Schraube:
- PA66 GF20 GK10
- DELTA PT® 50

Montage/ Temperatur:
- Anziehdrehmoment M_A = 2,3 Nm
- Temperaturbereich T < 140 °C

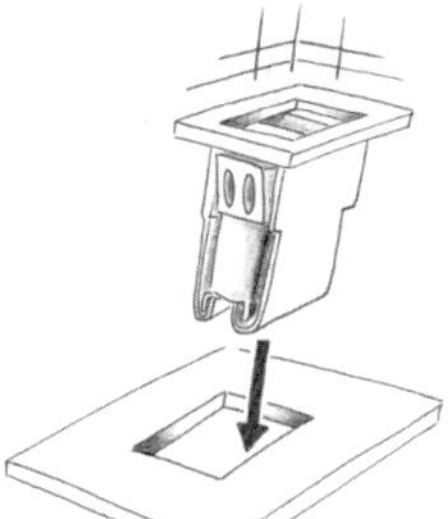

Dargestellt ist ein multifunktionales Befestigungssystem aus Kunststoff in variablen Ausführungen und wahlweise integrierter Dichtfunktion. Durch die spezielle Konstruktion des Systems lassen sich Differenzen im Dickenbereich der Unterkonstruktion überbrücken. Ein besonderer Vorteil ist die variable Montagemöglichkeit in Form von Hand-, halb- oder vollautomatischer Montage.

Die Anwendungsgebiete dieses Befestigungssystems sind z. B. in der Automobilindustrie im Türenbereich, bei Innenverkleidungen und Kofferraumabdeckungen, aber auch in der Elektro-, Hausgeräte- und Sportartikelindustrie zu finden.

Nach dem Durchdrücken rasten die Schnapphaken in die Ausgangsposition zurück und werden durch die konstante Kraft der Federelemente dauerhaft gegen die Unterkonstruktion gepresst. Nach erfolgter Montage der DELTA PT® Schraube können die Schnapphaken nicht mehr zurückfedern, so dass eine feste und zuverlässige Verbindung erzeugt wird.

Funktionen:
- Ausgleich unterschiedlicher Aufsteckdicken

Werkstoff/ Schraube.
- PA66
- DELTA PT® 40

Montage:
- Anziehdrehmoment M_A = 1,3 Nm
- Montagewerkzeug erforderlich

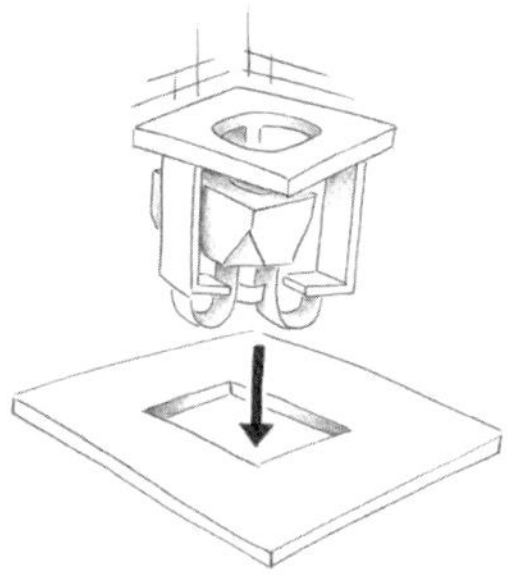

Beim Einstecken wird der federnde Tubusbereich automatisch um 45° entgegen der Schraubendrehrichtung verdreht. Nach dem Durchdrücken federt der Bereich zurück und verrastet das Teil unverlierbar. Beim Verschrauben wird der federnde Tubusbereich gegen die Unterkonstruktion gezogen und das zu verklemmende Bauteil an dieser befestigt.

Funktionen:
- Ausgleich unterschiedlicher Aufsteckdicken

Werkstoff/ Schraube:
- PA66
- DELTA PT® 50

Montage:
- Anziehdrehmoment M_A = 2,3 Nm

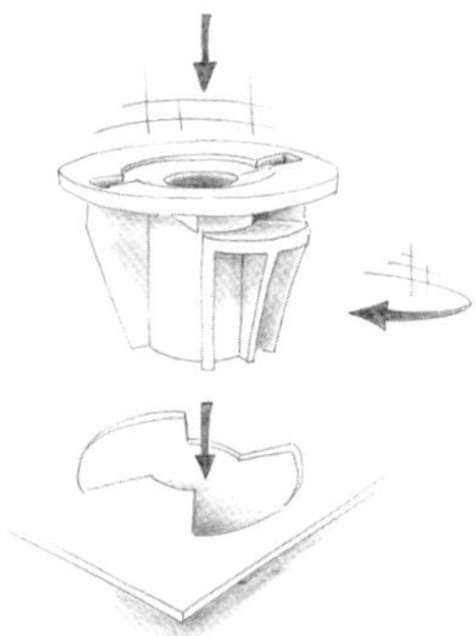

Dieses Verbindungselement kann sehr hohe Vorspannkräfte übertragen. Aufgrund der großen Auflageflächen ist es möglich auch weichere Werkstoffe zu Verspannen ohne kritische Grenzen zu erreichen. Bauteildickenunterschiede können kompensiert werden.

Funktionen:
- große Kraftübertragungsflächen

Werkstoff/ Schraube:
- PA66 GF13
- DELTA PT® 60

Montage:
Das Montagewerkzeug wird in den Durchbruch der Unterkonstruktion eingesteckt und durch Drehen um 90° im Uhrzeigersinn verriegelt.

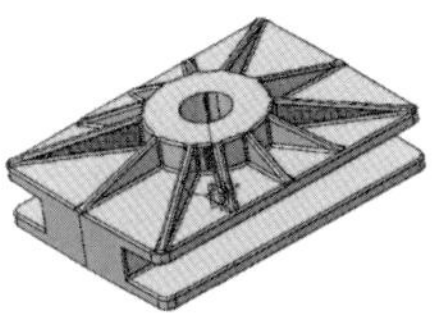

Gleitmutter

Funktionen:

- verschieben in X-Richtung möglich
- Verbindung an großflächige Anbauteile
- Ausgleich von temperaturbedingten Ausdehnungen im verschraubten Zustand

Werkstoff/ Schraube:

- PA66 GF40
- DELTA PT® 50

Montage/ Temperatur:
- Anziehdrehmoment M_A = 2,3 Nm
- Temperaturbereich T < 100 °C

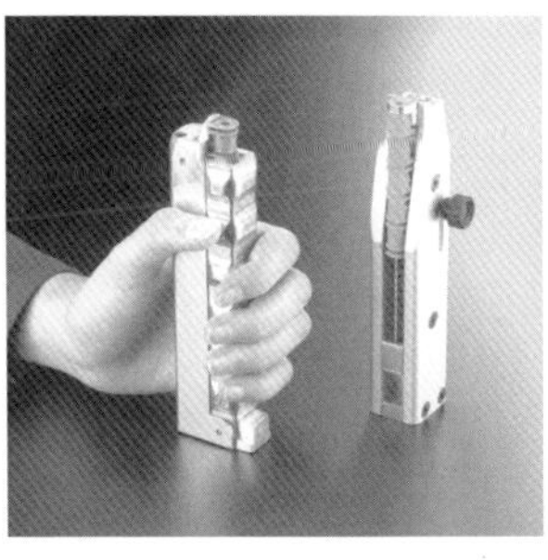
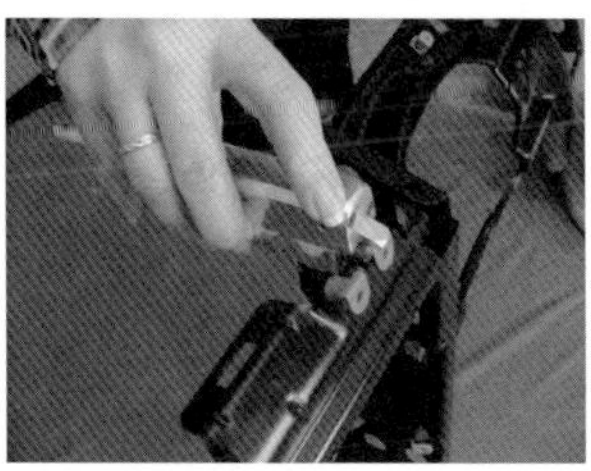

Montagebeispiel: Türmodul

Für die Montage der dargestellten Zusatzelemente steht eine Vielzahl an Setzgeräten zur Verfügung, die eine Montage von Hand oder in einem halbautomatisierten Verfahren erlauben.

DVS – DEUTSCHER VERBAND FÜR SCHWEISSEN UND VERWANDTE VERFAHREN E.V.	Mechanisches Fügen von Kunststoffbauteilen – Schnappverbindungen	DVS Richtlinie DVS 2242-1

Ersetzt Ausgabe Juli 2003

Inhalt:

1 Geltungsbereich

Das Verbinden von Bauteilen und Bauelementen mit Schnappverbindungen ist eine kunststoffgerechte Verbindungstechnik. Schnappverbindungen zählen zu den wirtschaftlichen und kunststoffgerechten Verbindungstechniken. Sie lassen sich im Herstellungsprozess durch eine entsprechende Werkzeuggestaltung direkt an das Bauteil anbinden. Vorteile sind geringe Montagezeiten und das Entfallen zusätzlicher Montageelemente. Zusätzliche Kosten entstehen durch Aufwand bei der Werkzeuggestaltung. Schnappverbindungen eignen sich insbesondere bei größeren Stückzahlen.

Diese Richtlinie gilt für das Fügen von Formteilen mit Schnappverbindungen, die bei der Montage in einem Hinterschnitt des Fügepartners einrasten und so zu einer kraftschlüssigen Verbindung führen. Charakteristisch für Schnappverbindungen ist, dass ein vorstehendes Element kurzfristig ausgelenkt und in einer entsprechenden Vertiefung im Fügepartner einrastet und so eine kraftschlüssige Verbindung herstellt. Aufgrund der Komplexität der Gestaltungsmöglichkeiten von Schnappverbindungen ist eine geschlossene Beschreibung der Fügetechnik nicht möglich. Die Richtlinie stellt daher wesentliche Einflussgrößen vor, die bei der Auslegung, der Verarbeitung, dem Fügevorgang sowie im Einsatz der gefügten Bauteile berücksichtigt werden sollten. Eine rein rechnerische Auslegung ist aufgrund teilweise nicht vorhandener Werkstoff-/Bauteilkennwerte derzeit schwierig. Für eine überschlägige Auslegung der Schnappverbindung kann auf entsprechende Berechnungssoftware zurückgegriffen werden. Es empfiehlt sich jedoch immer eine experimentelle Absicherung der Ergebnisse an praxisnahen Funktionsmustern.

2 Funktionsprinzip

Kennzeichnend für Schnappverbindungen ist, dass die Materialbelastung beim Fügevorgang kurzzeitig hoch und nach dem Fügevorgang je nach Betriebslast meist nur noch gering ist. Gemeinsam ist allen Schnappverbindungen, dass ein vorstehendes Element, z. B. ein Haken, Noppen oder Wulst bei der Montage kurzfristig ausgelenkt wird und in einer Vertiefung (Hinterschnitt) des Verbindungspartners einrastet (Bild 1).

Tabelle 1. Größen eines Schnapphakens.

Charakteristische Abmaße eines Schnapphakens	
F_F	Fügekraft
F_H	Haltekraft
Q	Auslenkkraft
H	Schnapphöhe (Hinterschnitt)
f	Maximale Schnapphöhe
l	Hebelarmlänge
h_0	Profilhöhe am Fuß des Schnapphakens
h_1	Profilhöhe an der Spitze des Schnapphakens
b	Profilbreite
α_1	Fügewinkel
α_2	Haltewinkel

Die typischen geometrischen Abmaße können der Tabelle 1 entnommen werden. Durch eine Variation der entsprechenden Größen können Schnappverbindungen von leicht über schwer bis quasi unlösbar ausgeführt werden. Lösbare Schnappverbindungen können schnell und ohne spezielle Vorrichtungen z. B. bei recyclingorientierten Konstruktionen demontiert und auch wieder neu montiert werden.

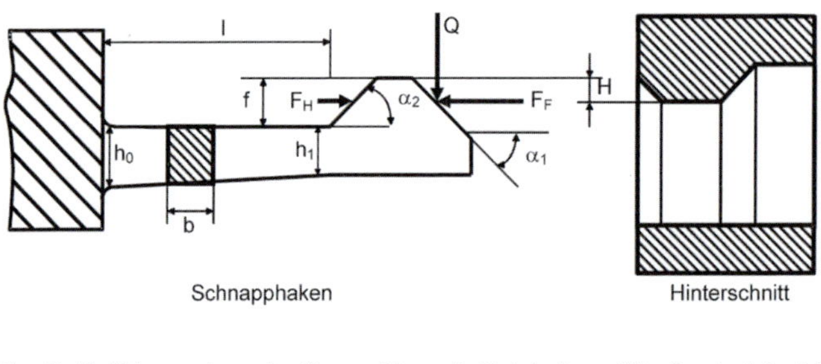

Bild 1.
Funktionsprinzip eines Schnapphakens [1].

DVS, Ausschuss für Technik, Arbeitsgruppe „Fügen von Kunststoffen"

Bezug: DVS Media GmbH, Postfach 10 19 65, 40010 Düsseldorf, Telefon (02 11) 15 91- 0, Telefax (02 11) 1591-150

3 Einteilung von Schnappverbindungen

In der Praxis ist eine Vielzahl von unterschiedlichen Schnappverbindungen im Einsatz. Diese lassen sich generell nach ihrem Linienverlauf, d.h. nach der Kontaktlinie der beiden Fügepartner, unterscheiden. Demnach können die in Bild 2 dargestellten fünf Grundformen unterschieden werden.

Torsionsschnappverbindungen

Torsionsschnappverbindungen sind ein selten angewandtes aber rationelles und leicht lösbares Verbindungsverfahren. Die Ausbildung des Schnapparmes als Doppelwippe einer überwiegend durch Torsion beanspruchten Achse gestattet durch eine Auslenkkraft Q ein leichtes Öffnen der Verbindung. Typische Anwendungen sind häufig lösbare Gehäuse/Deckel.

Schnapphaken

Einseitig steife Einrastnocken mit gegenüberliegenden federnden Haken führen zu einer quasi unverrückbaren und je nach Auslegung des Haltewinkels dennoch lösbaren Anordnung. Eine Zunahme der Wanddicken in Richtung der Einspannung verhindert verformungsbedingte Brüche.

Ringschnappverbindungen

Eine Ringschnappverbindung verbindet zwei rotationssymmetrische Formteile nach dem Einrasten weitgehend entspannt, aber formschlüssig. Je nach Bemessung des Wulstes und seiner Winkel ist die Verbindung lösbar oder nichtlösbar. Wegen der Normalspannungsbeanspruchung in Umfangsrichtung ist das Montieren mit teils hohen Fügekräften verbunden. Typische Anwendungen sind Leuchten, Flaschendeckel oder Gelenkverbinder.

Segmentierte Ringschnappverbindungen

Die segmentierte Ringschnappverbindung stellt eine Sonderform der konventionellen Ringschnappverbindung dar. Durch die gezielte Trennung des geschlossenen Linienverlaufs kann die benötigte Fügekraft deutlich reduziert werden, wobei natürlich auch die Haltekraft verringert wird. Dies kann sowohl durch die Anzahl der Unterteilungen als auch zusätzlich durch die Spaltbreite erreicht werden.

Sonderformen

Bei den Sonderformen handelt es sich um Ringschnappverbindungen im weitesten Sinne. Diese Verbindungsart weist einen geschlossenen Linienverlauf auf, der nicht rotationssymmetrisch ausgeprägt sein muss.

4 Dimensionierung von Schnappverbindungen

Die Auslegung von Schnappelementen erfolgt verformungsbezogen. Als Hinterschnitt wird die beim Einschnappvorgang auftretende Auslenkung bezeichnet. Zur Veranschaulichung der Vorgehensweise bei der Auslegung wird im Folgenden eine exemplarische Berechnung eines Schnapphakens durchgeführt.

4.1 Analytische Auslegung eines Schnapphakens

Zur Berechnung des Schnapphakens muss sichergestellt werden, dass durch die Auslenkung beim Fügevorgang die zulässige Dehnung ε des Materials nicht überschritten wird und es nicht zu einer frühzeitigen Zerstörung des Schnapphakens kommt. Dazu kann der in Gleichung 1 dargestellte mathematische Zusammenhang genutzt werden.

$$H_{zul} = \frac{2}{3} \cdot \frac{l^2}{h_0} \cdot \frac{\varepsilon_{zul}}{100} \qquad \text{(Gl. 1)}$$

mit

H_{zul}	Zulässiger Hinterschnitt [mm]
l	Hebelarmlänge [mm]
h_0	Profilhöhe am Fuß des Schnapphakens [mm]
ε_{zul}	Zulässige Dehnung [%] (abhängig vom verwendeten Werkstoff)

Die Auslenkkraft Q lässt sich in Abhängigkeit von dem zu überwindenden Hinterschnitt, der Hebelarmlänge und seinem geometrischen Aufbau sowie dem entsprechenden Modul nach Gleichung 2 berechnen:

$$Q = \frac{3 \cdot H \cdot E \cdot I}{l^3} \qquad \text{(Gl. 2)}$$

mit:

Q	Auslenkkraft
H	Hinterschnitt
E	Sekantenmodul (Es) bei Kurzzeitbelastung Kriechmodul (Ec) bei Langzeitbelastung
I	Axiales Flächenmoment
l	Hebelarmlänge [mm]

Unter Berücksichtigung der Winkel am Schnapphaken und der Reibungsverhältnisse (Bild 3) kann daraus ebenfalls die Fügekraft berechnet werden (Gleichung 3).

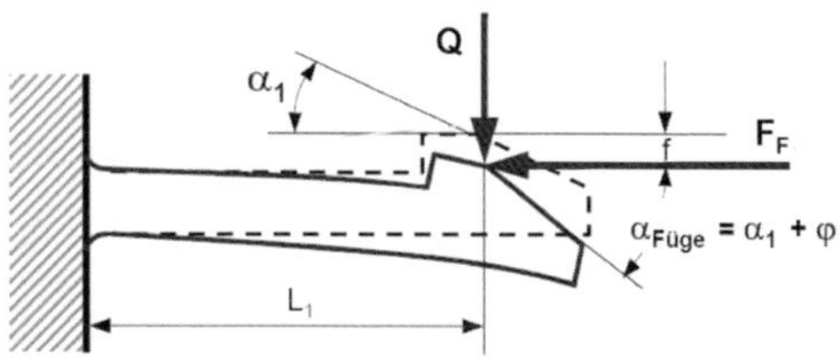

Bild 3. Berücksichtigung der Reibverhältnisse beim Fügen [3].

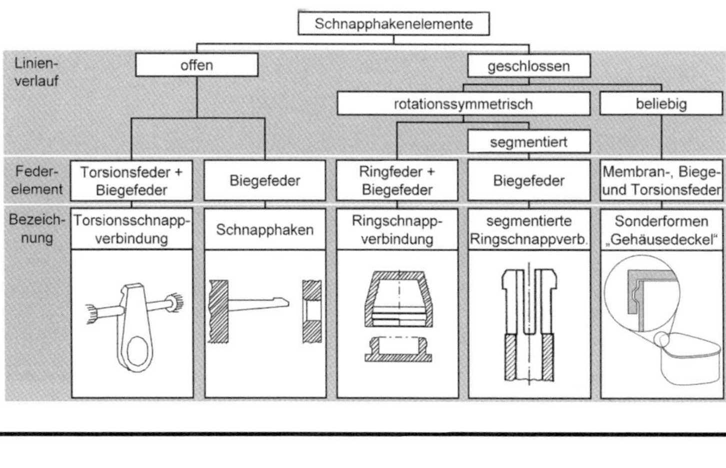

Bild 2. Ausführungen von Schnappverbindungen [2].

$$F = Q \cdot \tan(\alpha_1 + \rho) = Q \cdot \frac{\mu + \tan(\alpha_1)}{1 - \mu \cdot \tan(\alpha_1)} \qquad \text{(Gl. 3)}$$

mit:

F	Füge- bzw. Haltekraft (F_F: Fügekraft, F_H: Haltekraft)
Q	Auslenkkraft
α_1	Fügewinkel
φ	Reibungswinkel
μ	Reibungskoeffizient
L_1	Hebelarmlänge

Die Berechnung der Lösekraft erfolgt analog zur Fügekraftberechnung, jedoch muss hier der entsprechende Lösewinkel α_2 berücksichtigt werden. Ab einem Winkel von α_2 90° wird von einer nicht lösbaren Verbindung gesprochen. Sie kann nur durch Zerstörung der Schnapphakengeometrie gelöst werden und verliert danach ihre Funktionsfähigkeit.

4.2 Richtwerte für die zulässige Dehnungen

Teilkristalline und amorphe Thermoplaste mit duktilem Werkstoffverhalten können beim einmaligen kurzzeitigen Einschnappen deutlich über die Grenze elastischer Verformung bis nahe an die Streckgrenze belastet werden. Für die zulässige Dehnung gibt es in der Literatur Anhaltswerte (siehe Tabelle 2).

Tabelle 2. Zulässige Dehnungen bei einer einmaligen kurzzeitigen Belastung für ausgewählte Thermoplaste bei Raumtemperatur [3; 4; 5].

Teilkristallin		Amorph		Glasfaserverstärkt	
PE	8%	PC	4%	PA GF30 feucht	2%
PP	6%	PC+ABS	3%	PA GF30 trocken	1,5%
PA feucht	6%	ABS	2,5%	PC GF30	1,8%
PA trocken	4%	CAB	2,5%	PBT GF30	1,5%
POM	6%	PVC	2%	ABS GF30	1,2%
PBT	5%	PS	1,8%		

Zusätzlich kann die zulässige Dehnung in Abhängigkeit von der Ausrüstung (Modifikation) des Thermoplasten variieren. Daher ist es zweckmäßiger, die entsprechenden, meistens in Werkstoffdatenbanken wie z. B. CAMPUSplastics [6] hinterlegten, Spannungs/Dehnungs-Diagramme zur Bestimmung der zulässigen Dehnung heranzuziehen. Bei duktilen Werkstoffen mit einer ausgeprägten Streckgrenze gilt als Richtwert für die zulässige Dehnung 70% der Streckdehnung (Bild 4 links):

$$\varepsilon_{zul} = 0{,}7 \cdot \varepsilon_S \qquad \text{(Gl. 4)}$$

mit:

ε_{zul}	zulässige Dehnung
ε_S	Streckdehnung

Bei spröden und glasfaserverstärkten Kunststoffen ohne Streckgrenze gilt etwa die Hälfte der Bruchdehnung als zulässiger Wert (Bild 4 rechts):

$$\varepsilon_{zul} = 0{,}5 \cdot \varepsilon_B \qquad \text{(Gl. 5)}$$

mit:

ε_{zul}	zulässige Dehnung
ε_B	Bruchdehnung

Bei wiederholter bis häufiger Betätigung sind Abminderungen um bis zu 60% der zulässigen Dehnung vorzusehen.

Ein ganz entscheidender Vorteil bei der Verwendung von Spannungs/Dehnungs-Diagrammen aus Werkstoffdatenbanken ist die Möglichkeit, dass der Temperatureinfluss auf die mechanischen Eigenschaften direkt mitberücksichtigt werden kann. Vielfach sind in den Datenbanken die entsprechenden Kurvenverläufe für unterschiedliche Temperaturen bereits hinterlegt, so dass hierüber das reale Verhalten unter Einsatzbedingungen direkt abgeschätzt werden kann.

4.3 Berechnung von Füge- und Lösekräften

Zur Berechnung von Füge- bzw. Lösekräften müssen die entsprechenden Reibungskoeffizienten bekannt sein. Einen Überblick über die in der Literatur veröffentlichten Parameter ist in der Tabelle 3 zusammengestellt. Diese wurden primär für die Paarung Kunststoff – Metall bestimmt. Bei einer Paarung Kunststoff – anderer Kunststoff ist mit den gleichen bzw. etwas niedrigeren Werten zu rechnen.

Die hier angegebenen Reibungskoeffizienten sind als grobe Richtwerte anzusehen, die für einen definierten Betriebspunkt bei Raumtemperatur ermittelt wurden. Eine Variation kann hierbei zusätzlich noch in Abhängigkeit der Gleitgeschwindigkeit, der Oberflächenbeschaffenheit sowie dem Anpressdruck beobachtet werden. Diese Effekte sind durch eine entsprechende Toleranz zu berücksichtigen.

Tabelle 3. Richtwerte für Gleitreibungskoeffizienten bei Raumtemperatur [5; 7].

Werkstoff/ Material	Reibungskoeffizient μ	
	Kunststoff – Stahl	Gleiche Reibungspartner
ABS	0,50 – 0,65	0,60 – 0,78
SAN	0,45 – 0,55	0,45 – 0,55
PA	0,30 – 0,40	0,45 – 0,60
PBT	0,35 – 0,40	0,35 – 0,40
PC	0,45 – 0,55	0,54 – 0,66
PE-HD	0,20 – 0,25	0,40 – 0,50
PE-LD	0,55 – 0,60	0,66 – 0,72
PMMA	0,50 – 0,60	0,60 – 0,72
POM	0,20 – 0,35	0,30 – 0,53
PP	0,25 – 0,30	0,38 – 0,45
PS	0,40 – 0,50	0,48 – 0,60
PTFE	0,12 – 0,22	0,12 – 0,22
PVC	0,55 – 0,60	0,55 – 0,60

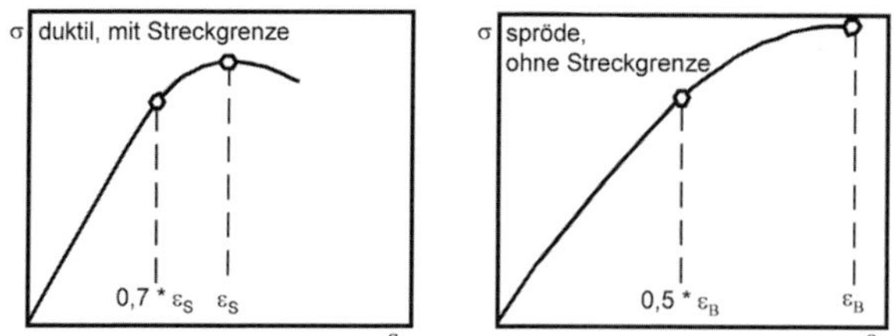

Bild 4. Ableitung der zulässigen Dehnung beim Einschnappvorgang (Biegung) aus dem Spannungs/Dehnungs-Diagramm (Zug) als Orientierung für die Bauteilauslegung [4; 7].

Zusätzlich hat die Temperatur auch einen maßgeblichen Einfluss auf die Reibungskoeffizienten (Bild 5). Je nach Werkstoff fällt der Einfluss der Temperatur unterschiedlich aus. Diese nicht-linearen Zusammenhänge lassen eine verallgemeinernde Beschreibung des Temperatureinflusses nicht zu.

Daher ist es notwendig, bei der rechnerischen Auslegung von Schnappverbindungen Reibungskoeffizienten zu verwenden, die unter realitätsnahen Einsatztemperaturen ermittelt wurden. Dies ist gerade dann erforderlich, wenn die Schnappverbindung unter dem Gesichtspunkt der Füge- und/oder Lösekräfte optimiert werden soll.

4.4 Einfluss der Geometrie

Bei der Gestaltung von Schnappverbindungen ist besonders die mechanische Beanspruchung des Schnapphakens bei der Montage zu beachten. Dazu können verschiedene Schnapphakengrundgeometrien eingesetzt werden. Dementsprechend beeinflussen sie sowohl den zulässigen Hinterschnitt als auch die Auslenk- und somit auch die Fügekraft. In Bild 6 sind mögliche Grundformen zusammengefasst.

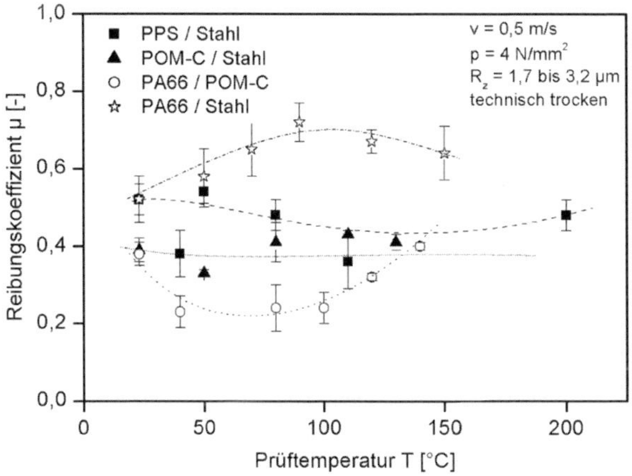

Bild 5.
Einfluss der Temperatur auf den Reibungskoeffizienten [8].

Querschnittsform / Ausführung	A Rechteck	B Trapez	C Kreisbogensegment	D bel. Querschnitt
(zulässige) Auslenkung: Querschnitt über Länge konstant	$f = 0{,}67 \frac{\varepsilon \cdot l^2}{h}$	$f = \frac{(a+b)}{2a+b} \frac{\varepsilon \cdot l^2}{h}$ 1)	$f = C \frac{\varepsilon \cdot l^2}{\rho}$ 2)	$f = \frac{1}{3} \frac{\varepsilon \cdot l^2}{e}$ 3)
(zulässige) Auslenkung: Alle Maße in y Richtung, z.B. h od. Δρ, nehmen auf die Hälfte ab	$f = 1{,}09 \frac{\varepsilon \cdot l^2}{h}$	$f = 1{,}64 \frac{(a+b)}{2a+b} \frac{\varepsilon \cdot l^2}{h}$ 1)	$f = 1{,}64\, C \frac{\varepsilon \cdot l^2}{\rho}$ 2)	$f = 0{,}55 \frac{\varepsilon \cdot l^2}{e}$ 3)
(zulässige) Auslenkung: Alle Maße in z-Richtung, z.B. b und a, nehmen auf ein Viertel ab	$f = 0{,}86 \frac{\varepsilon \cdot l^2}{h}$	$f = 1{,}28 \frac{(a+b)}{2a+b} \frac{\varepsilon \cdot l^2}{h}$ 1)	$f = 1{,}28\, C \frac{\varepsilon \cdot l^2}{\rho}$ 2)	$f = 0{,}43 \frac{\varepsilon \cdot l^2}{e}$ 3)
Auslenkkraft	$Q = \underbrace{\frac{b\, h^2}{6}}_{W} \frac{E_S \cdot \varepsilon}{l}$	$Q = \underbrace{\frac{h^2}{12} \frac{a^2+4ab+b^2}{2a+b}}_{W} \frac{E_S \cdot \varepsilon}{l}$ 1)	$Q = W \frac{E_S \cdot \varepsilon}{l}$ 4)	$Q = W \frac{E_S \cdot \varepsilon}{l}$ 4)

Bild 6. Einfluss der Schnapphakengeometrie auf den zulässigen Hinterschnitt f und die Auslenkkraft Q [7].

1) Die Formeln gelten für den Fall, dass die kritische Beanspruchung (Zugspannung) in der schmalen Fläche b liegt. Tritt sie jedoch in der breiten Fläche a auf, so sind a und b zu vertauschen.

2) Tritt die kritische Beanspruchung in der konvexen Oberfläche auf, so ist C_2 aus dem Diagramm in Bild 7 abzulesen, tritt sie in der konkaven Oberfläche auf, ist entsprechend C_1 aus dem gleichen Diagramm zu entnehmen

3) Es ist der Randfaserabstand vom Schwerpunkt (neutrale Faser) derjenigen Oberfläche zu benutzen, die Zugspannung aufweist.

4) Der Widerstandsmoment ist für diejenige Oberfläche zu bestimmen, die unter Zugspannung steht. Widerstandsmomente für Querschnittsform C sind Bild 8 zu entnehmen. Widerstandsmomente für andere Grundkörper findet man in den Grundlagenbüchern des Maschinenbaus.

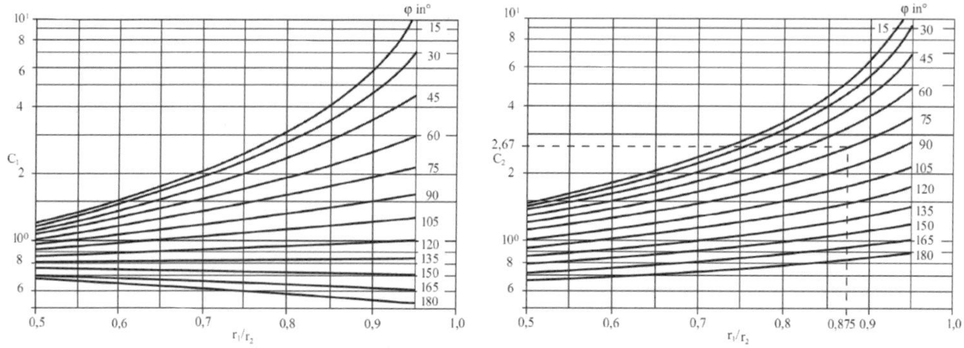

Bild 7. Geometriefaktoren C für Kreisringsegmente (C_1: Konkavseite unter Zugspannung; C_2: Konvexseite unter Zugspannung) [7].

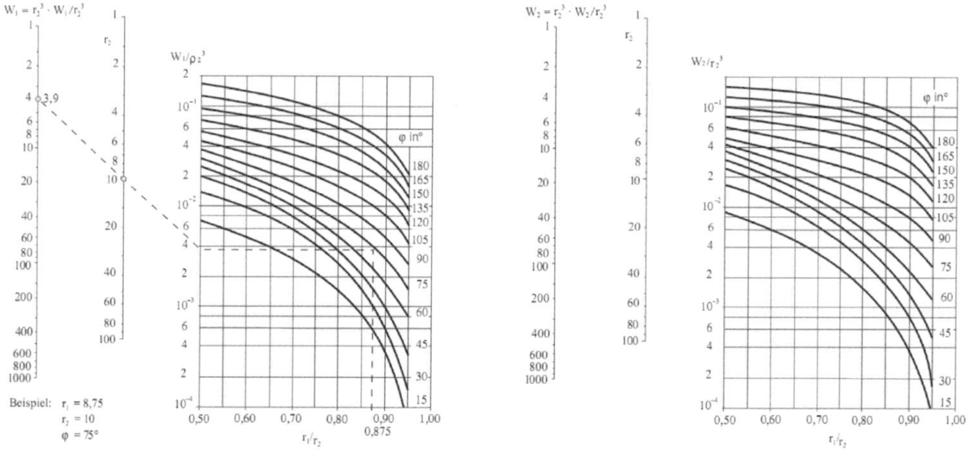

Bild 8. Widerstandsmomente W für Kreisringsegmente (W_1: Konkavseite unter Zugspannung; W_2: Konvexseite unter Zugspannung) [7].

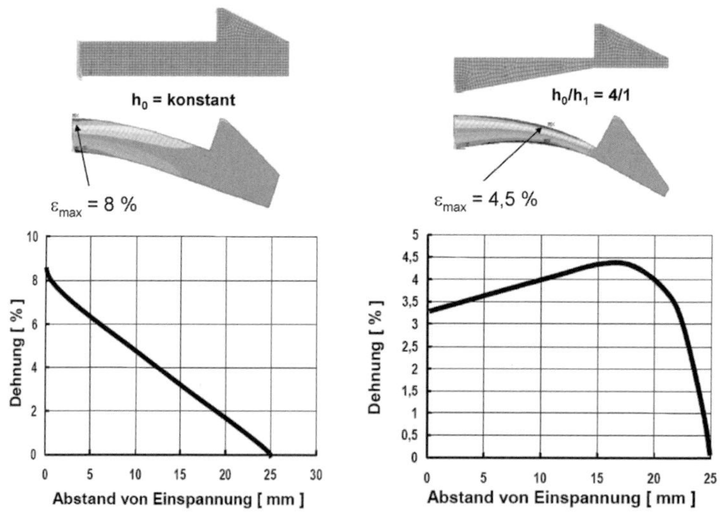

Bild 9.
Einfluss der Schnapphakengrundgeometrie [3].

Entsprechend der Belastung des Schnapphakens sind bevorzugte Grundgeometrien zu verwenden [7]:

- Zugbelastung: konstanter Rechteckquerschnitt (Ausführung 1)
- Biegebelastung: verjüngter Rechteckquerschnitt (Ausführung 2 oder 3)
- Torsionsbelastung: Konstanter Kreisquerschnitt

Durch eine Reduzierung der Schnapphakenhöhe vom Grund zur Spitze um den Faktor 4 kann beispielsweise die maximale Dehnung an der Oberseite deutlich reduziert und über einen größeren Bereich homogener verteilt werden (Bild 9).

4.5 Einfluss der Anbindung des Schnapphakens an das Bauteil (Kerbwirkung)

Die volle Funktionsfähigkeit eines Schnapphakens wird trotz sachgemäßer Auslegung der Hakengeometrie nur dann erreicht, wenn auch der Aspekt der Anbindung an das Bauteil hinreichend beachtet wird.

So kommt es vielfach aufgrund von Kerbwirkung im Übergang zum Bauteil zum vorzeitigen Versagen, da hier das größte Biegemoment wirkt. Daher muss bei der Anbindung eines Schnapphakens an das Bauteil stets ein geeigneter Radius vorgesehen werden, um so die Spannungsüberhöhung abzumildern. Die Höhe der Spannungskonzentration hängt von den geometrischen Randbedingungen, das heißt dem Verhältnis von Radius zu Hakendicke, ab (Bild 10). Dieses Verhältnis ist so zu wählen, dass dies zu dem gebräuchlichen Faktor von 1,5 führt, der einen Kompromiss aus hinreichendem Radius mit größtmöglicher Spannungskonzentrationsreduktion darstellt. Wie aus diesem Beispiel auch hervorgeht, ist dieser Zusammenhang für Schnapphaken mit einem konstanten Querschnitt bestimmt worden. Für andere Hakengeometrien ändert sich dieser Zusammenhang auch. Um diesen Einfluss bei einer beliebigen Schnapphakengeometrie besser abzuschätzen, ist eine rechnerunterstützte Auslegung (siehe Abschnitt 6) wesentlich zielführender.

5 Berechnungsbeispiel

Zur Verdeutlichung der kunststoffgerechten Auslegung von Schnapphakenelementen soll im Folgenden ein Schnapphaken auf der Basis eines Biegebalkens exemplarisch analytisch ausgelegt werden. Dabei sollen die im Abschnitt 4 „Dimensionieren von Schnappverbindungen“ vorgestellten Einflussfaktoren berücksichtigt werden.

Als Grundlage der Berechnung soll der in Bild 11 dargestellte Schnapphaken dimensioniert werden. Ziel der Auslegung ist es, eine geforderte Haltekraft unter Einsatztemperatur zu gewährleisten.

Zusätzlich soll der Fügevorgang bei Montagetemperatur betrachtet werden. Als Voraussetzung werden die geometrischen Abmessungen sowie die Materialauswahl vorgegeben.

Aufgabenstellung:

Auslegung eines Schnapphakens, der eine geforderte Haltekraft von 10 N hat. Diese Kraft soll während des Gebrauchs bei Temperaturen von bis zu 60°C und für einen Zeitraum von ungefähr 1000 Stunden sichergestellt werden. Die Montage erfolgt bei Raumtemperatur.

Berechnung der Halte- und Auslenkkraft sowie des benötigten Hinterschnitts:

Die Haltekraft wird maßgeblich von der Schnapphakengeometrie beeinflusst. Die relevanten Parameter sind dabei der Lösewinkel α_2 sowie die Reibverhältnisse zwischen den Fügepartnern. Unter der Vorgabe einer geforderten Haltekraft kann die erforderliche Querkraft mit **Gleichung 3** berechnet werden:

$$F_H = Q \cdot \frac{\mu + \tan(\alpha_2)}{1 - \mu \cdot \tan(\alpha_2)} \rightarrow Q = F_H \cdot \frac{1 - \mu \cdot \tan(\alpha_2)}{\mu + \tan(\alpha_2)} = 10\,N \cdot \frac{1 - 0{,}275 \cdot \tan(60^\circ)}{0{,}275 + \tan(60^\circ)} = 2{,}61\,N \quad \text{(siehe Gl. 3)}$$

mit:

F_H	Haltekraft von 10 N
Q	Auslenkkraft
α_2	Haltewinkel von 60° (angenommen)
μ	Reibungskoeffizient von 0,275 (vgl.Tabelle 3: POM - Stahl)

Dabei wurden die Reibverhältnisse anhand der Tabelle 3 für Raumtemperatur abgeschätzt, da keine Werte für den hier betrachteten Einsatzfall von 60°C zur Verfügung standen.

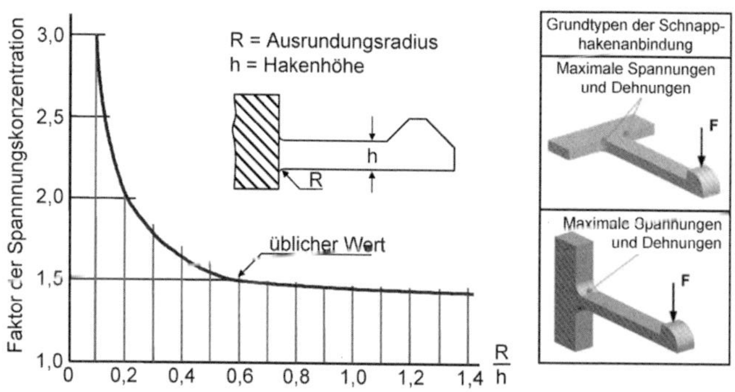

Bild 10.
Verringerung der Spannungskonzentration durch Radien [1; 9].

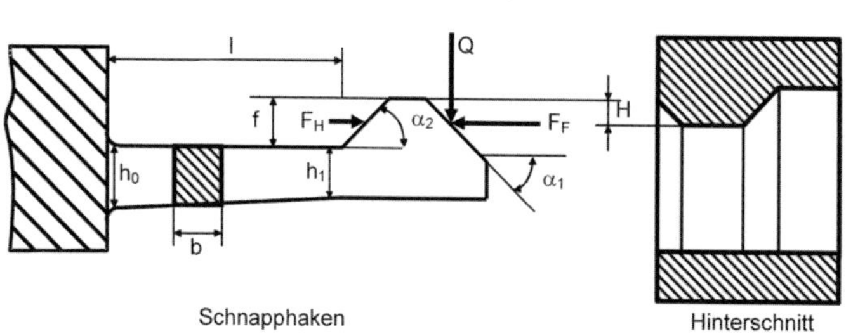

Bild 11.
Auslegung eines Schnapphakens [1].

Auf Basis dieser Berechnung kann nun unter Berücksichtigung des Bauraums, der Geometrie des Schnapphakens und des eingesetzten Materials der benötigte Hinterschnitt unter Verwendung von **Gleichung 2** berechnet werden.

$$Q = \frac{3 \cdot H \cdot E \cdot I}{l^3} \rightarrow H = \frac{Q \cdot l^3}{3 \cdot E \cdot I} \qquad \text{(siehe Gl. 2)}$$

mit:
Q Auslenkkraft
H Hinterschnitt
E Kriechmodul (E_c) bei Langzeitbelastung
I Axiales Flächenmoment
l Hebelarmlänge [mm]

Annahmen:
Werkstoff POM, Ultraform N2770K, BASF SE
Langzeitige Belastung → Kriechmodul E_c (t = 1000h, ϑ = 60°C):
E_c $E_{c,60°C}$ = 800 N/mm² (**Bild 12**)
Hebelarmlänge (resultierend aus dem Bauraum): l = 20 mm
Axiales Flächenmoment I = (b·h³)/12
(resultierend aus Schnapphakengeometrie:
b = 5 mm, h = 2 mm): I = 3,33 mm^4

Aus diesen Vorgaben resultiert ein Hinterschnitt von:

$$H = \frac{Q \cdot l^3}{3 \cdot E \cdot I} = \frac{2{,}61\ \text{N} \cdot 20^3 \text{mm}^3}{3 \cdot 800 \text{N/mm}^2 \cdot 3{,}33 \text{mm}^4} = 2{,}6\ \text{mm}$$

bei einer Einsatztemperatur von 60°C.

Damit wurde der Schnapphaken hinsichtlich der geforderten Haltekraft bei einer Einsatztemperatur von 60°C dimensioniert. Nun gilt es noch zu prüfen, ob beim Fügevorgang bei Raumtemperatur die auftretenden Dehnungen nicht die für den Werkstoff zulässige Dehnung übersteigen und wie hoch die zum Fügen benötigte Kraft ist.

Berechnung der Dehnung im Schnapphaken sowie der benötigten Kraft beim Fügevorgang:

Unter Verwendung von Gleichung 1 kann die Dehnung im Schnapphaken berechnet werden. In diesem Beispiel wird ein konstanter Querschnitt über der Länge des Schnapphakens angenommen.

$$H = \frac{2}{3} \cdot \frac{l^2}{h_0} \cdot \frac{\varepsilon}{100} \rightarrow \varepsilon = \frac{3}{2} \cdot \frac{H \cdot h_0 \cdot 100}{l^2} = 1{,}95\% \qquad \text{(siehe Gl. 1)}$$

mit:
H Berechneter Hinterschnitt von 2,6 mm
l Hebelarmlänge von 20 mm
h_0 Profilhöhe am Fuß des Schnapphakens 2 mm
ε Dehnung im Schnapphaken [%]

Die berechnete Dehnung im Schnapphaken muss unterhalb der werkstoffspezifischen kritischen Dehnung liegen. Diese lässt sich mit **Tabelle 2** abschätzen. Hier ist für den Werkstoff POM eine zulässige Dehnung bei einmaliger Belastung von 6% angegeben. Wesentlich genauer kann dieser Wert mit Hilfe von Spannungs/Dehnungs-Diagrammen, wie sie in Werkstoffdatenbanken z. B. Campus [6] hinterlegt sind, bestimmt werden. Dies ist exemplarisch in dem folgenden **Bild 13** dargestellt. Typischerweise sind in diesen Datenbanken die Spannungs/Dehnungs-Kurven vielfach nur bis zur Streckgrenze aufgezeichnet, da das der technisch relevante Teil des Kurvenverlaufs ist, das heißt der Kurvenverlauf bis zum Bruch, wie in **Bild 13** bei der Kurve bei 23°C dargestellt, wird nicht dargestellt. Um den Endpunkt der Kurve eindeutig zu identifizieren wird in den Datenbanken der Streckpunkt mit „Y“ (engl.: Yield) angegeben. Dieser ist nicht mit dem Bruchpunkt zu verwechseln. Somit ergibt sich für eine Temperatur von 23°C eine Dehnung an der Streckgrenze von $\varepsilon_{Streckgrenze}$ = 6,55%.

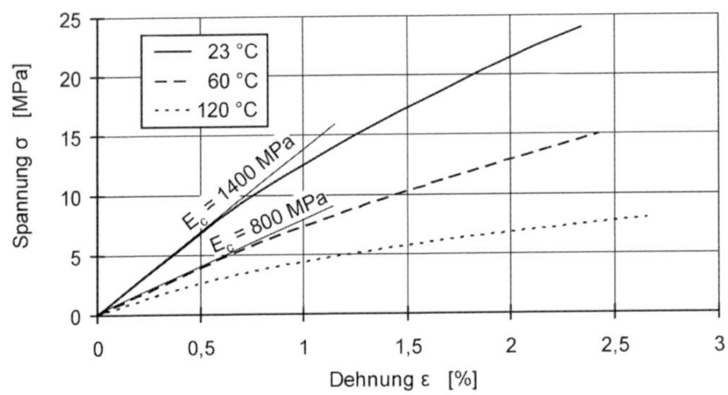

Bild 12.
Bestimmung des Kriechmoduls nach 1000 h [6].

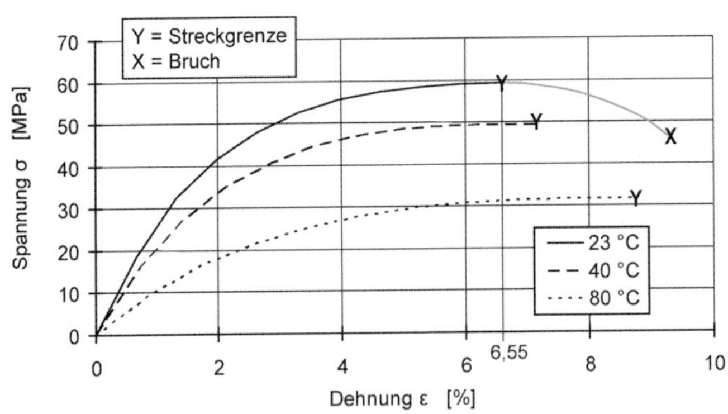

Bild 13.
Bestimmung der zulässigen Dehnung anhand von Spannungs/Dehnungs-Diagrammen [6].

Daraus folgt für die zulässige Dehnung nach **Bild 4**

$\varepsilon_{zul} = 0{,}7 \cdot \varepsilon_{Streckgrenze}$.

Somit ergibt sich für den Fügevorgang bei Raumtemperatur von ϑ = 23°C für den hier eingesetzten Werkstoff eine zulässige Dehnung von ε_{zul} = 4,5%. Die berechnete, im Schnapphaken während des Fügevorgangs vorliegende Dehnung beträgt nur ε = 1,95%. Sie liegt somit deutlich unter der kritischen Dehnung. Es ist also auszuschließen, dass der Schnapphaken schon bei der Betätigung geschädigt wird.

Berechnung der Fügekraft

Als abschließende Frage muss die Höhe der Fügekraft bestimmt werden. Diese kann, wie die Haltekraft, mit **Gleichung 3** berechnet werden. Dabei finden neben der Auslenkkraft Q der Fügewinkel α_1 sowie der Reibkoeffizient μ Berücksichtigung. Der Fügewinkel α_1 wird mit 30° angenommen. Die Auslenkkraft während des Fügens unterscheidet sich aufgrund der niedrigeren Temperatur und der kurzzeitigen Belastung während des Fügevorgangs deutlich von der Auslenkkraft beim Lösevorgang.

Die Querkraft berechnet sich nach **Gleichung 2** zu

$$Q = \frac{3 \cdot H \cdot E \cdot I}{l^3} = \frac{3 \cdot 2{,}6\ \text{mm} \cdot 2800\ \text{N/mm}^2 \cdot 3{,}33\ \text{mm}^4}{(20\ \text{mm})^3} = 9{,}1\ \text{N}$$

(siehe Gl. 2)

Die Fügekraft berechnet sich zu:

$$F_F = Q \cdot \frac{\mu + \tan(\alpha_1)}{1 - \mu \cdot \tan(\alpha_1)} = 9{,}1\ \text{N} \cdot \frac{0{,}3 + \tan(30^\circ)}{1 - 0{,}3 \cdot \tan(30^\circ)} = 9{,}22\ \text{N}$$

(siehe Gl. 3)

Somit ergibt sich für den Schnapphaken eine Fügekraft von 9,22 N.

Bei dieser exemplarischen Auslegung und Berechnung eines einfachen Schnapphakens soll die generelle Vorgehensweise vorgestellt werden. Dabei können bei der analytischen Auslegung die Effekte, die durch die Fügegeschwindigkeit, der Anzahl der Fügevorgänge sowie der Geometrie und der Steifigkeit des Bauteils, an der Schnapphaken angebunden ist, verursacht werden, nicht berücksichtigt werden. Hierzu können rechnergestützte Hilfsmittel herangezogen werden, wie sie im folgenden Kapitel beschrieben sind.

6 Rechnerunterstützte Auslegungsmöglichkeiten

Neben der Finite-Elemente-Methode (FEM), die eine frühzeitige Analyse und Optimierung ganzer Baugruppen hinsichtlich ihrer mechanischen Eigenschaften und ihrer Verarbeitung ermöglicht, bieten sich für die überschlägige Berechnung einzelner Konstruktionselemente spezielle Berechnungsprogramme an. Die Dimensionierung basiert in der Regel auf den in der Literatur ausführlich beschriebenen theoretischen Ansätzen, ausgehend von Materialmodellen, die das mechanische Verhalten des Kunststoffes beschreiben und deren Parameter durch experimentelle Untersuchungen zunächst kalibriert werden müssen. Durch den Einsatz derartiger Programme kann der Konstrukteur in sehr kurzer Zeit Aussagen über die richtige Dimensionierung gewinnen. Die Rohstoffhersteller bieten für die Auslegung von Schnappverbindungen Berechnungsprogramme an [10; 11; 12]. Mit diesen Berechnungsprogrammen können Geometrien von Schnapphaken sowie Ring- und Torsionsschnappverbindungen einfach ausgelegt werden. Sobald komplexere Geometrien zu realisieren sind, müssen in der Regel umfangreichere Programme bzw. eine FE-Modellierung für die Auslegung herangezogen werden.

Wichtig bei der Anwendung dieser Programme ist, dass der Konstrukteur die Ergebnisse kritisch betrachtet. Dabei gilt der Grundsatz, dass die Auslegungsempfehlungen nur so gut sein können wie die Eingangsdaten, so dass der Anwender ein grundlegendes Verständnis für die Fügetechnik mitbringen muss. Rücksprachen mit den Rohstoffherstellern sowie experimentelle Bestätigungsversuche können derartige Programme nicht ersetzen. Dazu kommt, dass häufig die relevanten Werkstoff-/Bauteilkennwerte nicht vorliegen. Diese Berechnungsprogramme erleichtern dem Anwender durch Online-Hilfen und eingespielte Datenbanken die Anwendung der analytischen Zusammenhänge, das heißt das Berechnen der Kennwerte mit den in der Literatur genannten Formeln.

7 Schrifttum

[1] Michaeli, W.: *Konstruieren von Spritzgussteilen.* Umdruck zur Vorlesung Kunststoffverarbeitung III, Institut für Kunststoffverarbeitung, Aachen, 2007

[2] Ehrhard, G.: *Konstruieren mit Kunststoffen.* München, Wien: Carl Hanser Verlag, 2004

[3] Czyborra, L.: Werkstoff- und beanspruchungsgerechtes Konstruieren. *Tagungsumdruck zum SKZ-Seminar Grundlagen des Konstruierens mit Kunststoffen.* Würzburg, 8. bis 9.11.2007

[4] Ehrenstein, G. W.: *Mit Kunststoffen konstruieren.* München, Wien: Carl Hanser Verlag, 2007

[5] Delpy, U.: *Schnappverbindungen aus Kunststoff Anwendung und Auslegung, Einflüsse der Gestalt, des Werkstoffs und der Fertigung.* Ehningen: Expert-Verlag, 1989

[6] N. N.: *CAMPUSPlastics,* Werkstoffdatenbank der Kunststoffhersteller, URL: http://www.campusplastics.com

[7] Maszewski, A.: *Schnappverbindungen und Federelemente aus Kunststoff.* Anwendungstechnische Information 1119, Bayer MaterialScience, Leverkusen, URL: http://plastics.bayer.com/plastics/emea/de/bibliothek/suche/1176/A1119.pdf, 2000

[8] Künkel, R.: *Auswahl und Optimierung von Kunststoffen für tribologisch beanspruchte Systeme.* Universität Erlangen-Nürnberg, Dissertation, 2005

[9] Kunz, J., und M. Studer: Die Kerbwirkung bei der Anbindung von Schnapphaken. Kunststoffe (2007) 7, S. 46 - 51

[10] N. N.: *SNAPS,* Berechnungsprogramm für Schnappverbindungen der BASF SE, Ludwigshafen, URL: http://www.plasticsportal.net/wa/plasticsEU~de_DE/portal/show/common/content/technical_resources/calculation_programme_download, 04.03.2008

[11] N. N.: *FEMSnap,* Berechnungsprogramm für Schnappverbindungen der Firma Bayer MaterialScience, Leverkusen, URL: http://plastics.bayer.com/plastics/emea/de/engeneeringservices/femsnap/femsnap.jsp, 04.03.2008

[12] N. N.: *SnapFit,* Berechnungsprogramm für Schnappverbindungen der TICONA AG, Frankfurt a.M., 1998

Weiterführende Literatur

[13] Bonenberger, P. N.: *The First Snap-Fit Handbook – Creating and Managing Attachments for Plastic Parts.* München, Wien: Carl Hanser Verlag, 2005

[14] Bader: „Numerische und semiempirische Berechnungsmethoden zur Dimensionierung axialsymetrischer Schnappverbindungen aus Thermoplasten“, Dissertation, Frauenhofer Institut für Chemische Technologie (ICT), Karlsruhe, 1997

[15] Endemann, U.: Berechnung von Kunststoff-Bauteilen. *Tagungsumdruck zum SKZ-Seminar Grundlagen des Konstruierens mit Kunststoffen.* Würzburg, 8. bis 9.11.2007

[16] N. N.: *SNAPS,* Berechnungsprogramm für Schnappverbindungen der BASF SE, Ludwigshafen, URL: http://www.plasticsportal.net/wa/plasticsEU~de_DE/portal/show/common/content/technical_resources/calculation_programme_download, 04.03.2008

[17] N. N.: *B.3.1 Berechnen von Schnappverbindungen mit Kunststoffteilen.* Anwendungstechnische Information der Firma Ticona GmbH, Kelsterbach, 2004

April 2011

DVS – DEUTSCHER VERBAND FÜR SCHWEISSEN UND VERWANDTE VERFAHREN E.V.	**Mechanisches Fügen von Kunststoffbauteilen – Schnappverbindungen** **Beispiele**	DVS **Richtlinie DVS 2242-1 Beiblatt 1**

In der Richtlinie DVS 2242-1 „Mechanisches Fügen von Kunststoffbauteilen – Schnappverbindungen" werden die Grundlagen zur Auslegung von Schnappverbindungen bei Kunststoffbauteilen beschrieben. Darunter fällt insbesondere die Dimensionierung des Schnapphakens bzw. der Schnappverbindung. Es werden sowohl analytische als auch rechnergestützte Methoden vorgestellt, die zur Berechnung charakteristischer Kennwerte eingesetzt werden und mit deren Hilfe die verschiedenen Ausführungsformen der Schnappverbindungen sicher ausgelegt werden können.

In diesem Beiblatt werden Beispiele gezeigt, die dem Anwender Hinweise geben sollen, wie Schnappverbindungen zum Fügen von Kunststoffbauteilen eingesetzt werden können.

Inhalt:

1 Einteilung von Schnappverbindungen

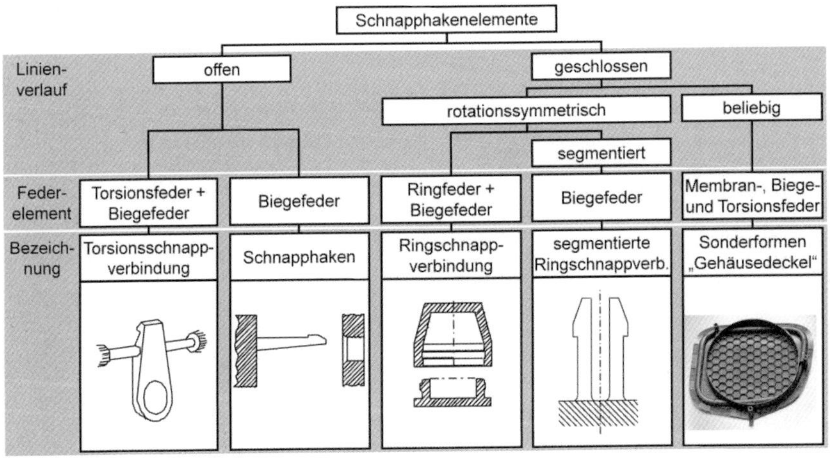

DVS, Ausschuss für Technik, Arbeitsgruppe „Fügen von Kunststoffen"

Bezug: DVS Media GmbH, Postfach 10 19 65, 40010 Düsseldorf, Telefon (02 11) 15 91-0, Telefax (02 11) 1591-150

2 Torsionsschnappverbindung

2.1 Steckerblock

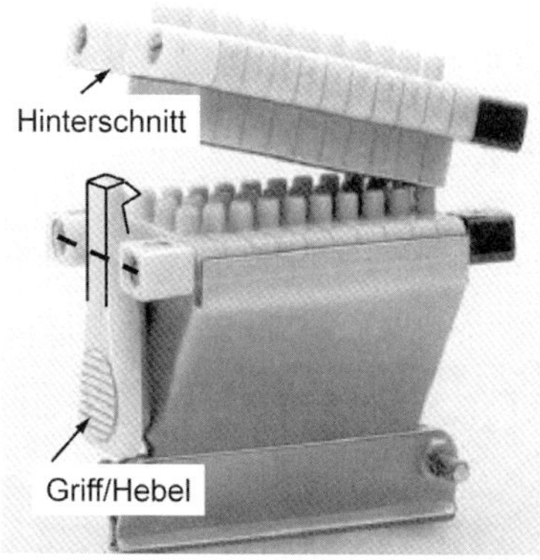

Der hier gezeigte Steckerblock wird durch ein Torsionsschnappelement zusammengehalten. Die Verbindung wird eher geringen statischen mechanischen Belastungen ausgesetzt. Da die Steckverbindung demontierbar sein muss, ist der Schnapphaken für häufige Öffnungs- und Schließvorgänge auszulegen. Die Demontage der Bauteile ist ohne Lösekraft möglich, da der Hinterschnitt der Schnappverbindung durch das Betätigen eines Hebels freigegeben wird.

2.2 Schriftblende, Airbus A300

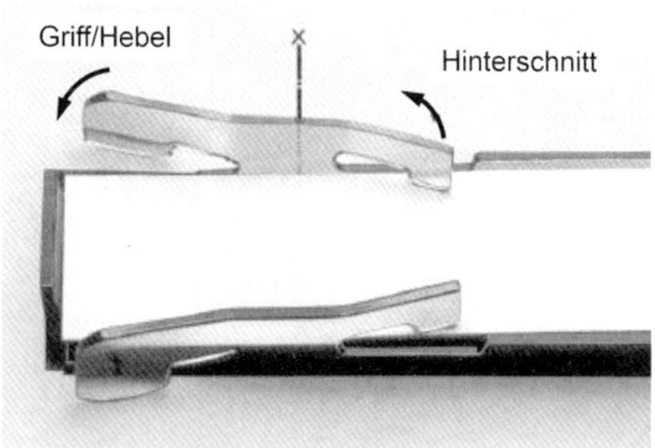

Die Schriftblende aus Polycarbonat (PC) stellt ein weiteres Beispiel für eine Torsionsschnappverbindung dar. Hier sind die auftretenden mechanischen Belastungen ebenfalls sehr gering, da das Schnappelement lediglich zur Fixierung der Beschriftung dient. Auch diese Verbindung ist für ein häufiges Öffnen und Schließen ausgelegt.

3 Schnapphaken

3.1 Einfacher Schnapphaken an einem Gurtschloss aus Kunststoff

Die Schnapphaken des Gurtschlosses werden häufig stattfindenden Öffnungs- und Schließvorgängen ausgesetzt. Die Verbindung muss eine definierte Haltekraft besitzen und sollte nur durch manuelles Auslenken der Schnapphaken zu öffnen sein. Als Material für diese Schnappverbindung wird z. B. Polypropylen (PP) eingesetzt. Als Materialien können darüber hinaus, abhängig von den auftretenden Belastungen, technische Thermoplaste mit duktilem Werkstoffverhalten verwendet werden.

3.2 Einfacher Schnapphaken an einer Lautsprecherabdeckung aus Kunststoff

Die Besonderheit dieser Schnappverbindung ist die massive Ausführung. Aufgrund der Geometrie des Schnapphakens ist kaum eine elastische Verformung möglich. Die Elastizität wird durch die großflächige Form des Bauteils selbst gegeben. Das Bauteil wird einmalig montiert, und lediglich im Fall einer Wartung ist die Verbindung wieder zu lösen.

3.3 Einfacher Schnapphaken eines Mittelrohrs an einer Filterkerze

Ein weiteres Beispiel für einen einfachen Schnapphaken an einem Kunststoffbauteil aus Polyamid 6.6 (PA) mit 35% Glasfaseranteil. Füge- und Haltewinkel sind sehr klein, woraus eine einfache Montage und Demontage resultieren. Bei der Auslegung dieser Schnappverbindung muss insbesondere die große Spanne der Einsatztemperatur von -40°C bis 160°C beachtet werden, sodass auch bei hohen Temperaturen das Aufbringen der minimalen Haltekraft gewährleistet ist und im Gegensatz dazu bei niedrigen Temperaturen die Fügekräfte die Maximalvorgabe nicht überschreiten.

3.4 Deckel mit 3 Schnapphaken

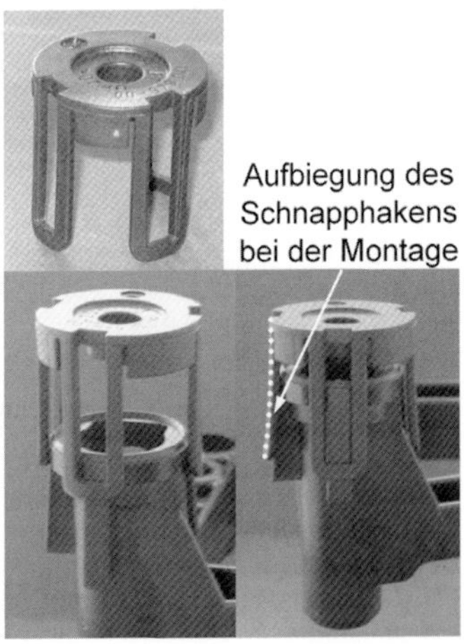

Es handelt sich bei diesem Beispiel um einen Halterahmen mit integriertem Verstellsystem, an dem ein ACC-Sensor (Abstandsregelung beim Kfz) montiert wird. Der Deckel, der an dem Halterahmen befestigt wird, dient dabei als Schutz und Lagerung des Verstellsystems. Der Halterahmen wird aus dem Material Polybutylenterephthalat-Acrylnitril-Styrol-Acrylester-Blend (PBT+ASA) mit 30% Glasfaseranteil und der Deckel aus Polybutylenterephthalat (PBT) mit einem Glasfaseranteil von 20% gefertigt. Die für die Montage und Demontage auslenkbaren Schnappelemente sind an dem Deckel befestigt. Bei dieser Lösung wird nicht der Schnapphaken, sondern das Element mit dem Hinterschnitt ausgelenkt. Die Ausführung ermöglicht die Übertragung großer Haltekräfte.

4 Ringschnappverbindungen

4.1 Ringschnappverbindung SNAPLOC

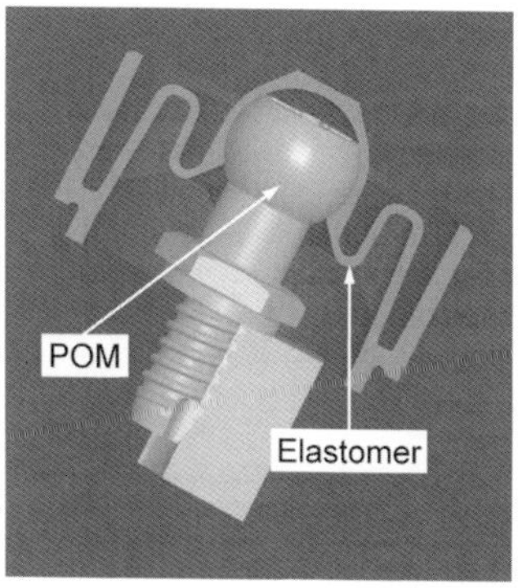

Dieses Beispiel für eine nicht-segmentierte Ringschnappverbindung stellt ein schwingungs- und geräuschentkoppelndes Befestigungssystem dar. Der äußere Fügepartner wird aus einem Elastomer und die innere aus dem Thermoplasten Polyoxymethylen (POM) hergestellt. Aufgrund der Elastomerkomponente mit der hohen Elastizität und geringen Steifigkeit sind die Füge- und Haltekräfte gering. Die Anzahl der Montage- und Demontagevorgänge ist dagegen sehr hoch. Weiterhin ist mit diesem Befestigungselement der Ausgleich von Form- und Lagetoleranzen in allen drei Raumrichtungen möglich.

4.2 Ringschnappverbindung als flexibler Kühlmittelschlauch

An diesem Beispiel wird deutlich, dass eine Schnappverbindung nicht nur zum Verbinden zweier Bauteile eingesetzt werden kann, sondern dass durch eine geschickte Auslegung auch weitere Funktionen erfüllt werden können. Im Fall dieser Medienleitung werden zusätzliche Anforderungen wie Flexibilität bei der Ausrichtung der Fügepartner zueinander und der selbstdichtenden Abdichtung eines Strömungsvolumens erfüllt. Durch das Schnappsystem können beliebig viele Einzelelemente miteinander kombiniert werden.

4.3 Ringschnappverbindung als offene Gewindemutter

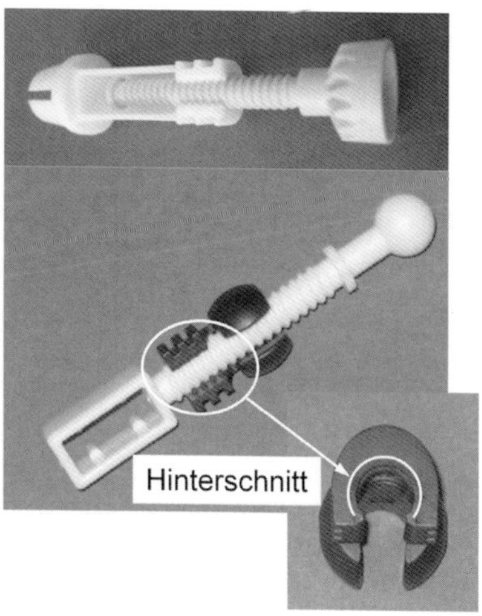

Das gezeigte Beispiel stellt im Prinzip einen Sonderfall einer Ringschnappverbindung dar, da der Kontaktlinienverlauf der Schnappelemente weder geschlossen ist noch diese Verbindung den segmentierten Ringschnappverbindungen zugeordnet werden kann, da lediglich ein Schnappelement vorhanden ist. Die Bauteile werden aus dem Material Polybutylenterephthalat (PBT) hergestellt. Das äußere Schnappelement besitzt ein Innengewinde und am Gegenpart ist ein Außengewinde angebracht. Durch die Schnappverbindung wird sowohl Verbindung dadurch hergestellt, dass die mit einem Gewinde versehenen Bauteile zentriert werden, als auch eine Überlastsicherung realisiert, indem das umschließende Schnappelement beim Übersteigen eines Überdrehmoments aufgeweitet wird und somit ein Gewindegang übersprungen werden kann.

5 Segmentierte Ringschnappverbindung

5.1 Segmentierte Ringschnappverbindung an einer Kraftstoffkupplung

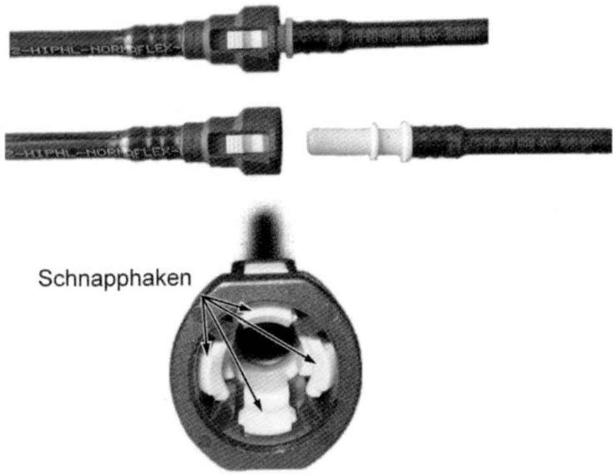

Das hier dargestellte Kupplungssystem dient zur flüssigkeitsdichten Verbindung von Kraftstoffleitungen. Die Bauteile werden aus Polyamid 12 (PA) mit einem Glasfaseranteil von 30% hergestellt. Es handelt sich um eine segmentierte Ringschnappverbindung mit vier Segmenten. Die Schnapphaken dienen zur Fixierung der beiden Kupplungshälften. Die Abdichtung erfolgt über ein separates Dichtelement. Um die Demontage des Systems zu erleichtern, sind zwei der vier Schnapphaken auslenkbar, sodass der Hinterschnitt freigegeben und die Verbindung leichter gelöst werden kann. Die Verbindung ist für häufiges Lösen und Montieren ausgelegt. Der Einsatz einer Ringschnappverbindung bietet bei dieser Anwendung die zusätzlichen Vorteile der Selbstzentrierung und der Unabhängigkeit vom Verdrehwinkel bei der Montage.

5.2 Segmentierte Ringschnappverbindung an einer Steuerleiste

An dem hier gezeigten Beispiel einer Steuerleiste aus dem Werkstoff Polyamid 6.6 (PA) werden segmentierte Ringschnappverbindungen zur Verbindung der Steuerleiste mit anderen metallischen Bauteilen eingesetzt. Bei der Montage muss berücksichtigt werden, dass mehrere Bauteile zugleich miteinander verbunden werden. Hier bietet die Ringschnappverbindung den Vorteil der Selbstzentrierung, was den Aufwand der relativen Positionierung der Bauteile zueinander verringert.

6 Sonderformen

6.1 Verschließbarer Beutel aus PE-LD als Beispiel für eine Schnappverbindung mit beliebigem Linienverlauf

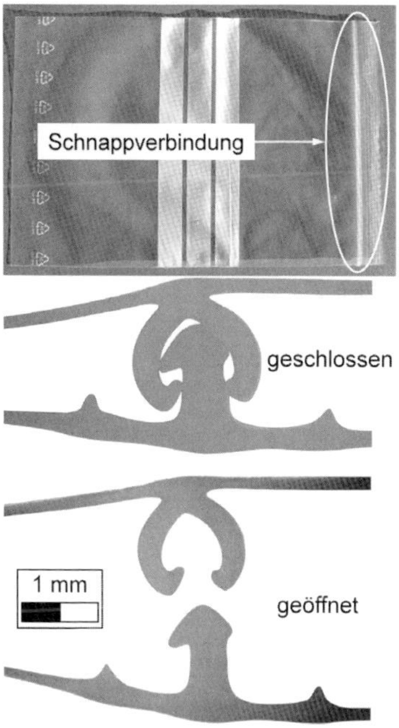

Der hier dargestellte Beutel wird aus Polyethylen niedriger Dichte (PE-LD) im Extrusionsverfahren hergestellt. Um den Beutel mehrmalig verschließen und öffnen zu können, ist eine Schnappverbindung integriert, deren Linienverlauf nahezu beliebig ausgeführt werden kann. Eine Besonderheit bei der geometrischen Auslegung des Hakens besteht in der Asymmetrie. Der Hinterschnitt ist jeweils unterschiedlich stark ausgeprägt. Dies bewirkt, dass der Verschluss des Beutels einseitig leicht zu öffnen ist. Der Widerstand gegen das Öffnen von der anderen Seite ist dagegen sehr viel größer, sodass der Inhalt des Beutels nicht in die Umgebung gelangen kann.

Mai 2018

DVS – Deutscher Verband
für Schweißen und
verwandte Verfahren e. V.

Richtlinie
DVS 2242-1 Beiblatt 2

Richtlinie DVS 2242-1 Beiblatt 2

Mechanisches Fügen von Kunststoffbauteilen – Komplexe Schnappsysteme

DVS, Ausschuss für Technik, Arbeitsgruppe " Fügen von Kunststoffen"

Bezug: DVS Media GmbH, Postfach 10 19 65, 40010 Düsseldorf, Telefon (0211) 1591-0, Telefax (0211) 1591-150

Inhalt:

In der Richtlinie DVS 2242-1 „Mechanisches Fügen von Kunststoffbauteilen – Schnappverbindungen" werden die Grundlagen zur Auslegung von Schnappverbindungen bei Kunststoffbauteilen beschrieben. Darunter fällt insbesondere die Dimensionierung des Schnapphakens bzw. der Schnappverbindung. Es werden sowohl analytische als auch rechnergestützte Methoden vorgestellt, die zur Berechnung charakteristischer Kennwerte eingesetzt werden und mit deren Hilfe die verschiedenen Ausführungsformen der Schnappverbindungen sicher ausgelegt werden können.

In diesem Beiblatt werden Beispiele gezeigt, die dem Anwender Hinweise geben sollen, welche Funktionsintegration in komplexen Schnappsystemen eingesetzt werden kann, um mehrere Funktionen in einem Schnappsystem zu vereinen.

1. Einteilung von Schnappsystemen nach ihrer weiterführenden Funktion

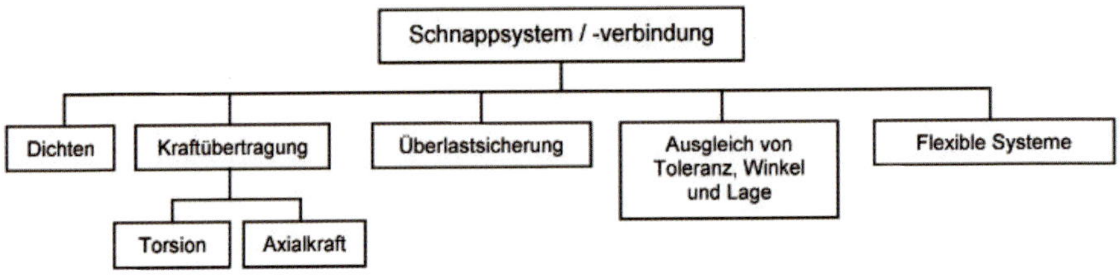

Beispiele für Schnappverbindungen mit Funktionsintegration

2. Dichten

Bild 1. Aufbewahrungsbehälter.

Die hier abgebildeten Aufbewahrungsbehälter zeigen beispielhaft eine Ringschnappverbindung mit einem beliebigen Linienverlauf. Dabei sind die Behälter aus Polypropylen (PP) und die Deckel aus Polyethylen (PE) hergestellt.

Die Ringschnappverbindung hat dabei mehrere Aufgaben, wie zum einen das verliersichere Halten des Deckels auf dem Behälter als Hauptfunktion und zum anderen den luft- und flüssigkeitsdichten Verschluss des Behältersiehe

Bild 2. Medienleitung.

Das Beispiel der Medienleitung zeigt, dass eine Schnappverbindung nicht nur zum Verbinden zweier Bauteile eingesetzt werden kann, sondern dass durch eine geschickte Auslegung auch weitere Funktionen erfüllt werden können.

Im Fall dieser Medienleitung werden zusätzliche Anforderungen wie eine selbstdichtende Abdichtung eines Strömungsvolumens erfüllt. Weitere Funktionsbeschreibung siehe auch Beispiel in Abschnitt „6 Flexible Systeme“.

3. Kraftübertragung

Die Beispiele für Anwendungsfälle, bei denen die Kraftübertragung mittels Schnapphaken erfolgt, lassen sich z. B. nach Übertragungsart oder Richtung aufteilen.

3.1. Kraftübertragung Torsion – Formschluss

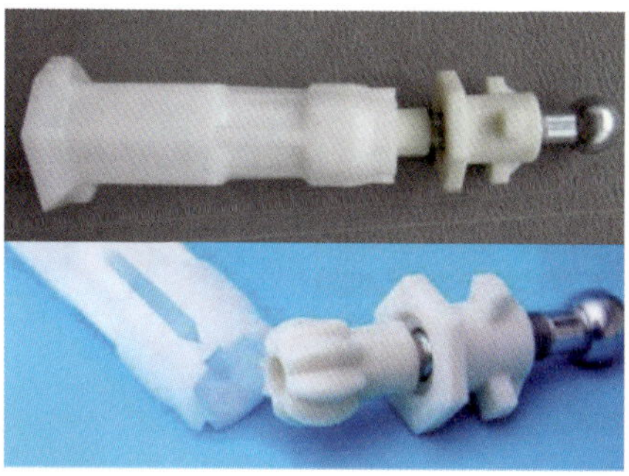

Bild 3. Mehrteilige Verstellelement-Baugruppe (Schnappverbindung mit Verzahnungsgeometrie).

Das hier dargestellte Beispiel einer segmentierten Ringschnappverbindung vereint mehrere Funktionen in einem Bauteil. Das Bauteil ist dabei aus Polyoxymethylen (POM) hergestellt.

Durch die Auslegung der Innengeometrie der Schnapphaken und deren Gegenstück als eine Art Verzahnung lässt sich ein Torsionsmoment durch die Schnappverbindung übertragen. Weitere Funktionsbeschreibung siehe auch Beispiel in Abschnitt „4 Überlastsicherung“ und in Abschnitt „5 Ausgleich von Toleranz, Winkel und Lage“.

3.2. Kraftübertragung Axialkraft

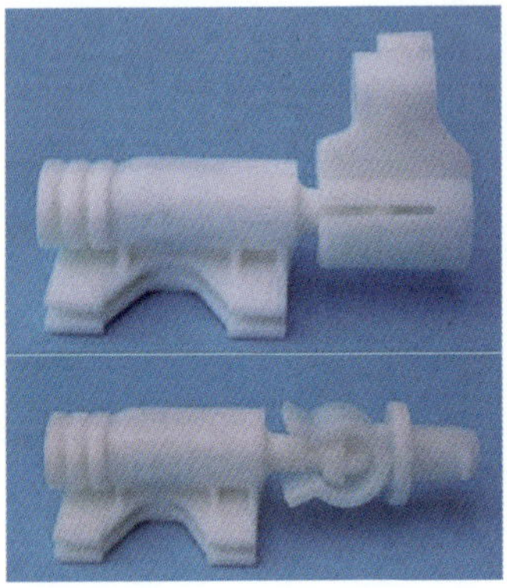

Bild 4. Einstellelemente Kfz-Scheinwerfer.

Die abgebildeten Beispiele für sogenannte Gelenkstücke dienen als Halteelemente im Kfz-Scheinwerfer und werden aus Polyoxymethylen (POM) hergestellt.

Die Gelenkstücke können als segmentierte Ringschnappverbindung (oberes Bild) oder doppelter Schnapphaken (unteres Bild) ausgeführt sein.Im Einsatzfall haben die Gelenkstücke Axialkräfte bis ca. 200 N aufzunehmen bzw. zu übertragen.

Weitere Funktionsbeschreibung siehe auch Abschnitt „5 Ausgleich von Toleranz, Winkel und Lage“.

4. Überlastsicherung

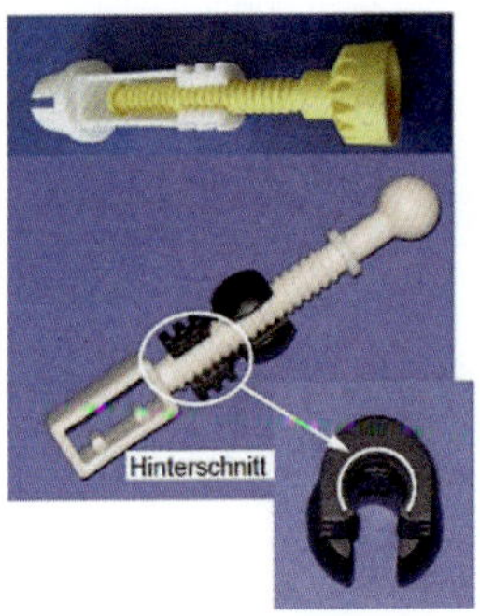

Bild 5. Einstellelemente Kfz-Scheinwerfer.

Das gezeigte Beispiel zeigt im Prinzip einen Sonderfall einer Ringschnappverbindung, da der Kontaktlinienverlauf der Schnappelemente weder geschlossen ist noch diese Verbindung den segmentierten Ringschnappverbindungen zugeordnet werden kann, da lediglich ein Schnappelement vorhanden ist. Die Bauteile werden aus dem Material Polybutylenterephthalat (PBT) ohne und mit Glasfaserfüllung (bis 30%) hergestellt. Das äußere Schnappelement besitzt ein Innengewinde und am Gegenpart ist ein Außengewinde angebracht. Durch die Schnappverbindung wird sowohl das mit einem Gewinde versehene Bauteil zentriert, als auch eine Überlastsicherung realisiert. Beim Übersteigen eines definierten (Über-) Drehmoments oder einer axialen Last wird das umschließende Schnappelement aufgeweitet und kann einen Gewindegang überspringen.

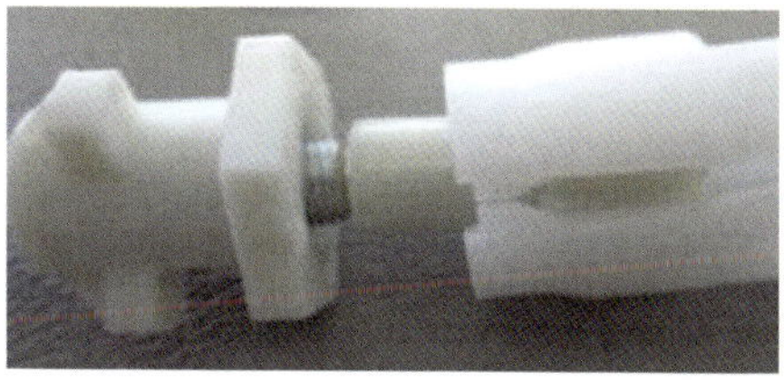

Bild 6. Detail Verstellelement-Baugruppe.

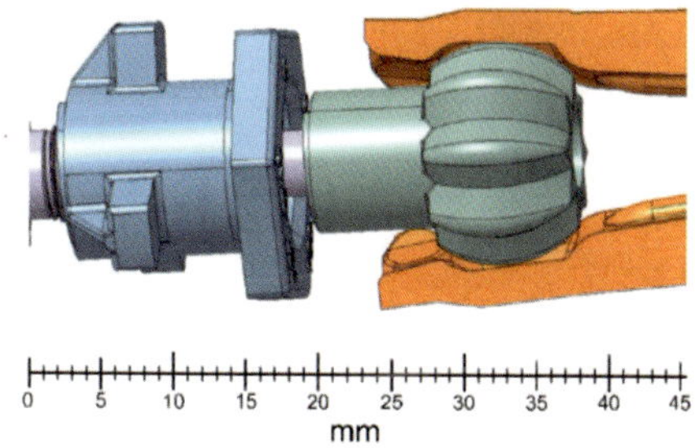

Bild 7. CAD-Darstellung der Verstellelement-Baugruppe (Bauteile teilweise geschnitten dargestellt).

Dieses bereits in Abschnitt „3.1.1" am Beispiel der formschlüssigen Kraftübertragung beschriebene Bauteil weist noch eine weitere integrierte Funktion auf. Die Schnapphaken besitzen zusätzlich die Funktion einer Überlastsicherung. Wird bei der Drehmomentübertragung ein bestimmtes Drehmoment überschritten, federn die Schnapphaken auf, unterbrechen damit den Formschluss und erlauben ein zerstörungsfreies Überdrehen der Bauteile. Weitere Funktionsbeschreibung siehe auch Beispiel in Abschnitt „3.1.1 Kraftübertragung Torsion" und in Abschnitt „5 Ausgleich von Toleranz, Winkel und Lage".

Mittels (FEM-) Berechnungen lässt sich die Geometrie der Schnapphaken auf ein vorgegebenes Überlastmoment auslegen.

So konnte am gezeigten Beispiel nach numerischer Simulation ein gewünschtes Überrastmoment von 0,75 ± 0,1 Nm in der Fertigung realisiert werden.

5. Ausgleich von Toleranz, Winkel und Lage

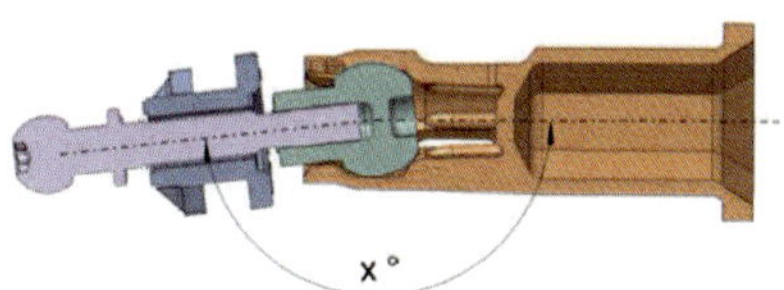

Bild 8. Winkelstellung der Baugruppe.

Zusätzlich zu den in Abschnitt „4 Überlastsicherung“ und in Abschnitt „3.1 Kraftübertragung Torsion – Formschluss“ beschriebenen Funktionen dient die kugelförmige Ausführung der segmentierten Ringschnappverbindung als Winkelausgleich.

Weitere Funktionsbeschreibung siehe auch Beispiel in Abschnitt „3.1. Kraftübertragung Torsion – Formschluss“ und in Abschnitt „4 Überlastsicherung“.

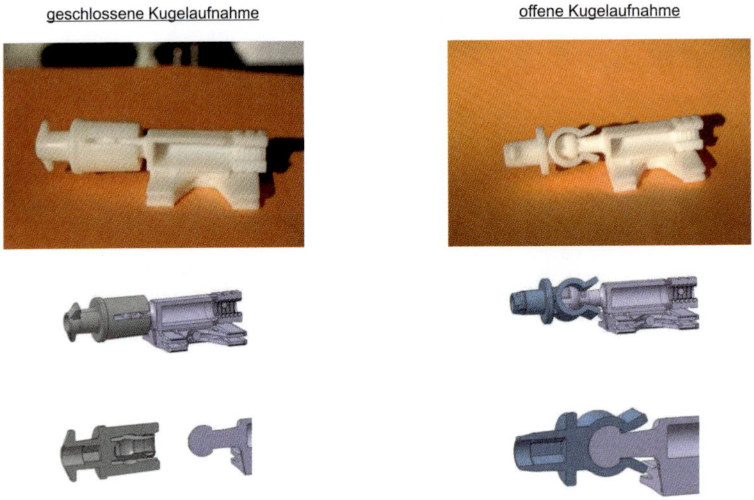

Bild 9. Darstellung Gelenkstücke.

Die abgebildeten Beispiele für sogenannte Gelenkstücke dienen als Halteelemente im Kfz-Scheinwerfer.

Dabei wird, wie in Abschnitt „3.2 Kraftübertragung Axialkraft“ bereits beschrieben, eine Haltekraft übertragen, aber gleichzeitig die Beweglichkeit eines Kugelgelenks gewährleistet.

6. Flexible Systeme

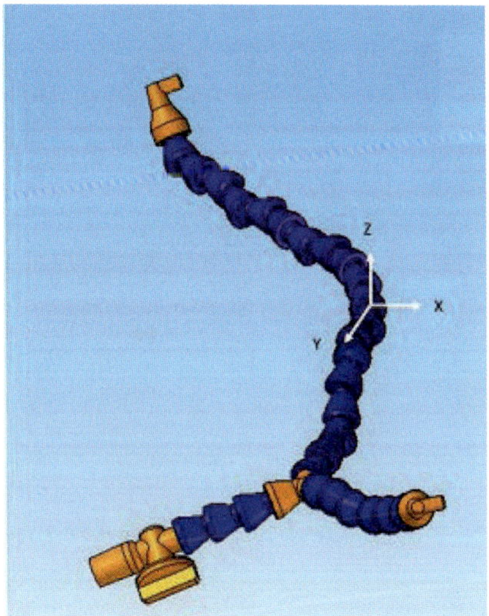

Bild 10. Medienleitung.

Wie bereits in Abschnitt „2 Dichten“ beschrieben, zeigt das Beispiel der Medienleitung, dass eine Schnappverbindung weitere Funktionen erfüllen kann.

In diesem Fall werden zusätzliche Anforderungen wie Flexibilität bei der Ausrichtung der Fügepartner zueinander gestellt.

Durch das Schnappsystem können beliebig viele Einzelelemente, auch unterschiedlicher Ausführungen, zu einer Funktionsbaugruppe kombiniert werden.

Der DVS dankt folgenden Firmen für die freundliche Unterstützung:

EJOT GmbH & Co. KG
Im Herrengarten 1
57319 Bad Berleburg
⇒ *Abbildungen 3, 4, 5, 6, 7, 8, 9*

Misumi Europa GmbH
Katharina-Paulus-Str. 6
65824 Schwalbach am Taunus
⇒ *Abbildungen 2, 10*

Tupperware Deutschland GmbH
Praunheimer Landstraße 70
60488 Frankfurt a.M.
⇒ *Abbildung 1*

Januar 2014

DVS – DEUTSCHER VERBAND FÜR SCHWEISSEN UND VERWANDTE VERFAHREN E.V.	Laserstrahlschweißen thermoplastischer Kunststoffe	Richtlinie DVS 2243

Ersetzt Ausgabe Januar 2005

Inhalt:

1 Geltungsbereich

Diese Richtlinie gilt für das Fügen von Formteilen und Halbzeugen aus thermoplastischen Kunststoffen mittels Laserstrahlung. Die dafür erforderlichen Maschinen, die verwendete Verfahrenstechnik sowie die werkstoffbezogenen Einflüsse werden beschrieben.

2 Erwärmungsprinzip

Beim Laserstrahlschweißen wird die elektromagnetische Energie der infraroten Laserstrahlung im thermoplastischen Kunststoff in Wärme umgewandelt, um eine Plastifizierung der Fügezone zu erreichen. Dabei wird zwischen drei verschiedenen Bestrahlungsstrategien unterschieden (siehe Abschnitt 5).

Die Fügezone kann

- sequentiell (einmalig) abgefahren werden,
- im Gesamten simultan bestrahlt werden,
- mit einer sehr hohen Vorschubgeschwindigkeit mehrfach abgefahren werden, sodass es zu einer quasi-simultanen Bestrahlung kommt.

Die auf die Fügezone treffende Laserstrahlung wird von den Fügeteilen zu verschiedenen Anteilen reflektiert, absorbiert und transmittiert. Der Anteil der absorbierten Strahlung führt zum Erwärmen und Aufschmelzen der Fügezone.

2.1 Durchstrahlschweißen

Für das Durchstrahlschweißen (Bild 1) wird eine Werkstoffkombination gewählt, bei der die Fügepartner sich hinsichtlich ihrer Absorptionseigenschaften stark unterscheiden. Während einer der Fügepartner eine hohe Transmission für die verwendete Laserstrahlung aufweist, also eine große optische Eindringtiefe besitzt, zeichnet sich der andere durch eine geringe Eindringtiefe bzw. eine hohe Absorption aus. Nähere Informationen dazu sind im Beiblatt 1 zur Richtlinie 2243 „Bestimmung des Transmissionsgrades T des laserstrahltransparenten Fügepartners beim Laserdurchstrahlschweißen von Thermoplasten" zu finden.

Die Fügeteile werden vor dem Schweißen miteinander in Kontakt gebracht. Die zum Plastifizieren des Werkstoffes notwendige Strahlungsenergie tritt durch den für den Laserstrahl transparenten Fügepartner, ohne diesen dabei wesentlich zu erwärmen. Die Strahlungsenergie wird im zweiten Fügepartner durch Absorption in Wärme umgewandelt. Hierdurch werden die bestrahlten Bereiche aufgeschmolzen. Die benötigte Wärme für das Aufschmelzen des transparenten Fügepartners wird diesem über Wärmeleitung vom absorbierenden Partner zugeführt. Die Volumenausdehnung der beiden Fügepartner bewirkt zusätzlich zur eingesetzten Vorspannung einen inneren Fügedruck, sodass es zu einer Schweißung kommt. Die zum Aufschmelzen des Materials notwendige Energie wird direkt an der Fügestelle eingebracht. Dort wird die Strahlung in Wärme umgewandelt. Die Wärmeeinflusszone soll minimal und kontrollierbar bleiben, sodass eine thermische Schädigung der unmittelbaren Umgebung der Schweißnaht auszuschließen ist. Die einzige äußere mechanische Beanspruchung der Fügeteile ergibt sich aus dem Fügedruck.

DVS, Ausschuss für Technik, Arbeitsgruppe „Fügen von Kunststoffen"

Bezug: DVS Media GmbH, Postfach 10 19 65, 40010 Düsseldorf, Telefon (02 11) 15 91- 0, Telefax (02 11) 1591-150

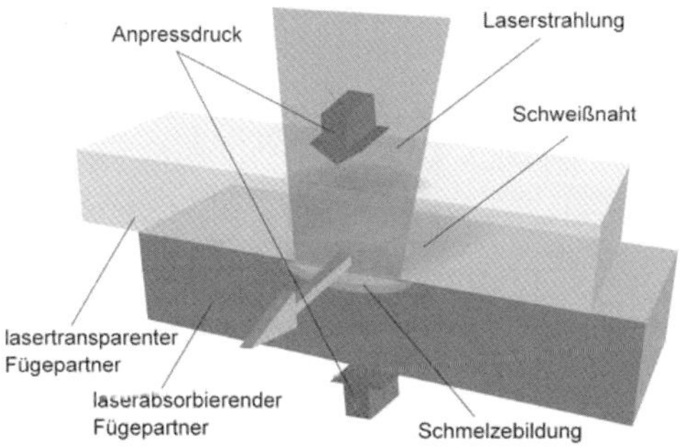

Bild 1. Prinzipielle Darstellung des Durchstrahlschweißens.

2.2 Stumpfschweißen

Beim Stumpfschweißen sind zwei Verfahrensvarianten möglich:

I) Die Bauteile werden, wie beim Laserstrahlschweißen von Metallen, im Bereich der Fügezone in engen Kontakt gebracht. Die Laserstrahlung wird in die Stoßfläche eingebracht und über die gesamte Materialdicke absorbiert, sodass beide Stoßflächen aufschmelzen und sich nach ausreichender Erwärmung stumpf verbinden. Eine Herausforderung ist die unterschiedliche Energiedichteverteilung durch die Absorption (siehe Abschnitt 3.1) über die Bauteildicke, die zu einem ungleichmäßigen Aufschmelzen und zum Aufbau von Spannungen führen kann.

II) Bei der zweiten Variante ist der grundsätzliche Verfahrensablauf vergleichbar mit dem des Heizelementstumpfschweißens. Die Unterteilung in eine Erwärm-, eine Umstell- und eine Fügephase (siehe Richtlinie DVS 2215-1) ist ebenfalls möglich. Der wesentliche Unterschied zwischen den Verfahren ist die Erwärmungsphase. In dieser Phase werden die Fügezonen berührungslos mittels Laserstrahlung erwärmt.

3 Werkstoffeigenschaften

3.1 Optische Eigenschaften von Kunststoffen – Transmission, Reflexion, Absorption, Streuung

Die strahlungsoptischen Eigenschaften von thermoplastischen Kunststoffen hängen neben der Wellenlänge der Laserstrahlung entscheidend von der chemischen Zusammensetzung und der morphologischen Struktur des Werkstoffs sowie zum Teil auch von vorgelagerten Verarbeitungsschritten ab. Die Oberflächenreflexion liegt bei allen ungefüllten Kunststoffen in einem Bereich von 5 bis 10 %. Abhängig von der optischen Eindringtiefe (Bild 2) ist für die Erwärmung der Fügezone die Absorption der eingekoppelten Strahlung in der Polymermatrix und in die Zusatzstoffe verantwortlich. Sie wird beeinflusst durch

- die Wellenlänge der auftretenden Laserstrahlung,
- die Art des Kunststoffes (makromolekularer Aufbau),
- die Art, Menge und Verteilung von Zusatzstoffen (z. B. Farbmittel, Flammschutzmittel, Füll- und Verstärkungsstoffe).

Während z. B. bei sämtlichen metallischen Werkstoffen die Absorption der infraroten Laserstrahlung direkt in der Oberfläche erfolgt, sind bei Kunststoffen auch optische Eindringtiefen bis zu mehreren Millimetern möglich. Da bei Kunststoffen die strahlungsoptischen Materialeigenschaften durch ihren makromolekularen Aufbau bestimmt werden, sind die Wechselwirkungen zwischen der Laserstrahlung und dem Kunststoff neben der Wellenlänge der Strahlung auch von der Struktur und der Temperatur des Werkstoffes abhängig. Kunststoffe weisen sowohl Wellenlängenbereiche hoher Transmission als auch hoher Absorption auf.

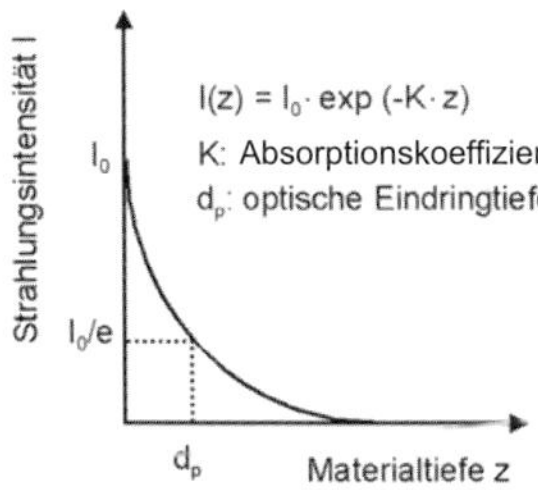

Bild 2. Änderung der Strahlungsintensität beim Eindringen des Laserstrahles in den Kunststoff.

Aufgrund der Wellenlängenabhängigkeit der strahlungsoptischen Materialeigenschaften ist das Erwärmungsverhalten der Kunststoffe in Abhängigkeit der verwendeten Laserstrahlung zu betrachten. Die kurzwellige Strahlung von Festkörperlasern (z. B. Nd:YAG-Laser, Wellenlänge λ = 1.064 nm) und Hochleistungsdiodenlasern (λ = 800 bis 1.000 nm) dringt in nahezu alle Kunststoffe ohne Zusatzstoffe bis in den Millimeterbereich ein (Volumenabsorption). Für Dioden oder Faserlaser im Wellenlängenbereich λ = 1.200 bis 2.000 nm weisen viele Kunststoffe bereits eine merkliche Eigenabsorption auf. Die von CO_2-Lasern (λ = 10.600 nm) emittierte langwellige Strahlung wird dagegen von allen Kunststoffen, unabhängig von deren Zusatzstoffgehalt in oberflächennahen Schichten, vollständig absorbiert (Oberflächenabsorption). Daher beschränkt sich das Einsatzgebiet des CO_2-Lasers beim Schweißen von Kunststoffen auf die Bearbeitung von Kunststofffolien oder das Stumpfschweißen (vgl. II, Abschnitt 2.2).

3.2 Grundwerkstoffe

Amorphe Thermoplaste absorbieren bei bestimmten Wellenlängen nur einen geringen Anteil der einfallenden Laserstrahlung, sodass in ihnen theoretisch optische Eindringtiefen von über 100 mm erreicht werden können. Dagegen unterscheiden sich die optischen Eigenschaften teilkristalliner Thermoplaste deutlich von denen der amorphen. Die dort vorhandenen kristallinen Überstrukturen (z. B. Sphärolithe) bewirken eine mehrfach ungerichtete Reflexion der Laserstrahlung (Streuung), wodurch sich der optische Weg der Strahlung im Material verlängert. Gleichzeitig wird dadurch der Laserstrahl aufgeweitet und die Intensität nimmt ab. Mit zunehmendem Kristallisationsgrad bzw. bei gleichem Kristallisationsgrad mit abnehmender Sphärolithgröße steigt der optische Weg der Strahlung und damit der Absorptionsgrad. Die Reflexion von IR-Strahlung durch den Werkstoff selbst ist bei teilkristallinen Thermoplasten größer als bei amorphen.

3.3 Additive

Zusatzstoffe können die optischen Eigenschaften der Grundwerkstoffe weitreichend beeinflussen. Insbesondere sind hier eingelagerte Fremdpolymere, Füll- und Verstärkungsstoffe, Flammschutz- und Farbmittel zu nennen. Durch gezielte Modifikation lassen sich die strahlungsoptischen Eigenschaften der Polymerwerkstoffe in bestimmten Grenzen an die jeweiligen Anforderungen anpassen.

So sind geringfügige Zusätze von Verarbeitungshilfen (Nukleierungsmittel, Stabilisatoren, Schmiermittel, u. a.) in der Lage, die strahlungsoptischen Eigenschaften zu verändern – direkt oder indirekt durch Beeinflussung z. B. der Kristallinität.

Die Streuwirkung von Partikeln und somit die Abnahme der Eindringtiefe der Strahlung in das Polymer ist neben der Konzentration der streuenden Partikel vom Verhältnis des Partikeldurchmessers zur Wellenlänge abhängig. Liegt die Wellenlänge der Strahlung im Bereich der Partikelgröße, so wird die Strahlung durch die Partikel vergleichsweise stark gestreut.

Glasfasern und -kugeln selbst sind im relevanten Wellenlängenbereich durchlässig für die Strahlung, sodass diese nicht absorbiert wird. Aufgrund ihrer Form wirken sie aber als beugende und brechende Struktur.

Zusätzlich zur Streuwirkung können die in der Polymermatrix enthaltenen Zusätze die einfallende Strahlung absorbieren. Dabei ist eine allgemeine Vorhersage nur schwer möglich, zumal die Absorptionseigenschaften nicht immer linear von der Konzentration abhängen. Ruß und eine Vielzahl von Flammschutzmitteln absorbieren IR-Strahlung sehr stark, während helle Pigmente (z. B. TiO_2) die Reflexion deutlich erhöhen.

4 Laserarten

Für das Laserstrahlschweißen thermoplastischer Kunststoffe werden beim Durchstrahlschweißen (siehe Abschnitt 2.1) in erster Linie Diodenlaser, teilweise auch Nd:YAG- oder Faserlaser eingesetzt. Beim Stumpfschweißen (siehe Abschnitt 2.2) finden überwiegend CO_2-Laser Anwendung.

4.1 Diodenlaser

Diodenlaser emittieren im Wellenlängenbereich von 800 bis 2.000 nm und besitzen einen hohen elektro-optischen Wirkungsgrad von bis zu 50 %. Sie bestehen aus streifenförmigen Halbleiterbarren, auf denen sich eine größere Anzahl einzelner Emitter befinden, deren Gesamtheit (im Gegensatz zu anderen Lasern) einen Strahl mit unterschiedlichen Eigenschaften in beide Richtungen senkrecht zur Ausbreitungsrichtung bildet. Daher sind Homogenisierungsoptiken erforderlich. Dies wird in der Regel durch den Einsatz optischer Elemente erreicht. Da Diodenlaser elektrisch gepumpt werden, ist sowohl ein kontinuierlicher als auch ein gepulster Betrieb möglich.

Diodenlaser stehen mit einer Leistung bis zu 10 kW zur Verfügung. Leistungen bis zu 300 W sind im Allgemeinen für das Schweißen von Kunststoffen ausreichend. Neben dem günstigen Preis besitzt der Diodenlaser weitere Vorteile, z. B. kompakte Bauform, leichte Ansteuerbarkeit, hoher Wirkungsgrad, hohe Lebensdauer und Wartungsfreundlichkeit.

4.2 Nd:YAG-Laser

Der Nd:YAG-Laser emittiert elektromagnetische Strahlung einer Wellenlänge von 1.064 nm (naher Infrarotbereich). Er ist ein Festkörperlaser, dessen laseraktives Medium mit Metallionen dotiert ist und durch Absorption des Pumplichtes in einen energetisch erhöhten Zustand versetzt wird. Dabei kann das Pumpen mit verschiedenen Lichtquellen realisiert werden. Die Wahl der Lichtquelle (Blitzlampen, Bogenlampen oder Laserdioden) beeinflusst die Kosten, den Wirkungsgrad, die Lebensdauer und andere Lasereigenschaften. Ein lampengepumpter Nd:YAG-Laser erreicht einen Wirkungsgrad von ca. 5 %. Ein diodengepumpter Nd:YAG-Laser erreicht einen Wirkungsgrad von ca. 20 %. Der Nd:YAG-Laser kann sowohl gepulst als auch kontinuierlich betrieben werden.

Für das Laserstrahlschweißen von Kunststoffen finden hauptsächlich kontinuierlich betriebene Laser (continuous wave = cw) Anwendung. Cw-betriebene Nd:YAG-Laser sind mit Leistungen bis zu mehreren kW verfügbar.

4.3 Faserlaser

Faserlaser emittieren je nach Dotierung des aktiven Mediums im Wellenlängenbereich zwischen 1.000 und 2.000 nm. Beim Faserlaser ist die Faser das aktive Medium und der Resonator, daher ergibt sich eine besonders hohe Strahlqualität, die im Idealfall nur durch Beugung begrenzt ist. Als Pumpquellen werden Diodenlaser eingesetzt. Faserlaser zeichnen sich durch einen robusten Aufbau und einen guten Wirkungsgrad (20 bis 30 %) aus. Sie können sowohl gepulst als auch im cw-Modus eingesetzt werden.

Aufgrund der Wellenlänge von Dioden-, Nd:YAG- und Faserlaser kann deren Laserstrahlung durch optische Fasern geleitet und übertragen werden.

4.4 CO_2-Laser

Der CO_2-Laser emittiert elektromagnetische Strahlung einer Wellenlänge von 10.600 nm. Er gehört zu der Gruppe der Gas-Laser-Systeme. Die Anregung der laseraktiven Zustände erfolgt vorwiegend durch selbstständige Gasentladungen. CO_2-Laser können sowohl kontinuierlich als auch gepulst betrieben werden. Die CO_2-Laser zeichnen sich insbesondere durch hohe Strahlleistungen bei guter Strahlqualität aus. Ausgangsleistungen von wenigen Watt bis 25 kW sind verfügbar. Der Wirkungsgrad beträgt etwa 10 bis 20 %.

Im Bereich der Kunststoffbearbeitung werden die CO_2-Laser für das Schweißen von Kunststofffolien (siehe Abschnitt 5.4.5) sowie das Schneiden, Perforieren oder Beschriften von Kunststoffen verwendet. Kunststoffe zeigen bei dieser Wellenlänge im Allgemeinen ein hohes Absorptionsvermögen.

4.5 Übersicht

In Tabelle 1 sind einige Orientierungsgrößen verschiedener Laserstrahlquellen für das Kunststofffügen gegenübergestellt.

5 Bestrahlungsstrategien und Verfahrensvarianten

Das Laserstrahlschweißen von Kunststoffen kann in mehrere grundsätzlich verschiedene Bestrahlungsstrategien unterteilt werden.

Dabei wird nach zwei Kriterien unterschieden:

- Das erste Kriterium ist die Häufigkeit der Wechselwirkung zwischen Laserstrahlung und Fügenahtbereich. Besteht nur einmalige Wechselwirkung zwischen Laserstrahl und Schweißnaht oder wird dieselbe Nahtstelle mehrfach bestrahlt?
- Das zweite Kriterium ist das Aufschmelzen der Fügenaht. Erfolgt das Aufschmelzen im gesamten Nahtbereich (simultan) oder wird jeweils nur ein beschränkter Bereich der Schweißnaht (sequentiell) plastifiziert?

Tabelle 1. Eigenschaften von Laserstrahlquellen für das Laserschweißen von Kunststoffen.

Lasertyp	Wellenlänge λ [nm]	Fasereinsatz	Leistungsbereich P [W]	Strahlqualität	Minimale Spotgröße d_f [µm]	Investitionen	Bauvolumen	Wirkungsgrad	Wartungsaufwand
Diode	800 bis 2.000	ja	< 1.000	niedrig bis mittel	100	niedrig	niedrig	hoch	niedrig
Nd:YAG	1.064	ja	< 1.000	hoch	10	mittel bis hoch	mittel	niedrig	mittel bis hoch
Faser	1.000 bis 2.000	ja	< 300	sehr hoch	10	mittel	niedrig	mittel	niedrig
CO_2	10.600	nein	< 200	hoch	80	mittel	mittel bis hoch	niedrig	mittel bis hoch

Nach dieser Klassifizierung können die im Folgenden beschriebenen Verfahren in Tabelle 2 eingeteilt werden. Die Tabelle beschreibt die grundlegenden Bestrahlungsstrategien. Mischformen sind ebenfalls möglich.

Tabelle 2. **Klassifizierung der grundlegenden Bestrahlungsstrategien.**

Verfahrensvariante	Wechselwirkung zwischen Material und Laserstrahlung	Aufschmelzen der Fügenaht
Konturschweißen	einmalig	sequentiell
Simultanschweißen	einmalig	simultan
Quasi-Simultan-schweißen	mehrfach	simultan

5.1 Konturschweißen

Beim Konturschweißen (Bild 3) wird die Schweißnaht einmalig mit einem Laserstrahl sequentiell abgefahren und lokal ein Schmelzevolumen gebildet. Dadurch kann der Austrieb von Schmelze weitgehend vermieden werden.

Die Relativbewegung zwischen Laserstrahlung und Fügenaht kann durch Bewegung des Bauteils, des Lasers oder einer Kombination aus beidem erfolgen. Unter Verwendung einer entsprechenden Kinematik sind auch dreidimensionale Schweißnähte realisierbar. Zwischen den beiden Fügepartnern sollte möglichst kein Spalt vorhanden sein. Daraus leitet sich die besonders große Bedeutung für die Konstruktion und Maßhaltigkeit der Bauteile sowie die Ausführung des Spannsystems ab.

Das Konturschweißen ist besonders flexibel und eignet sich daher für kleine Stückzahlen und große Bauteile.

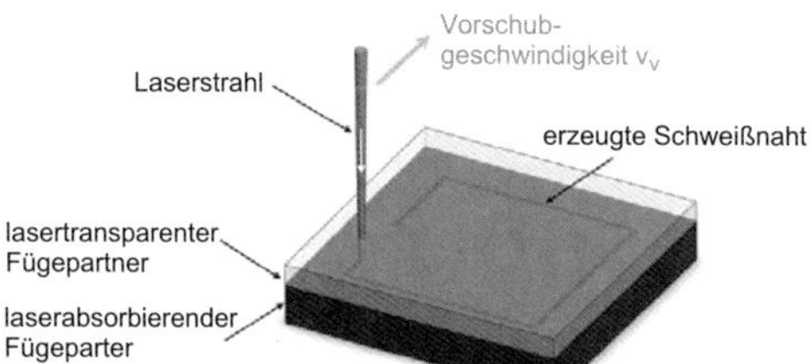

Bild 3. Prinzip des Konturschweißens.

5.2 Simultanschweißen

Beim Simultanschweißen (Bild 4) wird die gesamte Schweißnaht gleichzeitig (simultan) von einem (durch entsprechende Optiken geformten) oder mehreren Lasern plastifiziert. Dies erlaubt das Arbeiten mit einem Abschmelzweg (Fügeweg) und damit den Ausgleich von Formteiltoleranzen.

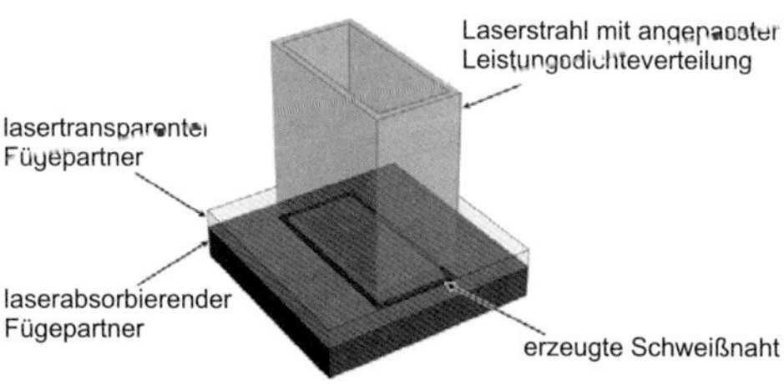

Bild 4. Prinzip des Simultanschweißens.

Aufgrund der kompakten Bauform werden hierfür Diodenlaser bevorzugt eingesetzt. Während lineare oder runde Schweißnähte sehr einfach realisierbar sind, können Radien in einer komplexen Schweißnahtgeometrie durch Aneinanderreihung von Diodenbarren nur angenähert werden oder müssen durch geeignete optische Systeme abgebildet werden. Zur Erzielung der notwendigen homogenen Leistungsdichteverteilung über die gesamte Schweißnaht ist es erforderlich, die einzelnen Laserelemente entsprechend anzuordnen und getrennt zu steuern oder zu regeln.

Das Verfahren empfiehlt sich vor allem bei hohen Fertigungs-Stückzahlen oder zum Erreichen kurzer Zykluszeiten.

5.3 Quasi-Simultanschweißen

Beim Quasi-Simultanschweißen (Bild 5) werden der Laserstrahl oder das Bauteil mit einer hohen Verfahrgeschwindigkeit bis zu 10 m/s entlang der Schweißkontur relativ zueinander bewegt. Dies kann mithilfe von Scanneroptiken geschehen (siehe auch Abschnitt 6.2.4) oder durch die Bewegung der Schweißkontur am stehenden Laserstrahl entlang.

Durch die hohe Verfahrgeschwindigkeit kann die Fügefläche mehrfach je Zeiteinheit abgefahren werden, wodurch die gesamte Fügefläche mit der punktförmigen Energiequelle Laserstrahl nahezu zeitgleich (simultan) erwärmt und plastifiziert werden kann. Da auch hier beide Fügepartner während des Schweißvorgangs aufeinander gepresst werden, können Formteiltoleranzen abgeschmolzen und die erzeugte, überschüssige Schmelze in den Schweißwulst gedrückt werden.

Durch den Einsatz von Scannerspiegeln können Schweißgeometrien mit nahezu beliebigen Radien geschweißt werden. Sollen größere Fügeteile geschweißt werden, so kommen mehrere Scannersysteme zum Einsatz. Ein Schweißen von 3D-Schweißkonturen ist dann ebenfalls möglich.

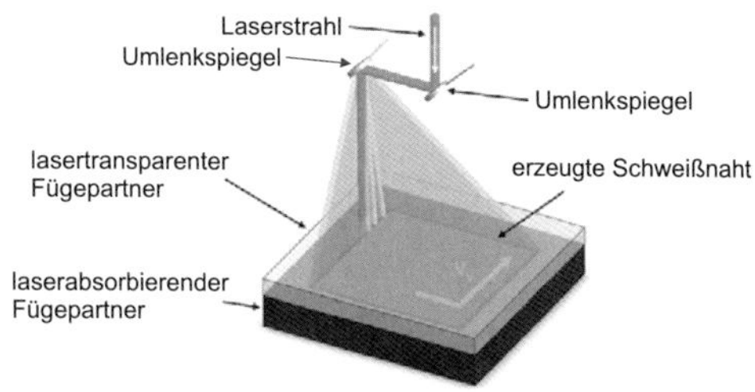

Bild 5. Prinzip des scannergestützten Quasi-Simultanschweißens mithilfe einer Scanneroptik.

5.4 Verfahrensvarianten

5.4.1 Wobbel-Verfahren

Das Wobbel-Verfahren (z. B. TWIST® – Transmission Welding by an Incremental Scanning Technique) stellt eine Kombination des Konturschweißens mit dem Quasi-Simultanschweißen dar. Die Schweißnaht wird einmalig abgefahren, jedoch wird die Vorschubbewegung mit einer hochdynamischen Bewegung quer zur Vorschubrichtung überlagert (Bild 6). Die überlagerte Bahngeschwindigkeit v_b ist um etwa den Faktor 10 höher als die Vorschubgeschwindigkeit v_v entlang der Schweißkontur. Durch die überlagerte Bewegung stellt das Verfahren zwei zusätzliche Parameter zur Verfügung, die Frequenz und die Amplitude der Bewegung quer zum Vorschub, um den Wärmeeintrag in der Wechselwirkungszone zu beeinflussen. Daraus ergibt sich eine mehrfache Wechselwirkung zwischen Material und Laserstrahlung sowie ein sequentielles Aufschmelzen der Fügenaht. Dies führt zu einer flexiblen Einstellung der Schweißnahtbreite, die unterhalb von 100 µm liegen kann. Das Verfahren eignet sich insbesondere für das Schweißen kleinster Strukturen (z. B. Mikrofluidik).

Die Nutzung eines Lasers mit hoher Strahlqualität, dessen Fokusdurchmesser deutlich kleiner als die Schweißnahtbreite ist, erlaubt eine schnelle Energieeinbringung in die Fügezone. Durch die hohe Geschwindigkeit des Strahlfokus in der Fügezone wird eine thermische Zerstörung des Materials vermieden und die Wärmeeinflusszone klein gehalten. Gleichzeitig wird die für den Wärmetransport benötigte Zeit durch einen geeigneten Überlapp der nacheinander folgenden Inkremente in der Schweißnaht gewährleistet. Derart komplexe Bewegungen des Laserstrahls können nur mit Hochgeschwindigkeitskomponenten wie Galvanometerscannern realisiert werden.

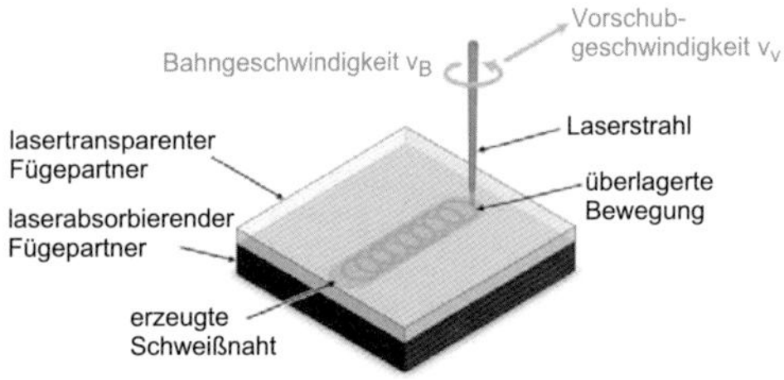

Bild 6. Prinzip des Wobbel-Verfahrens.

5.4.2 Schweißen mit dynamischer Anpressvorrichtung

Das Schweißen mit dynamischer Anpressvorrichtung (z. B. Globo-Verfahren) stellt eine Variante des Konturschweißens dar, um komplex geformte Bauteile mit dreidimensionaler Fügenahtgeometrie oder großformatige Bauteile schweißen zu können. Im Gegensatz zum konventionellen Konturschweißen, bei dem die Fügekraft meist durch statische Anpressvorrichtungen aufgebracht wird, arbeitet dieses Verfahren mit einer dynamischen Anpressvorrichtung in Form einer luftgelagerten Glaskugel, durch die ein punktförmiger Laserstrahl auf die Fügeebene gerichtet wird (Bild 7). Es kommen auch Glasrollen mit linienförmigem Strahlfokus zum Einsatz.

Die Glaskugel dient einerseits als optisches Element zur Strahlformung, andererseits auch als mechanisches Anpresswerkzeug. Die Luftlagerung der Glaskugel verhindert eine mechanische Schädigung der Glaskugeloberfläche. Sie ist derart in den Bearbeitungskopf integriert, dass der Andruckpunkt mit der Position des Laserfokus zusammenfällt. Dadurch trifft die Laserstrahlung nur an der Stelle auf die Fügezone, an der die Fügekraft vorhanden ist. Aufgrund der gleichzeitigen Einbringung von Strahlungsenergie und Fügekraft kann auf weitere Spannelemente verzichtet werden. Dieses Verfahren ermöglicht auf der einen Seite die Verringerung von Fügespalten durch Bauteiltoleranzen, auf der anderen Seite ist das Verfahren sehr flexibel, da für einen Bauteilwechsel keine neue Spannvorrichtung gefertigt werden muss. Für die Relativbewegung können Achssysteme oder Roboter eingesetzt werden. Mithilfe von Robotern können komplexe 3D-Nahtgeometrien und schwer zugängliche Stellen geschweißt werden.

5.4.3 Maskenverfahren

Beim Maskenverfahren (Bild 8) befindet sich zwischen Laserquelle und den in einer geeigneten Spannvorrichtung positionierten Fügeteilen eine sogenannte Maske zur lokalen Abschattung der Laserstrahlung. Die Strahlung trifft überall dort auf die Fügefläche, wo eine Schweißung erzeugt werden soll. Dieses Verfahren erlaubt es, feine Schweißnähte sehr exakt zu erzeugen. Es können Schweißnahtbreiten im Bereich von 100 µm und kleiner erzielt werden. Das Maskenschweißen bietet die Möglichkeit, vielfältige Schweißnahtstrukturen herzustellen. An einem Bauteil lassen sich in einem Arbeitsgang gerade und gekrümmte Schweißlinien unterschiedlicher Breite erzeugen sowie flächige Partien verschweißen.

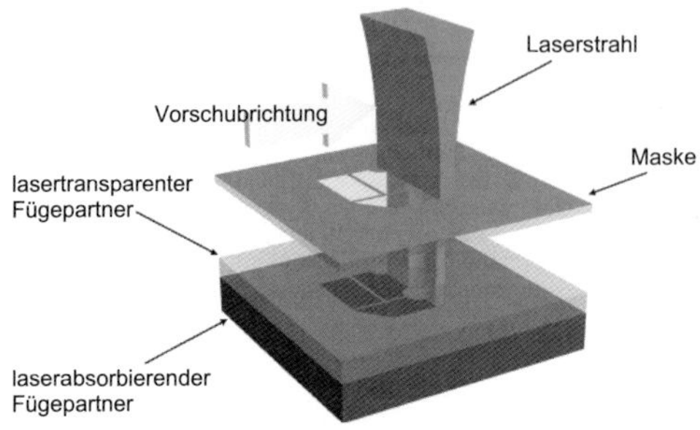

Bild 8. Prinzip des Maskenschweißens.

5.4.4 Laser-Hybridschweißen

Das Laser-Hybridschweißen (z. B. TwinWeld3D) stellt eine Weiterentwicklung des Konturschweißens dar. Das Verfahren bietet sich vor allem an, um große bzw. komplexe 3D-Nahtgeometrien zu fügen (z. B. Kfz-Front- oder -Heckleuchten). Beim Laser-Hybridschweißen wird neben dem monochromatischen Laserstrahl, polychromatisches Licht eingesetzt, um das Bauteilmaterial bis zum Schmelzpunkt zu erwärmen. Dabei trägt die Sekundärstrahlung dazu bei, den Schweißbereich homogener zu erwärmen, was zu einer Reduktion von Materialspannungen führt. Des Weiteren kann durch diese zusätzliche Strahlungsquelle auch der für den Laserstrahl transparente, obere Fügepartner, direkt erwärmt werden. Aufgrund der simultanen Erwärmung können mit vergleichsweise geringen Laserleistungen Vorschubgeschwindigkeiten von typischerweise 80 bis 100 mm/s erreicht werden (Bild 9).

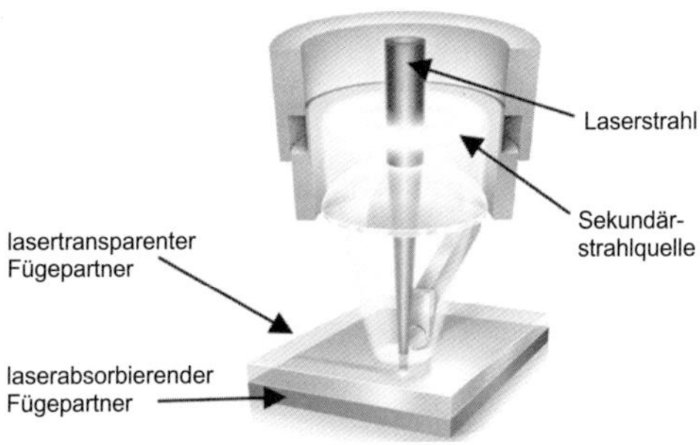

Bild 9. Prinzip des Laser-Hybridschweißens (schematisch).

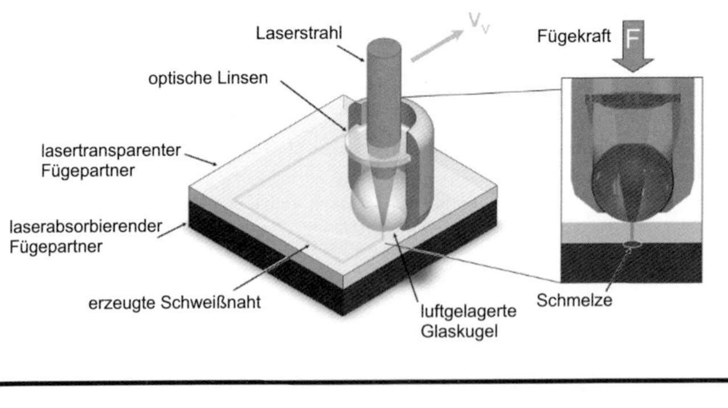

Bild 7.
Prinzip des Schweißens mit dynamischer Anpressvorrichtung (z. B. Globo-Verfahren).

5.4.5 Stumpfschweißen von Folien

Beim Folienschweißen mittels Laserstrahlung werden zwei laserabsorbierende Folien im Bereich der Schweißnaht über Anpressrollen zusammengeführt und abgezogen (Bild 10). Währenddessen strahlt der Laser von hinten in den Fügenahtbereich zwischen den beiden zusammenlaufenden Folien. Die Laserstrahlung wird von beiden Folien absorbiert und in Wärme umgewandelt. Die zueinander gewandten Folienoberflächen werden plastifiziert und unmittelbar danach durch die Anpressrollen aneinander gedrückt, sodass eine Schweißnaht entsteht.

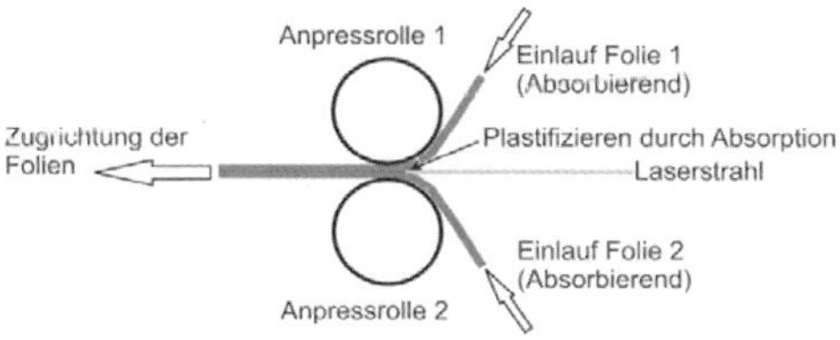

Bild 10. Folienstumpfschweißen mittels Laserstrahlung.

5.4.6 Durchstrahlschweißen von Folien

Beim Durchstrahlschweißen von transparenten Folien werden zwei identische (oder kompatible), transmittierende Folien miteinander geschweißt. Die Folien liegen im Fügebereich auf einem zusätzlichen, absorbierenden Werkstoff auf. Dieser Werkstoff besitzt eine höhere Schmelztemperatur als die zu schweißenden Folien, sodass er sich nicht mit diesen verbindet (Bild 11). Die Laserstrahlung durchdringt beide transparenten Folien und wird im darunter liegenden Werkstoff absorbiert und in Wärme umgewandelt. Über Wärmeleitung werden die Folien nun ebenfalls aufgewärmt, sodass sie Schmelze bilden und miteinander verschweißt werden.

Alternativ ist auch ein Aufbau denkbar, bei dem die absorbierende Lage entfernt wird und dafür die untere der beiden Folien für den Laserstrahl absorbierend ist.

5.4.7 Schweißen transparenter Kunststoffe

Im Wellenlängenbereich > 1.200 nm weisen viele Kunststoffe eine merkliche Absorption der Strahlung auf. Mit entsprechenden Dioden oder Faserlasern kann bei angepasster Wellenlänge eine Schweißnaht ohne Verwendung zusätzlicher IR-Absorber erzielt werden. Dadurch können gleiche, visuell transparente Kunststoffe miteinander verschweißt werden. Durch eine starke Fokussierung der Laserstrahlung auf die Fügefläche wird nur dieser Bereich durch die lokal hohe Intensität aufgeschmolzen, die Oberfläche wird lediglich erwärmt. Im Gegensatz zum konventionellen Durchstrahlschweißen erfolgt aber eine höhere thermische Belastung der Bauteile.

5.4.8 Laserstrahlnieten und -bördeln

Sowohl zum Verbinden von Thermoplasten untereinander als auch mit nicht polymeren Werkstoffen wie Metallen, kann das Laserstrahlnieten oder -bördeln verwendet werden. Hierzu wird ein Nietpunkt mittels Laserstrahlung aufgeschmolzen. Voraussetzung ist, dass der Nietschaft oder Bördelsteg für die verwendete Laserstrahlung absorbierend ist. Ein teilweises Eindringen der Laserstrahlung ist durchaus gewünscht, um eine Volumenabsorption zu erhalten. Hierfür sind Dioden- oder Nd:YAG-Laser geeignet.

Eine in die Vorrichtung integrierte Linse hat die Aufgabe, den Laserstrahl auszurichten und zu verteilen, sodass eine gleichmäßige Erwärmung stattfindet. Weiterhin entspricht die geometrische Form der Linse und der Vorrichtung auch der Form des Nietpunktes nach dem Abkühlen. Hierzu muss die Linse mechanisch widerstandsfähig genug sein, um Beschädigungen derselben zu vermeiden. Die Linse erwärmt sich bei dem Prozess nur geringfügig, da sie für den Laserstrahl transparent ist. Eine geringe Erwärmung der Linse durch Kontaktwärme mit dem Kunststoff kann mit geeigneter Kühlung kompensiert werden. Nach dem Abschalten des Lasers erstarrt die Schmelze unter Beibehaltung von Positionierung und Fügedruck der Vorrichtung.

Vorteile des Nietens und Bördelns mittels Laser sind: Geringe mechanische Belastung des Bauteiles (keine Schwingungen wie etwa beim Ultraschallnieten), die Konzentration der Energie auf das zu verschweißende Volumen mit einer schonenden Energieeinleitung (keine Markierungen) sowie die geringe Adhäsion des Kunststoffes an der Vorrichtung (Linse).

Eine besondere Form des Lasernietens ist das Lasernieten mit Zusatzwerkstoff (laserbasiertes Heißverstemmen). Bei diesem Verfahren durchdringt ein Dom das zu befestigende Bauteil. Darauf wird ein transparenter Fügepartner mit Laser-Durchstrahlschweißen aufgeschweißt. Der Laserstrahl durchdringt den transparenten Nietkopf und schmilzt den Dom auf. Ein Stempel presst den transparenten Fügepartner mit moderatem Druck auf den Dom. Durch Wärmeleitung schmilzt die Kontaktstelle im Nietkopf auf und bildet nach der Verfestigung eine zuverlässige und feste Verbindung. Der Stempel hat dabei keinen Kontakt mit dem schmelzflüssigen Material. Die Reinigung entfällt, dadurch ergeben sich hohe Standzeiten und kurze Zykluszeiten. Weil die Schweißungen eine hohe Qualität bei Festigkeit und äußerem Erscheinungsbild erreichen, kann das Laser-Heißverstemmen auch im Sichtbereich erfolgen.

5.4.9 Laserstrahlfügen von Kunststoff und Metall

Das Fügen von Kunststoff und Metall kann mit der gleichen Bestrahlungsstrategie und Anlagentechnik wie das Laserstrahlfügen von Kunststoffen erfolgen. Aufgrund der unterschiedlichen Materialeigenschaften kommt es jedoch nicht zu einer Verschweißung, sondern zu einer mechanischen Verkrallung des aufgeschmolzenen Kunststoffes in der erhitzten Metalloberfläche. Eine wichtige Aufgabe hat daher die Oberflächenvorbehandlung der Metalloberfläche. Diese kann durch Aufrauen (z. B. Sandstrahlen) oder durch gezielte Strukturierung mittels Laserstrahlung oder Fräsen erfolgen.

6 Maschinenkonzepte

6.1 Grundaufbau

Der Grundaufbau von Laserschweißanlagen ist vergleichbar mit dem von Maschinen anderer Schweißverfahren. Die Ausführung richtet sich im Einzelnen nach den zu schweißenden Teilen, dem eingesetzten Verfahren, dem Werkstoff und den geltenden Sicherheitsvorschriften.

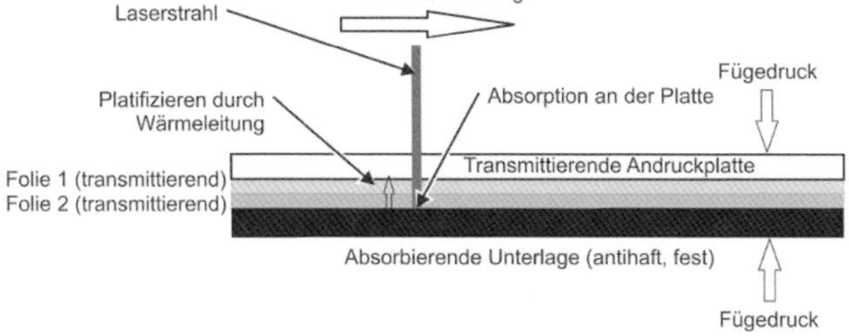

Bild 11. Durchstrahlschweißen nach dem Wärmeleitungsprinzip.

Grundsätzlich besitzen die Anlagen folgende Komponenten:

- Maschinenrahmen,
- Maschinensteuerung,
- ein oder mehrere Lasersysteme (siehe Abschnitt 4) mit Versorgungseinheit und Kühlung,
- Strahlführungs- und -formungssystem (siehe Abschnitt 6.2),
- Teileaufnahme,
- Spannsystem (siehe Abschnitt 6.3),
- Regelsysteme (Leistung, Anzahl der Umläufe, Weg oder Zeit),
- Schutzvorrichtungen zum Einhalten der erforderlichen Laserschutzklasse.

6.2 Strahlführung und -formung

Um eine reproduzierbare und qualitativ hochwertige Materialbearbeitung mittels Laserstrahlung zu gewährleisten, ist es erforderlich, die in der Laserstrahlquelle erzeugte Laserstrahlung in den Bearbeitungsbereich zu führen. Diese Strahlformungs- und -führungskomponenten bzw. -systeme müssen vor Verschmutzung geschützt werden und werden nachfolgend beschrieben.

6.2.1 Lichtwellenleiter

In der Lasermaterialbearbeitung werden Lichtwellenleiter (Glasfasern) eingesetzt, welche die eingekoppelte Laserstrahlung über große Distanzen führen. Hierbei werden in erster Linie Fasern verwendet, deren Durchmesser (typisch 200 bis 800 µm) groß im Vergleich zu der geführten Wellenlänge ist. Die Verluste bei der Verwendung eines fasergekoppelten Systems entstehen primär bei der Ein- und Auskopplung und sind bei den häufig verwendeten Glasfaserlängen von der Länge der Glasfaser weitgehend unabhängig. Der Einsatz von optischen Glasfasern ermöglicht die einfache Integration der Optik in bestehende Anlagen oder in ein Robotersystem.

6.2.2 Linsen

Linsen werden zur optischen Abbildung und zur Fokussierung der Laserstrahlung verwendet. Ein Kennwert für die optische Wirkung einer Linse ist die Brennweite, die auch von der Laserwellenlänge abhängt. Beim Laserstrahlschweißen von Kunststoffen kommen Linsen an folgenden Stellen zum Einsatz:

- Einkopplung der Laserstrahlung in eine optische Glasfaser,
- Kollimation (d. h. parallele Ausrichtung) der aus der optischen Glasfaser ausgekoppelten Laserstrahlung,
- Fokussierung der Laserstrahlung in den Fügebereich.

6.2.3 Spiegel, Strahlteiler

Ein Spiegel bzw. Strahlteiler ist ein Körper, dessen glatte, regelmäßige, polierte Oberfläche die Laserstrahlung möglichst vollkommen reflektiert. Als Spiegelflächen benutzt man z. B. Metallflächen oder für die Laserstrahlung reflektierend beschichtete Planoptiken aus Glas. Der Einsatz von Spiegeln beim Laserstrahlschweißen von Kunststoffen erfolgt als Strahlführungskomponente in starren Fokussierköpfen, insbesondere auch bei scannenden Techniken, wobei der Laserstrahl mittels sich bewegender Spiegel über die Nahtkontur geführt wird (siehe Abschnitt 6.2.4).

Wellenlängenselektive Strahlteiler werden z. B. eingesetzt, wenn parallel zur Laserstrahlung Prozessbeobachtungen durch CCD-Kamera oder Pyrometer erfolgen. Die Laserstrahlung wird beispielsweise an der Planoptik reflektiert und die Sekundärstrahlung zum Detektor transmittiert.

6.2.4 Scansystem

Ein Scansystem wird zur schnellen Umlenkung des Laserstrahls in der Schweißebene entlang dem vorgesehenen Fügenahtverlauf eingesetzt. Für 2D-Anwendungen bestehen diese Systeme aus zwei rechtwinklig zueinander stehenden galvanometrischen Spiegeln. Durch die Rotationsbewegung wird der Laserstrahl jeweils auf einer Achse bewegt. Durch die geringen zu bewegenden Massen sind diese Systeme energiesparend, schnell und flexibel. Typischerweise wird die so abgelenkte Strahlung über ein F-Theta-Objektiv fokussiert, welches dafür sorgt, dass in einem beschränkten Bereich in Abhängigkeit des Auslenkwinkels der Fokus immer in einer Ebene liegt.

6.2.5 Maske

Mithilfe von Masken werden fein strukturierte, exakt positionierte Schweißnähte erzeugt. Bei senkrechter Bestrahlung der Maske mit einem kollimierten Laserstrahl und vorzugsweise geringem Maskenabstand zum Bauteil lässt sich deren Geometrie 1:1 auf dem Bauteil abbilden. Das Prinzip der Strahlformung mittels Masken beruht darauf, dass die Maske an bestimmten Stellen die Laserstrahlung ungehindert hindurchlässt und an anderen Stellen reflektiert.

Die eingesetzten Masken können aus dünnem Blech z. B. durch Laserschneiden oder mit photolithografischen Methoden aus chrom- oder kupferbeschichteten Glasscheiben gefertigt werden. Letztere weisen dabei eine größere Flexibilität bezüglich der Geometrie und eine höhere Genauigkeit auf.

6.2.6 Dynamische Anpressvorrichtung

Eine dynamische Anpressvorrichtung beinhaltet in der Regel ein optisches Element, mit dem die Bauteile sowohl lokal zusammengepresst werden, als auch die Laserstrahlung in die Fügezone fokussiert wird. Dieses kann in Form einer Kugel oder einer Walze ausgeführt werden.

6.3 Spanntechnik

Ein Spalt zwischen den Fügeteilen wirkt sich negativ auf die Qualität der Schweißnaht aus, da das transparente Fügeteil nicht ausreichend erwärmt und das absorbierende Teil überhitzt wird. Die Spanntechnik muss somit bei Geometrieabweichungen aufgrund von Bauteiltoleranzen im Bereich der Fügezone die Spaltbildung minimieren. Die beiden Fügeteile müssen hierzu mit einer entsprechenden Kraft vorgespannt werden. Obwohl die Auslegung einer Spannvorrichtung sowohl verfahrenskonzept- (siehe Abschnitt 5) als auch bauteilabhängig ist und sich nach der Geometrie der Fügezone richtet, sollten folgende Aspekte berücksichtigt werden:

- Die Fügekraft sollte gleichmäßig über die gesamte Fügefläche wirksam sein.
- Die Schweißnaht muss für den Laserstrahl zugänglich sein.

Die laserseitige Teileaufnahme kann transparent ausgebildet werden. Bei größeren Bauteilen ist das Werkzeug zu segmentieren oder ein geeignetes Verfahrenskonzept zu wählen. Durch die Verwendung einer flexiblen Anpressvorrichtung kann auf eine aufwendige Spannvorrichtung verzichtet werden (siehe Abbildung 5.4.2).

6.4 Bestehende Maschinenkonzepte

6.4.1 Konturschweißen

Für das Konturschweißen gibt es unterschiedliche Maschinenkonzepte, so zum Beispiel eines, bei dem das Bauteil unter dem Laser geführt wird oder bei dem der Laser entsprechend des Nahtverlaufes über das Bauteil geführt wird. Des Weiteren existieren Mischformen beider Konzepte. Zusätzlich zum unter Abschnitt 6.1 beschriebenen Grundaufbau wird eine Kinematik für die Relativbewegung des Laserstrahls zum Bauteil benötigt. Für die Relativbewegung können Achssysteme oder Roboter eingesetzt werden. Mithilfe von Robotern können komplexe 3D-Nahtgeometrien und schwer zugängliche Stellen geschweißt werden.

6.4.2 Simultanschweißen

Beim Simultanschweißen wird die Laserstrahlung in Strahlführungs- und Strahlformungssysteme eingekoppelt. Diese leiten die Laserstrahlung entweder direkt oder indirekt über strahlführende Elemente (z. B. Glasfaser) zur Schweißnaht (siehe Abschnitt 5.2). Die Schweißung selbst kann weg- oder zeitgesteuert erfolgen. Zusätzlich zum Grundaufbau wird ein Strahlformungssystem benötigt, das eine homogene Bestrahlung der gesamten Schweißnaht gewährleistet.

6.4.3 Quasi-Simultanschweißen

Für das Quasi-Simultanschweißen ist eine Umlenkeinheit (Scanner mit Umlenkspiegeln), wie sie z. B. beim Laserbeschriften eingesetzt wird, erforderlich. Beim Schweißvorgang (siehe Abschnitt 5.3) wird der Laserfokus entlang der frei programmierbaren Kontur des Bauteiles mittels Scanner mehrfach schnell abgefahren. Die Scannereinheit wird in den Maschinenrahmen integriert. Die Schweißung selbst kann weg- oder zeitgesteuert oder nach Anzahl der Scans erfolgen.

6.4.4 Wobbel-Verfahren

Das Verfahren benötigt eine hohe Relativgeschwindigkeit des Laserfokus auf der Fügefläche. Diese Bewegung kann nach heutigem Stand der Technik nur mit High-Speed-Scansystemen erfolgen. Nur durch die darin enthaltenen, geringen bewegten Massen kann eine ausreichend hohe Beschleunigung erreicht werden. Zusätzlich wird eine Laserstrahlquelle mit hoher Strahlqualität benötigt, sodass kleine Fokusdurchmesser und hohe Intensitäten erreicht werden.

6.4.5 Schweißen mit dynamischer Anpressvorrichtung

Für das Schweißen mit dynamischer Anpressvorrichtung ist ein entsprechend geeigneter Bearbeitungskopf erforderlich. Zur Bewegung des Bearbeitungskopfes ist entweder ein Achssystem oder ein Roboter zu verwenden. Bei der Auswahl ist auf eine ausreichende Belastbarkeit der Systeme zu achten, da die Fügekraft über das Bewegungssystem ausgeübt werden muss. Auf eine Spannvorrichtung kann verzichtet werden, jedoch muss die Positionierung der Bauteile gewährleistet sein.

6.4.6 Maskenschweißen

Beim Maskenschweißen sind eine in drei Achsen justierbare Maskenhalterung und ein Kamerasystem mit Bildverarbeitung für den automatischen Justageprozess erforderlich. Nach dem Einlegen der Bauteile vermisst das Kamerasystem die genaue Lage des Bauteils relativ zur Maske. Mit diesen Daten kann die Maske automatisch mikrometergenau zur Lage des Bauteils justiert werden. Dies ist überwiegend für Packaging-Aufgaben in der Mikrosystemtechnik erforderlich. Für makroskopische Fügeaufgaben sind auch einfachere Systeme ohne automatische Justage möglich. Zusätzlich zum Grundaufbau werden somit eine Maske, eine in drei Achsen justierbare Maskenhalterung sowie in einigen Fällen ein Kamerasystem für die automatische Justage benötigt.

6.4.7 Laser-Hybridschweißen

Für das Laser-Hybridschweißen ist ein entsprechend geeigneter Bearbeitungskopf zu verwenden. Die Bewegung kann über einen 6-Achsroboter oder über ein entsprechendes Achssystem erfolgen. Bearbeitungsköpfe für das Laser-Hybridschweißen sind neben dem Sekundärstrahlungsemitter und der gemeinsamen Fokussierlinse (für Laser und Sekundärstrahlung) auch mit einer luftgefederten Spannrolle ausgestattet. Mit deren Hilfe kann das Bauteil ohne spezifisches Oberwerkzeug bearbeitet werden.

7 Konstruktive Gestaltung der Fügeteile

7.1 Allgemeine Anforderungen

Die Eigenschaften eines zu schweißenden Bauteils gehen direkt in die Eigenschaften des entstehenden Produktes ein. Bei der Gestaltung von Bauteilen für das Laserschweißen ist daher auf ein geeignetes Design, die zu verwendende Prozessvariante sowie die Randbedingungen der Produktion zu achten. Die schweißgerechte Auslegung von Formteilen orientiert sich zudem an folgenden Kriterien:

- Bauteilanforderungen: Festigkeit, Dichtheit, visuelle Erscheinung, ...
- Bestrahlungsstrategie: Kontur, Simultan, ...
- Werkstoffauswahl: amorph, teilkristallin, Art des teilkristallinen Werkstoffes, Zusatzwerkstoffe, ...
- Konstruktion: Umgebung am Einsatzort ...

Um den notwendigen Fügedruck in der Fügezone sicherzustellen, sind die Fügeteile auf das jeweilige Verfahrensprinzip abzustimmen. Der laserstrahltransparente Fügepartner ist in der Fügezone so zu gestalten, dass der Laserstrahl ungehindert und möglichst senkrecht zur Fügezone auftreffen kann. Die zu durchstrahlende Bauteildicke ist bei teilkristallinen und gefüllten Kunststoffen unter Berücksichtigung der mechanischen Anforderungen so gering wie möglich zu wählen.

7.2 Konstruktive Merkmale der Fügegeometrie

7.2.1 Durchstrahlschweißen

Die Gestaltung der Fügeflächen ist auf die Schweißaufgabe abzustimmen. Die Fügenahtgeometrie wird bestimmt durch die Verfahrensauswahl, die Formteilgeometrie und die optischen und mechanischen Anforderungen. Überstehende Konturen (Nippel, Stutzen, Befestigungselemente etc.) dürfen nicht zwischen Laserquelle und Fügenaht liegen, da sie sonst zu einer Abschattung führen. Weitere Hinweise finden sich im Beiblatt 2 zur Richtlinie 2243 „Leitfaden zur fertigungstechnischen Gestaltung des Schweißbereiches beim Laserdurchstrahlschweißen von Thermoplasten".

7.2.2 Stumpfschweißen

Beim direkten Stumpfschweißen können verfahrensbedingt nur einfache Stumpfstöße realisiert werden (Abschnitt 2.2). Eventuell sind Elemente vorzusehen, die ein Anpressen erleichtern. Wird dagegen das Stumpfschweißen nach dem Heizelementprinzip durchgeführt, kann die Gestaltung der Nahtkonturen vom Heizelementschweißprozess übernommen werden. Die Fügenaht sollte dabei einfach gestaltet sein und in einer Ebene liegen.

8 Einflussfaktoren auf die Schweißnahtqualität

8.1 Überblick

Die Einflussfaktoren auf die Schweißnahtqualität beim Laserstrahlschweißen können vorrangig in zwei Gruppen eingeteilt werden.

I) Einfluss der Geometrie:
Die Geometrie der Bauteile kann deren thermischen Kontakt so stark beeinflussen, dass die notwendige Wärmeleitung in den transparenten Fügepartner nicht mehr ausreichend stattfindet. Derartige Fehler können lokalisiert in Form von Kerben oder über große Teile der Fügenaht ausgedehnt durch Verzug der Fügepartner auftreten.

II) Einfluss der optischen Eigenschaften:
Unter dem Begriff „optische Eigenschaften" werden die Reflexion der Strahlung an der Bauteiloberfläche, deren Transmission, Absorption und Streuung beim Eindringen in den Kunststoff zusammengefasst. Abweichungen dieser Charakteristika von den Umständen, die bei der Prozessauslegung herrschten, können die Überhitzung des Kunststoffs oder einen mangelhaften Stoffschluss zur Folge haben. Den Einflüssen der optischen Eigenschaften sollte daher beim Einsatz des Laserschweißens besondere Aufmerksamkeit zukommen.

Da Fügeprozesse in der Regel am Ende der Produktentstehung stattfinden, treten die vorher verursachten, schweißrelevanten Fehler auch erst nach vielen vorangegangenen Schritten in der Wertschöpfungskette auf. Die Ausschusskosten für die gesamte Baugruppe im Falle eines Prozessversagens sind folglich deutlich höher als der reine Schweißvorgang selbst zur Wertschöpfung beiträgt. Bild 12 zeigt, welche Wertschöpfungsstufen Einfluss auf Bauteileigenschaften in Bezug auf das Laserstrahlschweißen haben.

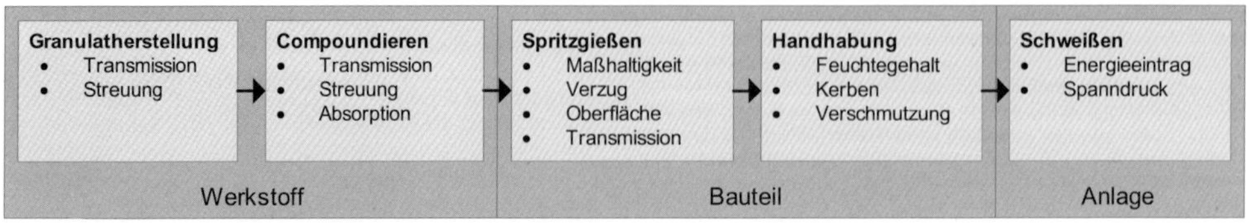

Bild 12. Einflussfaktoren auf die Schweißnahtqualität anhand der Wertschöpfungskette.

8.2 Einfluss der Kunststoffkombination

In den nachfolgenden Abschnitten ist unter „Art" die Polymerbasis und unter „Typ" die Menge und die Zusammensetzung der Füll- und Verstärkungsstoffe zu verstehen.

8.2.1 Kunststoffe gleicher Art und gleichen Typs

Bei dieser Fügepartnerkombination sind die schweißtechnischen Voraussetzungen zur gleichzeitigen Plastifizierung der beiden Fügeflächen und zur Erzeugung einer hochbelastbaren Schweißverbindung am günstigsten. Es ist darauf zu achten, dass insbesondere die optischen Eigenschaften der Fügepartner entweder das Durchstrahlschweißverfahren oder das Stumpfschweißverfahren erlauben.

8.2.2 Kunststoffe gleicher Art und ungleichen Typs

Es lassen sich Kunststoffe gleicher Art, jedoch unterschiedlichen Typs miteinander verschweißen. Folgende Kombinationen sind beispielsweise möglich:

- lasertransparent / laserabsorbierend,
- unverstärkt / verstärkt,
- unverstärkt / elastomer-modifiziert,
- Sonderpaarungen.

Dabei ist zu beachten, dass der Transmissionsgrad durch Verstärkungs- bzw. Füllstoffe zum Teil reduziert wird.

8.2.3 Kunststoffe ungleicher Art

Das Schweißen ungleicher Kunststoffarten setzt Kenntnisse über Aufbau und die Zusammensetzung der Kunststoffe voraus. Die Schweißeignung und Fügenahtfestigkeit der Verbindungen ist durch Versuche nachzuweisen. Nachstehend sind einige Beispiele für realisierte Schweißpaarungen aus unterschiedlichen Kunststoffarten aufgeführt:

- ABS und PMMA
- ABS und PC
- ABS und SB
- ABS und SAN
- ABS und PC+ABS
- ABS und ABS+PA
- PMMA und PC
- PMMA und PC+ABS
- PBT und PBT+PET
- PMMA und SAN
- PC und PC+ABS
- PC und PC+PBT
- PC und PBT
- PBT und PC+PBT
- PA und PPE+PA

Bei diesen Paarungen sollte nach Möglichkeit der Kunststoff mit dem höheren Transmissionsgrad auch als transparenter Fügepartner verwendet werden. Das Schmelzefließverhalten (Viskosität) der zu schweißenden Fügeteile sollte möglichst auf gleichem Niveau liegen; andernfalls kann es zu verminderter Schweißnahtqualität kommen. Durch Entwicklung neuer Werkstoffe (Blends, Polymermischungen) sind weitere Kombinationen denkbar, deren Verwendbarkeit aber im Einzelnen geprüft werden muss.

8.3 Einfluss von Granulatherstellung und Compoundieren

Da die grundlegende Komposition der verschiedenen Inhaltsstoffe beim Compoundieren erfolgt, werden dort die optischen Eigenschaften des Materials maßgeblich festgelegt. Auftretende Schwankungen der Verteilung von Inhaltsstoffen nehmen in der Praxis Einfluss auf den Schweißprozess und das Fügeergebnis. Eine Änderung der Materialzusammensetzung aus funktionalen Gründen sollte jedoch erst nach einer Überprüfung der Auswirkung auf die optischen Eigenschaften und damit auf den Fügeprozess freigegeben werden.

8.4 Einfluss des Spritzgießprozesses

Eine praxisrelevante Fehlerquelle in der Prozesskette stellt der Spritzgießprozess dar. Er besitzt durch die Wahl von Prozessparametern und Werkzeugform einen maßgeblichen Einfluss auf die geometrischen und optischen Merkmale der Fügeteile. Vor allem gefüllte, verstärkte oder hochkristalline Werkstoffe werden in ihrem Aufbau durch den Spritzgießprozess geprägt. Bei faserverstärkten Kunststoffen können Faser-Agglomerate im Angussbereich beobachtet werden. Liegt der Anguss dann in der Nähe der Fügezone, so werden in seiner Umgebung stark variierende Transmissionsverhältnisse auftreten. Die Verarbeitung teilkristalliner Kunststoffe mit ungeeigneten Werkzeugtemperaturen oder Abkühlgeschwindigkeiten kann zu erhöhten Kristallinitätsgraden führen, was folglich die Transmissionswerte des Kunststoffs senkt. Die Verwendung von Entformungshilfen beim Spritzgießprozess, z. B. Formtrennmittel (silikonhaltige Öle), könnten zu einer Beeinträchtigung des Laserschweißprozesses (Nahtqualität, Nahtfestigkeit) führen.

Nähere Details zu den Anforderungen an die optische Transmission finden sich im Beiblatt 1 zur Richtlinie 2243 „Bestimmung des Transmissionsgrades T des laserstrahltransparenten Fügepartners beim Laserdurchstrahlschweißen von Thermoplasten".

Weiterhin bestimmt das Spritzgießen Maßhaltigkeit und Oberflächengüte der Bauteile. Die Oberflächenbeschaffenheit des transparenten Fügepartners beeinflusst die Reflexion der Strahlung sowohl beim Eintritt in als auch beim Austritt aus der Decklage. Die Maßhaltigkeit der Bauteile ist vor allem für den thermischen Kontakt der Fügepartner ein entscheidendes Kriterium. Wird nach dem Einspannen der Baugruppen im Schweißprozess kein Nullspalt zwischen den Fügepartnern erreicht, kann es an diesen Stellen zu einer Überhitzung und somit zur thermischen Schädigung des Kunststoffs kommen. Besonders Auswerfermarken im Bereich der Fügezone können zu einer solchen Spaltbildung führen.

Nähere Details zu den Anforderungen an die geometrische Beschaffenheit von Laserstrahlschweißbaugruppen finden sich im Beiblatt 2 zur Richtlinie 2243 „Leitfaden zur fertigungstechnischen Gestaltung des Schweißbereiches beim Laserstrahlschweißen von Thermoplasten".

8.5 Einfluss des Bauteilhandlings

Ebenfalls zu einem schlechten thermischen Kontakt und damit zu einem negativen Einfluss auf den Schweißprozess führen Kerben im Bereich der Schweißzone in einem der Fügepartner. Solche Beschädigungen entstehen häufig durch unsachgemäße Handhabung in den Transport- und Montageprozessen, die dem Schweißen vorgeschaltet sind. Neben der mechanischen Beeinträchtigung durch die Bauteilhandhabung birgt die oberflächliche Verschmutzung des transparenten Fügepartners die Gefahr in sich, die Laserstrahlung zu absorbieren. Die entstehenden lokalen Verbrennungen verringern die Qualität der Fügenaht in der Regel nicht nachweisbar, jedoch sind sichtbare Punkte auf der Bauteiloberfläche aus ästhetischen Gründen oftmals nicht tolerierbar.

Verschmutzungen der Fügeflächen führen zu einer unkontrollierten Strahlungsabsorption, die in der Regel Zersetzungsprodukte aufgrund zu hoher Temperaturentwicklung mit sich bringt. Darüber hinaus kann durch Oberflächenverunreinigungen die Verbindung der Fügepartner beeinträchtigt werden, sodass eine stoffschlüssige Verbindung der Fügepartner nicht erreicht werden kann.

Eine weitere Besonderheit einiger thermoplastischer Kunststoffe ist die Aufnahme von Wasser aus der Umgebungsluft während Handlings- und Lagerprozessen. Beim Schweißen verdampft eingelagertes Wasser. Dieses führt je nach Wassergehalt und Prozessführung zur Blasenbildung in der Schmelze und/oder zum Aufschäumen und bewirkt blasige Nahtstrukturen, die eine Festigkeitsminderung zur Folge haben. Auch Dichtschweißungen sind bei Blasenbildung in der Fügezone kaum realisierbar.

Polyamide haben im Gegensatz zu anderen Thermoplasten eine besonders hohe Wasseraufnahme von bis zu 8 % Gleichgewichtsgehalt, welche in Abhängigkeit des Füll- und Verstärkungsstoffgehaltes eine Volumenzunahme und damit auch eine Maßänderung bewirkt. Empfehlenswert bei Werkstoffen mit hoher Wasseraufnahme ist es, vor dem Schweißprozess einen definierten Wassergehalt einzustellen (Vorkonditionierung).

8.6 Einfluss der Schweißbedingungen

8.6.1 Allgemeine Forderungen

Grundsätzlich lassen sich alle Thermoplaste sowie auch Thermoplaste mit thermoplastischen Elastomeren bei gegebener Polymerverträglichkeit und entsprechenden thermischen und optischen Eigenschaften mittels Laserstrahlung verschweißen. Dabei muss die Temperatur in der Fügezone oberhalb der Schmelztemperatur und unterhalb der Zersetzungstemperatur liegen.

Zur Herstellung einer hochbelastbaren und praxisgerechten Schweißverbindung müssen folgende Forderungen erfüllt sein:

- Schweißeignung der zu verbindenden Fügeteile,
- laserdurchstrahlschweißgerechte optische Eigenschaften der Fügepartner (siehe Abschnitt 3.1),
- laserdurchstrahlschweißgerechte Formteilkonstruktion (siehe Abschnitt 7; Beiblatt 2 zur Richtlinie 2243 „Leitfaden zur fertigungstechnischen Gestaltung des Schweißbereiches beim Laserdurchstrahlschweißen von Thermoplasten"),
- passgenaue Fügeflächen (Vermeidung von Spalten zwischen den Fügepartnern) unter Berücksichtigung der Relation Genauigkeit zu Wirtschaftlichkeit,
  Allgemein gilt: Je größer das Bauteil ist, umso größer sind die Toleranzen.
- Verwendung einer der Schweißaufgabe angepassten Schweißanlage (siehe Abschnitt 6),
- Gewährleistung der Positionierung der Fügeteile vor der Schweißung und eines ausreichenden Fügedrucks auf den Fügebereich während der Schweißung,
- Anpassung von Bauteilgeometrie und Kunststoff an Schweißparameter und Schweißverfahren.

8.6.2 Konturschweißen

Die variablen Größen beim Konturschweißen sind im Wesentlichen die Intensität der Laserstrahlung und der Vorschub. Die Intensität der Strahlung hängt von der Strahlgeometrie und der Laserleistung ab. Beim Konturschweißen wird allgemein eine punktförmige Strahlgeometrie verwendet, wobei die Energiedichteverteilung im Strahl möglichst gleichmäßig sein sollte, um die Kunststoffe keiner unnötig thermischen Belastung auszusetzen.

Durch die Verwendung der punktförmigen Geometrie kann der Strahl in jede Richtung bewegt werden, sodass komplexe 3D-Konturen, wie auch Ecken problemlos realisiert werden können. Für den Schweißvorgang wird die Strahlungsintensität so gewählt, dass bei vorgegebenem Vorschub keine thermische Schädigung der Fügepartner erfolgt. Um dies zu gewährleisten, kann z. B. eine Prozessregelung über die berührungslos arbeitende Pyrometrie erfolgen.

8.6.3 Simultanschweißen

Als Schweißparameter stehen zur Verfügung:

- Laserleistung (Gesamtleistung der Dioden bzw. Einzelleistung),
- Bestrahlungszeit,
- Fügedruck,
- Fügeweg,
- Haltezeit.

Im Allgemeinen wird die Laserleistung aller Dioden einmalig abgeglichen. Fertigungs- oder montagebedingte Unterschiede der Dioden sowie des Kunststoffteiles werden dabei durch unterschiedliche Leistungsansteuerung der Dioden ausgeglichen, um eine gleichmäßige Schmelzebildung über die gesamte Schweißnaht zu erhalten. Diese Einstellung wird meist nur langfristig verändert, um beim Austausch von Dioden oder Alterung derselben das Optimum erneut einzustellen. Es ist möglich, die Ausgangsleistung der einzelnen Dioden zu messen und bei Leistungsänderung nachzuführen. Um die Bestrahlungszeit gering zu halten, ist man bestrebt, bei der Auswahl der Dioden deren Leistung möglichst hoch zu wählen, ohne jedoch die Fügepartner thermisch zu schädigen. Als Regelgröße für den Schweißprozess verbleiben die Bestrahlungszeit (Zeitschweißung) bzw. der Fügeweg (Wegschweißung). Im Gegensatz zum Masken- oder Konturschweißen bieten die simultanen Schweißverfahren durch das definierte Abschmelzen die Möglichkeit des Toleranzausgleiches der Bauteile. Hierbei wird der transparente Fügepartner erst zeitverzögert, nach Abschmelzen der Toleranzen und erfolgtem Kontakt mit dem absorbierenden Fügepartner, aufgeschmolzen. Generell gilt, eine hohe Festigkeit ist nur bei Erzeugung einer ausreichenden Schmelze zu erzielen. Daher ist auf geringe Bauteiltoleranzen zu achten, um die benötigte Bestrahlungszeit gering zu halten.

8.6.4 Quasi-Simultanschweißen

- Als Schweißparameter stehen zur Verfügung:

- Laserleistung,
- Scangeschwindigkeit,
- Strahldurchmesser,
- Fügedruck,
- Fügeweg,
- Haltezeit.

Die Laserleistung, die Scangeschwindigkeit und der Fügedruck sind beim Quasi-Simultanschweißen die wichtigsten Einstellparameter und müssen der Fügeaufgabe angepasst werden. Bei Materialien mit geringer Transmission kann die Laserleistung bei hoher Scangeschwindigkeit und großen Schweißnahtlängen evtl. nicht ausreichen, um ein Aufschmelzen innerhalb einer akzeptablen Prozesszeit zu ermöglichen. Der Fügedruck ist einstellbar, kann aber oft durch den Bauteilverzug nur in engen Grenzen variiert werden. Der Fügeweg wird als Prozessabschaltkriterium vorgegeben, sollte aber die in der Schweißnaht vorgesehene maximale Schweißwegzugabe nicht überschreiten. Durch ein definiertes Abschmelzen ermöglicht dieses Verfahren einen Toleranzausgleich der Bauteile.

9 Maßnahmen zur Qualitätssicherung

Im Folgenden sind Maßnahmen zur Qualitätssicherung im Fertigungsprozess angegeben, deren Umfang und Anforderungen grundsätzlich zu vereinbaren sind. Eine genauere Beschreibung der Maßnahmen wird zurzeit im Beiblatt „Prozessbeobachtung, -steuerung, -regelung, Qualitätsbeurteilung" erarbeitet.

9.1 Überwachung vor dem Laserschweißprozess

Unerlässlich für das Laserdurchstrahlschweißen von Kunststoffen ist die Transparenz für Laserstrahlung (NIR-Bereich) eines der beiden Schweißpartner. Diese kann sich durch verschiedenste Ursachen (Alterung, Additive, Mischungsverhältnis, Spritzgießparameter, Verunreinigung etc.) ändern und lässt sich oft auch nicht mittels Sichtprüfung kontrollieren. IR-Spektroskopie ist eine Möglichkeit, die Lasertransparenz zu bestimmen. Dies kann entweder inline, dem Laserschweißprozess direkt vorgeschaltet, geschehen oder stichprobenartig. So können im Vorfeld unschweißbare bzw. nur ungenügend schweißbare Teile aussortiert werden. Nähere Informationen dazu sind auch im Beiblatt 1 zur Richtlinie 2243 „Bestimmung des Transmissionsgrades T des laserstrahltransparenten Fügepartners beim Laserdurchstrahlschweißen von Thermoplasten" zu finden.

9.2 Überwachung während des Schweißprozesses

9.2.1 Temperatur

Jeder Kunststoff gibt ein Verarbeitungsfenster vor, das durch Erweichungstemperatur und Zersetzungstemperatur definiert wird. Als Maß für die Temperatur kann die Wärmestrahlung aus der Fügezone herangezogen werden. Diese lässt sich beim Laserdurchstrahlschweißen z. B. mittels eines pyrometrisch arbeitenden Sensors berührungslos erfassen und wird zur Auswertung und Regelung herangezogen.

9.2.2 Fügeweg

Bei bestimmten Verfahrensprinzipien des Laserdurchstrahlschweißens kann der Fügeweg gemessen und zur Prozessüberwachung herangezogen werden. Er wird mittels geeigneter Wegaufnehmer während des Schweißens bestimmt. Mithilfe dieser Messgröße lässt sich der Schweißprozess weggesteuert durchführen, indem nach Erreichen des vorgegebenen Weges der Prozess gestoppt wird. So kann die Maßhaltigkeit des geschweißten Bauteils in Fügerichtung gewährleistet werden. Auch bei zeitgesteuerter Prozessführung lässt sich der gemessene Fügeweg als Prozessgröße zur Überwachung heranziehen.

9.2.3 Fügekraft/Fügedruck

Die Kraftmessung während des Schweißprozesses kann zur Überwachung vor allem bei Verfahrensprinzipien, die ohne Fügeweg arbeiten, und beim Simultanschweißen eingesetzt werden. Eingesetzt werden Sensoren, die beispielweise auf dem piezoelektrischen Prinzip beruhen, und den zeitlichen Verlauf der Kraft über den Schweißprozess erfassen. Jeder Schweißprozess zeigt einen charakteristischen Kraftverlauf mit einem Ansteigen der Kraft während des Schweißvorgangs, der sich aufgrund der Wärmedehnung in der Erwärmphase ergibt. Ebenso charakteristisch ist der Kraftabfall beim Abkühlen der Bauteile. Unstetigkeiten des Kraftverlaufs oder Kraftspitzen weisen auf Fehler beim Schweißprozess hin.

9.3 Konstruktions- und Prozess-FMEA
Siehe Richtlinie DVS 2230-1.

9.4 Maschinen- und Prozessfähigkeitsuntersuchung
Siehe Richtlinie DVS 2230-1.

9.5 Eingangsprüfung der Fügeteile
Siehe Richtlinie DVS 2230-1.

9.6 Qualitätsregelkarte in der laufenden Fertigung
Siehe Richtlinie DVS 2230-1.

9.7 Statistische Prozesskontrolle (SPC)
Siehe Richtlinie DVS 2230-1.

10 Prüfen von Schweißverbindungen

Für die Prüfung von Schweißverbindungen an Formteilen können Methoden der zerstörungsfreien und/oder der zerstörenden Prüfung gewählt werden. Die Wahl richtet sich nach den Praxisanforderungen. Sie ist zwischen Lieferant und Abnehmer zu vereinbaren.

In der Regel werden geschweißte Formteile einer Belastungs- oder Gebrauchstauglichkeitsprüfung ausgesetzt. Bei diesen Fertigteilprüfungen wird neben der Schweißnaht auch die Belastbarkeit der Gesamtkonstruktion geprüft. Daneben können – sofern möglich – aus dem Formteil entnommene Schweißproben geprüft werden. Nachstehend sind einige Methoden aufgeführt.

10.1 Nahtqualitätsdefinition

Die Qualität einer Laserschweißnaht wird meist nach folgenden Kriterien bewertet: (Eine detaillierte Beschreibung in Form eines Beiblattes ist in Bearbeitung, siehe auch Abschnitt 9.)

- Festigkeit,
- Dichtigkeit,
- Optik,
- Haptik.

10.2 Zerstörungsfreie Prüfungen

10.2.1 Visuelle Prüfungen

Bestimmte mit dem Auge oder gegebenenfalls dem Lichtmikroskop sichtbare Verfärbungen sind Anzeichen für eine thermische Schädigung. Ebenfalls kann mit den gleichen Hilfsmitteln die Maßhaltigkeit in Hinblick auf Verzug des Formteils festgestellt werden. Bei Bauteilen, deren lasertransparenter Schweißpartner auch für das menschliche Auge transparent ist, ist die Schweißnaht direkt sichtbar. Fehler wie ungleichmäßige oder nicht geschlossene Schweißnähte können sofort erkannt werden.

10.2.2 Ultraschall- und Röntgenprüfung

Grundsätzlich ist die Eignung dieser Verfahren abhängig von Formteilgröße und -geometrie, der Schweißnahtbreite, der Auflösung des eingesetzten Detektors sowie dem Füllgrad des Grundmaterials. Mit diesen Verfahren können Bindefehler, Schrumpflunker, Vakuolen, Blasen und Fremdkörper nachgewiesen werden.

10.2.3 Dichtheitsprüfung

Je nach Einsatzgebiet und Formgebung werden die Innen- oder Außendruckprüfung (Gas- oder Flüssigkeitsprüfung) nach festgelegten Druck- und Leckagewerten eingesetzt. (Hinweis: Dichtigkeitsprüfungen können u. U. auch zerstörende Prüfverfahren sein.)

10.2.4 Thermographie

Thermografie ist die optische Darstellung der Wärmeverteilung auf Oberflächen mithilfe einer Wärmebildkamera. Dabei wird das zu untersuchende Objekt nicht verändert, da die Messung berührungslos erfolgt. Mit dieser Methode kann unmittelbar während oder nach dem Schweißen die Verteilung der Wärmestrahlung in der Schweißnaht und deren Umgebung sichtbar gemacht werden. Die Fügezone muss für die Thermographiekamera einsehbar sein. Das örtliche Auflösungsvermögen der Kameraoptik bzw. das thermische Auflösungsvermögen des Temperaturdetektors beeinflusst die Aussagefähigkeit der Aufnahmen. Temperaturdifferenzen von mehreren Kelvin lassen auf Spaltbildung oder unterschiedliche Schmelzetemperatur in der Fügenaht schließen, was im Allgemeinen mit einer Beeinträchtigung der Fügenahtfestigkeit verbunden ist.

10.2.5 Weitere Verfahren

Prinzipiell sind weitere zerstörungsfreie Verfahren denkbar, z. B.:

- Laserscanmikroskopie,
- Computertomographie,
- Ultraschall-Lock-In-Thermographie,
- Terahertz-Spektroskopie.

Deren Eignung ist im Einzelfall zu prüfen.

10.3 Zerstörende Prüfungen

Mit den zerstörenden Prüfungen kann an Formteilen, daraus entnommenen Proben oder an vereinfachten Probeteilen mit vergleichbarer Schweißnahtgeometrie (z. B. zur Untersuchung von Parametervariationen) die Nahtqualität festgestellt werden.

Für den quasistatischen Bereich der klassischen, mechanisch-technologischen Prüfungen (Zug-, Schlagzug-, Zeitstand-Zug-, Biegeversuch) sei auf die Richtlinie DVS 2203 „Prüfen von Schweißverbindungen aus thermoplastischen Kunststoffen“ verwiesen.

10.3.1 Bauteilprüfung

Praxisüblich sind einzelfallabhängige Bauteilprüfungen, die sowohl quasistatischer (Berstdruckprüfung, Belastungsprüfung unter Medieneinfluss, Falltest) als auch zyklischer Natur (Biegewechsel-, Innen- oder Außendruckwechsel-, Temperaturwechsel-, Schwingungsversuche) sein können.

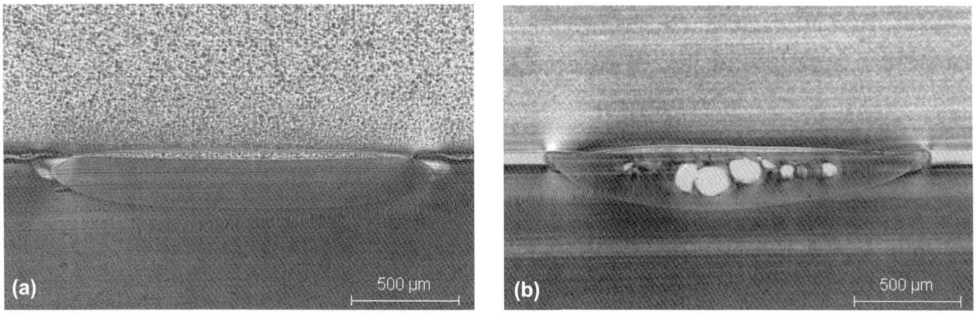

Bild 13. Dünnschliffe des Fügenahtbereiches einer fehlerfreien (a) und einer Schweißnaht mit Lufteinschlüssen (b) in Polyamid 66.
[Quelle: M. Reckmann, V. Mittenzwei, U. A. Russek, Thermal Process Modelling for Laser Welding of Polymers – Simplification of Process Qualification and Method Choice to Accelerate Industrial Implementation, Oral Presentation, International Conference, Laser in Manufacturing LIM 2011, München 25.05.2011]

10.3.2 Materialographie

In der Praxis haben sich Dünnschnitte, Anschliffe oder Dünnschliffe eines vorher aus dem Formteil herausgetrennten Fügenahtbereiches mit anschließender lichtmikroskopischer Analyse zur Beurteilung der Schweißnaht als hilfreich erwiesen. Schweißlinsen-Ausprägung, Blasen- oder Fremdkörpereinschlüsse, Ausprägung von Sphärolithen („Kristallinität") können erkannt und beurteilt werden. Damit können die zerstörenden Prüfungen zur Klärung der Ausfallursache eines Bauteils dienen. Bild 13 zeigt den Querschnitt einer Schweißnaht in Polyamid 66. Die linke Seite (a) zeigt eine fehlerfreie Schweißnaht, die rechte Seite (b) eine Schweißnaht mit Lufteinschlüssen. Bei falscher Prozessparameterwahl kann es zu thermischer Zersetzung oder Lunkerbildung kommen.

Zur Beurteilung von Oberflächencharakteristika (Bruchzonenausbildung/-topographie nach zerstörender Prüfung) können fraktographische Untersuchungen mit einem Licht- oder Rasterelektronenmikroskop (REM) durchgeführt werden.

11 Sicherheitsvorschriften

Das Gesetz über technische Arbeitsmittel (Gerätesicherheitsgesetz) schreibt vor, dass technische Arbeitsmittel nur dann in den Verkehr gebracht werden dürfen, wenn sie den Arbeitsschutz- und den Unfallverhütungsvorschriften entsprechen. Es gelten hierfür die Vorschriften, die in Abschnitt 12 mit aufgeführt sind.

Je nach Werkstoff und Anwendungsfall müssen bei dem Schweißprozess entstehende Dämpfe abgesaugt werden. Dies gilt vor allem dann, wenn die Bauteile aus Formstoffen gefertigt werden, die Brandschutzmittel oder bei der Schweißtemperatur flüchtige Zusatzstoffe enthalten. Werden beim Laserstrahlschweißen sehr hohe Temperaturen erzeugt, ist auf die Selbstentzündungstemperatur und auf die zulässige maximale Arbeitsplatzkonzentration (MAK-Werte) zu achten.

Des Weiteren gelten die Unfallverhütungsvorschriften für Laserstrahlung (BGV B2). Diese werden von der Berufsgenossenschaft der Feinmechanik und Elektrotechnik herausgegeben und gelten für die Erzeugung, Übertragung und Anwendung von Laserstrahlung. Die Vorschriften der Medizingeräteverordnung bleiben unberührt.

Diese Unfallverhütungsvorschrift enthält im Wesentlichen Forderungen hinsichtlich des Schutzes vor gesundheitsgefährdender Laserstrahlung.

12 Schrifttum

Auf die aktuelle Schutzrechtlage ist stets zu achten.

Regelwerk

DIN EN ISO 1043	Kunststoffe – Kennbuchstaben und Kurzzeichen
DIN EN ISO 9000	Qualitätsmanagementsysteme – Grundlagen und Begriffe
DIN EN ISO 9001	Qualitätsmanagementsysteme – Anforderungen
DIN EN ISO 9004	Leiten und Lenken für den nachhaltigen Erfolg einer Organisation – Ein Qualitätsmanagementansatz
DIN EN ISO 11553-1	Sicherheit von Maschinen – Laserbearbeitungsmaschinen – Teil 1: Allgemeine Sicherheitsanforderungen
DIN EN 12814-1	Prüfung von Schweißverbindungen aus thermoplastischen Kunststoffen – Teil 1: Biegeversuch
DIN EN 12814-2	Prüfen von Schweißverbindungen aus thermoplastischen Kunststoffen – Teil 2: Zugversuch
DIN EN 12814-3	Prüfen von Schweißverbindungen aus thermoplastischen Kunststoffen – Teil 3: Zeitstand-Zugversuch
DIN EN 12814-4	Prüfen von Schweißverbindungen aus thermoplastischen Kunststoffen – Teil 4: Schälversuch
DIN EN 12814-5	Prüfen von Schweißverbindungen aus thermoplastischen Kunststoffen – Teil 5: Makroskopische Untersuchung
DIN EN 12814-6	Prüfen von Schweißverbindungen aus thermoplastischen Kunststoffen – Teil 6: Zugversuch bei tiefen Temperaturen
DIN EN 12814-7	Prüfen von Schweißverbindungen aus thermoplastischen Kunststoffen – Teil 7: Zugversuch an Probekörpern mit Rundkerbe
DIN EN 12814-8	Prüfen von Schweißverbindungen aus thermoplastischen Kunststoffen – Teil 8: Anforderungen
DIN EN 60825-1	Sicherheit von Lasereinrichtungen – Teil 1: Klassifizierung von Anlagen und Anforderungen
DIN 1910-3	Schweißen; Schweißen von Kunststoffen – Verfahren
DIN 16960-1	Schweißen von thermoplastischen Kunststoffen – Grundsätze

Richtlinie DVS 2203-1 bis -5	Prüfen von Schweißverbindungen aus thermoplastischen Kunststoffen
Richtlinie DVS 2215-1	Heizelementschweißen von Formteilen aus thermoplastischen Kunststoffen in der Serienfertigung
Richtlinie DVS 2230-1	Schweißen von Kunststoffserienteilen – Qualitätssicherung, Prüfung
Richtlinie Nr. 1.3.6	Richtlinie für Maschinen zur Be- und Verarbeitung von Kunststoffen (ausgenommen Kunststoff-Spritzgießmaschinen); Schweißmaschinen und Schweißeinrichtungen. Berufsgenossenschaft der Chemischen Industrie – Kunststoffverarbeitung
BGV A2	Elektrische Anlagen und Betriebsmittel mit Durchführungsanweisungen – (Unfallverhütungsvorschrift)
BGV B2	Unfallverhütungsvorschriften für Laserstrahlung
BGV B3	Unfallverhütungsvorschrift „Lärm" (Ausgabe 01/1997)
EG Richtlinie 186/188/EWG	„Lärm am Arbeitsplatz" vom 12.5.1986

Literatur

Gillner, A.: Laser in der Kunststofftechnik, Hüthig Verlag, 2009.

Klein, R.: Laser Welding of Plastics – Materials, Processes and Industrial Applications. Wiley-VCH, Berlin 2011.

Poprawe, R.: Tailored Light 2: Laser Application Technology. Springer Verlag, London 2011.

Russek, U. A.: Laserschweißen von Kunststoffen – Grundlagen, Einflussgrößen, Anwendungen. Süddeutscher Verlag onpact GmbH, München, Die Bibliothek der Technik, Band 319, 2009.

Russek, U. A.: Prozesstechnische Aspekte des Laserdurchstrahlschweißen von Thermoplasten, Dissertation, Shaker-Verlag, 2006.

DVS-Taschenbuch: DVS-Merkblätter und -Richtlinien – Fügen von Kunststoffen. Band 68/IV, 4. Auflage, DVS Media GmbH, Düsseldorf 1991.

Fachzeitschrift: Fügen von Kunststoffen – Joining Plastics. DVS Media GmbH, Düsseldorf.

Anhang: Ausgewählte Anwendungsbeispiele

Bild 13.1 Designer-Stuhl „Mr. Impossible".

- Bauteil: Designer-Stuhl (Sitzschale in Gestell)
- Material: transparentes Gestell: PC
  absorbierende Sitzschale: PC eingefärbt (verschiedene Farben und klar)
- Verfahren: Konturschweißen
- Laserquelle: Diode, λ = 980 nm
- Laserleistung: 100 W
- Vorschub: ca. 50 bis 100 mm/s (abhängig von Einfärbung)
- Maschinenhersteller: bielomatik Leuze GmbH + Co. KG

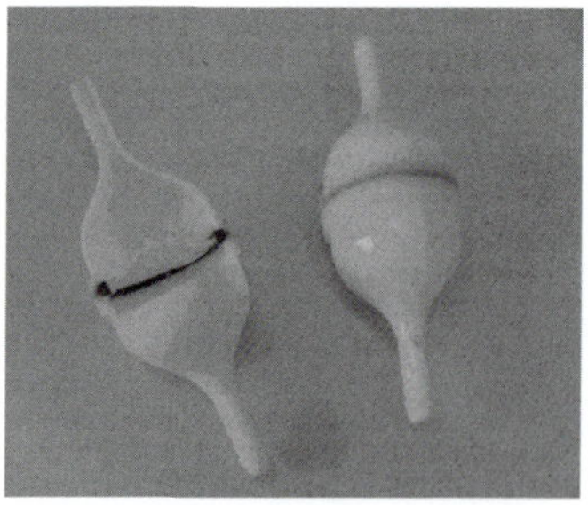

Bild 13.2 Filter.

- Bauteil: Filter
- Material: POM
- Verfahren: Simultanschweißen
- Laserquelle: Diode, λ = 980 nm
- Laserleistung: 200 W
- Maschinenhersteller: Branson Ultraschall

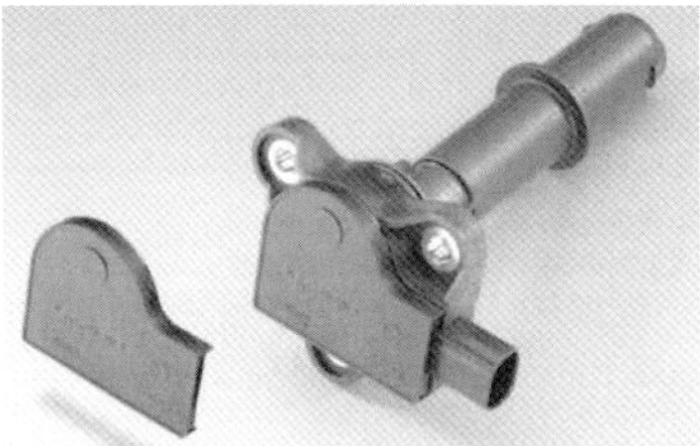

Bild 13.3 Ölsensor.

- Bauteil: Ölsensor
- Material: transparenter Deckel: PA66-GF30
  absorbierendes Gehäuse: PA66-GF30
- Verfahren: Quasi-Simultanschweißen
- Laserquelle: Nd:YAG λ = 1.064 nm
- Laserleistung: 250 W
- Schweißzeit: 1,5 s
- Scangeschwindigkeit: ca. 1.000 bis 3.000 mm/s
- Maschinenhersteller: bielomatik Leuze GmbH + Co. KG

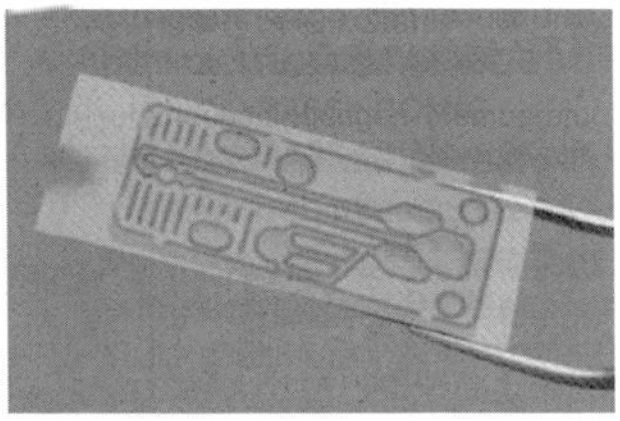

Bild 13.4 TWIST-Beispiel.

- Bauteil: Mikrofluidikbauteil
- Material: transparentes Bauteil: PMMA
  absorbierendes Bauteil: PMMA
- Verfahren: TWIST
- Laserquelle: Faserlaser
- Laserleistung: 5 W
- Linienlänge: 650 mm
- Vorschub: 250 mm/s
- Maschinenhersteller: Fraunhofer ILT

Bild 13.5 Rückleuchte.

- Bauteil: Rückleuchte (Prototyp)
- Material: transparentes Bauteil: PC, auch PMMA
  absorbierendes Bauteil: PC/ABS, auch ABS
- Verfahren: Globo-Schweißen
- Laserquelle: Diode, λ = 940 nm
- Laserleistung: ~ 20 W
- Linienlänge: 86 mm
- Vorschub: 100 mm/s
- Maschinenhersteller: Leister Process Technologies

Bild 13.6 Mikrofluidik.

- Bauteil: Filter
- Bauteil: Mikrofluidik (~10 mm x 20 mm)
- Material: transparentes Bauteil: PC natur
  absorbierendes Bauteil: PC schwarz
- Verfahren: Masken-Schweißen
- Laserquelle: Diode, λ = 940 nm
- Laserleistung: < 50 W
- Vorschub: 100 mm/s
- Maschinenhersteller: Leister Process Technologies

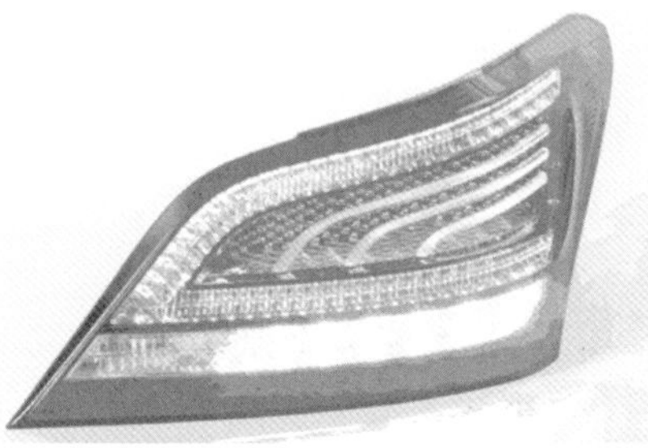

Bild 13.7 Rückleuchte.

- Bauteil: Rückleuchte
- Material: transparentes Bauteil: PMMA
  absorbierendes Bauteil: ABS
- Verfahren: Twinweld
- Laserquelle: Diode, λ = 980 nm
  + Halogenstrahler, kontinuierliches Spektrum bis 1.200 nm
- Laserleistung: ~ 100 W
- Leistung: Halogenstrahler: max. 750 W
- Schweißnahtlänge: ~ 1.500 mm
- Vorschub: 120 bis 150 mm/s
- Maschinenhersteller: LPKF Laser & Electronics AG

August 2007

DVS – DEUTSCHER VERBAND FÜR SCHWEISSEN UND VERWANDTE VERFAHREN E.V.	Bestimmung des Transmissionsgrades des laserstrahltransparenten Fügepartners beim Laserdurchstrahlschweißen von Thermoplasten	DVS Richtlinie DVS 2243 Beiblatt 1

Inhalt:

1 Vorwort

Die optischen Eigenschaften der Thermoplaste bestimmen ihre Wechselwirkung mit der Laserstrahlung und damit die definierte räumliche und zeitliche Energieeinbringung und -umwandlung. Die optischen Eigenschaften der Thermoplaste sind herstellungs-, material-, wellenlängen- und temperaturabhängig.

Die relevanten Prozessgrößen sind:

- Reflexionsgrad R
- Transmissionsgrad T
- Absorptionsgrad A

Der durch Reflexion am und Absorption im laserstrahltransparenten Fügepartner verursachte Strahlungsflussverlust führt zu einer verringerten Laserstrahlungsintensität auf dem absorbierenden Fügepartner. Entsprechend der Energieerhaltung kann aus dem Transmissionsgrad T und dem Reflexionsgrad R der Absorptionsgrad A nach A = 1 – T – R bestimmt werden. Um die Einsatzfähigkeit des laserstrahltransparenten Fügepartners für das Laserdurchstrahlschweißen sowie die im Fügebereich zur Verfügung stehende Laserstrahlleistung zu bestimmen ist die Messung des Transmissionsgrades T notwendig.

2 Ziele der Messung

- Bestimmung des Transmissionsgrades T
- Die Kenntnis des spektralen Verhaltens liefert eine Entscheidungshilfe bei
  - Auswahl der Laserstrahlwellenlänge und damit der Laserstrahlquelle
  - Auswahl der Dicke des laserstrahltransparenten Fügepartners
  - Auswahl des Werkstoffes
  - Auswahl zu verwendender spektral wirkender Zusätze (Farbmittel)
  - Bestimmung der benötigten Laserstrahlleistung

3 Begriffsdefinition

Eine elektromagnetische Welle, die auf ein homogenes Medium auftrifft kann entweder reflektiert, transmittiert oder absorbiert werden. Die physikalischen Prozesse Reflexion, Transmission und Absorption werden dabei durch Kennzahlen (Grade, Koeffizienten) beschrieben, die im Allgemeinen material-, wellenlängen- und temperaturabhängig sind. Bei optisch inhomogenen Medien (z.B. durch Zusatzstoffe wie Glasfasern) kommt noch die Streuung der einfallenden Strahlung im Medium hinzu. Die Grade beziehen sich stets auf eine bestimmte Materialdicke. Die Koeffizienten sind hingegen dickenunabhängige Kenngrößen.

Trifft elektromagnetische Strahlung (Φ_O) auf einen Thermoplasten (Bild 1) wird ein Teil der Strahlung (Φ_{OR}) an der Oberfläche reflektiert. Der restliche Strahlungsfluss tritt in den Werkstoff ($\Phi_{i,t}$) ein, kann diesen durchdringen ($\Phi_{i,a}$), durch Streuung (Φ_{VR} , Φ_S) und Rückreflexion (Φ_{RR}) den Thermoplasten wieder verlassen oder in diesem verbleiben und absorbiert (Φ_A, δ_{OPT}) werden. Bild 1 stellt die Verhältnisse schematisch dar.

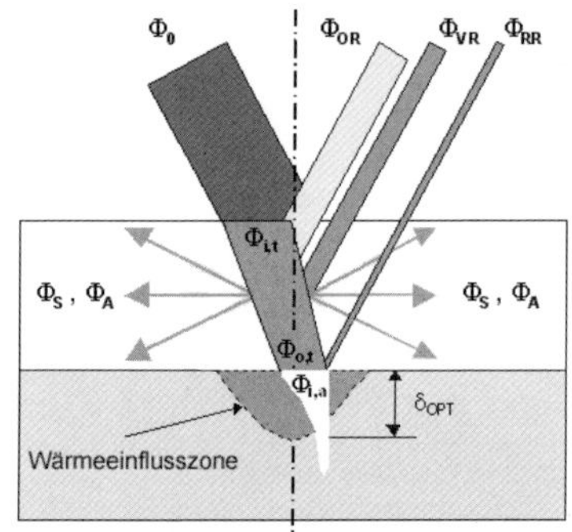

Bild 1. Schematische Darstellung der elektromagnetischen Strahlungsflüsse beim Laserdurchstrahlschweißen.

Φ_0 = einfallender Strahlungsfluss
Φ_{OR} = an der Oberfläche reflektierter Strahlungsfluss
Φ_{VR} = im Volumen reflektierter, gestreuter Strahlungsfluss (innere Streuung)
Φ_{RR} = an der Grenzschicht reflektierter Strahlungsfluss
Φ_S = gestreuter, nicht austretender Strahlungsfluss (innere Streuung)
Φ_A = im transparenten Fügepartner absorbierter Strahlungsfluss
$\Phi_{i,t}$ = in den transparenten Fügepartner eintretender Strahlungsfluss
$\Phi_{o,t}$ = aus dem transparenten Fügepartner austretender Strahlungsfluss
$\Phi_{i,a}$ = in den absorbierenden Fügepartner eintretender Strahlungsfluss
δ_{Opt} = optische Eindringtiefe

DVS, Ausschuss für Technik, Arbeitsgruppe „Fügen von Kunststoffen“

Bezug: Verlag für Schweißen und verwandte Verfahren DVS-Verlag GmbH, Postfach 10 19 65, 40010 Düsseldorf, Telefon (02 11) 15 91- 0, Telefax (02 11) 1591-150

Der einfallende Strahlungsfluss Φ_0 kann monochromatisch sein, d. h. er korrespondiert zu nur einer Wellenlänge (einfarbig), oder spektral verbreitert sein, d. h. mehr als eine Wellenlänge bilden ein Wellenlängenspektrum.

Die Größen, die das optische Verhalten charakterisieren, können spektroskopisch bestimmt werden.

Reflexionsgrad: $R = \Phi_R / \Phi_0 = (\Phi_{OR} + \Phi_{VR} + \Phi_{RR}) / \Phi_0$
Verhältnis von reflektiertem zu einfallendem Strahlungsfluss

Der Reflexionsgrad ist der Anteil des auftreffenden Strahlungsflusses, der von einem Bauteil reflektiert wird. Normalerweise wird er für den senkrechten Lichteinfall angegeben. Die Reflexion kann durch die Fresnel-Gleichungen beschrieben werden.

Transmissionsgrad: $T = \Phi_{o,t} / \Phi_0$
Verhältnis von transmittiertem zu einfallendem Strahlungsfluss

Der Transmissionsgrad ist der Anteil des einfallenden Strahlungsflusses, der ein transparentes Bauteil komplett durchdringt. Normalerweise wird er für senkrechten Lichteinfall angegeben.

Der Transmissionskoeffizient ist die Menge des durch eine Längeneinheit in einem teiltransparenten Medium direkt transmittierten Lichtes, im Verhältnis zu der Menge, die die gleiche Strecke durch ein Vakuum zurücklegen würde.

Absorptionsgrad: $A = 1 – R – T$
Verhältnis von absorbiertem zu einfallendem Strahlungsfluss

Die Absorption ist die Aufnahme von Strahlungsenergie an einer Oberfläche oder in einem Medium, verursacht durch die Umwandlung in eine andere Energieform, normalerweise Wärme, durch die Wechselwirkung des Strahlungsfeldes mit der Materie. Das Verhältnis zwischen absorbiertem *Strahlungsfluss* zum einfallenden Strahlungsfluss wird Absorptionsgrad oder auch Absorptionsfaktor genannt. Die Einheit des Absorptionsgrads ist Prozent (%) oder ein Faktor zwischen 0 und 1.

Den Anteil des Lichtes, der pro Einheit der Distanz in einem teiltransparenten Medium absorbiert wird, beziffert der Absorptionskoeffizient. Die Einheit des Absorptionskoeffizienten ist *Anteile pro Meter* (1/m).

Entsprechend der **Energieerhaltung** gilt: $R + T + A = 1$

Die **optische Eindringtiefe** δ_{OPT} des absorbierenden Fügepartners ist die Kopplungsgröße des elektromagnetischen Feldes an die Materie. Sie ist ein Maß für die räumliche Ausprägung der Wechselwirkung (Absorption) und damit für die sich durch Energieumwandlung einstellende Energiedichteverteilung. Die optische Eindringtiefe δ_{OPT} entspricht der Materialtiefe, bei der der ursprüngliche Strahlungsfluss auf 1/e = 36,78 % abgefallen ist.

Ein Thermoplast wird bei einer bestimmten Laserstrahlwellenlänge als **laserstrahltransparent** bezeichnet, wenn durch ihn eine ausreichende Menge der Laserstrahlung hindurch tritt und er als „transparenter Fügepartner" beim Laserstrahlschweißen verwendet werden kann. Entsprechend wird ein Thermoplast bei einer bestimmten Laserstrahlwellenlänge als **laserstrahlabsorbierend** bezeichnet, wenn durch ihn eine ausreichende Menge der Laserstrahlung in Wärme umgewandelt wird, so dass er als „absorbierender Fügepartner" beim Laserstrahlschweißen verwendet werden kann.

Ein Laserstrahl wird in erster Linie durch die Wellenlänge der Laserstrahlung, die Leistungsdichteverteilung und die Laserstrahlleistung charakterisiert. Die Laserstrahlleistung pro Flächeneinheit wird als **Intensität** bezeichnet.

4 Messprinzipien

4.1 Leistungsmessung

Die Ermittlung des Transmissionsgrades T mittels Laserleistungsmessgeräten geschieht über die Verhältnisbildung zweier Laserleistungsmessungen. Zunächst wird die Laserstrahlleistung P_0 des Laserstrahles ohne Probe bestimmt. Anschließend wird die Laserstrahlleistung P_P nach Durchgang des Laserstrahles durch die Probe gemessen. Durch Division des Leistungswertes mit Probe durch den ohne Probe erhält man den Transmissionsgrad $T = P_P / P_0$. Dabei gilt der bestimmte Transmissionsgrad T nur für die Wellenlänge der verwendeten Laserstrahlung.

4.2 Photometrische Messung

Die Ermittlung des Transmissionsgrades T mittels photometrischer Messgeräte geschieht über die Verhältnisbildung zweier elektrischer Signale, die durch unterschiedliche Strahlungsflüsse erzeugt werden. Der Strahlungsfluss von Glühlampen oder Leuchtdioden, die in einem schmalen Wellenlängenbereich emittieren, trifft auf einen photometrischen Detektor, der ein elektrisches Signal entsprechend dem Strahlungsfluss erzeugt. Die Wellenlängenselektion bzw. die Einschränkung des Wellenlängenbereiches kann durch optische Filter geschehen.

Die Division des Signalwertes S_P mit Probe mit dem Signalwert S_0 ohne Probe im Strahlengang liefert den Transmissionsgrad $T = S_P / S_0$. Dabei ist der bestimmte Transmissionsgrad T ein Mittelwert über den verwendeten Wellenlängenbereich. Der Strahlungsfluss der verwendeten Messstrahlung ist sehr viel geringer als der Strahlungsfluss der zum Schweißen verwendeten Laserstrahlung.

4.3 Spektrale Messung

In einem Spektralphotometer wird über Prismen oder Beugungsgitter das Licht nach Wellenlängen zerlegt. Über Blenden wird die Probe nacheinander mit den verschiedenen Wellenlängen des gewählten Bereiches bestrahlt. Ein hinter der Probe befindlicher Detektor erfasst die Lichtmenge der transmittierten Strahlung nach Wellenlängen aufgelöst.

Beim häufig verwendeten Zweistrahl-Spektralphotometer wird der Strahl aufgeteilt, wobei ein Teil direkt auf einen Detektor trifft, während der andere durch die Probe strahlt. Hierbei entfällt eine Referenzmessung. Die gemessenen Werte können direkt für jede Wellenlänge ins Verhältnis gesetzt werden und es ergibt sich der nach Wellenlängen aufgelöste Transmissionsgrad der Probe, das Transmissionsspektrum $T_\lambda = P_{P,\lambda} / P_{0,\lambda}$.

Zum Einsatz kommen Geräte im kurzwelligeren Bereich mit der Bezeichnung UV-VIS-NIR-Spektralphotometer, die einen Wellenlängenbereich von etwa 180 nm bis 3000 nm abdecken können. Im Wellenlängenbereich zwischen 700 nm und 25000 nm kommen sogenannten FTIR-Spektralphotometer zum Einsatz.

Mit Hilfe von Spektralphotometern kann häufig neben dem Transmissionsgrad T auch der Reflexionsgrad R gemessen werden.

4.4 Bewertung der Messprinzipien

Die aufgeführten Messprinzipien eignen sich unterschiedlich gut, je nachdem, welche Aussage durch die Messung getroffen werden soll.

Für einen qualitativen Vergleich verschiedener Proben untereinander eignen sich alle beschriebenen Verfahren gleich gut. Dieser Vergleich erlaubt eine Auswahl der zu schweißenden Materialien und eine bauteil- oder chargenbezogenen Qualitätskontrolle. Er liefert des Weiteren Hinweise für die Dimensionierung der Fügeteile.

Da die photometrische Messung einen Wellenlängenbereich berücksichtigt, ist keine eindeutige Aussage bezüglich des Transmissionsgrades bei einer bestimmten Wellenlängen möglich.

Die anderen Verfahren erlauben die Angabe des Transmissionsgrades bei einer bestimmten Wellenlänge und damit die Auswahl der Laserquelle.

Sofern der zum Schweißen erforderliche Leistungsbedarf aus Schweißversuchen bekannt ist, erlaubt die Leistungsmessung als einziges Messprinzip, die Leistungsdichte beim Schweißen direkt abzuschätzen. Diese Abschätzung ist bei den übrigen Messprinzipien nur bei Kenntnis des Transmissionskoeffizienten möglich. Für eine endgültige Aussage zur Schweißbarkeit sind allerdings Schweißversuche erforderlich.

Tabelle 1. Vergleich der Messprinzipien.

Verfahren \ Ziele	Materialauswahl (Vergleich untereinander)	Qualitätskontrolle	Dimensionierung der Fügeteile	schweißbar/ nicht schweißbar Grenzwertermittlung	Wahl der Wellenlänge (Laserstrahlquelle)	Einschätzung der Leistungsdichte
Leistungsmessung	+	+	+	o	+	+
Photometrische Messung über Wellenlängenbereich	o	o	o	o	–	o
Photometrische Messung definierter Wellenlängen	+	+	+	o	+	o
Spektrale Messung	+	+	+	o	+	o

\+ = geeignet
o = bedingt geeignet, abhängig vom Einzelfall
– = nicht geeignet

5 Prüfkörperbedingte Einflüsse

Folgende Faktoren können das Messergebnis des Transmissionsgrades beeinflussen.

5.1 Wanddicke

Der Transmissionsgrad hängt von der Dicke der zu messenden Probe ab.

Mit zunehmender Wanddicke sinkt der Transmissionsgrad aufgrund der optischen Dämpfung.

Besonders bei teilkristallinen Thermoplasten zeigt sich im für den Spritzguss relevanten Wanddickenbereich von 0,5 bis 4mm ein nichtlinearer Verlauf, wie es in Bild 2 am Beispiel eines glasfaserverstärkten PBT/PET-Blends dargestellt ist.

Bei dünnwandigen teilkristallinen Thermoplasten wirken sich Wanddickenschwankungen stärker auf die Änderung des Transmissionsgrad aus als bei dickwandigen.

Bei amorphen Thermoplasten haben Wanddickenschwankungen im Allgemeinen einen vernachlässigbaren Einfluss auf den Transmissionsgrad.

5.2 Oberflächenstruktur

Die Oberflächenstruktur hat keinen signifikanten Einfluss auf den Transmissionsgrad. Je größer die Oberflächenrauheit des transparenten Fügepartners ist, desto diffuser wird die Reflexion und desto ausgeprägter wird die streuende Wirkung der Oberfläche.

5.3 Morphologie

Die Morphologie (Kristallinität, Gefügestruktur) hat insbesondere bei teilkristallinen Kunststoffen einen Einfluss auf den Transmissionsgrad. Die genauen Zusammenhänge sind Gegenstand aktueller Forschung, so dass allgemein gültige Aussagen noch nicht getroffen werden können.

5.4 Wassergehalt

Der Wassergehalt kann in Abhängigkeit vom Material einen Einfluss auf den Transmissionsgrad haben. Die genauen Zusammenhänge sind Gegenstand aktueller Forschung, so dass allgemein gültige Aussagen noch nicht getroffen werden können.

5.5 Materialtyp

Die Art des eingesetzten Polymerwerkstoffes bestimmt das grundsätzliche Transmissionsverhalten.

Amorphe Thermoplaste zeigen generell deutlich höhere Transmissionsgrade als teilkristalline Thermoplaste.

Tabelle 2. Transmissionsgrad verschiedener Thermoplaste bei einer Wanddicke von 2 mm.

Polymer	Transmissionsgrad in % (bei 1064 nm)
SAN	92
ASA	39
PES	89
PSU	89
PA6	65-70
PA66	74-79
PBT	35-42
POM	49
ABS	49
PS	93
ABS+PA	66
MABS	89
PC	97
PP	76-87
PPS	27
PBT+GF30	25-15
PA6+GF30	55-65

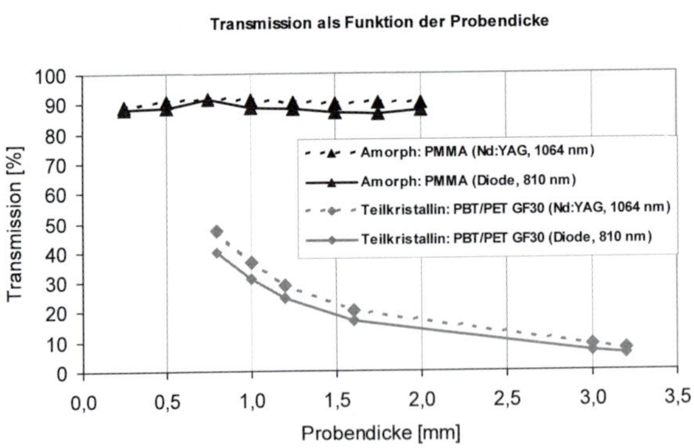

Bild 2.
Transmissionsgrad eines amorphen und eines teilkristallinen Kunststoffes im Vergleich.

5.6 Zusatzstoffe (Füll und Verstärkungsstoffe, Additive und Pigmente)

Die optischen Eigenschaften von Kunststoffen werden durch Zusatzstoffe verändert. Aufgrund der Vielzahl der verwendeten Zusatzstoffe und deren individuellen Einfluss auf das Transmissionsverhalten kann eine allgemein gültige Aussage der Wirkung (Erhöhung oder Verminderung im Vergleich zum Rohmaterial ohne Zusatzstoffe) auf den zu erwartenden Transmissionsgrad nicht getroffen werden. Die meisten Füll- und Verstärkungsstoffe führen zu einer Reduzierung des Transmissionsgrades.

Tabelle 3. Einfluss von Zusatzstoffen auf den Transmissionsgrad bei einer Wanddicke von 2 mm.

Polymer	Transmission in % (bei 1064 nm)
PBT	35-42
PBT+GF30	24
PBT+GF50	17
PA66	74-79
PA66+GF30	56
PA66+GF50	30
PP	76-87
PP+GF30	44
PP+Talkum20	36
PP+Kreide20	28
PA12	87
PA12+Flammschutz10	17

Speziell zu beachten ist, dass der Einfluss von Additiven und Pigmenten wellenlängenspezifisch sein kann. Die Änderung des Transmissionsgrades z. B. im sichtbaren Wellenlängenbereich kann eine andere sein als im nahen oder mittleren IR-Spektralbereich. Somit kann von der Wirkung im Vergleich zum Rohmaterial in einem Wellenlängenbereich nicht direkt auf die Wirkung in anderen Wellenlängenbereiche geschlossen werden.

Daher muss der Einfluss von Zusatzstoffen auf die optischen Eigenschaften individuell messtechnisch bestimmt werden.

5.7 Herstellbedingungen (Spritzgießparameter)

Die optischen Eigenschaften von Kunststoffen werden durch den inneren Aufbau des Kunststoffes beeinflusst. Bei teilkristallinen Thermoplasten wirken die Übergänge zwischen kristallinen und amorphen Bereichen als optische Grenzflächen, an denen Effekte wie Streuung, Beugung und Brechung auftreten, die den Transmissionsgrad beeinflussen. Der Grad der Beeinflussung hängt dabei vom ausgebildeten Gefüge ab. Im Allgemeinen bedingt eine Morphologie mit dicker Randschicht einen höheren Transmissionsgrad, wohingegen ein ausgeprägt sphärolithisches Gefüge den Transmissionsgrad mindert. Die Morphologie wiederum wird durch die Herstellbedingungen beeinflusst, da diese großen Einfluss auf die Kristallisationsvorgänge im erstarrenden Bauteil haben.

Einen besonders signifikanten Einfluss haben beispielsweise die Werkzeugtemperatur, die sich vor allem auf die Randschichtdicke auswirkt, und die Massetemperatur, die die Feinheit des Gefüges beeinflusst. Bei beiden Spritzgießparametern führen niedrigere Temperaturen zu höheren Transmissionsgraden. Bild 3 zeigt diesen Zusammenhang am Beispiel des teilkristallinen Thermoplasten PBT.

Glasfaserverstärkte Typen und PA zeigen ähnliche Effekte. Aus diesem Grund sollten die Spritzgießbedingungen und der Messort bei Vergleichsmessungen genau festgelegt werden.

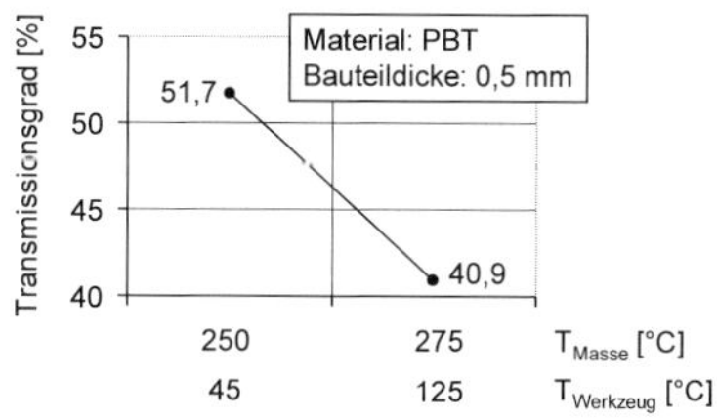

Bild 3. Einfluss der Verarbeitungsbedingungen auf den Transmissionsgrad.

5.8 Probentemperatur

Der Einfluss der Probentemperatur während der Messung des Transmissionsgrades ist im Bereich von 0°C bis 40°C zu vernachlässigen.

6 Messtechnisch bedingte Einflussfaktoren

Um eine gesicherte Aussage über die Transmissionseigenschaften zu erhalten, sind die Messbedingungen reproduzierbar zu gestalten und mögliche Fehlerquellen auszuschließen.

Wesentliche Einflussfaktoren auf die Messergebnisse werden im Folgenden aufgelistet:

Einflussfaktor	Bemerkung
Messgerät	Das Messgerät sollte kalibriert sein und einwandfrei funktionieren.
Messverfahren	Art und Funktion des Messverfahrens, z. B. Spektrometer, IRSpectrometer, Leistungsmesskopf, usw.
Geometrischer Aufbau	Die Platzierung von Messlichtquelle, Probe und Messwertaufnehmer (Sensor) muss einen ungestörten, vollständigen Lichtweg erlauben. Das Licht der Messlichtquelle sollte vollständig auf die Probe gerichtet sein und nicht (teilweise) an der Probe vorbei strahlen. Speziell bei Proben mit starker Streuung, z. B. teilkristalline Kunststoffe oder Werkstoffe mit Zuschlagsstoffen ist zu beachten, dass beim Durchstrahlschweißen überwiegend der gerichtet transmittierte Strahlungsanteil zum Schweißprozess beiträgt.
Einfluss der Leistung der Messlichtquelle	Speziell bei Leistungsmessungen kann die verwendete Lichtleistung einen Einfluss auf die Messung ausüben. Bei zu geringer Leistung verringert sich die Messgenauigkeit, bei zu hoher Leistung kann die Erwärmung der Messprobe zu veränderten Transmissionswerten führen.
Messdauer	Die Messdauer ist dem Ansprechverhalten des Messsensors anzupassen. Bei intensiver Lichteinstrahlung kann durch eine Begrenzung der Messdauer eine Erwärmung der Messprobe vermieden werden.
Probenbeschaffenheit	Die Oberflächen der Proben sollten für die Messung gereinigt und frei von Beschädigungen sein. Kratzer oder Verunreinigungen führen zu verfälschten Messergebnissen.

Proben-temperatur	Die Probentemperatur sollte zu Beginn der Messung immer gleich sein.
Umgebungs-bedingungen	Für eine Messreihe sind die Umgebungsbedingungen konstant zu halten. Fremdlicht ist zu vermeiden.

Im Allgemeinen sind die Messbedingungen für eine spätere Reproduzierung zu protokollieren.

7 Literaturhinweise

Brunnecker, Hofmann: *Laserdurchstrahlschweißen auf dem Prüfstand*; Kunststoffe, Ausgabe 3/2005, Seite 68-71

Pütz, H.: *Bestimmung des optischen Verhaltens von Kunststoffen für die Wechselwirkung mit IR-Laserstrahlung*,Diplomarbeit, FH Aachen, Abt. Jülich, FhG-ILT, Aachen, 1989

Hänsch, D.: *Die optischen Eigenschaften von Polymeren und ihre Bedeutung für das Durchstrahlschweißen mit Diodenlaser*, Dissertation RWTH Aachen, FhG-ILT, 2001

Thürk, O.: *Schweißen und Entgraten thermoplastischer Polymere mit Laserstrahlung*, Dissertation, Universität Hannover, 2001

Haferkamp, H., A. von Busse, M. Hustedt, E. Haberstroh und R. Lützeler: *Pulsed photothermal radiometry – a method to qualify the laser beam weldability of thermoplastics*, Proceedings of Materials Week 2002; München; 30.09.-2.10. 2002. CD-ROM

Haferkamp, H., A. von Busse, M. Hustedt, J. Bunte, E. Haberstroh und R. Lützeler: *Einsatz eines thermografischen Verfahrens zur Bestimmung der Laserstrahlschweißeignung von Kunststoffen bei unterschiedlichen Wellenlängen*, Schweißen und Schneiden. 55 (2003) 9, S. 512-523

von Busse, A.: *Laserdurchstrahlschweißen von Thermoplasten: Werkstoffeinflüsse und Wege zur optimierten Prozessführung,* Dissertation Universität Hannover, 2005

Russek, U.-A.: *Prozesstechnische Aspekte beim Laserstrahlschweißen von Thermoplasten*, Dissertation RWTH Aachen, FhG-ILT

Dezember 2025

DVS VERBAND

Richtlinie
DVS 2244

Richtlinie DVS 2244

Warmgasserienschweißen (WS) von thermoplastischen Kunststoffen

Ausschuss für Technik im DVS

Arbeitsgruppe W4 „Fügen von Kunststoffen“

Untergruppe W4.15 „Warmgasserienschweißen“

Bezug: DVS Media GmbH, Postfach 10 19 65, 40010 Düsseldorf, Telefon: (0211) 1591-0, E-Mail: media@dvs-media.info

Inhalt

1. Geltungsbereich

Diese Richtlinie gilt für das Schweißen von Kunststoffformteilen in der Serienfertigung mittels Warmgas untereinander, wie auch für Kombinationen von Formteilen und Halbzeugen. Das Warmgasserienschweißen ist ein automatisches bzw. halbautomatisches Serienschweißverfahren zum Fügen von thermoplastischen Kunststoffformteilen ohne Schweißzusatz. In der Industrie werden oftmals folgende Verfahrensbezeichnungen für das Warmgasserienschweißen als Synonym verwendet: Warmgasschweißen, Heißgasschweißen, Heißluftschweißen, seltener Warmluftschweißen.

2. Verfahrensbeschreibung

2.1. Abgrenzung zu anderen konvektiven Verfahren

Der Begriff Warmgasschweißen steht als Oberbegriff für alle Schweißverfahren, die eine Erwärmung mittels Konvektion nutzen. Das Warmgasserienschweißen grenzt sich in der Handhabung zu den manuellen/handwerklichen Schweißverfahren ab, die in den Richtlinien des Warmgaszieh- (DVS 2207-3), Warmgasfächel- (DVS 2207-3) sowie Warmgasextrusionsschweißen (DVS 2207-4) beschrieben werden. Die Beschreibungen der einzelnen manuellen Schweißverfahren können den genannten DVS-Richtlinien entnommen werden.

2.2. Verfahrensablauf

Das Warmgasserienschweißen ist ein zweistufiges Schweißverfahren mit berührungsloser Erwärmung der Fügezonen. Die Verfahrbewegung der Fügepartner kann dabei sowohl horizontal als auch vertikal erfolgen. Die Zustellung des Warmgaswerkzeuges erfolgt in aller Regel horizontal. Analog zum Infrarotschweißen (Richtlinie DVS 2228) und Heizelementschweißen mit berührungsloser Erwärmung (Richtlinie DVS 2215-1) gliedert sich der Verfahrensablauf in die aufeinanderfolgenden Prozessphasen: Einfahren, Erwärmen, Umstellen, Fügen und Abkühlen (**Bild 1**).

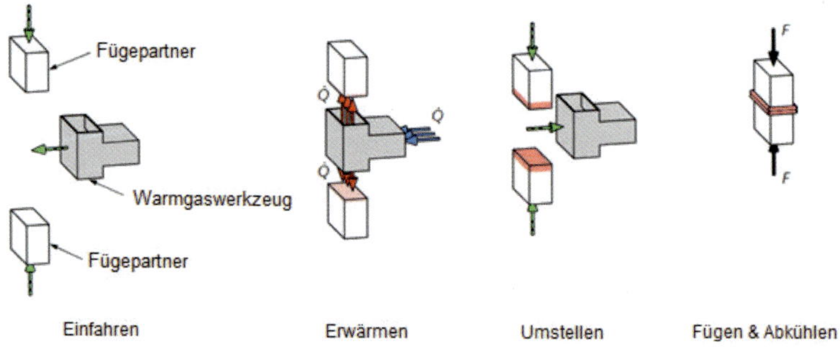

Bild 1: Schematische Darstellung des Verfahrensablaufs für das Warmgasserienschweißen. (hier: vertikale Zustellung der Fügeteile)

Einfahren:
Zunächst werden die Fügepartner in der dafür vorgesehenen Bauteilaufnahme positioniert und ausgerichtet. Der Prozess beginnt mit dem Einfahren des Warmgaswerkzeuges und dem Abstand der Fügepartner zum Heizsystem.

Erwärmen:
Die Erwärmphase beginnt mit der konvektiven Erwärmung der Fügeflächen durch das warme Prozessgas. Nach Ablauf einer definierten Erwärmzeit zur Erzeugung einer ausreichenden Schmelzeschichtdicke wird die Erwärmphase beendet.

Umstellen:
Nach Ende der Erwärmphase fährt das Warmgaswerkzeug in die Grundposition zurück und die Fügepartner werden zusammengefahren. Die hierfür benötigte Umstellzeit sollte so kurz wie möglich sein, da während dieser Phase keine weitere Wärmezufuhr erfolgt und ein Temperaturabfall der Fügeflächen auftritt. Die Umstellzeit resultiert aus der Kinematik und Dynamik der Schweißmaschine.

Fügen und Halten:
In der Fügephase werden die plastifizierten Fügeflächen unter Vorgabe eines spezifischen Fügedrucks oder -weges aufeinandergepresst und gehalten. Zeitgleich kühlt das Bauteil ab und eine stoffschlüssige Verbindung entsteht. Nach Ablauf der Haltezeit kann das gefügte Bauteil entnommen werden.

Grundsätzlich kann beim Fügen zwischen der **weggesteuerten** und der **kraftgeregelten** Prozessführung differenziert werden. Bei der weggesteuerten Prozessführung wird ein vorgegebener Fügeweg als Sollwert definiert. Der Fügedruck ist somit die resultierende Größe aus den in der Erwärmphase erzeugten Schmelzeeigenschaften (Schmelzeschichtdicke und Schmelzeviskosität) und dem eingestellten Fügeweg. Im Gegensatz dazu ist bei der kraftgeregelten Variante die Fügekraft und damit bei konstanter Fügefläche der Fügedruck die Regelgröße und der Fügeweg ergibt sich am Ende der Abkühlzeit.

Der Vorteil der weggesteuerten Prozessführung ist eine konstante Bauteildimension nach dem Schweißen. Es kann jedoch zu abfallender Festigkeit bei Schwindung und Kristallisation des Kunststoffes in der Abkühlphase kommen, da der Abkühldruck in Abhängigkeit der Schwindung verringert wird. Demgegenüber wird durch die Regelung eines konstanten Fügedrucks über die gesamte Abkühlphase gewährleistet, dass die Schwindung des Kunststoffs durch thermische Kontraktion und Kristallisation beim Abkühlen kompensiert wird. Die Kühlzeit in der Schweißmaschine ist so zu wählen, dass die Schweißzone bei Bauteilentnahme eine ausreichende Steifigkeit aufweist.

Die optimale Einstellung der Schweißparameter muss durch Versuche ermittelt werden.

3. Erwärmungsmechanismus

Das Warmgasserienschweißen zählt zu den konvektiven Schweißverfahren. Für die Plastifizierung wird ein Prozessgas, üblicherweise Stickstoff oder Luft, durch ein Heizsystem (**Abschnitt 4**) erwärmt und gezielt auf die zu schweißenden Fügeflächen geleitet. Der Wärmeeintrag ist im Wesentlichen von den physikalischen Eigenschaften der zu schweißenden Werkstoffe und von der Gasführung abhängig.

Die relevanten physikalischen Eigenschaften der Werkstoffe sind:

- Wärmekapazität,
- Wärmeleitfähigkeit

Die Gasführung wird u. a. definiert durch:

- Gastemperatur
- Anströmrichtung
- Strömungsgeschwindigkeit
- Abstand zwischen Düsenaustritt und Fügefläche
- Düsengeometrie

Die physikalischen Eigenschaften der üblichen Prozessgase Luft und Stickstoff sind dagegen vernachlässigbar. Neben dem Wärmeeintrag über erzwungene Konvektion erfolgt ein weiterer Energieeintrag in die Fügepartner durch freie Konvektion (Kamineffekt) sowie über die Wärmestrahlung des Warmgaswerkzeuges. Ebenfalls zu berücksichtigen sind äußere Einflüsse der Umgebung auf Fügepartner, Vorrichtungen und Maschine.

4. Maschinentechnik

4.1. Bauarten und Ausführungsformen

Maschinen für das Warmgasschweißen verfügen über drei unabhängig voneinander betriebene Antriebe für die Bewegung des Warmgaswerkzeugs und der Fügeteile. Sowohl vertikal als auch horizontal arbeitende Anlagen (abhängig von der Bewegungsrichtung der Formteile zueinander) können eingesetzt werden.

Bei beiden Varianten kann sich der Effekt des aufsteigenden warmen Gases (Kamineffekt) unterschiedlich auf das Aufschmelzverhalten auswirken. Bei einer horizontal arbeitenden Maschine werden die Fügeflächen über ihre Höhe unterschiedlich erwärmt und plastifiziert. Bei vertikal arbeitender Maschine wird das obenliegende Fügeteil stärker erwärmt als das untenliegende. Die Auswirkungen dieses Effektes ist abhängig von der Bauteilgeometrie und der Bauteilgröße. Es kann mittels Anpassung der Schweißparameter (z. B. Gasvolumenstrom, Düse-Bauteil-Abstand) entgegengewirkt werden (**Bild 2**).

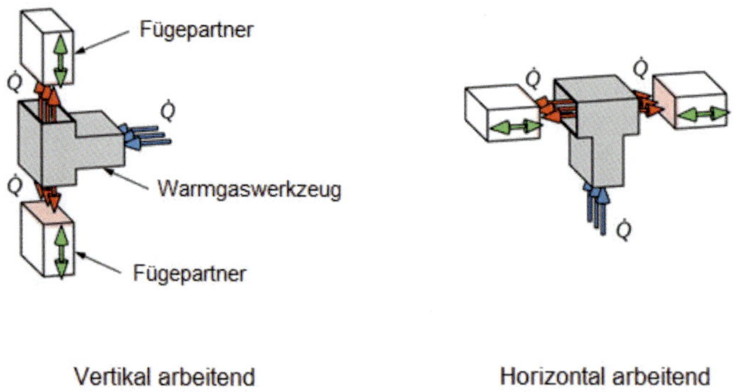

Bild 2: Schematische Darstellung der Bewegungsrichtung der Fügeteile

4.2. Antriebe

Als Antriebe für die Warmgasschweißmaschine kommen aufgrund ihrer guten dynamischen Eigenschaften überwiegend Servomotoren zum Einsatz. Sie ermöglichen eine kurze Umstellzeit von der Erwärm- zur Fügephase (**Bild 1** und **Bild 2**), was vorteilhaft beim Fügen von hochtemperaturbeständigen Thermoplasten ist. Zusätzlich ist eine mehrstufige und genaue Abstandseinstellung von den Formteilen zu den Warmgasdüsen leicht realisierbar. Dadurch wird eine schonende Plastifizierung des Materials ermöglicht.

Um einen reproduzierbaren Schweißprozess zu gewährleisten, ist es empfehlenswert, sowohl die Fügekraft als auch die Fügewege einstellen und/oder überwachen zu können.

4.3. Gasversorgung

Als wärmeübertragendes Medium wird entweder Luft oder Schutzgas eingesetzt. Dieses Medium kann über die betriebseigene Versorgung (Druckluftleitung) zur Verfügung gestellt werden. Bei Verwendung von Schutzgas können entweder Druckgasflaschen angeschlossen werden oder die Anlage verfügt über eine Schutzgas-Aufbereitung (z. B. für Stickstoff).

Der Gasstrom kann über manuelle oder automatische Volumenstromregler für verschiedene Zonen eingestellt werden. Die Anzahl der Ventile orientiert sich an der Anwendung bzw. an der Fügeteilgeometrie.

4.4. Absaugung

Beim Erwärmen des Kunststoffs kann es zur Bildung von Rauch und Dämpfen kommen. Deshalb wird an der Maschine das Anbringen einer geeigneten Absaugung empfohlen, die den Schweißprozess nicht beeinflusst.

4.5. Arbeitssicherheit

Neben der Vermeidung des Einatmens von gesundundheitsgefährdenden Dämpfen durch das Bedienpersonal der Maschinen sind bei der Konstruktion, Inbetriebnahme und Nutzung von Maschinen zum Warmgasserienschweißen Maßnahmen zur Arbitssicherheit nach Vorgaben der DIN EN ISO 12100, der DIN EN 13202, der DIN EN ISO 13732-1 sowie der DIN EN ISO 13857 zu beachten. Die sich bewegenden Maschinenteile als auch warme Oberflächen der Maschinen und Bauteile stellen ein Gefährdungspotenzial für das Bedienpersonal dar.

5. Warmgaswerkzeug

Das Warmgaswerkzeug integriert zwei Funktionen:

1. Erwärmen des zugeführten kalten Gases auf eine definierte Temperatur mit einem geeigneten Heizsystem
2. Zuführen des Erwärmten Gases auf die Schweißflächen

Die Erwärmung des Gases kann grundsätzlich auf unterschiedliche Weisen erfolgen. Zurzeit etabliert ist das sogenannten Wärmetauscher-Konzept. Andere Heizkonzepte befinden sich aktuell im Erprobungsstatus und sind nicht kommerziell verfügbar.

Bild 3 zeigt den prinzipiellen Aufbau eines Warmgaswerkzeugs. Die einzelnen Komponenten werden in der Folge detailliert beschrieben.

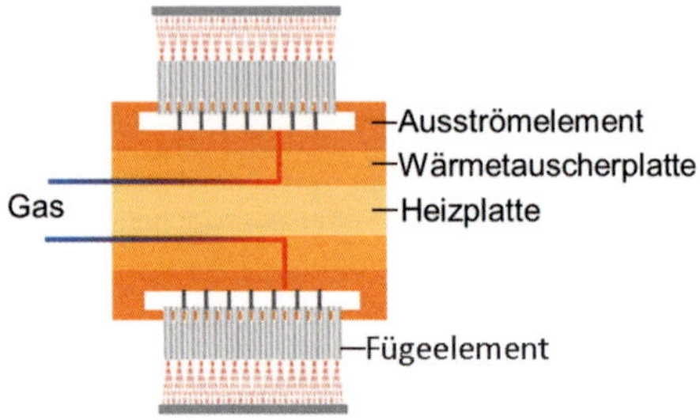

Bild 3: Übersicht eines prinzipiellen Aufbaus eines kompletten Warmgaswerkzeugs

5.1. Heizplatte

Die Heizplatte eines Wärmetauscher-Heizsystems dient zur Bereitstellung der Wärme, die über die Wärmetauscherplatten an das Prozessgas geleitet wird. Sie besteht in der Regel aus folgenden Komponenten (**Bild 4**):

- Grundplatte(n) in Stahl, Aluminium-Bronze o. Ä.
- Heizpatronen, ausgelegt für die benötige Heizleistung (je nach Fügefläche)
- Temperaturfühler
- Anbindung/Verschraubung zu den Wärmetauscherplatten (**Abschnitt 5.2.**)

Die Heizplatte trägt in der Regel die weiteren Komponenten des Heizsystems und ist zur schwimmenden Lagerung in einem Stahlrahmen montiert. Offene Flächen sind in der Regel isoliert.

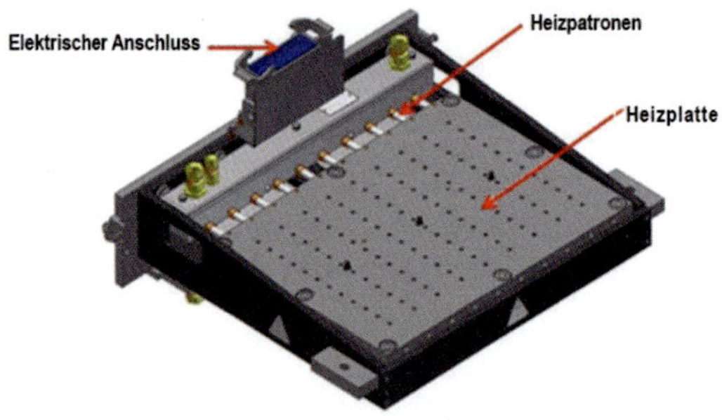

Bild 4: Beispieldarstellung einer Heizplatte

5.2. Wärmetauscherplatte

Die Wärmetauscherplatten sind auf der Heizplatte montiert und dienen der Gasführung in Gaskanälen, die einen bestmöglichen Wärmeübergang in das Prozessgas ermöglicht (**Bild 5**).

Die Anzahl der Gaskanäle ist ausgelegt für die benötigten Gaszonen. Die Länge der Gaskanäle beeinflussen den maximalen Gas-Volumenstrom sowie die Gasaustrittstemperatur. Die Längen sollten ähnlich sein, um eine gleichmäßige Gasaustrittstemperatur zu erzielen.

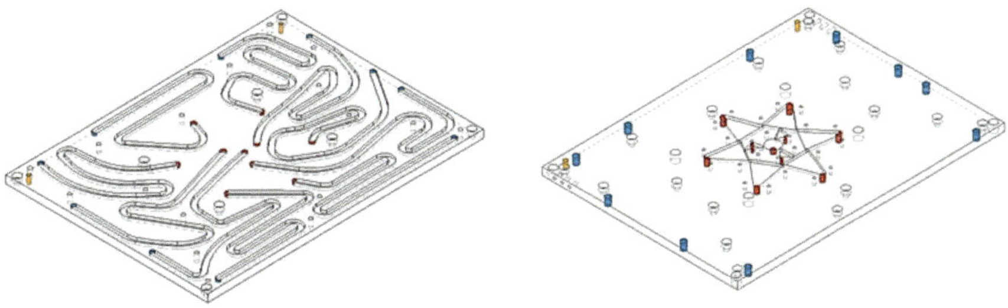

Bild 5: Beispieldarstellung einer Wärmetauscherplatte bestehend aus der eigentlichen Wärmetauscherplatte (links) und einer optionalen Abdeckplatte (rechts), 10-kanalig; Anschlussbild: blau: Gasversorgung (kalt), rot: Ausströmung zur Deckplatte (heiß)

Je nach Ausführung kann die Wärmetauscherplatte in sich abgeschlossen sein oder durch eine zusätzliche Abdeckplatte verschlossen werden.

5.3. Ausströmelement

Die Ausströmelemente leiten das heiße Prozessgas von der Wärmetauscherplatte zu den Fügeflächen der Fügeteile. Es existieren hierzu verschiedene Konzepte, siehe folgende Abschnitte. Eine besondere Schwierigkeit besteht in der homogenen Prozessgasverteilung entlang eines Gaskreises und sollte im Ausströmelement vergleichmäßigt werden.

5.3.1. Röhrchen-Ausströmer

Die Düse selbst setzt sich in diesem Fall aus vielen kleinen Röhrchen zusammen, die entsprechend der Schweißnahtgeometrie aneinandergereiht und gruppenweise (Gaszonen) über die Wärmetauscherkanäle mit dem Prozessgas versorgt werden (**Bild 6**).

Da das Prozessgas punktförmig austritt, kann es zu einer ausgeprägten Hotspot-/Muldenbildung kommen. Dies wird neben weiteren Prozessparametern beeinflusst durch:

- Abstand zwischen Röhrchenöffnung und Fügefläche
- Abstand der Röhrchen untereinander
- Röhrchendurchmesser

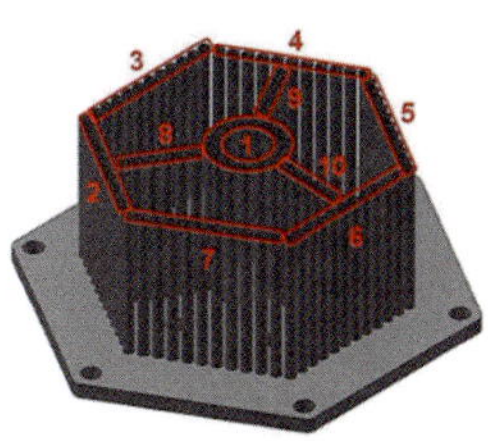

Bild 6: Beispiel eines Röhrchen-Ausström-Elements mit 10 Gaszonen für einen Propekörper inkl. Gaszoneneinteilung

5.3.2. Schlitz-Ausströmer

Beim Schlitz-Ausströmer ist die Düse als eine längliche, schmale Öffnung ausgeführt, durch die das Prozessgas austritt. Die Düse ist dabei dem Verlauf der Schweißnahtgeometrie angepasst. Im Gegensatz zum Röhrchen-Ausströmer ist eine gleichmäßige Erwärmung über die Fügefläche möglich. Weiterhin kann der Spalt der Düse an die Fügefläche angepasst werden, sodass eine Prallströmung (Spaltbreite < Schweißsteg) oder eine Umströmung (Spaltbreite ≥ Schweißsteg) entsteht. Die Herausforderung bei Schlitz-Ausströmern besteht im Gewährleisten einer gleichmäßigen Ausströmgeschwindigkeit über die gesamte Düsenöffnung.

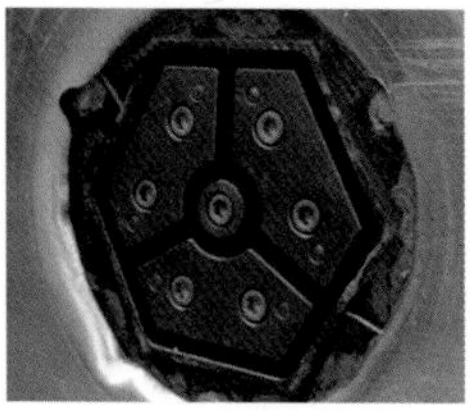

Bild 7: Beispiel eines Schlitz-Ausströmers für einen Probekörper

5.3.3. Additiv gefertigte Ausströmer

Die additive Fertigung von Ausströmern ermöglicht eine extrem hohe Geometriefreiheit der inneren und äußeren Strukturen.

Insbesondere die Geometriefreiheit der inneren Strukturen ermöglicht eine besonders effektive Vergleichmäßigung des ausströmenden Prozessgases, z. B. durch Gasleitelemente oder Staustrecken.

Additiv gefertigte Ausströmer ermöglichen außerdem, die zu plastifizierende Schweißrippe von drei Seiten zu umschließen. Dies steigert die Effizienz der Energieeinbringung, da mit geringen Prozessgas-Volumenströmen gearbeitet werden kann. Der Vorteil dieses Konzeptes liegt in einer sehr gleich- mäßigen Erwärmung der zu verschweißenden Bauteile ohne punktuelle Hotspots. Auch die Heizzeit kann somit reduziert werden.

Additiv gefertigte Ausströmer-Düsen werden je nach Größe der zu verschweißenden Kunststoffteile auch in Segmenten hergestellt und über die Wärmetauscherplatte oder eine zusätzliche Verteilerplatte zusammengefasst (**Bild 8**). Die zusammengesetzten Segmente ergeben die Schweißkontur.

Bild 8: Beispiele von additiv gefertigten Ausströmer-Elementen (Quelle: Fa. Bielomatik, Patent Fa. VAB-Wegner)

6. Aufnahmewerkzeuge

Für jedes Fügeteil muss eine Aufnahmevorrichtung vorhanden sein.

Die Fügeteile müssen positioniersicher und reproduzierbar in diese Vorrichtungen aufgenommen sein Während des gesamten Schweißprozesses muss ein Verrutschen oder sogar ein Herausfallen der Kunststoffformteile verhindert werden. Gleichzeitig sollen die Fügeteile beispielsweise von einem Werker oder einem Handlingsystem einfach eingelegt und entnommen werden können.

6.1. Grundaufbau

Die Aufnahmewerkzeuge müssen mit den Maschinenaufspannplatten sicher verbunden werden. Hierzu reicht eine Verschraubung, aber auch Spannsysteme können geeignet sein, insbesondere wenn häufige Wechsel der Werkzeuge vorhersehbar sind. Wichtig ist, dass die Aufnahmewerkzeuge über eine Zentrierung zur Maschine verfügen, sodass die Aufnahmewerkzeuge wiederholgenau aufgespannt werden können.

Prinzipiell besteht das Aufnahmewerkzeug aus einer Grundplatte und darauf aufbauend ist die eigentliche Fügeteilaufnahme befestigt. Die Aufnahme sollte gegenüber der Grundplatte justierbar sein. Sogenannte Feinjustierelemente unterstützen dabei den Prozess zur Ausrichtung der Fügeteile zueinander und gegenüber dem Heizelement.

In der Aufnahme sollen die Fügeteile unmittelbar unter der Schweißfläche unterstützt werden. Eine Segmentierung der Auflagefläche ist hilfreich für den Fall, dass Anpassungen an die Fügeteile erfolgen müssen. Grundsätzlich sollte der Fügebereich direkt und kraftschlüssig komplett unterstützt werden. Hierzu kann es erforderlich sein, dass z. B. hinterschnittige Bereiche mit sogenannten Schiebern unterstützt werden müssen.

Je nach Geometrie und Werkstoff der Fügeteile ist mit einem Verzug zu rechnen. Durch geeignete Spannelemente gelingt es dennoch, die Fügeteile weitestgehend genau in den Aufnahmen zu halten.

6.2. Sensorik

Es ist sinnvoll, die richtige Positionierung der Fügeteile durch geeignete An- und Zuordnung von Sensoren zu überwachen.

Kraft- und/oder Wegsensoren können in das Aufnahmewerkzeug integriert werden, um nah am Fügeteil Informationen zur Wiederholbarkeit des Schweißprozesses zu erhalten.

6.3. Thermische Auslegung

Die Aufnahmewerkzeuge können sich im Laufe von mehreren Zyklen sehr stark erwärmen. Um zu große Veränderungen durch thermische Ausdehnung zu verhindern, ist eine Temperierung der Aufnahmewerkzeuge zu empfehlen. Dadurch wird ein reproduzierbarer Schweißprozess ermöglicht.

Es sollen nur geeignete Elemente, wie Sensoren, pneumatische Elemente, Kabel, Schläuche verwendet werden, die die thermische Belastung (z. B. 120 °C) ertragen können. Gegebenenfalls sind Hitzeschutzschilder einzusetzen.

7. Werkstoffeinflüsse

Das Verhalten eines Kunststoffes bezüglich Erwärmung, Aufschmelzen und Schweißen ist naturgemäß abhängig von seinen Eigenschaften. Diese sind für das Warmgasschweißen seine thermischen, rheologischen und thermo-oxidativen Eigenschaften. Die festigkeitsausbildenden Mechanismen während des Fügevorganges sind vergleichbar mit denen bei anderen zweistufigen Schweißverfahren.

7.1. Thermisches Werkstoffverhalten

Das Erwärmen und Aufschmelzen eines Werkstoffes wird neben der Energieeinbringung durch das Prozessgas durch die folgenden thermischen Werkstoffeigenschaften definiert:

- Wärmeleitfähigkeit (die Fähigkeit Wärmeenergie zu transportieren)
- Wärmekapazität (benötigte Wärmeenergie zur Temperaturerhöhung)
- Schmelzenthalpie (die für den Phasenübergang „fest" zu „flüssig" erforderliche Wärmemenge)

Diese Größen sind materialspezifisch und hängen von der Temperatur der Fügepartner vor dem Erwärmen, dem Wassergehalt, der Kristallinität und anderen Einflüssen ab. Unterschiedliche Verarbeitungs- und Lagerungsbedingungen können diese Werte und somit das Schweißergebnis beeinflussen.

7.2. Rheologisches Werkstoffverhalten

Die rheologischen Eigenschaften eines Materials beeinflussen die Ausbildung der Schweißnaht, des Schweißwulstes und somit auch der Schweißnahtfestigkeit. Diese Eigenschaften, allen voran die Viskosität der Schmelze, werden definiert durch die in der Erwärmphase erzeugte Temperaturverteilung im Schweißbereich. Additive, Füll- und Verstärkungsstoffe können das rheologische Verhalten beeinflussen.

7.3. Thermo-oxidatives Werkstoffverhalten

Aufgrund der erhöhten Temperatur während der Erwärmphase und der Anwesenheit von Sauerstoff, z. B. aus der Luft, kommt es zu Oxidationsprozessen (Aufspalten von Molekülketten und Anbindung von Sauerstoff) im Kunststoff, die sich festigkeitsmindernd auswirken können. Je nach chemischem Aufbau und der Art und Menge von Additiven sind die Werkstoffe unterschiedlich sensibel hinsichtlich solcher Oxidationsprozesse. Im Falle einer hohen Sensibilität kann es sinnvoll sein, beim Warmgasserienschweißen ein Schutzgas (z. B. Stickstoff) als Prozessgas zu verwenden. Dieses reduziert den Sauerstoffgehalt im Schweißbereich während der Erwärmphase und verringert so die Gefahr von Oxidationsprozessen erheblich. Bei weniger sensiblen Werkstoffen kann auch Luft bzw. Druckluft als Prozessgas verwendet werden. Im Zweifelsfall wird empfohlen, Schweißversuche durchzuführen bzw. Informationen beim Materialhersteller zu erfragen.

8. Konstruktive Gestaltung der Fügeteile

Die schweißgerechte Gestaltung von Formteilen richtet sich nach deren Geometrie, den Wanddicken und den Belastungsanforderungen, die an das Bauteil und damit auch an die Schweißnaht gestellt werden. Grundsätzlich wird zwischen einfachen und modifizierten Stumpfnähten unterschieden.

Zum Erzielen hochwertiger Verbindungen ist Voraussetzung, dass die Fügeteile geeignete Geometrien aufweisen. Hierzu zählen unter anderem:

- genügend Freiraum für den Schmelzeaustrieb
- stegförmige Fügeflächen auf beiden Fügepartnern, um die erwärmten Bereiche zu begrenzen:
  - gleichbleibende Breite
  - ausreichende Ebenheit/Profilformtreue der Fügefläche entlang der Schweißnaht
  - möglichst plan, rechtwinklig
  - Fügeflächenbreite entsprechend der Bauteilanforderungen
- ausreichend groß bemessene Radien an den Ecken der Schweißkontur
- formsteife Ausführung:
  - ausreichende Wanddicken, um Ausknicken oder übermäßige Deformationen unter Fügedruck zu vermeiden
  - die Lage der Fügeflächen sollte sich während des gesamten Schweißvorgangs nicht verändern
- zu vermeiden sind Störstellen auf der Fügefläche, z. B. hervorgerufen durch:
  - Auswerfer
  - Einsatz-/Schiebertrennungen
  - Bindenähte
- definierte Auflageflächen zum Schweißwerkzeug zur exakten Fixierung und Kraftübertragung möglichst nahe hinter der Fügefläche
- ausreichend großer Abstand der Fügezone zu angrenzenden Geometrien/Komponenten, um ein unzulässiges Erwärmen zu vermeiden
- Möglichkeit des Spannens der Fügepartner z. B. durch mechanische Elemente oder mittels Vakuum, um sie in Form und Lage zu fixieren

9. Schweißzugabe

Zum Realisieren einer Schweißung ist eine Schweißzugabe erforderlich, um den notwendigen Fügeweg zu ermöglichen. Darüber hinaus können durch eine ausreichend große Schweißzugabe Formteiltoleranzen u. Ä. kompensiert werden. Auch die Materialauswahl ist bei der Auslegung der Schweißzugabe zu berücksichtigen. Die relevanten Maße einer Schweißnaht sind in **Bild 9** dargestellt.

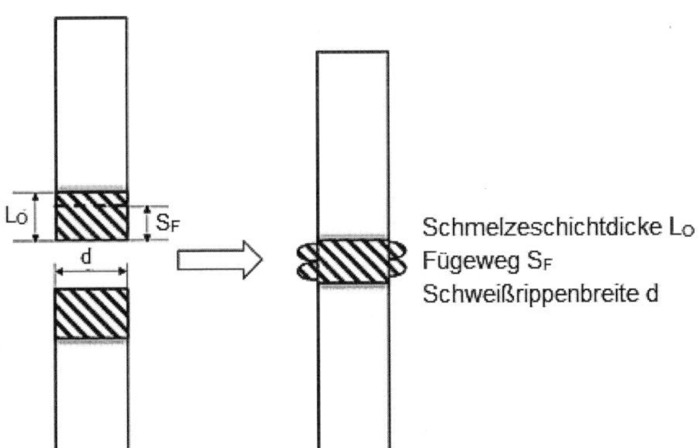

Bild 9: Darstellung der relevanten Maße einer Schweißnaht

9.1. Freiraum für Schmelzeaustrieb/Schweißwulst

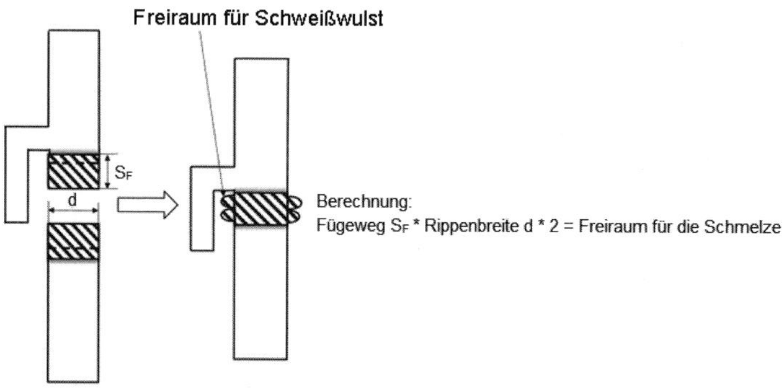

Bild 10: Schematische Darstellung des Freiraums für den Schmelzeaustrieb

Ein Freiraum der Schmelze ist unbedingt erforderlich, um einen ungehinderten Schmelzefluss zu gewährleisten.

9.2. Stumpfnaht Grundformen

Die Stumpfnaht, die einen beidseitigen Materialaustrieb bewirkt, ist vorzugsweise bei Fügeteilen zu verwenden, deren optisches Erscheinungsbild vernachlässigbar ist (**Tabelle 1**).

Tabelle 1: Stumpfnaht Grundformen (Quelle: Richtlinie DVS 2228)

A: Einfache Stumpfnaht	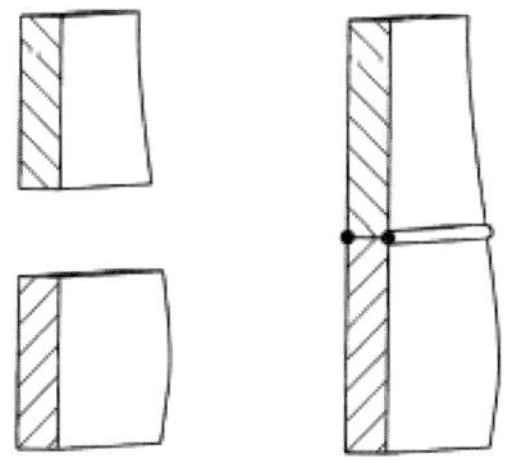
B: Modifizierte Stumpfnaht I	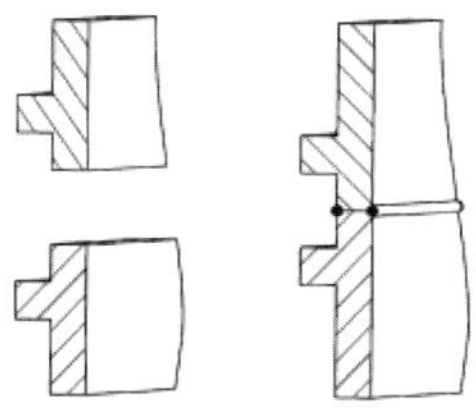
C: Modifizierte Stumpfnaht II	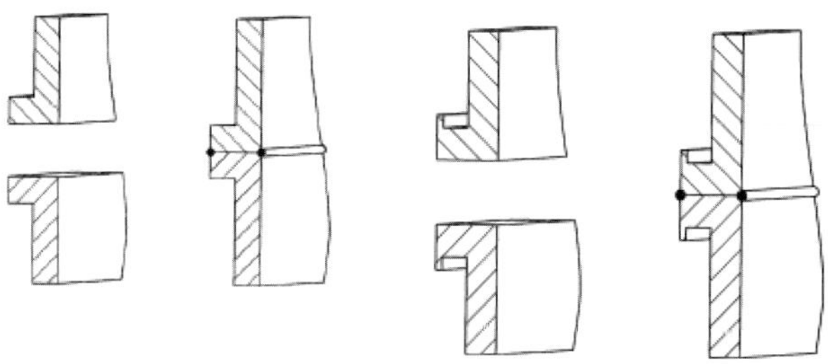
D: Modifizierte Stumpfnaht III	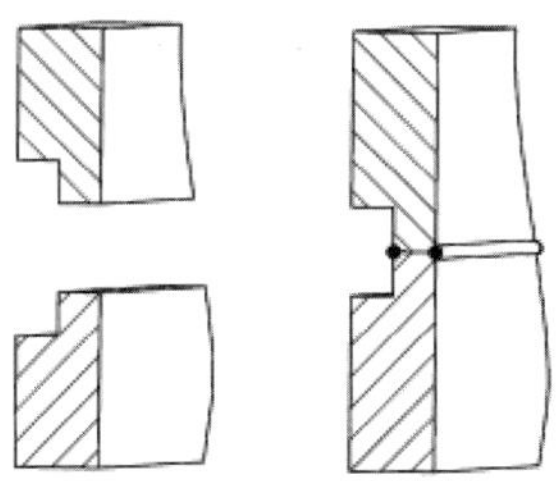

9.3. Fügegeometrie mit verdeckter Schweißnaht Modifizierte Stumpfnaht

Ziel dieser Schweißnahtgestaltung ist es, die sich bildende Schweißwulst durch entsprechende Fangräume zu verdecken (**Tabelle 2**). Verdeckte Schweißnähte werden vorzugsweise aus optischen Gründen gewählt. Es ist darauf zu achten, dass sich die Abdeckrippen beim Fügen nicht berühren. Andernfalls kann der Fügedruck nicht aufrechterhalten werden.

Tabelle 2: Fügezonen mit verdeckter Schweißnaht (Quelle: Richtlinie DVS 2228)

E: Außen verdeckte Schweißnaht	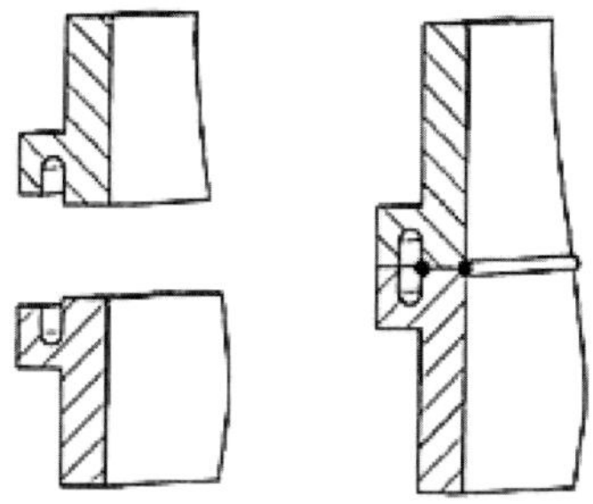
F: Beidseitig verdeckte Schweißnaht	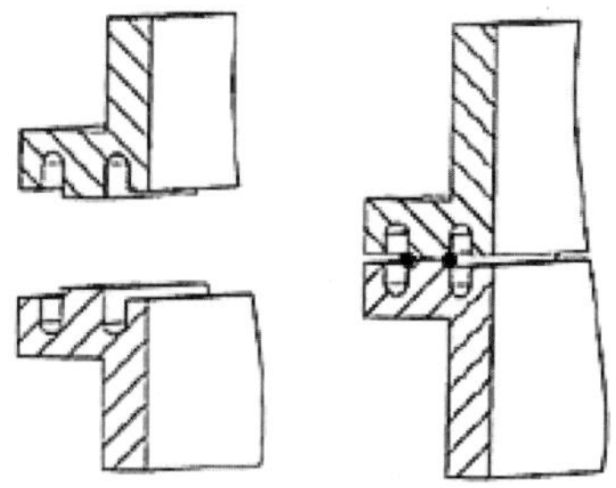

10. Maschinenparameter und Prozessgrößen

Heizelementtemperatur T_{HE}

Die Heizelementtemperatur ist eine der wesentlichen Einstellgrößen in diesem Prozess. Sie wird in Grad Celsius [°C] angegeben und beschreibt in der Regel die Temperatur des sog. Kernheizelementes (**Bilder 3** und **4**), bestehend aus Heizpatronen, Heizplatten und Wärmetauscherplatten. Dieses erwärmt das überströmende Prozessgas mittels Wärmeleitung und kann aktiv geregelt werden. Damit ergibt sich zusammen mit der Wärmetauscherfläche und dem Gasvolumenstrom die Gastemperatur am Düsenausgang.

Gastemperatur am Düsenausgang T_A

Die Gastemperatur am Düsenausgang wird in Grad Celsius [°C] angegeben und wird in der Regel nicht aktiv geregelt. Sie resultiert aus der am Heizelement eingestellten Temperatur sowie dem Gasvolumenstrom. Dabei ist zu beachten, dass die Gastemperatur am Düsenausgang aufgrund von Wärmeverlusten niedriger ist als die Heizelementtemperatur.

Die Gastemperatur am Düsenausgang muss an den zu schweißenden Kunststoff angepasst werden. Je höher die resultierende Gastemperatur, desto kürzer die Erwärmzeit. Es ist wichtig zu beachten, dass eine zu hohe Temperatur zu Materialschädigungen führen kann, während eine zu niedrige

Temperatur in einer unzureichenden Schmelzebildung resultiert. Daher sollte die resultierende Gastemperatur regelmäßig überprüft werden. Die Messung erfolgt mit einem geeigneten Messgerät und -aufbau (z. B. mit einem Thermoelement von 1 bis 1,5 mm Durchmesser, maximal 1 mm von dem Düsenausgang entfernt sowie düsenmittig).

Gasvolumenstrom $\dot{V}$

Der Gasvolumenstrom $\dot{V}$ ist eine aktiv zu regelnde Prozessgröße und bestimmt die Gasmenge, welche zum Transport der Wärmeenergie zwischen Wärmequelle und Fügefläche zur Verfügung steht.

Da sich der eingestellte Gasvolumenstrom auf die versorgte Schweißnahtlänge (das gesamte Werkzeug bzw. einzelne Gaskreise) verteilt, ist eine Angabe in Volumenstrom (L/min) pro Fügefläche (mm^2) sinnvoll, um eine Vergleichbarkeit der Einstellwerte zu ermöglichen. So kann auch bei unterschiedlichen Werkzeuggrößen bzw. Heizkreislängen der einzustellende Gesamtvolumenstrom in L/min berechnet werden, welcher die gleichen Volumenströme bezogen auf die beströmte Fügefläche ergibt.

Die Strömungsgeschwindigkeit am Düsenausgang v_A ist eine resultierende Prozessgröße, welche sich aus dem Warmgasvolumenstrom (abhängig von Kaltgasvolumenstrom und Gastemperatur) und dem Düsenquerschnitt ergibt. Sie wird in Meter pro Sekunde angegeben. Mathematisch ergibt sich die Strömungsgeschwindigkeit aus dem Verhältnis des eingestellten Gasvolumenstroms und dem Düsenquerschnitt am Düsenausgang (Gasaustritt):

$v_A = \dot{V}/A_D$

v_A Strömungsgeschwindigkeit am Düsenausgang

$\dot{V}$ Gasvolumenstrom

A_D Düsenquerschnitt

Übliche Einheit ist $\frac{1L}{\min \times mm^2}$, entsprechend [16,66 m/s]. (1)

Da der eingestellte Gasvolumenstrom in der Regel auf der kalten Seite gemessen wird, muss zusätzlich die Volumenausdehnung des Prozessgases während des Erwärmens bis zum Düsenausgang berücksichtigt werden. Dieser kann vereinfacht für Luft und Stickstoff mit 0,00367 1/K angenommen werden. Daraus ergibt sich für die Berechnung der Strömungsgeschwindigkeit:

$$\dot{V}_A = \dot{V}_E \left(1 + \left(\frac{0{,}00367}{K}\right) \times (T_A - T_E)\right) \quad (2)$$

$$v = \dot{V}_A/A_D \quad (3)$$

$\dot{V}_E$ Volumenstrom am „kalten“ Eingang

$\dot{V}_A$ Volumenstrom am „heißen“ Düsenausgang

T_E Gastemperatur am Eingang

T_A Gastemperatur am Düsenausgang

A_D Düsenquerschnitt

Die Strömungsgeschwindigkeit hat einen Einfluss auf folgende Aspekte der Schweißung:

- Kraterbildung
- Beeinflussung des Wärmeüberganges/der Aufschmelztiefe
- Strömungsart (laminar/turbulent)

Prozessgas

Als Prozessgas kann Luft oder ein Inertgas (z. B. Stickstoff) eingesetzt werden.

Düse-Bauteil-Abstand

Der Abstand zwischen Bauteil und Düse definiert sich als Weg zwischen dem offenen Ende der Düse und der Fügefläche des zu erwärmenden Bauteils und wird üblicherweise in mm angegeben. Er wird über die Wegeinstellungen der Bauteilschlitten eingestellt. Der Düse-Bauteil-Abstand kann positiv als auch negativ sein. Die Düsenoberfläche definiert damit das Nullniveau. Bei einem positiven Wert handelt es sich um den Abstand von der Düse. Wohingegen bei einem negativen Wert das Eindringen der Schweißrippe in die Düse (z. B. Schlitzdüse, Düsenaufsatz) gemeint ist. In **Bild 11** ist die Definition des Abstandes von einer Düse zum Bauteil dargestellt.

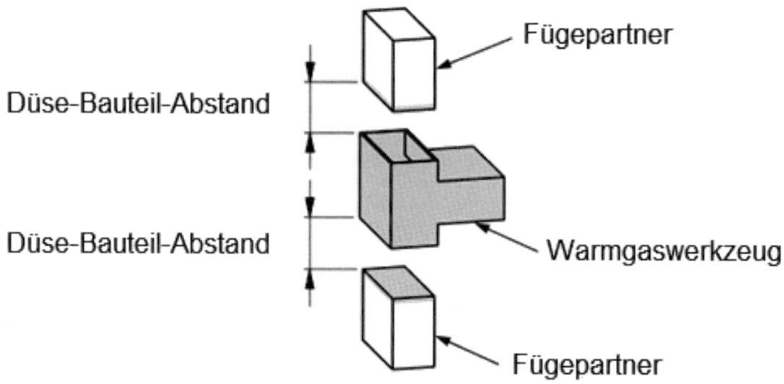

Bild 11: Schematische Abbildung zur Definition des Düse-Bauteil-Abstands

Der Energieübertrag des ausströmenden Gases in die Fügefläche ist größer, je kleiner der Abstand zwischen Düse und Bauteil ist. Um eine gleichmäßige und schonende Erwärmung der Fügeflächen zu erreichen, kann der Abstand im Verlauf der Erwärmphase variiert werden. Damit kann der Energieeintrag individuell gesteuert werden und ggf. eine Volumenausdehnung des erwärmten Kunststoffes ausgeglichen werden. Übliche Düse-Bauteil-Abstände bei den Röhrchendüsen liegen zwischen 2 und 5 mm, können jedoch frei gewählt werden.

Erwärmzeit t_E

Die Erwärmzeit definiert sich als Zeit, die das Bauteil vor der Düse vom Gas umströmt wird. Die Zeit wird in Sekunden angegeben. Die Erwärmzeit muss eingangs definiert werden. Die thermischen Eigenschaften des zu plastifizierenden Kunststoffs sind maßgeblich für die gewählte Erwärmzeit. Die Erwärmzeit ist so zu wählen, dass eine für das Schweißen ausreichende Schmelzeschichtdicke erzeugt wird. Es besteht die Möglichkeit einer thermischen Schädigung des Kunststoffs, wenn die Erwärmzeiten zu hoch gewählt wurden.

Im Falle der Verwendung variierender Düse-Bauteil-Abstände ist eine Erwärmzeit je Abstand zu definieren.

Die Erwärmzeit kann bei Bedarf für jedes Fügeteil individuell parametrisiert werden, beispielsweise bei Mischmaterialschweißungen oder unterschiedlichen Schweißstegbreiten an den Fügeteilen. Für eine gute Schweißnaht ist dabei darauf zu achten, dass beide Erwärmphasen gleichzeitig enden. Damit ist gewährleistet, dass noch bei beiden Bauteilen die erzeugte Schmelzeschichtdicke vorhanden ist.

Umstellzeit t_U

Die Umstellzeit definiert sich als Zeit zwischen dem Ende der Erwärm- und dem Beginn der Fügephase (Kontakt der Fügeflächen). Die Umstellzeit wird in Sekunden angegeben und kann nicht direkt eingestellt werden. Die Umstellzeit ergibt sich aus den Geschwindigkeiten, Beschleunigungen und benötigten Verfahrwegen der Achsen. Die kürzestmögliche Umstellzeit hängt damit von den Bauteilmaßen sowie den bewegten Massen und der Konstruktion der Maschine ab.

Eine geringe Umstellzeit wirkt sich positiv auf die Schweißnahtqualität aus, da die erzeugte Schmelze in der Umstellzeit bereits abkühlt, bevor die Fügephase beginnt. Bei kritischen Materialien (z. B. hochschmelzend) können Umstellzeiten von 1 bis 3 s für eine gute Schweißung erforderlich sein. In der Praxis werden aber auch Umstellzeiten von bis zu 5 s genutzt. Im Zweifelsfall wird empfohlen, Schweißversuche durchzuführen.

Fügekraft F

Die Fügekraft ist die Kraft, mit der die Fügeteile in der Fügephase aufeinander fahren. Sie wird in Newton angegeben. Da oft der Fügedruck an- oder vorgegeben wird, muss die Kraft aus dem Druck und der Fügefläche berechnet werden.

$F = p_F \cdot A$ mit: (4)

F Fügekraft

p_F Fügedruck

A Fügefläche

Fügedruck p_F

Der Fügedruck definiert sich als Druck, mit dem die Bauteile gefügt werden und ist in Newton pro Quadratmillimeter bzw. Megapascal angegeben. Die Einstellung des Fügedrucks sollte materialabhängig gewählt werden. Tendenziell kann für das Warmgasserienschweißen gesagt werden, dass für eine gute Schweißnaht fasergefüllte Materialien einen eher hohen, und ungefüllte Materialien einen eher weniger hohen Fügedruck benötigen. Übliche Fügedrücke liegen je nach Material bei 0,1 bis 5 MPa, können aber frei gewählt werden. Im Zweifelsfall wird empfohlen, Schweißversuche durchzuführen.

Der Fügedruck wird für eine zu definierende Haltezeit gehalten.

Fügeweg s_F

Der Fügeweg definiert sich als Weg in Millimetern, den die Fügeteile über den Referenzpunkt (Position, an der die kalten Fügeteile Kontakt haben) hinaus bis zur letztendlichen Endposition (nach Ablauf der Kühl- und Haltezeit) zurücklegen. Bei einer Stumpfschweißung ist damit das gefügte Bauteil nach der Schweißung genau um den Fügeweg kürzer als die Summe der Längen der Fügepartner.

Bei einer weggeregelten Prozessführung ist darauf zu achten, dass der Fügeweg bei der generierten Schmelzeschichtdicke auch erreicht werden kann.

Haltezeit t_H

Die Haltezeit definiert sich als Zeit, in der die Fügeteile unter Beibehaltung des Fügedrucks bzw. Fügeweges gehalten werden. Die Haltezeit wird in Sekunden angegeben. Die Haltezeit ist so zu wählen, dass nach ihrem Ablauf die Naht formstabil, d. h. unter die Einfrier- bzw. Kristallisationstemperatur abgekühlt ist. Nach Erreichen der Haltezeit können die gefügten Bauteile entnommen werden.

Verfahrgeschwindigkeiten v und Beschleunigungen a

Die Geschwindigkeiten sind für die Achsen der Bauteilaufnahmen und des Heizsystems an den üblichen Schweißmaschinen einstellbar. Die Beschleunigungen und Verzögerungen dieser Achsen sind in der Regel in der Maschinenprogrammierung definiert und nicht einstellbar. Die Geschwindigkeit wird dabei in Millimeter pro Sekunden und die Beschleunigung in Millimeter pro Quadratsekunde angegeben. Die Geschwindigkeiten können meistens für jede Phase des Prozesses einzeln und individuell definiert werden und wirken sich direkt auf die Umstellzeit sowie die Zykluszeit aus. Auch wenn sich große Geschwindigkeiten positiv auf die Umstellzeit und Zykluszeit auswirken, ist es ratsam, diesen Parameter beim Anfahren an die Düsen und kurz vor dem Kontant der Fügepartner zu reduzieren. Es ist beispielsweise materialschonender, wenn die erzeugten Schmelzen langsam aufeinander fahren. In den übrigen Phasen können die Maschinenkomponenten zugunsten der Zykluszeit mit hoher Geschwindigkeit angesteuert werden.

Zykluszeit t_Z

Die Zykluszeit wird in Sekunden angegeben und summiert sich aus den oben genannten Zeiten: Erwärm-, Umstell-, Füge- und Haltezeit, zuzüglich der Zeit, um die Maschinenkomponenten nach dem Fügen zurück in die Grundposition zu fahren.

Zur Abschätzung der vollständigen Prozesszeiten sollte die Handlingszeit der Bauteile (Einlegen und Entnehmen) mit berücksichtigt werden.

11. Qualitätsanforderungen an die Fügeteile

Für ein reproduzierbares Schweißergebnis in der Serienproduktion ist eine konstante Qualität der Fügeteile unerlässlich. Voraussetzung ist eine gemäß dem eingesetzten Werkstoff angepasste Herstellung der Fügeteile, um eine werkstoffliche Vorschädigung zu vermeiden. Zur Bestimmung eventueller Vorschädigung des Materials sind geeignete Messverfahren zu verwenden (z. B. Bestimmung der Viskositätszahl).

Die Fügeteile müssen maßhaltig sein. Großes Augenmerk ist auf folgende Kennwerte zu richten:

- Parallelität zwischen der Auflage in der Schweißvorrichtung und dem Schweißamboss
- Parallelität zwischen Auflagefläche des Fügeteils und Ebenheit der Schweißnahtfläche
- Ebenheit der Schweißnahtfläche
- Abstimmung der Schweißnahtgeometrie zwischen Ober- und Unterteil (zur Vermeidung von Versatz)

Bei der konstruktiven Gestaltung von Urformwerkzeugen muss Folgendes gewährleistet sein:

- Formtrennungen und Auswerfermarkierungen in der Fügezone vermeiden
- Geeignete Wahl des Angussortes und der -geometrie
- Bindenähte und Dieseleffekt in der Fügefläche vermeiden

Es ist darauf zu achten, dass die Fügeteile im Bereich der Aufschmelzzone frei von Lunker und Lufteinschlüssen und auch vollständig ausgespritzt sind.

Ablagerungen auf den Schweißbereichen aus vorhergehenden Herstellungs- und Bearbeitungsprozessen wie Trenn- und Entformungsmittel oder Öle und Fette müssen entfernt werden oder sollten durch geeignete Maßnahmen nicht auf die Fügeflächen gelangen.

Beim Schweißen von feuchtigkeitsabsorbierenden Werkstoffen wie Polyamiden ist zu beachten, dass die Bauteile in einem möglichst trockenen Zustand gefügt werden. Aufgenommene Feuchtigkeit führt zu längeren Aufschmelzzeiten und es können festigkeitsmindernde Poren in der Fügezone entstehen. Besonders kritisch sind wechselnde Feuchtigkeitsgehalte durch beispielsweise unterschiedliche Zeiten einer Zwischenlagerung oder wechselnden klimatischen Umgebungsbedingungen. Sinnvoll ist es deshalb, dass das Schweißen zeitnah nach dem vorangegangenem Herstellungsprozess der Einzelteile erfolgt. Es ist hilfreich, bauteilbezogene Grenzwerte für den Feuchtigkeitsgehalt zu ermitteln und zu überwachen.

Bei Inline-Fertigungen ist auf die gleiche zeitliche Taktfolge zu achten. Ziel ist es, dass die Fügeteile immer im gleichen thermischen Zustand in den Schweißprozess gelangen. Unterschiedliche Eingangstemperaturen können je nach Arbeitsweise der Schweißmaschine (weg- oder kraftgeregelt) zu unterschiedlichen Fügewegen und Schweißnahteigenschaften führen.

12. Maßnahmen zur Qualitätssicherung

Es müssen geeignete Maßnahmen zur Sicherstellung der Schweißnahtqualität implementiert werden.

An die Schweißnaht werden unterschiedliche Anforderungen gestellt wie:

- Dichtigkeit
- Festigkeit (kurzzeit, langzeit, dynamisch)
- Optische Merkmale
- Maßhaltigkeit

Allgemeine Hinweise zur Qualitätssicherung von Kunststoffserienteilen sind der Richtlinie DVS 2230-1 zu entnehmen.

Als eine Voraussetzung für eine gleichbleibende Qualität der Schweißnaht ist ein konstanter Schweißprozess erforderlich.

12.1. Überwachung des Schweißprozesses

Die Überwachung des Schweißprozesses erfolgt mit verschiedenen Sensoren oder Kameras, die in der Maschine oder in den Aufnahmewerkzeugen eingebaut bzw. integriert sind.

Das Monitoring des Schweißprozesses liefert in den meisten Fällen keinen direkten Hinweis auf die Schweißnahtqualität bzw. auf die oben genannten Anforderungen.

12.1.1. Kraftmessung

Die Fügekraft gibt einen Hinweis, inwiefern der Serienprozess gleichmäßig und stationär erfolgt. Keinesfalls gibt die Fügekraft örtliche Abweichungen wieder, sondern erfasst das gesamte Kunststoffformteil. Die Kraft kann entweder direkt mit Kraftsensoren, die in der Aufnahme integriert sind oder auch indirekt über die Stromaufnahme der Antriebsmotoren der Achsen für die Zustellbewegung erfolgen. Bei Letzterem ist zu beachten, dass bei sehr geringer Belastung der Motoren, die Stromaufnahmen nicht mit der Fügekraft korrelieren müssen.

12.1.2. Wegmessung

Eine Wegmessung sollte in der Maschine integriert sein. Dabei wird dann über die Position der Achsen für die Zustellbewegung ein Schweißweg ermittelt. Im besten Fall wird vor jeder Schweißung der Nullpunkt bei eingelegten Fügeteilen eingemessen.

Diese Wegmessung ist in vielen Fällen ausreichend. Bei einer höheren geforderten Genauigkeit kann eine Wegmessung, die unmittelbar an den Fügeteilen bzw. in der Aufnahme ansetzt, erforderlich sein.

Die Messung kann optisch oder mechanisch erfolgen.

Die Wegmessung liefert ebenfalls einen Hinweis über die Reproduzierbarkeit des Schweißprozesses.

12.1.3. Thermografie

Das homogene Aufschmelzen der Fügezone ist von besonders wichtiger Bedeutung für die Schweißnahtqualität.

Mit Thermokameras kann die Temperatur der Fügezone überwacht werden und beispielsweise mit einem vorgegebenem Profil verglichen werden (siehe auch **Bild 12**). Dazu kann eine Bewertung hinterlegt werden, sodass die Schweißung bei Abweichungen nicht erfolgt oder das gefügte Bauteil ausgeschleust wird. Die Messung erfolgt Inline und kann je nach Bauteildesign ohne Verlängerung der Zykluszeit erfolgen.

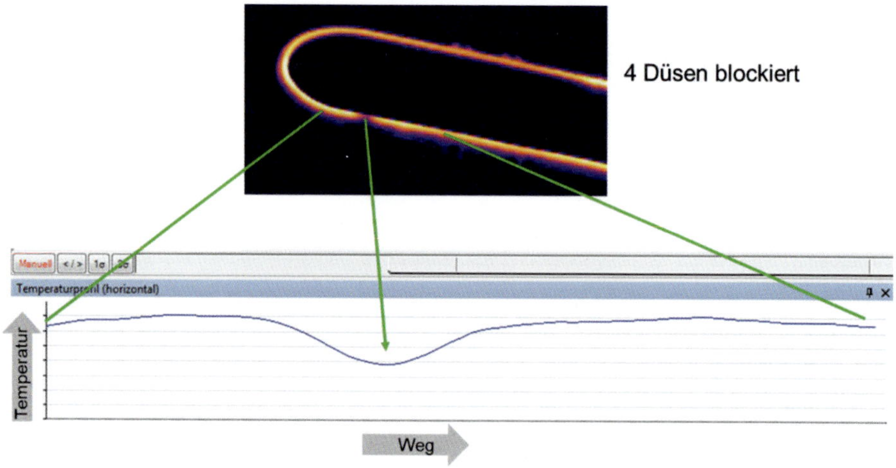

Bild 12: Thermographieaufnahme nach dem Aufschmelzen. Vier Düsen waren blockiert.

13. Schrifttum

13.1. Regelwerk

Normen

DIN EN ISO 12100	Sicherheit von Maschinen – Allgemeine Gestaltungsleitsätze – Risikobeurteilung und Risikominderung
DIN EN 13202	Ergonomie der thermischen Umwelt – Temperaturen berührbarer heißer Oberflächen
DIN EN 13732-1	Ergonomie der thermischen Umgebung – Bewertungsverfahren für menschliche Reaktionen bei Kontakt mit Oberflächen – Teil 1: Heiße Oberflächen
DIN EN ISO 12100	Sicherheit von Maschinen – Allgemeine Gestaltungsleitsätze – Risikobeurteilung und Risikominderung
DIN EN ISO 13857	Sicherheit von Maschinen – Sicherheitsabstände gegen das Erreichen von Gefährdungsbereichen mit den oberen und unteren Gliedmaßen

DVS-Regelwerke

Richtlinie DVS 2206	Zerstörungsfreie Prüfverfahren von Behältern, Apparaten und Rohrleitungen aus thermoplastischen Kunststoffen
Richtlinie DVS 2207-3	Schweißen von thermoplastischen Kunststoffen – Warmgaszieh – und Warmgasfächelschweißen von Rohren, Rohrleitungsteilen und Tafeln – Verfahren, Anforderungen
Richtlinie DVS 2207-4	Schweißen von thermoplastischen Kunststoffen – Extrusionsschweißen von Rohren, Rohrleitungsteilen und Tafeln – Verfahren, Anforderungen
Richtlinie DVS 2215-1	Heizelementschweißen von Formteilen aus thermoplastischen Kunststoffen in der Serienfertigung
Richtlinie DVS 2228	Infrarotschweißen von thermoplastischen Kunststoffen in der Serienfertigung
Richtlinie DVS 2230-1	Schweißen von Kunststoffserienteilen – Qualitätssicherung, Prüfung

13.2. Begleitende Literatur

Gehde, M.: *Zum Extrusionsschweißen von Polypropylen.* Erlangen: Lehrstuhl für Kunststofftechnik, 1993.

Mochev, St. und Endemann, U.: *Mehr als nur heiße Luft. Systematische Prozessoptimierung für das Heißgasschweißen.* Joining Plastics. (12): 76-79. 2016.

Tschech, T.: *Heißgasschweißen in der Serienfertigung.* Würzburg, 20. September 2017. Serienschweißen von Formteilen.

Mochev, St. und Endemann, U.: *Schneller und besser schweißen. Werkzeuganpassung reduziert Prozesszeiten und verbessert Nahtqualität.* Joining Plastics. (9): 122-125, 2018.

Albrecht, M. et al.: *Einfluss des Werkzeugdesignes auf das Erwärmverhalten beim Warmgasschweißen.* In: Gehde, M. et al. [Hrsg.] Technomer 2019. 26. Fachtagung über Verarbeitung und Anwendung von Polymeren, 07. und 08. November 2019. Chemnitz: Technische Universität Chemnitz, Institut für Fördertechnik und Kunststoffe. 135.

N. N.: *Partikelfreie, hochfeste Verbindungen. Kunststoffbauteile im Heiß-Gas-Schweißverfahren fertigen* [online]. Verfügbar unter https://www.plastverarbeiter.de/verarbeitungsverfahren/partikelfreie-hochfeste-verbindungen.html [abgerufen am 9. September 2024].

Bialaschik, M. et al.: *Einfluss der Materialschädigung auf die Schweißnahtqualität beim Warmgasstumpfschweißen von Polyamiden.* In: DVS CONGRESS 2020. Große Schweißtechnische Tagung ; 14.-18. September 2020. Band 365. Als Manuskript gedruckt. DVS Media GmbH, Düsseldorf 2020, 815–820.

Albrecht, M. et al.: *Hot gas welding – Influences of the tool design.* In: Proceedings of PPS2019. Europe-Africa Regional Conference of the Polymer Processing Society,18.–22. November 2019. Band 2289. AIP Publishing 2020, 020006-1-020006-5.

Schmid, J. et al. *Reduktion der Erwärmungszeit beim Heißgasschweißen.* Kunststofftechnik. (17) 2021.: 112–128.

Rzepka, G. 2021. *Solid connection under a special atmosphere. How low-particle, non-contact welding of technical to high-performance plastics works.* K-PROFI international. (2): 30–35.

Bialaschik, M. et al.: *Influence of material degradation on weld seam quality in hot gas butt welding of polyamides* [online]. Welding in the world 2021. doi: 10.1007/s40194-021-01108-0.

Albrecht, M. et al.: *Warmgasstumpfschweißen von Kunststoffen.* Joining Plastics. (03) 2021: 162–169.

Albrecht, M. et al.:*Warmgasstumpfschweißen – Einfluss des Werkzeugdesigns und des verwendeten Prozessgases auf das Erwärm- und Schweißverhalten.* In: Gehde, M. et al. [Hrsg.] Technomer 2021. 27. Fachtagung über Verarbeitung und Anwendung von Polymeren, 04. und 05. November 2021 (online). Chemnitz: Technische Universität Chemnitz, Institut für Fördertechnik und Kunststoffe. 65.

Albrecht, M. et al.: *Warmgasschweißen von Kunststoffen - Analyse der Wärmeübergangsmechanismen und Grenzen der Technologie.* Schlussbericht zum IGF-Vorhaben 20.119B. Düsseldorf: DVS Media GmbH 2021.

Bechlarz, D. :*Kunststoffschweißen in komplexen Dimensionen. Schweißprozesse in Fertigungskonzepte integrieren* [online]. Verfügbar unter https://www.plastverarbeiter.de/verarbeitungsverfahren/flexible-automatisierungsloesungen-und-kunststoffschweissverfahren-verschmelzen-295.html [abgerufen am 9. September 2024].

Gevers, K. et al.: *Mischmaterialschweißen von PC/ABS und PMMA beim Warmgasstumpfschweißen mit Runddüsen.* In: Seefried, A. et al. [Hrsg.] Technomer 2023. 28. Fachtagung über Verarbeitung und Anwendung von Polymeren, 09. und 10. November 2023. Chemnitz: Technische Universität Chemnitz, Institut für Fördertechnik und Kunststoffe. 58.

Bialaschik, M.: *Ein Beitrag zum Warmgasstumpfschweißen von Kunststoffen.* Dissertation. Paderborn 2023.

Albrecht, M. et al.: *Analysis of material degradation during serial hot gas welding.* St. Gallen, Switzerland, 25. Mai 2023. 38th International Conference of the Polymer Processing Society.

Schmid, J.: *Beitrag zum effizienten Heißgasschweißen von thermoplastischen Kunststoffen.* Dissertation. Chemnitz 2023

Albrecht, M. et al.: *Einfluss der konvektiven Erwärmung auf die Materialschädigung von Kunststoffen beim Warmgasserienschweißen.* Joining Plastics. (2) 2024. : 108-114.

Albrecht, M. et al. *Serial hot gas welding – Heating and welding behaviour of a slot nozzle. In: The 2nd International Symposium on Plastics Technology.* AIP Publishing. 20017, 2024.

Anhang A: Anwendungsbeispiele

Im Anhang A werden Beispiele von Bauteilen dargestellt, die mittels Warmgasserienschweißen gefügt werden.

A 1: Pumpengehäuse als Test-Bauteil für verschiedene Untersuchungen.

Das Bild A 1 zeigt ein 2-teiliges Pumpengehäuse.

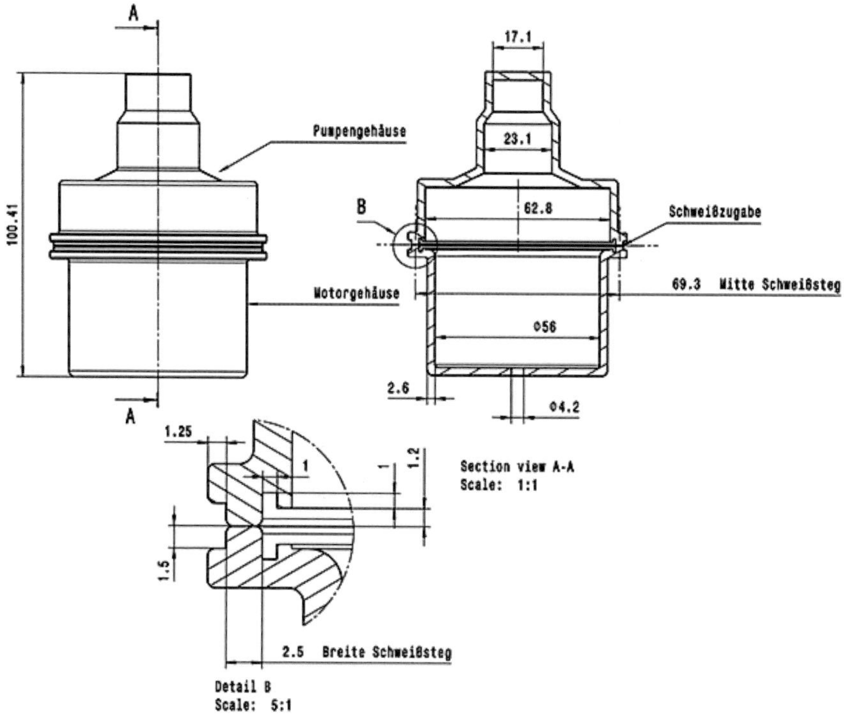

Bild A 1: Beispiel Pumpendummy

A 2: Saugrohr für einen 8-Zylinder-Motor bestehend aus vier übereinander geschweißten Elementen.

Das Bild A 2 zeigt ein 4-teiliges Saugrohr für einen Verbrennungsmotor.

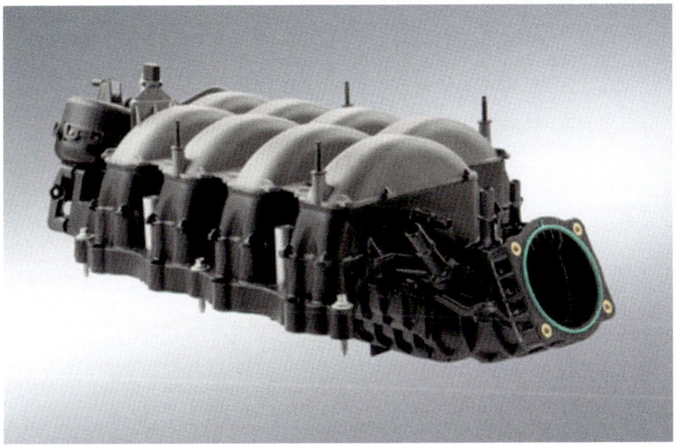

Bild A 2: Beispiel Saugrohr, Vierteiliger Aufbau aus dem Werkstoff PA6 GF30 (Quelle: MANN+HUMMEL GmbH)

A 3: Kühlmittel führendes Thermostat-Gehäuse aus PPA GF35

Das Bild A 3 zeigt ein mehrteiliges Thermostat-Gehäuse im Bereich der Automobilanwendung.

OEM/Vehicle: Ford Motor Co.
- 2017 3.5L V6 Cyclone TiVCT GTDI engines
- System Supplier: Plastic Tec - Bocar Group
- Zytel HTN51G35HSLR BK420 (PPA GF35)

Bild A 3: Thermostat-Gehäuse aus PPA GF35 (Quelle: Schweiger GmbH & Co. KG)

DVS-Richtlinien, die in Zusammenarbeit mit der AG W 4 erstellt worden sind

Februar 2010

DVS – DEUTSCHER VERBAND FÜR SCHWEISSEN UND VERWANDTE VERFAHREN E.V.	Kleben von Kunststoffen in der Hausinstallation Anforderungen an Betrieb und Personal	DVS Richtlinie DVS 1904-1

Ersetzt Ausgabe September 1994

Die Richtlinie ist in Zusammenarbeit mit dem Zentralverband Sanitär Heizung Klima entstanden. Sie enthält Anforderungen an Betrieb und Personal für Betriebe, die Klebarbeiten in der Hausinstallation durchführen.

Beim Kleben in der Hausinstallation an Rohren und Fittings/Formteilen aus Kunststoffen sind die Festlegungen nach Richtlinie DVS 1904-2 zu beachten.

Inhalt:

1 Geltungsbereich

Diese Richtlinie gilt für die Qualitätssicherung von Klebarbeiten an haustechnischen Anlagen für die Bereiche Trinkwasser- und Entwässerungsanlagen sowie Zentralheizungs- und Lüftungsanlagen und für andere Ver- und Entsorgungsanlagen einschließlich der Verbindungsleitungen innerhalb und außerhalb von Gebäuden.

Anforderungen in einschlägigen Rechtsvorschriften (zum Beispiel nach den Regeln der Druckgeräterichtlinie – DGRL) bleiben unberührt.

Klebarbeiten an haustechnischen Anlagen, die nach dieser Richtlinie ausgeführt werden, entsprechen den anerkannten Regeln der Technik. Werden darüber hinaus spezielle Anforderungen gestellt, sind diese vor Auftragserteilung besonders zu vereinbaren.

2 Anforderungen an den Betrieb

Die Betriebe müssen über die Einrichtungen verfügen, mit denen die Klebarbeiten sachgerecht durchgeführt werden können. Das berufsgenossenschaftliche Vorschriften- und Regelwerk (BGVR), insbesondere die BGV A1 „Unfallverhütungsvorschrift – Grundsätze der Prävention“ sowie die Merkblätter der Berufsgenossenschaft der Chemischen Industrie, insbesondere M 017 „Lösemittel“ sind zu beachten. Hinweise zu den Einrichtungen enthält die Richtlinie DVS 1904-2.

3 Anforderungen an das klebtechnische Personal

3.1 Klebaufsicht

Für die ordnungsgemäße Ausführung und Beurteilung von Klebarbeiten ist die Klebaufsicht verantwortlich. Klebaufsicht im Sinne dieser Richtlinie ist ein entsprechend den Berufsbildern ausgebildeter Meister für das Installateur- und Heizungsbauer-Handwerk, Behälter- und Apparatebauer-Handwerk, Ofen- und Luftheizungsbauer-Handwerk oder bei juristischen Personen der technische Betriebsleiter bei vergleichbaren Voraussetzungen. Für die Meisterausbildung bzw. -prüfung werden Anforderungen nach Verordnungen zum § 45 der Handwerksordnung in den jeweils gültigen Berufsbildern § 1 genannt.

3.2 Klebpersonal

Klebarbeiten in der Hausinstallation dürfen nur von Fachkräften ausgeführt werden, welche die dazu notwendigen Fertigkeiten und Kenntnisse erworben haben. Dies ist der Fall, wenn eine gültige Prüfung nach Richtlinie DVS 2221 „Prüfung von Kunststoffklebern“ nachgewiesen wird.

4 Beurteilung von Klebverbindungen

Klebverbindungen werden im Allgemeinen durch eine Sichtprüfung bewertet. Sie müssen den Erfordernissen des jeweiligen Bauteiles und seiner betrieblichen Funktion gerecht werden, zum Beispiel Dichtheit bei der Prüfung mit Druckluft, Inertgas oder Wasser. Hinweise zum Befund von Klebverbindungen, siehe in Richtlinie DVS 1904-2.

5 Schrifttum

[1] Richtlinie DVS 1904-2 „Kleben von Kunststoffen in der Hausinstallation, Rohre und Fittings, Klebverfahren, Befund von Klebverbindungen“

[2] Berufsgenossenschaftliche Vorschrift BGV A 1 „Grundsätze der Prävention“

[3] Merkblatt der Berufsgenossenschaft der Chemischen Industrie M 017 „Lösemittel“

[4] Verordnung über die Berufsbilder nach § 45 HwO in der aktuellen Fassung

[5] Handwerksordung (HwO) „Gesetz zur Ordnung des Handwerks“ in der aktuellen Fassung

[6] Richtlinie DVS 2221 „Prüfung von Kunststoffklebern“

Bezugsquellen:

- DVS-Richtlinien:
  DVS Media GmbH,
  Aachener Strasse 172, 40223 Düsseldorf,
  http://www.dvs-media.info
- BGVR (Berufsgenossenschaftliche Vorschriften und Regelwerk):
  Carl Heymanns Verlag, Luxemburger Strasse 449, 50939 Köln
- Merkblätter der BG der Chemischen Industrie:
  Jedermann-Verlag, Mittelgewannweg 15, 69021 Heidelberg,
  Internet: *www.jedermann.de*
- Handwerksordnung (HwO):
  Verlagsanstalt Handwerk GmbH, Auf'm Tetelberg 7,
  40221 Düsseldorf.

DVS, Ausschuss für Technik, Arbeitsgruppe „Kunststoffe, Schweißen und Kleben“

Bezug: DVS Media GmbH, Postfach 10 19 65, 40010 Düsseldorf, Telefon (02 11) 15 91- 0, Telefax (02 11) 15 91-150

Februar 2010

DVS – DEUTSCHER VERBAND FÜR SCHWEISSEN UND VERWANDTE VERFAHREN E.V.	**Kleben von Kunststoffen in der Hausinstallation Rohre und Fittings, Klebvorgang Befund von Klebverbindungen**	DVS **Richtlinie DVS 1904-2**

Ersetzt Ausgabe September 1994

Die Richtlinie ist in Zusammenarbeit mit dem Zentralverband Sanitär Heizung Klima entstanden. Sie enthält Anleitungen für das Kleben von Kunststoff-Rohren und -Fittings/Formteilen, die in der Hausinstallation Verwendung finden. Darüber hinaus werden Festlegungen zum Befund von Klebverbindungen sowie zum Arbeits- und Umweltschutz gegeben.

Anforderungen an Betrieb und Personal zum Kleben in der Hausinstallation enthält die Richtlinie DVS 1904-1.

Inhalt:

1 Geltungsbereich

Diese Richtlinie gilt für das Kleben an haustechnischen Anlagen für die Bereiche Trinkwasser- und Entwässerungsanlagen sowie Zentralheizungs- und Lüftungsanlagen und für andere Ver- und Entsorgungsanlagen einschließlich der Verbindungsleitungen innerhalb und außerhalb von Gebäuden.

Anforderungen in einschlägigen Rechtsvorschriften (zum Beispiel nach den Regeln der Druckgeräterichtlinie – DGRL) bleiben unberührt.

Klebarbeiten an haustechnischen Anlagen, die nach dieser Richtlinie ausgeführt werden, entsprechen den anerkannten Regeln der Technik.

Werden darüber hinaus spezielle Anforderungen gestellt, sind diese vor Auftragserteilung besonders zu vereinbaren.

2 Rohre und Fittings/Formteile aus Kunststoffen

2.1 PVC-U

2.1.1 Rohre
nach DIN 8061/DIN 8062; DIN EN 1452-1 bis -5 und DIN 19 534-**3**

2.1.2 Fittings/Formteile
nach DIN 8063-1 und -9

2.2 ABS/ASA/PVC

2.2.1 Rohre
nach DIN EN 1455-1/DIN EN 1565-1/DIN 19 561-10

2.2.2 Fittings/Formteile
nach DIN EN 1455-1/DIN EN 1565-1/DIN 19 561-10

2.3 PVC-C

2.3.1 Rohre
nach DIN 8079/DIN 8080/DIN EN 1566-1/DIN 19 538-10

2.3.2 Fittings/Formteile
nach DIN EN 1566-1/DIN 19 538-10

2.4 Kennzeichnung

Die Kennzeichnung ist Aufgabe des Halbzeugherstellers.

Der verarbeitende Betrieb muss die Kennzeichnung kontrollieren und nachfolgendes beachten:

- Hersteller-Kennzeichen
- Produktbezeichnung
- Werkstoff
- Zulassungszeichen, z. B. DVGW-Zertifizierungszeichen
- Nennweite
- Herstellerjahr.

Die Reinigungsmittel sowie Klebstoffe sind sowohl auf den entsprechend geeigneten Behältern als auch auf den Verpackungsmaterialien mit nachfolgenden Mindestangaben zu versehen:

- Produktbezeichnung
- Verwendungszweck
- Zulassungszeichen, z. B. DVGW-Zertifizierungszeichen mit Registriernummer
- Anschrift des Herstellers bzw. Lieferanten
- Gefahrensymbole und Sicherheitshinweise
- Menge
- Verarbeitungshinweise
- Abfülldatum.

DVS, Ausschuss für Technik, Arbeitsgruppe „Kunststoffe, Schweißen und Kleben"

Bezug: DVS Media GmbH, Postfach 10 19 65, 40010 Düsseldorf, Telefon (02 11) 15 91- 0, Telefax (02 11) 1591-150

2.5 Verpackung, Transport und Lagerung

Die Reinigungsmittel und Klebstoffe werden in entsprechend geeigneten Behältern abgefüllt und ausgeliefert.

Beim Transport der Reinigungsmittel und Klebstoffe ist die Gefahrgutverordnung Straße (GGVS) zu beachten.

Die Lagerung der Reinigungsmittel und Klebstoffe soll bei Raumtemperatur (etwa 20°C) in gut belüfteten Räumen erfolgen. Die Produkte sind gegen Erwärmen zu schützen. Lagerungstemperaturen ± 0°C sind zu vermeiden.

Die Reinigungsmittel sind bei Einhaltung der vorgegebenen Lagerungsbedingungen unbegrenzt haltbar.

Die Gebrauchstauglichkeit der Klebstoffe ist aufgrund ihrer Zusammensetzung zeitlich begrenzt. Bei Einhaltung der vorgenannten Bedingungen wird für noch nicht geöffnete und nicht angebrochene Klebstoffdosen eine Gebrauchstauglichkeit von mindestens 12 Monaten nach Abfülldatum garantiert.

3 Allgemeine Qualitätssicherung der Klebstoffe und der Klebverbindungen

Die Reinigungsmittel und Klebstoffe unterliegen nach den bestehenden Anwendungsnormen und Richtlinien einer ständigen Qualitätskontrolle.

Zulassungen und Prüfzeugnisse mit dem Nachweis der Gebrauchstauglichkeit liegen beim Hersteller vor und können dort angefordert werden. Der Anwender kann beim Hersteller ein Werkszeugnis nach DIN EN 10 204 anfordern.

4 Herstellung von Klebverbindungen

Zur Herstellung von Klebverbindungen sind nur geeignete Reinigungsmittel und der entsprechend für die Klebverbindung geeignete Klebstoff zu verwenden, die vom Rohrsystem-Hersteller vorgeschrieben sind. Dessen Klebanleitung ist zu beachten! Die Rohre und Fittings/Formteile müssen trocken, fett- und schmutzfrei sein. Das Kleben soll nur bei Verarbeitungstemperaturen zwischen + 5 und + 40°C erfolgen.

Für das Kleben gilt folgender allgemeiner Arbeitsablauf, der aber von System zu System Unterschiede in der Klebtechnik haben kann. Deshalb sind die Klebanleitungen der einzelnen Rohrsystem-Hersteller zu berücksichtigen:

- Die Klebflächen am Rohrende und des Fittings/Formteils werden mit sauberem Fliespapier und dem vom Rohrsystem-Hersteller vorgeschriebenen Reinigungsmittel gereinigt. Das Fliespapier ist nur einmal zu verwenden.
- Auf dem Rohrende wird die Einstecktiefe des Fittings/Formteils mit z. B. Bleistift markiert, damit der erforderliche Klebstoffauftrag und das vollständige Einschieben des Rohres in den Fitting / das Formteil kontrolliert werden können.
- Die gereinigten Klebflächen müssen vor dem Klebstoffauftrag abgetrocknet sein.
- Der Klebstoff wird mit dem Tupfer oder Pinsel vollflächig satt auf das Rohr und bei Bedarf dünn in den Fitting / das Formteil aufgetragen.
- Sofort nach dem Klebstoffauftrag wird das Rohr ohne Verdrehen und Verkanten bis zum Anschlag in den/das Fitting/Formteil eingeschoben und fixiert.
- Die Dauer der Ruhezeit der geklebten Rohrverbindung ist den Herstellerangaben zu entnehmen.
- Die Klebstelle darf während der Ruhezeit mechanisch nicht belastet werden. Entsprechendes gilt für die Wartezeit bis zur Dichtheitsprüfung.
- Das Umhüllen bzw. Isolieren der verlegten Rohrleitung darf erst dann erfolgen, wenn der an den Klebfugen ausgetretene Klebstoff abgebunden und trocken ist.
- Die fertig montierten Rohrleitungen sind vor der Inbetriebnahme zu spülen, um sie von den im Inneren befindlichen Fremdstoffen zu reinigen (siehe hierzu: Merkblatt des ZVSHK „Spülen, Desinfizieren und Inbetriebnahme von Trinkwasser – Installationen").

5 Befund von Klebverbindungen

5.1 Äußere Beschaffenheit

Die Klebverbindung muss sauber sein. Der Klebstoff ist eingefärbt. An der Rohrleitung herablaufender oder verschmierter Klebstoff ist gut sichtbar und sollte deshalb sofort entfernt werden.

5.2 Axiale Beschaffenheit

Um eine optimale Festigkeit der Klebverbindung zu erzielen, sind die Rohre achsenparallel in den Fitting / das Formteil einzuschieben.

5.3 Klebtiefe

Das Rohr muss beim Kleben bis zum Anschlag des Fittings/Formteils eingeschoben werden. Die kerbfreie Markierung (z. B. mittels Bleistift) darf nicht mehr sichtbar sein. Sie ist durch den Klebstoffring abgedeckt.

5.4 Klebstoffring (Hohlkehle)

Nach dem Kleben soll zwischen Rohr und Fitting/Formteil ein gleichmäßig umlaufender Klebstoffring (Hohlkehle) sichtbar sein. Dieser gewährt eine einwandfreie Klebung.

5.5 Dichtheitsprüfung

Die Dichtheitsprüfung erfolgt nach Fertigstellung der montierten Rohrleitung. Verbindliche Anforderungen sind den Anforderungsregeln (z. B. dem ZVSHK-Merkblatt „Dichtheitsprüfungen von Trinkwasser-Installationen mit Druckluft, Inertgas oder Wasser") zu entnehmen.

5.6 Bewertung

Werden die Bedingungen der zuvor genannten Abschnitte 5.1 bis 5.5 eingehalten, sind die an eine einwandfreie Klebverbindung zu stellenden Anforderungen erfüllt.

6 Arbeitsschutzmaßnahmen

Die Klebstoffe enthalten organische Lösemittel, deren Eigenschaften bei der Verarbeitung bestimmte Arbeitsschutzmaßnahmen erfordern.

Eine Gefährdung der mit diesen Lösemitteln Beschäftigten ergibt sich aus

- der Brennbarkeit der Lösemittel
- der Reizwirkung einzelner Lösemittel auf die Atmungsorgane, Augen und Haut.

Der Umgang mit diesen Produkten ist im Merkblatt der Berufsgenossenschaft der Chemischen Industrie

- M 017 „Lösemittel"

sowie in der

- Gefahrstoffverordnung „Verordnung zum Schutz vor Gefahrstoffen"

geregelt. Darin sind die Arbeitsschutzmaßnahmen aufgeführt, die beim Umgang mit diesen Lösemitteln sowie den Klebstoffen einzuhalten sind.

Die Sicherheitsdatenblätter für diese Produkte sind vom Gesetzgeber vorgeschrieben und müssen dem verarbeitenden Betrieb vorliegen.

Die wichtigsten Arbeitsschutzmaßnahmen bei Arbeiten mit Reinigungsmitteln und Klebstoffen sind:

- Von Zündquellen fernhalten!
- Nicht rauchen!
- Dämpfe nicht einatmen,
- für ausreichende Lüftung sorgen.
- Berührung mit den Augen vermeiden.
- Berührung mit der Haut vermeiden.
- Nicht in die Kanalisation gelangen lassen.

Der Umgang mit diesen Stoffen ist in geeigneten Betriebsanweisungen festzulegen.

7 Umweltschutz

Anfallende Reste von Rohren, Fittings/Formteilen, Reinigungsmitteln und Klebstoffen werden der Wiederverwertung bzw. der fachgerechten Entsorgung zugeführt.

8 Schrifttum

[1] Richtlinie DVS 1904-1 „Kleben von Kunststoffen in der Hausinstallation – Anforderungen an Betrieb und Personal“

[2] DIN EN 10204 „Metallische Erzeugnisse – Arten von Prüfbescheinigungen“

[3] DIN 8061 (Norm-Entwurf) „Rohre aus weichmacherfreiem Polyvinylchlorid (PVC-U) – Allgemeine Güteanforderungen, Prüfung“

[4] DIN 8062 (Norm-Entwurf) „Rohre aus weichmacherfreiem Polyvinylchlorid (PVC-U) – Maße“

[5] DIN 8063-1 „Rohrverbindungen und Rohrleitungsteile für Druckrohrleitungen aus weichmacherfreiem Polyvinylchlorid (PVC-U); Muffen- und Doppelmuffenbogen, Maße“

[6] DIN 8063-9 „Rohrverbindungen und Rohrleitungsteile für Druckrohrleitungen aus weichmacherfreiem Polyvinylchlorid (PVC hart); Reduzierstücke aus Spritzguss für Klebung, Maße“

[7] DIN 8079 (Norm-Entwurf) „Rohre aus chloriertem Polyvinylchlorid (PVC-C) – Maße“

[8] DIN 8080 (Norm-Entwurf) „Rohre aus chloriertem Polyvinylchlorid (PVC-C) – Allgemeine Güteanforderungen, Prüfungen“

[9] DIN EN 1452-1 „Kunststoff-Rohrleitungssysteme für die Wasserversorgung – Weichmacherfreies Polyvinylchlorid (PVC-U) – Teil 1: Allgemeines“

[10] DIN 1452-2 „Kunststoff-Rohrleitungssysteme für die Wasserversorgung – Weichmacherfreies Polyvinylchlorid (PVC-U) – Teil 2: Rohre“

[11] DIN 1452-3 „Kunststoff-Rohrleitungssysteme für die Wasserversorgung – Weichmacherfreies Polyvinylchlorid (PVC-U) – Teil 3: Formstücke“

[12] DIN 1452-4 „Kunststoff-Rohrleitungssysteme für die Wasserversorgung – Weichmacherfreies Polyvinylchlorid (PVC-U) – Teil 4: Armaturen und Zubehör“

[13] DIN 1452-5 „Kunststoff-Rohrleitungssysteme für die Wasserversorgung – Weichmacherfreies Polyvinylchlorid (PVC-U) – Teil 5: Gebrauchstauglichkeit des Systems“

[14] DIN EN 1455-1 „Kunststoff-Rohrleitungssysteme zum Ableiten von Abwasser (niedriger und hoher Temperatur) innerhalb der Gebäudestruktur – Acrylnitril-Butadien-Styrol (ABS) – Teil 1: Anforderungen an Rohre, Formstücke und das Rohrleitungssystem“

[15] DIN EN 1565-1 „Kunststoff-Rohrleitungssysteme zum Ableiten von Abwasser (niedriger und hoher Temperatur) innerhalb der Gebäudestruktur – Styrol-Copolymer-Blends (SAN + PVC) – Teil 1: Anforderungen an Rohre, Formstücke und das Rohrleitungssystem“

[16] DIN EN 1566-1 „Kunststoff-Rohrleitungssysteme zum Ableiten von Abwasser (niedriger und hoher Temperatur) innerhalb der Gebäudestruktur – Chloriertes Polyvinylchlorid (PVC-C) – Teil 1: Anforderungen an Rohre, Formstücke und das Rohrleitungssystem“

[17] DIN 19534-3 „Rohre und Formstücke aus weichermacherfreiem Polyvinylchlord (PVC-U) mit Steckmuffe für Abwasserkanäle und -Leitungen – Teil 3: Güteüberwachung und Bauausführung“

[18] DIN 19538-10 „Rohre und Formstücke aus chloriertem Polyvinylchlorid (PVC-C) für heißwasserbeständige Abwasserleitungen (HT) innerhalb von Gebäuden – Teil 10: Brandverhalten, Güteüberwachung und Verlegehinweise“

[19] DIN 19561-10 „Rohre und Formstücke aus Styrol-Copolymerisaten für heißwasserbeständige Abwasserleitungen (HT) innerhalb von Gebäuden – Teil 10: Brandverhalten, Güteüberwachung und Verlegehinweise“

[20] Merkblatt der Berufsgenossenschaft der Chemischen Industrie M 017 „Lösemittel“

[21] Gefahrstoffverordnung „Verordnung zum Schutz vor Gefahrstoffen“

[22] ZVSHK-Merkblatt „Spülen, Desinfizieren und Inbetriebnahme von Trinkwasser-Installationen“

[23] ZVSHK-Merkblatt „Dichtheitsprüfungen von Trinkwasser-Installationen mit Druckluft, Inertgas oder Wasser“

Bezugsquellen:

DVS-Richtlinien:
DVS Media GmbH, Aachener Strasse 172, 40223 Düsseldorf,
http://www.dvs-media.info

BGVR (Berufsgenossenschaftliche Vorschriften und Regelwerk) sowie Verordnungen:
Carl Heymanns Verlag, Luxemburger Strasse 449, 50939 Köln

Merkblätter der BG der Chemischen Industrie:
Jedermann-Verlag, Mittelgewannweg 15, 69021 Heidelberg,
www.jedermann.de

DIN-/DIN EN-/DIN EN ISO-Normen:
Beuth Verlag GmbH, Burggrafenstraße 6 in 10772 Berlin

ZVSHK-Merkblätter:
Zentralverband Sanitär Heizung Klima, Rathausallee 6,
53757 St. Augustin, *www.wasserwaermeluft.de*

Februar 2010

DVS – DEUTSCHER VERBAND FÜR SCHWEISSEN UND VERWANDTE VERFAHREN E.V.

Schweißen von Kunststoffen in der Hausinstallation
Anforderungen an Betrieb und Personal

DVS

Richtlinie DVS 1905-1

Ersetzt Ausgabe Dezember 1995

Die Richtlinie ist in Zusammenarbeit mit dem Zentralverband Sanitär Heizung Klima entstanden. Sie enthält Anforderungen an Betrieb und Personal für Betriebe, die Schweißarbeiten in der Hausinstallation durchführen.

Hinweise zum Schweißen in der Hausinstallation an Rohren und Fittings/Formteilen aus Kunststoffen sowie Hinweise zum Befund von Schweißverbindungen enthält Richtlinie DVS 1905-2.

Inhalt:

1 Geltungsbereich

Diese Richtlinie gilt für die Qualitätssicherung von Kunststoffschweißarbeiten an haustechnischen Anlagen für die Bereiche Trinkwasser- und Entwässerungsanlagen sowie Zentralheizungs- und Lüftungsanlagen und für andere Ver- und Entsorgungsanlagen einschließlich der Verbindungsleitungen innerhalb und außerhalb von Gebäuden.

Anforderungen in einschlägigen Rechtsvorschriften (zum Beispiel nach den Regelwerken der Druckgeräterichtlinie – DGRL) bleiben unberührt. Schweißarbeiten an haustechnischen Anlagen, die nach dieser Richtlinie ausgeführt werden, entsprechen den anerkannten Regeln der Technik.

Werden darüber hinaus spezielle Anforderungen gestellt, sind diese vor Auftragserteilung besonders zu vereinbaren.

2 Anforderungen an den Betrieb

Die Betriebe müssen über die Einrichtungen verfügen, mit denen die Schweißarbeiten sachgerecht durchgeführt werden können. Die einschlägigen Unfallverhütungsvorschriften, insbesondere die BGV A1 sind zu beachten.

Hinweise zu den Einrichtungen enthält die Richtlinie DVS 1905-2.

3 Anforderungen an das schweißtechnische Personal

3.1 Schweißaufsicht

Für die ordnungsgemäße Ausführung und Beurteilung von Schweißarbeiten ist die Schweißaufsicht verantwortlich. Schweißaufsicht im Sinne dieser Richtlinie ist ein entsprechend den Berufsbildern ausgebildeter Meister für das Installateur- und Heizungsbauer-Handwerk, Behälter- und Apparatebauer-Handwerk, Ofen- und Luftheizungsbauer-Handwerk oder bei juristischen Personen der technische Betriebsleiter bei vergleichbaren Qualifikationen.

3.2 Schweißpersonal

Schweißarbeiten in der Hausinstallation dürfen nur von Fachkräften ausgeführt werden, welche die dazu notwendigen Fertigkeiten und Kenntnisse erworben haben. Dies ist der Fall, wenn eine gültige Prüfung nach Richtlinie DVS 2212-1 nachgewiesen wird.

4 Beurteilung von Schweißverbindungen

Schweißverbindungen werden im Allgemeinen durch eine Sichtprüfung bewertet. Sie müssen den Erfordernissen des jeweiligen Bauteiles und seiner betrieblichen Funktion gerecht werden, zum Beispiel Dichtheit bei der Prüfung mit Druckluft, Inertgas oder Wasser.

Hinweise zum Befund von Schweißverbindungen, siehe in Richtlinie DVS 1905-2.

5 Schrifttum

[1] DVS 1905-2 „Schweißen von Kunststoffen in der Hausinstallation, Rohre und Fittings, Schweißverfahren, Befund der Schweißverbindungen“

[2] DVS 2212-1 „Prüfung von Kunststoffschweißern“

[3] Berufsgenossenschaftliche Vorschrift BGV A1 „Grundsätze der Prävention“

[4] Verordnung über die Berufsbilder nach § 45 – HwO in der aktuellen Fassung

[5] Handwerksordung (HwO) „Gesetz zur Ordnung des Handwerks“ in der aktuellen Fassung.

Bezugsquellen:

DVS-Richtlinien:
DVS Media GmbH, Aachener Strasse 172, 40223 Düsseldorf, *http://www.dvs-verlag.de*

BGVR (Berufsgenossenschaftliche Vorschriften und Regelwerk):
Carl Heymanns Verlag, Luxemburger Strasse 449, 50939 Köln

Merkblätter der BG der Chemischen Industrie:
Jedermann-Verlag, Mittelgewannweg 15, 69021 Heidelberg, *www.jedermann.de*

Handwerksordnung (HwO):
Verlagsanstalt Handwerk GmbH, Auf'm Tetelberg 7, 40221 Düsseldorf.

DVS, Ausschuss für Technik, Arbeitsgruppe „Kunststoffe, Schweißen und Kleben“

Bezug: DVS Media GmbH, Postfach 10 19 65, 40010 Düsseldorf, Telefon (02 11) 15 91-0, Telefax (02 11) 1591-150

DEUTSCHER VERBAND FÜR SCHWEISSTECHNIK E.V.

Schweißen von Kunststoffen in der Hausinstallation Rohre und Fittings, Schweißverfahren Befund von Schweißverbindungen

Merkblatt DVS 1905 Teil 2 (Dezember 1995)

DVS

Dieses Merkblatt ist in Zusammenarbeit mit dem Zentralverband Sanitär Heizung Klima entstanden. Es enthält Anleitungen für das Schweißen von Kunststoff-Rohren und -Fittings/Formstücken, die in der Hausinstallation Verwendung finden. Darüber hinaus werden Hinweise zum Befund von Kunststoffschweißverbindungen gegeben.

Anforderungen an Betrieb und Personal beim Schweißen in der Hausinstallation enthält Merkblatt DVS 1905 Teil 1.

Inhalt:

1 Geltungsbereich

Dieses Merkblatt gilt für das Schweißen von Kunststoffen nach Tabelle 1 in haustechnischen Anlagen für die Bereiche Trinkwasser- und Entwässerungsanlagen sowie Zentralheizungs- und Lüftungsanlagen und für andere Ver- und Entsorgungsanlagen einschließlich der Verbindungsleitungen innerhalb und außerhalb von Gebäuden. Anforderungen in einschlägigen Rechtsvorschriften (beispielsweise DruckbehV) bleiben unberührt.

Grundlage für die technischen Anforderungen dieses Merkblattes sind DVS-Richtlinien und Merkblätter (siehe Schrifttum) in der jeweils neuesten Fassung.

Schweißarbeiten in haustechnischen Anlagen, die nach diesem Merkblatt ausgeführt werden, entsprechen den anerkannten Regeln der Technik. Werden darüber hinaus spezielle Anforderungen gestellt, sind diese vor Auftragserteilung besonders zu vereinbaren.

2 Rohre und Fittings aus Kunststoffen

Die in haustechnischen Anlagen zur Anwendung kommenden Werkstoffe sind in Tabelle 1 enthalten.

Tabelle 1.

Werkstoffe	Polybuten (PB)	Polypropylen Typ 3 (PP-3)	Polyethylen hoher Dichte (PE-HD)
Rohre	DIN 16 968 DIN 16 969	DIN 8077 DIN 8078	DIN 8074 DIN 8075
Fittings	DVGW-Arbeitsblatt W 534	DVGW-Arbeitsblatt W 534	DIN 16 963 Teile 1 bis 13 DVGW-Arbeitsblatt W 534

Darüber hinaus sind weitere Kunststoffrohre und Fittings schweißgeeignet aus den Werkstoffen:

- Polypropylen Typ 1 (PP-H)
- Polyethylen niedriger Dichte (PE-LD)
- Polyvinylidenfluorid (PVDF)

Diese sind nicht Gegenstand des Merkblattes.

2.1 Kennzeichnung

Die Kennzeichnung der Rohre und Fittings/Formteile erfolgt nach den einschlägigen Normen. Jedes Rohr und jeder Fitting muß mindestens jedoch mit folgenden Angaben versehen sein:

Rohr	Fitting
– Herstellerkennzeichen – Produktbezeichnung – Werkstoff – Dimension – Gütezeichen	– Herstellerkennzeichen – Werkstoff – Abmessung – Gütezeichen (auf Verpackung in Herstellerunterlage

3 Transport und Lagerung

Die Rohre sollten während des Transports und bei der Lagerung möglichst auf ihrer ganzen Länge aufliegen.

Schlagartige Beanspruchungen, besonders bei tiefen Temperaturen, Kerbeinwirkungen und längerfristige Sonneneinstrahlungen sollten bei Rohren und Fittings vermieden werden.

Ungünstige Lagerbedingungen der Kunststoffrohre führen aufgrund ihres thermoplastischen Verhaltens zu Verformungen, die eine fachgerechte Verarbeitung erschweren.

4 Anforderungen an die Schweißgeräte

Die Schweißgeräte müssen den Anforderungen der Richtlinie DVS 2208 Teil 1 „Schweißen von thermoplastischen Kunststoffen; Maschinen und Geräte für das Heizelementschweißen von Rohren, Rohrleitungsteilen und Tafeln" entsprechen.

DVS, Technischer Ausschuß, Arbeitsgruppe „Schweißen in der Handwerkswirtschaft"

Bezug: Deutscher Verlag für Schweißtechnik DVS-Verlag GmbH, Postfach 10 19 65, 40010 Düsseldorf, Telefon (02 11) 15 91-0, Telefax (02 11) 1591-200

5 Schweißverfahren

Zur Herstellung von Schweißverbindungen kommen folgende Schweißverfahren zur Anwendung:

- Heizelementstumpfschweißen (HS)
- Heizelementmuffenschweißen (HD)
- Heizwendelschweißen (HM)

Für die zur Anwendung kommenden Schweißverfahren müssen vom Systemanbieter Schweißanleitungen und Schweißrichtwerte zur Verfügung gestellt werden.

5.1 Heizelementstumpfschweißen

Heizelementstumpfschweißungen müssen mit Schweißvorrichtungen durchgeführt werden.

Die Verbindungsflächen der zu schweißenden Teile werden am Heizelement unter Druck angeglichen (Angleichen), anschließend mit reduziertem Druck auf Schweißtemperatur erwärmt (Anwärmen) und nach Entfernung des Heizelements unter Druck zusammengefügt, Bild 1.

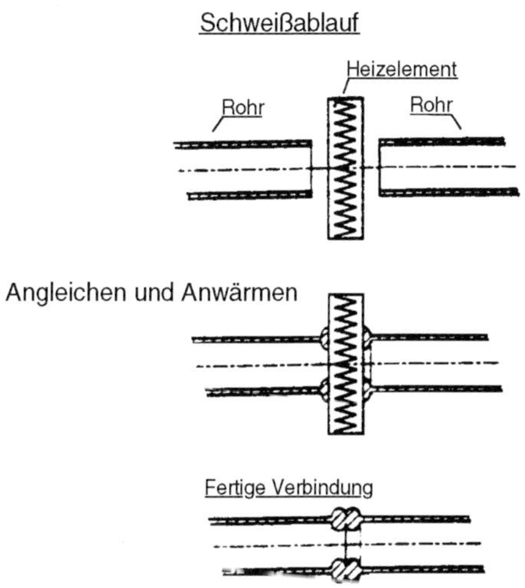

Bild 1. Heizelementstumpfschweißen.

5.1.1 Vorbereitung zum Schweißen von Druckrohrleitungen

Die Rohre bzw. Rohrleitungsteile sind beim Einspannen in das Schweißgerät so auszurichten, daß die Flächen planparallel zueinander stehen. Die Längsbeweglichkeit des anzuschweißenden Teiles ist durch geeignete Maßnahmen, zum Beispiel verstellbare Rollenböcke oder pendelnde Aufhängung, sicherzustellen.

Die zu schweißenden Rohrenden sind im eingespannten Zustand mit einem Planhobel spanend zu bearbeiten.

Nach dem Planhobeln sind die eventuell in das Rohr gefallenen Späne mit Hilfe eines sauberen Werkzeuges (Besen, Pinsel, Papier) zu entfernen. Die bearbeiteten Schweißflächen dürfen weder verschmutzt sein noch mit den Händen berührt werden, da sonst eine erneute Bearbeitung notwendig wird.

Nach dem Bearbeiten ist die Planparallelität der zum Schweißen vorbereiteten Flächen zu kontrollieren. Die eingespannten, zu schweißenden Teile werden zu diesem Zweck zueinander bewegt und zur Berührung gebracht. Der verbleibende Spalt darf bei Rohraußendurchmessern $\leq$ 355 mm an keiner Stelle 0,5 mm überschreiten.

Beim Stumpfschweißen von Rohren und Rohrleitungsteilen nach Richtlinie DVS 2207 Teil 1 beträgt der zulässige Versatz an der Rohraußenseite 0,1 $\times$ Rohrwanddicke.

Nach Bearbeitung der Verbindungsflächen ist der Schweißvorgang einzuleiten.

Vor Schweißbeginn ist die am Heizelement eingestellte Schweißtemperatur von (210 $\pm$ 10) °C zu kontrollieren. Dies erfolgt z. B. durch ein schnellanzeigendes Temperaturmeßgerät. Mit dem Anwärmvorgang der zu schweißenden Teile darf erst nach Erreichen der stabilen Heizelementtemperatur begonnen werden.

Die Schweißrichtwerte für die Heizelementstumpfschweißung sind den jeweiligen Angaben des Systemanbieters bzw. den DVS-Richtlinien zu entnehmen.

5.1.2 Ausführen des Schweißens

Die Herstellerangaben bzw. die DVS-Richtlinien sind zu beachten.

Dabei sind mindestens folgende Arbeitsschritte auszuführen:

1. Zu schweißende Teile einspannen, ausrichten und planhobeln.
2. Späne entfernen und Planparallelität durch Zusammenfahren der zu schweißenden Teile überprüfen (Spalt maximal 0,5 mm).
3. Den Versatz der Fügefläche zueinander überprüfen (maximal 0,1 $\times$ Wanddicke).
4. Anwärmflächen des Heizelementes mit nicht faserndem Papier reinigen.
5. Schweißtemperatur überprüfen (210 $\pm$ 10) °C.
6. Schweißrichtwerte den Herstellerangaben bzw. den DVS-Richtlinien entnehmen.
7. Schweißvorgang ausführen (Angleichen, Anwärmen, Umstellen, Fügen, Abkühlen).

5.1.3 Schweißen von Entwässerungsleitungen

Bei Entwässerungsleitungen ab Nennweite 70 sollten die Schweißnahtvorbereitung und die Schweißung nicht mehr von Hand erfolgen.

5.2 Heizelementmuffenschweißen

Beim Heizelementmuffenschweißen werden Rohr, Fitting und Rohrleitungsteil überlappend geschweißt. Rohrende und Fittingsmuffe werden mit Hilfe eines muffen- bzw. stutzenförmigen Heizelementes auf Schweißtemperatur erwärmt und anschließend verbunden. Rohrende, Heizelement und Fittingsmuffe sind maßlich so aufeinander abgestimmt, daß sich beim Fügen ein Fügedruck aufbaut, Bild 2.

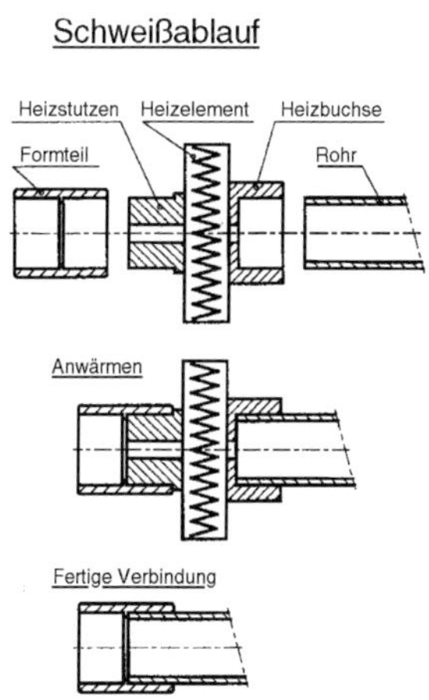

Bild 2. Heizelementmuffenschweißen.

5.2.1 Vorbereiten zum Schweißen

Die zu treffenden Maßnahmen sind den Herstellerangaben zu entnehmen.

Nach Bearbeitung der Verbindungsflächen ist der Schweißvorgang einzuleiten. Die Verbindungsfläche des Rohres ist gemäß den Angaben des Herstellers zu bearbeiten. Die Fügeflächen sind mit einem Reinigungsmittel zu säubern.

Vor Schweißbeginn ist die am Heizelement eingestellte Schweißtemperatur von (260 ± 10) °C zu kontrollieren. Dies erfolgt durch ein schnellanzeigendes Temperaturmeßgerät. Mit dem Anwärmen darf erst nach Erreichen einer stabilen Schweißtemperatur begonnen werden.

Die Schweißrichtwerte für die Heizelementmuffenschweißung sind den Herstellerangaben bzw. den DVS-Richtlinien zu entnehmen.

5.2.2 Ausführen des Schweißens

Die Herstellerangaben bzw. die DVS-Richtlinien sind zu beachten. Dabei sind mindestens folgende Arbeitsschritte auszuführen:

1. Heizelement auf Schweißtemperatur erwärmen.
2. Schweißtemperatur überprüfen: (260 ± 10) °C.
3. Fügeflächen reinigen.
4. Rohrende, wenn erforderlich, bearbeiten und ggf. Einstecktiefe markieren.
5. Zu schweißende Teile gleichzeitig anwärmen und Anwärmzeit einhalten.
6. Zu schweißende Teile von Heizelement abziehen und ohne Verdrehen bis zur Markierung einschieben und -fügen.
7. Halte- und Abkühlzeit einhalten.
8. Heizwerkzeuge mit nicht faserndem Papier reinigen.

5.3 Heizwendelschweißen

Die Fügeflächen, das heißt Rohroberfläche und Muffeninnenseite, werden mit Hilfe in die Muffe eingelegter Widerstandsdrähte (Heizwendel) durch elektrischen Strom auf Schweißtemperatur erwärmt und so geschweißt, Bild 3.

5.3.1 Vorbereiten zum Schweißen

Für die Herstellung einwandfreier Schweißverbindungen sind saubere Oberflächen von entscheidender Bedeutung.

Die zu treffenden Maßnahmen sind den Herstellerangaben oder den DVS-Richtlinien zu entnehmen.

Die Einstecktiefe des Rohres muß durch eine Markierung gekennzeichnet sein.

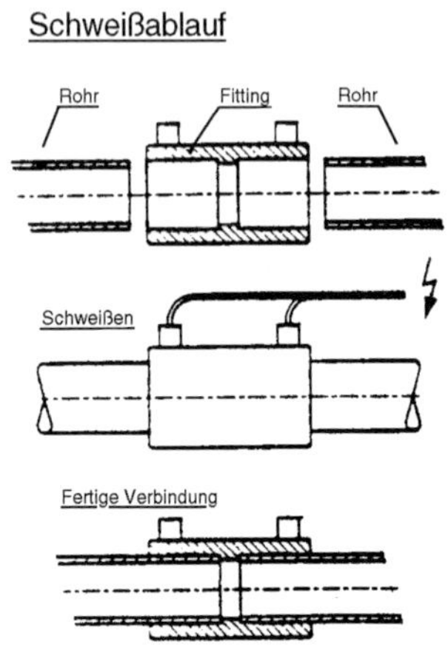

Bild 3. Heizwendelschweißen.

5.3.2 Ausführen des Schweißens

Die Herstellerangaben bzw. die DVS-Richtlinien sind zu beachten. Dabei sind mindestens folgende Arbeitsschritte auszuführen:

1. Das Rohr in den Fitting bis zur Markierung einschieben und fixieren.
2. Kabel an Fitting zugentlastend anschließen.
3. Soweit erforderlich, Einstellung bzw. Anzeigen am Gerät überprüfen.
4. Schweißablauf nach Angaben des Herstellers überprüfen.
5. Abkühlzeit nach Herstellerangaben beachten.

6 Hinweise zum Befund von Schweißverbindungen

Hinweise auf die Qualität von Schweißverbindungen ergeben sich durch die Druckprüfung und durch die Sichtprüfung der Verbindungen.

Sichtbare Schweißfehler und deren Behebung

Die nachstehend aufgeführten Schweißfehler wurden in Anlehnung an die Richtlinie DVS 2202 Teil 1 aufgestellt und für die Belange der haustechnischen Anlagen formuliert.

6.1 Heizelementstumpfschweißen

6.1.1 Fehler bei maschinellen Schweißverfahren

Merkmale/Beschreibung	Ursache	Behebung
1. Versatz der Fügefläche 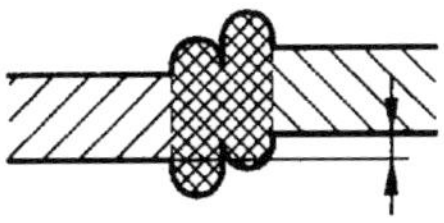 Fügeflächen sind zueinander versetzt	Einrichtungsfehler Spannvorrichtungen unrunder Rohrquerschnitt	Einrichtplan der Maschine beachten Kontrolle der Spannvorrichtungen Rohre rundspannen
2. Winkelabweichung 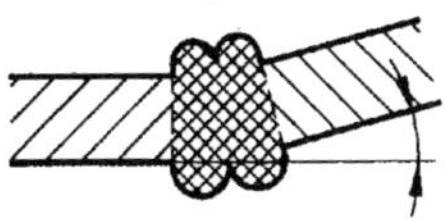	Einrichtungsfehler zulässig bis: 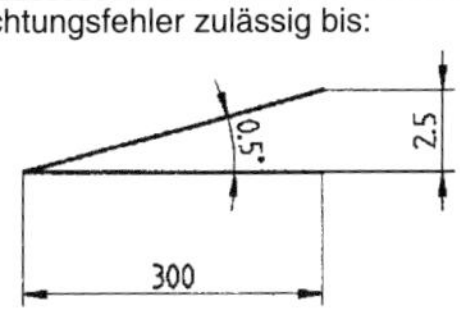	Einrichtplan der Maschine beachten
3. schmaler überhöhter Wulst 	überhöhter Fügedruck	Maschineneinstellung prüfen Umrechnungsfehler, Fügedruck nach Maschinenangaben
4. mangelhaft ausgebildeter Schweißwulst 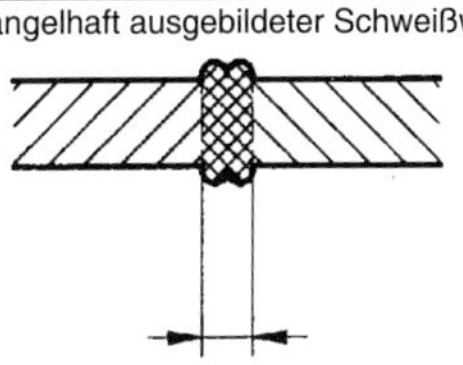 zu breit oder zu schmal ausgebildeter Schweißwulst	falsche Anwärmzeit falsche Heizelementtemperatur falscher Fügedruck	Anwärmzeiten einhalten Temperatur am Heizelement kontrollieren, am Gerät nachregeln (+/–) Maschineneinstellung prüfen, Angaben für die Maschine beachten
5. ungleichmäßiger Schweißwulst 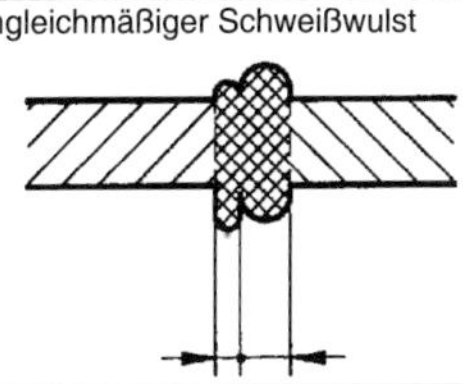	mangelhafte Schweißgeräte Fehler bei der Nahtvorbereitung	Einrichtung der Maschine überprüfen Rohr rechtwinklig abtrennen, Fügeflächen plan hobeln
6. thermische Schädigung 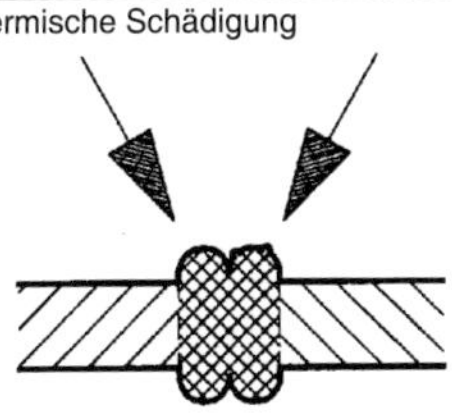 hochglänzende Oberfläche mit Blasen- oder Knötchenbildung	zu hohe Heizelementtemperatur zu lange Anwärmzeit	Temperaturkontrolle am Heizelement, Korrektur (–) am Regler Anwärmzeit einhalten

Merkmale/Beschreibung	Ursache	Behebung
7. Bindefehler in der Fügeebene 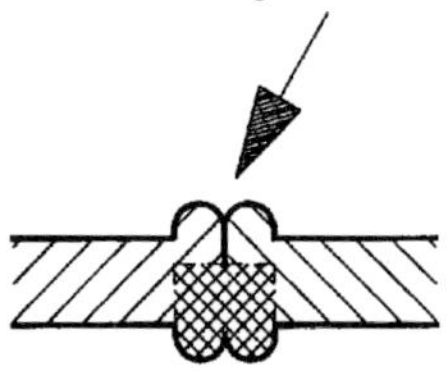 örtlich oder flächig ungenügende Bindung	zu kurze Anwärmzeit zu geringer Fügedruck zu tiefe Heizelementtemperatur	Anwärmzeit beachten Maschineneinstellung prüfen Temperaturkontrolle am Heizelement, Korrektur (+) am Regler
8. Kerben und Riefen am Rohr 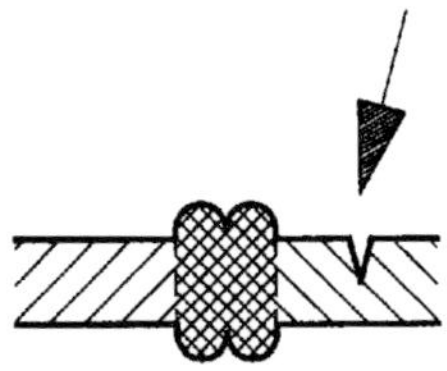 längs oder quer zur Schweißnaht verlaufend	Spannwerkzeug der Maschine unsachgemäßer Transport Fehler bei der Schweißnahtvorbereitung	Spannwerkzeug überprüfen Rohrrand vor dem Schweißen kontrollieren nur geeignete Werkzeuge verwenden
9. Bindefehler durch Wulstkerben 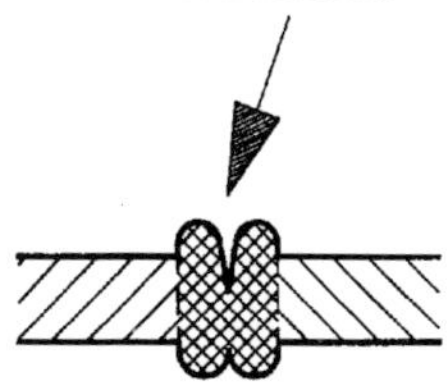 örtliche Kerbung im Schweißwulst	zu geringer Fügedruck zu kurze Anwärmzeit zu kurze Abkühlzeit Fehler bei der Schweißnahtvorbereitung	Maschineneinstellung prüfen Anwärmzeit einhalten Haltezeit und Abkühlzeit einhalten nur geeignete Werkzeuge verwenden

6.1.2 Fehler beim Schweißen von Hand

Die vorgenannten Fehler bei maschinellem Schweißen können auch beim Schweißen von Hand auftreten.

Für die Behebung möglicher Fehler muß die Handfertigkeit des Schweißers verbessert oder auf maschinelle Schweißverfahren umgestellt werden.

6.2 Heizelementmuffenschweißen

Merkmale/Beschreibung	Ursache	Behebung
1. fehlerhafte Schweißwulstausbildung 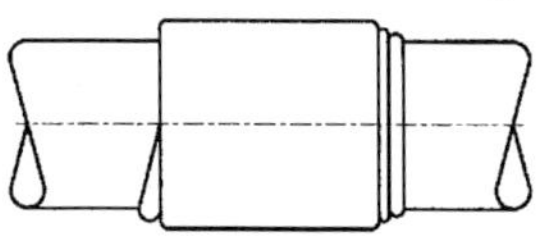 unterschiedliche Wulstausbildung oder nicht vorhandene Wulste	unzulässige Toleranzen zu lange Anwärmzeit zu hohe oder zu niedrige Schweißtemperatur	Maßkontrolle von Rohr und Fitting sowie Heizdorn und Heizmuffen Anwärmzeit einhalten Temperaturkontrolle auf der Heizmuffe
2. Fadenbildung am Schweißwulst 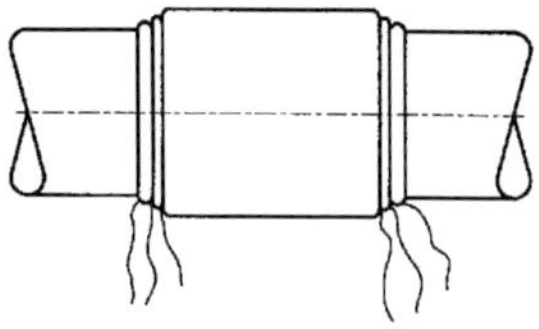	zu niedrige Schweißtemperatur zu kurze Anwärmzeit	Temperaturkontrolle auf der Heizmuffe Anwärmzeit einhalten

Merkmale/Beschreibung	Ursache	Behebung
3. verschmutzte Schweißwulste 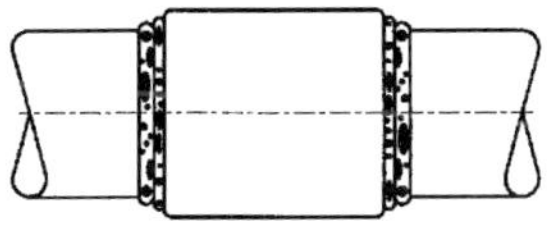 Verfärbung der Schweißwulste	zu lange Anwärmzeit verschmutzte Heiz- bzw. Heizdornmuffen verschmutzte Fügeflächen	Anwärmzeit einhalten Reinigung vor und/oder nach dem Schweißen Rohr und Fitting vor dem Schweißen reinigen
4. Bindefehler durch ungenügende Verschmelzung 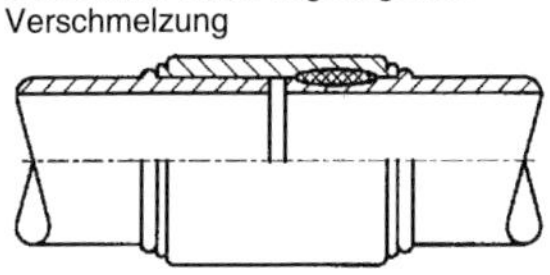 örtlich oder flächig unvollständige Schweißung mit Trennung in der Fügefläche	falsche Werkstoffpaarung verbrannte Rückstände auf dem Heizdorn oder in der Heizmuffe verunreinigte Fügeflächen	nur gleiche Werkstoffe können miteinander verbunden werden Reinigung vor und/oder nach dem Schweißen Reinigung von Rohrende und Fittingmuffe
5. Bindefehler durch ungenügende Formschlüssigkeit 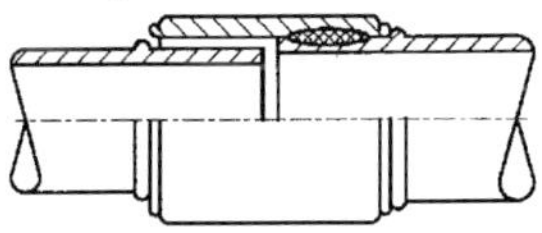 örtliche, flächige, axiale oder umlaufende Kanalbildung	Kerben in der Rohroberfläche unzulässige Toleranzen falsche mechanische Bearbeitung Rohr nicht fluchtend eingeschoben	Rohrkontrolle vor dem Schweißen Maßkontrolle von Rohr und Fitting sowie Heizdorn oder Heizmuffe Bearbeitungswerkzeuge überprüfen Spannvorrichtung überprüfen (Maschine)
6. Bindefehler durch unvollständigen Rohreinschub 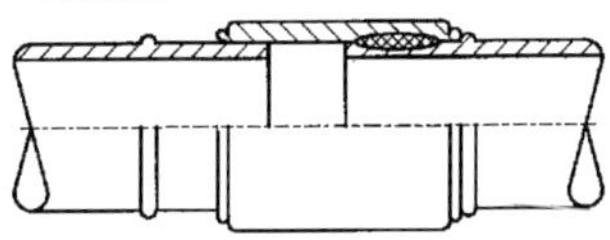 ungenügende Schweißnahtlänge mit ungenügender Bindung	Rohr wurde zu kurz eingeschoben axiale Bewegung während der Haltezeit zu lange Umstellzeit zu kurze Anwärmzeit Temperatur am Heizelement zu tief	Einstecktiefe auf dem Rohr markieren, Einstecktiefe einhalten Haltezeit einhalten, Rohr und Fitting gegen Axialbewegung sichern Rohr und Fitting nach dem Abziehen von den Heizwerkstoffen sofort zusammenfügen Anwärmzeit einhalten Temperaturkontrolle auf der Heizbüchse
7 Winkelabweichungen 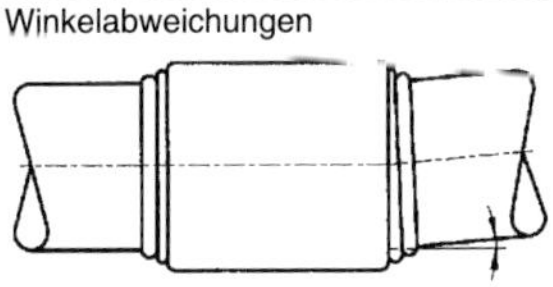 örtlich oder flächig unvollständige Bindung	Einrichtungsfehler der Schweißmaschine nicht rechtwinklige Rohrenden zulässig bis: 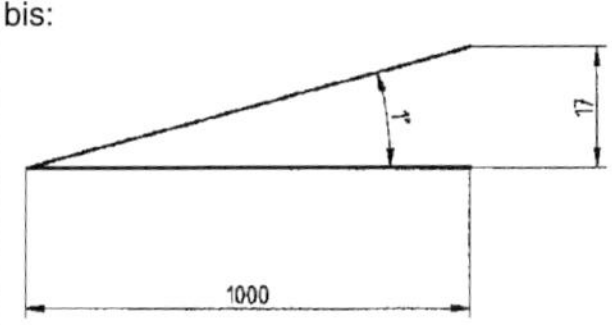	Maschine überprüfen, gegebenenfalls revidieren, Einrichtungshinweise beachten Rohrenden rechtwinklig abschneiden (Rohrschneider)
8. Bindefehler durch Deformation 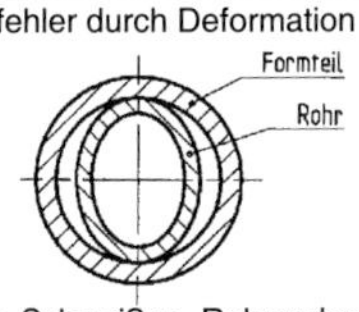 vor dem Schweißen Rohrenden auf Unrundheit prüfen, evtl. kalibrieren oder rund drücken	ovale Rohre durch falsche Lagerung zu geringer Krümmungsradius des Ringbundes quetschen der Rohrenden beim Abschneiden ungeeignete Einspannvorrichtung	Druckbelastungen vermeiden, fachgerechte Lagerung Schneidwerkzeug prüfen systemgerechte Werkzeuge (Maschinen/Geräte) verwenden

Merkmale/Beschreibung	Ursache	Behebung
9. eingeengter Rohrquerschnitt 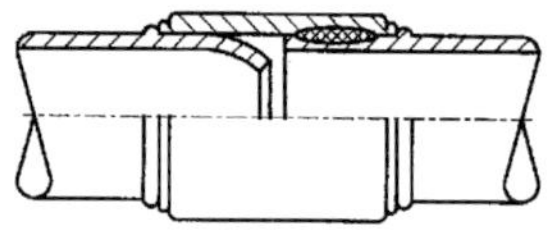	zu hohe Schweißtemperatur zu lange Anwärmzeit zu hoher Fügedruck zu weiter Rohreinschub beim Erwärmen oder Fügen	Temperaturkontrolle auf der Heizbüchse Anwärmzeit beachten Maßkontrolle Rohr/Fitting und Heizdorn/Heizmuffe Einstecktiefe anzeichnen und einhalten
10. Poren durch Fremdkörpereinschlüsse 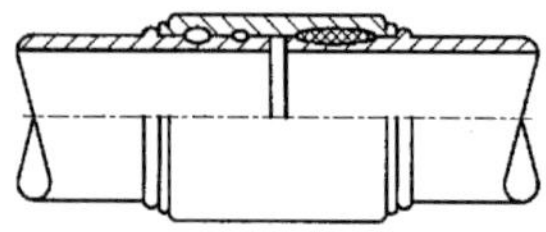 örtliche oder flächig unvollständige Bindung	Dampfbildung während des Schweißens (nasse Rohre) verschmutzte Heizwerkzeuge äußere Einflüsse	Rohre vor dem Schweißen säubern Heizstutzen und Heizmuffe vor dem Schweißen reinigen Schweißzonen während des Schweißvorgangs gegen äußere Einflüsse schützen
11. Temperatur zu hoch oder zu niedrig 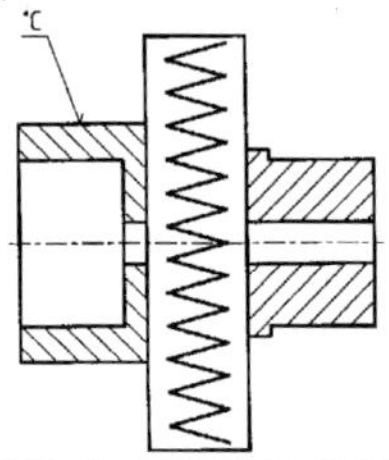	Temperatur zu hoch Temperatur zu tief Temperatur zu tief, Heizwerkzeuge liegen nicht vollflächig auf Heizwerkzeuge sind locker Spannungsschwankungen im Stromnetz	Temperatur am Gerät (–) korrigieren Temperatur am Gerät (+) korrigieren Oberflächen der Heizwerkzeuge und des Heizschwertes prüfen Heizwerkzeuge satt aufschrauben Schweißgeräte an separate Zuleitung anschließen

6.3 Heizwendelschweißen

Merkmale/Beschreibung	Ursache	Behebung
1. Bindefehler durch ungenügende Formschlüssigkeit 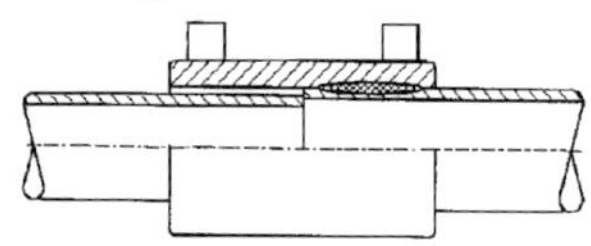 örtliche, flächige, axiale oder umlaufende Kanalbildung	Kerben in der Rohroberfläche unzulässige Toleranzen falsche mechanische Bearbeitung Rohr stark unrund	Rohrkontrolle vor dem Schweißen Maßkontrolle am Rohr vornehmen Bearbeitungswerkzeuge prüfen
2. Bindefehler durch ungenügende Formschlüssigkeit 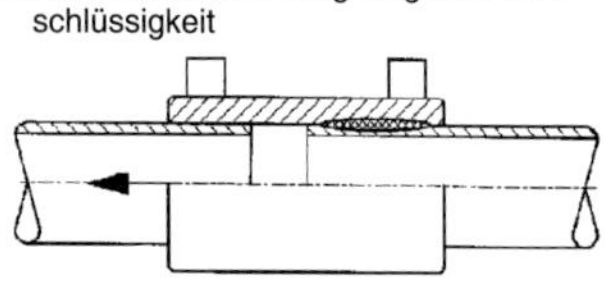	ungenügende Fixierung der Rohre in der Muffe Rohre gleiten aus, kein Fügedruck	Rohrfixierung anbringen oder überprüfen Rohrfixierung prüfen
3. Bindefehler durch ungenügende Verschmelzung 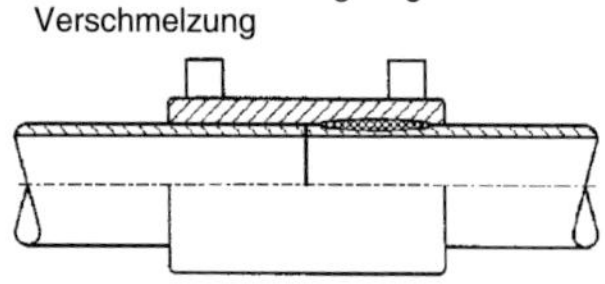	falsche Werkstoffpaarung verunreinigte Schweißflächen fehlerhaftes Schweißgerät nicht kompatibles Schweißgerät	nur gleiche Werkstoffe können miteinander verbunden werden Reinigen von Rohr und Formteil vor dem Schweißen Gerät überprüfen systemgebundene Geräte verwenden

Merkmale/Beschreibung	Ursache	Behebung
4. Winkelabweichung 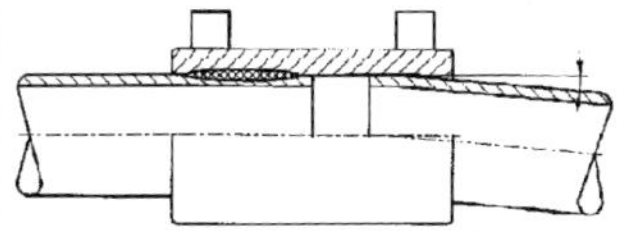	Einrichtungsfehler Belastung während des Schweißvorganges zulässig bis: 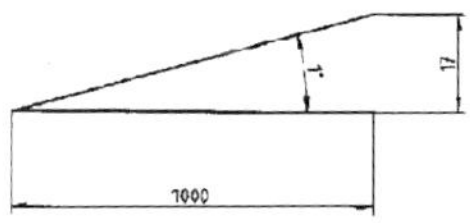	Einspannvorrichtung prüfen Rohrführung prüfen Belastungen während des Schweißens meiden
5. Bindefehler durch deformierte Rohrenden 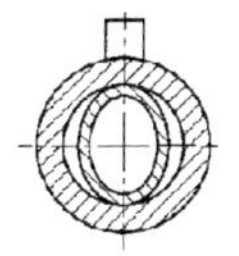	ovale Rohrenden zu geringer Krümmungsradius des Ringbundes gequetschte Rohrenden beim Abschneiden ungeeignete Einspannvorrichtung	Druckbelastungen vermeiden, auf fachgerechte Lagerung achten Schneidwerkzeuge prüfen systemgerechte Werkzeuge
6. Bindefehler durch unvollständigen Rohreinschub 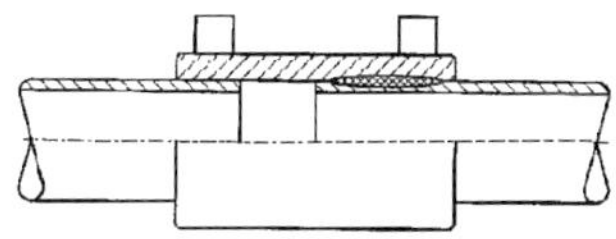 nicht aneinander oder am Anschlag anliegende Rohrenden	zu kurzer Rohreinschub schräge Rohrenden	Einstecktiefe beachten und einhalten Rohrenden rechtwinklig abtrennen
7. Bindefehler durch Fremdeinschlüsse 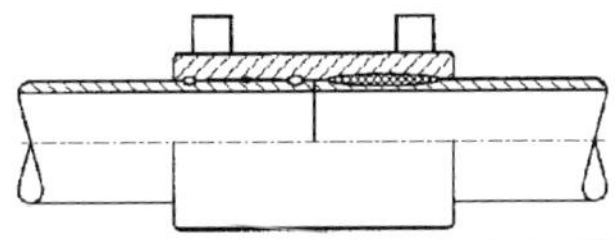 Anhäufung von Poren, Trennung in der Fügefläche	verunreinigte Oberflächen Wasserdampf- oder Gasbildung während des Schweißens	Oberflächen vor dem Schweißen reinigen nur trockene Rohre und Formteile schweißen Leitungen (im Reparaturfall) vor dem Schweißen entleeren Schweißzone vor Nässe und Schmutzeinwirkungen schützen
8. Schweißanzeige wird nicht sichtbar	Toleranzfehler von Rohr oder Formteil kein Fügedruck vorhanden durch Toleranzfehler, unrunde Rohre, zu geringe Einstecktiefe, ungenügende Formschlüssigkeit defektes Schweißgerät	Maßkontrolle durchführen Rohr- und Formteilkontrolle siehe Merkmal Behebung Schweißgerät kontrollieren
9. thermische Schädigung 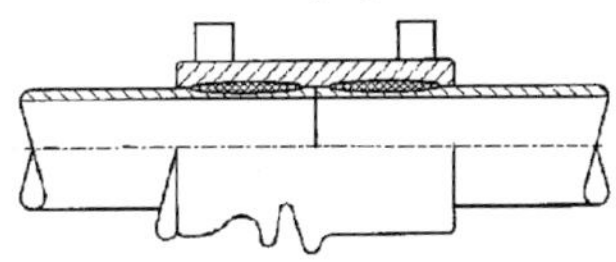 starker Werkstoffaustritt am Formteil, Deformationen am Formteil und/oder am Rohr	überlange Schweißzeit Gerätefehler falsche Dimensionswahl am Gerät sofortiges Wiederholen des Schweißvorganges	Gerät überprüfen bei manueller Geräteeinstellung Einstelldaten beachten siehe oben Wiederholung einer Schweißung nur nach Herstellerempfehlung
10. Störungsanzeige oder Meldungen am Schweißgerät	Angaben am Gerät oder Herstellerunterlagen beachten	Reparatur durch Hersteller oder autorisierten Kundendienst durchführen

6.4 Dichtheitsprüfung

Die Dichtheitsprüfung erfolgt nach Fertigstellung der montierten Rohrleitung. Sie ist nach den anerkannten Regeln der Technik durchzuführen.

6.5 Besonderer Hinweis

Werden die Empfehlungen dieses Merkblattes und die Herstellerangaben eingehalten, sind die an eine einwandfreie Schweißverbindung zu stellenden Anforderungen erfüllt.

7 Umweltschutz

Anfallende Reste von Rohren, Fittings und Formstücken sind der Wiederverwertung zuzuführen.

8 Schrifttum

[1] Merkblatt DVS 1905 Teil 1 — Schweißen von Kunststoffen in der Hausinstallation; Anforderungen an Betrieb und Personal

[2] Richtlinie DVS 2202 Teil 1 — Fehler an Schweißverbindungen aus thermoplastischen Kunststoffen; Merkmale, Beschreibung, Bewertung

[3] Richtlinie DVS 2207 Teil 1 — Schweißen von thermoplastischen Kunststoffen, Heizelementschweißen von Rohren, Rohrleitungen und Tafeln aus PE-HD (Polyethylen hart)

[4] Richtlinie DVS 2207 Teil 11 — Heizelementschweißen von thermoplastischen Kunststoffen; Rohrleitungen aus Polypropylen (PP)

[5] Richtlinie DVS 2208 Teil 1 — Maschinen und Geräte zum Schweißen von thermoplastischen Kunststoffen – Heizelementschweißen von Rohren und Rohrleitungsteilen und Tafeln

[6] DIN 1986 Teil 1 — Entwässerungsanlagen für Gebäude und Grundstücke; Technische Bestimmungen für den Bau

[7] DIN 1986 Teil 4 — Entwässerungsanlagen für Gebäude und Grundstücke; Verwendungsbereiche von Abwasserrohren und -formstücken verschiedener Werkstoffe

[8] DIN 1988 Teil 1 — Technische Regeln für Trinkwasser-Installationen (TRWI); Allgemeines, Technische Regel des DVGW

[9] DIN 1988 Teil 2 — Technische Regeln für Trinkwasser-Installation (TRWI); Planung und Ausführung; Bauteile, Apparate, Werkstoffe; Technische Regel des DVGW

[10] DIN 4033 — Entwässerungskanäle und -leitungen, Richtlinien für die Ausführung

[11] DIN 8074 — Rohre aus Polyethylen hart (PE hart);
Teil 1: Typ 1, Maße
Teil 2: Typ 2, Maße

[12] DIN 8075 — Rohre aus Polyethylen hoher Dichte (HDPE);
Teil 1: Typ 1, Allgemeine Güteanforderungen, Prüfung
Teil 2: Typ 2, Allgemeine Güteanforderungen, Prüfung

[13] DIN 8077 — Rohre aus PP (Polypropylen); Maße

[14] DIN 8078 — Rohre aus Polypropylen (PP); Allgemeine Güteanforderungen, Prüfung

[15] DIN 16 962 Teil 1 bis Teil 12 — Rohrverbindungen und Rohrleitungsteile für Druckrohrleitungen; Polypropylen (PP)

[16] DIN 16 963 T. 1 bis 6 und Teil 13 — Rohrverbindungen und Rohrleitungsteile für Druckrohrleitungen aus Polyethylen hoher Dichte (PE-HD)

[17] DIN 1910 Teil 3 — Schweißen, Schweißen von Kunststoffen, Verfahren

[18] DIN 16 968 — Rohre aus Polybuten (PB); Allgemeine Güteanforderungen, Prüfung

[19] DIN 16 969 — Rohre aus Polybuten (PB); Maße

[20] DIN 19 535 — Rohre und Formstücke aus Polyethylen hoher Dichte (PE-HD) für heißwasserbeständige Abwasserleitungen (HT) innerhalb von Gebäuden;
Teil 1: Maße
Teil 2: Technische Lieferbedingungen

[21] DIN 19 537 — Rohre und Formstücke aus Polyethylen hoher Dichte (PE hart) für Abwasserkanäle und -leitungen;
Teil 1: Maße
Teil 2: Technische Lieferbedingungen

[22] VDE 0100 — Bestimmungen für das Errichten von Starkstromanlagen mit Nennspannungen bis 1000 Volt

[23] Arbeitsblatt DVGW W 534 (Entwurf) — Rohrverbinder und Verbindungen für Rohre in der Trinkwasser-Installation; Anforderungen und Prüfung

[24] Merkblatt des ZVSHK — Hinweise zur Durchführung von Spülverfahren für Trinkwasser-Installationen, die nach TRWI 1988 erstellt sind

[25] Merkblatt des ZVSHK — Dichtheitsprüfung mit Druckluft oder inerten Gasen

Bezugsquellen:

DVS-Merkblätter	Deutscher Verlag für Schweißtechnik DVS-Verlag GmbH Aachener Straße 172, 40223 Düsseldorf Tel. 0211/1591-0
DIN-Normen	Beuth-Verlag GmbH Burggrafenstraße 6, 10787 Berlin Tel. 030/2601-240
Unfallverhütungs-vorschriften	Carl Heymanns Verlag KG Gereonstraße 18-32, 50670 Köln Tel. 0221/134022
Handwerksordnung Verordnung über die Berufsbilder nach § 45 HwO vom 28. August 1974	Bundesanzeiger Verlagsgesellschaft Postfach 1320, 53003 Bonn Tel. 0228/38208-0
ZVSHK-Merkblätter	Zentralverband Sanitär Heizung Klima Rathausallee 6, 53757 St. Augustin Tel. 02241/29056-58

DVS-Richtlinienentwürfe (Gelbdrucke) der AG W 4

Entwurf

Januar 2026

Richtlinie DVS 2202 Beiblatt 3
Vorgesehen als Ersatz für Ausgabe: November 2012

DVS VERBAND

Richtlinie DVS 2202 Beiblatt 3

Bewertung von Fehlern an Verbindungen aus thermoplastischen Kunststoffen an Rohrleitungsteilen und Tafeln – Heizelementmuffenschweißen (HD)

Ausschuss für Technik im DVS

Arbeitsgruppe W 4 „Fügen von Kunststoffen"

Untergruppe W 4.4 „Messen und Prüfen"

Der Entwurf dieser Richtlinie steht der Öffentlichkeit zur Ansicht und Kommentierung zur Verfügung.
Einsprüche und Änderungsvorschläge können online über das **DVS-Regelwerksportal (www.dvs-regelwerk.de)** eingereicht werden.

Hrsg: DVS Media GmbH · Aachener Straße 172 · 40223 Düsseldorf · media@dvs-media.info · www.dvs-media.eu

Bezug: DIN Media GmbH · Am DIN-Platz · Burggrafenstraße 6 · 10787 Berlin · Tel.: +49 30 58 88 57 00 - 00 · kundenservice@dinmedia.de · www.dinmedia.de

Inhalt

Dieser Text richtet sich an Männer und Frauen in gleichem Maße. Zur besseren Lesbarkeit wurde im Text jedoch auf die durchgängige Formulierung in männlicher/weiblicher Form verzichtet und es wird nur die männliche Form genannt.

1. Geltungsbereich

Dieses Beiblatt beinhaltet die Bewertung von Heizelementmuffen-(HD)-Schweißverbindungen im Rohrleitungsbau (z.B. Wasser-, Abwasser-, Industrie-, Hausinstallations- und Geothermierohrleitungssysteme), die beispielsweise nach Richtlinie DVS 2207-1 (PE-HD), Richtlinie DVS 2207-11 (PP) bzw. Richtlinie DVS 2207-15 (PVDF) geschweißt wurden. Sinngemäß kann diese Richtlinie auch auf andere Werkstoffe (z.B. PB) angewandt werden. Die angegebenen Bewertungskriterien basieren auf Erfahrungen bis zu einem Durchmesser von 125 mm. Diese visuellen Prüfungen, die zur Beurteilung der Schweißausführung herangezogen werden, basieren auf einem äußeren und/oder inneren Befund.

2. Merkmale und Bewertung von Heizelementmuffenschweißverbindungen (HD)

In diesem Abschnitt werden typische äußere und innere Fehler von Heizelementmuffenschweißverbindungen dargestellt. Die möglichen Ursachen für diese Fehler werden benannt, sowie Empfehlungen zur Prüfung der Schweißverbindung gegeben (siehe **Tabelle 1**).

Tabelle 1: Heizelementmuffenschweißverbindungen: Merkmale und Bewertung

Lfd. Nr.	Merkmal	Beschreibung	Prüfung nach	Bewertungsgruppe	
				I	II
Äußerer Befund der Verbindung					
2.1	fehlerhafte Schweißwulstausbildung I II 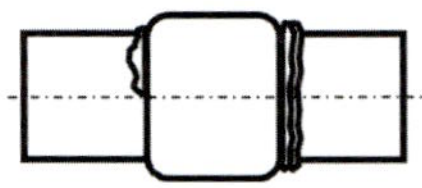	Unterschiedliche Wulstausbildung oder nicht vorhandener Wulst auf einer oder auf beiden Seiten (teilweise oder über den gesamten Nahtumfang) durch: • überhöhte Heizelementtemperatur (II) • zu lange Anwärmzeit (II) • Durchmesser von Rohr, Muffe oder Heizelement außerhalb der zulässigen Toleranzen (I und II) • zu niedrige Heizelementtemperatur (I) • zu kurze Anwärmzeit (I) • zu kurze Fixierzeit • verkanteter/verspannter Einschub (I) • Deformation durch unsachgemäßes Einspannen • falsche Auswahl der Verfahrenstypen (A bzw. B) nach DVS 2208-1	Im Fall einer Beanstandung gemäß Beschreibung, dann zusätzliche Prüfung nach Richtlinie DVS 2203-6 Beiblatt 1 und Bewertung nach Richtlinie DVS 2203-1 Beiblatt 4 notwendig.	Unzulässig, wenn die Anforderungen nach Richtlinie DVS 2203-1 Beiblatt 4 nicht erfüllt werden.	Unzulässig, wenn die Anforderungen nach Richtlinie DVS 2203-1 Beiblatt 4 nicht erfüllt werden.
2.2	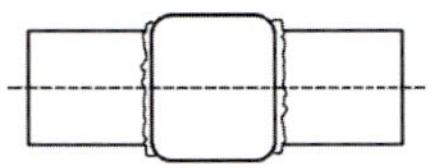	Einfachwulstausbildung durch: • zu kurze Anwärmzeit • zu niedrige Heizelementtemperatur • unzulässige Toleranzen bei Rohr, Formteil oder Heizelement • ungleiche Temperatur der Fügepartner	Im Fall einer Beanstandung gemäß Beschreibung, dann zusätzliche Prüfung nach Richtlinie DVS 2203-6 Beiblatt 1 und Bewertung nach Richtlinie DVS 2203-1 Beiblatt 4 notwendig.	Unzulässig, wenn die Anforderungen nach Richtlinie DVS 2203-1 Beiblatt 4 nicht erfüllt werden.	Unzulässig, wenn die Anforderungen nach Richtlinie DVS 2203-1 Beiblatt 4 nicht erfüllt werden.
2.3	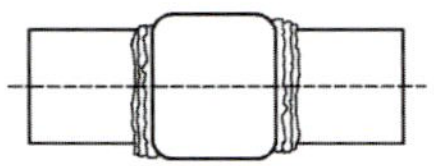	Hoher Schmelzeaustritt z. B. durch: • zu hohe Heizelementtemperatur • zu lange Anwärmzeit • falsche Fügeteilbewegung z. B. durch mangelnde Fixierung • unzulässige Toleranzen	Zusätzliche Prüfung nach Richtlinie DVS 2203-6 Beiblatt 1 und Bewertung nach Richtlinie DVS 2203-1 Beiblatt 4 notwendig.	Unzulässig, wenn die Anforderungen nach Richtlinie DVS 2203-1 Beiblatt 4 nicht erfüllt werden.	Unzulässig, wenn die Anforderungen nach Richtlinie DVS 2203-1 Beiblatt 4 nicht erfüllt werden.

Fortsetzung **Tabelle 1**: Heizelementmuffenschweißverbindungen: Merkmale und Bewertung

Lfd. Nr.	Merkmal	Beschreibung	Prüfung nach	Bewertungsgruppe	
				I	II
2.4	Winkelabweichung (Formfehler) 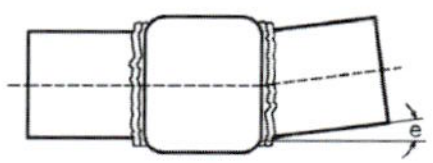	Ein- oder beidseitig „schräg“ in die Muffe eingeschweißtes Rohr ohne oder mit geringfügiger Verspannung z. B. durch: • Einrichtungsfehler • fehlerhafte Handschweißung Hinweis: Die Winkelabweichung ist ein Fehler, der weitere Fehler nach sich ziehen kann (z. B. Verspannung , Schmelzeaustritt). Für die Bewertung der Winkelabweichung ist bei Ringbundware die Rohrkrümmung zu berücksichtigen.	„Winkelbestimmung“ nach Richtlinie DVS 2206-5	Unzulässig, wenn e ≥ 1°.	Unzulässig, wenn e ≥ 2
Innerer Befund der Verbindung					
2.5	unvollständiger Rohreinschub (x) 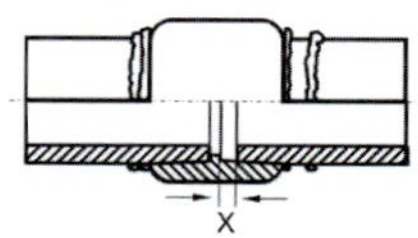	Zum Beispiel durch: • zu kurze Anwärmzeit • nicht rechtwinklige Rohrende(n) • zu geringe Heizelementtemperatur • axiale Bewegung während der Abkühlzeit • zu lange Umstellzeit • unzulässige Toleranzen bei Rohr, Formteil oder Heizelement • falsche Auswahl der Verfahrenstypen (A bzw. B) nach DVS 2208-1	Längenmessgerät Bei PE-HD Einstecktiefe nach Richtlinie DVS 2207-1 Bei PP Einstecktiefe nach Richtlinie DVS 2207-11 Bei PVDF Einstecktiefe nach Richtlinie DVS 2207-15	unzulässig	unzulässig
2.6	Bindefehler durch ungenügende Formschlüssigkeit 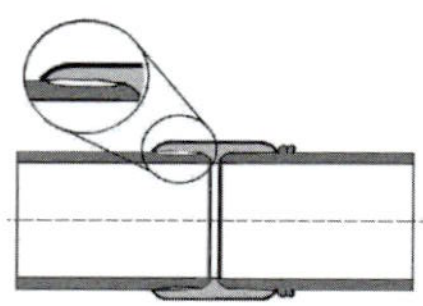	Örtlich, flächige, axial oder umlaufende Kanalbildung z. B. durch: • Kerben in der Rohroberfläche • Durchmesser von Rohr, Muffe oder Heizelement außerhalb der zulässigen Toleranzen • falsche mechanische Bearbeitungung • Rohr nicht fluchtend in Muffer • Deformation durch unsachgemäßes Einspannen	Im Fall einer Beanstandung gemäß Beschreibung, dann zusätzliche Prüfung nach Richtlinie DVS 2203-6 Beiblatt 1 und Bewertung nach Richtlinie DVS 2203-1 Beiblatt 4 notwendig.	Unzulässig, wenn die Anforderungen nach Richtlinie DVS 2203-1 Beiblatt 4 nicht erfüllt werden.	Unzulässig, wenn die Anforderungen nach Richtlinie DVS 2203-1 Beiblatt 4 nicht erfüllt werden

Fortsetzung **Tabelle 1**: Heizelementmuffenschweißverbindungen: Merkmale und Bewertung

Lfd. Nr.	Merkmal	Beschreibung	Prüfung nach	Bewertungsgruppe	
				I	II
2.7	Bindefehler durch ungenügenden Stoffschluss	Örtliche oder flächig unvollständige Schweißung mit Trennung in der Fügeebene z. B. durch: • Anwendung falscher Schweißparameter • zu weiten Rohreinschub • thermische Schädigung • verunreinigte Fügeflächen • falsche Werkstoffpaarung • Rückstände am Heizelement	Im Fall einer Beanstandung gemäß Beschreibung, dann zusätzliche Prüfung nach Richtlinie DVS 2203-6 Beiblatt 1 und Bewertung nach Richtlinie DVS 2203-1 Beiblatt 4 notwendig.	Unzulässig, wenn die Anforderungen nach Richtlinie DVS 2203-1 Beiblatt 4 nicht erfüllt werden.	Unzulässig, wenn die Anforderungen nach Richtlinie DVS 2203-1 Beiblatt 4 nicht erfüllt werden.
2.8	eingeengter Rohrquerschnitt 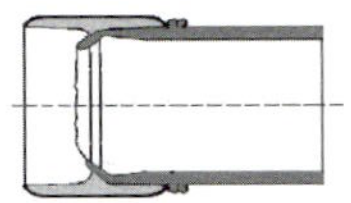	z. B. durch: • zu weiten Rohreinschub bei Erwärmung oder Fügen • Schweißen von zu dünnwandigen Rohren/Muffen • zu lange Anwärmzeit • axiale Bewegung während der Abkühlzeit • zu hohe Heizelementtemperatur • falsche Auswahl der Verfahrenstypen (A bzw. B) nach DVS 2208-1 <u>Hinweis:</u> Erforderlichen Durchflussquerschnitt beachten (besonders bei kleinen Dimensionen)!	Im Fall einer Beanstandung gemäß Beschreibung, dann zusätzliche Prüfung nach Richtlinie DVS 2203-6 Beiblatt 1 und Bewertung nach Richtlinie DVS 2203-1 Beiblatt 4 notwendig.	Unzulässig, wenn die zulässige Einstecktiefe überschritten ist. Unzulässig, wenn die Anforderungen nach Richtlinie DVS 2203-1 Beiblatt 4 nicht erfüllt werden.	Unzulässig, wenn die zulässige Einstecktiefe überschritten ist. Unzulässig, wenn die Anforderungen nach Richtlinie DVS 2203-1 Beiblatt 4 nicht erfüllt werden.
2.9	Fremdstoffeinschlüsse (X) 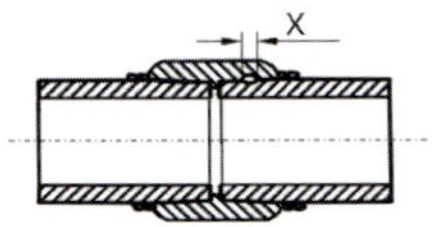	Örtlich oder flächig axiale Trennungen oder Ablösungen zum Beispiel durch: • Fremdstoffe • verunreinigte Oberflächen am Rohr, Muffe oder Heizelemenent (z. B Schmutz, Fett, Staub …)	Im Fall einer Beanstandung gemäß Beschreibung, dann zusätzliche Prüfung nach Richtlinie DVS 2203-6 Beiblatt 1 und Bewertung nach Richtlinie DVS 2203-1 Beiblatt 4 notwendig.	Unzulässig, wenn die Anforderungen nach Richtlinie DVS 2203-1 Beiblatt 4 nicht erfüllt werden.	Unzulässig, wenn die Anforderungen nach Richtlinie DVS 2203-1 Beiblatt 4 nicht erfüllt werden.

3. Schrifttum

Richtlinie DVS 2203-6 Beiblatt 1	Prüfen von Fügeverbindungen aus polymeren Werkstoffen – Torsionsscher-, Radialschäl- und Linearscherversuch für Heizwendel- und Heizelementmuffen-Schweißverbindungen
Richtlinie DVS 2203-1 Beiblatt 4	Prüfen von Schweißverbindungen an Tafeln und Rohren aus thermoplastischen Kunststoffen – Anforderungen an Scher- und Schälversuche für das Heizwendel (HM)- und Heizelementmuffen (HD)-Schweißen an Rohren und Formteilen
Richtlinie DVS 2207-1	Schweißen von thermoplastischen Kunststoffen – Heizelementschweißen von Rohren, Rohrleitungsteilen und Tafeln aus PE
Richtlinie DVS 2207-11	Schweißen von thermoplastischen Kunststoffen – Heizelementschweißen von Rohren, Rohrleitungsteilen und Tafeln aus PP
Richtlinie DVS 2207-15	Schweißen von thermoplastischen Kunststoffen – Heizelementschweißen von Rohren, Rohrleitungsteilen und Tafeln aus PVDF
Richtlinie DVS 2208-1	Schweißen von thermoplastischen Kunststoffen – Maschinen und Geräte für das Heizelementschweißen von Rohren, Rohrleitungsteilen und Tafeln

DVS VERBAND

Richtlinie
DVS 2205-3

Entwurf

Vorgesehen als Ersatz für
Ausgabe April 1975

Richtlinie DVS 2205-3

Berechnung von Behältern und Apparaten aus Thermoplasten Ausführungsbeispiele für Schweißverbindungen

Ausschuss für Technik im DVS

Arbeitsgruppe W 4 „Fügen von Kunststoffen"

Untergruppe W 4.3b „Konstruktive Gestaltung - Apparatebau"

Einsprüche bis 31. Mai 2023

Bezug: DVS Media GmbH, Postfach 10 19 65, 40010 Düsseldorf, Telefon: (0211) 1591-0, Email: media@dvs-media.info

Inhalt:

1. Anwendungsbereich

Die folgende Richtlinie gilt für die Gestaltung und Ausführung von Schweißverbindungen im Behälter-, Apparate- und Rohrleitungsbau. Sie ergänzt die diesbezüglich vorhandenen Normen. Die Zusammenstellung fußt auf der Auswertung langjähriger Erfahrungen. Die Beispiele können die erforderliche rechnerische Nachprüfung der Konstruktion nicht ersetzen. Dies gilt insbesondere bei Abweichung von den unter 2 genannten Gestaltungsgrundsätzen. Die Abmessungen der einzelnen Bauteile (Wanddicken, Durchmesser, usw.) sind den Blättern für Bemessung der verschiedenen Behälterformen zu entnehmen.

2. Gestaltungsgrundsätze

2.1 Die Schweißnähte sind so zu dimensionieren, dass bei tragenden Nähten die vorhandenen Querschnitte voll angeschlossen oder bei Kehlnähten die zur Kraftübertragung erforderlichen Querschnitte vorhanden sind. Stumpfstöße sind vorzuziehen.

2.2 Alle Verbindungen sollen an der Wurzel gegengeschweißt oder von beiden Seiten geschweißt sein. Einseitig zugängliche Nähte sind wurzelseitig einwandfrei durchzuschweißen.

2.3 Bei Stumpfstößen unterschiedlicher Wanddicken muss ein stetiger Kraftverlauf angestrebt werden. Erforderlichenfalls durch Anschrägen der dickeren Wandung.

2.4 Anhäufungen von Schweißnähten sind zu vermeiden. Nahtkreuzungen in tragenden Wandungsteilen sind unzulässig. Beim Anschluss von Versteifungen oder ähnlichem im Bereich von tragenden Nähten sollen ausreichend große Freischnitte vorgesehen werden.

2.5 Für die Fugenformen gelten die Angaben in Richtlinie DVS 2207-3 , soweit bei den nachfolgenden Beispielen keine besonderen Festlegungen getroffen sind. Für alle Nähte sind die Maße für die Fugenformen entsprechend dem Schweißverfahren und den Abmessungen der Schweißzusatzwerkstoffe, gegebenenfalls unter Berücksichtigung der Wurzelausarbeitung, genau festzulegen.

2.6 Tragende Nähte sollen für eine Prüfung zugänglich sein. Werden tragende Nähte durch nicht zu vermeidende Teile verdeckt, so ist entweder die Naht vor dem Anschweißen des Teiles zu prüfen oder die Teile sind so zu gestalten, dass eine Prüfung möglich ist.

3. Gestaltungsregeln

3.1. Zarge-Boden

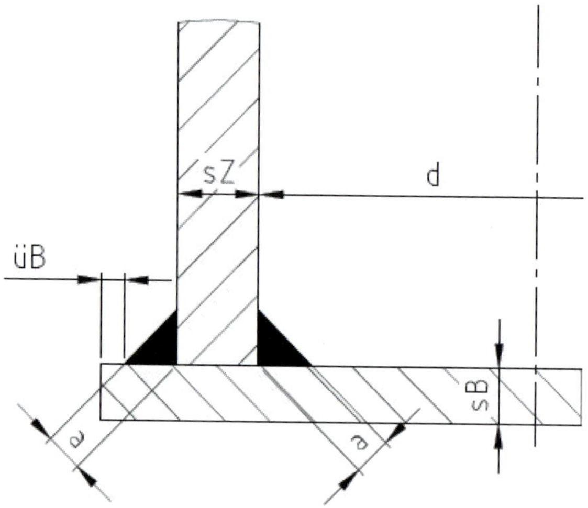

Bild 1:
Anwendung stehende Behälter bei beidseitiger Zugänglichkeit
Bedingungen sZ ≥ sB; a = 0,7·sB; üB ≈ 5 mm (o. Verankerung); üB ≈ 25 mm (m. Verankerung)

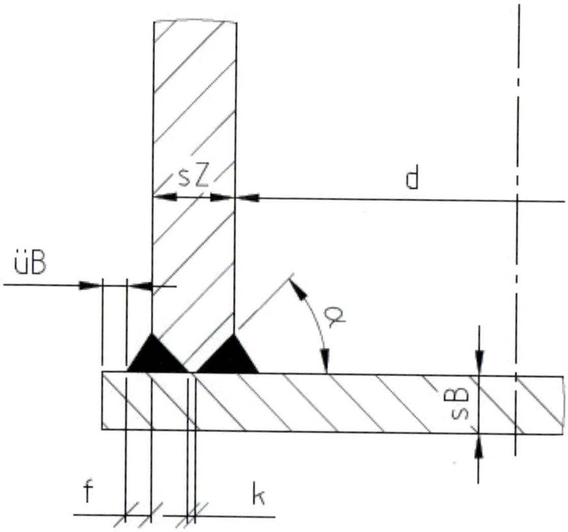

Bild 2:
Anwendung stehende Behälter bei beidseitiger Zugänglichkeit
Bedingungen sZ ≥ sB; f = 0,3·sZ; k = 0,1·sZ; α = 45-60°

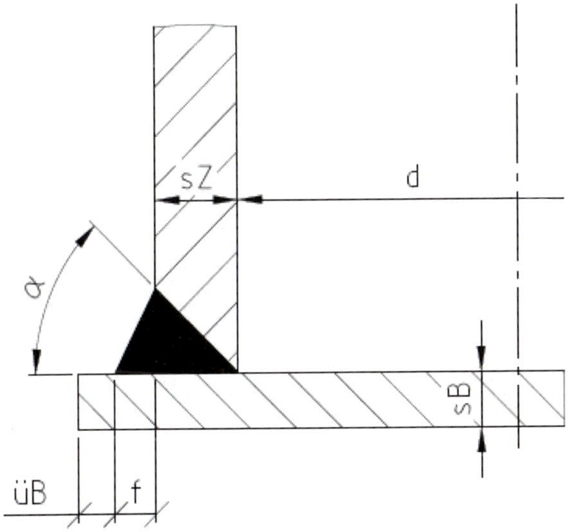

Bild 3:
Anwendung stehende Behälter bei beidseitiger Zugänglichkeit
Bedingungen sZ ≥ sB; sZ ≤ 30 mm; f=0,5·sZ; α = 45-60°

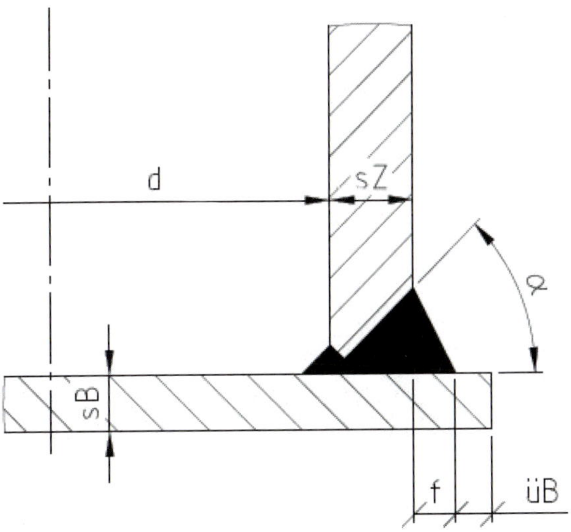

Bild 4:
Anwendung stehende Behälter bei beidseitiger Zugänglichkeit
Bedingungen sZ ≥ sB; sZ ≤ 30 mm; f=0,5·sZ; α = 45-60°

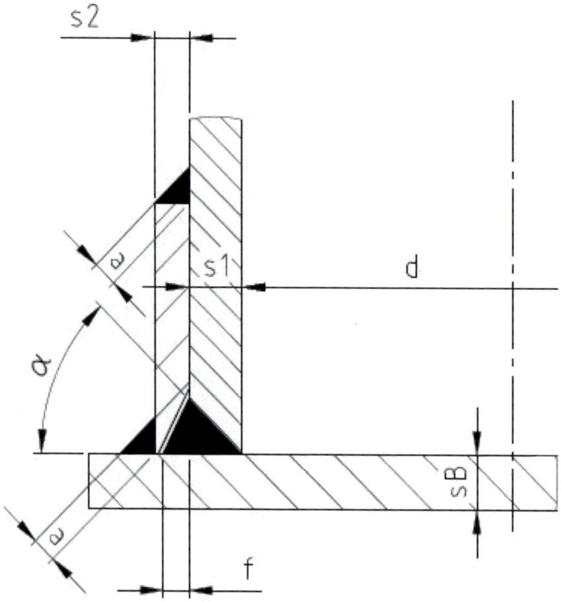

Bild 5:

Anwendung	stehende Behälter bei beidseitiger Zugänglichkeit
Bedingungen	sZ ≥ sB; sZ ≤ 30 mm; a=0,7·s2; f=0,5·s1; α = 45-60°

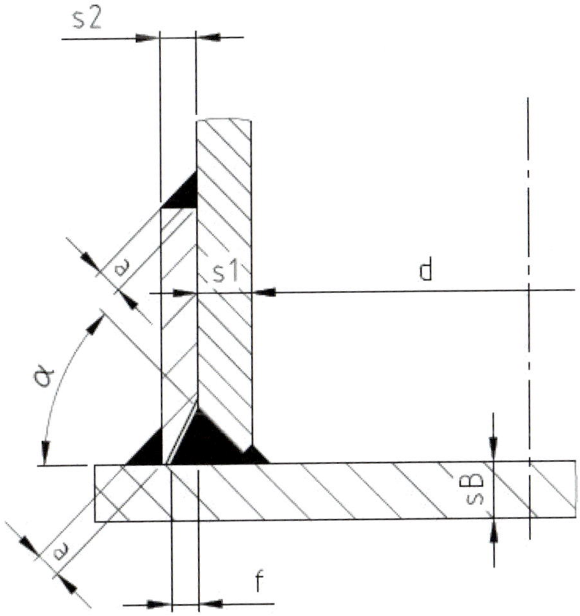

Bild 6:
Anwendung stehende Behälter bei beidseitiger Zugänglichkeit
Bedingungen sZ ≥ sB; sZ ≤ 30 mm; f=0,5·sZ; α = 45-60°

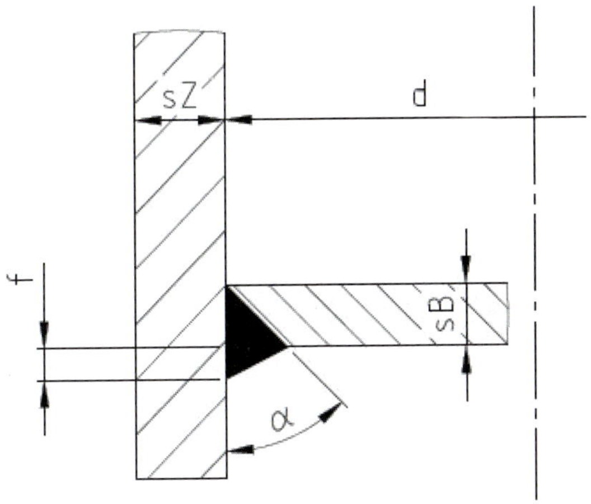

Bild 7:
Anwendung stehende Behälter bei beidseitiger Zugänglichkeit
Bedingungen sZ ≥ sB; sZ ≤ 30 mm; f=0,5·sB; α = 45-60°

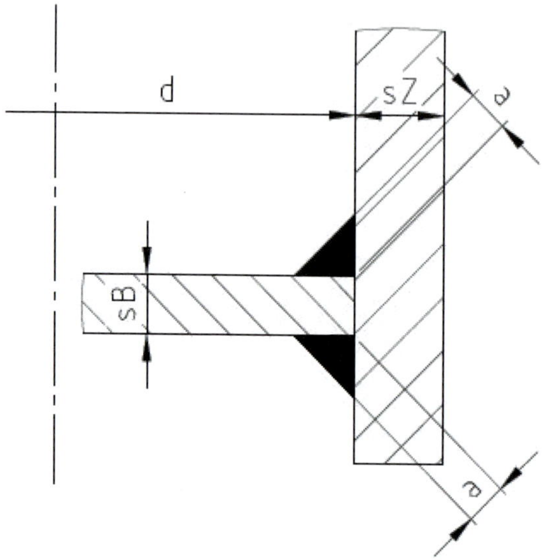

Bild 8:
Anwendung stehende Behälter bei beidseitiger Zugänglichkeit
Bedingungen sZ ≥ sB; a = 0,7·sB; a1 = 0,7·sB

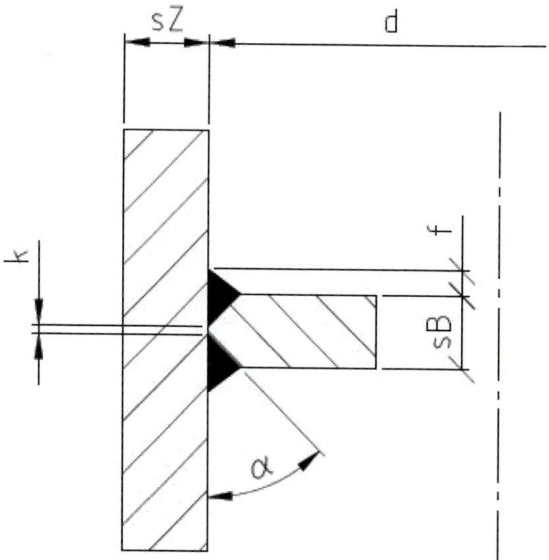

Bild 9:
Anwendung stehende Behälter bei beidseitiger Zugänglichkeit
Bedingungen sZ ≥ sB; sZ ≤ 30 mm; f=0,5·sB;k = 0,1·sB ; α = 45-60°

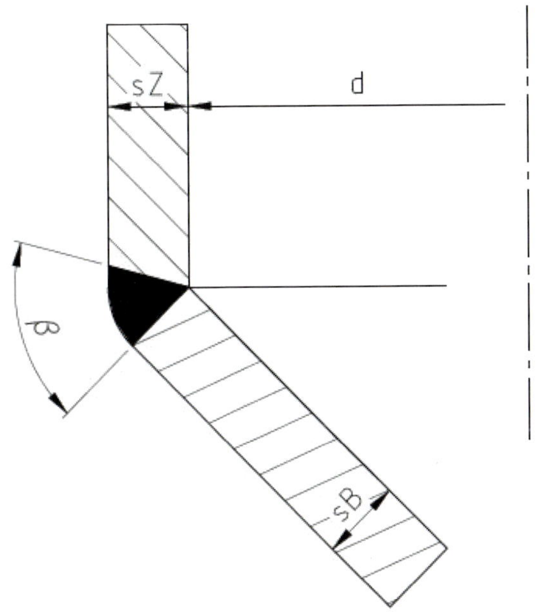

Bild 10:

Anwendung	drucklose und flüssigkeitsunbeaufschlagte Anwendungen
Bedingungen	β = 45-60°

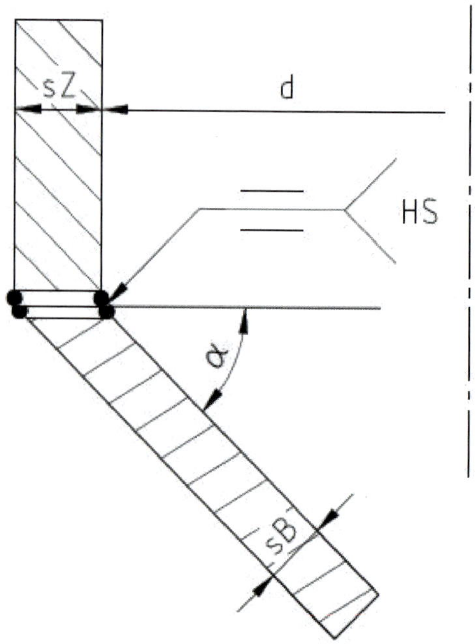

Bild 11:

Anwendung	drucklose und flüssigkeitsunbeaufschlagte Anwendungen
Bedingungen	$sB = sZ \cdot \sin(\alpha)$

3.2. Mantelnähte

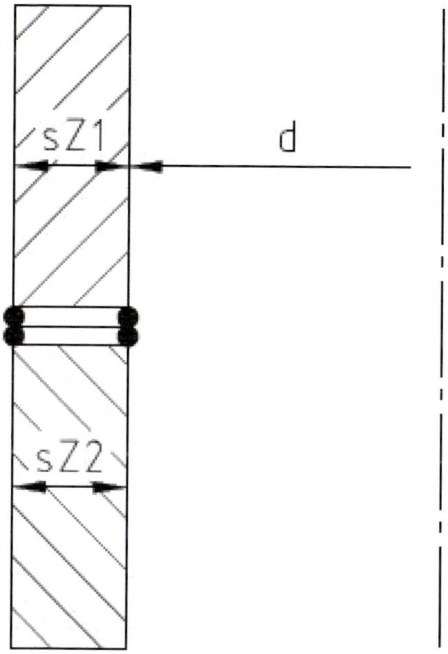

Bild 12:

Anwendung	stehende Behälter mit abgestuften Wanddicken
Bedingungen	sZ1 = sZ2

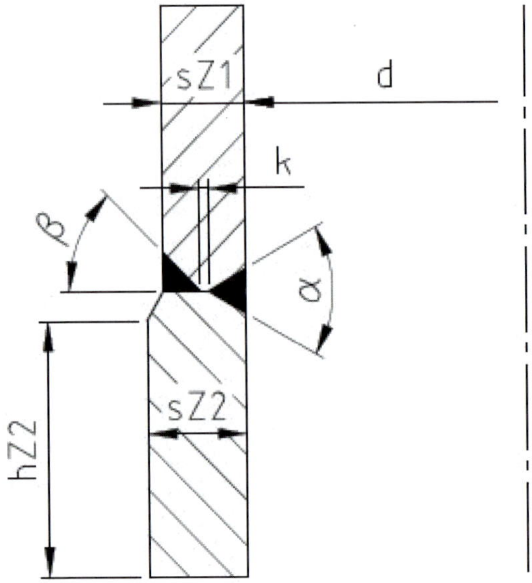

Bild 13:

Anwendung	stehende Behälter mit abgestuften Wanddicken
Bedingungen	sZ2 ≥ sZ1; k = 0,1·sZ1; α = 45-60°; β = 45-60°2

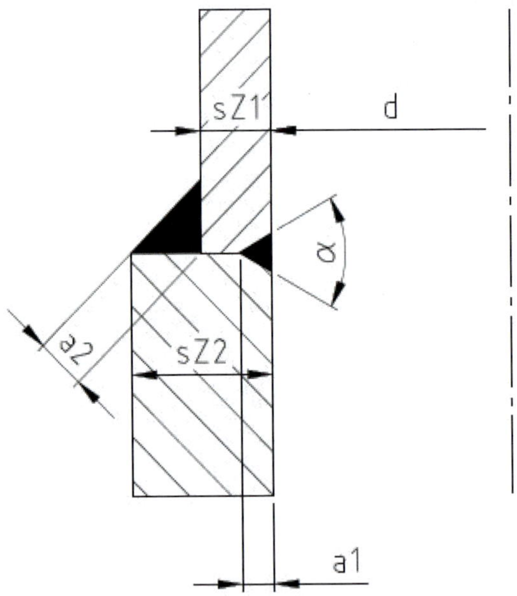

Bild 14:

Anwendung	stehende Behälter mit abgestuften Wanddicken
Bedingungen	sZ2 ≥ 2·sZ1; a1 = 0,7...1,0·sZ1; a2 = 0,7·sZ1; α = 45-60°

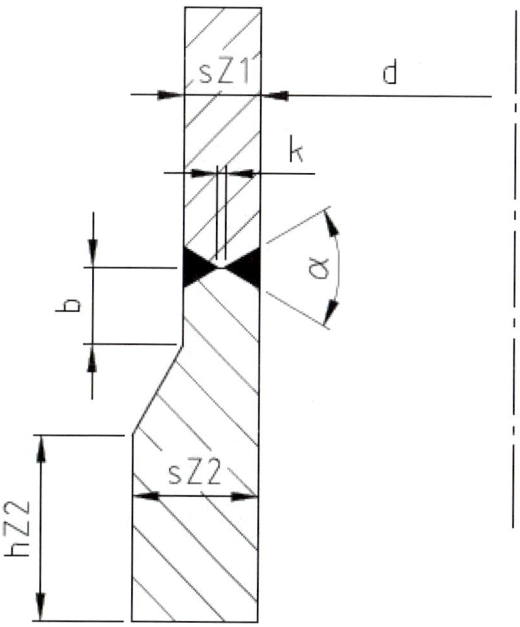

Bild 15:

Anwendung	stehende Behälter mit abgestuften Wanddicken
Bedingungen	$sZ2 \geq sZ1$; $b \geq 2 \cdot sZ1$; $k = 0{,}1 \cdot sZ1$; α = 45-60°

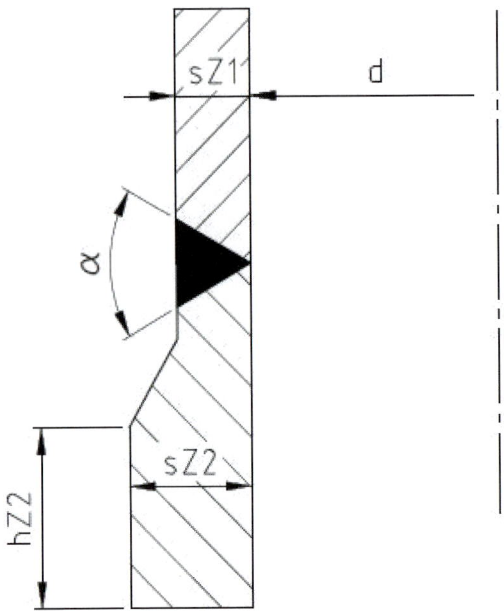

Bild 16:

Anwendung	stehende Behälter mit abgestuften Wanddicken
Bedingungen	sZ2 ≥ sZ1; α = 45-60°

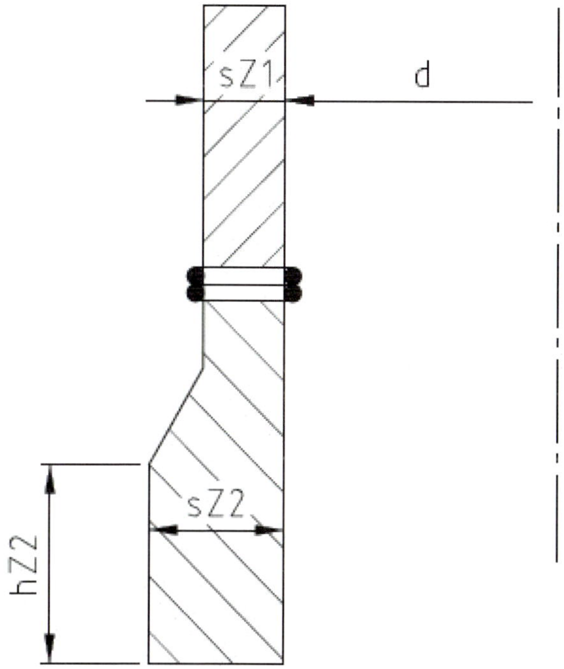

Bild 17:
Anwendung stehende Behälter mit abgestuften Wanddicken
Bedingungen sZ2 ≥ sZ1

3.2.1. Stutzen und Blockflansche

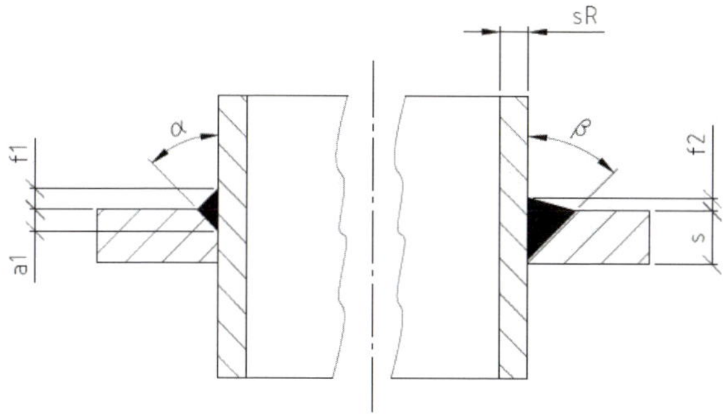

Bild 18:
Anwendung Stutzen bei einseitiger Zugänglichkeit nicht für flüssigkeitsbeaufschlagte Anwendung
Bedingungen s ≥ sR; a1 = 0,5·sR; f1 = 0,5·sR; α = 45-60°; β = 45-60°

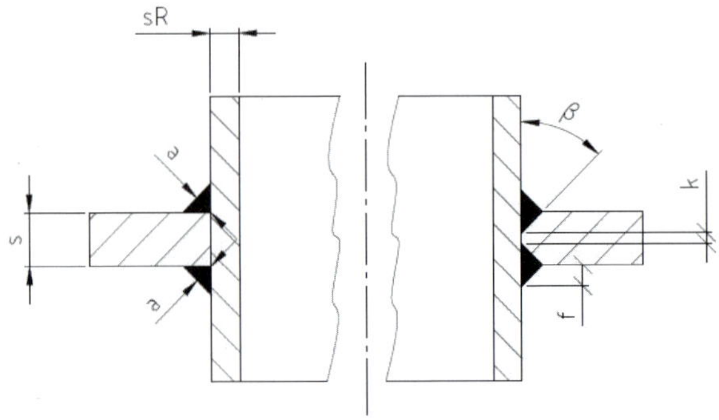

Bild 19:
Anwendung Stutzen bei beidseitiger Zugänglichkeit
Bedingungen $s \geq sR$; $a = 0{,}7 \cdot sR$; $k = 0{,}1 \cdot s$; $f = 0{,}5 \cdot sR$; β = 45-60°

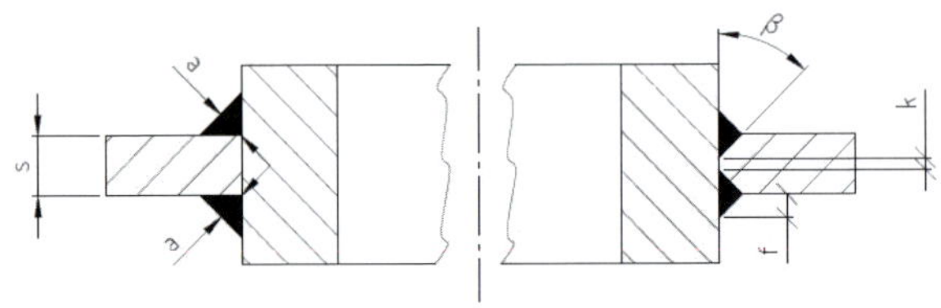

Bild 20:
Anwendung Blockflansche bei beidseitiger Zugänglichkeit
Bedingungen $a = 0{,}5...0{,}7 \cdot s$; $k = 0{,}1 \cdot s$; $f = 0{,}5 \cdot s$; β = 45-60°

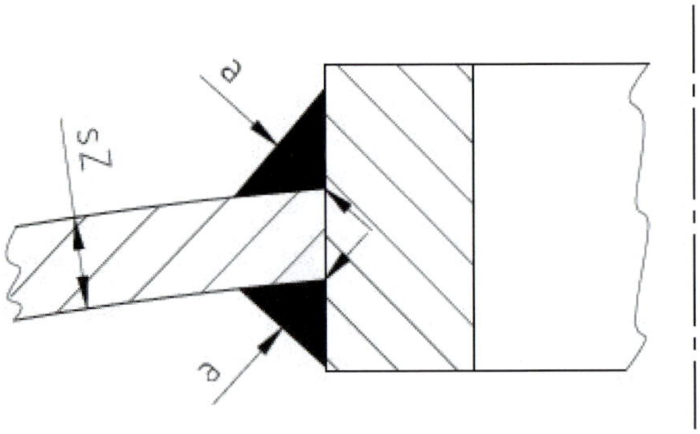

Bild 21:
Anwendung Blockflansche nur bei beidseitiger Zugänglichkeit
Bedingungen $a = 0{,}7 \cdot sZ$

3.3. Bunde und Flansche

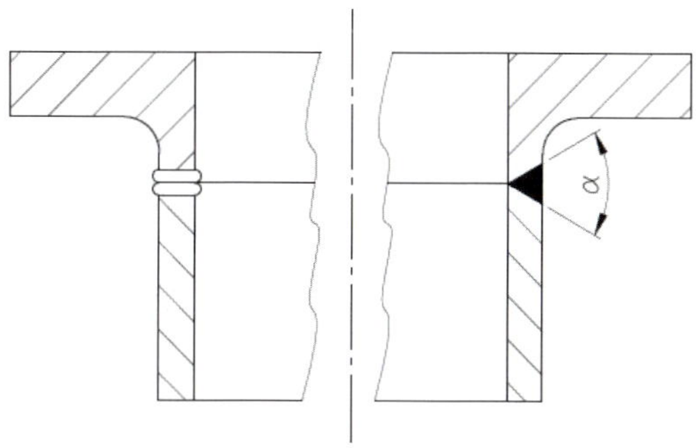

Bild 22:

Anwendung	Bunde und Flansche
Bedingungen	α = 45-60°

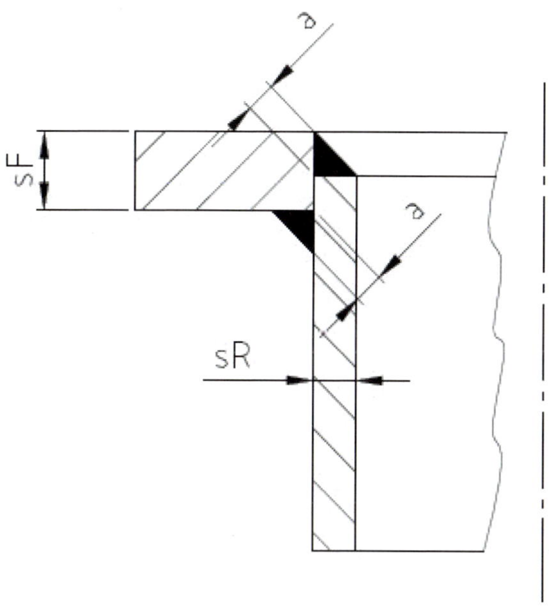

Bild 23:

Anwendung	Bunde und Flansche
Bedingungen	sF ≥ sR; a = 0,7·sR

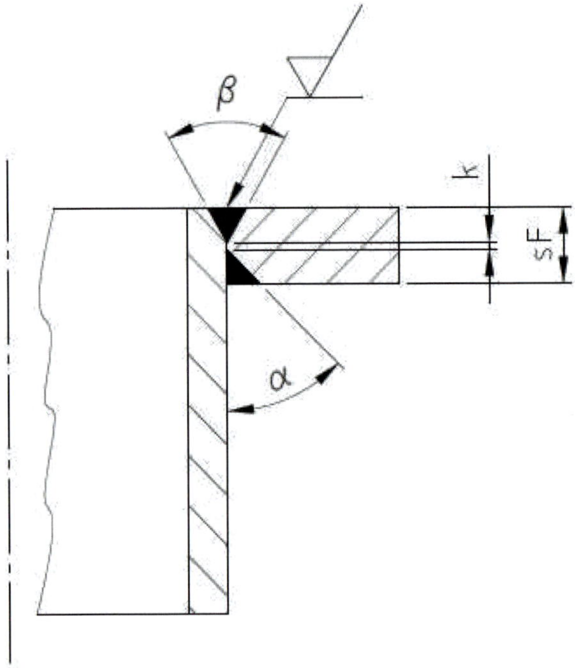

Bild 24:
Anwendung Bunde und Flansche
Bedingungen k = 0,1·sF; α = 45-60°; β = 45-60°

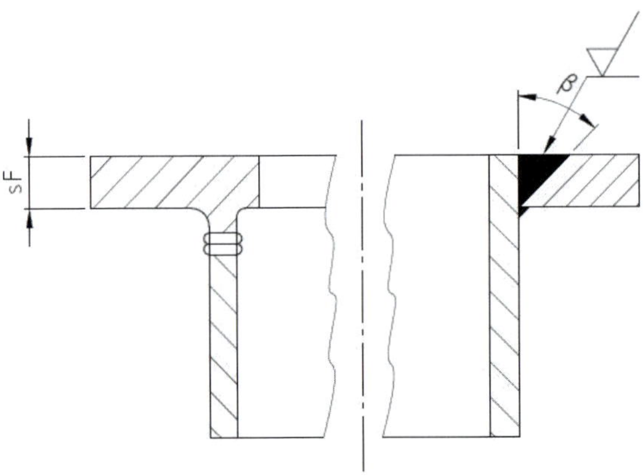

Bild 25:
Anwendung stehende Behälter bei einseitiger Zugänglichkeit
Bedingungen β = 45-60°

Entwurf

November 2025

Richtlinie DVS 2206-4
Vorgesehen als Ersatz für Ausgabe: September 2011

DVS VERBAND

Richtlinie DVS 2206-4

Zerstörungsfreie Prüfungen von Behältern, Apparaten und Rohrleitungen aus thermoplastischen Kunststoffen – Prüfung mit elektrischer Hochspannung

Ausschuss für Technik im DVS

Arbeitsgruppe W 4 „Fügen von Kunststoffen“

Untergruppe W 4.4„Messen und Prüfen“

Der Entwurf dieser Richtlinie steht der Öffentlichkeit zur Ansicht und Kommentierung zur Verfügung.
Einsprüche und Änderungsvorschläge können online über das **DVS-Regelwerksportal (www.dvs-regelwerk.de)** eingereicht werden.

Hrsg: DVS Media GmbH

Bezug: DIN Media GmbH · Am DIN-Platz · Burggrafenstraße 6 · 10787 Berlin · Tel.: +49 30 58 88 57 00 - 00 · kundenservice@dinmedia.de · www.dinmedia.de

Inhalt

1. Geltungsbereich

Diese Richtlinie gilt für das Prüfen von Schweißverbindungen mit einer maximalen Wanddicke von 30 mm an Bauteilen, Rohrleitungen, Apparaten und Behältern sowie Dichtungsbahnen und Verbundkonstruktionen aus thermoplastischen Kunststoffen.

Die Prüfung dient zur Auffindung von durchgehenden Poren bzw. Rissen. Die Prüfung mit elektrischer Hochspannung ersetzt keine Dichtheitsprüfung nach Richtlinie DVS 2206-2 bzw. Richtlinie DVS 2225-2 und auch keine Beurteilung nach Richtlinie DVS 2202.

Diese Richtlinie ist nicht für elektrisch ableitfähige und leitfähige Kunststoffe anwendbar.

2. Werkstoffe

Die Richtlinie betrifft die Prüfung der Schweißverbindungen an folgenden Kunststoffen:

- PE
- PP
- PVC
- Fluorkunststoffe

3. Prüfverfahren

Dieses Prüfverfahren beruht auf dem Prinzip der Korona-Entladung beim Anlegen einer elektrischen Hochspannung an eine Entladungsstrecke. Ihre Anwendung setzt einen elektrisch isolierenden Werkstoff sowie eine elektrisch leitfähige Gegenelektrode voraus. Bei durchgehenden Fehlstellen tritt ein Funkenüberschlag zwischen den Elektroden auf, der sichtbar und hörbar ist.

3.1. Prüfgeräte

Folgende Hochspannungsprüfgeräte werden angewendet (siehe auch DIN EN 13121-3):

- Prüfgeräte mit Wechselspannung
  Einsatz bei PVC-U, PVC-C, PVDF-, PE-, PP-, FEP-, PFA- und ECTFE-Werkstoffen.
  Keine Erdung der Gegenelektrode notwendig.
- Prüfgeräte mit gepulster Gleichspannung
  Einsatz bei FEP-, PFA- und ECTFE-Werkstoffen.
  Erdung der Gegenelektrode notwendig.
- Prüfgeräte mit Dauergleichspannung
  Eine Dauergleichspannung kann zu elektrischer Aufladung und bleibender Änderung der elektrischen Eigenschaften der geprüften Kunststoffe führen und dadurch Prüffehler erzeugen. Diese Geräte werden für die in dieser Richtlinie behandelten Anwendungen nicht empfohlen.

3.2. Durchführung der Prüfung

Der Nahtbereich muss trocken und frei von Verunreinigungen sein, um fehlhaftende Messergebnisse zu vermeiden. Es ist sicherzustellen, dass sich der gesamte Schweißnahtquerschnitt nach dem Schweißen vor Prüfbeginn auf Umgebungstemperatur abgekühlt hat. Das akustische und optische Wahrnehmen einer Fehlstelle muss beim Prüfen gewährleistet sein. Es muss sichergestellt werden, dass die Prüfelektrode während des gesamten Prüfvorganges Kontakt mit der zu prüfenden Oberfläche hat. Die Prüfung darf nur von erfahrenem Personal durchgeführt werden.

Handelsübliche Prüfgeräte können mit verschiedenen Elektrodenformen (z. B. Bürstenelektroden, Stabelektroden, Spitzelektroden, Kugelelektroden, Drahtgazen, etc.) bestückt werden. Die Elektroden sind entsprechend der Nahtgeometrie auszuwählen.

Die Prüfgeschwindigkeit sollte in Abhängigkeit der Nahtgeometrie und Wanddicke angepasst werden. Sie soll ca. 100 bis 200 mm pro Sekunde betragen. An schwer zugänglichen Stellen (z. B. Stutzen) oder bei höheren Wanddicken (> 10 mm) sollte sie im unteren Geschwindigkeitsbereich liegen. Ein längeres Verweilen der Prüfelektrode auf einer Stelle ist unzulässig, da dies zu einer Verminderung der Durchschlagfestigkeit bis hin zur Zerstörung des Werkstoffes führen kann.

Die Prüfspannung ist abhängig von der Umgebungsfeuchtigkeit sowie von der Wanddicke und Geometrie des zu prüfenden Bauteils.

Bei der Verwendung von breiten Elektroden (z. B. Bürstenelektroden) ist zu beachten, dass ein Abfall der eingestellten Spannung über die Elektrodenbreite auftreten kann.

Bei Überlappnähten von Dichtungsbahnen werden abweichende Prüfspannungen gewählt, da der mögliche Funkenweg zwischen Elektrode und Gegenelektrode erheblich von der Wanddicke abweicht (siehe Richtlinie DVS 2225-1 und Richtlinie DVS 2225-4).

Die Schlagweite ist der Abstand zwischen der Elektrode und der Gegenelektrode, ab dem ein Funke überspringt. Zwischen der Elektrode und der Gegenelektrode darf sich ausschließlich Luft befinden. Da die Schlagweite (Funkenstrecke an freier Luft) mit zunehmender relativer Luftfeuchte zunimmt, ist sie vor Prüfbeginn mit der gewählten Elektrode in Luft zu bestimmen. Die Schlagweite muss um das 1,3-fache größer sein als die maximal mögliche Durchgangsstrecke. Zudem darf sie nicht so hoch sein, dass es zu einem Durchschlag durch das Bauteil kommt. Für diese Prüfstrecke wird die geeignete Prüfspannung eingestellt.

Erfahrungen aus der Praxis zeigen, dass Bauteile nach längerer Betriebszeit in Abhängigkeit vom Betriebsmedium ihre dielektrischen Eigenschaften geändert haben können. In diesem Fall sollte zuerst eine Gefährdungsbeurteilung hinsichtlich Eignung der Hochspannungsprüfung durchgeführt und gegebenenfalls die Prüfspannung dementsprechend reduziert werden. Der Nahtbereich muss vor der Prüfung von Ablagerungen befreit werden und trocken sein.

Art und Umfang der Protokollierung sind vor Prüfbeginn zwischen den Projektbeteiligten festzulegen.

Das Prüfprotokoll zu den Arbeiten muss mindestens beinhalten:

- verwendeter Gerätetyp
- Prüfspannungsbereich
- relative Luftfeuchtigkeit
- Umgebungstemperatur
- Elektrodenart
- Prüfumfang
- Schlagweite
- vollständiger Name des Prüfers
- Datum
- Prüfergebnis

4. Grenzen des Prüfverfahrens

Es werden nur Risse oder Löcher nachgewiesen, die durchgehend sind und dabei nahezu senkrecht zur Naht verlaufen. Es ist darauf zu achten, dass die Gegenelektrode nicht vollkommen im Schweißzusatz eingebettet ist. Sie muss so fixiert werden, dass eine Beeinträchtigung der Nahtqualität ausgeschlossen wird.

Fehler an Schweißnähten wie Bindefehler, isolierte Poren und Lunker etc. können mit diesem Prüfverfahren nicht erkannt werden.

5. Sicherheitshinweise

Die geltenden Verordnungen, VDE-Richtlinien, BG-Vorschriften und die Vorgaben der Hersteller sind zu beachten.

Vor der Benutzung sind die Geräte auf ihren ordnungsgemäßen Zustand hin zu überprüfen.

Bei Betrieb des Gerätes ist sicherzustellen, dass weder der Bedienende noch Fremdpersonal direkt mit der Prüfelektrode in Berührung kommen. Beim Prüfen ist auf geeignete Kleidung und Zubehör zu achten. Es ist sicherzustellen, dass nur erfahrenes Personal zur Gerätebedienung zugelassen wird. In jedem Falle ist bei Personen mit Hörgerät, Herzschrittmacher oder nach durchstandenem Herzinfarkt von einer Bedienung abzusehen.

Bei der Prüfung werden Ozon und eine elektromagnetische Strahlung freigesetzt. Es ist deshalb auf ausreichende Belüftung und ausreichenden Sicherheitsabstand zu elektronischen Geräten zu achten.

Die Geräte dürfen nicht in einer leicht entzündlichen Atmosphäre betrieben werden, da der Prüffunke eine Explosion hervorrufen kann.

6. Schrifttum

Normen

DIN EN 13121-3 Oberirdische GFK-Tanks und -Behälter – Teil 3: Auslegung und Herstellung

DVS-Regelwerke

Richtlinie DVS 2202 Bewertung von Fügeverbindungen aus thermoplastischen Kunststoffen – Merkmale, Beschreibung, Bewertung

Richtlinie DVS 2206-2 Zerstörungsfreie Prüfungen von drucklosen Behältern, Apparaten und Rohrleitungen aus thermoplastischen Kunststoffen – Dichtheitsprüfung

Richtlinie DVS 2225-1 Fügen von Dichtungsbahnen aus polymeren Werkstoffen im Erd- und Wasserbau

Richtlinie DVS 2225-2 Fügen von Dichtungsbahnen aus polymeren Werkstoffen im Erd- und Wasserbau – Baustellenprüfungen

Richtlinie DVS 2225-4 Schweißen von Dichtungsbahnen aus Polyethylen (PE) für die Abdichtung von Deponien und Altlasten

Entwurf

Dezember 2025

Richtlinie DVS 2207-1
Vorgesehen als Ersatz für Ausgabe: August 2015

DVS VERBAND

Richtlinie DVS 2207-1

Schweißen von thermoplastischen Kunststoffen – Heizelementschweißen von Rohren, Rohrleitungsteilen und Tafeln aus PE sowie Rohren aus PE-X

Ausschuss für Technik im DVS

Arbeitsgruppe W 4 „Fügen von Kunststoffen"

Untergruppe W 4.1A „Heizelementeschweißen"

Der Entwurf dieser Richtlinie steht der Öffentlichkeit zur Ansicht und Kommentierung zur Verfügung.
Einsprüche und Änderungsvorschläge können online über das **DVS-Regelwerksportal (www.dvs-regelwerk.de)** eingereicht werden.

Hrsg: DVS Media GmbH · Aachener Straße 172 · 40223 Düsseldorf · media@dvs-media.info · www.dvs-media.eu

Bezug: DIN Media GmbH · Am DIN-Platz · Burggrafenstraße 6 · 10787 Berlin · Tel.: +49 30 58 88 57 00 - 00 · kundenservice@dinmedia.de · www.dinmedia.de

Inhalt

Dieser Text richtet sich an Männer und Frauen in gleichem Maße. Zur besseren Lesbarkeit wurde im Text jedoch auf die durchgängige Formulierung in männlicher/weiblicher Form verzichtet und es wird nur die männliche Form genannt.

1. Geltungsbereich

Diese Richtlinie gilt für das Fügen von Bauteilen aus Polyethylen PE[1] der Werkstofftypen PE 63, PE 80, PE 100 und PE 100-RC mithilfe der Verfahren Heizelementstumpfschweißen (HS), Heizwendelschweißen (HM) und Heizelementmuffenschweißen (HD) sowie von Bauteilen aus vernetztem Polyethylen, PE-Xa und PE-Xc ausschließlich mithilfe des Heizwendelschweißens (**Tabelle 1**).

Tabelle 1: Verfahrensübersicht

<table>
<tr><th>Abschnitt in dieser Richtlinie</th><th>Fügepartner</th><th>Verfahren</th><th>Kurzzeichen</th><th>Bauteile nach Norm</th><th>Anwendungsbereich</th></tr>
<tr><td>4.1.</td><td>Tafeln</td><td rowspan="3">Heizelement-stumpf-schweißen</td><td rowspan="3">HS</td><td>DIN EN ISO 14632</td><td>z. B. für die Herstellung von Behältern oder Auskleidungen</td></tr>
<tr><td>4.1.</td><td>Rohre, Formstücke</td><td rowspan="4">PE:
DIN 8074,
DIN 8075,
DIN 16842,
DIN EN 12201-3,
DIN EN 1555-3,
DIN EN ISO 15494
PE-X (nur HM):
DIN 16892,
DIN 16893</td><td rowspan="4">z. B. für Herstellung von Rohrleitungen, die zur Fortleitung von Gasen, Flüssigkeiten und Feststoffen oder als (Kabel-)Schutzrohre dienen.</td></tr>
<tr><td>4.2.</td><td>Rohre, Sattelformstücke</td></tr>
<tr><td>5.</td><td>Rohre, Formstücke, Sattelformstücke</td><td>Heizwendel-schweißen</td><td>HM</td></tr>
<tr><td>6.</td><td>Rohre, Formstücke</td><td>Heizelement-muffen-schweißen</td><td>HD</td></tr>
</table>

Für den Einsatz der Fügeverfahren nach dieser Richtlinie kann von einer Schweißverträglichkeit der Werkstoffe mit Schmelzmassefließrate MFR 190/5: 0,20–1,70 g/10 min[2] ausgegangen werden. Der Nennwert wird vom Formmassenhersteller angegeben.

2. Allgemeine Anforderungen

Beachten Sie die Montage- und Bedienungsanweisungen von den Herstellern der Halbzeuge sowie der Werkzeuge, Maschinen und Gerätschaften.

Für die Qualität der Schweißverbindungen sind folgende Faktoren entscheidend:

- **Die Qualifikation des Schweißpersonals**
  Das Schweißpersonal muss eine Ausbildung für die anzuwendenden Verfahren nachweisen und durch Besitz eines gültigen Qualifikationsnachweises belegen können. Das vorgesehene Anwendungsgebiet kann für die Art der Qualifikation bestimmend sein:
  - Für das Heizelementschweißen von Rohrleitungsteilen und Tafeln gilt Richtlinie DVS 2212-1.
  - Das DVGW-Arbeitsblatt GW 330 gilt sinngemäß als Qualifikationsnachweis für das Heizelementstumpf- und Heizwendelschweißen für erdverlegte Gas- und Trinkwasserleitungen.
  - Für das Schweißen von Kunststoffen in der Hausinstallation gelten die Richtlinien DVS 1905-1 und DVS 1905-2.

---

1) Die Werkstoffbezeichnungen entsprechen dem Stand der Normung zum Zeitpunkt der Veröffentlichung dieser Richtlinie. Die Werkstoffbezeichnung PE ist als Oberbegriff der Thermoplastgruppe zu verstehen. Die Anwendbarkeit der Schweißverfahren nach dieser Richtlinie für Varianten, z. B. PE-RT, PE-RD, PE-EL kann sinngemäß angenommen werden, sofern der Nachweis der Schweißeignung durch den Hersteller erbracht wurde.

2) Die nach ISO 1133-1 gemessene MFR 190/5 darf um maximal ± 20 % vom Nennwert abweichen. Der niedrigste MFR-Wert, der sich aus der größten unteren Abweichung vom benannten Wert ergibt, darf nicht kleiner sein als 0,15 g/10 min. Für Formmassen mit 0,15 < MFR < 0,2 g/10 min. muss die Schweißverträglichkeit an Rohren mit einem Durchmesser d > 200 mm und einer Rohrwanddicke e > 20 mm (alternativ Tafeln mit einer Wanddicke von t > 20 mm) nachgewiesen werden.

- **Die verwendeten Maschinen, Geräte und Vorrichtungen müssen geeignet sein**
  Für die vorgesehenen Arbeiten müssen alle erforderlichen Maschinen und Geräte zur Verfügung stehen. Für Maschinen und Geräte gelten die Richtlinien DVS 2208-1 und DVS 2208-1 Beiblatt 1.

  Die Maschinen, Geräte und Vorrichtungen, z. B. Werkzeuge oder Messmittel, müssen gewartet und in einwandfreiem Zustand sein sowie ordnungsgemäß funktionieren. Die elektrische Energieversorgung muss hinsichtlich Qualität und Leistung den einwandfreien Betrieb der Geräte gewährleisten. Schweißgeräte für das Heizwendelschweißen müssen den Leistungsbedarf der zu verarbeitenden Formstücke sicher abdecken.

Darüber hinaus gilt:

- **die Einhaltung insbesondere der Richtlinienreihe DVS 2207**
- **die Gewährleistung einer ausreichenden Prozessüberwachung**
  Die Schweißarbeiten sind durch qualifiziertes Personal zu überwachen. Art und Umfang der Überwachung sowie der Umfang der geforderten Dokumentation müssen zwischen den Vertragspartnern vorab vor Beginn der Arbeiten vereinbart werden. Es wird empfohlen, automatisch protokollierende Schweißmaschinen oder Schweißgeräte oder digitale Medien für die Dokumentation der Prozess- und Verarbeitungsdaten einzusetzen. Muster-Schweißprotokolle sind für die verschiedenen Verfahren im Excel-Format direkt per Weblink abrufbar.

Im Rahmen der Qualitätssicherung sollten Probenähte geprüft werden, die unter den gegebenen Arbeitsbedingungen, sowohl vor Aufnahme der Tätigkeiten als auch während des laufenden Projekts hergestellt werden. Sie müssen den Bedingungen der Richtlinienreihe DVS 2203 genügen. Die Schweißverbindung kann durch zerstörungsfreie und/oder zerstörende Verfahren nach **Tabelle 10** geprüft werden.

2.1. Anforderungen an die Qualität

Qualitätsanforderungen an Rohrverbindungen werden auf Basis der Richtlinienreihe DVS 2202 vereinbart und in den zugehörigen Beiblättern DVS 2202 Beiblatt 1 (HS), DVS 2202 Beiblatt 2 (HM) und DVS 2202 Beiblatt 3 (HD) hinsichtlich der Merkmale in Bewertungsgruppen eingeteilt.

3. Maßnahmen vor dem Schweißen

3.1. Voraussetzungen zum Schweißen

Alle für den Fügeprozess erforderlichen Maschinen, Geräte und Vorrichtungen müssen sicher aufgestellt und bestimmungsgemäß eingesetzt werden.

Vor allem bei Verarbeitung von Rohren mit großen Durchmessern, z. B. d > 500 mm kann es hilfreich sein, den Außendurchmesser mit einem Umfangsmaßband zu bestimmen. Der Rohrdurchmesser kann bei Bedarf durch Oberflächenbearbeitung für die Heizwendelmuffenschweißung bis auf das erforderliche Maß reduziert werden.

Der unmittelbare Schweißbereich ist vor ungünstigen Umgebungseinflüssen (z. B. extremen Temperaturen, Wind, Feuchtigkeit, Staub) zu schützen.

Der zulässige Temperatureinsatzbereich ist zu beachten, insbesondere hinsichtlich des Taupunkts und möglicher Kondensatbildung. Größere Temperaturunterschiede der Fügepartner, z. B. durch Sonneneinstrahlung oder durch unterschiedliche Lagerbedingungen, sind unzulässig. Werden Halbzeuge gegen Sonneneinstrahlung abgedeckt, ist Wärmestauung zu vermeiden und der zulässige Temperaturbereich einzuhalten.

Schweißungen bei Umgebungstemperaturen außerhalb des in dieser Richtlinie spezifizierten Verarbeitungsbereichs von 40 °C < $\vartheta_U \leq$ 50 °C erfordern Bestätigungen der jeweiligen Komponentenhersteller, einen darauf abgestimmten Prüfplan zur Qualitätssicherung sowie eine Extrapolation der Anwärmzeit und Abkühlzeit.

Die PE-Rohre, die vom Ringbund oder von der Trommel abgerollt werden, sind unmittelbar nach dem Abrollen oval und gekrümmt. Um die Ausrichtung der Rohre zu verbessern, sollten die Rohre einige Zeit vor den Verbindungsarbeiten abgerollt liegen. Das zu schweißende Rohrende ist vor dem Schweißen zu richten, z. B. durch vorsichtiges Anwärmen mit Hilfe eines Heißluftgebläses bzw. einer Heizmatte und/oder Verwendung einer geeigneten Spann- bzw. Runddrückvorrichtung.

Bei Rohren mit abziehbarem Schutzmantel sind im Bereich der Schweißung alle additiven Schichten bis auf das PE-Kernrohr zu entfernen. Für das Heizelementstumpfschweißen (HS) kann der Hersteller eine alternative Vorgehensweise zulassen. Die verwendeten Spannelemente sind auf den Außendurchmesser der Rohre abzustimmen, gegebenenfalls unter Berücksichtigung additiver Schichten. Bei Tafeln mit Schutzfolie ist die Folie im Bereich der Schweißung zu entfernen, sofern der Hersteller nicht ausdrücklich eine andere Vorgehensweise zulässt.

Die Fügeflächen der zu schweißenden Bauteile dürfen keine Beschädigungen durch Kerben oder Riefen aufweisen und müssen trocken sowie frei sein von Verunreinigungen wie Schmutz, Fett oder Spänen.

Um eine Abkühlung während des Schweißvorganges durch Luftzug im Rohrinneren zu vermeiden, wird empfohlen, die Rohrenden zu verschließen.

3.2. Reinigung

3.2.1. Allgemeines

Für die Herstellung einwandfreier Schweißverbindungen müssen sowohl die Fügeflächen an den Rohren und Formstücken als auch die Funktionsflächen der Werkzeuge und Heizelemente sauber, trocken und fettfrei sein.

3.2.2. Reinigungs- und Reinigungshilfsmittel

Das Reinigungsmittel muss aus einem 100 % verdampfenden Lösungsmittel bestehen, z. B. aus 99 Teilen Ethanol mit einem Reinheitsgrad von mindestens 99,8 % und einem Teil MEK (Methylethylketon, Denaturierung). Behälter müssen über einen Auslaufschutz verfügen und verschließbar sein. Reinigungsmittel, die nach DVGW VP 603 registriert sind, erfüllen diese Anforderungen.

Das Sicherheitsdatenblatt des Reinigungsmittels ist zu beachten. Direkter Kontakt mit dem Reinigungsmittel sollte vermieden werden, da dessen entfettende Wirkung zu Hautirritationen führen kann.

Der Wirkungsbereich des Reinigungsmittels ist zu beachten. Eine Kontamination der Fügeflächen mit Silikonbestandteilen aus Gleitmitteln oder Handcremes oder Haftöl von Kettensägen muss vermieden werden. Diese Kontaminationen werden z. B. von alkoholbasierten Reinigungsmitteln nicht entfernt, wirken als Trennmittel und verhindern die Fügeverbindung. Das Papier/Tuch zur Reinigung muss sauber, unbenutzt, saugfähig, frei von Duftstoffen, nicht fasernd und uneingefärbt sein.

3.2.3. Reinigen der Heizelemente

Die Heizelemente müssen sauber sein und sind, vor allem im Baustelleneinsatz, vor jeder Schweißung mit einem Papiertuch zu reinigen. Es dürfen keine Reste von Reinigungsmitteln, Papier oder sonstigen Anhaftungen auf dem Heizelement verbleiben. Zur Reinigung von erwärmten Heizelementen muss der Temperatur-Eignungsnachweis hinsichtlich des Tuchmaterials, insbesondere bei Einsatz von Reinigungs-Feuchttüchern, vorliegen.

3.2.4. Reinigen der Oberflächen von Werkzeugen und Halbzeugen

Vor der spannenden Bearbeitung der Fügeflächen müssen die dazu erforderlichen Halbzeuge sowie die Fügeflächen selbst so gereinigt werden, dass sie sauber und fettfrei sind.

3.2.5. Reinigen der Fügeflächen nach erfolgter spanender Bearbeitung

Die Bearbeitung der Verbindungsflächen muss unmittelbar vor Schweißbeginn erfolgen.

Wird die spanend bearbeitete Fügefläche kontaminiert, z. B. durch Berührungen mit den Händen, so müssen diese Fügeflächen gereinigt werden, sofern eine erneute spanende Bearbeitung verfahrenstechnisch nicht möglich ist.

Zur Reinigung jeder Fügefläche muss mindestens ein separates Reinigungspapier/-tuch verwendet werden. Der Gesamtbedarf ist abhängig von der Größe der Fügefläche. Es ist darauf zu achten, dass beim Reinigen Verunreinigungen angrenzender Flächen nicht in den Fügebereich eingebracht werden. Das Reinigungsmittel muss vollständig abgelüftet sein.

Eventuelle Späne sind ohne Berührungen der Fügeflächen zu entfernen.

4. Heizelementstumpfschweißen (HS)

4.1. Heizelementstumpfschweißen von Rohren, Rohrleitungsteilen und Tafeln

4.1.1. Verfahrensbeschreibung

Beim Heizelementstumpfschweißen werden die Fügeflächen der zu schweißenden Bauteile am Heizelement unter Druck[3] angeglichen („Angleichen"), anschließend mit reduziertem Druck auf Schweißtemperatur erwärmt („Anwärmen") und nach Entfernung des Heizelementes („Umstellen") unter Druck zusammengefügt („Fügen"). **Bild 1** zeigt das Prinzip des Fügeverfahrens.

Voraussetzungen für die Heizelementstumpfschweißung sind, dass sowohl die Materialien der Bauteile miteinander schweißbar sind als auch im Fügebereich identische Rohraußendurchmesser/ SDR (SDR=Durchmesser/ Wanddickenverhältnis) und (Tafel-) Wanddicken vorliegen.

Vorbereiten der Rohre und Einsetzen des Heizelements | Anwärmen der Fügeflächen am Heizelement | Rohrverbindung hergestellt

Bild 1: Prinzip des Heizelementstumpfschweißens am Beispiel Rohr

[3] Der hier als Druck bezeichnet Parameter wirkt als Kraft zwischen den Fügebereichen der zu schweißenden Bauteile. Diese Druckkraft in N resultiert aus dem Parameter Druckspannung in N/mm² (z. B.: $p = 0{,}15 \pm 0{,}01$ N/mm², **Tabelle 2** und der spezifischen Fügefläche in mm² der Fügepartner.

4.1.2. Anforderungen an Heizelementstumpfschweißmaschinen

Die Anforderungen an Heizelementstumpfschweißmaschinen beschreibt die Richtlinie DVS 2208-1.

Der Arbeitsbereich der Heizelementstumpfschweißmaschine muss abgestimmt sein auf den vorgesehenen Fügeprozess, insbesondere hinsichtlich des Spannbereichs (z. B. Dimensionen der Halbzeuge), des erforderlichen Fügedrucks und der Bewegungskraft.

Der Arbeitsbereich der Heizelementstumpfschweißmaschine wird vom Hersteller durch die Angabe der minimalen und maximalen Schließkraft angegeben. Zur Ermittlung der maximalen Fügekraft sind zusätzliche äußere Kräfte zu berücksichtigen, z. B. die Bewegungskraft zum Zusammenführen der Halbzeuge.

Elektronisch gesteuerte Maschinen sind zu bevorzugen.

4.1.3. Schweißvorbereitung

4.1.3.1. Einrichten des Heizelements

Es dürfen keine Anhaftungen an der antiadhäsiven Beschichtung oder Bespannung des Heizelementes vorhanden sein. Anhaftungen weisen auf den Verschleiß des Heizelementes hin. Beschädigungen dürfen die Funktion nicht beeinträchtigen. Gegebenenfalls ist das Heizelement zu tauschen.

Es ist sicherzustellen, dass das Heizelement gereinigt und unmittelbar vor der ersten Schweißung auf Schweißtemperatur erwärmt ist. Damit sich ein thermisches Gleichgewicht einstellen kann, darf das Heizelement frühestens 10 Minuten nach Erreichen der gleichmäßigen Solltemperatur für den Fügeprozess verwendet werden.

Die Oberflächenmessung erfolgt durch ein geeignetes Temperaturmessgerät dessen Messfühler einen Auflagedurchmesser von ca. 10 mm aufweist. Für die Messung sind kalibrierte Messgeräte zu verwenden.

Der vorgeschriebene Temperaturbereich am Heizelement muss beidseitig, jeweils in den Kontaktzonen mit den Halbzeugen, erreicht werden. Insbesondere soll z. B. vor dem Fügen großer Rohr-Halbzeuge mit Wanddicken >30 mm, bzw. mit Durchmessern > 630 mm die Einhaltung der Temperatur an mindestens 8 gleichmäßig über die Kontaktflächen verteilten Messpunkten kontrolliert werden.

Für Tafeln beträgt der Messabstand maximal 50 cm. Die Einhaltung der Temperatur sollte vor weiteren Schweißungen kontrolliert werden.

Das Heizelement ist vor jeder Rohr-Schweißung gemäß **Abschnitt 3.2.** erneut zu reinigen.

Die Schnittkante an Tafeln muss im Fügebereich rechtwinkelig zur Tafeloberfläche sein.

4.1.3.2. Ausrichtung der Halbzeuge vor dem Fügen

Die zueinander ausgerichteten Fügepartner sind mittels der Spannelemente einzuspannen.

Eine leichte Längsbeweglichkeit des zu schweißenden Rohr-Halbzeugs kann z. B. durch Auflagerung auf verstellbare Rollenböcke oder durch eine pendelnde Aufhängung erreicht werden.

Der Versatz der Fügeflächen zueinander soll möglichst gering sein. Für das Erreichen der Nennbelastbarkeit der Fügeverbindung ist ein maximaler Versatz an der Rohraußenseite bzw. Tafel nach Richtlinie DVS 2202 Beiblatt 1, Bewertungsgruppe 1 von 0,1 x Wanddicke zulässig.

Da ein unterschiedlicher Rohrendeneinfall zu unzulässigem Versatz führen kann, ist dieser im Vorfeld zu kontrollieren und gegebenenfalls durch Kürzen der Rohrenden zu beseitigen.

Späne im Schweißbereich, bzw. in das Rohr gefallene Späne und sonstige Fremdkörper, sind zu entfernen.

Spaltbreiten zwischen den bearbeiteten Fügeflächen der Fügepartner sollen so klein wie möglich sein. Maximal zulässige Spaltbreiten unter Angleichdruck werden in **Tabelle 2** genannt.

Tabelle 2: Maximale Spaltbreite zwischen den bearbeiteten Fügeflächen unter Angleichdruck

Rohraußendurchmesser d in mm	Spaltbreite in mm	Tafelwanddicke in mm
≤ 355	0,5	–
> 355 bis ≤ 630	1,0	≥ 3 bis < 10
> 630 bis ≤ 800	1,3	≥ 10 bis < 25
> 800 bis ≤ 1000	1,5	≥ 25 bis < 40
> 1000	2,0	≥ 40

Es ist zu kontrollieren, dass die maximale Spaltbreite nach **Tabelle 2** und der maximal zulässige Versatz, z. B. 0,1 × Wanddicke nach Bewertungsgruppe 1, eingehalten werden.

Die bearbeiteten Fügeflächen dürfen weder verschmutzt noch mit den Händen berührt werden, da sonst eine erneute spanende Bearbeitung (oder gegebenenfalls Reinigung nach **Abschnitt 3.2.**) notwendig wird.

Insbesondere für Rohr-Halbzeuge mit Rohrwanddicken e >30 mm und/oder mit Durchmessern d >630 mm gelten zusätzlich die folgenden Empfehlungen:

- Um einen Rohrversatz und damit Kerbwirkung und Spannungskonzentrationen durch fertigungsbedingte Toleranzen der Fügepartner zu minimieren, kann ein Ausrichten einzelner Rohre sowohl an ihrer Signierung (Lage) als auch der Metrierung (Reihenfolge) hilfreich sein, sofern die Rohre aus gleicher Produktionscharge stammen.
- Schweißungen von Rohren aus unterschiedlichen Chargen oder in Kombination mit Formteilen erfordern ein besonderes Augenmerk, da die Fügepartner abweichende geometrische Ausprägungen haben können.
- Ovale Rohrenden müssen gegebenenfalls rückgerundet werden, um einen tolerierbaren Rohrversatz zu erzielen.

Beim Heizelementschweißen ist zu beachten, dass nach dem Angleichen (bei Tafeln: Angleichen des Überstandes) der eingespannten Halbzeuge ein ausreichend großer Fügeweg zur Verfügung steht.

4.1.3.3. Vorbereiten der Fügepartner

Vor jeder Rohr-Schweißung ist der Bewegungsdruck zu ermitteln, der erforderlich ist, um die Fügepartner aufeinander zuzubewegen. Dieser Bewegungsdruck muss dem Angleich- und Fügedruck hinzuaddiert werden.

Für Tafel-Schweißungen gilt in Abhängigkeit vom Maschinentyp:

- Maschinen mit manueller Einstellung der Prozesskräfte:
  Ermittlung und Berücksichtigung der Bewegungskräfte erfolgt analog zum Rohrschweißprozess.
- Maschinen mit elektronischer Einstellung und Steuerung der Prozesskräfte:
  Es ist sicherzustellen, dass die Bewegungskräfte der Maschine bei der Umsetzung der Schweißparameter in Tischkräfte bereits werkseitig berücksichtigt werden.

- Maschinen mit automatischer Ermittlung der Bewegungskräfte:
  Dieser Maschinentyp ist vor allem bei der Fertigung von Zylindern mit hoher Randfaserdehnung und der daraus resultierenden erhöhten Bewegungskräften zu bevorzugen.

Die Fügeflächen sind unmittelbar vor dem Schweißen mit einem sauberen und fettfreien Werkzeug spanend zu bearbeiten, sodass sie im eingespannten Zustand planparallel sind.

4.1.4. Ausführen des Schweißens

Die Fügeflächen werden an das Heizelement angelegt und dort plastifiziert. Die Heizelementtemperatur beträgt 220 °C ± 10 °C. Nach Entfernen des Heizelementes werden die Flächen unter Druck gefügt.

Die im Folgenden beschriebenen Verfahrensschritte des Schweißvorganges werden als Ablaufdiagramm in **Bild 2** dargestellt.

4.1.4.1. Angleichen

Die zu schweißenden Fügeflächen werden über den gesamten Angleichvorgang so lange mit dem Angleichdruck von 0,15 ± 0,01 N/mm^2 an das Heizelement angepresst, bis die Flächen über den gesamten Umfang am Heizelement anliegen. Dies wird anhand der Ausbildung der Wülste festgestellt. Das Angleichen ist abgeschlossen, wenn die Wulsthöhen beidseitig am Heizelement über den gesamten Rohrumfang bzw. der gesamten Plattenoberseite die in **Tabelle 3** bzw. **Tabelle 4**, **Spalte 2**, angegebenen Werte erreicht haben.

4.1.4.2. Anwärmen

Beim Anwärmen werden die zu schweißenden Fügepartner im Fügebereich plastifiziert. Dabei berühren die Fügeflächen das Heizelement mit geringem Druck, der Druck wird dabei auf nahezu Null (≤ 0,01 N/mm^2) abgesenkt. Dabei soll keine nennenswerte weitere Wulstausprägung stattfinden. Anwärmzeiten sind **Tabelle 3** bzw. **Tabelle 4**, **Spalte 3**, zu entnehmen.

4.1.4.3. Umstellen

Die Fügeflächen sind vom Heizelement zu lösen, sodann ist das Heizelement ohne Beschädigung und Verschmutzung der plastifizierten Oberflächen aus dem Fügebereich herauszunehmen. Unmittelbar danach sind die zu verbindenden Fügepartner schnell so aufeinander zu zubewegen, dass sie nahezu im Stillstand zusammentreffen, d.h. unmittelbar vor Berührung ist die Bewegungsgeschwindigkeit nahezu 0 m/s. Die Umstellzeit muss so kurz wie möglich gehalten werden (**Tabelle 3** bzw. **Tabelle 4**, **Spalte 4**). Verzögerungen führen zum Erkalten der plastifizierten Flächen, sodass die Schweißnahtqualität unzulässig gemindert wird.

4.1.4.4. Fügen

Der erforderliche Fügedruck wird möglichst linear ansteigend aufgebracht. Die maximalen Fügedruckaufbauzeiten sind in **Tabelle 3**, **Spalte 4**, bzw. **Tabelle 4**, **Spalte 4**, aufgeführt. Das Unterschreiten der empfohlenen Zeiten um bis zu 50 % der maximalen Fügedruckaufbauzeit ist zulässig.

Zur Ermittlung des Gesamt-Fügedrucks wird die Bewegungskraft zur Fügekraft hinzuaddiert. Die Fügekraft berechnet sich aus dem Produkt von Fügefläche (Kreisring bei Rohren) und spezifischem Fügedruck mit p = 0,15 ± 0,01 N/mm^2.

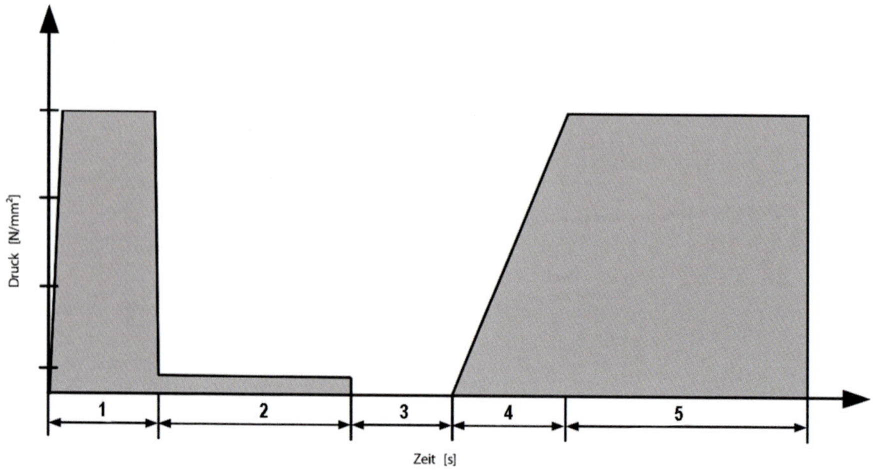

Verfahrensschritt	**1**	**2**	**3**	**4**	**5**	**Ende**
Vorbereitung	Angleichzeit	Anwärmzeit	Umstellzeit	Druckaufbauzeit	Abkühlzeit	Fertigstellung
siehe **Abschnitt 4.1.3.**: Halbzeuge einspannen	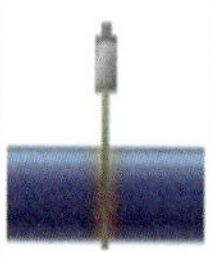	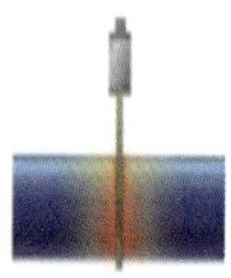	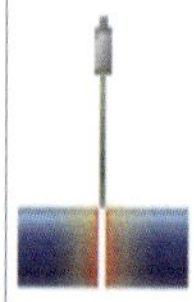			Halbzeuge ausspannen

Bild 2: Verfahrensschritte beim Heizelementmuffenschweißen

Um die volle mechanische Belastbarkeit der Fügeverbindung zu erhalten, muss der Fügedruck bei Umgebungstemperatur mindestens während der Abkühlzeit (siehe **Tabelle 3** bzw. **Tabelle 4**, **Spalte 5** und **Tabelle 5**) in voller Höhe aufrechterhalten werden. Eine mechanische Belastung, z. B. eine Weiterverarbeitung der Fügeverbindung, ist erst danach zulässig.

Nach dem Fügen ist die gleichmäßige Ausprägung des Doppelwulstes zu kontrollieren. Die Wulstausbildung gibt Aufschluss darüber, ob die Schweißung der Fügepartner gleichmäßig erfolgt ist. Unterschiedliche Wulstausbildungen können durch verschiedenartiges Fließverhalten der verbundenen Materialien begründet sein. Aus der Erfahrung mit handelsüblichen Halbzeugen aus PE 80 und PE 100/PE 100-RC im angegebenen MFR-Bereich (MFR = Schmelze-Massefließrate) kann von der Schweißeignung ausgegangen werden, auch wenn dies zu unsymmetrischen Schweißwülsten führen kann. Jedoch muss die Höhe des Kerbgrunds K der Schweißwulst gegenüber der Kontur der Fügepartner immer $K > 0$ mm sein (**Bild 3**).

Es gilt: K > 0 mm

K: Höhe des Kerbgrunds der Schweißwulst

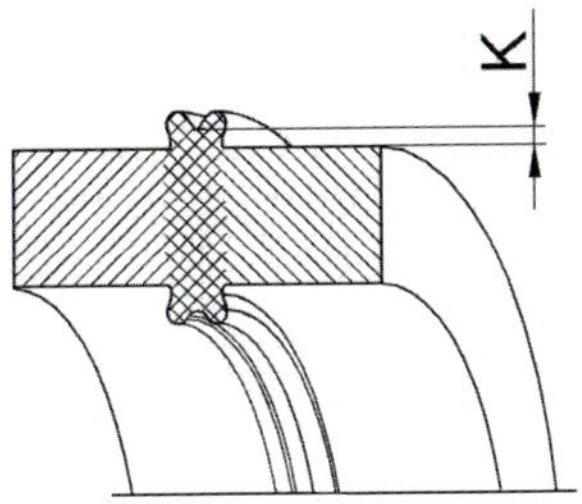

Bild 3: Wulstausbildung beim Heizelementstumpfschweißen (Prinzip am Beispiel Rohr)

4.1.5. Richtwerte für das Heizelementstumpfschweißen von Tafeln aus PE

In **Tabelle 3** sind Richtwerte für die verschiedenen Prozessschritte beim Heizelementstumpfschweißen von Tafeln aus dem Werkstoff PE aufgeführt.

Tabelle 3: Tafeln aus PE: Richtwerte für das Heizelementstumpfschweißen bei Umgebungstemperaturen bis 40 °C und mäßiger Luftbewegung (Zwischenwerte sind zu interpolieren)

Verfahrensschritt	**1**	**2**	**3**	**4**	**5**
	Angleichen	**Anwärmen**	**Umstellen**	**Fügen**	
Bereich der Nennwanddicke **in mm**	Minimale Wulsthöhe **in mm** am Heizelement am Ende der Angleichzeit mit p = 0,15 ± 0,01 N/mm²	Anwärmzeit **in s** (= 10 x Nennwanddicke) mit p < 0,01 N/mm²	Maximale Umstellzeit **in s**	Maximale Fügedruckaufbauzeit **in s** (darf um 50 % unterschritten werden)	Minimale Abkühlzeit[4)] **in s** unter Fügedruck mit p = 0,15 ± 0,01 N/mm²
≥ 3 bis ≤ 4,5	0,5	30 45	5	5	3,5 – 6,5
> 4,5 bis ≤ 7	1,0	45 70	5 6	5 6	6,5 9,5
> 7 bis ≤ 12	1,5	70 120	6 8	6 8	9,5 15,5
> 12 bis ≤ 19	2,0	120 190	8 10	8 11	15,5 24
> 19 bis ≤ 26	2,5	190 260	10 12	11 14	24 32
> 26 bis ≤ 37	3,0	260 370	12 16	14 19	32 45
> 37 bis ≤ 50	3,5	370 500	16 20	19 25	45 61
> 50 bis ≤ 70	4,0	500 700	20 25	25 35	61 85
> 70 bis ≤ 90	4,5	700 900	25 30	35	85 109
> 90 bis ≤ 110	5,0	900 1100	30 35	35	109 133
> 110 bis ≤ 130	5,5	1100 1300	max. 35	35	133 157

4) Unter folgenden Voraussetzungen ist eine Verringerung der Abkühlzeit bis zu 50 % zulässig, d. h. Fügedruckentlastung und Entnahme des geschweißten Teiles aus der Schweißmaschine

- die Fügeverbindung wird unter Werkstattbedingungen hergestellt
- die Entnahme aus der Schweißmaschine und das vorübergehende Lagern bis zur vollständigen Abkühlzeit nach Verfahrensschritt 4 verursachen nur eine geringfügige Belastung der Fügeverbindung

4.1.6. Richtwerte für das Heizelementstumpfschweißen von Rohren und Rohrleitungsteilen aus PE

In **Tabelle 4** sind Richtwerte für die verschiedenen Prozessschritte beim Heizelementstumpfschweißen von Rohren und Rohrleitungsteilen aus dem Werkstoff PE aufgeführt.

Tabelle 4: Rohre und Rohrleitungsteile aus PE: Richtwerte für das Heizelementstumpfschweißen bei mäßiger Luftbewegung (Zwischenwerte sind zu interpolieren)

Verfahrensschritt	**1**	**2**	**3**	**4**	**5**
	Angleichen	**Anwärmen**	**Umstellen**	**Fügen**	
Bereich der Nennwanddicke **in mm**	Minimale Wulsthöhe **in mm** am Heizelement am Ende der Angleichzeit mit $p = 0{,}15 \pm 0{,}01\ N/mm^2$	Anwärmzeit* **in s** (= 10 x Nennwanddicke) mit $p \leq 0{,}01\ N/mm^2$	Maximale Umstellzeit **in s**	Maximale Fügedruckaufbauzeit **in s** (darf um 50 % unterschritten werden)	Minimale Abkühlzeit[5)] **in s** unter Fügedruck mit $p = 0{,}15 \pm 0{,}01\ N/mm^2$
≥ 1,8 bis ≤ 4,5	0,5	18 45	5	5	siehe **Tabelle 5**
> 4,5 bis ≤ 7	1,0	45 70	5 6	5 6	
> 7 bis ≤ 12	1,5	70 120	6 8	6 8	
> 12 bis ≤ 19	2,0	120 190	8 10	8 11	
> 19 bis ≤ 26	2,5	190 260	10 12	11 14	
> 26 bis ≤ 37	3,0	260 370	12 16	14 19	
> 37 bis ≤ 50	3,5	370 500	16 20	19 25	
> 50 bis ≤ 70	4,0	500 700	20 25	25 35	
> 70 bis ≤ 90	4,5	700 900	25 30	35	
> 90 bis ≤ 110	5,0	900 1100	30 35	35	
> 110 bis ≤ 130	5,5	1100 1300	max. 35	35	

* Während der Anwärmzeit müssen die Fügepartner vollflächig am Heizelement anliegen.

[5)] Unter folgenden Voraussetzungen ist eine Verringerung der Abkühlzeit bis zu 50 % zulässig, d. h. Fügedruckentlastung und Entnahme des geschweißten Teiles aus der Schweißmaschine
- die Fügeverbindung wird unter Werkstattbedingungen hergestellt
- die Entnahme aus der Schweißmaschine und das vorübergehende Lagern bis zur vollständigen Abkühlzeit nach Verfahrensschritt 4 verursachen nur eine geringfügige Belastung der Fügeverbindung

In **Tabelle 5** sind minimale Werte für die Abkühlzeit beim Heizelementstumpfschweißen von Rohren aus dem Werkstoff PE in Abhängigkeit der Umgebungstemperaturen aufgeführt.

Tabelle 5: Abkühlzeiten von Rohren und Rohrleitungsteilen aus PE abhängig von der Umgebungstemperatur bzw. unter besonderen Bedingungen (Zwischenwerte sind zu interpolieren)

Verfahrensschritt	**5 Fügen/Abkühlzeit**			
Bereich der Nennwanddicke	Minimale Abkühlzeit unter Fügedruck p = 0,15 ± 0,01 N/mm² in Abhängigkeit der Umgebungstemperatur **in min**			Minimale Sonder-Abkühlzeit[6] unter Fügedruck p = 0,15 ± 0,01 N/mm² **in min**
mm	bis 15°C	15 °C... 25 °C	25 °C .... 40 °C	
≥ 1,8 bis ≤ 4,5	4,0	5,0	6,5	3,5
> 4,5 bis ≤ 7	4,0 6,0	5,0 7,5	6,5 9,5	3,5 5
>7 bis ≤ 12	6,0 9,5	7,5 12	9,5 15,5	5 8
>12 bis ≤ 19	9,5 14	12 18	15,5 24	8 12
>19 bis ≤ 26	14 19	18 24	24 32	12 16
>26 bis ≤ 37	19 27	24 34	32 45	16 23
>37 bis ≤ 50	27 36	34 46	45 61	23 31
>50 bis ≤ 70	36 50	46 64	61 85	31 43
>70 bis ≤ 90	50 64	64 82	85 109	43 55
>90 bis ≤ 110	64 78	82 100	109 133	55 67
>110 bis ≤ 130	78 92	100 118	133 157	67 79

4.1.7. Entfernen des Schweißwulstes

Spezielle Anwendungen, z. B. der Rohreinzug beim Reliningverfahren, erfordern das Entfernen des äußeren und/oder inneren Schweißwulstes an stumpfgeschweißten Rohrleitungen. Hierfür müssen geeignete Werkzeuge, z. B. Wulstentferner, eingesetzt werden. Dabei ist darauf zu achten, dass die Rohroberflächen nicht durch Kerben beschädigt werden, da sonst gegebenenfalls die Rohr-Nennwanddicke unterschritten werden kann.

Hinsichtlich des Fließwiderstands bzw. eines Einflusses auf die Hydraulik der Rohrleitung ist eine Entfernung des inneren Schweißwulstes in der Regel nicht erforderlich.

4.1.8. Einschränkungen der Biegeradien

Um Spannungsspitzen in Schweißnähten von Großrohr-Strängen bei Rohrwanddicken e > 30 mm bzw. Durchmessern d > 630 mm zu vermeiden, wird die Rohrbiegung auch nach Abkühlung der Stumpfschweißverbindungen eingeschränkt. Minimal zulässige Biegeradien werden in **Tabelle 6** in Abhängigkeit des Rohraußendurchmessers und der Umgebungstemperatur genannt. Anlog ist für Biegeradien von gefügten Tafeln die Richtlinie DVS 2205-2, Abschnitt 4.1.3.1, Tabelle 2 (2021) zu beachten.

[6] Diese Abkühlzeiten gelten nur unter folgenden Bedingungen:

- die Fügeverbindung wird in einer Werkstatt hergestellt und
- die Entnahme aus der Schweißmaschine und das vorübergehende Lagern bis zur vollständigen Abkühlzeit verursachen nur eine geringfügige Belastung der Fügeverbindung

Tabelle 6: Minimale Biegeradien für stumpfgeschweißte Großrohr-Stränge

Umgebungstemperatur in °C	**Minimal zulässiger Biegeradius r für Rohre d > 630/e > 30 mm in mm**
20	30 x d
10	52,5 x d
0	75 x d

4.1.9. Kurzfassung der Verarbeitungsanleitung zum Heizelementstumpfschweißen (HS) von Rohren, Rohrleitungsteilen, Formstücken und Tafeln

1. Montage- und Bedienungsanweisungen der Hersteller beachten.
2. Zulässige Arbeitsbedingungen schaffen, z. B. Montage im Schweißzelt.
3. Maschine an die Stromversorgung anschließen, Schweißmaschine einrichten, Funktion kontrollieren.
4. Protokollierung einrichten, gegebenenfalls automatische Dokumentation aktivieren.
5. Heizelement, Werkzeuge und Halbzeuge nach **Abschnitt 3.2.** mit einem Reinigungsmittel und Papier reinigen.
6. Heizelement auf Temperatur 220°C ± 10 °C einrichten.
7. Zu schweißende Bauteile ausrichten, z. B. auf Rollenböcken auflagern und in Schweißmaschine einspannen.
8. Rohrenden gegebenenfalls gegen Luftzug verschließen.
9. Bei Rohren: Fügeflächen bearbeiten, z. B. mittels Planhobel, anschließend Planhobel wieder entfernen.
10. Späne/Fremdkörper im Schweißbereich und aus dem Rohr ohne Berührungen der Fügeflächen entfernen.
11. Planparallelität prüfen: Zusammenfahren der Fügeflächen (**Tabelle 2**) und gegebenenfalls korrigieren.
12. Rohr-Versatz auf max. 0,1 × Wanddicke oder nach Anforderung der Bewertungsgruppe einstellen.
13. Heizelementtemperatur 220 °C ± 10 °C prüfen und gegebenenfalls korrigieren.
14. Heizelement nach **Abschnitt 3.2.** reinigen und ablüften lassen.
15. Rohrschweißen: Bewegungsdruck/-kraft vor jeder Schweißung ermitteln und protokollieren.
16. Einstellwert für den Angleich-, Anwärm- und Fügedruck ermitteln.
17. Richtwerte gemäß **Tabelle 3** (Tafeln), bzw. **Tabelle 4** (Rohre) festlegen.
18. Heizelement in Schweißmaschine einsetzen und positionieren.
19. Angleichen der Flächen am Heizelement mit Wulstbildung nach Verfahrensschritt 1, **Tabelle 3** (Tafeln), bzw. **Tabelle 4** (Rohre).

20. Anwärmen, Anwärmzeit nach Verfahrensschritt 2, **Tabelle 3** (Tafeln), bzw. **Tabelle 4** (Rohre).

21. Fügeflächen vom Heizelement lösen und Heizelement herausnehmen.

22. Fügeflächen zügig, innerhalb der Umstellzeit nach Verfahrensschritt 3, **Tabelle 3** (Tafeln), bzw. **Tabelle 4** (Rohre), zusammenfahren, unmittelbar vor Berührung muss die Geschwindigkeit Null sein. Sofort den Fügedruck linear ansteigend aufbauen mit Fügedruckaufbauzeit nach Verfahrensschritt 4, **Tabelle 3** (Tafeln), bzw. **Tabelle 4** (Rohre).

23. Wulstausbildung nach **Bild 3** kontrollieren, mit K > 0 mm.

24. Abkühlen unter Fügedruck mit 0,15 N/mm² nach Verfahrensschritt 5, **Tabelle 3** (Tafeln), bzw. **Tabellen 4** u **5** (Rohre).

25. Nach Ablauf der Abkühlzeit den Fügedruck komplett absenken, dann geschweißten Bauteile ausspannen.

26. Schweißprotokoll vervollständigen.

4.2. Heizelementstumpfschweißen von Sattelformstücken

4.2.1. Verfahrensbeschreibung und Einsatzbedingungen

Die Fügeflächen von Rohr und Sattelformstück werden mittels Formheizelementen unter Druck angeglichen und angewärmt. Nach Entfernen des Formheizelements werden die Fügeflächen unter Fügedruck zusammengefügt.

Das Verfahren ist anwendbar für Werkstoffe mit einer Schmelze-Massefließrate MFR 190/5 ≤ 1,3 /10 min.

Heizelementstumpfschweißungen von Sattelformstücken müssen mit Schweißvorrichtungen durchgeführt werden. In der Regel ist eine Befestigung einzusetzen, die das Rohr vollständig umfasst. Insbesondere ist diese Vorgehensweise anzuwenden, wenn der Werkstoff einer der Fügepartner eine MFR 190/5 < 0,7 g/10 min aufweist oder der MFR-Wert unbekannt ist. Dies kann beim Fügen eines nachträglichen Anschlusses der Fall sein.

Die zulässigen Umgebungstemperaturen liegen zwischen +5 °C < ϑ_U ≤ +40 °C.

Die individuellen Parametervorgaben sind bei den Maschinen-, bzw. Formstückherstellern zu erfragen und anzuwenden. **Tabelle 7** nennt Richtwerte für eine PE-Schweißung bei 20 °C Umgebungstemperatur.

4.2.2. Vorbereitung zum Schweißen

4.2.2.1. Einrichten des Formheizelements

Es dürfen keine Anhaftungen an der antiadhäsiven Beschichtung des Heizelementes vorhanden sein. Anhaftungen weisen auf den Verschleiß des Heizelementes hin. Beschädigungen dürfen die Funktion nicht beeinträchtigen. Das Heizelement muss unter Umständen erneuert werden. Es ist immer sicherzustellen, dass das Heizelement gereinigt und unmittelbar vor der ersten Schweißung auf Schweißtemperatur erwärmt ist. Die Temperaturmessung kann beispielsweise mit einem schnellanzeigenden Temperaturmessgerät erfolgen, das kalibriert ist und für die Messung an gekrümmten Oberflächen geeignet ist.

Es ist zu kontrollieren, dass die Heizelement-Temperatur von 220 °C ± 10 °C beidseitig am Heizelement auf einer Fläche, die den Abmessungen des Halbzeugs entspricht, erreicht wird. Damit sich ein thermisches Gleichgewicht einstellen kann, dürfen die Heizelemente frühestens 10 Minuten nach

Erreichen der gleichmäßigen Solltemperatur für den Fügeprozess verwendet werden. Das Heizelement ist vor jeder Schweißung erneut gemäß **Abschnitt 3.2.** zu reinigen.

4.2.2.2. Vorbereiten der Fügepartner

Die Fügefläche des Rohres ist unmittelbar vor dem Aufspannen des Schweißgerätes mit einem geeigneten Schälgerät spanend zu bearbeiten. Die Späne sind ohne Berührungen von der Fügefläche zu entfernen.

Wird die Fügefläche nach der spanenden Bearbeitung verschmutzt, z. B. durch Berührungen mit den Händen, ist sie gemäß **Abschnitt 3.2.** erneut zu reinigen.

Das Sattelformstück ist immer entsprechend **Abschnitt 3.2.** zu reinigen. Die Vorbereitung der Fügepartner erfolgt nach Vorgaben des Herstellers.

Um die Flächenpassung des Sattelformstückes auf dem Rohr sicherzustellen, ist das Rohr zum Beispiel mithilfe der Spanneinrichtung des Schweißgerätes oder durch Runddrückklemmen zu runden.

4.2.3. Ausführen des Schweißens

Vor Beginn des Schweißens sind die Einstellkräfte für das Angleichen und Fügen nach Vorgabe des Geräteherstellers zu ermitteln. Liegen diese Angaben nicht vor, kann die Einstellkraft auf Basis der projizierten Fläche und der spezifischen Angleich- und Füge-Drücke errechnet werden. Richtwerte zu den Verfahrensschritten sind in **Tabelle 7** zu finden.

4.2.3.1. Angleichen

Das auf Schweißtemperatur (220 °C ± 10 °C) erwärmte Formheizelement wird zwischen den zu schweißenden Bauteilen positioniert. Der Angleichdruck der Fügepartner von 0,15 ± 0,01 N/mm² wird aufrechterhalten, bis sich eine Wulsthöhe von mindestens 1,0 mm gebildet hat.

4.2.3.2. Anwärmen

Während des Anwärmens wird der Angleichdruck auf ≤ 0,01 N/mm² reduziert. Die Anwärmzeit richtet sich nach den Angaben des Formstückherstellers.

4.2.3.3. Umstellen

In möglichst kurzer Zeit wird das Formheizelement entfernt, ohne die Verbindungsflächen zu beschädigen oder zu verschmutzen.

4.2.3.4. Fügedruckaufbau

Die Fügeflächen sind nach dem Umstellen unverzüglich zusammenzubringen. Dabei ist der erforderliche Fügedruck von 0,15 ± 0,01 N/mm² zügig aufzubauen

4.2.3.5. Abkühlzeit

Der Fügedruck ist während der gesamten Abkühlzeit aufrechtzuerhalten. Erst nach dem Abkühlen, aber frühestens nach 15 min, darf das Spanngerät entfernt werden. Darüber hinaus empfohlene Abkühlzeiten werden von den Geräteherstellern vorgegeben.

Tabelle 7: Heizelementstumpfschweißen von Sattelformstücken: Richtwerte für PE bei einer Außentemperatur von 20 °C und mäßiger Luftbewegung

Nr.	Verfahrensschritt	Druck p	Anforderung
1	Angleichen	0,15 ± 0,01 N/mm²	Minimale Wulsthöhen am Heizelement: 1,0 mm
2	Anwärmen	≤ 0,01 N/mm²	Anwärmzeit in Sekunden, nach Vorgabe der Schweißgerätehersteller
3	Umstellen	–	Maximale Umstellzeit: 10 s
4	Fügen/ Fügedruckaufbauzeit	–	Maximale Fügedruckaufbauzeit: 5 s
5	Fügen/ Abkühlzeit	0,15 ± 0,01 N/mm²	Minimale Abkühlzeit: 15 min, längere Abkühlzeiten nach Herstellerangabe

4.2.4. Kurzfassung der Verarbeitungsanleitung zum Heizelementstumpfschweißen von Sattelformstücken

1. Montage- und Bedienungsanweisungen der Hersteller beachten.
2. Maßnahmen für geeignete Arbeitsbedingungen ergreifen, z. B. Montage im Schweißzelt.
3. Stromversorgung zur Verfügung stellen, Schweißgerät einrichten, Funktionstest.
4. Protokollierung des Schweißprozesses vorbereiten.
5. Heizelement, Werkzeuge und Halbzeuge nach **Abschnitt 3.2.** mit einem Reinigungsmittel und Papier reinigen.
6. Fügeflächen gemäß **Abschnitt 3.2.** reinigen.
7. Rohroberfläche im Fügebereich spanend bearbeiten.
8. Späne ohne Berührungen der Fügefläche entfernen.
9. Passung zwischen Sattel und Rohr herstellen, gegebenenfalls Rohre runden
10. Schweißgerät am Rohr montieren.
11. Sattelformstück einspannen und ausrichten.
12. Passendes Formheizelement vorhalten.
13. Einstellkräfte für Angleichen und Fügen ermitteln (siehe **Tabelle 6** und Angaben des Herstellers).
14. Zwischenzeitliche Verunreinigungen gemäß **Abschnitt 3.2.** reinigen, Reinigungsmittel ablüften
15. Heizelementtemperatur überprüfen (220 °C ± 10 °C) und gegebenenfalls justieren.
16. Heizelement in geeignete Schweißposition bringen.
17. Angleichen der Flächen am Heizelement mit Wulstbildung nach **Tabelle 7**.
18. Anwärmen nach **Tabelle 7**, Anwärmzeiten gemäß Herstellerangabe.
19. Fügeflächen vom Heizelement lösen und Heizelement herausnehmen.

20. Fügeflächen unverzüglich, innerhalb der Umstellzeit nach **Tabelle 7**, zusammenbringen und den Fügedruck zügig aufbauen, Fügedruckaufbauzeit nach **Tabelle 7**.

21. Abkühlen unter Fügedruck nach **Tabelle 7**.

22. Abbau des Schweißgeräts nach Ablauf der Abkühlzeit.

23. Schweißprotokoll vervollständigen.

5. Heizwendelschweißen (HM)

5.1. Verfahrensbeschreibung

Beim Heizwendelschweißen überdeckt das Muffen- oder Sattelformstück die Rohroberfläche im vorgesehenen Verbindungsbereich. Die Fügeflächen werden durch ein im Formstück integriertes Heizelement auf Schweißtemperatur erwärmt und dadurch gefügt (**Bild 4a**, **Bild 4b**). Die bauteilspezifische Schweißenergie wird dem Formstück über ein Heizwendelschweißgerät nach Richtlinie DVS 2208-1 zugeführt. Der Schweißprozess für ein Heizwendel-Muffenformstück wird in den **Bildern 5a bis 5g** dargestellt.

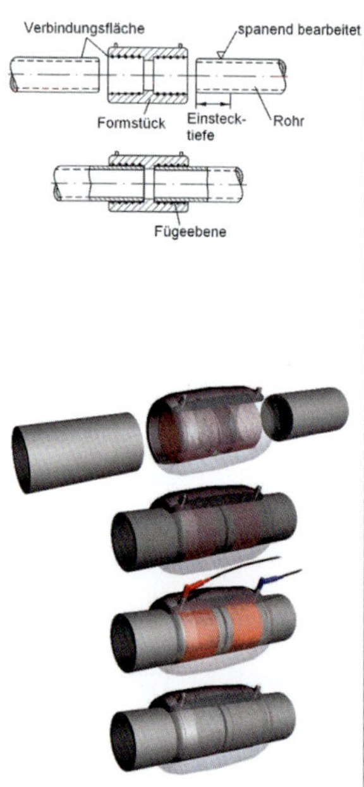

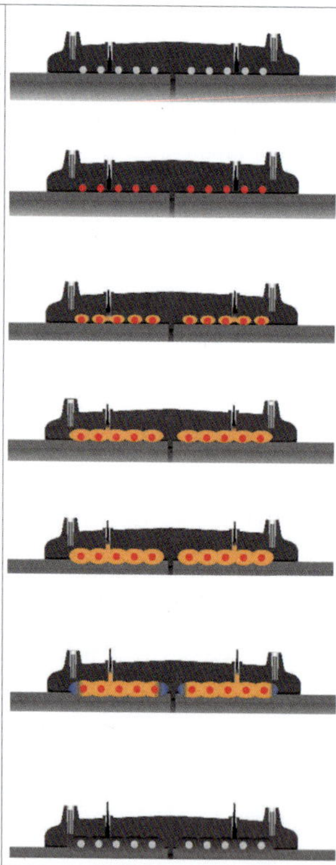

Bilder 4a und 4b: Heizwendelschweißen (Prinzip) und die Phasen des Fügeprozesses. (Quelle: IKV Aachen)

Bilder 5a – 5g: Prozessbeschreibung einer Heizwendelschweißung am Beispiel einer Muffenverbindung, (Quelle: IKV Aachen)

5.2. Anforderungen an Heizwendelschweißgeräte

Heizwendelschweißgeräte sollen die Anforderungen an den Fügeprozess nach Richtlinie DVS 2208-1 erfüllen. Es dürfen nur Schweißgeräte verwendet werden, die für die zu verarbeitenden Heizwendelformstücke geeignet sind.

Folgende Anforderungen müssen gegeben sein:

- Passende Steckkontakte
- Erfassung/Eingabe der Schweißparameter manuell, per Barcode oder 2D-Code
- Leistungsbedarfe werden erfüllt, hierbei zu beachten sind
  - Schweißzeit/Lastdauer
  - elektrischer Parameter: Stromstärke, Spannung, Frequenz;
  - Serien-Schweißungen: Stabilität unter Dauerlast, Geräte-Abkühlzeit.

Schweißgeräte mit automatisierter Protokollierung sind zu bevorzugen.

5.3. Vorbereiten zum Schweißen

Für die Herstellung einwandfreier Schweißverbindungen sind von Bedeutung:

- Saubere Oberflächen im Fügebereich sowie eine möglichst vor Umwelteinflüssen geschützte Arbeitsumgebung
- Sowohl Heizwendelschweißgeräte als auch -formstücke müssen nach Herstellerangabe bei den vorherrschenden Umgebungstemperaturen einsetzbar sein.
- Heizwendelformstück und Rohr müssen sich vor der Schweißung auf gleichem Temperaturniveau befinden.
- Ordnungsgemäße Vorbereitung der Rohroberflächen, insbesondere die gleichmäßige spanende und vollständige Bearbeitung der Rohroberfläche mithilfe von Schälgeräten.
- Eine Arbeitssituation, welche eine spannungsfreie Montage der Verbindungen ermöglicht, bzw. sicherstellt.
- Nach Angabe am Formstück: zul. Schweißbereich des Formstücks für Rohre, z. B. Durchmesser/ Wanddickenverhältnis SDR 17.6–11

Müssen Rohre gekürzt werden, sind diese mit geeignetem Werkzeug rechtwinklig abzutrennen.

Das unbearbeitete Rohr muss im Fügebereich (entspricht der Heizwendelzone) mindestens den Rohr-Nenndurchmesser d aufweisen. Tritt eine ausgeprägte Verjüngung im Bereich der Schnittkante auf (konischer Einfall des Rohrendes) ist das Rohr gegebenenfalls unmittelbar vor der Schweißung soweit zu kürzen, dass im Fügebereich der Nenndurchmesser zur Verfügung steht. Das **Bild 6**, links, zeigt eine zulässige Rohrmontage, **Bild 6**, rechts, eine unzulässige Montage aufgrund der unvollständig überdeckten Heizwendelzone durch Rohrendeneinfall und unvollständigem Rohreinschub.

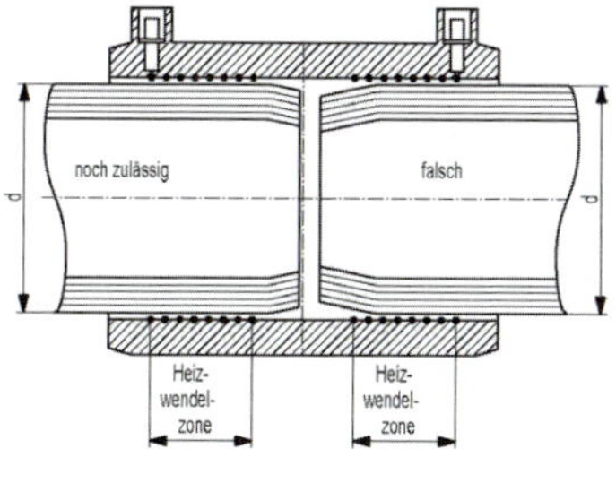

Bild 6: Konischer Einfall des Rohrendes

Die Unrundheit des Rohres darf im Schweißbereich 1,5 % des Außendurchmessers, maximal 3 mm, nicht überschreiten. Gegebenenfalls sind entsprechende Rundungs-Werkzeuge zu verwenden. Zu beachten sind auch sonstige Formabweichungen am Rohr, z. B. eine lokale Abplattung durch falsche Lagerung, die weitere Maßnahmen erfordern.

Die Oxidschicht auf PE-Rohroberflächen kann die Verbindung der Fügepartner verhindern. Die vom Formstück überdeckte Rohroberfläche ist deshalb mit einem geeignetem Rotationsschälgerät lückenlos spanend zu bearbeiten. Aus schweißtechnischer Sicht ist ein Wanddickenabtrag von ca. 0,2 mm ausreichend, um die Oxidschicht zu entfernen. **Auf eine geringe Ringspaltbildung zwischen Rohr und Formstück ist zu achten!**

Um die ordnungsgemäße Vorbereitung des Rohres auch nach Montage des Heizwendelformstücks visuell beurteilen zu können, soll die spanende Bearbeitung deutlich sichtbar über die vom Formstück überdeckte Fläche hinaus erfolgen.

Die Verwendung von Handschabern ist nicht zulässig für die Vorbereitung von PE-X-Rohren, für PE-Rohre und Formstücke ist sie nur in Ausnahmefällen zulässig, wobei der Einsatz zu begründen ist.

Das Rohrende ist innen, wie außen zu entgraten, und Späne sind ohne Berührungen der Fügefläche zu entfernen.

Das Heizwendel-Formstück darf erst unmittelbar vor der Montage aus der Schutzverpackung genommen werden. Verunreinigung der bearbeiteten Rohroberfläche, vor allem nach Handkontakt oder durch Umgebungseinflüsse im Baustellenbereich, müssen gemäß **Abschnitt 3.2.** entfernt werden. Hierbei ist darauf zu achten, dass keine Verunreinigung aus benachbarten Bereichen in die Schweißzone eingetragen werden. Die Fügefläche des Heizwendelmuffen-/Sattelformstücks ist entsprechend **Abschnitt 3.2.** zu reinigen.

Vor Montage des Formstücks sind die Einstecktiefe des Heizwendelmuffenformstücks, bzw. die vom Sattelformstück überdeckte Fläche am Rohr auszumessen und anzuzeichnen.

Bei Schweißgeräten mit automatischer Temperaturkompensation ist darauf zu achten, dass die von einem Sensor erfasste Umgebungstemperatur den Bedingungen am Ort der Schweißung entspricht. Gegebenenfalls sind das Schweißgerät sowie Rohr und Formstück vor Witterungseinflüssen, z. B. vor direkter Sonneneinstrahlung zu schützen.

5.4. Ausführen des Schweißens

5.4.1. Montage von Muffen und Sattelformstücken

Hinweise zur Montage von Heizwendelformstücken sind den Herstellerangaben zu entnehmen.

Das Heizwendelmuffenformstück darf weder verkantet noch mit übermäßig hoher Kraft auf das Rohrende geschoben werden. Der vollständige Einschub der Rohrenden in das Heizwendelmuffenformstück ist anhand der vorher aufgebrachten Einstecktiefenmarkierung und bis zum Ende des Schweißprozesses sicherzustellen.

Das Sattelformstück wird durch das vom Hersteller vorgeschriebene Montagewerkzeug, z. B. die Unterschelle am Bauteil, auf das Rohr aufgespannt. Dabei soll die Sattelfläche passgenau am Rohr anliegen. Die korrekte (in der Regel: senkrechte) Positionierung des Sattels auf der vorbereiteten Rohrfläche ist anhand der vorher aufgebrachten Markierung sicherzustellen.

Nach Montage des Formstücks müssen

- die Kontaktbuchsen zum Anschluss des Schweißkabels leicht zugänglich sein und
- Informationen aus der Bauteilkennzeichnung und zu Verarbeitungsparametern, z. B. codierte Prozessdaten (Barcode, 2D-Code) am Formstück, erfasst werden können.

Die zu schweißenden Bauteile sind spannungsarm auszurichten und gegebenenfalls durch geeignete Maßnahmen bzw. Haltevorrichtungen gegen Lageveränderungen zu sichern.

5.4.2. Kontaktierung

Das Schweißgerät wird durch die Schweißkabel-Stecker mit den Steckkontaktbuchsen am Heizwendelformstück verbunden. Dabei muss das Schweißkabel gewichtsentlastet angebracht werden. Die Kontaktflächen der Steckkontaktbuchsen müssen sauber sein und sich passgenau, mit sicherem Halt in der Kontaktbuchse, am Formstück verbinden lassen.

5.4.3. Erfassen der Schweißdaten und Prozessstart

Die für die Schweißung erforderlichen Daten des Heizwendelformstückes werden in der Regel durch Einlesen/Scannen eines bauteilspezifischen Codes erfasst. Vor Start des Schweißprozesses sind die im Display angezeigten Informationen (z. B. Abmessungen, Bauteiltyp) auf Übereinstimmung mit den Bauteildaten zu kontrollieren. Nach dem Prozess-Start läuft der Schweißvorgang automatisch ab.

Bei Unterbrechung der Stromzufuhr kann eine vorzeitig abgebrochene Schweißung einmal wiederholt werden, sofern der Formstückhersteller dies zulässt und kein Defekt am Formstück oder Schweißgerät vorliegt (siehe auch Fehlermeldung am Schweißgerät). Vor einer erneuten Schweißung muss die Verbindung vollständig abgekühlt sein.

5.4.4. Protokollierung

Schweißgeräte mit einer Protokollierung erfassen und speichern automatisch die spezifischen Schweißprozessdaten sowie weitere Informationen (z. B. zur Rückverfolgbarkeitsdaten, Einbauort). Wenn eine Protokollierung nicht verfügbar ist, sind alle Daten, z. B. Schweißparameter, Bauteildaten und Umgebungsbedingungen handschriftlich zu erfassen. Schweißprotokolle hierfür sind im Excel-Format direkt per Weblink abrufbar.

5.4.5. Ende des Schweißprozesses und der Abkühlphase

Mit Ende der Schweißung werden am Schweißgerät die „Soll"- und „Ist"-Schweißzeit zur Prüfung angezeigt. Prozessabweichungen werden mittels Fehlermeldungen am Schweißgerät angezeigt und erfordern weitere Maßnahmen.

Nach Ende der Schweißzeit können die Kontaktstecker vom Heizwendelformstück abgezogen werden.

Die Abkühlzeit (CT: Cooling Time) wird in der Regel am Heizwendelformstück oder auch im Schweißgerätedisplay angegeben. Die spezifische Abkühlzeit des Formstücks muss eingehalten werden, bevor die Verbindung belastet werden darf. Es sind gegebenenfalls Rohr-Rundungswerkzeug und/ oder -Haltevorrichtung zu entfernen.

Wird eine Dokumentation gefordert, ist eine eindeutige Zuordnung des Protokolls zur Schweißung sicherzustellen. Zusätzlich können relevante Daten direkt auf Rohr oder Formstück im Verbindungsbereich mit einem Marker notiert werden, z. B. Schweißzeit, Nahtnummer, Datum, ausführende Person und Uhrzeit zur Kontrolle der Abkühlzeit.

Schweißindikatoren am Formstück sollen optisch kenntlich machen, dass die Schweißung durchgeführt wurde. Sie dienen der Kontrolle, dass eine Schweißung stattgefunden hat, lassen jedoch keine Rückschlüsse auf die erzielte Schweißnahtqualität zu. Sind Schweißindikatoren vorhanden, so ist zu kontrollieren, ob diese ordnungsgemäß anzeigen.

Die Verbindung ist visuell auf Abweichungen hinsichtlich möglicher Fehlermerkmale, z. B. Schmelzeaustritt, zu kontrollieren.

5.5. Kurzfassung der Verarbeitungsanleitung zum Heizwendelschweißen von Formstücken und Sattelformstücken

1. Montage- und Bedienungsanweisungen der Hersteller beachten.

2. Zulässige Arbeitsbedingungen schaffen, z. B. Montage im Schweißzelt.

3. Schweißgerät an die Stromversorgung anschließen, Funktion kontrollieren.

4. Protokollierung einrichten, gegebenenfalls automatische Dokumentation aktivieren.

5. Für Heizwendel-Muffenschweißung: Rohrenden auf rechtwinklige Schnittkante und ausgeprägten Rohrendeneinfall (siehe **Bild 6**) prüfen, gegebenenfalls kürzen, Schnittkanten entgraten.

6. Rohre gegebenenfalls runden unter Berücksichtigung der zulässigen Unrundheit $< 1{,}5\,\%$ d mit d $\leq$ 3 mm.

7. Rohroberflächen nach **Abschnitt 3.2.** reinigen.

8. Vorgesehene Fügeflächen am Rohr über die Einstecktiefe/Fläche hinaus spanend mit Rotationsschälgerät bearbeiten. Späne ohne Berührungen der Fügefläche entfernen.

9. Gegebenenfalls Fügeflächen an Rohren und nach Herstellerangabe auch Formstück nach **Abschnitt 3.2.** reinigen, Reinigungsmittel ablüften lassen.

10. Einstecktiefe bzw. überdeckte Rohrfläche durch Kontrollstriche markieren.

11. Formstück-Montage
    - Für Heizwendel-Muffenschweißung: Rohr(e) in Formstück vollständig, bis zur Einstecktiefenmarkierung, einschieben. Auf spannungsarme Montage achten. Rohr gegen Lageveränderung sichern.
    - Für Heizwendel-Sattelschweißung: Formstück auf dem vorgesehenen Rohrbereich nach Herstellervorgaben aufspannen.

12. Falls erforderlich, Haltevorrichtungen montieren. Schweißkabel gewichtsentlastet an den Steckkontaktbuchsen am Formstück anschließen.

13. Schweißparameter erfassen, Datenanzeige prüfen und gegebenenfalls bestätigen.

14. Schweißprozess starten.

15. Nach Ablauf der Schweißzeit prüfen, ob der Prozess ordnungsgemäß beendet wurde. Gegebenenfalls Anzeige am Display und die Schweißindikatoren kontrollieren. Abkühlzeit kann im Bereich der erstellten Verbindung notiert werden.

16. Steckkontakte vom Formstück trennen.

17. Abkühlzeit gemäß Herstellerangabe, Anzeige am Schweißgeräte-Display oder am Formstück beachten, gegebenenfalls Haltevorrichtungen usw. entfernen.

18. Automatisches Schweißprotokoll prüfen, bzw. manuelles Protokoll vervollständigen.

6. Heizelementmuffenschweißen (HD)

6.1. Verfahrensbeschreibung

Beim Heizelementmuffenschweißen (**Bild 7**) entsteht eine Schweißverbindung, indem die erwärmten Fügepartner, Rohr und Muffenformstück, zusammengesteckt werden. Beide Fügeflächen werden gleichzeitig durch Heizelemente auf die vorgegebene Schweißtemperatur erwärmt. Dies erfolgt

- für das Rohrende durch ein passendes, buchsenförmiges Heizelement, die sogenannte Heizbuchse
- für das Muffenformstück durch ein passendes, stutzenförmiges Heizelement, den sogenannten Heizstutzen (auch: Heizdorn genannt).

Die Passung der Fügepartner ist so aufeinander abgestimmt, dass sich beim Ineinanderstecken der Fügedruck aufbauen kann und die Bauteile verschweißen.

Für die Verfahren A und B nach **Abschnitt 6.3.2.** sind jeweils Formstücke unterschiedlicher Abmessungen verfügbar, die mit den zugehörigen Heizstutzen und -buchsen A bzw. B nur sortenrein verarbeitet werden dürfen. Heizelementmuffenschweißverbindungen bis zu einem Rohrdurchmesser d = 50 mm sind manuell ausführbar, für Rohrdurchmesser d ≥ 63 mm erfordert die Höhe der Fügekraft die Verwendung einer Schweißvorrichtung.

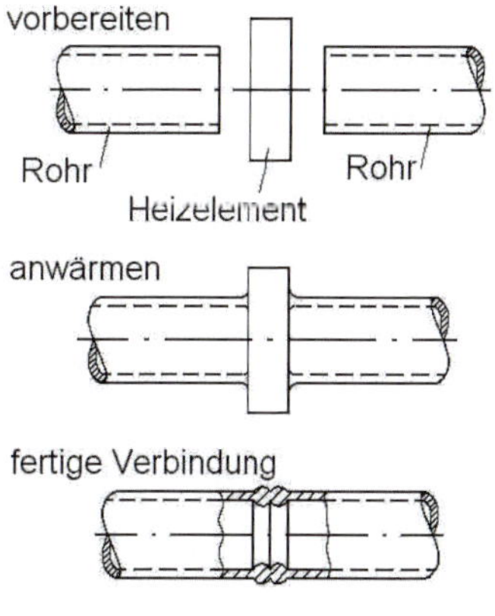

Bild 7: Prinzipdarstellung des Heizelementmuffenschweißens

6.2. Schweißvorrichtungen

Die Heizelemente werden elektrisch beheizt, Heizbuchse und -stutzen sind antiadhäsiv beschichtet.

Das Heizelement muss die Wärmeübertragung zur Buchse bzw. zum Stutzen durch einen vollflächigen Kontakt gewährleisten.

6.3. Vorbereiten zum Schweißen

6.3.1. Einrichten des Heizelements

Die antiadhäsive Beschichtung von Heizbuchse und -stutzen muss im Arbeitsbereich unbeschädigt sein.

Es ist sicherzustellen, dass an beiden Heizelementen die Temperatur 260 °C ±10 °C erreicht und eingehalten wird. Die Oberflächenmessung erfolgt mittels eines Temperaturmessgeräts mit geeignetem Messfühler. Für die Messung sind kalibrierte Messgeräte zu verwenden. Damit sich ein thermisches Gleichgewicht einstellen kann, darf das Heizelement frühestens 10 Minuten nach Erreichen der Solltemperatur für den Fügeprozess verwendet werden. Die Einhaltung der Temperatur sollte vor weiteren Schweißungen kontrolliert werden.

Bei Maschinenschweißungen muss die Rohr-Einstecktiefe, z. B. durch Fixierung des Anschlags, zusätzlich eingestellt werden.

Das Heizelement ist vor jeder Schweißung gemäß **Abschnitt 3.2.** erneut zu reinigen.

6.3.2. Vorbereiten der Fügepartner

Das Rohrende ist gemäß **Bild 8** und **Tabelle 8** mit einem geeigneten Werkzeug anzuschrägen.

Die Fügefläche des Rohres ist gemäß den Angaben des Formstückherstellers vorzubereiten. Man unterscheidet zwischen:

- **Verfahren A:** Die Oberflächen der Fügepartner im Bereich der Fügezone bleiben unbearbeitet.
- **Verfahren B:** Vor dem Fügen erfolgt eine mechanische Bearbeitung der äußeren Rohroberfläche im Schweißbereich mithilfe eines geeigneten Werkzeugs, z. B. einem Kalibrierwerkzeug.

Die Bearbeitung der Fügeflächen der zu schweißenden Rohre muss unmittelbar vor Schweißbeginn erfolgen. Das Formstück ist innen und das Rohr außen gemäß **Abschnitt 3.2.** zu reinigen.

Bei Handschweißungen ist die Einstecktiefe l nach **Tabelle 8** auf dem Rohrende zu markieren.

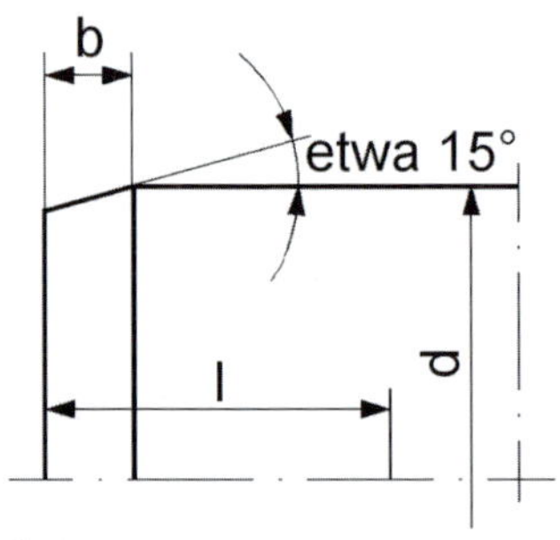

Bild 8: Anschrägen des Rohrendes

Tabelle 8: Maße für Rohrfase und Einstecktiefe (siehe auch **Bild 8**)

Rohraußendurchmesser in mm	Rohrfase b in mm	Verfahren A	Verfahren B
		Einstecktiefe l in mm	Einstecktiefe l in mm
16	2	13	13
20		14	14
25		15	16
32		16.5	18
40		18	20
50		20	23
63	3	24	27
75		26	31
90		29	35
110		32.5	41
125		35	46

6.4. Ausführen des Schweißens

6.4.1. Anwärmen

Zum Anwärmen werden möglichst ohne Zeitverzug

- das Rohr kontrolliert bis zur markierten Einstecktiefe, bzw. bis zum mechanischen Anschlag in die Heizbuchse eingeschoben und
- das Formstück auf den Heizstutzen aufgeschoben.

Beide Fügepartner werden in dieser Position fixiert.

Es ist unbedingt zu vermeiden, dass das Rohr mit seiner Stirnfläche am Ende der Heizbuchse anstößt.

Für die Anwärmzeit sind die Vorgaben nach **Tabelle 9**, **Spalte 2**, zu beachten.

6.4.2. Umstellen

Nach Ablauf der Anwärmzeit sind Formstück und Rohr ruckartig von den Heizelementen abzuziehen und die Fügepartner sofort und ohne Verdrehung bis zur Markierung bzw. zum Anschlag zusammenzuschieben. Die Umstellzeit soll so kurz wie möglich sein, wobei die Umstellzeiten nach **Tabelle 9** , **Spalte 3**, nicht überschritten werden dürfen.

6.4.3. Abkühlen

Die Verbindung muss mindestens über die Abkühlzeit nach **Tabelle 9**, **Spalte 4** spannungsfrei fixiert werden. Frühestens mit Ablauf der Gesamt-Abkühlzeit nach **Tabelle 9**, **Spalte 5** darf eine weitere Belastung der Verbindung, z. B. durch Verlegearbeiten, erfolgen.

Tabelle 9: Richtwerte für das Heizelementmuffenschweißen von Rohren und Formstücken aus PE bei einer Außentemperatur von 20 °C und mäßiger Luftbewegung

<table>
<tr><th>1</th><th colspan="2">2</th><th>3</th><th>4</th><th>5</th></tr>
<tr><th></th><th colspan="2">Anwärmen
Heizelement-Temperatur 260 °C ±10 °C</th><th>Umstellen</th><th colspan="2">Abkühlen</th></tr>
<tr><th rowspan="2">Rohraußendurchmesser d in mm</th><th rowspan="2">Anwärmzeit in s für SDR 11 – SDR 6</th><th rowspan="2">Anwärmzeit in s für SDR 17</th><th rowspan="2">Maximale Umstellzeit in s</th><th colspan="2">Abkühlzeit in s</th></tr>
<tr><th>fixiert</th><th>gesamt</th></tr>
<tr><td>16</td><td rowspan="2">5</td><td rowspan="7">7)</td><td rowspan="3">4</td><td rowspan="2">6</td><td rowspan="3">2</td></tr>
<tr><td>20</td></tr>
<tr><td>25</td><td>7</td><td rowspan="2">10</td></tr>
<tr><td>32</td><td>8</td><td rowspan="3">6</td><td rowspan="3">4</td></tr>
<tr><td>40</td><td>12</td><td rowspan="2">20</td></tr>
<tr><td>50</td><td>18</td></tr>
<tr><td>63</td><td>24</td><td rowspan="3">8</td><td rowspan="2">30</td><td rowspan="3">6</td></tr>
<tr><td>75</td><td>30</td><td>18</td></tr>
<tr><td>90</td><td>40</td><td>26</td><td>40</td></tr>
<tr><td>110</td><td>50</td><td>36</td><td rowspan="2">10</td><td>50</td><td rowspan="2">8</td></tr>
<tr><td>125</td><td>60</td><td>46</td><td>60</td></tr>
</table>

6.5. Kurzfassung der Verarbeitungsanleitung zum Heizelementmuffenschweißen HD: Heizelementmuffenschweißen von Rohren und Formstücken

1. Montage- und Bedienungsanweisungen der Hersteller beachten.

2. Zulässige Arbeitsbedingungen schaffen, z. B. Schweißzelt.

3. Heizstutzen und -buchse montieren nach **Abschnitt 3.2.** mit einem Reinigungsmittel und -papier reinigen.

4. Protokollierung einrichten.

5. Schweißgerät an die Stromversorgung anschließen, Funktion kontrollieren.

6. Heizelement auf Temperatur 260 °C ± 10 °C einrichten.

7. Rechtwinkliges Rohrende nach **Bild 8/Tabelle 8** anschrägen bzw. nach Angaben des Formteilherstellers bearbeiten.

8. Halbzeug-Fügeflächen nach **Abschnitt 3.2.** mit einem Reinigungsmittel und -papier reinigen, ablüften lassen.

9. Falls erforderlich, Einstecktiefe markieren bzw. Anschlag in der Vorrichtung einstellen.

10. Formstück auf den Heizstutzen und gleichzeitig Rohr in die Heizbuchse bis zur Markierung bzw. zum Anschlag schieben. Das Rohrende nicht am Ende der Heizbuchse anstoßen.

11. Anwärmzeit nach **Tabelle 9** (Spalte 2) einhalten.

7) HD-Verfahren wegen zu geringer Wanddicke nicht empfehlenswert

12. Formstück und Rohr ruckartig von Heizbuchse und -stutzen abziehen und sofort bis zur Markierung bzw. bis zum Anschlag, ohne Verdrehen zusammenschieben. Die maximale Umstellzeit nach **Tabelle 9** (Spalte 3) nicht überschreiten.

13. Verbindung während der Abkühlzeit nach **Tabelle 9** (Spalte 4) in dieser Lage fixieren.

14. Abkühlzeit weiter nach **Tabelle 9** (Spalte 5) einhalten, ehe eine mechanische Belastung erfolgt.

15. Schweißprotokoll vervollständigen

7. Prüfen der Schweißverbindungen (HS, HM, HD)

Für die Schweißverfahren HS, HM und HD können zerstörungsfreie und zerstörende Prüfverfahren nach **Tabelle 10** ausgewählt werden.

Diese Prüfungen können stichprobenartig während der Schweißarbeiten angewendet werden. Art und Umfang sind im Vorfeld zwischen den Vertragspartnern abzustimmen.

Tabelle 10: Übersicht möglicher Prüfverfahren und Anforderungen für Schweißverbindungen.

Prüfung und zugehöriges Prüfverfahren	Prüfanforderungen				
	Heizelementstumpfschweißen (HS)		Heizwendelschweißen (HM)		Heizelementmuffenschweißen (HD)
	Tafeln, Rohre, Formstücke	Sattelformstücke	Formstücke	Sattelformstücke	Rohre, Formstücke
Visuelle bzw. zerstörungsfreie Prüfung nach Richtlinie DVS 2206	Richtlinie DVS 2202 Beiblatt 1	Schweißnaht	Richtlinie DVS 2202 Beiblatt 2		Richtlinie DVS 2202 Beiblatt 3
		Bewertung der Rohroberflächenbearbeitung			
Zugversuch nach Richtlinie DVS 2203-2	Richtlinie DVS 2203-1 Beiblatt 1	nicht anwendbar			
Zeitstand-Zugversuch nach Richtlinie DVS 2203-4	Richtlinie DVS 2203-1 Beiblatt 2	Richtlinie DVS 2203-1 Beiblatt 2			Richtlinie DVS 2203-1 Beiblatt 2
Technologischer Biegeversuch nach Richtlinie DVS 2203-5	Richtlinie DVS 2203-1 Beiblatt 3	nicht anwendbar			
Zeitstand-Innendruckversuch nach ISO 1167-Reihe	DIN EN ISO 15494, Anhang A für PE				
Torsions-Scherversuch nach Richtlinie DVS 2203-6 Beiblatt 1	nicht anwendbar	Richtlinie DVS 2203-1 Beiblatt 4			
Radial-Schälversuch nach Richtlinie DVS 2203-6 Beiblatt 1	nicht anwendbar	Richtlinie DVS 2203-1 Beiblatt 4			
Linear-Scherversuch nach Richtlinie DVS 2203-6 Beiblatt 1	nicht anwendbar	Richtlinie DVS 2203-1 Beiblatt 4			
Quetschversuch	nicht anwendbar		d ≤ 90 mm: DIN EN 12814-4, d > 90 mm: ISO 13955		
Schältrennversuch nach DIN EN 12814-4, ISO 13954, ISO 21751, ISO 13956	nicht anwendbar		DIN EN 12814-4, ISO 13954, ISO 21751	ISO 13956, ISO 21751	nicht anwendbar

8. Erläuterung zu den Neuausgaben dieser Richtlinie

Die Richtlinie DVS 2207-1 wurde neu strukturiert mit einem allgemeinen Teil und den verfahrensspezifischen Beschreibungen als eigenständige Abschnitte.

Mit der Neustrukturierung geht eine textliche Überarbeitung und Aktualisierung des Dokumentes einher.

Kurzzusammenfassung der wichtigsten Neuerungen der Ausgabe 2025:

- Hinweise zur Verarbeitungstemperatur größer 40 °C für das Heizelementstumpfschweißen (HS) wurden aufgenommen.
- Wanddicken in Tabellen wurden zu kleineren und größeren Wanddicken erweitert.
- Die Prozessschritte der Schweißverfahren wurden nummeriert
- Die Richtlinien DVS 2207-1 Beiblatt 1 und DVS 2207-1 Beiblatt 2 wurden in die vorliegende Richtlinie integriert
- Die Anforderungen an Schmelzfließrate MFR wurden aktualisiert
- Gültige Regelwerke und Normen wurden aktualisiert.
- Bilddarstellungen wurden aktualisiert und angepasst.
- Beispiel für Schweißprotokolle sind im Excel-Format per Weblink abrufbar.

Kurzzusammenfassung der wichtigsten Neuerungen der Ausgabe 2015:

Die Richtlinie wurde dem Stand der Technik angepasst, insbesondere hinsichtlich Heizelementtemperatur und der Abkühlzeiten beim Heizelementstumpfschweißen.

Die Heizelementtemperatur für das Stumpfschweißen wurde für die Typen PE 80 und PE 100 einheitlich auf 220 °C festgelegt. Damit wird eine Vereinfachung in der Praxis erreicht.

Die Abkühlzeiten für Stumpfschweißverbindungen von Rohren und Rohrleitungsteilen sind abhängig von der Umgebungstemperatur. Dies kann zu kürzeren Gesamtschweißzeiten führen.

Bauartbedingt (z. B. Heizelement unter den Fügepartnern) kann beim Schweißen von Tafeln diese umgebungstemperaturabhängige Verkürzung der Abkühlzeit nicht angewendet werden.

Das Schweißen von thermoplastischen Kunststoffen bei Umgebungstemperaturen unter 5 °C wird generell als problematisch betrachtet. Hierbei geht es weniger um die werkstoffspezifischen Eigenschaften des Kunststoffes als um die eingeschränkte Handfertigkeit des Schweißpersonals. Das Schweißen im Freien bei beliebigen Außentemperaturen setzt daher eine Umgebung voraus, die es dem Schweißpersonal ermöglicht, die einzelnen Arbeitsschritte ohne qualitätsmindernde Einflüsse ausführen zu können. Dabei sind die Angaben der Hersteller und die Taupunktkurve zu beachten. Die zu verbindenden Bauteile müssen ein gleiches Temperaturniveau aufweisen. Es sind Probeschweißungen anzufertigen und zu prüfen.

Bezüglich des Zustands der Rohrenden ist darauf zu achten, dass Reif, Eis und Feuchte im Rahmen der Schweißvorbereitungen im Bereich der Fügezone (a 0,5 × Formstücklänge) mittels Wärmezufuhr (z. B. Heißluftgerät) entfernt werden. Formstücke und Sattelformstücke sind in geschlossenen, frostfreien Räumen zu lagern und nur in der jeweils erforderlichen Anzahl der Schweißstelle zuzuführen.

9. Schrifttum

9.1. Regelwerke

Normen

Normenreihe ISO 1167	Rohre, Formstücke und Bauteilkombinationen aus thermoplastischen Kunststoffen für den Transport von Flüssigkeiten – Bestimmung der Wider standsfähigkeit gegen inneren Überdruck
ISO 13954	Kunststoffrohre und Formstücke – Schälfestigkeitsprüfung von Polyethylen-(PE-)Elektroverbindungen von Nenndurchmesser größer oder gleich 90 mm
ISO 13955	Kunststoffrohre und Formstücke – Kohäsionsbruchprüfung von Polyethylen (PE)-Elektroverbindungen
ISO 13956	Kunststoffrohrleitungen und Formstücke – Reißprüfung für Polyethylen (PE)-Sattelbaugruppen – Bestimmung der Zähigkeit von Schweißverbindungen bei Reißprüfung
ISO 21751	Rohre und Formstücke aus Kunststoffen – Bestimmung des Kohäsionswiderstandes – Zugprüfung für Heizwendelschweißverbindungen
DIN EN ISO 1133-1	Kunststoffe – Bestimmung der Schmelze-Massefließrate (MFR) und der Schmelze-Volumenfließrate (MVR) von Thermoplasten – Teil 1: Allgemeines Prüfverfahren (ISO 14632)
DIN EN ISO 14632	Extrudierte Tafeln aus Polyethylen (PE); Anforderungen und Prüfverfahren
DIN EN ISO 15494	Kunststoff-Rohrleitungssysteme für industrielle Anwendungen – Polybuten (PB), Polyethylen (PE), Polyethylen erhöhter Temperaturbeständigkeit (PE-RT), vernetztes Polyethylen (PE-X), Polypropylen (PP) – Metrische Reihen für Anforderungen an Rohrleitungsteile und das Rohrleitungssystem
DIN EN ISO 17855	Kunststoffe – Polyethylen (PE)-Formmassen – Teil 1: Bezeichnungssystem und Basis für Spezifikationen
DIN EN 1555-3	Kunststoff-Rohrleitungssysteme für die Gasversorgung – Polyethylen (PE) – Teil 3: Formstücke
DIN EN 12201-3	Kunststoff-Rohrleitungssysteme für die Renovierung von erdverlegten Abwasserdruckleitungen – Teil 3: Formstücke
DIN EN 12666	Kunststoff-Rohrleitungssysteme für erdverlegte Abwasserkanäle und -leitungen – Polyethylen (PE)
DIN EN 12814-4	Prüfen von Schweißverbindungen aus thermoplastischen Kunststoffen – Teil 4: Schälversuch
DIN 8074	Rohre aus Polyethylen (PE) – PE 80, PE 100 – Maße
DIN 8075	Rohre aus Polyethylen (PE)– PE 80, PE 100 – Allgemeine Güteanforderungen, Prüfungen

DIN 16833	Rohre aus Polyethylen erhöhter Temperaturbeständigkeit (PE-RT) – PE-RT Typ I und PE-RT Typ II – Allgemeine Güteanforderungen, Prüfung
DIN 16842	Rohre aus Polyethylen (PE) – PE-HD für drucklose Anwendungen – Allgemeine Güteanforderungen, Maße und Prüfungen
DIN 16892	Rohre aus vernetztem Polyethylen hoher Dichte (PE-X) – Allgemeine Güte anforderungen, Prüfung
DIN 16893	Rohre aus vernetztem Polyethylen hoher Dichte (PE-X) – Maße

DVS-Regelwerke

Richtlinie DVS 1905-1	Schweißen von Kunststoffen in der Hausinstallation – Anforderungen an Betrieb und Personal
Richtlinie DVS 1905-2	Schweißen von Kunststoffen in der Hausinstallation – Rohre und Fittings, Schweißverfahren – Befund von Schweißverbindungen
Richtlinie DVS 2202	Bewertung von Fügeverbindungen aus thermoplastischen Kunststoffen an Rohrleitungsteilen und Tafeln – Merkmale, Beschreibung, Bewertung
Richtlinie DVS 2202 Beiblatt 1	Bewertung von Fügeverbindungen aus thermoplastischen Kunststoffen an Rohrleitungsteilen und Tafeln – Heizelementstumpfschweißen (HS, IR)
Richtlinie DVS 2202 Beiblatt 2	Bewertung von Fehlern an Verbindungen aus thermoplastischen Kunststoffen an Rohrleitungsteilen und Tafeln – Heizwendelschweißen (HM)
Richtlinie DVS 2202 Beiblatt 3	Bewertung von Fehlern an Verbindungen aus thermoplastischen Kunststoffen an Rohrleitungsteilen und Tafeln – Heizelementmuffen-schweißen (HD)
Richtlinie DVS 2203-1 Beiblatt 1	Prüfen von Schweißverbindungen an Tafeln und Rohren aus thermoplastischen Kunststoffen – Anforderungen im Zugversuch – Kurzzeitzug-Schweißfaktor F_z
Richtlinie DVS 2203-1 Beiblatt 2	Prüfen von Schweißverbindungen an Tafeln und Rohren aus thermoplastischen Kunststoffen – Anforderungen im Zeitstand-Zugversuch Zeitstand-zug-Schweißfaktor f_s
Richtlinie DVS 2203-1 Beiblatt 3	Prüfen von Schweißverbindungen an Tafeln und Rohren aus thermoplastischen Kunststoffen – Anforderungen im technologischen Biegeversuch Biegewinkel/Biegeweg
Richtlinie DVS 2203-1 Beiblatt 4	Prüfen von Schweißverbindungen an Tafeln und Rohren aus thermoplasti schen Kunststoffen – Anforderungen an Scher- und Schälversuche für das Heizwendel (HM)- und Heizelementmuffen (HD)-Schweißen an Rohren und Formteilen
Richtlinie DVS 2203-2	Prüfen von Schweißverbindungen an Tafeln und Rohren aus thermoplastischen Kunststoffen – Zugversuch
Richtlinie DVS 2203-4	Prüfen von Schweißverbindungen an Tafeln und Rohren aus thermoplasti schen Kunststoffen – Zeitstand-Zugversuch

Richtlinie DVS 2203-4 Beiblatt 1	Prüfen von Schweißverbindungen an Tafeln und Rohren aus thermoplasti schen Kunststoffen – Zeitstandzugversuch – Prüfen von Muffenschweißverbindungen an Rohren
Richtlinie DVS 2203-5	Prüfen von Schweißverbindungen an Tafeln und Rohren aus thermoplasti schen Kunststoffen – Technologischer Biegeversuch
Richtlinie DVS 2203-6	Prüfen von Fügeverbindungen aus polymeren Werkstoffen – Scher- und Schälversuche
Richtlinie DVS 2203-6 Beiblatt 1	Prüfen von Fügeverbindungen aus polymeren Werkstoffen – Torsionsscher-, Radialschäl- und Linearscherversuch für Heizwendel- und Heizele mentmuffen-Schweißverbindungen
Richtlinie DVS 2206	Zerstörungsfreie Prüfung von Behältern, Apparaten und Rohrleitungen aus thermoplastischen Kunststoffen
Richtlinie DVS 2207-1 Beiblatt 1	Schweißen von thermoplastischen Kunststoffen – Heizwendelschweißen von Rohren aus PE-X mit Rohrleitungsteilen aus PE-HD
Richtlinie DVS 2208-1	Schweißen von thermoplastischen Kunststoffen – Maschinen und Geräte für das Heizelementstumpfschweißen von Rohren, Rohrleitungsteilen und Tafeln
Richtlinie DVS 2208-1 Beiblatt 1	Schweißen von thermoplastischen Kunststoffen – Werkzeuge und Geräte zum Heizelementschweißen von Rohren und Rohrleitungsteilen
Richtlinie DVS 2212-1	Prüfung von Kunststoffschweißern für den Anlagenbau (Apparate-, Behäl ter- und Rohrleitungsbau)
Richtlinie DVS 2212-1 Beiblatt 1	Prüfung von Kunststoffschweißern – Prüfgruppen I und II – Planmäßige Überwachung der geprüften Kunststoffschweißer nach DVS 2212-1

Sonstige Regelwerke

DVGW GW 330 (A)	Schweißen von Rohren und Rohrleitungsteilen aus Polyethylen (PE 80, PE 100 und PE-Xa) für Gas- und Wasserleitungen; Lehr- und Prüfplan
DVGW GW 331 (M)	Schweißaufsicht für Schweißarbeiten an Rohrleitungen aus PE für die Gas- und Wasserversorgung; Lehr- und Prüfplan
DVGW VP 603	Vorläufige Prüfgrundlage für Reinigungsmittel und deren Behälter zur Vorbereitung von Schweißverbindungen an Polyethylenrohren
BetrSichV	Betriebssicherheitsverordnung

9.2. Weiterführende Literatur

The European Plastic Pipes & Fittings Association: **A Good Practice Guide for the Electrofusion Jointing of Larger Diameter Polyethylene Pressure Pipes,** Brüssel, 2021: Downloadlink

Entwurf

Dezember 2025

Richtlinie DVS 2207-16
Vorgesehen als Ersatz für Ausgabe: Juli 2010

DVS VERBAND

Richtlinie DVS 2207-16

Schweißen von thermoplastischen Kunststoffen – Heizelementschweißen von Rohren und Rohrleitungsteilen aus weichmacherfreiem Polyamid (PA-U 12)

Ausschuss für Technik im DVS

Arbeitsgruppe W 4 „Fügen von Kunststoffen"

Untergruppe W 4.1A „Heizelementeschweißen"

Der Entwurf dieser Richtlinie steht der Öffentlichkeit zur Ansicht und Kommentierung zur Verfügung.
Einsprüche und Änderungsvorschläge können online über das **DVS-Regelwerksportal (www.dvs-regelwerk.de)** eingereicht werden.

Hrsg: DVS Media GmbH · Aachener Straße 172 · 40223 Düsseldorf · media@dvs-media.info · www.dvs-media.eu
Bezug: DIN Media GmbH · Am DIN-Platz · Burggrafenstraße 6 · 10787 Berlin · Tel.: +49 30 58 88 57 00 - 00 · kundenservice@dinmedia.de · www.dinmedia.de

Inhalt

Dieser Text richtet sich an Männer und Frauen in gleichem Maße. Zur besseren Lesbarkeit wurde im Text jedoch auf die durchgängige Formulierung in männlicher/weiblicher Form verzichtet und es wird nur die männliche Form genannt.

1. Geltungsbereich

Diese Richtlinie gilt für das Fügen von Komponenten aus weichmacherfreiem Polyamid 12 (PA-U12 180) mithilfe der Verfahren Heizelement-Stumpfschweißen und Heizwendelschweißen (**Tabelle 1**).

PA-U12-Werkstoffe unterschiedlicher Hersteller gelten prinzipiell als kompatibel [1] und können durch die hier beschriebenen Verfahren miteinander gefügt werden. Es ist ein entsprechender Eignungsnachweis zu führen. Für das Fügen des Werkstoffs PA-U11 mit dem Werkstoff PA-U12 liegen keine Erfahrungen vor.

Tabelle 1: Verfahrensübersicht

Abschnitt	Fügepartner	Verfahren	Kurz-Zeichen	Komponenten nach	Anwendungsbereich
4.1.	Rohre, Formstücke	Heizelement-stumpfschweißen	HS	DIN EN ISO 16486-2,	z. B. für die Herstellung von Rohrleitungen, die zur Fortleitung von Gasen dienen.
5.	Rohre, Formstücke, Sattelformstücke	Heizwendel-schweißen	HM	DIN EN ISO 16486-3 ISO 21036	

Unter Beachtung der folgenden Anweisungen kann von einer Eignung bei einer Viskositätszahl nach ISO 307 oberhalb von 180 ml/g ausgegangen werden. Der Nennwert wird vom Formmassenhersteller vorgegeben.

2. Allgemeine Anforderungen

Beachten Sie die Montage- und Bedienungsanweisungen von den Herstellern der Halbzeuge sowie der Werkzeuge, Maschinen und Gerätschaften.

Unter normalen Lagerungsbedingungen nimmt das Halbzeug bis maximal 0,8 % Feuchtigkeit auf. Aufgrund von Versuchen ist die Schweißbarkeit bis zu diesem Feuchtigkeitsgehalt nachgewiesen (die Hinweise in **Abschnitt 7.** „Erläuterungen" sind zu beachten).

Die Qualität der Schweißverbindungen ist abhängig von:

- **der Qualifikation des Schweißpersonals**
  Das Schweißpersonal muss eine Ausbildung für die anzuwendenden Verfahren nachweisen und durch Besitz eines gültigen Qualifikationsnachweises belegen können. Das vorgesehene Anwendungsgebiet kann für die Art der Qualifikation bestimmend sein:
- **Qualifikationsnachweis zum Kunststoffschweißer nach der Richtlinie DVS 2212-1 in den Prüfgruppen 7.1 und 7.2**
- **Das DVGW-Arbeitsblatt GW 330 Beiblatt 1 gilt sinngemäß als Qualifikationsnachweis für das Heizelementstumpf- und Heizwendelschweißen für erdverlegte Gas- und Trinkwasserleitungen.**
- **der Eignung der verwendeten Maschinen, Geräte und Vorrichtungen**
  Für die vorgesehenen Arbeiten müssen alle erforderlichen Maschinen und Geräte zur Verfügung stehen. Für Maschinen und Geräte gelten die Richtlinien DVS 2208-1 und DVS 2208-1 Beiblatt 1. Die Maschinen, Geräte und Vorrichtungen, z. B. Werkzeuge oder Messmittel, müssen gewartet und in einwandfreiem Zustand sein sowie ordnungsgemäß funktionieren. Die elektrische Energieversorgung muss hinsichtlich Qualität und Leistung den einwandfreien Betrieb der Geräte gewährleisten. Schweißgeräte für das Heizwendelschweißen müssen den Leistungsbedarf der zu verarbeitenden Formstücke sicher abdecken. Darüber hinaus gilt:
- **die Einhaltung insbesondere der Richtlinienreihe DVS 2207**

- **die Gewährleistung einer ausreichenden Prozessüberwachung**
  Die Schweißarbeiten sind durch **qualifiziertes** Personal zu überwachen. Art und Umfang der Überwachung sowie der Umfang der geforderten Dokumentation müssen zwischen den Vertragspartnern vor Beginn der Arbeiten vereinbart werden.
  Es wird empfohlen, automatisch protokollierende Schweißmaschinen oder -geräte oder digitale Medien für die Dokumentation der Prozess- und Verarbeitungsdaten einzusetzen. Muster-Schweißprotokolle sind für die verschiedenen Verfahren im Excel-Format direkt per **Weblink** abrufbar.
  Im Rahmen der Qualitätssicherung sollten Probenähte geprüft werden, die unter den gegebenen Arbeitsbedingungen sowohl vor Aufnahme der Tätigkeiten als auch während des laufenden Projekts hergestellt werden. Die Schweißverbindung kann durch zerstörungsfreie und/oder zerstörende Verfahren geprüft werden.
- **Anforderungen an die Qualität**
  Qualitätsanforderungen an Rohrverbindungen werden nach Richtlinie DVS 2202 vereinbart und in den zugehörigen Beiblättern DVS 2202 Beiblatt 1 (HS) und DVS 2202 Beiblatt 2 (HM) hinsichtlich der Merkmale in Bewertungsgruppen eingeteilt.

3. Maßnahmen vor dem Schweißen

3.1. Voraussetzungen zum Schweißen

Alle für den Fügeprozess erforderlichen Maschinen, Geräte und Vorrichtungen müssen sicher aufgestellt und bestimmungsgemäß eingesetzt werden.

Der unmittelbare Schweißbereich ist vor ungünstigen Umgebungseinflüssen (z. B. extremen Temperaturen, Wind, Feuchtigkeit, Staub) zu schützen.

Der zulässige Temperatureinsatzbereich ist zu beachten, insbesondere hinsichtlich des Taupunkts und möglicher Kondensatbildung. Größere Temperaturunterschiede der Fügepartner, z. B. durch Sonneneinstrahlung oder durch unterschiedliche Lagerbedingungen, sind unzulässig. Werden Halbzeuge gegen Sonneneinstrahlung abgedeckt, ist Wärmestauung zu vermeiden und der zulässige Temperaturbereich einzuhalten.

Die PA-U12-Rohre, die vom Ringbund oder von der Trommel abgerollt werden, sind unmittelbar nach dem Abrollen oval und gekrümmt. Um die Ausrichtung der Rohre zu verbessern, sollten die Rohre vor den Verbindungsarbeiten einige Zeit abgerollt liegen. Das zu schweißende Rohrende ist vor dem Schweißen zu richten, z. B. durch vorsichtiges Anwärmen mit Hilfe eines Heißluftgebläses bzw. einer Heizmatte und/oder unter Verwendung einer geeigneten Spann- bzw. Runddrückvorrichtung. Ringbunde mit geraden Rohrenden können die erforderlichen Richtarbeiten erleichtern.

Die Fügeflächen der zu schweißenden Bauteile dürfen keine Beschädigungen durch Kerben oder Riefen aufweisen und müssen trocken sowie frei von Verunreinigungen wie Schmutz, Fett oder Spänen sein.

Um eine Abkühlung während des Schweißvorganges durch Luftzug im Rohrinneren zu vermeiden, wird empfohlen, die Rohrenden zu verschließen.

3.2. Reinigung

3.2.1. Allgemeines

Für die Herstellung einwandfreier Schweißverbindungen müssen sowohl die Fügeflächen an Rohren und Formstücken als auch die Funktionsflächen der Werkzeuge und Heizelemente sauber, trocken und fettfrei sein.

3.2.2. Reinigungs- und Reinigungshilfsmittel

Das Reinigungsmittel muss aus einem zu 100 % verdampfenden Lösungsmittel bestehen, z. B. aus 99 Teilen Ethanol mit einem Reinheitsgrad von mindestens 99,8 % und einem Teil MEK (Methylethylketon, Denaturierung). Behälter müssen über einen Auslaufschutz verfügen und verschließbar sein. Reinigungsmittel, die nach DVGW VP 603 registriert sind, erfüllen diese Anforderungen.

Das Sicherheitsdatenblatt des Reinigungsmittels ist zu beachten. Direkter Kontakt mit dem Reinigungsmittel sollte vermieden werden, da dessen entfettende Wirkung zu Hautirritationen führen kann.

Der Wirkungsbereich des Reinigungsmittels ist zu beachten. Silikonbestandteile aus Gleitmitteln oder Handcremes oder Haftöl von Kettensägen werden z. B. von alkoholbasierten Reinigungsmitteln nicht entfernt, wirken aber als Trennmittel im Fügeprozess. Das Papier/Tuch zur Reinigung muss sauber, unbenutzt, saugfähig, frei von Duftstoffen, nicht fasernd und uneingefärbt sein.

3.2.3. Reinigen der Heizelemente

Die Heizelemente müssen sauber sein und sind – vor allem im Baustelleneinsatz – vor jeder Schweißung mit einem Papiertuch zu reinigen. Es dürfen keine Reste von Reinigungsmitteln, Papier oder sonstigen Anhaftungen auf dem Heizelement verbleiben. Zur Reinigung von erwärmten Heizelementen muss der Temperatur-Eignungsnachweis hinsichtlich des Tuchmaterials, insbesondere bei Einsatz von Reinigungs-Feuchttüchern, vorliegen.

3.2.4. Reinigen der Oberflächen von Werkzeugen und Halbzeugen

Vor der spannenden Bearbeitung der Fügeflächen müssen die dazu erforderlichen Halbzeuge sowie die Fügeflächen selbst so gereinigt werden, dass sie sauber und fettfrei sind.

3.2.5. Reinigen der Fügeflächen nach erfolgter spanender Bearbeitung

Die Bearbeitung der Verbindungsflächen muss unmittelbar vor Schweißbeginn erfolgen.

Wird die spanend bearbeitete Fügefläche kontaminiert, z. B. durch Berührungen mit den Händen, so müssen diese Fügeflächen gereinigt werden, sofern eine erneute spanende Bearbeitung verfahrenstechnisch nicht möglich ist.

Zur Reinigung jeder Fügefläche muss mindestens ein separates Reinigungspapier/-tuch verwendet werden. Der Gesamtbedarf ist abhängig von der Größe der Fügefläche. Beim Reinigen ist darauf zu achten, dass Verunreinigungen auf angrenzenden Flächen nicht in den Fügebereich eingebracht werden. Das Reinigungsmittel muss vollständig abgelüftet sein.

Eventuelle Späne sind ohne Berührungen der Fügeflächen zu entfernen.

4. Heizelementstumpfschweißen (HS)

4.1. Heizelementstumpfschweißen von Rohren und Rohrleitungsteilen

4.1.1. Verfahrensbeschreibung

Beim Heizelementstumpfschweißen werden die Fügeflächen der zu schweißenden Bauteile am Heizelement unter Druck[1] angeglichen („Angleichen"), anschließend mit reduziertem Druck auf Schweißtemperatur erwärmt („Anwärmen") und nach Entfernung des Heizelementes („Umstellen") unter Druck zusammengefügt („Fügen"). **Bild 1** zeigt das Prinzip des Fügeverfahrens.

Vorbereiten der Rohre und Einsetzen der Heizelemente — Anwärmen der Fügeflächen am Heizelement — Hergestellte Rohrverbindung

Bild 1. Prinzip des Heizelementstumpfschweißens am Beispiel Rohr

Voraussetzungen für die Heizelementstumpfschweißung sind, dass sowohl die Materialien der Bauteile miteinander schweißbar sind als auch im Fügebereich identische Rohraußendurchmesser/ SDR (SDR = Verhältnis Durchmesser/Wanddicke) und Wanddicken vorliegen.

4.1.2. Anforderungen an Heizelement-Stumpfschweißmaschinen

Die Anforderungen an Heizelement-Stumpfschweißmaschinen beschreibt die Richtlinie DVS 2208-1.

Der Arbeitsbereich der Heizelement-Stumpfschweißmaschine muss abgestimmt sein auf den vorgesehenen Fügeprozess, insbesondere hinsichtlich des Spannbereichs (z. B. Dimensionen der Halbzeuge), des erforderlichen Fügedrucks und der Bewegungskraft.

Der Arbeitsbereich der Heizelementstumpfschweißmaschine wird vom Hersteller durch die Angabe der minimalen und maximalen Schließkraft angegeben. Zur Ermittlung der maximalen Fügekraft sind zusätzliche äußere Kräfte zu berücksichtigen, z. B. die Bewegungskraft zum Zusammenführen der Halbzeuge.

Elektronisch gesteuerte Maschinen sind zu bevorzugen.

4.1.3. Schweißvorbereitung

4.1.3.1. Einrichten des Heizelements

Es dürfen keine Anhaftungen an der antiadhäsiven Beschichtung oder Bespannung des Heizelementes vorhanden sein. Anhaftungen weisen den Verschleiß des Heizelementes hin. Beschädigungen dürfen die Funktion nicht beeinträchtigen. Gegebenenfalls ist das Heizelement zu tauschen.

[1] Der hier als Druck bezeichnete Parameter wirkt als Kraft zwischen den Fügebereichen der zu schweißenden Bauteile. Diese Druckkraft in N resultiert aus dem Parameter Druckspannung in N/mm² (z. B.: p = 0,30 ± 0,05 N/mm², **Tabelle 3**) und der spezifischen Fügefläche in mm² der Fügepartner.

Es ist sicherzustellen, dass das Heizelement gereinigt und unmittelbar vor der ersten Schweißung auf Schweißtemperatur erwärmt ist. Damit sich ein thermisches Gleichgewicht einstellen kann, darf das Heizelement frühestens 10 Minuten nach Erreichen der gleichmäßigen Solltemperatur für den Fügeprozess verwendet werden.

Die Oberflächenmessung erfolgt durch ein geeignetes Temperaturmessgerät, dessen Messfühler einen Auflagedurchmesser von ca. 10 mm aufweist. Für die Messung sind kalibrierte Messgeräte zu verwenden. Der vorgeschriebene Temperaturbereich am Heizelement muss beidseitig, jeweils in den Kontaktzonen mit den Halbzeugen, erreicht werden.

Das Heizelement ist vor jeder Rohr-Schweißung gemäß **Abschnitt 3.2.** erneut zu reinigen.

4.1.3.2. Ausrichtung der Halbzeuge vor dem Fügen

Die zueinander ausgerichteten Fügepartner sind mittels der Spannelemente einzuspannen.

Eine leichte Längsbeweglichkeit des zu schweißenden Rohr-Halbzeugs kann z. B. durch Auflagerung auf verstellbare Rollenböcke oder durch eine pendelnde Aufhängung erreicht werden.

Der Versatz der Fügeflächen zueinander soll möglichst gering sein. Für das Erreichen der Nennbelastbarkeit der Fügeverbindung ist ein maximaler Versatz an der Rohraußenseite nach Richtlinie DVS 2202-1, Bewertungsgruppe 1 von 0,1 × Wanddicke zulässig.

Da ein unterschiedlicher Rohrendeneinfall zu unzulässigem Versatz führen kann, ist dieser im Vorfeld zu kontrollieren und gegebenenfalls durch Kürzen der Rohrenden zu beseitigen.

Späne im Schweißbereich bzw. in das Rohr gefallene Späne und sonstige Fremdkörper sind zu entfernen.

Spaltbreiten zwischen den bearbeiteten Fügeflächen der Fügepartner sollen so klein wie möglich sein. Maximal zulässige Spaltbreiten unter Angleichdruck werden in **Tabelle 2** genannt.

Tabelle 2: Maximale Spaltbreite zwischen den bearbeiteten Fügeflächen unter Angleichdruck

Rohraußendurchmesser *d* in mm	Spaltbreite in mm
≤ 355	0,5
> 355 bis ≤ 630	1,0

Es ist zu kontrollieren, dass die maximale Spaltbreite nach **Tabelle 2** und der maximal zulässige Versatz, z. B. 0,1 × Wanddicke nach Bewertungsgruppe 1, eingehalten werden.

Die bearbeiteten Fügeflächen dürfen weder verschmutzt noch mit den Händen berührt werden, da sonst eine erneute spanende Bearbeitung (oder gegebenenfalls eine Reinigung nach **Abschnitt 3.2.**) notwendig wird.

4.1.3.3. Vorbereiten der Fügepartner

Vor jeder Rohr-Schweißung (druckbetriebene Maschinen) ist der Bewegungsdruck zu ermitteln, der erforderlich ist, um die Fügepartner aufeinander zu zubewegen. Dieser Bewegungsdruck muss dem Angleich- und Fügedruck hinzuaddiert werden.

Die Fügeflächen sind unmittelbar vor dem Schweißen mit einem sauberen und fettfreien Werkzeug spanend zu bearbeiten, so dass sie im eingespannten Zustand planparallel sind.

4.1.4. Ausführen des Schweißens

Die Fügeflächen werden an das Heizelement angelegt und dort plastifiziert. Die Heizelementtemperatur beträgt 240 °C ± 10 °C. Nach Entfernen des Heizelementes werden die Flächen unter Druck gefügt.

Die im Folgenden beschriebenen Verfahrensschritte des Schweißvorganges werden als Ablaufdiagramm in **Bild 2** dargestellt.

4.1.4.1. Angleichen

Die zu schweißenden Fügeflächen werden über den gesamten Angleichvorgang so lange mit dem Angleichdruck von 0,30 ± 0,05 N/mm² an das Heizelement angepresst, bis die Flächen über den gesamten Umfang am Heizelement anliegen. Dies wird anhand der Ausbildung der Wülste festgestellt. Das Angleichen ist abgeschlossen, wenn die Wulsthöhen beidseitig am Heizelement über den gesamten Rohrumfang die in **Tabelle 3**, Spalte 2, angegebenen Werte erreicht haben.

4.1.4.2. Anwärmen

Beim Anwärmen werden die zu schweißenden Fügepartner im Fügebereich plastifiziert. Dabei berühren die Fügeflächen das Heizelement mit geringem Druck, der Druck wird dabei auf nahezu 0 (p ≤ 0,01 N/mm2) abgesenkt. Dabei soll keine nennenswerte weitere Wulstausprägung stattfinden. Anwärmzeiten sind der **Tabelle 3**, Spalte 3, zu entnehmen.

4.1.4.3. Umstellen

Die Fügeflächen sind vom Heizelement zu lösen, sodann ist das Heizelement ohne Beschädigung und Verschmutzung der plastifizierten Oberflächen aus dem Fügebereich herauszunehmen. Unmittelbar danach sind die zu verbindenden Fügepartner schnell so aufeinander zu zubewegen, dass sie nahezu im Stillstand zusammentreffen, d. h. unmittelbar vor Berührung ist die Bewegungsgeschwindigkeit nahezu 0 m/s. Die Umstellzeit muss so kurz wie möglich gehalten werden (siehe **Tabelle 3**, Spalte 4). Verzögerungen führen zum Erkalten der plastifizierten Flächen, sodass die Schweißnahtqualität unzulässig gemindert wird.

4.1.4.4. Fügen

Der erforderliche Fügedruck wird möglichst linear ansteigend aufgebracht. Die maximalen Fügedruckaufbauzeiten sind in **Tabelle 3**, Spalte 5, genannt, dürfen jedoch um bis zu 50 % unterschritten werden.

Zur Ermittlung des Gesamt-Fügedrucks wird die Bewegungskraft zur Fügekraft hinzuaddiert. Die Fügekraft berechnet sich aus dem Produkt von Fügefläche (Kreisring bei Rohren) und spezifischem Fügedruck mit $p = 0{,}30 \pm 0{,}05\ \text{N/mm}^2$.

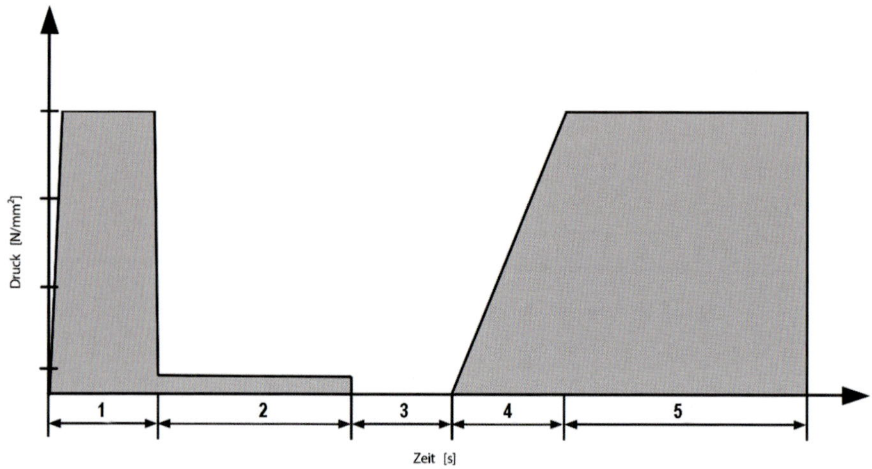

Verfahrensschritt	**1**	**2**	**3**	**4**	**5**	**Ende**
Vorbereitung	Angleichzeit	Anwärmzeit	Umstellzeit	Druckaufbauzeit	Abkühlzeit	Fertigstellung
siehe **Abschnitt 4.1.3.**: Halbzeuge einspannen	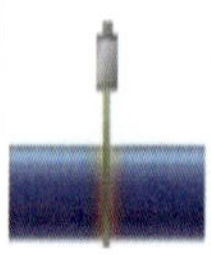	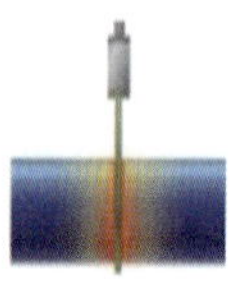	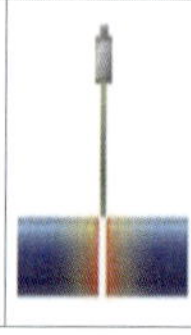		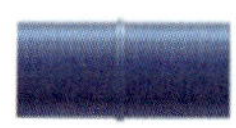	Halbzeuge ausspannen

Bild 2: Verfahrensschritte beim Heizelementmuffenschweißen

Um die volle mechanische Belastbarkeit der Fügeverbindung zu erhalten, muss der Fügedruck bei Umgebungstemperatur mindestens während der Abkühlzeit (siehe **Tabelle 3**, Spalte 5 und **Tabelle 4**) in voller Höhe aufrechterhalten werden. Eine mechanische Belastung, z. B. eine Weiterverarbeitung der Fügeverbindung, ist erst danach zulässig.

Nach dem Fügen bildet sich gemäß **Bild 3** eine Einfachwulst aus (eine Doppelwulst kann sich nur in Einzelfällen und dann eher bei kleinen Wanddicken ausbilden). Die Wulstausbildung gibt eine Orientierung über die Gleichmäßigkeit der Schweißungen untereinander. Unterschiedliche Wulstausbildungen können durch verschiedenartiges Fließverhalten der verbundenen Materialien begründet sein. Im Fall einer Doppelwulst muss über den kompletten Umfang $K > 0$ sein (siehe **Bild 4**). Infolge Restfeuchte kann es zu einer Porenbildung in der Schweißwulst und dadurch zu einer rauen porigen Oberfläche kommen, die gemäß Richtlinie DVS 2202-1 Beiblatt 1 zulässig ist. Die Schweißfügezone bleibt dabei porenfrei.

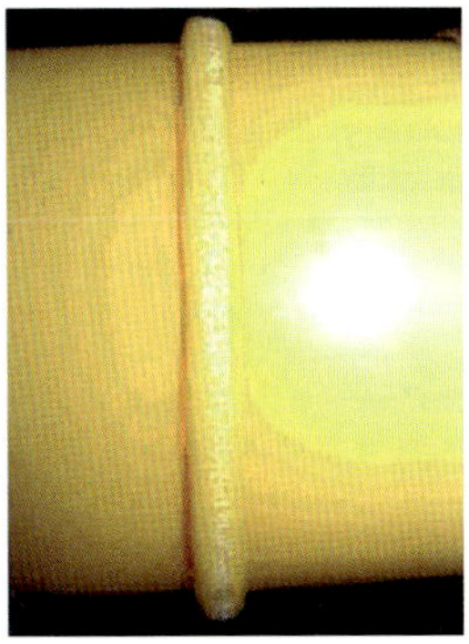

Bild 3: Charakteristische Wulstausbildung beim Heizelementstumpfschweißen von PA-U 12 180 (Prinzip am Beispiel Rohr).

Es gilt: $K > 0$

K: Kerbgrund der Schweißwulst

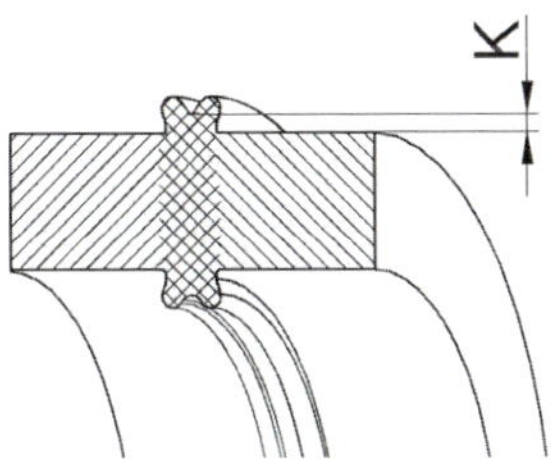

Bild 4: Doppelwulstausbildung beim Heizelementstumpfschweißen (eher bei kleinen Wanddicken wie z. B. *d* 63 SDR 11).

4.1.5. Richtwerte für das Heizelementstumpfschweißen von Rohren und Rohrleitungsteilen aus PA-U12 180

In **Tabelle 3** sind Richtwerte für die verschiedenen Prozessschritte beim Heizelementstumpfschweißen aufgeführt, siehe auch [2].

Tabelle 3. Rohre und Rohrleitungsteile aus PA-U 12 180: Richtwerte für das Heizelementstumpfschweißen bei mäßiger Luftbewegung (Zwischenwerte sind zu interpolieren).

Verfahrensschritt	1	2	3	4	5
	Angleichen	**Anwärmen**	**Umstellen**	**Fügen**	
Bereich der Nennwanddicke **in mm**	Minimale Wulsthöhe am Heizelement am Ende der Angleichzeit mit p = 0,30 ± 0,05 N/mm² **in mm**	Anwärmzeit (= 12 × Nennwanddicke) mit p ≤ 0,01 N/mm² **in s**	Maximale Umstellzeit **in s**	Maximale Fügedruckaufbauzeit (darf um 50 % unterschritten werden) **in s**	Minimale Abkühlzeit¹⁾ unter Fügedruck mit p = 0,30 ± 0,05 N/mm² **in s**
> 3 ... ≤ 4,5	0,5	22 ... 54	5	5	3,5 ... 6
> 4,5 ... ≤ 7	1,0	54 ... 84	5 ... 6	5 ... 6	6 ... 10
> 7 ... ≤ 12	1,5	84 ... 144	6 ... 8	6 ... 8	10 ... 16
> 12 ... ≤ 19	2,0	144 ... 228	8 ... 10	8 ... 11	16 ... 24
> 19 ... ≤ 26	2,5	228 ... 312	10 ... 12	11 ... 14	24 ... 32

1) Unter Werkstattbedingungen kann die minimale Abkühlzeit um 30 % reduziert werden unter der Voraussetzung, dass die gefügten Teile nicht mechanisch belastet werden. Die Entnahme aus der Schweißmaschine und das vorübergehende Lagern bis zur vollständigen Abkühlzeit verursachen nur eine geringfügige Belastung der Fügeverbindung.

4.1.6. Entfernen des Schweißwulstes

Spezielle Anwendungen, z. B. der Rohreinzug beim Reliningverfahren, erfordern das Entfernen des äußeren und/oder inneren Schweißwulstes an stumpfgeschweißten Rohrleitungen. Hierfür müssen geeignete Werkzeuge, z. B. Wulstentferner, eingesetzt werden. Dabei ist darauf zu achten, dass die Rohroberflächen nicht durch Kerben beschädigt werden, da sonst gegebenenfalls die Rohr-Nennwanddicke unterschritten werden kann.

Hinsichtlich des Fließwiderstands, bzw. eines Einflusses auf die Hydraulik der Rohrleitung, ist eine Entfernung des inneren Schweißwulstes in der Regel nicht erforderlich.

4.1.7. Kurzfassung der Verarbeitungsanleitung zum Heizelementstumpfschweißen von Rohren, Rohrleitungsteilen und Formstücken

1. Montage- und Bedienungsanweisungen der Hersteller beachten.
2. Zulässige Arbeitsbedingungen schaffen, z. B. Montage im Schweißzelt.
3. Maschine an die Stromversorgung anschließen, Schweißmaschine einrichten, Funktion kontrollieren.
4. Protokollierung einrichten, gegebenenfalls automatische Dokumentation aktivieren.
5. Heizelement, Werkzeuge und Halbzeuge nach **Abschnitt 3.2.** mit einem Reinigungsmittel und Papier reinigen.
6. Heizelement auf Temperatur 240 °C ± 10 °C einrichten.
7. Zu schweißende Bauteile ausrichten, z. B. auf Rollenböcken auflagern, und in die Schweißmaschine einspannen.
8. Rohrenden gegebenenfalls gegen Luftzug verschließen.
9. Bei Rohren: Fügeflächen bearbeiten, z. B. mittels Planhobel, Planhobel wieder entfernen.
10. Späne/Fremdkörper im Schweißbereich und aus dem Rohr ohne Berührungen der Fügeflächen entfernen.
11. Planparallelität prüfen: Zusammenfahren der Fügeflächen (**Tabelle 2**) und gegebenenfalls korrigieren.
12. Rohr-Versatz auf max. 0,1 × Wanddicke oder nach Anforderung der Bewertungsgruppe einstellen.
13. Heizelementtemperatur 240 °C ± 10 °C prüfen und gegebenenfalls korrigieren.
14. Heizelement gemäß **Abschnitt 3.2.** reinigen und ablüften lassen.
15. Rohrschweißen: Bewegungsdruck/-kraft vor jeder Schweißung ermitteln und protokollieren.
16. Einstellwert für den Angleich-, Anwärm- und Fügedruck ermitteln.
17. Richtwerte gemäß **Tabelle 3** festlegen.
18. Heizelement in Schweißmaschine einsetzen und positionieren.
19. Angleichen der Flächen am Heizelement mit Wulstbildung nach Verfahrensschritt 1, **Tabelle 3**.
20. Anwärmen, Anwärmzeit nach Verfahrensschritt 2, **Tabelle 3**.
21. Fügeflächen vom Heizelement lösen und Heizelement herausnehmen.
22. Fügeflächen zügig, innerhalb der Umstellzeit nach Verfahrensschritt 3, **Tabelle 3**, zusammenfahren.
23. Unmittelbar vor Berührung muss die Geschwindigkeit nahe Null sein. Sofort den Fügedruck linear ansteigend aufbauen, mit Fügedruckaufbauzeit nach Verfahrensschritt 4, **Tabelle 3**.
24. Wulstausbildung nach den **Bildern 3** und **4** kontrollieren, im Falle einer Doppelwulst mit $K > 0$.
25. Abkühlen unter Fügedruck mit 0,30 N/mm² ± 0,05 N/mm² nach Verfahrensschritt 5, **Tabelle 3**.
26. Nach Ablauf der Abkühlzeit Druck komplett absenken. Dann die geschweißten Teile ausspannen.
27. Schweißprotokoll vervollständigen.

5. Heizwendelschweißen (HM)

5.1. Verfahrensbeschreibung

Beim Heizwendelschweißen überdeckt das Muffen- oder Sattel-Formstück die Rohroberfläche im vorgesehenen Verbindungsbereich. Die Fügeflächen werden durch ein im Formstück integriertes Heizelement auf Schweißtemperatur erwärmt und dadurch gefügt (**Bild 5a** und **5b**). Die bauteilspezifische Schweißenergie wird dem Formstück über ein Heizwendelschweißgerät nach Richtlinie DVS 2208 zugeführt. Der Schweißprozess für ein Heizwendel-Muffenformstück wird in den **Bildern 6a bis 6g** dargestellt.

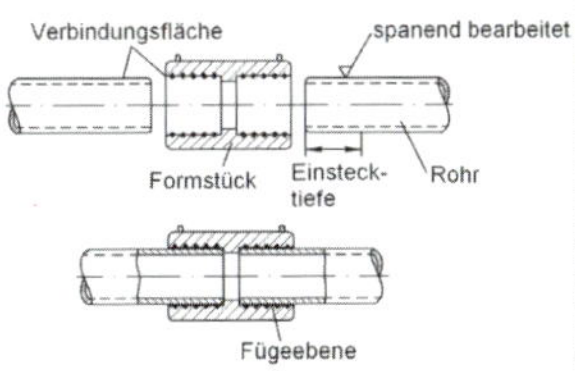

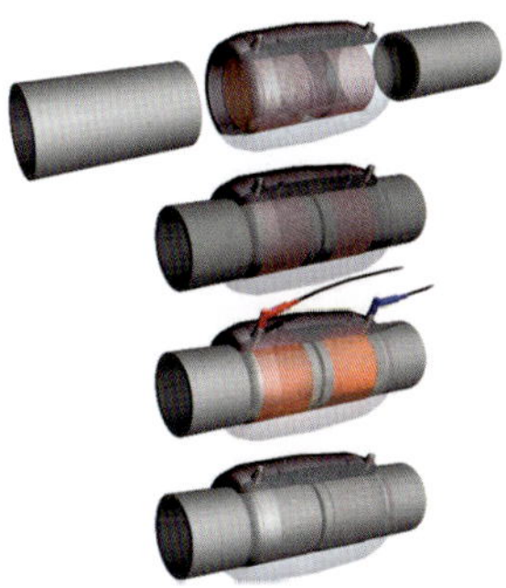

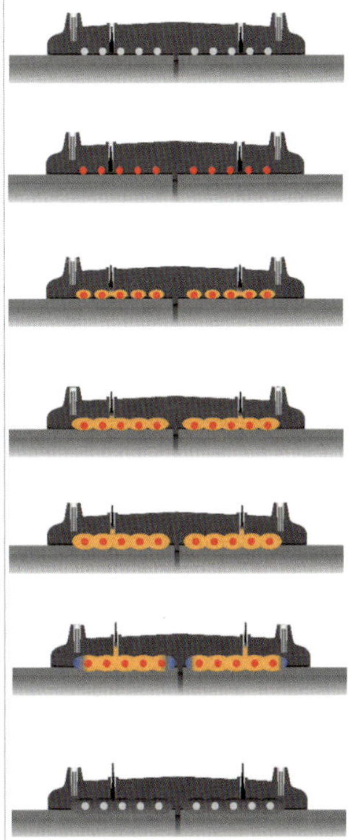

1. Montage: Beide Rohrenden in der Muffe eingesteckt

2. Erwärmung der Heizwendel durch elektrischen Strom.

3. Im Umkreis der Heizwendel beginnt der Werkstoff zu schmelzen.

4. Der Schmelzebereich dehnt sich bis zur Berührung mit dem Rohr aus.

5. Wärmeenergie wird in die Rohrwand eingetragen, dabei wird der Werkstoff von Rohr und Formstück im Fügebereich aufgeschmolzen.

6. Gleichzeitig erstarrt die Schmelze an den Rändern der Heizwendelzone, den sog. kalten Zonen. Weitere Energiezufuhr führt zur Ausdehnung des Materials und erzeugt dadurch Fügedruck.

7. Bis zum Ende der Schweißung sind die Fügeparameter (Druck, Zeit, Temperatur) erreicht. Nach Abkühlung ist eine homogene Verbindung der Bauteile entstanden.

Bilder 5a und 5b: Heizwendelschweißen (Prinzip) und die Phasen des Fügeprozesses. (Quelle: IKV Aachen)

Bilder 6a–6g: Prozessbeschreibung einer Heizwendelschweißung am Beispiel einer Muffenverbindung, (Quelle: IKV Aachen)

5.2. Anforderungen an Heizwendelschweißgeräte

Heizwendelschweißgeräte sollen die Anforderungen an den Fügeprozess erfüllen. Es dürfen nur Schweißgeräte verwendet werden, die für die zu verarbeitenden Heizwendel-Formstücke folgende Kriterien erfüllen:

- Zu den Kontaktbuchsen am Formstück passende Steckkontakte
- Erfassung/Eingabe der Schweißparameter per Barcode oder 2D-Code oder manuell,
- Leistungsabgabe ausreichend, hierbei zu beachten sind
  - Schweißzeit/Lastdauer
  - elektrischer Parameter: Stromstärke, Spannung, Frequenz;
  - Serien-Schweißungen: Stabilität unter Dauerlast, Geräte-Abkühlzeit.

Schweißgeräte mit automatisierter Protokollierung sind zu bevorzugen.

5.3. Vorbereiten zum Schweißen

Für die Herstellung einwandfreier Schweißverbindungen sind von Bedeutung:

- Saubere Oberflächen im Fügebereich sowie eine möglichst vor Umwelteinflüssen geschützte Arbeitsumgebung
- Sowohl Heizwendelschweißgeräte als auch -Formstücke müssen nach Herstellerangaben bei den vorherrschenden Umgebungstemperaturen nach Herstellerangabe einsetzbar sein.
- Heizwendel-Formstück und Rohr müssen sich vor der Schweißung auf gleichem Temperaturniveau befinden.
- Die ordnungsgemäße Vorbereitung der Rohroberflächen, insbesondere die gleichmäßige spanende und vollständige Bearbeitung der Rohroberfläche mithilfe von Schälgeräten.
- Eine Arbeitssituation, die eine spannungsfreie Montage der Verbindungen ermöglicht, bzw. sicherstellt.
- Nach Angabe am Formstück: zulässiger Schweißbereich des Formstücks für Rohre, z. B. Verhältnis Durchmesser/Wanddicke SDR 17.6 – 11

Müssen Rohre gekürzt werden, sind diese mit geeignetem Werkzeug rechtwinklig abzutrennen.

Das unbearbeitete Rohr muss im Fügebereich (entspricht der Heizwendelzone) mindestens den Rohr-Nenndurchmesser *d* aufweisen. Tritt eine ausgeprägte Verjüngung im Bereich der Schnittkante auf (konischer Einfall des Rohrendes) ist das Rohr gegebenenfalls unmittelbar vor der Schweißung so weit zu kürzen, dass im Fügebereich der Nenndurchmesser zur Verfügung steht. **Bild 7** zeigt links eine zulässige Rohrmontage und rechts eine unzulässige Montage aufgrund der unvollständig überdeckten Heizwendelzone durch Rohrendeinfall und unvollständigem Rohreinschub.

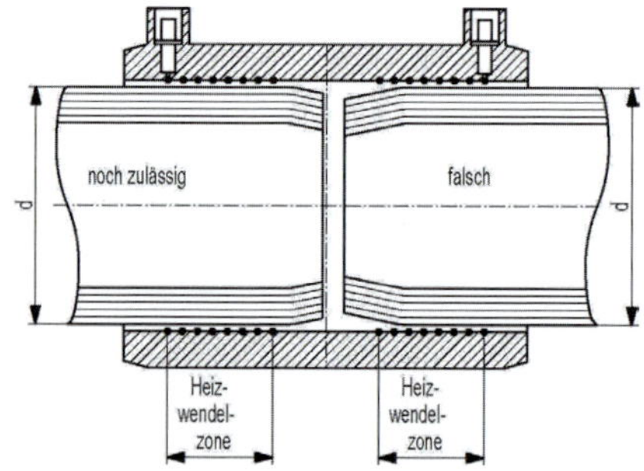

Bild 7. Konischer Einfall des Rohrendes

Die Unrundheit des Rohres darf im Schweißbereich 1,5 % des Außendurchmessers, maximal 3 mm, nicht überschreiten. Erforderlichenfalls sind entsprechende Rundungs-Werkzeuge zu verwenden. Zu beachten sind auch sonstige Formabweichungen am Rohr, z. B. eine lokale Abplattung durch falsche Lagerung, die weitere Maßnahmen erfordern.

Die Oxidschicht auf PA-U-Rohroberflächen kann die Verbindung der Fügepartner verhindern. Die vom Formstück überdeckte Rohroberfläche ist deshalb mit einem geeignetem Rotationsschälgerät lückenlos spanend zu bearbeiten. Aus schweißtechnischer Sicht ist ein Wanddickenabtrag von ca. 0,2 mm ausreichend, um die Oxidschicht zu entfernen.

Um die ordnungsgemäße Vorbereitung des Rohres auch nach Montage des Heizwendel-Formstücks visuell beurteilen zu können, soll die spanende Bearbeitung deutlich sichtbar über die vom Formstück überdeckte Fläche hinaus erfolgen.

Die Verwendung von Handschabern für die Vorbereitung von Rohren und Formstücken aus PA-U12 180 ist nur in Ausnahmefällen zulässig, wobei der Einsatz zu begründen ist.

Es muss ein Rotationsschälgerät mit einem konstanten Wanddickenabtrag von ca. 0,2 mm verwendet werden. Auf eine geringe Ringspaltbildung zwischen Rohr und Formstück ist zu achten.

Sollte nach dem ersten Schälvorgang das Heizwendelformteil nicht vollständig auf das Rohrende geschoben werden können, so muss zunächst die Rohrovalität als Ursache ausgeschlossen werden. Anschließend ist der Außendurchmesser mittels Umfangsmaßband zu ermitteln. Jede weitere Schälung ist nur dann zulässig, wenn der gemessene Außendurchmesser am geschälten Rohr größer/gleich dem Nennaußendurchmesser des Rohres entspricht. Sobald das Heizwendelformteil vollständig auf das Rohrende geschoben werden kann, darf kein weiterer Schälvorgang erfolgen!

Weitere Informationen zum Fügespalt können den Erläuterungen in **Abschnitt 7** entnommen werden. Das Rohrende ist innen wie außen zu entgraten und Späne sind ohne Berührungen der Fügefläche zu entfernen.

Das Heizwendelformstück darf erst unmittelbar vor der Montage aus der Schutzverpackung genommen werden.

Verunreinigung der bearbeiteten Rohroberfläche, vor allem nach Handkontakt oder durch Umgebungseinflüsse im Baustellenbereich, müssen nach **Abschnitt 3.2.** entfernt werden. Hierbei ist darauf zu achten, dass keine Verunreinigung aus benachbarten Bereichen in die Schweißzone eingetragen werden. Die Fügefläche des Heizwendel-Muffen-/Sattel-Formstücks ist entsprechend **Abschnitt 3.2.** zu reinigen.

Vor Montage des Formstücks sind die Einstecktiefe des Heizwendel-Muffenformstücks, bzw. die vom Sattelformstück überdeckte Fläche am Rohr auszumessen und anzuzeichnen.

Bei Schweißgeräten mit automatischer Temperaturkompensation ist darauf zu achten, dass die von einem Sensor erfasste Umgebungstemperatur den Bedingungen am Ort der Schweißung entspricht. Gegebenenfalls sind das Schweißgerät sowie Rohr und Formstück vor Witterungseinflüssen, z. B. vor direkter Sonneneinstrahlung zu schützen.

5.4. Ausführen des Schweißens

5.4.1. Montage von Muffen und Sattelformstücken

Hinweise zur Montage von Heizwendelformstücken sind den Herstellerangaben zu entnehmen.

Das Heizwendel-Muffenformstück darf weder verkantet noch mit Gewalt auf das Rohrende geschoben werden. Der vollständige Einschub der Rohrenden in das Heizwendel-Muffenformstück ist anhand der vorher aufgebrachten Einstecktiefenmarkierung und bis zum Ende des Schweißprozesses sicherzustellen.

Das Sattelformstück wird durch das vom Hersteller vorgeschriebene Montagehilfsmittel passgenau auf das Rohr aufgespannt. Dabei ist dessen korrekte (i. d. R. senkrechte) Positionierung auf der vorbereiteten Rohrfläche anhand der vorher aufgebrachten Markierung sicherzustellen.

Nach Montage des Formstücks müssen

- die Kontaktbuchsen zum Anschluss des Schweißkabels leicht zugänglich sein und
- Informationen aus der Bauteilkennzeichnung und zu Verarbeitungsparametern, z. B. codierte Prozessdaten (Barcode, 2D-Code) am Formstück, erfasst werden können.

Die zu schweißenden Bauteile sind spannungsarm auszurichten und gegebenenfalls durch geeignete Maßnahmen bzw. Haltevorrichtungen gegen Lageveränderungen zu sichern.

5.4.2. Kontaktierung

Das Schweißgerät wird durch die Schweißkabel-Stecker mit den Steckkontaktbuchsen am Heizwendelformstück verbunden. Dabei muss das Schweißkabel gewichtsentlastet angebracht werden. Die Kontaktflächen der Steckkontaktbuchsen müssen sauber sein und sich passgenau, mit sicherem Halt in der Kontaktbuchse am Formstück verbinden lassen.

5.4.3. Erfassen der Schweißdaten und Prozessstart

Die für die Schweißung erforderlichen Daten des Heizwendelformstückes werden in der Regel durch Einlesen/Scannen eines bauteilspezifischen Codes erfasst. Vor Start des Schweißprozesses sind die im Display angezeigten Informationen (z. B. Abmessungen, Bauteiltyp) auf Übereinstimmung mit den Bauteildaten zu kontrollieren. Nach dem Prozess-Start läuft der Schweißvorgang automatisch ab.

Bei Unterbrechung der Stromzufuhr kann eine vorzeitig abgebrochene Schweißung einmal wiederholt werden, sofern der Formstückhersteller dies zulässt und kein Defekt am Formstück oder Schweißgerät vorliegt (siehe auch Fehlermeldung am Schweißgerät). Vor einer erneuten Schweißung muss die Verbindung vollständig abgekühlt sein.

5.4.4. Protokollierung

Schweißgeräte mit Protokollierung erfassen und speichern automatisch die spezifischen Schweißprozessdaten sowie weitere Informationen (z. B. zur Rückverfolgbarkeitsdaten, Einbauort). Ist ein solches Gerät nicht verfügbar, sind alle Daten (z. B. Schweißparameter, Bauteildaten und Umgebungsbedingungen) handschriftlich zu erfassen. Schweißprotokolle hierfür sind im Excel-Format direkt per **Weblink** abrufbar.

5.4.5. Ende des Schweißprozesses und der Abkühlphase

Mit Ende der Schweißung werden am Schweißgerät „Soll"- und „Ist"-Schweißzeit zur Prüfung angezeigt. Prozessabweichungen werden mittels Fehlermeldungen am Schweißgerät angezeigt und erfordern weitere Maßnahmen.

Nach Ende der Schweißzeit können die Kontaktstecker vom Heizwendel-Formstück abgezogen werden.

Die Abkühlzeit (kurz CT: Cooling Time) wird i. d. R. am Heizwendelformstück oder auch im Schweißgerätedisplay angegeben. Die spezifische Abkühlzeit des Formstücks muss eingehalten werden, bevor die Verbindung belastet werden darf. Es sind gegebenenfalls Rohr-Rundungswerkzeug und/oder -Haltevorrichtung zu entfernen.

Wird eine Dokumentation gefordert, ist eine eindeutige Zuordnung des Protokolls zur Schweißung sicherzustellen. Zusätzlich können relevante Daten direkt auf Rohr oder Formstück im Verbindungsbereich mit einem Marker notiert werden, z. B. Schweißzeit, Nahtnummer, Datum, ausführende Person und Uhrzeit zur Kontrolle der Abkühlzeit.

Schweißindikatoren am Formstück machen optisch kenntlich, dass die Schweißung durchgeführt wurde. Sind Schweißindikatoren vorhanden, so ist zu kontrollieren, ob diese ordnungsgemäß anzeigen.

Der Schweißindikator dient zur Kontrolle, dass eine Schweißung stattgefunden hat, lässt jedoch keine Rückschlüsse auf die erzielte Schweißnahtqualität zu.

Die Verbindung ist mittels visueller Inspektion auf Abweichungen hinsichtlich möglicher Fehlermerkmale, z. B. Schmelzeaustritt, zu kontrollieren.

5.5. Kurzfassung der Verarbeitungsanleitung zum Heizwendelschweißen von Formstücken und Sattelformstücken

1. Montage- und Bedienungsanweisungen der Hersteller beachten.
2. Zulässige Arbeitsbedingungen schaffen, z. B. Montage im Schweißzelt.
3. Schweißgerät an die Stromversorgung anschließen, Funktion kontrollieren.
4. Protokollierung einrichten. Gegebenenfalls automatische Dokumentation aktivieren.
5. Für Heizwendel-Muffenschweißung: Rohrenden auf rechtwinklige Schnittkante und ausgeprägten Rohrendeneinfall (siehe **Bild 6**) prüfen,gegebenenfalls kürzen, Schnittkanten entgraten.
6. Unrundheit der Rohre $< 1{,}5\,\%\,d$, max. 3 mm, gegebenenfalls mit geeigneten Rundungswerkzeugen sicherstellen.
7. Rohroberflächen nach **Abschnitt 3.2.** reinigen.
8. Vorgesehene Fügeflächen am Rohr über die Einstecktiefe/überdeckte Fläche hinaus spanend mit Rotationsschälgerät bearbeiten. Späne ohne Berührungen der Fügefläche entfernen. Auf eine geringe Ringspaltbildung zwischen Rohr und Formstück ist zu achten.
   • Hinsichtlich der bei PA-U geforderten Passungsverhältnisse sind die in **Abschnitt 5.3.** dargestellten Abläufe zu beachten.
9. Es sind gegebenenfalls Fügeflächen an Rohren und nach Herstellerangabe auch an Formstücken nach **Abschnitt 3.2.** zu reinigen, Reinigungsmittel ablüften lassen.
10. Einstecktiefe, bzw. überdeckte Rohrfläche durch Kontrollstriche markieren.
11. Formstück-Montage
    • Für Heizwendel-Muffenschweißungen gilt: Rohr(e) in Formstück vollständig, bis zur Einstecktiefenmarkierung, einschieben. Auf spannungsarme Montage achten. Rohr gegenLageveränderung sichern:
    • Für Heizwendel-Sattelschweißung gilt: Formstück auf dem vorgesehenen Rohrbereich nach Herstellervorgaben aufspannen.
12. Falls erforderlich, Haltevorrichtungen montieren. Schweißkabel gewichtsentlastet an den Steckkontaktbuchsen am Formstück anschließen.
13. Schweißparameter erfassen, Datenanzeige prüfen und gegebenenfalls bestätigen.
14. Schweißprozess starten.
15. Nach Ablauf der Schweißzeit prüfen, ob der Prozess ordnungsgemäß beendet wurde. Die Anzeige am Display und die Schweißindikatoren sind gegebenenfalls zu kontrollieren. Die Abkühlzeit kann im Bereich der Fügestelle notiert werden.
16. Steckkontakte vom Formstück trennen.
17. Abkühlzeit gemäß Herstellerangabe, Anzeige am Schweißgeräte-Display oder am Formstück beachten, gegebenenfalls Haltevorrichtungen usw. entfernen.
18. Automatisches Schweißprotokoll prüfen, bzw. manuelles Protokoll vervollständigen.

6. Prüfen der Schweißverbindungen (HS, HM)

Für die Schweißverfahren HS und HM können zerstörungsfreie und zerstörende Prüfverfahren nach **Tabelle 4** ausgewählt werden. Diese Prüfungen können stichprobenartig während der Schweißarbeiten angewendet werden. Art und Umfang sind im Vorfeld zwischen den Vertragspartnern abzustimmen.

Tabelle 4: Übersicht möglicher Prüfverfahren und Anforderungen für Schweißverbindungen.

Prüfung und zugehöriges Prüfverfahren	Prüfanforderungen			
	Heizelementstumpfschweißen (HS)		Heizwendelschweißen (HM)	
	Rohre, Formstücke	Sattelformstücke	Formstücke	Sattelformstücke
Visuelle, bzw. zerstörungsfreie Prüfung nach Richtlinie DVS 2206, DIN EN 12814-5	Richtlinie DVS 2202 Beiblatt 1; DIN EN 16296	Schweißnaht	Richtlinie DVS 2202 Beiblatt 2; DIN EN 16296	
		Bewertung der Rohroberflächenbearbeitung		
Zugversuch nach Richtlinie DVS 2203-2; DIN EN 12814-2; ISO 13956	Richtlinie DVS 2203-1 Beiblatt 1; ISO 16486-5; DIN EN 12814-8	nicht anwendbar		
Zeitstand-Zugversuch nach Richtlinie DVS 2203-4[1]; DIN EN 12814-3[1]	Richtlinie DVS 2203-1 Beiblatt 2[1]; DIN EN 12814-8[1]	nicht anwendbar		
Technologischer Biegeversuch nach Richtlinie DVS 2203-5; DIN EN 12814-1	Richtlinie DVS 2203-1 Beiblatt 3; DIN EN 12814-8	nicht anwendbar		
Zeitstand-Innendruckversuch nach ISO 1167-Reihe	DIN EN ISO 16486-3 und -5			
Torsions-Scherversuch nach Richtlinie DVS 2203-6 Beiblatt 1	nicht anwendbar	Richtlinie DVS 2203-1 Beiblatt 4		
Radial-Schälversuch nach Richtlinie DVS 2203-6 Beiblatt 1	nicht anwendbar	Richtlinie DVS 2203-1 Beiblatt 4		
Linear-Scherversuch nach Richtlinie DVS 2203-6 Beiblatt 1	nicht anwendbar	Richtlinie DVS 2203-1 Beiblatt 4		
Quetschversuch für $d \leq 90$ nach DIN EN 12814-4, für $d > 90$ ISO 13955[2]	nicht anwendbar		DIN EN 12814-4; ISO 13955	
Schältrennversuch nach DIN EN 12814-4, ISO 13954[2], ISO 13955[2]	nicht anwendbar		DIN EN 12814-4; ISO 13954[2]; DIN EN ISO 16486-3; DIN EN ISO 12814-8	
Zähigkeit der Heizwendelschweißverbindung von Sattelformstücken nach ISO 13956	nicht anwendbar			DIN EN ISO 16486-3
Zugversuch bei tiefen Temperaturen nach DIN EN 12814-6	DIN EN 12814-8	nicht anwendbar		
Zugversuch an Probekörpern mit Rundkerbe nach DIN EN 12814-7	DIN EN 12814-8	nicht anwendbar		

[1] Ein Zeitstandzugschweißfaktor konnte mittels standardisierter Prüfverfahren bislang nicht ermittelt werden, aber Indizien weisen gem. [4] und [5] auf einen Wert ≥ 0,8 hin.

- Hessel Ingenieurtechnik hat in [4] für FNCT in Wasser unter 14 N/mm² bei 80°C ein Sprödbruchversagen nach ca. 13.000 h oder ca. 1,5 Jahren veröffentlicht, was eine überlange Prüfdauer darstellt. Beschleunigte Versuche an geschweißten FNCT-Proben wurden in 2%iger wässriger NM5-Lösung durchgeführt, wobei die positiven Ergebnisse wegen der fehlenden Standardisierung vom Beschleunigungsmittel NM5 als nicht regelkonform gewertet werden können.
- Das SKZ hat in [5] an geschweißten Proben ein Methodenscreening durchgeführt (beschleunigter FNCT, Kurzzeitzugversuch, Ermüdungsprüfung (Wöhler) an taillierten Zugstäben und für PA-U12 modifizierter Strain Hardening Test an Zugproben aus Schälfolien). Die Ergebnisse deuten darauf hin, dass die Schweißung bei normgerechter Ausführung nach ISO 16486-5, Tabelle A.3 „Normal" und „Minimum" bzw. ISO 16486-5, Tabelle A.4 „Normal" keine Schwächung darstellt. Einen Nachweis stellt dies jedoch nicht dar, da kein Versagen durch langsames Risswachstum beobachtet wurde.

[2] Normen gelten für andere Werkstoffe und können für PA-U sinngemäß angewendet werden.

7. Erläuterungen

Das Schweißen von thermoplastischen Kunststoffen bei Umgebungstemperaturen geringer als 5 °C wird generell als problematisch betrachtet. Hierbei geht es weniger um die werkstoffspezifischen Eigenschaften des Kunststoffes als vielmehr um die eingeschränkte Handfertigkeit des Schweißers. Das Schweißen im Freien bei beliebigen Außentemperaturen setzt daher eine Umgebung voraus, die es dem Schweißpersonal ermöglicht, die einzelnen Arbeitsschritte ohne qualitätsmindernde Einflüsse ausführen zu können. Dabei sind die Angaben der Hersteller und die Taupunktkurve (Feuchtigkeitsbildung auf dem Werkstück) zu beachten. Die zu fügenden Teile müssen ein gleiches Temperaturniveau aufweisen. Es sind Probeschweißungen anzufertigen und auf ihre Qualität zu prüfen. Darüber hinaus ist darauf zu achten, dass Reif, Eis und Feuchte im Rahmen der Schweißvorbereitungen im Schweißbereich mittels Wärmezufuhr (z. B. Warmgasgerät, keine offene Flamme) entfernt werden. Eine Schädigung ist zu vermeiden.

Formstücke sind in geschlossenen, frostfreien und trockenen Räumen zu lagern und nur in der jeweils erforderlichen Anzahl der Schweißstelle zuzuführen.

Der Fügespalt zwischen Heizwendelformstück und Rohr sollte möglichst gering sein. Bisherige Erfahrungen im Bereich von Rohrdurchmessern *d*63–*d*160 mm zeigen positive Ergebnisse bis zu einem lokalen Fügespalt von 0,7 mm. Weiterführende Informationen siehe Veröffentlichung [3].

Bei Wasserlagerung über längere Zeit kann das Halbzeug bis maximal 1,5 % Feuchtigkeit aufnehmen (gemessen nach DIN EN ISO 15512, Methode B). Dies muss z. B. bei Reparaturen an länger in Gebrauch befindlichen Rohrleitungen beachtet werden. Gegebenenfalls sind Probeschweißungen anzufertigen, um die Schweißeignung sicherzustellen.

8. Schrifttum

8.1. Regelwerke

Normen

ISO 307	Kunststoffe – Polyamide – Bestimmung der Viskositätszahl
ISO 8149	Rohre aus weichmacherfreiem Polyamid (PA-U) – Einfluss von Zeit und Temperatur auf die erwartete Festigkeit
Normenreihe ISO 1167	Rohre, Formstücke und Bauteilkombinationen aus thermoplastischen Kunststoffen für den Transport von Flüssigkeiten – Bestimmung der Widerstandsfähigkeit gegen inneren Überdruck
ISO 13954	Kunststoffrohre und Formstücke – Schälfestigkeitsprüfung von Polyethylen-(PE-)Elektroverbindungen von Nenndurchmesser größer oder gleich 90 mm
ISO 13955	Kunststoffrohre und Formstücke – Kohäsionsbruchprüfung von Polyethylen(PE)-Elektroverbindungen
ISO 13956	Kunststoffrohrleitungen und Formstücke – Reißprüfung für Polyethylen(PE) -Sattelbaugruppen – Bestimmung der Zähigkeit von Schweißverbindungen bei Reißprüfung
ISO/TS 16486-8	Kunststoff-Rohrleitungssysteme für die Gasversorgung – Rohrleitungssysteme aus weichmacherfreiem Polyamid (PA-U) mit Schweißverbindungen und mechanischen Verbindungen – Teil 8: Ausbildung und Prüfung von Schweißern
ISO 17885	Kunststoff-Rohrleitungssysteme – Mechanische Formstücke für Druckrohrsysteme – Festlegungen
ISO 21036	Kunststoff-Rohrleitungssysteme für industrielle Anwendungen – Weichmacherfreies Polyamid (PA-U) – Metrische Reihen für Spezifikationen für Bauteile und System
DIN EN ISO 307	Kunststoffe – Polyamide – Bestimmung der Viskositätszahl
DIN EN ISO 1133-2	Kunststoffe – Bestimmung der Schmelze-Massefließrate (MFR) und der Schmelze-Volumenfließrate (MVR) von Thermoplasten – Teil 2: Verfahren für Materialien, die empfindlich gegen eine zeit- bzw. temperaturabhängige Vorgeschichte und/oder Feuchte sind
DIN EN ISO 15512	Kunststoffe – Bestimmung des Wassergehaltes
DIN EN ISO 16486-1	Kunststoff-Rohrleitungssysteme für die Gasversorgung – Rohrleitungssysteme aus weichmacherfreiem Polyamid (PA-U) mit Schweißverbindungen und mechanischen Verbindungen – Teil 1: Allgemeines
DIN EN ISO 16486-2	Kunststoff-Rohrleitungssysteme für die Gasversorgung – Rohrleitungssys teme aus weichmacherfreiem Polyamid (PA-U) mit Schweißverbindungen und mechanischen Verbindungen – Teil 2: Rohre

DIN EN ISO 16486-3	Kunststoff-Rohrleitungssysteme für die Gasversorgung – Rohrleitungssysteme aus weichmacherfreiem Polyamid (PA-U) mit Schweißverbindungen und mechanischen Verbindungen – Teil 3: Formstücke
DIN EN ISO 16486-4	Kunststoff-Rohrleitungssysteme für die Gasversorgung – Rohrleitungssysteme aus weichmacherfreiem Polyamid (PA-U) mit Schweißverbindungen und mechanischen Verbindungen – Teil 4: Armaturen
DIN EN ISO 16486-5	Kunststoff-Rohrleitungssysteme für die Gasversorgung – Rohrleitungssysteme aus weichmacherfreiem Polyamid (PA-U) mit Schweißverbindungen und mechanischen Verbindungen – Teil 5: Gebrauchstauglichkeit des Systems
DIN EN 12814-1	Prüfung von Schweißverbindungen aus thermoplastischen Kunststoffen – Teil 1: Biegeversuch
DIN EN 12814-2	Prüfen von Schweißverbindungen an Halbzeugen aus thermoplastischen Kunststoffen – Teil 2: Zugversuch
DIN EN 12814-3	Prüfen von Schweißverbindungen aus thermoplastischen Kunststoffen – Teil 3: Zeitstand-Zugversuch
DIN EN 12814-4	Prüfen von Schweißverbindungen aus thermoplastischen Kunststoffen – Teil 4: Schälversuch
DIN EN 12814-5	Prüfen von Schweißverbindungen aus thermoplastischen Kunststoffen – Teil 5: Makroskopische Untersuchung
DIN EN 12814-6	Prüfen von Schweißverbindungen aus thermoplastischen Kunststoffen – Teil 6: Zugversuch bei tiefen Temperaturen
DIN EN 12814-7	Prüfen von Schweißverbindungen an Halbzeugen aus thermoplastischen Kunststoffen – Teil 7: Zugversuch an Probekörpern mit Rundkerbe
DIN EN 12814-8	Prüfen von Schweißverbindungen aus thermoplastischen Kunststoffen – Teil 8: Anforderungen
DIN EN 13067	Kunststoffschweißpersonal – Qualifizierung von Schweißern – Thermoplastische Schweißverbindungen
DIN EN 16296	Unregelmäßigkeiten an Schweißverbindungen von thermoplastischen Kunststoffen – Qualitätsstufen
DIN 35226	Kunststoffschweißaufsicht – Aufgaben, Verantwortungen, Wissen, Fähigkeiten und Kompetenz

DVS-Regelwerke

Richtlinie DVS 2202	Bewertung von Fügeverbindungen aus thermoplastischen Kunststoffen an Rohrleitungsteilen und Tafeln – Merkmale, Beschreibung, Bewertung
Richtlinie DVS 2202 Beiblatt 1	Bewertung von Fügeverbindungen aus thermoplastischen Kunststoffen an Rohrleitungsteilen und Tafeln – Heizelementstumpfschweißen (HS, IR)
Richtlinie DVS 2202 Beiblatt 2	Bewertung von Fügeverbindungen aus thermoplastischen Kunststoffen an Rohrleitungsteilen – Heizwendelschweißen (HM)

Richtlinie DVS 2203-1 Beiblatt 1	Prüfen von Schweißverbindungen an Tafeln und Rohren aus thermoplastischen Kunststoffen – Anforderungen im Zugversuch – Kurzzeitzug-Schweißfaktor F_z
Richtlinie DVS 2203-1 Beiblatt 2	Prüfen von Schweißverbindungen an Tafeln und Rohren aus thermoplastischen Kunststoffen – Anforderungen im Zeitstand-Zugversuch – Zeitstandzug-Schweißfaktor f_s
Richtlinie DVS 2203-1 Beiblatt 3	Prüfen von Schweißverbindungen an Tafeln und Rohren aus thermoplastischen Kunststoffen – Anforderungen im technologischen Biegeversuch – Biegewinkel/Biegeweg
Richtlinie DVS 2203-1 Beiblatt 4	Prüfen von Schweißverbindungen an Tafeln und Rohren aus thermoplastischen Kunststoffen – Anforderungen an Scher- und Schälversuche für das Heizwendel (HM)- und Heizelementmuffen (HD)-Schweißen an Rohren und Formteilen
Richtlinie DVS 2203-2	Prüfen von Schweißverbindungen an Tafeln und Rohren aus thermoplatischen Kunststoffen – Zugversuch
Richtlinie DVS 2203-4	Prüfen von Schweißverbindungen an Tafeln und Rohren aus thermoplastischen Kunststoffen – Zeitstand-Zugversuch
Richtlinie DVS 2203-5	Prüfen von Schweißverbindungen an Tafeln und Rohren aus thermoplastischen Kunststoffen – Technologischer Biegeversuch
Richtlinie DVS 2203-6	Prüfen von Fügeverbindungen aus polymeren Werkstoffen – Scher- und Schälversuche
Richtlinie DVS 2203-6 Beiblatt 1	Prüfen von Fügeverbindungen aus polymeren Werkstoffen – Torsionsscher-, Radialschäl- und Linearscherversuch für Heizwendel- und Heizelementmuffen-Schweißverbindungen
Richtlinie DVS 2205 Beiblatt 8	Berechnung von Behältern und Apparaten aus Thermoplasten – Kennwerte der Werkstoffgruppe weichmacherfreies Polyamid
Richtlinie DVS 2206	Zerstörungsfreie Prüfung von Behältern, Apparaten und Rohrleitungen aus thermoplastischen Kunststoffen
Richtlinienreihe DVS 2207	Schweißen von thermoplastischen Kunststoffen
Richtlinie DVS 2207-1 Beiblatt 1	Schweißen von thermoplastischen Kunststoffen – Heizwendelschweißen von Rohren aus PE-X mit Rohrleitungsteilen aus PE-HD
Richtlinie DVS 2208-1	Schweißen von thermoplastischen Kunststoffen – Maschinen und Geräte für das Heizelementschweißen von Rohren, Rohrleitungsteilen und Tafeln
DVS 2208-1 Beiblatt 1	Schweißen von thermoplastischen Kunststoffen – Werkzeuge und Geräte zum Heizelementschweißen von Rohren und Rohrleitungsteilen
Richtlinie DVS 2212-1	Prüfung von Kunststoffschweißern; Prüfgruppe I und II

Sonstige Regelwerke

DVGW-Arbeitsblatt GW 330	Schweißen von Rohren und Rohrleitungsteilen aus Polyethylen (PE 80, PE 100 und PE-Xa) für Gas- und Wasserleitungen; Lehr- und Prüfplan
DVGW-Arbeitsblatt GW 330-B1	Schweißen von Rohren und Rohrleitungsteilen aus Polyethylen (PE 80, PE 100 und PE-Xa) für Gas- und Wasserleitungen; Lehr- und Prüfplan; Beiblatt 1: Kontext, Ausbildungsstätten, Kunststoffrohrsysteme für höhere Betriebsdrücke
DVGW-Merkblatt GW 331	Schweißaufsicht für Kunststoffrohrsysteme in Rohrnetzen – Anforderungen und Qualifikation
DVGW VP 603	Vorläufige Prüfgrundlage für Reinigungsmittel und deren Behälter zur Vorbereitung von Schweißverbindungen an Polyethylenrohren
BetrSichV	Betriebssicherheitsverordnung

8.2. Literatur

[1] H. Patadia (GTI), ***Evaluation of Polyamide 12 for High Pressure Gas Distribution Applications (Final Report)***, OTD Project No. 20042, Gas Technology Institute, 2006

[2] J. Chen (Arkema), ***Optimization of Parameters Influencing Butt Fusion Integrity in Polyamide 11 Pipe***, Natural Gas Technologies 2005, Orlando, USA

[3] M. Eckes (SKZ), M. Troughton TWI), H. van Laak (Evonik Smart Materials), ***Investigation of the quality characteristics of polyamide 12 pipe welds***, Plastic Pipe Conference PPXX (2021), Amsterdam

[4] Hessel: ***Bestimmung der Mindestlebensdauer von Heizelementstumpf-Schweißverbindungen aus Vestamid BS0942 gemäß DVS 2203-4 Beiblatt 3***, INDA-Forum, Aachen Kornelimünster, 21.02.2008 (Bem.: das PA-U12 180 Compound Vestamid BS0942 wurde später umbenannt in Vestamid NRG 2101);

[5] R. Schlutter (SKZ); B. Gerets (SKZ); H. van Laak (Evonik Smart Materials), ***Langzeiteigenschaften von Stumpfschweißnähten an Gas-Druckrohren aus weichmacherfreiem Polyamid 12 - Long-time properties of butt fusion welds on gas pressure pipes made of unplasticized Polyamide 12,*** Joining Plastics, 18. Jahrgang, Ausgabe 1, S. 29–35, 2024

September 2024

DVS VERBAND

Richtlinie
DVS 2210-1

Entwurf

Vorgesehen als Ersatz für
Ausgabe April 1997

Dieser Richtlinienentwurf wird der Öffentlichkeit zur Prüfung und Stellungnahme vorgelegt. Einsprüche und Änderungsvorschläge werden erbeten an den DVS – Deutscher Verband für Schweißen und verwandte Verfahren e. V., Postfach 101965, 40010 Düsseldorf.

Richtlinie DVS 2210-1

Oberirdische Rohrleitungen aus thermoplastischen Kunststoffen

Ausschuss für Technik im DVS

Arbeitsgruppe W 4 „Fügen von Kunststoffen"

Untergruppe W 4.3a „Konstruktive Gestaltung, Rohrleitungsbau"

Bezug: DVS Media GmbH, Postfach 10 19 65, 40010 Düsseldorf, Telefon: (0211) 1591-0, E-Mail: media@dvs-media.info

Inhalt

1. Geltungsbereich

Diese Richtlinie enthält Grundlagen zur Projektierung, Berechnung, Vorfertigung und Montage von oberirdisch verlegten Rohrleitungen aus thermoplastischen Kunststoffen.

Die gesamte Richtlinie besteht aus den folgenden Teilen:

Richtlinie 2210-1: Oberirdische Rohrleitungen aus thermoplastischen Kunststoffen

Grundlagen in Ergänzung zu den Beiblättern 1 bis 4 – für alle Anwender.

Beiblatt 1 – Berechnung: Grundlage für das fachgerechte Auslegen der Kunststoffrohrleitung unter Beachtung der typischen Werkstoffeigenschaften – für Planer des Systems

Beiblatt 2 – Prüfung und Abnahme: Vorschriften für die Druckprüfung des Systems und die Qualitätssicherung der Komponenten und Verbindungen – für Qualitätsverantwortliche bei Errichtern und Betreibern

Beiblatt 3 – Rohrleitungskomponenten und -verbindungen: Übersicht über Bauteilarten und Verbindungsmethoden. Hinweise für Installation und Einsatz – für Planer, Errichter und Betreiber

Beiblatt 4 – Befestigungstechnik: Übersicht über die fachgerechte Aufhängung und Auflagerung von Rohrleitungen unter besonderer Berücksichtigung der kunststoffspezifischen Anforderungen und Möglichkeiten – für Planer und Errichter

Die Anwendung der Richtlinie setzt neben den Erfahrungen im allgemeinen Rohrleitungsbau auch Kenntnisse zu den im Abschnitt 1.2 genannten Werkstoffen voraus.

Die in dieser Richtlinie behandelten Rohrleitungen können dem Transport flüssiger und gasförmiger Stoffe dienen. Sie ist insbesondere bei Rohrleitungen anzuwenden, die zum Transport umweltgefährdender oder toxischer Durchflussstoffe eingesetzt werden, um eine Gefährdung von Personen und/oder der Umwelt auszuschließen. Die Verlegung kann sowohl innerhalb von Gebäuden, Kanälen und Schächten als auch im Freien erfolgen. Doppelrohrsysteme und erdgedeckte Rohrleitungen sind in den Richtlinien DVS 2210-2 und DVS 2210-3 beschrieben.

Rohrleitungen für heizungs-, sanitär- und lufttechnische Anlagen werden in dieser Richtlinie nicht behandelt.

Gesetze, Vorschriften oder behördliche Auflagen, welche die Anwendung dieser Richtlinie fordern, erweitern oder einschränken, müssen gesondert beachtet werden. Rohrleitungen, welche in Anlagen zur Lagerung wassergefährdender Stoffe Verwendung finden bzw. zu deren Fortleitung benutzt werden, sind ggf. nach weiteren nationalen Richtlinien zu behandeln (in Deutschland z. B. gemäß TA-Luft, WHG/AwSV sowie den Bau- und Prüfgrundsätzen des Deutschen Instituts für Bautechnik, DIBt). Rohrleitungen mit einem Außendurchmesser > DN 25 und mehr als 0,5 bar Betriebsüberdruck fallen unter die Druckgeräterichtlinie (DGRL).

Zu den Rohrleitungen gehören auch deren Ausrüstungsteile. Als Ausrüstungsteile sind alle Armaturen, Mess- und Regelgeräte und sonstigen Einrichtungen aufzufassen, welche die Sicherheit der Rohrleitung beeinflussen können.

Hinweis: Während in der DGRL vom „Hersteller" gesprochen wird, unterscheidet die vorliegende Richtlinie zwischen dem Hersteller von Komponenten und dem Errichter des Rohrleitungssystems. Die Verantwortlichkeiten sind entsprechend gleichzusetzen.

Rohrleitungen aus thermoplastischen Kunststoffen, die ein erhöhtes Gefährdungspotenzial aufweisen (Gase, brennbare, ätzende oder giftige Fluide), sind in Deutschland gemäß den Bestimmungen der Druckgeräterichtlinie nach AD 2000-Merkblatt HP 120 R auszuführen.

1.1. Anwendungsgebiete

Typische Anwendungsgebiete sind:

- Abwassertechnische Anlagen
- Galvanotechnische Anlagen
- Halbleiterindustrie
- Industrie- und Chemieanlagen
- Kühl- und Brauchwasserversorgung
- Nahrungsmittel- und Getränkeindustrie
- Wasseraufbereitungsanlagen

Ungenannte Anwendungsgebiete schließen die Anwendung dieser Richtlinie nicht aus.

1.2. Werkstoffe

Die Richtlinie ist für folgende Werkstoffe anzuwenden:

- Polyethylen (PE-HD)
- Polypropylen Typ 1 bis 3 (PP-H), (PP-R), (PP-B)
- Polyvinylchlorid (PVC-C), (PVC-U)
- Polyvinylidenfluorid (PVDF)
- Ethylen-Chlortrifluorethylen (ECTFE)
- Polyamid (weichmacherfrei) (PA-U 12)

Die Werkstoffbezeichnungen sind als Oberbegriff einer jeweiligen Thermoplastgruppe zu verstehen. Die Angaben entsprechen dem derzeitigen Stand der Normung. Nach Richtlinie DVS 2205-1 klassifizierte Thermoplaste mit Kurzbezeichnungen nach DIN-, EN- und ISO-Standards sind entsprechend ihren Eigenschaften der jeweiligen Werkstoffgruppe zuzuordnen (z. B. schließt PE-HD die Typen PE 80, PE 100, PE 100-RC, sowie PVC-U die Typen -HI, -NI, RI ein. Die Daten von PA-U 12 beziehen sich auf die Type PA-U 12 180).

Die Werkstoffwahl wird vom jeweiligen Anwendungsfall beeinflusst. Dabei ist Folgendes zu berücksichtigen:

- Betriebsbedingungen (Temperatur, Druck)
- chemische Widerstandsfähigkeit gegenüber den Durchflussmedien
- Einbau- und Umgebungsbedingungen
- Art der Fügeverbindungen

Gegebenenfalls ist die Werkstoffeignung unter Einfluss von Klebstoffen, Dichtungsmaterialien, etc. nachzuweisen.

Die Richtlinie kann sinngemäß auch für hier nicht genannte Thermoplaste und Werkstoffmodifikationen angewendet werden, z. B. für elektrisch ableitfähige und schwer entflammbar eingestellte Werkstoffe. Voraussetzung dafür ist, dass die zur Dimensionierung erforderlichen Kennwerte in gesichertem Umfang vorliegen und die zur sachgemäßen Verarbeitung notwendigen Fertigungsparameter nach den Regeln der Technik anerkannt sind.

2. Projektierung

2.1. Grundlagen

Bei der Projektierung von Kunststoffrohrleitungssystemen sind die besonderen Werkstoffeigenschaften hinsichtlich ihres Verhaltens bei Einwirkung betriebsbedingter und äußerer Einflüsse zu berücksichtigen. Dazu gehören mechanische, thermische und chemische Beanspruchungsarten. Die rechnerische Auslegung der Rohrleitung hat den im Prüf-, Montage- und Betriebszustand auftretenden Belastungen zu genügen. Die Berechnung der Rohrleitung im Hinblick auf die im Folgenden beschriebenen Einflussgrößen und Belastungen erfolgt nach Beiblatt 1 dieser Richtlinie.

2.2. Einflussgrößen

Die zu erwartende Lebensdauer (Standzeit) der Rohrleitung wird durch die Betriebsbelastungen beeinflusst. Alle Betriebsparameter sind bei der Projektierung der Rohrleitung zu beachten. Nachfolgend sind die wesentlichen Belastungen von Rohrleitungen aus Kunststoff und ihre Wirkung auf die Betriebssicherheit beschrieben.

2.2.1. Belastung durch Inneren Überdruck

Der Systemdruck (bzw. Auslegungsdruck PS nach DGRL) einer Rohrleitung darf im Regelfall den für Rohrleitungskomponenten angegebenen zulässigen Bauteil-Betriebsüberdruck nicht überschreiten. Jede Überbeanspruchung durch Innendruck kann zu einem vorzeitigen Versagen des Rohrleitungssystems bzw. zu einer Standzeitverkürzung führen.

Es ist zu beachten, dass bei Formstücken, die aus Rohrsegmenten hergestellt werden, infolge geometrischer und fertigungsbedingter Einflüsse eine Reduzierung des zulässigen Innendrucks erforderlich sein kann.

Eine weitere Einschränkung der Innendruckbelastbarkeit von Rohrleitungen gegenüber den Angaben in den Rohrnormen resultiert aus den Biege- und Wärmespannungen, die sich in ihrer Wirkung mit den Spannungen aus dem Innendruck überlagern. Es muss deshalb immer der Gesamtspannungszustand innerhalb eines Rohrsystems rechnerisch erfasst und als Beurteilungsmaßstab für den zulässigen Betriebsüberdruck zugrunde gelegt werden.

Zu berücksichtigen ist, dass die Rohrleitung häufig keinem stationären, sondern einem intermittierenden Betriebsüberdruck ausgesetzt wird. Die jeweilige Belastungshöhe und -dauer ist einer gesonderten Betrachtung zu unterziehen. Zeitlich aneinandergereiht, ergibt sich aus den einzelnen Belastungsabschnitten die definitive Beanspruchung, die eine Aussage über die zu erwartende Standzeit der Rohrleitung zulässt.

Sofern Druckstoßbelastungen auftreten können, müssen diese rechnerisch untersucht und deren Wirkung auf die Betriebssicherheit der Rohrleitung bewertet werden. Die Reduzierung bzw. Vermeidung von Druckstößen hat vorrangig durch konstruktive Maßnahmen zu erfolgen. Beispiel: Rohrsysteme, die mittels Pumpen betrieben werden, sollten keine schnellschließenden Absperrarmaturen enthalten.

2.2.2. Belastung durch äußeren Überdruck

Der zulässige äußere Überdruck bzw. innere Unterdruck ist abhängig vom Wanddicken-/Durchmesser-Verhältnis einer Rohrleitung. Kann ein innerer Unterdruck im Rohrsystem auftreten, so ist der kritische Beuldruck des Rohres zu ermitteln und mit dem wirksam werdenden Unterdruck zu vergleichen (Stabilitätsnachweis). Unterdruckgefährdet sind insbesondere dünnwandige Rohre aber auch nicht gefüllte und gegen die Atmosphäre geöffnete Großrohrleitungen im Freien, beim Auftreten von Windsog.

2.2.3. Temperaturbelastung

Bei der Rohrdimensionierung ist die Größe und Dauer der Temperaturbelastung zu berücksichtigen. Mit zunehmender Temperatur sinkt der zulässige innere bzw. äußere Überdruck einer Kunststoffrohrleitung aufgrund des temperaturabhängigen Festigkeits- und Steifigkeitsverhaltens. Neben dem Einfluss der Temperatur auf das Steifigkeits- und Festigkeitsverhalten ist auch die Wärmealterungsgrenze zu beachten (Angaben hierzu siehe Richtlinie DVS 2201-1). Temperaturänderungen in axial beweglichen Rohrleitungen bewirken eine Verlängerung oder Verkürzung der jeweiligen Rohrstrecken. Hieraus resultieren Wärmespannungen, und es sind ggf. Maßnahmen erforderlich, um insbesondere bei Rohrbögen und Abzweigen unzulässige Spannungsüberhöhungen zu kompensieren. Die materialabhängigen Längenänderungen sind zu beachten.

Die Längenkompensation kann bei freier Verlegung oder einseitiger Einspannung durch konstruktive Maßnahmen (z. B. Biegeschenkel) und/ oder entsprechende Platzierung von Festpunkten beherrscht werden.

Die Anwendungsgrenzen der axial eingespannten Rohrleitung werden durch die zulässige Zug- bzw. Druckspannung sowie durch die kritische Dehnung bzw. Stauchung vorgegeben. Zum Spannungsnachweis ist zusätzlich ein Stabilitätsnachweis gegen Knicken zu führen.

2.2.4. Belastung durch das Medium

Kunststoffe sind gegenüber einer Vielzahl von Medien widerstandsfähig. Dennoch können die Werkstoffeigenschaften von Kunststoffen durch Medien beeinflusst werden, was zu Steifigkeits- und Festigkeitsänderungen führen kann. Eine erste Orientierung über die Widerstandsfähigkeit des Werkstoffes gegenüber den Medien ermöglichen z. B. die DIBt Medienlisten. Hinweise zur chemischen Widerstandsfähigkeit sind ggf. auch den Unterlagen der Hersteller zu entnehmen.

Sofern in den o. g. Quellen keine Angaben zum Einfluss des Mediums und/oder der Mediengemische zu finden sind, kann dieser durch Einlagerungsversuche ermittelt werden.

Für die Dimensionierung einer Kunststoffrohrleitung ist eine Rechengröße erforderlich, welche die Wirkung des Mediums auf das Festigkeitsverhalten des Werkstoffes berücksichtigt (Abminderungsfaktor). Ausführliche Angaben neben der DIBt Medienliste sind der Richtlinie DVS 2205-1, DIN EN 1778 oder Herstellerangaben zu entnehmen.

2.3. Werkstoffeigenschaften

Nachfolgend werden Hinweise zu den spezifischen Eigenschaften von Kunststoffen gegeben, welche für den Einsatz unter besonderen Anforderungen zu berücksichtigen sind.

2.3.1. Brandverhalten

Kunststoffe haben unterschiedliches Brandverhalten. Zur Beurteilung sind die jeweiligen Regelwerke zu beachten. Planerische Entscheidungen sind aufgrund der geltenden Brandschutzbestimmungen zu treffen.

2.3.2. Hygienisches und toxikologisches Verhalten

Beim Einsatz von Kunststoffrohrleitungen, z. B. in der Nahrungs- und Getränkemittelindustrie sowie für Trinkwasser, dürfen keine Bestandteile an den Durchflussstoff abgegeben werden, welche die menschliche Gesundheit gefährden oder die Zusammensetzung des Mediums nachhaltig beeinflussen können. Außerdem dürfen Algenbildung und Bakterienwachstum nicht begünstigt werden. Es sind die jeweiligen Regelwerke zu beachten.

2.3.3. Verhalten gegenüber elektrostatischer Aufladung

Beim Betrieb von Rohrleitungen aus Kunststoff können statische Aufladungen durch die Strömung von Flüssigkeiten oder Stäuben entstehen.

Elektrostatische Aufladungen bedeuten vor allem dort eine Gefahr, wo Entladungsfunken Zündungen hervorrufen können. Rohrleitungssysteme zur Fortleitung brennbarer Flüssigkeiten sind gemäß den jeweils gültigen Bauvorschriften zu errichten und sie müssen den Richtlinien des Explosionsschutzes (z. B. TRGS 727, „ATEX“,) entsprechen. In folgenden Fällen müssen Kunststoffrohrleitungen leitfähig oder ableitfähig ausgeführt werden, um Zündgefahren durch Aufladung der Rohrleitung zu vermeiden:

- Bei der Fortleitung brennbarer Flüssigkeiten, beim Befüllen und Entleeren.
- Bei der Fortleitung isolierender Flüssigkeiten, um eine Schädigung der Rohrleitung infolge von Durchschlägen zu vermeiden.
- Bei der Errichtung innerhalb explosionsgefährdeter Bereiche der Zone 0 und der Zone 1 bzw. deren Querung.

Anmerkung:

Als leitfähig gilt ein Stoff oder Material, wenn sein spezifischer Durchgangswiderstand $R_D \leq 10^4\ \Omega \times m$ oder sein Oberflächenwiderstand $R_O \leq 10^4\ \Omega$ bei 23 °C und 50 % relativer Luftfeuchte ist.

Als ableitfähig gilt ein Stoff oder Material, wenn sein spezifischer Durchgangswiderstand $10^4 < R_D \leq 10^9\ \Omega \times m$ oder sein Oberflächenwiderstand $10^4 < R_D \leq 10^9\ \Omega$ bei 23 °C und 50 % relativer Luftfeuchte beträgt.

Standard-Kunststoffe weisen einen Oberflächenwiderstand von $R_O > 10^9\ \Omega$ auf und entsprechen somit nicht den Anforderungen der Explosionsschutzrichtlinien.

Zur Verhütung bzw. Ableitung von Aufladungen ist Folgendes zu beachten:

- Einsatz von Kunststoffrohrleitungen aus sicher elektrisch ableitfähigen Werkstoffen, d. h. solchen mit einem Oberflächenwiderstand von $R_O < 10^9\ \Omega$. Hinweise hierzu sind den Unterlagen der Hersteller zu entnehmen.
- Alle leitenden und ableitfähigen Rohrleitungsabschnitte müssen geerdet sein. Elektrostatisch geerdet sind Gegenstände aus leitfähigen Stoffen, deren Ableitwiderstand $R_A < 10^6\ \Omega$ beträgt. Die Erdung kann einzeln oder durch leitfähiges Verbinden aller Teile und Ableiten an mindestens einem Punkt erfolgen.
- Enden die Rohrleitungen in Behältern oder Apparateteilen, sind die Richtlinien zur Vermeidung von Zündgefahren infolge elektrostatischer Aufladung zu beachten.

Falls der Explosionsschutz auf andere Art und Weise, z. B. durch Inertisierung, Abschirmung o. ä., sichergestellt wird, ist eine leitfähige oder ableitfähige Ausführung der Kunststoffrohrleitung nicht erforderlich. Die Planung und Realisierung von Explosionsschutzmaßnahmen erfordert eingehende Sachkenntnis und muss deshalb von Fachkräften hinsichtlich ihrer Wirksamkeit beurteilt und freigegeben werden.

2.3.4. Einschränkungen bei Einwirkung energiereicher Strahlung

Gegenüber energiereichen Strahlen sind Rohrleitungen aus Kunststoffen im Allgemeinen nicht dauerhaft beständig. Daher ist der Einsatz mit dem Hersteller der Rohrleitungskomponenten abzustimmen.

2.3.5. Verhalten bei Witterungseinflüssen

Unter Witterungseinflüssen ist die Einwirkung von UV-Strahlung, Umgebungstemperatur, Ozon, saurer Regen usw. zu verstehen. Hinweise zum Verhalten sind bei den Herstellern der Rohrleitungsteile zu erhalten. Sind die Werkstoffe gegen die Witterungseinflüsse nicht widerstandfähig, können Zusatzmaßnahmen, z. B. Abdeckungen, Schutzanstriche oder Isolationen vorgesehen werden.

2.3.6. Verhalten bei abrasiven Medien

Zur Förderung trockener, abrasiv wirkender Medien sind Rohrleitungen aus Kunststoff bedingt gut geeignet, während sie bei nass abrasiv wirkenden Medien in der Regel gut geeignet sind. Die Verwendbarkeit ist im Einzelfall durch Untersuchungen nachzuweisen.

3. Berechnung

Alle zur Berechnung von Rohrleitungen aus Kunststoffen erforderlichen Angaben sind in Richtlinie DVS 2210-1 Beiblatt 1, zusammengefasst.

4. Ausführungsplanung (Montageplanung)

Bei der Planung einer betriebssicheren und standfesten Rohrleitung müssen sämtliche Komponenten, Befestigungen und Verbindungstechniken hinsichtlich Werkstoff, Anwendungsbereich, konstruktiver Gestaltung und Verarbeitung aufeinander abgestimmt werden.

Alle Details zur Ausführungsplanung sind in Richtlinie DVS 2210-1 Beiblatt 3 sowie in Richtlinie DVS 2210-1 Beiblatt 4 beschrieben.

5. Errichtung und Montage von Rohrleitungssystemen

5.1. Anforderungen

5.1.1. Anforderungen an den Fachbetrieb

Die Errichtung und Montage von Rohrleitungssystemen muss durch qualifizierte Fachbetriebe für rohrleitungsspezifische Kunststoffverarbeitung erfolgen, die über fachlich qualifiziertes und erfahrenes Personal, insbesondere mit den nach Abschnitt 1.2 genannten Werkstoffen sowie über die erforderliche technische Ausrüstung verfügen und ein Qualitätsmanagementsystem betreiben, z. B. nach ISO 9001.

Rohrleitungen zum Transport nach Wasserhaushaltsgesetz (WHG) wassergefährdenden Stoffen erfordern eine Zulassung (z. B. Überwachungsgemeinschaft (ÜChem) oder TÜV) als Fachbetrieb nach § 62 WHG sowie eine Überwachung durch eine anerkannte Stelle.

Der Errichter der Rohrleitung muss durch Arbeitsanweisungen sowie geeignete Ausführungshilfsmittel, wie Tabellen, Diagramme und Formulare dafür Sorge tragen, dass die Arbeiten vom Errichtungs- und Montagepersonal sachgerecht ausgeführt werden können.

Zusätzliche Qualifikationsnachweise können zwischen Auftraggeber und Auftragnehmer vereinbart werden, z. B. die Bereitstellung einer qualifizierten Schweißaufsicht nach Richtlinie DVS 2213 und Montagepersonal, welches nach DIN EN 1591-4 zugelassen ist.

5.1.2. Personelle Anforderungen

Das Fertigungs- und Montagepersonal muss die auszuführenden Tätigkeiten eigenständig beurteilen und ggf. festlegen können. Situationsbedingt getroffene Entscheidungen sind in der Bauakte zu dokumentieren. Hierfür wird eine kunststoffspezifische Ausbildung mit rohrleitungstechnischem Basiswissen oder die langjährige Ausübung einer äquivalenten Tätigkeit mit intensiver Schulung auf dem Sektor des Kunststoffrohrleitungsbaus vorausgesetzt. Die Prüfung als Kunststoffschweißer oder Kunststoffkleber (z. B. nach Richtlinie DVS 2212-1 und Richtlinie DVS 2221) ist Voraussetzung für das fachgerechte Verbinden von Rohrleitungsteilen.

5.1.3. Anforderungen an Werkzeuge, Hilfsmittel, Maschinen und Geräte

Die Ausstattung zur Kunststoffverarbeitung sowie zur Ausführung der Verlege- und Verbindungsarbeiten muss funktionstüchtig und ordnungsgemäß gewartet sein sowie die sicherheitstechnischen Anforderungen erfüllen. Anforderungen an Maschinen und Geräte für das Verbinden von Kunststoffrohrleitungen können den verfahrensspezifischen DVS-Richtlinien, z. B. DVS 2208-1, entnommen werden.

Die Maschinen- und Geräteeinstellwerte, welche der Verarbeitung zugrunde liegen, sind in regelmäßigen Abständen zu kontrollieren bzw. zu kalibrieren. Die Kalibrierungsdaten sind in übersichtlicher Form zu dokumentieren und im Rahmen von Arbeitsanweisungen oder Schulungen dem Maschinen- und Geräteanwender zugänglich und verständlich zu machen.

5.1.4. Beaufsichtigung der Verarbeitung und der Verlegearbeiten

Das Personal ist einer sachkundigen Aufsicht zu unterstellen, die für die Belange der Verarbeitung, der Fügetechnik, der Montage und Qualitätssicherung sowie für die Verwendung geeigneter Maschinen, Geräte und Hilfsmittel verantwortlich ist. Eine fachspezifische Ausbildung (Schweißen, Kleben, Errichten und Schweißaufsicht) nach DVS-Richtlinien bietet hierfür eine Grundlage.

5.2. Vorfertigen von Baugruppen

Die Vorfertigung von Baugruppen (Spools) soll in dafür geeigneten Fertigungsstätten erfolgen (siehe auch Richtlinie DVS 2210-1, Beiblatt 2).

Bei der Vorfertigung muss durch entsprechende Fertigungsunterlagen sichergestellt sein, dass die für den Anwendungsfall geeigneten werkstoffspezifischen Verbindungstechniken eingesetzt werden.

5.3. Transport und Lagerung von Rohrleitungsteilen

Rohrleitungskomponenten aus Kunststoffen sind nach den Herstellervorgaben so zu lagern und zu transportieren, dass sie vor unzulässigen Beschädigungen, wie z. B. Riefen oder Kerben und Verformung geschützt sind.

Beim Auf- und Abladen sind Schlag- und Stoßbeanspruchungen zu vermeiden. Erfolgen die Ladevorgänge mittels Hebezeugen, so sind geeignete Anschlagmittel/Anhängevorrichtungen zu verwenden. Das Herunterwerfen der Rohrleitungsteile von der Ladeebene ist nicht zulässig. Rohrleitungskomponenten mit Bruchschäden, z. B. Brüche in Längsachse, die durch unsachgemäßen Transport verursacht wurden, dürfen in der Montage nicht verwendet werden.

Rohrleitungsteile dürfen nicht auf dem Boden oder über Hindernisse geschleift werden.

Rohre sind beim Transport erforderlichenfalls durch Zwischenlagen zu trennen und gegen Verschieben, Durchhängen oder Verformung zu sichern. Sie sollen auf ihrer gesamten Länge flach aufliegen.

Schlagartige Belastungen sind unbedingt zu vermeiden.

Während der Lagerung soll eine Verschmutzung der Rohre nach Möglichkeit vermieden werden und Rohrenden sollten mit einer Schutzkappe verschlossen sein.

Der Platz für die Lagerung der Rohrleitungsteile soll größtmöglichen Schutz bieten und ist fachmännisch einzurichten. Um Punkt- oder Linienauflagen der Rohre auszuschließen, muss die Lagerfläche für die Rohre eben und frei von scharfkantigen Gegenständen sein. Die Einwirkung von chemischen Substanzen (z. B. Öl, Lösemittel) oder rußhaltigen Abgasen während der Lagerungsdauer ist unbedingt zu verhindern.

Bei der Stapelung von Rohren sind die einschlägigen Unfallverhütungsvorschriften (UVV) zu beachten.

Auflagerung und Stapelhöhe sind so zu wählen, dass keine Beschädigungen oder bleibende Verformungen auftreten können. Rohre mit größerem Durchmesser und geringer Wanddicke sind ggf. mit Aussteifungsringen an den Rohrenden zu versehen.

Bei Freilagerung sind ggf. Einschränkungen der Lagerzeit insbesondere bei farbigen Rohrleitungskomponenten zu beachten (Abschnitt 2.3.5). Einseitige Wärmeaufnahme durch Sonneneinstrahlung kann zu einer Verformung der Rohrlängsachse führen.

Rohrleitungsteile sind möglichst in der Reihenfolge ihrer Herstellung bzw. ihrer Anlieferung zu verwenden; es ist grundsätzlich auf eine möglichst kurze Lagerungsdauer zu achten.

Weitere Hinweise zu Transport und Lagerung sind z. B. den Einbauhinweisen für Druckrohrleitungen des Kunstoffrohrverbandes e.V. (KRV) zu entnehmen.

5.4. Verbindungen mittels Schweißen und Kleben

Neben Klebeverbindungen sind die im Kunststoffrohrleitungsbau üblichen Schweißverfahren die Folgenden:

- Heizelementstumpfschweißen (HS)
- Heizelementmuffenschweißen (HD)
- Heizwendelschweißen (HM)
- Infrarotschweißen (IR)
- wulst- und nutfreies Schweißen (WNF)

Die Ausführung der Schweiß- und Klebearbeiten erfolgt gemäß DVS 2210-1 Beiblatt 3 dieser Richtlinie sowie den Vorschriften der Formstück- sowie Maschinen- und Gerätehersteller.

5.5. Mechanische Verbindungen

Zu den mechanischen Verbindungen zählen z. B.:

- Flanschverbindungen
- Steckmuffenverbindungen
- Gewindeanschlüsse
- Verschraubungen
- Rohrkupplungen

Details zur Ausführung der Verbindungen einschließlich Aussagen zu Dichtungstechnik und Einbau von Armaturen sind in Richtlinie DVS 2210-1 Beiblatt 3 beschrieben.

5.6. Kennzeichnung der Rohrleitungen

Die Kennzeichnung der Rohrleitungen erfolgt nach Angaben des Auftraggebers bzw. des Anlagenbetreibers. Neben der Bauteilkennzeichnung des Herstellers muss die einwandfreie Identifizierung nach dem Durchflussstoff möglich sein (siehe dazu DIN 2403). Diese Informationen müssen dauerhaft sichtbar ausgeführt sein, z. B. mit für den Rohrwerkstoff geeigneten, selbstklebenden Kennzeichnungsbändern.

6. Qualitätsmanagement (Qualitätssicherung, Prüfungen, Abnahme)

Das Qualitätsmanagement umfasst alle verwendeten Komponenten und deren Verbindungen, die werksseitige Vorfertigung sowie die Montage auf der Baustelle. Der Errichter hat in Vereinbarung mit dem Auftraggeber das Qualitätsmanagement zu dokumentieren und die hierfür notwendigen personellen sowie gerätetechnischen Ressourcen bereitzustellen.

Details zur Qualitätssicherung sind in Richtlinie DVS 2210-1 Beiblatt 2 beschrieben.

Im Rahmen der Errichtung sind folgende Maßnahmen zur Qualitätssicherung durchzuführen:

- Eingangsprüfung
- Zwischenprüfung
- Endprüfung und Ausgangskontrollen

Des Weiteren können im Rahmen des Qualitätsmanagements folgende Prüfungen erforderlich sein:

- Prüfung der Geräte und Maschinen
- Visuelle Prüfung
- Zerstörungsfreie Prüfung
- Zerstörende Prüfung
- Dichtheits- und Innendruckprüfung

Zur Abnahme muss dem Betreiber, neben dem Betriebshandbuch, auch eine Dokumentation gemäß den Vorgaben der Richtlinie DVS 2210-1 Beiblatt 2 ausgehändigt werden. Der Rohrleitungsplan ist in revidierter Ausfertigung („As-built") zu übergeben.

7. Dokumentation

Der Errichter hat die Dokumentation des Projekts zur Verfügung zu stellen. Im Wesentlichen soll die Dokumentation folgende Bestandteile aufweisen:

- Rohrleitungsisometrien des Istzustandes („As-built") mit Angabe der Verbindungsstellen und fortlaufender Nummerierung gemäß Schweiß-/Klebeprotokoll bzw. in Übereinstimmung mit den Montageaufzeichnungen
- Datenblätter zu den Rohrleitungen mit Angaben über zulässigen Betriebsdruck, Betriebstemperatur und Verlegeparameter
- Berechnungen und statische Nachweise,
- Herstellerbescheinigungen und Herkunftsnachweise für Materialien, Komponenten und Baugruppen
- Zeugnisse, Prüf- und Abnahmeprotokolle, Wartungsnachweise
- Protokolle über die Schweiß- oder Klebearbeiten
- Protokolle zu Schulungen und Einweisungen
- Zeugnisse über die Qualifikation der eingesetzten Fachkräfte

- Fachbetriebsnachweis (z. B. nach Wasserhaushaltsgesetz WHG)
- Konformitätserklärungen sowie weitere Unterlagen der Entwurfsprüfung gemäß Druckgeräterichtlinie, sofern anwendbar
- weitere anwendungsspezifische Herstellererklärungen und Nachweise (z. B. Atex, Lebensmitteltauglichkeit, TA Luft (Technische Anleitung zur Reinhaltung der Luft) mit Verweis auf VDI 2290).

Welchen Umfang die Dokumentation für ein Objekt haben soll, kann zwischen Auftraggeber und Auftragnehmer anhand der voranstehenden Aufzählung vereinbart werden.

8. Schrifttum

Normen

DIN EN 1591-4	Flansche und ihre Verbindungen – Teil 4: Qualifizierung der Befähigung von Personal zur Montage von Schraubverbindungen in druckbeaufschlag ten Systemen im kritischen Einsatz
DIN EN 1778	Charakteristische Kennwerte für geschweißte Thermoplast-Konstruktionen – Bestimmung der zulässigen Spannungen und Moduli für die Berechnung von Thermoplast-Bauteilen
DIN 2403	Kennzeichnung von Rohrleitungen nach dem Durchflussstoff
ISO 9001	Qualitätsmanagementsysteme – Anforderungen

DVS-Regelwerke

Richtlinie DVS 2201-1	Prüfen von Halbzeug aus Thermoplasten Grundlagen – Hinweise
Richtlinie DVS 2205-1	Berechnung von Behältern und Apparaten aus Thermoplasten – Kennwerte
Richtlinie DVS 2208-1	Schweißen von thermoplastischen Kunststoffen Maschinen und Geräte für das Heizelementschweißen von Rohren, Rohrleitungsteilen und Tafeln
Richtlinie DVS 2210-1 Beiblatt 1	Oberirdische Rohrleitungen aus thermoplastischen Kunststoffen – Berechnung
Richtlinie DVS 2210-1 Beiblatt 2	Oberirdische Rohrleitungen aus thermoplastischen Kunststoffen – Prüfung und Abnahme
Richtlinie DVS 2210-1 Beiblatt 3	Oberirdische Rohrleitungen aus thermoplastischen Kunststoffen – Rohrleitungskomponenten und -verbindungen
Richtlinie DVS 2210-1 Beiblatt 4	Oberirdische Rohrleitungen aus thermoplastischen Kunststoffen – Befestigungstechnik
Richtlinie DVS 2210-2	Industrierohrleitungen aus thermoplastischen Kunststoffen – Projektierung, Konstruktion, Errichtung – Doppelrohrsysteme
Richtlinie DVS 2210-3	Industrierohrleitungen aus thermoplastischen Kunststoffen – Projektierung und Errichtung – Erdgedeckte Rohrsysteme
Richtlinie DVS 2212-1	Prüfung von Kunststoffschweißern für den Anlagenbau (Apparate-, Behälter- und Rohrleitungsbau)

Richtlinie DVS 2213	Fachmann für Kunststoffschweißen
Richtlinie DVS 2221	Prüfung von Kunststoffklebern - Rohrverbindungen aus PVC-U, PVC-C und ABS mit lösenden Klebstoffen

Sonstige Regelwerke

Druckgeräterichtlinie (DGRL)	Richtlinie 2014/68/EU des Europäischen Parlaments und des Rates vom 15. Mai 2014 zur Harmonisierung der Rechtsvorschriften der Mitgliedstaaten über die Bereitstellung von Druckgeräten auf dem Markt
AD 2000-Merkblatt HP 120 R	Herstellung und Prüfung von Druckbehältern – Bauvorschriften – Rohrleitungen aus thermoplastischen Kunststoffen
TRGS 727	Technische Regeln für Gefahrstoffe – Vermeidung von Zündgefahren infolge elektrostatischer Aufladungen
VDI 2290	Emissionsminderung – Kennwerte für dichte Flanschverbindungen

Juli 2025

Richtlinie
DVS 2210-1
Beiblatt 1

Entwurf

Vorgesehen als Ersatz für
Ausgabe April 2003

Dieser Richtlinienentwurf wird der Öffentlichkeit zur Prüfung und Stellungnahme vorgelegt. Einsprüche und Änderungsvorschläge können über das DVS-Regelwerksportal (www.dvs-regelwerk.de) sowie per Post an den DVS – Deutscher Verband für Schweißen und verwandte Verfahren e. V., Postfach 101965, 40010 Düsseldorf eingereicht werden

Richtlinie DVS 2210-1 Beiblatt 1

Oberirdische Rohrleitungen aus thermoplastischen Kunststoffen – Berechnung

Ausschuss für Technik im DVS

Arbeitsgruppe W 4 „Fügen von Kunststoffen“

Untergruppe W 4.3a „Konstruktive Gestaltung, Rohrleitungsbau“

Bezug: DVS Media GmbH, Postfach 10 19 65, 40010 Düsseldorf, Telefon: (0211) 1591-0, E-Mail: media@dvs-media.info

Inhalt

1. Geltungsbereich

Dieses Beiblatt ist Bestandteil der DVS-Richtlinie 2210-1 "Oberirdische Rohrleitungen aus thermoplastischen Kunststoffen – Planung und Errichtung". Die gesamte Richtlinie besteht aus einem Hauptteil und mehreren Beiblättern. Die Zuordnung ist dem Hauptteil zu entnehmen.

Das Ziel dieses Beiblattes wie der gesamten Richtlinie ist es, dem Praktiker Hinweise zur fachgerechten Planung und Errichtung von Kunststoffrohrleitungen zu geben. Dabei wird besonderer Wert auf die Beachtung der kunststoffspezifischen Besonderheiten gelegt.

2. Allgemeine Hinweise zur Benutzung

Rohrleitungen, welche in Anlagen zur Lagerung wassergefährdender Stoffe Verwendung finden bzw. zu deren Fortleitung benutzt werden, sind nach den Bau- und Prüfgrundsätzen des Deutschen Instituts für Bautechnik (DIBt) zu behandeln.

Rohrleitungen mit einem Außendurchmesser > 32 mm mit mehr als 0,5 bar Betriebsüberdruck, fallen unter die Druckgeräterichtlinie (DGRL). Im Zusammenhang mit den Bestimmungen der DGRL können die relevanten Beiblätter des AD 2000 Regelwerks herangezogen werden.

Zu den Rohrleitungen gehören auch deren Ausrüstungsteile. Als Ausrüstungsteile sind alle Armaturen, Mess- und Regelgeräte und sonstigen Einrichtungen aufzufassen, welche die Sicherheit der Rohrleitung beeinflussen können.

Gemäß der Verordnung über Anlagen zum Umgang mit wassergefährdenden Stoffen (AwSV) § 43 ist die Dokumentation der Berechnungen inklusive des Standsicherheitsnachweises in Deutschland verpflichtend.

Ein rechnerischer (statischer) Nachweis gemäss dieser Richtlinie muss folgende Kriterien abecken:

- Statischer Kurz- und Langzeit-Spannungsnachweis für flexibel und fest eingespannte Leitungsabschnitte unter Berücksichtigung der zulässigen Längenänderung sowie Durchbiegung.
- Erstellung eines kunststoffgerechten (Rohr-) Halterungskonzeptes inkl. Stützabstände, sowie auftretender Reaktionskräfte.
- Übersichtliche Darstellung der getroffenen Belastungsannahmen und Lastkombinationen.
- Verdeutlichung der rechnerischen Ansätze.
- Prüfbarkeit der einzelnen Berechnungsschritte.
- Erläuterung nicht allgemein gültiger Gleichungen.
- Zusammenfassung relevanter Ergebnisse.

Weitere Gesetze, Vorschriften und behördliche Auflagen, wie sie u. a. exemplarisch in Richtlnie DVS 2210-1 genannt werden, sind zu beachten.

3. Berechnungsgrundlagen

3.1. Hydraulische Berechnungen

Strömungsvorgänge in Flüssigkeitsrohrleitungen werden mit der Kontinuitätsgleichung erfasst.

Sie lautet:

$$\dot{V} = A_i \cdot w = konst. \tag{1}$$

Die nachfolgenden Beziehungen gelten für Flüssigkeiten. Sie können aber auch für Gase mit ausreichender Genauigkeit verwendet werden.

3.1.1. Bestimmung des Rohrinnendurchmesser

$$d_i = 18,8 \cdot \sqrt{\frac{V'}{w}} = bzw.\ d_i = 35,7 \cdot \sqrt{\frac{V''}{w}} \tag{2}$$

3.1.2. Ermittlung der Durchflussgeschwindigkeit

$$w = 354 \cdot \frac{V'}{d_i^2} = bzw.\ w = 1275 \cdot \frac{V''}{d_i^2} \tag{3}$$

Richtwerte für übliche Durchflussgeschwindigkeiten sind:

Flüssigkeiten: w = 0,5 bis 1,0 m/s für Saugleitungen

w = 1,0 bis 3,0 m/s für Druckleitungen

Gase: w = 10 bis 30 m/s

In Gleichung (1) bis (3) bedeuten:

A_i	lichter Rohrquerschnitt	(mm^2)
d_i	Rohrinnendurchmesser	(mm)
V'	Durchflussvolumen	(m^3/h)
V''	Durchflussvolumen	(l/s)
w	Durchflussgeschwindigkeit	(m/s)

3.2. Hydraulische Kennwerte

3.2.1. Reynoldszahl

Die Reynoldszahl (Re) gibt das Verhältnis der an den Strömungsteilchen angreifenden Trägheitskräfte zu den Zähigkeitskräften an.

Sie kann wie folgt ermittelt werden:

$$Re = \frac{w \cdot d_i}{10^3 \cdot v} \tag{4}$$

Bei kreisrunden Rohrleitungen herrscht laminare Strömung unterhalb der kritischen Reynoldszahl Re_{krit} = 2320. Jedoch erfolgt der Umschlag von einer laminaren (unterkritischen) Strömung in eine turbulente (überkritische) Strömung nicht bei exakt der bestimmten Re-Zahl 2320, sondern in einem Übergansbereich (kritischer Bereich).

Zur Vereinfachung wird in der Regel der Wert von 2320 als Grenzwert für den Umschlag der Strömung betrachtet. Liegt die Reynoldszahl über dem kritischen Wert von 2320, so handelt es sich um turbulente Strömungen.

Laminare Strömung tritt in der Praxis insbesondere beim Transport viskoser Durchflussstoffe, wie z. B. Schmieröle, auf. In den meisten Anwendungsfällen, so auch bei wässrigen Durchflussstoffen, handelt es sich um turbulente Strömungen mit einer wesentlich gleichmäßigeren Geschwindigkeitsverteilung über den Rohrquerschnitt betrachtet als bei der laminaren Strömung.

3.2.2. Rohrreibungszahl

Zur Ermittlung hydraulischer Verluste in Rohrleitungen wird die dimensionslose Rohrreibungszahl λ. benötigt. Für laminare Strömungen in kreisrunden Rohren (Re < 2320) gilt:

$$\lambda = \frac{64}{Re} \tag{5}$$

Für turbulente Strömungen (Re > 2320) kann λ unter Verwendung von **Bild 2** (Anhang) bestimmt werden. Zur Ermittlung der Rohhreibungszahl ist der Rauhigkeitsbeiwert mit k = 0,007 für Kunststoffrohrleitungen anzusetzen. Die glatte Oberfläche ist ein Hauptvorteil für die Verwendung von Kunststoffrohren gegenüber metallischen Rohrleitungen. Durch größere Wanddicken bei Kunststoffrohren ergeben sich kleinere Rohrquerschnitte, welche bei gleichem Durchsatz höhere Strömungsgeschwindigkeiten ergeben. Alternativ kann die Hermann-Formel zur Bestimmung der Rohrreibungszahl verwendet werden (z. B. nach VDI-Wärmeatlas):

$$\lambda = 0,3964/Re^{0,3} + 0,0054 \tag{6}$$

Für praxisbezogene Überschlagsrechnungen genügt es, die hydraulischen Verluste von Rohrleitungsstrecken mit einer Rohrreibungszahl zu ermitteln.

Verwendete Formelzeichen in Gleichung (4) bis (6):

d_i	Rohrinnendurchmesser	(mm)
Re	Reynoldszahl	(-)
w	mittlere Strömungsgeschwindigkeit	(m/s)
λ	Rohrreibungszahl des Rohrwerkstoffes	(-)
v	kinematische Zähigkeit	(m^2/s)
	für Wasser von 20°C: $1{,}0 \cdot 10^{-6}\ m^2/s$ für Wasser von 40°C: $0{,}658 \cdot 10^{-6}\ m^2/s$	

3.2.3. Ermittlung der hydraulischen Verluste

Stoffströme in Rohrleitungen verursachen Reibung und damit Energieverluste, die sich durch einen Druckabfall bemerkbar machen. Maßgebend für die Größe der Verluste in den verschiedenen Einbauten sind:

- Länge der Rohrleitungsabschnitte
- Anzahl der Rohrleitungs- und -formteile
- Rohrrauhigkeitswert „k“
- Geometrie Einbauten (Formstücktypen und Armaturen) gemäß [1]
  - Strömungsumlenkungen z. B. Bogen, Winkel
  - Teilung oder Vereinigung z. B. T-Stücke und Abzweige 45°
  - Reduzierungen oder Aufweitungen des Strömungsquerschnittes
  - Zähigkeit und Dichte des Durchflussstoffes
  - Art der Strömung (laminar oder turbulent)

Der Gesamtdruckverlust in einem Rohrsystem ergibt sich aus der Summe folgender Einzelverluste:

$$\Delta p_{ges} = \Delta p_R + \Delta p_{RF} + \Delta p_{RA} + \Delta p_{RV} \qquad (7)$$

Verwendete Formelzeichen in Gleichung (7):

Δp_R	Druckverlust gerade Rohrstrecken	(bar)
Δp_{RF}	Druckverlust Formstücke	(bar)
Δp_{RA}	Druckverlust Armaturen	(bar)
Δp_{RV}	Druckverlust Verbindungsstellen	(bar)

3.2.3.1. Druckverluste einer geraden Rohrstrecke

Der Druckverlust in einer geraden Rohrstrecke ist proportional zur Rohrlänge und umgekehrt proportional zum Rohrdurchmesser. Daraus folgt:

$$\Delta p_R = \lambda \cdot \frac{L}{d_i} \cdot \frac{\rho}{2 \cdot 10^2} \cdot w^2 \tag{8}$$

Verwendete Formelzeichen in Gleichung (8):

Δp_R	Druckverlust geraden Rohrstrecke	(bar)
λ	Rohrreibungszahl des Rohrwerkstoffs	(-)
L	Länge gerade Rohrstrecke	(m)
d_i	Innendurchmesser Rohrleitung	(mm)
ρ	Dichte Durchflussstoff	(kg/m^3)
w	mittlere Strömungsgeschwindigkeit	(m/s)

3.2.3.2. Druckverluste in Rohrformstücken

Die im weiteren Verlauf angegebenen Zeta-Werte sind in der Regel Mittelwerte, in erster Linie abhängig von der Geometrie des Formstücks.

In Formstücken treten erhebliche Reibungs-, Umlenk- und Ablöseverluste auf.

Der Druckverlust wird wie folgt ermittelt:

$$\Delta p_{RF} = \zeta_{RF} \cdot \frac{\rho}{2 \cdot 10^5} \cdot w^2 \tag{9}$$

Hinweis:
Tabelle A2 bis A5 enthalten eine Auswahl von Widerstandsbeiwerten ζ_{RF} für verschiedene Rohrformstücke.

Verwendete Formelzeichen in Gleichung (9):

Δp_{RF}	Druckverlust Formteil	(bar)
ζ_{RF}	Widerstandsbeiwert des Formteils	(-)
ρ	Dichte Durchflussstoff	(kg/m^3)
w	mittlere Strömungsgeschwindigkeit	(m/s)

3.2.3.3. Druckverluste in Rohrverbindungsstellen

Exakte Angaben zu Druckverlusten an den Rohrverbindungsstellen sind nicht möglich, da die geometrischen Abmessungen (z. B. Schweißwulste) sehr unterschiedlich ausfallen. Dieses ist in erster Linie vom Werkstoff und den Schweißbedingungen abhängig.

Aus praktischen Versuchen hat sich gezeigt, dass bei Rohraußendurchmessern RA ≥ 90 mm der gewählte ζ-Wert von ζ RV 0,1 sehr nahe die realistischen Verluste wiedergibt.

Die resultierenden Druckverluste an Heizelementstumpfschweißverbindungen (HS) und Heizelementmuffenschweißverbindungen (HD) von Rohrverbindungen mit Rohrdurchmessern RA > 90 mm werden in der Praxis mit ζ-Werten aus **Tabelle 1** hinreichend genau abgeschätzt.

Tabelle 1: ζ_{RV}-Werte für Rohre in Abhängigkeit des Rohrdurchmessers

Rohrdimension d [mm]	**ζ_{RV}-Wert**	**Rohrdimension d [mm]**	**ζ_{RV}-Wert**
Widerstandsbeiwerte ermittelt aus Praxisversuchen			
20	1,0	50	0,6
25	0,9	63	0,4
32	0,8	75	0,3
40	0,7	≥ 90	0,1

Der Widerstandsbeiwert ζ_{RV} zur Druckverlustberechnung vom HS- und HD-geschweißten Kunststoffrohrverbindungen sowie Flanschverbindungen mit Rohraußendruchmessern RA > 90 mm wird in der Praxis angesetzt mit

$\zeta_{RV} \geq d\ 90 = 0{,}1$ (-)

Hieraus folgt:

$$\Delta p_{RV} = \zeta_{RV} \cdot \frac{\rho}{2 \cdot 10^5} \cdot w^2 \qquad (10)$$

Verwendete Formelzeichen in Gleichung (9) und (10):

Δp_{RV}	Druckverlust Verbindungsstelle	(bar)
ζ_{RV}	Widerstandsbeiwert Verbindungsstelle	(-)
ρ	Dichte Durchflussmedium	(kg/m^3)
w	mittlere Strömungsgeschwindigkeit	(m/s)

Zur überschlägigen Ermittlung von Druckverlusten an Verbindungsstellen einer Rohrleitung genügt in der Regel eine Berücksichtigung der Gesamtdruckverluste durch einen Zuschlag von etwa 15 % auf den Druckverlust der geraden Rohrstrecke Δp_R und der Formteile Δp_{RF}.

3.2.3.4. Druckverlust in Armaturen

Der Druckverlust in flüssigkeitsführenden Armaturen kann mit dem sogenannten k_v-Wert berechnet werden.

Der k_v-Wert ist in der Regel definiert als die Durchflussmenge Wasser in Liter pro Minute bei einem Druckverlust von 1 bar durch die Armatur.

$$\Delta p_{Ar} = \left(\frac{V'}{k_V}\right)^2 \cdot \frac{\rho}{1000} \qquad (11)$$

Verwendete Formelzeichen in Gleichung (11):

Δp_{Ar}	Druckverlust Ventil/Armatur	(bar)
V'	Durchflussvolumen	(m^3/h)
ρ	Dichte Durchflussstoff	(kg/m^3)
k_V	Ventil-/ Armaturenkennwert	(m^3/h)

Zur Bestimmung der Strömungsverluste in Armaturen können für genauere oder spezielle Berechnungen die ζ_{RA}-Werte der jeweiligen Armaturenhersteller herangezogen werden. **Tabelle A1** im Anhang stellt in der Praxis verwendete Mittelwerte da.

Zwischen Widerstandsbeiwert ζ_{RA} und Durchflusskoeffizient k_v besteht folgender Zusammenhang:

$$\zeta_{RA} = \left(\frac{5,051 \cdot A_{DN}}{100 \cdot K_V} \right)^2 \qquad (12)$$

Der Druckverlust in gasführenden Armaturen kann wie folgt berechnet werden.

$$\Delta p_{RA} = \zeta_{RA} \cdot \frac{\rho}{2 \cdot 10^5} \cdot w^2 \qquad (13)$$

Verwendete Formelzeichen in Gleichung (12 und 13):

Δp_{RA}	Druckverlust in der Armatur	(bar)
ζ_{RA}	Widerstandsbeiwert Armatur	(-)
ρ	Dichte Durchflussmedium	(kg/m^3)
w	mittlere Strömungsgeschwindigkeit	(m/s)
K_V	Durchflusskoeffizient	(m^3/h)
A_{DN}	Durchflussquerschnitt	(mm^2)

3.2.3.5. Druckstöße in Rohrleitungen

Die Änderung stationärer Zustände in einem Rohrsystem, z. B. durch Betätigen einer schnellschließenden Armatur oder beim Einschalten von Pumpen, erzeugt eine Druckwelle. Durch Reflexion an Richtungs- und Querschnittsänderungen kommt es zu einer Druckerhöhung, die ein Vielfaches des Betriebsdruckes betragen kann (Druckstoß).

Rohre aus Kunststoffen haben niedrige E-Moduln und können Druckstöße und zyklische Beanspruchungen durch Verformung dämpfen oder sogar kompensieren. Zusätzlich ist zu beachten, dass sich E-Moduln thermoplastischer Werkstoffe mit steigender Temperatur reduzieren.

Gegenüber metallischen Rohrsystemen ist die Einwirkung von Spannungsspitzen durch Druckstöße (Wasserschlag, Erdbeben etc.) bei Kunststoffrohrsystemen um den Faktor 3 - 5 geringer (Joukowsky-Shock).

Detaillierte Untersuchungen und umfangreiche Praxiserfahrungen weisen daher eine deutlich größere Unempfindlichkeit thermoplastischer Rohrwerkstoffe gegenüber zyklischen Belastungen oder Druckstößen nach.

Die Größe der temperaturabhängigen E-Moduln thermoplastischer Werkstoffe erlaubt eine weitere Differenzierung hinsichtlich Ihrer Eignung und Auslegung unter zyklischer Beanspruchung.

In der Praxis wird eine gesonderte Druckstoßberechnung typischerweise bei Ventilschließzeiten von < 2 s in Verbindung mit längeren Leitungsabschnitten (> ~45 m) erforderlich.

Zur groben Abschätzung, ob eine Rohrleitung druckstoßgefährdet ist, kann folgende empirische Beziehung angewendet werden:

$$K = \frac{L_R \cdot w}{\sqrt{H_p}} \tag{14}$$

Verwendete Formelzeichen in Gleichung (14):

K	Druckstoßkenngröße	(-)
L_R	Länge der Rohrleitung	(m)
w	mittlere Strömungsgeschwindigkeit	(m/s)
H_P	Förderhöhe der Pumpe, Wassersäule	(m)

Hinweis:
Für Werte K > 70 und unter gleichzeitiger Verwendung schnellschließender Armaturen wird eine gesonderte Druckstoßberechnung empfohlen.

3.3. Festigkeitsberechnungen

Festigkeitsberechnungen zu thermoplastischen Kunststoffrohrleitungen sind grundsätzlich auf der Basis von Langzeit-Kennwerten für eine rechnerische Standzeit von 25 Jahren vorzunehmen.

3.3.1. Material- und Festigkeitskennwerte

Die Kennwerte (wie z. B. Vergleichsspannung, E-Modul, Kriechmodul usw.) können, in Abhängigkeit zur Betriebstemperatur, den Zeitstandkurven der Hersteller, den Rohrgrundnormen oder der Richtlinie DVS 2205-1 bzw. DIN EN 1778 und DIN EN ISO 15494 und Weitere entnommen werden. Angaben zu den Materialkennwerten sind in der Richtlinie DVS 2205-1 zzgl. Beiblätter bzw. der EN ISO 12162 zu finden.

In besonderen Fällen kann die Festigkeitsberechnung für eine Standzeit < 25 Jahre erfolgen, sofern dies zwischen Auftraggeber und Hersteller der Rohrleitung bzw. mit der projektierenden Stelle ausdrücklich vereinbart wurde.

3.3.1.1. Sicherheitsbeiwerte

Sind Festigkeits- und Stabilitätsnachweise zu führen, so sind entsprechende material- und anwendungsbedingte Sicherheitsbeiwerte γ_M zu berücksichtigen.

Tabelle 2: Typische Sicherheitsbeiwerte

Belastungsfall	Sicherheitsbeiwert γ_M
Rohrleitungen mit geringem Gefährdungspotenzial unter definierten Betriebs- und Umgebungsbedingungen	≥ 1,25
Rohrleitungen mit erhöhtem Gefährdungspotenzial für Personen, Umwelt, Anlagen (z. B. wassergefährdende oder kompressible Medien)	≥ 2,0

3.3.1.2. Zulässige Spannung – Bemessungswert der Festigkeit

Die zulässige Spannung K_d^* kann mit der nachfolgenden Formel ermittelt werden:

$$K_d^* = \frac{K_k^* \cdot f}{\gamma_M \cdot A_1 \cdot A_2} \tag{15}$$

Verwendete Formelzeichen in Gleichung (15):

K_k^*	= charakteristischer Wert der Festigkeit (Ablesewert im Zeitstandfestigkeitsdiagramm für die Berechnungstemperatur und Einwirkdauer der Beanspruchung	(N/mm²)
K_d^*	= Bemessungswert der Festigkeit aus der charakteristischen Festigkeit K_k^*	(N/mm²)
γ_M	= Sicherheitsbeiwert	(-)
f	= Fügefaktor (sofern Fügeverbindungen zu berücksichtigen sind) ($f = f_s$ bei Belastungen > 1 h, sonst $f = f_z$ aus Richtlinie DVS 2205-1 Beiblatt 6)	(-)
A_1	= Einfluss der Zähigkeit	(-)
A_2	= Einfluss des Umgebungsmediums (chemischer Resistenzfaktor)	(-)

3.3.2. Bestimmung der Rohrwanddicke

Die Mindestwanddicke beträgt:

$$s_{min} = \frac{p \cdot d_a}{20 \cdot K_d^* + pi} \tag{16}$$

Verwendete Formelzeichen in Gleichung (16):

s_{min}	rechnerische Rohrwanddicke	(mm)
pi	innerer Überdruck	(bar)
d_a	Rohraußendurchmesser	(mm)
K_d^*	Bemessungswert der Festigkeit aus der charakteristischen Festigkeit K_k^*	(N/mm²)

Nach Berechnung der Mindestwanddicke muss die Rohrwanddicke entsprechend einschlägigen Produktnormen für Rohre (SDR-Klassifikationen) ausgewählt werden. Wanddickenzuschläge (z. B. beim Einsatz von PP-Rohrleitungen im Freien ohne UV-Schutz oder bei der Durchleitung abrasiver Stoffe) sind zu berücksichtigen.

Die Eignung der Rohre für eine Freiverlegung ist durch den Hersteller zu bestätigen oder es sind die Rohre vor UV-/Sonneneinstrahlung, z. B. durch Abdeckung, Schutzanstrich oder Isolation, zu schützen.

Rohrleitungen aus PP sind in der Regel nicht ausreichend gegen UV-Strahlung stabilisiert. Abhängig von der vorgesehenen Betriebszeit der freiverlegten Rohrleitung und der Strahlungsintensität kann deren schädigender Einfluss durch einen Wanddickenzuschlag kompensiert werden (z. B. für 10 Jahre: ≥ 2 mm)

3.3.3. Auslegung der Wanddicke von Formstücken

Grundsätzlich müssen die Anschlussmaße der Formstücke und deren Toleranzen der Rohrklasse (SDR = Verhältnis von Rohr-Außendurchmesser zur Wanddicke des Rohres) entsprechen. Spannungserhöhungsfaktoren wie bei metallischen Werkstoffen, werden bei thermoplastischen Formteilen nicht angewendet, sondern in der Festigkeitsauslegung durch den Hersteller berücksichtigt.

3.3.3.1. Segmentierte Rohrbogen

Die Innendruckbelastbarkeit p_i von segmentierten Rohrbogen lässt sich nach den nachfolgenden Gleichungen unter Berücksichtigung einiger Randbedingungen berechnen. Bei der Berechnung von Segmentbogen wird die Unterscheidung getroffen, ob diese aus zwei oder mehreren Segmenten bestehen. Es gilt hierbei für den Gesamtwinkel

$$\alpha = 2 \cdot \theta \qquad (17)$$

Eine Wechselbeanspruchung bei hohen Temperaturen muss berücksichtigt werden.

Segementbogen müssen nicht abgemindert werden, wenn der Gehrungswinkel < 7,5° ist.

Der effektive Radius eines Segmentbogens ergibt sich für einen Bogenradius R, welcher nicht geringer sein darf als

$$R = \frac{l_a}{tan\ a} + \frac{d_a}{2} \qquad (17a)$$

Dabei sind Werte für l_a der nachfolgenden Tabelle zu entnehmen:

Tabelle 3: empirische Werte für l_a für Werte von e_a

e_a in mm	l_a in mm
$e_a \leq 13$	25
$13 < e_a < 22$	2 e_a
$e_a \geq 22$	2/3 e_a +30

Die Innendruckberechnung erfolgt z. B. in Anlehnung an EN 13480-3.

3.3.3.2. Gespritzte oder aus Rohr geformte Rohrbögen

Die Festigkeit von Bögen, die aus Rohren geformt oder spritzgegossen werden, ist vom Hersteller durch geeignete Prüfungen (z. B. Zeitstand-Innendruckprüfung) repräsentativ nachzuweisen.

3.3.3.3. Mindestwanddicke für segmentgeschweißte Rohrabzweige und T-Stücke

Für innendruckbelastete reduzierte Abzweige / T-Stücke führt der Ausschnitt des abzweigenden Stutzens in der Rohrleitung zu einer Verschwächung des Kreisringes. Das Flächenverhältnis des Abgangsstutzens zum Durchgangsrohr bestimmt den Verschwächungsfaktor maßgeblich. Die volldruckbelastbare Auslegung muss durch die Erhöhung der Wanddicke am Ausschnittrand des Durchgangsrohres, bzw. des Abgangsstutzens kompensiert werden.

Ist die volldruckbelastbare Auslegung fertigungstechnisch nicht gegeben, so ist der maximal zulässige Betriebsüberdruck in der Dokumentation, z. B. durch ein Werksprüfzeugnis, anzugeben.

Für die Wanddicke an Rohrabzweigen gilt generell:

$$s_{Rmin} = \frac{p \cdot d_a}{(20 \cdot K_d^* + p) \cdot V_{RF}} \quad (18)$$

Verwendete Formelzeichen in Gleichung (18):

s_{Rmin}	rechnerische Rohrwanddicke	(mm)
p	innerer Überdruck	(bar)
d_a	Nennaußendurchmesser Durchgangsrohr	(mm)
K_d^*	Bemessungswert der Festigkeit aus der charakteristischen Festigkeit K_k^*	(N/mm^2)
V_{RF}	Verschwächungsfaktor des Formstückes	(-)

Einzelheiten zur Bestimmung der Verschwächungsfaktoren sowie Maßnahmen zur Ausschnittsverstärkung können der DIN EN 13480-3 und den AD-Merkblättern B9 bzw. N1 (z. B. Nachweis durch Zeitstand-Innendruckprüfung) entnommen werden.

3.3.4. Stabilitätsbetrachtungen

3.3.4.1. Unterdruck (zulässiger Beuldruck)

$$p_{zul} = \left[\left(\frac{10 \cdot E_L^{T^\circ C}}{4 \cdot (1-\mu^2} \right) \cdot \left(\frac{2}{SDR-1} \right)^3 \right] \cdot \frac{1}{s} \quad (19)$$

Verwendete Formelzeichen in Gleichung (19):

p_{zul}	zulässiger Beuldruck	(bar)
$E_L^{T^\circ C}$	E-Modul für Langzeitbelastung bei T °C = 25a (zeit-, temperatur- und spannungsabhängig)	(N/mm^2)
μ	Querkontraktionszahl; μ = 0,38 für Thermoplaste; für PA-U12 μ = 0,43	(-)
SDR	Durchmesser/Wanddickenverhältnis (Rohrserie)	(-)
s	Sicherheitswert s = 2,0 (Mindestsicherheit)	(-)

Der minimal zulässige absolute Unterdruck im Rohrleitungssystem errechnet sich mit folgender Formel

$$p_{abs} = 1 - p_{zul} \tag{20}$$

Die temperatur- und zeitabhängigen E_C-Kriechmodulwerte für PE, PP, PA-U 12, PVDF, PVC-U und PVC-C sind den Beiblättern der Richtlinie DVS 2205-1 und DIN EN 1778 zu entnehmen.

3.3.4.2. Spannungsnachweis

Zur Ermittlung des Gesamtspannungszustandes müssen alle in einem Rohrsystem wirkenden Beanspruchungen in ihrer Größe und Richtung berechnet werden. Die Größe der Beanspruchung (Spannung) ist nach den Gleichungen (16) bis (20) zu bestimmen. Die Richtung der jeweiligen Spannung wird wie folgt festgelegt:

- X-Achse: parallel zur Rohrlängsachse (senkrecht zum Rohrquerschnitt)
- Y-Achse: tangential zum Rohrquerschnitt
- Z-Achse: radial zum Rohrquerschnitt

Alle in gleicher Richtung wirkenden Spannungen sind unter Berücksichtigung Ihres Vorzeichens („+“ und „–“) zu addieren. Ein direkter Vergleich mit Festigkeitskennwerten, welche unter einachsiger Belastung ermittelt wurden, ist möglich.

Die nicht in gleicher Richtung wirkenden Spannungen müssen in eine Vergleichsspannung (K_d^*) unter Verwendung einer Festigkeitshypothese überführt werden. Beim Vergleich der vorhandenen mit den zulässigen Spannungen ist darauf zu achten, ob diese ein- oder mehrachsig sind. Einzelheiten zu den verschiedenen Festigkeitshypothesen sind der Fachliteratur (FEM zur Berechnung von Kunststoffbauteilen) [2] zu entnehmen.

Für den Geltungsbereich dieser Richtlinie liegen die Vergleichsspannungen aus der Innendruckbeanspruchung von Rohren in Form von Zeitstandkurven (Richtlinie DVS 2205-1 oder Rohrgrundnormen, z. B. DIN EN 1778, DIN EN ISO 15494) vor, so dass eine direkte Beziehung zu den ermittelten Spannungen hergestellt werden kann.

3.3.4.3. Ermittlung der Spannungskomponenten

In folgenden Formeln ist die richtungsabhängige Berechnung der Spannungskomponenten angegeben.

Spannung in Längsrichtung (x-Achse) aus innerem Überdruck:

$$\sigma_1 = \frac{p}{10} \cdot \frac{1}{(d_a/d_i)^2 - 1} \stackrel{\wedge}{=} \sigma_x \tag{21}$$

Spannung in Umfangsrichtung (y-Achse) aus innerem Überdruck:

$$\sigma_u = \frac{p}{10} \cdot \frac{(d_a/d_i)^2 + 1}{(d_a/d_i)^2 - 1} \stackrel{\wedge}{=} \sigma_y \tag{22}$$

Spannung in Radialrichtung (Z-Achse) aus innerem Überdruck:

$$\sigma_r = \frac{p}{10} \stackrel{\wedge}{=} \sigma_z \tag{23}$$

Spannung in Längsrichtung (x-Achse) aus Rohrbiegung:

$$\sigma_b = \frac{q \cdot L_A^2}{8 \cdot W_R} \stackrel{\wedge}{=} \sigma_x \tag{24}$$

Spannung in Längsrichtung (x-Achse) aus verhinderter Wärmedehnung:

$$\sigma_\vartheta = \pm\alpha \cdot \Delta\vartheta \cdot E_K^{T^\circ C} \stackrel{\wedge}{=} \sigma_x \tag{25}$$

Verwendete Formelzeichen in Gleichungen (21 bis 25):

$\sigma_{l,u,r,b}$	Spannung in Richtung x, y, z	(N/mm^2)
p	innerer Überdruck	(bar)
d_a	Rohraussendurchmesser	(mm)
d_i	Rohrinnendurchmesser	(mm)
W_R	Rohr-Widerstandsmoment	(mm^3)
q	Streckenlast aus Rohr-, Füll- und Zusatzgewicht	(N/mm)
L_A	vorhandener Unterstützungsabstand	(mm)
α	therm. Längenausdehnungskoeffizient	(1/K)
$\Delta\vartheta$	Temperaturdifferenz (auch ΔT)	(K)
$E_K^{T^\circ C}$	E-Modul bei kurzzeitiger Belastung für T °C (hier als 100min-Wert anzuwenden)	(N/mm^2)

$$\sigma_1 + \sigma_b + \sigma_\vartheta + \sigma_u + \sigma_r < K_d^* \tag{26}$$

siehe Gleichung 15

3.3.4.4. Dehnungsnachweis

Die Belastungen im Rohrsystem führen zu Spannungen und in der Folge zu Dehnungen, die sich in werkstoffabhängigen Grenzen bewegen müssen. Wird dies nicht beachtet, so kann langzeitig eine Schädigung des Rohrsystems an der überbeanspruchten Stelle eintreten. Für den üblichen Anwendungsfall wird die Dehnung für thermoplastische Rohrleitungssysteme über den Elastizitätsmodul (Kriechmodul $E_L^{T^\circ C}$) berechnet, da Thermoplaste schon bei Raumtemperatur, bzw. bei geringen Temperaturveränderungen nennenswert reagieren („Werkstoffkriechen"). Es ist zu beachten, dass je nach Berechnung der Kurzzeitkriechmodul ($E_K^{T^\circ C}$) oder der Langzeitkriechmodul ($E_L^{T^\circ C}$) angewendet werden muss.Die richtungsabhängigen Dehnungen werden wie folgt berechnet:

Dehnung in x-Richtung:

$$\varepsilon_{\sigma x} = \frac{100}{E_L^{T^\circ C}} \cdot [\sigma_x - \mu \cdot (\sigma_y + \sigma_z)] \tag{27}$$

Dehnung in y-Richtung:

$$\varepsilon_{\sigma y} = \frac{100}{E_L^{T^\circ C}} \cdot [\sigma_y - \mu \cdot (\sigma_x + \sigma_z)] \quad (28)$$

Verwendete Formelzeichen in Gleichungen (26 bis 28):

$\varepsilon_{\sigma x}$, $\varepsilon_{\sigma y}$	Dehnung in Spannungsrichtung	(%)
σ_x, σ_y, σ_z,	Spannung in Richtung x, y, z	(N/mm²)
μ	Querkontraktionszahl; μ = 0,38 für Thermoplaste, für PA-U1 2; μ = 0,43	(-)
$E_L^{T^\circ C}$	E-Modul für Langzeitbelastung bei T °C = 25a (zeit-, temperatur- und spannungsabhängig)	(N/mm²)

Es muss nach Gleichung (27) und (28) die jeweils größte Dehnung ermittelt und mit dem Grenzwert ε_{grenz} verglichen werden. Die Sicherheit ergibt sich wie folgt:

$$S_\varepsilon = \frac{\varepsilon_{grenz}}{\varepsilon_{max}} \geq 1,3 \quad (29)$$

Verwendete Formelzeichen in Gleichung (29):

S_ε	Sicherheit gegen Grenzdehnung	(–)
ε_{grenz}	Dehngrenzwert nach Richtlinie DVS 2205-2	(%)
ε_{max}	nach Gleichung (27) und (28) ermittelte Dehnung	(%)

In der **Tabelle 4** werden mittlere Grenzdehnungswerte für einzelne Thermoplaste aufgeführt.

Tabelle 4: Richtwerte für die mittleren Grenzdehnungen

Werkstoffe	mittlere Grenzdehnungswerte [%]
PE	3,0 bis 5,0
PP-H	2
PP-R	2
PP-B	2
PVC-U	0,8
PVC-C	0,8
ABS	0,8
PVDF	0,9
ECTFE	2,0 bis 4,5
PA-U 12	3

3.4. Berechnungen zur Rohrverlegung

3.4.1. Ermittlung von Längenänderungen

Längenänderungen in einem Kunststoffrohrsystem können durch Prüf- oder Betriebsvorgänge ausgelöst werden. Es ist zwischen folgenden Längenänderungen zu unterscheiden:

- Längenänderungen durch Temperaturwechsel
- Längenänderungen durch inneren Überdruck
- Längenänderung durch chemische Einwirkung

Hinweis:
Eine Übersicht über die fachgerechte Aufhängung und Auflagerung von Rohrleitungen gibt Richtlinie DVS 2210-1, Beiblatt 4 – Befestigungstechnik.

3.4.1.1. Längenänderungen durch dynamische Temperaturwechsel

Wird die Rohrleitung unterschiedlichen Temperaturen (Betriebs- und/oder Umgebungstemperaturen) ausgesetzt, so verändern diese die mittlere Rohrwandtemperatur und entsprechend den Bewegungsmöglichkeiten ändert sich auch die Lage der einzelnen Rohrstrecken. Als Rohrstrecke wird der Abstand zwischen zwei Festpunkten angesehen, ebenso wie die Rohrstrecke zwischen zwei Richtungsänderungen, bzw. Festpunkt bis zur nächsten Richtungsänderung.

Für die Berechnung von temperaturabhängigen Längenänderungen gilt:

$$\Delta l_\vartheta = \alpha \cdot L \cdot \Delta T \quad (30)$$

Verwendete Formelzeichen in Gleichung (30):

Δl_ϑ	temperaturabhängige Längenänderung	(mm)
α	lineare Ausdehnungskoeffizienten nach Tabelle 5	(mm/m K)
L	Länge der betrachteten Rohrstrecke	(m)
ΔT	Temperaturdifferenz [$\Delta T = T_{max} - T_{min}$]	(K)

Bei der Festlegung von $\Delta\vartheta$ ist die niedrigste und höchste Rohrwandtemperatur T_R ausgehend von der Montage, Betriebs- oder Stillstandtemperatur der Anlage anzusetzen. Hierbei sind kurzzeitige (z. B. Störfall- und Stillstand-, bzw. diskontinuierlicher Betrieb) und langzeitige Temperaturbelastungen (z. B. Dauerbetrieb) zu differenzieren.

Mittlere thermische Ausdehnungskoeffizienten

In **Tabelle 5** sind für verschiedene Werkstoffe Mittelwerte für den thermischen Ausdehnungskoeffizienten aufgeführt.

Tabelle 5: mittlere Ausdehnungskoeffizienten

Material	α-Mittelwerte [mm/(m · K)]	α-Mittelwerte [1/K]
PE	0,18	$1{,}8 \cdot 10^{-4}$
PP	0,16	$1{,}6 \cdot 10^{-4}$
PVC-C	0,07	$0{,}7 \cdot 10^{-4}$
PVC-U	0,08	$0{,}8 \cdot 10^{-4}$
ABS	0,10	$1{,}0 \cdot 10^{-4}$
PVDF	0,13	$1{,}3 \cdot 10^{-4}$
ECTFE	0,11	$1{,}1 \cdot 10^{-4}$
PA-U12	0,14	$1{,}4 \cdot 10^{-4}$

Hinweis:
Ausdehnungskoeffizient α kann entsprechend den Angaben der Formstoffhersteller angepasst werden, z. B. für PE-100 von 0,18 auf 0,13 [mm/mK]. Temperaturabhängige α-Werte sind der Richtlinie DVS 2201-1, Beiblatt 3 zu entnehmen.

3.4.1.2. Längenänderungen durch Innendruckbelastung

Die durch den inneren Überdruck hervorgerufene Längenänderung einer geschlossenen und reibungsfrei gelagerten Rohrstrecke beträgt:

$$\Delta l_p = \frac{0,1 \cdot p \cdot (1 - 2\mu)}{E_L^{T^\circ C} \cdot (d_a^2/d_i^2 - 1)} \cdot L \tag{31}$$

Verwendete Formelzeichen in Gleichung (31):

Δlp	Längenänderung durch inneren Überdruck	(mm)
L	Länge der betrachteten Rohrstrecke	(mm)
p	innerer Überdruck	(bar)
μ	Querkontraktionszahl; μ = 0,38 für Thermoplaste, für PA-U 12; μ = 0,43	(-)
$E_L^{T^\circ C}$	E-Modul für Langzeitbelastung bei T °C = 25a (zeit-, temperatur- und spannungsabhängig)	(N/mm²)
d_a	Rohraußendurchmesser	(mm)
d_i	Rohrinnendurchmesser	(mm)

Hinweis:
Bei erstmaliger Druckaufgabe auf neu installierte Rohrleitungssysteme, kann es z. B. bei Druckprüfungen zu Setzungseffekten in Flansch- und Schraubverbindungen kommen, was zu zusätzlichen Längenänderungen führen kann.

3.4.1.3. Längenänderung durch chemische Einflüsse

Unter Einwirkung bestimmter Durchflussstoffe (z. B. Lösemittel) kann es bei thermoplastischen Rohrleitungen zu einer Längenzunahme sowie Vergrößerung des Rohrdurchmessers kommen (Quellung). Gleichzeitig wird eine Minderung der Festigkeitskennwerte registriert. Zur Sicherstellung eines störungsfreien Betriebs von lösemittel-beaufschlagten Rohrleitungen aus Thermoplasten wird empfohlen, einen Faktor f_Q für den Einfluss der chemischen Wirkung anzusetzen:

f_Q = 0,025 … 0,040 (mm/mm)

Die zu erwartende Längenänderung einer Rohrstrecke unter Lösemitteleinwirkung kann demnach wie folgt ermittelt werden:

$$\Delta l_Q = f_Q \cdot L \qquad (32)$$

Verwendete Formelzeichen in Gleichung (32):

Δl_Q	Längenänderung durch Chemikalieneinfluss	(mm)
L	Länge der betrachteten Rohrstrecke	(mm)
f_Q	Faktor für chemische Einwirkung	(mm/mm)

3.4.1.4. Kompensation von Längenänderungen

Rohrleitungen aus thermoplastischen Kunststoffen sind in der Regel unter Berücksichtigung der Längenänderungen zu installieren. Meistens können Richtungsänderungen im Rohrleitungsverlauf zur Kompensation herangezogen oder die Rohrleitung zwischen Festpunkten eingespannt werden (feste Einspannung). Ansonsten bedarf es ggf. des Einbaus zusätzlicher Kompensationselemente. Hierzu können gezielt positionierte Festpunkte in der Rohrleitungsstrecke für eine gerichtete Ausdehnung eingesetzt werden. Kompensationselemente können z. B. zusätzliche eingebaute Biegeschenkel (z. B. L-, U- oder Z-Biegeschenkel) sein. Ist auch dieses aus konstruktiver Sicht nicht möglich, ist zu prüfen, ob durch den Einsatz von geeigneten Kompensatoren der Längenausdehnung entgegengewirkt werden kann.

3.4.1.5. Dimensionierung von Dehnungsbogen

Die einfachste Art der Kompensation von Längenänderungen in thermoplastischen Kunststoffrohrleitungen erfolgt mittels Dehnungsbogen in L-Form (90°-Richtungsänderung). Der L-Dehnungsbogen wird häufig auch als Biegeschenkel bezeichnet. Die Mindestabmessungen von L-Dehnungsbögen ergeben sich aus nachfolgender Gleichung:

$$L_{B1,2} = \sqrt{\frac{3 \cdot d_a \cdot L_{1,2} \cdot \varepsilon \cdot E_{LBm}^{T^\circ C}}{zul\sigma_b}} \qquad (33)$$

Ein L-Biegeschenkel nimmt Längenausdehnungen aus zwei Rohrstrecken auf. Die sich aus der Berechnung ergebende erforderliche Biegeschenkellänge $L_{B1,2}$ bezeichnet dabei die Rohrstrecke zwischen der Rohrachse des Bogens der jeweils betrachteten Rohrstrecke und dem nächsten installierten Führungslager (Gleitführungslager) oder Festpunkt. Aus diesem Grund müssen beide wirksamen Rohrstrecken bei der Biegeschenkelbetrachtung rechnerisch untersucht werden. Dementsprechend sind die für die Rohrführung notwendigen Führungslager zu positionieren. Sind vor oder nach dem Biegeschenkel längere Rohrstrecken vorhanden, müssen ggf. Gleitlager (Loslager) als Unterstützung positioniert werden, um Formteilspannungen in den zulässigen Einsatzgrenzen zu halten.

Verwendete Formelzeichen in Gleichung (33):

$L_{B1,2}$	erford. mindest. Biegeschenkellänge	(mm)
$L_{1,2}$	Systemlängen des Dehnungsbogens	(mm)
d_a	Rohraußendurchmesser	(mm)
$E_{LBm}^{T^\circ C}$	E-Modul für Langzeitbelastung bei T °C = 25a (zeit-, temperatur- und spannungsabhängig), hier mittlerer Biegekriechmodul mit $E_{LBm}^{T^\circ C}$ > 0,15 K_k^*	(N/mm^2)
$zul_{\sigma-\sigma l}$	zul. Biegespannungsanteil für t = 25a	(N/mm^2)
ε_w	Längsdehnung nach Gleichung (36)	(–)

Alternativ kann ein Biegeschenkel auch überschlägig mit nachfolgender Gleichung berechnet werden:

$$L_{B1,2} = K \cdot \sqrt{\Delta l \cdot d_a} \tag{34}$$

mit

$\Delta l = \Delta l_\vartheta + \Delta l_p + \Delta l_{qQ}$

Für die vereinfachte Auslegung der Biegeschenkel wird nur Δl_θ verwendet.

Verwendete Formelzeichen in Gleichung (34):

$L_{1,2}$	Systemlängen des Dehnungsbogens	(mm)
$L_{B1,2}$	erforderliche Länge des jeweiligen Biegeschenkels	(mm)
K	Proportionalitätsfaktor	(-)
d_a	Rohraußendurchmesser	(mm)
Δl_ϑ	temperaturabhängige Längenänderung	(mm)
Δl_p	Längenänderung des inneren Überdruck	(mm)
Δl_Q	Längenänderung aus Chemikalieneinfluss	(mm)

In **Tabelle 6** sind für verschiedene Werkstoffe Werte für den Proportionalitätsfaktor K aufgeführt.

Tabelle 6: Proportionalitätsfaktoren K

Werkstoff	K [-]
PE	26
PP	30
PVDF	21,7
PVC-U	33,5
PVC-C	35
ECTFE	20
PA-U 12	17

In dem Proportionalitätsfaktor K werden z. B. häufige Temperaturwechsel, die Dynamik des Prozesses, jahreszeitbedingte Temperaturwechsel und Entleerungsvorgänge berücksichtigt.

Hinweise zur Dimensionierung von Dehnungsbogen:

Die konstruktive Ausführung von L-, Z- und U-Dehnungsbogen kann nach den **Bildern A1 a-c** (siehe Anhang) gewählt werden. Die Ermittlung der jeweiligen Biegeschenkellängen $L_{B1,2}$ erfolgt sinngemäß nach den Gleichungen (33) bis (34) mit

$$E_{LBm}^{T^\circ C}\ bei\ T_m = 0,5 \cdot (T_{min} + T_{max})$$

T_m ist die mittlere Temperatur des Betriebsmediums

Berechnung des Biegeschenkels:

Zur vereinfachten Biegeschenkelbestimmung dient Formel (34). Für $E_{LBm}^{T^\circ C}$ > 0,15 K_k^* ist Gleichung (33) anzuwenden.

Achtung:
Die Bestimmung von L-, Z- und U-Dehnungsbogen, unter Verwendung der vorgenannten Unterlagen, ersetzt nicht den Spannungsnachweis.

3.5. Festpunktbelastungen

3.5.1. Festpunktbelastung ohne Kompensation der Längenänderung

Wird die Längenänderung einer geraden Rohrstrecke durch Einbau von Festpunkten verhindert, so entsteht ein axial fest eingespanntes System. Die axial eingespannte Rohrleitung muss hinsichtlich ihrer Dimensionierung als Sonderfall betrachtet werden. Folgende Systemgrößen sind rechnerisch zu bestimmen:

- Festpunktbelastung - siehe Gleichung (35)
- erforderliche Führungsabstände des Rohres siehe Gleichung (39) bzw. Auflagerabstand siehe Gleichung (38)
- die Zug-/Druckspannungen und -dehnungen siehe Gleichung (21), (22) und (23)

Die größte Festpunktbelastung tritt am geraden, axial eingespannten Rohrstrang auf. Sie beträgt in allgemeiner Form:

$$F_{FP} = A_R \cdot E_K^{T^\circ C} \cdot \varepsilon_W \quad (35)$$

Verwendete Formelzeichen in Gleichung (35):

F_{FP}	Festpunktbelastung im fest eingespannten Rohrstrang	(N)
A_R	Rohrwandringfläche	(mm^2)
$E_K^{T^\circ C}$	E-Modul bei kurzzeitiger Belastung für T °C (hier als 100 min-Wert anzuwenden)	(N/mm^2)
ε_W	Längsdehnung infolge Wärmedehnung	(-)

Unter Berücksichtigung der möglichen Lastfälle ist ε_w wie folgt einzusetzen:

Lastfall Wärmedehnung: $\varepsilon_W = \alpha \cdot \Delta\vartheta$ (36)

Der Lastfall Innendruck und Quellung sind in der Berechnung der Festpunktbelastung in der Regel vernachlässigbar. Aus diesem Grund wurde auf die Darstellung der entsprechenden Berechnungsformeln verzichtet.

3.5.2. Festpunktbelastung mit Kompensation der Längenänderung

Die Festpunktbelastung an L-, Z- und U-Dehnungsbogen ist wesentlich geringer als bei der geraden, axial eingespannten Rohrstrecke. Die Belastung ist abhängig von der jeweiligen Geometrie der Dehnungsbogen.

Allgemein gilt:
Je „weicher“ der Rohrleitungsverlauf zwischen zwei Festpunkten ist, desto geringer sind die Reaktionskräfte (Festpunktbelastung) aus der Verformungsarbeit in den Biegeschenkeln. Bei langen Rohrstrecken ist zu beachten, dass bei der Festpunktbelastung die Reibung der Rohr-Führungslager berücksichtigt werden muss.

Für den L-Dehnungsbogen kann die Festpunktbelastung aus Bogenverformung ohne Reibung in den Führungslagern näherungsweise wie folgt ermittelt werden:

$$F_{LB} = \frac{12 \cdot \Delta l \cdot E_K^{T^\circ C} \cdot J_R}{{L_{B1,2}}^3} \tag{37}$$

Verwendete Formelzeichen in Gleichung (37):

F_{LB}	Festpunktbelast. am L-Dehnungsbogen	(N)
$L_{B1,2}$	Länge des Biegeschenkels	(mm)
Δl	Längenänderung nach Gleichung (30 bis 32)	(mm)
$E_K^{T^\circ C}$	E-Modul bei kurzzeitiger Belastung für t=100 min (zeit-, temperatur- und spannungsabhängig)	(N/mm^2)
J_R	Rohr-Trägheitsmoment	(mm^4)

Hinweis:
Die exakte Festpunktbelastung ebener Systeme wie L-, Z- und U-Dehnungsbogen, sowie räumlicher Systeme kann anhand einer Elastizitätsberechnung ermittelt werden.

3.6. Rohrunterstützung

3.6.1. Ermittlung der Rohrstützweiten

Die Unterstützungsabstände von thermoplastischen Kunststoffrohrleitungen können unter Beachtung der zulässigen Biegespannung und einer begrenzten Durchbiegung des Rohrstranges berechnet werden. Als Richtwert für die zulässige Durchbiegung wird L_A/500 bis L_A/750, bzw. L_A/1100 bei Rohrdurchmessern drohr >1000 mm angenommen. Bei der Stützweitenermittlung wird dabei die Rohrleitung als sogenannter Durchlaufträger angenommen, bei dem nur äußere Endfelder (vor und nach dem Bogen jeweils bis zur nächsten Lagerung) nachgiebig d. h. nur einseitig eingespannt sind.

Unter Berücksichtigung der vorgenannten Durchbiegung einer Rohrstrecke zwischen den Auflagepunkten in den Mittenfeldern ergibt sich ein zulässiger Unterstützungsabstand der Rohrleitung von

$$L_A = f_{LA} \cdot \sqrt[3]{\frac{E_L^{T^\circ C} \cdot J_R}{q}} \qquad (38)$$

Verwendete Formelzeichen in Gleichung (38):

L_A	zulässiger Stützungsabstand Mittenfelder	(mm)
f_{LA}	Faktor für die Durchbiegung	(–)
$E_L^{T^\circ C}$	E-Modul für Langzeitbelastung bei t = 25a (25 Jahre) (nach Richtlinie DVS 2205-1 ist E-Modul zeit-, temperatur und spannungsabhängig)	(N/mm²)
J_R	Rohr-Trägheitsmoment	(mm⁴)
q	Streckenlast aus Rohr-, Füll-, und Zusatzgewichten (N/mm)	

Hinweis: Der Faktor f_{LA} ist in Abhängigkeit zum Rohraußendurchmesser d_a festzulegen. Dabei gilt die folgende Beziehung:

min ← d_a → max
0,92 ← f_{LA} → 0,70

Halterungstypen, übliche Stützweiten, Führungsabstände und entsprechende Werte für f_{LA} sind der Richtlinie DVS 2210, Beiblatt 4 zu entnehmen.

3.6.2. Ermittlung der Führungsabstände axial eingespannter Rohrstrecken

Werden Rohrleitungen so verlegt, dass eine axiale Bewegung nicht möglich ist, muss für die Betriebssicherheit die kritische Knicklänge beachtet werden. Die zu bestimmenden Abstände der Rohrführungen müssen eine Knicksicherheit von min S_K = 2,0 aufweisen. Ist der erforderliche Führungsabstand L_F kleiner als der errechnete Unterstützungsabstand L_A nach Gleichung (38), so ist L_A auf L_F zu reduzieren. Die kritische Knicklänge für das „geführte" Stabende der Rohrleitung wird nach EULER (Fall III) ermittelt.

$$L_{Kn,zul} = 3,17 \cdot \sqrt{\frac{W \cdot d_a}{\varepsilon_W \cdot A_R \cdot S_K}} \qquad (39)$$

Werden axial eingespannte Rohrleitungen mit erhöhter Temperatur betrieben, so ist der nach Gleichung (38) ermittelte Führungsabstand gegebenenfalls zu verringern.

Für eine Mindestsicherheit von S_K = 2,0 beträgt der Rohrführungsabstand:

$$erf\, L_F = 3,17 \cdot \sqrt{\frac{J_R}{\varepsilon_W \cdot A_R}} \geq L_A \tag{40}$$

Verwendete Formelzeichen in Gleichungen (38 bis 40):

W	Widerstandmoment	(mm^3)
$L_{Kn,zul}$	zulässiger Knicklänge	(mm)
L_F	erf. Abstand Rohrführungslager	(mm)
J_R	Rohr-Trägheitsmoment	(mm^4)
A_R	Rohrwandringfläche	(mm^2)
ε_W	Längsdehnung infolge Wärmedehnung Gleichung (36)	(-)

Die empfohlenen Führungsabstände sind in Richtlinie DVS 2210-1 Beiblatt 4 aufgeführt.

4. Berechnungsbeispiel

Das folgende Berechnungsbeispiel soll Konstukteuren und Planer hinsichtlich einer eigenständigen, grundsätzlichen Auslegung eines Rohrleitungssystems unterstützen. Dabei finden die typischen Lastfälle, nachvollziehbare Berechnungswege und exemplarisch ausgewählte getroffene Annahmen Berücksichtigung.

Das Berechnungsbeispiel beschränkt sich auf den Inhalt der Richtlinie DVS 2210-1 und Beiblätter 1 bis 4. Im Beispiel wurde der Rohrwerkstoff PP-H (Typ 1) gewählt.

Achtung:
Eine Berechnung muss individuell für die jeweiligen Anforderungen im Projekt erfolgen. Eine Übertragung der Ergebnisse im Berechnungsbeispiel auf andere thermoplastische Kunststoffe ist daher nicht möglich.

Für die korrekte Eingabe der Werkstoffdaten, Kennwerte und Belastungsparameter sowie für die Interpretation von Vorgaben ist der Anwender selbst verantwortlich.

Im Folgenden wird exemplarisch anhand einer Rohrleitung aus dem Werkstoff PP eine Berechnung nach Richtlinie DVS 2210-1, Beiblatt 1 (dieses Beiblatt) unter Berücksichtigung von Beiblatt 3 und Beiblatt 4 durchgeführt.

Die Berechnungsschritte wurden unter Verwendung von Spalten und Zeilen dargestellt. Die gewählte Chronologie mit den zuerst genannten Eingabedaten und Stoffwerten soll beispielhaft dafür sein, wie eine Berechnung für ein Rohrsystem aussehen kann.

In allen Fällen, in denen die Angaben zur jeweiligen Anwendung der Gleichungen nicht hinreichend sind, werden ergänzende Fußnoten oder Hinweise eingefügt. Zur Verdeutlichung der Hinweise sind diese optisch hervorgehoben.

Spalte: „Abschnitt“

Hier wird unmittelbar Bezug zur Richtlinie DVS 2210-1, Abschnitt 4 genommen. Ist in dieser Spalte für eine Berechnungszeile bzw. einen Berechnungsvorgang keine Ziffernkennung angegeben, so sind die Angaben aus anderen Quellen. Der entsprechende Quellenhinweis ist eingefügt.

Spalte: „Gleichung Nr.“

In Ergänzung zu Spalte „Abschnitt“ wird die in Richtlinie DVS 2210-1 benutzte Nummer der jeweiligen Gleichung aufgeführt, was eine direkte Beziehung zu den Eingabewerten und den Einheiten ermöglicht.
Hinweis:
Zur Vermeidung von Eingabefehlern wird die sorgfältige Durcharbeitung der Richtlinie DVS 2210-1, Abschnitt 3, dringend empfohlen.

Spalte: „Index“

Zur Verdeutlichung, um welchen Vorgang es sich bei der jeweiligen Berechnungszeile handelt, wurden symbolische Bezeichnungen eingeführt. Die Symbole sind am Anfang des Berechnungsbeispiel erläutert.

Spalte: „Gegenstand“

Die Hauptspalte enthält den Berechnungstitel sowie Erläuterung und Hinweise. Damit die Übersichtlichkeit der Berechnung nicht verloren geht, wurden die Textpassagen kurzgefasst. Für den Fall, dass die Beschreibung unverständlich ist, wird das Nachlesen von Einzelheiten in der Richtline DVS 2210-1 unter der jeweiligen Abschnittsnummer empfohlen.

Spalte: „Kurzzeichen“

In dieser Spalte befinden sich die Kurzzeichen für die Gleichungsparameter, Abmessungen, technische und physikalische Größen und dergleichen. Die Bedeutung der Kurzzeichen ist im Abschnitt 11 der Richtlinie DVS 2210-1 erläutert.

Hinweis:
Bezüglich der in der Richtlinie DVS 2210-1 und im Berechnungsbeispiel verwendeten Kurzzeichen ist anzumerken, dass sich im Rahmen der europäischen Normung diverse Änderungen in der Nomenklatur ergeben haben. So wird beispielsweise für den Außendurchmesser eines Rohres statt der Abkürzung d_a nun die Abkürzungen d_e und für die Wanddicke s nun die Abkürzung "e" verwendet.

Es soll nicht die Aufgabe des Berechnungsbeispiels sein, sich an der aktuellen Nomenklatur zu orientieren, sondern dem Anwender Hilfestellung zu geben. Es bleibt dem Nutzer der Richtlinie DVS 2210-1 und des Berechnungsbeispiels im Beiblatt 1 vorbehalten, sich der jeweils genormten bzw. der gebräuchlichen Kurzzeichen zu bedienen.

Sofern im Rahmen von ergänzenden Berechnungen oder Nebenrechnungen Kurzzeichen Anwendung finden, welche noch nicht in der Richtlinie DVS 2210-1 erläutert wurden, sind diese nachfolgend zusammengefasst.

Kurzzeichen und ihre Erläuterung

Das Berechnungsbeispiel enthält Kurzzeichen, welche bereits im Abschnitt 3 dieses Beiblattes erläutert wurden. Nachfolgend sind Begriffe aufgeführt, welche neu hinzugekommen sind und sich nicht aus dem Text erklären lassen.

Tabelle 7: Verwendete Symbole und Kurzzeichen in dem Berechnungsbeispiel

Symbol, Kurzzeichen	Einheit	Benennung
empf	[-]	empfohlene Größe
erf	[-]	erforderliche Größe
geo	M	geodätisch
rechn	[-]	rechnerische Größe
vorh	[-]	vorhandene Größe
n	Stück	Anzahl
q	N/m (N/mm)	spezifische Gewichtsbelastung
Δ	[-]	Differenz

Verwendete Indizes in dem Berechnungsbeispiel:

Symbol, Kurzzeichen	Einheit	Benennung
F	[mm]	Führung
L_A	[mm]	Längenabstand
L_D	[a]	Lebensdauer
Z	(-)	Zulauf

Spalten: „Eingabe, Ergebnis und Einheit“

Diese Spalten sind selbsterklärend, da sie den wesentlichen Inhalt der Berechnung enthalten. Wichtig für den Anwender ist, dass bei den Eingaben in die jeweilige Gleichung oder Nebenrechnung die Einheit der Eingabegrößen beachtet wird. Angaben dazu sind den Hinweisen bei den Gleichungen in der Richtlinie 2210-1 zzgl der Beiblätter zu entnehmen.

Gegenstand des Berechnungsbeispiels - Berechnungsdaten

Allgemeine Berechnungsparameter, Vorgaben, Annahmen

Verlegesituation (Installation):	Oberirdisch verlegte Rohrleitung in einem Betriebsgebäude	
Rohrwerkstoff:	PP-H (Typ 1)	
Darstellung des Rohrleitungsverlaufs:	siehe Isometrische Darstellung im Anhang	
Durchflussstoff	Chemieabwasser mit geringen Lösemittelanteilen	
Abminderungsfaktor Medium	A_2	1,1
Abminderungsfaktor Werkstoffzähigkeit	A_1 (ehemals A_4)	1,15
maximale Betriebstemperatur:	max T_B	40 °C
minimale Betriebstemperatur:	min T_B	20 °C
rechnerische Betriebstemperatur:	rechn T_B	40 °C
rechnerische Temperaturdifferenz:	$\Delta\vartheta$	20 K
rechnerische Standzeit:	t_{LD}	25 Jahre

Hydraulische Parameter

Förderdruck der Pumpen:	p	4,0 bar
Fördervolumen je Pumpe:	$V`_z$	40 m³/h
Anzahl der Pumpen:	n x p	3 Stück
Durchflussvolumen der Rohrleitung:	V`	120 m³/h

Geometrische Daten der Rohrleitung

Systemlänge der Rohrleitung (gemäß Isometrie im Anhang):	ges. L_R	1220 m
Max. Höhenunterschied zwischen Pumpen- und Rohrachse:	geod. H	6,0 m

Anzahl Rohrbogen in der Hauptleitung Bogenradius = 1,0 x da:	n x RF	27 St.
Anzahl Zuläufe (T-Stücke egal):	n x RF	3 Stück
Anzahl Reduktionen:	n x RF	0 St.
Anzahl Schweißnähte:	n x RV	275 St.
Anzahl Absperrarmaturen (gewählt Membranventile):	n x RA	3 Stück
Anzahl Rückschlagklappen:	n x RA	3 Stück

<u>Verlegespezifische Daten der Rohrleitung:</u>

Abstände der Rohrstützungen im Gebäude:	L_A	2000 mm
Rohrleitungslänge mit freier Ausdehnung in das Klärbecken:	Δl	49 m
Rohrleitungslänge mit Kompensation durch U-Bogen:	Δl	380 m
Axiale Einspannung der Rohrleitung zwischen Festpunkten:		teilweise
Zulässige Festpunktbelastung im Leitungsabschnitt auf Stahlkonstruktion:	zul F_{FP}	10 kN
Mittlere Verlegetemperatur (Montagetemperatur):	T_M	20 °C
Fügeverfahren:		Heizelementstumpfschweißen

<u>Stoffkennwerte:</u>

Dichte des Durchflussstoffes (Wichte $\gamma = \rho \cdot g$ [N/m³]):	ρ	1000 kg/m³
Kinematische Zähigkeit Durchflussstoff:	ν	1,00E-06 m²/s
Faktor für die chemische Einwirkung von Lösemittel:	f_Q	0,002 mm/mm

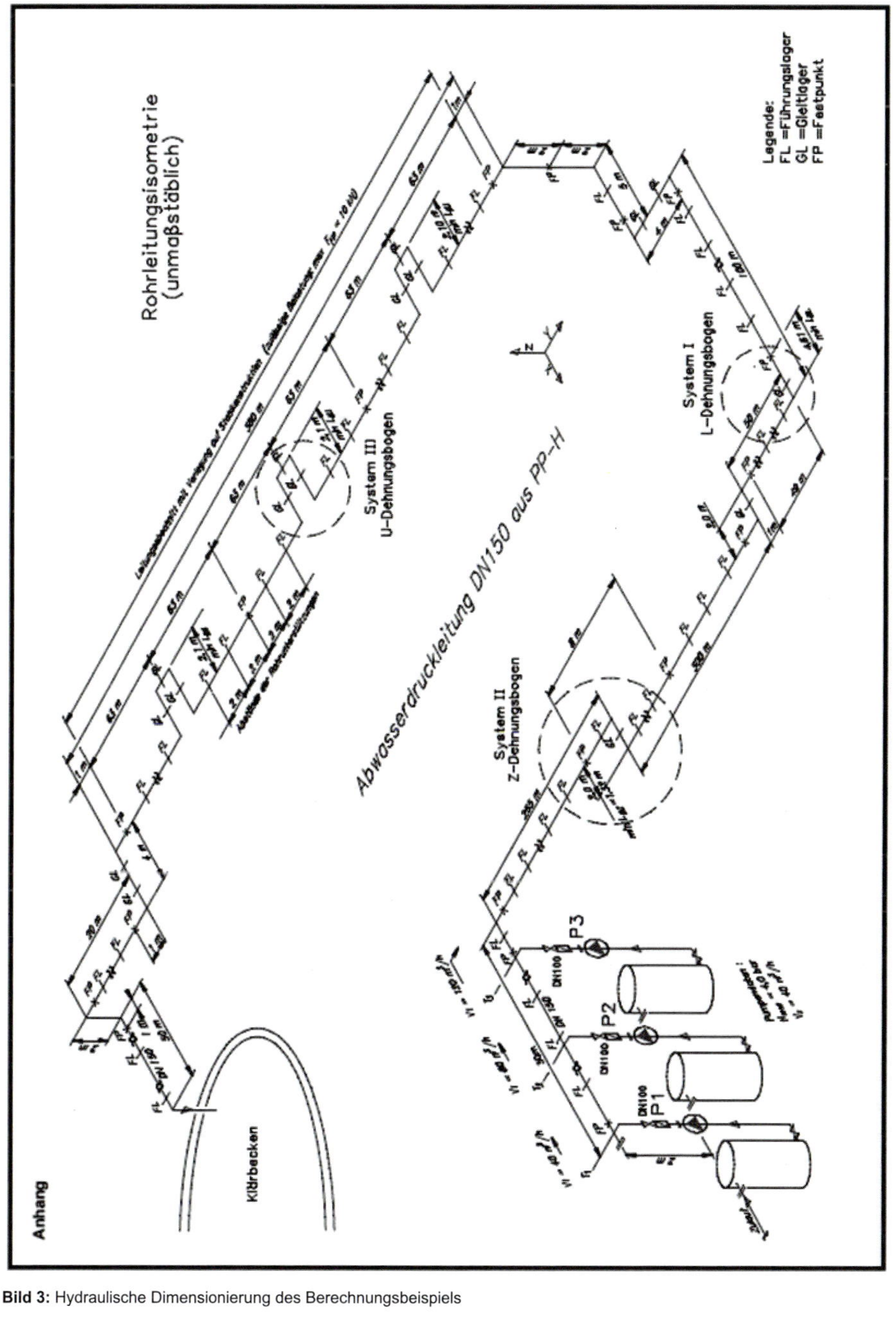

Bild 3: Hydraulische Dimensionierung des Berechnungsbeispiels

Tabelle 8: Berechnungsbeispiel: Abmessungen der gewählten Rohrleitung

siehe Abschnitt	Hinweise		Gegenstand	Kurz-zeichen	Eingabe Ergebnis	Einheit
	Gleichung Nr.	Index				
		P	Durchflussvolumen der Hauptleitung	$\dot{V}$	120	m³/h
3.1.2		W	Zulässige Durchflussgeschwindigkeit	w	2,0	m/s
3.1.1	2	**B**	Bestimmung des lichten Rohrdurchmessers	di	145,62	mm
		W	Zugehörige Nennweite	DN	150	(-)
		W	Gewählter Rohraußendurchmesser	da	180	mm
		W	Gewählte Wanddicke	s	10,2	mm
		W	Durchmesser-Wanddicken-Verhältnis des Rohres	SDR	17,6	(-)
		NR	Tatsächlicher Innendurchmesser	di	159,6	mm
3.1.2	3	**B**	Tatsächliche Strömungsgeschwindigkeit	w_0	1,67	m/s
			Rohrabmessung der Zuleitungen:			
		W	Gewählter Rohraußendurchmesser	da	110	mm
		W	Gewählte Wanddicke	s	6,3	mm
		W	Durchmesser-Wanddicken-Verhältnis des Rohres	SDR	17,6	(-)
3.1.2	3	**B**	Tatsächliche Strömungsgeschwindigkeit in den Zuläufen	w_1	1,49	m/s
		! Zur vereinfachten Ermittlung der hydraulischen Verluste wird die Strömungsgeschwindigkeit in den Pumpendruckleitungen DN 100 mit der in der Hauptleitung gleichgesetzt.				

Tabelle 9: Berechnungsbeispiel: Bestimmung der hydraulischen Kennwerte

siehe Abschnitt	Hinweise		Gegenstand	Kurz-zeichen	Eingabe Ergebnis	Einheit
	Gleichung Nr.	Index				
3.2	4	**B**	Reynoldszahl	Re	2,66E + 05	(-)
	Bild A 2	W	Rohrreibungszahl für die ermittelte Re-Zahl	λ	0,0155	(-)
		NR	Verhältniszahl	di/k	15960	(-)
		W	Betriebsrauhigkeitsbeiwert für das Kunststoffrohr	k	0,01	mm
VDI Wärme-atlas*	2239	**B**	Hermann-Formel $\lambda = 0{,}3964/Re^{0{,}3} + 0{,}0054$	λ	0,0147	(-)
3.2.2		!	Praxisbezogener Rechenwert	λ	0,020	(-)
		!	Die Ermittlung der hydraulischen Verluste nach Abschnitt 3.2.3 erfolgen mit der abgelesenen Rohrreibungszahl für die ermittelte Re-Zahl			
		P	Durchflussvolumen der Hauptleitung	$\dot{V}$	120	m³/h

Tabelle 10: Berechnungsbeispiel: Ermittlung der hydraulischen Verluste

siehe Abschnitt	Hinweise		Gegenstand	Kurz-zeichen	Eingabe Ergebnis	Einheit
	Gleichung Nr.	Index				
3.2.3.1	8	**B**	Druckverlust der geraden Rohrstrecke	Δp_R	1,65	bar
3.2.3.2	9	**B**	Druckverlust der Rohrbogen (Summe)	Δp_{RF}	0,19	bar
		P	Bogenradius	R	1,0 x da	mm
	Tabelle 1	W	Widerstandsbeiwert des Rohrbogens	ζ_{RV}	0,51	(-)
3.2.3.2	9	**B**	Druckverlust in den Rohrabzweigen (Summe)	Δp_{RF}	0,01	bar
		NR	Volumenverhältnis für den Zulauf T_3	V_z/V_s	0,33	(-)
		B	Widerstandsbeiwert des Rohrabzweiges (Stromvereinigung)	ζ_d	0,26	(-)
3.2.3.3	10	**B**	Druckverlust an den Rohrverbindungsstellen (Summe)	Δp_{RV}	0,37	bar
		W	Widerstandsbeiwert der Rohrverbindungen (Schweißnähte)	ζ_{RV}	0,10	(-)
3.1.2	4	**B**	Reynoldszahl	Re	2,66E + 05	(-)
3.2.3.4	13	**B**	Druckverlust in den Armaturen (Summe)	Δp_{RA}	0,20	bar
		W	Widerstandsbeiwert der Armaturen DN 100	ζ_{RA}	4,80	(-)
3.2.3.4		**B**	Druckverlust in den Rückschlagklappen (Summe)	Δp_{RA}	0,05	bar
		W	Widerstandsbeiwert der Rückschlagklappen DN 100	ζ_{RA}	1,20	(-)
3.2.3	7	Σ	Gesamter Druckverlust der Rohrleitung	ges Δp_{RL}	2,48	
		P	Geodätische Druckdifferenz (Maximalwert) = [(geod H $\cdot \gamma \cdot 10^{-5}$]	Δp_{geod}	0,60	bar
	Summe	Σ	Rechnerischer Pumpendruck = Innendruckbelastung der Rohrleitung	rechn p	3,08	bar
Die Festigkeitsberechnungen nach Abschnitt 3.2 erfolgen mit der rechnerischen Innendruckbelastung auf die Dauer von 25 Jahren.						
4.1.4.5	11	**B**	Prüfen auf Druckstoßgefährdung	K	321,7	(-)
Aufgrund von K > 70 sollen in der Rohrleitung keine schnellschließenden Armaturen eingebaut werden, da Druckstoßgefährdung besteht. Zum Beispiel wird mit Verwendung von Membranventilen dieser Forderung entsprochen.						

Tabelle 11: Berechnungsbeispiel: Bestimmung der Rohrwanddicken

siehe Abschnitt	Hinweise Gleichung Nr.	Index	Gegenstand	Kurz-zeichen	Eingabe Ergebnis	Einheit
	12	**B**	Mindestwanddicke der Rohre	min s_R	7,3	mm
			Ermittlung der zulässigen Spannung (σ_{zu}):			
DVS 2205-1	Beiblatt 2	W	Vergleichsspannung aus Zeitstandfestigkeitsdiagramm bei 40 °C	σ_v	7,40	N/mm²
DVS 2205-1	Beiblatt 5	W	Einfluss des Durchflussstoffes	A_2	1,10	(-)
DVS 2205-1	Beiblatt 2	W	Einfluss Werkstoffzähigkeit (Mittelwert max., min. T_B)	A_1	1,15	(-)
DVS 2205-1	Tabelle 4	W	Sicherheitsbeiwert (Tabellen-Zwischenwert)	S	1,60	(-)
		NR	Faktor (Sicherheit x Abminderung) $S_{ges} = S \times A_2 \times A_1$	S_{ges}	2,02	
DVS 2205-1	1	**B**	Zulässige Spannung $K_d^* = \sigma_v / S_{ges}$	σ_{zul}	3,66	N/mm²

Die Festlegung des Sicherheitsbeiwertes soll sich am Gefährdungspotential des Durchflussstoffes sowie am Verlauf der Rohrleitung orientieren (z. B. Kreuzung mit Personenverkehrsflächen). Bei personen- und/oder umweltgefährdenden Durchflussstoffen muss S = 2,0 eingesetzt werden.

Tabelle 12: Berechnungsbeispiel: Führung des Spannungsnachweises

siehe Abschnitt	Hinweise Gleichung Nr.	Index	Gegenstand	Kurz-zeichen	Eingabe Ergebnis	Einheit
3.3.4.3			**Ermittlung der Spannungskomponente in X-Achse**			
	21	**B**	Spannung aus innerem Überdruck in Längsrichtung	$+ \sigma_l$	1,13	N/mm²
	24	**B**	Spannung aus Rohrdurchbiegung in Längsrichtung	$+ \sigma_b$	0,57	N/mm²
DIN 8077*		W	Vertikallast aus Rohrgewicht	q_R	52,5	N/m
		NR	Vertikallast aus Füllgewicht $q_M = di^2 \cdot \pi/4 \cdot \gamma \cdot 10^{-5}$	q_M	200,1	N/m
		NR	Streckenlast pro mm Rohrlänge $q_{ges} = (q_R + q_M):1000$	q_{ges}	0,253	N/mm
		NR	Widerstandsmoment des Rohrquerschnittes $W_R = (da^4 - di^4) : (10 \cdot da)$	W_R	222738	mm³
	25	**B**	Druck-/Zugspannung aus verhinderter Wärmedehnung	$-/+ \sigma_\vartheta$	0,90	N/mm²
	Tabelle 5	W	thermischer Längenausdehnungskoeffizient	α	0,00016	1/K
		NR	Temperaturdifferenz $\Delta\vartheta = \max T_B - \min T_B$	$\Delta\vartheta$	20	K
DVS 2205-1	Beiblatt 2	W	Kriechmodul für min T_B Lastdauer = 25a/2 N/mm²	min E_c	310	N/mm²
DVS 2205-1	Beiblatt 2	W	Kriechmodul für max T_B Lastdauer = 25a/2 N/mm²	max E_c	250	N/mm²
		NR	mittlerer Kriechmodul Lastdauer = 25a/2 N/mm²	E_{cm}	280	N/mm²
	Summe	$\sum$	Gesamtspannung in Längsrichtung aus Addition	ges σ_a	2,60	N/mm²

Fortsetzung Tabelle 12: Berechnungsbeispiel: Führung des Spannungsnachweises

siehe Abschnitt	Hinweise		Gegenstand	Kurz-zeichen	Eingabe Ergebnis	Einheit
	Gleichung Nr.	Index				
			Ermittlung der Spannungskomponente in Y-Achse			
3.3.4.3	22	**B**	Spannung aus innerem Überdruck in Umfangsrichtung	+ σ_u	2,58	N/mm²
			Ermittlung der Spannungskomponente in Z-Achse			
3.3.4.3	23	**B**	Spannung aus innerem Überdruck in Radialrichtung	+ σ_r	-0,31	N/mm²
			Vergleichsspannungskontrolle			
z. B. Taschenbuch für den Maschinenbau [3]		NR	Vergleichsspannung nach der Schubspannungshypothese nach Tresca $K_d^* = max\,(\lvert\, \sigma_a - \sigma_u \rvert;\lvert\, \sigma_u - \sigma_r \rvert;\lvert\, \sigma_r - \sigma_a \rvert)$	σ_V	2,91	N/mm²
z. B. Taschenbuch für den Maschinenbau [3]		NR	Vergleichsspannung nach der Gestaltänderungshypothese nach von Mises $K_d^* = \sqrt{\frac{1}{2}[(\sigma_a - \sigma_u)^2 + (\sigma_u - \sigma_r)^2 + (\sigma_r - \sigma_a)^2]}$	σ_V	2,90	N/mm²

Tabelle 13: Berechnungsbeispiel: Führung des Dehnungsnachweises

siehe Abschnitt	Hinweise		Gegenstand	Kurz-zeichen	Eingabe Ergebnis	Einheit
	Gleichung Nr.	Index				
3.3.4.4	27	**B**	Dehnung in X-Richtung (mit E_{cm} und μ = 0,38)	$\varepsilon_{\sigma X}$	0,62	%
	28	**B**	Dehnung in y-Richtung (mit E_{cm} und μ = 0,38)	$\varepsilon_{\sigma Y}$	0,61	%
3.3.4.1	19	W	Querkontraktionszahl für Thermoplaste	μ	0,38	(-)
		W	zulässiger Dehnungsgrenzwert für PP-H (Typ 1)	zul ε	2,0	%
3.3.4.4	29	**B**	Sicherheit gegen kritische Dehnung	Sε	3,2	(-)
3.3.4.4	29	W	erforderliche Mindestsicherheit	erf S_ε	1,3	(-)

Tabelle 14: Berechnungsbeispiel: Ermittlung der Längenänderungen

siehe Abschnitt	Hinweise		Gegenstand	Kurz-zeichen	Eingabe Ergebnis	Einheit
	Gleichung Nr.	Index				
		P	frei bewegliche Rohrstrecke vor dem Klärbecken	L_Δ	49	m
3.4.1.1	30	**B**	kurzzeitige Längenänderung mit $\Delta\vartheta$ aus Temperaturwechsel	Δl_ϑ	156,8	mm
3.4.1.2	31	**B**	langzeitige Längsdehnung durch Innendruckbelastung	Δl_p	47,6	mm
3.4.1.3	32	**B**	langzeitige Längenänderung durch chemische Einwirkung	Δl_Q	98,0	mm
3.4.1.3		P	Faktor für die chemische Einwirkung von Lösemittel	f_Q	0,002	mm/mm
Zur Dimensionierung der Dehnungsbögen ist die Längenänderung aus Temperaturwechsel plus chemische Einwirkung zu berücksichtigen. Die langzeitigen Längsdehnungen aus Innendruck, berechnet für reibungsfreie Auflagerung, haben in der Praxis keinen Einfluss auf die Längsbiegespannung im Dehnungsbogen.						

Tabelle 15: Berechnungsbeispiel: Kompensation von Längenänderungen

siehe Abschnitt	Hinweise		Gegenstand	Kurzzeichen	Eingabe Ergebnis	Einheit
	Gleichung Nr.	Index				
3.4.1.4		**B**	spezifische Längenänderungen $\varepsilon_{axial} = \alpha \cdot \Delta\vartheta + f_Q$	ε_{axial}	0,0052	mm/mm
		NR	zulässiger Biegespannungsanteil für die Dimensionierung (zul $\sigma_b = \sigma_a - \sigma_l$)	zul σ_b	1,79	N/mm²
		NR	Ermittlung der zulässigen Längsspannung (zul $\sigma_a = \sigma_{zul} \cdot f_s$)	zul σ_a	2.92	N/mm²
DVS 2205-1	Beiblatt 6	W	Langzeit-Schweißfaktor (Heizelementstumpfschweißen)	f_S	0,80	(-)
3.4.1.5			Dimensionieren der Dehnungsbögen			
			System I	(siehe Zeichnung im Anhang)		
			Systemlänge 1	ges L_1	49,0	m
		B	Biegeschenkellänge 1 für L-Bogen	ges L_{BL1}	4641	mm
3.4.1.5	33		$\sqrt{\frac{3 \cdot d_a \cdot L_{1,2} \cdot \varepsilon \cdot E_{LBm}^{T^\circ C}}{zul.\,\sigma_b}} = \sqrt{\frac{3 \cdot 180\,mm \cdot 49 \cdot 10^3 mm \cdot 0,0052 \cdot 280 \frac{N}{mm^2}}{1,79 \frac{N}{mm^2}}} = 4641\,mm$			
		B	Vereinfachte Biegeschenkellänge 1 für L-Bogen	ges L_{BL1}	5040	mm
3.4.1.5	34		$L_{BL1} = k \cdot \sqrt{\Delta l \cdot d_a} = 30 \cdot \sqrt{156.8\,mm} \cdot 180\,mm = 5040\,mm$			
			Systemlänge 2	ges L_2	3,763	m
		B	Vereinfachte Biegeschenkellänge 2 für L-Bogen	ges L_{BL2}	1551	mm
3.4.1.5	34		$L_{BL2} = k \cdot \sqrt{\Delta l \cdot d_a} = 30 \cdot \sqrt{14.85\,mm} \cdot 180\,mm = 1551\,mm$			
			System II	(siehe Zeichnung im Anhang)		
		B	Vereinfachte Biegeschenkellänge beim Z-Bogen	min L_{BZ}	1440	mm
3.4.1.5	34		$L_{BZ} = k \cdot \sqrt{\Delta l \cdot d_a} = 30 \cdot \sqrt{12.8\,mm} \cdot 180\,mm = 1440\,mm$			
			System III	(siehe Zeichnung im Anhang)		
		P	zulässige Belastung aus Projektvorhaben	zul F_{UB}	10000	N
		B	äquivalente Gleitlänge für zul F_{UB} aus Reibung an den Rohrbefestigungen L_R = zul F_{UB} : (1000 · q_{ges} · μ_R)	$L_{R\_0.5}$ $L_{R\_0.3}$	79,2 131,8	m m
DVS 2242-1	Tabelle 3	W	Reibungskoeffizient an den Rohrbefestigungen Stahl auf Stahl (St) – empfohlen für kunststoffgerechte Lager	μ_R	0,30	(-)
! zul F_{UB} = zul F_{FP} = 10 kN						
		B	zulässige Systemlänge ges $L_0 = 2 \cdot L_{R\_0.5}$	ges L_0	158,4	m
		P	vorhandene Systemlänge	ges L_0	126,0	m
3.4.1.2	30	**B**	kurzzeitige Längenänderung mit $\Delta\theta$ aus Temperaturwechsel	Δl_ϑ	201,6	mm
3.4.1.3	32	**B**	langzeitige Längenänderung durch chemische Einwirkung	Δl_Q	126,0	mm
		B	Summe aus Ergebnis nach Gleichg. 21 + 23	Δl_U = dl	327,6	mm
		NR	Scheitellänge beim U-Bogen	min L_u	1015	mm
		B	Biegeschenkellänge beim U-Bogen	min L_B	2100	mm
Die Ermittlung von Biegeschenkellängen für U-Bogen und räumliche Bogenstücke lässt sich nicht mit einfachen Gleichungen realisieren. Der Einsatz von Rechenprogrammen ist deshalb unentbehrlich.						

Tabelle 16: Berechnungsbeispiel: Bestimmung der Festpunktbelastungen

siehe Abschnitt	Hinweise: Gleichung Nr.	Hinweise: Index	Gegenstand	Kurz-zeichen	Eingabe Ergebnis	Einheit
3.5.1.	35	**B**	Festpunktbelastung bei axial eingespannter Rohrstrecke	max F_{FP}	13929	N
DVS 2205-2	Tabelle 6	NR	Kriechmodul für 100 min (Mittelwert für 0,5 · (min T + max T = 30 °C))	$E_{c100min}$	800	N/mm^2
Zur näherungsweisen Bestimmung von $E_{c100min}$ ist $E_{K(30\,°C)}$ = 960 N/mm² (DVS 2205-2, Tabelle 6) sowie E_{c1a} = 375 N/mm² (DVS 2205-1, Bild 21, σ = 2N/mm²) in ein Diagramm mit logarithmischer Zeitachse (10^{-1}… 8,76 · 10^3 h) zu übertragen und eine gerade Verbindung der beiden Punkte vorzunehmen. Beim Schnittpunkt der 100 min-Vertikalen mit der Verbindungs-geraden ergibt sich der vorstehende $E_{c100min}$.						
		NR	Kreisringfläche des Rohres (A_R =da² -di²) · p/4)	A_R	5441	mm^2
mit Kompensation der Längenänderung durch L-Dehnungsbögen (System I) ergibt sich:						
		B	Belastung aus Verformung der Biegestrecke	F_{LB}	236	N
3.5.2	37		$F_{LB} = \frac{12 \cdot \Delta L_\vartheta \cdot E_C \cdot J_R}{L_B^3} = \frac{12 \cdot 157\,mm \cdot 800 N/mm^2 \cdot 2 \cdot 10^7}{(5040\,mm)^3} = 236N$			
		NR	Trägheitsmoment des Rohrquerschnitts $I_R = (da^4 - di^4)/20$	I_R	20,0E+6	mm^4
		B	Belastung aus Reibung an den Rohrbefestigungen (μ_R= 0.3): F_R = ges $L_1 \cdot q_{ges} \cdot \mu_R$	F_R	3719	N
		Σ	Festpunktbelastung beim L-Dehnungsbogen (Summe F_{LB} + F_R)	max F_{LB}	3955	N
			Festpunktbelastung beim U-Dehnungsbogen (System III):			
Die Kraft zur Verformung der Biegeschenkel kann beim U-Bogen gegenüber den Reibkräften vernachlässigt werden. F_{UB} vernachlässigbar						
		B	Reibung an den Rohrbefestigungen: F_R = 0,5 · ges $L_0 \cdot q_{ges} \cdot \mu_R$ (μ_R= 0.3):	F_R	4782	N
		Σ	Festpunktbelastung beim U-Dehnungsbogen (Summe F_{UB} + F_R)	max F_{UB}	4782	N
Mit max F_{UB} = 4782 N wird die Projektvorgabe max F_{FP} = 10000 N sicher erfüllt.						
Die Ermittlung der Festpunktkräfte gemäß Abschnitt 3.5 ist nach dem ungünstigsten Lastfall vorzunehmen. Eine rechnerische Überlagerung (Addition) der Belastungen aus verhinderter Wärmedehnung und Innendruck ist nicht durchzuführen, solange ihre Wirkung unterschiedlich gerichtet ist (Druck- und Zugspannung). Chemische Einwirkungen, welche eine Längsdehnung hervorrufen, sind in die Festpunktbelastung unter Berücksichtigung der durch Lösemittel reduzierten E-Moduln und der zeitabhängigen Spannungsrelaxation einbeziehen. (Sonderfall, welcher im Berechnungsbeispiel nicht behandelt wird.) Reibungskräfte längerer Rohrstrecken sind zu berücksichtigen, wobei die daraus resultierende Festpunkt-belastung nicht größer als der Maximalwert nach Gleichung (25) sein kann. Die Entlastung der Festpunkte durch die jeweilige Gegenkraft wird rechnerisch vernachlässigt.						

Tabelle 17: Berechnungsbeispiel: Ermittlung der Rohrstützweiten

siehe Abschnitt	Hinweise		Gegenstand	Kurz-zeichen	Eingabe Ergebnis	Einheit
	Gleichung Nr.	Index				
3.6.1	38	**B**	berechneter Unterstützungsabstand	rechn L_A	**2315**	mm
DVS 2205-1	Beiblatt 2	NR	Kriechmodul für 25 Jahre / σ = 2,0 N/mm² unter chemischer Einwirkung E_c/A_2	$E_{cm(20...40°C)}$	280 255	N/mm² N/mm²
		W	Beeinflussung durch chemische Einwirkung	A_2	1,10	(-)
		NR	Trägheitsmoment des Rohrquerschnittes	I_R	20,0E+6	mm⁴
		NR	Streckenlast der Rohrleitung	q_{ges}	0,253	N/mm
3.6.1		W	gewählter Faktor für die Durchbiegung	gew f_{LA}	0,86	(-)

Tabelle 18: Berechnungsbeispiel: Ermittlung der Führungsabständ axial eingespannter Rohrleitungen

siehe Abschnitt	Hinweise		Gegenstand	Kurz-zeichen	Eingabe Ergebnis	Einheit
	Gleichung Nr.	Index				
3.6.2	40	**B**	berechneter Abstand der Rohrführungen für rechn ε	rechn L_F	**2668**	mm
		NR	Trägheitsmoment des Rohrquerschnittes	I_R	20,0E+6	mm⁴
		NR	Kreisringfläche des Rohres	A_R	5441	mm²
		W	empfohlener Führungsabstand für rechn ε	empf L_F	2589	mm
		P	vorhandener Unterstützungsabstand*)	vorh L_F	2000	mm
*) es besteht keine Gefahr des Ausknickens, da rechn L_F > vorh L_F						

5. Schrifttum

5.1. Regelwerk

Normen

EN ISO 1452-1 Kunststoff-Rohrleitungssysteme für die Wasserversorgung und für erdverlegte und nicht erdverlegte Entwässerungs- und Abwasserdruckleitungen – Weichmacherfreies Polyvinylchlorid (PVC-U) – Teil 1: Allgemeines

EN ISO 1452-2 Kunststoff-Rohrleitungssysteme für die Wasserversorgung und für erdver legte und nicht erdverlegte Entwässerungs- und Abwasserdruckleitungen – Weichmacherfreies Polyvinylchlorid (PVC-U) – Teil 2: Rohre

DIN EN 1778 Charakteristische Kennwerte für geschweißte Thermoplast-Konstruktionen – Bestimmung der zulässigen Spannungen und Moduli für die Berechnung von Thermoplast-Bauteilen

DIN 1910-3 Schweißen und verwandte Prozesse – Kunststoffschweißen – Teil 3: Prozesse zum Schweißen thermoplastischer Kunststoffe

DIN 1910-100 Schweißen und verwandte Prozesse – Begriffe – Teil 100: Metallschweißprozesse mit Ergänzungen zu DIN EN 14610DIN 8061 Rohre aus weichmacherfreiem Polyvinylchlorid (PVC-U) – Allgemeine Güteanforderungen, Prüfung

DIN 8062 Rohre aus weichmacherfreiem Polyvinylchlorid (PVC-U) – Maße

DIN 8074 Rohre aus Polyethylen (PE) – PE 80, PE 100 – Maße

DIN 8075	Rohre aus Polyethylen (PE) – PE 80, PE 100 – Allgemeine Güteanforderungen, Prüfungen
DIN 8077	Rohre aus Polypropylen (PP) – PP-H, PP-B, PP-R, PP-RCT – Maße
DIN 8078	Rohre aus Polypropylen (PP) – PP-H, PP-B, PP-R, PP-RCT – Allgemeine Güteanforderungen, Prüfung
DIN 8079	Rohre aus chloriertem Polyvinylchlorid (PVC-C) – Maße
DIN 8080	Rohre aus chloriertem Polyvinylchlorid (PVC-C) – Allgemeine Güteanforderungen, Prüfung
DIN 16961-1	Rohre und Formstücke aus thermoplastischen Kunststoffen mit profilierter Wandung und glatter Rohrinnenfläche – Teil 1: Klassifizierung und Maße
DIN 16961-2	Rohre und Formstücke aus thermoplastischen Kunststoffen mit profilierter Wandung und glatter Rohrinnenfläche – Teil 2: Technische Lieferbedingungen
DIN EN 13480-1	Metallische industrielle Rohrleitungen – Teil 1: Allgemeines
DIN EN 13480-3	Metallische industrielle Rohrleitungen - Teil 3: Konstruktion und Berechnung
ISO 4427-3	Kunststoff-Rohrleitungssysteme für die Wasserversorgung und für Entwässerungs- und Abwasserdruckleitungen – Polyethylen (PE) – Teil 3: Formstücke
DIN EN 12201-3	Kunststoff-Rohrleitungssysteme für die Wasserversorgung und für Entwässerungs- und Abwasserdruckleitungen – Polyethylen (PE) – Teil 3: Formstücke
DIN EN 12666-1	Kunststoff-Rohrleitungssysteme für erdverlegte Abwasserkanäle und -leitungen – Polyethylen (PE) – Teil 1: Anforderungen an Rohre, Formstücke und das Rohrleitungssystem
DIN EN ISO 10931	Kunststoff-Rohrleitungssysteme für industrielle Anwendungen – Polyvinyliden Fluoride (PVDF) – Anforderungen an Rohrleitungsteile und das Rohrleitungssystem
DIN EN ISO 12162	Thermoplastische Werkstoffe für Rohre und Formstücke für Anwendungen unter Druck – Klassifizierung, Werkstoffkennzeichnung und Gesamtbetriebs-(berechnungs-)Koeffizient
DIN EN ISO 14632	Extrudierte Tafeln aus Polyethylen (PE-HD) – Anforderungen und Prüfverfahren
DIN EN ISO 15013	Kunststoffe – Extrudierte Tafeln aus Polypropylen (PP) – Anforderungen und Prüfverfahren
DIN EN ISO 15493	Kunststoff-Rohrleitungssysteme für industrielle Anwendungen – Acrylnitril-Butadien-Styrol (ABS), weichmacherfreies Polyvinylchlorid (PVC-U) und chloriertes Polyvinylchlorid (PVC-C) – Anforderungen an Rohrleitungsteile und das Rohrleitungssystem – Metrische Reihen

DIN EN ISO 15494	Kunststoff-Rohrleitungssysteme für industrielle Anwendungen – Polybuten (PB), Polyethylen (PE), Polyethylen erhöhter Temperaturbeständigkeit (PE-RT), vernetztes Polyethylen (PE-X), Polypropylen (PP) – Metrische Reihen für Anforderungen an Rohrleitungsteile und das Rohrleitungssystem

DVS-Regelwerke

Merkblatt DVS 2201-2	Prüfen von Halbzeug aus Thermoplasten, Schweißeignung; Prüfverfahren – Anforderungen
Richtlinie DVS 2203-1	Prüfen von Schweißverbindungen an Tafeln und Rohren aus thermoplastischen Kunststoffen; Prüfverfahren – Anforderungen
Richtlinie DVS 2203-2	Prüfen von Schweißverbindungen an Tafeln und Rohren aus thermoplastischen Kunststoffen; Prüfverfahren – Zugversuch
Richtlinie DVS 2203-3	Prüfen von Schweißverbindungen an Tafeln und Rohren aus thermoplastischen Kunststoffen; Schlagzugversuch
Richtlinie DVS 2203-4	Prüfen von Schweißverbindungen an Tafeln und Rohren aus thermoplastischen Kunststoffen; Zeitstand-Zugversuch
Richtlinie DVS 2203-5	Prüfen von Schweißverbindungen an Tafeln und Rohren aus thermoplastischen Kunststoffen; Technologischer Biegeversuch
Richtlinie DVS 2205-1	Berechnung von Behältern und Apparaten aus Thermoplasten – Kennwerte
Richtlinie DVS 2205-2	Berechnung von Behältern und Apparaten aus Thermoplasten – Stehende runde, drucklose Behälter
Richtlinie DVS 2205-4	Berechnung von Behältern und Apparaten aus Thermoplasten – Flanschverbindungen
Richtlinie DVS 2206-1	Zerstörungsfreie Prüfungen von Behältern, Apparaten und Rohrleitungen aus thermoplastischen Kunststoffen – Maß- und Sichtprüfung
Richtlinie DVS 2210-1	Oberirdische Rohrleitungen aus thermoplastischen Kunststoffen
Richtlinie DVS 2210-1 Beiblatt 4	Oberirdische Rohrleitungen aus thermoplastischen Kunststoffen – Befestigungstechnik
Richtlinie DVS 2242-1	Mechanisches Fügen von Kunststoffbauteilen – Schnappverbindungen

Sonstige Regelwerke

AD 2000-Merkblatt HP 120 R	Herstellung und Prüfung von Druckbehältern – Bauvorschriften – Rohrleitungen aus thermoplastischen Kunststoffen
ASME B31.1 und B31-3	Rohrleitungen
ASME NM 3.1/3.3	Nonmetallic Materials – Part 1: Thermoplastic Material Specifications
AwSV	Verordnung über Anlagen zum Umgang mit wassergefährdenden Stoffen
DAST-Richtlinie 013	Beulsicherheitsnachweise für Schalen
Druckgeräterichtlinie (DGRL)	Richtlinie 2014/68/EU des Europäischen Parlaments und des Rates vom 15. Mai 2014 zur Harmonisierung der Rechtsvorschriften der Mitgliedstaaten über die Bereitstellung von Druckgeräten auf dem Markt
VDI 2003	Spanende Bearbeitung von Kunststoffen Richtlinie
VDI Wärmeatlas	

5.2. Literatur

[1] Günter Wossog (Hrsg.): *„Handbuch Rohrleitungsbau Band II: Berechnung“ 3. Auflage, Vulkan Verlag 2014*

[2] Markus Stommel, Marcus Stojek und Wolfgang Korte „FEM zur Berechnung von Kunststoff- und Elastomerbauteilen“ 2. neu bearbeitete und erweiterte Auflage, Hanser Verlag, April 2018

[3] Heinrich Dubbel „Taschenbuch für den Maschinenbau“, 26. Auflage, Springer Vieweg Verlag, Dezember 2018

6. Anhang A: Tabellen und Zeichnungen

Tabelle A1: Ventil- und Armaturenkennwerte kv (Mittelwerte)

Armaturentyp	Innendurchmesser Di [mm]				
	25	50	100	200	500
Schieber	0,23	0,20	0,16	0,14	0,11
Durchgangsventil	10,0	8,3	7,0	5,9	4,9
Schrägsitzventil	1,6	1,3	1,1	1,0	0,8
Eckventil	4,4	3,7	3,1	2,6	2,1
Kugelhahn	0,09	0,07	0,06	0,05	0,04
Klappe		1,3	1,1	0,9	0,8

Tabelle A2: ζ_{RF}-Werte Bogen und Winkel

			Innendurchmesser di [mm]				
		r/di	25	50	100	200	500
90°-Bogen	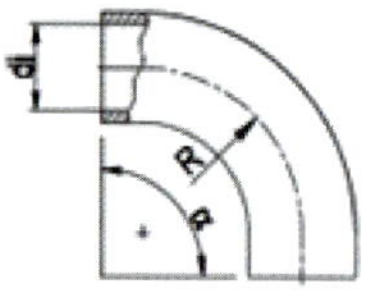	1	0,59	0,49	0,41	0,35	0,29
		1,5	0,41	0,34	0,29	0,24	0,20
		2	0,35	0,29	0,25	0,21	0,17
		3	0,35	0,29	0,25	0,21	0,17
		4	0,41	0,34	0,29	0,24	0,20
		6	0,50	0,41	0,35	0,30	0,24
90°-Winkel	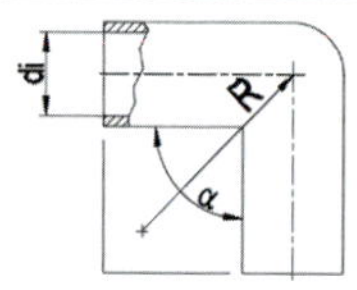	1	1.2				
45°-Bogen	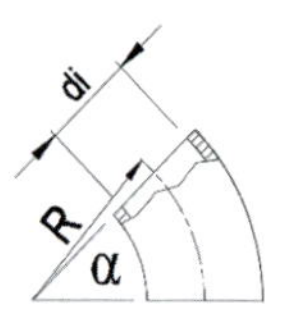	1	0,43	0,36	0,30	0,25	0,21
		1,5	0,29	0,24	0,20	0,17	0,14
		2	0,24	0,20	0,17	0,14	0,12
		3	0,23	0,19	0,16	0,14	0,11
		4	0,26	0,22	0,18	0,16	0,13
		6	0,30	0,25	0,21	0,18	0,15
45°-Winkel	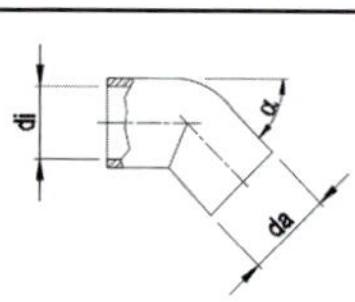		0.3				

Tabelle A3: ζ_{RA}-Werte für T-Stücke mit 90° -Verzweigung

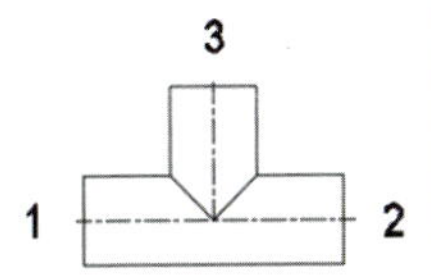	**Fliesschema**		**Bezug - Druckverlust**		**Bezug Durchflussgeschwindigkeit**	ζ_{RA}
	Zulauf	Ablauf	Zulauf	Ablauf		
Verzweigung Stromtrennung	1	2 + 3	1	3	1	1,0
Durchgang Stromtrennung	1	2 + 3	1	2	1	0,8
Gegenlauf Stromtrennung	3	1 + 2	3	1 / 2	3	1
Verzweigung Stromvereinigung	1 + 3	2	3	2	2	1,1
Durchgang Stromvereinigung	1 + 3	2	1	2	2	0,6
Gegenlauf Stromvereinigung	1 + 2	3	1 / 2	3	3	1,0

Tabelle A4: ζ_{RA}-Werte für Reduktionsstücke mit Steigung < 40° im Übergang

Reduktionen			**Erweiterungen**				
		Widerstandsbeiwert ζ_{RA}			Widerstandsbeiwert ζ_{RA}		
Steigung ϕ			Steigung ϕ		1,5	2	3
<40°		ca. 0,04	10°		0,06	0,12	0,16
			20°		0,12	0,23	0,32
			30°		0,23	0,37	0,52
			40°		0,30	0,50	0,63

Tabelle A5: ζ_{RA}-Werte für Reduktionsstücke mit Steigung > 40° im Übergang

Aufweitung		**Verengung**	
	Widerstandsbeiwert ζ_{RA}		Widerstandsbeiwert ζ_{RA}
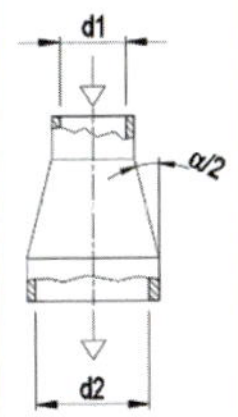	1,0	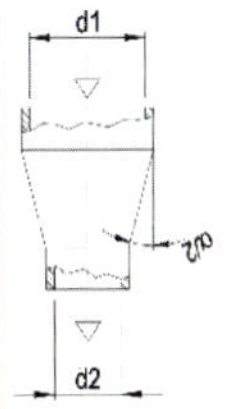	0,50

Quelle: VDI-Wärmeatlas / Grundlagen der Rohrleitungs- und Apparatebautechnik (Vulkan-Verlag, Crane & Co, Technical Paper No 410, ISBN 3-8027-2724-X)

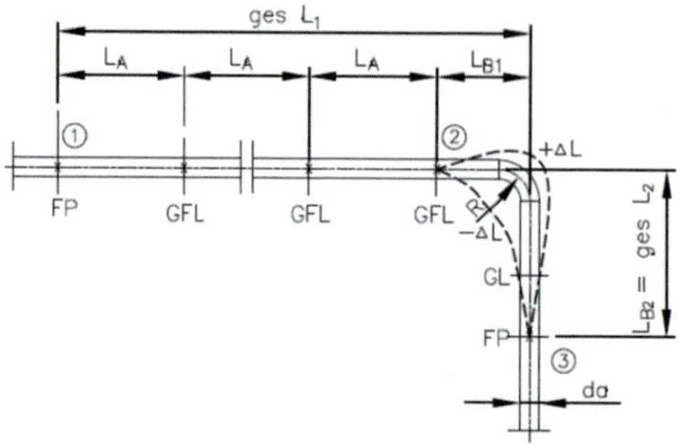

Wirkungsweise:
ΔL aus ges L_1 erfordert Biegeschenkellänge L_{B2}
ΔL aus ges L_2 erfordert Biegeschenkellänge L_{B1} + L_{B3}
Systemabmessungen:
$L_{B1,2,3}$ ≥ erf. $L_{B1,2}$ nach Berechnung Gleichung 30
L_A siehe Beiblatt 4 (Befestigung) Tabellen 13 bis 17

Bild A1 a: Prinzipskizze eines L-Dehnungsbogen

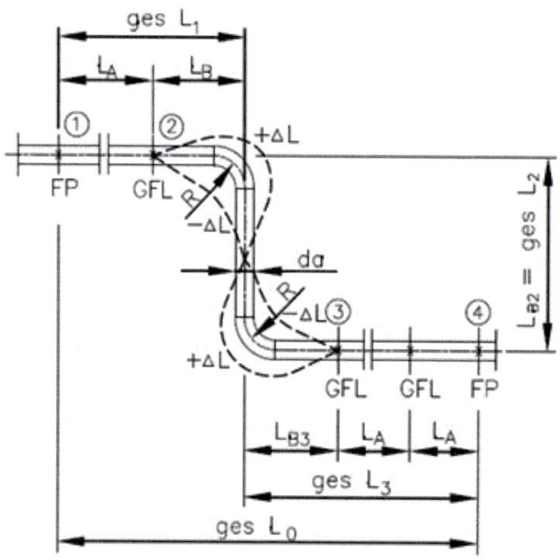

Wirkungsweise:
ΔL aus ges L_0 erfordert Biegeschenkellänge L_{B2}
ΔL aus ges L_2 erfordert Biegeschenkellänge L_{B1} + L_{B3}
Systemabmessungen:
$L_{B1,2,3}$ ≥ erf. $L_{B1,2}$ nach Berechnung Gleichung 30
L_A siehe Beiblatt 4 (Befestigung) Tabellen 13 bis 17

Bild A1 b: Prinzipskizze einesZ-Dehnungsbogen

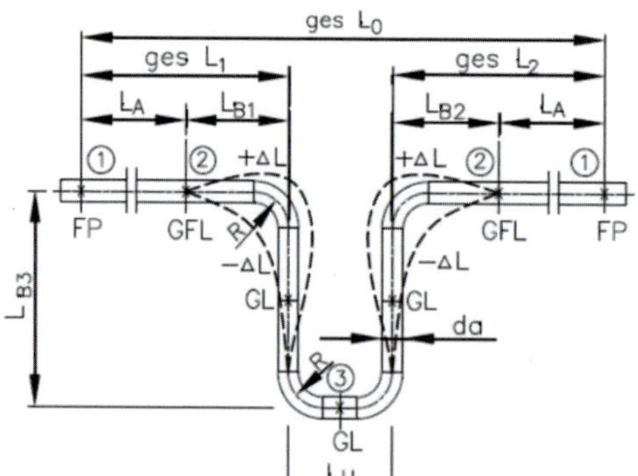

Wirkungsweise:
ΔL aus ges L_0 erfordert Biegeschenkellänge L_{B3}
ΔL mit L aus ges L_{B3} erfordert ungehinderte Ausdehnung im Ptk. 4 Systemabmessungen:
L_{B1} = L_{B2} = R + (2 x da)
L_{B3} ≥ erf. $L_{B1,2}$ nach Berechnung Gleichung 30
L_U ≥ 2 x (R + da) ≙ ges. ΔL
L_A siehe Beiblatt 4 (Befestigung) Tabellen 13 bis 17

Bild A1 c: Prinzipskizze eines U-Dehnungsbogen

Hinweis zu **Bildern A1 a, A1 b und A1 c**:

Wenn Rohrlänge zwischen Punkt ② und ③ > L_A, dann müssen im Bereich des Dehnungsbogens zusätzlich Gleitlager (GL) angeordnet werden.

Erläuterung der Kurzbezeichnungen:

FP	Festpunkt
GFL (FL)	Gleitführungslager
GL	Gleitlager/Loslager
$L_{B1,2}$	Biegeschenkellängen ges. L = Systemlängen
L_A	Unterstützungsabstand
$\pm \Delta L$	Längenänderung im System
R	Bogenradius
d_a	Rohrdurchmesser

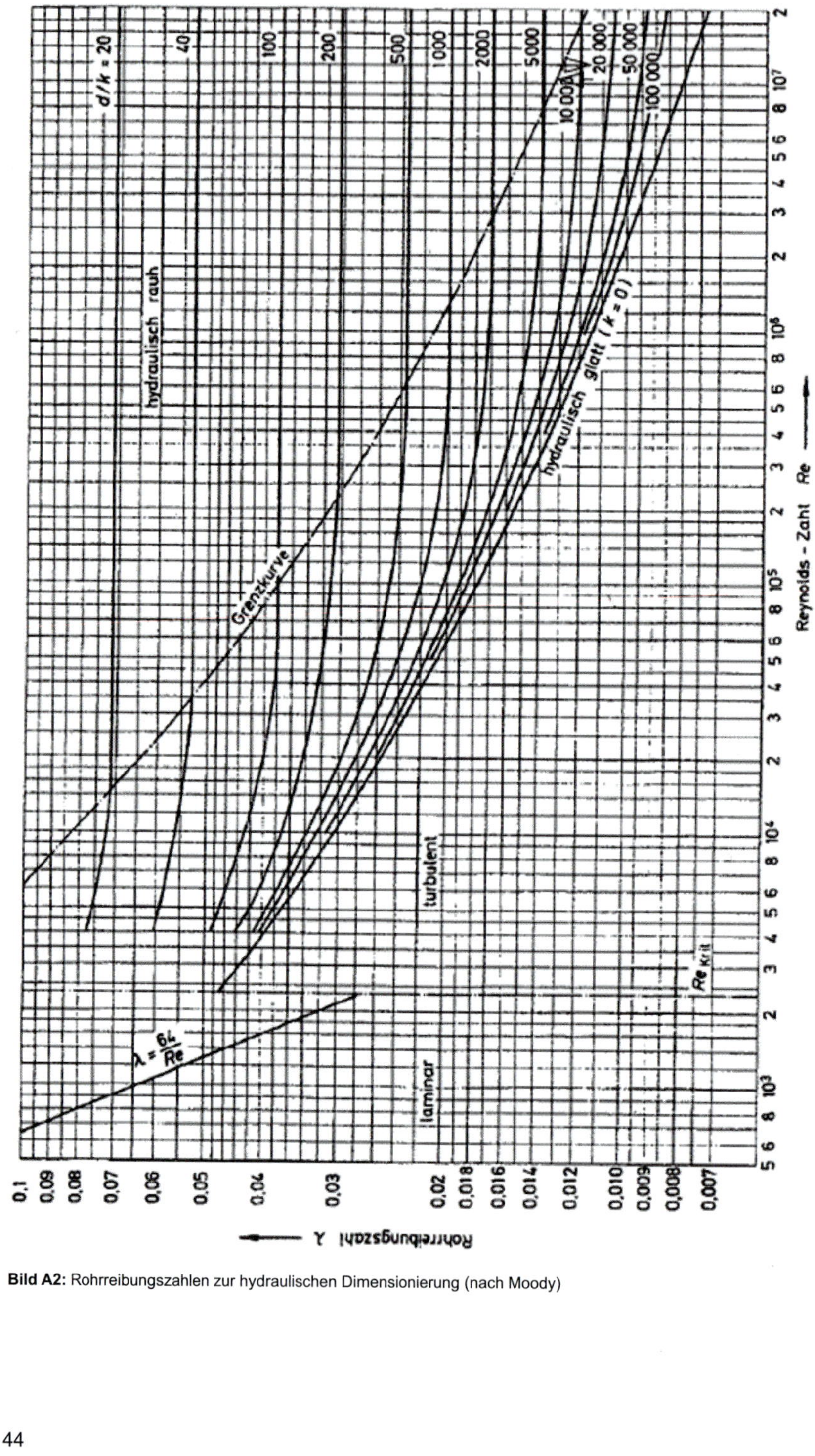

Bild A2: Rohrreibungszahlen zur hydraulischen Dimensionierung (nach Moody)

Juli 2025

DVS VERBAND

Richtlinie
DVS 2210-1
Beiblatt 2

Entwurf

Vorgesehen als Ersatz für
Ausgabe Juli 2004

Dieser Richtlinienentwurf wird der Öffentlichkeit zur Prüfung und Stellungnahme vorgelegt. Einsprüche und Änderungsvorschläge können über das DVS-Regelwerksportal (www.dvs-regelwerk.de) sowie per Post an den DVS – Deutscher Verband für Schweißen und verwandte Verfahren e. V., Postfach 101965, 40010 Düsseldorf eingereicht werden

Richtlinie DVS 2210-1 Beiblatt 2

Oberirdische Rohrleitungen aus thermoplastischen Kunststoffen – Prüfung und Abnahme

Ausschuss für Technik im DVS

Arbeitsgruppe W 4 „Fügen von Kunststoffen“

Untergruppe W 4.3a „Konstruktive Gestaltung, Rohrleitungsbau“

Bezug: DVS Media GmbH, Postfach 10 19 65, 40010 Düsseldorf, Telefon: (0211) 1591-0, E-Mail: media@dvs-media.info

Inhalt

1. Geltungsbereich

Dieses Beiblatt ist Bestandteil der DVS-Richtlinie 2210-1 „Oberirdische Rohrleitungen aus thermoplastischen Kunststoffen – Planung und Errichtung". Die gesamte Richtlinie besteht aus einem Hauptteil und mehreren Beiblättern. Die Zuordnung ist dem Hauptteil zu entnehmen.

Das Ziel dieses Beiblattes wie der gesamten Richtlinie ist es, dem Praktiker Hinweise zur fachgerechten Planung und Errichtung von Kunststoffrohrleitungen zu geben. Dabei wird besonderer Wert auf die Beachtung der kunststoffspezifischen Besonderheiten gelegt.

2. Qualitätssicherung

Die Qualitätssicherung dient dem Nachweis der sachgemäßen Lieferung und Leistung. Sie umfasst Kontrollen, Prüfungen und Abnahmen und betrifft sowohl die werksseitige Vorfertigung aller Rohrleitungsteile, die Lieferung der Komponenten sowie die Montage und Errichtung auf der Baustelle. Der Errichter der Rohrleitung hat für eine ständige Beaufsichtigung der Montagearbeiten und Dokumentation durch sachkundiges Personal zu sorgen. Dies gilt für die Montage der Rohrhalterungen, für die Leitungsverlegung, sowie für die Fügetechnik und die Überwachung der Sicherheitsvorschriften auf der Baustelle (siehe hierzu Richtlinie DVS 2210-1 Beiblatt 3).

Art und Umfang der Kontrollen und Prüfungen sowie Abnahmen sind vor Baubeginn zwischen Auftraggeber und Auftragnehmer festzulegen und in einem Prüfplan festzuschreiben. Darin sollen alle Tätigkeiten aufgenommen werden, die zur Erfüllung einer effizienten Qualitätssicherung beitragen. Der Prüfplan sollte sich an der Art und Ablaufplanung des Bauprojektes orientieren und die sinnvolle Unterteilung der einzelnen Bauabschnitte widerspiegeln. Ein Prüfplan mit Empfehlungen zur zeitlichen Zuordnung der Prüfungen und Kontrollen ist in **Tabelle 1** exemplarisch zusammengestellt:

Besondere Vorschriften, wie z. B. die Bau- und Prüfgrundsätze des DIBt, die Druckgeräterichtlinie oder die Technischen Regeln für Kunststoffrohrleitungen sind zu berücksichtigen.

Tabelle 1: Übersicht zu qualitätssichernden Maßnahmen im Kunststoffrohrleitungsbau

Bau- / Prüfabschnitt	Prüfpos.	Prüfgegenstand	Prüfkriterien Richtlinie / Abschnitt	Prüfzeitpunkt, Prüfintervalle	Prüfverfahren
Werkstoff- und Planprüfung	I.1	Werkstoffeignung		vor Fertigungsbeginn	Kontrolle auf Vollständigkeit und sachgemäße Durchführung
	I.2	Planunterlagen	DVS 2210-1 Beiblatt 1		
	I.3	Rohrleitungsdimensionierung	DVS 2210-1 Beiblatt 1		
	I.4	statische Nachweise	DVS 2210-1 Beiblatt 1		
	I.5	Konstruktionszeichnungen, Isometrien	DVS 2210-1 Beiblatt 1		
	I.6	Befestigungssystem	DVS 2210-1 Beiblatt 3		
Eingangsprüfung der Rohrleitungsteile und des Zubehörs	II.1	Rohre und Rohrleitungsteile	DVS 2210-1 Beiblatt 2	nach Eingang, vor Montage	Sicht- und Maßprüfung, Konformität mit den Planunterlagen
	II.2	Vorgefertigte Rohrleitungskomponenten	DVS 2210-1 Beiblatt 2		
	II.3	Schweißzusätze	DVS 2211		
	II.4	Befestigungselemente	DVS 2210 Beiblatt 3		
	II.5	Sonstiges Rohrleitungszubehör	DVS 2210 Beiblatt 3		

Baubegleitende Prüfungen und Kontrollen [1] vor der Montage [2] während der Montage	III.1	Qualifikationsnachweise des Unternehmens, der Schweißer	DVS 2210-1	Objektabhängig, mehrmals bis ständig während der Fertigung und Montage	Sichtprüfung und Prüfung der Konformität mit den Vorgaben
	III.2	Maschinen, Werkzeuge und Geräte [1), 2)]	DVS 2210-1		
	III.3	Transporte und Lagerung der Rohrleitungsteile [1), 2)]	DVS 2210-1		
	III.4	Qualität der Montage und Verlegung [2)]	DVS 2210-1		
	III.5	Qualität der Montage-Schweiß-, und Klebearbeiten [2)]	DVS 2210-1		
	III.6	Baustellensicherheit [2)]	ortspezifische EHS-Vorgaben		
End- und Abnahme-prüfungen	V.1	Dichtheitsprüfung	DVS 2210-1 Beiblatt 2	nach Montageende, oder gegebenenfalls abschnittsweise	Dichtheits- und Druckprüfung mit Luft oder Wasser
	V.2	Dichtheitsprüfung an vorgefertigten Rohrleitungskomponenten			
	V.3	Innendruckprüfung an thermoplastischen Rohrleitungen	DVS 2210-1 Beiblatt 2		
	V.4	Funktionsprüfung			

2.1. Eingangsprüfung

Der Errichter des Rohrleitungssystems muss sicherstellen, dass die von Zulieferern bezogenen Vormaterialien, Rohrleitungs- und Befestigungskomponenten, Zubehörteile sowie Armaturen etc. nicht verwendet oder weiterverarbeitet werden, bevor sie einer Eingangsprüfung unterzogen wurden. Diese beinhaltet mindestens die folgenden Kriterien:

- Vollständigkeit der Lieferung
- Identität des Werkstoffes und die Übereinstimmung mit den Prüfbescheinigungen der Hersteller
- Kontrolle auf Übereinstimmung mit der Fertigungszeichnung
- Unversehrtheit der Verpackung, z. B. von Heizwendelformteilen und -muffen oder anderer empfindlicher Teile
- Eindeutige und durchgängige Kennzeichnung der Rohre und Rohrformteile bezüglich Werkstoff und Maße
- Deformationen an den Rohrleitungsteilen wie z. B. Querschnittsverformungen und Längskrümmung an Rohren
- Mechanische Beschädigungen an den Oberflächen der Rohre und Rohrleitungsteile
- Prüfen der Verarbeitung (z. B. Verbindungen etc.)

Des Weiteren ist nach längerer Lagerung der Rohrleitungsteile vor deren Verwendung eine visuelle Kontrolle durchzuführen.

Zur Beurteilung der Zulässigkeit von Qualitätsabweichungen können entsprechende Regelwerke herangezogen werden.

Sofern die Zulieferteile nachbearbeitet oder zu Baugruppen zusammenfügt werden, ist vor Auslieferung an die Baustelle eine weitere Prüfung auf Vollständigkeit, Funktionsfähigkeit und sachgemäße Verpackung zu veranlassen.

2.2. Kontrolle vorgefertigter Rohrleitungskomponenten

An Bau- und Rohrleitungsteilen, die in vorgefertigtem Zustand angeliefert werden, sind Eingangsprüfungen wie unter Abschnitt 3.1 beschrieben, durchzuführen.

Zusätzlich sind, soweit zutreffend, die vorstehend genannten Prüfkriterien um die Kontrolle der Verbindungen (Schweißverbindungen, Klebungen, Laminatverbindungen) sowie die Überprüfung auf Übereinstimmung mit den Fertigungszeichnungen zu erweitern.

Jede Schweiß- und Klebeverbindung ist nach ihrer Herstellung gemäß den entsprechenden Normen und Richtlinien zu kontrollieren. Das Ergebnis der Kontrolle ist zu dokumentieren. Zur Beurteilung von Verbindungen und Fertigungsdetails sind mitgeltende Normen, Richtlinien und Regelwerke heranzuziehen, z. B. für Schweißverbindungen Richtlinie DVS 2202 und Beiblätter 1-6. Sollten Zweifel an der Qualität einzelner Verbindungen bestehen, sind gegebenenfalls weitergehende Prüfungen zu veranlassen.

Bei relevanten Losgrößen oder wiederkehrenden Lieferungen empfiehlt es sich, neben der Eingangsprüfung auf der Baustelle auch fertigungsbegleitende Prüfungen oder Abnahmen im Herstellerwerk durchzuführen.

2.3. Baubegleitende Kontrollen und Prüfungen

Vor Beginn der Ausführung der Verlege- und Verbindungsarbeiten ist nachzuweisen, dass eine Maschinen- und Geräteprüfung innerhalb eines Jahreszeitraums vorgenommen wurde. Ist dies nicht der Fall, so muss vor Aufnahme der Arbeiten eine Prüfung im Beisein des Auftraggebers stattfinden. Das Ergebnis ist zu protokollieren.

Baubegleitende Kontrollen und Prüfungen sollen sicherstellen, dass die fertig verlegte Rohrleitung vor Inbetriebnahme die geforderten Qualitäts- und Betriebseigenschaften besitzt. Im Prüfplan sind Art, Umfang und Zeitpunkte der baubegleitenden Kontrollen und Prüfungen festzulegen.

Baubegleitende Prüfungen können z. B sein:

- Kontrolle der Hauptmaße
- Konformität mit den Planungs- und Ausführungsunterlagen
- Prüfung der Verarbeitung (Schweißen, Kleben, Laminieren)
- Prüfung der Verlege- und Montagearbeiten einschließlich Halterungskonzept

2.3.1. Zwischenprüfungen (Bauaufsicht)

Zwischenprüfungen erfolgen während der Montage des Rohrleitungssystems in dem Baufortschritt angepassten Abständen.

- Kontrolle auf Übereinstimmung der Befestigungen sowie ihrer Anordnung mit den Planungsvor gaben
- Kontrolle der Linienführung der Rohrleitung (Versatz vertikal und horizontal)
- Funktionsprüfung an den Rohrhalterungen
- Prüfung auf Montageschäden (Halterung und Rohr)
- Prüfung der Rohreinspannung in den Halterungselementen
- Prüfung der Fügeverbindungen auf sachgerechte Ausführung

2.3.2. Montagebegleitende Prüfung der Flanschverbindung

Die visuelle Prüfung befasst sich mit dem Zustand der Flanschverbindungsteile vor und nach dem Einbau. Auf folgende Details ist besonders zu achten:

- unbeschädigte bzw. ebene Dichtflächen
- Planparallelität der angefügten Vorschweißbunde bzw. Bundbuchsen
- Spaltmaß zwischen den Dichtflächen vor Einbringen der Dichtung
- Unversehrtheit der Dichtung
- zentrischer Sitz von Losflansch und Dichtung
- maßliche Übereinstimmung der Dichtung mit dem Innendurchmesser der Rohrleitung
- richtige Schraubenlänge
- Verwendung von Unterlegscheiben bei Mutter und Schraubenkopf

- Schmierung von Schrauben und Unterlegscheiben
- punktuelle Kontrolle der Schaubenanziehdrehmomente z. B. an 2 % der Flanschverbindungen

2.3.3. Prüfung der übrigen mechanischen Verbindungen

Die übrigen mechanischen Verbindungen (Verschraubung, Klemmverbindung, Kupplung, Steckmuffenverbindung, Gewindeanschluss) sind während der Montage insbesondere auf Sauberkeit der Komponenten und korrekten Sitz der Dichtungselemente zu kontrollieren. Außerdem ist auf die spannungsfreie Verlegung zu achten.

Nach Fertigstellung bzw. vor der Druckprüfung der Rohrleitung ist der vorschriftsmäßige Anzug der Verbindungselemente (Muttern bzw. Bolzen) zu überprüfen.

2.4. Endprüfung und Abnahme

Nach Fertigstellung der Rohrleitung, auf jeden Fall vor der ersten Inbetriebnahme, hat eine Abnahme durch den Betreiber zu erfolgen. Gegebenenfalls sind im Rahmen der Abnahme auch Funktionsprüfungen durchzuführen. Im Rahmen der Endprüfung ist sicherzustellen, dass die geforderten Qualitätsprüfungen einschließlich Eingangs- und Zwischenprüfungen ausgeführt und dokumentiert wurden und die Ergebnisse den Qualitätsforderungen entsprechen.

Weitergehende zerstörungsfreie und/oder zerstörende Prüfungen können angewendet werden, wenn bei den voranstehenden Prüfungen Zweifel an der erforderlichen Qualität und der Betriebssicherheit bestehen. Das Vorgehen hierzu ist zwischen Auftraggeber und Auftragnehmer abzustimmen.

Weitere Hinweise zu Kontrollen, Prüfungen und Abnahmen enthalten das Arbeitsblatt DWA-A 139, die DIN EN 1610/DWA-A 139, die DIN EN 805 sowie das DVGW-Regelwerk, insbesondere die Arbeitsblätter W 400-1, W 400-2 und G 469, sowie die Richtlinie DVS 2231.

3. Druck- und Dichtheitsprüfungen

Als Nachweis der Betriebstüchtigkeit von Kunststoffrohrleitungen eignet sich vorwiegend die Innendruckprüfung mit Wasser als Nachweis der mechanischen Festigkeit. In Ausnahmefällen, in Abstimmung mit dem Auftraggeber und unter besonderen Sicherheitsvorkehrungen kann die Prüfung auch unter Verwendung von Luft oder inerten Gasen durchgeführt werden. Prüfungen mit einem Druck $p \leq 0{,}5$ bar (Dichtheitsprüfung) eignen sich nicht zum Nachweis der Betriebsfestigkeit.

Bei allen Druck- und Dichtheitsprüfungen sind rohrstatische Vorgaben und das Halterungskonzept zu berücksichtigen.

3.1. Innendruckprüfung an thermoplastischen Rohrleitungen

Mit Einführung der SDR-Klassifizierung (Durchmesser zu Wanddickenverhältnis) für thermoplastische Kunststoffrohre ist für die Bestimmung des Prüfdrucks die Bezugsgröße da/s (Rohraußendurchmesser zu Wanddicke) heranzuziehen. Das beschriebene Vorgehen berücksichtigt, dass es bei Rohrleitungen aus thermoplastischen Kunststoffen mit eingeschränktem Temperaturbelastungspotenzial zu einer kurzzeitigen Überbeanspruchung bis hin zur Verkürzung der Gebrauchsdauer kommen kann, wenn im Verlauf der nenndruckabhängigen Innendruckprüfung die Rohrwandtemperatur T_R = 20 °C um mehr als 5 °C überschritten wird. Die Vorgehensweise beruht darauf, einen nach SDR gestuften Prüfdruck in Abhängigkeit von der Rohrwandtemperatur und dem Festigkeitskennwert $\sigma_V(T)$ für 100 h festzulegen. Gleichzeitig ist mit zunehmender Rohrwandtemperatur der Prüfdruck so zu reduzieren, dass ein gleichbleibender Sicherheitsabstand zur Zeitstandfestigkeit σ_V (T, 100 h) gewährleistet ist.

Bei der Durchführung einer temperaturbeeinflussten Innendruckprüfung kann sowohl die am Temperaturmaximum orientierte als auch eine gleitende Innendruckbelastung in Betracht gezogen werden. Gegebenenfalls ist bei im Freien verlegten Rohrleitungen die Innendruckprüfung zu früher oder später Tageszeit vorzunehmen, um den Temperatureinfluss zu reduzieren.

Bei der Bestimmung des zulässigen Prüfdrucks ist, neben dem Temperatureinfluss, die Belastbarkeit von Formstücken, Armaturen oder Messeinrichtungen zu beachten.

Rohrleitungen, die Bauteile mit geringerer Belastbarkeit als die des Rohres enthalten, dürfen nur bis zur Höhe des vom Hersteller angegebenen Innendrucks belastet werden. Gegebenenfalls sind die weniger belastbaren Teile der Rohrleitung während der Innendruckprüfung auszubauen.

3.2. Sonderprüfverfahren

Im Anwendungsgebiet der Kunststoffrohrleitungen gibt es Systeme, die aufgrund ihrer Bauart oder ihrer Bauteile nicht in der Lage sind, einem erhöhten oder länger wirkenden Überdruck standzuhalten. Auch kann z. B. das Trockenhalten von Rohrleitungen eine Innendruckprüfung mittels Wasser ausschließen.

Aufgrund der genannten Einschränkungen sowie der elastischen Eigenschaften der Kunststoffe wurden neben der bislang behandelten Innendruckprüfung mit Wasser andere Prüfverfahren entwickelt, die nachfolgend in informativer Form beschrieben werden.

3.2.1. Dichtheitsprüfung

Zur Dichtheitsprüfung an Kunststoffrohrleitungen werden in allen diesbezüglichen Regelwerken Empfehlungen gegeben. Das Prinzip der Dichtheitsprüfung mittels Luft oder technischen Gasen beruht auf der Anwendung eines geringen Überdrucks. Mittels Dichtheitsprüfungen können aufgrund des niedrigen Prüfdrucks keine Aussagen zur mechanischen Integrität der Rohrleitungen insbesondere der Rohrleitungsverbindungen gemacht werden. Mit Wasser als Prüfmedium kann die Gasdichtheit einer Rohrleitung nicht sichergestellt werden.

3.2.2. Dichtheitsprüfung mit p ≤ 0,5 bar

Als Prüfmedium kann sowohl Wasser als auch Luft bzw. ein anderes Gas (z. B. Stickstoff) dienen. Wird die Dichtheitsprüfung mit Wasser durchgeführt, so wird der zulässige Prüfdruck entweder durch die Belastbarkeit des Rohrsystems oder durch Anwendungsrichtlinien begrenzt (z. B. Abwasserkanäle nach DIN 1610).

Während der Dauer der Dichtheitsprüfung mittels eines Gases sind alle Verbindungsstellen der Rohrleitung durch Besprühen oder Bestreichen mit einem schaumbildenden Mittel auf Dichtheit zu kontrollieren.

3.2.3. Dichtheitsprüfung mit p > 0,5 bar

Die Anwendung von Dichtheitsprüfungen mit Luft oder Gasen mit $p_P > 0{,}5$ bar sind nach DVGW G 469 bzw. DVGW G 472 für die dort beschriebenen Kunststoffe zulässig, wenn die beschriebene Vorgehensweise streng eingehalten und sachkundiges Personal eingesetzt wird.

Es sind besondere Sicherheitsvorkehrungen erforderlich.

3.2.4. Druckprüfung nach DIN EN 805 in Verbindung mit DVGW W 400-2

Hierbei handelt es sich um ein etabliertes Prüfverfahren für erdverlegte Systeme der Wasserversorgung, bei dem die Dichtheit durch Erzeugung einer Kontraktion der Rohrleitung nachgewiesen wird. Die Prüfung ist wiederum in eine Vor- und Hauptprüfung unterteilt.

3.3. Prüfaufsicht und Prüfbericht

Die Durchführung der Prüfung soll von einer aufsichtsführenden Person oder einer bauüberwachenden Stelle begleitet werden Der zeitliche Verlauf der Innendruckprüfung und anderer Prüfverfahren sowie deren Ergebnisse sind zu protokollieren. Im Protokoll sind, gemäß Muster für die Innendruckprüfung (siehe Anhang A 4.4), alle Daten anzugeben, die für die Beurteilung der Prüfung relevant sind.

Besonders die Festlegung der Prüfdrücke sowie die Erfassung und Dokumentation der Prüfergebnisse setzen Kenntnisse und Erfahrungen im Umgang mit Rohrleitungen aus Kunststoffen voraus.

4. Aufzeichnungen

Der Auftragnehmer muss die Aufzeichnungen führen, aufrechterhalten und aufbewahren. Die Qualitätsaufzeichnungen müssen beweisen, dass die Rohrleitungsteile bzw. die betriebsfertig installierte Rohrleitung die Qualitätsprüfungen bezüglich der festgelegten Abnahmekriterien bestanden haben. Alle Qualitätsaufzeichnungen müssen eine zweifelsfreie Zuordnung ermöglichen.

5. Schrifftum

Normen

DIN EN 805	Wasserversorgung – Anforderungen an Wasserversorgungssysteme und deren Bauteile außerhalb von Gebäuden
DIN EN 837-1	Druckmessgeräte – Teil 1: Druckmessgeräte mit Rohrfedern; Maße, Messtechnik, Anforderungen und Prüfung;
DIN EN 1610/ DWA-A 139	Einbau und Prüfung von Abwasserleitungen und -kanälen

DVS-Regelwerke

Richtlinie DVS 2202	Bewertung von Fügeverbindungen aus thermoplastischen Kunststoffen an Rohrleitungsteilen und Tafeln – Merkmale, Beschreibung, Bewertung
Richtlinie DVS 2202 Beiblatt 1	Bewertung von Fügeverbindungen aus thermoplastischen Kunststoffen an Rohrleitungsteilen und Tafeln – Heizelementstumpfschweißen (HS, IR)
Richtlinie DVS 2202 Beiblatt 2	Bewertung von Fügeverbindungen aus thermoplastischen Kunststoffen an Rohrleitungsteilen und Tafeln – Heizwendelschweißen (HM)
Richtlinie DVS 2202 Beiblatt 3	Bewertung von Fügeverbindungen aus thermoplastischen Kunststoffen an Rohrleitungsteilen und Tafeln – Heizelementmuffenschweißen (HD)
Richtlinie DVS 2202 Beiblatt 4	Bewertung von Fügeverbindungen aus thermoplastischen Kunststoffen an Rohrleitungsteilen und Tafeln – Warmgasfächel- und Warmgaszieh-schweißen (WF/WZ)
Richtlinie	Bewertung von Fügeverbindungen aus thermoplastischen Kunststoffen an

DVS 2202 Beiblatt 5	Rohrleitungsteilen und Tafeln – Warmgasextrusionsschweißen (WE)
Richtlinie DVS 2202 Beiblatt 6	Bewertung von Fügeverbindungen aus thermoplastischen Kunststoffen an Rohrleitungsteilen und Tafeln – Kleben von ABS/PVC-U/PVC-C
Richtlinie DVS 2210-1	Industrierohrleitungen aus thermoplastischen Kunststoffen – Projektierung und Ausführung – Oberirdische Rohrsysteme
Richtlinie DVS 2210-1 Beiblatt 1	Industrierohrleitungen aus thermoplastischen Kunststoffen – Projektierung und Ausführung – Oberirdische Rohrsysteme – Berechnungsbeispiel
Richtlinie DVS 2210-1 Beiblatt 2	Industrierohrleitungen aus thermoplastischen Kunststoffen – Projektierung und Ausführung – Oberirdische Rohrsysteme – Empfehlungen zur Innendruck- und Dichtheitsprüfung
Richtlinie DVS 2210-1 Beiblatt 3	Industrierohrleitungen aus thermoplastischen Kunststoffen - Projektierung und Ausführung – Oberirdische Rohrsysteme – Flanschverbindunngen: Beschreibung, Anforderungen, Montage
Richtlinie DVS 2231	Oberirdische Behälter, Apparate und Rohrleitungen aus thermoplastischen Kunststoffen – Leitfaden zur Qualitätssicherung

Sonstige Regelwerke

DWA-A 139	Einbau und Prüfung von Abwasserleitungen und -kanälen
DVGW G 469 (A)	Technische Regel – Arbeitsblatt: Druckprüfverfahren Gastransport/Gasver teilung
DVGW G 472	Gasleitungen aus Kunststoffrohren bis 16 bar Betriebsdruck; Errichtung
DVGW W 400-1	Technische Regel – Arbeitsblatt: Wasserverteilungsanlagen (TRWV) – Teil 1: Planung
DVGW W 400-2	Technische Regel – Arbeitsblatt: Wasserverteilungsanlagen (TRWV) – Teil 2: Bau und Prüfung
KRV Richtlinie A 984/82-2	Verlegeanleitung GFK-Industrierohre

Anhang A: Durchführung der Innendruckprüfung bei Rohrleitungen aus thermoplastischen Kunststoffen

A 1. Prüfabschnitte bei der Innendruckprüfung

Die Innendruckprüfung bildet den Abschluss der Verlegearbeiten und setzt eine betriebsfertige Rohrleitung bzw. betriebsfertige Prüfabschnitte voraus. Die Beanspruchung durch den Prüfdruck dient dem mechanischen Nachweis der Betriebssicherheit, wobei im Vordergrund nicht der rechnerische Betriebsüberdruck, sondern die von der Rohrwanddicke ausgehende Innendruckbelastbarkeit stehen soll. Bei der Festlegung des Prüfdrucks ist grundsätzlich die maximal zulässige Belastbarkeit des schwächsten Bauteils im Rohrleitungssystem zu berücksichtigen. Die Empfehlungen zur Durchführung der Innendruckprüfung orientieren sich an DIN EN 805. **Tabelle A 1** enthält eine Zusammenfassung mit den wesentlichen Eckdaten zur Durchführung einer Innendruckprüfung. Die genannte Prüfdauer basiert auf Erfahrungswerten hinsichtlich einer effizienten und praxisnahen Durchführung.

Tabelle A 1: Empfehlungen zur Durchführung einer Innendruckprüfung

Gegenstand mit Erläuterungen		Vorprüfung	Hauptprüfung	Kurzzeitprüfung
Prüfdruck p_P (siehe A2.1)	abhängig von der Rohrwandtemperatur bzw. vom zulässigen Prüfdruck der eingebauten Teile	≤ $p_{P(zul)}$	≤ 0,85 · $p_{P(zul)}$	≤ 1,1 · $p_{P(zul)}$
Prüfdauer (siehe auch A 2.4)	Rohrleitungen ohne oder mit Verzweigungen und einer Gesamtlänge Lges ≤ 100 m [1]	≥ 3 h	≥ 3 h	≥ 1 h
	Rohrleitungen ohne oder mit Verzweigungen und einer Gesamtlänge 100 < Lges < 500m	≥ 6 h	≥ 6 h	≥ 3 h
	Rohrleitungen ohne oder mit Verzweigungen und einer Gesamtlänge Lges > 500 m	Das Rohrsystem ist abschnittsweise zu prüfen, wobei die jeweilige Prüflänge $L_{Prüf}$ ≤ 500 m einzuhalten ist [1]		
		≥ 6 h	≥ 6 h	≥ 3 h
Kontrollen während der Prüfung (siehe auch A 3.4)	Die Kontrollergebnisse sowie der Prüfdruck- und Temperaturverlauf sind in einem Prüfbericht zu dokumentieren	≥ 3 Kontrollen auf die Prüfdauer verteilt mit Wiederherstellen des Prüfdruckes	≥ 2 Kontrollen auf die Prüfdauer verteilt ohne Wiederherstellen des Prüfdruckes	≥ 1 Kontrolle mit Konstanthalten des Prüfdruckes
werkstoffspezifischer Druckabfall	Anhaltswerte, abhängig vom E-Modul des jeweiligen Kunststoffes	PE: ≤ 1,0 bar/h PVC PVDF	PE: ≤ 0,5 bar/h PVC PVDF	für kurzzeitige Belastungen liegen keine Werte zum Druckabfall vor
		Normalfall (in Bezug auf die genannte Dauer der Vor- und Hauptprüfung)		Sonderfall (Zustimmung des Auftraggebers bzw. Betreibers erforderlich)

[1] Überschreitet die Gesamtläneg Lges die angegebene Grenzlänge um nicht mehr als 10 %, dürfen die genannten Prüfbedingungen beibehalten werden. Eine Begrenzung der Prüflänge ergibt sich aufgrund der Notwendigkeit, Reaktionen aus Änderungen bei Prüfdruck und Prüftemperatur innerhalb der Prüfdauer erfassen und beurteilen zu können. Je größer die Prüflänge ist, desto schwieriger wird die Zuordnung von Prüfdruckschwankungen. Bei Prüftemperaturen von (20 ± 5) °C können auch Prüflängen Lges > 500 m verwertbare Ergebnisse liefern. Die Entscheidung hierüber hat die verantwortliche Prüfaufsicht zu treffen.

Während der gesamten Prüfdauer sind visuelle Kontrollen der Rohrleitungen, insbesondere der Verbindungsstellen, vorzunehmen. Die Anzahl der Kontrollgänge richtet sich nach den Angaben in **Tabelle A 1**. Üblicherweise sind die Kontrollen während der Vorprüfung nach jeweiliger Prüfdruckwiederherstellung durchzuführen. Während der Hauptprüfung genügt in vielen Fällen eine Zwischenkontrolle.

A 1.1. Vorprüfung

Die Vorprüfung dient dazu, das Rohrleitungssystem auf die Hauptprüfung vorzubereiten. Während der Vorprüfung wird durch die Innendruckbelastung ein Spannungs-Dehnungs-Gleichgewicht eingestellt. Dabei kommt es zu einem werkstoffabhängigen Druckabfall, der eine wiederholte Wasserzugabe (Nachpumpen) zur Wiederherstellung des Prüfdrucks sowie häufig ein Nachziehen der Flanschverbindungsschrauben erforderlich macht.

A 1.2. Hauptprüfung

Die Hauptprüfung folgt unmittelbar auf die Vorprüfung. Im Rahmen der Hauptprüfung ist bei etwa gleichbleibender Rohrwandtemperatur ein wesentlich geringerer Druckabfall zu erwarten.

Hierdurch erübrigt sich in den meisten Fällen eine Wasserzugabe zur Wiederherstellung des Prüfdrucks. Die Kontrollen können sich im Wesentlichen auf die Dichtheit der Flanschverbindungen und Auffälligkeiten im Rohrleitungsverlauf konzentrieren (z. B. größere Lageveränderungen).

A 1.3. Kurzzeitprüfung

Die Kurzzeitprüfung stellt einen Sonderfall dar, da sich in der zur Verfügung stehenden Zeit nach allgemeiner Erfahrung kein Spannungs-Dehnungs-Gleichgewicht einstellen kann. Unzulänglichkeiten an den Verbindungsstellen bleiben wegen der kurzen Belastungszeit unter Umständen unerkannt. Die Kurzzeitprüfung soll deshalb ausschließlich bei Rohrleitungen ohne Gefährdungspotenzial durchgeführt werden und ist mit dem Auftraggeber abzustimmen.

A 2. Festlegung von Prüfdruck, Prüftemperatur und Prüfdauer

A 2.1 Ermittlung des Prüfdrucks

Der zulässige Prüfdruck [$p_{P(zul)}$] errechnet sich nach folgender Gleichung:

$$Pp\,(zul) = \frac{1}{\frac{da}{s}} \cdot 20 \cdot \frac{\sigma_v\ (T,\ 100\ h)}{Sp \cdot AG} \qquad (bar) \tag{A 1}$$

Es bedeuten:

d_a, (de)	Rohraußendurchmesser	(mm)
s, (e)	Rohrwanddicke	(mm)
σ_v (T,100h)	Zeitstandfestigkeit für die Rohrwandtemperatur T_R bei t = 100 h (z. B. nach Beiblättern DVS 2205-1)	(N/mm²),
S_P	Mindestsicherheitsabstand zur Zeitstandfestigkeit (**Tabelle A 2**)	(–)
A_G	verarbeitungs- oder geometriespezifischer Faktor, der den zulässigen Prüfdruck mindert ($A_G \geq 1,0$)[3)]	(–)

$d_a/s \approx SDR$ (–)

[3] Verarbeitungs- und geometriespezifische Abminderungsfaktoren sind z. B. Schweißverbindungen mit LZ-Fügefaktor f ≤ 0,5 oder unverstärkte Stutzenausschnitte in der Rohrleitung. Angaben hierzu können den Unterlagen der Formstückhersteller entnommen werden. Gegebenenfalls sind die Abminderungsfaktoren unter Verwendung gebräuchlicher Festigkeitsberechnungen zu ermitteln.

Tabelle A 2: Mindestsicherheitsabstand zur Zeitstandfestigkeit für die Bestimmung des zulässigen Prüfdrucks

Werkstoff	PA-U12*	PE	PP-H	PP-B, -R	PVC-U / PVC-C	PVDF	ECTFE
S_P	1,40	1,25	1,80	1,40	2,50	1,40	1,6
* Die Daten von PA-U 12 beziehen sich auf die Type PA-U 12 180							

Die Festlegung eines größeren Sicherheitsabstandes, als in **Tabelle A 2** angegeben, wird dem Anwender freigestellt.

Der zulässige Prüfdruck [$p_{P(zul)}$] in Abhängigkeit von der Rohrwandtemperatur kann den Diagrammen **Bild A 1 bis A 6** direkt entnommen werden.

Wird mit Prüfdrücken gearbeitet, welche geringer sind als der nach Gleichung (A1) ermittelte Prüfdruck, so ist als Mindestwert für $p_P = 1{,}3 \times p_B$ anzunehmen (p_B = Betriebsüberdruck).

A 2.2. Prüfdruckdiagramme

Die Diagramme (**Bild A 1 bis A 6**) zeigen den temperaturabhängigen Verlauf des Prüfdrucks bei thermoplastischen Kunststoffrohrleitungen.

Die für eine Kunststoffgruppe zusammengefassten Prüfdruckkurven berücksichtigen den jeweils niedrigsten Festigkeitskennwert bzw. den nach Gleichung (A1) berechneten Minimalwert von $p_{P(zul)}$.

Eine verarbeitungs- oder geometriespezifische Abminderung des zulässigen Prüfdrucks ist in den dargestellten Kurven nicht enthalten.

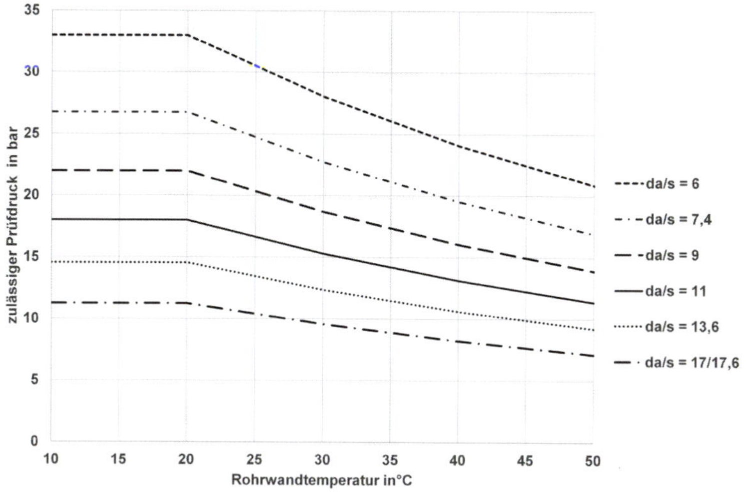

da/s= Rohraußendurchmesser zu Wanddicke

Bild A 1: Prüfdruckkurven für Rohrleitungen aus PE 100

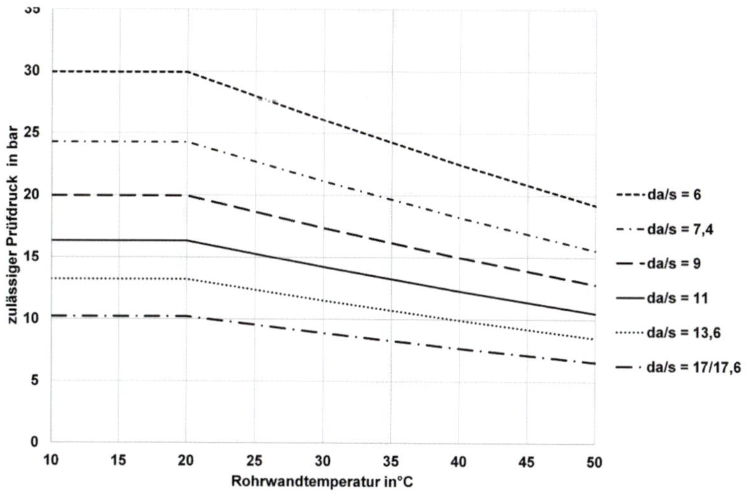

da/s= Rohraußendurchmesser zu Wanddicke

Bild A 2: Prüfdruckkurven für Rohrleitungen aus PP

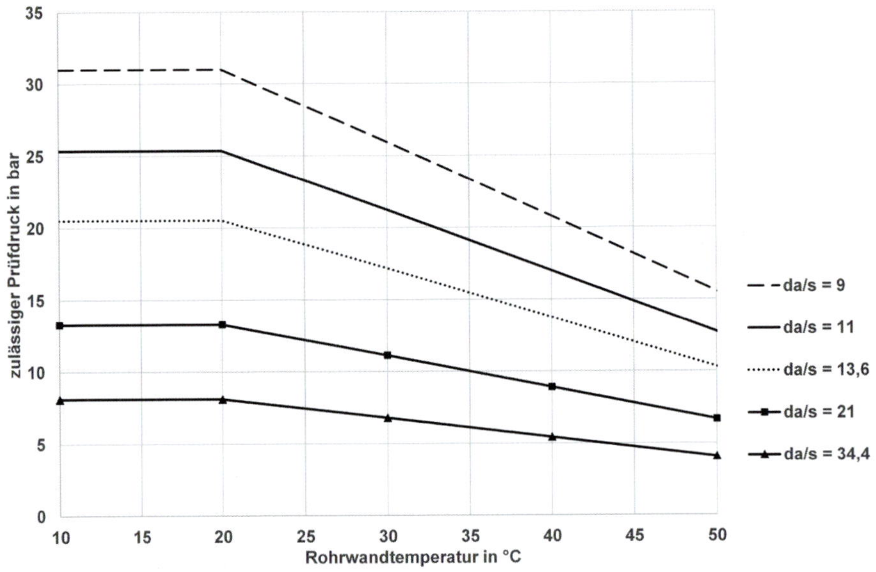

da/s= Rohraußendurchmesser zu Wanddicke

Bild A 3: Prüfdruckkurven für Rohrleitungen aus PVC

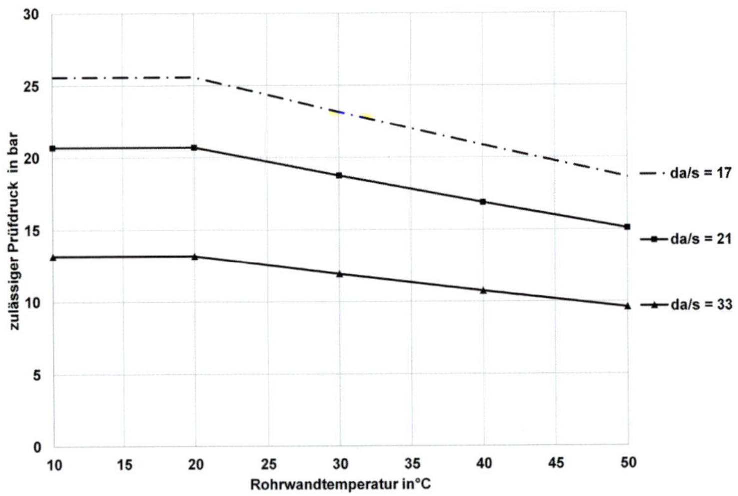

da/s= Rohraußendurchmesser zu Wanddicke

Bild A 4: Prüfdruckkurven für Rohrleitungen aus PVDF

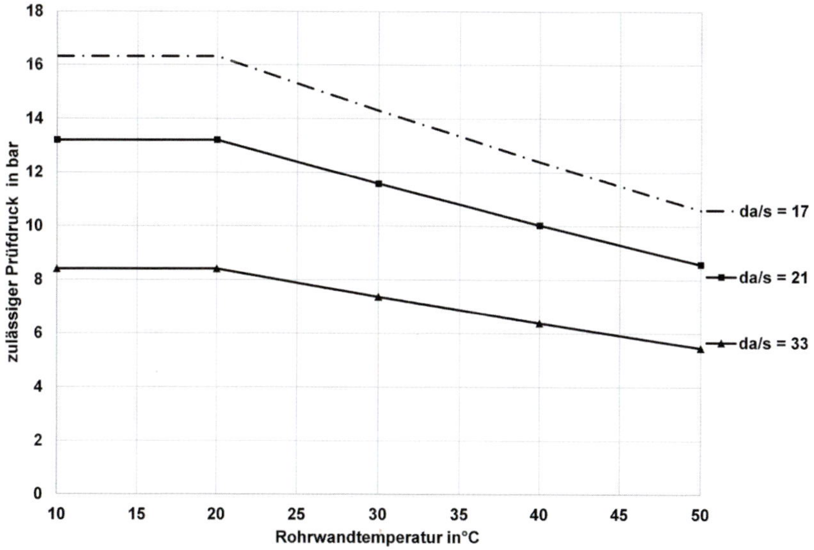

da/s= Rohraußendurchmesser zu Wanddicke

Bild A 5: Prüfdruckkurven für Rohrleitungen aus ECTFE

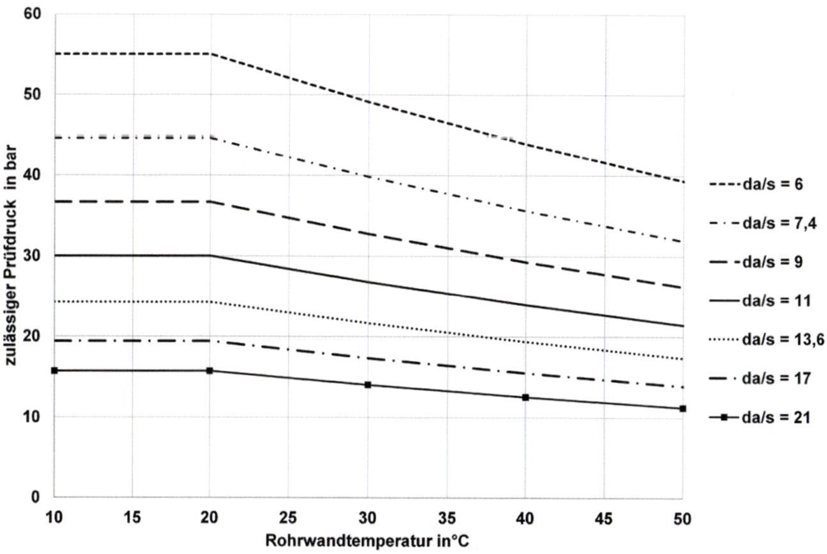

da/s= Rohraußendurchmesser zu Wanddicke

Bild A 6: Prüfdruckkurven für Rohrleitungen aus PA-U

A 2.3. Hinweise zur Rohrwandtemperatur (Prüftemperatur)

Wenn davon auszugehen ist, dass sich im Verlauf der Innendruckprüfung die Rohrwandtemperatur (Prüftemperatur) ändert, so ist der Prüfdruck auf die maximal zu erwartende Temperatur zu beziehen.

Wird bei Kontrollmessungen während der Prüfung an der Rohroberfläche eine höhere als die erwartete Temperatur festgestellt, ist der Prüfdruck umgehend auf den der Temperatur entsprechenden Diagramm- bzw. Rechenwert zu reduzieren.

Die Rohrwandtemperatur darf in vereinfachter Form als arithmetisches Mittel zwischen T_i und T_{Ra} angenommen werden (mittlere Rohrwandtemperatur).

$$T_R = (T_i + T_{Ra}) / 2 \qquad \text{(A 2)}$$

T_i Temperatur des Prüfmediums im Rohrinnern

T_{Ra} Temperatur an der Rohroberfläche

Bei im Freien zu prüfenden Kunststoffrohrleitungen ist das Konstanthalten der Rohrwandtemperatur ein Problem, das die Verwendbarkeit des jeweiligen Prüfverfahrens einschränken kann. Um die Aussagefähigkeit der Prüfung sicherzustellen, müssen die im Muster des Prüfprotokolls aufgeführten Temperaturen unbedingt aufgezeichnet werden.

Das Messen bzw. Aufzeichnen der Temperatur im Innern der Rohrleitung (Temperatur des Prüfmediums) erfordert die Anordnung eines Messstutzens an der zu erwartenden wärmsten Stelle der Rohrleitung. Ist durch geeignete Maßnahmen sichergestellt, dass die Rohrwandtemperatur nicht über einen vorher bestimmten Maximalwert ansteigt, kann auf die Temperaturmessung des Prüfmediums verzichtet werden. Bei Rohrleitungen aus Kunststoffen mit niedriger Kerbschlagzähigkeit (z. B. PP-H, PVC-U), sollte bei Rohrwandtemperaturen TR < 10 °C keine Innendruckprüfung durchgeführt werden.

A 2.4. Hinweise zur Prüfdauer

Die in **Tabelle A 1** angegebene Prüfdauer bezieht sich auf einen unterbrechungsfreien Prüfungsverlauf. Muss aufgrund von Undichtheiten bzw. anderen Ereignissen die Prüfung unterbrochen oder der Prüfdruck vorübergehend abgesenkt werden, zählen die entsprechenden Zeitanteile nicht zur Prüfdauer.

Wurde an einer Rohrleitung bereits eine Innendruckprüfung durchgeführt und werden danach Änderungen vorgenommen, die eine erneute Prüfung erforderlich machen, so kann diese unter den gleichen Bedingungen wie bei der Erstprüfung erfolgen.

Voraussetzung für zeitlich verlängerte oder wiederholte Innendruckprüfungen ist, dass die gesamte Prüfdauer den in Gleichung (A1) zugrunde gelegten Zeitanteil von 100 h nicht überschreitet.

Besonders zu beachten ist, dass sich die rechnerisch angenommene Belastungszeit von t = 100 h, das heißt die maximale Prüfdauer, auf einen zulässigen Prüfdruck bei einer definierten Rohrwandtemperatur bezieht. Ändert sich die Korrelation zwischen Prüfdruck und Prüftemperatur, so kann dies zur Verkürzung der maximalen Prüfdauer auf tp < 100 h führen. Eine Verlängerung der in **Tabelle A 1** genannten Prüfdauer ist generell zu vermeiden.

Um einer Schädigung der Rohrleitung während der Prüfung vorzubeugen, sind alle Vorgänge und ihre zeitliche Zuordnung lückenlos aufzuzeichnen und einer begleitenden Belastungsanalyse zu unterziehen.

A 3. Durchführung der Innendruckprüfung

Die Innendruckprüfung an einer Kunststoffrohrleitung setzt zu Beginn der Vorprüfung die weitgehende Beseitigung von Luftblasen (Restluftvolumen) im Leitungssystem voraus. Dazu sind möglichst an allen Hochpunkten der Rohrleitung Entlüftungen vorzusehen, die beim Spülen bzw. Füllen des Leitungssystems geöffnet sein müssen. Die Spülgeschwindigkeit soll mindestens 1,0 m/s betragen.

A 3.1. Füllen der Leitung

Das Füllen der Rohrleitung erfolgt vom geodätisch tiefsten Punkt aus, wobei die Füllmenge pro Zeiteinheit so einzustellen ist, dass die an den Hochpunkten austretende Luft sicher entweichen kann. Anhaltswerte für die Füllmenge liefert die nachfolgende **Tabelle A 3**.

Tabelle A 3: Anhaltswerte für das Füllen der Leitung

DN	V [l/s]
≤ 80	0,15
100	0,3
150	0,7
200	1,5
250	2,0
300	3,0
400	6,0
500	9,0

Weist ein Rohrleitungssystem mehrere Tiefpunkte auf, kann unter Umständen ein abschnittweises Füllen vom jeweiligen Tiefpunkt aus erforderlich werden. Die Zeit zwischen Füllen und Prüfen der Rohrleitung ist so zu wählen, dass die im Rohrsystem befindliche Luft über die Entlüftungsbohrungen entweichen kann (Richtzeit / 6 bis12 h vom Rohrdurchmesser). Bei Rohrleitungen ab DN 150, die keine ausgesprochenen Hochpunkte aufweisen und nur mit geringer Neigung verlegt sind, kann es erforderlich sein, die im Rohrinneren verbliebenen Luftblasen mittels Molch zu beseitigen.

A 3.2. Aufbringen des Prüfdrucks

Beim Aufbringen des Prüfdrucks bis zu seinem Maximalwert ist darauf zu achten, dass die gewählte Drucksteigerungsrate keine Stöße im zu prüfenden Rohrsystem verursacht. Richtwerte dazu sind **Bild A 7** zu entnehmen.

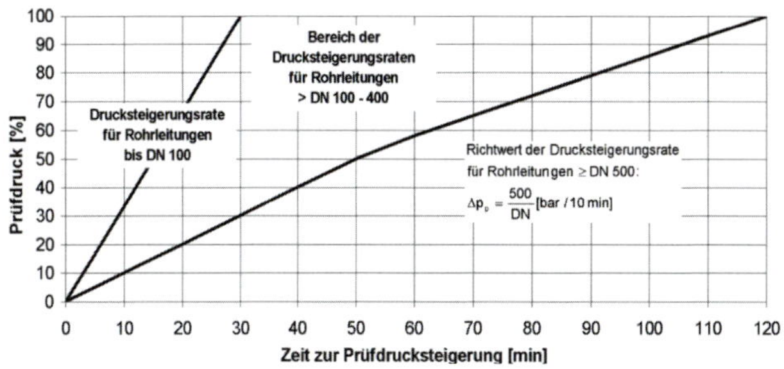

Bild A 7: Zeit zur Prüfdrucksteigerung [min]

A 3.3. Mess- und Anzeigevorrichtungen

Zweckmäßigerweise werden zur Durchführung der Innendruckprüfung motorisch angetriebene Pumpen verwendet. Der Einsatz manuell zu betätigender Kleinpumpen (z. B. Kolbenpumpe) ist auf kurze Rohrleitungsabschnitte mit Nennweiten bis DN 50 zu beschränken.
Folgende Geräte und Einrichtungen gehören zur Standardausrüstung einer Druckprüfvorrichtung:

- Kreisel- oder Kolbenpumpe
- Vorlagebehälter
- Rückflussverhinderer
- Wasserzähler (gegebenenfalls auch Messbehälter)
- Druckmessgerät (anzeigend und schreibend)
- Temperaturmessgerät (anzeigend oder schreibend)
- Absperr- und Entlüftungsarmaturen
- Entlüftungsmöglichkeit für die Prüfeinrichtung

A 3.3.1. Innendruckmessung

Die Innendruckmessung erfolgt am absoluten Leitungstiefpunkt. Das den Innendruck anzeigende Gerät (Manometer) muss im Bereich des Prüfdruckes eine Ablesegenauigkeit von 0,1 bar sicherstellen. Der innere Überdruck ist während der gesamten Prüfdauer aufzuzeichnen. Für die Aufzeichnung sind Geräte mit einer Genauigkeitsklasse 0,6 (DIN EN 837-1) zu verwenden.

A 3.3.2. Temperaturmessung

Um die Temperatureinflüsse während der Prüfung beurteilen zu können, ist die gleichzeitige Messung und Aufzeichnung der Umgebungs- und Wassertemperatur in der Rohrleitung zweckmäßig. An exponierten Rohrleitungsabschnitten, die während der Prüfung einer direkten Sonneneinstrahlung ausgesetzt sind, ist entweder die Rohroberflächentemperatur T_{Ra} zu kontrollieren oder die Rohrstrecke gegen unkontrollierte Erwärmung zu schützen.

A 3.3.3. Messen der zugeführten Wassermenge

Das Messen der zugeführten Wassermenge zwecks Erhöhung bzw. Wiederherstellung des Prüfdrucks ist besonders bei visuell nicht kontrollierbaren Rohrleitungen zwingend vorgeschrieben. Reduziert sich die zugeführte Wassermenge ab einer Prüfdauer von 6 h und geringfügiger Änderung der Umgebungstemperatur (± 5 °C) kontinuierlich, kann von einer Dichtheit der Rohrleitung ausgegangen werden.

Als Messeinrichtung genügt der Einbau eines geeichten Wasserzählers (Flügelrad- oder Ringkolbenzähler), bei dem die kleinste Einheit in Liter abgelesen werden kann. Bei der Verwendung von Messbehältern ist eine Skalenteilung von ≤ 0,1 l zu wählen. Die zulässige Fehlergrenze beim Ablesen der zugeführten Wassermenge beträgt 5 %.

A 3.3.4. Messen der abgeführten Wassermenge

Sofern zu Beginn der Hauptprüfung der Prüfdruck reduziert werden muss, wird das Messen und Protokollieren der abgeführten Wassermenge sowie der Innendruckreduzierung [Δp_p] empfohlen. Bezüglich der Handhabung gelten die Kriterien wie beim Messen der zugeführten Wassermenge.

A 3.4. Prüf- und Messergebnisse

Werden automatisch arbeitende Einrichtungen zur Durchführung der Innendruckprüfung verwendet, dürfen die visuellen Kontrollen während der Prüfung auf insgesamt 2 Vorgänge reduziert werden. Die Kontrollen sind 1 h nach dem Erreichen des Prüfdruckes sowie zum Ende der Hauptprüfung vorzunehmen. Voraussetzung für die Reduzierung der Kontrollen ist, dass der Prüfdruck- und Temperaturverlauf (T_i, T_{Ra}, T_U) kontinuierlich aufgezeichnet und der Wasserzufluss bei einer Leckage automatisch unterbunden wird.

A 3.4.1. Kontrolle der Druckabfallraten

Die Druckabfallrate darf aus dem Maximalwert, bezogen auf 2 Stunden Prüfdauer, errechnet werden. Damit wird eine Angleichung der anfänglich höheren Druckabfallrate erzielt. Kommt es zu einem spezifischen Druckabfall, der deutlich über den in **Tabelle A 1** angegebenen Werten liegt, so ist das zu prüfende Rohrsystem einer eingehenden Kontrolle zu unterziehen. Dabei sind insbesondere die Verbindungsstellen, vorzugsweise die Flanschverbindungen der Rohrleitung, zu inspizieren. Gegebenenfalls sind die Schrauben der Flanschverbindungen aufgrund der Dehnvorgänge bei Innendruckbelastung nachzuziehen. Die Verwendung eines drehmomentkontrollierten Werkzeugs wird empfohlen. Die anhand der Aufzeichnungen ermittelten Druckabfallraten sind in das Prüfprotokoll zu übertragen.

Des Weiteren ist festzustellen, ob die Umgebungstemperatur Einfluss auf die Erhöhung der Druckabfallrate hat. Gibt es keine Hinweise auf äußere Einflüsse und kommt es nicht zu einer Stagnation des Druckabfalls, so muss die Prüfung abgebrochen und wiederholt werden.

A 3.4.2. Reduzierung des Prüfdrucks

Entspricht der Druckabfall den in **Tabelle A 1** angegebenen Richtwerten und wird am Ende der Vorprüfung der Prüfdruck durch Ablassen von Wasser innerhalb von weniger als 2 min reduziert, so ist die darauffolgende Reaktion des Innendrucks zu beobachten. Stabilisiert sich der Innendruck innerhalb von 30 min, gegebenenfalls mit leicht steigender Tendenz, kann die Hauptprüfung fortgesetzt werden.

A 3.4.3. Wiederholen der Vorprüfung

Kommt es zu keinem Stillstand des Druckabfalls nach Reduzierung des Prüfdrucks am Ende der Vorprüfung, und ist der Druckabfall nicht auf äußere Temperatureinflüsse zurückzuführen, so ist von einer Undichtheit auszugehen. In diesem Fall ist die Prüfung zu unterbrechen, die Rohrleitung zu kontrollieren und anschließend der Innendruck, bei gleichzeitiger Messung der zugeführten Wassermenge, auf den Ausgangswert der Vorprüfung zu erhöhen.

Nach mindestens 1 h ist die Prüfdruckreduzierung mit Messen der abgeführten Wassermenge zu wiederholen. Kommt es erneut zu keiner Stabilisierung des Prüfdrucks, ist die zu prüfende Rohrstrecke zu entspannen ($p_p = 0$) und die gesamte Vorprüfung zu wiederholen.

A 3.4.4. Wiederholen der Hauptprüfung

Fällt der Innendruck während der Hauptprüfung um mehr als die in **Tabelle A 1** angegebenen Druckabfallraten, so ist eine Undichtheit anzunehmen. Sofern bei einer Kontrolle der Rohrleitung die Ursache für den erhöhten Druckabfall gefunden und behoben wird, ohne dass sich der Prüfdruck auf weniger als 80 % seines Ausgangswertes erniedrigt, kann die Hauptprüfung fortgesetzt werden. In allen anderen Fällen ist die Hauptprüfung abzubrechen und zu wiederholen. Liegt zwischen Abbruch und Wiederholung der Hauptprüfung eine Zeitspanne von > 4 h, ist auch die Vorprüfung zu wiederholen.

A 4. Beispiel zur Durchführung einer Innendruckprüfung mit Erstellung eines Prüfbe richtes

Das im Anhang gezeigte Muster für einen Prüfbericht enthält die wesentlichen Daten, die seitens der prüfenden Stelle zu dokumentieren sind. Es bleibt dem Anwender vorbehalten, sich dieses Musters oder anderer Vordrucke zu bedienen. Zum besseren Verständnis der Eintragungen ist nachfolgendes Beispiel zu beachten:

A 4.1. Kenndaten der Rohrleitung und Prüfbedingungen

In **Tabelle A 4** sind die Kenndaten einer Rohrleitung und den Prüfbedingungen zusammengefasst

Tabelle A 4: Kenndaten einer Rohrleitung und Prüfbedingungen

Rohrabmessungen:	d_a = 110 mm s = 10 mm SDR = d_a/s = 11		
Rohrleitungslänge:	ges L_R = 150 m		
geodätische Höhendifferenz:	H_{geod} = 2,5 m ≈ 0,25 bar		
Werkstoff:	PE 80/ PE 100		
angenommene Rohrwandtemperatur:	max T_R = 25 °C		
Art der Prüfung:	Vorprüfung (VP) ☒	Hauptprüfung (HP) ☒	Kurzzeitprüfung (KP) ☐
Anschluss der Prüfeinrichtung:	am tiefsten Punkt der Rohrleitung		
zulässiger Prüfdruck der Rohrleitungsteile (gerundet):	nach Diagramm **Bild A 1**: ≤ 13 bar	nach **Tabelle A 1**: 0,85 · 13 ≤ 11 bar	(–) bar
Nenndruck der Armaturen und Einbauteile:	PN 16		(–) bar
Prüfdruck am höchsten Punkt der Rohrleitung:	13 – 0,25 = 12,75 bar	11 – 0,25 = 10,75 bar	(–) bar
Prüfdauer nach Tabelle **A 1**:	6 h	6 h	(–) h
Gewählte Anzahl der Kontrollen:	3	3	(–)
Beginn und Ende der Prüfung:	7:20 bis 13:20 Uhr	13:20 bis 19:25 Uhr	(–) Uhr

4.2. Angaben zum Prüfverlauf

In **Tabelle A 5** sind Angaben zum Prüfberlauf einer Rohrleitung zusammengefasst.

Tabelle A 5: Prüberlauf einer Rohrleitungsprüfung

Zeitabschnitt	1	2	3	4	5	6	7	Einheit
Art der Prüfung (VP, HP, KP)	VP	VP	VP	VP/HP	HP	HP	HP	–
Zeitlicher Verlauf der Prüfung bzw. Kontrollen	7:20	9:20	11:20	13:20/13:25	15:25	17:25	19:25	h:min
Prüfdruck am Manometer (Leitungstiefpunkt)	13,0	13,0	13,0	12,2/11,0	10,5	10,3	10,3	bar
Druckänderung zum vorherigen Zeitabschnitt	–	-2,5	-1,0	-0,8/1,2	-0,5	-0,2	0,0	bar
Spezifischer Druckabfall	–	1,25	0,5	0,4	0,25	0,1	0,0	bar/h
Wasserzugabe bei Prüfdruckwiederherstellung	–	6,5	4,1	–	–	–	–	l
Wasserablass bei Prüfdruckreduzierung VP/HP	optional							l
Wassertemperatur im Rohrinnern [4)]	12	15	16	18	20	19	19	°C
Umgebungstemperatur	15	17	19	22	25	22	20	°C
Rohroberflächentemperatur	12	15	20	28	30	25	20	°C
Mittlere Rohrwandtemperatur [T_R]	12	15	18	23	25	22	19,5	°C
Ergebnis der Kontrollen während der Prüfung [5)]	–	uF	oB	red p	oB	oB	oB	–

[4)] siehe dazu Hinweise unter Abschnitt A 2.2

[5)] Ergebnis ggf. auf Rückseite erläutern

Erläuterung der gewählten Kurzbezeichnungen:

VP	Vorprüfung	oB	ohne Beanstandung
HP	Hauptprüfung	red p	Prüfdruck reduziert
KP	Kurzzeitprüfung	uF	undichte Flanschverbindung

A 4.3. Darstellung des Prüfdruckverlaufs

In **Bild A 8** ist der Prüfverlauf einer Vorprüfung einer Rohrleitung schematisch dargestellt.

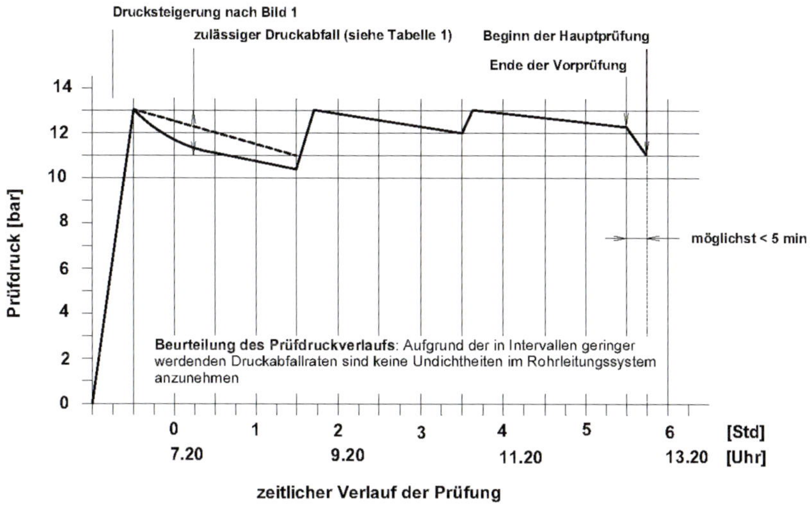

Bild A 8: Schematischer Verlauf des Prüdrucks während der Vorprüfung

In **Bild A 9** ist der Prüfverlauf einer Hauptprüfung einer Rohrleitung schematisch dargestellt.

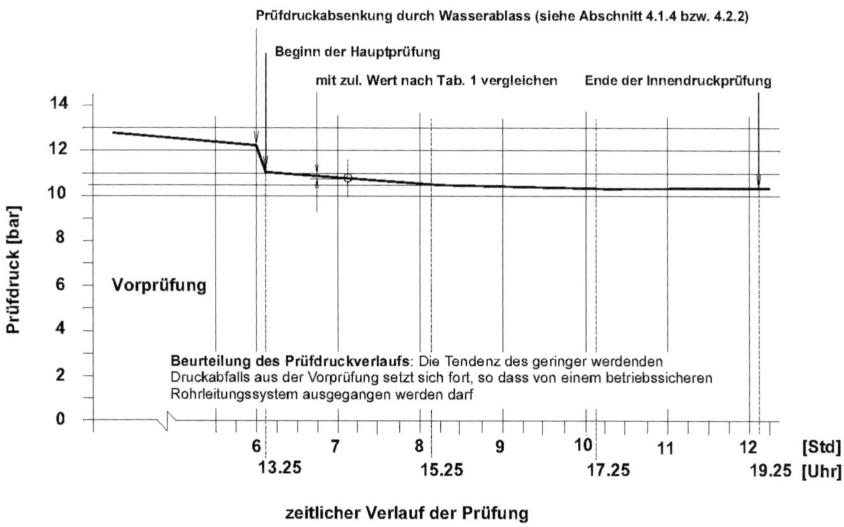

Bild A 9: Schematischer Verlauf des Prüdrucks während der Hauptprüfung

In Tabelle A 6 ist der zulässiger Druckabfall eines Rohleitungssystems während der Hauptprüfung für verschiedene Rohrleitungsmaterialien dargestellt.

Tabelle A 6: Maximal zulässiger Druckabfall während der Hauptprüfung

Material	Druckverlust (bar/h)
PVC-U	0,5
PVC-C	0,5
ABS	0,6
PP	0,8
PE	1,2
PB	1,4
PVDF	0,8
ECTFE	0,9
PA-U	0,8

A 4.4. Muster eines Prüfberichtes zur Inenndruckprüfung

In **Bild A 10** ist ein Muster für einen Prüfbericht zu einer Innendruckprüfung an Rorhleitungen aus thermoplastischen Kunststoffen dargestellt.

Innendruckprüfung an Rohrleitungen aus thermoplastischen Kunststoffen

Art der Prüfung:	Vorprüfung (VP) ☐	Hauptprüfung (HP) ☐	Kurzprüfung (KP) ☐
Prüfdruck:	______ bar	______ bar	______ bar
Prüfdauer:	______ h	______ h	______ h
Prüfbeginn:	______ Uhr	Prüfende: ______ Uhr	Prüfdatum: ______

Bezeichnung der Rohrleitung: ______________________

Auftraggeber/Bauherr: ______________________

Errichter der Rohrleitung: ______________________

Abmessungen/Nenngrößen: d_a = ______ mm s = ______ mm SDR: ______ PN: ______

Länge der Prüfstrecke: ges L_R = ______ m geodätischer Höhenunterschied: H_{goed} = ______ m

Rohrwerkstoff: ______ Druckprüfvorrichtung: ______

Detailangaben

Zeitabschnitt	1	2	3	4	5	6	7	Einheit
Art der Prüfung (VP, HP, KP)								–
Zeitlicher Verlauf der Prüfung bzw. Kontrollen								h:min
Prüfdruck am Manometer (Leitungstiefpunkt)								bar
Druckänderung zum vorherigen Zeitabschnitt								bar
spezifischer Druckabfall								bar/h
Wasserzugabe bei Prüfdruckwiederherstellung								l
Wasserablass bei Prüfdruckreduzierung								l
Wassertemperatur im Rohrinnern								°C
Umgebungstemperatur								°C
Rohroberflächentemperatur								°C
mittlere Rohrwandtemperatur								°C
Ergebnis der Kontrollen während der Prüfung *)								–

*) Ergebnisse sowie Erläuterung siehe Rückseite

Gesamtergebnis der Prüfung:

keine Beanstandungen ☐ Prüfung abgebrochen ☐ Prüfung wiederholt ☐

Bemerkungen und Beanstandungen:

____

____

____

Unterschrift des Prüfers — Unterschrift der Prüfaufsicht

A 4.5. Überwachung während des Betriebes

Es liegt in der Verantwortung des Betreibers, abhängig vom Gefährdungspotential des Mediums die Art und den Umfang der wiederkehrenden Prüfungen festzulegen. Hierbei ist die Flanschverbindung die Verbindung mit der höchsten Leckageanfälligkeit. Bei der Definition der Überwachungspläne ist das besonders zu berücksichtigen.

DVS VERBAND

Richtlinie
DVS 2210-1
Beiblatt 3

Entwurf

Vorgesehen als Ersatz für
Ausgabe Mai 2006

Dieser Richtlinienentwurf wird der Öffentlichkeit zur Prüfung und Stellungnahme vorgelegt. Einsprüche und Änderungsvorschläge können über das DVS-Regelwerksportal (www.dvs-regelwerk.de) sowie per Post an den DVS – Deutscher Verband für Schweißen und verwandte Verfahren e. V., Postfach 101965, 40010 Düsseldorf eingereicht werden

Richtlinie DVS 2210-1 Beiblatt 3

Oberirdische Rohrleitungen aus thermoplastischen Kunststoffen – Rohrleitungskomponenten und -verbindungen

Ausschuss für Technik im DVS

Arbeitsgruppe W 4 „Fügen von Kunststoffen“

Untergruppe W 4.3a „Konstruktive Gestaltung, Rohrleitungsbau“

Bezug: DVS Media GmbH, Postfach 10 19 65, 40010 Düsseldorf, Telefon: (0211) 1591-0, E-Mail: media@dvs-media.info

Inhalt

1. Geltungsbereich

Dieses Beiblatt ist Bestandteil der DVS-Richtlinie 2210-1 „Oberirdische Rohrleitungen aus thermoplastischen Kunststoffen – Planung und Errichtung". Die gesamte Richtlinie besteht aus einem Hauptteil und mehreren Beiblättern. Die Zuordnung ist dem Hauptteil zu entnehmen.

Das Ziel dieses Beiblattes wie der gesamten Richtlinie ist es, dem Praktiker Hinweise zur fachgerechten Planung und Errichtung von Kunststoffrohrleitungen zu geben. Dabei wird besonderer Wert auf die Beachtung der kunststoffspezifischen Besonderheiten gelegt.

2. Rohrleitungskomponenten und deren Auswahl – Übersicht der Rohrleitungskomponenten und -verbindungen

Die Rohrleitung aus Kunststoff wird aus einer Vielzahl von Komponenten und Verbindungen aufgebaut. Die Betriebssicherheit und Lebensdauer der Rohrleitung werden wesentlich durch die Eigenschaften des jeweiligen Werkstoffes sowie die Qualität der Komponenten und der Ausführung der Errichtung beeinflusst.

Zur Vorbereitung der Errichtung von Rohrleitungen dient die Ausführungsplanung, die im Wesentlichen folgende Punkte enthalten muss:

- Rohre
- Formteile und Verbindungen (insbesondere Flanschverbindungen)
- Armaturen
- Ausgleichselemente wie Kompensatoren
- Rohrhalterungen
- Verfahren zur Verbindung der Rohrleitungskomponenten (Geräte, Werkzeuge, Fachpersonal ...)

Rohrleitungskomponenten sind hinsichtlich des Werkstoffs, des Anwendungsbereichs und der chemischen Beständigkeit, der konstruktiven Gestaltung, der Verbindungstechnik sowie der Verarbeitung auf die projektbezogenen Anforderungen abzustimmen. Die Einhaltung der Qualitätsanforderungen wird dokumentiert und kann durch eine entsprechende Prüfbescheinigung des Herstellers in Anlehnung an DIN EN 10204 bestätigt werden.

2.1. Rohre

Die Abmessungen der Rohre sowie die allgemeinen Qualitätsanforderungen im Rahmen der Herstellung und Lieferung sind in den Grundnormen der Reihe DIN 80XX (siehe Abschnitt 6) festgelegt. Von den Normen abweichende Ausführungen müssen die jeweiligen Systemanforderungen erfüllen. Der Nachweis ist vom Hersteller zu erbringen.

2.2. Rohrformteile

Die Anschlussmaße der Rohrformteile sowie die allgemeinen Qualitätsanforderungen im Rahmen der Herstellung und Lieferung sind in den Grundnormen der Reihe DIN 15XX (siehe Abschnitt 6) festgelegt.

Kunststoff-Rohrleitungsformteile werden spritzgegossen, geschweißt, aus Rohr geformt oder spangebend hergestellt.

Je nach Ausführung sind die Formteile belastungskonform (druckklassengerecht) oder haben eine abgeminderte Druckbelastbarkeit. Die Druckbelastbarkeit ist vom Hersteller anzugeben.

Die typischen Herstellverfahen für Rohrformteile sind:

- Spritzguss für standardisierte Bauformen (Serienferigung)
- nathlos geformte Bogen mit individueller Gradzahl und Winkel (Einzelfertigung)
- geschweißt/segmentgeschweißte Rohrformeile mit individuellen Abmessungen (Einzelfertigung)
- spangebende Bearbeitung mit individuellen Abmessugen (Einzelfertigung)

Die Auslegung und Herstellung der Formteile muss durch einen Fachbetrieb mit einem Qualitätsmanagementsystem, z. B. DIN EN ISO 9001 erfolgen.

Die vorgesehenen Verbindungstechniken sind bei der Formteilauswahl zu berücksichtigen, weil sie z. T. unterschiedliche Formteilgeometrien erfordern. Dazu gibt es zum Beispiel Formstücke mit kurzen (HS) oder langen (HS, HM) Schweißenden.

2.3. Armaturen

Armaturen sind Bauteile zum Absperren, Steuern und Regeln des Betriebs von Rohrleitungsanlagen. Hinsichtlich Verwendung handelsüblicher Armaturen in thermoplastischen Rohrleitungen gibt es keine Einschränkungen. Aus Gewichts- und Korrosionsschutzgründen ist der Einsatz von Kunststoffarmaturen zu empfehlen.

Das Angebot an Armaturen aus verschiedenen Kunststoffen ist umfangreich. Die Betriebssicherheit ist durch die vom Hersteller anzugebenden Einsatzgrenzen für den zulässigen Betriebsdruck und Temperatur definiert. Armaturen sollen so in die Rohrleitung eingebaut werden, dass eine gute Bedienbarkeit und ein problemloser Austausch sichergestellt sind. Armaturen sind separat zu unterstützen, damit die Gewichts- und Betätigungskräfte beim Öffnen oder Schließen der Armatur nicht auf die Rohrleitung übertragen werden.

2.3.1. Armaturenauswahl

Bei der Auswahl von Armaturen sind folgende Kriterien von Bedeutung:

- zulässiger Betriebsdruck und zulässige Betriebstemperatur; zu beachten ist der temperaturabhängige Anwendungsbereich von Kunststoffarmaturen.
- Art des Durchflussstoffes, z. B. Viskosität, Feststoffgehalt, chemische Belastung
- Durchflussleistung, z. B. Strömungswiderstand, Druckverlust
- Bauart, z. B. Baulänge, Öffnungs- und Schließzeit
- Betätigungsart, z. B. manuell, elektrisch oder pneumatisch

Generell ist die Eignung der Armaturen mit dem jeweiligen Hersteller bzw. deren technischen Dokumentationen abzustimmen.

Hinweis: Für übliche Armaturen wurde in **Tabelle 1** eine Bewertung anhand verschiedener Auswahlkriterien vorgenommen.

Tabelle 1: Prinzipielle Auswahlkriterien für Kunststoffarmaturen

Armaturentyp	Fördermedium		Funktionseigenschaften					
	fremdkörperfrei	feststoffhaltig	regulierbar	Strömungswiderstand	molchbar	druckstoßauslösend	Vakuumfestigkeit	Schließzeit
Membranventil	+	+	+	mittel	-	nein	+/-	lang
Kugelhahn	+	-	+/-	gering	+	ja	+	kurz
Absperrklappe	+	+	+/-	gering	-	ja	+	kurz
Schieber	+	+	+	gering	+	nein	+/-	lang
Schrägsitzventil	+	+	+	mittel	-	nein	+/-	lang
Rückschlagventil	+	-	x	hoch	-	ja	+	kurz
Rückschlagklappe	+	+/-	x	mittel/hoch	-	ja	+/-	kurz
Schrägsitzrückschlagventil	+	-	x	mittel/hoch	-	ja	+	kurz
Schmutzfänger	+	+	x	hoch	-	nein	+/-	x

+ anwendbar/gut
- nicht anwendbar
+/- bedingt geeignet
x trifft nicht zu

2.4. Sicherheitstechnische Einrichtungen

Einrichtungen oder Geräte, welche sicherstellen sollen, dass der zulässige Betriebsüberdruck oder die zulässige Betriebstemperatur nicht überschritten werden, benötigen eine Bauartzulassung. Hierbei sind die am Ort der Rohrleitungsinstallation die gültigen Einbau- und Ausführungsrichtlinien (z.B: Richtlinie 2006/42/EG und TRBS 1115) (siehe auch Schrifttum) zu beachten.

Systeme zur Betriebsüberwachung und/oder zur automatischen Absperrung im Schadensfall werden hier nicht näher behandelt.

2.5. Kompensatoren und Schiebemuffen

Ist ein Längenausgleich mittels Dehnungsbogen nicht oder nur teilweise möglich, so können auch Kompensatoren oder Schiebemuffen verwendet werden. Bauart und Konstruktion der Kompensatoren bzw. Schiebemuffen müssen sich an Größe und Richtung der aufzunehmenden Längenänderung orientieren. Folgende Funktionsmerkmale sind zu beachten:

- Axialkompensatoren und Dehnungsmuffen dienen zur Aufnahme von Längenänderungen in Richtung der Rohrachse. Sie übertragen keine Längs- und Querkräfte. Um einwandfrei arbeiten zu können, benötigen sie eine exakte Führung der Rohrleitung. Der Abstand der Kompensatoren/Schiebemuffen zum nächsten Führungslager darf in beiden Richtungen max. 3 x Rohrdurchmesser betragen.
- Feststoffhaltige oder quellungsauslösende Durchflussstoffe können die Schiebefunktion von Dehnungsmuffen beeinträchtigen.
- Lateralkompensatoren eignen sich zur Aufnahme von Verschiebungen quer zur Rohrachse. In der Ausführung mit Zugstangen-Längenbegrenzer sind sie ein kraftschlüssiges Element in axialer Richtung.
- Angularkompensatoren sind mit Gelenken ausgestattet und lassen durch entsprechende Anordnung im Rohrsystem größere Längenänderungen über eine Winkelverstellung zu.

Generell gilt: zwischen zwei Festpunkten darf jeweils nur ein Kompensationselement angeordnet werden. Detaillierte Angaben siehe Richtlinie DVS 2210-1 Beiblatt 4 (Befestigungstechnik).

3. Rohrleitungsverbindungen

Neben dem Schweißen und Kleben werden u. a. Flansche, Verschraubungen, Muffen und Rohrkupplungen zur Verbindung von Kunststoff-Rohrleitungen verwendet. Bei der Wahl der jeweiligen Verbindungsart sind die nachfolgend aufgeführten Gesichtspunkte besonders zu berücksichtigen.

Kriterien zur Auswahl einer Rohrverbindung:

- Betriebssicherheit
- Dichtheitsanforderungen, insbesondere im Hinblick auf Anforderungen zu Emissionen
- Einfluss des Durchflussstoffes
- Montierbarkeit/Montagefreundlichkeit, auch im Hinblick auf die Einbausituation
- Kostenaufwand (bei Installation und im Betrieb)

Die Entscheidung, welche der genannten Kriterien Priorität haben soll, hat der Planer oder der Errichter der Rohrleitung unter Abwägung der Risiken für Personen und Umwelt zu treffen.

Kleb- und Schweißverbindungen sind homogene Verbindungen ohne separate Dichtungen. Sie haben die gleiche Dichtheit wie die Rohre und sind im Rahmen der Lebensdauer wartungsfrei. Gerade bei Durchflussstoffen mit hohem Gefährdungspotential ist das von besonderer Bedeutung. Daher sind Schweiß- und Klebverbindungen den lösbaren Verbindungen vorzuziehen.

Lösbare Rohrverbindungen ermöglichen eine zerstörungsfreie Demontage und einfache Wiedermontage von Rohrleitungskomponenten.

3.1. Schweißverbindungen

Das Verbinden von thermoplastischen Rohrleitungskomponenten mittels Schweißen hat unter Beachtung der in Abschnitt 6 genannten Normen, Richtlinien und Vorschriften zu erfolgen. Die einzelnen Schweißverfahren sind in den genannten Dokumenten ausführlich beschrieben und bedürfen hinsichtlich ihrer Anwendung keiner weiteren Erläuterung.

Die im Kunststoffrohrleitungsbau üblichen Schweißverfahren sind:

- Heizelement-Stumpfschweißen (HS)
- Heizelement-Muffenschweißen (HD)
- Heizwendelschweißen (HM)
- Infrarotschweißen (IR)
- Wulst- und Nutfreies Schweißen (WNF).

Diese Schweißverfahren führen aufgrund des erzielbaren Fügefaktors bei richtiger Auswahl der Komponenten und ordnungsgemäßer Verarbeitung zu einer hohen Betriebssicherheit und einer langen Nutzungsdauer der Rohrleitung.

Das Lieferprogramm für Formteile und Schweißmaschinen ist für die jeweilige Anwendung hinsichtlich Verfügbarkeit, Dimension und Druck-/SDR-Klasse zu prüfen.

Das Warmgas-Ziehschweißen (WZ) und das Warmgas-Fächelschweißen (WF) sowie das Warmgas-Extrusionsschweißen (WE) sollte nur in Ausnahmefällen zum Verbinden von Rohrleitungskomponenten herangezogen werden. Der Fügefaktor ist geringer als bei den vorgenannten Schweißverfahren.

3.2. Klebeverbindungen

Das Verbinden von Rohrleitungskomponenten aus PVC, ABS oder Duromeren mittels Kleben hat unter Beachtung der in Abschnitt 6 genannten Normen, Richtlinien und Vorschriften zu erfolgen. Im Besonderen ist die Richtlinie DVS 2204 zu beachten. Die zulässigen Spaltweiten zwischen Rohr und Muffe begrenzen den Anwendungsbereich hinsichtlich der Rohrnennweite. Der Klebstoff ist abhängig von Werkstoff und Anwendung auszuwählen (chemische Beständigkeit gegen das Medium). Neben den bewährten Lösemittelklebstoffen werden inzwischen auch für Thermoplaste 2-Komponenten-Klebstoffe angeboten, wie sie bei duroplastischen Kunststoffen fast ausschließlich verwendet werden.

Die Klebverbindung führt bei richtiger Auswahl der Komponenten und ordnungsgemäßer Verarbeitung zu einer hohen Betriebssicherheit und langen Nutzungsdauer der Rohrleitung.

3.3. Flanschverbindungen und ihre Komponenten

Dieser Abschnitt beschreibt Gestaltungsgrundsätze und Anforderungen für Flanschverbindungen in Kunststoffrohrleitungen. Er soll die Normen ISO 9624, DIN EN ISO 15493, DIN EN ISO 15494 und DIN EN ISO 10931 im Hinblick auf die sachgemäße Anwendung im Kunststoffrohrleitungsbau ergänzen.

Die Innendruckbelastbarkeit der Flanschverbindung (Vorschweißbund, bzw. Bundbuchse und dazugehöriger Flansch) wird vom Hersteller angegeben. Da sich die Angabe „PN“ von Flanschen historisch nur auf die Geometrie des Lochbildes bezieht, nicht aber auf die Druckbelastbarkeit der gesamten Flanschverbindung, müssen gegebenenfalls angepasste Vorschweißbunde (z. B. für Losflansche mit Anschlussmaß PN 16 oder PN 25) verwendet werden, um die geforderte Druckbelastbarkeit zu erreichen.

Für die Druckbelastbarkeit der Flanschverbindung ist eine Herstellerbescheinigung des eingesetzten Systems (V-Bund oder Bundbuchse/Losflansch/Dichtung) bereitzustellen, bzw. hat der Errichter der Rohrleitung einen geeigneten Nachweis zur Betriebssicherheit zu erbringen.

Hier werden ausschließlich Flanschverbindungen behandelt, die Kräfte aus der Innendruckbelastung und/oder Kräfte bzw. Momente aus der Wärmedehnung des Rohrleitungssystems aufzunehmen haben. Dazu zählen auch Behälterflansche, sofern sie mit einer Rohrleitung verbunden sind.

Nicht an Rohrleitungen angeschlossene Flanschstutzen an Kunststoffbehältern mit einem inneren Überdruck von $p \leq 0,5$ bar sind hinsichtlich ihrer konstruktiven Gestaltung nach Richtlinie DVS 2205-4, Beiblatt 1 auszuführen.

Sonderformern von Flanschen, z. B. in Oval- oder Rechteckform, fallen nicht in den Geltungsbereich der Richtlinie DVS 2210-1 und deren Beiblätter.

Eine Anwendung auf Flanschverbindungen in erdverlegten Rohrleitungen ist nur möglich, wenn Belastungen von außen (z. B. infolge der Einbausituation) gesondert betrachtet werden. Siehe hierzu Richtlinie DVS 2210-3.

Rohrleitungen werden in der Regel mittels Flanschverbindung an Behälter, Pumpen, Armaturen und Ähnliches angeschlossen. In Kunststoffrohrleitungen werden dazu überwiegend Vorschweißbunde bzw. Bundbuchsen mit Losflanschen verwendet (siehe **Bild 1**).

Die Belastbarkeit der gesamten Flanschverbindung wird von den Werkstoffeigenschaften und der Geometrie aller Komponenten definiert. Die Druckbelastbarkeit kann von der Nenndruckstufe des Flansches (z. B. Anschlussmaß PN 10 nach DIN EN 1092-1) nach oben und nach unten abweichen. Das Flanschanschlussmaß ist zu beachten.

Für Anwendungen, die dem Bundes-Imissionsschutzgesetz, Technische Anweisung Luft („TA Luft") unterliegen, ist eine entsprechende Qualifizierung der einzusetzenden Komponenten erforderlich.

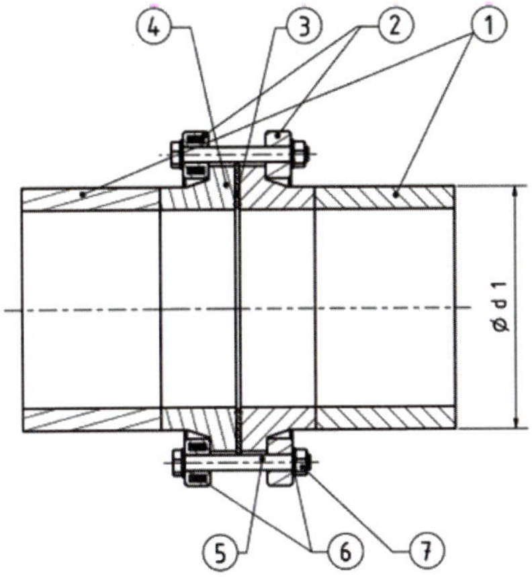

(1) Rohr
(2) Losflansche (z. B. mit Stahleinleger, thermoplastisch oder metallisch)
(3) Dichtung
(4) Vorschweißbund
(5) Schraube (Bolzen)
(6) Unterlegscheiben
(7) Mutter

Bild 1: Standardflanschverbindung mit Losflanschen

3.3.1. Vorschweißbunde

Vorschweißbunde werden hauptsächlich für die Schweißverfahren HS, HM, IR und WNF verwendet.

ISO 9624, DIN EN ISO 15493, DIN EN ISO 15494 und DIN EN ISO 10931 geben standardisierte Abmessungen für Vorschweißbunde für die Verwendung mit Losflanschen vor. Bei der Auswahl des Flansches ist das Lochbild zu berücksichtigen. Gegebenenfalls sind angepasste Vorschweißbunde (z. B. für Losflansche mit Anschlussmaß PN 16 oder Anschlussmaß PN 25) zu verwenden. Die Angabe Anschlussmaß PN bezieht sich auf das Lochbild der Flansche. Die Innendruckbelastbarkeit der Flanschkomponenten (Vorschweißbunde, Bundbuchse und dazugehöriger Flansch) wird vom Hersteller angegeben und kann von der Angabe Anschlussmaß PN abweichen.

Sofern maßliche Festlegungen außerhalb der standardisierten Abmessungen getroffen werden, sind die folgenden Punkte zu beachten:

1. Der Durchmesser des Bundansatzes (Flanschsitz) d2 (siehe **Bild 2**) muss kleiner sein als der Losflanschinnendurchmesser.
2. Die Dichtfläche (1) der Vorschweißbunde (siehe **Bild 2**) darf die Schraubenlöcher am Flansch nicht überdecken (der Bunddurchmesser d4 der Vorschweißbunde muss kleiner sein als der Lochkreisdurchmesser minus Durchmesser des Schraubenlochs (gemäß DIN EN 1092-1).
3. Der Rohrleitungshersteller hat einen geeigneten Nachweis zur Betriebssicherheit zu führen bzw. eine Herstellerbescheinigung bereitzustellen.

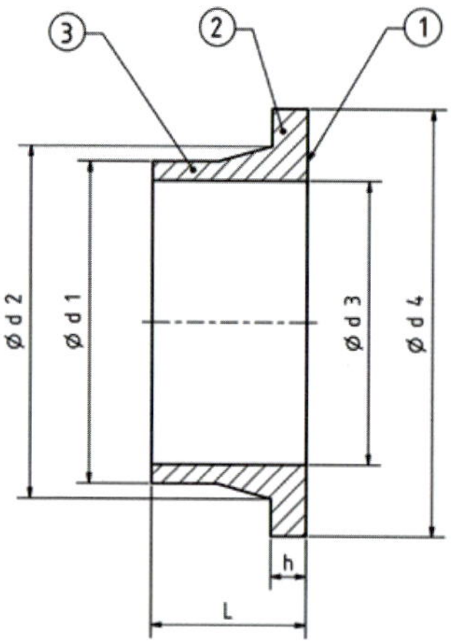

(1) Dichtfläche
(2) Bund
(3) Schweißende
d1 Rohraußendurchmesser
d2 Flanschsitz
d3 Rohrinnendurchmesser
d4 Bunddurchmesser

Bild 2: Vorschweißbund für die Verwendung mit Losflanschen

3.3.2. Bundbuchsen

Bundbuchsen (siehe **Bild 3**) werden überlappend mit dem Rohr verbunden, abhängig vom Werkstoff durch Heizelementmuffenschweißen (HD) oder Kleben. Dabei ist zu beachten, dass der Innendurchmesser des Losflansches dem (im Vergleich zum Vorschweissbund) größeren Außendurchmesser der Buchse entspricht.

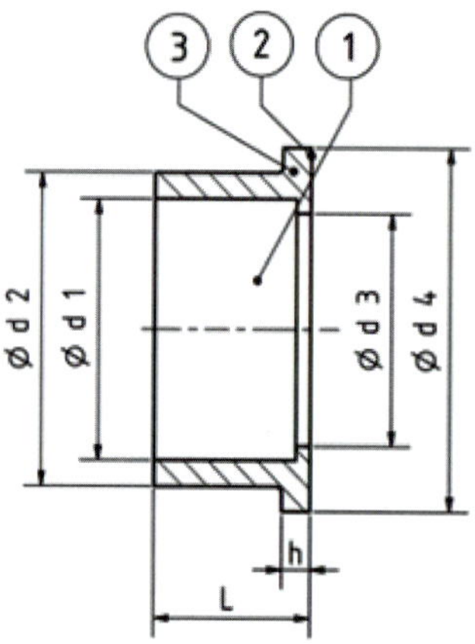

(1) Kleb- oder Schweißmuffe,
(2) Dichtfläche
(3) Bund
d1 Buchseninnendurchmesser
d2 Buchsenaussendurchmesser
d3 Rohranschlagsdurchmesser
d4 Bunddurchmesser

Bild 3: Bundbuchse als Rohrverbindung

Standardisierte Abmessungen sind in DIN EN ISO 15493 und DIN EN ISO 15494, sowie DIN EN ISO 10931 und ISO 9624 festgelegt.

3.3.3. Losflansche

Losflansche (siehe auch **Bild 4**) stützen sich ab auf den Ring des Vorschweißbundes bzw. der Bundbuchse und müssen eine ausreichende Biegesteifigkeit gegen die Schraubenkräfte aufweisen. Grundsätzlich müssen Flansche in ihrer Konstruktion verwindungsarm sein und dürfen unter Belastung nur unwesentlich zum Kriechen neigen. Dies ist eine der Voraussetzungen dafür, dass die Dichtheit der Verbindung dauerhaft erhalten bleibt.

Bei der Auswahl des Flanschwerkstoffs ist auf eine dem Anwendungsfall angepasste Korrosionsbeständigkeit zu achten. Die Kombination von Metall-Kern mit einer Kunststoff-Ummantelung hat sich aufgrund der geringen Verformung und der Korrosionsbeständigkeit bewährt. Losflansche in Vollkunststoff sind sinnvoll, wenn sie anwendungs- und belastungsgerecht dimensioniert sind (z. B. Losflansche aus PVC-U).

Den Abmessungen von Losflanschen für Vorschweißbunde und Bundbuchsen aus Kunststoff liegen die Anschlussmaße von DIN EN 1092-1 zugrunde. So ist die Kompatibilität mit Normflanschen aus Metall gewährleistet. Herkömmlich sind die Losflansche für thermoplastische Kunststoffleitungen nach Anschlussmaß PN 10 gefertigt.

Hinweis: Bis Abmessung DN 150 ist Anschlussmaß PN 10 und Anschlussmaß PN 16 identisch.

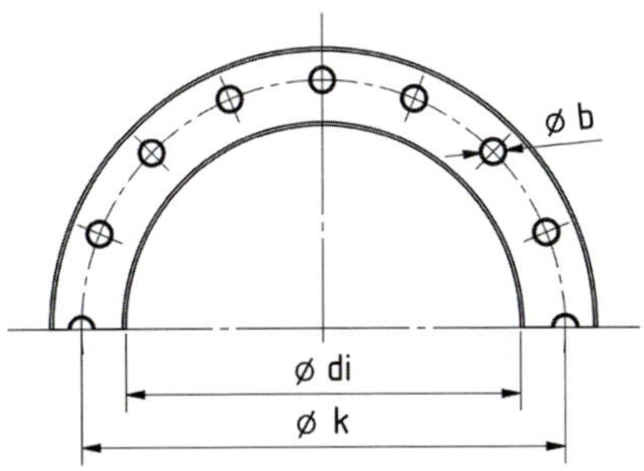

K. Lochkreis-Durchmesser
di: Innen-Durchmesser
b: Schraubenlochdurchmesser

Bild 4: Losflansch (frontal)

3.3.4. Festflansche

Festflansche (siehe **Bild 5**) bestehen aus Flansch und Bund (Vorschweißbund oder Bundbuchse) in einem Bauteil. Der Flansch wird – anders als der Losflansch – fest mit dem Rohr verbunden und ist bei der Montage der Flanschverbindung nicht drehbar. Zu beachten ist daher, dass beim Anschweißen der Festflansche das Lochbild der Bohrungen mit der Ausrichtung des Gegenflansches übereinstimmt (siehe Kapitel 4.3.1).

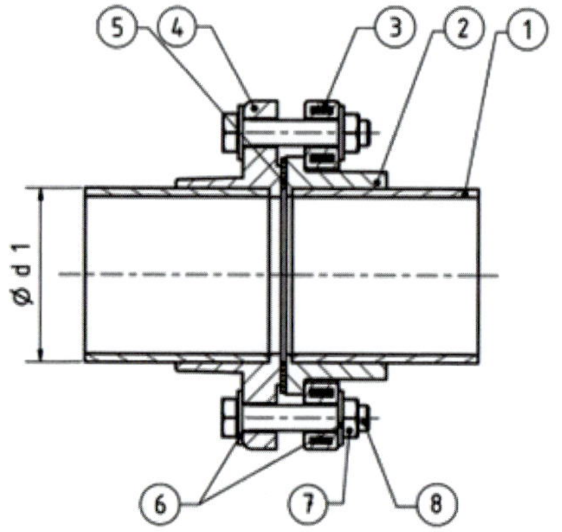

(1) Rohr (eingeklebt oder eingeschweißt)
(2) Bundbuchse
(3) Losflansch (mit Stahleinleger) (drehbar)
(4) Festflansch (unverstärkt) (nicht drehbar)
(5) Flanschdichtung (hier: Flachdichtung)
(6) Unterlegscheiben
(7) Muttern
(8) Schrauben (Bolzen)

Bild 5: Flanschverbindung mit Festflansch/Bundbuchse mit Losflansch

Festflansche haben verschiedene Vorteile:

- höhere Stabilität durch den durchgehenden Bund (Kippen des Flansches ist reduziert)
- kompakte Bauweise der Verbindung und daher weniger Platzbedarf und geringere thermische Dehnung und Kontraktion
- direkte Krafteinleitung der Schrauben

Ausführungen:

- thermoplastischer Festflansch (siehe **Bild 5**)
- thermoplastischer Festflansch mit Stahleinlage (auch als „Einschweißflansch" bezeichnet)
- thermoplastischer Festflansch mit hinterlegtem (Stahl-) Losflansch (siehe **Bild 6**)

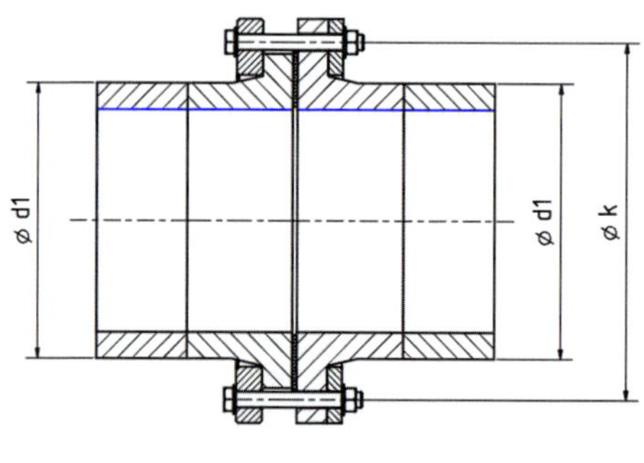

Bild 6: links Vorschweißbund mit Losflansch, rechts thermoplastischer Festflansch mit hinterlegtem Stahl-Losflansch

Abhängig von der Konstruktion des Festflansches reduzieren Varianten mit hinterlegter bzw. integrierter Stahlscheibe die Verformung des Festflansches.

Die für die Anwendung geeignete Variante ist aufgrund der Betriebsbedingungen und der Herstellerangaben auszuwählen.

Nur die Anschlussmasse der Festflansche für den Druckrohrleitungsbau sind in DIN EN 1092-1 festgelegt. Alle weiteren Angaben werden vom Hersteller definiert.

3.3.5. Blindflansche

Blindflansche werden zur Absperrung eines Rohrleitungsabschnittes ggf. für die Druckprüfungen einzelner Haltungen verwendet und ermöglichen die spätere Fortführung einer bestehenden Leitung. Im Kunststoffrohrleitungsbau werden überwiegend Blindflansche analog DIN EN 1092-1 Form A (ohne Dichtleiste) verwendet. Die belastungsabhängige Dicke des Flansches wird wesentlich von der Festigkeit des verwendeten Werkstoffes beeinflusst. Wie bei den Bunden und Losflanschen gelangen verschiedene Werkstoffe und Werkstoffkombinationen zum Einsatz.

Blindflansche kommen beim Betrieb der Rohrleitung mit dem Medium in Kontakt. Es ist deshalb von Vorteil, Blindflansche aus dem gleichen Werkstoff einzusetzen, der auch für die Rohrleitung Verwendung findet (Beispiel siehe **Bild 7**). Ist dies nicht möglich, muss ein Flanschwerkstoff mit ausreichender chemischer Widerstandsfähigkeit ausgewählt werden. Bei diffundierenden Medien ist eine zusätzliche Trennung durch eine chemische beständige Zwischenscheibe vorzusehen.

Handelt es sich um Kunststoffblindflansche, die nicht standardisiert sind, ist die Flanschdicke entsprechend der Druckbeanspruchung zu bemessen. Bei entsprechender Auslegung können Kunststoffblindflansche mit Anschlussstutzen für Druckproben, zum Entlüften oder zum Anbringen von Probeentnahmeventilen ausgestattet werden.

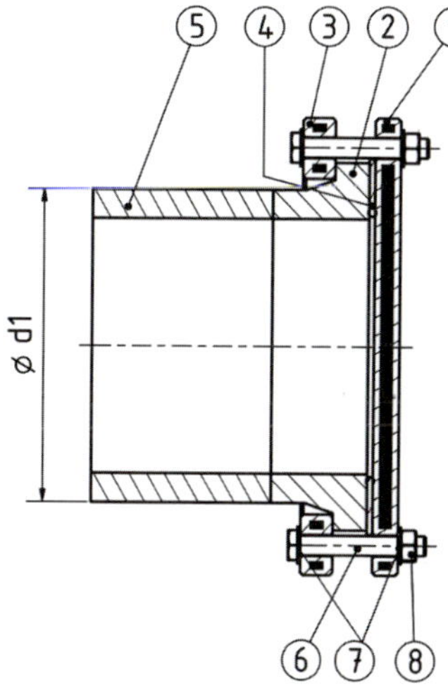

(1) Blindflansch mit Stahleinleger
(2) Vorschweißbund
(3) Losflansch (mit Stahleinleger)
(4) Dichtung
(5) Rohr
(6) Schrauben (Bolzen)
(7) Unterlegscheiben
(8) Muttern

Bild 7: Flanschverbindung mit Vorschweißbund und Blindflansch

Bei hoher Innendruckbeanspruchung bzw. großen Nennweiten hat sich eine Kombination aus Kunststoffblindscheibe (Korrosionsschutz) und hinterlegter Stahlscheibe (tragende Funktion) bewährt (siehe **Bild 8**).

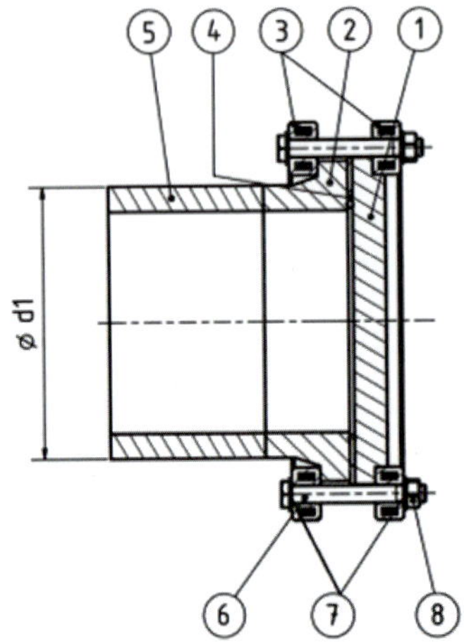

(1) Blindscheibe
(2) Vorschweißbund
(3) Losflansche (mit Stahleinleger)
(4) Dichtung
(5) Rohr
(6) Schraube (Bolzen)
(7) Unterlegscheibe
(8) Mutter

Bild 8: Belastbare Blindscheibe aus Kunststoff

3.4. Dichtungen

Unter Berücksichtigung der Betriebsbedingungen wie Medium, Druck und Temperatur sind geeignete Flanschdichtungen in Kunststoffrohrleitungen nach folgenden Kriterien auszuwählen:

- Werkstoff
- Typ
- Abmessungen

3.4.1. Dichtungswerkstoffe

Bei der Wahl des Dichtungswerkstoffes müssen die Betriebsbedingungen, insbesondere die Belastung der Flanschverbindung durch chemische, thermische und mechanische Lasten sowie die Eigenschaften des Dichtungswerkstoffes, des Dichtungstyps und seiner Oberflächenbeschaffenheit berücksichtigt werden.

In Kunststoffrohrleitungen sind vorzugsweise Dichtungen aus Elastomerwerkstoffen wie EPDM oder FKM[1] (Kurzzeichnen nach DIN ISO 1629) mit einer Shore-A-Härte bis zu einem Wert von Shore 70 A zu verwenden. Besonders bewährt haben sich Elastomerdichtungen aus den o. g. Werkstoffen mit einvulkanisierter Stahleinlage.

Eine betriebssichere Dichtwirkung bei effizienter chemischer Widerstandsfähigkeit lässt sich unter Verwendung modifizierter PTFE-Dichtungen/expandierte PTFE Dichtungen erzielen. Aufgrund des eingeschränkten Rückstellverhaltens von PTFE-basierenden Dichtungen muss bei einer Temperaturwechselbeanspruchung ein Nachziehen der Flanschverbindung erfolgen.

Die Verwendung von Dichtungswerkstoffen mit größerer Härte, wie sie z. B. bei metallischen Rohrleitungen zum Einsatz kommen, ist in thermoplastischen Kunststoffrohrleitungenin der Regel nicht möglich, weil zur Montage die zulässigen Schaubenanziehdrehmomente nach **Tabelle 5** überschritten werden würden.

1 (früher „FPM"); für besondere Anwendungen auch NBR CSM, NR, CR

Herkömmliche Faserdichtungen sind wegen ihrer hohen Vorverformungskräfte für Flanschverbindungen in Kunststoffrohrleitungen nur bedingt geeignet. Speziell entwickelte Faserdichtungen mit hoher Anpassungsfähigkeit bei geringen Schraubenkräften und höchster Querschnittsdichtheit können eingesetzt werden.

Ist die Überschreitung der Schaubenanziehdrehmomente nach **Tabelle 5** aus o. g. Gründen unvermeidbar, empfiehlt sich eine Rücksprache mit dem Formteilhersteller. Im Zweifelsfall ist die Betriebssicherheit der Flanschverbindung nachzuweisen.

3.4.2. Dichtungstypen

Die Dichtung kann als flacher ausgestanzter Ring, profilierter Ring, O-Ring oder als Kombination der vorgenannten Formen ausgebildet sein. Siehe auch **Tabelle 2**.

In manchen Anwendungsfällen mit geringer Belastung genügt die herkömmliche Flachdichtung mit Mindestdicken nach **Tabelle 3**. Diese Dichtung kann auf der Baustelle aus Tafelmaterial hergestellt werden.

Bei anspruchsvollen Betriebsbedingungen im Bereich des zulässigen Nenndrucks haben sich O-Ring-Dichtungen sowie Profil-Flachdichtungen mit mindestens einem angeformten Dichtring bewährt. Sie sind daher der Flachdichtung und der linsenförmigen Profildichtung vorzuziehen. Zur Stabilisierung und Sicherheit gegen Ausblasen kann die Profildichtung zusätzlich mit einem Stahlflachring verstärkt werden. Der Stahlring muss vollständig vom Dichtungswerkstoff umschlossen sein. Die Verstärkung darf die Elastizität an der Dichtungsinnenseite nicht beeinflussen.

O-Ringe erfordern einen Bund mit O-Ring-Nut, in der der O-Ring gekammert ist. Der O-Ring liegt dabei im Kraftnebenschluss. Der Gegenbund soll flach sein.

Die profilierte Dichtung und die O-Ring-Dichtung bieten folgende Vorteile:

- zuverlässige Dichtheit bei geringen Schaubenanziehdrehmomenten (z. B. bei Wechsellast durch thermische Ausdehnung)
- verwendbar bei höheren Innendrücken und bei innerem Unterdruck
- geringer Einfluss der Flansch- bzw. Bundoberflächenqualität

Flanschverbindungen können sowohl mit Flachdichtung oder Profildichtung im Krafthauptschluss als auch mit O-Ringdichtung im Kraftnebenschluss ausgeführt werden.

Die Auswahl der Dichtungen kann nach **Tabelle 2** erfolgen.

Tabelle 2: Dichtungsformen und deren empfohlenen Einsatzgrenzen

Dichtungsform	Einsatz im	empfohlene Einsatzgrenzen	Flansch- bzw. Bundausführung
Flachdichtung 	Krafthauptschluss	p ≤ 10 bar für DN ≤ 150 p ≤ 6 bar für 150 < DN ≤ 600 T = gesamter Anwendungsbereich	mit Dichtrillen *) Dichtungsbreite: abhängig von der zulässigen Bundbelastung
Profildichtung (mit einvulkansiertem Stahlring und angeformten O-Ring) 	Krafthauptschluss	-1 bar ≤ p ≤16 bar für alle Nennweiten T = gesamter Anwendungsbereich	mit oder ohne Dichtrillen *)
O-Ring 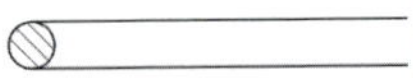	Kraftnebenschluss	-1 bar ≤ p ≤ 16 bar für generelle Verwendung T = gesamter Anwendungsbereich	Nutabmessungen: nach Angaben des Dichtungsherstellers
*) Dichtrillen in konzentrischer Anordnung, keine Spirale („Schallplattenrille")			

3.4.3. Dichtungsabmessungen

Maße von O-Ringen und Profil-Dichtungen werden vom Hersteller festgelegt. Flachdichtungen können in beliebigen Abmessungen durch Stanzen oder Ausschneiden passgenau hergestellt werden.

Bei der Auswahl oder Festlegung der Dichtungsabmessungen ist zu beachten:

- Größere Innen- oder kleinere Außendurchmesser der Dichtung gegenüber dem Vorschweißbund bzw. der Bundbuchse führen u. U. zu erhöhter mechanischer Belastung der Flanschverbindung. Dies gilt insbesondere für Profildichtungen. Es wird empfohlen, den Innendurchmesser der Dichtung nahe dem Innendurchmesser des Bundes zu wählen. Der Unterschied soll 10 mm nicht überschreiten.
- Bei zu großen Dichtungsinnendurchmessern besteht die Gefahr von Ablagerungen im Ringspalt (Totraum), was zu einer Mediumkonzentration an der Dichtung und zu deren Zerstörung führen kann. Ragt die Dichtung dagegen in das Rohrinnere, kann es, neben einer Verengung des Rohrleitungsquerschnitts, zu einem beschleunigten Abtrag an der Dichtungsinnenseite kommen.
- Flachdichtungen mit abweichendem Innen- oder Außendurchmesser können gegebenenfalls nachgeschnitten werden. Dabei darf die Dichtfläche nicht beschädigt werden.
- Der Innendurchmesser von Profildichtungen muss grundsätzlich größer als der Bundinnendurchmesser gewählt werden, um die Dichtwirkung des Profils nutzen zu können.

Die Außendurchmesser der Dichtungen sind standardisiert (z. B. DIN EN 1514-1). Biegesteife Dichtungen sollen sich am Schraubenkranz abstützen, damit sie von diesem zentriert werden (entsprechend Dichtungsform IBC nach DIN EN 1514-1).

Tabelle 3: Mindestdicke von Flachdichtungen

Nennweite	Dicke der Flachdichtung
d ≤ 90 / DN 80	s ≥ 2 mm
≥ d 110 / DN 100	s ≥ 3 mm

3.4.4. Schrauben

Die Schraubendurchmesser und die Schraubenanzahl für Flanschverbindungen sind nach DIN EN 1092-1 und ISO 9624 abhängig vom Nenndruck festgelegt. Die Anforderungen an die Schrauben definiert DIN EN 1515-4. Die Schraubenlänge hängt von den verwendeten Komponenten ab und ist situationsabhängig festzulegen.

Schraubenwerkstoffe der Güte > 5.6 sind für Kunststoffflanschverbindungen im Hinblick auf die empfohlenen Schaubenanziehdrehmomente nach **Tabelle 5** und damit der Nutzung ihrer Festigkeiten nicht sinnvoll. An den Korrosionswiderstand der Schrauben werden häufig höhere Anforderungen gestellt.

Schrauben für Metall-Flanschverbindungen werden auf Festigkeit ausgelegt, um die erforderliche Dichtwirkung erreichen zu können. Bei der Kunststoff-Flanschverbindung mit Elastomerdichtung werden wesentlich geringere Schraubenkräfte benötigt, um die erforderliche Flächenpressung der Dichtung zu erzielen. Die Schraubenfestigkeit wird dabei in der Regel nur zum geringen Teil ausgenutzt.

Um die Schraubenkraft auf einer ausreichend großen Kontaktfläche in den Flansch einzubringen, sind Schraubenkopf und -Mutter unbedingt mit Unterlegscheiben zu montieren. Muttern mit integrierter Scheibe sind bei Kunststoffflanschen wegen möglicher Oberflächenbeschädigung des Flansches nicht geeignet.

3.4.5. Sonderformen von Flanschverbindungen

Ziel dieser Sonderformen ist die Verbesserung der Funktion bei höheren Temperaturen oder Drücken bzw. bei Übergängen auf Armaturen oder systemfremde Komponenten, wie Metallflansche (Beispiele siehe **Bild 9**).

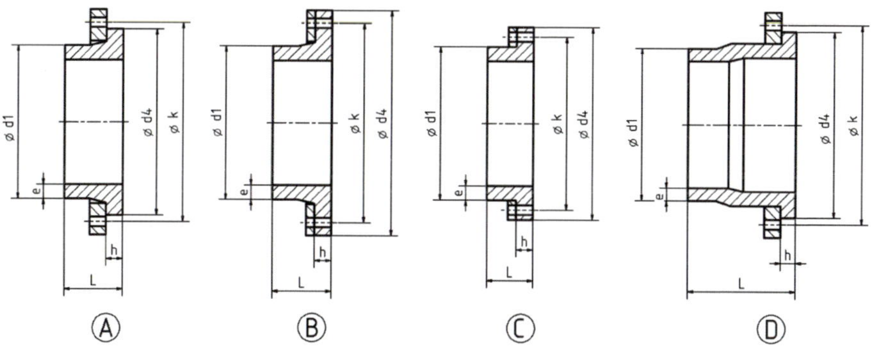

(A) Standard- Vorschweißbund und Losflansch DN 300

(B) Festflansch mit höherer Druckbelastbarkeit DN 300 (nicht gebräuchlich)

(C) Übergangsflansch mit kleinerem Flanschanschluss DN 250 (auch Sonderflanschverbindung genannt)

(D) Austrittshilfe mit Flanschanschluss DN 300 (z. B. für Verwendung als Zwischenflanschrückschlagklappen)

Bild 9: Vergleich von Sonderformen mit der Standard-Flanschverbindung (jeweils gleicher Rohranschluss d1=315mm / Anschlussmaß PN 10; DIN EN 1092-1)

3.4.6. Übergangs-Flanschverbindung (Armaturen-, Pumpen-, Behälter-, Apparate-Anschluss)

Beim Anschluss von geflanschten Kunststoffrohrsystemen an andere Werkstoffe sind nicht nur die Kompatibilität der Flansche sondern, auch die unterschiedlichen Innendurchmesser der beiden Rohrsysteme zu beachten (siehe auch **Bild 14** Kollision des Tellers einer Absperrklappe mit dem Vorschweißbund).

Durch die, im Vergleich zu Rohren aus metallischen Werkstoffen, größere Wanddicke von Kunststoffrohren, kann der resultierende Innendurchmesser, bei Rohren ab ca. DN 100 in Abhängigkeit der verwendeten SDR Reihe, dem Innendurchmesser der DN-Angabe deutlich unterschreiten (siehe **Bild 10**). Bei der Verbindung von Kunststoff-Flanschverbindungen zu Flanschverbindungen aus metallischen Werkstoffen oder zu Armaturen sollte daher die Differenz der Innendurchmesser beachtet werden.

Durch die Verwendung des Übergangsflansches (siehe **Bild 9c** bzw. **Bild 13**) wird diese Problematik gelöst.

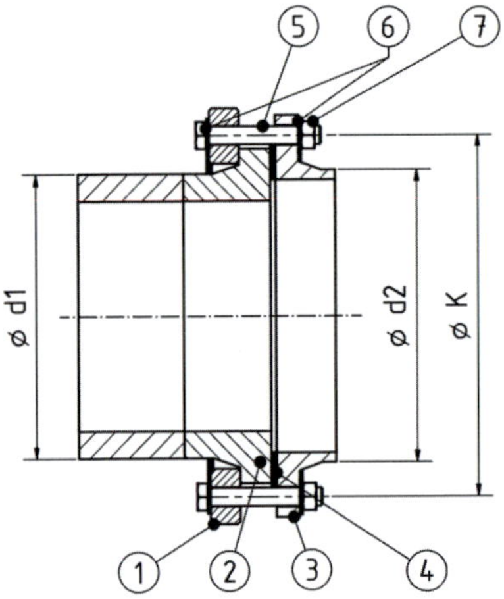

(1) Losflansch
(2) Kunststoff -Vorschweißbund,
(3) Metallischer Vorschweißflansch Typ 11 Form A nach DIN EN 1092-1
(4) Dichtung
(5) Schraube
(6) Unterlegscheibe
(7) Mutter

Bild 10: Beispiel Rohr, Vorschweißbund d = 315 SDR 11 und Losflansch DN 300 mit Metallrohr DN 300

Tabelle 4: Nennweitenvergleich Standard- zu Übergangsflansch für verschiedene Rohrdurchmesser nach nach Abschnitt 3.4.5, Bild 13, rechts

Nennweitenvergleich Standard- zu Übergangsflansch		
	EN-ISO Standard Losflanschverbindung	querschnittsoptimiert, kleinere Nennweite
d (mm)	**DN**	**DN**
200	200	150
225	200	-
250	250	200
280	250	-
315	300	250
355	350	300
400	400	350
450	500	400
500	500	400
560	600	500
630	600	500
710	700	600
800	800	700
900	900	800
1000	1000	900
1200	1200	1000

3.4.7. Flanschverbindungen mit erhöhter Belastbarkeit

Flanschverbindungen mit z. B. einer Kammerung des Vorschweißbundes in Verbindung mit einem formschlüssigem Losflansch (siehe **Bild 11**) reduzieren die Verformung beim Anziehen der Verbindungsschrauben und zeichnen sich so durch eine höhere Belastbarkeit aus.

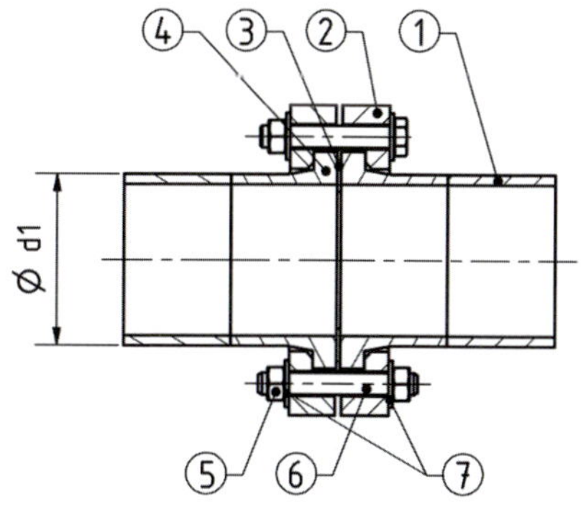

(1) Rohr
(2) Losflansch mit Stützring
(3) Dichtung
(4) Vorschweissbund
(5) Mutter
(6) Schraube / Bolzen
(7) Unterlegscheibe

Bild 11: Vorschweißbund mit gekammertem Bund

3.4.8. Optimierungsmöglichkeiten der Flanschverbindungen

Bei der standardisierten Flanschverbindung (siehe **Bild 1**) ist zwischen dem Losflanschinnendurchmesser und dem Bundansatzdurchmesser ein Freiraum zu erkennen. Unter hoher Innendruckbelastung kann sich der vom Flansch nicht unterstützte Bundbereich verformen, was besonders bei größeren Nennweiten zu Undichtheiten an der Flanschverbindung führen kann.

Durch die Verwendung von Losflanschen mit kleineren Innendurchmesser und angepassten Vorschweißbunden kann die Belastbarkeit der Flanschverbindung verbessert werden (siehe **Bild 12**).

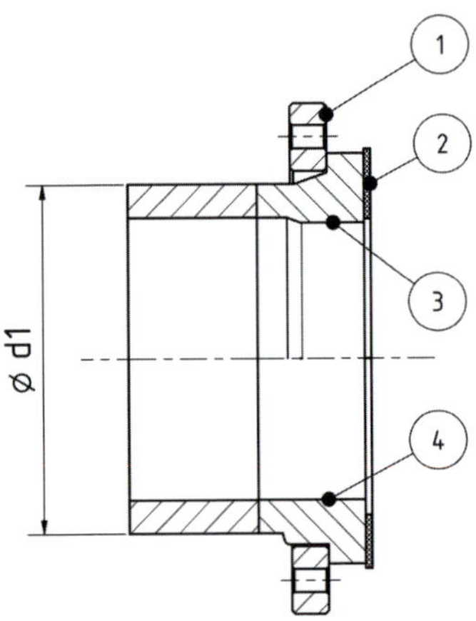

(1) Losflansch
(2) Dichtung
(3) Vorschweißbund mit Verstärkung nach innen
(4) Vorschweissbund mit Verstärkung nach außen

Bild 12: Standard-Losflansch/Vorschweißbund mit erhöhter Biegesteifigkeit

Zur Erzielung einer gleichmäßigeren Flächenpressung kann im Einzelfall die Anzahl der Schrauben erhöht und gleichzeitig die Schraubengröße verkleinert werden. Da diese Verbindung von der Norm abweicht, ist sie in der Regel nur als komplette Verbindung einsetzbar und nicht mit Standardflanschen kompatibel. Solche Verbindungen werden z. B. bei Flanschverbindungen von Lüftungsrohren eingesetzt.

3.4.9. Flanschverbindung für Absperrklappen/Rückschlagklappen

Bei der Kombination von Absperrklappen und Kunststoff-Flanschverbindung mit gleichem Rohrdurchmesser DN kann bei ungeeigneter Kombination der Klappenteller mit dem Bund kollidieren, sodass die Absperrklappe nicht vollständig geöffnet werden kann. (siehe **Bild 13**).

Das wirkt sich beim Anschluss von Kunststoffrohrsystemen an Stahl-/Gussarmaturen aus, insbesondere bei der Verwendung von dickwandigen PE oder PP Rohren der Nennweiten DN 100 d = 110 oder größer. Der Innendurchmesser des Kunststoffrohres kann abhängig vom DN und der Wanddicke (SDR) stark vom Metallrohr abweichen.

Gegenüber der Kunststoffleitung können Armaturen deutlich größere Querschnitte haben.

Ein dadurch entstehender Totraum sollte vermieden werden, da mögliche Ablagerungen sowohl die mechanische Funktion der Armatur einschränken als auch Hygiene und Hydraulik negativ beeinflussen können. Spezielle Flanschverbindungen für den Einsatz mit Armaturen sollten vom Hersteller hinsichtlich der Öffnung der Klappenscheibe geprüft und freigegeben werden.

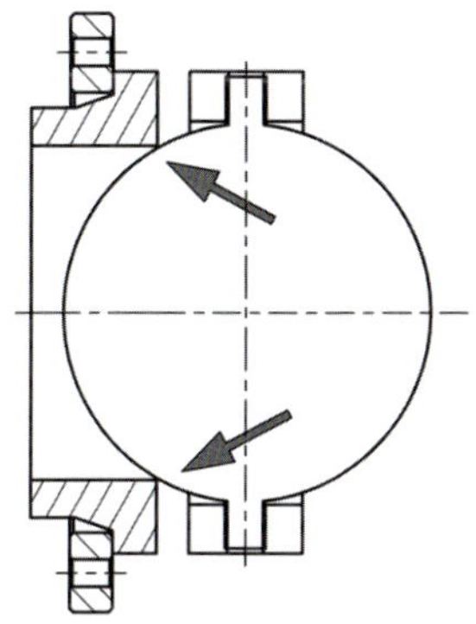

Bild 13: Kollision des Tellers einer Absperrklappe mit dem Vorschweißbund

Durch die Verwendung von Übergangsflanschen (**Bild 14**, rechts) ist die Verwendung der nächst kleineren Armaturenabmessung realisierbar. So werden Querschnittsübergang und Funktion der Flanschverbindung nachhaltig verbessert.

Beim Einbau von Absperrklappen in thermoplastische Rohrleitungssysteme kann der Einsatz eines Übergangsflansches das vollständige Öffnen des Klappentellers ermöglichen, insbesondere von Absperrklappen, die nicht speziell für den Einsatz in Kunststoffrohrleitungen ausgelegt sind (siehe auch Abschnitt 3.4.6).

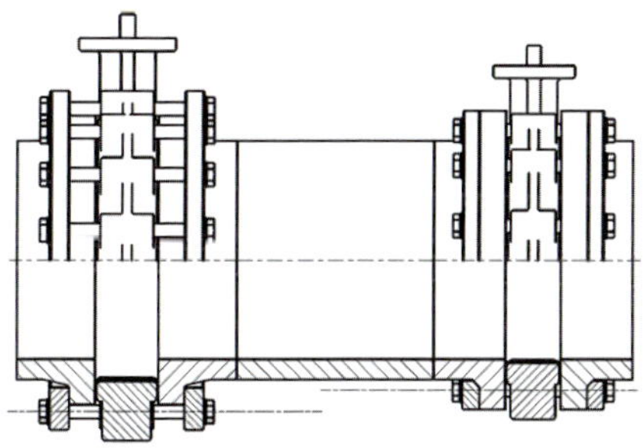

Bild 14: Armaturenanschluss Beispiel Kunststoff-Rohr d = 200 mm SDR 11,
links: Armatur DN 200 und Vorschweißbund, Losflansch d = 200 mm
rechts: Armatur DN 150 und Übergangsflansch d = 200 mm

Die folgenden Maßnahmen führen bei Verwendung von Absperrklappen zum vollständigen Öffnen des Klappentellers:

a) Vergrößerung des Bund-Innendurchmessers mit ausgedrehten Bunden
Das Anschrägen muss sachgemäß vorgenommen werden (kerb- und riefenfrei) und der Bund darf keine unzulässige Schwächung erfahren (Erhaltung des Widerstandsmomentes). Zudem müssen die zulässigen Wanddicken erhalten bleiben. Ggf. ist ein rechnerischer Nachweis zu führen.
b) Einbau der nächstkleineren Klappe mit Hilfe der Übergangsflansch-Verbindung (siehe **Bild 14** rechts)
c) Anschluss der nächst größeren Rohrleitung mit der Übergangsflansch-Verbindung und anschließende Reduktion des Durchmessers (siehe **Bild 15** rechte Seite)
d) Einbau einer sogenannten Austrittshilfe (Bund mit großem Innendurchmesser und integrierter Reduktion) (siehe **Bild 16** linke Seite, **Bild 17**)
e) Einbau eines Distanzringes zwischen Armatur und Bund, sodass der Klappenteller ausreichend Spiel hat (siehe **Bild 16** rechte Seite)

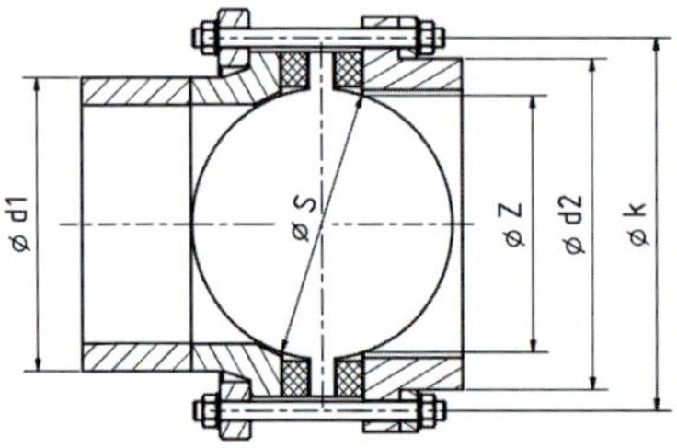

Bild 15: Absperrklappe mit vollständig geöffnetem Klappenteller, montiert mit angeschrägtem Vorschweissbund (links, Lösung a) und Übergangsflansch mit d2 > d1 (rechts, Lösung b/c)

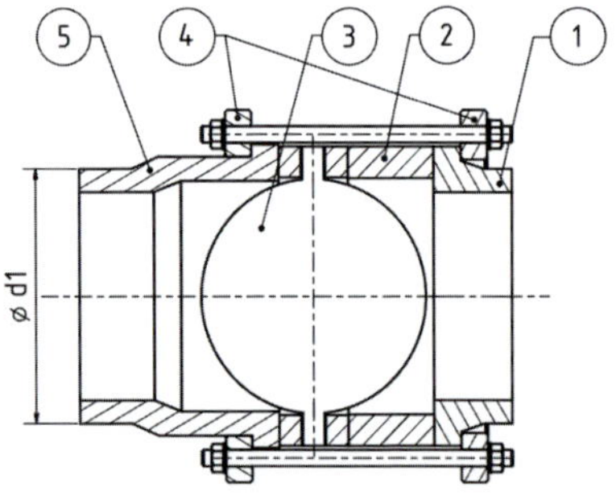

(1) Vorschweißbund
(2) Distanzring mit Dichtungen auf beiden Stirnseiten
(3) Teller der Absperrklappe
(4) Losflansch
(5) Austrittshilfe

Bild 16: Absperrklappe mit vollständig geöffnetem Klappenteller, montiert mit Austrittshilfe (links, Lösung d) und Distanzring (rechts, Lösung e)

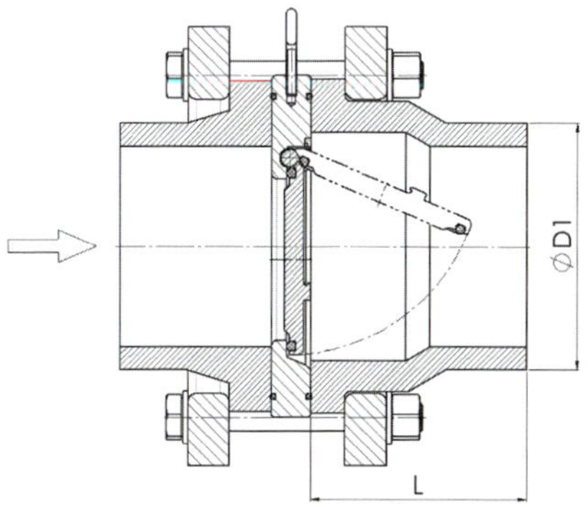

Bild 17: Rückschlagklappe mit vollständig geöffnetem Klappenteller, montiert mit Standard-Vorschweißbund (links) und Austrittshilfe (rechts, Lösung D)

3.5. Verschraubungen

Verschraubungen mit O-Ring-Dichtung (siehe **Bild 18**) sind in der Regel schnell montierbar und beliebig oft demontierbar und wiedermontierbar.

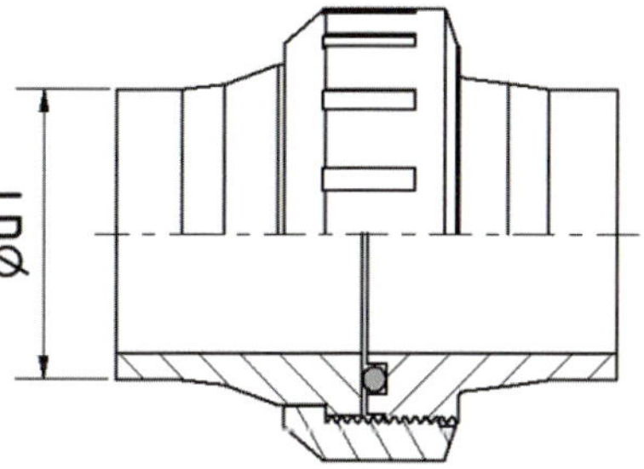

Bild 18: Beispiel einer Verschraubung mit O-Ring-Dichtung

Beim Einsatz von Verschraubungen in thermoplastischen Kunststoffrohrleitungen sind die vom Hersteller angegebene Druck- und Temperaturbelastbarkeit zu beachten.

3.6. Rohrkupplungen und Steckmuffenverbindungen

Rohrkupplungen können für die Verbindung von Rohrleitungen teilweise ohne Schweißen oder Kleben der Komponenten eingesetzt werden (siehe **Bild 19**). Die Innendruckbeständigkeit, Dichtheit und eventuell die Längskraftschlüssigkeit wird über Kraftschluss (z. B. Klemmverbinder) oder Formschluss (z. B. Bajonett) erreicht. Weiterhin werden die Rohrkupplungen unterteilt in

- ausreißsicher (Rohr versagt früher als Rohrverbindung)
- längskraftschlüssig (nach Herstellerangabe, z. B. zugfest bis 1,5 x PN)
- nicht längskraftschlüssig (Steckmuffenverbinder, Schub-Widerlager erforderlich).
- mit und ohne zusätzlichen mechanischen Klemmen

Kupplungen und mechanische Verbindungen sollen die Anforderungen nach ISO 17885 erfüllen. Die zulässige Druck-/Unterdruck- und Temperaturbelastbarkelt der Kupplung ist vom Hersteller anzugeben. Bei Verwendung von Kupplungen sind u. a. die berufsgenossenschaftlichen und umwelttechnischen Vorschriften (z. B. der BG Chemie, TA Luft) zu beachten.

Auf die entsprechenden Angaben der Hersteller ist zu achten.

Bei nicht längskraftschlüssigen Verbindungen ist bei der Montage dafür zu sorgen, dass die auftretenden Längenänderungen innerhalb des zulässigen Schiebeweges bleiben.

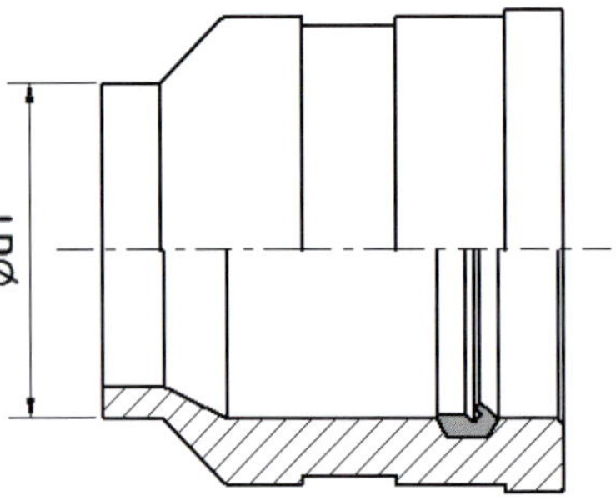

Bild 19: Steckmuffen-Fitting (Beispiel Steck-Dehnungsmuffe)

3.7. Gewindeanschlüsse

Zum Übergang auf unterschiedliche Werkstoffe oder zum Anschluss von z. B. Mess- und Prüfgeräten können Gewindeanschlüsse eingesetzt werden. Dazu sind Anschlussfittings/Sattelformstücke mit einem Gewinde zu verwenden (siehe siehe Übergangsfittings **Bild 20** bis **Bild 22**).

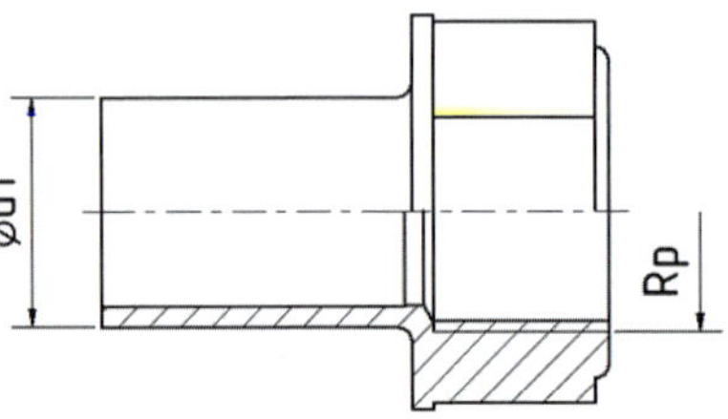

Bild 20: Übergangsfitting mit Gewindeanschluss Rp (parallel)

Wegen der Verwechslungsgefahr ist das Gewinde sorgfältig auszuwählen, da im Rohrleitungsbau zwei ähnliche Gewinde eingesetzt werden:

- das Befestigungsgewinde G nach DIN EN ISO 228-1, bei dem Innen- und Außengewinde parallel sind. Die Verbindung wird mit einer elastomeren Flachdichtung außerhalb des Gewindes abgedichtet. Dieses Gewinde wird in der Verschraubung (3.5) verwendet.
- das dichtende R-Gewinde nach ISO 7-1 bzw. DIN EN 10226, bei dem das Außengewinde R konisch ist. Das Innengewinde kann konisch (Rc) oder parallel (Rp) sein.

Das Gewinde wird mit einem PTFE-Band in Industriequalität oder Gewindedichtfaden aus Kunststoff im Gewinde gedichtet. Der im Metallbereich eingesetzte Hanf ist bei Kunststoffgewinden wegen seiner starken Quellung nicht verwendbar. In allen Fällen ist darauf zu achten, dass das metallische Gewindeteil fest und dicht mit dem Thermoplastteil verbunden ist. Die Verbindung darf auch nach mehrmaligem Ein- und Ausdrehen des Messgerätes nicht undicht werden.

Wegen der Austauschbarkeit ist die Verwendung von Formteilmessstutzen zu empfehlen, die zwischen Flansche eingeklemmt werden können oder mit einer Verschraubung montiert werden.

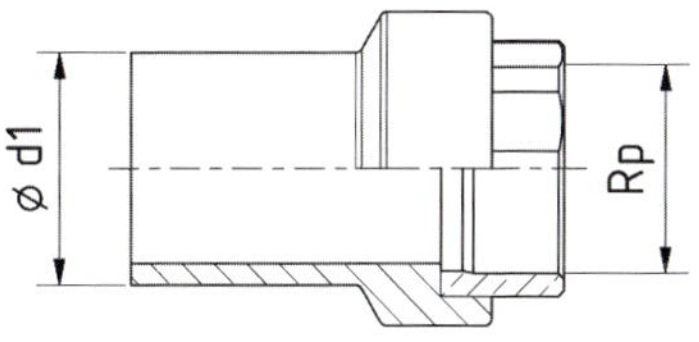

Bild 21: Übergangsfitting mit metallischem Gewindeanschluss Rp

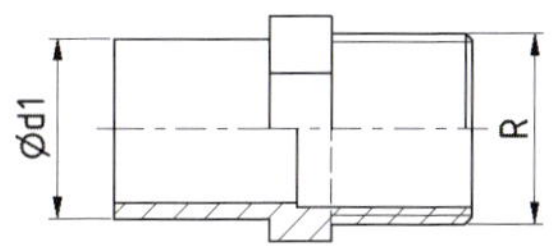

Bild 22: Übergangsfitting mit Außengewinde Kunststoff

Für den Gewindeanschluss in thermoplastischen Rohrleitungen liegen noch nicht für alle Werkstoffe Normen vor. Es bleibt deshalb dem Planer vorbehalten, die Spezifikation hinsichtlich Ausführung und Qualitätsanforderungen deutlich zu definieren. Generell ist von einer eingeschränkten Druckbelastbarkeit der thermoplastischen Gewindeverbindung auszugehen.

4. Herstellen der Verbindungen

4.1. Voraussetzungen für die Herstellung von Rohrverbindungen

Die Ausführung der Rohrverbindungsarbeiten erfolgt durch Fachpersonal nach den in Abschnitt 6 genannten Normen und Regelwerken sowie den Verarbeitungsvorschriften, Montage- und Bedienungsanleitungen der jeweiligen Hersteller.

Es sind ggf. Probestücke herzustellen, um den Nachweis der sicheren Beherrschung des jeweiligen Bearbeitungsverfahrens zu erbringen. Im Rahmen einer auf die Montagebedingungen bezogenen Qualitätssicherung kann zwischen Auftraggeber und Auftragnehmer vereinbart werden, dass die Probestücke bewertet werden (z. B. nach Richtlinie DVS 2202). Der Geltungsbereich dieser Vereinbarung soll auch die Vorfertigung einschließen.

Vor allem bei Schweiß- oder Klebearbeiten wird empfohlen, auf der Baustelle unter Berücksichtigung der Arbeitsplatzbedingungen ein Referenzmuster im Beisein der Bauaufsicht herzustellen. Hierüber ist ein Protokoll anzufertigen, aus dem alle Daten der Maschinen- und Geräteeinstellungen sowie die Fügeparameter hervorgehen.

Schweißgeräte, Werkzeuge und weiteres Equipment sollen nur dann eingesetzt werden, wenn sie ordnungsgemäß funktionieren und keine Beschädigungen, z. B. an Stromkabeln, aufweisen. Die Wartungs- und Kalibrierfristen oder Haltbarkeitsdaten sind auf Einhaltung vor Aufnahme der Tätigkeiten zu kontrollieren. Es ist sicherzustellen, dass in Abhängigkeit der Verfahren geeignete Reinigungs/-Anlösungsmittel, und -tücher, Klebstoffe und Dichtbänder sowie Dichtungen und Schrauben etc. zur Verfügung stehen.

Sofern vorhanden, soll die automatische Protokollierung der Schweißprozesse am Schweißgerät, bzw. an der Schweißmaschine zur Dokumentation aktiviert sein.

4.2. Verbinden von Rohrleitungskomponenten mittels Schweißen oder Kleben

Die Ausführung der Schweiß- und Klebearbeiten erfolgt nach den mitgeltenden Normen und Richtlinien sowie den Vorschriften der Rohrteilehersteller. Vor Aufnahme der Schweiß- und Klebearbeiten auf der Baustelle hat das jeweilige Fachpersonal unter Berücksichtigung der Arbeitsplatzbedingungen ein Referenzmuster im Beisein der Bauaufsicht herzustellen. Hierüber ist ein Protokoll anzufertigen, aus dem alle Daten der Maschinen- und Geräteeinstellungen sowie die Fügeparameter hervorgehen.

Wird das Abarbeiten der Schweißwülste (HS) am Umfang oder im Inneren der Rohrleitung gefordert (Sonderfall), so hat dies mittels Verwendung geeigneter Maschinen und Geräte sowie in fachmännischer Ausführung zu erfolgen. Die Rohroberflächen dürfen durch den zusätzlichen Arbeitsgang nicht beschädigt werden. Das Abstechen oder Abschälen des noch plastifizierten Schweißwulstes ist nur dann zulässig, wenn die Fügeflächen nicht beeinflusst werden.

Es wird eine automatische Protokollierung empfohlen. Erfolgt die Protokollierung manuell, sind alle Verbindungsstellen einer Rohrleitung mit einer fortlaufenden Nummerierung, einer Monteurkennung sowie ggf. mit Fügeparametern zu kennzeichnen. Die Kennzeichnung ist in das Schweiß- bzw. Klebeprotokoll zu übertragen.

Die Protokolle sind der Bauaufsicht regelmäßig vorzulegen.

Nach Beendigung der Verlegearbeiten ist für den gesamten Rohrleitungsverlauf eine isometrische Übersichtsdarstellung anzufertigen, in die die Verbindungsstellen mit der entsprechenden Kennzeichnung einzutragen sind.

4.3. Verbinden von Rohrleitungskomponenten mittels Flanschverbindungen

Bei der Montage von Flanschverbindungen sind neben den Vorschriften der Hersteller die folgenden Hinweise besonders zu beachten.

4.3.1. Ausrichten und Fügen der Teile

Vor dem Anschweißen von Festflanschen (die danach nicht mehr gedreht werden können) ist darauf zu achten, dass die Schraubenlöcher symmetrisch neben den beiden Hauptachsen der Rohrleitung liegen (nicht auf den Achsen) (siehe **Bild 23**). Losflansche brauchen erst bei der Schraubenmontage entsprechend ausgerichtet zu werden.

Beim Heizelement-Stumpfschweißen (HS) von Vorschweißbunden mit dem Rohr ist die Stutzenlänge zu berücksichtigen. Bei kurzen Vorschweißbunden kann es erforderlich sein, Schweißgeräte mit Bundhalter zu verwenden. Dies gilt insbesondere dann, wenn der Losflansch schon vor dem Anschweißen auf den Bund geschoben werden muss.

Alle Komponenten der Flanschverbindung müssen zentrisch zur Rohrachse ausgerichtet werden. Beim Ausrichten der Dichtung ist darauf zu achten, dass der Dichtungsaußendurchmesser auf den Außendurchmesser des Bundes oder den Schraubenkranz abgestimmt ist.

Beim Einlegen der Dichtung ist zu kontrollieren, dass die Dichtungsabmessungen mit dem Innendurchmesser bzw. der Nutgeometrie des Vorschweißbundes bzw. der Bundbuchse übereinstimmen. Der Innendurchmesser der Dichtung darf nicht kleiner als der Innendurchmesser der Dichtfläche sein.

Die Dichtflächen müssen vor dem Anziehen der Schrauben planparallel zueinanderstehen und eng an der Dichtung anliegen. Das Beiziehen der Dichtflächen mit den Schrauben oder Anwendung schwerer Mittel wie Kettenzüge, Greifzüge oder ähnlichem ist nicht zulässig, weil zusätzliche Reaktionskräfte die Flanschverbindung auf Dauer belasten. Im Zweifelsfall sind die Flansche ohne Einlegen einer Dichtung versuchsweise durch Anziehen der Schrauben beizuziehen. Dabei sollte die Parallelität und der erforderliche Abstand (= Dicke der Dichtung) der Dichtflächen mit geringem Kraftaufwand erreicht werden.

Bei waagerecht verlaufenden Rohrleitungsabschnitten ist die in **Bild 23** gezeigte achsengenaue Ausrichtung der Schrauben von Vorteil, da bei Undichtheiten an der Flanschverbindung das Medium nicht unmittelbar über die Schrauben läuft. Angeflanschte Armaturen sind in der Regel so korrekt ausgerichtet (Armaturenachse senkrecht oder waagerecht).

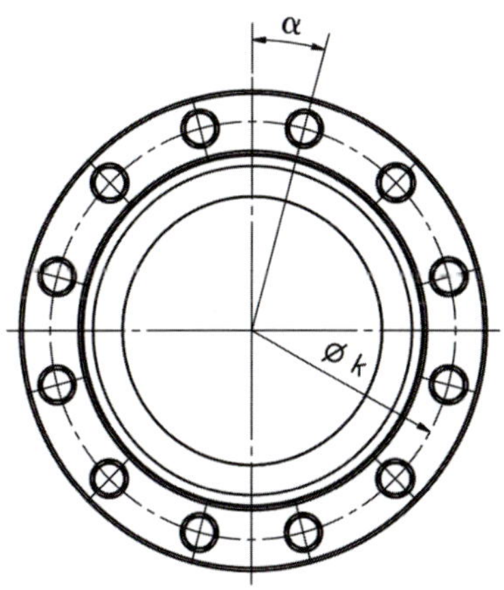

Bild 23: Ausrichtung des Los- oder Festflansches
(2x α = Winkel zwischen den Schrauben, k= Lochkreisdurchmesser)

4.3.2. Schraubenmontage und Schraubenanziehdrehmomente

Die Verbindungsschrauben/-muttern müssen sich in einwandfreiem Zustand befinden und leichtgängig sein. Ablagerungen oder Korrosionsspuren, welche die Reibung vergrößern würden, dürfen nicht vorhanden sein.

Die Länge der Verbindungsschrauben ist so zu wählen, dass das Schraubengewinde mindestens 2-3 Gewindegänge übersteht. Sowohl am Schraubenkopf als auch bei der Schraubenmutter sind Scheiben unterzulegen.

Zur Minimierung der Reibkräfte sind die Gleitflächen der Schrauben, Muttern und Unterlegscheiben vor dem Anziehen sowie beim Lösen nach längerer Betriebszeit mit geeigneten Schmierstoffen zu behandeln. Optimale Schmierung ist dann gegeben, wenn alle Gleitflächen wie das Gewinde, die Mutterauflagefläche und ggf. bei bewegtem Schraubenkopf auch die Kopfauflagefläche mit Schmierstoff beaufschlagt werden können. Nur so kann bei vorgeschriebenem Schraubenanziehdrehmoment die erforderliche Schraubenvorspannkraft erreicht werden.

Die Verbindungsschrauben müssen diagonal und gleichmäßig drehmomentkontrolliert angezogen werden. Dabei muss der einzusetzende Drehmomentschlüssel kalibriert sein und ordnungsgemäß funktionieren. Bei nicht-drehmomentkontrollierter Montage können Abweichungen der Vorspannkraft größer 20 % auftreten. Diese sind bei Kunststoff-Flanschverbindungen nicht zulässig, da sonst sowohl die Dichtung beschädigt werden kann als auch der Vorschweißbund, die Bundbuchse, der Los- oder der Festflansch unzulässig beansprucht werden.

Das für die Dichtheit der Flanschverbindung erforderliche Schraubenanziehdrehmoment ist im Wesentlichen abhängig von

- der Form und dem Werkstoff der gewählten Dichtung
- der Reibung im Schraubengewinde und an der Auflageflächen der Schraubenmutter [ges. μ_R]
- der Festigkeit von Vorschweißbund und Losflansch
- der Größe der Kontaktfläche zwischen Flansch und Bund

Für sorgfältig geschmierte Schraubverbindungen ist mit einem Reibungskoeffizienten ges $\mu_R = 0{,}13$ zu rechnen. Um den Reibwert von $\mu_R = 0{,}13$ zu erreichen, müssen die einzelnen Verbindungselemente (Schraube, Unterlegscheibe, Mutter) entsprechend geschmiert werden. Genaue Informationen sind dem VCI-Leitfaden zur Montage von Flanschverbindungen in verfahrenstechnischen Anlagen zu entnehmen (VCI = Verband der Chemischen Industrie e.V).

Für Flachdichtungen und Profildichtungen sind die vom Dichtungslieferant mindestens aufzubringenden Schraubenanziehdrehmomente anzuwenden, sofern sie die in **Tabelle 5** aufgeführten Werte nicht überschreiten. Die Tabelle enthält die oberen Grenzwerte für Schraubenanziehdrehmomente bei Verwendung von Dichtungen aus Elastomerwerkstoffen im Krafthauptschluss und neuwertiger, geschmierter Schrauben.

Eine Überschreitung der Richtwerte um > 20 % (z. B. durch ungleichmäßiges Anziehen der Schrauben, Streuung) kann bereits zu einer dauerhaften Schädigung der Flanschverbindung führen.

Tabelle 5: Maximale Schraubenanziehdrehmomente für die Montage von Flanschverbindungen unter Verwendung elastomerer Dichtungen im Krafthauptschluss bei einem Gesamtreibungskoeffizienten μ_R = 0,13

		Maximale Schaubenanziehdrehmoment	
		Anschlussmaß PN 10	Anschlussmaß PN 16
DN	Rohr Ø	Nm	Nm
15	20	10	
20	25	15	
25	32	15	
32	40	20	
40	50	25	
50	63	35	
65	75	50	
80	90	35	
100	110	35	
100	125	35	
125	140	45	
150	160	70	
150	180	70	
200	200	70	80
200	225	70	80
250	250	70	80
250	280	70	80
300	315	90	100
350	355	120	140
400	400	150	160
500	450	180	200
500	500	180	200
600	560	220	240
600	630	220	240
700	710	270	270
800	800	300	340
900	900	320	360
1000	1000	400	460
1200	1200	540	660

Hinweise:

Schraubenanziehdrehmomente für größere Abmessungen oder auch bei höheren Betriebsdrücken sind den Herstellerangaben zu entnehmen.

Die O-Ring Abdichtungen benötigen maximal 50 % der aufgeführten Schraubenanziehdrehmomente.

Das zur Vorverformung der Dichtung aufzubringende Schraubenanziehdrehmoment muss im Betriebszustand eine Flächenpressung von $Q_{smin} \geq$ 1,0 MPa in der Elastomerdichtung bewirken. Unterhalb dieser Mindestflächenpressung kann die Leckrate unzulässig hoch sein.

Die Umgebungs- und Betriebstemperaturen sowie das Verhalten des Kunststoffs beeinflussen die Schraubenkräfte an Flanschverbindungen in thermoplastischen Kunststoffrohrleitungen.

Die vorgenannten Einflüsse erfordern ein mehrmaliges Kontrollieren und evtl. Nachziehen der Schrauben nach Beendigung der Druckprüfung. Auch nach der Inbetriebnahme sind die Schraubenanziehdrehmomente regelmäßig zu prüfen und bei Bedarf zu korrigieren.

4.3.3. Verbinden von Rohrleitungskomponenten mittels Verschraubung

Wenn Rohrleitungskomponenten aus den in der Richtlinie DVS 2210-1 Kapitel 1.2 genannten Werkstoffen mittels Verschraubung miteinander verbunden werden, sind folgende Regeln zu beachten:

- Zur Vermeidung unzulässiger Belastungen bei der Montage sollen Verschraubungen möglichst mit Runddichtring (O-Ring) verwendet werden.
- Die Überwurfmutter soll von Hand, mit einem Schlüssel oder mit einer speziellen Rohrgurtzange (Bandschlüssel) entsprechend der Herstellervorgaben angezogen werden. Die Verwendung der im Stahlrohrleitungsbau üblichen Rohrzangen ist nicht zulässig.
- An biegebeanspruchten Stellen der Rohrleitung ist die Verwendung von Verschraubungen zu vermeiden.
- Falls mit der Verschraubung ein Werkstoffwechsel realisiert wird, sollen die Komponenten mit Gewinde (Einschraubteil und Überwurfmutter) aus dem gleichen Werkstoff gewählt werden, um die thermische Ausdehnung auszugleichen.
- Mit dem Anziehen einer Schraubverbindungen ist ein fester Sitz zu erreichen, Überlastungen sind zu vermeiden.

4.3.4. Verbinden von Rohrleitungskomponenten mittels Gewindeverbindung

Gewindemuffen aus Kunststoff dürfen nur mit Kunststoffnippeln verschraubt werden. Metallnippel erfordern eine armierte Gewindemuffe oder ein metallisches Gegenstück.

Das Gewinde wird mit einem PTFE-Band in Industriequalität oder Gewindedichtfaden aus Kunststoff im Gewinde gedichtet. Dazu ist das Dichtband wenige (2-3) Lagen dick auf den Nippel aufzuwickeln (beginnend am Stutzenende im Uhrzeigersinn). Für bessere Griffigkeit ist das Gewinde leicht anzurauen, wenn das nicht bereits vom Hersteller vorgenommen wurde.

In allen Fällen ist darauf zu achten, dass das metallene Gewindeteil fest und dicht mit dem Thermoplastteil verbunden ist.

Der im Metallbereich eingesetzte Hanf ist bei Kunststoffgewinden wegen seiner starken Quellung nicht zulässig (die Verwendung von PTFE Band wird empfohlen).

4.3.5. Verbinden von Rohrleitungskomponenten mittels Rohrkupplungen und Steckmuffenverbindungen

Für diese Verbindungsarten gibt es herstellerbedingt unterschiedliche Ausführungen. Die Montageanleitung des jeweiligen Herstellers ist zu beachten.

4.4. Einbau von Armaturen und Geräten

Armaturen und Geräte sind separat abzustützen, sodass Gewichts- und Betätigungskräfte nicht auf die Verbindung oder die Rohrleitung übertragen werden.

Zwischen Flanschen sind die Komponenten so einzubauen, dass beim Festziehen der Verbindungsschrauben keine bzw. nur geringe Zugspannungen in der Flanschverbindung entstehen. Es empfiehlt sich, bis zum erfolgten Einbau der Armatur bzw. des Gerätes mindestens einen Rohrleitungsstrang axial beweglich zu halten.

Beim Herstellen der Flanschverbindung an Kunststoffarmaturen und -geräten ist sowohl das zulässige Schaubenanziehdrehmoment nach **Tabelle 5** als auch das des Armaturen- oder Geräteflansches zu beachten. Für die Angaben zur Belastbarkeit von Armaturen- und Geräteflanschen ist der Hersteller verantwortlich.

5. Prüfungen

5.1. Herstellerprüfungen

Die Rohrleitungskomponenten müssen die Anforderungen nach den jeweiligen Normen erfüllen. Dazu ist sowohl die Einzelteilprüfung als auch die Prüfung der Verbindung als Bauteilkombination durchzuführen.

5.2. Prüfung von Verbindungen

Die Prüfung von Verbindungen wird in der Richtlinie DVS 2210-1 Beiblatt 2 beschrieben.

6. Schrifttum

Normen

DIN 1986-100 Entwässerungsanlagen für Gebäude und Grundstücke – Teil 100: Bestimmungen in Verbindung mit DIN EN 752 und DIN EN 12056

DIN 8061 Rohre aus weichmacherfreiem Polyvinylchlorid (PVC-U) – Allgemeine Güteanforderungen, Prüfung

DIN 8062 Rohre aus weichmacherfreiem Polyvinylchlorid (PVC-U) – Maße

DIN 8074 Rohre aus Polyethylen (PE) – PE 80, PE 100 – Maße

DIN 8075 Rohre aus Polyethylen (PE) – PE 80, PE 100 – Allgemeine Güteanforderungen, Prüfungen

DIN 8077 Rohre aus Polypropylen (PP) – PP-H, PP-B, PP-R, PP-RCT – Maße

DIN 8078 Rohre aus Polypropylen (PP) – PP-H, PP-B, PP-R, PP-RCT – Allgemeine Güteanforderungen, Prüfung

DIN EN 1092 Reihe Flansche und ihre Verbindungen – Runde Flansche für Rohre, Armaturen, Formstücke und Zubehörteile, nach PN bezeichnet

DIN EN ISO 228-1 Rohrgewinde für nicht im Gewinde dichtende Verbindungen – Teil 1: Maße, Toleranzen und Bezeichnung

DIN EN ISO 1452 Reihe Kunststoff-Rohrleitungssysteme für die Wasserversorgung und für erdverlegte und nicht erdverlegte Entwässerungs- und Abwasserdruckleitungen – Weichmacherfreies Polyvinylchlorid (PVC-U)

DIN EN 1514 Reihe Flansche und ihre Verbindungen – Maße für Dichtungen für Flansche mit PN-Bezeichnung

DIN EN 1515 Reihe	Flansche und ihre Verbindungen – Schrauben und Muttern
DIN EN 1519 Reihe	Kunststoff-Rohrleitungssysteme zum Ableiten von Abwasser (niedriger und hoher Temperatur) innerhalb der Gebäudestruktur – Polyethylen (PE)
DIN EN 1591 Reihe	Flansche und ihre Verbindungen – Regeln für die Auslegung von Flansch verbindungen mit runden Flanschen und Dichtung
DIN EN ISO 9001	Qualitätsmanagementsysteme – Anforderungen
DIN EN ISO 10931	Kunststoff-Rohrleitungssysteme für industrielle Anwendungen – Polyvinyliden Fluoride (PVDF) – Anforderungen an Rohrleitungsteile und das Rohrleitungssystem
DIN EN 10226-1	Rohrgewinde für im Gewinde dichtende Verbindungen – Teil 1: Kegelige Außengewinde und zylindrische Innengewinde – Maße, Toleranzen und Bezeichnung
DIN EN 12056 Reihe	Schwerkraftentwässerungsanlagen innerhalb von Gebäuden
DIN EN 12201 Reihe	Kunststoff-Rohrleitungssysteme für die Wasserversorgung und für Entwässerungs- und Abwasserdruckleitungen – Polyethylen (PE)
DIN EN 13555	Flansche und ihre Verbindungen – Dichtungskennwerte und Prüfverfahren für die Anwendung der Regeln für die Auslegung von Flanschverbindungen mit runden Flanschen und Dichtungen
DIN EN ISO 15493	Kunststoff-Rohrleitungssysteme für industrielle Anwendungen – Acrylnitril-Butadien-Styrol (ABS), weichmacherfreies Polyvinylchlorid (PVC-U) und chloriertes Polyvinylchlorid (PVC-C) – Anforderungen an Rohrleitungsteile und das Rohrleitungssystem – Metrische Reihen
DIN EN ISO 15494	Kunststoff-Rohrleitungssysteme für industrielle Anwendungen – Polybuten (PB), Polyethylen (PE), Polyethylen erhöhter Temperaturbeständigkeit (PE-RT), vernetztes Polyethylen (PE-X), Polypropylen (PP) – Metrische Reihen für Anforderungen an Rohrleitungsteile und das Rohrleitungssystem
DIN EN ISO 15877 Reihe	Kunststoff-Rohrleitungssysteme für die Warm- und Kaltwasserinstallation – Chloriertes Polyvinylchlorid (PVC-C)
DIN EN ISO 16486 Reihe	Kunststoff-Rohrleitungssysteme für die Gasversorgung – Rohrleitungssysteme aus weichmacherfreiem Polyamid (PA-U) mit Schweißverbindungen und mechanischen Verbindungen
ISO 7-1	Rohrgewinde für im Gewinde dichtende Verbindungen – Teil 1: Maße, Toleranzen und Bezeichnungen
ISO 9624	Rohre aus Thermoplasten für Flüssigkeiten unter Druck – Bundflansche und lose Flansche – Anschlussmaße
ISO 17885	Kunststoff-Rohrleitungssysteme – Mechanische Formstücke für Druckrohrsysteme – Festlegungen
ISO/DIS 21036	Kunststoff-Rohrleitungssysteme für industrielle Anwendungen – Weichmacherfreies Polyamid (PA-U) – Metrische Reihen für Spezifikationen für Bauteile und System

DVS-Regelwerke

Richtlinie DVS 2202	Bewertung von Fügeverbindungen aus Kunststoffen an Rohrleitungsteilen und Tafeln
Richtlinie DVS 2204	Kleben von Rohren und Rohrleitungsteilen aus thermoplastischen Kunst stoffen – Polyvinylchlorid (PVC-U), Chloriertes Polyvinylchlorid (PVC-C) und Acrylnitril-Butadien-Styrol (ABS)
Richtlinie DVS 2205 Reihe	Berechnung von Behältern und Apparaten aus Thermoplasten
Richtlinie DVS 2207 Reihe	Schweißen von thermoplastischen Kunststoffen
Richtlinie DVS 2208-1	Schweißen von thermoplastischen Kunststoffen – Maschinen und Geräte für das Heizelementschweißen von Rohren, Rohrleitungsteilen und Tafeln
Richtlinie DVS 2210-1	Oberirdische Rohrleitungen aus thermoplastischen Kunststoffen
Richtlinie DVS 2210-1 Beiblatt 1	Oberirdische Rohrleitungen aus thermoplastischen Kunststoffen – Berechnung
Richtlinie DVS 2210-1 Beiblatt 2	Oberirdische Rohrleitungen aus thermoplastischen Kunststoffen – Prüfung und Abnahme
Richtlinie DVS 2210-1 Beiblatt 4	Oberirdische Rohrleitungen aus thermoplastischen Kunststoffen – Befestigungstechnik
Richtlinie DVS 2210-3	Industrierohrleitungen aus thermoplastischen Kunststoffen – Projektierung und Errichtung – Erdgedeckte Rohrsysteme

Sonstige Regelwerke

Verband der Chemischen Industrie e. V.: LEITFADEN zur Montage von Flanschverbindungen in verfahrenstechnischen Anlagen

Richtlinie 2006/42/EG: Richtlinie des Europäischen Parlaments und des Rates über Maschinen

TRBS 1115: Technische Regel für Betriebssicherheit – Sicherheitsrelevante Mess-, Steuer- und Regeleinrichtungen

Erste Allgemeinen Verwaltungsvorschrift zum Bundes-Immissionsschutzgesetz (Technische Anleitung zur Reinhaltung der Luft – TA Luft)

Hinweis: Es sind lediglich die wesentlichen Standards zwecks Ergänzung der behandelten Thematik aufgeführt. Im Einzelfall sind ggf. weitergehende Normen, Richtlinien und Vorschriften zu beachten.

Juli 2025

DVS VERBAND

Richtlinie
DVS 2210-1
Beiblatt 4

Entwurf

Dieser Richtlinienentwurf wird der Öffentlichkeit zur Prüfung und Stellungnahme vorgelegt. Einsprüche und Änderungsvorschläge können über das DVS-Regelwerksportal (www.dvs-regelwerk.de) sowie per Post an den DVS – Deutscher Verband für Schweißen und verwandte Verfahren e. V., Postfach 101965, 40010 Düsseldorf eingereicht werden

Richtlinie DVS 2210-1 Beiblatt 4

Oberirdische Rohrleitungen aus thermoplastischen Kunststoffen – Befestigungstechnik

Ausschuss für Technik im DVS

Arbeitsgruppe W 4 „Fügen von Kunststoffen“

Untergruppe W 4.3a „Konstruktive Gestaltung, Rohrleitungsbau“

Bezug: DVS Media GmbH, Postfach 10 19 65, 40010 Düsseldorf, Telefon: (0211) 1591-0, E-Mail: media@dvs-media.info

Inhalt

1. Geltungsbereich

Dieses Beiblatt ist Bestandteil der DVS-Richtlinie 2210-1 „Oberirdische Rohrleitungen aus thermoplastischen Kunststoffen – Planung und Errichtung". Die gesamte Richtlinie besteht aus einem Hauptteil und mehreren Beiblättern. Die Zuordnung ist dem Hauptteil zu entnehmen.

Das Ziel dieses Beiblattes wie der gesamten Richtlinie ist es, dem Praktiker Hinweise zur fachgerechten Planung und Errichtung von Kunststoffrohrleitungen zu geben. Dabei wird besonderer Wert auf die Beachtung der kunststoffspezifischen Besonderheiten gelegt.

2. Allgemeine Hinweise

Kunststoffrohrleitungen werden in der Regel frei beweglich verlegt, das heißt, die axiale Ausdehnung der Rohrleitungsabschnitte wird nicht behindert. Eine Ausdehnung wird entweder durch entsprechende Biegeschenkel, U-Bögen oder, in seltenen Fällen, durch Kompensatoren aufgenommen.

Einen Sonderfall bilden fest eingespannte Rohrleitungen oder Rohrleitungsabschnitte, die dann eingesetzt werden, wenn die Längenänderungen aus Temperatur- und/oder Medieneinflüssen, z. B. aus baulichen Gründen unterdrückt werden müssen.

Für beide Verlegearten ist das Rohrleitungs-Halterungssystem entsprechend auszulegen. Es muss die jeweiligen Anforderungen der Rohrleitung sicher erfüllen, ohne dass diese oder der Werkstoff an sich beeinträchtigt werden. Es darf jedoch auch keine Überbelastung der einzelnen Halterungselemente erfolgen.

Grundsätzlich stehen **standardisierte** und **nicht standardisierte** Rohrhalterungssysteme zur Auswahl:

Standardhalterungen sind Rohrhalterungsbauteile, die hinsichtlich der Konstruktion in Form und Abmessung sowie deren belastungsmäßiger Auslegung durch die Hersteller festgelegt, katalogisiert und nach festgelegten Verfahren in Serie gefertigt werden. Zur Absicherung des Qualitätsstandards können RAL-Gütezeichen GZ 655 sowie Baumusterprüfungen herangezogen werden.

Nicht standardisierte Rohrhalterungen müssen vom Planer individuell konfiguriert und ihre Eignung hinsichtlich der vorgesehenen Belastungen nachgewiesen werden.

Zur Auslegung dienen die vom Statiker errechneten Belastungskennwerte, die Grundlage für die gesamte Befestigungskonzeption (Rohrschellen, Halterungselemente, Befestigungsdübel etc.) sind. Ziel ist es, alle Halterungspunkte mit nahezu derselben Belastung (kN) zu belasten. Falsch positionierte Halterungen oder gar gänzlich fehlende Halterungspunkte bringen das gesamte System in Ungleichgewicht, mit dem Ergebnis, dass richtig ausgelegte Halterungen plötzlich durch Überbeanspruchung versagen können.

3. Lastfälle

Zur Auslegung und Konstruktion der Rohrhalterungen werden in Anlehnung an DIN EN 13480-3 die Anwendungslastfälle unterschieden in:

1. Normale Betriebsbedingungen
- Eigengewicht der Rohrleitung einschließlich Füllgewicht,
- Einbauten, Isolierungen, Dämmungen
- angebrachte Komponenten, Armaturen und Weiteres

- Reibungskräfte durch thermisch bedingte Längenänderungen
- Umgebungseinflüsse wie zum Beispiel Wind und Schneelasten

2. Gelegentlich auftretende Betriebszustände
- Belastung durch Reinigung, z. B. Molchen
- Schwingungen, z. B. durch Bewegung des Mediums oder äussere Einflüsse
- Druckstöße
- Außergewöhnliche Betriebszustände
- Erdbeben
- Lasten im Brandfall

Die Belastungsfälle können sowohl in horizontaler und/oder vertikaler Richtung wirken.

4. Rohrhalterungen

Rohrhalterungen sind Tragelemente, die die Rohrleitung mit der umgebenden Tragwerkskonstruktion verbinden. Sie bestehen in der Regel aus Primär- und Sekundärhalterungskomponenten.

4.1. Primärhalterungen

Als Primärhalterungskomponenten werden die Teile bezeichnet, die unmittelbar von den auftretenden Rohrkräften belastet werden. Hierzu zählen in erster Linie Rohrschellen, die abhängig vom jeweiligen Anwendungsfall unterschiedliche oder mehrfache Funktionen wahrnehmen sollen.

4.2. Sekundärhalterungen

Als Sekundärhalterungen dienen alle Komponenten, die die Rohrschelle mit der Unterkonstruktion verbinden und die Kräfte bzw. Reaktionen der Rohrleitungen auf die jeweilige Unterkonstruktion übertragen, wie zum Beispiel

- Verbindungsstäbe/-rohre
- Gleitplatten, Gleitschlitten mit Führungen
- Klemmverbinder, Profile usw.

Primär- und Sekundärhalterungen haben die Aufgabe

- das Rohrleitungsgewicht und die zugehörigen Einrichtungen zu tragen,
- Bewegungen der Rohrleitungen zu lenken oder zu kompensieren,
- Belastungen durch das Rohrleitungssystem sicher an die umgebende Tragwerkskonstruktion abzuleiten.

Entsprechend ihrer Bauform und Funktion werden die Rohrhalterungen unterschieden in:

- Loslager (erlaubt zum Lastabtrag ein horizontales Verschieben der Rohrleitung)
- Führungslager (erlaubt ein Schieben der Rohrleitung in Richtung der Rohrachse)
- Festpunkt (fixiert die Rohrleitung an dieser Stelle)
- Axialstopp (begrenzt das Schieben der Rohrleitung in Richtung der Rohrachse)
- Sonderformen z. B. hängende oder schwingungsdämpfende Halterungen

Hilfs- und Stützkonstruktionen wie Traversen, Konsolen, Rohrbrücken, etc. sind nicht unmittelbar Teil des Befestigungskonzeptes, müssen jedoch im Bedarfsfall hinsichtlich der auf sie einwirkenden Kräfte und der Lastabtragung in die Betrachtung mit einbezogen werden (siehe hierzu Abschnitt 7.1 Unterkonstruktionen).

5. Komponenten der Rohrhalterung

5.1. Festpunkte

Festpunkte fixieren die Rohrleitung an einer Stelle und nehmen die entstehenden Reaktionskräfte auf (siehe **Anhang A 1, Bild A 1 und Bild A 2**). Sie ermöglichen dadurch eine kontrollierte Längenänderung (einseitige Einspannung), oder unterbinden diese komplett bei fest eingespannten Rohrsystemen (beidseitige Einspannung).

Festpunkte sind für alle Belastungen aus Prüf- und Betriebszuständen der Rohrleitung zu dimensionieren. Bei axial eingespannten Rohrstrecken und großen Temperaturunterschieden können die auftretenden Kräfte aus unterdrückter Wärmedehnung und Innendruckbelastung groß sein und müssen sicher vom Rohr über die Halterung in das Bauwerk übertragen werden.

Das Fixieren der Rohrleitung in den Festpunktschellen erfolgt unter Verwendung geeigneter Rohrleitungsformteile (Festpunktringe), die mittels Schweißung oder Klebung in die Rohrleitung eingebaut werden.

Die Abmessungen der Festpunktringe sollten möglichst mit handelsüblichen Rohrschellen kompatibel sein (siehe Abschnitt 4.2).

Bei der Verwendung von Festpunkten ist außerdem zu beachten:

- Das Aufschweißen von Festpunktringen, z. B. im Warmgas- oder Extrusionsschweißverfahren, ist nur in Ausnahmefällen (z. B. bei geringer Axialbelastung) zulässig (hier ist zusätzlich ein rechnerischer Nachweis erforderlich). Warmgaszieh- oder -Warmgasfächelschweißnähte sind nicht zulässig.
- Das Fixieren der Festpunktrohrschellen zwischen jeweils zwei Elektroschweißmuffen bzw. Bundbuchsen oder Halbschalen bei Kleberohrsystemen ist ggf. möglich, jedoch ist ein rechnerischer Nachweis der statischen Tragfähigkeit zu erbringen.

5.2. Axialstopp

In senkrechten Rohrleitungen kommt häufig eine Sonderform des Festpunktes zum Einsatz. Der Axialstopp wird eingesetzt, um neben dem Rohr-/Füllgewicht weitere statische und dynamische Lasten (Umlenkkräfte) aufzunehmen. Er verhindert eine einseitige axiale Bewegung (Absacken der Rohrleitung), lässt jedoch eingeschränkt eine horizontale Bewegung zu (siehe **Anhang A 1, Bild A 3, Bild A 4** und **Bild A 5**).

5.3. Gleitlager und Kreuzgleitlager

Gleitlager müssen die Bewegungsfreiheit der Rohrleitung in Längs- und Querrichtung behinderungsfrei gestatten, jedoch die vertikal gerichteten Kräfte (Gewichtskräfte) aufnehmen (siehe **Anhang A 1, Bild A 6** und **Bild A 7**.

Sie sollen vor allem den betriebsbedingten Längenänderungen der Rohrleitung einen möglichst geringen Widerstand entgegensetzen. Hierzu sind geeignete Reibpaarungen an den Auflagerflächen, z. B. Stahl/Kunststoff, zu wählen.

Über die Betriebsdauer veränderliche Reibwerte (z. B. durch Korrosion bei Stahl/Stahl-Reibpaarungen), können die Betriebssicherheit beeinflussen.

Eine Sonderform des Gleitlagers ist der Kreuzgleiter. Dieser lässt ebenfalls Bewegungen der Rohrleitung axial und quer zur Rohrachse zu, verhindert jedoch das Abheben der Leitung von der Unterlage (siehe **Anhang A 1, Bild 8**).

5.4. Führungslager

Führungslager lassen die Rohrverschiebung in Rohrachsrichtung, nicht jedoch quer zur Rohrachsrichtung zu. Sie werden entsprechend der Anforderungen an die Auflagerabstände eingebaut, sind jedoch zwingend erforderlich vor und hinter Axialkompensatoren (Einbauvorschrift für Kompensatoren sind zu beachten).

Führungslager in senkrechten Rohrsträngen müssen so konstruiert sein, dass Bewegungen in Richtung der Rohrachse möglich sind und gleichzeitig eine radiale Führung sichergestellt ist (siehe **Anhang A 1, Bild A 9, Bild A 10** und **Bild A 11**).

Unterschieden werden:

- Führungslager mit Grundkörper und Gleitschlitten
- Führungslager mit starrer Befestigung
- Führungslager mit Gleitrohrschellen

5.5. Führungslager mit Grundkörper und Gleitschlitten

Die Rohrverschiebung erfolgt zwischen Grundkörper und Gleitschlitten, welche aufeinander und auf die erforderliche Schiebelänge abgestimmt sind. Durch die Gummieinlage in der Rohrschelle (bei größeren Nennweiten auch Doppelrohrschellen) wird das Schieben des Rohres in der Schelle verhindert (vorgegebene Anzugsmomente beachten) und die Reaktionskräfte über den Gleitschlitten auf den Grundkörper übertragen (siehe **Anhang A 1, Bild A 12**).

5.6. Führungslager mit starrer Befestigung

Führungslager mit starrer Befestigung auf einer Unterkonstruktion oder durch Fixierung von Grundkörper und Gleitschlitten werden in Rohrsträngen verwendet, um neben der erforderlichen Unterstützung das Ausknicken von der an beiden Enden mit einem Festpunkt versehenen Rohrstrecke zu verhindern (feste Einspannung).

5.7. Führungslager mit Gleitrohrschellen

Die Rohrführung erfolgt in der Rohrschelle (Gleitrohrschelle mit geeigneter Gleiteinlage), die das Rohr lose umschließt und ihrerseits fest mit der Unterkonstruktion verbunden ist.

Häufige Anwendung findet diese Lagerungsart bei thermoplastischen Rohrleitungen kleiner Nennweiten. Da jedoch gerade hier die Gefahr des „Durchhängens“ besonders groß ist, sind ggf. die Unterstützungsabstände zu verringern oder sonstige Maßnahmen zur Abstützung der Rohrleitung vorzusehen, z. B. mittels durchgängiger Tragschalen.

Mögliche Kollisionen von Formteilen, Schweißnähten und Laminaten mit den Schellen müssen durch entsprechend freie Schiebelängen ausgeschlossen werden (siehe **Anhang A 1, Bild A 13**).

5.8. Hängelager

Das Hänge- oder Pendellager (siehe **Anhang A 1, Bild A 14**) kann, wie das Gleitlager, lediglich vertikal gerichtete Kräfte aufnehmen und wird meistens zur Befestigung der Rohrleitung an Gebäudedecken verwendet. Die so befestigte Rohrleitung ist schwingungsempfindlich und bedarf ggf. Zwischenläger mit stabilisierender Wirkung (z. B. Führungsläger) (siehe **Anhang A 1, Bild A 15**).

5.9. Armaturenhalterung

Die Halterungen (siehe **Anhang A 1 Bild A 16, Bild A 17**) dienen zur Aufnahme der zusätzlichen Lasten durch erforderliche Armaturen. Sie sollen so konstruiert sein, dass auch die Belastung bei Betätigungen der Armaturen nicht auf die Rohrleitung übertragen wird.

Die Befestigungskonstruktion ist so zu wählen, dass ein Auswechseln der Armatur ohne gleichzeitige Demontage des Umfeldes möglich ist. Entspricht die Armaturenhalterung einem Festpunkt, so muss die Auswirkung der verhinderten Längenänderung gesondert berücksichtigt werden. Die Armaturenhalterung kann auch als Gleit- oder Führungslager ausgebildet sein.

6. Sonderformen von Rohrhalterungen

6.1. Federstreben

Federstreben sind Halterungen, die aufgrund ihrer Vorspannung Dämpfungen bei schwingenden Rohrsystemen bewirken.

Bei den Federstreben (Schwingungsdämpfer) ist eine Wegreserve von mindestens 20 mm bis zu jeder Endlage einzuhalten.

Der Einbauort sollte möglichst gut zugänglich sein, um eine nachträgliche Überprüfung zu ermöglichen (siehe **Anhang A 1, Bild A 16**, **Bild A17**).

6.2. Stoßbremsen und Gelenkstreben

Bei schwingungsbedingten Beanspruchungen der Rohrleitungen (durch innere Beanspruchungen wie Druckstöße oder Wasserschläge oder durch äußere Beanspruchungen wie Windbelastungen, Erdbeben etc.) helfen Stoßbremsen bzw. Gelenkstreben, unerwünschte Auslenkungen der Rohrleitung zu verhindern. Gelenkstreben werden bei zu erwartenden geringen axialen Bewegungen verwendet, Stoßbremsen bei mehraxialen Bewegungen. Bei Stoßbremsen ist eine ausreichende Wegreserve bis zu jeder Endlage einzuhalten. Der Einbau sollte möglichst an leicht zugänglichen Stellen erfolgen (siehe **Anhang A 1 Bild A 18**).

6.3. Kälte-Rohrschellen

Für das thermische Entkoppeln der Rohrleitung von der tragenden Konstruktion (z. B. in der Kälte-, Klima- und Kühlanlagentechnik) werden spezielle Kälterohrschellen verwendet. Diese verhindern eine Tauwasserbildung im Bereich der Befestigungen und unterbinden so wirksam die vorzeitige Korrosion der Rohrhalterungen (siehe **Anhang A 1, Bild A 19**).

6.4. Schallgedämmte Rohrschellen

Schallgedämmte Rohrschellen (einteilige oder zweiteilige Ausführung) können mit verschiedenen Schalldämmmaterialien eingesetzt werden. Schallgedämmte Rohrschellen müssen für Installationen nach DIN 4109 geeignet sein. Entsprechende Prüfzeugnisse können bei den Herstellern angefordert werden.

6.5. Rollenlager

Rollenlager mit einer oder mehreren Rollen besitzen einen besonders geringen axialen Verschiebewiderstand. Sie können bei thermoplastischen Rohrleitungen wegen der linienförmigen Belastung der Rohrleitung ohne Nachweis nur als Sekundärhalterung ohne direkten Kontakt zum Kunststoffrohr eingesetzt werden (siehe **Anhang A 1, Bild A 20, Bild A 21**).

6.6. Rundstahlbügel

Neben den klassischen Rohrhalterungen können in bestimmten Fällen auch Rundstahlbügel als Führungselemente für die Rohrleitung verwendet werden (z. B. bei auf Tragflächen einer Rohrbrücke aufgelegten Leitungen). Dabei müssen zwingend Rohrauflageflächen aus Kunststoff vorgesehen werden. Zudem dürfen die Bügel die Kunststoffrohrleitung nicht zwängen (siehe **Anhang A 1, Bild A 21**).

6.7. Kunststoffrohr-Clips

Für Rohrleitungssysteme mit geringen Auflagerlasten können Rohr-Clips verwendet werden (siehe **Anhang A 1, Bild A 22**).

7. Gestaltungsrichtlinien für die Rohrhalterungen

Aufgrund der eingeschränkten und von der Temperatur abhängigen Festigkeit und Formstabilität von thermoplastischen Kunststoffrohrleitungen, ergeben sich gegenüber metallischen Rohrleitungen deutlich abweichende Anforderungen an die Rohrhalterungssysteme.

Die Verwendung standardisierter Rohrhalterungen ist dann zu empfehlen, wenn die Eignung der Konstruktion für die vorliegenden Bedingungen durch Berechnung oder Prüfung nachgewiesen ist. Belastungswerte an den Befestigungen sind von verantwortlicher Stelle zur Auslegung des Befestigungskonzepts zu liefern.

Gegebenenfalls ist im Vorfeld zu klären, ob eine experimentelle Auslegung und Überprüfung von Standardrohrhalterungen verlangt wird (Baumusterprüfung nach DIN EN 13480-3, Typprüfung nach VGB-R510-1/2 stehen, Eignungsprüfung nach KTA 3205.3 etc.).

Rohrhalterungen können auf Boden, Wand, Decke oder Tragwerken montiert werden.

7.1. Unterkonstruktionen

Berechnungsgrundlage für die „Bemessung und Konstruktion von tragenden Stahlbauteilen“ für die „Technische Gebäudeausrüstung und den Industrie- und Anlagenbau“ ist der Eurocode 3 (EC 3) bzw. DIN EN 19931-1. Mit Hilfe des EC 3 wird die Tragfähigkeit des Tragkonzepts ermittelt. Die Berechnungsergebnisse liefern zulässige vertikale Lasten durch das Rohrsystem (ein Sicherheitsbeiwert S = 1,35 ist hier bereits beinhaltet). Sind zusätzliche Reibkräfte zu den vertikalen Lasten zu berücksichtigen, ist der Sicherheitsbeiwert ebenfalls mit S = 1,35 anzusetzen. Die Berechnung berücksichtigt vorwiegend ruhende statische Lastansätze.

Nachdem das Befestigungskonzept durch Berechnung der abzustützenden Lasten festgelegt ist, ist eine geeignete Verbindung mit dem umgebenden Tragwerk herzustellen. (siehe **Anhang A 1 Bild A 23**). Falls erforderlich sind Zwischentragwerkskonstruktionen für das Befestigen der Halterungen herzustellen (siehe hierzu DIN EN 13480-3) (siehe **Anhang A 1**, **Bild A 24**).

Insbesondere ist auch die Tragfähigkeit des Untergrunds in Kombination mit darauf abgestimmter Befestigungstechnik (z. B. Schrauben) sowie geeigneten Last-Dübeln zu beachten.

7.2. Rohrschellen

Nach Möglichkeit sind standardisierte Rohrschellen zu verwenden.

Es gilt:

Die Rohrschellen sollen das Rohr möglichst ganz umschließen, ohne es zu klemmen oder in seiner radialen Ausdehnung zu behindern.

Um dies zu gewährleisten und um Beschädigungen der Rohroberfläche, z. B. durch scharfe Kanten, zu vermeiden, müssen metallische Rohrschellen immer mit einer elastischen Einlage versehen sein. Das Einklemmen des Rohres in der Rohrschelle, z. B. auch als Ersatz für eine axiale Begrenzung durch Festpunktringe, ist nicht zulässig.

Die Rohrschellen müssen stabil und verwindungssteif sein. Sind Sattelauflagen vorgesehen, ist für geeignete Rohrabhebesicherungen zu sorgen.

Die empfohlenen Mindestbreiten für die Rohrschellen, abhängig vom Rohrdurchmesser, sind nachstehender **Tabelle 1** zu entnehmen.

Tabelle 1: Empfohlene Mindestbreiten von Rohrschellen

Rohrdurchmesser [mm]	Schellenbreite [mm]
12 - 20	20
25 - 32	20
40 - 75	20
90 - 125	25
140 - 180	30
200 - 280	35
315 - 400	50
400 - 630	50
710 - 1000	70

8. Befestigungsabstände

Den Abständen von Rohrunterstützungen sind wegen der geringeren Biegesteifigkeit der thermoplastischen Kunststoffrohre engere Grenzen als bei metallischen Rohrwerkstoffen gesetzt (vgl. **Anhang A3, Tabellen A 7 bis A 13**).

Durch Festlegung eines zulässigen Durchbiegungsgrenzwertes sind die aus den Eigengewichtskraftmomenten resultierenden Rohrleitungsbeanspruchungen in der Regel sehr gering, was es bei der Festigkeitsberechnung des Unterstützungskonzepts erlaubt, die Rohrleitung von einem räumlichen System in ein einfaches Durchlaufträgersystem zu überführen. Die Berechnungen können dann in einfacher Weise nach den Trägerformeln der Stabstatik ausgeführt werden. Auf die Berechnung der werkstoffspezifischen, temperatur- und dimensionsabhängigen Stützweiten wird in dieser Richtlinie nicht eingegangen. Hierzu wird auf Richtlinie DVS 2210-1, Beiblatt 1 verwiesen. Können einzelne äußere Zusatzlasten oder zusätzliche Flächenlasten (z. B. durch Rohrisolierungen etc.) auftreten, so sind diese zusätzlichen Flächenlasten hinsichtlich ihrer Wirkung auf die Rohrunterstützungen zu untersuchen.

Hinweise:

- Die Halterungsabstände (L_A) der verschiedenen thermoplastischen Rohre (abhängig von Rohrwerkstoff, SDR-Stufe, Medientemperatur, Füllgewicht des Mediums sowie dynamische Reaktionen usw.) können der Anlage dieser Richtlinie entnommen werden (siehe besonders **Anhang A 3, Tabellen A 3 bis A 13**). Eine Überschreitung der ausgewiesenen Befestigungsabstände führt zu einer größeren Rohrdurchbiegung, was wiederum zu höheren Biegespannungen/Biegemomenten in der Rohrleitung führt. Weiterhin kann es bei größeren und dünnwandigeren Rohren zu einer Ovalität des Rohrquerschnittes an der Auflagestelle kommen.

- Bei Rohrleitungen, die ohne Längenausgleich verlegt werden (feste Einspannung), können die zu-lässigen Halterungsabstände L_A und die erforderlichen Rohrführungsabstände L_F ebenfalls in der Anlage zu dieser Richtlinie entnommen werden. Dabei ist der kleinere Wert der Halterungsabstände L_A bzw. L_F zu berücksichtigen (siehe **Anhang A 3, Tabelle A 14**).

- Wenn die Befestigungsabstände für die Rohrhalterungen aus baulichen Gegebenheiten größer als zugelassen sind, sollen möglichst durchlaufende Tragprofile verwendet werden. Insbesondere bei Kleinrohrleitungen dient das Tragprofil der Rohrachsenführung und verhindert durch individuelle Befestigungsmöglichkeiten unzulässige Durchbiegungen (z. B. Tragschalen).

- Senkrecht verlaufende Rohrleitungen mit unbehinderter Längsbeweglichkeit können mit einem Halterungsabstand verlegt werden, der bis zu 30 % über den zulässigen Werten der axial verlegten Rohrleitung liegen darf.

- Bei der Auslegung der Befestigungen sind sämtliche zu erwartende klimatischen Belastungen wie Wind, Schnee oder Eis zu berücksichtigen. Zusätzliche, äußere Einflüsse wie Schwingungen, Bodenbewegungen, Erdbeben usw. sind vom Betreiber zu spezifizieren

9. Korrosionsschutz und Brandschutz

9.1. Korrosionsschutzklassen für Rohrhalterungen und Unterstützungskonstruktionen

Entsprechend der Korrosionsbelastung müssen metallische Rohrhalterungen und Unterstützungskonstruktionen mit Hinblick auf ihre geplante Lebensdauer durch eine geeignete Beschichtung vor Korrosion geschützt werden. Die Einstufung des Korrosionsschutzes erfolgt in Abhängigkeit der Korrosivitätskategorien C1 bis C5 nach DIN EN ISO 12944 und DIN EN ISO 14713.

Bei den Korrosivitätskategorien C1 und C2 (unbedeutend bis gering/Innenbereich) können galvanisch verzinkte Befestigungs- und Halterungsbauelemente verwendet werden.

Für die Kategorie C3 (mäßig/Außenbereich) müssen feuerstückverzinkte oder mindestens gleichwertig geschützte Bauteile eingesetzt werden.

In den Korrosivitätskategorien C4 (stark/z. B. Schwimmbadbau) und C5 (sehr stark/z. B. Meeresnähe) werden spezielle Beschichtungen, meist mit 3 Schichten benötigt.

Verbindungselemente wie z. B. Schrauben, Muttern, Unterlegscheiben etc. müssen ebenfalls korrosionsgeschützt sein.

Weitergehende Details können den oben genannten Normen entnommen werden (siehe auch Schrifttum).

Alternativ kann die Befestigungskonstruktion aus geeignetem nichtrostendem Stahl hergestellt werden.

9.2. Brandschutzanforderungen

Die Einhaltung der gültigen Brandschutzbestimmungen (Schutzziele) ist eine gesetzliche Forderung entsprechend der Musterbauordnung (MBO). Dabei sind die Bereiche Flucht- und Rettungswege sowie Durchführungen durch Decken und Wände zu beachten. Hierzu ist die Ausarbeitung und Gestaltung durch einen Fachplaner für Gebäudetechnik zu empfehlen.

Bei Rettungswegen müssen Rohrleitungen aus Kunststoffen in Installationsschächten, Kanälen oder über klassifizierte (selbständige) Unterdecken abgekapselt werden.

Alternativ ist die Verlegung von Rohrleitungen aus Kunststoffen bei Rettungswegen ohne Unterdecke durch Verwendung von zugelassenen nichtbrennbaren Rohrisolierungen möglich.

Die Halterungen sind für die geforderte Feuerwiderstandsdauer so zu dimensionieren, dass im Brandfall nicht mit einer Zerstörung zu rechnen ist. Auskragende Befestigungen sind deshalb am freien Ende zusätzlich zu lagern, in der Regel durch eine Verbindung zur Rohdecke.

Da es für diese Befestigungssysteme keine allgemeinen bauaufsichtlichen Zulassungen (kurz: abZ) für den Brandfall gibt, ist von den Herstellern die Feuerwiderstandsdauer ihrer Rohrhalterungen durch Brandversuche nach DIN EN 1363-1 und/oder Berechnungen nach DIN EN 1993-1-2 nachzuweisen.

Bei der Durchführung von Rohrleitungen durch Decken und/oder Wände mit Forderungen an die Feuerwiderstandsdauer sind diese durch geeignete Maßnahmen (Brandschotts oder ggf. Brandschutzklappen) zu sichern, um eine ungewollte Ausbreitung von Feuer und/oder Rauch im Brandfall zu vermeiden. Die Befestigung der Rohrleitungen ist in diesen Abschnitten so auszuführen, dass die Funktion der Sicherungseinrichtungen gewährleistet ist.

10. Kennzeichnung von Rohrhalterungen

Die Rohrhalterungskennzeichnung erfolgt gemäß DIN EN ISO 6412-1/FDBR40. Die wichtigsten Rohrhalterungstypen sind in **Anhang A 2, Tabelle A 2** aufgeführt.

Die dauerhafte und direkte Kennzeichnung von Rohrhalterungsbauprodukten ist die Voraussetzung für eine lückenlose Rückverfolgbarkeit und somit fester Bestandteil der Qualitätssicherung. Die Anforderungen hierzu werden vom Fachplaner bzw. durch den Anlagenbetreiber definiert, wie zum Beispiel:

- Name des Herstellers
- Kennzeichnung der Abstützung
- Typ
- Abmessungen
- Chargennummer/Produktionsdatum

11. Herstellung und Montage der Rohrhalterungen

Die Herstellung der Rohrhalterungen kann durch den Errichter der Rohrleitung oder durch ein von ihm beauftragtes Unternehmen erfolgen.

In jedem Fall sind die von dem zuständigen Planer festgelegten Anforderungen hinsichtlich der Gestaltung und Ausführung der Rohrhalterungsteile zwingend einzuhalten.

Gleiches gilt für die Montage der Rohrhalterungen, wobei die Verantwortung für die planungs- und fachgerechte Montage ebenfalls beim Errichter der Rohrleitung verbleibt.

11.1. Anforderungen an den Errichter der Rohrhalterungen

Die Errichtung von Befestigungskonstruktionen hat durch qualifizierte Fachbetriebe zu erfolgen. Als Fachbetriebe im Sinne einer Befestigungsausführung gelten solche Unternehmen, die ihre technische Einrichtung auf diesem Gebiet spezialisiert haben und über eine entsprechende Erfahrung verfügen.

Die Beschäftigung ausgebildeter Fachkräfte sowie Kenntnisse über die in nach DVS 2210-1, Abschnitt 1.2 genannten Werkstoffe müssen vorausgesetzt werden. Zur Qualifikation als Fachbetrieb ist ein Nachweis unter Einbezug der nachfolgend genannten Dokumente zu führen. Nachweise zur Qualifikation können sein:

- Zertifizierungsurkunde nach DIN EN ISO 9001
- Zulassungsurkunde nach Gesetz zur Ordnung des Wasserhaushaltes (kurz WHG) $62, Absatz 2 L Überwachungsvertrag mit einer anerkannten Stelle
- Unternehmensorganigramm mit integrierter Personalübersicht
- Maschinen- und Geräteplan (Inventarverzeichnis)
- Referenzliste

Andere Qualifikationsnachweise sind zwischen Auftraggeber und Auftragnehmer zu vereinbaren.

11.2. Anforderungen an die Montage der Rohrhalterungen

Das Fertigungs- und Montagepersonal muss in der Lage sein, im Zusammenhang mit den auszuführenden Tätigkeiten selbständige Entscheidungen zu treffen. Hierzu wird eine entsprechende Ausbildung mit rohrleitungstechnischem Basiswissen oder die langjährige Ausübung einer äquivalenten Tätigkeit mit intensiver Schulung auf dem Sektor des Kunststoffrohrleitungsbaues vorausgesetzt.

Das Montagepersonal hat in allen Fällen, bei denen keine Planung zur Rohrleitungsherstellung erfolgte, unter Verwendung von Normen, Richtlinien und Montagevorschriften folgende Aufgaben zu übernehmen:

- Bestimmen der Rohrbefestigungsabstände
- Bestimmen der Gestaltungsgeometrien von Dehnungsbogen
- Ermitteln von Kräften an den Rohrhalterungen
- Festlegen der Halterungsfunktion im Rohrsystem

Das Rohrbauunternehmen muss durch Arbeitsanweisungen sowie geeignete Hilfsmittel wie Tabellen, Diagramme und Formulare dafür sorgen, dass die vorstehend erwähnten Arbeiten sachgerecht vom Montagepersonal durchgeführt werden können.

Pendelaufhängungen sind bei Montage lotgerecht einzubauen und dürfen im Betriebszustand die Angaben der Hersteller nicht überschreiten.

Befestigungen von Halterungen an Mauerwerken und Betonsäulen sind entsprechend der Planung auszuführen, unter Verwendung von Verankerungen mit entsprechender ETA-Zulassung (European Technical Assessment).

11.3. Montage- und Verlegeabstimmung

Bei der Rohrleitungsverlegung ist empfehlenswert, zuerst die Halterung zu installieren, in welche dann die Rohrleitung eingelegt wird. Mit dieser Vorgehensweise wird vermieden, dass unnötige Hilfskonstruktionen und ungeeignete Provisorien zum Einsatz kommen. Außerdem wird damit eine sichere Rohrmontage betrieben, welche unzulässige Belastungen der Rohrleitung während der Montage weitgehend ausschließt.

Provisorien und Transportsicherungen dürfen nicht in den Betriebszustand überführt werden, sondern sind vor Inbetriebnahme zu entfernen.

11.4. Transport und Lagerung von Befestigungskomponenten

Befestigungskomponenten sowie Isolier- und Verbrauchsmaterialien sind zur Vermeidung von Beschädigungen und Korrosion in trockenen Räumen und auf befestigten Flächen fachmännisch zu lagern. Vorzugsweise sind Rohrhalterungen in staplerfähigen Verpackungseinheiten zu liefern. Anstrichbeschädigungen sind unverzüglich auszubessern.

12. Qualitätssicherung

12.1. Beaufsichtigung der Verlege- und Montagearbeiten

Der Errichter der Rohrleitung hat für eine ständige Beaufsichtigung der Montagearbeiten durch sachkundiges Personal zu sorgen. Dies gilt für die Montage der Rohrhalterungen, für die Leitungsverlegung, sowie für die Fügetechnik und die Überwachung der Sicherheitsvorschriften auf der Baustelle (siehe hierzu Richtlinie DVS 2210-1 Beiblatt 3).

12.2. Eingangs- und Fertigungsprüfungen

Der Errichter des Rohrleitungssystems muss sicherstellen, dass die von Zulieferern gelieferten Rohrleitungs- und Befestigungskomponenten nicht verwendet oder weiterverarbeitet werden, bevor sie einer Eingangsprüfung unterzogen wurden. Hierzu reicht in der Regel eine visuelle Prüfung sowie die Kontrolle, ob die Lieferung mit den Bestelluntertagen übereinstimmt und die Materialbescheinigungen beigefügt sind.

Sofern die Zulieferteile nachbearbeitet oder zu Baugruppen zusammenfügt werden, ist vor Auslieferung an die Baustelle eine weitere Prüfung auf Vollständigkeit, Funktionsfähigkeit und sachgemäße Verpackung zu veranlassen.

12.3. Eingangsprüfungen auf der Baustelle

Nach Anlieferung der Rohrleitungsteile und Halterungskomponenten ist eine weitere Eingangsprüfung zu veranlassen.

- Vollständigkeit der Lieferung
- Transportschäden
- Kontrolle auf Übereinstimmung mit der Fertigungszeichnung
- Prüfen der Verarbeitung (z. B. Verbindungen etc.)
- Konformitätsprüfung der Werkstoffe

12.4. Zwischenprüfungen (Bauaufsicht)

Zwischenprüfungen erfolgen während der Montage des Rohrleitungssystems in dem Baufortschritt angepassten Abständen.

- Kontrolle auf Übereinstimmung der Befestigungen sowie Ihrer Anordnung mit den Planungsvorgaben
- Kontrolle der Linienführung der Rohrleitung (Versatz vertikal und horizontal)
- Funktionsprüfung an den Rohrhalterungen
- Prüfung auf Montageschäden (Halterung und Rohr)
- Prüfung der Rohreinspannung in den Halterungselementen
- Prüfung der Fügeverbindungen auf sachgerechte Ausführung

12.5. Endabnahme

Nach Errichtung und Montage des Halterungs- und des Rohrsystems (Komplettmontage), auf jeden Fall aber vor der ersten Inbetriebnahme der Rohrleitung, hat eine Abnahme durch den Betreiber zu erfolgen. Hierzu gehören auch Funktionsprüfungen. (siehe hierzu Richtlinie DVS 2210-1 Beiblatt 2).

Im Rahmen der Endabnahme ist sicherzustellen, dass die nach den Regeln der Technik geforderten Qualitätsprüfungen ausgeführt und die Ergebnisse dokumentiert wurden.

12.6. Dokumentation

Der Errichter des Rohrleitungs- und Befestigungssystems hat nach Beendigung der Baumaßnahme für eine ausreichende und aussagefähige Dokumentation zu sorgen (siehe Richtlinie DVS 2210-1 Beiblatt 1)

Welchen Umfang die Dokumentation für ein Objekt letztendlich haben soll, kann zwischen Auftraggeber und Auftragnehmer anhand der vorstehenden Aufzählung vereinbart werden.

13. Schrifttum

Normen

DIN EN 1363-1	Feuerwiderstandsprüfungen – Teil 1: Allgemeine Anforderungen
DIN EN 1993-1-2 Allgemeine	Eurocode 3: Bemessung und Konstruktion von Stahlbauten – Teil 1-2: Regeln – Tragwerksbemessung für den Brandfall
DIN EN 13480	Metallische industrielle Rohrleitungen – Teil 1: Allgemeines
DIN EN 13480-3	Metallische industrielle Rohrleitungen – Teil 3: Konstruktion und Berechnung
Reihe DIN EN 1993-1	Eurocode 3: Bemessung und Konstruktion von Stahlbauten
DIN 4109	Schallschutz im Hochbau
DIN 8062	Rohre aus weichmacherfreiem Polyvinylchlorid (PVC-U) – Maße
DIN 8074	Rohre aus Polyethylen (PE) – PE 80, PE 100 – Maße
DIN 8075	Rohre aus Polyethylen (PE) – PE 80, PE 100 – Allgemeine Güteanforderungen
DIN 8077	Rohre aus Polypropylen (PP) – PP-H, PP-B, PP-R, PP-RCT – Maße
DIN 8079	Rohre aus chloriertem Polyvinylchlorid (PVC-C) – Maße
DIN EN ISO 6412-1	Technische Produktdokumentation – Vereinfachte Darstellung von Rohrleitungen – Teil 1: Allgemeine Regeln und orthogonale Darstellung
DIN EN ISO 9001	Qualitätsmanagementsysteme – Anforderungen

DIN EN ISO 10931	Kunststoff-Rohrleitungssysteme für industrielle Anwendungen – Polyvinyliden Fluoride (PVDF) – Anforderungen an Rohrleitungsteile und das Rohrleitungssystem
Reihe DIN EN ISO 12944	Beschichtungsstoffe – Korrosionsschutz von Stahlbauten durch Beschichtungssysteme
Reihe DIN EN ISO 14713	Zinküberzüge – Leitfäden und Empfehlungen zum Schutz von Eisen- und Stahlkonstruktionen vor Korrosion
DIN EN ISO 15494	Kunststoff-Rohrleitungssysteme für industrielle Anwendungen – Polybuten (PB), Polyethylen (PE), Polyethylen erhöhter Temperaturbeständigkeit (PE-RT), vernetztes Polyethylen (PE-X), Polypropylen (PP) – Metrische Reihen für Anforderungen an Rohrleitungsteile und das Rohrleitungssystem

DVS-Regelwerke

Richtlinie DVS 2205-1	Berechnung von Behältern und Apparaten aus Thermoplasten – Kennwerte
Richtlinie DVS 2210-1	Oberirdische Rohrleitungen aus thermoplastischen Kunststoffen – Planung und Errichtung
Richtlinie DVS 2210-1 Beiblatt 1	Oberirdische Rohrleitungen aus thermoplastischen Kunststoffen – Berechnung
Richtlinie DVS 2210-1 Beiblatt 2	Oberirdische Rohrleitungen aus thermoplastischen Kunststoffen – Prüfung und Abnahme
Richtlinie DVS 2210-1 Beiblatt 3	Oberirdische Rohrleitungen aus thermoplastischen Kunststoffen –Rohrleitungskomponenten und -verbindungen

Sonstige Regelwerke

KTA 3205.3	Komponentenstützkonstruktionen mit nichtintegralen Anschlüssen – Teil 3: Serienmäßige Standardhalterungen
VGB-R510-1	Rohrhalterungen – Planung, Konstruktion, Herstellung, Montage
VGB-R510-2	Rohrhalterungen – Typprüfung von Standardrohrhalterungen
FDBR 40-1	Rohrhalterungen, Grafische Symbole und Kurzbezeichnungen
WHG	Gesetz zur Ordnung des Wasserhaushalts
MBO	Musterbauordnung

Anhang A

Anhnag A 1: Abbildungen

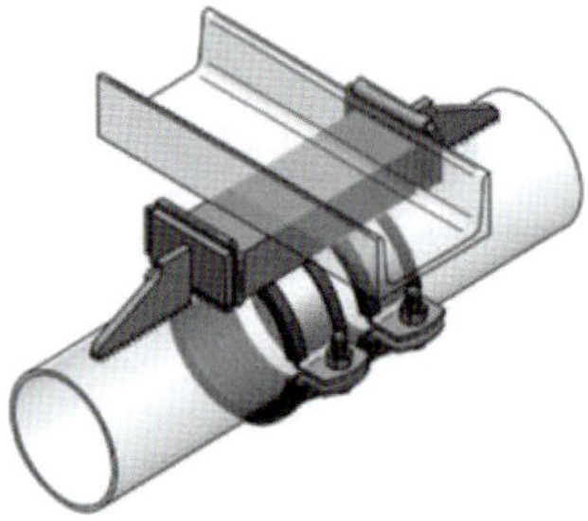

Bild A 1: Typischer Festpunkthalter (FP) für metallische Rohre – nicht geeignet für Kunststoffrohre

Halterungssysteme für metallische Rohre (**Bild A 1**) sind für Kunststoffrohrleitungen ungeeignet. Die Rohrhalterung darf das Kunststoffrohr nicht beschädigen, Rohrklemmungen sowie andere ungünstige Einflüsse auf das Kunststoffrohr sind zu vermeiden (**Bild A 2** zeigt eine kunststoffgerechte Festpunktklemmung):

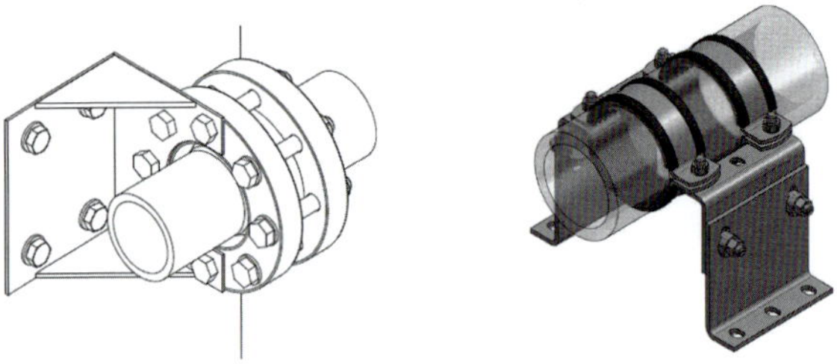

Bild A 2: Kunststoffgerechte Ausführungen eines Festpunkthalters (FP)

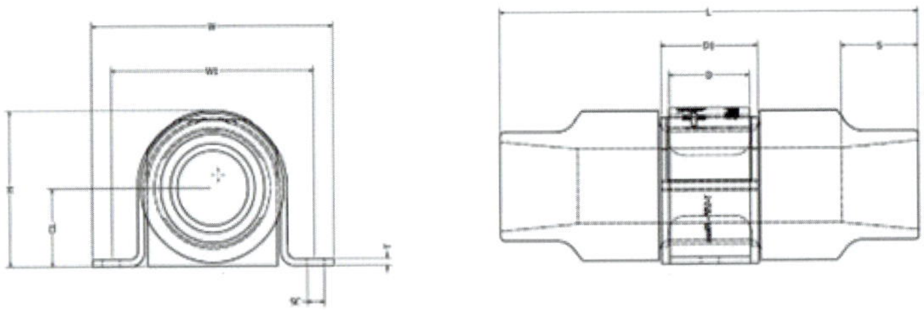

Bild A 3: Kunststoffgerechte Ausführung eines Axialstophalters (AS), horizontal und vertikal nutzbar (Formteil zum Einschweißen)

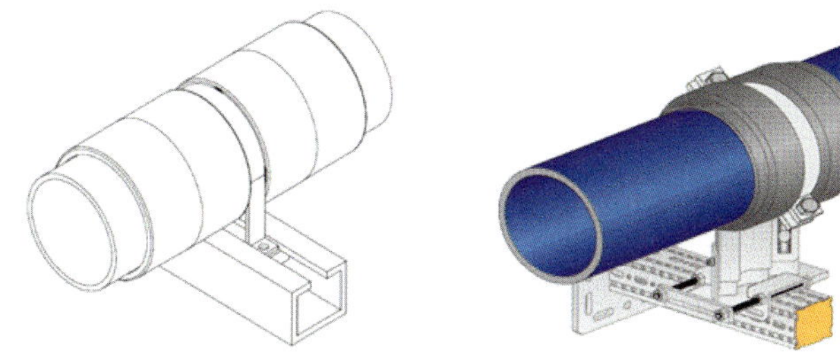

Bild A 4: Schweissmuffe (AS)

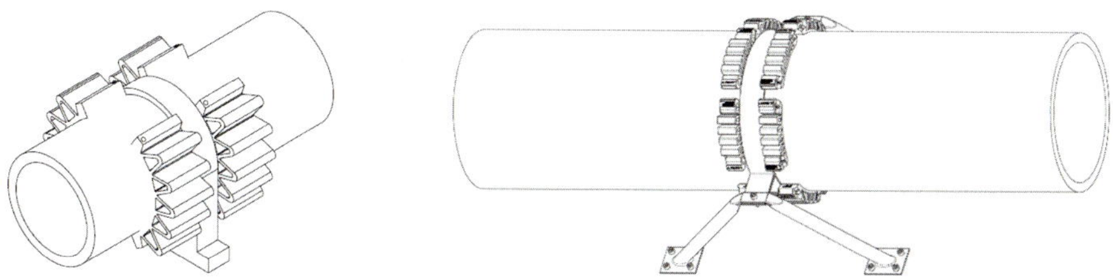

Bild A 5: Aufschweisselement (AS)

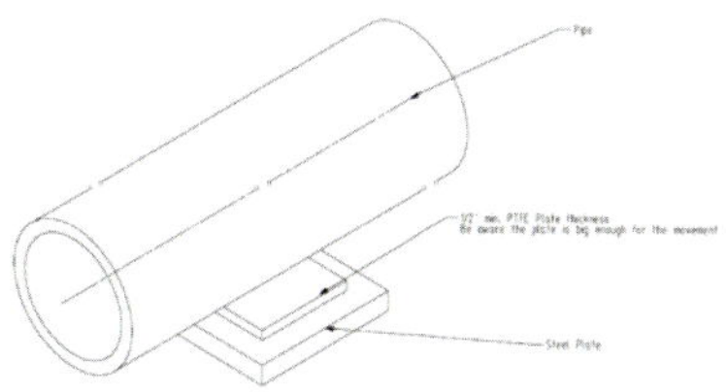

Bild A 6: Kunststoffgerechte Ausführung eines Gleitlagerhalters (GL)

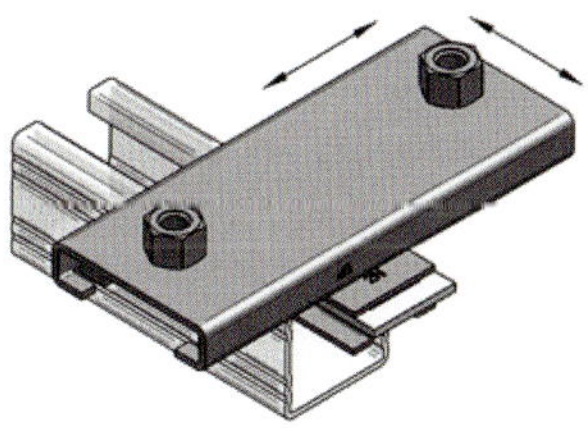

Bild A 7: Gleitlager (GL) als „Kreuzgleitlager“ ausgeführt

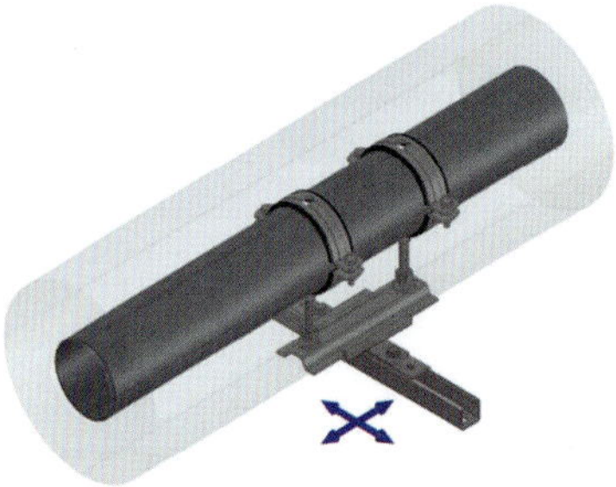

Bild A 8: Ausführungsbeispiel eines Halters „Kreuzleitlager“ (GL)

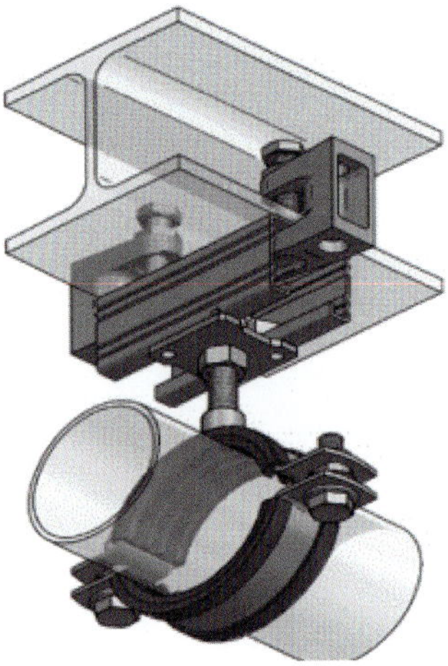

Bild A 9: Typisches Beispiel eines Halters „Führungslager“ (FL)

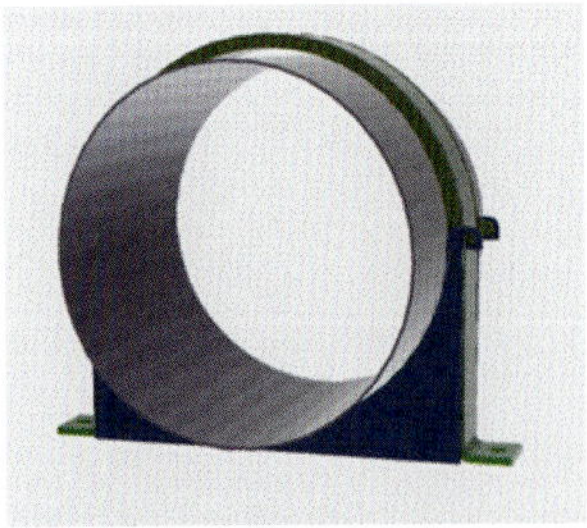 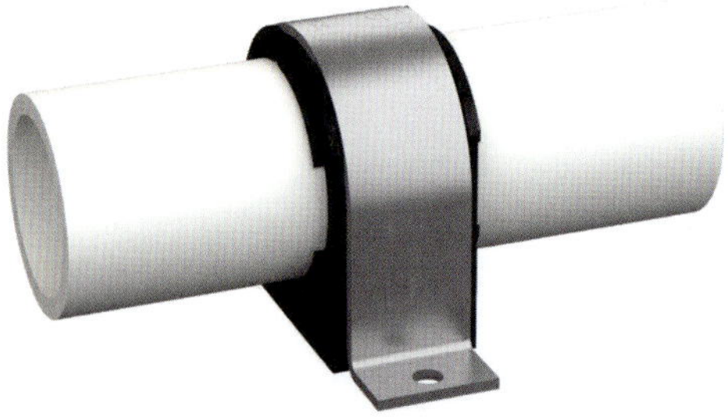

Bild A 10: Kunststoffgerechte Ausführung eines Halters „Führungslager“ mit definiertem Spalt (FL)

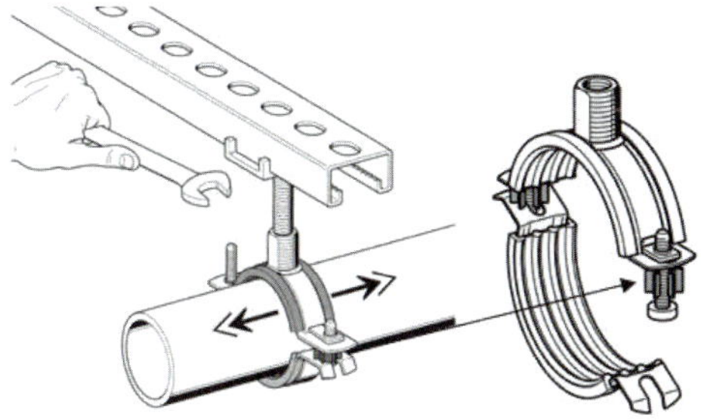

Bild A 11: Kunststoffgerechte Ausführungen eines Halters „Führungslager" mit Distanzstück und geeigneter, gleitfähiger Einlage zur Vermeidung einer Klemmung (FL)

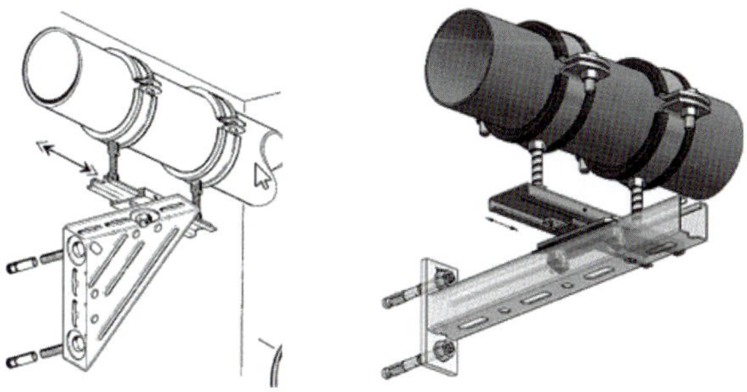

Bild A 12: Kunststoffgerechte Ausführungen eines Halters „Gleitführungslager" (GFL)

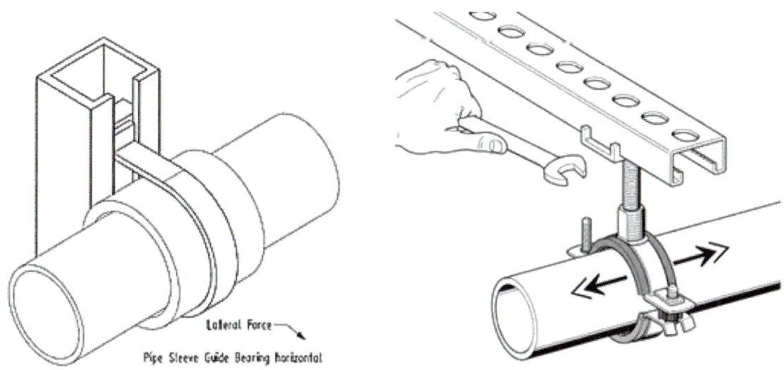

Bild A 13: Kunststoffgerechte Ausführungen eines Halters „Führungslager" über einer Gleitrohrschelle (FL)

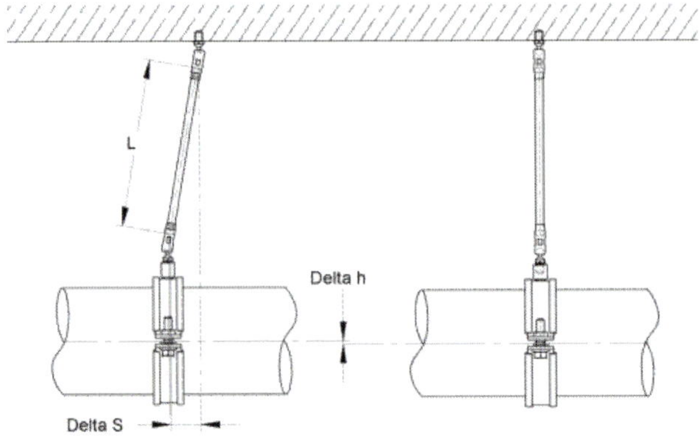

Bild A 14: Typisches Hängelager (HL)

Hinweis zu einem Hängelager: Bei einer Gewindestablänge von 1500 mm und einer Rohrausdehnung von 320 mm hebt sich das Rohr um ca. 34 mm an. Das bedeutet, dass das Pendelgelenk die Anhebung aufnehmen kann, da der resultierende Auslenkungswinkel der Gewindestange geringer als 15° ist.

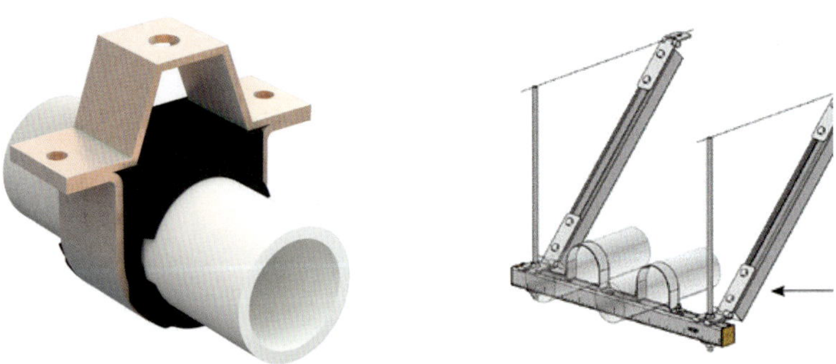

Bild A 15: Kunststoffgerechte Ausführungen eines Halters „Hängelager" ohne/mit Ertüchtigung (HL)

Bild A 16: Kunststoffgerechte Armaturenhalterung mit Kompensation der Längenänderung

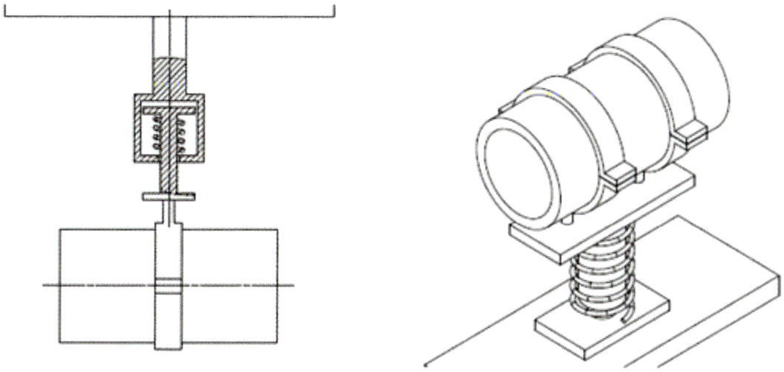

Bild A 17: Sonderformen einer Rohrhalterung über Federstreben (FH) (FS)

Bild A 18: Sonderformen einer Rohrhalterung über Stoßbremsen und Gelenkstreben (BL)

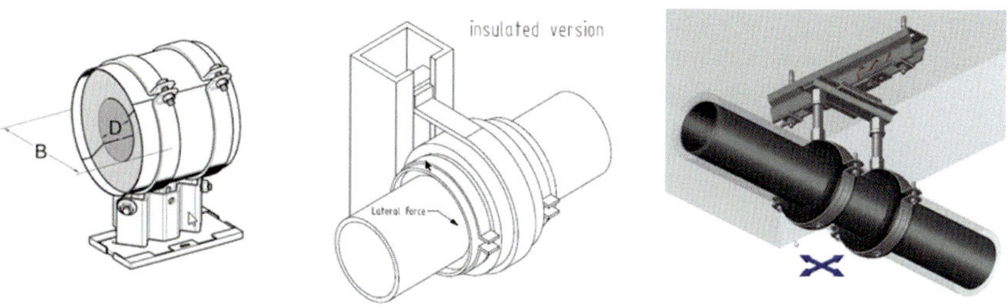

Bild A 19: Sonderformen einer Rohrhalterung als Kälte-Rohrschellen

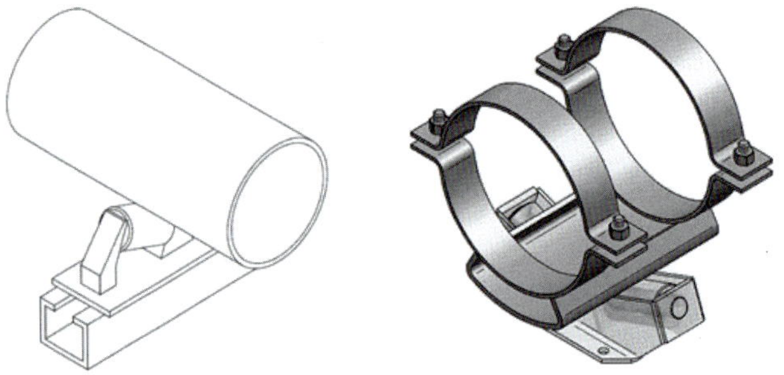

Bild A 20: Sonderformen einer Rohrhalterung über Rollenlager ohne Lateralkräfte (RL) ohne (links) und mit (rechts) Isoliersattel

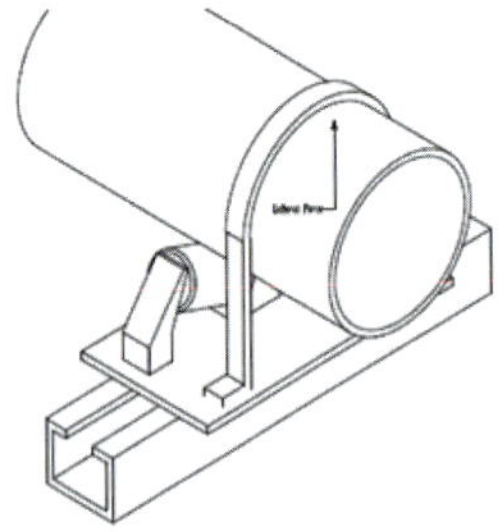

Bild A 21: Sonderformen einer Rohrhalterung über Rollenlager mit Lateralkräften und Bügel (RL)

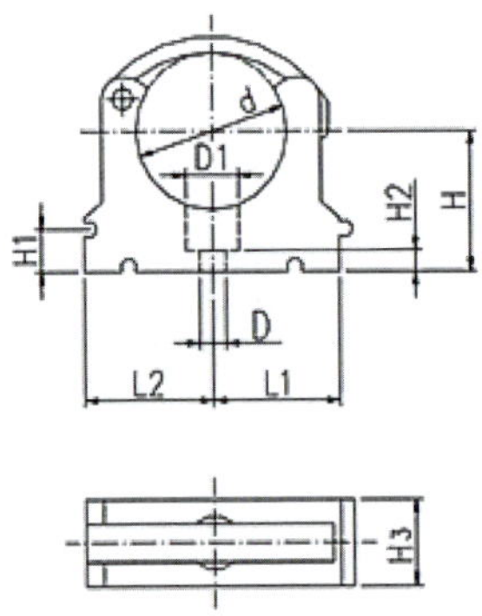

Bild A 22: Sonderformen einer Rohrhalterung über Kunststoffrohr-Clip bei geringen Auflagerlasten

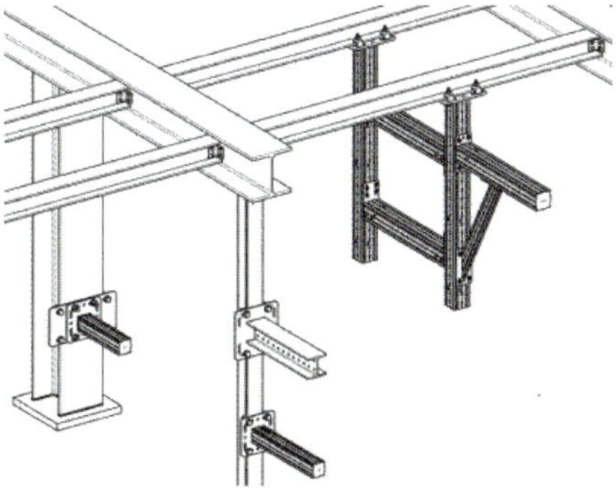

Bild A 23: Zwischentragwerkskonstruktionen

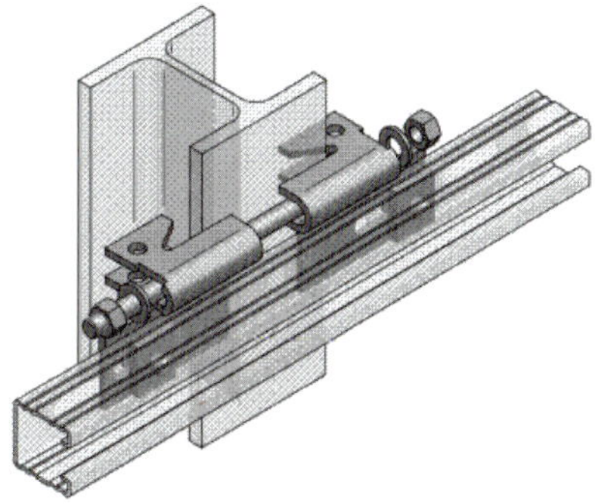
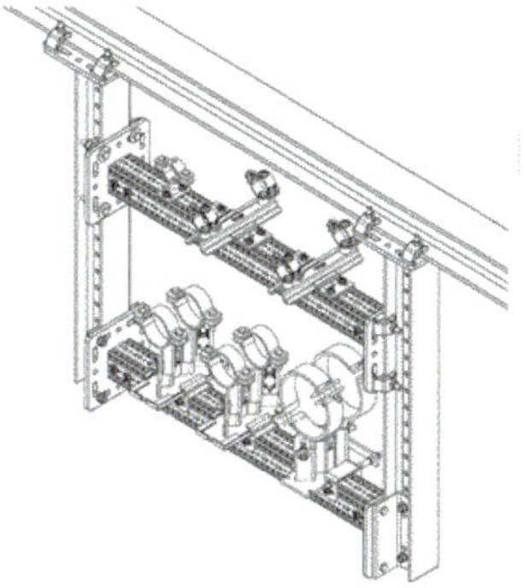

Bild A 24: Typische Anbindungen an Tragwerks-/Zwischentragwerkskonstruktionen

Anhang A 2: Rohrhalterungen/Symbole

Tabelle A 2: Rohrhalterungstypen sowie deren Symbol nach DIN ISO 6412-1 als auch die zu übertragenden Kräfte und Momente der Halterungstypen.

Rohrhalterungstyp	Symbol	relevante Kräfte/Momente
Festpunkt (FP) Bewegung behindert in x-, y- z-Richtung Drehung behindert um Mx, My, Mz		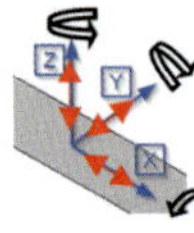
Führungslager (FL) Bewegung behindert in y-, z-Richtung Drehung wird nicht behindert		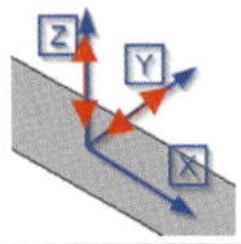
Gleitlager (GL) Bewegung behindert in z-Richtung Drehung wird nicht behindert	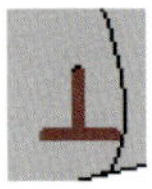	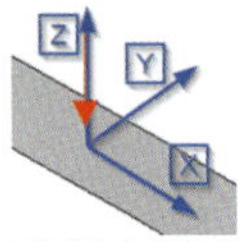
Axial Stopp (AS) Bewegung behindert in x-, y- z-Richtung Drehung wird nicht behindert	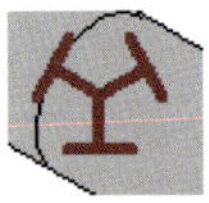	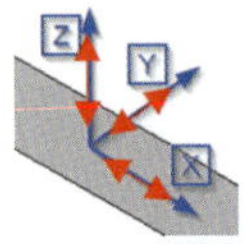
Vertikales Auflager (VL) 1) Bewegung behindert in z-Richtung 2) Bewegung behindert in x-, y- z-Richtung Drehung wird nicht behindert	1)  2) 	1) 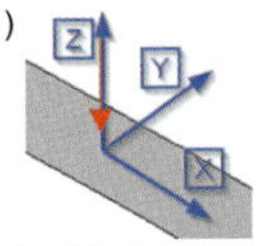 2) 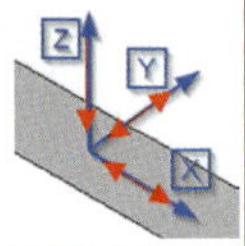
Hängelager (HL) Winkelabweichung berücksichtigt Bewegung behindert in z-Richtung Drehung wird nicht behindert	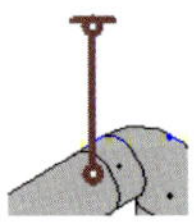	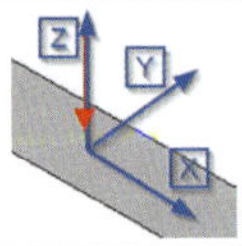
Federhänger (FH) Eine oder mehrere Federn Bewegung behindert in z über Federrate Drehung wird nicht behindert		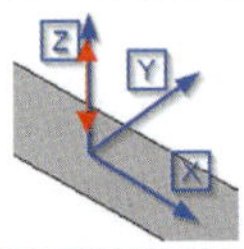
Stutzen (Festpunkt mit definierter Steifigkeit) Bewegung behindert in x-, y- z-Richtung Drehung behindert um Mx, My, Mz	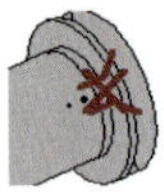	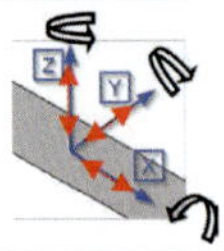
Balg/Kompensator Bewegung/Drehung behindert, allerdings typenabhängig über Federrate und Führungsstangen	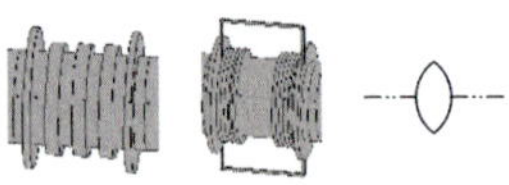	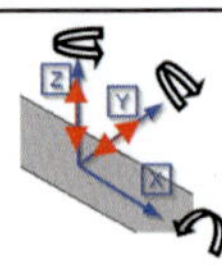

Rohrhalterungstyp	Symbol	relevante Kräfte/Momente
Ventil – nicht als Rohrhalterung geeignet Bewegung behindert in keine Achsrichtung Dehung behindert um keine Achse	 	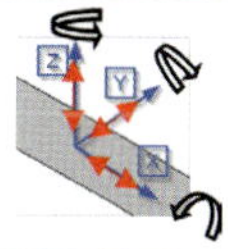
Flanschverbindung – nicht geeignet in Biegeschenkeln Bewegung behindert in keine Achsrichtung Dehung behindert um keine Achse	 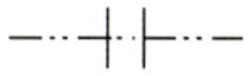	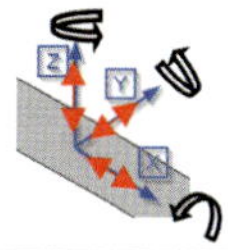
Koordinatensystem und Legende:		
Bewegung behindert in Achsrichtung		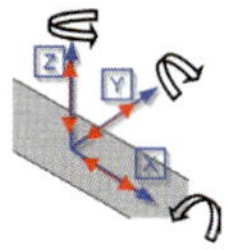
Drehung behindert um Achse		

Hinweise:

- Reibkoeffizient (typisch): $\mu \leq 0.3$
- Lagerspiel (typisch): 2 mm (Beachtung der Dimension, Quellung, Temperatureinfluss)
- Relevante Freiheitsgrade, z. B. FP (6/6): 3 Bewegungen x, y, z + 3 Momente Mx, My, Mz behindert

Anhang A 3: Tabellen

Tabelle A 3: Zulässige Stützweiten eines Kunststoffrohres des Werkstoffes PE-HD (PE100/ PE4710) in Abhängigkeit des Rohraußendurchmessers, SDR-Verhältnisses und der Rohrwandtemperatur

Rohrdimension da [mm]	Nennweite DN [ ]	Klassifizierung SDR [ ]	Stützweiten bei Rohrwandtemperatur T_R				
			L_A in [mm]				
			20 °C	30 °C	40 °C	50 °C	60 °C
16	10	11	500	450	450	400	350
20	15	11	575	550	500	450	400
25	20	11	650	600	550	550	500
32	25	11	750	750	650	650	550
40	32	11	900	850	750	750	650
50	40	11	1050	1000	900	850	750
63	50	11	1200	1150	1050	1000	900
75	65	11	1350	1300	1200	1100	1000
90	80	11	1500	1450	1350	1250	1150
110	100	11	1650	1600	1500	1450	1300
125		11	1750	1700	1600	1550	1400
140	125	11	1900	1850	1750	1650	1500
160	150	11	2050	1950	1850	1750	1600
180		11	2150	2050	1950	1850	1750
200	200	11	2300	2200	2100	2000	1900
225		11	2450	2350	2250	2150	2050
250	250	11	2600	2500	2400	2300	2100
280		11	2750	2650	2550	2400	2200
315	300	11	2900	2800	2700	2550	2350
355	350	11	3100	3000	2900	2750	2550
400	400	11	3300	3150	3050	2900	2700
450	450	11	3550	3400	3300	3100	2900

Tabelle A 4: Zulässige Stützweiten eines Kunststoffrohres des Werkstoffes PE-HD (PE100/ PE4710) in Abhängigkeit des Rohraußendurchmessers, SDR-Verhältnisses und der Rohrwandtemperatur

Rohrdimension da [mm]	Nennweite DN [ ]	Klassifizierung SDR [ ]	Stützweiten bei Rohrwandtemperatur T_R				
			L_A in [mm]				
			20 °C	30 °C	40 °C	50 °C	60 °C
500	500	11	3900	3650	3500	3350	3100
560	550	11	4200	4000	3800	3550	3200
630	600	11	4500	4200	4000	3800	3400
710	700	11	4700	4500	4300	4000	3600
800	800	11	5000	4800	4600	4300	3800
900	900	11	5300	5100	4800	4500	4000
1000	1000	11	5500	5400	5100	4800	4300

Hinweis: Die angegebenen Stützweiten gelten für den Werkstofftyp PE-HD (PE100/PE4710), Rohre gemäß DIN 8074/8075.
Die Darstellung erfolgt dimensionsabhängig in 2 Tabellen auf Basis einer Langzeitdurchbiegung von 2.5 mm bzw. ab Nennweite DN 500 und größer von 3.5 mm.
Es sind die Umrechnungsfaktoren gemäß **Tabelle A 7** zu beachten.

Tabelle A 5: Zulässige Stützweiten eines Kunststoffrohres des Werkstoffes Polypropylen (PP-H) in Abhängigkeit des Rohraußendurchmessers, SDR-Verhältnisses und der Rohrwandtemperatur

Rohrdimension da [mm]	Nennweite DN [ ]	Klassifizierung SDR [ ]	Stützweiten bei Rohrwandtemperatur T_R						
			L_A in [mm]						
			20 °C	30 °C	40 °C	50 °C	60 °C	70 °C	80 °C
16	10	11	650	625	600	575	550	525	500
20	15	11	700	675	650	625	600	575	550
25	20	11	800	775	750	725	700	675	650
32	25	11	950	925	900	875	850	800	750
40	32	11	1100	1075	1050	1000	950	925	875
50	40	11	1250	1225	1200	1150	1100	1050	1000
63	50	11	1450	1425	1400	1350	1300	1250	1200
75	65	11	1550	1500	1450	1400	1350	1300	1250
90	80	11	1650	1600	1550	1500	1450	1400	1350
110	100	11	1850	1800	1750	1700	1600	1500	1400
125		11	2000	1950	1900	1800	1700	1600	1500
140	125	11	2100	2050	2000	1900	1800	1700	1600
160	150	11	2250	2200	2100	2000	1900	1800	1700
180		11	2350	2300	2200	2100	2000	1900	1800
200	200	11	2500	2400	2300	2200	2100	2000	1900
225		11	2650	2550	2450	2350	2250	2150	2000
250	250	11	2800	2700	2600	2500	2400	2300	2150
280		11	2950	2850	2750	2650	2550	2450	2300
315	300	11	3150	3050	2950	2850	2700	2600	2450
355	350	11	3350	3250	3150	3000	2850	2750	2600
400	400	11	3550	3450	3350	3200	3050	2900	2750
450	450	11	3800	3700	3600	3450	3300	3100	2950

Tabelle A 6: Zulässige Stützweiten eines Kunststoffrohres des Werkstoffes Polypropylen (PP-H) in Abhängigkeit des Rohraußendurchmessers, SDR-Verhältnisses und der Rohrwandtemperatur

Rohrdimension da [mm]	Nennweite DN [ ]	Klassifizierung SDR [ ]	Stützweiten bei Rohrwandtemperatur T_R						
			L_A in [mm]						
			20 °C	30 °C	40 °C	50 °C	60 °C	70 °C	80 °C
500	500	11	4100	4000	3850	3700	3500	3350	3150
560	550	11	4400	4300	4200	4000	3800	3600	3400
630	600	11	4800	4700	4500	4300	4100	3900	3700
710	700	SDR17.6	4600	4500	4300	4200	4000	3700	3400
800	800	SDR17.6	4900	4800	4600	4400	4200	4000	3700
900	900	SDR17.6	5200	5100	4900	4700	4500	4200	4000
1000	1000	SDR17.6	5500	5300	5200	5000	4700	4500	4200

Hinweis: Die angegebenen Stützweiten gelten für den Werkstofftyp Polypropylen (PP-H Typ 1), Rohre gemäß DIN 8077, Materialtypen gemäß 2205-01.
Die Darstellung erfolgt dimensionsabhängig in 2 Tabellen auf Basis einer Langzeitdurchbiegung von 2.5 mm bzw. ab DN 500 und größer von 3.5 mm.
Es sind die Umrechnungsfaktoren gemäß **Tabelle 7** zu beachten.

Tabelle A 7: Faktor f_3 zur Ermittlung der Stützweiten für andere Werkstofftypen

Werkstoff	Rohrwandtemperatur T_R in [°C]						
	20 °C	30 °C	40 °C	50 °C	60 °C	70 °C	80 °C
	Faktor f_3						
PPH-Typ 1	1.00						
PP-B Typ 2	0.90	0.89	0.86	0.84	0.80	0.78	0.75
PP-R Typ 3	0.75						

Hinweis: Die in den **Tabellen 5 und 6** angegebenen Werte für PP-H sind mit dem Faktor f_3 zu multiplizieren.

Tabelle A 8: Zulässige Stützweiten eines Kunststoffrohres des Werkstoffes PVC-U in Abhängigkeit des Rohraußendurchmessers, SDR-Verhältnisses und der Rohrwandtemperatur

Rohrdimension da [mm]	Nennweite DN [ ]	Klassifizierung SDR [ ]	Stützweiten bei Rohrwandtemperatur T_R L_A in [mm]				
			20 °C	30 °C	40 °C	50 °C	60 °C
16	10	13.6	950	900	850	750	600
20	15	13.6	1100	1050	1000	900	700
25	20	21	1200	1150	1050	950	750
32	25	21	1350	1300	1250	1100	900
40	32	21	1450	1400	1350	1250	1000
50	40	21	1600	1550	1500	1400	1150
63	50	21	1800	1750	1700	1550	1300
75	65	21	2000	1900	1850	1700	1450
90	80	21	2200	2100	2000	1850	1550
110	100	21	2400	2300	2250	2050	1750
125		21	2550	2450	2400	2200	1850
140	125	21	2700	2600	2500	2300	1950
160	150	21	2900	2800	2700	2500	2100
180		21	3100	2950	2850	2650	2200
200	200	21	3250	3150	3000	2800	2350
225		21	3450	3300	3200	2950	2500
250	250	21	3650	3500	3350	3100	2600
280		21	3750	3700	3550	3300	2750
315	300	21	4100	3900	3750	3500	2950
355	350	21	4300	4200	4000	3700	3100
400	400	21	4600	4450	4250	3950	3300

Hinweis: Die angegebenen Stützweiten gelten für den Werkstofftyp PVC-U, Rohre gemäß DIN 8062.
Es sind die Umrechnungsfaktoren gemäß **Tabelle A 7** zu beachten.

Empfohlene Stützweiten für Dimensionen größer DN 400 (z. B. Systeme „sched40“ und „sched80“, weit verbreitet außerhalb von Europa) können analog der in Richtlinie DVS 2210-1 Beiblatt1 definierten Vorgehensweise berechnet werden.

Tabelle A 9: Zulässige Stützweiten eines Kunststoffrohres des Werkstoffes PVC-U in Abhängigkeit des Rohraußendurchmessers, SDR-Verhältnisses und der Rohrwandtemperatur

Rohrdimension da [mm]	Nennweite DN [ ]	Klassifizierung SDR [ ]	Stützweiten bei Rohrwandtemperatur T_R							
			L_A in [mm]							
			20 °C	**30 °C**	**40 °C**	**50 °C**	**60 °C**	**70 °C**	**80 °C**	**90 °C**
16	10	13.6	1000	950	900	850	750	675	600	500
20	15	13.6	1150	1100	1025	950	875	775	700	600
25	20	21	1200	1150	1100	1000	900	800	700	600
32	25	21	1350	1250	1200	1100	1000	900	800	700
40	32	21	1500	1400	1300	1250	1150	1050	900	800
50	40	21	1650	1600	1500	1400	1300	1200	1100	900
63	50	21	1850	1750	1650	1600	1500	1350	1250	1050
75	65	21	2050	1950	1850	1750	1650	1500	1350	1200
90	80	21	2250	2100	2000	1900	1800	1650	1500	1300
110	100	21	2500	2350	2200	2100	1950	1800	1650	1450
125		21	2650	2500	2350	2250	2100	1950	1750	1550
140	125	21	2800	2650	2500	2350	2200	2050	1850	1650
160	150	21	3000	2850	2700	2550	2400	2200	2000	1750
180		21	3150	3000	2850	2700	2500	2300	2100	1850
200	200	21	3350	3150	3000	2850	2650	2450	2200	1950
225		21	3550	3350	3200	3000	2800	2600	2350	2100
250	250	21	3750	3550	3350	3150	3000	2750	2500	2200
280		21	3950	3750	3550	3350	3150	2900	2650	2350
315	300	21	4200	4000	3750	3550	3350	3050	2800	2450
355	350	21	4450	4250	4000	3800	3550	3250	2950	2650
400	400	21	4750	4500	4250	4000	3750	3450	3150	2800

Hinweis: Die angegebenen Stützweiten gelten für den Werkstofftyp PVC-C, Rohre gemäß DIN 8079. Es sind die Umrechnungsfaktoren gemäß **Tabelle A 7** zu beachten.

Empfohlene Stützweiten für Dimensionen größer DN 400 (z. B. Systeme „sched40" und „sched80", weit verbreitet außerhalb von Europa) können analog der in Richtlinie DVS 2210-1 Beiblatt 1 definierten Vorgehensweise berechnet werden.

Tabelle A 10: Zulässige Stützweiten eines Kunststoffrohres des Werkstoffes PVDV in Abhängigkeit des Rohraußendurchmessers, SDR-Verhältnisses und der Rohrwandtemperatur

Rohrdimension da [mm]	Nennweite DN [ ]	Klassifizierung SDR [ ]	Stützweiten bei Rohrwandtemperatur T_R								
			L_A in [mm]								
			20 °C	30 °C	40 °C	50 °C	60 °C	70 °C	80 °C	100 °C	120 °C
16	10	21	725	700	650	600	575	550	500	450	400
20	15	21	850	800	750	750	700	650	600	500	450
25	20	21	950	900	850	800	750	700	675	600	500
32	25	21	1100	1050	1000	950	900	850	800	700	600
40	32	21	1200	1150	1100	1050	1000	950	900	750	650
50	40	21	1400	1350	1300	1200	1150	1100	1000	900	750
63	50	33	1400	1350	1300	1250	1200	1150	1100	950	800
75	65	33	1500	1450	1400	1350	1300	1250	1200	1050	850
90	80	33	1600	1550	1500	1450	1400	1350	1300	1100	950
110	100	33	1800	1750	1700	1650	1550	1500	1450	1250	1100
125	125	33	1900	1850	1800	1700	1650	1600	1500	1350	1200
140		33	2000	1950	1900	1800	1750	1700	1600	1450	1250
160	150	33	2150	2100	2050	1950	1850	1800	1700	1550	1350
180		33	2300	2200	2150	2050	1950	1900	1800	1600	1400
200	200	33	2400	2350	2250	2150	2100	2000	1900	1700	1500
225		33	2550	2500	2400	2300	2200	2100	2000	1800	1600
250	250	33	2650	2600	2500	2400	2300	2200	2100	1900	1700
280		33	2850	2750	2650	2550	2450	2350	2250	2000	1800
315	300	33	3000	2950	2850	2750	2600	2500	2400	2150	1900
355	350	33	3200	3100	3000	2850	2750	2650	2500	2250	2000
400	400	33	3400	3300	3200	3050	2950	2800	2650	2400	2100

Hinweis: Die angegebenen Stützweiten gelten für den Werkstofftyp PVDF Homopolymer, Rohre gemäß DIN EN ISO 10931. Es sind die Umrechnungsfaktoren gemäß **Tabelle A 7** zu beachten.

Tabelle A 11: Zulässige Stützweiten eines Kunststoffrohres des Werkstoffes ECTFE in Abhängigkeit des Rohraußendurchmessers, SDR-Verhältnisses und der Rohrwandtemperatur

Rohrdimension da [mm]	Nennweite DN [ ]	Klassifizierung SDR [ ]	Stützweiten bei Rohrwandtemperatur T_R										
			L_A in [mm]										
			20 °C	30 °C	40 °C	50 °C	60 °C	70 °C	80 °C	90 °C	100 °C	110 °C	120 °C
20	15	21	750	650	600	550	500	450	400	400	350	350	300
25	20	21	850	700	650	600	550	500	450	400	400	350	350
32	25	21	950	850	750	700	650	600	550	500	450	450	400
40	32	21	1050	950	850	750	700	650	600	550	500	500	450
50	40	21	1250	1100	1000	900	800	750	700	650	600	550	500
63	50	21	1400	1200	1100	1000	900	850	750	700	650	600	550
75	65	21	1550	1350	1200	1100	1000	950	850	800	750	700	650
90	80	21	1700	1500	1350	1250	1150	1050	950	900	850	800	700
110	100	21	1850	1650	1550	1450	1300	1200	1100	1000	950	900	800
140	125	21	2050	1750	1600	1450	1300	1250	1150	1050	950	900	850
160	150	21	2250	1950	1750	1600	1450	1350	1250	1150	1050	1000	900

Hinweis: Die angegebenen Stützweiten gelten für den Werkstofftyp ECTFE, Rohre gemäß Richtlinie DVS 2205-1. Es sind die Umrechnungsfaktoren gemäß **Tabelle A 7** zu beachten.

Tabelle A 12: Zulässige Stützweiten eines Kunststoffrohres des Werkstoffes PA-U 12 180 in Abhängigkeit des Rohraußendurchmessers, SDR-Verhältnisses und der Rohrwandtemperatur

Rohrdimension da [mm]	Nennweite DN [ ]	Klassifizierung SDR [ ]	Stützweiten bei Rohrwandtemperatur T_R L_A in [mm] 20 °C	30 °C	40 °C	50 °C	60 °C
16	10	11	600	500	500	500	450
20	15	11	700	600	550	550	500
25	20	11	800	700	600	550	550
32	25	11	950	850	800	700	700
40	32	11	1100	1000	900	800	800
50	40	11	1300	1200	1000	1000	950
63	50	11	1400	1300	1200	1200	1150
75	65	11	1500	1400	1300	1300	1250
90	80	11	1700	1600	1500	1400	1350
110	100	11	1900	1700	1600	1550	1500
125		11	2000	1900	1700	1600	1550
140	125	11	2100	2000	1800	1700	1650
160	150	11	2300	2100	2000	1900	1800
180		11	2400	2200	2100	2000	1900
200	200	11	2600	2400	2200	2100	2000
225		11	2700	2500	2300	2200	2150
250	250	11	2900	2600	2500	2400	2300
280		11	3000	2800	2600	2500	2400
315	300	11	3200	3000	2800	2700	2600

Hinweis: Die angegebenen Stützweiten gelten für den Werkstofftyp PA-U 12 180 Rohre gemäß Richtlinie DVS 2205-1. Bitte die Umrechnungsfaktoren gemäß **Tabelle A 7** beachten.

Tabelle A 13: Faktoren f_1 und f_2 zur Ermittlung der Stützweiten für andere Werkstoffe, SDR-Verhätnisse, Durchflussstoffe

Werkstoff	SDR [ ]	Durchflussstoff – Dichte ϱ [g/cm³]				SDR [ ]	
		Gase	Wasser	andere Medien			
		<0.01	1.00	1.25	1.50	1.80	
Faktoren [ ]		f_1				f_2	
PA-U 12 180	17/17.6	1.47					0.91
	11	1.30					1.00
	7.4	1.21					1.07
PE-HD	17/17.6	1.47					0.91
	11	1.30					1.00
	7.4	1.21					1.07
PP	17.6	1.47					0.91
	11	1.30					1.00
	7.4	1.21					1.07
PVC-U	21	1.42	1.0	0.96	0.92	0.88	1.00
	13.6	1.30					1.08
	11	1.20					1.15
PVC-C	21	1.40					1.00
	13.6	1.27					1.08
	11	1.23					1.12
PVDF	33	1.48					1.00
	21	1.36					1.08
	17	1.31					1.12
ECTFE	21	1.37					1.00

Hinweis: Beide angegebenen Faktoren f_1 und f_2 sind über Multiplikation mit den Werten gemäß **Tabelle A 3** bis **A 12** handzuhaben.

Anwendungsbeispiel: **Tabelle A 4** PE-HD: Der Stützabstand für DN 500 SDR11 bei T = 20 °C beträgt L_A = 3900 mm

Aufgabe: Ermittlung Stützabstand PE-HD DN 500 SDR17.6, T = 20 °C, Medium mit ϱ= 1.5 g/cm³ ?

Lösung: $L_{A1\_PE\_d500\_SDR17.6\_20°C\_\ ϱ= 1.5\ g/cm3}$ = L_A (3900 mm) x f_1 (0.92) x f_2 (0.91)= 3265 mm

Tabelle A 14: Führungsabstände (Anhaltswerte) für axial fest eingespannte Rohrstrecken zur Verhinderung des Ausknickens

Rohraussen-durchmesser	**Wandstärke gemäß DIN EN ISO 15494 S5/SDR11**	**erforderlicher Führungsabstand (LF) in mm in Abhängigkeit zur verhinderten Längsdehnung [ε]**								
d [mm]	**[mm]**	0.001	0.002	0.004	0.006	0.008	0.010	0.012	0.015	0.020
16	1.8	505	360	255	205	180	160	145	130	115
20	1.9	645	455	325	265	230	205	185	165	145
25	2.3	810	570	405	330	285	255	235	210	180
32	2.9	1035	735	520	425	365	330	300	270	230
40	3.7	1295	915	645	530	455	410	375	335	290
50	4.6	1615	1145	810	660	570	510	465	420	360
63	5.8	2040	1440	1020	830	720	645	590	525	455
75	6.8	2430	1720	1215	990	860	770	700	625	545
90	8.2	2915	2060	1455	1190	1030	920	840	750	650
110	10.0	3560	2520	1780	1455	1260	1125	1030	920	795
125	11.4	4045	2860	2025	1650	1430	1280	1170	1045	905
140	12.7	4535	3205	2265	1850	1605	1435	1310	1170	1015
160	14.6	5180	3660	2590	2115	1830	1640	1495	1335	1160
180	16.4	5825	4120	2915	2380	2060	1845	1680	1505	1305
200	18.2	6475	4580	3240	2645	2290	2050	1870	1670	1450
225	20.5	7285	5150	3640	2975	2575	2305	2105	1880	1630
250	22.7	8095	5725	4050	3305	2860	2560	2335	2090	1810
280	25.4	9070	6410	4535	3700	3205	2870	2620	2340	2230
315	28.6	10200	7215	5100	4165	3605	3225	2945	2635	2280
355	32.2	11495	8130	5750	4695	4065	3635	3320	2970	2570
400	36.3	12955	9160	6475	5290	4580	4095	3740	3345	2895

Hinweis: Die angegebenen Führungsabstände sind Anhaltswerte und wurden auf Basis von DIN EN ISO 15494 bzw. der

Rohrserie S5 (SDR11) ermittelt.

Bei der Festlegung der Führungsabstände unter Berücksichtigung der verhinderten Längsdehnung ist der Dehngrenzwert des jeweiligen Kunststoffes zu betrachten.

DVS – DEUTSCHER VERBAND FÜR SCHWEISSEN UND VERWANDTE VERFAHREN E.V.	Schweißen von thermoplastischen Kunststoffen in der Serienfertigung – Rotationsreibschweißen von Formteilen aus Polyolefinen (PE, PP)	DVS Richtlinie DVS 2218-1 Beiblatt 1

Einsprüche bis 31. März 2014

Dieser Entwurf wird der Öffentlichkeit zur Prüfung und Stellungnahme vorgelegt. Ergänzungs- oder Änderungsvorschläge werden erbeten an den DVS e.V., Postfach 10 19 65, 40010 Düsseldorf.

Vorgesehen als Ersatz für DVS 2218-2, Ausgabe April 2003

Inhalt:

1 Geltungsbereich

Die Richtlinie gilt für das Rotationsreibschweißen von Bauteilen aus Polyolefinen, im weiteren Verlauf als PE oder PP bezeichnet.

2 Verfahrensbeschreibung

Um hohe Schweißqualitäten zu erzielen, werden Schweißmaschinen eingesetzt, die die Möglichkeit haben, variable Parameter einzustellen und zu überwachen.

Die Grundlagen werden in der Richtlinie DVS 2218-1 beschrieben.

3 Kurzbeschreibung der Werkstoffe PE, PP

Polyolefine sind teilkristalline Kunststoffe, die sich gut Rotationsreibschweißen lassen. Die Auswahl des Materials oder des Typs soll daher nicht nur nach dem Anforderungsprofil des späteren Einsatzgebietes, sondern auch nach dem typspezifischen Schweißverhalten erfolgen.

3.1 Polyethylen PE

Polyethylene sind PE-Formmassen auf Basis von Polyethylen-Homopolymeren und/oder Polyethylen-Copolymeren. Falls erforderlich, können auch Füll- und/oder Verstärkungsstoffe oder andere Zusatzstoffe enthalten sein.

3.2 Polypropylen PP

Polypropylene sind PP-Formmassen auf Basis von von Propylen-Homopoymeren und/oder Propylen-Copolymeren. Falls erforderlich, können auch Füll- und/oder Verstärkungsstoffe oder andere Zusatzstoffe enthalten sein.

3.3 Materialkennwerte von Polyolefinen

PE-, PP-Typ	Aufbau	Dichte [g/cm^3]	E-Modul [MPa]	Schmelztemperatur [°C]	Schmelzeviskosität [MVR / MFR]
PE-LD	Homo-Polymerisat, niedrige Dichte	0,915–0,926	140–260 160–255	105–113 104–113	0,1–8[3)] 15–250[3)]
PE-LLD	Homo-Polymerisat, sehr niedrige Dichte	0,88–0,927	140–350	121–124	0,6–11[3)]
PE-MD	PE mittlerer Dichte	0,93–0,944	380–800	125–128	0,7–1,0[2)]
PE-HD	PE hoher Dichte	0,935–0,97	550–1900 600–1700	121–137	0,1–8[1)] 11–42[1)]
PP-H	Homopolymerisat	0,898–0,912	500–1600 1100–1600	150–175	0,5–12[4)] 15–60[4)]
PP-B	Blockpolymerisat, mittlerer Fließfähigkeit	0,89–0,912	550–1650 1050–1700	160–175	0,8–9[4)] 12–45[4)]
PP-Q	hohe Schmelzefestigkeit	0,89–0,90	400	160–170	0,8–20[4)]
PP-R	Randompolymerisat	0,895–0,905	700–1200	140–170	1,2–14[4)]
PPEPDM-Copolymerisat	PP-Copolymer	0,896–0,915	350–1010		5–8[4)]

1) cm³ / 190°C / 2,16 kg / 10 min, 2) cm³ / 190°C / 5 kg / 10 min, 3) cm³ / 190°C / 2,16 kg / 10 min, 4) cm³ / 230°C / 2,16 kg / 10 min

DVS, Ausschuss für Technik, Arbeitsgruppe „Fügen von Kunststoffen“

Bezug: DVS Media GmbH, Postfach 10 19 65, 40010 Düsseldorf, Telefon (02 11) 15 91-0, Telefax (02 11) 1591-150

4 Werkstoffbezogene Einflussfaktoren auf das Schweißverhalten

4.1 Schmelz- und Volumenfließrate

Das Fließverhalten Schmelzen von Polyolefinen wird durch die Schmelze-Volumen-Fließrate (MVR) und/oder durch die Schmelzefließrate (MFR) nach DIN EN ISO 1133-1 angegeben. Es können nur solche Werte miteinander verglichen werden, die bei gleichen Prüfbedingungen (Belastungsgewicht/Temperatur) gemessen werden.

Zähfließende PE- und PP-Typen mit niedrigerem MVR/MFR sind für das FR-Schweißen besser geeignet als leichtfließende Typen mit hohem MVR/MFR. Auf dieses Verhalten sind besonders der Reibdruck und die Drehzahl (Tangentialgeschwindigkeit) anzupassen.

Eigenschaften geschweißter Verbindungen, die von der MVR/MFR abhängig sind:

- Polyolefine mit niedrigen MVR/MFR Werten
  - sind hoch belastbar,
  - zeigen gutes Langzeitverhalten,
  - sind weniger bruchanfällig bei Biegung,
  - haben geringeren Schmelzeaustrieb.
- Polyolefine mit hohen MVR/MFR Werten
  - erfordern wegen der leichtfließenden Schmelze besondere Maßnahmen,
  - sind im Allgemeinen geringer belastbar.

4.2 Zusatzstoffe, Additive, Füll- und Verstärkungsstoffe

Diese Zusatzstoffe können die Schweißeigenschaften beeinflussen, z. B:

- Farbmittel,
- Flammschutzmittel,
- Glasfasern,
- Naturfasern,
- Talkum,
- Glimmer,
- UV-Stabilisatoren,
- Antistatika,
- Glaskugeln,
- Holzmehl,
- Kreide,
- Verarbeitungshilfsmittel (Gleit- und Trennmittel Fremdpolymere).

Diese Stoffe werden in unterschiedlichen Konzentrationen zugegeben. Der Einfluss auf die Schweißeigenschaften ist durch Versuche zu ermitteln.

4.3 Zusatz von Recyclaten

In zunehmendem Maße werden Recyclate (aus bereits einmal verarbeiteten oder gebrauchten Bauteilen), Regranulate (sortenreines Mahlgut ohne weitere Zusätze) oder Regenerate (Mahlgut unter Zugabe von Zusätzen) alleine oder in Mischung mit Neuware verarbeitet und die daraus hergestellten Formteile geschweißt. Ob und in welchem Maße die Schweißeigenschaften dadurch beeinflusst werden, hängt von den Mischungsverhältnissen ab und muss eventuell durch Versuche ermittelt werden. Dabei sollte vor allem auf sortenreine Recyclate, Regranulate bzw. Regenerate geachtet werden.

4.4 Einfluss der Feuchtigkeit

Polyolefine sind aufgrund ihrer unpolaren Struktur wasserabweisend. Die Wasseraufnahme ist sehr gering und bei sachgemäßer Lagerung ohne Einfluss. Es ist jedoch möglich, dass durch Zusätze Feuchtigkeit aufgenommen wird. Im Bedarfsfalle müssen die Fügeteile vorgetrocknet werden, um poröse Schweißnähte zu vermeiden.

5 Konstruktionsmerkmale der Fügeteile

Zur Erzielung hochwertiger Schweißverbindungen sind bereits in der Planungsphase die nötigen Voraussetzungen zu schaffen. Je nach Anforderung an die Schweißverbindungen ist die Konstruktion auf folgende Forderungen auszurichten:

- rotationssymmetrische Fügenahtkontur,
- zumindest ein Bauteil muss eine rotationssymmetrische Fügefläche aufweisen,
- beide Teile müssen das Drehmoment aufnehmen und übertragen können,
- es müssen Scherkräfte in axialer Richtung aufgenommen und übertragen werden können,
- die Teile dürfen sich beim Schweißvorgang nicht deformieren.

5.1 Anforderung (Nahtkontur)

Es sind eindimensionale Nahtkonturen anzustreben. Die Schweißwerkzeuge müssen rotationsschweißgerecht ausgelegt sein.

5.2 Fügezonengeometrien

Um einwandfreie Resultate in Bezug auf Dichtheit, mechanische Festigkeit und optische Anforderungen zu gewährleisten, muss das Nahtprofil gewisse konstruktive Voraussetzungen erfüllen, wie in Bild 1 und 2 dargestellt.

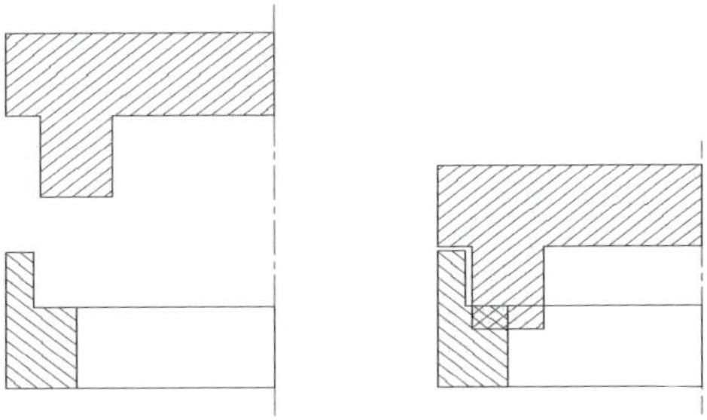

Bild 1. Nahtgestaltung: Nut und Feder.

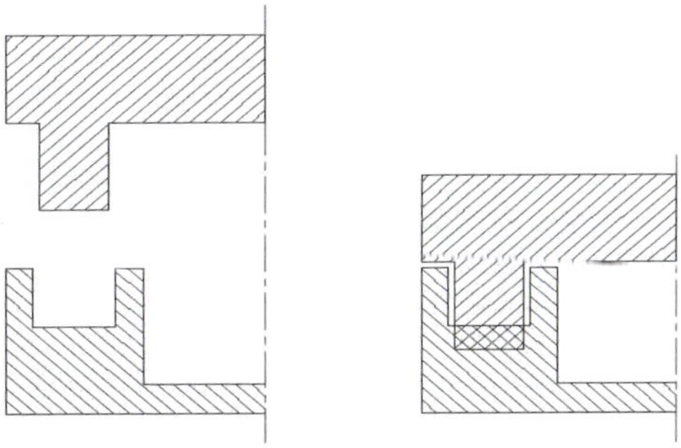

Bild 2. Nut und Feder mit Verdeckkante.

6 Schweißbedingungen

6.1 Wahl und Überwachung der Verfahrensparameter (Schweißparameter)

Die Schweißparameter sind abhängig von Schweißnahtgeometrie und Werkstoff. Die entsprechenden Schweißparameter sind variabel und an der Schweißmaschine einzustellen.

7 Qualitätssicherung

Die sorgfältig ermittelten Parameter sind in der Fertigung zu dokumentieren. Das fertige Bauteil ist entsprechend der Maßgaben und Anforderungen zu prüfen.

8 Sicherheitsvorschriften

Die derzeit gültigen Sicherheitsvorschiften sind einzuhalten.

9 Schrifttum

Neben den nachfolgend angeführten Richtlinien sind die jeweils gültigen Normen, Gesetze und Maschinenrichtlinien zu beachten. Es sind hier nur DVS-Richtlinien aufgeführt, die relevant sind oder nicht in der Richtlinie DVS 2218-1 aufgeführt sind.

Richtlinie DVS 2200-1 Beiblatt 1	Fügen von Kunststoffen – Kurzzeichen und Abkürzungen – Schweißverfahren
Richtlinie DVS 2203-1	Prüfen von Schweißverbindungen an Tafeln und Rohren aus thermoplastischen Kunststoffen – Prüfverfahren – Anforderungen
-2	– Zugversuch
-3	– Schlagzugversuch
-4	– Zeitstand-Zugversuch
-5	– Technologischer Biegeversuch
Richtlinie DVS 2218-1	Schweißen von thermoplastischen Kunststoffen in der Serienfertigung – Rotationsreibschweißen-Anlagen, Verfahren, Merkmale
Richtlinie DVS 2218-3	Schweißen von thermoplastischen Kunststoffen in der Serienfertigung – Rotationsreibschweißen von Formteilen und Halbzeugen aus Polyamiden (PA)
Richtline DVS 2230-1	Fügen von Kunststoffserienteilen – Qualitätssicherung, Prüfung
DVS-Taschenbuch	„Taschenbuch DVS-Merkblätter und -Richtlinien Fügen von Kunststoffen", Fachbuchreihe Schweißtechnik Band 68/IV, 96. Ausgabe (2012)

Entwurf

Januar 2026

Richtlinie DVS 2225-2
Vorgesehen als Ersatz für Ausgabe: Februar 2019

DVS VERBAND

Richtlinie DVS 2225-2

Schweißen von Dichtungsbahnen aus polymeren Werkstoffen – Baustellenprüfungen

Ausschuss für Technik im DVS

Arbeitsgruppe W 4 „Fügen von Kunststoffen“

Untergruppe W 4.7 „Kunststoff-Folien und -Bahnen“

Der Entwurf dieser Richtlinie steht der Öffentlichkeit zur Ansicht und Kommentierung zur Verfügung.
Einsprüche und Änderungsvorschläge können online über das **DVS-Regelwerksportal (www.dvs-regelwerk.de)** eingereicht werden.

Hrsg: DVS Media GmbH · Aachener Straße 172 · 40223 Düsseldorf · media@dvs-media.info · www.dvs-media.eu

Bezug: DIN Media GmbH · Am DIN-Platz · Burggrafenstraße 6 · 10787 Berlin · Tel.: +49 30 58 88 57 00 - 00 · kundenservice@dinmedia.de · www.dinmedia.de

Inhalt

Dieser Text richtet sich an Männer und Frauen in gleichem Maße. Zur besseren Lesbarkeit wurde im Text jedoch auf die durchgängige Formulierung in männlicher/weiblicher Form verzichtet und es wird nur die männliche Form genannt.

1. Geltungsbereich

Diese Richtlinie gilt für die Baustellenprüfungen der durch Schweißen hergestellten Nähte bei Abdichtungen mit Dichtungsbahnen aus polymeren Werkstoffen im Erd- und Wasserbau, bei Abdichtungen von Deponien und Altlasten, Grundwasserschutzmaßnahmen und im Tunnelbau nach den Richtlinien DVS 2225, Teil -1, -3, -4 und -5.

Diese Richtlinie soll den zuständigen Behörden, den Auftraggebern, den Planern, den Ausführenden und den Eigen- und Fremdprüfern als Anleitung für die durchzuführenden Baustellenprüfungen dienen. Mit dieser Richtlinie soll die fachgerechte Prüfung der Schweißnähte auf der Baustelle sichergestellt werden.

2. Dichtungsbahnen

Dichtungsbahnen für die genannten Anwendungen werden auf der Basis von Thermoplasten hergestellt.

Thermoplaste

Polyolefinbasis/Flexibles Polyolefin	FPO
Polyethylen hoher Dichte	PE-HD
Lineares Polyethylen niederer Dichte	PE-LLD
Polyethylen sehr niedriger Dichte	PE-VLD
Polyvinylchlorid weich	PVC-P

Dichtungsbahnen aus Thermoplasten bestehen aus un- oder teilvernetzten Makromolekülen. Sie können durch Wärme plastifiziert und somit durch Schweißen verbunden werden.

Dichtungsbahnen werden in der Regel in Dicken bis 3 mm hergestellt. In den jeweiligen anwendungsbezogenen Regelwerken sind Mindestdicken festgelegt.

Die Oberflächen können glatt oder strukturiert sein. Die Bahnen können homogen (aus einem Werk- stoff) oder mehrlagig aufgebaut sein. Sie können verstärkende Einlagen (zum Beispiel Gewebe) und Kaschierungen (zum Beispiel geotextile Vliesstoffe) aufweisen.

3. Nahtformen und Nahtabmessungen

Die Dichtungsbahnen werden grundsätzlich überlappt verlegt (Überlappstoß). Bei den Schweißnähten sind nach **Bild 1** zu unterscheiden:

- Überlappnähte mit Prüfkanal (Heizkeilschweißverfahren, HH)
- Auftragnähte (Warmgasextrusionsschweißverfahren, WE)
- Überlappnähte ohne Prüfkanal (Warmgasschweißverfahren, WU)

Je nach Nahtform sind die in **Bild 1 a–c** gezeigten Abmessungen relevant.

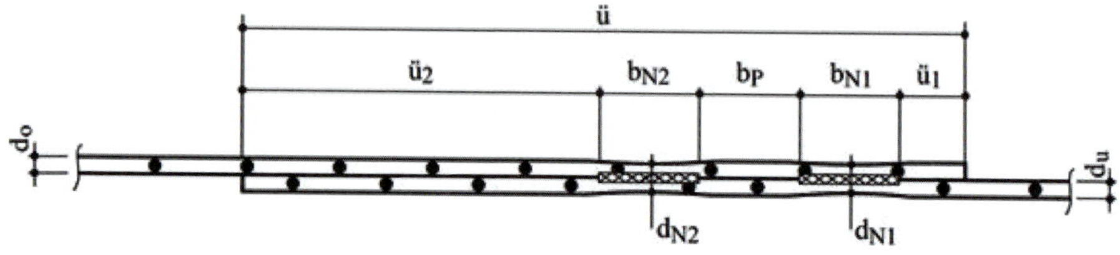

Bild 1a: Überlappnaht mit Prüfkanal – ÜN

ü = gesamte Überlappung
$ü_1$ = Überlappung vorn
$ü_2$ = Überlappung hinten
b_N = gesamte Breite der Naht
b_{N1} = Breite der vorderen Teilnaht
b_{N2} = Breite der hinteren Teilnaht
b_p = Breite des Prüfkanals

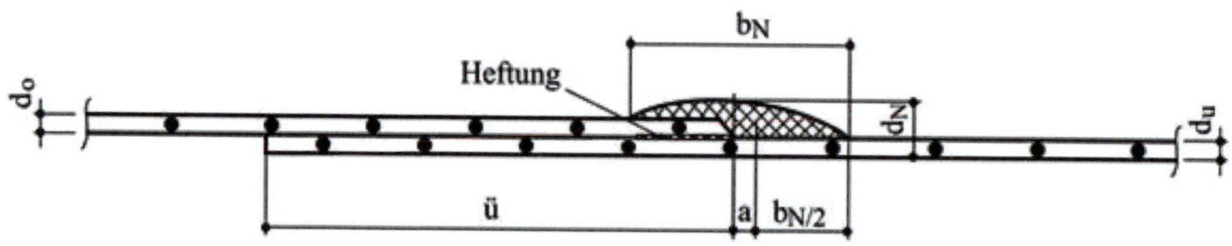

Bild 1b: Überlappnaht bei einer Auftragnaht – AN

b_N = Breite der Naht
d_o = Dicke der oberen Bahn
d_u = Dicke der unteren Bahn
d_N = Dicke der Naht
d_{N1} = Dicke der vorderen Teilnaht
d_{N2} = Dicke der hinteren Teilnaht
a = Außermittigkeit, Versatz

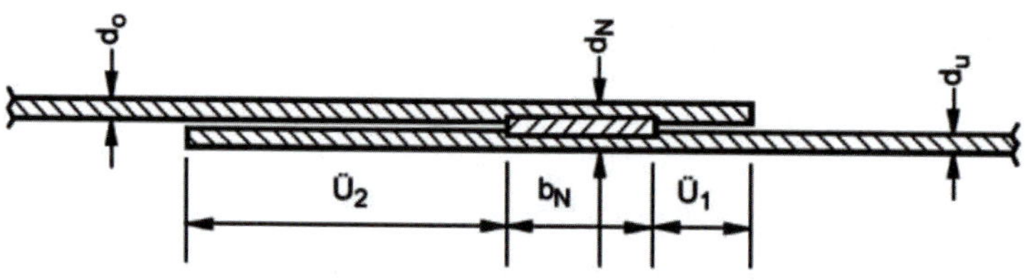

Bild 1c: Überlappnaht ohne Prüfkanal – ÜN

d_o = Dicke der oberen Bahn
D_u = Dicke der unteren Bahn
$ü_1$ = Überlappung vorne
$ü_2$ = Überlappung hinten
b_n = Breite der Naht
d_n = Dicke der Naht

Damit lassen sich die maßgebenden Beurteilungskriterien für die Nahtdicken bestimmen:

$\Delta d_{N1}/\Delta d_{N2}$ = Fügeweg für die Teilnähte N1 und N2 der Überlappnaht = $(d_o + d_u) - d_{N1}, d_{N2})$

f_{NA} = Nahtdickenfaktor für die Auftragnaht = $d_N/(d_o + d_u)$

d_N = Fügeweg für die Überlappnaht = $(d_o + d_u) - d_N$

4. Baustellenprüfungen

Im Rahmen dieser Richtlinie werden ausschließlich die Prüfungen behandelt, die bei der Bauausführung vor Ort durchzuführen sind. Sie dienen sowohl im Rahmen der Probeschweißungen zur Einstellung der Verfahrensparameter als auch zur Prüfung der fertiggestellten Nähte.

Die Baustellenprüfungen werden durch Laborprüfungen ergänzt. Die Anforderungen an die Schweißnähte im Rahmen dieser Laborprüfungen sind in den Teilen -1, -3, -4 und -5 dieser Richtlinie sowie in Richtlinie DVS 2226-1 bis -4 festgelegt.

4.1. Art und Umfang der Prüfungen

Die Baustellenprüfungen sind im Rahmen der Eigenprüfung durch den Verleger durchzuführen. Die Ergebnisse sind vollständig und prüfbar zu dokumentieren. Im Rahmen der Fremdprüfung ist die Eigenprüfung durch akkreditierte Inspektionsstellen zu überprüfen sowie durch Kontrollprüfungen auf der Baustelle und zusätzliche Prüfungen im Labor zu ergänzen.

Die Baustellenprüfungen beziehen sich auf folgende Eigenschaften:

- äußere Beschaffenheit der Naht
- Abmessungen der Naht
- Versagensverhalten
- Dichtigkeit der Naht

Die Nähte sind durchgehend auf äußere Beschaffenheit und Dichtigkeit sowie stichprobenartig auf Abmessungen und Versagensverhalten zu prüfen. Proben werden vorzugsweise aus den Probeschweißungen und den Nahtenden entnommen. Die in dieser Richtlinie beschriebenen Prüfungen ergänzen sich nach Art und Umfang gegenseitig: Eine Aussage über alle Eigenschaften der Naht mit einem Prüfverfahren allein ist nicht möglich.

Tabelle 1 zeigt Art und Umfang der verschiedenen möglichen Prüfverfahren für die unterschiedlichen Nahtformen.

Tabelle 1: . Art und Umfang der Baustellenprüfungen

			Nahtformen	
			Überlappnaht mit Prüfkanal	**Auftragnaht, Überlappnaht ohne Prüfkanal**
Qualitätskriterien	Beschaffenheit	durchgehend	Visuell, Prüfwerkzeug	Visuell, Prüfwerkzeug
	Abmessungen	Stichproben	Mechanisch, Ultraschall	Mechanisch Ultraschall
	Versagensverhalten	Stichproben	Schälversuch	Schälversuch
	Dichtigkeit	durchgehend	Druckluft	Vakuum Hochspannung

4.2. Prüfung der äußeren Beschaffenheit

Die äußere Beschaffenheit der Nähte wird visuell geprüft. Unter Zuhilfenahme eines Prüfwerkzeuges können zusätzlich ungefügte Bereiche, das heißt Fehlstellen im Bereich der Nahtkanten, nachgewiesen werden.

4.2.1. Anwendungsbereich

Alle Nahtbereiche, einschließlich der T-Stöße, sowie Anschlüsse an Rohrdurchdringungen und Bauwerke werden unabhängig vom Schweißverfahren und der Nahtform beurteilt.

4.2.2. Durchführung der Prüfung

Die visuelle Prüfung erfolgt durchgehend auf voller Länge. Das Prüfwerkzeug wird punktuell bzw. bei hochflexiblen Dichtungsbahnen auf voller Länge unter Druck an den Nahtkanten entlanggeführt. An Fehlstellen im äußeren Nahtbereich dringt das Prüfwerkzeug in ungenügend gefügte Bereiche ein.

4.2.3. Wertung der Prüfergebnisse

Bei der Prüfung auf äußere Beschaffenheit wird die Naht auf Unregelmäßigkeiten und sichtbare Fehlstellen kontrolliert. Im Einzelnen werden folgende Merkmale überprüft:

- Form und Gleichmäßigkeit des Nahtverlaufs
- Wulstbildung im Randbereich bei Auftragnähten
- gleichmäßige Randbereiche bei Auftragnähten
- glatte und schlierenfreie Oberfläche bei Auftragnähten
- Kerben und Riefen im Nahtbereich
- Fehlstellen, zum Beispiel unverschweißte Bereiche und Quetschfalten

Die äußere Beschaffenheit der Naht ist einwandfrei, wenn sie keine Unregelmäßigkeiten und Fehlstellen aufweist. Weiter gilt:

- Örtlich begrenzte Unregelmäßigkeiten in geringem Umfang mindern die Gebrauchsfähigkeit der Naht nicht.
- Wülste in den Randbereichen von Auftragnähten sind nur zulässig, wenn sie örtlich vereinzelt auftreten. Gegebenenfalls sind die Wülste in Abstimmung mit der Fremdprüfung mit der Ziehklinge zu entfernen.
- Kerben und Riefen mit flachen Übergängen sind bis zu einer Tiefe von 10 % der Bahndicke in begrenztem Umfang zulässig.
- Bei größeren und häufig auftretenden Unregelmäßigkeiten sind die entsprechenden Nahtbereiche nachzubessern.
- Fehlstellen sind generell nachzubessern.

Um im Einzelfall Unklarheiten während der Bauausführung zu vermeiden, empfiehlt es sich, die Kriterien für die äußere Beschaffenheit jeweils vor Baubeginn an einer ausreichend langen Musternaht/Schweißmuster festzulegen.

In Zweifelsfällen sind aus den gefügten Nähten Probestücke zu entnehmen, an denen dann weitere Eigenschaften untersucht werden.

4.3. Prüfung der Abmessungen

Es werden die kennzeichnenden Abmessungen der Naht an streifenförmigen Probekörpern aus der Naht oder an der Naht selbst ermittelt.

4.3.1. Awendungsbereich

Es können alle Nahtformen geprüft werden. Die Nahtabmessungen geben Hinweise zur Einstellung der Verfahrensparameter im Rahmen der Probeschweißungen. Sie erlauben Rückschlüsse auf das gleichmäßige Einhalten der Verfahrensparameter beim Schweißen.

4.3.2. Durchführung

Die Nahtabmessungen werden vorzugsweise an Probenahmen aus den Probeschweißungen oder an den Nahtenden ermittelt.

Diese Dickenmessungen werden nach DIN EN ISO 9863-1, Verfahren C, mit Messgeräten nach DIN 878 (Skalenteilung 0,01 mm) mit Kugelkalotte vorgenommen. Die Nahtbreiten werden mit einem Meßschieber mit einer Messgenauigkeit von 0,05 mm nach DIN EN ISO 862 ermittelt. Zusätzlich kann an den Überlappnähten die Gleichmäßigkeit der Fügewege über der gesamten Nahtlänge in regelmäßigen Abständen durch Dickenmessungen mit Ultraschall bestimmt werden.

Die Prüfung mit Ultraschall arbeitet nach dem Impuls-Echo-Verfahren. Das Prüfgerät besteht aus Prüfkopf und Basisgerät.

Die Prüfung kann erst erfolgen, wenn sich die Naht nach dem Schweißen wieder den Umgebungsbedingungen angepasst hat. Diese Konditionierungszeit liegt bei etwa 1 Stunde.

Die Naht muss breiter als der Prüfkopfdurchmesser und der Prüfbereich eben und sauber sein. Prüfkopfdurchmesser von 6-8 mm haben sich in der Praxis bewährt.

Vor Beginn der Prüfung wird das Gerät an planparallelen Platten aus dem gleichen Werkstoff und gleicher Temperatur wie die zu messenden Schweißnähte justiert und überprüft.

Als Prüfergebnisse werden die Dicken der Schweißnähte und der oberen und unteren Dichtungsbahn im Nahtbereich gemessen und daraus die Fügewege berechnet. Diese Ergebnisse sind zu dokumentieren.

Die Ultraschallprüfung wird von ausgebildeten Prüfern im Rahmen der Fremdprüfung durchgeführt.

4.3.3. Wertung der Prüfergebnisse

Es ist nachzuweisen, dass die Nahtabmessungen (alle Maße in mm) den Anforderungen in den **Tabellen 2** und **3** entsprechen.

Tabelle 2: Nahtabmessungen Überlappnähte (ÜN) mit/ohne Prüfkanal (siehe auch **Bild 1a**)

ÜN	DVS 2225-1	DVS 2225-3	DVS 2225-4	DVS 2225-5
Nenndicke d_o d_u in mm	≥1,5	≥1,5	≥2,5	≥2,0
Breite der Teilnähte b_n in mm	≥15	≥15	≥15	≥15
Breite des Prüfkanals in mm*	≥10	≥10	≥10	≥10
$\Delta d_{N1,2}$ = Fügeweg der Teilnähte	>0,0–0,6	0,2-0,6 für Bahnen < 2,0 mm 0,4-0,8 für Bahnen ≥ 2,0 mm	0,4-0,8	>0,0–0,6**
Überlappung vorne/hinten	vorn > 5 hinten > 40	vorn > 5 hinten > 40	vorn >5 hinten > 40	vorn > 5 hinten > 40
Δd_{N1}-Δd_{N2}	keine Anforderung	≤ 0,15	≤ 0,15	≤ 0,15

* Die Breite des Prüfkanals ist der konstruktionsabhängige Abstand zwischen den beiden Kontaktflächen des Heizkeiles. Eine Reduzierung der Prüfkanalbreite durch Schweißnahtaustrieb auf 5 mm ist zulässig. In jedem Fall ist eine Durchgängigkeit des Prüfkanals zwingend erforderlich.

** Wenn die Signalschicht nicht Teil der Dichtungsbahn ist, muss der Fügeweg größer als die Dicke der Signalschicht sein.

Tabelle 3: Nahtabmessungen für Auftragnähte (AN) (siehe auch **Bild 1b**)

AN	DVS 2225-1	DVS 2225-3	DVS 2225-4	DVS 2225-5
Nenndicke d_o d_u in mm	≥1,5	≥1,5	≥2,5	≥2,0
Breite der Naht in mm	≥25	≥30	≥30	≥25
Außenmittigkeit/ Versatz in mm	≤5	≤5	≤5	≤5
Nahtdickenfaktor	keine Anforderungen festzulegen	1,25–1,5 für Bahnen < 2,0 mm 1,25–1,75 für Bahnen ≥ 2,0 mm	PE 1,25–1,75	1,25–1,5
Überlappung in mm	≥40	≥40	≥40	≥40

4.4. Prüfung des Versagensverhaltens

Das Versagensverhalten wird an Stichproben unter zerstörender Zugschälbeanspruchung (Schälversuch) geprüft. Bei diesen Schälversuchen handelt es sich um Kurzzeitprüfungen zur qualitativen Beurteilung des Verformungs- und Versagensverhaltens der Naht.

4.4.1. Anwendungsbereich

Mit den Schälversuchen können alle Nahtformen geprüft werden. Die Versuche dienen zur Einstellung der Verfahrensparameter im Rahmen der Probeschweißungen durch die Überprüfung des Verformungs- und Versagensverhalten.

4.4.2. Durchführung der Prüfung

Die Schälversuche sind in Anlehnung an Richtlinie DVS 2226-3 an etwa 20 mm breiten Streifenproben durchzuführen. Bei gewebeverstärkten Bahnen werden größere Breiten empfohlen. Bei Überlappnähten mit Prüfkanal sind beide Teilnähte zu prüfen.

Als Probekörper werden Streifenproben senkrecht zur Naht entnommen. Die Streifenproben sind so zu entnehmen, dass jeweils ausreichende Einspannlängen entsprechend **Bild 2** vorhanden sind. In besonderen Fällen kann es erforderlich sein, ergänzende Prüfungen, bei denen die Schälkraft von der Innenseite des Prüfkanals aufgebracht wird, durchzuführen.

Die Prüfungen erfolgen an ausreichend abgekühlten Probekörpern mit baustellengerechten Prüfgeräten nach dem Stand der Technik, die eine zügige Lastaufbringung und eine gleichmäßige Verformungsgeschwindigkeit von 50 mm/min (PE und FPO) bzw. 100 mm/min (PVC) ermöglichen. Verformungen und Kräfte müssen im Rahmen dieser Prüfungen nicht gemessen werden. Bei Ermittlung des Schälwiderstandes an hochflexiblen Bahnen, muss die Kraft und die Probenkörperbreite gemessen werden.

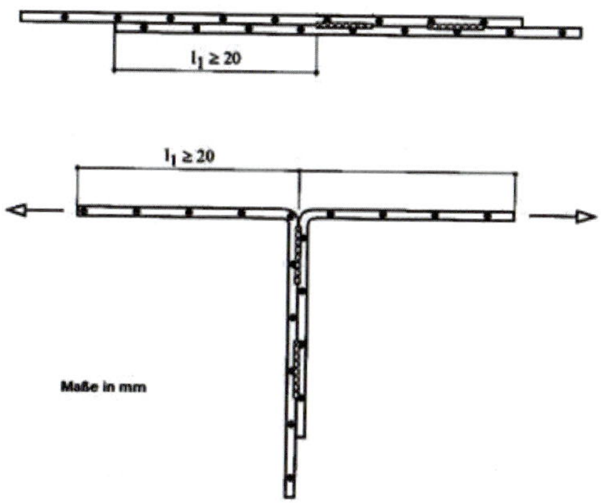

Bild 2: Probenahme und Beanspruchung beim Schälversuch

4.4.3. Wertung der Prüfergebnisse

Es wird das Verformungs- und Versagensverhalten qualitativ ermittelt. Es wird ermittelt, ob die bei der Schälbeanspruchung wirkenden Kräfte zum Aufschälen der Naht oder zu einem Verstrecken des Grundmaterials (GM) führen. Bei Einsatz eines Prüfgerätes mit Kraftanzeige kann der Schälwiderstand zusätzlich auch quantitativ bestimmt werden. Bei Verwendung hochflexibler Bahnen ist ein Prüfgerät mit Kraftanzeige erforderlich, wenn diese nicht im Grundmaterial verstrecken. In **Tabelle 4** ist das Verformungs- und Versagensverhalten gemäß der Richtlinienreihe DVS 2225 zusammengefasst.

Tabelle 4: Verformungs- und Versagensverhalten der Nähte (für Überlapp- und Auftragnähte, ÜN und AN)

DVS 2225-1	DVS 2225-3	DVS 2225-4	DVS 2225-5
FPO Verstrecken im GM, Verstrecken im GM nach begrenztem Schälen	Verstrecken im GM, Verstrecken im GM nach begrenztem Schälen	Verstrecken im GM, Verstrecken im GM nach begrenztem Schälen	3 x 15 mm breite Probestreifen, entsprechend der tatsächlichen Ausführung. Verstrecken im GM, Verstrecken im GM nach begrenztem Schälen
Restnahtbreite der Teilnaht >15 mm	Restnahtbreite der Teilnaht >15 mm	Restnahtbreite der Teilnaht >15 mm	Restnahtbreite der Teilnaht >15 mm
PVC Verstrecken im GM oder Aufschälen mit Schälwiderstand R_s >=6 N/mm PVC-P FPO			oder Aufschälen bei Handschweiß-nähten (WE/WU) mit Schälwiderstand R_s > = 6 N/mm PVC-P FPO

4.5. Prüfung auf Dichtigkeit

Bei der durchgehenden Prüfung der Nähte auf Dichtigkeit ist das Prüfverfahren auf die jeweilige Nahtform abzustimmen. Es sind nach **Tabelle 1** folgende Prüfverfahren anzuwenden:

Überlappnähte mit Prüfkanal
- Prüfung mit Druckluft

Auftragnähte
- Prüfung mit Vakuum
- Prüfung mit Hochspannung

4.5.1. Prüfung mit Druckluft

Die Druckluftprüfung dient zur Dichtigkeitsprüfung von Überlappnähten mit Prüfkanal (Doppelnähten) unter mechanischer Beanspruchung. Die Prüfbedingungen, wie Prüfdruck und Prüfdauer, sind auf den Bahnenwerkstoff, die Bahnendicke, die Prüfkanalabmessungen und die Temperatur abzustimmen. Die Prüfgeräte (Manometer) nach DIN EN 837-1 müssen der Prüfgeräteklasse 1.0 entsprechen. Der Messbereich soll nicht größer als 10 bar und die Anzeigegenauigkeit bzw. Skalierung nicht größer als 0,2 bar sein. Für weichelastische Bahnen muss die Anzeigegenauigkeit 0,1 bar sein.

4.5.1.1. Anwendungsbereich

Mit der Druckluftprüfung können Überlappnähte mit Prüfkanal auf voller Länge in einem Prüfvorgang zerstörungsfrei auf Dichtigkeit geprüft werden.

4.5.1.2. Durchführung

Die Prüfung sollte erst etwa 1 Stunde nach dem Schweißen erfolgen. An einem Ende der Naht wird die Vorrichtung zur Druckluftaufbringung mit Manometer und gegebenenfalls Druckschreiber montiert, die den Prüfkanal luftdicht verschließt. Hier wird die Druckluft eingegeben und zunächst die Durchgängigkeit der Naht geprüft. Das andere Ende der Naht wird luftdicht. z. B. durch Warmgasschweißen oder Klemmeinrichtungen, verschlossen. Der eigentliche Prüfdruck wird erst nach etwa einer Minute Vorbeanspruchung eingestellt, um Anfangsverformungen zu konditionieren. Dabei kann diese Vorbeanspruchung höher als der endgültige Prüfdruck sein.

Die Prüfzeit für die Druckluftprüfung beträgt zehn Minuten. Nach Ablauf der Prüfzeit wird der Prüfkanal am gegenüberliegenden Ende der Prüfrichtung geöffnet. Die Luft muss schlagartig entweichen und der Druckabfall an beiden Nahtenden kontrolliert werden. Bei nicht durchgängig prüfbaren Nähten sind die Nähte abschnittsweise zu prüfen. Bei nicht unmittelbar feststellbaren Fehlern sind entsprechend kürzere Prüflängen zu wählen, um die fehlerhaften Bereiche einzugrenzen. Der Druckverlauf über die Prüfzeit ist mittels Druckschreiber bei den Richtlinien DVS 2225-3 und DVS 2225-4 aufzuzeichnen Bei den Richtlinien DVS 2225-1 und DVS 2225-5 ist der Druck am Anfang und am Ende der Prüfzeit mindestens von Hand zu protokollieren.

Der Prüfdruck ist jeweils auf die Temperaturen, die Prüfkanalbreite sowie die Dicke und den Werkstoff der Dichtungsbahn abzustimmen. In **Bild 3** sind Prüfdrücke beispielhaft für zwei verschiedene Dichtungsbahnen als Funktion der Temperatur angegeben. Im Einzelfall sind entsprechende Berechnungen zur Bestimmung des Prüfdruckes in Abhängigkeit des Werkstoffs, der Bahnendicke und der Prüfkanalbreite vorzunehmen.

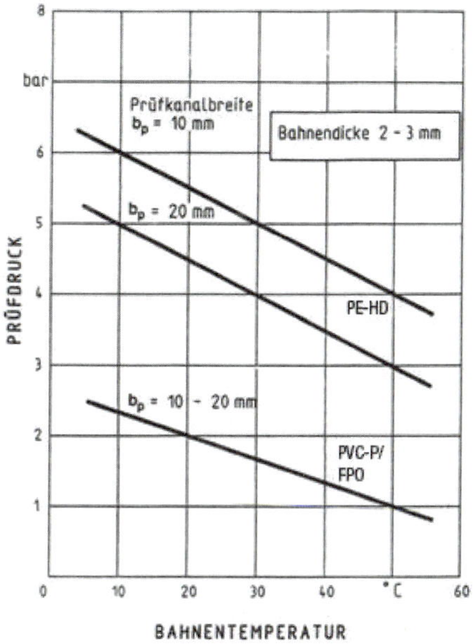

Bild 3: Prüfdruck als Funktion der Bahnentemperatur bei der Druckluftprüfung

4.5.1.3. Wertung der Prüfergebnisse

Die Naht gilt als dicht, wenn der Druck im Prüfkanal innerhalb der vorgegebenen Prüfdauer um nicht mehr als 10 % des Ausgangswertes abfällt.

4.5.2. Prüfung mit Vakuum

Die Prüfung erfolgt mit einer durchsichtigen Prüfglocke (zum Beispiel aus PMMA), die mit einer Vakuumpumpe verbunden ist. Die Glocke weist am Rand einen Anpressdichtring auf, damit der Prüfbereich luftdicht abgeschlossen werden kann. Bei der Prüfung wird ein Unterdruck in der Glocke erzeugt. Der Unterdruck ist auf den Bahnenwerkstoff, die Bahnendicke und die Abmessungen der Prüfglocke abzustimmen.

Die Manometer müssen nach DIN EN 472 der Prüfgeräteklasse 1.0 entsprechen. Der Messbereich soll nicht größer als der 2-fache Prüfdruck und die Skalierung nicht größer als 0,1 bar sein.

4.5.2.1. Anwendungsbereich

Mit der Vakuumprüfung können zerstörungsfrei Dichtigkeitsprüfungen von Auftragnähten schrittweise ausgeführt werden. An Kehlen, Kanten und Ecken sind entsprechend geformte Vakuumglocken zu verwenden.

4.5.2.2. Durchführung der Prüfung

Zwischen Schweißen und Prüfen sollte ein Konditionierungszeitraum von etwa 1 Stunde liegen. Der zu prüfende Nahtbereich ist mit einer blasenbildenden Flüssigkeit, zum Beispiel Seifenlauge, einzustreichen bzw. einzusprühen. Die Prüfglocke ist so aufzusetzen und anzudrücken, dass die zu prüfende Naht etwa mittig zur Achse der Prüfglocke liegt. Bei längeren Nahtabschnitten ist die Glocke entsprechend oft umzusetzen. Beim Versetzen der Glocke in längeren Prüfabschnitten ist eine Überschneidung der Prüfbereiche von etwa 10 cm einzuhalten. Weichelastische Bahnen, zum Beispiel aus PVC-P oder aus FPO, werden mit einem Unterdruck von 0,2 bar, steifere Bahnen mit einem Unterdruck von 0,5 bar geprüft. Diese Prüfdrücke (Unterdruck) müssen über einen Zeitraum von mindestens 10 s konstant gehalten werden.

Der Unterdruck wird auf dem Manometer angezeigt. Im Falle einer Undichtigkeit der Naht bilden sich Blasen. Diese Stellen sind zu markieren.

4.5.2.3. Wertung der Prüfergebnisse

Die Naht gilt als dicht, wenn sich der Unterdruck aufbaut und über die Prüfzeit konstant bleibt und im Bereich der Naht keine Blasenbildung auftritt.

4.5.3. Prüfung mit elektrischer Hochspannung

Dieses Prüfverfahren beruht auf dem Prinzip der Gasentladung beim Anlegen einer elektrischen Hochspannung an eine Entladungsstrecke. Die Prüfeinrichtung besteht aus einer Spannungsquelle und einer Bürsten- oder Stabelektrode. Das Verfahren setzt eine Gegenelektrode aus leitendem Material hinter dem Fügebereich der Schweißnaht voraus.

4.5.3.1. Anwendungsbereich

Grundsätzlich lassen sich mit diesem Verfahren alle Nahtformen durchgehend auf Dichtigkeit prüfen. Vorzugsweise wird die Prüfung bei Einfachnähten nur in Bereichen eingesetzt in denen aufgrund unebener Prüfflächen nicht mit Vakuum geprüft werden kann.

4.5.3.2. Durchführung

Der Nahtbereich muss trocken und frei von Verunreinigungen sein. Schmutzpartikel können eine Isolierschicht bilden und damit die Prüfung beeinträchtigen. Der Prüfbereich sollte abgeschattet werden, um Funkenentladungen besser sehen zu können. Die Prüfspannung ist auf den Werkstoff und die Dicke der Bahn sowie auf die Schweißnahtbreite abzustimmen. Für PE-HD-Bahnen ab einer Dicke von 2,0 mm liegt beispielsweise die zulässige Prüfspannung bei etwa 60 kV. Bei einer Prüfspannung von 60 kV ergibt sich in trockener Luft eine Schlagweite von etwa 15 mm. Damit können zum Beispiel etwa 30 mm breite Auftragnähte geprüft werden, wenn die Gegenelektrode in der Nahtmitte liegt, die Undichtigkeit durchgehend ist und nahezu senkrecht zur Naht verläuft. Bei höherer Luftfeuchte vergrößern sich die Schlagweiten.

Die Bürsten- oder Stabelektrode wird mit einer Geschwindigkeit von etwa 10 m/min über die Naht geführt. Es muss sichergestellt sein, dass sich die für den Funkenüberschlag notwendige Feldstärke aufbauen kann. Dazu ist vor der Nahtprüfung die Schlagweite zu bestimmen. Sie muss größer als die maximal mögliche Durchgangsstrecke sein. Zudem darf sie nicht so hoch sein, dass es zu einem Durchschlag durch die Dichtungsbahn kommt. Ein längeres Verweilen der Prüfelektrode an einer

Stelle (> 5 sec) ist unzulässig, da dies zu einer Perforation der Dichtungsbahn oder der Schweißnaht führen kann.

4.5.3.3. Wertung der Prüfergebnisse

Bei Undichtigkeiten tritt ein deutlicher Funkenüberschlag zwischen den Elektroden auf, der sichtbar und hörbar ist. Die Naht gilt als dicht, wenn keine deutliche Funkenentladung auftritt.

5. Grenzen der Prüfverfahren

Die in dieser Richtlinie beschriebenen Prüfungen haben jeweils Grenzen das Prüfergebnis betreffend. Die Prüfungen ergänzen sich nach Art und Umfang daher gegenseitig. Eine Aussage über alle Eigenschaften der Naht mit einem Prüfverfahren allein ist nicht möglich.

5.1. Grenzen bei der Beurteilung der äußeren Beschaffenheit

Bei der durchgehenden Prüfung der äußeren Beschaffenheit durch Inaugenscheinnahme kann der Nahtverlauf einfach beurteilt werden. Die äußere Beschaffenheit einer Überlappnaht (ausreichende Überlappung, Schmelzeaustrieb, Kerben und Riefen neben der Naht) lässt sich zerstörungsfrei nur von oben und an der vorderen, oberen Überlappung kontrollieren. Auch die durchgehende Dichtigkeit einer Schweißnaht kann dadurch nicht abgeleitet werden.

Bei Auftragnähten können Überhöhungen der Naht durch zu viel aufgetragenen Schweißzusatz mit Durchzeichnungen der Naht (thermischer Überbeanspruchung der Dichtungsbahn) verwechselt werden. In Zweifelsfällen wird eine Probeentnahme aus der Naht empfohlen. Eine gleichmäßige äußere Beschaffenheit ohne Poren, Blasen, Schlieren, Riefen und Kerben lässt allein keine Rückschlüsse zur Festigkeit und Dichtigkeit zu.

5.2. Grenzen bei der Beurteilung der Nahtabmessungen

Mit der stichprobenartigen Prüfung der Nahtabmessungen an den Probenahmen aus den Nahtenden bzw. den Probeschweißungen ist keine Aussage über die gesamte Nahtlänge möglich. Insbesondere Auftragnähte können im Nahtverlauf große Unterschiede der Abmessungen aufweisen. In Zweifelsfällen (insbesondere Schweißnahthöhe und Außermittigkeit) wird eine Probeentnahme aus der Schweißnaht empfohlen.

Bei Überlappnähten als Doppel- oder Einfachnaht kann mit der ergänzenden Ultraschallprüfung der Fügeweg über die „gesamte" Nahtlänge (Nahtverlauf, nicht nur an den Nahtenden) geprüft und eine Gleichmäßigkeit beurteilt werden. Bei der an einer Naht in kurzer Zeit durchführbaren Prüfung sollten gleichmässige Witterungsbedingungen herrschen. Geringe Abweichungen zwischen von Hand gemessenen Werten und den mit Ultraschall ermittelten Werten durch konkav oder konvex geformte Nahtoberflächen sind für die Beurteilung der Gleichmässigkeit vernachlässigbar.

Allein durch gleichmässige Nahtabmessungen sind keine Aussagen zur Nahtdichtigkeit und Nahtfestigkeit über die gesamte Nahtlänge möglich.

5.3. Grenzen bei der Beurteilung des Versagenverhaltens

Aussagen zur Nahtfestigkeit über die gesamte Länge der Schweißnähte sind durch die Prüfung der Probeschweißungen allein nicht möglich. Diese dienen in erster Linie zur Kontrolle der Schweißparameter.

Mit den Probeentnahmen aus jedem Nahtende lässt sich die Qualität einer Naht genauer beurteilen. Es wird empfohlen, aus exponierten Bereichen mit besonderen Witterungseinflüssen zusätzliche

Proben zur Absicherung der Nahtqualität zu entnehmen. Insbesondere bei Auftragnähten, bei denen in der Regel keine Probeentnahmen aus Nahtenden erfolgen, werden aufgrund des starken Einflusses der Witterung in Zweifelsfällen Probeentnahmen aus der Naht empfohlen.

Allein durch das Prüfen der Proben aus den Probeschweißungen und den Nahtenden sind keine Aussagen zur Nahtdichtigkeit und zur Nahtfestigkeit über die gesamte Nahtlänge möglich.

5.4. Grenzen bei der Beurteilung der Nahtdichtigkeit

Die Prüfung der Überlappnähte mit Druckluft kann durch sehr starke Bahnentemperaturschwankungen beeinflusst werden, und ist gegebenenfalls zu wiederholen.

Die Prüfung der Nahtdichtigkeit bei Auftragnähten mit der Vakuumprüfglocke ist nur bei einem entsprechenden, ebenen Untergund möglich.

In den Bereichen bei denen eine Prüfung mit Vakuum nicht möglich ist, ist rechtzeitig auf die Vorbereitung der Nähte mit einem elektrisch leitfähigen Schweißdraht oder dünnem Metalldraht in der Nahtwurzel für die Prüfung mit elektrischer Hochspannung zu achten. Aufgrund einer möglichen Schwächung der Nahtfestigkeit durch den eingelegten Draht, sollten die Prüfungen mit elektrischer Hochspannung nur auf die anders nicht prüfbaren Bereiche beschränkt bleiben, weil auch die Aussagekraft der Prüfung bei falsch liegendem Schweiß- oder Metalldraht eingeschränkt ist.

Bei einem abgelösten Draht, der sich in das plastische Extrudat drückt und darin vollständig eingeschlosssen wird, ist eine Undichtigkeit der Naht nicht mehr feststellbar. Dagegen sind vermeintliche Fehlstellen oft nur abgelöste, an die Nahtoberfläche gedrückte Drähte.

Mit der durchgehenden Prüfung der Nahtdichtigkeit ist keine Aussage zur Nahtfestigkeit der Schweißnähte über die gesamte Nahtlänge möglich. Die Druckluftprüfung ist eine Dichtigkeitsprüfung unter mechanischer Beanspruchung. Die mechanische Beanspruchung bei der Prüfung lässt nur bedingt Rückschlüsse auf die Nahtfestigkeit zu.

6. Prüfprotokolle

Die Ergebnisse der Baustellenprüfungen sind in Prüfprotokollen festzuhalten. Im **Anhang A** sind für die verschiedenen Nahtformen Prüfprotokolle gezeigt

Diese Protokolle sind im Rahmen der Eigenprüfung durch den Verleger arbeitstäglich zu führen und zu unterzeichnen, durch die Fremdprüfung und/oder die Fachbauleitung auf Vollständigkeit und Plausibilität zu prüfen, gegenzuzeichnen und einer Schlussdokumentation beizufügen.

7. Schrifttum

Normen

DIN EN ISO 862	Grenzflächenaktive Verbindungen – Begriffe
DIN EN ISO 9863-1	Geokunststoffe – Bestimmung der Dicke unter festgelegten Drücken – Teil 1: Einzellagen
DIN EN 472	Druckmessgeräte – Begriffe
DIN EN 837-1	Druckmessgeräte – Teil 1: Druckmessgeräte mit Rohrfedern; Maße, Messtechnik, Anforderungen und Prüfung
DIN 878	Geometrische Produktspezifikation (GPS) – Mechanische Messuhren – Grenzwerte für Messabweichungen

DVS-Regelwerke

Richtlinie DVS 2225-1	Schweißen von Dichtungsbahnen aus polymeren Werkstoffen im Erd- und Wasserbau
Richtinie DVS 2225-3	Schweißen von Dichtungsbahnen aus Polyethylen (PE) bei Grundwasserschutzmaßnahmen
Richtlinie DVS 2225-4	Schweißen von Dichtungsbahnen aus Polyethylen (PE) für die Abdichtung von Deponien und Altlasten
Richtlinie DVS 2225-5	Schweißen von Dichtungsbahnen aus thermoplastischen Kunststoffen im Tunnelbau
Richtlinie DVS 2226-1	Prüfen von Fügeverbindungen an Dichtungsbahnen aus polymeren Werkstoffen – Prüfverfahren, Anforderungen
Richtlinie DVS 2226-2	Prüfen von Fügeverbindungen an Dichtungsbahnen aus polymeren Werkstoffen – Zugscherversuch
Richtlinine DVS 2226-3	Prüfen von Fügeverbindungen an Dichtungsbahnen aus polymeren Werkstoffen - Schälversuch
Richtlinie DVS 2226-4	Prüfen von Fügeverbindungen an Dichtungsbahnen aus polymeren Werkstoffen – Zeitstand-Zugversuch an Polyethylen

Anhang A: Beispiele für Prüfprotokolle

Blatt A 1: Prüfprotokoll für Überlappnähte mit Prüfkanal

Prüfprotokoll für Überlappnähte mit Prüfkanal			**Nr.**
Bauvorhaben:		Verlegefirma:	
Dichtungsbahn:		Nenndicke:	mm
Fügeverfahren:		Naht-Nr.:	

I. Äußere Beschaffenheit

Station:	Nahtverlauf:	Wulstausbildung:	Kerben und Riefen:	Bemerkung:

II. Abmessungen (mm)

$\Delta d_{N1} = (d_o + d_u) - d_{N1}$

$\Delta d_{N2} = (d_o + d_u) - d_{N2}$

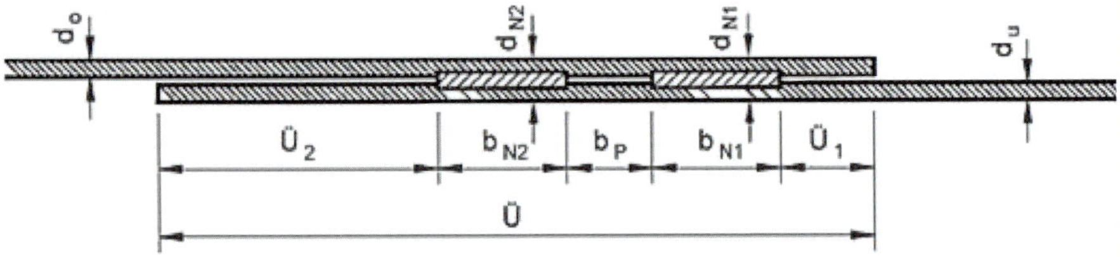

Station:	$Ü_1$	$Ü_2$	b_{N1}	b_{N2}	b_P	d_o	d_u	$d_o + d_u$	d_{N1}	d_{N2}	Δd_{N1}	Δd_{N2}	Bemerkung:

III. Versagensverhalten im Schälversuch ☐ mit Kraftanzeige ☐ ohne Kraftanzeige

Station:	Probenbreite (mm):	Höchstzugkraft (N):	Verformungs- und Versagensverhalten:	Beurteilung:	Bemerkung:

IV. Dichtigkeit – Druckluftprüfung

Station:	Prüfparameter: Druck: _______ bar Dauer: _________ min Temperatur der Bahn: _____ °C Druckabfall: < 10%						
	Breite b_P	Prüfbeginn:		Prüfende:		Differenz:		Bemerkung:
		Uhrzeit:	bar:	Uhrzeit:	bar:	bar:	Zeit:	

Prüfer:	Bauleiter/Vorarbeiter (Fachverlegefirma):	Bauüberwachung/Fremdprüfer:
Datum Unterschrift	Datum Unterschrift	Datum Unterschrift

Blatt A 2: Prüfprotokoll für Überlappnähte ohne Prüfkanal

Prüfprotokoll für Überlappnähte ohne Prüfkanal			**Nr.**
Bauvorhaben:		Verlegefirma:	
Dichtungsbahn:		Nenndicke:	mm
Fügeverfahren:		Naht-Nr.:	

I. Äußere Beschaffenheit

Station:	Nahtverlauf:	Wulstausbildung:	Kerben und Riefen:	Bemerkung:

II. Abmessungen (mm)

$\Delta d_{N1} = (d_o + d_u) - d_{N1}$

$\Delta d_{N2} = (d_o + d_u) - d_{N2}$

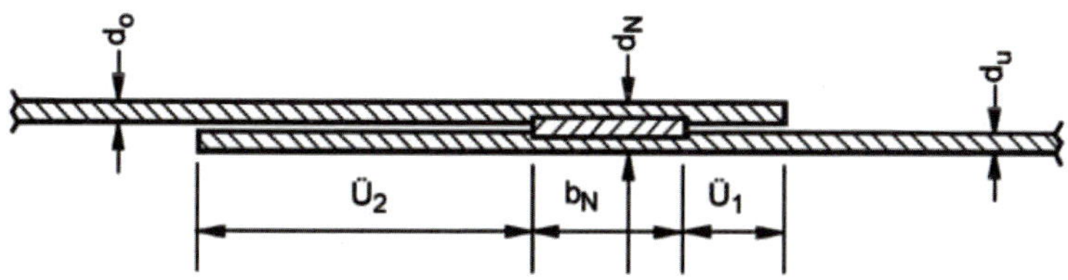

Station:	$Ü_1$	$Ü_2$	b_{N1}	b_{N2}	b_P	d_o	d_u	$d_o + d_u$	d_{N1}	d_{N2}	$\Delta\ d_{N1}$	$\Delta\ d_{N2}$	Bemerkung:

III. Versagensverhalten im Schälversuch ☐ mit Kraftanzeige ☐ ohne Kraftanzeige

Station:	Probenbreite (mm):	Höchstzugkraft (N):	Verformungs- und Versagensverhalten:	Beurteilung:	Bemerkung:

IV. Dichtigkeit – Druckluftprüfung

Station:	Prüfparameter: Druck: ________ bar Dauer: __________ min Temperatur der Bahn: _____ °C Druckabfall: < 10%						
	Breite b_P	Prüfbeginn:		Prüfende:		Differenz:		Bemerkung:
		Uhrzeit:	bar:	Uhrzeit:	bar:	bar:	Zeit:	

Prüfer:		Bauleiter/Vorarbeiter (Fachverlegefirma):		Bauüberwachung/Fremdprüfer:	
Datum	Unterschrift	Datum	Unterschrift	Datum	Unterschrift

Blatt A 3: Prüfprotokoll für Auftragnähte

Prüfprotokoll für Auftragnähte			**Nr.**
Bauvorhaben:		Verlegefirma:	
Dichtungsbahn:		Nenndicke:	mm
Fügeverfahren:		Naht-Nr.:	

I. Äußere Beschaffenheit

Station:	Nahtverlauf:	Wulstausbildung:	Kerben und Riefen:	Bemerkung:

II. Abmessungen (mm)

$f_{NA} = d_N / (d_o + d_u)$

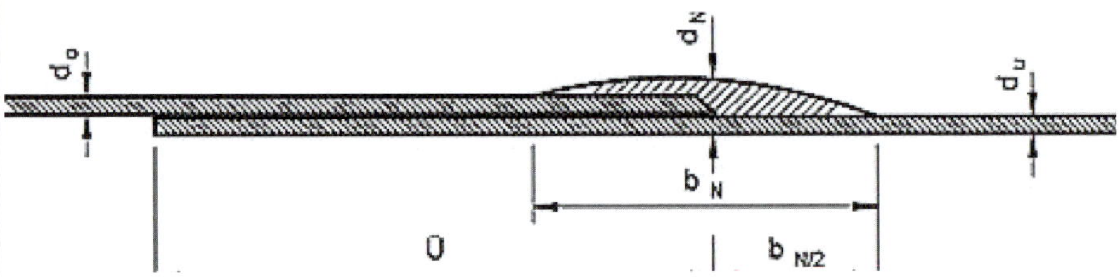

Station:	Ü	b_N	b_{N2}	d_o	d_u	$d_o + d_u$	d_N	f_{NA}	Bemerkung:

III. Versagensverhalten im Schälversuch ☐ mit Kraftanzeige ☐ ohne Kraftanzeige

Station:	Probenbreite (mm):	Höchstzugkraft (N):	Verformungs- und Versagensverhalten:	Beurteilung:	Bemerkung:

IV. Dichtigkeit

Station:	Vakuum:	Hochspannung:	Bemerkung:
	Untedruck: _____ bar Zeitdauer_____ s	Gerätetyp: _________ Spannung: _____kV	

Prüfer:	Bauleiter/Vorarbeiter (Fachverlegefirma):	Bauüberwachung/Fremdprüfer:
Datum Unterschrift	Datum Unterschrift	Datum Unterschrift

Entwurf

Januar 2026

Richtlinie DVS 2225-3
Vorgesehen als Ersatz für Ausgabe: Oktober 2019

DVS VERBAND

Richtlinie DVS 2225-3

Schweißen von Dichtungsbahnen aus Polyethylen (PE) bei Grundwasserschutzmaßnahmen im Erd- und Wasserbau

Ausschuss für Technik im DVS

Arbeitsgruppe W 4 „Fügen von Kunststoffen“

Untergruppe W 4.7 „Kunststoff-Folien und -Bahnen“

Der Entwurf dieser Richtlinie steht der Öffentlichkeit zur Ansicht und Kommentierung zur Verfügung.
Einsprüche und Änderungsvorschläge können online über das **DVS-Regelwerksportal (www.dvs-regelwerk.de)** eingereicht werden.

Hrsg: DVS Media GmbH · Aachener Straße 172 · 40223 Düsseldorf · media@dvs-media.info · www.dvs-media.eu

Bezug: DIN Media GmbH · Am DIN-Platz · Burggrafenstraße 6 · 10787 Berlin · Tel.: +49 30 58 88 57 00 - 00 · kundenservice@dinmedia.de · www.dinmedia.de

Inhalt

Dieser Text richtet sich an Männer und Frauen in gleichem Maße. Zur besseren Lesbarkeit wurde im Text jedoch auf die durchgängige Formulierung in männlicher/weiblicher Form verzichtet und es wird nur die männliche Form genannt.

1. Geltungsbereich

Mit dieser Richtlinie soll den zuständigen Behörden, den Auftraggebern, den Ausführenden und dem Qualitätsmanagement eine Anleitung für die Durchführung der Fügearbeiten und Schweißnahtprüfungen auf der Baustelle gegeben werden.

Grundwasserschutzmaßnahmen im Sinne des Wasserhaushaltgesetzes (WHG) sind Auskleidungen von Erdbecken, Bauwerksabdichtungen und Behälterauskleidungen als Auffangräume und Dichtflächen für Anlagen zum Lagern, Abfüllen und Umschlagen sowie Herstellen, Behandeln und Verwenden von wassergefährdenden Stoffen und Flüssigkeiten. Diese Richtlinie gilt weiter auch für sonstige Maßnahmen im Erd- und Wasserbau.

Die Richtlinie berücksichtigt die hohen Anforderungen, die bei diesen Anwendungen an die Güte der Schweißverbindung und damit an die werkstoff- und fachgerechte Ausführung zu stellen sind.

Sie gibt darüber hinaus Hinweise für die Verlegung der Dichtungsbahnen sowie für die konstruktive Gestaltung von Schweißverbindungen zwischen den Dichtungsbahnen und Bauteilen aus Polyethylen.

Gemäß Wasserhaushaltsgesetz (WHG) dürfen Arbeiten nur von durch Sachverständigenorganisationen oder Güteschutzgemeinschaften nach WHG-zertifizierten Fachbetrieben ausgeführt werden.

2. Dichtungsbahnen

Dichtungsbahnen im Sinne dieser Richtlinie sind industriell gefertigte Kunststoffdichtungsbahnen aus PE für Anwendungen nach DIN EN 13361, DIN EN 13362, DIN EN 13491, DIN EN 13492, DIN EN 13493 und DIN EN 15382.

Für die Anwendung bei Grundwasserschutzmaßnahmen im Geltungsbereich des Wasserhaushaltsgesetzes müssen die Dichtungsbahnen über allgemein bauaufsichtliche Zulassungen des DIBt, Berlin, als Halbzeugzulassung oder für besondere Bauarten über eine Systemzulassung verfügen. Die Dichtungsbahnen müssen mit der Zulassungsnummer gekennzeichnet sein.

Die Lieferqualität der Dichtungsbahnen ist durch Abnahmeprüfzeugnisse DIN EN 10204-3.1 vom Hersteller/Lieferanten zu dokumentieren. Gleiches gilt für benötigte Schweißzusätze und in das Dichtungssystem integrierte Halbzeuge bzw. Bauteile aus Polyethylen.

Es dürfen nur Dichtungsbahnen verwendet werden, die für die jeweilige Verwendung zugelassen sind. Zugelassene Dichtungsbahnen müssen entsprechend Zulassungsbescheid gekennzeichnet sein.

Dichtungsbahnen aus PE bestehen aus unvernetzten Makromolekülen und weisen eine teilkristalline Molekülstruktur auf. Sie können durch Wärme plastifiziert werden und werden ausschließlich durch Schweißen gefügt.

Für die in dieser Richtlinie beschriebenen Dichtungsbahnen ist eine Nenndicke von mindestens 1,5 mm vorgeschrieben. Die Dichtungsbahnen sind im Regelfall homogen aus einem Werkstoff aufgebaut. Für besondere Anwendungen können durch Coextrusion Signalschichten oder elektrisch leitfähige Schichten an Ober- und/oder Unterseite der Dichtungsbahnen produziert sein.

3. Konstruktive Einzelheiten

3.1. Nahtformen

Die Dichtungsbahnen werden grundsätzlich überlappt verlegt (Überlappstoß). Bei den Fügenähten wird entsprechend der **Bilder 1a** und **1b** unterschieden in Überlappnähte mit Prüfkanal und in Auftragnähte.

Die Überlappnähte mit Prüfkanal werden durch Heizkeilschweißen hergestellt. Die Breite der Teilnähte muss jeweils mindestens 15 mm, die Breite des Prüfkanals mindestens 10 mm betragen. Eine Reduzierung der Prüfkanalbreite durch Schweissnahtaustrieb auf 5 mm ist zulässig. In jedem Fall ist eine Durchgängigkeit des Prüfkanals zwingend erforderlich.

Die Auftragnähte werden durch Warmgasextrusionsschweißen hergestellt. Die Breite der Auftragnaht muss mindestens 30 mm betragen. Die Lage der Nahtmitte darf, bezogen auf die Kante der oberen Dichtungsbahn, nicht mehr als 5 mm abweichen.

3.2. Verlegung der Dichtungsbahnen

Die Arbeiten dürfen nur von Fachbetrieben ausgeführt werden.

Für das Schweißen sind ausschließlich nach Richtlinie DVS 2212-3 in den entsprechenden Untergruppen ausgebildete und geprüfte Fachkräfte einzusetzen.

Für das Verlegen der Dichtungsbahnen sind folgende Verlegegrundsätze zu berücksichtigen:

Der Anteil an Schweißnähten ist durch Vorplanung und ein Einbaukonzept in Abstimmung mit den vorlaufenden und nachfolgenden Gewerken zu minimieren. Dazu ist das Einbaukonzept mit Darstellung aller geplanten Schweißnähte und Schweißnahtformen zeichnerisch darzustellen.

Die Dichtungsbahnen sind möglichst so zu verlegen, dass keine Kreuzstöße entstehen. Unvermeidliche Kreuzstöße sind mit Zuschnitten abzudecken.

T-Stöße müssen untereinander einen Abstand von mindestens 0,15 m aufweisen.

Auf Böschungen sind die Dichtungsbahnen vornehmlich in Falllinie zu verlegen und die Schweißnähte in dieser Richtung anzuordnen. Quernähte sind nicht generell ausgeschlossen, sie sollten jedoch auf ein Mindestmaß reduziert werden. In jedem Fall ist besonders Augenmerk auf die fachgerechte Ausführung (Nahtvorbereitung, Schweißen, Prüfen) zu legen.

Schweißnähte sind vor Wänden oder anderen im Dichtungssystem stehenden Bauteilen mit ausreichend Abstand zur Kehle bzw. dem Bauteil, im Regelfall mindestens 0,3 m, anzuordnen. Bei Schweißnähten, die bis in Ecken oder an aufgehende Wände zu führen sind, ist darauf zu achten, dass die für diesen Bereich vorgefertigten, in der Regel aus Dichtungsbahnen warmgekanteten Winkel bis in die Ecken untereinander ausreichend überlappt werden, um fachgerechte Auftragnähte (**Bild 1b**) herstellen zu können.

Das Auflageplanum muss eben und frei von abrupten Höhenänderungen/Absätzen sowie standfest, homogen, feinkörnig und geschlossen sein. Bei Betonuntergründen sind Anforderungen nach DIN EN 14879-1 und -5 einzuhalten. Korngrößen von > 2 mm müssen eben in das Planum eingearbeitet sein. Können die Anforderungen nicht eingehalten werden, sind zusätzliche Schutzlagen aus Geotextilien oder steinfreiem Sand herzustellen.

Hinweis: Eine Verdichtung einer 5-10 cm dicken Sandschutzschicht erfolgt nicht.

3.3. Anschluss an Bauteile aus Polyethylen

Der Anschluss der Dichtungsbahnen an vergleichsweise dickwandige Bauteile aus PE, wie Rohrdurchführungen, Wandbefestigungen oder Pumpensümpfe, erfolgt über Auftragnähte mittels Warmgasextrusionsschweißen über PE-Anschlussplatten. Da die PE-Anschlussplatten in einer Dicke von mindestens 5 mm an die Dichtungsbahnen geschweißt werden, die in der Regel aus einer Formmasse mit geringerer Schmelze-Massefließrate (MFR) als die Dichtungsbahnen bestehen, ist die Schweißeignung durch Kurzzeitschälversuche unter einem Winkel von 90° nachzuweisen. Es empfiehlt sich, als Schweißzusatz die Formmasse mit dem höheren MFR-Wert zu wählen. Um für beide Fügeteile gleiche Oberflächenzustände für den Schweißvorgang zu schaffen, kann es erforderlich sein, die PE-Platten mittels Warmgas gesondert thermisch vorzubehandeln.

Es ist darauf zu achten, dass die Anschlüsse in der Ebene der Dichtungsbahnen liegen.

In den **Bildern 1a-b** ist dargestellt wie die Nahtformen einer Überlappnaht und Auftragnaht auszuführen sind.

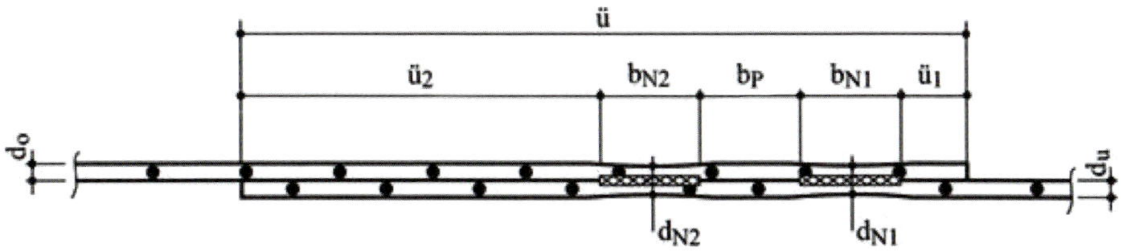

Bahnendicke (d_o, d_u)	≥ 1,5 mm
Überlappung vorn ($ü_1$)	≥ 5,0 mm
	≥ 40,0 mm
Überlappung hinten ($ü_2$)	≥ 15,0 mm
Breite der Teilnähte (b_{N1}, b_{N2})	≥ 10,0 mm
Breite des Prüfkanals (b_P)	≥ (d_o + d_u) - 0,8 mm (für PE ≥ 2,0 mm)
Dicke der Naht (d_{N1}, d_{N2})	≥ (d_o + d_u) - 0,6 mm (für PE < 2,0 mm)
	≤ (d_o + d_u) - 0,4 mm ((PE ≥ 2,0 mm)
Gesamtüberlappung (ü)	≤ (d_o + d_u) - 0,2 mm (PE < 2,0 mm)

Bild 1a: Nahtformen einer Überlappnaht mit Prüfkanal

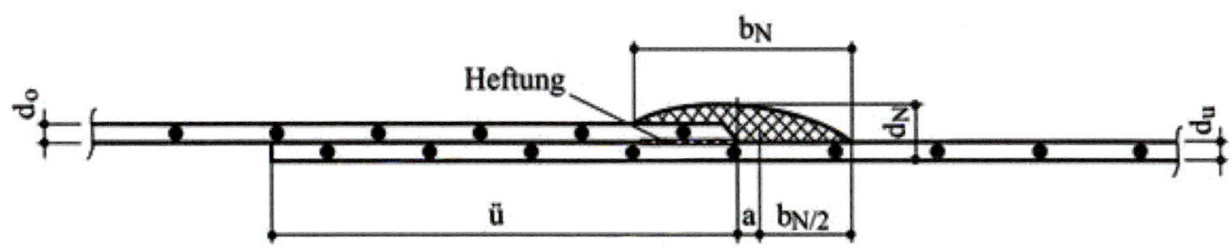

Bahnendicke (d_o, d_u)	≥ 1,5 mm
Überlappung (ü)	≥ 40,0 mm
Breite der Naht (b_N)	≥ 30,0 mm
Außermittigkeit, Versatz (a)	≤ 5,0 mm
Dicke der Naht (d_N)	≥ 1,25 x (d_o + d_u);
	≤ 1,75 x (d_o + d_u) (PE ≥ 2,0 mm)
	≤ 1,50 x (d_o + d_u) (PE < 2,0 mm)

Bild 1b: Ausführung einer Auftragnaht

4. Schweißverfahren

4.1. Allgemeine Hinweise

Als baustellengerechte Fügeverfahren für Dichtungsbahnen aus PE werden das Heizkeilschweißen und das Warmgasextrusionsschweißen eingesetzt.

Diese Verfahren unterscheiden sich prinzipiell in der Erwärmung des Fügebereiches (Plastifizierung), in der Aufbringung der Fügekraft und in der Schweißnahtgeometrie.

Für das Heizkeilschweißen (HH) werden ausschließlich Schweißmaschinen, für das Warmgasextrusionsschweißen (WE) ausschließlich Handschweißgeräte verwendet.

Das Heizkeilschweißen kann mit elektrisch beheizten oder mit durch Warmgas beheizten Heizkeilen erfolgen.

Diese Richtlinie geht grundsätzlich davon aus, dass Dichtungsbahnen der gleichen Formmasse miteinander geschweißt werden. Ist das nicht der Fall, so ist die Schweißeignung besonders nachzuweisen.

Diese Richtlinie geht weiter grundsätzlich davon aus, dass beim Heizkeilschweißen die Dichtungsbahnen im Fügebereich glatt sind und bei strukturierten Dichtungsbahnen die Oberflächenstrukturen im Fügebereich mechanisch entfernt werden.

Auf das Entfernen der Strukturen kann beim Heizkeilschweißen nur dann verzichtet werden, wenn unter baustellengerechten Bedingungen die Schweißeignung nachgewiesen wird.

Schweißparameter

Der Schweißvorgang lässt sich mit den folgenden drei Schweißparametern beschreiben:

- Temperatur (Heizkeil, Warmgas, Extrudat)
- Geschwindigkeit
- Kraft (Fügedruck)

Diese drei Parameter beeinflussen sich gegenseitig und sind daher aufeinander abzustimmen.

Die Schweißparameter müssen auf die Dichtungsbahn (Werkstoff, Dicke, Oberflächenstruktur, Temperatur) und auf die während des Schweißens herrschenden Umgebungsbedingungen abgestimmt werden.

Für die Qualität der Schweißverbindung ist es entscheidend, die Schweißparameter richtig zu wählen. Vor dem Beginn der Schweißarbeiten sind daher die Parameter anhand von Probeschweißungen auf die aktuellen Baustellenbedingungen abzustimmen.

4.2. Ausführung der Schweißarbeiten

4.2.1. Allgemeine Hinweise

Für das Schweißen sind ausschließlich nach Richtlinie DVS 2212-3 in den entsprechenden Untergruppen ausgebildete und geprüfte Fachkräfte einzusetzen.

Die Fügeflächen müssen trocken und frei von Verunreinigungen sein. Die durch Witterung und Oxidation beeinflusste Schicht muss mechanisch abgearbeitet werden, wenn sie nicht beim Schweißvorgang aus dem Bereich der Fügeflächen herausgedrückt wird. Bei Auftragnähten muss außerdem die Stirnfläche der oberen Dichtungsbahn angeschrägt werden.

Die Ausführung von T-Stößen mit Schweißmaschinen verlangt eine besondere Vorbereitung des Schweißnahtbereiches. An der bereits gefertigten Naht sind beide Überlappungen sowie die hintere Teilnaht sorgfältig abzuarbeiten. Der Übergang von der oberen auf die untere Bahn erfolgt in der vorderen Teilnaht. Dieser Übergangsbereich soll durchgehend etwa die Dicke der Dichtungsbahn aufweisen.

Die Umgebungsbedingungen können den Schweißvorgang und damit die Qualität der Verbindung wesentlich beeinflussen. Es ist Folgendes zu beachten:

- Bei Niederschlägen und zu hoher Luftfeuchtigkeit darf nicht geschweißt werden.
- Bei Temperaturen unterhalb von + 5 °C darf ohne besondere Vorkehrungen und Nachweise nicht geschweißt werden.
- Ab einer relativen Luftfeuchtigkeit von 80 % muss die Oberflächentemperatur mindestens 3 K über dem Taupunkt liegen.
- Beim Warmgasextrusionsschweißen muss der Untergrund so beschaffen sein, dass der erforderliche Fügedruck aufgebracht werden kann.

Beim Schweißen müssen generell die Fügeflächen und gegebenenfalls die Schweißzusätze auf die für den jeweiligen Werkstoff erforderliche Schweißtemperatur gebracht werden. Dabei sollen nur die oberflächennahen zu schweißenden Bereiche erwärmt werden, um die Wärmeausdehnung im Fügebereich möglichst gering zu halten.

4.2.2. Schweißprotokolle

Die Schweißparameter und die Umgebungsbedingungen sind in Schweißprotokollen festzuhalten. Mit diesen Protokollen muss eine Zuordnung zum Schweißer, zu den Schweißmaschinen und -geräten (Typ und Kennzeichnung) und zur Naht sichergestellt sein. Sie sind durch die Fremdprüfung fachtechnisch und auf Vollständigkeit zu prüfen und gegenzuzeichnen. Die **Anhänge A 1** und **A 2** im Anhang A zeigen Muster für Schweißprotokolle.

4.2.3. Heizkeilschweißen

Mit dem maschinellen Heizkeilschweißen werden Überlappnähte mit Prüfkanal hergestellt. Es ist durch folgende Merkmale gekennzeichnet:

- Es wird ohne Schweißzusatz geschweißt.
- Der Heizkeil wird entweder elektrisch oder mit Warmgas beheizt.
- Die Fügeflächen werden durch direkten Kontakt mit dem elektrisch oder luftbeheizten Heizkeil erwärmt und oberflächlich aufgeschmolzen (plastifiziert).
- Die Formatierung erfolgt bündig.
- Die Fügekraft wird unmittelbar nach dem Aufschmelzen der Fügeflächen aufgebracht.
- Die Schweißmaschinen sind mit einem beidseitig gleichwirkenden Andrucksystem zum Aufbringen der Fügekraft ausgerüstet.
- Schweißgeschwindigkeit, Heizkeiltemperatur bzw. Warmgastemperatur und Fügekraft müssen getrennt einstellbar sowie steuer- oder regelbar sein.
- Heizkeiltemperatur bzw. Warmgastemperatur, Fügekraft und Schweißgeschwindigkeit werden entsprechend dem Bahnenwerkstoff, der Bahnendicke und den äußeren Bedingungen eingestellt.

In der Praxis wird mit folgenden Maschineneinstellungen (Schweißparametern) geschweißt:

- Heizkeiltemperatur 300 bis 420 °C (Warmgastemperatur: 400 bis 560 °C)
- spezifische Fügekraft 20 bis 40 N/mm effektive Rollenbreite
- Schweißgeschwindigkeit 0,8 bis 2,5 m/min

4.3. Warmgasextrusionsschweißen

Mit dem Warmgasextrusionsschweißen von Hand werden Auftragnähte hergestellt. Es ist durch folgende Merkmale gekennzeichnet:

- Der Schweißzusatz wird in einer Plastifiziereinheit (Extruder) plastifiziert und als Strang über die Düse und den Schweißschuh aufgebracht.
- Die Fügeflächen werden durch Warmgas (Luft) erwärmt und aufgeschmolzen (plastifiziert).
- Der Fügedruck wird bei Aufbringen des Schweißzusatzes über den Schweißschuh aufgebracht.
- Es wird mit einem Schweißzusatz aus artgleichem Grundmaterial geschweißt.
- Extrudattemperatur und Warmgastemperatur müssen getrennt regelbar sein.

Das Warmgasextrusionsschweißen ist auf schwer zugängliche Nahtbereiche, spezielle Anschlüsse und Nachbesserungsarbeiten zu beschränken. Bei Nähten am Böschungsfuß, bei der Häufung von T-Stößen und bei kurzen Nahtlängen kann es sinnvoll sein, dieses Verfahren einzusetzen.

Der vom Extruder im Schweißschuh entwickelte Masseschub schiebt das Gerät vorwärts und bestimmt die Schweißgeschwindigkeit. Das Gerät ist so zu führen und der Fügedruck so aufzubringen, dass möglichst kein Extrudat zur Seite austritt. Die Auftragnaht soll zu den Rändern hin nahezu ohne Wulst auslaufen.

Als Schweißzusatz ist die gleiche Formmasse wie die der Dichtungsbahn zu verwenden. Bei Abweichungen ist die Schweißeignung nachzuweisen.

Die Stirnfläche der oberen Dichtungsbahn ist im Winkel von etwa 45° anzuschrägen. Bei diesen Arbeiten ist darauf zu achten, dass die Dichtungsbahn durch Kerben und Riefen nicht geschädigt wird.

Vor dem Fügen sind die Dichtungsbahnen mit Warmgas zu heften, um die Fixierung während des Schweißvorgangs zu gewährleisten.

Der plastifizierte Schweißzusatz wird, unmittelbar nachdem die Fügeflächen die Schweißtemperatur erreicht haben, kontinuierlich aufgebracht. Die Warmgastemperatur für die Vorwärmung der Fügeflächen wird in der Mitte des Luftaustrittsquerschnitts, die Massetemperatur in der Mitte des Austrittsquerschnitts der Düse gemessen.

Unmittelbar mit Zuführung des Schweißzusatzes wird der Fügedruck über den Schweißschuh von Hand aufgebracht. Die Schweißgeschwindigkeit ergibt sich aus dem Extrudatausstoß und den Schweißnahtabmessungen. Eine Nachbehandlung der Schweißnaht ist nicht erforderlich.

In der Praxis wird mit folgenden Schweißparametern geschweißt:

- Warmgastemperatur 230 bis 300 °C
- Extrudattemperatur 190 bis 240 °C
- Schweißgeschwindigkeit 0,2 bis 1,2 m/min

Hinweis: Beim Schweißen von Zuschnitten/Nachbesserungen und Winkelelementen an 1,5 mm dicke Dichtungsbahnen sollen die Zuschnitte und Elemente aus mindestens 2,0 mm dicken Dichtungsbahnen als untere Dichtungsbahn eingebaut werden, um anforderungsgerechte Nahtqualitäten zu erzielen.

5. Schweißmaschinen und Schweißgeräte

Zum Abschnitt Schweißmaschinen und Schweißgeräte wird auf die Richtlinie DVS 2225-6 hingewiesen.

6. Baustellenprüfungen

Zum Abschnitt Baustellenprüfungen wird auf die Richtlinie DVS 2225-2 hingewiesen.

7. Hinweise zu Nachbesserungen

Im Rahmen dieser Richtlinie werden allgemeine Hinweise gegeben. Die Schweißarbeiten im Rahmen der Nachbesserungen sind generell entsprechend **Abschnitt 4** dieser Richtlinie auszuführen.

Bei den Nachbesserungsarbeiten ist größte Sorgfalt aufzuwenden, da eine Prüfung dieser Arbeiten nach allen Qualitätskriterien und eine weitere Nachbesserung nur in begrenztem Umfang möglich sind.

Die Art der Nachbesserungen hängt von der Größe und Häufigkeit der Unregelmäßigkeiten und Fehler ab.

7.1. Warmgasextrusionsschweißungen

Warmgasextrusionsschweißungen (zusätzliche Auftragnähte) sind bei örtlich begrenzten Unregelmäßigkeiten und Fehlstellen anzuwenden:

- bei Kerben und Riefen mit einer Tiefe von mehr als 10 % der Dichtungsbahnendicke
- bei mechanischen Beschädigungen der Dichtungsbahnen (keine Löcher)
- bei Undichtigkeiten in der vorderen Teilnaht von Überlappnähten mit Prüfkanal

Die entsprechenden Naht- und Dichtungsbahnenbereiche sind sorgfältig abzuarbeiten. Der Schweißzusatz ist in möglichst geringer Dicke und mit flach auslaufenden Rändern nahezu ohne Wulst aufzubringen.

7.2. Nachbessern mit Dichtungsbahnenzuschnitten

Bei größeren Fehlerbereichen im Nahtbereich und durchgehenden Fehlstellen (Löchern) in den Dichtungsbahnen sind Dichtungsbahnenstücke oder -streifen aufzubringen. Diese Dichtungsbahnenzuschnitte müssen mindestens 10 cm über die jeweiligen Fehlerbereiche hinausgehen und sind mit Warmgasextrusionsschweißen (Auftragnaht) über dem Fehlstellenbereich aufzubringen.

7.3. Nachbessern von Nähten auf voller Länge

Durchgehend fehlerhafte Nähte und solche mit durchgehenden Unregelmäßigkeiten sind entweder zu entfernen oder auf voller Länge mit einem mindestens 0,6 m breiten Dichtungsbahnenstreifen abzudecken und fachgerecht zu schweißen.

8. Schrifttum

Normen

DIN EN 10204 Metallische Erzeugnisse – Arten von Prüfbescheinigungen

DIN EN 13361 Geosynthetische Dichtungsbahnen – Eigenschaften, die für die Anwendung beim Bau von Rückhaltebecken und Staudämmen erforderlich sind

DIN EN 13362 Geosynthetische Dichtungsbahnen – Eigenschaften, die für die Anwendung beim Bau von Kanälen erforderlich sind

DIN EN 13491 Geosynthetische Dichtungsbahnen – Eigenschaften, die für die Anwendung beim Bau von Tunneln und damit verbundenen Tiefbauwer ken erforderlich sind

DIN EN 13492 Geosynthetische Dichtungsbahnen – Eigenschaften, die für die Anwendung beim Bau von Deponien, Zwischenlagern und Auffangbecken für flüssige Abfallstoffe erforderlich sind

DIN EN 13493 Geosynthetische Dichtungsbahnen – Eigenschaften, die für die Anwendung beim Bau von Deponien und Zwischenlagern für feste Abfallstoffe erforderlich sind

DIN EN 14879-1 Beschichtungen und Auskleidungen aus organischen Werkstoffen zum Schutz von industriellen Anlagen gegen Korrosion durch aggressive Medien – Teil 1: Terminologie, Konstruktion und Vorbereitung des Untergrundes

DIN EN 14879-5 Beschichtungen und Auskleidungen aus organischen Werkstoffen zum Schutz von industriellen Anlagen gegen Korrosion durch aggressive Medien – Teil 5: Auskleidungen für Bauteile aus Beton

DIN EN 15382 Geosynthetische Dichtungsbahnen – Eigenschaften, die für die Anwendung in Verkehrsbauten erforderlich sind

DVS-Regelwerke

Richtlinie DVS 2212-3 Prüfung von Kunststoffschweißern; Prüfgruppe III; Bahnen im Erd- und Wasserbau

Richtlinie DVS 2225-2 Schweißen von Dichtungsbahnen aus polymerenWerkstoffen – Baustellenprüfungen

Richtlinie DVS 2225-6 Schweißen von Dichtungsbahnen aus polymeren Werkstoffen – Anforderungen an Schweißmaschinen und Schweißgeräte

Richtlinie DVS 2226-3 Prüfen von Fügeverbindungen an Dichtungsbahnen aus polymeren Werk stoffen – Schälversuch

Weitere Regelwerke

DIBt Zulassungsgrundsätze Dichtungsbahnen in LAU-Anlagen

WHG Gesetz zur Ordnung des Wasserhaushalts (Wasserhaushaltsgesetz)

Anhang A: Beispiele für Schweißprotokolle

Anhang A 1: Schweißprotokoll für Überlappnähte mit/ohne Prüfkanal

Schweißprotokoll für Überlappnähte mit Prüfkanal						**Nr.:**			
Bauvorhaben:			Dichtungsbahn:						
Schweißverfahren:	HH								
Verlegefirma:			Hersteller:						
Schweißer:			Nenndicke in mm:						
Schweißmaschine:			Rohstoff:						
Naht-Nr.:									
		Anfang:	Ende:	Anfang:	Ende:	Anfang:	Ende:	Anfang:	Ende:
Uhrzeit:									
Witterungsbedingungen:									
allgemein (Bewölkung/Wind):									
Lufttemperatur in °C:									
relative Luftfeuchte in %:									
Zustand der Dichtungsbahnen:									
Oberfläche:									
Fügebereiche:									
Oberflächentemperatur in °C:									
Schweißparameter:									
Heizkeiltemperatur in °C/ Warmgastemperatur	Einstellung der Warmgastemperatur an der Maschine:								
	Messung am Heizkeil:								
Geschwindigkeit in m/min	Einstellung:								
	Messung:								
Fügekraft in N:	Einstellung:								
	Messung:								
Schweißnahtprobe:									
Probeschweißung:	Nr.:								
Probenahme:	Nr.:								
Bemerkung:									

Schweißer:	**Bauleiter/Vorarbeiter (Verlegefirma):**	**Bauüberwachung/Fremdprüfer:**
Datum Unterschrift	Datum Unterschrift	Datum Unterschrift

Anhang A 2: Schweißprotokoll für Auftragnähte

Schweißprotokoll für Auftragnähte		**Nr.:**
Bauvorhaben:	Dichtungsbahn:	
Schweißverfahren:	WE	
Verlegefirma:	Hersteller:	
Schweißer:	Nenndicke in mm:	
Schweißgerät:	Rohstoff:	
Naht-Nr.:		

		Anfang:	Ende:	Anfang:	Ende:	Anfang:	Ende:	Anfang:	Ende:
Uhrzeit:									
Witterungsbedingungen:									
allgemein (Bewölkung/Wind):									
Lufttemperatur in °C:									
relative Luftfeuchte in %:									
Zustand der Dichtungsbahnen:									
Oberfläche:									
Fügebereiche:									
Oberflächentemperatur in °C:									
Schweißzusatz									
Schweißparameter:									
Extrusattemperatur in °C	Einstellung:								
	Messung:								
Heißlufttemperatur in °C	Einstellung:								
	Messung:								
Schweißnahtprobe:									
Probeschweißung-Anfang:	Nr.:								
Probeschweißung-Ende	Nr.:								
Bemerkung:									

Schweißer:	**Bauleiter/Vorarbeiter (Verlegefirma):**	**Bauüberwachung/Fremdprüfer:**
Datum Unterschrift	Datum Unterschrift	Datum Unterschrift

Entwurf

Januar 2026

Richtlinie DVS 2225-4
Vorgesehen als Ersatz für Ausgabe: Oktober 2019

DVS VERBAND

Richtlinie DVS 2225-4

Schweißen von Dichtungsbahnen aus Polyethylen (PE) für die Abdichtung von Deponien und Altlasten

Ausschuss für Technik im DVS

Arbeitsgruppe W 4 „Fügen von Kunststoffen“

Untergruppe W 4.7 „Kunststoff-Folien und -bahnen

Der Entwurf dieser Richtlinie steht der Öffentlichkeit zur Ansicht und Kommentierung zur Verfügung.
Einsprüche und Änderungsvorschläge können online über das **DVS-Regelwerksportal (www.dvs-regelwerk.de)** eingereicht werden.

Hrsg: DVS Media GmbH · Aachener Straße 172 · 40223 Düsseldorf · media@dvs-media.info · www.dvs-media.eu

Bezug: DIN Media GmbH · Am DIN-Platz · Burggrafenstraße 6 · 10787 Berlin · Tel.: +49 30 58 88 57 00 - 00 · kundenservice@dinmedia.de · www.dinmedia.de

Inhalt

Dieser Text richtet sich an Männer und Frauen in gleichem Maße. Zur besseren Lesbarkeit wurde im Text jedoch auf die durchgängige Formulierung in männlicher/weiblicher Form verzichtet und es wird nur die männliche Form genannt.

1. Geltungsbereich

Diese Richtlinie gilt für das Schweißen von Dichtungsbahnen aus Polyethylen (PE) bei großflächigen Dichtungssystemen.

Im Einzelnen werden Dichtungsbahnen aus PE bei folgenden Maßnahmen eingesetzt:

- Basisabdichtungen von Deponien
- Oberflächenabdichtungen von Deponien
- Oberflächenabdichtungen von Altlasten
- Umschließungen von Altlasten

Mit dieser Richtlinie soll den zuständigen Behörden, den Auftraggebern, den Ausführenden und dem Qualitätsmanagement eine Anleitung für die Durchführung der Fügearbeiten und Schweißnahtprüfungen auf der Baustelle gegeben werden.

Die Richtlinie berücksichtigt besonders die hohen Anforderungen, die bei diesen Anwendungen an die Güte der Schweißverbindung und damit an die werkstoff- und fachgerechte Ausführung zu stellen sind.

Sie gibt weiter Hinweise für die Verlegung der Dichtungsbahnen sowie für die konstruktive Gestaltung von Schweißverbindungen zwischen den Dichtungsbahnen und Bauteilen aus Polyethylen.

Die Arbeiten dürfen nur von Fachbetrieben ausgeführt werden. Der Fachbetriebsnachweis muss durch eine Güteüberwachung erfolgen.

2. Dichtungsbahnen

Dichtungsbahnen im Sinne dieser Richtlinie sind industriell gefertigte Kunststoffdichtungsbahnen aus PE nach DIN EN 13492 und DIN EN 13493.

Die Lieferqualität der Dichtungsbahnen ist durch Abnahmeprüfzeugnisse 3.1 nach DIN EN 10204 vom Hersteller/Lieferanten zu dokumentieren. Gleiches gilt für benötigte Schweißzusätze.

Es dürfen nur Dichtungsbahnen verwendet werden, die für die jeweilige Verwendung zugelassen sind. Zugelassene Dichtungsbahnen müssen entsprechend dem Zulassungsbescheid gekennzeichnet sein.

Dichtungsbahnen aus PE bestehen aus unvernetzten Makromolekülen und weisen eine teilkristalline Molekülstruktur auf. Sie können durch Wärme plastifiziert werden und werden ausschließlich durch Schweißen gefügt.

Für die in dieser Richtlinie beschriebenen Anwendungen ist eine Mindestdicke von 2,5 mm vorgeschrieben. Die Dichtungsbahnen sind homogen aus einem Werkstoff aufgebaut.

An den Rändern der Dichtungsbahnen sind abziehbare Folienschutzstreifen werksseitig aufgebracht. Diese Folienstreifen sollen farblich abgegrenzt sein und die Fügebereiche vor Verunreinigungen schützen.

3. Konstruktive Einzelheiten

3.1. Nahtformen

Die Dichtungsbahnen werden grundsätzlich überlappt verlegt (Überlappstoß). Bei den Fügenähten wird entsprechend der **Bilder 1a** und **1b** unterschieden in Überlappnähte mit Prüfkanal und in Auftragnähte.

Die Überlappnähte mit Prüfkanal werden durch Heizkeilschweißen hergestellt. Die Breite der Teilnähte muss jeweils mindestens 15 mm, die Breite des Prüfkanals mindestens 10 mm betragen. Eine Reduzierung der Prüfkanalbreite durch Schweissnahtaustrieb auf 5 mm ist zulässig. In jedem Fall ist eine Durchgängigkeit des Prüfkanals zwingend erforderlich.

Die Auftragnähte werden durch Warmgasextrusionsschweißen hergestellt. Die Breite der Auftragnaht muss mindestens 30 mm betragen. Die Lage der Nahtmitte darf, bezogen auf die Kante der oberen Dichtungsbahn, nicht mehr als 5 mm abweichen.

3.2. Verlegung der Dichtungsbahnen

Die Dichtungsbahnen sind nach Verlegeplan einzubauen. Dieser Plan wird vor Aufnahme der Arbeiten vom Verlegefachbetrieb als Verlegekonzept erstellt.

In den **Bildern 2 bis 9** sind die für das Schweißen von Dichtungsbahnen wichtigen Grundsätze der Verlegung beispielhaft gezeigt.

Die Dichtungsbahnen sind generell so zu verlegen, dass keine Kreuzstöße entstehen. T-Stöße sollen untereinander einen Abstand von mindestens 0,5 m aufweisen.

Bei kurzen Böschungen (< 20 m), deren Flächen nahezu parallel zu den Sohlflächen verlaufen, empfiehlt es sich, die Dichtungsbahnen durchgehend zu verlegen (**Bild 3**).

Auf den Böschungen sind die Dichtungsbahnen vornehmlich in Falllinie zu verlegen und die Schweißnähte in dieser Richtung anzuordnen.

Quernähte sind nicht generell ausgeschlossen, sie sollten jedoch auf ein Mindestmaß reduziert werden. In jedem Fall ist besonderes Augenmerk auf die fachgerechte Ausführung (Nahtvorbereitung, Schweißen, Prüfen) zu legen.

Nähte zwischen den Dichtungsbahnen in der Böschung und der Sohle sind im Regelfall mindestens 1,5 m vor dem Böschungsfuß anzuordnen (**Bilder 3 bis 6**).

Die Einbindung der Dichtungsbahnen sollte so ausgeführt werden, dass die Dichtungsbahnen bis zu ihrem Bahnenende auch mit Schweißmaschinen geschweißt werden können (**Bild 9**).

Das Auflageplanum muss eben und frei von abrupten Höhenänderungen/Absätzen sowie standfest, homogen, feinkörnig und geschlossen sein.

3.3. Anschluss an Bauteile aus Polyethylen (PE 80, PE 100, im Weiteren PE)

Der Anschluss der Dichtungsbahnen an vergleichsweise dickwandige Bauteile aus PE, wie Rohrdurchführungsbauteile oder Schächte, erfolgt über Auftragnähte mittels Warmgasextrusionsschweißen über PE-Anschlussplatten. Da die Dichtungsbahn an PE-Anschlussplatten in einer Dicke von mindestens 10 mm geschweißt werden, die in der Regel aus einer Formmasse mit geringerer Schmelze-Massefließrate (MFR) als die Dichtungsbahnen bestehen, ist die Schweißeignung durch

Kurzzeitschälversuche unter einem Winkel von 90° nachzuweisen. Es empfiehlt sich, als Schweißzusatz die Formmasse mit dem höheren MFR-Wert zu wählen. Um für beide Fügeteile gleiche Oberflächenzustände für den Schweißvorgang zu schaffen, kann es erforderlich sein, die PE-Platten mittels Warmgas gesondert thermisch vorzubehandeln.

In den **Bildern 1a und 1b** ist dargestellt wie die Nahtformen einer Überlappnaht und Auftragnaht auszuführen sind.

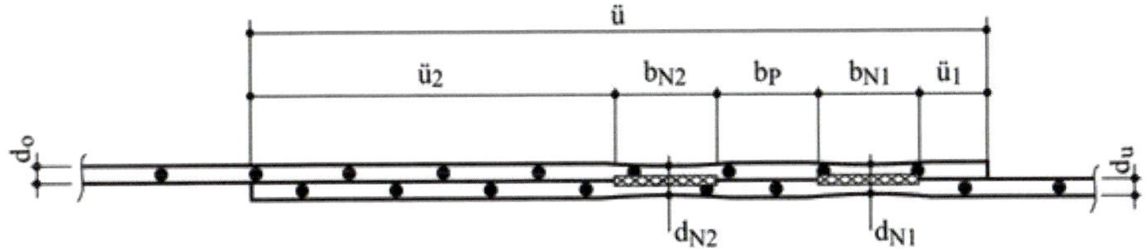

Bahnendicke (d_o, d_u)	≥ 2,5 mm
Überlappung vorn ($ü_1$)	≥ 5,0 mm
Überlappung hinten ($ü_2$)	≥ 40,0 mm
Breite der Teilnähte (b_{N1}, b_{N2})	≥ 15,0 mm
Breite des Prüfkanals (b_P)	≥ 10,0 mm
Dicke der Naht (d_{N1}, d_{N2})	≥ $(d_o + d_u) - 0{,}8$ mm
Gesamtüberlappung (ü)	≤ $(d_o + d_u) - 0{,}4$ mm

Bild 1a: Nahtformen einer Überlappnaht (ÜN) mit Prüfkanal

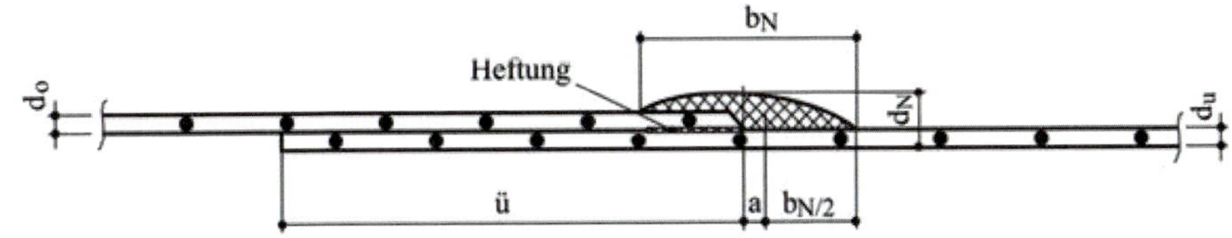

Bahnendicke (d_o, d_u)	≥ 2,5 mm
Überlappung vorn ($ü_1$)	≥ 40,0 mm
Breite der Naht (b_n)	≥ 30,0 mm
Außermittigkeit, Versatz	≤ 5,0 mm
Dicke der Naht (d_N)	$1{,}25 \times (d_o + d_u)$
	$1{,}75 \times (d_o + d_u)$

Bild 1b: Nahtformen einer Auftragnaht (AN)

Die **Bilder 1–9** geben wertvolle Hinweise darauf, wie die Arbeiten mit Dichtungsbahnen im Deponiebau auszuführen sind. Im Besonderen ist darauf zu achten, dass die Anschlüsse in der Ebene der Dichtungsbahnen liegen (**Bilder 10–13**).

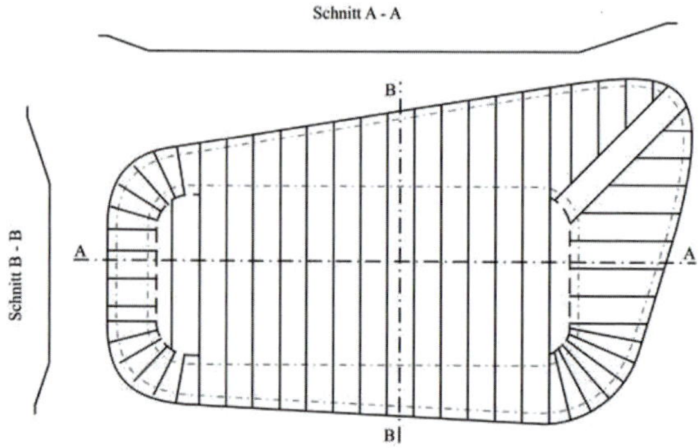

Bild 2: Grundriss einer Deponie mit verschiedenen Böschungen – schematisch.

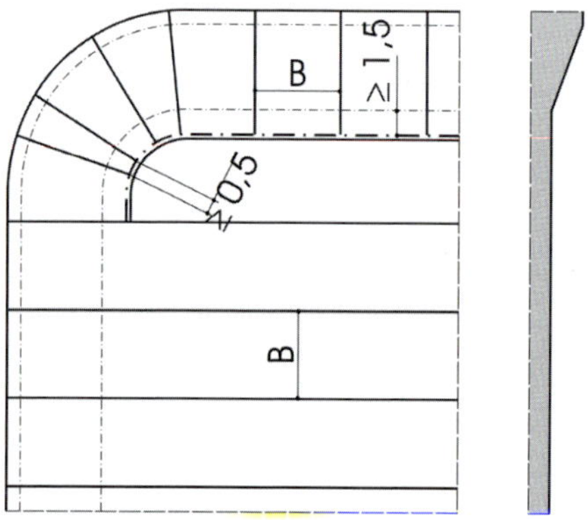

Überlappnaht mit Prüfkanal (ÜN)

Auftragnaht (AN)

Böschungsfuß, Böschungskopf

B = Bahnbreite
Maße in m

1. Hinweis: Die Naht am Böschungsfuß kann als ÜN oder AN ausgeführt werden.
2. Bei diesem Beispiel werden im unteren Teil die Dichtungsbahnen durchgehend von der Böschung in die Sohle hinein verlegt.

Bild 3: Verlegen der Dichtungsbahnen auf einer kurzen Böschung – Variante 1.

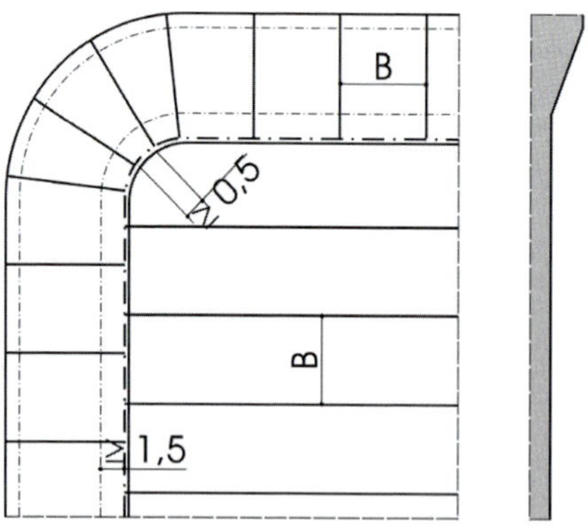

Überlappnaht mit Prüfkanal (ÜN)

Auftragnaht (AN)

Böschungsfuß, Böschungskopf

B = Bahnbreite
Maße in m

3. Hinweis: Die Naht am Böschungsfuß kann als ÜN oder AN ausgeführt werden.
4. Bei diesem Beispiel werden im unteren Teil die Dichtungsbahnen durchgehend von der Böschung in die Sohle hinein verlegt.

Bild 4: Verlegen der Dichtungsbahnen auf einer kurzen Böschung – Variante 2.

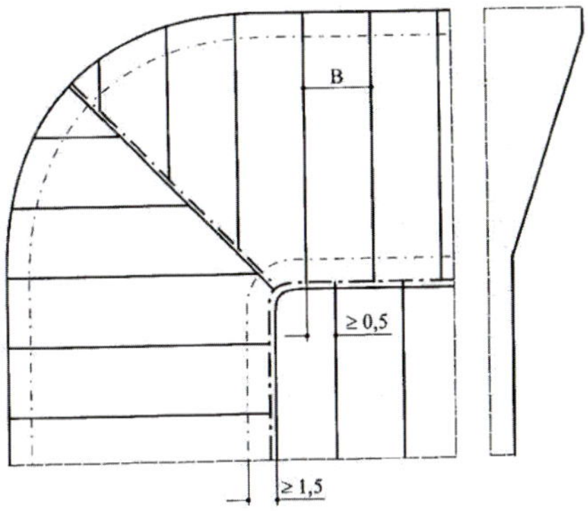

Überlappnaht mit Prüfkanal (ÜN)

Auftragnaht (AN)

Böschungsfuß, Böschungskopf

B = Bahnbreite
Maße in m

1. Hinweis: Die Naht am Böschungsfuß kann als ÜN oder AN ausgeführt werden.
2. Die Naht in der Böschungskehle kann als ÜN oder AN ausgeführt werden.
3. Die Verlegerichtung in der Böschungsecke kann von der Böschungsfalllinie abweichen.

Bild 5: Verlegen der Dichtungsbahnen auf einer langen Böschung – Variante 1.

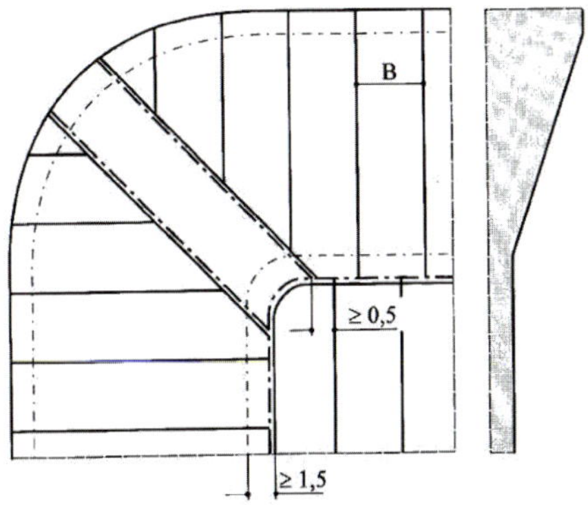

Überlappnaht mit Prüfkanal (ÜN)

Auftragnaht (AN)

Böschungsfuß, Böschungskopf

B = Bahnbreite Maße in m

1. Hinweis: Die Naht am Böschungsfuß kann als ÜN oder AN ausgeführt werden.
2. Die Naht in der Böschungskehle kann als ÜN oder AN ausgeführt werden.
3. Die Verlegerichtung in der Böschungsecke kann von der Böschungsfalllinie abweichen.
4. In der Böschungskehle wird eine sogenannte Kopfbahn verlegt.

Bild 6: Verlegen der Dichtungsbahnen auf einer langen Böschung Variante 2.

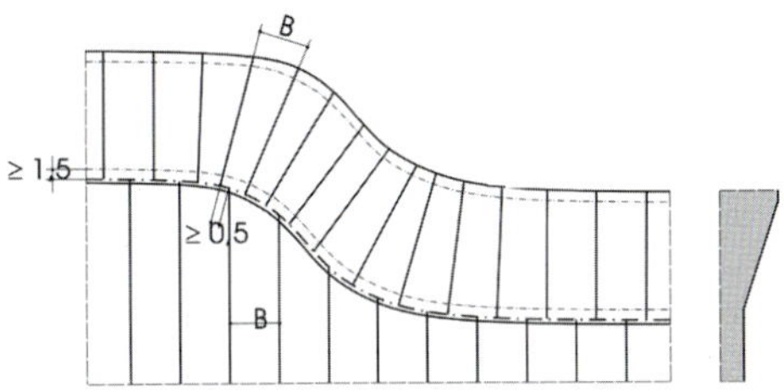

Überlappnaht mit Prüfkanal (ÜN)

Auftragnaht (AN)

Böschungsfuß, Böschungskopf

B = Bahnbreite Maße in m

1. Hinweis:Die Naht am Böschungsfuß kann als ÜN oder AN ausgeführt werden.
2. In den Übergangsbereichen kann die Verlegerichtung von der Böschungsfalllinie abweichen.

Bild 7: Verlegen der Dichtungsbahnen auf einer verzogenen Böschung.

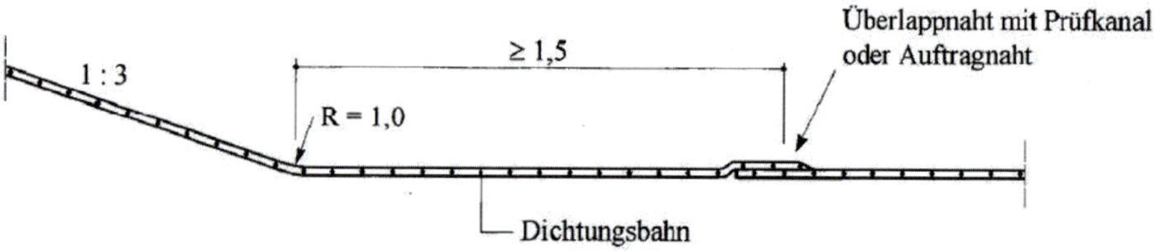

Hinweis:
Die Richtung der Überlappung zwischen Böschungs- und Sohlbahnen hängt im Allgemeinen vom Bauablauf ab.

Maße in m

Bild 8: Anschluss von Böschungsbahnen an Sohlbahnen.

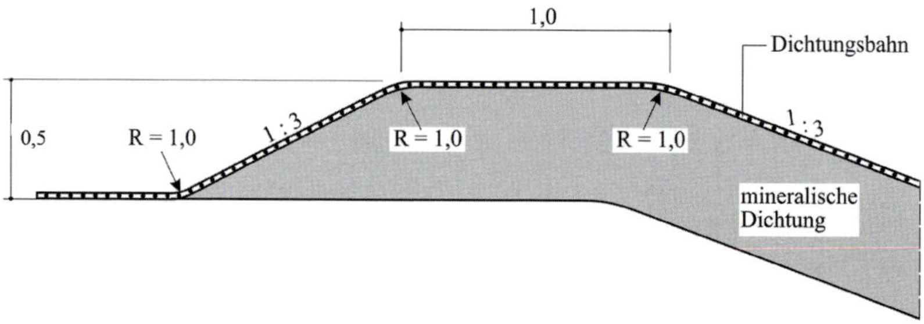

Hinweis:
Alle Ausrundungsradien und Neigungswechsel sind so zu wählen, dass die Naht durchgehend mit der Schweißmaschine als ÜN hergestellt werden kann.

Maße in m

Bild 9: Einbinden der Dichtungsbahnen auf der Böschung – Bauzustand.

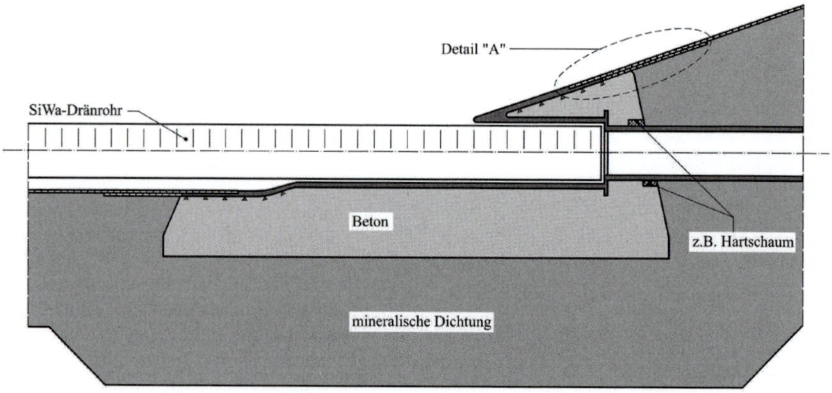

Bild 10: Anschluss der Dichtungsbahnen an eine Rohrdurchführung im Böschungsbereich.

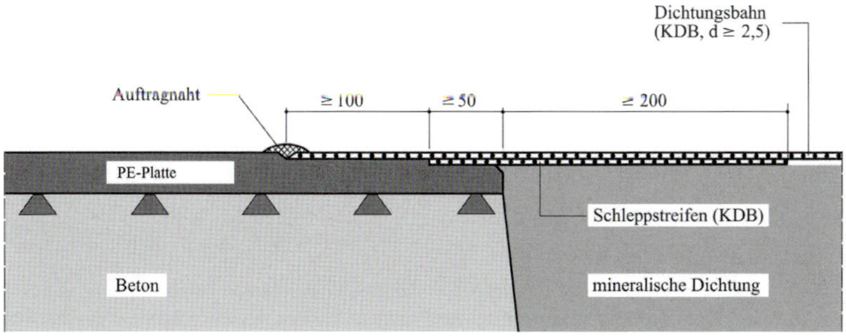

Hinweis:
Die PE-Platte (Kragen) muss Eckausrundungen im Absetzbereich für die KDB aufweisen, um eine durchgehende Auftrag- naht zu gewährleisten.

Maße in m

Bild 11: Anschluss der Dichtungsbahnen an eine Rohrdurchführung im Böschungsbereich – Detail A aus Bild 10.

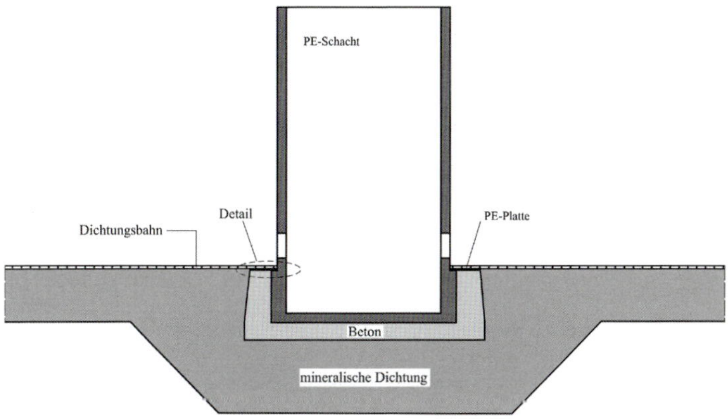

Bild 12: Anbindung der Dichtungsbahnen an einen PE-Schacht im Sohlbereich – System.

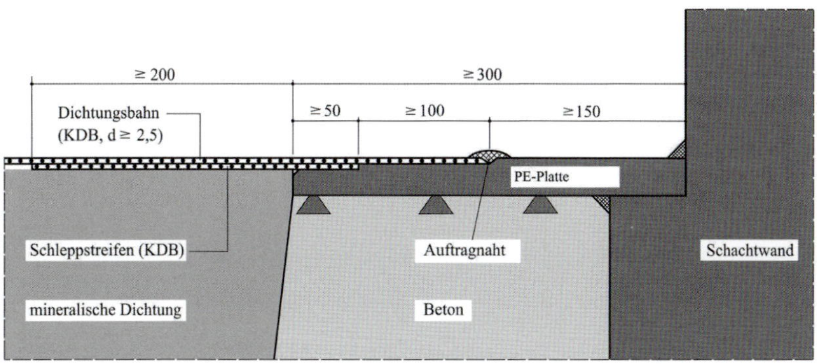

Bild 13: Anbindung der Dichtungsbahnen an einen PE-Schacht im Sohlbereich – Detail aus Bild 12.

4. Schweißverfahren

4.1. Allgemeine Hinweise

Als baustellengerechte Fügeverfahren für Dichtungsbahnen aus PE werden das Heizkeil- und das Warmgasextrusionsschweißen eingesetzt.

Diese Verfahren unterscheiden sich prinzipiell in der Erwärmung des Fügebereiches (Plastifizierung), in der Aufbringung der Fügekraft und in der Schweißnahtgeometrie.

Für das Heizkeilschweißen werden ausschließlich Schweißmaschinen mit Aufzeichung der Schweißparameter, für das Warmgasextrusionsschweißen ausschließlich Handschweißgeräte verwendet.

Diese DVS-Richtlinie geht grundsätzlich davon aus, dass Dichtungsbahnen der gleichen Formmasse miteinander geschweißt werden. Ist das nicht der Fall, so ist die Schweißeignung besonders nachzuweisen.

Diese Richtlinie geht weiter grundsätzlich davon aus, dass beim Heizkeilschweißen die Dichtungsbahnen im Fügebereich glatt sind und bei strukturierten Dichtungsbahnen die Oberflächenstrukturen im Fügebereich mechanisch entfernt werden.

Auf das Entfernen der Strukturen kann beim Heizkeilschweißen nur dann verzichtet werden, wenn nachgewiesen wird, dass unter den gegebenen Baustellenbedingungen eine anforderungsgerechte Nahtqualität erreicht wird.

Der Schweißvorgang lässt sich mit den folgenden drei Schweißparametern beschreiben:

- Temperatur (Heizkeil, Warmgas, Extrudat)
- Geschwindigkeit
- Kraft (Fügedruck)

Diese drei Parameter beeinflussen sich gegenseitig und sind daher aufeinander abzustimmen.

Die Schweißparameter müssen auf die Dichtungsbahn (Werkstoff, Dicke, Oberflächenstruktur, Temperatur) und auf die während des Schweißens herrschenden Umgebungsbedingungen abgestimmt werden.

Für die Qualität der Schweißverbindung ist es entscheidend, die Schweißparameter richtig zu wählen. Vor dem Beginn der Schweißarbeiten sind daher die Parameter anhand von Probeschweißungen auf die aktuellen Baustellenbedingungen abzustimmen.

4.2. Ausführung der Schweißarbeiten

4.2.1. Allgemeine Hinweise

Für das Schweißen sind ausschließlich Fachkräfte einzusetzen, die nach Richtlinie DVS 2212-3 in den entsprechenden Untergruppen ausgebildet wurden.

Die Fügeflächen müssen trocken und frei von Verunreinigungen sein. Die durch Witterung und Oxidation beeinflusste Schicht muss mechanisch abgearbeitet werden, wenn sie nicht beim Schweißvorgang aus dem Bereich der Fügeflächen herausgedrückt wird. Die werksseitig aufgebrachten Folienstreifen sind zu entfernen. Bei Auftragnähten muss außerdem die Stirnfläche der oberen Dichtungsbahn angeschrägt werden.

Die Ausführung von T-Stößen mit Schweißmaschinen verlangt eine besondere Vorbereitung des Schweißnahtbereiches. An der bereits gefertigten Naht sind beide Überlappungen sowie die hintere Teilnaht sorgfältig abzuarbeiten. Der Übergang von der oberen auf die untere Bahn erfolgt in der vorderen Teilnaht. Dieser Übergangsbereich soll durchgehend etwa die Dicke der Dichtungsbahn aufweisen.

Die Umgebungsbedingungen können den Schweißvorgang und damit die Qualität der Verbindung wesentlich beeinflussen. Es ist Folgendes zu beachten:

- Bei Niederschlägen und zu hoher Luftfeuchtigkeit darf nicht geschweißt werden.
- Bei Temperaturen unterhalb von + 5 °C darf ohne besondere Vorkehrungen und Nachweise nicht geschweißt werden.
- Ab einer relativen Luftfeuchtigkeit von 80 % muss die Oberflächentemperatur mindestens 3 K über dem Taupunkt liegen.
- Beim Warmgasextrusionsschweißen muss der Untergrund so beschaffen sein, dass der erforderliche Fügedruck aufgebracht werden kann.

Beim Schweißen müssen generell die Fügeflächen und gegebenenfalls die Schweißzusätze auf die für den jeweiligen Werkstoff erforderliche Schweißtemperatur gebracht werden. Dabei sollen nur die oberflächennahen zu schweißenden Bereiche erwärmt werden, um die Wärmeausdehnung im Fügebereich möglichst gering zu halten.

Die Schweißparameter und die Umgebungsbedingungen sind in Schweißprotokollen festzuhalten. Mit diesen Protokollen muss eine Zuordnung zum Schweißer, zu den Schweißmaschinen und -geräten (Typ und Kennzeichnung) und zur Naht sichergestellt sein. Sie sind durch die Fremdprüfung fachtechnisch und auf Vollständigkeit zu prüfen und gegenzuzeichnen. Die **Anhänge A 1 und A 2** in **Anhang A** zeigen Muster für Schweißprotokolle.

4.2.2. Heizkeilschweißen

Mit dem maschinellen Heizkeilschweißen werden Überlappnähte mit Prüfkanal hergestellt. Es ist durch folgende Merkmale gekennzeichnet:

- Es wird ohne Schweißzusatz geschweißt.
- Der Heizkeil wird elektrisch oder mit Warmgas beheizt.
- Das Andrucksystem besteht aus oberen und unteren Andruckrollen und bringt die Fügekraft unabhängig vom Untergrund auf.
- Die Dichtungsbahnen werden im Bereich der Fügeflächen durch direkten Kontakt mit dem Heizkeil auf Schweißtemperatur gebracht und bis zu einer definierten Dicke aufgeschmolzen (thermischer Vorgang).
- Die Dichtungsbahnen werden unmittelbar nach dem Aufschmelzen durch ein Andrucksystem gefügt (rheologischer Vorgang).
- Schweißparameter werden digital aufgezeichnet

In der Praxis wird mit folgenden Maschineneinstellungen (Schweißparametern) geschweißt:

- Heizkeiltemperatur 300 bis 420 °C
- spezifische Fügekraft 230 bis 40 N/mm effektive Rollenbreite
- Schweißgeschwindigkeit 0,8 bis 2,5 m/min

4.2.3. Warmgasextrusionsschweißen

Mit dem Warmgasextrusionsschweißen von Hand werden Auftragnähte hergestellt. Es ist durch folgende Merkmale gekennzeichnet:

- Der Schweißzusatz wird in einer Plastifiziereinheit (Extruder) plastifiziert und als Strang über die Düse und den Schweißschuh aufgebracht.
- Die Fügeflächen werden durch Warmgas (Luft) erwärmt und aufgeschmolzen (plastifiziert).
- Der Fügedruck wird beim Aufbringen des Schweißzusatzes über den Schweißschuh aufgebracht.
- Es wird mit einem Schweißzusatz aus artgleichem Grundmaterial geschweißt.
- Extrudattemperatur und Warmgastemperatur müssen getrennt regelbar sein.

Das Warmgasextrusionsschweißen von Hand ist auf schwer zugängliche Nahtbereiche, spezielle Anschlüsse und Nachbesserungsarbeiten zu beschränken. Bei Nähten am Böschungsfuß, bei der Häufung von T-Stößen und bei kurzen Nahtlängen kann es sinnvoll sein, dieses Verfahren einzusetzen.

Der vom Extruder im Schweißschuh entwickelte Masseschub schiebt das Gerät vorwärts und bestimmt die Schweißgeschwindigkeit. Das Gerät ist so zu führen und der Fügedruck so aufzubringen, dass möglichst kein Extrudat zur Seite austritt. Die Auftragnaht soll zu den Rändern hin nahezu ohne Wulst auslaufen.

Als Schweißzusatz muss die gleiche Formmasse wie die der Dichtungsbahn verwendet werden. Bei Abweichungen ist die Schweißeignung nachzuweisen.

Die Stirnfläche der oberen Dichtungsbahn ist im Winkel von etwa 45° anzuschrägen. Bei diesen Arbeiten ist darauf zu achten, dass die Dichtungsbahn durch Kerben und Riefen nicht geschädigt wird.

Vor dem Fügen sind die Dichtungsbahnen mit Warmgas zu heften, um die Fixierung während des Schweißvorgangs zu gewährleisten.

Unmittelbar nachdem die Fügeflächen die Schweißtemperatur erreicht haben, wird der plastifizierte Schweißzusatz kontinuierlich aufgebracht. Die Warmgastemperatur für die Vorwärmung der Fügeflächen wird in der Mitte des Luftaustrittsquerschnitts, die Massetemperatur in der Mitte des Austrittsquerschnitts der Düse gemessen.

Unmittelbar mit Zuführung des Schweißzusatzes wird der Fügedruck über den Schweißschuh von Hand aufgebracht. Die Schweißgeschwindigkeit ergibt sich aus dem Extrudatausstoß und den Schweißnahtabmessungen. Eine Nachbehandlung der Schweißnaht ist nicht erforderlich.

In der Praxis wird mit folgenden Schweißparametern geschweißt:

- Warmgastemperatur 230 bis 300 °C
- Extrudattemperatur 190 bis 240 °C
- Schweißgeschwindigkeit 0,2 bis 1,2 m/min

5. Schweißmaschinen und Schweißgeräte

Zum Abschnitt Schweißmaschinen und Schweißgeräte wird auf die Richtlinie DVS 2225-6 hingewiesen.

6. Baustellenprüfungen

Zum Abschnitt Baustellenprüfungen wird auf die Richtlinie DVS 2225-2 hingewiesen.

7. Hinweise zu Nachbesserungen

Im Rahmen dieser Richtlinie werden allgemeine Hinweise gegeben. Die Schweißarbeiten im Rahmen der Nachbesserungen sind generell entsprechend **Abschnitt 4** dieser Richtlinie auszuführen.

Bei den Nachbesserungsarbeiten ist größte Sorgfalt aufzuwenden, da eine Prüfung dieser Arbeiten nach allen Qualitätskriterien und eine weitere Nachbesserung nur in begrenztem Umfang möglich sind.

Die Art der Nachbesserungen hängt von der Größe und Häufigkeit der Unregelmäßigkeiten und Fehler ab.

7.1. Warmgasextrusionsschweißungen

Warmgasextrusionsschweißungen (zusätzliche Auftragnähte) sind bei örtlich begrenzten Unregelmäßigkeiten und Fehlstellen anzuwenden:

- bei Kerben und Riefen mit einer Tiefe von mehr als 10 % der Dichtungsbahnendicke auf einer Länge von maximal 1 m und maximal einer Fehlstelle auf 100 m² Dichtungsfläche
- bei mechanischen Beschädigungen der Dichtungsbahnen (keine Löcher) und maximal einer Fehlstelle auf 100 m² Dichtungsfläche,
- bei Undichtigkeiten in der vorderen Teilnaht von Überlappnähten mit Prüfkanal auf einer Länge von maximal 0,5 m und maximal einer Fehlstelle auf 20 m Nahtlänge.

Die entsprechenden Naht- und Dichtungsbahnenbereiche sind sorgfältig abzuarbeiten. Der Schweißzusatz ist in möglichst geringer Dicke und mit flach auslaufenden Rändern nahezu ohne Wulst aufzubringen.

7.2. Nachbessern mit Dichtungsbahnenzuschnitten

Bei größeren Fehlerbereichen im Nahtbereich und durchgehenden Fehlstellen (Löchern) in den Dichtungsbahnen sind Dichtungsbahnenstücke oder -streifen aufzubringen. Diese Dichtungsbahnenzuschnitte müssen mindestens 10 cm über die jeweiligen Fehlerbereiche hinausgehen und sind mit Warmgasextrusionsschweißen (Auftragnaht) über dem Fehlstellenbereich aufzubringen.

7.3. Nachbessern von Nähten auf voller Länge

Durchgehend fehlerhafte Nähte und solche mit durchgehenden Unregelmäßigkeiten sind entweder zu entfernen oder auf voller Länge mit einem mindestens 0,6 m breiten Dichtungsbahnenstreifen abzudecken und fachgerecht zu schweißen.

8. Schrifttum

Normen

DIN EN 10204	Metallische Erzeugnisse – Arten von Prüfbescheinigungen
DIN EN 13492	Geosynthetische Dichtungsbahnen – Eigenschaften, die für die Anwendung beim Bau von Deponien, Zwischenlagern und Auffangbecken für flüssige Abfallstoffe erforderlich sind
DIN EN 13493	Geosynthetische Dichtungsbahnen – Eigenschaften, die für die Anwendung beim Bau von Deponien und Zwischenlagern für feste Abfallstoffe erforderlich sind

DVS-Regelwerke

Richtlinie DVS 2212-3	Prüfung von Kunststoffschweißern; Prüfgruppe III; Bahnen im Erd- und Wasserbau
Richtlinie DVS 2225-2	Schweißen von Dichtungsbahnen aus polymeren Werkstoffen – Baustellenprüfungen
Richtlinie DVS 2225-6	Schweißen von Dichtungsbahnen aus polymeren Werkstoffen – Anforderungen an Schweißmaschinen und Schweißgeräte

Sonstige Regelwerke

BAM	Richtlinie für die Zulassung von Kunststoffdichtungsbahnen für Deponie-abdichtungen

Anhang A: Beispiele für Schweißprotokolle

Anhang A 1: Schweißprotokoll für Überlappnähte mit Prüfkanal

Schweißprotokoll für Überlappnähte mit Prüfkanal						**Nr.:**			
Bauvorhaben:				Dichtungsbahn:					
Schweißverfahren:	HH								
Verlegefirma:				Hersteller:					
Schweißer:				Nenndicke in mm:					
Schweißmaschine:				Rohstoff:					
Naht-Nr.:									
		Anfang:	Ende:	Anfang:	Ende:	Anfang:	Ende:	Anfang:	Ende:
Uhrzeit:									
Witterungsbedingungen:									
allgemein (Bewölkung/Wind):									
Lufttemperatur in °C:									
relative Luftfeuchte in %:									
Zustand der Dichtungsbahnen:									
Oberfläche:									
Fügebereiche:									
Oberflächentemperatur in °C:									
Schweißparameter:									
Heizkeiltemperatur in °C/ Warmgastemperatur	Einstellung:								
	Messung:								
Geschwindigkeit in m/min	Einstellung:								
	Messung:								
Fügekraft in N:	Einstellung:								
	Messung:								
Schweißnahtprobe:									
Probeschweißung:	Nr.:								
Probenahme:	Nr.:								
Bemerkung:									

Schweißer:	**Bauleiter/Vorarbeiter (Verlegefirma):**	**Bauüberwachung/Fremdprüfer:**
Datum Unterschrift	Datum Unterschrift	Datum Unterschrift

Anhang A 2: Schweißprotokoll für Auftragnähte

Schweißprotokoll für Auftragnähte						**Nr.:**			
Bauvorhaben:			Dichtungsbahn:						
Schweißverfahren:	WE								
Verlegefirma:			Hersteller:						
Schweißer:			Nenndicke in mm:						
Schweißgerät:			Rohstoff:						
Naht-Nr.:									
		Anfang:	Ende:	Anfang:	Ende:	Anfang:	Ende:	Anfang:	Ende:
Uhrzeit:									
Witterungsbedingungen:									
allgemein (Bewölkung/Wind):									
Lufttemperatur in °C:									
relative Luftfeuchte in %:									
Zustand der Dichtungsbahnen:									
Oberfläche:									
Fügebereiche:									
Oberflächentemperatur in °C:									
Schweißzusatz									
Schweißparameter:									
Extrusattemperatur in °C	Einstellung:								
	Messung:								
Heißlufttemperatur in °C	Einstellung:								
	Messung:								
Schweißnahtprobe:									
Probeschweißung-Anfang:	Nr.:								
Probeschweißung-Ende	Nr.:								
Bemerkung:									

Schweißer:	**Bauleiter/Vorarbeiter (Verlegefirma):**	**Bauüberwachung/Fremdprüfer:**
Datum Unterschrift	Datum Unterschrift	Datum Unterschrift

Entwurf **Januar 2026**

Richtlinie DVS 2225-5
Vorgesehen als Ersatz für Ausgabe: Oktober 2019

DVS VERBAND

Richtlinie DVS 2225-5

Schweißen von Dichtungsbahnen aus thermoplastischen Kunststoffen im Tunnelbau

Ausschuss für Technik im DVS

Arbeitsgruppe W 4 „Fügen von Kunststoffen"

Untergruppe W 4.7 „Kunststoff-Folien und -Bahnen"

Die Einspruchsfrist endet am: 31. März 2026

Der Entwurf dieser Richtlinie steht der Öffentlichkeit zur Ansicht und Kommentierung zur Verfügung.
Einsprüche und Änderungsvorschläge können online über das **DVS-Regelwerksportal (www.dvs-regelwerk.de)** eingereicht werden.

Hrsg: DVS Media GmbH · Aachener Straße 172 · 40223 Düsseldorf · media@dvs-media.info · www.dvs-media.eu
Bezug: DIN Media GmbH · Am DIN-Platz · Burggrafenstraße 6 · 10787 Berlin · Tel.: +49 30 58 88 57 00 - 00 · kundenservice@dinmedia.de · www.dinmedia.de

Inhalt

Dieser Text richtet sich an Männer und Frauen in gleichem Maße. Zur besseren Lesbarkeit wurde im Text jedoch auf die durchgängige Formulierung in männlicher/weiblicher Form verzichtet und es wird nur die männliche Form genannt.

1. Geltungsbereich

Diese Richtlinie gilt für das Schweißen von flexiblen, polymeren Dichtungsbahnen, die zur Herstellung von Abdichtungssystemen in den folgenden Bauwerksytpen angewendet werden:

- Tunneln mit geschlossener und offener Bauweise
- Schachtbauwerken
- Kavernen
- sonstigen erdumschlossenen Bauwerken in loser Verlegung

Mit dieser Richtlinie soll den zuständigen Behörden, den Bauherren, den Planern, den Ausführenden und den Verantwortlichen im Bereich der Qualitätssicherung eine Anleitung für die Durchführung der Schweißarbeiten und der Schweißnahtprüfungen auf der Baustelle gegeben werden. Sie ergänzt die Regel- und Vertragswerke des BMVBS/der BASt (ZTV-ING, TL/TP KDB, TL/TP SD) und der Deutschen Bahn AG (Ril 853) sowie die Empfehlungen der Deutschen Gesellschaft für Geotechnik e. V. zu Abdichtungssystemen im Tunnelbau (EAG-EDT).

Die Richtlinie berücksichtigt besonders die hohen Anforderungen, die bei den Anwendungen in unterirdischen und erdüberdeckten Bauwerken an die Güte der Schweißverbindungen und damit an die werkstoff- und fachgerechte Ausführung zu stellen sind. Die Richtlinie gibt Hinweise für die Verlegung und den Einbau, soweit diese einen Einfluss auf die Schweißtechnik haben können. Ferner werden die Verbindungen zwischen den polymeren Dichtungsbahnen und anderen polymeren Bauteilen behandelt.

2. Abdichtungselemente

2.1. Dichtungsbahnen

Dichtungsbahnen im Sinne dieser Richtlinie sind industriell (durch Extrusion oder Kalandrierung) gefertigte Kunststoffdichtungsbahnen mit hoher Flexibilität aus thermoplastischen Werkstoffen. Diese Richtlinie berücksichtigt Kunststoffdichtungsbahnen, die aus folgenden Materialien hergestellt werden:

- flexiblen Polyolefinen (FPO)
- weichmacherhaltigem Polyvinylchlorid (PVC-P)

Die relevanten Eigenschaften von Kunststoffdichtungsbahnen, das Verfahren der Konformitätsbewertung, der werkseigenen Produktionskontrolle (WPK) und der CE-Kennzeichnung werden in der DIN EN 13491 festgelegt. Darüber hinaus gehende Festlegungen an die Qualität der Dichtungsbahnen ergeben sich aus den TL/TP-KDB (Technische Lieferbedingungen und Technische Prüfvorschriften für Kunststoffdichtungsbahnen und zugehörige Fugenbänder), der DB Ril 853 sowie den EAG-EDT. Die Eignung für den jeweiligen Anwendungszweck ist durch Grundlagenprüfungen nach den entsprechenden Richtlini- en sowie durch Vorlage einer gültigen Prüfbescheinigung nachzuweisen. Auf der Grundlage der Prüfbescheinigung sind die Dichtungsbahnen mindestens mit folgenden Angaben zu kennzeichnen:

- CE-Kennzeichnung nach DIN EN 13491
- Produktkennzeichnung und Verpackungsetikett nach DIN EN ISO 10320

Unabhängig von der Werkstoffart sowie der Zusammensetzung werden die Dichtungsbahnen ausschließlich durch Schweißen gefügt.

Die Dichtungsbahnen werden in der Regel in den für die Abwicklung am Bauwerk benötigten Längen geliefert. Die Bahnennenndicken betragen üblicherweise

- bei Abdichtungen gegen Sickerwasser ohne Wasserdruck: 2 mm
- bei Abdichtungen gegen Druckwasser: 3 mm

Die Oberfläche zur Tunnelinnenseite ist bei Abdichtungen in geschlossener Bauweise mit einer zusätzlichen Signalschicht aus artgleichem Werkstoff versehen. Die Oberfläche weist als Fügehilfe eine durchlaufende Schweißmarkierung entlang einer Längskante auf. Die Oberflächen der Kunststoffdichtungsbahnen sind glatt. Für besondere Anwendungen (z. B. doppellagige Abdichtungen) kann eine Seite strukturiert sein.

2.2. Profilbänder

Profilbänder werden bei der Herstellung von Abdichtungen von Tunnelbauwerken in offener und bergmännischer Bauweise eingesetzt.

Die Profilbänder sollen die gleiche Formmassenzusammensetzung wie die Kunststoffdichtungsbahnen aufweisen.

2.3. Befestigungselemente

Die Dichtungsbahnen werden mittels geeigneter Befestigungselemente so befestigt, dass sie beim Betonieren der Innenschale möglichst wenig auf Zug beansprucht werden. Die Fügetechnik der punktuellen Verbindung der Dichtungsbahnen mit den Befestigungselementen (Rondellen) wird im Rahmen dieser Richtlinie nicht behandelt.

3. Konstruktive Einzelheiten

3.1. Nahtformen Dichtungsbahnen

Die Dichtungsbahnen werden grundsätzlich überlappt verlegt (Überlappstoß). Bei den Fügenähten wird in Überlappnähte mit Prüfkanal und in Auftragnähte unterschieden.

In den **Bildern 1a und 1b** wird dargestellt wie die Nahtformen einer Überlappnaht und Auftragnaht auszuführen sind.

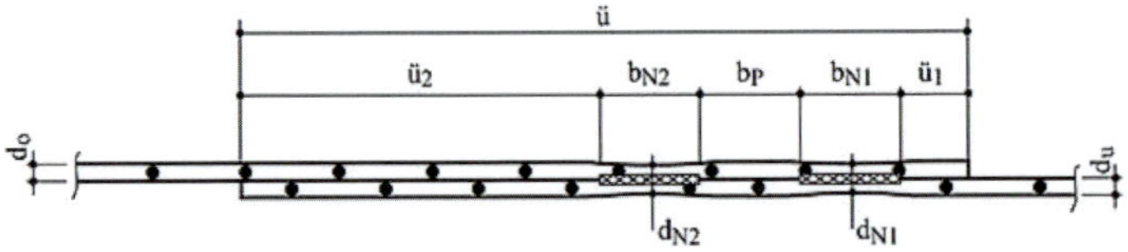

d_o	Dicke der oberen Naht
$ü_2$	Überlappung hinten
d_u	Dicke der unteren Naht
b_N	Breite der Naht
$ü_1$	Überlappung vorne
d_N	Dicke der Naht

Bahnendicke (d_o, d_u)	≥ 2 mm (≥ 3 mm)
Überlappung vorn ($ü_1$)	≥ 5 mm
	≥ 40 mm
Überlappung hinten ($ü_2$)	≥ 15 mm
Breite der Teilnähte (b_{N1}, b_{N2})	≥ 10 mm
Breite des Prüfkanals (b_P)	≥ (d_o + d_u) - 0,6 mm
Dicke der Naht (d_{N1}, d_{N2})	≤ (d_o + d_u) - 0,1 mm
Gesamtüberlappung (ü)	

Bild 1a: Nahtform einer Überlappnaht mit Prüfkanal

Die Überlappnähte mit Prüfkanal werden durch Heizkeilschweißen mit Schweißmaschinen hergestellt. Die Breite der Teilnähte muss jeweils mindestens 15 mm, die Breite des Prüfkanals mindestens 10 mm betragen. Eine Reduzierung der Prüfkanalbreite durch Schweissnahtaustrieb auf 5 mm ist zulässig. In jedem Fall ist eine Durchgängigkeit des Prüfkanals zwingend erforderlich.

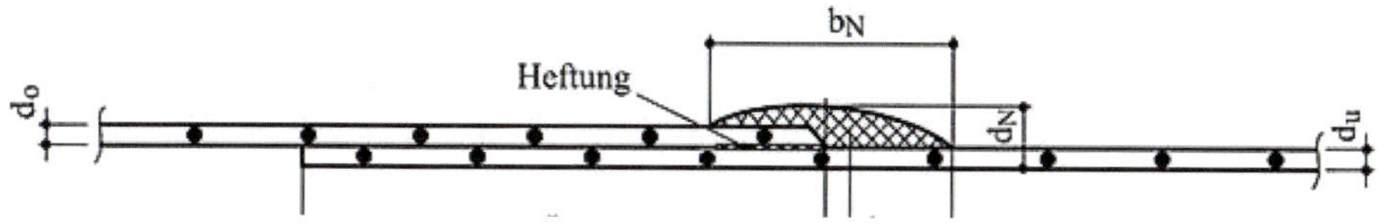

d_o	Dicke der oberen Naht
$ü_2$	Überlappung hinten
d_u	Dicke der unteren Naht
b_N	Breite der Naht
$ü_1$	Überlappung vorne
d_N	Dicke der Naht

Bahnendicke (d_o, d_u)	≥	2 mm (≥ 3 mm)
Überlappung (ü)	≥	40 mm
Breite der Naht (b_N)	≥	25 mm
Außermittigkeit, Versatz (a)	≤	5 mm
Dicke der Naht (d_N)	≥	$1{,}25 \times (d_o + d_u)$
	≤	$1{,}50 \times (d_o + d_u)$

Bild 1b: Nahtformen einer Auftragnaht

Auftragnähte werden durch Warmgasextrusionsschweißen hergestellt. Die Breite der Auftragnaht muss mindestens 25 mm betragen. Die Abweichung der Lage der Nahtmitte muss, bezogen auf die Kante der oberen Dichtungsbahn, kleiner als 5 mm sein.

Überlappnähte ohne Prüfkanal werden überwiegend mit Handschweißgeräten in einer Breite von mindestens 30 mm erstellt. Die Bahnen werden zunächst mit Warmgas vorgeheftet (**Bild 1c**). Bei diskontinuierlicher Arbeitsweise (mit handgeführter Andrückrolle) wird in zwei Arbeitsgängen, bei kontinuierlicher Arbeitsweise (mit mechanisch angetriebener Andrückrolle) in einem Arbeitsgang geschweißt.

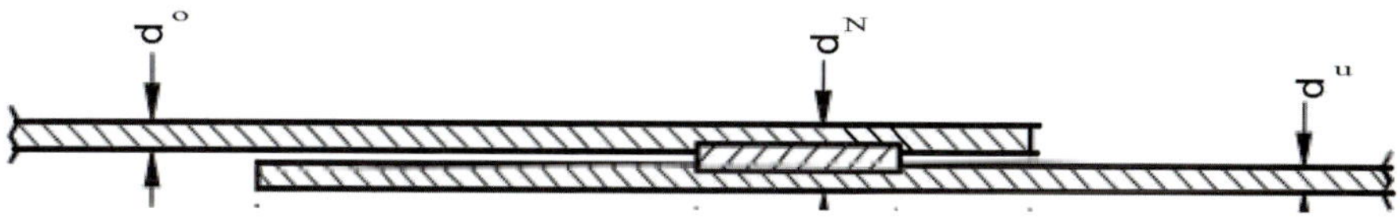

d_o	Dicke der oberen Naht
$ü_2$	Überlappung hinten
d_u	Dicke der unteren Naht
b_N	Breite der Naht
$ü_1$	Überlappung vorne
d_N	Dicke der Naht

Bahnendicke (d_o, d_u)	≥	2 mm (≥ 3 mm)
Überlappung vorn ($ü_1$)	≥	5 mm
Überlappung hinten ($ü_2$)	≥	40 mm
Breite der Naht (b_N)	≥	30 mm

Bild 1c: Nahtformen einer Überlappnaht ohne Prüfkanal

3.2. Verlegung/Einbau

3.2.1. Dichtungsbahnen

Die üblicherweise abgelängten Dichtungsbahnen sind ausschließlich nach den Transport- und Lagerrichtlinien der Hersteller zu transportieren und zu lagern sowie nach deren Einbaurichtlinien einzubauen.

Die Arbeiten dürfen nur von Fachbetrieben für Tunnelabdichtung ausgeführt werden.

Vor Beginn der Bauausführung ist vom ausführenden Fachbetrieb ein projektbezogenes Einbaukonzept vorzulegen.

Die Schweißarbeiten an Dichtungsbahnen dürfen ausschließlich von ausgebildeten und geprüften Fachkräften gemäß Richtlinie DVS 2212-3 durchgeführt werden. Dabei ist die Qualifikation in Bezug auf die Untergruppen der Richtlinie DVS 2212-3 unbedingt einzuhalten.

Die Dichtungsbahnen werden überlappt und generell so verlegt, dass Kreuzstöße vermieden und T-Stöße untereinander einen Abstand von mindestens 0,2 m aufweisen.

3.2.2. Profilbänder

Profilbänder sind ausschließlich nach den Transport- und Lagerrichtlinien der Hersteller zu transportieren und zu lagern. Insbesondere sind sie vor Beschädigung, Verschmutzung, Wärme und direkter Sonneneinstrahlung zu schützen. Eine kurzzeitige Lagerung bis zum Einbau kann auf der Transportverpackung erfolgen, bei längerfristiger Lagerung empfiehlt sich das flach liegende Auslegen der Anschlussbänder.

Profilbänder dürfen beim Einbau keine Deformationen oder Beschädigungen aufweisen, welche die spätere Funktionstüchtigkeit beeinträchtigen.

Der Einbau der Profilbänder ist im projektbezogenen Einbauplan darzustellen.

Die Profilbänder müssen mit der Dichtungsbahn schweißbar sein. Die Schweißeignung (Kompatibilität) zwischen Kunststoffdichtungsbahn und Profilbändern ist durch Schweißversuche nachzuweisen.

Die Schweißnähte sind visuell hinsichtlich der äußeren Beschaffenheit sowie im Kurzzeitschälversuch zu prüfen.

Im Schälversuch ist Aufschälen zulässig, falls der Schälwiderstand R_S größer als 6 N/mm erreicht wird.

3.2.3. Anschluss der Dichtungsbahnen an sonstige Bauteile

Die Dichtungsbahnen können durch Schweißen nur an Bauteile aus artgleichem Werkstoff angeschlossen bzw. angeschweißt werden. Der Anschluss an Bauteile aus nicht artgleichem Werkstoff erfolgt über eine Los-/Festflanschkonstruktion (Brunnentöpfe, nachgewiesene Klebeanschlusssysteme) oder, bei nicht druckwasserhaltenden Abdichtungen, durch Losflanschkonstruktionen oder Adapter mit Klemmschellen.

4. Schweißverfahren

4.1. Allgemeine Hinweise

Folgende baustellengerechte Fügeverfahren für Dichtungsbahnen aus thermoplastischen Werkstoffen werden in der Regel eingesetzt:

- Heizkeilschweißen (HH)
- Warmgasextrusionsschweißen (WE)
- Warmgasschweißen (WU)

- Das Heizkeilschweißen wird mit Schweißmaschinen ausgeführt.
- Das Warmgasextrusionsschweißen wird mit Schweißgeräten ausgeführt.
- Das Warmgasschweißen wird mit handgeführten Schweißgeräten ausgeführt.

Diese Verfahren unterscheiden sich in der Art wie der Fügebereich erwärmt (plastifiziert) sowie in der Geometrie der erzeugten Schweißverbindung.

Wichtiger Hinweis:

Es ist im Baustellenbetrieb vorwiegend das Heizkeilschweißverfahren (HH) zu verwenden. Dies gilt für Abdichtungsbereiche in Regelquerschnitten und in Sonderquerschnitten (z. B. Aufweitungen, Nischen, etc.) Das Warmgasextrusionsverfahren und das Warmgasschweißen sind lediglich für kurze Nahtbereiche (Ausfahrbereiche Heizkeilschweißmaschinen, Reparaturen, besondere Anbindungsgeometrien) und für die Verschweißung von Profilbändern an die Dichtungsbahnen zulässig.

4.2. Schweißparameter

Der Schweißprozess lässt sich mit den folgenden drei Schweißparametern beschreiben:

- Temperatur (Warmgas, Heizkeil, Extrudat)
- Schweißgeschwindigkeit
- Kraft (Fügedruck)

Diese drei Parameter beeinflussen sich gegenseitig und sind daher aufeinander abzustimmen.

Die Schweißparameter müssen auf die Dichtungsbahn (Werkstoff, Dicke, Oberflächenstruktur, Temperatur) und auf die während des Schweißens herrschenden Umgebungsbedingungen abgestimmt werden.

Für die Qualität der Schweißverbindung ist es entscheidend, die Schweißparameter richtig zu wählen. Vor dem Beginn der Schweißarbeiten sind daher die Parameter anhand von Probeschweißungen auf die aktuellen Baustellenbedingungen abzustimmen.

4.3. Ausführung der Schweißarbeiten

Die Fügeflächen müssen trocken und frei von Verunreinigungen sein. Die Fügeflächen müssen mechanisch abgearbeitet werden, wenn nicht beim Schweißen z. B. durch den Heizkeil oder das Heizelement die durch Witterung und/oder Oxidation beeinflusste Schicht aus dem Bereich der Fügeflächen herausgedrückt wird.

Die Ausführungen von T-Stößen mit Schweißmaschinen verlangt eine besondere Vorbereitung des Schweißnahtbereichs. An der bereits gefertigten Naht sind beide Überlappungen sowie die hintere Teilnaht sorgfältig abzuarbeiten. Der Übergang von der oberen auf die untere Bahn erfolgt in der vorderen Teilnaht. Dieser Übergangsbereich soll durchgehend die Dicke der Dichtungsbahn aufweisen.

Die Umgebungsbedingungen können den Schweißvorgang und damit die Qualität der Verbindung wesentlich beeinflussen.

Es ist folgendes zu beachten:

- Bei Niederschlägen, Bergwasser und zu hoher Luftfeuchtigkeit darf nicht geschweißt werden.
- Bei Temperaturen unterhalb von + 5 °C darf ohne besondere Vorkehrungen und Nachweise nicht geschweißt werden.
- Ab einer relativen Luftfeuchtigkeit von 80 % muss die Oberflächentemperatur mindestens 3 K über dem Taupunkt liegen.
- Bei Handschweißverfahren muss der Untergrund so beschaffen sein, dass der erforderliche Fügedruck aufgebracht werden kann.

Beim Schweißen müssen generell die Fügeflächen und gegebenenfalls die Schweißzusätze auf die für den jeweiligen Werkstoff erforderliche Schweißtemperatur gebracht werden. Dabei sollen nur die oberflächennahen zu schweißenden Bereiche erwärmt werden, um die Wärmeausdehnung im Fügebereich möglichst gering zu halten. In **Tabelle 1** sind die Schweißverfahren mit ihren kennzeichnenden Merkmalen zusammengestellt.

Die Schweißparameter und die Umgebungsbedingungen sind in Schweißprotokollen festzuhalten. Mit diesen Protokollen muss eine Zuordnung zum Schweißer, zu den Schweißmaschinen und -geräten (Typ und Kennzeichnung) und zur Naht sichergestellt sein. Die **Anhänge A 1** und **A 2** zeigen Muster für Schweißprotokolle.

Tabelle 1: Übersicht der Schweißverfahren

Schweißverfahren	Geräte und Maschinen	Plastifizierung der Fügeflächen	Schweißzusatz	Nahtform	Einsatzbereiche
Heizkeilschweißen (HH)	Schweißmaschinen	Kontaktwärme (elektrisch oder luftbeheizter Heizkeil)	kein	Überlappnaht mit Prüfkanal	Regelnaht (große Nahtlängen)
Warmgasextrusions-schweißen (WE)	Handschweißgeräte	Konvektion (Warmgas)	Extrudat	Auftragnaht	Nachbesserungen, Anschlussarbeiten, kurze Nahtlängen
Warmgas-Überlapp-schweißen (WU)	Handschweißgeräte	Konvektion (Warmgas)	kein	Überlappnaht ohne Prüfkanal	Nachbesserungen, Anschlussarbeiten, kurze Nahtlängen

4.3.1. Heizkeilschweißen (HH)

Mit dem maschinellen Heizkeilschweißen von Dichtungsbahnen werden ausschließlich Überlappnähte mit Prüfkanal auf größeren Längen hergestellt. Es ist durch folgende Merkmale gekennzeichnet:

- Es wird ohne Schweißzusatz geschweißt.
- Der Heizkeil wird entweder elektrisch oder mit Warmgas beheizt.
- Die Fügeflächen werden durch direkten Kontakt mit dem elektrisch oder luftbeheizten Heizkeil erwärmt und oberflächlich aufgeschmolzen (plastifiziert).
- Die Formatierung erfolgt bündig.
- Die Fügekraft wird unmittelbar nach dem Aufschmelzen der Fügeflächen aufgebracht.
- Die Schweißmaschinen sind mit einem beidseitig gleichwirkenden Andrucksystem zum Aufbringen der Fügekraft ausgerüstet.
- Schweißgeschwindigkeit, Heizkeiltemperatur bzw. Warmgastemperatur und Fügekraft müssen getrennt einstellbar sowie steuer- oder regelbar sein.
- Heizkeiltemperatur bzw. Warmgastemperatur, Fügekraft und Schweißgeschwindigkeit werden entsprechend dem Bahnenwerkstoff, der Bahnendicke und den äußeren Bedingungen eingestellt.

4.3.2. Warmgasextrusionsschweißen (WE)

Mit dem Warmgasextrusionsschweißen werden ausschließlich Auftragnähte hergestellt. Es ist durch folgende Merkmale gekennzeichnet:

- Der Schweißzusatz wird in einer Plastifiziereinheit (Extruder) plastifiziert und als Strang über die Düse und den Schweißschuh aufgebracht.
- Die Fügeflächen werden durch Warmgas (Luft) erwärmt und aufgeschmolzen (plastifiziert).
- Der Fügedruck wird beim Aufbringen des Schweißzusatzes über den Schweißschuh aufgebracht.
- Es wird mit einem Schweißzusatz aus artgleichem Grundmaterial geschweißt.
- Extrudattemperatur und Warmgastemperatur müssen getrennt regelbar sein.

Das Warmgasextrusionsschweißen von Hand ist auf kleine Nahtlängen, schwer zugängliche Nahtbereiche, spezielle Anschlüsse und Nachbesserungsarbeiten zu beschränken.

Der vom Extruder im Schweißschuh entwickelte Masseschub schiebt das Gerät vorwärts und bestimmt die Schweißgeschwindigkeit. Der Fügedruck ist so aufzubringen, dass möglichst kein Extrudat zur Seite austritt.

Als Schweißzusatz ist die gleiche Formmasse wie beim Bahnenmaterial zu verwenden. Bei Abweichungen ist die Schweißeignung nachzuweisen. Die Auftragnaht soll zu den Rändern hin flach und nahezu ohne Wulst auslaufen.

Die Stirnfläche der oberen Dichtungsbahn ist im Winkel von etwa 45° anzuschrägen. Vor dem Fügen sind die Dichtungsbahnen mit Warmgas zu heften, um die Fixierung während des Schweißvorgangs zu gewährleisten.

Der plastifizierte Schweißzusatz wird, unmittelbar nachdem die Fügeflächen die Schweißtemperatur erreicht haben, kontinuierlich aufgebracht. Die Warmgastemperatur für die Vorwärmung der Fügeflächen wird in der Mitte des Luftaustrittsquerschnitts, die Massetemperatur in der Mitte des Austrittsquerschnitts der Düse gemessen.

Unmittelbar mit Zuführung des Schweißzusatzes wird der Fügedruck über den Schweißschuh von Hand aufgebracht. Die Schweißgeschwindigkeit ergibt sich aus dem Extrudatausstoß und den Schweißnahtabmessungen. Eine Nachbehandlung der Schweißnaht ist nicht erforderlich.

4.3.3. Warmgas-Überlappschweißen (WU)

Mit dem Warmgas-Überlappschweißen werden ausschließlich Überlappnähte ohne Prüfkanal hergestellt. Es ist durch folgende Merkmale gekennzeichnet:

- Es wird ohne Schweißzusatz geschweißt.
- Die Fügeflächen werden durch Warmgas (Luft) erwärmt und aufgeschmolzen (plastifiziert).
- Die Fügekraft wird unmittelbar nach Aufschmelzen der Fügeflächen von Hand aufgebracht.
- Warmgastemperatur muss stufenlos einstellbar sowie regelbar sein.

Das Warmgas-Überlappschweißen von Hand ist auf kleine Nahtlängen, schwer zugängliche Nahtbereiche, spezielle Anschlüsse und Nachbesserungsarbeiten zu beschränken.

Um ein Auseinanderlaufen der überlappten Bahnen zu vermeiden, werden sie vor dem Schweißen mit Warmgas geheftet.

Während der Ausführung der Warmgasschweißung wird Fügedruck von Hand über eine Andrückrolle aufgebracht. Eine Nachbehandlung der Schweißnaht ist nicht erforderlich.

5. Schweißmaschinen und Schweißgeräte

Zum Abschnitt Schweißmaschinen und Schweißgeräte wird auf die Richtlinie DVS 2225-6 hingewiesen.

6. Baustellenprüfungen

Zum Abschnitt Baustellenprüfungen wird auf die Richtlinie DVS 2225-2 hingewiesen. Die Baustellenprüfungen sind zu dokumentieren.

7. Hinweise zu Nachbesserungen

Die Nachbesserungen sind nach den Einbaurichtlinien der Hersteller vorzunehmen. Im Rahmen dieser Richtlinie werden ergänzend dazu nur allgemeine Hinweise gegeben.

Bei den Nachbesserungsarbeiten ist größte Sorgfalt aufzuwenden, da eine Prüfung dieser Arbeiten nach allen Qualitätskriterien und eine weitere Nachbesserung nur in begrenztem Umfang möglich sind.

Die Fügearbeiten im Rahmen der Nachbesserungen sind jeweils entsprechend **Abschnitt 4** dieser Richtlinie auszuführen.

Die Art der Nachbesserungen hängt von der Größe und Häufigkeit der Unregelmäßigkeiten und Fehler ab:

7.1. Nachbessern mit Bahnenzuschnitten

Bei größeren fehlerhaften Nahtbereichen und durchgehenden Fehlstellen (Löchern) sind Bahnenstücke oder -streifen aufzubringen. Diese Bahnenzuschnitte müssen mindestens 10 cm über die jeweiligen Fehlerbereiche hinausgehen und sind mit Warmgasextrusionsschweißen über dem Fehlstellenbereich aufzubringen.

7.2. Nachbessern von Nähten auf voller Länge

Durchgehend fehlerhafte Nähte und solche mit durchgehenden Unregelmäßigkeiten sind entweder neu zu fügen oder, auf voller Länge mit einem mindestens 0,5 m breiten Bahnenstreifen, der beidseitig fachgerecht mittels Warmgasextrusionsschweißen gefügt wird, abzudecken.

Alternativ kann die Naht komplett herausgeschnitten, ein umlaufender Streifen neu eingesetzt und beidseitig mittels Schweißmaschinen gefügt werden.

Die durchgeführten Nachbesserungen sind zu protokollieren.

8. Schrifttum

8.1. Regelwerk

Normen

DIN EN ISO 10320	Geokunststoffe – Identifikation auf der Baustelle
DIN EN 13491	Geosynthetische Dichtungsbahnen – Eigenschaften, die für die Anwendung beim Bau von Tunneln und damit verbundenen Tiefbauwerken erforderlich sind

DVS-Regelwerke

Richtlinie DVS 2207-4	Schweißen von thermoplastischen Kunststoffen – Extrusionsschweißen von Rohren, Rohrleitungsteilen und Tafeln – Verfahren, Anforderungen
Merkblatt DVS 2211	Schweißen von thermoplastischen Kunststoffen – Schweißzusätze – Kennzeichnung, Anforderungen, Prüfungen
Richtlinie DVS 2212-3	Prüfung von Kunststoffschweißern – Prüfgruppe III – Bahnen im Erd- und Wasserbau
Richtlinie DVS 2225-2	Schweißen von Dichtungsbahnen aus polymeren Werkstoffen – Baustellenprüfungen
Richtlinie DVS 2225-6	Schweißen von Dichtungsbahnen aus polymeren Werkstoffen – Anforderungen an Schweißmaschinen und Schweißgeräte
Richtlinie DVS 2226-3	Prüfung von Fügeverbindungen an Dichtungsbahnen aus polymeren Werkstoffen – Schälversuch

Sonstige Regelwerke

DB Ril 853	Eisenbahntunnel planen, bauen und instandhalten; Modul 10: Abdichtung und Entwässerung
TL/TP-KDB	Technische Lieferbedingungen und Technische Prüfvorschriften für Kunststoffdichtungsbahnen und zugehörige Profilbänder
TL/TP SD	Technische Lieferbedingungen und Technische Prüfvorschriften für Schutz- und Dränschichten aus Geokunststoffen
ZTV-ING	Zusätzliche Technische Vertragsbedingungen und Richtlinien für Ingenieur bauten; ZTV-ING; Teil 7: Tunnelbau, Abschnitt 5: Abdichtung

Sonstiges

EAG-EDT	Empfehlungen zu Dichtungssystemen im Tunnelbau, Deutsche Gesellschaft für Geotechnik e. V. (DGGT)

Anhang A: Beispiele für Schweißprotokolle

Anhang A 1: Schweißprotokoll für Überlappnähte mit/ohne Prüfkanal

Schweißprotokoll für Überlappnähte mit/ohne Prüfkanal									**Nr.:**
Bauvorhaben:				Dichtungsbahn:					
Schweißverfahren:	HH								
Verlegefirma:				Hersteller:					
Schweißer:				Nenndicke in mm:					
Schweißmaschine:				Rohstoff:					
Naht-Nr.:									
		Anfang:	Ende:	Anfang:	Ende:	Anfang:	Ende:	Anfang:	Ende:
Uhrzeit:									
Witterungsbedingungen:									
allgemein (Bewölkung/Wind):									
Lufttemperatur in °C:									
relative Luftfeuchte in %:									
Zustand der Dichtungsbahnen:									
Oberfläche:									
Fügebereiche:									
Oberflächentemperatur in °C:									
Schweißparameter:									
Heizkeiltemperatur in °C/ Warmgastemperatur	Einstellung:								
	Messung:								
Geschwindigkeit in m/min	Einstellung:								
	Messung:								
Fügekraft in N:	Einstellung:								
	Messung:								
Schweißnahtprobe:									
Probeschweißung:	Nr.:								
Probenahme:	Nr.:								
Bemerkung:									

Schweißer:		**Bauleiter/Vorarbeiter (Verlegefirma):**		**Bauüberwachung/Fremdprüfer:**	
Datum	Unterschrift	Datum	Unterschrift	Datum	Unterschrift

Anhang A 2: Schweißprotokoll für Auftragnähte

Schweißprotokoll für Auftragnähte							**Nr.:**		
Bauvorhaben:			Dichtungsbahn:						
Schweißverfahren:	WE								
Verlegefirma:			Hersteller:						
Schweißer:			Nenndicke in mm:						
Schweißgerät:			Rohstoff:						
Naht-Nr.:									
		Anfang:	Ende:	Anfang:	Ende:	Anfang:	Ende:	Anfang:	Ende:
Uhrzeit:									
Witterungsbedingungen:									
allgemein (Bewölkung/Wind):									
Lufttemperatur in °C:									
relative Luftfeuchte in %:									
Zustand der Dichtungsbahnen:									
Oberfläche:									
Fügebereiche:									
Oberflächentemperatur in °C:									
Schweißzusatz									
Schweißparameter:									
Extrusattemperatur in °C	Einstellung:								
	Messung:								
Heißlufttemperatur in °C	Einstellung:								
	Messung:								
Schweißnahtprobe:									
Probeschweißung-Anfang:	Nr.:								
Probeschweißung-Ende	Nr.:								
Bemerkung:									
Schweißer: Datum Unterschrift			**Bauleiter/Vorarbeiter (Verlegefirma):** Datum Unterschrift				**Bauüberwachung/Fremdprüfer:** Datum Unterschrift		

Entwurf

Januar 2026

Richtlinie DVS 2225-6
Vorgesehen als Ersatz für Ausgabe: Februar 2019

DVS VERBAND

Richtlinie DVS 2225-6

Schweißen von Dichtungsbahnen aus polymeren Werkstoffen – Anforderungen an Schweißmaschinen und Schweißgeräte

Ausschuss für Technik im DVS

Arbeitsgruppe W 4 „Fügen von Kunststoffen“

Untergruppe W 4.7 „Kunststoff-Folien und -Bahnen“

Der Entwurf dieser Richtlinie steht der Öffentlichkeit zur Ansicht und Kommentierung zur Verfügung.
Einsprüche und Änderungsvorschläge können online über das **DVS-Regelwerksportal (www.dvs-regelwerk.de)** eingereicht werden.

Hrsg: DVS Media GmbH · Aachener Straße 172 · 40223 Düsseldorf · media@dvs-media.info · www.dvs-media.eu

Bezug: DIN Media GmbH · Am DIN-Platz · Burggrafenstraße 6 · 10787 Berlin · Tel.: +49 30 58 88 57 00 - 00 · kundenservice@dinmedia.de · www.dinmedia.de

Inhalt

Dieser Text richtet sich an Männer und Frauen in gleichem Maße. Zur besseren Lesbarkeit wurde im Text jedoch auf die durchgängige Formulierung in männlicher/weiblicher Form verzichtet und es wird nur die männliche Form genannt.

1. Geltungsbereich

Diese Richtlinie behandelt Anforderungen an Maschinen und Geräte zum Schweißen von polymeren Werkstoffen im Erd-, Wasser- Deponie und Tunnelbau.

Diese Richtlinie soll den Herstellern der Maschinen und Geräte Hinweise für die Auslegung und Bestückung geben.

Anhand der in dieser Richtlinie aufgezeigten Merkmale soll der Anwender prüfen, ob und mit welchen Maschinen und Geräten die jeweiligen Dichtungsbahnen anforderungs-, werkstoff- und baustellengerecht geschweißt werden können.

Die Richtlinie bezieht sich ausschließlich auf das Schweißen von Dichtungsbahnen. Die Werkstoffe und Dicken sind in den entsprechenden Teilen spezifiziert.

- Richtlinie DVS 2225-1: Abdichtung von Erd- und Wasserbauten
- Richtlinie DVS 2225-3: Schweißen von Dichtungsbahnen aus Polyethylen (PE) bei Grundwasserschutzmaßnahmen, im Erd- und Wasserbau
- Richtlinie DVS 2225-4: Schweißen von Dichtungsbahnen aus Polyethylen (PE) für die Abdichtung von Deponien und Altlasten
- Richtlinie DVS 2225-5: Schweißen von Dichtungsbahnen aus thermoplastischen Kunststoffen im Tunnelbau

2. Dichtungsbahnen

Dichtungsbahnen für die genannten Anwendungen werden aus Thermoplasten hergestellt. Diese können durch Wärme plastifiziert und somit durch Schweißen gefügt werden. Die Werkstoffe sowie die Mindestdicken werden in den jeweiligen anwendungsbezogenen Regelwerken spezifiziert.

Die Oberflächen können glatt oder strukturiert sein. Die Bahnen können homogen (aus einem Werkstoff) oder mehrlagig (aus einem oder mehreren Werkstoffen) aufgebaut sein. Sie können verstärkende Einlagen (z. B. Gewebe), Kaschierungen (z. B. Vliese) oder Metallfolieneinlagen aufweisen.

Diese Richtlinie geht grundsätzlich davon aus, dass Dichtungsbahnen der gleichen Formmasse miteinander geschweißt werden. Ist das nicht der Fall, so ist die Schweißeignung besonders nachzuweisen.

Diese Richtlinie geht weiter grundsätzlich davon aus, dass die Dichtungsbahnen im Fügebereich glatt sind und dass bei strukturierten Dichtungsbahnen die Oberflächenstrukturen im Fügebereich mechanisch entfernt werden. Auf das Entfernen der Strukturen kann nur dann verzichtet werden, wenn unter Baustellenbedingungen die Schweißeignung nachgewiesen wird.

3. Nahtformen

Die Dichtungsbahnen werden grundsätzlich überlappt verlegt (Überlappstoß). Bei den Schweißnähten sind zu unterscheiden:

- Überlappnähte mit Prüfkanal (HH)
- Auftragnähte (WE)
- Warmgasüberlappnaht (WU)

4. Schweißverfahren

Als baustellengerechte Fügeverfahren für Dichtungsbahnen werden das Heizkeilschweißen (HH), das Warmgasextrusionsschweißen (WE) und das Warmgasüberlappschweißen (WU) eingesetzt. Diese Verfahren unterscheiden sich prinzipiell in der Erwärmung des Fügebereiches (Plastifizierung), in der Aufbringung der Fügekraft und in der Schweißnahtgeometrie. Alle Verfahren lassen sich durch die Schweißparameter wie folgt beschreiben:

- Temperatur (Heizkeil, Warmgas, Extrudat)
- Schweißgeschwindigkeit
- Kraft (Fügedruck)

Für das Heizkeilschweißen (HH) werden ausschließlich Schweißmaschinen verwendet. Die Beheizung vom Keil kann durch einen elektrischen Widerstand (Heizpatrone, ...) oder durch Warmgas erfolgen. Geschweißt wird ohne Schweißzusatz und es werden ausschließlich Überlappnähte mit Prüfkanal hergestellt.

Für das Warmgasextrusionsschweißen (WE) – mit Schweißzusatz und das Warmgasüberlappschweißen (WU) – ohne Schweißzusatz werden ausschließlich Handschweißgeräte verwendet.

5. Allgemeine Anforderungen

Bei allen Schweißverfahren müssen mit den Schweißmaschinen und -geräten unter Baustellenbedingungen durchgehend werkstoff- und anforderungsgerechte Nahtqualitäten erzielt werden können.

Als Schweißmaschinen bezeichnet man Vorrichtungen zum kontinuierlichen Schweißen, die selbstfahrend sind und die Fügekraft maschinell aufbringen. Sie werden bei großen Nahtlängen eingesetzt.

Schweißgeräte werden von Hand geführt. Die Fügekraft wird manuell aufgebracht.

Im Hinblick auf die Nahtqualität ist im Einzelnen sicherzustellen, dass ...:

- ... die zu schweißenden Halbzeuge und Schweißzusätze thermisch und mechanisch nicht unzulässig beansprucht werden.
- ... Kerben und Riefen vermieden werden.
- ... eine ausreichende Nahtfestigkeit bei guter Verformungsfähigkeit des Nahtbereichs erreicht wird.
- ... die Schweißnahtabmessungen in den vorgegebenen Grenzen liegen.
- ... die geforderte hintere Überlappung erreicht werden kann.

Bei Schweißmaschinen wird vorausgesetzt, dass die Schweißtemperatur, die Schweißgeschwindigkeit und die Fügekraft unabhängig voneinander auf Werkstoff und Dicke der Dichtungsbahn sowie auf die Witterungsbedingungen eingestellt und während des Schweißvorganges kontrolliert und innerhalb der zulässigen Toleranzen konstant gehalten werden.

Im Hinblick auf die Gebrauchstauglichkeit unter Baustellenbedingungen sind sind für Maschinen und Geräte folgende Anforderungen zu erfüllen:

- Robustheit gegenüber den mechanischen Beanspruchungen, die sich aus dem Transport und dem Betrieb ergeben
- einfache Handhabung bei Inbetriebnahme und beim Betrieb
- leichte Zugänglichkeit aller Bauteile zur notwendigen Reinigung und Kontrolle
- sichere Funktionsfähigkeit im vorgesehenen Temperatureinsatzbereich/Umgebungsbedingungen
- Schutz gegenüber Feuchtigkeit, Schmutz und den möglicherweise beim Schweißen aus den Dichtungsbahnen oder dem Schweißzusatzwerkstoff austretenden flüchtigen Bestandteilen
- Schutz der elektrischen und elektronischen Bauteile gegenüber Feuchtigkeit, Schmutz und elektrostatischer Aufladung sowie Netzspannungsschwankungen

Die Funktion der Geräte und Maschinen muss unter Bedingungen wie sie in **Tabelle 1** dargestellt sind, gewährleistet werden.

Tabelle 1:

Eigenschaft	**Wert**
Nennspannung	± 10 %
Lagertemperatur	-20 °C bis + 80 °C
Umgebungstemperatur im Einsatz	10 °C bis + 60 °C
Relative Luftfeuchtigkeit	< 80 %

Zusätzlich müssen die Maschinen/Geräte und Zubehörteile folgende für den Benutzer sicherheitsrelevante Anforderungen erfüllen:

- Heiß werdende Oberflächen müssen so klein wie möglich gehalten und sofern technisch möglich, gedämmt sein.
- Teile in Handnähe, zum Beispiel von Maschinen und Bauteilen, dürfen auch bei längerem Gebrauch betriebsbedingte Temperaturen von 60 °C nicht überschreiten.
- Scharfe Kanten sind nicht zulässig.
- Die elektrische Sicherheit muss gewährleistet werden.

Geräte und Maschinen müssen den Europäischen Richtlinien entsprechen.

Der Hersteller oder sein in der Gemeinschaft niedergelassener Bevollmächtigter ist für die Ausstellung der EG-Konformitätserklärung und die CE-Kennzeichnung verantwortlich. Der Marktüberwachungsbehörde sind auf Verlangen sämtliche relevanten Mess- und Prüfdokumente vorzulegen, welche die Einhaltung der Konformität mit den Richtlinien bestätigen.

6. Anforderungen an Schweißmaschinen

Die Schweißmaschinen bestehen aus der Grundmaschine und den Funktionselementen für die Schweißparameter Temperatur, Druck und Geschwindigkeit:

- **Grundmaschine:** zur Aufnahme der Funktionselemente und anderer Bauteile wie Display und Führungshilfen
- **Temperiersystem:** zum Einbringen der Wärmeenergie in den Schweißnahtbereich
- **Andrucksystem:** zum Aufbringen des Fügedrucks
- **Antriebssystem:** zum Vortrieb der Schweißmaschine
- **Anzeige-, Kontroll- und Überwachungselemente:** zur Anzeige der Soll-/Ist-Werte, zur Maschinenüberwachung sowie zur Einstellung der Schweißparameter und, wenn gefordert, zur Datenaufzeichnung

6.1. Grundmaschine

Die Grundmaschine muss die einzelnen Bauteile und Funktionselemente aufnehmen und in Position halten. Alle beim Transport und beim Betrieb auftretenden Beanspruchungen müssen aufgenommen werden können, ohne dass bei fachgerechter Handhabung Funktionsstörungen auftreten.

Insbesondere müssen die Grundmaschinen so konstruiert sein, dass die in den jeweiligen Richtlinien geforderte hintere Überlappung erreicht werden kann. Für die Praxistauglichkeit ist eine Toleranz für das Überlappungsmaß von + 10 mm anzusetzen.

Gemäß Richtlinienreihe DVS 2225 muss die hinterere Überlappung mindestens 40 mm betragen (Auslegung Grundmaschine ≥ 50 mm).

Bei der Konstruktion und der Dimensionierung der Grundmaschinen sind im Einzelnen die Beanspruchungen aus folgenden Lastfällen zu berücksichtigen:

- Schweißtemperaturen
- Wärmestrahlung
- Führen der Dichtungsbahnen
- Antrieb der Maschine
- Aufbringen der Fügekraft
- Transport
- Untergrund

Die Grundmaschine muss so konstruiert sein, dass alle Funktionselemente und Bauteile leicht bedient, gereinigt, gewartet und ausgetauscht werden können.

Die Dichtungsbahnen müssen sich leicht einfädeln, führen und sich in ihrer Lage kontrollieren lassen.

6.2. Temperiersystem

Das Temperiersystem muss so ausgelegt sein, dass es abgestimmt auf die Schweißgeschwindigkeit eine ausreichende Schweißtemperatur im Fügebereich gewährleistet und die Dichtungsbahn im Fügebereich ausreichend tief plastifiziert, ohne dass der Werkstoff lokal überhitzt.

Das Temperiersystem besteht im Wesentlichen aus folgenden Maschinen-Komponenten:

- **Heizquelle:** elektrischer Widerstand oder Warmgas
- **Heizkeil:** Wärmeüberträger zur lokalen Erwärmung der Dichtungsbahn
- **Kontaktsystem:** Sicherstellung des Wärmeflusses vom Heizkeil zur Dichtungsbahn
- **Temperatursensor:** Regelgröße
- **Reglersystem:** Sicherstellung konstanter und reproduzierbarer Werkstofferwärmung mit unabhängiger Sollwerteinstellung

Der Heizkeil kann auch zur Aufnahme einer Schleppzunge dienen. Diese stellt bei Anwendungen mit ausgeprägtem Schweißaustrieb sicher, dass der Prüfkanal in der ausreichenden Breite durchgehend offen bleibt.

Das Temperiersystem muss folgende Anforderungen erfüllen:

- ausreichende Heizleistung (Nennleistung), abgestimmt auf die vorgegebenen Schweißbedingungen (Dicke und Werkstoff der Dichtungsbahnen, Schweißgeschwindigkeit)
- gleichmäßige und konstante Temperaturverteilung über die Breite der Kontaktflächen
- kufenartige, auf Dicke und Steifigkeit der Bahnen abgestimmte Gestaltung des Heizkeils, mit ausreichend langer Kontaktfläche und allseits abgerundeten Kanten zur Vermeidung von Riefen in der Dichtungsbahn
- sicherer Kontakt zwischen Dichtungsbahn und Heizkeil, zum Beispiel durch bewegliche Lagerung des Heizkeils sowie durch Führungshilfen und Andruckrollen
- hoher Abriebwiderstand, gute Korrosionsbeständigkeit und Verträglichkeit der Heizkeiloberflächen mit den zu schweissenden Dichtungsbahnen
- ausreichende mechanische Stabilität gegenüber den auftretenden Kräften bei T-Stößen und Beanspruchungen bei Transport und Betrieb
- leichte Zugänglichkeit zum Heizkeil, damit dieser einfach und schnell überprüft, gereinigt und ausgewechselt werden kann
- Erfassung der abgegebenen Heizleistung (prozentual oder absolut), damit ein Teilausfall der Heizung frühzeitig erkannt werden kann

6.2.1. Heizkeildimension

Die Heizkeildimensionen quer zur Schweißrichtung (in der Breite) sind hauptsächlich durch die geforderte Nahtgeometrie gegeben. Bei Überlappnähten mit Prüfkanal sind zwei Kontaktflächen notwendig. Die Breite der jeweiligen Kontaktfläche muss größer als die geforderten Naht- bzw. Teilnahtbreite sein. Der Abstand der Kontaktflächen der Heizkeile für Nähte mit Prüfkanal muss im Hinblick auf einen ausgeprägten Schweißaustrieb genügend groß gewählt werden.

Für Anwendungen im Sinne der Richtlinienteile DVS 2225-1, -3, -4, -5 hat sich eine Heizkeilbreite von ungefähr 50 mm bewährt.

Die Länge des Heizkeils ergibt sich aus:

- dem Werkstoff der Dichtungsbahn
- der Dicke der Dichtungsbahn
- der Oberfläche der Dichtungsbahn
- der Aufschmelztiefe
- der baustellengerechten Schweißgeschwindigkeit

Der Maschinenhersteller muss die Heizkeillänge entsprechend der anwendungsspezifischen Anforderungen (geforderte Nahtqualität, Art der Dichtungsbahn, geforderte Schweißgeschwindigkeit) dimensionieren und entsprechend den Haupteinsatzbereich der Schweißmaschine deklarieren.

6.2.2. Keilbeheizung durch Warmgas

Das warmgasbeheizte System besteht aus folgenden Maschinenkomponenten:

- Gebläse
- Heizaggregat
- Düse mit Kontaktflächen (Heizkeil)
- Sensorik und Regeleinrichtung

Der Luftstrom muss so geführt werden, dass die Kontaktflächen in der Breite homogen erwärmt werden und das austretende Warmgas sowohl ein gleichmäßiges Geschwindigkeits- als auch Temperaturprofil aufweist.

Zusätzlich ist eine Vorrichtung zum sicheren Kontakt der Dichtungsbahn mit dem Heizkeil notwendig.

Die Warmgastemperatur muss einstellbar sein und mit einer maximalen Abweichung von ± 10K geregelt werden. Die Warmgasmenge muss unabhängig von den übrigen Verfahrensparametern konstant gehalten werden können.

Die an der Maschine maximal einstellbare Warmgastemperatur, die deutlich höher als die Temperatur der Heizkeiloberfläche ist, beträgt üblicherweise 500–600 °C.

6.2.3. Keilbeheizung durch elektrischen Widerstand

Bei der Keilbeheizung durch elektrischen Widerstand erfolgt die Wärmeerzeugung im Heizkeil. Dabei sind verschiedene Ausführungen möglich, zum Beispiel Heizpatronen oder Heizplatten.

Die Heizkeiltemperatur muss im vorgegebenen Temperaturbereich stufenlos und unabhängig der anderen Verfahrensparameter eingestellt und beim Schweißen auf ±10K geregelt werden können. Der Temperaturfühler muss möglichst nahe an der Keiloberfläche platziert werden.

Die an der Maschine maximal einstellbare Heizkeiltemperatur liegt üblicherweise bei 460 °C.

Zum Zweck eines definierten Eintrags von Wärmeenergie in den Schweißnahtbereich muss der Heizkeil eine auf die Anwendung abgestimmte Kontaktfläche (Länge und Breite) aufweisen. Der durchgehende Kontakt zwischen der Dichtungsbahn und den Heizkeilflächen ist durch eine Vorrichtung zu gewährleisten. Die Abweichung beim Schweißen darf maximal ±10 % der nominellen Kontaktlänge betragen.

6.3. Andrucksystem

Über das Andrucksystem wird der notwendige Fügedruck mittels Rollen aufgebracht. Zur Vermeidung von Kerben müssen alle Kanten abgerundet sein. Für Schweißungen mit Prüfkanal können die Rollen eine entsprechende Aussparung aufweisen.

Die Einstellung vom Fügedruck erfolgt durch kontrollierte Aufbringung einer Kraft, im Folgenden als Fügekraft bezeichnet. Die Fügekraft muss stufenlos oder in ausreichend feiner Abstufung eingestellt und innerhalb der zulässigen Toleranz konstant gehalten werden. Gemäß der Richtlinienreihe DVS 2225 beträgt die zulässige Abweichung in der Fügekraft ±50N.

Für Anwendungen kann eine Anzeige und Aufzeichnung der eingestellten Kraft gefordert sein. In diesem Fall muss die Schweißmaschine mit einem entsprechenden Sensor, wie zum Beispiel einer Kraftmessdose, ausgerüstet werden.

Das Andrucksystem ist so auszulegen, dass die erforderliche Fügekraft mit ausreichender Reserve erreicht werden kann.

Das Andrucksystem muss gegenüber Dickenschwankungen der Dichtungsbahnen (z.B. im Bereich eines fachgerecht vorbereiteten T-Stoßes) so nachgiebig sein, dass die Fügekraft während des Schweißens um nicht mehr als ein Drittel des eingestellten Wertes überschritten wird.

Das Andrucksystem muss bei Schweißungen eine gleichmäßige Verteilung der Fügekraft auf beide Teilnähte während des Schweißens soweit sichern, dass die Differenz der Fügewege der beiden Teilnähte beschränkt bleibt. Gemäß Richtlinienreihe DVS 2225 beträgt die zulässige Abweichung im Fügeweg 0,15mm.

Die Parallelität der Andruckrollen muss unter Baustellenbedingungen einfach und sicher kontrolliert sowie eingestellt werden können.

6.4. Antriebssystem

Über das Antriebssystem wird die Schweißgeschwindigkeit eingestellt. Es besteht aus Motor, Regeleinheit, Kraftübertragungs- und Vortriebseinheit. Der Motor muss so ausgelegt sein, dass die jeweils eingestellte Schweißgeschwindigkeit lastunabhängig und unabhängig von den übrigen Schweißparametern innerhalb der zulässigen Toleranzen konstant bleibt. Gemäß Richtlinienreihe DVS 2225 beträgt die zulässige Toleranz in der Schweißgeschwindigkeit in Bezug auf die Sollgeschwindigkeit ± 2 %.

Die Kraftübertragungseinheit, d. h. deren Elemente wie Getriebe, Ketten, Räder, Wellen und Lager, müssen einen in den zulässigen Toleranzen konstanten und weitgehend schlupffreien Vortrieb sicherstellen.

Die Vortriebseinheit überträgt die Antriebskraft über Rollensysteme (Vortriebsrollen) auf die Dichtungsbahnen. Die Vortriebsrollen können ein- oder beidseitig angetrieben werden. Generell muss sichergestellt werden, dass keine unzulässigen Schubkräfte in den Fügebereich eingeleitet und die Dichtungsbahnen nicht gegeneinander verschoben werden.

Die Oberflächen der Rollen sind so zu gestalten, dass unter der auftretenden Belastung kein unzulässiger Schlupf zwischen Dichtungsbahn und Rollen eintritt. Für Anwendungen im Bereich der Richtlinien DVS 2225-1, -3, -4, -5 haben sich profilierte Rollen bewährt. Die Kanten der Rollen sind so zu gestalten, dass unzulässige Oberflächenverformungen der Dichtungsbahn (Kerben im Übergangsbereich) vermieden werden.

Falls die Antriebsrollen gleichzeitig auch Andruckrollen sind, ist sicherzustellen, dass der für den Vortrieb der Maschine notwendige Andruck nicht höher ist als der für das fachgerechte Schweißen notwendige Fügedruck. Bei der Gestaltung der Andruckrollen sind die jeweils vorgeschriebenen Schweiß- und Prüfkanalbreiten zu berücksichtigen.

Zum Schweißen von T-Stößen muss die Schweißgeschwindigkeit auf einfache und reproduzierbare Weise reduziert und wieder erhöht werden können.

6.5. Anzeige-, Kontroll- und Überwachungselemente

Die Schweißparameter Temperatur, Geschwindigkeit und Schweißkraft müssen einfach und reproduzierbar einstellbar sein. Die Soll- und die Effektiv-Werte der Temperatur und Geschwindigkeit sollen angezeigt werden. Bei Anwendungen im Sinne der Richtlinien DVS 2225-3 und -4 ist zusätzlich die effektive Schweißkraft anzuzeigen. Die Maschinen sollen mittels Funktionsüberwachung dem Bediener die Einsatzbereitschaft anzeigen. Durch die Anzeige von Leistungsabgabe, Heizleistung und Maschinenantrieb, kann in Bezug von festgelegten Grundwerten anhand der Probenaht die Maschinenbelastung überwacht werden. Falls Unregelmäßigkeiten bei der Netzversorgung oder Beschädigungen an Maschinenelementen wie Heizelementen, Heizkeilen, Lager, Ketten, Fahrgestellen etc. auftreten, kann dies aufgrund einer Veränderung der Leistungsaufnahme sofort erkannt werden.

Für Anwendungen nach Richtlinie DVS 2225-4 oder bei besonderen Anforderungen ist zusätzlich ein Datenerfassungssystem notwendig. Dieses hat dem Nachweis zu dienen, dass die gewählten Schweißparameter während des Schweißens in den vorgegebenen Toleranzfeldern konstant gehalten wurden, keine Unregelmäßigkeiten in der Netzversorgung auftraten und die Maschine keine kritische Beschädigung aufwies. Dazu müssen alle relevanten Daten, d. h. die Soll- und Ist-Werte, in Abständen von ≤ 50 cm erfasst und aufgezeichnet werden. Zusätzlich soll jede Überschreitung eines Grenzwertes protokolliert werden, unabhängig vom Aufzeichnungsintervall. Beim Verlassen vorgegebener Toleranzfelder haben ein akustisches Signal und eine Aufzeichnung der Abweichung zu erfolgen. Die zur Schweißnaht zugeordneten Messdaten sind nicht veränderbar zu speichern, beim Übertragen auf externe Geräte müssen die Daten unveränderbar sein.

7. Anforderungen an Schweißgeräte

Als Schweißgeräte werden Vorrichtungen zum Schweißen und Heften von Dichtungsbahnen bezeichnet, die von Hand geführt werden und bei denen der Fügedruck entweder über das Gerät selbst (zum Beispiel die Düse), den Schweißzusatz oder über Zusatzgeräte (Handandruckrolle) manuell aufgebracht wird. Es wird unterschieden nach Warmgasextrusionsschweißgeräten und Warmgasschweißgeräten. Warmgasschweißgeräte werden zum Heften eingesetzt.

7.1. Extrusionsschweißgeräte

Mit Extrusionsschweißgeräten werden ausschließlich Auftragnähte hergestellt. Im Allgemeinen sind die Extrusionsschweißgeräte auf einen bestimmten Werkstoff oder Werkstofffamilie abgestimmt. Die Eignung des Schweißgerätes für die gegebene Anwendung muss vorgängig verifiziert werden.

Im Anwendungsbereich im Sinne von Richtlinie DVS 2225-1, -3, -4, -5 werden ausschließlich kontinuierlich arbeitende Extrusionsschweißgeräte eingesetzt.

Extrusionsschweißgeräte bestehen aus folgenden Funktionselementen:

- **Vorwärmsystem mit Regeleinheit:** zum Vorwärmen der Fügeflächen
- **Plastifiziersystem mit Regeleinheit:** zum Plastifizieren vom Schweißzusatz
- **Schweißschuh:** zum Aufbringen des Schweißzusatzes auf die Fügeflächen und zur Formgebung der Naht

Zusätzlich zu den allgemeinen Anforderungen müssen die Geräte gewährleisten, dass …:

- … der erforderliche Fügedruck über entsprechende Haltevorrichtungen und Griffe in den vorgesehenen Schweißpositionen aufgebracht werden kann
- … Zuführungsschläuche und Kabel flexibel und für den Schweißer kraftsparend ausgeführt sind und bei sachgemäßem Betrieb weder knicken noch verdrehen
- … sie beim Beenden der Schweißarbeiten oder bei Arbeitsunterbrechungen standsicher abgestellt werden können
- … Einsicht auf die Schweißnaht während des Schweißprozesses gewährleistet ist.
- … Einsicht auf die Soll-/Ist-Werte während des Schweißprozesses gewährleistet ist
- … Abweichungen der Schweißtemperaturparameter während des Schweißprozesses angezeigt oder der Schweißprozess unterbrochen wird.

7.1.1. Vorwärmsystem

Das Vorwärmsystem muss gewährleisten, dass Nahtflanken, Nahtüberdeckung und bei Anschlussteilen die Nahtwurzel ausreichend plastifiziert werden. Dies kann mit unterschiedlichen Systemen erreicht werden, beispielsweise durch Warmgas- oder Strahlungswärme. Aufgrund der praktischen Anwendung wird im Folgenden nur auf die Vorwärmung mittels Warmgas eingegangen.

Das Warmgas-Vorwärmsystem entspricht im Prinzip dem Temperiersystem der Schweißmaschinen mit warmgasbeheizten Heizkeilen. Es besteht aus Gebläse, Heizaggregat, Regeleinrichtung mit Ist-Wert-Anzeige und Düse.

Bei der Dimensionierung und Konstruktion der Geräte muss Folgendes beachtet werden:

- Die Warmgastemperatur muss – entsprechend des zu schweißenden Werkstoffs – stufenlos einstellbar sein und angezeigt werden. Die Temperaturschwankung bei unveränderter Reglereinstellung darf ±10 K nicht überschreiten. Die Warmgastemperatur muss nach maximal 10 Minuten erreicht sein.
- Der Volumenstrom muss während des Schweißvorgangs konstant gehalten werden können.
- Das Vorwärmsystem ist am Schweißkopf oder am Plastifiziersystem fest installiert.
- Die Warmgasdüse muss über die gesamte Nahtbreite die intensive und gleichmäßige Vorwärmung (Plastifizierung) des Grundmaterials – bei möglichst geringer Warmgastemperatur – gewährleisten. Der Abstand der Warmgasdüse zum Grundmaterial muss entsprechend eingestellt werden können.

Der Gerätehersteller muss das Vorwärmsystem so dimensionieren, dass ...:

- ... die Vorwärmung bei einer werkstoffgerechten Temperatur erfolgt. Bei PE-basierenden Werkstoffen wird in der Praxis mit 230 °C bis 300 °C gearbeitet. Bei anderen Werkstoffen kann die Vorwärmtemperatur auch höher sein (siehe auch Richtlinie DVS 2207-4 Beiblatt 1).
- ... die Fügeteile an der Fügestelle und über die Nahtbreite hinaus 0,5 bis 1 mm tief plastifiziert sind. Aus dieser Anforderung ergibt sich, bei gegebener Temperatur, Nahtgeometrie und der Schweißgeschwindigkeit die erforderliche Luftmenge.

7.1.2. Plastifiziersystem

Mit dem Plastifiziersystem wird der Schweißzusatz (Draht oder Granulat) plastifiziert. Als Plastifiziereinheit können Extruder oder beheizte Zylinder eingesetzt werden. Für eine werkstoffgerechte Plastifizierung und einen gleichmäßigen Ausstoß des plastifizierten Schweißzusatzes werden folgende Anforderungen gestellt:

- gleichmäßige Zuführung des Schweißzusatzes bei allen gerätespezifisch vorgesehenen Schweißpositionen
- der Massenaustrag muss am Gerät stufenlos einstellbar sein
- für die Zeit der Anwärmung des im Extruder und im Zuführungsschlauch erkalteten Schweißzusatzes muss eine Antriebssperre wirksam sein
- der Unterbrechungsschalter (Ein bzw. Aus) für das Plastifiziersystem muss so angeordnet sein, dass er vom Schweißer jederzeit bedient werden kann. Dies gilt ebenso für die Einstellung vom Masseaustrag,
- das Extrudat muss vollständig homogen plastifiziert sein und temperaturstabil austreten
- die Temperaturschwankung der Masse darf bei kontinuierlichem Betrieb und bei unveränderter Reglereinstellung ±3 K nicht überschreiten (gemessen im Zentrum der Masse).

Die erforderliche Ausstoßmenge ergibt sich aus der geforderten Nahtgeometrie sowie der Schweißgeschwindigkeit.

7.1.3. Schweißschuh

Über den Schweißschuh wird der plastifizierte Schweißzusatz auf die Fügefläche aufgebracht und der notwendige Fügedruck erzeugt.

Der Schweißschuh muss aus temperaturbeständigem und antiadhäsivem Material mit geringer Wärmeleitfähigkeit bestehen. Zurzeit werden vornehmlich gleitfähige Materialien, wie zum Beispiel PTFE, Keramik und beschichtete Metalle, eingesetzt.

Im Folgenden werden exklusiv Schweißschuhe zur Herstellung von Überlappnähten betrachtet. Für andere Nahtformen, z. B. Kehlnähte bei Anschlussarbeiten, werden die Standardschweißschuhe aus der Richtlinie DVS 2207-4 verwendet.

Der Schweißschuh ist, in Schweißrichtung gesehen, vorne geschlossen. Er stützt sich beim Schweißen über die Längskanten beidseitig auf die Dichtungsbahnen ab. Ausbildung und Geometrie der Andruckzone des Schuhs bestimmen Form und Abmessungen der Auftragnaht.

In **Tabelle 2** sind die geforderteten Nahtbreiten gemäß Richtlinienreihe DVS 2225 dargestellt.

Tabelle 2: Geforderte Nahtbreite gemäß Richtlinienreihe DVS 2225-2)

	Richtlinie DVS 2225-3	**Richtlinie DVS 2225-4**	**Richtlinie DVS 2225-5**
Nahtbreite	≥30 mm	≥30 mm	≥25 mm
	$1{,}25 \leq f_{na} \leq 1{,}75$	$1{,}25 \leq f_{na} \leq 1{,}75$	$1{,}25 \leq f_{na} \leq 1{,}50$

* fna = Nahtdickenfaktor für die Auftragnaht

Für eine fachgerechte und gleichmäßige Qualität der Auftragnaht muss der Schweißschuh in Anlehnung an die Richtlinie DVS 2207-4 wie folgt ausgebildet sein:

- Andrucklänge des Schweißschuhs von mindestens 35 mm, damit der erforderliche Fügedruck aufgebracht werden kann
- etwa 5 mm breite, seitliche Aufstandsflächen
- gerundete Kanten, sodass der Schweißschuh beim Schweißen keine Kerben und Riefen erzeugt

7.2. Warmgasschweißgeräte

Mit Warmgasschweißgeräten werden Heftungen und Warmgasüberlappnähte geschweißt. Die Fügekraft wird getrennt mit besonderen Andruckrollen aufgebracht. Das Warmgasschweißgerät entspricht im Prinzip dem Temperiersystem der Schweißmaschinen mit warmgasbeheizten Heizkeilen. Es besteht aus Gebläse, Heizaggregat, Regeleinrichtung und Düse.

Durch Zusatzvorrichtungen können Warmgasschweißgeräte auch zum Warmgasziehschweißen mit Draht oder Band als Schweißzusatz umgerüstet werden.

Für eine werkstoffgerechte und gleichmäßige Erwärmung und Plastifizierung der Fügebereiche muss die Heiz- und Gebläseleistung ausreichend und auf die Dichtungsbahn, Düse und Arbeitsgeschwindigkeit abgestimmt sein.

Die Warmgastemperatur muss stufenlos einstellbar sein und mit einer maximalen Abweichung von ± 10 °C geregelt und angezeigt werden. Zusätzlich muss die Warmgasmenge ausreichend konstant gehalten werden können. Die maximal einstellbare Temperatur liegt üblicherweise bei 650 °C.

Bei Reparaturen und Inspektionen ist dem Auftraggeber auf Verlangen für jedes Gerät eines der im Anhang aufgeführten Dokumente ausgefüllt vorzulegen.

8. Schrifttum

Normen

DIN EN 50678 VDE 0701	Allgemeines Verfahren zur Überprüfung der Wirksamkeit der Schutzmaßnahmen von Elektrogeräten nach der Reparatur
DIN EN 50699 VDE 0702	Wiederholungsprüfung für elektrische Geräte
DIN EN IEC 61557-2 VDE 0413-2	Elektrische Sicherheit in Niederspannungsnetzen bis AC 1000 V und DC 1500 V – Geräte zum Prüfen, Messen oder Überwachen von Schutzmaßnahmen – Teil 2: Isolationswiderstand
DIN EN IEC 61557-4 VDE 0413-4	Elektrische Sicherheit in Niederspannungsnetzen bis AC 1000 V und DC 1500 V – Geräte zum Prüfen, Messen oder Überwachen von Schutz maßnahmen – Teil 4: Widerstand von Erdungsleitern, Schutzleitern und Potentialausgleichsleitern
DIN EN 61010-1 VDE 0411-1	Sicherheitsbestimmungen für elektrische Mess-, Steuer-, Regel- und Laborgeräte – Teil 1: Allgemeine Anforderungen

DVS-Regelwerke

Richtlinie DVS 2225-1	Schweißen von Dichtungsbahnen aus polymeren Werkstoffen im Erd- und Wasserbau
Richtlinie DVS 2225-3	Schweißen von Dichtungsbahnen aus Polyethylen (PE) bei Grundwasserschutzmaßnahmen
Richtlinie DVS 2225-4	Schweißen von Dichtungsbahnen aus Polyethylen (PE) für die Abdichtung von Deponien und Altlasten
Richtlinie DVS 2225-5	Schweißen von Dichtungsbahnen aus thermoplastischen Kunststoffen im Tunnelbau
Richtlinie DVS 2207-4	Schweißen von thermoplastischen Kunststoffen - Extrusionsschweißen von Rohren, Rohrleitungsteilen und Tafeln - Verfahren, Anforderungen
Richtlinie DVS 2207-4 Beiblatt 1	Schweißen von thermoplastischen Kunststoffen - Extrusionsschweißen von Rohren, Rohrleitungsteilen und Tafeln - Schweißparameter

Anhang A: Prüfprotokolle

Anhang A 1: Prüfprotokoll Heizkeilschweißmaschinen

				Firmenlogo:
Prüfprotokoll für elektrische, ortsveränderliche Geräte nach Instandsetzung, Änderung und Wiederholungsprüfung nach DIN VDE 0701-0702				
Auftraggeber/Betreiber:	Auftragnehmer/Prüfer:		Blatt-Nr.:	1/1
	Prüfer:			
Prüfung nach:	☐ UVV BGV A3	☐ BetrSichV, TRBS 1201	☐ DIN VDE 0701-0702	☐ ÖVE/ÖNORM E8701
Grund der Prüfung:	☐ Wiederholungsprüfung	☐ Änderung	☐ Instandsetzung	☐ Eingangsprüfung
Elektrisches Gerät/Arbeitsmittel:			Schutzklasse:	
Prüfobjekt:	Inventar-Nr.:		☐ SK I mit Schutzleiter	
Hersteller:	Standort:		☐ SK II	
Fabrik-Nr./Serien-Nr.:	Besonderheit:		☐ SK II	
Kontrolle und Justierung der Temperaturen, Sichtprüfung, Messung, Erprobung, Dokumentation				
Verwendetes Messgerät nach DIN VDE 0404 bzw. DIN EN 61557 Teil 2, Teil 4, bzw. DIN EN 61010 Teil 1				
Hersteller/Typ:		Hersteller/Typ:		

Datum	**Masse-Temperatur** Soll 220 °C (± 3 °C)	**Luft-Temperatur** Soll 270 °C (± 3 °C)	**Schutzleiter-Widerstand** R_{PE} in Ω	**Isolations-widerstand** R_{ISC} in Ω	**Ableitstrom im direkten, Differenz- oder Ersatzableitstrom-Verfahren** I_{PE} in mA	$I_{Berüh}$ in mA	**Funktionsprobe bestanden** ja/nein	**Prüfung bestanden** ja/nein	**nächster Prüfungstermin**	**Prüfer**

Prüfgrundlage ist die DIN VDE 0701-0702

Anhang A 2: Prüfprotokoll Schweißextruder/Warmgasschweißgeräte

				Firmenlogo:
Prüfprotokoll für elektrische, ortsveränderliche Geräte nach Instandsetzung, Änderung und Wiederholungsprüfung nach DIN VDE 0701-0702				
Auftraggeber/Betreiber:	Auftragnehmer/Prüfer:			Blatt-Nr.: 1/1
	Prüfer:			
Prüfung nach:	☐ UVV BGV A3	☐ BetrSichV, TRBS 1201	☐ DIN VDE 0701-0702	☐ ÖVE/ÖNORM E8701
Grund der Prüfung:	☐ Wiederholungsprüfung	☐ Änderung	☐ Instandsetzung	☐ Eingangsprüfung
Elektrisches Gerät/Arbeitsmittel:				Schutzklasse:
Prüfobjekt:	Inventar-Nr.:			☐ SK I mit Schutzleiter
Hersteller:	Standort:			☐ SK II
Fabrik-Nr./Serien-Nr.:	Besonderheit:			☐ SK II
Kontrolle und Justierung der Temperaturen, Sichtprüfung, Messung, Erprobung, Dokumentation				
Verwendetes Messgerät nach DIN VDE 0404 bzw. DIN EN 61557 Teil 2, Teil 4, bzw. DIN EN 61010 Teil 1				
Hersteller/Typ:		Hersteller/Typ:		

Datum	**Heizkeil-Temperatur**		**Geschwindigkeit**		**Druckdose**		**Schutzleiter-Widerstand** R_{PE} in Ω	**Isolations-widerstand** R_{ISO} in Ω	**Ableitstrom im direkten, Differenz- oder Ersatzableitstrom-Verfahren**		**Funktionsprobe bestanden**	**Prüfung bestanden**	**nächster Prüfungs-termin**	**Prüfer**
	Soll	**Ist**	**Soll**	**Ist**	**Soll**	**Ist**			I_{PE} in mA	$I_{Berüh}$ in mA	ja/nein	ja/nein		

Prüfgrundlage ist die DIN VDE 0701-0702

Verzeichnis der in oder unter Mitarbeit der AG W 4 entstandenen Normen

Die in der nachfolgenden Übersicht aufgeführten DIN- und DIN-EN-Normen zum Fügen von Kunststoffen können bezogen werden: DIN Media GmbH, Am DIN-Platz, Burggrafenstraße 6, 10787 Berlin.

DIN 1910-3	Schweißen; Schweißen von Kunststoffen, Verfahren
DIN 35226	Kunststoffschweißaufsicht - Aufgaben, Verantwortungen, Wissen, Fähigkeiten und Kompetenz;
DIN 35230	Kunststoffe - Schweißen von thermoplastischen Kunststoffen - Angaben zu Schweißverfahren
DIN EN 1778	Charakteristische Kennwerte für geschweißte Thermoplast-Konstruktionen – Bestimmung der zulässigen Spannungen und Module für die Berechnung von Thermoplast-Bauteilen
DIN EN 12814-1	Prüfung von Schweißverbindungen aus thermoplastischen Kunststoffen; Teil 1: Biegeversuch
DIN EN 12814-2	Prüfung von Schweißverbindungen aus thermoplastischen Kunststoffen; Teil 2: Zugversuch
DIN EN 12814-3	Prüfung von Schweißverbindungen aus thermoplastischen Kunststoffen; Teil 3: Zeitstand-Zugversuch
DIN EN 12814-4	Prüfung von Schweißverbindungen aus thermoplastischen Kunststoffen; Teil 4: Schälversuch
DIN EN 12814-5	Prüfung von Schweißverbindungen aus thermoplastischen Kunststoffen; Teil 5: Makroskopische Untersuchung
DIN EN 12814-6	Prüfung von Schweißverbindungen aus thermoplastischen Kunststoffen; Teil 6: Zugversuch bei tiefen Temperaturen
DIN EN 12814-7	Prüfung von Schweißverbindungen aus thermoplastischen Kunststoffen; Teil 7: Zugversuch an Probekörpern mit Rundkerbe
DIN EN 12814-8	Prüfung von Schweißverbindungen aus thermoplastischen Kunststoffen; Teil 8: Anforderungen
DIN EN 12943	Schweißzusätze für thermoplastische Kunststoffe – Geltungsbereich, Kennzeichnung, Anforderung, Prüfung
DIN EN 13067	Kunststoffschweißpersonal – Qualifizierung von Schweißern – Thermoplastische Schweißverbindungen
DIN EN 13100-1	Zerstörungsfreie Prüfung von Schweißverbindungen an Halbzeugen aus thermoplastischen Kunststoffen – Teil 1: Sichtprüfung
DIN EN 13100-2	Zerstörungsfreie Prüfung von Schweißverbindungen thermoplastischer Kunststoffe – Teil 2: Röntgenprüfung
DIN EN 13100-3	Zerstörungsfreie Prüfung von Schweißverbindungen thermoplastischer Kunststoffe – Teil 3: Ultraschallprüfung
DIN EN 13100-4	Zerstörungsfreie Prüfung von Schweißverbindungen thermoplastischer Kunststoffe -Teil 4: Hochspannungsprüfung
DIN EN 13705	Schweißen von Thermoplasten - Maschinen und Geräte für das Warmgasschweißen (einschließlich Warmgas-Extrusionsschweißen)
DIN EN 14728	Unregelmäßigkeiten an Schweißverbindungen von thermoplastischen Kunststoffen – Einteilung
DIN EN 16296	Unregelmäßigkeiten an Schweißverbindungen von thermoplastischen Kunststoffen – Qualitätsstufen

Verzeichnis der Kurzzeichen für Polymere

Es wurden hier nur die genormten und die korrekten Kurzzeichen aufgenommen, soweit sie für die Fügetechnik relevant sein können. Es sind für die hier angeführten Kurzzeichen auch oft andere in Verwendung. Die hier angeführten neutralen Kurzzeichen entsprechen, soweit dort enthalten, den Normen DIN EN ISO 1043-1 „Kennbuchstaben für Polymere", DIN EN ISO 1043-2, „Füll- und Verstärkungsstoffe", DIN EN ISO 1043-3, „Weichmacher", DIN EN ISO 1043-4 „Flammschutzmittel", DIN ISO 1629 „Kautschuk und Latices", DIN EN ISO 11469 „Sortenspezifische Identifizierung und Kennzeichnung von Kunststoff-Formteilen" und DIN EN ISO 18064 „Thermoplastische Elastomere". Zu beachten ist, dass Blends ohne Klammern und mit einem + zwischen den Kurzzeichen geschrieben werden, zum Beispiel PC+ABS. Ebenso entfallen in Zukunft die Klammern bei Kurzzeichen nach Poly-, wenn mehr als ein Basismaterial enthalten ist, zum Beispiel „Polyvinylchlorid". Es ist zu beachten, dass immer zuerst das Basismaterial genannt werden muss, danach weitere Angaben zu dem jeweiligen Polymer, zum Beispiel PS-E oder PP-BO. Ein großer Teil der Polymere wird auch als Blends und Copolymere angeboten, bestehend aus zwei oder mehreren Basispolymeren. Aufgrund ihrer hohen Anzahl sind hier nur die wichtigsten und am häufigsten eingesetzten mit aufgeführt.

(kursiv = nicht in DIN-EN-ISO-Normen aufgenommen)

ABAK	Acrylnitril-Butadien-Acrylat
ABS	Acrylnitril-Butadien-Styrol
ABS+PA	Acrylnitril-Butadien-Styrol + Polyamid-Blend
ABS+PBT	ABS+Polybutylenterephthalat-Blend
ABS+PC	Acrylnitril-Butadien-Styrol + Polycarbonat-Blend
ABS+PMMA	Acrylnitril-Butadien-Styrol + Polymethylmethacrylat-Blend
AMBS	Acrylnitril-Methylmethacrylat-Butadien-Styrol
AMMA	Acrylnitril-Methylmethacrylat
ASA	Acrylnitril-Styrol-Acrylester
ASA+PC	Acrylnitril-Styrol-Acrylester + Polycarbonat-Blend
ASA+PMMA	Acrylnitril-Styrol-Acrylester + Polymethylmethacrylat-Blend
CA	Celluloseacetat
CAB	Celluloseacetobutyrat
CP	Cellulosepropionat
ECTFE	Ethylen-Chlortrifluorethylen
EMA	Ethylen-Methacrylsäureester
E/P	Ethylen-Propylen
EPDMPP	Ethylen-Propylen-Terpolymer-Polypropylen
ETFE	Ethylen-Tetrafluorethylen
EVAC	Ethylen-Vinylacetat-Copolymer, (für Kautschuk, auch EVM)
EVOH	Ethylen-Vinylalkohol
FEP	Perfluor (Ethylen-Propylen)
LCP	Liquid-Cristal-Polymer
MABS	Methylmethacrylat-Acrylnitril-Butadien-Styrol
MBS	Methylacrylat-Butadien-Styrol
MSAN	α-Methylstyrol-Acrylnitril
PA	Polyamid
PA11	Polyamid aus 11-Aminoundecansäure
PA12	Polyamid aus Dodekansäure
PA-U12	weichmacherfreies Polyamid 12

PA46	Polyamid aus Polytetramethylen u. Adipinsäure, [Polytetramethylenadipamid]
PA6	Polyamid aus Caprolactam
PA6-3-T	Polytrimethylhexamethylenterephthalamid
PA6-I	Polyamid aus Polyhexamethylenisophthalamid
PA6/12	Polyamid aus Caprolactam-Dodekansäure
PA6/6-T	Copolyamid aus Caprolactam-Terephthalsäure-Hexamethylendiamin
PA6/66	Copolyamid aus Caprolactam -Hexamethylendiamin-Adipinsäure
PA610	Polyamid aus Hexamethylendiamin-Sebazinsäure
PA66	Polyamid aus Hexametylendiamin-Adipinsäure
PA66/12	Polymer aus Hexamethylendiamin-Dodekansäure
PA66/6	Copolyamid aus Hexamethylendiamin-Adipinsäure-Caprolactam
PA66/610	Copolyamid aus Hexamethylendiamin-Adipinsäure und Hexamethylendiamin-Sebazinsäure
PA+ABS	Polyamid + Acrylnitril-Butadien-Styrol-Blend
PA+PE-HD	Polyamid + Polyethylen-HD-Blend
PA+PET	Polyamid + Polyethylenterephthalat-Blend
PA+PP	Polyamid + Polypropylen-Blend
PAMXD6	Polyarylamid, m-Xylylen-Diamin + Adipinsäure
PAEK	Polyaryletherketon
PAI	Polyamidimid
PAN	Polyacrylnitril
PARA	Polyarylamid, (Polyarylat)
PB	Poybuten
PBT	Polybutylenterephthalat
PBT+ABS	Polybutylenterephthalat + Acrylnitril-Butadien-Styrol-Blend
PBT+ASA	Polybutylenterephthalat + Acrylnitril-Styrol-Acrylester-Blend
PBT+PET	Polybutylenterephthalat + Polyethylenterephthalat-Blend
PC	Polycarbonat
PC-HT	Polycarbonat, hochtemperaturbeständig
PC+ABS	Polycarbonat + Acrylnitril-Butadien-Styrol-Blend
PC+ASA	Polycarbonat + Acrylnitril-Styrol-Acrylester-Blend
PC+PBT	Polycarbonat + Polybutylenterephthalat-Blend
PC+TPU	Polycarbonat + thermoplastisches Polyurethan-Blend
PCTFE	Polychlortrifluorethylen, auch CFM
PE	Polyethylen
PE-63	Polyethylen, (PE-HD), Zeitstandfestigkeit nach 50 a noch > 6,30 N/mm^2, (extrapoliert)
PE-80	Polyethylen, (PE-HD), Zeitstandfestigkeit nach 50 a noch > 8 N/mm^2, (extrapoliert)
PE-100	Polyethylen, (PE-HD), Zeitstandfestigkeit nach 50 a noch > 10 N/mm^2, (extrapoliert)
PE-C	Polyethylen, chloriert
PE-E	Polyethylen, expandiert (geschäumt),
PE-HD	Polyethylen hoher Dichte, (etwa ab 0,94 g/cm^3)
PE-UHMW	Polyethylen hoher Dichte und ultrahoher Molmasse
PE-HD-X	Polyethylen-HD, vernetzt
PE-LD	Polyethylen niedriger Dichte, (etwa 0,91 – 0,925 g/cm^3)
PE-LD-X	Polyethylen-LD, vernetzt
PE-LLD	Polyethylen, linear, niedriger Dichte, (etwa 0,91 – 0,94 g/cm^3)
PE-LLD-X	Polyethylen-LLD, vernetzt

PE-(M)	*Polyethylen, mit Metallocen-Katalysator hergestellt*
PE-MD	Polyethylen mittlerer Dichte
PE-MD-X	Polyethylen-MD, vernetzt
PE-VLD	Polyethylen, sehr niedriger Dichte
PE-X, -XA, -XB, -XC	vernetztes Polyethylen, -XA = Chemischvernetzt , -XB = Silanvernetzt, XC = Elektronenstrahlenvernetzt
PEBA	Polyether(ester)-Block-Amide-Copolymere
PEC	Polyestercarbonat
PEEK	Polyetheretherketon, [Polyaryletherketon]
PEEST	Polyetherester
PEI	Polyetherimid
PEK	Polyetherketon
PESU	Polyethersulfon
PET	Polyethylenterephthalat
PET-A	Polyethylenterephthalat, amorph
PET+PBT	Polyethylenterephthalat + Polybutylenterephthalat-Blend
PET+PC	Polyethylenterephthalat + Polycarbonat-Blend
PET-BO	Polyethylenterephthalat-Folie, biaxial gereckt
PET-G	Polyethylenterephthalat, glykolmodifiziert
PET-O	Polyethylenterephthalat, orientiert (gereckt)
PFA	Perfluor-Alkoxyalkan (Tetrafluorethylen-Perfluoralkylvinylether-Copolymer)
PI	Polyimid
PIB	Polyisobutylen, auch Polyisobuten
PK	Polyketon
PMMA	Polymethylmethacrylat
PMMA+ABS	Polymethylmethacrylat + Acrylnitril-Butadien-Styrol-Blend
PMP	Poly-4-methylpenten
PMS	Poly-α-methylstyrol
POM	Polyoxymethylen; o. Polyformaldehyd, o. Polyacetal
PP	Polypropylen
PP-(A)	Polypropylen, ataktisch
PP-B	Polypropylen-Blockpolymerisat, (mittlere Fließfähigkeit)
PP-BO	Polypropylen, biaxial orientiert
PP-C	chloriertes Polypropylen
PP-E	Polypropylen, expandiert (geschäumt)
PP-H	Polypropylen, (höhere Fließfähigkeit), Homopolymerisat
PP-HC	Polypropylen, hochkristallin
PP-(M)	*Polypropylen, mit Metallocen-Katalysator hergestellt*
PP-O	Polypropylen, einaxial gereckt
PP-Q	Polypropylen, hohe Schmelzefestigkeit, (elastomermodifiziert), Mischung aus -H, -B u. -R
PP-R	Polypropylen-Randompolymerisat, (transparent)
PP+TPU	Polypropylen + thermoplastisches Polyurethan-Blend
PPA	Polyphthalamid
PPE	Polyphenylenether
PPE+PS	Polyphenylenether + Polystyrol-Blend
PPE+PS-HI	Polyphenylenether + Polystyrol-HI
PPE+SB	Polyphenylenether + schlagfestes Polystyrol-Blend
PPEPDM	Polypropylen + Ethylen-Propylen-Dimer
PPEPDM-X	Polypropylen-Ethylen-Propylen-Dimer, vernetzt

PPS	Polyphenylensulfid
PPS+PA66	Polyphenylensulfid + Polyamid 66-Blend
PPS+PE-HD	Polyphenylensulfid + Polyethylen-HD-Blend
PPSU	Polyphenylensulfon
PS	Polystyrol
PS+PE	Polystyrol + Polyethylen-Blend
PS-E	Polystyrol, geschäumt
PSU	Polysulfon
PTFE	Polytetrafluorethylen
PTFE-M	Polytetrafluorethylen-modifiziert
PUR	Polyurethan
PVAC	Polyvinylacetat
PVAL	Polyvinylalkohol
PVB	Polyvinylbutyral
PVC	Polyvinylchlorid (PVC-E = Emulsions-PVC, PVC-S = Suspensions-PVC)
PVC+ABS	Polyvinylchlorid + ABS-Blend
PVC-C	PVC, chloriert
PVC-HI	PVC-high impact (hochschlagfest)
PVC-HT	PVC High heat, (z. B. für höher temperaturbständige PVC-Blends)
PVC-NI	PVC-normal impact, (normal schlagfest)
PVC-P	PVC mit Weichmacher, (Weich-PVC)
PVC-U	PVC ohne Weichmacher, (Hart-PVC)
PVC-U-HI	PVC ohne Weichmacher, hochschlagfest, (für Rohre u. Platten ak > 25 kJ/m²)
PVC-U-I	PVC ohne Weichmacher, schlagfest, (für Rohre u. Platten ak > 5 – 10 kJ/m²)
PVC-U-NI	PVC ohne Weichmacher, normal schlagfest, (für Rohre u. Platten ak > 0 – 5 kJ/m²)
PVC-U-RI	PVC ohne Weichmacher, (für Rohre u. Platten ak > 10 – 25 kJ/m²)
PVCEVAC	PVC-Ethylenvinylactat
PVDC	Polyvinylidenchlorid
PVDF	Polyvinylidenfluorid
PVF	Polyvinylfluorid
SAN	Styrol-Acrylnitril
SB	Styrol-Butadien
SEBS	Styrol-Ethylen-Butylen-Styrol
SMAH	Styrol-Maleinsäureanhydrid
SMS	Styrol-α-Methylstyrol
TPE	thermoplastische Elastomere
TPA	thermoplastische Polyether-Blockamide (auch PEBA)
TPE	thermoplastische Copolyester
TPO	thermoplastische Polyolefine
TPS	thermoplastische Styrolcopolymere
TPU	thermoplastische Polyurethane
TPV	thermoplastische Elastomere, vulkanisiert (vernetzt)
TPX	thermoplastische Elastomere, vernetzt
VAC	Vinylacetat
VCE	Vinylchlorid-Ethylen
VCMAK	Vinylchlorid-Methylacrylat
VCVDC	Vinylchlorid-Vinylidenchlorid

Füll- und Verstärkungsstoffe nach DIN EN ISO 1043-2

Nachfolgend einige Kurzzeichen für Füll- und Verstärkungsstoffe. Diese werden durch einen »-« getrennt mit dem %-Anteil gekennzeichnet, zum Beispiel PA6-GF30, ein Polyamid 6 mit 30% Glasfasern.

Kennbuchstaben für Füll- und Verstärkungsstoffe *(kursiv = nicht oder noch nicht genormt)*

CF	Kohlenstoff-Faser
CNF	Carbon-Nano-Faser
CNT	Carbon-Nano-Tubes
GCM	Glasfaser-Matte
GEM	Glasfaser-Endlosmatte
GF	Glasfaser
GLF	Glaslangfaser
GN	Glasfaservlies
GR	Glasroving
K	Calciumcarbonat
LFT	*Langfaser Thermoplaste (nicht genormt)*
M	Mineral, Metall
P	Glimmer
S	synthetische oder organische Stoffe
WPC	Wood Polymer Composites
-(R)	Recycling Material

Form oder Struktur der Füll- und Verstärkungsstoffe

Kennbuchstabe	Form oder Struktur
D	Pulver
F	Fasern
K	Kalziumcarbonat
M	Matte (dick)
N	Faservlies (dünn)
R	Roving
T	Talkum
V	vulkanisiert
W	Gewebe
Y	Garn

Für DIN EN ISO 1043-4 „Flammschutzmittel" gelten folgende Klassen

Code Nr.	Flammschutz-Compound
10 – 29	halogenhaltige Compounds, (Chlor, Brom, Fluor)
30 – 39	Stickstoffverbindungen (Melamin, Urethan)
40 – 49	organische Phoshor-Compounds
50 – 59	anorganische Phosphor-Compounds
60 – 69	Metalloxide, Metallhydroxide, Metallsalze
70 – 74	Boron- und Zink-Compounds
75 – 79	siliciumhaltige Compounds
80 – 89	u. a. Graphit
90 – 99	noch frei

Lehrgänge für Kunststoffverarbeitung

Die folgenden Kunststofflehrgänge bzw. -prüfungen vermitteln im Wesentlichen praktische Kenntnisse und Fertigkeiten. Die Lehrgänge werden von den dafür vom DVS zugelassenen Bildungseinrichtungen durchgeführt. Die Prüfungstätigkeit obliegt dem Prüfungs- und Zertifizierungsausschuss „Kunststofffügen“ von DVS-PersZert.

DVS -Richtlinie	Richtlinientitel	Dauer	Zulassungsvoraussetzung	Ausbildungsziel/Prüfungsziel
DVS 2280	**DVS - Grundlehrgang über die Verarbeitung von Halbzeugen aus thermoplastischen Kunststoffen**	2 Wochen ganztägig	Technische Ausbildung Beherrschen der Lehrgangsprache soweit, dass dem Unterricht gefolgt werden kann.	Der Teilnehmer erlernt die Grundkenntnisse und Fertigkeiten, Halbzeuge aus thermoplastischen Kunststoffen, z. B. PB, PE, PFA, PP, PVC, PVDF selbständig zu be- und verarbeiten.
DVS 2281	**DVS - Lehrgang Kunststoffschweißer in der Prüfgruppe I**	1 Woche ganztägig inkl. Prüfung nach DVS 2212-1 in der Prüfgruppe I	Für die Teilnahme an dem Lehrgang zum Kunststoffschweißer gelten die folgender Voraussetzungen: 1a Nachweis von Grundkenntnissen im Bereich der Kunststoffverarbeitung oder 1b Teilnahme an einem Grundlehrgang über die Verarbeitung von Halbzeugen aus thermoplastischen Kunststoffen. 2 Beherrschen der Lehrgangsprache soweit, dass dem Unterricht gefolgt und die fachkundliche Prüfung abgelegt werden kann. Die Voraussetzungen zur Prüfungszulassung sind in DVS 2212-1 geregelt.	Die Ausbildung zum Kunststoffschweißer ist eine berufliche Fortbildung. Die erfolgreiche Teilnahme an dem Lehrgang schließt mit der Schweißerprüfung nach der Richtlinie DVS 2212-1 in der Untergruppe I ab.
DVS 2282	**DVS - Lehrgang Kunststoffschweißer in der Prüfgruppe II**	1 Woche ganztägig inkl. Prüfung nach DVS 2212-1 in der Prüfgruppe II	Für die Teilnahme an dem Lehrgang zum Kunststoffschweißer gelten die folgenden Voraussetzungen: 1a Nachweis von Grundkenntnissen im Bereich der Kunststoffverarbeitung oder 1b Teilnahme an einem Grundlehrgang über die Verarbeitung von Halbzeugen aus thermoplastischen Kunststoffen. 2 Beherrschen der Lehrgangsprache soweit, dass dem Unterricht gefolgt und die fachkundliche Prüfung abgelegt werden kann. Die Voraussetzungen zur Prüfungszulassung sind in DVS 2212-1 geregelt.	Die Ausbildung zum Kunststoffschweißer ist eine berufliche Fortbildung. Die erfolgreiche Teilnahme an dem Lehrgang schließt mit der Schweißerprüfung nach der Richtlinie DVS 2212-1 in der Untergruppe II ab.
DVS 2283	**DVS - Lehrgang Kunststoffschweißer in der Prüfgruppe III**	2 Wochen ganztägig inkl. Prüfung nach DVS 2212-3 in der Prüfgruppe III	Für die Teilnahme an dem Lehrgang zum Kunststoffschweißer gelten die folgenden Voraussetzungen: 1a Nachweis von Grundkenntnissen im Bereich der Kunststoffverarbeitung oder 1b Teilnahme an einem Grundlehrgang über die Verarbeitung von Halbzeugen aus thermoplastischen Kunststoffen nach DVS 2280. 2 Beherrschen der Lehrgangsprache soweit, dass dem Unterricht gefolgt und die fachkundliche Prüfung abgelegt werden kann. Die Voraussetzungen zur Prüfungszulassung sind in DVS 2212-3 geregelt.	Die Ausbildung zum Kunststoffschweißer ist eine berufliche Fortbildung. Die erfolgreiche Teilnahme an dem Lehrgang schließt mit der Schweißerprüfung nach der Richtlinie DVS 2212-3 in der Untergruppe III ab.
DVS 2284	**DVS - Lehrgang Kunststoffschweißer – PE-Mantelrohre; Vorbereitung auf die Schweißerprüfung nach Richtlinie DVS® 2212-4**	1 Woche ganztägig inkl. Prüfung nach DVS 2212-4 in der Prüfgruppe II	Für die Teilnahme am Lehrgang gelten als Voraussetzungen: - Technische Ausbildung in einem einschlägigen Beruf - Beherrschen der Lehrgangssprache soweit, dass dem Unterricht gefolgt und die fachkundliche Prüfung abgelegt werden kann Interessenten, die nicht die Voraussetzungen erfüllen, können als Gasthörer zum Lehrgangsbesuch zugelassen werden, sie dürfen aber nicht an der Prüfung teilnehmen.	Die Ausbildung zum Kunststoffschweißer ist eine berufliche Weiterbildung. Die erfolgreiche Teilnahme an diesem Lehrgang schließt mit der Schweißerprüfung nach Richtlinie DVS 2212-4 ab.

DVS -Richtlinie	Richtlinientitel	Dauer	Zulassungsvoraussetzung	Ausbildungsziel/Prüfungsziel
DVS 2290	**DVS - Lehrgang Kunststofflaminierer und – Kleber**	2 Wochen (ganztägig) inkl. Prüfung nach DVS 2220	Zur Teilnahme an dem Lehrgang zum Kunststofflaminierer und -kleber ist die Beherrschung der Lehrgangssprache notwendig, so dass dem Unterricht gefolgt werden kann. Die Voraussetzungen zur Prüfungszulassung sind in der Richtlinie DVS 2220 geregelt.	Der Teilnehmer erwirbt im Lehrgang Grundkenntnisse und Fertigkeiten, die handelsüblichen Harztypen ungesättigter Polyesterharze (UP-Harze) Epoxidharze sowie Vinylesterharze (VE) und Verstärkungsstoffe handwerklich zu verarbeiten und die werkstoffgerechten Anwendungsmöglichkeiten zu beurteilen. Ebenfalls werden die Herstellung von faserverstärkten Bauteilen und Reparaturverfahren sowie das Kleben von Bauteilen aus Faserverbundbauteilen in Theorie und Praxis vorgestellt. Die erfolgreiche Teilnahme am Lehrgang schließt mit der Laminiererprüfung nach DVS 2220 ab.
DVS 2291	**DVS - Lehrgang Kunststoffkleber für Rohrverbindungen aus PVC-U, PVC-C und ABS mit lösenden Klebstoffen**	13,5 Unterrichtseinheiten je 50 Minuten zuzüglich 120 Minuten Prüfung nach DVS 2221	a) Nachweis von Grundkenntnissen im Bereich der Kunststoffverarbeitung oder b) Teilnahme an einem Grundlehrgang über die Verarbeitung von Halbzeugen aus thermoplastischen Kunststoffen. Zur Teilnahme an dem Lehrgang ist die Beherrschung der Lehrgangssprache soweit erforderlich, dass dem Unterricht gefolgt werden kann. Die Voraussetzungen zur Prüfungszulassung sind in der Richtlinie DVS 2221 geregelt.	Die Ausbildung ist eine berufliche Fortbildung. Die erfolgreiche Teilnahme schließt mit einer Kleberprüfung nach DVS 2221 ab.
DVS 2212-1	**Prüfung von Kunststoffschweißern Prüfgruppe I und II**	Je nach Anzahl der abzuprüfenden Prüfgruppen	An den Prüfungen dürfen nur Personen teilnehmen, deren Ausbildung und bisherige Tätigkeit erwarten lassen, dass sie über ausreichende Fachkenntnisse und Fertigkeiten verfügen, um die Prüfung zu bestehen. Dies ist in der Regel der Fall, wenn eine der nachstehend aufgeführten Bedingungen erfüllt ist: a) Abgeschlossene Ausbildung als Kunststoffschlosser bzw. Verfahrensmechaniker Kunststoff und Kautschuk mit Erfahrungen in den zu prüfenden Schweißverfahren. b) Mehrjährige Erfahrung als Kunststoffschweißer, insbesondere in den zu prüfenden Schweißverfahren, und ausreichende Kenntnisse der Werkstoffe und Verfahrenszusammenhänge auf der Basis der DVS - Richtlinien. Dies ist durch die Teilnahme an speziellen, auf die Erfahrung und das Fachwissen des Teilnehmers abgestimmten Schulungseinheiten, erfüllt. c) Technische Ausbildung (z.B. Facharbeiter oder Geselle in einem einschlägigen Beruf), ausreichende Erfahrung in der Verarbeitung von Halbzeug aus thermoplastischen Kunststoffen einschließlich der zu prüfenden Schweißtechnik und erfolgreiche Teilnahme an dem Lehrgang DVS 2281 bzw. DVS 2282 zur Vorbereitung auf die Kunststoffschweißerprüfung. d) Technische Ausbildung (z.B. Facharbeiter oder Geselle in einem einschlägigen Beruf) und erfolgreiche Teilnahme an: - einem Grundlehrgang über die Verarbeitung von Halbzeug aus thermoplastische Kunststoffen nach DVS 2280, - dem entsprechenden Lehrgang zur Vorbereitung auf die Kunststoffschweißerprüfung nach DVS 2281 bzw. DVS 2282. Der Schweißer muss die Prüfungssprache soweit beherrschen, dass er den Hinweisen des Prüfers folgen und die fachkundliche Prüfung ablegen kann.	Diese Richtlinie gilt für die Prüfung der Kenntnisse und Fertigkeiten von Schweißern, die Schweißungen an thermoplastischen Kunststoffen in Neufertigung und Instandsetzung ausführen sollen. Sie ist überall dort anzuwenden, wo Auftraggeber oder für das Anwendungsgebiet zuständige Stellen den Einsatz geprüfter Kunststoffschweißer verlangen. Diese Richtlinie DVS 2212-1 behandelt in der Untergruppe I die Verfahren Warmgas-Fächelschweißen (WF), Warmgas-Ziehschweißen(WZ), Heizelementstumpfschweißen (HS), Heizwendelschweißen (HM) und Heizelement-muffenschweißen (HD) an Rohren, Rohrleitungsteilen und Tafeln aus den Werkstoffen PVC-U[1)], PE-HD, PP-H, PP-B, PP-R, PB, PVDF sowie in der Untergruppe II das Warmgasextrusionsschweißen (WE) an Rohren und Tafeln aus den Werkstoffen PE-HD, PP-H, PP-B und PP-R.
DVS 2212-3	**Prüfung von Kunststoffschweißern Prüfgruppe III. Bahnen im Erd- und Wasserbau**	Je nach Anzahl der abzuprüfenden Prüfgruppen	An den Prüfungen dürfen nur Personen teilnehmen, deren Ausbildung und bisherige Tätigkeit erwarten lassen, dass sie über ausreichende Fachkenntnisse und Fertigkeiten verfügen, um die Prüfung zu bestehen. Dies ist in der Regel der Fall, wenn eine der nachstehend aufgeführten Bedingungen erfüllt ist: a) Abgeschlossene Ausbildung als Kunststoffschlosser mit Erfahrungen im Schweißen von Dichtungsbahnen aus Kunststoffen und	Diese Richtlinie gilt für die Prüfung der Kenntnisse und Fertigkeiten von Schweißern, die Schweißungen an Dichtungsbahnen aus Kunststoffen im Erd- und Wasserbau in Neufertigung und Instandsetzung ausführen sollen.

DVS -Richtlinie	Richtlinientitel	Dauer	Zulassungsvoraussetzung	Ausbildungsziel/Prüfungsziel
			ausreichenden Kenntnissen der Fachkunde zu Werkstoffen und Verfahrenszusammenhängen. b) Mehrjährige Erfahrung als Schweißer von Dichtungsbahnen und ausreichende Kenntnisse der Werkstoffe und Verfahrenszusammenhänge auf der Basis der DVS -Richtlinien. Dies ist durch die Teilnahme an speziellen, auf die Erfahrung und das Fachwissen des Teilnehmers abgestimmten Schulungseinheiten, erfüllt. c) Mindestens einjährige Erfahrung im Schweißen von Kunststoff-Dichtungsbahnen und Teilnahme an einem zweiwöchigen Vorbereitungslehrgang auf die Schweißerprüfung für Kunststoffdichtungsbahnen. Im Ablauf des Vorbereitungslehrgangs sind die Herstellung der Prüfstücke und die Kenntnisprüfung enthalten. d) Mindestens einjährige Tätigkeit bei der Verlegung von Kunststoff-Dichtungsbahnen im Erd- und Wasserbau, erfolgreiche Teilnahme am Lehrgang nach DVS 2283. Im Ablauf des Vorbereitungslehrgangs sind die Herstellung der Prüfstücke und die Kenntnisprüfung enthalten. Die Ausbildung ist durch Zeugnisse und die praktische Arbeit durch Firmenbescheinigungen nachzuweisen. Im Zweifelsfall kann die Prüfstelle einen Zulassungstest durchführen.	Sie ist überall dort anzuwenden, wo Auftraggeber oder für das Anwendungsgebiet zuständige Stellen den Einsatz geprüfter Kunststoffschweißer verlangen. Diese Richtlinie DVS 2212-3 behandelt in der Untergruppe I die Verfahren Warmgasextrusions- (WE), Warmgasüberlapp- (WU) und Heizkeil-Schweißverfahren an Dichtungsbahnen aus PE-HD, ECB und PVC-P.
DVS 2212-4	**Prüfung von Kunststoff-schweißern; Schweißen von PE-Mantelrohren - Rohre und Rohrleitungsteile**	1 Tag	An den Erstprüfungen dürfen nur Schweißer teilnehmen, deren Ausbildung und bisherige Tätigkeit erwarten lassen, dass sie ausreichende Fachkenntnisse und Fertigkeiten haben, um die Prüfung zu bestehen. Dies ist in der Regel der Fall, wenn eine der nachstehend aufgeführten Bedingungen erfüllt ist: a) Gültige Prüfbescheinigung nach Richtlinie DVS 2212-1, Untergruppe I-5 und I-1 und mindestens einjährige Erfahrung als Kunststoffschweißer und ausreichende Kenntnisse der Werkstoffe und Verfahrenszusammenhänge auf der Basis der DVS-Richtlinien, in der Regel durch die Teilnahme an speziellen, auf die Erfahrung und das Fachwissen des Teilnehmers abgestimmten Schulungseinheiten. b) Technische Ausbildung (z. B. Facharbeiter oder Geselle in einemeinschlägigen Beruf), ausreichende Erfahrung in der Verarbeitung von Halbzeugen aus thermoplastischen Kunststoffen mit den Schweißverfahren WZ und WE und erfolgreiche Teilnahme am Lehrgang zur Vorbereitung auf die Schweißer-prüfung nach Richtlinie DVS 2284. c) Technische Ausbildung (z.B. Facharbeiter oder Geselle in einem einschlägigen Beruf) und erfolgreiche Teilnahme an: - einem Grundlehrgang über die Verarbeitung von Halbzeug aus thermoplastischen Kunststoffen, - dem Lehrgang zur Vorbereitung auf die Kunststoffschweißerprüfung nach DVS2284. Die Ausbildung ist durch Zeugnisse und die praktische Arbeit durch Firmenbescheinigungen nachzuweisen. Im Zweifelsfall kann die Prüfstelle einen Zulassungstest durchführen.	Die Richtlinie ist Grundlage für die Erstprüfung sowie die Wiederholungsprüfung in der sach- und fachgerechten Ausführung von PE-Schweißarbeiten mit den baustellengeeigneten Verfahren Warmgas-Ziehschweißen (WZ) und Warmgasextrusionsschweißen (WE). Die Richtlinie gilt nicht für andere Verfahren wie das Heizelementstumpfschweißen (HS) im Rahmen der werkmäßigen Herstellung von Mantelrohrformstücken oder für das ebenfalls baustellengeeignete Heizwendelschweißen (HM).
DVS 2213	**Fachmann für Kunststoff-schweißen**	2 Wochen ganztägig (inkl. Prüfung)	An der Prüfung zum Fachmann für Kunststoffschweißen dürfen nur solche Personen teilnehmen, deren Ausbildung und bisherige Tätigkeit erwarten lassen, dass sie ausreichende Fachkenntnisse und Fertigkeiten haben, um die Prüfung zu bestehen. Dies ist in der Regel der Fall, wenn die nachstehend aufgeführten Bedingungen erfüllt sind: 1) Berufliche Ausbildung und Erfahrung im Kunststoffschweißen. – Industriemeister Fachrichtung Kunststoff und	Der Teilnehmer erwirbt Kenntnisse und Fertigkeiten, um die Prüfung als Fachmann für Kunststoffschweißen nach Richtlinie DVS ® 2213 erfolgreich abzulegen. Der Teilnehmer kann nach bestandener Prüfung als Schweißaufsicht zur Sicherstellung der Qualität von Schweißarbeiten mit thermoplastischen Kunststoffen insbesondere im

DVS -Richtlinie	Richtlinientitel	Dauer	Zulassungsvoraussetzung	Ausbildungsziel/Prüfungsziel
			Kautschuk mit Schwerpunkt Kunststoffbearbeitung – Industriemeister Fachrichtung Kunststoff und Kautschuk mit Schwerpunkt Kunststoff- und Kautschukverarbeitung mit zweijähriger Erfahrung im Kunststoffschweißen oder – Handwerks- und Industriemeister Fachrichtung Metall oder andere technische Berufe mit zweijähriger Erfahrung im Kunststoffschweißen oder – Techniker oder Ingenieur der Fachrichtung Kunststoff-, Holz- oder Metallverarbeitung mit zweijähriger Erfahrung im Kunststoffschweißen. – Bei Personen mit vergleichbaren nachgewiesenen Kenntnissen und Fertigkeiten entscheidet die Prüfungskommission im Einvernehmen mit der Ausbildungsstätte 2) Gültige Prüfungsbescheinigungen nach DVS 2212 mindestens für die nachfolgend aufgeführten Untergruppen, deren Gültigkeitsdauer max. 1 Jahr überschritten darf: Es müssen insgesamt 3 Untergruppen vorliegen, je eine aus den Bereichen Heizelementschweißen (HS, HD, HM, HH), Warmgasschweißen (WF, WZ, WU) und Warmgasextrusionsschweißen (WE). 3) Ausreichende Kenntnisse der deutschen Sprache in Wort und Schrift. 4) Teilnahme an dem Vorbereitungslehrgang zum Fachmann für Kunststoffschweißen.	Behälter-, Apparate- und Rohrleitungsbau eingesetzt werden, wie in der Richtlinie DVS 2213 beschrieben. Er soll überall dort tätig werden, wo Auftraggeber oder zuständige Stellen seinen Einsatz verlangen.
DVS 2220	**Prüfung von Kunststofflaminierern und -klebern „Laminate sowie Laminat- und Klebverbindungen aus GFK (UP-GF und EP-GF)“**	Je nach Anzahl der abzuprüfenden Prüfgruppen	Die Laminierer-/Kleberprüfung wird auf Firmenantrag oder persönlichen Antrag durchgeführt. An den Prüfungen darf nur Fachpersonal teilnehmen, welches mindestens eine der folgenden Bedingungen erfüllt: - Abgeschlossene Ausbildung als Kunststoffschlosser/-formgeber, Verfahrensmechaniker Kunststoff- u. Kautschuktechnik, Fachrichtung Verstärken oder - mehrjährige Erfahrung bei der Herstellung von FVK-Bauteilen im Handlaminierverfahren sowie von Laminat- und Klebverbindungen oder - technische Ausbildung in einem handwerklichen Beruf und Erfahrung in der Verarbeitung von Reaktionsharzen mit Faserverstärkung oder - eine technische Ausbildung in einem einschlägigen Beruf und Nachweis der Teilnahme an einem Lehrgang über die Verarbeitung von Reaktionsharzen.	Diese Richtlinie gilt für die Prüfung der Kenntnisse und Fertigkeiten von Fachpersonal, das Laminate sowie Laminat- und Klebverbindungen insbesondere in den Bereichen Apparate-, Behälter und –Rohrleitungen sowie Boots-, Rotorblatt-, und Leichtbau herstellt. Diese Richtlinie ist beim Nachweis der Sachkunde des Fachpersonals für die Tätigkeitsbereiche Herstellung und Instandsetzung von Faserverbundkunststoffen anzuwenden.
DVS 2221	**Richtlinie DVS 2221** **Prüfung von Kunststoffklebern** Rohrverbindungen aus PVC-U, PVC-C und ABS mit lösenden Klebstoffen	Je nach Anzahl der abzuprüfenden Prüfgruppen	• Auf den Prüfungen dürfen nur Personen teilnehmen, deren Ausbildung und bisherige Tätigkeit erwarten lassen, dass sie ausreichende Fachkenntnisse und Fertigkeiten haben, um diese Prüfung zu bestehen. Dies ist in der Regel der Fall, wenn eine der nachstehen aufgeführten Bedingungen erfüllt ist: • abgeschlossene Ausbildung als Kunststoffschlosser/-mechaniker bzw. Verfahrensmechaniker Kunststoff und Kautschuk mit Erfahrung im Bereich Kleben	Diese Richtlinie gilt für die Prüfung der Kenntnisse und Fertigkeiten von Kunststoffklebern. Das sind Fachkräfte, die im Rohrleitungsbau Klebverbindungen mittels lösender Klebstoffe an thermoplastischen Kunststoffen (PVC-U, PVC-C und ABS) in Neufertigung und Instandhaltung ausführen sollen. Sie ist überall dort anzuwenden, wo Anwendungsnormen oder –Richtlinien oder für

DVS -Richtlinie	Richtlinientitel	Dauer	Zulassungsvoraussetzung	Ausbildungsziel/Prüfungsziel
			• mehrjährige Erfahrung in der Kunststoffverarbeitung mit Thermoplasten, einschließlich Fügen durch Kleben, • technische Ausbildung als Facharbeiter oder Geselle in einem einschlägigen Beruf und Erfahrung in der Verarbeitung von Halbzeugen aus Thermoplasten, einschließlich Fügen durch Kleben • erfolgreiche Teilnahme an einem DVS -Vorbereitungslehrgang (in Vorbereitung) oder an einem Grundlehrgang über die Verarbeitung von Halbzeugen aus thermoplastischen Kunststoffen Teil 2 „Kleben und Umformen“ Die Ausbildung ist durch Zeugnisse und die praktische Erfahrung durch Firmenbescheinigungen zu bestätigen. Die Prüfstelle entscheidet über die Zulassung zur Prüfung. Im Zweifelsfall kann die Prüfstelle einen Zulassungstest durchführen. Der Prüfungsteilnehmer muss die Prüfungssprache soweit beherrschen, dass er den Hinweisen des Prüfers folgen und die fachkundliche Prüfung ablegen kann.	das Anwendungsgebiet zuständige Stellen den Einsatz geprüfter Kunststoffkleber verlangen. Diese Regelung gilt nicht für die Neufertigung, Instandsetzung und Verlegung von Rohren und Rohrleitungsteilen in haustechnischen Anlagen sowie in der öffentlichen Gas- und Wasserversorgung. Diese Richtlinie behandelt Rohrverbindungen aus PVC-U, PVC-C und ABS mit lösenden Klebstoffen (schwach- oder starklösende /-quellende Klebstoffe).
DVS 1110-3	**DVS - Lehrgang Fachgerechte Karosserie-Instandsetzung von Kraftfahrzeugen Kunststoffreparatur**	20 Unterrichts-einheiten je 50 Minuten	• Hier gelten die in der Richtlinie DVS 1110 genannten allgemeinen Anforderungen und Empfehlungen.	Der Teilnehmer erwirbt Kenntnisse und Fertigkeiten, um die in der Fahrzeugtechnik eingesetzten Kunststoffe zu identifizieren, ihren Zustand zu beurteilen und sie fachgerecht Instand zu setzen.

Weitere Bildungseinrichtungen

Informationen zu Ausbildungsstätten/Lehrgängen für Kunststoffverarbeitung:

Institut für Kunststoffverarbeitung (IKV) in Industrie und Handwerk an der RWTH Aachen

Aus- und Weiterbildung
Seffenter Weg 201
52074 Aachen
Tel.: +49 241 809-3817
Fax: +49 241 809-2811
E-Mail: martin.facklam@ikv.rwth-aachen.de

DVS – Deutscher Verband für Schweißen und verwandte Verfahren e. V.

DVS PersZert
Aachener Str. 172
40223 Düsseldorf
Tel.: +49 211 1591-117
Fax: +49 211 1591-200
E-Mail: martin.lehmann@dvs-home.de

sowie alle Kunststoffkursstätten.

Da die Lehrgänge häufig kurzfristig veranstaltet werden, empfiehlt es sich, die Lehrgangstermine unmittelbar bei den Kunststoffkursstätten zu erfragen.

DVS-Bildungseinrichtungen für Klebtechnik

Klebtechnisches Zentrum im Fraunhofer-Institut für Fertigungstechnik und Angewandte Materialforschung (IFAM) Bremen
Wiener Straße 12, 28359 Bremen
T +49 421 2246-437, F -430
Leiter: Dr. rer. nat. Erik Meiß
E-Mail: info@ifam.fraunhofer.de
Web: www.ifam.fraunhofer.de

Ausbildung:
Klebpraktiker (EAB),
Richtlinie DVS-EWF 3305

Klebfachkraft (EAS),
Richtlinie DVS-EWF 3301

Klebfachingenieur (EAE),
Richtlinie DVS-EWF 3309

Klebtechnisches Zentrum in der TC Kleben GmbH
Carlstr. 54, 52531 Übach-Palenberg
T +49 2451 48444-0, F -50
Leiter: Dipl.-Ing. Julian Band
E-Mail: anmeldung@tc-kleben.de
Web: www.tc-kleben.de

Ausbildung:
Klebpraktiker (EAB),
Richtlinie DVS-EWF 3305

Klebfachkraft (EAS),
Richtlinie DVS-EWF 3301

Klebfachingenieur (EAE),
Richtlinie DVS-EWF 3309

DVS-Bildungseinrichtungen für Additive Fertigung

DVS-Kursstätte für Additive Fertigung
im Institut für werkzeuglose Fertigung GmbH
Campus-Boulevard 79
52074 Aachen
T +49 241 8906 665
Geschäftsführende Gesellschafterin:
Prof. Dr.-Ing. Julia Kessler
E-Mail: j.kessler@iwf-research.de
Geschäftsführender Gesellschafter:
Prof. Dr.-Ing. Andreas Gebhardt
Tel: +49 241 6009 52 500
E-Mail: a.gebhardt@iwf-research.de
Web: www.iwf-research.de

Ausbildung:
Fachkraft für additive Fertigungsverfahren –
Fachrichtung Kunststoff
Richtlinie DVS-3601-1

Fachkraft für additive Fertigungsverfahren –
Fachrichtung Metall
Richtlinie DVS-3602-1

GSI – Gesellschaft für Schweißtechnik
International mbH
Niederlassung SLV Hannover
Am Lindener Hafen 1
30453 Hannover
T +49 511 21962-0, F -22
Niederlassungsleiterin:
Dipl.-Ing. (FH) Natascha Gaier
E-Mail: info@slv-hannover.de
Web: www.slv-hannover.de

Ausbildung:
Fachkraft für additive Fertigungsverfahren –
Fachrichtung Metall
Richtlinie DVS-3602-1

Günter-Köhler-Institut für Fügetechnik
und Werkstoffprüfung GmbH (ifw Jena)
Ernst-Ruska-Ring 3
07745 Jena
T +49 3641 204-100, F -10
Geschäftsführer: Dr.-Ing. Simon Jahn
E-Mail: info@ifw-jena.de
Web: www.ifw-jena.de

Ausbildung:
Fachkraft für additive Fertigungsverfahren –
Fachrichtung Metall
Richtlinie DVS-3602-1

Schweißtechnische Lehr-
und Versuchsanstalt
Mecklenburg-Vorpommern GmbH
Alter Hafen Süd 4
18069 Rostock
T +49 381 660 982 0, F – 99
Geschäftsführer: Dr. rer. nat. Dipl.-Phys. Rigo Peters
E-Mail: office@slv-rostock.de
Web: www.slv-rostock.de

Ausbildung:
Fachkraft für additive Fertigungsverfahren –
Fachrichtung Metall
Richtlinie DVS-3602-1

DVS-Bildungseinrichtungen für Luft- und Raumfahrt

GSI – Gesellschaft für Schweißtechnik International mbH Niederlassung SLV Berlin
Luxemburger Str. 21
13353 Berlin
T +49 30 45001-0, F -144
Niederlassungsleiter: Dr.-Ing. Matthias Pöge
E-Mail: mail@slv-bb.de
Web: www.slv-bb.de

Ausbildung:
Prüfung von Schweißern und Bedienern von Schweißeinrichtungen – Schmelzschweißen von metallischen Bauteilen,
DIN ISO 24394

Prüfung von Hartlötern und Bedienern von Hartlötanlagen – Hartlöten von metallischen Bauteilen,
DIN ISO 11745

DVS-Kursstätte Friedrichshafen „Zeppelin-Schweißschule" in der Zeppelin Aviation & Industrial Service GmbH
Graf-Zeppelin-Platz 1
88045 Friedrichshafen
T +49 7541 202 -1446, F -1464
Geschäftsführerin: Kerstin Kleemann
E-Mail: qm.service@zeppelin.com
Web: www.zeppelin-qm.com

Ausbildung:
Prüfung von Schweißern und Bedienern von Schweißeinrichtungen – Schmelzschweißen von metallischen Bauteilen,
DIN ISO 24394

Prüfung von Hartlötern und Bedienern von Hartlötanlagen – Hartlöten von metallischen Bauteilen,
DIN ISO 11745

Schweißtechnische Lehr- und Versuchsanstalt Mannheim GmbH
Käthe-Kollwitz-Str. 19
68169 Mannheim
T +49 621 3004 0, F +49 621 3004-291
Geschäftsführer:
Dipl.-Ing. (FH) Jan Rolefs, Michael Sprenger
E-Mail: slv@slv-mannheim.de
Web: www.slv-mannheim.de

Ausbildung:
Prüfung von Schweißern und Bedienern von Schweißeinrichtungen – Schmelzschweißen von metallischen Bauteilen,
DIN ISO 24394

Prüfung von Hartlötern und Bedienern von Hartlötanlagen – Hartlöten von metallischen Bauteilen,
DIN ISO 11745

DVS-Kursstätte München der MTU Aero Engines AG Fertigungsservices, Prozesskettenanalyse und Fügeverfahren (TAFF)
Dachauer Str. 665
80995 München
T +49 89 1489-0, F -5500
Vorsitzender des Vorstands:
Dr. Johannes Bussmann
E-Mail: info@mtu.de
Web: www.mtu.de

Ausbildung:
Prüfung von Schweißern und Bedienern von Schweißeinrichtungen – Schmelzschweißen von metallischen Bauteilen,
DIN ISO 24394

Prüfung von Hartlötern und Bedienern von Hartlötanlagen – Hartlöten von metallischen Bauteilen,
DIN ISO 11745

DVS-Bildungseinrichtungen für Sicherheitsmanagement (SCC)

DVS-Verbundbildungseinrichtung der GSI mbH, NL Bildungszentren Rhein-Ruhr Bildungszentrum Oberhausen
Im Lipperfeld 29
46047 Oberhausen

Ausbildung:
SCC Dokument 017
operativ tätige Führungskräfte

SCC Dokument 018
operativ tätige Mitarbeiter

Zentrales Kundenbüro:
T +49 208 85927-0, F -20
Leiter: Gregor Evers
E-Mail: bzrr@gsi-slv.de
Web: www.slv-bz.de

Schweißtechnische Lehr- und Versuchsanstalt Mannheim GmbH
Käthe-Kollwitz-Str. 19
68169 Mannheim
T +49 621 3004-0, F +49 621 304-291
Geschäftsführer:
Dipl.-Ing. (FH) Jan Rolefs, Michael Sprenger
E-Mail: slv@slv-mannheim.de
Web: www.slv-mannheim.de

Ausbildung:
SCC Dokument 017
operativ tätige Führungskräfte

SCC Dokument 018
operativ tätige Mitarbeiter

DVS-Bildungseinrichtungen für Thermisches Spritzen

GSI – Ges. für Schweißtechnik International mbH Niederlassung SLV München
Schachenmeierstr. 37
80636 München
T +49 89 126802-0, F +49 89 1816-43
Leiter: Dipl.-Ing. Michael Dey
E-Mail: slv@slv-muenchen.de
Web: www.slv-muenchen.de

Ausbildung:
Europ. Thermischer Spritzfachmann (ETSS), Richtlinie DVS-EWF 1188

GSI – Gesellschaft für Schweißtechnik International mbH Niederlassung SLV Duisburg
Bismarckstr. 85
47057 Duisburg
T +49 203 3781-0, F +49 203 3781-308
Leiter: Dr.-Ing. Jörg Vogelsang
www.slv-duisburg.de

Ausbildung:
Europäischer Thermischer Spritzer (ETS), Richtlinie DVS-EWF 1197

Inserentenverzeichnis

AGRU Kunststofftechnik GmbH	Bad Hall/Österreich	Lesezeichen
DVS Media GmbH	Düsseldorf	Nachsatz Seite 1
Frank GmbH	Mörfelden-Walldorf	U2
HSK Kunststoff Schweißtechnik GmbH	Bad Honnef	U4
INGENIA GmbH	Altlay	V
KLN Ultraschall AG	Heppenheim	IX
MUNSCH Kunststoff-Schweißtechnik GmbH	Ransbach-Baumbach	VII
Röchling Engineering Plastics SE & Co.KG	Haren	II
Simona AG	Kirn	U3
SKZ – Süddeutsches Kunststoff-Zentrum	Würzburg	Lesezeichen
WDS Welding GmbH	Ditzingen	Vorsatz Seite 3
Wegener International GmbH	Eschweiler	I